现代组合结构和混合结构
——试验、理论和方法

（第三版）

Advanced Composite and Hybrid Structures: Testing, Theory and Design Method

（Third Edition）

韩林海　李　威　王文达　陶　忠　著

科学出版社

北　京

内 容 简 介

本书阐述作者在现代组合结构和混合结构领域的试验、理论和设计方法等方面所取得的研究成果，主要内容包括：①新型组合结构构件，如钢管约束混凝土、薄壁钢管混凝土、高强钢管混凝土、不锈钢管混凝土、钢管自密实混凝土、钢管再生混凝土、锥形、椭圆形、多边形钢管混凝土等的力学性能和设计方法；②中空夹层钢管混凝土结构的力学性能和设计方法；③单肢钢管混凝土加劲混合结构的力学性能和设计方法；④钢－混凝土组合结构柱－梁连接节点的抗震性能和设计方法；⑤钢管混凝土框架、剪力墙及框架－核心筒结构体系的抗震性能和设计方法；⑥钢管混凝土桁式混合结构的连接节点、直线形和曲线形桁式钢管混凝土桁式混合结构的力学性能和设计方法；⑦多肢钢管混凝土加劲混合结构、拱形钢管混凝土加劲混合结构和钢管混凝土柱－基础连接节点的力学性能和设计方法。

本书论述的内容系统、新颖、实用性强。

本书可供土木工程领域的研究者和工程技术人员，以及高等院校相关专业的教师、学生参考使用。

图书在版编目（CIP）数据

现代组合结构和混合结构：试验、理论和方法 / 韩林海等著. —3 版. —北京：科学出版社，2025.4

ISBN 978-7-03-078140-6

Ⅰ. ①现…　Ⅱ. ①韩…　Ⅲ. ①钢结构－混凝土结构－组合结构　Ⅳ. ① TU375

中国国家版本馆 CIP 数据核字（2024）第 051273 号

责任编辑：王　钰 / 责任校对：王万红

责任印制：吕春珉 / 封面设计：东方人华平面设计部

科学出版社 出版

北京东黄城根北街 16 号

邮政编码：100717

http://www.sciencep.com

北京中科印刷有限公司印刷

科学出版社发行　各地新华书店经销

*

2009 年 3 月第一版　2025 年 4 月第三次印刷

2017 年 10 月第二版　开本：787×1092 1/16

2025 年 4 月第三版　印张：76 1/2

字数：1 780 000

定价：980.00 元

（如有印装质量问题，我社负责调换）

销售部电话 010-62136230　编辑部电话 010-62137026（BA08）

第三版前言

《现代组合结构和混合结构：试验、理论和方法》于2009年出版，2017年出版第二版。结合作者近年来的最新研究进展，本次再版，对第二版进行了修订和完善，如在第2章中补充多边形钢管混凝土构件的内容等，主要补充完善钢管混凝土混合结构方面的研究成果。钢管混凝土混合结构是以钢管混凝土为主要构件，与其他结构构（部）件混合而成且能共同工作的结构，包括钢管混凝土桁式混合结构、钢管混凝土加劲混合结构等。

中空夹层钢管混凝土结构［concrete-filled double-skin steel tubular（CFDST）structure］由两个同心放置的钢管以及之间浇筑的混凝土组成。如变换内外钢管的截面形式组合，可形成多种不同形式的中空夹层钢管混凝土结构。中空夹层钢管混凝土结构，实质上是空心钢管混凝土构件与其内置钢管混合而成的一种钢管混凝土混合结构，如何保证空心钢管混凝土构件与其内置钢管构件的共同工作，是该类结构设计的关键。第3章论述中空夹层钢管混凝土结构的工作原理与设计方法。

钢管混凝土桁式混合结构［trussed concrete-filled steel tubular（CFST）hybrid structure］是由钢管混凝土弦杆与钢管、钢管混凝土或其他型钢腹杆混合组成的结构。第12章论述钢管混凝土桁式混合结构K形连接节点的力学性能与设计方法；第13章论述钢管混凝土桁式混合结构抗弯性能与设计方法；第14章论述曲线形钢管混凝土桁式混合结构的抗压与抗弯性能与设计方法。

钢管混凝土加劲混合结构［concrete-encased concrete-filled steel tubular（CFST）hybrid structure］是由内置钢管混凝土部分与钢管外包钢筋混凝土混合而成的结构。第4章论述单肢钢管混凝土加劲混合结构的力学性能与设计方法；第15章论述多肢钢管混凝土加劲混合结构的力学性能与设计方法；第16章论述拱形钢管混凝土加劲混合结构的力学性能与设计方法。

在实际工程中，钢管混凝土加劲混合结构常与钢梁或钢筋混凝土梁连接共同受力。第7章论述钢管混凝土加劲混合结构柱－钢梁连接节点的力学性能，第8章论述钢管混凝土加劲混合结构柱－混凝土梁连接节点，包括平面和空间节点；第17章论述钢管混凝土柱－基础连接节点的受力性能与设计方法。

本书再版工作获国家自然科学基金项目（项目编号：51678341，51838008，52220105005）的资助，特此致谢！作者的研究生们和合作伙伴们对本书的研究工作作出了重要贡献，在此感谢！

需要指出的是，组合结构和混合结构领域的内涵十分丰富，本书仅对作者所熟悉的领域进行了论述。由于作者学术水平所限，如有不当之处，作者怀着感激的心情期待读者对本书给予批评、指正！

韩林海

2024 年 10 月 2 日

第二版前言

近二十年来，本书第一作者领导的课题组循序渐进地、有计划地开展组合结构和混合结构方面的研究工作。2009年，科学出版社出版《组合结构和混合结构：试验、理论和方法（第一版）》。该书的出版得到有关技术人员的关注，有关成果被多次引用，并在一些典型工程中及有关工程建设标准中应用。

结合作者近年来在组合结构和混合结构研究方面的最新进展，本次对《现代组合结构和混合结构：试验、理论和方法（第一版）》再版，在原书所述内容的基础上进行了进一步的补充和完善。

高性能组合结构是结构工程领域的重要发展方向。本书第2章论述了一些新型组合结构构件的力学性能和工作特点，具体结构对象包括：钢管约束混凝土、薄壁钢管混凝土、采用高强钢材的钢管混凝土、采用不锈钢的钢管混凝土（简称不锈钢管混凝土）、采用自密实混凝土的钢管混凝土（简称钢管自密实混凝土）、采用回收骨料的再生混凝土的钢管混凝土（简称钢管再生混凝土）、锥形钢管混凝土、椭圆形钢管混凝土、多边形钢管混凝土、中空夹层钢管混凝土、FRP约束钢管混凝土和FRP-混凝土-钢管组合构件等。

钢管混凝土加劲混合结构是一种以钢管混凝土为核心，在钢管周围绑扎钢筋并浇筑混凝土而形成的结构形式。本书第2章还论述了实心、空心钢管混凝土加劲混合结构的工作机理和设计原理。

梁-柱连接节点是建筑框架结构体系中的关键部位，深入认识梁-柱连接节点的力学性能是进行建筑框架结构工作机理研究和有关工程设计的重要前提和基础。本书第3章论述了钢管混凝土柱-钢梁连接节点、钢管混凝土-组合梁连接节点的工作机理；第4章论述了钢管混凝土-钢筋混凝土梁连接节点的力学性能；第5章论述了钢管混凝土加劲混合结构柱-钢梁连接节点的试验和理论研究成果。

在弦杆中填充混凝土形成的钢管混凝土-钢管K形相贯节点具有强度高、刚度大、稳定性和耐疲劳性好等特点，已在工业建筑、大跨度公共场馆和桥梁等工程结构中得到推广应用。本书第6章论述了圆（中空夹层）钢管混凝土-钢管相贯焊接K形连接节点的工作机理和设计原理。

本书第7章对组成框架结构体系最基本的组成单元，即单层单跨框架的抗震性能进行了论述；第8章阐述了钢-混凝土混合剪力墙结构抗震性能的研究成果；第9章论述了三层、两跨钢管混凝土框架、钢筋混凝土剪力墙混合结构的抗震性能，以及高层钢管混凝土框架-钢筋混凝土核心筒混合结构体系模型的模拟地震振动台研究结果。

轻质、高强和大跨是现代工程结构的发展趋势之一。钢管混凝土桁架结构具有管桁架结构受力合理、空间刚度大、抗变形能力和整体性强、动力性能和抗火性能好等特点，从而能进一步提高结构的跨越能力，已在桥梁工程和大跨空间结构中得到应用。本书第 10 章论述了直线形桁式钢管混凝土结构的抗弯力学性能和设计方法；第 11 章论述了曲线形钢管混凝土结构的工作机理和计算方法。

本书第 1～4、8、9 章由韩林海执笔，第 5、6、10 章由李威执笔，第 7 章由王文达执笔，第 11 章由陶忠执笔。全书最后由韩林海统一定稿。

本书所涉及内容的研究工作先后得到国家自然科学基金（项目编号：50425823，50608019，50738005，51178245，51378290，51678341）、国家重大基础研究计划（973 计划）（项目编号：2009CB623200，2012CB719703）、长江学者和创新团队（项目编号：IRT00736）、铁道部－清华大学科技研究基金（项目编号：J2008G011）、高等学校博士学科点专项科研基金（项目编号：20070003087，20110002110017）、福建省科技计划项目（项目编号：2004H008）、福建省引进高层次人才科研项目、霍英东教育基金会高等院校青年教师基金、清华大学“百名人才引进计划”资助课题、清华大学自主科研计划课题（项目编号：20111081036，20131089347）、苏州－清华创新引领行动专项（项目编号：2016SZ0212）等的资助，特此致谢！

作者的研究工作一直得到有关工程界和学术界同行们的帮助和支持。刘刚、孙彤、叶尹、牟廷敏和杨蔚彪教授级高工等为作者提供了有关工程资料。本书第一作者和第四作者感谢他们的研究生或合作者们对本书所论述内容做出的重要贡献。陈志波、李永进、卢辉、黄宏、洪哲、廖飞宇、王玲玲、王志滨、吴颖星、徐毅、杨有福、尧国皇、游经团、于清、庄金平、任庆新、王蕊、侯超、安钰丰、徐悟和周侃等进行了组合构件性能的研究（第 2 章）；曲慧、石柏林、王静峰、王文达、王再峰、游经团、廖飞宇、任庆新和钱炜武等进行了组合结构节点（第 3～5 章）的研究；侯超和杨有福等进行了钢管混凝土－钢管 K 形相贯节点的研究（第 6 章）；杜铁柱等进行了框架结构（第 7 章）的研究；廖飞宇等进行了钢－混凝土混合剪力墙结构（第 8 章）的研究；杨有福等进行了钢－混凝土混合结构体系抗震性能（第 9 章）的研究；何珊瑚、徐悟和任庆新等进行了钢管混凝土桁架结构的研究（第 10 章）；詹宁、郑莲琼、何珊瑚、徐悟和任庆新等进行了曲线形钢管混凝土结构（第 11 章）的研究等。还有一些作者的研究生参与了本书再版的有关工作，在此一并致谢！

这本书其实是大家的，作者永远心存感激！

组合结构和混合结构学科的内容十分丰富。由于作者的学术水平所限，不妥之处在所难免，作者怀着感激的心情期待着读者对本书给予批评和指正！

韩林海
2017 年 7 月 2 日
于清华园

第一版前言

组合结构（composite structure）和混合结构（mixed structure）是目前结构工程领域研究和应用的热点话题之一。

组合结构一般是指由两种或两种以上材料组合而成的结构，如常见的钢－混凝土组合板、组合梁，型钢混凝土（steel reinforced concrete，SRC），钢管混凝土（concrete filled steel tube，CFST）和纤维增强塑料（fiber reinforced polymer，FRP）约束混凝土等。混合结构一般是指由不同材料的结构构件混合而成的结构或结构体系，如常见的钢－混凝土混合剪力墙结构、钢或钢管混凝土框架－钢筋混凝土剪力墙、钢或钢管混凝土框架－钢筋混凝土核心筒结构体系等。

组合结构和混合结构是人们更为充分地考虑结构的安全性、耐久性、和谐性，以及良好的可施工性等综合因素的必然产物。合理设计并应用组合结构或混合结构符合现代建筑结构发展和建设节约型社会的需要，有利于最大限度地实现建筑投入经济性与结构性能有效性的统一。

组合结构构件和混合结构工作的实质在于其组成材料或结构构件之间的组合作用或协同互补。由于这种相互作用，即使组合结构和混合结构具有一系列优越的力学性能，同时也提高了力学性能的复杂性。因此，如何准确地了解这种相互作用的“效应”是该领域研究的关键问题。近年来，本书第一作者领导的课题组针对一些具体的组合结构和混合结构对象进行了较为细致的理论分析和试验研究，不仅希望这一问题在理论上得到透彻解决，而且更希望能进一步提供便于实际应用的实用设计方法或建议。

众所周知，建筑结构材料和建筑结构的高性能化是组合结构的重要发展方向之一，在这样的背景下涌现出不少新型组合结构构件类型。本书第 2 章论述了一些新型组合结构构件的力学性能和工作特点，具体对象包括采用高性能混凝土或高强钢材的钢－混凝土组合柱、薄壁钢管混凝土、中空夹层钢管混凝土、钢管约束混凝土、FRP 约束钢管混凝土、钢管再生混凝土、不锈钢管混凝土等。此外，第 2 章中还介绍了其他一些组合结构力学性能的研究结果，如钢管混凝土加劲混合结构和 FRP- 混凝土－钢管组合结构的滞回性能等。

梁－柱连接节点是框架结构受力的关键部位，深入认识建筑框架结构中梁－柱连接节点的力学性能，是进行有关结构体系性能化设计的重要前提和基础。本书第 3 章和第 4 章分别论述了钢管混凝土柱－钢梁连接节点、钢管混凝土柱－钢筋混凝土梁连接节点和钢管约束混凝土柱－钢筋混凝土梁连接节点的试验和理论研究结果。

单层单跨框架是框架结构体系最基本的组成单元，任何复杂的多层多跨框架结构建筑大都是单层单跨框架的组合或叠加，因此，研究单层单跨框架的力学性能，是进行多层、多跨框架以及空间框架结构体系力学性能研究的基础。本书第 5 章论述了钢管混凝土平面框架的工作机理及有关计算方法。

一种提高钢筋混凝土剪力墙延性的有效方法是将其和钢构件进行组合，形成钢-混凝土混合剪力墙结构。本书第 6 章论述了带组合柱边框的钢筋混凝土混合剪力墙结构抗震性能的最新研究结果。

目前，钢管混凝土框架-钢筋混凝土核心筒结构体系在实际工程中开始得到应用，但对该类混合结构体系设计理论的研究尚不多见。本书第 7 章论述了两个高层钢管混凝土框架-钢筋混凝土核心筒混合结构体系模型的模拟地震振动台试验研究结果及相关理论分析结果。

本书第 8 章阐述了曲线形钢管混凝土结构的力学性能及其承载力计算方法。

本书第 1～4、7 章由韩林海执笔，第 6、8 章由陶忠执笔，第 5 章由王文达执笔。全书最后由韩林海统一定稿。

本书所涉及内容的研究工作主要得到国家杰出青年科学基金（项目编号：50425823）的资助；有关带钢管混凝土边框柱混合剪力墙结构的研究工作得到国家自然科学基金（项目编号：50608019）的资助。本书中的部分研究工作还先后得到铁道部-清华大学科技研究基金（项目编号：J2008G011）、高等学校博士学科点专项科研基金（20070003087）、福建省科技计划项目（项目编号：2004H008）、福建省引进高层次人才科研项目、清华大学“百名人才引进计划”资助课题、霍英东教育基金会高等院校青年教师基金（项目编号：111079）以及长江学者和创新团队（项目编号：IRT00736）的资助，特此致谢！

本书第一作者和第二作者感谢他们的研究生或合作者们对本书所论述内容做出的重要贡献，如陈志波、李永进、卢辉、黄宏、洪哲、廖飞宇、王玲玲、王志滨、吴颖星、徐毅、杨有福、尧国皇、游经团、于清和庄金平等进行了组合构件性能的研究（第 2 章）、曲慧、石柏林、王静峰、王文达、王再峰和游经团进行了组合结构节点（第 3、4 章）的研究、杜铁柱和王文达进行了框架结构（第 5 章）的研究、廖飞宇进行了钢-混凝土混合剪力墙结构（第 6 章）的研究、李威和杨有福进行了钢-混凝土混合结构体系抗震性能（第 7 章）的理论分析和试验研究工作、何珊瑚、詹宁和郑莲琼进行了曲线形钢管混凝土结构（第 8 章）的研究等。没有他们的辛勤工作和参与或协助，完成本书涉及的研究工作是不可能的。

刘刚和孙彤两位高级工程师等工程界同仁曾为作者提供过部分工程信息和相关照片，作者非常感激！

作者借此机会向所有曾给过我们关心和帮助的人们致以诚挚的谢意！这本书其实是大家的。作者永远心存感激！

我国当前正在进行着几乎是世界上最大规模的工程建设，而这一建设高潮还会随着我国全面建设小康社会进程的推进而持续相当一段时间。持续的、大规模的工程建设，为结构工程技术的发展和创新能力的提升提供了历史性的机遇。可以预期，在新的世纪里，组合结构和混合结构理论和技术必将得到更好更快的发展。

需要指出的是，作为土木工程领域中的热点，组合结构和混合结构学科的内容十分丰富。目前，国内外学者的有关研究成果众多，因此，对本领域的研究和发展进行全面论述，超出了作者的知识和能力范围，且已有不少相应的文献可以参阅。鉴于此，本书仅围绕现代组合结构和混合结构领域所重点关注的一些问题，结合作者所熟悉的领域和作者近期取得的阶段性研究结果进行论述。书中介绍的一些研究工作还非常初步，且内容远非全面和系统，撰写本书意在抛砖引玉。

由于作者学识水平和阅历所限，书中难免存在不妥之处。作者怀着感激的心情期待读者给予批评指正！随着课题组研究工作的深化，作者期待着对本书论述内容做进一步的完善和充实，以使有关研究结果更具参考价值，这是可能的，也是应当的。

韩林海
2009 年 1 月 2 日
于清华园

全面论述，着重于作者的研究和能力范围，[illegible]

[illegible]

由[illegible]

[illegible]

2023[illegible]

[illegible]

目　录

第 1 章　绪言……1
1.1　组合结构和混合结构的特点……1
1.2　组合结构和混合结构的基本形式……1
1.2.1　组合结构……1
1.2.2　混合结构……6
1.3　本书的目的和内容……12
参考文献……15
第 2 章　组合结构构件……17
2.1　引言……17
2.2　钢管约束混凝土……17
2.2.1　静力性能……17
2.2.2　滞回性能……30
2.2.3　小结……36
2.3　薄壁钢管混凝土……36
2.3.1　静力性能……36
2.3.2　承载力计算方法……44
2.3.3　小结……45
2.4　高强钢管混凝土……46
2.5　不锈钢管混凝土……49
2.5.1　不锈钢材料性能……50
2.5.2　静力性能……52
2.5.3　承载力计算方法……67
2.6　钢管自密实混凝土……68
2.6.1　静力性能……68
2.6.2　滞回性能……79
2.7　钢管再生混凝土……87
2.8　锥形钢管混凝土……91
2.9　椭圆形钢管混凝土……97
2.9.1　受弯构件……97
2.9.2　压弯构件……100
2.10　多边形钢管混凝土……103
2.10.1　轴压构件……103

2.10.2 受弯构件 …… 108
2.10.3 拉弯构件 …… 114
2.10.4 滞回构件 …… 119
2.11 FRP 约束钢管混凝土 …… 128
2.11.1 静力性能 …… 129
2.11.2 抗火性能 …… 130
2.11.3 FRP 加固火灾后钢管混凝土构件的静力性能 …… 131
2.11.4 FRP 加固火灾后钢管混凝土构件的滞回性能 …… 133
2.12 中空 FRP- 混凝土 - 钢管组合柱 …… 134
2.12.1 滞回性能 …… 135
2.12.2 数值计算方法及力学性能分析 …… 143
2.12.3 参数分析及恢复力模型 …… 149
2.12.4 抗撞击性能 …… 157
2.12.5 小结 …… 161
2.13 本章小结 …… 162
参考文献 …… 162
第 3 章 中空夹层钢管混凝土结构 …… 166
3.1 引言 …… 166
3.2 静力性能 …… 166
3.3 滞回性能 …… 171
3.4 局压性能 …… 172
3.5 抗撞击性能 …… 178
3.6 氯离子腐蚀作用下的力学性能 …… 185
3.7 本章小结 …… 189
参考文献 …… 189
第 4 章 单肢钢管混凝土加劲混合结构 …… 191
4.1 引言 …… 191
4.2 静力性能 …… 191
4.2.1 轴压力学性能 …… 191
4.2.2 纯弯力学性能 …… 204
4.2.3 压弯力学性能 …… 212
4.2.4 长期荷载作用下的力学性能 …… 231
4.3 滞回性能 …… 249
4.3.1 试验研究 …… 249
4.3.2 工作机理分析 …… 260
4.3.3 恢复力模型 …… 266
4.4 本章小结 …… 268
参考文献 …… 268

第 5 章 钢管混凝土柱－钢梁连接节点 270
5.1 引言 270
5.2 加强环板式钢梁节点试验研究 271
5.2.1 试验概况 271
5.2.2 试验结果 275
5.2.3 试验结果分析 281
5.3 加强环板式组合梁节点试验研究 287
5.3.1 试验概况 288
5.3.2 试验结果 292
5.3.3 试验结果分析 298
5.4 钢管混凝土斜柱－钢梁节点试验研究 305
5.4.1 试验概况 305
5.4.2 试验结果 307
5.4.3 试验结果分析 308
5.5 其他类型钢管混凝土柱－钢梁连接节点试验研究 315
5.5.1 穿芯螺栓端板连接的钢管混凝土柱－钢梁节点 315
5.5.2 单边螺栓连接的钢管混凝土柱－钢梁节点 323
5.5.3 钢管混凝土柱－“犬骨式”钢梁节点 328
5.5.4 单边螺栓连接的不锈钢管混凝土柱－钢梁节点 337
5.6 工作机理分析 345
5.6.1 有限元计算模型 346
5.6.2 节点受力特性分析 350
5.7 节点弯矩－转角关系影响因素分析与其实用计算方法 353
5.7.1 参数分析 353
5.7.2 实用计算方法 356
5.8 节点恢复力模型与节点单元模型 359
5.8.1 节点恢复力模型 359
5.8.2 节点单元模型 366
5.9 本章小结 370
参考文献 370
第 6 章 钢管（约束）混凝土柱－钢筋混凝土梁连接节点 373
6.1 引言 373
6.2 钢管混凝土柱－钢筋混凝土梁连接节点试验研究 375
6.2.1 试验概况 375
6.2.2 试验结果及分析 379
6.3 钢管约束混凝土柱－钢筋混凝土梁连接节点试验研究 388
6.3.1 试验概况 388
6.3.2 试验结果及分析 391

6.4 带楼板的钢管混凝土柱 - 钢筋混凝土梁连接节点 396
6.4.1 试验概况 396
6.4.2 试验结果及分析 402
6.5 工作机理分析 409
6.5.1 有限元计算模型 410
6.5.2 钢管混凝土柱 - 钢筋混凝土梁连接节点的受力特性分析 411
6.6 弯矩 - 转角关系影响因素分析及其实用计算方法 420
6.6.1 影响因素分析 420
6.6.2 实用计算方法 423
6.7 本章小结 426
参考文献 426
第 7 章 钢管混凝土加劲混合结构柱 - 钢梁连接节点 427
7.1 引言 427
7.2 试验研究 427
7.2.1 试验概况 427
7.2.2 试验结果及分析 434
7.3 工作机理分析 461
7.3.1 有限元计算模型 461
7.3.2 节点受力特性分析 465
7.4 节点设计方法 490
7.4.1 参数分析 490
7.4.2 节点恢复力模型 495
7.5 本章小结 508
参考文献 509
第 8 章 钢管混凝土加劲混合结构柱 - 钢筋混凝土梁连接节点 510
8.1 引言 510
8.2 试验研究 510
8.2.1 试验概况 510
8.2.2 试验结果及分析 518
8.3 工作机理分析 533
8.3.1 有限元计算模型 533
8.3.2 节点受力特性分析 540
8.4 节点设计方法 547
8.4.1 参数分析 547
8.4.2 节点承载力计算方法与构造措施 561
8.4.3 节点恢复力模型 568
8.5 本章小结 575
参考文献 575

第 9 章 平面钢管混凝土框架结构 577
9.1 引言 577
9.2 采用外环板式连接的框架结构试验研究 577
9.2.1 试验概况 577
9.2.2 试验结果及分析 581
9.3 采用穿芯螺栓端板连接的框架结构试验研究 594
9.3.1 试验概况 595
9.3.2 试验结果及分析 596
9.4 框架结构力学性能的理论分析 601
9.4.1 数值计算模型建立 601
9.4.2 受力全过程分析 617
9.4.3 P-Δ 关系 631
9.5 P-Δ 关系影响因素分析 633
9.6 实用计算方法 637
9.6.1 二阶分析方法 637
9.6.2 P-Δ 恢复力模型 643
9.6.3 位移延性系数 649
9.7 本章小结 650
参考文献 651
第 10 章 组合柱－钢筋混凝土混合剪力墙结构 653
10.1 引言 653
10.2 试验研究 654
10.2.1 试验概况 654
10.2.2 试验结果及分析 660
10.3 工作机理分析 694
10.3.1 有限元计算模型 694
10.3.2 受力全过程分析 701
10.3.3 破坏机制与受力特点分析 711
10.3.4 基于纤维模型法的滞回性能分析 718
10.4 承载力计算方法与设计建议 723
10.5 本章小结 727
参考文献 727
第 11 章 钢管混凝土框架－钢筋混凝土核心筒结构体系 729
11.1 引言 729
11.2 平面框架－组合剪力墙混合结构抗震性能 729
11.2.1 拟静力试验研究 729
11.2.2 拟动力试验研究 750
11.2.3 数值分析 771

11.2.4 小结 …… 782
11.3 混合结构体系振动台试验研究 …… 783
11.3.1 模型设计与制作 …… 783
11.3.2 试验方法 …… 789
11.3.3 试验结果及分析 …… 791
11.4 混合结构体系数值计算模型 …… 805
11.4.1 数值计算模型 …… 805
11.4.2 对比计算分析 …… 807
11.4.3 剪力分配与柱轴压比分析 …… 813
11.5 本章小结 …… 814
参考文献 …… 815
第 12 章 钢管混凝土桁式混合结构 K 形连接节点 …… 816
12.1 引言 …… 816
12.2 钢管混凝土构件侧向受压力学性能研究 …… 818
12.2.1 试验研究 …… 818
12.2.2 有限元计算模型及受力分析 …… 833
12.2.3 实用计算方法 …… 839
12.3 K 形连接节点试验研究 …… 843
12.3.1 试验概况 …… 843
12.3.2 试验结果及分析 …… 850
12.4 K 形连接节点受力全过程分析 …… 858
12.4.1 有限元计算模型 …… 858
12.4.2 工作机理分析 …… 862
12.5 K 形连接节点设计方法 …… 876
12.5.1 钢管混凝土 K 形节点 …… 877
12.5.2 中空夹层钢管混凝土 K 形节点 …… 882
12.6 本章小结 …… 889
参考文献 …… 889
第 13 章 直线形钢管混凝土桁式混合结构 …… 891
13.1 引言 …… 891
13.2 试验研究 …… 892
13.2.1 试验概况 …… 892
13.2.2 试验结果及分析 …… 897
13.3 工作机理分析 …… 913
13.3.1 有限元计算模型 …… 913
13.3.2 工作机理分析 …… 915
13.3.3 参数分析 …… 928
13.4 承载力实用计算方法 …… 933

13.4.1　钢管混凝土桁式混合结构……933
13.4.2　带混凝土板的钢管混凝土桁式混合结构……934
13.5　本章小结……938
参考文献……938
第 14 章　曲线形钢管混凝土桁式混合结构……939
14.1　引言……939
14.2　钢管混凝土曲杆轴压力学性能……941
14.2.1　试验研究……941
14.2.2　工作机理分析……946
14.2.3　承载力计算方法……958
14.3　曲线形钢管混凝土桁式混合结构力学性能……961
14.3.1　试验研究……961
14.3.2　工作机理分析……984
14.3.3　承载力实用计算方法……993
14.4　本章小结……995
参考文献……995
第 15 章　多肢钢管混凝土加劲混合结构……997
15.1　引言……997
15.2　静力性能……997
15.2.1　试验研究……997
15.2.2　有限元模型的建立……1020
15.2.3　参数分析……1023
15.2.4　设计方法……1034
15.3　滞回性能……1040
15.3.1　试验研究……1040
15.3.2　工作机理分析……1051
15.3.3　参数分析……1053
15.3.4　恢复力模型……1056
15.4　抗撞击性能……1058
15.4.1　试验研究……1058
15.4.2　工作机理分析……1069
15.4.3　参数分析……1070
15.4.4　承载力实用计算方法……1074
15.5　本章小结……1075
参考文献……1076
第 16 章　拱形钢管混凝土加劲混合结构……1077
16.1　引言……1077
16.2　试验研究……1077

16.2.1 试验概况 …… 1077
16.2.2 试验结果及分析 …… 1080
16.3 工作机理分析 …… 1095
16.3.1 有限元计算模型 …… 1095
16.3.2 荷载－变形全过程分析 …… 1098
16.4 承载力实用计算方法 …… 1105
16.4.1 影响参数分析 …… 1105
16.4.2 承载力计算方法 …… 1114
16.4.3 设计建议及构造措施 …… 1117
16.5 本章小结 …… 1117
参考文献 …… 1118
第 17 章 钢管混凝土柱－基础连接节点 …… 1119
17.1 引言 …… 1119
17.2 试验研究 …… 1119
17.2.1 试验概况 …… 1120
17.2.2 试验结果及分析 …… 1122
17.3 工作机理分析 …… 1141
17.3.1 有限元计算模型 …… 1141
17.3.2 节点受力特性分析 …… 1147
17.4 承载力计算方法 …… 1171
17.4.1 参数分析 …… 1171
17.4.2 承载力计算方法 …… 1182
17.5 本章小结 …… 1193
参考文献 …… 1193
索引 …… 1195

第1章 绪　言

1.1 组合结构和混合结构的特点

组合结构（composite structure）和混合结构（hybrid structure）是目前结构工程领域研究和应用的热点话题之一，是现代结构工程科学技术进步和现代土木工程建造工业化的产物。

组合结构一般是指由两种或两种以上工程结构材料组合而成的结构，一般是指不同结构材料在结构构件层次的组合，如常见的钢－混凝土组合板、组合梁，型钢混凝土（steel reinforced concrete，SRC）和钢管混凝土（concrete filled steel tube，CFST）等。组合结构的特点在于如何优化地组合不同结构材料，通过组成材料之间的相互作用，充分发挥材料的优点，尽可能避免或减少其弱点所带来的不利效应。且通过不同材料的组合，使施工过程更为便捷。此外，由于不同材料协同互补和共同工作的特点，使组合结构具有较好的耐火性能及火灾后可修复性。例如，钢管混凝土是一种在钢管中填充混凝土且二者能共同承受外荷载作用的结构构件。它利用钢管和混凝土两种材料在受力过程中的相互作用，即钢管对其核心混凝土的约束作用，使混凝土的抗压强度和塑性性能提高；同时，核心混凝土的存在可为其外部钢管提供支撑作用，延缓或避免钢管过早地发生局部屈曲。此外，钢管还作为施工过程中浇筑其核心混凝土的模板，施工更为便捷且更易保证混凝土的浇筑质量。

混合结构一般是指由不同材料的结构构（部）件混合而成的结构或结构体系，其工作特点在于组成构（部）件间可以协同互补和共同工作，从而使结构或结构体系具有优越的整体力学特性和良好的施工性能。如钢管混凝土混合结构，是以钢管混凝土为主要构件，与其他结构构（部）件混合而成且能共同工作的结构［GB/T 51446—2021（2021），ISO 16521：2024（2024）］，包括中空夹层钢管混凝土结构、钢管混凝土桁式混合结构、钢管混凝土加劲混合结构等。常见的混合结构体系有钢－混凝土剪力墙结构、钢或钢管混凝土框架－混凝土剪力墙结构、钢或钢管混凝土框架－混凝土核心筒结构体系等。

1.2 组合结构和混合结构的基本形式

1.2.1 组合结构

实际工程中最常见的组合结构构件类型有组合板、组合梁和组合柱等。组合结构构件常见的组成材料有钢材、混凝土和纤维增强复合材料（fiber reinforced polymer，FRP）等。

如前所述，组合结构构件工作的实质在于其组成材料之间的组合作用，这种所谓的组合作用往往体现在两个方面。①施工阶段：通过材料之间的合理组合，实现方便施工、简化施工程序，提高工业化生产程度的目的。②使用阶段：通过组合作用，充分发挥材料的优势，达到取长补短、协同互补和共同工作的效果。

压型钢板组合板是一种典型的组合板构件，其工作特点是：在施工阶段，压型钢板或钢板可作为浇筑混凝土的模板；在正常使用阶段，它还可作为受力主筋，和混凝土共同工作。压型钢板组合板中一般需采取适当的构造措施来保证压型钢板和混凝土的共同工作（JGJ 99—2015，2016；EC4，2004）。欧洲规范 EC4（2004）给出了几种常见的压型钢板组合板。图 1.1（1a）和（1b）所示的组合板通过压型钢板上的压痕来增强钢和混凝土之间的结合；图 1.1（1c）所示的组合板通过设置栓钉来增强二者共同工作的能力；图 1.1（1d）和（1e）所示的组合板是通过采用适当的板型来保证受力过程中混凝土和压型钢板的整体工作；图 1.1（1f）所示的组合板则通过端部板肋形状变化的构造措施来加强受力过程中钢板和混凝土的共同工作。

图 1.1（2）所示为一种肋筋模板组合板（毛小勇等，2001），即在一块平钢板上焊接与之垂直的纵向齿状钢板（肋筋），然后在肋筋上部焊接横向拉结钢筋共同形成所谓的肋筋模板，最后在肋筋模板上浇筑混凝土。

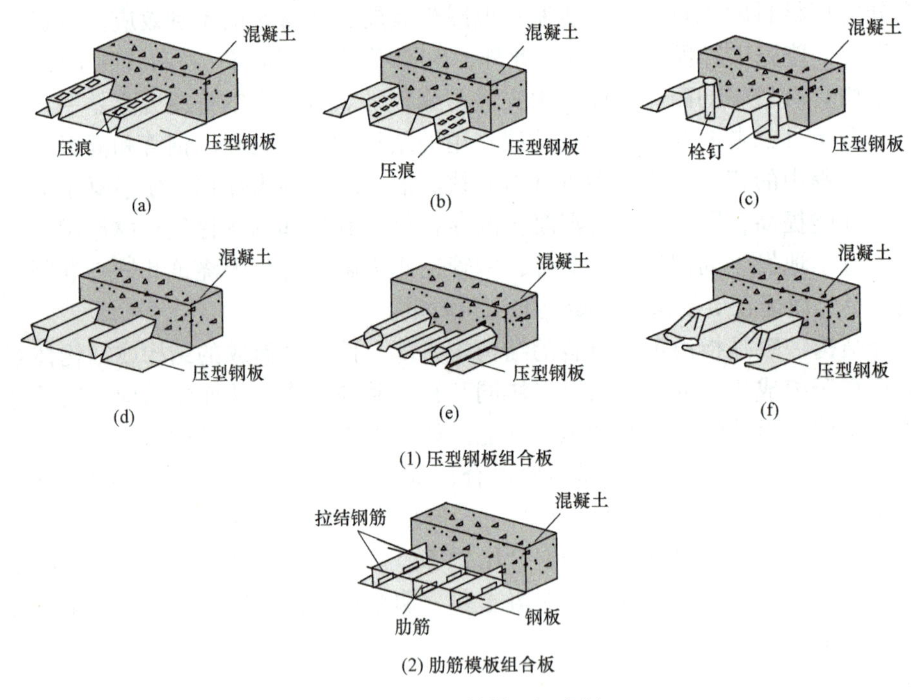

图 1.1　钢 - 混凝土组合板

钢 - 混凝土组合梁是通过抗剪连接件的连接使钢部件和钢筋混凝土楼板能共同承受外荷载的组合结构构件，在中国、美国、日本和欧洲等地都得到了较为广泛的应用。关于钢 - 混凝土组合梁设计理论的研究，国内外学者已进行了大量工作（Chen and Liew，2003；Nethercot，2003；Johnson，2004；Chen and Lei，2005；聂建国，2005，2009；朱聘儒，2006）。图 1.2 所示为钢 - 混凝土组合梁截面形式。

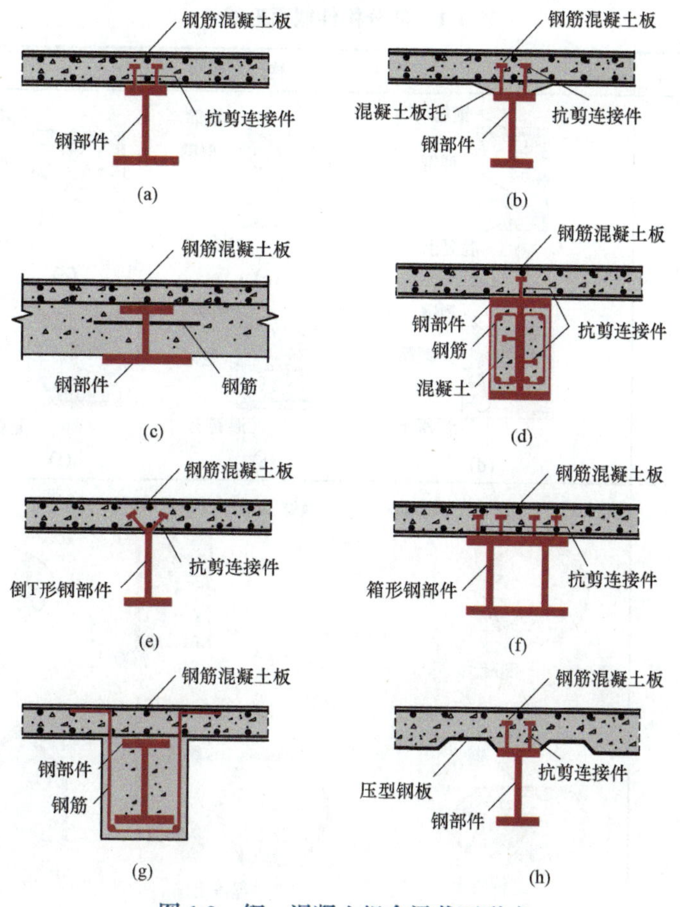

图 1.2 钢－混凝土组合梁截面形式

对于竖向承重结构柱，主要有型钢混凝土（若林实，1981；周起敬等，1991；白国良和秦福华，2000；叶列平和方鄂华，2000；赵鸿铁，2001；刘大海和杨翠如，2003）和钢管混凝土（Nishiyama et al.，2002；陶忠和于清，2006；王元丰，2006；钟善桐，2006；蔡绍怀，2007；韩林海，2022；韩林海和杨有福，2007；Gourley et al.，2008）。此外，还有钢管约束混凝土柱（肖岩等，2004；周绪红等，2023）、FRP（管）约束混凝土柱（Teng，2006）、FRP 约束钢管混凝土柱（陶忠和于清，2006）和 FRP- 混凝土－钢管组合柱（Teng，2006）等。

需要说明的是，目前不同文献中对一些组合构件名称的表述尚有所差异。为了论述方便，作者参考有关文献，并结合组合构件具体的工作特点，在表 1.1 中汇总了构件名称。表 1.1 中，分别把在钢管混凝土的核心混凝土中配置型钢或钢筋的构件称为劲性钢管混凝土或钢管配筋混凝土。

实际建筑工程中，钢－混凝土组合柱、组合梁和组合板常被共同采用，形成钢－混凝土组合结构体系，例如图 1.3 所示为施工中的某钢－混凝土组合结构高层建筑，采用方钢管混凝土柱、钢－混凝土组合梁和压型钢板组合楼板（组合楼盖）。

表 1.1　部分构件截面形式

序号	构件名称	构件横截面
1	型钢混凝土（SRC）	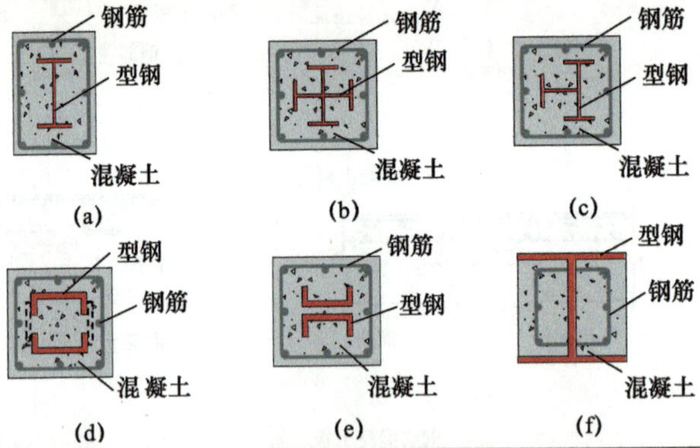 钢筋 型钢 混凝土 (a)；钢筋 型钢 混凝土 (b)；钢筋 型钢 混凝土 (c)；型钢 钢筋 混 凝土 (d)；钢筋 型钢 混凝土 (e)；型钢 钢筋 混凝土 (f)
2	钢管混凝土（CFST）	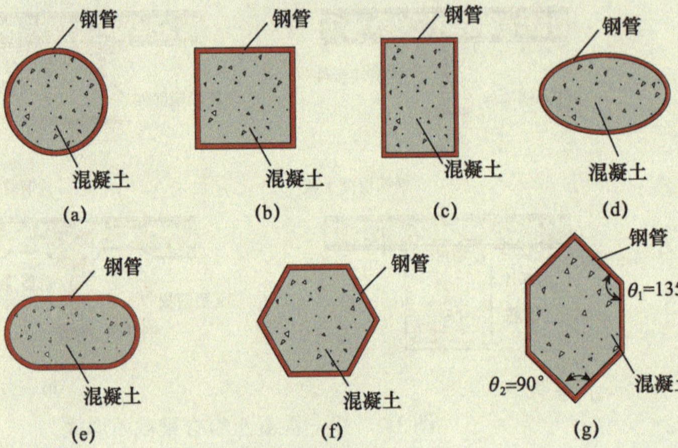 钢管 混凝土 (a)；钢管 混凝土 (b)；钢管 混凝土 (c)；钢管 混凝土 (d)；钢管 混凝土 (e)；钢管 混凝土 (f)；钢管 θ_1=135° θ_2=90° 混凝土 (g)
3	钢管约束混凝土	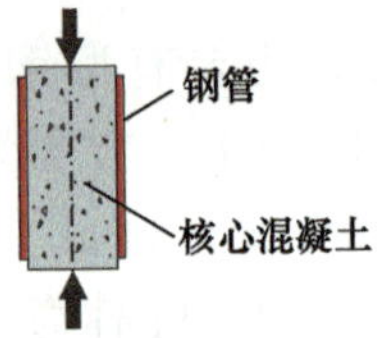 钢管 核心混凝土
4	FRP（管）约束混凝土	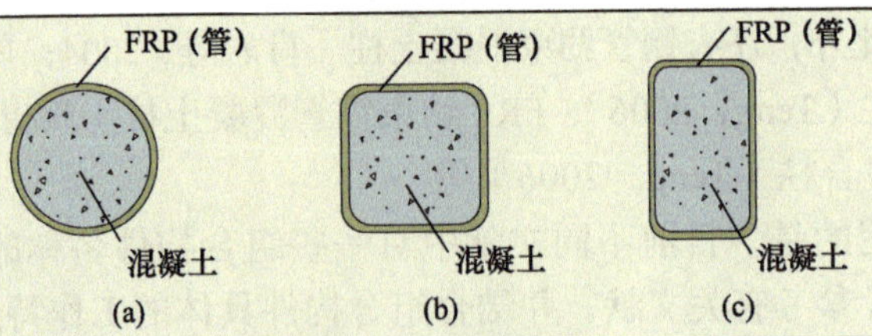 FRP（管） 混凝土 (a)；FRP（管） 混凝土 (b)；FRP（管） 混凝土 (c)
5	劲性钢管混凝土	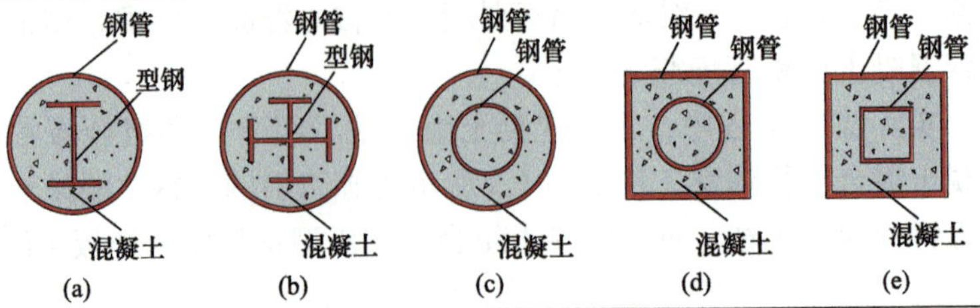 钢管 型钢 混凝土 (a)；钢管 型钢 混凝土 (b)；钢管 钢管 混凝土 (c)；钢管 钢管 混凝土 (d)；钢管 钢管 混凝土 (e)

续表

序号	构件名称	构件横截面
6	FRP 约束钢管混凝土	FRP 钢管 混凝土 (a)　FRP 钢管 混凝土 (b)　FRP 钢管 混凝土 (c)
7	中空 FRP-混凝土－钢管	FRP 钢管 混凝土 (a)　FRP 钢管 混凝土 (b)　FRP 钢管 混凝土 (c)
8	钢管配筋混凝土	钢管 钢筋 混凝土 (a)　钢管 钢筋 混凝土 (b)　钢管 钢筋 混凝土 (c)

图 1.3　施工中的某钢－混凝土组合结构高层建筑

滕锦光和王汉挺（2005）研究了一种钢－混凝土组合薄壳屋盖结构，如图 1.4 所示。

组合结构还可应用于防爆工程和抢修工程。例如采用钢－混凝土组合结构防护门，不仅可提高结构的抗爆性能，还可防止发生爆炸时混凝土发生飞溅，避免更严重的人员伤亡和财产损失。组合结构应用于抢修工程中时可便于实现在保证工程质量的前提下加快抢修进度的目标。

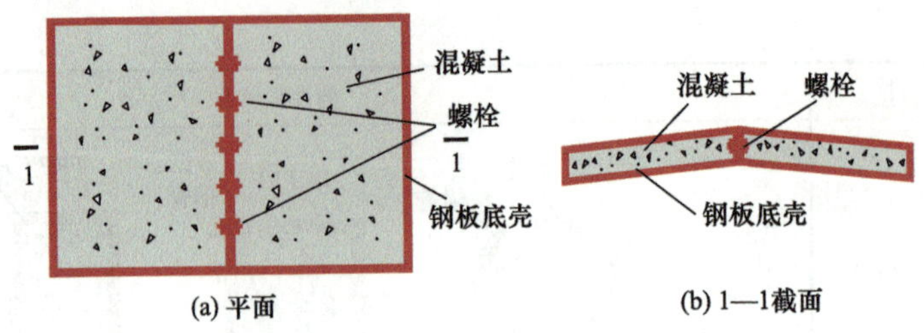

图 1.4　钢 - 混凝土组合薄壳屋盖结构单元

1.2.2　混合结构

如前所述，混合结构是对结构构（部）件在结构和结构体系层次上进行组合，如常见的钢 - 混凝土混合剪力墙结构，多、高层钢 - 混凝土混合结构体系和钢管混凝土混合结构等。

一些建筑结构中，为了使框架柱和剪力墙在受力过程中能更好地协调工作，常采用带钢柱或组合结构边柱的钢筋混凝土剪力墙结构，或者组合柱 - 钢板剪力墙结构等。其中，组合柱可以是钢管混凝土或型钢混凝土柱等。图 1.5 给出了两种钢 - 混凝土混合剪力墙结构示意图。

多、高层建筑中常见的混合结构主要有钢框架 - 钢筋混凝土核心筒，采用钢管混凝土或型钢混凝土柱的框架 - 钢筋混凝土剪力墙或核心筒结构体系等。常用的还有一种竖向混合结构体系，即建筑物沿高度采用不同结构形式的结构体系，如较常见的底部采用钢筋混凝土，型钢混凝土或钢管混凝土，而上部采用钢结构的高层建筑结构等。

工程实践表明，在多、高层建筑中采用钢或组合结构框架 - 钢筋混凝土剪力墙或核心筒混合结构体系具有不少优点，可总体归纳如下。

1）施工方便。例如钢筋混凝土筒体和外围钢或组合框架可分别施工，筒体可采用爬模工艺，而钢框架或组合框架在施工阶段可作为支撑结构，因此可提高施工效率。

2）同钢筋混凝土结构相比，可减小构件截面尺寸，降低结构自重；同钢结构相

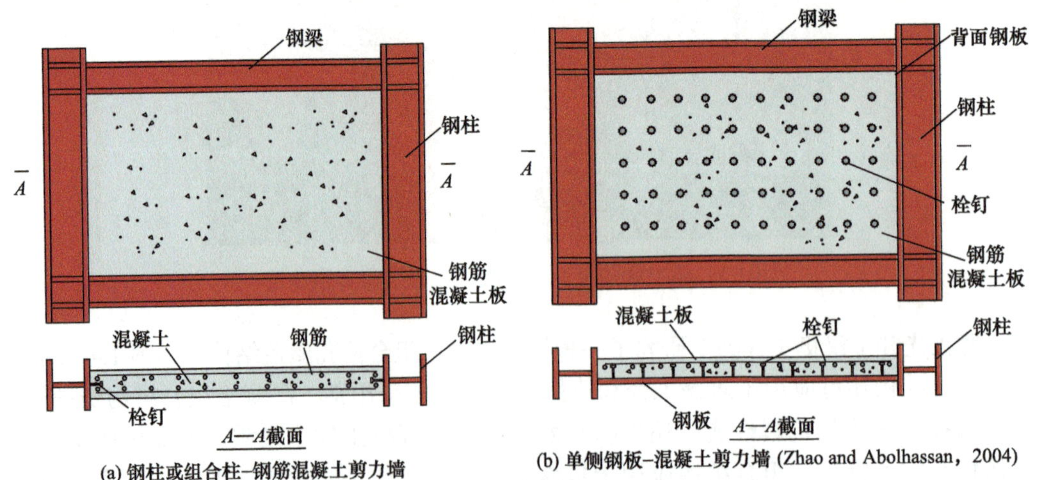

图 1.5　钢 - 混凝土混合剪力墙结构示意图

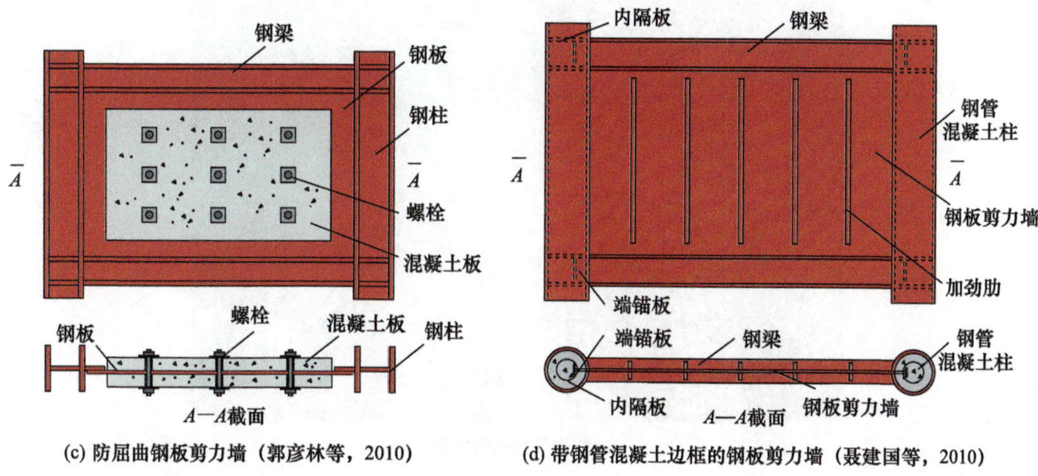

(c) 防屈曲钢板剪力墙（郭彦林等，2010）　　(d) 带钢管混凝土边框的钢板剪力墙（聂建国等，2010）

图 1.5（续）

比，整体刚度好，结构的防火和防腐性能也得到改善。

3）抗震性能好。

4）综合造价低于钢结构等。

由于具备上述诸多优点，钢或组合结构框架 - 钢筋混凝土剪力墙或核心筒混合结构体系正被越来越广泛地应用于实际工程中。有关该类结构体系的设计理论也取得了较大进展（陈富生等，2000；李国强等，2001；徐培福等，2005；吕西林，2007）。

图 1.6 所示为一种典型的钢框架或钢管混凝土框架 - 钢筋混凝土剪力墙（核心筒）混合结构。

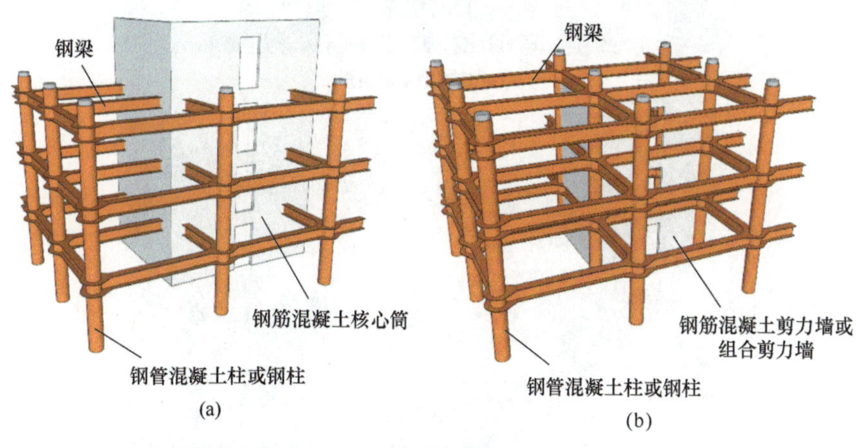

图 1.6　钢（钢管混凝土）框架 - 钢筋混凝土剪力墙（核心筒）混合结构

图 1.7 所示为某钢 - 混凝土混合结构高层建筑在建设中的情形。该建筑采用方钢管混凝土柱 - 钢梁框架及钢筋混凝土核心筒混合结构体系。

钢筋混凝土柱 - 钢梁（reinforced concrete column-steel beam，RCS）混合框架结构因能较好地发挥两种材料各自的优点，在实际工程中也得到应用。一些学者对 RCS 梁柱节点、框架等的力学性能和设计方法进行了研究（Gregory and Hiroshi，2004）。

(a) 施工初期的情形

(b) 施工中期的情形

(c) 组合结构框架与钢筋混凝土剪力墙的连接

图 1.7　某钢－混凝土混合结构高层建筑在建设中的情形

中空夹层钢管混凝土结构［concrete-filled double-skin steel tubular（CFDST）structure］由两个同心放置的钢管以及之间浇筑的混凝土组成（Han et al.，2004；Zhao and Han，2006；Zhao et al.，2010）。如变换内外钢管的截面形式组合，可形成多种不同形式的中空夹层钢管混凝土结构，如图 1.8 所示。

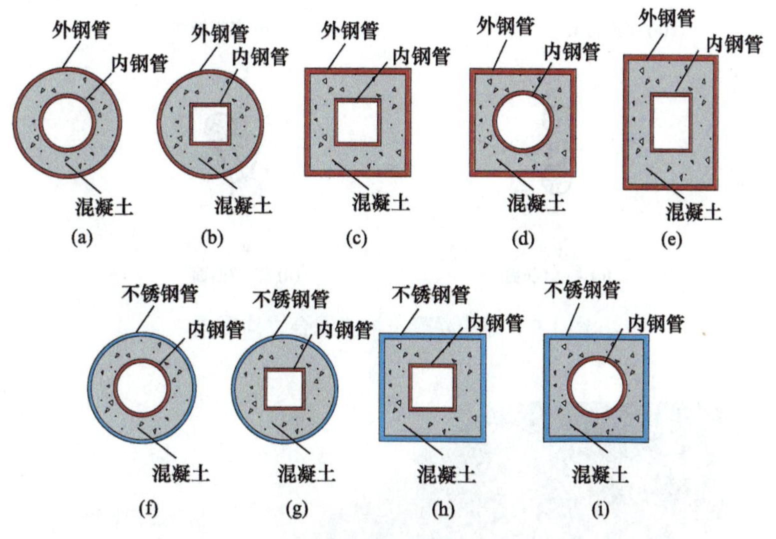

图 1.8 中空夹层钢管混凝土结构形式

中空夹层钢管混凝土结构实质上是空心钢管混凝土构件与其内置钢管混合而成的一种钢管混凝土混合结构形式，如保障空心钢管混凝土构件与其内置钢管构件共同工作是该类结构设计的关键。

钢管混凝土桁式混合结构［trussed concrete-filled steel tubular（CFST）hybrid structure］是由圆形钢管混凝土弦杆与钢管、钢管混凝土或其他型钢腹杆混合组成的桁式结构。钢管混凝土桁式混合结构可与混凝土结构板共同形成钢管混凝土桁梁结构体系，也可用作结构柱等承重结构。在桁架结构中采用钢管混凝土可很好地发挥其抗压承载力高和刚度大等优点。这种结构的主要应用领域包括：大跨度建筑的屋架结构、高层建筑中的刚伸臂桁架结构，拱桥主拱（Zhou and Zhu，1998；钟善桐，2006；蔡绍怀，2007；王玉银和惠中华，2010；陈宝春，2016；韩林海，2022）及桥面系（张联燕等，1999）等。

以二肢、三肢截面为例，图 1.9 所示为平面及空间钢管混凝土桁式混合结构形式。其中，腹杆一般采用空钢管，也可采用钢管混凝土，弦杆则采用钢管混凝土。钢管混凝土桁式混合结构的弦杆通常对称布置，肢数可为二肢［图 1.9（c）］、三肢［图 1.9（d）］、四肢或六肢等。钢管混凝土弦杆截面可采用圆形，也可以是方形或矩形（周绪红等，2004）。

桥梁结构中采用由钢管混凝土空间桁架与钢筋混凝土顶板组成的混合梁式结构时，可先逐段组装、平移及合龙形成空间组合桁架，然后再施工混凝土顶板，最终形成混合结构共同承受外荷载（张联燕等，1999）。

图 1.10 所示为某钢管混凝土桁式混合结构桥梁桥面系建成后的情景。

图 1.11 所示为钢管混凝土桁式混合结构在屋盖结构中应用的示意。

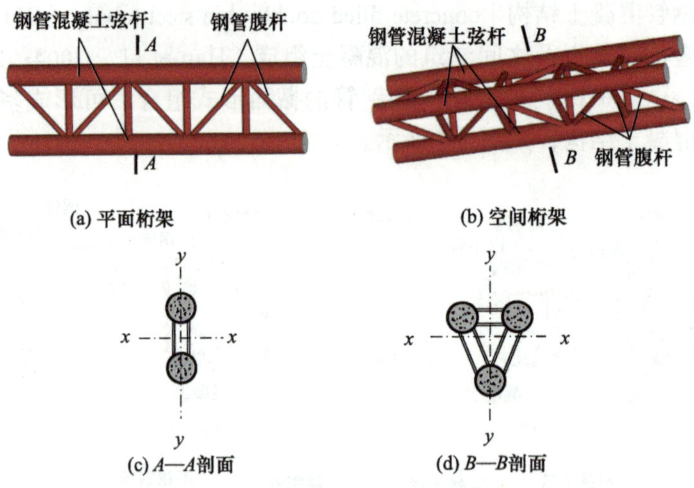

图 1.9　钢管混凝土桁式混合结构形式

图 1.10　钢管混凝土桁式混合结构桥梁桥面系

图 1.12 所示为柱肢采用钢管混凝土的钢管混凝土桁式混合结构在输电杆塔和电视塔结构中应用的示意。实际工程中，也有采用柱肢底部钢管填充混凝土形成钢管混凝土，而上部采用空钢管的情况。

如何保障钢管混凝土弦杆与其相连的钢腹杆共同工作，是钢管混凝土桁式混合结构设计的关键。

钢管混凝土加劲混合结构［concrete-encased concrete-filled steel tubular（CFST）hybrid structure］是由内置钢管混凝土部分与钢管外包钢筋混凝土部分混合而成的结构。钢管混凝土加劲混合结构内置的钢管混凝土通常对称布置，肢数可为单肢和多肢，如图 1.13 所示。内置钢管混凝土构件的截面一般采用圆形，也可根据工程实际情况采用方、矩形。

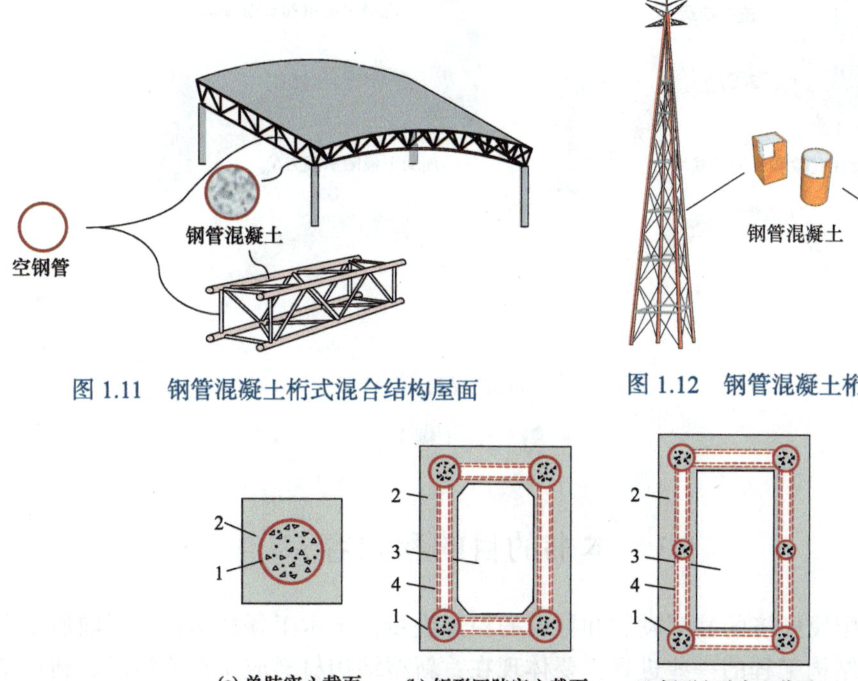

图 1.11 钢管混凝土桁式混合结构屋面

图 1.12 钢管混凝土桁式混合结构塔

图 1.13 钢管混凝土加劲混合结构截面

对于单肢截面，钢管混凝土位于结构截面中心，结构截面为实心，外包形状为矩形。针对该类结构（以往也被称为钢管混凝土叠合柱），一些研究者已开展了研究工作（若林实，1981；李惠，2004）。对于多肢截面，钢管混凝土位于结构截面的角部或肋部，腹杆可为钢管、钢管混凝土或其他型钢形式，结构截面为空心，空心形状为八边形或矩形，外包形状为矩形。后者实际上是在钢管混凝土桁式混合结构基础上演变而来。钢管混凝土加劲混合结构可用作柱或拱形结构等，如图 1.14 所示。如何保障内置钢管混凝土部分与钢管外包钢筋混凝土部分的共同工作，是钢管混凝土加劲混合结构设计的关键。

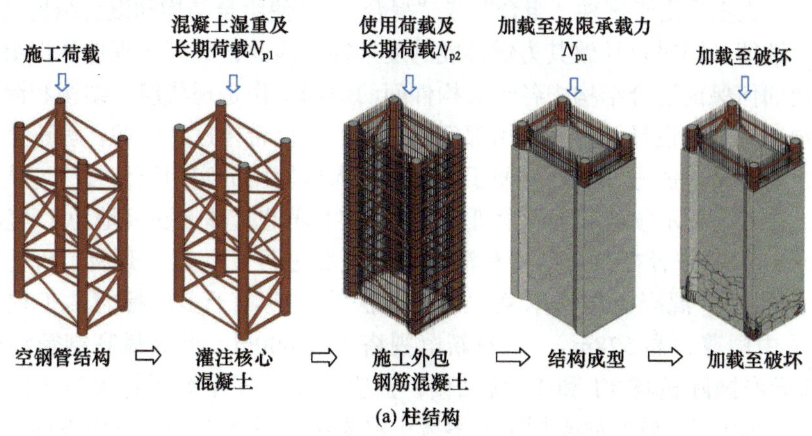

图 1.14 钢管混凝土加劲混合结构成形过程

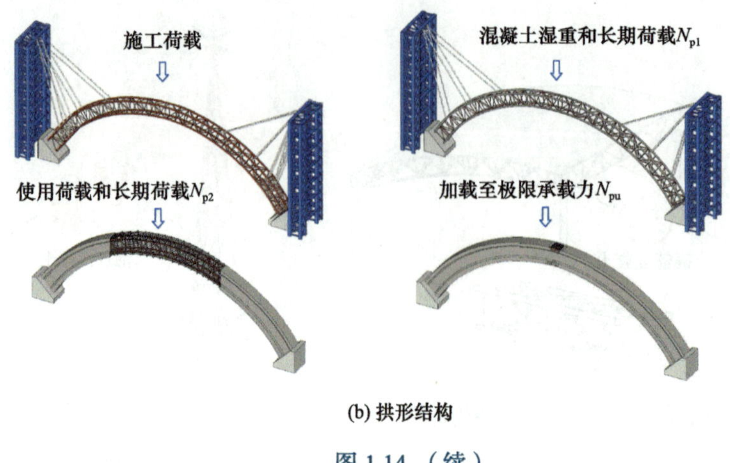

(b) 拱形结构

图 1.14 （续）

1.3 本书的目的和内容

随着我国国民经济的健康发展和社会的快速进步，土木工程技术得到了前所未有的发展机遇。结构工程的一些进展主要体现在：新型结构材料应用空前活跃、新型结构技术得到不断发展、结构工程科学研究手段不断提高、结构分析计算理论不断取得进展等（国家自然科学基金委员会工程与材料科学部，2006；袁驷等，2006；聂建国，2016；茹继平和李杰，2017；韩林海等，2020）。

众所周知，试验科学、计算机技术及分析计算手段的发展，都为更为细致和深入地研究组合结构或混合结构的工作机理及其设计理论创造了条件。此外，近些年诞生了不少采用组合结构和混合结构的典型工程。不断的工程实践不仅提出了不少需要解决的新问题，而且也促进了对原有研究结果的完善和提高，同时也使现代组合结构和混合结构技术得到快速进步。

如前所述，组合结构和混合结构工作的实质在于利用不同结构材料或结构构件的组合或混合使用，从而发挥各自材料或结构构件的优势，达到取长补短、协同互补、共同工作之目的。也正是由于这种“组合”或“混合”，既使组合结构和混合结构具有一系列优越的力学性能，同时也导致其力学性能的复杂性。因此，如何合理地认识组合结构的组合作用及如何保证混合结构中各组成构件间的协同工作是现代组合结构和混合结构研究热点课题。从工程设计及有关应用部门的角度，不仅希望这一问题在理论上取得较透彻的解决，而且希望能进一步提供便于工程设计人员使用的实用设计方法。从研究者的角度来说，在工程技术领域从事科学研究，其最终目的也应该是更好地为工程实践服务。

近年来，本书作者在组合结构和混合结构领域进行了探索，开展了研究工作。本书作者提出的钢管混凝土结构承载力计算方法等被应用于多项标志性工程，如北京中信大厦（中国尊，高 528m）、广州新电视塔（高 600m，世界最高钢管混凝土电视塔）、成都天府国际机场 T1 和 T2 航站楼；被应用于雅安干海子特大桥（世界首座全钢管混凝土桁梁桥），较原简支桥梁方案减少混凝土用量达 60%，继而被推广至汶川克枯特大桥（长 6431m），二者分别安全抵御了 2013 年雅安里氏 7.0 级地震、2019 年汶川 8 · 20 特大泥石流撞击极端作用；被应用于舟山大跨越塔（高 370m）、西堠门跨海输电塔（高 380 米），连续突破世界输电塔高度极限，后者较原钢塔方案降低钢材用量 34.8%；被应用于在建川藏铁路金沙江特大桥（跨径 500m），为其在复杂工程环境下的全寿期安全设计提供了支撑。

韩林海（2022）以钢管混凝土构件为基本研究对象，构建了基于全寿命周期的钢管混凝土结构理论，其内容总体可概述为：①全寿命周期服役过程中钢管混凝土结构在遭受可能导致灾害的荷载（如强烈地震、火灾和撞击等）作用下的分析理论，以及考虑各种荷载作用相互耦合的分析方法；②综合考虑施工因素（如钢管制作和核心混凝土浇灌等）、长期荷载（如混凝土收缩和徐变）与环境作用影响（如氯离子腐蚀等）的钢管混凝土结构分析理论；③基于全寿命周期的钢管混凝土结构设计原理和设计方法。本书则论述了一些“广义”钢管混凝土结构的工作机理和设计原理。

韩林海等（2022）论述了钢 - 混凝土组合结构抗火设计原理方面进行的研究工作和取得的成果。

下面以钢管混凝土组合构件力学性能的研究为例，简要说明本书采用的研究方法和过程。有关研究工作大致可分为三个阶段。第一阶段，确定组成钢管混凝土的钢材及混凝土的应力 - 应变关系模型，在此基础上，采用数值计算方法，分析了钢管混凝土构件在静力、动力和火灾作用等情况下的荷载 - 变形全过程关系，并和已有的国内外的试验结果进行对比和分析，对理论模型进行初步验证（韩林海，2022）。第二阶段，针对国内外以往进行过的试验研究状况，有计划地进行一系列钢管混凝土构件在静力、动力和火灾作用等情况下的试验研究。一方面通过这些试验增强对钢管混凝土构件工作性能的感性认识；另一方面也进一步验证所建立理论计算模型，使理论分析结果更为可信。

以上这种充分考虑组成钢管混凝土的钢管和混凝土之间相互组合作用的分析方法自然是比较系统和完善的，而且得到必要的试验验证，计算结果也较精确。但也要看到，从实际应用的角度考虑，这种理论方法还是显得比较复杂，不便于应用。从上述理论成果出发，搭起必要的桥梁，过渡到便于广大设计人员应用的实用方法，是十分有意义的工作，这也是作者在第三阶段研究中需要解决的主要任务。

为了实现这一目标，在充分考虑工程实际应用的情况下，对可能影响钢管混凝土性能的各种基本参数（包括物理参数、几何参数和荷载参数等）进行系统的分析，在此基础上对大量计算结果进行统计、分析和归纳，获得钢管混凝土力学性能指标的变化规律，最终从理论高度进行概括，提出钢管混凝土构件在全寿命周期过程中承受的各种荷载作用下的设计方法。

图 1.15 为上述研究流程示意图（韩林海和杨有福，2007）。其中，理论计算模型中的数值计算可采用纤维模型法或有限元法（韩林海，2022）。合理确定钢材和混凝土本构模型，以及钢管及其核心混凝土之间的界面模型是建模的关键问题。

利用经过充分验证的理论计算模型可有针对性地进行参数分析。参数分析的目的有二：一则找到各参数影响的数学规律，二则为数学回归实用计算方法积累必要的计算数据。参数分析时，应制定合理的参数分析方案，包括合理的参数分析范围。在此

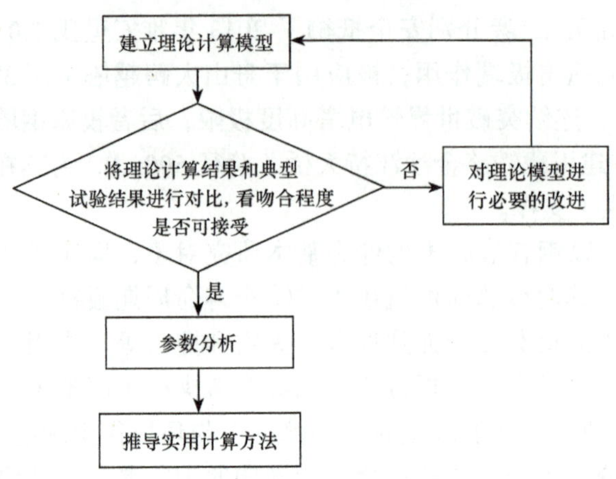

图 1.15　研究流程示意图

基础上推导出的实用计算方法也应有相应的适用范围。

建立组合结构或混合结构受力全过程分析的数值计算模型是细致剖析结构力学性能的重要前提。纤维模型法和有限元法都可用于组合结构构件的计算（韩林海，2022）。纤维模型法是建立在一些基本假定的基础上进行的，其特点是计算简便、概念直观。但对于更为复杂的计算问题，如压弯构件同时承受扭、剪或其他复杂受力的情况，该方法有时不是很方便。此外，该方法不利于细致地分析钢和混凝土之间的相互作用。有限元方法的优点是通用性和适用性强，可较为细致地分析组合结构各组成材料之间的相互作用，有利于深入揭示组合结构构件的工作机理。在进行相对较为复杂的结构，如本书涉及的梁-柱连接节点、平面框架结构、混合剪力墙结构、钢-混凝土混合结构体系和曲线形钢管混凝土结构工作机理的细致分析时，采用功能较强的优秀通用有限元软件建模是一条解决复杂计算问题的有效途径。

现代大型分析软件的出现确实使结构分析能力得到了大幅度的提高，通用有限元软件功能强，是工业设计和科学研究的重要工具。但也必须注意到，只有根据研究问题的特点和具体需要，有针对性地、“因地制宜”地选择合适的方法，才可能实现预期目标。

本书作者在基于通用软件平台建立所涉及研究的组合结构或混合结构的数值计算模型时考虑了如下因素。①全面了解分析软件对拟研究问题的适用性。②根据研究对象的特点，合理确定建模时所需的结构材料模型（如本构模型和界面模型等），这是进行结构非线性分析的关键。因此需要合理标定分析模型中的有关参数，必要时需进行二次开发。③理论分析应建立在明确的力学概念的基础上，而不是单纯依赖其计算结果。模型计算工作只是辅助进行所研究的问题揭示，而不是罗列计算结果。④基于通用计算软件平台所建立的数值分析模型的合理性应依据全面的算例分析结果进行评价，并进行必要的试验验证。

当然，有些工程结构问题的解决往往更大程度地依赖于试验研究的方法，如实际工程中尺寸效应的影响、混凝土浇筑质量的控制、大体积混凝土温度和收缩效应，以及本书涉及的钢-混凝土混合结构体系阻尼比取值的确定等。

对本书拟论述的主要内容概括如下。

1）一些新型组合结构构件，如钢管约束混凝土，薄壁钢管混凝土，采用高强钢材的钢管混凝土，采用不锈钢的钢管混凝土，钢管自密实混凝土，钢管再生混凝土，锥形、椭圆形、多边形钢管混凝土，FRP 约束钢管混凝土和中空 FRP-混凝土-钢管组合构件的工作性能。

2）中空夹层钢管混凝土结构的力学性能及承载力计算方法。

3）单肢、多肢钢管混凝土加劲混合结构的力学性能及承载力计算方法。

4）钢管混凝土柱-钢梁连接节点及钢管（约束）混凝土柱-混凝土梁连接节点的力学性能及设计方法。

5）钢管混凝土加劲混合结构柱-钢梁连接节点及钢管混凝土加劲混合结构柱-混凝土梁连接节点的力学性能及设计方法。

6）钢-混凝土组合结构框架和钢-混凝土混合剪力墙结构的力学性能及有关设计方法。

7）钢管混凝土框架-钢筋混凝土核心筒结构体系的抗震性能。

8）钢管混凝土桁式混合结构 K 形节点的力学性能及设计方法。

9）钢管混凝土桁式混合结构的力学性能及设计方法。

10）拱形钢管混凝土加劲混合结构的力学性能及设计方法。

11）钢管混凝土柱-基础连接节点的力学性能及设计方法。

参考文献

白国良，秦福华，2000．型钢钢筋混凝土原理与设计［M］．上海：上海科学技术出版社．

蔡绍怀，2007．现代钢管混凝土结构（修订版）［M］．北京：人民交通出版社．

陈宝春，2016．钢管混凝土拱桥［M］．3 版．北京：人民交通出版社．

陈富生，邱国华，范重，2000．高层建筑钢结构设计［M］．北京：中国建筑工业出版社．

国家自然科学基金委员会工程与材料科学部，2006．学科发展战略研究报告（2006—2010 年）：建筑、环境与土木工程Ⅱ（土木工程卷）［M］．北京：科学出版社．

郭彦林，周明，董全利，等，2011．三类钢板剪力墙结构试验研究［J］．建筑结构学报，01：17-29．

韩林海，2022．钢管混凝土结构：理论与实践［M］．4 版．北京：科学出版社．

韩林海，宋天诣，周侃，2022．钢-混凝土组合结构抗火设计原理［M］．3 版．北京：科学出版社．

韩林海，杨有福，2007．现代钢管混凝土结构技术［M］．2 版．北京：中国建筑工业出版社．

韩林海，杨有福，杨华，等，2020．基于全寿命周期的钢管混凝土结构分析理论及其应用［J］．科学通报，65（28-29）：3173-3184．

李国强，周向明，丁翔，2001．高层建筑钢-混凝土混合结构模型模拟地震振动台试验研究［J］．建筑结构学报，22（2）：2-7．

李惠，2004．高强混凝土及其组合结构［M］．北京：科学出版社．

刘大海，杨翠如，2003．型钢、钢管混凝土高楼计算和构造［M］．北京：中国建筑工业出版社．

吕西林，2007．复杂高层建筑结构抗震理论与应用［M］．北京：科学出版社．

毛小勇，韩林海，郑坚，等，2001．肋筋模板钢-混凝土组合板的理论分析和承载力简化计算［J］．钢结构，16（1）：19-22．

聂建国，2005．钢-混凝土组合梁结构：试验、理论与应用［M］．北京：科学出版社．

聂建国，2009．钢-混凝土组合结构：原理与实例［M］．北京：科学出版社．

聂建国，2016．我国结构工程的未来：高性能结构工程［J］．土木工程学报，49（9）：1-8．

聂建国，樊健生，黄远，等，2010．钢板剪力墙的试验研究［J］．建筑结构学报，09：1-8．

茹继平，李杰，2017. 结构工程基础研究 20 年：来自国家自然科学基金委员会的报告［J］. 建筑结构学报，38（2）：1-9.

若林实，1981. 防灾シリーズ 1・耐震构造：建物の耐震性能［M］. 东京：森北出版株式会社.

陶忠，于清，2006. 新型组合结构柱：试验、理论与方法［M］. 北京：科学出版社.

滕锦光，王汉斑，2005. 钢 - 混凝土组合薄壳屋盖的研究进展：施工阶段钢底壳的模型试验研究［J］. 建筑钢结构进展，7（3）：9-15.

王玉银，惠中华，2010. 钢管混凝土拱桥施工全过程与关键技术［M］. 北京：机械工业出版社.

王元丰，2006. 钢管混凝土徐变［M］. 北京：科学出版社.

肖岩，何文辉，毛小勇，2004. 约束钢管混凝土柱的开发研究［J］. 建筑结构学报，25（6）：59-66.

徐培福，傅学怡，王翠坤，等，2005. 复杂高层建筑结构设计［M］. 北京：中国建筑工业出版社.

叶列平，方鄂华，2000. 钢骨混凝土构件的受力性能研究综述［J］. 土木工程学报，33（5）：1-12.

袁驷，韩林海，滕锦光，2006. 结构工程研究的若干新进展［C］// 第一届结构工程新进展国际论坛文集新型结构材料与体系. 北京：中国建筑工业出版社：1-6.

张联燕，李泽生，程懋方，1999. 钢管混凝土空间桁架组合梁式结构［M］. 北京：人民交通出版社.

赵鸿铁，2001. 钢与混凝土组合结构［M］. 北京：科学出版社.

中华人民共和国住房和城乡建设部，2021. 钢管混凝土混合结构技术标准：GB/T 51446—2021［S］. 北京：中国建筑工业出版社.

中华人民共和国住房和城乡建设部，2016. 高层民用建筑钢结构技术规程：JGJ 99—2015［S］. 北京：中国建筑工业出版社.

钟善桐，2006. 钢管混凝土统一理论：研究与应用［M］. 北京：清华大学出版社.

周起敬，姜维山，潘泰华，1991. 钢与混凝土组合结构设计施工手册［M］. 北京：中国建筑工业出版社.

周绪红，刘界鹏，王宣鼎，2023. 钢管约束混凝土结构［M］. 北京：科学出版社.

周绪红，刘永健，莫涛，等，2004. 矩形钢管混凝土桁架设计［J］. 建筑结构，34（1）：20-23.

朱聘儒，2006. 钢 - 混凝土组合梁设计原理［M］. 2 版. 北京：中国建筑工业出版社.

CHEN W F, LEI E M, 2005. Handbook of structural engineering [M]. 2nd ed. Boca Raton & New York: CRC Press.

CHEN W F, LIEW J Y R, 2003. The civil engineering handbook [M]. 2nd ed. Boca Raton, London, New York & Washington, D. C. : CRC Press.

Eurocode 4 (EC4), 2004. Design of composite steel and concrete structures—Part1-1: General rules and rules for buildings [S]. EN 1994-1-1: 2004, Brussels, CEN.

GOURLEY B C, TORT C, DENAVIT M D, et al., 2008. A synopsis of studies of the monotonic and cyclic behavior of concrete-filled steel tube members, connections, and frames [R]. Report No. NSEL-008, NSEL Report Series, Department of Civil and Environmental Engineering, University of Illinois at Urbana-Champaign.

GREGORY G D, HIROSHI N, 2004. Overview of U. S.-Japan research on seismic design of composite reinforced concrete and steel moment frame [J]. Journal of Structural Engineering ASCE, 130(2): 361-367.

HAN L H, TAO Z, HUANG H, et al., 2004. Concrete-filled double skin (SHS outer and CHS inner)steel tubular beam-columns [J]. Thin-Walled Structures, 42(9): 1329-1355.

ISO 16521: 2024, 2024. Design of concrete-filled steel tubular (CFST) hybrid structures [S]. International Organization for Standardization (ISO). Gevena, Switzerland.

JOHNSON R P, 2004. Composite structures of steel and concrete: Beams, slabs, columns, and frames for buildings [M]. 3rd ed. Malden: Blackwell Publishing.

NETHERCOT D A, 2003. Composite construction [M]. New York: Spon Press.

NISHIYAMA I, MORINO S, SAKINO K, et al., 2002. Summary of research on concrete-filled structural steel tube column system carried out under the US-Japan cooperative research program on composite and hybrid structures [R]. BRI Research Paper No. 147, Building Research Institute, Japan.

TENG J G, 2006. Structural applications of FRP composites in construction [C]// 第一届结构工程新进展国际论坛文集新型结构材料与体系. 北京：中国建筑工业出版社：354-392.

ZHAO Q H, ABOLHASSAN A A, 2004. Cyclic behavior of traditional and innovative composite shear walls [J]. Journal of Structural Engineering, ASCE, 130(2): 271-285.

ZHAO X L, HAN L H, 2006. Double skin composite construction [J]. Progress in Structural Engineering and Materials, 8(3): 93-102.

ZHAO X L, HAN L H, LU H, 2010. Concrete-filled tubular members and connections [M]. UK Spon Press, Taylor & Francis.

ZHOU P, ZHU Z, 1998. Concrete-filled tubular arch bridges in China [J]. Structural Engineering International, Journal of the International Association for Bridge and Structural Engineering, 7(3): 161-163.

第 2 章　组合结构构件

2.1　引　　言

本章论述钢管约束混凝土，薄壁钢管混凝土，采用高强钢材的钢管混凝土，不锈钢管混凝土，钢管自密实混凝土，钢管再生混凝土，锥形、椭圆形、多边形钢管混凝土，FRP 约束钢管混凝土和中空 FRP-混凝土-钢管组合结构构件的工作机理和设计方法。

2.2　钢管约束混凝土

众所周知，钢管混凝土柱在轴压力作用下，其钢管既承受轴向压力，又对核心混凝土起横向约束作用。钢管受轴向压力时会有发生局部屈曲的趋势和可能，并影响对其核心混凝土约束的效果。

为了缓解钢管发生局部屈曲的问题，国内外有关研究者通过改变钢管的受力作用形式来达到此目的。常见的做法主要是使外加荷载仅作用在核心混凝土上，钢管不直接承受纵向荷载，以期只对核心混凝土起约束作用，即形成所谓的钢管约束混凝土柱。国内外研究者（Tomii et al.，1985；肖岩，2004；周绪红和刘界鹏，2010）对这类构件的力学性能开展了较为系统的研究。在实际结构中这种钢管约束混凝土柱一般多与钢筋混凝土梁连接。图 2.1 给出了钢管约束混凝土梁柱节点的构造。

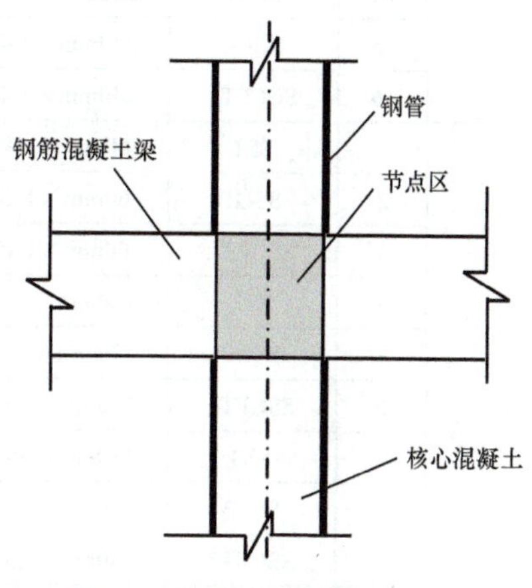

图 2.1　钢管约束混凝土构造

本节在钢管约束混凝土（不含钢筋或型钢）轴压、纯弯和偏压构件力学性能，以及反复荷载作用下构件力学性能方面进行了试验研究（Han et al.，2005a）。

2.2.1　静力性能

分别进行钢管约束混凝土轴压短试件、纯弯和偏压试件的试验研究，以期深入了解该类构件的工作特点。

1. 轴心受压短试件试验研究

（1）试验概况

根据钢管约束混凝土截面形状的不同，进行了 12 个圆钢管约束混凝土和 8 个方钢管约束混凝土轴心受压短试件的试验研究，表 2.1 给出了试件参数。同时也进行了 8 个钢管混凝土对比试验。所有试件的长径（宽）比为 3。

表 2.1 钢管约束混凝土轴压短试件参数

截面形式	序号	试件编号	D（B）×t	D（B）/t	L/mm	N_{ue}/kN		SLI/%
						实测值	平均值	
圆形	1	SC1-1	60mm×1.48mm	40.5	180	220	218	−2
	2	SC1-2	60mm×1.48mm	40.5	180	215		
	3	SCU1	60mm×1.48mm	40.5	180	244	244	9.9
	4	SCCFT1	60mm×1.48mm	40.5	180	222	222	—
	5	SC2-1	120mm×1.48mm	81.1	360	610	635	9.1
	6	SC2-2	120mm×1.48mm	81.1	360	660		
	7	SCU2	120mm×1.48mm	81.1	360	680	680	16.8
	8	SCCFT2	120mm×1.48mm	81.1	360	582	582	—
	9	SC3-1	180mm×1.48mm	121.6	540	1311	1296	12.1
	10	SC3-2	180mm×1.48mm	121.6	540	1280		
	11	SCU3	180mm×1.48mm	121.6	540	1360	1360	17.7
	12	SCCFT3	180mm×1.48mm	121.6	540	1155	1155	—
	13	SC4-1	240mm×1.48mm	162.2	720	2300	2225	16.4
	14	SC4-2	240mm×1.48mm	162.2	720	2150		
	15	SCU4	240mm×1.48mm	162.2	720	2200	2200	15.1
	16	SCCFT4	240mm×1.48mm	162.2	720	1912	1912	—
方形	1	SS1	60mm×1.48mm	40.5	180	228	228	−1.7
	2	SSU1	60mm×1.48mm	40.5	180	220	220	−5.1
	3	SSCFT1	60mm×1.48mm	40.5	180	232	232	—
	4	SS2	120mm×1.48mm	81.1	360	700	700	10.8
	5	SSU2	120mm×1.48mm	81.1	360	730	730	15.5
	6	SSCFT2	120mm×1.48mm	81.1	360	632	632	—
	7	SS3	180mm×1.48mm	121.6	540	1400	1400	13.4
	8	SSU3	180mm×1.48mm	121.6	540	1436	1436	16.3
	9	SSCFT3	180mm×1.48mm	121.6	540	1235	1235	—
	10	SS4-1	240mm×1.48mm	162.2	720	2280	2265	12.4
	11	SS4-2	240mm×1.48mm	162.2	720	2250		
	12	SSCFT4	240mm×1.48mm	162.2	720	2016	2016	—

注：SLI 为承载力系数。

试件设计考虑的主要参数为：①截面径厚比（或宽厚比）D（B）/t，为 40.5～162.2；②不同加载方式。

加载方式 1：试件上截面的核心混凝土稍高出钢管，荷载仅作用在核心混凝土上。

加载方式 2：试件上截面的核心混凝土稍高出钢管，在混凝土浇灌之前先在钢管内表面涂上一层油脂以期钢管和混凝土之间无黏结，且荷载仅作用在核心混凝土上。

加载方式 3：钢管和混凝土上截面平齐，二者同时承受纵向荷载，即钢管混凝土。

表 2.1 所示试件编号中，第一个字母 S 表示短试件，第二个字母 C 表示圆截面，第二个字母 S 表示方截面；其后的字母 U 表示无黏结，且荷载仅作用在混凝土上（加载方式 2）。CFT 表示钢管混凝土，即荷载同时作用在钢管和核心混凝土上（加载方式 3）。D 为圆试件截面外直径，t 为管壁厚度，D/t 为试件截面径厚比，B 为方试件截面外边长，B/t 为试件截面宽厚比，L 为试件长度，N_{ue} 为试件实测极限承载力。

在进行试件制作时，对于钢管约束混凝土构件，预先在试件钢管两端点焊 10mm 长的短钢管，作为浇灌混凝土用的临时模板，在正式进行加载试验前去除该模板，露出两端的混凝土，保证试验时荷载仅作用在混凝土上，钢管仅起约束作用。为了防止试件在试验过程中的端头混凝土提前破坏，分别在两端混凝土中均匀布置了 8 根 ϕ10 的纵向钢筋，延伸入钢管，并设 ϕ8 箍筋，间距为 60mm。

钢材材性由标准拉伸试验确定，测得屈服强度（f_y）、抗拉强度（f_u）、弹性模量（E_s）和泊松比（μ_s）分别为 f_y=307MPa、f_u=407MPa、E_s=2.05×10^5N/mm^2 和 μ_s=0.286。

混凝土水胶比为 0.362，砂率为 0.58，配合比按质量（kg），每立方米用料如下。水泥：粉煤灰：水：石：砂=300：200：181：720：990。采用的原材料为普通硅酸盐水泥；河砂，细度模数为 2.6；碎石，石子粒径为 5～15mm；矿物细掺料为Ⅱ级粉煤灰；普通自来水；早强型减水剂的掺量为 1.2%。

试验时配置的混凝土坍落度为 270mm，流动度为 640mm，混凝土浇灌时内部温度为 20℃，与环境温度基本相同。混凝土 28 天抗压强度 f_{cu} 由与试件同条件下成型养护的 150mm×150mm×150mm 立方试块测得。混凝土 28 天的立方体抗压强度为 39MPa，弹性模量为 33010N/mm^2，测得加载试验时混凝土的立方体抗压强度为 46.2MPa。

图 2.2 给出了轴压短试件的试验装置。在每个试件中截面沿纵向和环向共粘贴 8 个电阻应变片以测试应变变化（圆试件每隔 90°布置，方试件布置在每边的中间），同时在柱端设置两个位移传感器（LVDT）以测试纵向变形。所有试验数据均由 IMP 自动采集系统采集。

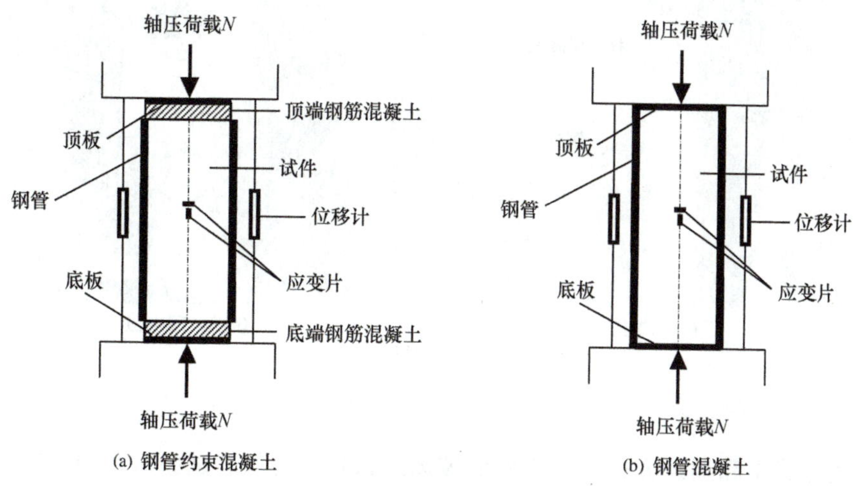

图 2.2　轴压短试件试验装置

试验采用分级加载制，弹性范围内每级荷载为预计极限荷载的 1/10。当钢管屈服后，每级荷载约为预计极限荷载的 1/15，每级荷载的持荷时间为 1～2min。当接近破坏时，慢速连续加载，同时连续记录各级荷载所对应的变形值，直至试件最终破坏。

（2）试验现象和结果

所有试件的试验过程都可以得到很好的控制，钢管约束混凝土轴压试件具有较好的延性和后期承载能力。

图 2.3 给出了圆试件和方试件的破坏形态。从图 2.3 可以看出，钢管约束混凝土和钢管混凝土的破坏形态明显不同。对于钢管约束混凝土，在受荷初期，试件的变形和形态变化均不大。当外荷载加至极限荷载的 60%～70% 时，钢管整体发生向外鼓曲，没有局部屈曲现象发生，最终破坏时钢管的焊缝被拉裂；对于钢管混凝土试件，当外荷载加至极限荷载的 60%～70% 时，钢管壁局部开始出现剪切滑移线。随着外荷载的继续增加，滑移线由少到多，逐渐布满钢管壁，随后进入破坏阶段。破坏时钢管表面出现若干处局部凸曲，且沿 4 个方向的凸曲程度基本相同。

(a) 钢管约束混凝土　　(b) 钢管混凝土

(1) 圆试件

(a) 钢管约束混凝土　　(b) 钢管混凝土

(2) 方试件

图 2.3　轴压短试件破坏形态

加载方式 1 和加载方式 2 的试件的破坏形态基本类似。试验过程中，所有试件的 4 个不同位置处的实测纵向应变的变化基本一致。

总之，与钢管混凝土相比，应用钢管约束混凝土可以在很大程度上有效地避免或延缓钢管发生局部屈曲，更好地发挥材料的性能。

图2.4和图2.5分别给出了试件实测的荷载与中截面纵向应变和横向应变的关系。

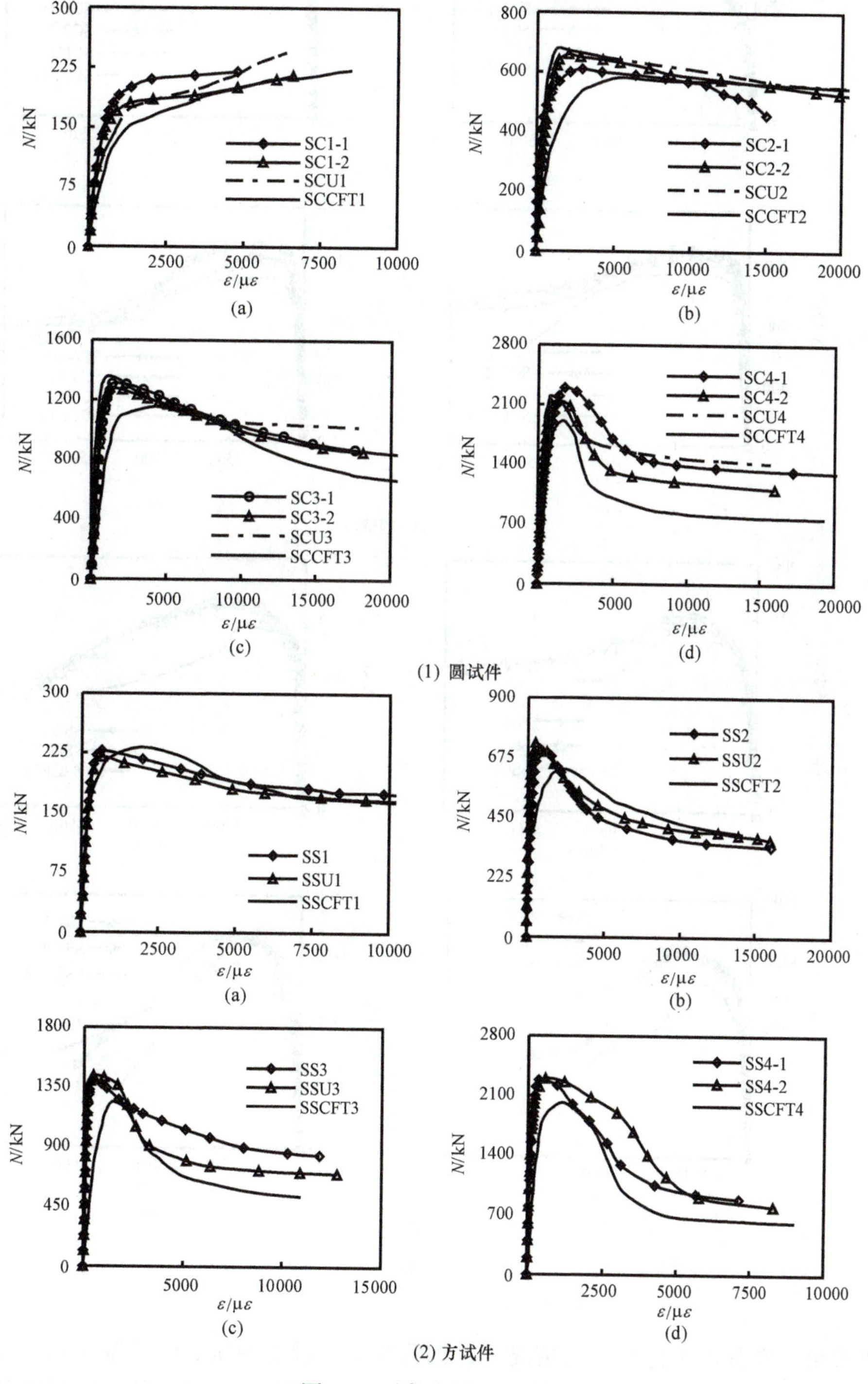

图2.4　试件实测 N-ε 关系

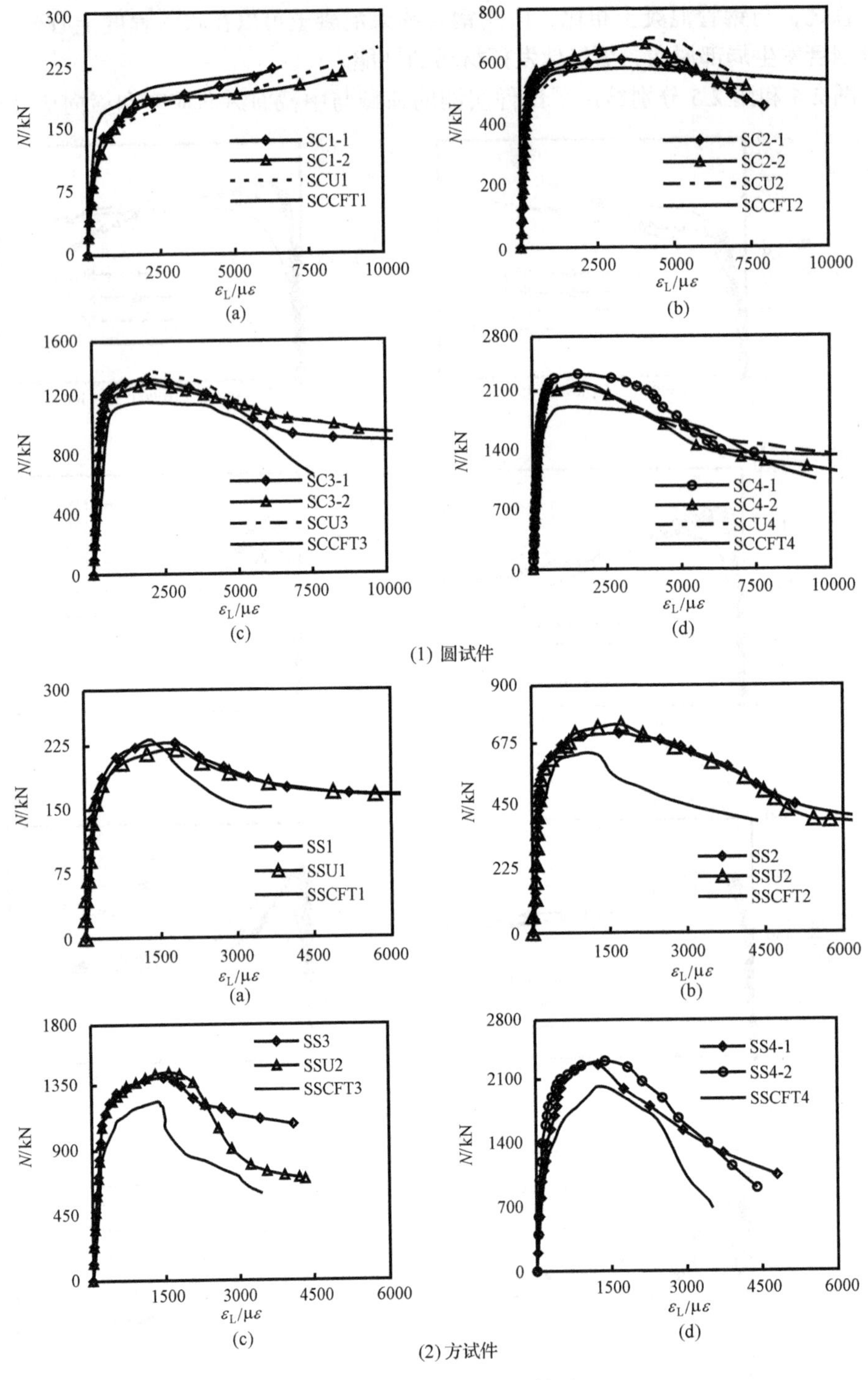

图 2.5　试件实测 N-ε_L 关系

可以看出，在其他条件相同的情况下，钢管约束混凝土轴压试件的轴压刚度比相应的钢管混凝土轴压试件的轴压刚度要偏高一些。一般情况下，试件的轴压强度承载力比钢管混凝土要大，且试件的荷载－纵向应变关系下降段平缓、光滑，表现出较好的变形能力。

当构件达到极限承载力时，钢管混凝土所对应的纵向极限应变要高于相应的钢管约束混凝土，而横向极限应变要低于钢管约束混凝土。这是由二者中钢管的作用不同决定的。对于钢管约束混凝土，由于钢管不直接承受纵向荷载，而主要在横向起约束核心混凝土的作用，因此其纵向极限应变低于钢管混凝土，而横向极限应变要高于普通钢管混凝土。

（3）试验结果分析

1）加载方式的影响。图 2.6 给出不同加载方式和黏结条件下，试件极限承载力的比较情况。图 2.6 中，BC、UC 和 CFST 分别表示加载方式①、②和③。总的来看，加载方式②的试件极限承载力最高，加载方式①其次，加载方式③最低。

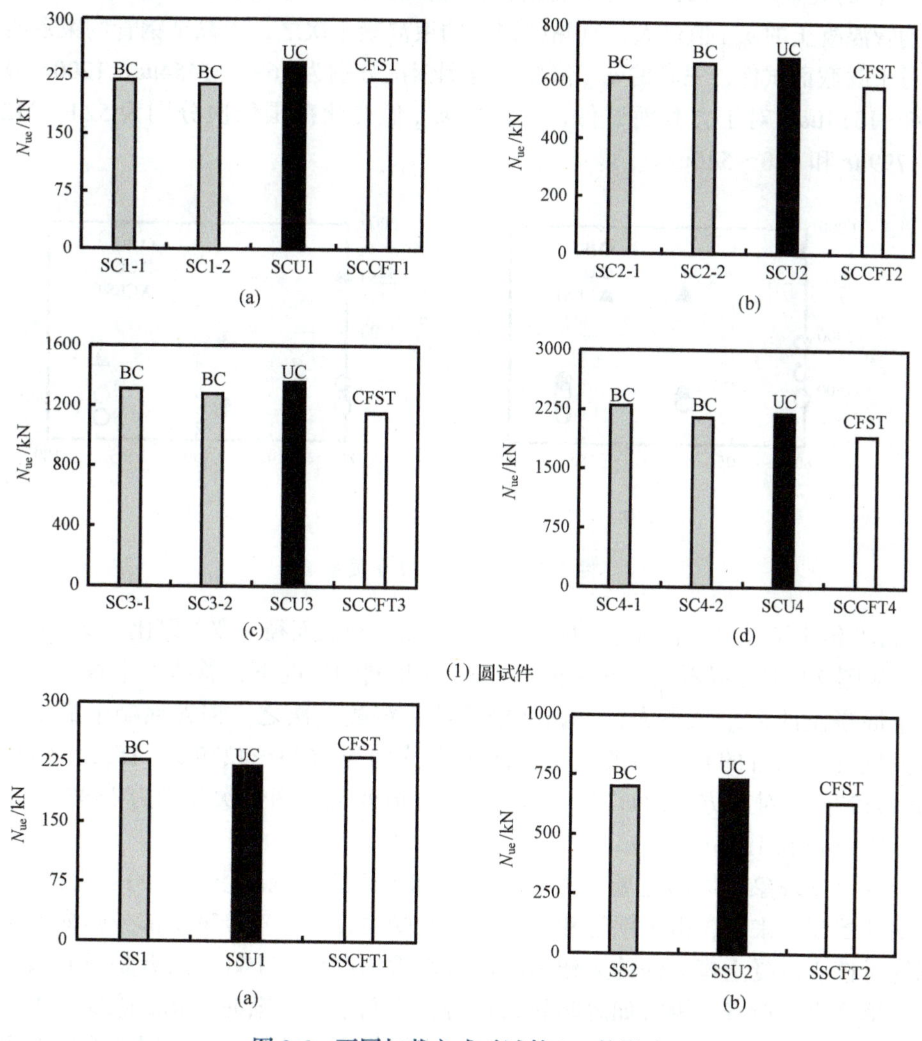

图 2.6 不同加载方式对试件 N_{ue} 的影响

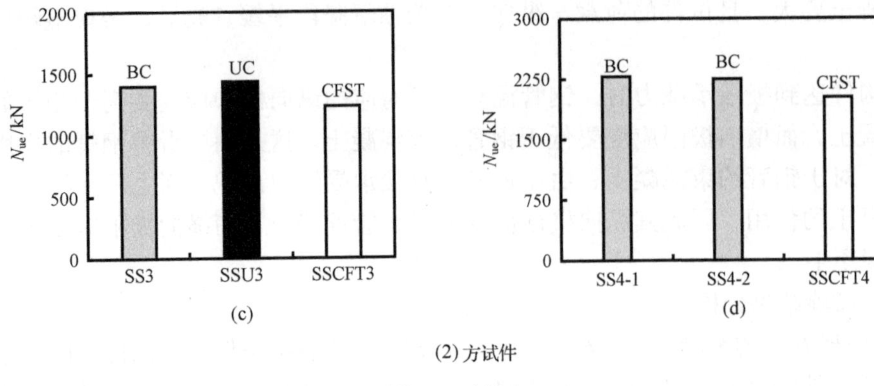

(2) 方试件

图 2.6 （续）

2）轴向应变和横向应变。图 2.7 给出了极限荷载对应的纵向应变（ε_{max}）与截面径（宽）厚比的关系。从图 2.7 中可以看出，在截面径（宽）厚比相同的情况下，总体上来看，钢管混凝土的 ε_{max} 值最大，有黏结钢管约束混凝土次之，无黏结钢管约束混凝土最小。对于圆截面试件，三者的 ε_{max} 值变化范围依次分别为 1693～5454με、1200～2855με 和 798～1314με；对于方截面试件，三者的 ε_{max} 值变化范围依次分别为 524～2326με、320～799με 和 470～540με。

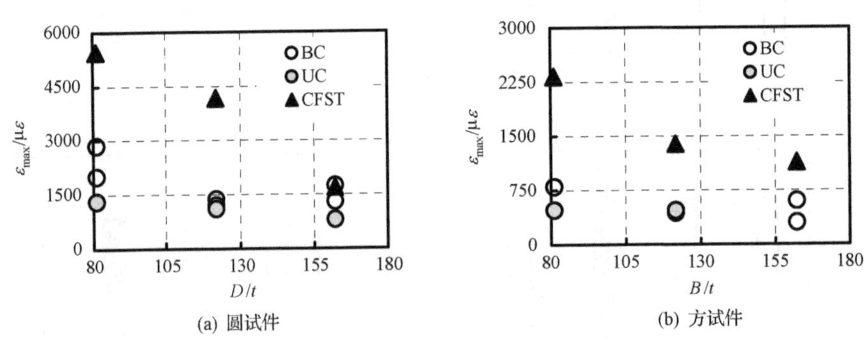

(a) 圆试件　　(b) 方试件

图 2.7　ε_{max}-D（B）$/t$ 关系

图 2.8 给出了极限荷载对应的横向应变（ε_{Lmax}）与截面径（宽）厚比［D（B）$/t$］的关系。从图 2.8 中可以看出，在截面 D（B）$/t$ 相同的情况下，总体上来看，无黏结钢管约束混凝土的 ε_{Lmax} 值最大，有黏结钢管约束混凝土次之，钢管混凝土最小。对于圆截面试件，三者的 ε_{Lmax} 值的变化范围依次分别为 1623～4239με、1555～4090με 和 1375～3497με；对于方截面试件，三者的 ε_{Lmax} 值变化范围依次分别为 1587～1823με、1250～1795με 和 1046～1369με。

产生上述现象的原因主要是钢管混凝土和钢管约束混凝土二者的受力机理不同。对于钢管混凝土来说，由于钢管和混凝土同时受力，钢管直接承受部分纵向荷载，因而钢管对核心混凝土横向的约束作用就没有钢管约束混凝土好，后者是只有核心混凝土直接承受纵向荷载，钢管如忽略黏结传力影响则不承受纵向荷载。除此之外，由于钢管约束混凝土比钢管混凝土能对核心混凝土提供更有效的约束，因而能发展更大钢

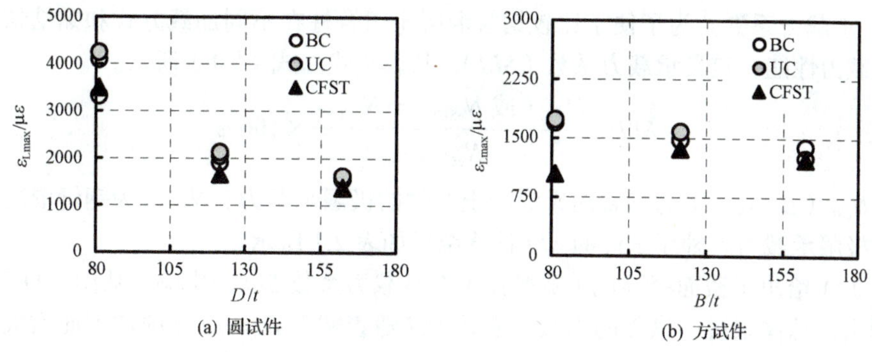

(a) 圆试件 (b) 方试件

图 2.8 ε_{Lmax}-D（B）/t 关系

管极限横向应变。

3）混凝土强度提高系数。为便于分析，定义混凝土强度提高系数 $k=N_{ue}/N_{uc}$。其中，N_{ue} 是试件的实测承载力；$N_{uc}=f_{ck}A_c$，f_{ck} 为混凝土立方抗压强度标准值，A_c 为混凝土截面面积。图 2.9 给出了以上试验的 k-D（B）/t 关系，可见混凝土强度提高系数 k 随着截面 D（B）/t 的增大而减小。

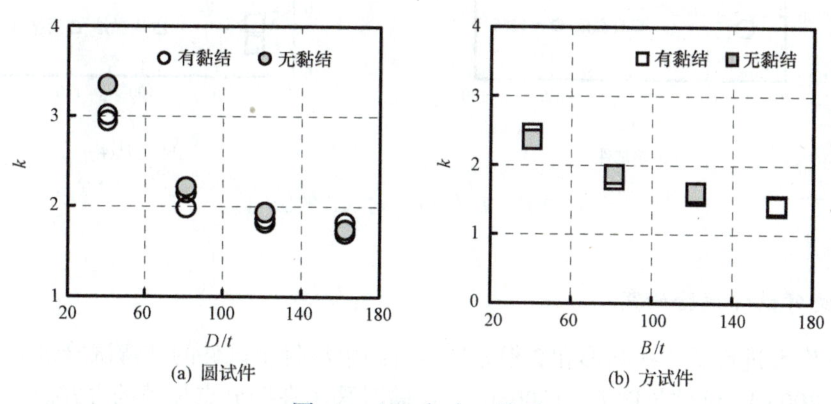

(a) 圆试件 (b) 方试件

图 2.9 k-D（B）/t 关系

图 2.10 给出了 k-ξ 关系，可见混凝土强度提高系数 k 随着截面 ξ 值的增大而增大。

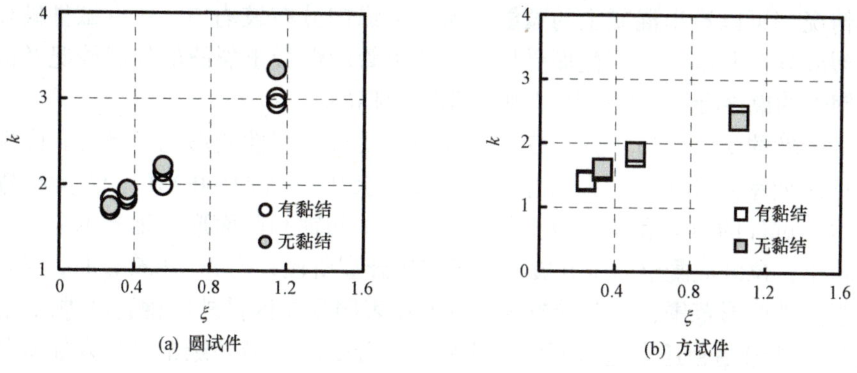

(a) 圆试件 (b) 方试件

图 2.10 k-ξ 关系

4）承载力系数。为了便于比较钢管混凝土组合柱在不同加载方式和黏结情况下的极限承载力性能，定义承载力系数（SLI），其表达式如式（2.1）所示。

$$SLI=\frac{N_{\mathrm{eSC}}（或 N_{\mathrm{eSCU}}）-N_{\mathrm{eCFST}}}{N_{\mathrm{eCFST}}}\times 100\% \tag{2.1}$$

式中，N_{eSC}（或N_{eSCU}）为钢管约束混凝土试件的极限承载力；N_{eCFST}为钢管混凝土对比试件的极限承载力。轴压试件的SLI计算结果如表2.1所示。

图2.11给出了截面径厚比（宽厚比）对承载力系数SLI的影响。从图2.11和表2.1可以看出，总体来说，试件的承载力系数SLI随着截面D（B）$/t$的增大而增大。无黏结和有黏结的钢管约束混凝土试件的承载力均高于钢管混凝土对比试件，承载力提高幅度分别为9.9%～17.7%和9.1%～16.4%。

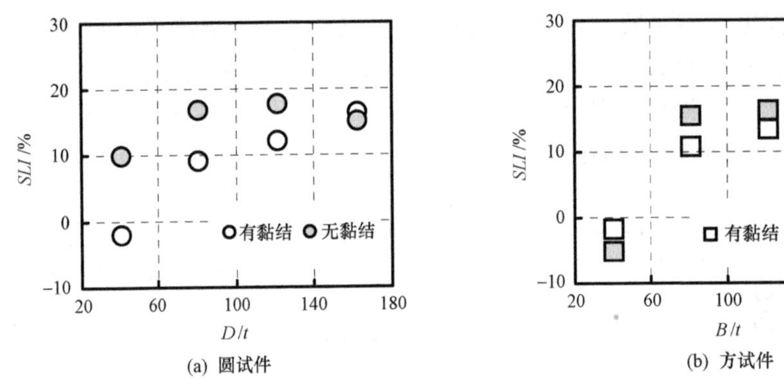

(a) 圆试件　(b) 方试件

图2.11　D（B）$/t$对SLI的影响

2. 纯弯试件试验研究

本书作者进行了2根圆形和2根方形钢管约束混凝土试件的纯弯试验研究（于清和陶忠等，2008），试件长度$L=1500\mathrm{mm}$，试验时采用在四分点加载的方式。

试验结果表明，试件在破坏时钢管受压区均出现了数处局部外凸的现象，钢管外凸的部位较均匀地分布在试件的四分点与跨中之间。试验结束后，剖开钢管观察混凝土破坏情况，可以看出混凝土的裂缝在跨中沿纵向分布较均匀。所有试件破坏时，混凝土的裂缝均已基本延伸到截面受压区。从钢管内混凝土裂缝的发展情况及试验过程可见，钢管约束混凝土受弯破坏呈现出延性破坏特征。

受弯试件的受力经历了弹性变形、弹塑性变形和塑性变形三个阶段。弹性变形阶段，试件的曲率变化不大，而弯矩增长较快。其中，当$M=0.2M_{\mathrm{u}}$（M_{u}为抗弯极限承载力）时，试件的拉区和压区应变相差不大，中和轴和截面形心轴基本重合，且受拉区应变较小，拉区混凝土尚未开裂或处于初始开裂阶段；当$M=0.6M_{\mathrm{u}}$时，试件受力仍基本处于弹性变形范围，此时受拉区应变发展表明受拉区最外缘钢管已进入屈服状态，而受压区最外缘钢管还未进入屈服。此后，随着受压区最外缘钢管进入屈服状态，试件的受力进入弹塑性变形阶段。此时，试件曲率的增长明显快于弯矩的增长。在试件进入塑性变形阶段后，曲率急剧增长，弯矩仍处于增长但增长缓慢。在塑性变形阶段，试件的弯矩 - 曲率曲线未见下降段，试件具有良好的变形能力和延性。

试件在整个受载过程中截面的应变分布基本为线性，符合平截面假定。同时，试验测得混凝土和钢管间的最大滑移量与构件长度之比约为 0.7%，可见混凝土和钢管间滑移非常小。

通过研究分析，与钢管混凝土相比，钢管约束混凝土试件只是端部少了盖板，其核心混凝土不是密闭的，而对于钢管混凝土来说，其核心混凝土是完全被钢管包住。但由于钢管和混凝土之间的黏结作用，使得两者的受弯力学性能基本一致。

3. 偏压试件试验研究

本书作者共进行了 8 个圆钢管约束混凝土和 8 个方钢管约束混凝土偏压试件的试验研究，同时还进行了 4 个钢管混凝土对比试验。试件设计考虑的主要参数为：①截面形式，包括圆形和方形；②构件长细比，从 21.6～50；③荷载偏心率，从 0～0.5。试件参数如表 2.2 所示，试件编号 LCCFT、LSCFT 分别表示对比的圆形和方形钢管混凝土试件，D 为圆试件截面外直径，B 为方试件截面外边长，t 为管壁厚度，L 为试件长度，λ 为构件长细比，e/r 为荷载偏心率，N_{ue} 为试件实测极限承载力。

表 2.2　钢管约束混凝土偏压试件参数

截面形式	序号	试件编号	D（B）×t	L/mm	λ	e/mm	e/r	N_{ue}/kN
圆形	1	LCA-1	120mm×1.48mm	750	25	0	0	548
	2	LCA-2	120mm×1.48mm	750	25	0	0	556
	3	LCB-1	120mm×1.48mm	1500	50	0	0	468
	4	LCB-2	120mm×1.48mm	1500	50	0	0	466
	5	LCCFT-1	120mm×1.48mm	1500	50	0	0	510
	6	LCC-1	120mm×1.48mm	1500	50	15	0.25	324
	7	LCC-2	120mm×1.48mm	1500	50	15	0.25	318
	8	LCD-1	120mm×1.48mm	1500	50	30	0.5	216
	9	LCD-2	120mm×1.48mm	1500	50	30	0.5	218
	10	LCCFT-2	120mm×1.48mm	1500	50	30	0.5	278
方形	1	LSA-1	120mm×1.48mm	750	21.6	0	0	642
	2	LSA-2	120mm×1.48mm	750	21.6	0	0	638
	3	LSB-1	120mm×1.48mm	1500	43.3	0	0	602
	4	LSB-2	120mm×1.48mm	1500	43.3	0	0	614
	5	LSCFT-1	120mm×1.48mm	1500	43.3	0	0	665
	6	LSC-1	120mm×1.48mm	1500	43.3	15	0.25	456
	7	LSC-2	120mm×1.48mm	1500	43.3	15	0.25	430
	8	LSD-1	120mm×1.48mm	1500	43.3	30	0.5	324
	9	LSD-2	120mm×1.48mm	1500	43.3	30	0.5	325
	10	LSCFT-2	120mm×1.48mm	1500	43.3	30	0.5	356

对于钢管约束混凝土试件，为防止混凝土端部过早破坏的构造处理方法同前述轴压短试件，钢材材性与混凝土配合比和各项指标也与之相同。试验时混凝土的立方体抗压强度 f_{cu}＝46.2MPa。

试验在 500t 压力机上进行，试件两端采用刀口铰，以模拟构件两端为铰接的边界条件。为了测量试件的变形，在每个试件中截面沿纵向和环向共粘贴 8 片电阻应变片，同时在试件弯曲平面内沿柱高四分点处共设置三个电测位移计以测定试件的侧向挠度变化，在柱端设置两个电测位移计以测试试件的纵向总变形。试验数据由 IMP 自动采集系统采集。试验采用分级加载制，弹性范围内每级荷载为预计极限荷载的 1/10，当钢管压区边缘纤维屈服后，每级荷载约为预计极限荷载的 1/15，每级荷载的持荷时间为 2～3min。当接近破坏时慢速连续加载，同时连续记录各级荷载所对应的变形值，直至试件最终破坏。

研究结果表明，除个别试件在加载端部发生破坏外（试件 LCD-2），试验构件的最终破坏均表现为柱子失稳破坏。试验过程中，实测的试件侧向挠曲线变化基本符合正弦半波曲线。图 2.12 和图 2.13 分别给出了偏压短柱和偏压长柱破坏形态，可见钢管约束混凝土偏压构件的破坏形态与钢管混凝土基本类似，表现为构件丧失整体稳定而弯曲破坏。

(a) 钢管

(b) 核心混凝土

图 2.12　偏压短柱破坏形态

(a) 钢管

(b) 核心混凝土

(1) 圆钢管约束混凝土

图 2.13　偏压长柱破坏形态

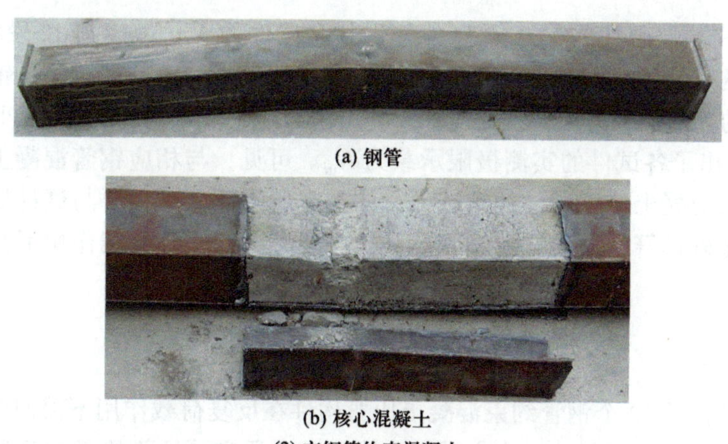

(a) 钢管

(b) 核心混凝土

(2) 方钢管约束混凝土

图 2.13（续）

图 2.14 分别给出了圆试件和方试件试验实测的荷载（N）- 中截面挠度（u_m）关系，

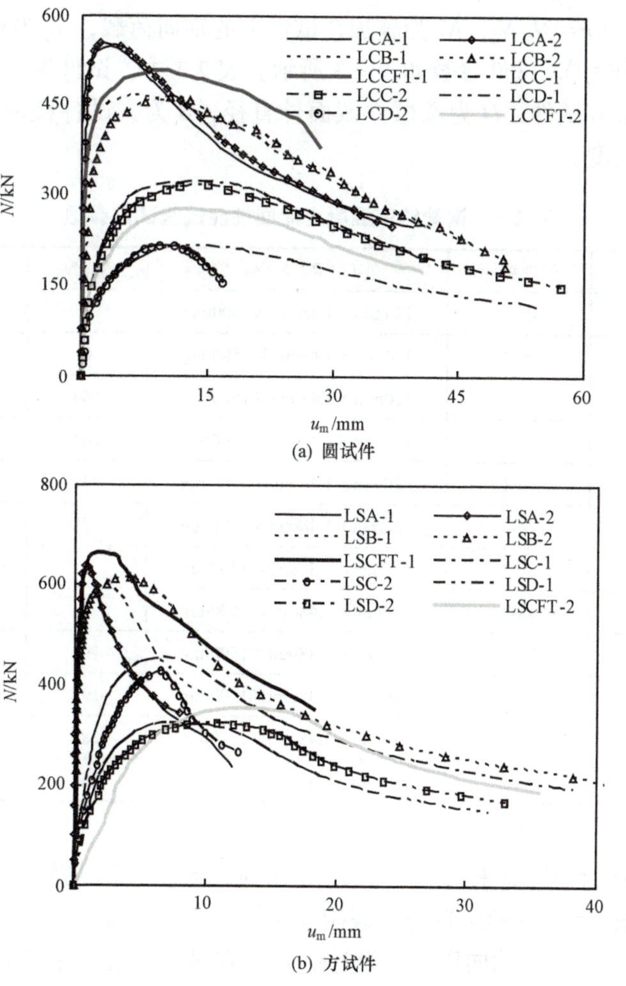

(a) 圆试件

(b) 方试件

图 2.14　实测 N-u_m 关系

可见除发生柱端部破坏的LCD-2试件外，其余试件的N-u_m关系下降段均比较平缓，表现出较好的延性。从图2.14还可以看出，在其他条件一定的情况下，钢管约束混凝土偏压试件的极限承载力随长细比（λ）和荷载偏心率（e/r）的增大而减小。

表2.2给出了各试件的实测极限承载力N_{ue}。可见，与相应钢管混凝土对比试件相比，钢管约束混凝土偏压试件的承载力总体上有所降低，这主要与试件加载端部的核心混凝土高出外钢管，从而导致钢管及其核心混凝土在压弯荷载作用下共同工作性能削弱有关。

2.2.2 滞回性能

本小节进行了12个钢管约束混凝土压弯构件在反复荷载作用下滞回性能的试验研究，其中包括6个圆试件和6个方试件。通过试验研究了这类构件在反复荷载作用下的破坏形态，分析了其荷载－变形滞回关系的特点以及刚度退化规律。

（1）试验概况

试件设计考虑的主要参数为：①截面形式，包括圆形和方形；②轴压比n，0～0.72（n的计算表达式为$n=N_0/N_u$，N_0为施加在试件上的轴向荷载，N_u为相应钢管混凝土构件的轴压极限承载力）。试件参数如表2.3所示。表2.3中，试件编号第一个字母，c表示圆试件，s表示方试件；D为圆试件截面外直径，B为方试件截面外边长，t为管壁厚度，L为试件长度。

表2.3 钢管约束混凝土滞回性能试验试件参数

截面形状	序号	试件编号	$D(B)\times t\times L$	N_0/kN	n	P_{ue}/kN
圆形	1	ca-1	120mm×1.48mm×1500mm	0	0	24.7
	2	ca-2	120mm×1.48mm×1500mm	0	0	24.6
	3	cb-1	120mm×1.48mm×1500mm	164	0.36	30.1
	4	cb-2	120mm×1.48mm×1500mm	164	0.36	29.2
	5	cc-1	120mm×1.48mm×1500mm	328	0.72	22.9
	6	cc-2	120mm×1.48mm×1500mm	328	0.72	23.2
方形	1	sa-1	120mm×1.48mm×1500mm	0	0	34.0
	2	sa-2	120mm×1.48mm×1500mm	0	0	33.6
	3	sb-1	120mm×1.48mm×1500mm	193	0.33	40.0
	4	sb-2	120mm×1.48mm×1500mm	193	0.33	40.1
	5	sc-1	120mm×1.48mm×1500mm	387	0.65	31.2
	6	sc-2	120mm×1.48mm×1500mm	387	0.65	30.8

注：P_{ue}为实测水平极限荷载。

压弯试件的钢材和混凝土的材性与表2.1所列的钢管约束混凝土轴压短试件均相同。图2.15为滞回性能试验装置与加载制度（韩林海，2022）。

进行试验时，先施加轴向压力至设计值N_o，在试验过程中维持N_o恒定不变，然后通过MTS系统作动器对试件施加竖向位移。

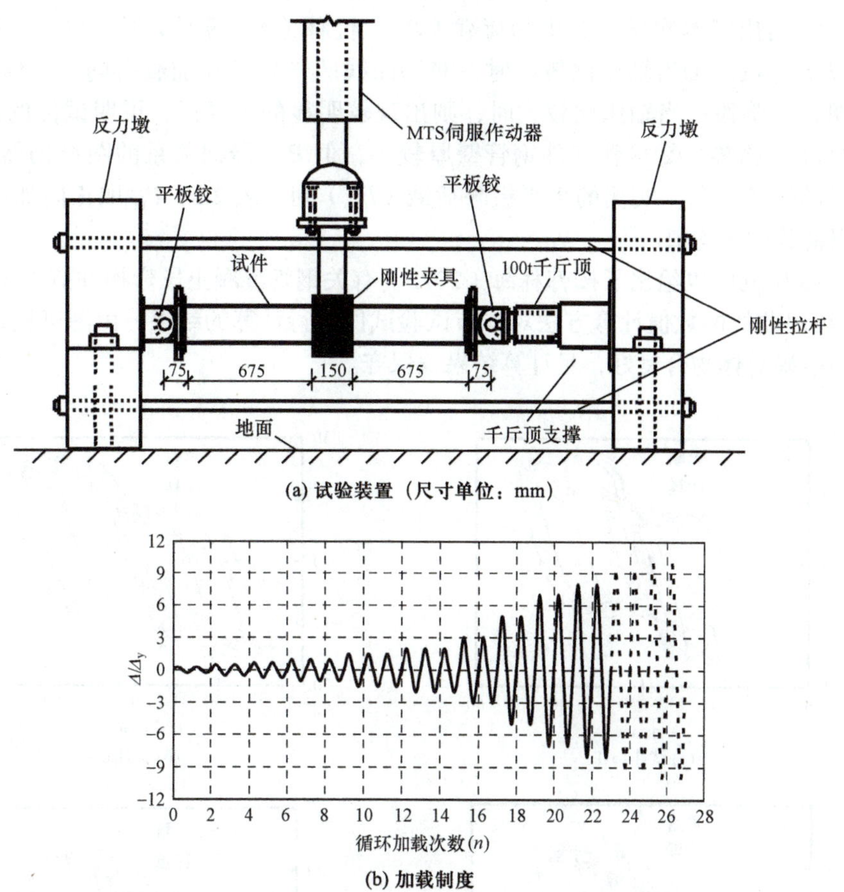

(a) 试验装置（尺寸单位：mm）

(b) 加载制度

图 2.15　滞回性能试验装置与加载制度

参考 ATC-24（1992）的规定，加载程序采用荷载－变形双控制方法，即试件屈服前采用荷载控制并分级加载，屈服后采用变形控制，变形值取试件的屈服位移，并以该位移值的倍数为级差进行控制加载直至试件破坏。在试件达到屈服前，MTS 伺服作动器按照荷载来控制，采用 $0.25P_{uc}$、$0.5P_{uc}$、$0.7P_{uc}$ 进行加载，P_{uc} 为计算的极限承载力。试件达到屈服后按照变形来控制，即采用 $1.0\Delta_y$、$1.5\Delta_y$、$2.0\Delta_y$、$3.0\Delta_y$、$5.0\Delta_y$、$7.0\Delta_y$、$8.0\Delta_y$ 进行加载。Δ_y 为试件的屈服位移，由 $0.7P_{uc}$ 来确定；$\Delta_y=P_c/K_{sec}$，K_{sec} 为荷载达到 $0.7P_{uc}$ 时荷载－变形关系的割线刚度。每级荷载循环的圈数也不同，当按照荷载控制时，每级荷载分别循环 2 圈，当按照变形控制时，前面 3 级荷载（$1.0\Delta_y$、$1.5\Delta_y$、$2.0\Delta_y$）循环 3 圈，其余的分别循环 2 圈，如图 2.15（b）所示。

（2）试验现象与结果

所有试件的破坏形态基本一致，均呈压弯破坏特征。当荷载超过屈服荷载后，随着试件横向位移的逐级增大，在刚性夹具与试件连接处开始出现局部的微弯曲，随后在试件与刚性夹具连接处顺弯曲方向局部凸起的范围逐渐增大且渐渐沿环向发展。在反复荷载作用下，截面在上下部位都有鼓曲现象发生。试件接近破坏时，这种鼓曲急剧发展，这和钢管混凝土试件在反复荷载作用下的试验现象基本一致（韩林海，2022）。

图 2.16 给出了本次试验获得的荷载（P）- 位移（Δ）滞回关系。可见，P-Δ 滞回关系有以下特点。①当轴压比较小时，滞回曲线的骨架线在加载后期基本保持水平，不出现明显下降段；当轴压比较大时，则出现较明显的下降段，说明试件的延性随 n 的增大呈降低趋势。②尽管试件钢管壁厚较小，但 P-Δ 滞回关系的图形仍然较饱满，没有明显的捏缩现象。实测的水平极限荷载（P_{ue}）列于表 2.3，P_{ue} 取正向加载和反向加载极限荷载的平均值。

图 2.16 中同时也给出了按韩林海（2022）有关钢管混凝土压弯构件荷载（P）- 变形（Δ）滞回曲线的数值计算方法对本节试验试件进行计算的结果。由图可见，计算结果与试验结果总体吻合良好，且计算结果偏保守。

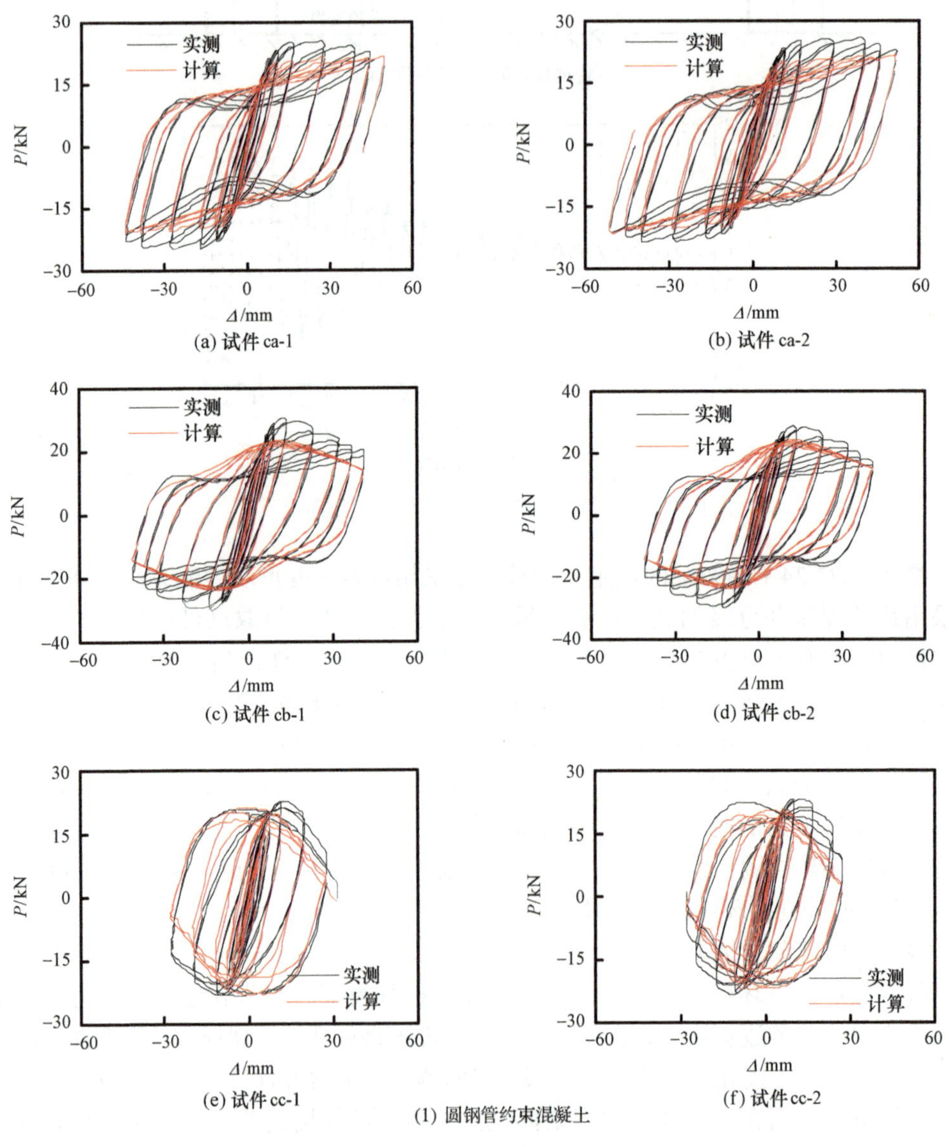

图 2.16　压弯试件实测 P-Δ 滞回关系

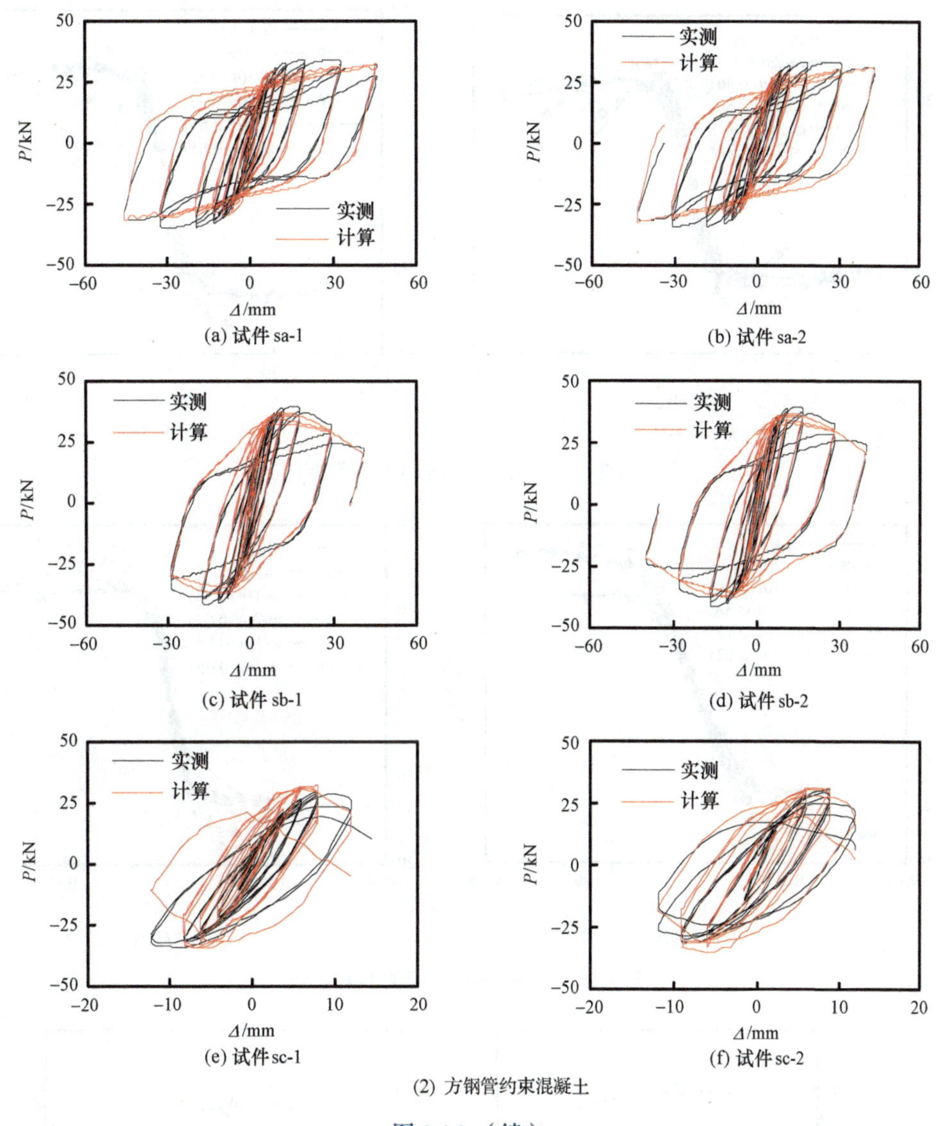

(a) 试件 sa-1

(b) 试件 sa-2

(c) 试件 sb-1

(d) 试件 sb-2

(e) 试件 sc-1

(f) 试件 sc-2

(2) 方钢管约束混凝土

图 2.16 （续）

（3）试验结果分析

1）轴压比对滞回关系骨架线的影响。图 2.17 和图 2.18 分别给出了所有实测的钢管约束混凝土压弯构件在不同轴压比（n）情况下的荷载（P）- 位移（Δ）和弯矩（M）- 曲率（ϕ）滞回关系骨架线。

可见，n 对 P-Δ 骨架线的形状影响较大。当 n 较小时，P-Δ 骨架线不出现明显的下降段；当 n 较大时，则出现明显的下降段。随着 n 的增大，P-Δ 骨架线下降段的下降幅度也增大，试件的位移延性总体呈减小的趋势，荷载极值点对应的位移也呈减小的趋势。

从图 2.18 还可以看出，n 对试件 M-ϕ 关系的弹性刚度几乎没有影响。

图 2.19 给出了 n 对试件实测的水平极限荷载（P_{ue}）的影响规律。可见，当 n 增加时，构件 P_{ue} 有所增加，当轴压比增大到一定数值时，P_{ue} 又趋于减小。

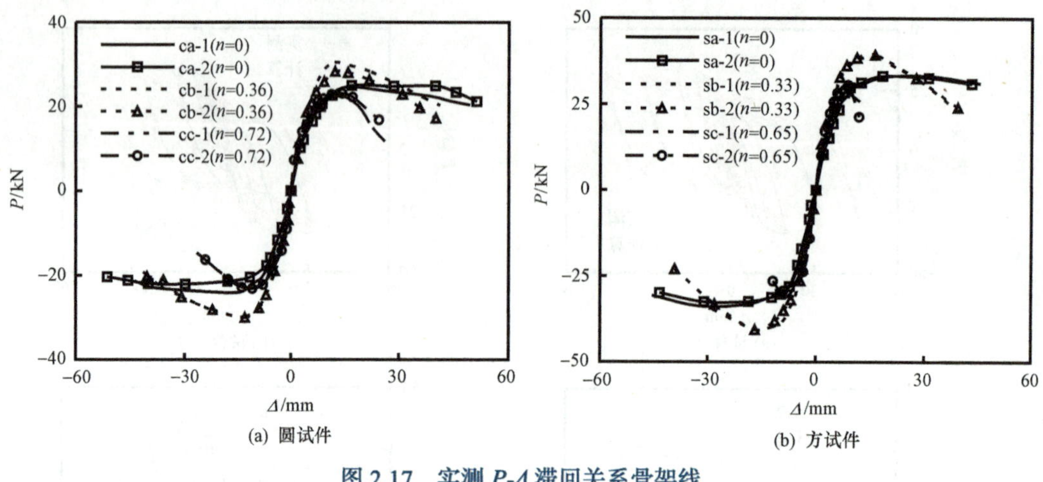

(a) 圆试件　　(b) 方试件

图 2.17　实测 P-Δ 滞回关系骨架线

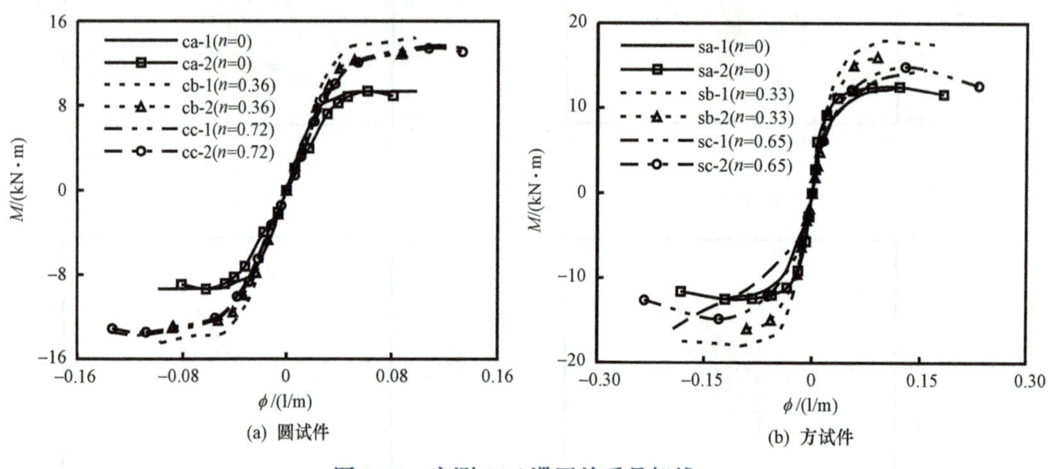

(a) 圆试件　　(b) 方试件

图 2.18　实测 M-ϕ 滞回关系骨架线

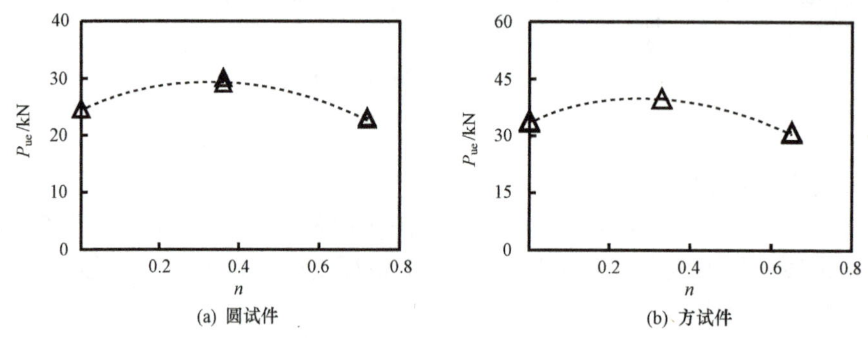

(a) 圆试件　　(b) 方试件

图 2.19　实测 P_{ue}-n 关系

2）刚度退化。图 2.20 所示为压弯构件的刚度退化结果，其中，$EI_{trans}=E_cI_c+E_sI_s$。为了计算不同位移 Δ 所对应的试件刚度 EI，按照式（2.2）计算 EI。

$$\Delta=\frac{PL^3}{48EI}\left[\frac{3(\tan u-u)}{u^3}\right] \tag{2.2}$$

式中，$u=\frac{1}{2}\sqrt{\frac{NL^2}{EI}}$，其中 N 为作用在试件上的轴力，L 为试件长度。将试验测得每次循环的峰值荷载 P 与位移 $\varDelta$ 分别代入式（2.2）中，经过反复迭代，便可以计算出试件每次荷载循环后的刚度 EI（Elremaily and Azizinamini，2002）。

由图 2.20 可见，随着变形的增大，试件刚度下降十分明显。对于圆钢管约束混凝土，EI 与 EI_{trans} 的比值介于 0.73 到 1.39 之间，平均值为 1.16。刚度退化最明显的试件 ca-2，当变形达到 $9\varDelta_{\mathrm{y}}$ 时，刚度下降为初始刚度的 8%。对于方钢管约束混凝土，EI 与 EI_{trans} 的比值介于 0.47 到 1.10 之间，平均值为 0.80。刚度退化最明显的试件 sa-2，当变形达到 $7\varDelta_{\mathrm{y}}$ 时，刚度下降为初始刚度的 11%。

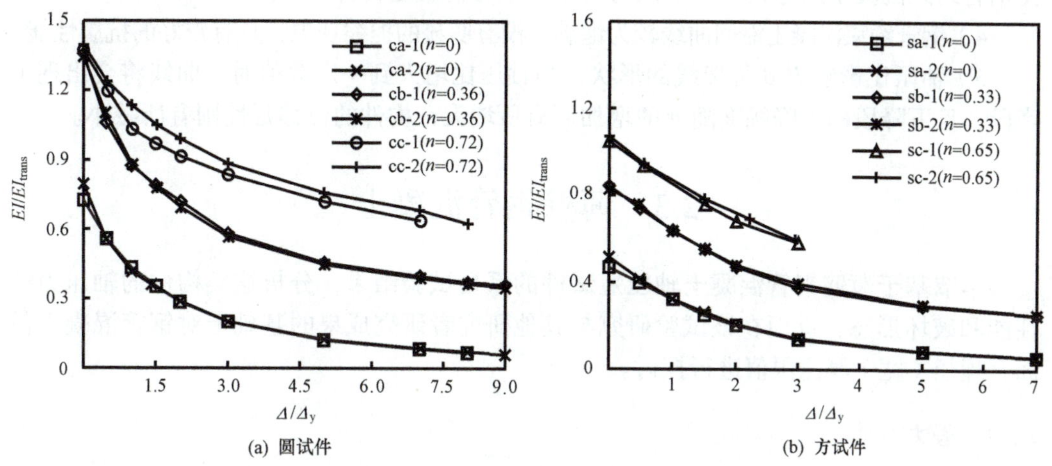

(a) 圆试件　　(b) 方试件

图 2.20　实测 EI/EI_{trans}-$\varDelta/\varDelta_{\mathrm{y}}$ 关系

3）耗能。图 2.21 给出了所有试件在反复荷载作用下的耗能变化规律，其中 E 为试件耗能。可见，随着 n 的增大，耗能呈减小的趋势。

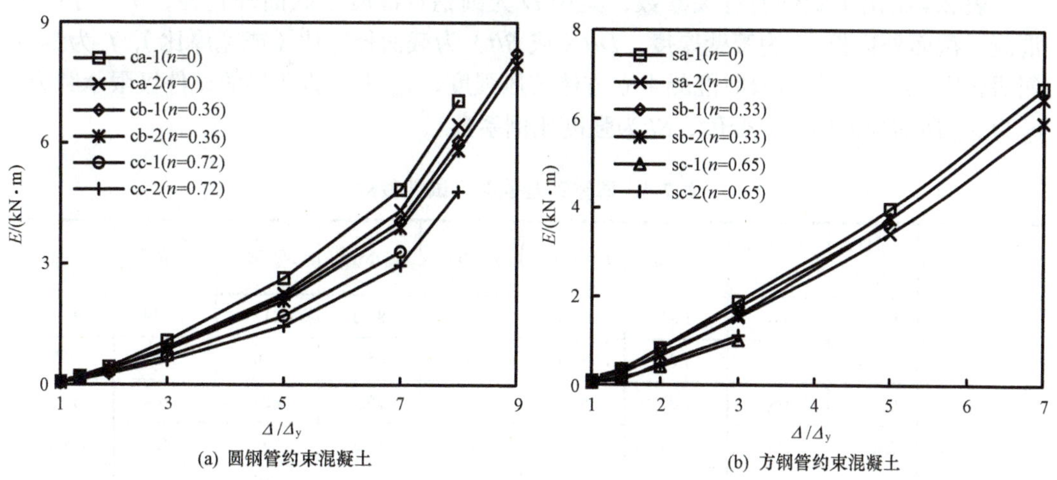

(a) 圆钢管约束混凝土　　(b) 方钢管约束混凝土

图 2.21　实测 E-$\varDelta/\varDelta_{\mathrm{y}}$ 关系

2.2.3 小结

在本小节研究参数范围内所获得的主要结论如下。

1）钢管约束混凝土构件具有良好的承载能力和变形能力。

2）对于轴压短试件，钢管约束混凝土的破坏形态与钢管混凝土不同，破坏时钢管表面没有出现明显的局部屈曲。在其他条件相同的情况下，钢管约束混凝土轴压强度承载力总体上比钢管混凝土稍高。

3）对于纯弯构件和偏压构件，钢管约束混凝土力学性能和钢管混凝土类似。但构件端部的空隙会导致钢管及其核心混凝土在压弯荷载作用下共同工作性能削弱，从而使钢管约束混凝土压弯构件的承载力较相应钢管混凝土构件有所降低。

4）钢管约束混凝土滞回曲线较为饱满，没有明显的捏缩现象，具有较好的抗震性能。

5）轴压比影响 P-Δ 骨架线的形状，当轴压比增大到一定数值时，曲线将会出现下降段，且下降段的下降幅度随 n 的增加而有所增大，构件的位移延性则有所减小。

2.3 薄壁钢管混凝土

本节基于薄壁钢管混凝土轴压短试件的系列试验结果，分析这类构件的轴压力学性能和破坏形态，进而在该试验研究与其他研究者研究成果的基础上对钢管混凝土截面合理径（宽）厚比限值进行探讨。

2.3.1 静力性能

（1）试验概况

试件主要参数和变化范围为：①截面形式，包括圆形截面和方形截面；②截面径（宽）厚比（30～133.7）；③钢材屈服强度（282～404MPa）；④混凝土强度（50.9～90MPa）。为了准确研究试件的轴压力学性能，试件的 L/D（B）取为 3（韩林海，2022）。

表 2.4 给出了试件的有关参数，其中 D 为圆钢管混凝土截面外直径，B 为方钢管混凝土截面外边长，t 为管壁厚度，D/t（或 B/t）为截面径厚比（或宽厚比），f_y 为钢材屈服强度，f_{cu} 为试件试验时混凝土立方体抗压强度，N_{ue} 为试验获得的试件极限承载力，ε_u 为 N_{ue} 所对应的纵向应变值，SI 为强度比例系数。

表 2.4 薄壁钢管混凝土试件参数

截面形式	序号	试件编号	D（B）/mm	t/mm	D（B）/t	f_y/MPa	f_{cu}/MPa	N_{ue}/kN	SI	ε_u/με
圆形	1	CA1-1	60	1.87	32.1	282	85.2	312	1.429	9022
	2	CA1-2	60	1.87	32.1	282	85.2	320	1.361	8078
	3	CA2-1	100	1.87	53.5	282	85.2	822	1.368	6000
	4	CA2-2	100	1.87	53.5	282	85.2	845	1.407	5446
	5	CA3-1	150	1.87	80.2	282	85.2	1701	1.353	5300

续表

截面形式	序号	试件编号	$D(B)$/mm	t/mm	$D(B)/t$	f_y/MPa	f_{cu}/MPa	N_{ue}/kN	SI	ε_u/με
圆形	6	CA3-2	150	1.87	80.2	282	85.2	1670	1.329	5500
	7	CA4-1	200	1.87	107	282	85.2	2783	1.295	4800
	8	CA4-2	200	1.87	107	282	85.2	2824	1.314	4100
	9	CA5-1	250	1.87	133.7	282	85.2	3950	1.205	3800
	10	CA5-2	250	1.87	133.7	282	85.2	4102	1.251	5200
	11	CB1-1	60	2	30	404	85.2	427	1.445	8600
	12	CB1-2	60	2	30	404	85.2	415	1.404	10700
	13	CB2-1	100	2	50	404	85.2	930	1.359	5000
	14	CB2-2	100	2	50	404	85.2	920	1.344	7498
	15	CB3-1	150	2	75	404	85.2	1870	1.352	5000
	16	CB3-2	150	2	75	404	85.2	1743	1.260	6500
	17	CB4-1	200	2	100	404	85.2	3020	1.302	4639
	18	CB4-2	200	2	100	404	85.2	3011	1.298	3775
	19	CB5-1	250	2	125	404	85.2	4442	1.272	4100
	20	CB5-2	250	2	125	404	85.2	4550	1.303	4001
	21	CC1-1	60	2	30	404	90	432	1.417	8531
	22	CC1-2	60	2	30	404	90	437	1.433	8600
	23	CC2-1	150	2	75	404	90	1980	1.368	4700
	24	CC2-2	150	2	75	404	90	1910	1.320	4583
	25	CC3-1	250	2	125	404	90	4720	1.286	3600
	26	CC3-2	250	2	125	404	90	4800	1.307	3820
方形	1	SA1-1	60	1.87	32.1	282	81	382	1.263	4600
	2	SA1-2	60	1.87	32.1	282	81	350	1.157	4400
	3	SA2-1	100	1.87	53.5	282	81	860	1.173	3374
	4	SA2-2	100	1.87	53.5	282	81	840	1.146	3100
	5	SA3-1	150	1.87	80.2	282	81	1662	1.088	1700
	6	SA3-2	150	1.87	80.2	282	81	1740	1.139	2600
	7	SA4-1	200	1.87	107	282	81	2890	1.109	1200
	8	SA4-2	200	1.87	107	282	81	2920	1.121	2490
	9	SA5-1	250	1.87	133.7	282	60	3304	1.098	1477
	10	SA5-2	250	1.87	133.7	282	60	3400	1.130	1550
	11	SB1-1	60	2	30	404	50.9	318	1.179	4230
	12	SB1-2	60	2	30	404	50.9	322	1.193	5778
	13	SB2-1	100	2	50	404	50.9	770	1.219	4000

续表

截面形式	序号	试件编号	$D(B)$/mm	t/mm	$D(B)/t$	f_y/MPa	f_{cu}/MPa	N_{ue}/kN	SI	$\varepsilon_u/\mu\varepsilon$
方形	14	SB2-2	100	2	50	404	50.9	772	1.222	3400
	15	SB3-1	150	2	75	404	50.9	1300	1.077	2200
	16	SB3-2	150	2	75	404	50.9	1420	1.176	2400
	17	SB4-1	200	2	100	404	50.9	1990	1.019	1400
	18	SB4-2	200	2	100	404	50.9	2054	1.051	2289
	19	SB5-1	250	2	125	404	50.9	3100	1.080	2000
	20	SB5-2	250	2	125	404	50.9	2965	1.033	1496
	21	SC1-1	60	2	30	404	81	422	1.154	5231
	22	SC1-2	60	2	30	404	81	406	1.111	4800
	23	SC2-1	150	2	75	404	81	2060	1.220	4000
	24	SC2-2	150	2	75	404	81	1980	1.172	3500

圆钢管采用直缝焊管，方试件的钢管由四块钢板拼焊而成。每个试件加工两块10mm厚的钢板盖板，先在空钢管一端将盖板焊上，另一端等混凝土浇筑后再焊接。

表2.5给出了实测的钢材材料性能指标，如屈服强度（f_y）、抗拉强度（f_u）、弹性模量（E_s）和泊松比（μ_s）。

表2.5　钢材材料性能指标

钢材种类	f_y/MPa	f_u/MPa	E_s/（N/mm^2）	μ_s
钢材Ⅰ	282	358.3	2.02×10^5	0.263
钢材Ⅱ	404	514	2.07×10^5	0.265

采用了两种配合比的自密实混凝土。采用的原材料：普通硅酸盐水泥；河砂；碎石，石子粒径为5～15mm；矿物细掺料为Ⅰ级粉煤灰；普通自来水。早强型减水剂的掺量为0.8%。对于强度较低的混凝土，水胶比为0.313，砂率为0.5，配合比（按重量）为水泥：粉煤灰：砂：石：水=1：0.43：2.33：2.33：0.45。对于强度较高的混凝土，水胶比为0.272，砂率为0.4，配合比（按质量）为水泥：粉煤灰：砂：石：水=1：0.38：1.7：2.55：0.37。

混凝土抗压强度f_{cu}由与试件同条件下成型养护的150mm×150mm×150mm试块测得，对应各组试件在试验时实测的f_{cu}值如表2.4所示。

（2）试验结果及分析

试验测量装置和试验方法与2.2.1节相同。

对试验全过程观测表明，所有试件的试验过程都可以得到很好的控制。在受荷初期，试件的变形和形态变化均不大。当外荷载加至极限承载力的60%～70%时，钢管壁局部开始出现剪切滑移线。随着外荷载的继续增加，滑移线由少到多，逐渐布满钢管壁，随后进入破坏阶段。

对于圆钢管混凝土，截面径厚比小的试件破坏形态呈腰鼓型，而截面径厚比大的试件则呈剪切型破坏形态。

对于方钢管混凝土，所有试件破坏时钢管表面出现若干处局部凸曲，且沿四个方向的凸曲程度基本相同。当截面宽厚比较大时，试件受荷达到 50% 的极限承载力时，钢管管壁就开始出现局部屈曲，轻轻敲击该部位，可听到钢管空鼓时的声音，说明钢管和混凝土有脱开现象。

图 2.22 给出了薄壁钢管混凝土试件的破坏形态。

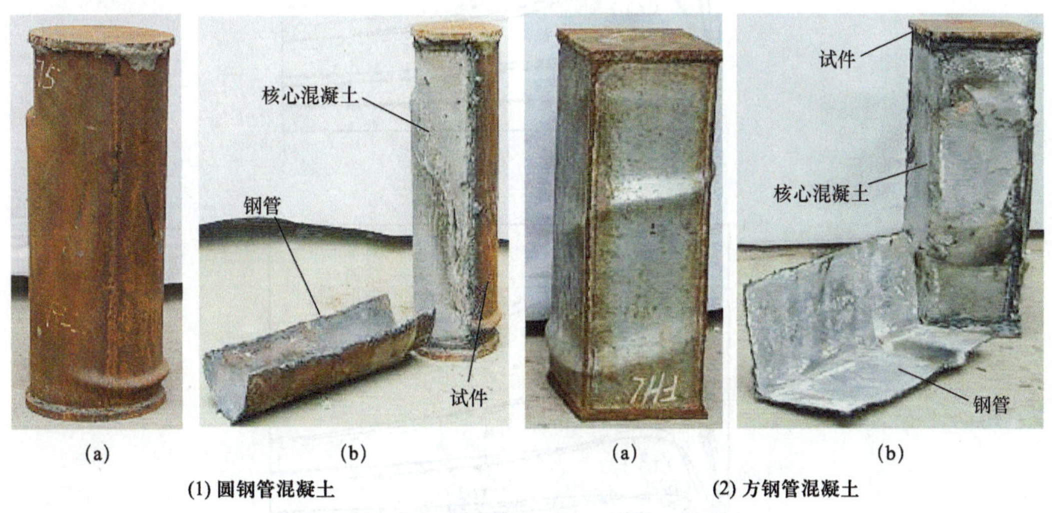

(1) 圆钢管混凝土　(2) 方钢管混凝土

图 2.22　薄壁钢管混凝土试件的破坏形态

图 2.23 给出了试件实测的轴力（N）- 平均纵向应变（ε）的关系。可见，对于圆钢管混凝土试件，所有曲线下降均比较平缓，表现出较好的后期延性；对于方钢管混凝土，随着截面宽厚比的增大，轴力（N）- 平均纵向应变（ε）关系在达到峰值荷载后，下降段呈现出变陡的趋势。

试验过程中，四面应变片的实测横向应变发展基本一致，图 2.24 给出了所有试件实测的轴力（N）- 平均横向应变（ε_L）的关系。可见，对于圆钢管混凝土，试件在达到极限承载力时所对应的横向应变随径厚比（D/t）变化的规律不明显；对于方钢管混凝土，试件在达到极限承载力时所对应的横向应变随宽厚比（B/t）的增大而减小。

采用纤维模型法和有限元法对试验结果进行了计算（尧国皇，2006）。图 2.23 中同时给出了有限元法和纤维模型法计算的平均纵向应变，图 2.24 中给出了有限元法计算的平均横向应变。可见，有限元法和纤维模型法的计算结果与试验结果均吻合较好。

试件实测极限承载力（N_{ue}）及其对应的纵向应变值（ε_u）如表 2.4 所示。

图 2.25 所示为薄壁钢管混凝土的轴力（N）- 纵向应变（ε）关系，大致可分为如下 4 个阶段。①弹性阶段（OA）：在此阶段，钢管和核心混凝土一般均为单独受力，A 点大致相当于钢材进入弹塑性阶段的起点。②弹塑性阶段（AB）：进入此阶段后，核

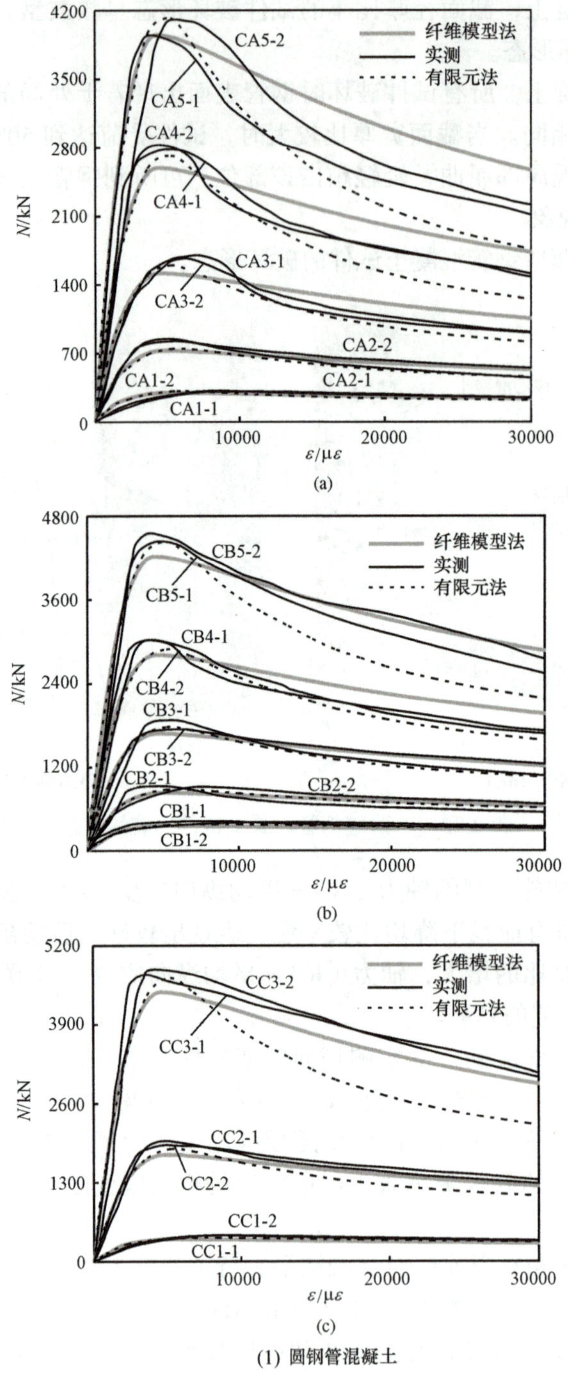

(1) 圆钢管混凝土

图 2.23 试件 N-ε 关系

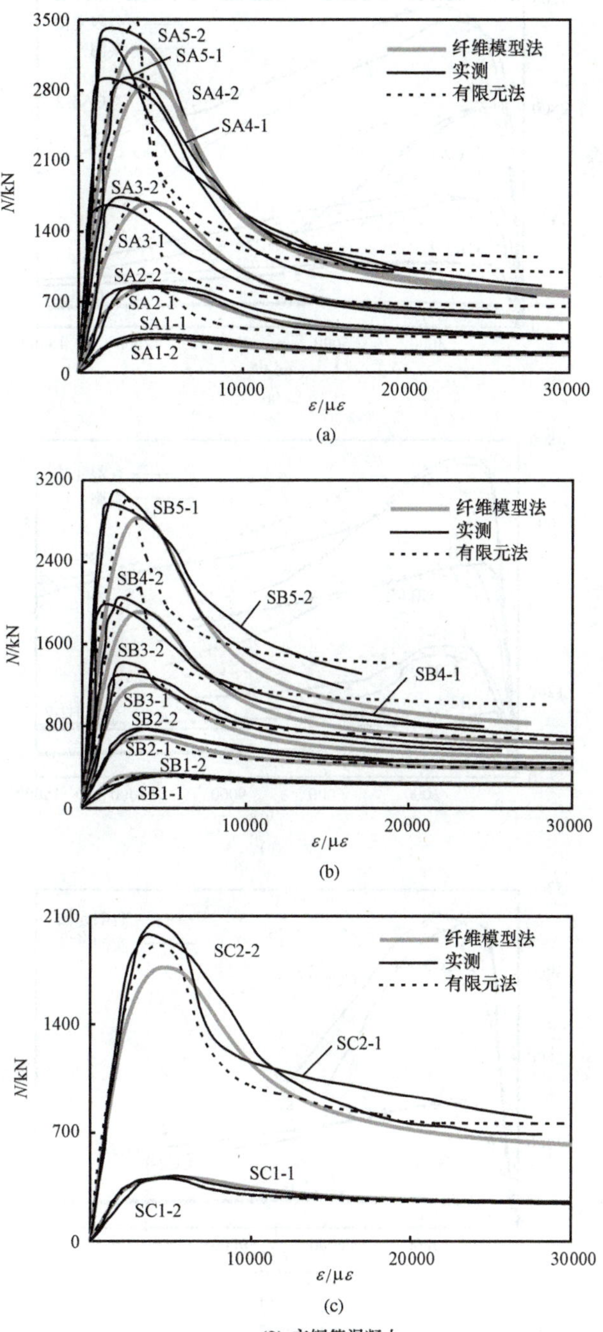

(2) 方钢管混凝土

图 2.23 （续）

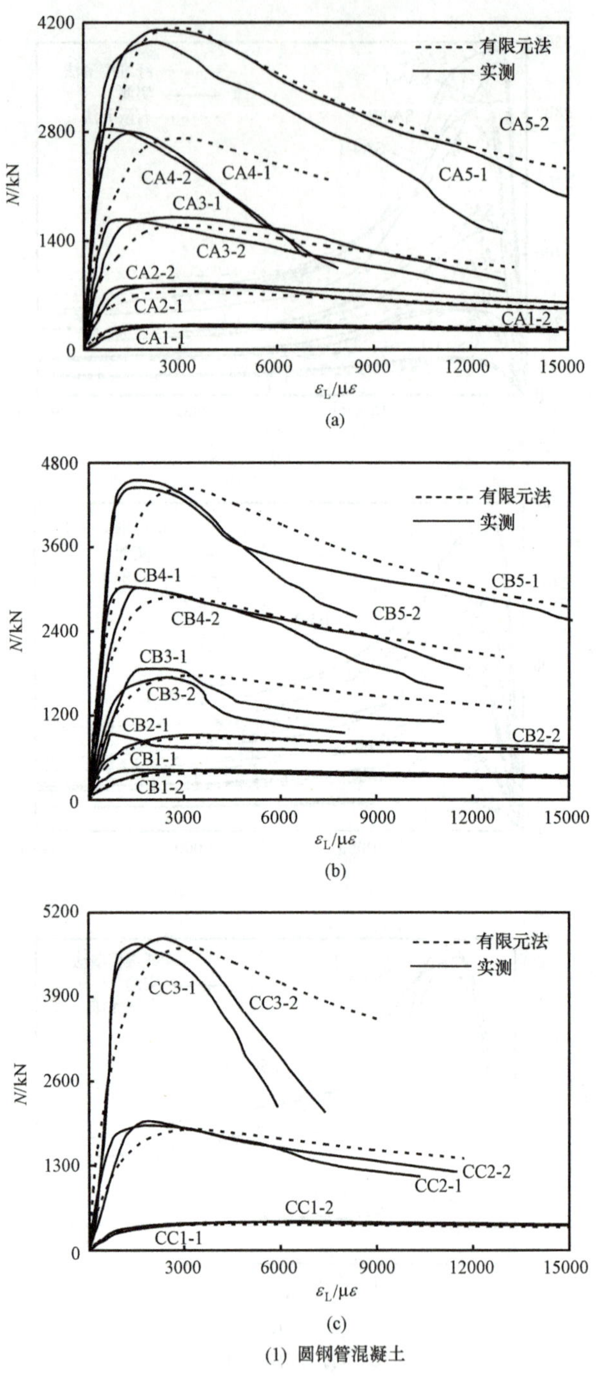

(a)

(b)

(c)

(1) 圆钢管混凝土

图 2.24　试件 N-ε_L 关系

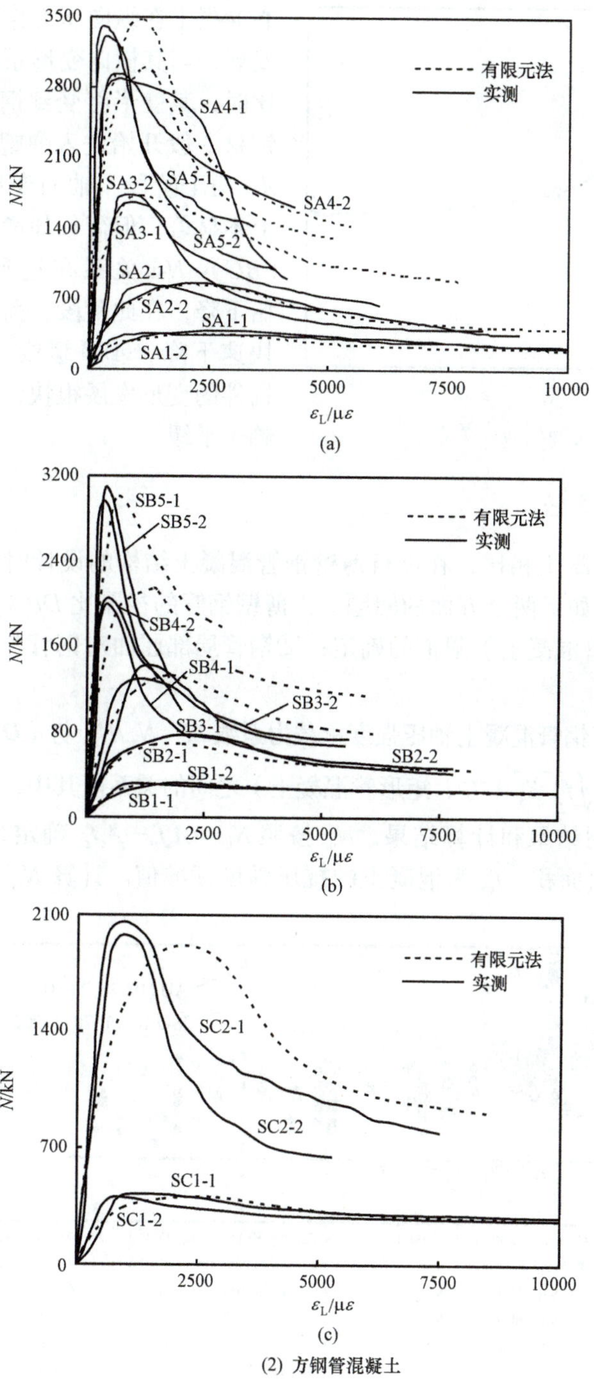

(2) 方钢管混凝土

图 2.24 （续）

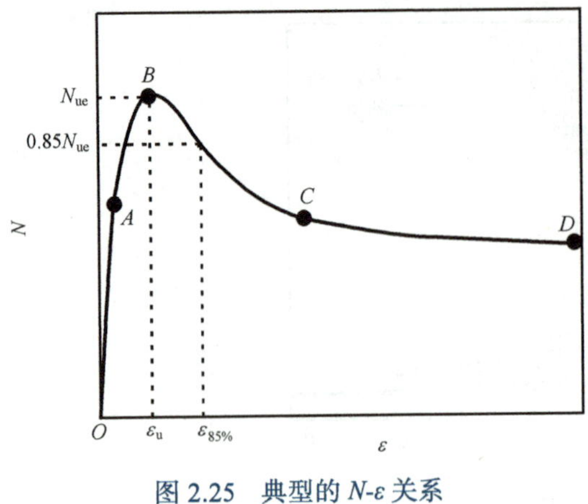

图 2.25　典型的 N-ε 关系

心混凝土在纵向压力作用下，微裂缝不断发展，当其横向变形系数超过钢材的泊松比时，其变形将受到钢管的约束。B 点时钢材一般开始进入弹塑性阶段。在 OA 和 AB 两个阶段，轴向变形的变化幅度总体上不显著，但荷载却增加很快。③下降段（BC）：N-ε 关系在达到峰值点 B 后就开始下降，在此阶段，荷载随变形的发展而快速下降。④平缓段（CD）：在此阶段，构件的变形发展很快，但荷载的降低幅度趋于平缓。

2.3.2　承载力计算方法

与普通钢管混凝土相比，在进行薄壁钢管混凝土结构的设计时，根据其自身工作机理，应合理考虑如下两个方面的问题。①薄壁钢管的径厚比 D/t（圆钢管混凝土）或宽厚比 B/t（方钢管混凝土）限值的确定；②钢管局部屈曲对钢管与核心混凝土组合作用的影响。

图 2.26 给出了钢管混凝土轴压强度承载力系数 $SI=N_{ue}/N_{uo}$ 与（D/t）$\sqrt{f_y/E_s}$（圆钢管混凝土）和（B/t）$\sqrt{f_y/E_s}$（方、矩形管混凝土）之间的关系。其中，N_{ue} 和 N_{uo} 分别为轴压强度承载力实测结果和计算结果，N_{uo} 按照 $N_{uo}=A_sf_y+A_cf_{ck}$ 确定，A_s 和 A_c 分别为钢管和混凝土的截面面积，f_{ck} 为混凝土的抗压强度标准值。计算 N_{uo} 时，钢材和混凝土

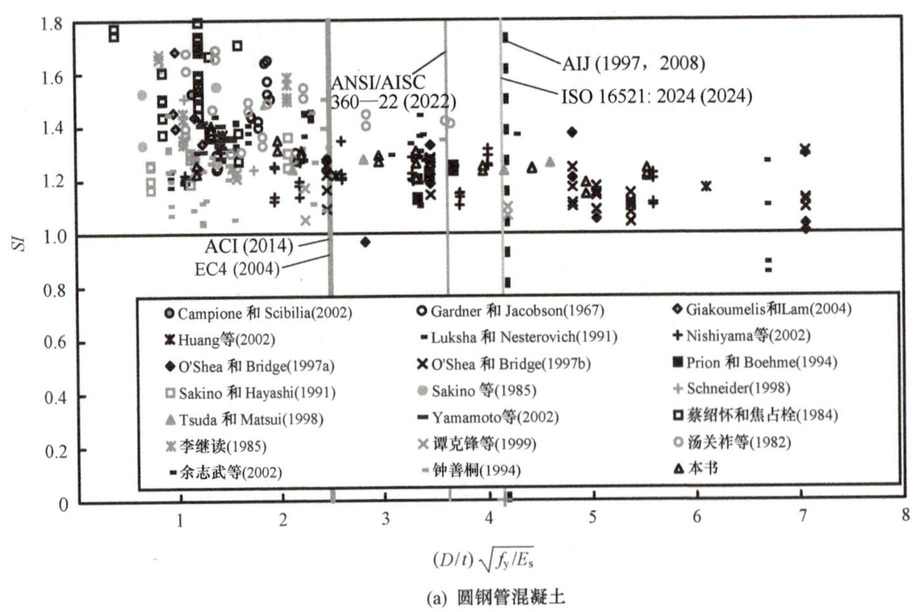

(a) 圆钢管混凝土

图 2.26　SI-[D(B)/t] $\sqrt{f_y/E_s}$ 关系

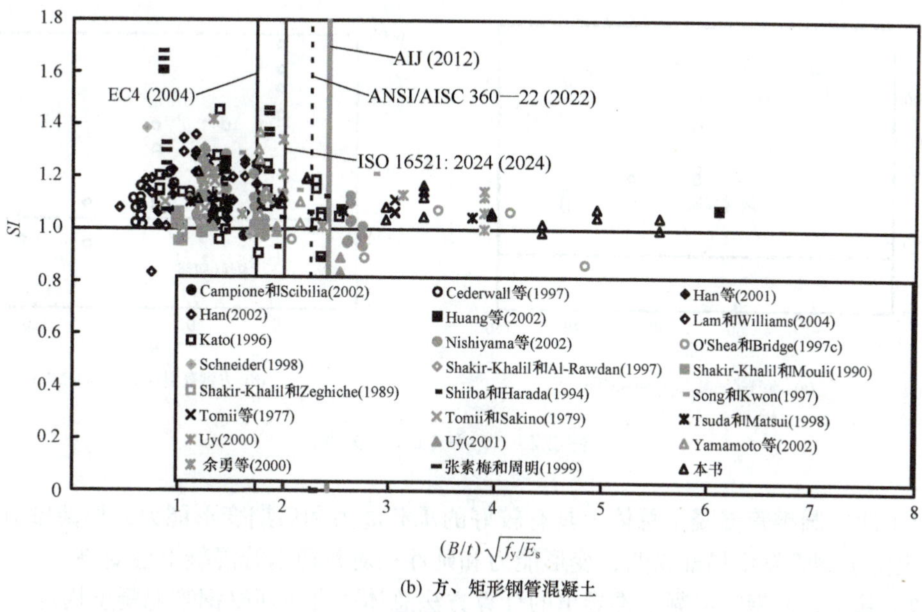

(b) 方、矩形钢管混凝土

图 2.26 （续）

的强度均取标准值。表 2.4 汇总了本节试件实测的 SI 值。

图 2.26 中同时绘制出了 ACI（2014）、AIJ（2012）、ANSI/AISC360—22（2022）、BS5400（2005）、EC4（2004）、ISO 16521：2024（2024）中给出的 D/t 或 B/t 限值。可见，在 AIJ（2012）给出的 D/t 或 B/t 限值的范围内，按照 ISO 16521：2024（2024）中的方法计算薄壁钢管混凝土的承载力总体上仍然是偏于安全的。

为了比较的方便，图 2.26 给出了上述不同设计规程的（D/t）$\sqrt{f_y/E_s}$ 或（B/t）$\sqrt{f_y/E_s}$ 值。计算时，取 f_y＝345MPa。

由图 2.26 可见，即使在大于 AIJ（2012）给出的 D/t 或 B/t 限值情况下，SI 值总体仍大于 1，且随着（D/t）$\sqrt{f_y/E_s}$ 或（B/t）$\sqrt{f_y/E_s}$ 的增加，没有出现明显的下降趋势。因此，在分析的试验数据参数范围内，钢管的外直径或最大外边长与壁厚之比的限值取无混凝土时其相应限值的 1.5 倍总体上是可行的。

图 2.27 给出了表 2.4 中试验实测的极限荷载对应应变 ε_u 与 $D(B)/t$ 的关系。可见，ε_u 随截面 $D(B)/t$ 增大而减小，但 ε_u 基本上均超过了钢材的屈服应变，表明钢材已开始进入了屈服阶段。

对于圆钢管混凝土，当 D/t＝125 时，ε_u 值接近 3300με。对于方钢管混凝土，当截面 B/t 超过 100 时，ε_u 值小于钢材达到屈服时所对应的屈服应变，原因在于：钢管发生了局部屈曲，钢材还没有进入屈服阶段，试件就已经达到其极限承载力，当截面 B/t 更大时，钢材甚至还处于弹性阶段。

2.3.3　小结

基于对薄壁钢管混凝土的研究，在分析研究的参数范围内可初步得到以下结论。

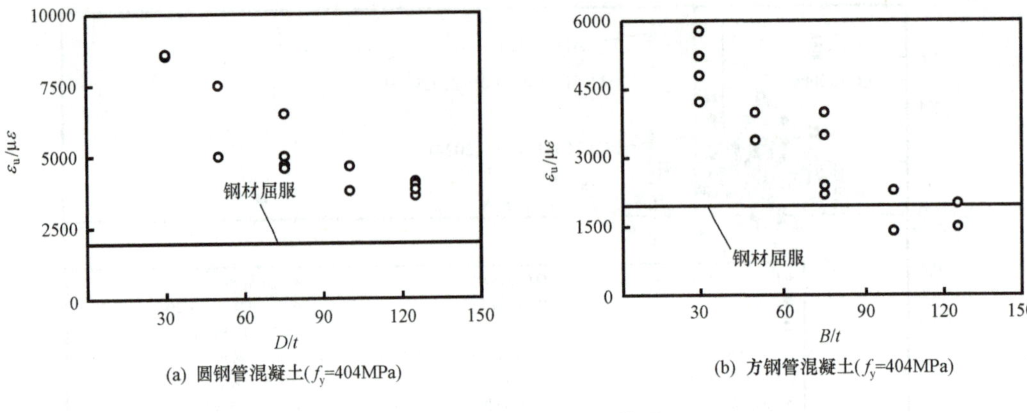

(a) 圆钢管混凝土(f_y=404MPa)　(b) 方钢管混凝土(f_y=404MPa)

图 2.27　ε_u-D（B）/t 关系

1）薄壁圆钢管混凝土总体上具有较好的承载能力和后期变形能力，但薄壁方钢管混凝土由于钢管发生局部屈曲，变形能力和延性相对普通钢管混凝土会变差。

2）基于普通钢管混凝土推导出的计算方法总体适合于薄壁钢管混凝土构件。

3）钢管的外直径或最大外边长与钢管壁厚之比的限值取对应空钢管设计时限值的1.5倍是可行的。

2.4　高强钢管混凝土

随着钢材性能的不断提高，高强钢材（本书暂定义钢材屈服强度不小于450MPa的钢材为高强钢材）在钢管混凝土中的应用是国内外工程界关心的热门课题之一。

在钢管混凝土中采用高强钢材，预期可达到进一步提高构件承载力、节约钢材用量、减小构件截面尺寸和减轻结构自重的目的，预计在荷载很大的结构，如高层建筑、地下工程和大跨结构的支柱中有很好的应用前途。

表2.6给出了一些钢管混凝土设计规程中规定的钢材屈服强度（f_y）的适用范围，可见这些规程总体上都不适用于采用高强钢管的钢管混凝土。

表 2.6　钢材屈服强度范围　（单位：MPa）

AIJ（1997，2008）	BS5400（2005）	CECS 159—2004（2004）	DBJ/T 13-51—2020（2020）	DL/T 5085—1999（1999）	EC4（2004）	GJB 4142—2000（2001）
235.2～352.8	235～460	235～420	235～420	235～390	≤460	235～390

目前对采用高强钢材的钢管混凝土的研究已有一些结果，如Gardner和Jacobson（1967）进行了12个轴心受压构件的试验研究，试件的f_y为451～633MPa。Gho和Liu（2004）进行了4个矩形纯弯构件的试验研究，其f_y为495MPa。Kato（1996）进行了5个方试件轴压试验研究，其f_y为477～767MPa。Knowles和Park（1969）进行了6个圆试件轴心受压的试验研究，其f_y为482.3MPa。Masuo等（1991）进行了10个轴压构件试验研究，其f_y为461～505MPa。Mursi和Uy（2004）进行了8个方形

压弯构件的试验研究，其 f_y 为 761MPa。Nishiyama 等（2002）进行了 24 个圆形试件（f_y 为 507～853MPa ）和 38 个方形试件（f_y 为 618～835MPa）的试验研究。Schneider（1998）进行了圆形轴压试件的试验研究，f_y 为 537MPa。Task Group 20, SSRC（1979）报道了 20 个圆形试件的轴压试验研究，f_y 为 452～682MPa。Uy（2001）进行了 14 个方形压弯构件力学性能的试验研究，其 f_y 为 750MPa。Vrcelj 和 Uy（2001）进行了方形轴压长柱的试验研究，f_y 为 450MPa。Liew 等（2016）对采用高强材料的钢管混凝土压弯构件试验进行了总结和归纳，并提出了相应设计方法。

应用韩林海（2022）提供的钢管混凝土纤维模型法，对采用高强钢材的钢管混凝土构件的荷载 - 变形关系进行了计算，并和 147 个试件的试验结果进行对比。比较结果表明，理论计算值和试验值吻合较好。

图 2.28 给出了轴压、压弯和纯弯曲情况下计算的荷载 - 变形关系与试验曲线二者的部分对比结果。D 和 B 分别为圆构件截面外直径和方构件截面外边长，ϕ 为曲率，

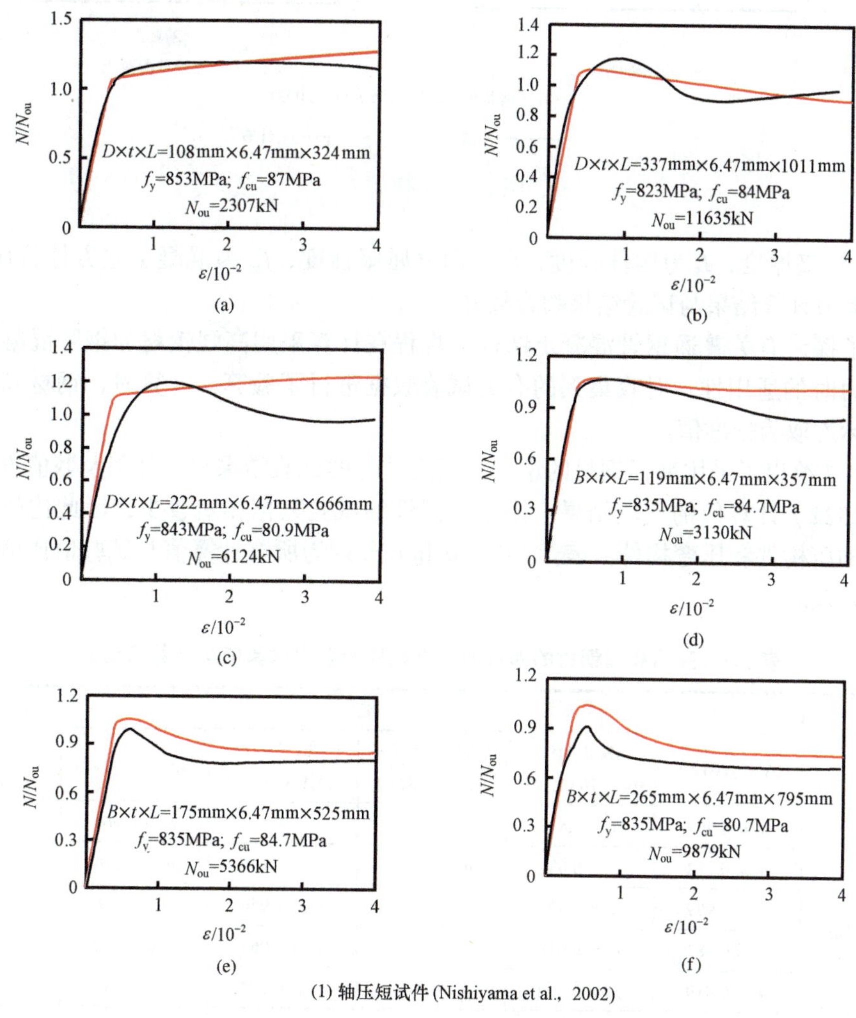

(1) 轴压短试件 (Nishiyama et al., 2002)

图 2.28　荷载 - 变形关系计算结果和试验结果比较

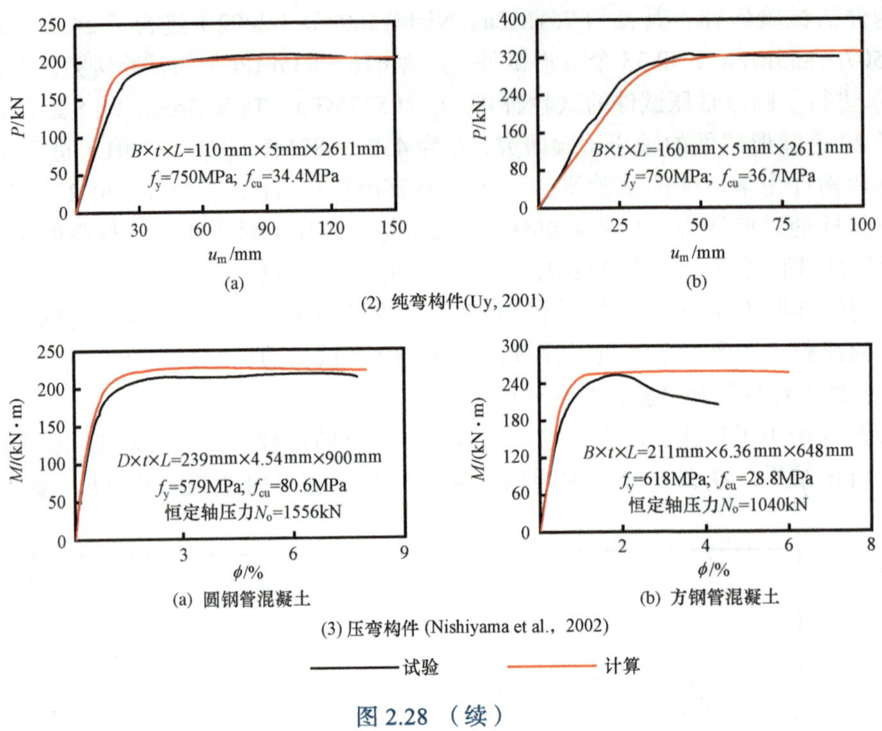

图 2.28 （续）

t 为钢管管壁厚度，L 为构件长度，f_y 为钢材屈服强度，f_{cu} 为混凝土立方体抗压强度。可见，数值计算结果与试验结果吻合较好。

为了探讨有关普通钢管混凝土结构的规程在计算采用高强钢材的钢管混凝土构件的承载力时的适用性，对收集到的有关试验数据进行了验算。计算时，钢材和混凝土强度指标均取为标准值。

表 2.7 给出了采用高强钢材的钢管混凝土试件的试验结果与各规程及数值方法（韩林海，2022）计算值的比较结果。由于圆试件的试验数据相对较少，因此比较时暂没有区分轴压构件和压弯构件。表 2.7 中，μ 和 σ 分别为所有计算值与试验值比值的平均值和均方差。

表 2.7　采用高强钢材的钢管混凝土试件承载力试验值与计算值比较

构件		规程					
		AIJ（2012）	ANSI/AISC 360—10（2022）	GB/T 51446—2021（2021）	T/CECS 625—2019（2019）	EC4（2004）	数值计算
圆构件		$\mu=0.909$	$\mu=0.815$	$\mu=0.952$	—	$\mu=0.964$	$\mu=0.930$
		$\sigma=0.112$	$\sigma=0.087$	$\sigma=0.120$	—	$\sigma=0.114$	$\sigma=0.095$
方、矩形构件	轴压	$\mu=0.999$	$\mu=0.994$	—	$\mu=1.040$	$\mu=1.060$	$\mu=1.028$
		$\sigma=0.081$	$\sigma=0.078$	—	$\sigma=0.068$	$\sigma=0.159$	$\sigma=0.114$
	压弯	$\mu=0.919$	$\mu=0.869$	—	$\mu=0.994$	$\mu=1.018$	$\mu=0.999$
		$\sigma=0.141$	$\sigma=0.121$	—	$\sigma=0.110$	$\sigma=0.149$	$\sigma=0.141$

基于上述计算比较可见，除少数情况下 μ 值稍大于 1 以外，大多数情况下计算结果仍稍偏于安全。这也意味着在所比较的试验结果的参数范围内，普通钢管混凝土构件荷载 - 变形关系和承载力的计算方法基本上适用于采用高强钢材的钢管混凝土构件。

2.5　不锈钢管混凝土

众所周知，不锈钢具有外表美观、耐久性好、维护费用低及耐火性能好等优点，目前已在一些实际土木工程中应用（Gardner，2005），例如都柏林的“神针”等城市标志性建筑、一些海洋平台、沿海建筑和桥梁、核工厂和食品加工厂等。设计寿命为 500 年的加拿大魁北克省国家档案保存中心的框架，巴黎卢浮宫艺术博物馆入口处的金字塔空间承重结构以及斯德哥尔摩的伯津斯卡植物园的承重框架结构等也都采用了不锈钢。和普通碳素钢相比，不锈钢主要表现出如下的性能差异。

1）普通碳素钢的应力 - 应变关系有明显屈服点和屈服平台，比例极限约为其名义屈服强度的 70% 左右；而不锈钢的应力 - 应变关系则在加载初期就表现出很强的非线性，其比例极限较普通碳素钢低（Young and Liu，2005），为屈服强度的 36%～60%，在达比例极限后，曲线的非线性性能趋于显著，无明显屈服平台（Gardner，2005）。

2）不锈钢具有很强的变形能力，如奥氏体不锈钢的延伸率可达普通碳素钢的 2 倍左右，应力 - 应变关系在加载后期具有明显的应力强化现象。

3）不锈钢的耐火性能优于普通碳素钢。欧洲不锈钢协会（Euro Inox，2002）研究对比了不锈钢和普通碳素钢的屈服强度和弹性模量随温度升高而变化的情况。结果表明：在温度低于 500℃时，不锈钢的屈服强度下降幅度略大于普通钢材；但在 600～800℃时，不锈钢的强度损失要明显低于普通钢材。此外，不锈钢的导热系数和热辐射系数也低于普通钢材，有利于提高结构的耐火性能和抗火能力。

若在不锈钢管中填充混凝土形成不锈钢管混凝土结构，预计可达到减少不锈钢用量的目的，从而降低工程结构的造价。不锈钢管混凝土可望同时兼有普通钢管混凝土良好的力学性能和不锈钢优越的耐久性能，在海洋平台、沿海建筑和桥梁以及对耐久性要求较高的一些重要建筑的框架和网架等土木工程结构中具有较好的应用前景。美国纽约赫斯特大厦结构体系（Fortner，2006）和香港昂船洲大桥桥塔（许志豪和黄剑波，2006）就采用了不锈钢管混凝土结构。

由于不锈钢管混凝土具有良好的工程应用前景，因此已引起研究者的兴趣，并开展了部分研究工作。如 Young 和 Ellobody（2006）、Ellobody 和 Young（2006a；2006b）、Ellobody（2007）、Lam 和 Garnder（2008）、Roe（2005）、Gjerding-Smith（2004）、Dajanovic（2004）、Asgar（2005）、Han 等（2013）和 Tao 等（2016）。通过对以上有关不锈钢管混凝土力学性能的研究结果进行归纳总结，可以发现，不锈钢管混凝土和普通钢管混凝土一样都具有较好的力学性能，但由于不锈钢和普通钢材在材料性能存在明显差异，不锈钢管混凝土和普通钢管混凝土的力学性能也并不完全相同。

为了进一步开展不锈钢管混凝土的静力性能的系统研究，作者进行了不锈钢材料、圆形、方形和矩形截面的不锈钢管混凝土短柱、压弯构件和中长柱的静力性能研究，下面对有关结果进行简要论述。

2.5.1 不锈钢材料性能

目前已有一些研究者提出了不锈钢材料在常温和高温下的本构模型（Gardner and Nethercot，2001；Rasmussen，2003；Abdella，2006；Chen and Young，2006）。在设计方面，国外目前也已有专门针对不锈钢结构的设计规范，如 ASCE 规范（2002）；Eurocode 3 规范（2005）。另外日本、南非以及澳大利亚和新西兰等国也都制定了各自的不锈钢结构的设计规范（SSBJA，1995；SABS，1997；AS/NZS 4673:2001，2001）。制约不锈钢在结构工程中广泛使用的主要原因是其造价比常用建筑钢材昂贵（Gardner，2005）。需要指出的是，由于不锈钢的应力强化效应明显，因此冷弯不锈钢的弯角效应较为明显。这样对于方形和矩形截面的冷弯不锈钢管混凝土，其钢管由于弯角效应而导致的强度提高可在构件承载力计算时给予适当考虑。

本书作者研究了奥氏体不锈钢、双相不锈钢和铁素体不锈钢在常温下和火灾下的材料性能，提出了常温下和火灾后冷弯截面奥氏体和双相不锈钢角部材料应力－应变关系和铁素体不锈钢在常温下的应力（σ）－应变（ε）关系，并和试验结果进行了对比（Wang et al.，2014；Tao and Kim，2015）。

冷弯截面奥氏体不锈钢和双相不锈钢角部材料常温下的 σ-ε 关系可由式（2.3）表示（Wang et al.，2014）。

$$\varepsilon=\begin{cases}\dfrac{\sigma}{E_s}+0.002\left(\dfrac{\sigma}{f_{y,c}}\right)^{n_c} & \sigma\leqslant f_{y,c}\\[2ex] 0.002+\dfrac{f_{y,c}}{E_s}+\dfrac{\sigma-f_{y,c}}{E_{y,c}}\varepsilon_{u,c}\left(\dfrac{\sigma-f_{y,c}}{f_{u,c}-f_{y,c}}\right)^{m_c} & f_{y,c}<\sigma\leqslant f_{u,c}\end{cases}\tag{2.3}$$

式中，E_s 是平板材料的弹性模量；$f_{y,c}$ 是角部材料的屈服强度；$f_{u,c}$ 是角部材料的抗拉强度；$\varepsilon_{u,c}$ 是 $f_{u,c}$ 对应的应变；n_c 是应变强化指数；m_c 是材料参数；$E_{y,c}$ 是 $f_{y,c}$ 对应的切线弹性模量，由式（2.4）计算。

$$E_{y,c}=\frac{E_s}{1+0.002n_cE_s/f_{y,c}}\tag{2.4}$$

$f_{y,c}$ 由式（2.5）计算。

$$\frac{f_{y,c}}{f_y}=1+0.05e^{900/f_y}\tag{2.5}$$

f_y 是平板材料屈服强度。$f_{u,c}$ 由式（2.6）计算。

$$\frac{f_{u,c}}{f_{y,c}}=(0.56f_y^{0.226}-1.4)\frac{f_u}{f_y}\tag{2.6}$$

$$\varepsilon_{u,c}=1-\frac{f_{y,c}}{f_{u,c}}\tag{2.7}$$

n_c 和 m_c 分别由式（2.8）和式（2.9）计算。

$$n_c=0.9n^2e^{-0.3n} \tag{2.8}$$

$$m_c=0.04f_y-8\geqslant m \tag{2.9}$$

$$m=1+3.5\frac{f_y}{f_u} \tag{2.10}$$

式中，n 是根据 Ramberg-Osgood 模型计算的平板材料应变强化指数。

由式（2.3）计算的应力－应变关系和试验实测的对比如图 2.29 所示。由图 2.29 可见，建议的适用于冷弯截面角部奥氏体不锈钢和双相不锈钢的应力－应变关系和试验结果吻合良好。

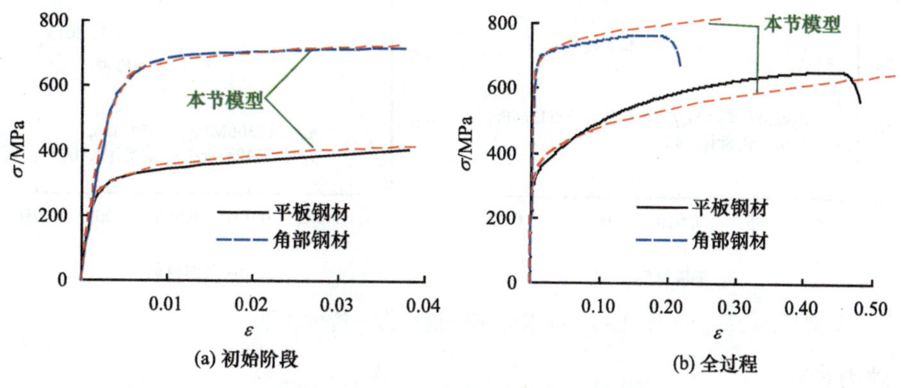

图 2.29　奥氏体不锈钢应力－应变关系

常温下铁素体不锈钢材料的 σ-ε 关系可由式（2.11）表示（Tao and Kim，2015）。

$$\varepsilon=\begin{cases}\dfrac{\sigma}{E_0}+0.002\left(\dfrac{\sigma}{f_y}\right)^n & \sigma\leqslant f_y\\[2ex] 0.002+\dfrac{f_y}{E_0}+\dfrac{\sigma-f_y}{E_y}+\varepsilon_u\left(\dfrac{\sigma-f_y}{f_u-f_y}\right)^m & f_y<\sigma\leqslant f_u\end{cases} \tag{2.11}$$

式中，E_0 和 f_y 是平板材料的弹性模量和屈服强度；n 是应变强化指数。f_u 和 ε_u 分别由式（2.12）和式（2.13）计算。

$$\frac{f_y}{f_u}=\begin{cases}0.104+360\dfrac{f_y}{E_0} & 0.00125\leqslant f_y/E_0\leqslant 0.00235\\[2ex] 0.95 & 0.00235<f_y/E_0\leqslant 0.00275\end{cases} \tag{2.12}$$

$$\varepsilon_u=0.2-0.2\left(\frac{f_y}{f_u}\right)^{5.5} \tag{2.13}$$

m 可根据式（2.10）计算。

对于铁素体不锈钢角部材料，常温下的 σ-ε 关系可由式（2.3）计算。其中，$f_{y,c}$、$f_{u,c}$ 和 m_c 可由式（2.14）～式（2.16）计算。

$$\frac{f_{y,c}}{f_y}=0.25+\frac{E_0}{500f_y}\geqslant 1 \tag{2.14}$$

$$\frac{f_{u,c}}{f_{y,c}}=\left(1.55-\frac{E_0}{840f_y}\right)\frac{f_u}{f_y} \tag{2.15}$$

$$m_c=8000\frac{f_y}{E_0}-8\geqslant m \tag{2.16}$$

由式（2.11）计算的应力－应变关系和试验实测的对比如图 2.30 所示。由图 2.30 可见，建议的适用于铁素体不锈钢平板和角部材料的应力－应变关系和试验结果吻合良好。

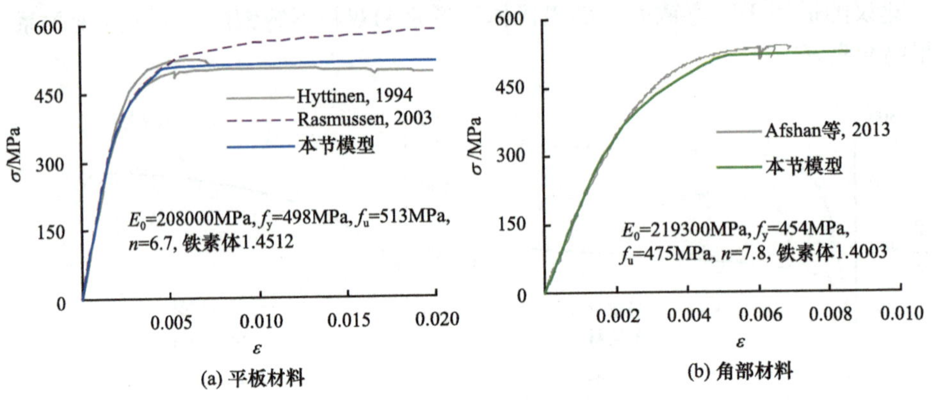

图 2.30　铁素体不锈钢应力－应变关系

2.5.2　静力性能

（1）试验概况

进行了 4 组不锈钢管混凝土试件的试验（Uy，Tao and Han，2011）。其中，第Ⅰ组有 72 根短柱，主要参数有截面类型（包括圆形、方形和矩形截面，如图 2.31 所示）、约束效应系数等。其中，约束效应系数（ξ）如式（2.17）所示。

$$\xi=\frac{A_s f_y}{A_c f_{ck}} \tag{2.17}$$

式中，f_y 为钢管的屈服强度；f_{ck} 为核心混凝土的抗压强度标准值；A_s 和 A_c 分别为钢管和核心混凝土的截面面积。

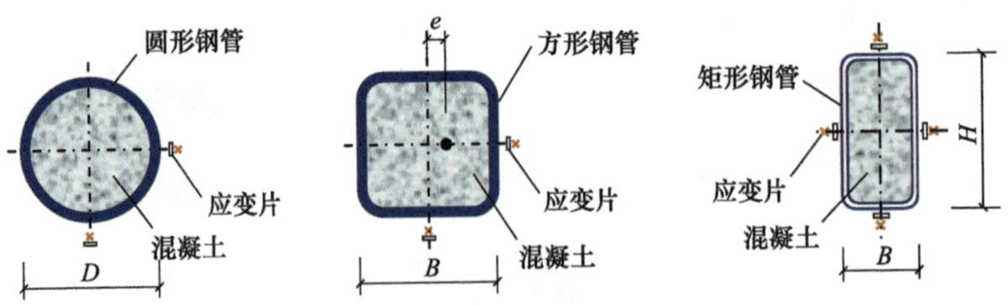

图 2.31　不锈钢管混凝土试件截面

第Ⅱ组为 9 根短柱，研究参数为不同的加载方式；第Ⅲ组有 12 根压弯构件，主要参数是偏心率；第Ⅳ组有 24 根中长柱，主要参数是构件长细比。构件有关参数详见表 2.8～表 2.11。上述各表中，D 为钢管直径，B 为方（矩）形钢管混凝土边长，H 为矩形钢管混凝土长边长，t 为钢管壁厚，L 为试件长度，E_0 为初始弹性模量，$\sigma_{0.2}$ 为 0.2% 应变所对应的强度，n 为不锈钢材料应变硬化指数，f_c' 为混凝土圆柱体抗压强度，e 为荷载偏心距，N_{max} 为极限承载力，N_{ue} 为极限承载力，ε_{cu} 为极限承载力对应的应变。对于第Ⅳ组构件，还特别测试了角部不锈钢的材性，如表2.12所示。其中，方钢管截面的 $\sigma_{0.2}$，抗拉强度和断后延伸率分别为562.4MPa、902.7MPa和37.2%；矩形钢管截面的 $\sigma_{0.2}$，抗拉强度和断后延伸率分别为669.2MPa、967.4MPa和36.6%。

表2.8 不锈钢管混凝土短柱试件（第Ⅰ组）

序号	试件编号	$D\times t\times L$	D/t	E_0/(N/mm^2)	$\sigma_{0.2}$/MPa	n	f_c'/MPa	N_{max}/kN	ε_{max}	N_{ue}/kN	$\varepsilon_{cu}/\mu\varepsilon$	曲线类型
1	CH-50x1.2A	50.8mm×1.2mm×150mm	42.3	195000	291	7	—	86	0.021	80	10000	C
2	CH-50x1.2B	50.8mm×1.2mm×150mm	42.3	195000	291	7	—	83	0.026	71	10000	C
3	C20-50x1.2A	50.8mm×1.2mm×150mm	42.3	195000	291	7	20	192	0.178	106	10000	A
4	C20-50x1.2B	50.8mm×1.2mm×150mm	42.3	195000	291	7	20	164	0.149	112	10000	A
5	C30-50x1.2A	50.8mm×1.2mm×150mm	42.3	195000	291	7	30	225	0.160	134	10000	A
6	C30-50x1.2B	50.8mm×1.2mm×150mm	42.3	195000	291	7	30	237	0.145	130	10000	A
7	CH-50x1.6A	50.8mm×1.6mm×150mm	31.8	195000	298	7	—	104	0.032	92	10000	C
8	CH-50x1.6B	50.8mm×1.6mm×150mm	31.8	195000	298	7	—	105	0.030	93	10000	C
9	C20-50x1.6A	50.8mm×1.6mm×150mm	31.8	195000	298	7	20	203	0.139	132	10000	A
10	C20-50x1.6B	50.8mm×1.6mm×150mm	31.8	195000	298	7	20	222	0.138	140	10000	A
11	C30-50x1.6A	50.8mm×1.6mm×150mm	31.8	195000	298	7	30	260	0.177	167	10000	A
12	C30-50x1.6B	50.8mm×1.6mm×150mm	31.8	195000	298	7	30	280	0.179	162	10000	A
13	CH-100x1.6A	101.6mm×1.6mm×300mm	63.5	195000	320	7	—	178	0.011	176	10000	C
14	CH-100x1.6B	101.6mm×1.6mm×300mm	63.5	195000	320	7	—	175	0.012	170	10000	C
15	C20-100x1.6A	101.6mm×1.6mm×300mm	63.5	195000	320	7	20	637	0.191	421	10000	A
16	C20-100x1.6B	101.6mm×1.6mm×300mm	63.5	195000	320	7	20	675	0.206	426	10000	A
17	C30-100x1.6A	101.6mm×1.6mm×300mm	63.5	195000	320	7	30	602	0.154	477	10000	B
18	C30-100x1.6B	101.6mm×1.6mm×300mm	63.5	195000	320	7	30	609	0.163	477	10000	B
19	CH-127 x1.6A	127mm×1.6mm×400mm	79.4	195000	274	7	—	254	0.0062	254	6175	C
20	CH-127x1.6B	127mm×1.6mm×400mm	79.4	195000	274	7	—	267	0.0093	267	9275	C
21	C20-127x1.6A	127mm×1.6mm×400mm	79.4	195000	274	7	20	789	0.109	664	10000	B
22	C20-127x1.6B	127mm×1.6mm×400mm	79.4	195000	274	7	20	809	0.116	685	10000	B
23	C30-127x1.6A	127mm×1.6mm×400mm	79.4	195000	274	7	30	815	0.115	743	10000	B
24	C30-127x1.6B	127mm×1.6mm×400mm	79.4	195000	274	7	30	790	0.139	748	10000	B
25	CH-150 x1.6A	152.4mm×1.6mm×450mm	95.3	195000	279	7	—	240	0.0058	240	5822	C
26	CH-150 x1.6B	152.4mm×1.6mm×450mm	95.3	195000	279	7	—	240	0.0068	240	6822	C
27	C20-150x1.6A	152.4mm×1.6mm×450mm	95.3	195000	279	7	20	897	0.127	816	10000	B

续表

序号	试件编号	$D\times t\times L$	D/t	E_0/(N/mm^2)	$\sigma_{0.2}$/MPa	n	f_c'/MPa	N_{max}/kN	ε_{max}	N_{ue}/kN	ε_{cu}/$\mu\varepsilon$	曲线类型
28	C20-150x1.6B	152.4mm×1.6mm×450mm	95.3	195000	279	7	20	941	0.136	801	10000	B
29	C30-150x1.6A	152.4mm×1.6mm×450mm	95.3	195000	279	7	30	997	0.133	904	10000	B
30	C30-150x1.6B	152.4mm×1.6mm×450mm	95.3	195000	279	7	30	952	0.130	890	10000	B
31	CH-200x2.0A	203.2mm×2.0mm×500mm	101.6	195000	259	7	—	367	0.0055	367	5467	C
32	CH-200x2.0B	203.2mm×2.0mm×500mm	101.6	195000	259	7	—	362	0.0055	362	5483	C
33	C20-200x2.0A	203.2mm×2.0mm×500mm	101.6	195000	259	7	20	1406	0.104	1390	7833	B
34	C20-200x2.0B	203.2mm×2.0mm×500mm	101.6	195000	259	7	20	1397	0.096	1378	8283	B
35	C30-200x2.0A	203.2mm×2.0mm×500mm	101.6	195000	259	7	30	1537	0.101	1522	8617	B
36	C30-200x2.0B	203.2mm×2.0mm×500mm	101.6	195000	259	7	30	1550	0.107	1550	9234	B
37	SH-50x2A	51mm×1.81mm×150mm	28.2	205100	353	10.4	—	184	0.0078	184	7825	C
38	SH-50x2B	51mm×1.81mm×150mm	28.2	205100	353	10.4	—	180	0.0068	180	6838	C
39	S20-50x2A	51mm×1.81mm×150mm	28.2	205100	353	10.4	21.5	261	0.066	234	10000	A
40	S20-50x2B	51mm×1.81mm×150mm	28.2	205100	353	10.4	21.5	256	0.064	243	10000	A
41	S30-50x2A	51mm×1.81mm×150mm	28.2	205100	353	10.4	34.9	282	0.095	268	9483	B
42	S30-50x2B	51mm×1.81mm×150mm	28.2	205100	353	10.4	34.9	278	0.065	274	10000	B
43	SH-50x3A	51mm×2.85mm×150mm	17.9	207900	440	8.2	—	319	0.027	293	10000	C
44	SH-50x3B	51mm×2.85mm×150mm	17.9	207900	440	8.2	—	315	0.020	302	10000	C
45	S20-50x3A	51mm×2.85mm×150mm	17.9	207900	440	8.2	21.5	399	0.119	358	10000	B
46	S20-50x3B	51mm×2.85mm×150mm	17.9	207900	440	8.2	21.5	417	0.099	364	10000	A
47	S30-50x3A	51mm×2.85mm×150mm	17.9	207900	440	8.2	34.9	543	0.202	394	10000	A
48	S30-50x3B	51mm×2.85mm×150mm	17.9	207900	440	8.2	34.9	460	0.170	393	10000	A
49	SH-100x3A	100mm×2.85mm×300mm	35.1	195700	358	8.3	—	448	0.0062	448	6217	C
50	SH-100x3B	100mm×2.85mm×300mm	35.1	195700	358	8.3	—	457	0.0045	457	4478	C
51	S20-100x3A	100mm×2.85mm×300mm	35.1	195700	358	8.3	21.5	705	0.0084	705	8420	C
52	S20-100x3B	100mm×2.85mm×300mm	35.1	195700	358	8.3	21.5	716	0.0054	716	5397	C
53	S30-100x3A	100mm×2.85mm×300mm	35.1	195700	358	8.3	34.9	765	0.0047	765	4653	C
54	S30-100x3B	100mm×2.85mm×300mm	35.1	195700	358	8.3	34.9	757	0.057	742	4592	C
55	SH-100x5A	101mm×5.05mm×300mm	20.0	202100	435	7.0	—	1185	0.024	1036	10000	C
56	SH-100x5B	101mm×5.05mm×300mm	20.0	202100	435	7.0	—	1241	0.020	1154	10000	C
57	S20-100x5A	101mm×5.05mm×300mm	20.0	202100	435	7.0	21.5	1437	0.029	1352	10000	A
58	S20-100x5B	101mm×5.05mm×300mm	20.0	202100	435	7.0	21.5	1449	0.029	1348	10000	A
59	S30-100x5A	101mm×5.05mm×300mm	20.0	202100	435	7.0	34.9	1474	0.054	1434	10000	A

续表

序号	试件编号	$D\times t\times L$	D/t	E_0/(N/mm^2)	$\sigma_{0.2}$/MPa	n	f_c'/MPa	N_{max}/kN	ε_{max}	N_{ue}/kN	$\varepsilon_{cu}/\mu\varepsilon$	曲线类型
60	S30-100x5B	101mm×5.05mm×300mm	20.0	202100	435	7.0	34.9	1490	0.027	1461	10000	A
61	SH-150x3A	152mm×2.85mm×450mm	53.3	192600	268	6.8	—	372	0.0019	372	1931	C
62	SH-150x3B	152mm×2.85mm×450mm	53.3	192600	268	6.8	—	366	0.0026	366	2568	C
63	S20-150x3A	152mm×2.85mm×450mm	53.3	192600	268	6.8	21.5	1035	0.0042	1035	4238	C
64	S20-150x3B	152mm×2.85mm×450mm	53.3	192600	268	6.8	21.5	1062	0.0024	1062	2446	C
65	S30-150x3A	152mm×2.85mm×450mm	53.3	192600	268	6.8	34.9	1074	0.0015	1074	1545	C
66	S30-150x3B	152mm×2.85mm×450mm	53.3	192600	268	6.8	34.9	1209	0.0029	1209	2883	C
67	SH-150x5A	150mm×4.80mm×450mm	31.3	192200	340	5.6	—	1181	0.0053	1181	5274	C
68	SH-150x5B	150mm×4.80mm×450mm	31.3	192200	340	5.6	—	1183	0.0043	1183	4294	C
69	S20-150x5A	150mm×4.80mm×450mm	31.3	192200	340	5.6	21.5	1844	0.107	1804	6965	C
70	S20-150x5B	150mm×4.80mm×450mm	31.3	192200	340	5.6	21.5	1935	0.100	1798	9832	C
71	S30-150x5A	150mm×4.80mm×450mm	31.3	192200	340	5.6	34.9	2048	0.066	1947	5634	C
72	S30-150x5B	150mm×4.80mm×450mm	31.3	192200	340	5.6	34.9	1976	0.0060	1976	6036	C

表 2.9 采用不同加载方式的钢管混凝土构件（第Ⅱ组）

截面类型	序号	试件编号	$D(B)\times t\times L$	$D(B)/t$	E_0/(N/mm^2)	$\sigma_{0.2}$/MPa	n	f_c'/MPa	N_{max}/kN	$\varepsilon_{max}/\mu\varepsilon$
圆形	1	H1-127	127mm×1.6mm×375mm	79.4	195000	274	7	—	259	5940
	2	S1-127	127mm×1.6mm×375mm	79.4	195000	274	7	62.4	284	4997
	3	CFT1-127	127mm×1.6mm×375mm	79.4	195000	274	7	62.4	1288	3983
	4	H2-152	152.4mm×1.6mm×450mm	95.3	195000	279	7	—	241	4266
	5	S2-152	152.4mm×1.6mm×450mm	95.3	195000	279	7	62.4	263	6374
	6	CFT2-152	152.4mm×1.6mm×450mm	95.3	195000	279	7	62.4	1744	2487
方形	7	H3-150	150mm×4.8mm×450mm	31.3	192200	340	5.6	—	1179	4486
	8	S3-150	150mm×4.8mm×450mm	31.3	192200	340	5.6	62.4	1315	6421
	9	CFT3-150	150mm×4.8mm×450mm	31.3	192200	340	5.6	62.4	2546	2455

表 2.10 采用复合加载方式的方不锈钢管混凝土构件（第Ⅲ组）

序号	试件编号	$B\times t\times L$	B/t	E_0/(N/mm^2)	$\sigma_{0.2}$/MPa	n	f_c'/MPa	e/mm	N_{max}/kN
1	H-3-0	101mm×2.85mm×300mm	35.1	195700	358	8.3	—	0	447
2	C-3-0	101mm×2.85mm×300mm	35.1	195700	358	8.3	12	0	721
3	H-3-20	101mm×2.85mm×300mm	35.1	195700	358	8.3	—	20	340
4	C-3-20	101mm×2.85mm×300mm	35.1	195700	358	8.3	12	20	512

续表

序号	试件编号	$B\times t\times L$	B/t	E_0/(N/mm^2)	$\sigma_{0.2}$/MPa	n	f_c'/MPa	e/mm	N_{max}/kN
5	H-3-40	101mm×2.85mm×300mm	35.1	195700	358	8.3	—	40	247
6	C-3-40	101mm×2.85mm×300mm	35.1	195700	358	8.3	12	40	389
7	H-5-0	101mm×5.05mm×300mm	20.0	202100	435	7.0	—	0	1185
8	C-5-0	101mm×5.05mm×300mm	20.0	202100	435	7.0	12	0	1447
9	H-5-20	101mm×5.05mm×300mm	20.0	202100	435	7.0	—	20	833
10	C-5-20	101mm×5.05mm×300mm	20.0	202100	435	7.0	12	20	1043
11	H-5-40	101mm×5.05mm×300mm	20.0	202100	435	7.0	—	40	625
12	C-5-40	101mm×5.05mm×300mm	20.0	202100	435	7.0	12	40	752

表 2.11 不锈钢管混凝土轴压长柱（第Ⅳ组）

截面类型	序号	试件编号	D（B）/mm	H/mm	t	L_e/mm	λ	$\sigma_{0.2}$/MPa	f_c'/MPa	N_{ue}/kN	$u_{m,ult}$/mm	ε_{cu}/με	ε_L/με
圆形	1	C1-1a	113.6	—	2.8	485	17.1	288.6	36.3	738.0	0.39	−19297	13402
	2	C1-1b	113.6	—	2.8	485	17.1	288.6	75.4	1137.1	0.24	−7819	5349
	3	C1-2a	113.6	—	2.8	1540	54.2	288.6	36.3	578.9	2.07	−5443	3278
	4	C1-2b	113.6	—	2.8	1540	54.2	288.6	75.4	851.1	2.58	−3197	1304
	5	C1-3a	113.6	—	2.8	2940	103.5	288.6	36.3	357.6	11.80	−1630	479
	6	C1-3b	113.6	—	2.8	2940	103.5	288.6	75.4	731.8	3.65	−2014	646
	7	C2-1a	101	—	1.48	440	17.4	320.6	36.3	501.3	1.28	−10205	8191
	8	C2-1b	101	—	1.48	440	17.4	320.6	75.4	819.0	0.28	−5339	3530
	9	C2-2a	101	—	1.48	1340	53.1	320.6	36.3	446.0	1.70	−3653	2100
	10	C2-2b	101	—	1.48	1340	53.1	320.6	75.4	692.9	1.94	−3048	1256
	11	C2-3a	101	—	1.48	2540	100.6	320.6	36.3	383.0	1.25	−1813	626
	12	C2-3b	101	—	1.48	2540	100.6	320.6	75.4	389.7	13.69	−2462	840
方形	13	S1-1a	100.3	—	2.76	440	15.2	390.3	36.3	767.6	0.33	−9102	5778
	14	S1-1b	100.3	—	2.76	440	15.2	390.3	75.4	1090.5	0.29	−3846	2162
	15	S1-2a	100.3	—	2.76	1340	46.3	390.3	36.3	697.3	2.65	−4383	2465
	16	S1-2b	100.3	—	2.76	1340	46.3	390.3	75.4	1022.9	0.83	−3040	1557
	17	S1-3a	100.3	—	2.76	2540	87.7	390.3	36.3	622.9	4.42	−2451	1773
	18	S1-3b	100.3	—	2.76	2540	87.7	390.3	75.4	684.2	10.82	−2423	1050
矩形	19	R1-1a	49	99.5	1.93	440	31.1	363.3	36.3	385.6	0.63	−6379	2682
	20	R1-1b	49	99.5	1.93	440	31.1	363.3	75.4	558.3	0.15	−5086	1400
	21	R1-2a	49	99.5	1.93	740	52.3	363.3	36.3	361.1	1.70	−6758	—
	22	R1-2b	49	99.5	1.93	740	52.3	363.3	75.4	517.7	0.47	−3522	1856
	23	R1-3a	49	99.5	1.93	1340	94.7	363.3	36.3	262.8	6.48	−2101	1069
	24	R1-3b	49	99.5	1.93	1340	94.7	363.3	75.4	332.8	11.89	−3571	1855

表 2.12　第Ⅳ组试件不锈钢管材性

钢板厚度 / mm	初始弹模 E_0/GPa	0.2% 屈服强度 $\sigma_{0.2}$/MPa	应变强化指数 n	泊松比	屈服应变 / 10^{-6}	抗拉强度 / MPa	伸长率 /%	N_p/kN
2.8	173.9	288.6	7.6	0.262	3648	689.5	74.5	326.0
1.48	184.2	320.6	7.2	0.293	3740	708.0	54.9	159.6
2.76	182.0	390.3	6.7	0.291	4145	762.1	54.3	419.2
1.93	195.3	363.3	6.1	0.285	3860	751.6	58.0	195.1

（2）轴压短试件

图 2.32 所示为不锈钢管混凝土轴压试件破坏形态。可见，圆不锈钢管混凝土和方不锈钢管混凝土构件的破坏形态均为钢管向外的局部屈曲。径厚比为 79.4 的空不锈钢管试件的破坏形态为“象足屈曲”，径厚比较大的空不锈钢管构件的破坏截面则靠近试件中部，并在不同边同时出现向内或向外的局部鼓曲。和普通钢管混凝土试件相比，不锈钢管混凝土试件的破坏形态未有明显不同，但是塑性变形程度更大，并且某些试件在 20% 的轴向压缩变形下仍未发生钢管开裂。这是由于不锈钢材料具有较大的延伸率及较强的应变强化效应，能够允许钢管出现显著变形而保持足够强度。

(a) 圆不锈钢管混凝土

(b) 圆不锈钢管

(c) 方不锈钢管混凝土

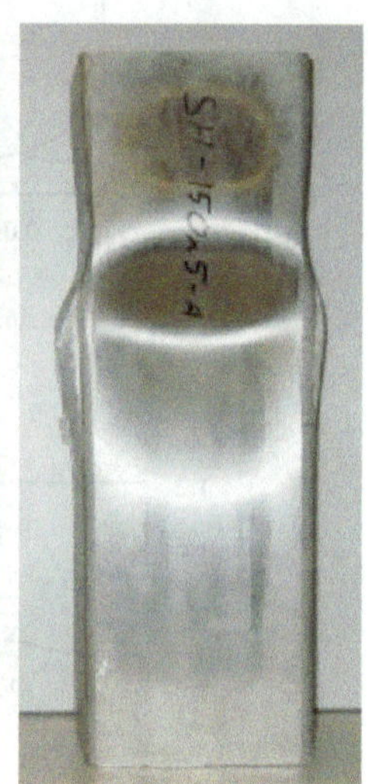

(d) 方不锈钢管

图 2.32　不锈钢管混凝土和空不锈钢管轴压短试件破坏形态

图 2.33 所示为三类荷载 - 轴向应变（N-ε）关系。可见，当约束效应系数降低时，曲线类型由 A 类向 B 类和 C 类转变。对于 A 类曲线，一开始 N-ε 关系呈现线弹性，经过点 1 后刚度逐渐降低，随着钢管径厚比的增大，点 1 和点 2 之间的刚度减小。由于不锈钢具有较高的塑性硬化特性，后期刚度有所上升，荷载继续增长直至到达点 3。B 类和 A 类曲线较为相似，但在点 1′ 至点 2′ 之间刚度降低。C 类曲线则较常出现在普通钢管混凝土试件中。虽然不锈钢管具有较高的塑性硬化能力，但和圆形截面相比，方形截面所能提供的约束较弱，因此试验中只有部分方不锈钢管混凝土试件出现 A 类

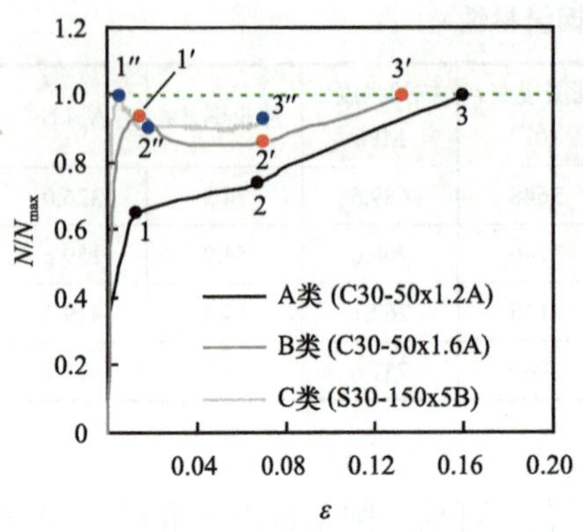

图 2.33　构件实测 N/N_{max}-ε 关系

曲线。

图 2.34 所示为填充混凝土对 N-ε 关系的影响。可见，填充混凝土后试件的刚度和承载力均大幅提高，试件的延性也有所增大。尤其是对于圆不锈钢管混凝土，其延性和圆空钢管相比增加显著。由此可见，不锈钢管混凝土可以充分发挥两种材料的特点。

图 2.35 所示为截面径厚比对 N-ε 关系的影响。可见，总体上当截面径厚比较大时，试件延性较差。这是由于径厚比越大，不锈钢管对核心混凝土的约束效应越弱，该趋势与普通钢管混凝土类似。

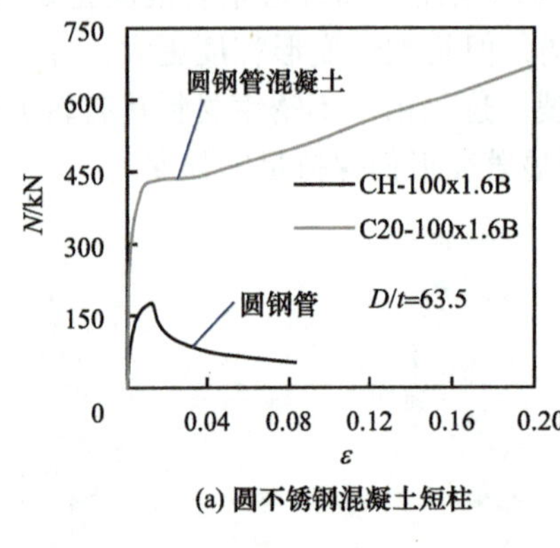

(a) 圆不锈钢混凝土短柱

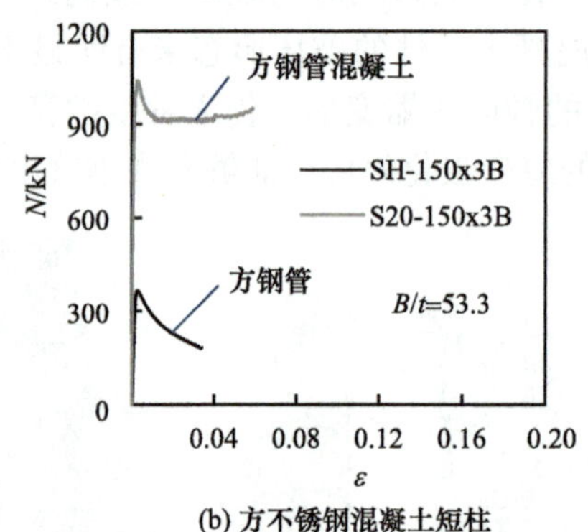

(b) 方不锈钢混凝土短柱

图 2.34　填充混凝土的影响

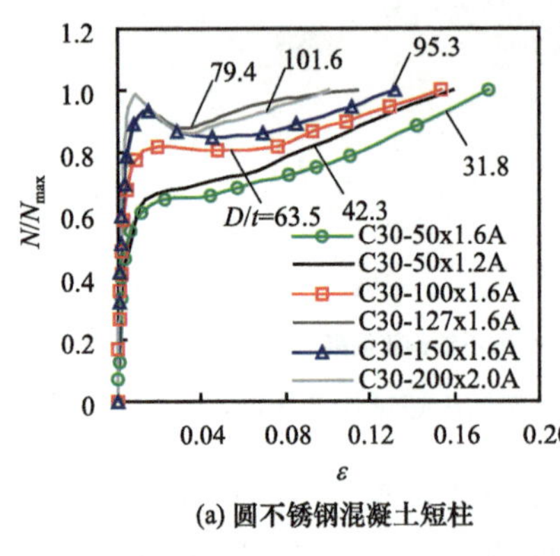

(a) 圆不锈钢混凝土短柱

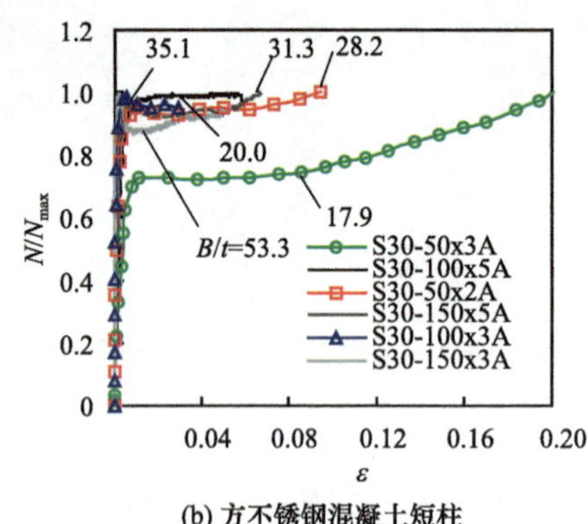

(b) 方不锈钢混凝土短柱

图 2.35　钢管径厚比影响

图 2.36 所示为普通钢管混凝土和不锈钢管混凝土轴压短试件 N/N_{max}-ε 关系的对比，同一张图中所对比两类构件的约束效应系数接近。可见，由于不锈钢的比例极限低，材料较早进入非线性。因此和普通钢管混凝土构件相比，不锈钢管混凝土轴压构件的荷载 - 位移关系弹性刚度较低，且较早进入非线性阶段。同时还可以发现，两类钢管

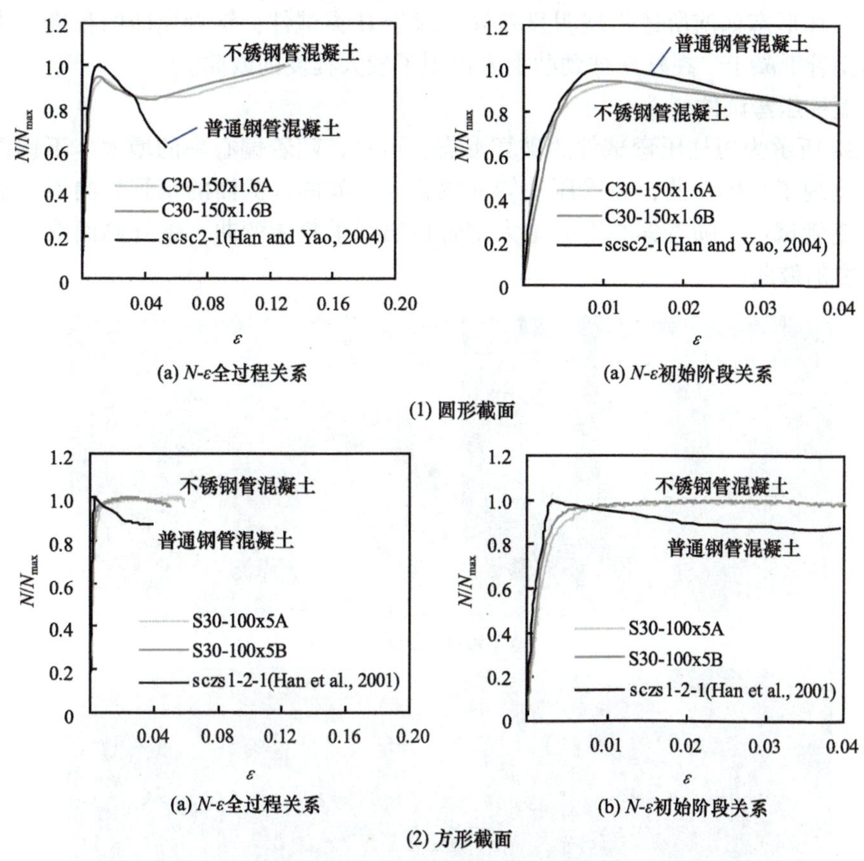

(a) N-ε全过程关系　　(a) N-ε初始阶段关系

(1) 圆形截面

(a) N-ε全过程关系　　(b) N-ε初始阶段关系

(2) 方形截面

图 2.36　普通钢管混凝土和不锈钢管混凝土轴压性能比较

混凝土构件都具有较好的延性，但由于不锈钢具有更显著的应变强化现象，延性更好，因此在受荷后期，普通钢管混凝土构件的荷载 - 应变关系在达到荷载峰值点后出现明显下降，而不锈钢钢管混凝土的曲线形状更加饱满，下降段不明显。此外，不锈钢管混凝土在大变形后的残余承载力也比相应的普通钢管混凝土高，这也使得不锈钢管混凝土在诸如爆炸、撞击和火灾等极端荷载作用下的力学性能更加优良。

图 2.37 所示为不同加载方式下试件破坏形态对比，其中 H 系列是空不锈钢管，S 系列为仅在钢管上加载，CFT 系列为全截面加载。可见，空不锈钢管试件和全截面加

(a) 圆形截面　　(b) 方形截面

图 2.37　不同加载方式下试件破坏形态对比

载试件的破坏形态如前所述出现明显差异。对于H类试件，钢管屈曲的程度较大，对于圆不锈钢管混凝土，在柱底加劲肋上方出现了较大程度的鼓曲。

（3）短柱压弯试件

图2.38所示为短柱压弯试件的破坏形态，可见，随着偏心率的增大，不锈钢管混凝土试件出现了整体弯曲，在受压一侧的钢管向外鼓曲，侧面的钢管鼓曲不明显。对于空不锈钢管试件，随着偏心率的增大钢管也出现了整体弯曲，钢管侧面或端部出现了较大程度的鼓曲。

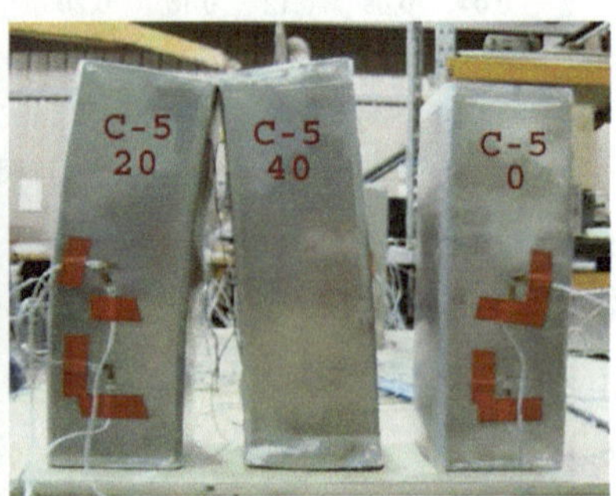

(a) 不锈钢管混凝土

(b) 空不锈钢管

图2.38　短柱压弯试件破坏形态

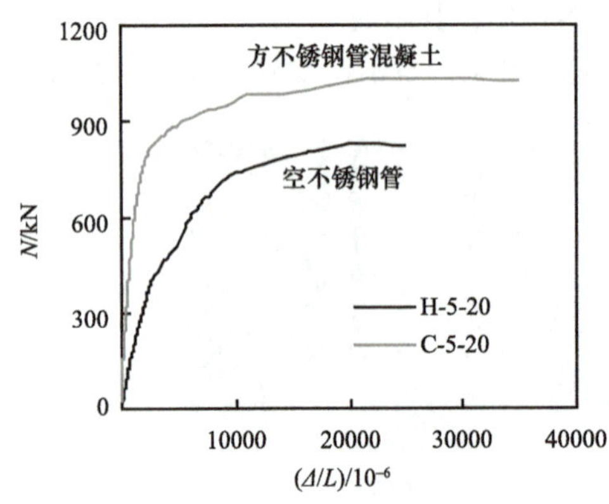

图2.39　填充混凝土对 N-Δ/L 关系的影响

图2.39所示为填充混凝土对短柱压弯试件轴向荷载（N）-轴向变形（Δ/L）关系的影响。可见，相比空钢管试件，不锈钢管混凝土试件的刚度和承载力提高显著，同时表现出较好的延性。

图2.40所示为偏心率对短柱压弯试件轴向荷载（N）-轴向变形（Δ/L）关系的影响。由图2.40可见，随着偏心率的增大，不锈钢管混凝土试件的刚度和承载力均下降。

（4）轴压长柱试件

图2.41所示为轴压长柱试件的破坏

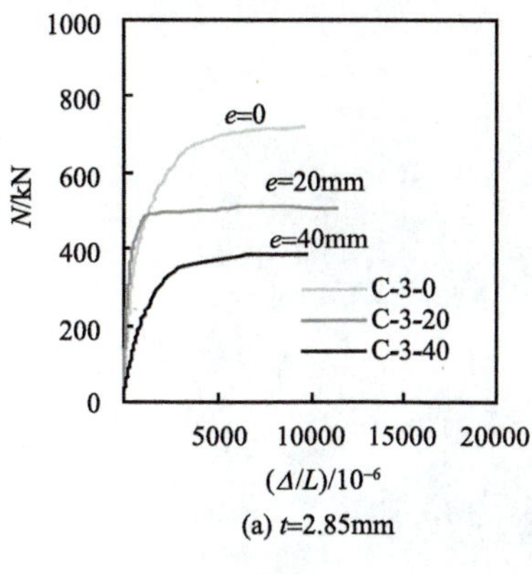

(a) t=2.85mm

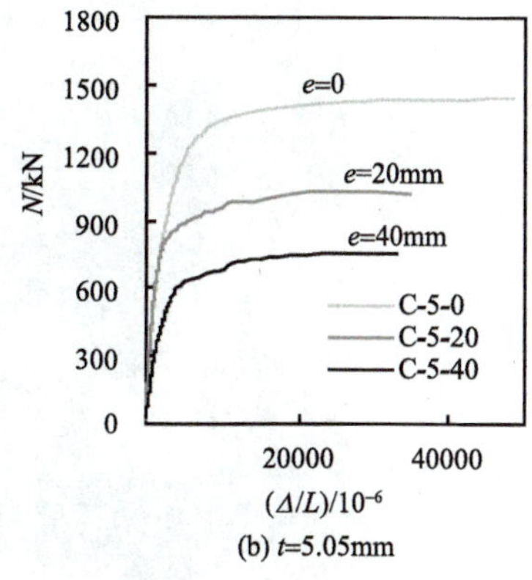

(b) t=5.05mm

图 2.40 荷载偏心率对 N-Δ/L 关系的影响

(a) 圆形截面

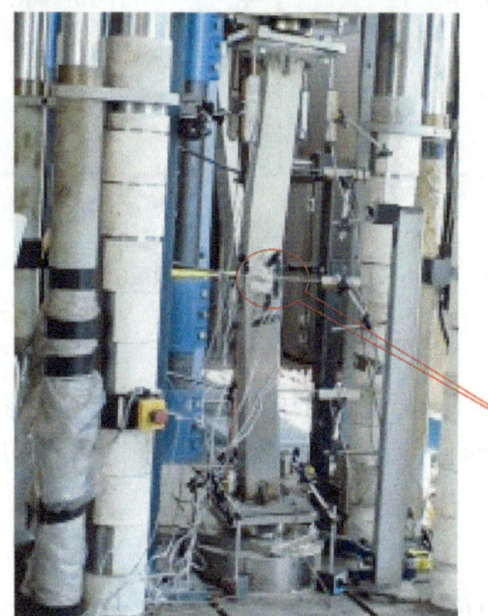

(b) 方形截面（S1-2a）

图 2.41 轴压长柱试件破坏形态

(c) 矩形截面

图 2.41 （续）

形态。由图 2.41 可见，对于长细比较小的试件，由于初始偏心的影响，钢管出现了受弯破坏形态，一侧钢管呈现多处明显的向外鼓曲。随着长细比的增大，试件的整体弯曲程度加大，但钢管表面局部鼓曲不明显。对于方形和矩形不锈钢管混凝土试件，整体也呈现弯曲破坏的形态，在试件中部的不锈钢管出现了向外的鼓曲。

图 2.42 所示为长细比对轴向荷载（N）- 跨中侧向位移（u_m）关系的影响。由图 2.42 可见，在试件到达极限承载力之前，中部侧向位移发展不明显。在极限承载力之后，随着试件弯曲变形的增大，侧向位移有较大发展。试件弯曲形态总体上符合正弦半波曲线。

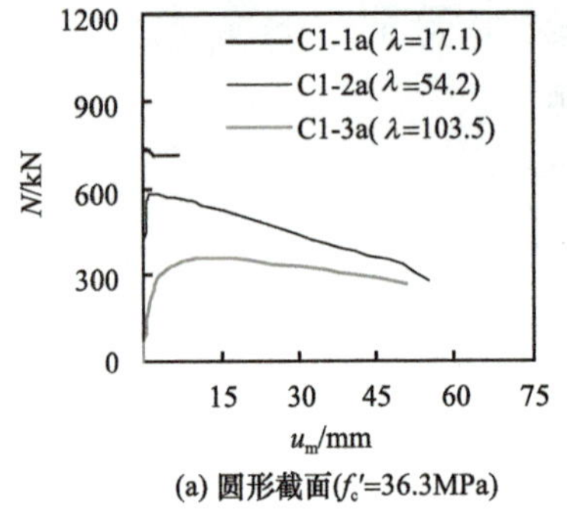

(a) 圆形截面(f_c'=36.3MPa)

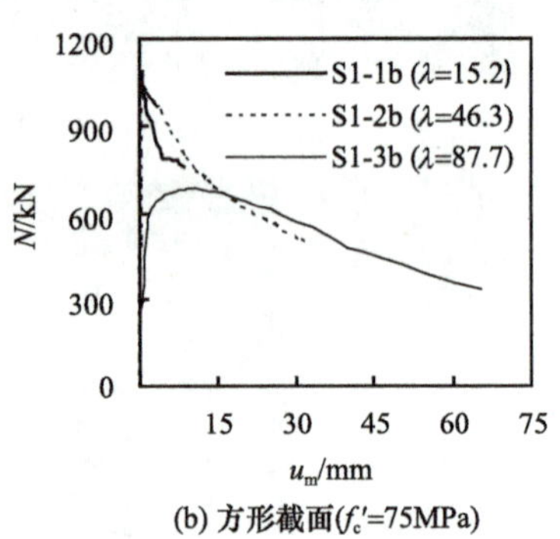

(b) 方形截面(f_c'=75MPa)

图 2.42　长细比对 N-u_m 关系的影响

图 2.43 所示为长细比对轴向荷载（N）- 轴向压缩应变（Δ/L）关系的影响，其中，轴向压缩应变为轴向位移（Δ）和试件长度（L）的比值。由图 2.43 可见，随着长细比的增加，试件的极限承载力减小，并且承载力下降速度更快，钢材截面的应变不能得到充分发展。

图 2.44 所示为混凝土强度对轴向荷载（N）- 跨中侧向位移（u_m）关系的影响。可见，随着混凝土强度的增加，试件的极限承载力增大，但承载力下降速度更快，整体延性降低。当长细比较大时这一趋势更为明显。

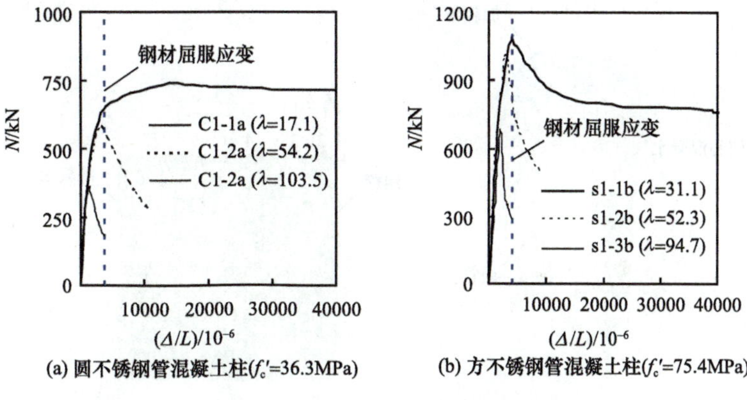

(a) 圆不锈钢管混凝土柱(f_c'=36.3MPa) (b) 方不锈钢管混凝土柱(f_c'=75.4MPa)

图 2.43 长细比对 N-Δ/L 关系的影响

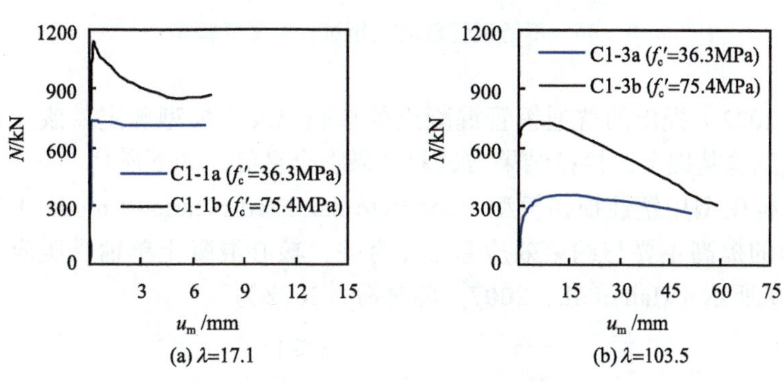

(a) λ=17.1 (b) λ=103.5

图 2.44 混凝土强度对 N-u_m 关系的影响

图 2.45 所示为截面径厚比对轴向荷载（N）- 跨中侧向位移（u_m）关系的影响。可见，截面径厚比对 N-u_m 关系形状影响有限，这主要是由于当长细比较大时，钢管约束作用对构件力学性能的影响较为有限。

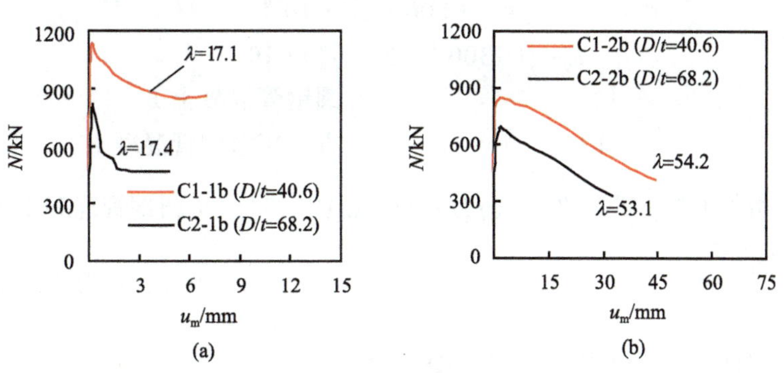

(a) (b)

图 2.45 截面径厚比对 N-u_m 关系的影响

（5）有限元分析

建立了不锈钢管混凝土轴压短试件的数值分析模型（Tao et al.，2011），如图 2.46 所示。其中，不锈钢材料模型采用 Rasmussen 建议的模型（Rasmussen，2003）。由于受到外钢管的约束，钢管核心混凝土的强度和塑性变形能力得到改善。核心混凝土模型

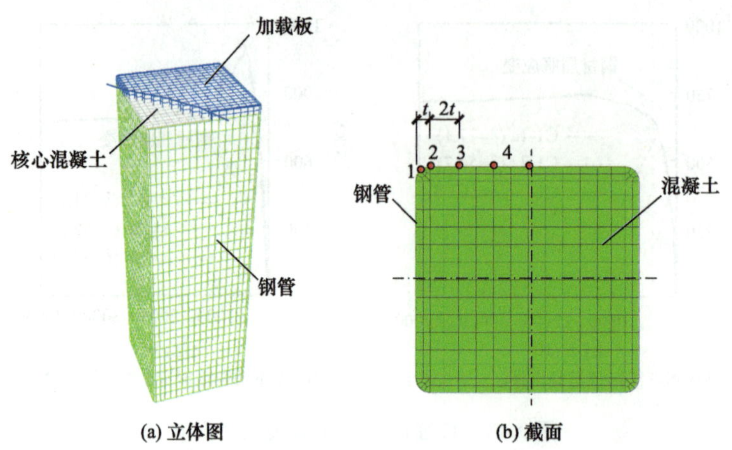

图 2.46　不锈钢管混凝土短试件有限元模型

根据韩林海（2022）提出的普通钢管混凝土的核心混凝土模型确定。该关系建立在大量钢管混凝土试验基础上，模拟结果与试验结果吻合良好，如下所述。

混凝土本构模型用塑性损伤模型（concrete damaged plasticity model）来描述，其塑性变形能力的提高主要与约束效应系数 ξ 有关，核心混凝土单轴受压应力-应变关系如式（2.18）所示（Han et al.，2007；韩林海，2022）。

$$y=\begin{cases}2x-x^2 & x\leqslant 1\\ \dfrac{x}{\beta_0(x-1)^\eta+x} & x>1\end{cases} \tag{2.18}$$

其中，各参数的计算公式如下：

$$x=\frac{\varepsilon}{\varepsilon_o};\ \ y=\frac{\sigma}{\sigma_o};\ \ \sigma_o=f_c'$$

$$\varepsilon_o=\varepsilon_c+800\cdot\xi^{0.2}\cdot 10^{-6}$$

$$\varepsilon_c=(1300+12.5\cdot f_c')\cdot 10^{-6}$$

$$\eta=\begin{cases}2 & \text{（圆钢管混凝土）}\\ 1.6+1.5/x & \text{（方、矩形钢管混凝土）}\end{cases}$$

$$\beta_0=\begin{cases}(2.36\times 10^{-5})^{[0.25+(\xi-0.5)^7]}\cdot(f_c')\cdot 0.5\geqslant 0.12 & \text{（圆钢管混凝土）}\\ \dfrac{(f_c')^{0.1}}{1.2\sqrt{1+\xi}} & \text{（方、矩形钢管混凝土）}\end{cases}$$

式中，混凝土圆柱体抗压强度（f_c'）以 MPa 计。

进行计算时，混凝土弹性模量 E_c 按 ACI 318（2014）取 $4730\sqrt{f_c'}$，f_c' 单位为 MPa，泊松比取 0.2。

混凝土受拉软化性能采用输入混凝土单轴受拉应力-应变关系的方法。开裂前，混凝土处于弹性状态；开裂后，混凝土单轴应力-应变关系采用沈聚敏等（1993）建议的曲线，如式（2.19）所示。

$$\frac{\sigma_t}{\sigma_{t0}}=\frac{\frac{\varepsilon_t}{\varepsilon_{t0}}}{0.31\sigma_{t0}^2\left(\frac{\varepsilon_t}{\varepsilon_{t0}}-1\right)^{1.7}+\frac{\varepsilon_t}{\varepsilon_{t0}}} \tag{2.19}$$

式中，$\varepsilon_{t0}=\sigma_{t0}/E_c$；$\sigma_{t0}$ 为开裂应力，根据 Model Code 2010 规定，按 $0.3\cdot(f_c')^{0.67}$ 进行计算，f_c' 单位为 MPa。

在钢和混凝土的接触关系方面，在钢与混凝土两种材料的交界面上，法线方向不能相互穿透，即“硬接触”。在切线方向上，界面之间存在摩擦，可以采用库仑摩擦准则来模拟。在库仑摩擦模型中，界面之间发生相对滑动的条件为 $\tau=\tau_{crit}$，其中 τ 为黏结应力，τ_{crit} 为临界值。τ_{crit} 计算方法如式（2.20）所示。

$$\tau_{crit}=\mu\cdot p\geqslant\tau_{bond} \tag{2.20}$$

式中，μ、p 和 τ_{bond} 分别为摩擦系数、接触压力和平均黏结应力。μ 的取值为 0.2～0.6（Baltay and Gjelsvik，1990）。在钢管混凝土模拟中，钢管与核心混凝土之间的 μ，不同研究者取值有所不同，如 Ellobody（2013）取 0.25，而 Moon 等（2009）取 0.47。韩林海（2022）经过大量算例，证实 μ 取 0.6 能够得到较好计算结果。

对于钢管与核心混凝土之间的平均黏结应力 τ_{bond}，根据韩林海（2022）关于钢管混凝土模型（图 2.46）建议，采用 Roeder 等（1999）的研究成果，平均黏结应力 τ_{bond}（单位：MPa）按式（2.21）计算。

$$\tau_{bond}=2.314-0.0195\cdot(D_i/t) \tag{2.21}$$

式中，D_i 为核心混凝土直径，mm；t 为钢管厚度，mm。

模型还根据韩林海（2022）提出的方法考虑了钢管的初始缺陷。

图 2.47 所示为轴压试验和有限元计算的破坏形态对比。由图 2.47 可见，有限元模型可以较好地模拟出钢管向外鼓曲等特性，和试验实测破坏形态较为接近。

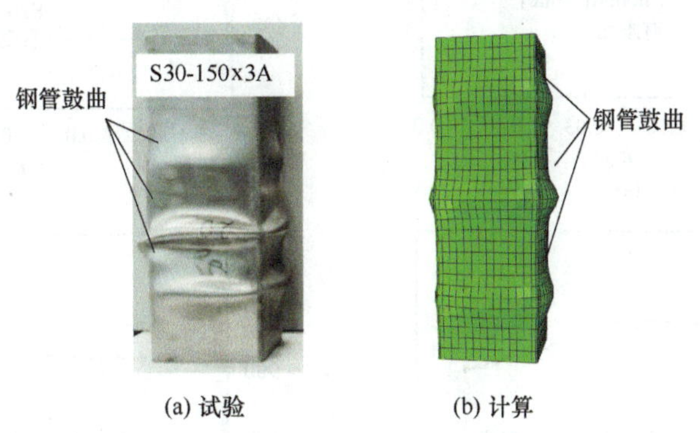

图 2.47　轴压试验和有限元计算破坏形态对比

图 2.48 所示为试验和有限元计算的荷载（N）-轴向应变（ε）关系结果对比。由图 2.48 可见，计算的刚度、承载力均和试验吻合良好。试验和有限元计算承载力对比如图 2.49 所示。可见，提出的有限元模型可以较好地计算不锈钢管混凝土的极限承载力。

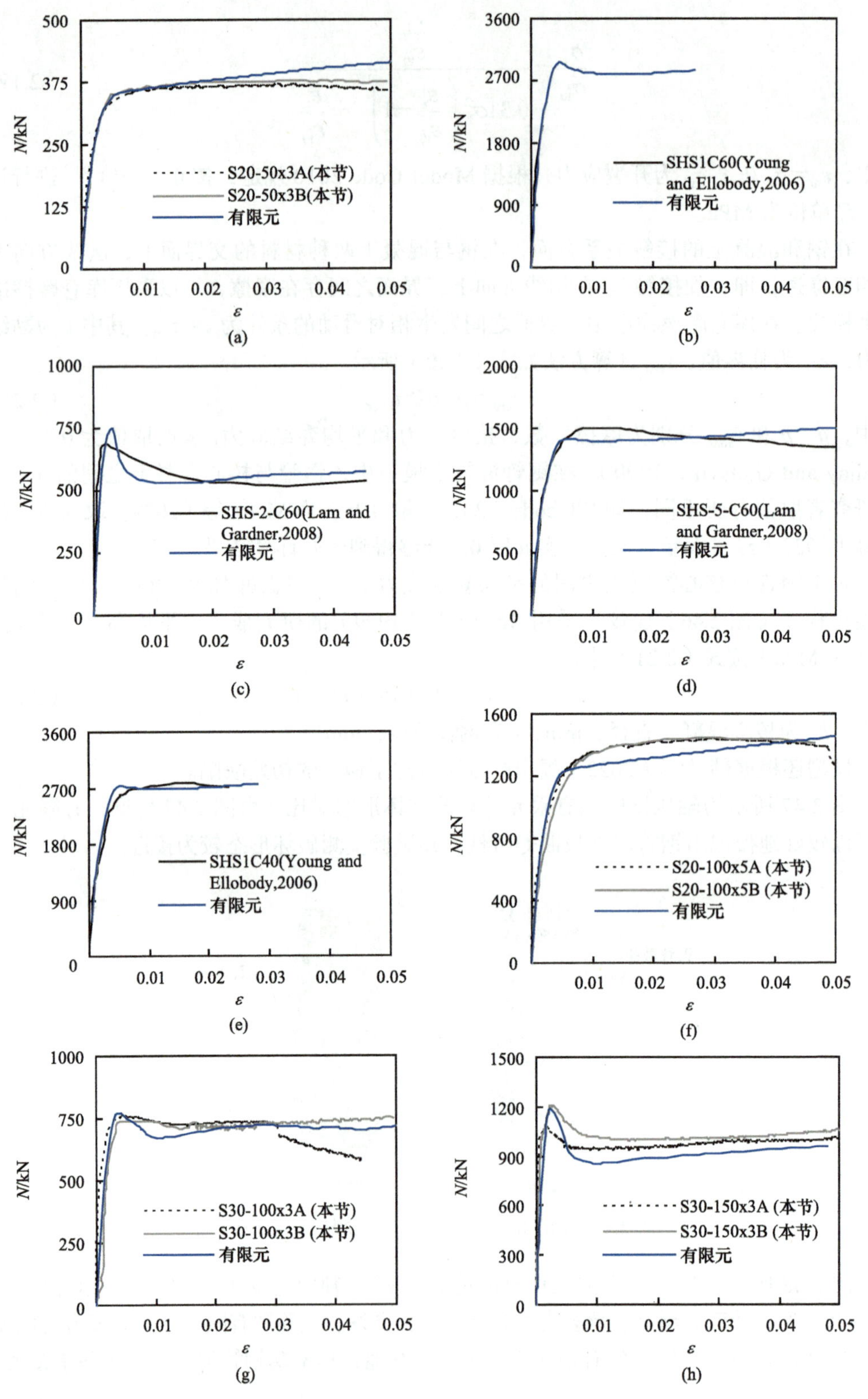

图 2.48　试验和有限元 N-ε 关系结果对比

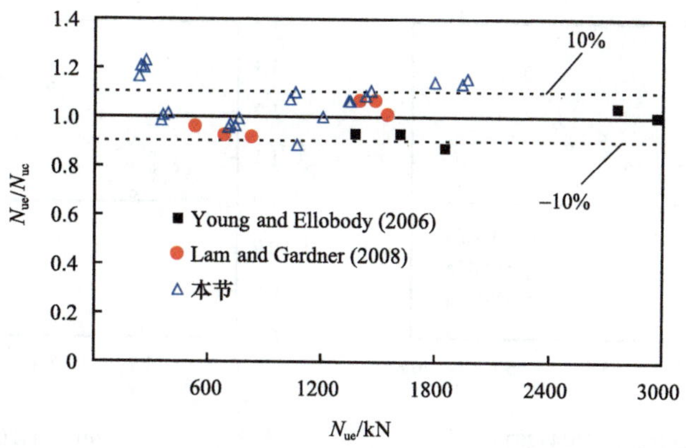

图 2.49　试验和计算极限承载力对比

2.5.3　承载力计算方法

根据美国 ACI（2014）、美国 AISC（2022）[ANSI/AISC360—22（2022）]、国际 ISO 标准 ISO 16521：2024、中国 GB/T 51446—2021（2021）及欧洲 EC4（2004）规范对不锈钢管混凝土极限承载力进行了计算，结果如图 2.50 所示。其中，N_{uc} 为有限元计算极限承载力；N_{ACI}、N_{AISC}、N_{ISO} 和 N_{EC4} 分别为根据美国 ACI 规范、美国 AISC 规范、中国标准 GB/T 51446—2021 及欧洲规范 EC4 计算的极限承载力。中国标准 GB/T 51446—2021 中圆形截面构件的承载力计算方法与 ISO 16521：2024 中的相同。钢材的屈服强度采用 0.2% 残余应变所对应的应力 $\sigma_{0.2}$。

由图 2.50 可见，目前所有规范对于约束效应系数较大情况下的不锈钢管混凝土轴压极限承载力都给出了偏于保守的估计。这是由于不锈钢材料和冷弯截面有着较强的应变硬化效应，因此根据普通钢管混凝土承载力公式计算的值偏低。在各规范中，ISO 16521 : 2024（2024）给出了最为准确的承载力计算。根据该规程计算的 N_{uc}/N_{ISO} 平均值为 1.030，变异系数（coefficient of variation，COV）为 0.038。其中，变异系数等于数组的标准差除以平均值。

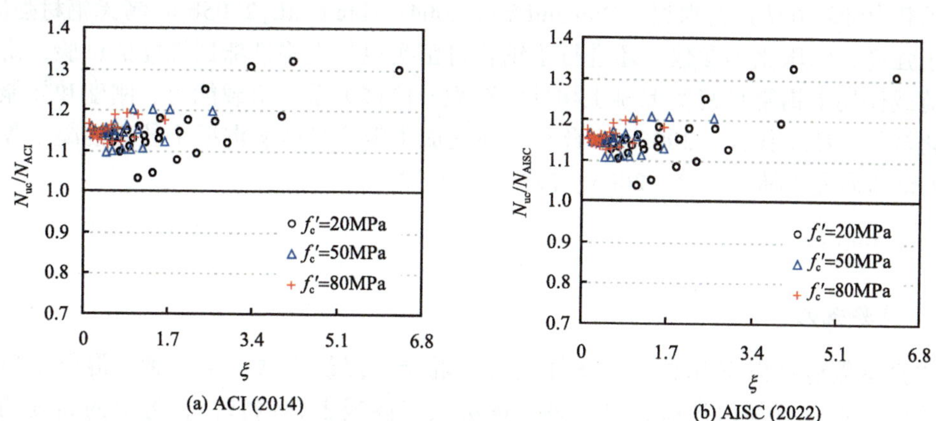

图 2.50　不锈钢管混凝土公式（N_u）和有限元计算（N_{uc}）承载力对比

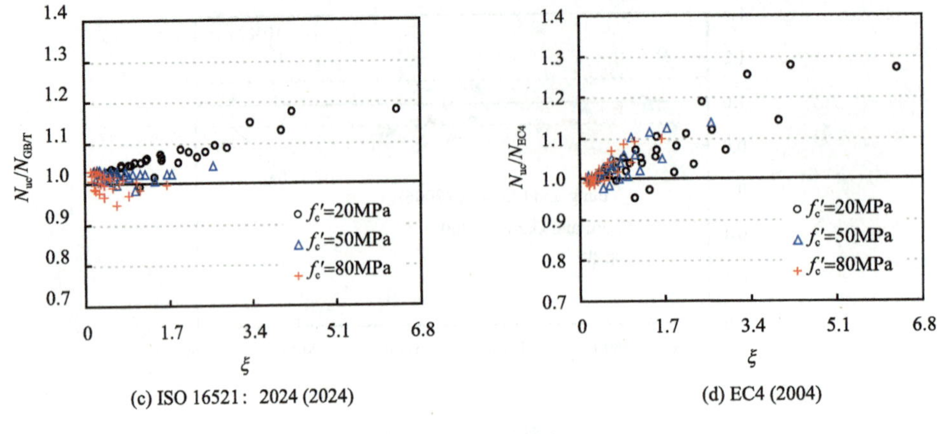

(c) ISO 16521：2024 (2024)　　(d) EC4 (2004)

图 2.50 （续）

2.6　钢管自密实混凝土

自密实混凝土（self-consolidating concrete）是一种高性能混凝土，由于具有良好的填充性能，因此更容易填充密实和保证混凝土的浇筑质量，降低浇筑混凝土的劳动强度，加快施工进度，同时还可减轻混凝土施工引起的噪声污染等。

如果把高性能的自密实混凝土灌入钢管，形成钢管自密实混凝土，预期可更为充分地发挥钢材和自密实混凝土两种材料在受力及施工方面的优点。

众所周知，自密实混凝土的力学性能和普通混凝土有所不同。例如自密实混凝土具有水灰比低和掺用活性细掺料的特点，其自收缩变形与普通混凝土会有所差别。此外，混凝土不加振捣浇筑是否会影响钢管和混凝土的共同工作性能也是有关工程界所关注的问题。因此，有必要研究钢管自密实混凝土构件的工作性能，比较其与相应普通钢管混凝土力学性能上的差异，进而得出可为该类结构工程应用参考的结论。

为此，本书作者通过钢管自密实混凝土轴压和偏压构件静力性能的试验研究，观察和分析其受力性能和破坏形态，研究钢管自密实混凝土构件的力学性能，并对这类构件承载力计算方法进行探讨（Han and Yao，2004；Han et al.，2005b）。考虑钢材强度、混凝土强度、轴压比等参数，还进行了钢管自密实混凝土构件滞回性能的试验，研究反复荷载作用下钢管自密实混凝土构件的荷载－位移关系、承载能力、刚度和耗能等的变化规律（Han et al.，2005c）。此外，还完成了钢管自密实混凝土核心混凝土收缩特性的试验研究（韩林海等，2006；韩林海，2022）。

2.6.1　静力性能

1．试验概况

试验参数包括以下几类。①试件钢管内混凝土浇筑方式：第一种，混凝上填充到钢管内，不进行任何振捣；第二种，逐层填充混凝土到钢管内，每层的高度约为50mm，然后用直径为16mm的钢筋人工在钢管截面内均匀振捣20次；第三种，逐层填充混凝土到钢管内，每层的高度为 50mm，同时用 ϕ50 振捣棒伸入钢管内部进行适当振捣，并在钢管的外部进行侧振。②试件横截面形式：圆形和方形。③试件截面径（宽）厚比：33～67。④轴压荷载偏心率（e/r，其中 e 为轴向荷载初始偏心距；对于圆钢管混凝土，$r=D/2$；对于方钢管混凝土 $r=B/2$，D 和 B 分别为圆试件截面外直径和方试件截面外边长）：0～0.3。

短试件的 L/D 或 L/B 取为 3（韩林海，2022），L 为试件长度。长试件的长细比 λ（对于圆钢管混凝土，$\lambda=4L/D$；对于方钢管混凝土 $\lambda=2\sqrt{3}L/B$）取为 40。

构件的详细参数如表 2.13 所示。其中，试件编号的第一个字母 s 表示短试件，l 表示长试件；第二个字母 c 或 s 分别表示圆或方试件；接下来的字母 sc 表示管内混凝土无振捣（混凝土浇筑方式为第一种），h 表示手工振捣（浇筑方式为第二种），v 表示用振捣棒振捣（浇筑方式为第三种）。

表 2.13 中，t 为管壁厚度，α_s（$\alpha_s=A_s/A_c$，A_c 和 A_s 分别为核心混凝土和钢管横截面面积）为含钢率，N_{ue} 为实测极限承载力，N_{aue} 为参数相同试件极限承载力的平均值。

表 2.13 钢管自密实混凝土静力试验试件表

试件类型	截面	序号	试件编号	$D(B)\times t$	L/mm	λ	e/r	α_s	N_{ue}/kN	N_{aue}/kN
轴压试件	圆形	1	scsc1-1	100mm×3mm	300	—	—	0.132	708	764
		2	scsc1-2	100mm×3mm	300	—	—	0.132	820	
		3	sch1-1	100mm×3mm	300	—	—	0.132	766	793
		4	sch1-2	100mm×3mm	300	—	—	0.132	820	
		5	scv1-1	100mm×3mm	300	—	—	0.132	780	797
		6	scv1-2	100mm×3mm	300	—	—	0.132	814	
		7	scsc2-1	200mm×3mm	600	—	—	0.063	2320	2325
		8	scsc2-2	200mm×3mm	600	—	—	0.063	2330	
		9	sch2-1	200mm×3mm	600	—	—	0.063	2160	2160
		10	sch2-2	200mm×3mm	600	—	—	0.063	2160	
		11	scv2-1	200mm×3mm	600	—	—	0.063	2383	2319.5
		12	scv2-2	200mm×3mm	600	—	—	0.063	2256	
	方形	1	sssc-1	200mm×3mm	600	—	—	0.063	2458	2524
		2	sssc-2	200mm×3mm	600	—	—	0.063	2594	
		3	ssh-1	200mm×3mm	600	—	—	0.063	2306	2295
		4	ssh-2	200mm×3mm	600	—	—	0.063	2284	
		5	ssv-1	200mm×3mm	600	—	—	0.063	2550	2568.5
		6	ssv-2	200mm×3mm	600	—	—	0.063	2587	
偏压试件	圆形	1	lcsc1-1	200mm×3mm	2000	40	0	0.063	1830	1818
		2	lcsc1-2	200mm×3mm	2000	40	0	0.063	1806	
		3	lch1-1	200mm×3mm	2000	40	0	0.063	1882	1971
		4	lch1-2	200mm×3mm	2000	40	0	0.063	2060	
		5	lcv1	200mm×3mm	2000	40	0	0.063	2115	2115

续表

试件类型	截面	序号	试件编号	$D(B)\times t$	L/mm	λ	e/r	α_s	N_{ue}/kN	N_{aue}/kN
偏压试件	圆形	6	lcsc2-1	200mm×3mm	2000	40	0.3	0.063	1215	1173.5
		7	lcsc2-2	200mm×3mm	2000	40	0.3	0.063	1132	
		8	lch2-1	200mm×3mm	2000	40	0.3	0.063	1291	1262.5
		9	lch2-2	200mm×3mm	2000	40	0.3	0.063	1234	
		10	lcv2	200mm×3mm	2000	40	0.3	0.063	1280	1280
	方形	1	lssc1-1	200mm×3mm	2310	40	0	0.063	1986	2015.5
		2	lssc1-2	200mm×3mm	2310	40	0	0.063	2045	
		3	lsh1-1	200mm×3mm	2310	40	0	0.063	2280	2226.5
		4	lsh1-2	200mm×3mm	2310	40	0	0.063	2173	
		5	lsv1	200mm×3mm	2310	40	0	0.063	2258	2258
		6	lssc2-1	200mm×3mm	2310	40	0.3	0.063	1450	1432.5
		7	lssc2-2	200mm×3mm	2310	40	0.3	0.063	1415	
		8	lsh2-1	200mm×3mm	2310	40	0.3	0.063	1502	1518.5
		9	lsh2-2	200mm×3mm	2310	40	0.3	0.063	1535	
		10	lsv2	200mm×3mm	2310	40	0.3	0.063	1620	1620

方钢管由四块钢板拼焊而成，圆钢管则由钢板卷制而后用一道焊缝焊接而成。每个试件加工两块厚度为 10mm 的钢板作为试件盖板，先在空钢管一端将盖板焊上，另一端等混凝土浇灌之后再焊接。

观测结果表明，混凝土在 3 种不同浇筑方式下的表观密实度良好，且都没有出现混凝土泌水、离析或分层现象。

需要说明的是，实际工程中采用自密实混凝土大都无须再进行振捣。本次试验进行不同方式振捣混凝土的目的只是为了比较混凝土浇筑方法对钢管混凝土构件力学性能的影响规律。

钢管钢材实测的屈服强度（f_y）、抗拉强度（f_u）、弹性模量（E_s）和泊松比（μ_s）分别为 303.5MPa、424.5MPa、2.07×10^5N/mm^2 和 0.266。

混凝土配合比为水泥：粉煤灰：砂：石：水＝400：170：815：815：180.8。采用了普通硅酸盐水泥；河砂；碎石，石子粒径 5～15mm；矿物细掺料：Ⅱ 级粉煤灰；普通自来水；早强型减水剂的掺量为 1.2%。混凝土坍落度为 268mm，坍落流动度为 620mm。新拌混凝土流经 L 形仪的时间为 14s，平均流速为 57mm/s。L 形仪的示意图如图 2.51 所示。

混凝土 28 天立方体抗压强度 f_{cu}=40.6MPa，由与试件同条件下成型养护的 150mm×150mm×150mm 立方试块测得。实测的弹性模量 E_c 为 37420N/mm^2。试验时混凝土的 f_{cu}=58.5MPa。

2. 试验方法和试验结果

(1) 轴压短试件

将试件放置在 500t 液压压力机上进行单调压缩试验。

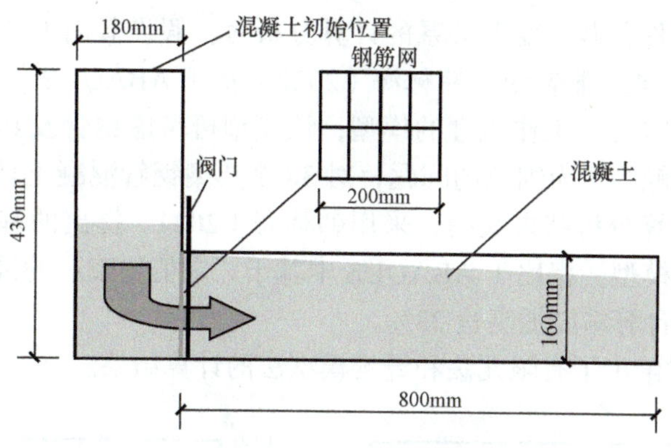

图 2.51　L 形仪示意图（尺寸单位：mm）

实测结果表明，钢管自密实混凝土轴压试件具有良好的承载和变形能力。受荷初期，试件的变形和形态变化不大。当外荷载加至极限荷载的 60%～70% 时，钢管壁局部开始出现剪切滑移线。随着外荷载的继续增加，滑移线由少到多，逐渐布满钢管壁，随后钢管表面开始出现若干处局部凸曲，且沿 4 个方向的凸曲程度基本相同。试验过程中，4 个纵向应变片的实测应变变化基本一致。图 2.52 给出了管内混凝土采用了不同成型方式的试件破坏形态，可见差别并不明显。

图 2.53 和图 2.54 分别给出了钢管混凝土轴压短试件实测的轴力（N）- 平均纵向应变（ε）关系和轴力（N）- 平均横向应变（ε_L）关系。

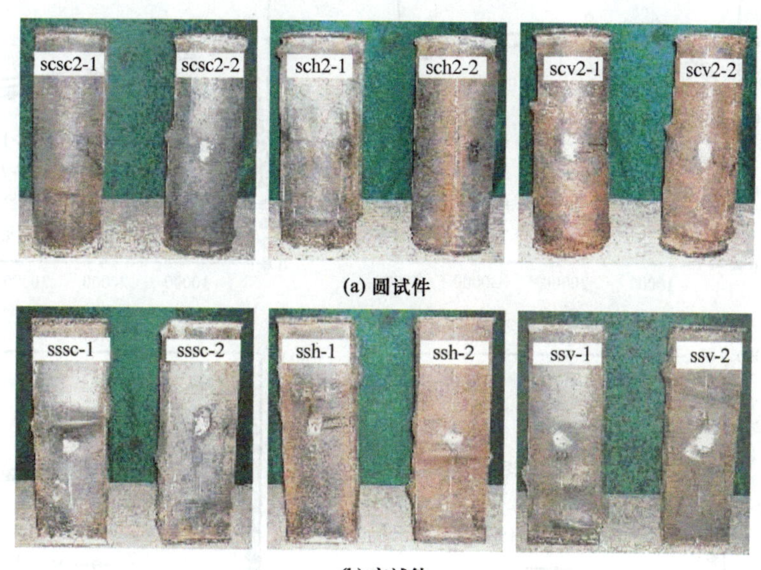

(a) 圆试件

(b) 方试件

图 2.52　试件破坏形态比较

采用韩林海（2022）建立的针对普通钢管混凝土的“纤维模型法”数值模型和有限元模型，分别对本节钢管自密实混凝土试件的荷载 - 变形关系进行了计算。

韩林海（2022）论述的“纤维模型法”是一种简化的数值分析方法，采用该方法进行钢管混凝土构件荷载－变形关系的计算分析时，假设截面上任何一点的纵向应力只取决于该点的纵向纤维应变。韩林海（2022）基于ABAQUS软件建立了分析钢管混凝土在各种受力状态下工作机理的模型，该模型可考虑钢管及其核心混凝土之间的相互作用及界面接触等更为细致的问题，对38个典型钢管混凝土轴心受压试件实测荷载－变形关系的计算分析结果表明，采用韩林海（2022）提出的基于钢管非线性约束的核心混凝土本构模型，相比于ABAQUS中基于“定值约束”的混凝土本构模型，钢管混凝土轴压强度计算精度提高达23%。

图2.53中同时给出了有限元法和纤维模型法的计算结果。

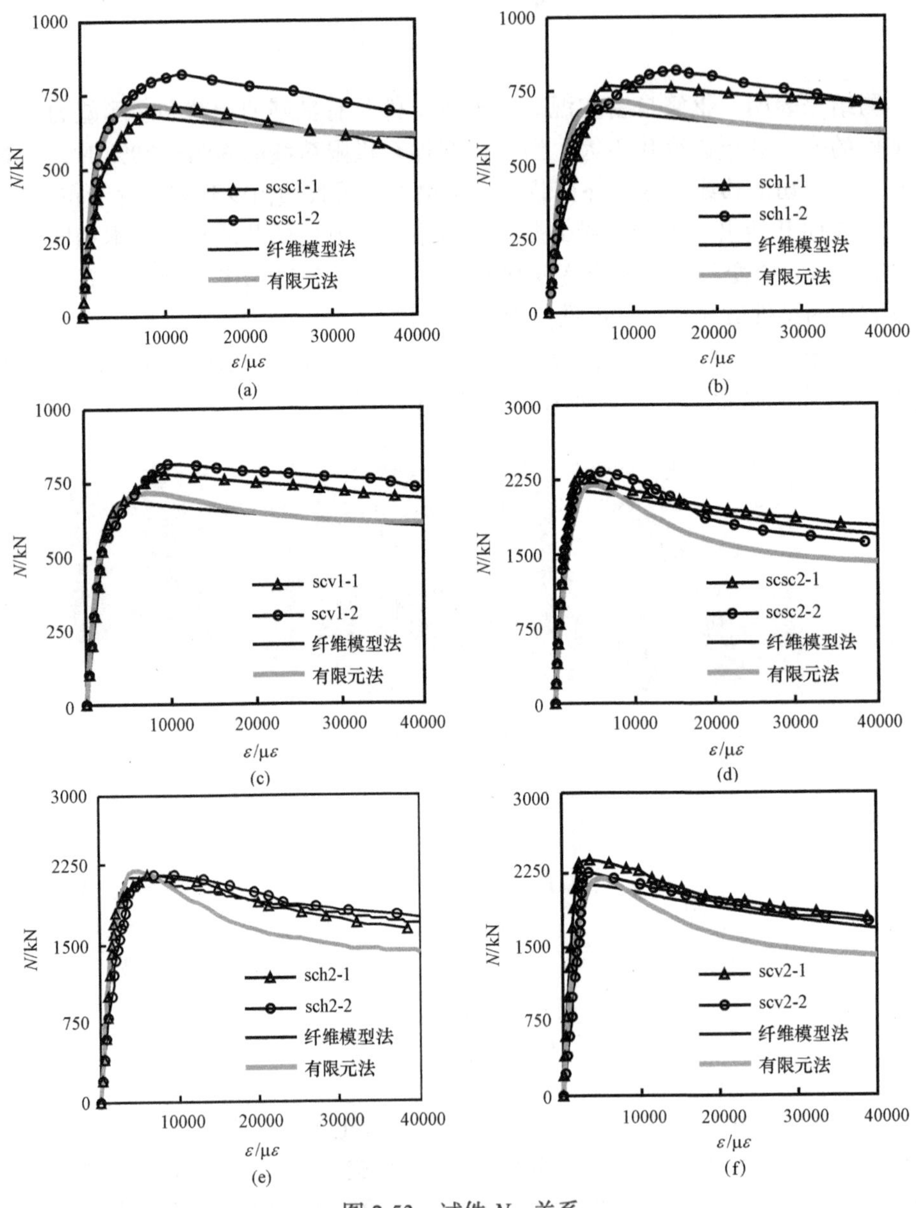

图2.53 试件 N-ε 关系

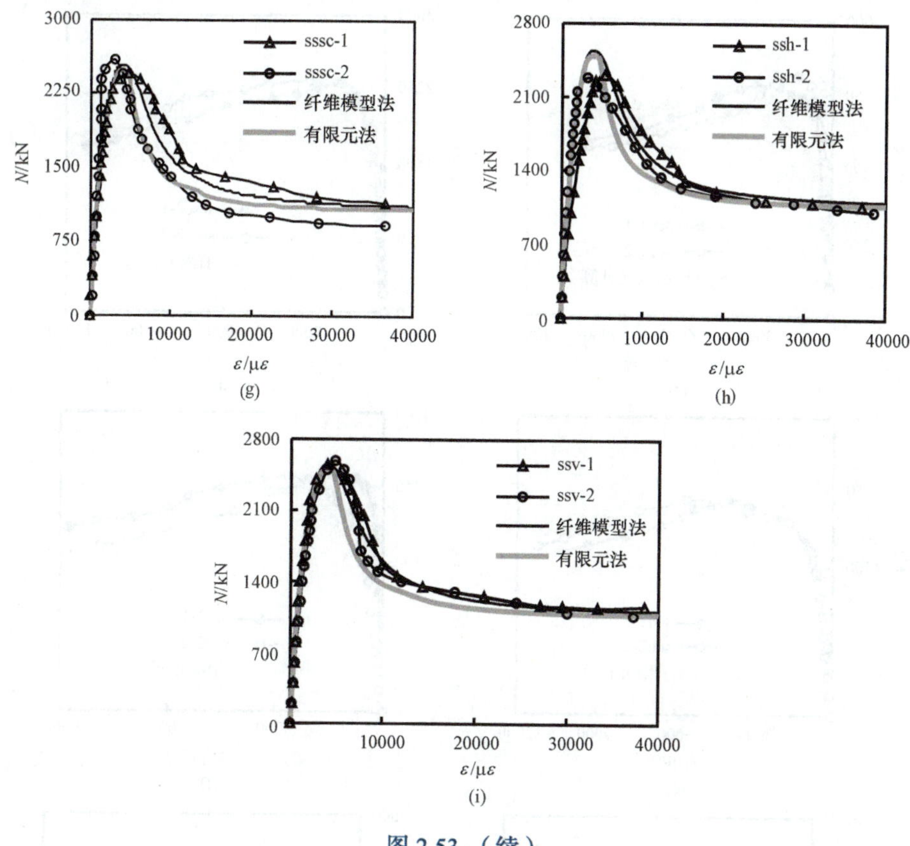

图 2.53 （续）

图 2.54 中给出的实测轴压荷载（N）- 横向应变（ε_L）关系与有限元模型（韩林海，2022）计算结果的比较，可见二者也总体上吻合良好。

表 2.13 中还给出了采用不同混凝土浇筑方式构件的实测极限承载力平均值（N_{aue}）。可见，3 种不同管内混凝土浇筑方式对轴压短试件的极限承载力影响总体较小。分析结果还表明，管内混凝土不同浇筑方式对钢管混凝土轴压弹性模量的影响也不大（Han and Yao，2004）。

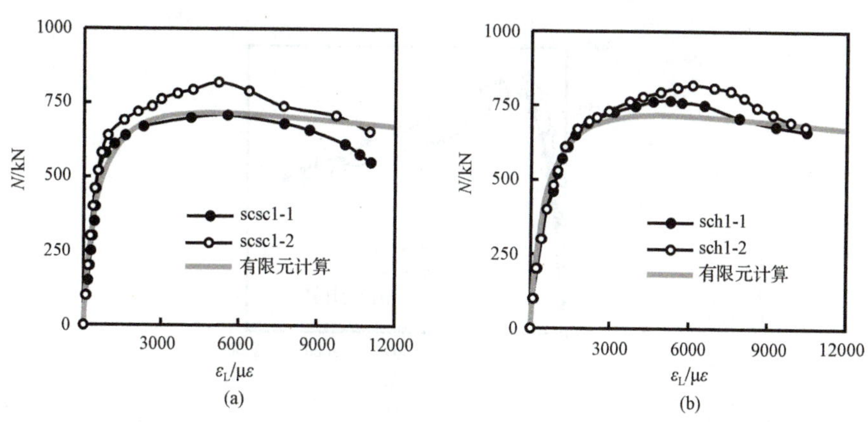

图 2.54　试件 N-ε_L 关系

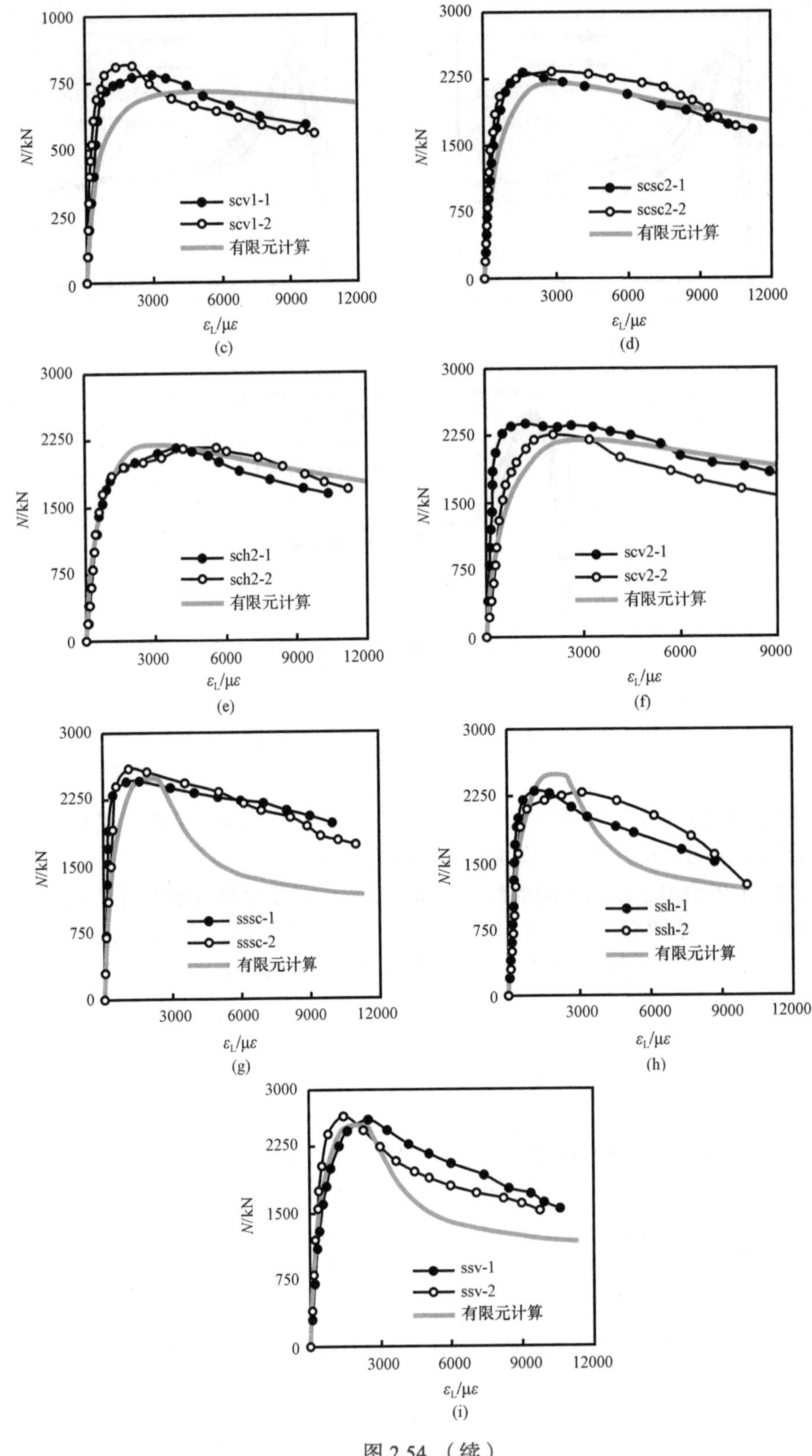

N/kN
$\varepsilon_L/\mu\varepsilon$
scv1-1
scv1-2
有限元计算
(c)
scsc2-1
scsc2-2
有限元计算
(d)
sch2-1
sch2-2
有限元计算
(e)
scv2-1
scv2-2
有限元计算
(f)
sssc-1
sssc-2
有限元计算
(g)
ssh-1
ssh-2
有限元计算
(h)
ssv-1
ssv-2
有限元计算
(i)

图 2.54 （续）

（2）偏压构件

试验在 500t 压力机上进行，试验装置、量测装置和试验方法同 2.2.1 节中的偏压试件。对试验全过程观测表明，所有试件的试验过程都可以得到很好的控制，试件均表现为柱子发生侧向挠曲，最终丧失稳定而破坏。受荷初期，试件的跨中挠度变形很小，挠度增长和荷载增加基本上成正比关系。当外荷载加至极限荷载的 60%～70% 时，试件跨中挠度开始明显增加。当跨中挠度达到某一数值时，荷载开始下降，而变形的增加更为迅速。观测结果表明，试件挠曲线沿跨中总体上下对称，且挠曲线基本呈正弦半波曲线形状（Han and Yao，2004）。

图 2.55 和图 2.56 分别给出了试验获得的荷载（N）- 中截面挠度（u_m）关系和荷载（N）- 中截面边缘纤维处纵向应变（ε）关系。可见，所有试件均具有较好的变形能力，管内混凝土采用自密实成型的试件与振捣成型的试件的荷载 - 变形关系没有明显差异。由于方钢管混凝土试件在试验时受钢管局部屈曲的影响，因此测得的纵向应变

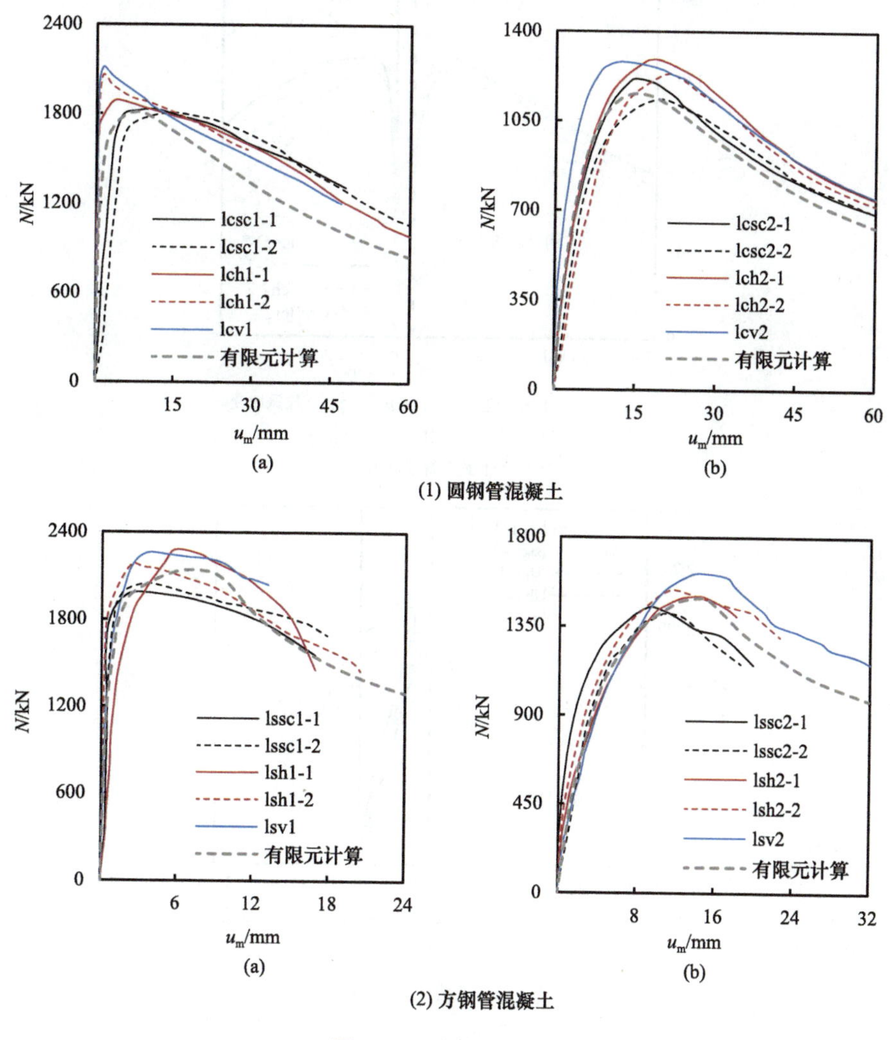

图 2.55　试件 N-u_m 关系

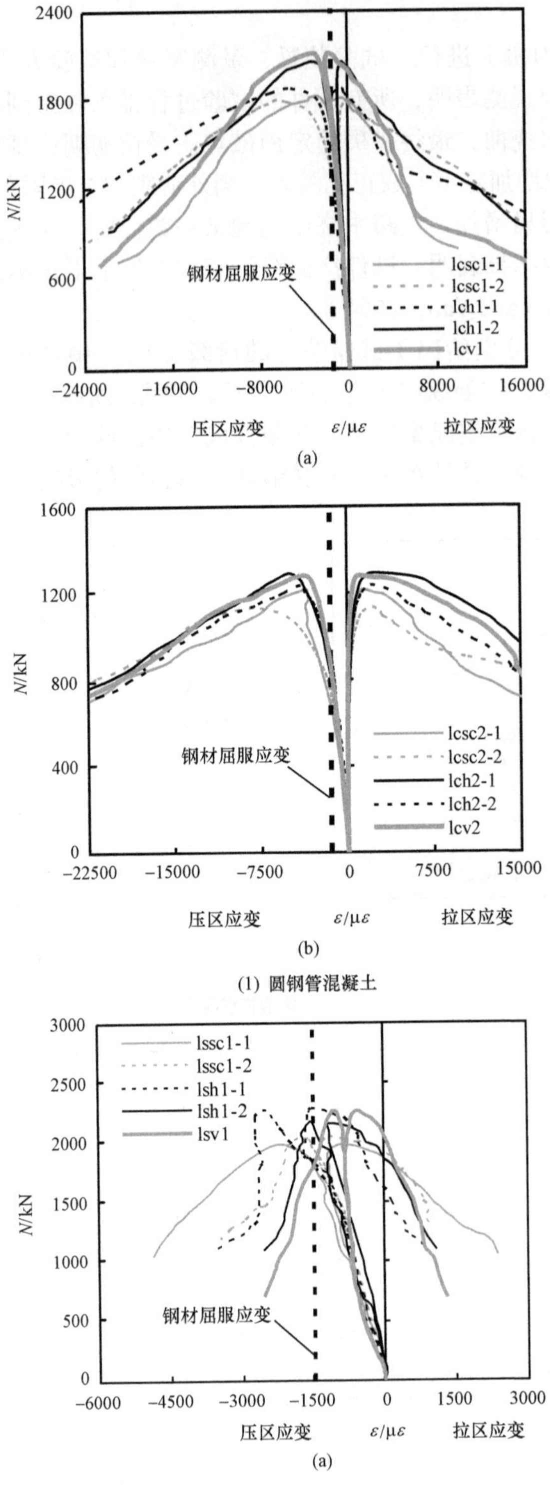

(a)

(b)

(1) 圆钢管混凝土

(a)

图 2.56　试件 N-ε 关系

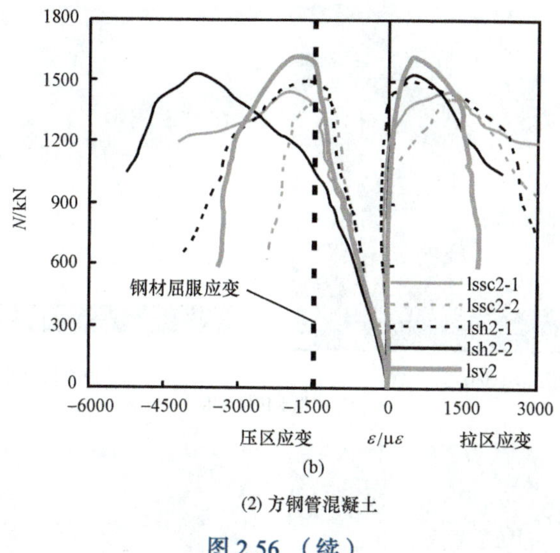

(b)

(2) 方钢管混凝土

图 2.56 （续）

（ε）在试件达极限承载力以后增长幅度较小。

采用了韩林海（2022）论述的有限元模型对上述偏压试验结果进行了验算，图 2.55 中同时给出了有限元法计算结果和实测 N-u_m 关系的比较，可见计算结果与试验结果总体上较为吻合。采用数值模型计算得到的构件极限承载力与实测结果也较为接近，且总体上稍低于实测结果。

表 2.13 中给出了 3 种混凝土浇筑方式情况下偏压构件极限承载力的比较，可见，混凝土采用自密实成型的构件极限承载力比采用振捣器振捣成型的构件低 8.3%～14%，而混凝土采用手工振捣的构件比采用振捣器振捣成型的构件低 1.4%～6.8%。造成这种差异的原因是混凝土密实度不同。实际钢管混凝土工程中的核心混凝土在采用自密实混凝土材料时，要切实选用合适的混凝土配合比和相应合适的混凝土浇筑工艺，以确保混凝土的密实度。对于核心自密实混凝土的浇筑质量更要注意过程控制（于清和阎善章，2008）。

在进行了 38 个钢管自密实混凝土轴压和偏压构件力学性能的试验研究以后，发现管内混凝土采用自密实成型和振捣成型的构件极限承载力总体差别不大。为了更进一步验证试验得到的结论，对自密实和采用振捣密实的混凝土试样的微观结构进行了电镜扫描试验研究。电镜照片如图 2.57 所示，其中图名括号内的数字为微观结构的放大倍数。

图 2.57（1）给出了两种情况下水泥浆体的水化物比较情况。由于试样的水化时间都在 60 天以上，而且掺有粉煤灰，因此混凝土中水泥水化都比较充分，针状的、刺状的 C-S-H（水化硫铝酸钙晶体）较多。可见，自密实成型和振捣成型的混凝土试样水泥水化程度基本相同。图 2.57（2）给出了两种情况下，试样表面整体形貌的比较情况。可见，采用振捣密实成型的混凝土试样照片孔内产物多，填充程度高。采用自密实成型的混凝土试样的扫描照片，与采用振捣密实成型的试样没有明显差别，但在个别地方孔内产物较少，填充程度稍差。

除上述钢管自密实混凝土轴压和偏压研究以外，吴颖星（2007）、Yu 等（2008）

(a) 自密实(×5000)

(b) 振捣密实(×5000)

(1) 水泥水化物对比

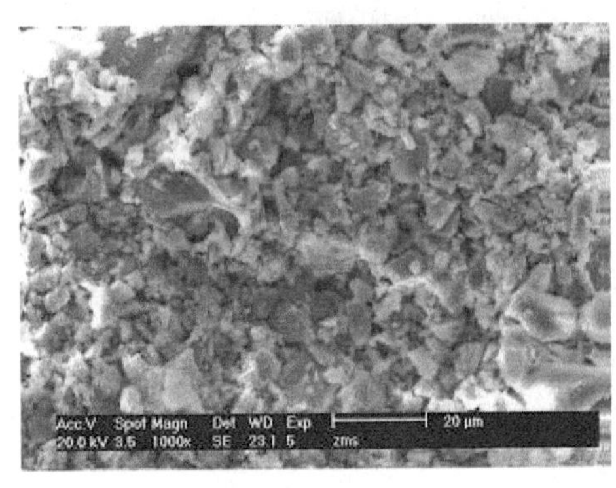

(a) 自密实(×1000)

(b) 振捣密实(×1000)

(2) 表面整体形貌对比

图 2.57　不同浇筑方式下混凝土微观结构对比

还进行了 32 个混凝土强度等级为 C120 的自密实混凝土的钢管高强混凝土试件的试验研究。其中包括 8 个轴压试件、4 个纯弯试件和 20 个偏压试件，主要参数有：①截面形式为圆形和方形；②长细比（λ）为 12～120；③荷载偏心率（e/r）为 0～0.6。研究结果表明，圆钢管普通强度混凝土构件承载力计算公式基本适用于相应的圆钢管高强混凝土，但对于方钢管高强混凝土构件，采用钢管普通强度混凝土构件的设计公式计算出的承载力稍高。

韩林海等（2006）对钢管自密实混凝土的水化热和收缩等性能进行了试验研究，结果表明：①钢管混凝土中核心混凝土的收缩变形早期发展很快，其横向收缩比同期的纵向收缩略小，变形速率随时间的增长而不断减小，100 天后的收缩变形曲线渐趋水平。②钢管自密实混凝土收缩的规律与钢管普通混凝土基本一致；③素混凝土构件的收缩变形规律与钢管混凝土中核心混凝土的收缩变形规律相似，但钢管混凝土中核心混凝土的收缩变形只有素混凝土对比试件的 1/3 左右。

综上所述，在作者进行的试验研究条件下及所研究的参数范围内，基于普通钢管混凝土构件提出的数值模型计算得到的构件极限承载力与实测结果较为接近，且总体上低于实测结果。这也意味着普通钢管混凝土构件承载力的计算方法总体上也适用于钢管自密实混凝土，在钢管混凝土构件中采用自密实混凝土是可行的。

2.6.2　滞回性能

为研究钢管自密实混凝土构件的滞回性能，分别进行了 10 个圆试件和 8 个方试件的试验研究（Han et al.，2005c），试件的主要参数为轴压比（0.04～0.6）、钢材强度（282～404MPa）和混凝土强度（90.4～121.6MPa）。

1．试验概况

试件设计时变化的主要参数为混凝土强度（f_{cu}）、钢材强度（f_y）和轴压比（$n=N_o/N_u$，其中，N_o 为试验时作用在构件上的轴向压力，N_u 为钢管混凝土轴压极限承载力），具体设计参数如表 2.14 所示，其中 D 为圆钢管混凝土构件截面外直径，B 为方钢管混凝土构件截面外边长，t 为管壁的厚度，P_{ue} 为滞回曲线上的正负方向峰值荷载的平均值。

表 2.14　钢管自密实混凝土滞回性能试验试件表

截面类型	序号	试件编号	D（B）×t	f_{cu}/MPa	f_y/MPa	N_o/kN	n	P_{ue}/kN
圆形	1	CH1	100mm×1.9mm	121.6	404	25	0.04	34.9
	2	CH2	100mm×1.9mm	121.6	404	133	0.2	32.5
	3	CH3	100mm×1.9mm	121.6	404	267	0.4	33.8
	4	CH4	100mm×1.9mm	121.6	404	400	0.6	32.9
	5	CL1	100mm×1.9mm	90.4	404	25	0.04	33.4
	6	CL2	100mm×1.9mm	90.4	404	117	0.2	32.7
	7	CL3	100mm×1.9mm	90.4	404	235	0.4	31.5
	8	CL4	100mm×1.9mm	90.4	404	352	0.6	29.1
	9	CLH	100mm×1.9mm	121.6	282	246	0.4	27.5
	10	CLL	100mm×1.9mm	90.4	282	210	0.4	25.9
方形	1	SH1	100mm×1.9mm	121.6	404	25	0.03	40.6
	2	SH2	100mm×1.9mm	121.6	404	175	0.2	44.0
	3	SH3	100mm×1.9mm	121.6	404	350	0.4	40.7
	4	SL1	100mm×1.9mm	90.4	404	25	0.03	43.4
	5	SL2	100mm×1.9mm	90.4	404	300	0.4	38.2
	6	SL3	100mm×1.9mm	90.4	404	450	0.6	32.5
	7	SLH	100mm×1.9mm	121.6	282	327	0.4	40.0
	8	SLL	100mm×1.9mm	90.4	282	272	0.4	37.3

圆钢管试件由钢板卷成，方钢管试件采用四块钢板拼焊而成。对每个试件加工两块厚度为 16mm 的钢板作为盖板，先在空钢管一端将盖板焊上，另一端等混凝土浇灌之后再焊接。试件长度均为 1500mm。测试的钢材屈服强度（f_y）、抗拉强度（f_u）、弹性模量（E_s）和泊松比（μ_s）如表 2.15 所示。

表 2.15 钢材的性能指标

序号	f_y /MPa	f_u/MPa	E_s/（10^5N/mm^2）	μ_s
1	282	358	2.02	0.263
2	404	514	2.07	0.265

采用了自密实混凝土（SCC），配合比如表 2.16 所示。

表 2.16 混凝土配合比

28d f_{cu}/MPa	材料用量 /（kg/m^3）					
	水泥	粉煤灰	中砂	碎石	水	减水剂
79	428	160	757.5	925.5	173	5.88
68	396	170	882	962	204	4.53

混凝土抗压强度（f_{cu}）由与试件同等条件下养护成型的边长 150mm 立方体试块测得，弹性模量（E_c）由 150mm×150mm×300mm 棱柱体测得。混凝土的实测性能指标如表 2.17 所示。

表 2.17 混凝土性能指标

28d f_{cu}/MPa	试验时的 f_{cu}/MPa	E_c/（N/mm^2）	塌落度 /mm	扩展度 /mm	L 形流速仪测得流速 /（mm/s）
79	121.6	42608	270	600	19.3
68	90.4	40983	275	670	44.4

试件两端边界条件为铰接。柱轴压力（N_F）由一水平放置的千斤顶施加。反复荷载由一位于试件跨中位置的 MTS 伺服加载系统施加。荷载（P）- 位移（Δ）关系由 MTS 系统的数据自动采集系统采集。在试件四分点位置还各设置一个位移传感器，与跨中 MTS 系统的作动器位移进行同步采集。在刚性夹具与构件连接处的两边，各安装一个曲率仪。

滞回性能试验装置与加载制度如图 2.15 所示。进行试验时，先施加轴向压力至设计值 N_F，在试验过程中维持 N_F 不变，然后通过 MTS 系统作动器对试件施加横向位移。试验的加载程序采用荷载 - 位移双控制的方法，具体加载方法和 2.2.2 节进行的滞回试验相同。

2. 试验结果及分析

（1）试件破坏形态

通过对 18 个试件的观测发现，当施加在试件上的荷载未超过屈服荷载时，试件的荷载（P）- 位移（Δ）关系基本上呈线性关系；荷载超过屈服荷载后，随着试件横向位移的逐级增大，在刚性夹具与试件连接处钢管开始出现局部的微鼓曲，随后钢管局部凸起的范围随加载位移的增大而逐渐增大且渐渐沿环向发展。在反复荷载作用下，截面在上下部位都有鼓曲现象发生。试件接近破坏时，这种鼓曲发展迅速。上述现象和采用普通混凝土的钢管混凝土试件类似（韩林海，2022）。

图 2.58 所示为钢管混凝土构件反复荷载作用下的破坏形态。

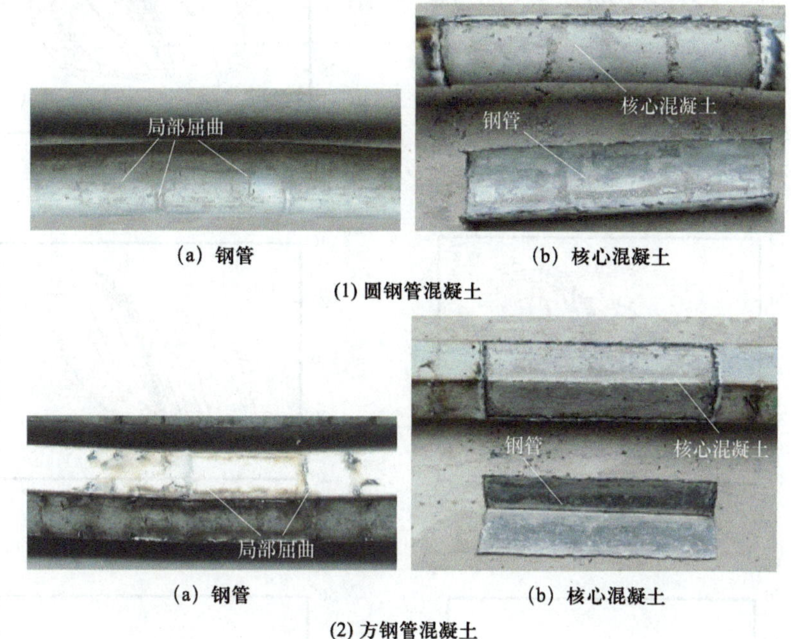

图 2.58　钢管混凝土构件反复荷载作用下的破坏形态

（2）P-Δ 滞回关系

图 2.59 给出所有试件的实测 P-Δ 滞回关系。可见，圆、方钢管自密实混凝土的滞回曲线均没有出现明显的捏缩现象，试件表现出良好的延性和耗能性能。

采用韩林海（2022）建立的针对普通钢管混凝土的“纤维模型法”数值模型对本节钢管自密实混凝土试件的 P-Δ 滞回关系进行计算。图 2.59 中同时采用了如下假设：构件在变形过程中始终保持为平截面；钢和混凝土之间无相对滑移；忽略剪力对构件变形的影响；构件两端为铰接；挠曲线为正弦半波曲线。

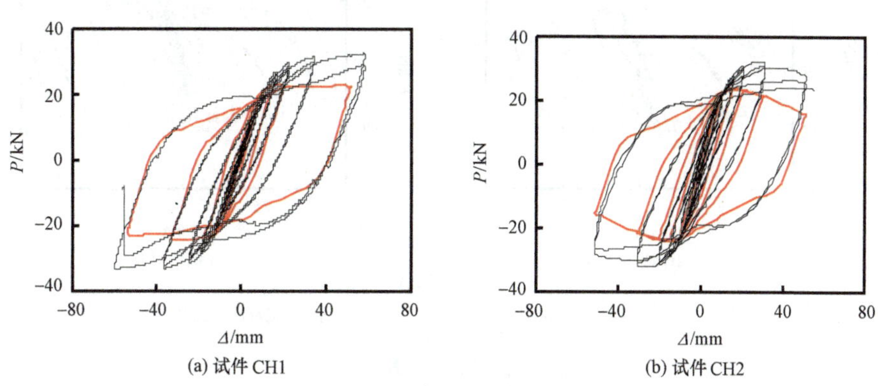

图 2.59　钢管自密实混凝土试件的实测 P-Δ 滞回关系

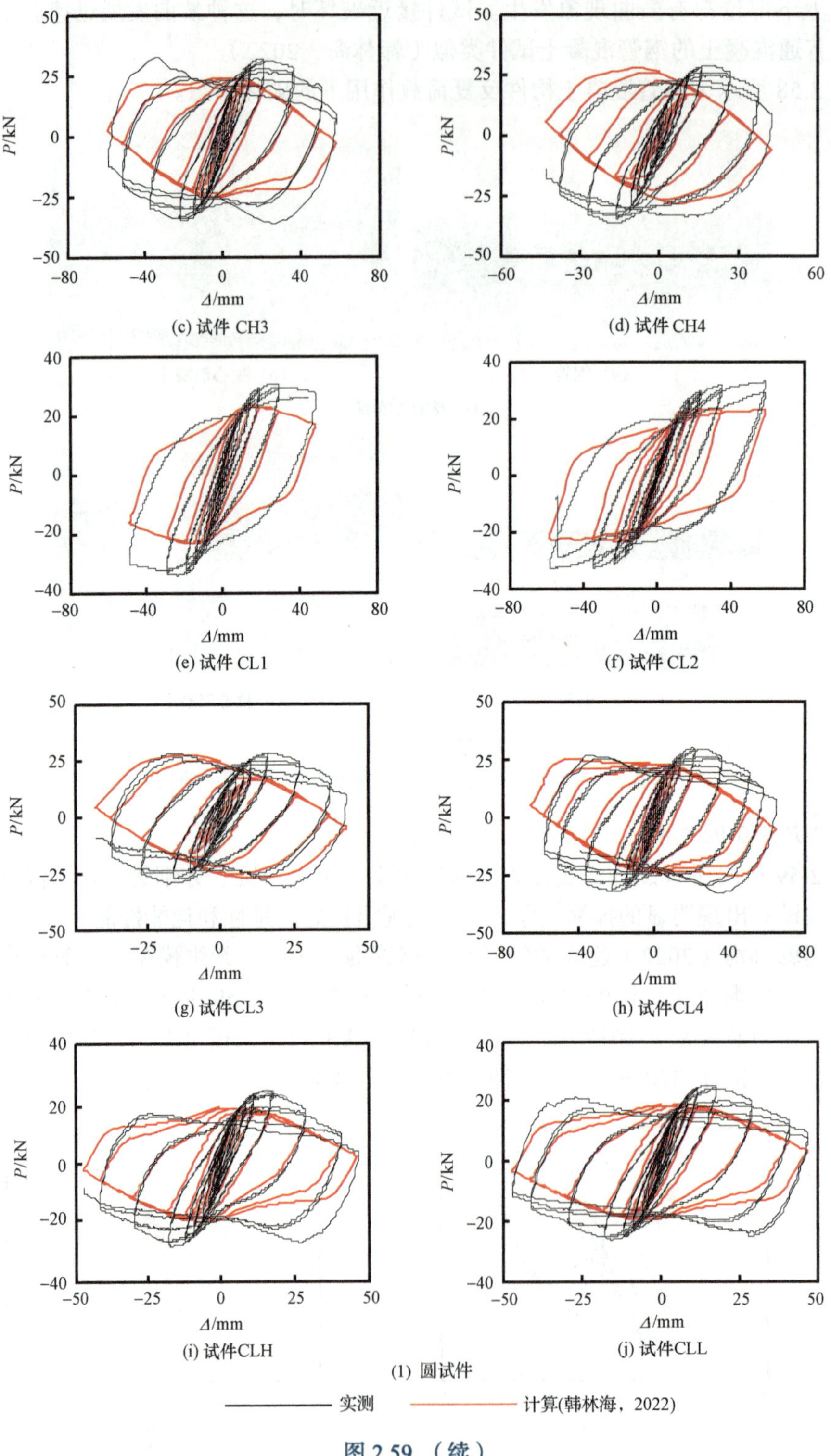
P/kN
Δ/mm
(c) 试件 CH3
(d) 试件 CH4
(e) 试件 CL1
(f) 试件 CL2
(g) 试件CL3
(h) 试件CL4
(i) 试件CLH
(j) 试件CLL
(1) 圆试件
实测
计算(韩林海，2022)

图 2.59 （续）

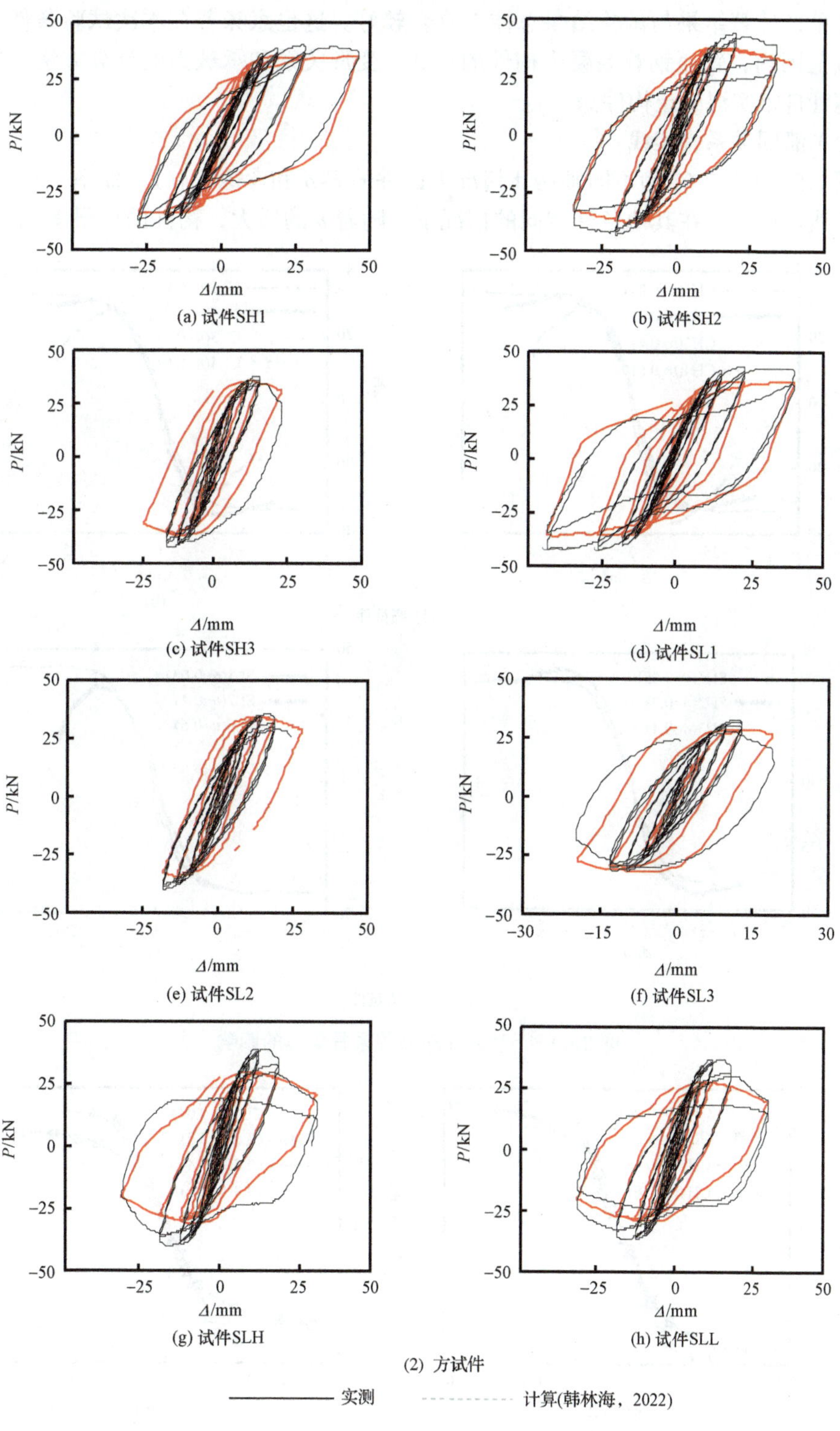
P/kN
Δ/mm
(a) 试件SH1
(b) 试件SH2
(c) 试件SH3
(d) 试件SL1
(e) 试件SL2
(f) 试件SL3
(g) 试件SLH
(h) 试件SLL
(2) 方试件
实测
计算(韩林海，2022)

图 2.59 （续）

可见，计算结果与试验结果总体上吻合较好。这也意味着在本次试验条件下和有关参数范围内，普通钢管混凝土构件的荷载－变形关系和承载力的计算方法基本上适用于钢管自密实混凝土构件。

（3）滞回关系骨架线

图 2.60 和图 2.61 为不同轴压比情况下试件的 P-Δ 和弯矩（M）－曲率（ϕ）滞回关系骨架线。可见，在其他条件相同的情况下，随着 n 的增大，构件的极限承载力降低，

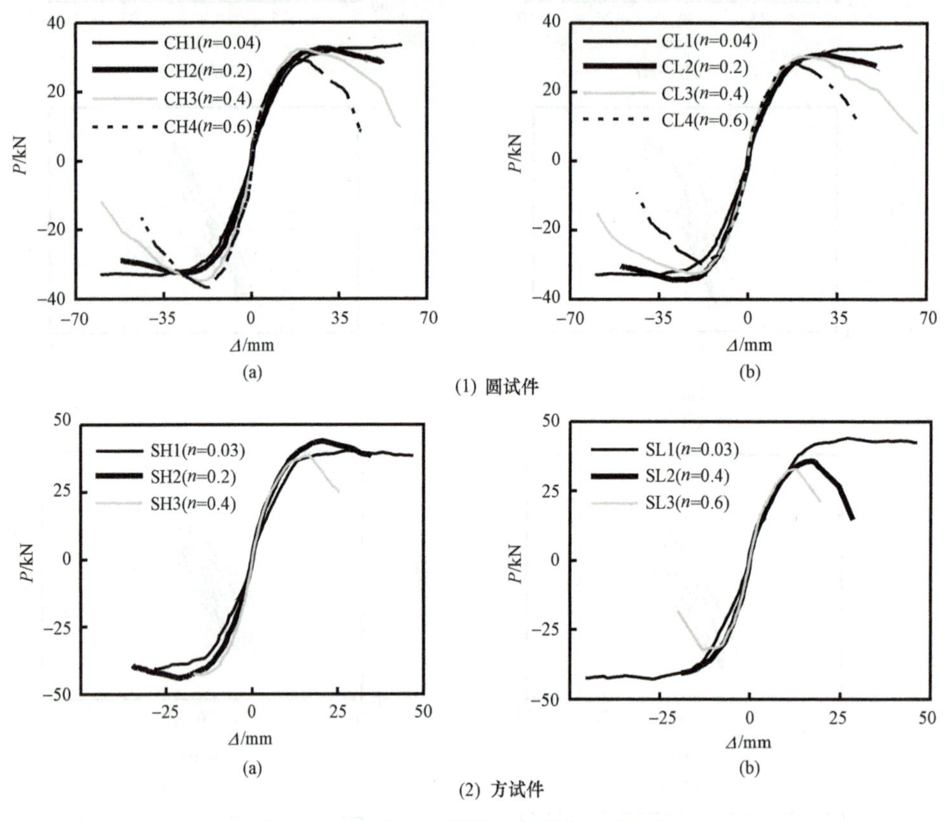

图 2.60　n 对 P-Δ 滞回关系骨架线的影响

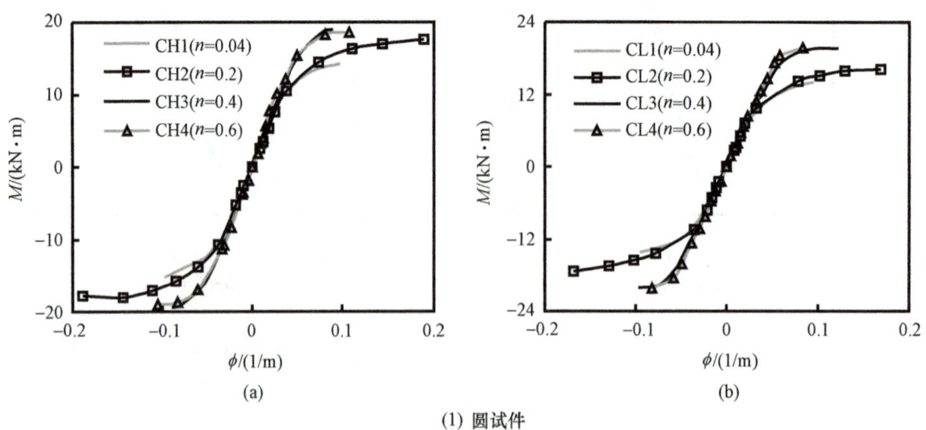

图 2.61　n 对 M-ϕ 滞回关系骨架线的影响

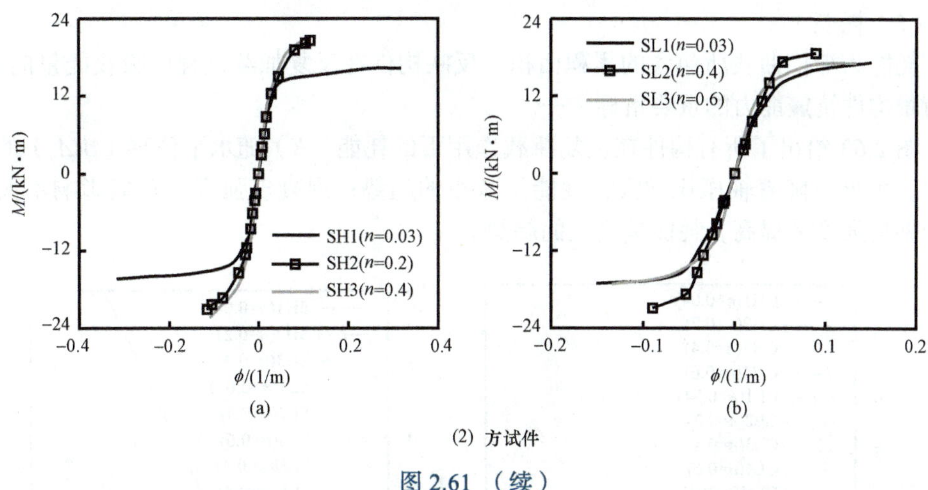

(2) 方试件

图 2.61 （续）

极值点对应的位移变小。在轴压比较小时，滞回关系骨架线在加载后期基本保持水平，不出现明显的下降段；而当轴压比较大时，则出现较明显的下降段，说明构件的延性随 n 的增大有明显降低的趋势。

（4）承载力

图 2.62 所示为不同混凝土强度情况下轴压比（n）对峰值荷载（P_{ue}）的影响。可见，在 $f_{cu}=90.4$MPa 的情况下，P_{ue} 随 n 的增加而有所降低。当 $f_{cu}=121.6$MPa 时，在 n 小于 0.3 时，P_{ue} 随 n 的增加有增加的趋势。当 n 大于 0.3 时，P_{ue} 随 n 的增加而降低。

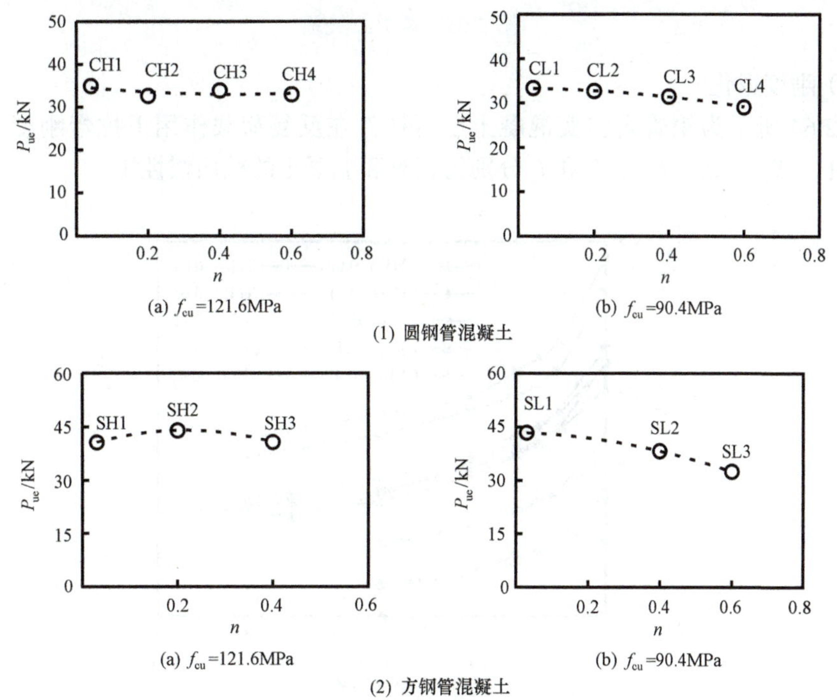

(a) f_{cu}=121.6MPa　(b) f_{cu}=90.4MPa

(1) 圆钢管混凝土

(a) f_{cu}=121.6MPa　(b) f_{cu}=90.4MPa

(2) 方钢管混凝土

图 2.62　n 对构件承载力 P_{ue} 的影响

（5）耗能

耗能为滞回曲线所包含的累积面积，反映构件在反复加载过程中吸收能量的能力，是衡量构件抗震能力的重要指标之一。

图 2.63 给出了所有构件在反复荷载作用下的耗能（E）随水平位移（Δ/Δ_y）的变化规律。可见，随着轴压比增大，耗能呈减小的趋势；混凝土强度对耗能影响不大，但随着钢材强度的提高，耗能呈增大的趋势。

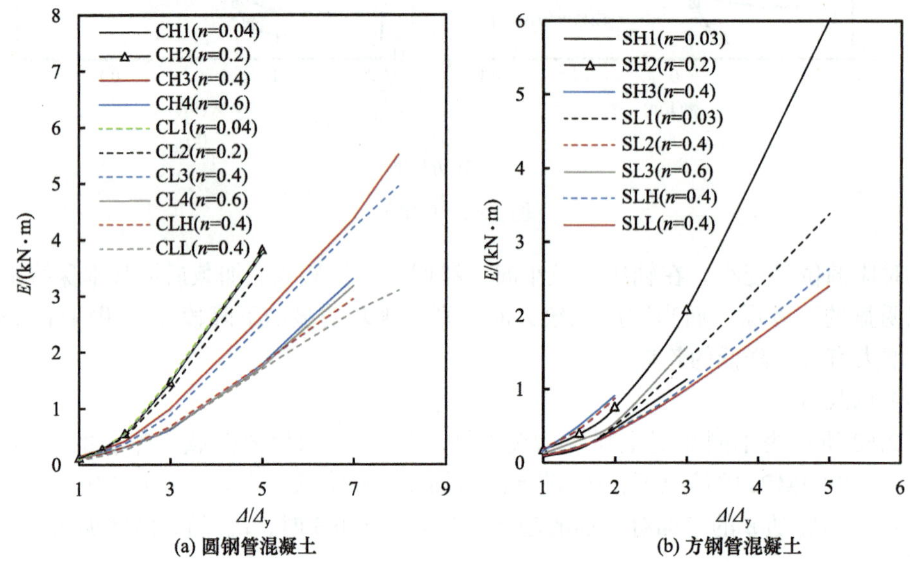

图 2.63 E-Δ/Δ_y 关系

（6）刚度退化

图 2.64 所示为钢管自密实混凝土压弯构件在反复荷载作用下抗弯刚度 K 退化结果。其中，$K_e=E_cI_c+E_sI_s$，I_s 和 I_c 分别为钢管和混凝土的截面惯性矩。

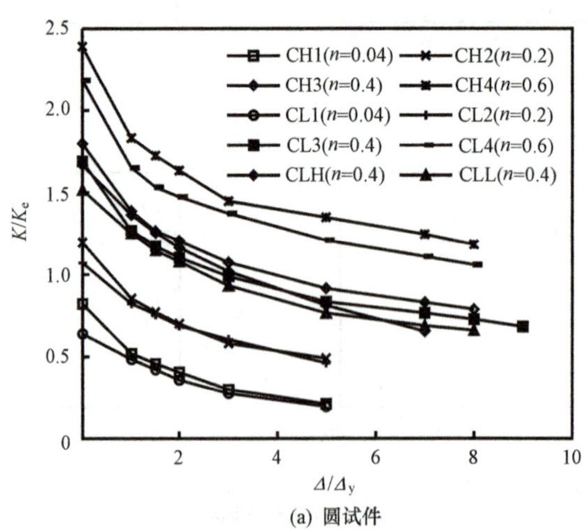

图 2.64 K/K_e-Δ/Δ_y 关系

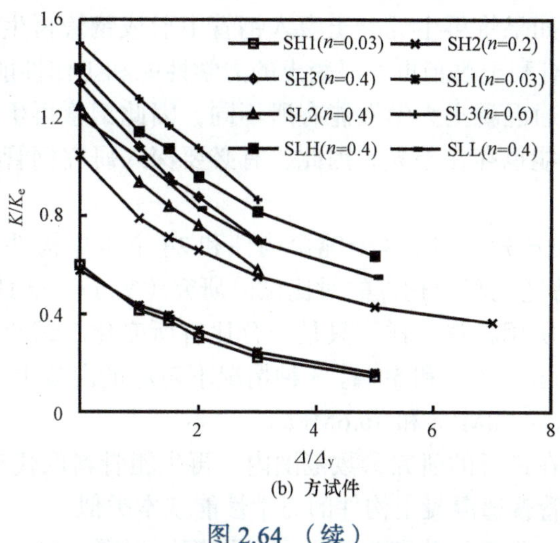

(b) 方试件

图 2.64 （续）

从图 2.64 可以看出，随着变形的增大，构件刚度前期退化十分明显，后期趋于平稳，总体刚度呈明显退化趋势。对于圆试件，其初始刚度与 K_e 比值的变化范围为 0.64～2.39，其平均值为 1.5。退化最明显的试件 CH1，当变形达到 $5\Delta_y$（破坏）时，刚度下降为初始刚度的 26%。对于方试件，其初始刚度与 K_e 比值的变化范围为 0.58～1.5，平均值为 1.11。退化最明显的试件 SH1，当变形达到 $3\Delta_y$ 时，刚度下降为初始刚度的 37%；破坏时，刚度下降为初始刚度的 24%。

基于上述研究，在本节研究的参数范围内可得到以下结论。

1）钢管自密实高性能混凝土构件力学性能与钢管普通混凝土基本类似，构件具有良好的承载能力和变形能力。管内混凝土采用自密实成型的试件与采用振捣密实的试件极限承载力总体上差别不大。

2）钢管普通混凝土构件荷载 - 变形关系和承载力的计算方法基本上适用于钢管自密实混凝土构件。

3）钢管自密实混凝土试件的滞回曲线饱满，没有明显的捏缩现象，表现出良好的延性和耗能性能。

4）轴压比、钢材强度是影响钢管自密实混凝土滞回性能的重要因素。随着变形的增大，钢管自密实混凝土构件 P-Δ 滞回关系的刚度退化明显；随着轴压比的增大，钢管自密实混凝土的耗能呈减小的趋势。

2.7　钢管再生混凝土

如何合理有效地实现废弃混凝土的再利用是目前建筑界的热点问题之一，这对于有效地节约天然骨料和保护环境，实现废弃混凝土的资源化具有重要意义。

废弃混凝土再利用的途径之一是将其应用到新建工程结构中。然而，已有研究结果表明，再生混凝土骨料表面相对粗糙、孔隙率大、弹性模量低，从而使再生混凝土的表观密度、强度和弹性模量、收缩和徐变、流动性、导热系数和脆性等性能与普通混凝土均有所差别。如果将再生混凝土灌入钢管中形成钢管再生混凝土，由于受钢管的有效约束和保护，有利于改善再生混凝土的力学性能和工作性能。

再生混凝土和普通混凝土力学性能有所不同，因此钢管再生混凝土和钢管普通混凝土在力学性能上可能也存在差异。因此，有必要深入研究钢管再生混凝土构件的力学性能和设计原理。

本节进行 24 个轴压短试件、8 个纯弯构件和 24 个压弯构件的试验研究，同时进行了 14 个相应钢管普通混凝土构件的对比试验研究（Yang and Han，2006a，2006b）。所有试件核心混凝土所用材料一样，只是配合比有所变化。试验参数主要是再生粗骨料取代率（r）分别为 0、25% 和 50%。3 种情况下对应的混凝土 28 天时的立方体抗压强度分别为 42.7MPa、41.8MPa 和 36.6MPa。

研究结果表明，在进行的研究参数范围内（再生粗骨料取代率 r 小于 50%），钢管再生混凝土构件与钢管普通混凝土构件的力学性能基本类似。

图 2.65（a）和（b）所示分别为圆形和方形钢管混凝土轴心受压短试件的破坏形态。其中，racfst-1 和 racfst-2 分别代表再生粗骨料取代率为 25% 和 50% 的钢管再生混凝土试件，cfst 代表对比的钢管混凝土试件。

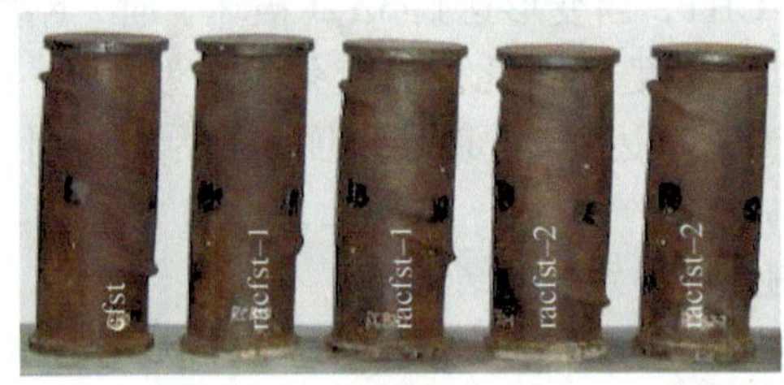

(a) 圆试件

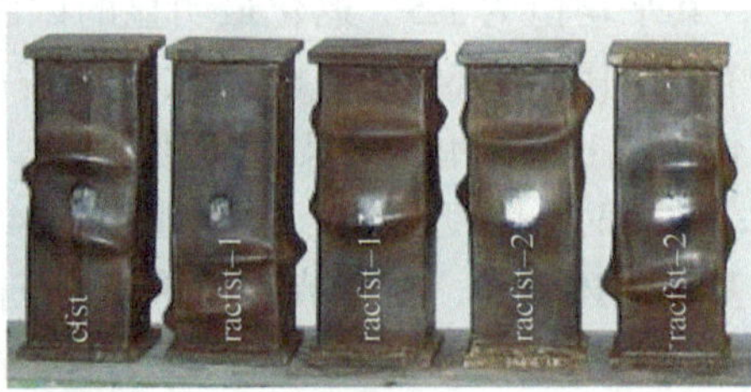

(b) 方试件

图 2.65 轴压短试件破坏形态

图 2.66（1）和（2）分别给出钢管被剥离后轴心受压短试件和纯弯试件核心混凝土破坏形态比较。可见，再生粗骨料取代率不同，试件的破坏形态没有显著差别。这主要在于受力过程中钢管及其核心混凝土之间的协同互补和相互作用，使再生混凝土的塑性性能得到改善所致。

(a) 圆试件

(b) 方试件

(1) 轴压短试件

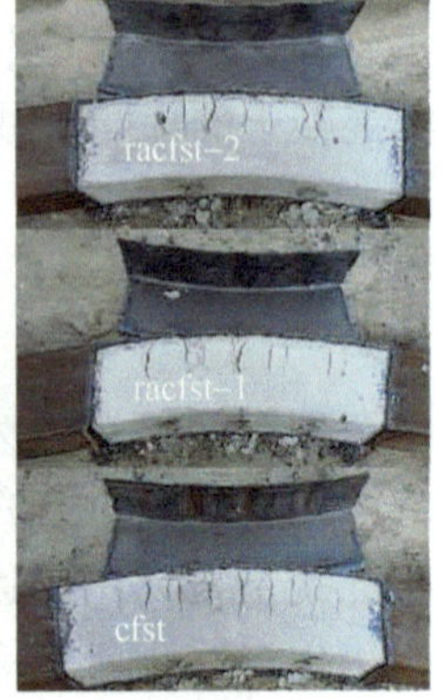

(2) 纯弯试件

图 2.66 核心混凝土破坏形态比较

再生混凝土的强度和弹性模量均低于相同配合比的普通混凝土，致使钢管再生混凝土构件的承载力、轴压短试件弹性模量和纯弯构件刚度均低于相应的钢管普通混凝土构件，但差异并不显著。

图 2.67 所示分别为轴压、纯弯和偏压试件在不同混凝土粗骨料取代率情况下的荷载－变形关系。

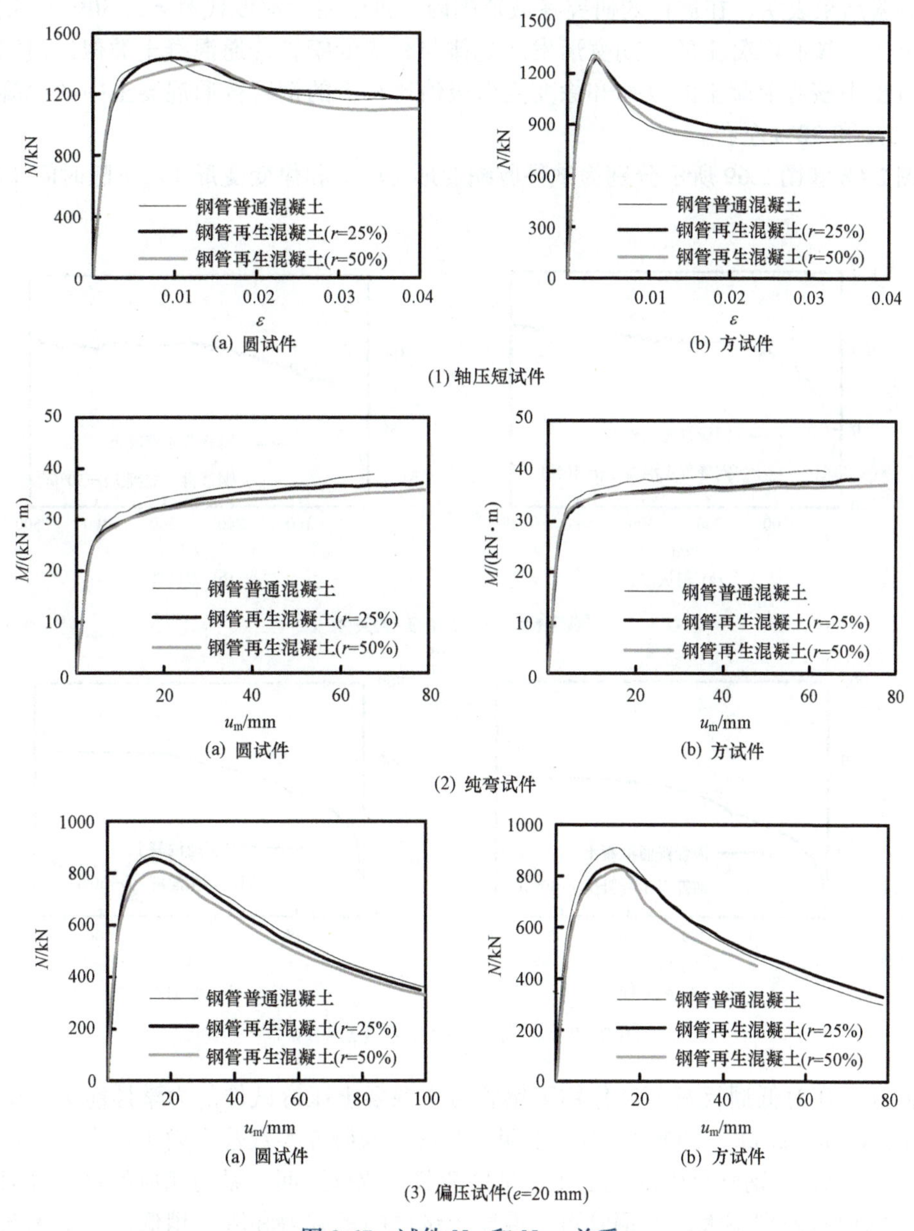

图 2.67　试件 N-ε 和 N-u_m 关系

利用国内外现有的一些设计规程对钢管再生混凝土构件的承载力进行了计算（计算时材料强度指标均取标准值），发现在所研究的参数范围内，普通钢管混凝土压弯构件的静力承载力计算方法总体上适合于钢管再生混凝土构件（Yang and Han，2006a，2006b）。

再生混凝土的收缩和徐变问题是该领域有关技术人员关注的问题。Yang 和 Han 等（2008）通过试验研究了钢管再生混凝土构件中混凝土的徐变和收缩特性。试件中的核心混凝土为 C40。试验参数主要是再生粗骨料取代率，分别为 0 和 50%。

试验结果表明，在进行的研究参数范围内（再生粗骨料取代率 r 为 50%），钢管再生混凝土中核心混凝土的长期变形发展规律与相应的钢管普通混凝土类似，但钢管再生混凝土中核心混凝土的收缩和徐变变形极值比相应的钢管普通混凝土中的混凝土分别高 20% 和 30% 左右。

图 2.68 和图 2.69 所示分别为试件收缩变形（ε_{sh}）和徐变变形（ε_{cr}）随时间（t）的变化。

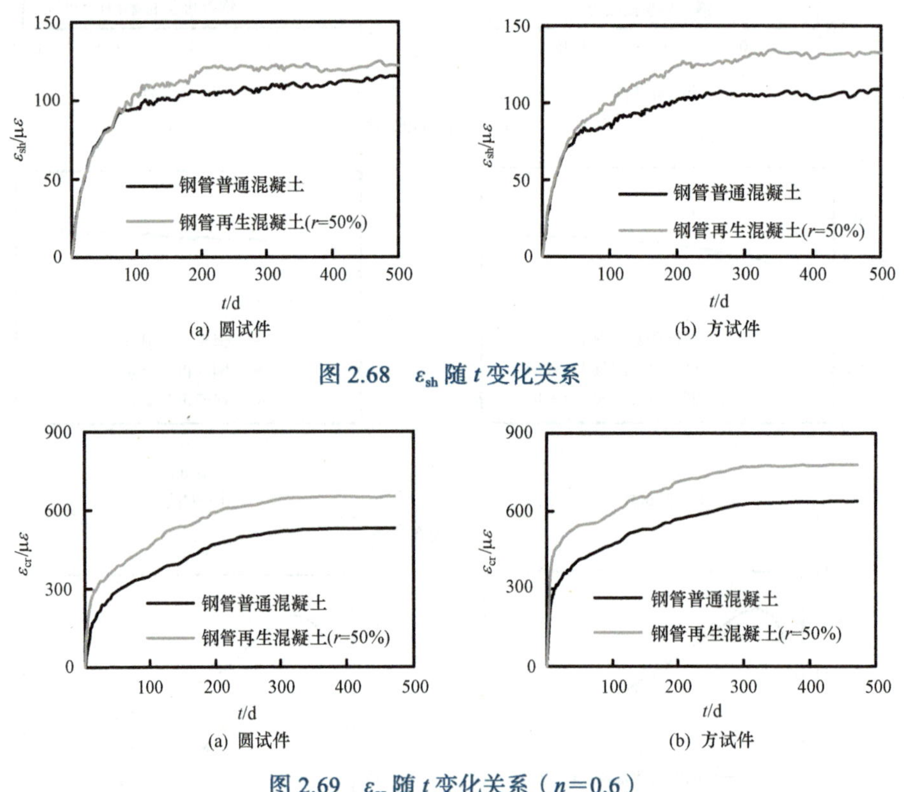

图 2.68　ε_{sh} 随 t 变化关系

图 2.69　ε_{cr} 随 t 变化关系（n=0.6）

此外，还对低周反复荷载作用下钢管再生混凝土压弯试件的力学性能进行了研究（Yang and Han et al.，2009）。结果表明，在进行的研究参数范围内（再生粗骨料取代率 r 小于 50%），钢管再生混凝土压弯试件荷载－位移滞回关系与相应的钢管普通混凝土试件的形状差别不大，但钢管再生混凝土试件的承载力和刚度稍低，其中承载力低 1.3%～7.6%，抗弯刚度低 2%～8%。

在实际结构中采用再生混凝土，对于节约建筑材料、保护环境和建筑业的可持续发展具有重要意义，因此预期钢管再生混凝土结构具有一定的应用前景。

2.8　锥形钢管混凝土

众所周知，锥形柱已在一些大跨建筑和桥梁结构中得到广泛应用。在一些结构中，由于传力和构造需要，还可能出现锥形构件上下两端连接直形构件的情况，实际上形成了一类直形 - 锥形 - 直形构件（本书简称直 - 锥 - 直形构件）。以往，对如图 2.70 所示的两类钢管混凝土力学性能的研究尚少见。

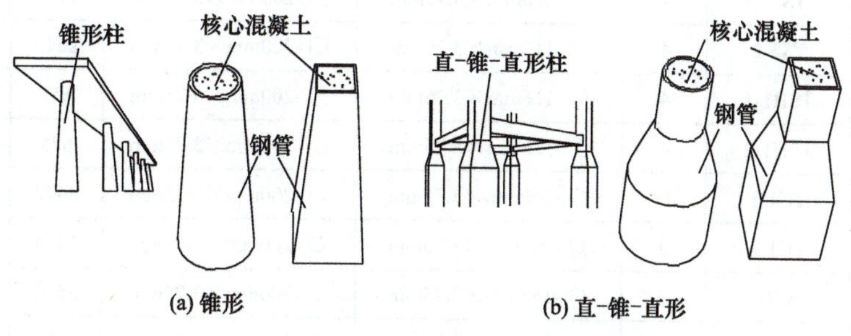

(a) 锥形　(b) 直-锥-直形

图 2.70　锥形钢管混凝土构件示意

本节开展一批锥形（含直 - 锥 - 直形）钢管混凝土轴压短试件的试验研究（Han et al.，2010），如图 2.71 所示。主要参数为截面类型（方钢管混凝土和圆钢管混凝土）、锥角（0°～4°）和是否填充混凝土。所有锥形钢管混凝土的截面沿构件长度方向均匀变化，但壁厚保持不变。试件参数如表 2.18 所示，其中，试件编号第一个字母 T 代表锥形柱，若为 STS 则代表直 - 锥 - 直形柱，后续字母 S 代表方形截面，C 代表圆形截面，H 代表空钢管，θ 为锥角，B 为方钢管边长，D 为圆钢管直径，t 为钢管厚度，N_{ue} 为试验实测的轴压承载力，SI 为强度比例系数，定义为 $N_u/N_{u,straight}$，N_u 为锥形试件极限

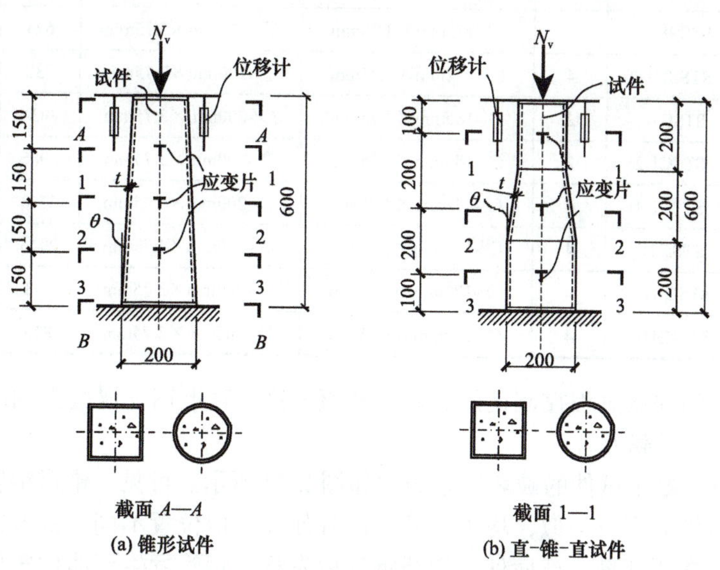

(a) 锥形试件　(b) 直-锥-直试件

图 2.71　锥形轴压构件（尺寸单位：mm）

承载力，$N_{u,straight}$ 为直形试件的极限承载力。

表 2.18　锥形钢管混凝土试件参数

试件类型	序号	试件编号	锥角 θ/(°)	顶部截面 $B(D)\times t$	底部截面 $B(D)\times t$	N_{ue}/kN		SI
						实测	平均	
锥形	1	TS1-1	2	□ -158mm×3.75mm	□ -200mm×3.75mm	2808	2842	0.812
	2	TS1-2	2	□ -158mm×3.75mm	□ -200mm×3.75mm	2876		0.832
	3	TS2-1	4	□ -116mm×3.75mm	□ -200mm×3.75mm	1902	1976	0.550
	4	TS2-2	4	□ -116mm×3.75mm	□ -200mm×3.75mm	2049		0.592
	5	TSH1-1	4	□ -116mm×3.75mm	□ -200mm×3.75mm	651	664	0.188
	6	TSH1-2	4	□ -116mm×3.75mm	□ -200mm×3.75mm	675		0.195
	7	TC1-1	0	○ -200mm×3.75mm	○ -200mm×3.75mm	3442	3459	0.996
	8	TC1-2	0	○ -200mm×3.75mm	○ -200mm×3.75mm	3474		1.005
	9	TC2-1	2	○ -158mm×3.75mm	○ -200mm×3.75mm	2574	2515	0.745
	10	TC2-2	2	○ -158mm×3.75mm	○ -200mm×3.75mm	2456		0.710
	11	TC3-1	4	○ -116mm×3.75mm	○ -200mm×3.75mm	1785	1759	0.516
	12	TC3-2	4	○ -116mm×3.75mm	○ -200mm×3.75mm	1733		0.501
	13	TCH1-1	4	○ -116mm×3.75mm	○ -200mm×3.75mm	657	653	0.190
	14	TCH1-2	4	○ -116mm×3.75mm	○ -200mm×3.75mm	649		0.188
直－锥－直形	15	STSS1-1	2	□ -186mm×3.75mm	□ -200mm×3.75mm	3251	3274	0.940
	16	STSS1-2	2	□ -186mm×3.75mm	□ -200mm×3.75mm	3296		0.953
	17	STSS2-1	4	□ -172mm×3.75mm	□ -200mm×3.75mm	3181	3122	0.920
	18	STSS2-2	4	□ -172mm×3.75mm	□ -200mm×3.75mm	3064		0.886
	19	STSSH1-1	4	□ -172mm×3.75mm	□ -200mm×3.75mm	674	706	0.195
	20	STSSH1-2	4	□ -172mm×3.75mm	□ -200mm×3.75mm	737		0.213
	21	STSC1-1	2	○ -186mm×3.75mm	○ -200mm×3.75mm	3034	3010	0.877
	22	STSC1-2	2	○ -186mm×3.75mm	○ -200mm×3.75mm	2985		0.863
	23	STSC2-1	4	○ -172mm×3.75mm	○ -200mm×3.75mm	2763	2854	0.799
	24	STSC2-2	4	○ -172mm×3.75mm	○ -200mm×3.75mm	2945		0.852
	25	STSCH1-1	4	○ -172mm×3.75mm	○ -200mm×3.75mm	833	831	0.241
	26	STSCH1-2	4	○ -172mm×3.75mm	○ -200mm×3.75mm	829		0.240

所有试件的加载过程控制良好。锥形和直－锥－直形钢管混凝土轴压试件具有较好的延性和后期承载力。

锥形钢管混凝土试件的破坏形态照片如图 2.72 所示。可见，锥形钢管混凝土破坏形态和直形钢管混凝土类似，均为钢管的向外屈曲，但位置不同。锥形钢管混凝土的破坏位置集中在顶部最小截面处。切开钢管后发现，钢管发生屈曲位置处的混凝土被压碎。方空钢管试件和圆空钢管试件均出现了向内和向外的屈曲，屈曲范围比相应钢

(a) 方锥形柱

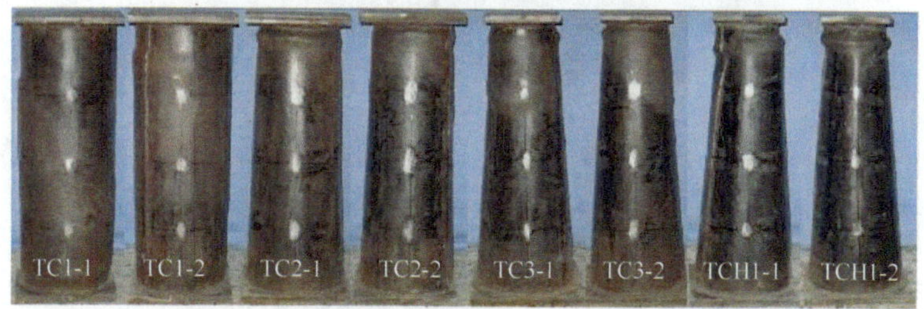

(b) 圆锥形柱

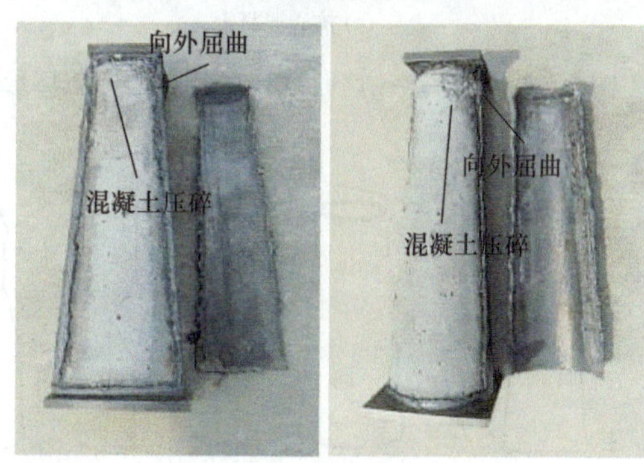

(c) 核心混凝土

图 2.72 锥形钢管混凝土构件破坏形态

管混凝土试件大。方空钢管试件的屈曲位置在试件中部偏上，而圆空钢管试件的破坏位置接近顶部最小截面。

直－锥－直形钢管混凝土试件的破坏形态照片如图 2.73 所示。可见，对于直－锥－直形钢管混凝土的破坏形态也均为钢管的向外屈曲。对于方直－锥－直形钢管混凝土，其破坏位置主要在上直柱段中部，部分试件（STSS2-2）在锥形段上部也出现了钢管的屈曲。对于圆直－锥－直形钢管混凝土，钢管向外屈曲也出现在上直柱段，锥形段未出现屈曲。剖开钢管后发现钢管鼓起位置的内部混凝土压碎，其余部位的混凝土保持完好。对于方直－锥－直形空钢管，在上直柱段和锥形段均出现了向内和向外的屈曲，且范围较钢管混凝土试件大。对于圆直－锥－直形空钢管，钢管屈曲主要在上直柱段。

锥形钢管混凝土和空钢管破坏形态如图 2.74 所示。

锥形轴压试件的荷载－轴向位移关系如图 2.75 所示。可见，锥形钢管混凝土的刚度和承载力比相应直形对比试件要低。这是因为锥形试件的破坏主要在最小截面，荷

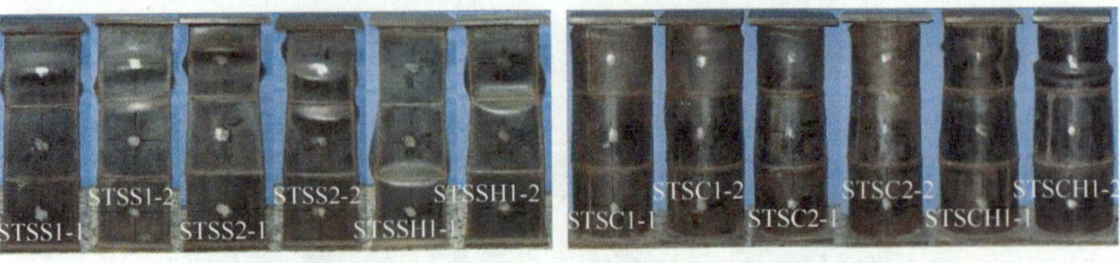

(a) 方直-锥-直锥形柱　　(b) 圆直-锥-直锥形柱

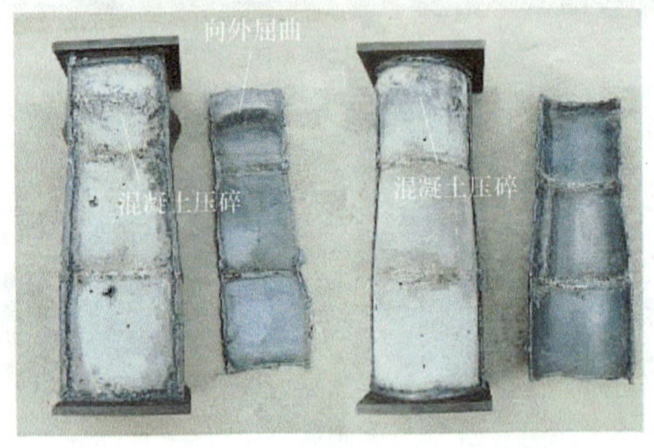

(c) 核心混凝土

图 2.73　直 - 锥 - 直形钢管混凝土构件破坏形态

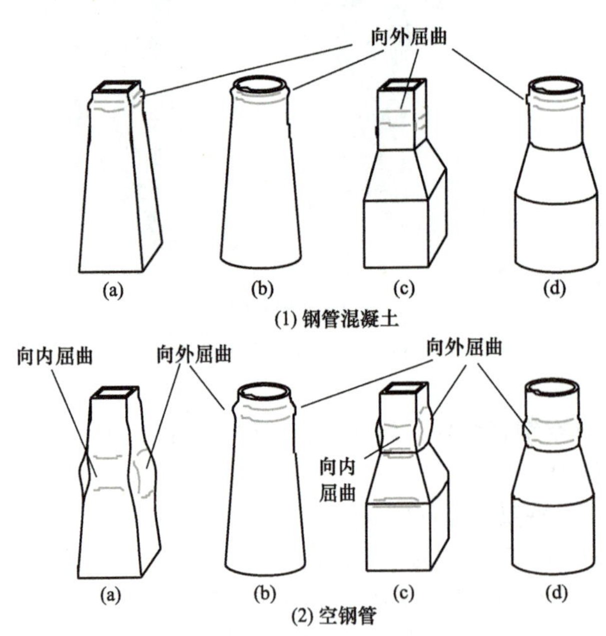

图 2.74　锥形钢管混凝土和空钢管破坏形态

载 - 位移关系主要反映最小截面的性质。试件极限承载力如表 2.18 所示。由表 2.18 可见，锥角 2°的方钢管混凝土试件的 *SI* 约为 0.82，而锥角 4°的方钢管混凝土试件的 *SI* 约为 0.57；锥角 2°和 4°的圆钢管混凝土试件的 *SI* 分别为 0.72 和 0.51。相比填充混凝土的试件，空钢管试件的极限承载力和初始刚度远小于钢管混凝土试件。空方钢管试件和空圆钢管试件的 *SI* 均在 0.19 左右。

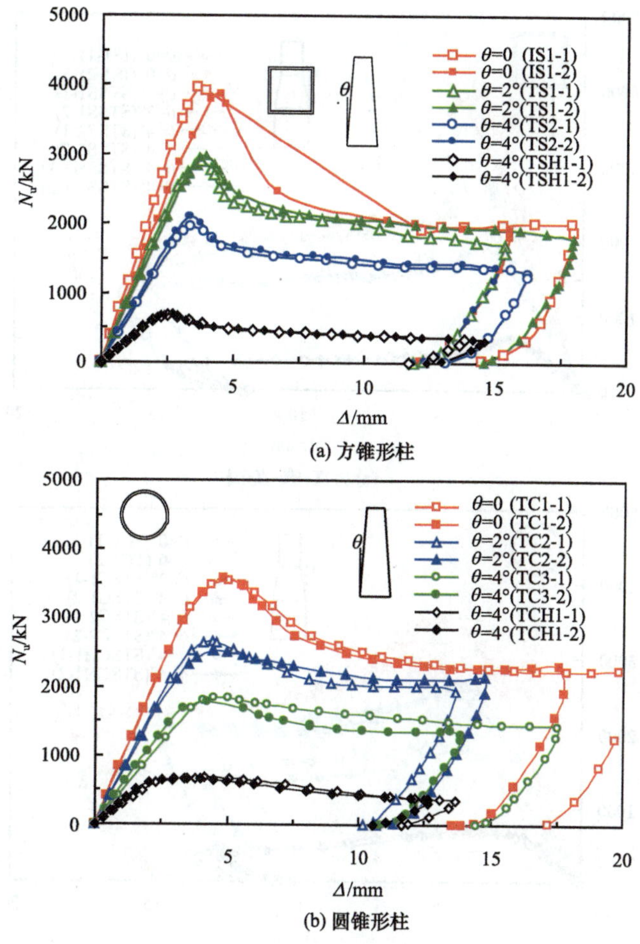

(a) 方锥形柱

(b) 圆锥形柱

图 2.75 锥形轴压构件 N_u-Δ 关系

直－锥－直形轴压试件的荷载－轴向位移关系如图 2.76 所示。可见，直－锥－直形钢管混凝土的刚度和承载力比相应直形对比件要低，其原因也是曲线主要反映最小截面的性质。锥角 2°和 4°的方钢管混凝土试件的 *SI* 分别为 0.95 和 0.9；锥角 2°和 4°的圆钢管混凝土试件的 *SI* 分别为 0.87 和 0.83。相比填充混凝土的试件，空钢管试件的极限承载力和初始刚度远小于钢管混凝土试件。空方钢管试件和空圆钢管试件的 *SI* 分别为 0.2 和 0.24。

由于锥形钢管混凝土试件的破坏主要集中在最小截面，因此，采用试件的最小截面预估试件的极限承载力。表 2.19 所示为采用不同国家规范计算的锥形和直－锥－直形钢管混凝土试件的极限承载力。可见，对于本批锥形钢管混凝土试件，根据日本钢管混凝土规范 AIJ（2012），美国钢结构规范 AISC（2022）[ANSI/AISC 360—22（2022）] 和英国规范 BS5400（2005）计算得到的极限承载力 N_{uc} 比试验实测值 N_{ue} 低 29%～37%。中国标准 T/CECS 625—2019（2019）的计算承载力和实测值 N_{uc}/N_{ue} 的平均值为 0.8。而欧洲规范 EC4（2004）给出了较准确的计算，N_{uc}/N_{ue} 平均值为

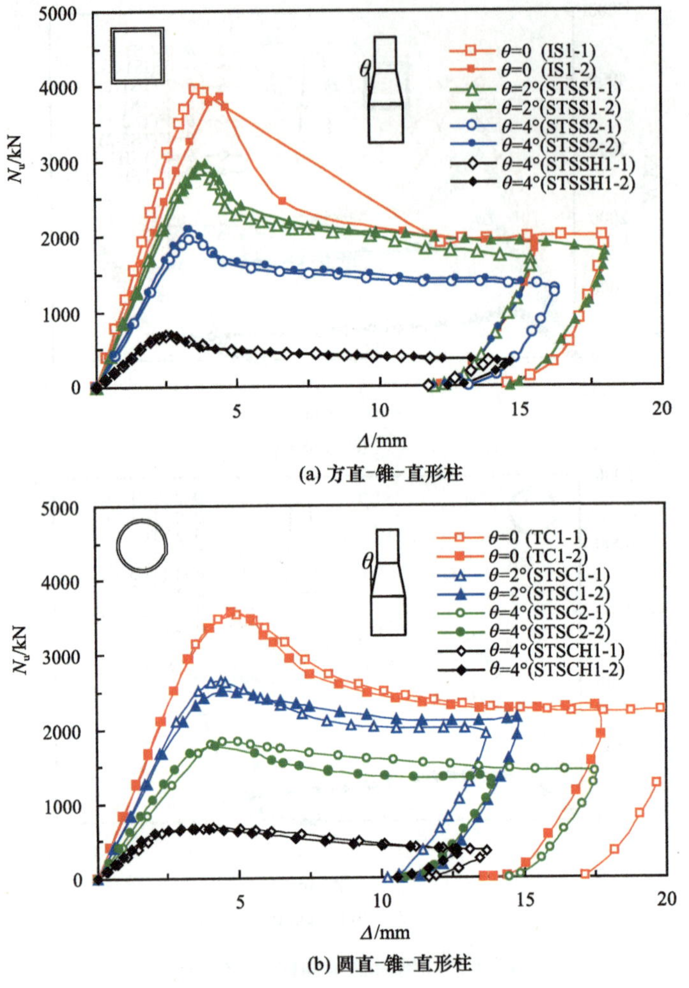

(a) 方直–锥–直形柱

(b) 圆直–锥–直形柱

图 2.76 直－锥－直形轴压构件 N_u-Δ 关系

0.827，变异系数（COV）为 0.225。对于本批直－锥－直钢管混凝土试件，AIJ（2012）、AISC（2022）[ANSI/AISC 360—22（2022）] 和 EC4（2004）计算值比实测值低 22%，BS5400（2005）计算值比实测值低 36%。T/CECS 625—2019（2019）给出了较准确的估计，计算和实测承载力比值的平均值为 0.832，变异系数为 0.072。

表 2.19 锥形钢管混凝土试件承载力

试件类型	序号	试件编号	N_{ue}/kN	AIJ（2012）		ANSI/AISC 360—22（2022）		BS5400（2005）		T/CECS 625—2019（2019）		EC4（2004）	
				N_{uc}/kN	N_{uc}/N_{ue}	N_{uc}/kN	N_{uc}/N_{ue}	N_{uc}/kN	N_{uc}/N_{ue}	N_{uc}/kN	N_{uc}/N_{ue}	N_{uc}/kN	N_{uc}/N_{ue}
锥形	1	TS1-1	2808	2099	0.748	2099	0.748	1546	0.551	2297	0.818	1851	0.659
	2	TS1-2	2876	2099	0.730	2099	0.730	1546	0.538	2297	0.799	1851	0.644
	3	TS2-1	1902	1289	0.678	1289	0.678	991	0.521	1430	0.752	1160	0.610

续表

试件类型	序号	试件编号	N_{ue}/kN	AIJ（2012）		ANSI/AISC 360—22（2022）		BS5400（2005）		T/CECS 625—2019（2019）		EC4（2004）	
				N_{uc}/kN	N_{uc}/N_{ue}	N_{uc}/kN	N_{uc}/N_{ue}	N_{uc}/kN	N_{uc}/N_{ue}	N_{uc}/kN	N_{uc}/N_{ue}	N_{uc}/kN	N_{uc}/N_{ue}
锥形	4	TS2-2	2049	1289	0.629	1289	0.629	991	0.484	1430	0.698	1160	0.566
	5	TC1-1	3442	2680	0.779	2597	0.754	2383	0.692	2753	0.800	3543	1.029
	6	TC1-2	3474	2680	0.771	2597	0.747	2383	0.686	2753	0.792	3543	1.020
	7	TC2-1	2574	1850	0.719	1705	0.662	1906	0.740	2471	0.960	2471	0.960
	8	TC2-2	2456	1850	0.753	1705	0.694	1906	0.776	2471	1.006	2471	1.006
	9	TC3-1	1785	1156	0.648	1068	0.598	1114	0.624	1209	0.677	1561	0.874
	10	TC3-2	1733	1156	0.667	1068	0.616	1114	0.643	1209	0.698	1561	0.901
	平均值				0.712		0.686		0.626		0.800		0.827
	变异系数（COV）				0.075		0.085		0.158		0.136		0.225
直-锥-直形	1	STSS1-1	3251	2736	0.842	2736	0.842	1970	0.606	2983	0.918	2388	0.735
	2	STSS1-2	3296	2736	0.83	2736	0.830	1970	0.598	2983	0.905	2388	0.724
	3	STSS2-1	3181	2407	0.757	2407	0.757	1752	0.551	2628	0.826	2111	0.664
	4	STSS2-2	3064	2407	0.786	2407	0.786	1752	0.572	2628	0.858	2111	0.689
	5	STSC1-1	3034	2387	0.787	2298	0.757	2147	0.708	2453	0.808	2670	0.880
	6	STSC1-2	2985	2387	0.800	2298	0.770	2147	0.719	2453	0.822	2670	0.894
	7	STSC2-1	2763	2110	0.764	2107	0.763	1920	0.695	2170	0.785	2329	0.843
	8	STSC2-2	2945	2110	0.717	2107	0.716	1920	0.652	2170	0.737	2329	0.791
	平均值				0.785		0.778		0.638		0.832		0.778
	变异系数（COV）				0.051		0.053		0.102		0.072		0.113

2.9　椭圆形钢管混凝土

本节开展了椭圆形钢管混凝土在弯曲、轴压和偏压作用下的力学性能研究工作（Ren and Han et al.，2014）。

2.9.1　受弯构件

本小节共进行 8 根椭圆形钢管混凝土在弯曲作用下的力学试验。试验参数为剪跨比和截面是否填充混凝土，具体如表 2.20 所示。其中，B 和 D 分别为椭圆形钢管长轴和短轴长度，L 为试件全长，a 为弯剪段长度，a/B 为剪跨比，t 为钢管厚度。试件编号中带 h 字母的表示空椭圆形钢管试件。试件受弯平面和长轴所在平面相同。试验装置和试件截面示意图及试验照片如图 2.77 所示。

表 2.20　椭圆钢管混凝土受弯试件参数

序号	试件编号	截面尺寸（$B\times D\times t$）	L/mm	a/B	M_{ue}/（kN·m）		SI
					实测	平均	
1	eb1-1	192mm×124mm×3.82mm	2000	2.60	61.8	60.1	1.028
2	eb1-2	192mm×124mm×3.82mm	2000	2.60	58.3		0.970
3	eb2-1	192mm×124mm×3.82mm	2000	1.56	67.6	68.7	1.125
4	eb2-2	192mm×124mm×3.82mm	2000	1.56	69.7		1.160
5	eb3-1	192mm×124mm×3.82mm	2000	3.65	53.7	53.4	0.894
6	eb3-2	192mm×124mm×3.82mm	2000	3.65	53.0		0.882
7	ebh1-1	192mm×124mm×3.82mm	2000	2.60	42.9	42.6	0.714
8	ebh1-2	192mm×124mm×3.82mm	2000	2.60	42.3		0.704

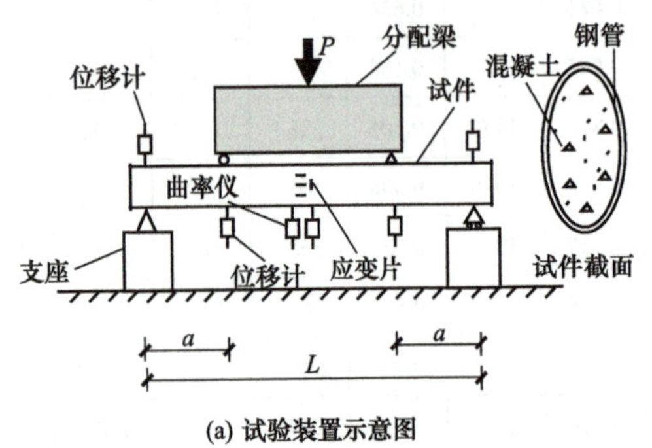

(a) 试验装置示意图

(b) 试验照片

图 2.77　椭圆钢管混凝土受弯试验装置和试件截面示意图及试验照片

图 2.78 所示为椭圆形钢管混凝土受弯构件的破坏形态。可见，椭圆形钢管混凝土受弯试件出现了整体弯曲，外钢管的屈曲不明显。而空钢管试件的钢管出现了较大的塑性变形，破坏截面靠近一端加载支座，钢管出现了明显向内的弯折。将钢管混凝土试件外部钢管剖开后，发现试件下部的混凝土出现分布均匀的受弯裂缝。

图 2.79 所示为椭圆形钢管混凝土受弯试件弯矩（M）-曲率（ϕ）关系。可见，椭圆形钢管混凝土的 M-ϕ 关系大致可以分为弹性阶段、弹塑性阶段和强化阶段。随着剪跨比由 1.56 增大到 3.65，受弯承载力降低了 22%，这里的受弯承载力定义为钢管底部受拉纵向应变达到 10000με 时所对应的弯矩。和空钢管试件相比，椭圆钢管混凝土的抗弯承载力有很大提高。

利用中国标准 GB/T 51446—2021（2021）和欧洲规范 EC4（2004）计算椭圆形钢管混凝土受弯承载力。采用中国标准计算时，依据各部分面积相等的原则，将椭圆形钢管混凝土等效为圆形钢管混凝土。采用欧洲规范 EC4 计算时，假设构件截面纵向应变分布符合平截面假定。表 2.21 所示为公式计算承载力 M_{ue} 和试验实测承载力 M_{uc} 对比。可见，EC4（2004）计算得到的 M_{uc}/M_{ue} 平均值和变异系数分别为 0.932 和 0.114，而根据 GB/T 51446—2021（2021）计算得到的 M_{uc}/M_{ue} 平均值和变异系数分别为 0.875 和 0.114。二者计算的椭圆钢管混凝土的抗弯极限承载力均偏保守。

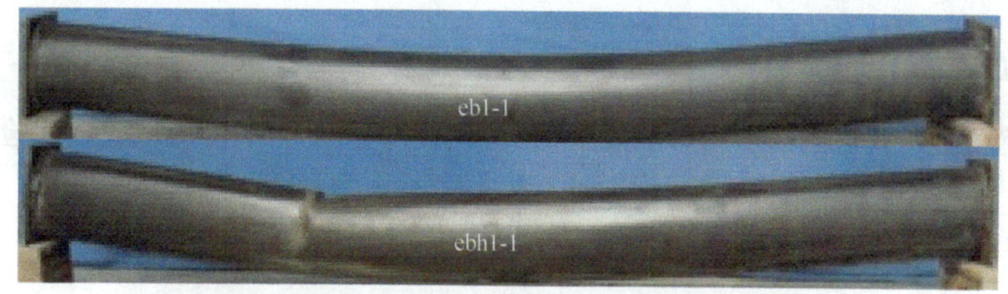

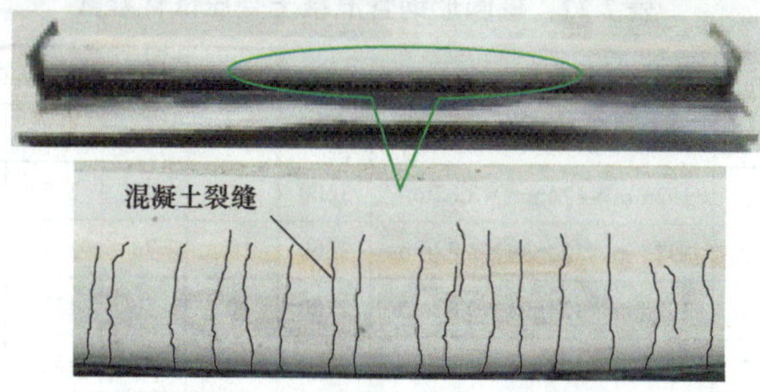

图 2.78　受弯构件破坏形态

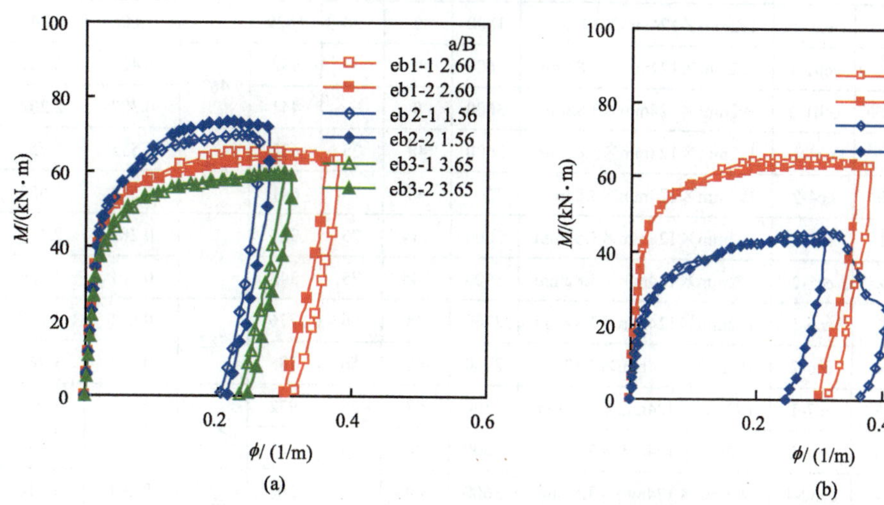

图 2.79　受弯构件 M-ϕ 关系

表 2.21　椭圆钢管混凝土抗弯试件极限承载力

序号	试件编号	M_{ue}/（kN·m）	GB/T 51446—2021（2021）		EC4（2004）	
			M_{uc}/（kN·m）	M_{uc}/M_{ue}	M_{uc}/（kN·m）	M_{uc}/M_{ue}
1	eb1-1	61.8	52.5	0.850	55.9	0.905
2	eb1-2	58.3	52.5	0.901	55.9	0.959
3	eb2-1	67.6	52.5	0.777	55.9	0.827
4	eb2-2	69.7	52.5	0.753	55.9	0.802
5	eb3-1	53.7	52.5	0.978	55.9	1.041
6	eb3-2	53.0	52.5	0.991	55.9	1.055
平均值				0.875		0.932
变异系数（COV）				0.114		0.114

2.9.2 压弯构件

本节进行 18 根椭圆形钢管混凝土轴压和压弯构件的力学性能试验。试验参数包括长细比（38～75）和偏心率（0～1.5）。表 2.22 所示为受压试件参数，其中，H 为试件高度，e 为偏心率，λ 为试件长细比，DI 为延性系数。

表 2.22 椭圆形钢管混凝土受压试件参数

试件类型	序号	试件编号	截面尺寸（$B\times D\times t$）	H/mm	e/mm	λ	N_{ue}/kN		SI	DI
							试验	平均		
轴压试件	1	ec1-1	192mm×124mm×3.82mm	3600	0	75	1121	1139	0.984	2.217
	2	ec1-2	192mm×124mm×3.82mm	3600	0	75	1157		1.016	2.640
	3	ec2-1	192mm×124mm×3.82mm	2700	0	56	1389	1356	1.219	2.627
	4	ec2-2	192mm×124mm×3.82mm	2700	0	56	1322		1.161	2.854
	5	ec3-1	192mm×124mm×3.82mm	1800	0	38	1896	1863	1.665	2.003
	6	ec3-2	192mm×124mm×3.82mm	1800	0	38	1829		1.606	2.249
	7	ech1-1	192mm×124mm×3.82mm	3600	0	—	482	462	0.423	2.921
	8	ech1-2	192mm×124mm×3.82mm	3600	0	—	441		0.387	2.202
压弯试件	9	ec4-1	192mm×124mm×3.82mm	3600	48	75	632	637	0.555	1.752
	10	ec4-2	192mm×124mm×3.82mm	3600	48	75	641		0.563	1.554
	11	ec5-1	192mm×124mm×3.82mm	3600	144	75	325	334	0.285	2.116
	12	ec5-2	192mm×124mm×3.82mm	3600	144	75	343		0.301	2.106
	13	ec6-1	192mm×124mm×3.82mm	2700	48	56	776	782	0.681	1.907
	14	ec6-2	192mm×124mm×3.82mm	2700	48	56	788		0.692	1.762
	15	ec7-1	192mm×124mm×3.82mm	1800	48	38	972	967	0.853	1.948
	16	ec7-2	192mm×124mm×3.82mm	1800	48	38	961		0.844	1.837
	17	ech2-1	192mm×124mm×3.82mm	3600	48	—	300	290	0.263	1.610
	18	ech2-2	192mm×124mm×3.82mm	3600	48	—	280		0.246	1.458

图 2.80 所示为受压构件的破坏形态。可见，由于长细比较大，所有试件均出现了整体弯曲破坏，其破坏形态符合正弦曲线。剖开钢管后发现，弯曲受拉一侧混凝土出现了均匀的受拉裂缝。

图 2.81 为受压构件的荷载（N）- 跨中横向位移（u_m）关系。试验实测的各试件极限承载力列于表 2.22。可见，N-u_m 关系可分为弹性阶段、弹塑性阶段和下降阶段。随着长细比的增大，试件的刚度降低，极限承载力也降低。填充混凝土对试件刚度和承载力有很大的提高作用。对于偏压试件，随着偏心距离的增大，试件的刚度和承载力有明显降低。

利用国家标准 GB/T 51446—2021（2021）和欧洲规范 EC4（2004）计算椭圆形钢管混凝土的受弯承载力。规范计算假定和上述弯曲构件的相同。表 2.23 所示为公式计

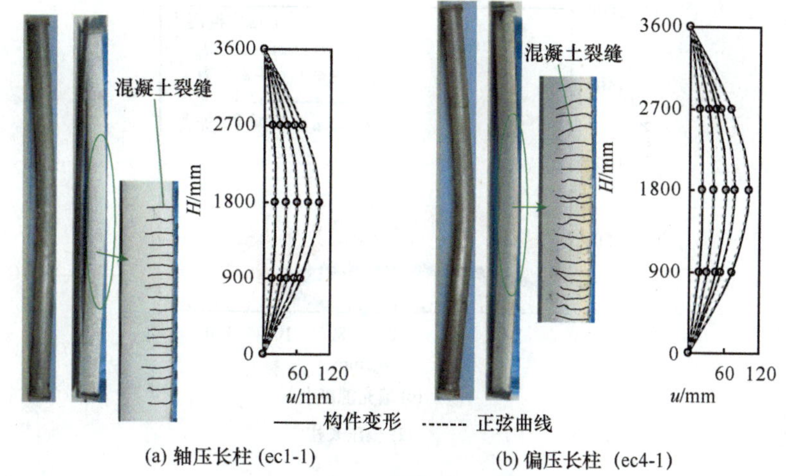

(a) 轴压长柱 (ec1-1)　(b) 偏压长柱（ec4-1)

图 2.80　受压构件破坏形态

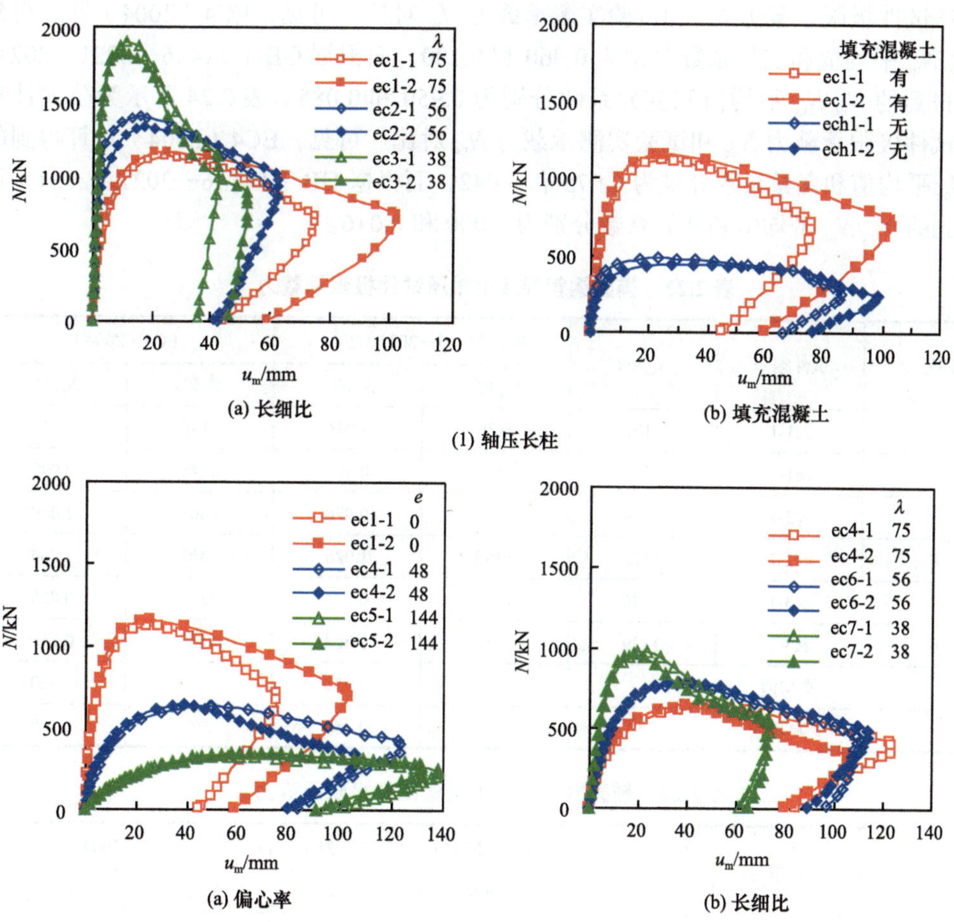

(a) 长细比　(b) 填充混凝土

(1) 轴压长柱

(a) 偏心率　(b) 长细比

图 2.81　受压构件 N-u_m 关系

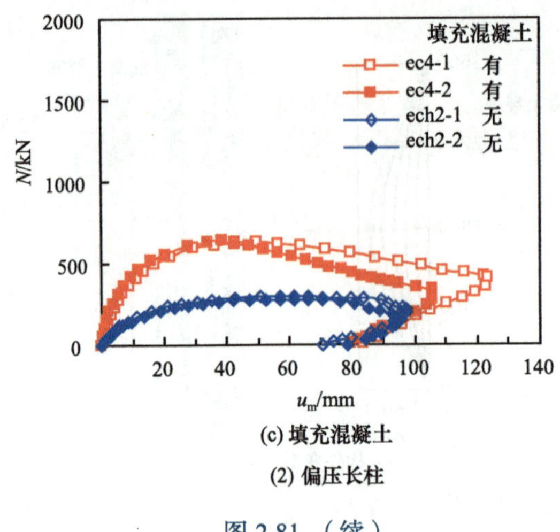

(c) 填充混凝土

(2) 偏压长柱

图 2.81 （续）

算轴压试件极限承载力 N_{ue} 和试验实测承载力 N_{uc} 对比。可见，EC4（2004）计算得到的 N_{uc}/N_{ue} 平均值和变异系数分别为 0.960 和 0.100，而根据 GB/T 51446—2021（2021）计算得到的 N_{uc}/N_{ue} 平均值和变异系数分别为 0.950 和 0.085。表 2.24 所示为公式计算偏压试件极限承载力 N_{ue} 和试验实测承载力 N_{uc} 对比。可见，EC4（2004）计算得到的 N_{uc}/N_{ue} 平均值和变异系数分别为 0.975 和 0.042，而根据 GB/T 51446—2021（2021）计算得到的 N_{uc}/N_{ue} 平均值和变异系数分别为 1.000 和 0.016。

表 2.23　椭圆钢管混凝土轴压试件极限承载力

序号	试件编号	N_{ue}/kN	GB/T 51446—2021（2021）		EC4（2004）	
			N_{uc}/kN	N_{uc}/N_{ue}	N_{uc}/kN	N_{uc}/N_{ue}
1	ec1-1	1121	1139	1.016	1146	1.022
2	ec1-2	1157	1139	0.984	1146	0.990
3	ec2-1	1389	1356	0.976	1401	1.009
4	ec2-2	1322	1356	1.026	1401	1.060
5	ec3-1	1896	1581	0.834	1565	0.825
6	ec3-2	1829	1581	0.864	1565	0.856
平均值				0.950		0.960
变异系数				0.085		0.100

表 2.24　椭圆钢管混凝土压弯试件极限承载力

序号	试件编号	N_{ue}/kN	GB/T 51446—2021（2021）		EC4（2004）	
			N_{uc}/kN	N_{uc}/N_{ue}	N_{uc}/kN	N_{uc}/N_{ue}
1	ec4-1	632	637	1.008	646	1.022
2	ec4-2	641	637	0.994	646	1.008
3	ec5-1	325	334	1.028	326	1.003

续表

序号	试件编号	N_{ue}/kN	GB/T 51446—2021（2021）		EC4（2004）	
			N_{uc}/kN	N_{uc}/N_{ue}	N_{uc}/kN	N_{uc}/N_{ue}
4	ec5-2	343	334	0.974	326	0.950
5	ec6-1	776	782	1.008	775	0.999
6	ec6-2	788	782	0.992	775	0.984
7	ec7-1	972	967	0.995	887	0.913
8	ec7-2	961	967	1.006	887	0.923
平均值				1.000		0.975
变异系数				0.016		0.042

2.10　多边形钢管混凝土

本节研究已在实际工程中应用的六边形钢管混凝土柱的力学性能，其截面如表 1.1（2g）所示。

2.10.1　轴压构件

本小节开展 12 个六边形截面轴压短试件的试验研究，包括 6 个钢管混凝土试件、2 个带外包混凝土的钢管混凝土试件、2 个钢筋混凝土试件和 2 个空钢管试件。图 2.82 为试件示意，试件的计算高度为 600mm，试件边长（B）为 100mm。外包钢筋混凝土厚度（a）为 60mm，其配筋和钢筋混凝土试件截面配筋相同。

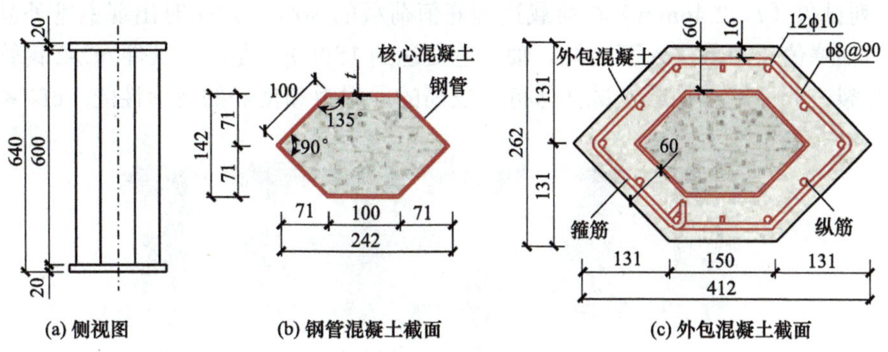

图 2.82　六边形钢管混凝土轴压试件（尺寸单位：mm）

轴压试件参数如表 2.25 所示，其中，t 为钢管厚度，a 为外包钢筋混凝土厚度。编号字母 cf、hs、ce 和 rc 分别代表钢管混凝土（concrete-filled steel tube）、空钢管（hollow steel tube）、外包混凝土（concrete-encased CFST）和钢筋混凝土（reinforced concrete）试件。试验参数为钢管厚度（t），编号后的数字为钢管的设计厚度。参考韩林海（2022）对普通钢管混凝土的研究方法，本节仍采用约束效应系数（ξ）衡量多边形钢管混凝土的组合作用，按式（2.17）计算。t 变化时，ξ 也发生变化。

表 2.25　六边形钢管混凝土轴压短试件参数

序号	试件编号	t /mm	a /mm	ξ	N_{ue} /kN	N_{uFEA} /kN	N_{uc} /kN	N_{ue}/N_{uFEA}
1	cf2-1	2.46	—	0.483	1598	1663	1623	0.961
2	cf2-2	2.46	—	0.483	1492			0.897
3	cf4-1	3.95	—	0.718	1865	1851	1827	1.008
4	cf4-2	3.95	—	0.718	1845			0.997
5	cf6-1	5.93	—	1.233	2062	2221	2274	0.928
6	cf6-2	5.93	—	1.233	2195			0.988
7	hs4-1	3.95	—	—	680	637	661	1.068
8	hs4-2	3.95	—	—	690			1.083
9	ce4-1	3.95	60	0.718	4676	4301	—	1.087
10	ce4-2	3.95	60	0.718	4816			1.120
11	rc-1	—	60	—	3941	3908	—	1.008
12	rc-2	—	60	—	3967			1.015

采用标准试验方法测试得到厚度为 2mm、4mm 和 6mm 的钢板的屈服强度分别为 313.2MPa、278.7MPa 和 301.5MPa。纵筋（ϕ10 HRB400 级）及箍筋（ϕ8 HPB300 级）的屈服强度分别为 458.0MPa 和 328.6MPa。外包混凝土和核心混凝土均采用自密实混凝土。外包混凝土的 28 天强度和试验时强度分别为 48.5MPa 和 50.9MPa，核心混凝土的 28 天强度和试验时强度分别为 57.6MPa 和 61.8MPa。

钢管混凝土试件均体现了较好的延性及变形性能，试件破坏形态如图 2.83 所示。cf2 系列试件（t=2.46mm）在荷载达到峰值荷载的 80%～90% 时出现钢管外鼓，随后荷载达到峰值，加载进入下降段。轴向应变达到 15000με 左右，试件 cf2-2 钢管外鼓处焊缝开裂，此后继续加载，试件保持了较高的承载力和良好的变形性能。cf4 系列试件

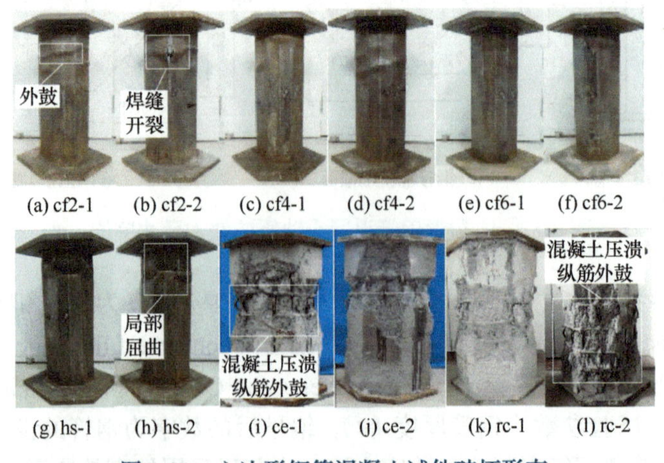

(a) cf2-1　(b) cf2-2　(c) cf4-1　(d) cf4-2　(e) cf6-1　(f) cf6-2

(g) hs-1　(h) hs-2　(i) ce-1　(j) ce-2　(k) rc-1　(l) rc-2

图 2.83　六边形钢管混凝土试件破坏形态

（t=3.95mm）在加载上升段无明显现象，钢管外鼓出现在峰值荷载附近。试件 cf4-1 在轴向应变接近 20000με 时端板附近焊缝轻微开裂。cf6 系列试件（t=5.93mm）在加载下降段压应变达到 9000με 时出现明显钢管外鼓，晚于 cf2 及 cf4 系列试件。加载结束，轴压应变达到 30000με，钢管呈轻微外鼓，未出现焊缝破坏。整体而言，试件均发生钢管外鼓，钢管厚度越小，钢管外鼓越早且越显著，焊缝也越容易开裂。

图 2.84 所示为核心混凝土的破坏形态。混凝土在钢管外鼓处压溃。钢管厚度越小，混凝土压溃现象越为显著。如 cf2 系列试件核心混凝土局部剥落，而 cf6 系列试件核心混凝土基本完好，仅出现少量竖向裂缝。

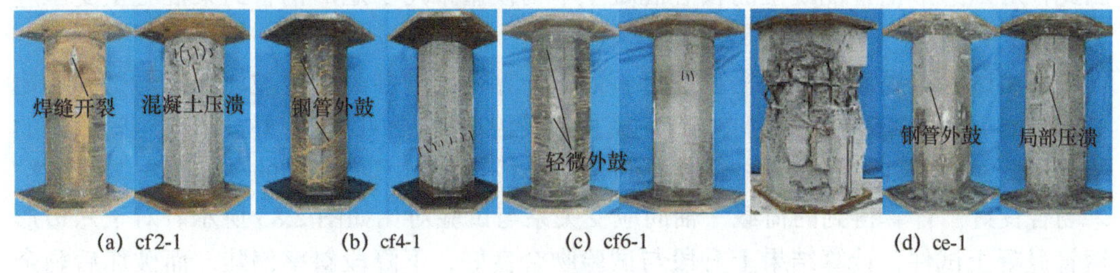

图 2.84 核心混凝土破坏形态

图 2.85 所示为试件的荷载（N）- 轴向应变（ε）关系对比，其中，$\varepsilon=\Delta/L$，Δ 为试件的轴向压缩变形，L 为试件高度。图 2.85（a）所示为钢管厚度（t）对荷载 - 轴向应变关系的影响。可见，钢管混凝土试件呈延性破坏。加载初期荷载呈线性上升，在轴向应变 3000με 左右接近峰值荷载，随后进入下降段，轴向应变达到 25000με 时，仍有较大的剩余承载力。随着钢管厚度的增大，试件的刚度及承载力均显著提升，曲线下降段更平缓。

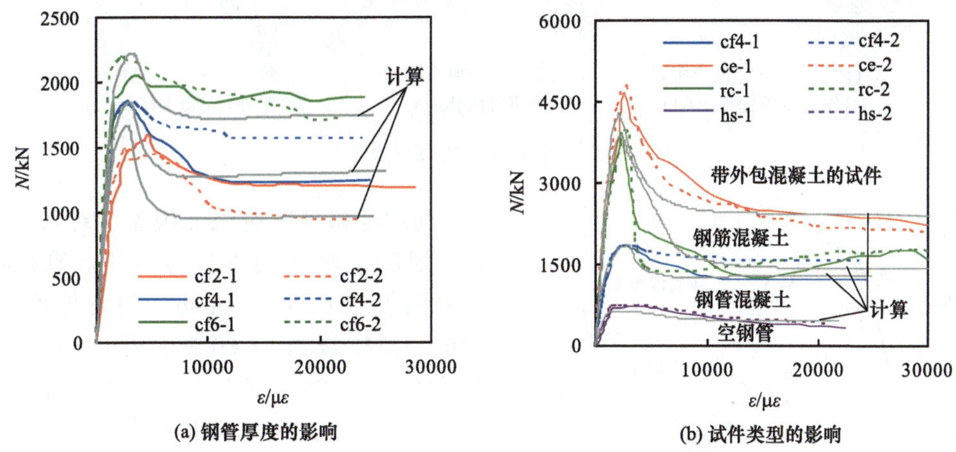

图 2.85 N-ε 关系对比

图 2.85（b）对比了不同类型试件的荷载 - 轴向应变关系。空钢管试件在轴压荷载作用下发生了局部屈曲，达到峰值荷载后荷载逐渐减小，轴向应变达到 20000με 时，

荷载已降至峰值荷载的 50%。钢管混凝土试件与空钢管试件相比，核心混凝土承担了部分轴压荷载，同时缓解了钢管的局部屈曲，其承载力和刚度显著提高，下降段曲线更平缓。外包混凝土柱及钢筋混凝土试件的荷载 - 轴向应变关系接近钢筋混凝土短柱，达到峰值荷载后迅速发生破坏。相比之下，由于内部钢管混凝土的存在，外包混凝土柱试件的承载力更高，延性更好。

本节建立六边形钢管混凝土构件的有限元模型，对轴压性能进行分析。研究结果表明，在荷载 - 轴向应变关系、核心混凝土纵向应力以及钢 - 混凝土法向接触应力等方面，六边形钢管混凝土柱均接近矩形钢管混凝土柱，反映了两者相似的组合作用。因此，对六边形钢管混凝土的核心混凝土本构模型采用了矩形钢管约束混凝土受压应力 - 应变关系。

采用试验结果对有限元模型进行验证，计算得到的各类试件破坏形态与试验对比如图 2.86 所示。有限元模型能够有效模拟钢管混凝土试件的钢管外鼓，空钢管试件的端部屈曲，以及外包混凝土柱试件外包混凝土的压溃，模型计算的破坏形态与试验结果吻合良好。计算得到的荷载 - 轴向应变关系与试验对比如图 2.85 所示。对于六边形钢管混凝土试件，计算结果上升段与试验吻合良好，下降段斜率偏陡，而破坏后剩余承载力也与试验相符。对于空钢管试件、外包混凝土柱试件以及钢筋混凝土试件，计算结果与试验均吻合良好。表 2.25 对比了有限元计算和试验得到的轴压承载力，试验值与计算值之比（N_{ue}/N_{uFEA}）的平均值为 1.013，变异系数为 0.063。

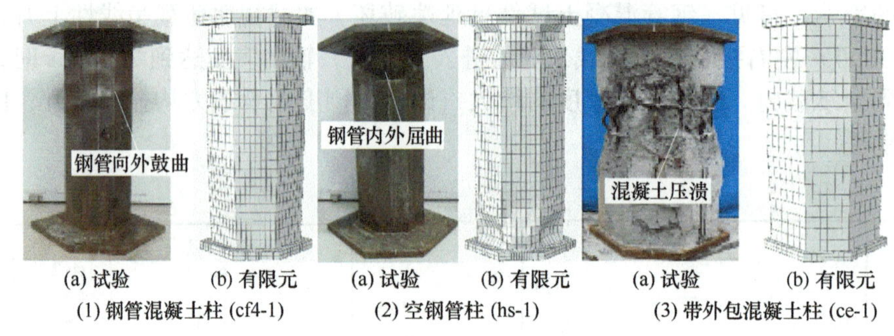

(a) 试验　(b) 有限元　(a) 试验　(b) 有限元　(a) 试验　(b) 有限元

(1) 钢管混凝土柱 (cf4-1)　(2) 空钢管柱 (hs-1)　(3) 带外包混凝土柱 (ce-1)

图 2.86　有限元模拟破坏形态对比

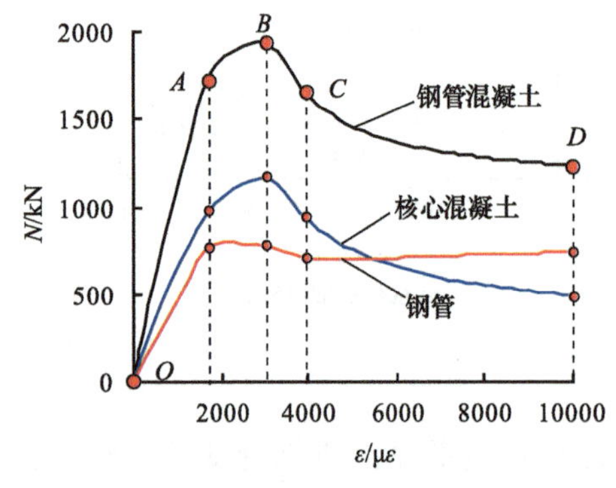

图 2.87　试件 N-ε 关系

利用经验证的有限元模型，对六边形钢管混凝土轴压构件进行分析。算例参数为钢管边长 B=100mm，钢管厚度 t=4mm，Q345 级钢，C60 级混凝土，约束效应系数 ξ=0.929。图 2.87 所示为构件的荷载 - 轴向应变关系，图中还绘制了核心混凝土和钢管各自承担的荷载。该关系可分为如下四个阶段。

OA 段：截面基本为弹性，荷载呈线性增长。*A* 点时，轴向应变达到钢管的屈服

应变，钢管的荷载－轴向应变关系出现转折，构件的荷载－轴向应变关系斜率也逐渐减小，核心混凝土与钢管承担的荷载比例分别为 55.7% 和 44.3%。

AB 段：钢管在 *A* 点屈服后，钢管承担的荷载基本维持稳定，而核心混凝土承担的荷载继续增大，构件的荷载增大，而刚度减小。*B* 点时，核心混凝土达到其极限承载力，导致构件达到峰值荷载。此时，核心混凝土与钢管承担的荷载比例分别为 60.1% 和 39.9%。

BC 段：峰值点后，核心混凝土逐渐压溃，承担的荷载迅速减小，钢管由于环向拉应力的影响，承担的荷载略有减小，导致构件加载进入下降段。*C* 点时，构件的承载力降至峰值荷载的 85%，核心混凝土与钢管承担的荷载比例分别为 56.4% 和 43.6%。

CD 段：*C* 点后，核心混凝土承担的荷载继续减小，但在钢管的约束下保持了较好的延性，同时，钢管承担的荷载变化不显著，导致构件的承载力趋于稳定。*D* 点时，轴向应变达到 10000$\mu\varepsilon$，构件基本达到剩余承载力，核心混凝土与钢管承担的荷载比例分别为 40.0% 和 60.0%。

利用验证的有限元模型对六边形钢管混凝土柱的轴压性能进行参数分析，参数范围如下：含钢率 α_s 为 0.05～0.20、钢管强度 f_y 为 235～420MPa、混凝土强度 f_{cu} 为 30～100MPa。结果表明，六边形钢管混凝土柱在荷载－轴向应变关系、接触应力、核心混凝土纵向应力分布等方面均接近矩形截面构件。峰值荷载时，钢管全截面屈服，核心混凝土的纵向应力接近材料峰值应力。其轴压承载力（N_u）计算可借鉴已有矩形钢管混凝土的计算方法。

图 2.88 为轴压承载力的公式计算值（N_{uc}）与试验值（N_{ue}）、有限元计算值（N_{uFEA}）结果对比。由图 2.88 对比可见，由于未考虑钢－混凝土的组合作用，ANSI/AISC 360—22（2022）的公式计算结果偏于保守，其公式计算值与试验值（或有限元计算值）之比［N_{uc}/N_{ue}（N_{uFEA}）］的平均值为 0.920。而 ISO 16521：2024（2024）及 EC4（2004）的计算公式分别通过约束效应系数和混凝土项系数考虑了钢－混凝土的组合作用，其 N_{uc}/N_{ue}（N_{uFEA}）的平均值分别为 1.016 和 1.004，二者均能有效计算六边形钢管混凝土柱的轴压承载力。

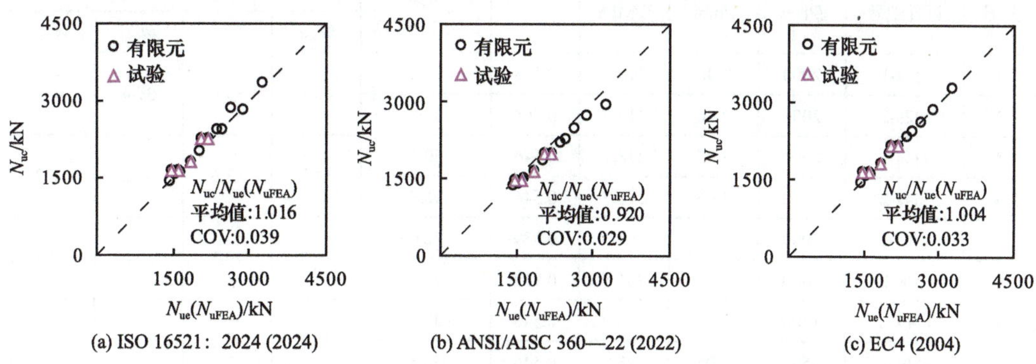

图 2.88　轴压承载力公式计算值与试验值、有限元计算值结果对比

为充分发挥钢管混凝土结构的组合作用，保障构件的承载力和延性，需对钢管与

混凝土截面进行合理配置，设计建议如下。

1）约束效应系数（ξ）。约束效应系数［$\xi=A_s f_y/(A_c f_{ck})$］反映了钢管对核心混凝土的约束作用。研究表明，六边形钢管混凝土轴压构件的荷载－位移关系，钢管－混凝土的组合作用与矩形钢管混凝土相似。对于六边形钢管混凝土，为保障构件的组合作用和延性，建议ξ不宜小于1.0。

2）钢管宽厚比（B/t）。与空钢管构件相似，钢管混凝土柱存在钢管局部屈曲的问题。钢管宽厚比（B/t）越大，钢管越易发生局部屈曲，与本节试验结果一致。当B/t满足限值要求，钢管屈曲出现在峰值点以后，设计时可不考虑钢管局部屈曲的影响。对于钢管混凝土柱，核心混凝土的支撑改变了钢管的屈曲模态，改善了其局部屈曲性能。机理分析表明，六边形钢管混凝土中，核心混凝土对钢管的支撑集中于角部，这与矩形钢管混凝土类似，导致二者钢管的局部屈曲性能接近。因而，对于六边形钢管混凝土，建议其B/t限值取为$60\sqrt{235/f_y}$。

2.10.2 受弯构件

本小节进行10个受弯试件的试验研究，包括6个沿强轴受弯试件，2个沿弱轴受弯构件和2个外包混凝土的试件。六边形钢管混凝土截面存在强轴和弱轴，本节主要关注其绕强轴受弯性能。在此基础上，通过绕弱轴受弯对比试件对其绕弱轴受弯性能进行了讨论。试验还设计了外包混凝土的对比试件，以分析外包钢筋混凝土和钢管混凝土的共同工作性能。

试件截面与2.2节中轴压试件一致，基本参数如表2.26所示。编号字母cf、ce分别代表钢管混凝土和外包混凝土试件，编号后数字代表钢管的设计厚度，数字后字母s、w分别代表沿强轴加载和沿弱轴加载。L为试件长度，t和f_y分别为钢管的厚度和屈服强度。对于绕强轴受弯的钢管混凝土试件，参数为钢管厚度，包括2.46mm、3.95mm、5.93mm三类，对应约束效应系数（ξ）分别为0.368、0.546、0.939。

表2.26 六边形钢管混凝土受弯试件参数

序号	试件编号	L/mm	t/mm	f_y/MPa	ξ	M_{ue}/（kN·m）	M_{uc}/（kN·m）			
							M_{psdm}	M_{scm}	M_{fiber}	M_{uFEA}
1	cf2s-1	2000	2.46	313.2	0.368	36.2	40.8	39.9	39.4	40.9
2	cf2s-2	2000	2.46	313.2	0.368	38.8				
3	cf4s-1	2000	3.95	278.7	0.546	60.1	54.9	53.6	53.2	56.2
4	cf4s-2	2000	3.95	278.7	0.546	56.8				
5	cf6s-1	2000	5.93	301.5	0.939	72.0	81.7	79.3	80.0	84.1
6	cf6s-2	2000	5.93	301.5	0.939	71.4				
7	cf4w-1	1500	3.95	278.7	0.546	38.0	37.7	37.3	37.5	39.1
8	cf4w-2	1500	3.95	278.7	0.546	38.8				
9	ce4s-1	2000	3.95	278.7	0.547	131.1	—	—	—	127.2
10	ce4s-1	2000	3.95	278.7	0.547	135.6				

沿强轴加载钢管混凝土试件（cf2s、cf4s、cf6s）的破坏形态如图 2.89（a）～（c）所示，各试件均在面内发生弯曲变形，变形集中于跨中纯弯段。对于钢管较薄的试件（cf2s 和 cf4s），跨中钢管受拉区撕裂，受压区显著鼓曲，导致加载停止；对于钢管较厚的试件 cf6s（t=5.93mm），跨中钢管受压区轻微鼓曲，出现了较稳定的强化段，跨中位移超过 $L/20$ 后承载力仍能缓慢增长。对比钢管厚度对破坏形态的影响可见，钢管越薄，钢管受拉区越易发生撕裂，受压区鼓曲更为显著。其原因在于，钢管越薄，中性轴高度越高，相同曲率下的梁底钢管拉应变越大。

沿弱轴加载钢管混凝土试件 cf4w 的破坏形态如图 2.89（d）所示。试件跨中钢管出现了受压区局部鼓曲和受拉区撕裂。与沿强轴加载试件相比，其钢管受压区鼓曲更显著。

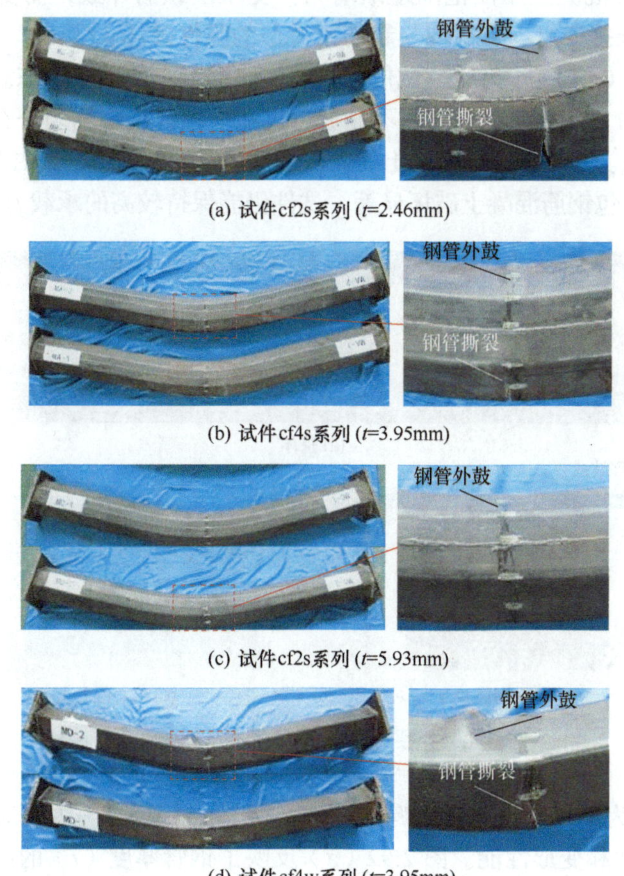

(a) 试件cf2s系列 (t=2.46mm)

(b) 试件cf4s系列 (t=3.95mm)

(c) 试件cf2s系列 (t=5.93mm)

(d) 试件cf4w系列 (t=3.95mm)

图 2.89 钢管混凝土受弯试件破坏形态

图 2.90 所示为钢管混凝土试件核心混凝土的破坏形态。对于沿强轴加载的试件 cf4s-2，裂缝均匀分布于纯弯段受拉区，且跨中裂缝宽度最大，跨中受压区混凝土角部轻微压溃，该位置钢管出现鼓曲。对于沿弱轴加载的试件 cf4w-2，跨中截面发生破坏，受拉区混凝土开裂，而受压区混凝土明显压溃。

图 2.91（a）所示为带外包混凝土的受弯试件的破坏形态，呈现明显的受压区破坏

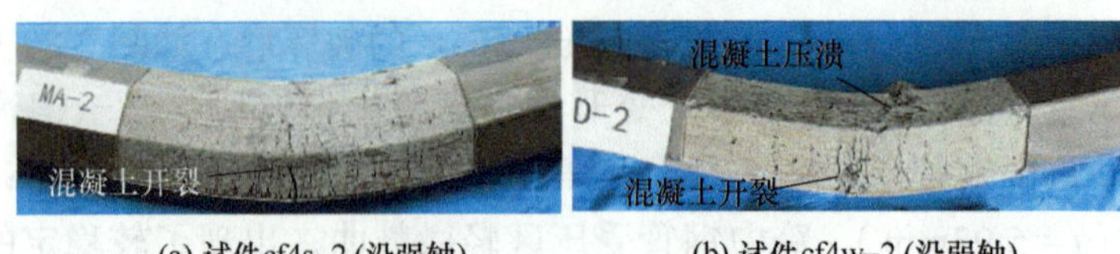

(a) 试件cf4s-2 (沿强轴)　(b) 试件cf4w-2 (沿弱轴)

图 2.90　核心混凝土破坏形态

特征。加载前期，跨中受拉区自梁底拉裂，裂缝逐渐向受压区及两侧扩展。峰值荷载时，跨中受压区顶部混凝土纵向应变接近材料峰值应变，并出现纵向裂缝，能听到明显的开裂声。此后，跨中受压区混凝土纵向裂缝迅速开展，保护层混凝土脱落。随着加载的继续，跨中混凝土压溃范围逐渐增大，受压区纵筋外鼓，而受拉区混凝土裂缝继续开展，荷载维持稳定，未出现与超筋梁类似的脆性破坏。

图 2.91（b）、（c）所示为受弯试件钢筋及核心混凝土的破坏形态。受压区纵筋在相邻箍筋间出现鼓曲。核心混凝土破坏不显著，仅在受拉区出现均匀分布的细密裂缝，而受压区无明显现象。带外包钢筋混凝土的受弯试件在发生破坏后，其内部钢管混凝土仍能发挥作用，虽然外包钢筋混凝土破坏显著，试件仍能保持较高的承载力和较好的延性。

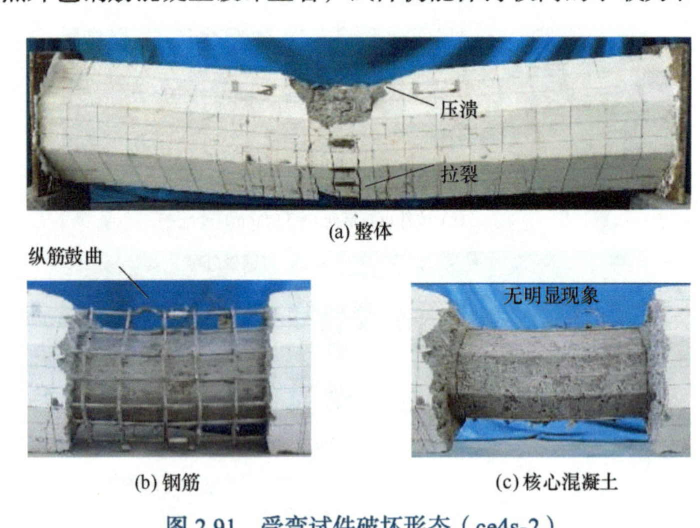

(a) 整体

(b) 钢筋　(c) 核心混凝土

图 2.91　受弯试件破坏形态（ce4s-2）

图 2.92 所示为不同受弯试件的跨中弯矩（M）- 曲率（ϕ）关系对比。可见，试件均具有良好的延性和变形性能。图 2.92（a）反映了钢管厚度（t）的影响。钢管厚度越大，试件的抗弯刚度和抗弯承载力显著增大。图 2.92（b）对比了加载方向（沿强轴与沿弱轴加载）以及试件类型（钢管混凝土与外包混凝土试件）的影响。试件沿弱轴的抗弯刚度和抗弯承载力均小于沿强轴加载试件。外包混凝土受弯试件的抗弯刚度和抗弯承载力显著强于钢管混凝土试件，且具有较好的延性。

由图 2.92（a）可见，钢管混凝土沿强轴受弯试件均体现了较好的延性。其跨中弯矩（M）- 曲率（ϕ）关系如图 2.93 所示，可分为如下三部分。

1）弹性阶段（OA）：加载前期，钢管为弹性；核心混凝土上部受压，下部受拉开

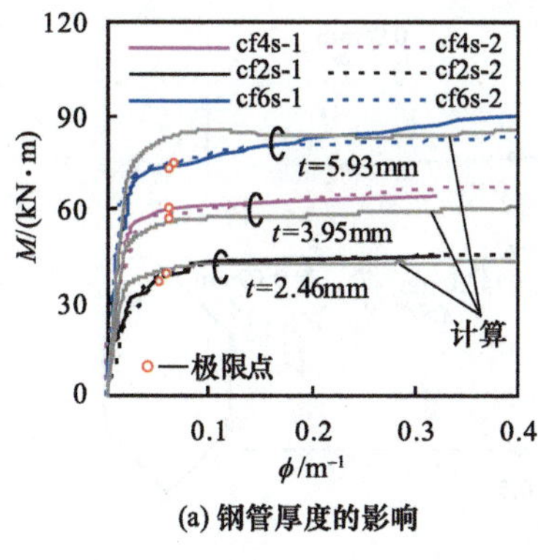

(a) 钢管厚度的影响

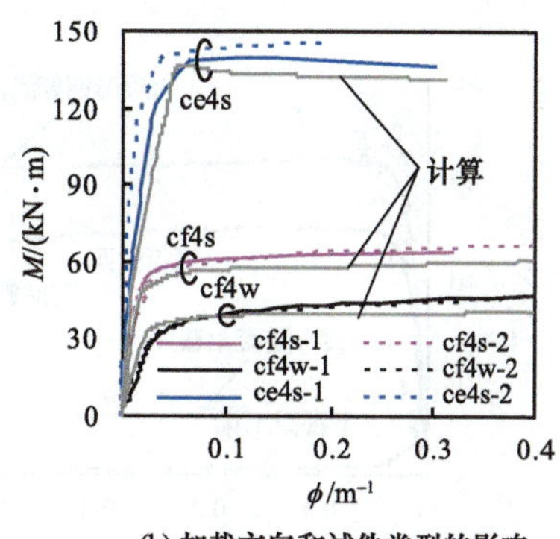

(b) 加载方向和试件类型的影响

图 2.92　不同试件跨中 M-ϕ 关系对比

裂。由于混凝土受拉对截面抗弯贡献很小，M-ϕ 关系基本呈线性增长。定义梁底钢管纵向拉应变达到钢管屈服应变（ε_y）对应点为弹性点 A。

2）弹塑性阶段（AB）：弹性点 A 后，钢管受拉区屈服范围扩大，混凝土受压区应力增大，抗弯刚度逐渐减小，承载力缓慢增长。定义梁顶钢管纵向压应变达到钢管屈服应变（ε_y）对应点为弹塑性点 B。

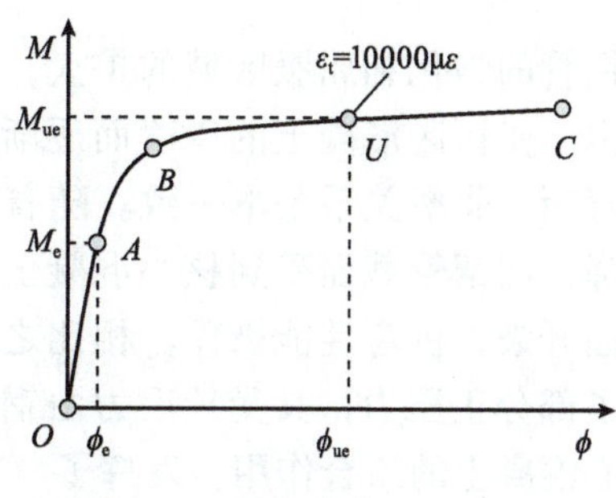

图 2.93　试件跨中 M-ϕ 关系

3）强化阶段（BC）：弹塑性点 B 后，钢管受压、受拉屈服范围扩大，逐渐进入材料强化段，受压区混凝土应变继续发展，并逐渐压溃。参考基于对圆、矩形钢管混凝土受弯性能的研究结果（韩林海，2022），定义梁底钢管纵向拉应变达到 10000με 时为加载的极限点 U，对应的承载力为截面的抗弯承载力（M_{ue}）。此后，试件仍具有良好的变形性能，且承载力维持稳定。

对于沿弱轴加载试件 cf4w，其弯矩 - 曲率关系与沿强轴加载试件特征一致。同样，定义梁底钢管纵向拉应变达到 10000με 对应的承载力为截面的抗弯承载力。

对于外包混凝土受弯试件 ce4s，试件在受压区混凝土压溃后发生破坏，参考钢筋混凝土构件极限承载力定义方法，定义梁顶受压区混凝土纵向压应变达到 3000με 时对应的承载力为截面的抗弯承载力。

为深入研究六边形钢管混凝土构件的受弯性能，建立了相应的有限元模型。图 2.92 对比了有限元计算和试验的跨中弯矩 - 曲率关系。可见，有限元模型能够较好地计算各类受弯试件的弹性、弹塑性及强化过程。提取有限元计算的抗弯承载力（M_{uFEA}）如表 2.26 所示，并与试验值（M_{ue}）进行对比。M_{uFEA}/M_{ue} 的平均值为 1.040，变异系数 COV 为 0.087，二者吻合良好。

图 2.94 所示为受弯构件钢管和核心混凝土截面承担的弯矩 - 曲率关系。为分析组合作用对构件抗弯性能的影响，计算了对应空钢管梁和素混凝土梁的弯矩 - 曲率关系，并与钢管混凝土中的截面进行对比。

由图 2.94 可见，对于钢管混凝土构件，钢管承担了主要的弯矩。加载后期，由于

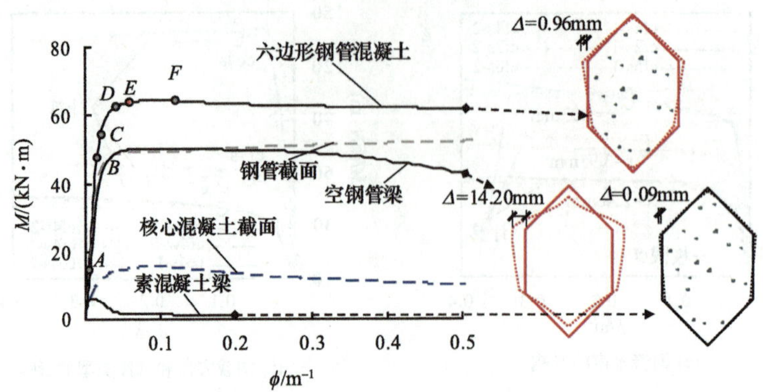

图 2.94 受弯构件钢管和核心混凝土截面承担的 M-ϕ 关系

钢管的强化和屈服区域的扩大，钢管截面承担的弯矩缓慢上升，而混凝土承担的弯矩由于受压区混凝土的压溃而逐渐减小。对比钢管截面与空钢管梁，加载前期，二者的弯矩－曲率关系基本一致。随着加载的继续，空钢管梁发生局部屈曲，承载力逐渐下降，而钢管截面受到核心混凝土的支撑，承载力仍能缓慢上升。素混凝土梁由于底截面开裂，抗弯性能极差。相比之下，核心混凝土截面由于能够与钢管共同工作，承担了部分正压力，其受拉反力由钢管承担，导致其能够承担部分弯矩。可见，钢管与核心混凝土的组合作用，发挥了“1+1>2”的效果，保障了钢管混凝土受弯构件的承载力和延性。

图 2.94 还对比了曲率为 0.5m^{-1} 时，钢管混凝土、空钢管和素混凝土梁的跨中截面变形。可见，空钢管梁的侧向变形最大，为 14.20mm；素混凝土梁的侧向变形最小，为 0.09mm；而钢管混凝土的侧向变形较小，为 0.96mm，由于核心混凝土的约束，其侧向变形显著小于空钢管梁。

本节试验结果表明，对于沿强轴受弯的六边形钢管混凝土试件，极限点时，截面纵向应变分布基本满足平截面假定；同时，钢管大范围受压或受拉屈服，混凝土处于高应力状态。本节采用塑性截面法、应变协调法和纤维模型法三种不同方法计算截面的抗弯承载力，如图 2.95 所示。

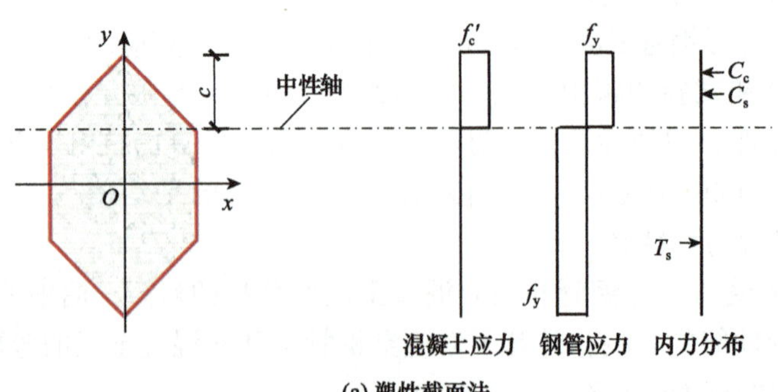

(a) 塑性截面法

图 2.95 抗弯承载力计算方法

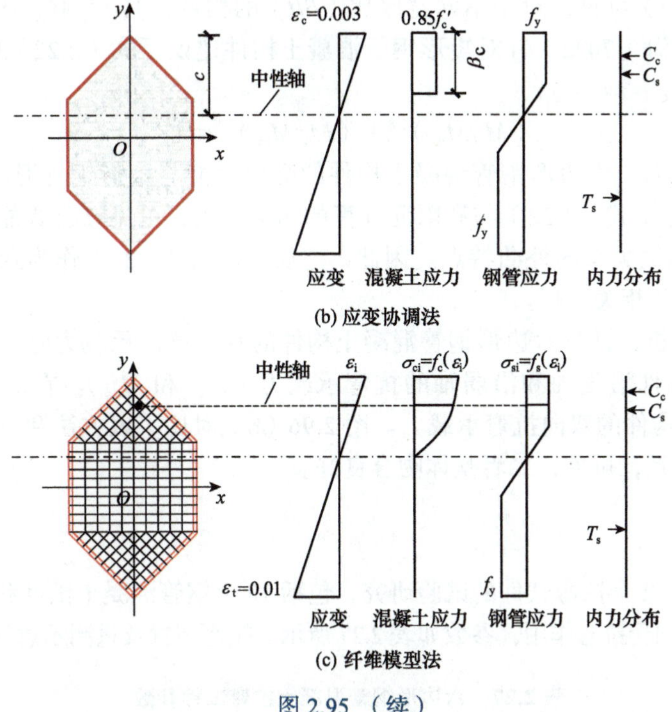

图 2.95 （续）

采用以上三种方法，计算本节试件的抗弯承载力如表 2.26 所示。同时，表 2.26 比较了各方法的计算值与试验值之比（M_{uc}/M_{ue}）。对于塑性截面法（M_{psdm}），其平均值及变异系数分别为 1.056 和 0.092；对于应变协调法（M_{scm}），其平均值及变异系数分别为 1.030 和 0.090；对于纤维模型法（M_{fiber}），其平均值及变异系数分别为 1.026 和 0.096。以上三种方法均能较准确地计算本节试件的抗弯承载力。

实际受力时，六边形钢管混凝土还可能同时沿强轴和弱轴受弯。本节选取不同钢管宽厚比的构件（B=100mm，B/t=10、25、60，Q345 钢、C60 混凝土），计算了构件在双向受弯工况下沿弱轴、沿强轴抗弯承载力（M_y-M_x）的相关关系如图 2.96 所示。图 2.96 中，M_{ux} 和 M_{uy} 分别为六边形钢管混凝土构件沿强轴与沿弱轴的抗弯承载力。

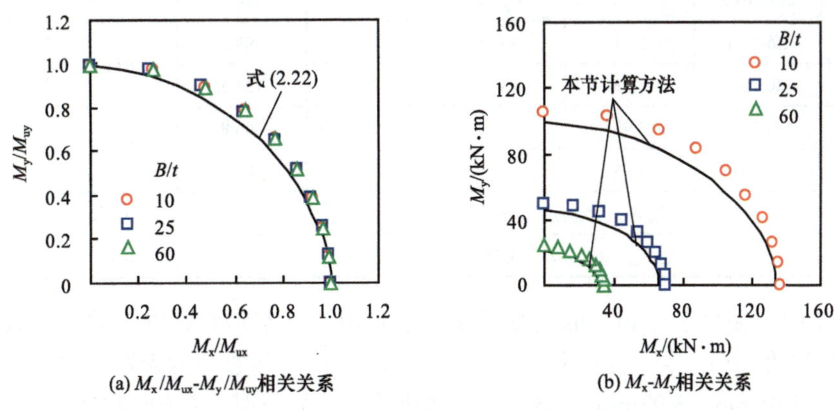

图 2.96　沿强轴与沿弱轴抗弯承载力相关关系

由图 2.96（a）可见，对于不同宽厚比（B/t）的构件，其 M_y/M_{uy}-M_x/M_{ux} 相关关系基本一致。韩林海（2022）针对矩形钢管混凝土构件建议了式（2.22）所示的 M_y/M_{uy}-M_x/M_{ux} 相关方程。

$$(M_x/M_{ux})^{1.8}+(M_y/M_{uy})^{1.8}=1 \tag{2.22}$$

本节分析表明，六边形钢管混凝土构件的受弯性能与矩形钢管混凝土构件接近。图 2.96（a）对比了式（2.22）与有限元计算的相关关系，可见该公式能够较好地反映 M_y/M_{uy}-M_x/M_{ux} 相关关系的外凸特点。因此，建议采用式（2.22）作为六边形钢管混凝土构件的双向受弯相关方程。

基于以上分析，计算六边形钢管混凝土构件的双向抗弯承载力时，可首先通过塑性截面法计算构件沿强轴和沿弱轴的抗弯承载力（M_{ux} 和 M_{uy}）。在此基础上，通过式（2.22）计算构件的双向抗弯承载力。图 2.96（b）对比了该方法和有限元计算得到的 M_y-M_x 相关关系，可见，二者整体吻合良好。

2.10.3 拉弯构件

本小节开展 12 个拉弯试件的试验研究，包括 10 个钢管混凝土试件和 2 个空钢管试件。试件均沿强轴受拉弯作用，参数如表 2.27 所示。拉弯装置及量测示意如图 2.97 所示。

表 2.27 六边形钢管混凝土拉弯试件参数

序号	试件编号	t/mm	含钢率 α_s	偏心距 e/mm	拉弯承载力 N_{tu} /kN		
					N_{tue}	N_{tuc}	N_{tuFEA}
1	cf4-0-1	3.95	0.109	0	759.8	697.8	748.6
2	cf4-0-2	3.95	0.109	0	766.9		
3	cf4-70-1	3.95	0.109	70	422.7	407.9	445.6
4	cf4-70-2	3.95	0.109	70	437.1		
5	cf4-140-1	3.95	0.109	140	298.4	278.9	294.2
6	cf4-140-2	3.95	0.109	140	298.6		
7	cf4-210-1	3.95	0.109	210	217.9	209.5	213.3
8	cf4-210-2	3.95	0.109	210	210.2		
9	cf6-70-1	5.93	0.175	0	599.2	633.4	690.7
10	cf6-70-2	5.93	0.175	70	733.5		
11	hs4-70-1	3.95	—	70	406.8	347.9	394.1
12	hs4-70-2	3.95	—	70	408.0		
N_{tuc}/N_{tue}、N_{tuFEA}/N_{tue} 平均值						0.932	1.002
N_{tuc}/N_{tue}、N_{tuFEA}/N_{tue} 变异系数						0.064	0.056

表 2.27 中，编号字母 cf、hs 分别代表钢管混凝土、空钢管试件，编号后数字代表钢管的设计厚度（t），“-” 后数字代表偏心距（e）。试验参数为钢管厚度和偏心距，钢管厚度包括 3.95mm、5.93mm 两类，对应含钢率（α_s）分别为 0.109 和 0.175；偏心距

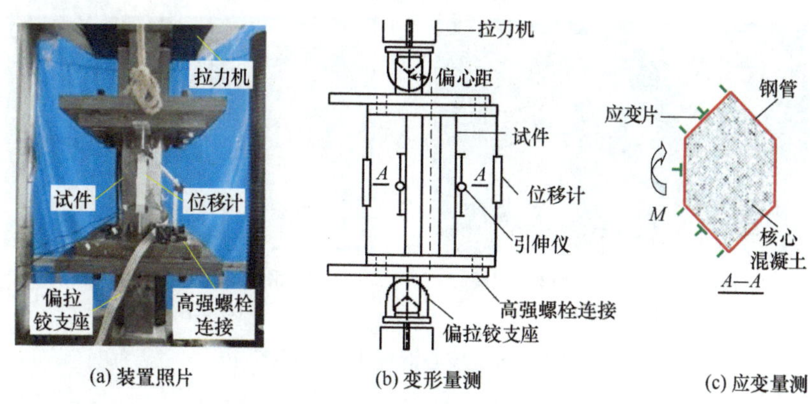

(a) 装置照片　(b) 变形量测　(c) 应变量测

图 2.97　拉弯装置及量测

包括 0、70mm、140mm 和 210mm 四类。

为研究核心混凝土对试件拉弯性能的影响，设计了 2 个钢管厚度为 3.95mm 的空钢管对比试件，偏心距为 70mm。为实现偏拉加载，钢管两端焊接了厚度 40mm 的端板，端板上设置了直径为 32mm 的圆螺栓孔，通过高强螺栓与偏拉装置连接。一侧端板中心设置圆 40mm 混凝土浇筑孔，钢结构加工完成后，从浇筑孔浇筑混凝土，并在混凝土初凝后打磨平整。为保证核心混凝土参与受拉，在两侧端板各焊接 4 个栓钉。六边形钢管与端板焊接处设置了加劲肋，避免加载时端部焊缝开裂。

试验时，除轴拉试件在加载强化段发生端部焊缝破坏外，拉弯试件均因轴拉变形达到限值而停止加载，反映了六边形钢管混凝土良好的拉弯性能。试件破坏形态如图 2.98 所示。试件均呈现轴向拉伸以及面内弯曲变形特征，钢管表面未见局部鼓曲。

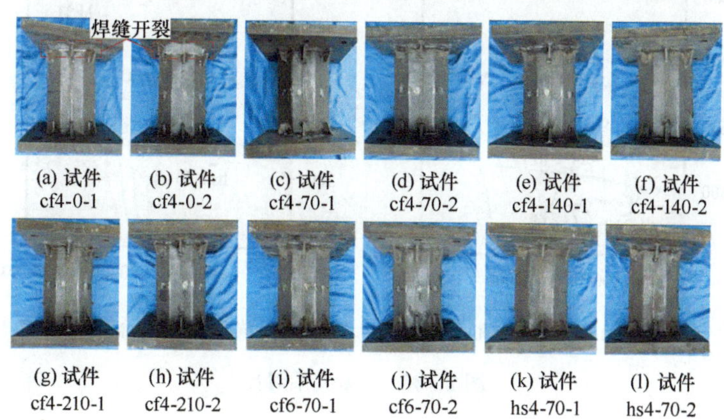

(a) 试件 cf4-0-1　(b) 试件 cf4-0-2　(c) 试件 cf4-70-1　(d) 试件 cf4-70-2　(e) 试件 cf4-140-1　(f) 试件 cf4-140-2

(g) 试件 cf4-210-1　(h) 试件 cf4-210-2　(i) 试件 cf6-70-1　(j) 试件 cf6-70-2　(k) 试件 hs4-70-1　(l) 试件 hs4-70-2

图 2.98　拉弯试件破坏形态

图 2.99 所示为轴拉（cf4-0-1）和拉弯（cf4-70-1）试件核心混凝土的破坏形态。对于轴拉试件，沿核心混凝土全截面出现了均匀分布的细密裂缝，最大裂缝宽度为 1.0mm；对于拉弯试件，核心混凝土在试件受拉侧出现了均匀分布的裂缝，裂缝自受拉边缘延伸至对称轴处，最大裂缝宽度为 1.4mm，受压侧混凝土基本完好，无裂缝或局部压溃现象。两类试件的核心混凝土裂缝沿纵向均匀分布，未出现素混凝土受拉时，破坏由主裂缝控制的现象。

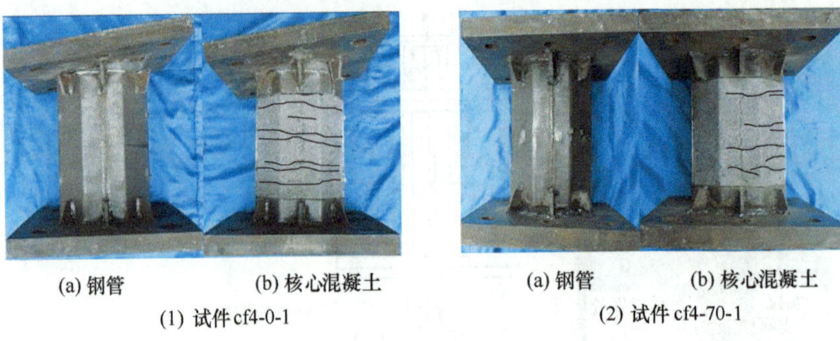

图 2.99　核心混凝土破坏形态

图 2.100 所示为试件的荷载（N）– 轴向应变（ε）关系对比，其中，$\varepsilon=\Delta/L$，Δ 为轴拉变形，L 为试件高度。可见，各试件的 N-ε 关系形态一致，包括弹性上升、屈服、强化及卸载阶段。

图 2.100（a）对比了偏心距（e）对荷载 – 轴向应变关系的影响。偏心距对弹性刚度的影响不显著。随着偏心距的增大，由于受到弯矩影响，钢管混凝土截面更早进入塑性，承载力显著减小。

图 2.100（b）对比了核心混凝土和含钢率（α_s）对荷载 – 轴向应变关系的影响，试件偏心距均为 70mm。与空钢管试件（hs4-70）相比，钢管混凝土试件（cf4-70）的屈服荷载与之接近，但强化段刚度更大，导致其承载力更大。钢管厚度由 3.95mm（cf4-70）变为 5.93mm（cf6-70）时，试件的承载力显著增大，弹性及强化段刚度略有增大。

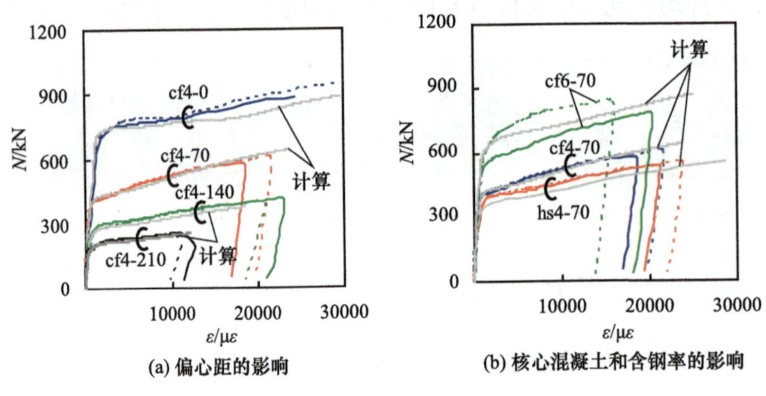

图 2.100　N-ε 关系对比

图 2.101 对比了有限元计算和试验的钢管及核心混凝土的破坏形态。钢管发生轴向伸长和面内弯曲，有限元计算值与试验值结果一致。核心混凝土在受拉侧出现细而密的裂缝，有限元模型中，沿试件受拉侧纵向出现混凝土塑性拉应变，其垂直方向即为混凝土裂缝，二者吻合良好。

计算得到的荷载 – 轴向应变与试验对比如图 2.100 所示。计算时，钢材采用实测的材性数据。对比可见，有限元模型能有效模拟试件的弹性、屈服和强化特征。以图 2.100 所示荷载 – 轴向应变关系为例，计算的弹性刚度、屈服点位置、强化段刚度均

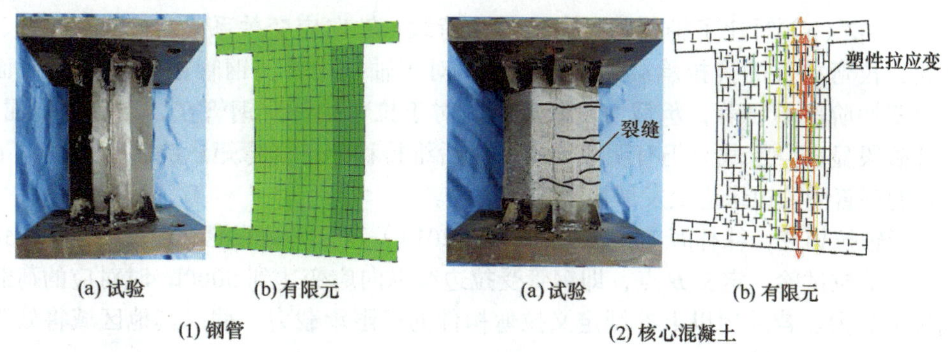

(a) 试验　(b) 有限元　(a) 试验　(b) 有限元

(1) 钢管　(2) 核心混凝土

图 2.101　有限元模型破坏形态对比

与试验吻合良好。提取计算得到的拉弯承载力（N_{tuFEA}）如表 2.27 所示，将其与试验结果（N_{tue}）进行对比，N_{tuFEA}/N_{tue} 的平均值和变异系数分别为 1.002 和 0.056。有限元模型能够准确计算试件的拉弯承载力。

基于上述模型，分析了六边形钢管混凝土构件的拉弯性能。算例参数为构件高度 L=400mm，截面边长 B=100mm，钢管厚度 t=4mm，Q345 钢，C60 混凝土。选取 0、0.7B、20B 为偏心距（e）进行计算，分别反映构件的轴拉、拉弯及受弯性能。图 2.102（a）所示为轴拉（e=0）及拉弯（e=0.7B）构件的荷载 - 轴向变形关系，图 2.102（b）为拉弯（e=0.7B）及受弯（e=20B）构件的跨中弯矩 - 曲率关系。根据钢管受拉边缘纵向应变（ε_t），在曲线中定义如下特征点。

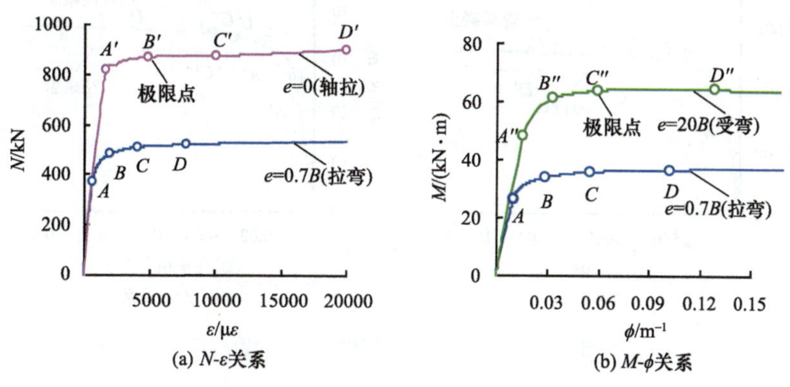

(a) N-ε关系　(b) M-ϕ关系

图 2.102　拉弯构件的荷载 - 变形关系

1）A 点：ε_t 达到钢管屈服应变（ε_y）。

2）B 点：ε_t 达到 5000με。

3）C 点：ε_t 达到 10000με。

4）D 点：ε_t 达到 20000με。

由图 2.102 可见，A 点为两类荷载 - 变形关系的转折点。A 点前，截面呈弹性，荷载 - 变形关系呈线性；A 点时，钢管受拉边缘刚刚屈服，受拉侧混凝土已开裂；A 点后，钢管进入塑性，屈服区域自受拉侧边缘逐渐向截面中部扩展。

图 2.102（a）对比了轴拉与拉弯构件的荷载–轴向应变关系。与轴拉（e=0）构件相比，拉弯构件的抗拉承载力显著减小。对于轴拉构件，钢管在 A' 点后全截面屈服，弹塑性阶段不显著，承载力增长有限。对于拉弯构件，钢管在 A 点后逐步屈服，弹塑性阶段显著，承载力仍有明显增长，之后维持稳定。受弯矩影响，相同轴力下拉弯构件的钢管受拉边缘应变发展快于轴拉构件。

对于轴拉构件，韩林海（2022）、Li 等（2014）基于圆钢管混凝土及中空夹层钢管混凝土的轴拉试验，定义 B 点，即钢管受拉边缘纵向应变达到 5000με 时对应的荷载为其轴拉承载力。若采用以上准则定义拉弯构件的极限承载力，截面其他区域将处于较低应力水平，偏于保守。

图 2.102（b）对比了拉弯与受弯构件的跨中弯矩–曲率关系。与受弯（e=20B）构件相比，拉弯构件的抗弯承载力显著减小。弯矩–曲率关系均在 A（A''）点后进入弹塑性阶段。相比之下，纯弯构件在 A'' 点后承载力仍能显著增长，体现了更好的延性。受拉力影响，相同弯矩下拉弯构件截面的应变梯度将低于受弯构件。

图 2.103 对比了钢管混凝土与空钢管拉弯构件的荷载–变形关系，空钢管构件结果按同样规则标记了特征点。由图 2.103 可见，空钢管构件的荷载–变形关系与钢管混凝土构件相似。核心混凝土的存在，导致构件的刚度及承载力均增大。定义 OA 段的割线刚度为弹性刚度。与空钢管构件相比，钢管混凝土的抗拉刚度增大 13.7%，抗弯刚度增大 6.8%，抗拉承载力（N_{tu}）增大 12.1%，抗弯承载力（M_u）增大 11.3%。

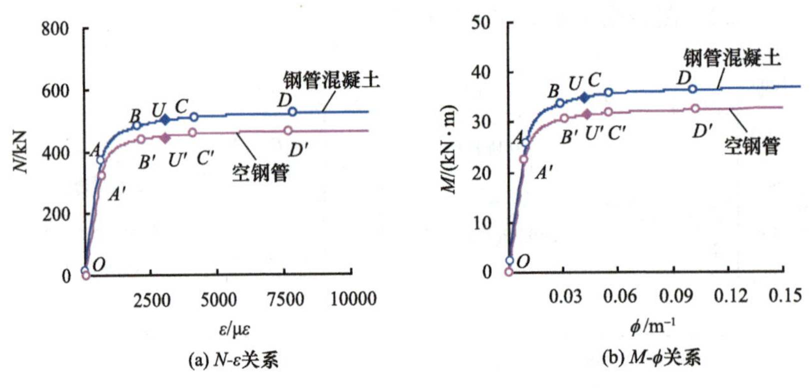

图 2.103 钢管混凝土与空钢管拉弯构件的荷载–变形关系对比

为分析参数对拉弯相关关系的影响，以算例为基础，开展了参数分析，参数范围：钢管宽厚比 B/t 为 10～60、钢管屈服强度 f_y 为 235～420MPa、混凝土抗压强度 f_{cu} 为 30～100MPa。由于钢管承担主要荷载，钢管厚度（t）和钢管屈服强度（f_y）对拉弯承载力影响显著。各参数对拉–弯相关关系基本无影响，可考虑对其拉–弯方程进行回归分析。对于本节六边形钢管混凝土构件，轴拉承载力计算可参考圆钢管混凝土的轴拉承载力计算公式（韩林海，2022），拉弯相关方程可采用式（2.23）。

$$\left(\frac{N}{N_{tu}}\right)^{1.4}+\frac{M}{M_u}=1 \tag{2.23}$$

图 2.104 对比了轴拉承载力的公式（N_{tuc}）与有限元（N_{tuFEA}）计算结果。N_{tuFEA}/N_{tuc}

的平均值和变异系数分别为1.037和0.039，可见公式与有限元计算结果吻合良好。

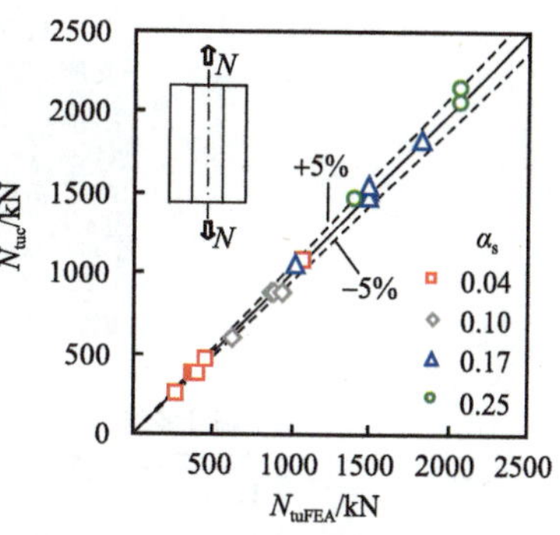

图2.104　轴拉承载力公式与有限元计算结果对比

2.10.4　滞回构件

本小节开展8个压弯试件的滞回性能试验研究，包括6个钢管混凝土试件和2个外包混凝土试件。

钢管混凝土试件截面与轴压试件相同，长度L=2000mm，边长B=100mm，设计厚度t=4mm，基本参数如表2.28。编号字母cf、ce分别代表钢管混凝土、外包混凝土试件，“-”后数字代表设计轴压比n，每类试件制作2个。对于钢管混凝土试件，试验参数为轴压比，分为0.08、0.25和0.41三类。外包钢筋混凝土的试件（ce系列）截面及配筋如图2.82所示，外包60mm厚度钢筋混凝土，配置12ϕ10纵筋和ϕ8@90箍筋，轴压比为0.11。

表2.28　六边形钢管混凝土滞回试件参数

序号	试件编号	n	N_0/kN	P_{max}/kN	P_{FEA}/（kN·m）	M_{max}/（kN·m）	M_{FEA}/（kN·m）	M_{psdm}/（kN·m）	M_{scm}/（kN·m）	M_{fiber}/（kN·m）
1	cf-0.1-1	0.08	180	121.1	130.2	69.91	73.22	66.02	64.67	66.08
2	cf-0.1-2	0.08	180	123.3	129.4	71.17	73.03			
3	cf-0.3-1	0.25	540	131.9	126.9	80.51	75.33	80.57	78.58	83.65
4	cf-0.3-2	0.25	540	134.9	126.7	82.91	75.18			
5	cf-0.5-1	0.41	900	135.3	126.5	86.29	77.01	82.44	78.68	88.51
6	cf-0.5-2	0.41	900	137.2	126.4	87.50	77.35			
7	ce-0.1-1	0.11	500	290.4	—	167.44	—	—	—	—
8	ce-0.1-2	0.11	500	296.0	—	171.70	—	—	—	—

注：n为轴压比；N_0为轴力；P_{max}为实测峰值荷载；P_{FEA}为有限元计算峰值荷载；M_{max}为实测受弯承载力；M_{FEA}为有限元计算受弯承载力；M_{psdm}为塑性截面法计算受弯承载力；M_{scm}为应变协调法计算受弯承载力；M_{fiber}为纤维模型法计算受弯承载力。

滞回试验加载装置示意如图2.105所示，照片如图2.105（a）所示。试件两端铰接，受到恒定轴压及跨中侧向反复荷载作用。跨中刚性夹具宽度为200mm，试件端板至刚性夹具距离为900mm。试件两侧端板通过6M24高强锚栓与平板铰相连。轴压荷载由端部100t千斤顶施加，试验时维持恒定。侧向荷载由MTS施加，作动器通过刚性夹具与试件跨中相连。为防止试件在加载中出现侧向失稳，在两侧布置了侧向支撑。

试验时，首先进行轴压预加载，根据应变数据，检测并调整试件位置使其对中。此后重新加载轴力至设计荷载。轴压加载稳定后，将刚性夹具夹紧，通过MTS进行跨中侧向反复加载。

侧向荷载的加载制度参考《建筑抗震试验规程》（JGJ/T 101—2015）分为荷载控制和位移控制两阶段，如图2.105（b）所示。荷载控制分三个荷载级（P_y/3、2P_y/3、P_y）

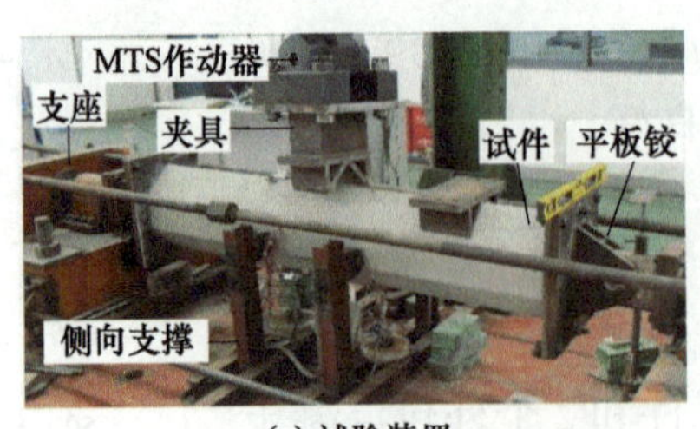

(a) 试验装置

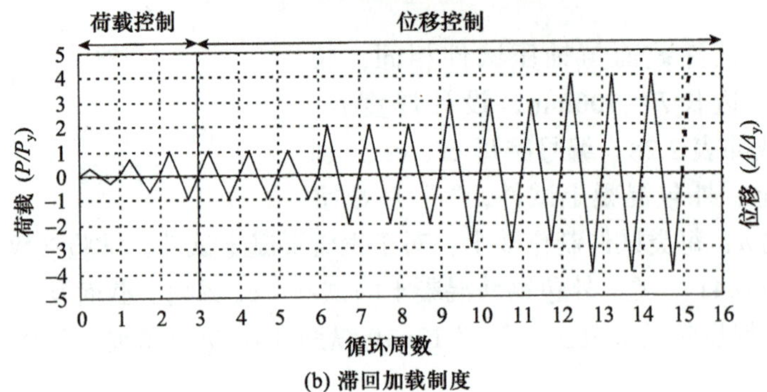

(b) 滞回加载制度

图 2.105　滞回试验装置及加载制度

加载至屈服荷载（P_y），每级荷载往复一周；此后，以屈服位移（Δ_y）为位移增量，进行位移控制加载，每级荷载往复三周。试验前，通过有限元模型试算，得到试件的 P_y 和 Δ_y（Δ_y 为峰值荷载与弹性刚度之比），并结合试验进行调整。

试件均体现了较好的延性及变形性能，试件的破坏形态如图 2.106 所示。钢管混凝土试件的破坏形态如图 2.106（1）所示，试件变形和损伤主要集中在跨中区域。跨中夹持段两侧钢管出现局部鼓曲，相应位置核心混凝土压溃。对于轴压比为 0.08 的试件，钢管在跨中受拉区出现钢管撕裂；随着轴压比增大至 0.25 和 0.41，试件未出现受拉区钢管撕裂，但受压区钢管鼓曲和混凝土压溃更显著。

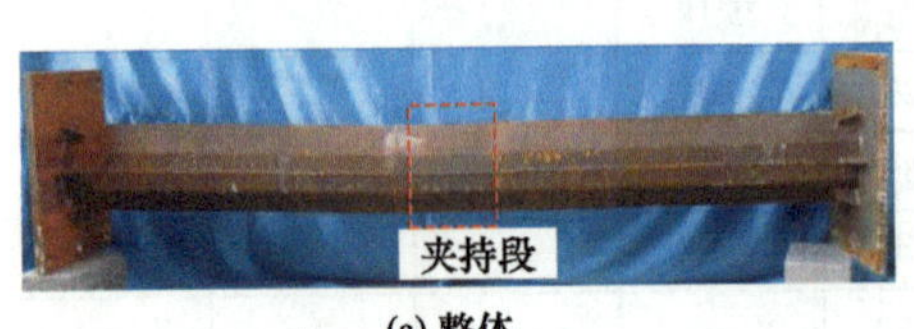

(a) 整体

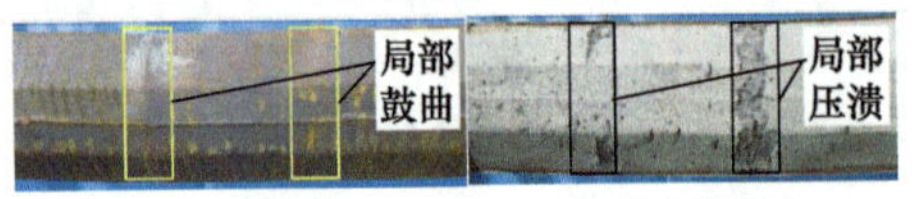

(b) 外钢管　(c) 核心混凝土

(1) 钢管混凝土（cf-0.1-1）

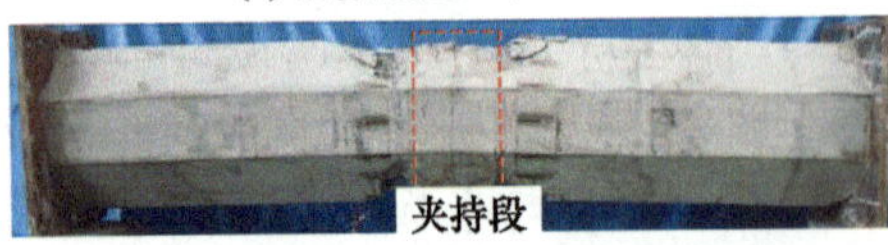

(a) 整体

(b) 钢筋及钢管　(c) 核心混凝土

(2) 带外包混凝土试件（ce-0.1-1）

图 2.106　试件破坏形态

带外包混凝土试件的破坏形态如图 2.106（2）所示。加载前期，外包混凝土跨中受拉侧出现竖向裂缝，并由受拉边缘向中部扩展，而受压侧现象不明显。荷载接近峰值荷载时，夹持段两侧受压区混凝土出现局部压溃。随着外包混凝土的剥落，纵筋可见明显外鼓，如图 2.106（2b）所示。核心混凝土的破坏形态如图 2.106（2c）所示，夹持段两侧可见微裂缝，但未出现受压压溃现象，钢管发生了轻微塑性变形，由于受到核心混凝土和外包混凝土的约束，未出现显著鼓曲。加载后期，外包混凝土明显压溃，但试件仍具有较高的承载力，反映了内部钢管混凝土的支撑作用。

图 2.107 所示为试件的荷载（P）－位移（Δ）关系。钢管混凝土试件的滞回曲线饱满，耗能性能良好。相比之下，带外包混凝土试件的滞回曲线轻微捏缩，耗能性能优于常见钢筋混凝土柱。

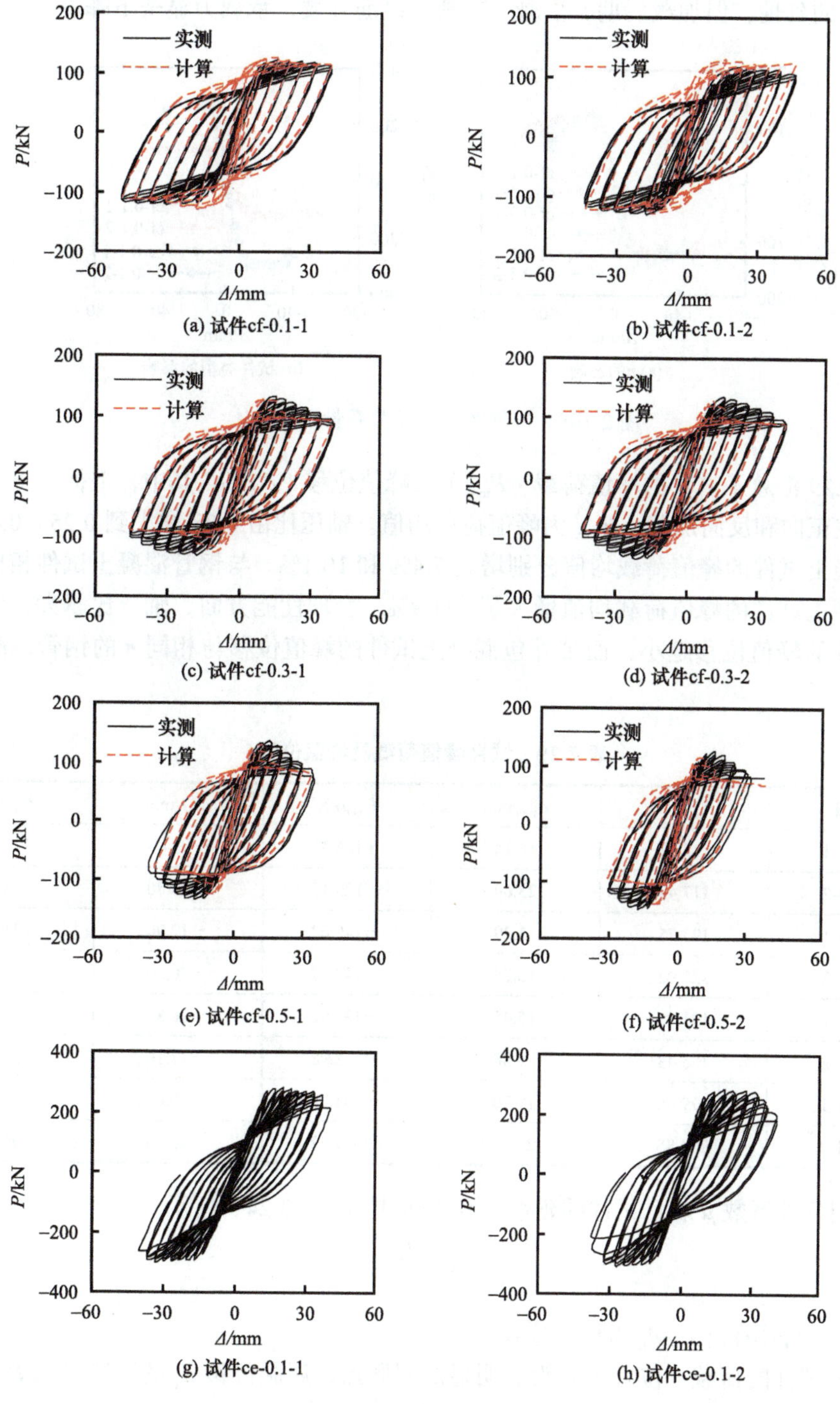

图 2.107　试件实测 P-Δ 关系

图 2.108 所示为试件的荷载（P）－位移（Δ）关系骨架线。图 2.108（a）对比了 n 的影响。随着 n 的增大，试件承载力和刚度略有增大，但峰值点后下降段更陡峭，延性及变形性能显著减弱。图 2.108（b）对比了试件类型的影响。与钢管混凝土试件相比，带外包混凝土试件的承载力和刚度显著增大。由于轴压比较小，其骨架线同样体现了较好的延性，但加载后期，混凝土压溃，纵筋外鼓，承载力显著下降。

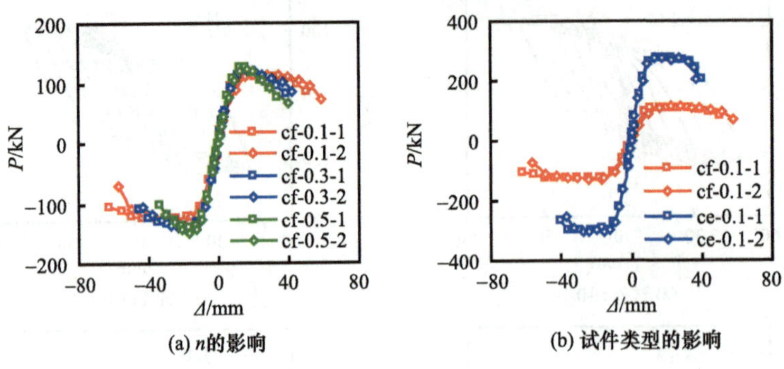

图 2.108　试件实测 P-Δ 关系骨架线对比

表 2.29 汇总了试件的峰值荷载（P_{max}）及峰值位移（Δ_{max}）。其中，上标“+”“−”分别代表正向和反向加载，P_{max} 为峰值荷载均值。轴压比由 0.08 增大到 0.25、0.41 时，钢管混凝土试件的峰值荷载均值分别增大 7.4% 和 10.1%。与钢管混凝土试件相比，带外包混凝土试件的峰值荷载均值增大了 141.9%。变形性能方面，轴压比越大，钢管混凝土试件的峰值位移越小，而带外包混凝土试件的峰值位移与相同 n 的钢管混凝土试件接近。

表 2.29　试件峰值荷载及峰值位移

试件编号	P_{max}^{+}/kN	Δ_{max}^{+}/mm	P_{max}^{-}/kN	Δ_{max}^{-}/mm	P_{max}/kN
cf-0.1-1	115.92	16.14	−126.33	−22.49	121.1
cf-0.1-2	117.49	23.60	−129.15	−23.80	123.3
cf-0.3-1	123.75	15.29	−140.02	−17.90	131.9
cf-0.3-2	127.02	15.24	−142.77	−20.80	134.9
cf-0.5-1	131.65	15.45	−138.92	−16.81	135.3
cf-0.5-2	125.43	15.58	−148.98	−17.10	137.2
ce-0.1-1	279.66	19.70	−301.03	−20.02	290.3
ce-0.1-2	284.85	21.53	−307.23	−22.86	296.0

采用延性系数 μ 表示试件的延性，其表达式如式（2.24）所示。

$$\mu=\frac{\Delta_u}{\Delta_y} \tag{2.24}$$

式中，Δ_y 为屈服位移；Δ_u 为极限位移。

由于试件的荷载－位移关系没有明显的屈服点，屈服位移 Δ_y 的取法是取 P-Δ 骨架线弹性阶段延线与过峰值点的水平线交点处的位移；极限位移 Δ_u 取承载力下降到极限承载力的 85% 时对应的位移，如图 2.109 所示。

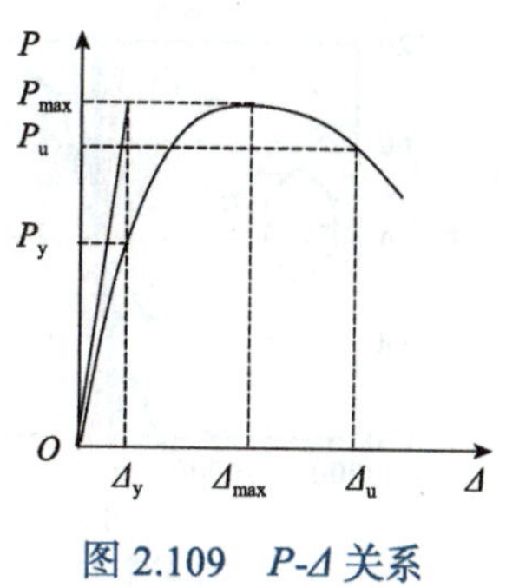

图 2.109　P-Δ 关系

计算的试件延性系数如表 2.30 所示。表 2.30 中，上标"+"和"−"分别代表正向及反向加载，μ 为延性系数均值。对于钢管混凝土试件，μ 位于 2.45～4.65；对于带外包混凝土试件，μ 位于 3.66～4.06。随着 n 的增大，μ 显著减小，说明试件延性减弱。带外包混凝土的试件延性系数平均值为 3.86，小于相同 n 的钢管混凝土试件（μ 为 4.32）。

表 2.30　试件延性系数计算

试件编号	Δ_e^+/mm	Δ_u^+/mm	μ^+	Δ_e^-/mm	Δ_u^-/mm	μ^-	μ
cf-0.1-1	9.64	44.23	4.59	−12.62	−59.49	4.71	4.65
cf-0.1-2	13.08	49.82	3.81	−11.34	−47.20	4.16	3.98
cf-0.3-1	10.59	26.93	2.54	−10.31	−41.82	4.06	3.30
cf-0.3-2	10.67	31.73	2.97	−10.89	−36.45	3.35	3.16
cf-0.5-1	10.30	22.55	2.19	−10.21	−29.31	2.87	2.53
cf-0.5-2	10.32	24.04	2.33	−10.39	−26.70	2.57	2.45
ce-0.1-1	9.03	37.31	4.13	−7.56	−40.95	4.06	4.06
ce-0.1-2	9.56	35.92	3.76	−10.06	−35.89	3.57	3.66

图 2.110 为试件跨中截面的纵向应变分布。对于钢管混凝土试件，以图 2.110（a）为例，cf-0.1-1 加载前期（Δ_y、$2\Delta_y$），应变沿高度呈线性分布，满足平截面假定。位移达到 $2\Delta_y$ 时，钢管上下边缘均屈服。此后，随着位移的增大，应变分布出现一定非线性。由于轴压比较小以及核心混凝土的影响，钢管受拉区应变大于受压区。位移达到 $4\Delta_y$ 时，钢管受压及受拉边缘应变分别为−5015με 和 6904με，受压边缘应变超过混凝土的材料峰值应变（3000με），试件达到峰值荷载。

随着 n 的增大，截面受压区应变逐渐大于受拉区应变。以图 2.110（c）所示试件

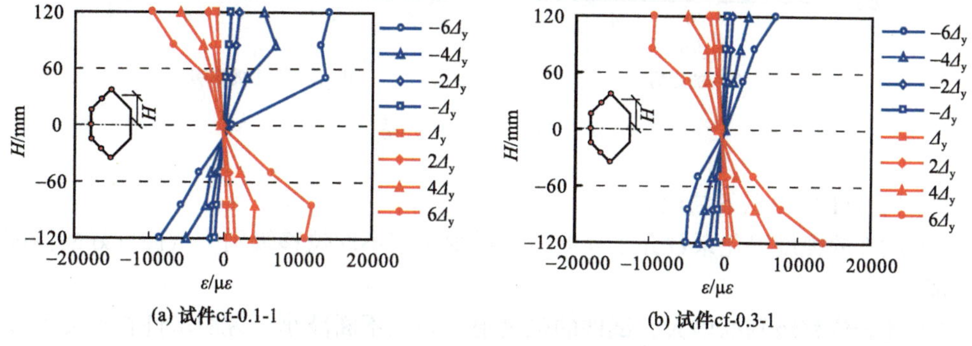

(a) 试件cf-0.1-1　　(b) 试件cf-0.3-1

图 2.110　试件纵向应变分布

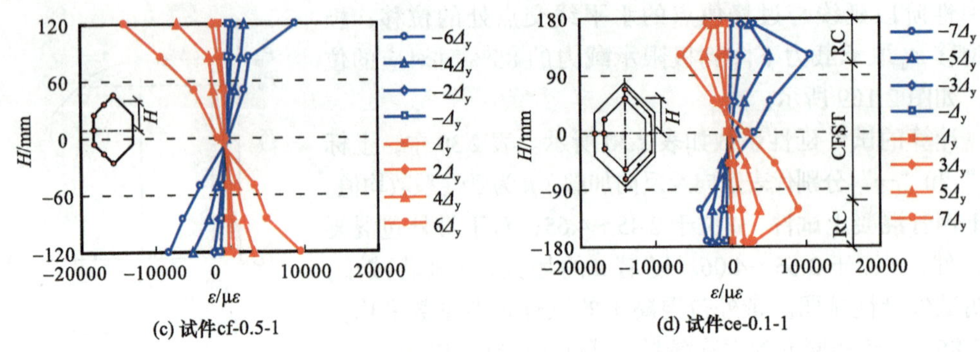

(c) 试件cf-0.5-1　　(d) 试件ce-0.1-1

图 2.110 （续）

cf-0.5-1 为例，位移达到 $4\varDelta_y$ 时，钢管受压及受拉边缘应变分别为－6984με 和 3287με。此时，核心混凝土受压区压溃，导致钢管混凝土受压区破坏，试件达到峰值荷载。

图 2.110（d）所示为带外包混凝土试件（ce-0.1-1）的纵向应变分布，图中绘制了钢管和纵筋应变。位移为 $\varDelta_y$ 和 $3\varDelta_y$ 时，纵筋和钢管应变呈线性分布，说明钢管混凝土与外包钢筋混凝土能够共同工作。位移达到 $5\varDelta_y$ 时，试件达到峰值荷载，外包钢筋混凝土截面应变滞后于钢管混凝土，钢筋和钢管上下边缘应变分别为－2346με（钢筋）、－3417με（钢管）、3831με（钢管）、2534με（钢筋）。此时，上下边缘钢筋、钢管均屈服，受压区角部混凝土压溃，试件发生受压区破坏。随着加载的继续，钢管应变继续增长，且沿高度呈线性分布，而纵筋发生局部外鼓，应变增长缓慢。

试验每级位移加载 3 周，仅计算 λ_j^2 作为其强度退化系数，即第 2 加载循环与第 1 加载循环荷载峰值之比，记作 λ_j。试件的强度退化系数（λ_j）- 位移级别（$\varDelta/\varDelta_y$）关系如图 2.111 所示。

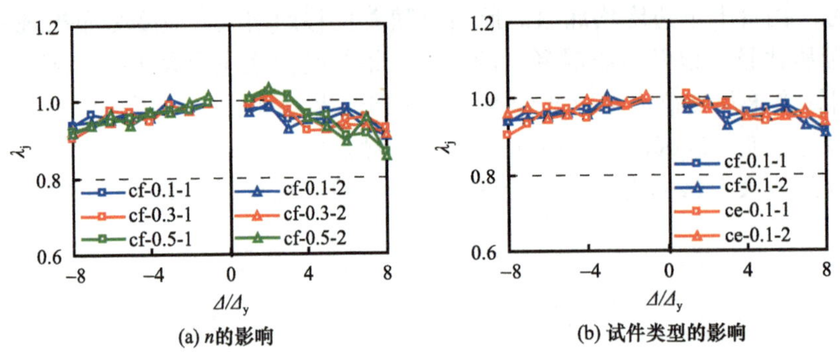

(a) n的影响　　(b) 试件类型的影响

图 2.111　λ_j-$\varDelta/\varDelta_y$ 关系

由图 2.111 可得以下结论。

1）试件的强度退化系数介于 0.9～1，反映了在不同位移级别下试件良好的强度退化性能。

2）随着位移级别的增大，试件的强度退化系数不断减小，说明试件在反复荷载作用下出现损伤，强度退化更为显著。

3）对比轴压比以及试件类型对强度退化系数的影响，可见参数对试件强度退化的影响不显著。

试件的环线刚度（K_j）- 位移级别（Δ/Δ_y）关系如图 2.112 所示。

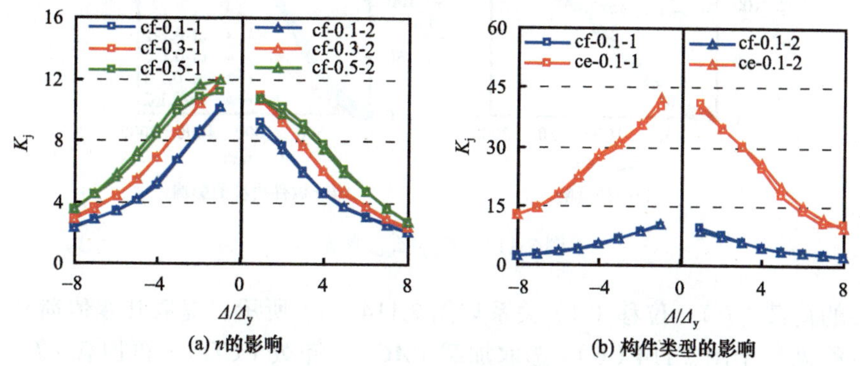

图 2.112　K_j-Δ/Δ_y 关系

由图 2.112 可得以下结论。

1）随着位移级别的增大，试件的环线刚度显著减小，反映加载过程中钢管及核心混凝土不断进入塑性，材料损伤也对刚度退化产生了影响。

2）随着 n 的增大，试件的环线刚度增大，但轴压比对试件的刚度退化性能影响不显著。

3）与钢管混凝土试件相比，带外包混凝土试件的环线刚度显著增大，在反复荷载作用下的刚度退化也更显著，反映了外包钢筋混凝土较强的刚度退化效应。

本小节采用滞回曲线峰值荷载对应的滞回环，计算试件的 E_d 和 h_e，试件耗能参数如表 2.31 所示。钢管混凝土试件的 h_e 位于 0.09～0.17。随着 n 的增大，试件的 h_e 显著减小，说明高轴压比下，试件的耗能性能显著减弱。与相同 n 的钢管混凝土试件相比，带外包混凝土试件由于外包钢筋混凝土的存在，耗能性能减弱，试件的平均 h_e 由 0.17 减小至 0.12。

表 2.31　试件耗能参数

试件编号	E_d	h_e	试件编号	E_d	h_e
cf-0.1-1	1.03	0.16	cf-0.5-1	0.58	0.09
cf-0.1-2	1.04	0.17	cf-0.5-2	0.55	0.09
cf-0.3-1	0.82	0.13	ce-0.1-1	0.75	0.12
cf-0.3-2	0.79	0.13	ce-0.1-2	0.75	0.12

图 2.113 对比了反复荷载作用下试件的累积耗能（E_{total}）- 累积位移（Δ_{total}）关系。对比表明，随着 n 的增大，由于试件的延性和耗能能力均减弱，导致最终的累积位移和累积耗能减小，但轴压比对 Δ_{total}-E_{total} 关系影响较小。与钢管混凝土试件相比，带外包混凝土试件的延性减弱，最终的累积位移减小，但由于其承载力更大，相同累积位移下，试件的累积耗能显著增大。

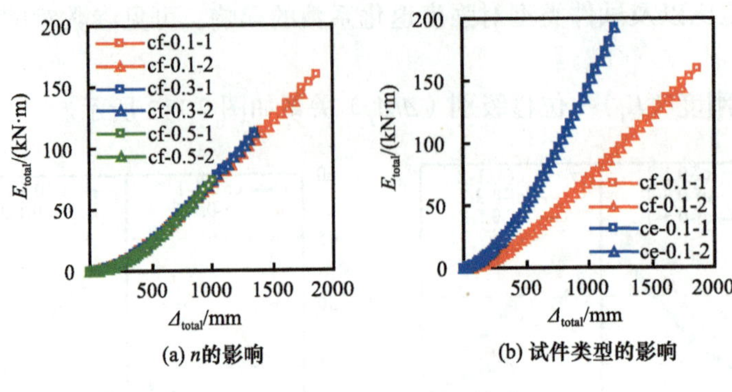

(a) *n*的影响　(b) 试件类型的影响

图 2.113　E_{total}-Δ_{total} 关系

构件的荷载（P）－位移（Δ）关系如图 2.114（a）所示。提取其峰值荷载对应的荷载－位移循环于图 2.114（b），选取加载（AC）－卸载（CD）－再加载（DF）过程进行分析，各特征点钢管及核心混凝土的纵向应力分布如图 2.115 所示。其中，钢管拉应力为正，压应力为负；混凝土压应力为正，拉应力忽略。

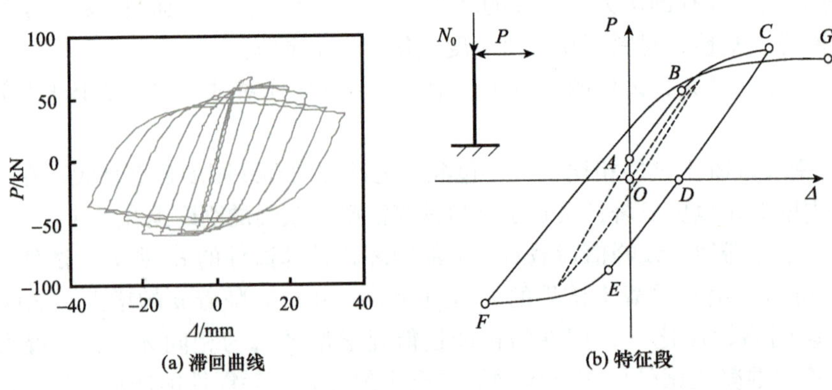

(a) 滞回曲线　(b) 特征段

图 2.114　P-Δ 关系

1）AB 段。A 点侧向位移为零，由于截面在上一加载循环中出现塑性变形，此时荷载为正值。对应钢管及核心混凝土的纵向应力分布如图 2.115（1a）和（2a）所示。钢管受压，上下边缘应力低于中部；混凝土受压，上下边缘应力高于中部。AB 阶段，荷载－位移关系呈线性，截面上部受压，下部受拉。钢管受压区压应力和受拉区拉应力增大；混凝土受压区压应力增大，受拉区压应力减小。B 点时，钢管受压区边缘刚刚屈服，受拉区边缘接近屈服；混凝土受压区边缘应力达到 $1.12f_c'$，如图 2.115（1b）和（2b）所示。

2）BC 段。钢管受压区边缘在 B 点屈服后，截面钢管进入塑性，加载刚度不断减小。正向加载在 C 点停止。此时，构件达峰值荷载，对应钢管及核心混凝土的纵向应力分布如图 2.115（1c）和（2c）所示。钢管受压和受拉屈服范围增大，并出现强化；中性轴上移，混凝土受压区边缘应变超过材料峰值压应变，压应力低于 f_c'，受拉区范围增大。

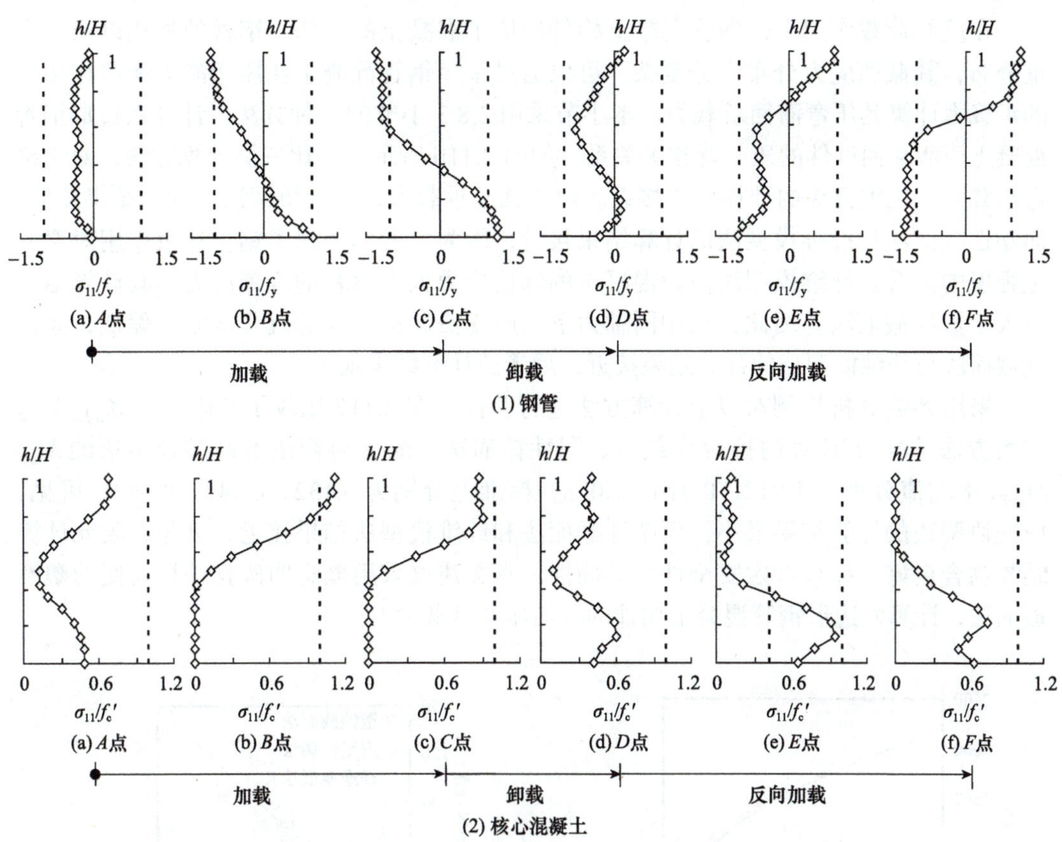

图 2.115　特征点时钢管及核心混凝土纵向应力分布

3）*CD* 段。在 *C* 点后，构件发生弹性卸载，达到 *D* 点时，侧向荷载为零，但侧向位移为正，反映了构件的塑性变形。此时，截面主要承担轴压荷载。*D* 点应力状态如图 2.115（1d）和（2d）所示，钢管受压区及受拉区应力均迅速减小，且边缘应力变化幅度显著大于中部，导致钢管自上向下呈拉－压－拉－压交替应力状态；混凝土受压区压应力减小，受拉区裂缝逐渐闭合，并产生压应力。

4）*DE* 段。构件在 *DE* 段开始反向弹性加载，侧向荷载为负，截面上部受拉，下部受压。*E* 点的应力状态如图 2.115（1e）和（2e）所示。此时，钢管上部由受压变为受拉，下部由受拉变为受压，受压和受拉区边缘均刚刚屈服；混凝土下部压应力增大，而上部压应力减小。

5）*EF* 段。*E* 点后，截面再次进入塑性，加载刚度不断减小。反向加载在 *F* 点停止，截面应力分布如图 2.115（1f）和（2f）所示。此时，钢管接近全截面塑性假定，受拉区和受压区基本屈服；混凝土上部受拉，下部受压，且受压区混凝土已经进入材料下降段，峰值压应力为 $0.74f_c'$。

对比 *C* 点和 *F* 点，其钢管应力基本一致，而 *C* 点混凝土压区力大于 *F* 点。混凝土在受拉及卸载时将产生较大的残余应变，若再进行受压加载，混凝土将提前达到峰值压应力，导致 *F* 点与 *C* 点相比，混凝土的压应力减小。

在反复荷载作用下，钢管混凝土构件经历了混凝土的损伤、钢材的强化以及应力重分布，其截面应力分布十分复杂。可以通过采用钢管混凝土在压弯静力荷载作用下的承载力计算其压弯滞回承载力。本小节采用2.8.3小节的三种方法，计算六边形钢管混凝土压弯滞回试件的压-弯相关关系，如图2.116所示。对比三类计算方法，对于抗弯承载力，三类方法的计算结果接近。对于轴压承载力，应变协调法的计算结果偏低，而塑性截面法和纤维模型法的计算结果接近，因为二者都考虑了钢管约束作用对混凝土强度的提升。纤维模型法假设混凝土的峰值应力大于材料的峰值应力，其计算结果略大于塑性截面法。因此，在相同轴力下，应变协调法计算的抗弯承载力偏低，而塑性截面法与纤维模型法的计算结果接近，后者的计算结果最大。

采用参数分析算例对以上计算方法进行验证，图2.117比较了有限元（M_{uFEA}）与三类方法（M_{uc}）计算的抗弯承载力。塑性截面法、应变协调法及纤维模型法的 M_{uc}/M_{uFEA} 平均值分别为1.012、0.916、1.078，标准差分别为0.132、0.148、0.142。可见，应变协调法的计算结果最小，而塑性截面法和纤维模型法结果接近，且与有限元计算结果吻合良好。综合考虑安全性与准确性，本文建议采用概念明确且计算简便的塑性截面法，计算六边形钢管混凝土构件的截面压弯承载力。

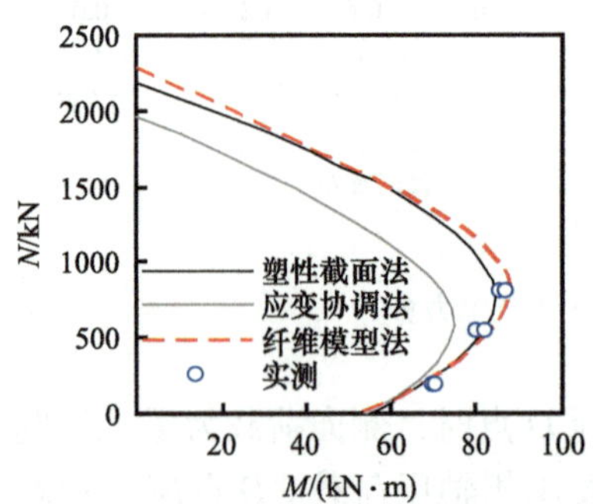

图2.116　试件 N-M 相关关系对比

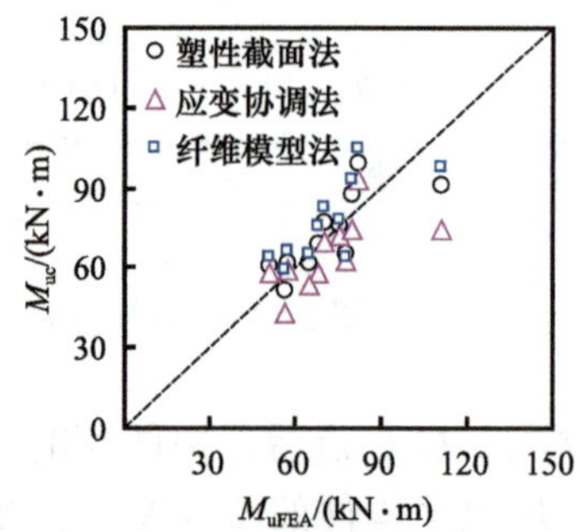

图2.117　抗弯承载力计算值与有限元计算值对比

2.11　FRP约束钢管混凝土

随着钢管混凝土在国内外高层建筑和拱桥结构等工程中的广泛应用，其遭受火灾和地震等灾害影响的可能性大为增加。此外，在工程中，由于设计、施工原因，以及建筑功能的改变等，也可能产生对钢管混凝土结构或构件进行修复加固的需求。

众所周知，纤维增强复合材料FRP具有轻质、高强、抗腐蚀、耐疲劳和施工方便等优点，因而近年来在土木工程中已得到较为广泛的应用，尤其是用于旧建筑的修复加固。因此，如将新型的FRP材料和钢管混凝土相结合，形成FRP约束钢管混凝土，将为钢管混凝土的修复和加固提供一种新选择。

FRP约束钢管混凝土柱是在钢管混凝土柱外包FRP材料，从而使钢管内的核心混凝土处于FRP和钢管的双重约束之下。FRP约束钢管混凝土是FRP约束混凝土和钢管混凝土二者的有机结合。利用 FRP 约束钢管混凝土，不仅可提高钢管混凝土的承载力，还可利用钢管混凝土具有延性较好的特点，弥补 FRP 约束混凝土这方面的不足。图 2.118 为典型的几种 FRP 约束钢管混凝土截面形式。

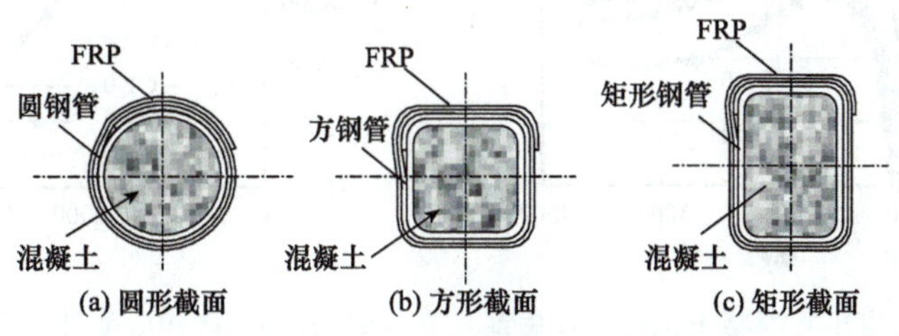

图 2.118　FRP 约束钢管混凝土截面示意

目前，国内外利用 FRP 对混凝土或钢结构进行修复加固已成为土木工程界研究和应用的热点（Teng et al.，2002）。相比较而言，采用 FRP 材料对钢管混凝土构件进行修复加固的研究还不多见（陶忠和于清，2006）。为此，作者及其合作研究者先后开展了有关 FRP 约束钢管混凝土轴压性能、FRP 加固火灾后钢管混凝土静力性能和滞回性能，以及 FRP 约束钢管混凝土在火灾下的力学性能研究。以下对有关研究工作做一简要论述。

2.11.1　静力性能

Tao 等（2007b）共进行了 9 个轴心受压钢管混凝土试件的试验研究，其中有 6 个试件为圆钢管混凝土，3 个试件为矩形钢管混凝土。试验构件中共有 6 个沿侧向包裹了单向 FRP。试验参数为钢管截面形状（圆形和矩形）、截面尺寸（100～250mm）和包裹 FRP 的层数（1 层和 2 层）等。

通过试验发现，与 FRP 约束混凝土类似，截面形状对 FRP 约束效果的发挥影响较大，FRP 对圆形钢管混凝土的约束效果要明显优于对矩形钢管混凝土的约束效果。随着包裹层数的增加，构件达到峰值荷载所对应的峰值应变有所提高。对圆钢管混凝土而言，包裹 FRP 的层数越多，试件的承载力提高越大；但包裹 2 层 FRP 的矩形钢管混凝土较包裹 1 层 FRP 的矩形钢管混凝土其承载力未见有提高。在 FRP 破坏阶段，达到同样纵向应变时，包裹 FRP 试件的承载力一般均高于未包裹 FRP 试件的承载力。图 2.119 所示为圆试件在包裹 FRP 及未包裹 FRP 时的荷载－应变关系的对比情况。其中，试件编号的最后一位数字为包裹 FRP 的层数。图 2.119 中试件的基本参数为钢管直径 D=156mm，钢管厚度 t=3mm，钢管屈服强度 f_y=230MPa，FRP 单层名义厚度 t_f=0.17mm，FRP 极限抗拉强度 f_f=4212MPa，FRP 弹性模量 E_f=255kN/mm^2，混凝土立方体抗压强度 f_{cu}=57.8MPa。

图 2.120 所示为受到不同约束情况下的 150mm 直径的混凝土圆柱体的体积应变 ε_v 随纵向应变 ε_c 的变化情况。其中编号为 CC 的试件代表 FRP 约束混凝土圆柱体，其后的数字为包裹 FRP 的层数。FRP 约束混凝土的 FRP 和混凝土的材性指标和图 2.119 中的试件相同。

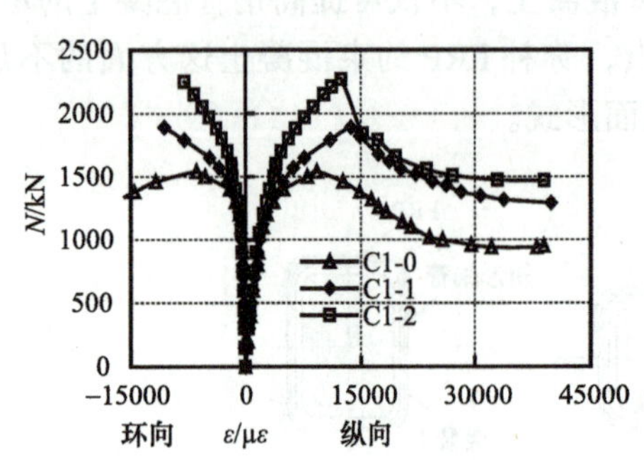

图 2.119　FRP 约束钢管混凝土试件 *N*-*ε* 关系

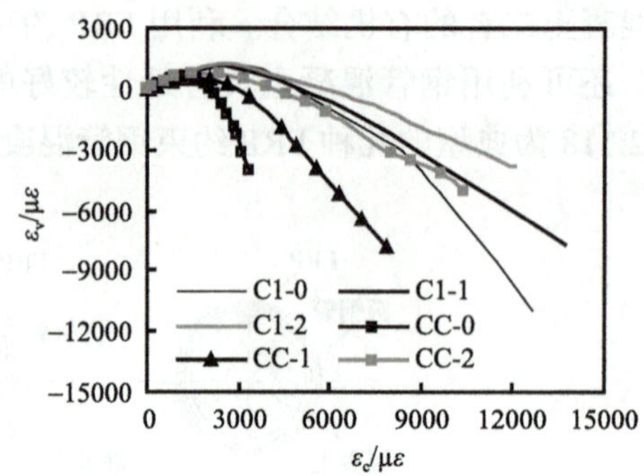

图 2.120　体积应变随纵向应变的变化情况

图 2.120 中的体积应变的定义为 $\varepsilon_v=\varepsilon_c+2\varepsilon_h$，其中 ε_c 和 ε_h 分别为纵向应变和环向应变。应变以受压为正，受拉为负，因而当体积应变为正时代表体积压缩，为负时代表体积膨胀。

从图 2.120 可见，所有试件都经历了体积压缩到体积膨胀的变化过程。值得注意的是，所有 FRP 约束钢管混凝土柱的曲线在初期和无 FRP 约束的钢管混凝土柱的曲线基本重合。但在体积膨胀阶段，由于 FRP 约束的存在，随着 FRP 层数的增加，体积膨胀的速率降低。FRP 约束钢管混凝土的体积膨胀速率也明显低于 FRP 约束素混凝土，表明混凝土受到了更大的约束。

2.11.2　抗火性能

本书作者还进行了 FRP 约束圆钢管混凝土柱的抗火性能试验（陶忠等，2007）。分别试验了 1 个轴压和 1 个偏压试件，所施加的轴压荷载水平约为 0.55，防火保护层厚度为 5mm 左右。试验时，先在常温下施加轴向荷载，然后按照 ISO-834 标准升温曲线点火升温。

试验结果表明，对于轴压试件，在升温至 6min 左右时，试件表面保护层开始收缩，出现微裂缝，使保护层内组成 CFRP 的环氧树脂开始受火，出现燃烧现象。在升温至 28min 左右时，由于钢管内部的混凝土受热产生水蒸气，CFRP 和防火保护层受到蒸汽内压的作用开始在部分区域向外凸出，产生的外凸最大变形约 15mm。在升温至 46min 左右时，保护层内的环氧树脂燃烧殆尽，保护层内喷射出的火焰逐渐熄灭，保护层表面开始变为鲜红色，其完整性仍保持很好。随着温度的继续升高，保护层的表面变得逐渐光滑，表面颜色也与火焰颜色趋于一致，但没有防火涂料融化流淌现象出现，直至试验结束，基本保持上述现象，没有保护层剥落现象发生。

试验过程中未见试件产生明显的挠曲变形。对于偏压试件，在试验过程中观察到的试验现象和轴压试件基本一致，其差别在于偏压试件的受拉区防火保护层先开裂，所以环氧树脂的燃烧现象先发生在受拉区，此后扩展到整个试件。此外，在偏压荷载作用下，试件在受火 31min 后可观察到明显的挠曲变形。

试件内部温度变化通过预埋在不同位置处的热电偶进行测量得出。到试验结束时，两个试件的钢管内表面最高温度分别达到 507℃和 291℃。

就普通钢管混凝土而言，以往的研究结果表明，在轴压比相同的条件下，偏心率对构件的耐火极限影响不大（韩林海，2022）。而本次所试验的 2 个 FRP 约束钢管混凝土试件的耐火极限相差较大，轴压试件的耐火极限超过 162min，而偏压试件的耐火极限为 77min。偏压试件的耐火极限值尚不足轴压试件的 1/2，说明偏心率大小对有纵向纤维的 FRP 约束钢管混凝土的耐火极限影响较大，这一点和普通钢管混凝土有所不同。其主要原因是纵向纤维对于轴压构件的承载力贡献较小，而对偏压试件而言，却占到相当的比例。因此，在环氧树脂燃烧导致 CFRP 完整性破坏后，以前由纵向 CFRP 承担的那部分荷载要转移到钢管混凝土上，因而偏压状态下的钢管混凝土的受荷显著增加，促使了试件提前破坏；而对轴压试件而言，这种影响并不突出。

图 2.121 所示为带防火保护层的 FRP 约束钢管混凝土偏压试件受火前后的形态比较，图中还给出了钢管和核心混凝土的破坏形态。

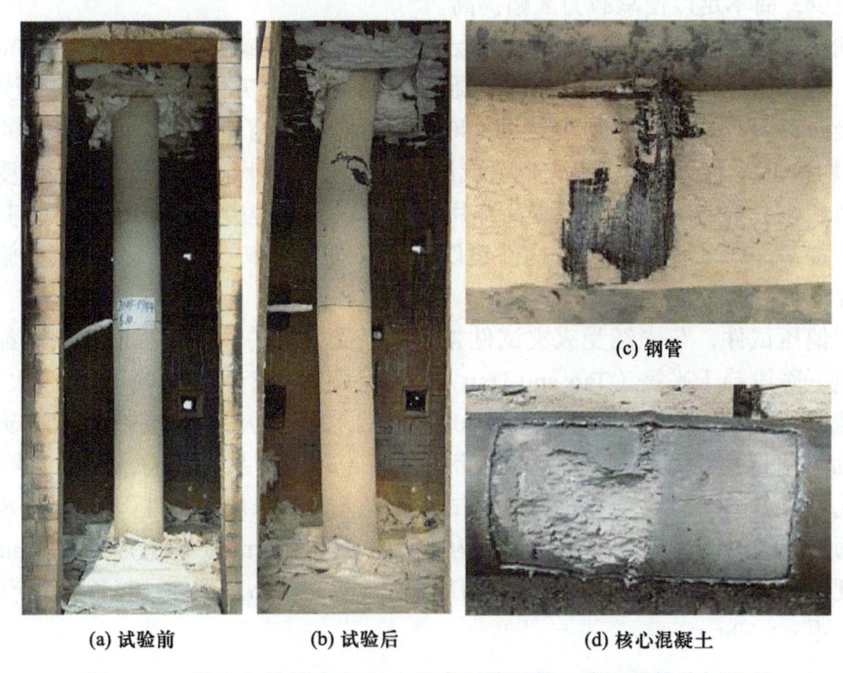

(a) 试验前 (b) 试验后 (c) 钢管 (d) 核心混凝土

图 2.121 带防火保护层的 FRP 约束钢管混凝土偏压试件破坏形态

由于本次试验构件采用了较大的轴压比，且防火保护层厚度较薄，根据试验结果，CFRP 约束钢管混凝土柱的耐火极限达到我国规范规定的一级耐火等级所要求的 3h 是完全可能的。对于本次试验构件，可通过适当增加防火保护层厚度，达到所要求的耐火极限。

2.11.3 FRP 加固火灾后钢管混凝土构件的静力性能

为了研究 FRP 加固火灾后钢管混凝土柱的可行性，本书作者先后进行相应的 8 个轴压、8 个纯弯和 28 个偏压构件的试验，且每类构件试验中都包含了相应常温、火灾后未加固及火灾后加固构件的试验（Tao et al.，2007a；Tao and Han，2007；陶忠和于清，2006）。对于需受火的试件，升温按 ISO-834 规定的标准升温曲线进行控制。升温时试件为四面受火，升温时间设定为 180min，升温时试件不承受荷载作用。试件加固的方法为采用单向 CFRP 沿试件的环向进行包裹。

对于轴压试件，经受火灾作用后试件的承载力大大降低，同时刚度下降明显，但试件下降段要平缓得多（Tao et al.，2007a）。由于火灾的影响，试件承载力损失均超过一半以上。随着加固层数的提高，试件的峰值荷载逐渐增加。同时，试件刚度也有提高的趋势，但提高幅度不大。本次试验加固构件的承载力提高幅度为 12%～71%，表明即使在加固 2 层 FRP 的情况下也未能使试件承载力恢复到未受火以前的状态。其原因有三：一是由于采用了高性能混凝土，未受火的试件其混凝土强度从 28 天的 48.8MPa 提高到承载力试验时的 75MPa，而受火试件其混凝土强度在受火下降后基本不发生变化；二是由于本次试件受火时间较长，试件承载力损失严重；三是加固 FRP 的层数较少，尚不足以使承载力大幅提高。

与轴压试件类似，火灾后钢管混凝土纯弯试件的承载力有显著降低（Tao et al.，2007a）。对于圆形和方形截面的钢管混凝土试件，经受火灾作用后，其极限弯矩（M_{ue}，取钢管受拉区最外边缘纤维应变达 10000$\mu\varepsilon$ 时所对应的弯矩值）分别下降了 48.6% 和 46.4%，均接近一半。此外，火灾也造成试件抗弯刚度的下降。经过加固后，受火试件的承载力和刚度都略有提高，但提高作用总体有限，如包裹两层 FRP 的试件其抗弯承载力最多提高 29%。而对于纯弯构件建议采用双向纤维布或配合其他有效措施进行构件的修复与加固。

对于偏压试件，与未经受火灾试件相比，经受火灾的试件其强度和刚度都有明显降低，但下降段趋于平缓（Tao and Han，2007；陶忠和于清，2006）。由于火灾影响，试件的峰值荷载 N_{ue} 值均降低了 60%～70%。图 2.122（a）所示分别为经受火灾与否对圆形截面钢管混凝土试件轴力（N）- 跨中挠度（u_m）关系的影响，图中编号为 CUC 的试件代表常温试件，编号为 CFC-0 的试件代表火灾后未加固试件，t 是试件承受标准火灾作用的持续时间。试件的基本参数为钢管直径为 150mm，钢管厚度为 3mm，钢管屈服强度 f_y=356MPa，混凝土立方体抗压强度 f_{cu}=75MPa，试件计算长度 L=940mm，荷载偏心距 e=50mm。

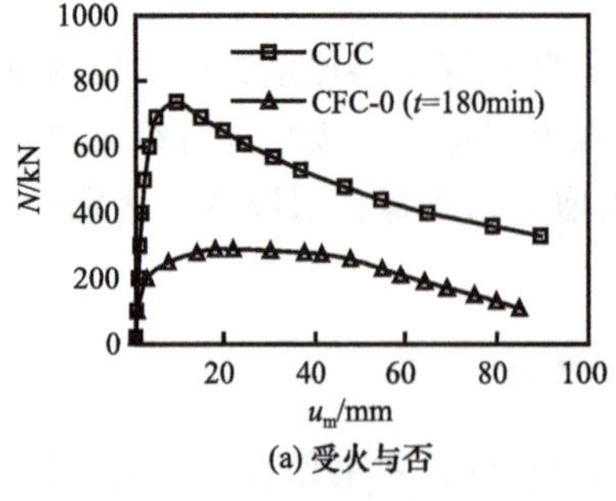

(a) 受火与否

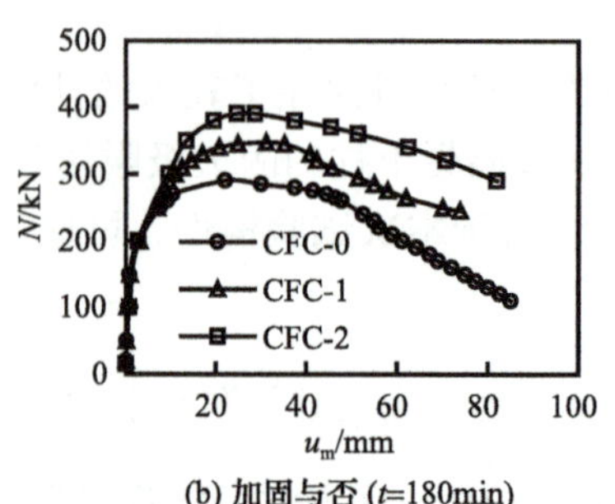

(b) 加固与否 (t=180min)

图 2.122 不同试验条件下 N-u_m 关系比较

图 2.122（b）所示为加固与否对火灾后圆形截面试件的 N-u_m 关系的影响，图中编号 CFC 后的数字表示加固 FRP 的层数（FRP 的单层名义厚度 t_f=0.17mm，FRP 极限抗拉强度 f_f=3950MPa，FRP 弹性模量 E_f=2.47×10^5N/mm^2）。从中可见，加固后的试件与未加固试件相比，试件的承载力有所提高。但随着长细比的增大和偏心距的增大，提高程度有降低的趋势。总体而言，加固偏压试件效果比加固轴压短试件的效果要差，除个别试件外，其余加固偏压试件的承载力较未加固对比试件承载力的提高最大仅为 34.5%。

2.11.4　FRP 加固火灾后钢管混凝土构件的滞回性能

前述有关 FRP 约束钢管混凝土静力性能的研究结果表明，经受火灾后的钢管混凝土柱通过合理设计，采用 FRP 进行加固可有效提高其承载力。当柱受火灾影响较小时采用 FRP 进行加固可达到预期的目的，尤其是在长细比和偏心率较小的情况下。但要在实际工程中应用 FRP 对钢管混凝土进行修复加固，还有必要针对修复加固后的柱开展抗震性能研究。

为此，本小节进行 20 个钢管混凝土压弯试件在低周反复荷载作用下的滞回性能试验，试件按截面形状分为圆形和方形各 10 个试件，每组试件包括 3 个常温、3 个火灾后未加固及 4 个火灾后加固的试件，其他试验参数还包括轴压比（0～0.78）和包裹 FRP 布的层数（1 层和 2 层）（Tao et al.,2008；陶忠和于清,2006）。试验装置如图 2.15 所示。

试验过程中，未加固的圆试件在刚性夹具两侧钢管均产生局部屈曲，剖开钢管后发现，其混凝土存在轻微压碎现象，而加固后的圆试件无明显鼓曲，剖开钢管后发现混凝土也无明显压碎现象。但对于方试件，加固及未加固试件的钢管均在刚性夹具两侧产生局部屈曲，屈曲处的混凝土均存在较为明显的压碎现象。图 2.123 给出了不同截面形状的 FRP 加固试件的破坏形态。

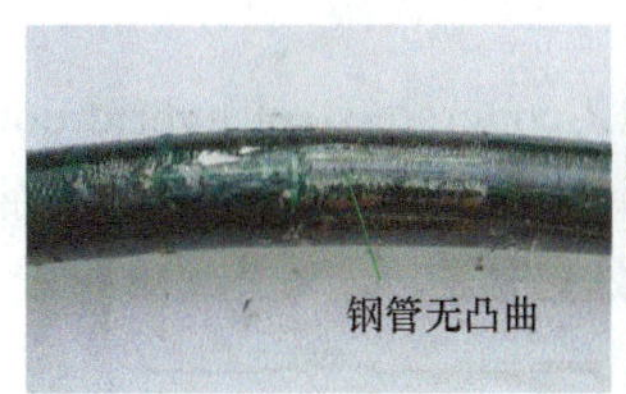

(a) FRP和钢管

(b) 核心混凝土

(1) 圆试件

(a) FRP和钢管

(b) 核心混凝土

(2) 方试件

图 2.123　FRP 加固火灾后构件的破坏形态

图 2.124 所示为加固与否对火灾后钢管混凝土的荷载 - 位移滞回关系的影响情况。圆试件的基本参数为钢管外直径为 100mm，壁厚为 2mm，屈服强度 f_y=290MPa。方试件的基本参数为钢管外边长 B=100mm，壁厚 t=2.75mm，屈服强度 f_y=340MPa。试件的标准火灾作用持续时间为 180min，混凝土常温下立方体抗压强度 f_{cu}=75MPa，所采用的 FRP 和性能指标同图 2.123 中试件，试件长度 L=1500mm。

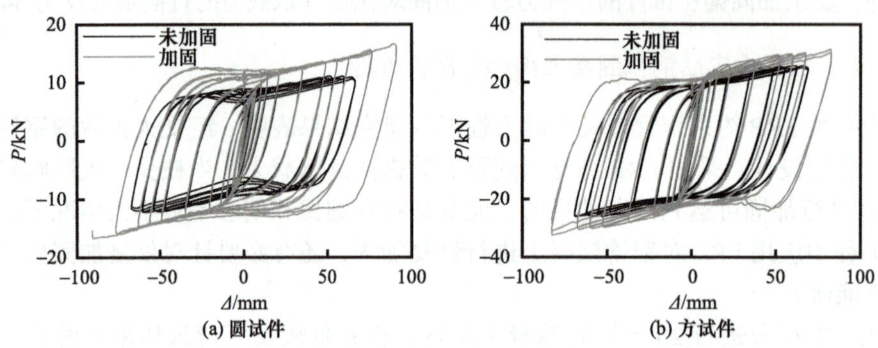

图 2.124 火灾后加固与否情况下试件的 P-Δ 滞回关系比较

试验结果表明，无论是火灾后加固或未加固的试件，其 M-ϕ 和 P-Δ 滞回关系均较为饱满，无明显捏缩现象产生。相对于常温试件而言，火灾后未加固及加固试件的滞回曲线饱满性要更好。受火后试件的承载力下降较多，降幅达 40%～60%。但经过加固以后，随着加固的 FRP 层数增加，试件的刚度、极限承载力和延性均有所提高。但和前述静力试件类似，由于本次试验构件的受火时间较长，加固后试件的承载力也未完全恢复到常温下试件的承载力水平。

2.12 中空 FRP- 混凝土 - 钢管组合柱

中空 FRP- 混凝土 - 钢管组合柱（FRP-concrete-steel hybrid double-skin tubular columns）的构造由 Teng 等（2004）提出。该类组合柱是由内部空钢管、外层同心 FRP 布（或管）以及位于两者之间的夹层混凝土构成。

图 2.125 所示为几种截面形式。

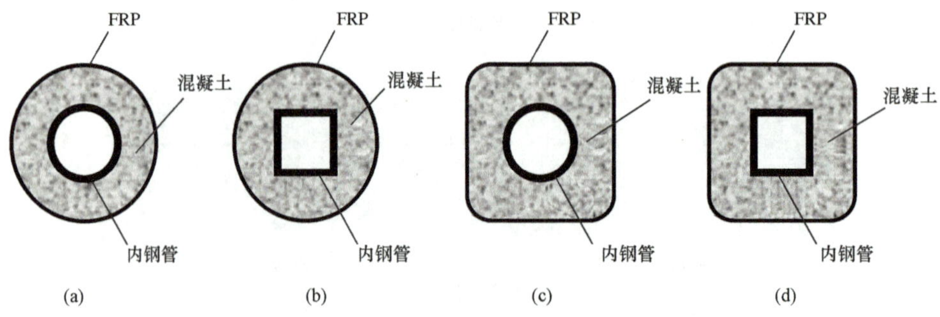

图 2.125 中空 FRP- 混凝土 - 钢管组合柱截面

中空FRP-混凝土-钢管组合柱旨在利用FRP、钢材和混凝土三种材料的各自优点，形成的组合柱具有自重轻和耐腐蚀好等优点。

Teng等（2004，2007）报道了如图2.125（a）所示的6个圆中空FRP-混凝土-钢管组合轴心受压短柱的试验研究结果，试件外直径为152.5mm，长度为305mm，内部圆钢管外直径为76.1mm，钢管壁厚为3.2mm。试验的变化参数为FRP的层数，分别为1层、2层和3层。结果表明，与组成柱截面的混凝土与钢管的轴压强度承载力之和相比，外包1层FRP的柱的强度承载力与之接近，而外包2层和3层FRP的柱轴压强度承载力分别提高27%和48%。外包1层FRP的柱荷载-变形关系接近于理想弹塑性曲线，而外包2层和3层FRP的柱荷载-变形关系近似呈双线性强化曲线。

Yu等（2006）进行了6个如图2.125（a）所示的圆中空FRP-混凝土-钢管组合柱的纯弯试验研究，其试件外直径均为152.5mm，跨度为1.3m，内层圆钢管外直径均为76.1mm，采用了三种不同的钢管壁厚分别为2.7mm、3.2mm和4.3mm。试件包裹FRP的层数分别为1和2层。试验结果表明，由于钢管的存在，所有试件的延性性能良好。

以往对中空FRP-混凝土-钢管组合柱抗震性能的研究尚少见。本节进行图2.125（a）和（c）所示中空FRP-混凝土-钢管组合柱滞回性能的研究。

为论述方便，本书将图2.125（a）所示的截面构件称之为圆中空FRP-混凝土-钢管组合柱，而将图2.125（c）所示的截面构件称之为方中空FRP-混凝土-钢管组合柱。

2.12.1　滞回性能

1. 试验概况

以截面形式（圆形和方形）、轴压比（0～0.6）和包裹FRP层数（1和2层）为试验参数，共进行4个圆形构件［图2.125（a）］和4个方形构件［图2.125（c）］的滞回性能试验研究。有关试验具体参数见表2.32。其中，n_f为包裹FRP的层数，t_f为FRP的名义厚度，N_o为所施加的轴压力，n为轴压比（$n=N_o/N_u$，N_u为试件的轴压稳定承载力，由2.12.2节论述的数值方法计算获得）。

表2.32　中空FRP-混凝土-钢管组合柱试件参数和主要试验结果

截面形状	试件编号	n_f	t_f/mm	N_o/kN	n	Δ_y/mm	P_{ue}/kN	M_{ue}/（kN·m）
圆形	C-0.3-1	1	0.17	200	0.3	11	43	19.7
	C-0-2	2	0.34	14	0.02	14	42.4	16.1
	C-0.3-2	2	0.34	205	0.3	11.4	51.7	22.9
	C-0.6-2	2	0.34	410	0.6	10.2	55	29.5
方形	S-0.2-1	1	0.17	205	0.24	10.5	55.8	24.6
	S-0-2	2	0.34	18	0.02	15	50.9	19.8
	S-0.2-2	2	0.34	205	0.23	11.9	62.6	27
	S-0.5-2	2	0.34	410	0.46	9.2	66.3	32.1

圆试件的外直径（D）或者方试件的外边长（B）均为150mm，试件长度（L）为1500mm。FRP采用纵、横双向碳纤维布制作，其单层厚度（t_f）为0.17mm，双向的纤维量完全相同。内部的圆钢管外直径均为75mm，钢管壁厚为2.2mm。

实测的FRP受拉时的应力－应变关系基本呈线弹性，测得其单向平均抗拉强度f_f为4112MPa，弹性模量E_f为2.55×10^5N/mm^2，极限拉应变ε_f为16335με。测试结果表明，FRP两个方向的材料性能基本一致。

混凝土配置时采用了硅酸盐水泥，5～15mm碎石，中砂，砂率为0.35。混凝土的重量配合比为水泥：水：砂：石子＝538：205：598：1109。28天时混凝土的立方体抗压强度（f_{cu}）为33.6MPa，圆柱体轴心抗压强度（f_c'）为27.2MPa，弹性模量（E_c）为27200N/mm^2。试验时，f_{cu}＝49.6MPa，f_c'＝40.7MPa。

内钢管钢材实测的屈服强度（f_y）为300MPa，极限强度（f_u）为352MPa，弹性模量（E_s）为1.8×10^5N/mm^2。

在试件混凝土浇筑自然养护28天之后，开始CFRP的包裹工作。为保证CFRP的强度，所有搭接区碳纤维的搭接长度均取为150mm。双向CFRP的纤维一个方向沿试件的纵向铺设主要用于受拉区的抗拉，另一方向沿试件的横向分布可对其内部混凝土提供约束作用。

采用的试验装置如图2.15所示。试件加载制度采用转角控制，即控制试件端部转角在施加每一级荷载时的增量为0.005rad，每级位移都循环三圈。

2. 试验结果及分析

（1）试件破坏形态

横向荷载达到极限承载力的60%左右时，试件外观变化不大。当横向荷载达到极限承载力的70%～80%时，FRP开始发出轻微响声，纤维单丝开始断裂。当跨中位移达到20mm左右时，夹具一侧的受拉边缘的FRP纵向纤维发生突然断裂，同时可以看出该处混凝土也出现较大受拉裂缝，此时试件达到其极限承载力。

继续反方向加载，原受压侧变为受拉，其边缘的FRP纵向纤维也出现断裂，试件在反向也达到其极限承载力。此后，随着位移幅的继续增大，FRP的纵向纤维断裂逐渐向截面核心部位发展，试件承载力开始急剧降低。同时FRP纵向纤维断裂处截面的边缘混凝土在拉压反复作用出现破碎、体积膨胀，导致FRP环向出现撕裂，如图2.126（1a）和（2a）所示。试件的承载力下降到一定的程度后开始趋于稳定，此时FRP已基本失效，荷载主要由钢管和混凝土来承担。

在试验过程中未发现FRP与混凝土之间发生黏结破坏。试验结束后，去除试件破坏区域的FRP和混凝土，可观察到内钢管的破坏形态，如图2.126（1b）和（2b）所示。在试验后期，钢管承担主要荷载，在反复荷载作用下出现了一定局部屈曲，由于外围混凝土的限制，内钢管在破坏截面处最终发生了一定凹曲。

（2）P-$\varDelta$滞回关系

图2.127（1）和（2）中分别给出了圆中空FRP-混凝土－钢管组合试件和方试件实测的P-$\varDelta$滞回关系。所有试件在双向加载过程中达到极限承载力时FRP沿纵向均被拉断。

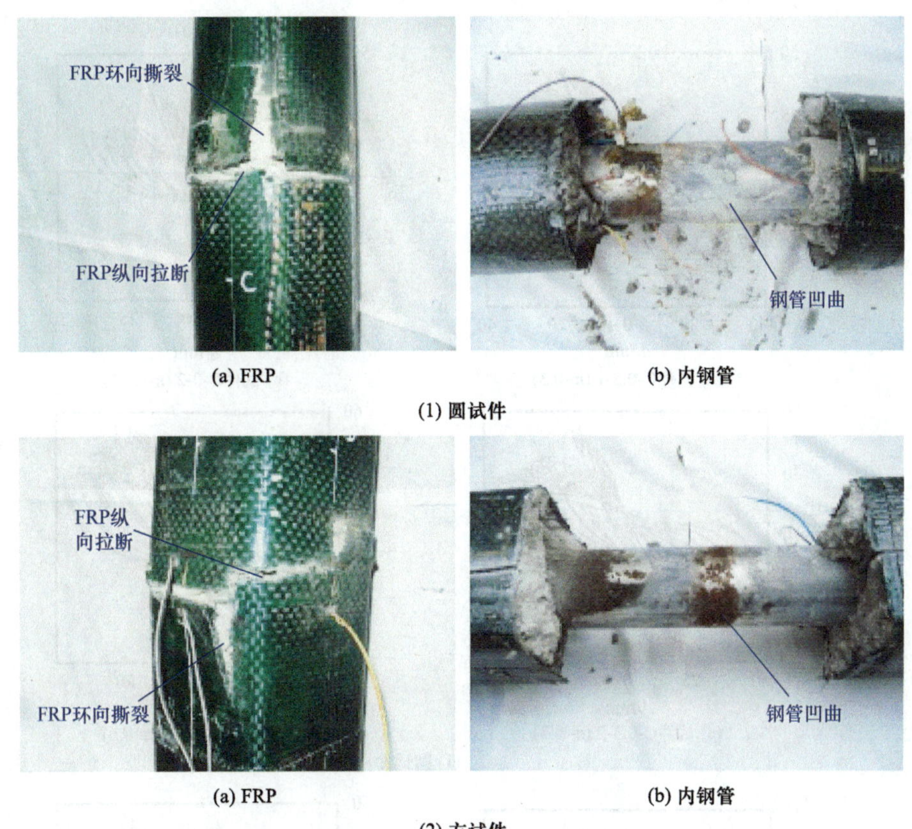

(a) FRP　(b) 内钢管

(1) 圆试件

(a) FRP　(b) 内钢管

(2) 方试件

图 2.126　中空 FRP- 混凝土 - 钢管组合柱试件破坏形态

从图 2.127 可以看出，在试件达到极限承载力前，滞回加载曲线的斜率变化较小，卸载后的残余变形也不大，正反向加卸载所构成的滞回环面积较小。当 FRP 开始断裂后，随着试件横向位移的逐渐增大，FRP 的断裂迅速扩展，导致其迅速退出工作，滞回加载曲线的斜率显著减小。

从滞回曲线可以看出，除轴压比接近 0 的 C-0-2 和 S-0-2 试件，其滞回曲线呈反弓形外，其余试件的 P-Δ 滞回关系形状总体上较为饱满。

图 2.128（a）和（b）分别给出了轴压比（n）对圆形和方形试件的 P-Δ 滞回曲线骨架线的影响。可见，n 对圆形试件和方形试件的影响规律类似。即随着 n 的增大，试件在弹性阶段的刚度也随之增大。在试件纵向 FRP 开始出现断裂，试件达到最大承载力后，由于 FRP 较快退出工作，试件承载力突降 25%～50%。此后试件的承载力主要由混凝土和内部钢管提供。由于混凝土在拉、压循环应力作用下不断开裂和压碎，试件承载力继续下降。对于轴压比接近 0 的试件，由于其后期 FRP 基本失效，因而其残余承载力较低。其余试件由于轴压力的存在有利于延缓 FRP 的失效，残余承载力较为接近，且明显大于 n 接近 0 的试件。

图 2.129 给出了轴压比基本相同的试件在不同包裹 FRP 层数（n_f）下的 P-Δ 滞回关系骨架线。可见，包裹 FRP 的层数对试件弹性阶段刚度基本没有影响，在弹塑性阶

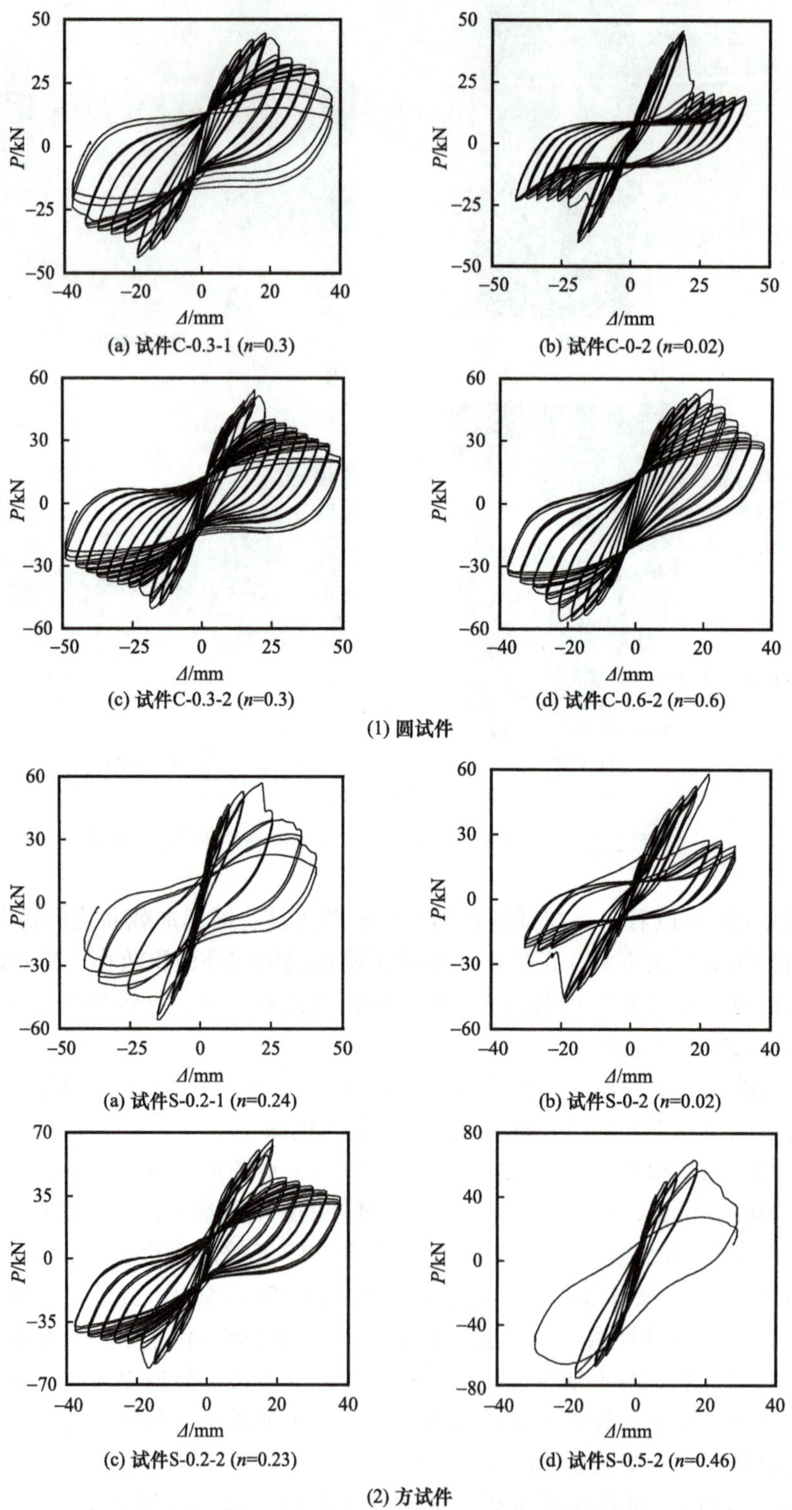

图 2.127　实测 P-Δ 滞回关系

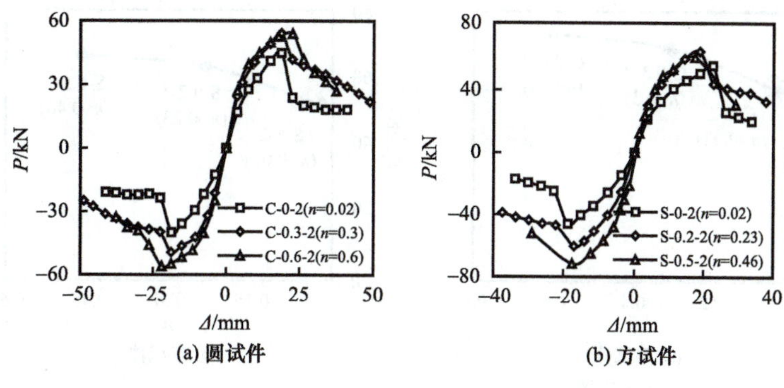

(a) 圆试件　(b) 方试件

图 2.128　n 对 P-Δ 滞回曲线骨架线的影响

段，试件的刚度随着包裹 FRP 层数的增加有所提高。对于方试件，包裹 1 层和包裹 2 层 FRP 的试件的后期剩余承载力基本接近。而对于圆试件，由于其截面特点决定截面中心附近的 FRP 对试件承载力的“贡献”要大于方试件，因而包裹 2 层 FRP 试件的残余承载力要大于包裹 1 层 FRP 的试件。

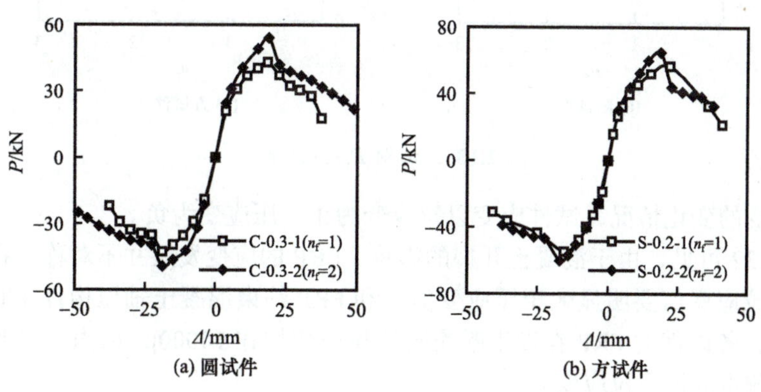

(a) 圆试件　(b) 方试件

图 2.129　n_f 对 P-Δ 滞回关系骨架线的影响

试验实测的所有试件的极限荷载（P_{ue}）和对应的极限弯矩（M_{ue}）列于表 2.32 中。图 2.130 给出了轴压比（n）对试件极限荷载（P_{ue}）的影响。可以看出，随着 n 的增加，方形和圆形试件的极限荷载均有增大的趋势，但该增大趋势在后期趋缓。轴压比影响的原因如下：一方面，轴压力的存在有利于延缓混凝土开裂、增大截面刚度和提高抗弯承载力；另一方面，轴压力施加后使 FRP 纵向纤维产生压应变，有利于延缓 FRP 的纵向断裂。

图 2.131 所示为轴压比基本相同的试件在不同包裹 FRP 层数（n_f）情况下试件极限荷载（P_{ue}）的变化规律。可见 n_f 对圆形截面试件极限承载力的影响更为显著。例如，对于圆试件和方试件，包裹 2 层 CFRP 试件的承载力比包裹 1 层 CFRP 试件的承载力分别提高了 20.2% 和 12.2%。

（3）FRP 的应变

试验过程中实测了试件跨中边缘纤维处 FRP 的纵向应变。图 2.132 所示为试件的

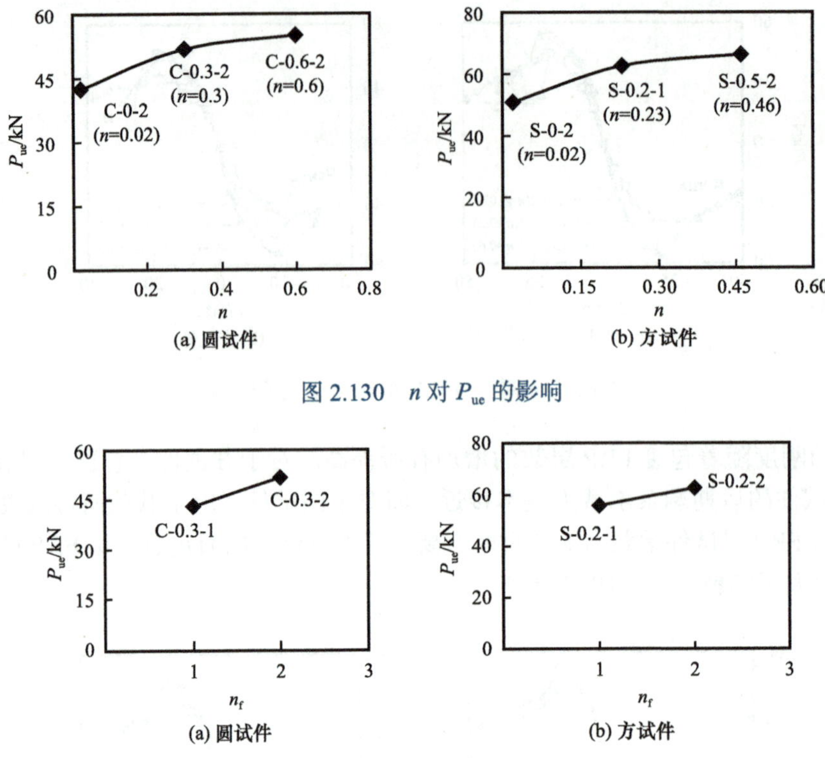

图 2.130　n 对 P_{ue} 的影响

图 2.131　n_f 对 P_{ue} 的影响

FRP 纵向应变的变化情况，试件应变以拉应变为正，压应变为负。

由图 2.132 可见，由于混凝土开裂的影响，FRP 的应变发展并不对称。在同一荷载幅情况下，拉应变值要明显大于压应变值。和 FRP 约束混凝土轴压构件（Teng et al., 2002）类似，各试件的 FRP 在发生断裂时的拉应变均在 10000με 以内，要明显小于在材性试验中测得的极限拉应变 ε_f 值。

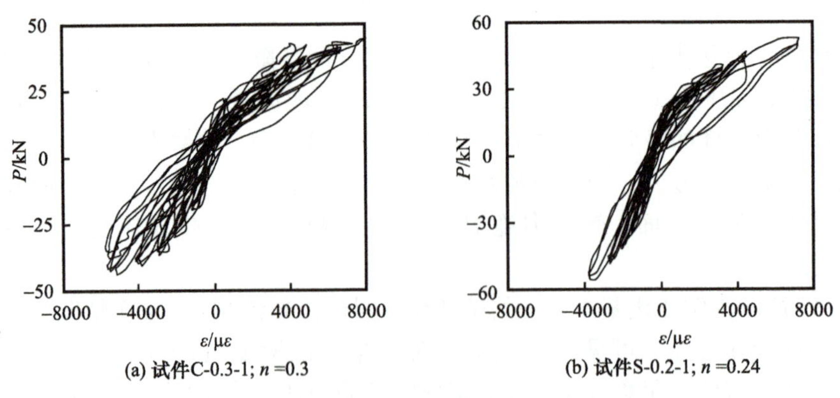

图 2.132　FRP 纵向应变的变化情况

（4）刚度退化

图 2.133 所示为轴压比（n）对试件刚度退化的影响。可以看出，随着加载位移的

不断增大，试件刚度不断发生退化。从图 2.133 还可以看出，随着 n 的增大，试件刚度退化现象趋缓。这是因为 n 的增加使得试件受压区混凝土面积增大，从而减小了截面绝对的拉压循环区面积。此外，一定轴压力的存在有利于减小 FRP 纵向纤维的拉应变，可延缓 FRP 纵向断裂的进程。这一点可从图 2.133 中得到明显体现，即轴压比越小，FRP 断裂造成的曲线斜率突变越明显。

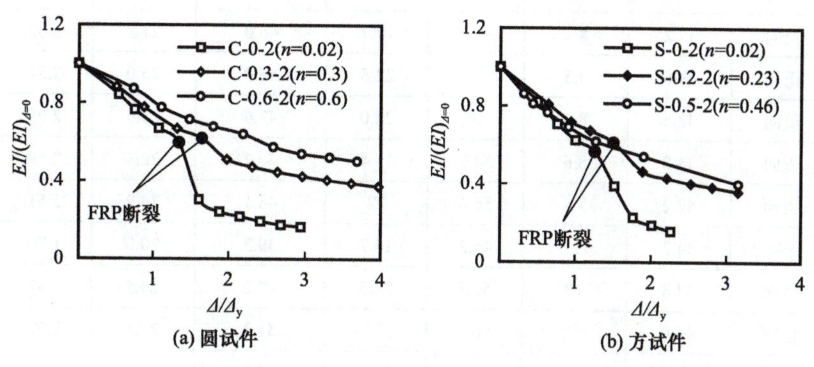

图 2.133　n 对试件刚度退化的影响

图 2.134 所示为不同 FRP 包裹层数（n_f）对试件刚度退化的影响。可见，在本小节试验参数范围内，FRP 的包裹层数对试件的刚度退化影响较小。

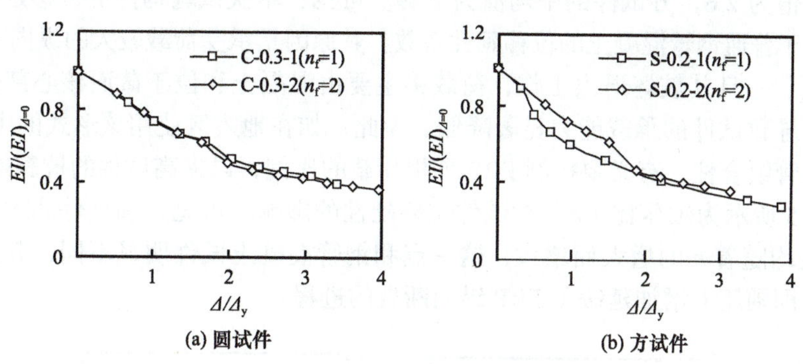

图 2.134　n_f 对试件刚度退化的影响

（5）位移延性

试件位移延性的有关指标计算结果如表 2.33 所示。

表 2.33　中空 FRP- 混凝土 - 钢管组合柱试件的位移延性系数

试件编号	加载方向	屈服点		峰值荷载点		极限位移点		延性系数 μ	
		P_y/kN	Δ_y/mm	P_{max}/kN	Δ_{max}/mm	$0.85P_{max}$/kN	Δ_u/mm	双向	平均值
C-0.3-1	正向	30.7	8.5	42.8	18.8	36.4	21.9	2.57	2.62
	负向	31.1	7.7	43.2	18.5	36.7	22.8	2.67	

续表

试件编号	加载方向	屈服点		峰值荷载点		极限位移点		延性系数 μ	
		P_y/kN	Δ_y/mm	P_{max}/kN	Δ_{max}/mm	$0.85P_{max}$/kN	Δ_u/mm	双向	平均值
C-0-2	正向	31.9	9.9	44.9	18.8	38.1	20	2.01	2.01
	负向	31.2	10.0	40	18.7	34	20.1	2.00	
C-0.3-2	正向	38.6	8.9	49.3	18.9	41.9	21.8	2.44	2.53
	负向	37.2	8.1	54.2	18.7	46.0	21.2	2.62	
C-0.6-2	正向	39.6	7.5	54	22.5	45.9	25.0	3.34	3.16
	负向	42.5	8.6	56	22.0	47.6	25.6	2.98	
S-0.2-1	正向	43.0	8.6	54.9	15.4	46.7	22.3	2.59	2.60
	负向	42.2	9.5	56.6	22	48.1	24.9	2.61	
S-0-2	正向	34.2	11.4	46.2	18.7	39.3	20.0	1.76	2.07
	负向	37.8	10	55.5	22.5	47.2	23.5	2.37	
S-0.2-2	正向	44.0	8.8	60.4	17	51.3	20.5	2.32	2.44
	负向	44.2	8.0	64.8	18.8	55.1	20.6	2.56	
S-0.5-2	正向	48.9	8.1	61.0	17.4	51.9	20.9	2.60	2.85
	负向	53.9	7.7	71.7	17.5	60.9	23.9	3.09	

由表 2.33 可见，本次试验构件的位移延性系数为 2.01～3.16，其中圆试件位移延性系数的平均值为 2.6，方试件的平均值为 2.49。可见，本次试验构件的位移延性系数总体要明显小于普通钢管混凝土的位移延性系数。其原因是承受荷载较大的纵向 FRP 分布在截面外围，一旦其破坏退出工作，荷载将主要由混凝土和位于截面核心部位的钢管承担，因而导致试件的承载能力显著降低。为此，如在地震区使用该形式的中空 FRP-混凝土－钢管组合柱，有必要控制 FRP 承担荷载的比例，以提高试件的抗震能力。

图 2.135 所示为轴压比（n）对试件位移延性的影响。可见，圆试件和方试件的位移延性系数均随着 n 的增大而增大，这一点和钢管混凝土试件明显不同，其原因已在前文述及，即轴压力增加延缓了 FRP 纵向断裂的进程。

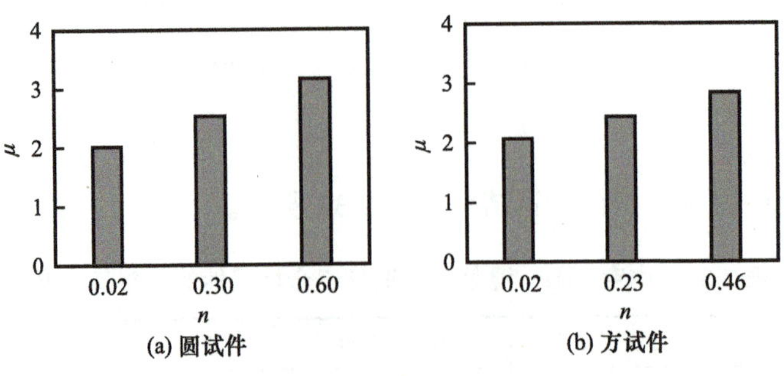

图 2.135 n 对 μ 的影响

图 2.136 比较了包裹不同 FRP 层数对试件位移延性系数的影响。可以看出，在 n 相同的情况下，包裹 2 层 FRP 试件的位移延性较包裹 1 层 FRP 试件略有降低，但总体

影响不大。原因在于 FRP 层数增加带来的 FRP 环向约束增加，抵消了 FRP 纵向断裂带来的影响。

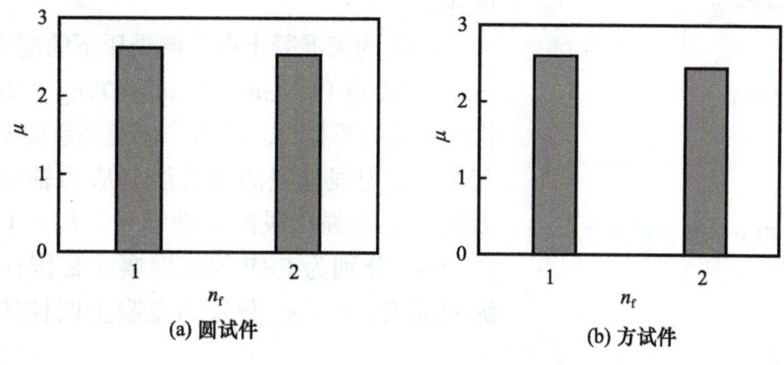

图 2.136　n_f 对 μ 的影响

（6）耗能

以圆试件为例，图 2.137 和图 2.138 分别绘出了轴压比（n）和包裹 FRP 层数（n_f）对试件累积耗能（E）的影响。从图 2.137 可以看出，在相同的加载级数情况下，试件的累积耗能随 n 的增大而有所增大。从图 2.138 可以看出，本次试验的包裹 FRP 层数的变化对试件的累积耗能总体影响不大。

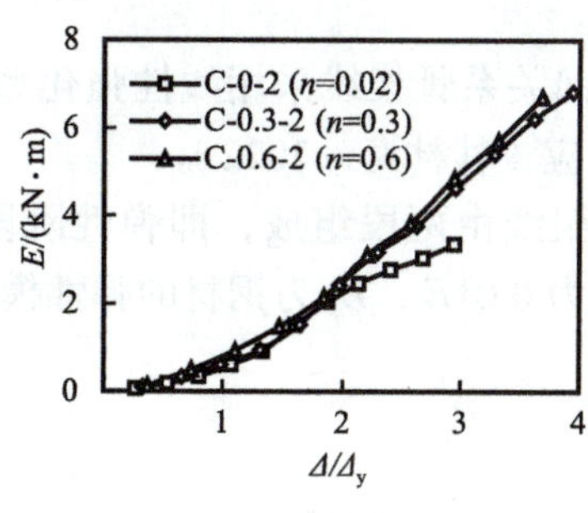

图 2.137　n 对 E 的影响

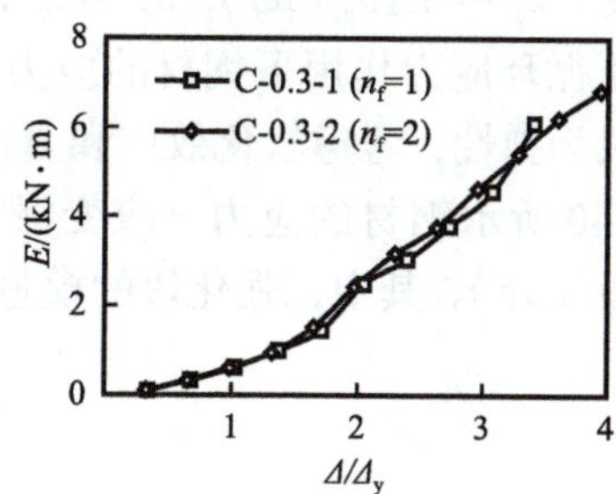

图 2.138　n_f 对 E 的影响

通过以上对中空 FRP- 混凝土 - 钢管组合柱滞回性能的试验研究，可得出如下结论。

1）在 FRP 发生纵向断裂之前，组成组合柱的 FRP、混凝土和钢材能很好地共同工作，但在 FRP 断裂后，组合柱的承载力主要由混凝土和内部钢管提供。

2）承受一定的轴压力有利于提高中空 FRP- 混凝土 - 钢管组合柱的抗震性能。

3）对于在抗震要求较高的区域应用中空 FRP- 混凝土 - 钢管组合柱时，有必要控制 FRP 承担荷载的比例，以提高柱的抗震能力。

2.12.2　数值计算方法及力学性能分析

1. 计算模型的建立

采用纤维模型法对中空 FRP- 混凝土 - 钢管组合构件的滞回性能进行了计算和分析。计算时，FRP 材料的应力 - 应变关系采用线弹性模型（陶忠和于清，2006），即

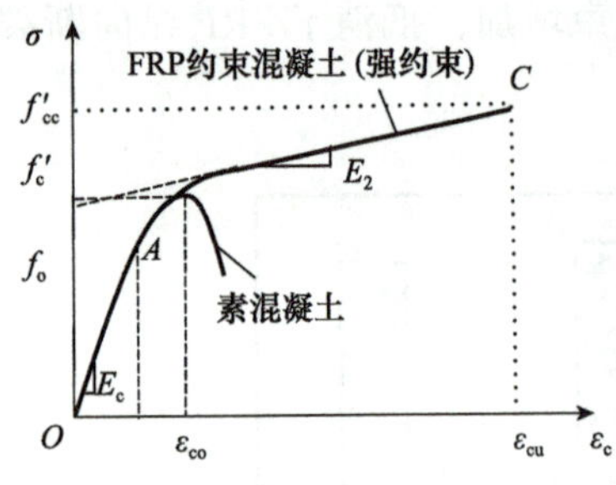

图 2.139　FRP 约束混凝土的应力 - 应变关系

FRP 材料在达到极限强度 f_f 前，应力 - 应变关系呈线性。钢材应力 - 应变关系的确定见 2.11 节的有关论述。

FRP 约束混凝土在单调受压下的应变 - 关系采用 Lam 和 Teng（2003a）、Lam 和 Teng（2003b）中提供的有关计算模型。应力 - 应变关系如图 2.139 所示，其中，f_o 为强化段的延长线与应力轴交点对应的应力值；E_2 为强化段的弹性模量，$E_2=(f'_{cc}-f_o)/\varepsilon_{cu}$，$f'_{cc}$ 和 ε_{cu} 分别为 FRP 约束混凝土极限应力及对应的纵向应变；f_c'、ε_{co} 分别为混凝土圆柱体抗压强度及所对应的应变。

对于在单调荷载作用下的受拉混凝土，其应力（σ_c）- 应变（ε_c）关系采用沈聚敏等（1993）提供的应力 - 应变关系确定，如式（2.25）所示。

$$y=\begin{cases}1.2x-0.2x^6 & x\leqslant 1\\ \dfrac{x}{0.31\sigma_p(x-1)^{1.7}+x} & x>1\end{cases} \tag{2.25}$$

式中，$y=\sigma_c/\sigma_p$；$x=\varepsilon_c/\varepsilon_p$；$\sigma_p$ 为峰值拉应力，$\sigma_p=0.26(1.25f_c')^{2/3}$。$\varepsilon_p$ 为峰值拉应力所对应的应变，$\varepsilon_p=43.1\sigma_p$（$\mu\varepsilon$），$\sigma_p$ 和 f_c' 以 MPa 计。

拉、压循环应力作用下钢材的应力 - 应变滞回关系骨架线采用线性强化型的两段式，卸载段为弹性，考虑软化效应和 Bausinger 效应（韩林海，2022）。

图 2.140 所示钢材的应力 - 应变滞回关系骨架线由两段组成，即弹性阶段（Oa）和强化阶段（ab）。其中，强化段的模量近似取值为 $0.01E_s$，E_s 为钢材的弹性模量。

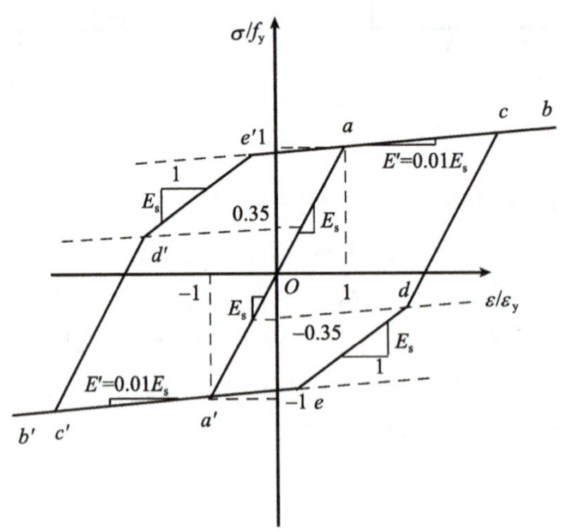

图 2.140　循环应力下钢材的 σ-ε 关系模型

在图 2.140 所示的模型中，加卸载刚度采用初始弹性模量 E_s。如果钢材在进入强化段 ab 前卸载，则不考虑 Bausinger 效应；反之，如果钢材在强化段 ab 卸载，则需考虑Bausinger效应。加、卸载过程中的软化段，即直线段 de 和 $d'e'$ 的模量（E_b）按式（2.26）计算。

$$E_b=\begin{cases}\dfrac{f_y-|\sigma_d|}{|\varepsilon_d+\varepsilon_y|} & 1.65\varepsilon_y<|\varepsilon_d|\leqslant 6.11\varepsilon_y \\ 0.1E_s & |\varepsilon_d|>6.11\varepsilon_y\end{cases} \tag{2.26}$$

式中，σ_d 和 ε_d 分别为软化段起始点 d 和 d' 点的应力和应变值。d 点和 d' 点分别位于与 ab 和 $a'b'$ 线平行的直线上。

图2.141给出混凝土应力–应变滞回关系模型。

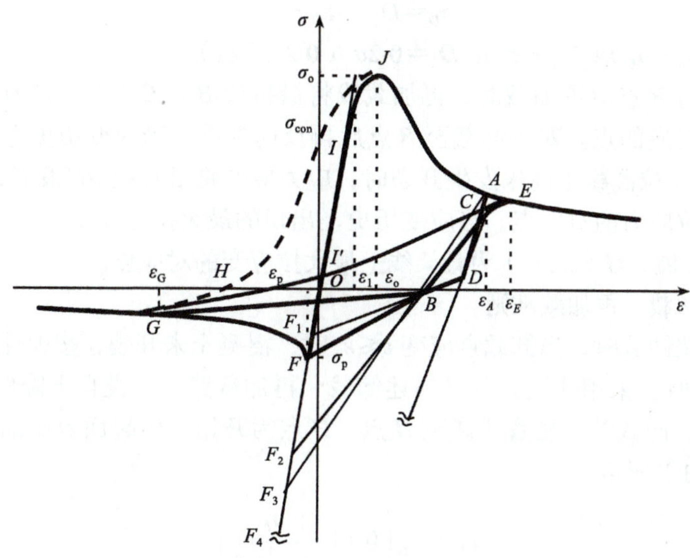

图2.141　混凝土应力–应变滞回关系模型

在混凝土由受压卸载、再反向加载时，卸载、再加载路径采用和普通混凝土类似的焦点法确定（滕智明和邹离湘，1996），以便在模型中考虑一定的卸载刚度退化和软化现象；当混凝土由受拉卸载、再反向加载时，卸载、再加载路径可采用统一的曲线方程形式来表达。

下面介绍图2.141所示混凝土应力–应变滞回关系的加、卸载准则。

（1）受压卸载、再加载准则

混凝土受压卸载时，当压应变小于等于 $0.55\varepsilon_o$ 时按弹性刚度卸载、再加载；当应变大于 $0.55\varepsilon_o$ 时，按“焦点法”考虑刚度退化现象来确定卸载、再加载途径，ε_o 为混凝土骨架线峰值点处应变，σ_o 为 ε_o 对应的应力。焦点 F_1、F_2、F_3 及 F_4 位于过原点的骨架线切线上，其 σ 轴坐标分别为 $0.2\sigma_o$、$0.75\sigma_o$、σ_o 和 $3\sigma_o$。设自骨架线上 A（ε_A,σ_A）点开始卸载（滕智明和邹离湘，1996），卸载线沿 A-D-B 进行。点 B（ε_B,0）为 AF_3 连线与 ε 轴的交点；点 D 为直线 CF_4 与 BF_1 延线的交点；点 C 为直线 BF_2 延线上应变等于 ε_A 的点。ε_B 为自卸载点卸载至 $\sigma=0$ 时的残余应变，表达式如式（2.27）所示。

$$\varepsilon_B=\frac{\sigma_o\varepsilon_A-\sigma_A\varepsilon_1}{\sigma_o+\sigma_A} \tag{2.27}$$

式中，$\varepsilon_1=0.5\varepsilon_o$。

C 点的纵坐标值 σ_C 如式（2.28）所示。

$$\sigma_C=\frac{0.75\sigma_o}{0.75\varepsilon_1+\varepsilon_B}(\varepsilon_A-\varepsilon_B) \tag{2.28}$$

D 点坐标值 ε_D 和 σ_D 的表达式分别如式（2.29）和式（2.30）所示。

$$\varepsilon_D=\frac{D_1\cdot\varepsilon_A-D_2\cdot\varepsilon_B-\sigma_C}{D_1-D_2} \tag{2.29}$$

$$\sigma_D=D_2\cdot(\varepsilon_D-\varepsilon_B) \tag{2.30}$$

式中，$D_1=(3\sigma_o+\sigma_C)/(3\varepsilon_1+\sigma_A)$；$D_2=0.2\sigma_o/(0.2\varepsilon_1+\varepsilon_B)$。

如卸载超过 B 点后再加载时，再加载线将沿折线 B-C-E 进行，E 为骨架线上应变等于 $1.15\varepsilon_A$ 时对应的点。对于卸载至 B 点后再反向加载，当应变历史上出现的最大拉应变 $\varepsilon\leqslant\varepsilon_p$，即受拉混凝土尚未发生开裂时，应力应变将沿直线 BF 发展，F（ε_p,σ_p）为骨架线上峰值拉应力的对应点。当应变历史上出现的最大拉应变 $\varepsilon>\varepsilon_p$ 时，则应力应变将沿直线 BG 发展，G（ε_G,σ_G）为骨架线上最大拉应变的对应点。

（2）受拉卸载、再加载准则

混凝土受拉卸载时，当卸载点应变 $\varepsilon\leqslant\varepsilon_p$ 时，混凝土未开裂，按弹性刚度卸载再反向加载；$\varepsilon>\varepsilon_p$ 时，采用曲线方程来描述卸载、再加载路径。设自下降段上 G 点卸载，考虑裂面效应，卸载首先按直线卸至 H 点，H 点为开始产生裂面效应的起始点，其应变值如式（2.31）所示。

$$\varepsilon_H=\sigma_G\left(0.1+\frac{0.9\varepsilon_o}{\varepsilon_o+|\varepsilon_G|}\right) \tag{2.31}$$

当再加载至 I 点或 I' 点（再加载曲线和应力轴的交点）时，对应 $\varepsilon=0$ 的接触压应力 σ_{con} 如式（2.32）所示。

$$\sigma_{con}=0.3\sigma_W\left(2+\frac{|\varepsilon_H|/\varepsilon_o-4}{|\varepsilon_H|/\varepsilon_o+2}\right) \tag{2.32}$$

式中，σ_W 的确定方法是，当应力应变历史上出现的最大压应变 $\varepsilon\leqslant\varepsilon_o$ 时，$\sigma_W=\sigma_o$，此时卸载、再加载沿 G-I-J 进行；当最大压应变 $\varepsilon>\varepsilon_o$ 时，$\sigma_W=\sigma_A$，此时卸载、再加载沿 G-I'-C-E 进行。

GI 和 GI' 段方程如式（2.33）所示。

$$\sigma=\sigma_{con}\left(1-\frac{2\varepsilon_o}{|\varepsilon_H|+\varepsilon_o}\right)\qquad \varepsilon_H\leqslant\varepsilon<0 \tag{2.33}$$

IJ 段方程如式（2.34）所示。

$$\sigma=\sigma_{con}(1-\varepsilon/\varepsilon_o)+\frac{2\varepsilon}{\varepsilon_o+\varepsilon}\sigma_o\qquad 0\leqslant\varepsilon<\varepsilon_o \tag{2.34}$$

$I'C$ 段方程如式（2.35）所示。

$$\sigma=\sigma_{\text{con}}(1-\varepsilon/\varepsilon_A)+\frac{2\varepsilon}{\varepsilon_A+\varepsilon}\sigma_C \qquad 0\leqslant\varepsilon<\varepsilon_A \tag{2.35}$$

如在 GI 曲线上任一点卸载，则卸载路径为卸载点和 G 点的连线。

计算时采用了如下基本假设。

1）忽略 FRP 对纵向抗压作用的影响。

2）钢材在循环应力作用下的应力 - 应变关系按图 2.140 确定，且忽略钢管局部屈曲的影响。

3）循环应力作用下 FRP 约束混凝土应力 - 应变关系的骨架线暂按图 2.141 确定，受拉应力 - 应变关系按式（2.25）确定。循环应力作用下混凝土的卸载及再加载路径采用“焦点法”确定，如图 2.141 所示。

4）构件在变形过程中始终保持为平截面，且只考虑跨中截面的内外力平衡。

5）钢管、混凝土及 FRP 和混凝土之间无相对滑移。

6）构件两端为铰接，挠曲线符合正弦半波，且忽略剪力对构件变形的影响。

图 2.142 所示为计算曲线和本节滞回试验关系的对比情况。除轴压比较大的 C-0.6-2 和 S-0.5-2 试件，其计算的滞回曲线的软化段和试验曲线有一定差别外，计算结果和试验结果总体较为吻合。

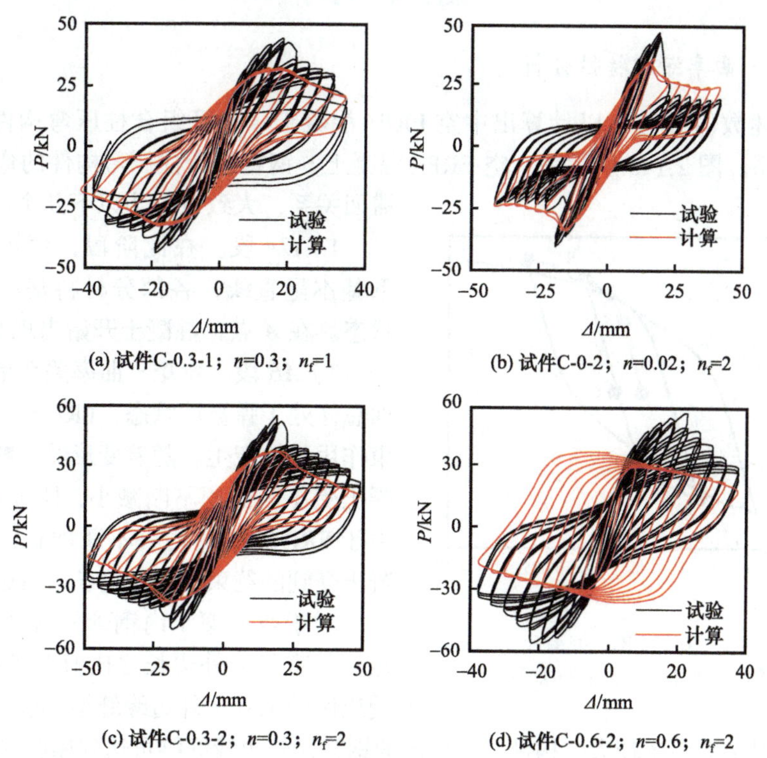

(a) 试件C-0.3-1；n=0.3；n_f=1

(b) 试件C-0-2；n=0.02；n_f=2

(c) 试件C-0.3-2；n=0.3；n_f=2

(d) 试件C-0.6-2；n=0.6；n_f=2

图 2.142 计算与实测 P-Δ 滞回试验关系对比

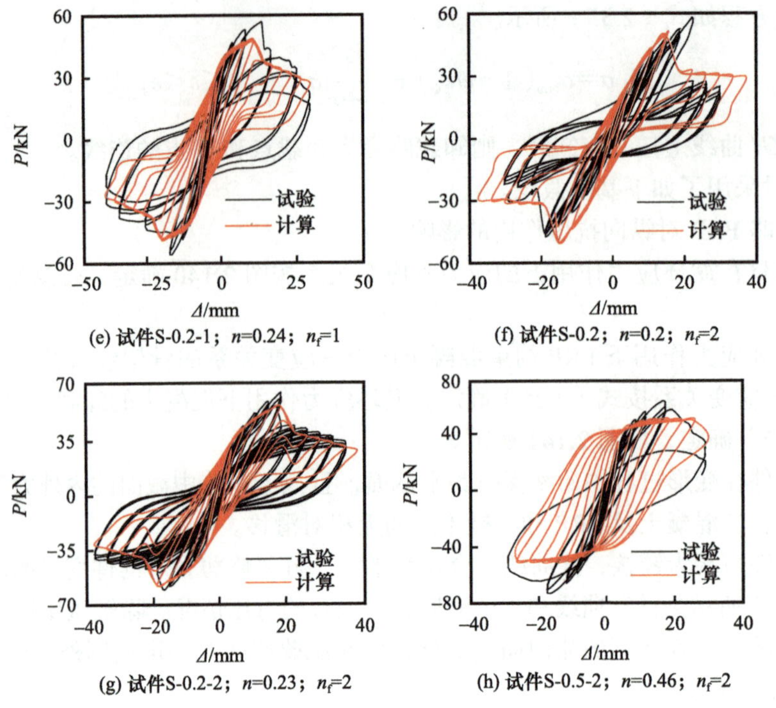

(e) 试件S-0.2-1；n=0.24；n_f=1　(f) 试件S-0.2；n=0.2；n_f=2

(g) 试件S-0.2-2；n=0.23；n_f=2　(h) 试件S-0.5-2；n=0.46；n_f=2

图 2.142 （续）

2. 弯矩－曲率滞回特性分析

利用上述数值方法可以计算出中空 FRP- 混凝土－钢管组合柱压弯构件的弯矩－曲率滞回关系。图 2.143 所示为中空 FRP- 混凝土－钢管组合柱压弯构件的弯矩－曲率滞回关系，大致可分为以下几个阶段。

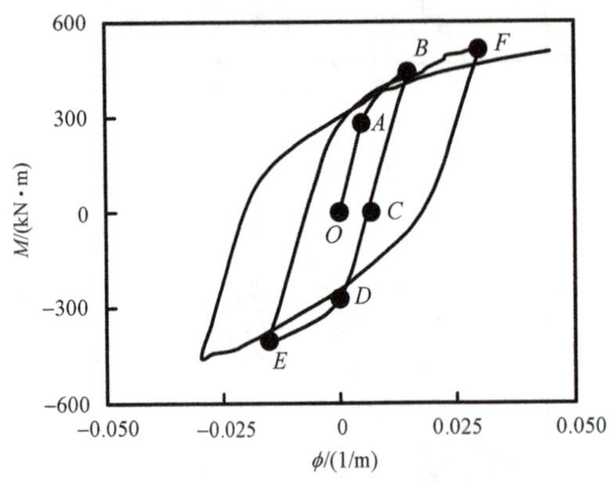

图 2.143 中空 FRP- 混凝土－钢管组合构件 M-ϕ 滞回关系

1）OA 段。在此阶段，弯矩－曲率关系基本呈直线，各部分材料基本处于弹性状态。在 A 点，混凝土开始出现受拉开裂。

2）AB 段。弯矩－曲率关系呈曲线，截面总体处于弹塑性状态，FRP 对混凝土的约束作用开始产生。随着变形的不断增加，混凝土受压区面积不断减小，刚度不断下降。由于 FRP 提供的约束不断增长，受压区混凝土受到的约束也相应增长，其强度有所提高。对于空心率（内钢管外直径 D_i 与构件截面外直径或外边长之比值）较小的构件，受压区的钢管最外边缘纤维一般没有达到屈服强度；而对于空心率较大的构件，受压区的钢管最外边缘纤维可达到屈服强度。

3）BC 段。从 B 点开始卸载，弯矩－曲率基本呈直线关系。截面由于卸载而处于受拉状态的部分转为受压，而原来加载的部分现处于受压卸载状态。在 C 点截面卸载到弯矩为零，但由于轴向力作用，整个截面上钢管和混凝土均有应力存在。在 *C* 点时，截面上有残余正向曲率产生。

4）*CD* 段。截面开始反向加载，弯矩 - 曲率仍基本呈直线关系。由于截面还处于残余应力的卸载阶段，各部分截面的应变都较小。

5）*DE* 段。截面处于弹塑性阶段。与 *AB* 段相似，随着反向加载时的受压区混凝土逐渐进入塑性状态，对于空心率不太大的构件，受压区的钢管最外边缘纤维一般没有达到屈服强度，空心率较大的构件，受压区的钢管最外边缘纤维可能达到屈服强度，截面刚度逐渐降低。

6）*EF* 段。工作情况类似于 *BE* 段。虽然这时截面仍然不断有新的区域进入塑性状态，但由于这部分区域离形心较近，对截面刚度影响不大。构件截面开始进入强化阶段，直至 FRP 发生纵向断裂。

分析结果表明，在 FRP 发生纵向断裂前，中空 FRP- 混凝土 - 钢管组合柱的 M-ϕ 滞回关系表现出较好的稳定性。

2.12.3　参数分析及恢复力模型

影响中空 FRP- 混凝土 - 钢管组合柱滞回性能的主要参数有包裹 FRP 层数、混凝土强度等级、轴压比、钢管屈服强度、钢管径厚比、空心率和长细比等。以下对影响中空 FRP- 混凝土 - 钢管组合柱的弯矩（M）- 曲率（ϕ）和荷载（P）- 位移（Δ）滞回关系骨架线的有关参数进行分析，在此基础上探讨确定其实用滞回模型。

1. 弯矩 - 曲率滞回骨架线参数分析

计算分析表明，中空 FRP- 混凝土 - 钢管组合柱的弯矩（M）- 曲率（ϕ）滞回关系骨架线与单调加载时的结果基本重合。

图 2.144 所示为中空 FRP- 混凝土 - 钢管组合柱的弯矩（M）- 曲率（ϕ）滞回关系与单调加载时的对比。基本计算条件为 L=5000mm；D（B）=500mm；D_i=240mm；t_i=4.8mm；f_y=345MPa；双向 FRP 的单层名义厚度 t_f=0.2mm；n_f=1；f_f=4200MPa；E_f=2.5×10^5N/mm^2；f_c'=60MPa；n=0.4。

下面对影响中空 FRP- 混凝土 - 钢管组合构件 M-ϕ 滞回关系骨架线的影响因素进

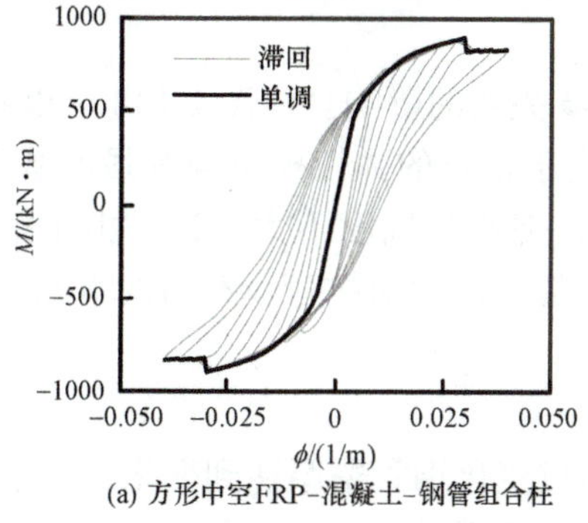

(a) 方形中空FRP-混凝土-钢管组合柱

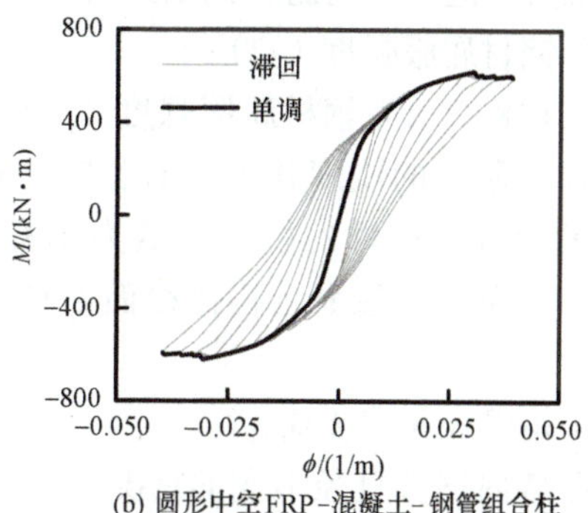

(b) 圆形中空FRP-混凝土-钢管组合柱

图 2.144　M-ϕ 滞回关系与单调加载结果的对比

行分析，算例的基本计算条件同图 2.144 中算例的情况。不同参数对不同截面形状构件的 M-ϕ 滞回关系骨架线的影响规律基本类似，下面以圆形截面构件为例进行分析。

（1）包裹 FRP 层数（n_f）

图 2.145 所示为包裹 FRP 层数（n_f）对弯矩（M）- 曲率（ϕ）滞回关系骨架线的影响。从图 2.145 可以看出，n_f 的增加对构件弹性阶段的刚度影响很小。这是因为 FRP 的纵向纤维所提供的刚度在总刚度中所占的比例很小，同时 FRP 的横向纤维尚未充分发挥约束作用，因而对刚度的影响也非常小。同时从图 2.145 还可以看出，构件的抗弯承载力随 n_f 的增加而不断提高。这一方面是由于 FRP 纵向纤维增加提高了试件承载力，另一方面是 FRP 横向纤维充分发挥了约束作用。

（2）混凝土抗压强度（f_c'）

图 2.146 所示为混凝土强度（f_c'）对 M-ϕ 关系的影响。从图 2.146 可以看出，在其他条件相同的情况下，随着混凝土抗压强度的提高，构件抗弯承载力逐步增大。

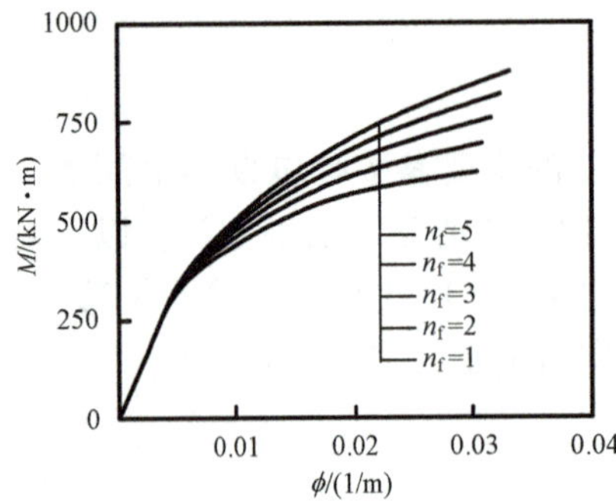

图 2.145 n_f 对 M-ϕ 关系的影响

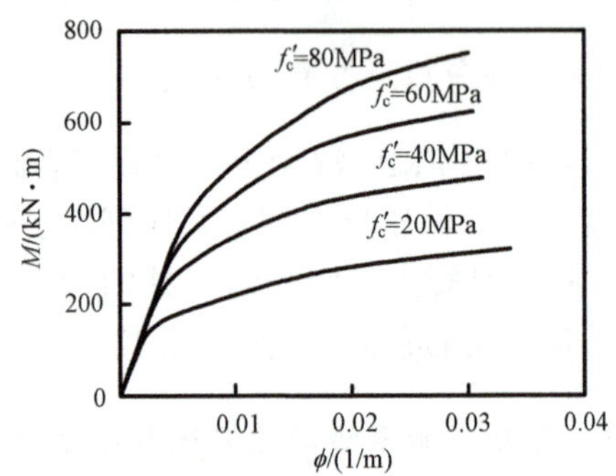

图 2.146 f_c' 对 M-ϕ 关系的影响

（3）轴压比（n）

图 2.147 给出了不同轴压比（n）情况下构件的 M-ϕ 关系。可以看出，施加一定的轴压力有利于抑制混凝土的开裂，延长构件的弹性阶段工作范围。同时还可以看出，在轴压比达到 0.5 前，构件的承载力随 n 的提高而稳定增加。这是由于轴压力能让更多 FRP 纵向纤维参与抵抗弯矩，且使 FRP 横向纤维在混凝土膨胀增加的情况下能提供更大的约束力。但在轴压比达到 0.5 以后，构件的承载力又开始随 n 的增加而有所下降。

（4）钢材屈服强度（f_y）

图 2.148 所示为钢材屈服强度（f_y）对 M-ϕ 关系的影响。由图 2.148 可以看出，f_y 对试件弹性阶段的刚度几乎没有影响，这是由于钢材的弹性模量与其强度基本无关。随着 f_y 的提高，构件的抗弯承载力稍有增长，但增长幅度不大，这是由于钢管位于构件的核心部位，较靠近构件截面中和轴的位置，因此对抗弯承载力的贡献和影响均较小。

（5）钢管径厚比（D_i/t_i）

在保持内钢管直径不变的情况下，可以通过变化钢管壁厚达到变化其径厚比（D_i/t_i）的目的。图 2.149 所示为钢管径厚比对 M-ϕ 关系的影响。由图 2.149 可见，同样

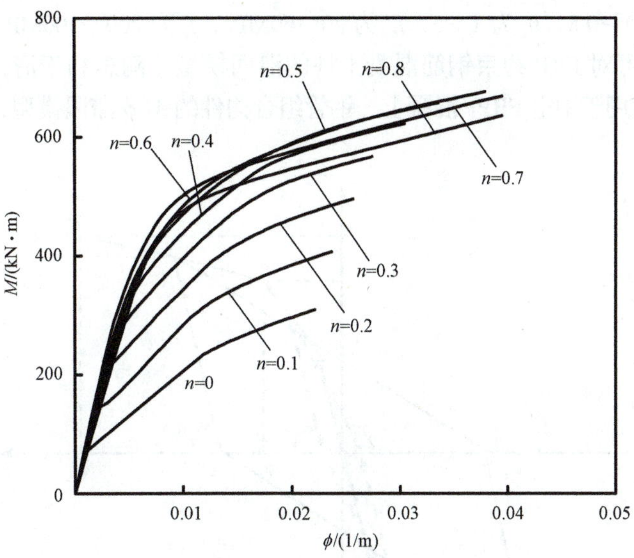

图 2.147 n 对 M-ϕ 关系的影响

由于钢管位于截面核心部位，D_i/t_i 对试件弹性阶段的刚度以及抗弯承载力的影响均不显著。

（6）空心率（$\chi=D_i/D$）

在保持构件外直径 D 不变的情况下，通过变化其内钢管外直径 D_i 可改变构件的空心率。图 2.150 给出了不同空心率情况下的 M-ϕ 滞回关系的骨架线。由图 2.150 可见，空心率变化对试件弹性阶段刚度的影响不大，但随着空心率的提高，构件的承载能力有所降低。

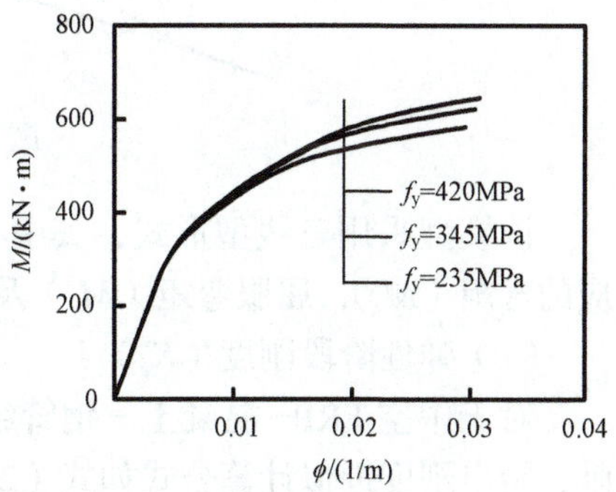

图 2.148 钢材屈服强度（f_y）对 M-ϕ 关系的影响

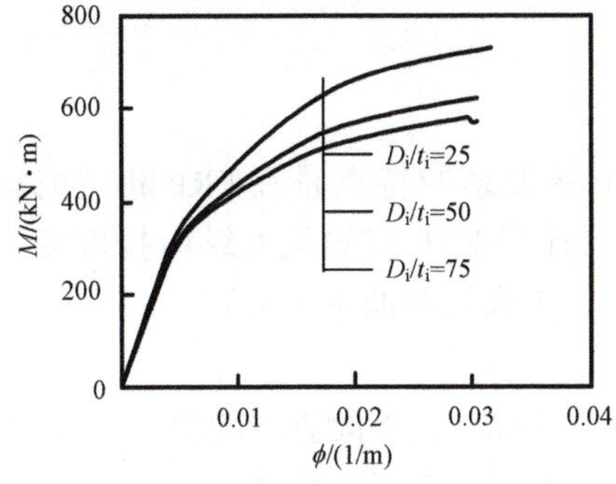

图 2.149 D_i/t_i 对 M-ϕ 关系的影响

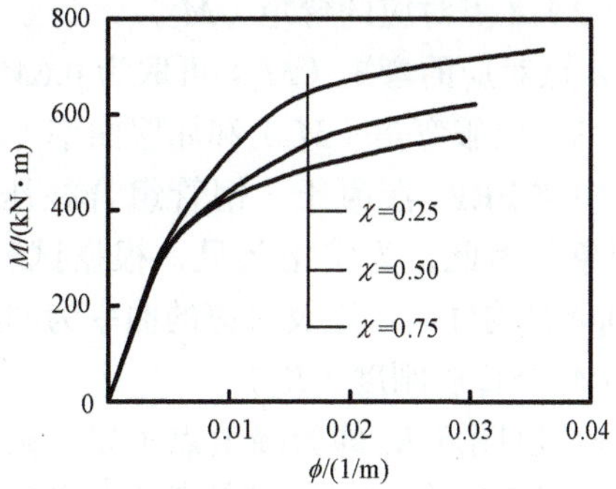

图 2.150 χ 对 M-ϕ 关系的影响

2. 弯矩－曲率滞回模型

通过对中空 FRP-混凝土－钢管组合构件 M-ϕ 关系影响因素的分析，发现在如下参数范围内，即 n 为 0～0.8，n_f 为 1～5，f_c' 为 20～60MPa，f_y 为 200～500MPa，D_i/t_i 为 25～75，χ 为 0.25～0.75，可对 FRP 约束钢筋混凝土柱的滞回模型（陶忠和于清，2006）进行适当修改，从而获得适用于中空 FRP- 混凝土 - 钢管组合构件的 M-ϕ 滞回模型，如图 2.151 所示。

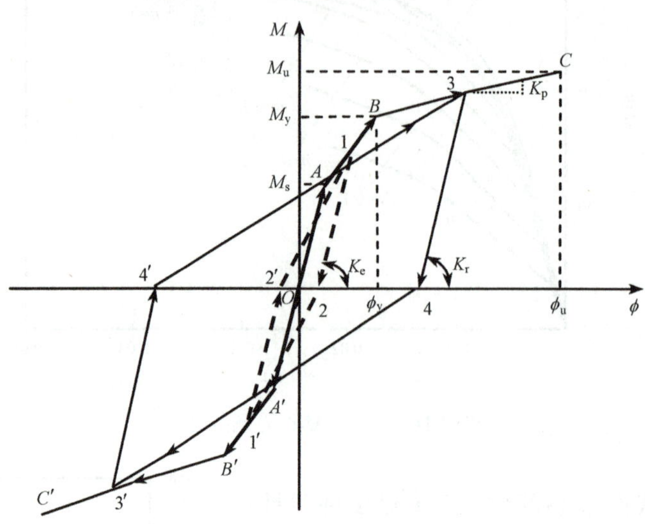

图 2.151　M-ϕ 滞回模型

该模型采用三线型形式，其中有 5 个参数需要确定：弹性阶段刚度（K_e），A 点对应的弯矩（M_s），屈服弯矩（M_y）及其对应的屈服曲率（ϕ_y）和第三段刚度（K_p）。

（1）弹性阶段刚度（K_e）

对于中空 FRP- 混凝土 - 钢管组合柱构件的弹性阶段刚度，忽略 FRP 对刚度的贡献，给出刚度近似计算公式如式（2.36）所示。

$$K_e = E_s I_s + E_c I_c \tag{2.36}$$

式中，E_s、E_c 分别为钢材和混凝土的弹性模量；I_s、I_c 分别为钢材和混凝土的截面惯性矩。

（2）A 点对应的弯矩（M_s）

A 点对应的弯矩（M_s）可取为 $0.6M_y$。

（3）屈服弯矩（M_y）和屈服曲率（ϕ_y）

中空 FRP- 混凝土 - 钢管组合柱压弯构件 M-ϕ 关系的特点是在 FRP 断裂前呈强化现象。因此，为实用起见，根据试验结果暂取外层 FRP 布的最大纵向拉应变达到 3600$\mu\varepsilon$ 时构件的弯矩及对应的曲率为屈服弯矩（M_y）和屈服曲率（ϕ_y）。

（4）BC 段刚度（K_p）

BC 段刚度 K_p 即为峰值点（M_y，ϕ_y）和极限点（M_u，ϕ_u）间直线的斜率。M_u 和 ϕ_u 的确定以 FRP 纵向纤维被拉断作为破坏标志。K_p 可由式（2.37）计算。

$$K_p = \frac{M_u - M_y}{\phi_u - \phi_y} \tag{2.37}$$

（5）模型软化段

模型软化段及再加载段参考了钢筋混凝土 M-ϕ 恢复力模型（过镇海和时旭东，

2003)。中空 FRP- 混凝土 - 钢管组合柱 M-ϕ 滞回模型的卸载段取斜直线，其斜率 K_r 按式（2.38）进行计算，其中的系数 ζ 考虑 FRP 的约束作用取为 0.8。

$$\begin{cases} K_r = K_e & |\phi_r| \leqslant \phi_y \\ K_r = \left(\dfrac{\phi_y}{\phi_r}\right)^{\zeta} K_e & \phi_y < |\phi_r| \leqslant \phi_u \end{cases} \tag{2.38}$$

滞回模型的卸载和再加载准则如下。

当从弹性阶段卸载时，卸载线将按照弹性阶段刚度卸载；当从 1 点或 3 点卸载时，卸载线则按卸载刚度 K_r 进行卸载。模型卸载至 $M=0$，并开始反向加载，进入软化段 21′ 或 43′，点 1′ 和 3′ 为上一循环曾达到的最高点。然后，加载路径再沿模型骨架线继续进行。软化段 2′1 和 4′3 的确定方法分别与 21′ 和 43′ 类似。

图 2.152 为中空 FRP- 混凝土 - 钢管组合柱算例的 M-ϕ 滞回骨架线模型计算结果与数值计算结果的对比情况。图 2.153 所示为采用实用滞回模型计算获得的中空 FRP- 混凝土 - 钢管组合柱构件在反复荷载作用情况下 M-ϕ 滞回关系与数值方法计算结果的对比情况。算例基本条件与图 2.144 相同。

对比结果表明，实用模型的计算结果与数值计算结果吻合较好。

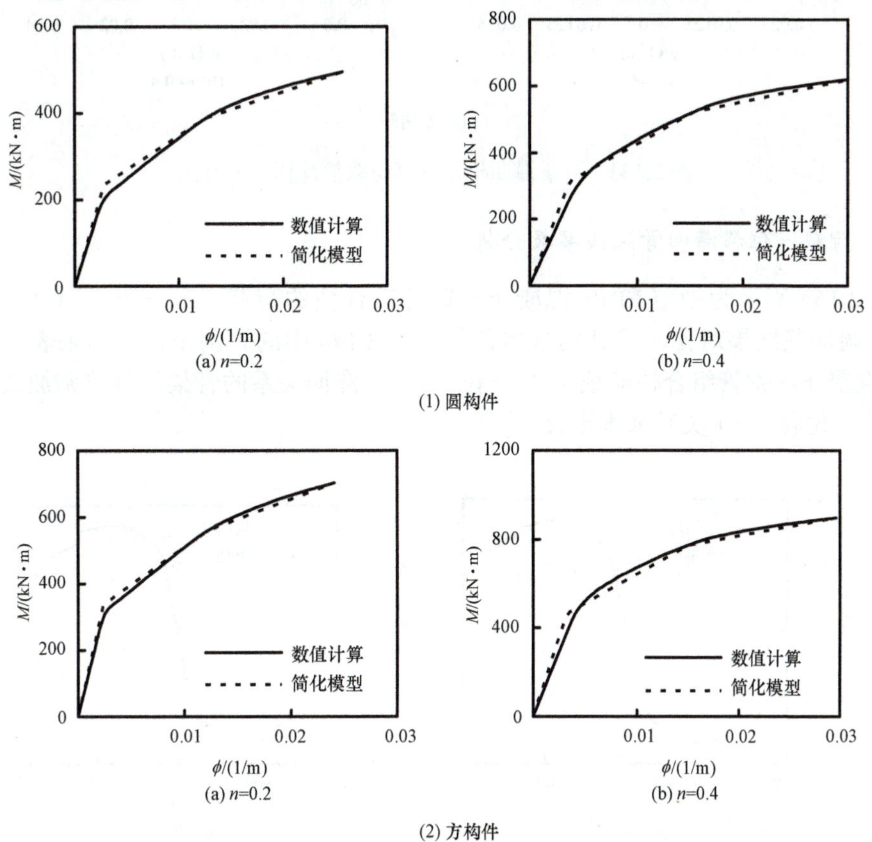

图 2.152　M-ϕ 滞回骨架线模型计算与数值计算结果对比

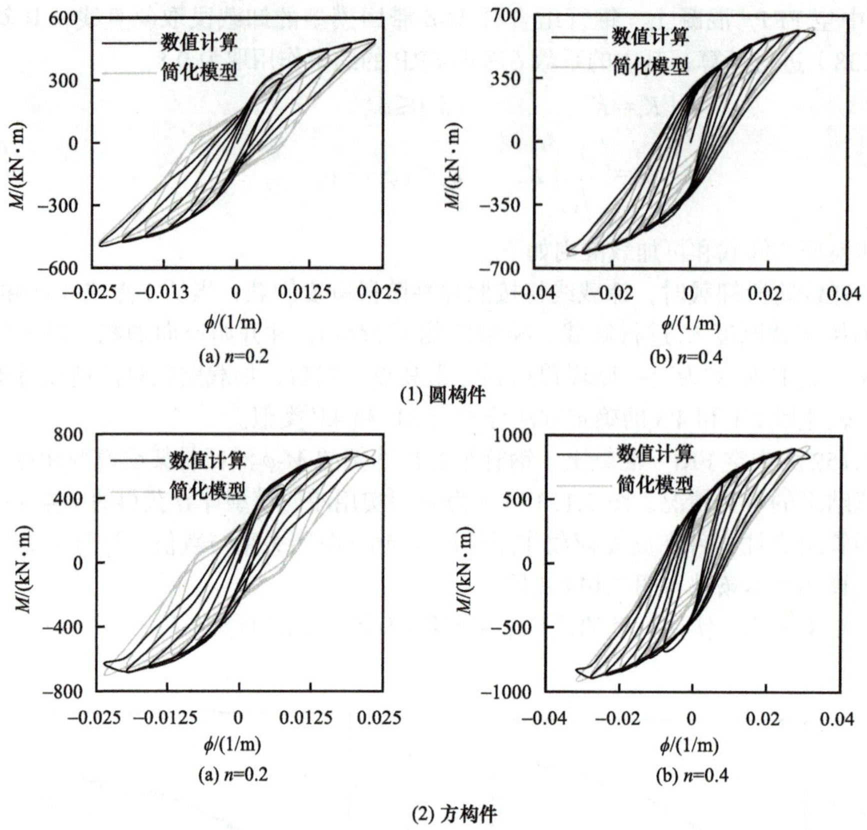

图 2.153 *M-ϕ* 滞回模型计算与数值计算结果对比

3. 荷载－位移滞回骨架线参数分析

图 2.154 所示为中空 FRP- 混凝土－钢管组合柱的荷载（*P*）－位移（*Δ*）滞回关系与单调加载结果对比，其算例基本条件同图 2.144 中的算例条件。结果表明，中空 FRP- 混凝土－钢管组合柱荷载（*P*）－位移（*Δ*）滞回关系的骨架线与单调加载时的荷载（*P*）－位移（*Δ*）关系基本重合。

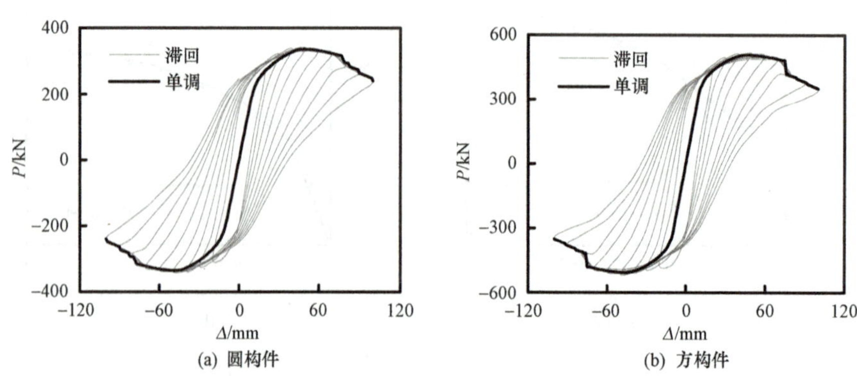

图 2.154 *P-Δ* 滞回关系与单调加载结果对比

影响中空FRP-混凝土-钢管组合柱P-Δ滞回关系骨架线的可能因素主要有包裹FRP层数（n_f）、混凝土圆柱体抗压强度（f_c'）、轴压比（n）、钢材屈服强度（f_y）、钢管径厚比（D_i/t_i）、空心率（χ）和长细比（λ）等。

下面通过算例，分析各参数对中空FRP-混凝土-钢管组合柱P-Δ滞回关系骨架线的影响规律。算例计算条件同图2.144中的算例条件。

不同参数对不同截面形状构件的P-Δ滞回关系骨架线的影响规律基本类似，下面以圆形截面构件为例进行有关分析。

（1）包裹FRP层数（n_f）

图2.155所示为包裹FRP层数（n_f）对P-Δ关系的影响。从图2.155可以看出，在其他条件相同的情况下，随着包裹FRP层数（n_f）的提高，构件的水平承载力增大，但n_f对骨架线弹性阶段的刚度影响很小。

（2）混凝土抗压强度（f_c'）

图2.156所示为混凝土强度对P-Δ关系的影响。从图2.156可以看出，在其他条件相同的情况下，随着混凝土抗压强度的提高，构件水平承载力也逐步增大，但混凝土抗压强度对骨架线初始弹性阶段的刚度影响不大。

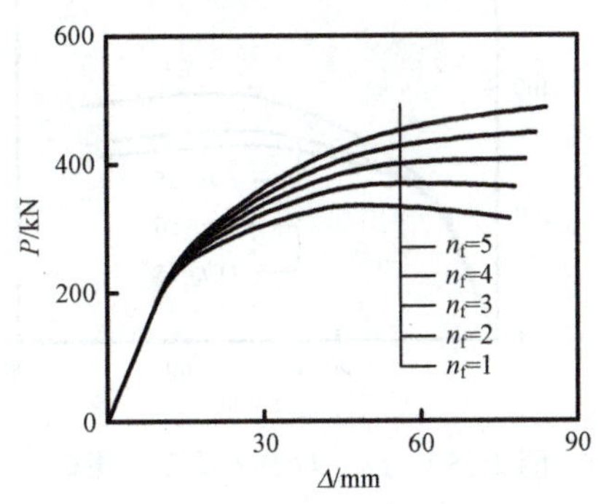

图2.155　n_f对P-Δ关系的影响

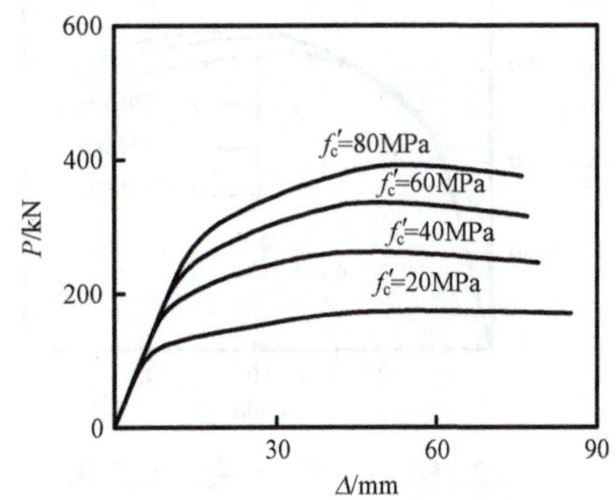

图2.156　f_c'对P-Δ关系的影响

（3）轴压比（n）

图2.157给出了不同轴压比（n）情况下构件的P-Δ关系。可以看出，在其他条件相同的情况下，轴压比达到以前的40%，随着n的增加，构件的水平承载力逐渐提高；但当轴压比超过40%后，由于二阶效应影响构件的水平承载力又随着n的增大而逐步减小。且随着n的增大，下降段的下降幅度逐渐增加，构件的位移延性越来越小。

（4）钢材屈服强度（f_y）

图2.158所示为钢管的钢材屈服强度（f_y）对P-Δ关系的影响。由图2.158可见，f_y对弹性阶段的刚度几乎没有影响，但随着f_y的提高，构件的水平承载力稍有增长，但增长的幅度不大；这是由于钢管位于构件的核心，因而f_y对抗弯承载力的影响较小。

（5）钢管径厚比（D_i/t_i）

图2.159所示为内钢管径厚比（D_i/t_i）对P-Δ关系的影响。由图2.159可见，D_i/t_i对弹性阶段的刚度影响较小。随着D_i/t_i的提高，构件的水平承载力稍有增长，但增长的幅度不大。

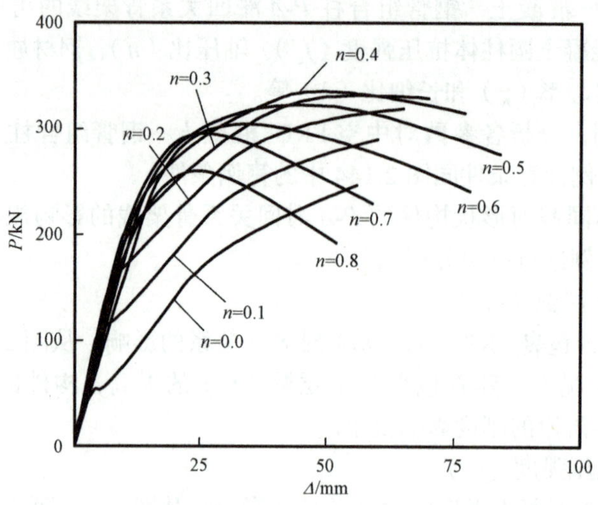

图 2.157　n 对 P-Δ 关系的影响

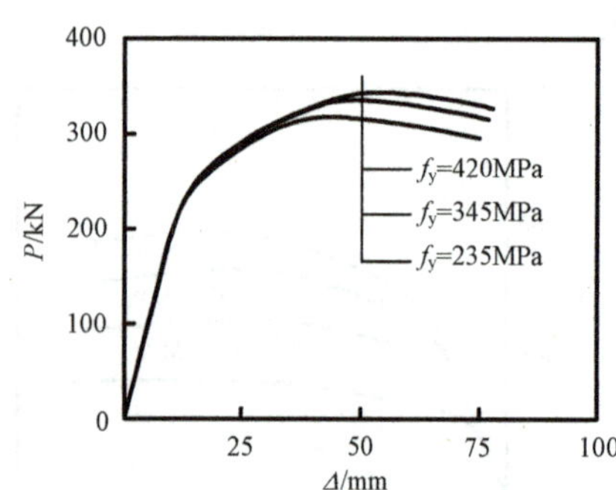

图 2.158　f_y 对 P-Δ 关系的影响

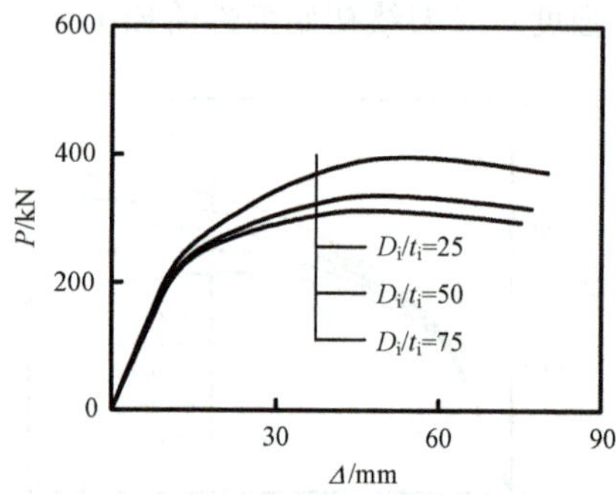

图 2.159　D_i/t_i 对 P-Δ 关系的影响

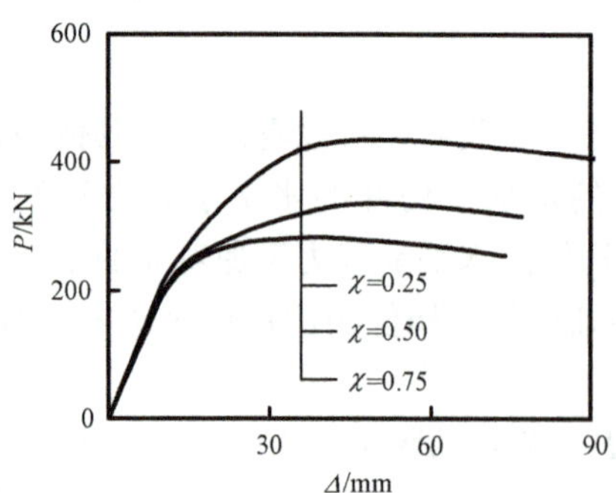

图 2.160　D_i/D 对 P-Δ 关系的影响

（6）空心率（D_i/D）

图 2.160 给出了不同空心率（D_i/D）下中空 FRP- 混凝土 - 钢管组合柱构件的 P-Δ 滞回关系骨架线。由图 2.160 可见，D_i/D 变化对弹性阶段的刚度影响不大，而 D_i/D 越大的构件其承载力越低。

（7）长细比（λ）

图 2.161 所示为不同长细比（λ）条件下的 P-Δ 关系。可见，随着 λ 的增加，构件弹性阶段的刚度和水平承载力都逐渐减小。

4. 荷载 - 位移滞回模型

参数分析结果表明，在如下参数范围内，即 n 为 0～0.8，n_f 为 1～5，f_c' 为 20～60MPa，f_y 为 200～500MPa，D_i/t_i 为 25～75，χ 为 0.25～0.75，λ 为 20～80，中空 FRP- 混凝土 -

钢管组合柱的 P-Δ 滞回模型仍可采用图 2.151 所示的三线型模型，其中峰值点 B 点的位移（Δ_p）及最大水平荷载（P_y）等参数可由数值计算获得。

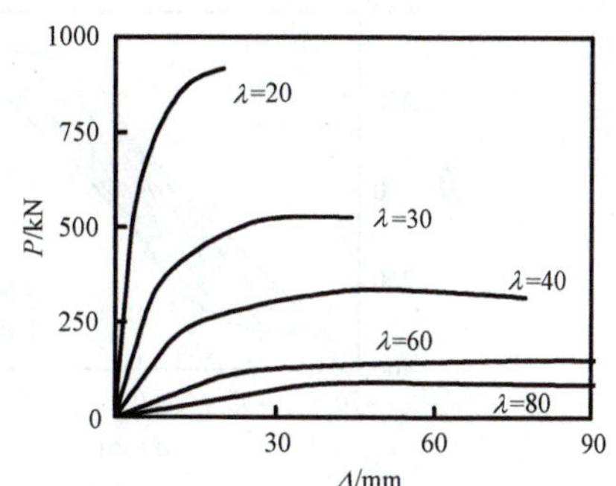

图 2.161　λ 对 P-Δ 关系的影响

图 2.162 为中空 FRP- 混凝土 - 钢管组合柱算例的 P-Δ 骨架线模型计算结果与数值计算结果的对比情况；图 2.163 所示为采用实用模型计算获得的中空 FRP- 混凝土 - 钢管组合柱构件在反复荷载作用情况下 P-Δ 滞回模型与数值方法计算结果的对比情况。图 2.162 和图 2.163 中算例的基本条件和图 2.144 中的构件条件相同。可见二者总体上较为吻合。

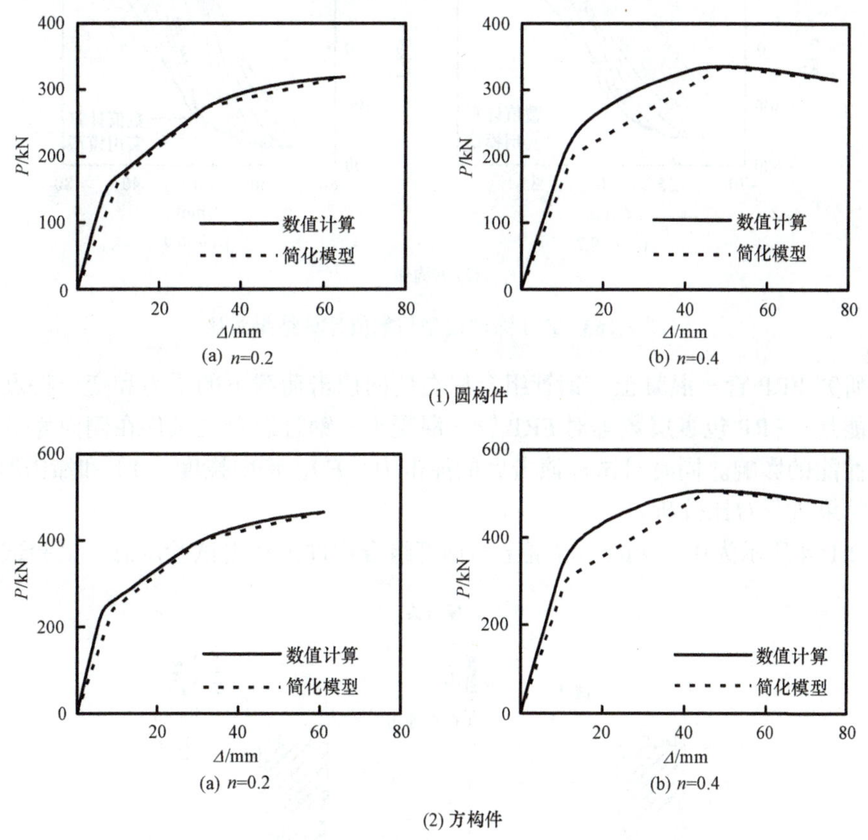

图 2.162　P-Δ 骨架线模型与数值计算结果对比

2.12.4　抗撞击性能

中空 FRP- 混凝土 - 钢管组合柱结构可能承受撞击荷载作用。本小节对两端固支的中空 FRP- 混凝土 - 钢管组合柱结构试件进行了侧向撞击试验（Wang et al.，2015b）。试验试件分为 9 组，每组包括 2 根参数相同的 FRP 管 - 混凝土 - 钢管组合柱试件。试

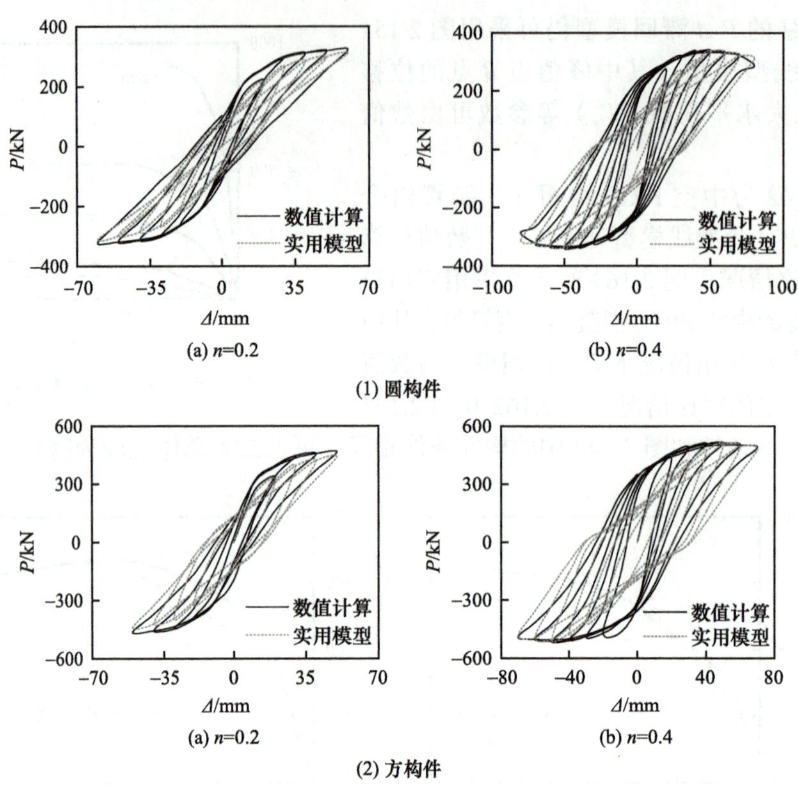

图 2.163　*P-Δ* 滞回模型与数值计算结果对比

验主要研究 FRP 管－混凝土－钢管组合柱在侧向撞击荷载下的受力和变形特点，并分析撞击能量、FRP 包裹层数等对 FRP 管－混凝土－钢管组合柱试件在侧向撞击荷载下的力学性能的影响。同时对试件撞击后的撞击力（F）、跨中挠度（Δ）和撞击时间（t）等试验结果进行对比分析。

图 2.164 所示为中空 FRP- 混凝土－钢管组合构件抗撞击试验示意。试验试件均为

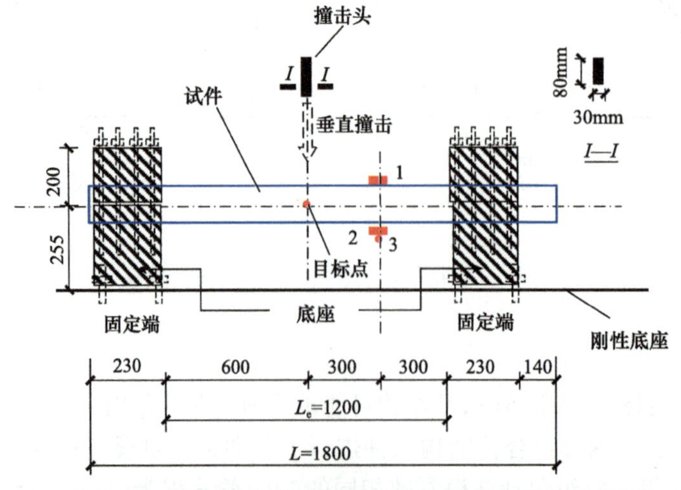

图 2.164　中空 FRP- 混凝土－钢管组合构件抗撞击试验（尺寸单位：mm）

圆形截面 FRP 管 - 混凝土 - 钢管组合柱。其中，试件外径均为 114mm，单层 FRP 厚度为 0.17mm，内钢管尺寸均为 50×1.8mm，跨度为 1800mm。试件参数如表 2.34 所示，其中，V_o 为落锤撞击高度，E_o 为撞击能量，F_{max} 为撞击力峰值，F_{stab} 为撞击力平台值，t 为撞击持续时间，$\Delta_{residual}$ 为试件跨中残余变形。

表 2.34　中空 FRP- 混凝土 - 钢管撞击试件参数

序号	试件编号	n_f	V_o/（m/s）	E_o/kJ	F_{max}/kN	F_{stab}/kN	t/ms	$\Delta_{residual}$/mm
1	F1L01	1	2.2	0.56	132.5	25.2	43.3	22.2
2	F1L02	1	2.2	0.56	137.4	28.4	39.0	23.6
3	F1M01	1	3.1	1.13	146.7	23.4	50.6	51.5
4	F1M02	1	3.1	1.13	150.4	24.6	51.3	54.1
5	F1H01	1	4.4	2.25	—	—	—	99.8
6	F1H02	1	4.4	2.25	156.5	23.8	52.7	92.2
7	F2L01	2	2.2	0.56	101.9	24.3	36.4	22.1
8	F2L02	2	2.2	0.56	—	—	—	24.2
9	F2M01	2	3.1	1.13	116.1	23.1	50.0	52.6
10	F2M02	2	3.1	1.13	119.1	26.3	45.0	53.3
11	F2H01	2	4.4	2.25	121.2	29.1	58.4	82.6
12	F2H02	2	4.4	2.25	137.6	27.6	56.3	85.3
13	F3L01	3	2.2	0.56	78.8	34.0	34.6	21.8
14	F3L02	3	2.2	0.56	—	31.3	—	25.8
15	F3M01	3	3.1	1.13	107.8	36.4	42.2	45.6
16	F3M02	3	3.1	1.13	108.6	37.6	48.0	46.9
17	F3H01	3	4.4	2.25	112.7	35.3	50.0	67.0
18	F3H02	3	4.4	2.25	116.2	36.1	47.6	72.2
19	RL01	0	2.2	0.56	131.6	34.0	29.8	18.0
20	RL02	0	2.2	0.56	144.4	31.3	28.4	17.6
21	RM01	0	3.1	1.13	252.9	36.4	34.1	28.4
22	RM02	0	3.1	1.13	266.1	37.6	31.6	30.5
23	RH01	0	4.4	2.25	278.6	35.3	47.8	56.3
24	RH02	0	4.4	2.25	244.7	36.1	40.4	51.5

图 2.165 所示为构件受撞击后的破坏形态。由图 2.165 可见，F1L、F2L 和 F3L 三组试件在相同的较低撞击能量下试验后，变形甚小或几乎不变形。F1H、F2H 和 F3H 三组试件在相同的较高撞击能量下，FRP 布被拉断，跨中底部混凝土均开裂破坏，内钢管提供主要的剩余承载能力，两端固定支座处也因反弯矩存在而在试件上部受拉区出现裂缝。这是由于 FRP 属于脆性材料，当所受的应力超过其极限拉应力后会出现断裂。随着 FRP 包裹层数的增加，跨中底部开裂破坏程度会稍微减轻，但仍出现明显裂

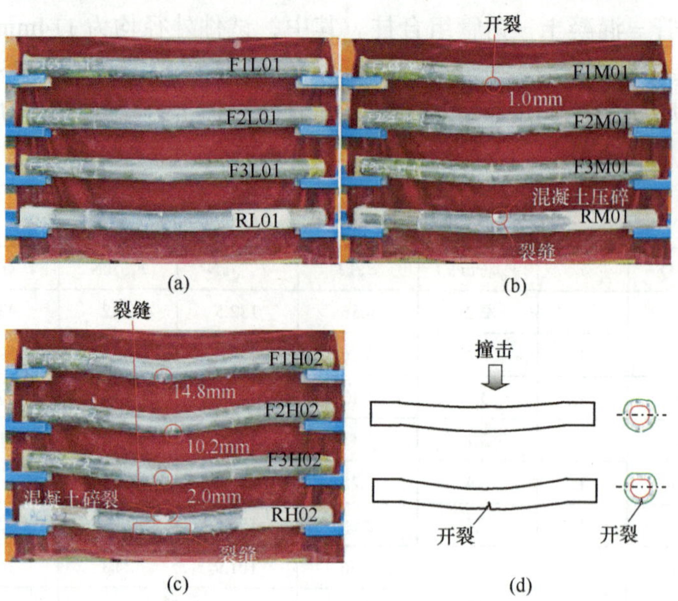

图 2.165　撞击后试件破坏形态

缝，说明 FRP 包裹层数对 FRP 管 - 混凝土 - 钢管组合柱试件的抗撞击性能虽有一定的提升，但效果并不明显。

核心混凝土破坏形态方面（图 2.166），由于受 FRP 布的包裹，内部核心混凝土的整体变形与外部 FRP 管整体变形基本一致。在较低撞击能量下，由于 FRP 提供的有力约束，使得 FRP 管 - 混凝土 - 钢管组合柱各试件落锤撞击区域均无明显局部变形，试件顶部混凝土也未被压碎，各部位均未产生明显的裂缝；而在较高撞击能量下，FRP 管 - 混凝土 - 钢管组合柱试件在跨中顶部、跨中底部和固定支座等位置处出现了一定的破坏形态。试件跨中顶部的混凝土被部分压碎；试件跨中底部的混凝土则由于 FRP 的破坏而导致整体开裂，其丧失的承载能力由内钢管承担；支座处上部混凝土由于反弯矩的存在而产生明显的受拉裂缝。

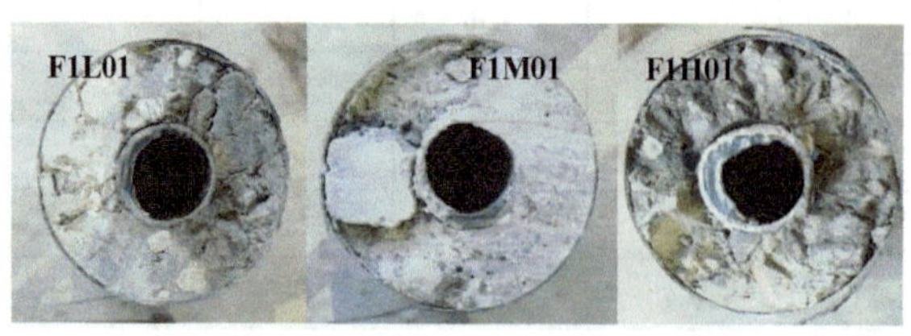

图 2.166　核心混凝土破坏形态

各试件的撞击力数据由落锤撞击头处的传感器记录。所有试件的撞击力峰值和平台值如表 2.34 所示。撞击力（F）- 时间（t）关系及位移（Δ）- 时间（t）关系如图 2.167 所示。可见，FRP 管 - 混凝土 - 钢管组合柱试件的 F-t 关系可分为峰值段、衰减段、平台段和卸载段等四个阶段。

1）峰值段：在试件被落锤撞击的瞬间，其产生局部变形的同时因自身刚度使撞击

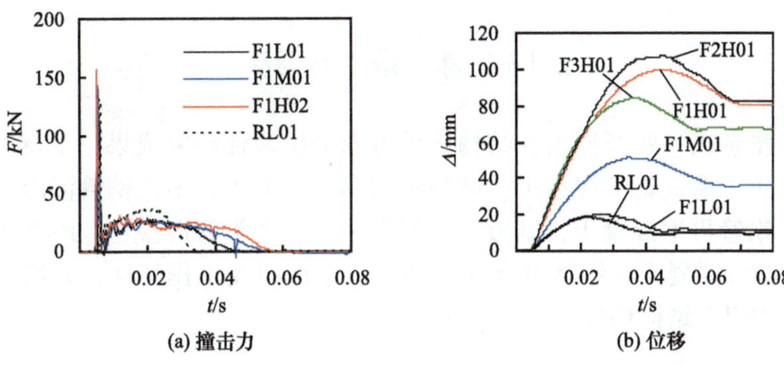

(a) 撞击力　(b) 位移

图 2.167　*F-t* 关系及 *Δ-t* 关系

力急速上升至峰值。

2）衰减段：试件被撞击后速度迅速增大，而落锤速度迅速减小，两者的相互接触作用逐渐减弱，撞击力也随之逐渐减小；随着试件速度达到最大值，此时试件速度大于落锤速度，但由于试件局部变形具有可恢复性，两者仍保持相互接触并未完全脱离，故撞击力仅仅短暂减小。

3）平台段：当试件的速度达到最大值时，因其自身刚度影响会使速度迅速降低，在其平衡位置附近产生回弹，而落锤因惯性的存在保持一定的下坠速度，使得落锤和试件两者再次相互接触作用，撞击力再次回升至峰值。在该过程数次反复之后，最终试件与落锤的速度趋向于一致，撞击力也稳定在平台值阶段。

4）卸载段：随着撞击过程的持续，最初落锤提供能量也会以各种形式逐渐被消耗，导致两者之间的接触作用减弱甚至消失，故撞击力值逐渐减小；最终试件与落锤均趋于静止，撞击力也相应卸载至零。

上述研究结果表明，中空 FRP- 混凝土 - 钢管组合柱试件在遭受撞击后，撞击力会迅速达到峰值。同时，当撞击能量增大时，撞击周期明显变长；撞击力峰值显著增大；而撞击力平台值几乎保持不变（仅因材料应变率的提高而导致材料强度略有增加）。在相同的撞击能量下，不同 FRP 包裹层数的试件的撞击力平台值和撞击时间几乎保持不变；不同 FRP 包裹层数的试件最终的跨中极限挠度值和跨中挠度平台值也几乎不变。

2.12.5　小结

本小节对中空 FRP- 混凝土 - 钢管组合构件的滞回性能进行了试验研究和数值分析，并在参数分析的基础上建议了其 M-ϕ 和 P-Δ 滞回关系模型。试验结果表明：① FRP 纵向纤维断裂前，构件的滞回性能良好，但在 FRP 断裂后构件承载力显著下降，且滞回曲线开始出现捏缩现象。②在本节研究对象参数范围内，在构件上施加一定的轴压力有利于延缓 FRP 的纵向断裂，提高构件延性。实际设计时建议合理确定 FRP、混凝土和钢管三部分的荷载分担比例。本节还对中空 FRP- 混凝土 - 钢管组合构件的抗撞击性能进行了试验研究。结果表明，在中空 FRP- 混凝土 - 钢管组合柱遭受相同撞击能量的条件下，通过增加 FRP 包裹层数对改善该结构的抗撞性能影响很小。

2.13 本章小结

结合本书作者在一些新型组合结构构件方面的阶段性研究成果，本章简要论述了钢管约束混凝土，薄壁钢管混凝土，高强钢材钢管混凝土，不锈钢管混凝土，钢管自密实混凝土，钢管再生混凝土，锥形、椭圆形、多边形钢管混凝土，FRP 约束钢管混凝土和中空 FRP- 混凝土 - 钢管组合柱构件的力学性能及工作特性，并通过参数分析给出了部分新型组合结构构件的设计方法。

参考文献

福建省住房和城乡建设厅，2020．钢管混凝土结构技术规程：DBJ/T 13-51—2020［S］．福州：福建省住房和城乡建设厅．

国家能源局，2021．钢 - 混凝土组合结构设计规程：DL/T 5085—2021［S］．北京：中国电力出版社．

过镇海，时旭东，2003．钢筋混凝土原理和分析［M］．北京：清华大学出版社．

韩林海，2022．钢管混凝土结构：理论与实践［M］．4 版．北京：科学出版社．

韩林海，杨有福，李永进，等，2006．钢管高性能混凝土的水化热和收缩性能研究［J］．土木工程学报，39（3）：1-9．

沈聚敏，王传志，江见鲸，1993．钢筋混凝土有限元与板壳极限分析［M］．北京：清华大学出版社．

陶忠，王志滨，韩林海，等，2007．CFRP 约束钢管混凝土柱的抗火性能研究［C］// 中国钢结构协会防火与防腐分会．第四届全国钢结构防火及防腐技术研讨会暨第二届全国结构抗火学术交流会议文集．上海：［出版者不详］．

陶忠，于清，2006．新型组合结构柱：试验、理论与方法［M］．北京：科学出版社．

滕智明，邹离湘，1996．反复荷载下钢筋混凝土构件非线性有限元分析［J］．土木工程学报，29（2）：19-27．

吴颖星，2007．钢管高强混凝土压弯构件力学性能的试验研究和理论分析［D］．福州：福州大学．

肖岩，何文辉，毛小勇，2004．约束钢管混凝土柱的开发研究［J］．建筑结构学报，25（6）：59-66．

徐悟，2016．六边形钢管混凝土柱及其外包式柱脚工作机理研究［D］．北京：清华大学．

许志豪，黄剑波，2006．昂船洲大桥耐久性、维修和安全考虑［A/C］．第十七届全国桥梁学术会议论文集．重庆：［出版者不详］，46-53．

尧国皇，2006．钢管混凝土构件在复杂受力状态下的工作机理研究［D］．福州：福州大学．

于清，陶忠，陈志波，等，2008．钢管约束混凝土抗弯力学性能研究［J］．工程力学，25（3）：187-193．

于清，阎善章，2008．钢管混凝土中核心混凝土浇筑质量的过程控制方法探讨［J］．工业建筑，38（9）：104-106．

中国工程建设标准化协会，2004．矩形钢管混凝土结构技术规程：CECS 159—2004［S］．北京：中国计划出版社．

中国工程建设标准化协会，2019．钢管再生混凝土结构技术规程：T/CECS 625—2019［S］．北京：中国建筑工业出版社．

中国人民解放军总后勤部，2001．战时军港抢修早强型组合结构技术规程：GJB 4142—2000［S］．北京：中国人民解放军总后勤部．

中华人民共和国住房和城乡建设部，2015．建筑抗震试验规程：JGJ/T 101—2015［S］．北京：中国建筑工业出版社．

中华人民共和国住房和城乡建设部，2021．钢管混凝土混合结构技术标准：GB/T 51446—2021［S］．北京：中国建筑工业出版社．

周绪红，刘界鹏，2010．钢管约束混凝土柱的性能与设计［M］．北京：科学出版社．

ABDELLA K, 2006. Inversion of a full-range stress-strain relation for stainless steel alloys [J]. International Journal of Non-Linear Mechanics, 41 (4): 456-463.

ACI Committee 318-14, 2014. Building code requirements for structural concrete and commentary: ACI 318-14 [S]. American Concrete Institute, Detroit, USA.

AIJ, 2012 (AIJ, 2008; AIJ, 1997). Recommendations for design and construction of concrete filled steel tubular structures [S]. Architectural Institute of Japan (AIJ), Tokyo, Japan.

American Society of Civil Engineers, 2002. Specification for the design of cold-formed stainless steel structural members [S]. SEI/ASCE 8-02. (Standard No. 02-008), New York.

American Institute of Steel Construction, 2022. Specification for structural steel buildings: ANSI/AISC 360—22 [S]. Chicago,

Illinois, USA: American Institute of Steel Construction.

ASGAR T, 2005. Behaviour and design of concrete filled square hollow columns using stainless steel sections [D]. New South Wales: University of Wollongong.

Australian/New Zealand Standard, 2001. Cold-formed stainless steel structures: AS/NZS 4673 [S]. Sydney, Australia: Standards Australia.

Applied Technology Council, 1992. Guidelines for cyclic seismic testing of components of steel structures. ATC-24[S]. Redwood City, CA: Applied Technology Council.

BALTAY P, GJELSVIK A, 1990. Coefficient of friction for steel on concrete at high normal stress [J]. Journal of Materials in Civil Engineering, ASCE, 2 (1): 46-49.

British Standards Institutions, 2005. Steel, concrete and composite bridges. BS 5400-5[S]. London, UK: British Standards Institutions.

CHEN J, YOUNG B, 2006. Stress-strain curves for stainless steel at elevated temperatures [J]. Engineering Structures, 28 (2): 229-239.

DAJANOVIC A, 2004. Strength and deformation characteristics of short stainless steel concrete filled tubes [D]. New South Wales: University of New South Wales.

ELLOBODY E, 2007. Nonlinear behavior of concrete-filled stainless steel stiffened slender tube columns [J]. Thin-Walled Structures, 45 (3): 259-273.

ELLOBODY E, 2013. Nonlinear behaviour of eccentrically loaded FR concrete-filled stainless steel tubular columns [J]. Journal of Constructional Steel Research, 90: 1-12.

ELLOBODY E, YOUNG B, 2006a. Experimental investigation of concrete-filled cold-formed high strength stainless steel tube columns [J]. Journal of Constructional Steel Research, 62 (5): 484-492.

ELLOBODY E, YOUNG B, 2006b. Design and behaviour of concrete-filled cold-formed stainless steel tube columns [J]. Engineering Structures, 28 (4): 716-728.

ELREMAILY A, AZIZINAMINI A, 2002. Behavior and strength of circular concrete-filled tube columns [J]. Journal of Constructional Steel Research, 58 (12): 1567-1591.

Euro Inox/SCI, Euro Inox, 2002. Design manual for structural stainless steel [M]. Second Edition. Toronto: Nickel Development Institute.

Eurocode 3, 2005. Design of steel structures—Part 1.4: General rules-Supplementary rules for stainless steels. EN 1993-1-1[S]. Brussels: European Committee for Standardization (CEN).

Eurocode 4, 2004. Design of composite steel and concrete structures—Part 1.1: General rules and rules for buildings. EN 1994-1-1[S]. Brussels: European Committee for Standardization (CEN).

FORTNER B, 2006. Landmark reinvented [J]. Civil Engineering (N. Y.), 76 (4): 42-49, 84.

GARDNER, J, JACOBSON, E R, 1967. Structural behaviour of concrete filled steel tubes [J]. ACI Structural Journal, 64 (7): 404-413.

GARDNER L, 2005. The use of stainless steel in structures [J]. Progress in Structural Engineering and Materials, 7 (2): 45-55.

GARDNER L, NETHERCOT D A, 2001. Numerical modelling of cold-formed stainless steel sections [A/C]. Proceedings of the Ninth Nordic Steel Construction Conference, Helsinki, Finland: 781-790.

GHO W M, LIU D, 2004. Flexural behaviour of high-strength rectangular concrete-filled steel hollow sections [J]. Journal of Constructional Steel Research, 60 (11): 1681-1696.

GJERDING-SMITH A, 2004. Strength and deformation behaviour of short concrete filled stainless steel columns [D]. New South Wales: University of New South Wales.

HAN L H, CHEN F, LIAO F Y, et al., 2013. Fire performance of concrete filled stainless steel tubular columns [J]. Engineering Structures, 56: 165-181.

HAN L H, REN Q X, LI W, 2010. Tests on inclined, tapered and STS concrete-filled steel tubular (CFST)stub columns [J]. Journal of Constructional Steel Research, 66 (10): 1186-1195.

HAN L H, YAO G H, 2004. Experimental behaviour of thin-walled hollow structural steel (HSS)columns filled with self-consolidating concrete (SCC) [J]. Thin-Walled Structures, 42 (9): 1357-1377.

HAN L H, YAO G H, TAO Z, 2007. Perforcmance of concrete-filled thin-walled steel tubes under pure torsion [J]. Thin-Walled Structure, 45 (1): 24-36.

HAN L H, YAO G H, CHEN Z B, et al., 2005. Experimental behavior of steel tube confined concrete (STCC) columns [J]. Steel and Composite Structures-An International Journal, 5 (6): 459-484.

HAN L H, YAO G H, ZHAO X L, 2005. Tests and calculations of hollow structural steel (HSS)stub columns filled with self-consolidating concrete (SCC) [J]. Journal of Constructional Steel Research, 61 (9): 1241-1269.

HAN L H, YOU J T, LIN X K, 2005. Experimental behaviour of self-consolidating concrete (SCC)filled hollow structural steel (HSS) columns subjected to cyclic loadings [J]. Advances in Structural Engineering, 8 (5): 497-512.

International Federation for Structural Concrete (fib), 2013. Fib model code for concrete structures 2010 [M]. Lausanne, Switzerland: John Wiley & Sons.

ISO 16521: 2024, 2024. Design of concrete-filled steel tubular (CFST) hybrid structures [S]. International Organization for Standardization (ISO). Geneva, Switzerland.

KATO B, 1996. Column curves of steel-concrete composite members [J]. Journal of Constructional Steel Research, 39 (2): 121-135.

KNOWLES R B, PARK R, 1969. Strength of concrete filled steel tubular columns [J]. Journal of Structural Division, ASCE, 95 (ST12): 2565-2587.

LAM D, GARDNER L, 2008. Structural design of stainless steel concrete filled columns [J]. Journal of Constructional Steel Research, 64 (11): 1275-1282.

LAM, L, TENG, J G, 2003a. Design-oriented stress-strain model for FRP-confined concrete [J]. Construction and Building Materials, 17 (6-7): 471-489.

LAM L, TENG J G, 2003b. Design-oriented stress-strain model for FRP-confined concrete in rectangular columns [J]. Journal of Reinforced Plastics and Composites, 22 (13): 1149-1186.

LI W, HAN L H, CHAN T M, 2014. Tensile behaviour of concrete-filled double-skin steel tubular members [J]. Journal of Constructional Steel Research, 99 (8): 35-46.

LIEW J Y R, XIONG M X, XIONG D X, 2016. Design of concrete filled tubular beam-columns with high strength steel and concrete [J]. Structures, 8 (2): 213-226.

MASUO K, ADACHI M, KAWABATA K, et al., 1991. Buckling behavior of concrete filled circular steel tubular columns using light-weight concrete [A/C]. Proceedings of the Third International Conference on Steel-Concrete Composite Structures. ASCCS. Fukuoka, Japan: 95-100.

MURSI M, UY B, 2004. Strength of slender concrete filled high strength steel box columns [J]. Journal of Constructional Steel Research, 60 (12): 1825-1848.

MOON J, ROEDER C W, LEHMAN D E, et al., 2009. Analytical modeling of bending of circular concrete-filled steel tubes [J]. Engineering Structures, 42: 349-361.

NISHIYAMA I, MORINO S, SAKINO K, et al. 2002. Summary of research on concrete-filled structural steel tube column system carried out under the US-Japan cooperative research program on composite and hybrid structures [R]. BRI Research Paper No. 147, Building Research Institute, Japan.

RASMUSSEN K J R, 2003. Full-range stress-strain curves for stainless steel alloys [J]. Journal of Constructional Steel Research, 59 (1): 47-61.

REN Q X, HAN L H, LAM D, et al., 2014. Tests on elliptical concrete filled steel tubular (CFST)beams and columns [J]. Journal of Constructional Steel Research, 99 (8): 149-160.

ROE W, 2005. Behaviour and design of concrete filled stainless steel columns [D]. New South Wales: University of Wollongong.

ROEDER C W, CAMERON B, BROWN C B, 1999. Composite acrion in concrete filled tubes [J]. Journal of Structural Engineering, ASCE, 125 (5): 477-484.

South African National Standards, 2011. Structural use of steel Part 4: The design of cold-formed stainless steel structural members. SANS 10162-4 [S]. Pretoria, South Africa: SABS Standards Division.

SCHNEIDER S P, 1998. Axially loaded concrete-filled steel tubes [J]. Journal of Structural Engineering, ASCE, 124 (10): 1125-1138.

SSBJA, 1995. The design, construction specifications for stainless steel structures [S]. Stainless Steel Building Association of Japan (in Japanese).

TAO Z, GHANNAM M, SONG T Y, et al., 2016. Experimental and numerical investigation of concrete-filled stainless steel columns exposed to fire [J]. Journal of Constructional Steel Research, 118: 120-134.

TAO Z, HAN L H, 2007. Behaviour of fire-exposed concrete-filled steel tubular beam-columns repaired with CFRP wraps [J]. Thin-Walled Structures, 45 (1): 63-76.

TAO Z, HAN L H, WANG L L, 2007. Compressive and flexural behaviour of CFRP repaired concrete-filled steel tubes after exposure to fire [J]. Journal of Constructional Steel Research, 63 (8): 1116-1126.

TAO Z, HAN L H, ZHUANG J P, 2007b. Axial loading behavior of CFRP strengthened concrete-filled steel tubular stub columns [J]. Advances in Structural Engineering, 10 (1): 37-46.

TAO Z, HAN L H, ZHUANG J P, 2008. Cyclic performance of fire-damaged concrete-filled steel tubular beam-columns repaired with CFRP wraps [J]. Journal of Constructional Steel Research, 64 (1): 37-50.

TAO Z, KIM R, 2015. Stress-strain model for ferritic stainless steels [J]. Journal of Materials in Civil Engineering, 28 (2): 06015009.

TAO Z, UY B, LIAO F Y, et al., 2011. Nonlinear analysis of concrete-filled square stainless steel stub columns under axial compression [J]. Journal of Constructional Steel Research, 67 (11): 1719-1732.

Task Group 20, SSRC, 1979. A specification for the design of steel-concrete composite columns [J]. Engineering Journal, AISC, 16 (4): 101-145.

TENG J G, CHEN J F, SMITH S T, et al., 2002. FRP-strengthened RC structures [M]. New York: John Wiley & Sons, Ltd.

TENG J G, YU T, WONG Y L, 2004. Hybrid FRP-concrete-steel double-skin tubular columns: Stub column tests [A/C]. Proceedings of the Second International Conference on Steel & Composite Structures. Seoul: Korea: 1390-1400.

TENG J G, YU T, WONG Y L, et al., 2007. Hybrid FRP-concrete-steel tubular columns: Concept and behavior [J]. Construction and Building Materials, 21 (4): 846-854.

TOMII M, SAKINO K, XIAO Y, et al., 1985. Earthquake Resisting Hysteretic Behavior of Reinforced Concrete Short Columns Confined by Steel Tube [A/C]. Proceedings of the International Speciality Conference on Concrete Filled Steel Tubular Structures. Harbin: China: 119-125.

UY B, 2001. Strength of short concrete filled high strength steel box columns [J]. Journal of Constructional Steel Research, 57 (2): 113-134.

UY B, TAO Z, HAN L H, 2011. Behaviour of short and slender concrete-filled stainless steel tubular columns [J]. Journal of Constructional Steel Research, 67 (3): 360-378.

VRCELJ Z, UY B, 2001. Behaviour and design of steel square hollow sections filled with high strength concrete [J]. Australian Journal of Structural Engineering, 3 (3): 153-169.

WANG R, HAN L H, TAO Z, 2015b. Behavior of FRP-concrete-steel double skin tubular members under lateral impact: Experimental study [J]. Thin-Walled Structures, 95: 363-373.

WANG X Q, TAO Z, SONG T Y, et al., 2014. Stress-strain model of austenitic stainless steel after exposure to elevated temperatures [J]. Journal of Constructional Steel Research, 99: 129-139.

YANG Y F, HAN L H, 2006a. Experimental behaviour of recycled aggregate concrete filled steel tubular columns [J]. Journal of Constructional Steel Research, 62 (12): 1310-1324.

YANG Y F, HAN L H, 2006b. Compressive and flexural behaviour of recycled aggregate concrete filled steel tubes (RACFST) under short-term loadings [J]. Steel and Composite Structures-An International Journal, 6 (3): 257-284.

YANG Y F, HAN L H, WU X, 2008. Concrete shrinkage and creep in recycled aggregate concrete-filled steel tubes [J]. Advances in Structural Engineering-An International Journal, 11 (4): 383-396.

YANG Y F, HAN L H, ZHU L T, 2009. Recycled aggregate concrete-filled circular steel tubular columns subjected to cyclic Loading [J]. Advances in Structural Engineering-An International Journal, 12 (2): 183-194.

YOUNG B, ELLOBODY E, 2006. Experimental investigation of concrete-filled cold-formed high strength stainless steel tube columns [J]. Journal of Constructional Steel Research, 62 (5): 484-492.

YOUNG B, LIU W M, 2005. Behavior of cold-formed high strength stainless steel sections [J]. Journal of Structural Engineering, ASCE, 131 (11): 1738-1745.

YU Q, TAO Z, WU Y X, 2008. Experimental behaviour of high performance concrete-filled steel tubular columns [J]. Thin-Walled Structures, 46 (4): 362-370.

YU T, WONG Y L, TENG J G, et al., 2006. Flexural behavior of hybrid FRP-concrete-steel double-skin tubular members [J]. Journal of Composites for Construction, ASCE, 10 (5): 443-452.

第 3 章　中空夹层钢管混凝土结构

3.1　引　　言

如前所述，中空夹层钢管混凝土结构由两个同心放置的钢管以及之间浇筑的混凝土组成，实质上是空心钢管混凝土构件与其内置钢管混合而成的一种钢管混凝土混合结构形式。总体上，中空夹层钢管混凝土构件具备实心钢管混凝土的基本优点，还有自重轻和刚度大的特点，且由于其内钢管受到混凝土的保护，使得该类柱可具有更好的耐火性能。由于中空夹层钢管混凝土的上述特点，在某些工程领域有其潜在的应用优势，如用作桥墩、海洋平台结构的支架柱、建筑物中的大直径柱以及其他有关高耸构筑物或其柱构件等。此外，中空夹层钢管混凝土还可用作大尺寸的灌注桩等。

本章论述中空夹层钢管混凝土结构的静力性能、滞回性能、局压性能、抗撞击性能和氯离子腐蚀作用下的力学性能。

3.2　静 力 性 能

针对几种构件截面形式，如图 1.8（a）、（d）和（e）所示（分别称之为圆套圆中空夹层钢管混凝土、方套圆中空夹层钢管混凝土和矩形套矩形中空夹层钢管混凝土），系统地研究了其轴压、轴拉、纯弯和偏压构件的静力性能以及压弯构件的滞回性能，探讨了其耐火性能和抗火设计方法（Han et al.，2004；黄宏，2006；Lu et al.，2007；Tao et al.，2004；Tao and Han，2006；陶忠和于清，2006；Li et al.，2014a；Li et al.，2014b；Yang and Han，2008；Zhao and Han，2006），基于试验研究、理论分析及参数分析，形成了《中空夹层钢管混凝土结构技术规程》（T/CCES 7—2020）和 *Design Guide for Concrete-filled Double Skin Steel Tubular Structures*。下面简要论述主要研究工作和结论。

本节先后进行了中空夹层钢管混凝土构件系列的静力性能试验研究，共包括 37 个轴压、13 个纯弯以及 42 个偏压构件的试验（Han et al.，2004；黄宏，2006；Tao et al.，2004；Tao and Han，2006；陶忠和于清，2006；Li et al.，2013；Li et al.，2014a）。

结果表明，在通常情况下，中空夹层钢管混凝土的工作性能和实心钢管混凝土基本类似，二者的差别取决于内管能否不过早地发生内凹的局部屈曲。在内管径厚比（或高厚比）较小的情况下，此时内管可对混凝土提供足够的支撑作用，使得构件的整体工作行为和实心钢管混凝土类似，否则构件抵抗变形的能力就会低于相应的实心钢管混凝土。

图 3.1 给出柱外截面形状为圆形、方形和矩形时中空夹层钢管混凝土轴压短试件的破坏形态。

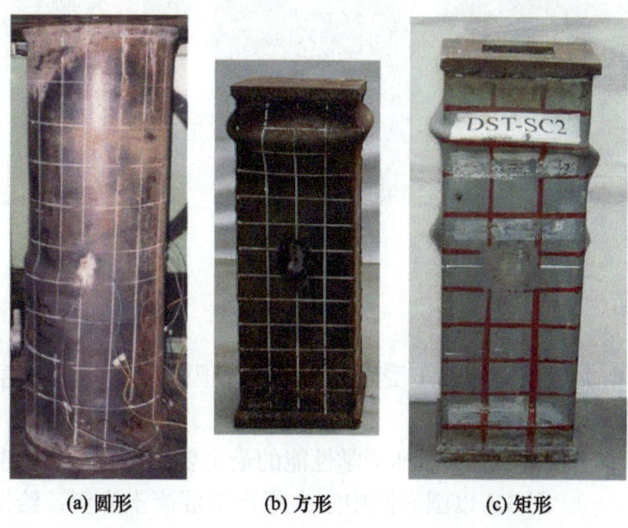

(a) 圆形　(b) 方形　(c) 矩形

图 3.1　中空夹层钢管混凝土短柱破坏形态

图 3.2 给出中空夹层钢管混凝土受拉试件达到极限状态时外钢管破坏形态、夹层混凝土破坏和内钢管变形形态（Li et al.，2014a）。对于轴心受拉试件，当轴向变形超过 10mm 时，外钢管和加劲肋的热影响区出现裂缝［图 3.2（1a）］。夹层混凝土中的拉伸裂缝分布均匀，呈平行状分布，大多数裂缝宽度小于 0.1mm，如图 3.2（1b）所示。测量的两条主裂纹之间的平均距离约为 25mm，主裂缝的平均宽度约为 0.3mm。在外钢管和夹层混凝土之间的界面上未出现明显的破坏。内钢管的破坏形态如图 3.2（1c）所示，内钢管与盖板之间的焊缝未发现裂纹。对于偏心受拉试件，试验后观察到较大的弯曲变形。图 3.2（2a）给出了偏心加载试件的典型破坏形态。对夹层混凝土，弯曲裂缝均匀分布在试样的拉伸侧，如图 3.2（2b）所示，裂纹宽度从裂纹尖端到开口逐渐增大。最大裂缝宽度约为 1.8mm，裂缝之间的距离为 10～25mm。由图 3.2（2c）可以看出，内钢管的变形与外钢管及混凝土的变形一致，夹层混凝土可以与内外钢管共同工作。

(a) 外钢管

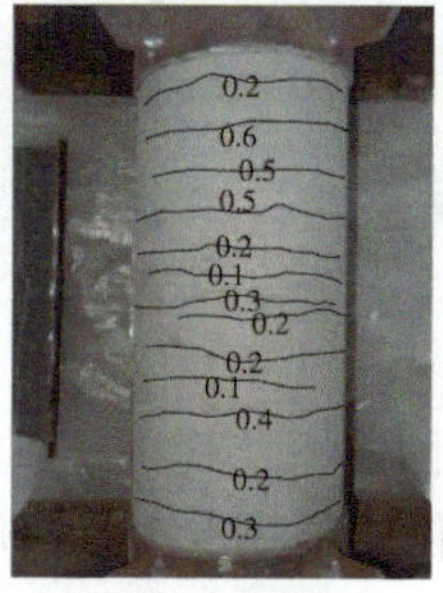

(b) 混凝土

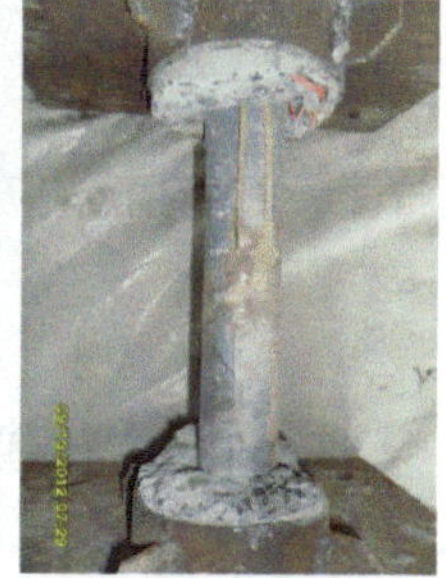

(c) 内钢管

(1) 轴心受拉

图 3.2　中空夹层钢管混凝土短柱受拉破坏形态

(a) 外钢管

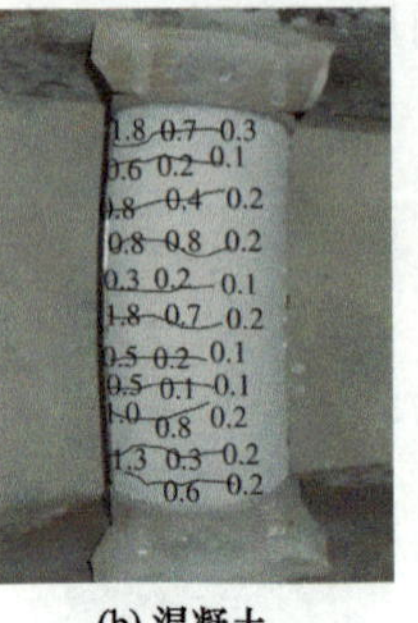

(b) 混凝土

(c) 内钢管

(2) 偏心受拉

图 3.2 （续）

图 3.3 给出中空夹层钢管混凝土受弯构件达到极限状态时，其夹层混凝土破坏和内钢管变形形态（Han et al.，2004）。

影响中空夹层钢管混凝土短柱轴压力学性能的最主要因素是构件横截面的约束效应系数（ξ）和空心率（χ）。图 3.4 以圆套圆中空夹层钢管混凝土为例，给出了截面的几何特性参数，其中 t_i 和 t_o 分别为内、外圆钢管的壁厚，D_i 和 D_o 分别为其外径。

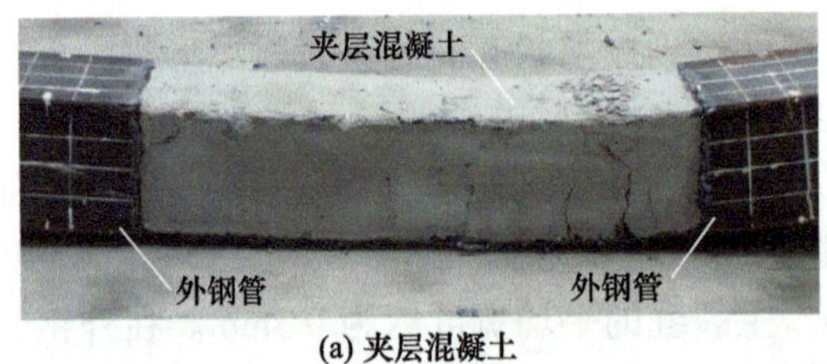

(a) 夹层混凝土

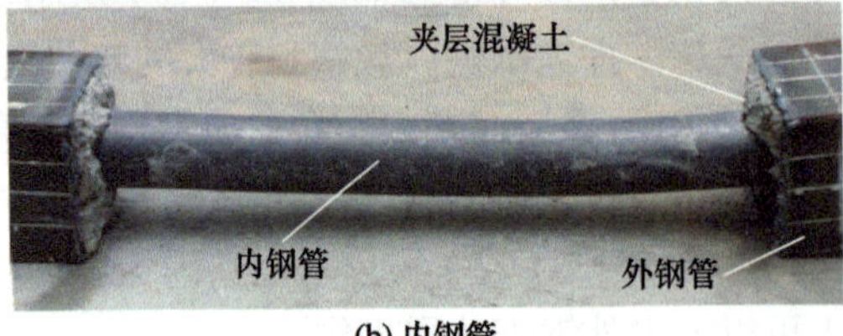

(b) 内钢管

图 3.3 中空夹层钢管混凝土受弯构件破坏形态

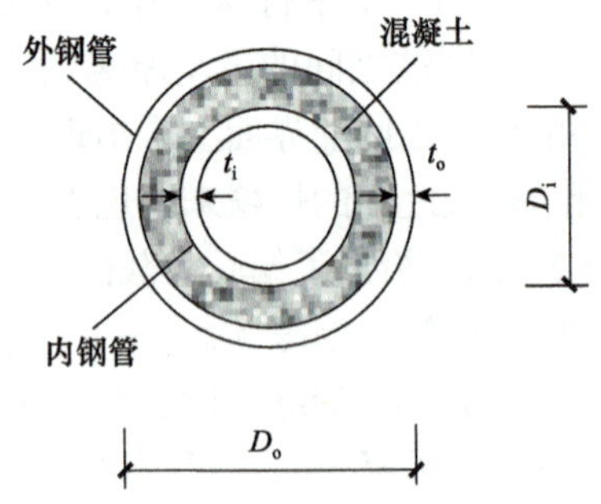

图 3.4 圆套圆中空夹层钢管混凝土截面的几何特性参数

中空夹层钢管混凝土约束效应系数（ξ）的定义如式（3.1）所示（Han et al.，2004）。

$$\xi=\frac{A_{so}f_{yo}}{A_{ce}f_{ck}}=\alpha_n\frac{f_{yo}}{f_{ck}} \tag{3.1}$$

式中，A_{so} 和 f_{yo} 分别为外钢管的截面面积及其屈服强度；α_n 为名义含钢率，$\alpha_n=A_{so}/A_{ce}$；A_{ce} 为外钢管截面内部所包含的面积；f_{ck} 为混凝土抗压强度标准值。

空心率（χ）的定义如式（3.2）所示（Han et al.，2004）。

$$\chi=\frac{D_i}{D_o-2t_o} \tag{3.2}$$

研究结果表明，约束效应系数对中空夹层钢管混凝土力学性能的影响规律与普通实心钢管混凝土类似（陶忠和于清，2006）。

图 3.5 所示为空心率对圆中空夹层钢管混凝土轴压柱的轴压力（N）- 平均纵向应变（ε）关系的影响。可见，除空心率为 0.80 的试件其延性稍差外，其余试件的 N-ε 关系变化规律和 $\chi=0$ 的实心钢管混凝土基本一致。

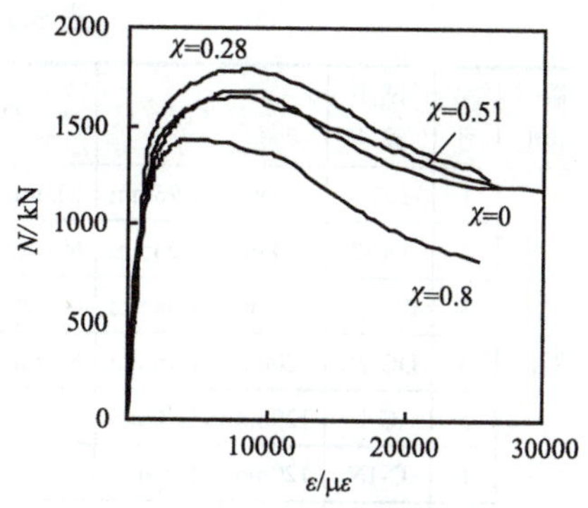

图 3.5　空心率（χ）对试件 N-ε 关系的影响

试验结果还表明，所有中空夹层钢管混凝土试件由于混凝土延缓了钢管的局部屈曲，因而总体力学性能均明显优于相应空钢管对比试件。

假设由于内钢管对混凝土的支撑作用，中空夹层钢管混凝土与具有相同外钢管的实心钢管混凝土其二者的核心混凝土所受到的约束作用相同，这样在利用纤维模型法进行中空夹层钢管混凝土构件的荷载 - 变形关系分析时，可借用适用于实心钢管混凝土的核心混凝土的应力 - 应变关系。由此对作者及他人试验结果进行计算分析。结果表明，计算的荷载 - 变形关系和试验结果基本吻合。

此外，基于 ABAQUS 软件平台（Hibbitt，Karlsson and Sorensen Inc，2005）建立了有限元分析模型，对中空夹层钢管混凝土轴压、轴拉、偏压、偏拉构件的荷载 - 变形关系进行了有限元计算（黄宏，2006；陶忠和于清，2006；Li et al.，2014b）。总体而言，有限元计算的构件荷载 - 变形关系与纤维模型法的计算结果基本一致，但对径厚比（或宽厚比）较大或空心率较大的试件而言，有限元法计算的 N-ε 关系下降段与试验结果要更为吻合，其原因在于有限元法在这些情况下能更好地模拟钢管屈曲的影响以及钢管对混凝土的约束作用。

在荷载 - 变形关系分析的基础上，根据参数分析，对于中空夹层钢管混凝土轴压、轴拉、纯弯和压弯构件，其承载力实用计算公式可基于实心钢管混凝土承载力计算公式进行适当修正。实用公式计算结果和试验结果以及数值计算结果均吻合良好。

李永进等（2005）、李永进和陶忠（2007）进行了中空夹层钢管混凝土在长期荷载作用下的性能研究。分别进行了 2 个圆中空夹层钢管混凝土和 2 个方中空夹层钢管混凝土轴心受压柱在长期荷载作用下的变形测试，并在变形测试结束后进行了承载力试验。此外还进行了实心钢管混凝土在长期荷载作用下的对比试验以及未受长期荷载作用的试件对比试验。长期荷载作用的持续时间为 3 年。

表 3.1 给出了所有试验构件的主要参数和试验结果。其中，试件编号最后带有 N 的表示未受长期荷载作用的对比试件；f_{cu} 为长期荷载试验结束进行试件承载力试验时混凝土的立方体抗压强度；N_L 和 n 分别为混凝土龄期 28 天时施加到相应试件上的长期荷载（N_L）和长期荷载比（$n=N_L/N_{ue}$），N_{ue} 为试件实测极限承载力。

图 3.6 绘出了试件的纵向总应变（ε_{total}）随持荷时间（t）的变化关系，其中 ε_{total} 为应变值的平均值，包含了试件在施加长期荷载时产生的变形。

表 3.1　长期荷载试验试件信息

截面类型	序号	试件编号	$D_o \times t_o$	$D_i \times t_i$	L/mm	f_{yo}/MPa	f_{yi}/MPa	f_{cu}/MPa	χ	N_L/kN	n	N_{ue}/kN
圆形	1	DC-1	120mm×1.96mm	60mm×1.96mm	1324	311	380	66.4	0.52	177	0.3	779
	2	DC-2	120mm×1.96mm	60mm×1.96mm	1324	311	380	66.4	0.52	354	0.6	837
	3	DC-1N	120mm×1.96mm	60mm×1.96mm	1324	311	380	66.4	0.52	—	—	790
	4	DC-2N	120mm×1.96mm	60mm×1.96mm	1324	311	380	66.4	0.52	—	—	715
	5	C-1	120mm×1.96mm	—	1200	311	—	66.4	0	305	0.6	797
	6	C-1N	120mm×1.96mm	—	1200	311	—	66.4	0	—	—	878
	7	C-2N	120mm×1.96mm	—	1200	311	—	66.4	0	—	—	835
方形	1	DS-1	120mm×1.96mm	60mm×1.96mm	1500	311	380	66.4	0.52	183	0.3	1152
	2	DS-2	120mm×1.96mm	60mm×1.96mm	1500	311	380	66.4	0.52	365	0.6	1043
	3	DS-1N	120mm×1.96mm	60mm×1.96mm	1500	311	380	66.4	0.52	—	—	1186
	4	DS-2N	120mm×1.96mm	60mm×1.96mm	1500	311	380	66.4	0.52	—	—	1136
	5	S-1	120mm×1.96mm	—	1386	311	—	66.4	0	368	0.6	1110
	6	S-1N	120mm×1.96mm	—	1386	311	—	66.4	0	—	—	1116
	7	S-2N	120mm×1.96mm	—	1386	311	—	66.4	0	—	—	1150

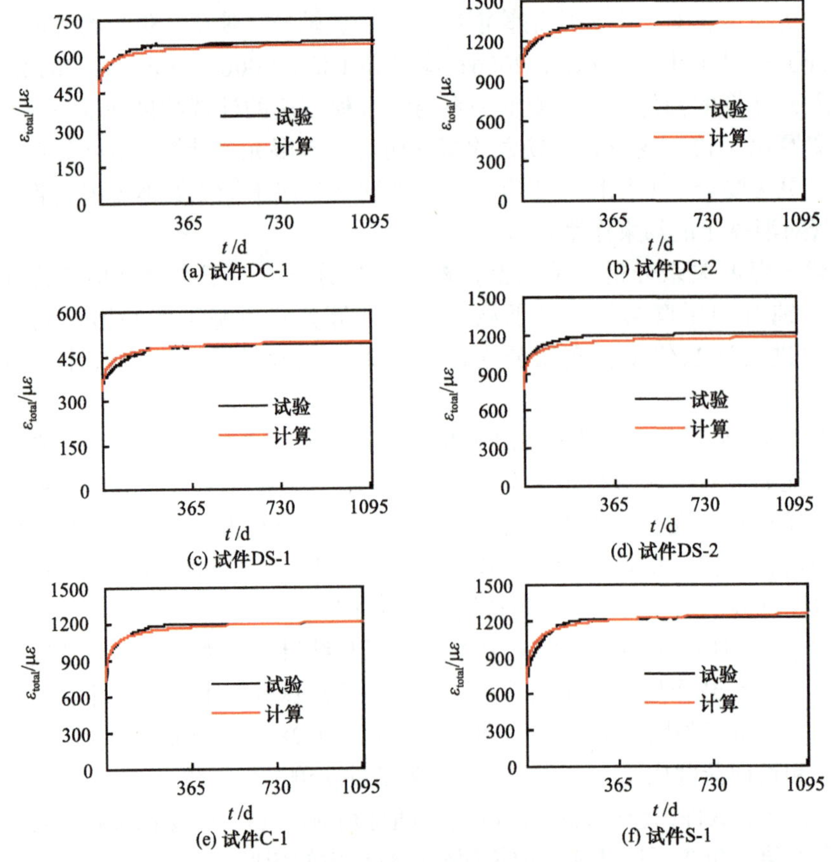

图 3.6　ε_{total}-t 关系

中空夹层钢管混凝土在长期荷载作用下的纵向变形早期发展很快，1 个月的变形量为持荷 4 个月变形量的 60% 左右，此后变形发展趋缓，曲线渐趋水平，加载 1 年后的变形基本趋于稳定。可见在长期荷载作用下中空夹层钢管混凝土的变形规律与实心钢管混凝土基本一致（韩林海，2022）。

李永进和陶忠（2007）基于 ACI 209R—92（1992）中的混凝土徐变和收缩模型，应用纤维模型法计算了中空夹层钢管混凝土轴压试件在长期荷载作用下的变形发展规律，计算结果和试验结果的比较情况如图 3.6 所示，可见二者吻合良好。李永进和陶忠（2007）还分析了加荷龄期、持荷时间、长期荷载比、名义含钢率、钢材屈服强度、内钢管厚度、混凝土强度、空心率、长细比和荷载偏心率等参数对中空夹层钢管混凝土柱变形特性的影响。

图 3.7 所示为长期荷载作用对试件极限承载力的影响情况，其中无量纲化的纵坐标 β_L 为有长期荷载作用试件的极限承载力除以无长期荷载作用对比试件的极限承载力。由于对比试件每组有两个，因此在计算 β_L 时极限承载力取两个试件的平均值。

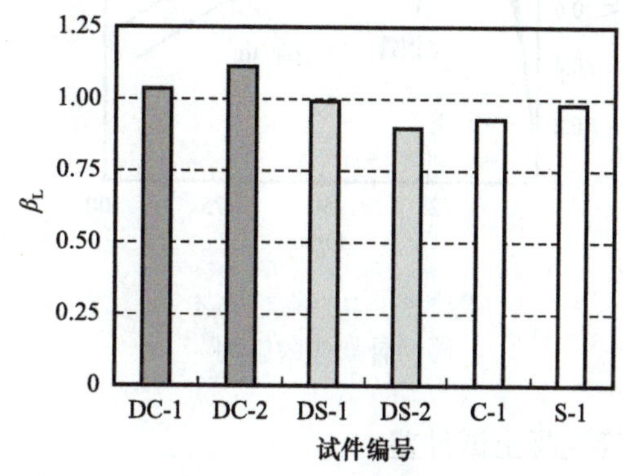

图 3.7　β_L 变化规律

由图 3.7 可见，由于长期荷载作用的影响，试件的承载力总体上呈现降低的趋势，但并不显著，对于圆中空夹层钢管混凝土试件还稍有增加。

采用和韩林海（2022）相似的方法和模型，李永进和陶忠（2007）计算了长期荷载作用对中空夹层钢管混凝土偏压构件的承载力影响系数（k_{cr}）。通过参数分析发现，可在韩林海（2022）中给出的适用于实心钢管混凝土的 k_{cr} 计算公式基础上，乘以考虑空心率影响的修正系数 k_χ，从而得到适用于中空夹层钢管混凝土偏压构件的 k_{cr} 计算公式，k_χ 按式（3.3）进行计算。

$$k_\chi = 0.65\chi^2 - 0.45\chi + 1 \leq 1 \tag{3.3}$$

式（3.3）的适用范围是 $\chi \leq 0.75$。

3.3　滞 回 性 能

进行了 12 个圆中空夹层钢管混凝土和 16 个方中空夹层钢管混凝土构件滞回性能试验研究，此外，还进行了 5 个空钢管的对比试验。构件设计时所考虑的变化参数为轴压比（n 取 0～0.65）和空心率（χ 取 0～0.77）（Han et al.，2006；黄宏，2006）。

试验结果表明，圆形和方形中空夹层钢管混凝土试件的外观破坏形态和相应实心钢管混凝土试件基本一致。

试验实测的弯矩（M）-曲率（ϕ）和荷载（P）-位移（Δ）滞回关系结果表明，无论是圆形截面，还是方形截面，所有中空夹层钢管混凝土试件的弯矩-曲率和荷载－位移滞回关系均较为饱满，没有明显捏缩现象，试件的耗能能力良好。通过对比分析，发现空心率不同的中空夹层钢管混凝土试件，与具有相同 n 的实心钢管混凝土试件相比，其 $P\text{-}\Delta$ 滞回关系的形状和变化规律基本一致。而空钢管试件由于受局部屈曲的影响，和相同轴压比下的中空夹层钢管混凝土及实心钢管混凝土试件有所不同，其 $P\text{-}\Delta$ 滞回关系骨架线具有较陡的下降段，后期趋于不稳定，循环次数较少。

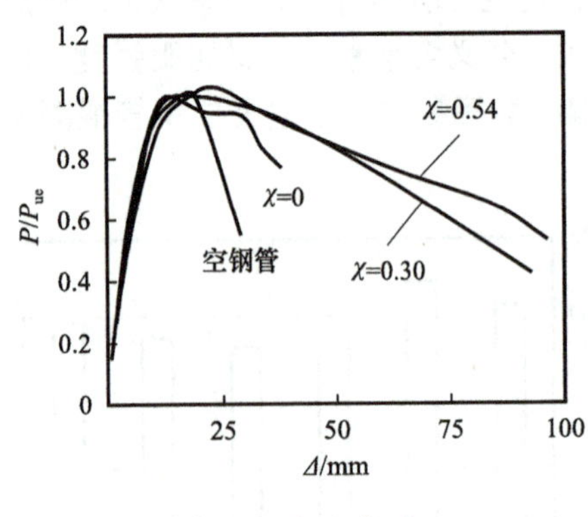

图 3.8　空心率对 $P\text{-}\Delta$ 滞回骨架线的影响

为了研究截面空心率对试件 $P\text{-}\Delta$ 滞回骨架线的影响，对试件的 $P\text{-}\Delta$ 滞回骨架线的荷载纵坐标除以各自的峰值荷载（P_{ue}）进行归一化处理。图 3.8 所示为归一化处理后的圆截面试件的 $P/P_{ue}\text{-}\Delta$ 关系，图中同时绘出了空钢管及空心率为 0 的实心钢管混凝土试件的相应结果。从中可进一步看出，中空夹层钢管混凝土试件和相应的实心钢管混凝土试件的滞回骨架线基本一致，表明在本次试验参数范围内，空心率对骨架线形状的影响较小。而相应空钢管试件由于没有填充混凝土，因而钢管较易发生局部屈曲，其延性明显比钢管混凝土试件差。

采用纤维模型法可对中空夹层钢管混凝土的 $M\text{-}\phi$ 和 $P\text{-}\Delta$ 滞回关系进行分析，计算结果表明其和试验结果基本吻合。根据参数分析，结果发现和实心钢管混凝土类似，中空夹层钢管混凝土的 $M\text{-}\phi$ 和 $P\text{-}\Delta$ 滞回模型骨架线也可采用三线型模型来表示（黄宏，2006；陶忠和于清，2006）。

3.4　局 压 性 能

为研究中空夹层钢管混凝土构件的局压性能，进行了 29 根中空夹层钢管混凝土试件在轴向局压作用下的试验（Yang et al.，2012）。试验主要参数为截面类型（圆套圆中空夹层钢管混凝土和方套方中空夹层钢管混凝土）、空心率（0～0.75）、端板厚度（3～14mm）和局压面积比（1.4～16.1）。

图 3.9 所示为局压试件示意图，具体参数如表 3.2 所示。其中，D_o 和 B_o 分别为圆套圆中空夹层钢管混凝土的外钢管直径和方套方中空夹层钢管混凝土的外钢管边长，D_i 和 B_i 分别为圆套圆中空夹层钢管混凝土的内钢管直径和方套方中空夹层钢管混凝土的内钢管边长，t_o 和 t_i 分别为外钢管和内钢管的厚度。t_a 为端板厚度，β 为局压面积比，由式（3.4）计算。

$$\beta=\frac{A_c}{A_p} \tag{3.4}$$

式中，A_c 为夹层混凝土截面积；A_p 为局压作用面积。

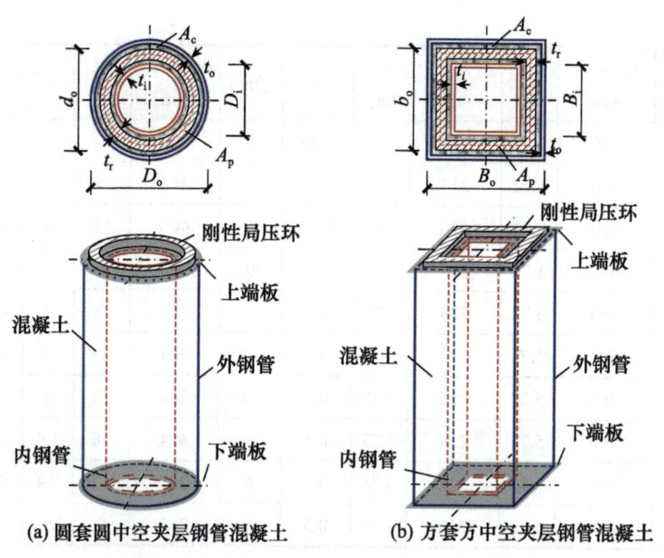

(a) 圆套圆中空夹层钢管混凝土　(b) 方套方中空夹层钢管混凝土

图 3.9　中空夹层钢管混凝土局压试件示意图

表 3.2　局压试验试件信息

截面类型	序号	试件编号	D_o（B_o）/mm	t_o/mm	D_i（B_i）/mm	t_i/mm	χ	t_a/mm	d_o（b_o）/mm	t_r/mm	β	N_{ue}/kN	K_{bc}	K_d
圆套圆中空夹层钢管混凝土	1	cc-1	460	5.72	—	—	0	4	224	—	4	7006	0.681	NA
	2	cc-2	460	5.72	112	3.75	0.25	4	322	42	4	8746	0.855	NA
	3	cc-3	460	5.72	224	3.75	0.5	4	364	28	4	6904	0.745	1.251
	4	cc-4	460	5.72	336	3.75	0.75	4	406	14	4	3754	0.514	1.163
	5	cc-5	460	5.72	—	—	0	6	224	—	4	7194	0.699	NA
	6	cc-6	460	5.72	112	3.75	0.25	6	322	42	4	8800	0.860	1.448
	7	cc-7	460	5.72	224	3.75	0.5	6	364	28	4	7210	0.778	1.306
	8	cc-8	460	5.72	336	3.75	0.75	6	406	14	4	3846	0.526	1.222
	9	cc-9	460	5.72	224	3.75	0.5	0	364	28	4	4970	0.537	NA
	10	cc-10	460	5.72	224	3.75	0.5	3	364	28	4	6568	0.709	1.163
	11	cc-11	460	5.72	224	3.75	0.5	10	364	28	4	7658	0.827	1.376
	12	cc-12	460	5.72	224	3.75	0.5	14	364	28	4	7980	0.862	1.410
	13	cc-13	460	5.72	224	3.75	0.5	6	414	78	1.4	9510	1.027	1.181
	14	cc-14	460	5.72	224	3.75	0.5	6	348	12	9.4	5634	0.608	1.421
方套方中空夹层钢管混凝土	1	ss-1	460	5.72	—	—	0	4	224	—	4	5576	0.431	1.463
	2	ss-2	460	5.72	112	3.75	0.25	4	322	42	4	6668	0.518	1.252
	3	ss-3	460	5.72	224	3.75	0.5	4	364	28	4	4690	0.404	1.192
	4	ss-4	460	5.72	336	3.75	0.75	4	406	14	4	2516	0.274	1.120
	5	ss-5	460	5.72	—	—	0	6	224	—	4	5734	0.443	1.665

续表

截面类型	序号	试件编号	D_o（B_o）/mm	t_o/mm	D_i（B_i）/mm	t_i/mm	χ	t_a/mm	d_o（b_o）/mm	t_r/mm	β	N_{ue}/kN	K_{bc}	K_d
方套方中空夹层钢管混凝土	6	ss-6	460	5.72	112	3.75	0.25	6	322	42	4	6814	0.530	1.337
	7	ss-7	460	5.72	224	3.75	0.5	6	364	28	4	5466	0.470	1.238
	8	ss-8	460	5.72	336	3.75	0.75	6	406	14	4	3002	0.326	1.163
	9	ss-9	460	5.72	224	3.75	0.5	0	364	28	4	2362	0.203	1.088
	10	ss-10	460	5.72	224	3.75	0.5	3	364	28	4	4492	0.387	1.143
	11	ss-11	460	5.72	224	3.75	0.5	10	364	28	4	5732	0.493	1.244
	12	ss-12	460	5.72	224	3.75	0.5	14	364	28	4	6366	0.548	1.249
	13	ss-13	460	5.72	224	3.75	0.5	6	414	78	1.4	6058	0.521	1.154
	14	ss-14	460	5.72	224	3.75	0.5	6	348	12	9.4	4374	0.376	1.263
	15	ss-15	460	5.72	224	3.75	0.5	6	343	7	16.1	3664	0.315	1.443

图 3.10 所示为部分试件的破坏形态。可见，试件上端板在局压作用下呈现 U 形弯曲。靠近上端板的外钢管和内钢管分别向外、向内屈曲，相应部位的混凝土压碎。和圆套圆中空夹层钢管混凝土相比，方套方中空夹层钢管混凝土的外钢管屈曲幅度不大，但是范围较大。这主要是因为圆钢管对夹层混凝土的约束较好。总体来讲，当空心率越小和局压面积比越大，钢管的局部屈曲程度越小，试件的承载力越高。当端板厚度较大时，钢管塑性变形时范围越大，极限承载力对应的塑性变形也越大。

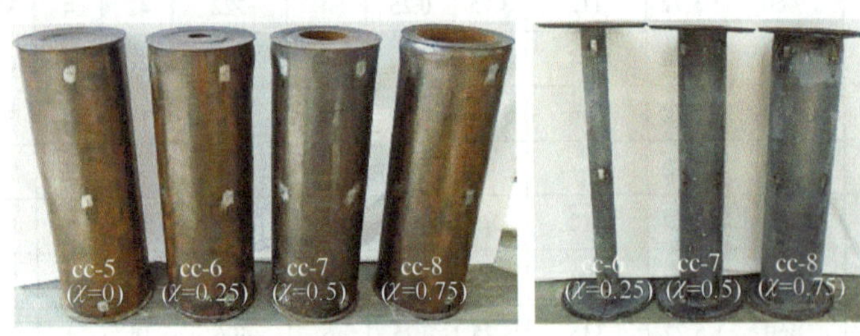

(a) 圆套圆中空夹层钢管混凝土

(b) 方套方中空夹层钢管混凝土

图 3.10　部分试件的破坏形态

图 3.11 所示为中空夹层钢管混凝土局压试件和全截面受压试件的破坏形态示意对比。可见，受局压试件的破坏主要集中在上端部，内、外钢管的屈曲位置接近，在钢管屈曲位置的夹层混凝土压碎。这和全截面受压试件的破坏形态有较大不同，后者的

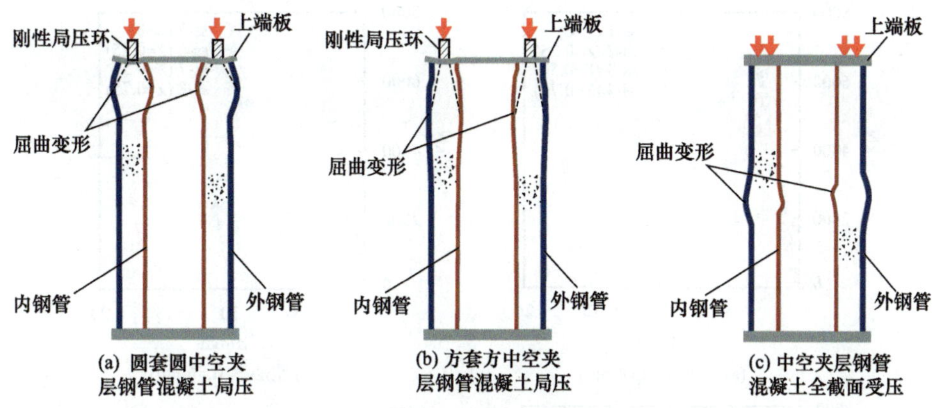

图 3.11　受压试件破坏形态示意对比图

破坏主要在试件中部。

图 3.12 和图 3.13 所示为中空夹层钢管混凝土局压试件荷载（N）- 位移（Δ）关系。可见，除了空心率为 0 的试件（实心钢管混凝土）之外，试件的初始刚度随空心率的增大而减小。这是因为大空心率试件的混凝土截面面积较小，在局压面积之外的混凝土不能对受压混凝土提供较高的约束。此外，和实心钢管混凝土局压试件类似，当端

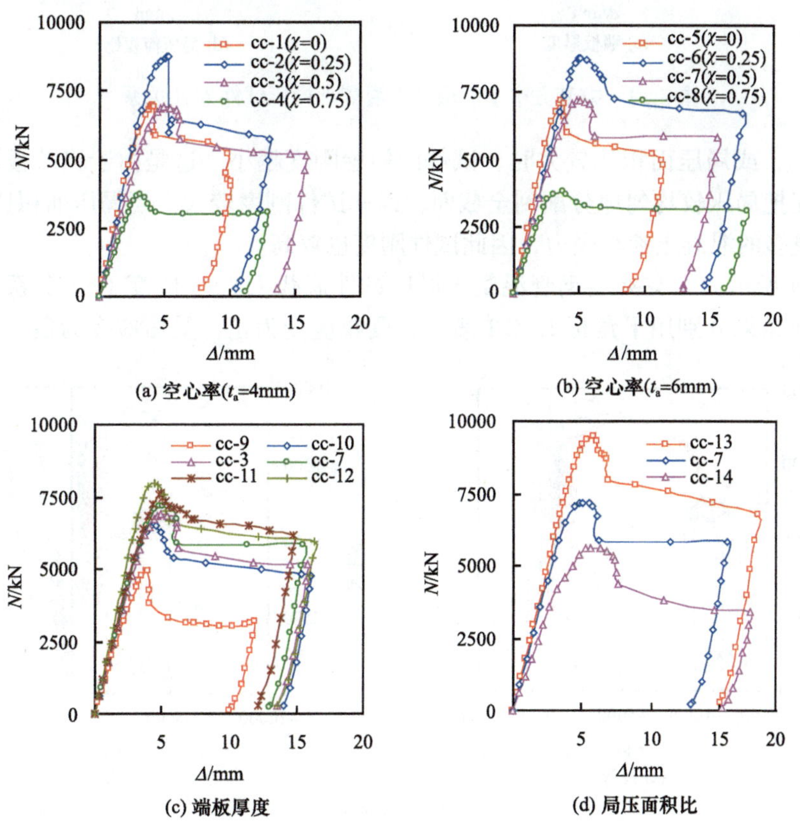

图 3.12　圆套圆中空夹层钢管混凝土局压试件 N-Δ 关系

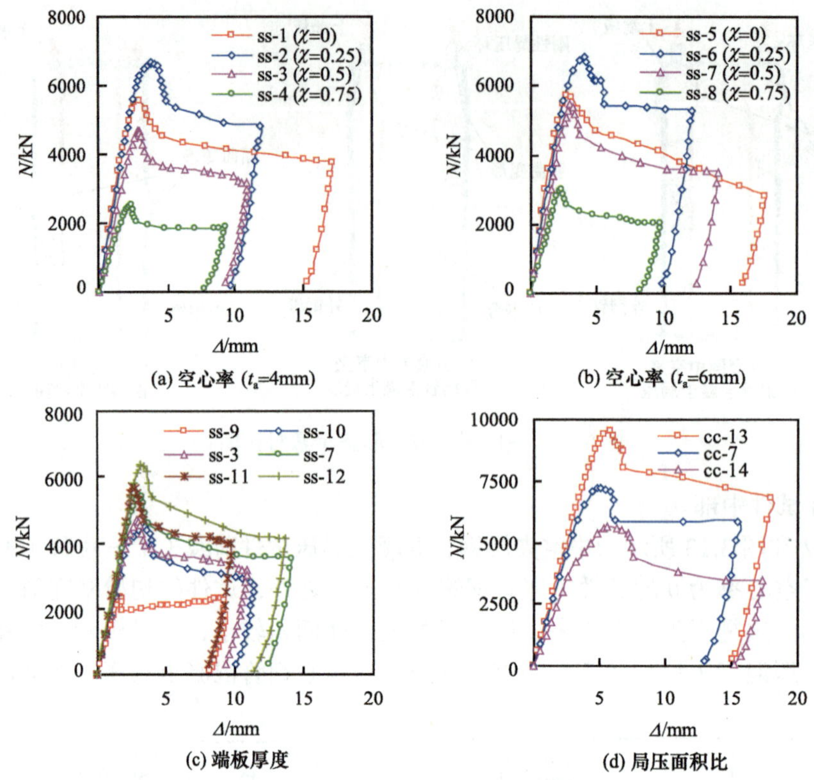

图 3.13 方套方中空夹层钢管混凝土局压试件 N-Δ 关系

板厚度较小，或局压面积比较大时，试件的初始刚度越小。这是由于当端板厚度较大的时候，能把局压较均匀地分配到全截面，因此试件刚度较大。当局压面积比较大时，意味着有更多的混凝土参与受力，因此试件刚度也较高。

图 3.14 所示为中空夹层钢管混凝土局压试件荷载（N）-应变（ε）关系，纵向和横向的应变结果分别用下角标 L 和 T 表示，受拉应变为正，受压应变为负。可见，局

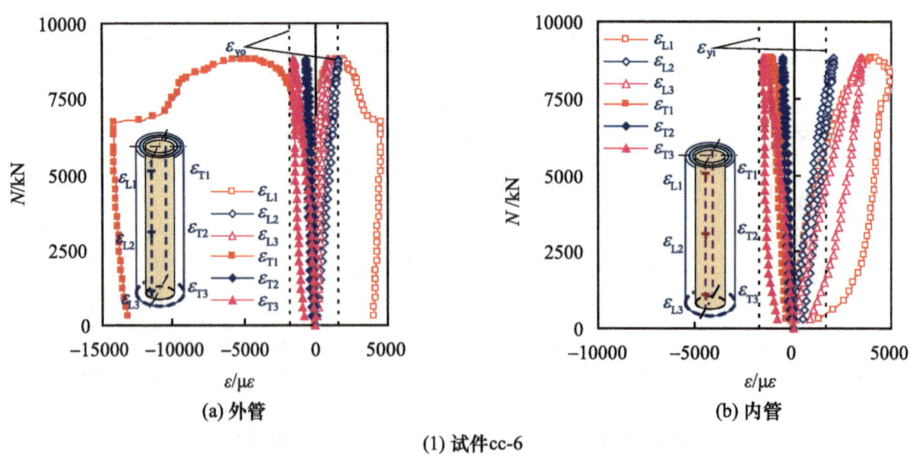

图 3.14 局压试件荷载（N）-应变（ε）关系

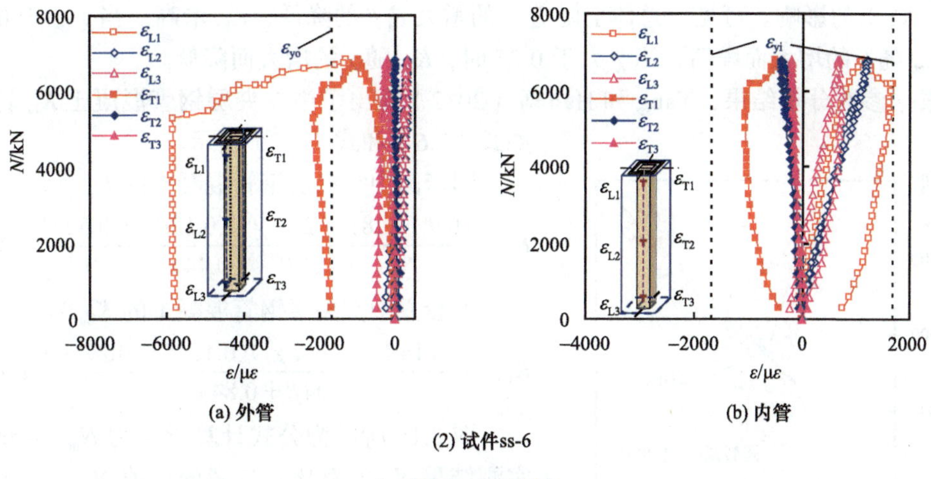

(a) 外管　(b) 内管

(2) 试件ss-6

图 3.14（续）

压试件上部的应变明显大于中部和下部的应变。圆套圆中空夹层钢管混凝土的应变大于方套方中空夹层钢管混凝土构件。到达试件极限承载力后，在中部和下部位置的应变降低较快。这是因为破坏主要集中在局压试件上部。内钢管的应变发展和外钢管有所不同，主要是因为外钢管的径厚比是内钢管的 2.7 倍，在相同轴向压缩位移下外钢管的屈曲程度更大。

为方便描述局压试件的承载力和全截面受压试件的关系，定义局压试件承载力比值 K_{bc} 如式（3.5）所示。

$$K_{bc}=\frac{N_{ue}}{N_{u,f}} \tag{3.5}$$

式中，N_{ue} 是局压试件的极限承载力；$N_{u,f}$ 是全截面受压试件的极限承载力（Tao and Han，2006）。表 3.2 给出了所有试件的 K_{bc}。本试验中大部分试件的 K_{bc} 小于 1，圆套圆中空夹层钢管混凝土 K_{bc} 的范围为 0.514～1.027，对于方套方中空夹层钢管混凝土 K_{bc} 的范围为 0.203～0.548。

图 3.15 所示为空心率（χ）、端板厚度（t_a）和局压面积比（β）对局压试件承载力

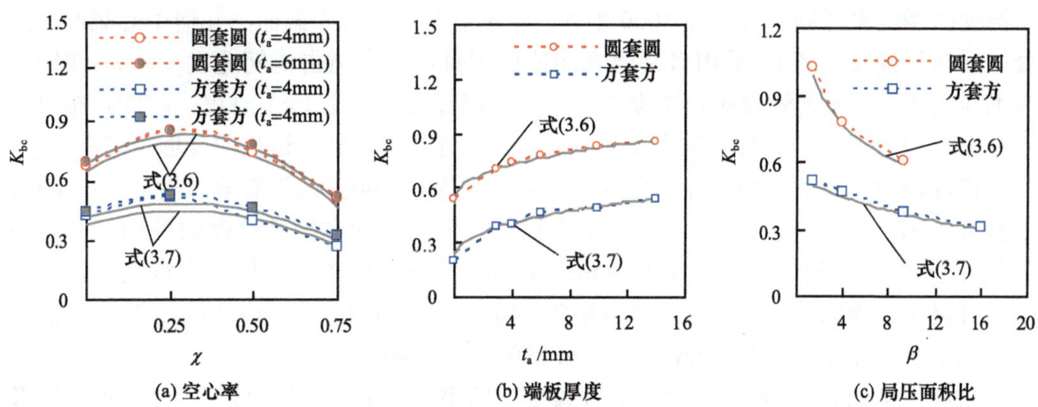

(a) 空心率　(b) 端板厚度　(c) 局压面积比

图 3.15　试验参数对局压承载力比值 K_{bc} 的影响

比值（K_{bc}）的影响。可见，总体上随着 t_a 的增大或 β 的降低，K_{bc} 增高。当 χ 小于 0.25 时，K_{bc} 随 χ 的增大而增高，当 χ 大于 0.25 时，K_{bc} 随 χ 的增大而降低。

根据参数分析结果，Yang 和 Han 等（2012）提出了中空夹层钢管混凝土 K_{bc} 计算如式（3.6）和式（3.7）所示。

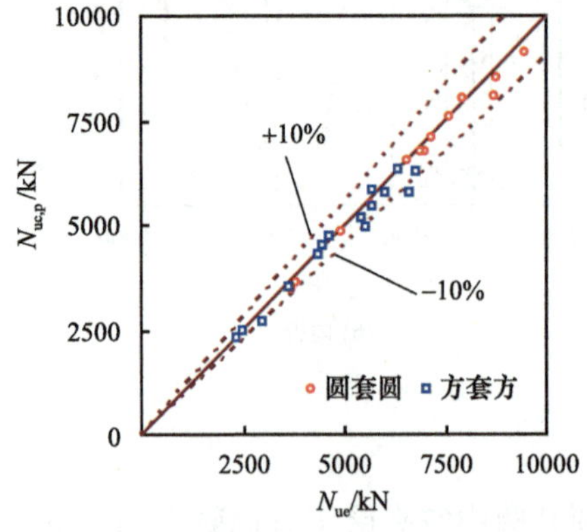

图 3.16　局压承载力计算和试验结果对比

圆套圆中空夹层钢管混凝土的 K_{bc} 为

$$K_{bc}=\frac{(0.9+1.28\chi-2.16\chi^2)(0.12t_a^{0.4}+0.52)}{(0.28\beta^{0.5}+0.44)} \tag{3.6}$$

方套方中空夹层钢管混凝土的 K_{bc} 为

$$K_{bc}=\frac{(0.94+1.12\chi-2\chi^2)(0.12t_a^{0.4}+0.2)}{(0.04\beta+0.84)} \tag{3.7}$$

图 3.16 所示为公式计算承载力 $N_{uc,p}$ 和试验实测结果 N_{ue} 的对比。二者的比值 $N_{uc,p}/N_{ue}$ 平均值为 0.961，变异系数为 0.040。可见，所建议的公式可较好地计算中空夹层钢管混凝土局压试件的极限承载力。

3.5　抗撞击性能

本节进行了 13 个直形中空夹层钢管混凝土、3 个直形双层空钢管、12 个锥形中空夹层钢管混凝土和 3 个锥形双层空钢管，共计 31 个构件在侧向撞击作用下的力学性能试验研究。主要研究圆套圆中空夹层钢管混凝土构件在侧向撞击荷载下的受力和变形特点，并考察撞击能量、构件锥度和边界条件等对试件抗撞击性能的影响（Wang et al.，2015a；Wang et al.，2016）。

试验研究装置如图 3.17 所示。试验中测量的主要内容包括以下几方面。①撞击力（F）时程曲线：撞击过程中落锤与试件直接的接触力定义为撞击力（F），本试验中撞击力采用安装在锤头上的压电传感器测量。②挠度（Δ）时程曲线：在试验中通过跟踪目标点处的位移，利用高速摄像机的位移后处理软件，记录挠度时程曲线。本次试验中高速摄像的采样频率设定在 3000 帧 /s。目标点为试件跨中截面与几何中心截面交点处。③落锤速度（V_0）：采用自制激光测速仪测量落锤在撞击瞬间速度（V_0）。④钢管表面应变（ε）：在钢管表面布置应变片，测量钢管表面应变（ε）时程，应变片布置信息如图 3.17 所示。⑤试件受撞击全过程：采用高速摄像仪记录试件的变形全过程。

构件钢材均采用 Q345 钢，混凝土强度等级均为 C60。试件有效长度 L=900mm，落锤质量 m_0=203.9kg。所有直形中空夹层钢管混凝土和空钢管试件的外钢管和内钢管尺寸分别为 170mm×2mm 和 100mm×3mm。所有锥形中空夹层钢管混凝土和空钢管试件最小截面的外、内钢管尺寸分别为 140mm×2mm 和 70mm×3mm，最大截面的外、内钢管尺寸分别为 170mm×2mm 和 100mm×3mm。

试件信息如表 3.3 所示，表中试件编号中的第一组字母 s 和 t 分别表示直形和锥形中空夹层钢管混凝土试件，sH 和 tH 分别表示直形和锥形空钢管试件，S、FS 和 FF 分

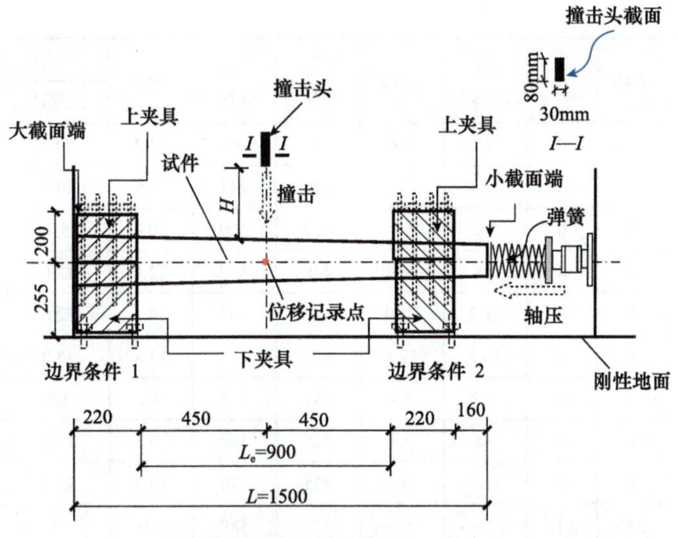

(a) 试验装置示意图（尺寸单位：mm）

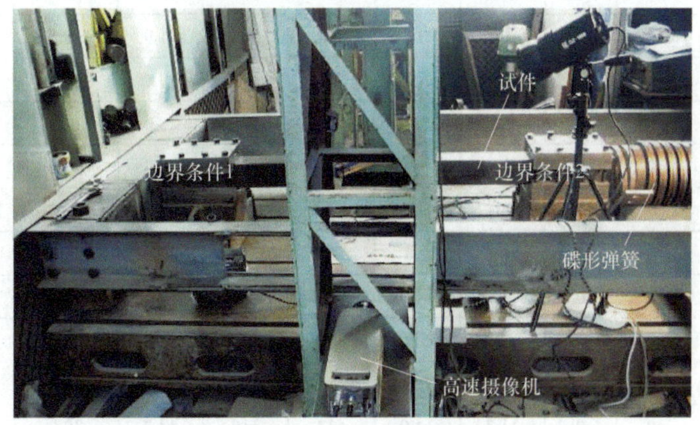

(b) 试验装置现场图

图 3.17　落锤撞击试验装置

别表示试件的边界条件为两端简支、一端固定一端简支和两端固定，3、5、7 和 9 代表撞击高度 H 分别为 3m、5m、7m 和 9m，0.15 为轴压比。例如 s-FF6-0.15 代表两端固定直形中空夹层钢管混凝土试件，撞击高度为 6m，侧向撞击时在其轴向施加了轴压比为 0.15 的轴向力。所有构件的锥角 θ 均为 0.6°，N 为构件轴力，E_0 为撞击能，F_{max} 为撞击力峰值，F_{stab} 为撞击力平台值，t 为撞击接触时间，Δ_{global} 为撞击过程中跨中最大位移，Δ_{local} 为残余局部凹陷，定义如图 3.18 所示。

表 3.3　直形和锥形中空夹层钢管混凝土撞击试验试件信息

序号	试件编号	N/kN	n	V_0/(m/s)	E_0/kJ	F_{max}/kN	F_{stab}/kN	t/ms	Δ_{global}/mm		Δ_{local}/mm
									位移计	摄像机	
1	s-SS3	0	0	7.6	5.9	360	237	11.9	16.0	15.4	5.1

续表

序号	试件编号	N/kN	n	V_0/(m/s)	E_0/kJ	F_{max}/kN	F_{stab}/kN	t/ms	Δ_{global}/mm		Δ_{local}/mm
									位移计	摄像机	
2	s-SS5	0	0	9.8	9.8	413	240	13.2	29.8	27.3	9.6
3	s-SS7	0	0	11.7	14.0	420	243	15.0	40.5	43.6	14.9
4	s-FS3	0	0	7.6	5.9	414	320	10.0	5.7	6.2	7.6
5	s-FS5	0	0	9.8	9.8	448	330	12.5	12.8	13.9	10.5
6	s-FS7	0	0	11.7	14.0	480	332	14.5	22.6	23.5	14.9
7	s-FS9	0	0	13.2	17.8	477	310	17.8	13.9	—	—
8	s-FF3	0	0	7.6	5.9	381	375	9.6	5.8	4.8	8.5
9	s-FF5	0	0	9.8	9.8	425	380	10.3	14.2	12.2	11.3
10	s-FF7	0	0	11.7	14.0	435	370	14.5	22.1	21.2	12.5
11	s-FF3-0.15	240	0.15	7.6	5.9	374	380	9.0	4.9	5.4	8.4
12	s-FF5-0.15	240	0.15	9.8	9.8	432	390	10.0	9.8	11.5	12.7
13	s-FF7-0.15	240	0.15	10.8	11.9	442	385	11.9	12.5	13.8	14.2
14	sH-SS3	0	0	7.6	5.9	48	41	27.6	51.7	51.3	107.9
15	sH-FS3	0	0	7.6	5.9	115	105	23.6	14.3	12.2	58.4
16	sH-FF3	0	0	7.6	5.9	114	110	32.4	10.6	12.9	72.1
17	t-SS3	0	0	7.6	5.9	364	215	12.6	20.3	20.0	4.9
18	t-SS5	0	0	9.8	9.8	387	214	15.5	37.3	40.2	9.0
19	t-SS7	0	0	11.7	14.0	495	233	16.5	49.4	53.0	13.4
20	t-FS3	0	0	7.6	5.9	367	315	11.6	9.7	11.8	4.5
21	t-FS5	0	0	9.8	9.8	384	320	12.6	18.9	16.0	5.9
22	t-FS7	0	0	11.7	14.0	433	310	14.7	30.0	28.2	9.5
23	t-FF3	0	0	7.6	5.9	333	360	10.5	7.6	8.2	8.1
24	t-FF5	0	0	9.8	9.8	415	380	10.4	13.8	15.2	11.2
25	t-FF7	0	0	10.8	11.9	477	400	11.2	22.6	24.2	12.5
26	t-FF3-0.15	240	0.15	7.6	5.9	336	365	11.2	7.6	7.2	7.1
27	t-FF5-0.15	240	0.15	9.8	9.8	423	387	11.1	12.8	12.3	9.0
28	t-FF7-0.15	240	0.15	10.8	11.9	489	395	11.2	17.2	18.3	10.1
29	tH-SS3	0	0	7.6	5.9	74	64	35.0	64.3	66.5	90.2
30	tH-FS3	0	0	7.6	5.9	150	135	22.7	18.4	20.0	55.9
31	tH-FF3	0	0	7.6	5.9	136	130	27.5	10.7	11.5	77.2

图 3.19 所示为高速摄像仪记录到的试件 s-S5 的撞击过程。由图 3.19 可见，①当 t=0s 时，落锤下落，此时试件静止；②当 t=0.0045s 时，落锤在跨中第一次撞击试件；③当 t=0.0055s 时，构件首先产生局部凹陷，而后试件同落锤开始一起向下运动，整体变形不断扩大；④当 t=0.0155s 时，向下的整体变形达到峰值；⑤当 t=0.016s

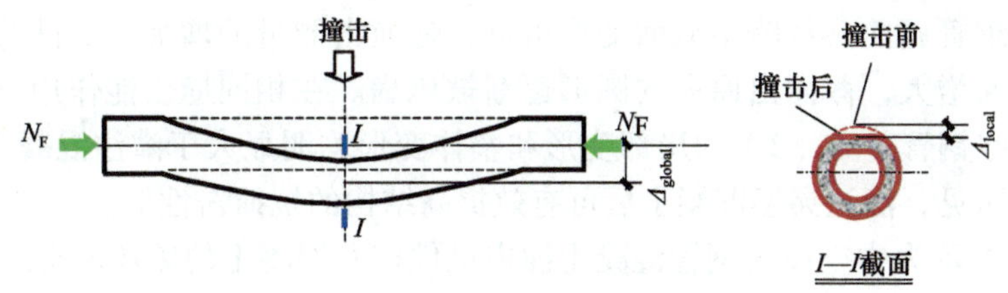

图 3.18　整体变形和局部凹陷示意

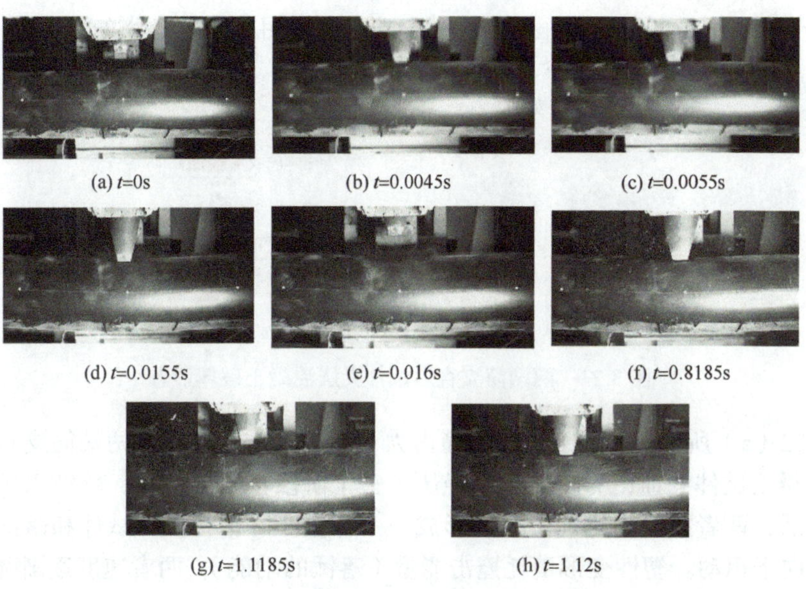
(a) t=0s　(b) t=0.0045s　(c) t=0.0055s
(d) t=0.0155s　(e) t=0.016s　(f) t=0.8185s
(g) t=1.1185s　(h) t=1.12s

图 3.19　中空夹层钢管混凝土受撞击过程

时，落锤脱离试件向上运动，试件在平衡位置附近自由振动；⑥当 t=0.8185s 时，落锤第二次撞击试件；⑦当 t=1.1185s 后，落锤再次脱离试件；⑧当 t=1.12s，试件和落锤在平衡位置共同振动，直至停止。大部分的能量耗散发生在第一次撞击过程中。

图 3.20 所示为部分试件的破坏形态。中空夹层钢管混凝土撞击试件破坏形态主要包括试件横截面的局部凹陷、钢管的局部屈曲和试件的整体弯曲变形。随着撞击高度的增加，侧向整体变形量不断增大。在撞击高度为 5m 时，在跨中截面观察到了明显的

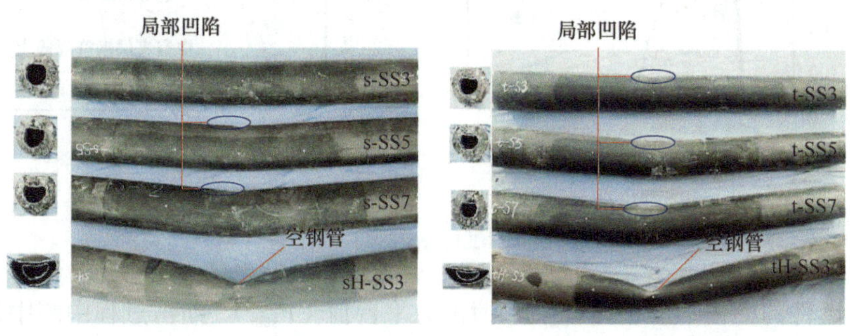

图 3.20　部分试件破坏形态

局部凹陷和钢管屈曲。从跨中截面变形可见，随撞击能量的增加，试件跨中截面的局部变形也不断增大，截面由原来的圆形逐渐被压扁。在相同撞击能作用下，没有灌注混凝土的双空钢管（sH-S3）的局部变形和整体变形均明显大于灌注混凝土的试件（s-SS3）。由此可见，灌注夹层混凝土后可有效提高结构的抗撞击性能。

图 3.21 所示为中空夹层钢管混凝土撞击试件核心混凝土的破坏形态。由图 3.21 可见，试件核心混凝土的损伤和破坏集中在受撞击的跨中部位。跨中底部出现受弯裂缝，裂缝长度延伸至截面中心轴之上，表明截面受拉区面积较大。在跨中以外区域出现受剪裂缝。受撞击部位的混凝土压碎。在固定端未发现明显的裂缝分布。

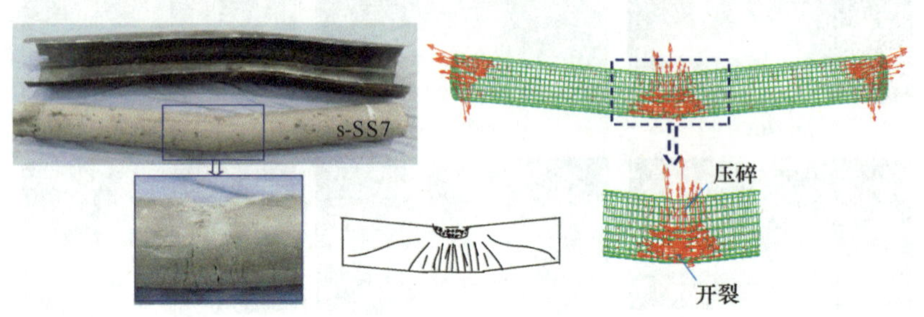

图 3.21　两端简支直形试件夹层混凝土破坏形态

图 3.22（a）所示为试件 s-SS3 的撞击力－时间关系。可见，两端简支直形中空夹层钢管混凝土试件的撞击力变化大致经历了三个阶段：①峰值段，落锤以较大的速度撞击试件后，两者接触力迅速上升，形成一个峰值。②平台段，试件和落锤以基本相同的速度向下运动。塑性变形消耗撞击能量（落锤的动能），两者速度逐渐降低。③下降段，当落锤和试件速度降低至一定程度时，落锤加速度开始减弱，撞击力进入下降段。当落锤和试件最终分离时，撞击力降低为零。

图 3.22（b）所示为试件 s-SS3 跨中位移－时间关系。可见，撞击开始后试件跨中位移开始增加，达到最大之后，在弹性恢复力作用下试件反方向运动，发生弹性恢复。由于试件阻尼消耗能量，试件最终静止，此刻的变形即为其试件的最终跨中位移。

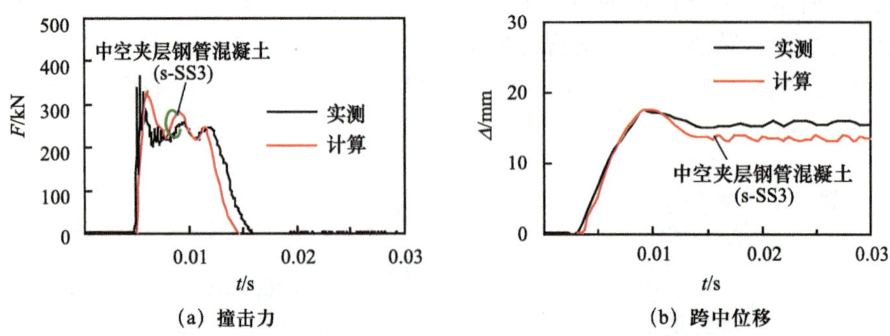

图 3.22　两端简支直形试件撞击力和跨中位移与时间关系

所有试件的撞击力峰值（F_{max}）、撞击力平台值（F_{stab}）、撞击过程中跨中最大位移（Δ_{global}）和残余局部凹陷（Δ_{local}）结果如表 3.3 所示。可见，撞击能量对试件的撞击时间和跨中挠度有明显影响。随撞击能增大，试件受撞击时间和跨中极限挠度增大，但撞击力平台值变化不大。边界条件对试件的撞击力和跨中极限挠度有显著影响。在相同的撞击能作用下，试件边界约束越强，撞击力平台值越大，撞击力加载时间越短；且试件的跨中极限挠度越小，试件的抗撞击性能越优。对于两端简支（SS）、一端固支一端简支（FS）和两端固支（FF）的直形中空夹层钢管混凝土试件，稳定撞击力分别为 240kN、330kN 和 380kN。在本节试验参数范围内，锥度和轴压比对中空夹层钢管混凝土撞击力和跨中挠度影响不大。

本书作者还建立了中空夹层钢管混凝土撞击试件的有限元模型（Wang et al.，2016）。该有限元模型考虑了材料的应变率效应，利用显式计算模块对撞击全过程进行模拟。

图 3.23 所示为试验实测和有限元计算的锥形中空夹层钢管混凝土试件破坏形态。有限元计算的撞击力和位移结果如图 3.22 所示。可见，所建立的有限元模型可以较好地计算中空夹层钢管混凝土在撞击作用下的破坏形态以及撞击力、位移变化。

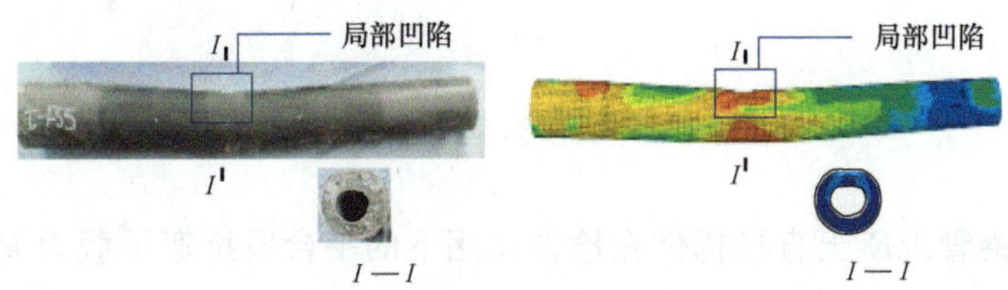

图 3.23　实测和有限元计算破坏形态

利用有限元模型，研究外钢管截面相同的中空夹层钢管混凝土、钢管混凝土和双空钢管试件在不同撞击能量下的破坏形态，如图 3.24 所示。可见，中空夹层钢管混凝土的破坏形态介于钢管混凝土和双空钢管试件之间。对于中空夹层钢管混凝土，当撞击能量较低时，截面破坏形态为截面的局部凹陷；随着撞击能量增高，和撞击头接触位置会发生冲剪破坏，相应位置的混凝土压碎。对于钢管混凝土，当撞击能量较低时，破坏形态为截面的局部凹陷，当撞击能量较高时，底部钢管可能出现断裂。对于双空钢管试件，在较低的撞击能量下圆形截面即被压扁。

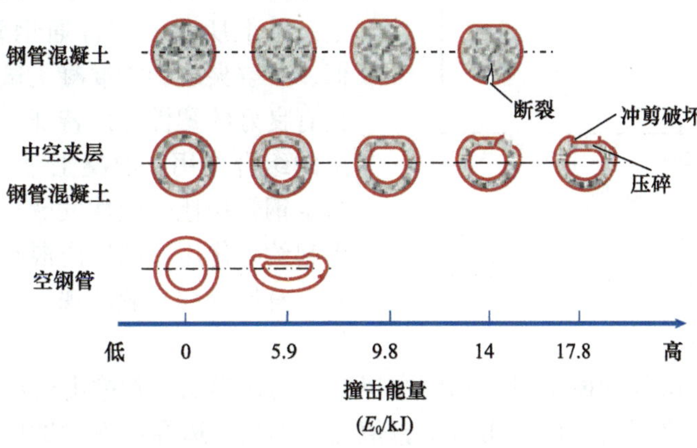

图 3.24　不同类型试件破坏形态

受撞击试件的平台段稳定抗弯承载力和试件的静力抗弯承载力存在一定比例关系，二者的比值称为动力放大系数 DIF。图 3.25 所示为中空夹层钢管混凝土截面约束效应系数 ξ 和 DIF 的关系。可见，当 ξ 从 0.17 变化到 3.1 时，DIF 从 0.9 变化为 1.1。当 ξ 大于 1.03 时，需考虑撞击动力作用对截面承载力的提高。

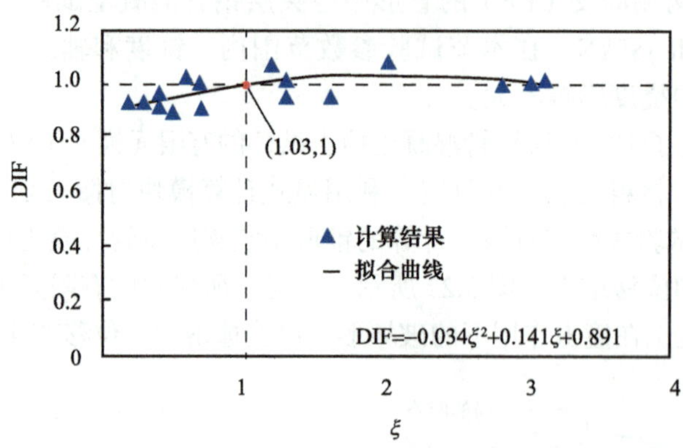

图 3.25　ξ 和平台段稳定承载力的 DIF 关系

中空夹层钢管混凝土直形构件在撞击作用下的平台段抗弯承载力 F_{stab} 按式（3.8）计算。

$$F_{stab}=\text{DIF}\cdot F_{static} \tag{3.8}$$

式中，F_{static} 是静力作用下的截面抗弯承载力；DIF 为动力放大系数，可由式（3.9）计算。

$$\text{DIF}=-0.034\xi^2+0.141\xi+0.891 \tag{3.9}$$

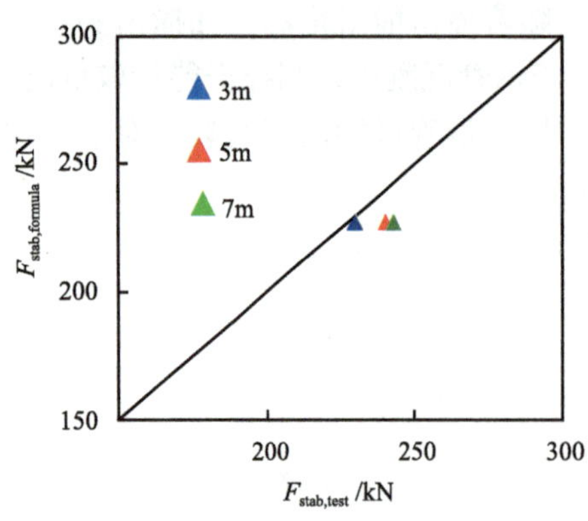

图 3.26　中空夹层钢管混凝土撞击试件试验和公式计算承载力的对比

图 3.26 所示为式（3.9）计算（$F_{stab,formula}$）和试验结果（$F_{stab,test}$）的对比。由图 3.26 可见，二者的差别较小。所提出的公式可以较好地计算中空夹层钢管混凝土直形构件在撞击作用下的平台段抗弯承载力。

综上所述，和普通钢管混凝土试件类似，中空夹层钢管混凝土试件在撞击作用下具有良好的塑性变形特征。由于钢管和混凝土的组合作用，混凝土对钢管起支撑作用，与空钢管相比，塑性发展充分；钢管对混凝土起约束作用，夹层内混凝土除在撞击截面附近有压碎和开裂的现象外，其他部分均未出现明显的损伤。

撞击能量对试件的撞击时间和跨中挠度有明显影响。随撞击能增大，试件撞击时间和跨中极限挠度增大，但撞击力平台值变化不大。边界条件对试件的撞击力和跨中极限挠度有显著影响。在相同的撞击能作用下，试件边界约束越强，试件的抗撞击性能越优。在本节试验参数范围内，锥度和轴压比对中空夹层钢管混凝土撞击力和跨中挠度影响不大。

本节给出的有限元模型可以较好地模拟中空夹层钢管混凝土试件的受撞击全过程。当约束效应系数从 0.17 变化到 3.1 时，动力放大系数从 0.9 变化为 1.1。当约束效应系数大于 1.03 时，在抗撞设计的时候需要考虑动力放大系数。

3.6　氯离子腐蚀作用下的力学性能

当中空夹层钢管混凝土结构暴露在恶劣的外部环境（如海洋环境）中时，氯离子的存在会对外钢管产生腐蚀，削弱外管壁厚。此外，在中空夹层混凝土结构的施工过程中，一般先安装内层和外层钢管，再浇筑管内混凝土。先安装的空钢管可能承受一部分施工荷载，这部分施工荷载会带来初始变形和初始应力。在管内混凝土凝固硬化后，整个钢 - 混凝土组合截面共同受力，承受包括长期荷载在内的各种荷载和作用。在此过程中，混凝土会产生收缩和徐变，影响结构的变形和荷载分配。因此，结构在全寿命期多因素（包括施工过程、长期荷载和环境）作用下的真实行为和常规设计下的结构行为差异需进行研究。

本节进行了 9 个圆中空夹层钢管混凝土短柱构件在全寿命期因素下的受力性能研究。构件设计时所考虑的变化参数为不同加载方式，包括仅施加腐蚀、长期荷载和腐蚀共同作用、施工初荷载和长期荷载共同作用以及施工初荷载、长期荷载和腐蚀共同作用（Li et al.，2015）。

图 3.27 所示为试件和加载装置示意图。所有构件的内管尺寸为 60mm×1.98mm，外管尺寸为 140mm×2.99mm，内、外管屈服强度分别为 369MPa 和 371MPa。28 天混凝土强度为 47.8MPa，极限强度测试时混凝土强度（120 天后）为 61.9MPa。构件加载方式参数如表 3.4 所示。其中，C 系列为仅施加腐蚀，没有施加施工初荷载和长期荷载的构件；LC 系列为施加长期荷载和腐蚀，没有施加施工初荷载的构件；PL 为施加施工初荷载和长期荷载，没有施加腐蚀的构件；PLC 为施加了施工初荷载、长期荷载和腐蚀的构件；R 系列为没有施加施工初荷载、长期荷载和腐蚀的对比构件。

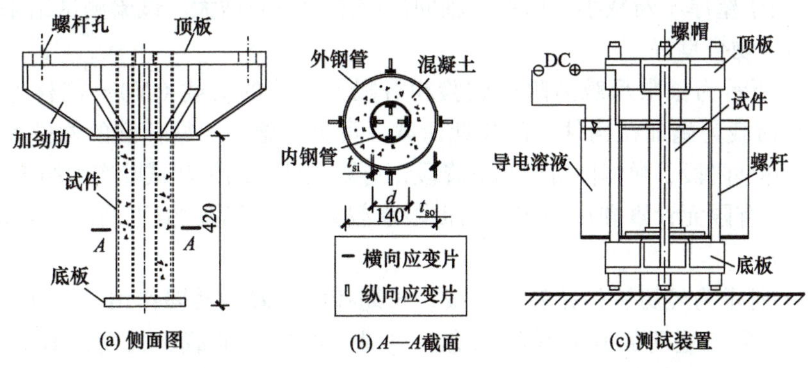

图 3.27　受氯离子腐蚀试件和加载装置示意图（尺寸单位：mm）

表 3.4 中空夹层钢管混凝土试件信息

序号	试件编号	施工荷载 / kN	长期荷载 / kN	腐蚀	腐蚀后外管厚度 / mm	腐蚀程度 / %	试验极限承载力 $N_{u,exp}$ /kN	有限元计算极限承载力 $N_{u,FEA}$ /kN	$N_{u,FEA}$ / $N_{u,exp}$	公式计算极限承载力 $N_{u,eq}$ /kN	$N_{u,eq}$ / $N_{u,exp}$
1	C-1	—	—	有	2.66	11.0	1443	1421	0.985	1191	0.825
2	C-2	—	—	有	2.63	12.0	1433	1415	0.987	1185	0.827
3	LC-1	—	600	有	2.36	21.1	1391	1351	0.971	1009	0.726
4	LC-2	—	600	有	2.33	22.1	1386	1345	0.970	1005	0.725
5	PL	180	600	无	2.99	—	1568	1522	0.971	1098	0.700
6	PLC	180	600	有	2.36	21.1	1349	1351	1.001	999	0.741
7	R-1	—	—	无	2.99	—	1487	1519	1.022	1250	0.841
8	R-2	—	—	无	2.99	—	1542	1519	0.985	1250	0.811
9	R-3	—	—	无	2.99	—	1538	1519	0.988	1250	0.813
	平均值								0.987		0.779
	变异系数 COV								0.017		0.071

PLC 构件的加载分如下几个阶段：第一阶段，在浇筑混凝土之前，通过拧紧高强螺杆上的螺帽对双层空钢管构件施加预应力以模拟施工初荷载，并量测记录该状态下的压缩量 δ_1；第二阶段，浇筑混凝土 28 天后，通过拧紧螺帽，对全截面施加长期荷载，在长期荷载作用下初始压缩变形为 δ_2；第三阶段，保持长期荷载不变，将构件浸泡在盐溶液中并施加均匀电流，形成外壁的均匀腐蚀，在此过程中产生的压缩变形为 δ_3；第四阶段，施加长期荷载 120 天后取出构件，清理外壁，将构件转移到压力机上进行极限承载力测试。该过程中的压缩变形计为 δ_4。图 3.28 所示为加载装置和步骤装置。

图 3.29 所示为保持长期荷载不变，施加均匀腐蚀阶段的构件轴向变形随时间变化关系。可见，对于外壁未施加均匀腐蚀的构件（PL），由于混凝土徐变发展随时间逐渐减缓，在 120 天后构件的轴向压缩变形趋于稳定。对于外壁施加均匀腐蚀的构件（LC 和 PLC），由于壁厚不断减小，构件的轴向压缩变形不断增大。试验测试结果和有限元模型计算结果吻合良好。

图 3.30 所示为极限承载力阶段试验和有限元计算的荷载（N）- 位移（Δ）关系。其中，初始荷载为施加在构件上的长期荷载。可见，施加长期荷载的构件荷载 - 变形关系可分为弹性阶段、弹塑性阶段和下降段，有限元计算结果和试验实测结果吻合良好。表 3.4 给出了有限元计算和试验实测的极限承载力。二者的比值平均值为 0.987，变异系数为 0.017。

图 3.31 所示为经历了初始施工荷载、长期荷载和腐蚀共同作用的构件荷载（N）-位移（Δ）关系和短期加载曲线的示意。可见，在施工荷载、长期荷载和腐蚀作用下，构件的 N-Δ 关系可分为几个不同阶段。在施工荷载阶段，构件仅空钢管受力，

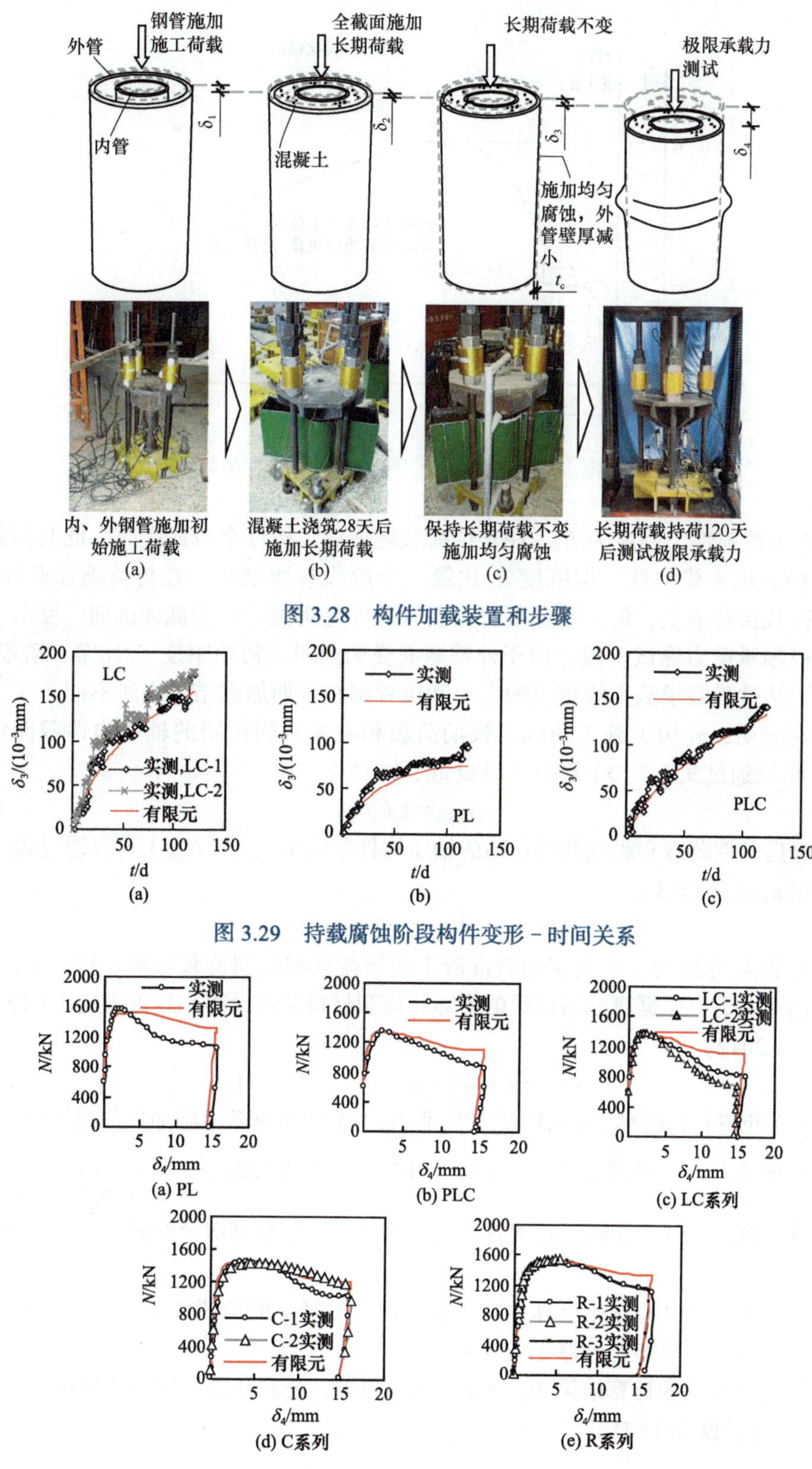

图 3.28　构件加载装置和步骤

图 3.29　持载腐蚀阶段构件变形 - 时间关系

图 3.30　极限承载力测试阶段 N-Δ 关系

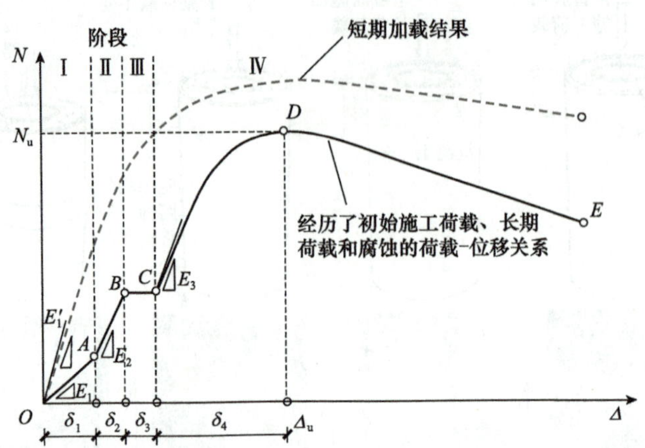

图 3.31 考虑施工荷载、长期荷载和腐蚀作用后的 N-Δ 全过程关系

N-Δ 关系为线弹性，刚度为 E_1。在长期荷载施加后，构件全截面受力，此时荷载－位移关系仍表现为线弹性，但刚度 E_2 比第一个阶段有所增长。在持荷施加腐蚀阶段，构件的荷载保持不变，但由于混凝土徐变以及外壁腐蚀带来的截面削弱，变形有所增长。在极限承载力测试阶段，由于外壁截面受到削弱，初始刚度 E_3 比第二阶段 E_2 有所下降，构件极限承载力峰值点的大小和位置都和短期加载结果有所不同。

研究表明，经历了施工荷载、长期荷载和腐蚀共同作用的轴压构件截面承载力（$N_{u,plc}$）可以通过式（3.10）计算（Li et al.，2015）。

$$N_{u,plc}=k_p k_{lt} N_{u,c} \tag{3.10}$$

仅经历长期荷载和腐蚀共同作用的轴压构件截面承载力（$N_{u,lc}$）可以通过式（3.11）计算（Li et al.，2015）。

$$N_{u,lc}=k_{lt} N_{u,c} \tag{3.11}$$

式中，k_p 和 k_{lt} 分别为中空夹层钢管混凝土初始荷载和长期荷载影响系数；$N_{u,c}$ 为腐蚀后截面的承载力，根据腐蚀后截面的实际几何和材料参数计算。k_p 可由式（3.12）计算（Li et al.，2012）。

$$k_p=1-f(\lambda_0)\cdot\eta_p \qquad (k_p\leqslant 1) \tag{3.12}$$

式中，η_p 为钢管初荷载率，$\eta_p=N_p/N_{us}$，N_p 和 N_{us} 分别为空钢管上施加的初荷载和空钢管构件的极限承载力。λ_0 为名义长细比，对于圆中空夹层钢管混凝土，$\lambda_0=\dfrac{4l_0}{100\sqrt{D^2+(d-2t_{si})^2}}$，$l_0$ 为构件长度，D 和 d 分别为外钢管和内钢管直径，t_{si} 为内钢管壁厚。$f(\lambda_0)=0.4\lambda_0-0.01$。

k_{lt} 按 3.2 节给出的方法计算，即在实心钢管混凝土的长期承载力影响系数 k_{cr} 的基础上乘以考虑空心率影响的修正系数 k_χ。

根据上述公式的计算结果如表 3.4 所示。可见，公式计算和试验结果比值平均值为 0.779，变异系数为 0.071。

3.7 本章小结

本章简要论述了有关中空夹层钢管混凝土组合柱研究取得的成果。通过对不同截面形式的中空夹层钢管混凝土构件开展的静力、长期荷载、反复荷载、局压、撞击和荷载–环境耦合作用下的试验研究和理论分析，给出了中空夹层钢管混凝土组合柱在静力、长期荷载、滞回、局压和荷载–环境耦合作用下的承载力计算公式。上述承载力计算公式已被系统纳入土木工程学会标准《中空夹层钢管混凝土结构技术规程》(T/CCES 7—2020)和 CRC 出版的国际设计指南 *Design Guide for Concrete-Filled Double Skin Steel Tubular Structures*。

关于中空夹层钢管混凝土结构的抗火性能，已在专著《钢–混凝土组合结构抗火设计原理(第三版)》(韩林海等，2022)中论述。

参考文献

韩林海，2022．钢管混凝土结构：理论与实践［M］. 4 版．北京：科学出版社．

韩林海，宋天诣，周侃，2022．钢–混凝土组合结构抗火设计原理［M］. 3 版．北京：科学出版社．

黄宏，2006．中空夹层钢管混凝土压弯构件的力学性能研究［D］. 福州：福州大学．

李永进，陶忠，2007．中空夹层钢管混凝土柱在长期荷载作用下的力学性能研究［J］. 工业建筑，37(12)：22-27.

李永进，杨有福，韩林海，2005．圆中空夹层钢管混凝土柱在长期荷载作用下的力学性能研究［A/C］. 哈尔滨工业大学学报(中国钢协钢–混凝土组合结构分会第十次年会论文集)，39(增刊)：189-192.

陶忠，于清，2006．新型组合结构柱：试验、理论与方法［M］. 北京：科学出版社．

中国土木工程学会，2020．中空夹层钢管混凝土结构技术规程：T/CCES 7—2020［S］. 北京：中国建筑工业出版社．

ACI Committee 209, 1992. Prediction of creep, shrinkage and temperature effects in concrete structures: ACI 209R—92 [S]. Michigan: American Concrete Institute.

HAN L H, HUANG H, TAO Z, et al., 2006. Concrete-filled double skin steel tubular (CFDST) beam-columns subjected to cyclic bending [J]. Engineering Structures, 28 (12): 1698-1714.

HAN L H, LAM D, NETHERCOT D A, 2018. Design Guide for Concrete-filled Double Skin Steel Tubular Structures [M]. Florida: CRC Press.

HAN L H, TAO Z, HUANG H, et al., 2004. Concrete-filled double skin (SHS outer and CHS inner) steel tubular beam-columns [J]. Thin-Walled Structures, 42 (9): 1329-1355.

HIBBITT, KARLSON, SORENSON, 2005. ABAQUS version 6. 5: Theory manual, users' manual, verification manual and example problems manual [M]. Hibbitt, Karlson and Sorenson Inc.

LI W, HAN L H, CHAN T M, 2014a. Tensile behaviour of concrete-filled double-skin steel tubular members [J]. Journal of Constructional Steel Research, 99 (8): 35-46.

LI W, HAN L H, CHAN T M, 2014b. Numerical investigation on the performance of concrete-filled double-skin steel tubular members under tension [J]. Thin-Walled Structures, 79 (6): 108-118.

LI W, HAN L H, REN Q X, et al., 2013. Behaviour and calculation of tapered CFDST columns under eccentric compression [J]. Journal of Constructional Steel Research, 83 (4): 127-136.

LI W, HAN L H, ZHAO X L, 2012. Axial strength of concrete-filled double skin steel tubular (CFDST) columns with preload on steel tubes [J]. Thin-Walled Structures, 56 (7): 9-20.

LI W, HAN L H, ZHAO X L, 2015. Behavior of CFDST stub columns under preload, sustained load and chloride corrosion [J]. Journal of Constructional Steel Research, 107 (4): 12-23.

LU H, ZHAO X L, HAN L H, 2007. Experimental investigation on fire performance of self-consolidating concrete (SCC) filled double skin tubular columns [C]//LIEW J Y R, CHOO Y S. Proceedings of the 5th International Conference on

Advances in Steel Structures (ICASS'07). Research Publishing Services, Singapore: 973-978.

TAO Z, HAN L H, 2006. Behaviour of concrete-filled double skin rectangular steel tubular beam-columns [J]. Journal of Constructional Steel Research, 62 (7): 631-646.

TAO Z, HAN L H，ZHAO X L, 2004. Behaviour of concrete-filled double skin (CHS inner and CHS outer) steel tubular stub columns and beam-columns [J]. Journal of Constructional Steel Research, 60 (8): 1129-1158.

WANG R, HAN L H, ZHAO X L, 2015a. Experimental behavior of concrete filled double steel tubular (CFDST) members under low velocity drop weight impact [J]. Thin-Walled Structures, 97: 279-295.

WANG R, HAN L H, ZHAO X L, 2016. Analytical behavior of concrete filled double steel tubular (CFDST) members under lateral impact [J]. Thin-Walled Structures, 101: 129-140.

YANG Y F, HAN L H, 2008. Concrete-filled double-skin tubular columns under fire [J]. Magazine of Concrete Research, 60 (3): 211-222.

YANG Y F, HAN L H, SUN B H, 2012. Experimental behaviour of partially loaded concrete filled double-skin steel tube (CFDST) sections [J]. Journal of Constructional Steel Research 71: 63-73.

ZHAO X L, HAN L H, 2006. Double skin composite construction [J]. Progress in Structural Engineering and Materials, 8 (3): 93-102.

第 4 章　单肢钢管混凝土加劲混合结构

4.1 引　　言

钢管混凝土加劲混合结构由内置钢管混凝土部分与钢管外包钢筋混凝土部分混合而成（T/CECS 663—2020），具有承载力高、抗震性能好、耐久和经济性优越等特点，成为工程主体结构的优选形式之一。钢管混凝土加劲混合结构内置的钢管混凝土通常对称布置，肢数可为单肢和多肢。对于单肢截面，钢管混凝土位于结构截面中心，结构截面为实心。目前研究和应用较多的几种单肢钢管混凝土加劲混合结构柱截面形式如图 4.1 所示。目前，一些多、高层建筑中采用单肢钢管混凝土加劲混合结构柱（也有文献称为钢管混凝土叠合柱、配有钢管的钢骨混凝土或劲性钢管混凝土柱）。其中，钢管中的混凝土可先于其外部混凝土浇筑，也可同时浇筑完成。

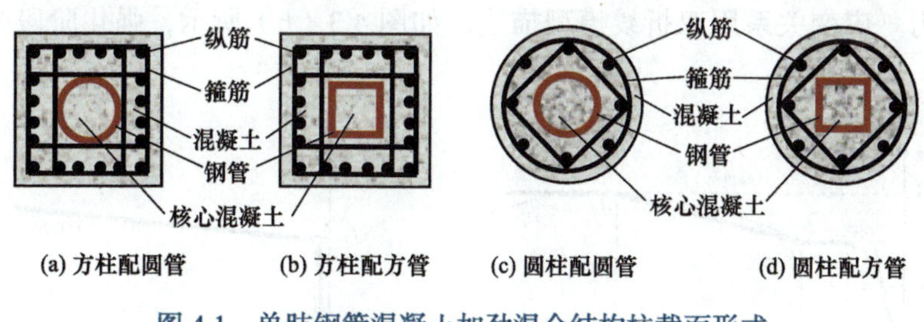

图 4.1　单肢钢管混凝土加劲混合结构柱截面形式

本章进行了单肢钢管混凝土加劲混合结构柱静力性能和抗震性能等方面的研究（Han and An，2014；An et al.，2014；An and Han，2014；Qian et al.，2016）。下面论述相关研究成果。

4.2 静 力 性 能

4.2.1 轴压力学性能

1. 有限元模型的建立

建立了钢管混凝土加劲混合结构轴压试件的有限元模型（Han and An，2014），如图 4.2 所示，模型包括 7 种部件，即端板、箍筋约束混凝土、箍筋外无约束混凝土、核心混凝土、钢管、箍筋和纵筋。模型中同时考虑了材料与几何非线性，以及钢管与内外混凝土的接触关系。

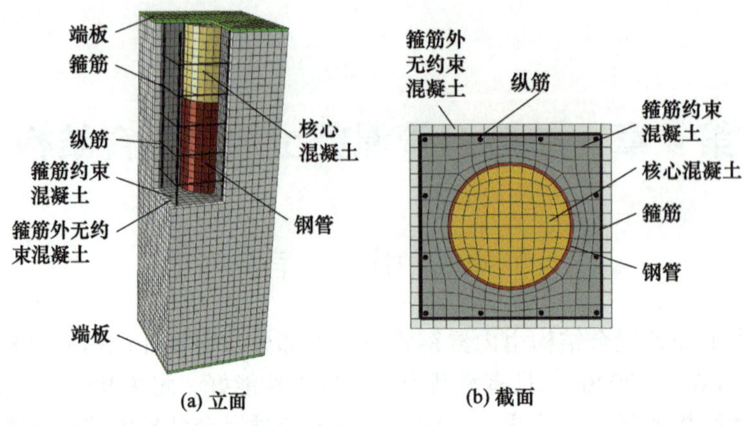

图 4.2　轴压试件有限元模型

（1）材料的本构模型

1）钢材。采用弹塑性模型来描述钢材本构模型，该模型假设钢材等向强化。钢材弹性模量 E_s 和泊松比分别取 206000N/mm^2 和 0.3。钢管的单轴应力－应变关系采用韩林海（2022）提供的五阶段应力－应变关系模型描述，如图 4.3（a）所示。钢筋单轴应力－应变关系用双折线模型描述，如图 4.3（b）所示，强化阶段弹性模量取 $0.01E_s$。

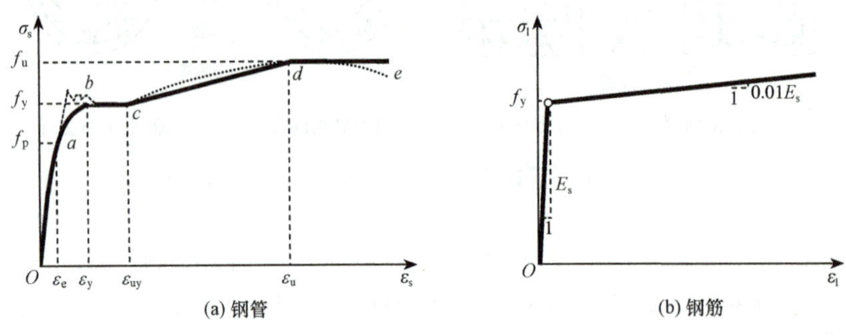

图 4.3　钢材的应力－应变关系

2）混凝土。根据混凝土所受约束条件不同，将截面混凝土分为三类，如图 4.2（b）所示，即箍筋外无约束混凝土、箍筋约束混凝土以及钢管内核心混凝土。约束混凝土（包括钢管内核心混凝土和箍筋约束混凝土）相比非约束混凝土，其强度和塑性变形能力得到改善。钢管内核心混凝土单轴受压应力－应变关系，采用韩林海（2022）建议的核心混凝土受压应力－应变关系。

箍筋外无约束混凝土单轴受压应力－应变关系采用 Attard 和 Setunge（1996）提出的素混凝土本构模型，如式（4.1）所示。

$$Y=\frac{AX+BX^2}{1+CX+DX^2} \tag{4.1}$$

式中，$X=\varepsilon_c/\varepsilon_{c0}$，$Y=\sigma_c/\sigma_{c0}$，$\sigma_{c0}$ 和 ε_{c0} 分别为峰值应力和峰值应变，$\sigma_{c0}=f_c'$，$\varepsilon_{c0}=\dfrac{4.26f_c'}{E_c\sqrt[4]{f_c'}}$。当 $\varepsilon\leqslant\varepsilon_{c0}$，$A=E_c\varepsilon_{c0}/f_c'$，$B=(A-1)^2/0.55-1$，$C=A-2$，$D=B+1$。当 $\varepsilon>\varepsilon_{c0}$，$A=\dfrac{f_i(\varepsilon_i-\varepsilon_{c0})}{\varepsilon_i\varepsilon_{c0}(f_c'-f_i)}$，$B=0$，$C=A-2$，$D=1$。$f_i/f_c'=1.41-0.17\ln(f_c')$，$\varepsilon_i/\varepsilon_{c0}=2.5-0.3\ln(f_c')$，$f_c'$ 以 MPa 计。

在三维实体有限元模型中，约束混凝土由于侧向约束带来的轴向峰值应力的提高，可以通过混凝土塑性损伤模型应力空间的屈服面自动考虑和计算，但混凝土塑性变形能力的提高和延性改善则较难模拟。因此需要输入适用于箍筋约束混凝土的单轴受压应力-应变关系，如图 4.4 所示。Han 和 An（2014）提出适用于箍筋约束混凝土的单轴受压应力-应变关系如式（4.2）所示。

$$\sigma_c=\begin{cases}\sigma_{c0}\dfrac{k(\varepsilon_c/\varepsilon_{c0})}{k-1+(\varepsilon_c/\varepsilon_{c0})^k} & \varepsilon_c\leqslant\varepsilon_{c0}\\ \sigma_{c0}-E_{des}(\varepsilon_c-\varepsilon_{c0}) & \varepsilon_c>\varepsilon_{c0}\end{cases}\tag{4.2}$$

式中，$\sigma_{c0}=f_c'$；$k=\dfrac{E_c}{E_c-(\sigma_{c0}/\varepsilon_{c0})}$；$\varepsilon_{c0}=0.00245+0.0122\dfrac{A_h l_h f_{yh}}{A_{cc}sf_c'}$，$f_{yh}$ 为屈服强度；$E_{des}=\dfrac{0.15\sigma_{c0}}{\varepsilon_{c,0.85}-\varepsilon_{c0}}$，$\varepsilon_{c,0.85}=0.225\dfrac{A_h l_h}{A_{cc}s}\sqrt{\dfrac{B_c}{s}}+\varepsilon_{c0}$，$A_h$ 为箍筋面积，l_h 为箍筋总长度，s 为箍筋间距，B_c 为箍筋约束混凝土截面宽度，即扣除外围保护层之后的截面宽度，A_{cc} 为箍筋约束混凝土截面面积，即扣除外包混凝土保护层面积后的截面面积。

混凝土受拉软化性能采用输入混凝土单轴受拉应力-应变关系的方法，开裂前混凝土处于弹性状态，开裂后混凝土单轴应力-应变关系采用沈聚敏等（1993）的建议。

上述箍筋约束混凝土受压应力-应变关系与以往研究者试验实测结果吻合良好，能够较好地模拟箍筋约束混凝土的承载力和变形能力（安钰丰，2015）。

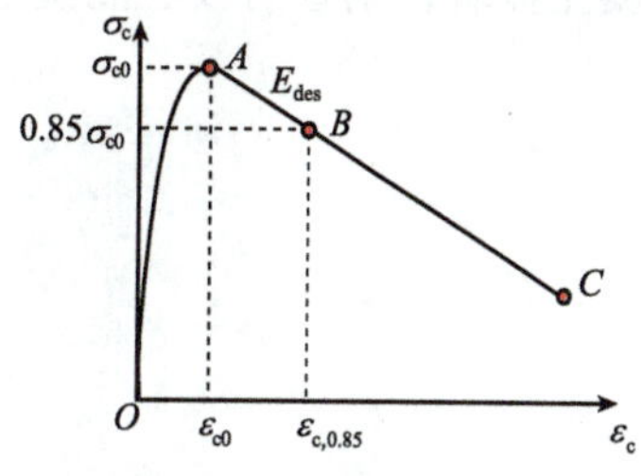

图 4.4　箍筋约束混凝土的应力-应变关系

（2）单元类型，划分和边界条件

端板、外围无约束混凝土、外围箍筋约束混凝土以及钢管内核心混凝土均采用 8 节点三维实体减缩积分单元；钢管用 4 节点壳单元模拟；钢筋用 2 节点杆单元模拟。为得到合理的网格划分，对不同网格尺寸下的模拟结果进行对比，兼顾计算效率和精度。

端板假设为刚体，即刚度足够大以至于在整个加载过程中变形可以忽略。端板和混凝土端部，以及端板与钢管端部之间共用节点，保证加载过程中端板、钢管和混凝土变形一致。轴力通过在一侧端板上施加纵向位移实现，而约束另一侧端板位移和转角。

（3）钢与混凝土接触关系

钢筋通过“embedded”方法与外包混凝土相连，即钢筋的单元节点位移与外包混凝土保持一致。

在单肢钢管混凝土加劲混合结构柱模型中，存在钢管与内核心混凝土，以及钢管与外包混凝土两种接触关系。在钢与混凝土两种材料的交界面上，法线方向不能相互穿透，即“硬接触”。在切线方向上，钢管和核心混凝土界面之间存在摩擦，可以采用库仑摩擦准则来模拟，如式（2.20）、式（2.21）所示。

对于钢管与外包混凝土之间的 τ_{bond}，目前缺少相关参考公式。试算结果表明，外包混凝土与钢管之间的 τ_{bond} 对钢管混凝土加劲混合结构的荷载－位移关系无显著影响，且模拟结果与实测结果吻合较好。因此外包混凝土和钢管之间的 τ_{bond} 可以保守地按照式（2.21）计算，并能取得较好的模拟效果（安钰丰，2015）。

2. *受力全过程分析*

为进一步分析钢管混凝土加劲混合结构的轴心受压性能，建立了短柱模型，具体参数如下：$B=400$mm，试件长度 $l=1200$mm。内置钢管混凝土部分相关参数：钢管直径 $D=250$mm，厚度 $t=5.8$mm，钢管屈服应力 $f_{ys}=345$MPa，核心混凝土强度 $f_{cu,core}=60$MPa，含钢率 α_s（$=A_s/A_{core}$）$=0.1$。外包混凝土部分相关参数：外包混凝土强度 $f_{cu,out}=40$MPa，纵筋配筋率 α_l［$=A_l/(B^2-A_{sc})$，A_l 和 A_{sc} 分别为纵筋总面积和钢管混凝土面积］$=1.6\%$，纵筋屈服强度 $f_{yl}=335$MPa，箍筋直径 8mm，间距 $s=100$mm，箍筋屈服强度 $f_{yh}=335$MPa。

图 4.5 给出了计算的钢管混凝土加劲混合结构轴心受压试件破坏形态，中间部分的外包混凝土外鼓；纵筋在中间部分屈曲；钢管中间部分外鼓，但外鼓程度没有外包混凝土显著；钢管内核心混凝土在中间部分外鼓。

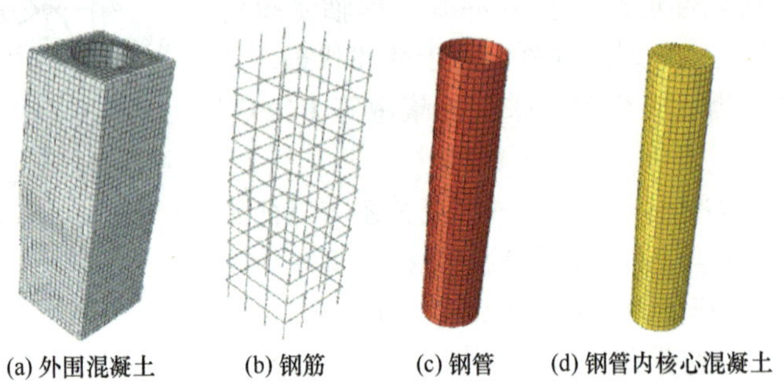

(a) 外围混凝土　(b) 钢筋　(c) 钢管　(d) 钢管内核心混凝土

图 4.5　轴心受压试件破坏形态

图 4.6 给出了轴力（N）－轴向应变（ε）关系，以及各部分内力分布，该关系可以由 5 个特征点分成 5 个阶段。5 个特征点分别为点 A，钢管开始进入弹塑性阶段；点 B，箍筋外无约束混凝土达峰值强度；点 C，整个截面达极限荷载 N_u；点 D，轴力开始由下降转向平稳；点 E，由于轴力下降持续平稳，停止计算。

图 4.7 给出了中间截面特征点处混凝土纵向应力（S33）分布，5 个阶段分别如下。

阶段 1（OA）：柱子基本上保持弹性状态。A 点箍筋外无约束混凝土和箍筋约束混凝土分别达峰值强度的 80% 和 65%。钢管内核心混凝土达峰值强度的 50%。钢管和纵筋开始进入弹塑性阶段。

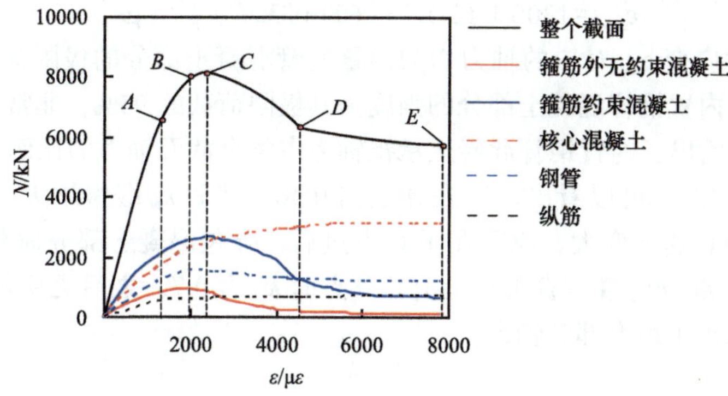

图 4.6　轴力（N）－轴向应变（ε）关系

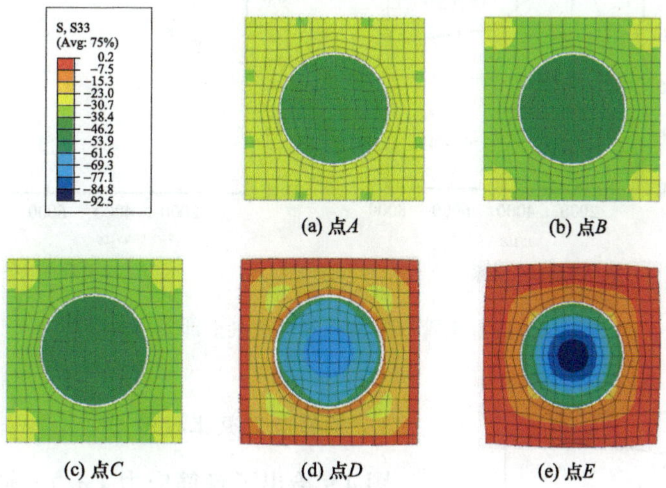

图 4.7　混凝土纵向应力（S33）分布（应力单位：MPa）

阶段 2（AB）：随轴力增加轴向应变（ε）的增长加快。在 B 点箍筋外无约束混凝土达峰值强度。钢管和纵筋已经屈服。箍筋约束混凝土和钢管内核心混凝土强度分别达峰值的 95% 和 70%。

阶段 3（BC）：箍筋外无约束混凝土的强度开始下降。在 C 点箍筋约束混凝土达峰值强度。虽然钢管内核心混凝土在整个加载阶段强度没有下降，但在 C 点其应力接近峰值强度（停止加载时刻），之后强度增长缓慢。

阶段 4（CD）：轴力开始下降而轴向应变迅速增加，箍筋约束混凝土和箍筋外无约束混凝土的强度降低，而核心混凝土的强度增长缓慢，在 D 点轴力开始平稳。

阶段 5（DE）：轴力保持平稳，此时核心混凝土承担主要轴力，约为整个轴力的 54%。

图 4.8 给出了内置钢管混凝土和外包混凝土部分的内力分配情况，当整个截面达极限荷载时，外包混凝土部分已经达极限荷载。而内置钢管混凝土部分在整个加载阶段强度没有下降，如图 4.8（a）所示。韩林海（2022）建议轴向应变 ε_{scy} 对应的轴力作为钢管混凝土的极限荷载，ε_{scy} 如式（4.3）所示。

$$\varepsilon_{scy}=1300+12.5f_c'+(600+33.5f_c')\xi^{0.2}\ (\mu\varepsilon) \tag{4.3}$$

当采用轴向应变 ε_{scy} 对应的轴力作为内置钢管混凝土部分的极限荷载时，如图 4.8（a）所示，此时内置钢管混凝土部分的强度为其极限荷载的 95%，非常接近极限荷载。

图 4.8（b）给出了内置钢管混凝土承担轴力占整个截面轴力的比例（k_N）随轴向应变（ε）的变化情况。可以看出，k_N 在 A 点为 0.46，然后 k_N 缓慢增大，在 C 点为 0.5。C 点过后，k_N 增长速度变大，原因在于 C 点过后，外包混凝土部分荷载开始下降，但内置钢管混凝土部分荷载一直缓慢上升。D 点时 k_N 为 0.7，之后无明显变化。此时内置钢管混凝土承担了绝大部分轴力。

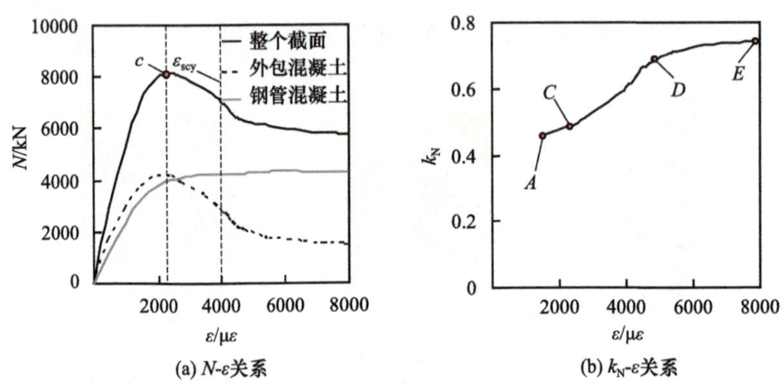

(a) N-ε关系 (b) k_N-ε关系

图 4.8 内置钢管混凝土和外包混凝土部分内力分配

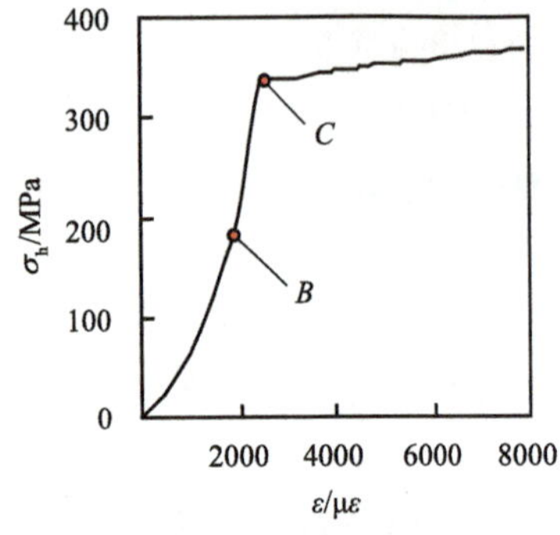

图 4.9 箍筋应力（σ_h）-轴向应变（ε）关系

3. 钢管与混凝土接触力

图 4.9 给出了箍筋应力（σ_h）-轴向应变（ε）关系，箍筋应力的发展体现了箍筋对外包混凝土的约束作用。可以看出，箍筋约束作用在整个加载阶段一直存在，在荷载初期，随轴向应变增长，σ_h 基本上呈线性增长。而 B 点过后，即外围无约束混凝土达峰值强度时，随 ε 增长 σ_h 增长迅速，原因在于此时外围箍筋约束混凝土接近峰值荷载，横向变形迅速增加，使得箍筋变形增长迅速。C 点时，箍筋屈服，此后其应力由于硬化现象而缓慢增加。

图 4.10 给出了钢与混凝土之间的接触应力 p_1 和 p_2 与轴向应变（ε）关系。其中 p_1 为钢管与其内核心混凝土的接触应力，而 p_2 为钢管与外包混凝土的接触应力。荷载初期（小于 $0.6N_u$），p_1 不存在，因为核心混凝土的弹性模量比钢管要小，其侧向变形较钢管低。但荷载大于 $0.6N_u$ 后，核心混凝土进入塑性状态，其侧向变形迅速增加，此时核心混凝土开始受到钢管的约束，并持续到整个加载阶段。在荷载初期（小于 $0.6N_u$），p_2 存在，原因在于外包混凝土弹性模量比钢管要小，其侧向变形较钢管低。当荷载大于 $0.6N_u$ 后，外包混凝土进入塑性状态，其侧向变形迅速增加，超过钢管变形，此时

外包混凝土与钢管之间没有接触应力。当轴向应变达 4400με 时，p_2 又开始出现，而此时整个截面承载力已经下降，原因在于此时钢管向外鼓曲，横向变形迅速增加，超过外包混凝土变形。

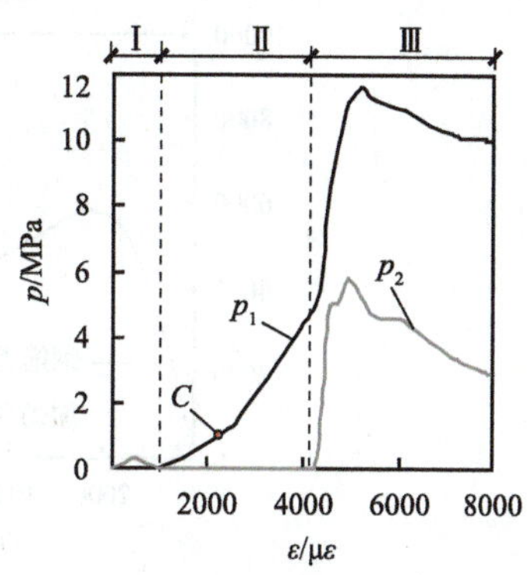

图 4.10　接触应力 p_1 和 p_2- 轴向应变（ε）关系

综合上述分析，在钢管混凝土加劲混合结构轴压短试件中存在箍筋约束力、钢管与外包混凝土接触力以及钢管与核心混凝土接触力三种钢与混凝土相互作用，如图 4.11 所示。钢与混凝土接触力分为三个阶段，即阶段Ⅰ，存在箍筋约束力和 p_2；阶段Ⅱ，存在箍筋约束力和 p_1；阶段Ⅲ，存在箍筋约束力、p_1 和 p_2。在柱子达极限荷载时（C 点），存在箍筋约束力和 p_1，如图 4.11 所示。

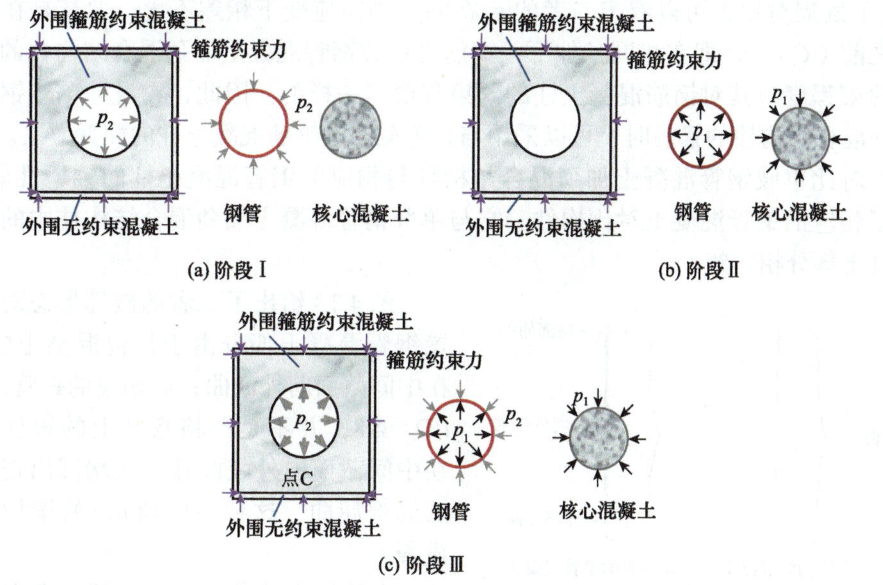

图 4.11　钢与混凝土接触力

4. 与钢筋混凝土和钢管混凝土比较

为对比单肢钢管混凝土加劲混合结构柱与相应的钢筋混凝土柱的轴压性能差异，设计了相应的钢筋混凝土短柱。除内部无钢管混凝土外，其他参数与单肢钢管混凝土加劲混合结构柱一致。

图 4.12（a）给出了单肢钢管混凝土加劲混合结构柱和钢筋混凝土柱的轴力对比。由于钢管和高强核心混凝土的轴力贡献，单肢钢管混凝土加劲混合结构柱的 N_u 为钢筋混凝土的 1.4 倍。由于内置钢管混凝土部分在整个加载阶段强度没有下降，使得单肢钢管混凝土加劲混合结构柱在加载后期承载力维持在 $0.7N_u$，而钢筋混凝土柱的承载力一直下降。内置钢管混凝土的后期支撑作用对结构安全非常重要，地震中可有效减少结构倒塌概率。图 4.12（b）给出了单肢钢管混凝土加劲混合结构和钢筋混凝土柱箍筋应

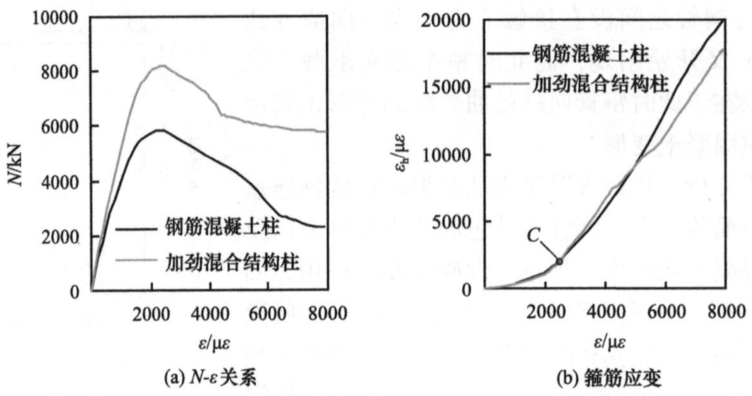

图 4.12 钢管混凝土加劲混合结构柱和钢筋混凝土柱构件对比

变（ε_h）发展对比，可以看出二者的 ε_h 在同一轴向应变下相差不大，尤其是在达极限荷载之前（C 点），即在相同条件下，箍筋对单肢钢管混凝土加劲混合结构柱的外包混凝土约束程度与其对钢筋混凝土柱的约束程度是一样的。因此，在设计单肢钢管混凝土加劲混合结构柱的箍筋时，可以采用与其等截面的钢筋混凝土柱的配置方法。

为对比单肢钢管混凝土加劲混合结构柱与相应的钢管混凝土柱的轴压性能差异，设计了相应的钢管混凝土对比构件。它与单肢钢管混凝土加劲混合结构柱中的内置钢管混凝土部分相一致。

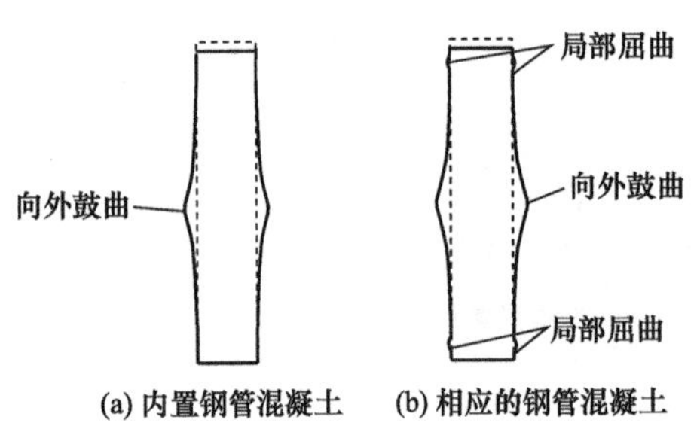

图 4.13 破坏形态对比

图 4.13 给出了二者的破坏形态对比，内置钢管混凝土部分由于外包混凝土的存在，在中间截面向外鼓曲；而相应的钢管混凝土，l/D=4.8，并不是严格意义上的短柱，除了在中间截面向外鼓曲外，在端部出现了较小的局部屈曲，这种现象随 l/D 的增加而更加显著。

在达极限荷载之前，内置钢管混凝土部分的 N-ε 关系与相应的钢管混凝土几乎完全一致，如图 4.14（a）。此后，相应钢管混凝土的强度开始缓慢下降，而内置钢管混凝土部分强度缓慢上升。对比钢管与核心混凝土的接触应力 p_1，如图 4.14（b）所示，在相应钢管混凝土达极限荷载之前，内置钢管混凝土部分 p_1 与相应的钢管混凝土相差不大，但之后内置钢管混凝土部分的 p_1 明显高于相应钢管混凝土。图 4.14（c）给出了核心混凝土纵向应力（S33）分布对比（E 点），可以看出内置钢管混凝土部分的纵向应力要比相应钢管混凝土高。导致上述现象的原因在于，在接触应力第Ⅱ阶段，相应的钢管混凝土达极限荷载之前，不存在接触应力 p_2，内置钢管混凝土与相应的钢管混凝土的 N-ε 关系几乎完全一致，p_1 相差不大。但在接触应力第Ⅲ阶段，钢管的侧向变形受到外包混凝土限制。因此，内置钢管混凝土比相应钢管混凝土的承载力、接触应力 p_1 和核心混凝土纵向应力要大。

在实际工程中，径厚比较大的钢管混凝土的应用受到一定限制，原因在于钢管容

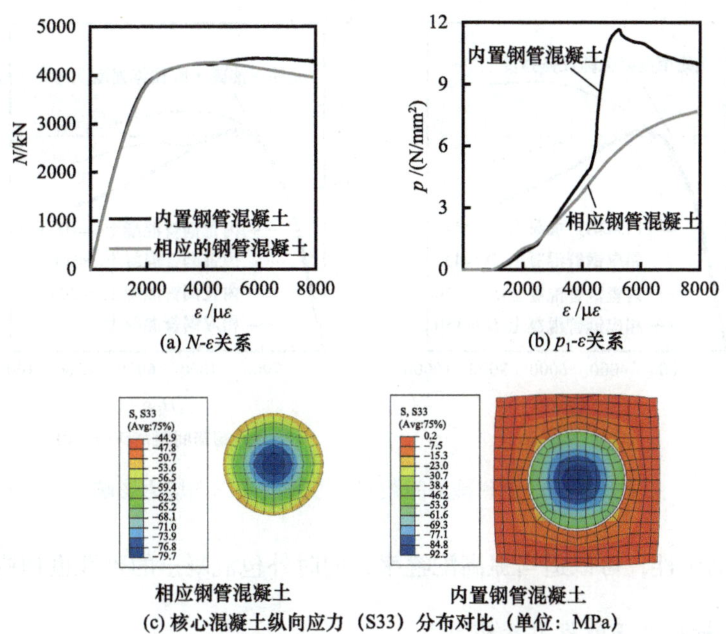

(a) N-ε关系　(b) p_1-ε关系

(c) 核心混凝土纵向应力（S33）分布对比（单位：MPa）

图 4.14　内置钢管混凝土与相应钢管混凝土对比

易发生向外的局部屈曲，从而对核心混凝土的约束作用不明显。因此，不同规范对钢管混凝土的径厚比进行限制，以便钢管更好地发挥作用。对于圆形钢管混凝土而言，钢管混凝土径厚比（D/t）限值可以取空钢管的 1.5 倍，即 $D/t \leqslant 150 \times (235/f_{ys})$（韩林海，2022）。上述对比分析可以预见，外包混凝土的约束作用使得薄壁钢管能够应用于加劲混合结构柱中。图 4.15（a）给出了钢管径厚比的影响对比。可见，对于径厚比为 43 的柱子，在峰值应力之前，内置钢管混凝土部分和相应钢管混凝土的核心混凝土强度基本一致，且峰值应力为无约束混凝土（$f_c'=51$MPa）的 1.22 倍。此后，钢管混凝土的强度略有下降，而内置钢管混凝土部分的强度不但没有降低，反而有所上升。

对于径厚比为 150 的柱子，在峰值应力之前，内置钢管混凝土部分和相应钢管混凝土的核心混凝土强度基本一致，峰值应力为无约束混凝土（$f_c'=51$MPa）的 1.05 倍。此后，相应的钢管混凝土应力迅速下降，而内置钢管混凝土部分的强度略有下降，然后维持在无约束混凝土峰值强度水平。以上分析说明，对于径厚比为 150 的钢管混凝土，与无约束混凝土相比，其峰值强度和延性并无明显改善，这在一定程度上限制了薄壁钢管的应用。但对于单肢钢管混凝土加劲混合结构柱，由于外包混凝土的约束，使得核心混凝土的后期延性得到提高。加劲混合结构柱中钢管受到核心混凝土支撑和外包混凝土约束的双重作用，不易屈曲，因此薄壁钢管可以在单肢钢管混凝土加劲混合结构柱中应用，其径厚比限值至少不应小于相应钢管混凝土柱的限值。

图 4.15（b）给出了箍筋间距（s）对核心混凝土纵向应力影响，可见，箍筋约束程度对核心混凝土的延性影响比较明显，箍筋间距越小，即箍筋约束程度越大，核心混凝土的延性越好。因此，将薄壁钢管应用于单肢钢管混凝土加劲混合结构柱时，随配箍率的提高，外包混凝土对钢管的约束作用相应提高。设计时，为保证柱中内置钢

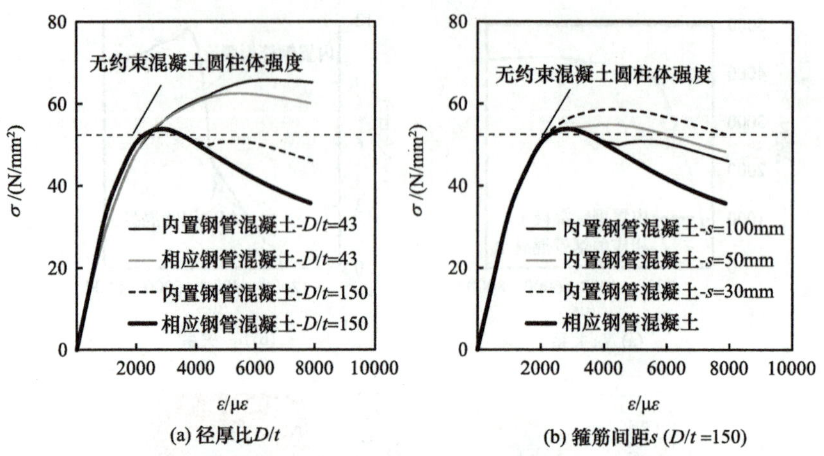

图 4.15　径厚比和箍筋间距对核心混凝土纵向应力影响

管混凝土部分的延性，可以适当提高配箍率，同时外包混凝土的延性也相应提高。

5. 参数分析及轴压承载力计算

影响钢管混凝土加劲混合结构轴心受压试件 N-ε 关系的参数以及范围包括以下内容。①外包混凝土部分：外包混凝土强度 $f_{cu,out}$ 取 30～50MPa；纵筋配筋率 α_l 取 0.5%～3%；纵筋材料强度 f_{yl} 取 235～400MPa；箍筋间距 s 取 50～150mm。②内置钢管混凝土部分：核心混凝土强度 $f_{cu,core}$ 取 40～80MPa；含钢率 α_s 取 0.05～0.15；钢管强度 f_{ys} 取 235～420MPa。③钢管混凝土直径与截面宽度比值（D/B）。根据单肢钢管混凝土加劲混合结构柱工程统计数据，确定 D/B 的分析范围取 0.4～0.75，保持含钢率不变（α_s=0.1）（安钰丰，2015）。

图 4.16 给出了外包混凝土部分的相关参数对 N-ε 关系的影响，图 4.17 给出了外包混凝土部分相关参数对内置钢管混凝土部分所占轴力比例（k_N）-ε 关系的影响，影响规律总结如下。

（1）外包混凝土强度 $f_{cu,out}$

随着 $f_{cu,out}$ 增大，N_u 逐渐增大，当 $f_{cu,out}$ 从 30MPa 增长到 50MPa 时，N_u 增大 25.3%，延性降低。原因在于随 $f_{cu,out}$ 增大，外包混凝土强度增大，N_u 增大；但箍筋对外包混凝土的约束作用减弱，延性降低。随 $f_{cu,out}$ 增大，k_N 逐渐降低，D 点过后 k_N 基本保持不变。原因在于内置钢管混凝土部分强度不变，外包混凝土部分强度增大，k_N 减低，但整个截面剩余承载力基本不变，因此 D 点过后 k_N 基本保持不变。

（2）纵筋配筋率 α_l

随 α_l 增大，N_u 逐渐增大，但增加程度没有 $f_{cu,out}$ 显著。α_l 从 0.5% 增大到 3% 时，N_u 增大 12.33%，对延性无显著影响，k_N 降低。原因在于纵筋强度占整个截面强度的比重较低（对于截面，峰值荷载时纵筋承载力贡献为 8%N_u）。随 α_l 增大，N_u 的增加程度没有 $f_{cu,out}$ 显著，内置钢管混凝土部分强度不变，外包混凝土部分强度增大，k_N 降低。

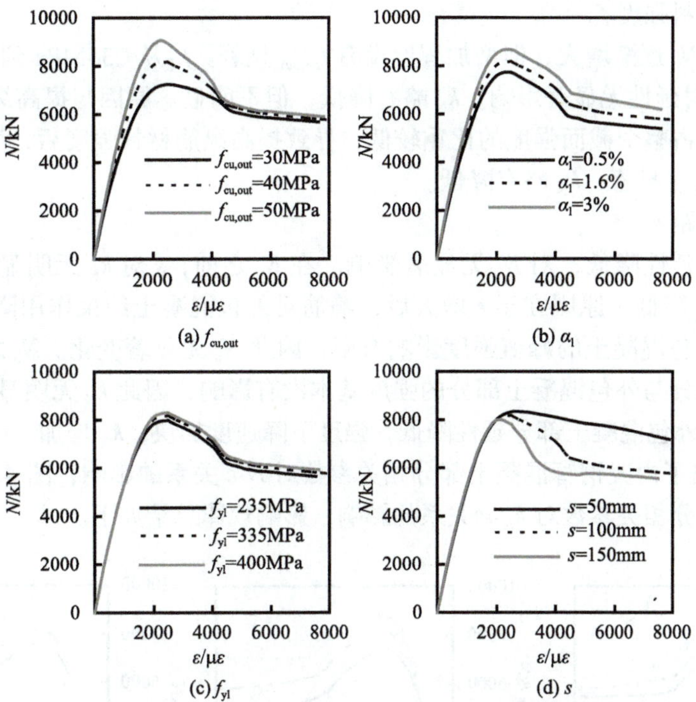

图 4.16　外包混凝土部分相关参数对 N-ε 关系影响

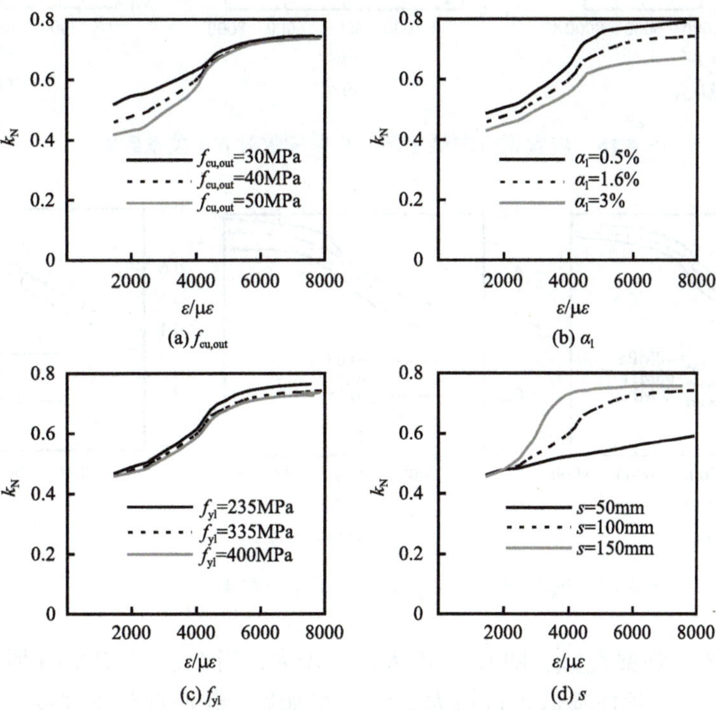

图 4.17　外包混凝土部分相关参数对 k_N-ε 关系影响

（3）纵筋材料强度f_{yl}

随f_{yl}增大，N_u逐渐增大，但增加程度没有$f_{cu,out}$显著。f_{yl}从235MPa到400MPa时，N_u增大4.1%，对延性无显著影响，k_N略有降低，但不明显。原因与提高纵筋配筋率α_l一致，纵筋强度占整个截面强度的比重较低，导致提高纵筋材料强度后，N_u略有增加，增加程度没有$f_{cu,out}$显著，k_N略有降低。

（4）箍筋间距s

随s增大，延性降低，对N_u无显著影响。在N_u之前，s对k_N无明显影响，N_u过后，随s增大k_N降低。原因在于s增大后，箍筋对外包混凝土约束作用降低，延性显著降低，但对外包混凝土的峰值强度影响有限，因此N_u无显著变化。N_u之前，s对内置钢管混凝土部分与外包混凝土部分的强度基本没有影响，因此k_N无明显变化。但N_u过后，随s增大外包混凝土部分延性降低，强度下降速度加快，k_N增加。

图4.18给出了内置钢管混凝土部分相关参数对N-ε关系的影响，图4.19给出了内置钢管混凝土部分相关参数对k_N-ε关系的影响，影响规律总结如下。

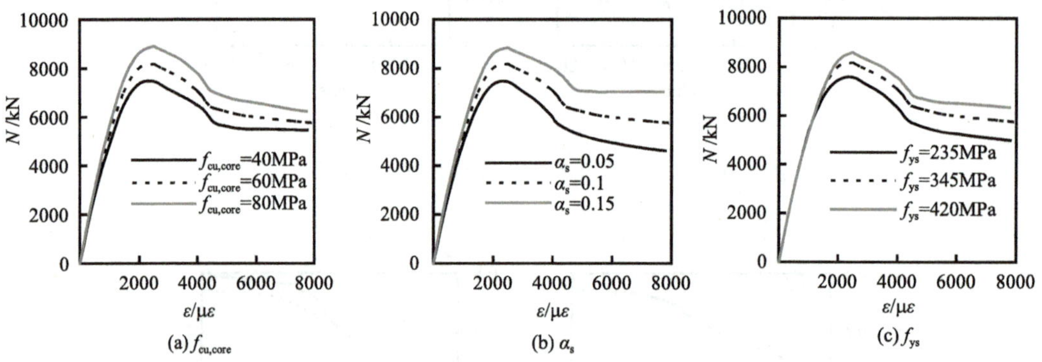

图4.18　内置钢管混凝土部分相关参数对N-ε关系影响

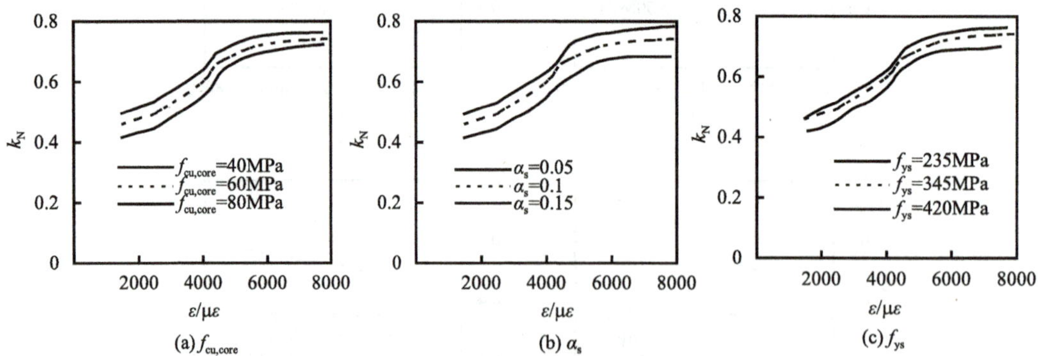

图4.19　内置钢管混凝土部分相关参数对k_N-ε关系影响

1）核心混凝土强度$f_{cu,core}$。随$f_{cu,core}$增大，N_u增大，当$f_{cu,core}$从40MPa增大到80MPa时，N_u增大19.0%。延性降低，k_N增大。$f_{cu,core}$增加后，核心混凝土强度增大，但约束效应系数降低，导致N_u增大，延性降低。内置钢管混凝土部分的强度增大，但外包混凝土部分的强度不变，导致 k_N 增大。

2）含钢率 α_s。随 α_s 增大，N_u 增大，当 α_s 从 0.05 增大到 0.15 时，N_u 增大 18.5%。延性增大，k_N 增大。原因在于 α_s 增加后，内置钢管混凝土部分的强度增大，钢管对核心混凝土的约束作用提高，导致 N_u 和剩余承载力增大，延性增大。内置钢管混凝土部分的强度增大，但外包混凝土部分的强度不变，导致 k_N 增大。

3）钢管强度 f_{ys}。随 f_{ys} 增大，N_u 增大，当 f_{ys} 从 235MPa 增大到 420MPa 时，N_u 增大 13.2%，k_N 增大。原因在于 f_{ys} 增加后，内置钢管混凝土部分的强度增大，N_u 和剩余承载力增大，钢管混凝土的部件强度增大，但外包混凝土部分的强度不变，k_N 增大。

图 4.20 给出了 D/B 对 N-ε 和 k_N-ε 关系的影响。随 D/B 增加，N_u 增大，当 D/B 从 0.4 增大到 0.75 时，N_u 增大 44.4%，k_N 增大。原因在于 D/B 增加后，内置钢管混凝土部分的强度增大，外包混凝土部分的强度降低，但前者的增加程度大于后者，导致内置钢管混凝土部分强度增大幅度高于外包混凝土部分，因此，N_u 和剩余承载力增大，k_N 增大。

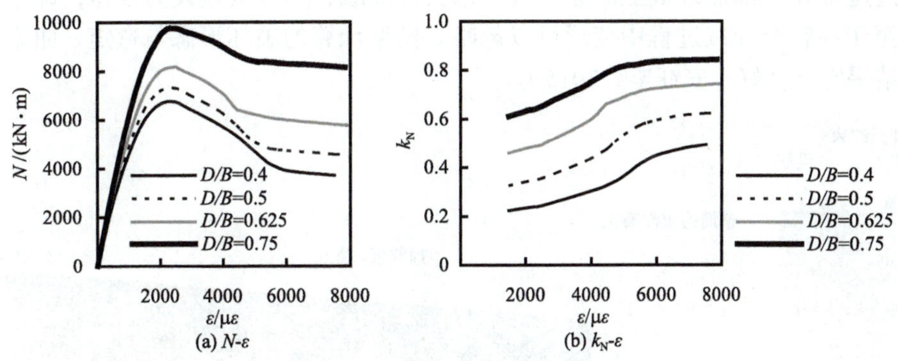

图 4.20　D/B 对 N-ε 和 k_N-ε 关系影响

在上述参数范围内，当截面承载力达 N_u 时，内置钢管混凝土部分所承担的荷载均达到了钢管混凝土部分极限荷载的 95% 以上，该极限荷载为应变 ε_{scy} 对应的轴力。ε_{scy} 根据式（4.3）计算。

基于上述分析结果，单肢钢管混凝土加劲混合结构截面轴心受压承载力按下列公式计算。

$$N \leqslant N_u \tag{4.4}$$

$$N_u = 0.9\,(N_{rc} + N_{cfst}) \tag{4.5}$$

$$N_{rc} = f_{c,out} A_{out} + f_1 A_1 \tag{4.6}$$

$$N_{cfst} = (1.14 + 1.02\xi_0)\, f_{c,core} A_{sc} \tag{4.7}$$

$$\alpha_s = \frac{A_s}{A_{core}} \tag{4.8}$$

$$\xi_0 = \frac{A_s f_s}{A_{core} f_{c,core}} = \alpha_s \frac{f_s}{f_{c,core}} \tag{4.9}$$

式中，N 为钢管混凝土加劲混合结构截面轴向压力设计值，N；N_u 为钢管混凝土加劲混合结构截面轴心受压强度承载力设计值，N；N_{rc}、N_{cfst} 为外包混凝土部分、内置钢管混凝土部分的截面轴心受压承载力设计值，N；A_{out}、A_l 为钢管外包混凝土部分、纵筋的横截面面积，mm^2；A_{core}、A_s 为钢管内核心混凝土、钢管的横截面面积，mm^2；ξ_0 为内置钢管混凝土部分的约束效应系数设计值；α_s 为内置钢管混凝土部分的截面含钢率；A_{sc} 为钢管混凝土部分的横截面面积，mm^2；$f_{c,out}$、$f_{c,core}$ 为钢管外包混凝土、钢管内核心混凝土的轴心抗压强度设计值，MPa；f_l 为纵筋抗拉和抗压强度设计值，MPa；f_s 为钢管钢材的抗拉、抗压和抗弯强度设计值，MPa。

4.2.2　纯弯力学性能

（1）有限元模型的建立

本节建立了钢管混凝土加劲混合结构受弯试件的有限元模型（An et al.，2014），如图 4.21 所示。除边界条件外，该有限元模型其他部分的处理方法如 4.2.1 节所述。边界条件如图 4.21（b）所示，根据几何尺寸和加载条件的对称性，计算时建立 1/4 模型。通过施加在上部加载板上的竖向位移来实现加载，加载板假设为刚体，即刚度足够大以至于在整个加载过程中变形可以忽略。模型计算的破坏形态与弯矩 - 曲率关系和试验结果吻合良好（安钰丰，2015）。

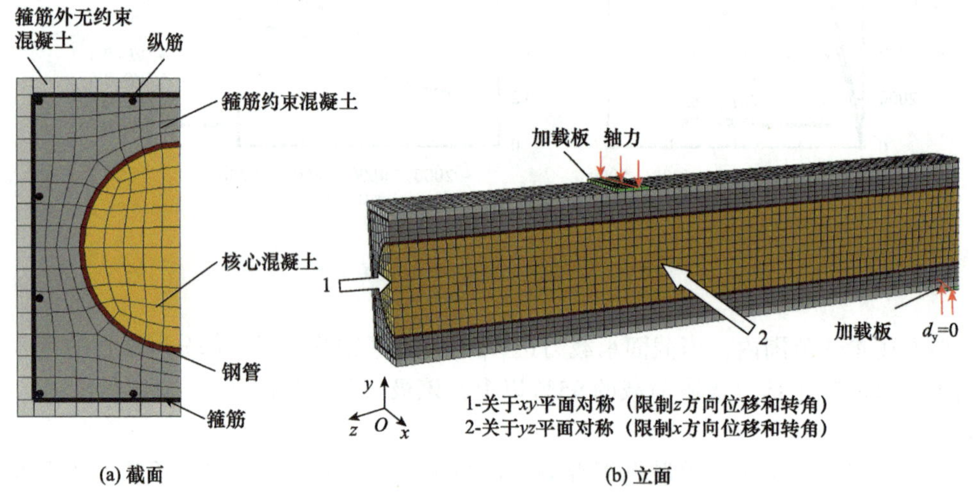

(a) 截面　　(b) 立面

图 4.21　受弯试件有限元模型

（2）受力全过程分析

为进一步分析钢管混凝土加劲混合结构的受弯性能，建立了受弯构件模型，截面与 4.2.1 节受力全过程分析试件相同。采用四分点加载，弯剪段 a_v 长度为 1200mm，纯弯段长度为 1200mm，弯剪段长度 a_v 与截面高度 B 的比值为 3。

构件的破坏形态表现为受弯破坏，即混凝土裂缝以竖向弯曲裂缝为主。图 4.22 给出了 M-ϕ 关系，5 个特征点将曲线分成 5 个阶段。

1）阶段 1（OA），点 A 时，外包混凝土开始出现明显竖向弯曲裂缝，刚度降低。

2）阶段 2（AB），点 B 时，受拉纵筋开始屈服，刚度进一步降低。

3）阶段 3（BC），点 C 时，钢管受拉边缘开始屈服，刚度进一步降低，此后弯矩增长缓慢。

4）阶段 4（CD），点 D 时，钢管受压边缘开始屈服，此时弯矩基本不变。

5）阶段 5（DE），点 E 时，钢管受拉边缘达应变 0.01。

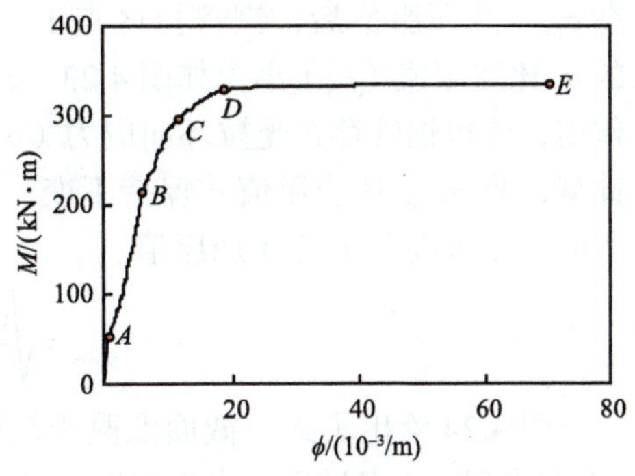

图 4.22　M-ϕ 关系

在钢管混凝土受弯构件中，韩林海（2022）将钢管受拉侧边缘达 0.01 应变对应的弯矩定义为极限弯矩。在钢管混凝土加劲混合结构受弯试件中，当钢管受拉侧边缘达 0.01 应变时，弯矩几乎不变，因此将钢管受拉侧边缘达 0.01 应变对应的弯矩作为钢管混凝土加劲混合结构受弯试件的极限弯矩。

图 4.23 给出了跨中截面纵筋和钢管的应力分布。受拉区纵筋 1 和 2 首先达屈服，然后受压区纵筋 4 达屈服，如图 4.23（a）所示。纵筋 3 的应力发展相对缓慢，原因在于靠近中和轴，D 点过后纵筋 3 达屈服。钢管受拉区点 1 和 2 的 Mises 应力 σ_{Mises} 首先达屈服值，之后拉区点 3 和压区点 5 达屈服，而点 4 并未达屈服，如图 4.23（b）所示。

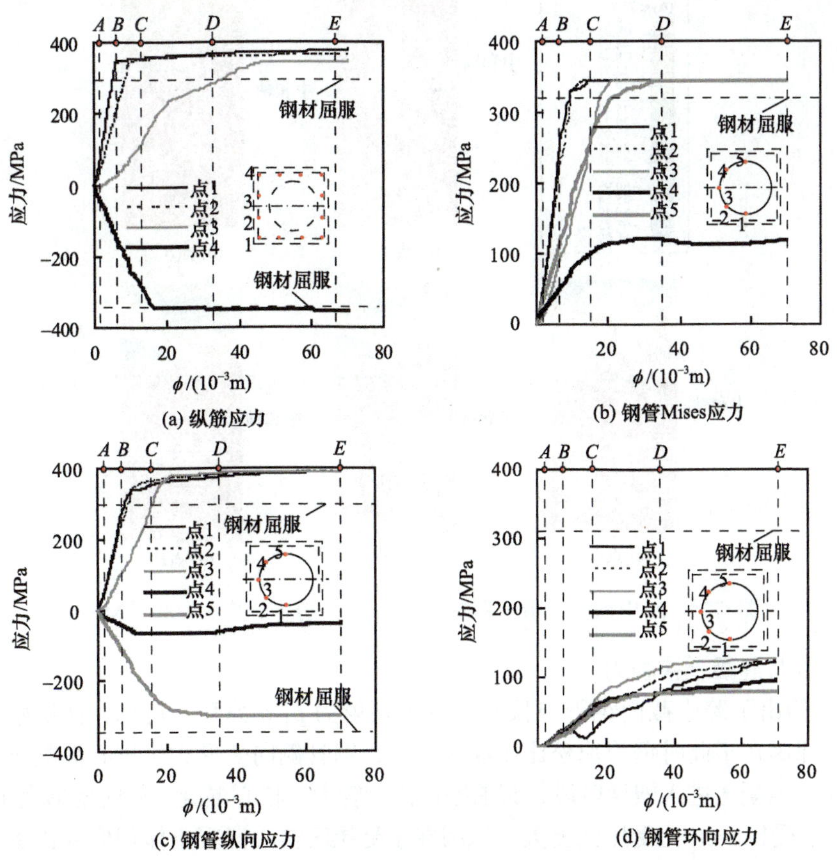

图 4.23　截面钢材应力分布

在 σ_{Mises} 达屈服值后，钢管拉区点 1、2 和 3 的纵向应力 σ_1 比屈服值（f_{ys}）大，而点 5 的 σ_1 比屈服值（f_{ys}）小，如图 4.23（c）所示。原因在于由于钢管和核心混凝土的相互作用，使得钢管存在受拉环向应力（σ_2），如图 4.23（d）所示。而 σ_{Mises} 按照式（4.10）计算，当 σ_{Mises} 达屈服值并保持不变，且 σ_2 为拉应力时，对应的纵向拉应力 σ_1 大于屈服值，而压应力 σ_1 小于屈服值。

$$\sigma_{\text{Mises}}=\sqrt{\frac{(\sigma_2-\sigma_1)^2+\sigma_2^2+\sigma_1^2}{2}} \tag{4.10}$$

图 4.24 给出了跨中截面混凝土纵向应力（S33）分布。点 A 时，中和轴（应力为 0）在中间，A 点过后，由于混凝土开裂中和轴逐渐上移。在 B 点，外包混凝土的中和轴与中间的距离比核心混凝土要大，原因在于钢管限制了核心混凝土的裂缝开展，使得核心混凝土裂缝发展速度较外包混凝土慢。从 C 点开始，即钢管受拉边缘屈服，外包混凝土中和轴开始向下移动，而核心混凝土中和轴持续向上移动，表明在钢管混凝土和外包混凝土部分之间发生内力重分布。在 E 点，外包混凝土和核心混凝土中和轴重合。由于核心混凝土受到钢管约束，使得受压边缘纵向应力 S33 比无约束混凝土峰值应力（$f_c'=51\text{MPa}$）大。

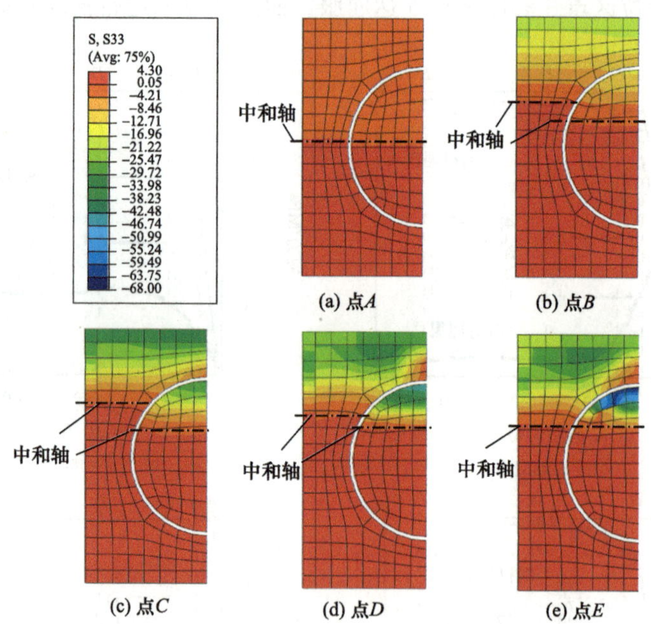

图 4.24 跨中截面混凝土纵向应力（S33）分布（应力单位：MPa）

（3）钢管与混凝土接触力

图 4.25 给出了跨中截面钢管与核心混凝土接触力 p_1-ϕ 关系。可见，在初始弹性阶段 p_1 为 0，原因在于此时钢管泊松比比混凝土大，钢管侧向变形大于核心混凝土。随荷载增加，核心混凝土进入塑性阶段，其泊松比比钢管大，核心混凝土侧向变形大于钢管，p_1 逐渐增大。受拉区 p_1 比受压区要大，原因在于受拉区核心混凝土体积应变比受压区要大，并且开裂的核心混凝土仍能有效阻止钢管内凹。然而外包混凝土与钢管接触力 p_2 相

对较小，受拉区点 1、2、3 和 4 处 p_2 小于 0.2MPa，受压区点 5 处 p_2 小于 1MPa。

（4）与钢筋混凝土和钢管混凝土比较

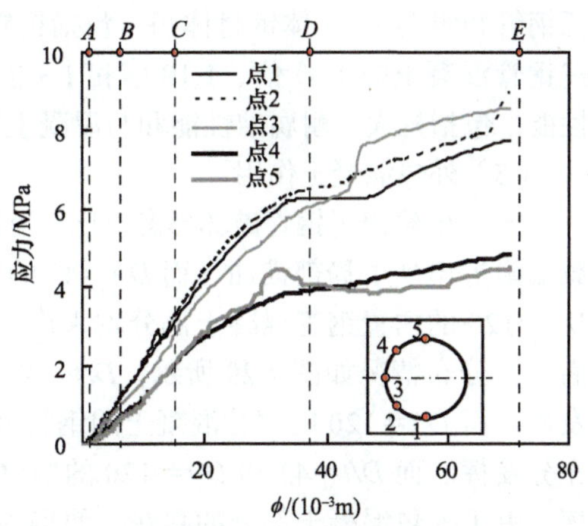

图 4.25　跨中 p_1-ϕ 关系

为比较钢管混凝土加劲混合结构、钢筋混凝土构件以及钢管混凝土构件受弯性能的差异，设计了相应的钢筋混凝土和钢管混凝土试件，并建模分析。相应的钢筋混凝土受弯构件参数如下。由圆形箍筋以及 16 根纵筋组成钢筋笼，代替钢管混凝土加劲混合结构中的钢管，16 根纵筋面积之和与钢管面积相同，纵筋屈服应力与钢管一致，钢筋混凝土受弯构件的混凝土强度与钢管混凝土加劲混合结构的外包混凝土强度一样，其他参数包括截面尺寸、外包混凝土配筋形式以及加载条件与钢管混凝土加劲混合结构一样。相应的钢管混凝土受弯构件参数如下：D=400mm，t=4.7mm，f_{ys}=345MPa，核心混凝土强度 $f_{cu,core}$=60MPa。钢管混凝土加劲混合结构的初始抗弯刚度 EI_{ini}（等于 $E_cI_c+E_sI_s+E_sI_l$，I_c、I_s 和 I_l 分别为混凝土、钢管和纵筋的惯性矩）以及抗弯承载力与钢管混凝土构件保持一致。

图 4.26 给出了钢管混凝土加劲混合结构和相应的钢筋混凝土构件的 M-ϕ 关系对比，在 C 点之前，二者 M-ϕ 关系基本一致。但钢筋混凝土构件的抗弯承载力要比钢管混凝土加劲混合结构低 7%。图 4.27 给出了跨中截面钢筋混凝土构件中间钢筋笼的纵筋与钢管混凝土加劲混合结构的钢管应力对比。可以看出达到抗弯承载力时，钢筋混凝土构件的纵筋应力较钢管低，因为钢管环向受拉应力的存在导致纵向应力大于屈服强度。因此钢筋混凝土构件的抗弯承载力要比钢管混凝土加劲混合结构低。

图 4.27 给出了钢管混凝土加劲混合结构和相应的钢管混凝土构件跨中截面钢材纵向应力对比，二者几乎完全一致。对比钢管混凝土加劲混合结构的纵向钢材体积（包

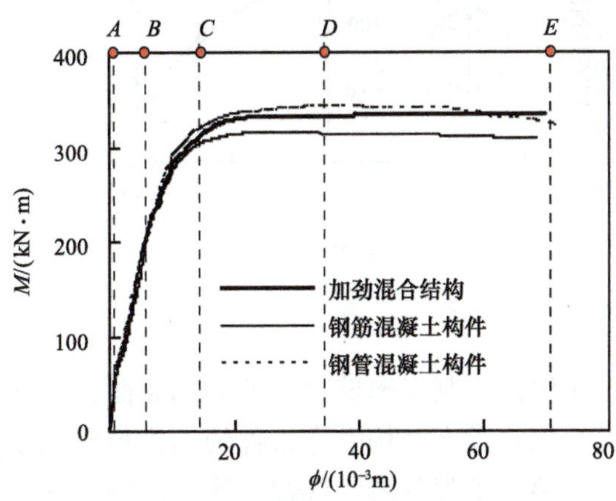

图 4.26　不同截面形式 M-ϕ 关系对比

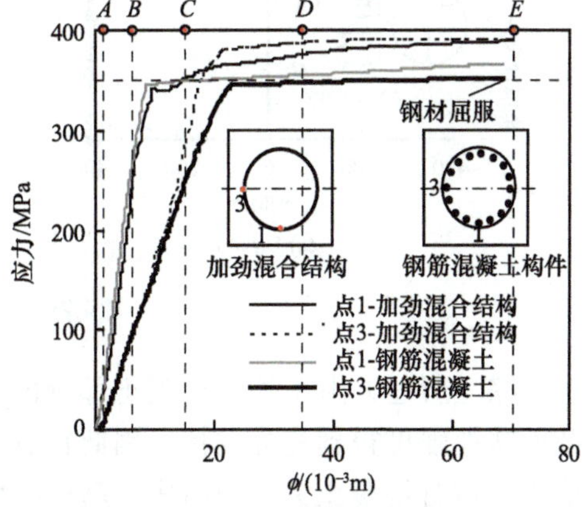

图 4.27　跨中截面钢材纵向应力对比

括钢管和纵筋）、整体钢材体积（包括钢管，纵筋和箍筋）以及混凝土体积，分别是上述钢管混凝土的 1.07 倍、1.19 倍和 1.3 倍。然而钢管混凝土加劲混合结构的其他方面性能，包括抗火、耐腐蚀性能和与混凝土梁连接，则优于钢管混凝土构件。

（5）外包混凝土作用

图 4.28 给出了钢管破坏形态对比。可以看出，$D/t=120$ 的钢管混凝土受弯构件在加载端附近出现了局部鼓曲，而 $D/t=43$ 的钢管混凝土构件没有出现此现象。$D/t=43$ 和 $D/t=120$ 的内置钢管混凝土部分均未出现局部鼓曲现象。达极限弯矩时，钢管跨中截面应力分布情况如图 4.29 所示。$D/t=43$ 的钢管混凝土的钢管截面塑性强度得到充分发挥，而 $D/t=120$ 的钢管混凝土的钢管截面大部分处于弹性阶段，塑性强度没有得到充分发挥。而 $D/t=43$ 和 $D/t=120$ 的内置钢管混凝土部分的钢管塑性强度得到充分发挥。由于外包混凝土部分的存在，使得内置钢管混凝土部分的钢管受拉面积比相应的钢管混凝土构件大。

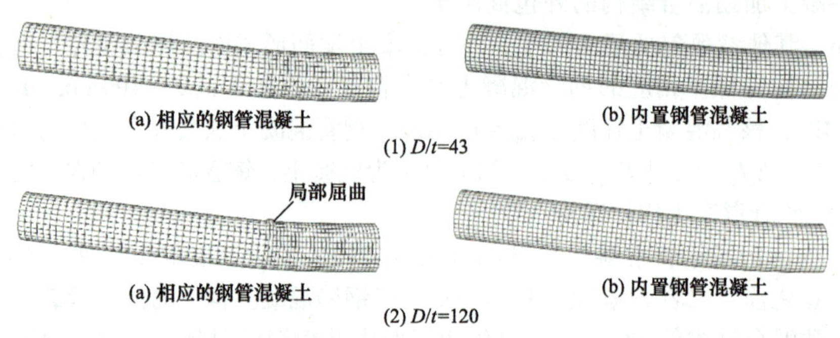

图 4.28　钢管破坏形态对比

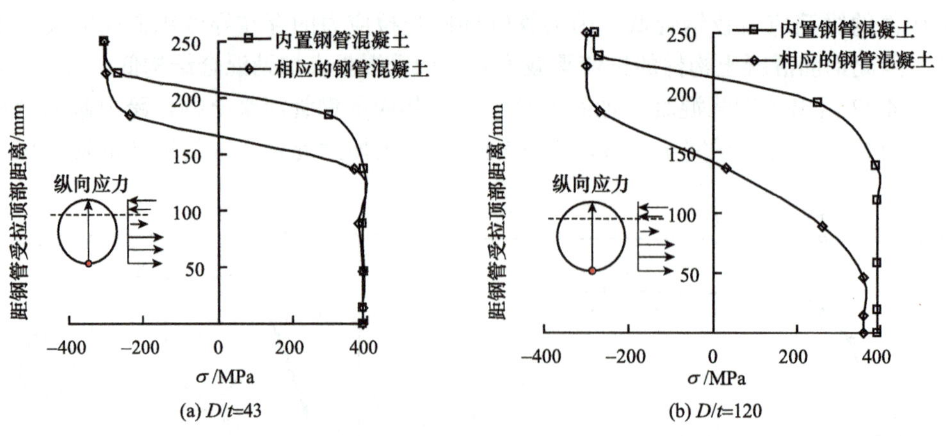

图 4.29　钢管纵向应力对比

综上所述，由于外包混凝土部分的约束作用，限制了薄壁钢管的局部屈曲，使其截面塑性强度得到充分发挥。因此钢管混凝土加劲混合结构受弯试件的钢管径厚比限值可比钢管混凝土大。分析中，$D/t=120$ 已经超过了韩林海（2022）建议的钢管混凝土径厚比限值（$D/t=102$）。因此，采用韩林海（2022）建议的钢管混凝土径厚比作为钢管混凝土加劲混合结构受弯试件的钢管径厚比限值是偏于安全的。

（6）剪跨比的影响

图 4.30 给出了混凝土裂缝分布对比，可以看出，对于 $a_v/B=3$ 的钢管混凝土加劲混合结构和钢筋混凝土构件，竖向弯曲裂缝均匀地分布在纯弯段，而弯剪段斜裂缝很少，二者均表现为弯曲破坏形态。但对于 $a_v/B=1.5$ 的钢筋混凝土构件而言，竖向弯曲裂缝分布在纯弯段，明显的剪切斜裂缝分布在弯剪段，出现了剪切和弯曲并存的破坏形态。而 $a_v/B=1.5$ 的钢管混凝土加劲混合结构，竖向弯曲裂缝均匀地分布在纯弯段，而弯剪段斜裂缝很少，仍然表现为弯曲破坏形态。对于钢管混凝土加劲混合结构而言，由于钢管的连续性，在弯剪段能同时抵抗竖向剪力和纵向拉（或压）力，钢管的作用要明显强于箍筋。由于在弯剪段钢管能够有效抵抗剪力，使得混凝土的剪力维持在较低水平，导致没有明显的剪切斜裂缝。与相应的钢筋混凝土构件相比，钢管混凝土加劲混合结构的抗剪能力由于钢管的存在而显著提高。

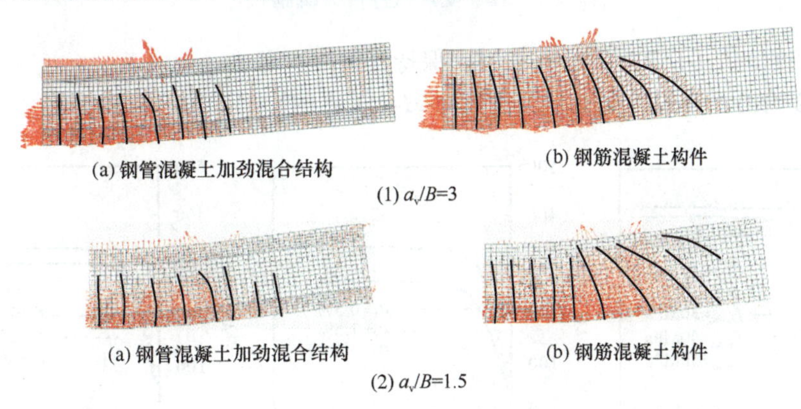

图 4.30　混凝土裂缝对比

（7）传力机制

利用拉压杆模型，图 4.31 给出了钢管混凝土加劲混合结构受弯试件的传力机制。剪力 V 可由内部（V_{inner}）和外部（V_{outer}）两部分分担。在外部纯弯段，压杆由外部混凝土和压区纵筋组成，拉杆由拉区纵筋组成［图 4.31（b）］。在弯剪段，拉杆 B_1C_1 由箍筋组成，斜压杆 A_1C_1 和 B_1D_1 由外部混凝土组成。在内部，如图 4.31（c）所示，纯弯段的压杆由受压区混凝土、纵筋和钢管组成，拉杆由拉区纵筋和钢管组成。剪跨段的拉杆 B_2C_2 由钢管组成，斜压杆 A_2C_2 和 B_2D_2 由混凝土和钢管组成。对比两部分的传力机制，二者的斜压杆倾斜角（θ_1）基本一致，而拉杆 B_1C_1 倾斜角 θ_{21} 较拉杆 B_2C_2 倾斜角 θ_{22} 大。如图 4.31 所示，剪跨区的斜向应力，在内部比外部分布更广泛，表明剪力 V 主要由内部分担。

（8）参数分析及抗弯承载力计算

影响钢管混凝土加劲混合结构受弯试件 M-ϕ 关系的参数以及范围包括以下内容。①外包混凝土部分：外包混凝土强度 $f_{cu,out}$=30～50MPa；纵筋配筋率 α_l 取 0.5%～3%；纵筋强度 f_{yl} 取 235～400MPa。②内置钢管混凝土部分：核心混凝土强度 $f_{cu,core}$ 取 40～80MPa；含钢率 α_s 取 0.05～0.15；钢管强度 f_{ys} 取 235～420MPa。③钢管混凝土直

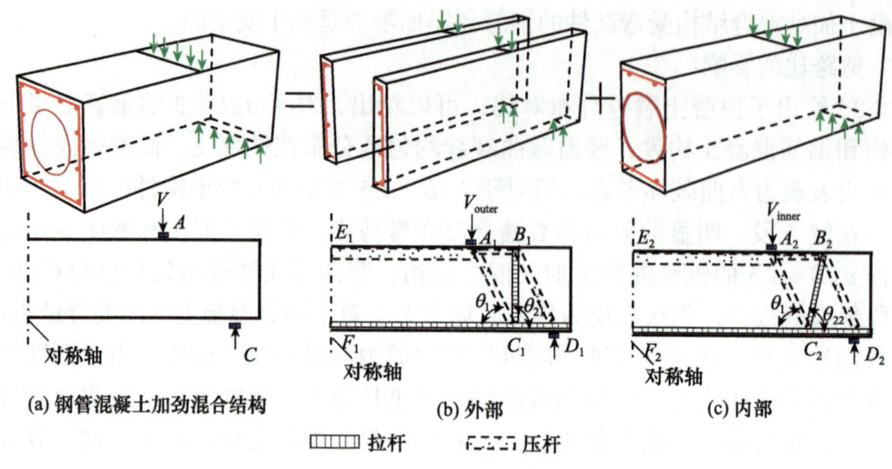

图 4.31　受弯试件传力机制

径与截面宽度比值（D/B）为 0.4～0.75，保持含钢率不变（α_s=0.1）。

图 4.32 给出了外包混凝土相关参数对 M-ϕ 关系的影响，影响规律如下。

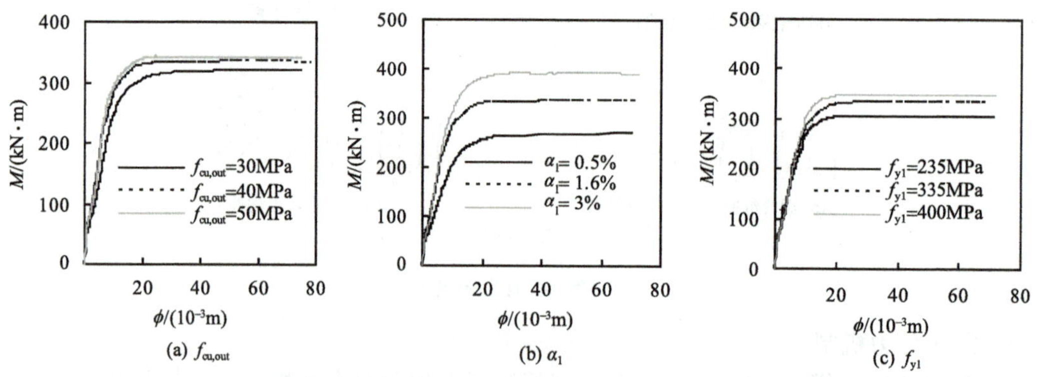

图 4.32　外包混凝土相关参数对 M-ϕ 关系的影响

1）外包混凝土强度 $f_{cu,out}$。随 $f_{cu,out}$ 增大，M_u 略有增大。$f_{cu,out}$ 从 30MPa 增大到 50MPa 时，M_u 增大 5.6%。原因在于受弯时受压区混凝土面积较小，M_u 主要由受拉区的纵筋和钢管强度控制，因此增大 $f_{cu,out}$ 对 M_u 提高不显著。

2）纵筋配筋率 α_1。随 α_1 增大，M_u 逐渐增大。α_1 从 0.5% 增大到 3% 时，M_u 增大 44.4%。原因在于 M_u 主要由受拉区的纵筋和钢管强度控制，随 α_1 增大 M_u 增加。纵筋面积增加后，限制了开裂后混凝土裂缝开展，因此开裂后刚度变大。

3）纵筋材料强度 f_{y1}。随 f_{y1} 增大，M_u 逐渐增大。f_{y1} 从 235MPa 增大到 400MPa 时，M_u 增大 13.4%。M_u 主要由受拉区的纵筋和钢管强度控制，随 f_{y1} 增大 M_u 增加。

图 4.33 给出了内置钢管混凝土部分相关参数对 M-ϕ 关系的影响，影响规律如下。

1）核心混凝土强度 $f_{cu,core}$。随 $f_{cu,core}$ 增加，M_u 基本不变。原因在于核心混凝土处于中心位置，达极限弯矩时，核心混凝土仅有少量区域位于受压区（图 4.24），对 M_u 影响很小。

2）含钢率 α_s。随 α_s 增加，M_u 增大。α_s 从 0.05 增大到 0.15 时，M_u 增大 75.2%。

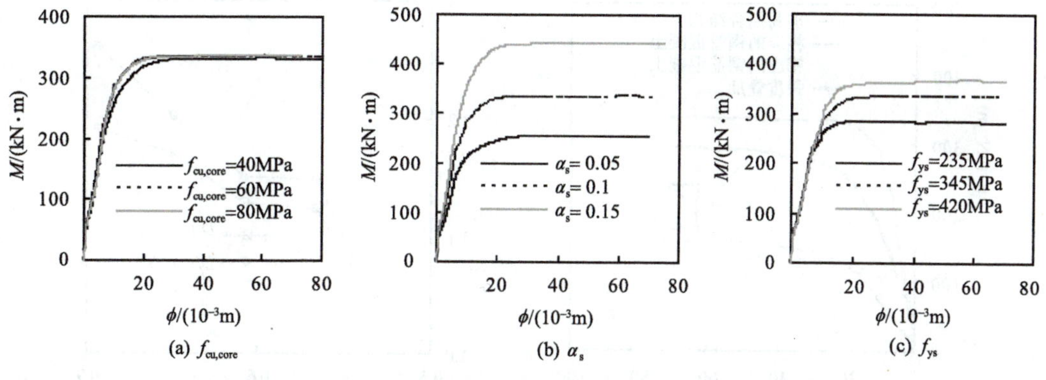

(a) $f_{cu,core}$　　(b) α_s　　(c) f_{ys}

图 4.33　内置钢管混凝土部分相关参数对 M-ϕ 关系的影响

原因在于 M_u 主要由受拉区的纵筋和钢管强度控制，随 α_s 增大 M_u 增加。钢管面积增加后，限制了开裂后混凝土裂缝开展，因此开裂后刚度变大。

3）钢管强度 f_{ys}。随 f_{ys} 增加，M_u 增大。f_{ys} 从 235MPa 增大到 420MPa 时，M_u 增大 29.7%。原因在于 M_u 主要由受拉区的纵筋和钢管强度控制，随 f_{ys} 增大 M_u 增加。

图 4.34 给出了 D/B 对 M-ϕ 关系的影响，影响规律为随 D/B 增加，M_u 增加。D/B 从 0.4 增大到 0.75 时，M_u 增大 131.6%。原因在于 M_u 主要由受拉区的纵筋和钢管强度控制，随 D/B 增大，钢管面积和抗弯力臂增大，M_u 增加。D/B 增加后，限制了开裂后混凝土裂缝开展，因此开裂后刚度（AB 段）变大。

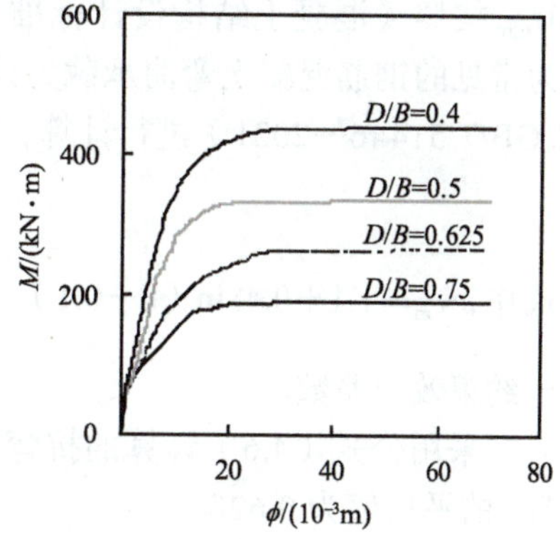

图 4.34　D/B 对 M-ϕ 关系的影响

图 4.35 给出了钢管混凝土加劲混合结构的抗弯承载力（M_u）和相应的钢管混凝土和空心钢筋混凝土抗弯承载力叠加结果（$M_{u,s}$）对比，其中相应的钢管混凝土参数与钢管混凝土加劲混合结构的内置钢管混凝土部分一致，空心钢筋混凝土与钢管混凝土加劲混合结构的外包混凝土部分一致。可以看出，钢管混凝土加劲混合结构的抗弯承载力和刚度要大于叠加结果［图 4.35（a）］，原因在于钢管混凝土加劲混合结构中的钢管受拉面积大于相应的钢管混凝土中的钢管，即钢管混凝土加劲混合结构中的钢管抗弯贡献较相应的钢管混凝土大，如图 4.29 所示。采用强度系数（SI）来表征上述强度提高作用，其定义如式（4.11）所示。

$$SI=\frac{M_u}{M_{u,s}} \tag{4.11}$$

图 4.35（b）给出了 D/B 和 D/t 对 SI 的影响，在标准构件基础上改变 D 和 t 来实现参数变化。可以看出，随 D/B 和 D/t 的增加，SI 逐渐增大。对于 D/B=0.4 的构件而言，SI 小于 1.05；而 D/B=0.5 时，SI 大于 1.1。为实现混合截面的抗弯承载力较叠加强度有较大提高，建议设计中 D/B 不小于 0.5。

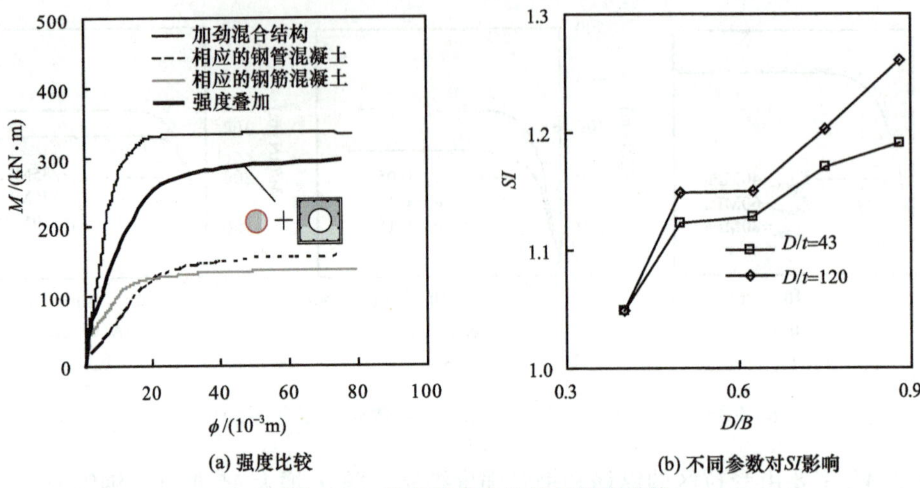

图 4.35　抗弯承载力比较与强度系数

由于钢管混凝土加劲混合结构由内置钢管混凝土和外包混凝土两部分组成，因此在承载力计算时，直观容易的方法为叠加法，即单独计算两部件承载力并相加。式（4.12）给出了采用叠加法计算钢管混凝土加劲混合结构的抗弯承载力。

$$M_u = M_{u,rc} + M_{u,cfst} \tag{4.12}$$

式中，$M_{u,rc}$ 和 $M_{u,cfst}$ 分别为单独计算外包混凝土和内置钢管混凝土部分弯曲承载力。$M_{u,rc}$ 按照《混凝土结构设计标准（2024 年修订版）》（GB/T 50010—2010）进行计算，为常见的钢筋混凝土弯曲承载力计算方法。$M_{u,cfs}$ 按照《钢管混凝土混合结构技术标准》（GB/T 51446—2021）进行计算，如式（4.13）所示。

$$M_{u,cfst} = r_m W_{sc} f_{scy} \tag{4.13}$$

式中，$r_m = 1.1 + 0.48\ln(\xi + 0.1)$；$W_{sc} = \dfrac{\pi D^3}{32}$；$f_{scy} = (1.14 + 1.02\xi) f_{ck,core}$，$\xi$ 为钢管混凝土约束效应系数。

采用公式（4.6）计算的抗弯承载力较为保守，试验和计算抗弯承载力的比值 M_{uc}/M_{ue} 的平均值为 0.620。

4.2.3　压弯力学性能

（1）有限元模型的建立

建立钢管混凝土加劲混合结构压弯试件的有限元模型（An and Han，2014），如图 4.36 所示。除边界条件外，有限元模型其他部分如 4.2.1 节所述。根据几何尺寸和加载条件对称性，计算时取 1/2 模型进行。对于压弯柱，两端为铰接，两端偏心距 e（定义为加载线距柱中心距离）一致。在上部加载板上，限制加载线处的 x 和 y 方向的位移以及绕 y 和 z 轴的转动，允许 z 方向位移。在下部端板上，限制加载线上除绕 x 轴转动的所有自由度。加载板假设为刚体，即刚度足够大以至于在整个加载过程中变形可以忽略。在实际工程应用中，单肢钢管混凝土加劲混合结构柱主要承受压弯荷载，通常有两种加载路径（图 4.37），即路径Ⅰ：N 和 M 按比例同时施加，如偏心受压。路

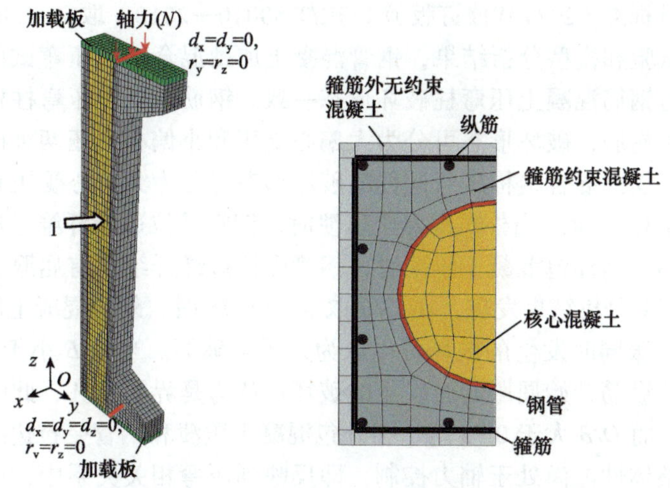

图 4.36　压弯试件有限元模型

径Ⅱ：先施加 N，之后保持不变，然后再施加 M，直到柱子破坏。在分析单肢钢管混凝土加劲混合结构柱压弯性能时，以路径Ⅰ为主，同时对比分析了路径Ⅰ和Ⅱ的差异。图 4.37 所示的边界条件为路径Ⅰ。路径Ⅱ的边界条件：首先在端板上对应柱中心的位置施加 N，并保持不变，然后增大水平位移，直到构件破坏。

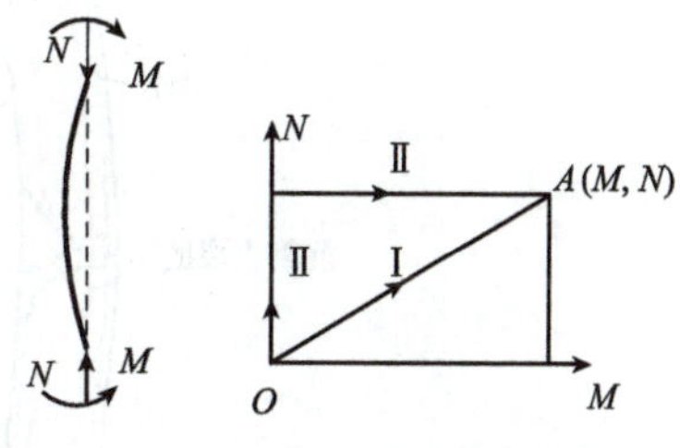

图 4.37　加载路径

图 4.38 给出了部分试件侧向力（P）- 侧向位移（Δ）关系骨架线对比（加载路径Ⅱ），可见，模拟与实测结果总体吻合较好。

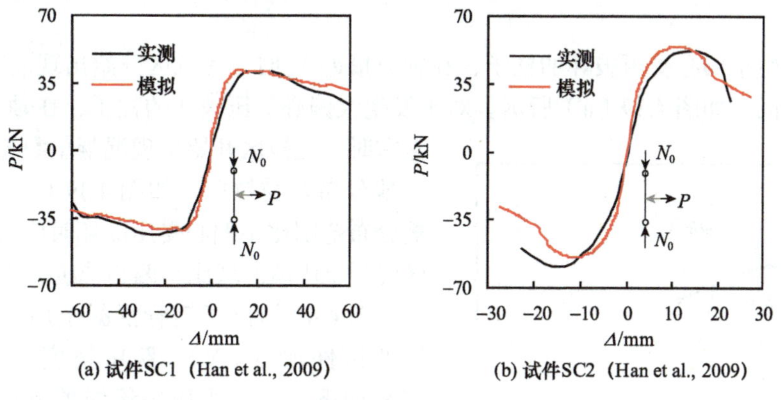

图 4.38　侧向力（P）- 侧向位移（Δ）关系骨架线对比（加载路径Ⅱ）

（2）受力全过程分析

为进一步研究单肢钢管混凝土加劲混合结构的压弯性能，建立了压弯试件模型，截面形式与 4.2.1 节受力全过程分析轴压试件相同。柱子有效长度 l_0=3300mm；偏心距 e 变化范围为 20～400mm，e/B 取 0.05～1。在压弯试件计算分析中，最小偏心距按

《混凝土结构设计标准（2024年修订版）》（GB/T 50010—2010）取 e_0=20mm。

根据以往试验和模型分析结果，钢管混凝土加劲混合结构压弯试件因外包混凝土压溃而破坏，与钢筋混凝土压弯柱破坏形态一致。钢筋混凝土压弯柱根据混凝土压溃时受拉纵筋是否屈服，破坏形态可分为大偏心受压和小偏心受压两种破坏形态。同样地，钢管混凝土加劲混合结构压弯试件的破坏形态可分为大偏心受压和小偏心受压两种模式，如图4.39所示。当外包混凝土压溃时，钢管受拉边缘纤维已经屈服，此时为大偏心受压破坏。当外包混凝土压溃时，钢管受拉边缘纤维没有屈服，此时为小偏心受压破坏。从模型分析结果发现，在 D/B 取0.5～0.75时，外包混凝土压溃和钢管受拉边缘纤维开始屈服同时发生的破坏可以认为是界限破坏。当 D/B 小于0.5时，外包混凝土压溃和受拉纵筋开始屈服同时发生的破坏可认为是界限破坏，此时钢管受拉边缘纤维尚未屈服。而 D/B 大于0.75时，当外包混凝土压溃和钢管受拉边缘纤维开始屈服同时发生时，整体性能尚处于轴力控制，即反映到压弯相关关系中，该点处于曲线拐点上方，没有达到临界破坏。

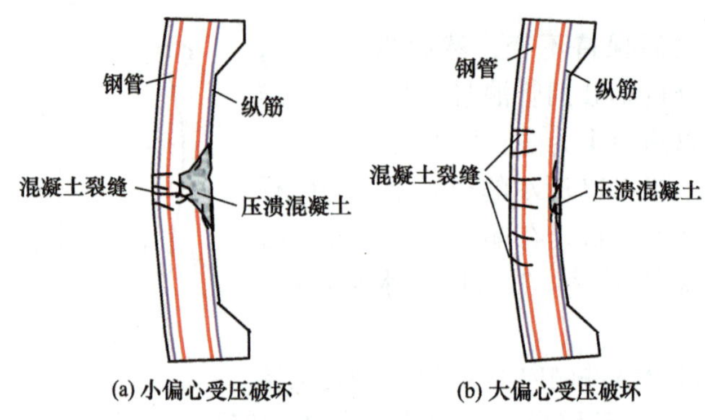

图4.39　破坏形态

对于发生小偏心受压破坏的柱子，在轴力接近 N_u 时，受拉区开始出现混凝土裂缝，且集中在中间，如图4.39（a）所示。对于发生大偏心受压破坏的柱子，在轴力达 $0.2N_u$ 左右时，受拉区开始出现混凝土裂缝，裂缝均匀地分布在受拉区，如图4.39（b）所示。裂缝分布范围比小偏心受压破坏时广泛，但受压区混凝土压溃区域比小偏心受压破坏时小。

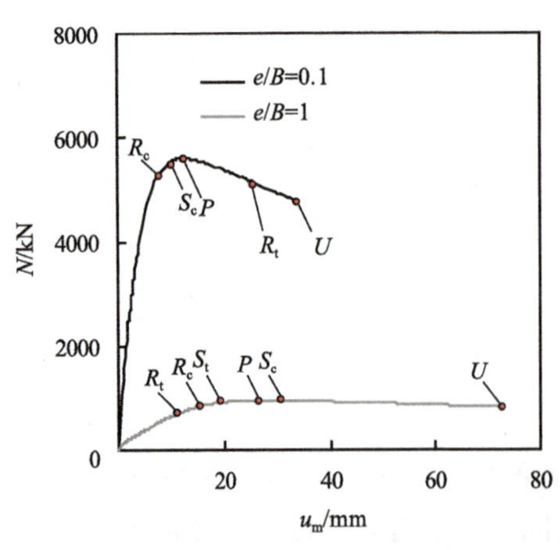

图4.40　N-u_m 关系

图4.40给出了钢管混凝土加劲混合结构压弯试件轴力（N）-跨中挠度（u_m）关系。定义如下：R_c 为受压边缘纵筋开始屈服；R_t 为受拉边缘纵筋开始屈服；S_c 为钢管受压边缘纤维开始屈服；S_t 为钢管受拉边缘纤维开始屈服；P 为试件到达极限承载力 N_u；U 为轴力下降到85%N_u。对于发生小偏心受压破坏的柱（e/B=0.1），纵筋和钢管开始屈服以

及达峰值轴力顺序为 R_c-S_c-P-R_t-U。对于发生大偏心受压破坏的柱（e/B=1），纵筋和钢管开始屈服以及达峰值轴力顺序为 R_t-R_c-S_t-P-S_c-U。对于小偏心受压破坏的柱，在达 N_u 之前，受拉边缘纵筋和钢管受拉边缘纤维没有达屈服；对于大偏心受压破坏的柱，在达 N_u 时，受拉边缘纵筋和钢管受拉边缘纤维已经屈服。小偏心受压破坏柱的 N_u 比大偏心受压破坏柱大，但延性较偏心受压破坏的柱子要差。

图 4.41 给出了相应的跨中钢材纵向应力分布，对于小偏心受压破坏柱［图 4.41（a）］，在 P 点之前，纵筋和钢管几乎全部处于受压状态，之后受拉边缘纵筋和钢管受拉边缘纤维应力开始增大。U 点时，受拉边缘纵筋受拉屈服，原因在于 P 点过后侧向变形迅速增加，受拉区混凝土裂缝不断发展。对于大偏心受压破坏柱［图 4.41（b）］，受拉边缘纵筋和钢管受拉纤维拉应力发展较快，在 P 点时，受拉底部以上 40% 高度范围内的钢材达屈服，之后钢材应力持续发展，更多钢材达屈服。钢材应力分布表明，平截面假定是成立的，P 点时钢管混凝土和外包混凝土部分能够共同工作。

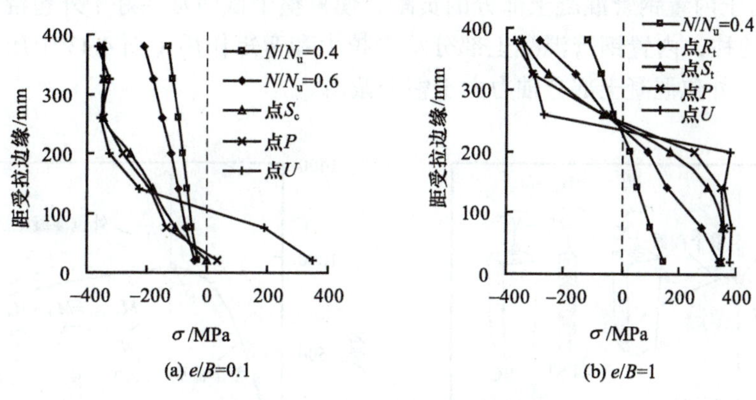

图 4.41　跨中截面钢材纵向应力

P 点时，e/B=0.1 和 1 的钢管混凝土加劲混合结构外围受压边缘混凝土纤维应变（ε_{cu}）分别为 3280με 和 3384με，这与《混凝土结构设计标准（2024 年修订版）》（GB/T 50010—2010）给出的钢筋混凝土压弯柱的 ε_{cu} 一致。图 4.42 给出了截面 N_u/N_{u0}-M_u/M_{u0}

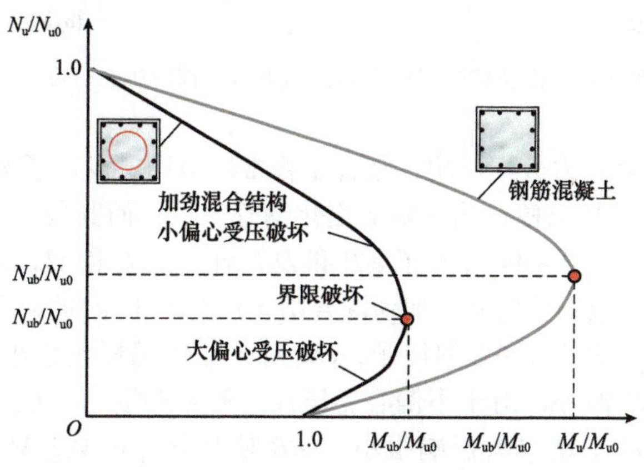

图 4.42　N_u/N_{u0}-M_u/M_{u0} 相关关系

相关关系，其中 M_u 为荷载达 N_u 时弯矩（N_u（$e+u_{mu}$），u_{mu} 为荷载达 N_u 时跨中挠度），N_{u0} 和 M_{u0} 分别为轴压承载力和抗弯承载力，按照 4.2.1 节和 4.2.2 节提供的钢管混凝土加劲混合结构轴心受压试件和受弯构件有限元模型计算。单肢钢管混凝土加劲混合结构柱的 N_u/N_{u0}-M_u/M_{u0} 相关关系可以分为两个阶段：小偏心受压破坏，随 N_u/N_{u0} 减小 M_u/M_{u0} 增大；大偏心受压破坏，随 N_u/N_{u0} 减小 M_u/M_{u0} 减小。界限破坏时的极限轴力 N_{ub} 为 $0.3N_{u0}$。对比相应的钢筋混凝土压弯柱（没有内置钢管混凝土）N_u/N_{u0}-M_u/M_{u0} 的相关关系，二者的形状一致，但界限破坏时相应钢筋混凝土的 N_{ub}/N_{u0} 和 M_{ub}/M_{u0} 比单肢钢管混凝土加劲混合结构柱的大。

（3）内力分配

图 4.43（a）和（b）分别给出了 $e/B=0.1$ 和 1 的钢管混凝土加劲混合结构压弯试件的两部件的 N-u_m 关系。对于 $e/B=0.1$ 的柱，在整个截面达 N_u 时，混凝土部件已经达其极限承载力；内置钢管混凝土部分的轴力接近其极限承载力，且达极限承载力后缓慢下降。由于内置钢管混凝土部分的贡献，使得整个截面延性好于外包混凝土部分。对于 $e/B=1$ 的柱，内置钢管混凝土部分承受拉力和弯矩作用（图 4.43 中压力为正值，拉力为负值），外包混凝土部分轴力大于整个截面。

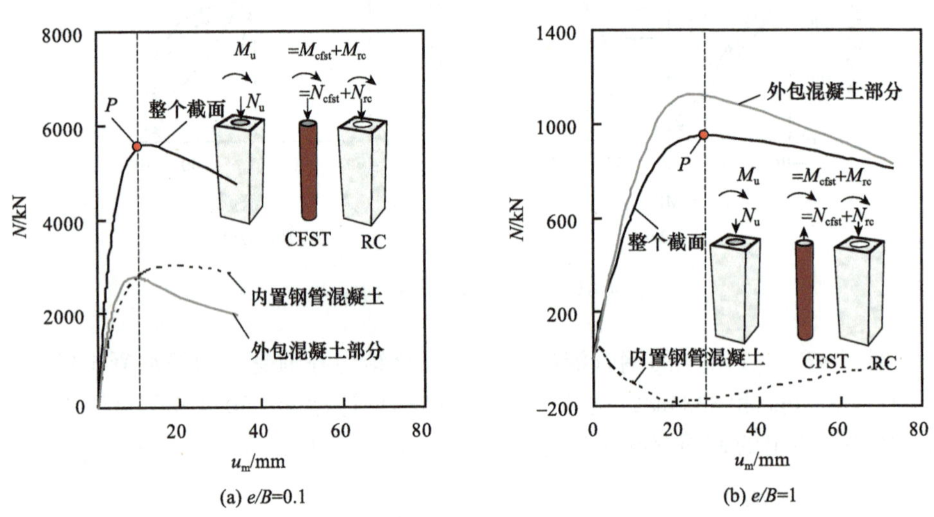

图 4.43 内置钢管混凝土和外包混凝土部分轴力分配

为分析对比 D/B 对内力分配影响，结合工程常用范围，设计了 4 根钢管混凝土加劲混合结构压弯试件，其他柱在此基础上变化钢管直径，而其他参数保持不变，D/B 变化范围为 0.4～0.75。图 4.44 给出了 e/B 和 D/B 对 N_{cfst}/N_u 和 M_{cfst}/M_u 的影响，其中 N_{cfst} 和 M_{cfst} 分别为在单肢钢管混凝土加劲混合结构柱达 N_u 时内置钢管混凝土部分分担的轴力和弯矩。对于 e/B 小于 0.2 的柱子，e/B 对 N_{cfst}/N_u 的影响很小；但 e/B 大于 0.2 时，随 e/B 增大 N_{cfst}/N_u 减小。对于小偏心受压柱，随 e/B 增大，M_{cfst}/M_u 逐渐增大，但对大偏心受压柱，e/B 对 M_{cfst}/M_u 影响很小。D/B 对 N_{cfst}/N_u 和 M_{cfst}/M_u 的影响显著，随 D/B 增大，N_{cfst}/N_u 和 M_{cfst}/M_u 增大。

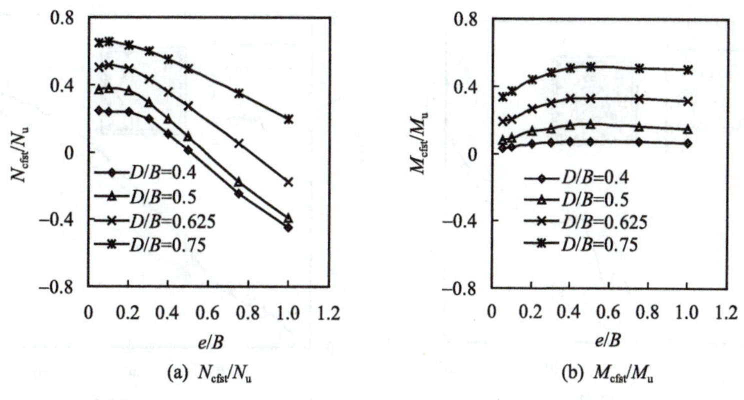

(a) N_{cfst}/N_u　　(b) M_{cfst}/M_u

图 4.44　*e/B* 和 *D/B* 对内力分布影响

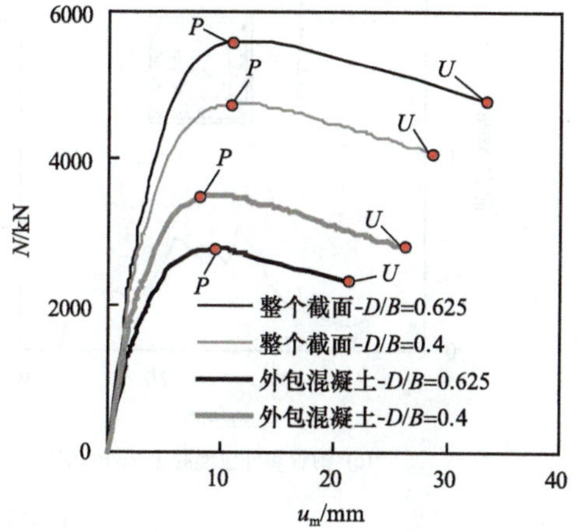

图 4.45　N-u_m 关系对比

图 4.45 表明，由于内置钢管混凝土部分的贡献，使得整个截面延性好于外包混凝土部分，可以预见，随 *D/B* 的减小，内置钢管混凝土对延性的贡献逐渐降低。图 4.45 比较了 *e/B*＝0.1 时整个截面和外包混凝土部分的 N-u_m 关系对比。由 Tao 等（2007）提出的延性系数［$DI= u_{m,85\%}/u_{m,y}$，其中 $u_{m,85\%}$ 为轴力下降到 85%N_u 时跨中挠度（*U* 点），$u_{m,y}=u_{m,75\%}/0.75$，$u_{m,75\%}$ 为轴力上升到 75% N_u 时跨中挠度］用来表征构件延性。对于 *D/B*＝0.625 的柱，整个截面和外包混凝土 *DI* 分别为 5.7 和 4.2；而对于 *D/B*＝0.4 的柱，整个截面和外包混凝土 *DI* 分别为 4.9 和 4.7。对于 *D/B*＝0.4 的单肢钢管混凝土加劲混合结构柱，整个截面延性和外包混凝土部分相比，提高并不明显。因此，为使得内置钢管混凝土对延性有较大贡献，*D/B* 不应小于 0.5，而这个限值与抗弯性能讨论所得到的 *D/B* 限值是一致的。

（4）钢管与混凝土接触力

图 4.46 给出了跨中钢管与混凝土接触力的分布情况，包括钢管与核心混凝土以及钢管与外包混凝土的接触应力分布，对比参数为同一截面的不同位置、*e/B* 和 *D/B*，p_1 为钢管与其内核混凝土的接触应力，p_2 为钢管与外包混凝土的接触应力。对于 *e/B*＝0.1 的柱，钢管与核心混凝土接触应力 p_1 随距受压边缘的距离减小而增加，除了处于受拉边缘的点 1［图 4.46（a）］。对于 *e/B*＝1 的柱，受拉区点 1 和 2 以及受压边缘点 5 的 p_1 比位于中和轴附近的点 3 和 4 的要大［图 4.46（b）］。外包混凝土与钢管之间的接触应力 p_2 小于 0.6MPa，且小于 p_1［图 4.46（c）］。原因在于，在受压区，外包混凝土的向外膨胀大于钢管；在受拉区，外包混凝土开裂，钢管与外包混凝土之间接触应力很小。随 *D/B* 增加，在核心混凝土受压边缘处，p_1 逐渐增大［图 4.46（d）］。

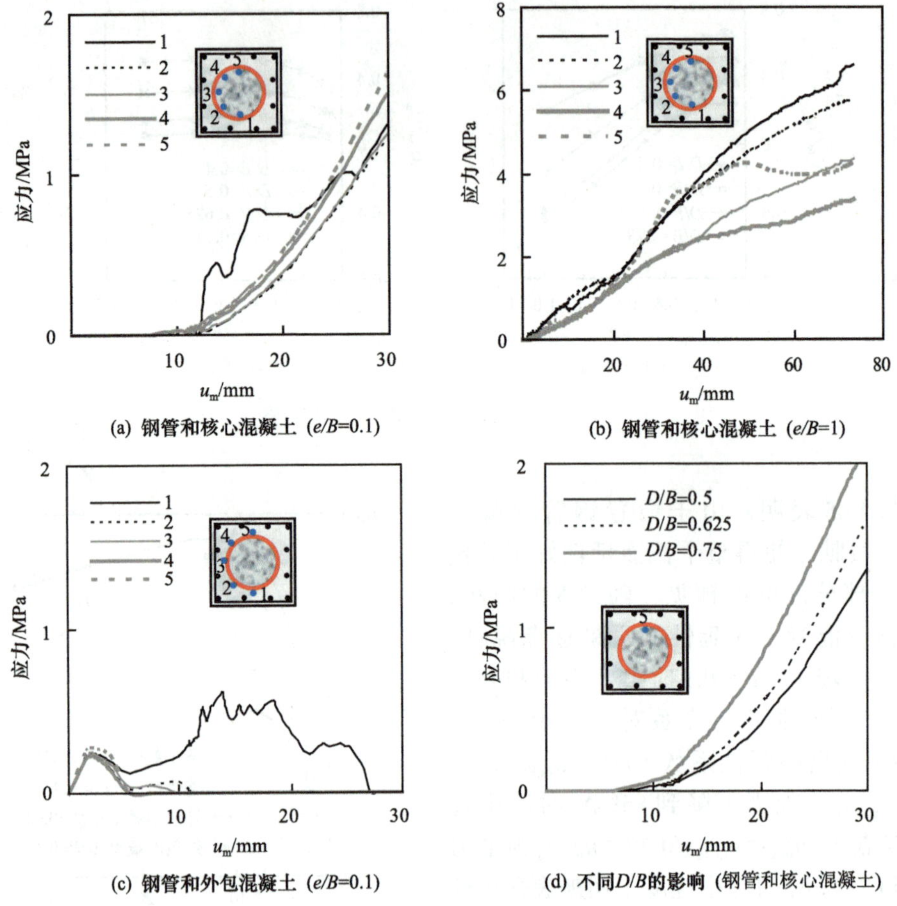

(a) 钢管和核心混凝土 (e/B=0.1)　(b) 钢管和核心混凝土 (e/B=1)

(c) 钢管和外包混凝土 (e/B=0.1)　(d) 不同D/B的影响 (钢管和核心混凝土)

图 4.46　跨中截面钢管与混凝土接触力

（5）长细比的影响

长细比λ（l_0/i，i为回转半径）是影响柱性能的关键参数之一。当λ超过一定界限值后，由侧向变形带来的附加弯矩需要在压弯构件设计当中考虑。为讨论λ对压弯试件性能的影响，设计了5种不同长细比的柱，截面与标准柱一样，长细比范围为22～84，最小偏心距为e_0＝20mm。图4.47（a）给出了λ对N_u-M_1关系影响，其中M_1为一阶弯矩，等于N_ue。可见随λ增大，N_u逐渐减小。由于长细比影响带来的极限轴力的降低在10%以内时，二阶效应可以忽略。极限轴力的降低可以用（$N_{u,s}$-$N_{u,\lambda}$）/$N_{u,s}$计算，其中$N_{u,s}$和$N_{u,\lambda}$分别为不存在二阶效应和存在二阶效应时的极限轴力。当柱长细比为22时，峰值轴力的降低在10%以内；而长细比为29时，峰值轴力的降低大于10%。因此，暂将长细比为22作为是否考虑二阶效应的长细比限值。对于两端承受相同弯矩的钢管混凝土加劲混合结构压弯试件，当其长细比大于22时，需要考虑二阶效应的影响。

对于λ取22～60的柱，其N_u-M_1关系形状与λ≥70的关系不同。对于λ取22～60的柱，当e/B小于0.5时，随N_u减小，M_1增大，之后随N_u减小，M_1不增大；而对于λ

取 70～84 的柱，整个阶段随 N_u 减小，M_1 增大。图 4.47（b）给出了不同 λ 对整个加载过程中 N-M 关系的影响。对于 λ 取 22～60 的柱，与峰值轴力对应的点落在截面承载力曲线上；而 λ 取 70～84 的柱，峰值轴力对应的点落在截面承载力曲线内。根据 Park 和 Pauley（1975）的定义，λ 取 22～60 的柱发生材料破坏，即由于外包混凝土压溃而破坏，而 λ 取 70～84 的柱发生了稳定破坏。根据单肢钢管混凝土加劲混合结构柱工程调研，λ 最大值为 54，因此本节将单肢钢管混凝土加劲混合结构柱的长细比 λ 的研究范围限定在 60 以内，钢管混凝土压弯柱发生材料破坏。

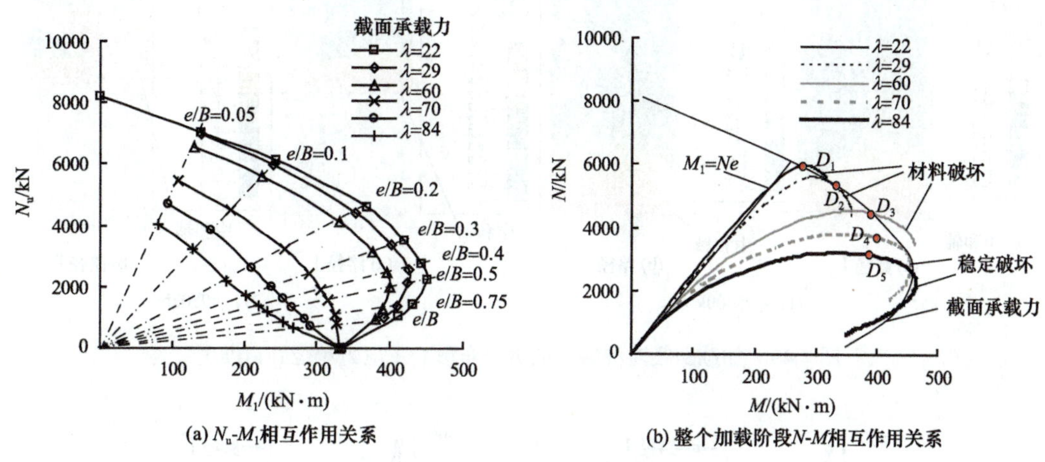

图 4.47　长细比影响

（6）不同加载路径影响

如图 4.37 所示，单肢钢管混凝土加劲混合结构柱可能经受加载路径Ⅰ和路径Ⅱ两种荷载作用。图 4.48 给出了两种加载路径下 N_u-M_u 相关关系的对比，相同 N_u 时路径Ⅱ的 M_u 大于路径Ⅰ。然而 M_u 提高程度与 N_u/N_{u0} 有关，根据提高程度不同，可分为三个阶段：阶段 A，N_u/N_{u0} 大于 0.75，弯矩比例系数［定义为（$M_{u\text{-}2}$-$M_{u\text{-}1}$）/$M_{u\text{-}1}$，$M_{u\text{-}1}$ 和 $M_{u\text{-}2}$ 分别为路径Ⅰ和路径Ⅱ的极限弯矩］小于 10%；阶段 B，N_u/N_{u0} 大于 0.3 但小于 0.75，弯矩比例系数为 10%～12%；阶段 C，N_u/N_{u0} 小于 0.3，弯矩比例系数小于 10%。

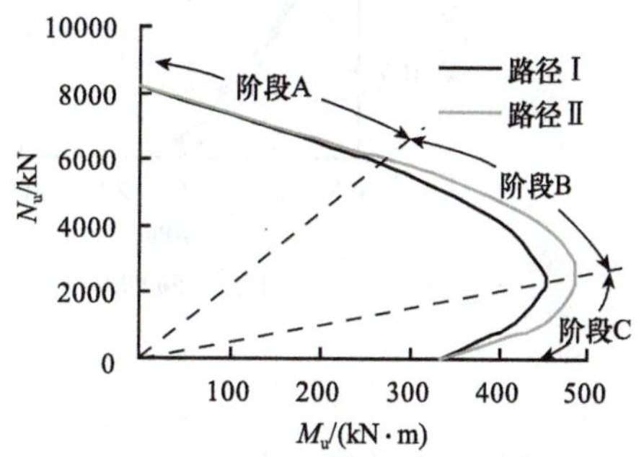

图 4.48　加载路径对 N_u-M_u 关系的影响

在阶段 A，弯矩比例系数小于 10% 的原因在于此时整个截面处于受压状态，受压混凝土对承载力起控制作用。路径Ⅱ下，当较高轴力作用时，混凝土已经接近极限强度，而随后弯矩增加有限。而在阶段 B，随 N_u 减小，M_u 相应增加。路径Ⅱ时，受压区的核心混凝土强度大于路径Ⅰ，导致核心混凝土对弯矩贡献增大，如图 4.49（1）所示。原因在于路径Ⅱ时，首先施加的恒定轴力使得核心混凝土受到钢管的约束，其强度得到提高。但阶段 B 施加的恒定轴力小于阶段 A，使得阶段 B 的弯矩增加比较显著。对比阶段 B 时两种路径下钢材应力分布［图 4.50（a）］，可见相差不大。阶段 C 时，路径Ⅱ的受压区核心混凝土强度大于路径Ⅰ，如图 4.49（2）所示，原因与阶段 B 一样。但阶段 C 的核心混凝土受压面积远小于阶段 B，对弯矩提高有限。对比两种路径下钢材应力分布，如图 4.50（b）所示。路径Ⅱ时，中间部分的钢材应力大于路径Ⅰ，但由于靠近中和轴，对弯矩增加有限。

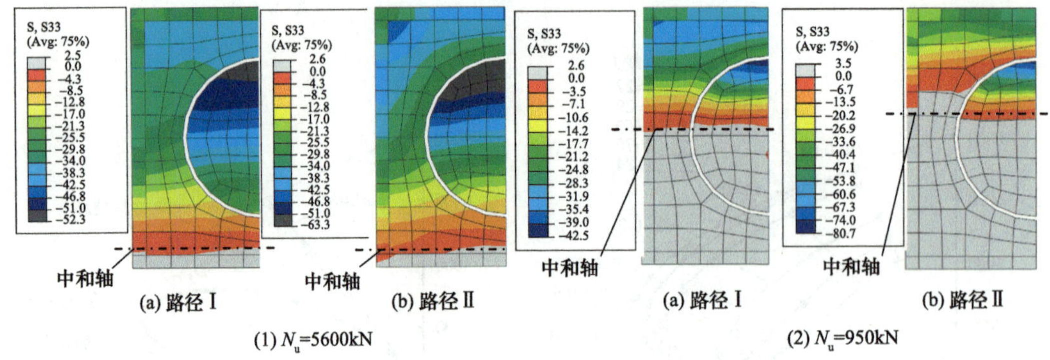

图 4.49 加载路径对混凝土应力分布影响（应力单位：MPa）

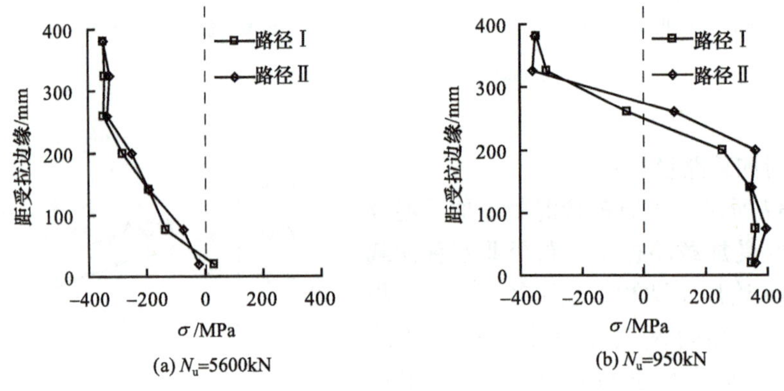

图 4.50 加载路径对钢材纵向应力影响

（7）剪力影响分析

在加载路径Ⅱ中，单肢钢管混凝土加劲混合结构柱受到水平剪力和轴向压力的共同作用，其剪力对柱子压弯性能的影响需要关注，特别对于剪跨比 m（定义为柱子高度 l 与截面宽度 B 的比值）小的柱，剪力影响不容忽视。

在加载工况Ⅱ中，柱端水平位移 $\varDelta$ 由弯曲变形和剪切变形两部分组成，分别记为 $\varDelta_M$ 和 $\varDelta_Q$。其中由弯曲变形引起的 $\varDelta_M$ 按照式（4.14）计算。

$$\varDelta_M=\int_0^L \phi(x)\bar{M}(x)\mathrm{d}x \tag{4.14}$$

式中，$\phi(x)$ 为曲率分布函数；$\bar{M}(x)$ 为柱顶作用单位集中力时的弯矩分布函数。

剪切变形 $\varDelta_Q$ 由 $\varDelta$-$\varDelta_M$ 得到。图 4.51（a）给出了轴压比 N_0/N_{u0}（其中 N_0 为作用在柱

顶的恒定轴力，N_{u0} 为柱子轴压承载力）对剪切变形所占比例 Δ_Q/Δ 的影响，算例为上节中的分析模型，剪跨比 $m=4$。在 $N_0/N_{u0}\leqslant 0.3$ 时，即柱发生大偏心受压破坏时，随 N_0/N_{u0} 增大，Δ_Q/Δ 基本不变，维持在 0.2 左右；当 N_0/N_{u0} 大于 0.3，即柱发生小偏心受压破坏时，随 N_0/N_{u0} 增大，Δ_Q/Δ 逐渐降低。剪跨比 m 对剪切变形影响显著，图 4.51（b）给出了 m 对 Δ_Q/Δ 的影响。改变柱子长度使得 m 不同，两种轴压比（$N_0/N_{u0}=0.11$ 和 0.68）分别对应大偏心受压和小偏心受压破坏。如上节所示。随剪跨比 m 减小，Δ_Q/Δ 逐渐增大。对于 $m=1$ 的柱，当 $N_0/N_{u0}=0.11$ 时，$\Delta_Q/\Delta=0.58$；$N_0/N_{u0}=0.68$ 时，$\Delta_Q/\Delta=0.52$。当 $m\geqslant 3$ 时，对于 $N_0/N_{u0}=0.68$，Δ_Q/Δ 小于 0.1。

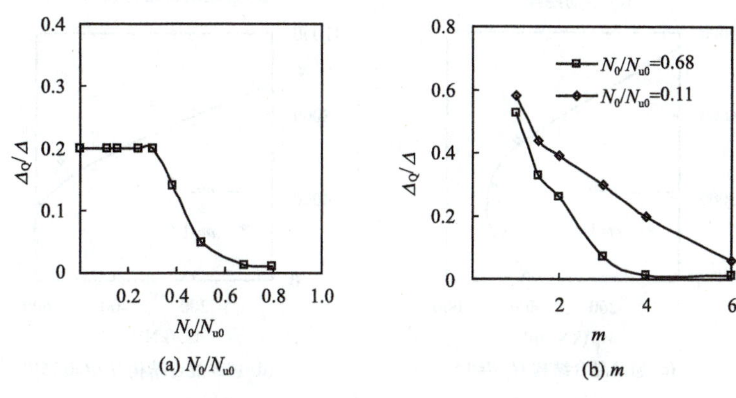

(a) N_0/N_{u0}　　(b) m

图 4.51　不同参数对 Δ_Q/Δ 的影响

对于剪跨比较小的柱，剪切变形所占比例较大，但由于钢管直径较大（$D/B=0.625$），且钢管具有较强的抵抗剪力能力，从而导致算例中单肢钢管混凝土加劲混合结构柱的抗剪承载力较大。即使对于剪跨比 $m=1$ 的柱，依然在柱脚发生弯曲破坏，混凝土裂缝以弯曲裂缝为主，底部纵筋和钢管纵向应力发展充分。为进一步讨论剪跨比对柱压弯性能的影响，特别是不同破坏形态（剪切破坏和弯曲破坏）带来的材料应力和承载能力的变化，此处设计了一组极端算例，即在工程常见参数范围内，外包混凝土部分具有最高的抗弯承载力和最低的抗剪承载力，使其破坏形态和压弯承载力受剪跨比影响显著，并且作为发生剪切破坏的最不利情况。算例参数如下：$B=400$mm；最大纵筋配筋率 $\alpha_l=3\%$，$f_{yl}=400$MPa，根据 GB 50011—2010 对柱箍筋的最低要求，即剪跨比不大于 2 时，箍筋直径 8mm，间距 $s=100$mm，$f_{yh}=335$MPa。以上实现了柱具有最高的抗弯承载力和最低的抗剪承载力，$f_{cu,out}=40$MPa。内置钢管混凝土，变化参数为 D/B，$f_{ys}=345$MPa，$f_{cu,core}=60$MPa，$\alpha_s=0.1$。剪跨比为 1.5 和 3，N_0/N_{u0} 取 0.2～0.6。同时建立了相应的钢筋混凝土柱作对比，参数与单肢钢管混凝土加劲混合结构柱中的外包混凝土部分一致。

图 4.52 给出了不同剪跨比对柱压弯承载力的影响，其中 N_u 为柱顶恒定轴力 N_0；$M_u=P_ul+N_u\Delta_u$（P_u 为极限水平剪力，Δ_u 为 P_u 对应的水平位移）。可以看出，对于相应的钢筋混凝土柱，剪跨比 $m=1.5$ 的压弯承载力小于 $m=3$ 的压弯承载力；相同 N_u 下，$m=1.5$ 的 M_u 比 $m=3$ 的 M_u 低 14%～40%。对于 $D/B=0.4$ 的单肢钢管混凝土加劲

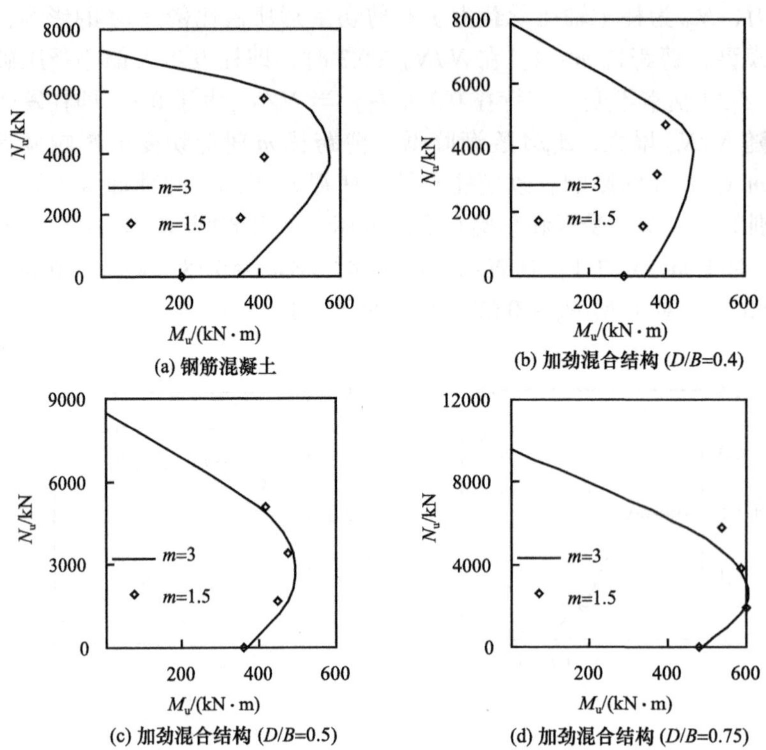

图 4.52　m 对 N_u-M_u 相关关系影响

混合结构柱，剪跨比 $m=1.5$ 的压弯承载力小于 $m=3$ 的压弯承载力。相同 N_u 下，$m=1.5$ 的 M_u 比 $m=3$ 的 M_u 低 10%～19%，比钢筋混凝土柱的降低程度小。而对于 $D/B=0.5$ 的单肢钢管混凝土加劲混合结构柱，$m=1.5$ 的压弯承载力与 $m=3$ 的压弯承载力相差不大。相同 N_u 下，$m=1.5$ 的 M_u 比 $m=3$ 的 M_u 低 5% 以内。$D/B=0.625$ 的单肢钢管混凝土加劲混合结构柱与 $D/B=0.5$ 相一致。

不同柱混凝土裂缝和纵筋应力分布对比分析表明，对于单肢钢管混凝土加劲混合结构柱，钢管的存在改变了剪力分配方式，使得混凝土裂缝形式和钢筋应力分布与相应的钢筋混凝土柱不同。对于 $D/B=0.4$ 的单肢钢管混凝土加劲混合结构，外包混凝土出现了底部弯曲裂缝和上部剪切斜裂缝两种裂缝形式，核心混凝土由于钢管分担了大部分剪力，混凝土剪力维持在较低水平，混凝土裂缝以底部弯曲裂缝为主，内置钢管混凝土发生弯曲破坏。剪跨比 $m=1.5$ 的底部纵筋应力发展程度较 $m=3$ 的柱低，但相差程度小于相应的钢筋混凝土。对于 $D/B=0.5$ 的单肢钢管混凝土加劲混合结构柱，混凝土裂缝分布与 $D/B=0.4$ 的柱基本一致，但由于钢管直径较大，分担剪力较多，使得 $m=1.5$ 的柱底部纵筋应力发展与 $m=3$ 的基本一致，外部的剪切破坏对整体承载力影响不显著，从而 $m=1.5$ 的柱压弯承载力与 $m=3$ 的柱基本一致。

图 4.53 给出了剪跨比 m 对 M_{cfst}/M_u 的影响，可以看出随 m 增大，M_{cfst}/M_u 减小。原因在于 $m=1.5$ 时，剪切破坏对外部影响显著，从而使得内置钢管混凝土部分的内力分担比例增大。对于 $D/B=0.4$ 的柱，在 $m=3$ 时的 M_{cfst}/M_u 比 $m=1.5$ 时低 0.1；而对

于 $D/B=0.625$ 的柱，在 $m=3$ 时的 M_{cfst}/M_u 比 $m=1.5$ 时低 0.06，随 D/B 增大影响程度降低。

上述分析表明，在外包混凝土部分处于最不利抗剪情况时，当 $D/B \geqslant 0.5$，$m \geqslant 1.5$ 时，剪跨比 m 对单肢钢管混凝土加劲混合结构柱压弯承载力的影响较小。图 4.54 给出了变化内置钢管混凝土部分相关参数后，同一轴力下 $m=1.5$ 和 $m=3$ 的极限弯矩对比（$M_{u,1.5}$ 和 $M_{u,3}$）。参数范围包括：核心混凝土强度 $f_{cu,core}$ 取 40～80MPa；含钢率 α_s 取 0.05～0.15；钢管强度 f_{ys} 取 235～420MPa；$D/B=0.5$；N_0/N_{u0} 取 0.2～0.6。可以看出，在上述参数范围内，$M_{u,1.5}$ 和 $M_{u,3}$ 相差很小，$M_{u,1.5}/M_{u,3}$ 的平均值为 0.972，变异系数为 0.028。由于外包钢筋混凝土已经是最不利抗剪情况，由此可见，在工程常见参数范围内，当 $D/B \geqslant 0.5$，$m \geqslant 1.5$ 时，可以将单肢钢管混凝土加劲混合结构柱的底部截面作为验算截面，按压弯承载力进行设计，而不考虑剪力影响。

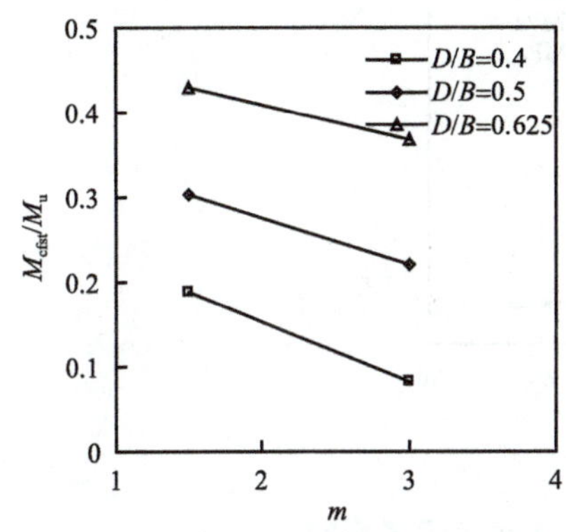

图 4.53　剪跨比 m 对 M_{cfst}/M_u 影响

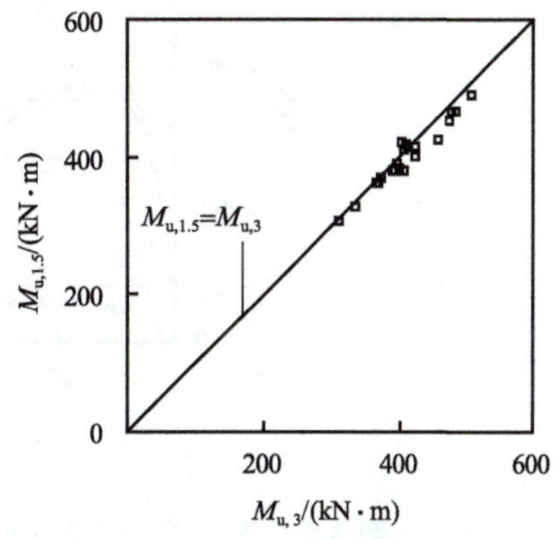

图 4.54　$M_{u,1.5}$ 与 $M_{u,3}$ 对比

（8）参数分析及压弯承载力计算

影响钢管混凝土加劲混合结构 N_u-M_u 相关关系的参数以及范围如下。①外包混凝土部分：外包混凝土强度 $f_{cu,out}$ 取 30～50MPa；纵筋配筋率 α_l 取 0.5%～3%；纵筋强度 f_{yl} 取 235～400MPa。②内置钢管混凝土部分：核心混凝土强度 $f_{cu,core}$ 取 40～80MPa；含钢率 α_s 取 0.05～0.15；钢管强度 f_{ys} 取 235～420MPa。③钢管混凝土直径与截面宽度比值（D/B）为 0.4～0.75，保持含钢率不变。

图 4.55 给出了外包混凝土部分相关参数对 N-u_m 关系的影响，图 4.56 给出了外包混凝土部分相关参数对 N_u-M_u 相关关系的影响，影响规律如下。

1）外包混凝土强度 $f_{cu,out}$。对于小偏心受压柱（$e/B=0.1$），随 $f_{cu,out}$ 增大，N_u 逐渐增大，$f_{cu,out}$ 从 30MPa 到 50MPa 时，N_u 增大 25.2%，延性降低；对于大偏心受压柱（$e/B=1$），随 $f_{cu,out}$ 增大，N_u 逐渐增大，$f_{cu,out}$ 从 30MPa 到 50MPa 时，N_u 增大 15%，增长幅度没有小偏心受压柱大，如图 4.55（a）所示。对比 N_u-M_u 相关关系，如图 4.56（a）所示，柱承载力逐渐增大，但对于小偏心受压柱，承载力提高程度高于大偏心受压柱。原因在于相比大偏心受压柱而言，小偏心受压柱的受压混凝土对承载力起控制作用，因此随 $f_{cu,out}$ 增大，小偏心受压柱的 N_u 比大偏心受压柱的增长幅度大，但箍筋对外包混

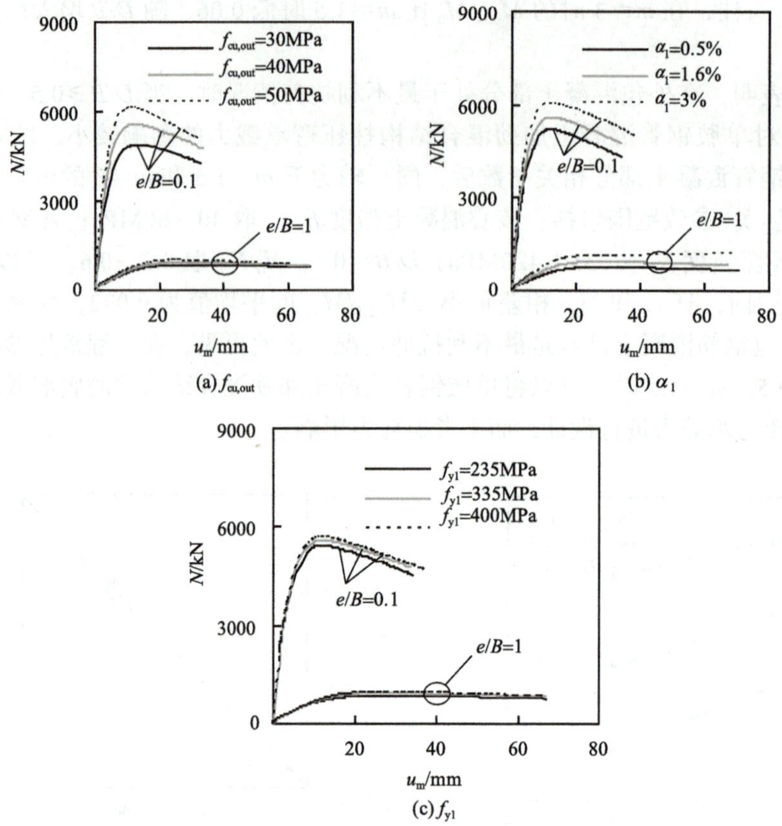

图 4.55　外包混凝土部分相关参数对 N-u_m 关系的影响

凝土的约束作用减弱，导致延性降低。

2）纵筋配筋率 α_1。对于小偏心受压柱（e/B=0.1），随 α_1 增大，N_u 逐渐增大，α_1 从 0.5% 到 3% 时，N_u 增大 15.9%；对于大偏心受压柱（e/B=1），α_1 从 0.5% 到 3% 时，N_u 增大 46.5%，如图 4.55（b）所示。对比 N_u-M_u 相关关系，如图 4.56（b）所示，柱承载力逐渐增大。提高纵筋配筋率后，纵筋的抗压和抗弯贡献增大，因此承载力得到提高。

3）纵筋材料强度 f_{yl}。对于小偏心受压柱（e/B=0.1），随 f_{yl} 增大，N_u 逐渐增大，f_{yl} 从 235MPa 到 400MPa 时，N_u 增大 4.6%；对于大偏心受压柱（e/B=1），f_{yl} 从 235MPa 到 400MPa 时，N_u 增大 10.9%，如图 4.55（c）所示。对比 N_u-M_u 相关关系，如图 4.56（c）所示，柱承载力逐渐增大。提高 f_{yl} 后，纵筋的抗压和抗弯贡献增大，因此承载力得到提高。

图 4.57 给出了内置钢管混凝土部分相关参数对 N-u_m 关系的影响，图 4.58 给出了内置钢管混凝土部分相关参数对 N_u-M_u 关系的影响，影响规律如下。

1）核心混凝土强度 $f_{cu,core}$。对于小偏心受压柱（e/B=0.1），随 $f_{cu,core}$ 增大，N_u 逐渐增大，$f_{cu,core}$ 从 40MPa 到 80MPa 时，N_u 增大 14.2%，延性降低；对于大偏心受压柱（e/B=1），随 $f_{cu,core}$ 增大，N_u 基本没变化，$f_{cu,core}$ 从 30MPa 到 50MPa 时，N_u 仅增大 0.6%，

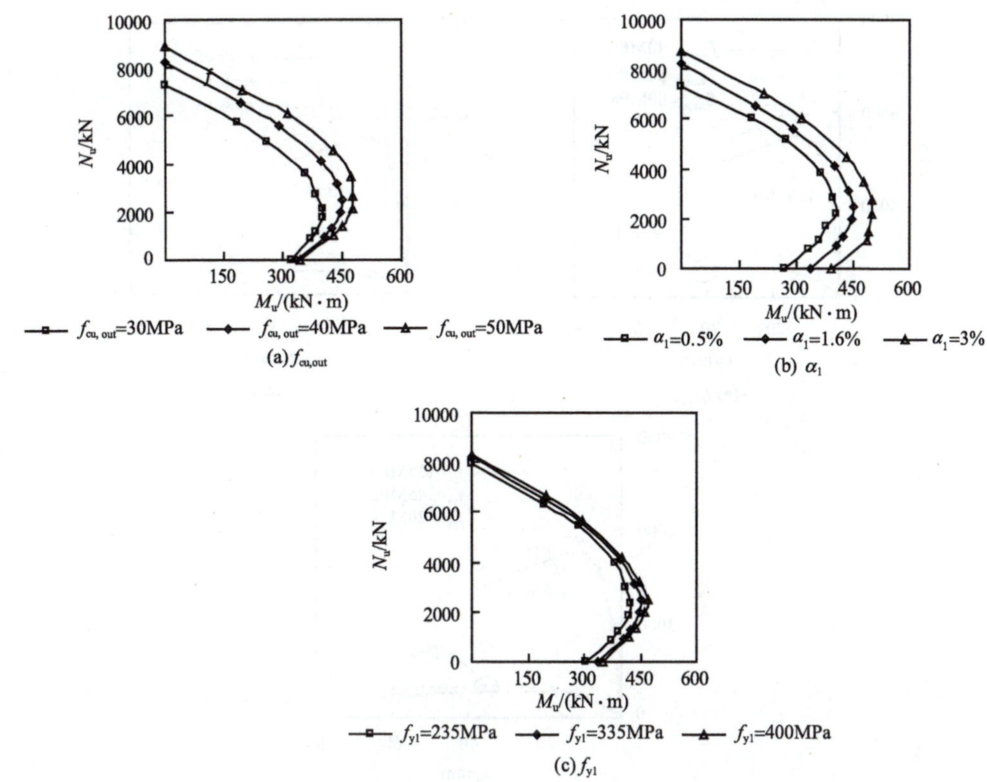

图 4.56　外包混凝土部分相关参数对 N_u-M_u 相关关系的影响

如图 4.57（a）所示。对比 N_u-M_u 相关关系，如图 4.58（a）所示，对于小偏心受压柱，随 $f_{cu,core}$ 增大，承载力逐渐增大，而对于大偏心受压柱，$f_{cu,core}$ 对承载力基本没有影响。原因在于对于小偏心受压柱，受压混凝土对承载力起控制作用，因此随 $f_{cu,core}$ 增加承载力增大。核心混凝土处于中心位置，对于大偏心受压柱，N_u 时核心混凝土仅有少量区域位于受压区，$f_{cu,core}$ 对承载力的影响不显著。

2）含钢率 α_s。对于小偏心受压柱（e/B=0.1），随 α_s 增大，N_u 逐渐增大，α_s 从 0.05 到 0.15 时，N_u 增大 15.0%；对于大偏心受压柱（e/B=1），α_s 从 0.05 到 0.15 时，N_u 增大 39.0%，如图 4.57（b）所示。对比 N_u-M_u 相关关系，如图 4.58（b）所示，柱承载力逐渐增大。原因在于提高 α_s 后，钢管的抗压和抗弯贡献增大，承载力得到提高。

3）钢管强度 f_{ys}。对于小偏心受压柱（e/B=0.1），随 f_{ys} 增大，N_u 逐渐增大，f_{ys} 从 235MPa 到 400MPa 时，N_u 增大 8.9%；对于大偏心受压柱（e/B=1），f_{ys} 从 235MPa 到 400MPa 时，N_u 增大 15.9%，如图 4.57（c）所示。对比 N_u-M_u 相关关系，如图 4.58（c）所示，柱承载力逐渐增大。原因在于提高 f_{ys} 后，钢管的抗压和抗弯贡献增大，承载力得到提高。

图 4.59 给出了 D/B 对 N-u_m 关系和 N_u-M_u 相关关系的影响，影响规律为随 D/B 增加，承载力增大。对于小偏心受压柱（e/B=0.1），D/B 从 0.4 到 0.75 时，M_u 增大 32.8%；对于大偏心受压柱（e/B=1），D/B 从 0.4 到 0.75 时，M_u 增大 75.0%。原因在

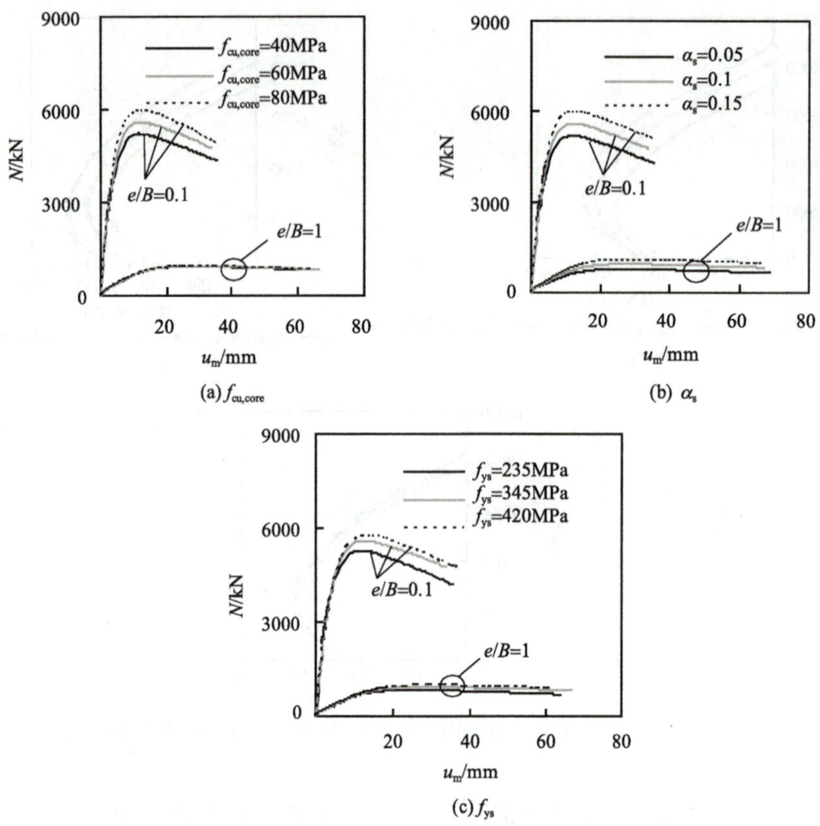

图 4.57　内置钢管混凝土部分相关参数对 N-u_m 关系的影响

于对于大偏心受压柱，D/B 增加后，钢管面积增大，钢管抗压和抗弯贡献增大，承载力增大。对于小偏心受压柱，核心混凝土和钢管面积增大，而核心混凝土强度比外包混凝土大，因此承载力得到提高。

在上述参数范围内，图 4.60 给出了 e/B 对到达峰值承载力时钢管混凝土加劲混合结构外围受压边缘混凝土纤维应变（ε_{cu}）的影响。可以看出，在 e/B 取 0.1～1 时，ε_{cu} 为 3000～3700με，因此 ε_{cu}=3300με 可以定义为钢管混凝土加劲混合结构的受压边缘混凝土极限纤维应变，这与《混凝土结构设计标准（2024 年修订版）》（GB/T 50010—2010）规定的钢筋混凝土压弯柱受压边缘混凝土极限压应变一致。但当 e/B 小于 0.1 时，ε_{cu} 为 2000～3000με。原因在于 e/B 小于 0.1 时，整个截面处于受压状态，混凝土轴压性能控制其极限状态。当受压混凝土达其极限应力时（极限应变为 2000～3000με），整个截面达极限荷载。这与钢筋混凝土偏压柱的性能是一致的，即当 $c>B$（c 为中和轴距受压边缘距离）时，ε_{cu} 为 2000～3000με。

当中和轴位于截面高度范围内时，轴压力和弯矩共同作用下单肢钢管混凝土加劲混合结构的截面承载力应满足式（4.15）和式（4.16）的要求。

$$N \leqslant N'_{rc} + N'_{cfst} \tag{4.15}$$

$$M \leqslant M_{rc} + M_{cfst} \tag{4.16}$$

式中，N 为钢管混凝土加劲混合结构的截面轴向压力设计值，N；M 为钢管混凝土加劲混合结构的截面弯矩设计值，N · mm；N'_{rc} 为轴压力和弯矩共同作用下外包混凝土部分的截面受压承载力，N；M_{rc} 为轴压力和弯矩共同作用下外包混凝土部分的截面受弯承载力，N · mm；N'_{cfst} 为轴压力和弯矩共同作用下内置钢管混凝土部分的截面受压承载力，N；M_{cfst} 为轴压力和弯矩共同作用下内置钢管混凝土部分的截面受弯承载力，N · mm。

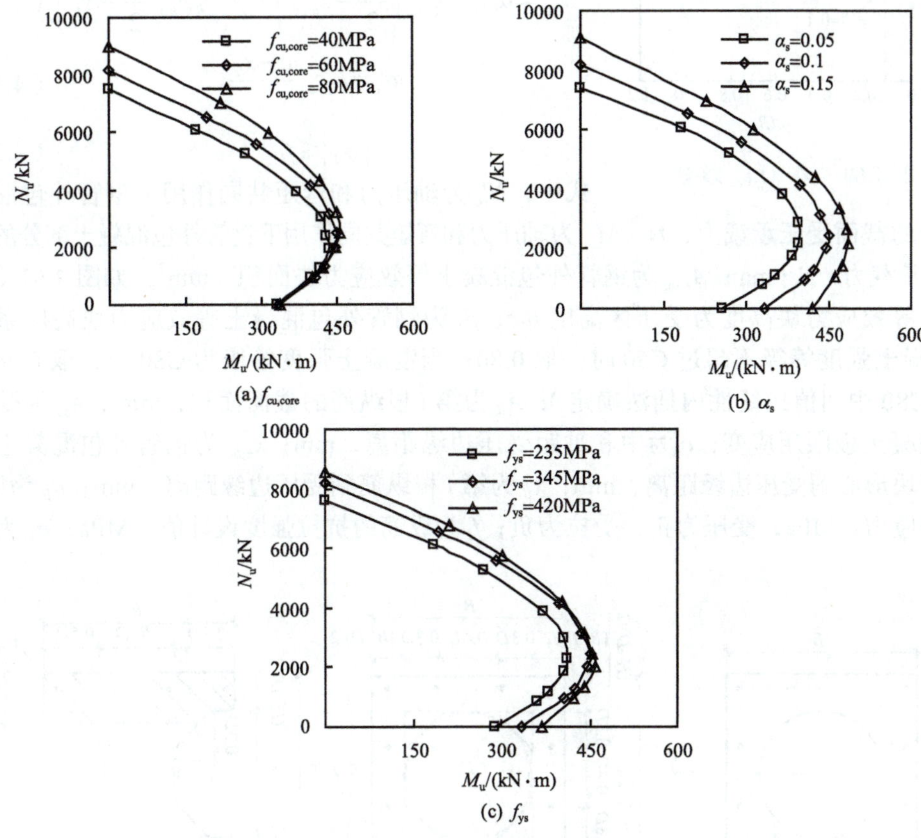

图 4.58　内置钢管混凝土部分相关参数对 N_u-M_u 关系的影响

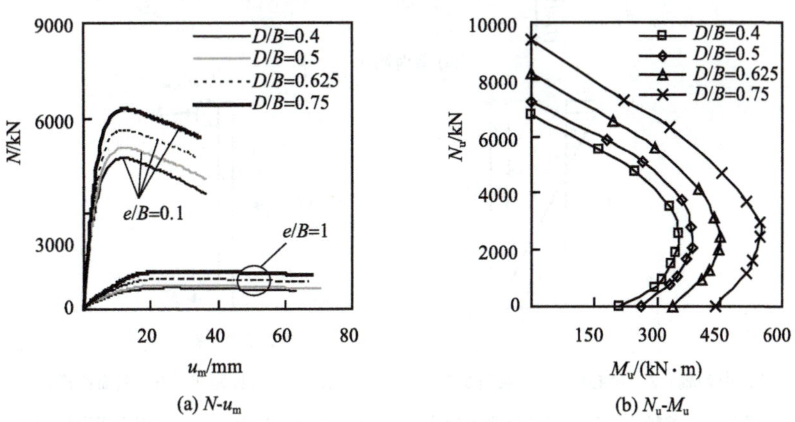

图 4.59　D/B 的影响

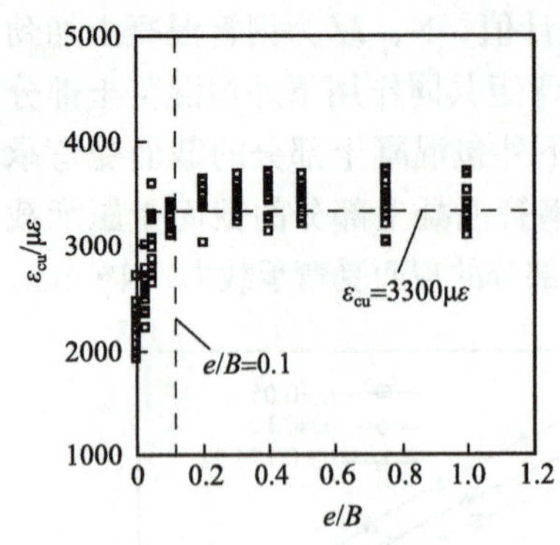

图 4.60　e/B 对 ε_{cu} 影响

单肢钢管混凝土加劲混合结构中的外包混凝土部分（图 4.61）的截面受压承载力和相应的截面受弯承载力宜分别按式（4.17）和式（4.18）计算。

$$N'_{rc}=\alpha_1 f_{c,oc}A_{e,oc}+\sum\sigma_{li}A_{li} \tag{4.17}$$

$$M_{rc}=\alpha_1 f_{c,oc}A_{e,oc}\left(\frac{H}{2}-x_{e,oc}\right)+\sum\sigma_{li}A_{li}\left(\frac{H}{2}-x_{li}\right) \tag{4.18}$$

$$\sigma_{li}=E_s\varepsilon_{cu}\frac{c-x_{li}}{c} \tag{4.19}$$

$$|\sigma_{li}|\leqslant f_l \tag{4.20}$$

式中，N'_{rc}为轴压力和弯矩共同作用下钢管外包混凝土部分的截面受压承载力，N；M_{rc}为轴压力和弯矩共同作用下钢管外包混凝土部分的截面受弯承载力，N·mm；$A_{e,oc}$为钢管外包混凝土等效应力块面积，mm²，如图 4.61（a）所示，等效应力块高度为受压区高度$\beta_1 c$，β_1为钢管外包混凝土等效应力块高度系数（当混凝土强度等级不超过 C50 时，取 0.80；当混凝土强度等级为 C80 时，取 0.74；C50～C80 中间值按线性内插法确定）；A_{li}为第 i 根纵筋的截面面积，mm²；ε_{cu}为受压边缘混凝土极限压应变；c 为中和轴距受压边缘距离，mm；$x_{e,oc}$为钢管外包混凝土等效应力块形心到受压边缘距离，mm；x_{li}为第 i 根纵筋到受压边缘距离，mm；σ_{li}为第 i 根纵筋应力，MPa，受压为正，受拉为负；f_l为纵筋的抗拉强度设计值，MPa；α_1为钢

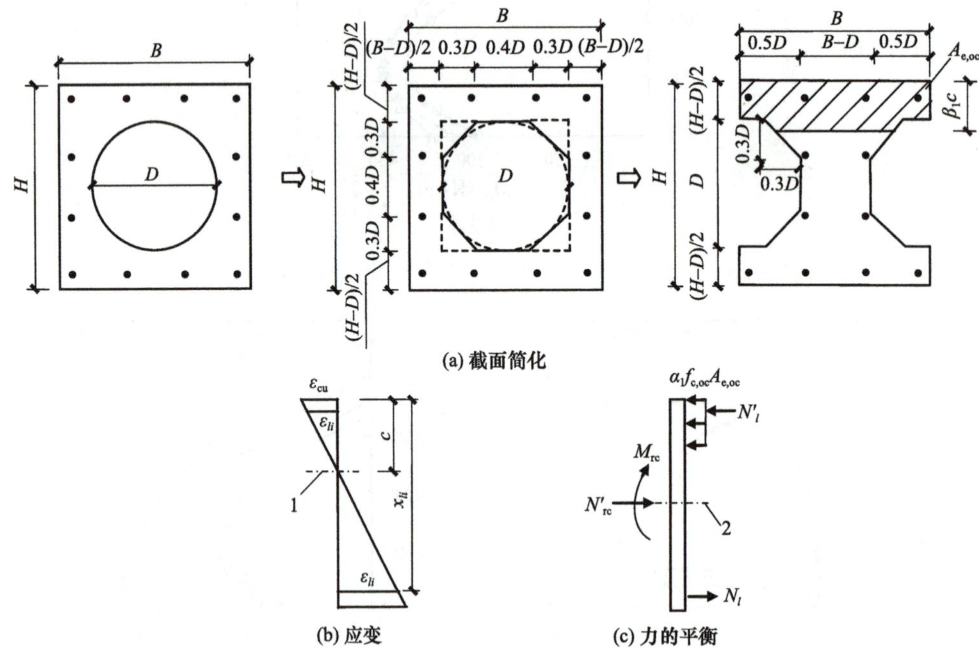

1．中和轴；2．形心轴；B．截面宽度；c．中和轴距受压边缘距离；H．截面高度；N_l．受拉区纵筋轴力；N'_l．受压区纵筋轴力；ε_{li}．第 i 根纵筋应变；ε_{cu}．混凝土极限压应变。

图 4.61　外包混凝土部分的截面承载力计算

管外包混凝土等效应力块强度系数（当混凝土强度等级不超过 C50 时，取 1.0；当混凝土强度等级为 C80 时，取 0.94，C50～C80 中间值按线性内插法确定）。

单肢钢管混凝土加劲混合结构中的内置钢管混凝土部分（图 4.62）的截面受压承载力和相应的截面受弯承载力宜分别按式（4.21）和式（4.22）计算，并应符合下列规定。

$$N'_{cfst}=N'_c+N'_s \tag{4.21}$$

$$M_{cfst}=M_c+M_s \tag{4.22}$$

式中，N'_{cfst} 为轴压力和弯矩共同作用下内置钢管混凝土部分的截面受压承载力，N；M_{cfst} 为轴压力和弯矩共同作用下内置钢管混凝土部分的截面受弯承载力，N · mm；N'_c 为轴压力和弯矩共同作用下钢管内混凝土截面的受压承载力，N；M_c 为轴压力和弯矩共同作用下钢管内混凝土截面的受弯承载力，N · mm；N'_s 为轴压力和弯矩共同作用下钢管截面的受压承载力，N；M_s 为轴压力和弯矩共同作用下钢管截面的受弯承载力，N · mm。

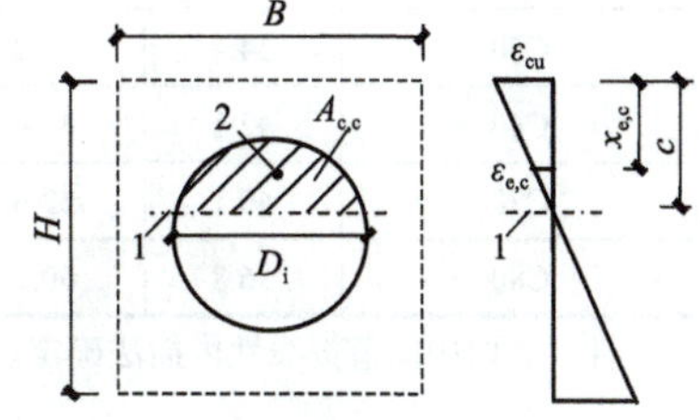

1．中和轴；2．点 A。

图 4.62　钢管内混凝土截面的承载力计算

钢管内混凝土截面的受压承载力和相应的受弯承载力宜分别按式（4.23）和式（4.24）计算。

$$N'_c=\alpha_{co}A_{c,c}\sigma_{e,c} \tag{4.23}$$

$$M_c=\alpha_{co}A_{c,c}\sigma_{e,c}\,(0.5H-x_{e,c}) \tag{4.24}$$

$$\alpha_{co}=\begin{cases}0.12\dfrac{c-0.5(H-D_i)}{D_i}+0.73 & 0.5(H-D_i)\leqslant c<0.5(H+D_i)\\[2ex] -0.3\dfrac{H-c}{H-D_i}+1 & 0.5(H+D_i)\leqslant c\leqslant H\end{cases} \tag{4.25}$$

$$\frac{\sigma_{e,c}}{\sigma_o}=2\left(\frac{\varepsilon_{e,c}}{\varepsilon_o}\right)-\left(\frac{\varepsilon_{e,c}}{\varepsilon_o}\right)^2 \tag{4.26}$$

$$\varepsilon_{e,c}=\varepsilon_{cu}\frac{c-x_{e,c}}{c} \tag{4.27}$$

$$x_{e,c}=\begin{cases}\left(-0.04\dfrac{c-0.5H+0.5D_i}{D_i}+0.46\right)(c-0.5H+0.5D_i)+\dfrac{H-D_i}{2} & 0.5(H-D_i)\leqslant c<0.5(H+D_i)\\[2ex] \left(-0.16\dfrac{H-c}{H-D_i}+0.5\right)D_i+\dfrac{H-D_i}{2} & 0.5(H+D_i)\leqslant c\leqslant H\end{cases} \tag{4.28}$$

式中，N'_c 为轴压力和弯矩共同作用下钢管内混凝土截面的受压承载力，N；M_c 为轴压力和弯矩共同作用下钢管内混凝土截面的受弯承载力，N · mm；$A_{c,c}$ 为钢管内混凝土受压区面积，mm^2，$0\leqslant A_{c,c}\leqslant A_c$；$\sigma_{e,c}$ 为等效点 A 处混凝土纤维应力，MPa，$\sigma_{e,c}\leqslant\sigma_o$；$x_{e,c}$ 为受压区等效点 A 距受压边缘距离，mm，如图 4.62 所示；α_{co} 为受压区高度系数；D_i 为钢管内混凝土直径，mm；$\varepsilon_{e,c}$ 为等效点 A 处混凝土纤维应变；ε_{cu} 为受压边缘混凝土极限压应变；σ_o 为钢管内混凝土单轴峰值压应力，MPa，应按表 4.1 确定；ε_o 为钢管内混凝土单轴峰值压应变，应按表 4.2 确定。

表 4.1　钢管内混凝土单轴峰值压应力 σ_o 值　　（单位：MPa）

混凝土强度等级	约束效应系数 ξ							
	0.6	1.0	1.5	2.0	2.5	3.0	3.5	4.0
C30	20.9	23.1	25.4	27.1	28.5	29.4	29.8	29.8
C40	28.1	30.6	33.4	35.5	37.1	38.1	38.6	38.6
C50	34.4	37.2	40.3	42.7	44.5	45.7	46.3	46.3
C60	42.1	45.4	48.9	51.6	53.6	54.9	55.6	55.6
C70	49.1	52.6	56.4	59.4	61.6	63.1	63.8	63.8
C80	56.8	60.7	64.8	68.1	70.4	72.1	72.8	72.8

注：表内中间值按线性内插法确定。

表 4.2　钢管内混凝土单轴峰值压应变 ε_o 值　　（单位：$\mu\varepsilon$）

混凝土强度等级	约束效应系数 ξ							
	0.6	1.0	1.5	2.0	2.5	3.0	3.5	4.0
C30	2900	3000	3100	3200	3300	3300	3400	3500
C40	3200	3400	3600	3700	3800	3800	3900	4000
C50	3600	3800	3900	4100	4200	4300	4300	4400
C60	4000	4200	4400	4600	4700	4800	4900	5000
C70	4400	4700	4900	5000	5200	5300	5400	5500
C80	4800	5100	5400	5500	5700	5800	5900	6000

注：表内中间值按线性内插法确定。

钢管截面的受压承载力和相应的受弯承载力宜分别按式（4.29）和式（4.30）计算。

$$N_s'=k_1 f A_s \tag{4.29}$$

$$M_s=k_2 f A_s D \tag{4.30}$$

$$k_1=\begin{cases}\left[\left(2.8\dfrac{D}{H}-4.2\right)\left(\dfrac{c}{H}\right)^2-\left(4.6\dfrac{D}{H}-7.9\right)\dfrac{c}{H}+\left(1.6\dfrac{D}{H}-2.9\right)\right]\left(\dfrac{345}{f_y}\right)^{0.38} & 0.5\leqslant\dfrac{c}{H}\leqslant 1\\ \left(-3.0\dfrac{D}{H}+4.6\right)\dfrac{c}{H}+1.5\dfrac{D}{H}-2.3 & \dfrac{c}{H}<0.5\end{cases} \tag{4.31}$$

$$k_2=m_1\left(\frac{c}{H}\right)^2+m_2\frac{c}{H}+m_3 \tag{4.32}$$

$$m_1=\begin{cases}-5.3\left(\dfrac{D}{H}\right)^2+6.7\dfrac{D}{H}-1.8 & 0.5\leqslant\dfrac{c}{H}\leqslant 1\\ -22.2\left(\dfrac{D}{H}\right)^2+29.4\dfrac{D}{H}-12 & \dfrac{c}{H}<0.5\end{cases} \tag{4.33}$$

$$m_2=\begin{cases}9.1\left(\dfrac{D}{H}\right)^2-11.8\dfrac{D}{H}+0.6\dfrac{345}{f_y}+2.3 & 0.5\leqslant\dfrac{c}{H}\leqslant 1\\ 13.7\left(\dfrac{D}{H}\right)^2-19.4\dfrac{D}{H}-0.76\dfrac{345}{f_y}+9.7 & \dfrac{c}{H}<0.5\end{cases}\tag{4.34}$$

$$m_3=\begin{cases}-3.9\left(\dfrac{D}{H}\right)^2+5.3\dfrac{D}{H}-0.46\dfrac{345}{f_y}-0.7 & 0.5\leqslant\dfrac{c}{H}\leqslant 1\\ -2.1\left(\dfrac{D}{H}\right)^2+3.5\dfrac{D}{H}+0.22\dfrac{345}{f_y}-1.9 & \dfrac{c}{H}<0.5\end{cases}\tag{4.35}$$

式中，N_s' 为轴压力和弯矩共同作用下钢管截面的受压承载力，N；M_s 为轴压力和弯矩共同作用下钢管截面的受弯承载力，N · mm；k_1、k_2 为计算系数（当 k_1 计算值大于 1.0 时，取 1.0；小于－1.0 时，取－1.0；当 k_2 计算值小于 0 时，取 0）；A_s 为钢管的截面面积，mm^2；f 为钢管钢材的抗拉、抗压和抗弯强度设计值，MPa；f_y 为钢管钢材的屈服强度，MPa。

当中和轴位于截面高度范围外时，轴压力和弯矩共同作用下单肢钢管混凝土加劲混合结构的截面受弯承载力应符合式（4.36）规定。

$$M\leqslant M_{u,N}\tag{4.36}$$

$$M_{u,N}=\frac{N_0-N}{N_0-N_{u,H}}M_{u,H}\tag{4.37}$$

式中，$M_{u,N}$ 为轴压力 N 作用下截面受弯承载力，N · mm；$N_{u,H}$ 为当中和轴距受压边缘距离 c 等于截面高度 H 时的截面受压承载力，N；$M_{u,H}$ 为当中和轴距受压边缘距离 c 等于截面高度 H 时的截面受弯承载力，N · mm；N_0 为截面受压承载力，N，应按式（4.5）计算。

4.2.4　长期荷载作用下的力学性能

单肢钢管混凝土加劲混合结构中，由于外包混凝土和核心混凝土的存在，在长期荷载作用下同样存在着收缩和徐变的问题。长期荷载作用下，混凝土发生收缩和徐变，对结构将产生两个方面的影响：一是结构变形将随时间而增大，从而增大二阶效应，影响结构的极限承载力；二是截面上将出现内力重分布，可能导致混凝土卸载，纵筋和钢管承担该部分转移的荷载，使得钢材应力显著增加，从而可能导致钢材进入塑性阶段，纵筋屈服或钢管发生局部屈曲，进而影响结构的受力性能。

基于合理的材料本构模型，本节建立了长期荷载作用下的钢管混凝土加劲混合结构力学性能有限元分析模型，通过与试验结果对比，验证了模型的适用性。对考虑长期荷载作用影响时结构的荷载 - 变形关系进行了计算。利用有限元分析模型，对长期荷载作用下钢管和混凝土的应变变化发展、应力分布情况，以及钢管与混凝土之间的相互作用等力学性能进行了深入的研究。在参数分析基础上，提出了考虑长期荷载作用影响时钢管混凝土加劲混合结构承载力实用计算表格。

1. 有限元分析模型的建立和验证

（1）模型建立

进行长期荷载作用下钢管混凝土加劲混合结构的受力全过程分析包括两部分：长期荷载作用阶段和随后的极限承载力阶段。采用 ABAQUS 有限元平台，建立了长期荷载作用下结构的力学分析模型，如图 4.63 所示。其中，钢管采用四节点壳单元（S4R），混凝土采用八节点三维实体单元（C3D8R），外围钢筋混凝土中的纵向钢筋和箍筋采用 Truss 单元来模拟。钢管和混凝土间的界面模型采用界面法线方向的硬接触和切线方向的库仑摩擦模型。本节采用弹簧单元来模拟纵筋和混凝土之间的接触；根据箍筋在受力过程中的实际工作特点，假设其和混凝土在受荷过程中完全黏结，即不考虑二者之间的滑移。

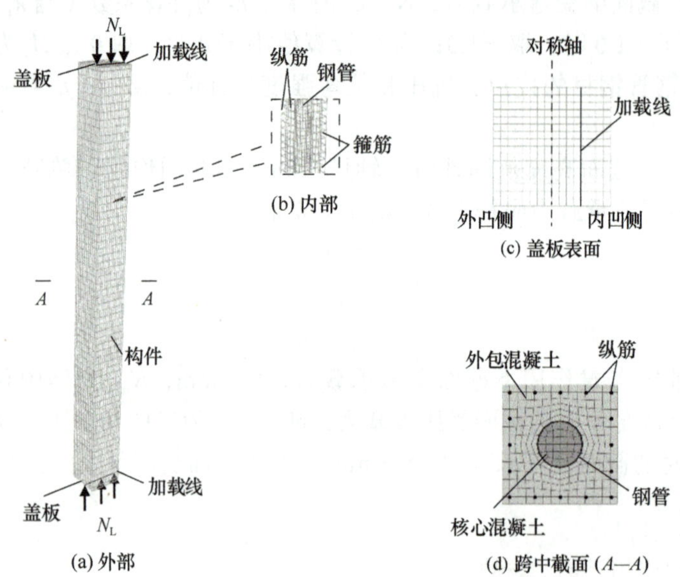

图 4.63　有限元模型

对考虑长期荷载作用影响时构件的荷载 - 变形关系进行全过程分析，需要确定长期荷载作用阶段考虑时间效应的混凝土本构模型和随后承载力阶段考虑长期荷载作用影响的混凝土本构模型。

分别采用黏弹性模型和塑性损伤模型（Kliver，2002）对长期荷载作用阶段和承载力阶段的混凝土进行模拟，混凝土的应力 - 应变关系如下。

在长期荷载作用阶段，采用考虑时间效应的黏弹性本构模型来模拟混凝土在长期荷载作用下的力学性能，其表达式如式（4.38）所示。

$$\sigma_{ij}(t)=\delta_{ij}\left[\lambda\varepsilon_{kk}(t)-\int_0^t\psi_1(t-\tau_0)\frac{\partial\varepsilon_{kk}(\tau_0)}{\partial\tau_0}\mathrm{d}\tau_0\right]+2G\varepsilon_{ij}(t)-\int_0^t\psi_2(t-\tau_0)\frac{\partial\varepsilon_{ij}(\tau_0)}{\partial\tau_0}\mathrm{d}\tau_0 \quad (4.38)$$

式（4.38）中的相关参数详见 Han 等（2011）。

在该模型中，还需要确定反映混凝土收缩和徐变程度的收缩终值 ε_{sh} 和最终徐变

系数 φ_u。对于处于大气环境中的外包混凝土，ε_{sh} 和 φ_u 按 ACI209（1992）中的建议取 800$\mu\varepsilon$ 和 3.0；而对于钢管内的核心混凝土，因钢管的存在而与大气环境隔绝且其徐变变形受到钢管的限制，故 $\varepsilon_{sh}=536\mu\varepsilon$，$\varphi_u=0.9$。

在极限承载力阶段，国内外有关混凝土在短期荷载下的应力－应变关系的研究已取得较多成果。李永进（2011）对静力荷载作用下的钢管混凝土加劲混合结构进行了计算，理论计算与试验结果吻合良好。

对于钢管外围的混凝土，采用考虑箍筋约束作用的混凝土模型。对于钢管内的核心混凝土，考虑钢管对核心混凝土的约束作用，其塑性性能主要取决于约束效应系数。核心混凝土的轴压应力（σ）－应变（ε）关系模型具体公式详见式（2.18）。

对于混凝土受拉软化性能，采用混凝土破坏能量准则（应力－断裂能关系）来考虑。σ_{t0} 和 G_f 分别为混凝土的破坏应力和对应的断裂能。破坏应力（σ_{t0}）按沈聚敏等（1993）中提出的混凝土抗拉强度的计算公式确定，其表达式如式（4.39）所示。

$$\sigma_{t0}=0.26\times(1.5f_{ck})^{2/3} \tag{4.39}$$

要考虑长期荷载对单肢钢管混凝土加劲混合结构承载力的影响，须在混凝土的应力－应变关系中考虑这种影响，本节采用 Chu 等（1986）的方法对李永进（2011）中短期荷载下的混凝土模型进行修正：假设长期荷载作用不影响混凝土的强度，只影响应变的变化。在应力坐标值维持不变的情况下，考虑徐变效应的影响，将短期荷载作用下混凝土应力－应变关系的峰值应变乘以一系数［$1+\varphi(t,\tau_0)$，其中，$\varphi(t,\tau_0)$ 为徐变系数］进行放大；收缩对应力－应变关系的影响是使其产生沿应变轴的平移（平移量为收缩应变值 ε_{sh}）。综合徐变和收缩的影响，可得出考虑长期荷载作用影响时的应变 ε_t 与对应的短期荷载作用下 σ-ε 关系上应变 $\varepsilon_{\tau0}$ 的关系如式（4.40）所示。

$$\varepsilon_t=[1+\varphi(t,\tau_0)]\varepsilon_{\tau0}+\varepsilon_{sh} \tag{4.40}$$

这样，就可以采用修正的 Légeron 和 Paultre（2003），以及韩林海（2022）模型分别作为考虑长期荷载作用影响时外包混凝土和核心混凝土的应力－应变关系。由于在 $\varphi(t,\tau_0)$ 中考虑了长期荷载作用下的各影响因素，因而修正后的应力－应变关系中也考虑了这些因素的影响。

考虑长期荷载作用影响与否的混凝土 σ-ε 关系模型的比较情况如图 4.64 所示。此外，不考虑徐变对混凝土受拉性能的影响。

在对考虑长期荷载作用影响时钢管混凝土加劲混合结构变形－荷载关系进行计算时，有限元计算分为两部分：第一部分为对长期荷载作用下钢管混凝土加劲混合结构的变形进行计算；第二部分为徐变结束后，继续施加荷载，考虑长期荷载作用影响时结构的荷载－变形关系计算。

为验证有限元模型的准确性，进行了长期荷载作用下钢管混凝土加劲混合结构变形测试的试验研究。

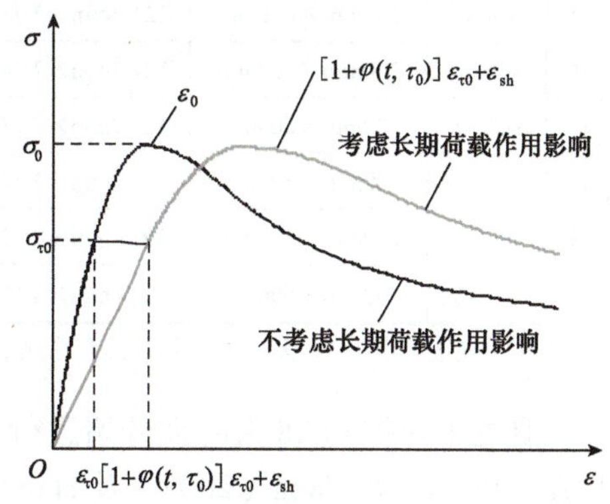

图 4.64　混凝土应力－应变关系

（2）模型验证

本节进行了 8 个单肢钢管混凝土加劲混合结构在考虑长期荷载作用影响时力学性能的试验研究，此外还进行了 12 个对比试件承载能力的试验。试件的主要参数为含钢管率、长期荷载比和混凝土强度。

试件情况如表 4.3 所示，其中，B 为构件截面短边长，L 为试件的长度，D_i 为钢管的外径，t_s 为钢管的厚度，α_s（A_{sc}/A，其中，A_{sc} 为钢管混凝土的截面积，A 为组合截面的截面积）为含钢管率，f_y 为钢管的屈服强度，$f_{cu,o}$ 和 $f_{cu,c}$ 分别为外包混凝土和核心混凝土的立方体抗压强度，N_L 为施加在构件上的长期荷载，n（N_L/N_u，N_u 为柱轴心受压时的强度承载力）为长期荷载比。试验采用的钢筋为 HRB400 纵筋 4ϕ10，HPB300 箍筋 ϕ6@100。

表 4.3　长期荷载作用试验试件

序号	试件编号	试件尺寸（$B\times L$）	内钢管尺寸（$D_i\times t_s$）	含钢管率 α_s/%	f_y/MPa	$f_{cu,o}$/MPa	$f_{cu,c}$/MPa	N_L/kN	n	N_{uc}/kN
1	sc1-1	200mm×600mm	74.3mm×1.99mm	10.8	345	21.2	49.1	232.3	0.2	1161.6
2	sc1-2	200mm×600mm	74.3mm×1.99mm	10.8	345	21.2	49.1	464.6	0.4	1161.6
3	sc2-1	200mm×600mm	101.4mm×3.12mm	20.2	345	21.2	49.1	279.7	0.2	1398.7
4	sc2-2	200mm×600mm	101.4mm×3.12mm	20.2	345	21.2	49.1	559.5	0.4	1398.7
5	sc3-1	200mm×600mm	121.7mm×2.78mm	29.1	345	21.2	49.1	307.2	0.2	1535.8
6	sc3-2	200mm×600mm	121.7mm×2.78mm	29.1	345	21.2	49.1	614.3	0.4	1535.8
7	sc4-1	200mm×600mm	101.4mm×3.12mm	20.2	345	46.7	49.1	387.3	0.2	1936.7
8	sc4-2	200mm×600mm	101.4mm×3.12mm	20.2	345	46.7	49.1	774.7	0.4	1936.7
9	sc1c-0*	200mm×600mm	74.3mm×1.99mm	10.8	345	21.2	49.1	—	—	1161.6
10	sc1c-1	200mm×600mm	74.3mm×1.99mm	10.8	345	21.2	49.1	—	—	1161.6
11	sc1c-2	200mm×600mm	74.3mm×1.99mm	10.8	345	21.2	49.1	—	—	1161.6
12	sc2c-0*	200mm×600mm	101.4mm×3.12mm	20.2	345	21.2	49.1	—	—	1398.7
13	sc2c-1	200mm×600mm	101.4mm×3.12mm	20.2	345	21.2	49.1	—	—	1398.7
14	sc2c-2	200mm×600mm	101.4mm×3.12mm	20.2	345	21.2	49.1	—	—	1398.7
15	sc3c-0*	200mm×600mm	121.7mm×2.78mm	29.1	345	21.2	49.1	—	—	1535.8
16	sc3c-1	200mm×600mm	121.7mm×2.78mm	29.1	345	21.2	49.1	—	—	1535.8
17	sc3c-2	200mm×600mm	121.7mm×2.78mm	29.1	345	21.2	49.1	—	—	1535.8
18	sc4c-0*	200mm×600mm	101.4mm×3.12mm	20.2	345	46.7	49.1	—	—	1936.7
19	sc4c-1	200mm×600mm	101.4mm×3.12mm	20.2	345	46.7	49.1	—	—	1936.7
20	sc4c-2	200mm×600mm	101.4mm×3.12mm	20.2	345	46.7	49.1	—	—	1936.7

* 在混凝土龄期为 28 天（为实际开始变形测试试验时间）时进行的加载试验试件。

混凝土养护到 28 天时即开始进行长期荷载 N_L 作用下的变形测试。试验装置和试验方法与 Han 和 Yang（2003）及 Han 等（2011）进行方、矩形钢管混凝土长期荷载作用下变形测试装置和方法类似。

试验装置如图 4.65 所示，每块承力钢板上各设有螺栓孔，用来对试件施加长期荷载的钢拉杆。钢拉杆的两端为螺丝杆，施加荷载即通过拧紧与螺丝杆相连的螺母进行。在试件顶部及承力钢板之间设置一压力传感器，用来控制所加荷载的大小。

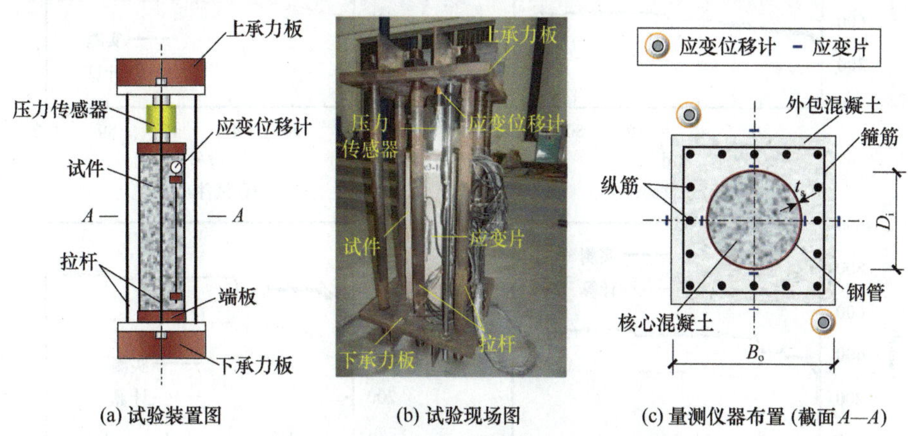

(a) 试验装置图 (b) 试验现场图 (c) 量测仪器布置 (截面 A—A)

图 4.65 长期荷载作用下的变形试验装置

在长期荷载作用下，试件的轴向变形由设置在试件两个对角方向的高精度应变位移计进行量测，同时在试件的四个表面中间的位置分别贴纵、横向应变片，以校核位移计测量结果。施加到试件上的长期荷载由压力传感器进行控制。

图 4.66 给出了试件的纵向总应变（ε_{total}）随时间（t）的变化关系，其中 ε_{total} 为试件角部的两个应变位移计测得的应变值的平均值。

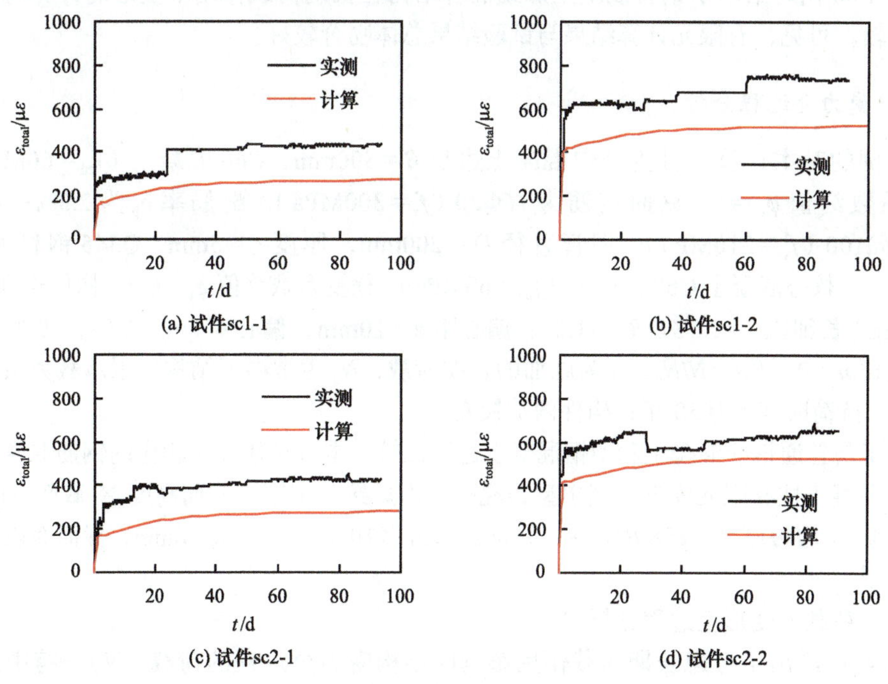

(a) 试件sc1-1 (b) 试件sc1-2

(c) 试件sc2-1 (d) 试件sc2-2

图 4.66 轴压构件试验结果

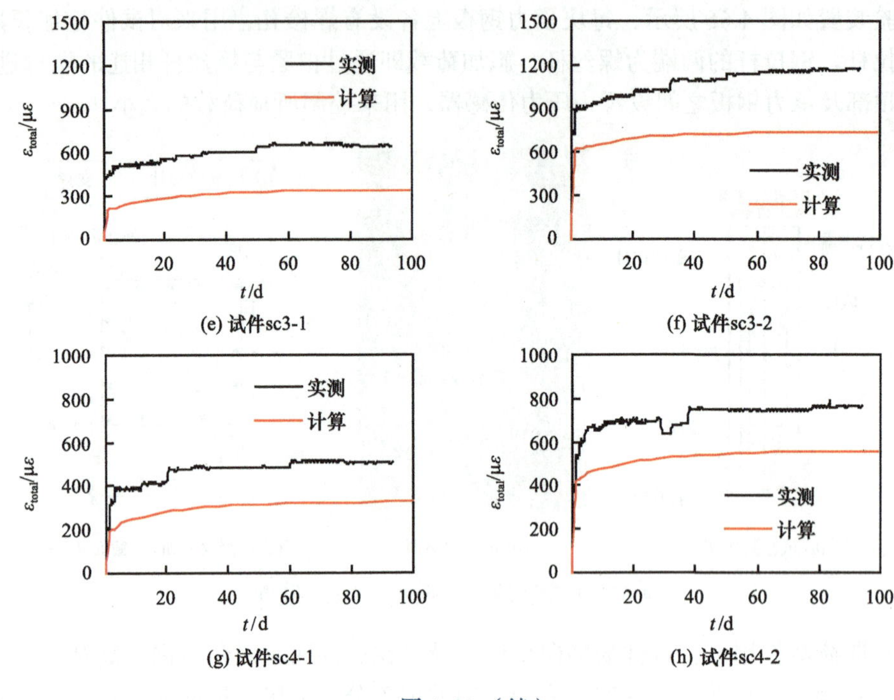

图 4.66 （续）

由图 4.66 可见，长期荷载作用下结构的纵向变形早期发展很快，持荷 1 个月的变形量为 4 个月变形量的 60% 左右，此后变形发展趋缓，曲线渐趋水平。

图 4.66 同时给出了钢管混凝土加劲混合结构在长期荷载作用下变形的计算与实测结果比较。可见，有限元计算结果与试验结果总体吻合较好。

2. 受力全过程分析

算例的基本计算条件为外包混凝土边长 B=500mm，C60 混凝土（f_{cu}=60MPa），徐变系数终值 φ_u=3；纵向钢筋为 16Φ20（f_y=300MPa），配筋率 ρ_b 为 2.3%；箍筋为 ϕ10@100（f_y=210MPa）；钢管直径 D_i=200mm，厚度 t_s=5mm，Q345 钢材（f_y=345MPa）；核心混凝土 C60 混凝土（f_{cu}=60MPa），徐变系数终值 φ_u=0.9；构件长度 L=6000mm（长细比 $\lambda=2\sqrt{3}L/B=41.6$）；偏心距 e=20mm，偏心率 e/r_0=0（$r_0=B/2$）；长期荷载比 n=0.4（$n=N/N_u$，N 为施加的长期荷载，N_u 为常温下结构极限承载力）；k=−0.02；持荷时间 t 为 50 年；构件两端铰支。

为了与普通钢筋混凝土和型钢混凝土进行比较，本节还建立了相应的钢筋混凝土柱和型钢混凝土柱有限元模型。其中型钢混凝土内焊接工字钢，截面高度 × 截面宽度 × 翼缘厚度 × 腹板厚度（$H\times B\times t_f\times t_w$）为 200mm×100mm×8mm×8mm，截面面积 A_s=3072mm^2。

（1）荷载 - 变形全过程分析

图 4.67 给出了考虑长期荷载作用影响时结构受力全过程的荷载（N）- 跨中挠度（u_m）关系，同时还给出了在受力全过程中结构的外包混凝土、纵筋、钢管和核心混

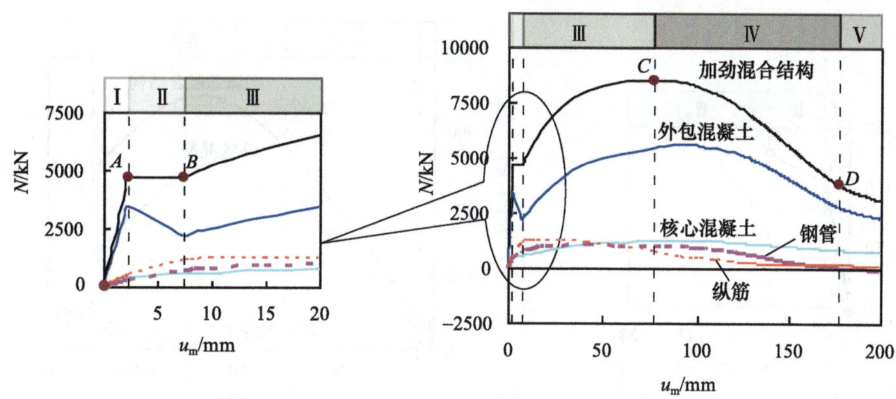

图 4.67 钢管混凝土加劲混合结构 N-u_m 关系

凝土各自承担内力的变化情况。图 4.67 还标示出了受力全过程曲线上的四个时刻特征点：A 点为长期荷载开始作用时，B 点为长期荷载作用结束时，C 点对应构件达极限承载力峰值，D 点对应的是荷载由快速下降段到平稳段的转折点。

可见，考虑长期荷载作用影响时，单肢钢管混凝土加劲混合结构的受力全过程荷载 - 位移关系可以分为如下阶段。

初始阶段（OA）：荷载增长和跨中挠度的发展基本呈线性关系。外包混凝土、纵筋、钢管和核心混凝土各自承担的荷载也按比例增长。

长期荷载作用阶段（AB）：在此阶段，外荷载保持不变，构件的挠度随时间的发展而不断增加；此阶段结构的荷载（N）- 跨中挠度（u_m）关系为一小段水平直线。由于外包混凝土和核心混凝土发生徐变，在外荷载保持不变的情况下，结构因混凝土、纵筋和钢管之间的变形协调关系，构件截面上出现内力重分布：外包混凝土发生卸载，纵筋、钢管及核心混凝土共同承担了转移的荷载。在该阶段，外包混凝土所承担的荷载下降，作用在纵筋、钢管和核心混凝土上的荷载持续增加。其中，纵筋承担了外包混凝土卸下的大部分荷载，这可能由于其截面位置更加靠近截面边缘。

长期荷载作用结束后，继续施加荷载（BC）：外荷载不断增大，挠度不断发展。外包混凝土、钢管和核心混凝土承担的荷载也不断增加，而作用在纵筋上的荷载出现了下降。这是由于随着跨中挠度的不断增大，跨中截面出现受拉区；外凸侧纵筋由受压状态变为受拉状态。

在达到极限荷载后，构件进入了下降段（CD）：荷载不断下降，跨中挠度迅速增加，曲线进入下降段。随着跨中挠度的不断发展，跨中截面的中性轴继续向形心轴移动，受拉区不断扩大，部分钢管和核心混凝土也由受压状态变为受拉状态，钢管和混凝土承担的荷载也开始下降。核心混凝土由于有钢管对其的约束作用，其承载力只是略有下降。对于作用在纵筋上的荷载则继续减小。而外包混凝土承担的荷载在下降段初期略有增加，而后也出现了下降。

当构件的荷载 - 跨中挠度关系进入平稳段后，核心混凝土的承载力基本保持不变；外包混凝土承担的荷载继续降低；作用在纵筋和钢管上的荷载由压力变为拉力。

图 4.68 所示为考虑长期荷载作用影响时结构受力全过程的弯矩（M）- 跨中挠度

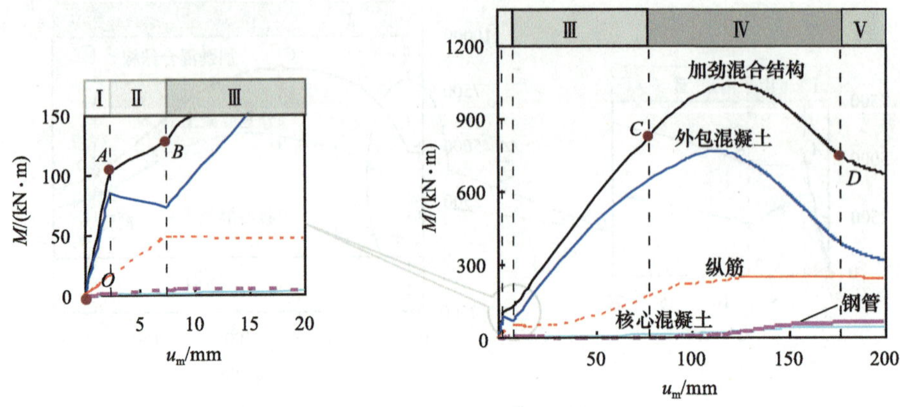

图 4.68 钢管混凝土加劲混合结构 M-u_m 关系

（u_m）关系，同时还给出了在受力全过程中外包混凝土、纵筋、钢管和核心混凝土各自承担弯矩的变化情况。

在初始阶段（OA）：构件承受的弯矩不断增加。

在长期荷载作用阶段（AB）：与外荷载一直不变的情况不同，作用在构件上的弯矩不断增加，但构件弯矩增加的速率要小于初始阶段（OA）。虽然外荷载保持不变，但由于混凝土发生徐变，构件的挠度随时间的增加而不断发展；在二阶效应对弯矩放大作用的影响下，构件上的弯矩不断增加。和 N-u_m 关系类似，在该阶段，外包混凝土所承担的弯矩下降，作用在纵筋、钢管和核心混凝土上的弯矩持续增加，且纵筋承担弯矩的增幅最大。

长期荷载作用结束后，继续施加荷载（BC）：外荷载和挠度均不断增大。作用在构件上的弯矩也不断增大，其增速要快于长期荷载作用阶段（AB）。同时，外包混凝土承担的弯矩也不断增加，而钢管和核心混凝土所承担的弯矩略有增长。对于纵筋所承担的弯矩，在 BC 阶段的开始阶段也只是略有增长，直至当其外凸侧的纵筋由受压状态变为受拉状态，其整体所承担的弯矩又开始逐渐增大。

在构件达极限承载力（C 点）后，虽然外荷载开始下降，但不断增加的挠度和二阶效应使构件的弯矩不断增加，在达峰值之后，开始出现下降。外包混凝土、纵筋、钢管和核心混凝土承受的弯矩在 C 点后仍旧不断增加。不同的是，在构件弯矩达峰值之后，作用在外包混凝土上的弯矩出现下降，而纵筋所承受的弯矩基本保持不变。钢管和核心混凝土的弯矩继续增加，但钢管的增速快于核心混凝土。

为了更深入地揭示长期荷载作用对结构工作机理的影响，本节对考虑长期荷载作用影响与不考虑长期荷载作用时结构的受力性能进行了对比分析。图 4.69 给出了考虑长期荷载作用影响与否时结构荷载 - 位移关系的比较情况，其中，u_{mu} 和 $u_{mu,not}$ 分别为考虑长期荷载作用与不考虑长期荷载作用时极限承载力所对应的跨中挠度值。可见，当考虑长期荷载作用的影响，构件的极限承载力降低，但极限承载力所对应的跨中挠度值增大。

表 4.4 给出了考虑长期荷载作用与不考虑长期荷载作用时方套圆钢管混凝土加劲混合结构与相应的钢筋混凝土和型钢混凝土构件之间的极限承载力和变形的比较情况。

表 4.4 中，N_u 为构件的极限承载力，u_{mu} 为极限承载力所对应的跨中挠度值，Δ_u 为长期荷载作用下跨中挠度的变化值。

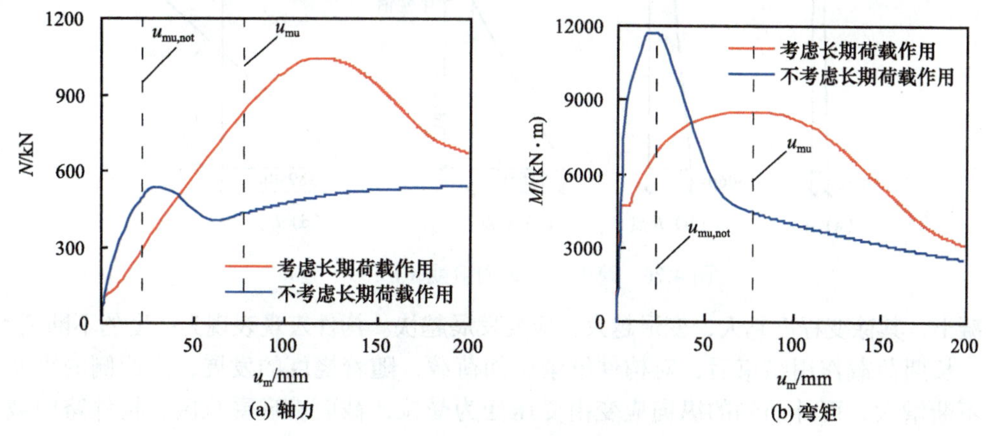

图 4.69　荷载 - 位移关系比较

表 4.4　不同类型构件承载力和变形的比较

计算结果	钢管混凝土加劲混合结构			钢筋混凝土柱			型钢混凝土柱		
	N_u/kN	u_{mu}/mm	Δ_u/mm	N_u/kN	u_{mu}/mm	Δ_u/mm	N_u/kN	u_{mu}/mm	Δ_u/mm
考虑长期荷载作用	8523	77.3	5.1	7996	62.6	6.9	8416	68.1	5.5
不考虑长期荷载作用	11736	22.1	—	11120	20.0	—	11925	20.1	—
变化率 Δ/%	−27.4	249.8	—	−28.1	213.0	—	−29.4	238.8	—

在长期荷载的作用下，三种不同类型构件的极限承载力较之不考虑长期荷载作用的情况都有所降低；且达极限承载力时所对应的跨中挠度值比不考虑长期荷载作用影响时的情况要大。从表 4.4 可以看出，三种不同类型的柱中，钢管混凝土加劲混合结构的跨中挠度变化值 Δ_u 最小。因此，由于长期荷载作用影响而引起的二阶效应对弯矩的放大作用对结构的影响最小，进而考虑长期荷载作用影响时结构极限承载力降低的幅度最小，但极限承载力所对应的跨中挠度值最大。

（2）应变变化与发展

图 4.70 所示为考虑长期荷载作用影响时各时刻特征点处结构跨中截面纵向应变（LE33）分布情况；图中标出了各时刻中性轴的位置，应变以受拉为正，压为负。可见，在本算例条件下，在长期荷载作用开始时（*A* 点），构件中段全截面受压，构件跨中截面纵向应变沿截面高度基本呈线性带状分布，由于构件受偏心荷载，内凹侧的纵向应变大于外凸侧的应变。

在长期荷载作用阶段（*AB*），保持外荷载不变，外包混凝土和核心混凝土发生徐变。长期荷载结束时（*B* 点），构件中截面仍为全截面受压，跨中截面内凹侧的纵向应变和外凸侧的纵向应变都随时间的增长而增大，且内凹侧纵向应变的发展要快于外凸侧应变的发展。这是由于构件受偏心荷载，内凹侧混凝土的压应力水平要高于外凸侧

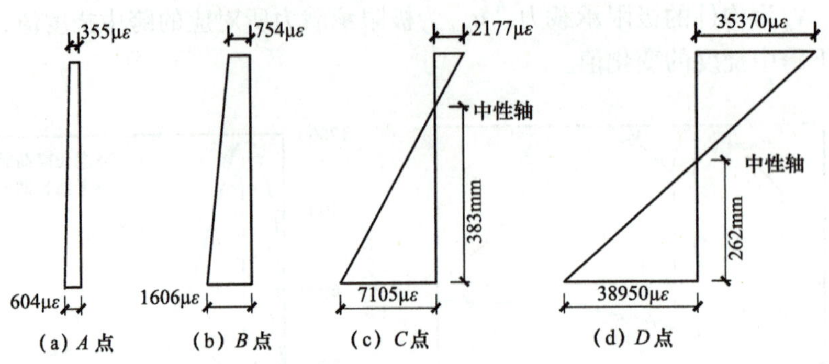

图 4.70 跨中截面纵向应变（LE33）分布

混凝土，其徐变程度越大，变形越大，应变发展越快。构件宏观表现为挠度的不断增大。

长期荷载作用结束后，对构件继续施加荷载，随着挠度的发展，内凹侧的纵向应变不断增大，而外凸侧的纵向应变由受压变为受拉，截面出现受拉区，构件跨中截面纵向应变沿截面高度仍基本保持线性带状分布。随着荷载的不断增加，跨中截面中性轴不断向加载线移动，跨中截面受拉区不断发展，面积不断增大。

超过极限荷载后，构件应变迅速发展，挠度急剧发展，跨中截面的中性轴快速向加载线移动，跨中截面受拉区不断发展，面积不断增大。当构件达 D 点时，中性轴的位置处于 $0.52B$ 截面高度处，内置钢管混凝土的部分截面已进入受拉状态。

图 4.71 给出了考虑长期荷载作用与不考虑长期荷载作用时，荷载峰值点处结构跨中截面纵向应变（LE33）分布的比较情况。由图 4.71 可见，在达峰值荷载时，考虑长期荷载作用影响的结构在跨中截面外凸侧的边缘已处于受拉状态，而不考虑长期荷载作用影响的构件混凝土仍处于全截面受压状态。

（3）应力分布与发展

图 4.72 给出了考虑长期荷载作用与否时，荷载峰值点处结构跨中截面混凝土纵向应力（S33）分布的比较情况。可见，在达峰值荷载时，两种情况下结构内凹侧的外包混凝土都达到圆柱体抗压强度。考虑长期荷载作用影响的结构外凸侧边缘的外包混凝土处于受拉状态，而不考虑长期荷载作用影响的构件混凝土仍处于全截面受压状态。由于考虑长期荷载作用影响的构件挠度更大，塑性发展更充分，钢管对混凝土的约束

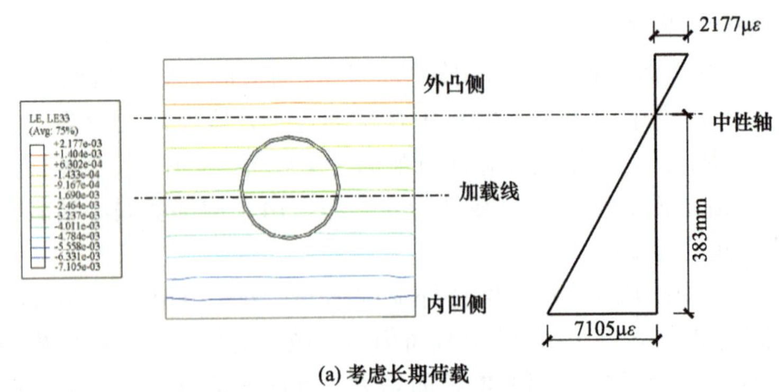

(a) 考虑长期荷载

图 4.71 跨中截面纵向应变（LE33）比较

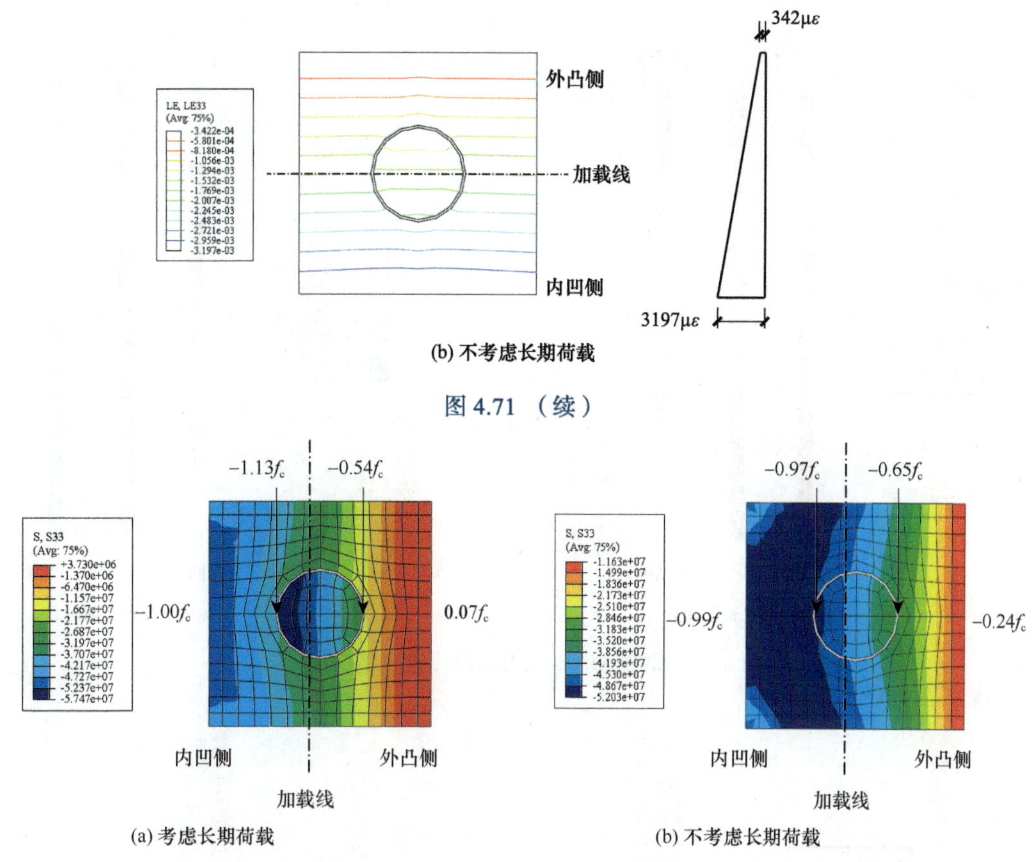

图 4.72　跨中截面混凝土纵向应力（S33）比较（应力单位：MPa）

作用更强，其核心混凝土的最大纵向压应力要大于不考虑长期荷载作用影响的构件，达到了 1.10 f_c'，超过了混凝土圆柱体抗压强度。

图 4.73 和图 4.74 分别给出了考虑长期荷载作用与否时，荷载峰值点处结构中钢管与钢筋 Mises 应力分布的比较情况。可见，在达峰值荷载时，考虑长期荷载作用影响的结构中，钢管与钢筋的塑性发展要快于不考虑长期荷载作用影响的情况，Mises 应力水平更高。

为深入了解考虑长期荷载作用影响时结构中各材料应力的发展情况，结合截面各特征点的应变情况，对跨中截面各特征点的应力 - 位移关系进行剖析。

图 4.75 所示为跨中截面外包混凝土特征点的纵向应力（σ）- 跨中挠度（u_m）关系。可见，在初始阶段（OA），跨中截面外包混凝土各特征点的纵向应力均为压应力，基本呈线性增长。长期荷载作用阶段（AB），由于混凝土发生徐变，构件截面上出现内力重分布，外包混凝土发生卸载。在 BC 阶段，外包混凝土截面纵向应力值较长期荷载作用之前有所减小，且内凹侧混凝土的纵向压应力的减小幅度要大于外凸侧混凝土。长期荷载作用结束后，继续施加荷载（BC），随着跨中挠度的不断增大，截面出现受拉区。超过极限荷载后，构件挠度急剧发展，跨中截面的中性轴快速向加载线移动，跨

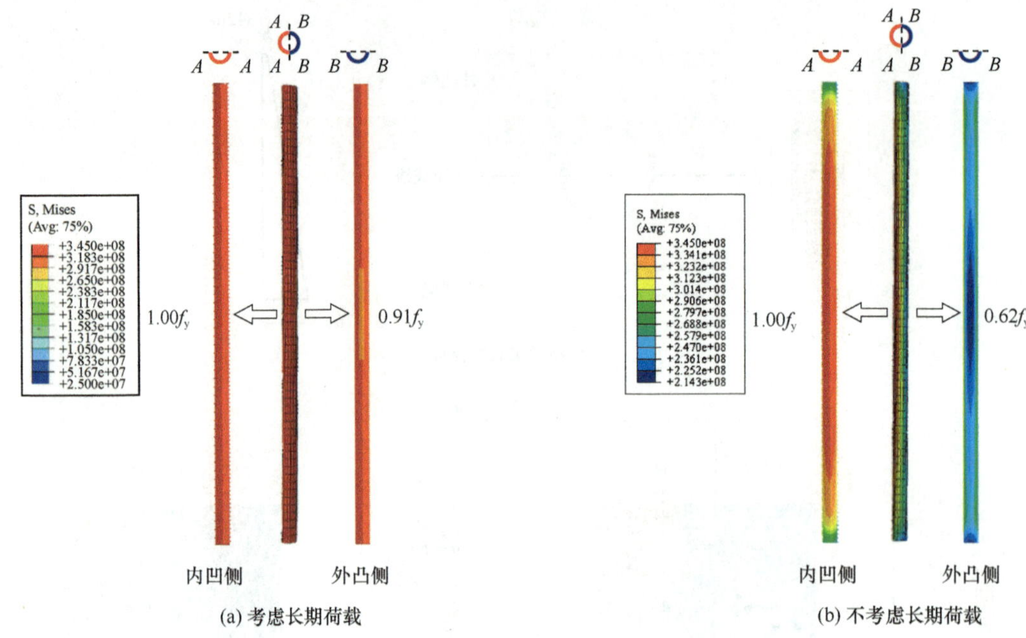

(a) 考虑长期荷载　　(b) 不考虑长期荷载

图 4.73　钢管 Mises 应力比较（应力单位：MPa）

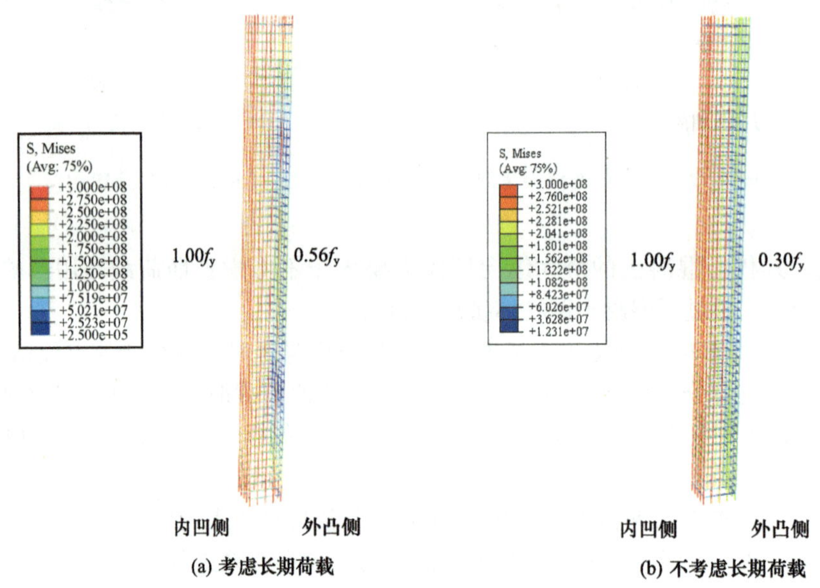

内凹侧　外凸侧　　内凹侧　外凸侧

(a) 考虑长期荷载　　(b) 不考虑长期荷载

图 4.74　钢筋 Mises 应力比较（应力单位：MPa）

中截面受拉区不断发展，混凝土受压区面积不断减小。

图 4.76 给出了跨中截面特征点纵筋的应力 - 位移关系。可见，在初始阶段（*OA*），跨中截面各特征点纵筋的纵向应力均为压应力，基本呈线性增长。长期荷载作用阶段（*AB*），由于混凝土发生徐变，构件截面上出现内力重分布，外包混凝土发生卸载，纵筋承担了部分由外包混凝土卸下的荷载。长期荷载作用结束后，继续施加荷载（*BC*），

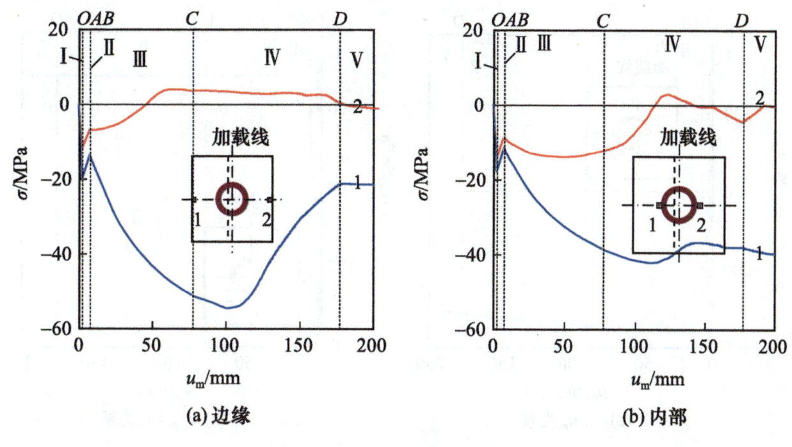

图 4.75　外包混凝土 σ-u_m 关系

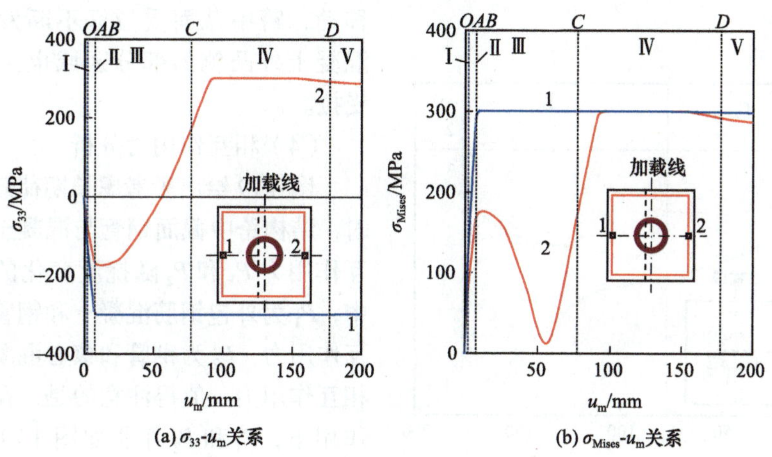

图 4.76　纵筋应力－位移关系

随着跨中挠度的不断增大，截面出现受拉区；在构件达极限承载力之前，外凸侧纵筋已经处于受拉状态。超过极限荷载后，内凹侧 1 点纵筋的纵向压应力和 Mises 应力一直保持不变（等于屈服强度）。对于外凸侧 2 点纵筋，其拉应力和 Mises 应力也不断增大，直至达屈服强度。

图 4.77 所示为跨中截面钢管特征点的应力－位移关系。由图 4.77 可见，曲线变化趋势与图 4.76 相近。

图 4.78 给出了跨中截面核心混凝土特征点的纵向应力（σ）－跨中挠度（u_m）关系。可见，在初始阶段（OA），构件全截面受压，跨中截面核心混凝土各特征点的纵向应力均为压应力，且基本呈线性增长。长期荷载作用阶段（AB），构件截面上出现内力重分布，外包混凝土发生卸载，核心混凝土由于徐变程度低于外包混凝土，也承担了由外包混凝土卸下的部分荷载。长期荷载作用结束后，继续施加荷载（BC），随着跨中挠度不断增大，截面出现受拉区；但在构件达极限承载力之前，核心混凝土仍处于全截面受压状态。超过极限荷载后，构件挠度急剧发展，跨中截面中性轴快速向加载线

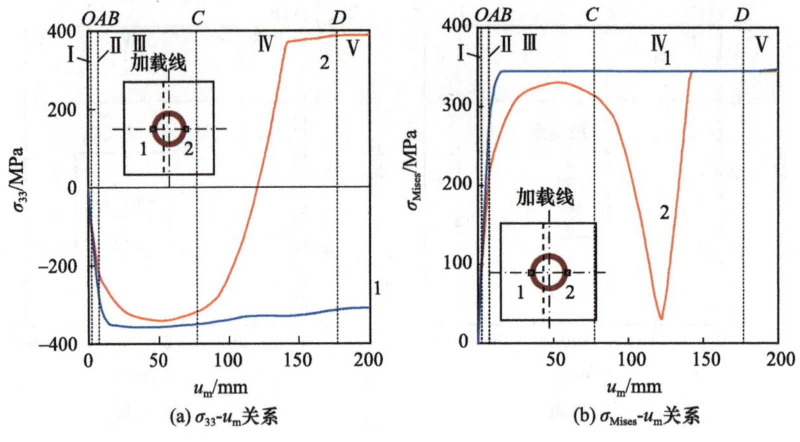

图 4.77 钢管应力－位移关系

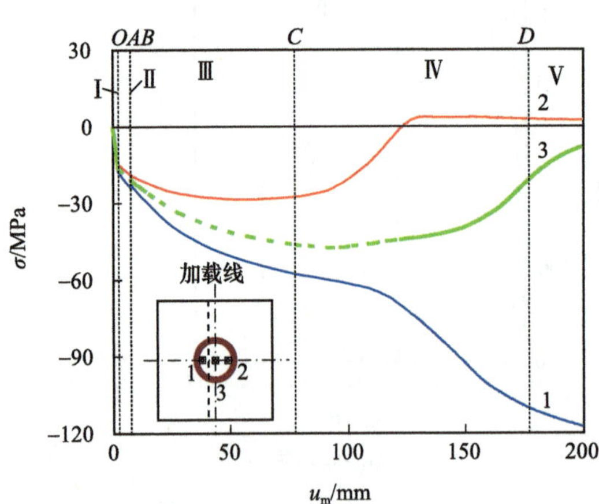

图 4.78 核心混凝土 σ-u_m 关系

移动，跨中截面受拉区不断发展，核心混凝土外凸侧的部分区域也由受压变为受拉。

（4）相互作用力分析

图 4.79 给出了考虑长期荷载作用影响时，结构跨中截面钢管与混凝土之间的相互作用力 P_1 和 P_2 随挠度变化的关系。其中，P_1 为外包钢筋混凝土和钢管之间的相互作用力，P_2 为钢管和核心混凝土之间的相互作用力。值得注意的是，在偏心荷载作用下，P_1 和 P_2 并非如图 4.79 所示沿圆周均匀分布。图 4.79 中，$P>0$ 代表钢管与混凝土之间发生了相互作用，而 $P=0$ 则表示钢管与混凝土的界面有分开的趋势。

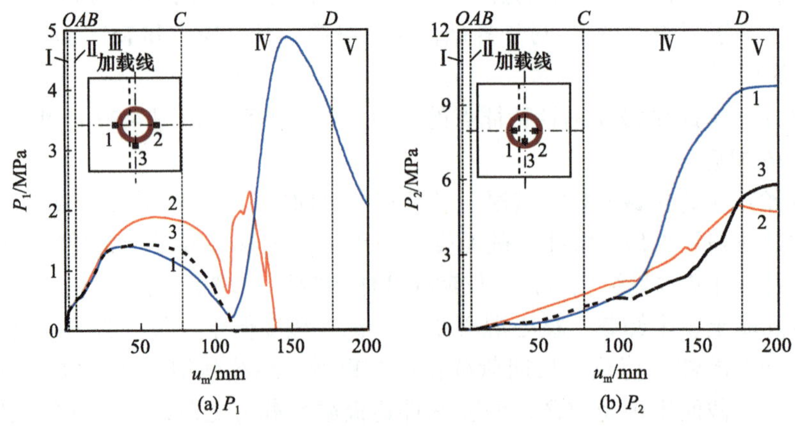

图 4.79 接触应力 P-u_m 关系

由图 4.79 可见，在初始阶段（OA），外包钢筋混凝土和钢管之间已经发生了相互作用，产生了作用力 P_1，且内凹侧和外凸侧的作用力 P_1 大小接近。长期荷载作用阶段（AB），由于混凝土发生徐变，外包混凝土纵向缩短，横向膨胀，相互作用力 P_1 继续增大，且内凹侧和外凸侧的作用力 P_1 大小接近。长期荷载作用结束后，继续施加荷载（BC），相互作用力 P_1 继续增大。随着跨中挠度的不断增大，截面出现受拉区；外凸侧的作用力 P_1 的增长快于内凹侧的作用力 P_1，在构件达极限承载力之前，内凹侧和外凸侧的相互作用力 P_1 都出现了下降。

对于钢管和核心混凝土之间的相互作用力 P_2，在初始阶段（OA），由于钢材的泊松比大于混凝土的泊松比，钢管的横向变形大于核心混凝土，钢管与核心混凝土之间有脱开的趋势，作用力 P_2 为 0。在长期荷载作用阶段（AB），由于核心混凝土的徐变量较小，其横向变形仍要小于钢管，钢管与核心混凝土之间作用力 P_2 仍为 0。长期荷载作用结束后，继续施加荷载（BC），随着跨中挠度的不断增大，核心混凝土的横向变形速率超过钢管，与钢管接触上，出现了相互作用力 P_2；和 P_1 类似，外凸侧的作用力 P_2 的增长要快于内凹侧的作用力 P_2。随后，钢管与核心混凝土之间作用力 P_2 随着跨中挠度的增大而不断增大。

此外，考虑长期荷载作用影响时，结构中外包钢筋混凝土和钢管之间相互作用力 P_1 的最大值在 5MPa 左右；而钢管与核心混凝土相互作用力 P_2 的最大值在 10MPa 左右。

3. 实用计算方法研究

（1）参数分析

下面通过算例分析各参数对考虑长期荷载作用影响时方套圆单肢钢管混凝土加劲混合结构柱承载力 N_{uL} 的影响规律。算例基本条件：外包混凝土截面宽度 B=500mm，C60 混凝土（f_{cu}=60MPa），徐变系数终值 φ_u=3；纵向钢筋为 16Φ20（f_y=300MPa），配筋率 ρ_s 为 2.3%；箍筋为 ϕ10@100（f_y=210MPa）；钢管直径 D=200mm，厚度 t_s=5mm，Q345 钢材（f_y=345MPa）；核心混凝土 C60 混凝土（f_{cu}=60MPa），徐变系数终值 φ_u=0.9；e=125mm（偏心率 e/r=0.5；其中，r=$B/2$）；n=0.4；t=50 年。

为便于分析，定义长期荷载对单肢钢管混凝土加劲混合结构柱极限承载力的影响系数 k_{cr}，如式（4.41）所示。

$$k_{cr}=\frac{N_{uL}}{N_{uo}} \tag{4.41}$$

式中，N_{uL} 和 N_{uo} 分别为考虑长期荷载作用影响与否时构件的极限承载力。

长期荷载作用下对结构承载力影响系数 k_{cr} 的可能影响因素有构件长细比（λ）、截面含钢管率（α_s）、截面配筋率（ρ_s）、箍筋间距（S_s）、长期荷载比（n）、荷载偏心率（e/r）、钢管屈服强度（f_y）和混凝土强度（f_{cu}）等。

1）构件长细比（λ）和截面含钢管率（α_s）对 k_{cr} 的影响。图 4.80 所示为长细比和截面含钢管率对 k_{cr} 的影响。图 4.80 中可见，长细比对 k_{cr} 的影响比较复杂：当长细比小于 10，长细比对 k_{cr} 几乎没有影响，当长细比大于 10 时，k_{cr} 随长细比的增大而显著减小。产生以上现象的原因在于：当构件长细比较小时，在构件达极限承载力之前，

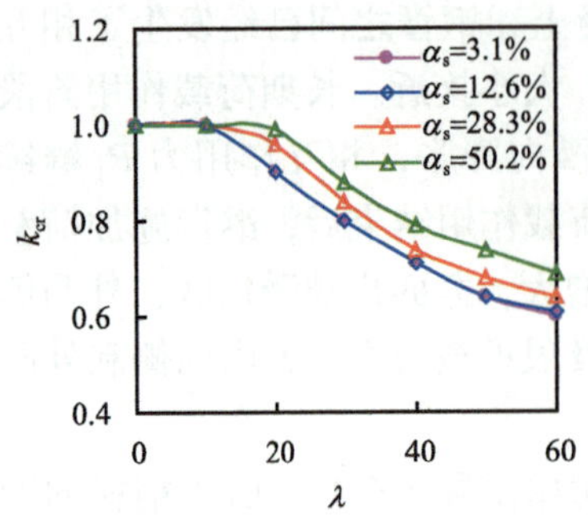

图 4.80　长细比和截面含钢管率对 k_{cr} 的影响

跨中截面基本处于全截面受压状态；而当构件长细比较大时，构件跨中挠度也相应增大，使跨中截面作用的弯矩增大，构件在达其极限承载力时，跨中截面管内混凝土的受拉区在不断扩大，受压区面积则逐渐减小，从而可减小长期荷载作用的影响。此外，当构件长细比较大时，由于长期荷载作用引起的二阶效应对承载力的影响更加明显。

从图 4.80 还可以看出，当长细比小于 10 时，在一定的长细比下，截面含钢管率的变化对 k_{cr} 的影响不明显；但随着长细比的增大，在一定长细比条件下，截面含钢管率的变化对 k_{cr} 的影响逐渐趋于明显，且截面含钢管率越大，k_{cr} 值也越大，即长期荷载作用对结构承载力的影响趋于减小。这是由于截面含钢管率越大，钢管混凝土在截面中的比例越大，又因其核心混凝土徐变程度小于外包混凝土，因此长期荷载作用对结构承载力的影响就越小。

2）截面配筋率（ρ_s）对 k_{cr} 的影响。图 4.81 所示为截面配筋率对承载力影响系数 k_{cr} 的影响。可见，当构件长细比小于 10 时，截面配筋率对 k_{cr} 的影响不明显。当长细比大于 10 时，配筋率越大，承载力影响系数 k_{cr} 有增大的趋势；且这种趋势随着长细比的增加越来越明显。

3）箍筋间距（S_s）对 k_{cr} 的影响。图 4.82 所示为箍筋间距对承载力影响系数 k_{cr} 的影响。可见，箍筋间距对承载力影响系数 k_{cr} 的影响很小。

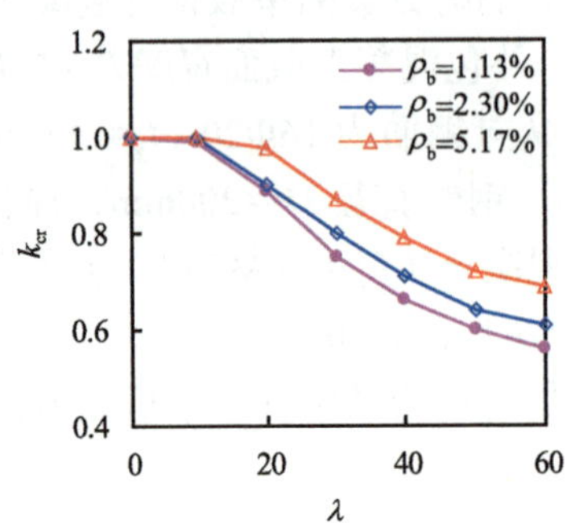

图 4.81　截面配筋率对 k_{cr} 的影响

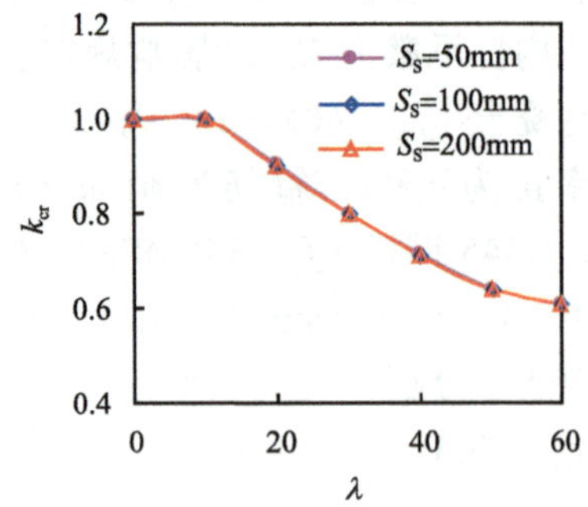

图 4.82　箍筋间距对 k_{cr} 的影响

4）长期荷载比（n）对 k_{cr} 的影响。图 4.83 所示为长期荷载比对承载力影响系数 k_{cr} 的影响。可见，在长细比一定的条件下，随着 n 的增加，k_{cr} 呈现出逐渐减小的趋势，且随着长细比的增大，这种减小的幅度在不断增加。产生以上现象的原因在于：长期荷载比越大，长期荷载作用引起的构件附加变形就越大。由于几何非线性对大长细比构件的影响更显著，附加变形将导致大长细比构件承载力的降低更加明显。

5）荷载偏心率（e/r）对 k_{cr} 的影响。图 4.84 所示为荷载偏心率（e/r）对 k_{cr} 的影响。可见，当构件长细比小于 20 时，随着荷载偏心率的增大，k_{cr} 有降低的趋势，并逐渐趋向于稳定。但当长细比大于 20 时，随着荷载偏心率的增大，k_{cr} 有增长的趋势，并

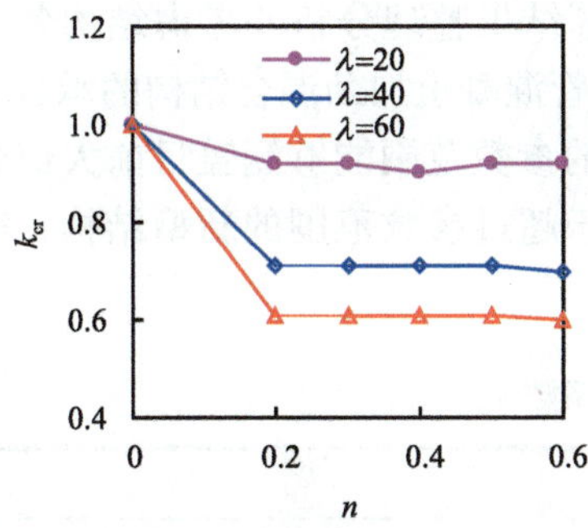

图 4.83　长期荷载比对 k_{cr} 的影响

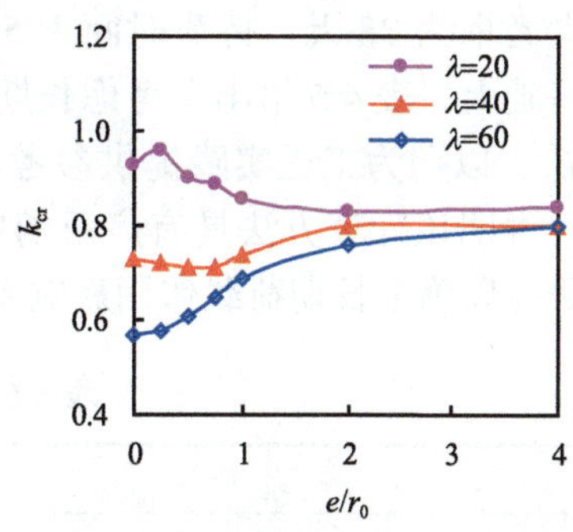

图 4.84　荷载偏心率对 k_{cr} 的影响

逐渐趋向于稳定。

6）钢管屈服强度（f_y）对 k_{cr} 的影响。图 4.85 所示为钢管屈服强度对承载力影响系数 k_{cr} 的影响。可见，钢管屈服强度对结构的承载力影响系数 k_{cr} 几乎没有影响。

7）外包混凝土强度（$f_{cu,out}$）对 k_{cr} 的影响。图 4.86 所示为外包混凝土强度对承载力影响系数 k_{cr} 的影响。可见，当构件长细比小于 10 时，外包混凝土强度对 k_{cr} 的影响不明显。当长细比大于 10 时，外包混凝土强度越大，承载力影响系数 k_{cr} 越小；且这种趋势随着长细比的增加越来越明显。

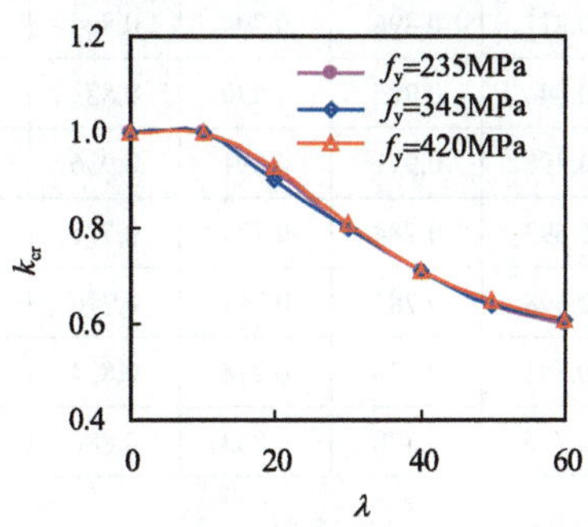

图 4.85　钢管屈服强度对 k_{cr} 的影响

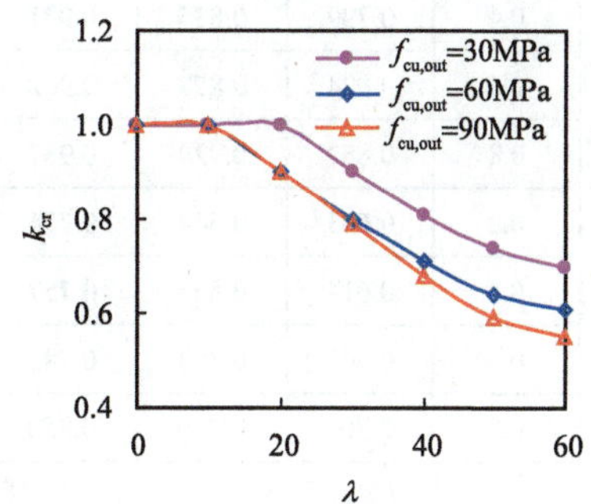

图 4.86　外包混凝土强度对 k_{cr} 的影响

8）核心混凝土强度（$f_{cu,core}$）对 k_{cr} 的影响。图 4.87 所示为核心混凝土强度对承载力影响系数 k_{cr} 的影响。可见，核心混凝土强度对 k_{cr} 几乎没有影响。

由图 4.82～图 4.87 所示，长期荷载作用下箍筋间距、钢管屈服强度和核心混凝土强度对结构承载力影响系数 k_{cr} 的影响较小；构件长细比、截面含钢管率、截面配筋率、长期荷载比、荷载偏心率和外包混凝土强度等参数则对长期荷载作用下结构承载力产生一定影响。

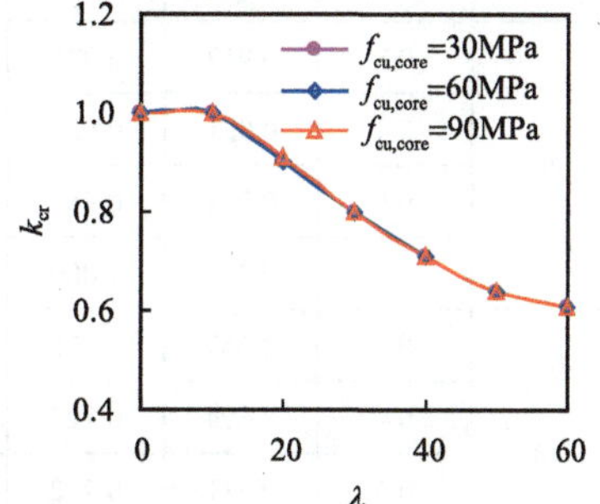

图 4.87　核心混凝土强度对 k_{cr} 的影响

（2）k_{cr} 实用计算方法

采用有限元法，计算获得了不同参数条件下单肢钢管混凝土加劲混合结构的 k_{cr} 值。计算时，加荷龄期暂取为 28 天，持荷时间为 50 年。在对计算结果整理分析并考虑结构各参数影响的基础上，表 4.5 给出了考虑长期荷载作用时钢管混凝土加劲混合结构的承载力影响系数 k_{cr}，以期为工程实践提供参考。计算方法中的参数范围能够涵盖目前大部分工程情况，说明该计算方法具有广泛的应用价值，对于超过参数范围的新型结构，需要进一步研究以确定长期荷载作用影响系数。

表 4.5　长期荷载影响系数 k_{cr}

C30 混凝土										
λ	D/B	荷载相对偏心率（e/r_0）								
		0			0.5			1		
		配筋率 /%								
		1.1	2.3	5.2	1.1	2.3	5.2	1.1	2.3	5.2
20	0.2	1.000	1.000	1.000	0.991	1.000	1.000	0.944	0.949	1.000
	0.4	1.000	1.000	1.000	0.992	1.000	1.000	0.946	0.951	1.000
	0.6	1.000	1.000	1.000	1.000	1.000	1.000	1.000	1.000	1.000
	0.8	1.000	1.000	1.000	1.000	1.000	1.000	1.000	1.000	1.000
40	0.2	0.793	0.832	0.918	0.761	0.809	0.893	0.788	0.838	0.914
	0.4	0.799	0.835	0.921	0.764	0.811	0.896	0.794	0.844	0.917
	0.6	0.824	0.877	0.962	0.787	0.844	0.925	0.830	0.883	0.947
	0.8	0.882	0.924	0.987	0.838	0.898	0.971	0.891	0.936	0.975
60	0.2	0.603	0.644	0.754	0.639	0.692	0.784	0.724	0.771	0.863
	0.4	0.614	0.655	0.757	0.652	0.698	0.787	0.741	0.776	0.868
	0.6	0.643	0.703	0.785	0.694	0.741	0.820	0.778	0.834	0.901
	0.8	0.701	0.769	0.852	0.738	0.785	0.878	0.833	0.880	0.959
C60 混凝土										
λ	D/B	荷载相对偏心率（e/r_0）								
		0			0.5			1		
		配筋率 /%								
		1.1	2.3	5.2	1.1	2.3	5.2	1.1	2.3	5.2
20	0.2	0.917	0.927	1.000	0.887	0.895	0.976	0.849	0.855	0.929
	0.4	0.921	0.929	1.000	0.891	0.897	0.978	0.851	0.857	0.931
	0.6	0.984	0.987	1.000	0.923	0.958	1.000	0.912	0.919	0.958
	0.8	0.992	1.000	1.000	0.952	0.988	1.000	0.921	0.950	0.986
40	0.2	0.689	0.726	0.811	0.657	0.708	0.785	0.686	0.737	0.809
	0.4	0.694	0.727	0.813	0.664	0.710	0.787	0.691	0.745	0.812
	0.6	0.711	0.772	0.846	0.689	0.744	0.818	0.728	0.784	0.835
	0.8	0.770	0.814	0.875	0.741	0.792	0.861	0.781	0.825	0.868

续表

C60 混凝土										
λ	D/B	荷载相对偏心率（e/r_0）								
		0			0.5			1		
		配筋率 /%								
		1.1	2.3	5.2	1.1	2.3	5.2	1.1	2.3	5.2
60	0.2	0.507	0.561	0.653	0.546	0.603	0.685	0.630	0.682	0.770
	0.4	0.519	0.566	0.655	0.557	0.609	0.687	0.641	0.687	0.773
	0.6	0.564	0.614	0.687	0.601	0.641	0.719	0.689	0.733	0.802
	0.8	0.606	0.672	0.750	0.643	0.688	0.783	0.732	0.779	0.861
C80 混凝土										
λ	D/B	荷载相对偏心率（e/r_0）								
		0			0.5			1		
		配筋率 /%								
		1.1	2.3	5.2	1.1	2.3	5.2	1.1	2.3	5.2
20	0.2	0.916	0.926	1.000	0.886	0.894	0.975	0.847	0.854	0.928
	0.4	0.920	0.929	1.000	0.890	0.896	0.977	0.850	0.856	0.930
	0.6	0.984	0.987	1.000	0.922	0.957	0.999	0.911	0.918	0.957
	0.8	0.992	1.000	1.000	0.951	0.987	1.000	0.920	0.949	0.985
40	0.2	0.668	0.704	0.786	0.635	0.685	0.761	0.663	0.713	0.783
	0.4	0.672	0.705	0.788	0.642	0.688	0.763	0.669	0.721	0.787
	0.6	0.689	0.748	0.821	0.668	0.721	0.793	0.704	0.760	0.809
	0.8	0.746	0.790	0.849	0.718	0.768	0.835	0.757	0.800	0.842
60	0.2	0.470	0.521	0.608	0.506	0.560	0.637	0.584	0.633	0.715
	0.4	0.481	0.526	0.609	0.517	0.565	0.638	0.594	0.638	0.718
	0.6	0.524	0.571	0.639	0.558	0.595	0.668	0.639	0.680	0.745
	0.8	0.564	0.625	0.698	0.597	0.639	0.729	0.679	0.723	0.800

4.3 滞回性能

4.3.1 试验研究

（1）试验设计

本书作者共进行了 9 个单肢钢管混凝土加劲混合结构柱的滞回性能试验，试验参数为轴压比（n）及柱横截面形式，研究这些参数对试件延性、刚度和耗能等的影响。

试件的有关参数详见表 4.6，其中 D 为圆形柱的截面外径，B 为方形柱的截面外边长；D_i 和 B_i 分别为内钢管截面外径（对圆管）或外边长（对方管），t_i 为钢管壁厚度，L 为试件长度，n 为轴压比（$n=N_o/N_u$，N_o 为施加在柱上的轴力，N_u 为试件的轴压极限承载力，按本书 4.2.1 节论述的数值方法计算获得）。所有试件的纵向均配置了 4 根直径为 10mm 的钢筋，箍筋配置为 ϕ6@200。

表 4.6 试件参数信息

序号	试件编号	截面外形	$D(B)\times L$	内钢管截面	$D_i(B_i)\times t_i$	轴力 N_o/kN	轴压比 n
1	SS1	方形	150mm×1500mm	方形	50mm×2.7mm	0	0
2	SS2	方形	150mm×1500mm	方形	50mm×2.7mm	287	0.3
3	SS3	方形	150mm×1500mm	方形	50mm×2.7mm	574	0.6
4	SC1	方形	150mm×1500mm	圆形	60mm×2mm	0	0
5	SC2	方形	150mm×1500mm	圆形	60mm×2mm	282	0.3
6	SC3	方形	150mm×1500mm	圆形	60mm×2mm	564	0.6
7	CC1	圆形	150mm×1500mm	圆形	60mm×2mm	0	0
8	CC2	圆形	150mm×1500mm	圆形	60mm×2mm	219	0.3
9	CC3	圆形	150mm×1500mm	圆形	60mm×2mm	438	0.6

试件中的钢管采用冷弯钢管，纵筋的混凝土保护层厚度为 21mm。试件两端设置盖板和加载装置相连。为保证钢管、纵筋和混凝土能共同受力，将两端盖板与钢管及纵筋焊接在一起。

钢材的材性通过标准试件的拉伸试验测得，获得的屈服强度（f_y）、抗拉强度（f_u）、弹性模量（E_s）和泊松比（μ_s）如表 4.7 所示。

表 4.7 钢材力学性能指标

钢材	f_y/MPa	f_u/MPa	E_s/（10^5N/mm^2）	μ_s
50×2.7mm 方管	356.3	394.2	1.96	0.27
60×2.0mm 圆管	352.8	441.8	1.96	0.26
ϕ10 钢筋	417.2	551.3	1.95	0.29
ϕ6 钢筋	322.2	467.2	1.96	0.30

混凝土采用了普通硅酸盐水泥，中砂，碎石（粒径为 5～15mm），砂率为 0.35，混凝土的配合比为水泥：水：砂：石子＝538：205：598：1109，坍落度为 30～50mm。方试件和圆试件的混凝土为分两批浇筑完成。方试件混凝土的 28 天立方体抗压强度 f_{cu}＝33.6MPa，弹性模量为 25700N/mm^2，试验时的立方体抗压强度 f_{cu}＝52.4MPa；圆试件混凝土 28 天时的立方体抗压强度 f_{cu}＝32.2MPa，弹性模量为 24000N/mm^2，试验时 f_{cu}＝45MPa。

采用的试验装置如图 2.15 所示。加载采用位移控制的方法进行，即对应于 0、0.3 和 0.6 三种不同轴压比的试件，相应的跨中位移增量分别为 3.75mm、1.88mm 和 1.25mm。该增量为数值计算获得的试件达峰值荷载时对应跨中位移值的 1/10，每级位移均分别循环三圈。以下简述试验结果。

（2）试件破坏形态

实测结果表明，三种截面形式的构件其破坏形态基本一致，均表现为弯压破坏特征，未观察到试件的斜裂缝出现。试件在跨中横向荷载作用下的挠曲变形基本符合正弦半波曲线的变化规律。对观测到的试验现象归纳如下。

1）对于轴压比 $n=0$ 的试件 SS1、SC1 和 CC1，其破坏过程基本一致：当横向位移达 3.75mm 后，夹具边混凝土表面的纵向应变片均已被拉断而失效，试件受拉区混凝土表面开始出现少量微裂缝，裂缝宽度约为 0.03mm。此时混凝土、钢管及钢筋的应变基本呈线性增长，而水平荷载与位移也基本呈线性关系。

随着横向位移的逐渐增大，混凝土受拉区的微裂缝不断发展，并沿环向逐渐形成几条主裂缝。在达峰值荷载前，最大的缝宽已达 0.3mm。当试件达极限承载力时，裂缝发展明显加快，受压区混凝土逐渐开始压酥剥落，此时不论钢管还是钢筋，所测得的拉应变值均已超过屈服应变。

随着横向位移继续增大，受压区混凝土不断被压碎，试件承载力开始下降。由于核心钢管的存在及箍筋的约束作用，荷载值下降较为平缓。试件破坏时，夹具两边受压区混凝土保护层剥落严重，纵向钢筋因失去约束而被压曲外鼓，但由于有核心钢管的存在，柱仍能保持一定的承载力。试件在最终破坏时内钢管混凝土外包混凝土开始剥落，纵向钢筋弯曲严重，如图 4.88（a）所示。去除外包混凝土后，发现钢管混凝土在刚性夹具边形成沿圆周方向的灯笼状鼓曲，但并不明显，如图 4.88（b）所示。

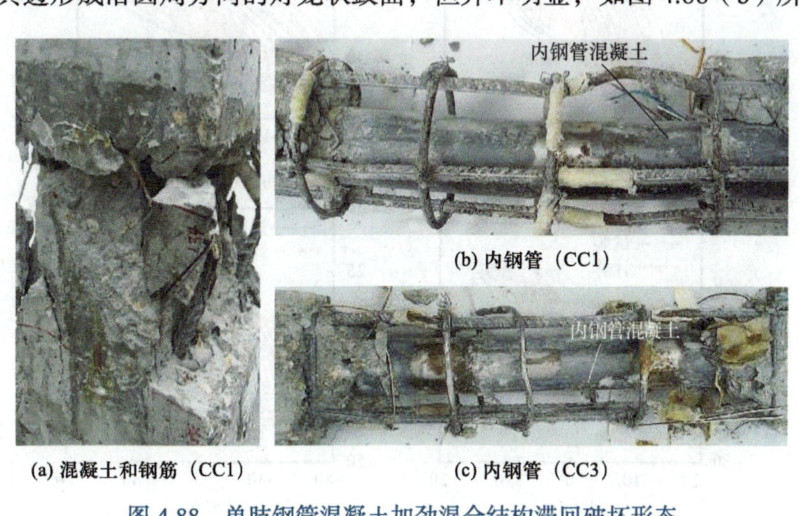

(a) 混凝土和钢筋（CC1）　(b) 内钢管（CC1）　(c) 内钢管（CC3）

图 4.88　单肢钢管混凝土加劲混合结构滞回破坏形态

2）对于轴压比 $n=0.3$ 的试件 SS2、SC2 和 CC2，其破坏过程基本一致：当横向位移达 3.75～5.625mm 时，夹具两边受拉区混凝土表面开始出现横向分布的微细裂缝，最大裂缝宽度约为 0.02mm。

随着横向位移的不断增加，横向裂缝不断发展，沿环向逐渐形成几条主裂缝，并在峰值荷载前，最大裂缝宽度达 0.25mm。当试件达最大承载力后，受压区混凝土逐渐开始剥落，此时所测得的受拉区钢管及钢筋的应变值总体在屈服应变值左右。

随着位移的反复与增加，夹具两边保护层混凝土不断剥落，承载力逐渐下降。在承载力下降的过程中，由于有核心钢管和箍筋的存在，试件表现出较好的延性。试件最终在刚性夹具两侧产生破坏。由于外包混凝土对核心钢管的约束作用，钢管无明显鼓曲现象产生，如图 4.88（c）所示。

3）对于轴压比较大的试件 SS3、SC3 和 CC3（n=0.6），由于施加于试件上的轴向荷载较大，在截面上产生较大的压应力，使得试件出现裂缝的时间推迟。

当横向位移达 6.25mm 左右时，夹具两边受拉区混凝土表面才开始出现少量横向裂缝，裂缝宽度约为 0.02mm。在试件达峰值荷载以前，裂缝发展缓慢，最大裂缝宽度仅为 0.18mm 左右，而当试件达最大承载力后，受压区混凝土保护层逐渐压碎、剥落，并整体向外鼓出，横向裂缝大量开展，试件承载力下降较快。

根据所测得的核心钢管及钢筋的应变来看，在达峰值荷载时，受压区钢筋及钢管都已先屈服，而拉区的钢筋仍未达屈服状态，表现出小偏心受压破坏的特性。轴压比 n 为 0.6 的单肢钢管混凝土加劲混合结构柱试件与轴压比 n 为 0.3 试件的破坏形态基本相似。

（3）P-$\varDelta$ 滞回关系

本次试验实测的单肢钢管混凝土加劲混合结构柱 P-$\varDelta$ 滞回关系如图 4.89 所示。

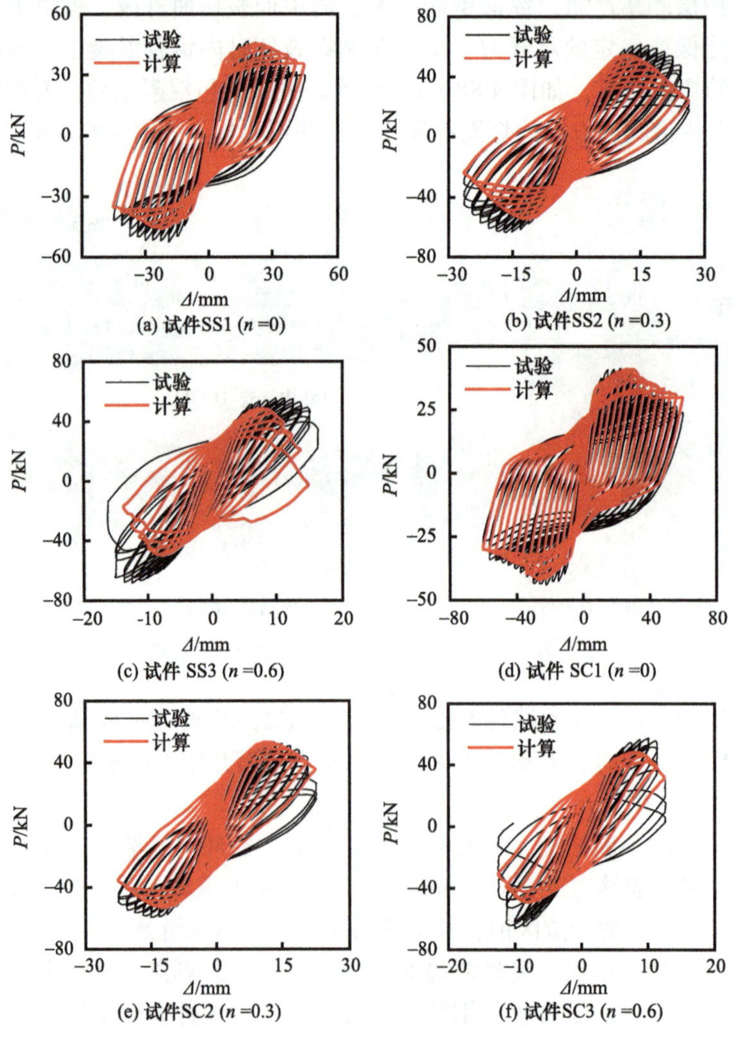

图 4.89　单肢钢管混凝土加劲混合结构柱 P-$\varDelta$ 滞回关系

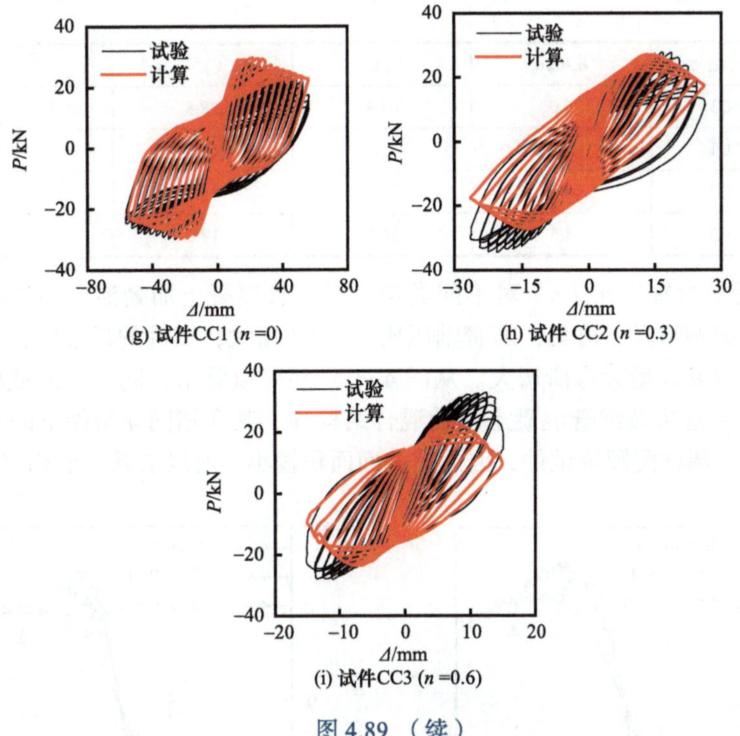

(g) 试件CC1 (n=0)

(h) 试件 CC2 (n=0.3)

(i) 试件CC3 (n=0.6)

图 4.89 （续）

由图 4.89 可见，在本次试验参数范围内所测得的 P-Δ 滞回关系具有如下特点。

1）当轴压比较小时，试件的滞回曲线较为饱满，基本没有捏缩现象产生。随着轴压比的增大，滞回曲线逐渐捏拢，试件变形能力和耗能能力大大降低。

2）当轴压比较小时，滞回曲线的骨架线在加载后期下降趋势较为平缓，随着轴压比的增大，试件下降段趋于陡峭，位移延性逐渐减小。

3）对于轴压比相同但截面形式不同的单肢钢管混凝土加劲混合结构柱，其 P-Δ 滞回关系的形状和变化规律基本一致。由于圆柱配圆管试件的含钢率较大，对于轴压比为 0.3 和 0.6 的试件，其滞回曲线的形状较其他两种截面试件饱满一些。

表 4.8 中汇总了一些主要试验结果，其中 P_{ue}、M_{ue} 分别为平均极限荷载和弯矩；Δ_y 为屈服位移，取 P-Δ 骨架线弹性段延线与过峰值点的水平线交点处的位移；E 为累积总耗能。

表 4.8　实测结果一览

序号	试件编号	Δ_y/mm	P_{ue}/kN	M_{ue}/（kN · m）	E /（kN · m）
1	SS1	10.3	49.5	18.9	28.0
2	SS2	5.9	62.6	28.3	18.5
3	SS3	5.1	61.8	30.5	10.6
4	SC1	9.3	42.6	16.4	34.3
5	SC2	5.5	55.8	25.2	16.2

续表

序号	试件编号	Δ_y/mm	P_{ue}/kN	M_{ue}/（kN · m）	E/（kN · m）
6	SC3	5.0	61.8	28.8	7.8
7	CC1	11.5	29.2	11.3	40.8
8	CC2	6.6	31.0	16.1	12.7
9	CC3	4.5	30.2	17.0	7.0

图 4.90 所示为轴压比（n）对不同类型单肢钢管混凝土加劲混合结构柱 P-Δ 滞回关系骨架线的影响情况。可见，随着轴压比（n）的增大，试件的延性降低，而弹性阶段的刚度则随着 n 的增大有所增大。从图 4.90 中还可以看出，同为方形截面的方柱配方管和方柱配圆管单肢钢管混凝土加劲混合结构柱，其在相同 n 条件下的承载力值较为接近，而对于圆柱配圆管试件，因为其截面面积较小，所以承载力值相对较低。

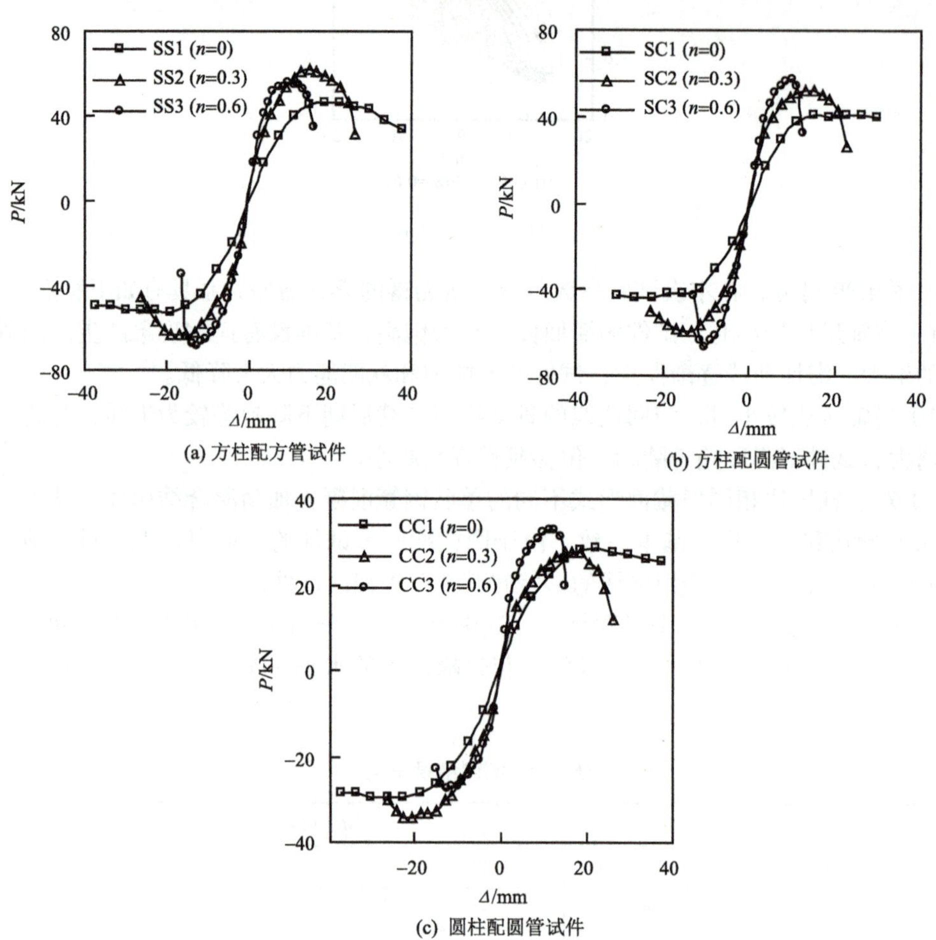

(a) 方柱配方管试件

(b) 方柱配圆管试件

(c) 圆柱配圆管试件

图 4.90 轴压比（n）对 P-Δ 滞回关系骨架线的影响

（4）钢管和钢筋应变

试验实测了试件跨中截面处核心钢管边缘纤维或纵向钢筋的纵向应变（ε）。试件的应变变化如图 4.91 和图 4.92 所示，图中应变值以受拉为正，受压为负。

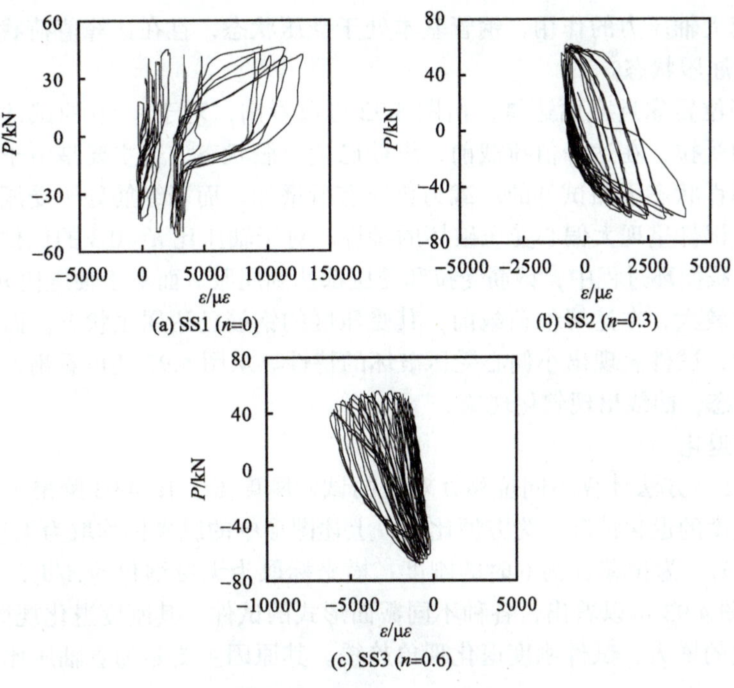

图 4.91　钢管边缘纤维处的纵向应变（ε）变化

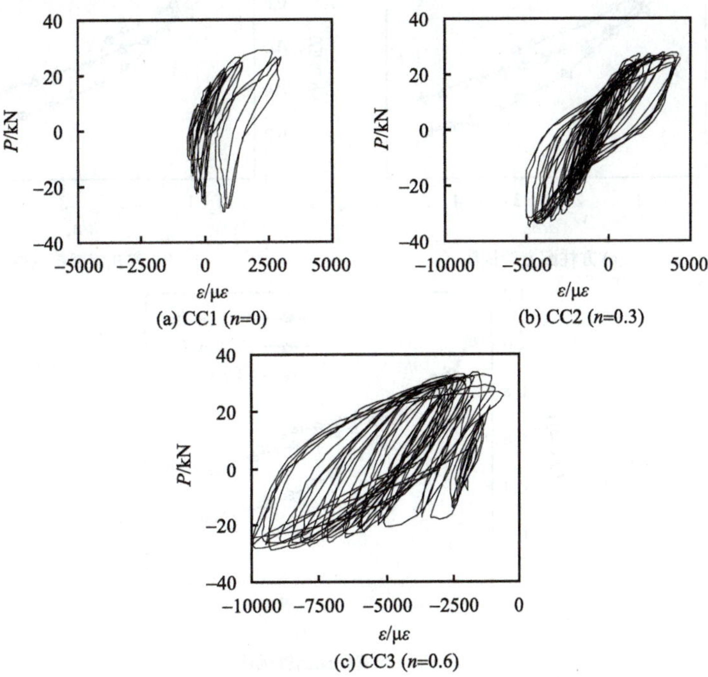

图 4.92　跨中纵筋应变（ε）的变化

由图 4.91 可以看出，对于轴压比较小的试件（n 为 0 和 0.3），钢管边缘纤维在受循环荷载作用过程中处于受拉状态，且最终达受拉屈服；而对于轴压比为 0.6 的试件，由于受初始较大轴压力的作用，钢管基本处于受压状态，且在达峰值荷载前，钢管边缘纤维就已达屈服状态。

由于纵筋位置靠近截面边缘，由图 4.92 可以看出，对于 $n=0$ 的试件，纵筋的应变主要表现为受拉，在达峰值荷载前，纵筋已达屈服状态，这主要是由于此时核心区钢管仍处于弹性状态因而试件的承载力仍能有所增加。而当纵筋处于受压状态时，压应变值较小，试件呈现大偏心受压破坏的特性。对于轴压比 $n=0.3$ 的试件，由于压力的作用，在荷载循环过程中，钢筋受拉和受压都达到屈服。而对于轴压比 n 为 0.6 的试件，由于压力较大，在达峰值荷载前，其受压区的钢筋已达屈服状态，而受拉区的钢筋未发生屈服，试件表现出小偏心受压破坏的特性。从图 4.92 还可看出，随着钢筋逐渐进入塑性状态，曲线出现软化现象。

（5）刚度退化

采用 2.2.2 节方法计算不同位移 Δ 对应的试件刚度 EI。图 4.93 给出了不同轴压比条件下试件刚度的退化情况。为方便比较，上述图形中的纵坐标均取为无量纲化的 $EI/(EI)_{\Delta=0}$，$(EI)_{\Delta=0}$ 为位移 Δ 为 0 时的刚度；横坐标取为无量纲化的 Δ/Δ_y，Δ_y 的取值参照表 4.8。从图 4.93 可以看出，各种不同截面形式的试件，其刚度退化规律基本一致，即随着轴压比的增大，试件刚度退化现象趋缓。其原因主要是随着轴压比的增加，受

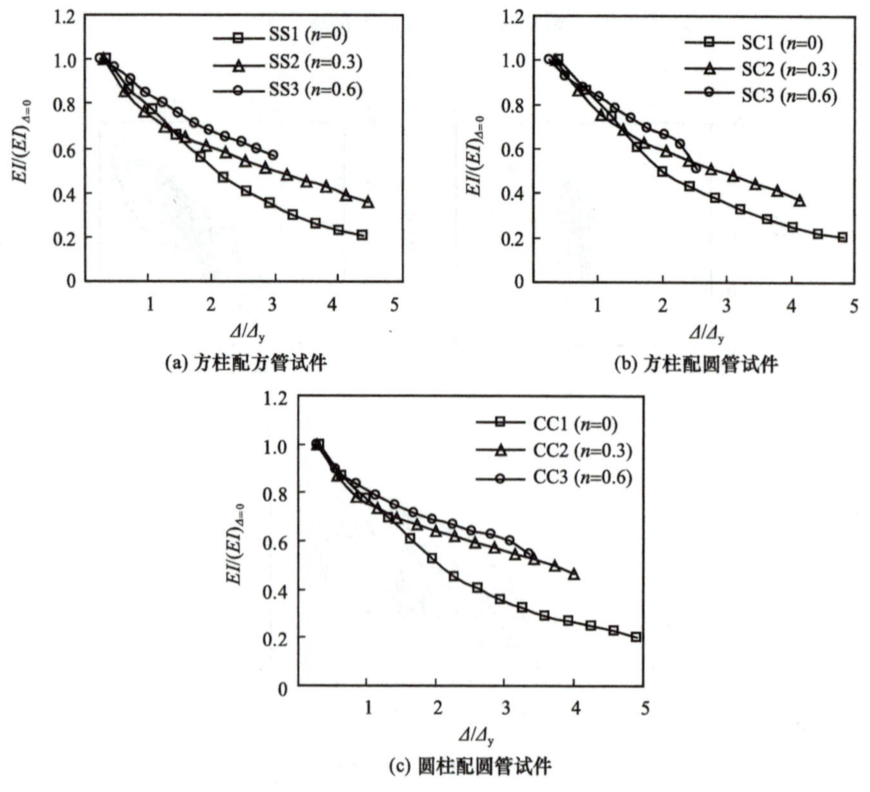

图 4.93 实测的 $EI/(EI)_{\Delta=0}$-Δ/Δ_y 关系

压区混凝土面积增大，使得截面绝对的拉压循环区面积减小。

（6）位移延性

根据式（2.24）和图 2.109 方法计算确定的所有试件的屈服位移 Δ_y、极限位移 Δ_u 及位移延性系数 μ 列于表 4.9 中，其中列出了正、负两个加载方向的数值。

表 4.9　单肢钢管混凝土加劲混合结构柱的位移延性系数

试件编号	加载方向	屈服点		峰值荷载点		极限位移点		延性系数
		P_y/kN	Δ_y/mm	P_{max}/kN	Δ_{max}/mm	$0.85P_{max}$/kN	Δ_u/mm	μ
SS1	正向	38.0	10.5	46.6	18.8	39.6	41.2	3.93
	负向	40.5	10.0	52.5	18.8	44.6	41.1	4.11
SS2	正向	41.7	5.8	61.7	15.0	52.4	22.8	3.92
	负向	42.6	6.0	63.6	16.5	54.0	23.4	3.90
SS3	正向	40.9	3.8	55.6	9.9	47.2	14.9	3.93
	负向	53.4	6.3	67.9	12.5	57.8	15.3	2.42
SC1	正向	33.8	9.6	41.2	22.5	35.0	36.1	3.76
	负向	33.9	9.0	44.0	22.4	37.4	40.8	4.54
SC2	正向	38.7	5.4	52.3	13.2	44.5	20.1	3.72
	负向	40.1	5.5	59.3	15.0	50.4	22.3	4.05
SC3	正向	46.3	5.0	57.5	10.1	48.8	11.6	2.33
	负向	48.9	4.9	66.2	10.0	56.3	11.7	2.39
CC1	正向	22.1	11.0	28.6	22.1	24.3	41.7	3.79
	负向	23.3	11.9	29.8	26.3	25.3	54.3	4.56
CC2	正向	18.5	5.9	27.7	16.5	23.5	22.2	3.76
	负向	21.9	7.2	34.3	20.6	29.2	26.3	3.66
CC3	正向	24.9	5.0	32.9	12.4	27.9	14.1	2.82
	负向	18.2	4.2	27.4	12.6	23.3	14.9	3.83

图 4.94 所示为轴压比对试件位移延性系数的影响，图中所示值为表 4.9 中所列正、负两方向位移延性系数值的平均值。可以看出，当轴压比较小时，试件的位移延性系数较大，基本能达到 4 左右；而随着轴压比的增大，试件的位移延性系数逐渐降低。不同的截面形式对位移延性系数的影响不大。

（7）耗能

图 4.95 所示为不同轴压比（n）情况下，各试件在各级加载循环下的累积耗能（E）随位移（Δ/Δ_y）的变化情况。从图 4.95 可以看出，随着位移的增加，累积耗能也逐渐增大。在相同的加载级数下，轴压比（n）为 0 试件的累积耗能比轴压比为 0.3 和 0.6 试件的累积耗能显著增大。与 $n=0.3$ 试件相比，$n=0.6$ 试件的累积耗能在相同的加载级数下略有降低。

（8）与钢筋混凝土和钢管混凝土柱滞回性能的比较

为了更好地说明单肢钢管混凝土加劲混合结构柱的抗震性能，定性对比了其和钢

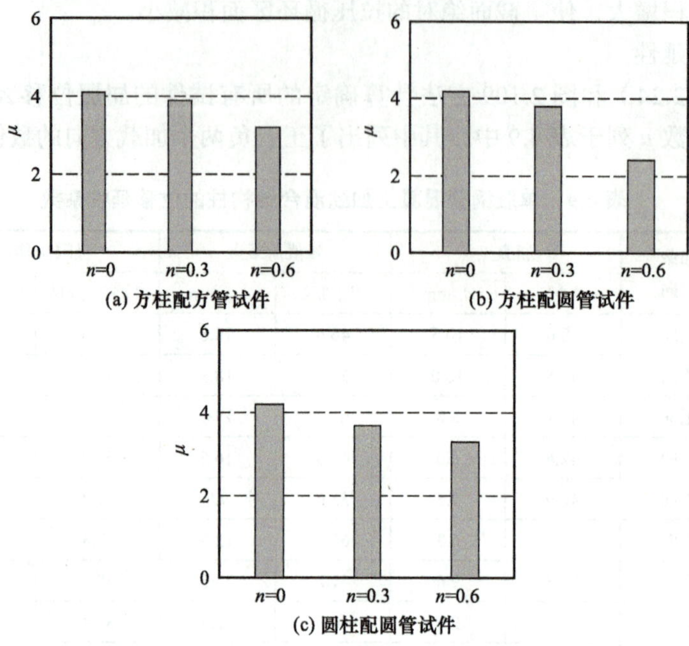

图 4.94 轴压比（n）对位移延性系数（μ）的影响

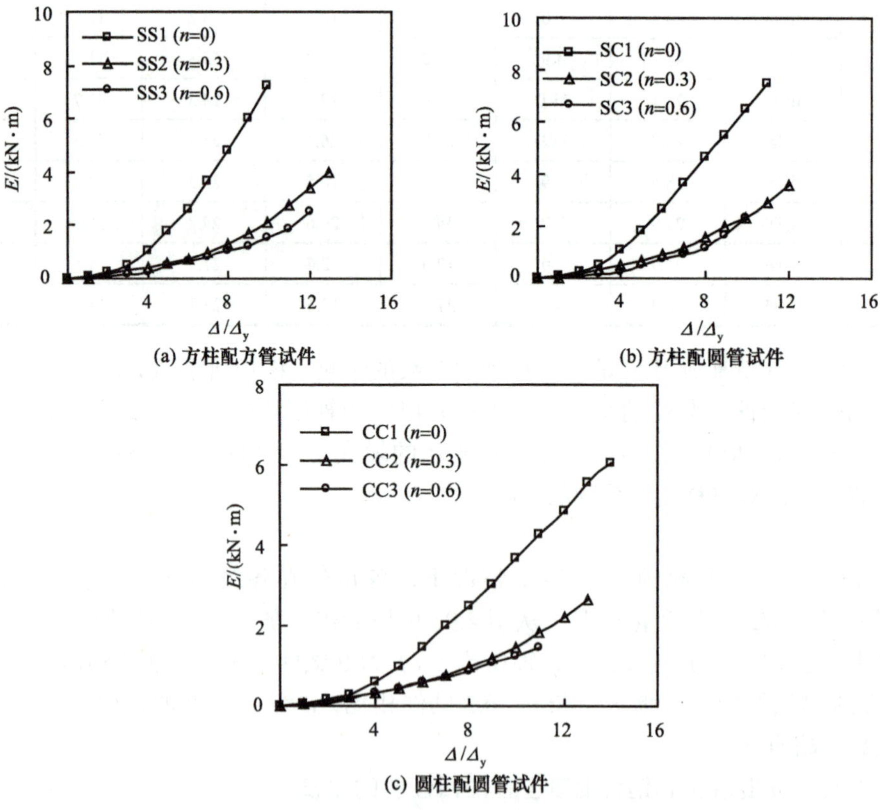

图 4.95 试件耗能（E）的变化规律

筋混凝土及钢管混凝土构件的滞回性能。

若林实（1981）曾对 SRC 柱、钢筋混凝土柱及钢管混凝土柱的滞回性能进行了详细的比较。图 4.96 给出了钢管混凝土加劲混合结构、钢筋混凝土柱及钢管混凝土柱在柱轴压比接近的情况下实测滞回曲线的比较。图 4.96 中，（a）为本节试件；（b）为若林实（1981）给出的 RC 试件，基本参数为 150mm×150mm 方形截面，配有 6 根纵筋，采用封闭箍筋，R 为柱侧向位移与柱高的比值；（c）为方钢管混凝土柱试件（韩林海，2022），试件基本参数为 B＝120mm，L＝1500mm，t＝2.65mm，f_{cu}＝20.1MPa，f_y＝340MPa。

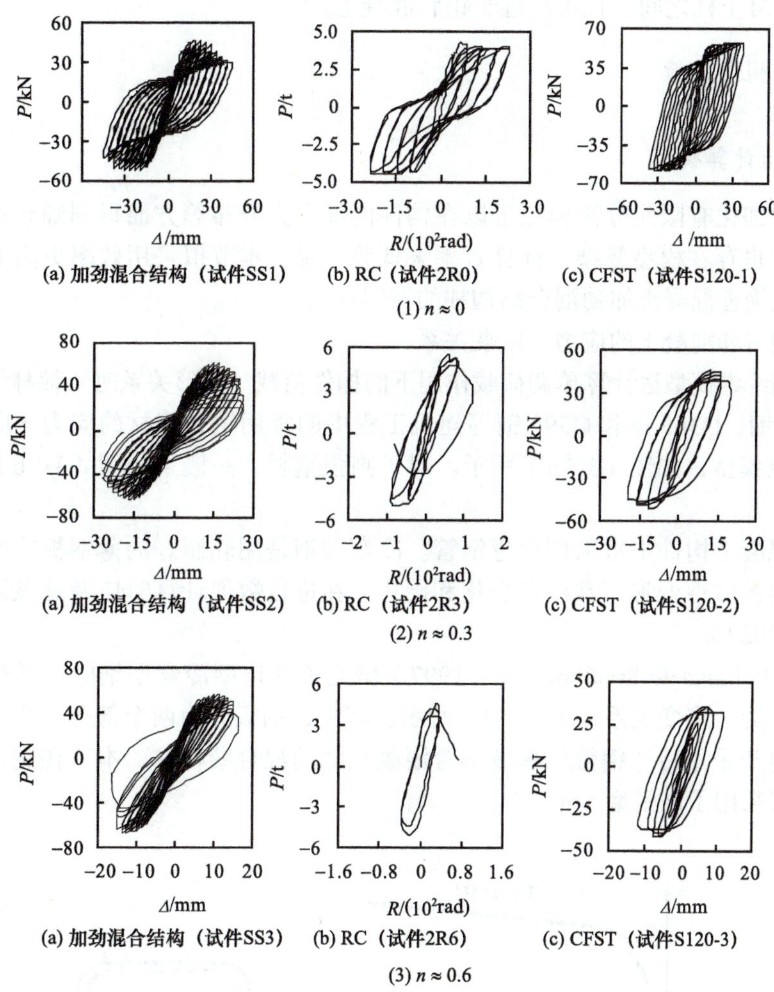

图 4.96　三种构件 P-Δ 滞回关系比较

由图 4.96 可见，在上述比较条件下，轴压比（n）对三种类型构件的滞回性能影响均较大，且对钢筋混凝土和单肢钢管混凝土加劲混合结构柱的影响相对更为显著。当轴压比 $n \approx 0$ 时，普通钢筋混凝土试件的滞回曲线稍有捏缩，而单肢钢管混凝土加劲混合结构柱和钢管混凝土试件的滞回曲线则相对饱满。随着 n 的增大，峰值点后三种试件的滞回关系的骨架线均呈现出不同程度的下降趋势，构件的位移延性呈现降低的趋势。但总体上钢管混凝土的 P-Δ 滞回关系都较为饱满，没有明显的捏缩现象；而钢筋混凝土及单肢钢管混凝土加劲混合结构柱其抗变形能力会明显降低。但相对于普通钢筋混凝土构件，单肢钢管混凝土加劲混合结构柱中由于有核心钢管混凝土的存在，增强了试件的承载能力和抗变形能力，在加载后期，试件的承载力虽然有明显下降，但仍表现出一定的延性。

需要说明的是，以上三种柱的比较条件并不完全相同，因此这种比较只能说是定性的。比较结果说明单肢钢管混凝土加劲混合结构柱的抗震性能总体上介于钢筋混凝土和钢管混凝土柱之间，且更接近于钢管混凝土。

4.3.2 工作机理分析

1. 数值计算模型

采用精细化有限元分析模拟可以在构件内部应力分布等方面得到细致的结果，但精细化模型也存在模型复杂、计算效率偏低等不足。本节拟采用效率更高的纤维模型法分析单肢钢管混凝土加劲混合结构柱的滞回性能。

（1）钢材和混凝土的应力－应变关系

在采用纤维模型法计算单调荷载作用下的构件荷载－变形关系时（韩林海，2022），对于 Q235 钢、Q345 钢和 Q390 钢等建筑工程中的常用钢，钢材的应力－应变关系采用二次塑流模型，如图 4.3（a）所示。对于高强钢材，一般采用图 4.3（b）所示的双线性模型。

钢管混凝土构件中常采用冷弯钢管。冷弯型钢是用轧制好的薄钢板冷弯而成，钢板经受一定的塑性变形，常出现强化和硬化。在进行数值计算时应考虑该因素的影响（韩林海，2022）。

Abdel-Rahman 和 Sivakumaran（1997）研究了开口型冷弯型钢的力学性能，建议了钢材的应力－应变关系，如图 4.97 所示。其中，钢板分为两个部分：弯角区域和平板区域。对于采用冷弯钢管的单肢钢管混凝土加劲混合结构柱，本节在进行其受力分析时暂近似采用了该模型。

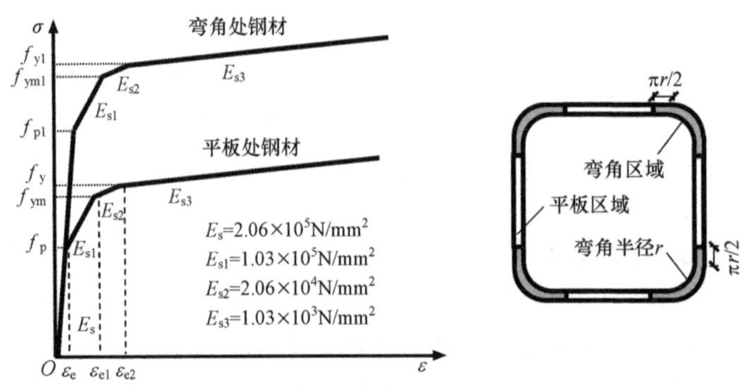

图 4.97 冷弯型钢的 σ-ε 关系

图 4.97 所示的应力 - 应变关系如式（4.42）所示（Abdel-Rahman 和 Sivakumaran，1997）。

$$\sigma=\begin{cases} E_s\varepsilon & (\varepsilon\leqslant\varepsilon_e) \\ f_p+E_{s1}(\varepsilon-\varepsilon_e) & (\varepsilon_e<\varepsilon\leqslant\varepsilon_{e1}) \\ f_{ym}+E_{s2}(\varepsilon-\varepsilon_{e1}) & (\varepsilon_{e1}<\varepsilon\leqslant\varepsilon_{e2}) \\ f_y+E_{s3}(\varepsilon-\varepsilon_{e2}) & (\varepsilon_{e2}<\varepsilon) \end{cases} \tag{4.42}$$

式中，$f_p=0.75f_y$，$f_{ym}=0.875f_y$，$\varepsilon_e=0.75f_y/E_s$，$\varepsilon_{e1}=\varepsilon_e+0.125f_y/E_{s1}$，$\varepsilon_{e2}=\varepsilon_{e1}+0.125f_y/E_{s2}$。

根据 Karren（1967）的研究结果，弯角处钢材的屈服强度计算公式如式（4.43）所示。

$$f_{y1}=\frac{B_c}{(r/t)^m}\cdot f_y \tag{4.43}$$

式中，B_c 和 m 都是和钢材的抗拉强度 f_u 和屈服强度 f_y 之比有关的系数，$B_c=3.69(f_u/f_y)-0.819(f_u/f_y)^2-1.79$，$m=0.192(f_u/f_y)-0.068$。

由式（4.14）可见，弯角处钢材屈服强度的数值取决于钢材抗拉强度与屈服强度的比值（f_u/f_y）、弯角半径和管壁厚度比（r/t）。但上述模型只适用于计算冷弯型钢弯角部位的屈服强度，对于弯角附近区域的钢材则不再适用。

Abdel-Rahman 和 Sivakumaran（1997）建议对式（4.14）进行修正，并给出式（4.44）用于计算整个弯角区域钢材屈服强度，即

$$f_{y1}=\left[0.6\cdot\frac{B_c}{(r/t)^m}+0.4\right]\cdot f_y \tag{4.44}$$

对于弯角区域的钢材，其应力 - 应变关系数学表达式仍采用式（4.14）形式，只是将式中 f_p、f_{ym} 和 f_y 用 f_{p1}、f_{ym1} 和 f_{y1} 代替。

众所周知，钢筋的应力 - 应变关系和钢管中的钢板往往会有所不同。单调应力下低碳钢筋的本构模型主要有理想弹塑性模型、弹性强化模型、弹塑性强化模型等（若林实，1981）。其中，弹塑性强化模型在钢筋混凝土结构分析中的应用相对较多。图 4.98（a）所示为采用直线型弹塑性强化的模型，图 4.98（b）所示为曲线型弹塑性强化模型。

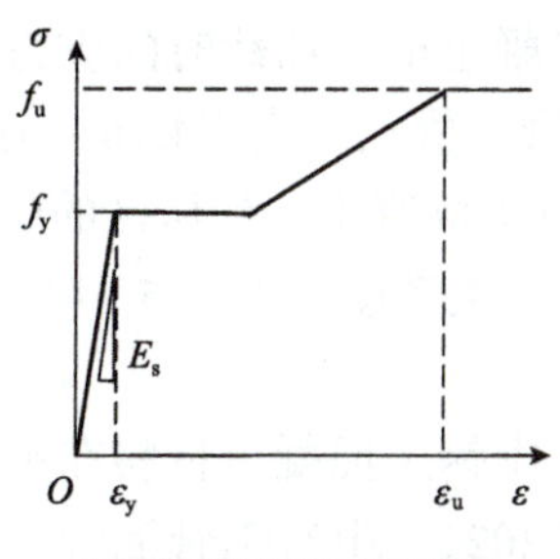

(a) 直线型弹塑性强化模型

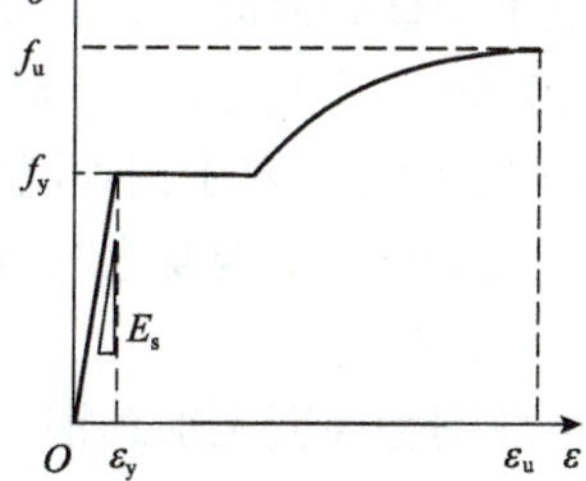

(b) 曲线型弹塑性强化模型

图 4.98　钢筋的应力（σ）- 应变（ε）关系模型

总体上，图 4.98 所示的模型和图 4.3（a）所示的模型类似，二者主要的差异在于二次塑流模型用曲线的形式来描述比例极限到屈服点之间的过渡阶段。本节近似采用图 4.98（a）所示的模型来描述低碳钢筋在单调应力下的应力 - 应变关系。

基于纤维模型法的钢管内核心混凝土受压纵向应力（σ）- 应变（ε）关系模型如式（4.45）和式（4.46）所示（韩林海，2022）：

1）对于圆钢管混凝土，有

$$y=2x-x^2 \qquad x\leqslant 1 \tag{4.45a}$$

$$y=\begin{cases}1+q\left(x^{0.1\xi}-1\right) & \xi\geqslant 1.12\\ \dfrac{x}{\beta\left(x-1\right)^2+x} & \xi<1.12\end{cases} \qquad x>1 \tag{4.45b}$$

式中，$x=\dfrac{\varepsilon}{\varepsilon_o}$，$y=\dfrac{\sigma}{\sigma_o}$；$q=\dfrac{\xi^{0.745}}{2+\xi}$；$\beta=(2.36\times10^{-5})^{[0.25+(\xi-0.5)^7]}\times f_c'^2\times 3.51\times10^{-4}$。其中，

$\sigma_o=\left[1+(-0.054\,\xi^2+0.4\,\xi)\left(\dfrac{24}{f_c'}\right)^{0.45}\right]f_c'$；$\varepsilon_o=\varepsilon_{cc}+\left[1400+800\times\left(\dfrac{f_c'}{24}-1\right)\right]\xi^{0.2}(\mu\varepsilon)$，$\varepsilon_{cc}=1300+12.5f_c'(\mu\varepsilon)$，$f_c'$ 为混凝土圆柱体轴心抗压强度，以 MPa 计。

2）对于方钢管混凝土，有

$$y=2x-x^2 \qquad x\leqslant 1 \tag{4.46a}$$

$$y=\frac{x}{\beta\left(x-1\right)^{\eta}+x} \qquad x>1 \tag{4.46b}$$

式中，$x=\dfrac{\varepsilon}{\varepsilon_o}$；$y=\dfrac{\sigma}{\sigma_o}$；$\eta=1.6+1.5/x$；$\beta=\dfrac{(f_c')^{0.1}}{1.35\sqrt{1+\xi}}$ $(\xi\leqslant 3.0)$，$\beta=\dfrac{(f_c')^{0.1}}{1.35\sqrt{1+\xi}\times(\xi-2)^2}$ $(\xi>3.0)$。其中，$\sigma_o=\left[1+(-0.0135\,\xi^2+0.1\,\xi)\left(\dfrac{24}{f_c'}\right)^{0.45}\right]f_c'$；$\varepsilon_o=\varepsilon_{cc}+\left[1330+760\times\left(\dfrac{f_c'}{24}-1\right)\right]\xi^{0.2}(\mu\varepsilon)$，$\varepsilon_{cc}=1300+12.5\,f_c'(\mu\varepsilon)$。

对于核心钢管混凝土以外的混凝土，暂忽略箍筋对混凝土的约束作用，采用 Attard 和 Setunge（1996）提出的单轴受压混凝土应力（σ_c）- 应变（ε_c）关系模型。

对于钢管混凝土中核心混凝土，暂以核心混凝土单向加载时的应力 - 应变关系代替其滞回关系的骨架线，即在受压区，对于圆钢管混凝土按式（4.16）确定，对于方钢管混凝土按式（4.17）确定；对于钢管混凝土以外的混凝土，受压区的应力 - 应变关系按式（4.1）确定。在受拉区，混凝土的应力 - 应变关系按式（2.25）确定。

（2）基本假设和计算过程

确定了组成单肢钢管混凝土加劲混合结构柱中钢及混凝土材料在单调和反复荷载作用下的应力 - 应变关系后，即可参考韩林海（2022）中对钢管混凝土构件的有关方法建立单肢钢管混凝土加劲混合结构柱滞回性能的理论数值模型。

计算时采用如下的基本假设。

1）构件在变形过程中始终保持为平截面。

2）钢和混凝土之间无相对滑移。

3）忽略剪力对构件变形的影响。

4）构件两端为铰接，挠曲线为正弦半波曲线。

5）对于拼焊和冷弯而成的方形钢管，需要考虑残余应力的影响。残余应力的确定：对于拼焊而成的方形钢管，钢管单边的残余应力分布按图 4.99 确定（Uy，1998），其中，σ_{rt} 和 σ_{rc} 分别为拉区和压区的残余应力值。对于冷弯型钢钢管，参考 Abdel-Rahman 和 Sivakumaran（1997），Sivakumaran 和 Abdel-Rahman（1998）对开口形冷弯型钢的研究成果和方法。其残余应力模型的取法：钢管壁板外侧受拉而内侧受压，且残余应力沿钢管壁厚方向呈线性变化。弯角区域和平板区域，如图 4.99 所示，内外表面的残余应力取值分别为 0.4 f_y 和 0.12 f_y。

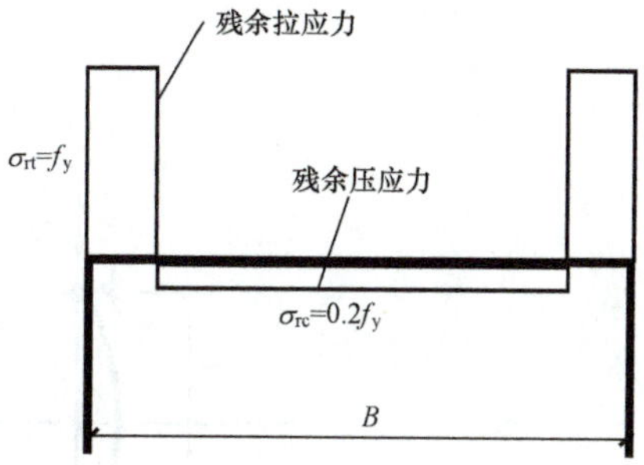

图 4.99　方管残余应力分布

构件弯矩－曲率关系的计算步骤可归纳如下。

1）计算截面参数并进行截面单元划分。

2）计算曲率 $\phi=\phi+\Delta\phi$，假设截面形心处应变 ε_o。

3）计算各单元形心处的应变 ε_i，确定纵向钢筋及内钢管单元的纵向应力 σ_{bsli} 和 σ_{sli}，钢管混凝土外及其核心混凝土单元的纵向应力 σ_{bcli} 和 σ_{cli}。

4）计算内弯矩 M_{in} 和内轴力 N_{in}。

内弯矩 M_{in} 为

$$M_{in}=\sum_{i=1}^{n}(\sigma_{sli}x_i dA_{si}+\sigma_{bsli}x_i dA_{bsi}+\sigma_{cli}x_i dA_{ci}+\sigma_{bcli}x_i dA_{bci}) \tag{4.47}$$

内轴力 N_{in} 为

$$N_{in}=\sum_{i=1}^{n}(\sigma_{sli}dA_{si}+\sigma_{bsli}dA_{bsi}+\sigma_{cli}dA_{ci}+\sigma_{bcli}dA_{bci}) \tag{4.48}$$

式中，dA_{bsi}、dA_{si} 分别为纵向钢筋及内钢管单元的面积；dA_{bci}、dA_{ci} 分别为钢管混凝土外及其核心混凝土单元的面积。

5）如果不能满足 $N_{in}=N_o$，则调整截面形心处的应变 ε_o 并重复步骤 3）和 4），直至满足。

6）重复步骤 2）～5），直至计算出整个 M-ϕ 滞回关系。

利用数值方法计算钢管混凝土压弯构件的 P-$\varDelta$ 滞回关系时，由于侧向荷载 P 和侧向位移 $\varDelta$ 的关系受构件计算长度的影响很大，对于不同的边界条件，需合理确定构件的计算长度。图 4.100（a）给出构件两端铰接的情况。

对于图 4.100（b）所示常见的在恒定轴向压力作用下的两端为嵌固支座、一端有水平侧移的框架柱，设其长度 $L=2L_1$。由于其反弯点在柱的中央，可以将其简化为从反弯点到固端长度为 L_1 悬臂构件，如图 4.100（c）所示，并反向对称延伸。当忽略侧向荷载 P 对构件挠曲线形状的影响时，就可将悬臂构件等效成长度为 $L=2L_1$ 的类似于

图 4.100（a）所示的两端铰支构件。

如果忽略剪力对构件承载能力的影响，基于对压弯构件 M-ϕ 滞回关系的分析结果，可以很方便地计算出压弯构件的 P-$\varDelta$ 滞回关系。

对于图 4.100（c）所示的钢管混凝土悬臂柱，在恒定轴向压力 N_o 作用下，对于构件端部的每一级位移 $\varDelta$，按式（4.49）可计算出相应的侧向力。

$$P=(M-N_o\varDelta)/L_1=2(M-N_o\varDelta)/L \tag{4.49}$$

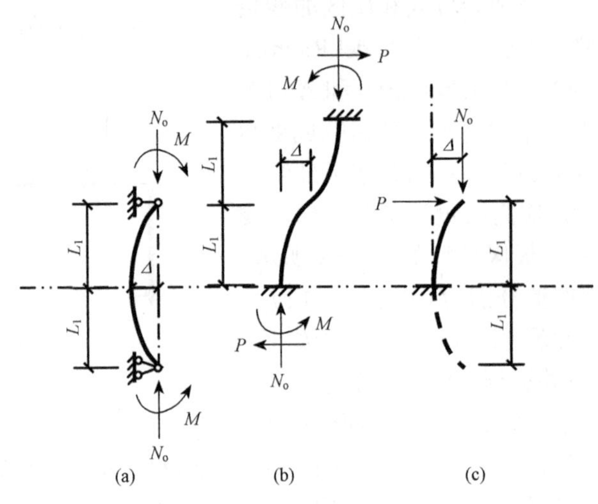

图 4.100　压弯构件计算简图

由此按给定的位移加载制度即可计算出 P-$\varDelta$ 滞回关系，过程如下。

1）输入计算长度和截面参数，并进行截面单元划分。

2）位移幅 $\varDelta$ 值由零开始，每一级加 $\delta\varDelta$，由 $\varDelta$ 计算中截面曲率 ϕ，假设截面形心处的应变 ε_o。

3）按 $\varepsilon_i=\varepsilon_o+\phi y_i$ 计算单元形心处的应变 ε_i，由加载历史计算出各单元的应力 σ_{sli}、σ_{bsli}、σ_{cli} 和 σ_{bcli}。

4）分别计算内弯矩 M_{in} 和内轴力 N_{in}。

5）判断 $N_{in}=N_o$ 的条件是否满足，如果不满足，则调整截面形心处的应变 ε_o 并重复步骤 3）和 4），直至满足 $N_{in}=N_o$ 的条件。

6）由式（4.49）计算侧向水平力 P；然后重复步骤 2）～5）直至计算出整个 P-$\varDelta$ 滞回关系。

图 4.90 所示为按照上述数值方法计算获得的单肢钢管混凝土加劲混合结构柱 P-$\varDelta$ 滞回关系与本节试验结果的比较情况。可见，数值计算结果和试验结果总体吻合较好，验证了该数值计算方法结果的准确性。

2. 滞回关系分析

（1）纯弯构件的弯矩 - 曲率滞回特性

图 4.101 所示为单肢钢管混凝土加劲混合结构柱的弯矩 - 曲率滞回关系，大致可以

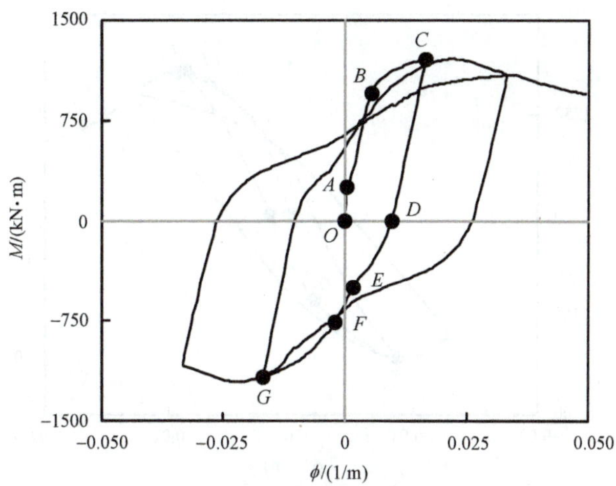

图 4.101　纯弯构件的 M-ϕ 滞回关系

分为以下几个阶段。

1）OA 段。在此阶段，弯矩－曲率基本上呈直线关系，各部分材料处于弹性阶段，在 A 点混凝土受拉开裂。

2）AB 段。弯矩－曲率关系呈直线，截面进入弹塑性状态，在 B 点受拉区钢筋开始屈服。

3）BC 段。在此阶段，弯矩－曲率关系呈曲线，随着变形的增加，受拉区钢筋及钢管开始进入屈服阶段，中和轴不断上移，混凝土开裂面积逐渐增大，受压区混凝土面积逐渐减少，截面刚度远小于初始刚度，弯矩－曲率关系开始进入强化阶段。

4）CD 段。从 C 点开始卸载，弯矩－曲率关系近似呈直线，卸载刚度与 AB 段刚度基本相同。在 D 点截面弯矩卸载为零，由于钢材与混凝土都存在残余应变，所以在 D 点时截面上有残余正向曲率产生。

5）DE 段。截面继续卸载，弯矩－曲率关系呈曲线，原受压区混凝土转为受拉开裂，截面刚度逐渐降低。

6）EF 段。弯矩－曲率关系近似呈直线，随着弯矩的增加，原受拉区混凝土重新闭合受压，截面刚度逐渐增加，在 F 点原受压区钢筋受拉屈服。

7）FG 段。此阶段的弯矩－曲率关系呈曲线，新的受拉区钢筋及钢管逐渐屈服，新的受拉区混凝土开裂面积不断加大，而受压区混凝土边缘纤维应变不断增大，塑性特征表现得更为充分，截面进入了强化阶段。

（2）压弯构件的弯矩－曲率滞回特性

图 4.102 所示为单肢钢管混凝土加劲混合结构柱的弯矩－曲率滞回关系，大致可分为以下几个阶段。

1）OA 段。在此阶段，弯矩－曲率关系基本上呈直线，截面上一部分受压区处于卸载状态，混凝土刚度较大，当轴压比较小时，各部分材料均处于弹性受力状态。A 点时混凝土受拉开裂，截面刚度有所下降。

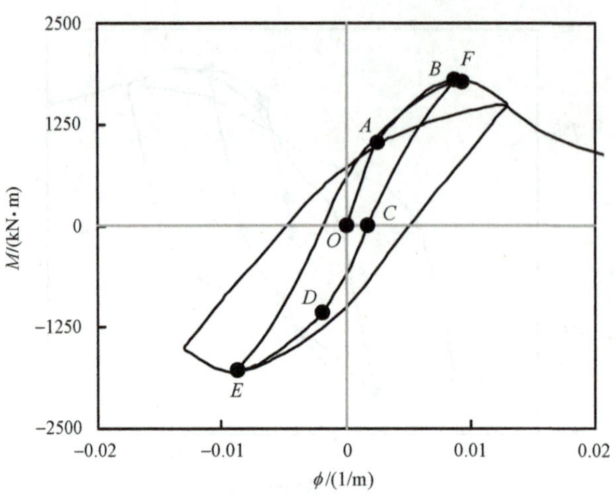

图 4.102　压弯构件的 M-ϕ 滞回关系

2）AB 段。弯矩–曲率关系呈曲线，截面进入弹塑性状态，混凝土受压区面积逐渐减小，混凝土边缘纤维应变不断增大，钢筋与钢管先后屈服，刚度不断下降。当轴压比较小时，受拉区钢筋首先达屈服，而当轴压比较大时则是受压区钢筋首先屈服。

3）BC 段。从 B 点开始卸载，弯矩–曲率关系近似呈直线。截面由于卸载而处于受拉状态的部分转为受压状态，而原来加载的部分现处于受压卸载状态。在 C 点截面弯矩卸载为零，由于钢材与混凝土都发生了塑性变形导致残余应变，所以在 C 点时截面上有残余正向曲率产生。

4）CD 段。截面开始反向加载，弯矩–曲率关系仍基本呈直线，在 D 点时截面上新的受拉区混凝土开裂。

5）DE 段。截面处于弹塑性阶段，钢筋及钢管逐渐屈服，压区混凝土应变不断增长，截面刚度逐渐降低。

6）EF 段。工作情况类似 BE 段。

总之，轴压比较低时，单肢钢管混凝土加劲混合结构柱的 M-ϕ 滞回关系呈饱满的梭形，耗能性能较好；随着轴压比的增大，滞回曲线逐渐捏缩，骨架线的下降段逐渐变陡。但与普通钢筋混凝土构件相比，由于有核心钢管混凝土的存在，不仅提高了构件的抗弯承载力，而且在受力过程中不会由于外包混凝土的压碎而立刻丧失承载能力，从而有利于提高构件的后期承载力和延性。

4.3.3　恢复力模型

在进行动力弹塑性时程分析时，单肢钢管混凝土加劲混合结构的恢复力模型包括弯矩（M）–曲率（ϕ）滞回模型和荷载（P）–位移（Δ）滞回模型，滞回模型均通过在三折线骨架线的基础上计入加卸载准则实现。

单肢钢管混凝土加劲混合结构的弯矩（M）–曲率（ϕ）骨架线可采用三折线模型，如图 4.103 所示。模型中弹性阶段刚度（K_e）、屈服弯矩（M_y）、极限弯矩（M_u）、对应

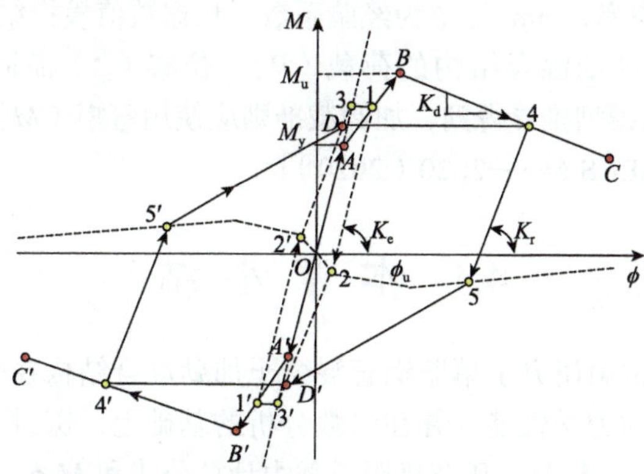

图 4.103　单肢钢管混凝土加劲混合结构的弯矩（M）- 曲率（ϕ）关系

的曲率（ϕ_u）和下降段刚度（K_d）等参数按下列公式计算。

1）弹性段刚度（K_e）应按式（4.50）计算。

$$K_e = E_{s,s} I_s + E_{s,l} I_l + E_{c,core} I_{core} + E_{c,out} I_{out} \tag{4.50}$$

式中，$E_{s,s}$、$E_{s,l}$ 为钢管和钢筋的弹性模量，N/mm^2；$E_{c,core}$、$E_{c,out}$ 为钢管内混凝土和钢管外包混凝土的弹性模量，N/mm^2；I_s、I_l 为钢管和钢筋的惯性矩，mm^4；I_{core}、I_{out} 为钢管内混凝土和钢管外包混凝土的惯性矩，mm^4。

2）屈服弯矩（M_y）应按式（4.51）计算。

$$M_y = 0.6 M_u \tag{4.51}$$

式中，M_u 为极限弯矩，N · mm；M_y 为屈服弯矩，N · mm。

3）当钢管混凝土加劲混合结构达到极限承载力时，平截面假定依然成立。按式（4.11）计算钢管混凝土加劲混合结构在压弯荷载作用下的极限弯矩（M_u）。

4）极限曲率（ϕ_u）按式（4.52）计算。

$$\phi_u = 0.0033/c \tag{4.52}$$

式中，c 为中和轴到受压混凝土边缘之间的距离，mm。

5）下降段刚度（K_d）应按式（4.53）计算。

$$K_d = (0.8 + 0.23\xi - 0.037 f_{cu,out})\, n^2 K_a \tag{4.53}$$

式中，ξ 为钢管混凝土约束效应系数。

单肢钢管混凝土构件恢复力模型的加卸载规则应符合下列规定。

弯矩（M）- 曲率（ϕ）加卸载准则（图 4.103），对于弹性阶段（OA 和 OA'），模型应按弹性加卸载；对于弹塑性阶段和下降段，加载路径应沿着包络线，卸载刚度（K_r）应按式（4.54）确定；反向加载点应位于卸载段上，并且反向加载点的横坐标应为卸载点的 20%；中间点应位于 OA 和 OA' 的延长线上，并且中间点的纵坐标与终点的纵坐标应相同。卸载刚度（K_r）应按式（4.54）计算。

$$K_r = \begin{cases} K_e & |\phi_r| \leqslant \phi_p \\ \left(\dfrac{\phi_p}{\phi_r}\right)^{\zeta} K_e & |\phi_r| > \phi_p \end{cases} \tag{4.54}$$

式中，ϕ_r 为卸载点的曲率，mm^{-1}；ζ 为经验系数，根据数值模拟结果取值为 1.2。

单肢钢管混凝土加劲混合结构的荷载（P）- 位移（Δ）滞回模型，应通过弯矩（M）- 曲率（ϕ）滞回模型推导得到，加卸载准则应使用弯矩（M）- 曲率（ϕ）滞回模型的加卸载准则［T/CECS 663—2020（2020）］。

4.4 本章小结

本节通过理论和试验研究了单肢钢管混凝土加劲混合结构在轴压、纯弯、压弯和低周反复荷载作用下的力学性能，并在参数分析的基础上，探讨和建议了单肢钢管混凝土加劲混合结构轴压、纯弯、压弯极限承载力计算公式和 M-ϕ、P-Δ 滞回模型。

关于单肢钢管混凝土加劲混合结构抗火性能，已在专著《钢 - 混凝土组合结构抗火设计原理（第三版）》（韩林海等，2022）中论述。

参考文献

安钰丰，2015．方形钢管混凝土叠合压弯构件力学性能和设计方法研究［D］．北京：清华大学．

韩林海，2022．钢管混凝土结构：理论与实践［M］．4 版．北京：科学出版社．

韩林海，宋天诣，周侃，2022．钢 - 混凝土组合结构抗火设计原理［M］．3 版．北京：科学出版社．

李永进，2011．新型钢 - 混凝土叠合结构应用的若干关键问题研究［R］．北京：清华大学．

若林实，1981．防灾シリーズ 1・耐震构造：建物の耐震性能［M］．东京：森北出版株式会社．

沈聚敏，王传志，江见鲸，1993．钢筋混凝土有限元与板壳极限分析［M］．北京：清华大学出版社．

中国工程建设标准化协会，2020．钢管混凝土加劲混合结构技术规程：T/CECS 663—2020［S］．北京：中国建筑工业出版社．

中华人民共和国住房和城乡建设部，2010．建筑抗震设计标准（2024 年修订版）：GB 50011—2010［S］．北京：中国建筑工业出版社．

中华人民共和国住房和城乡建设部，2021．钢管混凝土混合结构技术标准：GB/T 51446—2021［S］．北京：中国建筑工业出版社．

中华人民共和国住房和城乡建设部，2024．混凝土结构设计标准（2024 年修订版）：GB/T 50010—2010［S］．北京：中国建筑工业出版社．

ABDEL-RAHMAN N, SIVAKUMARAN K S, 1997. Material properties models for analysis of cold-formed steel members [J]. Journal of Structural Engineering, ASCE, 123 (9): 1135-1143.

ACI Committee 209, 1992. Prediction of creep, shrinkage and temperature effects in concrete structures: ACI 209R-92 [S]. Michigan, USA.

AN Y F, HAN L H, 2014. Behaviour of concrete-encased CFST columns under combined compression and bending [J]. Journal of Constructional Steel Research, 101: 314-330.

AN Y F, HAN L H, ROEDER C, 2014. Flexural performance of concrete-encased concrete-filled steel tubes [J]. Magazine of Concrete Research, 66 (5): 249-267.

ATTARD M M, SETUNGE S, 1996. Stress-strain relationship of confined and unconfined concrete [J]. ACI Materials Journal, 93 (5): 432-442.

CHU K H, DOMINGO J, CARREIRA D J, 1986. Time-dependent cyclic deflections in R/C beams [J]. Journal of Structural Engineering, ASCE, 112 (5): 943-959.

HAN L H, AN Y F, 2014. Performance of concrete-encased CFST stub columns under axial compression [J]. Journal of Constructional Steel Research, 93: 62-76.

HAN L H, LI Y J, LIAO F Y, 2011. Concrete-filled double skin steel tubular (CFDST)columns subjected to long-term sustained loading [J]. Thin-Walled Structures, 49 (12): 1534-1543.

HAN L H, LIAO F Y, TAO Z, et al., 2009. Performance of concrete filled steel tube reinforced concrete columns subjected to cyclic bending [J]. Journal of Constructional Steel Research, 65 (8-9): 1607-1616.

HAN L H, YANG Y F, 2003. Analysis of thin-walled RHS columns filled with concrete under long-term sustained loads [J]. Thin-walled Structures, 41 (9): 849-870.

KARREN K W, 1967. Corner properties of cold formed steel shapes [J]. Journal of the Structural Division, ASCE, 93 (2): 401-432.

KLIVER J, 2002. Constitutive law for structural concrete considering confinement and long-term effects [R]. Leipzig Annual Civil Engineering Report. LACER, 7: 219-225.

LEGERON F, PAULTRE P, 2003. Uniaxial confinement model for normal and highstrength concrete columns [J] . Journal of Structural Engineering, ASCE, 129 (2): 241-252.

PARK R, PAULEY T, 1975. Reinforced concrete structures [M]. New York : Wiley.

QIAN W W, LI W, HAN L H, et al., 2016. Analytical behaviour of concrete-encased CFST columns under cyclic lateral loading [J]. Journal of Constructional Steel Research, 120: 206-220.

SIVAKUMARAN K S, ABDEL-RAHMAN N A, 1998. Finite element analysis model for the behaviour of cold-formed steel members [J]. Thin-Walled Structures, 31 (4): 305-324.

UY B, 1998. Concrete-filled fabricated steel box columns for multistorey buildings: behaviour and design [J]. Progress in Structural Engineering and Material, 1 (3): 150-158.

第 5 章　钢管混凝土柱 - 钢梁连接节点

5.1　引　　言

钢管混凝土柱与梁的连接节点应满足强度、刚度、稳定性和抗震的要求，保证荷载的有效传递，使钢管和核心混凝土能共同工作，同时还应便于结构制作、安装和钢管内混凝土的浇灌施工。本节进行了组合结构节点方面的研究工作，具体内容包括：①节点受力全过程的理论分析和试验研究；②节点力学性能影响参数分析；③组成组合结构节点各材料受力状态的分析；④钢和混凝土、组合柱和钢梁之间相互作用的分析；⑤节点刚度和延性的研究；⑥恢复力模型的确定方法等。

目前，不少实际工程采用了钢管混凝土柱 - 钢梁内或外加强环板式连接形式。图 5.1 给出某实际工程中采用外加强环板节点的钢管混凝土结构在建造时的情形。在节点中，外环板构造主要保证了梁端荷载的有效传递。当钢筋混凝土楼板通过抗剪连接件和该类节点的钢梁连接在一起共同工作时，实际上就形成了钢管混凝土柱 - 组合梁外环板式节点。

图 5.1　钢管混凝土 - 钢梁外加强环板节点

在一些工程中，由于建筑功能的改变和结构传力的需要，出现了钢管混凝土斜柱。斜柱和钢梁连接节点的力学性能也亟待研究。此外，可根据工程实际情况，采用穿芯螺栓端板连接的节点、单边螺栓端板连接节点、钢管混凝土柱 -“犬骨式”钢梁节点和单边螺栓连接的不锈钢管混凝土 - 钢梁节点等形式。本章拟论述上述几种中柱节点的试验研究结果。以外加强环板节点为例，本章建立了钢管混凝土柱 - 钢梁连接节点的有限元分析模型，在此基础上，剖析了受力全过程中节点主要组成部件的应力状态，明晰了此类节点的工作机理，建立了节点弯矩 - 转角关系及节点恢复力模型。

5.2　加强环板式钢梁节点试验研究

5.2.1　试验概况

（1）试件设计和制作

本书作者进行不带楼板的方形截面钢管混凝土柱 - 钢梁中柱节点的试验。考虑到试验场地及加载能力、工程常用梁 - 柱线刚度比等因素进行了节点模型设计，通过试验研究加强环板尺寸和柱轴压比对节点承载力及力学性能的影响。

所有节点都采用了工字形钢梁，其上、下翼缘通过外加强环板与柱连接，腹板直接与钢管混凝土柱外壁焊接。方钢管外截面尺寸为 $B \times t = 120\text{mm} \times 3.46\text{mm}$。钢梁尺寸为 $h \times b_f \times t_w \times t_f = 160\text{mm} \times 80\text{mm} \times 3.53\text{mm} \times 3.53\text{mm}$，梁 - 柱线刚度比为 0.61。柱高为 1.05m，钢梁跨度为 1.5m。

节点试件的构造和具体尺寸如图 5.2 所示。

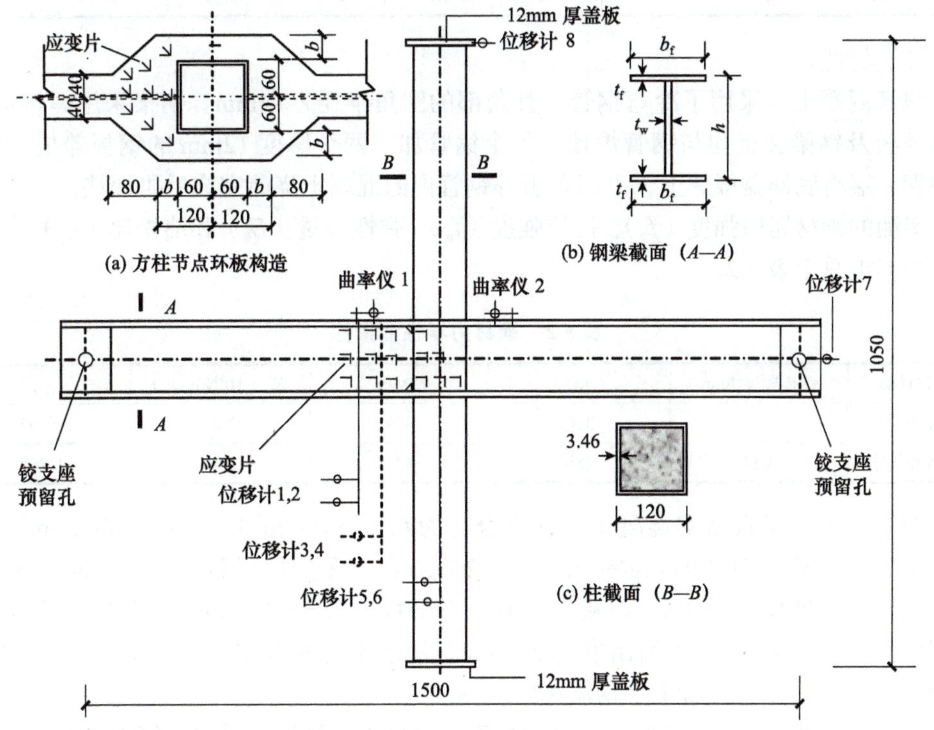

图 5.2　梁柱连接节点构造、尺寸及测试仪器布置（尺寸单位：mm）

节点按照环板宽度［图 5.2（a）中的 b］不同设计为三类，即按照《钢管混凝土结构技术规程》（DBJ/T 13-51—2010）计算所得环板宽度为形式 1（以下简称采用此环板宽度的节点为Ⅰ型节点）。分别取Ⅰ型节点环板宽度的 2/3 和 1/3 时所对应的环板宽度为形式 2 和形式 3（以下分别简称为Ⅱ型和Ⅲ型节点），以研究环板的宽度（b）对节点性能的影响规律。

钢管混凝土柱轴压比表示为 $n=N_o/N_u$，即试验时柱上施加的轴向荷载 N_o 与柱极限承载力标准值 N_u 之比值。试验中有三种轴压比，即 0.04、0.3 和 0.6。节点试件一览表如表 5.1 所示。

表 5.1　节点试件一览表

序号	试件编号	环板宽度 b/mm	轴力 N_o/kN	轴压比 n	屈服位移 Δ_y/mm	极限位移 Δ_{max}/mm	破坏位移 Δ_u/mm	极限荷载 P_{max}/kN	节点类型
1	SJ-13	60	690	0.6	12.3	24.0	37.0	47.2	Ⅰ型
2	SJ-21	40	40	0.04	18.4	50.0	81.8	44.5	Ⅱ型
3	SJ-22-1	40	345	0.3	12.4	40.0	66.9	39.7	
4	SJ-22-2	40	345	0.3	10.6	34.5	57.5	41.7	
5	SJ-23-1	40	690	0.6	11.4	30.0	43.4	39.1	
6	SJ-23-2	40	690	0.6	10.2	28.4	46.4	40.5	
7	SJ-32	20	345	0.3	9.9	40.0	71.3	33.0	Ⅲ型
8	SJ-33	20	690	0.6	7.0	24.0	52.1	31.7	

（2）材性

钢管混凝土柱采用了冷弯钢管，其角部的圆角半径 $r=4$mm。钢梁采用焊接形式，加强环板及钢梁腹板均与钢管焊接。每个钢管加工两个厚度 12mm 的钢板盖板，先在空钢管一端将底部盖板焊上，上部盖板等钢管内的混凝土浇灌完成后再焊接。

实测的钢材屈服强度（f_y）、抗拉强度（f_u）、弹性模量（E_s）和泊松比（μ_s）等力学性能指标汇总于表 5.2。

表 5.2　钢材力学性能指标

钢材种类	钢板厚度 /mm	f_y/MPa	f_u/MPa	E_s/（10^5N/mm^2）	μ_s
方钢管	3.46	390	479	2.06	0.262
环板和钢梁	3.53	289	431	2.04	0.262

钢管中采用了自密实混凝土，其配合比为水（181kg/m^3），水泥（300kg/m^3），粉煤灰（200kg/m^3），砂（994kg/m^3），石（720kg/m^3）。采用原材料如下：普通硅酸盐水泥；河砂，细度模数为 2.6；石灰岩碎石，石子粒径为 5～15mm；粉煤灰；早强型减水剂的掺量为 1%。混凝土坍落度为 262mm，坍落流动度为 610mm，混凝土浇灌时内部温度为 28℃。新拌混凝土平均流速为 57mm/s。

混凝土浇灌时，将钢管竖立，从顶部灌入混凝土，且没有采用任何方式进行振捣。

混凝土 28 天抗压强度 $f_{cu}=52.6$MPa，试验时的 $f_{cu}=60$MPa，弹性模量 $E_c=41500$N/mm^2。

（3）试验装置及加载制度

节点试验装置如图 5.3（a）所示，节点试验时的情景如图 5.3（b）所示。

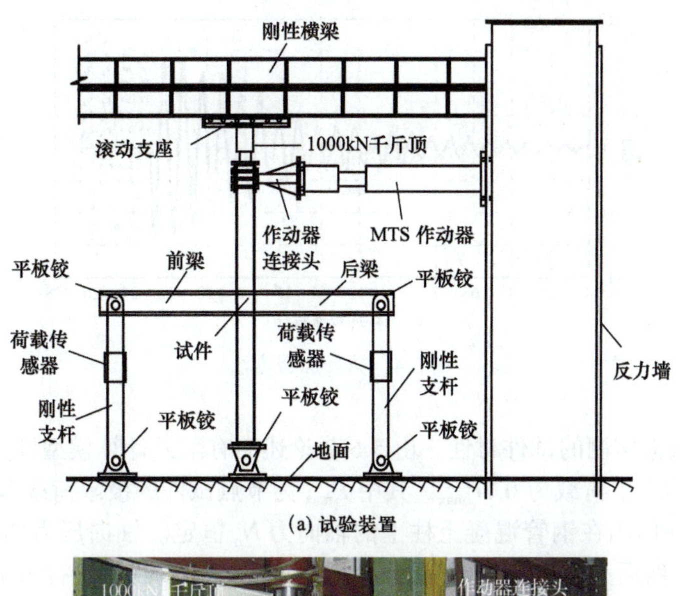

(a) 试验装置

(b) 节点试验时的情景

图 5.3　节点试验装置

节点试件的柱下端和梁两端均为铰接的边界条件，如图 5.3（a）所示。竖向轴力（N_o）由固定于反力横梁上滚动支座处的 1000kN 千斤顶施加，千斤顶通过滚动支座与刚性横梁连接。为防止试件在试验过程中发生加载平面外失稳，设置了侧向支撑。侧向支撑与框架柱接触处通过推力轴承连接，可保证节点试件在平面内自由移动，而限制其平面外的侧向位移。柱顶端采用 500kN 的 MTS 伺服加载作动器施加水平反复荷载，如图 5.3（a）所示。

采用了位移控制的加载方式。参考 ATC-24（1992）中对构件在反复荷载下试验方法的规定，采用了如下加载制度，即节点试件屈服前分别按 $0.25\Delta_y$、$0.5\Delta_y$、$0.7\Delta_y$ 进行加载，此后，采用 $1\Delta_y$、$1.5\Delta_y$、$2\Delta_y$、$3\Delta_y$、$5\Delta_y$、$7\Delta_y$、$8\Delta_y$ 进行加载。屈服前每级加载循环 2 圈，对于屈服后各级，前面 3 级（$1\Delta_y$、$1.5\Delta_y$、$2.0\Delta_y$）循环 3 圈，其余的循环 2 圈。加载制度如图 5.4 所示。

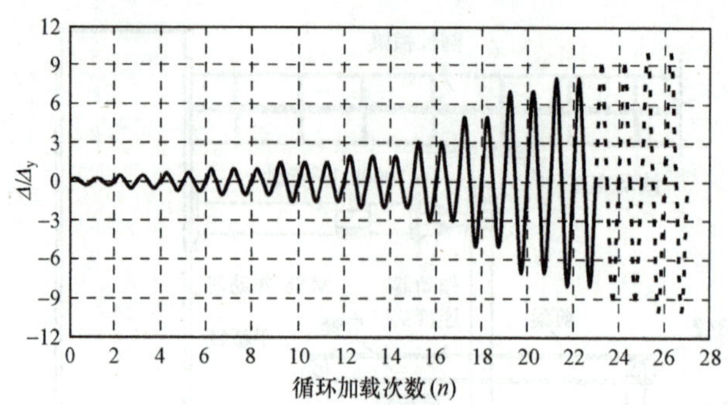

图 5.4　循环加载方法

试验前，根据实测的试件材性，由 5.6 节论述的有限元计算模型计算获得试件屈服位移 Δ_y（对应的水平荷载为 $0.7P_{max}$，其中 P_{max} 为节点试件的极限荷载）。

试验时保持作用在钢管混凝土柱上的轴向力 N_o 恒定。轴向压力加到预定值 N_o 后持荷 2～3min，然后开始用 MTS 伺服作动器采用上述加载制度进行水平反复加载。采用慢速连续加载的方法，加载速率为 0.5mm/s。

当加载到试件接近破坏时，一般情况水平荷载会下降，而位移增量却相对增加很快，达下列条件之一时即停止加载。

1）当荷载降低到峰值荷载的 60% 左右。

2）节点区环板或节点区域内腹板发生明显鼓曲变形或失稳破坏。

3）钢梁发生明显的鼓曲变形或者断裂。

节点试件水平荷载 - 水平位移滞回关系均由 MTS 加载系统自动进行采集，试件的应变、位移、转角和曲率等数据由数据自动采集系统进行采集。

（4）量测内容及测点布置

试验过程中量测的内容有柱顶端加载点水平荷载和水平位移，节点核心区剪切变形，节点区柱端和钢梁梁端转动，钢梁梁端（与加强环板连接处）的曲率，节点核心区柱钢管应变分布，节点加强环板范围内钢梁腹板及其端部应变，节点加强环板应变等，测点的具体布置方式如图 5.2 所示。

具体测试方案如下。

1）钢梁梁端（加强环板外）转角（位移计 1 和 2），柱侧梁端加强环板处转角（位移计 3 和 4），转角由所测得位移换算求得。

2）节点核心区柱端转角（位移计 5 和 6）。

3）柱顶端水平荷载和位移由 MTS 加载系统自动采集，同时用位移计 8 测试柱顶水平位移，位移计 7 测量钢梁端部的梁端水平位移。

4）钢梁梁端（加强环板处）曲率采用曲率仪 1 和 2 量测。

5）节点加强环板范围内钢梁梁端腹板和柱节点核心区剪切变形用标距 100mm 的应变片测量。

6）节点核心区应变，采用双向应变花测量。

7）在节点加强环板范围内钢梁梁端腹板一侧，布置三向应变花，测量钢梁的应变。在加强环板外侧布置双向应变花测量梁截面应变，钢梁上、下翼缘板应变通过贴单向应变片测量。

8）钢梁两端支座反力通过与刚性支杆连接的荷载传感器测得。

5.2.2 试验结果

（1）节点破坏特征

试验结果表明，进行试验的节点试件均表现出较好的延性和承载能力。

所有节点试件均表现为梁端破坏。随节点试件参数的不同，其破坏形态也会有所不同，即随着环板尺寸的减小，试件的破坏形态从梁端塑性铰破坏（Ⅰ型，Ⅱ型节点）逐渐过渡到环板断裂破坏（Ⅲ型节点）。

图 5.5 给出了不同钢管混凝土柱轴压比（n）下节点的破坏特征。可见当环板宽度（b）相同时，随着轴压比（n）的增加，环板与梁端翼缘连接附近区域的变形趋于明显。

(a) 试件SJ-21(n=0.04)

(b) 试件SJ-22-1(n=0.3)

(c) 试件SJ-23-1(n=0.6)

图 5.5 不同轴压比（n）下节点试件破坏形态（b=40mm）

图 5.6（a）～（c）给出轴压比 n=0.6 时节点在不同环板宽度（b）下的破坏形态。图 5.6（d）显示出节点区域破坏截面位置示意。由图 5.6 可见，环板宽度（b）对节点的破坏形态影响较大。

对于Ⅰ型节点，如图 5.6（a）所示，环板区域无明显的屈曲变形，塑性铰出现在环板以外的梁端，对应于图 5.6（d），破坏发生在环板过渡截面与钢梁交接处，即 A—A 截面处，且环板鼓曲的范围在环板尺寸过渡区，即 A—A 截面与 B—B 截面之间。环板区 B—B 截面与 C—C 截面之间的环板基本上没有屈曲变形。B—B 截面至 C—C 截

(a) 试件SJ-13（Ⅰ型节点，b=60mm）

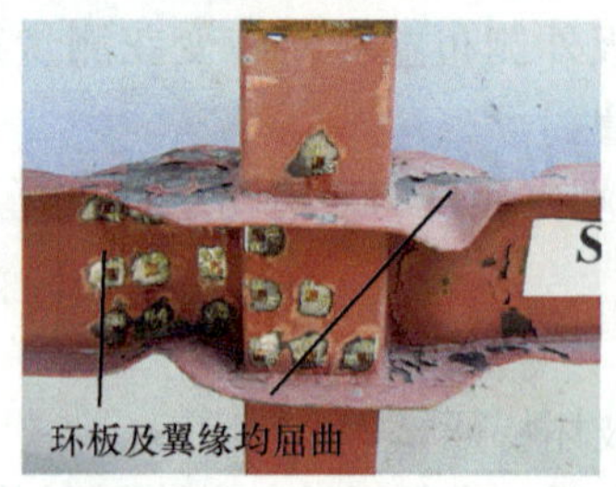

(b) 试件SJ-23-2（Ⅱ型节点，b=40mm）

(c) 试件SJ-33（Ⅲ型节点，b=20mm）

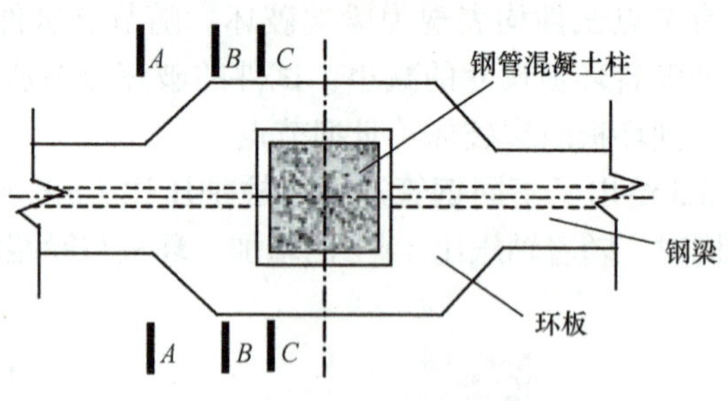

(d) 节点区域截面位置

图 5.6 不同环板宽度（b）下节点破坏形态（n=0.6）

面范围内的梁腹板也没有明显的鼓曲变形。

对于Ⅱ型节点，如图 5.6（b）所示，环板区域及其范围内腹板均有较明显的屈曲变形，对应于图 5.6（d），破坏时 A—A 截面至 C—C 截面范围内的环板和腹板发生较大的屈曲，最终破坏区域发生在钢梁与环板交接处的 A—A 截面附近。

对于Ⅲ型节点，如图 5.6（c）所示，节点破坏时 A—A 截面至 C—C 截面范围内的环板均发生明显的鼓曲变形，但此范围内的钢梁腹板并无显著变形。该类节点最后均为环板破坏，即在 C—C 截面上与柱连接的环板出现断裂，且断裂发生在焊缝边缘外的环板上。A—A 截面以外的钢梁并没有出现明显的鼓曲变形。

下面以试件 SJ-13（n=0.6）为例，说明外加强式环板节点受力过程中的工作特性。

试验初期，钢管混凝土柱和钢梁都没有出现明显变形，水平荷载一直呈上升趋势。当位移加载到 $5\Delta_y$ 时，在第一循环，前梁［图 5.3（a）］上翼缘开始出现较轻微的鼓曲，鼓曲出现在加强环板与钢梁过渡截面附近。

当加载到 $-5\Delta_y$ 时，后梁［图 5.3（a）］上翼缘钢板出现轻微鼓曲，前梁上翼缘钢板因受拉而使得鼓曲恢复；当加载到第二循环位移 $5\Delta_y$ 时，前梁下翼缘钢板也开始出现鼓曲，鼓曲程度与前一循环基本相同，此时，水平荷载稍有下降。

加载到位移为 $7\Delta_y$ 时，节点环板与钢梁交接处附近的腹板出现明显鼓曲，而环板与钢梁交接处的上下翼缘均出现严重鼓曲。随着正向及反向位移的增大，在受压翼缘和腹板区域鼓曲现象交替出现，当受压时鼓曲加剧，受拉时部分鼓曲变形因受拉而恢复。

加载到 $8\Delta_y$ 时，环板与钢梁交接处翼缘的鼓曲更为明显，且在反向加载时并不能因受拉而得到恢复，整个环板过渡处截面翼缘严重鼓曲，此截面附近腹板也明显鼓曲。

当位移达 $9\Delta_y$ 时，在过渡处截面，即图 5.6（d）中的 A—A 截面到 B—B 截面段上的翼缘从边缘开始发生断裂，裂缝一直发展到腹板位置，腹板部分也随之开始出现断裂。由于此时荷载下降到 60% 以下，试验停止。

试验结束后剖开节点区域的钢管，观测核心混凝土的形态，并未发现明显的裂缝发生，核心混凝土完整性良好，图 5.7 给出试件节点核心区混凝土的形态。

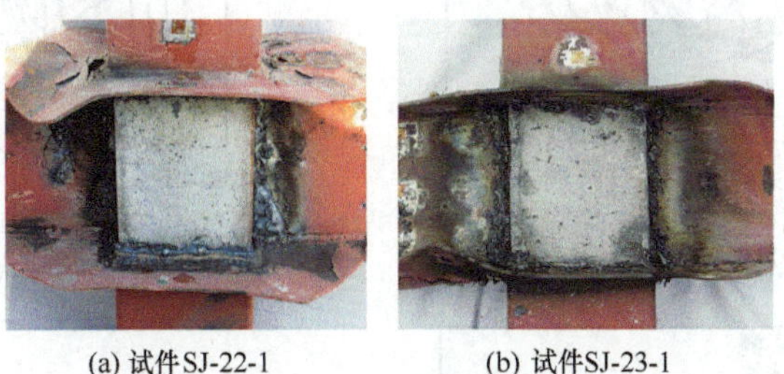

(a) 试件SJ-22-1　(b) 试件SJ-23-1

图 5.7　节点核心区域混凝土的形态

所有节点在试验过程中垂直于钢梁方向两侧的环板（平面外）均未出现明显的变形，可见试件在平面外受力很小，说明本次试验的边界条件和加载装置能够较好地模拟平面节点的工作特性。

（2）水平荷载（P）－水平位移（Δ）滞回关系

所有节点实测的柱端水平荷载（P）－位移（Δ）滞回关系如图 5.8 所示。

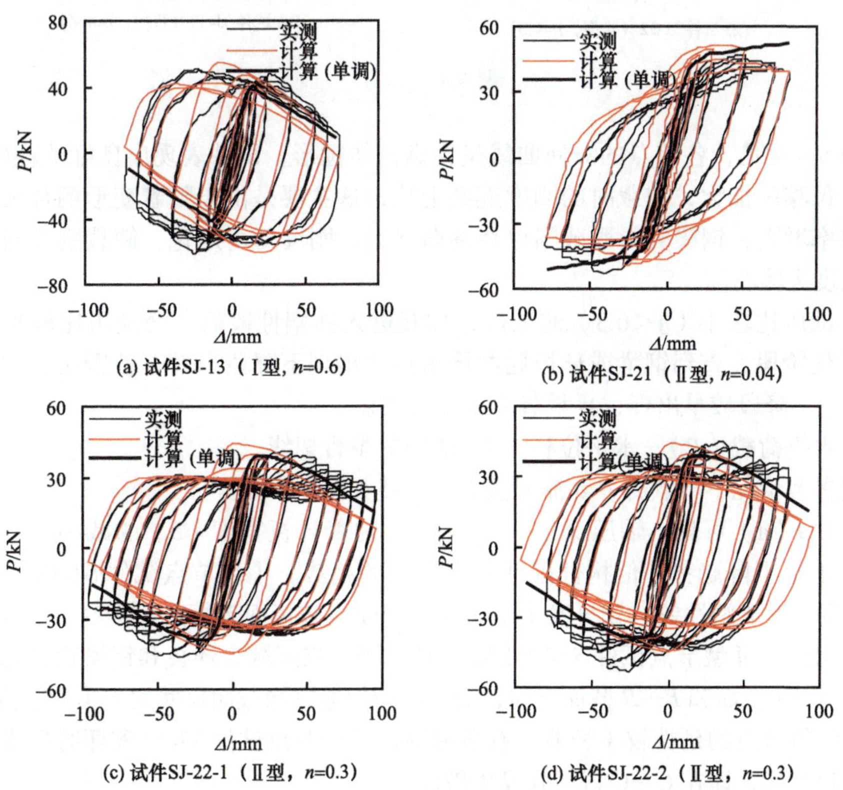

(a) 试件SJ-13（Ⅰ型，n=0.6）　(b) 试件SJ-21（Ⅱ型，n=0.04）

(c) 试件SJ-22-1（Ⅱ型，n=0.3）　(d) 试件SJ-22-2（Ⅱ型，n=0.3）

图 5.8　节点 P-Δ 滞回关系

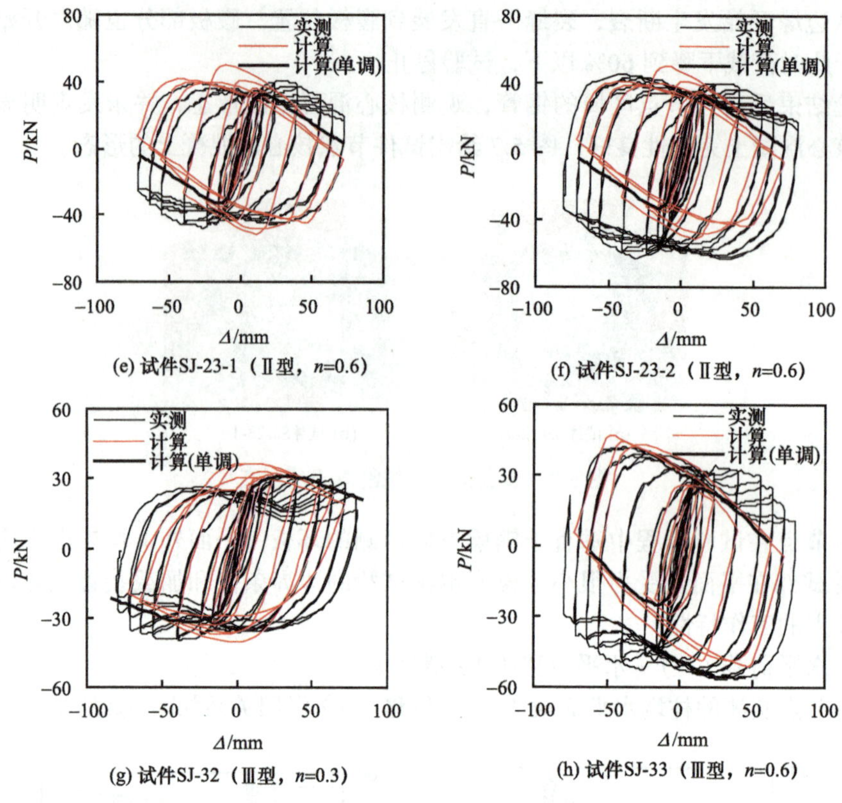

(e) 试件SJ-23-1（Ⅱ型，n=0.6）
(f) 试件SJ-23-2（Ⅱ型，n=0.6）
(g) 试件SJ-32（Ⅲ型，n=0.3）
(h) 试件SJ-33（Ⅲ型，n=0.6）

图 5.8 （续）

由图 5.8 可见，各节点的滞回曲线呈饱满的纺锤形，试件表现出良好的耗能能力。随着水平位移的加大，加载时的刚度逐渐退化，这主要是由于随着变形的加大，截面弯矩－曲率增大，钢梁的屈服范围也在逐渐增大，刚度随之退化。卸载刚度与初始加载时的刚度大体相同。

对于轴压比较小（$n<0.3$）的试件，加载进入弹塑性段后，会经历比较长的接近水平的强化阶段，直到钢梁或环板屈曲严重后才出现下降段。对于轴压比较大的试件（$n\geqslant0.3$），下降段较早出现，且承载力下降较明显。

（3）水平荷载（P）－水平位移（Δ）滞回关系骨架线

不同参数情况下节点的 P-Δ 滞回关系骨架线如图 5.9 所示。

由图 5.9（a）可见，轴压比（n）一定时，随着环板宽度（b）的减小，节点的承载力总体上呈下降趋势，但构件延性稍有增大的趋势。Ⅰ型节点试件 SJ-13 在钢梁梁端 A—A 截面形成塑性铰，较早发生了梁端翼缘断裂破坏而环板无明显变形，其延性受钢梁影响最大。Ⅱ型节点试件 SJ-23-1 破坏时的塑性铰区域为环板和钢梁梁端之间区域截面，即 A—A 截面和 B—B 截面之间，而该区域的梁翼缘截面尺寸大于Ⅰ型节点的 A—A 截面，使得节点的延性较Ⅰ型节点有所提高；Ⅲ型节点试件 SJ-33 破坏时环板拉断而钢梁无明显变形，即在 C—C 截面处发生破坏。

由图 5.9（b）和（c）可见，环板宽度（b）相同时，不同轴压比（n）下的骨架线

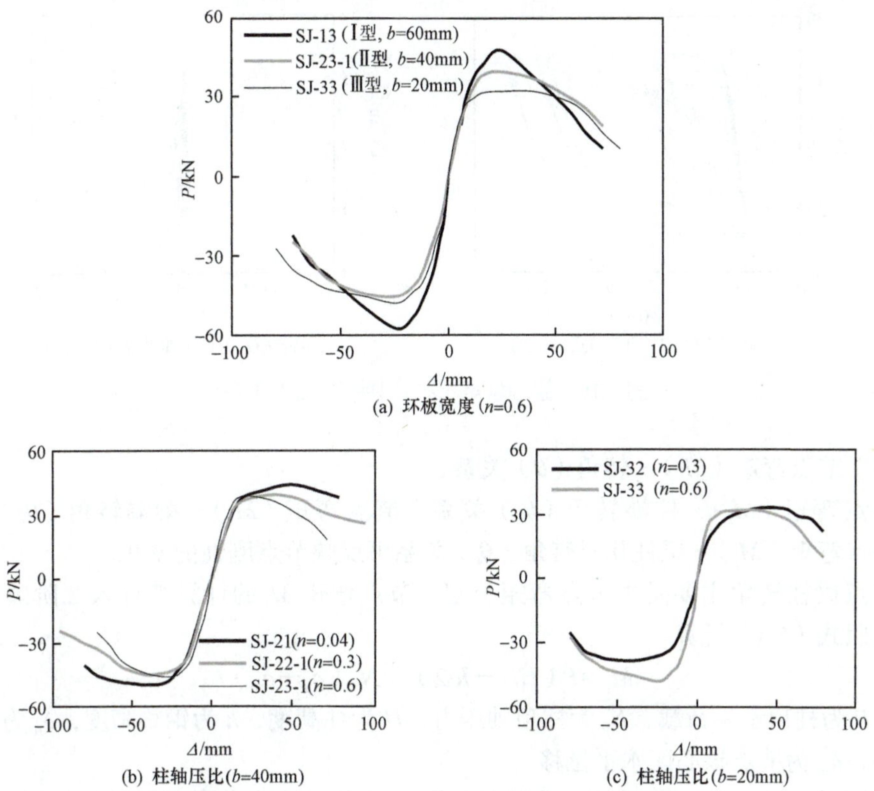

(a) 环板宽度 (n=0.6)

(b) 柱轴压比(b=40mm)

(c) 柱轴压比(b=20mm)

图 5.9　各参数对 P-Δ 滞回关系骨架线的影响

有所不同，轴压比较大（n＝0.6）时，峰值点后骨架线下降更快，其弹塑性刚度较小，塑性强化阶段不很明显，而轴压比（$n \leqslant 0.3$）较小时，P-Δ 关系上塑性强化段较长，说明随着轴压比的增大，节点的位移延性有所降低。此外，随着环板宽度（b）的减小，节点的弹性刚度也稍有减小的趋势。

（4）梁端弯矩（M）－曲率（ϕ）关系

图 5.10（a）和（b）分别给出了节点试件 SJ-22-1 和 SJ-32 的梁端弯矩（M）－梁端曲率（ϕ）滞回关系。可见，加载初期钢梁处于弹性阶段，M-ϕ 滞回关系基本呈直线，钢梁曲率较小，发展缓慢。试件屈服以后，随着柱顶位移的逐步增大，钢梁曲率发展速度加快。

对于环板宽度较大的Ⅰ型节点及Ⅱ型节点，试件加载到 $3\Delta_y$ 之前钢梁局部屈曲现象不明显，M-ϕ 关系处于弹性范围。当加载位移继续增大时，节点的环板及钢梁梁端均出现局部屈曲，M-ϕ 关系在后期发展很快，并且由于钢梁屈曲在反向加载时并没有恢复到原位从而使得 M-ϕ 关系的零点位置发生了移动。

对于环板宽度最小的Ⅲ型节点，加载到 $3\Delta_y$ 前钢梁没有局部屈曲，M-ϕ 关系处于弹性阶段。位移继续增大时，节点的环板及钢梁梁端均开始出现屈曲，但由于环板宽度较小，节点的内力不能完全有效地传到梁端，因此屈曲主要发生在节点环板，最终环板与柱连接处被拉裂破坏，因此，梁端曲率（ϕ）发展并不明显。

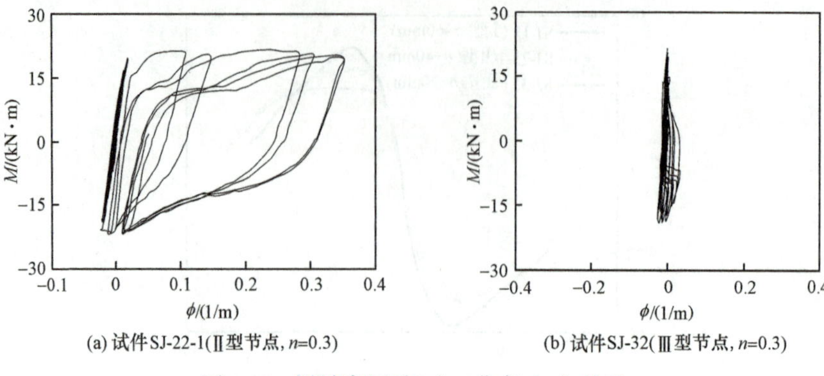

(a) 试件SJ-22-1(Ⅱ型节点, n=0.3)　　(b) 试件SJ-32(Ⅲ型节点, n=0.3)

图 5.10　梁端弯矩（M）－曲率（ϕ）关系

（5）节点弯矩（M_j）－转角（θ）关系

节点弯矩（M_j）－柱端转角（θ_c）关系、节点弯矩（M_j）－梁端转角（θ_b）关系，以及节点弯矩（M_j）－梁柱相对转角（θ_r）关系可反映节点刚性的变化。

节点梁柱转角主要是由节点弯矩引起，节点弯矩 M_j 的计算需计入二阶效应的影响，按照式（5.1）计算。

$$M_j=P（H/2-h/2）+N_0（\delta_u-\delta_m） \tag{5.1}$$

式中，P 为柱顶水平荷载，N_0 为柱顶轴压力，H 为柱高度，h 为钢梁高度，δ_u 为柱顶水平位移，δ_m 为节点核心区水平位移。

以试件 SJ-13 和 SJ-21 为例，图 5.11～图 5.13 分别给出节点弯矩（M_j）－柱端转角（θ_c）滞回关系、节点弯矩（M_j）－梁端转角（θ_b）滞回关系及节点弯矩（M_j）－梁柱相对转角（θ_r）滞回关系。

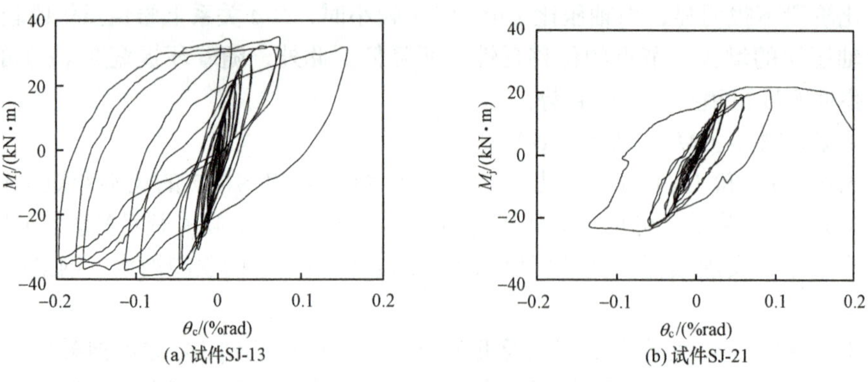

(a) 试件SJ-13　　(b) 试件SJ-21

图 5.11　节点弯矩（M_j）－柱端转角（θ_c）关系

可见，试件屈服前（位移达 Δ_y 之前），节点 M_j-θ_c 和 M_j-θ_b 关系基本呈直线变化，转角较小，梁柱相对转角 θ_r 基本为零。试件屈服后（水平位移达 Δ_y 时），随着柱顶位移的逐步增大，θ_b 和 θ_c 迅速增大，而 θ_r 变化很小，说明节点的梁柱间夹角基本可保持不变，表现出刚接节点的特征。

图 5.13 中梁柱相对转角（θ_r）增大的阶段主要是因为试验后期钢梁腹板发生了较

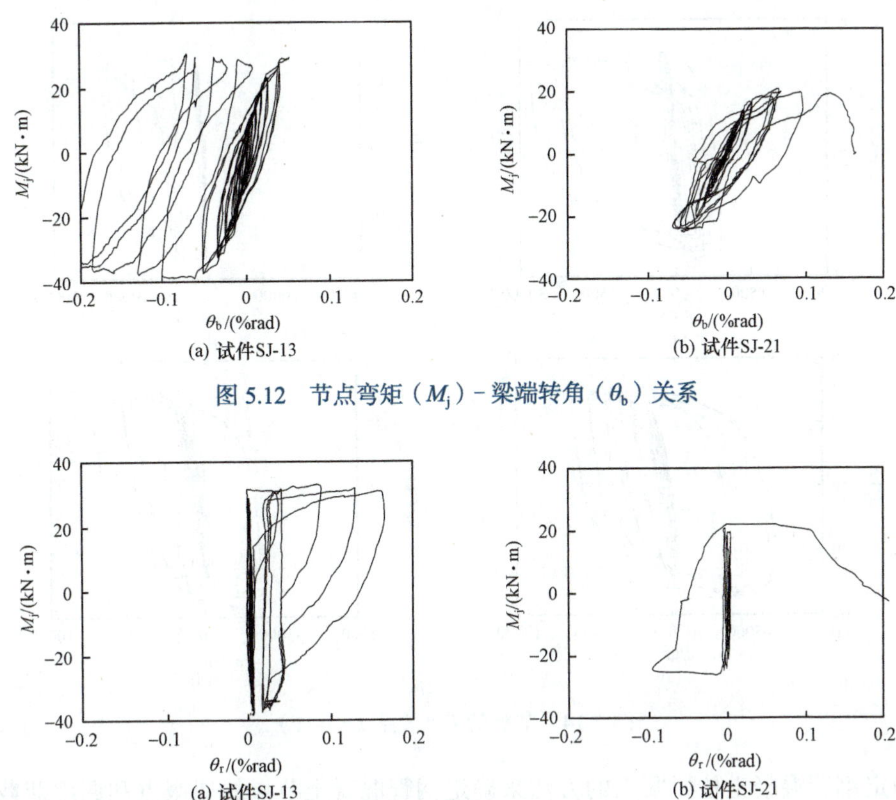

图 5.12　节点弯矩（M_j）- 梁端转角（θ_b）关系

图 5.13　节点弯矩（M_j）- 梁柱相对转角（θ_r）关系

大屈曲，从而使得梁端转角测点位置发生了移动所致。

（6）荷载（P）- 应变（ε）关系

图 5.14（a）所示为水平荷载（P）与梁端截面（加强环板外）翼缘纵向应变（ε）关系。图 5.14(b）所示为水平荷载（P）与加强环板根部及柱连接位置的纵向应变（ε）关系。图 5.14（c）所示则为水平荷载（P）与环板区域中间位置处腹板边缘靠近翼缘位置处的纵向应变（ε）关系。图 5.14（d）给出水平荷载（P）与梁端截面靠近翼缘位置处腹板的纵向应变（ε）关系。

由图 5.14 可见，加载初期四个位置的纵向应变均较小。节点屈服后（水平位移达 Δ_y 后），这四个位置均进入弹塑性阶段，但不同位置的塑性及应变发展趋势不同。梁端截面应变发展较快，且最终的应变数值较大。环板根部翼缘面积较大，因此最终应变发展数值要小于梁端的翼缘应变。环板区域内的梁腹板位置弹塑性应变发展小于环板应变，但高于梁端截面上的腹板应变。

当试件达极限承载力时，梁端翼缘纵向应变为 8900με，而环板根部纵向应变为 5000με，环板内腹板应变为 6200με，梁端腹板应变为 4800με。

5.2.3　试验结果分析

（1）节点极限承载力

目前对钢管混凝土柱 - 钢梁节点屈服和破坏的确定尚无统一的准则。本节采用类

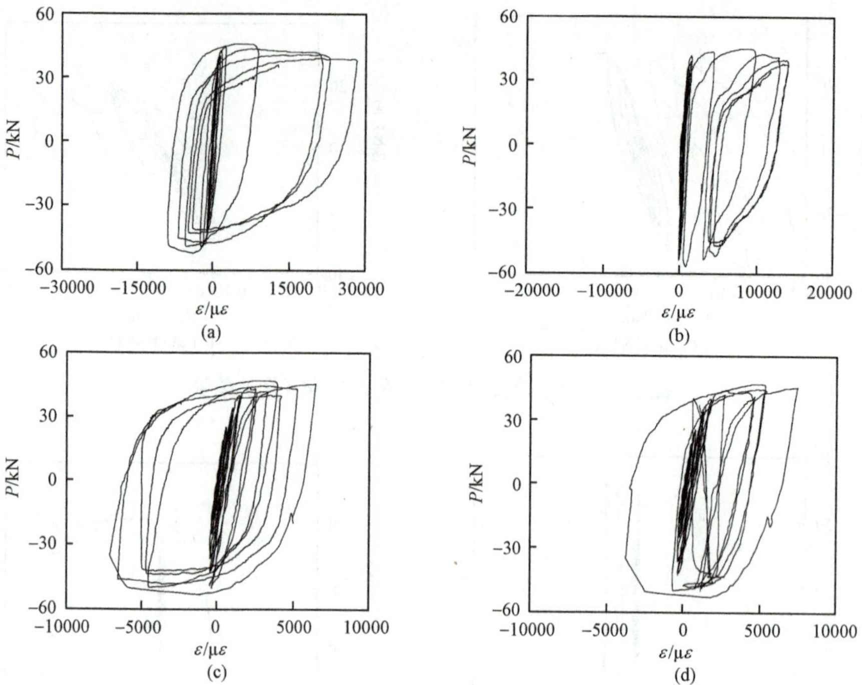

图 5.14　节点的 P-ε 关系（SJ-21）

似于确定钢管混凝土柱屈服点的方法来确定钢管混凝土节点的屈服点和屈服荷载（韩林海，2022）。

定义 P-$\varDelta$ 关系的最高点对应的荷载和位移为极限荷载 P_{max} 和极限位移 $\varDelta_{max}$；$P_u=0.85P_{max}$ 为试件破坏荷载，相应的位移为节点的破坏位移 $\varDelta_u$。按照上述方法确定的试件的 $\varDelta_y$、$\varDelta_{max}$、$\varDelta_u$ 和 P_{max}，汇总于表 5.1。

随着环板宽度（b）减小，节点承载力 P_{max} 总体上呈下降趋势，如轴压比 $n=0.6$ 时，Ⅰ型节点 SJ-13 高于Ⅱ型节点承载力约 17%（SJ-23-1）和 14%（SJ-23-2），高于Ⅲ型节点 SJ-33 约 33%，而Ⅱ型节点 SJ-23-1 及 SJ-23-2 分别高于Ⅲ型节点 SJ-33 约 19% 和 22%，如图 5.15（a）所示。柱轴压比 $n=0.3$ 时，Ⅱ型节点 SJ-22-1 及 SJ-22-2 承载力分别高于Ⅲ型节点 SJ-32 约 17% 和 21%，如图 5.15（b）所示。

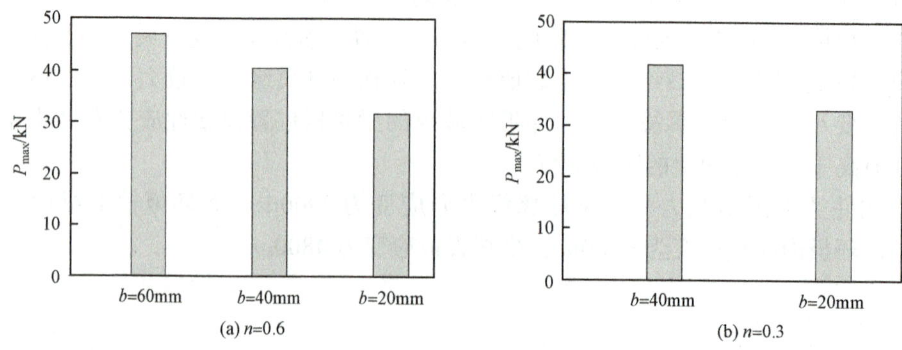

图 5.15　轴压比（n）和环板宽度（b）对极限承载力的影响

对于相同环板宽度（b）的试件，如Ⅱ型节点及Ⅲ型节点，随轴压比（n）的增大节点水平极限承载力下降，屈服位移 Δ_y 减小，同时节点的极限位移 Δ_{max} 和破坏位移 Δ_u 数值也对应减小，总体上反映了其位移延性随 n 增大而降低的趋势。

以往有关节点的试验和理论研究结果表明，节点的破坏形态总体上可归纳为三种（唐九如，1989；严正庭，严立，1996）：①节点核心区破坏；②梁端出现塑性铰；③柱端出现塑性铰。

众所周知，节点的承载力不仅与其梁柱的承载能力有关，而且还和节点的构造有关。本节试验中的节点构造均为外加强环板构造，且设计时已考虑到“强柱弱梁”的准则，差异在于环板宽度（b）不同。除环板宽度（b）最小的Ⅲ型节点发生了节点环板破坏外，其余试件均为梁端出现塑性铰而破坏。

（2）强度退化

试件的强度退化用同级荷载强度退化系数 λ_i 来表示（JGJ/T 101—2015）(2015)，即同一级加载各次循环所得峰值点荷载与该级第一次循环所得峰值点荷载的比值。λ_i 可表示如式（5.2）所示。

$$\lambda_i=\frac{P_j^i}{P_j^1} \tag{5.2}$$

式中，P_j^1 为第 j 次加载位移时，第一次加载循环的峰值点荷载值；P_j^i 为第 j 次加载位移时，第 i 次加载循环的峰值点荷载值。

图 5.16 为试件同级荷载退化系数 λ_i 随加载位移（Δ/Δ_y）的变化情况。可见，节点的同级荷载强度退化程度并不明显，即在节点屈服（位移达 Δ_y）后直至钢梁屈曲前，同级荷载退化很不明显。只有钢梁完全屈曲并在加载位移很大的试验后期，才出现较明显的同级荷载降低。

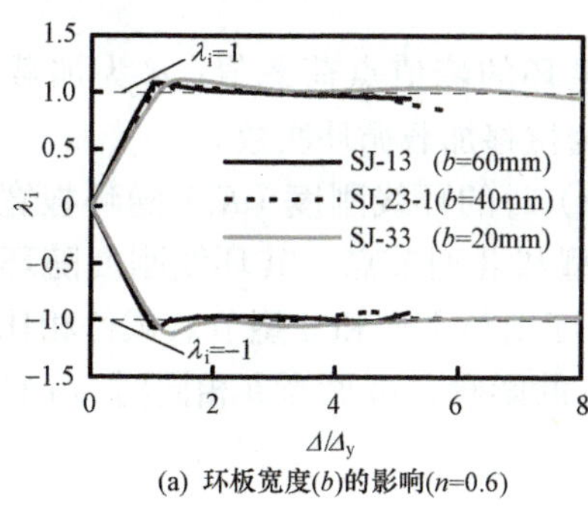

(a) 环板宽度(b)的影响(n=0.6)

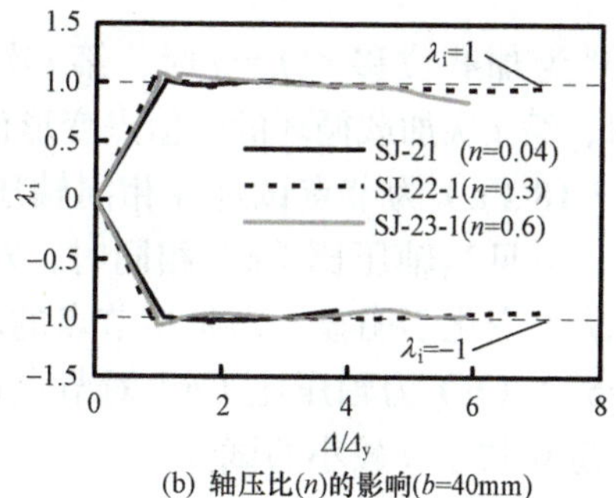

(b) 轴压比(n)的影响(b=40mm)

图 5.16　λ_i-Δ/Δ_y 关系

为研究节点试件在整个加载过程中荷载的降低情况，用式（5.3）所示的总体荷载退化系数 λ_j 分析试件在整个加载过程中的荷载退化特点，即

$$\lambda_j=\frac{P_j}{P_{max}} \tag{5.3}$$

式中，P_j 为第 j 次加载循环时对应的峰值荷载；P_{max} 为所有加载过程中所得最大峰值点荷载，即试件的极限承载力。

图 5.17 所示为节点的总体荷载退化系数 λ_j 随加载位移（Δ/Δ_y）的变化情况。可见，节点在屈服（位移达 Δ_y）后都有较长的水平段，即使达破坏荷载（$0.85P_{max}$）仍能继续承受一定的荷载。相比之下，Ⅰ型和Ⅱ型节点试件当柱轴压比较大（n=0.6）时荷载退化明显，如试件 SJ-13、SJ-23-1；轴压比较小的试件 SJ-21（n=0.04）及 SJ-22-1（n=0.3）则不明显。而Ⅲ型节点试件由于其极限承载力较低，而且钢梁在试件破坏前的屈曲变形不明显，破坏发生在节点的环板部分，其总体荷载退化均稍显平缓（SJ-33）。

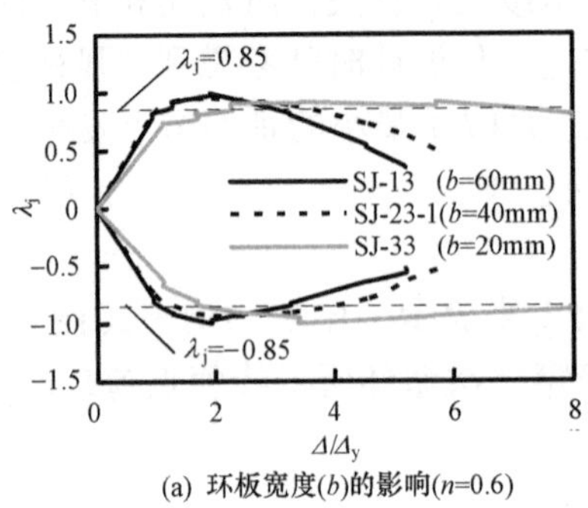

(a) 环板宽度(b)的影响(n=0.6)

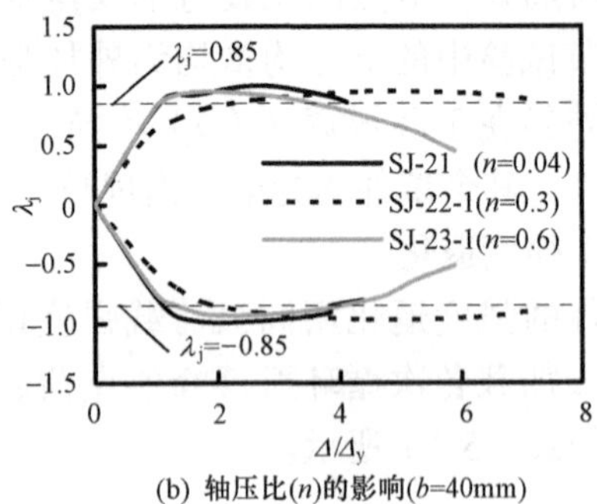

(b) 轴压比(n)的影响(b=40mm)

图 5.17　λ_j-Δ/Δ_y 关系

（3）刚度退化

采用同级变形下的环线刚度来描述试件的刚度退化（唐九如，1989），环线刚度的计算公式如式（5.4）所示。

$$K_j=\frac{\sum_{i=1}^{n}P_j^i}{\sum_{i=1}^{n}u_j^i} \tag{5.4}$$

式中，P_j^i 为加载位移 $\Delta/\Delta_y=j$ 时，第 i 次加载循环的峰值点荷载值；u_j^i 为加载位移 $\Delta/\Delta_y=j$ 时，第 i 次加载循环的峰值点变形值；n 为位移加载循环次数。

图 5.18（a）为节点试件在相同轴压比（n）时的环线刚度（K_j）随环板宽度（b）的变化。可见当轴压比（n）相同时，对于Ⅰ型和Ⅱ型节点，其环线刚度随环板宽度（b）的减小变化不明显，而Ⅲ型节点的环线刚度则与Ⅰ型和Ⅱ型节点试件相比变化较大。图 5.18（b）为轴压比（n）对节点试件 K_j 的影响，可见当 b 相同时，n 较大的试件的 K_j 退化快于 n 较小的试件。

（4）节点延性

可采用位移延性系数（μ）和转角延性系数（μ_θ）来研究节点的延性特性。根据式（2.24）和图 2.109 方法计算确定的所有试件的节点柱顶水平屈服位移 Δ_y、破坏位移 Δ_u 及位移延性系数（μ）。节点的层间位移角 $\theta=\arctan(\Delta/H)$。则试件破坏时位移角 θ_u 和屈服位移角 θ_y 比值即为位移角延性系数（μ_θ），如式（5.5）所示。

$$\mu_\theta=\frac{\theta_u}{\theta_y} \tag{5.5}$$

μ 和 μ_θ 在数值上差异不大。μ 和 μ_θ 的具体数值分别如表 5.3 所示。

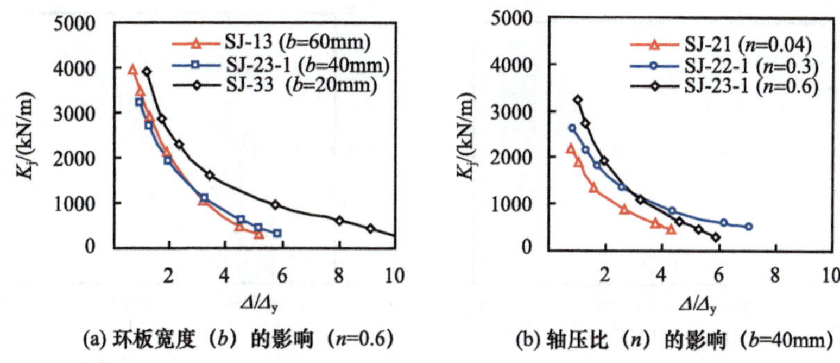

(a) 环板宽度（b）的影响（n=0.6）　(b) 轴压比（n）的影响（b=40mm）

图 5.18　K_j-Δ/Δ_y 关系

表 5.3　节点的延性及耗能指标

序号	试件编号	屈服位移角 θ_y	破坏位移角 θ_u	位移延性系数 μ	位移角延性系数 μ_θ	总耗能 /（kN · m）	等效黏滞阻尼系数 h_e	能量耗散系数 E
1	SJ-13	0.0117	0.0352	3	3	16.1	0.5	3.14
2	SJ-21	0.0175	0.0779	4.5	4.5	32.3	0.36	2.25
3	SJ-22-1	0.0118	0.0637	5.4	5.4	38.6	0.47	2.94
4	SJ-22-2	0.0100	0.0548	5.5	5.5	30.9	0.44	2.75
5	SJ-23-1	0.0108	0.0413	3.8	3.8	18.9	0.44	2.76
6	SJ-23-2	0.0097	0.0442	4.6	4.6	24.8	0.47	2.97
7	SJ-32	0.0094	0.0679	7.2	7.2	34.8	0.47	2.94
8	SJ-33	0.0067	0.0496	7.4	7.4	24.1	0.55	3.48

轴压比（n）和环板宽度（b）对节点延性均有影响。当 n 相同时，随着 b 的减小，试件的位移延性（μ）逐渐提高，如图 5.19（a）所示，主要原因是 b 较大时节点的变形主要集中在钢梁截面上，节点承载力较高但钢梁的屈曲更为显著，从而使得 P-Δ 关系达峰值后的下降速度趋于明显。当 b 相同时，$n\leqslant0.3$ 时 μ 值变化不大。其后随着 n 的增大，μ 总体上呈现出降低的趋势，如图 5.19（b）所示。

规范 GB 50011—2010（2010）规定：对于多高层钢结构弹性层间位移角限值［θ_e］＝1/300≈0.0033，弹塑性层间位移角限值［θ_p］＝1/50＝0.02，若参考此限值，本节进行的 8 个节点试件的层间位移延性系数 μ 取 3～7.4，屈服位移角 θ_y 取 2.03［θ_e］～5.30［θ_e］，破坏位移角 θ_u 取 1.78［θ_p］～3.90［θ_p］。

（5）耗能

结构构件的耗能能力可以其荷载（P）－变形（Δ）滞回关系所包围的面积来衡量（JGJ/T 101—2015）（2015），如图 5.20 所示。滞回曲线包含的面积反映了结构弹塑性耗能的大小，滞回环越饱满，耗散的能量越多，结构的耗能性能越好。

耗能能力是研究结构抗震性能的一个重要指标，一般可采用等效黏滞阻尼系数 h_e 和能量耗散系数 E 来评价钢管混凝土节点的耗能能力（JGJ/T 101—2015）（2015）。

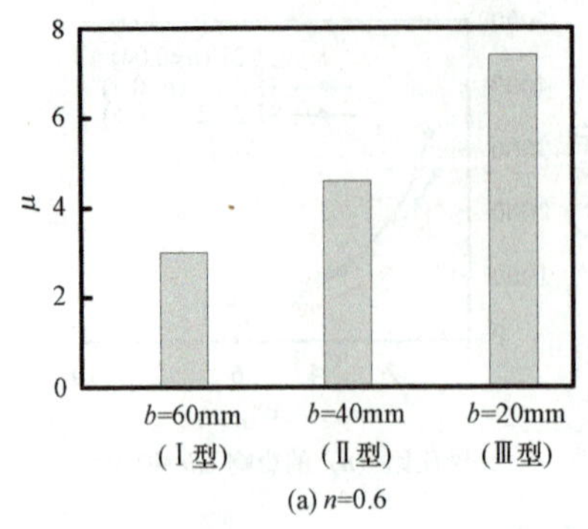

(a) n=0.6

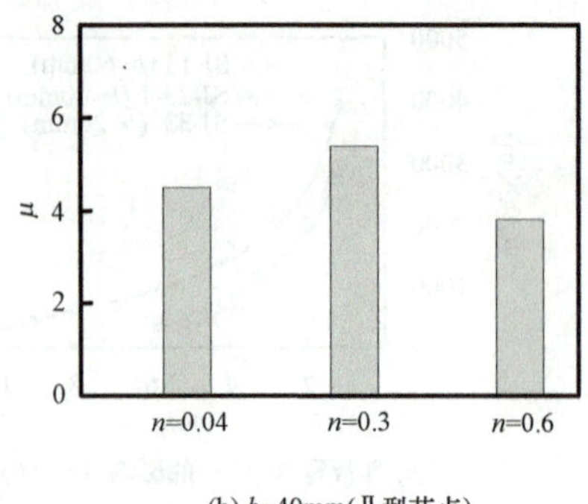

(b) b=40mm(Ⅱ型节点)

图 5.19　轴压比（n）和环板宽度（b）对延性（μ）的影响

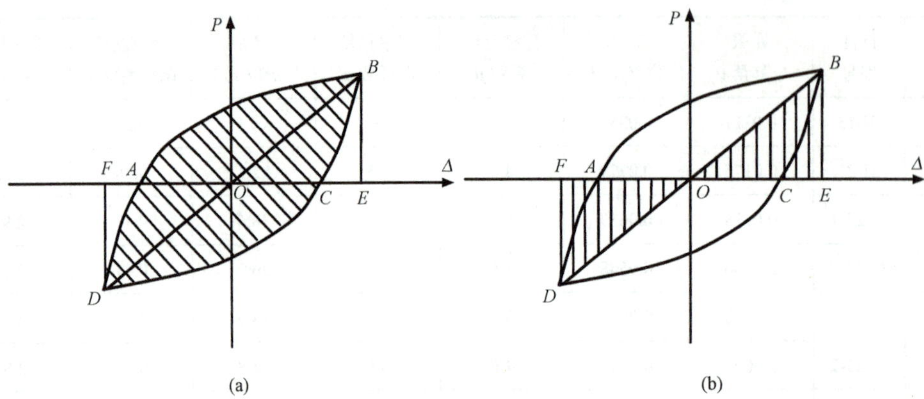

(a)　(b)

图 5.20　P-Δ 关系滞回环

等效黏滞阻尼系数 h_e 定义如式（5.6）所示。

$$h_e=\frac{1}{2\pi}\frac{S_{ABC}+S_{CDA}}{S_{OBE}+S_{ODF}} \tag{5.6}$$

式（5.6）中，S_{ABC} 和 S_{CDA} 分别为图 5.20（a）中 ABC 和 CDA 阴影部分面积，S_{OBE} 和 S_{ODF} 分别为图 5.20（b）中△OBE 和△ODF 部分面积。

能量耗散系数 E 定义为构件在一个滞回环的总能量与构件弹性能的比值，按式（5.7）计算。

$$E=\frac{S_{ABC}+S_{CDA}}{S_{OBE}+S_{ODF}}=2\pi h_e \tag{5.7}$$

按照上述公式计算得到试件的总耗能（所有滞回环所包围的面积）、h_e 和 E 汇总于表 5.3 中，计算时暂以达破坏荷载 $0.85P_{max}$ 时为滞回环截止点。

从表 5.3 可以看出，试件达极限状态时的 h_e 和 E 的变化规律与上述延性系数 μ 和 μ_θ 的变化规律相同，即 b 相同时，随着 n 的增大，节点的 h_e 和 E 有减小的趋势。

当 n 相同时，Ⅰ型节点耗能能力最低，Ⅲ型节点耗能能力较强。主要原因是所有试件的钢梁均相同，Ⅰ型节点的环板上的力主要传递到梁端而使得最后钢梁梁端截面发生拉裂，荷载下降很快，因此钢梁的耗能能力较低，试件的延性系数较小。Ⅱ节点则居于Ⅰ型和Ⅲ型节点之间。

需要说明的是，Ⅲ型节点的破坏是环板断裂，尽管其转角延性系数（μ_θ）和位移延性系数（μ）最大，但其屈服位移（转角）、极限位移、破坏位移（转角）绝对值却都是最小的。

综上所述，在本节试验参数范围内，相对于Ⅰ型和Ⅲ型节点，Ⅱ型节点的构造措施总体上较为合理。

图 5.21 给出了节点在屈服（位移达 Δ_y）后的 h_e-Δ/Δ_y 关系。可见对于相同轴压比（n）的试件，如图 5.21（a）所示，当加载位移小于 $3\Delta_y$ 时，随着环板宽度（b）的减小，各位移加载级的 h_e 变化不明显；当加载位移大于 $3\Delta_y$ 时，随着 b 的减小，各位移加载级的 h_e 减小。对于相同环板宽度（b）的节点，如图 5.21（b）所示，当轴压比 $n \leqslant 0.3$ 时，随着 n 的增大各位移加载级的 h_e 变化不明显，但 $n > 0.3$ 时，随着 n 的增大各位移加载级的 h_e 有明显的增大。

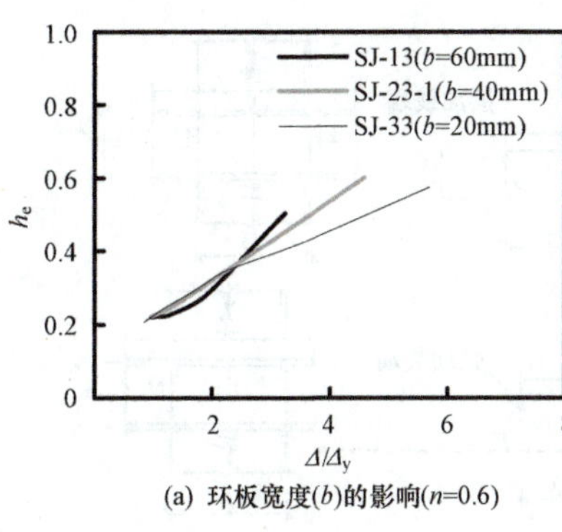

(a) 环板宽度(b)的影响(n=0.6)

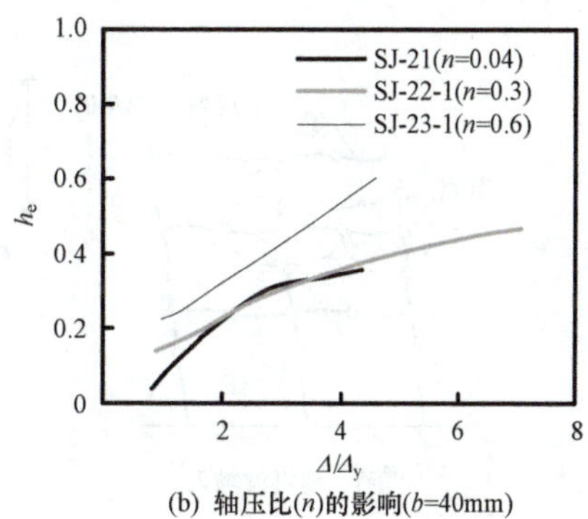

(b) 轴压比(n)的影响(b=40mm)

图 5.21　h_e-Δ/Δ_y 关系

以轴压比和环板宽度为参数，本节研究了外加强环板式钢管混凝土柱 - 钢梁节点的滞回性能，分析了节点的荷载 - 位移滞回关系及骨架线，梁端弯矩 - 曲率滞回关系，节点柱端、梁端弯矩 - 转角和节点梁柱相对转角关系，节点位移延性、强度退化、刚度退化及耗能能力等性能的变化规律。

研究结果表明，在本节试验参数范围内，钢管混凝土柱 - 钢梁外加强环板节点的荷载 - 位移滞回关系较为饱满，没有明显的捏缩现象，刚度和强度退化不明显。轴压比和环板宽度是影响钢管混凝土节点力学性能的重要因素，随着轴压比的增大，节点的水平极限承载力下降，屈服状态提前，耗能能力和位移延性总体上均有所降低。随着环板宽度的减小，节点的水平承载力总体上呈下降趋势，但位移延性却呈现增大的趋势。

5.3　加强环板式组合梁节点试验研究

本节进行钢管混凝土柱 - 钢梁外环板式节点在恒定柱顶轴压力、梁加载端低周反复荷载作用下的抗震性能试验研究（Han and Li，2010；李威，2011）。基于试验研究结果，分析该类节点在反复荷载作用下的全过程状态和最终破坏形态、极限承载力、应变分布、刚度退化、强度退化、耗能能力等特性，同时为有限元计算模型验证提供必要的试验数据。

5.3.1 试验概况

（1）试件设计和制作

为研究框架梁 - 柱连接节点在反复荷载作用下的力学性能，选取上下两层反弯点之间的钢管混凝土柱 - 钢梁节点作为研究对象［图 5.22（a）］。所选取的平面框架中间层中间节点（以下简称中间节点）和中间层端节点（以下简称端节点）的示意如图 5.22（b）所示。其中，N_0 表示加载在柱顶的恒定轴压力，P 表示梁加载端反复荷载，H 为柱上下端转动中心的垂直距离，L 为中间节点两个加载端的水平距离。图 5.22（c）所示为节点核心区附近的受力情况。

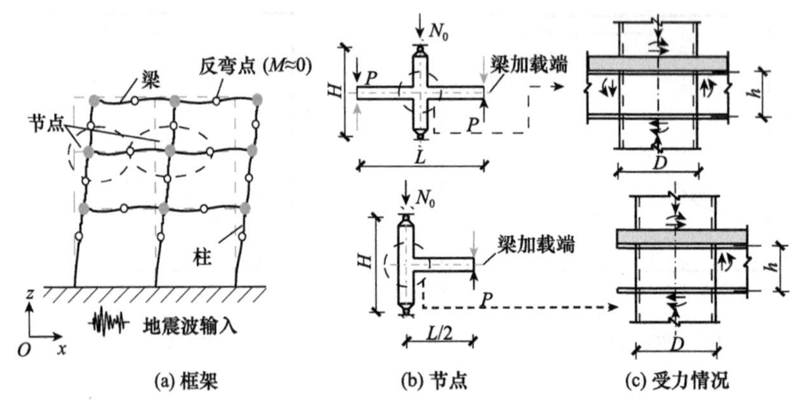

图 5.22 节点试件模型确定方法

在本试验中，其中一组三个试件参照实际建筑结构工程节点的设计，考虑钢筋混凝土楼板的组合作用。为便于对比和分析，另一组三个试件在设计时不考虑楼板的组合作用，仅对钢管混凝土柱 - 钢梁节点进行设计。模型和实际节点的比例约为 1 : 2。试验参数为柱轴压比、梁柱抗弯承载力比和梁柱线刚度比。图 5.23 所示为节点试件的外形尺寸和构造。

节点试件的钢管混凝土柱截面均为○-219mm×4.68mm，柱实际长度为 1500mm，柱上部到楼板上表面的垂直距离为 695mm。加上两端铰支座后，柱上下端两个转动中心的垂直距离（H）为 2100mm。试验中的梁柱抗弯承载力比、梁柱线刚度比通过变化钢梁截面尺寸来实现。试件 CIJ-1、CIJ-2 和 CEJ-2 的钢梁尺寸为 150mm×150mm×5.62mm×5.62mm，试件 CIJ-3、CIJ-4 和 CEJ-4 的钢梁尺寸为 230mm×150mm×5.62mm×5.62mm。梁加载点到柱中轴线的水平距离（$L/2$）为 1300mm。对于中间节点，两个加载点之间的水平距离（L）为 2600mm。楼板宽度均为 700mm，厚度为 50mm。由于试件尺寸的限制，楼板内配单层钢筋（Ⅰ级钢筋），钢筋直径为 10mm，

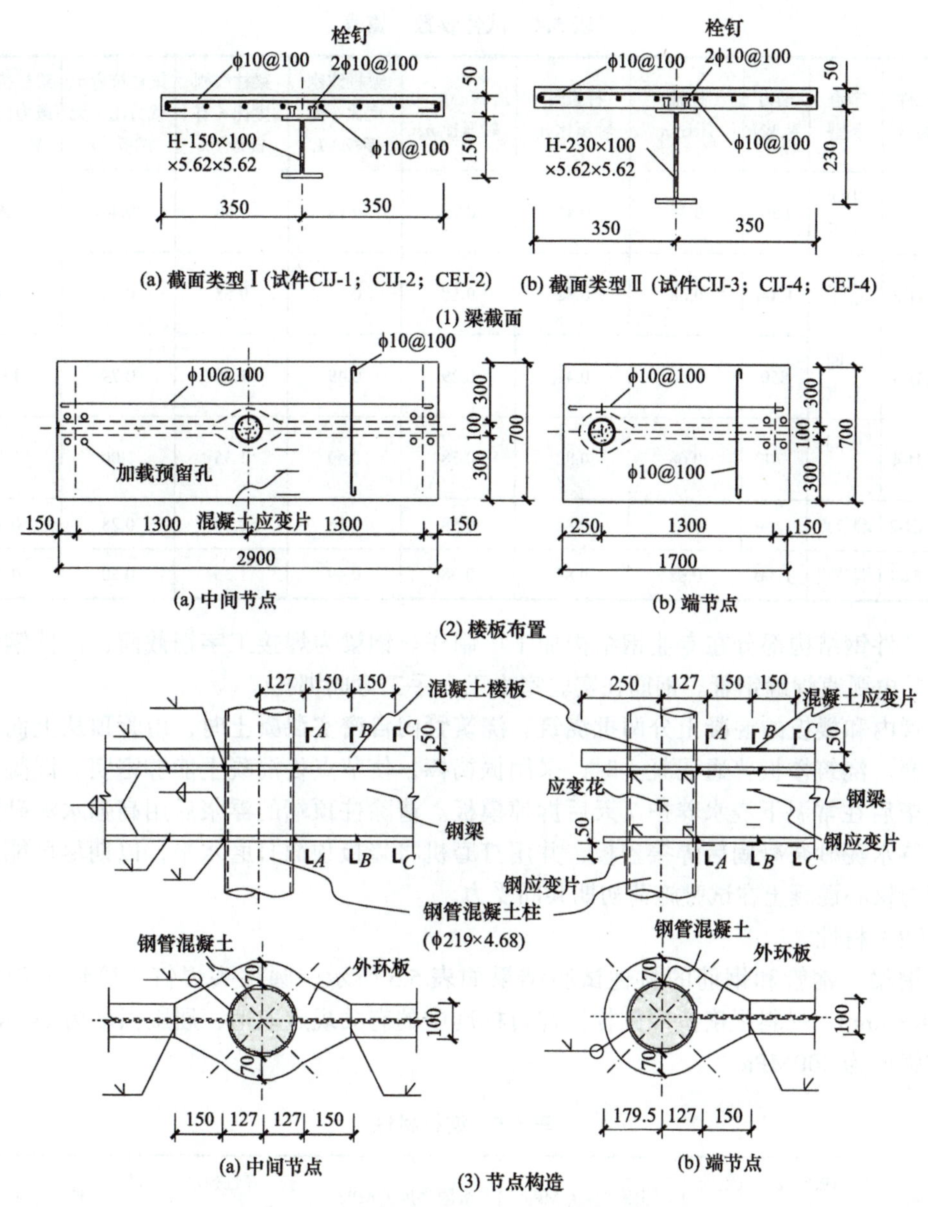

图 5.23　试件外形尺寸构造（尺寸单位：mm）

间距 100mm。钢筋在板内的锚固长度依据《混凝土结构设计标准（2024 年版）》（GB 50010—2010）的相关规定，板内钢筋和钢管混凝土柱壁之间不做特殊连接处理。钢筋混凝土楼板的有效宽度参考《钢结构设计标准》（GB 50017—2017）中的相关规定。试件楼板通过抗剪连接件（圆柱头栓钉）和钢梁连接在一起共同工作，实际形成了钢－混凝土组合梁。栓钉连接件满足完全剪力连接设计要求。根据上述方法计算的全部节点试件的参数见表 5.4，表中还列出了利用材料设计值计算的钢管混凝土柱设计轴压比（n_{d}）。

表 5.4　试件参数一览表

序号	试件编号	节点类型	轴力 N_0/kN	柱轴压比 n	柱设计轴压比 n_d	核心区轴压比 n_p	梁柱线刚度比（无楼板）k_i'	梁柱线刚度比（有楼板）k_i	梁柱抗弯承载力比（无楼板）k_m'	梁柱抗弯承载力比（有楼板）k_m
1	CIJ-1	中间节点	850	0.34	0.41	0.29	0.18	0.58	0.44	0.63
2	CIJ-2	中间节点	1700	0.68	0.82	0.58	0.18	0.58	0.56	0.80
3	CIJ-3	中间节点	850	0.34	0.41	0.29	0.49	1.35	0.79	1.09
4	CIJ-4	中间节点	1700	0.68	0.82	0.58	0.49	1.35	1.00	1.39
5	CEJ-2	端节点	1700	0.68	0.82	0.58	0.18	0.58	0.28	0.46
6	CEJ-4	端节点	1700	0.68	0.82	0.58	0.49	1.35	0.50	0.79

试件钢结构部分在专业钢结构加工厂制作。钢梁为焊接工字钢截面，试件钢管采用成品电弧直焊缝钢管。钢筋在实验室由工人手工弯曲绑扎。

管内和楼板的混凝土分两批浇筑。浇筑管内自密实混凝土时，由管顶从上而下直接浇灌。浇筑楼板普通混凝土时，采用振捣棒，使节点处混凝土能够密实。混凝土浇筑完毕后在常温下浇水养护 7 天后拆掉模板。清除柱顶端的浮浆后用高强水泥砂浆填补。待水泥砂浆凝固后焊接盖板，并用打磨机将盖板顶面打磨水平，以期尽可能保证钢管与核心混凝土在试验施荷初期共同受力。

（2）材性

钢梁、钢管和钢筋的材性试验结果如表 5.5 所示。圆柱头焊钉（栓钉）规格为 ϕ10×35mm。材料强度按照圆柱体焊钉标准中的有关规定取值，屈服强度为 240MPa，抗拉强度为 400MPa。

表 5.5　钢材材性

钢材种类	钢板厚度（或钢筋直径）/mm	屈服强度 f_y/MPa	极限强度 f_u/MPa	弹性模量 E_s/（N/mm^2）	伸长率 δ/%
钢梁翼缘	5.62	475.4	601.5	2.06×10^5	20.7
钢梁腹板	5.62	467.3	597.0	2.01×10^5	18.1
钢管	4.68	375.4	471.0	2.09×10^5	30.0
钢筋	ϕ10	276.0	478.6	2.02×10^5	18.4

试件钢管内核心混凝土采用自密实混凝土，试件楼板采用普通混凝土，最终测得其 28 天立方体抗压强度分别为 56.0MPa 和 32.4MPa，弹性模量分别为 3.89×10^4N/mm^2 和 2.86×10^4N/mm^2。试验时立方体抗压强度分别为 56.0MPa 和 35.7MPa。

（3）试验装置及加载制度

本节采用梁端反复加载方式测试节点的抗震性能。根据图 5.22 所示试件加载情况选取条件，试验时先在柱顶施加轴压力 N_0 并保持稳定，然后在梁加载端用 MTS 伺服加载系统施加低周反复荷载。试验装置示意如图 5.24（a）所示，实际装置如图 5.24（b）所示。

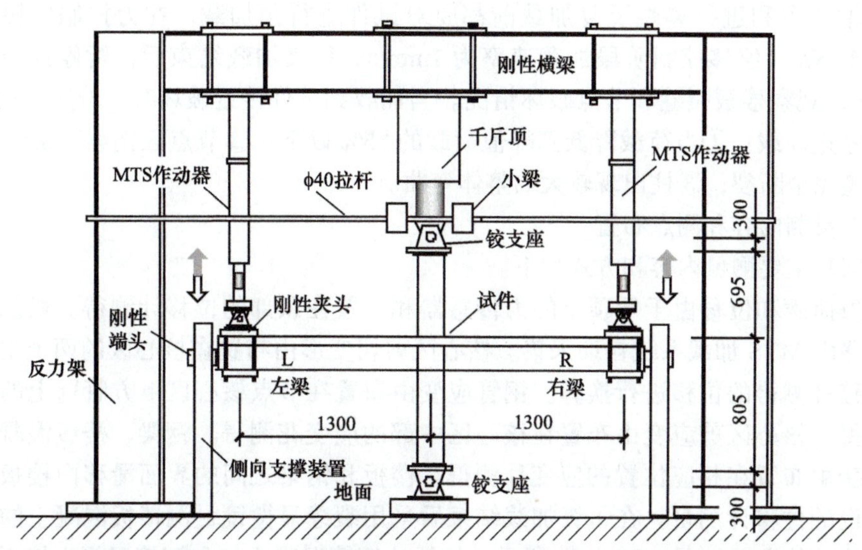

(a) 试验装置示意（尺寸单位：mm）

(b) 节点试验情景

图 5.24　节点试验加载装置

为使试验能够顺利进行，特别是在后期保证梁能够充分变形，本试验设置了侧向支撑装置。该装置主要是在钢梁加载端焊接刚性端头，通过夹板和滑轮约束端头强制沿侧向支撑轨道移动，从而约束梁的平面外扭转变形。侧向支撑装置如图 5.24（b）右上角局部放大图形所示。

加载制度采用《建筑抗震试验规程》(JGJ/T 101—2015）规定的荷载 - 变形双控加载制度，即在弹性阶段采用荷载控制加载，开裂或屈服后用位移控制加载。施加柱顶轴压力和进行梁端反复加载前都要对试件进行预加载。在力控制阶段，加载速率为 1kN/s，位移控制阶段加载速率为 1mm/s。每级加载结束后，暂停加载并持荷 2～3min，观察楼板裂缝和节点破坏情况。当加载到试件接近破坏时，若达下列条件之一时即停止加载：①当荷载降低到峰值荷载的 85% 以下；②节点区钢梁下翼缘严重屈曲或焊缝完全断裂；③柱出现较大的整体弯曲。

（4）量测内容和测点布置

本试验主要测量内容和方式如下。

柱顶荷载和位移由千斤顶上的力传感器和布置在顶部的位移计测得。梁加载端荷载和位移由 MTS 加载系统自动采集。核心区剪切变形由布置在核心区的两个主对角线方向位移计测得的位移进行换算。钢管应变由布置在节点核心区下方管壁上的竖向应变片测得。核心区剪应变由布置在核心区中部的应变花测得。钢梁、楼板混凝土和纵筋的应变由布置在相应位置的应变片测得。楼板和钢梁之间的界面滑移由楼板和钢梁之间架设的位移计测量。在每级加载结束后采用裂缝显微镜量测楼板混凝土的裂缝宽度。位移计的布置如图 5.25（a）所示，钢梁、钢管混凝土柱和钢筋混凝土楼板的应变片布置如图 5.25（b）～（e）所示。

5.3.2 试验结果

1. 试验全过程分析

以试件 CIJ-1 和 CIJ-3 为例说明试验的全过程。其中，当楼板上表面混凝土受压时

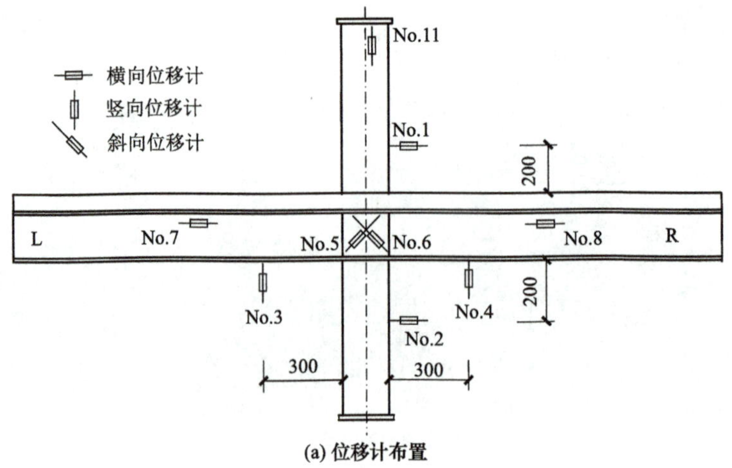

(a) 位移计布置

图 5.25 位移计和应变片布置（尺寸单位：mm）

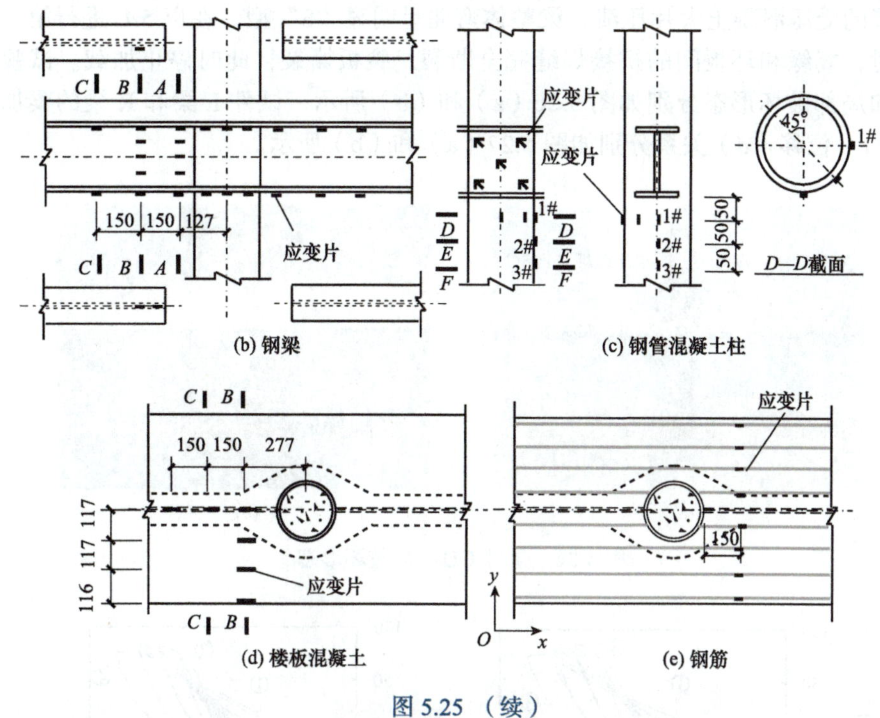

图 5.25 （续）

梁承受的弯矩为正，相应的梁加载端荷载为正值；当楼板上表面混凝土受拉时梁承受弯矩为负，相应的梁加载端荷载为负值。试件“左梁”（L 梁）和“右梁”（R 梁）的定义如图 5.24 所示。定义反复荷载工况下，L 梁位移向上，R 梁位移向下的加载为“正向加载”，未特别标明的荷载均指 R 梁荷载。

（1）试件 CIJ-1

首先对钢管混凝土柱施加 850kN 的轴压力（柱轴压比为 0.34），然后在梁加载端施加反复荷载。在荷载控制阶段，当 R 梁加载端荷载为－18kN 时，靠近钢管处的受拉区楼板出现裂缝。当荷载为－36kN 时，裂缝宽度为 0.10mm，钢筋混凝土楼板中部出现多条平行裂缝，间距约为 100mm，楼板和钢管壁之间出现裂缝。当反向加载时，楼板受压区裂缝闭合。当荷载为－54kN 时，裂缝宽度为 0.20mm，并延伸到楼板中部，环板和钢筋混凝土楼板之间出现裂缝。此后进入位移控制阶段，在以 $2\Delta_y$ 进行第一圈正向加载时，R 梁受拉区最大裂缝宽度为 0.30mm，L 梁靠近钢管处的楼板下部出现受拉裂缝，楼板和钢管壁间分离较为明显。以 $2\Delta_y$ 进行第一圈反向加载时，R 梁楼板上表面裂缝基本闭合，L 梁最大裂缝宽度为 0.40mm。当以 $3\Delta_y$ 进行第一圈正向加载时，R 梁最大裂缝宽度为 0.80mm，L 梁受压区混凝土压酥起皮，反向加载时裂缝基本不能闭合。当以 $4\Delta_y$ 进行第一圈正向加载时，R 梁最大裂缝宽度为 0.90mm，L 梁环板和钢梁连接处的拼接焊缝出现裂缝，钢管根部的受压混凝土完全压酥碎裂，钢梁下翼缘出现屈曲。反向 $4\Delta_y$ 加载时，L 梁最大裂缝宽度为 1.0mm，钢梁腹板出现轻微剪切滑移线。在以 $4\Delta_y$ 进行第二圈加载时，楼板裂缝基本贯通。在以 $5\Delta_y$ 进行第一圈正向加载时，R 梁受压钢梁下翼缘明显屈曲，L 梁受拉钢梁下翼缘和环板的拼接焊缝断裂，腹板鼓曲，靠近钢管的受压混凝土大片压溃，梁整体弯曲呈明显“S”型。在以 $5\Delta_y$ 进行第二圈正向加载时，翼缘和环板间的拼接焊缝完全断裂，腹板撕裂，此时停止加载。试验完毕后整体和局部破坏形态分别如图 5.26（a）和（b）所示，试件 L 梁和 R 梁的梁加载端荷载（P）-位移（Δ）关系分别如图 5.27（a）和（b）所示。

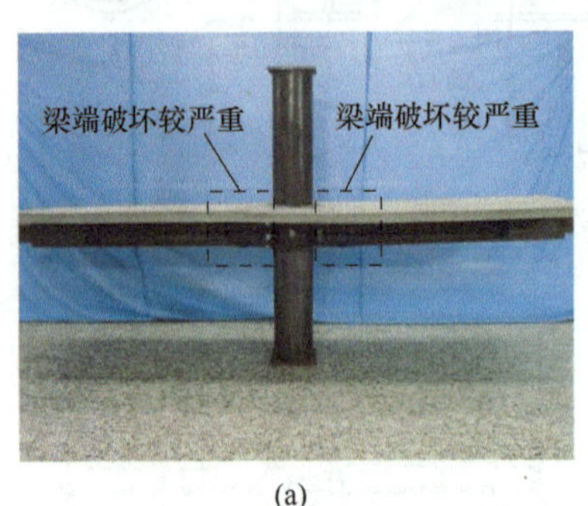

(a)

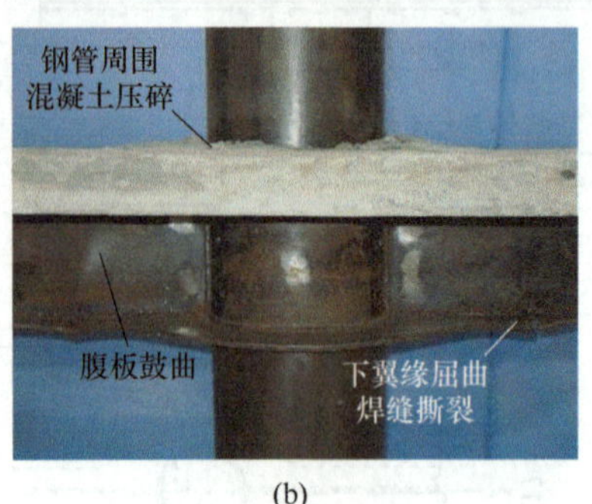

(b)

图 5.26　试件 CIJ-1 的破坏形态

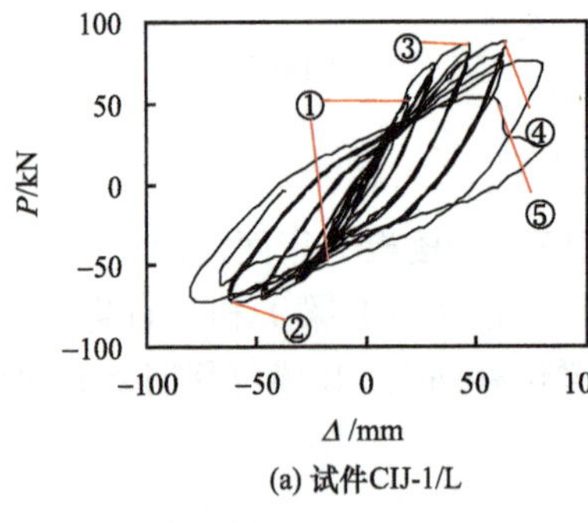

(a) 试件CIJ-1/L

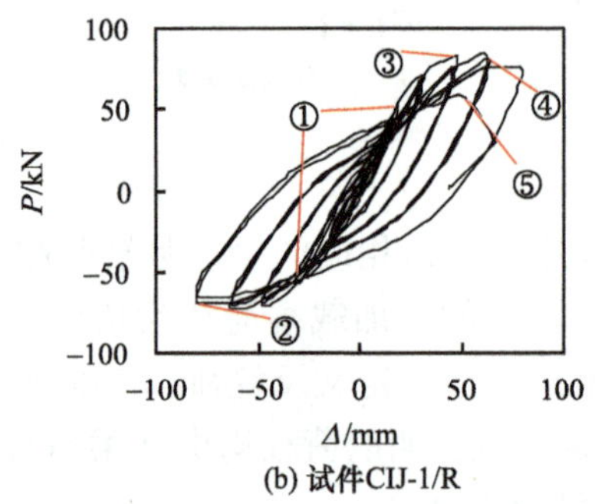

(b) 试件CIJ-1/R

①钢梁翼缘屈服；②钢梁下翼缘屈曲；③楼板混凝土压碎；④翼缘-环板焊缝开裂；⑤腹板撕裂。

图 5.27　试件 CIJ-1 的梁加载端荷载（P）-位移（Δ）关系

（2）试件 CIJ-3

该试件的钢管混凝土柱轴压比为 0.34。当 R 梁加载端荷载为－25kN 时，靠近钢管处的受拉区钢筋混凝土楼板出现裂缝，反向加载时裂缝闭合。当荷载为－50kN 时，裂缝最大宽度为 0.05mm，楼板中部出现多条平行裂缝，间距约为 150mm，混凝土和钢管壁之间出现裂缝。当反向加载时，受压区裂缝闭合。当荷载为－75kN 时，裂缝最大宽度为 0.20mm，受压区楼板底部裂缝宽度为 0.05mm，钢管壁和混凝土之间的裂缝宽度约为 0.60mm。此后进入位移控制阶段，以 15mm 为一级进行加载。在以 $2\Delta_y$ 进行第一圈正向加载时，受拉区楼板混凝土最大裂缝宽度为 0.30mm，环板和混凝土楼板之间出现裂缝，楼板和钢管壁之间出现明显裂缝；L 梁靠近钢管的楼板下部混凝土出现受拉裂缝。以 $2\Delta_y$ 进行第一圈反向加载时，R 梁楼板横向裂缝基本闭合。当以 $3\Delta_y$ 进行第一圈正向加载时，R 梁最大裂缝宽度约为 0.45mm，钢管壁和楼板之间明显脱开，反向加载时 L 梁最大裂缝宽度为 0.55mm。以 $4\Delta_y$ 进行第一圈正向加载时，R 梁最大裂缝宽度为 0.70mm，钢管附近的楼板受压混凝土压酥起皮，楼板横向裂缝贯通整板；L 梁底部裂缝宽度约为 0.40mm，反向加载时，L 梁最大裂缝宽度为 0.80mm。当以 $4\Delta_y$ 进行第二圈反向加载时，L 梁一侧环板位置以下受压钢管壁出现轻微鼓曲。当以 $4\Delta_y$ 进行第三圈正向加载时，R 梁一侧环板位置以下受压钢管壁出现轻微鼓曲。当以 $5\Delta_y$ 进行第一圈正向加载时，L 梁一侧楼板位置以上受压钢管壁出现鼓曲变形，R 梁裂缝最大宽度为 0.80mm，反向加载时，L 梁一侧鼓曲的柱壁被拉直，R 梁一侧受压柱壁出现鼓曲。在这个阶段，柱整体出现了弯曲变形，上下铰支座出现转动。当以 $6\Delta_y$ 进行第二圈正向加载时，柱呈弓形弯曲，L 梁下翼缘和环板的拼接焊缝出现裂缝，此时停止试验。试验完毕后整体和局部破坏形态分别如图 5.28（a）和（b）所示，试件 L 梁和 R 梁的梁加载端荷载（P）－位移（Δ）关系分别如图 5.29（a）和（b）所示。

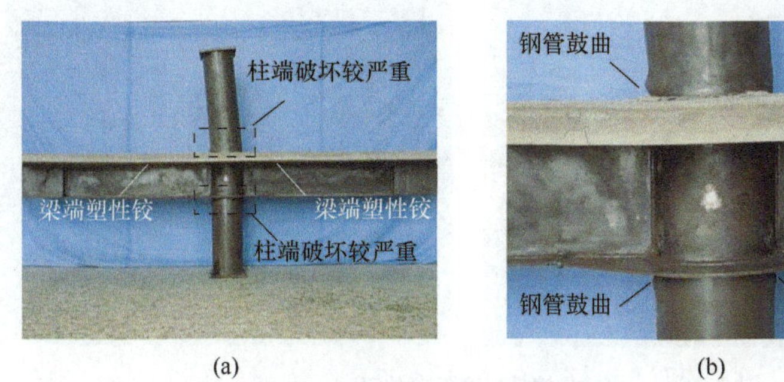

图 5.28　试件 CIJ-3 的破坏形态

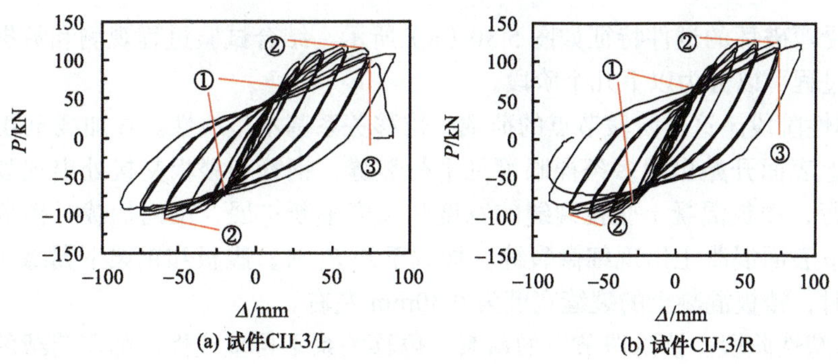

①管壁屈服；②柱管壁鼓曲；③柱弯曲变形。

图 5.29　试件 CIJ-3 的梁加载端荷载（P）－位移（Δ）关系

2. 节点破坏特征

试验试件主要出现了两类的破坏形态：一类的破坏主要集中在靠近核心区的梁端区域，如试件 CIJ-1、CIJ-2、CEJ-2、CEJ-4；一类的破坏主要集中在靠近核心区的柱端区域，如试件 CIJ-3、CIJ-4。其中，梁端受弯破坏的主要特征是钢梁下翼缘和环板交接处发生屈曲和断裂，钢管混凝土柱附近的楼板混凝土压碎；柱端压弯破坏的主要特征是钢管混凝土柱靠近核心区的部位管壁鼓曲，相应部位的内部混凝土压碎，柱出现整体弯曲。这两类破坏形态如图 5.30 所示。

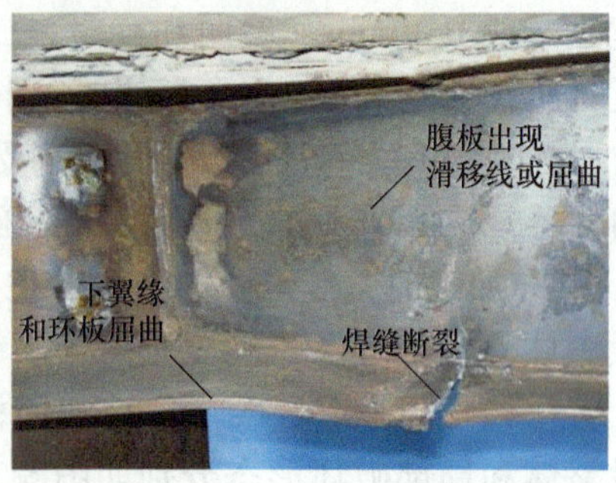

(a) 梁端受弯破坏(试件CIJ-1)

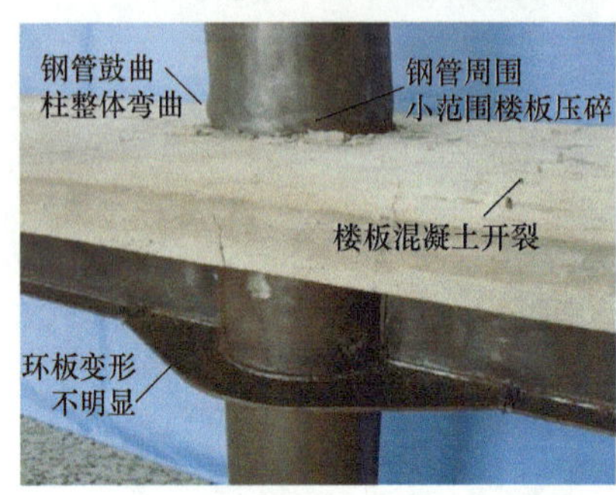

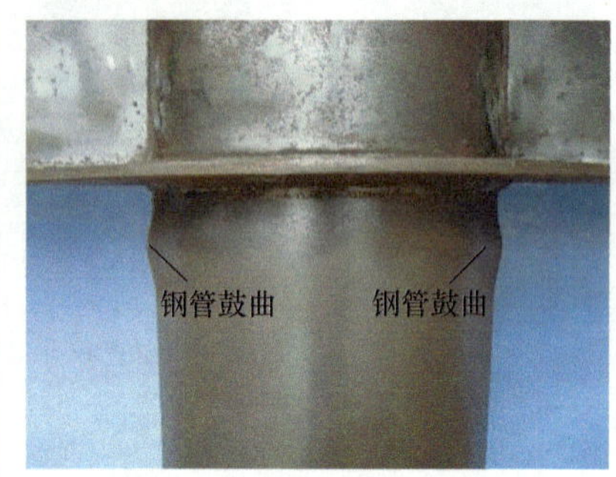

(b) 柱端受弯破坏(试件CIJ-3)

图 5.30　试件破坏形态

梁端受弯破坏的试件特征如图 5.30（a）所示。结合试验过程观测和数据，该类节点的破坏过程可以分为以下几个阶段。

1）弹性阶段。这个阶段节点的荷载－位移关系基本呈线性。在加载至 0.33P_y 左右时，楼板上表面开始出现多条裸眼可见平行裂缝，钢管和楼板交接处出现裂缝。随着加载的进行，楼板混凝土受拉裂缝的宽度和长度不断扩展，反向加载时楼板上表面裂缝闭合，下表面混凝土出现细微裂缝。加载至约 P_y 时，腹板和钢梁下翼缘屈服。弹性阶段结束时，楼板混凝土的裂缝宽度为 0.30mm 左右。

2）弹塑性阶段。该阶段节点的荷载－位移关系不再呈线性。随着荷载的增大，节点变形不断发展，原有的混凝土裂缝宽度不断开展，上下表面裂缝贯通，反向加载时裂缝不能完全闭合。加载至约 3Δ_y 时，钢梁受压，下翼缘已能观察到较为明显的下翼缘和腹板屈曲，和钢管直接接触的楼板混凝土压碎，此时节点荷载达峰值。

3）破坏阶段。达峰值荷载后，节点的承载力开始下降，下降的程度和钢梁的屈曲程度相关。随着楼板混凝土逐渐退出工作，板内钢筋和钢梁承受了大部分荷载，荷载下降总体来说较为平缓。此阶段钢梁整体变形明显。由于钢梁首先发生破坏，故钢管混凝土柱损伤较小，柱轴压比对该类试件的破坏形态影响并不明显。

两个端节点试件 CEJ-2 和 CEJ-4 出现的也是梁端破坏，其过程和特征如上所述。和截面相同的中间节点试件相比，由于端节点的梁柱抗弯承载力比较小，因此破坏更加集中在梁端，其腹板和翼缘屈曲程度要比相应的中间节点严重。对比中间节点试件 CIJ-1 和 CIJ-3，试件 CIJ-3 的梁柱抗弯承载力比和梁柱线刚度比均比试件 CIJ-1 大，因此试件 CIJ-3 出现了柱端压弯破坏。

柱端压弯破坏的试件特征如图 5.30（b）所示。该类节点的破坏形成过程也可以分为以下几个阶段。

1）弹性阶段。这个阶段节点的荷载 - 位移关系基本呈线性。在加载至 $0.33P_y$ 左右时，楼板上表面开始出现多条裸眼可见平行裂缝，钢管和楼板交界处有分离的现象。此后随着加载的进行，裂缝的宽度和长度有所扩展，环板和钢梁也有脱离的现象。当楼板上表面受压时，原有的受拉裂缝基本闭合。加载至 P_y 时，钢管混凝土柱壁钢管达屈服状态，但钢梁翼缘尚未屈服。

2）弹塑性阶段。该阶段节点的荷载 - 位移关系不再呈线性关系。随着加载位移逐渐增大，核心区的剪切变形和柱端弯曲变形发展较快，楼板混凝土的裂缝宽度也有一定程度的扩大。当钢管混凝土柱端达极限承载力时，节点荷载达峰值。

3）破坏阶段。达峰值荷载后，节点的承载力开始平缓下降。该阶段节点的变形主要集中在钢管混凝土柱上，靠近混凝土上表面和钢梁下翼缘的柱壁反复鼓曲和拉直。在加载后期柱整体出现了较为明显的弯曲变形。由于钢管混凝土柱的滞回性能优良，试件荷载 - 位移关系在柱整体弯曲前仍较为饱满。

对比中间节点试件 CIJ-4 和端节点试件 CEJ-4。二者的梁柱线刚度比一样，但试件 CIJ-4 的梁柱抗弯承载力比要比试件 CEJ-4 高。在试验中，试件 CEJ-4 呈现了较为明显的梁端受弯破坏特征，而试件 CIJ-4 的破坏形态为柱端压弯破坏。

此次构件加工时，环板和钢梁翼缘是分别切割后用拼接焊缝连在一起。当钢梁下翼缘和环板焊接处应力比较集中，在加载过程中焊缝容易断裂。这也说明了节点连接处的焊缝也是影响节点破坏形态的重要因素，好的焊缝质量至关重要。

为了解核心区混凝土的工作性能，在试验结束后割开部分试件核心区钢管外壁，观察核心区混凝土的开裂情况，如图 5.31 所示。

(a) 试件CIJ-1

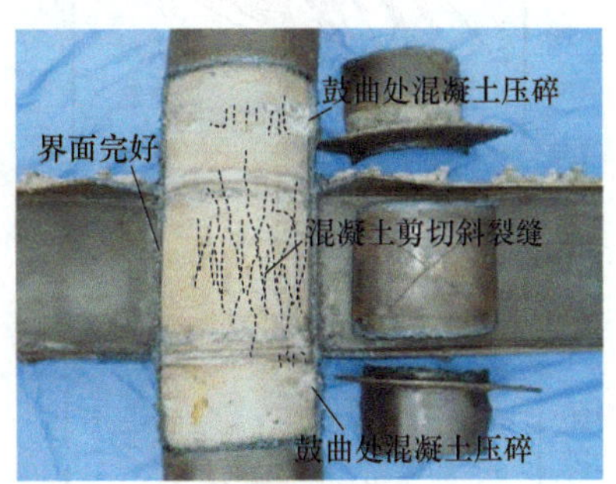

(b) 试件CIJ-4

图 5.31　核心区混凝土破坏形态

图 5.31（a）为试件 CIJ-1 的核心区混凝土情况，该试件的破坏形态为梁端受弯破坏。可见，该节点核心区混凝土基本完好，无裸眼可见裂缝。核心区混凝土和钢管界面的黏结完好，没有发生滑移现象。

图 5.31（b）所示为试件 CIJ-4 的核心区混凝土破坏情况，该试件的破坏形态为柱

端压弯破坏。从图 5.31（b）中可以看出，柱端压弯破坏试件的核心区混凝土破坏较为严重。在上下环板高度之间的核心区混凝土有明显的交叉斜裂缝，在裂缝之间混凝土的碎裂程度较为明显。由于有外围的钢管约束，其碎裂发展较为均匀。在楼板以上和钢环板下缘两处钢管鼓起的部位，其内部混凝土完全压碎，变得酥松。核心区斜裂缝也部分扩展到楼板高度范围内。试件的钢管和混凝土界面也保持完好，没有发现滑移现象，说明钢管和核心混凝土之间的黏结滑移很小，二者变形基本协调。

5.3.3 试验结果分析

（1）荷载 - 位移关系

梁加载端荷载（P）- 位移（Δ）关系是节点试件在反复荷载作用下反应的综合体现，对分析试件的抗震性能具有重要的意义。本次试件的 P-Δ 关系如图 5.32 所示。

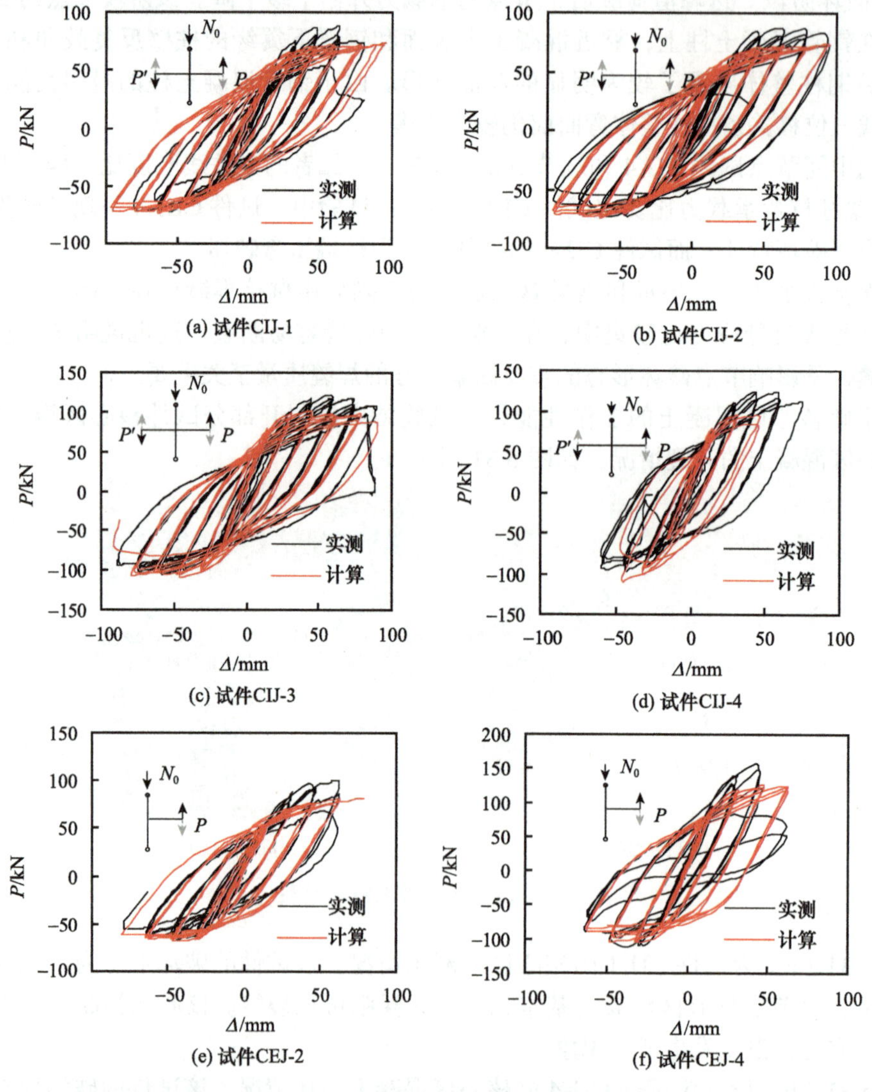

图 5.32 钢管混凝土柱 - 钢梁节点梁加载端荷载（P）- 位移（Δ）关系

将 P-Δ 关系的各个峰值点相连，即得到 P-Δ 关系骨架线，如图 5.33 所示。其中，试件编号后的“/L”或“/R”表示试件的 L 梁或 R 梁。

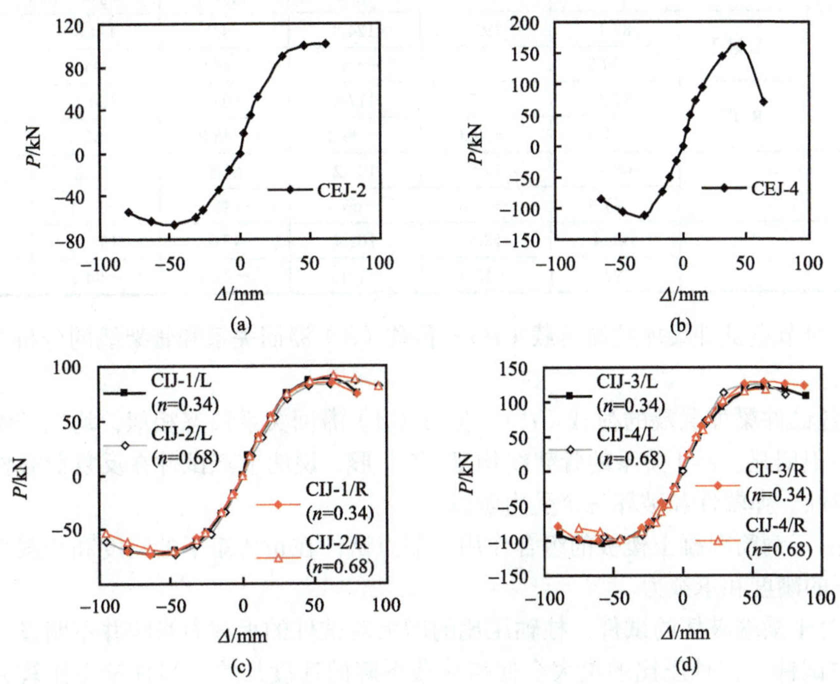

图 5.33　梁加载端荷载（P）－位移（Δ）关系骨架线

按图 2.109 方法确定的节点试件的各特征点数值如表 5.6 所示。其中，荷载为正表示梁受正弯矩，为负表示梁受负弯矩。

表 5.6　节点试件特征点

试件编号	梁名称	屈服点		峰值点		极限点	
		P_y/kN	Δ_y/mm	P_{max}/kN	Δ_{max}/mm	P_u/kN	Δ_u/mm
CIJ-1	L 梁	61.3	23.2	88.0	63.9	74.3	79.6
		−53.2	−24.1	−73.0	−63.0	−69.3	−79.8
	R 梁	59.6	22.5	84.6	63.1	74.8	79.9
		−51.4	−22.8	−73.3	−64.0	−69.0	−79.8
CIJ-2	L 梁	66.3	29.6	87.4	79.4	80.9	95.0
		−56.7	−23.9	−73.7	−63.5	−62.6	−92.5
	R 梁	71.7	29.1	92.2	63.6	82.2	94.9
		−48.8	−22.4	−69.6	−47.5	−59.2	−82.7
CIJ-3	L 梁	81.9	23.4	120.8	58.6	108.4	90.1
		−73.3	−19.0	−105.0	−58.3	−93.2	−88.7
	R 梁	86.7	23.4	129.5	58.8	122.9	88.7
		−69.0	−20.5	−99.8	−60.0	−84.8	−85.5

续表

试件编号	梁名称	屈服点		峰值点		极限点	
		P_y/kN	Δ_y/mm	P_{max}/kN	Δ_{max}/mm	P_u/kN	Δ_u/mm
CIJ-4	L 梁	87.1	19.7	124.8	59.9	111.8	74.3
		−70.5	−19.2	−96.9	−44.9	−95.3	−57.0
	R 梁	81.2	20.2	117.8	60.0	100.1	83.2
		−71.7	−18.3	−96.2	−45.0	−81.6	−74.8
CEJ-2	—	66.9	17.8	101.2	61.8	101.2	61.9
		−47.0	−21.8	−66.4	−46.1	−56.4	−77.4
CEJ-4	—	108.4	18.5	161.4	47.0	137.2	58.6
		−92.3	−18.4	−111.4	−29.4	−94.7	−57.2

通过对节点试件梁加载端荷载（P）-位移（Δ）滞回关系和骨架线的分析可以发现以下特征。

1）各试件梁加载端的荷载（P）-位移（Δ）滞回关系形态相似，均比较饱满，捏缩现象不很明显。P-Δ 关系的骨架线均呈“S”形，说明节点试件在反复荷载作用下都经历了弹性、弹塑性和破坏三个受力阶段。

2）由于钢筋混凝土楼板的组合作用，节点试件在正弯矩下的刚度和承载力要大于负弯矩下的刚度和承载力。

3）对于梁端破坏的试件，柱轴压比的增大对试件的承载力影响并不明显；对于柱端破坏的试件，柱轴压比的增大会使得荷载下降的速度加快。当柱轴压比较大时，在较小的梁加载端位移级别柱可能就达破坏。

本文试件的抗剪栓钉数量根据完全剪力连接情况设计。在试验中，利用布置在梁跨中的位移计实测了钢梁和楼板混凝土在反复荷载作用下的滑移。试验过程中，钢梁和楼板混凝土之间没有观测到明显的相对滑动迹象。部分试件的梁加载端荷载（P）-滑移（s）关系如图 5.34 所示。可见，钢梁和楼板之间的滑移量很小，且呈线性关系。试验过程中，钢梁和楼板混凝土的交界处也没有观测到明显的相对滑动迹象，表明自然粘接尚未破坏，钢梁和楼板之间基本没有相对滑动。

（2）强度退化

本次试验试件的强度退化系数（λ_j）和加载位移级别（Δ/Δ_y）的关系如图 5.35 所示。其中，中间节点试件 L 梁和 R 梁的强度退化规律较为类似，图 5.35 中以试件 R 梁为例说明强度退化情况。

由图 5.35 可见，强度退化系数（λ_j）随着加载位移级别（Δ/Δ_y）的增大逐渐减小。在加载结束时，λ_j 降低至 0.9 左右。在同级荷载或位移条件下，随着荷载循环次数（i）的增多，λ_j 也有所下降。焊缝开裂后，试件的强度退化速度加快。

中间节点试件 CIJ-1 和 CIJ-2 的变形集中在梁端，因此柱轴压比对试件强度退化影响较小。对于中间节点试件 CIJ-3 和 CIJ-4，由于破坏出现在柱端，加载后期柱变形较大，节点承载力和柱承载力相关性较大，因此随着柱轴压比的增大，试件 CIJ-4 的强度退化程度更明显。

端节点试件和中间节点的强度退化规律类似，均随着加载位移级数和循环次数的

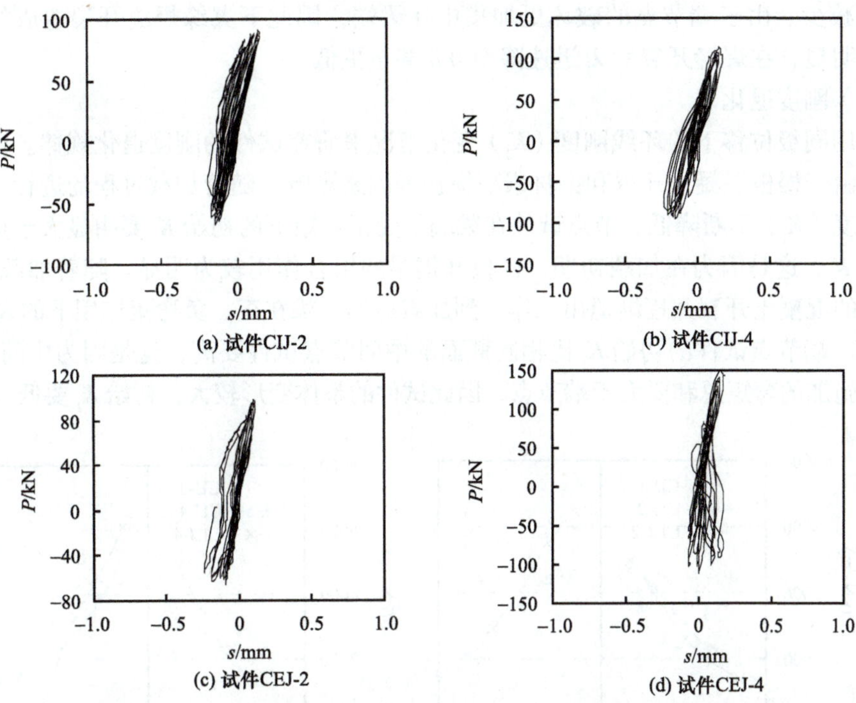

图 5.34　部分试件的梁加载端荷载（P）- 滑移（s）关系

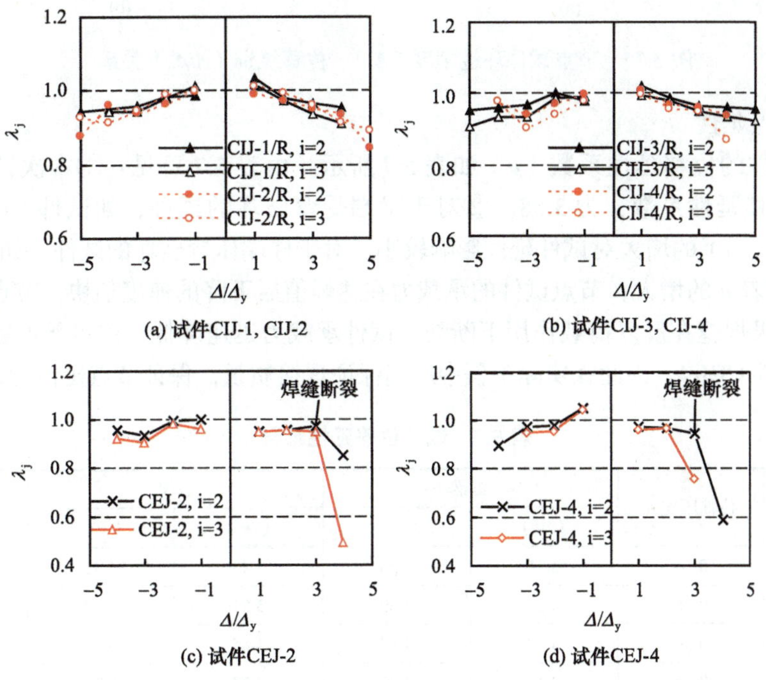

图 5.35　试件强度退化系数（λ_j）- 位移级别（Δ/Δ_y）关系

增加而减少。由于端节点的破坏更加集中在梁端，因此下翼缘焊缝开裂造成的强度退化更加明显，在焊缝开裂后 λ_j 迅速降至 0.8 甚至更低。

（3）刚度退化

采用同级位移下的环线刚度（K_j）变化情况来研究试件的刚度退化规律。由图 5.36 可见，由于楼板混凝土开裂和钢材累积损伤等因素影响，随着加载过程的进行，试件的环线刚度（K_j）不断降低。节点试件在梁端承受正弯矩下的初始 K_j 要明显大于负弯矩下的初始 K_j。这是因为在加载初期，楼板和钢梁的组合作用较为明显。随着加载的进行，楼板中的混凝土开裂并逐渐退出工作，到加载后期，梁在正、负弯矩作用下的 K_j 差异逐渐减小。端节点试件的初始 K_j 比相同截面的中间节点试件要高，这是因为中间节点左、右梁端施加的弯矩总和要大于端节点，因此试件的整体变形较大，初始 K_j 要低。

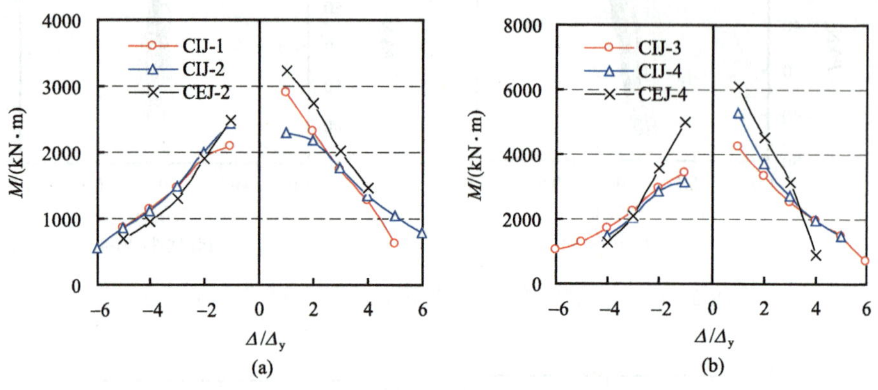

图 5.36　节点试件环线刚度（K_j）- 位移级别（Δ/Δ_y）关系

（4）节点延性

本文试件的位移延性系数（μ）如表 5.7 所示。由表 5.7 可见：①本次试验节点试件的平均位移延性系数 μ 为 3.58。②对于梁端受弯破坏的试件，如试件 CIJ-1 和 CIJ-2，柱轴压比（n）的增大对试件延性影响较小。对于柱端压弯破坏的试件，如试件 CIJ-3 和 CIJ-4，随着 n 的增大，节点试件的承载力在达峰值后下降的速度加快，节点延性明显降低。③如果焊缝在反复荷载作用下断裂，试件承载力迅速降低，这将严重影响节点的延性，如试件 CEJ-4。因此在实际工程中应当保证焊接质量，保证节点延性的发挥。

表 5.7　试件位移延性系数

试件编号	柱轴压比 n	R 梁		L 梁		平均位移延性系数 $\bar{\mu}$
		（+）	（−）	（+）	（−）	
CIJ-1	0.34	3.55	3.50	3.43	3.31	3.45
CIJ-2	0.68	3.26	3.69	3.21	3.87	3.51
CIJ-3	0.34	3.79	4.17	3.85	4.67	4.12
CIJ-4	0.68	4.12	4.09	3.77	2.97	3.74
CEJ-2	0.68	3.48	3.55	—	—	3.51
CEJ-4	0.68	3.17	3.14	—	—	3.14

（5）耗能

表 5.8 汇总了试件耗能指标。可以看出，除个别焊缝提前破坏的试件外，本文试件的滞回曲线较为饱满，在达峰值荷载时的等效黏滞阻尼系数（h_e）为 0.177～0.225，平均值为 0.193。一般钢筋混凝土节点的 h_e 约为 0.1，型钢混凝土节点的 h_e 约为 0.3（周起敬等，1991）。本文节点试件的 h_e 约为钢筋混凝土节点的 2 倍。

表 5.8　试件耗能指标汇总

试件编号	能量耗散系数 E_d	等效粘滞阻尼系数 h_e	累积耗能 E_{total}/（kN · m）
CIJ-1	1.11	0.177	41.39
CIJ-2	1.16	0.184	79.94
CIJ-3	1.13	0.180	94.75
CIJ-4	1.41	0.225	57.70
CEJ-2	1.28	0.204	39.62
CEJ-4	1.23	0.196	46.62

上述等效黏滞阻尼系数（h_e）表征了试件滞回环的饱满程度。试件的耗能能力还和试件在加载过程中的实际耗能相关。引入半周耗能（E_h）和累积耗能（E_{total}）说明节点试件在加载过程中的耗能情况。试件的半周耗能（E_h）为试件在梁加载端荷载（P）－位移（Δ）关系的半个滞回环的总能量，即图 5.20 所示的三角形 ABC 或 CDA 的面积（S_{ABC} 或 S_{CDA}）。E_h 和加载位移级别 j（$j=\Delta/\Delta_y$）的关系如图 5.37 所示。

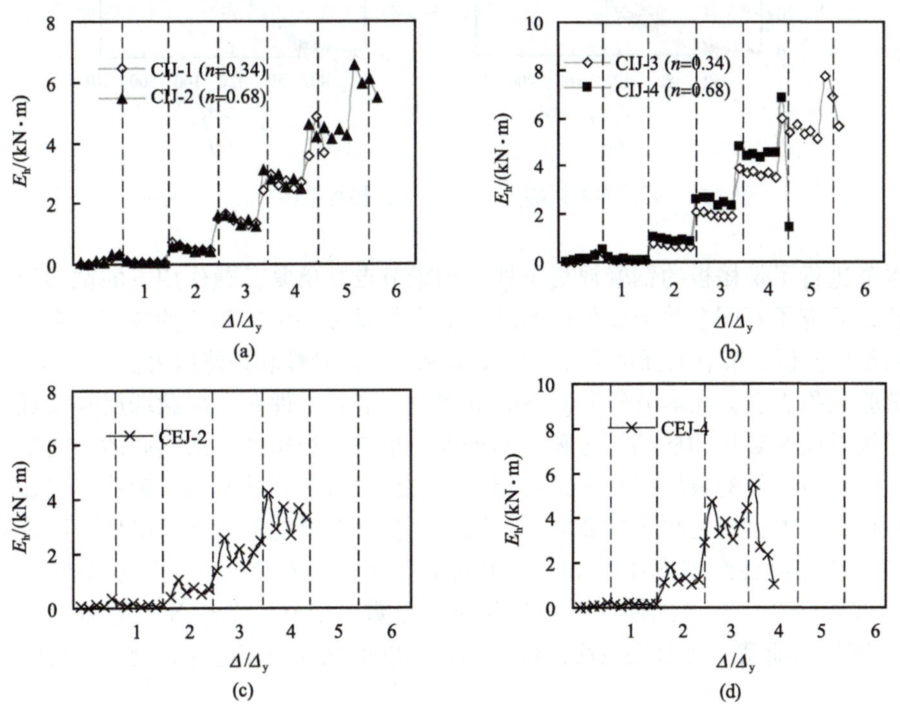

图 5.37　试件耗能－循环半周数

由图 5.37 可见，试件半周耗能（E_h）- 位移级别（Δ/Δ_y）关系呈阶梯形。随着 Δ/Δ_y 的逐级增大，当试件承载力增长缓慢或者出现下降时，其半周耗能能力仍然有明显的提高。在同一级位移下，随着循环次数的增加，试件的梁加载端荷载有所退化，耗能能力也有所下降。对于梁端受弯破坏的试件，如试件 CIJ-1 和 CIJ-2，柱轴压比（n）的增大对试件半周耗能影响不明显。对于柱端压弯破坏的试件（CIJ-3 和 CIJ-4），随着 n 的增大，试件的半周耗能能力有明显的提高。

试件的累积耗能（E_{total}）为梁加载端荷载（P）- 位移（Δ）关系各滞回环在加载过程中包络的面积，累积位移（Δ_a）为梁加载端在反复加载过程中的累积位移历程。各试件在加载全过程结束时的 E_{total} 如表 5.8 所示。E_{total} 和累积相对位移（Δ_a/Δ_y）的关系如图 5.38 所示。从图 5.38 中可以看出，随着 Δ_a/Δ_y 的增加，E_{total} 递增。对于梁端受弯破坏试件 CIJ-1 和 CIJ-2，柱轴压比（n）对 E_{total} 的影响较小。对于柱端压弯破坏试件 CIJ-3 和 CIJ-4，随着 n 的提高，半周耗能能力（E_h）有所提高，但由于 n 的增大加快了试件承载力的降低，使得在柱端破坏之后梁加载端荷载下降很快，循环提前终止，因此达破坏时的 E_{total} 要低于柱轴压比较低的试件。这也反映了节点试件总耗能能力随柱轴压比增大而降低的趋势。

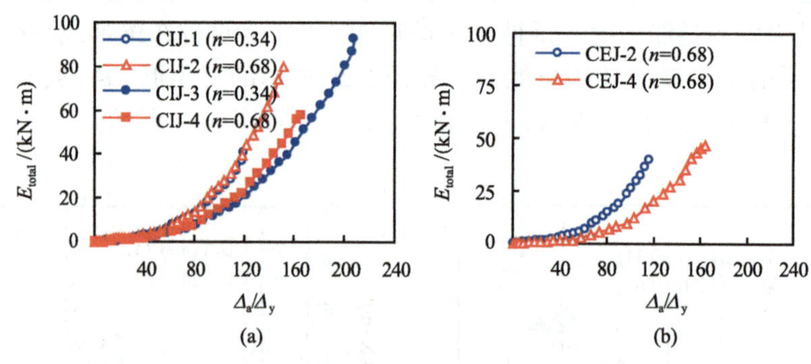

图 5.38　试件累积耗能（E_{total}）- 累积相对位移（Δ_a/Δ_y）关系

本节进行了带楼板的钢管混凝土柱 - 钢梁节点在反复荷载作用下的试验研究。通过试验，研究了不同参数下试件的荷载 - 变形关系和各关键部位的应变分布情况，利用不同指标分析了节点的强度退化、刚度退化、节点延性和耗能能力。

试验结果表明，在本节研究的参数范围内，节点试件在梁加载端反复荷载作用下出现了梁端受弯破坏和柱端压弯破坏两种破坏形态。和构件截面相同的中间节点试件相比，端节点试件的破坏更集中在梁端。柱轴压比对节点承载力的影响不明显，但随着柱轴压比的增大，柱端压弯破坏节点试件的延性及耗能能力有所降低。随着梁柱抗弯承载力比和梁柱线刚度比的增大，中间节点试件的破坏形态由梁端受弯破坏向柱端压弯破坏转变。节点试件的平均位移延性系数为 3.58，平均等效黏滞阻尼系数为 0.193，试件的荷载 - 变形关系均比较饱满，刚度退化和强度退化较稳定，抗震耗能能力良好。

5.4　钢管混凝土斜柱－钢梁节点试验研究

工程中有时会存在具有一定倾斜角度的钢管混凝土柱，从而形成竖直柱过渡到斜柱，或由斜柱过渡到直柱的情况，因此会存在该类倾斜柱与钢梁的节点形式。本节分别完成了 6 个方钢管混凝土“直－斜”柱－箱形钢梁节点和 6 个方钢管混凝土“斜－直”柱－箱形钢梁节点力学性能的单调加载及反复加载试验研究，斜柱均倾斜 9°，分析了其破坏形态、极限承载力和延性等，对该类节点的受力特性进行了分析（Li et al., 2013）。

5.4.1　试验概况

（1）试件设计

试件信息汇总于表 5.9。试验时施加在柱上的恒定轴压力为 2280kN，钢管混凝土柱的轴压比均为 0.6，其中，轴压比定义为柱轴力和钢管混凝土直柱极限承载力之比。

表 5.9　“直－斜”柱－箱形钢梁节点试件一览表

<table>
<tr><th>序号</th><th>试件编号</th><th>柱截面尺寸（$B\times t\times H_1\times H_2$）</th><th>梁截面尺寸（$b\times t_h\times t_v\times h\times L$）</th><th>纵向加劲肋</th><th>加载方式</th></tr>
<tr><td>1</td><td>STSC-SBB11</td><td rowspan="6">200mm×8mm×
626mm×574mm</td><td rowspan="6">80mm×6mm×4mm×
170mm×1056mm</td><td rowspan="3">无</td><td>单调</td></tr>
<tr><td>2</td><td>STSC-SBB12</td><td rowspan="2">反复</td></tr>
<tr><td>3</td><td>STSC-SBB13</td></tr>
<tr><td>4</td><td>STSC-SBB21</td><td rowspan="3">有</td><td>单调</td></tr>
<tr><td>5</td><td>STSC-SBB22</td><td rowspan="2">反复</td></tr>
<tr><td>6</td><td>STSC-SBB23</td></tr>
<tr><td>7</td><td>TSSC-SBB11</td><td rowspan="6">200mm×8mm×
706mm×494mm</td><td rowspan="6">80mm×6mm×4mm×
170mm×1153mm</td><td rowspan="3">无</td><td>单调</td></tr>
<tr><td>8</td><td>TSSC-SBB12</td><td rowspan="2">反复</td></tr>
<tr><td>9</td><td>TSSC-SBB13</td></tr>
<tr><td>10</td><td>TSSC-SBB21</td><td rowspan="3">有</td><td>单调</td></tr>
<tr><td>11</td><td>TSSC-SBB22</td><td rowspan="2">反复</td></tr>
<tr><td>12</td><td>TSSC-SBB23</td></tr>
</table>

12 个方钢管混凝土斜柱－箱形钢梁节点分为 4 组，第 1 组 3 个“直－斜”柱各面中线未设置纵向加劲肋，第 2 组 3 个“直－斜”柱各面中线设置纵向加劲肋，钢管外截面尺寸为 $B\times t$=200mm×8mm，柱总高为 1200mm，其中直柱部分高为 626mm，斜柱部分高为 574mm，纵向加劲肋肋高 b_s=25mm，肋宽 t_s=8mm，所用材料同钢管；箱形钢梁宽为 80mm，高为 170mm，长为 1056mm，上下翼缘厚 6mm，左右腹板厚 4mm。

（2）材性

方钢管由四块钢板拼焊而成，箱形钢梁同样由四块钢板拼焊而成，然后焊到斜柱指定位置。钢材屈服强度、抗拉强度、弹性模量和泊松比等参数如表 5.10 所示。

表 5.10 钢材力学性能指标

钢材种类	钢板厚度 /mm	屈服强度 f_y/MPa	极限强度 f_u/MPa	弹性模量 E_s/（N/mm^2）	泊松比 μ_s
钢管	7.70	396.9	491.0	1.92×10^5	0.284
钢梁翼缘、内隔板	5.75	484.3	563.3	1.93×10^5	0.287
钢梁腹板	3.75	410.1	518.8	1.95×10^5	0.279

钢管内填充自密实混凝土，配合比：水为 172kg/m^3；普通硅酸盐水泥为 470.3kg/m^3；河砂为 615.3kg/m^3；石灰岩碎石为 1027.9kg/m^3。混凝土 28 天抗压强度 f_{cu}=46MPa，试验时的 f_{cu}=59.5MPa，弹性模量 E_c=33200N/mm^2。

（3）试验装置和加载制度

竖向荷载作用下斜柱会产生较大水平分力，考虑斜柱 - 箱形钢梁节点工作的边界条件、加载条件、装置稳定性和安全性等，试验在 5000kN 自平衡反力架上进行，装置如图 5.39（a）所示，试验时的情况如图 5.39（b）所示。

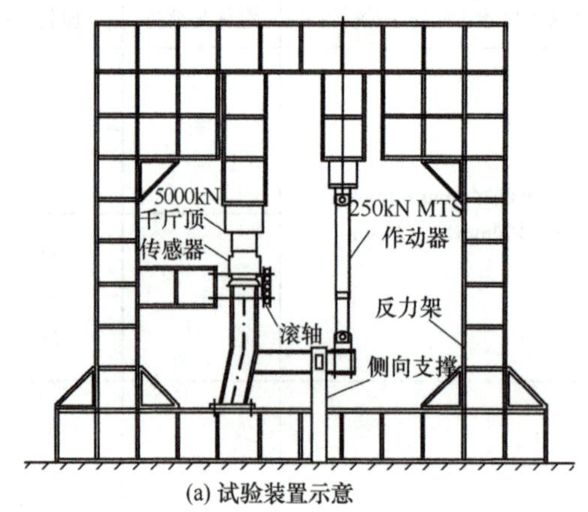

(a) 试验装置示意

(b) 节点试验时的情形

图 5.39 “直 - 斜”柱 - 箱形钢梁节点试验装置

“直 - 斜”柱的下端为固接，上端仅竖向可以移动，竖向轴力采用固定于反力架横梁上的 5000kN 千斤顶施加，箱形钢梁采用 250kN MTS 作动器施加单调荷载或反复荷载，直至试件破坏。

节点试验在 5000kN 反力架上进行。柱端恒定轴力用 5000kN 千斤顶通过高精度静态伺服压力机施加，梁端竖向荷载通过 250kN MTS 作动器施加。正式加载前先进行预加载，预加载值约为预计极限荷载（100kN）的 15%，加到预定值后持荷 2～3min，然后卸载。单调加载试验时采用分级加载制。在小于 60% 预计极限荷载的范围内，每级荷载为预计极限荷载的 1/10；超过此范围后，每级荷载约为预计极限荷载的 1/20。每级荷载的持荷时间约为 2min，接近破坏时慢速连续加载。反复加载制度同 3.3 节。

（4）量测内容

方钢管混凝土斜柱 - 箱形钢梁节点试验的主要量测内容有梁端加载点的竖向荷载和竖向位移，节点区柱转角和梁转角，节点核心区附近钢管的应力分布，钢梁应力分布。

5.4.2　试验结果

（1）试验过程

分别以试件 STSC-SBB11 和 TSSC-SBB13 来描述单调加载及反复加载节点试件的试验过程。

试件 STSC-SBB11 为未设置纵向加劲肋的“直 - 斜”柱 - 箱形钢梁节点，此试件为单调加载。试验过程中，当荷载加到约 50kN（屈服荷载）时，荷载 - 位移关系呈线性，钢梁端部有少许向下位移，节点区未有可见变形。随着荷载的继续增加，荷载增加缓慢，位移增加较快，荷载 - 位移关系开始倾斜，钢梁端部向下位移趋于明显，节点区梁柱焊接处上部钢管有微鼓现象出现。当荷载加到 61.6kN 时，梁柱焊接处上部角部有微裂缝出现，同时钢梁根部附近腹板有微鼓现象，荷载 - 位移关系开始平缓上升。继续加载，发现当微裂缝表面宽度发展到约 1mm 时便不再扩展。当荷载加到 75.4kN 时，离根部约 50mm 处，左右腹板外鼓，下翼缘内陷，钢梁发生鼓曲破坏，荷载开始下降，下降段成线性关系。继续加载，钢梁鼓曲部位越来越明显，梁端向下位移较大，其他部位未有新现象出现；梁端位移大约为 140mm 时停止加载。此时荷载已下降到极限荷载的 85% 以下，卸载时继续采集荷载 - 位移关系。残余梁端位移为 115mm。

试件 TSSC-SBB13 为反复加载。试验过程中，当荷载加到约 45kN（屈服荷载）时，荷载 - 位移关系成线性关系，节点区未有可见变形，此后改为位移加载。$3\Delta_y$ 第一循环正循环最大荷载处发现梁柱焊接处上侧钢梁上翼缘有微裂缝出现，钢梁上翼缘被从焊缝里拉出，同时观察钢梁根部有微鼓现象，刚度也有所减少。继续加载，滞回曲线仍较为饱满，最大荷载开始降低。随着加载的继续进行，刚度越来越小，钢梁下翼缘被拉脱，出现较大缝隙，直至 $6\Delta_y$ 钢梁下翼缘和柱之间的缝隙达 5mm 左右停止加载。

（2）破坏形态

通过对本次方钢管混凝土斜柱 - 箱形钢梁节点单调加载试验全过程的观测，发现试件梁柱焊接处热影响区出现微裂缝，微裂缝发展并不明显，钢梁根部附近发生屈曲破坏，所有试件均表现出一定的延性和后期承载能力。

图 5.40（a）所示为“直 - 斜”柱 - 箱形钢梁节点（试件 STSC-SBB11）的破坏形态。可见，钢梁加载端明显下倾，梁柱焊接处柱侧焊缝附近出现微裂缝。继续加载，钢梁根部发生鼓曲破坏，左右腹板外鼓，下翼缘内陷。对于设置纵向加劲肋节点的破坏形态，钢梁一侧的“直 - 斜”柱钢管被拉鼓现象明显小于未设置纵向加劲肋的节点，其他现象较为相似。通过对本次方钢管混凝土“直 - 斜”柱 - 箱形钢梁节点反复加载试验全过程的观测，发现试件钢梁一侧“直 - 斜”柱钢管受拉鼓曲，梁柱焊接处“直 - 斜”柱钢管被拉裂。

图 5.40（b）所示为“斜 - 直”柱 - 箱形钢梁节点的破坏形态（试件 TSSC-SBB12）。可见，钢梁加载端明显下倾，梁柱焊接处上方附近柱钢管被拉鼓，最终以梁柱焊接处

(a) 试件STSC-SBB11

(b) 试件TSSC-SBB12

图 5.40 方钢管混凝土斜柱 - 箱形钢梁节点破坏形态

焊缝附近的热影响区撕裂而破坏。对于设置纵向加劲肋的节点，钢梁一侧柱钢管被拉鼓程度明显小于未设置纵向加劲肋的节点，其他现象比较相似。通过对本次方钢管混凝土“斜 - 直”柱 - 箱形钢梁节点反复试验全过程的观测，发现试件节点区钢梁屈服后，钢梁一侧柱钢管被拉鼓，随着位移的继续增加，钢梁从焊缝处被拉裂，继续加载发现其滞回曲线仍较为饱满，直至焊缝开裂较大而停止加载。

5.4.3 试验结果分析

（1）荷载 - 位移关系

图 5.41（1）所示为试件 STSC-SBB11 和 STSC-SBB12 两个未设置纵向加劲肋的“直 - 斜”柱 - 箱形钢梁节点及试件 STSC-SBB21 和 STSC-SBB22 两个设置纵向加劲肋的“直 - 斜”柱 - 箱形钢梁节点荷载 - 位移关系，图中 *a* 点处为试件屈服，*b* 点处为焊缝开裂。由于不同试件的钢梁其截面面积不尽相同，且节点的最终破坏是梁柱焊接处附近柱侧发生微裂，然后钢梁根部发生屈曲破坏，因而节点的极限承载力及其所对应的位移有所差异，节点 STSC-SBB11、STSC-SBB12 和 STSC-SBB21、STSC-SBB22 其极限承载力分别为 74.5kN、77.2kN、78.7kN 及 90.4kN，所对应的位移分别是 84.8mm（$6.1\varDelta_y$，$\varDelta_y=13.8$mm）、90.0mm（$6.5\varDelta_y$）、68.8mm（$5.0\varDelta_y$）及 67.0mm（$4.9\varDelta_y$）。

柱设置纵向加劲肋的节点其承载能力较未设置纵向加劲肋的节点有一定提高，其塑性段也高于未设置纵向加劲肋的节点。极限承载力所对应的位移明显低于未设置纵向加劲肋的节点，纵向加劲肋很好地限制了节点区柱钢管被拉鼓的程度，提高了柱的整体工作性能。

“直 - 斜”柱 - 箱形钢梁节点荷载 - 位移关系可分为五个阶段，以图 5.41（1）中

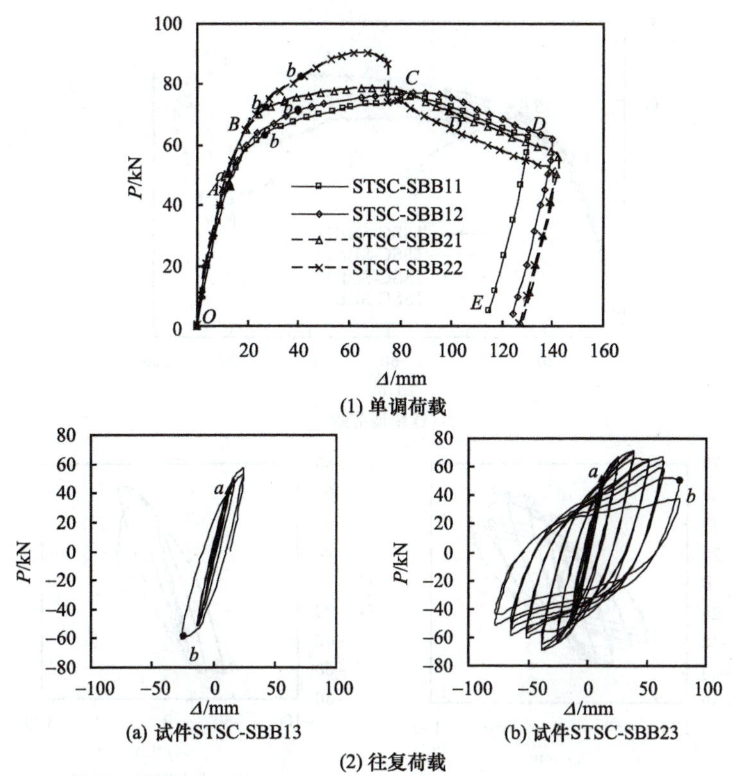

图 5.41 “直－斜”柱－箱形钢梁节点荷载（P）－位移（Δ）关系

试件 STSC-SBB11 为例：弹性阶段 OA、弹塑性阶段 AB、塑性阶段 BC、下降阶段 CD、卸载阶段 DE。弹性阶段 OA 荷载位移呈线性增加关系；弹塑性阶段 AB 随着位移的增加荷载继续增加，增加幅度比弹性阶段 OA 有所减少；塑性阶段 BC 位移急剧增加，荷载几乎不再增加，钢梁发生塑性变形，直至钢梁根部发生屈曲破坏，荷载达最大；下降阶段 CD 位移继续增加，荷载开始下降，刚度为负，荷载－位移关系仍然呈线性；卸载阶段 DE 荷载急剧下降，位移缓慢下降，卸载刚度绝对值和初始加载刚度相近，直至荷载下降到零左右，塑性残余变形与加载最大位移相差不大。

试件 STSC-SBB13 和 STSC-SBB23 分别为未设置纵向加劲肋和设置纵向加劲肋的“直－斜”柱－箱形钢梁节点，其在反复荷载作用下的荷载－位移关系如图 5.41（2）所示。其中，试件 STSC-SBB13 的荷载－位移关系在屈服荷载前呈线性，刚度下降较少，但屈服荷载后刚度下降越来越明显。当位移加载循环至 $2\Delta_y$ 时，柱节点核心区发生鼓曲破坏，此时停止加载。试验后将节点区剖开，发现内部有空洞，这是由于试件尺寸较小且内隔板的阻隔导致混凝土灌注不密实。

屈服荷载前试件 STSC-SBB23 与 STSC-SBB13 较为相似，屈服荷载后滞回曲线饱满，当位移加载循环至 $6\Delta_y$ 时，试件钢梁根部上端焊缝附近拉裂破坏严重，荷载、位移变化较大，便停止加载。

图 5.42（1）所示为试件 TSSC-SBB11 和 TSSC-SBB12 两个未设置纵向加劲肋的

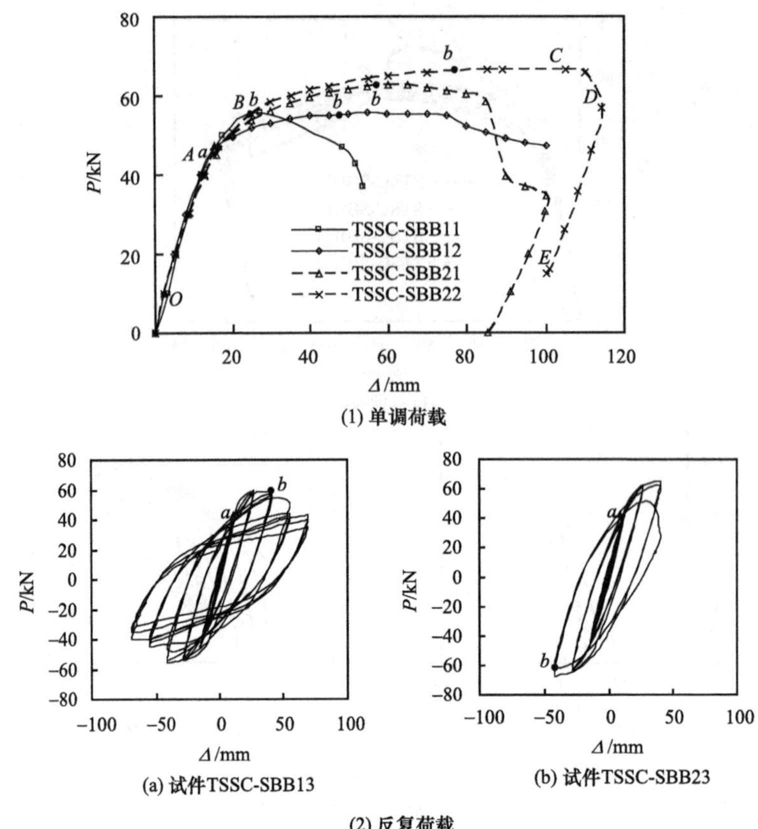

(1) 单调荷载

(a) 试件TSSC-SBB13

(b) 试件TSSC-SBB23

(2) 反复荷载

图 5.42 “斜 - 直”柱 - 箱形钢梁节点荷载（P）- 位移（Δ）关系

“斜 - 直”柱 - 箱形钢梁节点及试件 TSSC-SBB21 和 TSSC-SBB22 两个设置纵向加劲肋的“斜 - 直”柱 - 箱形钢梁节点在单调荷载作用下的荷载 - 位移关系，图中 a 点处为试件屈服，b 点处为焊缝开裂。

节点 TSSC-SBB11、TSSC-SBB12 和 TSSC-SBB21、TSSC-SBB22 其极限承载力分别为 55.7kN、55.6kN、62.7kN 及 66.7kN，所对应的位移分别是 27.5mm（$1.9\Delta_y$，Δ_y=14.2mm）、54.8mm（$3.9\Delta_y$）、65mm（$4.6\Delta_y$）及 89.2mm（$6.3\Delta_y$）。节点 TSSC-SBB11 梁柱焊缝未补焊，其余节点均经过补焊，可见补焊后节点的荷载 - 位移关系有较长的平缓上升段，柱设置纵向加劲肋的节点其极限承载力较未设置纵向加劲肋的节点有显著提高，其塑性段也显著高于未设置纵向加劲肋的节点。这是因为纵向加劲肋提高了柱的整体工作性能，梁端加载时限制了梁上端附近钢管壁被拉鼓的程度。四个静载试验的节点其屈服荷载较为一致，约为 45kN，初始刚度也较接近。

“斜 - 直”柱 - 箱形钢梁节点荷载 - 位移关系可分为五个阶段，以图 5.42（1）中试件 TSSC-SBB 为例：弹性阶段 OA、弹塑性阶段 AB、塑性阶段 BC、下降阶段 CD、卸载阶段 DE。弹性阶段 OA 荷载位移呈线性增加关系；弹塑性阶段 AB 随着位移的增加荷载继续增加，增加幅度比弹性阶段 OA 有所减少；塑性阶段 BC 位移急剧增加，荷载几乎不再增加，钢梁一侧柱钢管壁发生塑性变形，直至钢梁根部焊缝发生破坏，当焊缝扩展到一定程度时，荷载达最大；下降阶段 *CD* 裂缝继续扩展，位移继续增加，荷载开始下降，刚度为负，荷载 - 位移关系呈非线性；卸载阶段 *DE* 荷载急剧下降，位移缓慢下降，卸载刚度绝对值和初始加载刚度相近，直至荷载下降到 0 左右，塑性残余变形与加载最大位移相差不大。

试件 TSSC-SBB13 和 TSSC-SBB23 分别为未设置纵向加劲肋和设置纵向加劲肋的“斜 - 直”柱 - 箱形钢梁节点，其在反复荷载作用下的荷载 - 位移关系如图 5.42（2）所示。屈服荷载前试件 TSSC-SBB13 荷载 - 位移关系有较好的线性关系，刚度下降较少，屈服荷载后刚度下降越来越明显，当位移加载循环至 $3\Delta_y$ 时荷载开始下降，试件最终因钢梁根部下翼缘被拉出而破坏，但其滞回曲线较为饱满。屈服荷载前，试件 TSSC-SBB23 与 TSSC-SBB13 变形情况较为相似，当位移加载循环至 $2\Delta_y$ 时，试件钢梁根部上端焊缝附近被整体拉裂，且裂缝较大，便停止加载。

比较单调荷载和反复荷载作用下节点的受力全过程可见，单调荷载作用下节点区梁 - 柱焊接处柱侧发生微裂后，钢梁根部附近腹板发生外鼓、下翼缘发生内凹破坏，反复荷载作用下节点区梁 - 柱焊接处附近柱钢管发生拉裂破坏，钢梁根部无明显屈曲现象，所以应采取构造措施保证梁柱协同工作并保证焊缝质量。

极限荷载对应的位移 Δ_{max} 及荷载下降到极限荷载的 85% 时对应的位移 Δ_u 如表 5.11 所示。可见，试件在单调加载情况下的 Δ_u 明显高于反复加载下的情况。

表 5.11　试件的 Δ_{max} 和 Δ_u

序号	试件编号	Δ_{max}/mm	Δ_u/mm	Δ_u/Δ_{max}
1	STSC-SBB11	84.8	124.6	1.47
2	STSC-SBB12	90	125.1	1.39
3	STSC-SBB13	—	—	—
4	STSC-SBB21	68.8	107.3	1.56
5	STSC-SBB22	—	—	—
6	STSC-SBB23	38	55.9	1.47
7	TSSC-SBB11	27.5	48.2	1.75
8	TSSC-SBB12	54.8	95.4	1.74
9	TSSC-SBB13	26.9	48.6	1.81
10	TSSC-SBB21	65	87.7	1.35
11	TSSC-SBB22	89.2	114.1	1.28
12	TSSC-SBB23	—	—	—

（2）弯矩 - 转角关系

图 5.43 所示为试件 STSC-SBB11 和 STSC-SBB12 两个未设置纵向加劲肋的“直 - 斜”柱 - 箱形钢梁节点及试件 STSC-SBB21 和 STSC-SBB22 两个设置纵向加劲肋的“直 - 斜”柱 - 箱形钢梁节点根部截面处的弯矩 - 转角关系。其中弯矩 $M=P\times L$，P 为

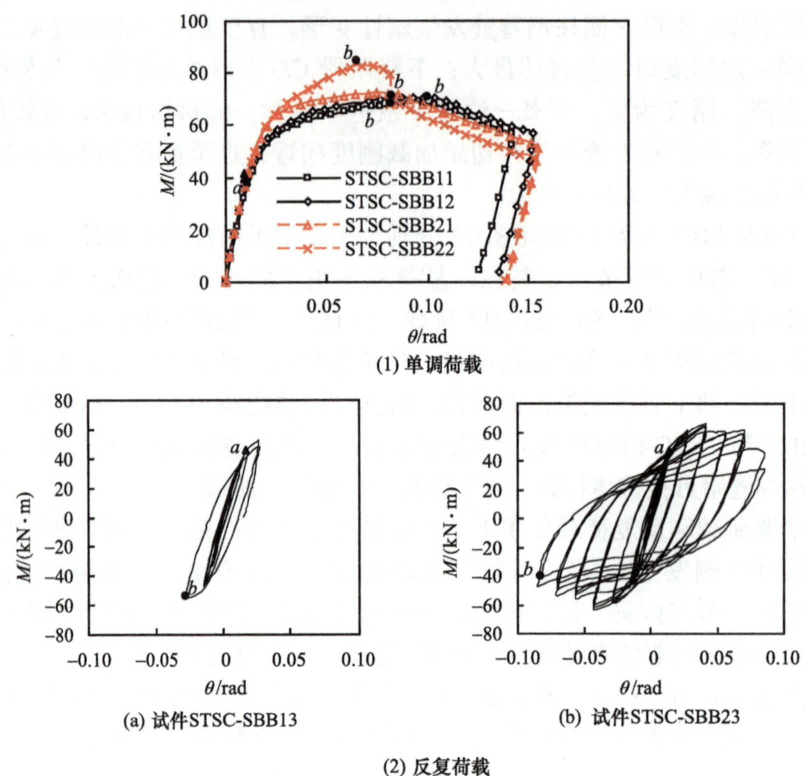

(1) 单调荷载

(a) 试件STSC-SBB13

(b) 试件STSC-SBB23

(2) 反复荷载

图 5.43 “直–斜”柱–箱形钢梁节点弯矩（M）–转角（θ）关系

梁端荷载，L 为加载点至柱壁的距离；转角为钢梁根部转角 $\theta=\arctan(\Delta/L)$。图 5.43 中 a 点处为试件屈服，b 点处为焊缝开裂。

由于不同试件的钢梁截面面积不同，且节点的最终破坏是梁柱焊缝附近柱侧发生微裂，然后钢梁根部发生屈曲破坏，因此节点的极限弯矩及其所对应的转角有所差异，节点 STSC-SBB11、STSC-SBB12 和 STSC-SBB21、STSC-SBB22 对应的极限弯矩分别为 68.2kN · m、70.7kN · m、72.1kN · m 及 82.8kN · m，所对应的转角分别是 0.093rad（$6.2\theta_y$，θ_y=0.015rad）、0.098rad（$6.5\theta_y$）、0.075rad（$5.0\theta_y$）及 0.073rad（$4.9\theta_y$）。

柱设置纵向加劲肋节点承载能力较未设置纵向加劲肋的节点有所提高，其塑性段也高于未设置纵向加劲肋的节点，极限弯矩所对应的转角明显低于未设置纵向加劲肋的节点。纵向加劲肋很好地限制了柱钢管被拉鼓的程度，提高了梁–柱连接部位的整体工作性能。四个静载试验节点的屈服弯矩较为一致，约为 45kN · m，初始刚度也较为接近。

试件 STSC-SBB13 和 STSC-SBB23 分别为未设置纵向加劲肋和设置纵向加劲肋的“直–斜”柱–箱形钢梁节点，其在反复荷载作用下的弯矩–转角关系如图 5.43（2）所示。可见，屈服荷载前试件 STSC-SBB13 弯矩–转角关系基本呈线性，刚度下降较少，屈服荷载后刚度下降越来越明显，当位移加载循环至 $2\Delta_y$ 时，柱节点核心区发生鼓曲破坏，停止加载。

屈服荷载前，试件 STSC-SBB23 与 STSC-SBB13 较为相似，屈服荷载后，滞回曲线饱满。当位移加载循环至 $6\Delta_y$ 时，试件梁根上部焊缝附近钢梁热影响区拉裂破坏严重，弯矩、转角变化较大，便停止加载。

图 5.44（1）所示为试件 TSSC-SBB11 和 TSSC-SBB12 两个未设置纵向加劲肋的“斜 - 直”柱 - 箱形钢梁节点及试件 TSSC-SBB21 和 TSSC-SBB22 两个设置了纵向加劲肋的“斜 - 直”柱 - 箱形钢梁节点根部截面处的弯矩 - 转角关系。其中弯矩 $M=P\times L$，P 为梁端荷载，L 为加载点至柱壁的距离；转角等于钢梁根部转角 $\theta=\arctan(\Delta/L)$。图 5.44 中 a 点处为试件屈服，b 点处为焊缝开裂。由于不同试件的钢梁其截面面积不尽相同，且节点的最终破坏是梁柱焊缝附近被拉裂，因而节点的极限弯矩及其所对应的转角有所差异。节点 TSSC-SBB11、TSSC-SBB12 和 TSSC-SBB21、TSSC-SBB22 的极限弯矩分别为 56.4kN · m、56.3kN · m、63.5kN · m 及 67.6kN · m，所对应的转角分别是 0.027rad（$1.9\theta_y$，$\theta_y=0.014$rad）、0.054rad（$3.9\theta_y$）、0.064rad（$4.6\theta_y$）及 0.088rad（$6.3\theta_y$）。节点 TSSC-SBB11 梁柱焊缝未补焊，其余节点均经过补焊。可见补焊后节点的弯矩 - 转角关系有较长的平缓上升段，柱设置纵向加劲肋节点的极限弯矩较未设置纵向加劲肋的节点有显著提高，其塑性段也显著高于未设置纵向加劲肋的节点。这是

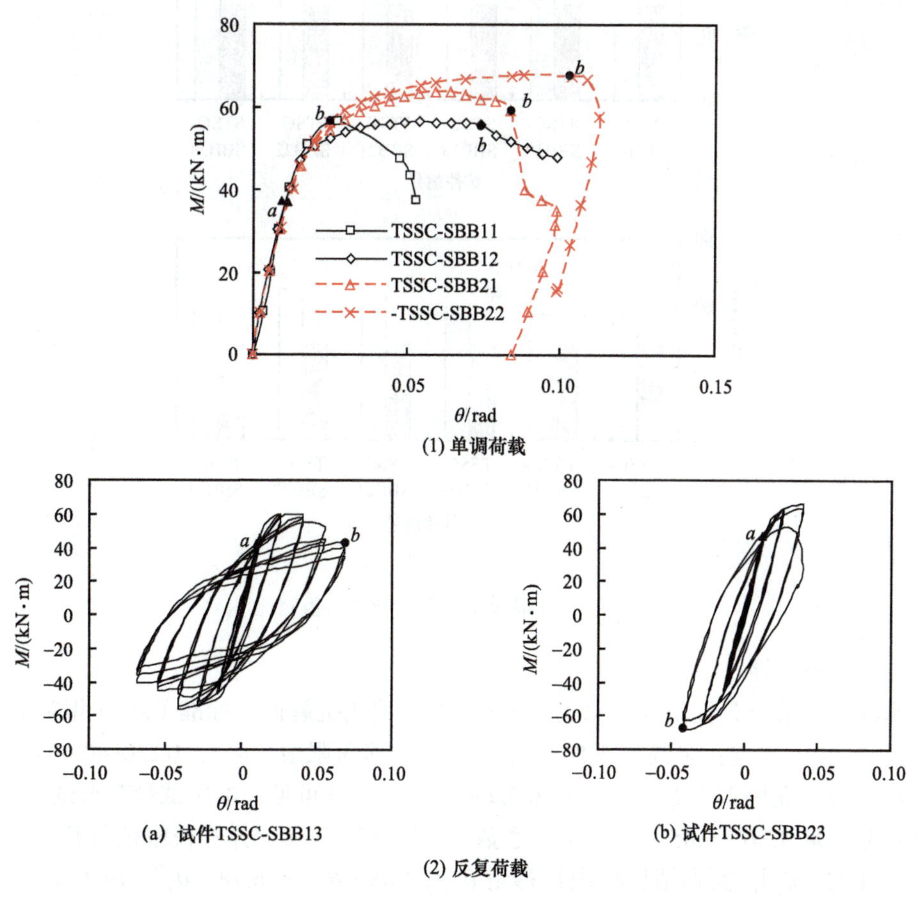

图 5.44 “斜 - 直”柱 - 箱形钢梁节点弯矩（M）- 转角（θ）关系

因为纵向加劲肋提高了柱的整体工作性能，梁端加载时限制了梁上端附近钢管壁被拉鼓的程度。四个静载试验节点的屈服弯矩较为一致，约为 45kN · m，初始刚度也较接近。

试件 TSSC-SBB13 和 TSSC-SBB23 分别为未设置纵向加劲肋和设置纵向加劲肋的“斜 - 直”柱 - 箱形钢梁节点，在反复荷载作用下的弯矩 - 转角关系如图 5.44（2）所示。屈服荷载前试件 TSSC-SBB13 弯矩 - 转角关系基本呈线性，刚度下降较少，屈服荷载后刚度下降越来越明显，当位移加载循环至 $3\Delta_y$ 时荷载开始下降，试件最终以钢梁根部下翼缘被拉出而破坏，但其滞回曲线较为饱满。

屈服荷载前，试件 TSSC-SBB23 与 TSSC-SBB13 较为相似，当位移加载循环至 $2\Delta_y$ 时试件钢梁根部上部焊缝附近钢梁热影响区被整体拉裂，且裂缝较大，便停止加载。

根据《钢结构设计标准》（GB 50017—2017）对箱形钢梁根部截面进行验算，所用几何参数及物理参数均采用实测值，计算出的梁的极限弯矩与试验结果的对比情况如图 5.45 所示，可见试验值均大于计算值。

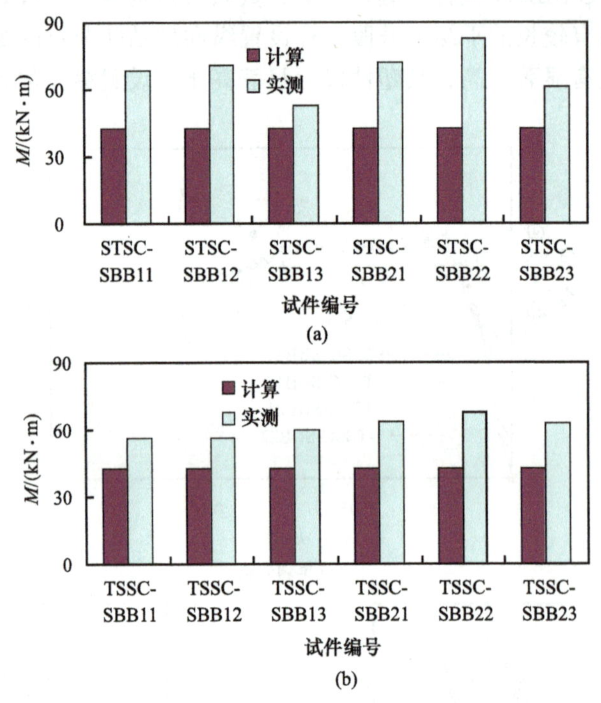

图 5.45 极限弯矩计算值与试验值对比

（3）节点延性

本次试验节点延性指标汇总于表 5.12 中。《建筑抗震设计标准（2024 年版）》（GB 50011—2010）规定：多高层钢结构弹性层间位移角限值［θ_e］=1/250≈0.004rad，弹塑性层间位移角限值［θ_p］=1/50≈0.02rad。由表 5.12 可见，本次试验节点试件的位移延性系数 μ 取 4.36～9.45，转角延性系数 μ_θ 取 4.35～9.40，弹性极限位移角 θ_y 取 3.96［θ_e］～4.72［θ_e］，其弹塑性极限位移角 θ_u 取 3.05［θ_p］～6.78［θ_p］。由表 5.12 可见，除试件 TSSC-SBB23 外，其余节点试件的位移延性系数 μ 取 3.36～7.52，转角延性系

数 μ_θ 取 3.37～7.52，弹性极限位移角 θ_y 取 4.22［θ_e］～4.71［θ_e］，其弹塑性极限位移角 θ_u 取 2.38［θ_p］～5.63［θ_p］。目前国内外规范对钢管混凝土结构的弹性位移角限值和弹塑性位移角限值尚没有具体的规定。与钢结构的弹性位移角限值和弹塑性位移角限值比较的结果表明此类节点具有较好的延性。

表 5.12　节点试件的延性系数

试件编号	屈服位移 Δ_y/mm	破坏位移 Δ_u/mm	屈服位移角 θ_y/mrad	破坏位移角 θ_u/mrad	位移延性系数 μ	位移角延性系数 μ_θ
STSC-SBB11	14.3	124.6	15.6	135.2	8.71	8.67
STSC-SBB12	13.2	125.1	14.4	135.7	9.48	9.42
STSC-SBB13*	—	—	—	—	—	—
STSC-SBB21	12.2	107.3	13.3	116.6	8.80	8.77
STSC-SBB22	12.0	74.1	13.1	80.7	6.18	6.16
STSC-SBB23	12.8	55.9	14.0	60.9	4.37	4.35
TSSC-SBB11	14.3	48.2	14.1	47.6	3.37	3.38
TSSC-SBB12	14.1	95.4	13.9	94.1	6.77	6.77
TSSC-SBB13	14.2	48.6	14.0	48.0	3.42	3.43
TSSC-SBB21	15.8	87.7	15.6	86.5	5.55	5.54
TSSC-SBB22	15.2	114.1	15.0	112.7	7.51	7.51
TSSC-SBB23*	—	—	—	—	—	—

* 试件 STSC-SBB13 和 TSSC-SBB23 荷载－位移关系没有测试到全过程。

本节对钢管混凝土“直－斜”柱－钢梁节点和钢管混凝土“斜－直”柱－钢梁节点的静力和滞回性能进行了试验研究。结果表明，在本节研究参数范围内，两类钢管混凝土斜柱节点均具有较好的延性。

5.5　其他类型钢管混凝土柱－钢梁连接节点试验研究

本节开展了穿芯螺栓端板式钢管混凝土柱－钢梁节点、单边螺栓端板式钢管混凝土柱－钢梁节点和钢管混凝土柱－“犬骨式”钢梁连接节点的研究工作，下面简要介绍有关阶段性研究结果。

5.5.1　穿芯螺栓端板连接的钢管混凝土柱－钢梁节点

采用穿芯螺栓端板式连接的钢管混凝土柱－钢梁节点具有施工方便快捷的优点。本节论述该类节点滞回性能的试验研究和理论分析结果（Tao et al.，2017）。

1．试验概况

以梁柱线刚度比（k）和柱轴压比（n）为主要参数，设计了 10 个穿芯螺栓端板连接的钢管混凝土柱－钢梁节点试件，试件尺寸及有关参数如表 5.13 所示。

表 5.13 试件尺寸及相关参数

序号	柱截面形状	试件编号	梁截面尺寸 ($h \times b_f \times t_w \times t_f$)	梁柱线刚度比 k	轴压力 N_o/kN	轴压比 n
1	方形	JD-S20	160mm×80mm×3mm×3mm	0.350	70	0.05
2		JD-S23	160mm×80mm×3mm×3mm	0.350	428	0.3
3		JD-S26	160mm×80mm×3mm×3mm	0.350	856	0.6
4		JD-S33	180mm×80mm×3mm×3mm	0.459	428	0.3
5		JD-S13	140mm×70mm×3mm×3mm	0.233	428	0.3
6	圆形	JD-C20	160mm×80mm×3mm×3mm	0.534	60	0.05
7		JD-C23	160mm×80mm×3mm×3mm	0.534	342	0.3
8		JD-C26	160mm×80mm×3mm×3mm	0.534	684	0.6
9		JD-C33	180mm×80mm×3mm×3mm	0.700	342	0.3
10		JD-C13	140mm×70mm×3mm×3mm	0.355	342	0.3

试件中钢管混凝土柱的高度（H）为 1.05m，柱两侧梁的跨度（L）为 1.5m，钢管混凝土柱的外直径 D（圆柱）和外边长 B（方柱）均为 140mm，钢管壁厚（t）均为 3mm。柱轴压比 $n=N_o/N_u$，即试验时柱上施加的轴压荷载 N_o 与柱极限承载力标准值 N_u 之比。计算时，采用了实测的材料强度指标。梁柱线刚度比 $k=i_b/i_c$，其中 $i_b=(EI)_b/L$，$i_c=(EI)_c/H$，$(EI)_b$ 和 $(EI)_c$ 分别为钢梁和钢管混凝土柱的抗弯刚度。

节点构造如图 5.46 所示，对于方形钢管混凝土柱和圆形钢管混凝土柱分别采用了平

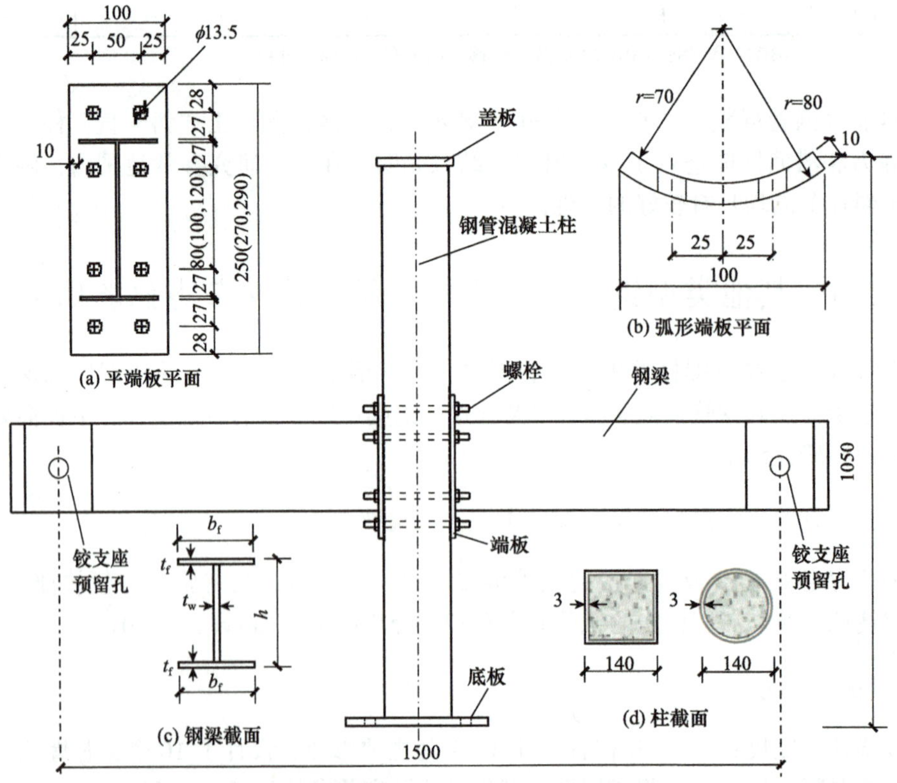

图 5.46 穿芯螺栓端板连接节点试件（尺寸单位：mm）

端板和弧形端板。平端板厚度为 10mm，平面尺寸如图 5.46（a）所示。采用三种不同长度的端板，其长度分别为 250mm、270mm、290mm，分别对应梁高为 140mm、160mm、180mm。弧形端板与平端板同厚，外弦长与平端板宽度相等，螺栓孔位置投影与平端板位置相同，其截面尺寸如图 5.46（b）所示。试件各部分尺寸及编号中，JD 表示节点；S、C 代表钢管混凝土柱截面形状，S 表示方形，C 表示圆形；随后两个数字分别表示梁柱线刚度比和柱轴压比的变化。螺栓采用直径为 12mm 的 10.9 级摩擦型高强螺栓。

节点的圆管和方管均采用焊接钢管，工字钢梁采用三块钢板焊接而成，并与端板焊接。每个试件加工两个厚度为 16mm 的钢盖板。

实测的钢材屈服强度（f_y）、抗拉强度（f_u）、弹性模量（E_s）和泊松比（μ_s）等力学性能指标汇总于表 5.14。

表 5.14　试件钢材力学性能指标

钢材种类	f_y/MPa	f_u/MPa	E_s/（10^5N/mm^2）	μ_s
钢梁与方钢管	321.1	350.6	2.10	0.291
圆钢管	297.8	437.6	2.06	0.284
平端板	289.0	431.0	2.04	0.297
弧形端板	261.0	447.0	2.02	0.289
螺栓	921.0	1126.0	2.03	0.282

采用普通混凝土，其配合比：水 172kg/m^3；普通硅酸盐水泥 470.3kg/m^3；河砂 615.3kg/m^3；石灰岩碎石 1027.9kg/m^3。

混凝土 28 天抗压强度 f_{cu}＝46MPa，试验时的 f_{cu}＝59.5MPa，弹性模量 E_c＝33200N/mm^2。

2. 试验现象和试验结果

采用与 5.2 节中相同的试验方法，进行了本节穿芯螺栓端板连接的钢管混凝土柱－钢梁节点试件滞回性能的研究。下面分别以试件 JD-S23 和 JD-C23 为例简要说明试验过程及破坏特点。

试件 JD-S23 试验过程中，位移加载到 1.5Δ_y 前，变形发展不大。当加载到 2Δ_y 时，钢梁受压翼缘开始出现鼓曲，钢梁开始出现轻微弯曲。当反向加载后，原鼓曲翼缘开始受拉，鼓曲变形被拉平恢复到原位，而原受拉翼缘开始受压，并开始出现鼓曲，螺栓端板可观察到有微小变形，并与柱之间产生缝隙。

加载到 3Δ_y 时，荷载达极限值，然后开始下降，受压翼缘鼓曲明显。加载到 5Δ_y 时，荷载下降较快，第二循环时则下降比较缓慢。腹板处开始出现鼓曲变形，并逐步趋于明显。加载到 7Δ_y 时，荷载已下降到峰值荷载的 60% 以下，在第二循环时，梁翼缘在距端板表面 15mm 处被拉裂后，裂缝从翼缘中间向两边扩展，此时停止试验。试件的破坏状态如图 5.47（a）所示。

试件 JD-C23 加载到 1.5Δ_y 前，试件变形和应变发展均不明显。加载到 2Δ_y 时，钢梁受压翼缘开始出现轻微鼓曲。位移达 3Δ_y 时，水平荷载达极限值。

加载到 5Δ_y 时，腹板区域开始鼓曲，并逐步趋于显著，水平荷载下降幅度较快，

(a) 试件JD-S23

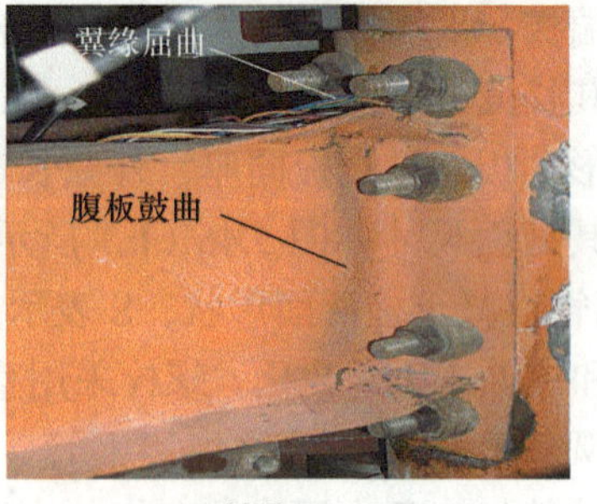

(b) 试件JD-C23

图 5.47　节点试件破坏状态

在第二循环则下降变缓。加载到 $7\Delta_y$ 时，荷载已下降到峰值荷载的 60% 以下，在第二循环时梁翼缘在距端板表面 10mm 左右处被拉裂，而后从翼缘中间向两边及腹板内侧扩展，试验终止。试件最终的破坏状态如图 5.47（b）所示。

3. 试验结果分析

（1）水平荷载（P）- 水平位移（Δ）滞回关系

所有试件的水平荷载（P）- 水平位移（Δ）滞回关系如图 5.48 所示。可见，各试件的滞回曲线都呈饱满的纺锤形，刚度退化不明显，说明钢管混凝土柱 - 钢梁端板螺栓连接节点具有良好的延性和耗能能力。

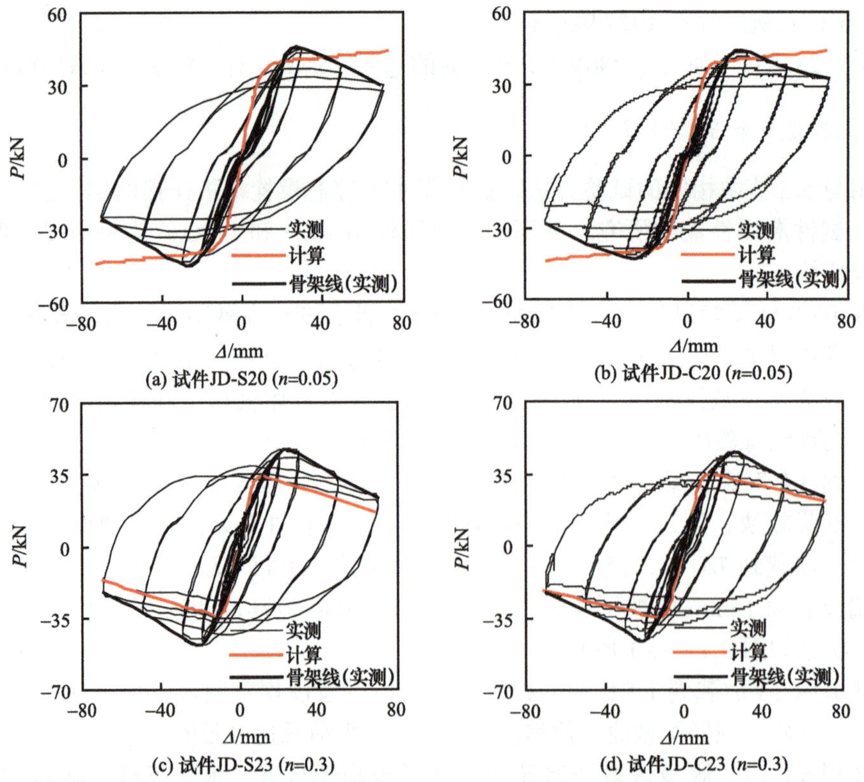

图 5.48　P-Δ 滞回关系

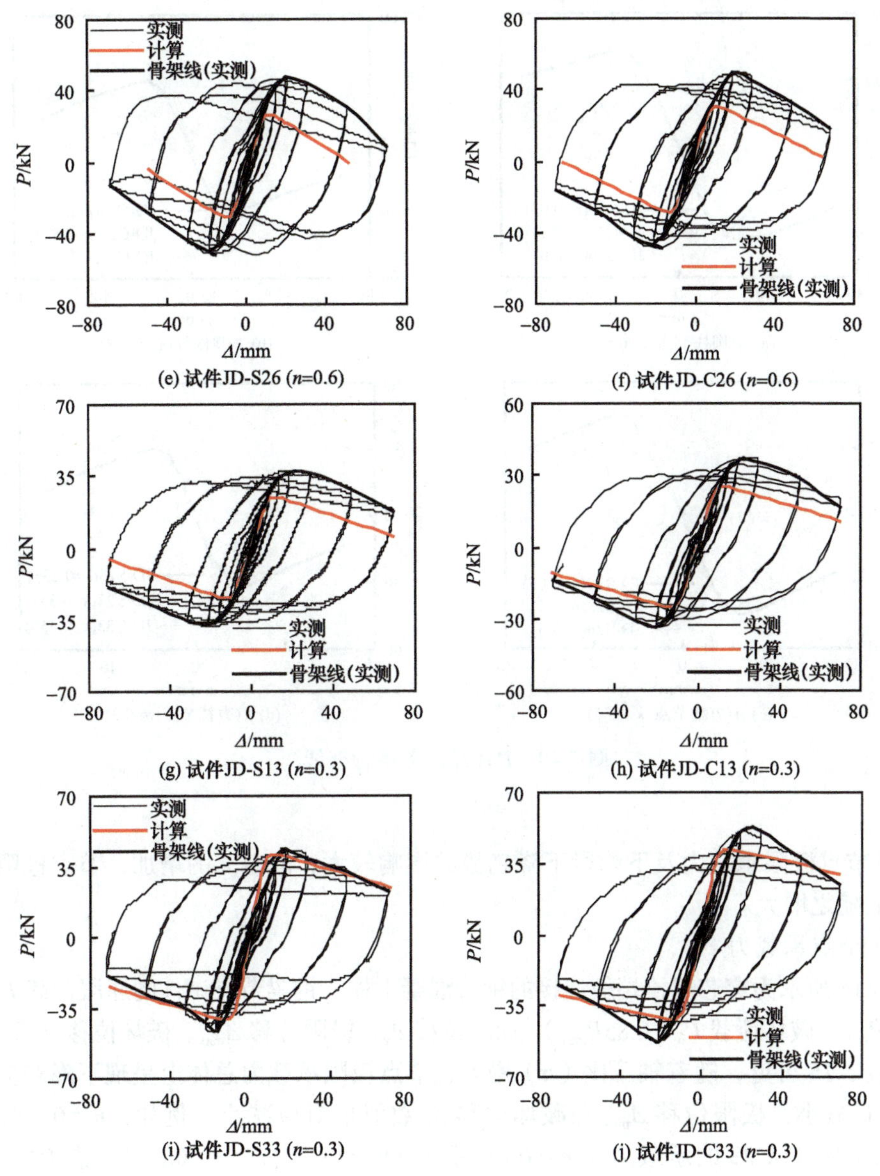

(e) 试件JD-S26 (n=0.6)　(f) 试件JD-C26 (n=0.6)

(g) 试件JD-S13 (n=0.3)　(h) 试件JD-C13 (n=0.3)

(i) 试件JD-S33 (n=0.3)　(j) 试件JD-C33 (n=0.3)

图 5.48 （续）

（2）*P-Δ* 滞回关系骨架线

不同柱轴压比（*n*）和梁柱线刚度比（*k*）条件下节点试件的 *P-Δ* 滞回关系骨架线如图 5.49 所示。

可见，轴压比（*n*）对节点水平极限承载力及其 *P-Δ* 骨架线的下降段趋势影响较大。如图 5.49（a）和（c）所示，随着 *n* 的增大，节点极限承载力下降，主要原因是轴压力 N_o 产生的附加弯矩随轴力增大而增大。但轴压比（*n*）对 *P-Δ* 骨架线初始刚度影响不大。

梁柱线刚度比（*k*）对 *P-Δ* 滞回关系骨架线的影响如图 5.49（b）和（d）所示。可

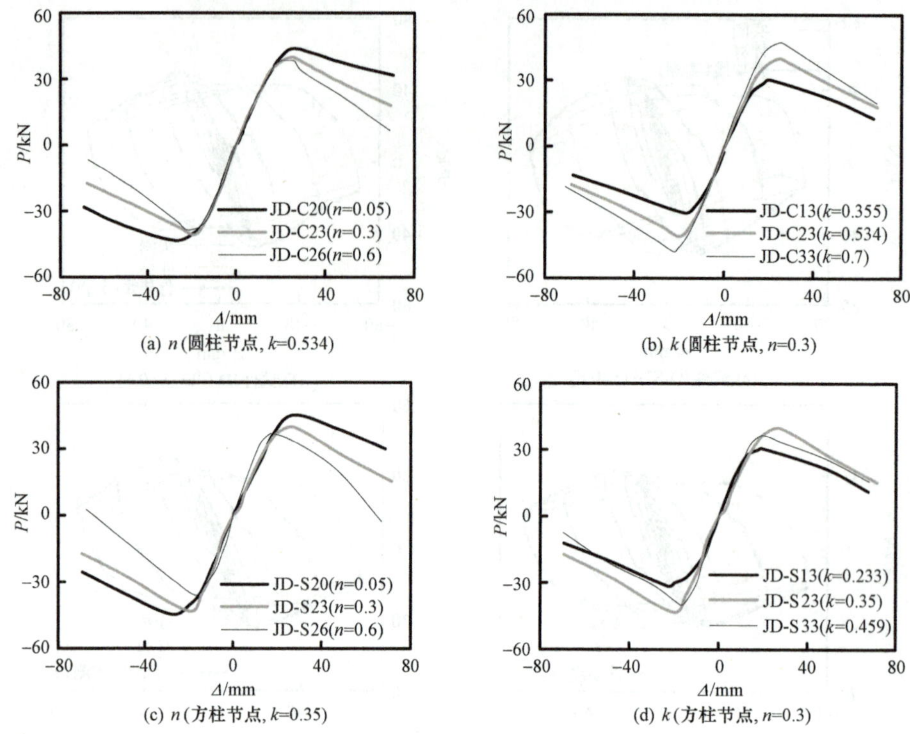

图 5.49　P-Δ 滞回关系骨架线

见，k 对节点极限承载力及下降段下降趋势的影响较大，随着 k 的增加，节点极限承载力总体上随之增大。

（3）节点承载力

表 5.15 所示为穿芯螺栓端板连接的钢管混凝土柱－钢梁节点试件的屈服荷载 P_y、极限荷载 P_{max}、破坏荷载 P_u（$0.85P_{max}$）、屈服位移 Δ_y、极限位移 Δ_{max}、破坏位移 Δ_u 等。

由表 5.15 可见，随着轴压比（n）增大，节点极限承载力总体上呈现下降趋势，屈服位移 Δ_y 减小，极限位移 Δ_{max} 和破坏位移 Δ_u 数值也对应减小。例如，$n=0.3$ 时的节点 JD-S23 及 JD-C23 的承载力比 $n=0.05$ 时节点低 8% 左右，$n=0.6$ 时节点 JD-S26 及 JD-C26 的承载力比 $n=0.05$ 时节点分别低 18.3%、12.2%。

对于不同线刚度比（k）的试件，如 JD-C13（$k=0.355$）、JD-C23（$k=0.534$）及 JD-C33（$k=0.7$），其屈服位移 Δ_y 及破坏位移 Δ_u 大体相当，但极限位移 Δ_{max} 随着 k 的增大而增大。屈服荷载 P_y、极限荷载 P_{max} 及破坏荷载 P_u 均随 k 的增大而增大。

柱截面形状总体上对节点的各指标影响不明显。

（4）延性和耗能

根据 5.2 节方法计算得到的节点位移延性系数 μ 和位移角延性系数 μ_θ 汇总于表 5.15 中。

图 5.50 给出了不同柱轴压比（n）和梁柱线刚度比（k）条件下节点试件的总耗能与 Δ/Δ_y 的关系。可见，n 及 k 对节点的耗能性能有一定影响。随着 n 的增大，节点的耗能能力总体上有所提高。随着 k 的提高，节点的耗能能力也总体上随之提高。

表 5.15　节点试件承载力及延性指标

柱截面形状	序号	试件编号	屈服状态		极限状态		破坏状态		屈服位移角 θ_y	极限位移角 θ_u	位移延性系数 μ	位移角延性系数 μ_θ
			P_y/kN	Δ_y/mm	P_{max}/kN	Δ_{max}/mm	P_u/kN	Δ_u/mm				
方形	1	JD-S20	40.8	21.2	45.4	28.6	38.6	49.6	0.0201	0.0472	2.3	2.3
	2	JD-S23	30.6	12.4	41.4	21.8	35.2	38.1	0.0118	0.0362	3.1	3.1
	3	JD-S26	28.3	9.8	37.1	18.0	31.5	30.8	0.0094	0.0293	3.1	3.1
	4	JD-S33	28	11.5	36.3	21.3	30.9	35.1	0.0109	0.0334	3.1	3.1
	5	JD-S13	24.9	11.4	30.7	19.5	26.1	35.3	0.0109	0.0336	3.1	3.1
圆形	6	JD-C20	38.4	18.7	43.6	26.7	37.7	47.5	0.0178	0.0452	2.5	2.5
	7	JD-C23	29.7	12.5	40.0	25.0	34.7	35.1	0.0119	0.0334	2.8	2.8
	8	JD-C26	27.6	11.8	38.2	25.9	32.4	31.8	0.0112	0.0303	2.7	2.7
	9	JD-C33	33.4	12.5	47.3	25.2	40.2	35.7	0.0119	0.0340	2.9	2.9
	10	JD-C13	24.9	11.6	30.3	20.4	25.8	35.2	0.0110	0.0335	3.1	3.1

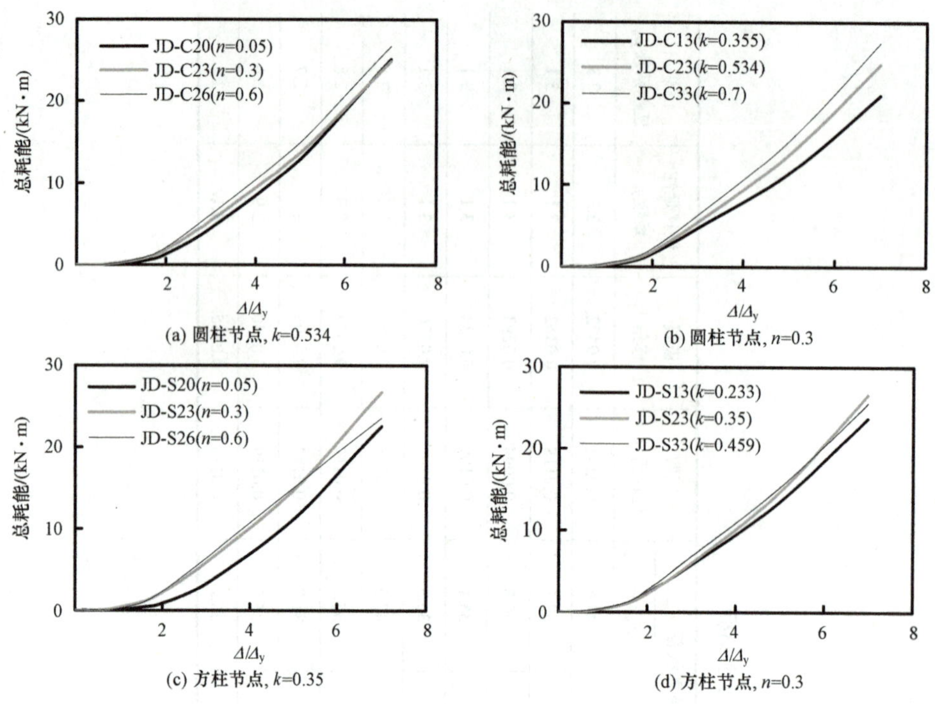

图 5.50　试件总耗能与 Δ/Δ_y 关系

（5）刚度退化

图 5.51 为不同柱轴压比（n）和梁柱线刚度比（k）条件下节点试件的 K_j/K_0-Δ/Δ_y

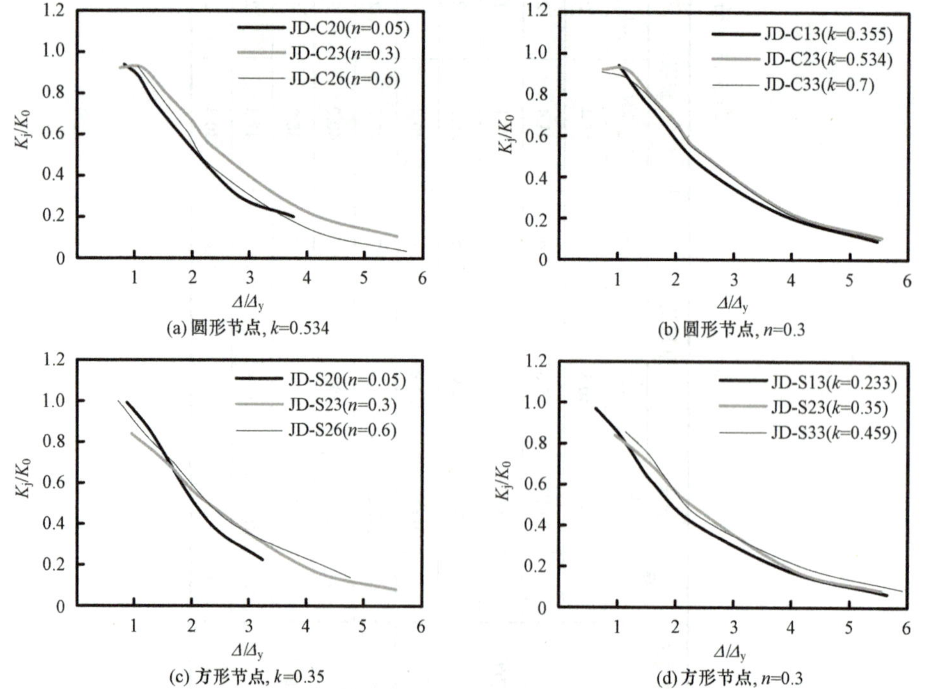

图 5.51　K_j/K_0-Δ/Δ_y 关系

关系，其中，K_0 为第一级加载位移时的环线刚度，K_j 为第 j 级加载位移时的环线刚度，按照式（5.4）计算。

由图 5.51 可见，各节点环线刚度变化总趋势基本相同，在达屈服位移 Δ_y 前，刚度退化较快。达 Δ_y 后，刚度退化趋缓。n 和 k 对环线刚度变化趋势总体上影响并不明显。

5.5.2　单边螺栓连接的钢管混凝土柱－钢梁节点

在一些实际工程（尤其钢管截面较小的情况）中采用单边螺栓（blind bolts）连接的钢管混凝土柱－钢梁节点可简化施工程序，加快施工进度（Wang et al.，2009a，2009b）。本节进行了四个单调加载节点试件和四个反复加载试件的试验。

（1）试验概况

图 5.52 给出了的节点构造图形。其中图 5.52（a）和（b）所示分别为方形和圆形钢管混凝土柱－钢梁采用单边螺栓端板连接的节点构造，图 5.52（c）和（d）所示分别为方形和圆形钢管内部单边螺栓构造，图 5.52（e）所示为单边螺栓。

(a) 方钢管混凝土柱-钢梁节点

(b) 圆钢管混凝土柱-钢梁节点

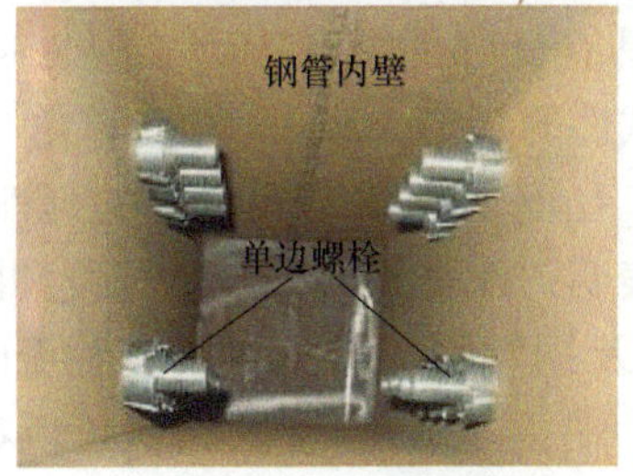

(c) 方钢管中单边螺栓

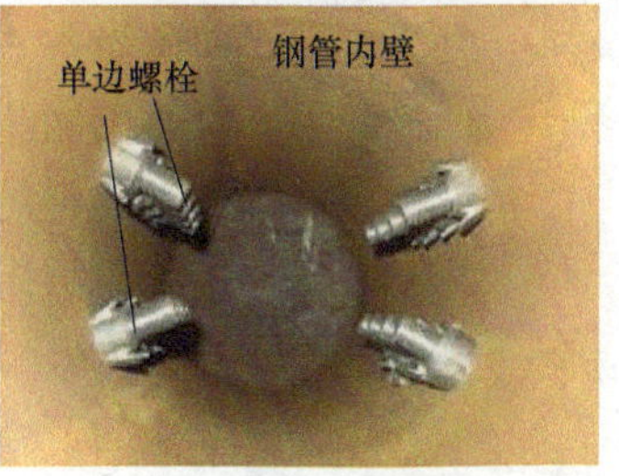

(d) 圆钢管中单边螺栓

(e) 单边螺栓

图 5.52　采用单边螺栓连接的梁－柱节点构造

试件中钢管混凝土柱的高度（H）为 1.4m，梁的跨度（L）为 1.3m，钢管混凝土柱的外直径 D（圆柱）和外边长 B（方柱）分别为 200mm 和 219mm，钢管壁厚（t）均为 8mm。工字钢梁尺寸分别为梁高 h、梁宽 b_f、腹板厚度 t_w、翼缘厚度 t_f 为 300m×150mm×6.5mm×9mm。表 5.16 汇总了试件信息，N_0 为试验时柱上施加的轴向荷载，t_p 为端板厚度，n 为柱轴压比，$n=N_0/N_u$，即试验时柱上施加的轴向荷载 N_0 与柱极限承载力标准值 N_u 之比。

表 5.16　单边螺栓节点试件信息

柱截面类型	试件编号	柱截面（$B/D\times t$）	端板厚度 t_p/mm	N_0/kN	轴压比 n	加载类型
方形	CJM1	200mm×8mm	18	1777	0.6	单调加载
	CJM2	200mm×8mm	12	1777	0.6	
圆形	CJM3	219mm×8mm	18	1730	0.6	
	CJM4	219mm×8mm	12	1730	0.6	
方形	CJD1	200mm×8mm	18	1777	0.6	反复加载
	CJD2	200mm×8mm	12	1777	0.6	
圆形	CJD3	219mm×8mm	18	1730	0.6	
	CJD4	219mm×8mm	12	1730	0.6	

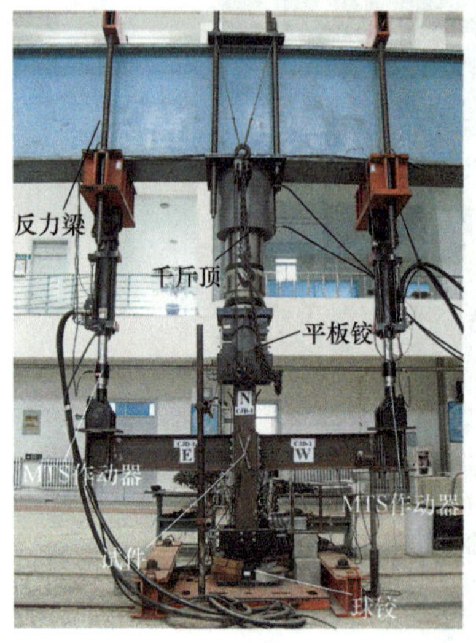

图 5.53　试验装置图

节点试验的装置如图 5.53 所示。

（2）单调荷载作用下试验结果及分析

单调荷载作用下采用单边螺栓的钢管混凝土柱 - 钢梁节点的试验研究结果表明（Wang et al.，2009a），该类节点具有良好的承载能力。图 5.54（a）为四个单调加载试件的弯矩（M_j）- 相对转角（θ_r）关系。

可见，M_j-θ_r 关系表现出良好的延性和承载能力。试验结果表明，此类组合节点的强度和刚度与端板厚度（t_p）以及钢管截面类型有关。对于同类型相近尺寸的节点，端板厚度（t_p）的增大可以有效提高节点的强度和刚度。例如，对于方钢管混凝土柱节点，试件 CJM1（端板厚度 t_p=18mm）的最大弯矩和初始刚度分别比试件 CJM2（端板厚度 t_p=12mm）提高 14% 和 36%；对于圆钢管混凝土柱节点，试件 CJM3（端板厚度 t_p=18mm）比试件 CJM4（端板厚度 t_p=12mm）的最大弯矩和初始刚度分别提高 15% 和 46%。但 t_p=12mm 的节点转动能力明显大于 t_p=18mm 的节点转动能力。例如试件 CJM2 的节点转动能力比试件 CJM1 大 17%，试件 CJM4 的节点转动能力比试件 CJM3 大 24%。

欧洲规范 Eurocode 3（2005）根据刚度和强度将节点刚性进行分类。通过比较节

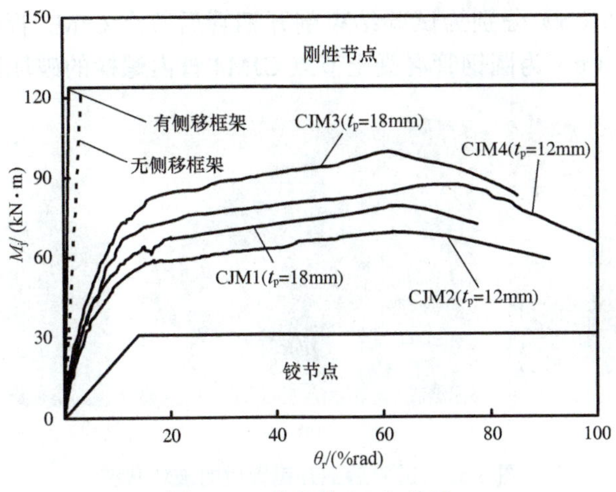

图 5.54　节点的 M_j-θ_r 关系

点的初始刚度 K_i，将节点划分为刚性节点、半刚性节点和铰接节点。

当 $K_i \geqslant k_b\,(EI)_b/L_b$ 时，节点为刚性，其中 $(EI)_b$ 为梁抗弯刚度，L_b 为梁的跨度。当支撑体系可以减少框架 80% 的水平位移时，$k_b=8$；对其他框架，$k_b=25$。当 $K_i \leqslant 0.5\,(EI)_b/L_b$ 时，节点为名义铰接。介于二者之间时为半刚性节点。

因此，若参考欧洲规范 Eurocode 3（2005）对钢结构节点的分类方法，试验节点按无侧移框架和有侧移框架的分类结果如图 5.54 所示。可见四个节点试件按刚度分类均为半刚性连接节点。

单边螺栓连接节点的破坏特征是端板有较大的变形，同时节点区域的钢管有明显的外凸变形（圆形柱节点）或平面外变形（方形柱节点），节点破坏时部分受拉螺栓被拔出。图 5.55 给出了各节点试件宏观的破坏特征。

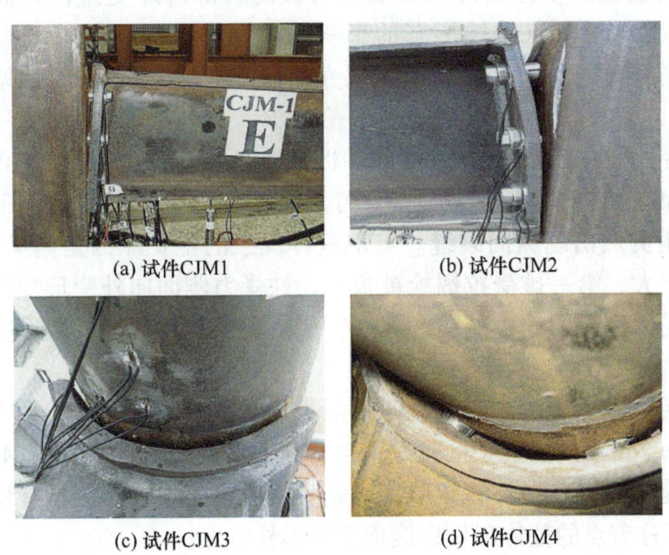

(a) 试件CJM1　(b) 试件CJM2

(c) 试件CJM3　(d) 试件CJM4

图 5.55　节点试件单调加载时的破坏特征

图 5.56（a）和（b）分别为试验结束剖开钢管后节点 CJM2 管内混凝土和螺栓的破坏情况；图 5.56（c）为圆钢管混凝土节点 CJM4 管内螺栓的破坏情况。

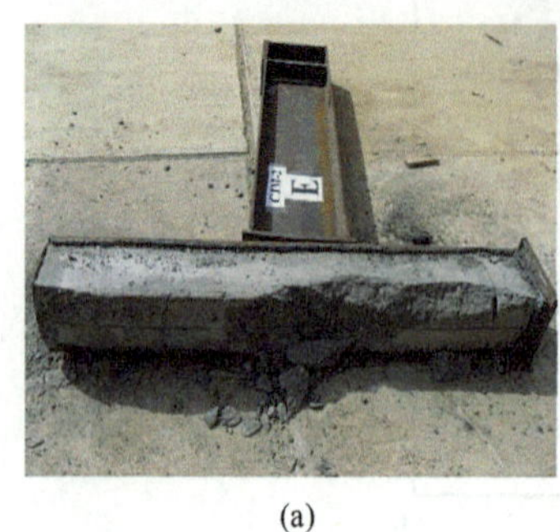

(a)

(b)

(c)

图 5.56　试验后剖开钢管后的破坏状态

可见，节点核心区混凝土没有出现明显裂缝，仅是受拉螺栓处有部分混凝土剥落。主要原因可能是当连接发生较大转动变形时螺栓向外受拉，混凝土内的螺栓锥形头和尾部套筒发生松动，从而导致部分混凝土剥落。单边螺栓没有发生弯曲或剪断等明显破坏现象，仅是在拉力作用下螺栓尾部套筒的支撑范围变小。

（3）反复荷载作用下试验结果及分析

反复荷载作用下的试验结果表明，反复荷载下节点在使用阶段的刚度会有所下降，滞回曲线呈现出一定的“捏缩”现象，但节点总体上保持着良好的延性和后期承载能力。图 5.57 为节点试件的（M_j）- 梁柱相对转角（θ_r）滞回关系。

反复荷载作用下节点的破坏特征主要有端板变形；柱壁平面外变形；受拉螺栓拔出；由于连接发生较大转动，导致螺栓处部分混凝土剥落；方钢管边角出现纵向裂缝。

图 5.58 为反复荷载作用下节点试件的破坏特征。

试验后发现端板的塑性变形主要表现为板的顶部向外受拉，而板的底部向里受压；端板厚度（t_p）对节点破坏形态的影响与单调加载试验的情况类似。尽管试件 CJD1 和 CJD2 除了端板厚度不同，其余尺寸相同，但是试件 CJD2 的端板变形比试件 CJD1 更加明显。

试验结束后，试件 CJD1 和 CJD2 的端板最大变形（端板离开柱壁的最大距离）分别是 32mm 和 39mm。当位移加载到 $5\Delta_y$ 时，梁转角达 0.05rad，在上下第一排受拉螺栓处方钢管边角突然出现纵向裂缝。出现这种现象的主要原因是当梁端荷载很大时，连接转动变形变大，第一排受拉螺栓被拔出，柱受力侧面向外变形变大，柱垂直荷载侧面提供给柱受力侧面的约束减弱。圆钢管混凝土柱节点的端板变形明显比方钢管混凝土柱节点的端板变形小。

试验结束后，试件 CJD13 和 CJD4 的端板最大变形（端板离开柱壁的最大距离）分别是 20mm 和 26mm。在整个试验过程中，圆钢管混凝土柱节点的钢管并没有破坏，只是在受拉螺栓处柱壁有向外的变形，这表明单边螺栓端板连接具有良好的连接和受力性能，且圆形柱节点的整体工作性能优于方形柱节点。

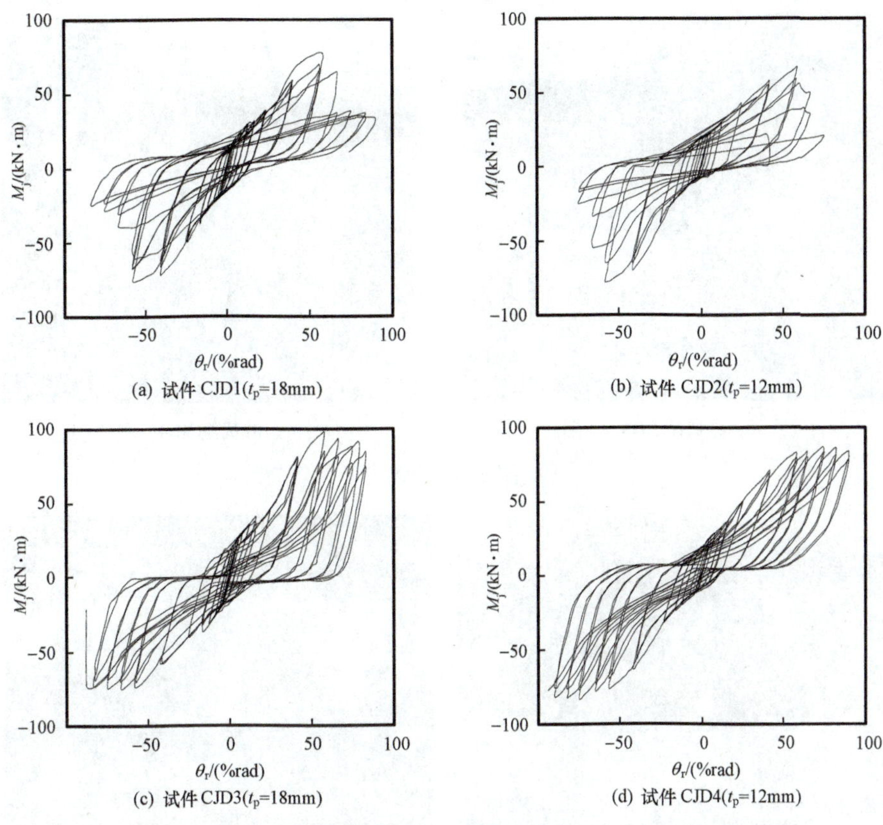

图 5.57　节点试件的（M_j）－相对转角（θ_r）滞回关系

图 5.59 为试验结束后剖开钢管后圆钢管混凝土节点 CJD4 的混凝土和螺栓的破坏情况。可见螺栓并未发生明显的弯曲或剪断破坏，仅是在拉力作用下螺栓尾部套筒的支撑范围变小。

单边螺栓连接节点在动力荷载作用下的工作机理是仍需要进一步深入研究的课题。

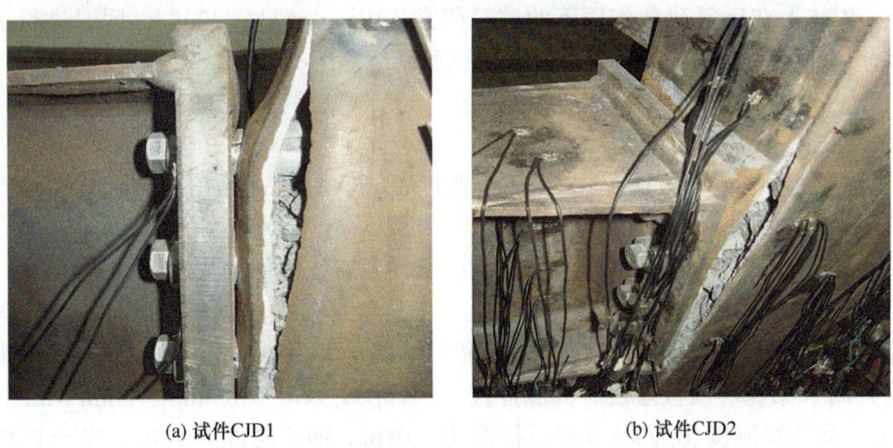

图 5.58　节点试件反复加载时的破坏特征

(c) 试件CJD3

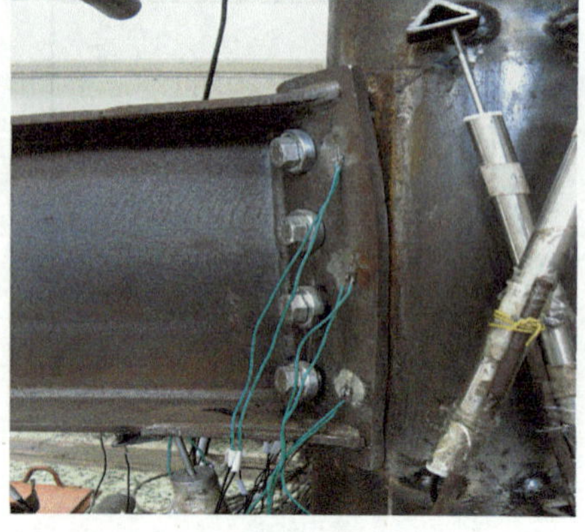

(d) 试件CJD4

图 5.58 （续）

(a) 螺栓

(b) 核心混凝土

图 5.59 螺栓和核心混凝土的破坏状态

5.5.3 钢管混凝土柱 - “犬骨式”钢梁节点

本小节进行了五个圆钢管混凝土柱 - “犬骨式”钢梁外环板连接节点（reduced beam section，RBS）在反复荷载作用下的试验研究（Wang et al.，2008），同时进行了三个相同尺寸但钢梁未削弱的对比节点试件的试验研究。

1. 试验概况

试验参数还包括轴压比（n）和环板宽度（b）。图 5.60 给出“犬骨式”节点构造图形。

表 5.17 给出了“犬骨式”节点（RBS）试件及对比试件的详细信息。

所有节点都采用了工字形钢梁，其上、下翼缘通过外加强环板与柱连接，腹板直接与钢管混凝土柱焊接。圆钢管的外截面尺寸为 $D\times t$=140mm×2.13mm。钢梁尺寸分别为梁高、梁宽、腹板厚度、翼缘厚度，$h\times b_f\times t_w\times t_f$=150mm×70mm×3.53mm×3.53mm，梁柱线刚度比为 k=0.58。柱高为 1.05m，钢梁跨度为 1.5m。节点试件的详细尺寸如图 5.61 所示。

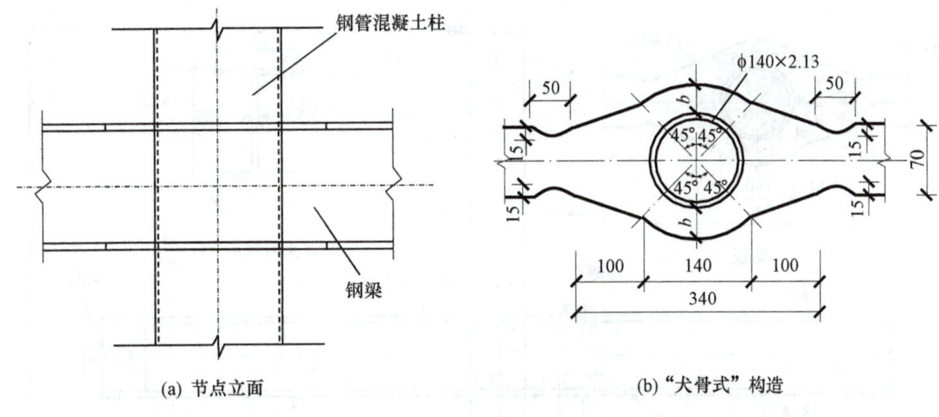

图 5.60 钢管混凝土柱－“犬骨式”钢梁连接节点示意（尺寸单位：mm）

表 5.17 节点试件一览表

序号	试件编号	环板宽度 b/mm	轴压力 N_o/kN	轴压比 n	极限荷载 P_{max}/kN	屈服位移 Δ_y/mm	总耗能 /（kN · m）	位移延性系数 μ	备注
1	CJ-21	40	40	0.05	35.5	14.6	13.7	4.6	梁未削弱
2	CJ-22	40	265	0.3	37.7	10.5	13.4	4.1	
3	CJ-33	20	530	0.6	35.9	7.7	23.5	6.9	
4	CJ-13N	60	530	0.6	39.4	7.6	43.5	7.3	“犬骨式”构造
5	CJ-21N	40	40	0.05	35.1	10.9	12.7	3.8	
6	CJ-22N	40	265	0.3	38.9	13.9	25.6	3.9	
7	CJ-23N	40	530	0.6	38.3	9.2	31.9	6	
8	CJ-33N	20	530	0.6	32.5	6.6	24.2	7.1	

节点编号后面的第一位数字代表环板形式编号，共分三类；第二位数字表示加载形式编号，共分三类；其中“犬骨式”节点后缀“N”以示区别。节点按照环板宽度不同设计为三类，即按照规程 DBJ 13-51—2003（2003）或 DBJ/T 13-51—2010（2010）计算所得环板尺寸为形式 1（Ⅰ型节点），分别取规程设计环板宽度（形式 1 的环板尺寸）的 2/3 和 1/3 时所对应的环板种类为形式 2（Ⅱ型节点）和形式 3（Ⅲ型节点）。柱轴压比定义为 $n=N_0/N_u$，即试验时柱上施加的轴向荷载 N_0 与柱的极限承载力标准值 N_u 之比值。采用实测的材料强度指标计算。设计了三种轴压比，即 0.05、0.3 和 0.6。

节点的钢管混凝土柱采用了冷弯钢管，钢梁采用焊接形式，加强环板及钢梁腹板均与钢管焊接。每个钢管加工两个厚度 12mm 的钢板盖板，先在空钢管一端将底部盖板焊上，上部盖板等混凝土浇灌完成后再焊接。

钢材屈服强度（f_y）、抗拉强度（f_u）、弹性模量（E_s）和泊松比（μ_s）等参数分别如表 5.18 所示。

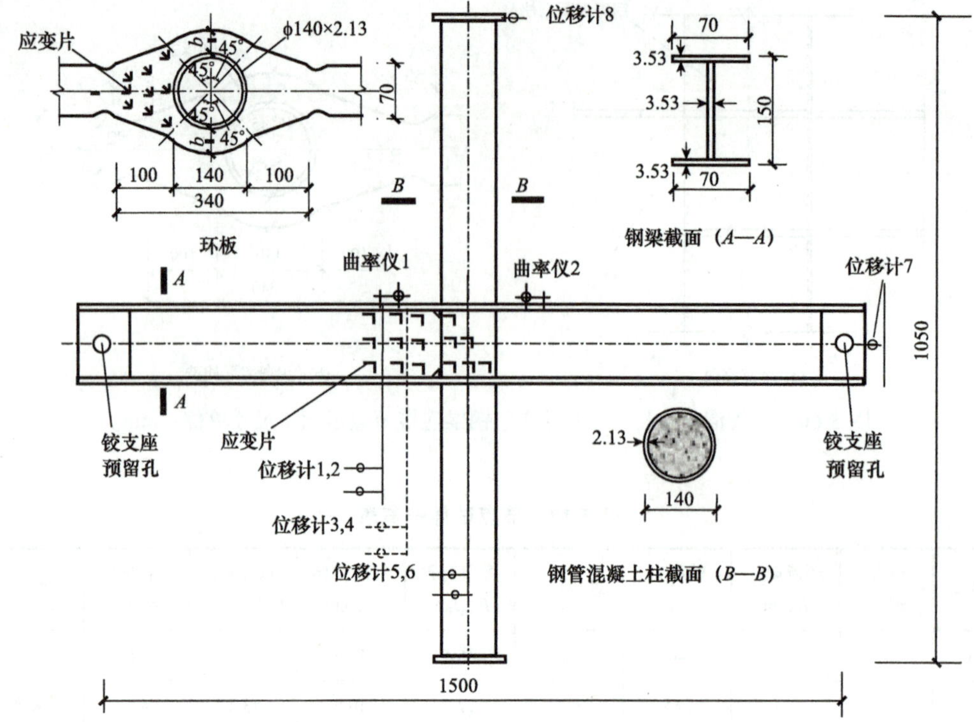

图 5.61 钢管混凝土柱 -“犬骨式”钢梁节点试件（尺寸单位：mm）

表 5.18 钢材力学性能指标

钢材种类	钢板厚度 /mm	f_y/MPa	f_u/MPa	E_s/（10^5N/mm^2）	μ_s
圆钢管	2.13	272.3	350.6	2.06	0.278
环板和钢梁	3.53	289.0	431.0	2.04	0.262

钢管中采用了自密实混凝土，配合比：水为 181kg/m^3；水泥为 300kg/m^3；粉煤灰为 200kg/m^3；砂为 994kg/m^3；石为 720kg/m^3。采用原材料如下：普通硅酸盐水泥；河砂，细度模数 2.6；石灰岩碎石，石子粒径 5～15mm；Ⅱ级粉煤灰；普通自来水；UNF-5 早强型减水剂的掺量为 1%。混凝土坍落度为 262mm，坍落流动度为 610mm，混凝土浇灌时内部温度为 28℃。新拌混凝土平均流速为 57mm/s。混凝土浇灌时将钢管竖立，从顶部灌入混凝土，没有采用任何振捣方式。采用与试件中混凝土同条件养护的标准混凝土立方体试块达 28 天抗压强度 f_{cu}=52.6MPa，试验时强度 f_{cu}=60MPa，弹性模量 E_c=41500N/mm^2。

节点试验装置如图 5.3（a）所示。试件的量测测点布置如图 5.61 所示。采用了位移控制的加载方式，加载制度与 5.2 节中的节点试验类似，如图 5.4 所示。

2. 试验现象和试验结果

本次试验的节点试件根据环板宽度（b）的不同及是否进行梁端翼缘削弱有不同的类型，因此其试验过程中的破坏特征也有所不同。所有试件破坏后的情形如图 5.62 所示。

(a) 试件CJ-21 (n=0.05，b=40mm)

(b) 试件CJ-22 (n=0.3，b=40mm)

(c) 试件CJ-33 (n=0.6，b=20mm)

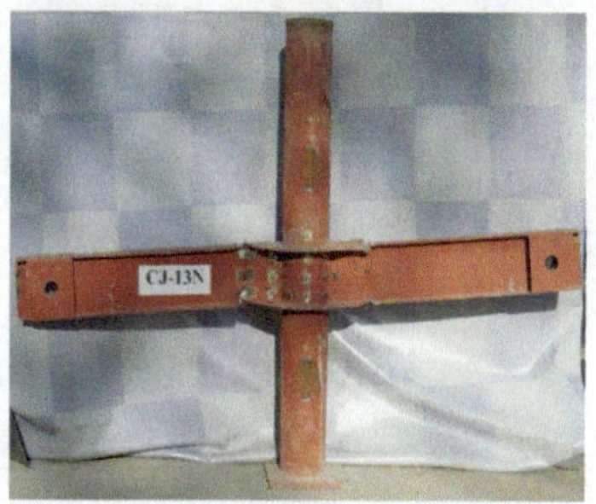

(d)试件 CJ-13N (n=0.6，b=60mm)

(e) 试件CJ-21N (n=0.05，b=40mm)

(f) 试件CJ-22N (n=0.3，b=40mm)

(g) 试件CJ-23N (n=0.6，b=40mm)

(h) 试件CJ-33N (n=0.6，b=20mm)

图 5.62　“犬骨式”节点破坏形态

翼缘未削弱的试件 CJ-21、CJ-22 及 CJ-33 都属所谓的“弱柱型”节点。在试验过程中，当加载位移超过 $2\Delta_y$ 后，节点区域梁以下的柱两侧首先出现鼓曲变形，随着位移的进一步增大，变形更加明显，最后都发生了柱断裂破坏，而钢梁及环板处的变形均不明显。由于环板宽度（b）的不同，CJ-33 试件破坏时是柱断裂并伴有节点环板拉裂，而试件 CJ-21 及 CJ-22 均为柱断裂破坏，分别如图 5.63（a）和（b）所示。总体而言，“弱柱型”节点试件由于发生了柱破坏，试件延性较差。

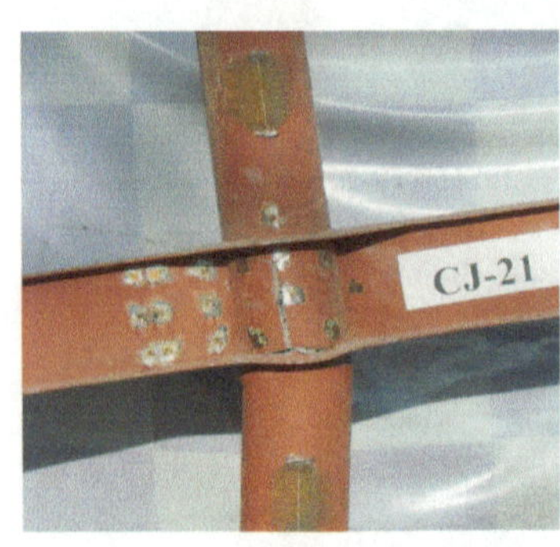

(a) 试件CJ-21

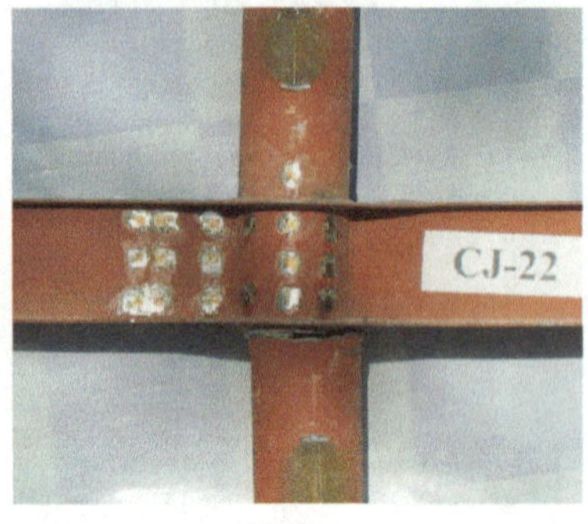

(b) 试件CJ-22

图 5.63　柱破坏的模式

对于“犬骨式”试件（RBS），如Ⅱ型节点 CJ-21N、CJ-22N 及 CJ-23N，试验过程中，除 CJ-21N 外，其余试件均发生了梁端屈服破坏，梁端屈服的区域主要集中在翼缘削弱区域，且塑性铰区域的钢梁翼缘和腹板均有较明显的鼓曲变形。从 P-Δ 滞回关系来看，试件延性均优于未进行翼缘削弱的对比试件 CJ-22 及 CJ-23。CJ-21N 由于轴压比很小，柱抗弯承载力仍低于梁承载力，故最终发生了柱破坏形态。

Ⅰ型节点 CJ-13N 试件的节点环板尺寸最大，最终的破坏为钢梁翼缘削弱区域出现塑性铰而破坏，此部分区域内的梁翼缘、腹板均产生明显的鼓曲变形，翼缘削弱处出现了明显的钢材断裂，环板区域无明显变形。

Ⅲ型节点 CJ-33N 试件的环板尺寸最小，但由于进行了梁端截面削弱处理，其最终的破坏状态是环板部分断裂及梁端削弱区出现塑性铰的破坏。比较同样环板尺寸的对比试件 CJ-33，可见翼缘削弱试件 CJ-33N 的延性明显优于“弱柱型”试件 CJ-33。

依据试件环板宽度、试验时柱轴压比及钢梁构造的不同，节点最终破坏状态可分为三类。①柱断裂破坏：对于“弱柱型”节点试件，破坏为柱断裂情况，如试件 CJ-21、CJ-22、CJ-21N。②环板破坏及柱断裂破坏：如试件 CJ-33。由于环板尺寸过小，发生了环板及柱断裂破坏。③钢梁削弱处出现塑性铰的破坏：如试件 CJ-13N、CJ-22N、CJ-23N、CJ-33N。

对应于不同的破坏状态，试验现象也有所不同：对于柱断裂破坏的试件，基本都是在加载到 $5\Delta_y$ 时节点环板以下位置的柱开始出现鼓曲变形，而后钢管迅速出现裂缝，荷载很快下降而破坏，破坏前后钢梁梁端的翼缘及腹板鼓曲变形不明显；对于环板及柱断裂破坏的试件，试验现象与柱断裂破坏试件类似外，最终破坏时节点环板也被拉断，对于梁端出现塑性铰而破坏的试件，在加载位移到 $3\Delta_y$ 时钢梁翼缘削弱附近出现鼓曲，加载位移到 $5\Delta_y$ 时翼缘处鼓曲变得显著，且大部分试件在该时刻出现了腹板鼓曲。

对于环板宽度最大的 CJ-13N，环板区域没有明显的鼓曲，而其他试件，如 CJ-22N、CJ-23N、CJ-33N，都伴随着出现了环板区域的鼓曲变形。当加载位移到 $8\Delta_y$ 时钢梁翼缘处出现非常显著的变形，个别试件在此位置的钢梁翼缘出现受拉断裂。最终破坏时柱上没有明显的鼓曲，而在环板的腹板及环板与钢梁交界处的钢梁翼缘及腹板都有较大范围内的鼓曲，说明此类节点的破坏发生在钢梁与环板交接处的过渡截面，为“强柱弱梁”的破坏形态。

试验结束后剖开节点区域的钢管，观察节点核心区域钢管内的核心混凝土，未发现明显的裂缝发生，混凝土完整性良好。图 5.64 给出部分试件混凝土的形态。

(a) 试件CJ-21　(b) 试件CJ-33

(c) 试件CJ-13N　(d) 试件CJ-23N

图 5.64　节点核心区域混凝土状态

3. 试验结果分析

（1）水平荷载（P）－水平位移（Δ）滞回关系

所有节点柱端水平荷载（P）－位移（Δ）滞回关系如图 5.65 所示。

本次试验节点的 P-Δ 滞回关系具有以下特点：①“犬骨式”（RBS）节点的 P-Δ 滞回关系较为饱满，没有明显的捏缩现象，刚度和强度退化不明显，说明此类节点具有良好抗震性能和耗能能力。梁翼缘未削弱的“弱柱型”节点试件发生了钢管混凝土柱弯曲破坏，试件破坏时对应的加载位移较小，总体耗能能力较差。②“犬骨式”节点其极限承载力略低于同样尺寸的钢梁翼缘未削弱试件，但其位移延性和耗能能力明显优于翼缘未削弱试件。

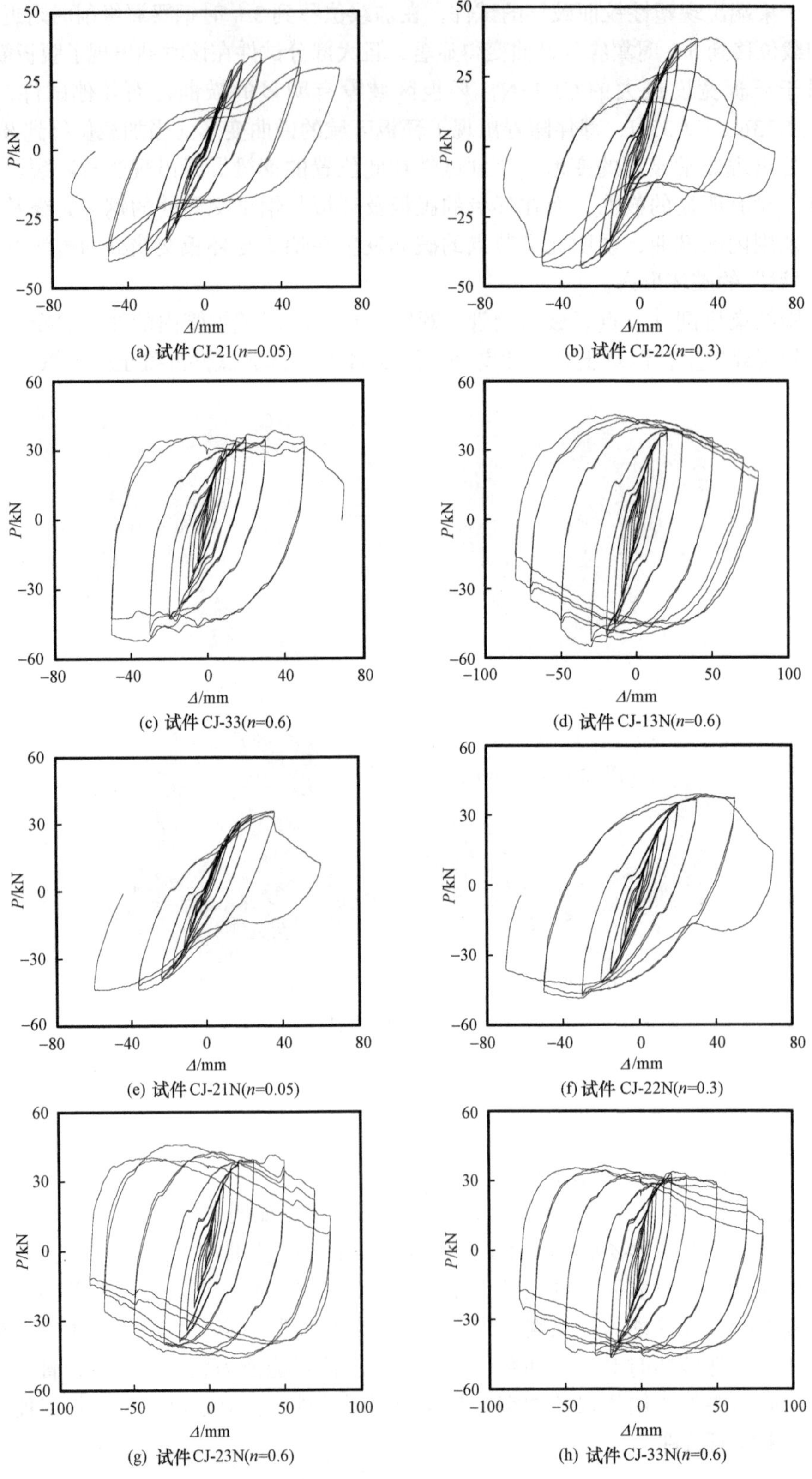

(a) 试件 CJ-21(n=0.05)　(b) 试件 CJ-22(n=0.3)

(c) 试件 CJ-33(n=0.6)　(d) 试件 CJ-13N(n=0.6)

(e) 试件 CJ-21N(n=0.05)　(f) 试件 CJ-22N(n=0.3)

(g) 试件 CJ-23N(n=0.6)　(h) 试件 CJ-33N(n=0.6)

图 5.65　“犬骨式”节点 P-Δ 滞回关系

（2）水平荷载（P）－水平位移（Δ）滞回关系骨架线

不同柱轴压比（n）和环板宽度（b），以及不同钢梁构造条件下节点的 P-Δ 滞回关系骨架线按照不同类别分别汇总于图 5.66 中。

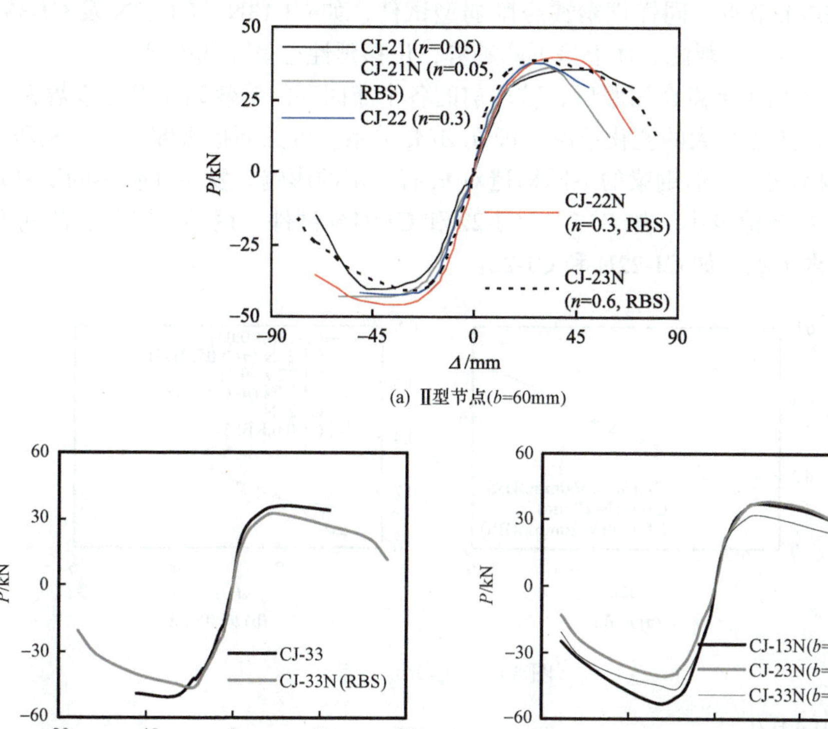

(a) Ⅱ型节点(b=60mm)

(b) Ⅱ型节点(n=0.6, b=20mm)

(c) n=0.6, RBS截面

图 5.66　P-Δ 滞回关系骨架线

对 P-Δ 滞回关系骨架线的特点归纳如下。

1）相同环板宽度（b）的节点，翼缘削弱型（RBS）构造节点其极限承载力略低于未削弱试件，但其位移延性明显优于未削弱构件，如图 5.66（a）、（b）所示。

2）由图 5.66（c）可见，同样进行了翼缘削弱的试件，在相同轴压比（n）下，随着节点环板宽度（b）的减小，承载力有所降低；但 CJ-13N 和 CJ-23N 正向承载力相差不大（CJ-13N 正向承载力低于 CJ-23N 节点 2%；但负向承载力高于 CJ-23N 节点 24%；高于 CJ-33N 环板节点 11.5%），而 CJ-33N 承载力下降明显。

3）相同构造的节点，如 CJ-22N、CJ-23N，随着轴压比（n）的增加，试件的水平承载力下降。CJ-21N 因其发生了柱断裂破坏，其承载力低于 CJ-22N。

（3）延性和耗能

本次试验试件的延性系数和总耗能汇总于表 5.17 中。可见，对于相同钢梁构造的节点试件，当环板宽度（b）减小时，节点的极限承载力（P_{max}）总体上呈下降趋势；对于同样环板构造的试件，如Ⅱ型节点试件及Ⅰ型环板试件，随着轴压比的增大，节点的屈服位移 Δ_y 总体上趋于减小，说明其提前发生屈服，同时节点的极限位移 Δ_{max} 和

破坏位移 Δ_u 数值也对应减小，从而总体上反映了其位移延性随轴压比增大而降低的趋势。其中的弱柱型试件由于发生了柱破坏形态，因此节点的承载力和延性指标等和上述规律不一致，如 CJ-21、CJ-22、CJ-21N、CJ-33 等，但其总体耗能均明显低于翼缘削弱型（RBS）节点。同样钢梁翼缘削弱型试件，如 CJ-13N、CJ-23N 及 CJ-33N，随着环板宽度的减小，耗能总体上呈下降趋势，位移延性也呈降低趋势。

图 5.67 给出了节点在屈服后、破坏前的各个滞回环的等效黏滞阻尼系数 h_e 随着柱顶位移加载的逐级加大的变化情况，即 h_e-Δ/Δ_y 关系。可见环板宽度（b）、轴压比（n）对 h_e 的影响不明显，但钢梁的不同构造对 h_e 有一定的影响。发生柱破坏的试件耗能性能较差，其 h_e 数值较小，如 CJ-21、CJ-22 和 CJ-21N 试件。钢梁削弱节点的 h_e 要高于相应的未削弱节点，如 CJ-22N 和 CJ-22。

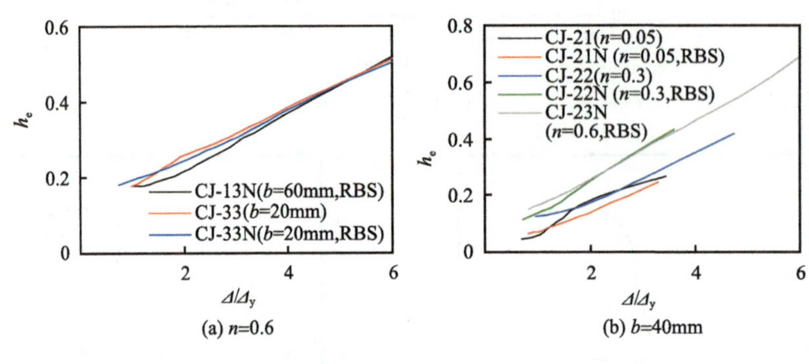

图 5.67　h_e-Δ/Δ_y 关系

（4）刚度退化

图 5.68 所示为不同柱轴压比（n）和环板宽度（b），以及不同钢梁构造条件下试件环线刚度 K_j 随位移加载级别（Δ/Δ_y）变化的关系。

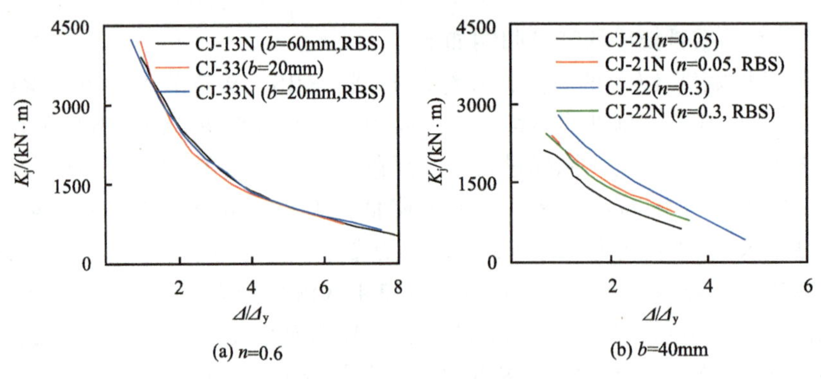

图 5.68　K_j-Δ/Δ_y 关系

可见，相同轴压比（n）时，环板宽度（b）对 K_j 的影响不明显。n 对环线刚度变化趋势影响较大。对于相同环板宽度（b）试件，随着 n 的增加，K_j 数值变大，但在位移达 Δ_y 后的加载后期 K_j 下降趋势加快。对于不同钢梁构造的节点，“犬骨式”节点的 K_j 小于未削弱试件，如 CJ-22 和 CJ-22N，而发生柱破坏的节点 CJ-21 和 CJ-21N，规律相反，即未削弱试件的 K_j 小于“犬骨式”节点。

在试验研究参数范围内可初步得到如下结论。

1）钢梁翼缘削弱型（RBS）钢管混凝土柱－钢梁节点的荷载－位移滞回关系较为饱满，没有明显的捏缩现象，刚度和强度退化不明显，节点具有良好延性和耗能能力。“弱柱型”节点试件发生了钢管混凝土柱弯曲破坏，试件破坏时对应的加载位移较小，总体耗能能力较差。

2）轴压比和环板宽度是影响翼缘削弱型圆钢管混凝土节点力学性能的重要因素。随着轴压比增大，节点水平极限承载力下降，屈服状态提前，耗能能力和位移延性均降低。随着环板宽度减小，节点水平极限承载力也有所降低。

3）翼缘削弱型构造节点的极限承载力略低于同样尺寸但钢梁翼缘未削弱试件，但其位移延性和耗能能力明显优于相应的“弱柱型”（梁翼缘未削弱）试件。

5.5.4 单边螺栓连接的不锈钢管混凝土柱－钢梁节点

本小节完成了 7 个采用单边螺栓连接的不锈钢管混凝土柱－钢梁足尺节点的试验研究，主要考虑了是否考虑楼板作用、节点区是否有内部拉结钢筋、钢管类型（不锈钢或普通碳钢）及荷载类型（单调或反复加载）等参数，从而比较详细地了解了该类节点的受力性能（Tao et al.，2017）。

1. 试验概况

以柱截面类型、钢管材料、荷载类型等为主要参数，设计了 7 个单边螺栓连接的不锈钢管混凝土柱－钢梁节点试件，试件尺寸及有关参数如表 5.19 所示。

表 5.19　单边螺栓连接的不锈钢管混凝土柱－钢梁节点试件信息

试件编号	柱截面形状	钢管材料	内部拉结钢筋	f_c'/MPa	N_0/kN	N_u/kN	n	楼板	荷载类型
SB1-0	方形	不锈钢	8ϕ20	32.8	3822.3	6037.5	0.63	无	单调
SB1-1	方形	不锈钢	—	33.6	3873.4	6122.8	0.63	有	单调
SB1-2	方形	不锈钢	8ϕ20	35.7	3811.9	6346.6	0.60	有	单调
SB1-3	方形	不锈钢	8ϕ20	39.8	3938.7	6783.5	0.58	有	反复
CB2-1	圆形	不锈钢	—	42.3	3833.5	5661.1	0.68	有	单调
CB2-2	圆形	不锈钢	—	41.2	3921.5	5573.2	0.70	有	反复
CB2-3	圆形	碳钢	—	43.8	3825.6	5756.4	0.66	有	单调

节点试件的高度为 2200mm，跨度为 3500mm，其中梁端荷载间距为 3000mm，具体节点构造示意图如图 5.69 所示。其中图 5.69（b）为楼板构造详图，采用了压型钢板－混凝土组合楼板。为对比不同构造措施对节点力学性能的影响，部分方形截面的节点内部还设有拉结钢筋，构造示意图如图 5.70 所示。圆形截面钢管混凝土柱节点构造示意图如图 5.71 所示。

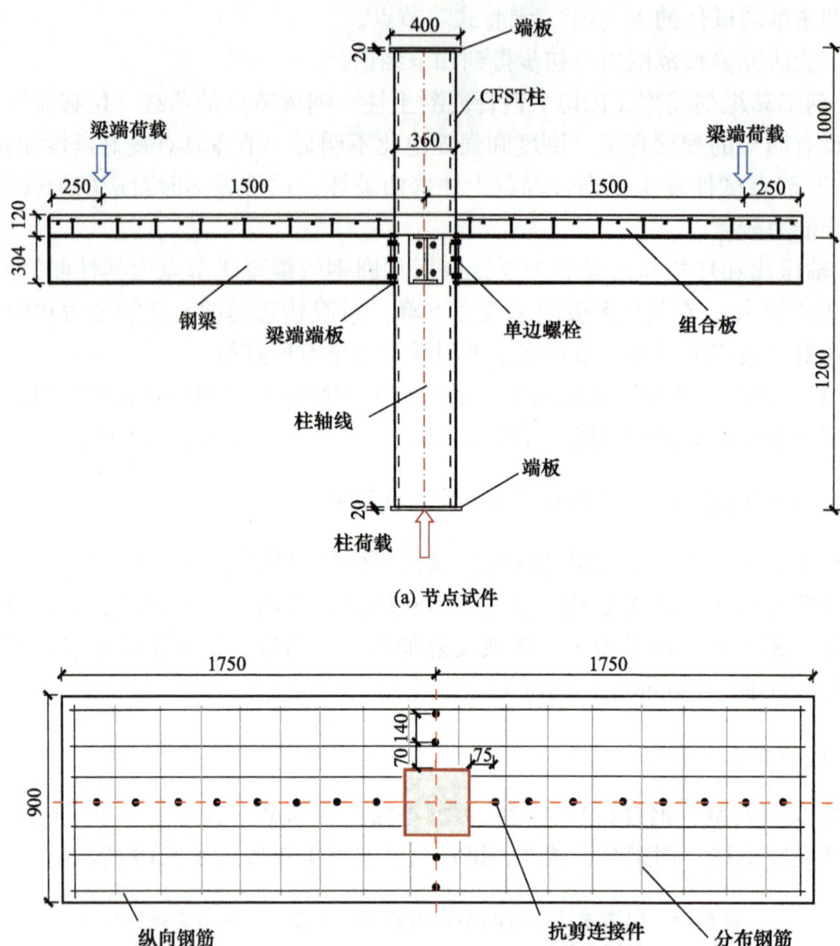

(a) 节点试件

(b) 楼板构造

图 5.69 组合节点构造示意图（尺寸单位：mm）

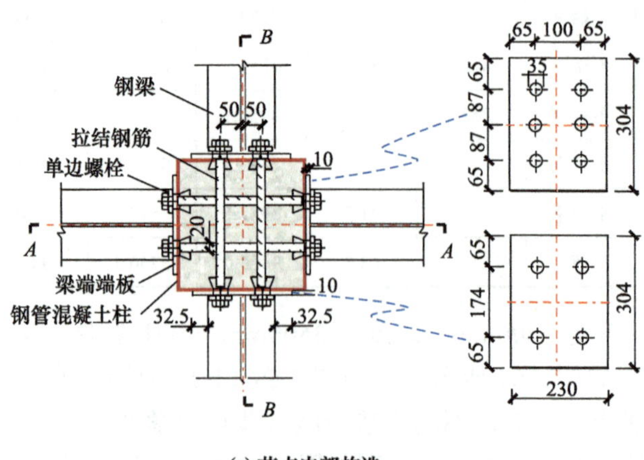

(a) 节点内部构造

图 5.70 方形截面节点构造示意图（内部设置有拉结钢筋）（尺寸单位：mm）

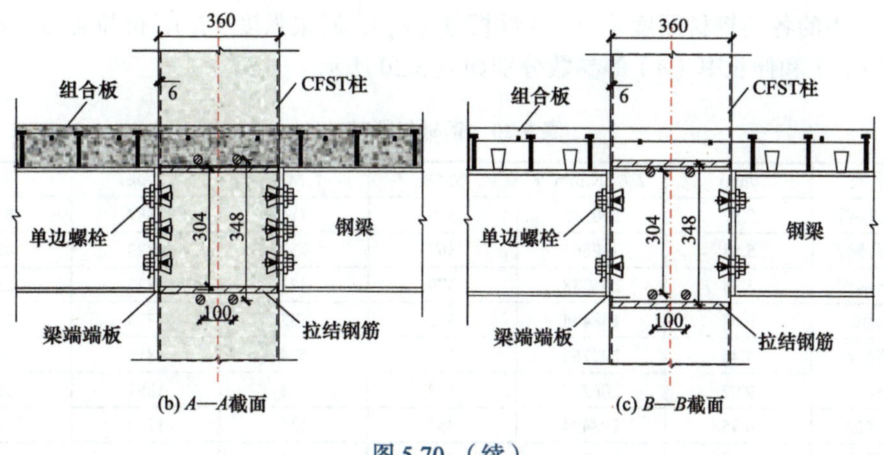

图 5.70（续）

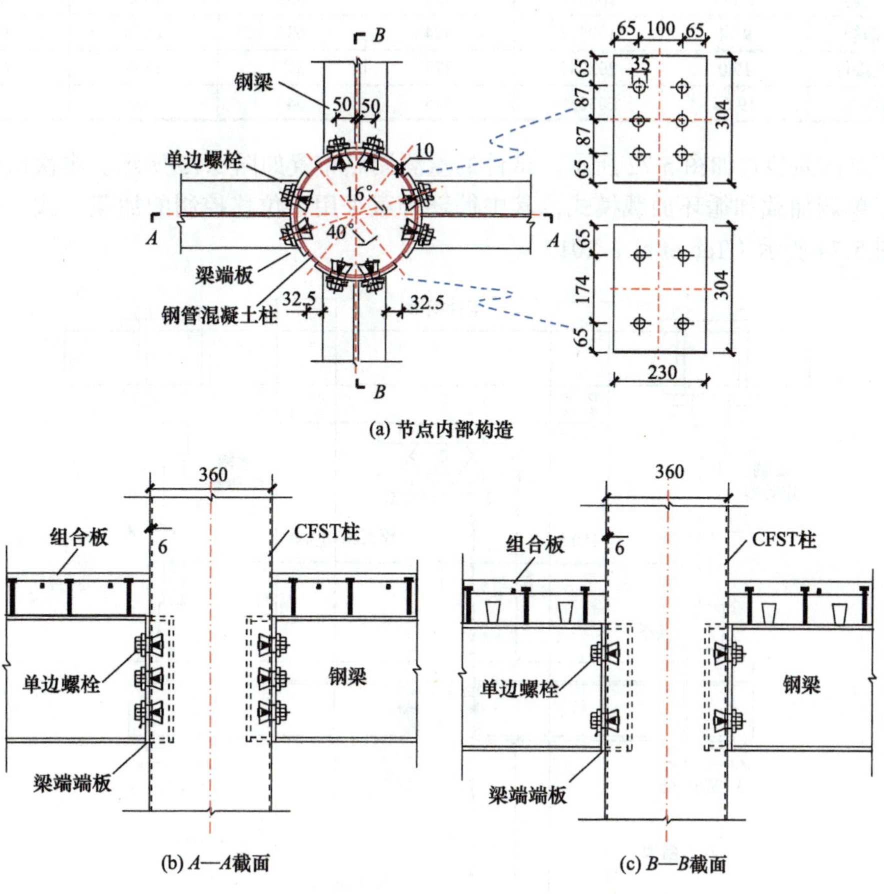

图 5.71　圆形截面柱节点构造示意图（尺寸单位：mm）

节点试件的钢管混凝土柱分别采用了不锈钢管和普通碳钢钢管，钢梁采用焊接形式，梁端端板与钢管焊接。每个钢管加工两个厚度 20mm 的钢板盖板，先在空钢管一端将底部盖板焊上，上部盖板等混凝土浇灌完成后再焊接。

试件中的各类钢材厚度（t）、弹性模量（E_s）、屈服强度（f_y）、抗拉强度（f_u）、屈服应变（ε_y）和伸长率（δ）等参数分别如表 5.20 所示。

表 5.20 钢材材料特性

钢材种类	t/mm	E_s/（N/mm²）	f_y/MPa	f_u/MPa	ε_y/με	δ/%
不锈钢方钢管	5.87	200985	339	714	1687	53.1
不锈钢圆钢管	5.88	200663	367	732	1829	49.3
碳钢圆钢管	5.96	206338	379	473	1837	25.8
钢梁翼缘	9.67	198494	352	535	1773	25.2
钢梁腹板	6.45	203765	370	534	1816	24.5
端板	9.92	206298	388	506	1881	30.4
压型钢板	0.95	198494	352	535	1773	4.5
单边螺栓	20.0	218871	890	953	4066	15.3
纵向钢筋	11.93	200371	538	653	2685	9.0
分布钢筋	9.94	199577	524	631	2626	10.7
剪力连接件	19.0	203941	375	517	1839	24.4
拉结钢筋	19.68	203261	545	647	2681	11.3

节点试验装置如图 5.72 所示。试件的量测测点布置如图 5.73 所示。本次试验分别进行了单调加载和循环加载模式，其中循环加载采用了位移控制的加载方式，加载制度如图 5.74 所示（Tao et al.，2017）。

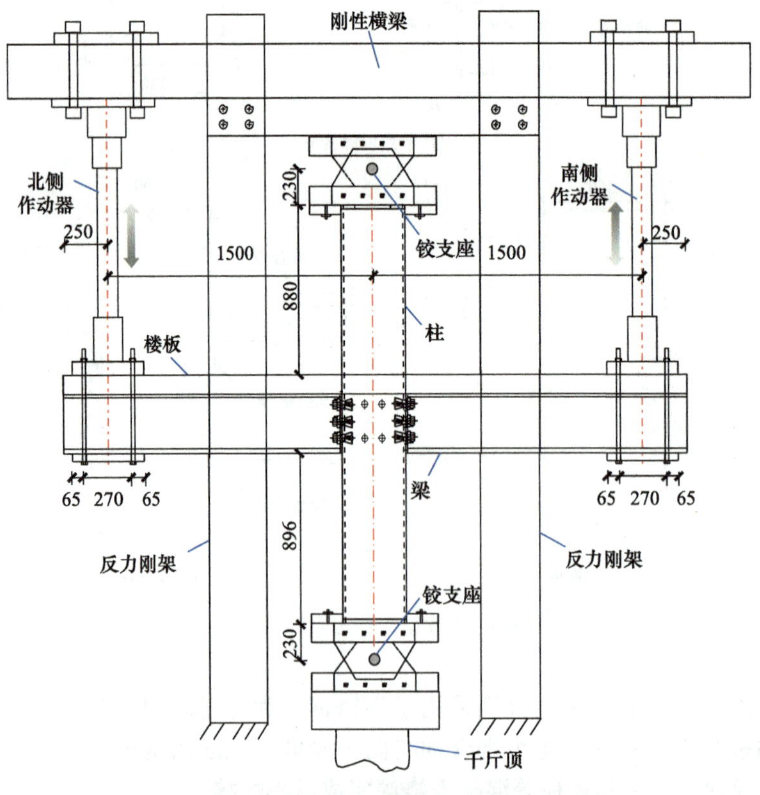

图 5.72 试件加载装置（尺寸单位：mm）

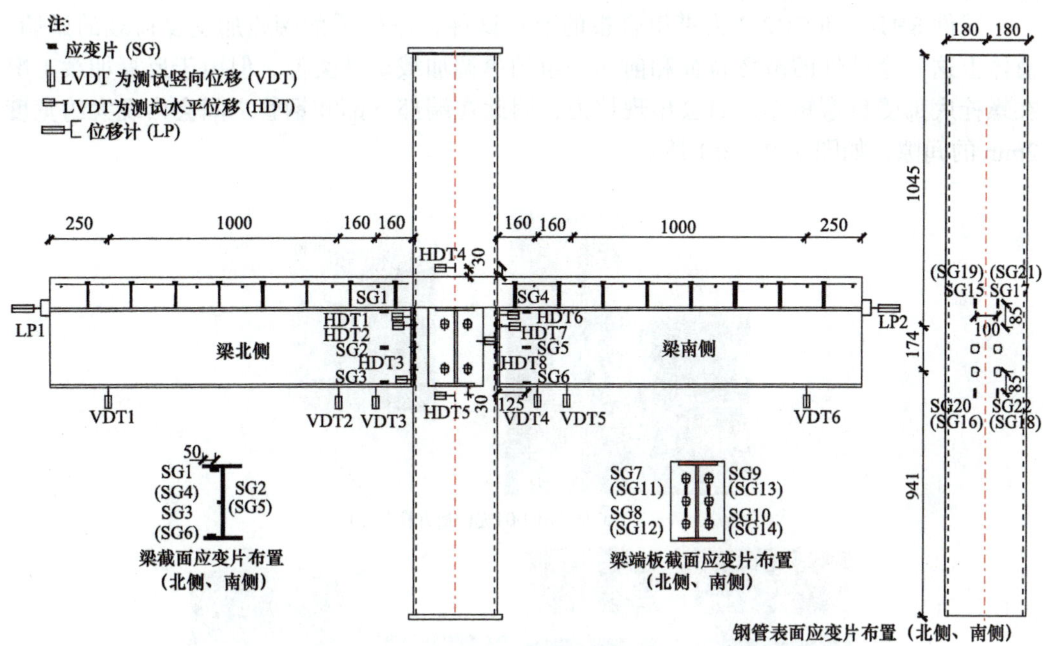

图 5.73　测试装置布置（尺寸单位：mm）

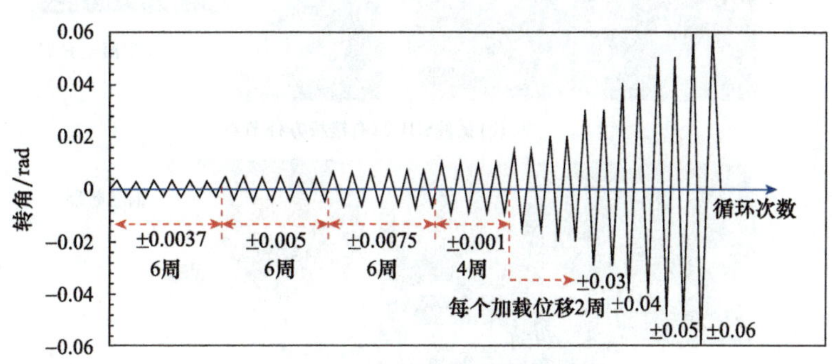

图 5.74　循环加载制度

2. 试验现象和试验结果

所有 7 个节点试件进行了梁端施加单调或反复荷载的试验研究。其中试件 SB1-0 为不带楼板的参考试件，进行了单调加载试验，其最终破坏形态如图 5.75（a）所示。该节点破坏是方钢管向外的局部变形过大引起的，钢管和端板之间有很大的脱开间隙，最大达 14.6mm。另外，试验结束后，在钢管和顶部内部拉结钢筋之间的焊缝发生了断裂，其他部分未发现明显破坏特征。

试件 SB1-1、SB1-2、CB2-1、CB2-3 均为带组合板的节点试件，均进行了梁端施加单调荷载的试验，总体上本组四个试件的破坏特征类似，且均与无组合板的 SB1-0 试件有明显的差异，也反映了组合楼板对节点受力性能的影响。分别选取试件 SB1-2 和 CB2-1 分析其破坏特征，试验后破坏分别如图 5.75（b）、（c）所示。

试件 SB1-3 和 CB2-2 为带组合板的节点试件，进行了梁端施加反复荷载的试验。总体上这两个试件的破坏特征和前面一组的单调加载试件类似，但由于反复加载工况在螺栓底部受负弯矩作用时会出现拉力，因此在端部下部和钢管之间会出现大约宽度 2mm 的间隙，如图 5.75（d）所示。

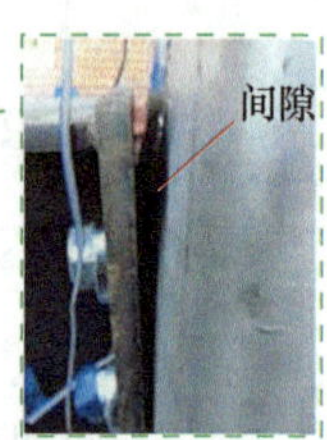

(a) 试件SB1-0 (无楼板方柱节点)

(b) 试件SB1-2 (有楼板方柱节点)

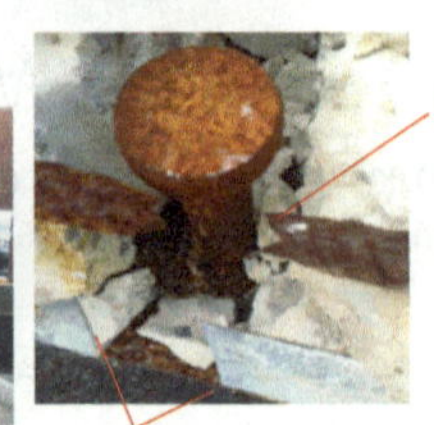

(c) 试件CB2-1 (有楼板圆柱节点)

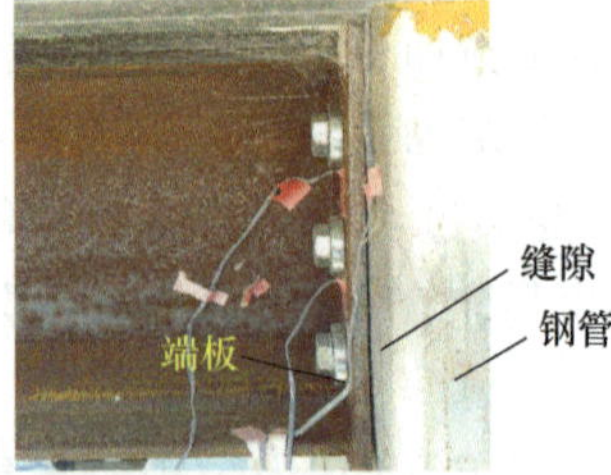

(d) 试件SB1-3的钢管和端板之间出现明显缝隙(往复加载下的方柱节点)

图 5.75　试件的破坏形态

3. 试验结果分析

（1）弯矩-转角关系

试验实测得到的节点试件的弯矩（M）-转角（θ）关系分别如图 5.76 和图 5.77 所示。其中梁端弯矩 $M=PL_b$，P 为梁端荷载，L_b 为荷载作用点距离钢管外表面长度。对于试件 SB1-3 和 CB2-2，梁两侧均可得到其弯矩-转角关系，且比较接近，因此只给出左边梁的实测结果，分别如图 5.76（d）和图 5.77（b）所示。

从试件的弯矩-转角关系可以看出，无组合楼板的 SB1-0 试件其顶排单边螺栓从柱核心混凝土中即将拔出时达其屈服弯矩，数值为 30kN · m，随后节点逐渐达其极限正弯矩 37.7kN · m。图 5.76（b）和（c）分别为无内部拉结钢筋的试件 SB1-1 和有内部拉结钢筋的试件 SB1-2 的 M-θ 关系，可见曲线总体上比较接近，但试件 SB1-2 的极限正弯矩数值比 SB1-1 试件高 10.7%，说明内部设置拉结钢筋可以提高其螺栓的抗拔出能力。

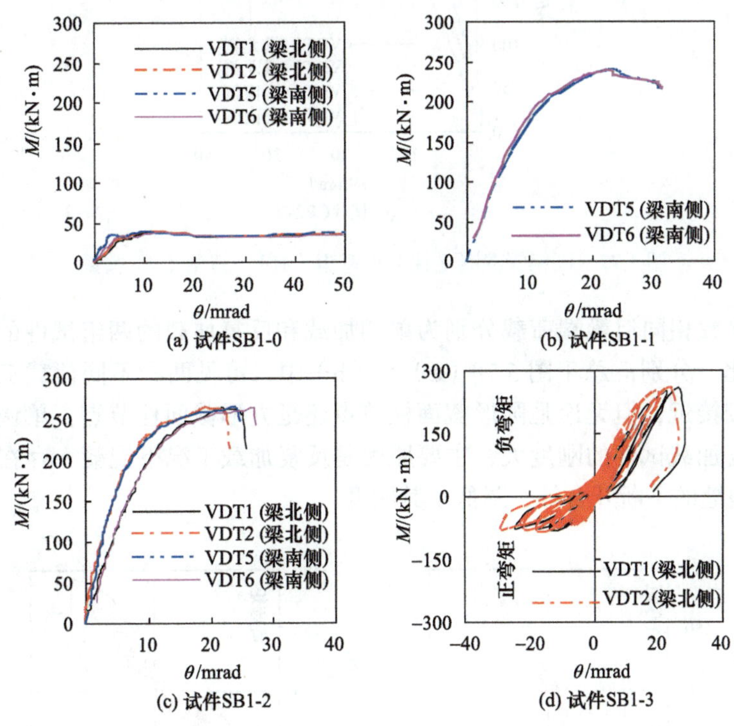

图 5.76 方钢管混凝土柱节点弯矩（M）-转角（θ）关系

图 5.77 对应于圆形钢管混凝土柱节点结果，其中图 5.77（a）和（c）分别对应于试件 CB2-1 和 CB2-3，表现出的规律类似，但需要说明的是，试件 CB2-1 和 CB2-3 在试验中当楼板中钢筋断裂后，继续保持了加载，因而测出了试件的残余承载力。对于反复加载试验试件，即试件 SB1-3 和 CB2-2 的弯矩-转角关系分别如图 5.76（d）和图 5.77（b）所示。可见在反复荷载作用下 M-θ 关系表现出较明显的捏缩效应，且随着加载位移的增加，捏缩效应趋于显著，主要原因是柱的管壁与端板之间的间隙随反复荷载不断增加，且混凝土板的裂缝也逐步开展。

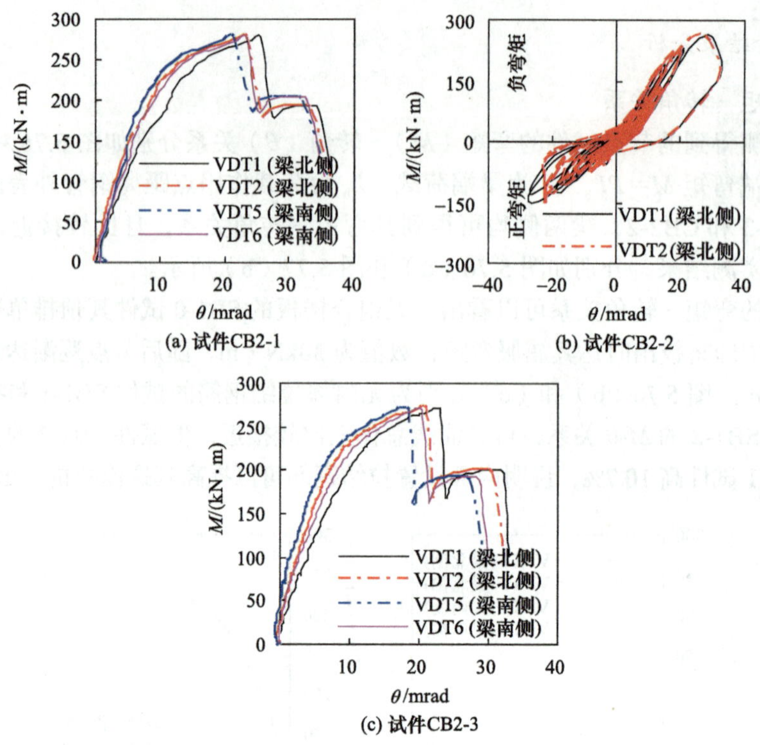

图 5.77　圆钢管混凝土柱节点弯矩（M）- 转角（θ）关系

对几何参数相同但梁端荷载分别为单调加载和反复加载的两组试件的弯矩 - 转角关系进行对比，分别汇总于图 5.78（a）和（b）中，可见两种不同荷载工况下试件的极限荷载比较接近，但无论是圆形截面柱节点还是方形截面柱节点，单调加载试件的刚度均比反复加载试件的刚度大，主要原因是反复加载工况下混凝土存在一定程度的内部损伤和裂缝的不断开合等，降低了其刚度。

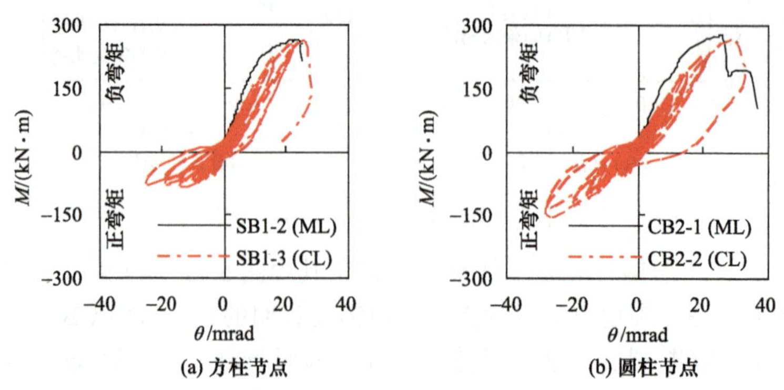

图 5.78　单调加载与反复加载节点试件结果对比

（2）节点刚性分析

欧洲规范 Eurocode 3（2005）中对钢结构节点及组合节点根据其刚度、强度和转动能力进行了分类，根据其分类规则，节点可分为刚性节点、铰节点和半刚性节点。若参考 Eurocode 3（2005）的节点分类方法，本次试验节点按无侧移框架和有侧移框架的分类结果分别如图 5.79 和图 5.80 所示。可见，本次试验的七个节点试件中，无楼板的 SB1-0 节点按刚度分类为半刚性节点，按强度分类接近于理想铰接节点；SB1-2 和 CB2-1 节点按刚度分类均为半刚性连接节点（semi-rigid joint），按强度分类为部分强度节点（partial-strength joint）。

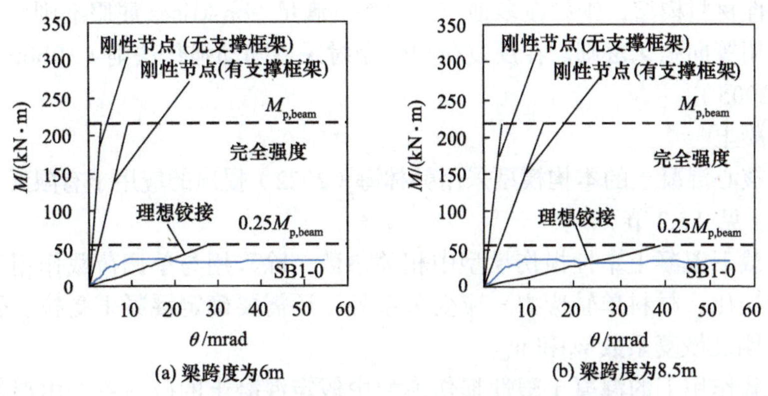

图 5.79　不锈钢管混凝土 – 钢梁节点刚性分类（无楼板）

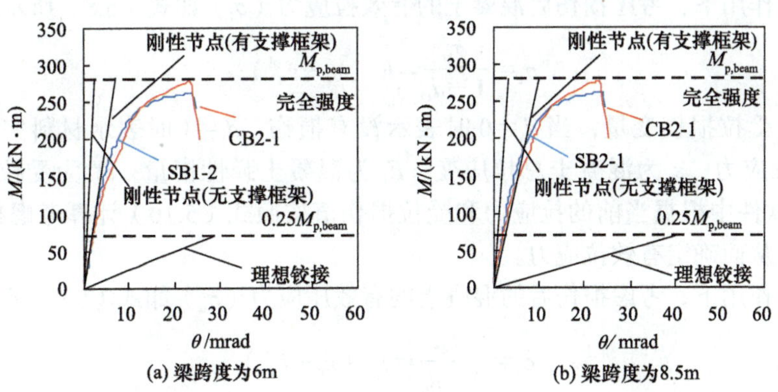

图 5.80　不锈钢管混凝土 – 组合梁节点刚性分类（有楼板）

综上所述，在本节研究参数范围内，总体上单边螺栓连接的不锈钢管混凝土柱 – 组合梁节点属于半刚性节点，工程应用中应考虑其一定的转动能力和具有部分强度的特性。

5.6　工作机理分析

本节建立了钢管混凝土柱 – 钢梁连接节点的有限元计算模型，进行了钢管混凝土结构梁柱连接节点的数值模拟，对单调和反复荷载作用下钢管混凝土柱 – 钢梁外加强环式节点进行荷载 – 变形全过程分析，明晰了其工作机理。

5.6.1 有限元计算模型

1. 材料的本构模型

（1）钢材

钢材的单轴应力作用下的应力 - 应变关系如图 4.3 所示。钢材在多轴应力状态下的弹塑性增量理论满足屈服准则、流动法则和硬化法则的条件，采用基于经典金属塑性理论的弹塑性材料模型，钢材在多轴应力状态下满足 Von Mises 屈服准则。在单调荷载作用下，采用等向强化法则。在反复荷载作用时采用随动强化法则（Hibbitt，Karlson，Sorenson，2005）。

（2）混凝土

钢管内核心混凝土的本构模型采用韩林海（2022）提出的应用于有限元分析的核心混凝土模型，见 2.5.2 节。

反复荷载下混凝土塑性损伤模型中相关参数，除采用与单调荷载作用下相同的弹性模量、泊松比、材料单轴应力 - 应变关系外，还需要确定混凝土受拉、受压损伤系数 d_t 和 d_c、刚度恢复系数 w_t 和 w_c。

反复荷载作用下的混凝土塑性损伤模型中假定混凝土的破坏主要由混凝土受拉开裂和压碎破坏两种破坏机制组成。

在拉力作用下，考虑损伤后混凝土的有效拉应力（$\bar{\sigma}_t$）如式（5.8）所示。

$$\bar{\sigma}_t=\frac{\sigma_t}{1-d_t}=E_c\left(\varepsilon_t-\tilde{\varepsilon}_t^{pl}\right) \tag{5.8}$$

式中，d_t 为受拉损伤变量，当 $d_t=0$ 时表示没有损伤，$d_t=1$ 时表示材料完全破坏；σ_t 为混凝土拉应力；ε_t 为混凝土总拉应变；E_c 为混凝土弹性模量；$\tilde{\varepsilon}_t^{pl}$ 为受拉塑性应变。ABAQUS 软件中根据当前的拉应力和受拉损伤值按照式（5.10）计算考虑损伤后受拉塑性应变，从而确定有效拉应力。

在压力作用下，考虑损伤后的混凝土的有效压应力（$\bar{\sigma}_c$）如式（5.9）所示。

$$\bar{\sigma}_c=\frac{\sigma_c}{1-d_c}=E_c\left(\varepsilon_c-\tilde{\varepsilon}_c^{pl}\right) \tag{5.9}$$

式中，d_c 为受压损伤变量，$d_c=0$ 时表示没有损伤，$d_c=1$ 时表示材料完全破坏；σ_c 为混凝土压应力；ε_c 为混凝土总压应变；$\tilde{\varepsilon}_c^{pl}$ 为受压塑性应变。ABAQUS 根据当前的压应力 σ_c 和受拉损伤值按照式（5.10）计算考虑损伤后受压塑性应变，确定有效压应力 $\bar{\sigma}_c$（Hibbitt，Karlson，Sorenson，2005）。

在单轴循环荷载作用下，混凝土的损伤考虑微裂缝张开和闭合，以及裂缝之间的相互作用。以往研究者对损伤因子的取值进行了研究。其中，Birtel 和 Mark（2006）引入系数 b_t 计算受拉损伤系数（曲慧，2007）。

$$d_t=1-\frac{\sigma_{t0}E_c^{-1}}{\varepsilon_t^{pl}\left(1/b_t-1\right)+\sigma_{t0}E_c^{-1}} \tag{5.10}$$

式中，σ_{t0} 为混凝土峰值拉应力；ε_t^{pl} 为混凝土塑性拉应变。

经算例分析，在进行钢管混凝土结构的计算时，b_t 取 0.2～0.3 较为合适。

另一方面，在单轴受力的情况下，当混凝土由受压卸载，再反向加载时，卸载、再加载路径近似地指向空间某些“焦点”。根据这个特点，Li 和 Han（2011）提出了损伤定义方法如式（5.11）和式（5.12）所示。

$$d_c=1-\frac{\sigma_c+n_c\sigma_{c0}}{E_c(n_c\sigma_{c0}/E_c+\varepsilon_c)} \tag{5.11}$$

$$d_t=1-\frac{\sigma_t+n_t\sigma_{t0}}{E_c(n_t\sigma_{t0}/E_c+\varepsilon_t)} \tag{5.12}$$

式中，E_c 为混凝土初始弹性模量；σ_{t0} 和 σ_{c0} 分别为峰值拉、压应力；n_c 和 n_t 为计算参数。经过大量的有限元试算，对叠合柱管内混凝土，取 $n_c=2$，$n_t=1$；对叠合柱管外混凝土及楼板混凝土，取 $n_c=1$，$n_t=1$。

在循环荷载作用下，当荷载方向改变时，混凝土的弹性刚度会有一定的恢复，特别是当荷载由拉力转变为压力时，受拉裂缝闭合（Hibbitt，Karlson，Sorenson，2005）。反复荷载下受拉和受压刚度恢复相关的权系数（w_t 和 w_c）控制反复荷载下受拉和受压刚度恢复。$w_c=1$ 表示混凝土完全恢复为初始刚度。对已经出现裂缝的混凝土从受压状态转变为受拉时，则不会出现刚度恢复，即受拉刚度恢复权系数 $w_t=0$。当采用 Birtel 和 Mark（2006）模型时，取 $w_c=0.2$，$w_t=0$。当采用 Li 和 Han（2011）模型计算带楼板的钢管混凝土柱 - 钢梁节点时，取 $w_c=1$，$w_t=0$。

采用上述混凝土材料损伤模型计算与实测的循环荷载下混凝土应力 - 应变关系总体上吻合较好（Li and Han，2011）。本章加强环板式钢梁节点和穿芯螺栓端板连接节点的有限元模拟采用 Birtel 和 Mark（2006）建议的损伤系数，带楼板加强环板式钢梁组合节点的有限元模拟采用 Li 和 Han（2011）建议的损伤系数。

2. 单元选型及网格划分

钢管、钢梁采用四节点完全积分格式的壳单元（S4），为满足计算精度，在壳单元厚度方向采用 9 点 Simpson 积分。核心混凝土和加载板采用八节点缩减积分格式的实体单元（C3D8R）。

3. 钢管与混凝土界面模型

钢管与混凝土的界面模型由界面法线方向的接触和切线方向的黏结滑移构成。法线方向的接触采用硬接触，垂直于接触面的界面压力 p 可以完全地在界面间传递，界面切向力模拟采用库仑摩擦模型。模型参数取值见韩林海（2022）。

4. 边界条件

根据节点试验时的边界条件，在有限元计算中，对节点施加如图 5.81 所示的边界条件。在柱底盖板中线上施加 x、y、z 三个方向的位移约束，以模拟柱底部的铰支座。梁端铰支座的模拟方法为在左 R 梁端面仅施加 y、z 两个方向的位移约束，放松 x 方向的位移。在钢管混凝土柱顶的加载板边线施加线位移，模拟作动器施加在柱顶的水平位移。

在钢管和加强环板、钢梁之间采用 Tie 连接，模拟钢管和加强环板、钢梁之间的

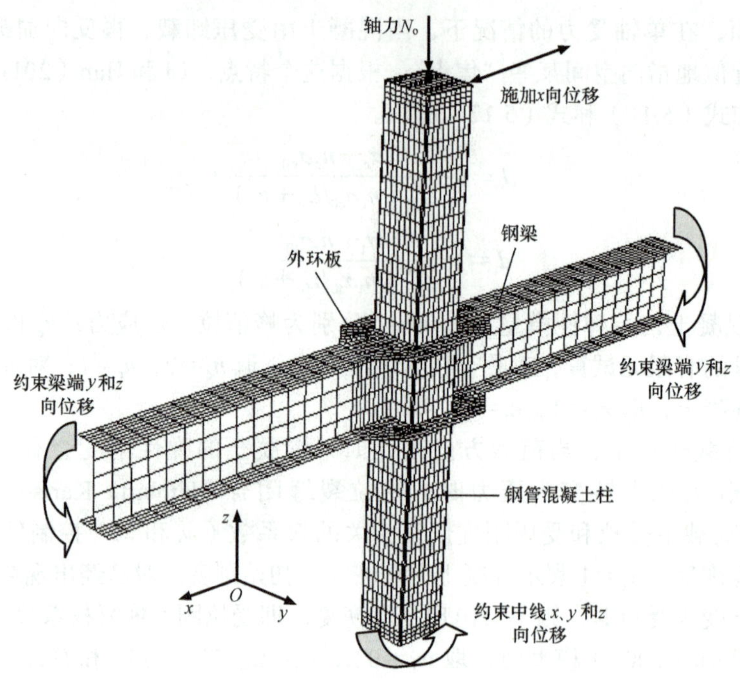

(a)钢管混凝土柱-钢梁节点边界条件

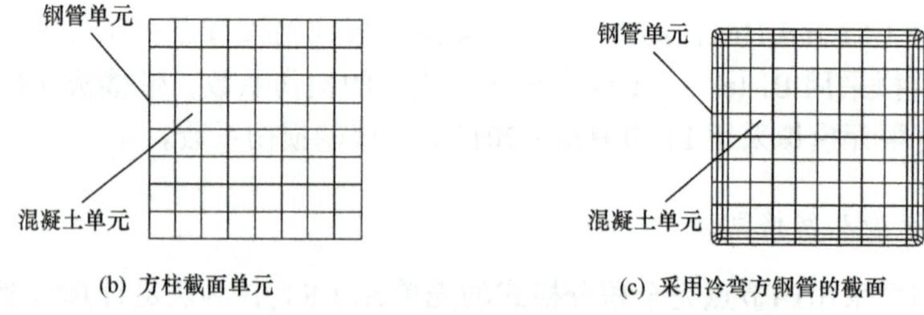

(b) 方柱截面单元　　(c) 采用冷弯方钢管的截面

图 5.81　钢管混凝土柱－钢梁节点边界条件和网格划分

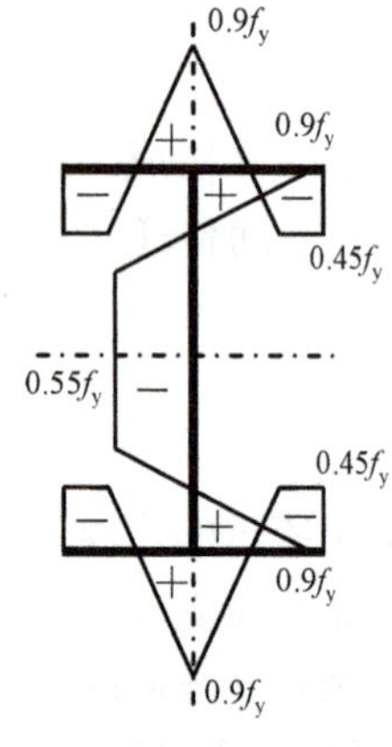

图 5.82　焊接工字梁残余应力分布

焊接。焊接钢管需要考虑残余应力，通过 *Initial condition，type＝stress 命令，将焊接残余应力作为初始应力施加到模型中以模拟构件中的实际残余应力。焊接钢管的残余应力分布按图 4.99 确定，冷弯型钢钢管的残余应力按照 4.3.2 节中的有关论述确定。焊接工字形钢梁的焊接残余应力则按照图 5.82 的分布方式考虑（陈骥，2006）。

钢管及混凝土单元划分时需考虑冷弯钢管的边角尺寸，焊接方钢管混凝土柱及冷弯方钢管混凝土柱的单元划分方式分别如图 5.81（b）、（c）所示。

5. 加载方式

采用位移加载。将加载制度中的每个循环的正向、反向加载各自定义成一个荷载步，即整个过程共分成 $2n$ 个荷载步（n 为循环次数），记录并输出每个荷载步的计算结果。

需要注意的是，相比单调加载计算，反复加载下节点的全过程数值模拟中的收敛问题需更为重视，计算时需根据计算对象的具体特点采用合适的单元网格密度、加载方式、接触面的容差和计算步长。

为验证理论模型，对不同研究者进行的钢管混凝土柱 - 钢梁节点在单调和反复加载情况下的试验结果进行了计算。

图 5.83 给出了部分带楼板外环板式节点试件的试验和计算破坏形态。可见，计算的 CIJ-2 试件发生了钢梁下翼缘的屈曲，和试验现象吻合；CIJ-4 试件的试验结果显示，钢管混凝土柱出现了局部屈曲和整体弯曲，计算结果的钢管混凝土柱壁的相同位置也出现了鼓曲，还伴有柱的整体弯曲，而梁的变形不很明显；试验中，CEJ-4 试件的梁端下翼缘和环板交接处出现了较为明显的屈曲，在有限元计算结果中，这部分的腹板和下翼缘应力均较为集中，也出现了明显的翘曲。

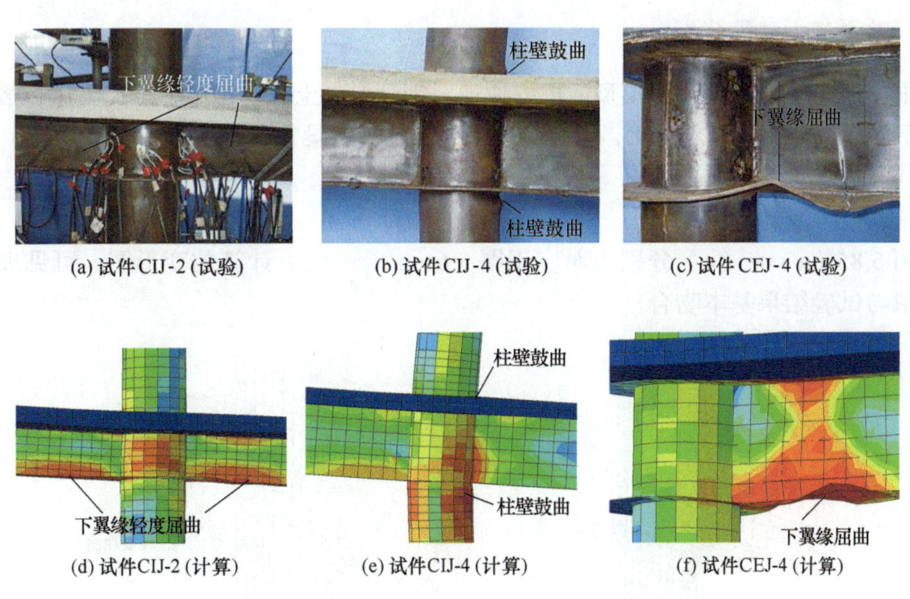

(a) 试件 CIJ-2 (试验)　(b) 试件 CIJ-4 (试验)　(c) 试件 CEJ-4 (试验)

(d) 试件CIJ-2 (计算)　(e) 试件CIJ-4 (计算)　(f) 试件CEJ-4 (计算)

图 5.83　钢管混凝土柱 - 钢梁节点破坏形态

图 5.8 为对本章 5.2 节钢管混凝土柱加强环板试验节点试件的 P-Δ 滞回关系理论计算和试验结果的对比情况。图 5.8 同时还给出了计算的单调加载情况下的 P-Δ 关系，其和 P-Δ 滞回关系骨架线的趋势总体上也吻合较好。

图 5.32 所示为带钢筋混凝土楼板的外环板式连接节点试件实测 P-Δ 滞回关系与计算结果对比情况。可见，在承载力计算方面，正、负弯矩下承载力计算结果和试验值接近，模型计算的加、卸载刚度和试验结果吻合较好。

图 5.48 所示为穿芯螺栓端板连接节点试件实测 P-Δ 滞回关系骨架线与单调计算曲线的对比情况。

图 5.84 所示为 5.3 节所介绍的试验结果和计算结果对比。可见，在承载力和加、卸载

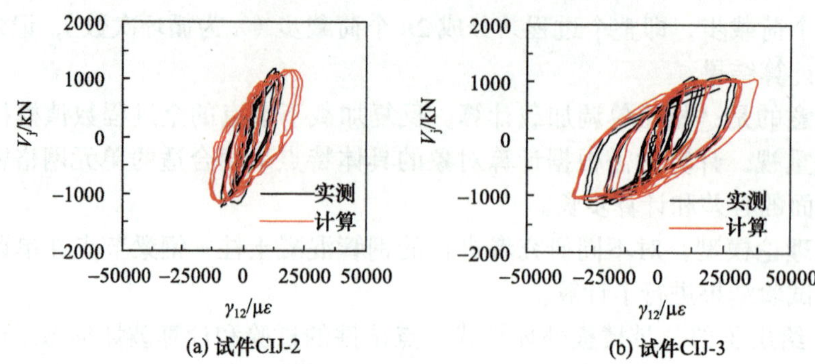

图 5.84　钢管混凝土柱－钢梁节点核心区剪力（V_j）－剪切变形（γ_j）关系

刚度方面，核心区剪力（V_j）－剪切变形（γ_j）关系计算和试验结果基本上吻合较好。

综上所述，本节所介绍的有限元计算模型可以对不同类型的钢管混凝土柱－钢梁节点进行分析。在破坏形态和荷载－变形关系方面和试验结果总体吻合良好。

5.6.2　节点受力特性分析

采用建立的有限元计算模型，可方便地对钢管混凝土柱－钢梁节点受力进行数值模拟。下面以外环板式节点为例，进行钢管混凝土柱－钢梁节点的工作机理分析。

1. 节点变形

图 5.85（a）～（c）分别为对应于图 5.6（a）～（c）计算的变形图，可见理论计算模拟与试验结果基本吻合。

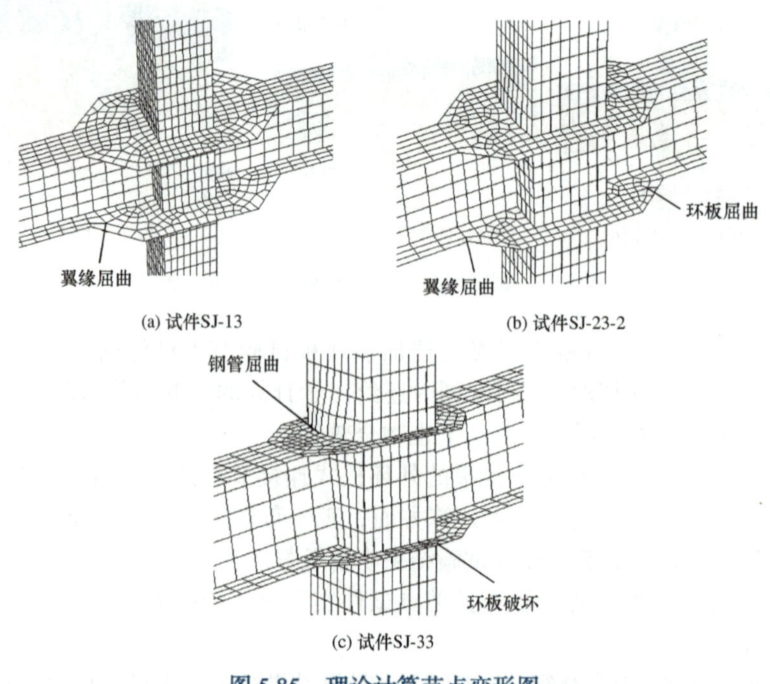

图 5.85　理论计算节点变形图

2. 节点的受力特性

选取 5.2 节中节点 SJ-22 为试件，对其分别在屈服点、极限状态和破坏状态三个特征点进行受力特性分析，如图 5.86 所示。

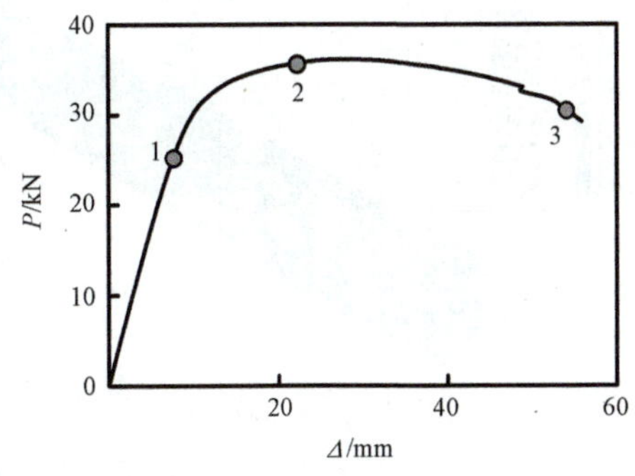

图 5.86　P-Δ 关系（SJ-22）

三个特征点分别取：1 点为节点进入屈服的点（梁翼缘开始屈服或柱钢管屈服）；2 点为节点水平极限承载力 P_{max} 对应点（或 Δ_{max} 对应位置）；3 点为对应水平荷载下降到 85% 的极限荷载点，即破坏荷载 P_u 对应点。

（1）钢构件应力

图 5.87 给出了节点试件达屈服时（1 点）、极限承载力时（2 点）和破坏时（3 点）环板及钢梁的纵向应力分布。图 5.88 给出节点试件达屈服时（1 点）、极限承载力时（2 点）和破坏时（3 点）钢管混凝土柱的钢管的纵向应力分布。其纵向应力为荷载作用平面内的钢管应力。图 5.87 和图 5.88 中的 S 代表应力，图 5.87 中的 S11 代表钢梁的纵向主应力，图 5.88 中的 S11 代表钢管受弯平面内的钢管的纵向主应力，应力的单位均为 MPa。

从图 5.87 和图 5.88 可以看出，节点在受力过程中，在钢梁翼缘与加强环板交界的位置首先发生屈服，如 1 点所示，而此时钢管尚未达屈服，环板与柱交界的角部有局

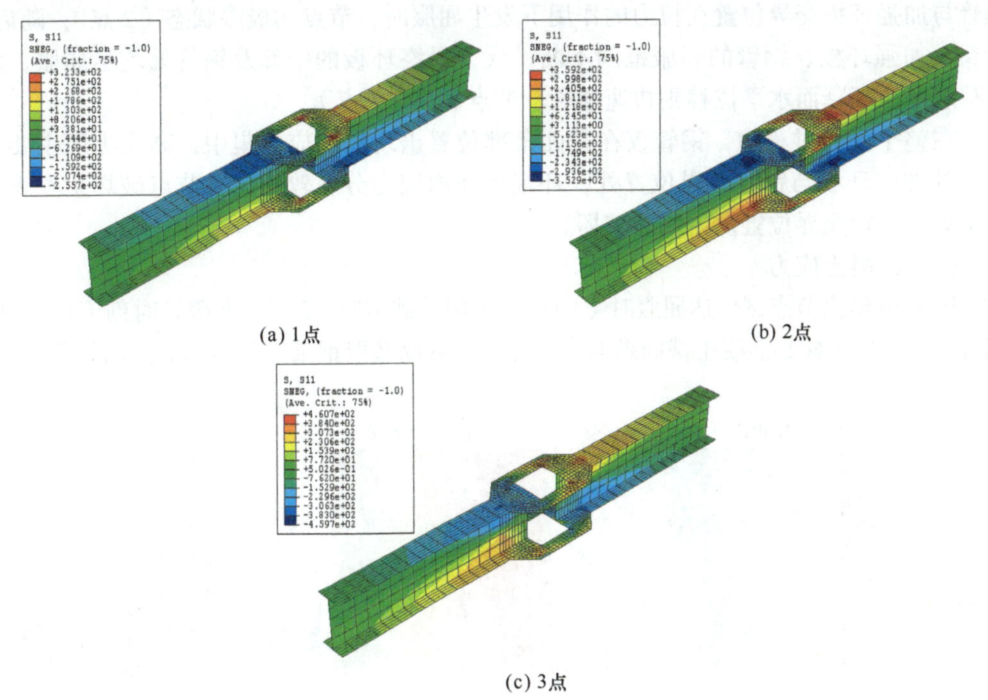

(a) 1点　(b) 2点　(c) 3点

图 5.87　加强环板及钢梁应力（应力单位：MPa）

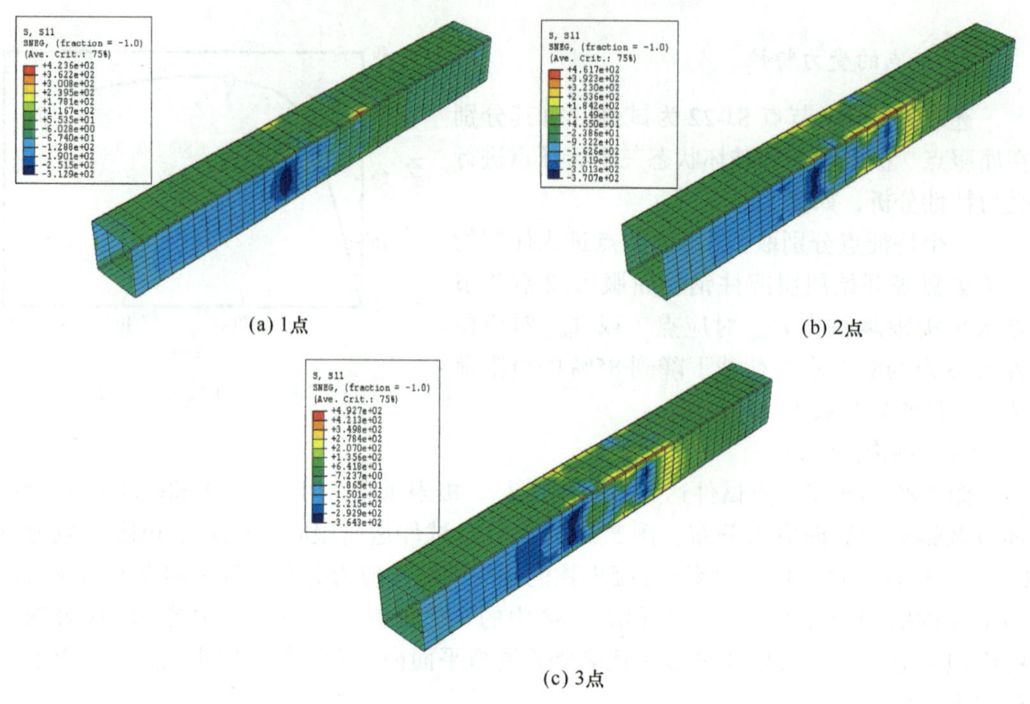

(a) 1点　　(b) 2点

(c) 3点

图 5.88　柱钢管应力（应力单位：MPa）

部应力集中现象。随着水平位移的增大，钢梁与加强环板上的屈服范围逐渐扩大，至钢管与加强环板交界位置在拉力的作用下发生屈服时，节点达极限状态（2 点）；随后，钢梁、加强环板、钢管的屈服范围不断扩大，最终环板的中部及钢管处均达屈服，水平荷载开始下降而水平位移则快速增长，节点破坏（3 点）。

在整个受力过程中，钢管仅在截面角部位置出现局部应力集中，高应力区主要分布在外加强环板与钢梁交界位置处，环板平面内应力分布较均匀，节点破坏主要表现为钢梁与环板交界位置发生屈曲破坏。

（2）混凝土应力

图 5.89 给出节点试件达屈服时（1 点）、极限承载力时（2 点）和破坏时刻（3 点）时钢管混凝土柱的核心混凝土截面纵向应力分布。截面选取钢梁上部 50mm 处的柱截面。

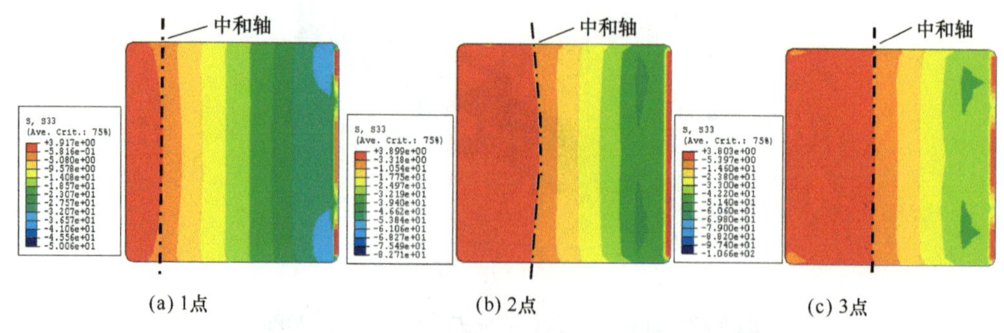

(a) 1点　　(b) 2点　　(c) 3点

图 5.89　混凝土纵向应力（应力单位：MPa）

从图 5.89 可见，在受力全过程中，混凝土由最初的接近全截面受压（1 点）逐渐过渡到部分截面受压、部分截面受拉（2 点和 3 点）。随着荷载的进一步增大，中和轴开始向受压区偏移。总体上，由于受压区钢管的鼓曲变形，使得图 5.89 中的右侧钢管和混凝土之间的相互作用减小，从而出现很小范围内的拉应力。

（3）核心区剪应力发展

理论分析表明，节点核心区位置的钢管在受力过程中承担了大部分的剪力，在节点达屈服时，核心区的钢管已经屈服；随着荷载的增加，钢梁腹板的上下部位开始屈服；在钢管与环板交界位置的受拉和受压区出现屈服时，环板的上下翼缘也相继屈服，节点破坏。受拉过程中核心区钢管承担大部分剪力，其次为钢梁腹板，加强环也在一定程度上参与节点受剪。

本小节建立了反复荷载作用下钢管混凝土柱－钢梁节点全过程分析的有限元计算模型，理论模型经过了试验结果的验证。本节在此基础上分析了节点的受力特性，研究了节点在受力全过程中各组成构件应力分布及发展规律、节点的破坏形态等微观机理。

5.7　节点弯矩－转角关系影响因素分析与其实用计算方法

采用有限元法进行节点力学性能分析，有利于深入了解节点的力学性能和工作机理，但不便于工程实际应用。为此，在对影响节点弯矩（M_j）－梁柱相对转角（θ_r，以下简称转角）的主要因素进行参数分析的基础上，提出节点弯矩（M_j）－梁柱相对转角（θ_r）关系的实用计算公式（曲慧，2007）。

5.6 节的比较结果表明，钢管混凝土柱－钢梁环板式节点试件 P-Δ 滞回关系的骨架线与其单调加载的计算结果总体上较为吻合，因此本节在进行 M_j-θ_r 关系计算时，采用 5.6 节中的方法建立其数值模型。

5.7.1　参数分析

节点弯矩（M_j）可根据式（5.1）计算求得。梁柱相对转角可由梁转角和柱转角之差值得到，而梁转角和柱转角可根据图 5.90 所示节点梁柱转动示意推导确定。

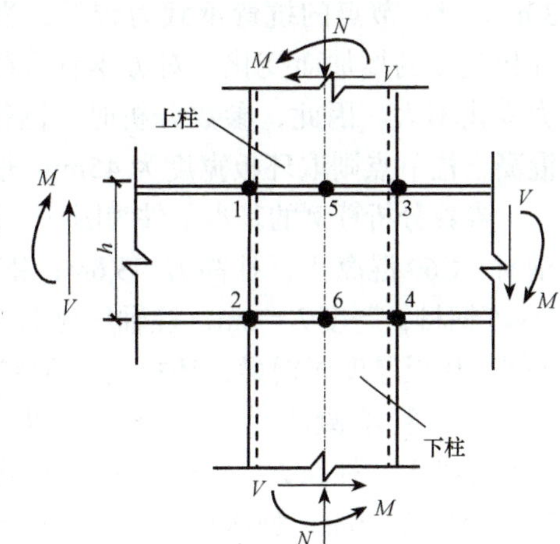

图 5.90　节点核心区受力

进行参数分析时，梁转角取图 5.90 中节点核心区 1 点和 2 点位置 L 梁上的水平位移（Δ_1 和 Δ_2）差值与梁高的比值，或者 3 点和 4 点位置 R 梁上的水平位移（Δ_3 和 Δ_4）差值与梁高的比值，两者中的较大值作为梁在水平荷载下的转角，如式（5.13）和式（5.14）所示。

$$\theta_b=(\Delta_1-\Delta_2)/h \tag{5.13}$$

$$\theta_b=(\Delta_3-\Delta_4)/h \tag{5.14}$$

取位于柱轴线上 5 点和 6 点的水平位移差值与梁高的比值作为柱在水平荷载作用下的转角，如式（5.15）所示。

$$\theta_c=(\Delta_5-\Delta_6)/h \tag{5.15}$$

梁柱相对转角取梁转角与柱转角的差值，如式（5.16）所示。

$$\theta_r=\theta_b-\theta_c \tag{5.16}$$

式（5.13）～式（5.16）中转角以顺时针旋转为正，逆时针为负。

参考韩林海（2022）对钢管混凝土纯弯构件弯矩－曲率关系分析方法，节点初始刚度（K_i）取 $0.2M_{uj}$ 所对应的割线刚度为初始刚度，如式（5.17）所示。

$$K_i=\frac{0.2M_{uj}}{\theta_{0.2}} \tag{5.17}$$

式中，$\theta_{0.2}$ 为 $0.2M_{uj}$ 所对应的转角；M_{uj} 为节点的极限抗弯承载力。

根据节点的受力特点，参数分析时选取的影响钢管混凝土柱－钢梁节点弯矩－转角（M_j-θ_r）关系影响因素及其变化范围如下。

1）材料参数。钢管屈服强度（f_y）：235MPa、345MPa、390MPa、420MPa。混凝土强度（f_{cu}）：30MPa、60MPa、90MPa。

2）几何参数。柱截面含钢率（α_s）：0.05、0.10、0.15、0.2。梁柱线刚度比（$k=(EI)_bH/(EI)_cL$）：0.25、0.5、1、2。梁柱强度比 $k_m=M_{ub}/M_{uc}$，其中 M_{ub} 为梁的强度，M_{uc} 为柱的强度，$k_m=0.4$、0.6、0.8。柱长细比（λ）：25、36、45。

3）荷载参数。柱轴压比（n）：0、0.3、0.6、0.8。

环板宽度是影响节点刚性的重要因素。环板宽度可依据 3.2 节的试验结果，并根据计算确定。

在所选择的基本算例的条件下，对圆钢管混凝土柱节点，当环板宽度小于等于 30mm 时，节点的抗弯承载力较低；当环板宽度大于 30mm 时，抗弯承载力几乎不随环板宽度的增加而变化。对方钢管混凝土柱节点，当环板宽度为 45mm 时，节点承载力变化不大。因此，参数分析时，圆钢管混凝土柱节点取环板宽度为 35mm，方钢管混凝土柱节点则取环板宽度为 45mm 进行。

参数分析算例的基本条件为圆柱采用 $D\times t=400\text{mm}\times9.3\text{mm}$，含钢率 $\alpha_s=0.1$，Q345 钢材，C60 混凝土，柱高 $H=3.6\text{m}$；钢梁采用型钢 H 450mm×200mm×10mm×10mm，Q345 钢材，跨度 $L=6\text{m}$，柱轴压比取 0.3，梁柱线刚度比 $k=0.386$，梁柱强度比为 $k_m=0.68$，环板厚度同钢梁，环板宽度 $b=35\text{mm}$。

方钢管混凝土节点：柱采用 $B\times t=400\text{mm}\times10\text{mm}$，含钢率 $\alpha_s=0.1$，Q345 钢，C60 混凝土，柱高 $H=3.6\text{m}$；钢梁采用型钢 H 450mm×200mm×10mm×10mm，Q345 钢，跨度 $L=6\text{m}$。轴压比 0.3，梁柱线刚度比 $k=0.270$，梁柱强度比为 $k_m=0.447$，环板厚度同钢梁，环板宽度 $b=45\text{mm}$。

分析结果表明，方形截面柱节点与圆形截面柱节点规律相似（曲慧，2007）。下面以圆形钢管混凝土柱节点为例，分析上述各参数的影响规律。

（1）柱钢材屈服强度（f_y）

图 5.91 给出了柱钢材强度（f_y）对 M_j-θ_r 关系的影响规律。可见随着 f_y 的提高，节点抗弯承载力提高，初始刚度随着钢材强度的提高略有变化。总体上 f_y 主要影响曲线的数值，但对曲线形状影响则相对较小。

（2）混凝土强度（f_{cu}）

图 5.92 所示为混凝土强度（f_{cu}）对 M_j-θ_r 关系的影响规律。可见，随着混凝土强度的提高，节点的抗弯承载力和初始刚度均有所提高。主要是因为混凝土的弹性模量随着混凝土的强度会不断提高，从而影响了钢管混凝土柱的抗弯刚度。总体而言，混凝土强度的提高，对曲线形状的影响不大。

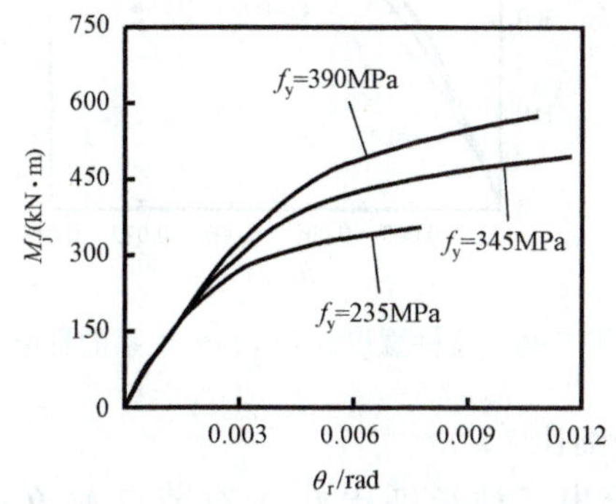

图 5.91　柱钢材强度对 M_j-θ_r 关系的影响

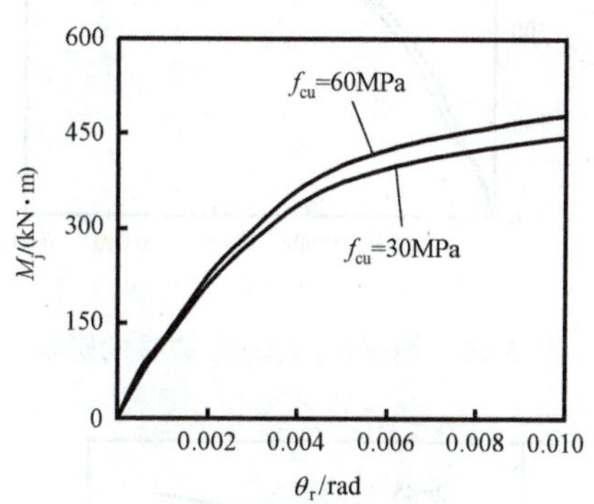

图 5.92　混凝土强度对 M_j-θ_r 关系的影响

（3）柱截面含钢率（α_s）

图 5.93 给出了柱含钢率（α_s）的影响。随着 α_s 的增加，节点的初始刚度和抗弯承载力均明显提高，强化段刚度也有所提高，α_s 对节点初始刚度的影响较为显著。

（4）梁柱线刚度比（k）

梁柱线刚度比（k）可反映梁对柱的约束程度。计算时梁柱线刚度比（k）的变化通过改变梁长来实现。图 5.94 所示为 k 对 M_j-θ_r 关系的影响。可见，随着 k 的增大，意味着梁对柱的约束增强，节点的初始刚度和抗弯承载力均有所提高。

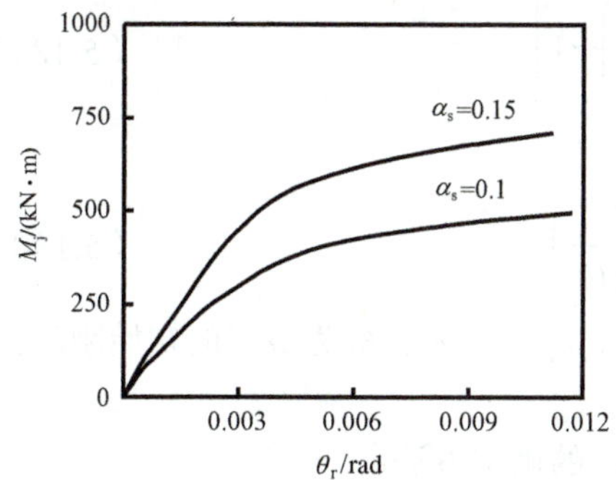

图 5.93　含钢率对 M_j-θ_r 关系的影响

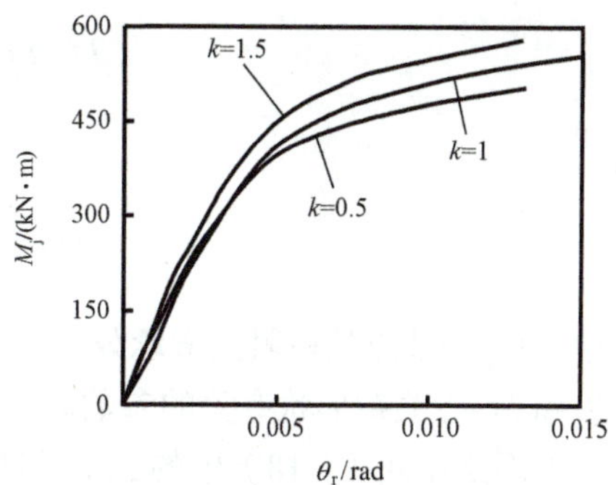

图 5.94　梁柱线刚度比对 M_j-θ_r 关系的影响

（5）轴压比（n）

随着轴压比（n）的增大节点初始刚度变化不是很明显。轴压比在 0.3 以下时，随着 n 的增加极限承载力略有提高。图 5.95 给出了 n 对 M_j-θ_r 关系的影响。

（6）梁柱强度比（k_m）

图 5.96 给出了梁柱强度比（k_m）的影响。可见节点初始刚度随 k_m 增大而增大。当 k_m 较大时，曲线会出现明显的强化段，但曲线形状变化不大。

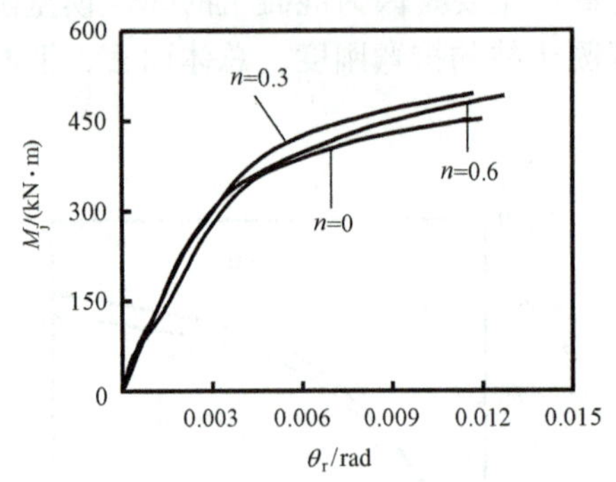

图 5.95 轴压比对 M_j-θ_r 关系的影响

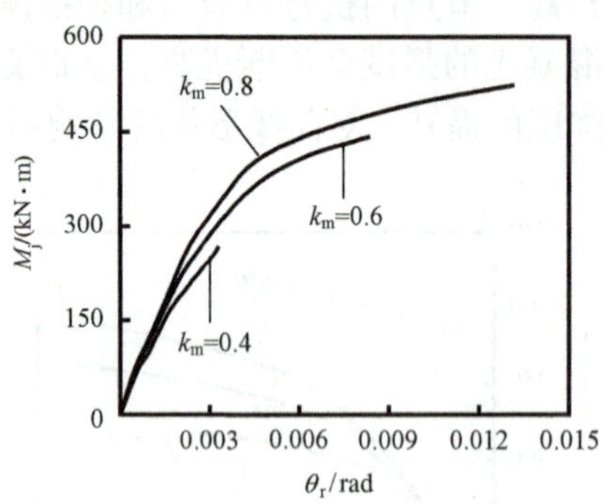

图 5.96 梁柱强度比对 M_j-θ_r 关系的影响

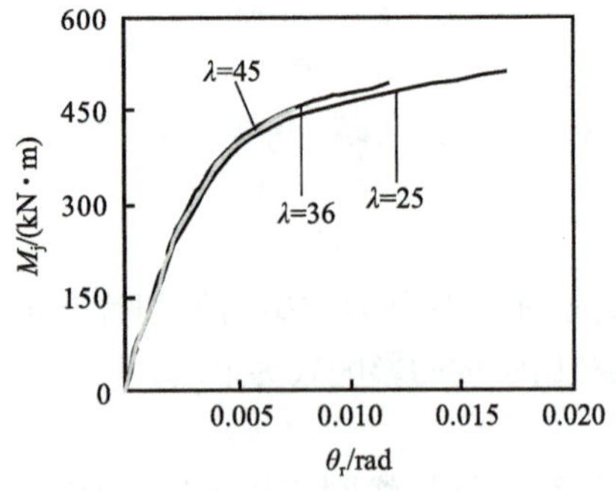

图 5.97 柱长细比对 M_j-θ_r 关系的影响

（7）柱长细比（λ）

图 5.97 给出了柱长细比（λ）对节点 M_j-θ_r 关系和初始刚度的影响，可见随 λ 增加，节点的抗弯承载力变化不明显。节点初始刚度随着 λ 的增加略有下降。

5.7.2 实用计算方法

基于 5.7 节的参数分析结果，参考 Chen 等（1996）对钢结构节点的有关研究成果，本节暂采用如式（5.18）所示的数学表达式描述环板式钢管混凝土柱－钢梁连接节点的 M_j-θ_r 关系，即

$$\theta_r = n_s\theta_0\left[\exp\left(\frac{M_j}{n_s M_{uj}}\right)-1\right] \tag{5.18a}$$

或

$$M_j = n_s M_{uj}\ln\left(1+\frac{\theta_r}{n_s\theta_0}\right) \tag{5.18b}$$

式中，M_{uj} 为节点的极限抗弯承载力；θ_0 为参照转角，$\theta_0=M_{uj}/K_i$，K_i 为节点的初始刚度；n_s 为和 M_j-θ_r 关系形状有关的参数。

下面给出式（5.18）中的三个参数 K_i、M_{uj} 和 n_s 的确定方法。

（1）初始刚度 K_i

参数分析结果表明，当外环板尺寸确定后，影响节点初始刚度的主要因素有混凝

土强度（f_{cu}）、柱截面含钢率（α）、梁柱线刚度比（k）和梁柱强度比（k_m）。

为了便于计算，定义节点的相对刚度 K_r 为式（5.19）。

$$K_r=\frac{K_i}{k_c}=\frac{K_iH}{E_{sc}I_{sc}} \tag{5.19}$$

式中，k_c 为钢管混凝土柱的线刚度（$k_c=E_{sc}I_{sc}/H$）；$E_{sc}I_{sc}$ 为钢管混凝土柱的名义抗弯刚度，$E_{sc}I_{sc}=E_sI_s+E_cI_c$；$H$ 为柱高度。

对如下参数范围的组合节点进行了计算，即核心混凝土强度与 C60 混凝土的比值 $s=f_{cu}/60=0.667\sim1.5$，钢管混凝土柱截面含钢率与 0.1 的比值 $\rho=\alpha_s/0.1$ 取 0.5～2，梁柱线刚度比 k 取 0.25～2.0，梁柱强度比 k_m 取 0.4～0.8。在此基础上，可给出 K_r 的计算公式如式（5.20）所示。

$$K_r=Rf(s)f(\rho)f(k)f(k_m) \tag{5.20}$$

式中，R 为系数，对圆形柱节点取 1.41×10^{15}，方形柱节点取 4.5×10^{15}；$f(s)$、$f(\rho)$、$f(k)$ 和 $f(k_m)$ 分别为 K_r 与柱混凝土强度、柱截面含钢率、梁柱线刚度比和梁柱强度比的数学关系，具体表达式如式（5.21）和式（5.22）所示。

对于圆钢管混凝土柱节点：

$$f(s)=0.51(0.69s+1)\times10^{-5} \tag{5.21a}$$

$$f(\rho)=-1.26(0.17\rho^3-0.69\rho^2+0.82\rho-1)\times10^{-5} \tag{5.21b}$$

$$f(k)=1.09(0.34k^2-0.52k+1)\times10^{-5} \tag{5.21c}$$

$$f(k_m)=-0.53(1.26{k_m}^2-2.07k_m-1)\times10^{-5} \tag{5.21d}$$

对于方钢管混凝土柱节点：

$$f(s)=-0.1(3.48s^2-8.76s-1)\times10^{-5} \tag{5.22a}$$

$$f(\rho)=-0.88(0.17\rho^3-0.66\rho^2+0.83\rho-1)\times10^{-5} \tag{5.22b}$$

$$f(k)=0.35(1.8k^2+1.92k+1)\times10^{-5} \tag{5.22c}$$

$$f(k_m)=0.58e^{0.27k_m}\times10^{-5} \tag{5.22d}$$

将式（5.21）和式（5.22）代入式（5.20）并稍做整理，即可得到圆钢管混凝土柱节点的初始刚度 K_i，如式（5.23）所示。

$$K_i=\frac{5.23\times10^{-6}E_{sc}I_{sc}}{H}[(1.26k_m^2-2.07k_m-1)(0.69s+1)(0.34k^2-0.52k+1)\cdot(0.17\rho^3-0.69\rho^2+0.82\rho-1)] \tag{5.23}$$

方钢管混凝土柱节点的初始刚度 K_i 如式（5.24）所示。

$$K_i=-\frac{0.8\times10^{-6}E_{sc}I_{sc}}{H}(3.48s^2-8.76s-1)(1.8k^2+1.92k+1)\cdot(0.17\rho^3-0.66\rho^2+0.83\rho-1)e^{0.27k_m} \tag{5.24}$$

式（5.23）和式（5.24）中，$E_{sc}I_{sc}/H$ 单位以 N · mm 计，K_i 的单位为 kN · m。

式（5.23）和式（5.24）适用范围为柱核心混凝土强度取 C30～C90，柱截面含钢率 α_s 取 0.05～0.2、梁柱线刚度比 k 取 0.25～1，梁柱强度比 k_m 取 0.4～0.8 的外环板式圆形和方形钢管混凝土柱－钢梁连接节点。

图 5.98 给出了初始刚度 K_i 简化计算结果与数值计算结果的对比情况，可见二者总

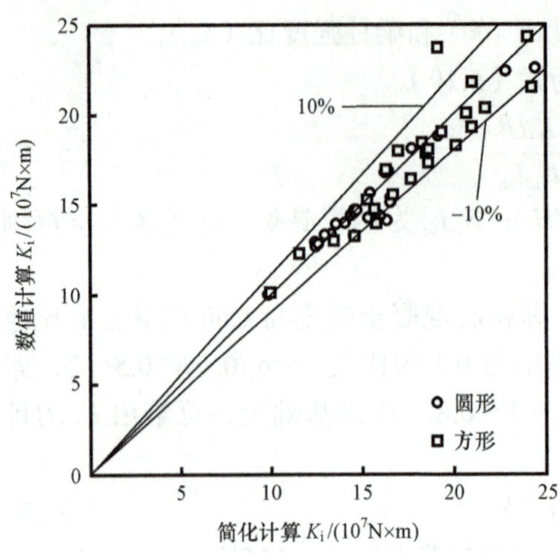

图 5.98　初始刚度 K_i 简化结果与数值结果比较

体上吻合较好。

（2）抗弯承载力 M_{uj} 确定

工程中的节点一般需满足“强柱弱梁”的设计原则，因此梁的抗弯承载力往往会成为节点各部件中承载力的较低值。本节暂将节点抗弯承载力 M_{uj} 取为钢梁的极限抗弯承载力，如式（5.25）所示。

$$M_{uj}=\gamma W_{nx}f_y \tag{5.25}$$

式中，γ 为钢梁截面塑性发展系数；W_{nx} 为钢梁净截面抗弯抵抗模量；f_y 为钢梁材料的抗拉强度。

（3）系数 n_s 的确定

通过对计算结果的回归分析，可给出 n_s 和 θ_0 的关系式，如式（5.26）所示。

1）对于圆钢管混凝土柱节点，有

$$0.62\leqslant n_s=10.09\theta_0^{0.32}\leqslant 0.75 \tag{5.26a}$$

式中，当 $n_s>0.75$ 时，取 0.75；当 $n_s<0.62$ 时，取 0.62。

2）对于方钢管混凝土柱节点，有

$$0.2\leqslant n_s=0.12\ln(\theta_0)+1.27\leqslant 0.36 \tag{5.26b}$$

式中，当 $n_s>0.36$ 时，取 0.36；当 $n_s<0.2$ 时，取 0.2。

式（5.26a）和式（5.26b）中，θ_0 的单位为弧度。

比较结果表明，在如下参数范围内，即钢管强度 f_y 取 235～420MPa；混凝土强度 f_{cu} 取 30～90MPa；柱截面含钢率 α_s 取 0.05～0.2；梁柱线刚度比 k 取 0.25～1；梁柱强度比 k_m 取 0.4～0.8；柱长细比 λ 取 25～45；柱轴压比 n 取 0～0.8，上述实用计算方法的计算结果与本章的数值计算结果吻合较好。

以圆钢管混凝土柱节点为例，图 5.99 给出了部分参数情况下采用上述公式和采用 5.6 节理论模型的数值计算结果的比较。

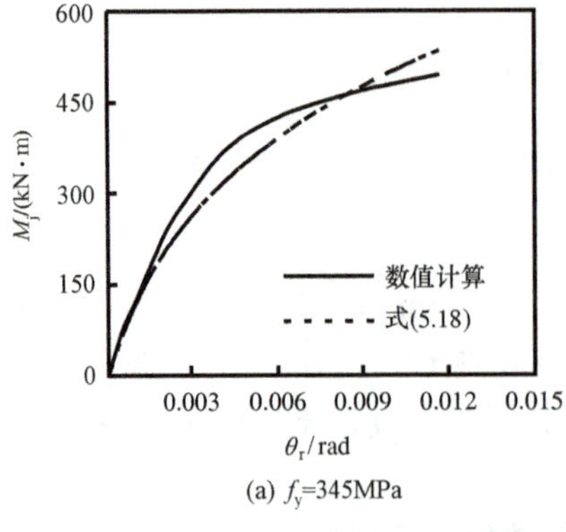

(a) f_y=345MPa

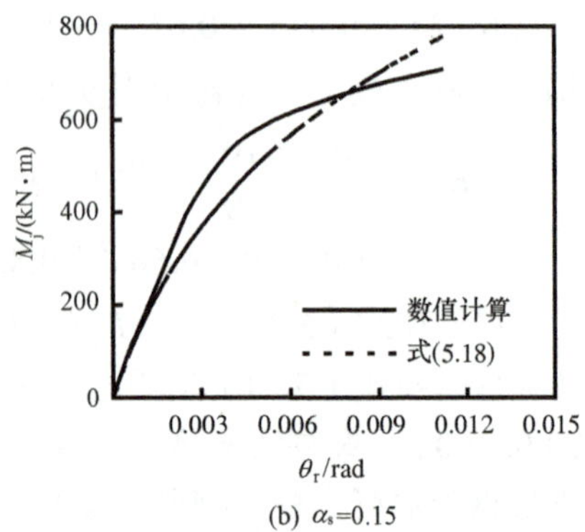

(b) α_s=0.15

图 5.99　数值计算与简化计算的 M_j-θ_r 关系比较

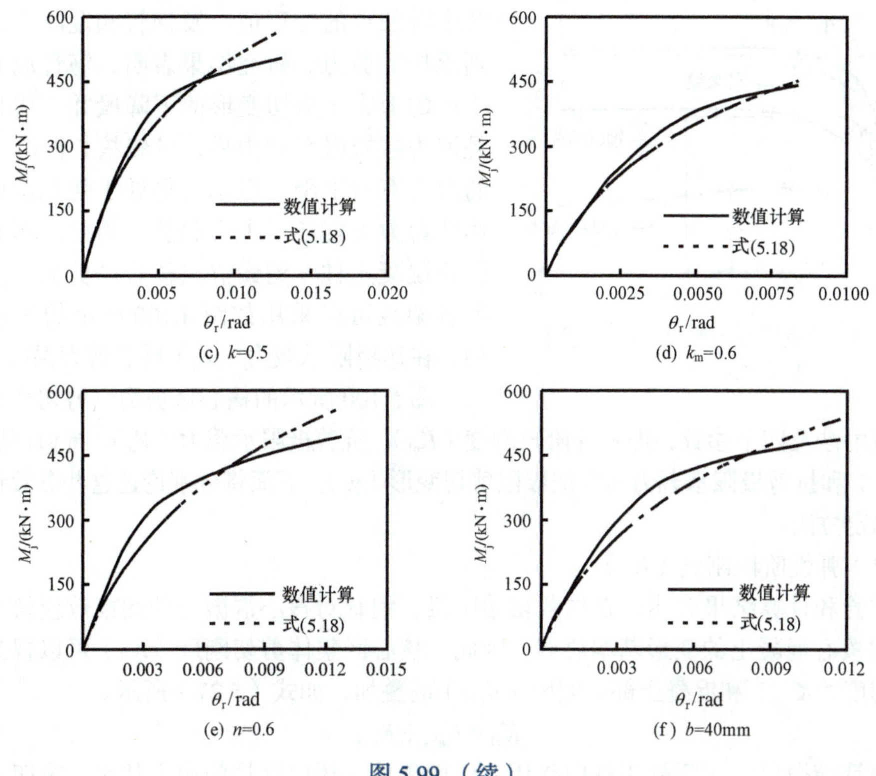

图 5.99 （续）

5.8　节点恢复力模型与节点单元模型

在前述试验和机理分析的基础上，本节研究并提供钢管混凝土柱 - 钢梁节点的核心区抗剪承载力公式以及剪力 - 剪切变形恢复力模型，还建立了适用于体系分析的钢管混凝土柱 - 钢梁节点单元模型，并将上述核心区剪力 - 剪切变形恢复力模型应用在节点单元模型中，以期为钢管混凝土组合结构体系的抗震计算分析提供参考。

5.8.1　节点恢复力模型

节点的恢复力模型反映了节点整体或组成部分在反复荷载作用下的荷载 - 变形关系，是进行结构弹塑性地震反应分析的重要前提。采用数值方法可以准确计算出节点各部分的荷载 - 变形关系，较为深入地认识该类节点的工作特性，但不便于实际应用。因此，有必要提出节点恢复力模型的实用计算方法。

1. 核心区剪力 - 剪切变形恢复力模型

钢管混凝土柱 - 钢梁节点核心区的抗剪性能是影响该类节点性能的关键之一。在核心区剪力 - 剪切变形关系骨架线的研究方面，一般可先假设钢管和混凝土分别的剪力 - 剪切变形关系，然后根据叠加法求得核心区整体的剪力 - 剪切变形关系。

通过反复加载求出其核心区剪力（V_j）- 剪切变形（γ_j）关系（图 5.100），可得到

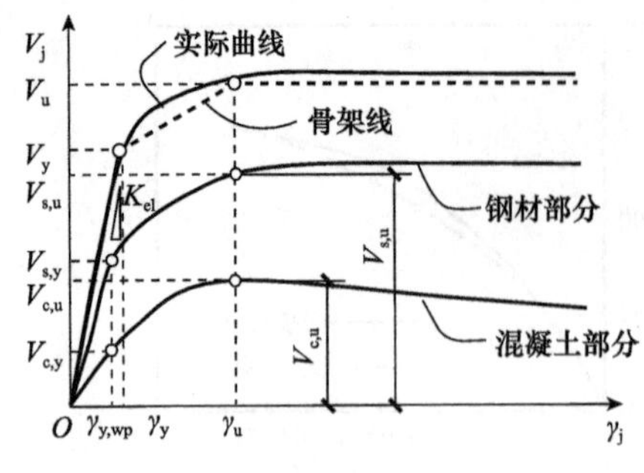

图 5.100　节点核心区剪力（V_j）–剪切变形（γ_j）关系

各个特征点的变形值以及钢管和混凝土部分分别承担的剪力。研究结果表明，钢管混凝土核心区的剪力–剪切变形的下降段并不明显。这是因为达极限承载力后，虽然核心混凝土分担的剪力有所下降，但钢管仍处于强化阶段，整体的剪力可能还呈上升趋势。因此，本文认为钢管混凝土柱–钢梁节点核心区剪力–剪切变形骨架线可以采用如图 5.100 所示的三折线模型，在达极限承载力（V_u）后总剪力保持不变。

图 5.100 所示的核心区剪力–剪切变形骨架线模型中涉及四个参数，即弹性阶段刚度（K_{el}）、抗剪极限承载力（V_u）、抗剪屈服承载力（V_y）和抗剪极限承载力对应的极限剪切变形（γ_u）。下面将分别论述这些参数计算公式的确定方法。

（1）弹性阶段刚度（K_{el}）

试验和计算结果表明，在加载初始阶段，钢管对核心混凝土的约束效应较小，外钢管和核心混凝土的变形基本协调。因此，核心区整体剪切刚度（K_{el}）可以视为钢管部分刚度（$K_{el,s}$）和混凝土部分刚度（$K_{el,c}$）的叠加，如式（5.27）所示。

$$K_{el}=K_{el,s}+K_{el,c} \tag{5.27}$$

钢管壁微单元实际处于轴向受压，四面受剪，环向受拉的应力状态。第四章参数分析结果表明，核心区弹性阶段刚度受核心区轴压比和高径比影响很小，因此可忽略这二者对弹性阶段刚度的影响。

钢管部分的弹性剪切刚度（$K_{el,s}$）按式（5.28）计算。

$$K_{el,s}=G_sA_{vy,p} \tag{5.28}$$

式中，$A_{vy,p}$ 为屈服时的钢管受剪面积。根据 Fukumoto 和 Morita（2005）的研究成果，对于圆钢管混凝土柱，$A_{vy,p}=A_{s,p}/2$，$A_{s,p}$ 为核心区圆钢管横截面面积。G_s 为钢材的剪切模量，$G_s=7.9\times10^4\text{N/mm}^2$。

混凝土部分对剪切刚度的贡献（$K_{el,c}$）可表示为式（5.29）（李威，2011；Li and Han，2012）。

$$K_{el,c}=\frac{\sqrt{3}G_s}{f_{y,p}}(0.08\xi_p+0.09)\ f_{c,p}A_{c,p} \tag{5.29}$$

式中，$f_{y,p}$ 为核心区钢管屈服强度；ξ_p 为核心区约束效应系数，$\xi_p=A_{s,p}f_{y,p}/(A_{c,p}f_{ck,p})$；$f_{c,p}$ 为核心区混凝土抗压强度；$A_{s,p}$ 和 $A_{c,p}$ 分别为核心区钢管和混凝土截面面积。

（2）抗剪极限承载力（V_u）和抗剪屈服承载力（V_y）

核心区抗剪极限承载力（V_u）可视为钢管部分（$V_{s,u}$）和混凝土部分（$V_{c,u}$）承载力的叠加，如式（5.30）所示。

$$V_u=V_{s,u}+V_{c,u} \tag{5.30}$$

上述的参数分析表明，核心区的抗剪极限承载力主要和核心区的材料强度、核心区截面含钢率（α_p）、核心区高径比（h/D）以及核心区轴压比（n_p）相关。当核心区的材料强度和截面含钢率增大时，抗剪承载力有所提高；当核心区高径比增大时，抗剪承载力随之降低；当核心区轴压比在一定范围内增大时，抗剪承载力会随之有所提高，但如果核心区轴压比过大，对抗剪承载力会有不利影响。核心区的屈服承载力和极限承载力之间大致呈比例关系。

参数分析结果还表明，当混凝土达极限承载力后，由于钢材的强化作用，核心区抗剪承载力还会有所提高，但幅度不大。因此本文假设核心区混凝土达极限承载力后，核心区整体的抗剪承载力不再提高。通过分析该时刻钢管和混凝土分别承担的剪切荷载，考虑核心区约束效应系数、高径比以及轴压比的影响，得到适用于钢管混凝土柱－钢梁节点的核心区抗剪承载力公式。

利用核心区约束效应系数（ξ_p）来表示核心区钢管和核心混凝土之间的相互作用。图 5.101 给出了在不同的 ξ_p 下，钢管和核心混凝土承担剪力比例的计算结果。

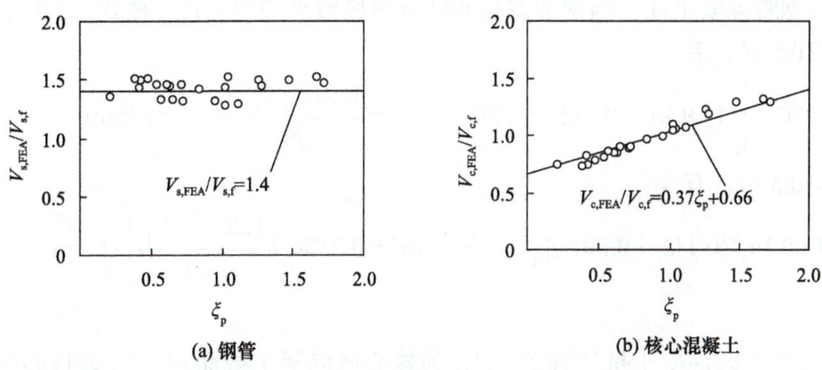

图 5.101 $V_{s,FEA}/V_{s,f}$-ξ_p 关系和 $V_{c,FEA}/V_{c,f}$-ξ_p 关系

图 5.101 中横坐标为 ξ_p，通过变化钢管壁厚、混凝土强度和钢材强度实现。算例的核心区轴压比为 0，高径比为 1。$V_{s,FEA}$ 和 $V_{c,FEA}$ 分别为极限点时有限元计算的钢管剪力和核心混凝土剪力，$V_{s,f}$ 和 $V_{c,f}$ 分别为钢管和核心混凝土剪力参考值，分别按式（5.31）和式（5.32）计算。

$$V_{s,f}=\frac{0.9f_{y,p}A_{v,p}}{\sqrt{3}} \tag{5.31}$$

$$V_{c,f}=0.3f_{c,p}A_{c,p} \tag{5.32}$$

式中，$f_{y,p}$ 为核心区钢材屈服强度；$A_{v,p}$ 为钢管剪切面积，对于均匀厚度的圆形截面钢管，$A_{v,p}=2A_{s,p}/\pi$，$A_{s,p}$ 为核心区钢管横截面面积；$f_{c,p}$ 为核心区混凝土抗压强度；$A_{c,p}$ 为节点核心区混凝土的有效截面面积。对于钢管混凝土中的核心混凝土，由于受到了外围钢管的较好约束，没有保护层剥落等现象，因此 $A_{c,p}$ 即为核心区混凝土的实际横截面面积。

由图 5.101 可见，钢管部分承担的荷载受约束效应系数（ξ_p）变化影响较小，而混凝土部分 $V_{c,FEA}/V_{c,f}$ 随 ξ_p 基本线性递增。这意味着当 ξ_p 越大时，混凝土部分承担的荷载越多。这是因为当外围钢管对核心混凝土的约束越强时，核心混凝土斜压杆的横截面面积越大，能提供的抗剪承载力也越高。对于核心混凝土部分，$V_{c,FEA}/V_{c,f}$ 和 ξ_p 的关系用式（5.33）表示。

$$\frac{V_{c,FEA}}{V_{c,f}}=0.37\xi_p+0.66 \tag{5.33}$$

研究表明，钢管和核心混凝土承担的剪力总体上随核心区高径比（h/D）的增大呈下降趋势。这是因为当 h/D 增大时，核心区对角线和水平方向的夹角增大，混凝土“斜压杆”和钢管“拉力带”的水平方向分力有所减小。$V_{s,FEA}/V_{s,FEA1}$ 和 h/D 之间的关系用式（5.34）表示。

$$\frac{V_{s,FEA}}{V_{s,FEA1}}=1.1-0.1\tan\theta_p \tag{5.34}$$

式中，θ_p 为核心区对角线和水平线的夹角；$\tan\theta_p$ 即为核心区高径比 h/D。

考虑了核心区约束效应系数（ξ_p）、核心区高径比（h/D）和核心区轴压比（n_p）的影响之后，钢管混凝土柱－钢梁节点核心区抗剪极限承载力（V_u）按式（5.35）计算。

当 $n_p \leqslant 0.5$ 时，有

$$V_u=\left[(1+0.1n_p)(0.11\xi_p+0.20)f_{c,p}A_{c,p}+\frac{1.26f_{y,p}A_{v,p}}{\sqrt{3}}\right](1.1-0.1\tan\theta_p) \tag{5.35a}$$

当 $n_p>0.5$ 时，有

$$V_u=\left[(1+0.1n_p)(0.11\xi_p+0.20)f_{c,p}A_{c,p}+(1.167-0.333n_p)\frac{1.26f_{y,p}A_{v,p}}{\sqrt{3}}\right](1.1-0.1\tan\theta_p) \tag{5.35b}$$

式中，$f_{c,p}$ 为核心区混凝土抗压强度；$A_{c,p}$ 为核心区混凝土截面积；$f_{y,p}$ 为核心区钢管屈服强度；$A_{v,p}$ 为钢管剪切面积，$A_{v,p}=2A_{s,p}/\pi$，$A_{s,p}$ 为钢管截面积；ξ_p 为核心区约束效应系数；n_p 为核心区轴压比；θ_p 为核心区对角线和水平线的夹角。

根据试验和有限元计算结果，核心区的抗剪屈服承载力（V_y）和抗剪极限承载力（V_u）之间大致呈比例关系，比例系数大约为 0.7，如式（5.36）所示。

$$V_y=0.7V_u \tag{5.36}$$

（3）极限剪切变形（γ_u）

核心区混凝土达极限承载力后，核心区整体的抗剪承载力变化不明显。因此可以假设当核心区混凝土达峰值荷载时，对应的剪切变形为核心区的极限剪切变形 γ_u。

参数分析表明，在不同约束效应系数和高径比情况下，当混凝土到达峰值荷载时，核心区剪切变形和公式计算的混凝土峰值应变之间大致呈比例关系。在核心区轴压比 n_p 取 0～0.8 的范围内，核心区轴压比越高，达荷载峰值时的极限剪切变形越小。这是因为当 n_p 越大，混凝土“斜压杆”越早达峰值应变。钢管混凝土柱－钢梁节点核心区极限剪切变形（γ_u）用式（5.37）表示（李威，2011；Li and Han，2012）。

$$\gamma_u=4\times(1-0.0625n_p)\sin(2\theta_p)(1300+12.5f_c'+800\xi_p^{0.2})\times10^{-6} \tag{5.37}$$

式中，n_p 为核心区轴压比；θ_p 为核心区对角线和水平面的夹角；ξ_p 为核心区约束效应系数；f_c' 为混凝土圆柱体抗压强度，单位为 MPa。

（4）加、卸载规则

通过对大量试验结果和数值计算结果的分析，提出的钢管混凝土柱 – 钢梁节点核心区剪力 – 剪切变形恢复力模型如图 5.102 所示。该恢复力模型的加、卸载规则如下。

1）当模型处于弹性阶段，将按弹性刚度加、卸载。

2）当模型进入弹塑性阶段，按骨架线进行加载。当模型从 1 点或者 3 点卸载时，由试验和计算结果可见，试件核心区整体的卸载刚度和初始加、卸载刚度相近，退化现象不很明显，因此卸载轨迹可近似取斜直线，按弹性刚度进行卸载。

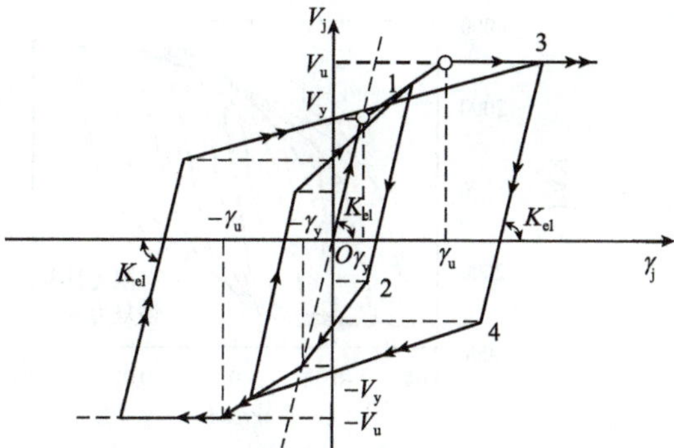

图 5.102　核心区剪力 – 剪切变形恢复力模型加、卸载规则

3）当反向加载至 2 点或者 4 点时，模型再次进入弹塑性阶段。根据试验和计算数据，2 点和 4 点的纵坐标值分别取 1 点和 3 点纵坐标值的 30%。

4）经过 2 点和 4 点之后，继续反向加载。反向加载曲线可取斜直线，目标点为上一循环的卸载点。若为第一次反向加载，目标点为骨架线上的屈服点。之后模型按照骨架线加载和弹性刚度卸载。

上述钢管混凝土柱 – 钢梁节点核心区剪力 – 剪切变形恢复力模型的适用参数范围如下。核心区钢管屈服强度（$f_{y,p}$）：235～460MPa。核心区混凝土强度（$f_{cu,p}$）：30～120MPa。核心区截面含钢率（α_p）：0.05～0.2。核心区约束效应系数（ξ_p）：0.2～2.0。核心区高径比（h/D）：0.5～2。核心区轴压比（n_p）：0～0.8。

2. 恢复力模型的验证

图 5.103 所示为恢复力模型计算结果和有限元计算结果。图 5.103 中所示为不同核心区约束效应系数，核心区高径比和核心区轴压比的算例。可见，由于数值计算的核

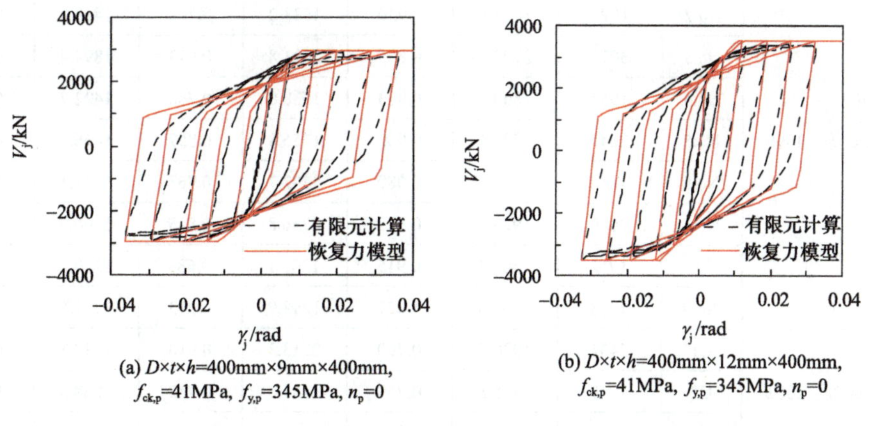

(a) $D \times t \times h$=400mm×9mm×400mm, $f_{ck,p}$=41MPa, $f_{y,p}$=345MPa, n_p=0

(b) $D \times t \times h$=400mm×12mm×400mm, $f_{ck,p}$=41MPa, $f_{y,p}$=345MPa, n_p=0

图 5.103　核心区剪力 – 剪切变形模型与有限元计算结果比较

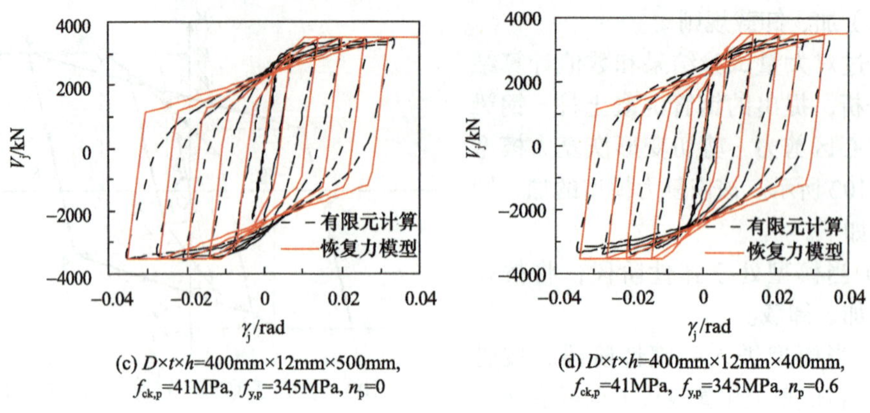

(c) $D\times t\times h$=400mm×12mm×500mm, $f_{ck,p}$=41MPa, $f_{y,p}$=345MPa, n_p=0

(d) $D\times t\times h$=400mm×12mm×400mm, $f_{ck,p}$=41MPa, $f_{y,p}$=345MPa, n_p=0.6

图 5.103 （续）

心混凝土经历了较大的损伤，因此核心区整体刚度在加载后期有一定程度的退化，而恢复力模型中暂未考虑刚度退化的情况，所以后期刚度结果比有限元计算偏大些。除后期加、卸载刚度外，恢复力模型的初始加载刚度和承载力都和有限元计算结果符合较好。

表 5.21 所示为圆钢管混凝土节点核心区剪切破坏试件的试验结果和本章抗剪承载力公式计算结果对比。

表 5.21　钢管混凝土柱－钢梁节点核心区抗剪承载力

数据来源	试件编号	试验承载力 /kN	式（5.35）		AIJ（2012）		EC4（2004）	
			计算承载力 /kN	计算值 / 试验值	计算承载力 /kN	计算值 / 试验值	计算承载力 /kN	计算值 / 试验值
Cheng 等，2007	B10	2146	2616.2	1.219	1928.7	0.899	2028.4	0.945
	C10	2174	2625.1	1.207	1938.8	0.892	2038.6	0.938
	C10-P	1730	2311.8	1.336	1798.1	1.039	1795.1	1.038
	D10	2432	2620.7	1.078	1973.4	0.811	1950.8	0.802
	E10	2096	2619.0	1.250	1986.4	0.948	1892.8	0.903
Yamaguchi 等，1999	No.1	1330	1429.3	1.075	1261.2	0.948	1173.0	0.882
	No.2	1997	1856.6	0.930	1533.2	0.768	1418.0	0.710
	No.3	3018	2702.2	0.895	2031.8	0.673	1894.4	0.628
	No.4	1952	1860.3	0.953	1538.0	0.788	1422.7	0.729
	No.5	2049	1929.4	0.942	1756.8	0.857	1466.9	0.716
	No.6	1815	1794.3	0.989	1392.7	0.767	1362.1	0.750
	No.7	2080	1929.4	0.928	1756.8	0.845	1466.9	0.705
	No.8	1752	1602.4	0.915	1205.1	0.688	1120.2	0.639
	No.9	1423	1461.6	1.027	1299.9	0.913	1211.6	0.851
Nishiyama 等，2002	C1	2431	1920.7	0.790	2213.3	0.910	1837.3	0.756
	C2	1949	1478.8	0.759	1451.1	0.745	1268.5	0.651
	C3	2894	2553.6	0.882	2615.5	0.904	2263.1	0.782

续表

数据来源	试件编号	试验承载力 /kN	式（5.35）		AIJ（2012）		EC4（2004）	
			计算承载力 /kN	计算值 / 试验值	计算承载力 /kN	计算值 / 试验值	计算承载力 /kN	计算值 / 试验值
Fukumoto 和 Morita，2005	CP1	2859	2604.2	0.911	2136.5	0.747	1889.4	0.661
	CP2	3985	4060.1	1.019	2967.7	0.745	2704.5	0.679
	CP3	5032	5619.7	1.117	4609.2	0.916	4083.9	0.812
Murai 等，1999	FC1	2008	1542.9	0.768	1249.0	0.622	1127.7	0.562
	FC2	1521	1053.3	0.693	959.0	0.631	857.9	0.564
	FC3	1307	847.0	0.648	814.8	0.623	737.2	0.564
	FC4	1689	1085.3	0.643	1125.8	0.667	863.0	0.511
	FC5	1359	1020.3	0.751	848.0	0.624	825.9	0.608
5.3 节试验	CIJ-3	983	949.3	0.966	803.9	0.818	891.9	0.907
	CIJ-4	971	960.5	0.989	750.1	0.773	1089.8	1.122
平均值				0.951		0.799		0.756
COV				0.190		0.146		0.203

由表 5.21 可见，本章公式计算承载力（V_{pred}）和试验承载力（V_{exp}）的比值 V_{pred}/V_{exp} 平均值为 0.951，变异系数 COV 为 0.190。日本 AIJ 指南计算的 V_{pred}/V_{exp} 值的平均值为 0.799，COV 为 0.146。欧洲 EC4 规范计算的 V_{pred}/V_{exp} 值的平均值为 0.756，COV 为 0.203。由此可见，本章提出的公式在承载力平均值方面优于 AIJ 指南和 EC4 规范。在变异系数方面，本章公式和 AIJ 指南相近。

图 5.104 所示为核心区剪力（V_j）－剪切变形（γ_j）关系试验骨架线和本章公式的

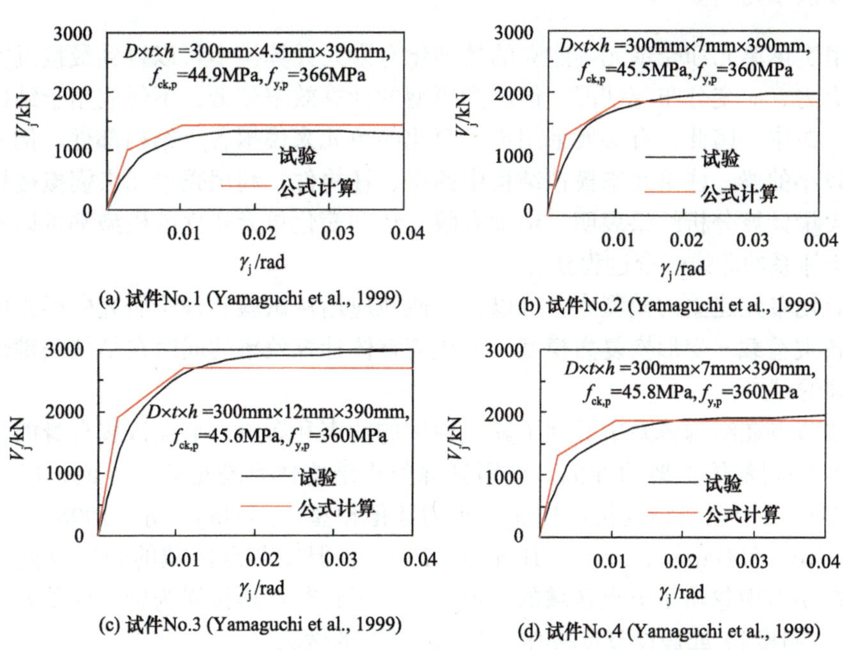

(a) 试件No.1 (Yamaguchi et al., 1999)

(b) 试件No.2 (Yamaguchi et al., 1999)

(c) 试件No.3 (Yamaguchi et al., 1999)

(d) 试件No.4 (Yamaguchi et al., 1999)

图 5.104　核心区剪力（V_j）－剪切变形（γ_j）关系骨架线和试验结果比较

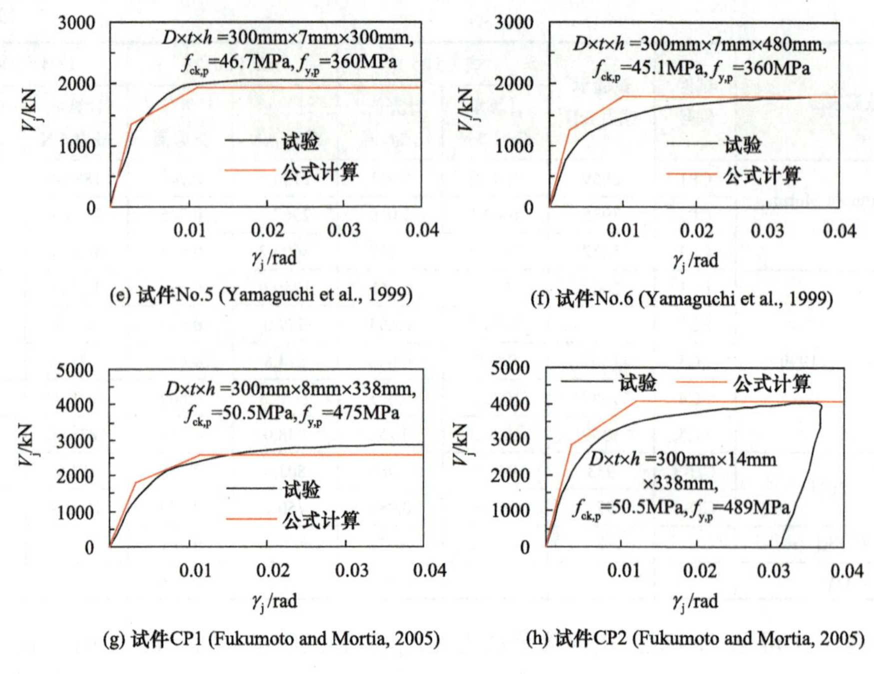

(e) 试件No.5 (Yamaguchi et al., 1999)　(f) 试件No.6 (Yamaguchi et al., 1999)

(g) 试件CP1 (Fukumoto and Mortia, 2005)　(h) 试件CP2 (Fukumoto and Mortia, 2005)

图 5.104 （续）

计算值对比。有关试验滞回曲线和恢复力模型的对比见 5.3 节。从图 5.104 中可见，提出的核心区 V_j-γ_j 关系在刚度和承载力方面和试验结果总体上吻合较好。

5.8.2　节点单元模型

利用实体单元和壳单元等建立的精细化有限元计算模型可以得到最接近实际的节点试件应力、应变分布等情况，但此类模型的计算效率较低，不便应用于结构体系抗震计算分析中。因此，有必要采用更为简化的单元来模拟各个结构部件。例如，利用计算量较小的梁 - 柱单元来模拟结构中的梁、柱构件，利用壳单元来模拟楼板和墙构件等。大量计算分析结果表明，精细有限元法和简化单元建立的模型都可以较好地应用于结构体系的非线性全过程分析。

在简化单元建立的模型中，可以较方便地应用从试验和理论研究中得到的构件或节点的各类荷载 - 变形恢复力模型，在提高整体计算效率的同时在结构关键部位得到更为精确的结果。

框架节点在结构体系中受到了其他构件的约束和影响，节点区域自身的受力和变形也会影响到整体框架的性能。在钢管混凝土结构体系理论研究方面，以往研究者提出了多种用于框架结构抗震性能分析的数值模型，如 Hajjar 等（1998），聂建国等（2005），Tort 和 Hajjar（2006），Han 等（2008）。但在节点区域的处理方面，大部分研究者在模型中忽略了节点区域的变形，采用了将节点连接视为梁和柱单元的共用单元节点（“刚接”）或假设节点核心区为“刚域”的做法。

综上所述，要更精细地了解组合结构整体的力学性能，在体系分析中考虑节点的影响是十分必要的。下面给出一种用于钢管混凝土组合框架体系分析的钢管混凝土柱-钢梁节点单元模型和有关分析计算结果。

(1)钢管混凝土柱-钢梁节点单元模型

在结构体系抗震计算分析中，钢管混凝土柱-钢梁节点可以通过图5.105所示的节点单元模型来模拟。节点单元模型涉及以下组件单元：钢管混凝土单元、钢梁单元、钢筋混凝土楼板单元、连接单元、核心区剪切单元。各组件单元之间通过不同的连接方式结合在一起。

对于无楼板的情况，节点单元模型如图5.105(a)所示。本文试验和计算分析结果表明，钢管混凝土柱-钢梁节点的核心区主要是剪切变形，因此核心区的剪力-剪切变形关系可通过一根沿核心区斜对角线方向设置的弹簧来模拟。节点核心区四周为铰接的刚性杆，其尺寸和核心区外围尺寸相同。外环板和钢梁翼缘、腹板之间为焊接连接，因此钢梁单元和核心区外围刚性杆的连接可视为“刚接”。钢管混凝土单元和核心区外围刚性杆的连接也可视为“刚接”(李威，2011；Li and Han，2012)。

对于有楼板的情况，节点单元模型如图5.105(b)所示。在钢筋混凝土楼板高度之间的钢管混凝土柱，由于有外围楼板的约束，柱段刚度较大，变形不很明显，因此这部分柱用刚性段来模拟。在完全剪力连接的情况下，钢梁和钢筋混凝土楼板之间可以通过刚性杆连接在一起，并忽略二者之间的相对滑移。楼板单元由钢筋单元和混凝土单元组成，二者之间不考虑相对滑移，通过共用节点的方式组合在一起。

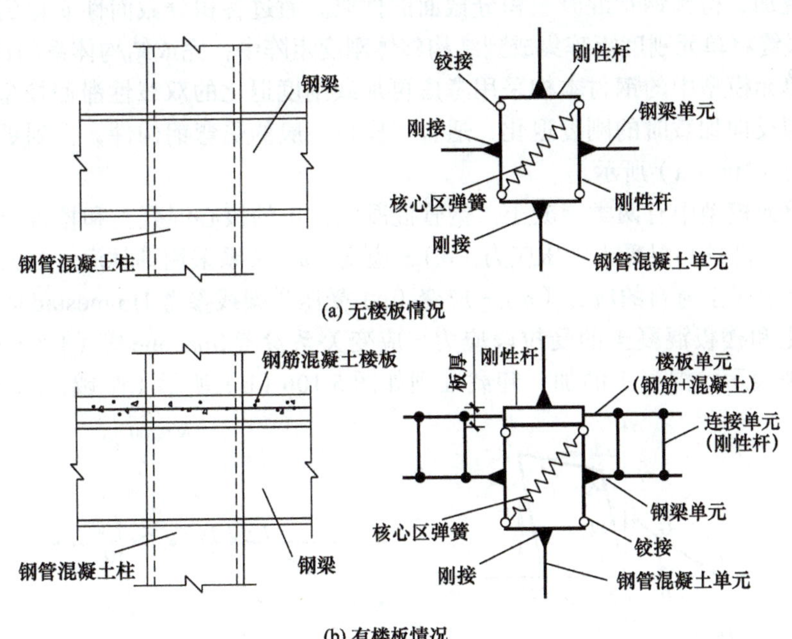

图5.105 钢管混凝土柱-钢梁节点单元模型

楼板中的钢筋在节点之间的内力传递方面发挥了重要作用，帮助将一侧楼板的内力传递到另一侧，这类特性一般称为半连续性。在核心区附近的楼板钢筋可以按如下方法处理：若钢管直径范围内的钢筋和钢管外壁焊接锚固在一起，则钢筋和混凝土单元直接和刚性区域连接；若钢管直径范围内的钢筋和管壁没有接触，但外围钢筋和另一侧的钢筋贯通，则混凝土单元直接和钢管混凝土刚性柱段相连，和钢管混凝土刚性柱段相连的钢筋单元的面积为实际贯通两侧楼板的钢筋面积。

节点单元模型中所涉及的各组件单元可以用集中塑性铰单元或者“纤维模型法”单元来模拟。所谓的“纤维模型法”是一种简化的数值分析方法。和集中塑性铰单元相比，纤维模型法单元可以考虑单元轴力－弯矩耦合和分布塑性，并能通过仅修改材料就自动适应不同类型截面，具有更强的适用性。

利用纤维模型法进行构件的荷载－变形关系分析时，假设沿构件长度方向上有若干个积分控制点截面，每个积分控制点截面上有若干材料积分点，每个积分点可以赋予相同或不同的材料特性。在积分截面上，材料积分点的纵向应力只取决于该点的纵向应变，并且需要符合内外力平衡、变形协调等条件。通过对截面上材料积分点内力计算结果的积分，得到整个控制点截面的属性。应用纤维模型法时，有如下的基本假设。

1）构件在变形过程中始终保持为平截面。

2）钢和混凝土之间无相对滑移。

3）单元的剪切和扭转变形为弹性，且变形之间不耦合。

钢管混凝土构件的积分截面包含两种材料：外围的钢管和内部的核心混凝土。通过在两种材料的积分点上赋予对应的材料应力－应变关系，再将各单元在材料积分点上的贡献叠加，得到钢管混凝土积分截面的性质。通过各积分截面性质得到各单元刚度矩阵，最终将单元刚度矩阵集成到结构整体刚度矩阵中，完成结构体系的计算。

节点单元模型中的钢材本构采用考虑再加载刚度退化的双线性滞回模型。Clough 模型能模拟反向加载时的刚度退化，适合于模拟一般的受弯钢构件，得到更为准确的结果，如图 5.106（a）所示。

节点单元模型中有两类混凝土：钢管混凝土柱中的核心混凝土和楼板混凝土。圆钢管混凝土构件核心混凝土受压应力（σ）－应变（ε）关系采用韩林海（2022）提出的模型。楼板混凝土材料的应力（σ）－应变（ε）受压骨架线参考 Hognestad 等（1995）。核心混凝土和楼板混凝土的受拉段应力－应变关系参考 Spacone 等（1995），利用分段斜直线来表示。混凝土的加、卸载准则如图 5.106（b）所示（李威，2011；Li and

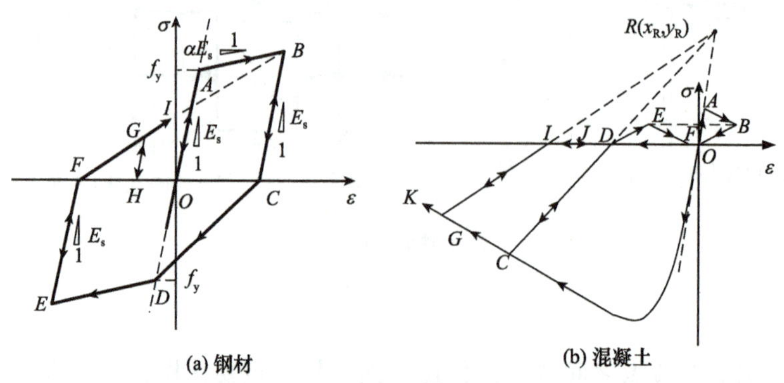

(a) 钢材　　(b) 混凝土

图 5.106　节点单元模型中材料应力（σ）－应变（ε）关系

Han，2012）。其中，当混凝土受压卸载时，通过空间中的虚拟 R 点控制卸载刚度的退化。对于钢管混凝土中的核心混凝土，R 点的坐标为 R（x_R,y_R）=（$2\sigma_0/E_c,2\sigma_0$），对于楼板混凝土，R 点的坐标为 R（x_R,y_R）=（$\sigma_0/E_c,\sigma_0$）。其中，E_c 为混凝土的弹性模量，σ_0 为混凝土的峰值压应力。

通过 ABAQUS/Standard（通用分析模块）的用户材料子程序接口（UMAT），本文编制了钢材和混凝土的用户材料。将上述材料应力－应变关系嵌入到有限元主程序中，以满足节点单元模型的计算需要。在求解过程中的非线性问题采用 Newton-Raphson 法进行求解。

（2）节点单元模型验证

基于钢管混凝土柱－钢梁节点试验结果，对节点单元模型进行了验证（Li and Han，2012）。以本章梁端受弯试件 CIJ-1 和柱端压弯破坏试件 CIJ-3 为例，如图 5.107 所示。

由图 5.107（a）可见，对于梁端破坏试件 CIJ-1，计算的梁加载端荷载（P）－位移（Δ）关系和试验结果差异较小。核心区的剪力（V_j）－剪切变形（γ_j）关系在极限承载力和加、卸载刚度方面都符合较好，如图 5.107（b）所示。对于柱段压弯破坏试件 CIJ-3，其核心区也经历了剪切破坏。梁加载端荷载（P）－位移（Δ）关系以及 V_j-γ_j 关系在承载力和初始刚度方面和试验结果相近，如图 5.107（c）和（d）所示。

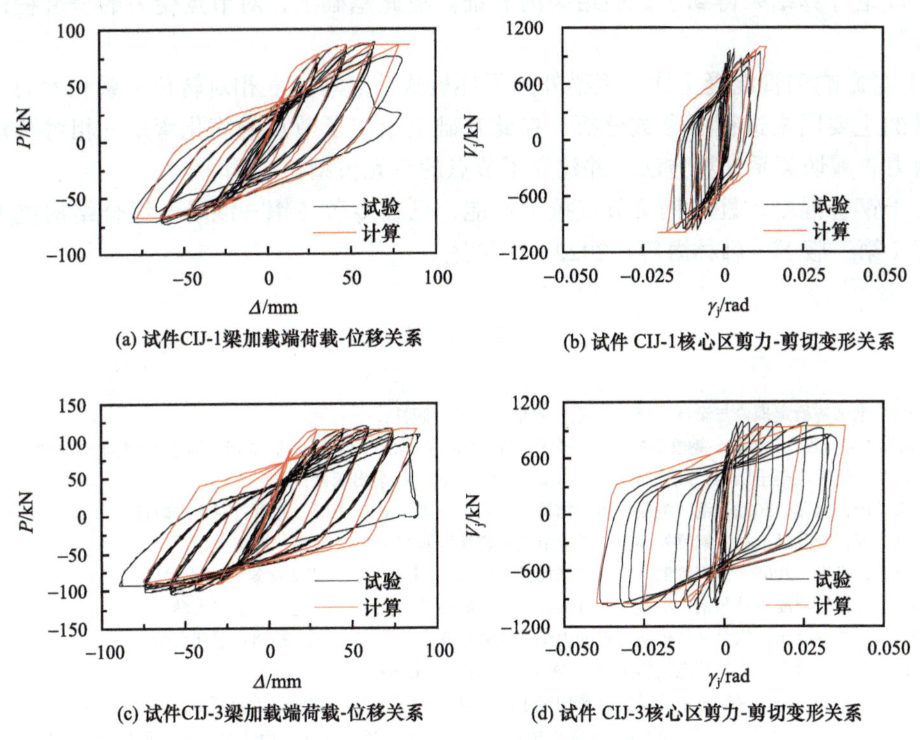

(a) 试件CIJ-1梁加载端荷载-位移关系　(b) 试件 CIJ-1核心区剪力-剪切变形关系

(c) 试件CIJ-3梁加载端荷载-位移关系　(d) 试件 CIJ-3核心区剪力-剪切变形关系

图 5.107　节点单元模型计算与本章试验结果对比

综上，针对本节单层钢管混凝土框架在柱端反复荷载作用下的算例，当节点核心区处于弹性状态时，采用节点单元的模型和节点“刚域”的模型。二者的柱加载端荷载－位移关系计算结果差异不大，但采用节点单元模型能较好地反映核心区的受力和变形情况，在局部得到更为精确的结果。与节点和框架试验结果地对比表明，本节提出的节点单元模型准确度较好，可以较好地模拟结构体系中节点的性能，在结构体系的抗震计算分析中有较好的适用性（Li and Han，2012）。

5.9 本章小结

本章进行了钢管混凝土柱－钢梁连接节点力学性能的研究。对本章论述的主要内容简要归纳如下。

1）进行了8个方钢管混凝土柱－钢梁节点、6个带钢筋混凝土楼板的圆钢管混凝土柱－钢梁节点和12个方钢管混凝土斜柱－钢梁节点滞回性能的试验研究，分析和对比了节点的抗震性能指标及各主要试验参数对其力学性能的影响规律。给出了10个穿芯螺栓端板连接的钢管混凝土柱－钢梁节点、8个单面螺栓端板连接的钢管混凝土柱－钢梁节点、8个钢管混凝土柱－“犬骨式”钢梁节点等的试验研究结果，并进行了相应的分析。

2）建立了钢管混凝土柱－钢梁节点在单调和反复荷载作用下的非线性有限元分析模型，理论计算结果得到了试验结果的验证。在此基础上，对节点受力的全过程进行了分析。

3）对影响钢管混凝土柱－钢梁外加强环板式节点弯矩－相对转角关系和剪力－剪切关系的主要因素进行了参数分析，在此基础上给出了节点的简化弯矩－相对转角关系和剪力－剪切关系计算方法，并建立了节点的单元模型。

关于钢管混凝土柱－钢梁节点抗火性能，已在专著《钢－混凝土组合结构抗火设计原理（第三版）》（韩林海等，2022）中论述。

参考文献

陈骥，2006. 钢结构稳定理论与设计［M］. 3版. 北京：科学出版社.

福建省住房和城乡建设厅，2020. 钢管混凝土结构技术规程：DBJ/T 13-51—2020［S］. 福州：福建省住房和城乡建设厅.

韩林海，2022. 钢管混凝土结构：理论与实践［M］. 4版. 北京：科学出版社.

韩林海，宋天诣，周侃，2022. 钢－混凝土组合结构抗火设计原理［M］. 3版. 北京：科学出版社.

李威，2011. 圆钢管混凝土柱－钢梁外环板式框架节点抗震性能研究［D］. 北京：清华大学.

聂建国，秦凯，肖岩，2005. 方钢管混凝土框架结构的push-over分析［J］. 工业建筑，35（3）：68-70.

秦凯，2006. 方钢管混凝土柱与钢－混凝土组合梁连接节点的性能研究［D］. 北京：清华大学.

曲慧，2007. 钢管混凝土结构梁－柱连接节点的力学性能和计算方法研究［D］. 福州：福州大学.

唐九如，1989. 钢筋混凝土框架节点抗震［M］. 南京：东南大学出版社.

严正庭，严立，1996. 钢与混凝土组合结构计算构造手册［M］. 北京：中国建筑工业出版社.

中华人民共和国住房和城乡建设部，2011. 混凝土结构设计标准（2024年版）：GB/T 50010—2010［S］. 北京：中国建筑工业出版社.

中华人民共和国住房和城乡建设部，中华人民共和国国家质量检验检疫总局，2010. 建筑抗震设计标准：GB/T 50011—2010［S］. 北京：中国建筑工业出版社.

中华人民共和国住房和城乡建设部，2018. 钢结构设计标准：GB 50017—2017［S］. 北京：中国建筑工业出版社.

中华人民共和国住房和城乡建设部，2015．建筑抗震试验规程：JGJ/T 101—2015［S］．北京：中国建筑工业出版社．

周起敬，姜维山，潘泰华，1991．钢与混凝土组合结构设计施工手册［M］．北京：中国建筑工业出版社．

AIJ, 2012 (AIJ, 2008). Recommendations for design and construction of concrete filled steel tubular structures [S]. Architectural Institute of Japan (AIJ). Tokyo: Japan.

ATC-24, 1992. Guidelines for cyclic seismic testing of components of steel structures [S]. Redwood City (CA): Applied Technology Council.

BIRTEL V, MARK P, 2006. Parameterised finite element modelling of RC beam shear failure [A/C]. 2006 ABAQUS Users' Conference: 95-108.

CHEN W F, GOTO Y, LIEW J Y R, 1996. Stability design of semi-rigid frame [M]. New York: Wiley-Interscience Publication.

CHENG C T, CHUNG L L, 2003. Seismic performance of steel beams to concrete-filled steel tubular column connections [J]. Journal of Constructional Steel Research, 59 (3): 405-426.

Eurocode 3 (EC3), 2005. Design of steel structures-Part 1. 8: Design of joints [S]. Brussels (Belgium): European Committee for Standardization (CEN).

Eurocode 4 (EC4), 2004. Design of composite steel and concrete structures-Part 1. 1: General rules and rules for buildings [S]. Brussels (Belgium): European Committee for Standardization (CEN).

FUKUMOTO T, MORITA K, 2005. Elastoplastic behavior of panel zone in steel beam-to-concrete filled steel tube column moment connections [J]. Journal of Structural Engineering, ASCE, 131 (12): 1841-1853.

HAN L H, LI W, 2010. Seismic performance of CFST column to steel beam joints with RC slabs: Experiments [J]. Journal of Constructional Steel Research, 66 (11): 1374-1386.

HAN L H, WANG W D, ZHAO X L, 2008. Behaviour of steel beam to concrete-filled SHS column frames: Finite element model and verification [J]. Engineering Structures, 30 (6): 1647-1658.

HAJJAR J F, MOLODAN A, SCHILLER P H, 1998. A distributed plasticity model for cyclic analysis of concrete-filled steel tube beam-columns and composite frames [J]. Engineering Structures, 20 (4-6): 398-412.

HIBBITT, KARLSON, SORENSON, 2005. ABAQUS version 6. 4: Theory manual, users' manual, verification manual and example problems manual [M]. Hibbitt: Karlson and Sorenson Inc.

HOGNESTAD E, HANSON N W, MCHENRY D, 1955. Concrete stress distribution in ultimate strength design [J]. Journal Proceedings, 52 (12): 455-480.

LI W, HAN L H, 2011. Seismic performance of CFST column to steel beam joints with RC slab: Analysis [J]. Journal of Constructional Steel Research, 67 (1): 127-139.

LI W, HAN L H, 2012. Seismic performance of CFST column to steel beam joint with RC slab: Joint model [J]. Journal of Constructional Steel Research, 73: 66-79.

LI W, HAN L H, REN Q X, 2013. Inclined concrete-filled SHS steel column to steel beam joints under monotonic and cyclic loading: Experiments [J]. Thin Walled Structures, 62 (1): 118-130.

MURAI N, MATSUI C, KAWANO A, 1999. A test on connection panel behavior of H-shaped beam to CFT columns with high strength concrete [J]. Summaries of technical papers of annual meeting of Archtectural Institute of Japan, C-1: 1223-1224.

NISHIYAMA I, MORINO S, SAKINO K, et al, 2002. Summary of research on concrete-filled structural steel tube column system carried out under the US-Japan cooperative research program on composite and hybrid structures [R]. BRI Research Paper No. 147, Building Research Institute, Japan.

TAO Z, HASSAN M K, SONG T Y, et al., 2017. Experimental study on blind bolted connections to concrete-filled stainless steel columns [J]. Journal of Constructional Steel Research, 128: 825-838.

TAO Z, LI W, SHI B L, et al., 2017. Behaviour of bolted end-plate connections to concrete-filled steel columns [J]. Journal of Constructional Steel Research, 134: 194-208.

TORT C, HAJJAR J F, 2006. Seismic demand and capacity evaluation of rectangular concrete-filled steel tube (RCFT) members and frames [C]// Proceedings of the Fourth International Conference on the Behavior of Steel Structures in Seismic Areas.

WANG J F, HAN L H, UY B, 2009a. Behaviour of flush end plate joints to concrete-filled steel tubular columns [J]. Journal of Constructional Steel Research, 65 (4): 925-939.

WANG J F, HAN L H, UY B, 2009b. Hysteretic behaviour of flush end plate joints to concrete-filled steel tubular columns [J]. Journal of Constructional Steel Research, 65 (8-9): 1644-1663.

WANG W D, HAN L H, UY B, 2008. Experimental behaviour of steel reduced beam section (RBS) to concrete-filled circular hollow section column connections [J]. Journal of Constructional Steel Research, 64 (5): 493-504.

YAMAGUCHI T, OZAWA J, SAITO K, et al., 1999. Shear test of CFT beam-to-column connection panels with high-strength concrete. Part 3: Experimental result of circular CFTs [C]// Summaries of Technical Papers of annual Meeting of Archtectural Institute of Japan, C-1: 1219-1220.

第 6 章 钢管（约束）混凝土柱 - 钢筋混凝土梁连接节点

6.1 引 言

除钢梁外，钢管混凝土柱还可以和钢筋混凝土梁连接。我国的一些多、高层建筑中采用了钢管混凝土柱 - 钢筋混凝土（RC）梁的连接节点，如泉州邮电中心大厦和广州新中国大厦等。一些地铁工程中的地铁站和交通枢纽中也采用了钢管混凝土柱 -RC 梁的连接节点。

钢管混凝土柱和 RC 梁的节点连接可有不同的形式，较常见的有加强环式节点、钢筋混凝土环梁式节点、钢筋贯通式节点、钢筋环绕变宽度梁节点、劲性环梁节点等，这些节点形式各有其合适的应用范围（韩林海和杨有福，2007）。

图 6.1 所示为工程中较常用的钢筋环绕式和承重销式节点构造示意图。

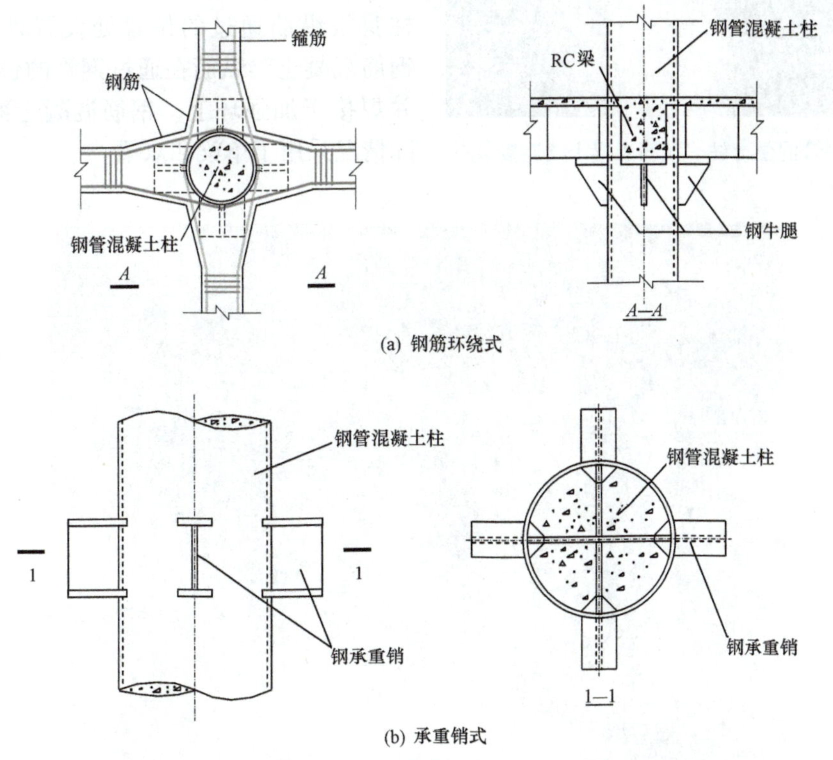

图 6.1 钢管混凝土柱 - 钢筋混凝土梁连接节点构造示意图

图 6.1（a）中，也可根据实际情况把牛腿放置在混凝土梁中，形成所谓的暗牛腿，民用建筑中常采用此类构造。在进入牛腿的一段距离至开始加宽处须增设附加箍筋对纵向钢筋进行约束。当采用图 6.1（b）所示的承重销式节点，可将钢筋混凝土梁的受力主筋焊在承重销的翼缘上，然后将梁端箍筋沿承重销布置，再浇筑混凝土，形成由钢管混凝土柱和钢筋混凝土梁构成的承重销式刚接节点。为提高这种节点的整体刚度，可在工字形承重销的翼缘平面内，在梁与梁间加钢板以形成外加强环。

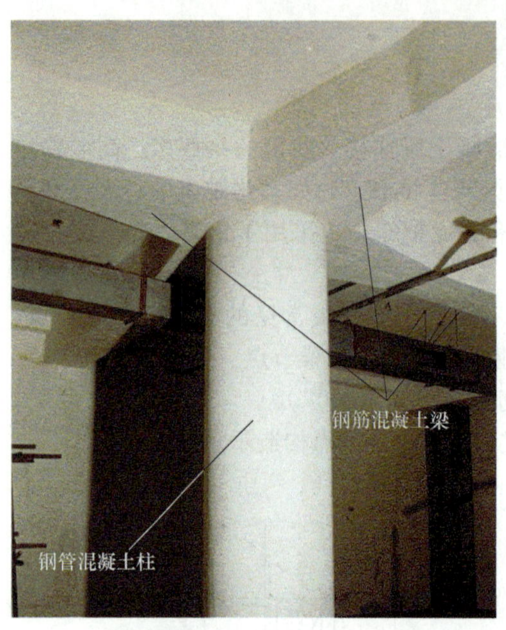

图 6.2　钢管混凝土柱 - 钢筋混凝土梁连接节点

钢管混凝土柱和钢筋混凝土梁连接节点的关键是梁中钢筋的处理，为了保证节点的整体工作和传力的有效性，钢筋可环绕或穿过钢管混凝土，也可与柱身上的环板焊接等。

图 6.2 所示为某实际高层建筑中采用图 6.1（b）所示钢管混凝土柱 - 钢筋混凝土梁连接节点的情形。钢筋混凝土梁中的部分钢筋环绕钢管混凝土柱，部分截断搭接并焊在工字形承重销的上、下翼缘上。

图 6.3 所示为采用钢管混凝土柱 - 钢筋混凝土梁的某地铁站刚建成时的内景，采用了钢管混凝土柱环板式节点，即在钢管柱身梁纵筋通过的位置处设置外加强环，钢筋混凝土梁纵筋在通过钢管的位置截断，并焊接于加强环上，钢筋混凝土梁根据实际情况采用了单梁和双梁。

图 6.3　建设中的某地铁站内景

本节通过试验研究了钢管（约束）混凝土柱 - 钢筋混凝土梁中柱连接节点的受力性能，探讨了钢筋混凝土单梁和双梁构造措施的影响；通过有限元分析，剖析了节点的工作机理，并在参数分析结果的基础上建议了节点弯矩（M_j）- 梁柱相对转角（θ_r）关系实用计算方法。本章拟介绍有关结果。

6.2　钢管混凝土柱 - 钢筋混凝土梁连接节点试验研究

6.2.1　试验概况

（1）试件设计

本节进行了 8 个钢管混凝土柱 - 钢筋混凝土（RC）梁连接节点试件滞回性能的试验研究，各有 4 个试件采用了圆形柱和方形柱。试验的主要参数为钢管混凝土柱的轴压比 n。$n=N_o/N_u$，即试验时柱上施加的轴向压力 N_o 与柱极限承载力标准值 N_u 之比值。计算 N_u 时采用实测的材料强度指标。

圆形柱节点的柱截面尺寸为 $D\times t=150\text{mm}\times1.38\text{mm}$，钢筋混凝土梁尺寸（宽 × 高）为 $b\times h=100\text{mm}\times160\text{mm}$，梁截面配筋上部及下部均为 2ϕ10，梁柱线刚度比 $k=i_b/i_c=0.328$。其中 $i_b=(EI)_b/L$ 为梁的线刚度，$(EI)_b$ 为梁的抗弯刚度，$(EI)_b=E_{sb}I_{sb}+E_cI_c$。其中 E_{sb} 和 E_c 分别为钢筋和混凝土的弹性模量；I_{sb} 和 I_c 分别为钢筋和混凝土的截面惯性矩；L 为梁跨度。$i_c=(EI)_c/H$ 为柱的线刚度，$(EI)_c$ 为钢管混凝土柱的抗弯刚度。对于圆钢管混凝土柱，$(EI)_b=E_sI_s+0.8E_cI_c$；对于方钢管混凝土柱，$(EI)_b=E_sI_s+0.6E_cI_c$。其中 E_s 和 E_c 分别为钢筋和混凝土的弹性模量；I_s 和 I_c 分别为钢管和混凝土的截面惯性矩；H 为柱高。方形柱节点的柱截面尺寸为 $B\times t=150\text{mm}\times1.38\text{mm}$，梁尺寸为 $b\times h=100\text{mm}\times170\text{mm}$，梁截面配筋上部及下部均为 2ϕ12，梁柱线刚度比 $k=0.274$。

所有试件中，钢管混凝土柱的高度均为 $H=1.155\text{m}$，钢筋混凝土梁的跨度均为 $L=1.5\text{m}$。试验时采用的装置如图 5.3（a）所示。

表 6.1 中汇总了试件编号等信息，试件编号由三部分组成：CJ 和 SJ 分别代表圆形及方形截面钢管混凝土柱节点；RC 表示采用了钢筋混凝土梁；数字 0、3、6 分别表示轴压比为 0.05、0.3、0.6 时的情况。相同试件有 2 个时以最后一位数字 1 或 2 进行区分。

表 6.1　节点试件信息

柱截面类型	试件编号	轴压力 N_o/kN	轴压比 n	屈服荷载 P_y/kN	屈服位移 Δ_y/mm	极限荷载 P_{max}/kN	极限位移 Δ_{max}/mm	破坏荷载 P_u/kN	破坏位移 Δ_u/mm
圆形	CJ-RC-0	40.0	0.05	12.6	6.2	19.8	22.9	16.8	44.9
	CJ-RC-3	221.1	0.3	12.5	6.1	20.5	18.3	17.4	30.7
	CJ-RC-6-1	442.3	0.6	16.4	5.6	25.3	17.9	21.5	29.5
	CJ-RC-6-2	442.3	0.6	16.4	7.0	23.5	17.8	20.0	31.4
方形	SJ-RC-0	47.0	0.05	15.0	9.0	18.4	23.6	17.8	40.0
	SJ-RC-3	285.1	0.3	17.7	6.3	23.1	11.2	19.6	25.9
	SJ-RC-6-1	570.3	0.6	15.8	5.3	22.8	13.0	19.4	28.3
	SJ-RC-6-2	570.3	0.6	21.8	5.6	34	17.5	28.9	22.3

钢管混凝土柱－钢筋混凝土梁连接节点的详细构造如图 6.4 所示。在钢管混凝土柱外壁焊接钢牛腿，将 RC 梁的纵向钢筋布置在钢牛腿外侧（如图 6.4 中 *D—D* 截面所示），并绕过钢管混凝土柱，形成由钢筋混凝土梁包裹钢管混凝土柱的节点形式。为模拟梁端铰支的边界条件，在梁两端各预埋一工字形型钢，腹板带有一个 40mm 的圆孔，通过钢轴承与刚性支撑杆相连。牛腿区域过渡区设置了箍筋，如图 6.4(a）和（b）所示。

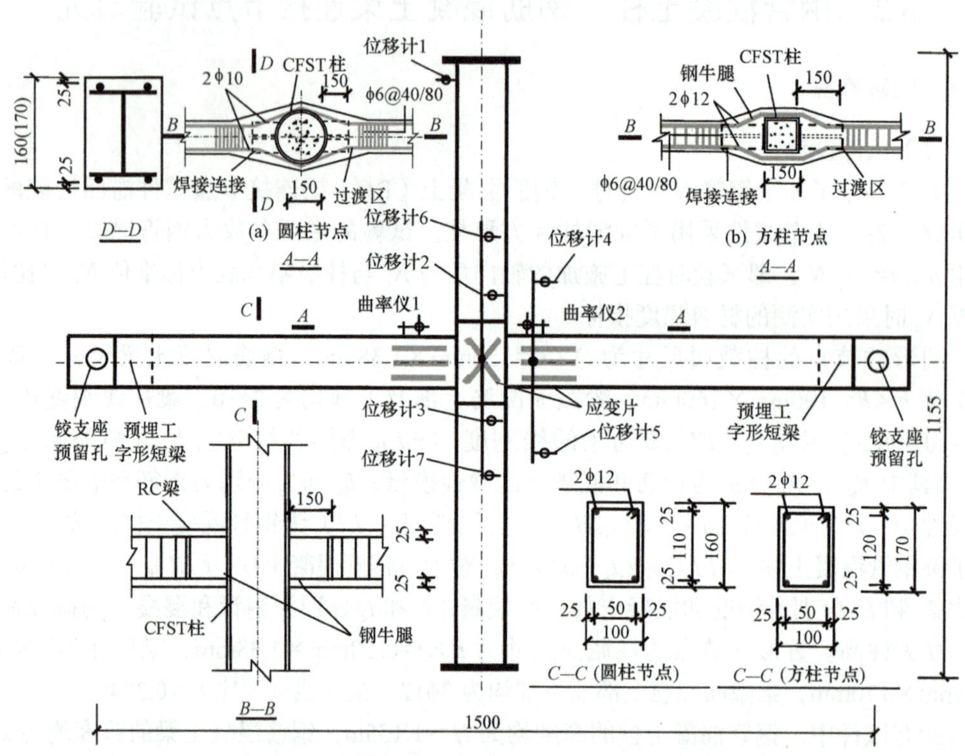

图 6.4　钢管混凝土柱－RC 梁节点构造（尺寸单位：mm）

钢筋混凝土梁中的纵筋与牛腿翼缘焊接，在梁端位置处，纵筋焊接在梁端部预埋工字钢的翼缘上。柱和梁的混凝土同批浇筑完成。

（2）材料特性

节点试件的圆钢管和方钢管分别采用 Q235 钢材卷制、焊接而成。梁箍筋采用了 ϕ6，纵向钢筋采用了 ϕ10、ϕ12 两种。钢材实测的屈服强度（f_y）、抗拉强度（f_u）、弹性模量（E_s）和泊松比（μ_s）如表 6.2 所示。

表 6.2　钢材力学性能

钢材种类	钢板厚度或钢筋直径 /mm	f_y/MPa	f_u/MPa	E_s/（10^5N/mm^2）	μ_s
钢板	1.38	272.3	350.6	2.06	0.278
钢筋	10	366	528	1.81	—
	12	385	560	1.87	—
	6	202	278.5	2.04	—

柱及梁均采用 C40 自密实混凝土。水胶比为 0.346。原材料及配合比为水取 173kg/m^3；普通硅酸盐水泥取 300kg/m^3；Ⅱ级粉煤灰取 200kg/m^3；中粗砂取 720kg/m^3；石灰岩碎石取 994kg/m^3。混凝土 28 天的立方体抗压强度 f_{cu}＝37.4MPa，试验时 f_{cu}＝51.1MPa。弹性模量 E_c＝31500N/mm^2。

（3）试验装置

试验时柱顶部施加恒定轴向压力 N_0 并在试验过程中保持恒定，在柱顶用 MTS 伺服加载系统施加反复水平荷载。节点的试验装置、防止发生面外失稳的侧向支撑布置、边界条件等如图 5.3（a）所示。

（4）量测内容、测点布置及数据采集

主要量测内容有：柱顶端加载点水平荷载（P）和位移（Δ），节点核心区剪切变形，节点区柱端和钢筋混凝土梁端转动，钢筋混凝土梁端曲率，节点核心区柱钢管应力分布，牛腿范围内钢梁腹板、钢筋混凝土梁内钢筋应力变化、应变沿钢筋混凝土梁截面高度的变化规律。节点位移计和曲率仪布置如图 6.4 中所示。具体测量方案如下。

1）柱顶端加载点水平荷载和位移由 MTS 系统自动记录，柱顶水平位移同时用位移计 1 由数据采集系统进行采集。

2）在节点区域柱轴线上布置位移计 2 和 3 测得的相对位移换算牛腿转角；梁端转角由布置在梁轴线上的位移计 4 和 5 测得的相对位移进行换算得到；柱端转角用布置在柱轴线上的位移计 6 和 7 测得的相对位移进行换算求得。

3）梁端（牛腿面内）的曲率由曲率仪 1 和 2 测得。

4）节点核心区的剪切变形，对于圆形截面柱对角布置导杆应变仪 9 和 10 进行换算；对于方形截面柱则采用对角布置的电阻应变片 9 和 10 进行测量。

5）在梁侧沿截面高度布置电阻应变片用来测量混凝土应变。

6）两端支杆反力由布置在图 3.3（a）所示刚性支杆上的荷载传感器测得。

7）在节点核心区外的柱上贴双向应变花测量钢管的应变。

8）在牛腿腹板和翼缘上各设置一个双向应变花测试牛腿的应变。

9）分别在梁中四根纵筋和梁端的两个箍筋上贴应变片测量其应变。

10）采用裂缝观测仪适时测量混凝土裂缝的发展情况。

试件的应变、位移、转角和曲率等由数据自动采集系统采集，并在试验的全过程中对钢管混凝土柱、节点核心区和钢筋混凝土梁的变形、裂缝开展和应变进行测试。

（5）加载制度及加载程序

试验加载采用位移控制方法。根据 6.5 节理论模型对节点的承载力进行计算，得到试件的屈服位移荷载 Δ_y（对应于 $0.7P_{max}$ 时的位移，其中 P_{max} 为极限荷载）。具体加载制度如图 3.4 所示。

当荷载降低到峰值荷载的 60% 左右或梁柱连接出现严重破坏时即终止试验。

试验过程表明，圆形柱节点试件和方形柱节点试件的破坏形态基本类似。下面分别以试件 CJ-RC-3 和 SJ-RC-3 为例，说明节点试验过程中的主要现象。

1）试件 CJ-RC-3：当加载位移小于 Δ_y 时，试件上无明显的混凝土裂缝。当柱顶水平位移加载达到 Δ_y 的第一循环时，前梁［图 3.3（a）］牛腿端部梁底开始出现直裂缝，裂缝宽度为0.02mm。在第二循环时，后梁［图3.3（a）］牛腿端部的梁顶也出现了裂缝。

加载到$1.5\Delta_y$的第一循环时，在距离柱边40mm的牛腿面内梁顶出现弯曲裂缝；继续增加至$2\Delta_y$，前梁牛腿面内出现第一道斜裂缝。前梁顶沿着牛腿翼缘板两侧各出现一道水平裂缝，钢管混凝土柱和牛腿处混凝土有出现剥离的趋势。随着位移的不断增加，节点上的裂缝不断开展。

加载到$3\Delta_y$时，前梁钢牛腿端部的弯曲直裂缝贯通，最大裂缝宽度为0.22mm。位移达到$5\Delta_y$时，水平荷载达到正向极限荷载。此后随着位移的增加，荷载开始下降，节点破坏加剧。

加载到$-5\Delta_y$的第二循环时，前梁底混凝土开始剥落；在$7\Delta_y$的第一循环时，前梁牛腿面内形成主裂缝；$-7\Delta_y$的第一循环时，核心区下部的混凝土剥落，前梁牛腿侧面内的混凝土剥落，核心区的钢筋向外鼓出，与钢管混凝土柱脱开；$7\Delta_y$第二循环时，前、后梁的斜裂缝在核心区上部交会；$-7\Delta_y$的第二循环时，后梁牛腿处混凝土发生断裂。

图6.5 节点破坏形态

加载至$-8\Delta_y$的第一次循环时，前后梁斜裂缝在核心区贯通，形成一条连接前后梁的主裂缝。梁底翼缘板侧面混凝土向外鼓起，与钢管混凝土柱完全脱开。加载至$8\Delta_y$的第二次循环时，核心区混凝土外鼓，后梁牛腿面内混凝土开始出现剥落现象，此时停止试验。试验过程中钢管混凝土柱未发生明显的变形。节点区混凝土最终的破坏形态如图6.5所示。

2）试件SJ-RC-3：当柱顶水平位移达到$-0.25\Delta_y$的第一循环时，在前梁钢牛腿与钢筋混凝土梁交界面的梁底首先出现裂缝，并随着加载的继续沿着界面向梁顶发展，裂缝宽度为0.06mm。当位移达到$0.5\Delta_y$的第一次循环时，钢牛腿与钢筋混凝土梁交界面处梁顶出现裂缝；位移到$0.7\Delta_y$的第二次循环时，梁顶部沿牛腿翼缘侧出现水平裂缝。

加载到Δ_y的第一循环时，节点上最大裂缝达到0.22mm。加至$-\Delta_y$的第一循环时，节点核心区的右下部出现斜裂缝。加载到$1.5\Delta_y$的第一次循环时，节点后梁顶混凝土沿牛腿翼缘两侧出现裂缝；$-1.5\Delta_y$的第一次循环时，节点核心区沿着左、右对角线方向各出现一道斜裂缝。$-2\Delta_y$第一循环时，节点核心区斜向裂缝与后梁牛腿面斜裂缝相通，前梁牛腿面混凝土表面外鼓。

加载至$3\Delta_y$的第一循环时，前梁牛腿面斜裂缝、核心区斜裂缝及后梁牛腿下翼缘沿着纵向钢筋方向的直裂缝贯通形成一条主裂缝。位移达到$5\Delta_y$时，前梁梁底混凝土开始出现脱落，$-5\Delta_y$的第二次循环时，后梁牛腿下部混凝土断裂、脱落。试验过程中，钢管混凝土柱的变形不明显。

本次试验节点的破坏过程总体可归纳为以下四个阶段。

1）初裂阶段：节点从加载到核心区混凝土开裂。位移加至$0.5\Delta_y$时，在钢牛腿外端梁底出现第一道0.03mm左右的裂缝。对于圆钢管混凝土柱节点，开裂荷载约为极限荷载的25%左右；对于方钢管混凝土柱节点，约为极限荷载的40%左右。开裂荷载随着柱轴压比（n）的增大有所增大。

当位移达到（1～2）Δ_y时，节点钢牛腿侧面出现对角斜裂缝。此后，在反复荷载作用下，裂缝沿对角线方向不断扩展，并形成交错裂缝。此阶段柱端水平位移、核心区剪切变形及牛腿、钢筋应变均不大，试件总体上处于弹性阶段。

2）通裂阶段：随着反复荷载的逐级增大，核心区交错裂缝不断扩展，新裂缝出现，并沿着对角线方向发展，直至形成一条宽度为0.3～0.5mm贯通节点核心区的斜裂缝。

通裂荷载约为节点极限荷载的75%左右，在此阶段，环绕核心区的纵向钢筋、钢牛腿翼缘在弯矩和剪力的共同作用下开始进入弹塑性阶段。钢牛腿腹板的应变比箍筋的应变增长要快，但均未屈服。

3）极限阶段：核心区混凝土“通裂”后，节点所承受的荷载仍能继续增加，直至达到峰值荷载。在这一阶段，由于混凝土斜裂缝间骨料咬合和摩擦力作用以及箍筋的约束，核心区混凝土仍能继续承担剪力。钢牛腿腹板和箍筋均达到屈服，且部分进入强化阶段，节点所承受的荷载仍能继续增加。

试件达到极限状态时，节点核心区混凝土裂缝呈明显的交叉贯通状，裂缝明显加大，最大裂缝宽度超过了1mm，并伴随有混凝土的轻微劈裂声，核心区剪切变形明显增大。

4）破坏阶段：达到极限状态后，随着水平位移的增加水平荷载开始下降，试件破坏加剧，两侧梁顶和梁底节点核心区处翼缘板混凝土开裂严重，节点核心区沿主斜裂缝混凝土出现剥落。

试验后将钢管剖开，发现钢管内的混凝土表面有少许压痕，但并没有发现明显的断裂破坏，如图6.6所示。

图6.6 节点核心区核心混凝土的形态

图6.7和图6.8分别给出了节点试件CJ-RC-3和SJ-RC-3的荷载（P）-位移（Δ）关系，曲线上近似给出试验过程中一些主要特征点的位置。

6.2.2 试验结果及分析

1. P-Δ 关系

所有节点试件实测的水平荷载（P）-水平位移（Δ）滞回关系如图6.9（圆柱节点）和图6.10（方柱节点）所示。

可见，P-Δ滞回关系形状总体上都较为饱满。

图6.11给出试件P-Δ滞回关系的骨架线，可见轴压比n取0.3和0.6时的P-Δ曲线会出现较明显的下降段，且下降段随着n的增大变得明显；n=0.05时P-Δ曲线由于混凝土的开裂和钢筋的屈服而出现微小的下降。比较图6.11（a）和（b），可见方形柱节点受轴压比（n）的影响较圆形柱节点明显。

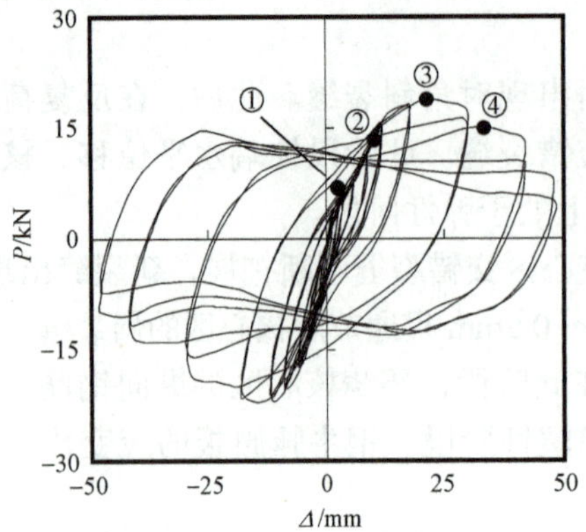

①初裂；②梁内纵筋屈服；③极限承载力；④ 85% 极限承载力。

图 6.7　圆柱节点 P-Δ 滞回关系上的特征点（试件 CJ-RC-3）

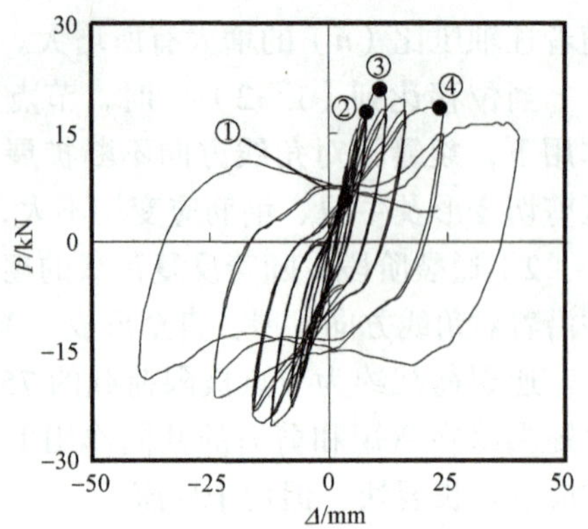

①初裂；②梁内纵筋屈服；③极限承载力；④ 85% 极限承载力。

图 6.8　方柱节点 P-Δ 滞回关系上的特征点（试件 SJ-RC-3）

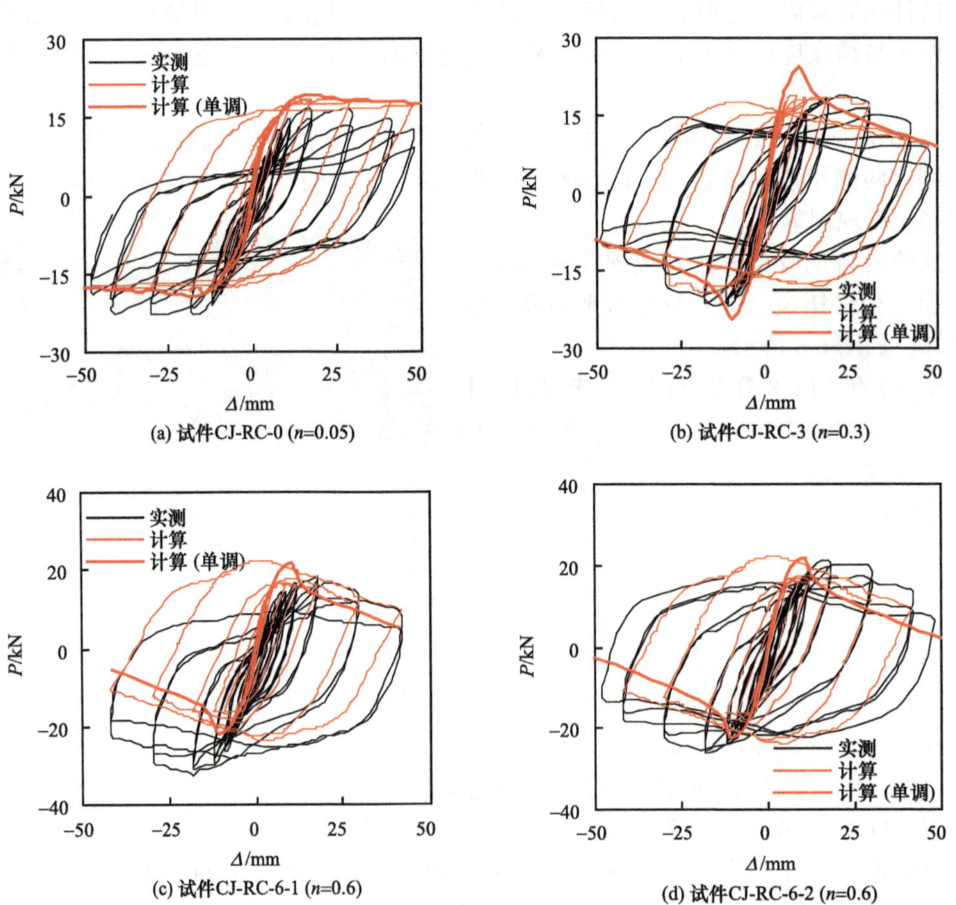

图 6.9　圆柱节点的 P-Δ 滞回关系

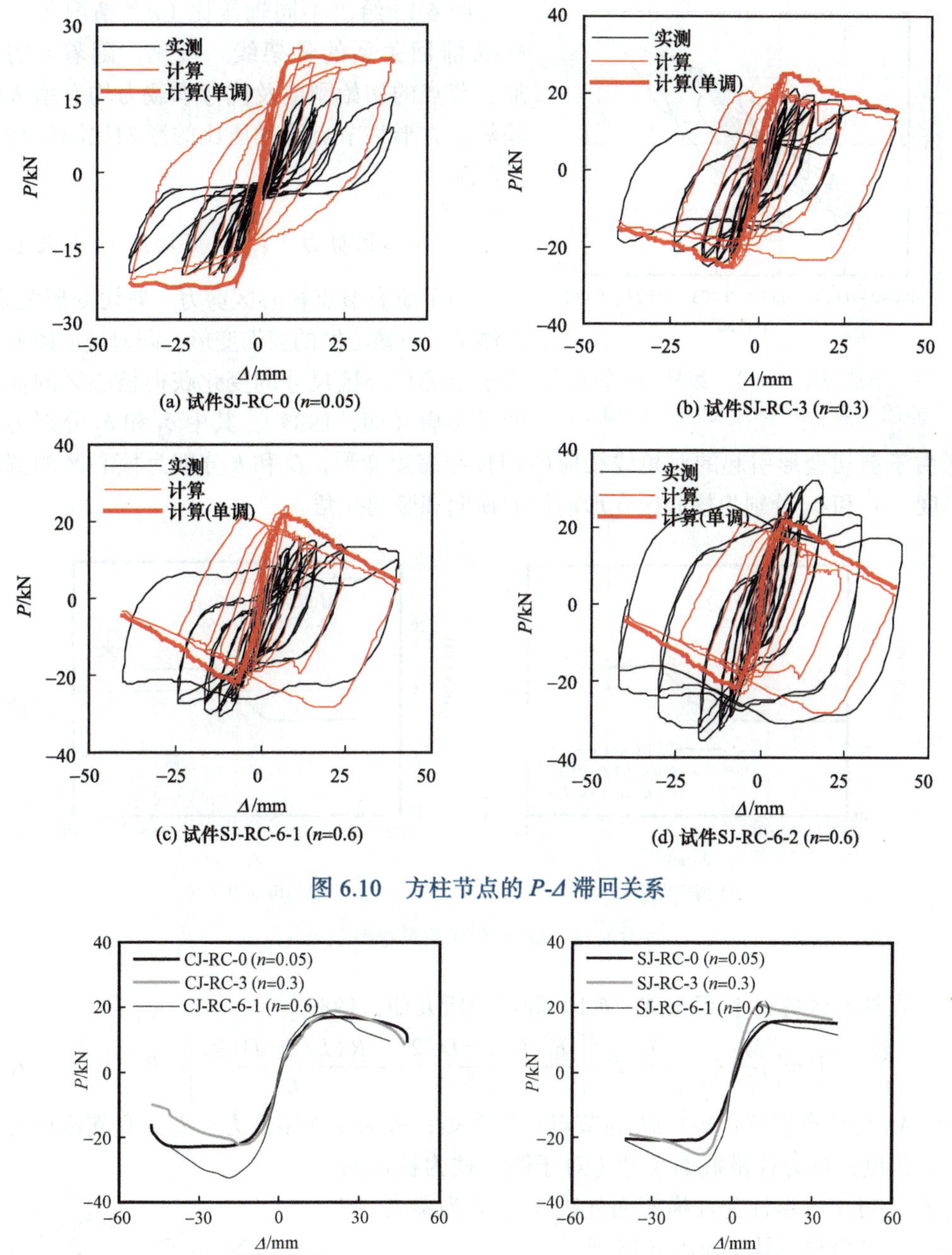

图 6.10 方柱节点的 P-Δ 滞回关系

图 6.11 P-Δ 滞回关系线骨架线

2. 节点弯矩（M_j）－转角（θ_r）关系

图 6.12 给出节点弯矩（M_j）－梁柱相对转角（θ_r）滞回关系。其节点弯矩 M_j 由式（5.1）确定。

可见节点试件的 M_j-θ_r 滞回关系形状较为饱满。其发展规律与 P-Δ 滞回关系类似。

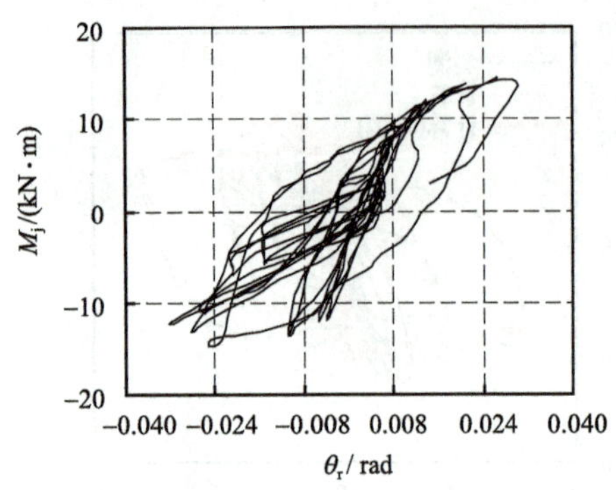

图 6.12 节点弯矩（M_j）-梁柱相对转角（θ_r）滞回关系（试件 CJ-RC-3，n=0.3）

图 6.13 给出不同轴压比（n）情况下试件 M_j-θ_r 滞回关系的骨架线。可见，随着 n 的增加，节点的初始刚度及抗弯承载力均有增大的趋势。方形柱节点受轴压比的影响比圆形柱节点明显。

3. 核心区剪力（V）-剪切角（γ）关系

为了研究节点核心区剪力-剪切变形关系，实测了节点核心区的剪切变形，即通过如图 6.14 所示量测核心区尺寸的变化获得核心区的剪切变形（唐九如，1989），其中 δ_1 和 δ_2 分别为核心区由于剪切变形引起的对角线相应的伸长和缩短变形，D 和 h 分别为核心区的宽度和高度，α_1 和 α_2 分别为核心区变形前后的横向和竖向夹角。

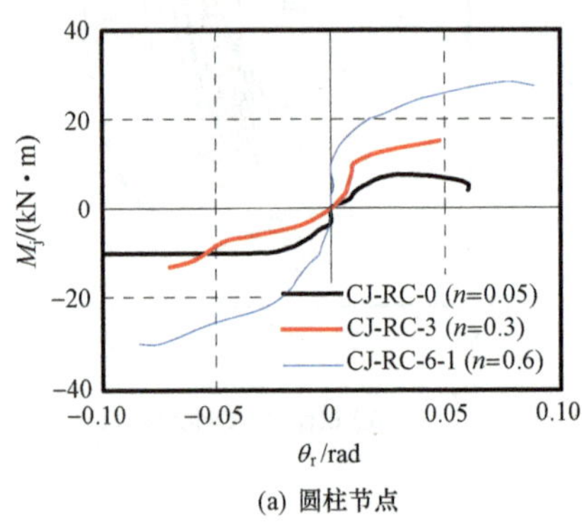

(a) 圆柱节点

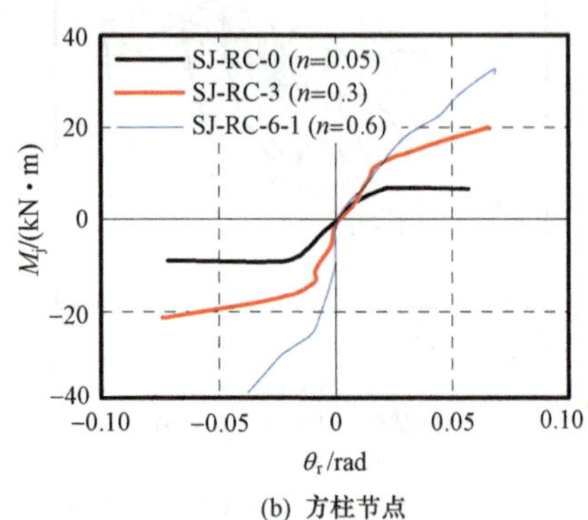

(b) 方柱节点

图 6.13 M_j-θ_r 滞回关系骨架线

节点核心区剪力 V_j 可按式（6.1）确定（唐九如，1989）。

$$V_j=\left(\frac{M_1}{h}+\frac{M_r}{h}\right)-P=\left[\frac{R_l(L/2-D/2)}{h}+\frac{R_r(L/2-D/2)}{h}\right]-P \tag{6.1}$$

式中，M_l 为节点左梁弯矩；M_r 为节点右梁弯矩；R_l 为左支座反力；R_r 为右支座反力；L 为梁跨度；D 为柱横截面尺寸（对于圆形柱为柱横截面直径，对于方形柱为柱横截面外边长）；h 为梁高；P 为柱顶水平荷载，具体如图 6.15 所示。

试件 CJ-RC-0 实测核心区剪力（V_j）-剪切角（γ）滞回关系如图 6.16 所示。

以圆形柱节点为例，图 6.17 给出了不同轴压比（n）情况下节点核心区剪力（V_j）-剪切角（γ）滞回关系骨架线。

可见，在加载初期，V_j-γ 总体上呈线性关系。达到极限抗剪承载力后，V_j-γ 总体上均呈现出较好的塑性变形能力，其下降段下降的趋势并不明显。

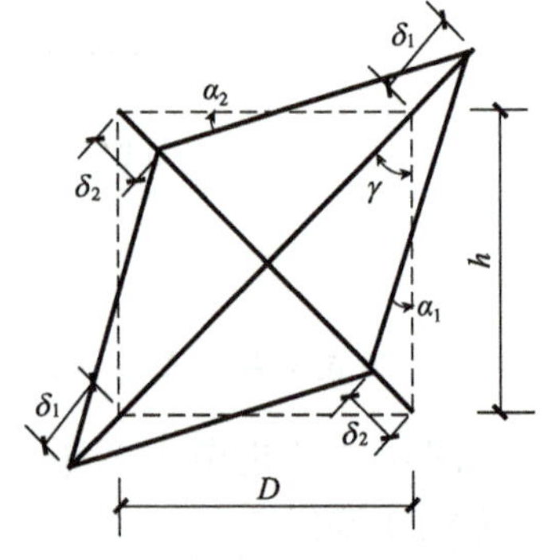

图 6.14 剪切变形

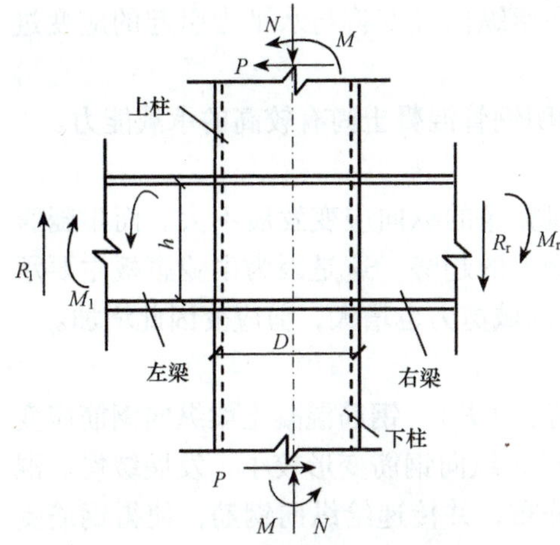

图 6.15　节点核心区内力

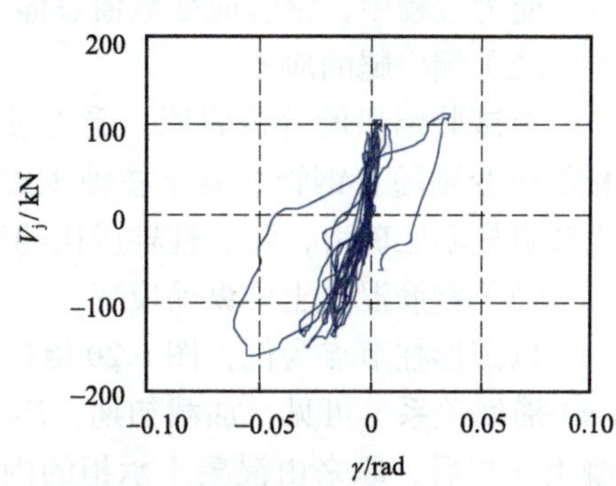

图 6.16　节点核心区剪力（V_j）－剪切角（γ）滞回关系（试件 CJ-RC-0，n=0.05）

4. 梁端弯矩（M）－曲率（ϕ）关系

图 6.18 所示为试件 CJ-RC-3 的实测梁端弯矩（M）－曲率（ϕ）关系。

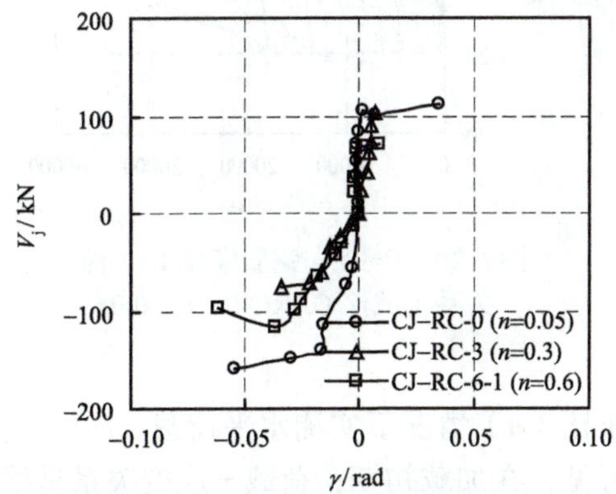

图 6.17　V_j-γ 滞回关系骨架线

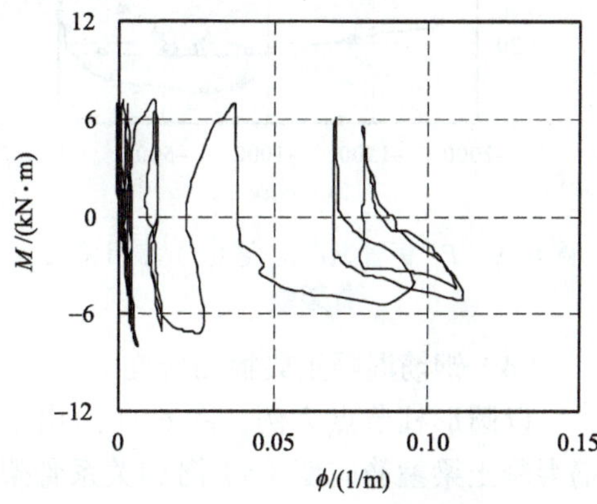

图 6.18　梁端弯矩（M）－曲率（ϕ）关系（试件 CJ-RC-3，n=0.3）

由图 6.18 可见，加载初期，钢筋混凝土梁处于弹性阶段，M-ϕ 关系基本呈线性，梁曲率（ϕ）发展缓慢。达到屈服位移 Δ_y 后，随柱顶水平位移的增大，梁曲率 ϕ 发展有增快的趋势。

5. 节点区应变

（1）钢管壁应变

以圆形柱节点为例，图 6.19 给出不同轴压比（n）情况下节点荷载（P）－钢管壁应变（ε）滞回关系的骨架线。可见，柱顶轴力影响核心区钢管的应力状态，n 越大，节点区钢管初始应变越大，但随着柱顶水平位移的增大，节点区钢管应变发展程度越小，这主要是因为施加水平荷载之前，由轴压力引起的钢管混凝土柱纵向应变将随着 n

的增大而增大，而施加水平荷载后，钢管中的初始纵向应变将与水平力引起的应变进行叠加而发生变化。

受力过程中，钢管应变数值总体上不大，说明钢管混凝土尚有较高的承载能力。

（2）钢牛腿的应变

对试验结果的分析表明，受力过程中钢牛腿翼缘的纵向应变发展不大。而牛腿腹板的应变则随着钢管混凝土柱轴压比的增大有增大的趋势，这是因为牛腿腹板主要承受节点核心区剪力，随着柱轴压比的增大，节点区域剪力也增大，剪应变因此增加。

（3）钢筋混凝土梁纵筋应变

以圆形柱节点为例，图 6.20 给出实测水平荷载（P）- 钢筋混凝土梁纵向钢筋应变（ε）滞回关系。可见，加载初期，P-ε 关系呈线性，纵向钢筋变形较小，发展缓慢。混凝土开裂后，原来由混凝土承担的内力发生重分布，并传递给纵向钢筋，使得钢筋受力增大，变形加快。特别是梁屈服以后，钢筋的应变增加更快。

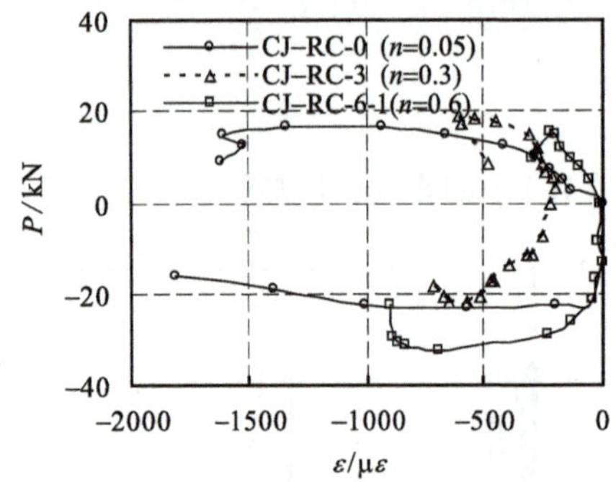

图 6.19 P- 钢管纵向应变（ε）滞回关系骨架线

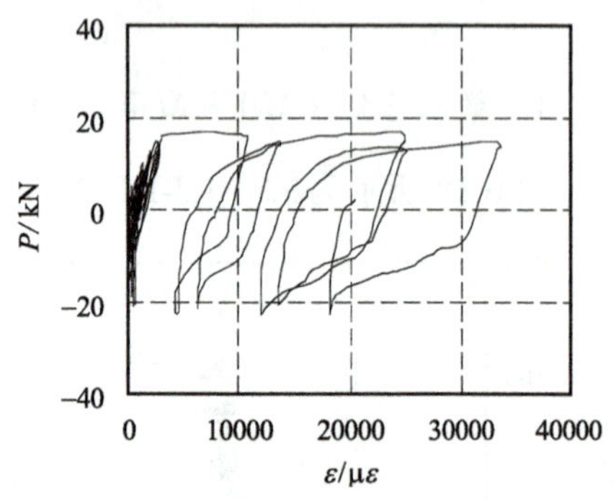

图 6.20 P- 纵向钢筋应变（ε）滞回关系（试件 CJ-RC-0，n=0.05）

（4）钢筋混凝土梁箍筋应变

以圆形柱节点为例，图 6.21 给出不同轴压比（n）情况下实测水平荷载（P）- 钢筋混凝土梁箍筋应变（ε）滞回关系骨架线。可见，在加载初期，荷载 - 应变关系呈线性，箍筋变形较小，发展缓慢。梁屈服以后，箍筋应变增加较快，随着 n 的增大，箍筋应变发展呈现减小的趋势。

以试件 CJ-RC-0 为例，图 6.22 给出受力过程中箍筋应变和牛腿腹板应变的变化情况。可见，箍筋先于牛腿腹板发生屈服。箍筋破坏退出工作后，腹板承担的剪力变大，节点达到极限承载力后并不会发生突然破坏。

试验结果还表明（曲慧，2007），节点试件加载初期，混凝土应变沿梁高变形基本保持直线，截面基本符合平截面假定；随着荷载的增加，钢筋屈服，截面曲率增加显著，裂缝宽度随之扩展并沿梁高向上（下）延伸，中和轴继续上（下）移，受压区高度逐步减少，应变分布由直线变为曲线。受压区混凝土边缘纤维应变迅速增长。

6. 节点极限承载力

采用图 2.109 的方法来确定本节节点试件的屈服点和屈服荷载，各试件的 P_y、Δ_y、

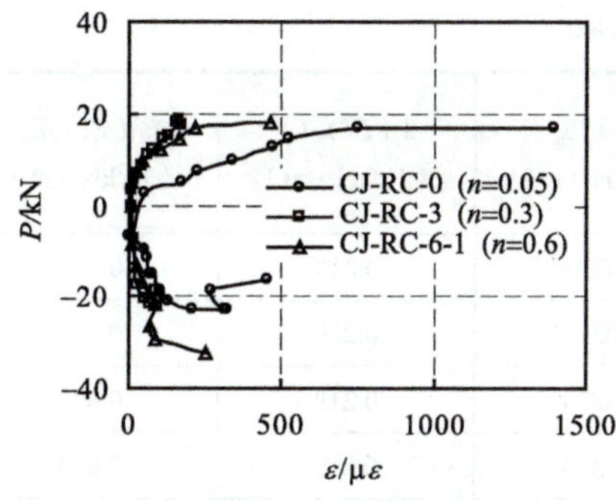

图 6.21 *P*- 钢筋混凝土梁箍筋应变（ε）滞回关系骨架线

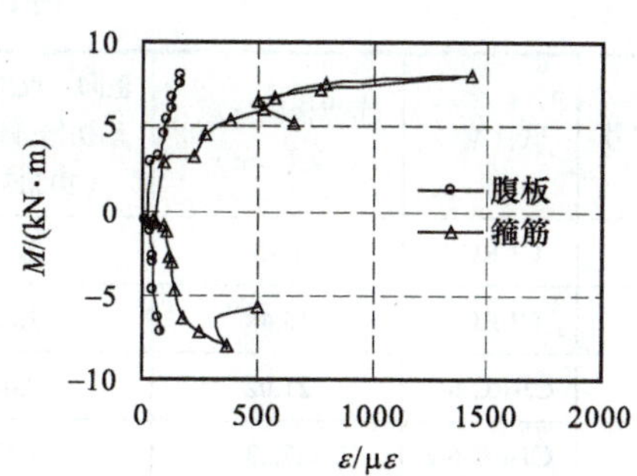

图 6.22 *M*- 箍筋、钢牛腿腹板横向应变（ε）关系

P_{max}、Δ_{max} 和 P_u、Δ_u，汇总于表 6.1。图 6.23 所示为轴压比（*n*）对试件极限荷载（P_{max}）的影响。可见，随着 *n* 的增大，方、圆钢管混凝土柱节点的屈服荷载、破坏荷载、极限荷载总体上均有所提高，但是屈服位移、极限位移、破坏位移均变小，说明随着 *n* 增大，节点的延性降低。方形柱节点受 *n* 变化的影响较圆形柱节点明显。

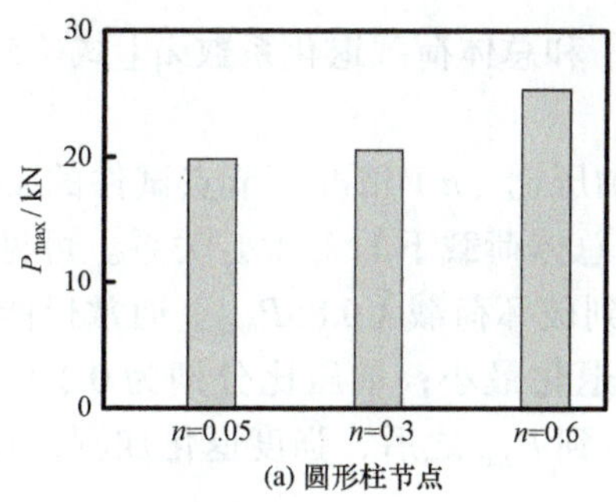

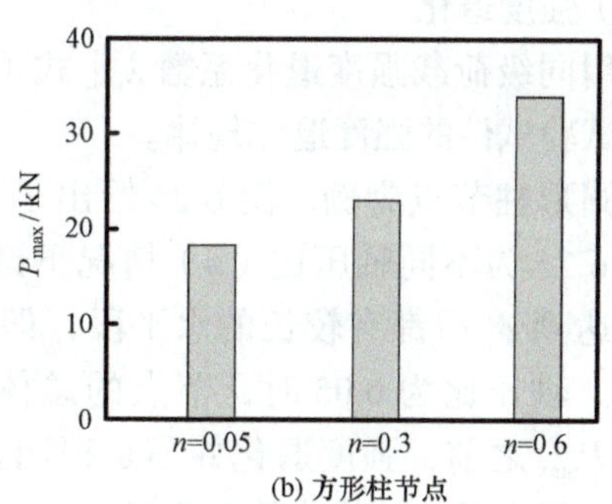

图 6.23 轴压比（*n*）对极限承载力（P_{max}）的影响

7. 节点刚度

EC3（2005）根据节点的初始转动刚度将钢结构节点进行分类，通过比较节点的初始转动刚度 K_i，将钢结构节点分为刚性节点、半刚性节点和铰接节点（见 5.5.2 节有关论述）。

表 6.3 给出了本次试验节点的正向、反向节点平均初始弹性刚度，通过与 EC3（2005）中刚性节点界限的比较可见，本次试验的节点试件的初始刚度均大于规范 EC3（2005）中的刚性节点界限，即 $k_b(EI)_b/L_b$（对于支撑框架，$k_b=8$，其他框架 $k_b=25$）。因此，若按此标准判断，本节试验节点形式属于刚性节点。

Hasan 等（1998）对 134 个钢结构节点刚性进行了研究，分析了节点的初始弹性刚度，认为刚性节点的最小初始弹性刚度为 1.13×10^5kN · m。本次试验节点的初始刚度为（1.69×10^5）～（3.13×10^5）（kN · m），均大于钢结构刚性节点的最小初始弹性刚度限值。

表 6.3　节点刚性比较

序号	试件编号	节点极限弯矩 /（kN · m）	正向、反向节点平均初始弹性刚度 /（10^5kN · m）	$(EI)_b/L_b$/（10^5kN · m）	$8(EI)_b/L_b$/（10^5kN · m）	$25(EI)_b/L_b$/（10^5kN · m）
1	CJ-RC-0	7.48	2.33	0.0273	0.219	0.683
2	CJ-RC-3	15.48	2.22	0.0273	0.219	0.683
3	CJ-RC-6-1	21.02	2.04	0.0273	0.219	0.683
4	CJ-RC-6-2	27.23	1.87	0.0273	0.219	0.683
5	SJ-RC-0	6.96	2.35	0.0328	0.262	0.82
6	SJ-RC-3	19.17	1.69	0.0328	0.262	0.82
7	SJ-RC-6-1	31.56	3.13	0.0328	0.262	0.82
8	SJ-RC-6-2	33.15	2.26	0.0328	0.262	0.82

8. 强度及刚度退化

（1）强度退化

采用同级荷载强度退化系数 λ_i［式（5.2）］和总体荷载退化系数 λ_j［式（5.3）］分析本次试验试件的强度退化规律。

以圆形柱节点为例。图 6.24 给出了不同轴压比（n）情况下节点试件的 λ_i-Δ/Δ_y 关系。图 6.25 为不同轴压比（n）情况下试件的总体荷载下的 λ_j-Δ/Δ_y 关系。可见，节点在位移达到 Δ_y 后都有较长的水平段，即使达到破坏荷载（$0.85P_{max}$）通常仍能继续承受荷载。轴压比为 0.05 时，节点的总体强度退化最小；轴压比分别为 0.3 和 0.6 时，在达到 P_{max} 之前，强度退化并不是很明显；达到 P_{max} 之后，强度退化加剧，且随着 n 的增大，强度退化的趋势趋于明显。

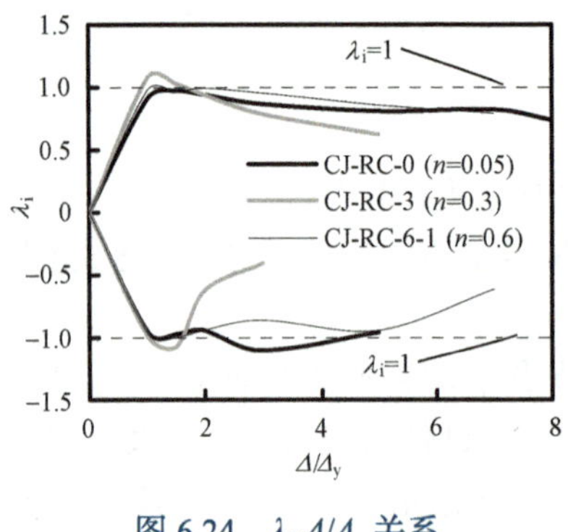

图 6.24　λ_i-Δ/Δ_y 关系

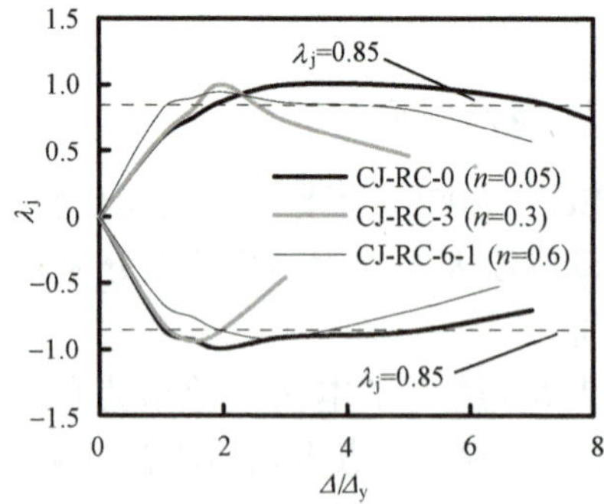

图 6.25　λ_j-Δ/Δ_y 关系

（2）刚度退化

采用同级变形下的环线刚度来描述试件的刚度退化情况，环线刚度 K_j 计算按式（5.4）进行。图 6.26 所示为不同轴压比（n）下 K_j/K_0-Δ/Δ_y 关系，其中 K_0 为第一级加载位移时的环线刚度。可见，节点的环线刚度退化随 n 的增大变化不明显。

9. 延性与耗能

（1）节点延性

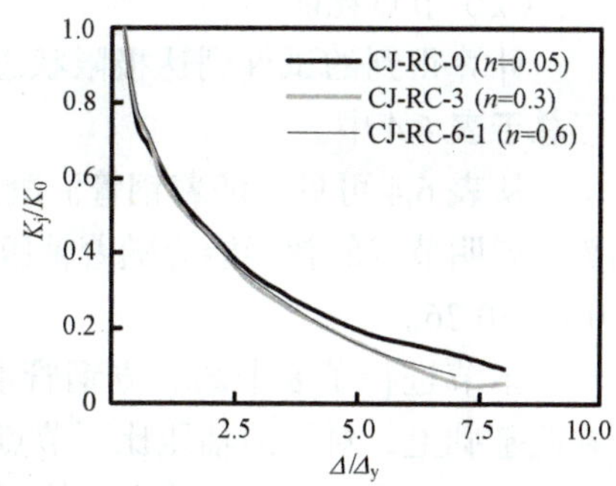

图 6.26　K_j/K_0-Δ/Δ_y 关系

采用位移延性系数和转角延性系数来研究节点的延性特性。根据图 2.109 中所述节点承载力指标的确定方法，得到本节试验试件的屈服位移 Δ_y 和破坏位移 Δ_u，如表 6.1 所示。按上述方法得到其屈服位移角 θ_y、极限位移角 θ_u、位移延性系数 μ 和位移角延性系数 μ_θ，如表 6.4 所示。其中的弹性层间位移角限值［θ_e］=1/300，弹塑性层间位移角限值［θ_p］=1/50，参考《建筑抗震设计标准（2024 年版）》（GB 50011—2010）确定。

表 6.4　节点延性与耗能指标

序号	试件编号	θ_y	θ_u	μ	μ_θ	θ_u/［θ_e］	θ_u/［θ_p］	耗能 /（kN · m）	等效黏滞阻尼系数 h_e	能量耗散系数 E
1	CJ-RC-0	0.0054	0.039	7.2	7.2	11.7	1.9	0.376	0.18	1.11
2	CJ-RC-3	0.0063	0.027	5.0	5.0	8.0	1.3	0.469	0.21	1.39
3	CJ-RC-6-1	0.0048	0.026	5.3	5.3	7.7	1.3	0.617	0.22	1.40
4	CJ-RC-6-2	0.0061	0.027	4.5	4.5	8.2	1.4	0.599	0.23	1.44
5	SJ-RC-0	0.0078	0.035	4.4	4.4	10.4	1.7	0.194	0.11	0.67
6	SJ-RC-3	0.0055	0.022	4.1	4.1	6.7	1.1	0.294	0.18	1.11
7	SJ-RC-6-1	0.0046	0.025	5.3	5.3	7.3	1.2	0.327	0.19	1.20
8	SJ-RC-6-2	0.0048	0.019	4.0	4.0	5.8	1.0	0.885	0.26	1.61

从表 6.4 中可见，8 个节点的位移延性系数 μ 取 4～7.2。随着钢管混凝土柱轴压比（n）的增大，圆、方钢管混凝土柱节点的延性均有所降低；方钢管混凝土柱节点受其影响相对较大，如图 6.27 所示。

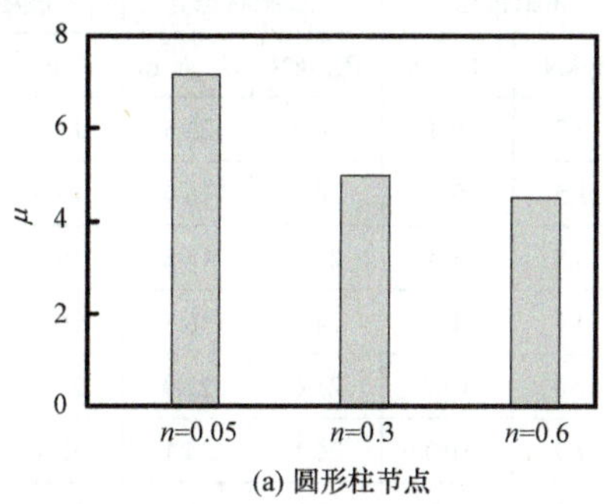

(a) 圆形柱节点

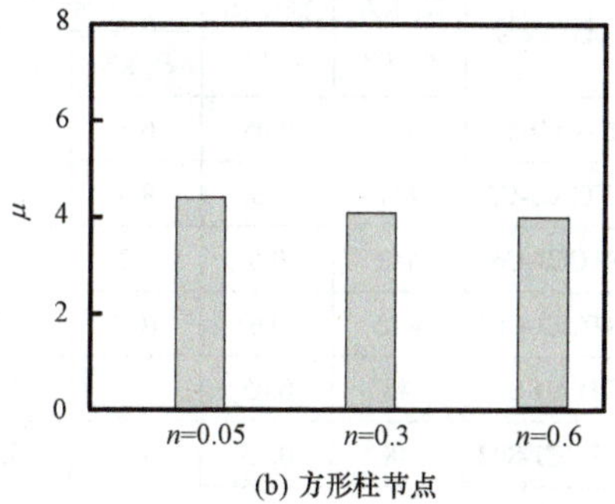

(b) 方形柱节点

图 6.27　轴压比对延性的影响

（2）节点耗能

计算得到的试件到达极限状态时滞回环的等效黏滞阻尼系数 h_e 和能量耗散系数 E 汇总于表 6.4 中。

从表 6.4 可见，随着钢管混凝土柱轴压比（n）的增大，节点的 h_e 和 E 有增大的趋势，说明节点的耗能能力随着轴压比的增大而有所增长。试件的等效黏滞阻尼系数 h_e 取 0.11～0.26。

本节进行了 8 个圆、方钢管混凝土柱－钢筋混凝土梁节点的低周反复荷载试验。在此基础上，对不同轴压比下节点的破坏形态、滞回特征、骨架线、剪切变形、钢筋、钢牛腿、钢管和混凝土的应变特征、延性和耗能性能进行了分析和研究。

6.3 钢管约束混凝土柱－钢筋混凝土梁连接节点试验研究

如 2.2 节所述，钢管约束混凝土（steel tube confined concrete，STCC）柱由于其钢管在节点连接处断开（图 2.1），其节点区的构造处理可参考钢筋混凝土结构梁－柱连接节点的有关方法进行。

本节对钢管约束混凝土柱－钢筋混凝土梁节点的滞回性能进行了研究，以截面形式（圆形和方形）和轴压比为参数，进行了该类节点的滞回性能试验研究。分析了节点承载力、延性、刚度以及耗能性能的变化规律。

6.3.1 试验概况

本小节共进行了 8 个钢管约束混凝土柱－钢筋混凝土梁中柱节点试件的试验研究，节点的具体构造形式如图 6.28 所示。

钢筋混凝土梁和钢管约束混凝土节点区部分的配筋计算参考了我国现行规范 GB 50010—2010（2010）（王再峰，2006）。为避免节点核心区发生先于梁或柱的破坏，节点核心区柱的配筋保证其截面的承载力不低于对应钢管混凝土柱的截面承载力。

表 6.5 给出了节点试件尺寸及参数。

表 6.5　试件尺寸及参数

柱截面类型	试件编号	轴压力 N_o/kN	轴压比 n	开裂状态		屈服状态		极限状态		破坏状态	
				P_{cr}/kN	Δ_{cr}/mm	P_y/kN	Δ_y/mm	P_{max}/kN	Δ_{max}/mm	P_u/kN	Δ_u/mm
圆形	STCCJ-C0	40	0.05	6.5	3.0	10.2	8.4	18.0	23.5	15.3	63.5
	STCCJ-C3	221	0.3	8.5	3.0	11.5	5.5	18.7	16.4	15.9	39.4
	STCCJ-C61	442	0.6	9.8	1.5	13.8	4.4	23.2	17.6	19.7	30.3
	STCCJ-C62	442	0.6	10.7	1.5	14.1	4.5	24.0	16.3	20.4	29.4
方形	STCCJ-S01	48	0.05	8.1	3.0	17.0	10.2	25.6	22.9	21.7	70.1
	STCCJ-S02	48	0.05	7.5	3.0	17.7	10.1	26.1	24.1	22.1	68.0
	STCCJ-S3	285	0.3	11.3	4.2	17.9	6.3	28.2	17.0	24.0	38.6
	STCCJ-S6	570	0.6	10.5	1.5	19.3	5.6	31.9	17.2	27.1	32.1

表 6.5 中圆形柱截面尺寸为 $D\times t=150\text{mm}\times 1.38\text{mm}$，和其连接的钢筋混凝土梁尺寸（宽 × 高）为 $b\times h=100\text{mm}\times 160\text{mm}$，梁截面配筋上部及下部均为 2ϕ10，梁柱线刚度比为 $k=i_b/i_c=0.328$，其中钢管约束混凝土柱的刚度按照钢管混凝土柱的公式计算。方形柱截面为 $B\times t=150\text{mm}\times 1.38\text{mm}$，和其连接的梁尺寸为 $b\times h=100\text{mm}\times 170\text{mm}$，梁截面配筋上部及下部均为 2 ϕ12，梁柱线刚度比为 $k=0.274$。钢管约束混凝土柱高度均为 $H=1.155\text{m}$，梁跨度均为 $L=1.5\text{m}$。

节点柱和梁的混凝土同批浇捣完成。

试验节点试件的材料（混凝土和钢材）与 6.2 节钢管混凝土柱 -RC 梁节点试件相同。试验装置、量测内容、测点布置等同 6.2 节中的钢管混凝土柱 -RC 梁节点，RC 梁中钢筋的应变布置如图 6.28 所示。

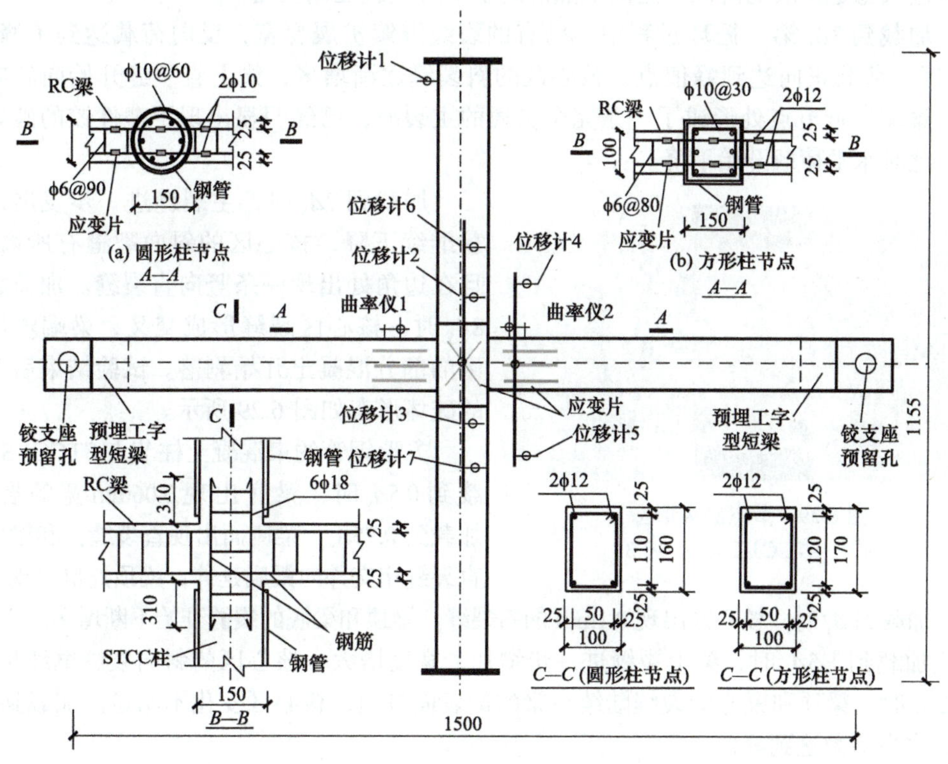

图 6.28　钢管约束混凝土柱 -RC 梁节点构造（尺寸单位：mm）

钢管约束混凝土柱顶盖板开一个直径为 80mm 的圆孔，用于浇灌混凝土，钢管约束混凝土柱顶的盖板先不焊接，待混凝土浇筑完后直接将盖板固定。对于钢管约束混凝土柱在盖板以下、底板以上和节点处梁上下的柱钢管均采用点焊的方式连接。当混凝土养护完毕后将点焊处切开，以形成钢管约束混凝土。为避免柱端头因为钢管断开而引起的承载力下降，通过在盖板和底板中心各加焊一段钢管来加强。

本次试验的试验装置、加载程序及数据采集均与 6.2.1 节论述的试件相同。

在试验过程中，对各个试件的全过程进行了观测，不同的柱截面形式和轴压比下试件的破坏形式会有所区别，但试件最终破坏形态基本类似。

下面分别以圆形柱节点试件 STCCJ-C3 和方形柱节点试件 STCCJ-S3 为例，说明试验过程中的现象。

圆形钢管约束混凝土柱节点 STCCJ-C3，当加载到 $0.25\Delta_y$ 时，试件并没有明显变化。在经历 $0.5\Delta_y$ 的第一循环加载后，梁底面处出现微小裂缝，裂缝宽度大约为 0.03mm。位移加载到 $0.7\Delta_y$ 的第一循环时，梁的受拉顶面靠近柱边处出现直裂缝，裂缝宽度为 0.04mm，梁底面有新的直裂缝出现，位置远离节点区。加载到 Δ_y 时，梁顶面和底面靠近节点区的几条直裂缝在梁侧面贯通，梁顶面远离节点区也开始出现大量直裂缝。加载 $1.5\Delta_y$ 过程中，裂缝相对比较稳定，但原有裂缝不断开展，梁侧面裂缝宽度最大达到 0.35mm。加载到 $2\Delta_y$ 时，核心区上角处有一条细小的斜裂缝出现，而梁上裂缝进入稳定发展的阶段，远离节点区的上下直裂缝逐渐贯通。

加载到 $3\Delta_y$ 第一循环过程中，已有的裂缝继续扩展变宽，反向荷载达到了峰值。$5\Delta_y$ 时，荷载正向达到峰值点，核心区的斜裂缝逐渐增多，梁上直裂缝开始向斜向发展，梁端靠近节点处形成了一条完全贯通的主裂缝，已经明显出现了塑性铰的破坏形态，此时水平荷载开始下降。

图 6.29 节点破坏形态
（试件 STCCJ-C3，$n=0.3$）

加载到 $7\Delta_y$ 时，主裂缝进一步发展，荷载继续下降，核心区的斜向裂缝有所增加，且在边角处出现一条竖向直裂缝。加荷载到 $8\Delta_y$ 时，核心区裂缝形成交叉，梁端塑性铰区的部分混凝土开始剥落。试验结束后节点的破坏形态如图 6.29 所示。

方形钢管约束混凝土柱节点 STCCJ-S3 加载到 $0.5\Delta_y$ 时，梁底出现 0.06mm 宽的裂缝。加载到 $0.75\Delta_y$，梁侧面出现直裂缝，和梁底处直裂缝相交并向梁底延伸，梁顶处也出现直裂缝。加载到 Δ_y 时，核心区出现 0.1mm 的斜裂缝。梁顶和梁底的裂缝开始不断增多。

加载到 $1.5\Delta_y$ 时，梁上裂缝进一步增加，宽度增大，核心区的斜向裂缝继续扩展。到 $2\Delta_y$ 时，梁顶和梁底的裂缝陆续在梁的侧表面贯通，核心区变化不明显。加载到 $3\Delta_y$ 时，水平荷载达到峰值。

加载到 $5\Delta_y$ 时，水平荷载开始下降，混凝土开始出现剥落。加载到 $7\Delta_y$ 时，梁端塑性铰区破坏严重，裂缝宽度加大，混凝土剥落严重。

钢管约束混凝土柱节点试件都发生了梁端塑性铰的破坏模式，节点核心区的裂缝较少，加载过程中先在塑性铰形成处的梁底出现横向裂缝。随着加载的继续，在远离柱的方向陆续出现类似的横向裂缝；梁底横向裂缝逐渐向梁的侧面延伸，与梁顶的横向裂缝交叉，裂缝贯通。随着梁端塑性铰区的裂缝迅速开展，裂缝变宽，钢筋屈服，最后部分混凝土剥落。圆形钢管约束混凝土柱节点核心区的斜向裂缝较少，宽度较小，而方形钢管约束混凝土柱节点核心区的剪切斜向裂缝更明显，且轴压比较小的试件 STCCJ-S01、STCCJ-S02 和 STCCJ-S3 沿主对角线方向形成了 X 形的斜向主裂缝。

轴压比（n）对节点破坏形态有一定影响。$n=0.05$ 时节点核心区出现的裂缝较多，且宽度较宽，$n=0.3$ 时次之，$n=0.6$ 时节点的斜向裂缝较少，也即在一定范围内，轴力的存在对核心区混凝土抗剪能力的提高是有利的。

6.3.2　试验结果及分析

（1）P-$\varDelta$ 滞回关系

实测的节点柱端水平荷载（P）－水平位移（$\varDelta$）滞回关系如图 6.30（圆柱节点）和图 6.31（方柱节点）所示。可见，P-$\varDelta$ 滞回关系随着水平位移加大，曲线越来越饱满，除了 $n=0.05$ 的试件有一定的捏缩以外，其他试件滞回曲线较为饱满。随着水平位移的加大，加载时的刚度有逐渐退化的趋势。卸载刚度基本保持弹性，与初始加载时的刚度大体相同。

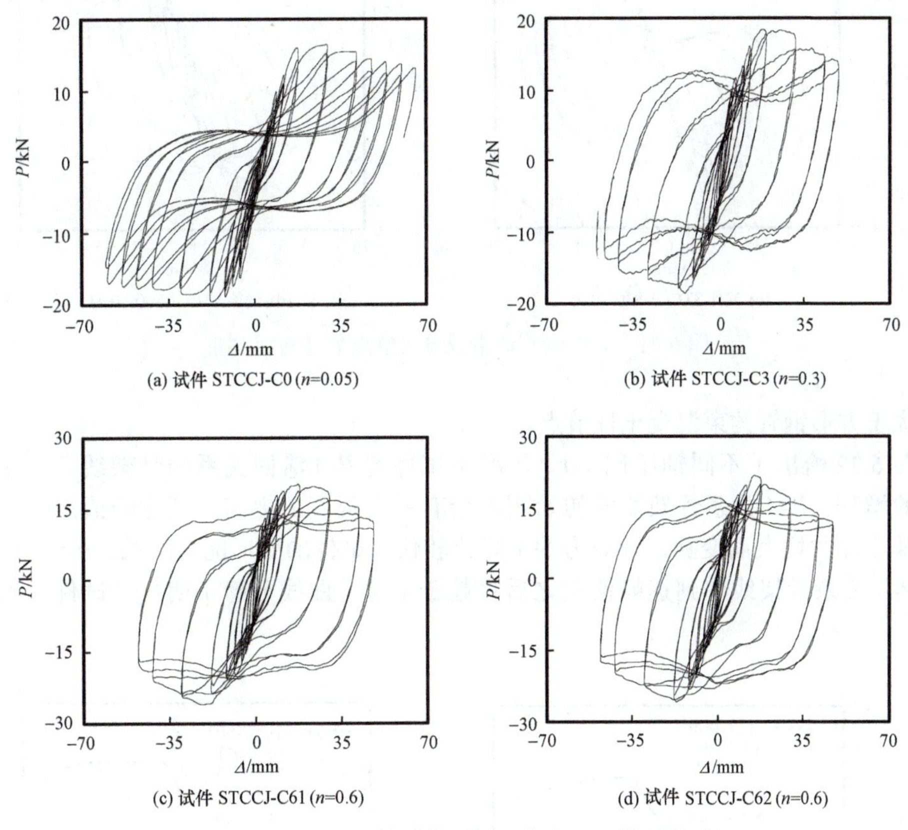

(a) 试件 STCCJ-C0 (n=0.05)　(b) 试件 STCCJ-C3 (n=0.3)

(c) 试件 STCCJ-C61 (n=0.6)　(d) 试件 STCCJ-C62 (n=0.6)

图 6.30　圆形钢管约束混凝土节点 P-$\varDelta$ 滞回关系

轴压比（n）越大，试件到达峰值点后的荷载下降趋势越快，而 $n=0.05$ 的试件，荷载经历了较长的水平段，下降并不明显。随着轴压比（n）的增大，节点的滞回曲线变得更为饱满。这与钢筋混凝土节点的性质较类似，即轴力在一定范围内对提高节点的抗震性能是有利的。对比钢管约束混凝土柱节点两种截面形式，可以看到，圆钢管约束混凝土柱节点的滞回曲线更加饱满，说明圆钢管约束混凝土柱节点的抗震性能总

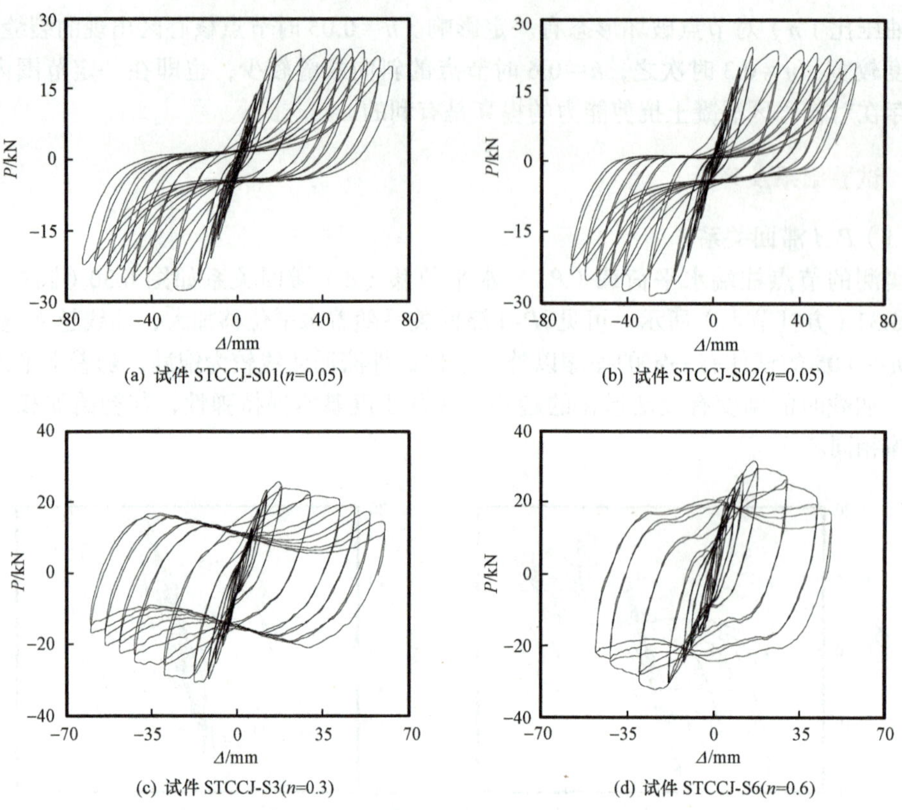

(a) 试件 STCCJ-S01(n=0.05)　(b) 试件 STCCJ-S02(n=0.05)

(c) 试件 STCCJ-S3(n=0.3)　(d) 试件 STCCJ-S6(n=0.6)

图 6.31　方形钢管约束混凝土节点 P-Δ 滞回关系

体上优于方形钢管约束混凝土柱节点。

图 6.32 给出了不同轴压比（n）情况下试件的 P-Δ 滞回关系的骨架线。可见，随着 n 的增加，P-Δ 关系骨架线的初始刚度会有一定程度的提高，到达峰值点后的曲线随着轴压比的增大而变陡，承载力的下降比较快，试件的变形能力降低；n=0.05 的试件，P-Δ 关系骨架线在到达峰值点之后将趋于平缓，曲线下降不明显，试件变形能力较大。

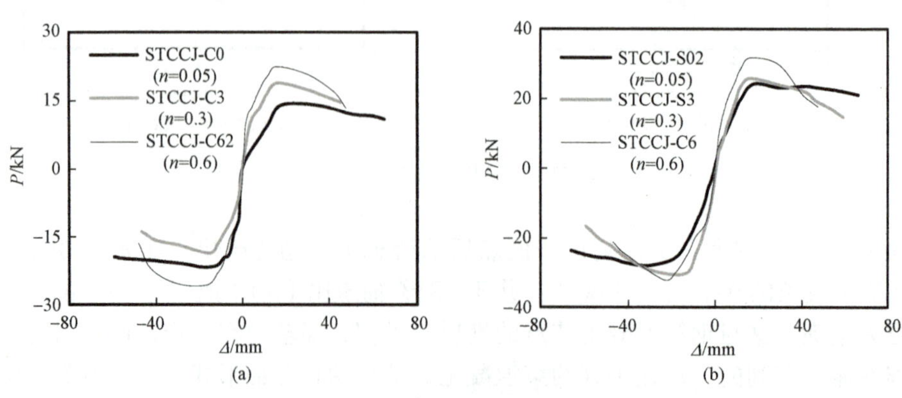

(a)　(b)

图 6.32　P-Δ 滞回关系骨架线

从本次试验结果来看，轴压比增加，承载力并没有降低，反而还有所增大。可见一定条件下轴力对于钢管约束混凝土柱节点的承载能力是有利的，主要原因是在一定的剪压比的条件下，轴力的存在推迟了核心区内钢筋的黏结退化，从而避免了核心混凝土发生斜压破坏，承载力随着轴力的增加有一定的提高。

（2）节点弯矩（M_j）- 梁柱相对转角（θ_r）关系

图 6.33 给出了节点试件的节点弯矩（M_j）- 梁柱相对转角（θ_r）滞回关系。以圆形柱节点为例，图 6.34 给出了不同轴压比（n）情况下的 M_j-θ_r 滞回关系的骨架线。

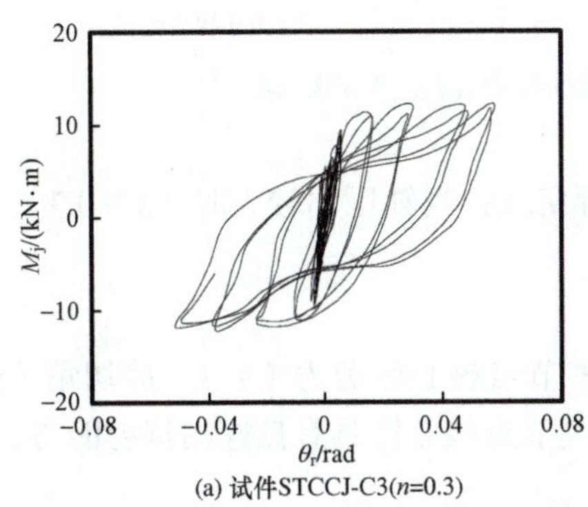

(a) 试件STCCJ-C3(n=0.3)

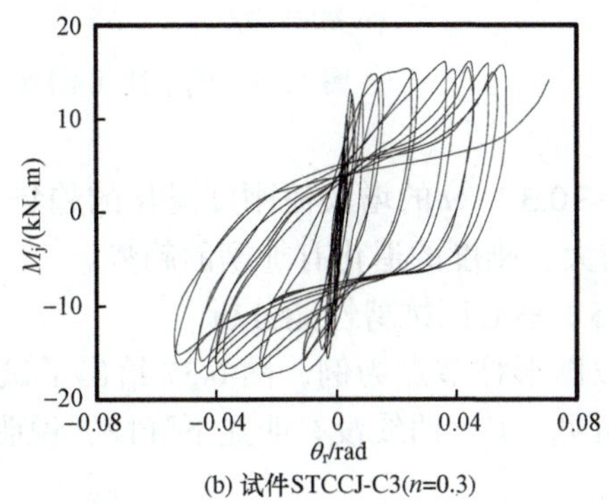

(b) 试件STCCJ-C3(n=0.3)

图 6.33　M_j-θ_r 滞回关系

可见，M_j-θ_r 滞回关系饱满，试件屈服之前，M_j-θ_r 关系基本呈直线变化，且转角较小，发展比较缓慢；试件屈服以后，随着柱端位移的逐步增大，相对转角 θ_r 迅速增大。随着 n 的增大，试件的初始刚度有下降的趋势。圆形钢管约束混凝土柱节点 M_j-θ_r 滞回曲线比方钢管约束混凝土柱节点更为饱满。

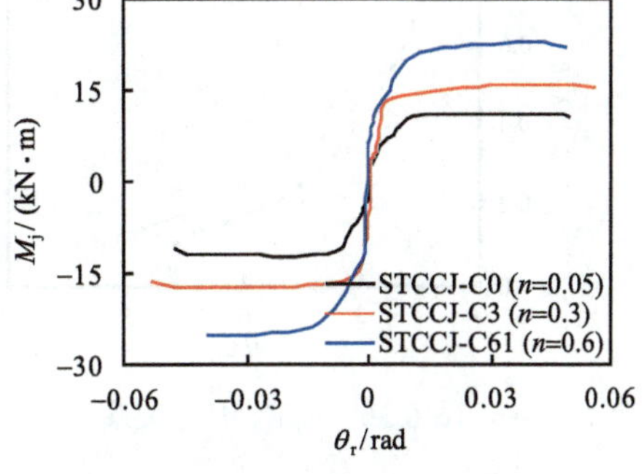

图 6.34　M_j-θ_r 滞回关系骨架线

（3）节点承载力

本次节点试件的 P_y、Δ_y、P_{max}、Δ_{max} 和 P_u、Δ_u 汇总于表 6.5。同时，定义节点试验中梁端受拉区开裂时所对应的水平荷载为开裂荷载（P_{cr}），对应的水平位移为开裂位移（Δ_{cr}），也列于表 6.5 中。

图 6.35 所示为轴压比（n）对钢管约束混凝土柱 - 钢筋混凝土梁节点的极限承载力（P_{max}）的影响，可见，对于圆柱节点，当 n<0.3 时，极限承载力相差不大，且随着 n 的增大，承载力稍有提高，但 n=0.6 时的承载力有较大提高。对于方柱节点，也表现出类似规律。

表 6.5 中的开裂荷载（P_{cr}）也显现出类似的规律。

（4）刚度退化

以圆形柱节点为例，图 6.36 给出 K_j/K_0-Δ/Δ_y 关系，其中 K_j 为环线刚度［式（5.4）］，K_0 为试件屈服点对应的环线刚度。可见，n 对环线刚度具有一定的影响，轴压比较小

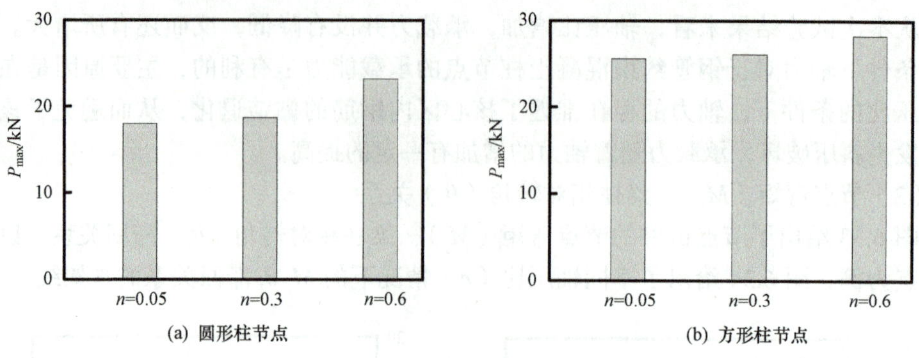

图 6.35　轴压比（n）对极限承载力（P_{max}）的影响

时（$n \leqslant 0.3$），n 的增大使刚度退化的趋势有所变缓；当轴压比较大时（$n>0.3$），随着 n 的增大，刚度的退化有加剧的趋势。

（5）核心区抗剪性能分析

以圆形柱节点为例，图 6.37 给出了试件的节点核心区剪力（V_j）- 剪切角（γ）关系。可见，V_j-γ 曲线没有明显下降段，说明此类节点核心区具有良好的抗剪能力。

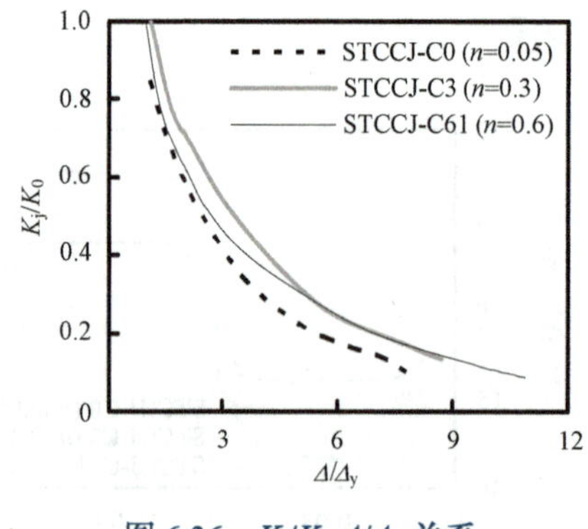

图 6.36　K_j/K_0-Δ/Δ_y 关系

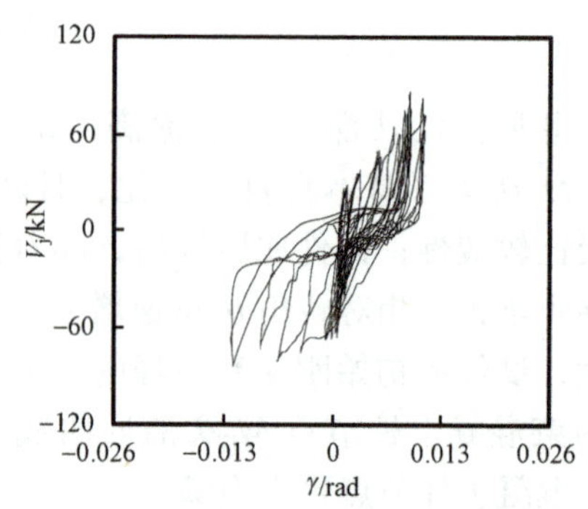

图 6.37　V_j-γ 滞回关系

（6）延性和耗能

根据试件的屈服位移 Δ_y 及破坏位移 Δ_u，可得到其屈服位移角 θ_y、破坏位移角 θ_u 以及位移延性系数 μ 和位移角延性系数 μ_θ，如表 6.6 所示。等效黏滞阻尼系数 h_e 也如表 6.6 所示。

表 6.6　实测节点延性系数和黏滞阻尼系数

试件编号	θ_y	θ_u	μ	μ_θ	h_e
STCCJ-C0	0.0073	0.055	7.6	7.6	0.18
STCCJ-C3	0.0048	0.034	7.2	7.2	0.2
STCCJ-C61	0.0038	0.026	6.9	6.9	0.25
STCCJ-C62	0.0039	0.025	6.5	6.5	0.25

续表

试件编号	θ_y	θ_u	μ	μ_θ	h_e
STCCJ-S01	0.0088	0.061	6.9	6.9	0.17
STCCJ-S02	0.0087	0.059	6.7	6.7	0.15
STCCJ-S3	0.0055	0.033	6.1	6.1	0.17
STCCJ-S6	0.0048	0.028	5.7	5.7	0.22

图 6.38 所示为柱轴压比（n）对钢管约束混凝土柱 - 钢筋混凝土梁节点的位移延性的影响。可见，随着 n 的增加，节点的 μ 总体上呈下降趋势，但在本次试验参数的范围内，n 对延性的影响并不显著。

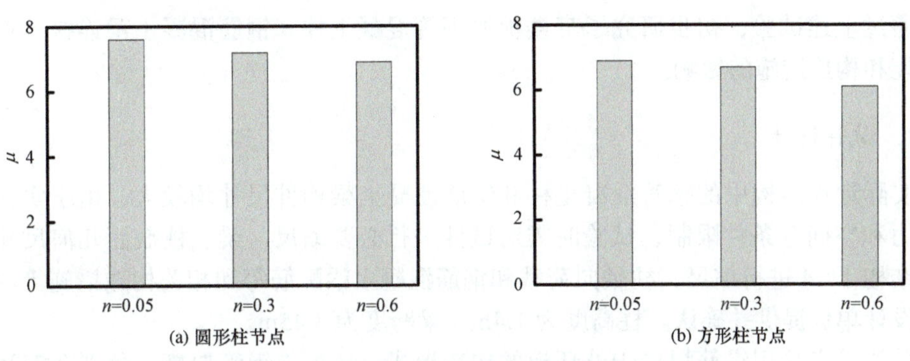

图 6.38　轴压比（n）对位移延性系数（μ）的影响

以圆形柱节点为例，图 6.39 所示为不同柱轴压比（n）情况下 h_e-Δ/Δ_y 关系，可见 n 的变化对 h_e 的影响总体上并不显著。加载位移在达到 $4\Delta_y$ 之前，随着 n 的增大，h_e 有一定的增加。此后，$n=0.3$ 试件的 h_e 随 Δ 的增加而明显增大。$n=0.6$ 试件的 h_e 随 Δ 的增加也有所增大。而 $n=0.05$ 试件的 h_e 随 Δ 的增加呈现出先增大而后降低的趋势。

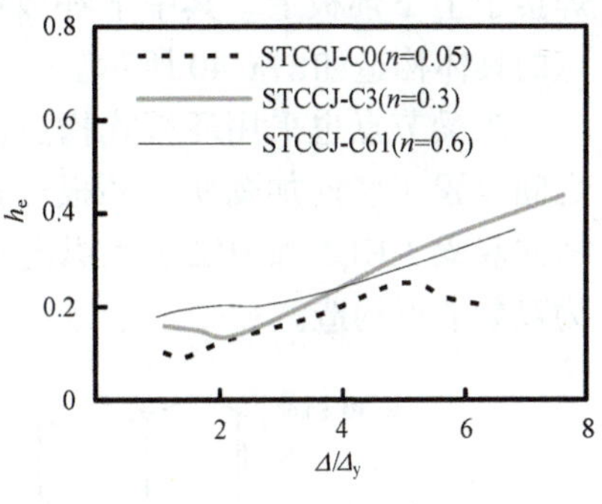

图 6.39　h_e-Δ/Δ_y 关系

本节进行了钢管约束混凝土柱 -RC 梁节点的试验研究，根据试验结果，对节点荷载 - 位移滞回关系和骨架线，节点弯矩 - 梁柱相对转角滞回关系和骨架线进行了分析，确定了节点的开裂荷载、屈服荷载和破坏荷载，研究了节点刚度退化、节点延性和耗能情况。

根据试验结果分析了试验参数对于节点承载力、刚度以及延性和耗能等的影响规律。结果表明，钢管约束混凝土柱 -RC 梁节点总体上具有良好的抗震性能。

6.4 带楼板的钢管混凝土柱 - 钢筋混凝土梁连接节点

6.4.1 试验概况

实际工程中的钢管混凝土柱 - 钢筋混凝土梁连接节点都是带楼板工作的。作者结合某实际地铁工程进行了该类节点力学性能的试验研究，具体工作包括：①进行了两个钢管混凝土柱 - 钢筋混凝土单梁中节点（一个钢管混凝土柱两侧带钢筋混凝土梁板，其中梁端单调加载和反复加载各一个试件）模型承载力的试验研究。②进行了两个钢管混凝土柱 - 钢筋混凝土双梁中节点（一个钢管混凝土柱两侧带钢筋混凝土梁板，其中梁端单调加载和反复加载各一个试件）模型承载力的试验研究。

通过上述试验，初步研究了带楼板的钢管混凝土柱 - 钢筋混凝土梁连接节点的力学性能和构造措施的影响。

1. 试件设计

实际地铁结构中的钢管混凝土柱和钢筋混凝土梁构件尺寸均较大，由于实验室加载能力和空间等条件限制，试验时需对试件进行必要缩尺。梁、柱截面几何尺寸按与原型结构 1∶4 进行缩尺，柱轴向荷载和钢筋混凝土梁配筋等和相关构造措施等由实际工程设计单位提供并确认。柱高度为 1.4m，梁跨度为 3.45m。

单梁节点采用纵筋焊接于外环板的构造形式，环板与钢管焊接。分别在钢筋混凝土梁的上部及下部纵筋位置处设置了圆形环板，梁的纵筋在和钢管相交处断开，直接焊接于上下环板上，其中下环板处设置了牛腿，并设置了竖向加劲肋以承受剪力，节点的具体构造如图 6.40 所示。

双梁节点也采用环板式构造，在节点域的钢管混凝土柱上设置了圆形环板，环板之间设置了竖向加劲肋，环板位置接近钢筋混凝土梁下部纵筋。框架梁在节点处分为横向双梁（HL1 和 HL2）和纵向双梁（KL1 和 KL2），如图 6.41（1）所示。图 6.41（2）为双梁节点构造。

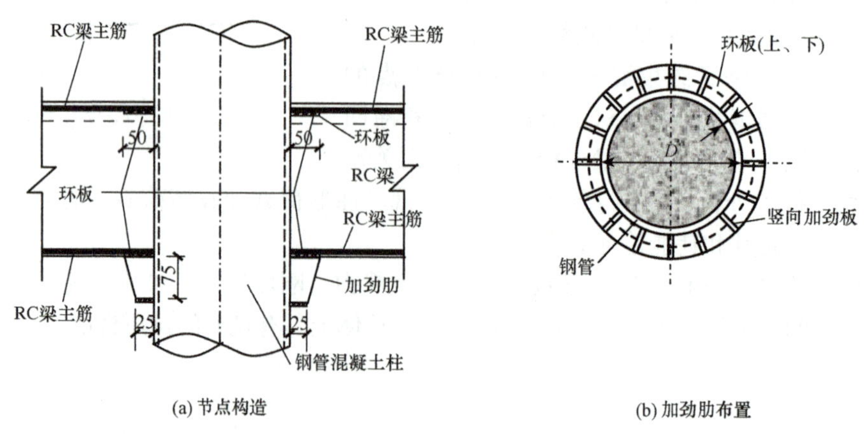

图 6.40 钢管混凝土柱 -RC 单梁节点构造（尺寸单位：mm）

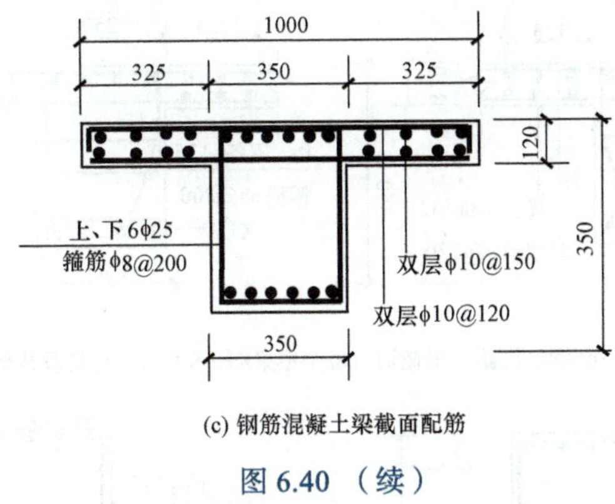

(c) 钢筋混凝土梁截面配筋

图 6.40 （续）

本次试验梁 - 柱连接节点模型试件的几何尺寸、荷载参数等汇总于表 6.7，其中，N_0 为作用在钢管混凝土柱上恒定的轴压力，n 为柱轴压比，$n=N_0/N_u$，即试验时柱上施加的轴向荷载 N_0 与柱的极限承载力标准值 N_u 之比值。计算 N_u 时采用了实测的材料强度指标。

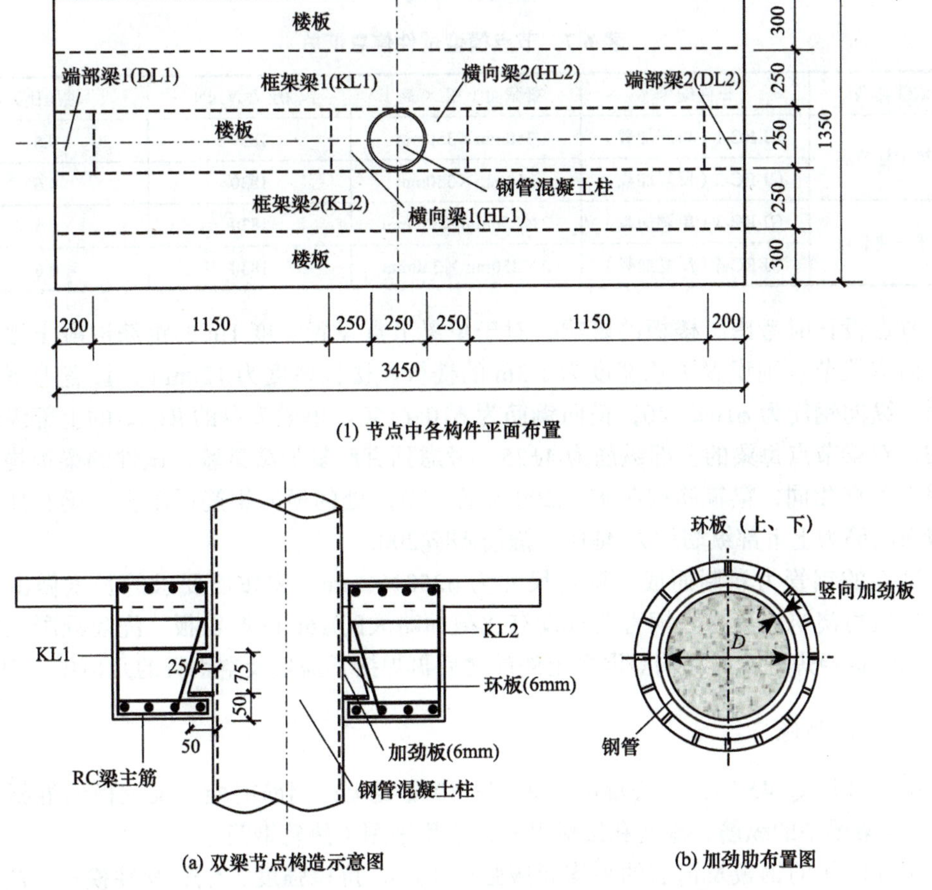

(1) 节点中各构件平面布置

(a) 双梁节点构造示意图

(b) 加劲肋布置图

图 6.41　钢管混凝土柱 -RC 双梁节点构造（尺寸单位：mm）

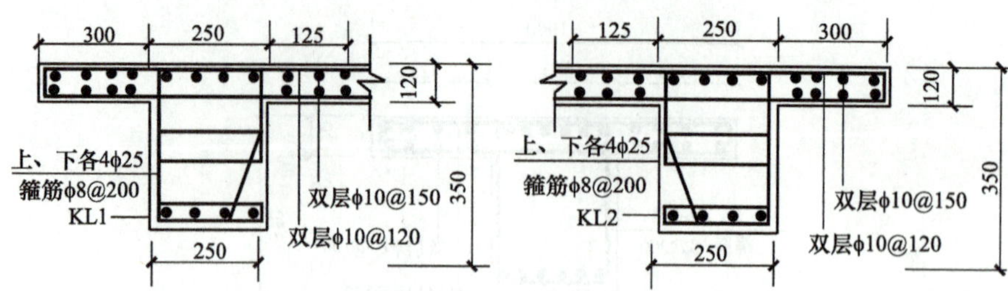

(c) 钢筋混凝土梁截面（每个单梁KL1和KL2）配筋及构造

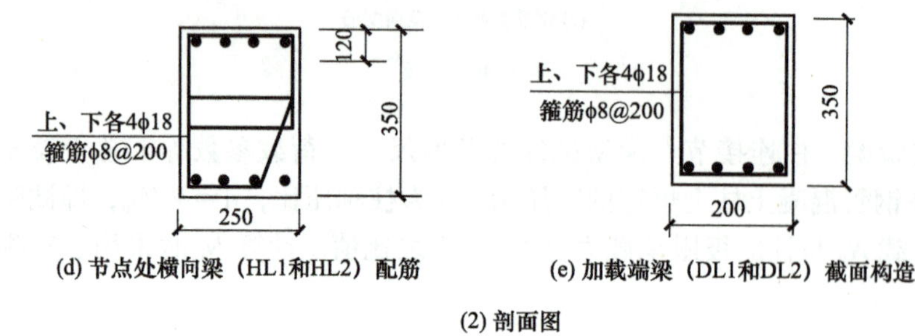

(d) 节点处横向梁（HL1和HL2）配筋　　(e) 加载端梁（DL1和DL2）截面构造

(2) 剖面图

图 6.41 （续）

表 6.7　节点模型试件信息汇总

试件类型	试件编号	梁截面（宽 × 高）	轴压力 N_o/kN	轴压比 n
单梁中柱节点	CJ-RC-1（单调加载）	350mm×350mm	1830	0.6
	CJ-RC-2（反复加载）	350mm×350mm	1830	0.6
双梁中柱节点	CJ-RC-3（单调加载）	2×250mm×350mm	1830	0.6
	CJ-RC-4（反复加载）	2×250mm×350mm	1830	0.6

节点设计时考虑了楼板的影响，对于单梁节点设置宽度 1m 的钢筋混凝土楼板单元，而双梁节点则设置了总宽度为 1.3m 的楼板。楼板厚度为 120mm，设置上下两层钢筋，纵向钢筋为 ϕ10@120，横向钢筋为 ϕ10@150。单梁节点的 RC 梁的上部纵筋为 6ϕ25，双梁节点每梁的上部纵筋为 4ϕ25。考虑到有反复加载试验，试件的梁板构件上下截面配筋相同，梁箍筋按照 ϕ8@200 配置。节点处的横向钢筋混凝土单梁和加载端梁截面配筋为上下部纵筋均为 4ϕ18，箍筋 ϕ8@200。

试件的钢管为卷制而成，钢管尺寸为 ϕ250×6mm。先按所要求的长度做出空钢管，然后再浇筑混凝土。钢管两端设有比截面略大的 16mm 厚盖板，浇灌混凝土前先将一端的盖板焊好，另一端等混凝土浇灌之后再焊接，盖板及空钢管的几何中心对中。

2. 材料性能

钢管采用 Q345 钢，核心混凝土采用 C50 混凝土；钢筋混凝土梁及板的混凝土为 C30，框架梁中的纵筋、箍筋和楼板里的钢筋均采用了热轧钢筋。

试件所用的钢板及钢筋的平均屈服强度（f_y）、抗拉强度（f_u）、弹性模量（E_s）和泊松比（μ_s）等指标汇总于表 6.8。

表 6.8　钢材的材料指标

钢材种类	钢板厚度（或钢筋直径）/mm	f_y/MPa	f_u/MPa	E_s/（10^5N/mm^2）	μ_s
钢管及环板	6	333.7	491.7	2.06	0.278
钢筋	8	336.4	507.3	2.03	0.273
	10	241.7	466.5	1.93	0.282
	18	417.6	580.7	1.91	0.283
	25	359.4	543.3	2.02	0.277

钢管中的核心混凝土为 C50 自密实混凝土，配合比为水取 175kg/m^3；普通硅酸盐水泥取 350kg/m^3；Ⅱ级粉煤灰取 200kg/m^3；中粗砂取 780kg/m^3；碎石取 950kg/m^3；减水剂取 13.2kg/m^3。混凝土 28 天的强度为 50.5MPa，进行结构试验时的强度为 57.2MPa。实测的弹性模量为 38400N/mm^2。

混凝土从竖立的钢管顶部灌入，不进行任何振捣。试件采用自然养护。

钢筋混凝土梁板混凝土采用 C30 普通混凝土，配合比为水取 180kg/m^3；普通硅酸盐水泥取 208kg/m^3；Ⅱ级粉煤灰取 95kg/m^3；中粗砂取 792kg/m^3；碎石取 1025kg/m^3；粒化高炉矿渣粉取 65kg/m^3。由商品混凝土搅拌站配制，运输到现场进行浇筑，采用振捣棒振捣密实。混凝土 28 天的强度为 32.4MPa，进行结构试验时的强度为 32.6MPa。实测的弹性模量为 28600N/mm^2。

3. 试验方法

试验时，在柱顶施加恒定轴向荷载，在梁端施加竖向单调荷载（对试件 CJ-RC-1 和 CJ-RC-3）或反复荷载（对试件 CJ-RC-2 和 CJ-RC-4）。主要量测内容有：梁端加载点荷载和位移，节点区相对转角，钢筋混凝土梁内纵筋及箍筋的应变等。

试验装置示意如图 6.42（a）所示；试验时的情景如图 6.42（b）所示。

节点在单调和反复加载下的荷载 - 变形关系可由 MTS 加载系统进行采集。在节点上下位置处的钢管上，在荷载作用平面内和平面外均布置双向应变片，用以测试钢管的应变。左右梁端分别布置应变片（对称布置），具体布置位置为环板外边缘处截面的梁纵筋，最外边 2ϕ25 及中间 1ϕ25，上下纵筋均布置；在左右梁荷载作用位置处的箍筋上布置 2 片应变片。采用裂缝放大镜测量混凝土的裂缝宽度。

具体测试仪器的布置如图 6.43 所示。

4. 加载制度、加载程序及数据采集

（1）单调加载试验

加载过程中对有关部位的应变或位移进行数据采集。采用慢速连续加载，加载速率为 0.5mm/s。试验开始时，先取 0.4N_o（N_o 为试验时加载在柱顶的轴力）加、卸载各一次，再加载至 N_o 并保持轴力恒定，然后在梁端施加荷载。当荷载降低到峰值荷载的 60% 左右或梁 - 柱节点连接处发生严重破坏时终止试验。

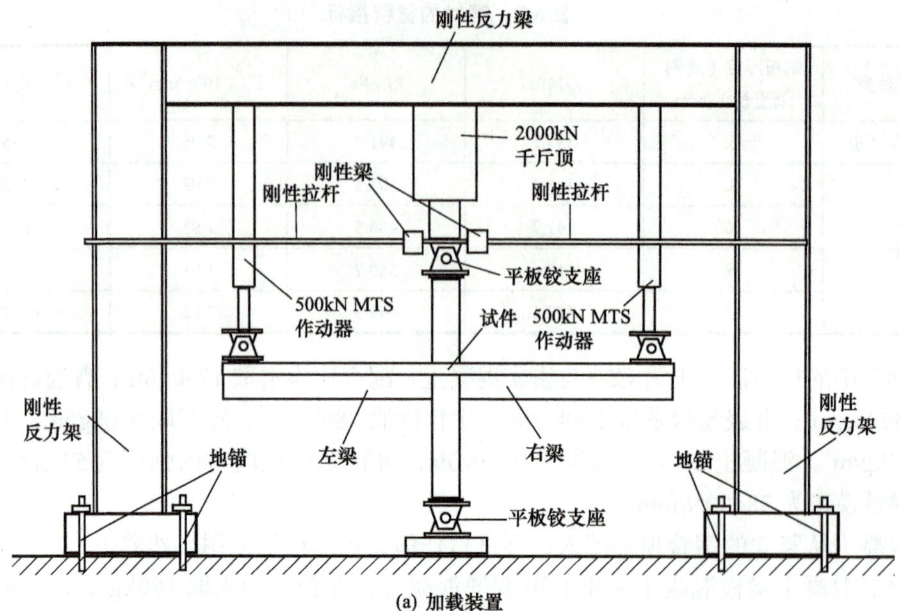

(a) 加载装置

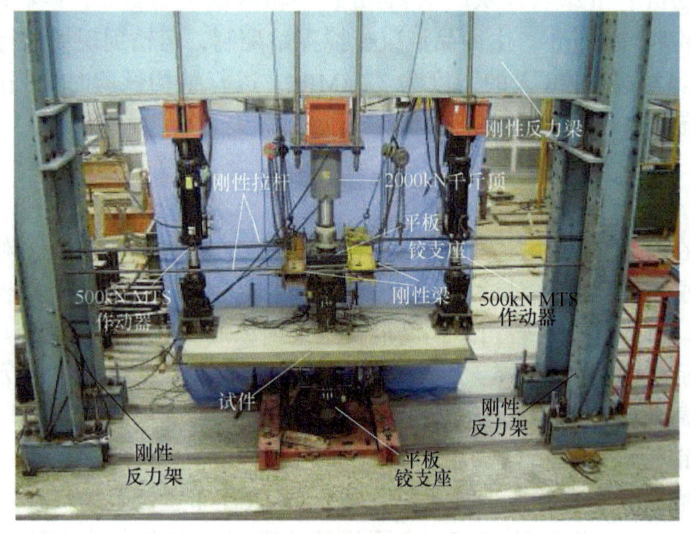

(b) 试验时的情景

图 6.42　节点试件试验装置示意

节点试件梁端荷载－位移关系均由 MTS 加载系统自动进行采集，而试件的应变、位移、转角等数据由数据自动采集系统进行采集，并在试验全过程中对钢管混凝土柱、钢筋混凝土梁及节点核心区域的变形和应变进行实时测试。

（2）反复加载试验

试验开始时，先取 $0.4N_0$（N_0 为试验时加载在柱顶的轴力）加卸载一次，再加载至 N_0 并保持轴力恒定，然后在梁端施加反复荷载。

反复加载试验采用拟静力加载方案，根据《建筑抗震试验方法规程》（JGJ/T 101—2015），采用荷载－变形混合控制的加载方法对钢梁在梁端施加竖向反复荷载。

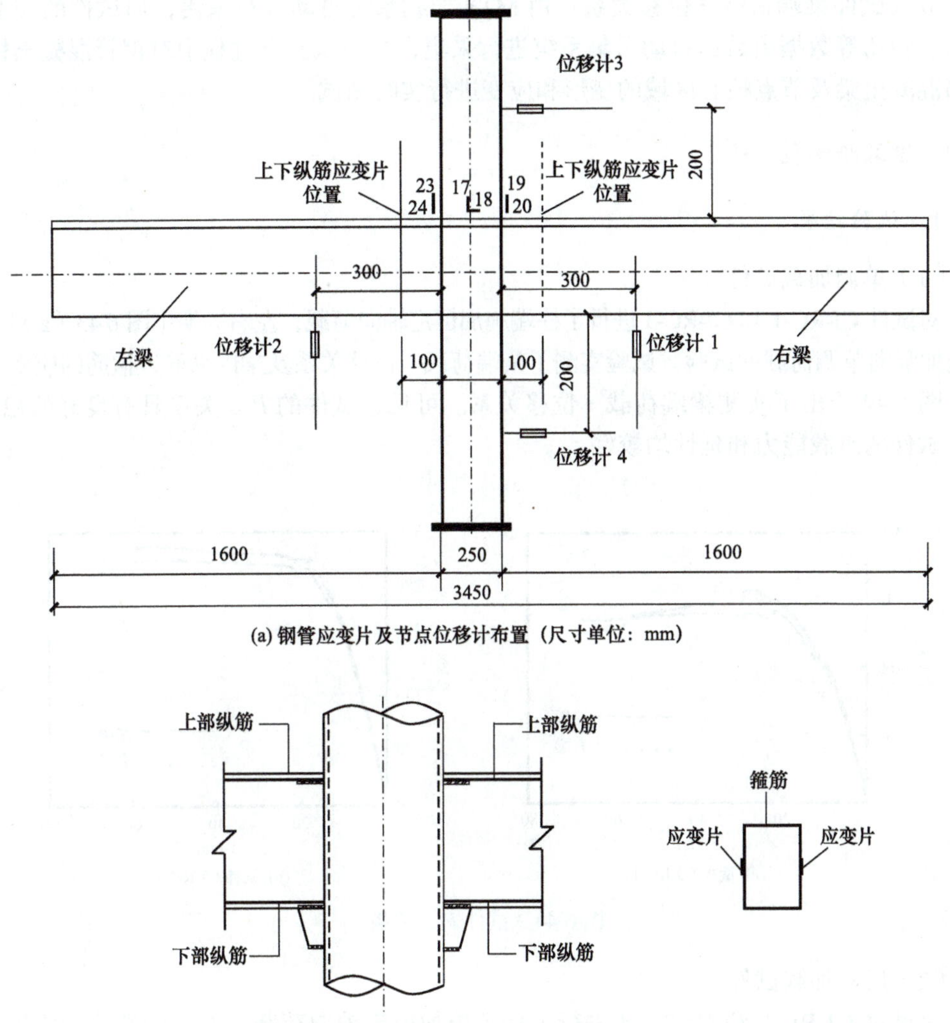

(a) 钢管应变片及节点位移计布置（尺寸单位：mm）

(b) 节点附近纵筋应变片布置　　(c) 箍筋应变片布置

图 6.43　测点布置

在结构达到屈服荷载 P_y 前，力与变形基本呈线性变化，采用荷载控制并分级加载，接近屈服荷载时减小级差进行加载；当试件屈服后，变形的改变量增大，采用变形控制加载。变形值取试件屈服时的最大位移值，并以该位移的倍数为级差进行控制加载。

具体步骤：屈服前，按照单调加载试件 CJ-RC-1 或 CJ-RC-3 试验所得的屈服荷载 P_y，分四级循环加至 P_y，每级循环 1 次。进入屈服以后，以单调加载试验得到的屈服位移 Δ_y 进行控制，按照 $1\Delta_y, 2\Delta_y, 3\Delta_y, 4\Delta_y, 5\Delta_y, \cdots$ 分级加载，每级循环三次，直至试件破坏。

柱顶竖向轴力由伺服液压加载系统通过 2000kN 竖向千斤顶施加，梁端荷载由 MTS 加载系统施加。轴向压力加到预定值后，持荷 2～3min，然后施加梁端荷载。

当荷载降低到峰值荷载的 60% 左右或梁－柱节点连接处发生严重破坏时停止继续加载。

节点试件梁端荷载 - 位移关系均由 MTS 加载系统自动进行采集，而试件的应变、位移、转角等数据由数据自动采集系统进行采集，并在试验全过程中对钢管混凝土柱、钢筋混凝土梁及节点核心区域的变形和应变进行实时测试。

6.4.2 试验结果及分析

1. 试验结果

（1）单调加载试件

对试件 CJ-RC-1 和 CJ-RC-3 进行了柱端施加恒定轴向荷载，左右梁端［图 6.43（a）］分别施加竖向单调荷载的试验。试验实测了梁端荷载 - 位移关系及梁内纵筋、箍筋的应变。

图 6.44 给出了实测梁端荷载 - 位移关系。可见，试件的 $P\text{-}\Delta$ 关系具有良好的稳定性，试件的承载能力和延性均较好。

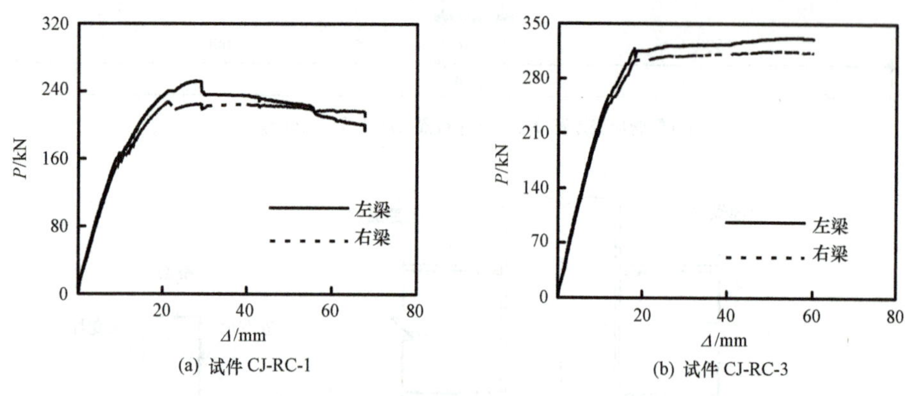

图 6.44 试件 $P\text{-}\Delta$ 关系

（2）反复加载试件

对试件 CJ-RC-2 和 CJ-RC-4 进行了柱端施加恒定轴向荷载，左右梁端分别施加反复荷载的试验，实测了梁端荷载 - 位移关系。图 6.45 和图 6.46 分别给出了梁端荷载 - 位移关系。

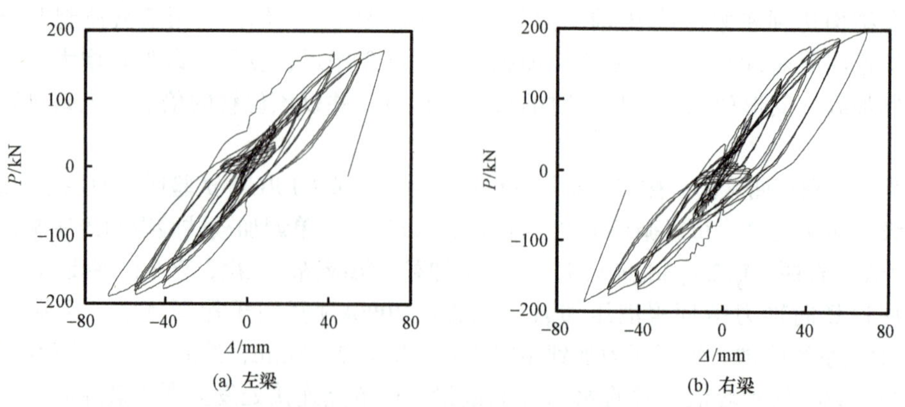

图 6.45 试件 CJ-RC-2 $P\text{-}\Delta$ 滞回关系

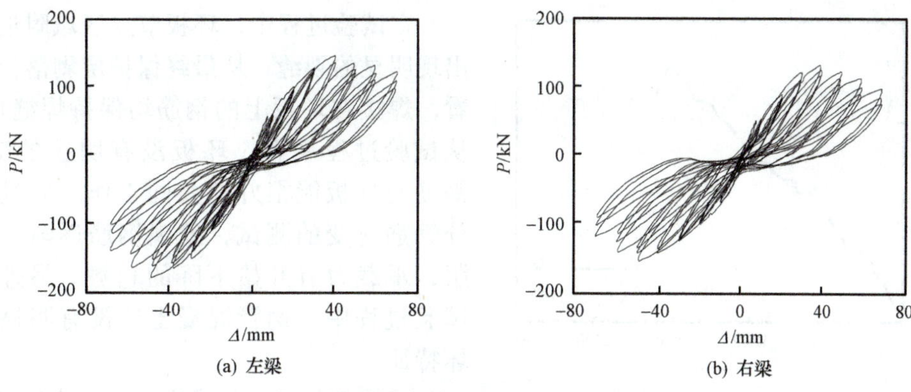

(a) 左梁　　(b) 右梁

图 6.46　试件 CJ-RC-4 梁端 P-Δ 滞回关系

分别对比图 6.44（a）和图 6.45，以及图 6.44（b）和图 6.46，可见，无论单梁节点还是双梁节点试件，单调加载时试件的极限承载力高于反复加载时的承载力，这主要是因为单调加载是属于正向加载，楼板具有有利的贡献，同时节点核心区的共同工作性能要优于反复加载的情况。

2. 试件破坏特征

（1）单调加载试件

对于单调加载试件 CJ-RC-1，当梁端加载到 46.3kN（对应位移为 2mm）时，钢筋混凝土楼板上未见裂缝。当梁端加载到 64kN（对应位移为 2.9mm）时，在板上局部出现微裂缝，出现裂缝的位置距离钢管大约 70～80mm。当荷载达到 96kN（对应位移为 4.6mm）时，裂缝继续扩展，原先出现的微裂缝扩大，由板上表面逐渐向内延伸，板侧面开始出现微裂缝，但板下表面尚无裂缝出现。

当荷载施加到 128kN（对应位移为 6.7mm）时，板下表面逐渐出现裂缝，与上表面及侧面的裂缝逐渐连为一起，但下表面的裂缝宽度较小。可见，裂缝在楼板内由上到下、由外向里逐渐扩展。当荷载加到 160kN（对应位移为 9.4mm）时，在楼板中部也出现较明显的裂缝，裂缝宽度达 0.2mm，在板根部（位置在节点环板外，距离钢管外表面大约 70～80mm）的裂缝宽度可达 0.6mm，且所有板上表面的横向裂缝均向板底扩展。当荷载达到 185kN（对应位移为 12.6mm）时，混凝土梁开始出现第一条斜裂缝，随着荷载的继续增加，斜裂缝逐渐扩展，裂缝宽度增加，且裂缝数量逐渐增加。

当荷载达到 220kN（对应位移为 17.25mm）时，梁上裂缝扩展迅速，斜裂缝方向由梁端加载位置向梁根部发展。当荷载达到 252kN（对应位移为 27.9mm）时，荷载达到了峰值，随即荷载开始下降，板的裂缝扩大，有些裂缝已超过 3mm，梁上斜裂缝也继续扩展，个别裂缝宽度超过 4mm，梁根部的混凝土保护层开始部分剥落，能看到节点域钢筋及环板。当加载到 68mm（对应的荷载为 193kN）时，梁裂缝及变形十分严重。

图 6.47 给出节点试件的梁端荷载与梁根部附近截面（图 6.43）钢筋混凝土梁上部受拉纵筋的应变关系。可见，总体上，左右梁上部纵筋的应变发展较为一致，在荷载达到其峰值时，钢筋的应变为 1835με，已超过其屈服应变 ε_y。

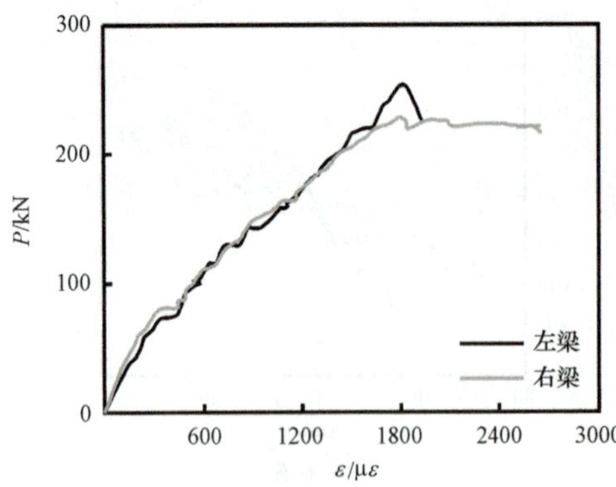

图 6.47　荷载（P）- 上部纵筋应变（ε）关系（试件 CJ-RC-1）

在试验过程中，环板节点区域附近没有出现明显的裂缝，从最终保护层剥落位置来看，焊接在环板上的钢筋均保持焊缝良好。从试验过程来看，环板没有明显的变形，钢筋与环板能很好地共同工作。通过对部分钢筋应变的测试，发现钢筋逐渐达到屈服，承载力有开始下降的趋势。另外，在试验过程中，钢管混凝土柱没有明显的破坏特征。

试件 CJ-RC-1 在试验结束时的破坏形态如图 6.48（a）所示，裂缝主要集中在节点

(a) 整体

(b) 环板及纵筋

图 6.48　试件 CJ-RC-1 破坏状态

区域与荷载作用点之间，且以受弯和受剪共同作用的斜裂缝为主。楼板上表面的横向弯曲裂缝在贯通后扩展速度变缓慢，而梁上的裂缝扩展迅速。

图 6.48（b）所示为试验结束后柱底环板附近的破坏状态，由于加载位移较大，梁下部的混凝土被压碎而脱落严重，但钢筋和环板的连接尚好，且环板未见明显变形。

对于试件 CJ-RC-3，当梁端加载到 60.4kN 时，在板上局部出现微裂缝，出现裂缝的位置距离钢管大约 210mm，此时对应的梁端竖向位移为 2.3mm。楼板裂缝的位置为节点区域横向框架梁以外处（横向框架梁宽度为 200mm）。

当梁端加载到 85kN 时，板微裂缝继续扩展，此时对应的梁端竖向位移为 3.2mm。当荷载达到 127kN 时，对应的梁端竖向位移为 5.2mm，此时楼板的横向裂缝继续扩展，原先出现的微裂缝扩大，由板上表面逐渐向内延伸，板侧面开始出现微裂缝，但板下表面尚无裂缝出现。在每边楼板的横向框架梁与加载点之间位置的楼板处也开始出现横向裂缝，裂缝宽度大约为 0.1mm。

当荷载施加到 170kN 时，对应的梁端位移为 7.2mm，此时楼板下表面逐渐出现裂缝，与上表面及侧面的裂缝逐渐连为一起，上表面裂缝达到 0.2mm 左右，但下表面的裂缝较小。可见，裂缝在楼板内由上到下、由外向里逐渐扩展。当荷载加到 212kN 时，对应加载位移为 9.3mm，此时楼板的横向裂缝上下贯通，上表面裂缝宽度达 0.5mm。当荷载加到 255kN 时，对应加载位移为 12mm，此时楼板的横向裂缝继续扩展，裂缝宽度继续扩大，钢筋混凝土梁开始出现斜裂缝，斜裂缝位置在加载点与柱中间的位置，梁的裂缝宽度很小。

当荷载加到 293kN 时，对应加载位移为 16mm，楼板裂缝继续扩大，钢筋混凝土梁的斜裂缝也继续扩大，裂缝宽度达到了 1mm。当荷载加到 310kN 时，对应加载位移为 18mm，楼板裂缝继续扩展，在每侧楼板上基本平行地出现了三四道裂缝，最大裂缝宽度达 3mm。梁的斜裂缝也继续扩大，裂缝宽度达到了 2mm 左右。随着荷载的继续增加，楼板裂缝一直在扩大，且钢管与混凝土梁顶面接触处开始出现局部脱开，脱开距离达 1mm 以上。在斜裂缝扩展的同时，节点域处的钢筋混凝土梁开始出现竖向的弯曲裂缝，裂缝一直扩展，和两侧梁的斜裂缝有逐渐贯通的趋势。

当加载到 60mm 时，楼板的裂缝开展很大，最大裂缝宽度达到了 6mm 左右，而梁的竖向弯曲裂缝和斜裂缝的最大宽度接近 3mm。节点域的钢管和混凝土梁顶面的脱开距离也越来越大，最终脱开距离达到了 3mm 以上。

在试验过程中，双梁节点区域附近没有出现明显裂缝，横向框架梁虽然尺寸较小（梁宽为 200mm）且配筋较少（上下 4ϕ18），试验结束时，横向框架梁上有斜裂缝出现，但宽度不大，试验停机时，裂缝宽度约为 0.2mm 左右，但节点下部的双梁节点区域没有明显的裂缝出现。钢管混凝土柱和双梁（纵向及横向）之间有明显的脱离现象，但节点的整体性始终较好，承载力和刚性都较大。试验过程中，通过对部分钢筋应变的测试，可见钢筋已达到屈服，但承载力继续缓慢增加，主要原因是虽然混凝土已开裂，但钢筋尚有强化强度的贡献，使得荷载尚无明显的下降。图 6.49 给出节点试件的梁端荷载（P）与梁根部附近截面上部纵筋的应变（ε）关系。可见，总体上，左右梁上部受拉纵筋的应变发展比较一致，在荷载达到其峰值时，钢筋的应变为 2270$\mu\varepsilon$，已

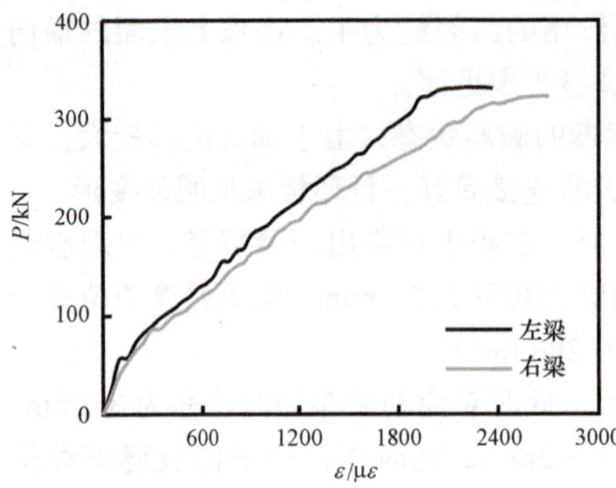

图 6.49　荷载（P）- 上部纵筋应变（ε）关系（试件 CJ-RC-3）

超过其屈服应变 ε_y，钢筋的强化对承载力具有一定的贡献。

图 6.50 所示为节点试件 CJ-RC-3 在试验结束时对应的破坏状态。由图 6.50（a）可见，在节点区域附近的楼板和梁上有明显的弯曲裂缝。楼板上的弯曲裂缝在柱两侧具有对称分布和接近的裂缝宽度，如图 6.50（a）和（b）所示。试验结束时，可明显看到柱与梁板交界处有明显的脱开现象，如图 6.50（c）所示。

(a) 梁板裂缝

(b) 楼板裂缝

(c) 钢管混凝土柱与梁板界面脱开

图 6.50　试件 CJ-RC-3 破坏形态

（2）反复加载试件

对于试件 CJ-RC-2，参考试件 CJ-RC-1 的试验结果，取屈服位移 Δ_y=14mm。当梁端加载到 14mm 时，板根部开始出现微裂缝，出现裂缝的位置距离钢管大约 70～80mm，即在环板外附近的梁端（板端）附近截面。裂缝发展较小，当正向加载时出现，而反向加载时有一定程度的闭合。

在第三个位移循环开始时，节点核心区混凝土梁有微裂缝出现，裂缝沿斜向，在正向加载和反向加载时交替出现，裂缝宽度较小，在 0.05mm 左右，对应的荷载分别为 84kN 和 64kN。节点核心区出现斜裂缝的主要原因是此种构造特点的节点在核心区的箍筋配置和构造比较困难，本试件中核心区位置没有配置箍筋，钢管混凝土柱外侧为素混凝土，因此总体上此区域的抗剪能力较小，核心区环板外侧的混凝土部分会先出现斜裂缝，但此时纵筋的应变较小。当加载到第三个循环时，在荷载作用位置和梁根部的中间位置的楼板上也出现了微裂缝。

加载到 $2\Delta_y$ 时，楼板上的裂缝继续扩展，裂缝宽度逐渐加大，并逐渐向板下部发展。节点核心区的斜裂缝继续开展，裂缝宽度开始逐渐加大。在第二个循环结束时，裂缝宽度达到 0.1mm。此时梁上其余部位尚未发现裂缝。当加载到 $3\Delta_y$ 时，在第一个循环，钢筋混凝土梁上开始出现了斜裂缝，裂缝位置在核心区之外和荷载作用点之间，核心区斜裂缝继续发展，而核心区以外区域的斜裂缝也逐渐扩展。当达到正向荷载最大值 175kN 时，梁侧斜裂缝宽度达到 2mm 左右。

加载到 $4\Delta_y$ 时的第一个循环，钢筋混凝土梁开始出现较为明显的多条斜裂缝，裂缝位置在核心区之外和荷载作用点之间，核心区和上一位移加载中出现的斜裂缝继续发展，而核心区以外区域的斜裂缝也逐渐扩展。梁裂缝交替出现，正向时扩大，反向时有一定闭合，且出现另外垂直方向的裂缝。由于梁端加载位移越来越大，钢管混凝土柱的弯曲变形也越来越明显。当加载到第二个循环时，钢管混凝土柱节点上下端区域均出现较明显的鼓曲变形。梁上裂缝宽度已超过 2mm。当加载到 $5\Delta_y$ 时，钢管混凝土柱的屈曲比较明显，梁上裂缝继续发展。在加载到第一循环 67mm 时，由于有一根地锚螺栓被拉断，试验停止进行。

图 6.51 给出节点试件的梁端荷载（P）与梁根部附近截面上部纵筋的应变（ε）关系。可见，总体上梁上部受拉纵筋的应变发展接近线性，在荷载达到其峰值时，钢筋的应变为 1500$\mu\varepsilon$，尚未达到其屈服应变 ε_y。本试件的柱的抗弯承载力低于梁截面抗弯承载力，因此试验中柱首先出现屈曲。

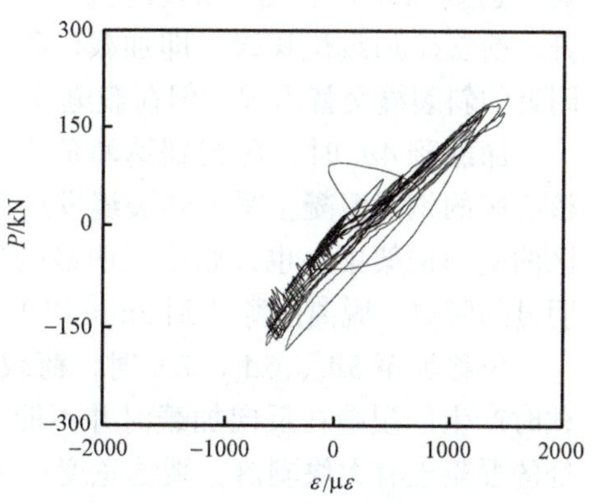

图 6.51　荷载（P）－上部纵筋应变（ε）关系（试件 CJ-RC-2）

图 6.52 为试件 CJ-RC-2 试验结束时的破坏状态，可观测到节点核心区域的钢筋混凝土框架梁两侧面交替出现的斜裂缝，以及有明显弯曲变形的钢管混凝土柱。钢筋混凝土楼板在试验开始时出现弯曲裂缝，但后期发展较慢。

(a) 核心区 RC 梁

(b) 钢管混凝土柱

图 6.52　试件 CJ-RC-2 试验结束时的破坏状态

试件 CJ-RC-4 为双梁节点，反复加载时全程按照位移加载控制，参考试件 CJ-RC-3 的试验结果，其屈服位移取 Δ_y=10mm。

当加载位移分别为 $0.25\Delta_y$、$0.5\Delta_y$ 时，楼板及钢筋混凝土梁上均未出现裂缝。当加载位移为 $0.75\Delta_y$ 时，正向受弯侧的楼板（楼板上侧受弯）出现微裂缝，裂缝宽度大约为 0.05mmm，对应的峰值荷载为 58kN，钢筋混凝土梁上尚未发现裂缝。当加载到 Δ_y 时，在第一循环达到最大位移时，正向加载的楼板裂缝继续扩展，而反向加载（梁下侧受弯）的梁出现微裂缝，微裂缝不很明显，宽度大约为 0.02mm，此时对应的荷载为 76kN。当加载到第二循环时，节点域开始出现斜向裂缝，裂缝宽度较小，大约为 0.05mm，而楼板的裂缝继续扩展，且在楼板上表面有贯通趋势。

加载到 $2\Delta_y$ 时，核心区的斜裂缝开始扩展，在一个方向加载时裂缝明显，而在反向加载时该方向裂缝闭合，且在垂直方向出现另外的斜裂缝。核心区的斜裂缝交替出现，当第二个循环时，裂缝宽度比第一循环扩展，第三循环时，裂缝宽度继续扩展。荷载继续增加。加载到 $3\Delta_y$ 时，核心区的斜裂缝逐渐明显，在第三循环结束时，裂缝宽度达到 2mm。核心区的裂缝扩展严重，而楼板的裂缝发展比较缓慢。荷载继续上升。前三个加载位移级，即加载位移分别为 10mm、20mm、30mm 时，虽然梁核心区附近的斜裂缝交替出现，但荷载继续上升，且楼板的裂缝发展较为缓慢。

加载到 $4\Delta_y$ 时，荷载到达峰值点，且从此级位移开始，荷载退化开始比较明显，核心区的钢筋混凝土梁上斜裂缝发展严重，裂缝宽度达到 3mm，荷载开始下降。核心区的横向框架梁上也开始出现明显的裂缝，双梁和钢管混凝土柱的交界面上开始出现明显的脱离。脱离间隙达到 2mm 以上，核心区的混凝土开始有剥落。

位移加至 $5\Delta_y$、$6\Delta_y$、$7\Delta_y$ 时，荷载继续下降，核心区的斜裂缝继续发展，且正向加载时产生的裂缝在反向加载时并不能完全闭合。核心区的破坏更加严重，下部交界面处的混凝土有大块剥落，裂缝宽度达到 4mm 以上。在整个加载过程中，楼板的弯曲裂缝虽然有所发展，但总体上发展较为缓慢，尤其梁上出现裂缝之后。在加载到 $5\Delta_y$ 以后，楼板裂缝和梁上裂缝有逐渐贯通发展的趋势。楼板上的第一条裂缝位置在距离钢管约 220mm 左右，也就是位于横向框架梁之外的位置。在加载后期，接近柱中心位置处也出现了弯曲裂缝。

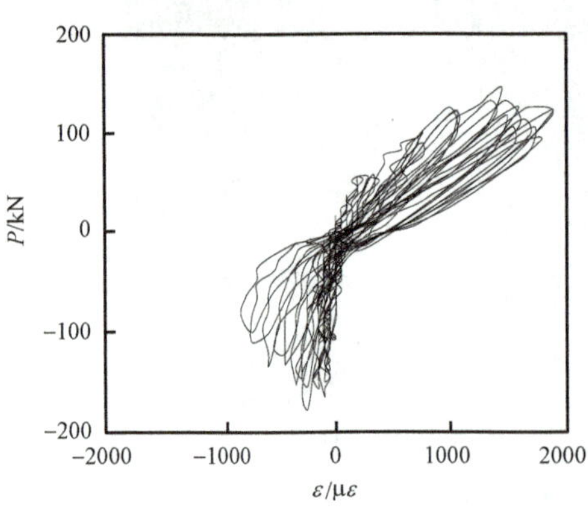

图 6.53 荷载（P）- 上部纵筋应变（ε）关系（试件 CJ-RC-4）

图 6.53 给出节点试件的梁端荷载（P）与梁根部附近截面上部纵筋的应变（ε）关系。可见，总体上梁上部受拉纵筋的应变发展与荷载 - 位移关系类似。由于正向和反向梁的抗弯承载力不同（带楼板的方向抗弯承载力高于不带楼板的方向），因此，应变的发展也不对称。

图 6.54 所示为节点 CJ-RC-4 试件在试验结束时的破坏状态。可见，试件最后破坏时，核心区钢筋混凝土梁有明显的交替斜裂缝，同时钢管混凝土柱和双梁之间有明显的脱开，钢筋混凝土梁破坏严重。

对比单调荷载作用下的单梁节点试件 CJ-RC-1 和双梁节点试件 CJ-RC-3 的试验结果可见，两个试件都具有梁端集中荷载作用下的弯曲和剪切破坏特征；但试件 CJ-RC-1 的节点核心区完整性良好，钢筋和环板的共同工作性能良好；而 CJ-RC-3 的钢管混凝土柱与 RC 梁顶面有明显的脱开现象，说明

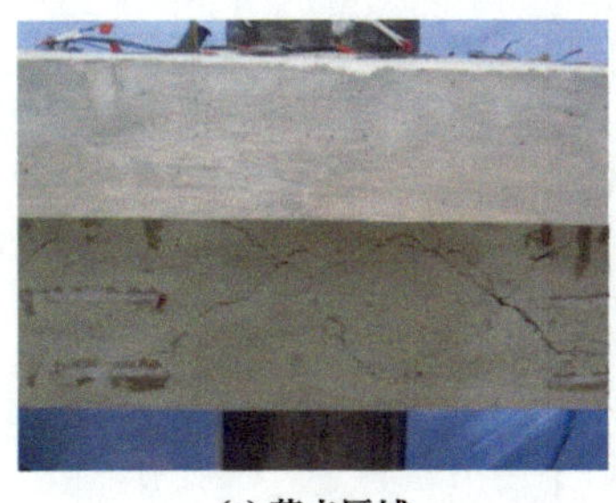
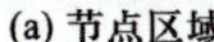
(a) 节点区域

(b) 楼板裂缝

(c) 钢管混凝土柱与梁交界处

图 6.54　试件 CJ-RC-4 破坏形态

节点核心区梁和柱连接的整体性要比单梁节点试件差。

对于反复荷载作用下的试件 CJ-RC-2 和 CJ-RC-4，都是在节点核心区随着加载方向的变化交替出现斜裂缝；但试件 CJ-RC-2 的裂缝发展并不明显，且钢管混凝土柱已发生了弯曲破坏；而试件 CJ-RC-4 的核心区有明显的斜裂缝，且横向框架梁也出现了明显的破坏，梁顶面和钢管混凝土柱脱开现象严重，总体上也反映了本节所进行试验的单梁节点的整体性要优于双梁节点试件。

本小节试验研究参数范围的试验结果归纳如下。

1）采用纵筋直接焊于环板上构造的钢管混凝土柱 -RC 梁节点整体工作性能良好，具有承载力高、刚度大的特点。无论单调加载试验还是反复加载试验，节点域并未出现明显的破坏，且钢筋和环板的工作性能良好。反复荷载下的试验研究表明：该类节点的抗震性能良好，其荷载－位移滞回关系没有明显的捏缩，承载力和刚度较大。

2）单调加载试件的极限承载力高于反复加载时的承载力，这主要是因为单调加载属于正向加载，楼板具有有利的贡献，同时节点核心区的共同工作性能要优于反复加载的情况。

3）双梁节点单调加载试件出现的裂缝主要集中在节点左右侧的楼板上和梁的根部，且主要是明显的竖向弯曲裂缝，楼板的裂缝宽度明显大于梁的裂缝宽度；反复加载试件的初裂缝出现在楼板上，但后期裂缝扩展较为缓慢，而节点核心区附近的梁上交替出现的斜裂缝发展较快，且裂缝宽度大于板的裂缝。

4）双梁节点在反复荷载下力学性能较单调加载时差，且节点区混凝土梁的破坏比单调加载时显著。主要因为钢筋混凝土梁与钢管混凝土柱的共同工作性能相对较差造成的，尤其在极限状态时，节点的梁和柱的整体工作性能不理想。

5）双梁节点试件无论单调加载还是反复加载，在试验后期，钢管混凝土柱与梁脱开现象严重。单调荷载下的试件的承载力和刚度总体上高于反复加载试件。在进行该类节点抗震设计时应充分考虑该因素的影响。

6.5　工作机理分析

基于 ABAQUS 软件（Hibbitt et al.，2005），本节建立了钢管混凝土柱－钢筋混凝土梁连接节点的有限元模型，在此基础上，对钢筋环绕式钢管混凝土柱 -RC 梁节点的荷载－变形关系进行了全过程分析。

6.5.1 有限元计算模型

（1）材料的本构模型

建立钢管混凝土柱－钢筋环绕式钢筋混凝土梁节点的有限元模型时，钢材、钢管混凝土中核心混凝土在单调及反复荷载下的模型与钢管混凝土柱－钢梁连接节点建立的分析模型类似（见 5.6.1 节的有关论述）。

采用 Attard 和 Setunge（1996）模型来模拟钢筋混凝土梁中的混凝土的力学性能，其单轴受压应力（σ_c）－应变（ε_c）关系如式（4.1）所示，受拉应力－应变关系按式（2.19）确定。

（2）单元选型及网格划分

钢管、钢梁与钢牛腿采用四节点完全积分格式的壳单元（S4），为满足一定的计算精度，在壳单元厚度方向采用 9 点 Simpson 积分。核心混凝土、钢筋混凝土梁中普通混凝土和加载板采用八节点缩减积分格式的三维实体单元（C3D8R）。纵向钢筋和箍筋均采用两节点的三维线性杆单元（T3D2）。节点有限元模型的单元划分如图 6.55（a）所示，钢筋混凝土梁的单元划分如图 6.55（b）所示，节点核心区的单元划分如图 6.55（c）所示，钢管混凝土柱的单元划分类似于图 5.81 所示的情况。

（3）钢管与混凝土界面模型

钢管与混凝土的界面模型由界面法线方向的接触和切线方向的黏结滑移构成。法线方向的接触采用硬接触，界面切向力模拟采用库仑摩擦模型。

（4）边界条件

根据节点试验时的边界条件，在有限元计算中，节点采用如图 6.55（a）所示的边界条件，即在柱底盖板中线上施加 x、y、z 三个方向的位移约束，以模拟柱底部的铰支座。梁端铰支座的模拟方法为：在左右梁端面仅施加 y、z 两个方向的位移约束，放松 x 方向的位移。在钢管混凝土柱顶的加载板边线施加水平线位移，模拟作动器施加在柱顶的水平位移荷载。

在钢管和钢牛腿、加强环板、钢梁之间采用 Tie 连接，模拟钢管和钢牛腿、加强环板、钢梁之间的焊接；采用 Embed 将钢牛腿和钢筋埋入混凝土中。钢筋混凝土梁与钢管混凝土之间采用接触连接。焊接方钢管需考虑残余应力的影响，钢管单边的残余应力分布暂按图 6.55（d）确定（Uy，1998），其中，σ_{rt} 和 σ_{rc} 分别为拉区和压区的残余应力值。

（5）加载方式

采用位移加载，将加载制度中每个循环中的正向、反向加载各自定义成一个载荷步，即整个过程共分成 $2n$ 个载荷步（n 为循环次数），记录并输出每个载荷步的计算结果。

（6）有限元计算模型的验证

为验证理论模型，对反复荷载作用下有关构件和节点试验结果进行了验算。

图 6.9 和图 6.10 所示为 6.2 节的钢管混凝土柱－RC 梁节点试验试件的计算 P-Δ 滞回关系与试验结果的比较。可见，对于轴压比为 0.3 和 0.6 的试件，计算结果与试验结

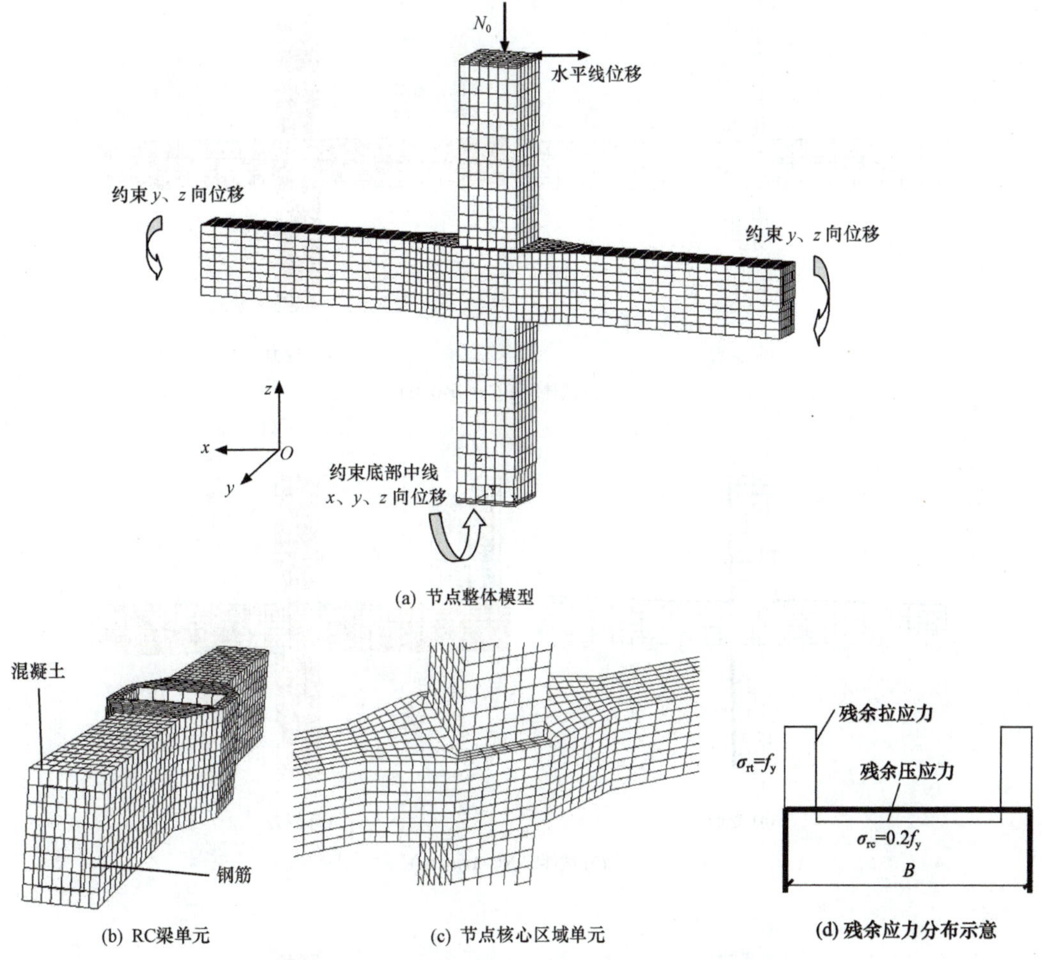

(a) 节点整体模型

(b) RC梁单元　(c) 节点核心区域单元　(d) 残余应力分布示意

图 6.55　钢管混凝土柱－钢筋混凝土梁节点模型

果吻合较好，而轴压比为 0.05 的试件虽刚度和承载力吻合较好，但理论结果中捏缩现象不明显，这与本节有限元模型中采用的循环荷载下混凝土本构模型有关，也即该模型尚不能理想地模拟钢筋与混凝土之间的黏结滑移。同时，图 6.9 和图 6.10 也给出了单调荷载作用下 6.2 节的钢管混凝土柱 -RC 梁节点试件的计算 P-Δ 关系，可见单调加载时的计算结果和试验 P-Δ 滞回关系骨架线的趋势总体上接近。

6.5.2　钢管混凝土柱－钢筋混凝土梁连接节点的受力特性分析

为明晰节点的受力特性，有必要对其工作机理进行分析。

1. 节点的变形

图 6.56 和图 6.57 所示分别为计算获得的 6.2 节中方形柱和圆形柱节点试件的最终破坏时刻（荷载下降到 $0.85P_{max}$ 时刻，P_{max} 为理论计算的峰值荷载）的变形和 S11 应力（混凝土轴向应力）分布。可见，不同轴压比（n=0.05，0.3，0.6）下的节点均表现为

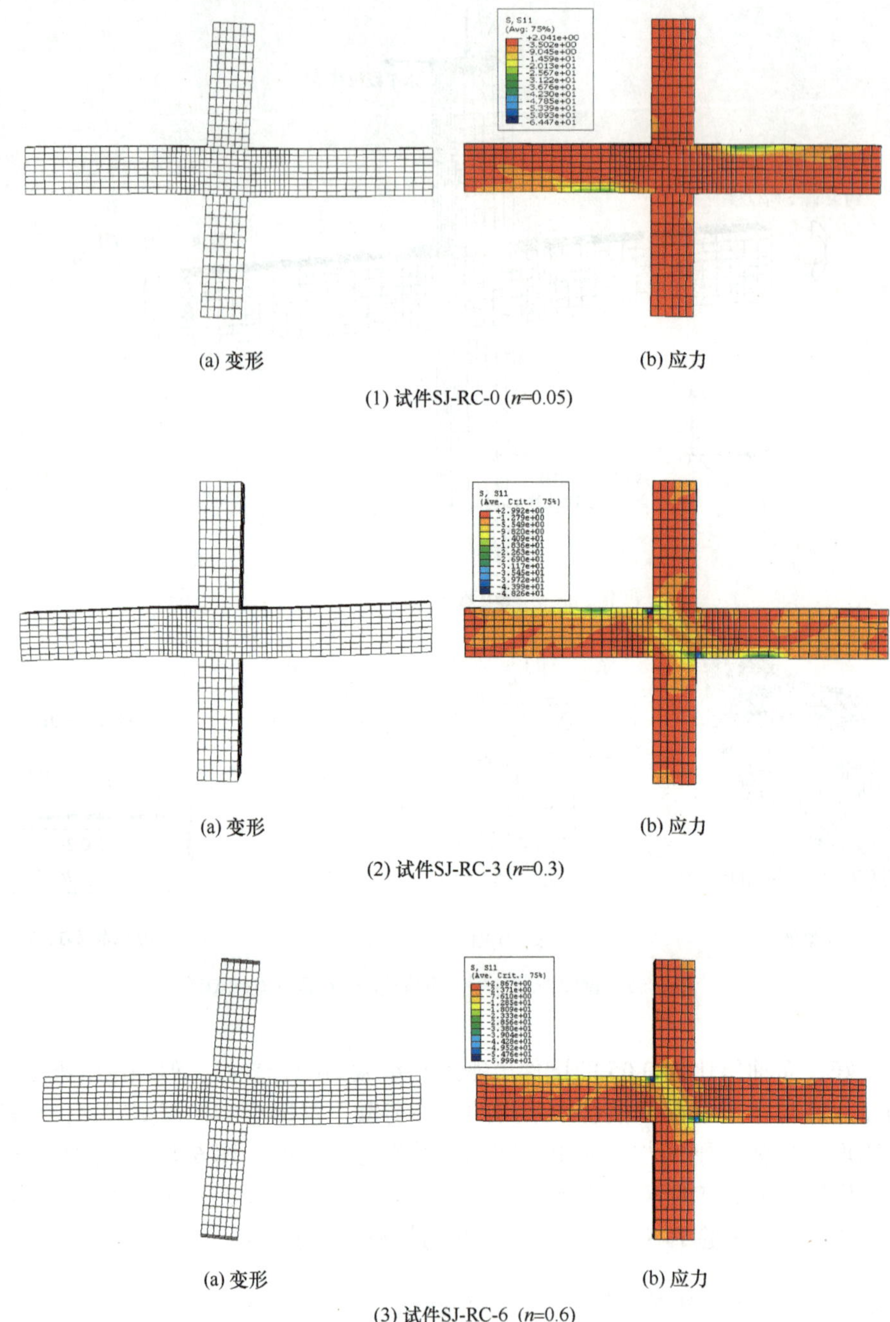

(a) 变形　　(b) 应力

(1) 试件SJ-RC-0 (n=0.05)

(a) 变形　　(b) 应力

(2) 试件SJ-RC-3 (n=0.3)

(a) 变形　　(b) 应力

(3) 试件SJ-RC-6 (n=0.6)

图 6.56　方钢管混凝土柱 -RC 梁节点破坏时的变形与应力分布（应力单位：MPa）

钢筋混凝土梁端破坏后的节点核心区剪切破坏，即塑性铰首先发生在梁端，且梁端变形随着轴压比的增大而增大。

从混凝土的 S11 应力分布图中可以看出，随着 n 的增大，节点核心区的混凝土受压区（斜压杆区）逐渐变大，且受压区的应力逐渐增大；混凝土裂缝随着 n 的增大，

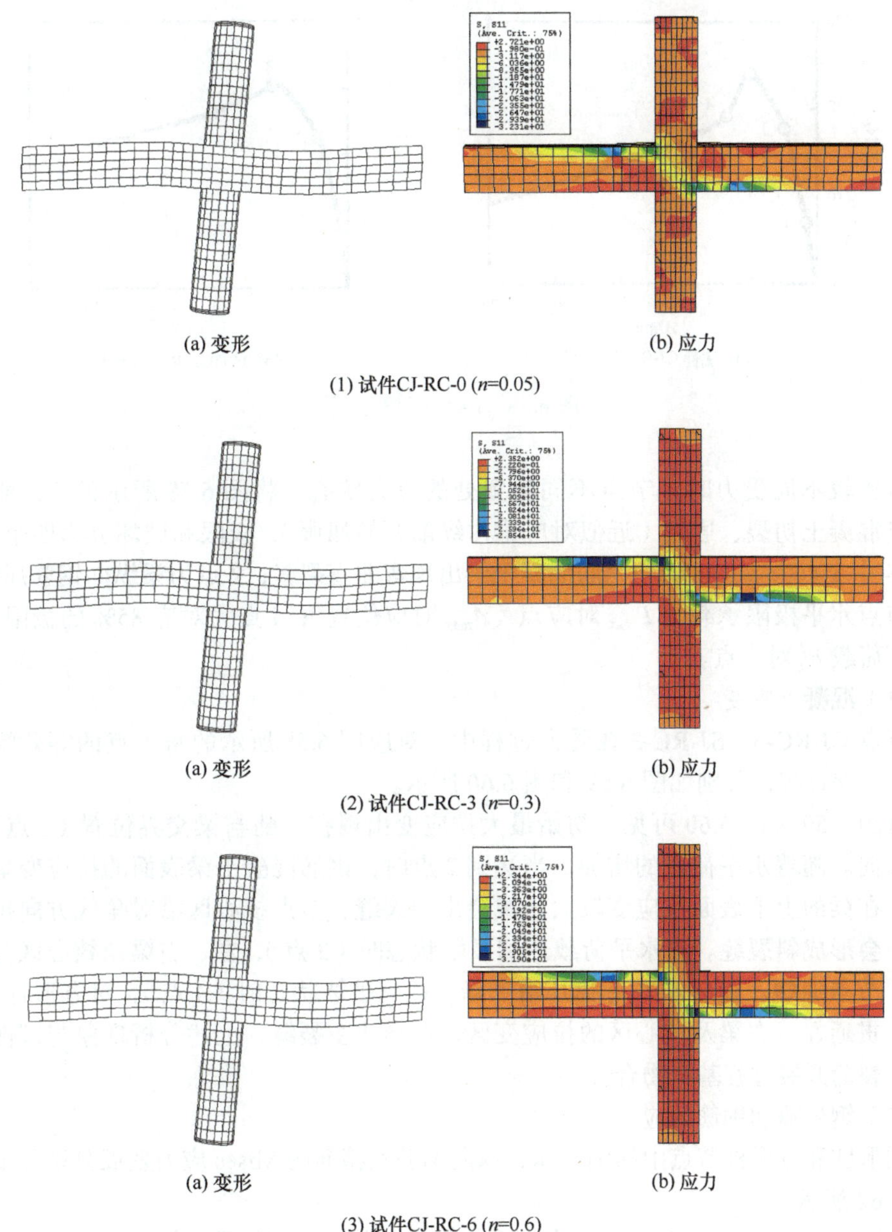

(a) 变形　(b) 应力

(1) 试件CJ-RC-0 (n=0.05)

(a) 变形　(b) 应力

(2) 试件CJ-RC-3 (n=0.3)

(a) 变形　(b) 应力

(3) 试件CJ-RC-6 (n=0.6)

图 6.57　圆钢管混凝土柱 -RC 梁节点破坏时的变形与应力分布（应力单位：MPa）

向节点区混凝土延伸。随着 n 的增大，节点核心区混凝土的破坏由核心区周边的剪切破坏逐渐过渡到由剪力和轴力引起的核心区对角斜压破坏。随着 n 的增大，节点脆性破坏特征趋于明显。

2. 节点受力特性分析

分别以节点 CJ-RC-3（n=0.3）及 SJ-RC-3（n=0.3）为例分析圆形柱和方形柱 -RC 梁节点的受力全过程。图 6.58 给出计算的圆形柱和方形柱节点 P-Δ 全过程关系。

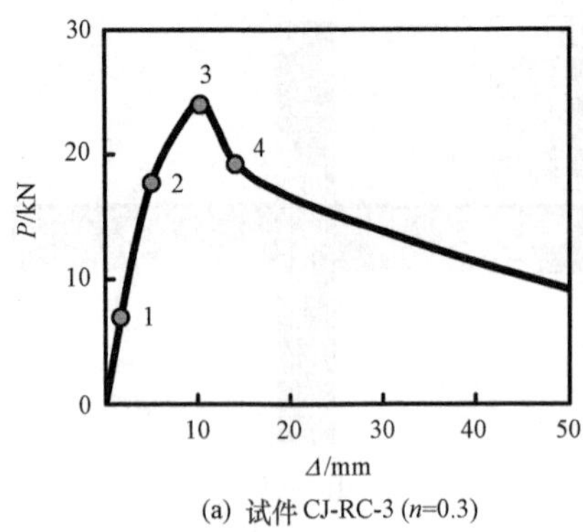

(a) 试件 CJ-RC-3 (n=0.3)

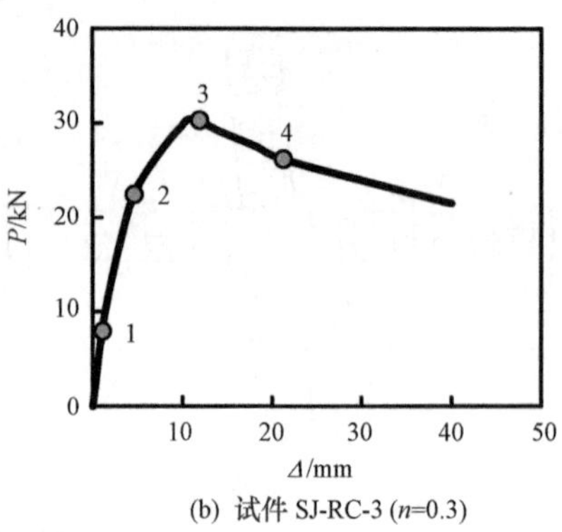

(b) 试件 SJ-RC-3 (n=0.3)

图 6.58　P-Δ 全过程关系

为比较不同受力时刻节点不同位置处的应力状态，将图 6.58 所示的 P-Δ 曲线根据节点混凝土初裂、通裂（近似对应梁内纵筋开始屈服）、极限和破坏分为四个阶段。图 6.58 中 1 点为节点区域中钢筋混凝土梁出现弯曲直裂缝；2 点为梁纵向钢筋屈服；3 点为节点水平极限承载力 P_{max} 对应点（Δ_{max} 对应位置）；4 点为对应 85% 的极限荷载，即破坏荷载 P_u 对应点。

（1）混凝土应变

节点 CJ-RC-3、SJ-RC-3 在受力过程中，对应图 6.58 所示的每个点的等效塑性拉应变的发展过程，分别如图 6.59 和图 6.60 所示。

由图 6.59 和图 6.60 可见，初始最大拉应变出现在牛腿与梁交界位置（1 点），呈水平方向。随着水平荷载的增加，当达到 2 点时，钢筋混凝土梁表面的拉应变呈水平状态，在梁的上下表面拉应变较大区域会出现裂缝；节点核心区沿对角线方向拉应变最大，会形成斜裂缝。当水平荷载达到极限状态时（3 点），左、右梁及核心区受拉区贯通，节点通裂。随后水平荷载开始下降，达到破坏状态时（4 点）。对方形柱节点，形成一贯通左、右梁及核心区的拉应变区，会形成主裂缝。上述分析现象与试件试验过程中裂缝开展过程基本吻合。

（2）钢牛腿和钢筋的应力

圆形柱和方形柱节点中的钢牛腿、纵向钢筋及箍筋的 Mises 应力发展分别如图 6.61 和图 6.62 所示。

由图 6.61 和图 6.62 可见，节点在受力初期，其纵向钢筋承受拉力，钢牛腿中应力不大（1 点）；随着水平荷载的增大，节点核心区钢管的应力开始增大，牛腿上翼缘开始受力，纵向钢筋所承担的荷载增加，节点核心区剪力增大，箍筋承担主要的剪应力，钢牛腿腹板上应力则不大。在轴向压力和水平荷载的共同作用下，核心区钢管首先达到屈服，随着水平位移的继续增大，纵向钢筋及箍筋屈服（2 点）；钢牛腿腹板开始承担剪力，节点达到极限承载力（3 点）；此后，钢牛腿翼缘屈服，纵向钢筋在环绕柱转折处的应力也变大，节点核心区的应力总体明显增大，节点进入破坏阶段（4 点）。

（3）钢管应力

图 6.63 和图 6.64 所示分别为圆形柱和方形柱节点中钢管的应力分布。可见，钢管

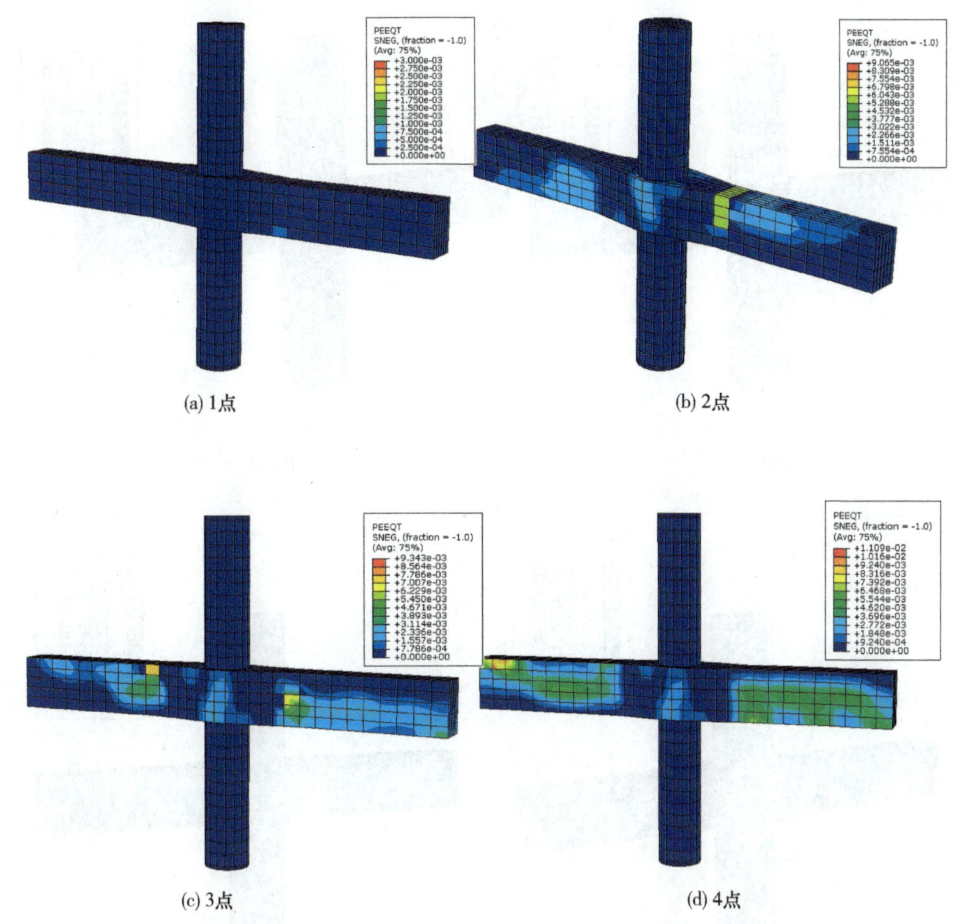

(a) 1点　(b) 2点

(c) 3点　(d) 4点

图 6.59　CJ-RC-3 节点混凝土主应变分布

在整个受力过程中应力发展不是很大，仅在力作用平面内靠近梁上、下翼缘的钢管壁的应力较大，且由于受轴压力和弯矩的共同作用，压区应力要大于拉区应力。受力过程中，钢管混凝土柱节点受拉区和受压区的钢管均没有达到屈服应力。分析结果表明，计算得到的钢管纵向应变与试验结果十分接近。

分析结果表明，焊接残余应力对 P-Δ 关系的影响不大（曲慧，2007），除峰值荷载略微降低外，其余方面几乎没有影响，但焊接残余应力的存在对钢管壁应力的分布规律有影响。虽然焊接残余应力缓和了连接梁上、下翼缘处钢管壁受拉和受压区严重的应力集中，但在钢管四角焊接部位，焊接残余应力会与由外荷载引起的拉、压应力叠加，导致这些部位应力较高，这对结构受力是不利的。

（4）核心区剪切应力

图 6.65 和图 6.66 分别为圆形柱及方形柱节点核心区剪应力的分布。

从图 6.65 可以看出，随着水平荷载的增加，圆钢管混凝土柱节点核心区中部剪应力增长较快，沿核心区对角线方向形成明显的斜压区，但影响区域较小；随着水平荷载的进一步增加，斜压区影响宽度逐渐变大；最终在节点核心区中部形成高应力区，

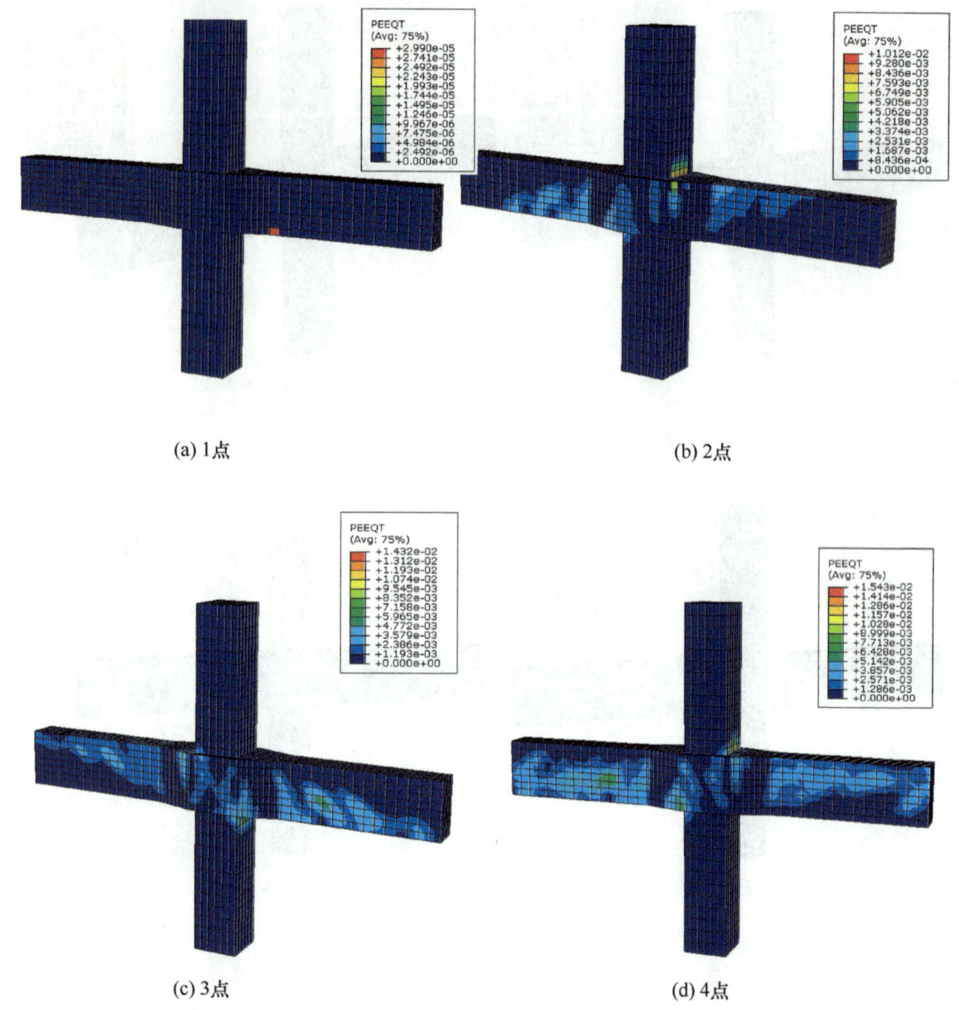

(a) 1点　　(b) 2点

(c) 3点　　(d) 4点

图 6.60　SJ-RC-3 节点混凝土主应变分布

屈服范围逐渐向四周扩散，整个核心区的应力呈“灯笼”状分布。

从图 6.66 可以看出，由于焊接残余应力的存在，方钢管混凝土柱节点加载初期核心区左、右角点位置应力较大，核心区中部出现 45°的斜压剪应力区域，如图 6.66（a）所示；随着荷载增加至屈服点位置，剪压应力范围增大，柱上下部出现较大的剪拉应力（2 点），如图 6.66（b）所示；随着荷载的进一步增加，剪压应力在核心区的中部出现明显集中，形成一个接近圆形的区域（3 点和 4 点），分别如图 6.66（c）和（d）所示。这与试验观察到的现象相似。

（5）轴压比（n）的影响

图 6.67 给出不同钢管混凝土柱轴压比（n）情况下，节点试件达到极限状态时节点核心区上边缘位置剪应力的分布。可见，随着 n 增加，截面上受拉区的面积越来越小，即高压应力区域的面积随着 n 的增大而增大。

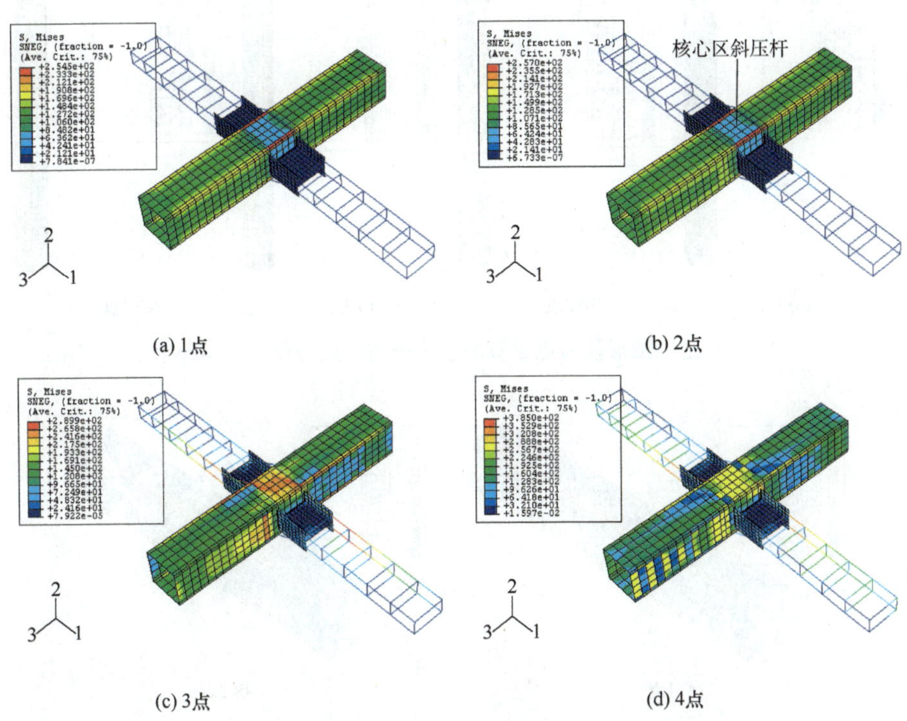

(a) 1点　(b) 2点

(c) 3点　(d) 4点

图 6.61　SJ-RC-3 节点中钢牛腿和钢筋应力分布（应力单位：MPa）

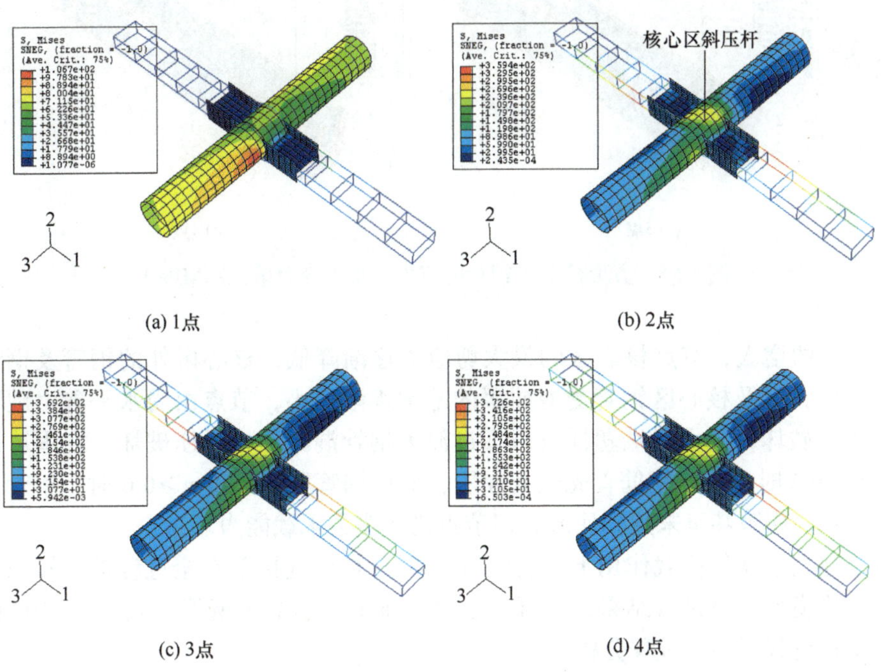

(a) 1点　(b) 2点

(c) 3点　(d) 4点

图 6.62　CJ-RC-3 节点中钢牛腿和钢筋应力分布（应力单位：MPa）

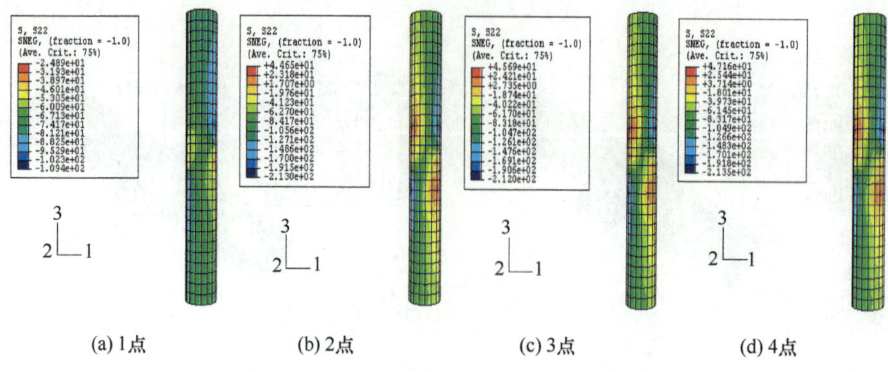

(a) 1点　　(b) 2点　　(c) 3点　　(d) 4点

图 6.63　圆形柱节点钢管的应力分布（应力单位：MPa）

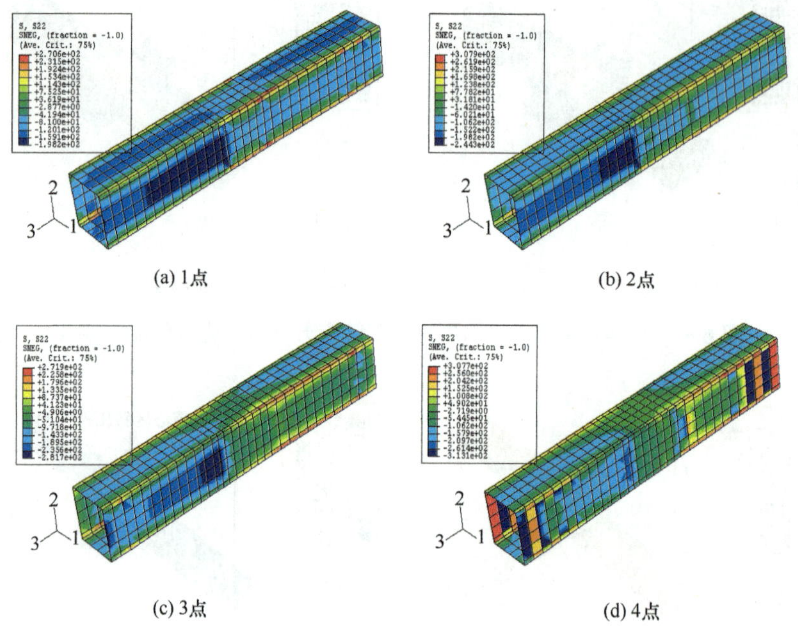

(a) 1点　　(b) 2点

(c) 3点　　(d) 4点

图 6.64　方形柱节点钢管的应力分布（应力单位：MPa）

随着 n 的增大，节点核心区的最大剪应力逐渐降低，核心区外的钢管及钢梁受剪力影响范围，以及核心区钢管受剪屈服的范围逐渐变小，节点由受水平剪力破坏逐渐过渡为受压破坏，即由梁端塑性铰破坏过渡为钢管混凝土柱受压破坏。在本算例条件下，当 $n<0.6$ 时，节点钢筋首先达到屈服，而后钢管屈服。当 $n>0.6$ 时，钢管首先屈服，然后钢筋屈服甚至未达到屈服，但节点已经丧失承载能力。

本节建立了反复荷载作用下钢管混凝土柱 -RC 梁连接节点全过程数值模拟的理论模型。理论模型经过试验结果的验证。在此基础上，本节对钢管混凝土柱 -RC 梁节点进行了反复荷载下的全过程分析。

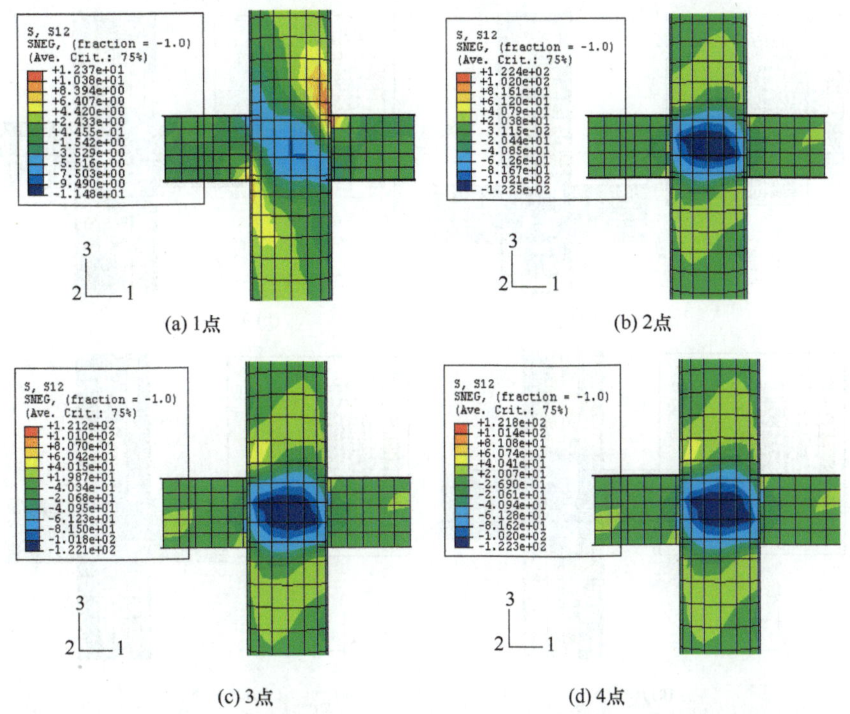

(a) 1点　(b) 2点

(c) 3点　(d) 4点

图 6.65　圆形柱节点核心区剪应力分布（试件 CJ-RC-3）（应力单位：MPa）

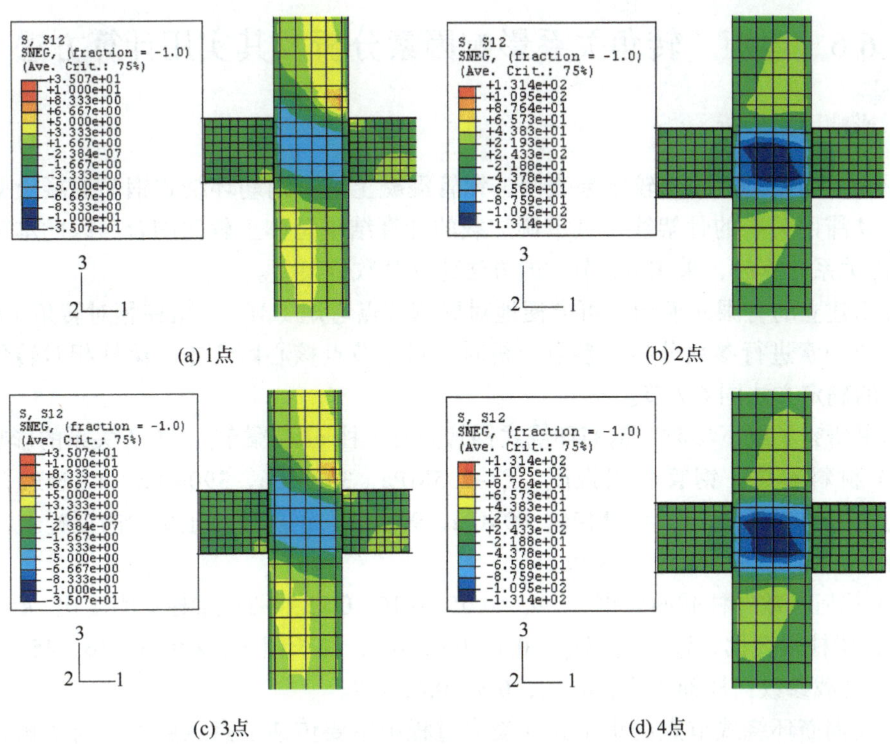

(a) 1点　(b) 2点

(c) 3点　(d) 4点

图 6.66　方形柱节点核心区剪应力分布（试件 SJ-RC-3）（应力单位：MPa）

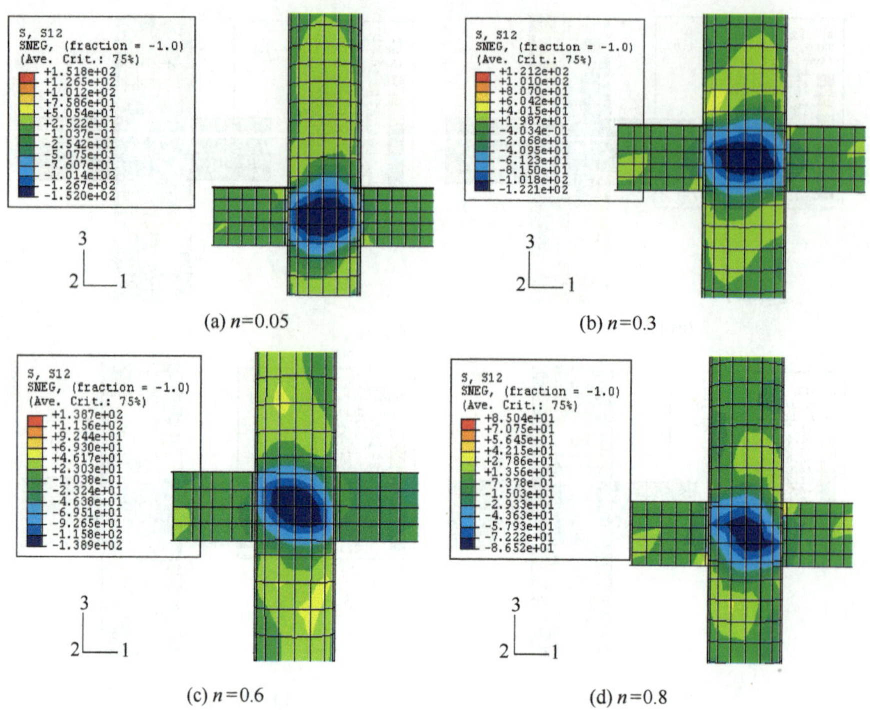

(a) n=0.05　(b) n=0.3

(c) n=0.6　(d) n=0.8

图 6.67　不同轴压比（n）情况下节点核心区剪应力分布（3 点）（应力单位：MPa）

6.6　弯矩 - 转角关系影响因素分析及其实用计算方法

6.6.1　影响因素分析

图 6.9 和图 6.10 的比较结果表明，钢管混凝土柱 - 钢筋环绕式钢筋混凝土梁节点试件 P-Δ 滞回关系的骨架线与其单调加载的计算结果总体上较为吻合，因此本节在进行 M_j-θ_r 关系计算时，采用 6.5 节中的方法建立其数值模型。

应用建立的有限元模型，可方便地对影响节点弯矩（M_j）- 梁柱相对转角（θ_r）关系的主要因素进行参数分析。参数分析时，对于节点核心区弯矩、梁柱相对转角、初始刚度的确定方法同 6.7 节。

本书研究了以下参数对钢筋环绕式钢管混凝土柱 -RC 梁节点 M_j-θ_r 关系的影响。

1）材料参数：钢管屈服强度，f_y=235MPa，345MPa，390MPa，420MPa；钢管混凝土柱中的混凝土，f_{cu}=30MPa，60MPa，90MPa；钢筋混凝土梁中的混凝土，f_{cub}=25MPa，30MPa，35MPa，40MPa。

2）几何参数：柱截面含钢率，α_s=0.05，0.10，0.15，0.2；梁柱线刚度比，k=0.25，0.5，1；梁柱强度比，k_m=M_{ub}/M_{uc}=0.4，0.6，0.8；柱长细比，λ=25，36，45。

3）荷载参数：柱轴压比，n=0，0.3，0.6，0.8。

组成钢筋环绕式节点的钢牛腿在受力过程中主要传递节点区剪力。当牛腿高度满足节点抗剪要求后，变化牛腿会改变节点过渡区的刚度。钢牛腿的长度不宜过长，也不宜过短。经分析，取钢牛腿长度为节点过渡区［图 6.4（a）和（b）］2/3 长度作为参数分析时的节点试件牛腿长度较为合适。

分析结果表明，方形截面柱节点与圆形截面柱节点规律相似。下面以圆形柱节点为例，分析上述各参数的影响规律。

（1）柱钢材屈服强度（f_y）

图 6.68 给出了柱钢材强度（f_y）对节点 M_j-θ_r 关系的影响。可见随着 f_y 的提高，节点的抗弯承载力有所提高，初始刚度略有变化，但对曲线的形状影响较小。

（2）核心混凝土强度（f_{cu}）

图 6.69 为钢管混凝土柱核心混凝土强度（f_{cu}）对节点 M_j-θ_r 关系的影响。可见，随 f_{cu} 的提高，节点的初始刚度和抗弯承载力有所提高，但曲线形状变化不大。由于混凝土的弹性模量随着 f_{cu} 不断提高，从而影响了节点的抗弯刚度。

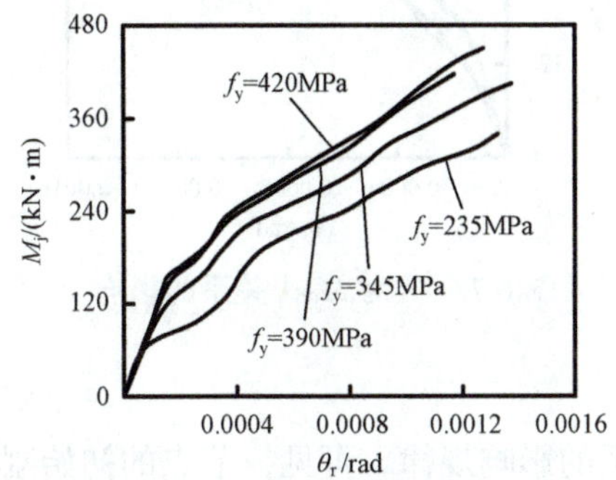

图 6.68 f_y 对 M_j-θ_r 关系的影响

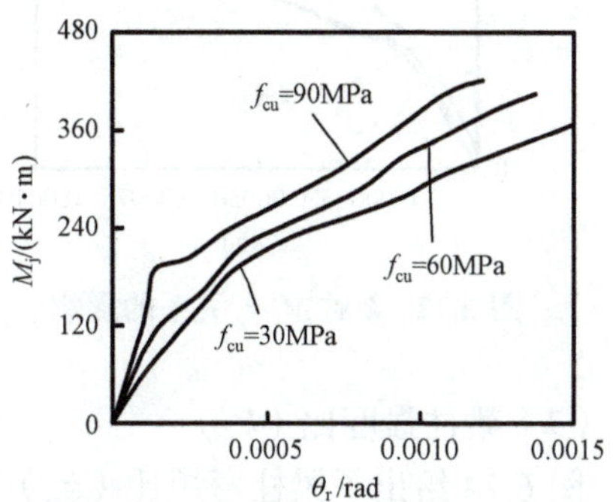

图 6.69 f_{cu} 对 M_j-θ_r 关系的影响

（3）钢筋混凝土梁混凝土强度（f_{cub}）

图 6.70 所示为钢筋混凝土梁混凝土强度（f_{cub}）对 M_j-θ_r 关系的影响，可见，随着梁混凝土强度的提高，节点的初始刚度和抗弯承载力变化不明显。

（4）柱截面含钢率（α_s）

图 6.71 给出了钢管混凝土柱截面含钢率（α_s）对 M_j-θ_r 关系的影响。可以看出，随着 α_s 的增加，节点的初始刚度和抗弯承载力均明显提高，强化刚度显著提高。

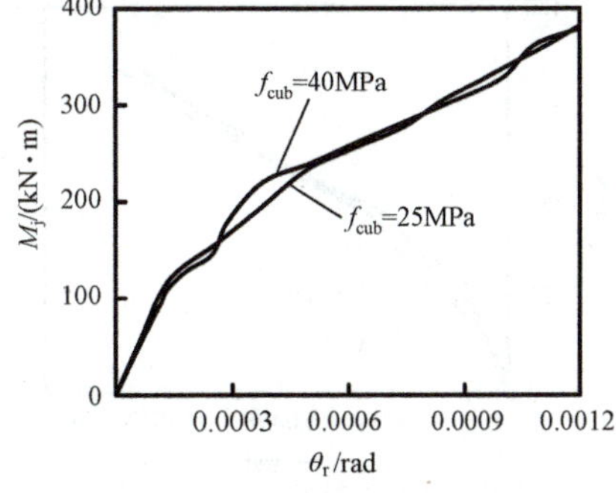

图 6.70 f_{cub} 对 M_j-θ_r 关系的影响

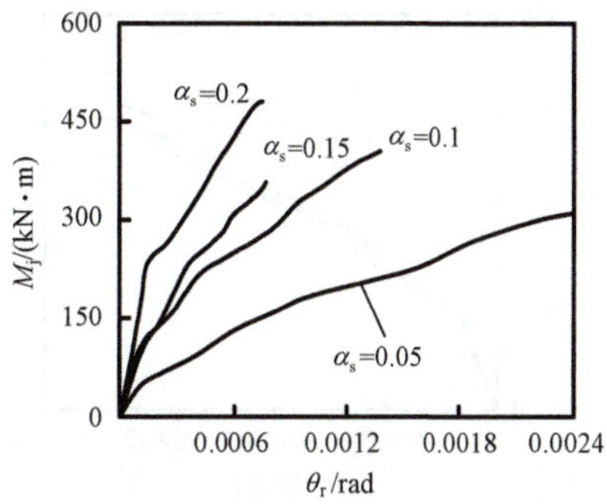

图 6.71 α_s 对 M_j-θ_r 关系的影响

（5）梁柱线刚度比（k）

图 6.72 所示为梁柱线刚度比（k）对 M_j-θ_r 关系的影响，k 主要是通过改变梁长来实现。随着 k 增大，梁对柱的约束增强，分配到梁端的弯矩变大，塑性铰破坏提前，节点的初始刚度和抗弯承载力均有所提高。

（6）轴压比（n）

图 6.73 所示为柱轴压比（n）对 M_j-θ_r 关系的影响。可见，随 n 的增大，节点初始刚度变化不明显。节点抗弯承载力随 n 增大有所增加，但 M_j-θ_r 曲线形状受 n 影响不大。

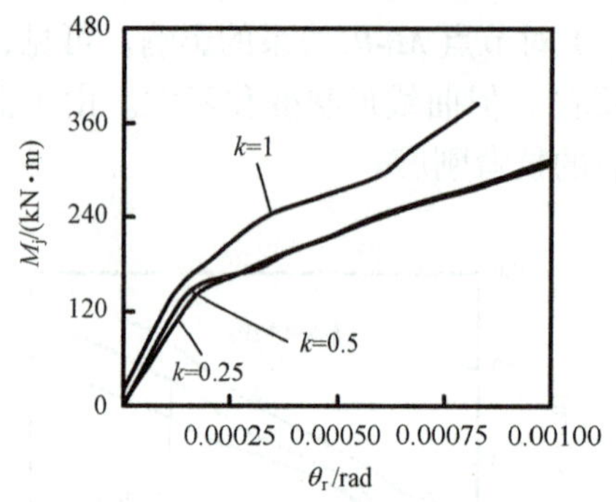

图 6.72　k 对 M_j-θ_r 关系的影响

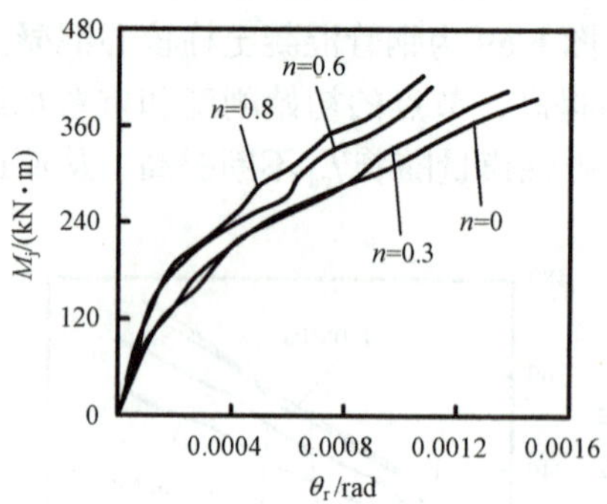

图 6.73　n 对 M_j-θ_r 关系的影响

（7）梁柱强度比（k_m）

图 6.74 给出了梁柱弯矩比（k_m）对 M_j-θ_r 关系的影响规律。可见，节点的初始刚度随着 k_m 的增大变化不大，曲线形状也随 k_m 的增大变化不大。

（8）柱长细比（λ）

图 6.75 给出了钢管混凝土柱长细比（λ）对 M_j-θ_r 关系的影响。本算例中通过变化柱高来变化 λ。可见，随着 λ 的增加，初始刚度基本不变，节点的抗弯承载力略有增长，曲线形状基本没有变化。主要是因为节点弯矩由两部分组成，即柱顶水平荷载产生的弯矩及柱顶轴压力引起的附加弯矩。λ 增大时，节点的水平极限承载力会降低，但随着 λ 的变大，柱高也将增大。在水平荷载作用下，柱顶及核心区的水平位移也增大，使得轴压力引起的附加弯矩也增大。两者叠加后，节点弯矩随着 λ 的变化影响不大。

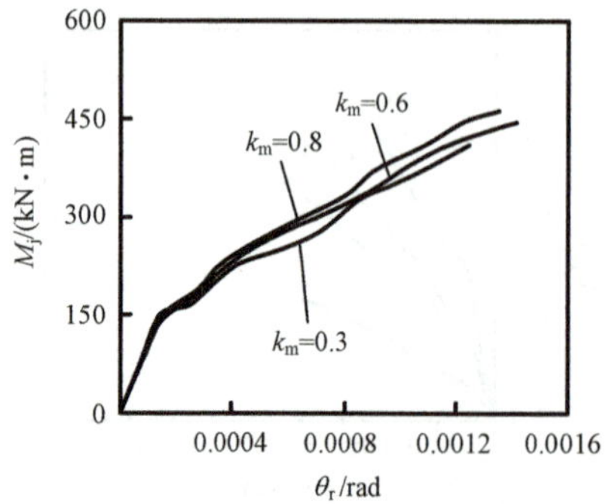

图 6.74　k_m 对 M_j-θ_r 关系的影响

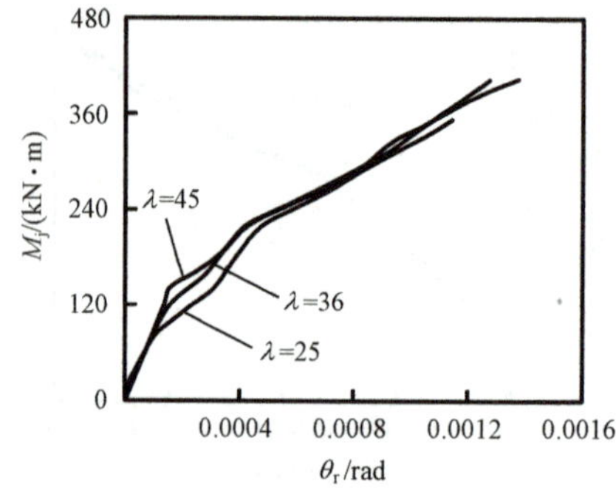

图 6.75　λ 对 M_j-θ_r 关系的影响

6.6.2　实用计算方法

根据试验及理论分析得到的钢管混凝土柱－钢筋环绕式钢筋混凝土梁节点的 M_j-θ_r 关系的特征，其 M_j-θ_r 关系也可采用式（5.18）的模型来模拟，其中 K_i、M_{uj}、n_s 含义同前。

下面给出钢管混凝土柱－钢筋环绕式钢筋混凝土梁节点 M_j-θ_r 关系中的三个参数 K_i、M_{uj} 和 n_s 的确定方法。

1．*初始刚度* K_i

参数分析结果表明，当钢牛腿长度确定后，影响节点初始刚度（K_i）的主要因素有钢管混凝土柱的混凝土强度（f_{cu}）、柱截面含钢率（α_s）、梁柱线刚度比（k）。

为了便于分析和计算，定义节点的相对刚度 K_r 如式（6.2）所示。

$$K_r=\frac{K_i}{k_c}=\frac{K_i H}{E_{sc}I_{sc}} \tag{6.2}$$

式中，k_c 为节点中钢管混凝土柱的线刚度（$k_c=E_{sc}I_{sc}/H$）；$E_{sc}I_{sc}=E_sI_s+E_cI_c$，为钢管混凝土柱的名义抗弯刚度；$H$ 为柱高度。

对影响节点初始刚度的影响参数无量纲化后进行参数分析，取核心混凝土强度立方体抗压强度 f_{cu} 与 C60 混凝土的比值 $s=f_{cu}/60=0.667\sim1.5$，钢管混凝土柱截面含钢率 α_s 与 $\alpha_s=0.1$ 时的比值 $\rho=\alpha_s/0.1=0.5\sim2$，梁柱线刚度比 $k=0.25\sim1$。

通过对 K_r 数值计算结果的分析，发现 K_r 可用式（6.3）表示。

$$K_r=Rf(s)f(\rho)f(k) \tag{6.3}$$

式中，R 为系数，对圆形柱节点取 3.3×10^8，方形柱节点取 8.8×10^8；$f(s)$ 为 K_r 与柱混凝土强度的关系表达式；$f(\rho)$ 为 K_r 与柱含钢率的关系表达式；$f(k)$ 为 K_r 与梁柱线刚度比关系的表达式。各参数可由式（6.4）和式（6.5）确定。

对于圆钢管混凝土柱节点：

$$f(s)=1.78\times(1+2.14s)\times10^{-5} \tag{6.4a}$$

$$f(\rho)=3.08\times(1.57\rho^3-6.06\rho^2+7.27\rho-1)\times10^{-5} \tag{6.4b}$$

$$f(k)=0.92\times(59.85k^3-90.94k^2+40.60k+1)\times10^{-5} \tag{6.4c}$$

对于方钢管混凝土柱节点：

$$f(s)=0.50\times10^{-5}e^{1.89s} \tag{6.5a}$$

$$f(\rho)=1.71\times(1.5\rho^3-6.2\rho^2+7.7\rho-1)\times10^{-5} \tag{6.5b}$$

$$f(k)=5.89\times[0.621\ln(k)+1]\times10^{-5} \tag{6.5c}$$

将式（6.4）和式（6.5）代入式（6.2）并稍做整理，即可得到圆钢管混凝土柱节点的初始刚度 K_i，如式（6.6）和式（6.7）所示。

$$K_i=\frac{1.67\times10^{-6}E_{sc}I_{sc}}{H}(1.57\rho^3-6.06\rho^2+7.27\rho-1)(2.14s+1)(59.85k^3-90.94k^2+40.6k+1) \tag{6.6}$$

方钢管混凝土柱节点的初始刚度 K_i 为

$$K_i=\frac{4.41\times10^{-6}E_{sc}I_{sc}}{H}(1.50\rho^3-6.20\rho^2+7.70\rho-1)(0.621\ln(k)+1)e^{1.89s} \tag{6.7}$$

式中，$E_{sc}I_{sc}/H$ 单位以 N · mm 计；K_i 的单位为 kN · m。

式（6.6）及式（6.7）的适用范围为：柱核心混凝土强度 C30～C90，柱截面含钢率 α_s 取 0.05～0.2、梁柱线刚度比 k 取 0.25～1 的方形和圆形钢管混凝土柱－钢筋混凝土梁节点。

图 6.76 给出了式（6.6）和式（6.7）计算的初始刚度 K_i 与本书 6.5 节中数值模型计算结果的对比，可见二者总体上吻合。

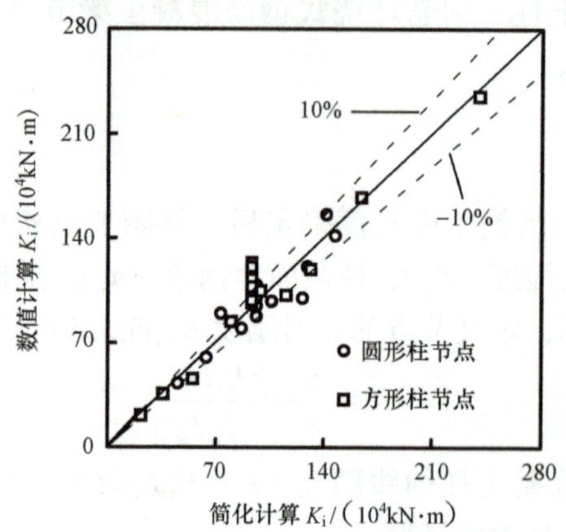

图 6.76　初始刚度 K_i 简化结果与数值结果比较

2. 极限抗弯承载力 M_{uj}

满足“强柱弱梁”“强节点强锚固”的节点的梁的抗弯承载力往往会成为节点各部件中承载力的最低值。因此，节点 M_j-θ_r 模型中节点的极限抗弯承载力 M_{uj} 可暂取钢筋混凝土梁的极限抗弯承载力。

具体可参照《混凝土结构设计标准（2024 年版）》（GB 50010—2010）中钢筋混凝土梁极限抗弯承载力的公式确定，计算时有关材料强度指标均取标准值，如式（6.8）所示。

$$M_{uj}=\alpha_1 f_{ck} bx(h_0-x/2)+f'_y A'_s(h_0-a'_s) \tag{6.8}$$

式中，α_1 为与混凝土强度有关的系数；f_{ck} 为混凝土抗压强度；b 为梁截面宽度；h_0 为梁截面有效高度；x 为截面受压区高度；f'_y 和 A'_s 分别为受压区钢筋的强度和面积；a'_s 为受压钢筋合力点距梁外边的距离。

3. 系数 n_s 的确定

通过回归分析可给出 n_s 和 θ_0 的关系表达式如式（6.9）所示。

（1）圆钢管混凝土柱节点

$$0.6\leqslant n_s=204436\theta_0^2-1079.9\theta_0+20.5\leqslant 0.85 \tag{6.9a}$$

式中，当 $n_s>0.85$ 时，取 0.85；当 $n_s<0.6$ 时，取 0.6。

（2）方钢管混凝土柱节点

$$0.2\leqslant n_s=-49730\theta_0^2+237.39\theta_0+0.0417\leqslant 0.33 \tag{6.9b}$$

式中，当 $n_s>0.33$ 时，取 0.33；当 $n_s<0.2$ 时，取 0.2。

式（6.9a）和（6.9b）中，θ_0 的单位为 rad。

图 6.77 给出简化模型的计算结果和 6.6.1 节中部分数值计算 M_j-θ_r 关系的比较情况。可见，上述简化方法结果和本章给出的数值模型计算结果吻合较好。

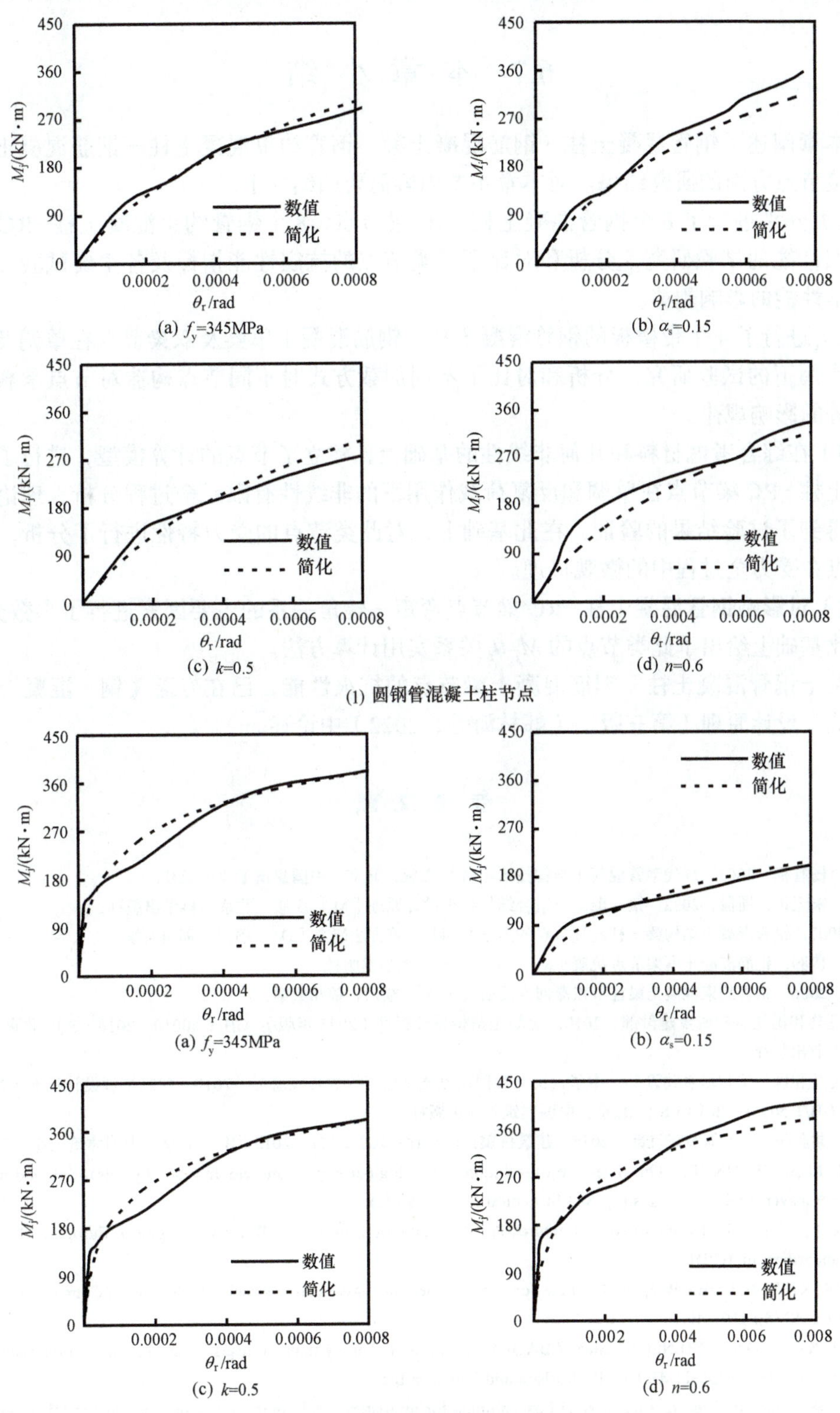

(a) f_y=345MPa　(b) α_s=0.15

(c) k=0.5　(d) n=0.6

(1) 圆钢管混凝土柱节点

(a) f_y=345MPa　(b) α_s=0.15

(c) k=0.5　(d) n=0.6

(2) 方钢管混凝土柱节点

图 6.77　简化模型和数计算 M_j-θ_r 关系比较

6.7 本 章 小 结

本章阐述了钢管混凝土柱 - 钢筋混凝土梁、钢管约束混凝土柱 - 钢筋混凝土梁中柱连接节点方面的研究结果。对本章主要内容简要归纳如下。

1）分别进行了 8 个钢管混凝土柱 -RC 梁节点、8 个钢管约束混凝土柱 -RC 梁节点滞回性能的试验研究，分析和对比了各类节点的抗震性能指标及各主要试验参数对其力学性能的影响规律。

2）进行了 4 个带楼板的钢管混凝土柱 - 钢筋混凝土单梁及双梁节点在单调及反复荷载作用下的试验研究，分析和对比了不同加载方式时不同节点构造对节点承载力和刚度等的影响规律。

3）在综合考虑材料和几何非线性的基础上，建立了节点的计算模型，进行了钢管混凝土柱 -RC 梁节点在单调和反复荷载作用下的非线性有限元全过程分析，理论计算结果得到了试验结果的验证。在此基础上，对此类节点的受力特性进行了分析，明晰了节点在受力全过程中的微观机理。

4）对影响钢管混凝土柱 -RC 梁节点弯矩 - 转角关系的主要因素进行了参数分析，并在此基础上给出了此类节点的 M_j-θ_r 关系实用计算方法。

关于钢管混凝土柱 - 钢筋混凝土梁节点的抗火性能，已在专著《钢 - 混凝土组合结构抗火设计原理（第三版）》（韩林海等，2022）中论述。

参 考 文 献

韩林海，杨有福，2007. 现代钢管混凝土结构技术［M］. 2 版. 北京：中国建筑工业出版社.

韩林海，宋天诣，周侃，2022. 钢 - 混凝土组合结构抗火设计原理［M］. 3 版. 北京：科学出版社.

曲慧，2007. 钢管混凝土结构梁 - 柱连接节点的力学性能和计算方法研究［D］. 福州：福州大学.

唐九如，1989. 钢筋混凝土框架节点抗震［M］. 南京：东南大学出版社.

王再峰，2006. 钢管约束混凝土梁柱节点滞回性能研究［D］. 福州：福州大学.

中华人民共和国住房和城乡建设部，2010. 混凝土结构设计标准（2024 年版）：GB/T 50010—2010［S］. 北京：中国建筑工业出版社.

中华人民共和国住房和城乡建设部，中华人民共和国国家质量监督检验检疫总局，2010. 建筑抗震设计标准（2024 年版）：GB/T 50011—2010［S］. 北京：中国建筑工业出版社.

中华人民共和国住房和城乡建设部，2015. 建筑抗震试验规程：JGJ/T 101—2015［S］. 北京：中国建筑工业出版社.

ATTARD M M, SETUNGE, 1996. Stress-strain relationship of high-strength concrete confined by ultra-high and normal-strenth transverse reinforcements [J]. ACI Structural Journal, 93 (5): 1-11.

Eurocode 3 (EC3), 2005. Design of steel structures-Part 1. 8: Design of joints [S]. Brussels (Belgium): European Committee for Standardization (CEN).

HASAN R, KISHI N, CHEN W F, 1998. A new nonlinear connection classification system [J]. Journal of Constructional Steel Research, 47 (8): 119-140.

HIBBITT, KARLSON, SORENSON, 2005. ABAQUS version 6. 4: Theory manual, users' manual, verification manual and example problems manual [M]. Hibbitt: Karlson and Sorenson Inc.

UY B, 1998. Concrete-filled fabricated steel box columns for multistorey buildings: Behaviour and design [J]. Progress in Structural Engineering and Material, 1 (3): 150-158.

第 7 章　钢管混凝土加劲混合结构柱－钢梁连接节点

7.1　引　　言

在工程实际中，钢管混凝土加劲混合结构柱常与钢梁或钢筋混凝土梁连接形成框架连接节点。图 7.1 所示为一实际工程中的钢管混凝土加劲混合结构柱与钢梁连接的节点形式。

图 7.1　钢管混凝土加劲混合结构柱－钢梁连接节点

目前关于钢管混凝土加劲混合结构柱－钢梁连接节点的试验研究鲜见报道，缺乏该类节点的数值分析模型与抗剪承载力设计方法。

本节对钢管混凝土加劲混合结构柱－钢梁连接节点的力学性能进行了试验研究和理论分析（Qian et al.，2013；Liao et al.，2014；Li et al.，2015；钱炜武等，2016；钱炜武等，2017）。研究了该类节点连接的构造形式，进行了钢管混凝土加劲混合结构柱－钢梁连接节点在梁端反复荷载作用下的试验，建立了钢管混凝土加劲混合结构柱－钢梁连接节点在反复荷载作用下的数值分析模型，开展了该类节点的工作机理全过程分析，明确了节点核心区的内力传递路径与抗剪机理，提出了核心区抗剪设计方法，对比分析了平面节点与空间节点在反复荷载作用下的破坏形态、承载力与抗剪刚度等宏观指标的异同。以下拟介绍有关研究成果。

7.2　试 验 研 究

7.2.1　试验概况

对 12 个带楼板的钢管混凝土加劲混合结构柱－钢梁连接节点开展了滞回性能试验，试件加载方式为柱顶施加恒定轴力，梁端施加反复荷载。通过试验研究受力过程和破坏特征，以及不同参数对节点滞回性能的影响规律，并将平面节点与空间节点的破坏形态与滞回性能进行了对比分析。

1．试件设计

试验节点的梁柱尺寸、加载方式，以及边界条件的确定，通常取决于框架节点的实际受力状态及其在框架中所处位置。在水平地震荷载作用下，平面框架结构的变形如图 7.2（a）所示。

本书作者选取的试验研究对象为钢管混凝土加劲混合结构柱－钢梁中间节点，即图 7.2（a）中框架上下层反弯点间的部分。图 7.2（b）为平面节点的模型示意，其中 N_0 为柱顶恒定轴压力，P 为梁加载端反复荷载，L 为两个加载点之间的水平距离，H 为柱上下端转动中心之间的垂直距离。为考虑空间双向荷载作用对节点抗震性能的影响，本试验设计了部分双向加载的空间节点作为平面节点的对比试件。空间节点及其在框架中的位置如图 7.2（c）和（d）所示，图中，节点同时受东、南、西、北四根梁加载端的反复荷载作用。

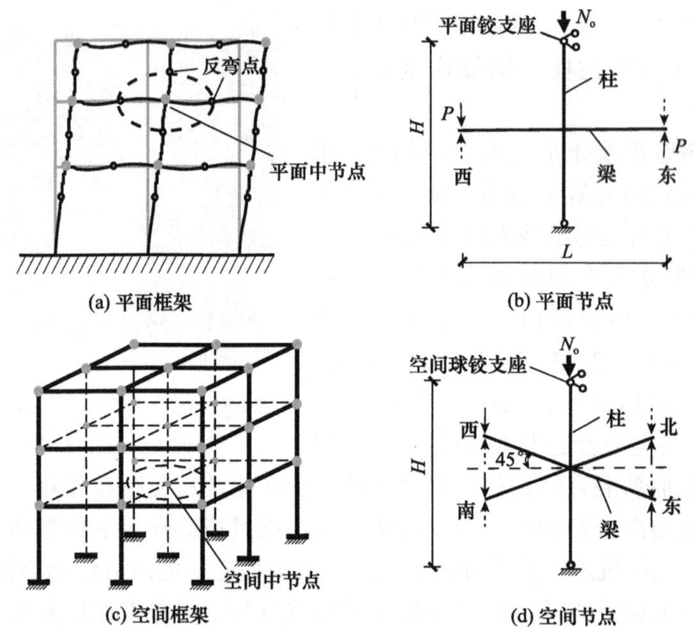

图 7.2 节点选取方法

本书作者进行了 12 个节点试件的试验，包括 6 个平面节点和 6 个空间节点，变化的参数为柱轴压比、梁柱抗弯承载力比和节点类型（平面或空间），其中梁柱抗弯承载力比通过改变钢梁截面高度实现。本次试验对每一类试件均设置了参数相同的对比试件。试件节点参数如表 7.1 所示，表中，试件编号“PJ”表示平面节点，“SJ”表示空间节点，编号后“-1”和“-2”表示参数相同的两个对比试件；N_o 为柱端轴压力值，n 为柱轴压比，按式（7.2）计算；h_b 为钢梁截面高度，k_m 为梁柱抗弯承载力比。本试验试件的设计原则为试件 PJ2-1 与 PJ2-2 按“核心区破坏”设计，梁柱抗弯承载力比接近 1.0，未对核心区进行有效加强措施。以此为基础，设计了变化梁柱抗弯承载力比与柱轴压比的试件，研究不同参数对节点抗震性能的影响；对每一类平面节点均设计了相应的空间节点进行对比试验。

表 7.1 试件节点参数

序号	试件编号	N_o/kN	n	h_b/mm	k_m
1	PJ1-1	2300	0.28	240	0.65
2	PJ1-2	2300	0.28	240	0.65
3	PJ2-1	2300	0.28	330	0.95
4	PJ2-2	2300	0.28	330	0.95
5	PJ3-1	4600	0.6	240	0.95
6	PJ3-2	4600	0.6	240	0.95
7	SJ1-1	2150	0.28	240	0.65
8	SJ1-2	2150	0.28	240	0.65
9	SJ2-1	2150	0.28	330	1.00
10	SJ2-2	2150	0.28	330	1.00
11	SJ3-1	4600	0.6	240	0.93
12	SJ3-2	4600	0.6	240	0.93

图 7.3 所示为试件的尺寸信息及构造详图。

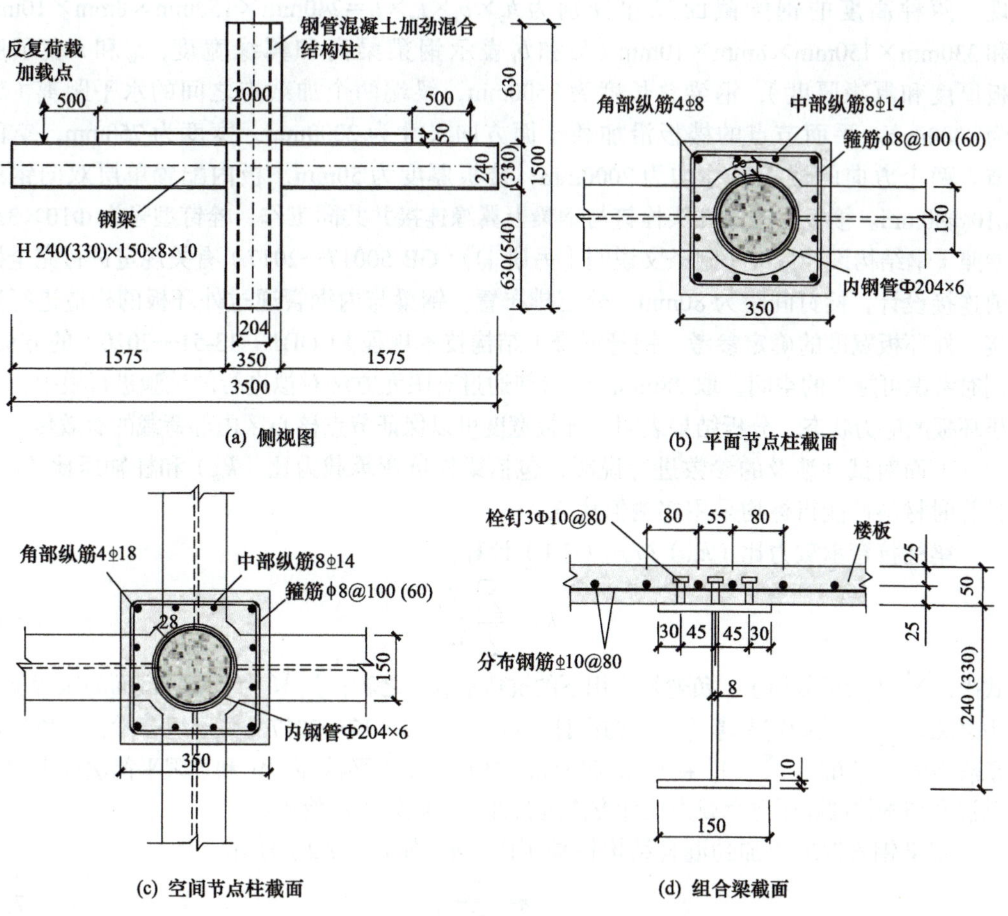

(a) 侧视图

(b) 平面节点柱截面

(c) 空间节点柱截面

(d) 组合梁截面

图 7.3 节点尺寸及构造（尺寸单位：mm）

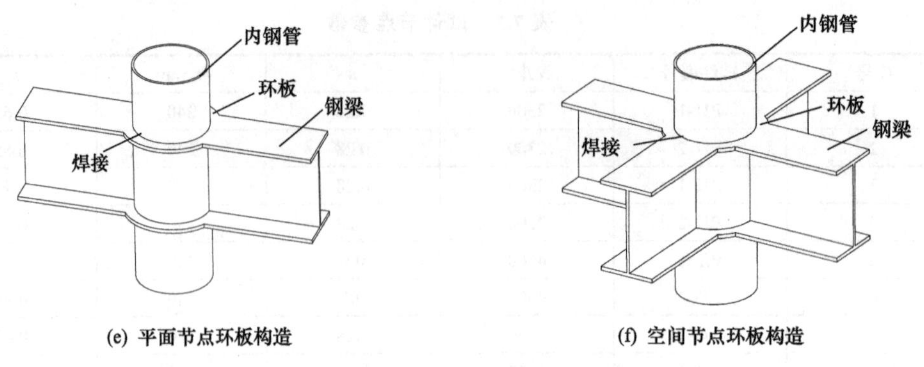

(e) 平面节点环板构造

(f) 空间节点环板构造

图 7.3 （续）

如图 7.3 所示，钢管混凝土加劲混合结构柱的外截面尺寸均为 $B\times B$=350mm×350mm，柱实际高度为 1500mm，考虑上下柱端铰支座之后，柱上下端转动中心之间的垂直距离（H）为 1900mm；内钢管尺寸为 Φ204mm×6mm。加劲混合结构柱角部布置纵筋 4⏀18，截面中部布置纵筋 8⏀14。柱箍筋布置为 ϕ8@100mm，核心区高度范围内箍筋布置为 ϕ8@60mm。试验中，梁柱抗弯承载力比通过改变钢梁截面高度实现。两种高度的钢梁截面尺寸分别为 $h_b\times b_f\times t_w\times t_f$=240mm×150mm×8mm×10mm 和 330mm×150mm×8mm×10mm（h_b 和 b_f 表示钢梁梁高和翼缘宽度，t_w 和 t_f 表示腹板厚度和翼缘厚度），钢梁总长度为 3500mm，梁端两个加载点之间的水平距离（L）为 3000mm。平面节点的楼板沿加载平面方向尺寸为 2000mm，宽度为 750mm，空间节点两个方向的楼板尺寸均为 2000mm；楼板厚度为 50mm，板内配置单层双向钢筋 ϕ10@80mm。楼板通过圆柱头栓钉与钢梁上翼缘连接并共同工作，栓钉型号为 Φ10×35，参照《钢结构设计标准（附条文说明［另册］）》（GB 50017—2017）有关规定进行完全抗剪连接设计，栓钉间距为 80mm，分三排布置。钢梁与内钢管通过外环板的构造进行连接，外环板宽度的确定参考《钢管混凝土结构技术规程》（DBJ/T 13-51—2020）的方法，同时考虑可施工的空间，取 28mm。试验前通过有限元方法对拟进行的试验进行模拟，分析环板的应力状态。分析结果表明，环板宽度可以保证节点核心区内部荷载的有效传递。

下面对试件涉及的参数进行说明，包括梁柱抗弯承载力比（k_m）和柱轴压比（n）。计算时材料性能指标均采用实测值代入。

梁柱抗弯承载力比（k_m）按式（7.1）计算。

$$k_m=\frac{\sum M_b}{\sum M_c} \tag{7.1}$$

式中，$\sum M_b$为梁截面正、负弯矩作用下的抗弯承载力之和；$\sum M_c$为上下柱截面的压弯承载力之和。$\sum M_b$的确定参考《钢结构设计标准》（GB 50017—2017）关于组合梁正、负抗弯承载力的计算方法，$\sum M_c$ 采用 An 和 Han（2014）基于平截面假定和极限平衡法提出的加劲混合结构柱截面压弯承载力设计方法进行计算，此处不再赘述。

定义钢管混凝土加劲混合结构柱轴压比（n）如式（7.2）所示。

$$n=\frac{N_o}{N_u} \tag{7.2}$$

式中，N_o 为柱端所受轴力；N_u 为加劲混合结构柱轴压承载力，可按本书第 4 章方法计算。

各试件的梁柱抗弯承载力比（k_m）和柱轴压比（n）见表 7.1。

2. 材料性能

试件中钢管为 Q345 级钢管，钢梁由强度等级为 Q345 的不同厚度的钢板焊接而成。柱纵筋采用直径 14mm 和 18mm 的 HRB335 级钢筋，柱箍筋为直径 8mm 的 HPB300 级钢筋，楼板钢筋采用直径 10mm 的 HRB335 级钢筋。测得的材性试验结果如表 7.2 所示。圆柱头栓钉由 Q235 级钢材加工而成，并焊接在钢梁上翼缘表面。

表 7.2　钢材材性指标一览表

钢材种类	钢板厚度或钢筋直径 /mm	屈服强度 f_y/MPa	极限强度 f_u/MPa	弹性模量 E_s/（N/mm²）	伸长率 δ/%	泊松比 ν_s
钢梁翼缘	10	386	472	2.14×10^5	36.7	0.30
钢梁腹板	8	395	495	2.05×10^5	25.4	0.28
钢管	6	371	535	1.97×10^5	23.0	0.29
钢筋	8	343	516	1.91×10^5	23.1	0.32
	10	383	547	1.99×10^5	19.8	0.28
	14	396	523	2.08×10^5	24.1	0.30
	18	384	529	1.96×10^5	25.8	0.28

试件钢管内混凝土和钢管外包混凝土均采用自密实混凝土，配制钢管内混凝土时各材料用量分别为 42.5 级普通硅酸盐水泥 428kg，Ⅱ级粉煤灰 143kg，中砂 783kg，4～9mm 粒径玄武岩碎石 870kg，水 186kg，TW-PS 聚羧酸高性能减水剂 8.56kg。配制钢管外包混凝土时各材料用量分别为 42.5 级普通硅酸盐水泥 384kg，Ⅱ级粉煤灰 129kg，中砂 783kg，4～9mm 粒径玄武岩碎石 870kg，水 207kg，TW-PS 聚羧酸高性能减水剂 5.13kg。实测混凝土拌合后坍落度约 265mm，平均扩展度为 650mm。测得的各试件混凝土试块实测强度如表 7.3 所示。

表 7.3　混凝土立方体抗压强度（f_{cu}）实测值　　（单位：MPa）

混凝土种类	试件编号					
	PJ1-1 PJ1-2	PJ2-1 PJ2-2	PJ3-1 PJ3-2	SJ1-1 SJ1-2	SJ2-1 SJ2-2	SJ3-1 SJ3-2
钢管内混凝土	74.4	76.1	71.7	64.4	65.8	65.9
钢管外包混凝土	69.6	72.0	61.2	66.0	61.1	62.6

3. 试验装置与加载方案

试验时，先通过 500t 液压千斤顶施加轴力至 N_0 并保持不变，然后通过 MTS 伺服系统施加梁端反复荷载；对于空间节点，加载时梁端四个 MTS 作动器同时且独立工作。平面节点和空间节点的试验实际装置及示意分别如图 7.4 和图 7.5 所示。由于加载后期梁端位移较大，为防止梁发生平面外扭转，试验时在加载端附近梁的两侧设置了侧向抗扭滑轮。

本次试验加载制度参考《建筑抗震试验规程》（JGJ/T 101—2015）建议，采用荷载－变形双控制度进行加载。试验前先采用有限元模型计算出试件的屈服荷载（P_y）

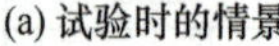
(a) 试验时的情景

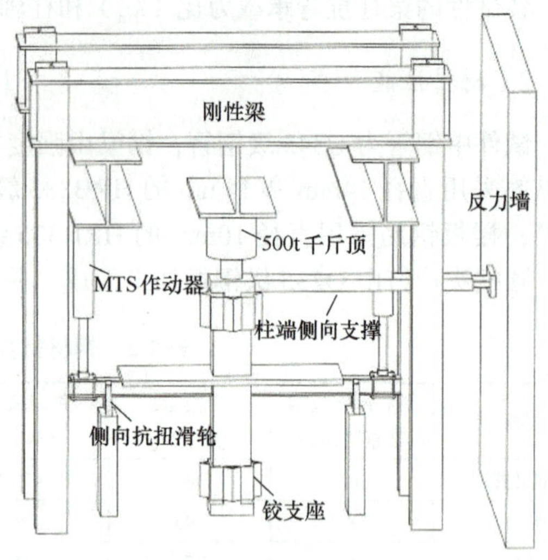

(b) 示意图

图 7.4　平面节点试验加载装置

(a) 现场图

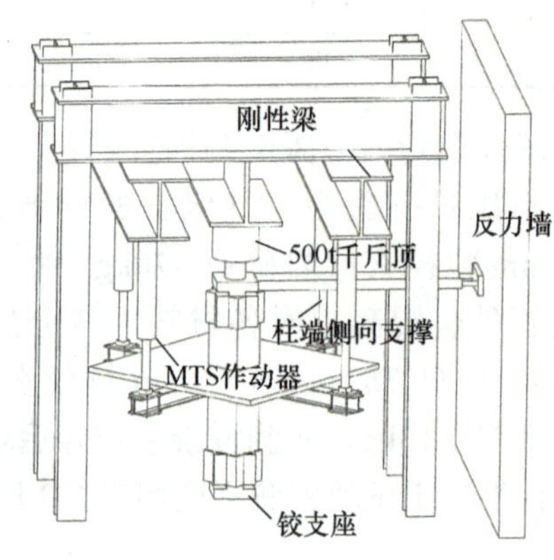

(b) 示意图

图 7.5　空间节点试验加载装置

及相应位移（Δ_y），试验时根据实测结果进行加载调整。

在施加柱端轴力时，梁端 MTS 处于放松状态，柱在轴力下完成自由压缩变形后，将梁端与 MTS 通过螺杆对拉锁紧。位移控制阶段加载速率为 0.5mm/s，当加载至荷载下降到峰值荷载的 85% 或节点发生严重破坏时停止加载。

对于空间节点，采用双向同时反对称反复加载的空间加载制度，该制度能够较好地考虑两个方向同时承受地震荷载作用时的相互影响，并使节点始终在与梁呈 45°夹角方向的竖直平面内转动。具体为西梁、南梁同时向上（下）加载，东梁、北梁同时向下（上）加载，如图 7.2（d）所示。

4. 量测方案与测点布置

试验中，试件的变形通过位移计、引伸仪和电阻应变片测量获得。测点的布置应根据试验的研究目的与测量内容确定，本试验应变片布置如图 7.6 所示，位移计与引伸仪布置如图 7.7 所示。本试验的具体测量内容如下所述。

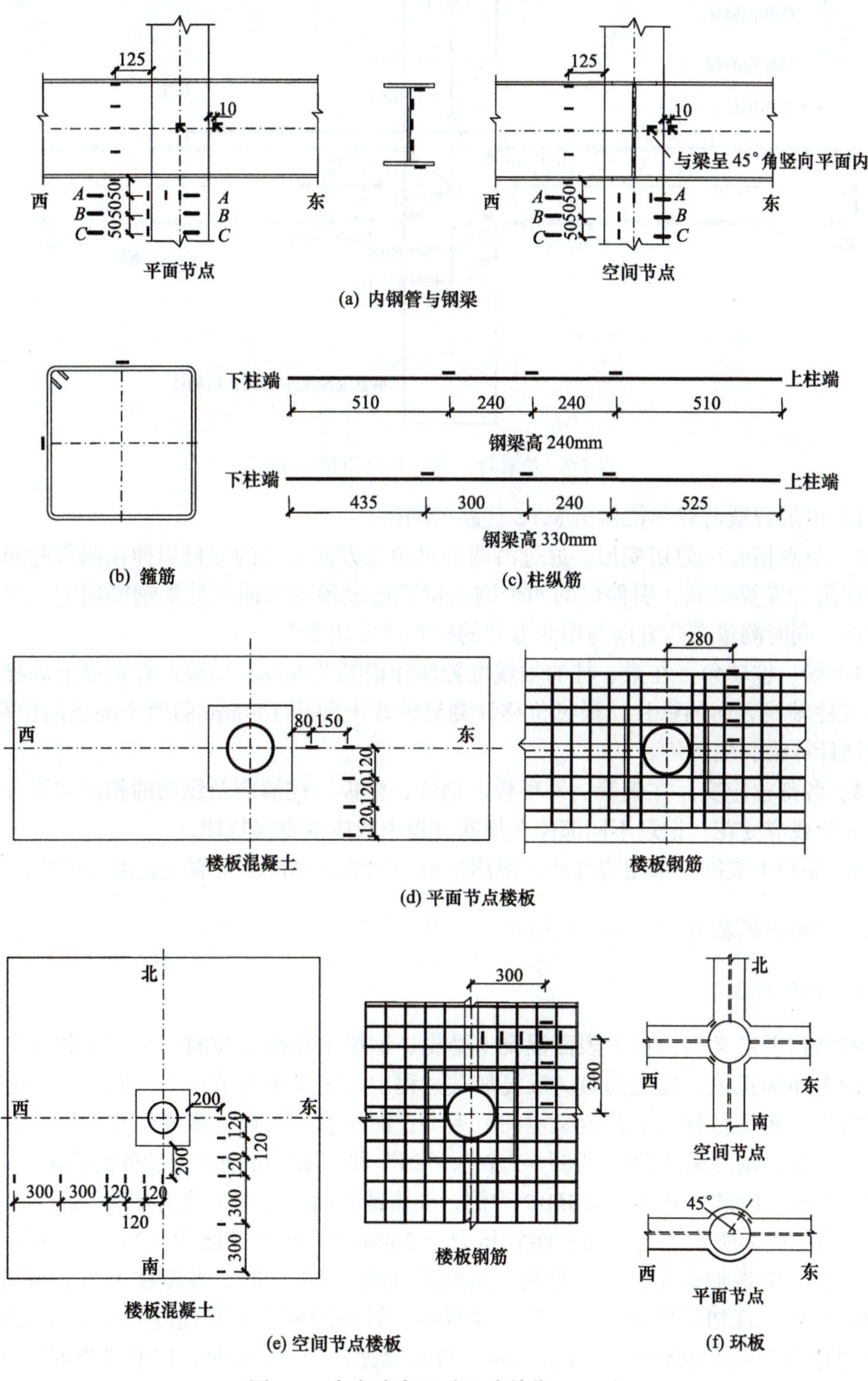

图 7.6　应变片布置（尺寸单位：mm）

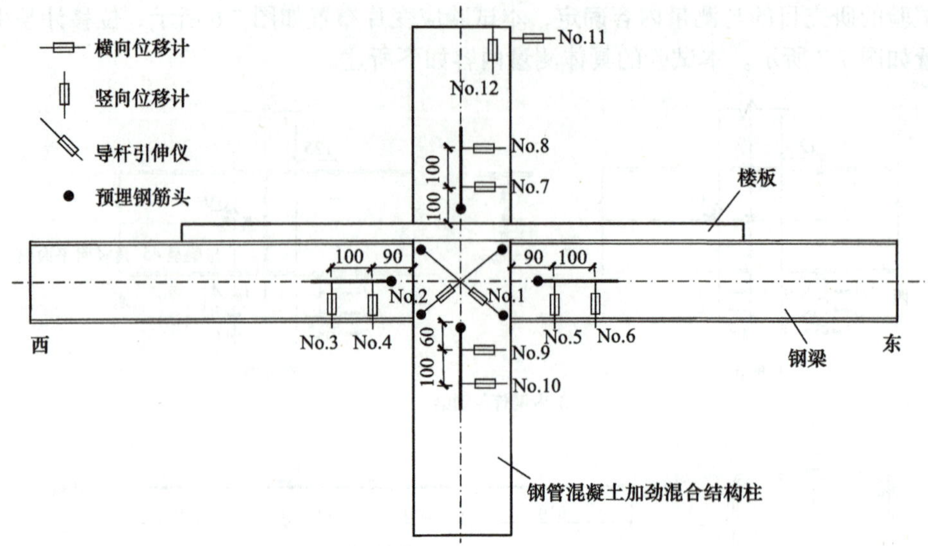

图 7.7 位移计布置（尺寸单位：mm）

1）梁加载端荷载和位移由 MTS 传感器测得。

2）节点核心区剪切变形。通过沿两个对角线方向布置的导杆引伸仪测得的测点相对位移进行换算得到；引伸仪的四个测点位置通过预埋的四根外露钢筋确定；对于空间节点，同时测量东西方向与南北方向的核心区剪切变形。

3）梁、柱转角。在梁、柱的轴线位置预埋钢筋并外露，试验前在钢筋上焊接一段沿梁或柱轴线方向的铁片，通过位移计测量铁片上间距 100mm 的两个测点的位移差，并分别计算梁、柱转角。

4）各部位应变。在钢管、外环板、钢梁、楼板、柱箍筋及纵筋的相应位置分别布置应变片或应变花，记录不同部位在加载过程中的应变发展规律。

5）混凝土裂缝。采用裂缝放大镜测量每一加载级别混凝土裂缝宽度与位置。

7.2.2 试验结果及分析

1. 试验现象

本书作者定义当楼板上表面混凝土受压、钢梁下翼缘受拉时，梁端荷载为正，梁所受的弯矩为正值；反之为负。反复加载过程中，定义平面节点“正向加载”为西梁位移向上，东梁位移向下；定义空间节点“正向加载”为西、南梁位移向上，东、北梁位移向下。试件编号后的“/S”、“/W”、“/N”和“/E”分别表示试件的南梁、西梁、北梁和东梁。以试件 PJ1-2 和 SJ1-2 为例，说明试件试验过程中的主要现象。

试件 PJ1-2 加载时先施加柱端轴压力至 2300kN（柱轴压比为 0.28），后进行梁端反复加载。梁端加载先按荷载控制，当西梁加载至 40kN 时，在距柱边缘 150mm 处，受拉区楼板出现初始弯曲裂缝；反向加载时，另一侧楼板在距柱边 150mm 和 250mm 处出现弯曲裂缝，裂缝宽度约 0.1mm。当西梁加载至 80kN 时，原有裂缝扩展加宽，同时楼板出现新的平行裂缝，最大裂缝宽度为 0.2mm。

之后进入位移控制阶段，当以 Δ_y = 12mm 位移级别进行加载时，核心区未出现剪切裂缝，楼板产生新的弯曲裂缝，原有裂缝加宽，裂缝最大宽度为 0.22mm。此时应变片数据显示，钢梁下翼缘屈服。

当以 $2\Delta_y$ = 24mm 位移级别进行正向加载时，在核心区观察到混凝土初始剪切裂缝，长度约为 120mm，裂缝与竖直方向夹角约 30°，裂缝宽度为 0.1mm；反向加载时，在交叉方向出现两条裂缝，裂缝宽度为 0.15mm，如图 7.8（a）所示。下柱端靠近核心区附近出现弯曲裂缝，钢梁下翼缘附近混凝土出现竖向与斜向裂缝，此裂缝是钢梁下翼缘受拉时与混凝土产生相对滑移趋势引起的。此时，由应变数据可知，核心区内钢管已屈服。位移级别为 $2\Delta_y$ = 24mm 时，楼板分布着大量的裂缝，楼板中部裂缝沿楼板宽度方向；由于抗剪连接件对楼板的冲剪作用，楼板两端的裂缝大致沿 45°方向，最大裂缝宽度为 0.3mm。

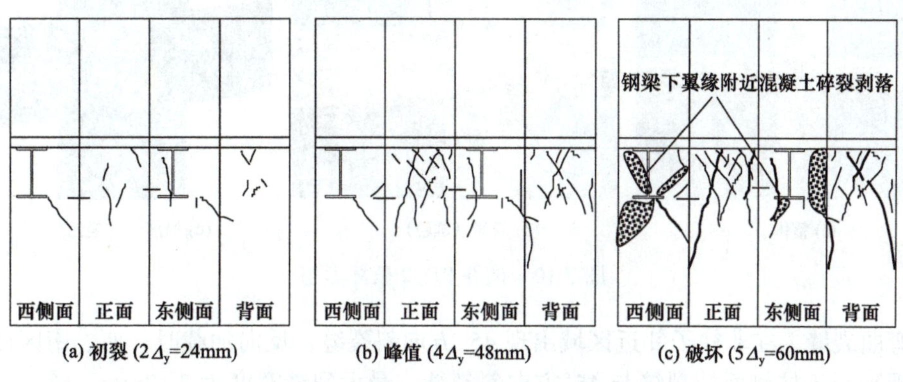

图 7.8　试件 PJ1-2 核心区裂缝发展过程

继续加载，当以 $4\Delta_y$ = 48mm 位移级别进行加载时，试件达到峰值荷载，此时核心区出现大量新的剪切斜裂缝，原有裂缝继续扩展加宽，剪切裂缝最大宽度为 0.4mm，如图 7.8（b）所示。钢梁下翼缘附近的混凝土裂缝迅速向上下延伸，形成大裂缝，混凝土有轻微的碎裂剥落，核心区承受较大的剪力。位移级别为 $4\Delta_y$ = 48mm 时，楼板裂缝最大宽度达到 1.2mm。钢梁受压下翼缘出现局部屈曲，核心区箍筋屈服，柱端纵筋靠近核心区一侧受压屈服。同时，上柱端混凝土表层靠近核心区一侧出现局部压碎。

随着加载的继续，梁端荷载开始下降，裂缝增大，钢梁下翼缘附近混凝土逐渐碎裂剥落。当梁端位移达到 $5\Delta_y$ = 60mm 时，由于荷载下降到峰值荷载 85% 以下而停止加载，核心区与楼板裂缝最终分布分别如图 7.8（c）与图 7.9 所示。

试件最终破坏形态如图 7.10 所示，钢梁下翼缘附近混凝土出现大面积碎裂剥落，梁端出现局部屈曲现象，同时核心区发生了剪切破坏（最大剪切裂缝宽度为 0.6mm，核心区箍筋与内钢管均屈服）。试件破坏属于混合破坏形态，主要发生核心区剪切破坏和钢梁下翼缘附近混凝土碎裂破坏，并伴随梁端弯曲破坏现象。

试件 SJ1-2 加载时先施加柱端轴压力至 2150kN（柱轴压比为 0.28），后进行梁端反复加载。梁端加载先按荷载控制，当西梁、南梁加载至 35kN 时，楼板未出现弯曲裂缝。当西梁、南梁加载至 70kN 时，东、北区楼板在靠近柱子区域出现平行于柱侧面的

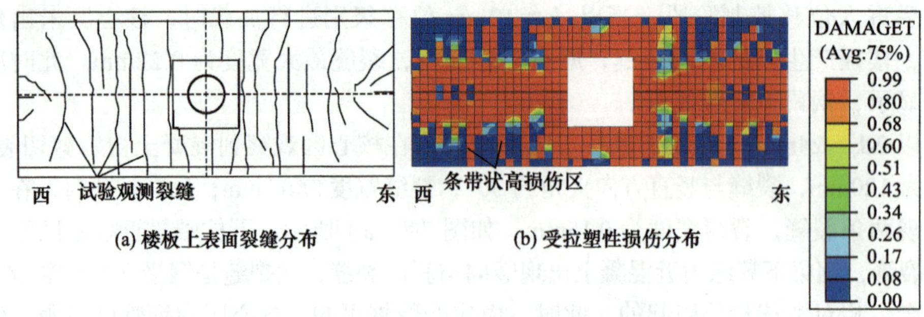

(a) 楼板上表面裂缝分布　(b) 受拉塑性损伤分布

图 7.9　试件 PJ1-2 楼板混凝土最终裂缝分布

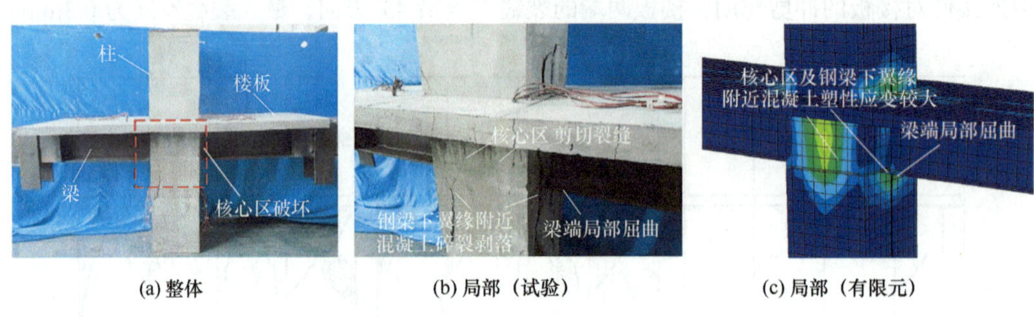

(a) 整体　(b) 局部（试验）　(c) 局部（有限元）

图 7.10　试件 PJ1-2 破坏形态

初始弯曲裂缝，在非柱子邻近区域出现 45°方向斜裂缝；反向加载时，西、南区楼板同样出现平行于柱侧面的裂缝与 45°方向斜裂缝，最大裂缝宽度为 0.12mm。随后进入位移控制阶段，当以 $\varDelta_y$=12mm 位移级别进行加载时，核心区未出现裂缝，楼板出现新的裂缝，裂缝最大宽度为 0.2mm。

当以 $2\varDelta_y$=24mm 位移级别进行正向加载时，在核心区观察到混凝土初始剪切裂缝，裂缝与竖直方向夹角约 45°；反向加载时，在交叉方向出现剪切裂缝，裂缝宽度为 0.2mm，如图 7.11（a）所示。下柱端靠近核心区附近出现弯曲裂缝，钢梁下翼缘附近混凝土出现竖向与斜向裂缝，此裂缝是钢梁下翼缘受拉时与混凝土产生相对滑移趋势引起的。由应变数据可知，核心区内钢管与箍筋均达到屈服状态，同时钢梁下翼缘也

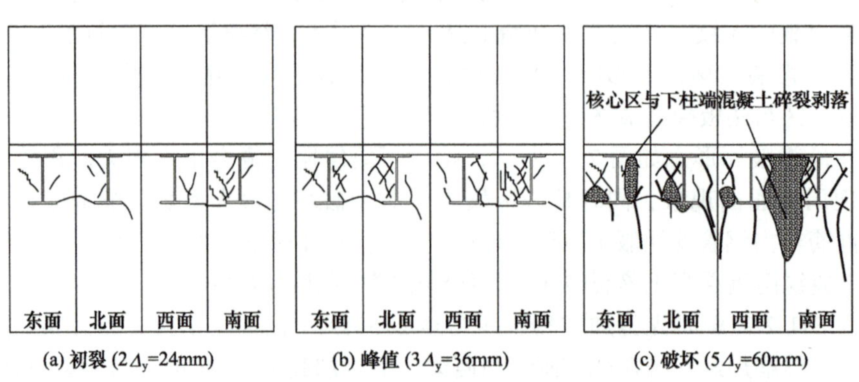

(a) 初裂 ($2\varDelta_y$=24mm)　(b) 峰值 ($3\varDelta_y$=36mm)　(c) 破坏 ($5\varDelta_y$=60mm)

图 7.11　试件 SJ1-2 核心区裂缝发展过程

已屈服。位移级别为 $2\Delta_y$=24mm 时，楼板分布着大量的裂缝，由于空间节点楼板同时承受双向受拉作用，除柱子附近区域裂缝平行于柱侧面外，楼板其他区域裂缝与楼板边缘呈 45°夹角，最大裂缝宽度为 0.6mm。

继续加载，当以 $3\Delta_y$=36mm 位移级别进行加载时，试件达到峰值荷载，此时核心区出现新的剪切斜裂缝，在剪切作用与钢梁下翼缘对混凝土的拉拔双重作用下，混凝土裂缝迅速向上下扩展延伸并加宽，核心区混凝土轻微局部碎裂剥落，最大裂缝宽度达 0.5mm，如图 7.11（b）所示。位移级别为 $3\Delta_y$=36mm 时，楼板裂缝最大宽度达到 1.0mm。此时上柱端角部混凝土及相邻的楼板在反复拉压作用下出现轻微碎裂。

随着加载的继续，梁端荷载开始下降，裂缝增大，核心区及其附近的下柱端混凝土逐渐碎裂剥落，钢梁下翼缘局部受压屈曲。当梁端位移达到 $5\Delta_y$=60mm 时，由于荷载下降到峰值荷载 85% 以下而停止加载，核心区与楼板裂缝最终分布分别如图 7.11（c）与图 7.12 所示。

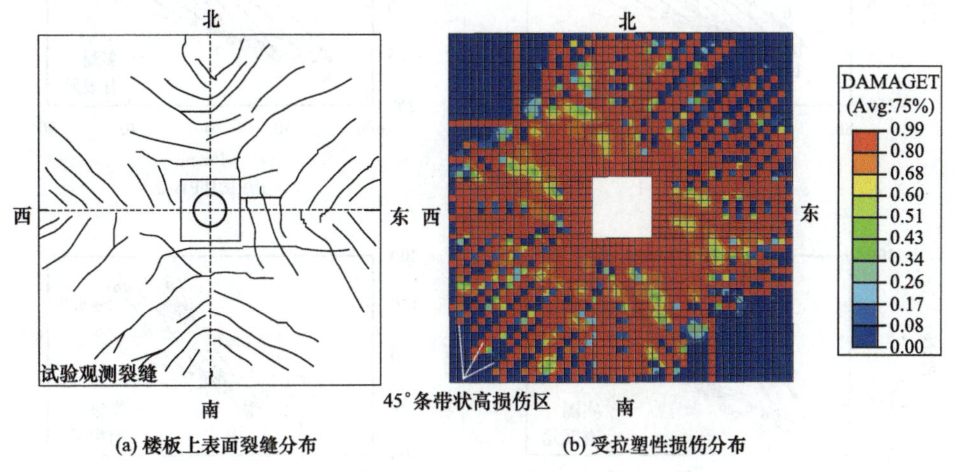

(a) 楼板上表面裂缝分布　　(b) 受拉塑性损伤分布

图 7.12　试件 SJ1-2 楼板混凝土最终裂缝分布

试件最终破坏形态如图 7.13 所示，上柱端及楼板混凝土局部轻微碎裂，但是无明显压弯破坏特征；梁端出现局部屈曲现象，同时核心区及下柱端混凝土严重破坏。试件破坏属于混合破坏形态，主要发生核心区剪切破坏和钢梁下翼缘附近混凝土碎裂破坏，并伴随梁端弯曲破坏现象。

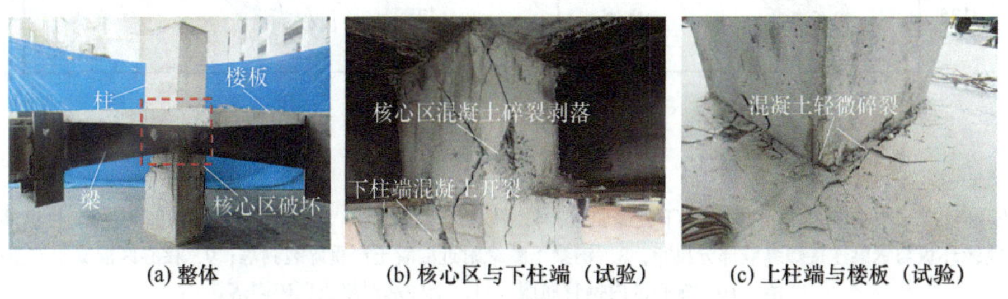

(a) 整体　　(b) 核心区与下柱端（试验）　　(c) 上柱端与楼板（试验）

图 7.13　试件 SJ1-2 的破坏形态

局部屈曲
核心区与下柱端混凝土
塑性应变集中
混凝土塑性应变集中

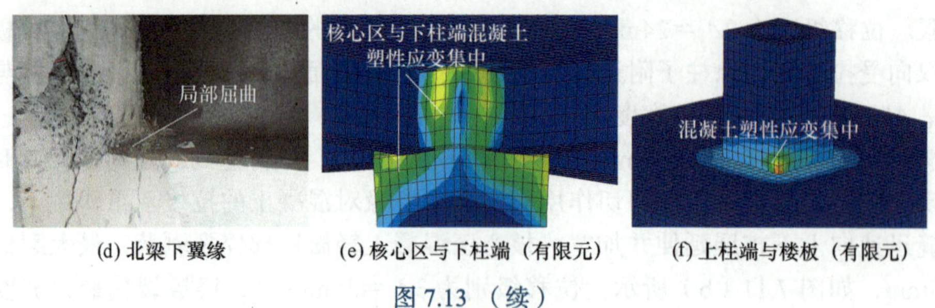

(d) 北梁下翼缘　　(e) 核心区与下柱端（有限元）　　(f) 上柱端与楼板（有限元）

图 7.13 （续）

本次试验平面节点与空间节点的梁端荷载（P）-位移（Δ）关系及破坏特征点的位置分别如图 7.14 和图 7.15 所示。

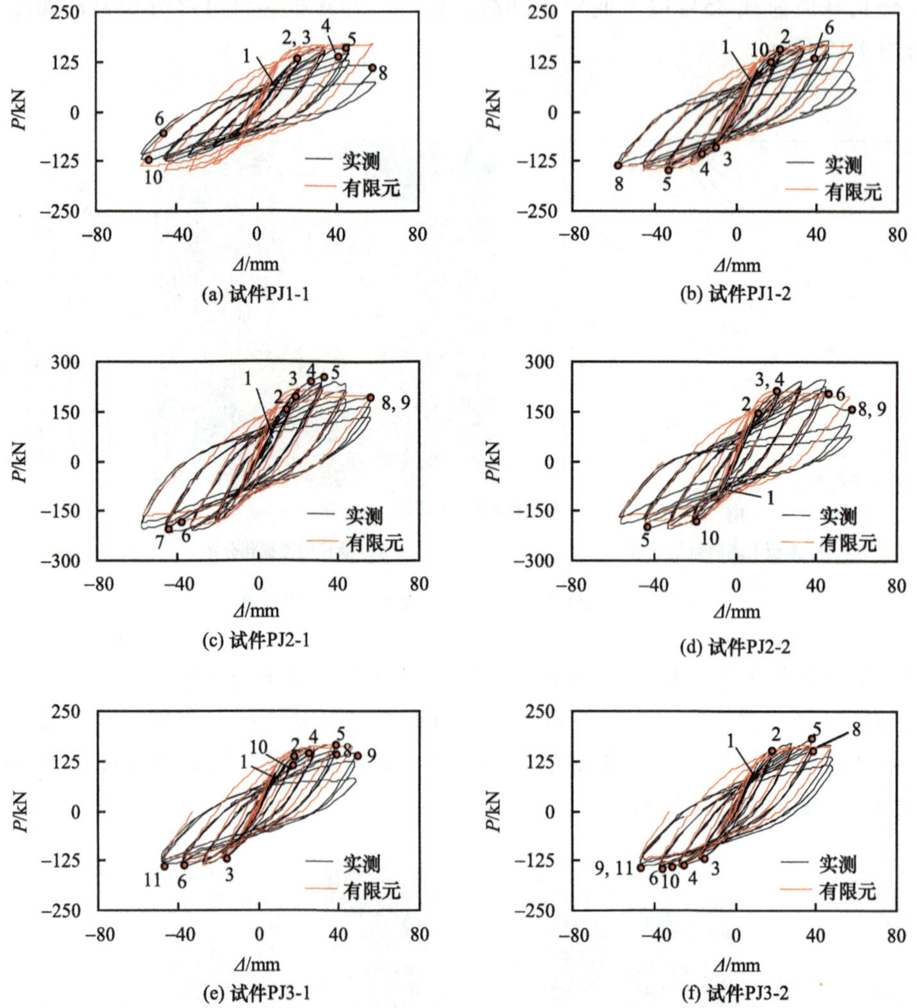

P/kN
Δ/mm
实测
有限元
(a) 试件PJ1-1
(b) 试件PJ1-2
(c) 试件PJ2-1
(d) 试件PJ2-2
(e) 试件PJ3-1
(f) 试件PJ3-2

1. 楼板初裂；2. 核心区初裂；3. 钢梁下翼缘屈服；4. 核心区箍筋屈服；5. 梁下翼缘局部屈曲；6. 柱纵筋屈服；7. 下翼缘环板与钢梁连接焊缝被部分拉断；8. 钢梁下翼缘附近混凝土严重碎裂剥落；9. 核心区混凝土严重碎裂剥落；10. 核心区内钢管屈服；11. 上柱端混凝土压碎剥落。

图 7.14　平面节点的梁端荷载（P）-位移（Δ）关系

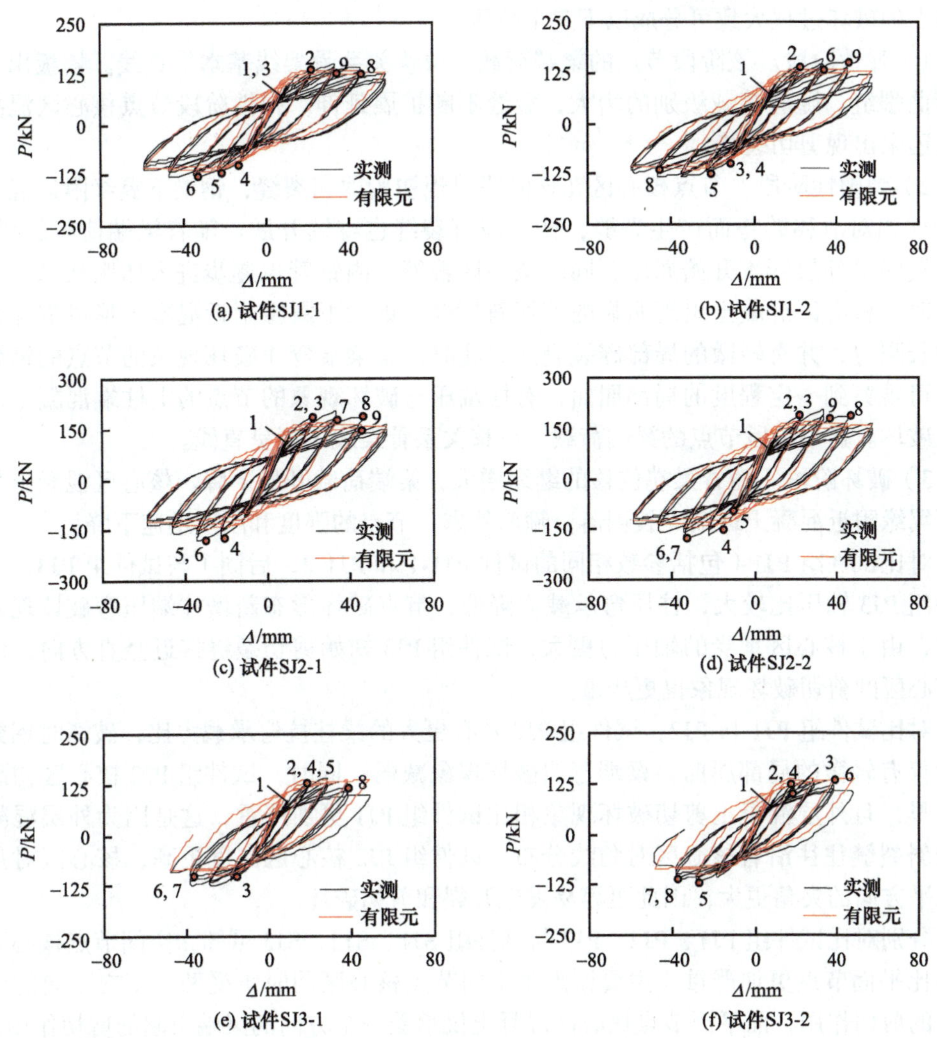

1．楼板初裂；2．核心区初裂；3．核心区箍筋屈服；4．核心区内钢管屈服；5．钢梁下翼缘屈服；6．上柱端混凝土压碎剥落；7．柱纵筋屈服；8．核心区及下柱端混凝土碎裂剥落；9．梁下翼缘局部屈曲。

图 7.15　空间节点梁端荷载（P）－位移（Δ）关系

本次试验试件的主要破坏形态为核心区破坏，包括核心区的剪切破坏与钢梁下翼缘附近混凝土的碎裂破坏。钢梁下翼缘附近混凝土碎裂破坏的机理为：梁端反复荷载作用初期，钢梁下翼缘与柱钢管外包混凝土之间产生相对滑移，下翼缘附近混凝土出现纵向与斜向裂缝；随着梁端荷载的增大，钢梁下翼缘受拉时带动柱纵筋往外挤压保护层混凝土，钢梁下翼缘附近混凝土在钢翼缘的反复压力作用下碎裂剥落，梁柱连接处的强度与刚度显著下降。

随着试验参数（轴压比、梁柱抗弯承载力比和节点类型）的变化，试件在发生核心区破坏的同时，伴随着梁端弯曲破坏或柱端压弯破坏或两者兼有。钢管混凝土加劲混合结构柱－钢梁连接节点的破坏形态为混合破坏。

根据试验过程中现象观察与量测数据结果，钢管混凝土加劲混合结构柱－钢梁连接节点的破坏过程大致可分成以下三个阶段。

1）弹性阶段。该阶段节点的梁端荷载－位移关系骨架线基本呈直线。楼板出现初始弯曲裂缝，随着荷载级别的增大，裂缝不断扩展延伸。弹性阶段节点核心区混凝土一般还未出现剪切裂缝。

2）弹塑性阶段。节点核心区在该阶段出现初始剪切裂缝，钢梁下翼缘附近混凝土因梁柱相对滑移趋势而产生裂缝，楼板原有裂缝也继续开展。随着梁端荷载的增加，钢梁翼缘最外层纤维开始屈服，同时核心区箍筋、内钢管也逐步进入屈服状态。峰值荷载时，核心区混凝土出现明显的剪切斜裂缝，钢梁下翼缘附近混凝土形成贯穿核心区的长裂缝，并有轻微的局部碎裂剥落。此时，有梁端弯曲破坏现象的节点的钢梁翼缘上可观察到一定程度的局部屈曲；有柱端压弯破坏现象的节点的上柱端混凝土出现受压破坏。这个阶段节点的梁端荷载－位移关系骨架线不再呈直线。

3）破坏阶段。随着梁端位移的继续增大，梁端荷载开始下降。核心区混凝土与钢梁下翼缘附近混凝土逐渐碎裂剥落，箍筋外露，节点的强度和刚度迅速下降。

对比试件组 PJ1（包括参数相同的试件 PJ1-1 和 PJ1-2，后同）与试件组 PJ3，由于试件组 PJ3 轴压比较大，柱压弯承载力降低，节点破坏形态新增柱端压弯破坏现象；同时，由于核心区承受的轴压力更大，试件组 PJ3 初始剪切裂缝接近竖直方向，破坏时核心区的剪切破坏现象也更严重。

对比试件组 PJ1 与 PJ2，试件组 PJ2 具有更大的梁柱抗弯承载力比，破坏时钢梁下翼缘仅有轻微的局部屈曲，梁端弯曲破坏现象减弱；同时，试件组 PJ2 核心区初裂出现较早，且外层混凝土剪切破坏现象相比试件组 PJ1 更加严重，这是因为外层混凝土剪切斜裂缝往往沿着核心区对角线分布，试件组 PJ2 核心区高度更高，核心区对角线与水平方向的夹角更大，因此更容易发生开裂和剪切破坏。

分别对比试件组 PJ1、PJ2、PJ3 与试件组 SJ1、SJ2、SJ3 可知，空间节点核心区的破坏比平面节点更加严重，主要原因是空间节点核心区同时承受两个正交方向的梁端引起的剪切作用，而平面节点核心区混凝土仅承受一个方向的梁端引起的剪切作用。

试验后对部分试件敲开了核心区外层混凝土，观察内部组件（包括纵筋、箍筋、内钢管与环板）的破坏情况；之后割开钢管壁，观察核心区钢管内混凝土的开裂情况。选取试件 PJ1-1 和 SJ1-2 为对象分别研究平面节点和空间节点核心区内部典型破坏形态。平面节点 PJ1-1 和空间节点 SJ1-2 的核心区内部组件的破坏形态分别如图 7.16 和图 7.17 所示。

由图 7.16 可见，平面节点的纵筋轻微弯曲，钢梁下翼缘开孔处断裂。由于钢梁下翼缘附近混凝土的碎裂剥落，环板与钢管间连接焊缝因承受较大应力而出现拉裂现象。钢管内混凝土在核心区高度范围内出现接近竖直方向的剪切斜裂缝。由图 7.17 可见，空间节点的纵筋出现轻微弯曲，箍筋点焊处断裂，钢梁翼缘与内钢管连接的环板在倒角位置断裂，钢管内混凝土分布着少量交叉裂缝。平面和空间节点的钢管与钢管内、钢管外包混凝土之间的接触界面保持完好，无明显相对滑移现象。

2. 梁加载端荷载－位移关系

本试验所有试件的 P-Δ 关系如图 7.14 和图 7.15 所示。由于本次试验试件核心区发

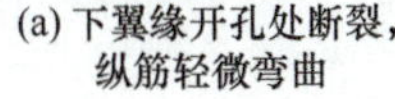
(a) 下翼缘开孔处断裂，纵筋轻微弯曲

(b) 环板与钢管连接焊缝拉裂

(c) 钢管内混凝土裂缝

图 7.16　平面节点 PJ1-1 核心区内部组件破坏形态

(a) 纵筋轻微弯曲，箍筋点焊处拉断

(b) 环板倒角处断裂

(c) 钢管内混凝土裂缝

图 7.17　空间节点 SJ1-2 核心区内部组件破坏形态

生了剪切破坏，同时钢梁下翼缘附近柱外层混凝土开裂并碎裂剥落，因此 P-Δ 关系存在一定的捏缩效应。

P-Δ 关系的骨架线可由滞回曲线中各级加载的峰值点相连得到，平面节点与空间节点的骨架线分别如图 7.18 和图 7.19 所示。其中，“E”“W”“S”“N”分别表示东、西、南、北四个方向的梁端的结果。

由图 7.18 和图 7.19 可见，试件 P-Δ 关系骨架线呈“S”形，通过在骨架线上确定三个特征点将骨架线分成三个部分，并分别对应试件破坏的三个阶段，即弹性阶段、弹塑性阶段和破坏阶段。三个特征点分别为屈服点、峰值点和极限点，具体取法参见图 2.109。

本节试验试件在各特征点对应的荷载与位移如表 7.4 所示。其中，P_y、P_{max} 和 P_u 分别为屈服点、峰值点和极限点对应的荷载，Δ_y、Δ_{max} 和 Δ_u 分别为屈服点、峰值点和极限点对应的位移；荷载为正表示梁受正弯矩，楼板受压，反之，梁受负弯矩，楼板受拉。

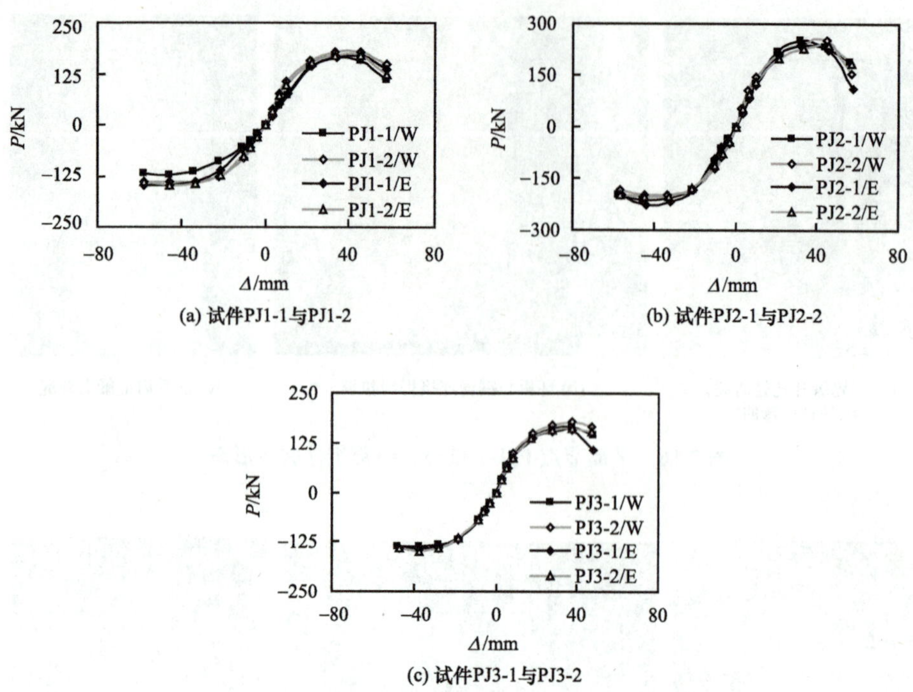

(a) 试件PJ1-1与PJ1-2

(b) 试件PJ2-1与PJ2-2

(c) 试件PJ3-1与PJ3-2

图 7.18　平面节点梁端荷载（P）- 位移（Δ）关系骨架线

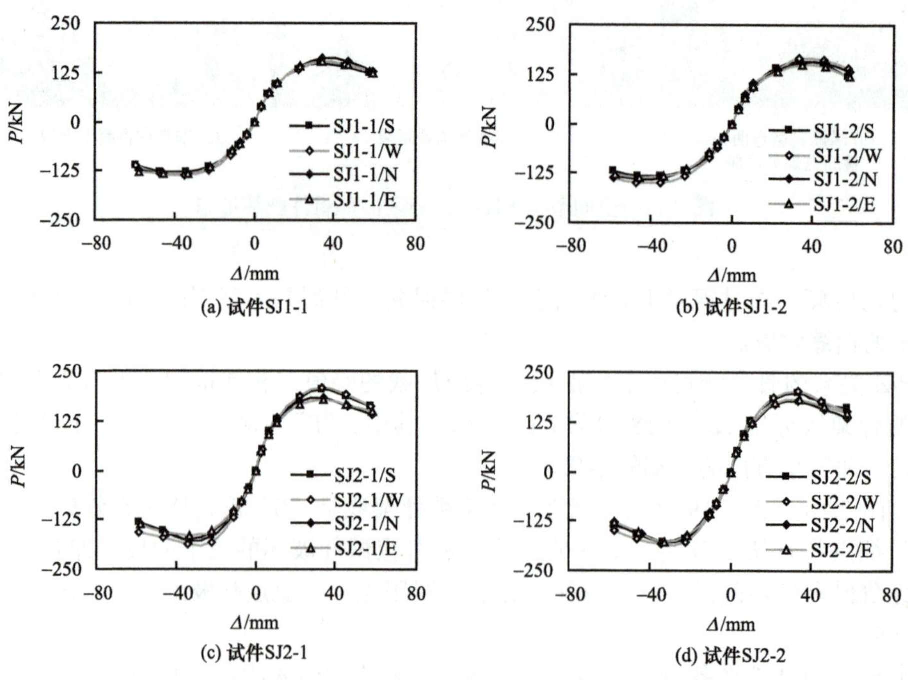

(a) 试件SJ1-1

(b) 试件SJ1-2

(c) 试件SJ2-1

(d) 试件SJ2-2

图 7.19　空间节点梁端荷载（P）- 位移（Δ）关系骨架线

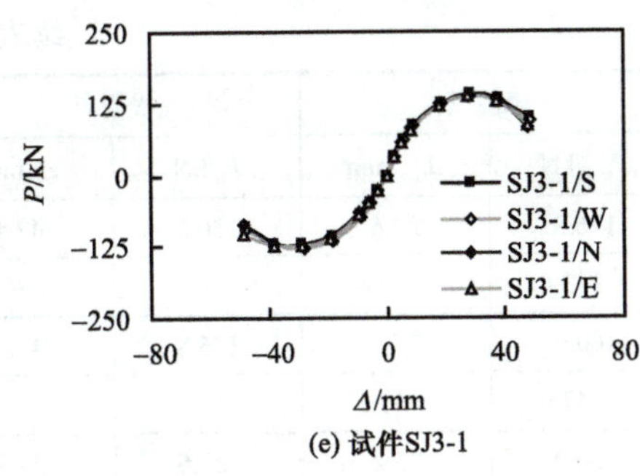

(e) 试件SJ3-1

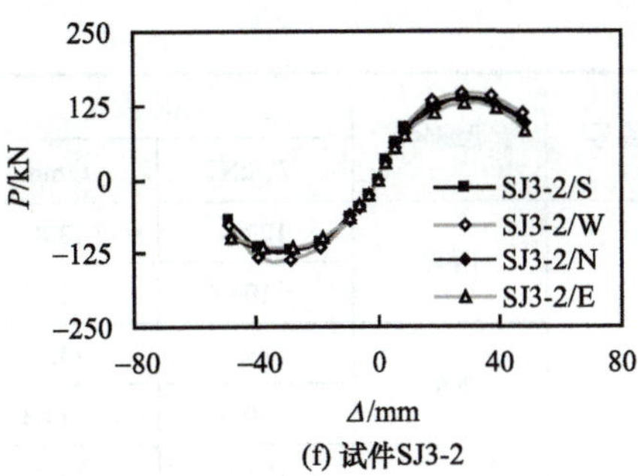

(f) 试件SJ3-2

图 7.19 （续）

表 7.4　试件特征点数据

试件编号	梁编号	屈服点		峰值点		极限点	
		P_y/kN	Δ_y/mm	P_{max}/kN	Δ_{max}/mm	P_u/kN	Δ_u/mm
PJ1-1	西梁	149.5	25.8	163.2	33.3	138.7	50.4
		−89.4	−22.2	−123.8	−45.7	—	—
	东梁	151.0	25.7	168.6	45.7	143.3	55.0
		−115.0	−23.6	−148.4	−45.3	—	—
PJ1-2	西梁	129.9	15.4	178.9	45.2	152.1	55.3
		−104.9	−16.1	−140.5	−57.6	—	—
	东梁	125.1	15.9	170.1	45.5	144.6	51.9
		−100.4	−15.9	−146.2	−45.2	—	—
PJ2-1	西梁	224.2	22.8	253.7	31.6	215.7	48.2
		−184.1	−21.1	−210.8	−45.2	—	—
	东梁	207.0	21.5	237.4	31.9	201.8	47.5
		−194.1	−24.3	−225.2	−43.5	−191.4	−59.5
PJ2-2	西梁	169.1	14.0	251.6	44.3	213.9	49.1
		−139.5	−13.4	−198.6	−33.1	—	—
	东梁	158.8	14.6	235.2	45.0	199.9	52.9
		−132.5	−13.3	−204.8	−44.3	—	—
PJ3-1	西梁	121.7	14.3	167.7	37.5	142.6	47.5
		−100.4	−14.3	−136.2	−47.7	—	—
	东梁	120.8	15.1	157.4	37.1	133.8	42.1
		−97.6	−14.6	−141.7	−37.4	—	—

续表

试件编号	梁编号	屈服点		峰值点		极限点	
		P_y/kN	Δ_y/mm	P_{max}/kN	Δ_{max}/mm	P_u/kN	Δ_u/mm
PJ3-2	西梁	127.4	13.8	176.8	37.6	150.2	47.4
		−106.4	−15.1	−143.4	−37.6	—	—
	东梁	118.6	14.3	160.9	37.5	136.8	47.4
		−98.1	−14.3	−147.6	−37.6	—	—
SJ1-1	南梁	104.1	13.8	150.0	33.2	127.5	54.8
		−90.6	−14.3	−128.6	−34.4	−109.3	−59.0
	西梁	108.2	14.7	153.7	33.2	130.7	55.1
		−96.2	−14.6	−134.7	−34.9	−114.5	−57.4
	北梁	115.0	15.7	159.9	34.4	135.9	55.3
		−88.2	−14.7	−134.2	−33.2	—	—
	东梁	112.8	15.3	153.5	34.4	130.5	55.5
		−86.7	−13.7	−132.9	−45.3	—	—
SJ1-2	南梁	112.1	14.6	157.0	33.6	133.4	52.1
		−90.7	−14.0	−133.8	−46.6	—	—
	西梁	112.7	14.3	164.0	33.6	139.4	57.4
		−103.1	−15.6	−150.9	−46.6	—	—
	北梁	108.8	15.6	154.9	34.7	131.7	58.6
		−94.4	−16.1	−141.4	−45.5	—	—
	东梁	107.1	14.8	149.9	34.6	127.4	55.0
		−90.9	−15.3	−136.6	−45.6	—	—
SJ2-1	南梁	141.7	13.3	202.0	33.2	171.7	52.4
		−124.4	−12.8	−177.7	−33.5	−151.1	−48.1
	西梁	145.7	13.4	209.5	33.1	178.0	50.9
		−140.2	−14.5	−189.0	−34.4	−160.7	−54.5
	北梁	131.5	12.8	184.1	34.2	156.5	48.7
		−120.7	−14.1	−175.8	−33.2	−149.5	−50.6
	东梁	127.8	12.3	180.5	34.3	153.4	54.3
		−112.7	−12.7	−167.7	−33.2	−142.5	−54.9
SJ2-2	南梁	141.1	12.9	201.4	33.0	171.2	48.6
		−122.7	−12.8	−176.9	−33.1	−150.4	−50.3
	西梁	143.8	13.3	202.4	33.0	172.0	48.2
		−131.0	−13.1	−183.4	−33.9	−155.9	−53.7
	北梁	129.1	12.5	178.3	33.1	151.6	49.3
		−120.1	−13.4	−176.6	−33.1	−150.1	−48.0
	东梁	132.5	12.5	182.5	33.9	155.2	53.4
		−118.6	−13.1	−177.3	−32.5	−150.7	−46.8

续表

试件编号	梁编号	屈服点		峰值点		极限点	
		P_y/kN	Δ_y/mm	P_{max}/kN	Δ_{max}/mm	P_u/kN	Δ_u/mm
SJ3-1	南梁	101.4	13.1	139.9	28.6	118.9	42.3
		−87.1	−13.3	−121.6	−28.2	−103.3	−43.8
	西梁	103.8	13.6	138.4	28.7	117.6	41.8
		−93.7	−13.4	−129.6	−28.1	−110.1	−41.5
	北梁	100.7	13.2	137.1	28.1	116.5	40.2
		−88.3	−14.2	−124.9	−28.6	−106.2	−42.4
	东梁	99.9	13.7	138.5	27.8	117.7	40.2
		−87.9	−13.4	−126.0	−38.4	−107.1	−46.6
SJ3-2	南梁	102.4	13.2	137.1	28.0	116.5	43.3
		−81.8	−12.9	−118.7	−28.5	−100.9	−41.5
	西梁	113.7	14.7	146.5	28.0	124.5	43.1
		−96.7	−14.6	−136.1	−28.5	−115.7	−41.9
	北梁	103.8	15.0	135.2	28.6	114.9	41.8
		−83.2	−14.1	−119.4	−37.4	−101.5	−46.9
	东梁	95.7	14.4	126.9	28.6	107.8	41.4
		−78.4	−12.8	−113.9	−28.0	−96.8	−47.6

通过分析荷载（P）－位移（Δ）关系骨架线及特征点，得到如下结论。

1）楼板的存在使节点在正弯矩作用下的梁端加载初始刚度与承载力均大于负弯矩下对应的数值。

2）随着钢梁截面高度的增大，梁柱抗弯承载力比增大，梁端承载力与加载初始刚度也相应提高。

3）轴压比对平面节点的梁端加载初始刚度与承载力无明显影响；对于空间节点，轴压比的增大使核心区混凝土的破坏更加严重，破坏时柱子向一侧发生整体弯曲，因此承载力降低，且荷载在峰值点以后迅速减小。

4）对比平面节点与空间节点，由于空间节点核心区混凝土破坏更严重，梁端正、负向承载力相比平面节点分别降低约 16.3% 与 10.8%；平面节点与空间节点初始加载刚度相近，说明双向荷载作用对节点单根梁的初始刚度无明显影响。

3. 节点弯矩－梁柱相对转角关系

节点的弯矩（M）－梁柱相对转角（θ）关系可以反映节点抵抗梁柱相对转动变形的能力。节点梁柱相对转角包括核心区剪切变形引起转角和非剪切变形引起转角两部分，可由图 7.7 布置的位移计（No.3～No.10）测得。具体计算方法：计算位移计 No.3 与 No.4（No.5 与 No.6）的位移差与位移计测点间距比值，得到梁端转角 θ_b；计算位移计 No.7 与 No.8（No.9 与 No.10）的位移差与位移计测点间距比值，得到柱端转角 θ_c；梁柱相对转角为 $\theta=\theta_b-\theta_c$。

节点弯矩（M）可按式（7.3）计算。

$$M=\frac{L-B}{2}P \tag{7.3}$$

式中，L 为梁端加载点之间的距离；B 为加劲混合结构柱截面尺寸；P 为梁端荷载。

按上述方法得到部分节点的 M-θ 关系，如图 7.20 所示。

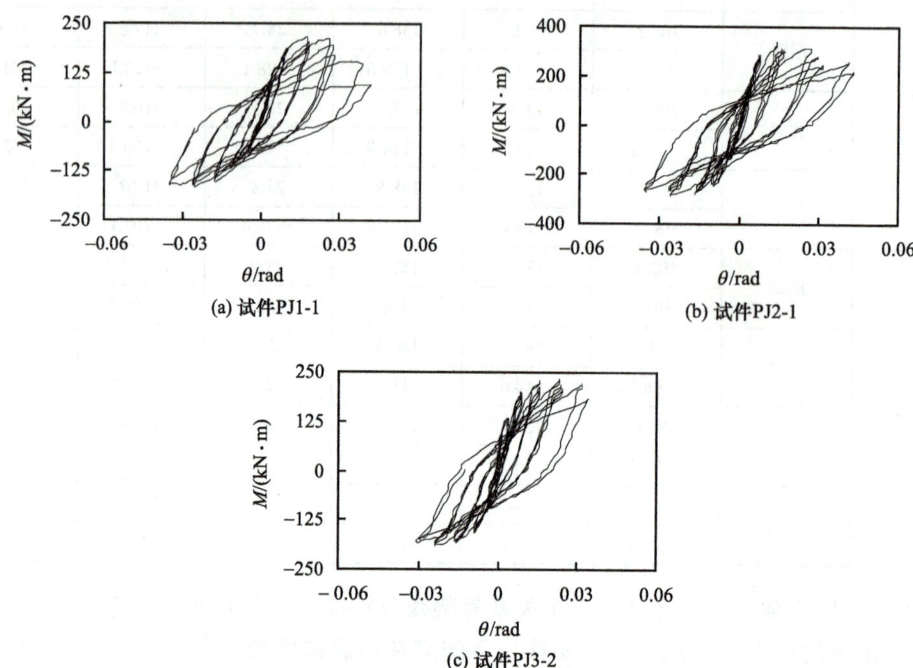

图 7.20 节点弯矩（M）- 梁柱相对转角（θ）关系

由图 7.20 可见：①梁柱相对转角（θ）在正、负方向总体呈对称分布，而在同一加载级别下节点的正弯矩大于负弯矩，由此可知节点的正向转动刚度大于负向转动刚度。②对比试件 PJ1-1 与 PJ2-1 可见，随着钢梁截面高度的增大，同一加载级别下节点弯矩增大，但梁柱相对转角（θ）无明显变化，这说明钢梁截面高度的增大不仅提高了钢梁的抗弯刚度，同时也提高了节点的梁柱相对转动刚度。③对比试件 PJ1-1 与 PJ3-2 可见，轴压比对节点弯矩 - 梁柱相对转角关系无明显影响。

4. 核心区剪力 - 剪切变形关系

节点核心区剪力（V_j）- 剪切变形（γ_j）关系可以反映核心区抵抗剪切作用的能力。在剪切荷载作用下节点核心区受力状态与变形示意如图 7.21 所示，图中符号含义见下文。对于空间节点，核心区在双向剪力作用下由立方体变形为平行六面体。

参考欧洲规范 EC3（2005）计算核心区剪力（V_j），如式（7.4）所示。

$$V_j=\frac{M_{b1}-M_{b2}}{z}-\frac{V_{c1}-V_{c2}}{2}=\frac{(V_{b1}-V_{b2})\left(\frac{L}{2}-\frac{B}{2}\right)}{z}-\frac{(V_{b1}-V_{b2})\ L}{2H} \tag{7.4}$$

图 7.21 和式（7.4）中：N_{c1}、N_{c2} 为核心区上、下柱端轴力；M_{b1}、M_{b2} 为核心区两

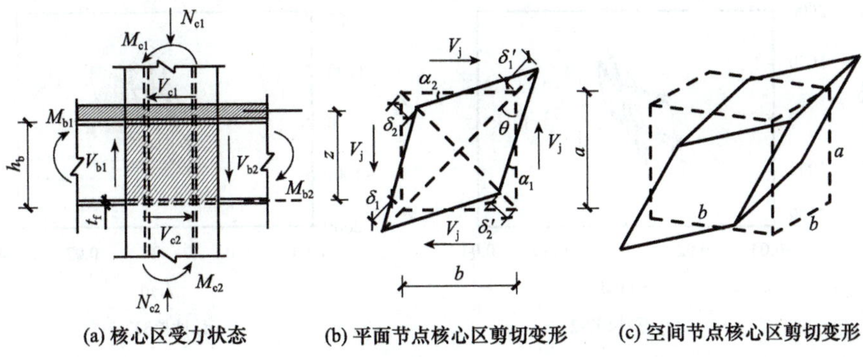

(a) 核心区受力状态　(b) 平面节点核心区剪切变形　(c) 空间节点核心区剪切变形

图 7.21　节点核心区受力状态和剪切变形示意

侧梁端弯矩；V_{b1}、V_{b2} 为核心区两侧梁端剪力，即节点梁端荷载；V_{c1}、V_{c2} 为核心区上、下柱端剪力；L 为同一方向上梁端加载点之间的水平距离；B 为加劲混合结构柱截面尺寸；H 为上、下柱端转动中心之间的垂直距离；z 为力偶臂大小，取楼板厚度中心到钢梁下翼缘中心之间的距离，对于无楼板的情况，z 取上下翼缘中心的间距。

节点核心区的剪切变形（γ_j）由布置在核心区对角线方向的导杆引伸仪测得的对角线长度变化值计算得到，如图 7.21（b）所示。γ_j 按式（7.5）计算（唐九如，1989）。

$$\gamma_j=\frac{1}{2}[(\delta_1+\delta_1')+(\delta_2+\delta_2')]\frac{\sqrt{a^2+b^2}}{ab} \tag{7.5}$$

式中，$(\delta_1+\delta_1')$ 和 $(\delta_2+\delta_2')$ 分别为试验测得的核心区对角点相对位移；a 和 b 分别为核心区两个方向的尺寸。

图 7.22 所示为部分节点的核心区剪力（V_j）－剪切变形（γ_j）关系，图中的空间节点给出了一个加载方向的结果。需要说明的是，由于加载后期核心区预埋测点附近的混凝土破坏严重，导致测得的剪切变形比实际偏大。可见：①节点 PJ2-2 与 SJ2-2 虽然梁端荷载明显大于节点 PJ3-2、SJ3-2，但由于其钢梁截面高度大，依据式（7.4）计算得到的核心区剪力值与节点 PJ3-2、SJ3-2 相近；②对比节点 PJ2-2 与 PJ3-2，节点 PJ2-2 核心区承受剪力更小，但剪切变形发展却更加充分，这是因为随着核心区高度的增加，核心区对角线与水平方向的夹角增大，核心区更容易发生剪切变形与剪切破坏。

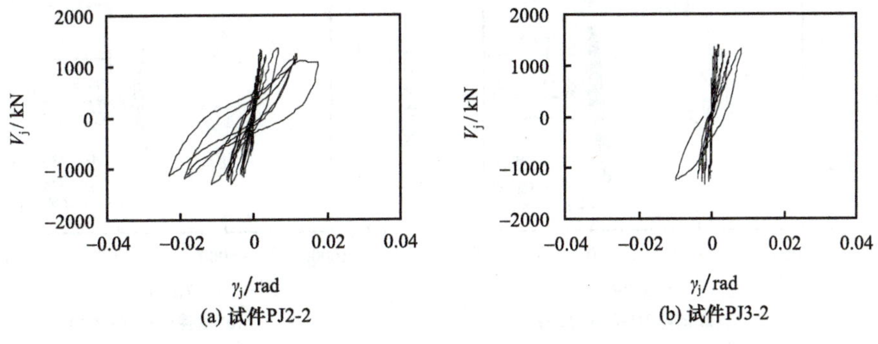

(a) 试件PJ2-2　(b) 试件PJ3-2

图 7.22　节点核心区剪力（V_j）－剪切变形（γ_j）关系

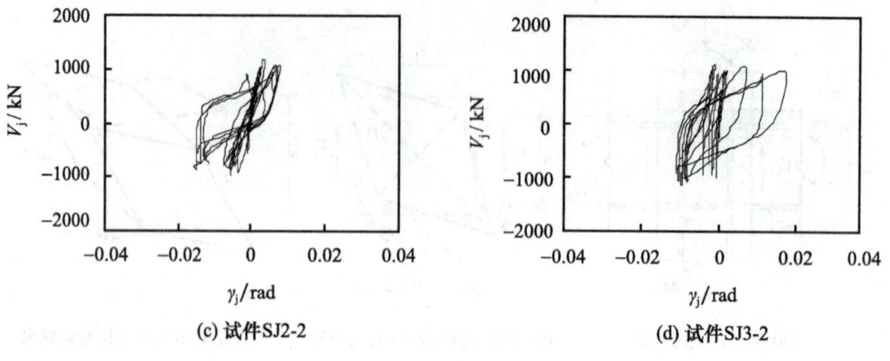

图 7.22　节点核心区剪力（V_j）－剪切变形（γ_j）关系

5. 应变分析

（1）钢管壁应变

本试验通过布置在钢梁下翼缘下方不同高度处的应变片，分析靠近核心区一侧柱端钢管壁在压弯作用下的应变发展规律。应变片布置方案如图 7.6 所示。

柱端钢管壁纵向应变（ε_{tube}）随柱端弯矩（M_c）变化的关系如图 7.23 所示。其中，平面节点的柱端弯矩（M_c）按式（7.6）计算。

$$M_c = V_{col} \times H_1 = \frac{(V_{b1} - V_{b2})\ L}{2H} \times H_1 \tag{7.6}$$

式中，V_{col} 为下柱端铰接处水平剪力；H_1 为下柱端铰接处到贴片位置的垂直距离；V_{b1} 和 V_{b2} 分别为核心区两侧的梁端剪力，即梁端荷载；H 为柱上下转动中心之间的垂直距离；L 为同一方向上梁端加载点之间的水平距离。

对于空间节点，由于受双向荷载作用，采用将正交两个方向弯矩合成的方法获得空间节点柱端弯矩值（$M_{c,3D}$），即 $M_{c,3D} = \sqrt{{M_{cp1}}^2 + {M_{cp2}}^2}$，其中 M_{cp1} 和 M_{cp2} 为单个方向上的柱端弯矩，按式（7.6）计算。

由图 7.23 可得如下分析结果。

1）对比不同截面位置的应变发展规律可知，靠近核心区的钢管壁应变值明显较大，在加载后期应变获得了充分发展；对于平面节点 PJ1-2 与 PJ3-1，远离核心区的

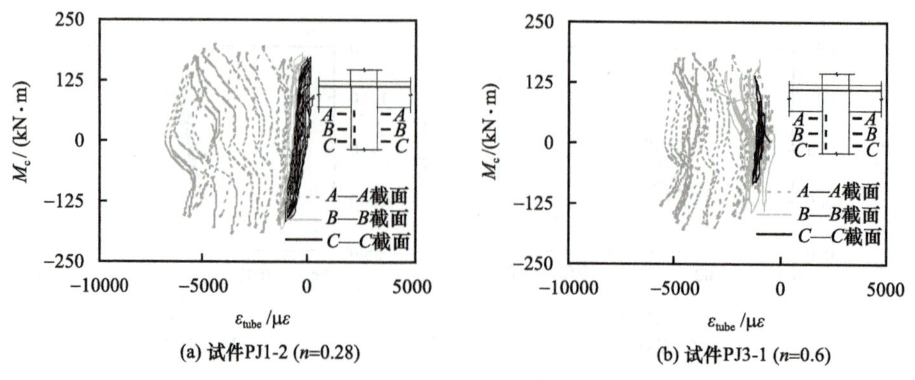

图 7.23　柱端弯矩（M_c）－钢管应变（ε_{tube}）关系

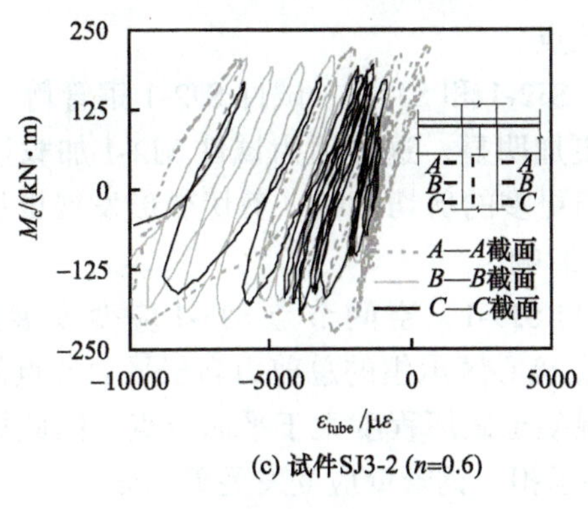

(c) 试件SJ3-2 (n=0.6)

图 7.23 （续）

C—C 截面的 M_c-ε_{tube} 关系基本处于线性阶段。

2）对比试件 PJ1-2 与 PJ3-1，节点 PJ3-1 由于柱端轴压力较大，初始的应变值也较大；由于节点主要发生核心区破坏，轴压比对钢管壁的应变发展无明显影响。

3）对比试件 PJ3-1 与 SJ3-2，空间节点 SJ3-2 应变发展程度大于平面节点 PJ3-1，远离核心区的 C—C 截面的钢管应变也获得了较大的塑性发展，这是因为：空间节点柱端弯矩高于对应的平面节点；同时，空间节点在双向荷载作用下钢梁下翼缘附近的下柱端混凝土破坏程度比平面节点严重，因此加载后期柱端弯矩更多地向内部钢管混凝土部件转移，钢管壁应变充分发展。

4）由于钢管壁在压弯作用下塑性残余应变无法恢复，M_c-ε_{tube} 关系在后期向受压的方向累积发展。

（2）核心区钢管剪切应变

通过布置在核心区内钢管中部的应变花，分析钢管剪切应变（γ_{12}）在加载过程中的发展规律。部分节点核心区剪力（V_j）- 钢管壁剪切应变（γ_{12}）关系如图 7.24 所示。其中剪切应变（γ_{12}）按 $\gamma_{12}=2\varepsilon_3-\varepsilon_1-\varepsilon_2$ 计算，ε_1 和 ε_2 为应变花水平和竖直方向应变，ε_3 为 45°斜向应变。由于梁端达到峰值位移后部分应变片数据失效，图 7.24 中曲线统一采用 $3\Delta_y$ 加载级别作为终点。空间节点由于受双向荷载作用，核心区剪力的合力大于单个方向的剪力。通过将正交两个方向剪力合成的方法获得空间节点核心区总剪力值（$V_{j,3D}$），即 $V_{j,3D}=\sqrt{V_{j1}^2+V_{j2}^2}$，其中 V_{j1} 和 V_{j2} 为单个方向上的剪力值。

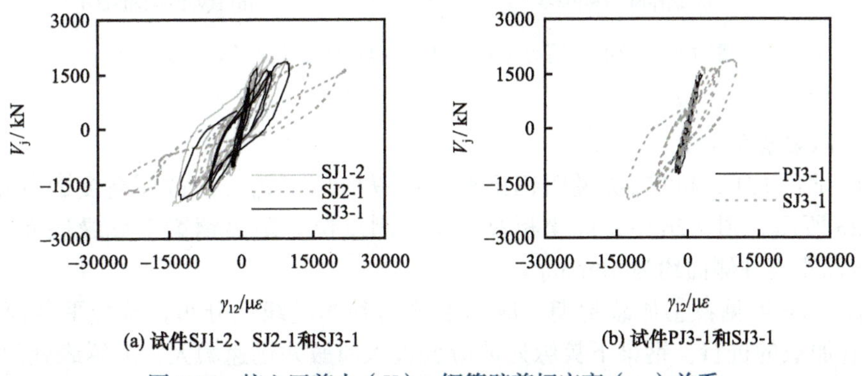

(a) 试件SJ1-2、SJ2-1和SJ3-1　　(b) 试件PJ3-1和SJ3-1

图 7.24　核心区剪力（V_j）- 钢管壁剪切应变（γ_{12}）关系

由图 7.24 可见如下几点。

1）对比试件 SJ1-2、SJ2-1 和 SJ3-1，试件 SJ2-1 钢管剪切应变发展程度大于其他两个试件，在加载后期更加明显，这是因为试件 SJ2-1 加载过程中混凝土剪切破坏现象更严重，内钢管壁分担更多的剪切荷载，剪切变形发展更加充分。轴压比对钢管壁剪切应变发展规律无明显影响。

2）对比试件 PJ3-1 与 SJ3-1，空间节点 SJ3-1 应变发展远大于对应的平面节点 PJ3-1，这是因为空间节点核心区承担的总剪力高于平面节点的剪力，同时空间节点在双向荷载作用下核心区混凝土破坏程度大于平面节点，因此加载后期核心区剪力更多地由内部钢管混凝土部件承担，钢管壁应变发展更充分。

（3）核心区钢梁腹板剪应变

本次试验通过在核心区钢梁腹板布置应变花来测量其剪切应变，分析钢梁腹板在核心区抗剪过程中承受的剪切作用，应变花布置方案如图 7.6 所示。剪切应变的计算方法如前文所述，需要说明的是，此处空间节点的核心区剪力仅考虑单个方向的剪力，这是因为一个方向的剪力对其正交方向钢梁腹板的应变无法产生明显的影响。

核心区剪力（V_j）- 钢梁腹板剪切应变（γ_{12}）关系如图 7.25 所示，图中曲线以 $4\Delta_y$ 位移级别作为终点。经分析可知：①试件 PJ2-1 腹板应变明显大于试件 PJ3-2；对比试件 PJ3-2 与 SJ3-1，空间节点 SJ3-1 核心区钢梁腹板只受一个方向的剪切作用，因此腹板剪切应变发展规律与平面节点相近。②对比核心区剪力（V_j）- 钢梁腹板剪切应变（γ_{12}）关系与核心区剪力（V_j）- 钢管壁剪切应变（γ_{12}）关系（图 7.24）可知，腹板应变明显小于钢管壁应变，钢管壁是核心区的主要抗剪钢组件。

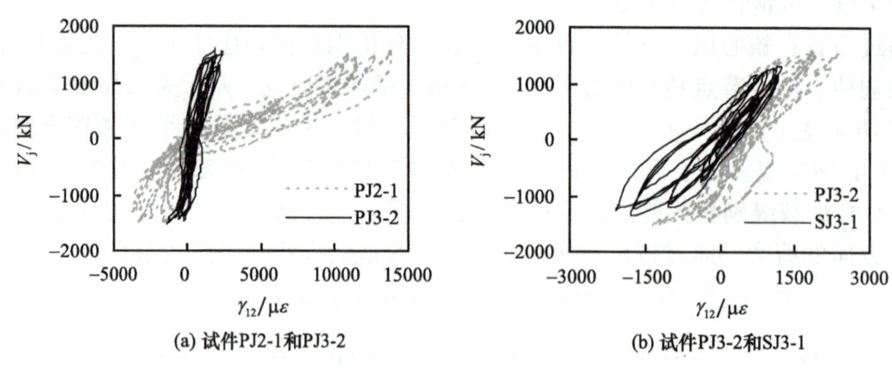

(a) 试件PJ2-1和PJ3-2　　(b) 试件PJ3-2和SJ3-1

图 7.25　核心区剪力（V_j）- 钢梁腹板剪切应变（γ_{12}）关系

（4）钢梁截面应变

选取试件 PJ1-2 和 PJ2-2 说明钢梁截面的纵向应变 ε_{beam} 沿截面高度的分布规律，如图 7.26 所示。图 7.26 中，纵坐标高度 y 指测点位置距离钢梁下翼缘底面的距离，D—D 截面距离柱侧面约为 50mm。

由图 7.26 可见：①加载初期，应变沿梁高基本呈线性分布，符合平截面假定规律；随着加载的进行，钢梁下翼缘处的应变进入屈服并迅速增大，上翼缘处的应变由

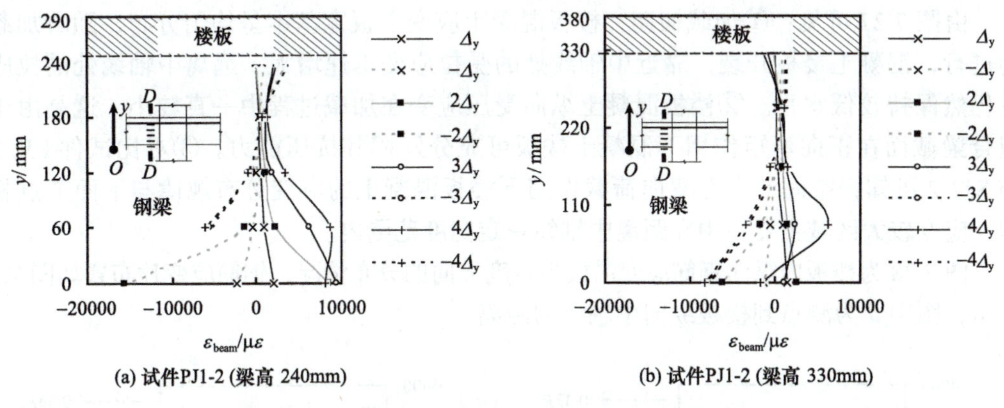

(a) 试件PJ1-2 (梁高 240mm)　　(b) 试件PJ1-2 (梁高 330mm)

图 7.26　钢梁截面应变（ε_{beam}）沿截面高度分布

于楼板的组合作用而始终处于较低水平。②钢梁在负弯矩下的应变总体上大于正弯矩下的应变，即钢梁下翼缘在受压时由于楼板组合作用相对较小，压应变绝对值大于受拉时的拉应变。③对比试件 PJ1-2 和 PJ2-2，试件 PJ2-2 由于梁高较高，破坏时钢梁下翼缘屈曲现象不明显，钢梁应变的发展程度也相应更低。需要说明的是，当正向加载到 $4\Delta_y$ 位移级别时，试件 PJ2-2 下翼缘处应变出现负值，这是由该测点在上一加载级别结束时受压残余应变过大造成的。

（5）楼板混凝土应变与楼板纵向钢筋应变

对于带楼板的组合梁截面，由于存在剪力滞后效应，混凝土楼板的正应力沿宽度方向分布不均匀。本次试验通过楼板表面及楼板内预埋钢筋的应变数据，分析剪力滞后效应的发展规律，应变片布置方案如图 7.6 所示。

图 7.27 为楼板 *E—E* 截面处混凝土纵向应变沿楼板宽度方向的分布情况，图中 *d* 为测点到楼板纵向中轴线的距离，*E—E* 截面距离柱侧面约为 200mm。考虑到楼板混凝土开裂后应变片的失效，仅对加载级别 P_y 及其之前的数据进行分析。

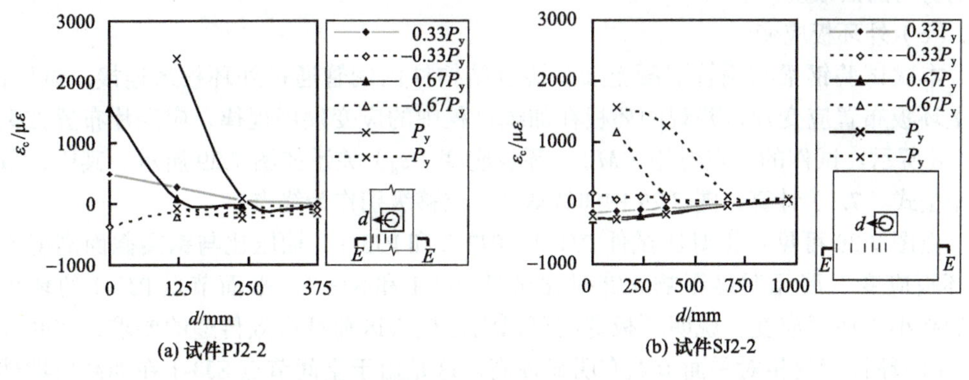

(a) 试件PJ2-2　　(b) 试件SJ2-2

图 7.27　楼板混凝土应变（ε_c）沿楼板宽度分布

由图 7.27 可见：①加载初期，楼板混凝土应变沿板宽基本呈均匀分布，随着加载的进行，混凝土楼板开裂，靠近中轴线处的受拉应变迅速增大，远离中轴线处的拉应变仍然保持较低水平。②楼板混凝土纵向受压应变在加载过程中一直较小，这是由于组合梁截面在正向弯矩作用下混凝土楼板可充分发挥其抗压能力。③对比试件 PJ2-2 与 SJ2-2 可知，空间节点在双向荷载作用下楼板混凝土的应变分布规律与平面节点相似，应变较大区域主要集中在距离中轴线一定宽度范围内。

图 7.28 为楼板内纵向钢筋应变沿楼板宽度方向的分布情况，钢筋应变片布置如图 7.6 所示，图中 d 为测点到楼板纵向中轴线的距离。

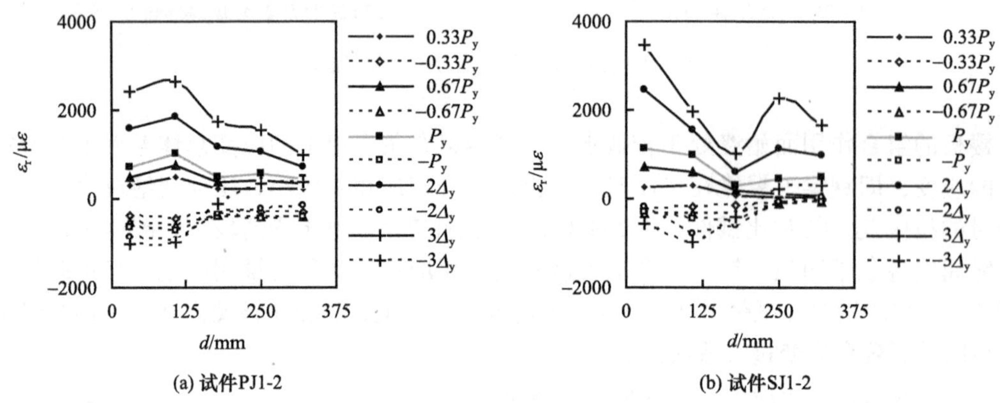

(a) 试件PJ1-2　　(b) 试件SJ1-2

图 7.28　楼板纵向钢筋应变（ε_r）沿楼板宽度分布

由图 7.28 可见：①加载初期，钢筋应变沿楼板宽度分布较均匀，随着加载的进行，靠近中轴线处钢筋的应变迅速增大，远离中轴线处钢筋的应变缓慢增长。②钢筋受压应变增长幅度小于受拉应变增长幅度。③对比试件 PJ1-2 与 SJ1-2 可知，空间节点与平面节点楼板钢筋应变的发展规律类似。

由上述分析可知，本次试验平面节点和空间节点的组合梁在受力过程中均存在明显的剪力滞后效应。

（6）外环板应变

本次试验钢梁与钢管混凝土加劲混合结构柱内钢管通过外环板来连接。试验前，在上环板布置应变片，并观测环板在加载过程中的应变发展规律，应变片布置方案如图 7.6 所示。试件的节点弯矩（M）-环板应变（ε_d）关系如图 7.29 所示。其中，节点弯矩按式（7.3）计算，图 7.29 中曲线取 4Δ_y 位移级别作为终点。

由图 7.29 可见：①对比试件 PJ1-2、PJ2-2 和 PJ3-1，轴压比与钢梁截面高度变化对环板应变发展无明显影响。②对比试件 PJ3-1 和 SJ3-1，平面节点 PJ3-1 的环板应变始终小于屈服应变，说明环板宽度可以满足核心区荷载有效传递的要求；空间节点 SJ3-1 的环板应变相对平面节点有明显提高，这是由于空间节点 SJ3-1 在加载后期楼板与柱端交界处混凝土碎裂破坏严重，在负弯矩下钢梁上翼缘承受较大的拉应力，环板应变迅速增大。③对于平面节点，S9 处应变大于 S10 处应变，空间节点则相反，这是因为：平面节点的 S9 处为应力集中点，应变也相应更大；空间节点的 S9 处测点两侧

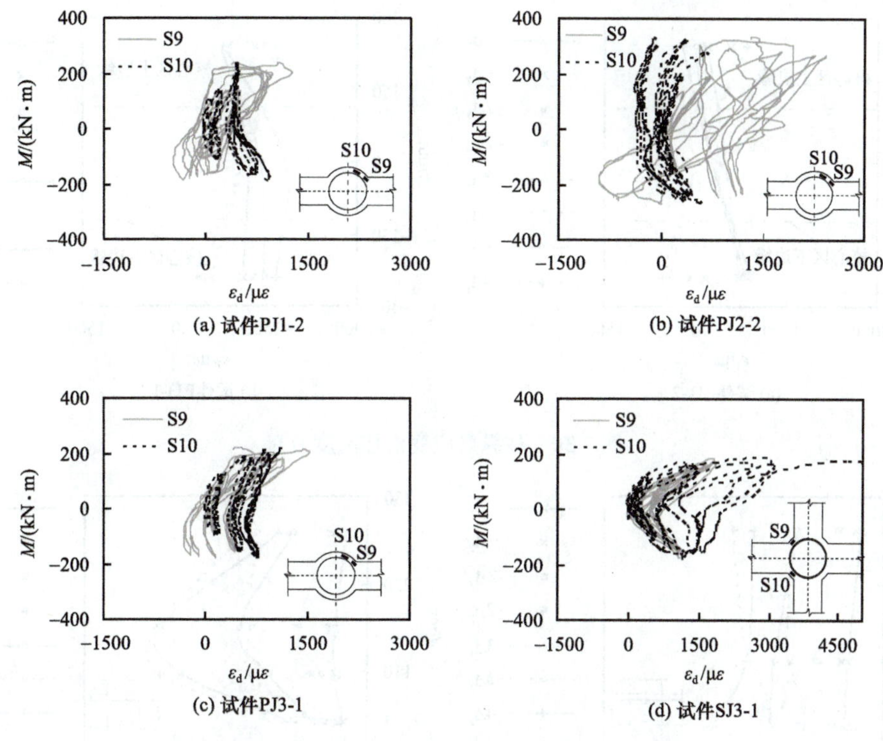

图 7.29　节点弯矩（M）- 环板应变（ε_d）关系

的正交钢梁翼缘始终处于一拉一压的应力状态，处于其中间段的测点的应力相对较低，而测点 S10 两侧的正交钢梁翼缘应力状态始终相同。④由于混凝土楼板受压时组合作用明显，环板受压应变总体小于受拉应变。

（7）纵筋应变

选取角部柱纵筋分析纵筋应变沿柱高度分布的规律，测点如图 7.6 所示，选取的三个测点分别位于核心区中部及距核心区上、下边缘一定距离的位置。以试件 PJ1-2 与 PJ3-1 为例，柱纵筋应变（ε_l）沿高度分布的情况如图 7.30 所示，其中，d 为测点和核心区中线的距离。

由图 7.30 可见：①加载初期，柱纵筋应变沿高度基本呈线性分布，对试件 PJ3-1，由于加载后期核心区混凝土破坏严重，柱与纵筋的接触界面发生破坏，应变呈现非线性分布。②试件 PJ3-1 所受柱轴压力较大，加载过程中柱纵筋处于完全受压状态，受压应变总体大于 PJ1-2。

（8）箍筋应变

部分试件的核心区箍筋应变（ε_h）沿核心区高度的分布情况如图 7.31 所示，其中，d 为测点距核心区下边缘的距离。可见：①对比试件 PJ1-1 与 PJ2-2，试件 PJ1-1 由于核心区混凝土剪切破坏相对较轻微，破坏时核心区箍筋刚达到屈服状态，试件 PJ2-2 核心区混凝土剪切破坏严重，箍筋较早屈服并在加载后期有较大的应变发展。②箍筋应变在核心区高度范围内的分布总体上呈现中间应变大、边缘应变小的规律。

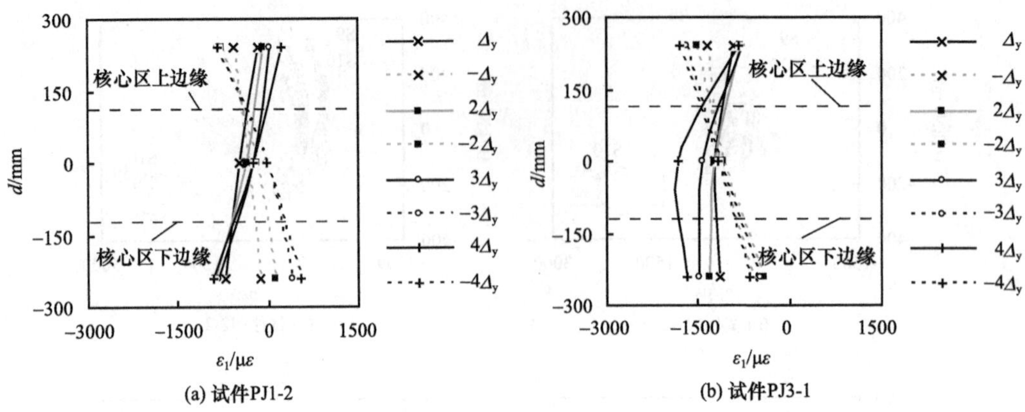

(a) 试件PJ1-2　(b) 试件PJ3-1

图 7.30　柱纵筋应变沿柱高度分布

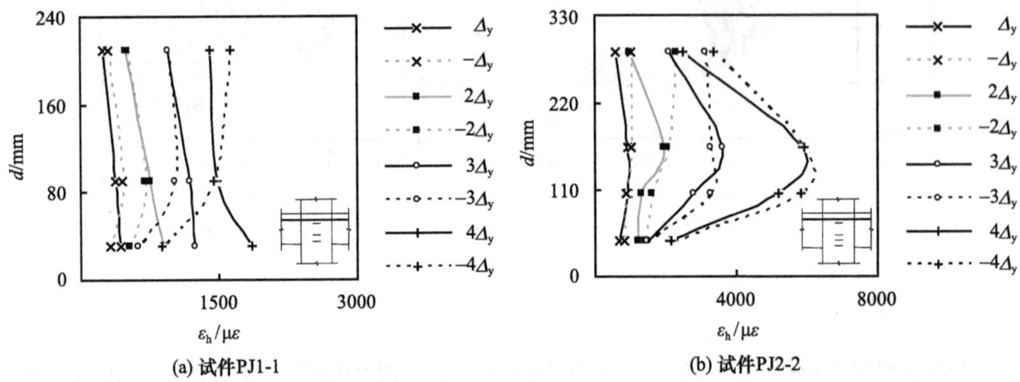

(a) 试件PJ1-1　(b) 试件PJ2-2

图 7.31　箍筋应变沿核心区高度分布

6. 节点变形分析

节点在受力过程中，梁、柱和核心区均会产生变形从而引起梁端总位移（Δ）的增大。梁、柱和核心区自身变形引起的梁端位移分别记为 Δ_b、Δ_c 和 Δ_j，各部分位移与梁端总位移的关系如式（7.7）所示。

$$\Delta=\Delta_b+\Delta_c+\Delta_j \tag{7.7}$$

各部分变形如图 7.32 所示。其中，核心区变形引起的位移（Δ_j）又包括剪切变形

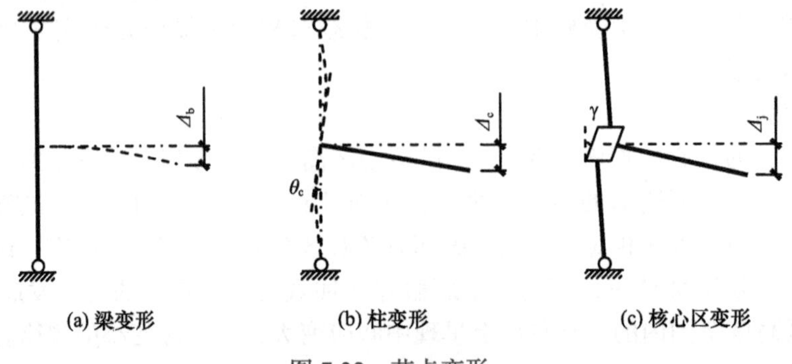

(a) 梁变形　(b) 柱变形　(c) 核心区变形

图 7.32　节点变形

引起的位移（$\varDelta_{js}$）与非剪切变形引起的位移（$\varDelta_{jn}$）。本次试验非剪切变形引起的位移（$\varDelta_{jn}$）主要由钢梁下翼缘与核心区钢管外包混凝土的相对滑移，以及下翼缘附近混凝土的碎裂剥落引起的梁柱相对转动引起。

节点各部分变形可由位移计数据计算得到，位移计布置如图 7.7 所示。具体方法如下：梁端总位移（$\varDelta$）可由 MTS 系统直接获得；柱端转角（θ_c）为位移计 No.7 与 No.8（No.9 与 No.10）的位移差与位移计测点间距的比值，柱变形引起的位移 $\varDelta_c=\theta_c\times L_b$，其中 L_b 为梁加载端到柱侧面的距离；梁端转角（θ_b）为位移计 No.3 与 No.4（No.5 与 No.6）的位移差与位移计测点间距的比值，柱变形引起位移与核心区变形引起位移之和 $\varDelta_c+\varDelta_j=\theta_b\times L_b$，继而可求出 $\varDelta_j$；梁变形引起位移 $\varDelta_b=\varDelta-(\varDelta_c+\varDelta_j)$。

根据上述方法得到不同加载级别下节点各部分变形的比例，如图 7.33 所示。需要

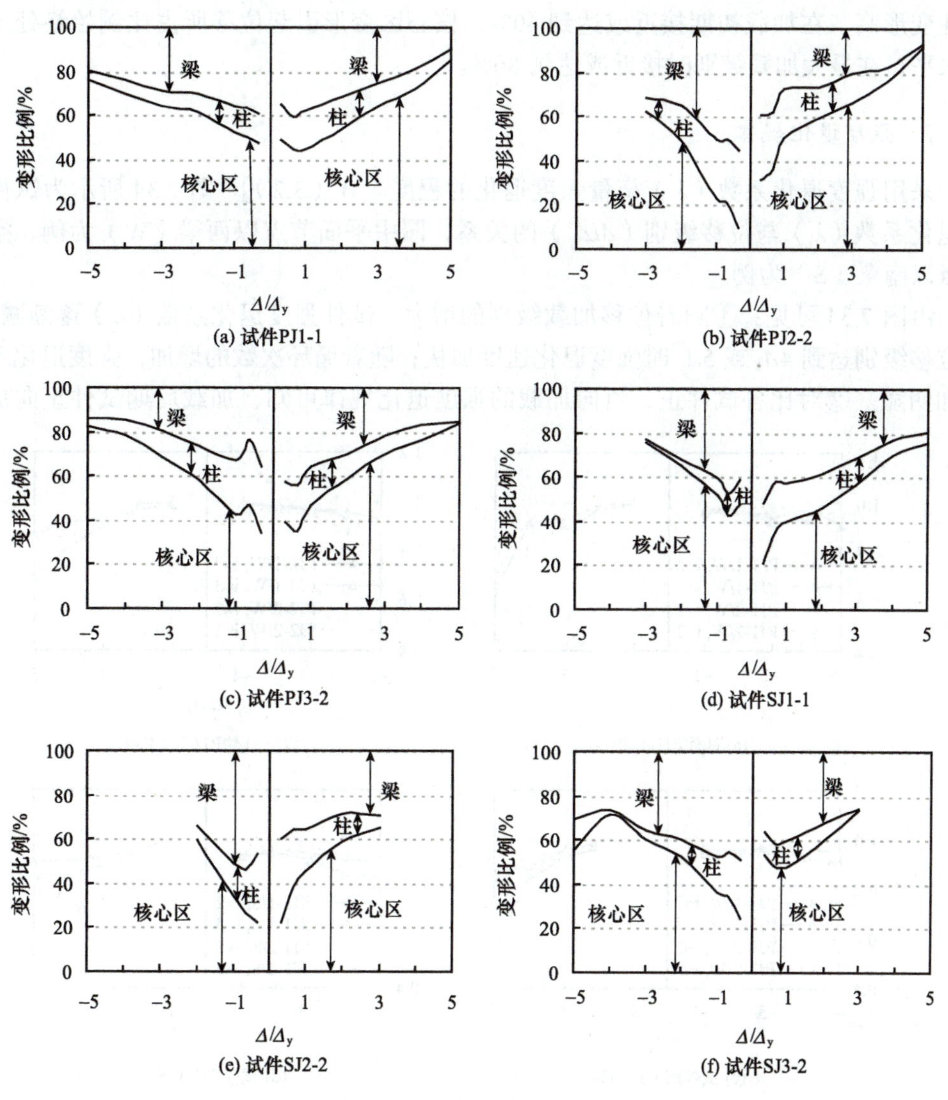

图 7.33　节点变形组成分析

说明的是，对于部分节点，并没有给出位移级别较大时相应的变形比例，这是因为加载后期核心区发生严重破坏，核心区混凝土与柱端混凝土不再协调变形，测点处柱端转角无法反映核心区邻近段柱端转角，甚至出现两者转角方向相反的现象；对核心区破坏严重的节点，该现象更加明显。

由图 7.33 可见：①随着加载的进行，梁、柱变形引起位移所占的比例总体呈下降趋势，核心区变形引起位移所占的比例总体呈上升趋势。②由于梁在正弯矩作用下的刚度大于负弯矩作用下的刚度，正向加载时梁变形引起位移所占的比例相比负向加载时更低，这在多数节点的变形比例图中可被观察到。③轴压比对节点变形的组成影响不明显。④对比平面与空间节点，空间节点各部分变形引起位移所占的比例及其变化趋势总体与平面节点一致，说明双向荷载作用对空间节点单个方向的节点变形组成无明显影响。⑤柱变形引起位移所占比例始终处于较低水平；梁变形引起位移所占比例比柱变形高，在加载初期接近或达到 40%；核心区变形引起位移所占比例始终处于较高水平，在最大加载级别时接近或达到 80%。

7. 强度退化规律

采用强度退化系数（λ_j）衡量强度退化的程度［式（3.2）］。图 7.34 所示为试件强度退化系数（λ_j）与位移级别（Δ/Δ_y）的关系，图中平面节点以西梁（W）为例，空间节点以南梁（S）为例。

由图 7.34 可见：①随着位移加载级别的增大，试件强度退化系数（λ_j）逐渐减小，当位移级别达到 $4\Delta_y$ 或 $5\Delta_y$ 时强度退化速度加快；随着循环次数的增加，强度退化现象更加明显。②对比各试件正、负向加载的强度退化规律可知，加载后期试件正向加载

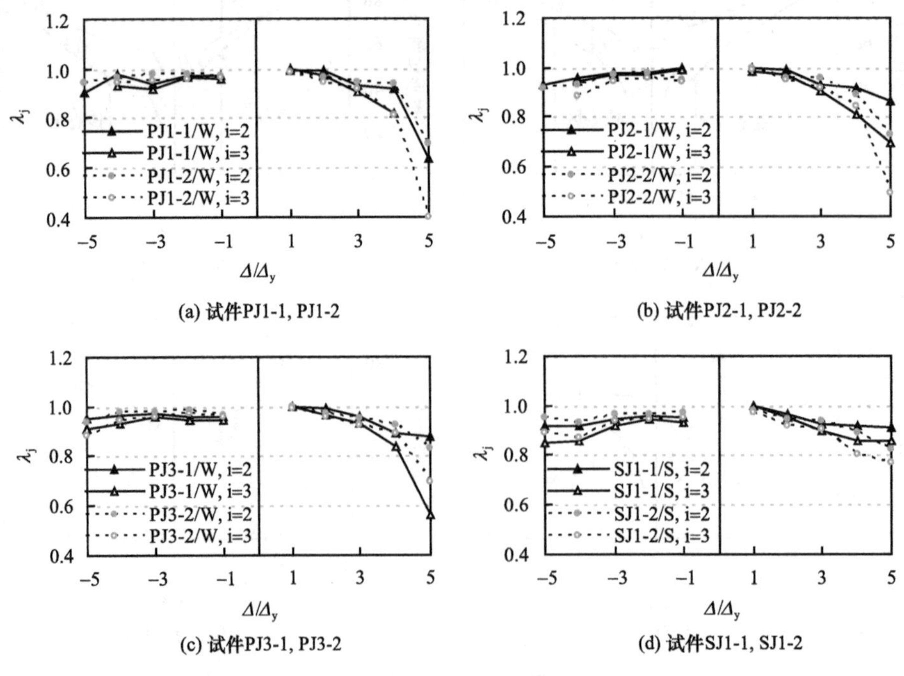

(a) 试件PJ1-1, PJ1-2　　(b) 试件PJ2-1, PJ2-2

(c) 试件PJ3-1, PJ3-2　　(d) 试件SJ1-1, SJ1-2

图 7.34　强度退化系数（λ_j）- 位移级别（Δ/Δ_y）关系

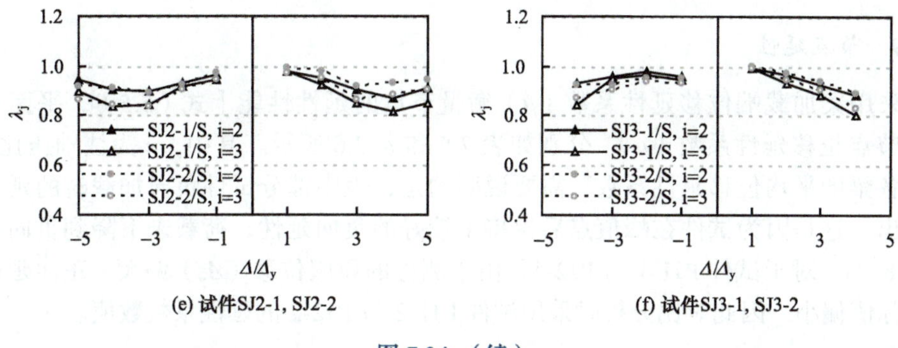

(e) 试件SJ2-1, SJ2-2　　(f) 试件SJ3-1, SJ3-2

图 7.34 （续）

时强度的退化程度明显高于负向加载，这是由于正向加载时钢梁下翼缘受拉，下翼缘附近的核心区混凝土碎裂剥落严重，部分试件下环板或者环板焊缝出现裂缝，造成强度迅速退化。③由于本次试验试件主要发生了核心区破坏，轴压比及梁柱抗弯承载力比的变化对强度退化规律无明显影响。

8. 刚度退化规律

采用环线刚度（K_j）来表征试件的刚度退化程度［式（5.4）］，图 7.35 所示为各试件环线刚度（K_j）与位移级别（Δ/Δ_y）的关系。需要说明的是，对于试件 PJ1-1，由于加载前试件与加载装置未充分接触顶紧，环线刚度始终偏小。

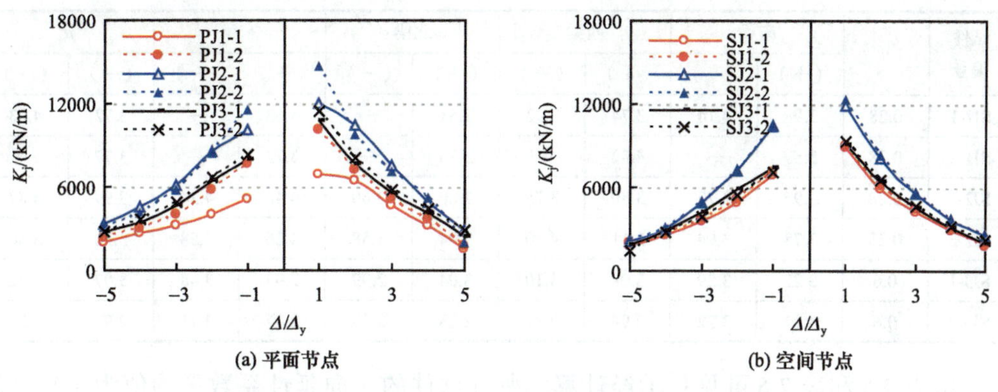

(a) 平面节点　　(b) 空间节点

图 7.35　环线刚度（K_j）–位移级别（Δ/Δ_y）关系

由图 7.35 可见：①随着梁端位移的增大，混凝土逐渐开裂、碎裂剥落，同时钢材开始屈服，试件环线刚度（K_j）逐渐减小；由于正向加载时楼板的组合作用明显，在初始加载阶段试件正向加载时的 K_j 大于负向加载的 K_j；随着加载的继续，楼板混凝土开裂并出现局部压碎，正、负向 K_j 值的差别逐渐减小。②钢梁截面高度较大的试件组 PJ2 与 SJ2 由于梁弯曲刚度较大，试件的整体刚度也更大，其 K_j 值大于梁高较小试件的 K_j 值；轴压比对 K_j 值的变化无明显影响。③对比平面节点与空间节点，空间节点在双向荷载作用下，核心区破坏相比平面节点更严重，环线刚度 K_j 总体比平面节点更小。

9. 节点延性

采用梁加载端位移延性系数（μ）衡量节点的延性性能［式（5.5）］，平面节点与空间节点位移延性系数（μ），分别如表 7.5 和表 7.6 所示。其中，n 为柱轴压比，$\bar{\mu}$ 为试件各梁的平均位移延性系数。需要说明的是，表中部分试件负向加载时的延性系数未给出，这是因为试件在峰值点后保持了较好的负向延性，荷载未下降到负向峰值荷载的 85%；对于试件 PJ1-1 与 PJ2-1，由于测得的屈服位移（Δ_y）偏大，正向延性系数比实际值偏小，因此对比分析时采用试件 PJ1-2 与 PJ2-2 的延性系数数值。

表 7.5　平面节点位移延性系数

试件编号	n	西梁		东梁		$\bar{\mu}$	
		（+）	（−）	（+）	（−）	（+）	（−）
PJ1-1	0.28	1.95	—	2.14	—	2.05	—
PJ1-2	0.28	3.59	—	3.27	—	3.43	—
PJ2-1	0.28	2.11	—	2.21	2.44	2.16	2.44
PJ2-2	0.28	3.51	—	3.62	—	3.57	—
PJ3-1	0.6	3.31	—	2.79	—	3.05	—
PJ3-2	0.6	3.44	—	3.31	—	3.38	—

表 7.6　空间节点位移延性系数

试件编号	n	南梁		西梁		北梁		东梁		$\bar{\mu}$	
		（+）	（−）	（+）	（−）	（+）	（−）	（+）	（−）	（+）	（−）
SJ1-1	0.28	3.98	4.14	3.74	3.92	3.51	—	3.63	—	3.72	4.03
SJ1-2	0.28	3.57	—	4.02	—	3.76	—	3.72	—	3.77	—
SJ2-1	0.28	3.95	3.77	3.80	3.75	3.80	3.60	4.42	4.34	3.99	3.87
SJ2-2	0.28	3.78	3.94	3.61	4.10	3.94	3.58	4.26	3.58	3.90	3.80
SJ3-1	0.6	3.22	3.29	3.08	3.10	3.04	2.99	2.93	3.48	3.07	3.22
SJ3-2	0.6	3.27	3.22	2.94	2.87	2.78	3.33	2.87	3.71	2.97	3.28

由表 7.5 和表 7.6 可见：①经计算，所有试件的正向延性系数平均值为 3.25，负向延性系数总体高于正向延性系数。②对于平面节点，由于本次试验主要发生核心区破坏，轴压比对试件延性无明显影响；对于空间节点，高轴压比的试件在加载后期发生了柱子整体弯曲的破坏，荷载迅速下降，因此延性系数相对低轴压比的试件更小。③对比平面节点与空间节点，空间节点加载后期核心区混凝土破坏程度比平面节点严重，并出现柱端压弯破坏现象，因此负向加载时节点破坏后的荷载也明显下降，延性相比平面节点更差。

10. 耗能能力

图 7.36 所示为试件等效黏滞阻尼系数（h_e）与加载位移级别（Δ/Δ_y）的关系，对

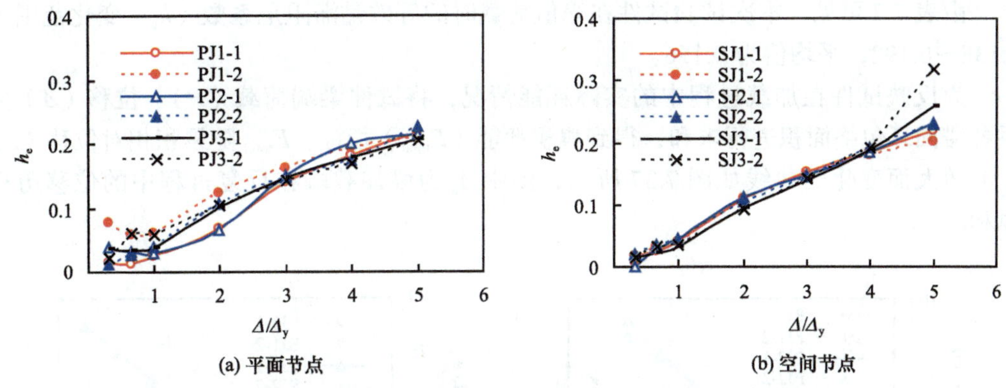

(a) 平面节点　(b) 空间节点

图 7.36　试件等效黏滞阻尼系数（h_e）－加载位移级别（Δ/Δ_y）关系

于每一位移级别（Δ/Δ_y）均取第一个加载滞回环计算等效黏滞阻尼系数（h_e）。

由图 7.36 可见：①随着位移级别（Δ/Δ_y）的增大，等效黏滞阻尼系数（h_e）也不断增大，这说明本次试验的节点具有良好的耗能特性，随着加载的进行，滞回环越来越饱满。②轴压比与梁柱抗弯承载力比对等效黏滞阻尼系数（h_e）的发展无明显影响。③对比平面节点与空间节点，空间节点在双向荷载作用下等效黏滞阻尼系数（h_e）与平面节点相近。

各试件的耗能指标如表 7.7 所示，表中，能量耗散系数（E_d）与等效黏滞阻尼系数（h_e）均取试件达到正向峰值荷载时所对应的值。需要说明的是，部分节点（尤其是空间节点）的 h_e 值总体偏小，这是因为这些节点的正向峰值荷载对应的位移级别（Δ/Δ_y）小，由图 7.36 可知，相应的 h_e 值也更小。

表 7.7　试件耗能指标汇总

试件编号	E_d	h_e	E_{total}/（kN · m）
PJ1-1	0.88	0.140	53.01
PJ1-2	1.21	0.192	68.86
PJ2-1	0.94	0.150	89.96
PJ2-2	1.10	0.174	81.97
PJ3-1	1.12	0.179	57.29
PJ3-2	1.06	0.170	61.74
SJ1-1	0.96	0.153	66.32
SJ1-2	0.92	0.146	62.15
SJ2-1	0.93	0.148	88.38
SJ2-2	0.91	0.144	87.42
SJ3-1	0.87	0.138	37.59
SJ3-2	0.89	0.142	38.21
平均值 μ	0.98	0.156	—
标准差 σ	0.107	0.017	—

由表 7.7 可见，本次试验试件在峰值荷载时的等效黏滞阻尼系数（h_e）变化范围为 0.138～0.192，平均值为 0.156。

为反映试件在加载过程中的实际耗能情况，将试件梁端荷载（P）-位移（Δ）关系各滞回环包络面积进行求和，得到累积耗能（E_{total}）指标。E_{total} 随累积相对位移（Δ_a/Δ_y）增大而变化的曲线如图 7.37 所示，图中 Δ_a 为梁加载端在反复过程中的位移历程总和。

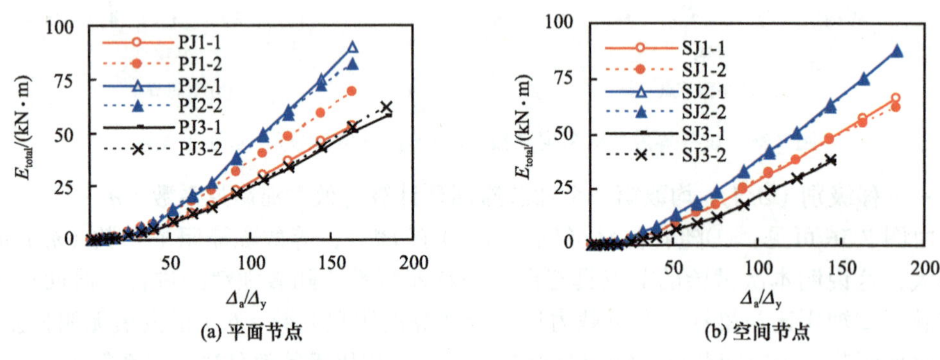

图 7.37　试件累积耗能（E_{total}）-累积相对位移（Δ_a/Δ_y）关系

由图 7.37 可见：① E_{total} 随着累积相对位移（Δ_a/Δ_y）的增加而增大，初始弹性阶段增加较为缓慢，当试件进入塑性状态后，增加的速率加快。②同一累积相对位移（Δ_a/Δ_y）下，梁高较高的试件 E_{total} 最大，这是因为梁高较大的试件每一加载级别对应更大的荷载，滞回环的面积也更大；同时，轴压比较高的试件 E_{total} 较低，这是因为高轴压比试件的加载屈服位移（Δ_y）小，相同累积相对位移（Δ_a/Δ_y）下，实际的加载位移总历程（Δ_a）更小。③对比平面节点与空间节点，同一累积相对位移（Δ_a/Δ_y）下，空间节点的 E_{total} 更小。

本节开展了 12 个钢管混凝土加劲混合结构柱-钢梁连接节点的拟静力试验，包括 6 个平面节点和 6 个空间节点。通过试验手段，细致分析了试件的破坏过程与破坏特征，研究了梁柱抗弯承载力比、柱轴压比和节点类型等参数对节点承载力、刚度、变形及抗震能力等性能的影响规律，并将平面节点与空间节点的破坏形态与抗震性能进行了对比分析。本节获得的主要结论归纳如下。

1）钢管混凝土加劲混合结构柱-钢梁连接节点主要发生了核心区剪切破坏和钢梁下翼缘附近混凝土的碎裂剥落，并伴随着一定程度的柱端压弯破坏或梁端弯曲破坏；节点的破坏过程可分为弹性阶段、弹塑性阶段和破坏阶段三个受力阶段。

2）由于节点发生核心区破坏，柱轴压比对节点承载力、刚度、变形及抗震能力等性能无明显影响；当增大梁截面高度时，梁柱抗弯承载力比增大，梁端初始加载刚度与承载力增加，核心区混凝土开裂发生时间提前，核心区剪切破坏现象更加严重。

3）由平面节点与空间节点对比分析结果可知，空间节点在双向荷载作用下核心区混凝土破坏更严重，节点承载力与延性有所下降，其中正、负向承载力分别降低约 16.3% 与 10.8%；平面节点与空间节点具有相近的初始刚度与耗能能力。

4）本章的钢管混凝土加劲混合结构柱 - 钢梁连接节点试件的正向延性系数平均值为 3.25，等效黏滞阻尼系数平均值为 0.156，节点具有较好的抗震延性与耗能能力。

5）由核心区各组件的应变分析结果可知，节点核心区的钢管壁、箍筋与钢梁腹板均参与核心区的抗剪作用；环板的应变分析表明，试验所采用的钢梁翼缘与钢管连接环板的宽度可保证核心区内力的有效传递。

7.3　工作机理分析

7.3.1　有限元计算模型

1. 材料本构模型

（1）钢材

钢管混凝土加劲混合结构柱 - 钢梁连接节点中的钢材主要包括钢筋、内钢管和钢梁。采用非线性随动强化模型模拟钢管和钢梁材料在反复荷载下的性能。模型服从相关联的塑性流动法则和 Von Mises 屈服准则，其单轴应力（σ）- 应变（ε）关系如图 4.3（a）所示。采用双折线线性随动强化模型模拟钢筋在反复荷载下的应力 - 应变关系，模型骨架线如图 4.3（b）所示。

（2）混凝土

采用混凝土塑性损伤模型对混凝土材料的滞回性能进行模拟。

带楼板的钢管混凝土加劲混合结构柱 - 钢梁连接节点涉及三种类型的混凝土：加劲混合结构柱钢管内混凝土、加劲混合结构柱钢管外包混凝土与楼板混凝土。考虑到加劲混合结构柱钢管外包混凝土受约束程度的不同，其又可分为钢管外箍筋约束混凝土和保护层混凝土。对不同部分混凝土采用不同的混凝土受压应力 - 应变关系，以趋近混凝土的真实受力性能。钢管内混凝土应力（σ）- 应变（ε）关系见 2.5 节。钢管外箍筋约束混凝土的受压本构模型采用 Han 和 An（2014）提出的应力 - 应变关系［式（4.2）］。该本构模型考虑了箍筋约束效应对混凝土峰值应变及应力（σ）- 应变（ε）曲线下降段斜率的影响。加劲混合结构柱保护层混凝土和楼板混凝土不受箍筋或钢管约束，采用 Attard 和 Setunge（1996）提出的针对素混凝土的模型对其进行模拟，其应力（σ）- 应变（ε）关系如式（4.1）所示。混凝土的受拉应力（σ）- 应变（ε）关系统一按式（2.19）确定。

引入损伤变量来考虑混凝土在拉、压荷载作用下的刚度退化。本节采用 Li 和 Han（2011）对损伤因子的定义方法［式（5.11）和式（5.12）］，对加劲混合结构柱钢管内混凝土，取 n_c=2 和 n_t=1；对加劲混合结构柱钢管外包混凝土及楼板混凝土，取 n_c=1 和 n_t=1。

混凝土由压转为拉时，已破坏的混凝土裂纹一般无法恢复刚度，即 ω_t=0；混凝土由拉转为压时，裂缝闭合，刚度可部分恢复。有限元的计算结果表明，对于钢管混凝土加劲混合结构柱 - 钢梁节点，当受压刚度恢复系数 ω_c=0.5 时可取得较好的模拟效果。

2. 单元、网格与边界条件

混凝土采用八节点减缩积分的三维实体单元（C3D8R），钢管和钢梁采用四节点减缩积分壳单元（S4R），钢筋采用两节点三维杆单元（T3D2）。

空间节点的有限元模型包含正交两个方向平面节点的模型示意，同时模型本身包括钢管混凝土加劲混合结构柱部件，因此，空间节点的建模方法同样适用于平面节点与加劲混合结构柱构件有限元模型的建立。以空间节点为例，有限元模型示意如图 7.38 所示。对于钢管混凝土加劲混合结构柱－钢梁连接节点，本章重点研究该类节点核心区及其附近区域的受力状态与破坏机理，因此建立的有限元模型在节点核心区及与其邻近的梁端、柱端区域进行了网格加密处理，从而提高计算的准确度。通过网格密度试算，最终确定了满足计算要求的网格大小。

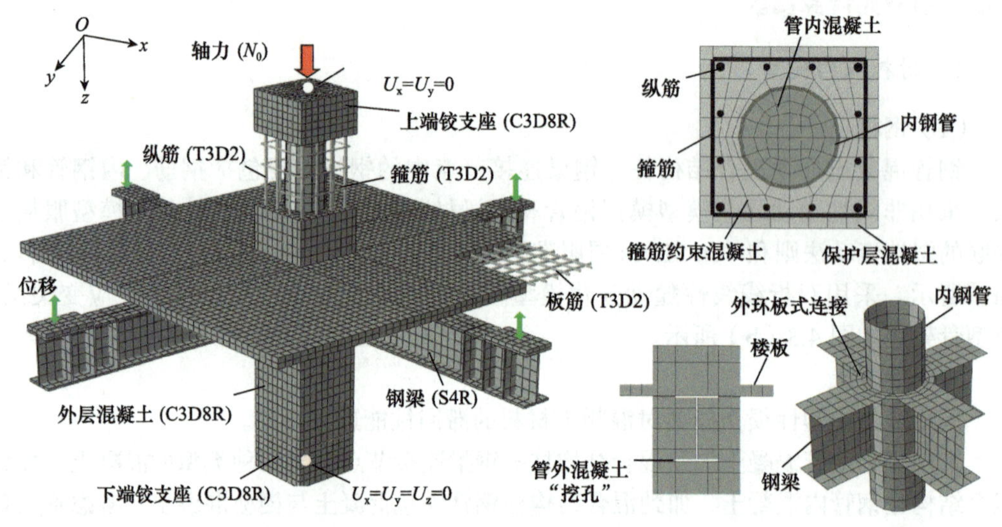

图 7.38　单元、网格与边界条件（以空间节点为例）

图 7.38 显示了有限元模型的边界条件及加载方式。本节建立的有限元模型同时适用于平面节点与空间节点，此处以空间节点为例进行说明。约束下端铰支座转动中心的所有位移自由度，约束上端铰支座转动中心 x 和 y 方向位移，并释放 z 方向的位移自由度，使柱在轴压力作用下能竖向自由变形。由于空间节点具有两个方向的加载平面，需要限制其中一个平面内的梁加载端只在加载平面内发生位移，防止空间节点发生绕柱轴心线的刚体转动。加载时，先在柱端施加集中力，后在梁端施加反复位移。

3．界面接触关系

钢管混凝土加劲混合结构柱的内钢管同时与钢管内、外混凝土发生界面接触，包括切线方向和法线方向两个方向的接触关系。有限元模型中，在法线方向采用“硬接触”模拟两者之间的压力传递，在切线方向采用“库仑摩擦”模型模拟钢管和钢管内、外混凝土之间的黏结滑移关系，如式（2.20）所示。

本章试验中，钢梁上表面与楼板混凝土通过栓钉连接，栓钉按照完全抗剪设计，在试验过程中并未观测到界面间的相对滑移现象，采用共节点的方法建立钢梁上表面与楼板混凝土之间的界面接触关系。

钢管混凝土加劲混合结构柱－钢梁连接节点在核心区内有复杂的界面关系，钢梁翼缘、腹板和环板均与加劲混合结构柱钢管外包混凝土接触。该区域的接触模拟主要考虑两种方法：一是不考虑钢梁、环板与钢管外包混凝土间的黏结滑移，采用共节点的方式建立接触，通过“embedded”技术将钢梁、环板“埋入”混凝土；二是精细考虑两者间的接触关系，建模时将钢梁与环板在加劲混合结构柱钢管外包混凝土中所占用的体积“挖去”（图 7.38），并通过“硬接触”和“库仑摩擦”模型分别建立界面间法向与切向的接触关系。以试验试件 PJ1-2 为例，将上述两种界面模拟方法的计算结果进行了对比，如图 7.39 所示。

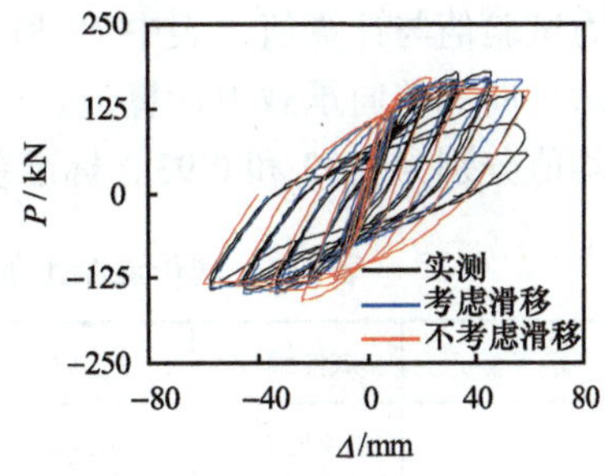

图 7.39　不同界面模拟方法下梁端荷载（P）－位移（Δ）关系

由图 7.39 可见，考虑黏结滑移时，荷载（P）－位移（Δ）关系具有更好的捏缩效应，初始刚度、卸载与再加载刚度与试验的刚度更接近，承载力与试验值也吻合良好。因此，有限元模型考虑核心区钢梁、环板与钢管外包混凝土间的相对滑移。

假设钢筋与混凝土能够共同工作，有限元模型不考虑两者间的相对滑移。

利用本章 7.2 节完成的钢管混凝土加劲混合结构柱－钢梁平面与空间连接节点试验试件，对建立的有限元模型进行验证，细致对比了试验实测的与有限元计算的试件破坏形态、混凝土裂缝分布以及梁端荷载－位移关系滞回曲线。对比结果详见本章 7.2.2 节，此处不再赘述。

对比试验观测的与有限元计算的试件最终破坏形态可见，试验时，试件主要发生核心区的破坏，核心区可观察到明显的剪切斜裂缝，钢梁下翼缘附近混凝土碎裂剥落；有限元计算结果中，节点的核心区与钢梁下翼缘附近混凝土出现明显的塑性应变集中现象，表明该部位混凝土破坏严重。对于试件 PJ1-2，试验与计算的破坏形态均出现钢梁下翼缘的局部屈曲现象。对于空间节点，试验中试件可观测到不同程度的柱端压弯破坏现象，上柱端混凝土压碎剥落；相应地，有限元计算结果中上柱端混凝土的塑性应变值较大。本节建立的有限元模型可以较准确地预测节点的破坏形态。

有限元模型通过引入塑性损伤来考虑混凝土在反复荷载作用下的损伤与刚度退化程度。混凝土受拉塑性损伤的大小可以反映混凝土受拉时塑性的发展程度，因此可以近似作为衡量混凝土受拉开裂的指标。受拉塑性损伤值越大，混凝土开裂越严重。7.2.2 节将楼板混凝土最终裂缝分布形态与有限元计算的楼板混凝土受拉塑性损伤分布形态进行了对比。对于平面节点，试验时楼板上表面可观测到沿楼板宽度方向的平行裂缝；对于空间节点，楼板上表面的可见裂缝主要按与楼板边缘呈 45°夹角的方向分布。有限元计算结果中，楼板混凝土在观测的裂缝位置出现明显的条带状高损伤区域。本节建立的有限元模型较准确地预测了楼板混凝土的裂缝分布形态。

将计算得到的各试件梁端荷载－位移滞回关系与试验实测结果进行对比，见 7.2.2 节。对比可见，计算得到的初始加载刚度与试验初始刚度相近。由于考虑了混凝土在拉压反复作用下的刚度退化效应，计算曲线的卸载段与试验曲线较接近。同时，计算曲线呈现出了和试验曲线类似的捏缩现象。计算结果与试验结果总体吻合良好。

表 7.8 对比了所有钢管混凝土加劲混合结构柱－钢梁连接节点试件的正、负向承载

力试验值与计算值，表中P_{ue}^{+}和P_{ue}^{-}分别表示正向和负向承载力试验值，P_{uc}^{+}和P_{uc}^{-}分别表示正向和负向承载力计算值。由表 7.8 可见，正、负向承载力计算值与试验值比值的平均值分别为 0.92 和 0.93，标准差分别为 0.070 和 0.112。

表 7.8　钢管混凝土加劲混合结构柱－钢梁连接节点试验与计算承载力

序号	试件编号	P_{ue}^{+}/kN	P_{ue}^{-}/kN	P_{uc}^{+}/kN	P_{uc}^{-}/kN	P_{uc}^{+}/P_{ue}^{+}	P_{uc}^{-}/P_{ue}^{-}
1	PJ1-1	163.2	−123.8	169.6	−147.5	1.04	1.20
2	PJ1-2	178.9	−140.5	169.6	−147.5	0.95	1.05
3	PJ2-1	253.7	−210.8	218.0	−196.5	0.86	0.93
4	PJ2-2	251.6	−198.6	218.0	−196.5	0.87	0.99
5	PJ3-1	167.7	−136.2	165.5	−137.1	0.99	1.01
6	PJ3-2	176.8	−143.4	165.5	−137.1	0.94	0.96
7	SJ1-1	150.0	−128.6	134.6	−118.3	0.89	0.92
8	SJ1-2	157.0	−133.8	134.6	−118.3	0.85	0.88
9	SJ2-1	202.0	−177.7	169.8	−142.6	0.84	0.80
10	SJ2-2	201.4	−176.9	169.8	−142.6	0.84	0.80
11	SJ3-1	139.9	−121.6	137.7	−101.1	0.99	0.83
12	SJ3-2	137.1	−118.7	137.7	−101.1	1.01	0.85
平均值 μ						0.92	0.93
标准差 σ						0.070	0.112

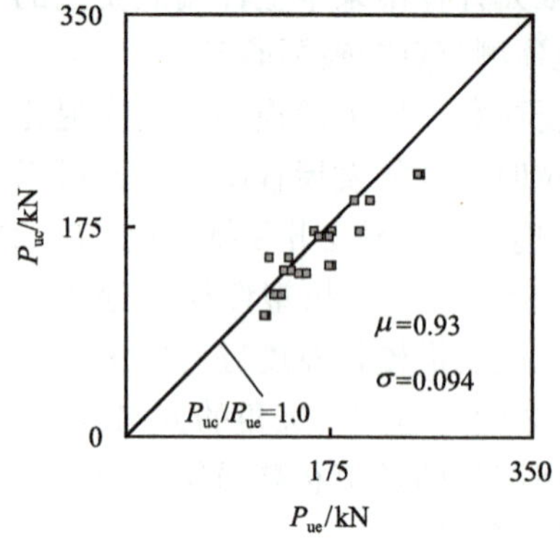

图 7.40　试验承载力与计算承载力对比

图 7.40 将表 7.8 中各试件承载力的试验值与计算值进行直观对比，表 7.8 中负向承载力取其绝对值。图 7.40 中，P_{uc}与P_{ue}分别为承载力计算值和试验值。可见，计算得到的承载力与试验值吻合良好，正、负向承载力计算值和试验值比值P_{uc}/P_{ue}的总平均值μ与标准差σ分别为 0.93 与 0.094。

以平面节点为例，图 7.41 为节点弯矩（M）与梁柱相对转角（θ）骨架线（正向）试验实测结果与有限元计算结果的对比，其中节点弯矩（M）按式（7.3）计算。不同试件的梁柱相对转角均有充分发展。当节点弯矩下降时，梁柱相对转角仍不断增大。对比可见，在承载力与刚度方面，有限元计算结果与试验实测结果总体吻合良好。

综上所述，本章建立的有限元模型可以较准确地模拟试验试件的破坏形态，预测试件混凝土裂缝分布情况，同时计算的承载力、刚度与试验值吻合良好。

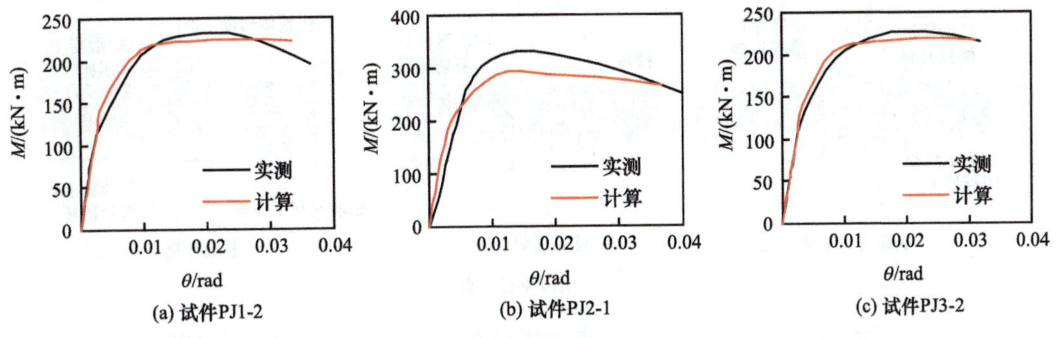

(a) 试件PJ1-2　(b) 试件PJ2-1　(c) 试件PJ3-2

图 7.41　节点弯矩（M）- 梁柱相对转角（θ）关系

7.3.2　节点受力特性分析

1. 破坏形态

该类节点的主要破坏形态包括梁端受弯破坏、核心区剪切破坏和柱端压弯破坏。核心区在发生剪切破坏时往往伴随着核心区非剪切破坏，如焊缝断裂、混凝土局部承压破坏、钢管壁拉扯等。本节提到的核心区剪切变形，是指包括部分非剪切变形在内的宏观剪切变形。结合试验与有限元分析的结果，将钢管混凝土加劲混合结构柱 - 钢梁连接节点的破坏形态分为三类（图 7.42），分别如下所述。

（1）梁端受弯破坏

节点发生梁端受弯破坏时，正弯矩区楼板混凝土压碎，钢梁下翼缘及腹板受拉屈服；负弯矩区楼板开裂，同时钢梁下翼缘及腹板受压屈曲。此时，节点核心区与柱端保持完好。

（2）核心区剪切破坏

节点发生核心区剪切破坏时，核心区混凝土剪切碎裂，并发生明显的剪切变形。核心区内钢管壁、箍筋屈服；梁端和柱端保持完好或有轻微的破坏现象。

（3）柱端压弯破坏

节点发生柱端压弯破坏时，柱端钢管外包混凝土发生严重的压碎剥落，柱端纵筋压曲，箍筋外鼓，柱端内钢管有一定程度的鼓曲。此时，柱通常发生明显的弯曲变形，节点伴随有一定程度的核心区剪切破坏现象，梁端保持完好。

对比平面节点与空间节点的破坏形态可见［图 7.42（a）和（b）]：①对于梁端受弯破坏，由于核心区同时承受两个方向的剪切作用，空间节点在发生梁端破坏的同时伴随有核心区剪切破坏现象；②对于核心区剪切破坏，空间节点核心区柱侧面同时承受剪切作用与钢梁翼缘的承压作用，破坏时节点核心区碎裂相比平面节点更加严重；③对于柱端压弯破坏，空间节点的柱子在双向压弯作用下，柱端混凝土碎裂现象更加严重，柱子整体弯曲变形也更加明显。

梁柱抗弯承载力比（k_m）的变化会改变钢管混凝土加劲混合结构柱 - 钢梁连接节点的破坏形态，k_m 的计算方法参见式（7.1）。随着梁柱抗弯承载力比（k_m）的增大，节点破坏形态由梁端受弯破坏向核心区剪切破坏，最终向柱端压弯破坏转变。本小节节

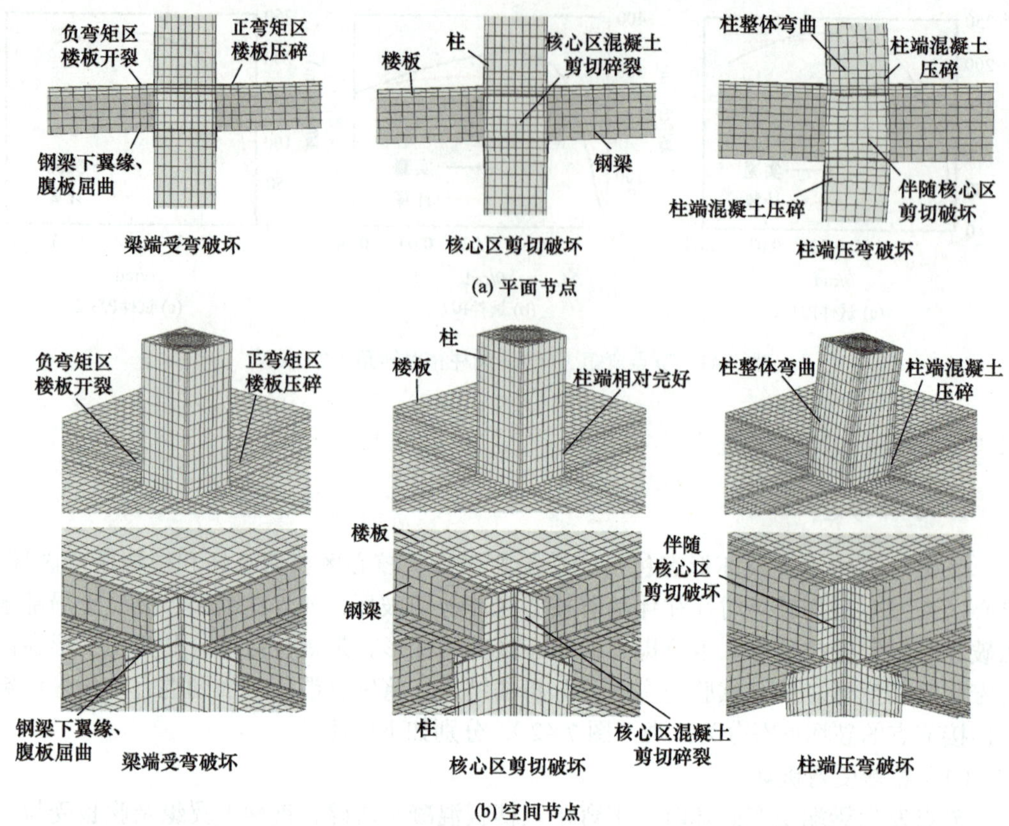

图 7.42 钢管混凝土加劲混合结构柱－钢梁连接节点典型破坏形态

点的三种破坏形态对应的 k_{m} 分别为 0.45、0.82 和 2.50。

2. 受力全过程分析

为了对钢管混凝土加劲混合结构柱－钢梁连接节点进行破坏全过程分析，本书作者建立了三种不同破坏形态的典型试件，如表 7.9 所示（表中括号内试件编号为空间节点）。在发生核心区剪切破坏试件的基础上，通过减小梁截面尺寸实现节点的梁端受弯破坏，并通过增大梁截面尺寸和柱轴压比实现节点的柱端压弯破坏。表 7.9 中柱轴压比（n）和梁柱抗弯承载力比（k_{m}）的计算方法参见 7.2.1 节，编号项“PJ”和“SJ”分别表示平面节点与空间节点。

针对每一类破坏形态的典型试件分别建立了相应的空间节点，平面节点与空间节点采用完全相同的几何尺寸、材料属性与建模方法。两者的差别仅在于空间节点的柱子在正交的两个方向与钢梁连接。

试件柱截面尺寸均为 $B\times B=400\mathrm{mm}\times400\mathrm{mm}$，内部钢管尺寸为 $\Phi250\mathrm{mm}\times6\mathrm{mm}$，环板宽度为 30mm，保护层厚度为 20mm，柱上下转动中心间距（H）为 2500mm。加劲混合结构柱角部及中部布置纵筋 12ϕ16，箍筋布置为ϕ8@100，核心区高度范围内箍筋加密为ϕ8@60。梁端两个加载点之间的水平距离（L）为 3600mm。平面节点与空间节点楼板宽度分别为 800mm 与 3200mm，厚度为 50mm；板内配置单层双向钢筋，钢筋直径为 10mm，间距为 80mm。钢管与钢梁屈服强度为 345MPa，所有钢筋屈服强度均为 335MPa；加劲混合结构柱钢管内混凝土与钢管外包混凝土（包括楼板）的立方体抗压强度分别为 60MPa 和 40MPa。按照轴压比 n=0.4 和 n=0.6 计算，在柱顶施加的轴力分别为 3088kN 和 4632kN。无特殊说明时，空间节点的荷载工况为四个梁端同时同步施加反对称反复荷载（核心区总剪力方向与梁成 45°夹角）。本节空间节点的计算剪力与剪切变形均为单个方向上的计算值。

表 7.9　典型试件信息

试件编号	破坏形态	钢梁截面尺寸	柱轴压比 n	梁柱抗弯承载力比 k_m
PJ-b（SJ-b）	梁端受弯破坏	250mm×150mm×6mm×8mm	0.4	0.45
PJ-s（SJ-s）	核心区剪切破坏	300mm×200mm×8mm×10mm	0.4	0.82
PJ-c（SJ-c）	柱端压弯破坏	450mm×250mm×10mm×12mm	0.6	2.50

图 7.43 所示为三种不同破坏形态试件的荷载（P）- 位移（Δ）关系、柱端弯矩（M_c）- 柱端转角（θ_c）关系、核心区剪力（V_j）- 剪切变形（γ_j）关系。由图 7.43 可见如下几点。

1）对比荷载（P）- 位移（Δ）关系，梁端受弯破坏节点的曲线最饱满，体现了钢梁破坏良好的耗能能力。在加载初期，节点的正向加载刚度大于负向加载刚度，这是因为楼板的存在显著提高了正弯矩下组合梁的抗弯刚度；随着加载的进行，楼板混凝土进入损伤退化阶段，正、负向加载的不对称性逐渐减小。对于柱端压弯破坏节点，

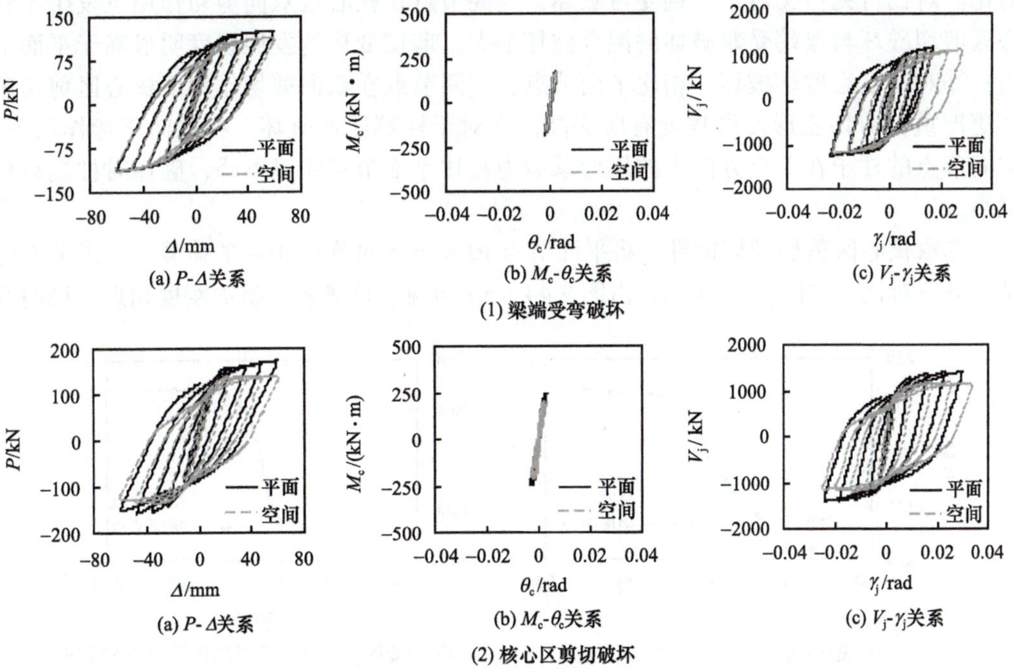

(a) P-Δ关系　(b) M_c-θ_c关系　(c) V_j-γ_j关系

(1) 梁端受弯破坏

(a) P-Δ关系　(b) M_c-θ_c关系　(c) V_j-γ_j关系

(2) 核心区剪切破坏

图 7.43　典型试件荷载 - 变形关系

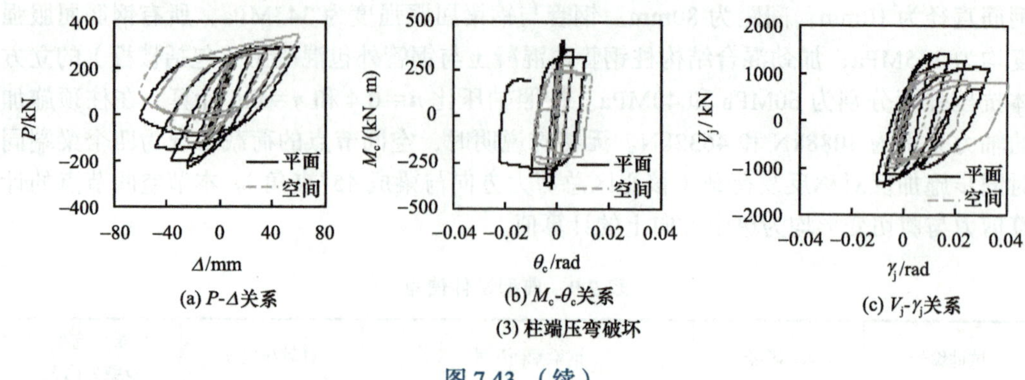

(a) P-Δ关系　(b) M_c-θ_c关系　(c) V_j-γ_j关系

(3) 柱端压弯破坏

图 7.43 （续）

加载后期由于柱发生了整体弯曲，荷载迅速下降。

2）对于梁端受弯破坏节点和核心区剪切破坏节点，柱端弯矩（M_c）–柱端转角（θ_c）关系基本处于线性变化范围，核心区剪切破坏节点柱端转角的发展程度略大于梁端受弯破坏节点。对于柱端压弯破坏节点，柱端转角经历了较充分的发展；柱发生整体弯曲后，柱端转角迅速在一个方向累积增大。

3）对比核心区剪力（V_j）–剪切变形（γ_j）关系，三类节点的核心区均有一定程度的剪切变形发展，其中核心区剪切破坏节点的剪切变形发展最充分。柱端压弯破坏节点在加载后期出现剪切变形向正方向累积的现象，这是因为反向加载时，柱发生整体弯曲，梁端荷载迅速下降，无法提供足够的剪力使剪切变形反向积累。

图 7.43 同时给出了不同破坏形态下平面节点与空间节点相应的荷载–变形曲线的对比。对比可见：①对于梁端受弯破坏，空间节点在核心区双向剪切作用下发生了核心区剪切破坏与梁端受弯破坏的混合破坏形态，剪切变形的发展程度明显高于平面节点；②对于核心剪切破坏，相比平面节点，空间节点在双向剪切作用下核心区剪切破坏更严重，剪切变形发展程度有所提高；③对于柱端压弯破坏，在双向压弯作用下，空间节点的柱子在单个方向上的压弯承载力相比平面节点明显下降，破坏时柱端转角减小。

选取核心区剪切破坏试件，将平面节点 PJ-s 与空间节点 SJ-s 的荷载–变形关系骨架线进行对比，如图 7.44 所示。由图 7.44（b）可见，两者初始抗剪刚度相近，说明双

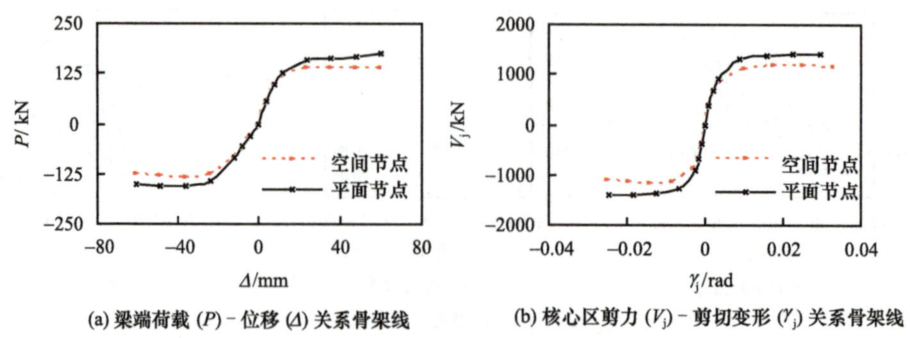

(a) 梁端荷载 (P) – 位移 (Δ) 关系骨架线　(b) 核心区剪力 (V_j) – 剪切变形 (γ_j) 关系骨架线

图 7.44　平面节点与空间节点荷载–变形关系对比

向剪切作用不改变空间节点单个方向上的抗剪刚度。空间节点正、负向抗剪承载力相比平面节点分别降低约 17% 和 16%，且加载后期空间节点核心区所受剪力明显下降，破坏更严重。

结合试验研究和有限元分析结果，钢管混凝土加劲混合结构柱 - 钢梁连接节点的破坏全过程可分为多个阶段。图 7.45 所示为节点荷载（P）- 位移（Δ）关系，图中示出了代表不同阶段起始位置的特征点。

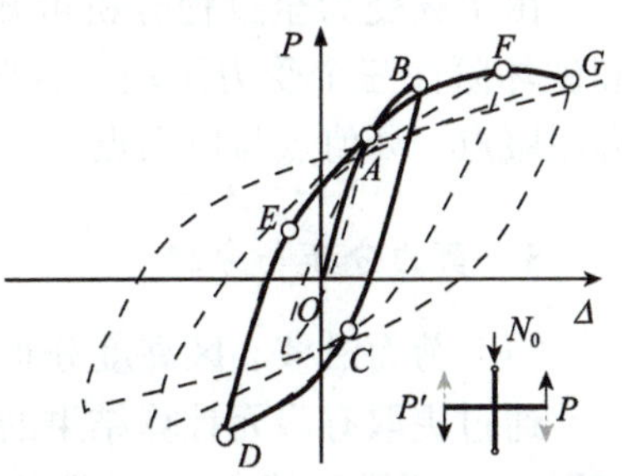

图 7.45　典型节点荷载（P）- 位移（Δ）关系

不同阶段节点各部位受力状态分析如下所述。

1）*OA* 阶段。此阶段为初始加载阶段，P-Δ 关系呈线性，节点各部位基本处于弹性状态，该阶段楼板受拉区通常会出现初始弯曲裂缝。*A* 点时，节点开始进入弹塑性阶段。

2）*AB* 阶段。*AB* 阶段为弹塑性阶段。该阶段 P-Δ 关系呈非线性。对于梁端受弯破坏节点，钢梁翼缘开始受拉屈服，随着加载的进行，钢梁屈服区域不断扩大；楼板受拉区弯曲裂缝不断加宽扩展，并出现新的裂缝，楼板受压区在与加劲混合结构柱交界区域可见压碎裂缝。对于核心区剪切破坏节点，核心区钢管外包混凝土出现剪切斜裂缝，核心区箍筋与钢管壁受剪屈服，核心区钢管内混凝土由于钢管的约束作用仍可保持完好。对于柱端压弯破坏节点，柱端钢管外包混凝土受拉一侧开裂，受压一侧出现轻微的压碎，受压侧柱纵筋屈服。

3）*BC* 阶段。*BC* 阶段为卸载与初始再加载阶段。该阶段通常 P-Δ 关系保持线性，但由于混凝土的损伤退化，卸载与再加载刚度小于 *OA* 段初始刚度。进入反向加载阶段，节点各部位的受力状态发生由拉到压或由压到拉的转变。

4）*CD* 阶段。该阶段，节点反向加载进入弹塑性，P-Δ 关系呈非线性，且随着加载的进行刚度不断降低，通常在 *D* 点达到负向峰值荷载。*D* 点时，对于梁端受弯破坏节点，钢梁受压翼缘屈服并出现局部屈曲现象，楼板受拉区形成贯穿楼板宽度的大裂缝，楼板纵筋达到屈服状态。对于核心区剪切破坏节点，核心区钢管外包混凝土出现大量交叉的剪切斜裂缝，原有的部分斜裂缝闭合，核心区钢管内混凝土此时也出现剪切斜裂缝。对于柱端压弯破坏节点，柱端钢管外包混凝土受压一侧将出现严重的压碎剥落现象，受压纵筋被压曲；此时内钢管受压侧也进入屈服状态。

5）*DE* 阶段。*DE* 阶段与 *BC* 阶段类似，P-Δ 关系保持线性，由于混凝土损伤退化的进一步加剧，该阶段的刚度相比 *BC* 段进一步减小。

6）*EF* 阶段。*EF* 阶段与 *CD* 阶段类似，通常在 *F* 点处达到正向峰值荷载。*F* 点处，节点的破坏现象与 *D* 点类似，破坏区域发生在对称部位。

7）*FG* 阶段。*FG* 阶段为破坏阶段。荷载在峰值点 *F* 以后开始降低，节点开始出现明显的破坏现象。对于梁端受弯破坏节点，梁端塑性铰范围扩大，钢梁受压翼缘屈曲现象更加明显，受拉区楼板裂缝迅速加宽，受压区楼板严重压碎；此时，若钢材发生明显的强化作用，梁端荷载可能不降低或缓慢上升。对于核心区剪切破坏节点，核心区钢管外包混凝土在剪切作用下出现碎裂剥落现象，箍筋外露，核心区钢管内混凝土破坏，出现大量剪切裂缝。对于柱端压弯破坏节点，由于大量钢管外包混凝土压碎剥落且纵筋压曲，柱段在轴压力及梁端荷载共同作用下，发生整体弯曲。

由上述受力全过程分析可知，节点的破坏过程大致可分为弹性阶段、弹塑性阶段和破坏阶段三个受力阶段，各阶段的临界点分别对应荷载－变形关系的三个特征点，即屈服点、峰值点与极限点。

3. 剪力分布与分配

（1）剪力沿核心区高度分布

通过提取有限元计算结果的节点力，得到节点核心区附近剪力沿高度分布的规律，如图 7.46 所示，其中，y 为距板上表面的距离。

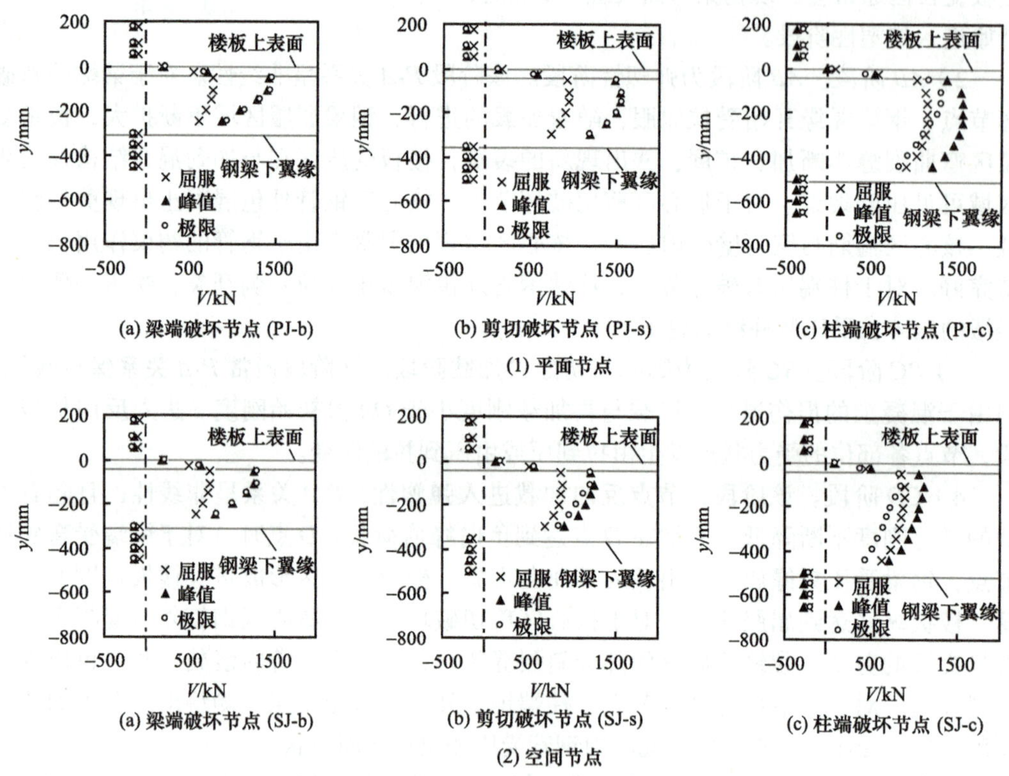

(a) 梁端破坏节点 (PJ-b)　(b) 剪切破坏节点 (PJ-s)　(c) 柱端破坏节点 (PJ-c)

(1) 平面节点

(a) 梁端破坏节点 (SJ-b)　(b) 剪切破坏节点 (SJ-s)　(c) 柱端破坏节点 (SJ-c)

(2) 空间节点

图 7.46　核心区剪力沿高度分布

由图 7.46 可见，三类不同破坏类型节点的核心区附近剪力沿高度分布规律基本相似，即①核心区高度范围内剪力明显大于核心区上下柱端剪力，且方向相反。②在钢梁下翼缘处，由于受剪方向的改变，剪力存在突变，而在楼板上表面附近，由于混凝土楼板的作用，剪力在楼板厚度范围内呈逐渐变化的趋势。③由于钢梁腹板处于受压或受拉的应力状态，核心区剪力通常在中间高度附近达到最大值。④对于梁端破坏节点与核心区剪切破坏节点，峰值点与极限点的核心区剪力基本相同，并明显大于屈服点对应的剪力值；对于柱端破坏节点，由于破坏时发生柱整体弯曲，梁端荷载迅速下降，极限点剪力值相比峰值点有明显的下降。

（2）剪力分配

通过提取有限元计算结果的节点力，获得核心区剪切破坏节点 PJ-s 与 SJ-s 的核心区在剪切作用下各组件承担的剪力（V）与梁端位移加载级别（Δ/Δ_y）的关系，如图 7.47 所示。由图 7.47 可见，核心区的钢管内混凝土、钢管壁、钢管外包混凝土、箍筋和钢梁腹板共同参与抗剪作用。随着加载级别的增加，钢管内混凝土承担的剪力先上升，到达峰值点后开始下降。钢管壁和钢梁腹板承担的剪力先上升，后保持基本恒定。钢管外包混凝土在加载初期承担较大剪力，随后因发生破坏其承担的剪力减小。箍筋在加载初期承担的剪力接近于 0，随着钢管外包混凝土的开裂并破坏，其承担的剪力开始逐步增加，并在屈服后保持基本恒定。

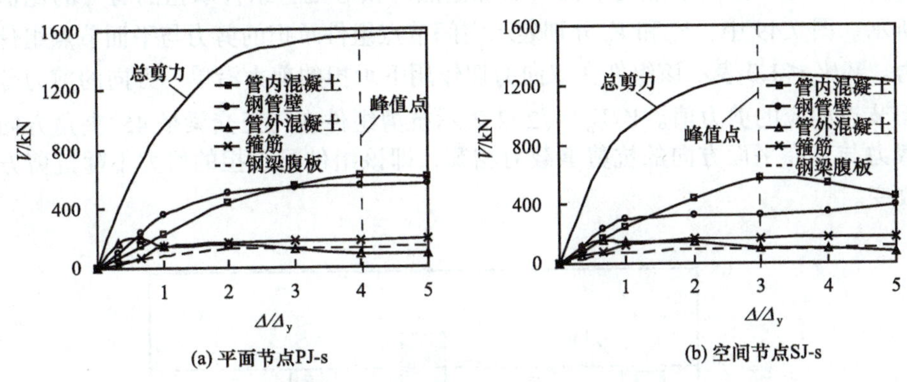

图 7.47 核心区各组件承担的剪力（V）- 位移级别（Δ/Δ_y）关系

当钢管内混凝土达到自身抗剪承载力时，核心区总剪力也接近峰值，之后由于钢管壁的材料强化，总剪力有略微地增加。此时，通过提取各组件的应力值可知，钢管壁和箍筋已进入屈服或强化阶段，核心区钢梁腹板并未屈服，而钢管外包混凝土已经剪切破坏。对比图 7.47（a）和（b）可见，空间节点由于核心区同时受两个方向的剪切作用，核心区更早地发生了剪切破坏，峰值点对应的梁端加载位移级别更小。

核心区各组件的破坏顺序为钢管外包混凝土剪切破坏→箍筋屈服→钢管壁屈服→钢管内混凝土剪切破坏（钢梁腹板未屈服）。

图 7.48 所示为核心区内部钢管混凝土部件（CFST）与钢管外部件承担的剪力占总剪力的比例随梁端位移加载级别的变化规律。由图 7.48 可见，平面与空间节点 PJ-s、SJ-s 的 CFST 部件承担的剪力占核心区总剪力的比例在加载初期分别为 43% 和 50%，并随着加载进行而逐渐增加，在峰值点处达到约 75%。峰值点后，CFST 部件承担的剪力的比例开始下降。上述分析表明，对于核心区剪切破坏节点，内部钢管混凝土部件（CFST）是核心区的主要抗剪部件。

空间节点在双向剪切作用下，核心区剪切变形方向与正交梁呈 45°夹角。因此，核心区各组件承受的剪力的合力方向也与正交梁呈 45°夹角。为便于与平面节点核心区各组件承担的剪力进行对比，将空间节点剪力向梁轴线方向投影从而得到其在单个方

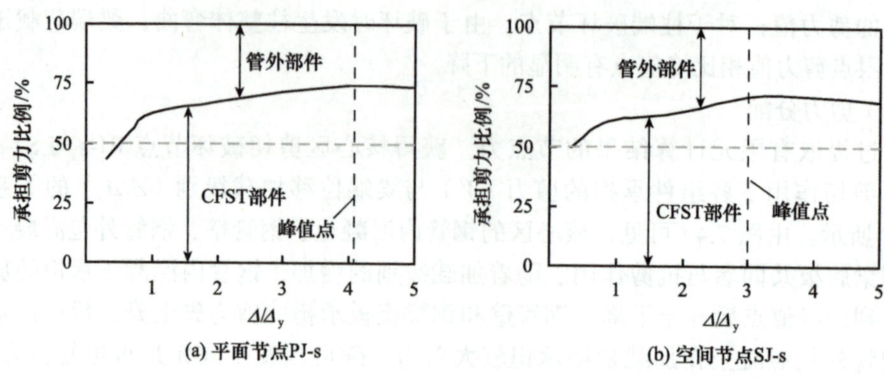

图 7.48　节点核心区剪力分配比例

向上的剪力分量。空间节点与平面节点峰值点时核心区各组件承担的剪力的比值如图 7.49 所示。图 7.49 中，V_s 和 V_p 分别表示空间节点组件承担的剪力与平面节点组件承担的剪力。$V_s/V_p<1.0$ 表示该组件在双向剪切作用下承担的剪力沿单一方向的剪力分量小于平面节点相应的剪力值。$V_s/V_p=\sqrt{2}/2$ 表示抗剪组件在与正交梁呈 45°夹角方向的抗剪承载力与其在平面方向的抗剪承载力相等，即该组件可承担的剪力不随抗剪方向变化而改变。

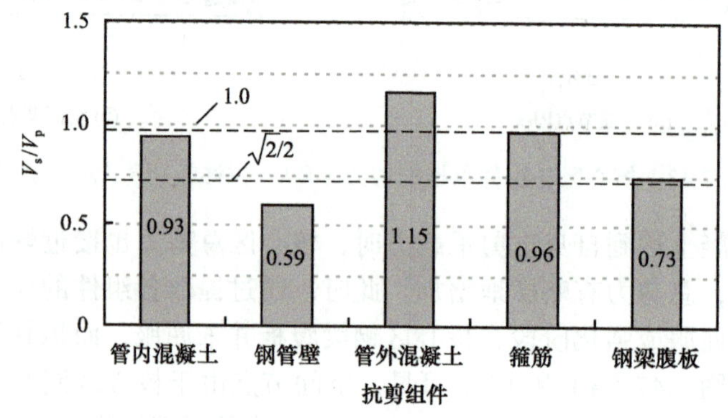

图 7.49　平面节点与空间节点峰值点时核心区各组件承担的剪力对比

由图 7.49 可见，仅钢管外包混凝土在双向剪切作用下单个方向的剪力分量高于平面节点剪力值。钢管内混凝土和钢梁腹板对应的 V_s/V_p 值介于 $\sqrt{2}/2$ 与 1.0，箍筋的 V_s/V_p 值接近 1.0。钢管壁的 $V_s/V_p<\sqrt{2}/2$，说明钢管壁在与正交梁呈 45°夹角方向的抗剪承载力小于其在单个方向的抗剪承载力。

4. 应力与损伤分析

（1）钢筋混凝土楼板

选取梁端受弯破坏节点 PJ-b 和 SJ-b 作为分析对象。图 7.50 给出了平面节点 PJ-b 的组合梁楼板混凝土在各特征点处沿楼板长度方向（东西方向）应力的分布情况，图中 $f'_{c,slab}$ 为楼板混凝土圆柱体抗压强度。可见，在柱宽度范围内，楼板混凝土压应力随

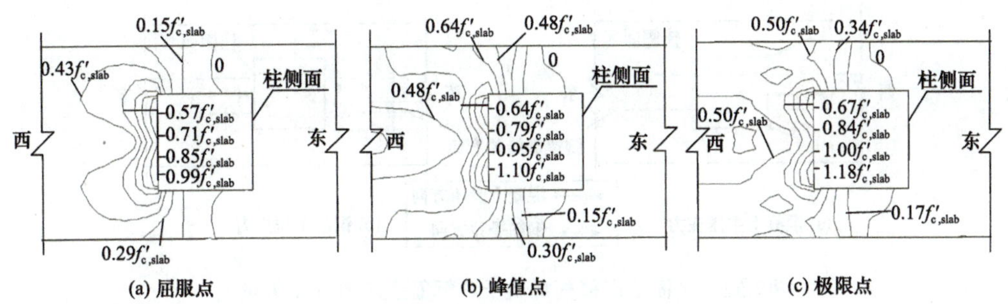

(a) 屈服点　(b) 峰值点　(c) 极限点

图 7.50　平面节点楼板混凝土应力分布

着距柱侧面距离的减小而增大，并在柱侧面与楼板交界区域达到最大值；在柱宽度范围外，楼板混凝土受力状态从正弯矩区的受压逐渐过渡到负弯矩区的受拉。

节点屈服时（图 7.45 中 A 点），混凝土最大压应力值接近 $f'_{c,slab}$；随着加载的进行，楼板混凝土压应力不断增大，峰值点时（图 7.45 中 F 点）柱侧面附近的压应力达到 1.10$f'_{c,slab}$。由于梁端受弯破坏节点梁端荷载－位移关系没有明显的下降段，取最后一个加载级别作为该节点的极限点（图 7.45 中 G 点）。极限点时楼板的应力较峰值点时仍有轻微增长。

图 7.51 所示为空间节点 SJ-b 的组合梁楼板混凝土在各特征点处主压应力分布规律。由图 7.51 可见，空间节点主应力沿楼板对角线（与西、南梁呈 45°夹角）对称分布。最大主压应力集中在柱角部与楼板交界区域附近，压应力随着距柱角部距离的增大而减小。屈服点时（图 7.45 中 A 点），混凝土最大主压应力值达到 1.34$f'_{c,slab}$；峰值点时（图 7.45 中 F 点），柱角部附近主压应力达到 1.81$f'_{c,slab}$；峰值点后，楼板的主压应力水平总体保持不变。

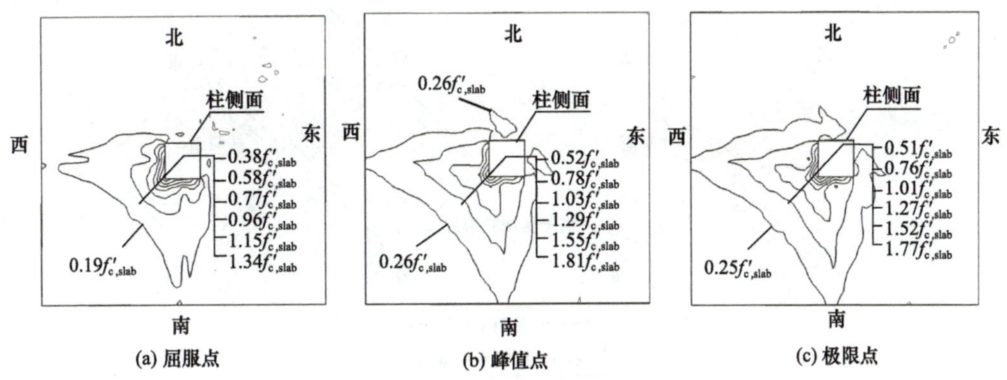

(a) 屈服点　(b) 峰值点　(c) 极限点

图 7.51　空间节点楼板混凝土应力分布

通过对比平面节点与空间节点楼板混凝土应力分布规律可知，空间节点在双向荷载作用下楼板的应力分布发生改变，应力分布的对称轴由楼板中线转变为楼板对角线；同时，空间节点的楼板在双向受压作用下压应力水平有明显提高。

峰值点时，平面节点楼板混凝土与钢筋的主应力分布如图 7.52 所示。在钢梁翼缘

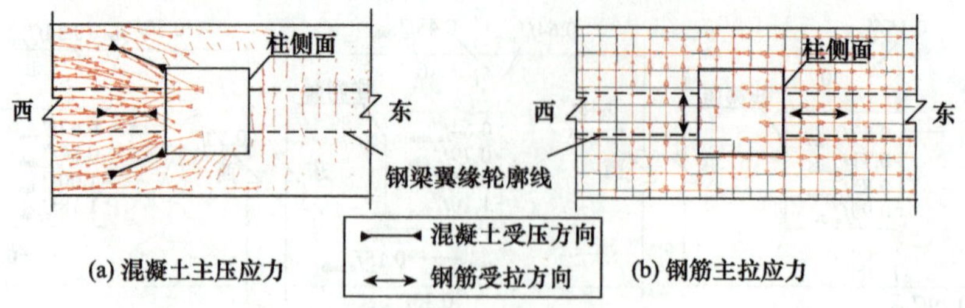

图 7.52　平面节点楼板混凝土和钢筋主应力分布矢量图

宽度范围内，混凝土主压应力方向沿板的纵向；在钢梁翼缘宽度范围外，随着到柱侧面距离的减小，混凝土主压应力方向由板的纵向逐渐过渡到与纵向成一定角度，并在靠近柱侧面位置指向加劲混合结构柱角部。图 7.52（a）示出了楼板的主压应力传递路径，应力较大区域主要分布在加劲混合结构柱西侧面附近，上下柱侧面附近混凝土的应力值相对较小。由此可知，楼板混凝土内力主要通过与楼板受压方向垂直的柱侧面传递到加劲混合结构柱。由图 7.52（b）可见，在东侧的楼板受拉区，纵向钢筋拉应力较大；在西侧的楼板受压区，横向钢筋拉应力较大，这是由楼板受压时的横向受拉趋势引起的。

空间节点楼板混凝土与钢筋主应力分布情况如图 7.53 所示。在钢梁翼缘宽度范围内，混凝土主压应力沿梁轴线方向；在钢梁翼缘宽度范围外，混凝土主压应力方向由梁轴线方向逐渐向与梁呈 45°夹角的方向过渡，且在靠近加劲混合结构柱侧面区域应力值较大。东、北梁方向楼板钢筋受拉，距离加劲混合结构柱侧面越近钢筋拉应力越大。由于西、南方向的混凝土楼板受压，垂直梁轴线方向的钢筋承受拉应力。

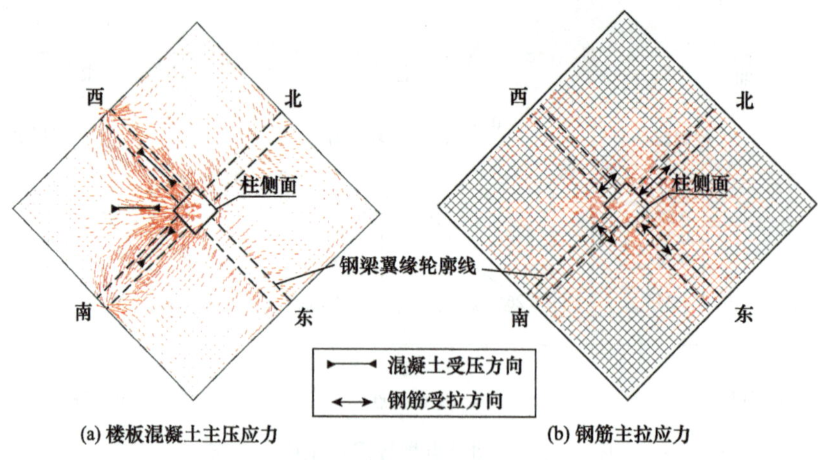

图 7.53　空间节点楼板混凝土和钢筋主应力分布矢量图

如前所述，ABAQUS 程序通过引入损伤因子来考虑混凝土在反复荷载作用下的损伤与刚度退化，损伤因子的大小可以反映混凝土的塑性发展与受损程度。节点 PJ-b、SJ-b 楼板混凝土受拉和受压损伤值在各特征点的分布情况分别如图 7.54 和图 7.55 所

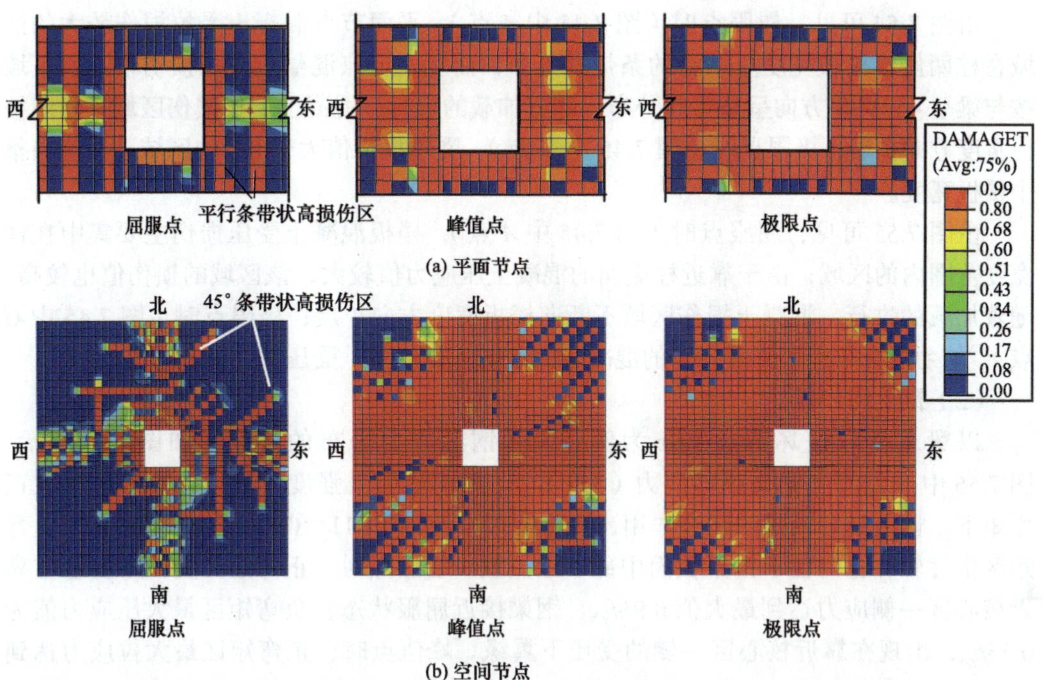

图 7.54　楼板混凝土受拉损伤发展

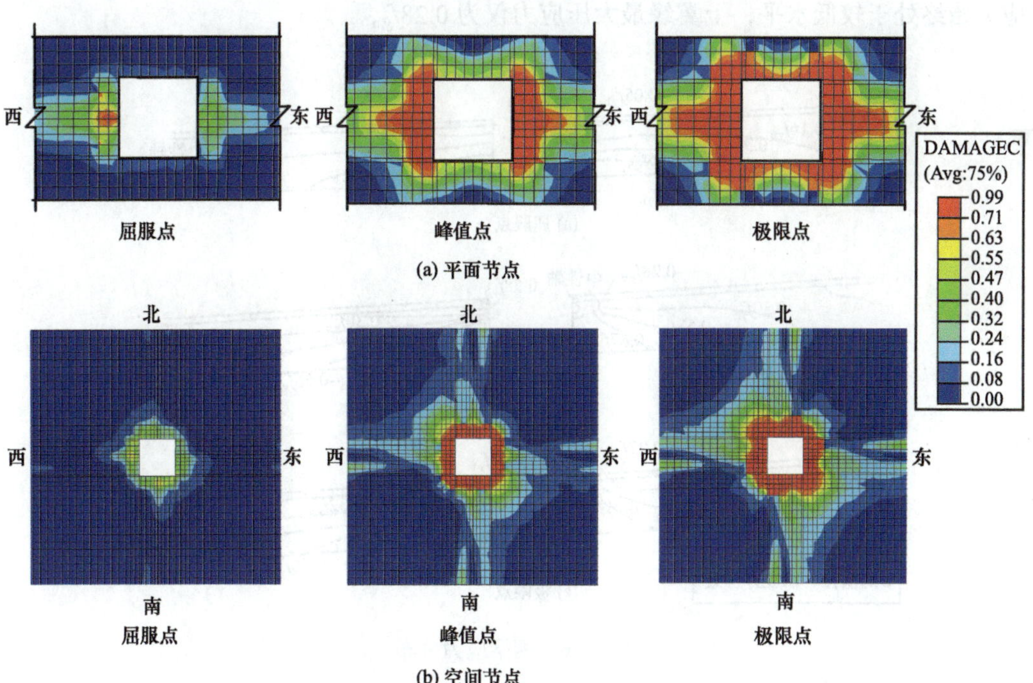

图 7.55　楼板混凝土受压损伤发展

示，其中损伤值介于 0 到 1 之间，数值越大表示损伤越严重。

由图 7.54 可见，屈服点时（图 7.45 中 A 点），平面节点混凝土受拉损伤较大的区域在柱两侧沿楼板宽度呈平行的条带状分布，而空间节点混凝土受拉损伤较大的区域按与梁呈 45°夹角方向呈条带状分布。随着加载的进行，混凝土受拉损伤区域不断向楼板宽度方向扩展；极限点时（图 7.45 中 G 点），受拉损伤值大于 0.8 的区域已经遍布整个楼板宽度。

由图 7.55 可见，屈服点时（图 7.45 中 A 点），楼板混凝土受压损伤主要集中在柱宽度范围内的区域；由于靠近柱侧面的混凝土压应力值较大，该区域的损伤值也较高。随着加载的进行，混凝土损伤区域不断向楼板宽度方向扩展；极限点时（图 7.45 中 G 点），加劲混合结构柱侧面附近的混凝土由于挤压作用大，受压损伤值超过 0.7。

（2）钢梁和环板

以梁端受弯破坏节点 PJ-b 为例，说明钢梁应力分布的规律，如图 7.56 所示。图 7.56 中应力值为钢梁纵向应力（S11），$f_{y,b}$ 为钢梁屈服强度。可见，由于钢梁在正弯矩下，楼板具有较强的组合作用，正弯矩区中性轴（S11＝0 处）高度明显高于负弯矩区中性轴，且均位于钢梁截面中部以上位置。屈服点时，正弯矩区受拉下翼缘在靠近核心区一侧应力达到最大值 $0.96f_{y,b}$，钢梁接近屈服状态；负弯矩区最大压应力值为 $0.65f_{y,b}$，出现在靠近核心区一侧的受压下翼缘。峰值点时，正弯矩区最大拉应力达到 $1.16f_{y,b}$，钢材屈服后开始强化；此时负弯矩区受压翼缘已受压屈服。极限点时，钢梁的应力水平相比峰值点时总体保持不变。由于楼板的组合作用，正弯矩作用下钢梁的压应力始终处于较低水平，上翼缘最大压应力仅为 $0.28f_{y,b}$。

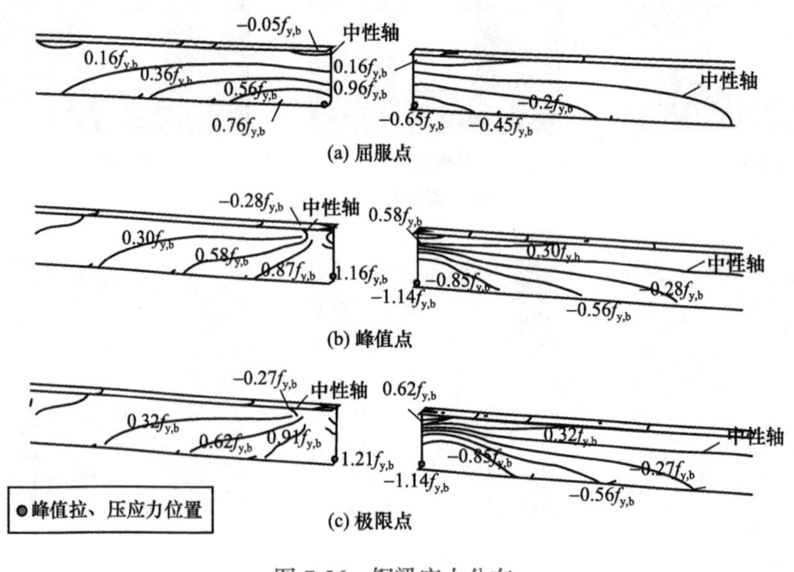

图 7.56　钢梁应力分布

梁端受弯破坏平面节点 PJ-b 的钢梁翼缘与内钢管连接的环板在各特征点的应力分布如图 7.57 所示。可见，下环板的应力水平高于上环板，这是因为楼板的组合作用使

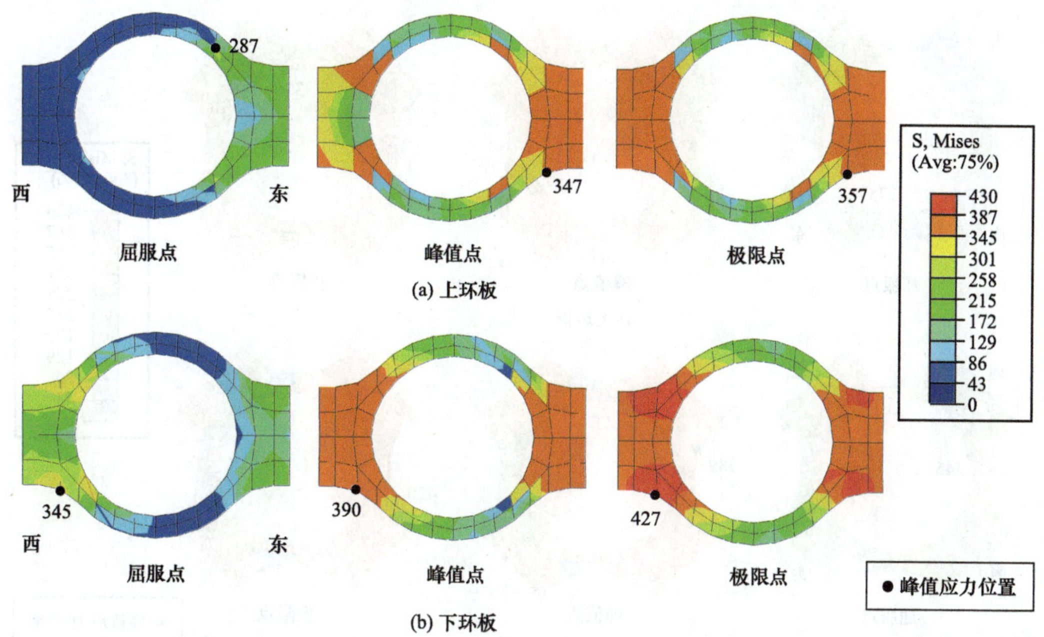

图 7.57　平面节点环板应力分布（应力单位：MPa）

钢梁上翼缘与楼板共同受力并传递荷载，翼缘传递到上环板的力相比下环板更小。环板峰值应力主要位于钢梁翼缘与外环板的圆角处，环板受拉时，该处存在明显的应力集中现象；在远离钢梁翼缘的环板中部，应力水平较低，整个加载过程中始终未屈服。屈服点时，下环板在翼缘与环板圆角处达到屈服应力，其他区域均仍于弹性状态。

随着加载的进行，下环板开始大面积屈服；峰值点时，圆角周围的环板在环板宽度方向完全屈服，强化后最大应力达到 390MPa，此时上环板也已大面积屈服。极限点时，圆角应力集中部位的应力达到 427MPa。由此可知，节点 PJ-b 的环板宽度满足荷载传递的要求，针对环板圆角处的应力集中现象，建议实际工程中采用增大圆角半径等措施减弱或消除其影响。

空间节点 SJ-b 钢梁翼缘与内钢管连接的环板在各特征点的应力分布情况如图 7.58 所示。与平面节点类似，由于楼板的组合作用下环板的应力水平高于上环板，环板的峰值应力通常出现在钢梁翼缘与外环板的圆角处。对于下环板，两根同向加载梁间环板的应力（如西、南梁）总是高于两根反向加载梁间环板的应力（如南、东梁），这是因为反向加载梁间环板两侧的钢梁翼缘始终处于一拉一压的应力状态，处于中间位置环板应力相对较低，而同向加载梁间环板两侧的钢梁翼缘应力同时是拉或压，中间位置环板应力较大。

屈服点时（图 7.45 中 *A* 点），西、南梁间下环板中部达到屈服应力，其他区域仍处于弹性状态。随着加载的进行，下环板开始大面积屈服；峰值点时（图 7.45 中 *F* 点），环板在环板宽度方向完全屈服，强化后最大应力达到 389MPa，此时上环板部分区域也已屈服。极限点时（图 7.45 中 *G* 点），环板最大应力达到 420MPa。

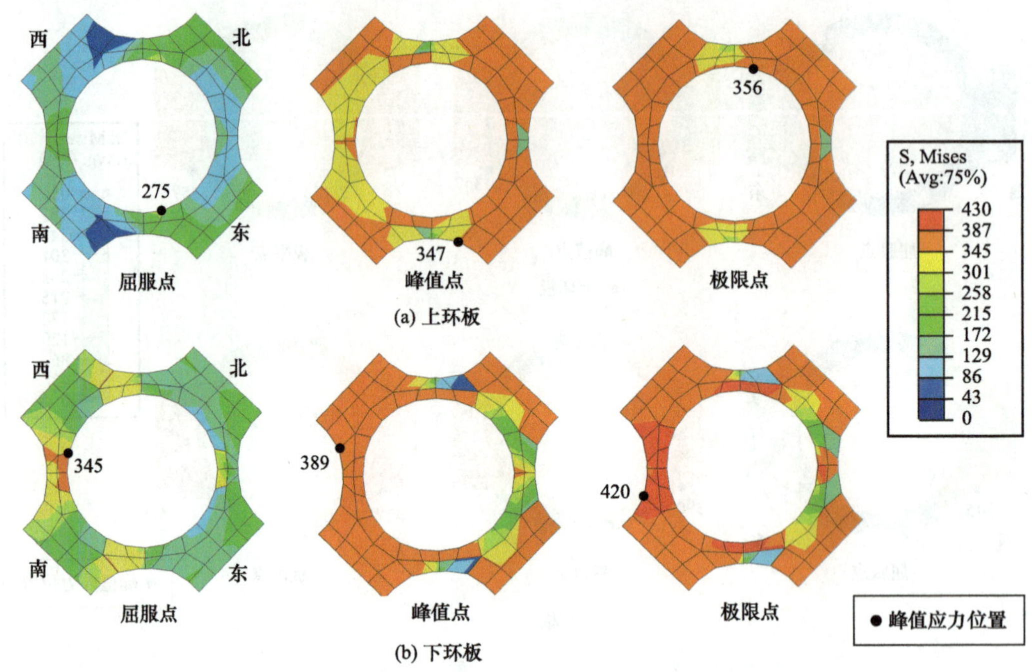

图 7.58 空间节点环板应力分布（应力单位：MPa）

对比平面节点与空间节点可知，空间节点的环板在双向拉压作用下总体应力水平与平面节点相近，环板宽度仍然满足荷载传递的要求。

（3）钢管混凝土加劲混合结构柱

以柱端压弯破坏节点为例，说明钢管混凝土加劲混合结构柱-钢梁连接节点在加载过程中柱子各组件的应力与损伤变化规律。

图 7.59（a）和（b）分别为平面节点与空间节点 PJ-c、SJ-c 上柱端混凝土截面在各特征点的应力分布示意，图中 $f'_{c,core}$ 和 $f'_{c,out}$ 分别指钢管内、外混凝土圆柱体抗压强度，分别为 51MPa 和 33MPa。可见，屈服点时，由于柱端承受较大轴压力（柱轴压比 $n=0.6$），平面节点与空间节点钢管内、外混凝土压应力均较大，最大压应力出现在核心区混凝土靠近钢管壁受压侧边缘，中性轴位于钢管内混凝土截面内。

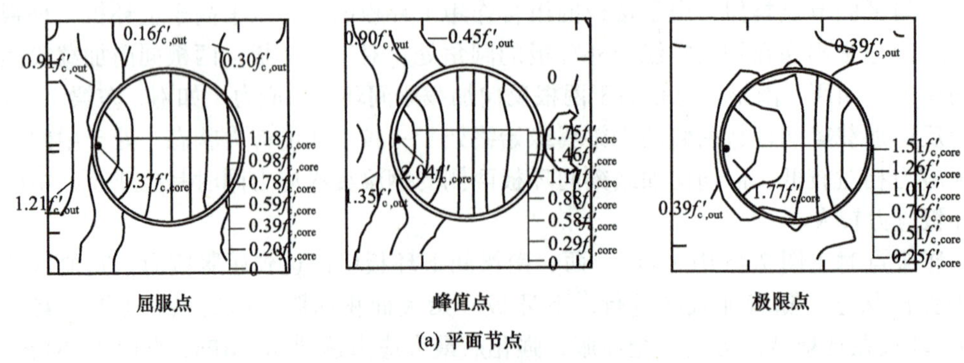

图 7.59 柱端截面混凝土应力分布

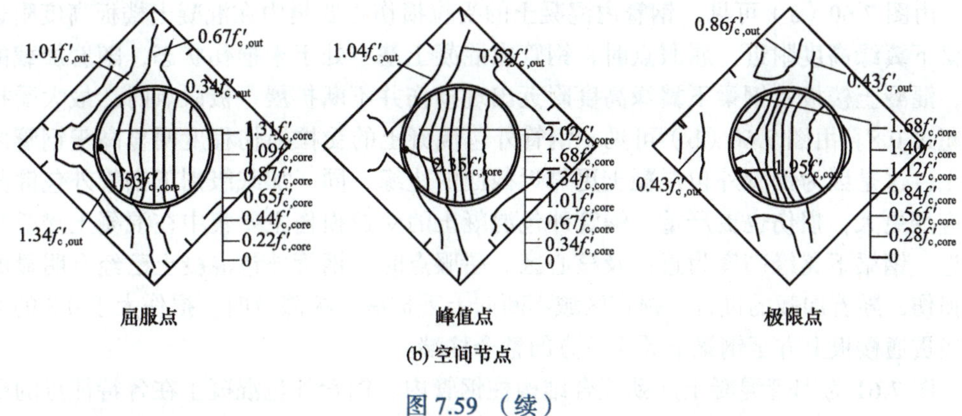

(b) 空间节点

图 7.59 （续）

随着加载的继续，钢管内、钢管外包混凝土的应力不断增大；峰值点时，平面节点与空间节点钢管内混凝土最大压应力分别为 $2.04f'_{c,core}$ 和 $2.35f'_{c,core}$，这是因为在钢管约束作用下钢管内混凝土处于三向受力状态，单轴应力水平得到显著提升；此时，中性轴的位置相比屈服点时向截面的中线移动。峰值点后，混凝土开始损伤退化，应力水平下降。极限点时，钢管外包混凝土纵向压应变远大于混凝土的压碎应变（$\varepsilon_{cu}=3300\mu\varepsilon$），混凝土发生严重的碎裂，平面节点与空间节点钢管外包混凝土受压边缘的压应力仅分别为 $0.39f'_{c,out}$ 和 $0.43f'_{c,out}$。此时，柱端轴压力主要由内部钢管混凝土部件承担。

对比平面节点与空间节点可知，空间节点钢管混凝土加劲混合结构柱在双向压弯作用下，钢管内混凝土的峰值应力相比平面节点有一定的提高。

以节点 PJ-c 为例，说明钢管混凝土加劲混合结构柱钢管内、钢管外包混凝土拉、压损伤的发展规律。图 7.60 为加劲混合结构柱钢管内、钢管外包混凝土在各特征点的受拉损伤发展情况。

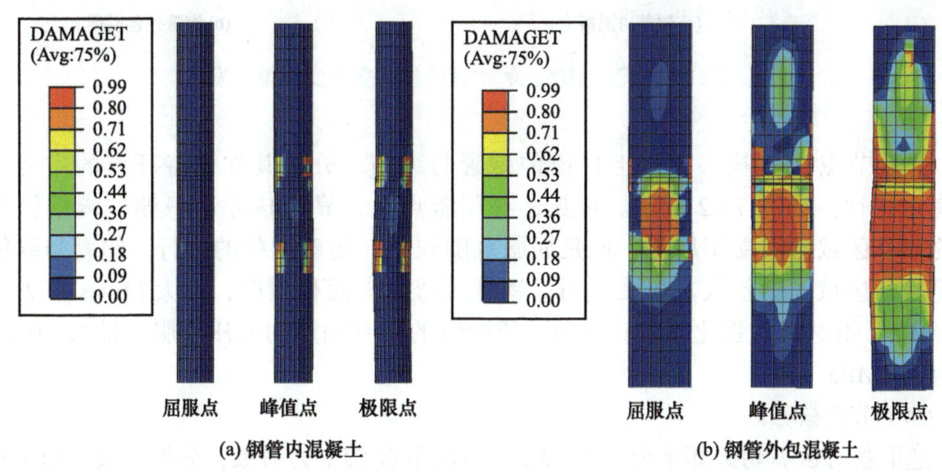

图 7.60　钢管内混凝土和钢管外包混凝土受拉损伤发展

由图 7.60（a）可见，钢管内混凝土的受拉损伤主要集中在混凝土楼板高度附近及钢梁下翼缘高度附近。屈服点时，钢管内混凝土基本处于未损伤状态，随着加载的进行，混凝土楼板及钢梁下翼缘高度附近出现损伤并不断扩展；极限点时，最大受拉损伤超过 0.8。由图 7.60（b）可见，钢管外包混凝土的受拉损伤程度明显高于钢管内混凝土，这是因为钢管外包混凝土更靠近截面的边缘，同一加载级别下钢管外包混凝土的应变更大，损伤也更严重。钢管外包混凝土的受拉损伤主要集中在混凝土楼板高度附近、钢梁下翼缘高度附近以及核心区。屈服点时，钢管外包混凝土已经有明显的受拉损伤，随着加载的进行，损伤区域不断向上下扩展；极限点时，损伤大于 0.8 的区域已经贯通楼板上方至钢梁下翼缘下方的整个柱端。

图 7.61 为钢管混凝土加劲混合结构柱钢管内、钢管外包混凝土在各特征点的受压损伤发展情况。可见，钢管内、钢管外包混凝土受压损伤均主要分布在核心区两个对角线区域及核心区上下柱端区域。类似于受拉损伤的分布规律，钢管外包混凝土的受压损伤程度也明显高于钢管内混凝土。由于柱子在极限点时发生严重的压弯破坏并出现整体弯曲，同时伴随发生核心区剪切破坏，钢管内、钢管外包混凝土在核心区与上下柱端区域的极限受压损伤均超过了 0.9。

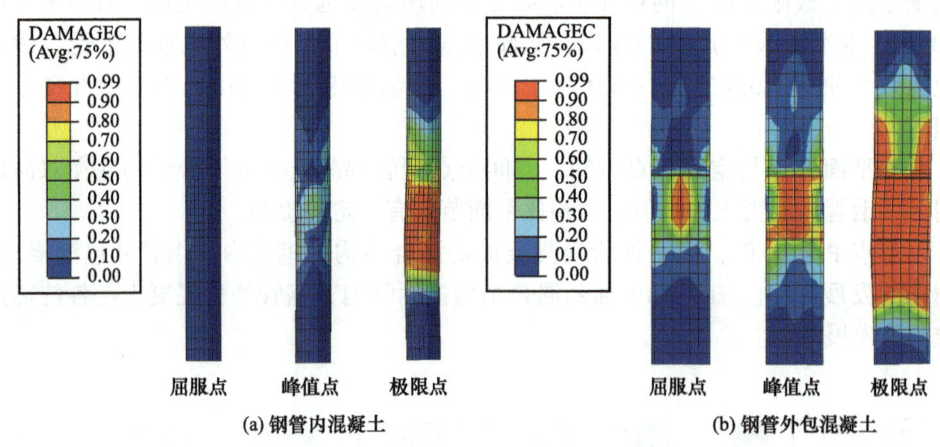

图 7.61 钢管内混凝土和钢管外包混凝土受压损伤发展

选取节点 PJ-c 核心区以上柱段的钢管与纵筋，分析其在各特征点的应力分布及变化规律，如图 7.62 所示。可见，在屈服点时，靠近核心区一侧柱端钢管与纵筋的部分区域已经受压屈服，但是屈服范围较小。随着加载的进行，钢管与纵筋受压屈服的区域不断扩大。极限点时，钢管压弯侧大面积屈服，最大 Mises 应力达到 372MPa，钢材进入强化阶段；此时，压弯侧的所有钢筋均受压屈服，最大 Mises 应力为 374MPa。

（4）节点核心区

选取核心区剪切破坏平面节点 PJ-s 与空间节点 SJ-s 为对象，分析加载过程中核心区各组件的应力变化规律及其抗剪机理。

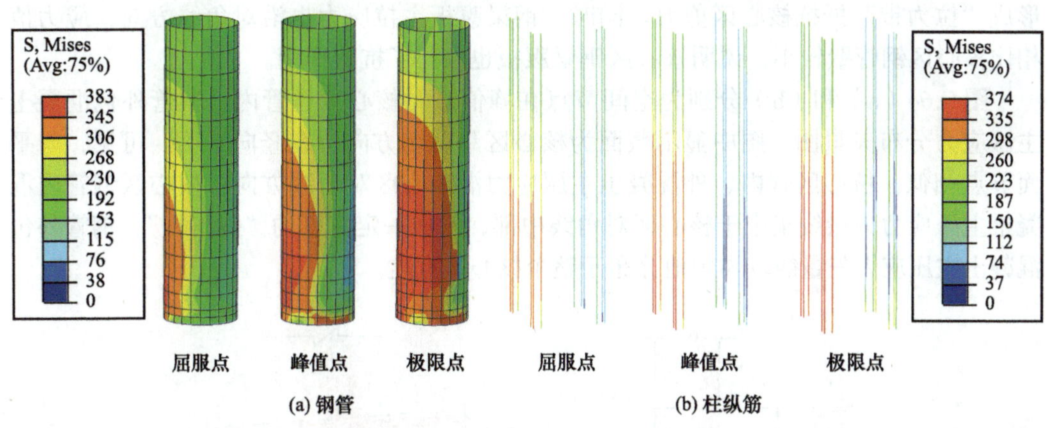

图 7.62　柱端钢管与柱纵筋应力分布（应力单位：MPa）

空间节点的核心区受双向剪切作用，总剪力与正交梁呈 45°夹角。因此，核心区各组件的抗剪方向相比平面节点发生改变，从而影响各组件的抗剪能力。通过对平面节点与空间节点的核心区进行应力与抗剪机理对比分析，从微观机理角度解释两者承载力、刚度等方面的差异。

图 7.63（a）和（b）分别为平面节点在峰值点时核心区及其上下柱端钢管内、钢管外包混凝土主压应力分布矢量图。图 7.63 中，主应力方向即为箭头所指方向，主应力大小由箭头长度来衡量。

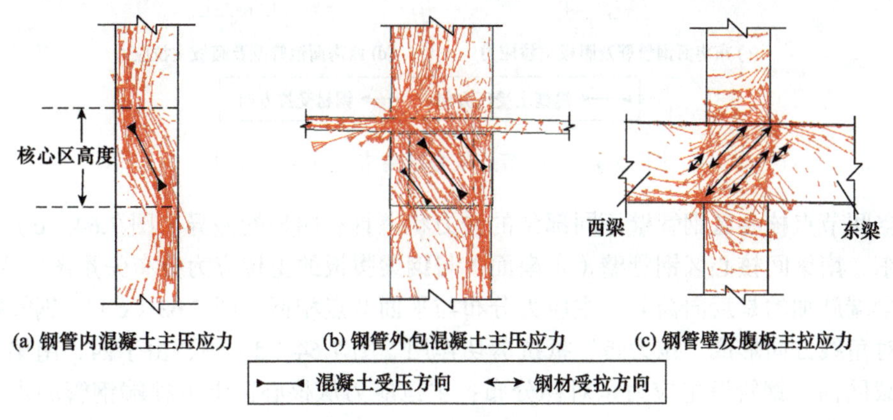

图 7.63　平面节点核心区主应力分布矢量图

由图 7.63（a）和（b）可见，核心区钢管内、钢管外包混凝土主压应力沿核心区对角线方向：核心区钢管内混凝土主压应力矢量线集中于核心区对角线中部，形成一定宽度的“斜压杆”，核心区钢管外包混凝土主压应力矢量线较均匀地沿对角线分布于整个核心区宽度，未观察到明显的“斜压杆”。

图 7.63（c）是平面节点在峰值点时核心区钢管壁与钢梁腹板的主拉应力分布矢量图。可见，钢管壁主拉应力沿核心区对角线方向较均匀地分布于整个核心区，钢管壁

形成“拉力带”抵抗核心区剪力。同时，钢梁腹板主拉应力也沿对角线方向，应力值相比核心区钢管壁较小，说明核心区钢梁腹板也参与了抗剪作用。

图 7.64（a）和（b）分别为空间节点在峰值点时核心区钢管内、钢管外包混凝土主压应力分布矢量图，图中显示截面为核心区总剪切方向所在竖向平面。可见，与平面节点相似，核心区管内、外混凝土主压应力沿核心区对角线方向；核心区钢管内混凝土主压应力矢量线集中于核心区对角线中部，形成一定宽度的“斜压杆”，钢管外包混凝土主压应力矢量线较均匀地分布于整个核心区宽度。

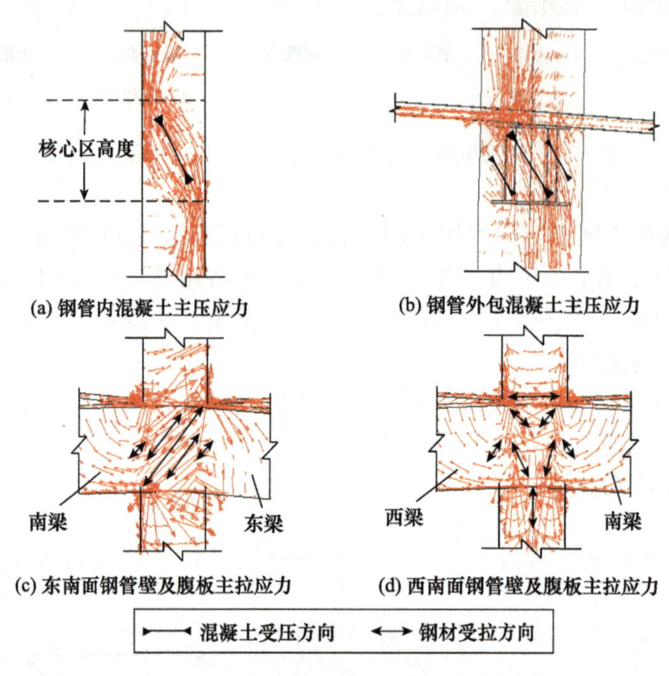

图 7.64 空间节点核心区主应力分布矢量图

空间节点核心区钢管壁不同部位的受力状态具有明显的差异。图 7.64（c）为峰值点时东、南梁间核心区钢管壁（东南面）与钢梁腹板的主拉应力分布矢量图。由于东、南梁梁端施加的是反向荷载，主应力分布与平面节点相似［图 7.63（c）］：钢管壁沿核心区对角线方向形成“拉力带”抵抗剪切作用。图 7.64（d）中，由于西、南梁梁端施加荷载同向，钢管壁主应力呈对称分布：主拉应力从核心区上方柱端钢管的水平方向逐渐转变为核心区下方柱端钢管的竖直方向。

图 7.65 所示为平面节点与空间节点核心区混凝土纵向应力（S33）在各特征点的分布情况，其中钢管内、外包混凝土圆柱体抗压强度 $f_{c,core}'$ 和 $f_{c,out}'$ 分别为 51MPa 和 33MPa。可见，最大应力出现在钢管内混凝土受压的对角顶点处，即靠近钢梁翼缘的位置。屈服点时，混凝土应力水平相对较低；随着加载的进行，到峰值点时，高应力区集中于钢管内混凝土沿对角线方向一定宽度范围内，形成明显的“斜压杆”，此时平面与空间节点最大应力值分别为 $2.4f_{c,core}'$ 和 $3.4f_{c,core}'$。整个加载过程中，钢管外包混凝土未出现明显的高应力区段。

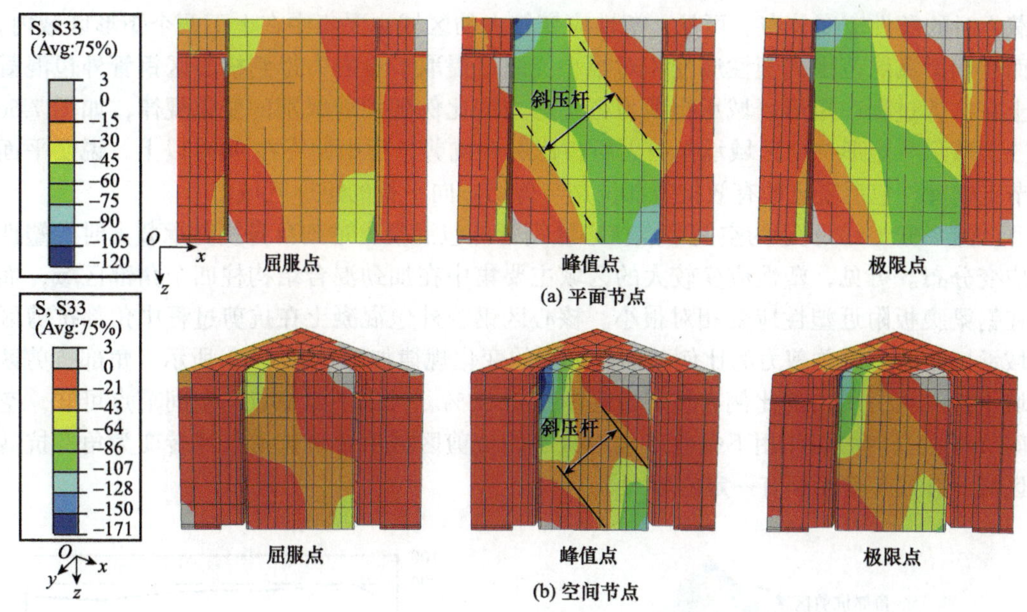

图 7.65　节点核心区混凝土纵向应力（S33）分布（应力单位：MPa）

对比平面节点与空间节点可知，峰值点时，空间节点核心区钢管内混凝土最大应力约为平面节点的 1.5 倍，斜压杆受柱端传来的轴力更大。同时，空间节点钢管内混凝土在正交的 x 和 y 方向上均受到钢梁翼缘和腹板的约束，而平面节点仅在 x 方向上有相应的约束。因此，在三向受压状态下，空间节点核心区钢管内混凝土具有更高的抗剪承载力，其在 x 方向的剪力投影与平面节点核心区钢管内混凝土抗剪承载力的比值大于$\sqrt{2}/2$，如图 7.49 所示。

核心区钢管外包混凝土在剪切作用下开裂，并在达到自身抗剪承载力后破坏，混凝土塑性应变不断增大。采用混凝土的塑性应变衡量核心区钢管外包混凝土不同部位参与抗剪的程度，图 7.66（a）所示为平面节点核心区钢管外包混凝土达到自身抗剪承

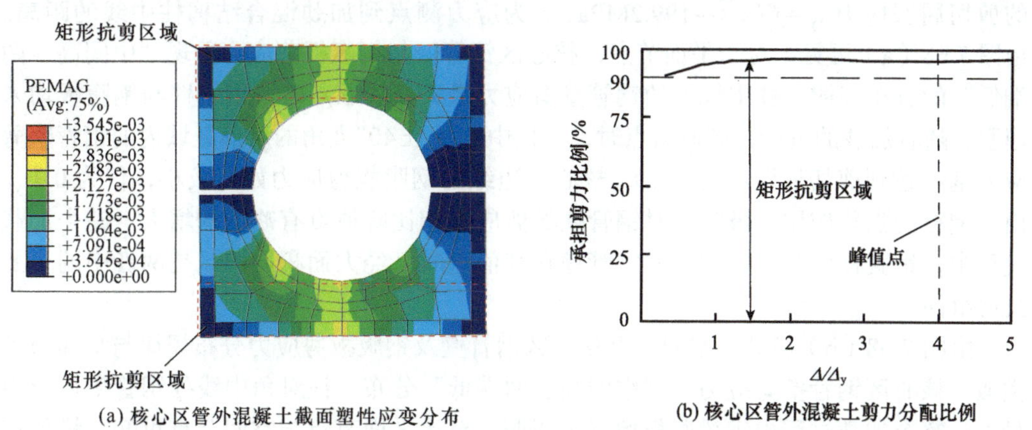

图 7.66　平面节点核心区钢管外包混凝土剪力分配

载力时的塑性应变分布。可见，塑性应变较大的区域主要集中在上下两个矩形区域内，而在钢梁翼缘范围内塑性应变相对很小。通过提取节点内力得到核心区钢管外包混凝土在抗剪过程中矩形区域承担剪力占总剪力的比例随加载级别的变化规律，如图 7.66（b）所示。矩形抗剪区域承担剪力所占比例在抗剪过程中始终在 90% 以上，说明平面节点钢管外包混凝土的有效抗剪部位是与剪切方向平行的矩形区域。

图 7.67（a）所示为空间节点核心区钢管外包混凝土达到自身抗剪承载力时的塑性应变分布。可见，塑性应变较大的区域主要集中在加劲混合结构柱四个角部区域，而在钢梁腹板附近塑性应变相对很小。核心区钢管外包混凝土在抗剪过程中角部抗剪区域承担的剪力占总剪力的比例随加载级别的变化规律如图 7.67（b）所示。角部抗剪区域承担的剪力所占的比例在抗剪过程中接近 90%。对比平面节点与空间节点可知，空间节点在双向剪切作用下钢管外包混凝土的抗剪区域由矩形抗剪区域转变为角部抗剪区域，有效抗剪面积有一定的增大。

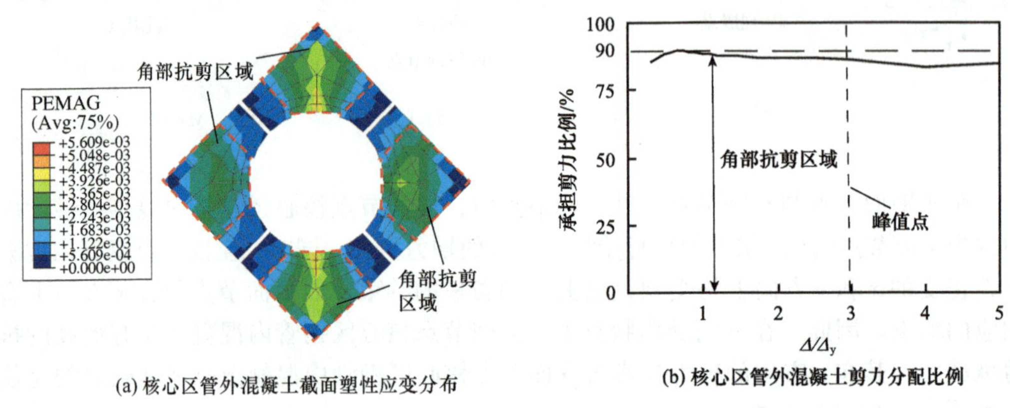

(a) 核心区管外混凝土截面塑性应变分布

(b) 核心区管外混凝土剪力分配比例

图 7.67 空间节点核心区钢管外包混凝土剪力分配

图 7.68 所示为平面节点与空间节点核心区钢管壁与钢腹板受剪时剪切应力在各特征点的分布情况及变化规律，图中 τ 是钢管壁或钢腹板的剪切应力，纯剪状态下钢材的剪切屈服应力 $\tau_y = f_y/\sqrt{3} = 199.2\text{MPa}$，$d$ 为应力测点到加劲混合结构柱中线的距离。由图 7.68（a）可见，对于平面节点，核心区钢管壁与钢腹板剪应力呈现“中间高、两端低”的分布规律，柱中线处的钢管壁剪应力最大。屈服点时，钢管壁与钢腹板均未屈服。随着加载的进行，到峰值点时，与柱中线呈 ±40°夹角的扇形区域内的钢管壁剪应力基本达到剪切屈服应力（τ_y），核心区边缘的钢腹板剪应力始终较小，仅为 $0.3\tau_y$。由于钢材的强化作用，极限点时钢管壁的剪应力相比峰值点有略微的增大。整个加载过程中，钢腹板始终未屈服，而钢管壁在峰值点时已经大面积屈服，是两者中的主要抗剪组件。

由图 7.68（b）可见，空间节点核心区钢管壁及钢腹板剪应力分布规律与平面节点类似：核心区钢管壁剪应力呈“中间高、两端低”分布，柱对角中线处钢管壁剪应力最大；整个加载过程中钢梁腹板始终未屈服。对比平面节点与空间节点可知，峰值点

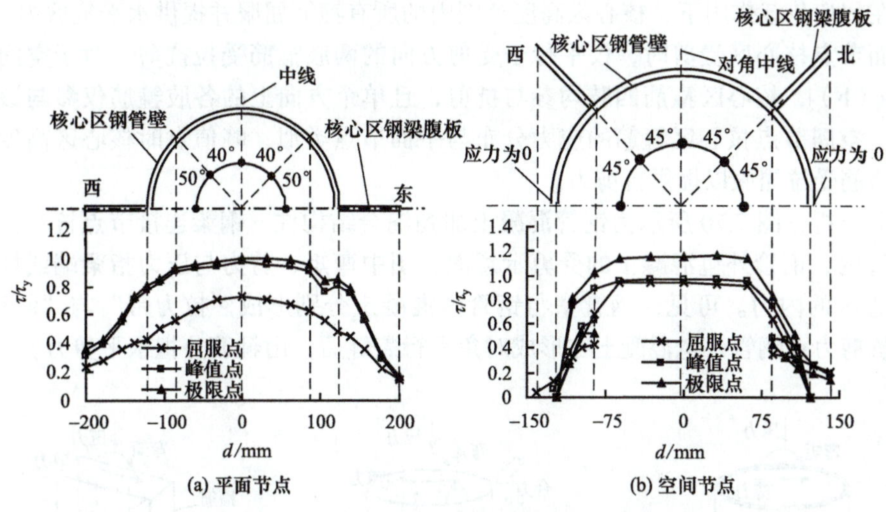

(a) 平面节点　(b) 空间节点

图 7.68　核心区钢管壁与钢腹板剪应力分布

时中线两侧一定范围内钢管壁达到剪切屈服应力（τ_y）。对于空间节点，距离对角中线最远的钢管壁剪应力为 0，且该点两侧一定范围内钢管壁剪应力较小，无法有效参与抗剪。因此，相比平面节点，空间节点核心区钢管壁的有效抗剪面积减小，其提供的抗剪承载力减小，承载力沿梁轴线方向的剪力投影与平面节点核心区钢管壁抗剪承载力的比值小于$\sqrt{2}/2$，如图 7.49 所示。

核心区箍筋是钢管外钢筋混凝土抗剪的重要组件，既能对钢管外包混凝土起约束作用，又能直接承担水平剪力。图 7.69 所示为平面节点与空间节点箍筋 Mises 应力在各特征点时沿核心区高度的分布，图中 f 为箍筋的 Mises 应力，箍筋屈服应力 $f_{y,h}$= 335MPa，d 为距核心区下边缘的距离。平面节点在屈服点时，箍筋应力沿核心区高度呈现“下大上小”分布，靠近核心区下边缘的箍筋刚进入屈服状态。峰值点时，箍筋应力沿核心区高度基本均匀分布，且所有箍筋均已屈服，箍筋强化后最大应力达到 $1.1f_{y,h}$。极限点时，箍筋应力由于强化作用相比峰值点时进一步增大。由此可知，节点

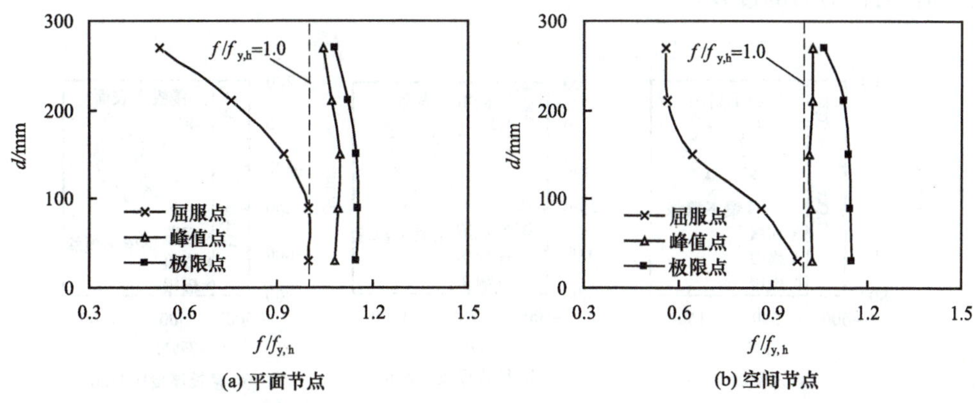

(a) 平面节点　(b) 空间节点

图 7.69　箍筋 Mises 应力沿核心区高度分布

核心区在剪切荷载作用下，核心区高度范围内的所有箍筋屈服并提供水平抗剪力。

平面节点核心区受剪时，仅平行于受剪方向的两肢箍筋受拉抗剪。对于空间节点［图 7.69（b）］，核心区箍筋四肢均参与抗剪，且单个方向上的各肢箍筋仅参与该方向的抗剪。空间节点核心区箍筋的应力分布与平面节点类似，峰值点时核心区高度范围内所有箍筋受拉屈服以提供抗剪力。

综上分析，图 7.70 所示为钢管混凝土加劲混合结构柱－钢梁连接节点核心区钢管壁和钢管内、钢管外包混凝土的受剪示意图，图中弯矩、剪力与压力指梁端或柱端传递到核心区的内力。可见，钢管壁与钢管内混凝土分别形成“拉力带”与“斜压杆”机制抵抗剪力；钢管外包混凝土在形成对角平行裂缝后，由箍筋分担水平剪力。

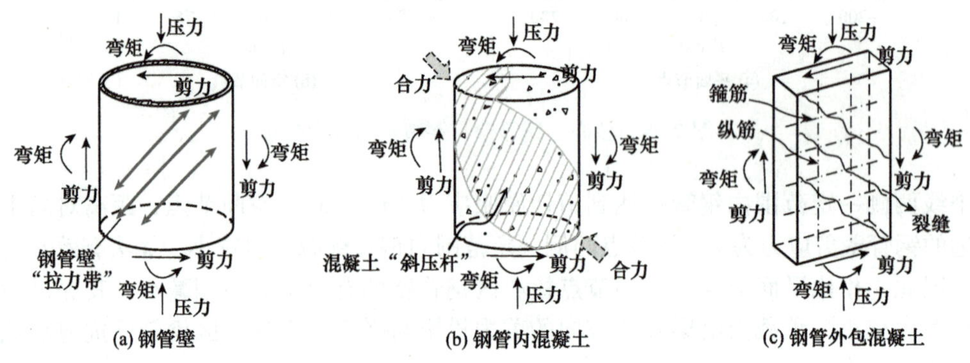

图 7.70　核心区钢管壁和钢管内、钢管外包混凝土受剪示意图

（5）楼板对核心区剪力传递的影响

以核心区剪切破坏试件 PJ-s 为例，图 7.71 所示为楼板厚度对节点核心区附近剪力（V）沿高度分布规律的影响，y 为测点距板上表面的距离。可见，对于带楼板的节点，核心区剪力从上柱端负向剪力逐渐过渡到核心区中间高度附近的最大剪力；对于无楼板的节点，在钢梁上翼缘处存在剪力突变。由此可知，楼板作为组合梁的一部分，有效参与了梁端弯矩向核心区传递的过程；楼板通过对柱侧面的拉压应力，实现上柱端剪力到核心区剪力的过渡。

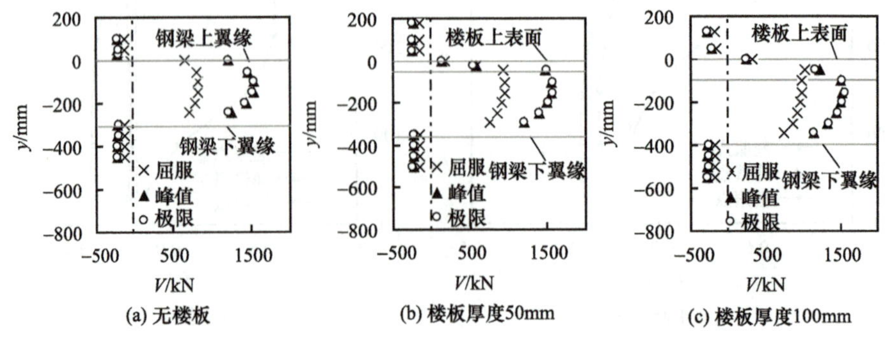

图 7.71　楼板厚度对核心区剪力沿高度分布的影响

图 7.72 所示为带楼板的节点楼板压应力沿板厚的分布规律，其中，σ 为楼板压应力，d 为距楼板下表面距离。楼板压应力较大区域主要分布在加劲混合结构柱侧面附近，以峰值点时压应力最大位置所在截面为例。可见，对于楼板厚度为 50mm 的节点，楼板压应力在板厚方向呈线性分布，楼板上表面位置压应力值最大；随着加载的进行，压应力整体呈增大趋势。对于楼板厚度为 100mm 和 150mm 的节点，楼板压应力在板厚方向呈明显的非线性分布，且应力较大区域主要集中在楼板中心线以上部分，楼板上表面位置压应力最大，楼板下表面应力值小于 2MPa。对比可知，楼板较厚的节点（板厚为 100mm 和 150mm）在梁端正弯矩下，楼板主要通过中心线以上混凝土的压应力向核心区进行内力传递，楼板压应力的合力作用点位于楼板中心线以上。

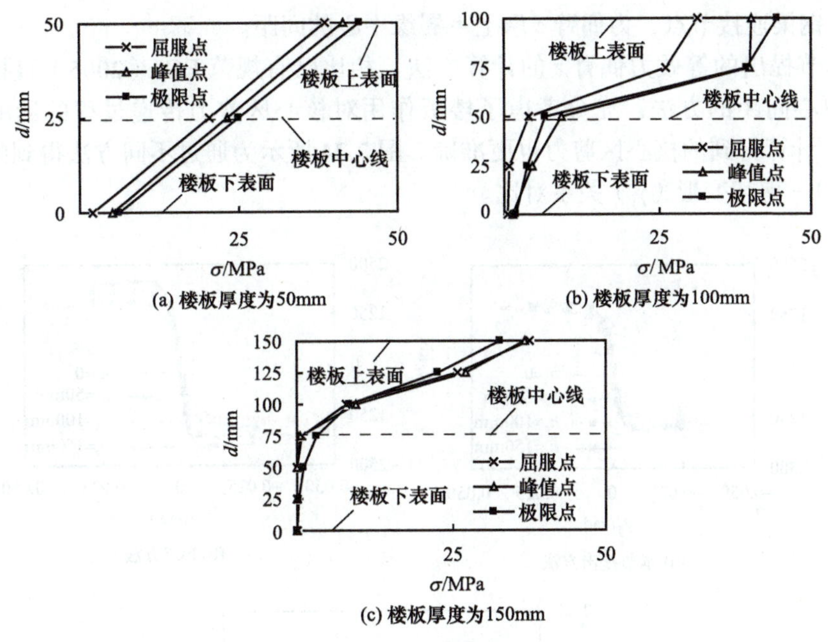

图 7.72　楼板压应力沿板厚的分布

图 7.73 所示为梁端弯矩向核心区进行剪力传递过程中等效力偶的计算示意，图中 F_t 和 F_c 分别为力偶对应的拉、压集中力，M 为梁端所受弯矩，$F_{c,p}$ 和 $F_{c,f}$ 为正弯矩时楼

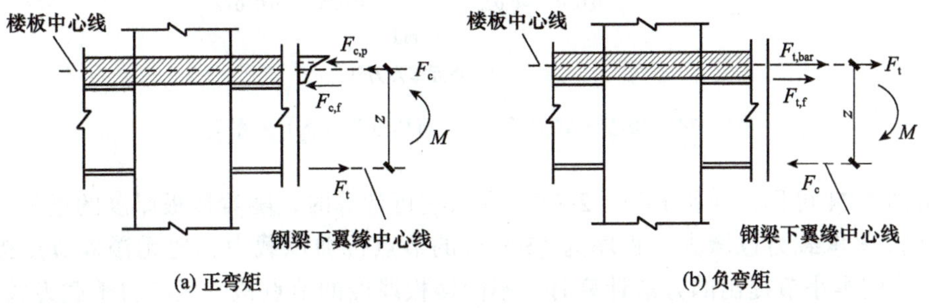

图 7.73　梁端弯矩等效力偶计算

板与钢梁上翼缘压应力的合力，$F_{t,bar}$ 和 $F_{t,f}$ 为负弯矩时楼板钢筋与钢梁上翼缘拉应力的合力，z 为等效力偶臂大小。

如图 7.73（a）所示，正弯矩时，楼板压应力较大区域主要集中在楼板中心线以上部分，$F_{c,p}$ 作用点位于楼板中心线或其以上位置，钢梁翼缘所受应力的合力作用点取翼缘中心处，即 $F_{c,p}$ 和 $F_{c,f}$ 作用点分别位于楼板中心线以上和以下。为便于等效力偶的计算，近似取 $F_{c,p}$ 和 $F_{c,f}$ 的合力 F_c 作用于楼板中心线位置，力偶臂 z 取楼板中心线到钢梁下翼缘中心的间距。负弯矩作用时，通常忽略楼板混凝土的应力，考虑楼板钢筋对梁端承载力与刚度的贡献。楼板钢筋的形心位置通常位于楼板中心线上，如图 7.73（b）所示。为便于正、负弯矩下等效力偶臂计算公式的统一，近似认为负弯矩下 $F_{t,bar}$ 和 $F_{t,f}$ 的合力 F_t 仍作用于楼板中心线位置。对于无楼板的钢管混凝土加劲混合结构柱 - 钢梁连接节点，力偶臂 z 取上下翼缘中心的间距。

本小节提出的等效力偶臂 z 的计算方法，相比已有规范 EC3（2005）直接采用上下翼缘中心间距的方法，充分考虑了楼板作用对核心区剪力传递过程的影响，结合式（7.4）计算得到的核心区剪力也更准确。图 7.74 所示为通过不同方法得到的核心区剪力（V_j）- 剪切变形（γ_j）关系对比。

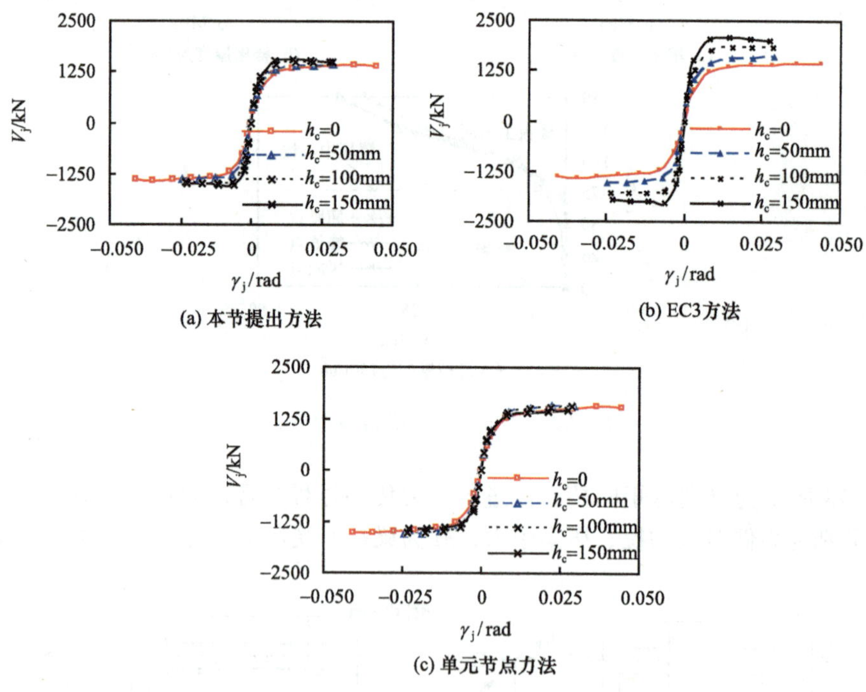

图 7.74　核心区剪力（V_j）- 剪切变形（γ_j）关系对比

由图 7.74 可见，采用 EC3（2005）方法进行计算时，随着楼板厚度的增加，节点核心区抗剪承载力也增大，板厚为 150mm 的节点抗剪承载力相比无楼板节点提高约 47%；采用本小节提出的方法计算时，不同楼板厚度的节点核心区抗剪承载力较接近，板厚为 150mm 的节点抗剪承载力相比无楼板节点仅提高约 10%。通过提取有限元模型的单元节点力并求和，得到不同楼板厚度节点真实的核心区剪力（V_j）－剪切变形（γ_j）关系，如图 7.74（c）所示。可见，楼板厚度对核心区真实的抗剪承载力无明显影响。同时，本小节计算方法得到的抗剪承载力与单元节点力法获得的真实抗剪承载力的误差在 10% 以内。因此，本小节提出的钢管混凝土加劲混合结构柱－钢梁连接节点的核心区剪力计算方法相比 EC3（2005）的公式更准确。

图 7.75 所示为不同楼板厚度的节点核心区各组件承担的剪力（V）与梁端位移加载级别（Δ/Δ_y）的关系。可见，楼板厚度对节点核心区的剪力分配机制无明显影响，核心区所受的剪力仍由钢管内混凝土、钢管壁、钢管外包混凝土、箍筋和钢梁腹板共同承担。当钢管内混凝土达到自身抗剪承载力时，核心区总剪力接近峰值，在钢材强化作用下，总剪力在峰值点后有增加趋势。

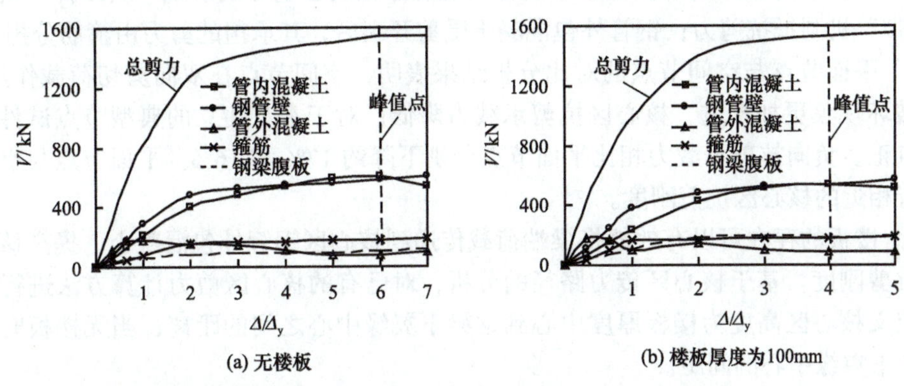

图 7.75　不同楼板厚度节点核心区各组件承担的剪力（V）－位移级别（Δ/Δ_y）关系

对比图 7.75（a）和（b），楼板厚度为 100mm 的节点钢管外包混凝土的初始刚度相比无楼板的节点刚度提高约 54%，这是因为对于带楼板的节点，楼板与钢管外包混凝土整体相连，梁端荷载可通过楼板直接有效地传递到钢管外包混凝土组件，钢管外包混凝土在加载初期便有效参与核心区抗剪过程，从而提高了核心区整体抗剪刚度。如图 7.74（a）所示，核心区总抗剪刚度随楼板厚度的增加而增加，楼板厚度为 100mm 的节点相比无楼板的节点，正向抗剪刚度提高约 33%。

图 7.76 给出了无楼板节点与典型试件 PJ-s 的核心区总剪力（V_j）与钢管外包混凝土剪切应变（γ_{12}）的关系。对比可见，在相同的核心区总剪力下，无楼板节点的钢管外包混凝土剪切应变总体小于带楼板节点 PJ-s 的剪切应变；而由图 7.74（a）可见，无楼板节点核心区总剪切变形大于典型试件 PJ-s 总剪切变形。由此可知，无楼板节点核心区钢管外包混凝土无法充分参与核心区抗剪过程，在加载初期尤为明显。

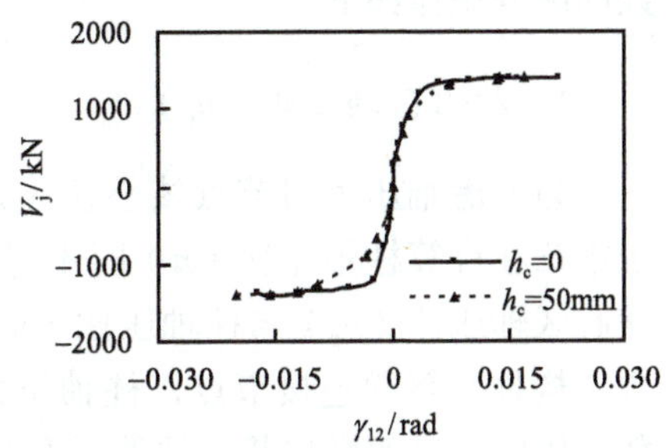

图 7.76　核心区总剪力（V_j）－钢管外包混凝土剪切应变（γ_{12}）关系

本节基于建立的有限元模型，对钢管混凝土

加劲混合结构柱 - 钢梁连接节点的工作机理开展了细致的全过程分析。本节获得的主要结论归纳如下。

1）随着节点梁柱抗弯承载力比的增加，钢管混凝土加劲混合结构柱 - 钢梁连接节点依次发生梁端受弯破坏、核心区剪切破坏和柱端压弯破坏；通过节点受力全过程分析，确定了荷载 - 变形关系的三个特征点，分别是屈服点、峰值点和破坏点，且三个特征点分别与节点破坏的三个阶段一一对应。

2）钢管混凝土加劲混合结构柱 - 钢梁连接节点核心区的钢管内混凝土、钢管壁、钢管外包混凝土、箍筋和钢梁腹板共同参与抗剪作用，当钢管内混凝土达到自身抗剪承载力时，核心区的总剪力达到峰值点；节点核心区各组件的剪切破坏顺序为钢管外包混凝土剪切破坏、箍筋屈服、钢管壁屈服、钢管内混凝土剪切破坏（钢梁腹板未屈服）。

3）在剪切荷载作用下，核心区钢管内混凝土和钢管壁分别形成“斜压杆”机制和“拉力带”机制抵抗剪力；钢管外包混凝土受剪开裂后，其承担的剪力由箍筋分担。

4）平面节点与空间节点的对比分析结果表明，空间节点在双向剪切荷载作用下，剪切破坏现象更加严重，核心区抗剪承载力降低；对于本节建立的典型节点试件，空间节点正、负向抗剪承载力相比平面节点分别下降约 17% 和 16%。平面节点与空间节点具有相近的核心区抗剪刚度。

5）楼板的存在可以有效地将梁端荷载传递到核心区钢管外包混凝土，提高核心区初始抗剪刚度。基于核心区传力路径的分析，对已有的核心区剪力计算方法进行了修正，定义核心区高度为楼板厚度中心到钢梁下翼缘中心之间的距离；当无楼板时，取钢梁上下翼缘中心的间距。

7.4 节点设计方法

7.4.1 参数分析

本节对相关参数对节点破坏形态、抗震性能、抗剪性能等的影响规律进行研究，确定了对节点抗震性能影响较大的关键参数为钢筋混凝土楼板有关参数、核心区有关参数、核心区轴压比（n_p）、梁柱线刚度比（k_i）、梁柱抗弯承载力比（k_m）以及加劲混合结构柱施工初始荷载水平。计算算例以典型试件 PJ-b、PJ-s 或 PJ-c 为原型。关键参数的影响规律如下。

1. 核心区轴压比（n_p）

为考虑轴压力对节点核心区受力性能的影响，定义节点核心区的轴压比（n_p）。由于本章在计算柱轴压比（n）时不考虑柱长细比对柱轴压承载力的影响，因此认为节点核心区轴压比（n_p）与柱轴压比（n）相等，按式（7.2）计算。对于钢管混凝土加劲混合结构柱 - 钢梁连接节点，柱轴压力变化引起柱抗弯承载力变化，改变了梁柱抗弯承载力比值，进而影响节点的破坏形态。

图 7.77 所示为试件 PJ-s 在不同核心区轴压比（n_p）作用下节点的整体破坏形态。

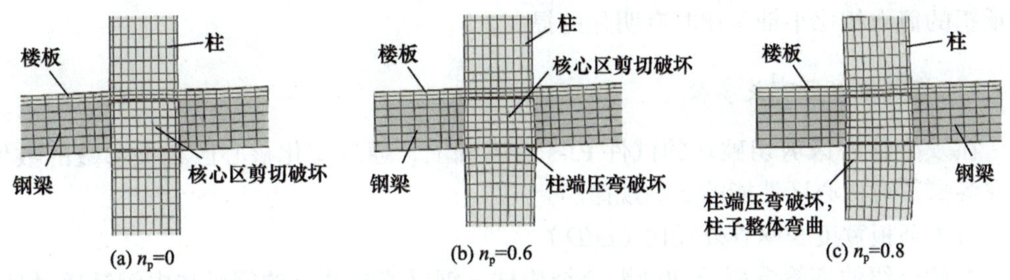

图 7.77　核心区轴压比（n_p）对节点破坏形态的影响

随着 n_p 的增大，节点的破坏形态由核心区剪切破坏逐渐转变为柱端压弯破坏。当 n_p＝0.6 时，节点同时发生核心区剪切破坏与柱端压弯破坏；当 n_p＝0.8 时，节点发生严重的柱端压弯破坏，破坏时柱子发生整体弯曲。

图 7.78 所示为核心区轴压比（n_p）对节点抗剪性能的影响规律。可见，核心区轴压比的变化对节点核心区的抗剪刚度无明显影响。当 n_p 小于 0.6 时，节点发生核心区剪切破坏，随着轴压比的增大，核心区抗剪承载力有一定提高；n_p 由 0 增大到 0.4 时，抗剪承载力增加了 5.2%。当 n_p 大于等于 0.6 时，核心区所受剪力在节点发生柱端压弯破坏后迅速下降；此时核心区并未发生明显的剪切破坏现象，核心区经历的最大剪力小于轴压比较小时所受的剪力。

峰值点时核心区各组件承担的剪力（V）随轴压比（n_p）变化的规律如图 7.79 所示。可知：①当节点发生核心区剪切破坏时，钢管内混凝土抗剪承载力随着核心区轴压比的增大而提高，这是因为在钢管约束与轴压力共同作用下，钢管内混凝土处于三向受压状态，有利于其抗剪承载力的提高；同时钢管内混凝土“斜压杆”截面面积可随轴压力的增大而增加。②在核心区剪切破坏阶段，核心区轴压比对钢管壁的抗剪承载力影响不大。③当节点发生柱端压弯破坏时，由于梁端荷载下降，钢管内混凝土与钢管壁承担的剪力也减小。④核心区轴压比对箍筋与钢梁腹板承担的剪力的影响可以忽略不计。⑤在核心区剪切破坏阶段，钢管外包混凝土承担的剪力随核心区轴压比的增大而增大，这是因为轴压力可以一定程度上阻止混凝土开裂及裂缝的发展。当节点发生柱端压弯破坏时，核心区总剪力的峰值点提前，钢管外包混凝土破坏程度降低而

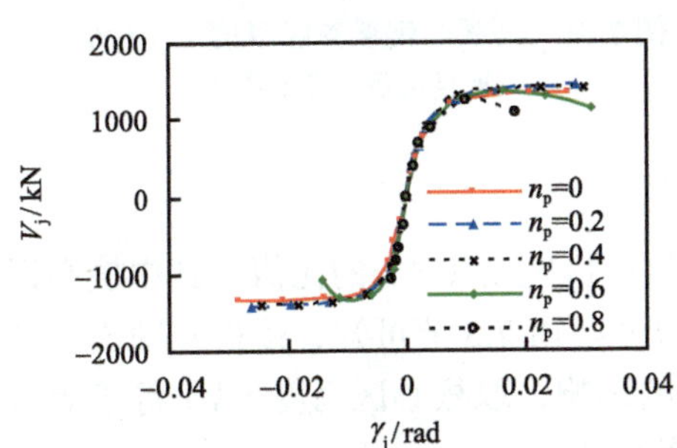

图 7.78　核心区轴压比（n_p）对节点抗剪性能的影响

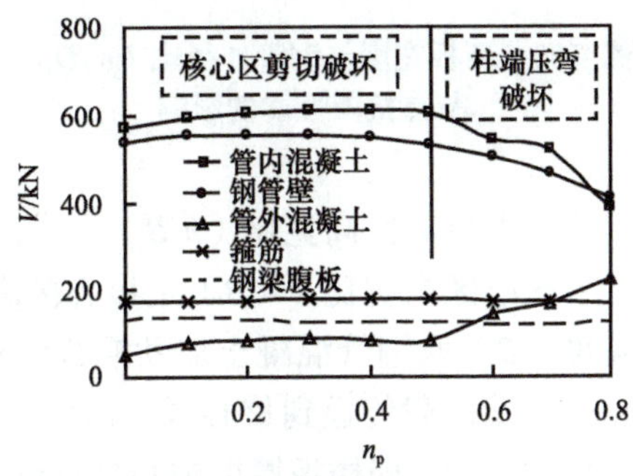

图 7.79　峰值点时核心区各组件承担的剪力（V）－核心区轴压比（n_p）关系

其承担的剪力相比小轴压比时有明显的提高。

2. 节点核心区有关参数

在发生核心区剪切破坏的试件 PJ-s 的基础上，通过变化核心区相关参数的数值，研究各参数对核心区性能的影响规律。

（1）环板宽度与钢管外径比（ω/D）

本章介绍的钢管混凝土加劲混合结构柱－钢梁连接节点的钢梁与内钢管通过环板的构造进行连接，环板构造可靠与否直接影响节点能否有效地将梁端荷载传递给核心区各组件。一般情况下，环板宽度越大，核心区传力效果越好；同时，环板处于加劲混合结构柱钢管外混凝土内部，环板的宽度要满足不影响钢管外包混凝土钢筋布置、混凝土浇筑的要求。因此，考虑到传力与施工的要求，算例中环板宽度变化范围为20～40mm，即环板宽度与钢管外径比（ω/D）变化范围为 0.08～0.16。

环板宽度与钢管外径比（ω/D）对节点抗剪性能的影响如图 7.80 所示。

由图 7.80 可见，ω/D 的变化对核心区剪力（V_j）－剪切变形（γ_j）关系无明显影响，即在保证环板传力要求的前提下，环板宽度不影响核心区的抗剪性能。

（2）环板与钢梁翼缘厚度比（t_d/t_f）

为便于施工下料，环板厚度（t_d）通常与钢梁翼缘厚度（t_f）相等。通过改变环板厚度，研究 t_d/t_f 对节点抗剪性能的影响，如图 7.81 所示。可见，t_d/t_f 对核心区抗剪承载力影响较小。当 $t_d/t_f=0.8$ 时，曲线强化段刚度相比 $t_d/t_f=1.0$ 与 1.2 时有所降低，这说明过薄的环板厚度将无法满足有效传力的构造要求。

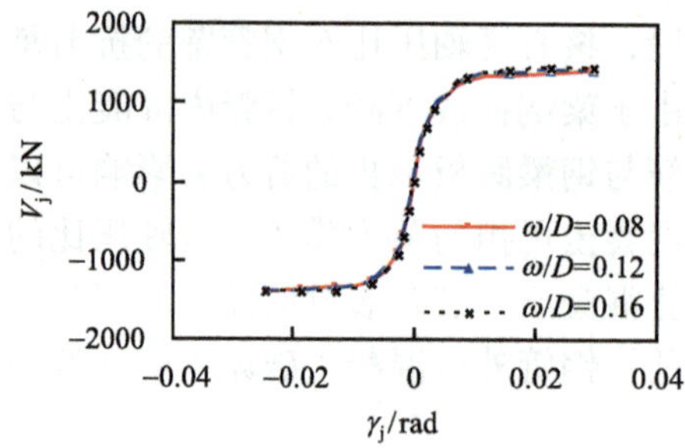

图 7.80 环板宽度与钢管外径比（ω/D）对节点抗剪性能的影响

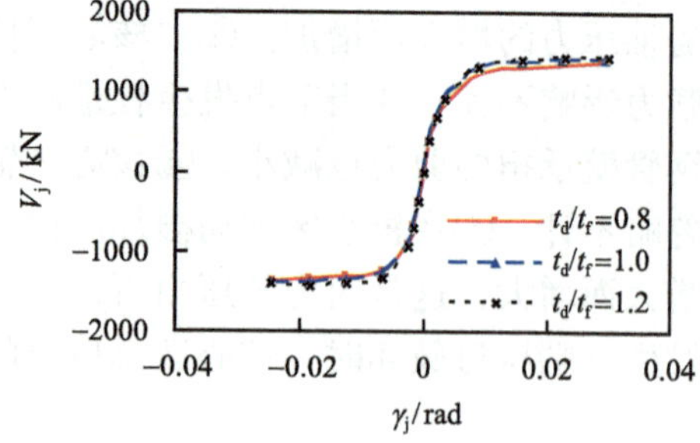

图 7.81 环板与钢梁翼缘厚度比（t_d/t_f）对节点抗剪性能的影响

（3）核心区高宽比（h/B）

核心区高宽比（h/B）是核心区高度（h）与核心区宽度（B）的比值，其中核心区宽度（B）取钢管混凝土加劲混合结构柱的截面尺寸。由 7.3 节可知，楼板有助于将节点的梁端荷载传递到核心区。因此，为考虑楼板的影响，取核心区高度（h）等于等效力偶臂（z），即楼板厚度中心到钢梁下翼缘中心的间距。

通过改变钢梁的截面高度实现核心区高宽比（h/B）的变化。核心区高宽比（h/B）对节点抗剪性能的影响如图 7.82 所示。

由图 7.82 可见，h/B 对节点核心区抗剪承载力有明显影响，随着 h/B 的增大，抗剪承载力呈下降趋势。当 h/B 发生变化时，核心区受剪时混凝土与钢管壁分别形成的“斜压杆”与“拉力带”与水平方向的夹角也发生变化，其在水平方向的分量改变，从而影响抗剪承载力的大小。h/B 对核心区初始抗剪刚度无明显影响。

图 7.83 所示为峰值点时核心区各组件承担的剪力（V）随核心区高宽比（h/B）的变化。可见：①钢管内、外混凝土承担的剪力随 h/B 的增大有明显的减小，这是因为钢管内混凝土形成的抗剪“斜压杆”的水平分力减小，而钢管外包混凝土在核心区高度较高时更容易产生剪切斜裂缝进而破坏。②钢管壁承担的剪力随 h/B 的增大总体变化不大，钢梁腹板承担的剪力随 h/B 增大有轻微的下降趋势。③箍筋承担的剪力随 h/B 的增大呈线性增大，这是因为核心区高度增大时，在核心区配箍率相同的前提下核心区的箍筋数量增大，其能提供的抗剪承载力也提高。

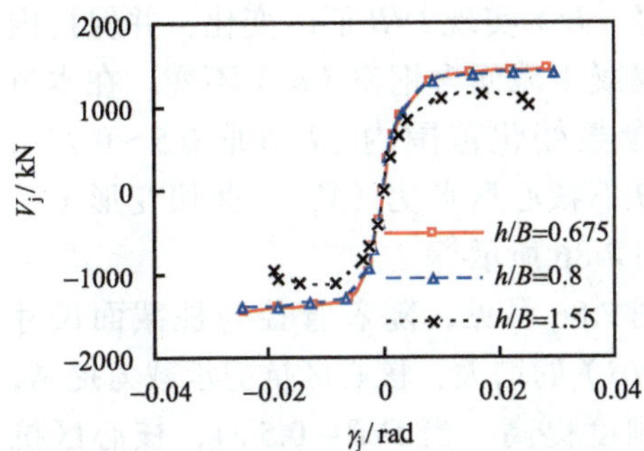

图 7.82 核心区高宽比（h/B）对节点抗剪性能的影响

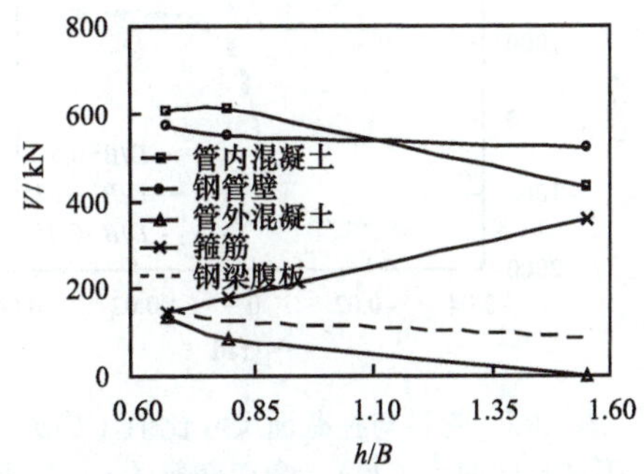

图 7.83 峰值点时核心区各组件承担的剪力（V）- 核心区高宽比（h/B）的变化

（4）内部钢管混凝土截面含钢率（α_s）

钢管混凝土加劲混合结构柱由内部钢管混凝土（CFST）部件和外围钢筋混凝土部件组成，内部钢管混凝土的截面含钢率（α_s）的变化将影响加劲混合结构柱截面整体的抗剪性能。通过改变核心区高度范围内的钢管壁厚改变 α_s 的数值。

图 7.84 所示为内部钢管混凝土截面含钢率（α_s）对节点抗剪性能的影响。可见，随着 α_s 的增大，核心区抗剪承载力显著提高，抗剪刚度也有一定提高。当 α_s=0.16 时，核心区抗剪承载力相比 α_s=0.05 时提高了 32.2%，这是因为 α_s 增大时钢管壁自身的抗剪面积增大，钢管壁提供的抗剪承载力提高。

图 7.85 所示为峰值点时核心区各组件承担的剪力（V）随内部钢管混凝土截面含钢率（α_s）的变化规律。钢管内混凝土承担的剪力总体上随 α_s 的增大有轻微的提高，钢管外包混凝土、箍筋和钢梁腹板承担的剪力基本不随 α_s 的变化而改变。随着 α_s 的增大，钢管壁承担的剪力显著增大。

（5）管径与柱截面尺寸比值（D/B）

D/B 为钢管混凝土加劲混合结构柱内钢管的外径（D）与加劲混合结构柱截面尺寸（B）的比值，反映了加劲混合结构柱截面内部钢管混凝土（CFST）部件所占的比重，

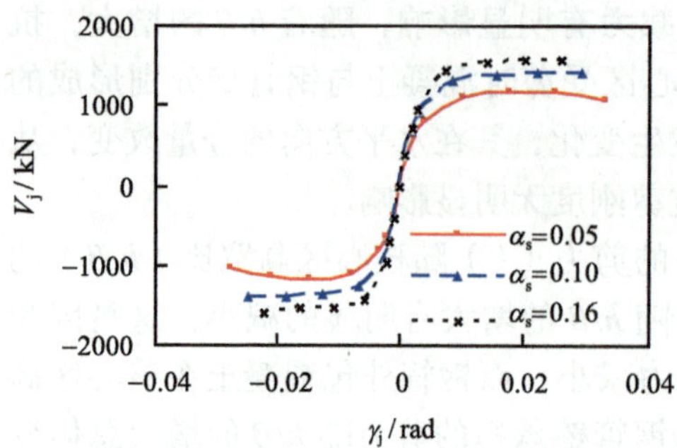

图 7.84 内部钢管混凝土截面含钢率（α_s）对节点抗剪性能的影响

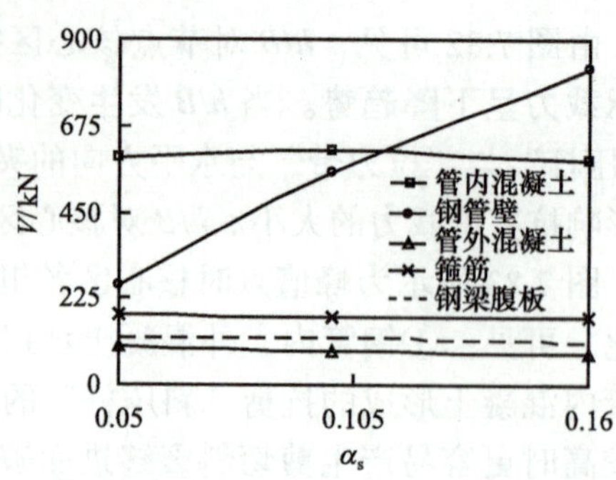

图 7.85 峰值点时核心区各组件承担的剪力（V）-内部钢管混凝土截面含钢率（α_s）的变化规律

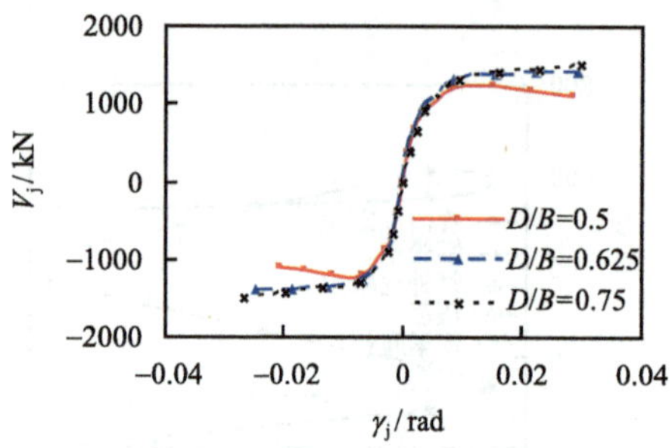

图 7.86 管径与柱截面尺寸比值（D/B）下核心区剪力（V_j）-剪切变形（γ_j）关系

对核心区抗剪承载力有直接影响。通过变化内钢管外径（D）实现 D/B 值的变化，并保持内部钢管混凝土截面含钢率（α_s）不变。在本节研究的参数变化范围内（D/B 取 0.5～0.75），不同 D/B 下核心区剪力（V_j）-剪切变形（γ_j）关系如图 7.86 所示。

由图 7.86 可见，随着管径与柱截面尺寸比值（D/B）的增大，核心区抗剪承载力提高，强化段刚度提高。当 $D/B=0.5$ 时，核心区抗剪承载力相比 $D/B=0.625$ 时降低了 12%，同时核心区剪力（V_j）-剪切变形（γ_j）骨架线在后期出现明显的下降段，延性降低。这是因为 D/B 较小时，加劲混合结构柱内部钢管混凝土截面占总截面的比值小，反复荷载作用下钢管混凝土加劲混合结构柱节点的延性更接近于钢筋混凝土节点。

图 7.87 为不同 D/B 下核心区各组件承担的剪力（V）与梁端位移加载级别（Δ/Δ_y）的关系。由图 7.47（a）可见，对于 $D/B=0.625$ 的情况，当钢管内混凝土达到自身抗剪承载力时，核心区总剪力达到峰值点。由图 7.87（a）可见，对于 $D/B=0.5$ 的情况，当钢管外包混凝土发生破坏，其承担的剪力明显下降时，核心区剪力达到峰值点，而

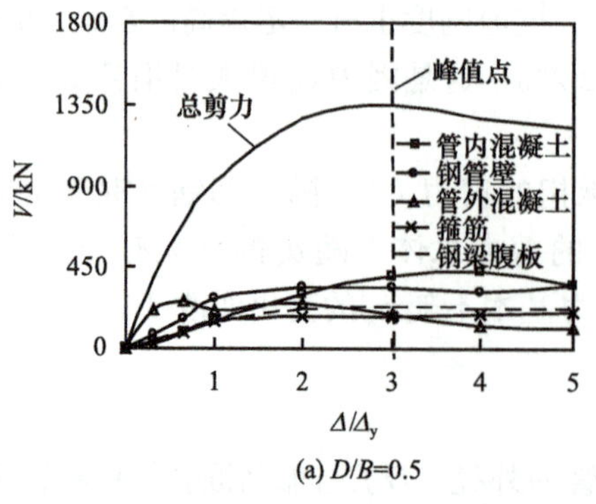

(a) D/B=0.5

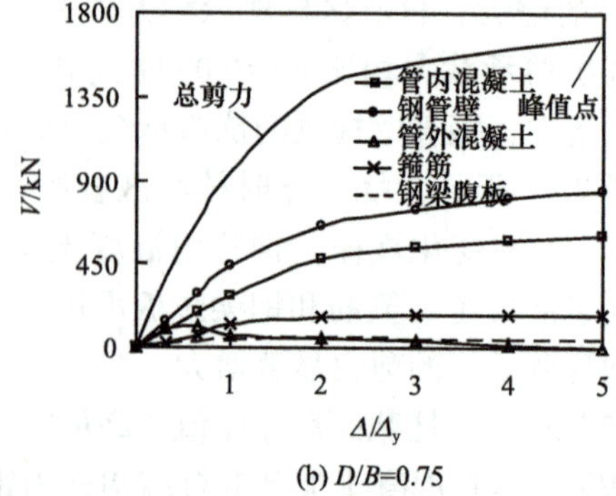

(b) D/B=0.75

图 7.87 不同 D/B 节点的核心区各组件承担的剪力（V）-位移级别（Δ/Δ_y）关系

此时钢管内混凝土还未达到自身抗剪承载力，核心区更早地达到其剪力峰值点；此时，箍筋与钢管壁均已进入屈服状态，其承担的剪力基本保持恒定。由图 7.87（b）可见，对于 D/B=0.75 的情况，核心区总剪力始终处于上升状态，在加载级别范围内，钢管内混凝土与钢管壁承担的剪力不断增大；此处定义最大加载级别对应其剪力峰值点，峰值点时内部钢管混凝土部件并未发生破坏，而此时钢管外包混凝土已经发生严重的剪切破坏，其承担的剪力接近于 0。

综上可知，当 D/B 过小时（$D/B \leqslant 0.5$），加劲混合结构柱的内部钢管混凝土截面占总截面的比重较小，钢管外包混凝土部件发生破坏时核心区达到剪力峰值点，内部钢管混凝土部件无法有效提高核心区抗剪承载力与抗震延性。当 D/B 过大时（$D/B \geqslant 0.75$），钢管外包混凝土部件发生严重的破坏并碎裂剥落，而内部钢管混凝土部件仍保持完好；虽然核心区抗剪承载力仍处于上升阶段，但钢管外包混凝土的严重破坏及碎裂剥落使结构达到正常使用极限状态，内部钢管混凝土部件的抗剪能力无法得到充分利用。因此，本节限定 D/B 的变化范围为 0.5～0.75，保证核心区各组件可以有效共同工作并充分发挥各自的抗剪能力，提高核心区的抗剪延性。

7.4.2　节点恢复力模型

1. 核心区剪力 – 剪切变形恢复力模型

核心区剪力 – 剪切变形恢复力模型包括骨架线与加、卸载准则两部分。本小节将充分考虑核心区各组件之间的剪切变形关系，在提出核心区抗剪承载力时依据剪力达到峰值点时核心区各组件的受力状态及其承担的剪力。

本章试验研究与工作机理分析结果表明，钢管混凝土加劲混合结构柱 – 钢梁连接节点的破坏过程大致可分为弹性阶段、弹塑性阶段和破坏阶段三个受力阶段。同时，参数分析结果表明，该类节点的核心区剪力 – 剪切变形关系骨架线可近似由三段直线组成。因此，钢管混凝土加劲混合结构柱 – 钢梁连接节点核心区剪力 – 剪切变形关系骨架线采用三折线模型，如图 7.88 所示。

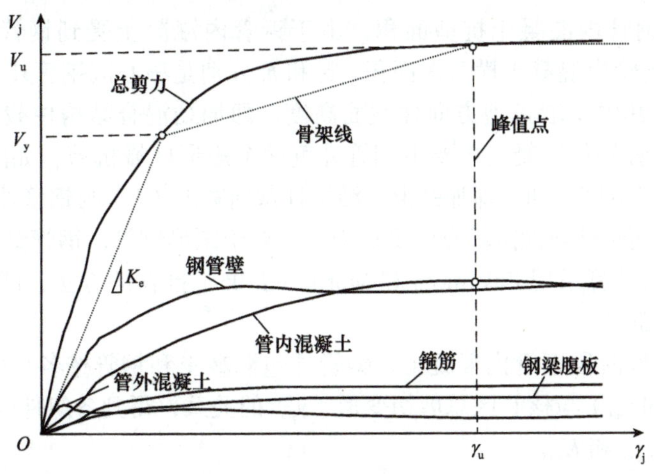

图 7.88　核心区剪力（V_j）– 剪切变形（γ_j）关系骨架线

当节点核心区达到抗剪承载力（V_u）后，由于钢材的强化作用，核心区剪力仍有轻微上升趋势，此时钢管内、外混凝土均已发生剪切破坏。因此，假设核心区剪力在达到抗剪承载力（V_u）后保持不变，即骨架曲线在峰值点后保持水平。骨架线主要包括以下四个参数，即初始抗剪刚度（K_e），抗剪承载力（V_u），屈服剪力（V_y）和极限剪切变形（γ_u）。各参数的确定方法如下所述。

本节研究结果适用的参数范围是钢管内混凝土抗压强度 $f_{cu,core}$ 取 40～80MPa，钢管外包混凝土抗压强度 $f_{cu,out}$ 取 30～50MPa，钢材屈服强度 f_y 取 235～460MPa，钢筋屈服强度 f_{yl} 取 235～500MPa，核心区钢管约束效应系数 ξ_p 取 0.2～2.0，管径与柱截面尺寸比值 D/B 取 0.5～0.75，核心区轴压比 n_p 取 0～0.8，核心区高宽比 h/B 取 0.5～1.6。

（1）初始抗剪刚度（K_e）

图 7.88 所示为节点核心区剪力（V_j）- 剪切变形（γ_j）关系骨架线示意。可见，加载初期钢管混凝土加劲混合结构柱 - 钢梁连接节点的抗剪刚度主要由钢管内混凝土、钢管外包混凝土和钢管壁三部分抗剪刚度提供。由于核心区各组件参与抗剪程度的不同，抗剪过程中钢管内混凝土、钢管壁和钢管外包混凝土的剪切变形不相同。换言之，在加载初期，各组件的剪切变形不协调，无法直接将各组件的弹性剪切刚度叠加获得核心区的总抗剪刚度。本小节将通过分析核心区各组件剪切变形与核心区总剪切变形的关系，在各组件弹性剪切刚度的基础上得到各组件等效抗剪刚度，并将各组件等效抗剪刚度叠加得到核心区的初始抗剪刚度（K_e）。

钢管内混凝土、钢管外包混凝土和钢管壁的弹性剪切刚度 $K_{ec,core}$、$K_{ec,out}$ 和 $K_{es,t}$ 可分别按式（7.8）、式（7.9）和式（7.10）计算。

$$K_{ec,core}=G_{c,core}A_{c,pcore} \tag{7.8}$$

$$K_{ec,out}=G_{c,out}b_jh_j \tag{7.9}$$

$$K_{es,t}=G_{s,t}A_{es,v} \tag{7.10}$$

式中，$G_{c,core}$、$G_{c,out}$ 和 $G_{s,t}$ 分别为钢管内混凝土、钢管外包混凝土和钢管壁的剪切模量。根据《混凝土结构设计标准（2024 年版）》（GB 50010—2010），$G_{c,core}$ 和 $G_{c,out}$ 分别取其弹性模量的 40%；根据《钢结构设计标准》（GB 50017—2017），$G_{s,t}=7.9\times10^4\text{N/mm}^2$。$A_{c,pcore}$ 为核心区钢管内混凝土抗剪面积，由于钢管内混凝土受到钢管壁的有效约束，$A_{c,pcore}$ 取核心区钢管内混凝土横截面面积。b_j 和 h_j 分别是核心区钢管外包混凝土抗剪截面宽度和高度；其中 h_j 取抗剪方向柱截面高度，即加劲混合结构柱截面尺寸 B。平面节点的核心区钢管外包混凝土主要由钢管外侧两个矩形区域抗剪，如图 7.66 所示。因此，b_j 取两个矩形宽度之和，即加劲混合结构柱截面宽度（B）与钢管外径（D）的差值（$B-D$）。$A_{es,v}$ 为钢管壁弹性阶段有效受剪面积；对于圆形钢管，钢管壁弹性阶段有效受剪面积（$A_{es,v}$）的计算采用 Fukumoto 和 Morita（2005）推荐的方法，即 $A_{es,v}=A_{s,t}/2$，$A_{s,t}$ 为钢管壁横截面面积。

通过分析弹性阶段钢管内混凝土、钢管外包混凝土和钢管壁各自的剪切变形（分别为 $\gamma_{c,core}$、$\gamma_{c,out}$ 和 $\gamma_{s,t}$）与核心区总剪切变形（γ_j）的关系，得到各组件的等效抗剪刚度，分别为 $K_{c,core}$、$K_{c,out}$ 和 $K_{s,t}$。

对于钢管壁的等效抗剪刚度（$K_{s,t}$）近似取其弹性剪切刚度，即 $K_{s,t}=K_{es,t}$。

对于钢管内混凝土，其剪切变形（$\gamma_{c,core}$）明显小于核心区总变形（γ_j）。假设 $\gamma_{c,core}$ 和 γ_j 之间存在式（7.11）所示的关系。

$$\gamma_{c,core}=\alpha\cdot\gamma_j \tag{7.11}$$

式中，α 为比例系数。核心区内部钢管混凝土截面含钢率（α_s）对节点核心区的初始抗剪刚度有明显影响，引入内部钢管混凝土截面约束效应系数（ξ_p）替代截面含钢率（α_s），以考虑核心区钢管内混凝土与钢管间的相互影响。通过提取初始加载阶段 $\gamma_{c,core}$ 和 γ_j 的计算数值，得到比例系数 α 受 ξ_p 变化的影响，如图 7.89（a）所示。图 7.89（a）中算例模型以 7.3 节典型试件 PJ-s 为原型，核心区高宽比（h/B）均为 0.8，轴压比均为 0。可见，比例系数（α）总体上随 ξ_p 的增大呈增加趋势，但增长幅度较小，且 α 值始终在 0.1 附近变动。为便于计算，假设 $\alpha=0.1$。由 $K_{ec,core}\cdot\gamma_{c,core}=K_{c,core}\cdot\gamma_j$ 可得，等效抗剪刚度 $K_{c,core}=\alpha K_{ec,core}=0.1K_{ec,core}$。

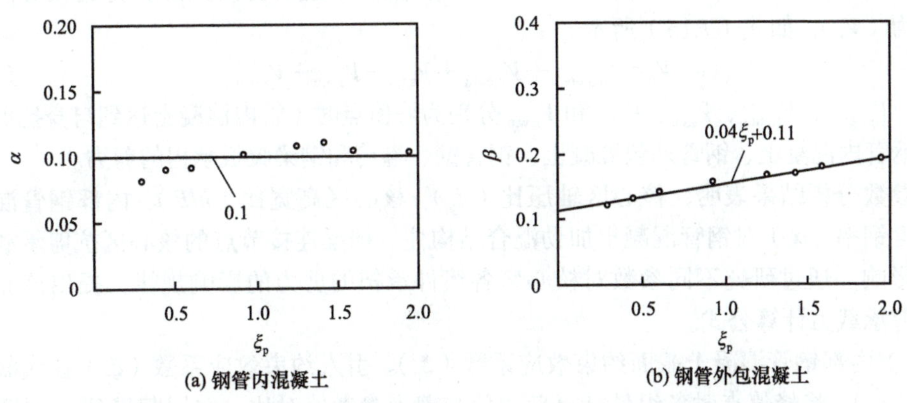

图 7.89　内部钢管混凝土约束效应系数（ξ_p）对剪切变形比例系数的影响

对于钢管外包混凝土，楼板的存在使其有效参与抗剪过程，但是由于钢管外包混凝土没有受到有效的约束作用，钢管外包混凝土不同部位的剪切变形差异较大：平行于剪切方向的外表面混凝土在核心区中心高度附近剪切应变超过核心区总变形 γ_j，而远离该部位的混凝土剪切应变相对较小。因此，定义钢管外包混凝土的平均剪切变形为 $\gamma_{c,out}$，并假设其与 γ_j 之间存在式（7.12）所示的关系。

$$\gamma_{c,out}=\beta\cdot\gamma_j \tag{7.12}$$

式中，β 为比例系数。由 $K_{ec,out}\cdot\gamma_{c,out}=K_{c,out}\cdot\gamma_j$ 可得，$K_{c,out}=\beta K_{ec,out}$。通过有限元模型计算得到初始加载阶段钢管外包混凝土承担的剪力值和 γ_j 的数值，其比值即为等效抗剪刚度（$K_{c,out}$）。由式 $\beta=K_{c,out}/K_{ec,out}$ 可得到不同 ξ_p 下的 β 值，如图 7.89（b）所示。可见，比例系数（β）与 ξ_p 呈明显的线性关系，具体表达式为式（7.13）。

$$\beta=0.04\xi_p+0.11 \tag{7.13}$$

综上所述，将钢管内混凝土、钢管外包混凝土和钢管壁的等效抗剪刚度叠加得到钢管混凝土加劲混合结构柱 – 钢梁连接节点核心区初始抗剪刚度（K_e）计算公式为式（7.14）。

$$K_e=K_{c,core}+K_{c,out}+K_{s,t}=0.1G_{c,core}A_{c,pcore}+(0.04\xi_p+0.11)G_{c,out}b_jh_j+G_{s,t}A_{es,v} \tag{7.14}$$

式中，$G_{c,core}$、$G_{c,out}$ 和 $G_{s,t}$ 分别为钢管内混凝土、钢管外包混凝土和钢管壁的剪切模量；$A_{c,pcore}$ 和 $A_{es,v}$ 分别为核心区钢管内混凝土抗剪面积和钢管壁弹性阶段有效受剪面积；b_j 和 h_j 分别是核心区钢管外包混凝土抗剪截面宽度和高度；ξ_p 是加劲混合结构柱内部钢管混凝土截面的约束效应系数。

（2）抗剪承载力（V_u）

核心区的钢管内混凝土、钢管壁、钢管外包混凝土、箍筋和钢梁腹板共同参与抗剪作用。当钢管内混凝土达到自身抗剪承载力时，核心区剪力达到峰值点；此时钢管外包混凝土已剪切破坏，箍筋与钢管壁屈服，而钢梁腹板尚未屈服。此后，由于材料的强化作用，钢管壁承担剪力的增大引起核心区总剪力进一步提高，但提升幅度较小。因此，取钢管内混凝土达到自身抗剪承载力时对应的总剪力为核心区抗剪承载力（V_u），并假设其后承载力保持不变。

将钢管内混凝土达到自身抗剪承载力时各组件承担的剪力叠加，得到核心区抗剪承载力（V_u），如式（7.15）所示。

$$V_u=V_{c,core,u}+V_{c,out,u}+V_{s,t,u}+V_{s,h,u}+V_{s,w,u} \tag{7.15}$$

式中，$V_{c,core,u}$、$V_{c,out,u}$、$V_{s,t,u}$、$V_{s,h,u}$ 和 $V_{s,w,u}$ 分别为峰值点时（管内混凝土达到自身抗剪承载力）钢管内混凝土、钢管外包混凝土、钢管壁、箍筋和钢梁腹板承担的剪力。

参数分析结果表明，核心区轴压比（n_p）、核心区高宽比（h/B）、内部钢管混凝土截面含钢率（α_s）对钢管混凝土加劲混合结构柱－钢梁连接节点的核心区抗剪承载力有明显影响。通过研究不同参数对核心区各组件承担的剪力的影响规律，提出该类节点的抗剪承载力计算公式。

1）内部钢管混凝土截面约束效应系数（ξ_p）。引入约束效应系数（ξ_p）替代截面含钢率（α_s），将峰值点时各组件计算剪力值与剪力参考值对比，并回归得到 ξ_p 对两者比值的影响方程。各组件的剪力参考值如下。

钢管内混凝土剪力参考值（$V_{c,core}$）借鉴 Parra-Montesinos 和 Wight（2001）提出的混凝土在“斜压杆”机制下的抗剪承载力计算方法，假设“斜压杆”宽度是其长度的30%。$V_{c,core}$ 按式（7.16）计算。

$$V_{c,core}=0.3f_{c,pcore}A_{c,pcore} \tag{7.16}$$

式中，$f_{c,pcore}$ 和 $A_{c,pcore}$ 分别为核心区钢管内混凝土轴心抗压强度和抗剪面积。由于钢管内混凝土受到钢管壁的有效约束，$A_{c,pcore}$ 取核心区钢管内混凝土的横截面面积。

由于钢管外包混凝土与钢梁连接的侧面未受到有效的约束，无法形成“斜压杆”机制抵抗剪力。采用《混凝土结构设计标准（2024年版）》（GB 50010—2010）关于节点核心区混凝土抗剪承载力的设计方法，钢管外包混凝土剪力参考值（$V_{c,out}$）按式（7.17）计算。

$$V_{c,out}=f_{t,pout}b_jh_j \tag{7.17}$$

式中，$f_{t,pout}$ 为核心区钢管外包混凝土抗拉强度；b_j 和 h_j 分别是核心区钢管外包混凝土抗剪截面宽度和高度。

钢管壁剪力参考值（$V_{s,t}$）参照欧洲规范 EC3（2005）对空钢管节点的抗剪承载力公式计算，如式（7.18）所示。

$$V_{s,t}=\frac{0.9f_{y,ps}A_{s,v}}{\sqrt{3}} \tag{7.18}$$

式中，$f_{y,ps}$ 为核心区钢管壁屈服强度；$A_{s,v}$ 为钢管壁抗剪面积，$A_{s,v}=2A_{s,t}/\pi$，$A_{s,t}$ 为钢管壁横截面面积。

钢梁腹板在剪力峰值点时并未屈服，但其剪力参考值（$V_{s,w}$）仍可按钢梁腹板抗剪屈服计算，如式（7.19）所示。

$$V_{s,w}=\frac{f_{y,pw}A_{s,w}}{\sqrt{3}} \tag{7.19}$$

式中，$f_{y,pw}$ 为核心区钢梁腹板屈服强度；$A_{s,w}$ 为核心区钢梁腹板抗剪面积，$A_{s,w}=t_w\cdot(B-D)$，t_w 为钢梁腹板厚度，B 和 D 分别为加劲混合结构柱截面尺寸和钢管外径。

核心区箍筋在剪力峰值点时已屈服，其剪力参考值（$V_{s,h}$）参考《混凝土结构设计标准（2024 年版）》（GB 50010—2010）关于节点核心区箍筋的抗剪承载力计算公式如式（7.20）所示。

$$V_{s,h}=\frac{f_{y,ph}A_{s,h}z}{s} \tag{7.20}$$

式中，$f_{y,ph}$ 为核心区箍筋屈服强度；$A_{s,h}$ 为核心区同一方向的箍筋各肢截面积之和；s 为核心区箍筋间距；z 为等效力偶臂，取楼板厚度中心到钢梁下翼缘中心的间距，无楼板时，取钢梁上下翼缘中心间距。

图 7.90 所示为约束效应系数（ξ_p）对峰值点时核心区各组件承担的剪力的影响规律，其中 ξ_p 通过改变钢管壁厚度、钢管内混凝土强度与钢管壁强度实现。图 7.90 中算

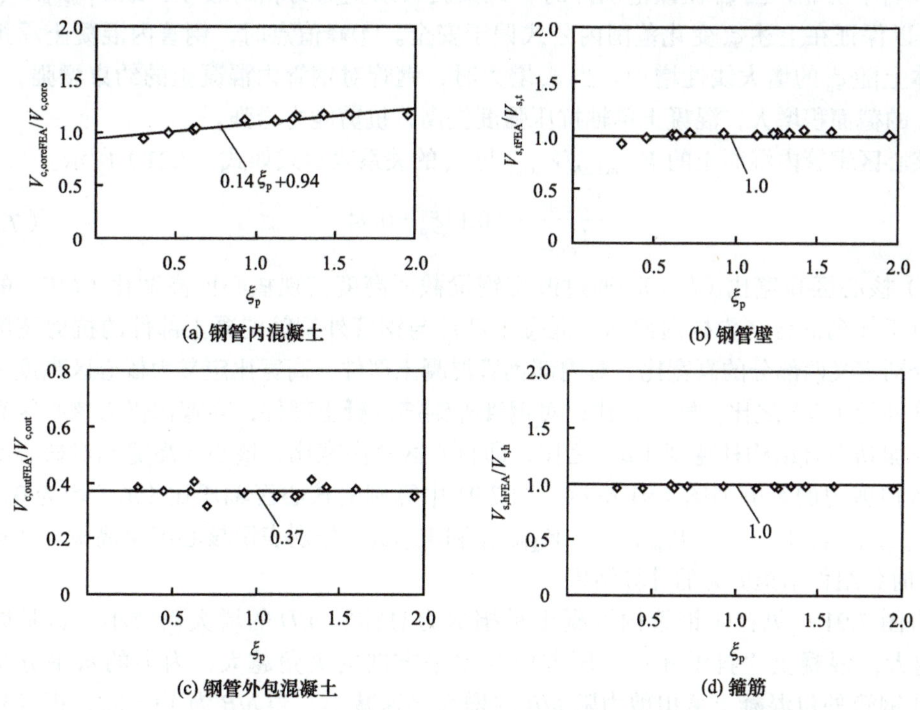

图 7.90　ξ_p 对峰值点时核心区各组件承担剪力的影响

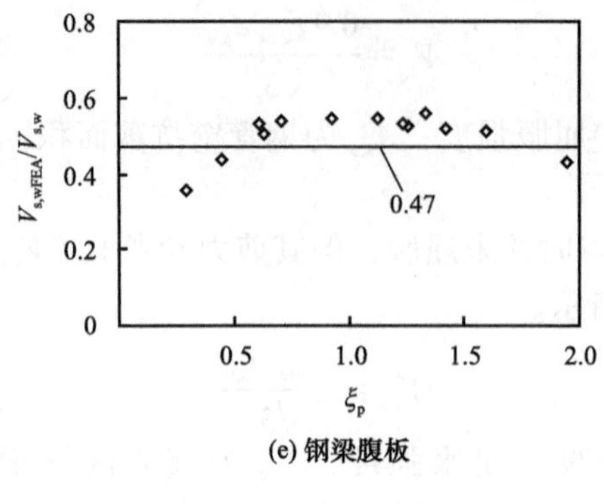

(e) 钢梁腹板

图 7.90 （续）

例模型以本章 7.3 节典型试件 PJ-s 为原型，核心区高宽比（h/B）均为 0.8，轴压比均为 0。图 7.90 中纵坐标中的 $V_{c,coreFEA}$、$V_{s,tFEA}$、$V_{c,outFEA}$、$V_{s,hFEA}$ 和 $V_{s,wFEA}$ 分别为计算得到的峰值点时核心区钢管内混凝土、钢管壁、钢管外包混凝土、箍筋和钢梁腹板承担的剪力值。

由图 7.90 可见：①钢管壁和箍筋承担剪力基本不随 ξ_p 的变化而改变；由于峰值点时钢管壁与箍筋已屈服，其承担剪力与剪力参考值的比值约为 1.0。②钢管外包混凝土承担剪力受 ξ_p 的变化影响很小，由于峰值点时钢管外包混凝土已剪切破坏，其承担剪力与剪力参考值的比值仅约为 0.37。③当 ξ_p 在 0.4～1.6 范围内，ξ_p 对钢梁腹板承担剪力影响不明显，当 ξ_p 在该范围外时，钢梁腹板承担剪力相对较小；取 $V_{s,wFEA}/V_{s,w}$ 为 0.47，以保证在上述 ξ_p 变化范围内公式偏于安全。④峰值点时，钢管内混凝土承担剪力总体上随 ξ_p 的增大线性增加。当 ξ_p 增大时，钢管对钢管内混凝土的约束增强，“斜压杆”的截面积增大，混凝土单轴抗压强度提高，抗剪能力增强。

核心区钢管内混凝土的 $V_{c,coreFEA}/V_{c,core}$ 与 ξ_p 的关系表达式如式（7.21）所示。

$$\frac{V_{c,coreFEA}}{V_{c,core}}=0.14\xi_p+0.94 \tag{7.21}$$

2）核心区高宽比（h/B）。通过改变钢梁截面高度实现核心区高宽比（h/B）的变化，由于加劲混合结构柱内部钢管混凝土部件与钢管外钢筋混凝土部件的抗剪宽度不同，分别定义两部分的高宽比。对内部钢管混凝土部件，高宽比定义为核心区高度（h）与钢管外径（D）之比，即高径比；对钢管外钢筋混凝土部件，高宽比仍为核心区高度（h）与加劲混合结构柱宽度（B）之比，即核心区总高宽比。核心区高宽比对核心区各组件承担剪力的影响如图 7.91 所示。图 7.91 中算例的核心区轴压比（n_p）均为 0，纵坐标 $V_{c,coreFEA0.8}$、$V_{s,tFEA0.8}$、$V_{c,outFEA0.8}$、$V_{s,hFEA0.8}$ 和 $V_{s,wFEA0.8}$ 分别表示核心区总高宽比（h/B）为 0.8 时各组件承担剪力的计算结果。

由图 7.91 可见：①钢管内混凝土承担剪力总体随 h/D 的增大而减小，这是因为 h/D 越大，混凝土“斜压杆”受压方向与水平方向的夹角越大，内力的水平分量越小。②钢管外包混凝土承担剪力随 h/B 的增大迅速减小，当 h/B 为 1.05 时，钢管外包混凝土承担剪力接近 0kN；假设当 $V_{c,outFEA}$ 小于 0 时，取为 0。③钢管壁承担剪力随 $h/$

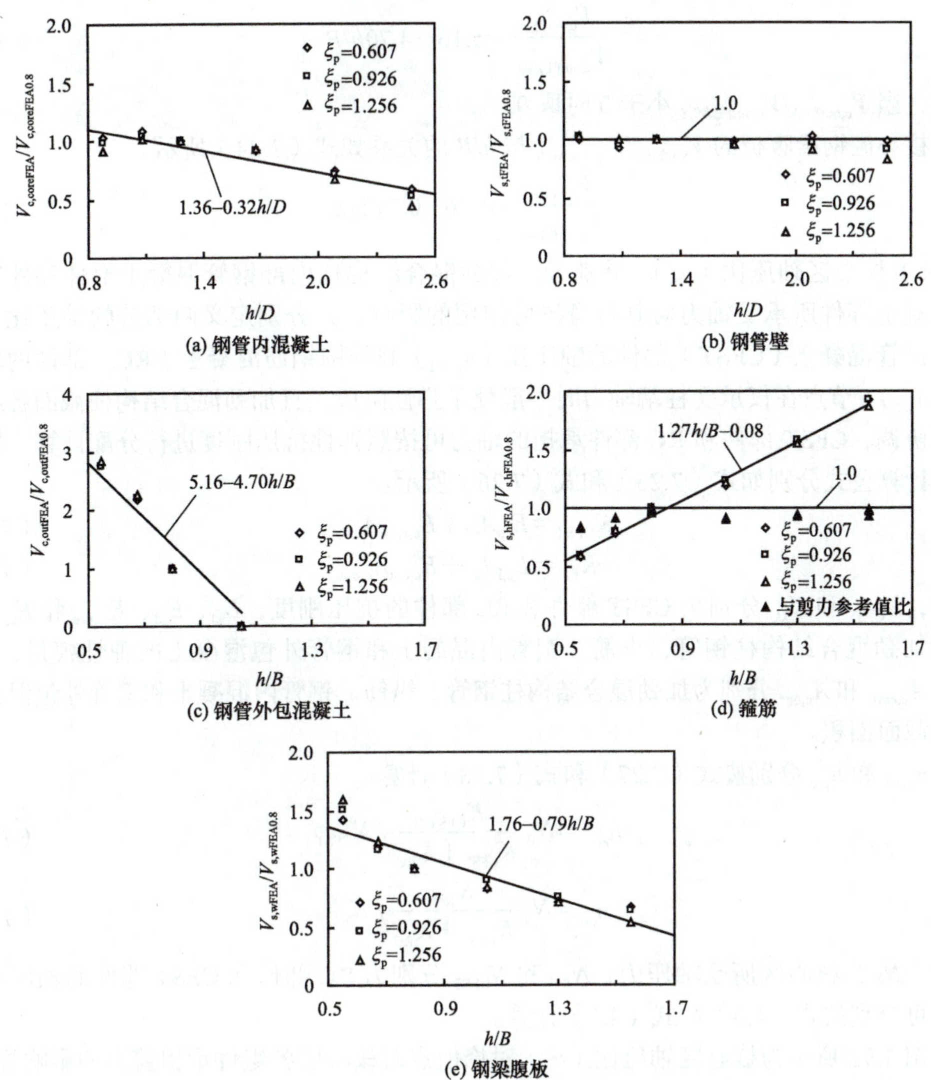

图 7.91　核心区高宽比（h/B 或 h/D）对峰值点时核心区各组件承担的剪力的影响

D 的增大有略微的下降，但下降幅度很小，因此假设该部分剪力不随 h/D 的变化而改变。④核心区箍筋承担剪力随 h/B 增大而线性增加，这是因为随着核心区高度（h）的增大，核心区箍筋的数量增加，因此承担剪力也增大。若排除箍筋数量的影响，计算 $V_{s,hFEA}$ 与箍筋剪力参考值（$V_{s,h}$）的比值，则该比值不随 h/B 的变化而变化，如图 7.91（d）所示。⑤钢梁腹板承担剪力总体随 h/B 的增大而减小。

核心区钢管内混凝土的 $V_{c,coreFEA}/V_{c,coreFEA0.8}$ 与 h/D 的关系如式（7.22）所示。

$$\frac{V_{c,coreFEA}}{V_{c,coreFEA0.8}}=1.36-0.32h/D \tag{7.22}$$

核心区钢管外包混凝土的 $V_{c,outFEA}/V_{c,outFEA0.8}$ 与 h/B 的关系如式（7.23）所示。

$$\frac{V_{\mathrm{c,outFEA}}}{V_{\mathrm{c,outFEA0.8}}}=5.16-4.70h/B \tag{7.23}$$

式中，当 $V_{\mathrm{c,outFEA}}/V_{\mathrm{c,outFEA0.8}}$ 小于 0 时取 0。

核心区钢梁腹板的 $V_{\mathrm{s,wFEA}}/V_{\mathrm{s,wFEA0.8}}$ 与 h/B 的关系如式（7.24）所示。

$$\frac{V_{\mathrm{s,wFEA}}}{V_{\mathrm{s,wFEA0.8}}}=1.76-0.79h/B \tag{7.24}$$

3）核心区轴压比（n_{p}）。分别考虑加劲混合结构柱内部钢管混凝土部件和外围钢筋混凝土部件所承受轴力对其自身抗剪作用的影响，并分别定义两部分的轴压比，即内部钢管混凝土（CFST）部件的轴压比（n_{pcfst}）和外围钢筋混凝土（RC）部件的轴压比（n_{prc}）。节点在仅承受柱端轴力时一般处于弹性阶段，且加劲混合结构柱截面各组件变形协调，CFST 部件和 RC 部件承担的轴力可按照弹性抗压刚度进行分配计算，抗压刚度计算公式分别如式（7.25）和式（7.26）所示。

$$K_{\mathrm{CFST}}=E_{\mathrm{s,t}}A_{\mathrm{s,t}}+E_{\mathrm{c,core}}A_{\mathrm{c,core}} \tag{7.25}$$

$$K_{\mathrm{RC}}=E_{\mathrm{s,l}}A_{\mathrm{s,l}}+E_{\mathrm{c,out}}A_{\mathrm{c,out}} \tag{7.26}$$

式中，K_{CFST} 和 K_{RC} 分别为 CFST 部件和 RC 部件的抗压刚度；$E_{\mathrm{s,t}}$、$E_{\mathrm{s,l}}$、$E_{\mathrm{c,core}}$ 和 $E_{\mathrm{c,out}}$ 分别为加劲混合结构柱钢管、纵筋、钢管内混凝土和钢管外包混凝土的弹性模量；$A_{\mathrm{s,t}}$、$A_{\mathrm{s,l}}$、$A_{\mathrm{c,core}}$ 和 $A_{\mathrm{c,out}}$ 分别为加劲混合结构柱钢管、纵筋、钢管内混凝土和钢管外包混凝土的横截面面积。

n_{pcfst} 和 n_{prc} 分别按式（7.27）和式（7.28）计算。

$$n_{\mathrm{pcfst}}=N_0\frac{K_{\mathrm{CFST}}}{K_{\mathrm{CFST}}+K_{\mathrm{RC}}}\Big/N_{\mathrm{CFST}} \tag{7.27}$$

$$n_{\mathrm{prc}}=N_0\frac{K_{\mathrm{RC}}}{K_{\mathrm{CFST}}+K_{\mathrm{RC}}}\Big/N_{\mathrm{RC}} \tag{7.28}$$

式中，N_0 为核心区所受轴压力；N_{RC} 和 N_{CFST} 分别为 RC 部件和 CFST 部件的轴压承载力，可分别按式（4.6）和式（4.7）计算。

图 7.92 所示为核心区轴压比（n_{p}）对峰值点时核心区各组件承担剪力的影响规律。$V_{\mathrm{c,coreFEAnp0}}$、$V_{\mathrm{s,tFEAnp0}}$、$V_{\mathrm{c,outFEAnp0}}$、$V_{\mathrm{s,hFEAnp0}}$ 和 $V_{\mathrm{s,wFEAnp0}}$ 分别表示核心区轴压比 $n_{\mathrm{p}}=0$ 时各组件承担剪力的计算结果。在本节算例的参数变化范围内，当核心区总轴压比（n_{p}）小于 0.6 时，节点发生核心区剪切破坏；当核心区总轴压比（n_{p}）大于等于 0.6 时，节点发生柱端压弯破坏。对于柱端压弯破坏的节点，核心区并没有达到其抗剪承载力，因此该部分算例数据无法用于抗剪承载力的回归。因此假定，当核心区总轴压比（n_{p}）大于 0.5 时，取为 0.5，即当 n_{p} 大于 0.5 时，各组件承担的剪力保持 $n_{\mathrm{p}}=0.5$ 时的剪力值不变。

由图 7.92 可见：①在核心区剪切破坏范围内，钢管内混凝土承担的剪力随 n_{pcfst} 的增大而增大，这是因为轴压比的增加使钢管内混凝土“斜压杆”的受压面积增大，抗剪承载力提高。②在核心区剪切破坏范围内，钢管外包混凝土承担的剪力随 n_{prc} 的增大而增大，这是因为轴压力一定程度上阻止了混凝土开裂及裂缝的发展；当节点发生柱

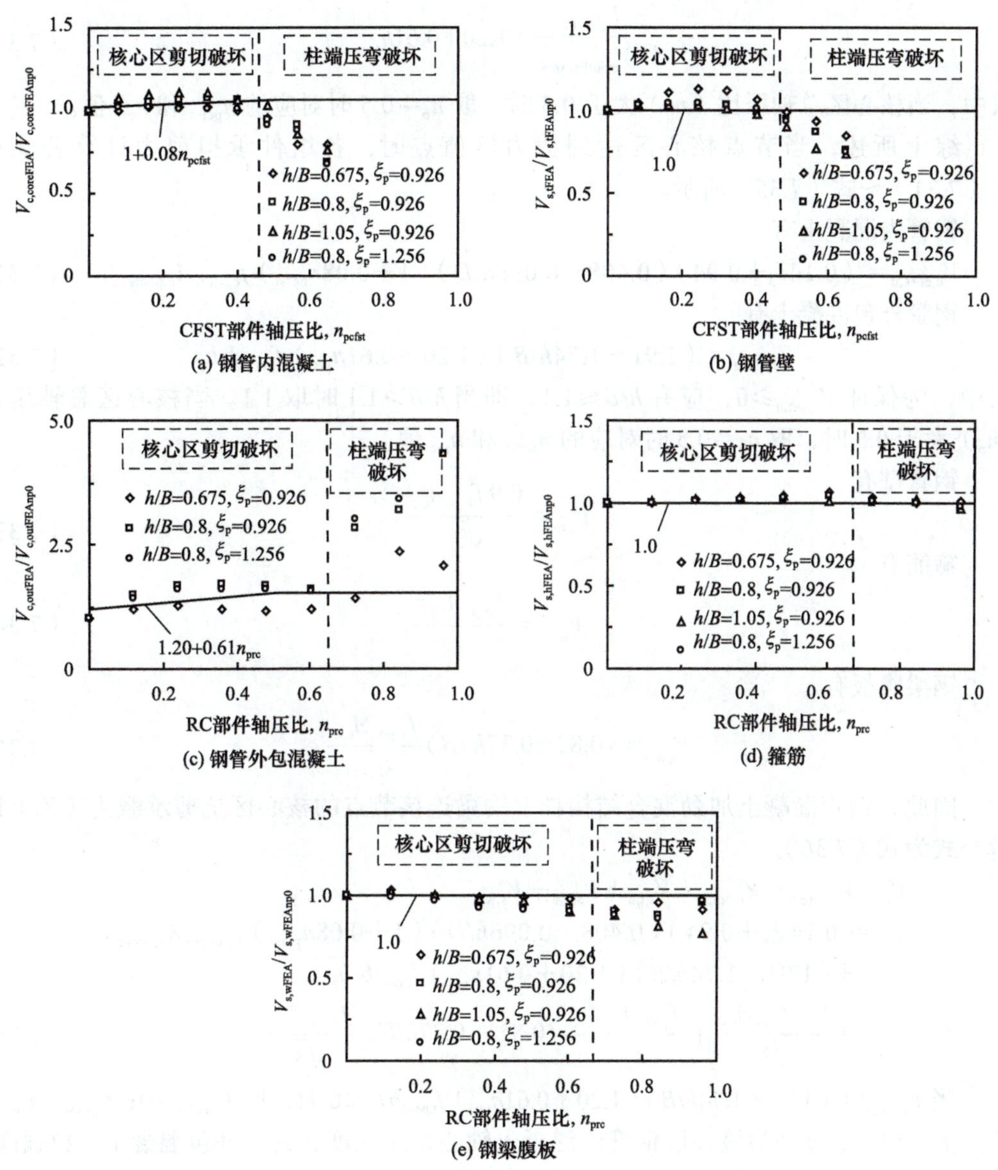

图 7.92　核心区轴压比（n_p）对峰值点时核心区各组件承担的剪力的影响

端压弯破坏时，峰值点提前，钢管外包混凝土破坏程度降低而其承担的剪力相比小轴压比时（$n_p \leqslant 0.5$）反而有明显的提高。③钢管壁、箍筋和钢梁腹板承担的剪力总体受 n_{pcfst} 或 n_{prc} 的影响不明显。

核心区钢管内混凝土的 $V_{c,coreFEA}/V_{c,coreFEAnp0}$ 与 n_{pcfst} 的关系如式（7.29）所示。

$$\frac{V_{c,coreFEA}}{V_{c,coreFEAnp0}}=1+0.08n_{pcfst} \tag{7.29}$$

核心区钢管外包混凝土的 $V_{c,outFEA}/V_{c,outFEAnp0}$ 与 n_{prc} 的关系如式（7.30）所示。

$$\frac{V_{c,outFEA}}{V_{c,outFEAnp0}}=1.20+0.61n_{prc} \tag{7.30}$$

式中，当核心区总轴压比（n_p）大于 0.5 时，取 $n_p=0.5$ 时对应的 n_{pcfst} 和 n_{prc} 值。

综上所述，当节点核心区达到剪力峰值点时，各组件承担剪力计算公式如式（7.31）~式（7.35）所示。

钢管内混凝土有

$$V_{c,core,u}=(0.14\xi_p+0.94)(0.408-0.096h/D)(1+0.08n_{pcfst})f_{c,pcore}A_{c,pcore} \tag{7.31}$$

钢管外包混凝土有

$$V_{c,out,u}=(1.91-1.74h/B)(1.20+0.61n_{prc})f_{t,pout}b_jh_j \tag{7.32}$$

式中，为保证 $V_{c,out,u}\geqslant 0$，应有 $h/B\leqslant 1.1$，即当 $h/B>1.1$ 时取 1.1。当核心区总轴压比（n_p）大于 0.5 时，取 $n_p=0.5$ 时对应的 n_{pcfst} 和 n_{prc} 值。

钢管壁有

$$V_{s,t,u}=\frac{0.9f_{y,ps}A_{s,v}}{\sqrt{3}} \tag{7.33}$$

箍筋有

$$V_{s,h,u}=\frac{f_{y,ph}A_{s,h}z}{s} \tag{7.34}$$

钢梁腹板有

$$V_{s,w,u}=(0.82-0.37h/B)\frac{f_{y,pw}A_{s,w}}{\sqrt{3}} \tag{7.35}$$

因此，钢管混凝土加劲混合结构柱－钢梁连接节点的核心区抗剪承载力（V_u）计算公式为式（7.36）。

$$\begin{aligned}V_u&=V_{c,core,u}+V_{c,out,u}+V_{s,t,u}+V_{s,h,u}+V_{s,w,u}\\&=(0.14\xi_p+0.94)(0.408-0.096h/D)(1+0.08n_{pcfst})f_{c,pcore}A_{c,pcore}\\&\quad+(1.91-1.74h/B)(1.20+0.61n_{prc})f_{t,pout}b_jh_j\\&\quad+\frac{0.9f_{y,ps}A_{s,v}}{\sqrt{3}}+\frac{f_{y,ph}A_{s,h}z}{s}+(0.82-0.37h/B)\frac{f_{y,pw}A_{s,w}}{\sqrt{3}}\end{aligned} \tag{7.36}$$

当 $V_{c,out,u}=(1.91-1.74h/B)(1.20+0.61n_{prc})f_{t,pout}b_jh_j<0$ 时，取 $V_{c,out,u}=0$；$f_{c,pcore}$、$f_{t,pout}$、$f_{y,ps}$、$f_{y,ph}$ 和 $f_{y,pw}$ 分别为核心区钢管内混凝土轴心抗压强度、钢管外包混凝土抗拉强度、钢管壁屈服强度、箍筋屈服强度和钢梁腹板屈服强度；$A_{c,pcore}$、$A_{s,v}$、$A_{s,h}$ 和 $A_{s,w}$ 分别为核心区钢管内混凝土横截面面积、钢管壁抗剪面积、同一方向箍筋各肢的总截面面积和钢梁腹板抗剪面积；$A_{s,v}=2A_{s,t}/\pi$，$A_{s,t}$ 为钢管壁横截面面积；$A_{s,w}=t_w\cdot(B-D)$，t_w 为钢梁腹板厚度，B 和 D 分别为加劲混合结构柱截面尺寸和钢管外径；b_j、h_j 分别为核心区钢管外包混凝土抗剪截面宽度和高度，h_j 取为 B，$b_j=B-D$；s 为核心区箍筋间距；z 为等效力偶臂，取楼板厚度中心到钢梁下翼缘中心的间距，无楼板时，取钢梁上下翼缘中心的间距；ξ_p 为加劲混合结构柱内部钢管混凝土截面的约束效应系数；h 为核心区高度，取 $h=z$；n_{pcfst}、n_{prc} 分别为加劲混合结构柱内部钢管混凝土部件的轴压比与外围钢筋混凝土部件的轴压比，分别按式（7.27）和式（7.28）计算；当核心区总轴压比（n_p）大于 0.5 时，取 $n_p=0.5$ 时对应的 n_{pcfst} 和 n_{prc} 值。

（3）屈服剪力（V_y）

当核心区剪力达到屈服剪力（V_y）时，核心区剪力（V_j）- 剪切变形（γ_j）关系开始呈非线性。结合试验研究结果与有限元计算结果发现，V_y 总是在 V_u 的 70% 附近变化。因此，假设屈服剪力（V_y）与抗剪承载力（V_u）呈比例关系，如式（7.37）所示。

$$V_y = 0.7V_u \tag{7.37}$$

（4）极限剪切变形（γ_u）

极限剪切变形（γ_u）为核心区剪力达到抗剪承载力（V_u）时的核心区剪切变形。本节取钢管内混凝土达到自身抗剪承载力时对应的核心区总剪力为抗剪承载力，因此极限剪切变形（γ_u）为钢管内混凝土达到自身抗剪承载力时对应的核心区剪切变形。核心区在受剪过程中钢管内混凝土、钢管壁和钢管外包混凝土的剪切变形并不相同，钢管内混凝土剪切变形（$\gamma_{c,core}$）始终小于核心区总剪切变形（γ_j）。

核心区钢管内混凝土形成“斜压杆”机制抵抗剪力，本节以平面应变状态为前提，推导核心区钢管内混凝土发生剪切破坏时的剪切变形（$\gamma_{c,core,u}$），其变形如图 7.93 所示。

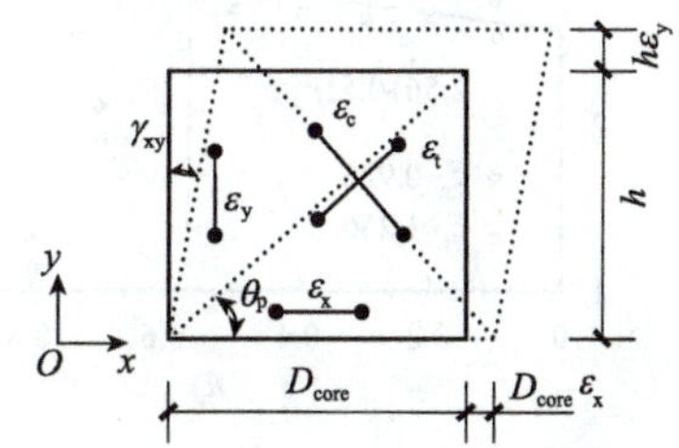

图 7.93 核心区钢管内混凝土剪切变形

图 7.93 中，ε_x 和 ε_y 代表 x 和 y 方向应变，ε_c 和 ε_t 代表平面主压应变和主拉应变。γ_{xy} 是剪切应变，θ_p 是钢管内混凝土核心区斜对角线和水平线的夹角。D_{core} 和 h 分别为钢管内混凝土直径与核心区高度。图 7.93 中各部分变形有式（7.38）和式（7.39）所示关系。

$$\varepsilon_c = \frac{\varepsilon_x + \varepsilon_y}{2} + \frac{\varepsilon_x - \varepsilon_y}{2}\cos(2\theta_p) + \frac{\gamma_{xy}}{2}\sin(2\theta_p) \tag{7.38}$$

$$\varepsilon_t = \frac{\varepsilon_x + \varepsilon_y}{2} + \frac{\varepsilon_x - \varepsilon_y}{2}\cos[2(\theta_p + 90^\circ)] + \frac{\gamma_{xy}}{2}\sin[2(\theta_p + 90^\circ)] \tag{7.39}$$

$$\gamma_{xy} = \tan(2\theta_p)(\varepsilon_x - \varepsilon_y) \tag{7.40}$$

参照 Parra-Montesinos 和 Wight（2001）提出的方法，假设 ε_c 和 ε_t 间存在比例关系，令 $k_{tc} = -\varepsilon_t/\varepsilon_c$，可得式（7.41）。

$$\gamma_{xy} = \sin(2\theta_p)(k_{tc} + 1)\varepsilon_c \tag{7.41}$$

由式（7.41）可知，对任意 ε_c，只要确定 k_{tc} 即可求出 γ_{xy}。将钢管内混凝土“斜压杆”的峰值压应变（$\varepsilon_{c,core,u}$）代入即可求得钢管内混凝土剪切破坏时的剪切变形（$\gamma_{c,core,u}$）。韩林海（2022）提出了考虑钢管约束效应系数（ξ_p）的钢管内混凝土峰值压应变计算公式为式（7.42）。

$$\varepsilon_{c,core,u} = (1300 + 12.5f_c' + 800\xi_p^{0.2}) \times 10^{-6} \tag{7.42}$$

式中，f_c' 为钢管内混凝土的圆柱体抗压强度，单位为 MPa。将式（7.42）代入式（7.41）可得剪力峰值点时核心区钢管内混凝土的剪切变形（$\gamma_{c,core,u}$）的计算公式如式（7.43）所示。

$$\gamma_{c,core,u} = \sin(2\theta_p)(k_{tc} + 1)(1300 + 12.5f_c' + 800\xi_p^{0.2}) \times 10^{-6} \tag{7.43}$$

式中，k_{tc} 反映了 ε_c 和 ε_t 间的比例关系，主要与混凝土所受约束有关，当约束加强时，

k_{tc} 减小。同时，k_{tc} 随着剪应变的增加而增大。Parra-Montesinos 和 Wight（2001）推荐，混凝土未剪切开裂前取 $k_{tc}=2$。对于钢管混凝土加劲混合结构柱－钢梁连接节点，钢管内混凝土受到钢管良好的约束作用，钢管内混凝土达到自身抗剪承载力时，混凝土裂缝仍能得到有效的控制。因此，为便于计算，统一取 $k_{tc}=2$。

假设核心区钢管内混凝土达到自身抗剪承载力时的剪切变形（$\gamma_{c,core,u}$）与核心区总剪切变形（γ_u）存在比例关系，如式（7.44）所示。

$$\gamma_u = m\gamma_{c,core,u} \tag{7.44}$$

式中，m 为比例系数。

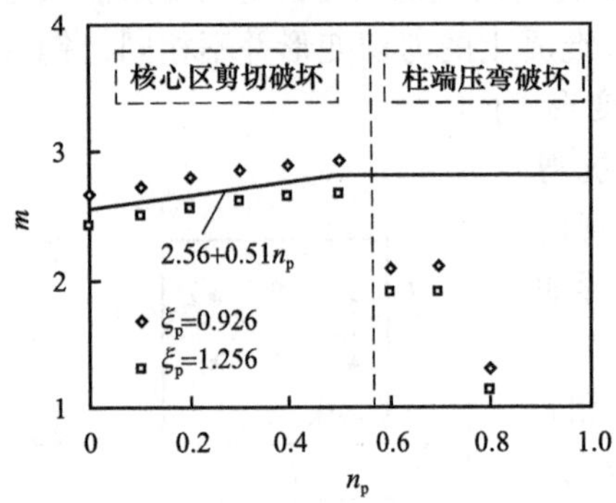

图 7.94 核心区轴压比（n_p）对比例系数（m）的影响

参数分析结果表明，极限剪切变形（γ_u）受核心区轴压比（n_p）影响较大。由式（7.43）可求得 $\gamma_{c,core,u}$，由有限元计算可求得 γ_u，进而求出对应的比例系数（m）。核心区轴压比（n_p）对比例系数（m）变化的影响如图 7.94 所示。可见，当核心区发生剪切破坏时，m 随 n_p 的增大呈线性增加；当节点发生柱端压弯破坏时，由于核心区未发生剪切破坏，m 值迅速减小。假设当 n_p 大于 0.5 时，m 值保持不变。m 与 n_p 的关系如式（7.45）所示。

$$m = 2.56 + 0.51 n_p \tag{7.45}$$

式中，当轴压比（n_p）大于 0.5 时，取 $n_p=0.5$。

综上所述，钢管混凝土加劲混合结构柱－钢梁连接节点的极限剪切变形（γ_u）计算如式（7.46）所示。

$$\gamma_u = (7.68 + 1.53 n_p)\sin(2\theta_p)(1300 + 12.5 f_c' + 800\,\xi_p^{0.2}) \times 10^{-6} \tag{7.46}$$

式中，n_p 为核心区轴压比，当轴压比（n_p）大于 0.5 时，取 $n_p=0.5$；θ_p 为钢管内混凝土核心区斜对角线和水平线的夹角；f_c' 为钢管内混凝土的圆柱体抗压强度，单位为 MPa；ξ_p 为核心区钢管对钢管内混凝土的约束效应系数。

（5）加、卸载准则

本章试验研究与理论分析结果表明，在反复加载下，钢管混凝土加劲混合结构柱－钢梁连接节点核心区剪力（V_j）－剪切变形（γ_j）关系存在刚度退化现象，在剪力达到抗剪承载力（V_u）后，退化现象尤为明显。因此，本节提出考虑峰值剪力后刚度退化的卸载准则，并采用 Clough 和 Johnston（1966）提出的卸载刚度（K_r）计算方法，如式（7.47）所示。

$$K_r = \begin{cases} K_e & |\gamma_r| \leqslant |\gamma_u| \\ \left(\dfrac{\gamma_u}{\gamma_r}\right)^{\zeta} K_e & |\gamma_r| > |\gamma_u| \end{cases} \tag{7.47}$$

式中，γ_r 为卸载点对应的剪切变形；ζ 为经验系数，根据有限元分析结果，此处取 $\zeta=1.8$。

本书作者提出的核心区剪力（V_j）－剪切变形（γ_j）关系恢复力模型如图 7.95 所示。具体的加、卸载准则：①对弹性段 OA 和 OA'，模型均按照弹性刚度加载与卸载。②对弹塑性段与峰值点后的水平段，卸载点始终位于骨架线上，卸载刚度由式（7.47）确定；第一次进入弹塑性阶段时，加载路径沿骨架线进行。③反向加载点取卸载到纵坐标反向达到 30% 卸载点纵坐标时的点，例如反向加载点 2 和点 4，它们的相应卸载点为点 1 和点 3，点 2 和点 4 的纵坐标分别为点 1 和点 3 的 30%，符号相反。④反向加载的最终目标点均在骨架线上，按斜直线进行反向加载，即直接连接反向加载点与最终目标点，如 21′ 和 43′。

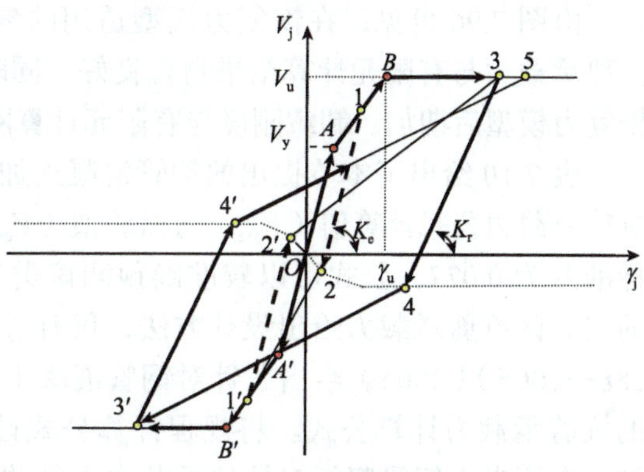

图 7.95　核心区剪力（V_j）－剪切变形（γ_j）关系恢复力模型

2. 恢复力模型验证

将本书作者提出的核心区剪力（V_j）－剪切变形（γ_j）关系恢复力模型结果与有限元计算结果及本章试验结果进行对比，对恢复力模型进行验证。

图 7.96 所示为恢复力模型结果与有限元计算结果的对比，对比算例包含不同的核心区轴压比（n_p）、核心区高宽比（h/B）和内部钢管混凝土截面约束效应系数（ξ_p）。

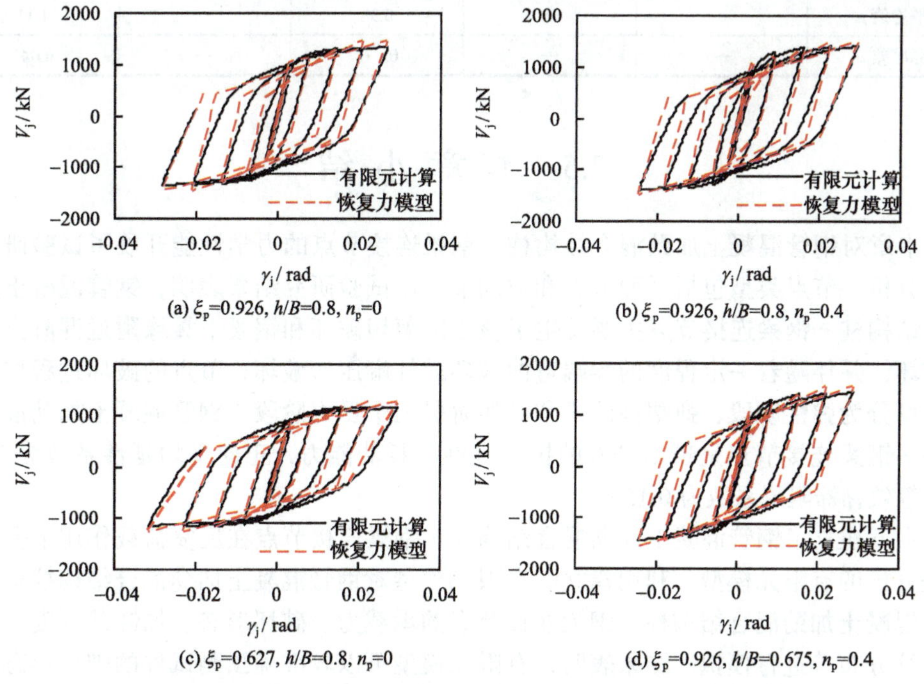

(a) ξ_p=0.926, h/B=0.8, n_p=0　(b) ξ_p=0.926, h/B=0.8, n_p=0.4

(c) ξ_p=0.627, h/B=0.8, n_p=0　(d) ξ_p=0.926, h/B=0.675, n_p=0.4

图 7.96　核心区剪力－剪切变形恢复力模型与有限元计算结果对比

由图 7.96 可见，在恢复力模型适用的参数范围内，恢复力模型的初始抗剪刚度、抗剪承载力与有限元计算结果吻合良好。同时，由于考虑了峰值点后刚度的退化效应，恢复力模型后期加、卸载刚度与有限元计算刚度接近。

表 7.10 给出了本节提出的钢管混凝土加劲混合结构柱 - 钢梁平面连接节点核心区抗剪承载力公式计算值（V_{pre}）与试验值（V_{exp}）的对比。可见，V_{pre}/V_{exp} 平均值为 0.98，标准差为 0.077，公式可以较准确预测该类节点的抗剪承载力。尚无规范对该类节点的核心区抗剪承载力给出设计方法，仅有《钢管混凝土叠合柱结构技术规程》(CECS 188—2005)(2005) 给出了针对钢管混凝土加劲混合结构柱与钢筋混凝土梁连接节点的抗剪承载力计算公式。将规程计算公式计算得到的 V_{pre}/V_{exp} 值列于表 7.10，对比可见，在不考虑钢梁腹板对抗剪承载力贡献的情况下，规程计算的抗剪承载力仍然总体偏大，V_{pre}/V_{exp} 的平均值为 1.11。

表 7.10　平面节点核心区抗剪承载力计算结果对比

试件编号	V_{exp}/kN	本节公式		CECS 188—2005（2005）	
		V_{pre}/kN	V_{pre}/V_{exp}	V_{pre}/kN	V_{pre}/V_{exp}
PJ1-1	1337.2	1394.2	1.04	1466.8	1.10
PJ1-2	1411.6	1394.2	0.99	1466.8	1.04
PJ2-1	1406.0	1210.1	0.86	1524.6	1.08
PJ2-2	1367.6	1210.1	0.88	1524.6	1.11
PJ3-1	1332.8	1418.3	1.06	1566.2	1.18
PJ3-2	1397.0	1418.3	1.02	1566.2	1.12
平均值 μ	—	—	0.98	—	1.11
标准差 σ	—	—	0.077	—	0.041

7.5　本 章 小 结

本章对钢管混凝土加劲混合结构柱 - 钢梁连接节点的力学性能开展了试验研究与理论分析，节点类型包括平面节点和空间节点。试验研究结果表明，钢管混凝土加劲混合结构柱 - 钢梁连接节点主要发生了核心区剪切破坏和钢梁下翼缘附近混凝土的碎裂破坏，并伴随着一定程度的梁端弯曲破坏或柱端压弯破坏；节点的破坏过程按先后顺序可分为弹性阶段、弹塑性阶段和破坏阶段三个受力阶段。钢管混凝土加劲混合结构柱 - 钢梁连接节点呈现出良好的抗震延性与耗能能力，正向平均延性系数为 3.25，平均等效黏滞阻尼系数为 0.156。

本章建立了钢管混凝土加劲混合结构柱 - 钢梁连接节点在反复荷载作用下受力全过程分析的有限元模型。利用建立的有限元模型对钢管混凝土加劲混合结构柱构件和钢管混凝土加劲混合结构柱 - 钢梁连接节点的承载力、破坏形态、加卸载刚度及混凝土裂缝分布等进行模拟。结果表明，有限元模型可以较准确预测试件的破坏形态与混凝土裂缝分布，同时计算的承载力、刚度与试验实测值吻合良好。本章对钢管混凝土加劲混合结构柱－钢梁连接节点的工作机理开展了细致的全过程分析，研究了该类节点的破坏形态与相应的破坏特征。研究结果表明，随着节点梁柱抗弯承载力比的增加，钢管混凝土加劲混合结构柱－钢梁连接节点依次发生梁端受弯破坏、核心区剪切破坏和柱端压弯破坏。通过节点受力全过程分析，确定了荷载－变形关系的特征点，并分别对应节点破坏的三个阶段。

在试验和理论研究基础上，提出了钢管混凝土加劲混合结构柱－钢梁平面连接节点的核心区剪力－剪切变形恢复力模型。

参考文献

福建省工程建设地方标准，2020. 钢管混凝土结构技术规程 DBJ/T 13-51—2020［S］. 福州：福建省住房和城乡建设厅.

韩林海，2022. 钢管混凝土结构：理论与实践［M］. 4版. 北京：科学出版社.

钱炜武，李威，韩林海，等，2016. 带楼板钢管混凝土叠合柱－钢梁节点抗震性能数值分析［J］. 工程力学增刊，33（s）：95-100.

钱炜武，李威，韩林海，等，2017. 往复荷载作用下钢管混凝土叠合柱－钢梁连接节点力学性能研究［J］. 土木工程学报，50（7）：27-38.

唐九如，1989. 钢筋混凝土框架节点抗震［M］. 南京：东南大学出版社.

中国工程建设标准化协会，2019. 钢管混凝土叠合柱结构技术规程：T/CECS 188—2019［S］. 北京：中国计划出版社.

中华人民共和国住房和城乡建设部，2015. 建筑抗震试验规程 JGJ/T 101—2015［S］. 北京：中国建筑工业出版社.

中华人民共和国住房和城乡建设部，2017. 钢结构设计标准（附条文说明［另册］)：GB 50017—2017［S］. 北京：中国建筑工业出版社.

中华人民共和国住房和城乡建设部，2015. 混凝土结构设计标准（2024年版）：GB 50010—2010［S］. 北京：中国建筑工业出版社.

AN Y F, HAN L H, 2014. Behaviour of concrete-encased CFST columns under combined compression and bending [J]. Journal of Constructional Steel Research, 101: 314-330.

ATTARD M M, SETUNGE S, 1996. Stress-strain relationship of confined and unconfined concrete [J]. ACI Materials Journal, 93 (5): 432-442.

CLOUGH R W, JOHNSTON S B, 1966. Effect of stiffness degradation on earthquake ductility requirements [C]// Proceedings of 2nd Japan Earthquake Engineering Symposium, Tokyo, Japan.

Eurocode 3 (EC3), 2005. Design of steel structures-Part 1. 8: Design of joints [S]. Brussels (Belgium): European Committee for Standardization (CEN).

FUKUMOTO T, MORITA K, 2005. Elastoplastic behavior of panel zone in steel beam-to-concrete filled steel tube column moment connections [J]. Journal of Structural Engineering, ASCE, 131 (12): 1841-1853.

HAN L H, AN Y F, 2014. Performance of concrete-encased CFST stub columns under axial compression [J]. Journal of Constructional Steel Research, 93: 62-76.

LIAO F Y, HAN L H, TAO Z, 2014. Behaviour of composite joints with concrete encased CFST columns under cyclic loading: Experiments [J]. Engineering Structures, 59: 745-764.

LI W, HAN L H, 2011. Seismic performance of CFST column to steel beam joint with RC slab: Analysis [J]. Journal of Constructional Steel Research, 67 (1): 127-139.

LI W, QIAN W W, HAN L H, et al., 2015. Analytical behaviour of concrete-encased CFST-column to steel beam joints [C]// Proceeding of the International Symposium on Tubular Structures (ISTS2015), Rio de Janeiro, Brazil, 27 to 29 May: 117-122.

PARRA-MONTESINOS G, WIGHT J K, 2001. Modeling shear behavior of hybrid RCS beam-column connections [J]. Journal of Structural Engineering, 127 (1): 3-11.

QIAN W W, LI W, HAN L H, et al., 2013. Analytical behaviour of concrete-encased concrete-filled steel tubular column to steel beam joint [C]// Proceeding of the Pacific Structural Steel Conference (PSSC 2013), Singapore, 8 to 11 October, 285-290.

第 8 章　钢管混凝土加劲混合结构柱 - 钢筋混凝土梁连接节点

8.1　引　　言

钢管混凝土加劲混合结构柱 - 钢筋混凝土（RC）梁节点已经应用于民用建筑、工业厂房等多种建筑结构中。本章对该类节点抗震性能进行试验和理论分析，明晰该类节点的破坏形态、传力机制及不同连接方式对抗震性能的影响规律。在此基础上，提出节点极限承载力计算方法、核心区恢复力模型及构造措施（马丹阳，2019；Ma et al.，2019；Ma et al.，2020；Ma，2023）。

8.2　试 验 研 究

8.2.1　试验概况

本小节开展了 13 个钢管混凝土加劲混合结构柱 -RC 梁平面节点的滞回试验，分析节点破坏发展过程和抗震相关指标。

（1）试件设计

实际工程框架结构中存在着多种节点连接形式，如图 8.1 所示。根据节点连接形式和梁柱截面的差异，可以分为 6 种节点类型，分别为Ⅰ方形柱中节点、Ⅱ矩形柱中节点、Ⅲ双梁节点、Ⅳ边节点、Ⅴ错层梁节点、Ⅵ不等高梁节点。

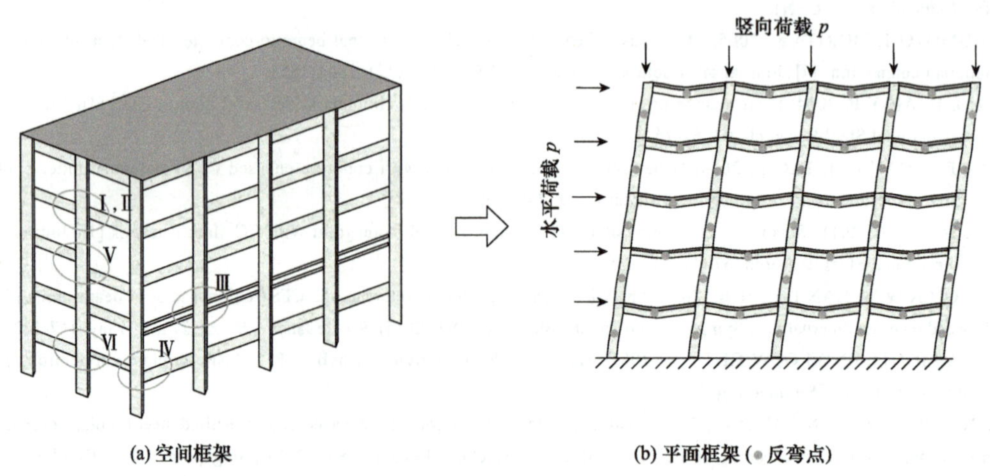

图 8.1　节点试件确定方法

参考相关节点类型，设计了 13 个平面节点试件，其中双梁矩形柱节点 2 个，矩形柱边节点 1 个，矩形柱中节点 1 个，方形柱中节点 6 个，错层梁节点 2 个，不等高梁节点 1 个，节点示意如图 8.2 所示。图 8.2 中，N_o 为柱顶恒定轴力，P（Δ）为梁端反复位移。

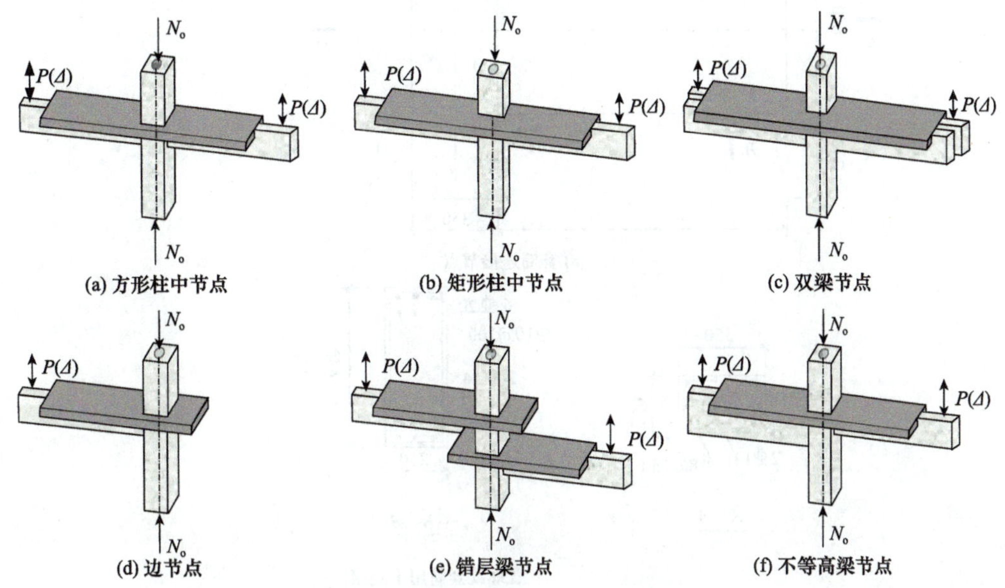

图 8.2　6 种组合梁柱连接节点试件

试验主要参数如下：节点连接构造、柱轴压比、配筋率、梁柱线刚度比、梁柱承载力比。其中柱轴压比和柱内钢管直径与短边长比值 D/B 计算方法参考 Han 和 An（2014），即 $n=N_o/N_u$，N_o 为柱顶恒定轴力，N_u 为柱实际轴心受压承载力。配筋率计算依据《混凝土结构设计标准（2024 年版）》（GB 50010—2010）和《建筑抗震设计标准（2024 年版）》（GB 50011—2010）。对于 6 种节点类型，按照反弯点位置确定梁柱长度，通过对结构整体计算可以发现，反弯点位置基本在梁柱构件中点。受试验加载条件限制，试验中柱长均为 1.4m（两球铰转动中心间距离为 1.8m），梁长为 2.7m（加载点间距离为 2.39m），试验节点试件中统一采用此柱高和梁长。

对于框架结构中的矩形柱中节点试件，矩形柱截面尺寸（$B\times h_c$）为 250mm×350mm，梁截面尺寸 $b_b\times h_b$ 为 185mm×370mm，钢管截面尺寸（$D\times t$）为 159mm×5mm。由于加载方式为反复加载，钢筋混凝土梁内采用对称配筋，综合考虑钢筋直径和钢筋布置情况，柱截面纵筋配筋率为 2.9%，梁截面纵筋配筋率为 2.7%。

对于框架结构中的矩形柱边节点，柱截面尺寸（$B\times h_c$）为 250mm×350mm，钢管截面尺寸 $D\times t$ 为 159mm×5mm。试验梁截面尺寸 $b_b\times h_b$ 为 640mm×250mm，如图 8.3 所示。试验节点 J2-1 梁纵筋配筋率为 2.6%，柱纵筋配筋率为 2%。

对于框架结构中的方形柱中节点，试件中方形柱截面尺寸（$B\times h_c$）为 350mm×350mm，梁截面尺寸（$b_b\times h_b$）为 630mm×315mm，钢管截面尺寸（$D\times t$）为 159mm×5mm。节点中采用环板连接构造，梁内纵筋配筋率为 1.4%，柱内纵筋配筋率为 2.3%。

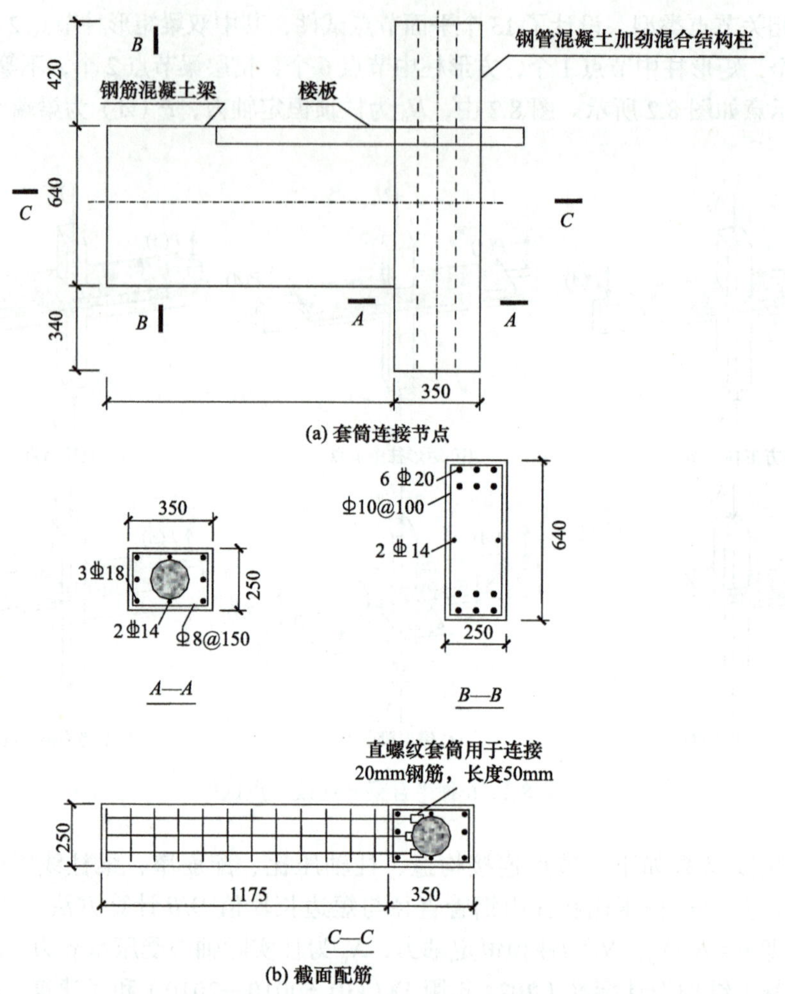

图 8.3　套筒连接节点配筋及构造（尺寸单位：mm）

同时设计发生梁端破坏的对比节点试件，设计梁截面尺寸（$b_b \times h_b$）为 220mm×440mm，保持梁纵筋配筋率为 1.4%，梁箍筋配筋率为 0.5%，相比于 J4-1 节点降低 36%，即得到试验中方形柱中节点 J4-2、J4-3、J4-4、J4-5 的截面尺寸。其中，节点 J4-2、J4-3、J4-4 均使用环板连接，节点 J4-5 使用翅片连接，对两种连接构造进行对比分析。方形柱中节点 J4-6 梁截面尺寸（$b_b \times h_b$）为 150mm×260mm。梁内纵筋通过翅片与柱内钢管连接。该类节点尺寸及配筋如图 8.4 和图 8.5 所示。

对于框架结构中的错层梁节点，试件 J5-1 和 J5-2 柱截面尺寸（$B \times h_c$）为 250mm×350mm，梁截面尺寸（$b_b \times h_b$）为 130mm×260mm，钢管截面尺寸（$D \times t$）为 159mm×5mm。梁内纵筋配筋率为 4.1%，柱内纵筋配筋率为 2.0%。

对于框架结构中的双梁节点，矩形柱截面尺寸（$B \times h_c$）为 250mm×350mm，梁截面尺寸（$b_b \times h_b$）为 85mm×265mm，钢管截面尺寸（$D \times t$）为 159mm×5mm，作为双梁试验节点。设计边节点和中间节点两种节点形式，形成对比分析。中节点尺寸和配筋如图 8.6 所示。另外还设计了不等高梁节点 J6-1，该节点左右梁截面尺寸存在

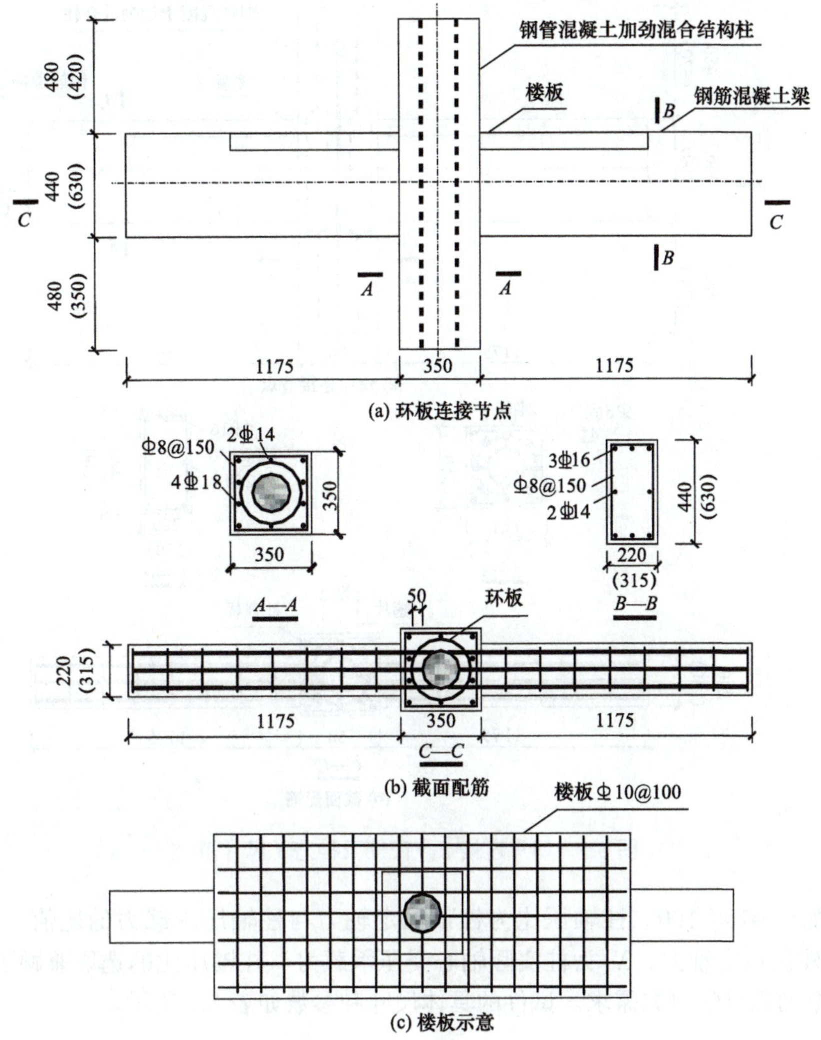

图 8.4　环板连接节点配筋及构造（尺寸单位：mm）

明显不同，截面较大的梁与节点 J4-5 中的梁相同，截面较小的梁与节点 J4-6 中的梁相同，梁顶面处于同一高度，采用与节点 J4-5 和节点 J4-6 相同的翅片连接方式，柱截面尺寸（$B\times h_c$）为 350mm×350mm，与节点 J4-5 和节点 J4-6 形成对比。

综上所述，13 个钢管混凝土加劲混合结构柱－RC 节点试件梁长均为 2700mm，柱长均为 1400mm，柱截面高度统一为 350mm；方形柱钢管直径与截面宽度比 $D/B=0.46$，矩形柱钢管直径与截面宽度比 $D/B=0.64$；柱纵筋（HRB400，$\phi=18$mm），柱箍筋（HRB335，$\phi=8$mm）；梁纵筋（HRB 400，$\phi=14$mm，$\phi=16$mm，$\phi=20$mm），梁箍筋（HRB335，$\phi=8$mm、10mm）。节点试件均带楼板。根据《混凝土结构设计标准（2024 年版）》（GB 50010—2010），有效楼板宽度应考虑梁宽度与翼缘厚度、梁净距或者跨度。为了在试验中能区分开楼板和梁本身的影响，对所有节点试件选取相同的楼板尺寸。楼板长度为 1800mm，楼板宽度参考梁跨度的 1/3 取 700mm，厚度为 70mm，

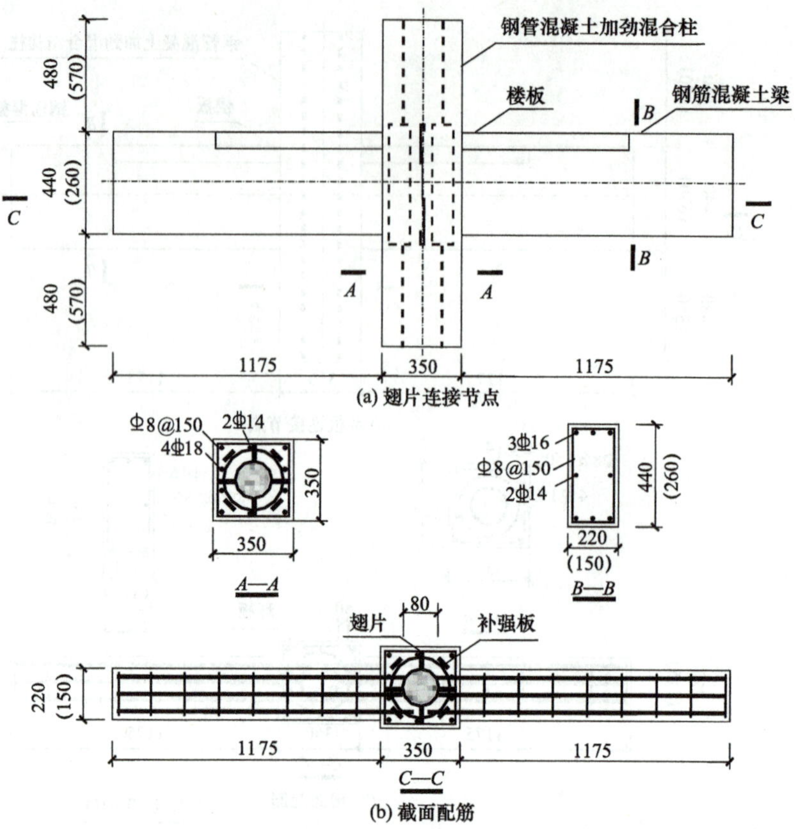

图 8.5　翅片连接节点配筋及构造（尺寸单位：mm）

单层配筋 ϕ10@100。柱轴压比为柱顶恒定轴力与柱轴压承载力的比值，即 $n=N_o/N_u$，N_o 为柱顶恒定轴力，N_u 为柱实际轴心受压承载力。柱轴压比的选取兼顾了工程中实际应用范围和科学研究需求。试件的具体尺寸和参数如表 8.1 所示。

表 8.1　节点试件具体尺寸和参数

序号	试件编号	节点类型	节点构造	梁截面宽 /mm	梁截面高 /mm	柱截面宽 /mm	梁柱抗弯承载力比 k_m	柱轴压比 n
1	J1-1	双梁中节点	贯穿	85	265	250	0.89	0.6
2	J1-2	双梁边节点	贯穿	85	265	250	0.45	0.6
3	J2-1	矩形柱边节点	套筒	250	640	250	1.19	0.6
4	J3-1	矩形柱中节点	套筒	185	370	250	0.82	0.6
5	J4-1	方形柱中节点	环板	315	630	350	1.04	0.2
6	J4-2	方形柱中节点	环板	220	440	350	0.47	0.2
7	J4-3	方形柱中节点	环板	220	440	350	0.50	0.47
8	J4-4	方形柱中节点	环板	220	440	350	0.47	0.2
9	J4-5	方形柱中节点	翅片	220	440	350	0.75	0.2
10	J4-6	方形柱中节点	翅片	150	260	350	0.20	0.2
11	J5-1	错层梁节点	套筒	130	260	250	0.31	0.2
12	J5-2	错层梁节点	套筒	130	260	250	0.45	0.6
13	J6-1	不等高梁节点	翅片	150	260	350	0.20	0.2

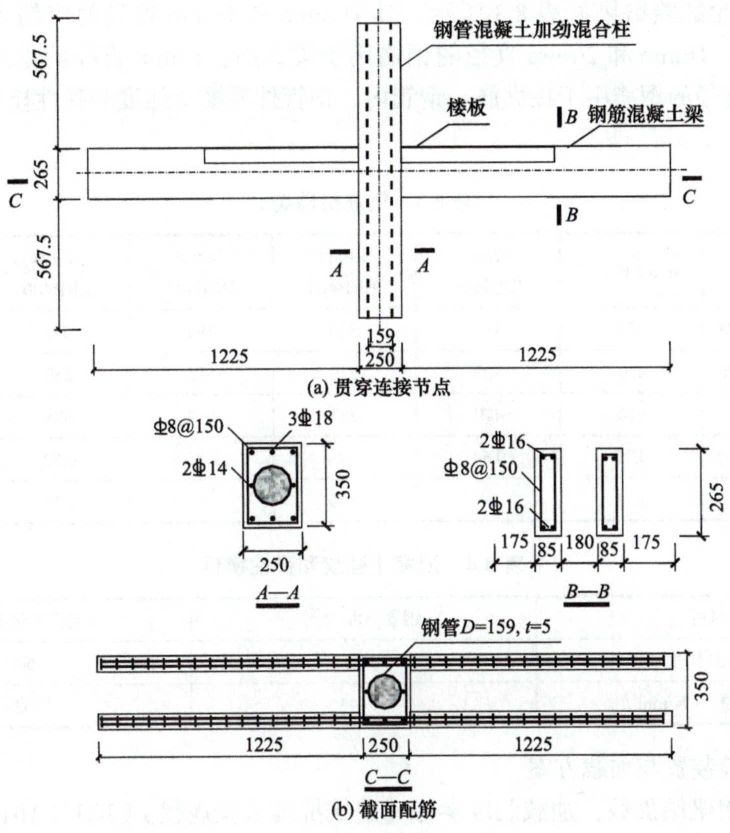

图 8.6　贯穿连接节点配筋及构造（尺寸单位：mm）

（2）材性

试验中，节点 J1-1～J4-4，J5-1 和 J5-2 中钢管混凝土加劲混合结构柱内钢管由截面尺寸为 159mm×5mm 的两根无缝钢管切割得到，J4-5、J4-6、J6-1 节点中钢管混凝土加劲混合结构柱内钢管分为节点核心区内钢管和节点核心区外钢管；其中，节点核心区内钢管为 80mm×8mm 无缝管，节点核心区外钢管为 219mm×4mm 直焊缝管。试验中使用三种钢筋连接件，分别为环板、套筒和翅片。其中套筒有标准的材性指标，环板和翅片均从同一块 10mm 厚的钢板上切割得到。三种钢管材性试验结果如表 8.2 所示。

表 8.2　钢材材性统计

钢材种类	钢管 Q345B（159mm×5mm）	钢管 Q345B（219mm×4mm）	钢管 Q345B（80mm×8mm）	环板、翅片 Q345B
上屈服强度 /MPa	450	362	405	389
下屈服强度 /MPa	432	351	401	385
极限强度 /MPa	628	455	523	527
屈强比	0.69	0.77	0.77	0.73
断后伸长率 /%	0.25	0.37	0.18	0.15
实测厚度 /mm	5.02	4.02	8.10	10.00

钢筋材性试验结果如表 8.3 所示。其中 8mm 和 10mm 直径的钢筋主要用于箍筋和楼板钢筋，16mm 和 20mm 直径的钢筋用于梁纵筋，14mm 直径的钢筋用于梁柱腰筋，18mm 直径的钢筋用于柱纵筋。钢管内、钢管外混凝土强度和弹性模量测试结果如表 8.4 所示。

表 8.3　钢筋材性统计

钢筋直径	8mm HRB335	10mm HRB335	14mm HRB400	16mm HRB400	18mm HRB400	20mm HRB400
上屈服强度 /MPa	451	315	545	594	561	479
下屈服强度 /MPa	430	309	539	583	550	466
极限强度 /MPa	618	479	563	677	675	615
屈强比	0.70	0.64	0.96	0.86	0.82	0.76
断后伸长率 /%	0.12	—	0.09	—	0.14	—

表 8.4　混凝土强度和弹性模量

材料	钢管内混凝土	钢管外包混凝土
立方体抗压强度 /MPa	74.9	60.1
弹性模量 /（N/mm^2）	45643	36380

（3）试验装置与加载方案

节点采用梁端加载，加载制度参考《建筑抗震试验规程》（JGJ/T 101—2015），采用荷载 - 位移双控制度。设计两个加载试验阶段：施加柱端轴力阶段；施加梁端反复荷载阶段。

其中，轴力施加过程通过力控制加载，加载至设定轴力之后保持荷载恒定。梁端反复荷载阶段在梁端施加反对称荷载。在试验加载之前通过有限元计算预估节点的屈服荷载和位移。节点试件承载力下降至峰值承载力的 85% 以下时停止试验。

图 8.7 为试验装置示意。其中，柱端采用液压式千斤顶，最大加载能力为 5000kN，荷载通过油锁来维持稳定，千斤顶下设置有压力传感器以精确控制荷载值。柱上下端只约束侧向位移，不约束转动。梁端作动器最大加载能力为 600kN。

（4）量测方案与测点布置

试验过程中主要测量内容包括梁端、柱端及节点核心区量测点的线位移、梁加载端荷载、加载过程中混凝土表面应变、钢管应变和钢筋应变。

其中，梁和柱中关键位置的线位移由布置在相应位置的位移计量测，节点核心区边缘位置的线位移还可以用于推测该位置转角，从而得到核心区转角。节点核心区剪切变形还可以由布置在核心区对角线位置的两个位移计直接量测。节点试件位移计分布如图 8.8 所示。

梁加载端荷载由梁端千斤顶量测，混凝土前期应变可以通过应变片量测，后期应变片开裂，可通过位移计测量整体变形。核心区内钢管的剪切变形由布置在核心区的应变花量测，梁、柱内纵筋应变由布置在相应位置的应变片量测，通过布置在钢筋上

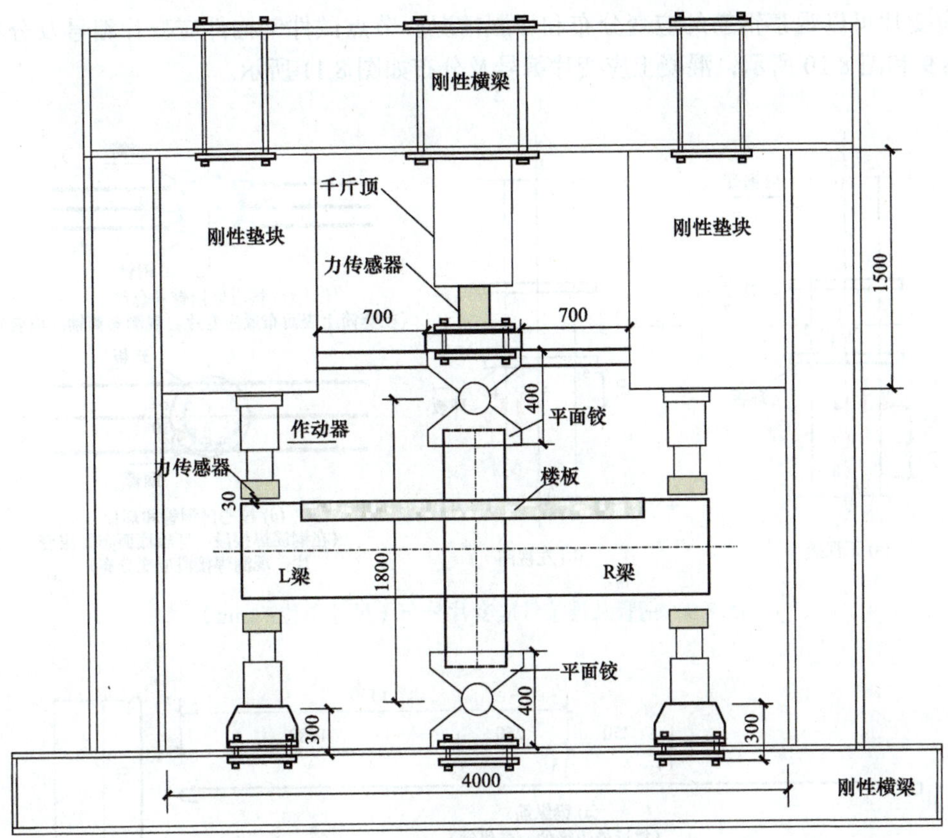

图 8.7　试验装置（尺寸单位：mm）

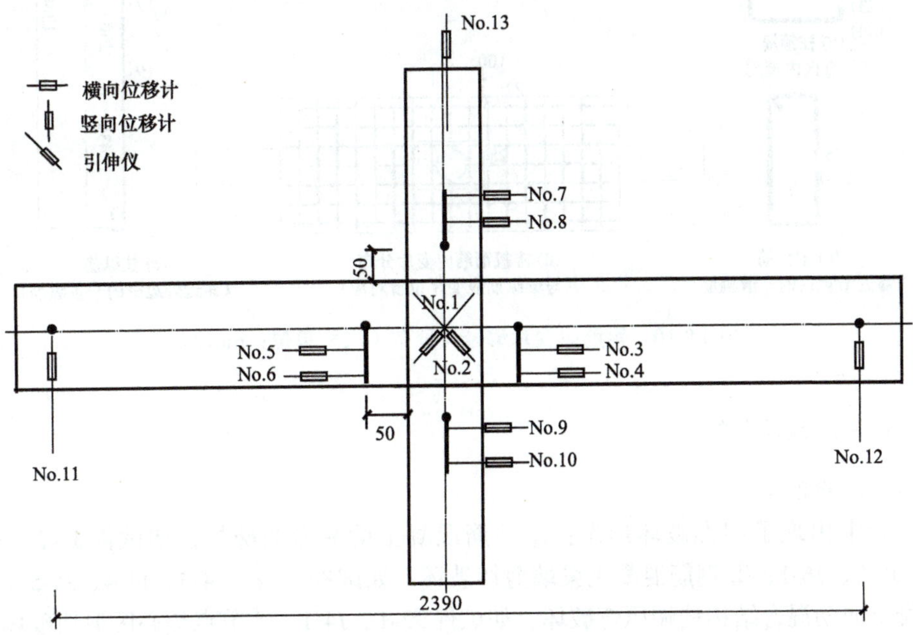

图 8.8　节点试件位移计分布（尺寸单位：mm）

的应变片可以观察钢筋的应变分布和屈服情况。节点试件钢构件应变片编号及分布如图 8.9 和图 8.10 所示，混凝土应变片编号及分布如图 8.11 所示。

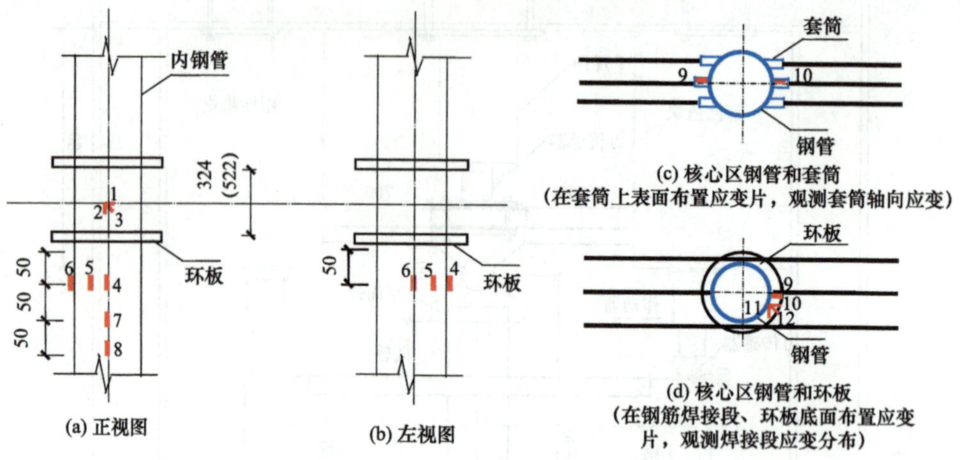

图 8.9　钢管及连接件应变片分布（尺寸单位：mm）

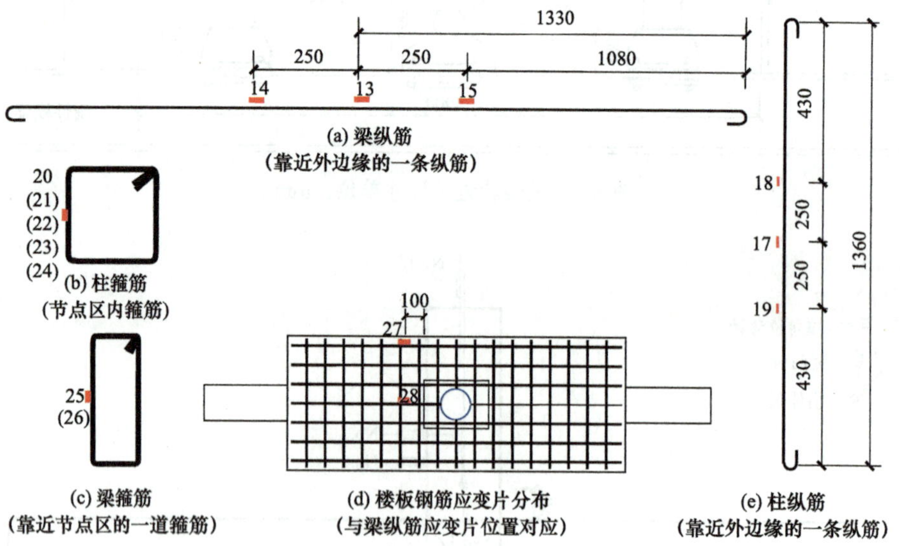

图 8.10　钢筋应变片编号及分布（尺寸单位：mm）

8.2.2　试验结果及分析

（1）试验现象

试验中出现了四类破坏形态：①钢筋混凝土梁端弯曲破坏，如试件 J1-2、J4-6、J5-1、J5-2、J6-1；②钢筋混凝土梁端剪切破坏，如试件 J4-2、J4-3、J4-4、J4-5；③钢管混凝土加劲混合结构柱端压弯破坏，如试件 J2-1、J4-1；④节点核心区剪切破坏，如试件 J1-1、J3-1，其破坏形态如图 8.12 所示。

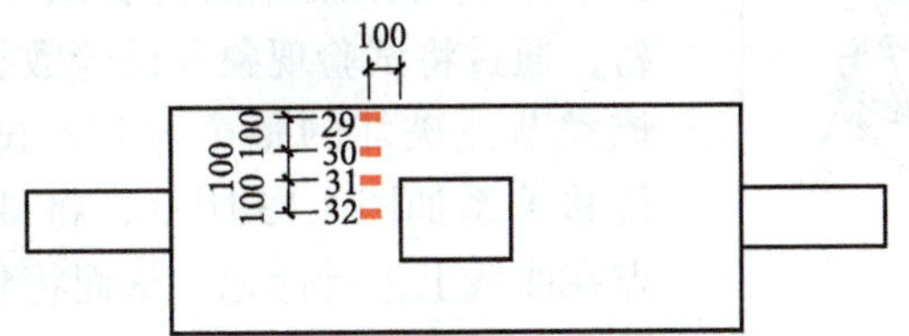

图 8.11　楼板混凝土应变片编号及分布（尺寸单位：mm）

(a) 梁端弯曲破坏 (J1-2)

(b) 梁端剪切破坏 (J4-2)

(c) 柱端压弯破坏 (J4-1)

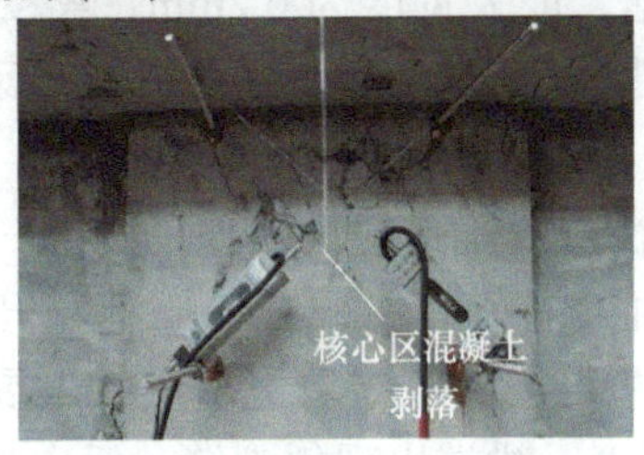

(d) 核心区剪切破坏 (J3-1)

图 8.12　节点试件破坏形态

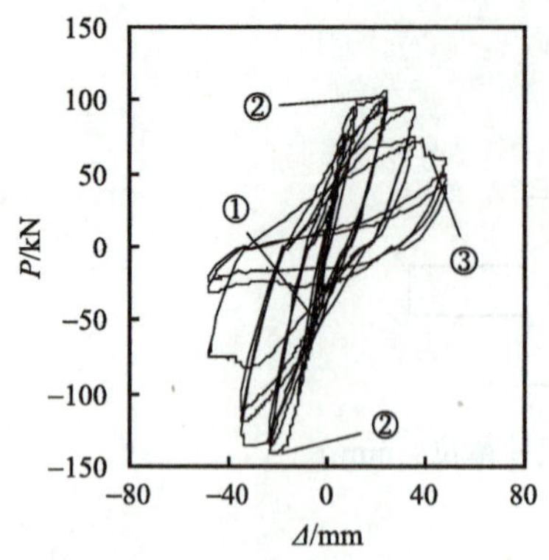

①梁端混凝土开裂；②梁端受拉钢筋屈服；③梁端混凝土压碎。

图 8.13　梁端弯曲破坏节点（J1-2）荷载 - 位移关系

梁端弯曲破坏的试件特征如图 8.12（a）所示，选取梁端弯曲破坏的代表试件 J1-2 进行破坏过程分析，通过将试验现象和试验数据相结合的方法，分析该类节点破坏的整个过程。试件 J1-2 的梁端荷载 - 位移关系如图 8.13 所示，将试验中具有明显特征的点在曲线上进行标记，从而将整个加载过程分为如下阶段。

1）弹性阶段。弹性阶段的荷载 - 位移关系基本呈线性。由施加轴力开始至梁端荷载加载至屈服阶段，钢筋混凝土梁底最先出现竖向裂缝，初始宽度为 0.1mm。达屈服点时，梁受拉区域开展多条竖向裂缝，最大宽度为 0.25mm。反向加载裂缝均能闭合。

2）弹塑性阶段。弹塑性阶段的荷载 - 位移关系呈非线性。由梁端荷载加载至屈服荷载开始，加载至 $3\Delta_y$，梁端裂缝与楼板裂缝宽度继续发展，几乎不再产生新的裂缝，梁端出现斜裂缝，但大部分裂缝仍为弯曲导致的竖向裂缝。在钢筋混凝土梁靠近节点核心区区域，发生混凝土保护层压碎起皮的现象，部分混凝土剥落。

3）破坏阶段。破坏阶段的荷载 - 位移关系呈下降趋势，达峰值荷载后，每级荷载下不同加载循环强度刚度下降较大。梁端受压区混凝土出现压碎现象，梁纵筋受压弯曲，承载力发生明显下降。

梁端剪切破坏的试件特征如图 8.12（b）所示，选取梁端剪切破坏的代表试件 J4-2 进行破坏过程分析，通过将试验现象和试验数据相结合的方法，分析该类节点破坏的整个过程。试件 J4-2 的梁端荷载 - 位移关系如图 8.14 所示，整个加载过程可分为如下阶段。

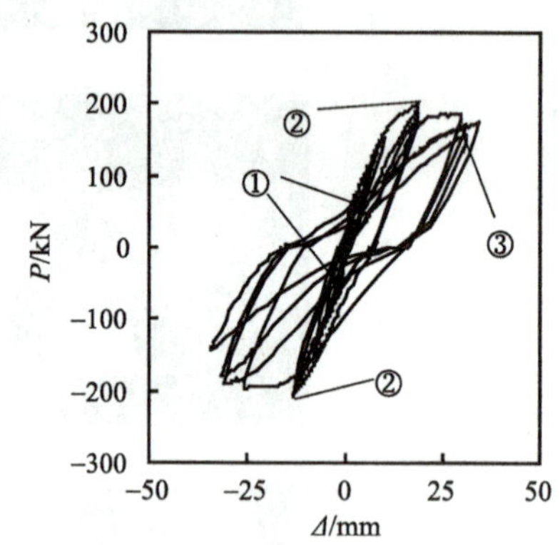

①梁端混凝土开裂；②梁内出现主斜裂缝；③梁底混凝土压碎。

图 8.14　梁端剪切破坏节点（J4-2）荷载 - 位移关系

1）弹性阶段。弹性阶段的荷载 - 位移关系基本呈线性。由施加轴力开始至梁端荷载加载至屈服荷载，梁端荷载 - 位移关系基本呈线性，楼板表面开展多条横向裂缝，最大宽度为 0.2mm，梁受拉区域开展多条竖向裂缝，最大宽度为 0.25mm。反向加载裂缝均能闭合。

2）弹塑性阶段。弹塑性阶段的荷载 - 位移关系呈非线性。由梁端荷载加载至屈服荷载开始，加载至 $3\Delta_y$，梁端裂缝与楼板裂缝宽度继续发展，几乎不再产生新的裂缝，梁端出现斜裂缝，反向加载时，梁端裂缝与楼板裂缝不能完全闭合，节点核心区出现十字形裂缝，宽度小于梁端裂缝宽度。楼板与柱交界位置出现混凝土起皮现象。

3）破坏阶段。破坏阶段的荷载 - 位移关系呈下降趋势，达峰值荷载后，每级荷载下不同加载循环强度刚度下降较大。梁端受拉区裂缝宽度超过 1.5mm，楼板裂缝不再继续发展。当梁底受压时，梁纵筋受压弯曲，梁端受压区混凝土出现压碎现象，承载力发生明显下降。

柱端压弯破坏的试件特征如图 8.12（c）所示，选取柱端压弯破坏的代表试件 J4-1 进行破坏过程分析，通过将试验现象和试验数据相结合的方法，分析该类节点破坏的整个过程。试件 J4-1 的梁端荷载 – 位移关系如图 8.15 所示，整个加载过程可分为如下阶段。

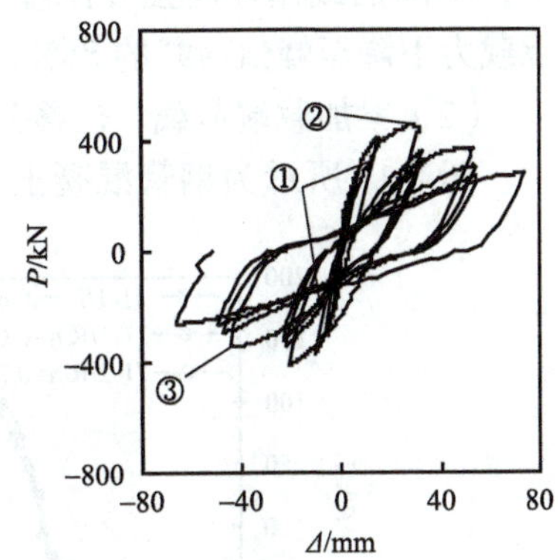

①柱端混凝土出现斜裂缝；②下柱端混凝土剥落；③下柱端混凝土压碎。

图 8.15　柱端压弯破坏节点（J4-1）荷载 – 位移关系

1）弹性阶段。弹性阶段的荷载 – 位移关系基本呈线性。由施加轴力开始至梁端荷载加载至屈服荷载，梁端荷载 – 位移关系基本呈线性，楼板表面开展多条横向裂缝，最大宽度为 0.1mm，梁端出现多条竖向裂缝，最大裂缝宽度为 0.25mm，核心区出现 5 条十字形斜裂缝，最大宽度为 0.5mm，反向加载时裂缝能够闭合。

2）弹塑性阶段。弹塑性阶段的荷载 – 位移关系呈非线性。由梁端荷载加载至屈服荷载开始，加载至 $2\Delta_y$，梁端裂缝与楼板裂缝发展缓慢，核心区最大裂缝宽度发展至 0.6mm，核心区混凝土出现剥落现象，下柱右侧混凝土出现剥落现象，上柱混凝土出现水平贯通裂缝。反向加载时，梁端裂缝与楼板裂缝仍能闭合，核心区混凝土及柱侧面裂缝是斜裂缝，反向加载后不能闭合。

3）破坏阶段。破坏阶段的荷载 – 位移关系呈下降趋势，达峰值荷载后，每级荷载下，不同加载循环强度刚度下降较大。梁端裂缝和楼板裂缝出现宽度减小的现象，核心区混凝土大块剥落，可看到内部箍筋，下柱右侧混凝土大块掉落，柱中纵筋出现明显的弯曲变形，整个钢管混凝土加劲混合结构柱可以观察到明显的弯曲变形。

核心区剪切破坏的试件特征如图 8.12（d）所示，核心区剪切破坏的代表试件 J3-1 进行破坏过程分析，通过将试验现象和试验数据相结合的方法，分析该类节点破坏的整个过程。试件 J3-1 的梁端荷载 – 位移关系如图 8.16 所示，整个加载过程可分为如下阶段。

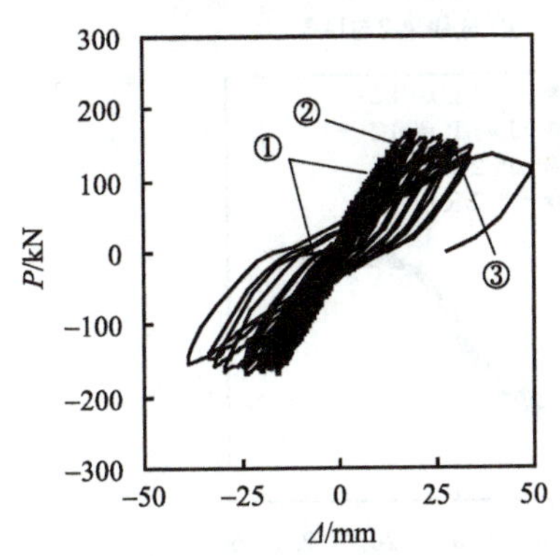

①核心区混凝土开裂；②核心区内箍筋屈服；③核心区混凝土剥落。

图 8.16　核心区剪切破坏节点（J3-1）荷载 – 位移关系

1）弹性阶段。弹性阶段的荷载 – 位移关系基本呈线性。由施加轴力开始至梁端荷载加载至屈服荷载，梁端荷载 – 位移关系基本呈线性；楼板表面开展多条横向裂缝，最大宽度为 0.05mm；梁端出现多条竖向裂缝，最大裂缝宽度为 0.1mm；反向加载时裂缝能够闭合。

2）弹塑性阶段。弹塑性阶段的荷载 – 位移关系呈非线性。由梁端荷载加载至屈服荷载开始，加载至 $4\Delta_y$，梁端裂缝与楼板裂缝宽度持续发展，但是几乎不出现新的裂缝。梁端最大裂缝宽度为 0.45mm。核心区新出现两条斜裂缝，最大裂缝宽度为 0.1mm，核心区破坏尚不明显。

3）破坏阶段。破坏阶段的荷载－位移关系呈下降趋势，达峰值荷载后，每级荷载下，不同加载循环间强度刚度下降较大。核心区混凝土发生明显的起皮、剥落现象，承载力下降至峰值荷载的 85%，标志着节点试件发生破坏。

（2）梁加载端荷载－位移关系

图 8.17 所示为钢管混凝土加劲混合结构柱－RC 梁节点的梁端侧向荷载（P）－梁

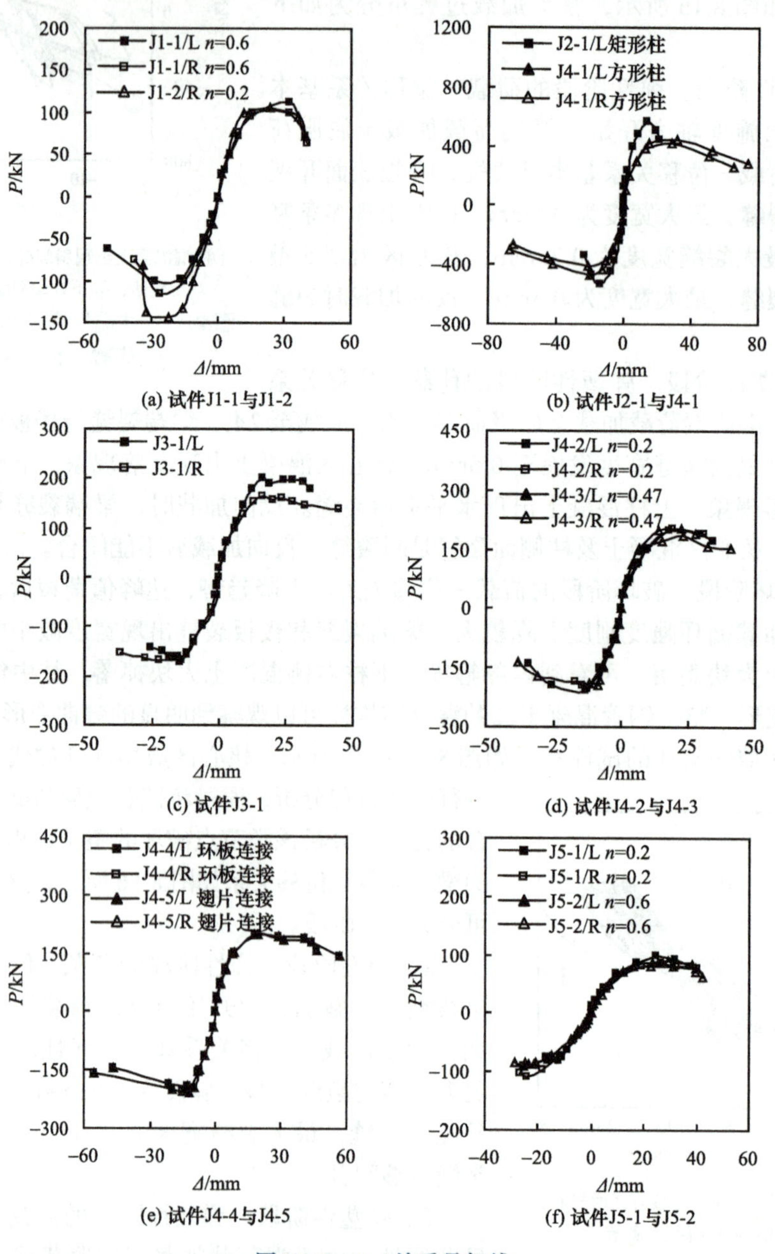

图 8.17　P-Δ 关系骨架线

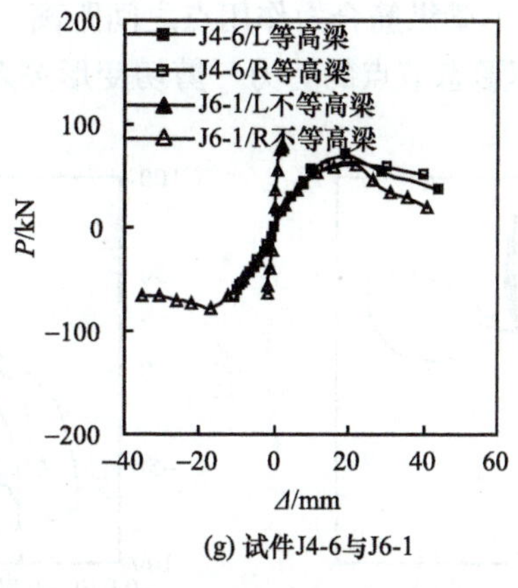

(g) 试件J4-6与J6-1

图 8.17 （续）

端侧向位移（Δ）滞回关系骨架线。

通过分析荷载（P）-位移（Δ）关系骨架线及特征点，得到如下结论。

1）对于梁端破坏节点试件，由于破坏集中在梁内，轴力主要影响柱端和核心区的内力分布，而柱中轴力大小对节点的承载力影响较小。所以，柱轴压比对梁端破坏节点试件影响较小。

2）梁端受弯和柱端压弯破坏的节点试件极限位移较大，节点核心区剪切破坏的节点构件极限位移较小，说明核心区剪切破坏的节点试件到峰值荷载后很快就丧失承载能力，变形能力较差。

3）梁端剪切破坏的节点 J4-2、J4-3、J4-4 和 J4-5，正负方向的峰值荷载都较为接近，但是正向峰值位移和破坏点位移均大于负向峰值位移和破坏点位移。由于正向加载时中和轴靠近楼板上表面，楼板钢筋受压应变较小，大部分楼板钢筋应变小于 500με，楼板钢筋对正向加载承载力贡献很少。而当负向加载时，楼板钢筋受拉，受拉应变普遍大于 1500με，可以有效抑制裂缝发展，提高负向加载时的刚度。所以，正向峰值位移和破坏点位移均大于负向峰值位移和破坏点位移。

4）节点 J1-2 和 J6-1 为梁端弯曲破坏，在负向位移作用下的承载力大于正向位移作用下的承载力，而峰值承载力、峰值位移和极限位移都较为接近。这是由于负向位移作用下楼板钢筋受拉，能够提高承载力。而正向位移作用下楼板钢筋的受压应变较小，对承载力提高较小。

（3）核心区剪力 - 剪切变形关系

节点核心区的剪力和剪切变形可参考 7.2.2 节方法进行计算。参考欧洲钢结构规范 Eurocode 3（2005），边节点核心区剪力（V_j）可按式（8.1）计算。

$$V_j=\frac{M_b}{h_0}-\frac{V_{cu}-V_{cd}}{2}=\frac{V_b\left(\dfrac{L_0}{2}-\dfrac{h_c}{2}\right)}{h_0}-\frac{V_bL_0}{2H_0} \tag{8.1}$$

式中，M_b 为边节点梁端弯矩；V_b 为边节点梁端剪力；V_{cu} 为核心区上柱端剪力；V_{cd} 为核心区下柱端剪力；L_0 为梁内加载点之间的距离；h_c 为柱截面高度；H_0 为上、下柱端铰接点之间距离；h_0 为上、下梁纵筋合力作用点之间距离。

图 8.18 所示为不同破坏形态节点的剪力 - 剪切变形关系。

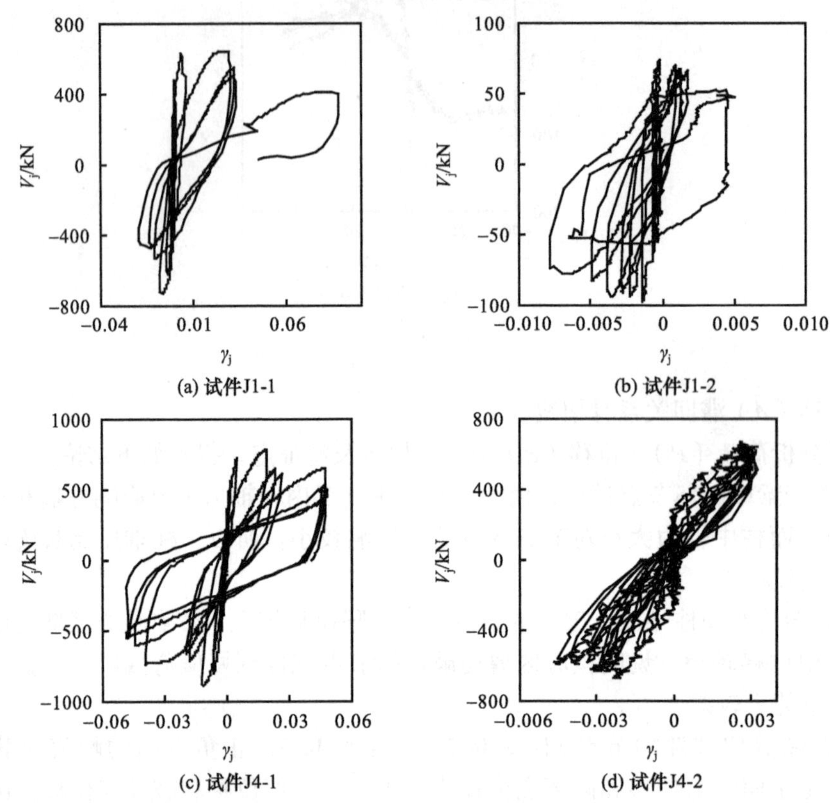

图 8.18 节点核心区剪力（V_j）- 剪切变形（γ_j）关系

对于梁端破坏的节点试件，如节点 J1-2、J4-2，该类试件的剪切变形直到破坏还保持较小值，剪切变形在 0.01rad 以内，并且剪切变形与剪力之间基本保持线性关系。其中 J1-2 的核心区剪力 - 剪切变形曲线仍较为饱满，有较好的耗能能力，但是对应的核心区剪切变形较大，说明直接贯穿有利于节点核心区耗能，但对抗剪刚度没有提升。

对于柱端破坏的节点试件，如节点 J2-1 和 J4-1，该类试件的节点剪切变形较大，最大剪切变形在 0.06rad 以内。该类节点试件的核心区剪切变形较大主要因为柱端破坏的节点试件荷载较大，在较大荷载作用下，核心区保护层混凝土剥落，致使节点核心区剪切变形较大。

对于节点核心区破坏的节点试件，如节点 J1-1，该类试件的节点剪切变形较大，最大剪切变形达 0.09rad。随着塑性剪切变形不断积累，剪切斜裂缝在卸载后不能闭合，并且随着剪力的增大而逐渐增大，在柱端轴力的二阶效应作用下，节点剪切变形迅速发展直至破坏。

（4）节点各部件变形

节点在加载过程中，梁、柱、梁柱靠近核心区端部和核心区均会产生变形从而体现在梁端总位移（Δ）上。将节点总位移分为四部分，梁本身变形、柱本身变形、梁柱靠近核心区端部变形和核心区剪切变形引起的梁端位移分别记为Δ_b、Δ_c、Δ_e和Δ_j，各部分位移与梁端总位移的关系如式（8.2）所示。

$$\Delta=\Delta_b+\Delta_c+\Delta_e+\Delta_j \tag{8.2}$$

各部分变形关系如图 8.19 所示。其中，梁本身变形（Δ_b）是从靠近核心区端部至加载端的变形，包括了弯曲变形和剪切变形。梁本身变形（Δ_b）可以由总位移减去梁端转角产生的位移，即$\Delta_b=\Delta-\theta_b\times L$。其中梁端转角可以通过距离核心区 50mm 处的位移计测定。柱本身变形（Δ_c）是从靠近核心区端部的转角产生的变形，即$\Delta_c=\theta_c\times L$。其中柱端转角可以通过距离核心区 50mm 处的位移计测定。核心区变形引起的位移（Δ_j）为核心区剪切变形，由布置在核心区十字交叉的位移计测量。梁柱靠近核心区端部变形（Δ_e）是梁端和柱端靠近核心区 50mm 内的区域所产生的变形，主要是由于梁端和柱端钢筋滑移、混凝土开裂所导致，体现了该区域内梁端和柱端塑性铰的变形。梁柱靠近核心区端部变形（Δ_e）可以由式（8.2）计算。

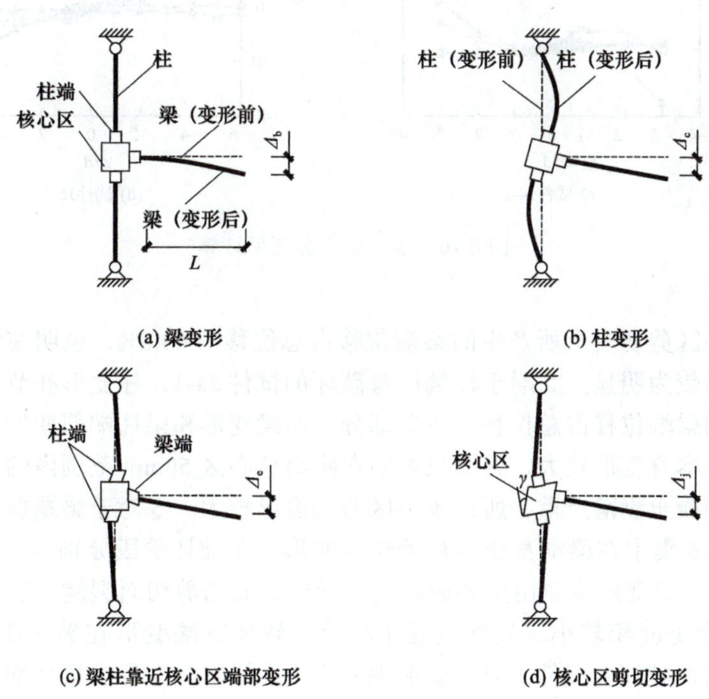

图 8.19　节点各部件变形关系

根据上述各部分位移的计算方法，选取节点试件进行计算，比较各部件变形对梁端位移的影响，其计算结果如图 8.20 所示。

图 8.20 选取了四类破坏节点试件，分别为节点核心区剪切破坏（J1-1），柱端弯曲破坏（J4-1），梁端剪切破坏（J4-2）和梁端弯曲破坏（J5-1）。通过分析可以发现：①对于节点核心区剪切破坏的试件 J1-1，节点核心区剪切变形产生较大位移。对于破

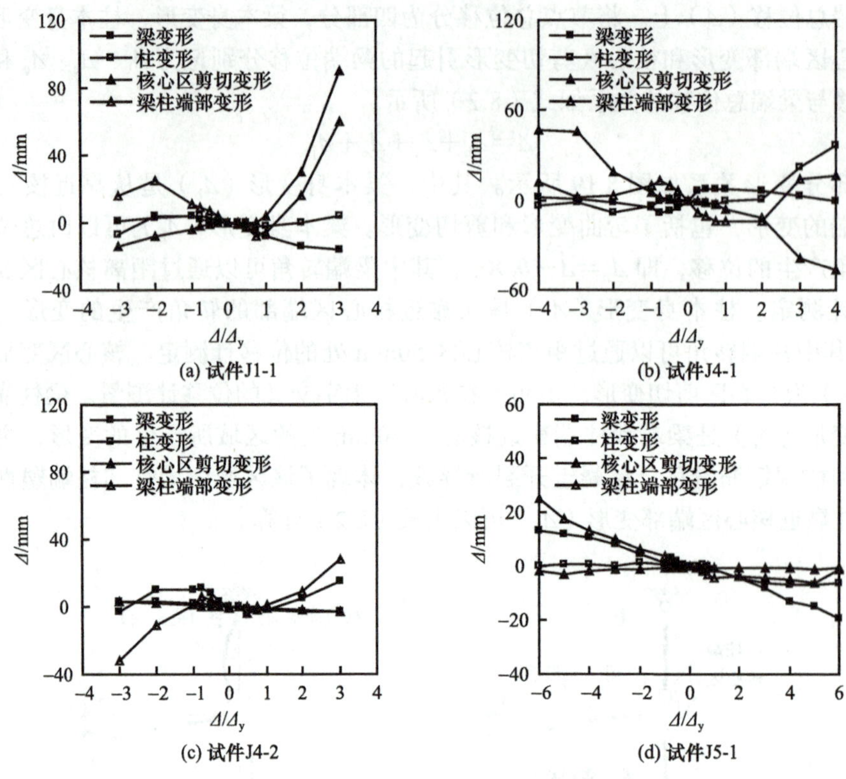

图 8.20　节点各部分变形计算

坏节点，核心区剪切变形所产生的梁端位移占总位移的 64.8%，说明在该节点中，核心区剪切变形较为明显。②对于柱端压弯破坏的试件 J4-1，柱变形和节点核心区剪切变形所产生的梁端位移占总位移中主要部分，而梁变形和梁柱端部变形对总位移影响较小，说明柱本身变形较大，并不只集中在距离核心区 50mm 范围内的区域。由于核心区保护层混凝土剥落严重，所以核心区剪切变形较大。③对于梁端剪切破坏的试件 J4-2，变形主要集中在梁本身变形和梁端部变形，在破坏阶段分别占总变形的 37.9% 和 52.7%。梁本身变形主要由梁的剪切变形导致，而当剪切斜裂缝发展至梁端部，梁底受压区混凝土面积较小，最终混凝土压碎，致使梁端变形在破坏阶段迅速发展。④对于梁端弯曲破坏的试件 J5-1，变形主要集中在梁本身变形和梁端部变形，而且随着加载等级的增加，变形基本呈线性增长，直至梁底形成塑性铰，梁端部位移才有较大增长。说明在发生破坏之前，各部件变形较小，基本处于弹性阶段，梁本身刚度较低，变形集中在梁和梁端区域。

（5）节点延性和变形能力

采用 5.2.3 节方法计算节点位移延性系数 μ，如表 8.5 所示。由于试验加载条件限制，部分节点试件没能得到负方向破坏点对应的位移，如节点 J4-6、J5-1 和 J5-2，在计算位移延性系数时，仅计算正方向加载时的延性系数。

表 8.5　试件位移延性系数

序号	试件编号	节点类型	柱轴压比 n	破坏形态	正方向平均延性系数	负方向平均延性系数	平均位移延性系数 $\bar{\mu}$	极限位移 Δ_u/mm
1	J1-1	双梁矩形柱节点	0.6	核心区剪切破坏	2.46	2.19	2.43	34.7
2	J1-2		0.6	梁端弯曲破坏	3.37	2.08	2.94	35.0
3	J2-1	矩形柱边节点	0.6	柱端受弯破坏	2.50	2.70	2.60	19.8
4	J3-1	矩形柱中节点	0.6	核心区剪切破坏	3.32	3.22	3.27	36.1
5	J4-1	方形柱中节点	0.2	柱端受弯破坏	4.03	4.16	4.09	45.1
6	J4-2		0.2	梁端剪切破坏	3.02	2.71	2.87	27.9
7	J4-3		0.47	梁端剪切破坏	4.17	3.80	3.99	35.3
8	J4-4		0.2	梁端剪切破坏	4.20	3.91	4.05	41.0
9	J4-5		0.2	梁端剪切破坏	3.71	2.67	3.18	34.4
10	J4-6		0.2	梁端弯曲破坏	2.40	—	2.40	31.0
11	J5-1	错层梁节点	0.2	梁端弯曲破坏	2.71	—	2.71	40.2
12	J5-2		0.6	梁端弯曲破坏	2.91	—	2.91	40.1
13	J6-1	不等高梁节点	0.2	梁端弯曲破坏	2.08	2.24	2.16	27.8

通过分析节点试件的延性，可以得到如下结论。

1）对于破坏模式为钢筋混凝土梁端破坏的节点，延性普遍较好，本次试验钢筋混凝土梁端破坏的节点试件的平均位移性系数（μ）均大于 2.1。其中节点 J4-2 延性系数较小主要受屈服位移影响，而节点 J4-2 的极限位移与其他节点较为接近。柱轴压比对梁端破坏的节点延性影响较小。

2）对于带楼板的节点试件，其正方向的延性系数一般大于负方向的延性系数。因为正方向位移下梁底钢筋受拉，楼板混凝土受压，整个 T 形截面中受压混凝土面积较大，截面中和轴更靠近受压区，使得正方向的延性相对较好。

3）延性系数不能完全代表节点延性，所以还使用了变形能力对节点延性进行评价。对于破坏模式为梁端剪切破坏的节点，变形能力较差，节点极限位移基本在 35mm 以下，如节点 J4-2、J4-3、J4-5 和 J6-1。对于核心区破坏的试件 J3-1 和 J1-1，节点极限位移保持在 35mm 左右，剪切破坏的极限位移低于柱端压弯破坏和梁端弯曲破坏的节点试件，说明混凝土的剪切破坏会严重影响节点的延性。

4）对于破坏模式为柱端压弯破坏的节点试件，节点 J2-1 延性系数较低，这是由于梁端纵筋在加载后期断裂，导致承载力突然下降，从而使得极限位移较小。节点 J4-1 延性系数和极限位移均较高，说明柱端压弯破坏下节点的延性较好。

5）对于不同连接构造的节点类型，包括环板连接节点、套筒连接节点、钢筋贯穿节点、翅片连接节点，延性系数本身没有明显差异，但是由于套筒连接而导致钢筋削螺纹区域较为薄弱，加载过程中受拉断裂，则会降低延性。总体而言，本书提出的四种节点连接形式对节点延性影响较小。

（6）节点耗能

按 5.2.3 节方法计算等效黏滞阻尼系数（h_e）与总耗能能力（E_d）。表 8.6 所示为节点试件 J1-1、J4-1、J4-2 和 J5-1 达峰值荷载时的等效黏滞阻尼系数（h_e）与耗能能力对比。对于梁端弯曲破坏节点 J5-1，其等效黏滞阻尼系数（h_e）在 0.088 至 0.106 之间，平均值为 0.097。对于梁端剪切破坏节点 J4-2，其破坏模式主要表现为梁端剪切破坏，其等效黏滞阻尼系数（h_e）的平均值为 0.0975，峰值荷载时耗能能力与梁端弯曲破坏节点 J5-1 较为接近。对于节点核心区剪切破坏节点 J1-1，等效黏滞阻尼系数（h_e）在 0.129 至 0.160 之间，平均值为 0.145。对于柱端受弯破坏节点 J4-1，由于其破坏形态主要表现为柱端压弯破坏，其等效黏滞阻尼系数（h_e）为 0.140 至 0.185 之间，平均值为 0.163，略高于核心区剪切破坏节点和梁端破坏节点。

表 8.6　试件耗能能力对比

试件编号	梁位置	等效黏滞阻尼系数 h_e	累积耗能 E_{total}/（kN · m）
J1-1	L 梁	0.160	10.73
	R 梁	0.129	10.61
J4-1	L 梁	0.185	113.06
	R 梁	0.140	106.11
J4-2	L 梁	0.105	26.60
	R 梁	0.090	19.62
J5-1	L 梁	0.106	12.70
	R 梁	0.088	13.30

图 8.21 所示为累积耗能（E_{total}）结果。可见，对于核心区剪切破坏节点 J1-1，由于剪切变形的单向累积，左梁（L 梁）累积耗能略高于右梁（R 梁），耗能能力与梁端破坏节点 J4-2 和梁端弯曲破坏节点 J5-1 较为接近。对于柱端压弯破坏节点 J4-1，左右梁耗能能力基本相同。开始加载时，累积耗能明显升高，之后累积耗能与位移关系基本呈线性，说明在柱端形成塑性铰之后，耗能能力较为稳定，耗能能力高于梁端破坏节点和节点核心区剪切破坏节点。对于梁端剪切破坏节点 J4-2，左梁的累积耗能略高于右梁的累积耗能，说明左梁塑性变形发展更为充分，左右梁不具有很好的对称性。对于梁端弯曲破坏节点 J5-1，左右梁耗能能力基本相同，且耗能随位移线性增加。在相同累积位移级别情况下，柱端破坏节点的累积耗能最大，其余三种破坏形态的节点累计耗能也较为接近。

（7）应变分析

试验中钢管的应变片布置方案如图 8.9 所示，通过在核心区外的钢管壁布置应变片 4～8，可以量测柱内钢管应变的变化情况。钢管壁沿钢管延伸方向的应变（ε_{tube}）- 对应位置弯矩（M_c）的关系可在一定程度反映钢管应变关系，如图 8.22 所示。钢管壁沿钢管延伸方向的应变（ε_{tube}）由钢管内应变片直接量测，柱对应位置弯矩（M_c）计算方

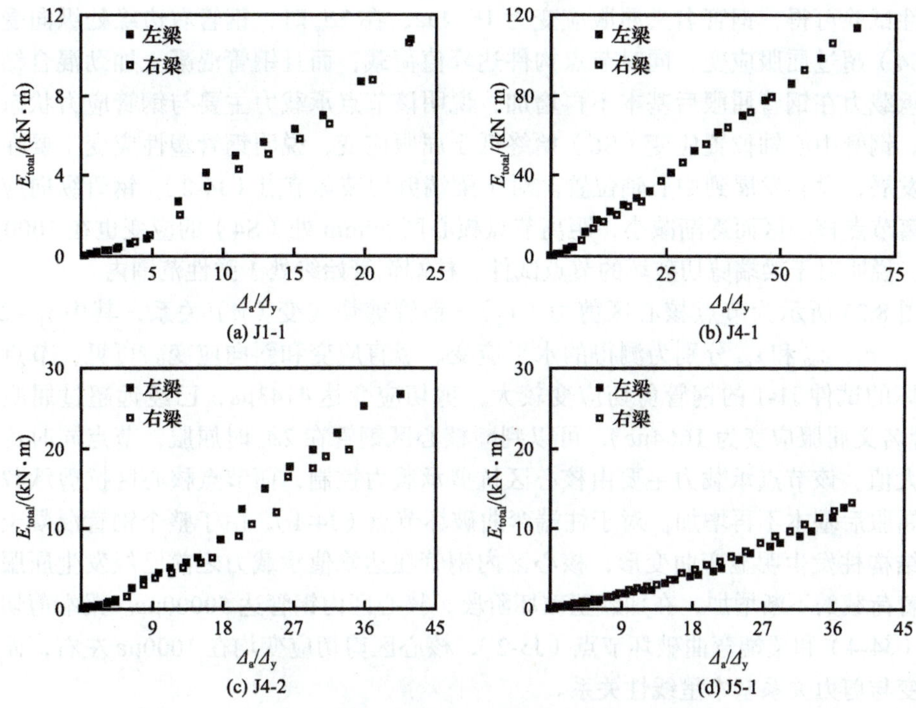

图 8.21　节点累积耗能（E_{total}）－累积位移级别（Δ_a/Δ_y）关系

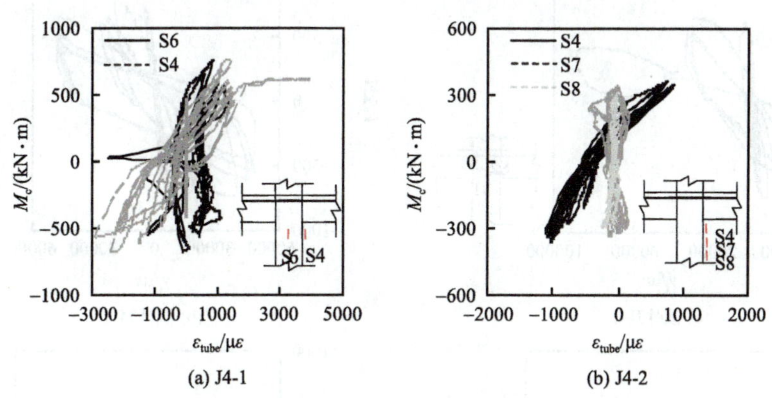

图 8.22　柱端弯矩（M_c）－钢管应变（ε_{tube}）关系

法如式（8.3）所示。

$$M_c = V_c \times H_1 = \frac{(V_{bl} - V_{br})\,L_0}{2H_0} \times H_1 \tag{8.3}$$

式中，V_c 为柱端剪力；H_1 为柱端铰支座至应变片距离；V_{bl} 为核心区左侧梁端剪力；V_{br} 为核心区右侧梁端剪力；L_0 为梁内加载点之间的距离；H_0 为上、下柱端铰接点之间距离。

由图 8.22 可见，对于柱端压弯破坏节点（J4-1），柱下方 50mm 处应变发展较快。

由材性试验可得，钢管名义屈服应变为1664με，在2Δ_y时，钢管右边缘处纵向受压应变（S4）超过屈服应变，同时节点构件达峰值荷载，而且钢管混凝土加劲混合结构柱压弯承载力在钢管屈服后基本不再增加，说明该节点承载力主要与钢管应力状态关系密切。钢管中心轴位置应变（S6）始终低于屈服应变，说明钢管塑性应变主要在边缘区域发展，没有发展到中心轴位置。对于梁端剪切破坏节点（J4-2），钢管纵向应变随着远离节点核心区而逐渐减小，距离节点核心区50mm处（S4）的应变也在1000με范围内。说明对于梁端剪切破坏的节点试件，柱端钢管始终处于弹性范围内。

图8.23所示为节点核心区剪力（V_j）–钢管剪切应变（γ_j）关系，其中$\gamma_j=2\varepsilon_{45}-\varepsilon_{90}-\varepsilon_0$，$\varepsilon_0$、$\varepsilon_{90}$和$\varepsilon_{45}$分别为测得的水平应变、竖直应变和斜向应变。可见，节点核心区破坏的试件J1-1的钢管剪切应变较大，剪切应变达4143με，已经远超过屈服应变（钢管名义屈服应变为1664με），可以判断核心区钢管在2Δ_y时屈服，节点同时达承载力最大值。该节点承载力主要由核心区抗剪承载力控制，而节点核心区抗剪承载力在钢管屈服后基本不再增加。对于柱端弯曲破坏节点（J4-1），由于整个钢管混凝土加劲混合结构柱发生明显弯曲变形，核心区内钢管在达峰值承载力之前已经发生屈服，并且随着荷载的不断增加，在加载至破坏阶段，核心区内钢管达50000με。梁端剪切破坏节点（J4-4）和梁端弯曲破坏节点（J5-2），核心区剪切应变均在1000με左右，而且剪切应变与剪力关系基本呈线性关系。

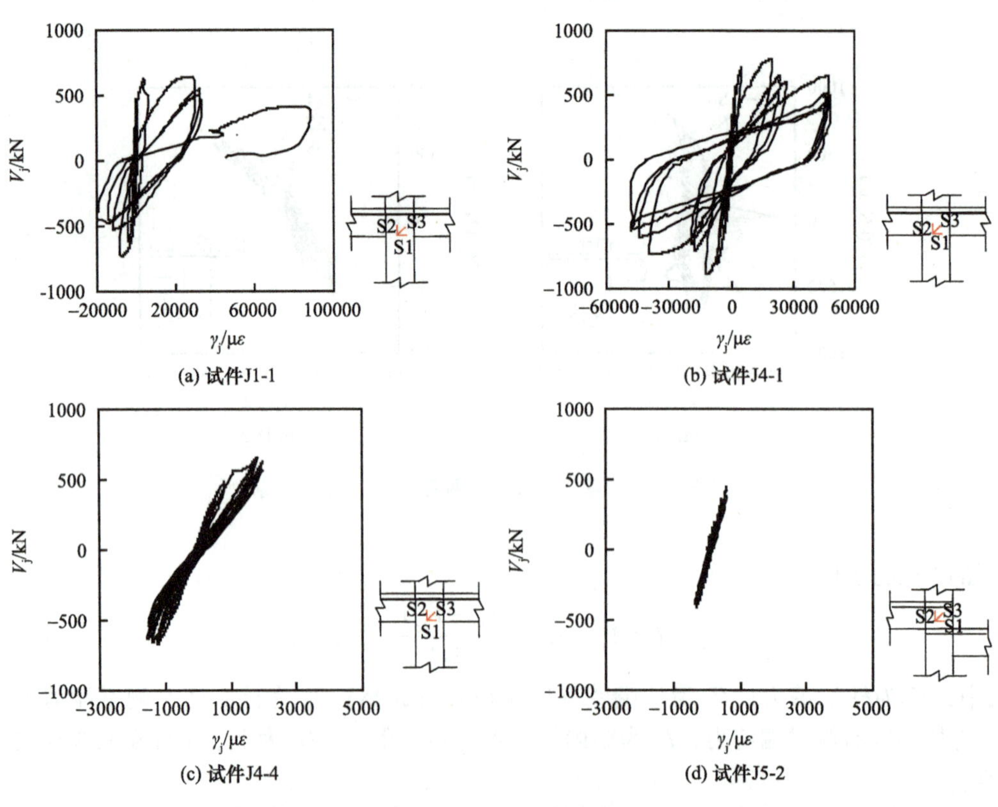

图8.23　核心区剪力（V_j）–钢管剪切应变（γ_j）关系

图 8.24 展示了部分试件梁端荷载与应变关系。其中，第一主应变（ε_1）通过式（8.4）进行计算。

$$\varepsilon_1=\frac{\varepsilon_0+\varepsilon_{90}}{2}+\frac{1}{2}\sqrt{(\varepsilon_0-\varepsilon_{90})^2+\gamma_j^{\ 2}} \tag{8.4}$$

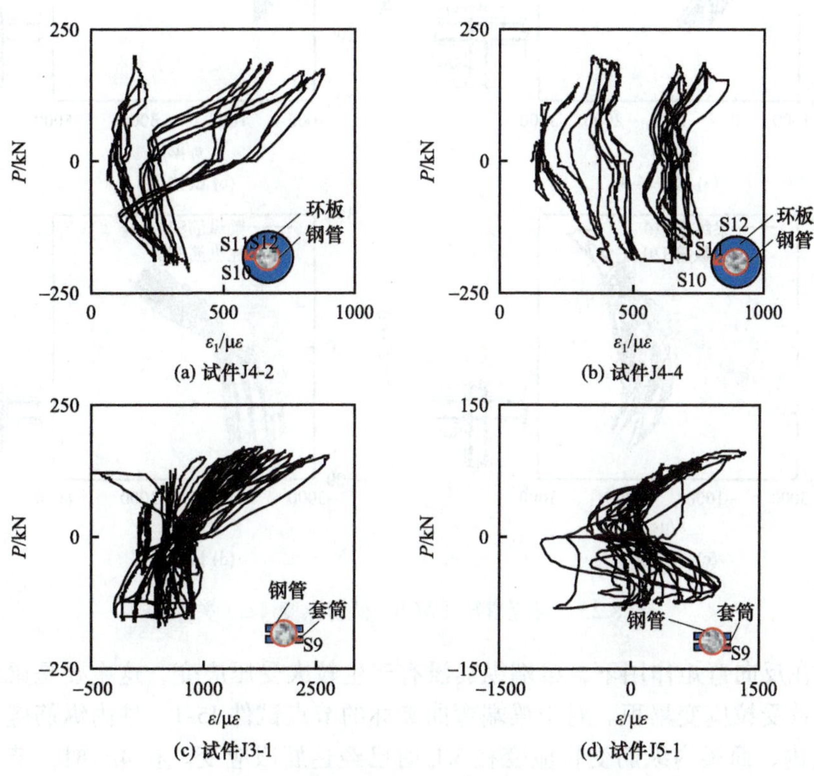

图 8.24　梁端荷载（P）－连接件应变（ε）关系

可见，节点试件 J4-2 和 J4-4 为梁端剪切破坏，梁端纵筋通过环板与钢管连接，环板上第一主应力由环板上三个应变片数值计算得到。对于梁端剪切破坏节点试件，环板上第一主应变始终小于 1000με，处于弹性状态。这主要是由于环板处于核心区内，核心区混凝土对于环板变形具有约束作用，而且环板主要传递纵向应力，对剪力不敏感，所以环板上应变较小。对于核心区剪切破坏节点试件 J3-1，梁端纵筋通过套筒与钢管连接，加载至节点峰值荷载时，套筒应变已经超过 2000με，基本达到屈服状态，此时钢筋应变已经超过 5000με，说明套筒屈服晚于对应梁内纵筋的屈服。直到节点破坏，套筒始终没有发生断裂，表明套筒可以为节点内钢筋连接提供可靠保障。对于梁端弯曲破坏节点试件 J5-1，套筒应变始终小于 1500με，始终处于弹性状态，而且套筒应变的平衡点有向受拉方向迁移的趋势，说明梁端钢筋在不断累积拉应变，与梁端弯曲破坏相吻合。直至梁端形成塑性铰，套筒仍然可以提供可靠连接。

图 8.25 所示为梁柱内纵筋的应变（ε_1）与对应位置所受弯矩（M）之间的关系。可见，节点梁端剪切破坏的试件 J4-4 中的梁柱纵筋都没有屈服，且与荷载基本呈线

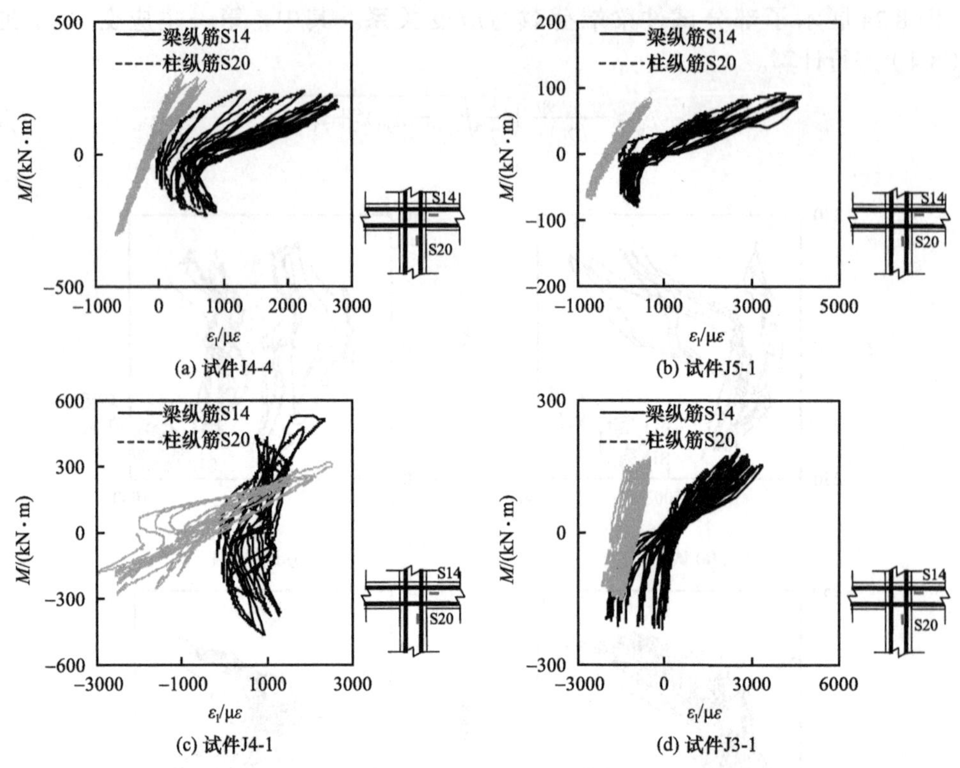

图 8.25 对应弯矩（M）－纵筋应变（ε_l）关系

性关系，在反向弯矩作用下，梁端纵筋没有产生较大受压应变，这主要是梁内混凝土斜裂缝导致受拉应变累积。对于梁端弯曲破坏的节点试件 J5-1，柱内纵筋应变仍处于 1000$\mu\varepsilon$ 以内，而梁内纵筋受拉应变在 3Δ_y 时已经达屈服应变。在 4Δ_y 时，节点达峰值荷载，梁内纵筋已经超过 3700$\mu\varepsilon$（名义屈服应变为 3142$\mu\varepsilon$）。从 3Δ_y 至 4Δ_y 的加载过程中，梁内纵筋应变发展速度大于之前的加载过程，说明截面转角增加的同时，中和轴向梁底方向移动，与梁端弯曲破坏相吻合。对于柱端压弯破坏节点 J4-1，梁内纵筋始终处于弹性范围内。由于柱内施加了 0.2 的轴压比，柱内纵筋在节点达峰值承载力时在受压方向发生屈服（柱纵筋名义屈服应变为 2995$\mu\varepsilon$）。对于核心区剪切破坏节点 J3-1，梁内纵筋和柱内纵筋都处于弹性范围。由于该节点轴压比较大，柱内纵筋初始具有 1000$\mu\varepsilon$ 受压应变，但是由于加载过程中柱端弯矩较小，柱内钢筋也始终处于弹性状态。

由图 8.26 可见，对于发生梁端剪切破坏的节点 J4-4，在 3Δ_y 时，L 梁内箍筋先发生屈服（名义屈服应变为 1219$\mu\varepsilon$），此时节点承载力已经进入下降阶段，主要是因为剪切斜裂缝主要在远离核心区位置开展，在加载后期才发展到靠近核心区区域。对于靠近核心区区域，弯矩较大，受压区混凝土在压剪作用下抗剪承载力提升，导致整体剪切变形较小。对于梁端弯曲破坏的节点试件 J5-1，只有 R 梁内箍筋在 $-5\Delta_y$ 时发生屈服，说明梁端抗剪承载力较富裕，破坏主要由抗弯承载力控制。对于柱端压弯破坏节点 J4-1，核心区中心的箍筋剪切应变明显高于核心区两端的箍筋，核心区内箍筋应变呈现从中心至两端先增加后降低的趋势。距离中心 160mm 的两根箍筋在 Δ_y 时就发生屈

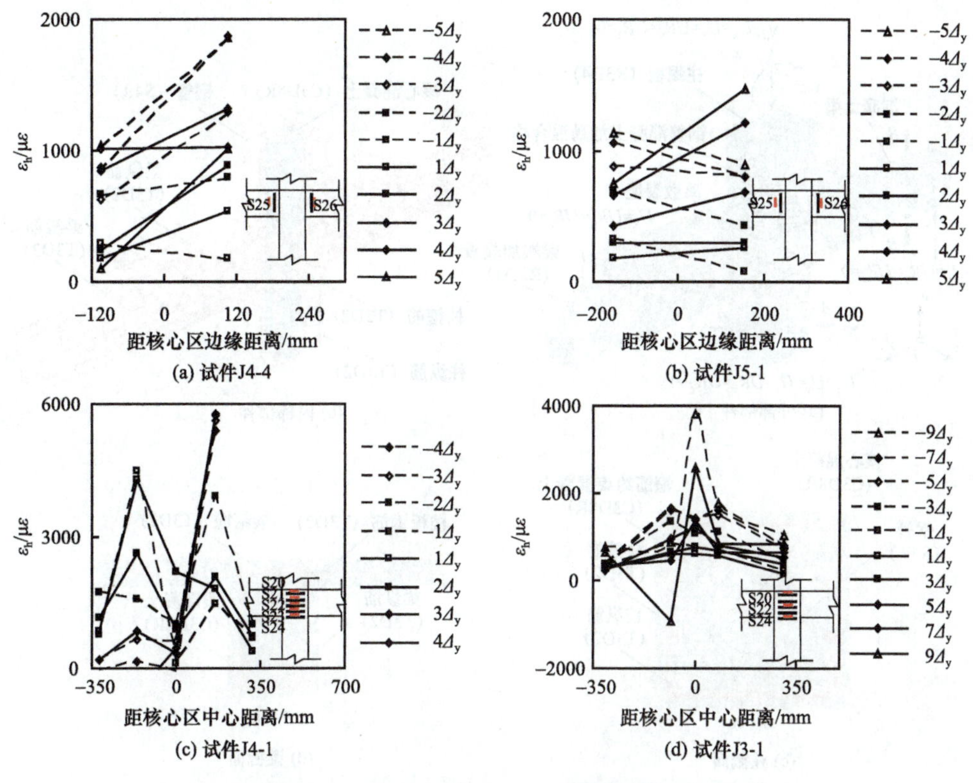

图 8.26　箍筋应变（ε_h）－箍筋位置关系

服，边缘箍筋和中心位置箍筋始终没有屈服。该区域箍筋屈服应该主要是由于梁内纵筋内力较大，在梁内纵筋拉力作用下箍筋内混凝土向外变形，导致该区域箍筋屈服。对于核心区剪切破坏的节点 J3-1，在 $5\Delta_y$ 时核心区中心区域的箍筋先发生屈服，节点试件同时达峰值承载力，之后核心区内箍筋应变迅速发展，与观察到的核心区内斜裂缝发展相对应。由于核心区内剪切破坏，箍筋应变由中心向两端逐渐减小。

8.3　工作机理分析

8.3.1　有限元计算模型

1. 材料本构模型

钢管混凝土加劲混合结构柱－钢筋混凝土梁连接节点中的钢材主要包括钢筋、内钢管和钢梁，采用非线性随动强化模型模拟钢管和钢梁材料在反复荷载下的性能。对于反复荷载下混凝土材料的本构模型，可采用混凝土塑性损伤模型模拟。材料本构模型详见第 7.3.1 节。

2. 单元划分

钢管混凝土加劲混合结构柱－RC 梁节点的有限元计算模型如图 8.27 所示。采用

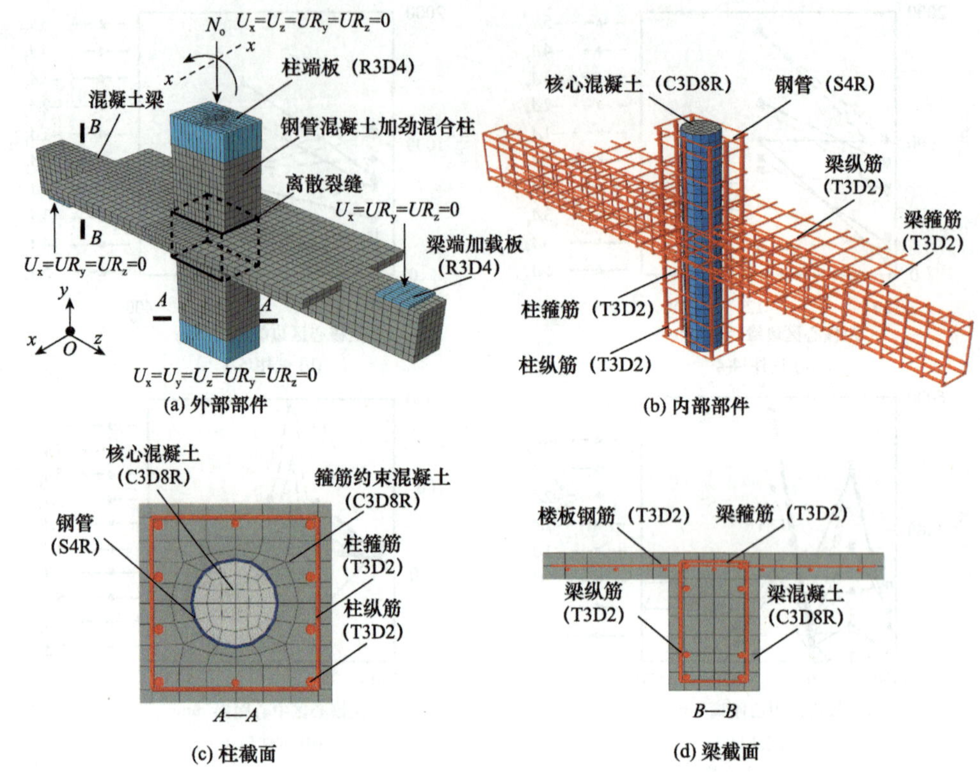

图 8.27　节点有限元计算模型

ABAQUS 提供的结构化网格划分技术进行了组合节点的网络划分，并进行了网格密度的试算，在保证精度的前提下尽可能提高计算效率。

所分析的节点均为平面节点，柱上下端均为平面铰支座，约束下端铰支座转动中心的所有线位移和平面外转动（$U_x=U_y=U_z=UR_y=UR_z=0$），上端铰支座转动中心只保留竖向线位移和平面内转动（$U_x=U_z=UR_y=UR_z=0$），使柱在轴压力作用下能竖向自由变形。梁端施加竖向荷载，约束平面外线位移和平面外转动（$U_x=UR_y=UR_z=0$）。加载方式与试验研究中的加载方式相同，模型中通过定义在刚体上的参考点施加边界条件，如图 8.28 所示。

3. 接触模拟方法

（1）钢管与混凝土

钢管与混凝土的正向接触可以通过“硬接触”模拟，在接触时产生等大、反向的接触应力，在分离时不产生应力；钢管与混凝土的切向接触可以通过“库仑摩擦”模型模拟，即在达最大剪应力之前不产生滑动，最大剪应力与正压力成正比。基于以往研究结果（安钰丰，2015；徐悟，2016；钱炜武，2017），钢管与内外混凝土之间的界面摩擦系数（μ）取 0.6。

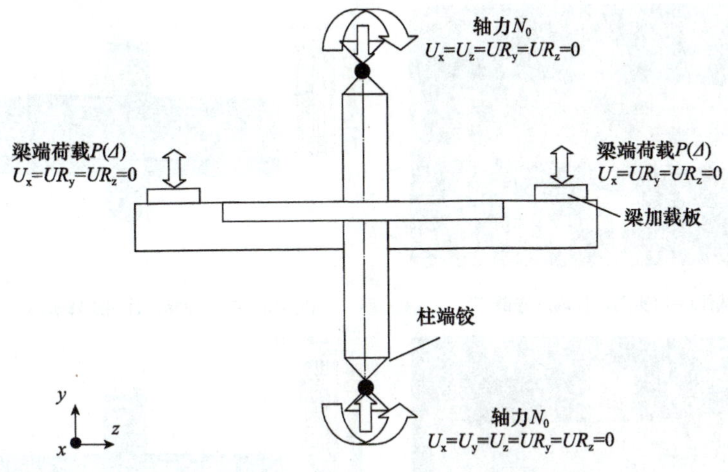

图 8.28　有限元计算模型边界条件

（2）离散裂缝

本书作者使用的混凝土塑性损伤模型考虑了混凝土在反复加载作用下的强度损伤和刚度退化，但该模型未能考虑到混凝土裂缝开合的过程。对于反复加载的钢管混凝土加劲混合结构柱 -RC 梁节点，忽略裂缝闭合过程的影响将会导致滞回曲线过于饱满。参考 Goto 等（2010）提出的离散裂缝方法，对节点核心区与钢管混凝土加劲混合结构柱、钢筋混凝土梁交界处设置离散裂缝，以该裂缝考虑实际加载过程中裂缝张开和闭合的影响。裂缝分布如图 8.27 所示。

（3）钢筋、连接件和加载端板

本书作者使用钢筋混凝土梁与钢管混凝土加劲混合结构柱连接涉及四种连接方式：环板连接，套筒连接，翅片连接和贯穿连接。其中环板连接和翅片连接是将钢筋端部焊接在连接件上，而锥螺纹套筒连接是通过对钢筋端头削螺纹，以机械方式连接钢筋端部与套筒。通过试验结果可以发现，钢筋在环板，套筒和翅片连接中均未出现滑移，连接件未出现屈服现象，说明连接可靠，连接端部的钢筋与连接件不存在相对运动，所以在模型中通过耦合约束 Coupling 模拟钢筋与连接件的接触。

为模拟钢筋与混凝土之间的滑移，采用考虑滑移的钢筋本构来考虑该部分现象。加载端板与混凝土和钢管之间使用 Tie 约束。

4. 有限元分析模型的验证

将钢管混凝土加劲混合结构柱 -RC 梁节点滞回试验结果与有限元计算模型计算结果进行对比。分别对比裂缝发展情况、破坏形态和荷载 - 位移关系，以验证有限元计算模型的合理性。试验与有限元计算的破坏形态对比如图 8.29 所示。可见，有限元计算模型能够较好地反映各类节点的破坏形态特征。

有限元分析中可以通过混凝土受拉损伤分布来反映裂缝分布发展规律，再将有限元节点裂缝发展情况与试验裂缝分布进行比较，对有限元计算模型裂缝发展过程进行

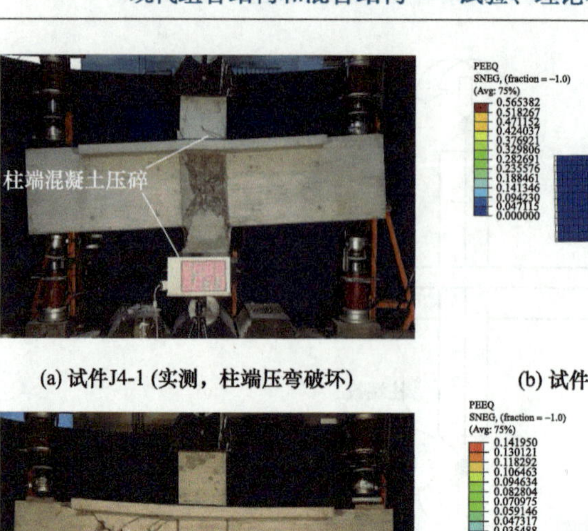

(a) 试件J4-1 (实测，柱端压弯破坏)

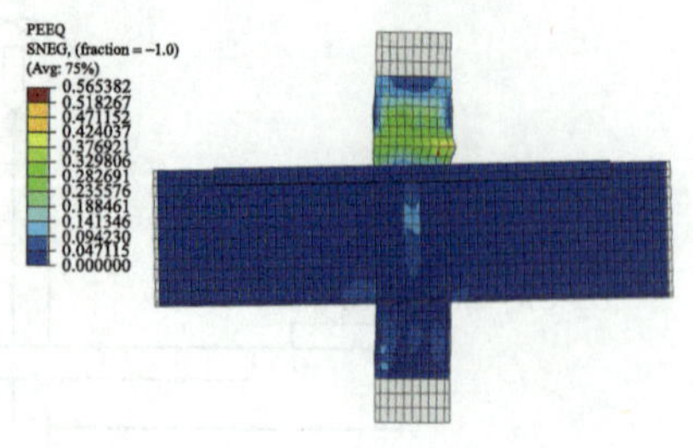

(b) 试件J4-1 (计算，柱端压弯破坏)

(c) 试件J4-2 (实测，梁端剪切破坏)

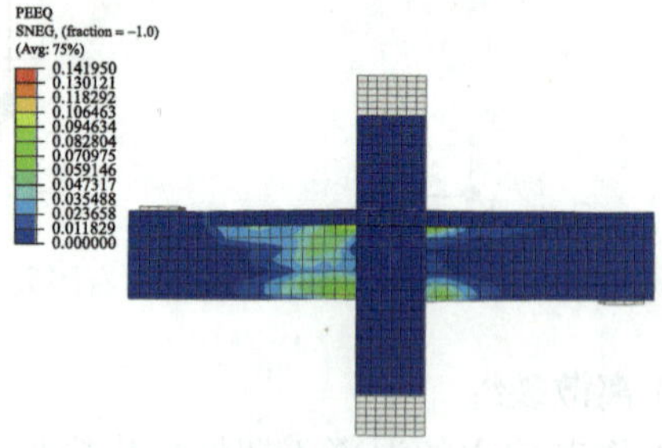

(d) 试件J4-2 (计算，梁端剪切破坏)

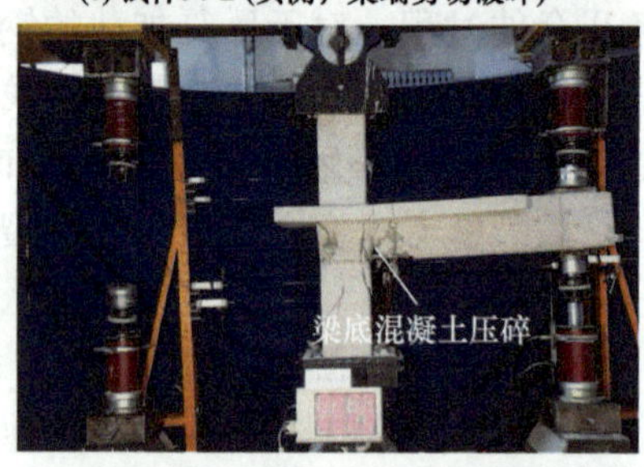

(e) 试件J1-2 (实测，梁端弯曲破坏)

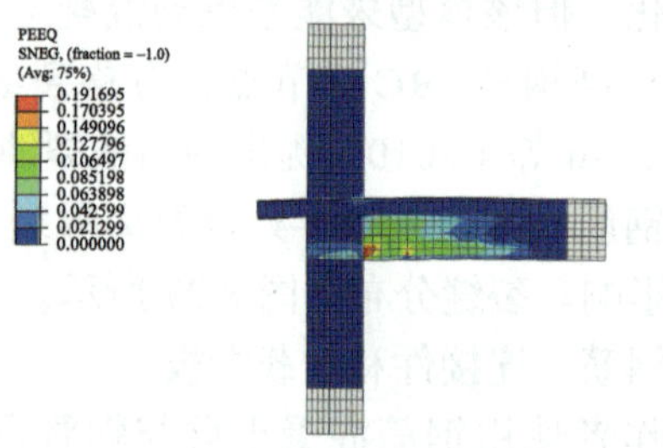

(f) 试件J1-2 (计算，梁端弯曲破坏)

(g) 试件J3-1 (实测，核心区剪切破坏)

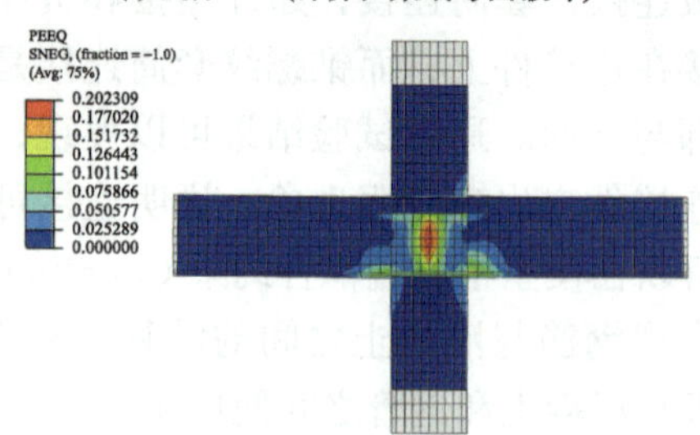

(h) 试件J3-1 (计算，核心区剪切破坏)

图 8.29　节点试件破坏形态对比

验证，对比结果如图 8.30 所示。可见，有限元中混凝土裂缝发展情况基本与试验中观察到的情况相同，计算结果能够反映裂缝发展过程。

图 8.31 所示为实测与计算的梁端荷载 - 位移关系对比。可见，有限元模型对于加载刚度、承载力和反向加载时的刚度退化均模拟较好，能够反映钢管混凝土加劲混合结构柱 -RC 梁节点在滞回加载下的响应。但对于部分试件下降段刚度的模拟仍与试验结果存在差距，这主要是因为试验破坏阶段，钢管混凝土加劲混合结构柱的外包混凝

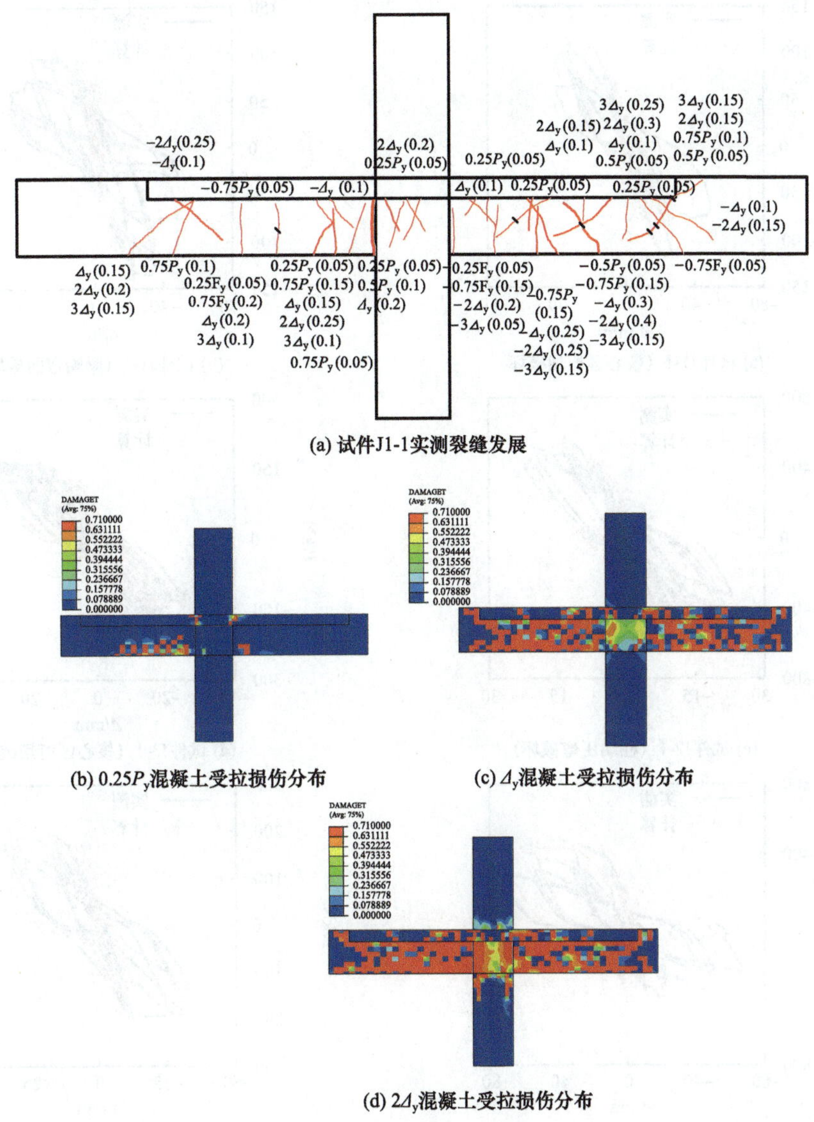

(a) 试件J1-1实测裂缝发展

(b) $0.25P_y$混凝土受拉损伤分布

(c) Δ_y混凝土受拉损伤分布

(d) $2\Delta_y$混凝土受拉损伤分布

图 8.30　节点混凝土裂缝发展分布

土以及钢筋混凝土梁破坏严重，出现混凝土剪切剥落以及混凝土压碎现象，而塑性损伤模型只能通过降低单元刚度和强度来考虑这种影响，不能完全反应真实情况。

表 8.7 为钢管混凝土加劲混合结构柱－RC 梁节点滞回结果对比，计算与实测承载力比值平均值为 0.955，均方差为 0.065。从试验与有限元计算结果对比中可以发现，有限元计算模型对于大部分节点试件能够较为准确地预测承载力，并且能够给出较为保守的计算结果。综上所述，本章建立的有限元计算模型虽然存在一定的局限性，但可以对出现的四种破坏形态和裂缝开展做出较好的预测，同时能较好地计算节点承载力与滞回关系。

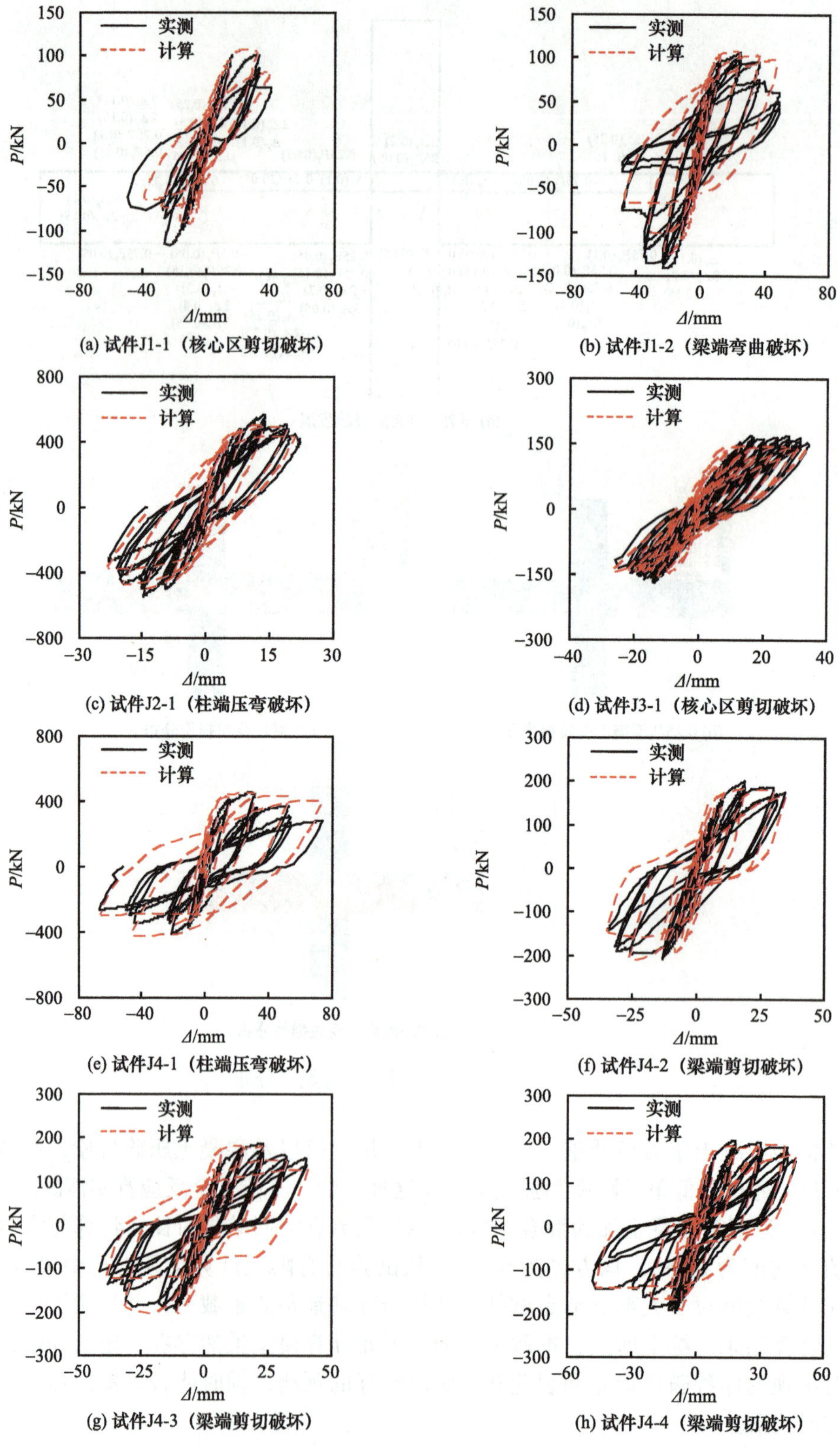

(a) 试件J1-1（核心区剪切破坏）　(b) 试件J1-2（梁端弯曲破坏）
(c) 试件J2-1（柱端压弯破坏）　(d) 试件J3-1（核心区剪切破坏）
(e) 试件J4-1（柱端压弯破坏）　(f) 试件J4-2（梁端剪切破坏）
(g) 试件J4-3（梁端剪切破坏）　(h) 试件J4-4（梁端剪切破坏）

图 8.31　节点荷载（P）－位移（Δ）关系

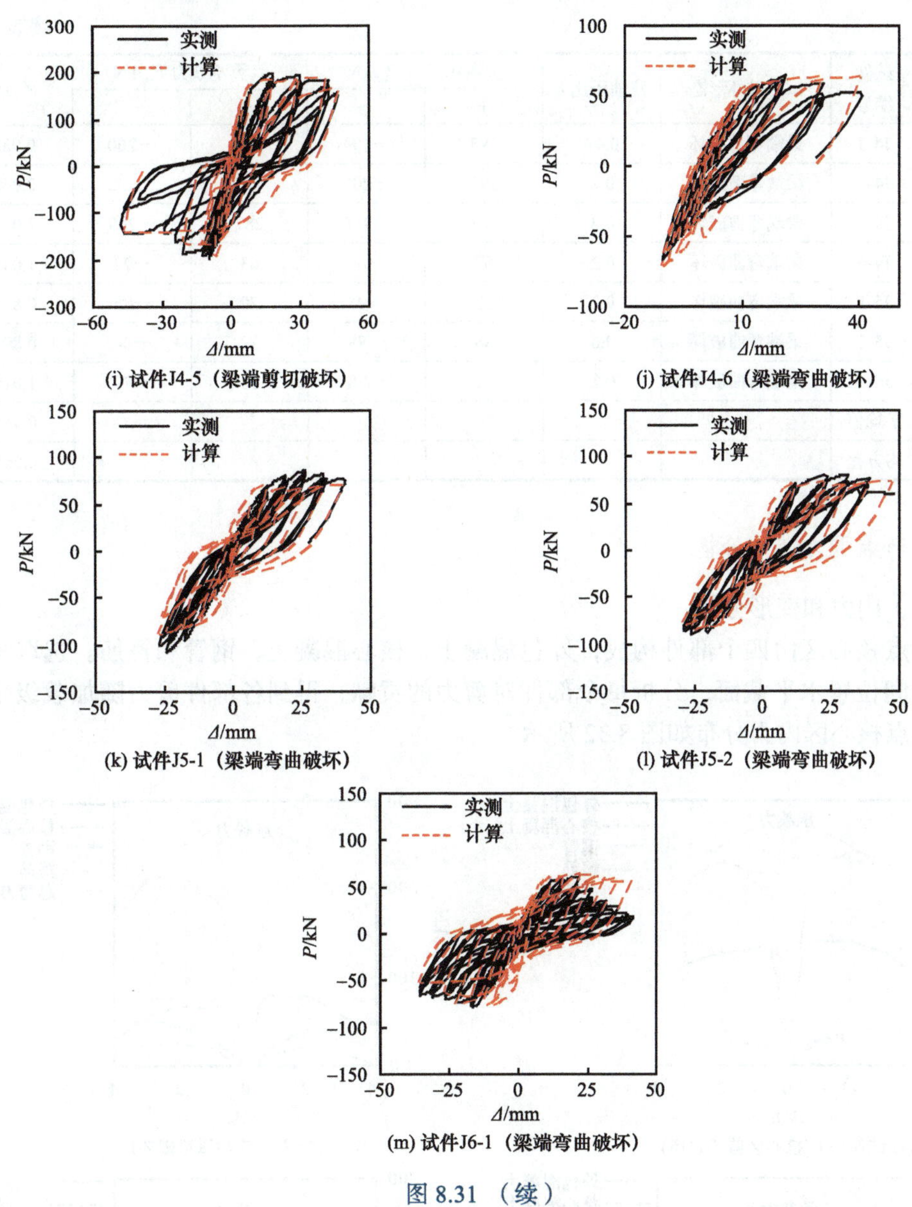

(i) 试件J4-5（梁端剪切破坏）

(j) 试件J4-6（梁端弯曲破坏）

(k) 试件J5-1（梁端弯曲破坏）

(l) 试件J5-2（梁端弯曲破坏）

(m) 试件J6-1（梁端弯曲破坏）

图 8.31 （续）

表 8.7　钢管混凝土加劲混合结构柱–RC 梁节点滞回结果对比

序号	试件编号	试件破坏形态	柱轴压比 n	实测承载力 P_{ue}/kN		计算承载力 P_{uc}/kN		P_{uc}/P_{ue}
				+	−	+	−	
1	J1-1	核心区剪切破坏	0.6	107	−109	107	−92	0.922
2	J1-2	梁端弯曲破坏	0.6	106	−144	107	−131	0.960
3	J2-1	柱端压弯破坏	0.6	569	−533	503	−501	0.912
4	J3-1	核心区剪切破坏	0.6	185	−170	144	−165	0.874
5	J4-1	柱端压弯破坏	0.2	432	−440	438	−458	1.027
6	J4-2	梁端弯剪破坏	0.2	200	−207	182	−208	0.957

续表

序号	试件编号	试件破坏形态	柱轴压比 n	实测承载力 P_{ue}/kN		计算承载力 P_{uc}/kN		P_{uc}/P_{ue}
				+	−	+	−	
7	J4-3	梁端弯剪破坏	0.47	193	−194	180	−200	0.982
8	J4-4	梁端弯剪破坏	0.2	198	−202	187	−192	0.947
9	J4-5	梁端弯剪破坏	0.2	261	−266	287	−269	1.055
10	J4-6	梁端弯曲破坏	0.2	67	−64	63	−72	1.033
11	J5-1	梁端弯曲破坏	0.2	92	−95	70	−85	0.828
12	J5-2	梁端弯曲破坏	0.6	86	−88	72	−84	0.896
13	J6-1	梁端弯曲破坏	0.2	61	−78	62	−79	1.015
	平均值							0.955
	均方差							0.065

8.3.2　节点受力特性分析

（1）内力和变形分析

节点核心区由四个部件构成，外包混凝土、核心混凝土、钢管和箍筋。选取核心区内中间位置水平截面，分析每个部件对剪力的贡献，得到各部件剪力随加载级别变化，节点核心区内力分布如图 8.32 所示。

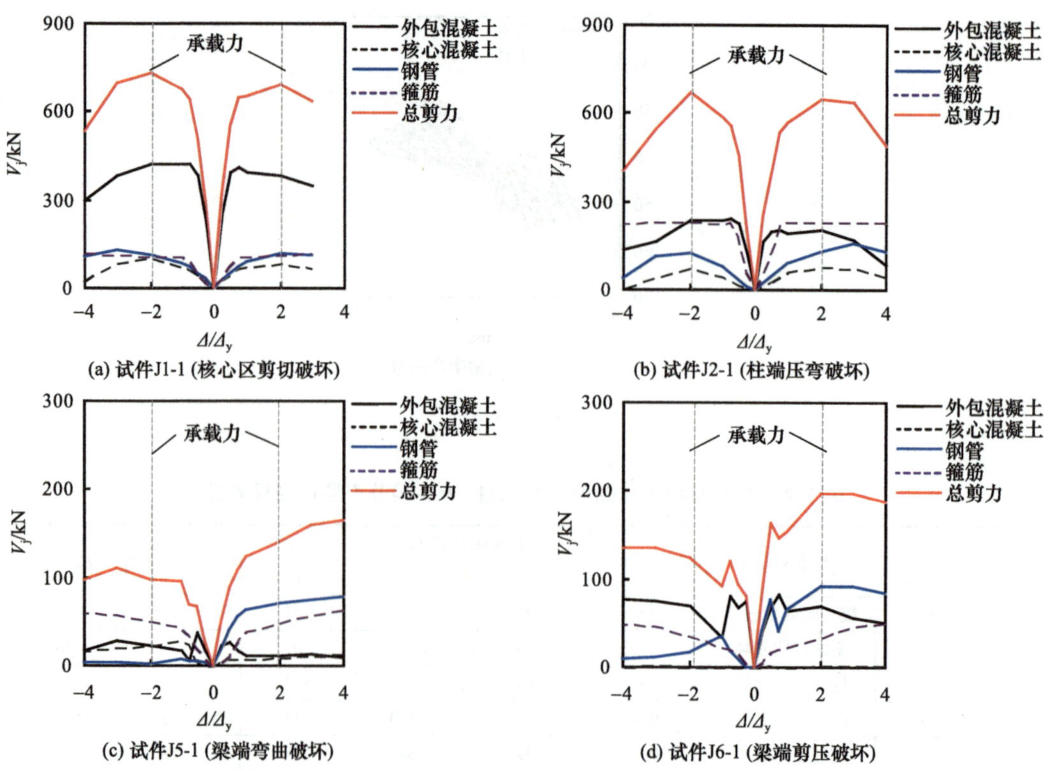

图 8.32　节点核心区内力分布

从不同破坏形态下节点总剪力发展规律可以看出，核心区剪切破坏和柱端压弯破坏节点试件的剪力明显高于梁端破坏的节点试件。对于节点试件 J1-1，主要发生核心区剪切破坏，外包混凝土承担大部分剪力，外包混凝土的剪力在屈服点达峰值。之后，外包混凝土承担的剪力开始下降，但是总剪力继续上升，至 $2\Delta_y$ 时，总剪力也达峰值。在 Δ_y 至 $2\Delta_y$ 加载过程，斜裂缝在节点核心区迅速发展。钢管和箍筋承担的剪力随着裂缝的发展而增加。相比于柱端压弯破坏节点试件 J2-1，核心区剪切破坏节点试件 J1-1 中外包混凝土承担的剪力远大于柱端压弯破坏节点试件 J2-1。然而，核心区剪切破坏节点试件 J1-1 的核心区尺寸却小于柱端压弯破坏节点试件 J2-1，这表明外包混凝土在节点试件 J2-1 中足够承担核心区剪力，该节点核心区较高，内部布置箍筋较多，箍筋可以承担 40% 的核心区剪力，避免了核心区剪切破坏的发生。对于梁端破坏节点试件 J5-1 和 J6-1，混凝土承担的剪力小于 100kN，低于核心区剪切破坏节点试件 J1-1。考虑到梁端破坏节点试件 J5-1 和 J6-1 的截面尺寸与核心区剪切破坏节点试件 J1-1 较为接近，说明梁端破坏节点试件 J5-1 和 J6-1 核心区未达极限承载力。

节点的变形可以分为梁变形、柱变形和节点核心区变形，其各部分变形如图 8.33 所示。梁变形包括梁的弯曲变形和塑性铰变形，柱变形包括柱的弯曲变形和塑性铰变形，节点核心区变形包括节点核心区剪切变形。三种变形的组合决定了梁端实际挠度。

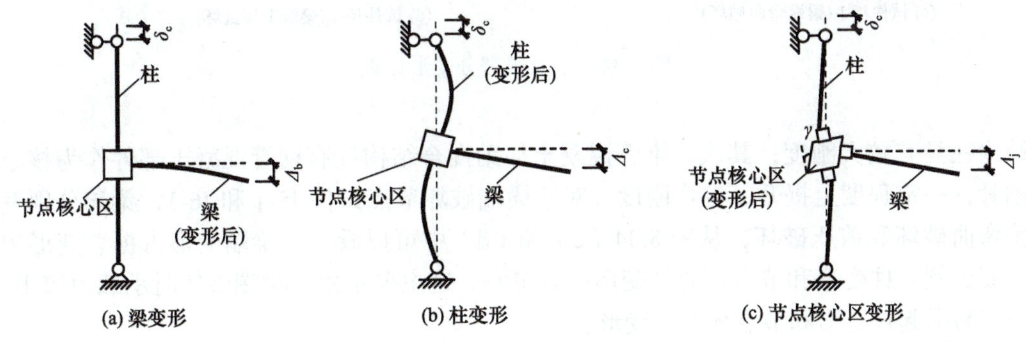

图 8.33　节点各部分变形

图 8.33 中，Δ_b、Δ_c 和 Δ_j 分别代表由梁变形、柱变形和节点核心区变形引起的梁端挠曲，δ_c 代表着柱端轴向压缩变形。将三种节点各部分变形比例随加载级变化用面积图表示，得到如图 8.34 所示的结果。图 8.34 下部区域表示梁变形，中间区域表示柱变形，上部区域表示节点核心区变形。

对于核心区剪切破坏节点试件 J1-1，当达屈服位移 Δ_y 时，梁变形在总变形中占据主要比例。在达屈服位移 Δ_y 之后，梁端变形迅速减小，节点核心区剪切变形在总变形中比例超过 50%，变形发展趋势与节点破坏形态相符合。对于柱端压弯破坏节点试件 J2-1，在达峰值点之前，柱变形所占比例低于 10%，节点核心区和梁变形为主要变形。说明即便破坏位置在柱端，在达峰值点之前，柱内刚度较大，变形主要分布在其他区域。这主要有两个原因：首先，钢管混凝土加劲混合结构柱内轴压比为 0.6，在较大轴压比下，混凝土开裂受到抑制，截面有效受弯面积增大，使得钢管混凝土加劲混合

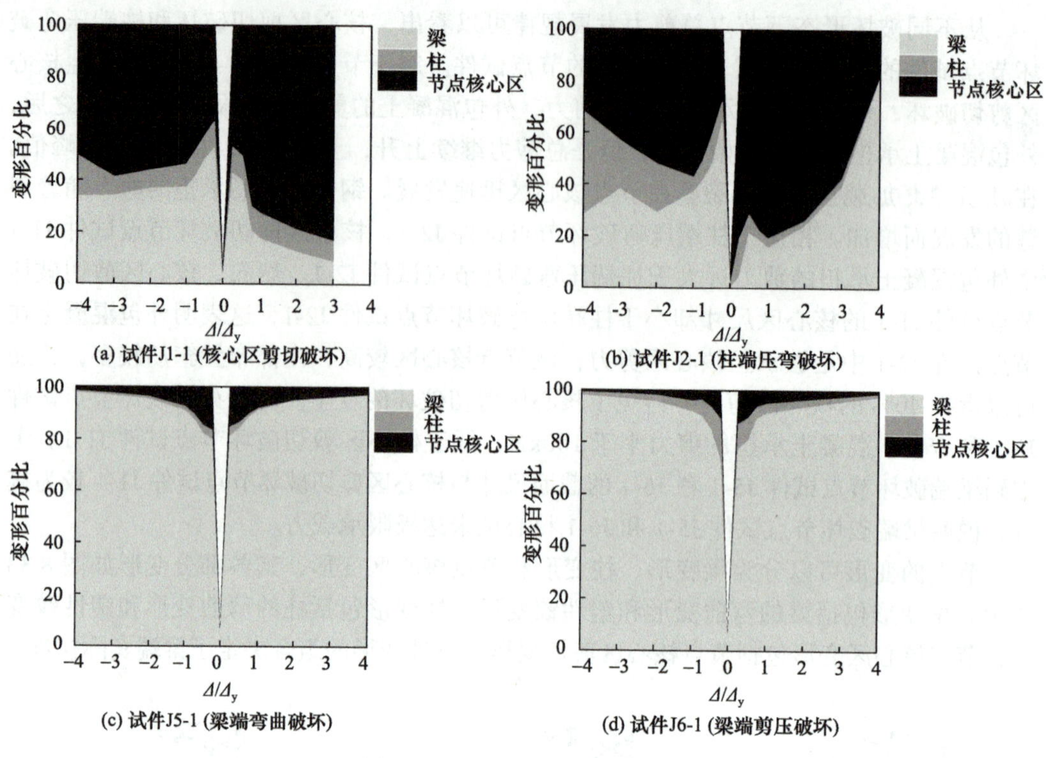

图 8.34　节点各部分变形比例

结构柱具有较大刚度；其次，钢管混凝土加劲混合结构柱有钢管混凝土部件作为核心钢骨，一定程度上提升了抗弯刚度。对于梁端破坏节点试件 J5-1 和 J6-1，梁端分别发生弯曲破坏和剪压破坏，从图 8.34（c）和（d）中可以看出，梁端变形占据总变形中主要比例，柱变形和节点核心区变形可以忽略。这主要是由于梁端破坏时承载力较小，不容易引起柱变形和节点核心区变形。

（2）应力和应变分析

通过上述分析，可以发现在柱端压弯破坏节点中，钢管混凝土加劲混合结构柱内各部件能够充分发挥作用，能够较好地体现内力发展过程。所以在应力与应变分析中，选取柱端压弯破坏节点 J2-1 对钢管混凝土加劲混合结构柱内应力分布进行分析。柱端混凝土截面在各特征点的应力分布如图 8.35 所示。

当加载至开裂点 A 时，钢管混凝土加劲混合结构柱内大部分混凝土仍处于较低的应力水平，最大压应力出现在外包混凝土边缘，为 $0.6f_{c,out}'$。当加载至屈服点时，应力水平明显上升，核心混凝土与外包混凝土均达单轴受压下峰值荷载的 90%。当节点达峰值点时，外包混凝土大面积达峰值承载力，核心混凝土中有一半达峰值承载力，说明两部分混凝土在峰值荷载时都能发挥各自的强度。在达破坏点时，核心混凝土仍有大部分面积能达峰值承载力，而外包混凝土由于破坏较为严重，只有受压区小部分混凝土能达峰值承载力。

在对钢筋混凝土梁内应力与应变分析中，选取同时具有梁端弯曲破坏和梁端剪切

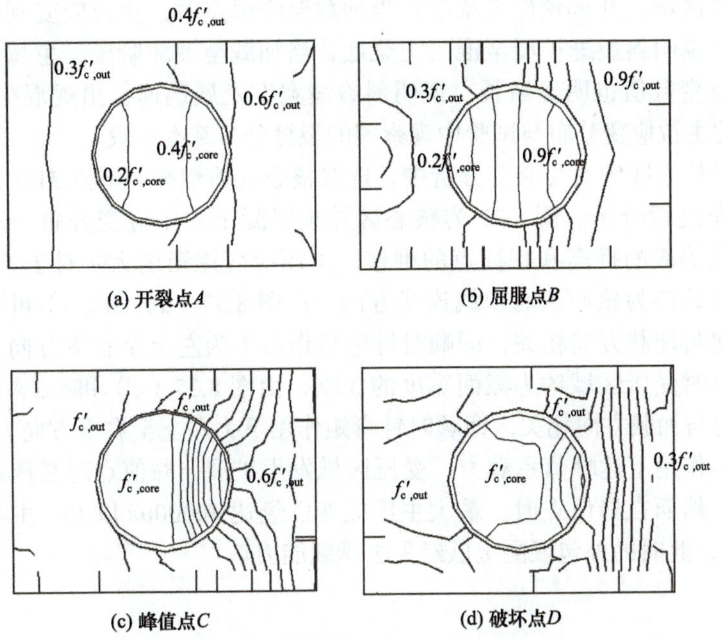

(a) 开裂点A　(b) 屈服点B

(c) 峰值点C　(d) 破坏点D

图 8.35　柱端混凝土压应力分布

破坏节点 J6-1 对混凝土梁内应力和应变分布进行分析。图 8.36 为钢筋混凝土梁主拉应变分布，从图中可以看出，随着加载等级的提高和特征点的推移，主拉应变逐渐增大。对于不同特征点时，主拉应变方向基本保持不变。对于梁端弯曲破坏的小梁，主拉应变方向主要集中在梁端靠近核心区位置，而且由梁底向上部楼板延伸，主要表现为受弯开裂。对于梁端剪压破坏的大梁，主拉应变在加载初期，如开裂点A，主要集中在

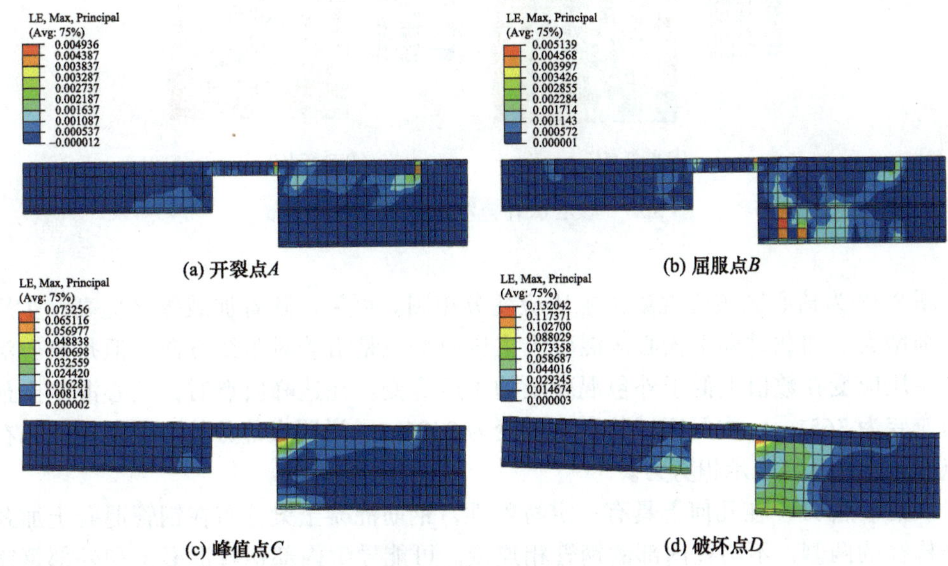

(a) 开裂点A　(b) 屈服点B

(c) 峰值点C　(d) 破坏点D

图 8.36　钢筋混凝土梁主拉应变分布

楼板下的局部区域，并未延伸至梁底；当加载至峰值点时，主拉应变延伸至梁底靠近核心区位置，说明斜裂缝扩展至混凝土梁底；当加载至破坏阶段，主拉力带宽度明显扩张，主拉应变数值也明显增长，说明斜裂缝宽度发展迅速，出现混凝土剥落现象。有限元计算的主拉应变分布与试验中观察到的裂缝分布基本一致。

在对节点核心区应力与应变分析中，选取核心区剪切破坏节点 J1-1 对核心区内应力和应变分布进行分析。图 8.37 为核心区外包混凝土主压应变分布，从图中可以看出，随着加载等级的提高和特征点的推移，主压应变逐渐增大。对于不同特征点时，主压应变方向始终为核心区对角线连线方向。由图 8.37（a）和（b）可见，加载初期主压应变方向与加载方向相关，即顺时针弯矩作用下为左上至右下方向，且受压区间较小，屈服点时受压区域约为截面宽度的 30%；由图 8.37（c）和（d）可见，加载初期压应变方向与加载方向相关，即顺时针弯矩作用下为左上至右下方向。至加载后期，在逆时针弯矩作用下达峰值承载力，受压区域发生扩展，峰值点时受压区域约为截面宽度的 60%。然而在峰值点时，最大主压应变已经达 40000$\mu\varepsilon$ 以上，主要受压区域达 16000$\mu\varepsilon$ 以上，此时的外包混凝土已经失去承载能力。

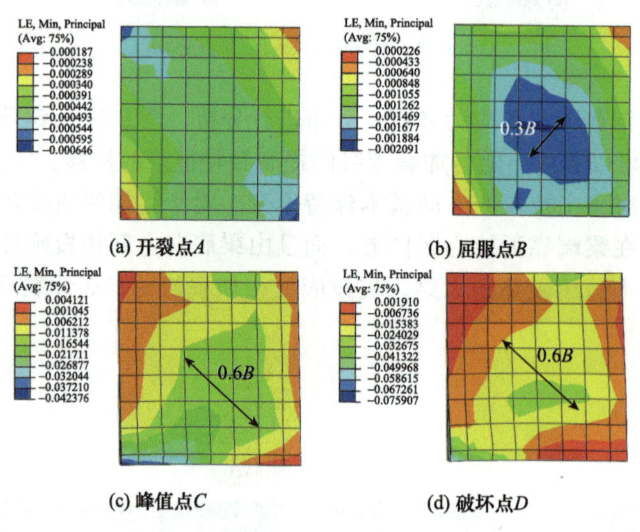

(a) 开裂点A　(b) 屈服点B

(c) 峰值点C　(d) 破坏点D

图 8.37　核心区外包混凝土主压应变分布

图 8.38 为核心区核心混凝土主压应变分布图。可见，随着加载等级提高，主压应变逐渐增大。加载过程中核心区混凝土主压应变也是沿着对角线方向，但是核心混凝土的主压应变在数值上低于外包混凝土的主压应变。在达峰值点时，核心混凝土最大主压应变为 3651$\mu\varepsilon$，主要区域的主压应变为 2491$\mu\varepsilon$，说明大部分核心混凝土可以在峰值点时形成受压杆来承担剪力。

双梁节点 J1-1 在几何上具有一定特殊性，钢筋混凝土梁分布在钢管混凝土加劲混合结构柱的两侧，不与柱内部的钢管相连接。可能导致内部钢管混凝土和外部钢筋混凝土的剪切变形不协调，即钢筋混凝土梁相接触位置的核心区剪切变形大，而远离钢筋混凝土梁位置的核心区剪切变形小。所以，可通过改变双梁位置研究双梁对核心区抗剪承载力的影响。在上述有限元计算模型基础上，保持双梁对称分布，以双梁间的距离与柱截面高度的比值（d_d/h_c）为变量，分析双梁位置对荷载（P）- 位移（Δ）关系骨架线的影响，如图 8.39 所示。

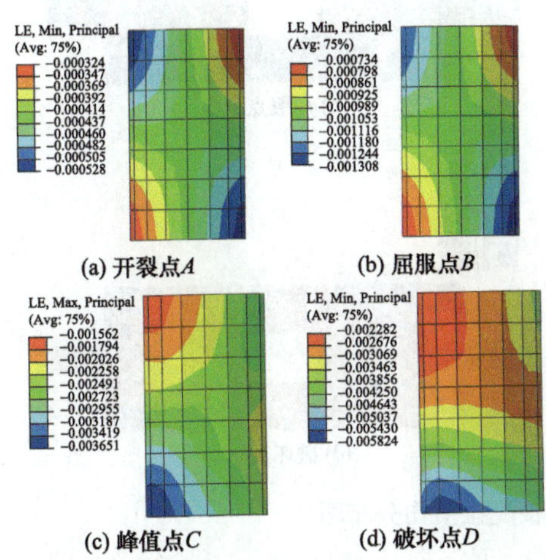

图 8.38　核心区核心混凝土主压应变分布图

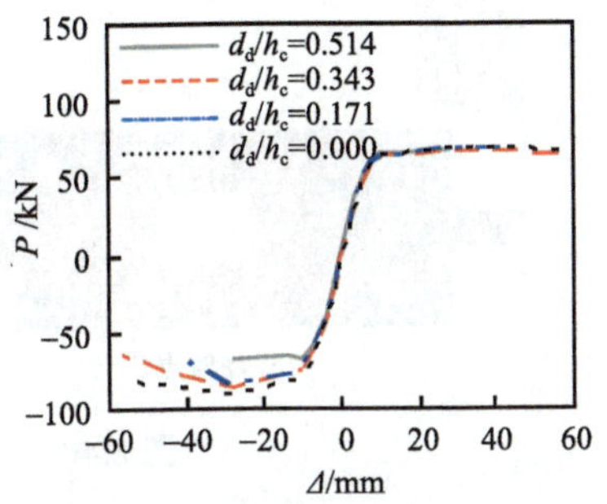

图 8.39　双梁位置对荷载（P）- 位移（Δ）关系骨架线的影响

由图 8.39 可见，随着双梁间的距离与柱截面高度的比值（d_d/h_c）的逐渐降低，即双梁间的距离的逐渐减小，节点的抗剪承载力逐渐提升。由最大的双梁间距离至双梁间距离为 0，双梁合并为单梁，节点的抗剪承载力提升了 29.3%。这主要是因为在最大的双梁间距离时，钢筋混凝土梁上的力没有直接传递至核心区内部的钢管混凝土，核心区最大剪切变形出现在柱与梁相交位置；而当双梁间距离为 0 时，钢筋混凝土梁上的力直接传递至核心区内部的钢管混凝土，核心区钢管混凝土直接参与核心区抗剪，节点核心区抗剪承载力提升。对于双梁节点，容易使外包混凝土出现较大剪切变形，从而导致节点核心区发生剪切破坏，此时节点抗剪承载力低于预期抗剪承载力。

在对钢筋混凝土楼板应力与应变分析中，选取梁端弯曲破坏节点 J5-1 对混凝土楼板内应力和应变分布进行分析。图 8.40 为混凝土楼板受拉损伤分布图。可见，随着加载等级提高，楼板受拉损伤逐渐增大。加载过程中混凝土楼板受拉损伤也是沿着横向分布，且在纵向等间距分隔，该现象在加载初期尤为明显。如在梁纵筋屈服对应的屈服点 B，楼板受拉损伤沿纵向等间距分为 5 个部分，且每个部分的受拉损伤均由中心向边缘扩散。当加载至后期时，如峰值点 C 和破坏点 D，混凝土表面受拉损伤严重，受拉损伤几乎覆盖整个楼板区域，说明在加载后期混凝土楼板开裂严重。

（3）施工工艺影响分析

钢管混凝土加劲混合结构的施工工艺可分为一次浇筑混凝土和两次浇筑混凝土两类。其中，一次浇筑混凝土是一次性浇筑钢管内外混凝土，钢管外混凝土包括柱内混凝土、梁混凝土和楼板混凝土；两次浇筑混凝土的施工过程是指先浇筑钢管内混凝土，

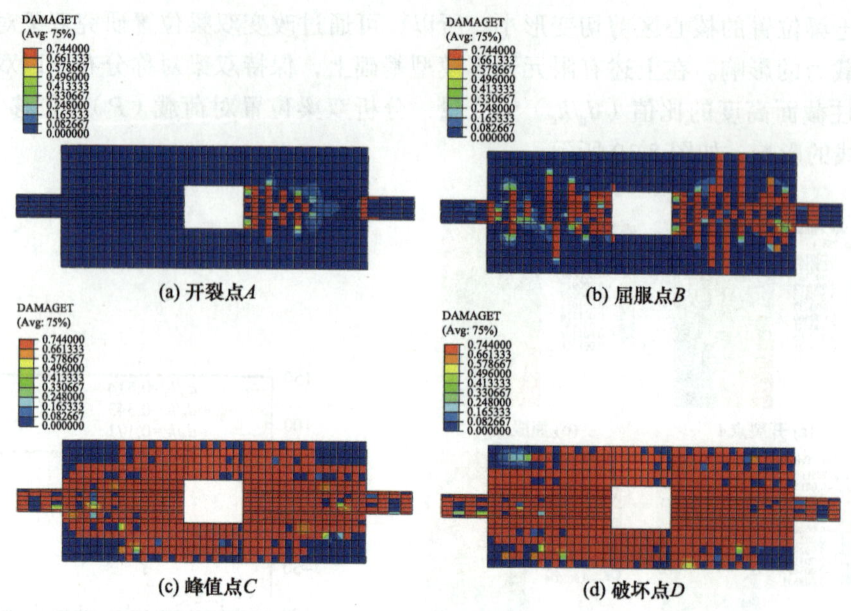

(a) 开裂点A　(b) 屈服点B

(c) 峰值点C　(d) 破坏点D

图 8.40　混凝土楼板受拉损伤分布图

之后再进行外部钢筋的绑扎工程，待钢管内混凝土能够承受荷载时，第二次浇筑钢管外混凝土，完成施工过程。可见，当采用两次浇筑混凝土工艺时，施工荷载会对构件的受力造成一定影响。

本小节通过有限元计算模型中的“生死单元”技术，对两次浇筑混凝土的施工工艺过程进行模拟。根据施工过程，首先在模型中去除钢管混凝土以外的钢筋和混凝土部件，单独对内部钢管混凝土施加初始竖向轴力（N_{initial}），之后恢复钢管外的部件，对钢管混凝土加劲混合结构柱整体增加轴力至柱轴力（N_0），定义此时钢管混凝土承担的轴力为最终轴力（N_{final}）。在核心区剪切破坏节点算例基础上，对核心钢管混凝土施加不同的轴力，以分析初始轴力对节点性能和最终轴力（N_{final}）的影响。

表 8.8　施工荷载影响分析

初始轴力 N_{initial}/kN	最终轴压力 N_{final}/kN	$N_{\text{Initial}}/N_{\text{final}}$	$N_{\text{final}}/N_{\text{CFST}}$
0	420	0	0.15
550	1004	0.55	0.37
830	1162	0.72	0.42
1100	1348	0.82	0.49

由表 8.8 可见，当初始轴力（N_{Initial}）由 0 增大至 1100kN 时，最终轴力 N_{final} 增加了 221%，说明初始轴力（N_{Initial}）对最终钢管混凝土承担轴力有较大影响。在两批浇筑混凝土的施工过程中，由于钢管混凝土部件（CFST）最终承担的轴压力（N_{final}）较大，最终轴力与钢管混凝土构件的轴压承载力比（$N_{\text{final}}/N_{\text{CFST}}$）达 0.49，所以有必要限定初始轴力（$N_{\text{Initial}}$），以避免钢管混凝土部件（CFST）由于轴力过大而先发生破坏。

在此基础上，进一步分析初始荷载比（$N_{\mathrm{Initial}}/N_{\mathrm{CFST}}$）对节点核心区剪力（$V_j$）－剪切变形（$\gamma_j$）关系的影响。由图 8.41 可见，初始荷载比（$N_{\mathrm{Initial}}/N_{\mathrm{CFST}}$）对节点核心区的承载力、耗能以及延性均无明显影响。

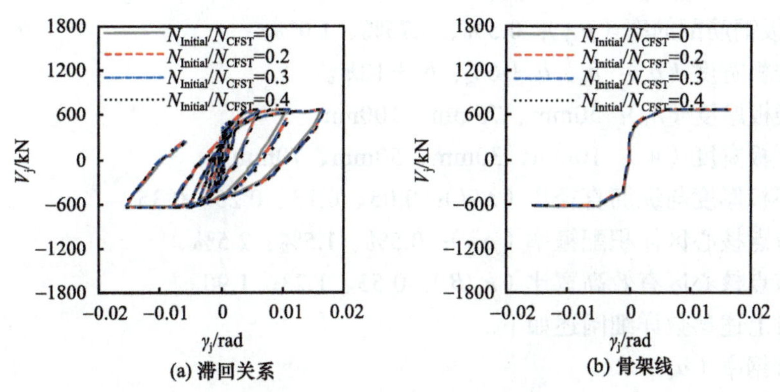

图 8.41　初始荷载比（$N_{\mathrm{final}}/N_{\mathrm{CFST}}$）对节点核心区的影响

8.4　节点设计方法

8.4.1　参数分析

本小节在对节点机理分析的基础上，进一步进行参数分析。研究参数包括：节点几何参数，材料强度和柱轴压比。节点核心区是梁柱节点中的关键部分，并且对节点的抗震性能有着重要影响。在之前的试验结果和有限元结果中，节点核心区破坏均表现为剪切破坏，需要研究核心区剪切破坏下的各部件受力、变形情况。本节在核心区剪切破坏节点模型基础上，采用方形柱和普通钢筋混凝土梁组成的中间节点，通过反复修改节点尺寸进行试算，得到能够反映核心区剪切破坏的基础模型。该基础模型柱截面宽度（B=398mm），钢管直径（D=199mm），梁截面宽度（b_b=268mm），梁截面高度（h_b=536mm），梁长度（L=3614mm），柱高度（H=1800mm），其他参数均为下列分析中的中间值。该基础模型破坏阶段的塑性应变主要集中在节点核心区，核心区内箍筋及钢管发生屈服，梁、柱内没有明显破坏发生。在此基础上研究各个参数对节点滞回性能的影响。

1. 几何尺寸

几何参数包括梁、柱和楼板的外部几何尺寸，钢管混凝土加劲混合结构柱内部的钢管尺寸，梁、柱和楼板内的配筋率以及连接件的尺寸，具体几何参数如下。

1）含钢率（α_s）：0.05、0.10、0.15。

2）钢管直径与截面宽度比（D/B）：0.4、0.5、0.6。

3）柱体积配箍率（$\rho_{v,c}$）：0.5%、1.0%、1.5%。

4）柱纵筋配筋率（$\rho_{s,c}$）：1.0%、2.0%、3.0%。

5）梁体积配箍率（$\rho_{v,b}$）：0.5%、1.0%、1.5%。

6）梁纵筋配筋率（$\rho_{s,b}$）：1.0%、2.0%、3.0%。

7）梁剪跨比（λ）：0.5、3.0、5.0。

8）梁有效高度与宽度比（h_0/b_b）：0.82、1.82、2.82。

9）楼板钢筋配筋率（$\rho_{s,s}$）：0.5%、0.75%、1.0%。

10）楼板宽度（b_s）：b_b、b_b+6h_s、b_b+12h_s。

11）楼板厚度（h_s）：50mm、75mm、100mm。

12）环板宽度（w）：10mm、30mm、50mm、70mm。

13）环板厚度与纵筋直径比（t_r/d）：0.05、0.15、0.25、0.35。

14）节点核心区体积配箍率（$\rho_{v,j}$）：0.5%、1.5%、2.5%。

15）节点核心区有效高宽比（h_0/B）：0.55、1.23、1.90。

下面对上述参数详细阐述如下。

（1）含钢率（α_s）

含钢率（$\alpha_s=A_s/A_{core}$）为钢管混凝土部件中钢管截面面积与核心混凝土截面面积的比值。通过调节钢管壁厚度改变含钢率（α_s）的数值。当含钢率（α_s）为0.05、0.10和0.15时，核心区钢管壁厚分别为2.4mm、4.6mm和6.7mm。

钢管混凝土截面含钢率（α_s）对节点核心区剪切滞回性能的影响如图8.42所示。为了便于比较不同参数下的抗剪刚度，现选取加载至屈服位移时的割线刚度作为抗剪刚度，即$K_a=F_y/\Delta_y$。当含钢率（α_s）为0.15时，核心区抗剪承载力相比含钢率（α_s）为0.05时提高了7.43%，抗剪刚度提高了38.45%。这是因为含钢率（α_s）增大了钢管壁自身的抗剪面积，使得钢管壁提供的抗剪承载力提高。由于含钢率（α_s）的提高会增大对核心混凝土的约束效应，从而极大地提高了核心区抗剪刚度。当含钢率（α_s）为0.15时，滞回曲线没有出现下降段，而且剪切变形也较小，这主要是因为提高含钢率（α_s）后，节点核心区没有发生明显破坏，变形主要集中在梁端。

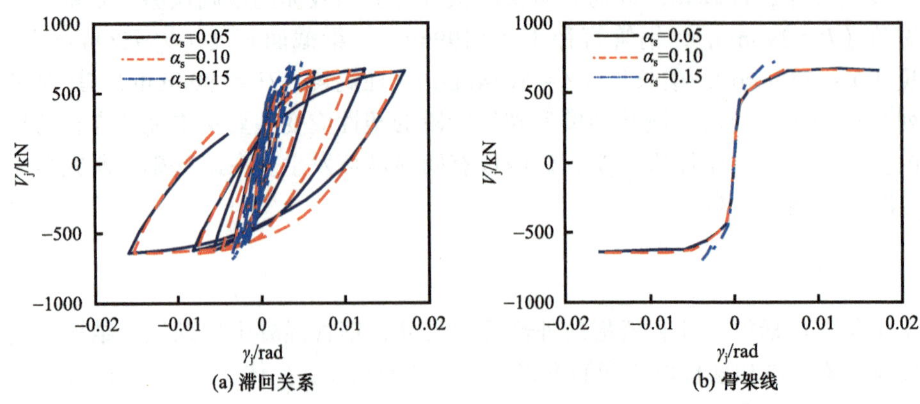

图8.42 含钢率（α_s）对节点核心区剪切滞回性能的影响

（2）钢管直径与截面宽度比（D/B）

通过调节钢管直径改变钢管直径与截面宽度比（D/B）的数值；当钢管直径与截

面宽度比（D/B）为 0.4、0.5 和 0.6 时，钢管直径（D）分别为 159.2mm、199mm 和 238.8mm。同时为了保证含钢率不改变，钢管厚度（t_s）分别为 4mm、4.6mm 和 5.6mm。钢管直径与截面宽度比（D/B）对节点核心区剪切滞回性能的影响如图 8.43 所示。

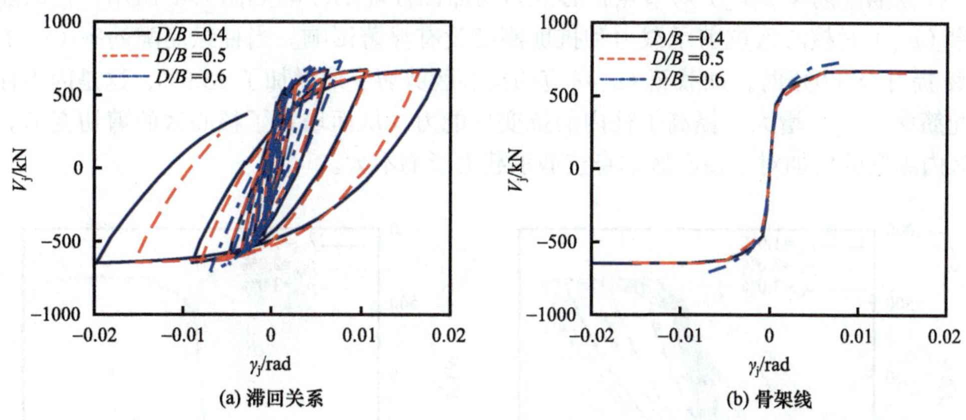

(a) 滞回关系　(b) 骨架线

图 8.43　钢管直径与截面宽度比（D/B）对节点核心区剪切滞回性能的影响

随着钢管直径与截面宽度比（D/B）从 0.4 增加至 0.5，核心区抗剪承载力没有明显变化，但同加载级下剪切变形明显减小。当 D/B 由 0.5 提升至 0.6 时，核心区抗剪承载力提高了 9.7%，这是因为钢管直径与截面宽度比（D/B）增大提高了核心钢管混凝土所占比例，而核心钢管混凝土比外包混凝土强度高，钢管部件对强度贡献较同截面的混凝土部件高，使得抗剪刚度也有一定程度提高。

（3）柱体积配箍率（$\rho_{v,c}$）

本书作者选取工程中常用的柱体积配箍率（$\rho_{v,c}$）范围，保持箍筋直径和混凝土截面不变，通过调节柱内箍筋间距改变柱体积配箍率（$\rho_{v,c}$）。当柱体积配箍率（$\rho_{v,c}$）为 0.5%、1.0% 和 1.5% 时，箍筋间距分别为 200mm、100mm 和 68mm。柱体积配箍率（$\rho_{v,c}$）对节点核心区剪切滞回性能的影响如图 8.44 所示。可见，柱体积配箍率（$\rho_{v,c}$）对核心区抗剪承载力和抗剪刚度没有明显影响。

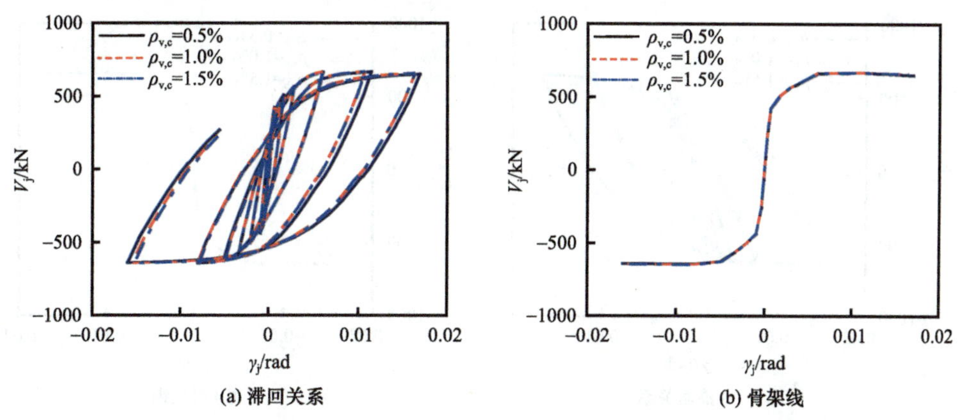

(a) 滞回关系　(b) 骨架线

图 8.44　柱体积配箍率（$\rho_{v,c}$）对节点核心区剪切滞回性能的影响

（4）柱纵筋配筋率（$\rho_{s,c}$）

保持混凝土截面不变，通过调节柱内纵筋直径改变柱纵筋配筋率（$\rho_{s,c}$）。当柱纵筋配筋率（$\rho_{s,c}$）为1.0%、2.0%和3.0%时，柱纵筋直径分别为18mm、26mm和32mm。

柱纵筋配筋率（$\rho_{s,c}$）对节点核心区剪切滞回性能的影响如图8.45所示，柱纵筋配筋率（$\rho_{s,c}$）对核心区抗剪承载力和抗剪刚度没有显著影响。当柱纵筋配筋率（$\rho_{s,c}$）由1.0%提升至3.0%时，加载至$4\Delta_y$对应的核心区剪切变形增加了13.9%，这是因为柱纵筋配筋率（$\rho_{s,c}$）增大，提高了柱内的抗变形能力，从而增大了核心区的剪切变形。核心区内纵筋的增加对于核心区本身抗剪承载力影响不大。

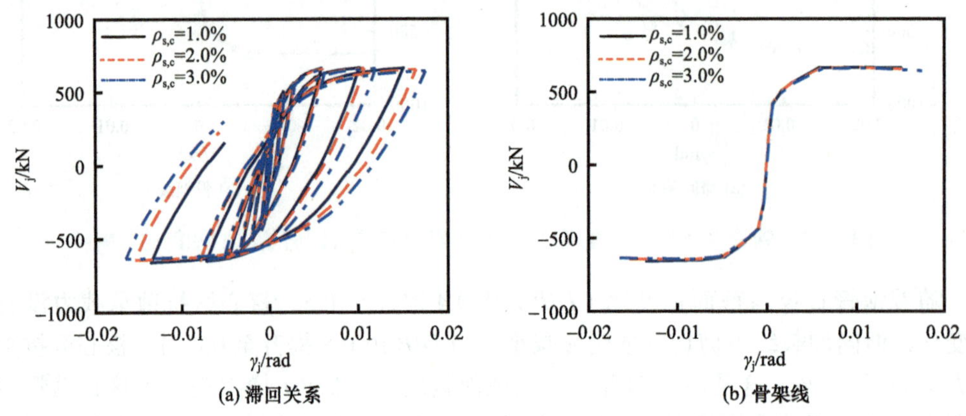

图8.45 柱纵筋配筋率（$\rho_{s,c}$）对节点核心区剪切滞回性能的影响

（5）梁体积配箍率（$\rho_{v,b}$）

选取工程中常用的梁体积配箍率（$\rho_{v,b}$）范围，保持混凝土截面不变，通过调节梁内箍筋间距来改变梁体积配箍率（$\rho_{v,b}$）。当梁体积配箍率（$\rho_{v,b}$）为0.5%、1.0%和1.5%时，箍筋间距分别为200mm、100mm和68mm。

梁体积配箍率（$\rho_{v,b}$）对节点核心区剪切滞回性能的影响如图8.46所示，梁体积配箍率（$\rho_{v,b}$）对核心区抗剪承载力和抗剪刚度没有明显影响。

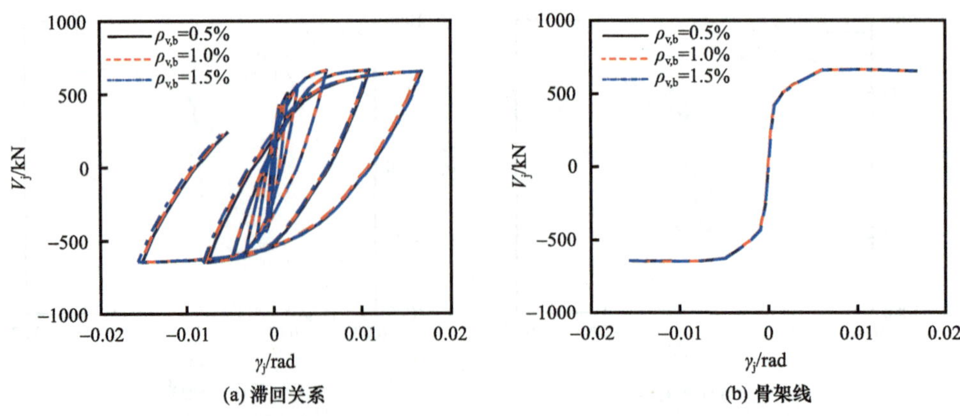

图8.46 梁体积配箍率（$\rho_{v,b}$）对节点核心区剪切滞回性能的影响

（6）梁纵筋配筋率（$\rho_{s,b}$）

保持混凝土截面不变，通过调节梁内箍筋间距来改变梁纵筋配筋率（$\rho_{s,b}$）。当梁纵筋配筋率（$\rho_{s,b}$）为 1.0%、2.0% 和 3.0% 时，梁纵筋直径分别为 16mm、22.5mm 和 27.5mm。

梁纵筋配筋率（$\rho_{s,b}$）对节点核心区剪切滞回性能的影响如图 8.47 所示。可见，梁纵筋配筋率（$\rho_{s,b}$）对核心区抗剪承载力和抗剪刚度没有明显影响。

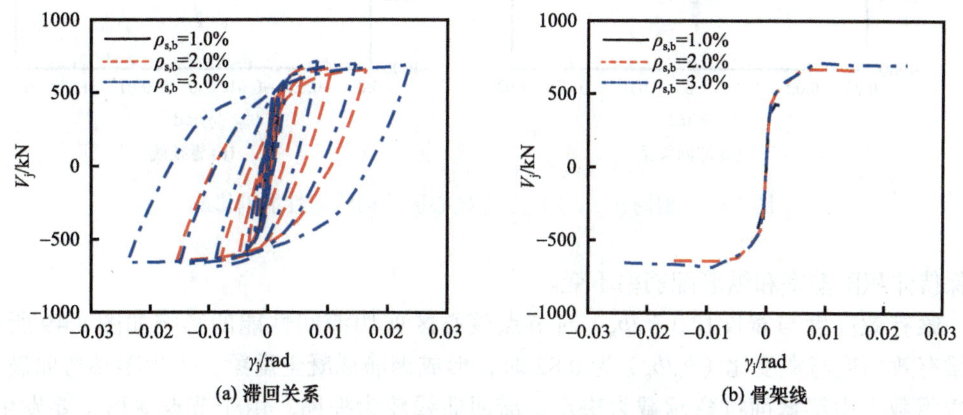

图 8.47　梁纵筋配筋率（$\rho_{s,b}$）对节点核心区剪切滞回性能的影响

当梁纵筋配筋率（$\rho_{s,b}$）为 1.0% 时，破坏发生在梁端，两端在弯矩作用下出现塑性铰，变形主要集中在梁端，导致核心区剪切变形很小。当梁纵筋配筋率（$\rho_{s,b}$）由 2.0% 提升至 3.0% 时，加载至 $4\Delta_y$ 对应的核心区剪切变形增加了 44.7%，这是因为梁纵筋配筋率（$\rho_{s,b}$）的增大抑制了裂缝的发展，提高了梁的抗变形能力，使得节点变形主要体现为核心区剪切变形。

（7）梁剪跨比（λ）

选取工程中常用的剪跨比（λ）范围 0.5～5，保持混凝土梁截面尺寸不变，通过调节混凝土梁长来改变剪跨比（λ）。当剪跨比（λ）为 0.5、3.0 和 5.0 时，钢筋混凝土梁长分别为 268mm、1608mm 和 2680mm。

剪跨比（λ）对节点核心区剪切滞回性能的影响规律如图 8.48 所示。当剪跨比（λ）为 0.5 时，形成钢筋混凝土短梁，发生梁端剪切破坏，梁端荷载远高于基础模型中的梁端荷载。但由于此时梁长度较短，形成的梁端弯矩和柱端弯矩都较小，核心区剪力较小，所以核心区没有发生剪切破坏。当剪跨比（λ）为 3 时，核心区发生剪切破坏，梁加载端峰值荷载由核心区抗剪承载力决定。当剪跨比（λ）为 5 时，发生梁端弯曲破坏，梁端承载力由梁截面抗弯承载力决定，滞回曲线较为捏缩，该破坏形态的核心区剪切变形小于核心区剪切破坏节点的变形，说明钢筋混凝土梁耗能能力较差。剪跨比（λ）主要影响梁的破坏形态和梁截面的承载力。

（8）梁有效高度与宽度比（h_0/b_b）

选取工程中常见的参数范围进行分析。梁有效高度与宽度比（h_0/b_b）为 0.82、1.82 和 2.82 时，梁高分别为 268mm、536mm 和 804mm。梁内同时改变箍筋和纵筋数量，

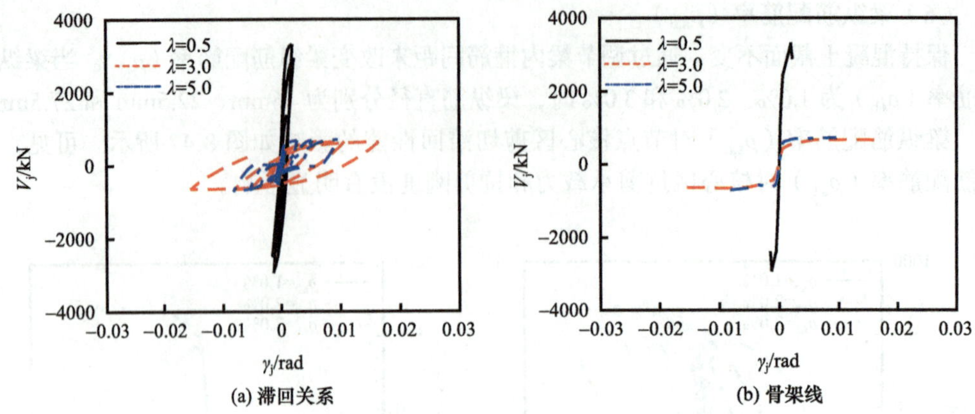

图 8.48　剪跨比（λ）对节点核心区剪切滞回性能的影响

以保持体积配箍率和纵筋配筋率不变。

梁有效高度与宽度比（h_0/b_b）对节点核心区剪切滞回性能的影响如图 8.49 所示。当梁有效高度与宽度比（h_0/b_b）为 0.82 时，形成钢筋混凝土扁梁，发生梁端弯曲破坏，梁端承载力由梁截面抗弯承载力决定，滞回曲线较为捏缩。由于节点变形主要发生在梁端，核心区剪切变形较小；当梁有效高度与宽度比（h_0/b_b）为 2.82 时，形成钢筋混凝土深梁，仍然发生核心区剪切破坏，相比于梁有效高度与宽度比（h_0/b_b）为 1.82 时，承载力小幅降低。

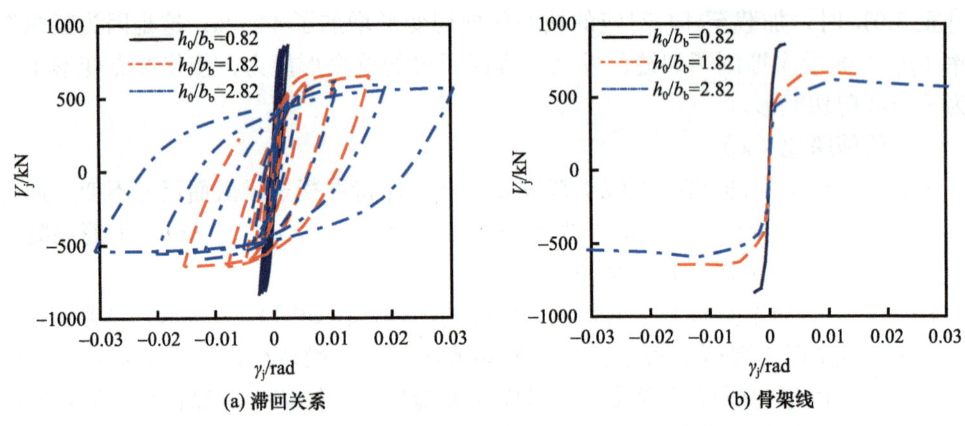

图 8.49　梁高宽比（h_0/b_b）对节点核心区剪切滞回性能的影响

（9）楼板钢筋配筋率（$\rho_{s,s}$）

选取工程中常见的参数范围进行分析，当楼板钢筋配筋率（$\rho_{s,s}$）为 0.5%、0.75% 和 1.0% 时，楼板内钢筋直径分别为 6.5mm、8mm 和 9.5mm。

楼板钢筋配筋率（$\rho_{s,s}$）对节点核心区剪切滞回性能的影响如图 8.50 所示，破坏形态均为核心区剪切破坏，楼板钢筋配筋率（$\rho_{s,s}$）对核心区抗剪承载力和抗剪刚度没有明显影响。当楼板钢筋配筋率（$\rho_{s,s}$）由 0.5% 提升至 1.0% 时，对应 $4\Delta_y$ 时的剪切变形

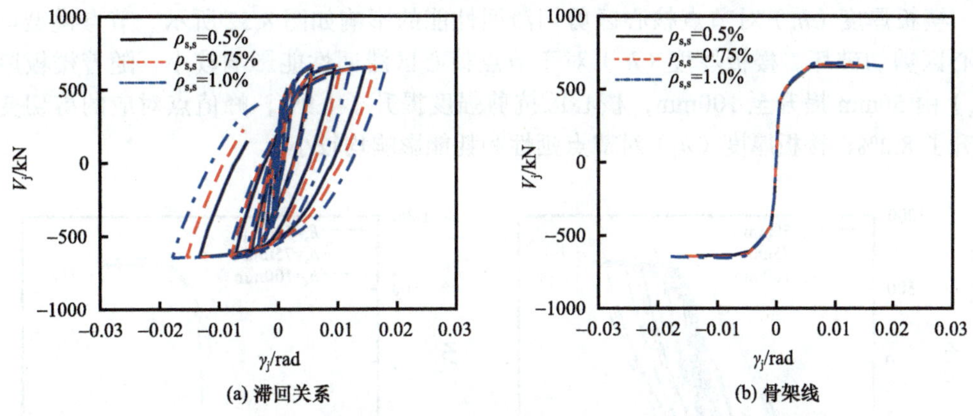

(a) 滞回关系　(b) 骨架线

图 8.50　楼板钢筋配筋率（$\rho_{s,s}$）对节点核心区剪切滞回性能的影响

提升了 23.9%。说明提高楼板钢筋配筋率（$\rho_{s,s}$）可以在一定程度上提高节点的延性和耗能能力。

（10）楼板宽度（b_s）

参考《混凝土结构设计标准（2024 年版）》（GB 50010—2010）中对 T 形梁有效翼缘宽度的规定，选取楼板宽度为梁宽至梁宽（b_b）与 12 倍楼板厚度之和（b_b+12h_s）。楼板宽度（b_s）分别设置为 b_b、b_b+6h_s 和 b_b+12h_s，同时保持楼板内配筋率和楼板厚度不变。

楼板宽度（b_s）对节点核心区剪切滞回性能的影响如图 8.51 所示，节点模型均为核心区剪切破坏。楼板宽度（b_s）对节点核心区抗剪刚度影响较小，但是楼板宽度（b_s）对强度影响较大。当楼板宽度（b_s）由 b_b 增加至 b_b+12h_s，核心区抗剪强度提升了 14.3%，同时对应 $4\Delta_y$ 时的剪切变形提升了 102.3%。说明增加楼板宽度（b_s），可以小幅提高核心区抗剪强度，有效提高核心区变形能力。

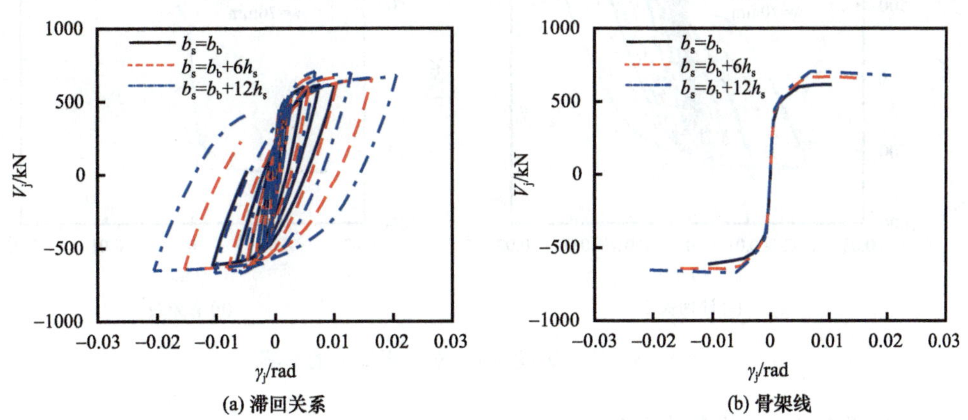

(a) 滞回关系　(b) 骨架线

图 8.51　楼板宽度（b_s）对节点核心区剪切滞回性能的影响

（11）楼板厚度（h_s）

选取工程中常见的参数范围进行分析，楼板厚度（h_s）分别为 50mm、75mm 和 100mm。

楼板厚度（h_s）对节点核心区剪切滞回性能的影响如图 8.52 所示。节点模型均为核心区剪切破坏。楼板厚度（h_s）对于节点核心区滞回性能影响较小，随着楼板厚度（h_s）由 50mm 提升至 100mm，核心区抗剪强度提升了 6.9%，峰值点对应的剪切变形提升了 8.2%，楼板厚度（h_s）对节点延性和耗能影响均较小。

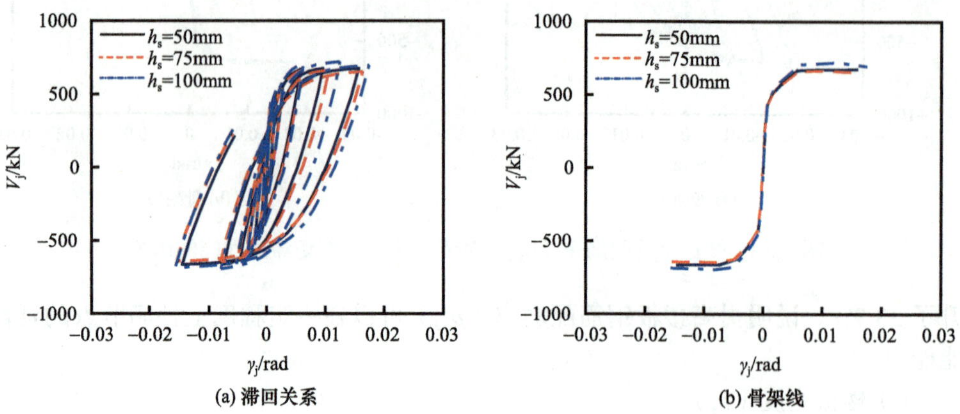

图 8.52　楼板厚度（h_s）对节点核心区剪切滞回性能的影响

（12）环板宽度（w）

选取合理施工的参数范围进行分析，环板宽度分别为 10mm、30mm、50mm 和 70mm。环板宽度（w）对环板内应力发展的影响规律如图 8.53 所示，环板宽度（w）对核心区抗剪承载力和抗剪刚度没有明显影响。

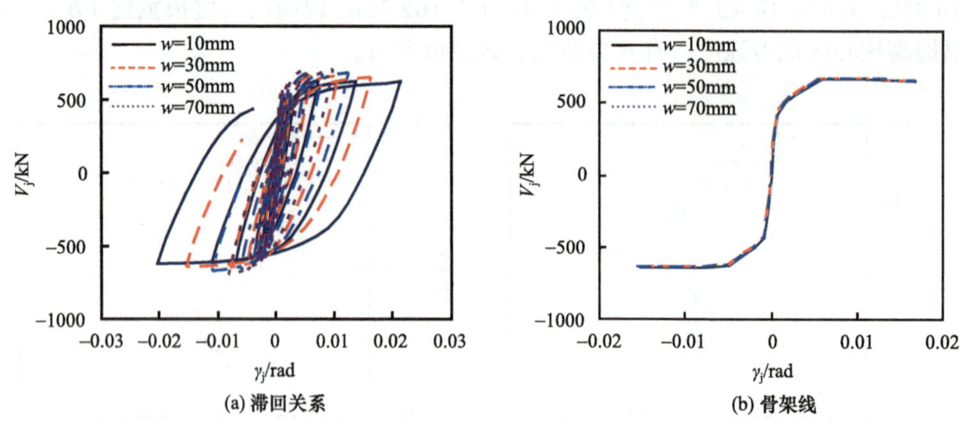

图 8.53　环板宽度（w）对环板应力的影响

（13）环板厚度与纵筋直径比（t_r/d）

选取环板厚度与纵筋直径比（t_r/d）为 0.05、0.15、0.25 和 0.35。对应环板厚度分别为 1mm、3mm、5mm 和 7mm。

环板厚度与纵筋直径比（t_r/d）对环板内应力发展的影响如图 8.54 所示，环板厚度与纵筋直径比（t_r/d）对核心区抗剪承载力和抗剪刚度没有明显影响。

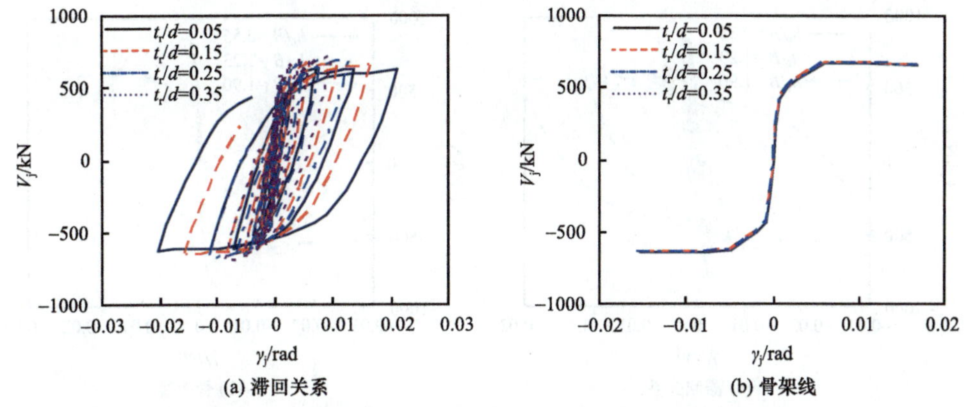

图 8.54 环板厚度与纵筋直径比（t_r/d）对环板应力的影响

（14）节点核心区体积配箍率（$\rho_{v,j}$）

选取工程中常见的参数范围进行分析，当节点核心区体积配箍率（$\rho_{v,j}$）为 0.5%、1.5% 和 2.5% 时，箍筋间距分别为 200mm、68mm 和 40mm。

节点核心区体积配箍率（$\rho_{v,j}$）对节点核心区剪切滞回性能的影响如图 8.55 所示，当节点核心区体积配箍率（$\rho_{v,j}$）由 0.5% 增加至 2.5% 时，节点核心区抗剪承载力提高 16.6%。说明节点核心区内箍筋对核心区抗剪承载力有显著影响。

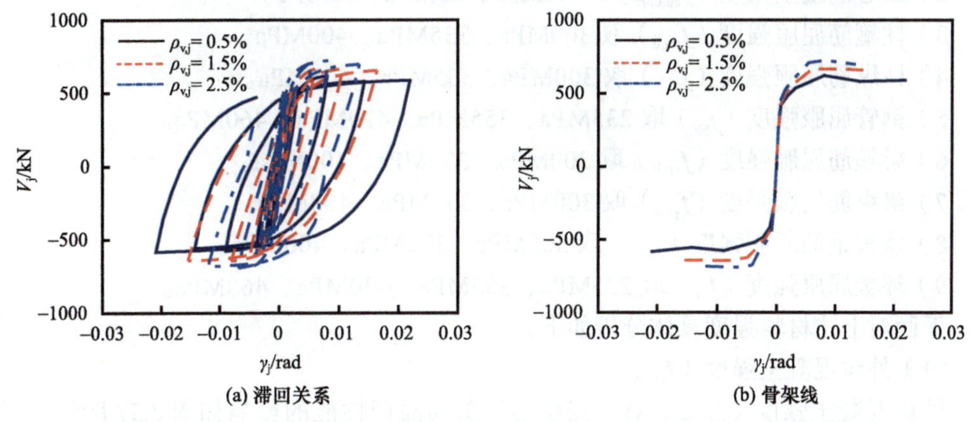

图 8.55 节点核心区体积配箍率（$\rho_{v,j}$）对节点核心区剪切滞回性能的影响

（15）节点核心区有效高宽比（h_0/B）

选取节点核心区高宽比（h_b/B）为 0.55、1.23 和 1.90，对应核心区高度分别为 268mm、536mm 和 804mm。

节点核心区高宽比（h_b/B）对节点核心区剪切滞回性能的影响如图 8.56 所示，相比于标准节点模型，节点核心区有效高宽比（h_0/B）为 0.55 时的梁和核心区承载力都发生下降，发生梁端弯曲破坏，梁端承载力由梁截面抗弯承载力决定，核心区剪切变形较小；当节点核心区有效高宽比（h_0/B）为 1.90 时，仍然发生核心区剪切破坏，相比于标准节点模型，承载力没有明显变化，说明节点核心区有效高宽比（h_0/B）大于 1.23 时，增加核心区高度对承载力影响较小。

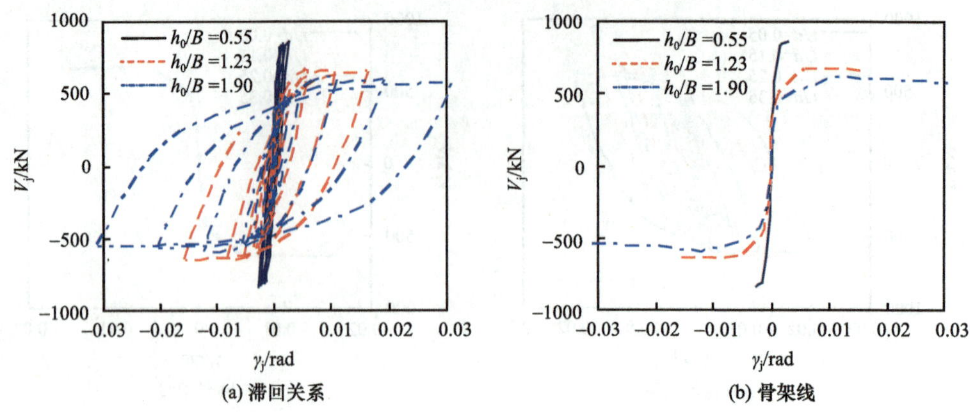

(a) 滞回关系　(b) 骨架线

图 8.56　节点核心区高宽比（h_b/B）对节点核心区剪切滞回性能的影响

2. 材料强度

材料强度影响着各部件之间的强度关系，对节点的破坏形态和滞回性能有显著影响。梁内混凝土与柱外包混凝土一般整浇，所以默认梁混凝土强度与柱外包混凝土相同。具体分析材料强度如下。

1）外包混凝土强度（$f_{cu,out}$）取 30MPa、40MPa、50MPa、60MPa。

2）核心混凝土强度（$f_{cu,core}$）取 40MPa、60MPa、80MPa。

3）柱箍筋屈服强度（$f_{yh,c}$）取 300MPa、335MPa、400MPa。

4）柱纵筋屈服强度（$f_{yl,c}$）取 300MPa、335MPa、400MPa。

5）钢管屈服强度（f_{ys}）取 235MPa、355MPa、420MPa、460MPa。

6）梁箍筋屈服强度（$f_{yh,b}$）取 300MPa、335MPa、400MPa。

7）梁纵筋屈服强度（$f_{yl,b}$）取 300MPa、335MPa、400MPa。

8）楼板钢筋屈服强度（$f_{yl,s}$）取 300MPa、335MPa、400MPa。

9）环板屈服强度（f_{yr}）取 235MPa、355MPa、420MPa、460MPa。

下面对上述材料强度具体分析如下。

（1）外包混凝土强度（$f_{cu,out}$）

外包混凝土强度（$f_{cu,out}$）对节点核心区剪切滞回性能的影响如图 8.57 所示，当外包混凝土强度（$f_{cu,out}$）由 30MPa 增加至 60MPa 时，节点核心区抗剪承载力提高 12.2%。说明外包混凝土强度（$f_{cu,out}$）对核心区抗剪承载力有影响。随着外包混凝土强度（$f_{cu,out}$）的逐渐提升，构件的延性和变形能力在逐渐下降。外包混凝土强度（$f_{cu,out}$）为 60MPa 时，加载至 $4\Delta_y$ 的剪切变形为 9839$\mu\varepsilon$，远小于外包混凝土强度（$f_{cu,out}$）为 30MPa 时的剪切变形（21355$\mu\varepsilon$）。说明增大混凝土强度会降低延性，减小变形能力。

（2）核心混凝土强度（$f_{cu,core}$）

核心混凝土强度（$f_{cu,core}$）对节点核心区剪切滞回性能的影响如图 8.58 所示，核心混凝土强度（$f_{cu,core}$）对核心区抗剪承载力和抗剪刚度影响较小，主要是因为外包混凝土、箍筋在峰值点基本达材料强度，核心混凝土还未达自身材料强度，所以核心混凝土强度（$f_{cu,core}$）对核心区抗剪承载力和剪切变形影响较小。

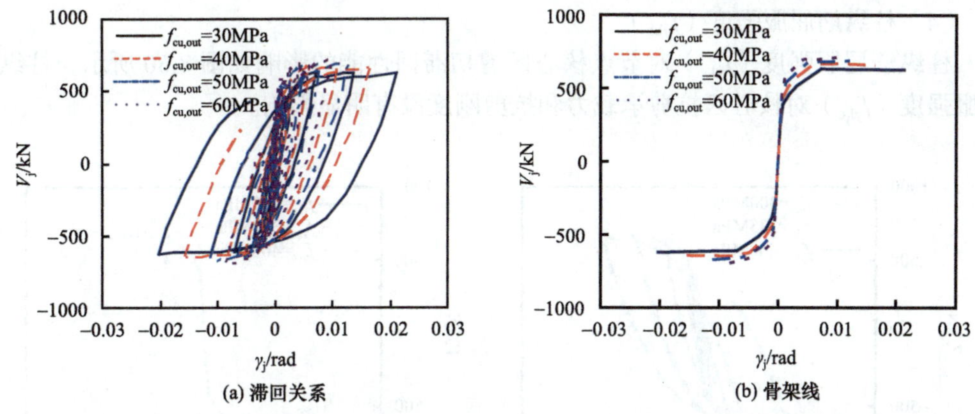

(a) 滞回关系　(b) 骨架线

图 8.57　外包混凝土强度（$f_{cu,out}$）对节点核心区剪切滞回性能的影响

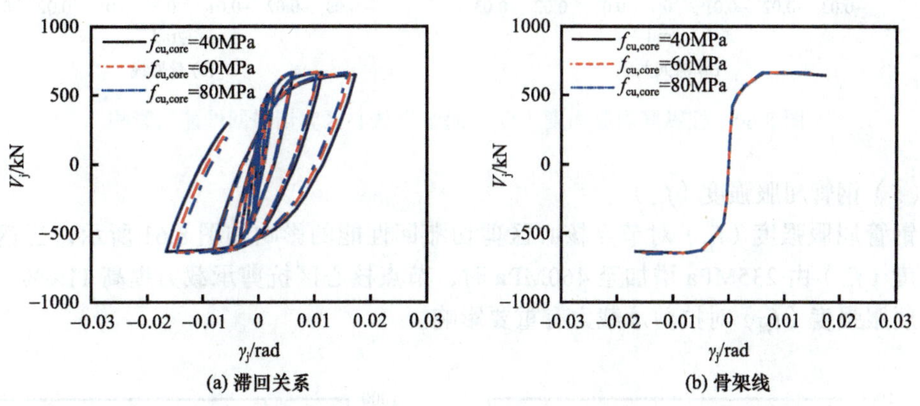

(a) 滞回关系　(b) 骨架线

图 8.58　核心混凝土强度（$f_{cu,core}$）对节点核心区剪切滞回性能的影响

（3）柱箍筋屈服强度（$f_{yh,c}$）

柱箍筋屈服强度（$f_{yh,c}$）对节点核心区剪切滞回性能的影响如图 8.59 所示，柱箍筋屈服强度（$f_{yh,c}$）对核心区抗剪承载力和抗剪刚度没有明显影响。

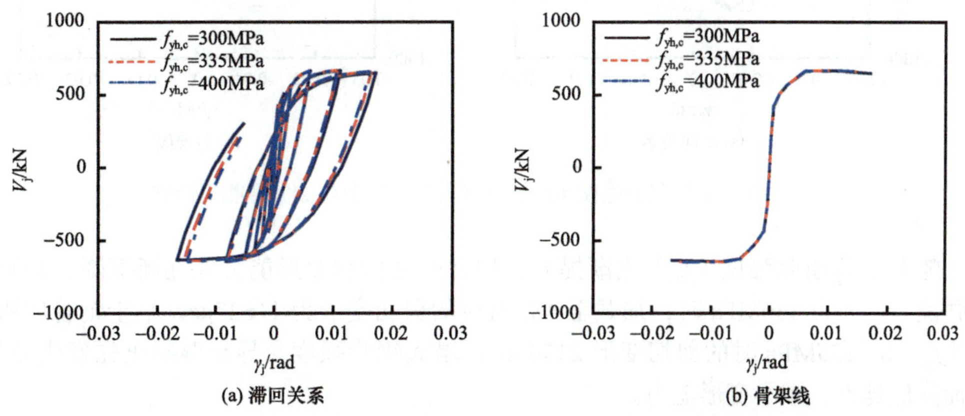

(a) 滞回关系　(b) 骨架线

图 8.59　柱箍筋屈服强度（$f_{yh,c}$）对节点核心区剪切滞回性能的影响

（4）柱纵筋屈服强度（$f_{yl,c}$）

柱纵筋屈服强度（$f_{yl,c}$）对节点核心区剪切滞回性能的影响如图 8.60 所示，柱纵筋屈服强度（$f_{yl,c}$）对核心区抗剪承载力和抗剪刚度没有明显影响。

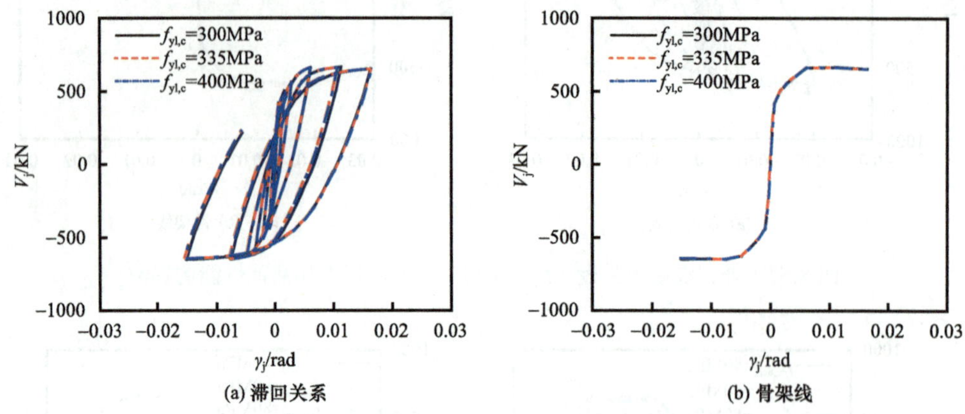

图 8.60 柱纵筋屈服强度（$f_{yl,c}$）对节点核心区剪切滞回性能的影响

（5）钢管屈服强度（f_{ys}）

钢管屈服强度（f_{ys}）对节点核心区剪切滞回性能的影响如图 8.61 所示，当钢管屈服强度（f_{ys}）由 235MPa 增加至 460MPa 时，节点核心区抗剪承载力提高 11.6%，说明钢管屈服强度（f_{ys}）对抗剪承载力有重要影响。

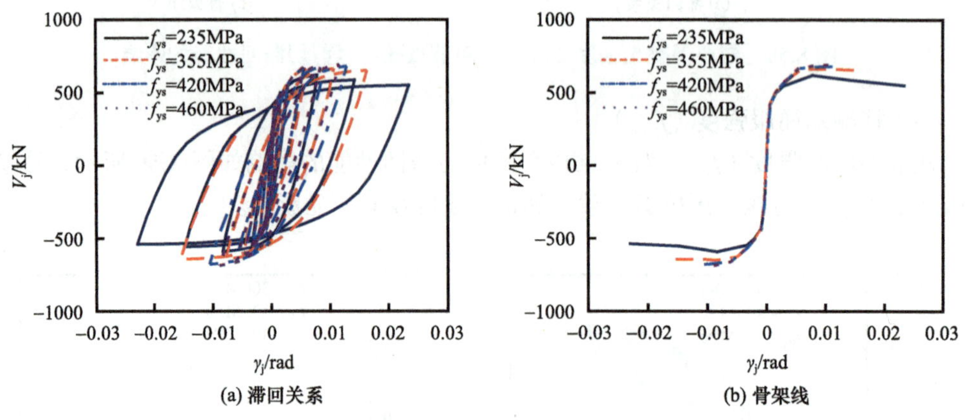

图 8.61 钢管屈服强度（f_{ys}）对节点核心区剪切滞回性能的影响

随着钢管屈服强度（f_{ys}）逐渐提升，构件的延性和变形能力在逐渐下降。钢管屈服强度（f_{ys}）为 460MPa 时，加载至 $4\Delta_y$ 对应的剪切变形为 11627$\mu\varepsilon$，小于钢管屈服强度（f_{ys}）为 235MPa 时的剪切变形 23503$\mu\varepsilon$。增大钢管强度会导致混凝土先发生破坏，从而降低延性，减小变形能力。

（6）梁箍筋屈服强度（$f_{yh,b}$）

梁箍筋屈服强度（$f_{yh,b}$）对节点核心区剪切滞回性能的影响如图 8.62 所示，梁箍筋屈服强度（$f_{yh,b}$）对核心区抗剪承载力和抗剪刚度没有明显影响。

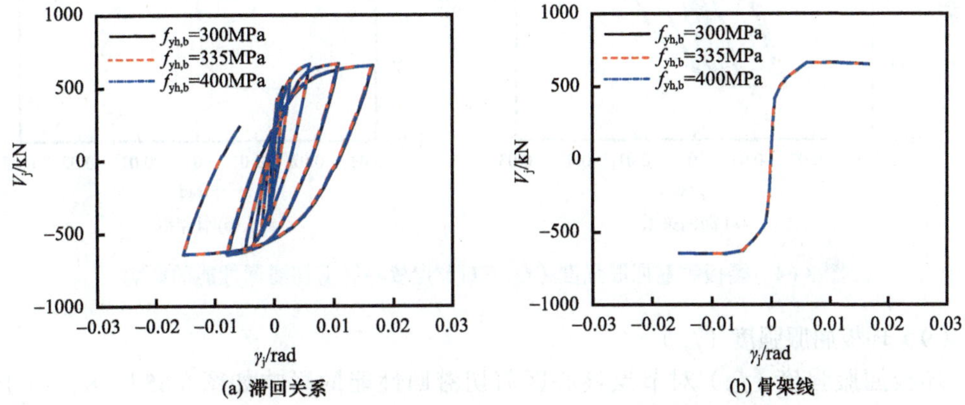

图 8.62　梁箍筋屈服强度（$f_{yh,b}$）对节点核心区剪切滞回性能的影响

（7）梁纵筋屈服强度（$f_{yl,b}$）

梁纵筋屈服强度（$f_{yl,b}$）对节点核心区剪切滞回性能的影响如图 8.63 所示，梁纵筋屈服强度（$f_{yl,b}$）对核心区抗剪承载力和抗剪刚度没有明显影响。当梁纵筋屈服强度（$f_{yl,b}$）为 300MPa 时，梁端发生一定程度塑性变形，导致核心区剪切变形很小。当梁纵筋屈服强度（$f_{yl,b}$）由 300MPa 提升至 400MPa 时，加载至 $4\Delta_y$ 对应的核心区剪切变形由 10791με 增加至 22363με，这主要由于梁纵筋屈服强度（$f_{yl,b}$）的增大提高了梁端抗弯承载力，使塑性变形集中在节点核心区。

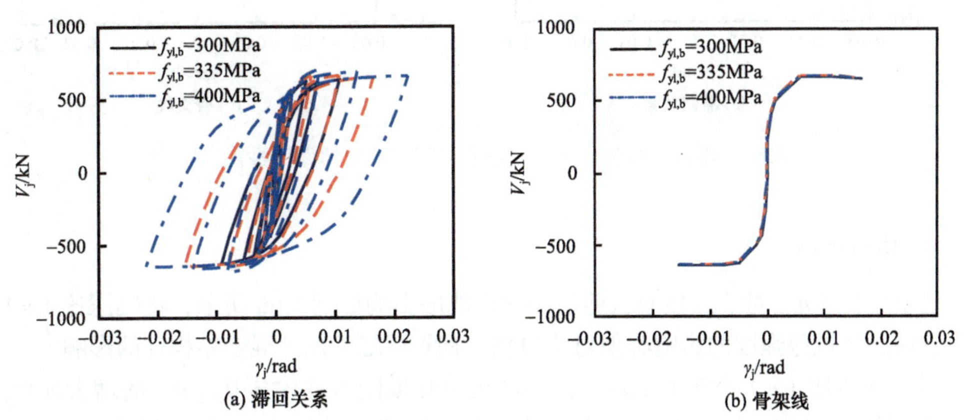

图 8.63　梁纵筋屈服强度（$f_{yl,b}$）对节点核心区剪切滞回性能的影响

（8）楼板钢筋屈服强度（$f_{yl,s}$）

楼板钢筋屈服强度（$f_{yl,s}$）对节点核心区剪切滞回性能的影响如图 8.64 所示，楼板钢筋屈服强度（$f_{yl,s}$）对核心区抗剪承载力和抗剪刚度没有明显影响。

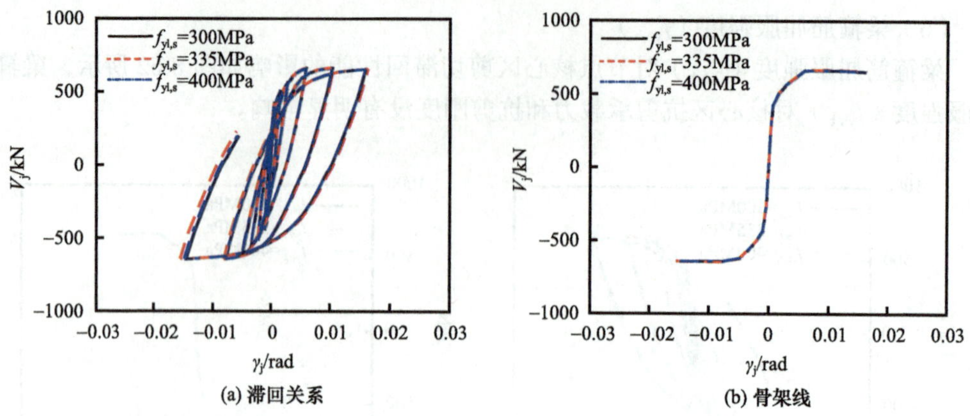

(a) 滞回关系　(b) 骨架线

图 8.64　楼板钢筋屈服强度（$f_{yl,s}$）对节点核心区剪切滞回性能的影响

（9）环板屈服强度（f_{yr}）

环板屈服强度（f_{yr}）对节点核心区剪切滞回性能的影响如图 8.65 所示，由于环板始终没有发生屈服，环板屈服强度（f_{yr}）对核心区抗剪承载力和抗剪刚度没有明显影响。

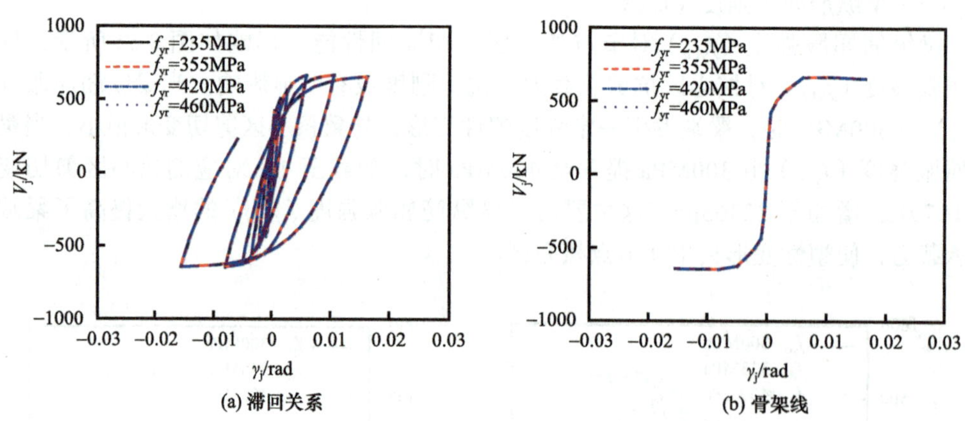

(a) 滞回关系　(b) 骨架线

图 8.65　环板屈服强度（f_{yr}）对节点核心区剪切滞回性能的影响

3. 柱轴压比

柱轴压比（n）对节点核心区剪切滞回性能的影响如图 8.66 所示，柱轴压比（n）对于节点核心区抗剪强度的影响类似对于单独的钢管混凝土加劲混合结构柱的影响。

当柱轴压比（n）小于 0.5 时，核心区抗剪强度随着柱轴压比（n）的增大而增加，当柱轴压比（n）大于 0.5 时，核心区抗剪强度随着柱轴压比（n）的增大而减小。当柱轴压比（n）由 0.1 增大至 0.5 时，核心区抗剪强度增加 5.24%；当柱轴压比（n）由 0.5 增大至 0.6 时，核心区抗剪强度降低 2.07%。柱轴压比（n）主要改变混凝土的应力状态，在小轴压比下，混凝土处在压剪作用下，提升混凝土的抗剪强度；在大轴压比下，混凝土内压力成为主要破坏因素，最终核心区混凝土压碎，节点剪切变形向单一

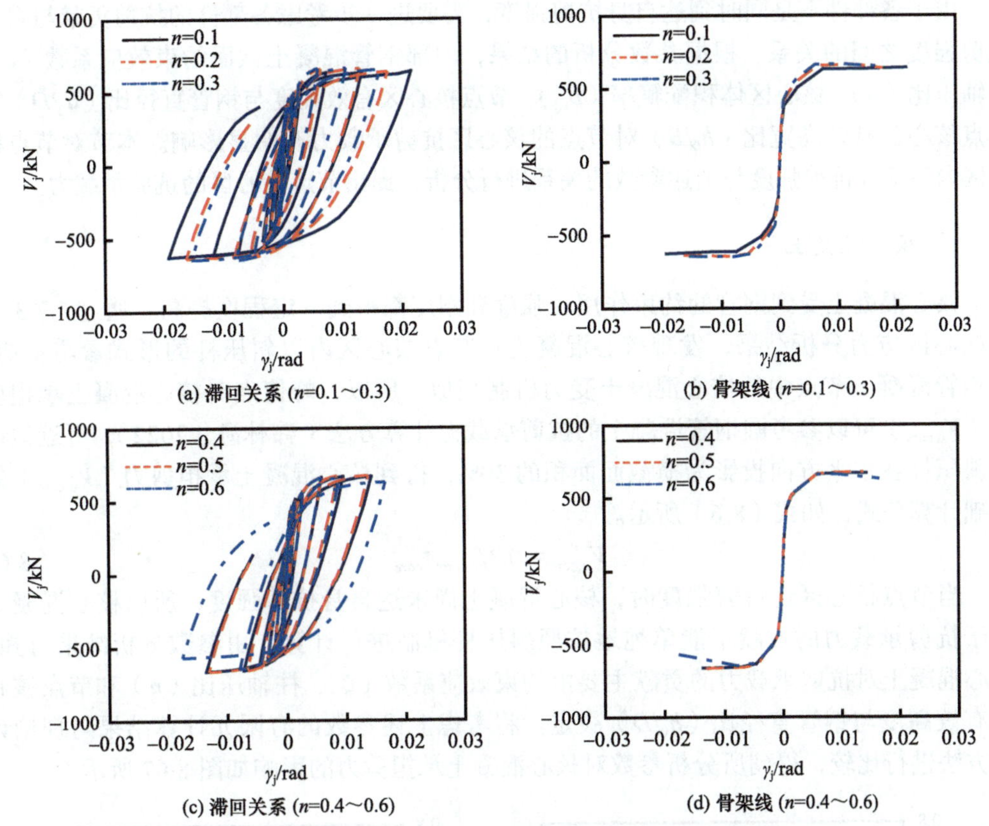

(a) 滞回关系 (n=0.1～0.3)　(b) 骨架线 (n=0.1～0.3)

(c) 滞回关系 (n=0.4～0.6)　(d) 骨架线 (n=0.4～0.6)

图 8.66　柱轴压比（n）对节点核心区剪切滞回性能的影响

方向累积。在刚度方面，当柱轴压比（n）由 0.1 增大至 0.4 时，核心区抗剪割线刚度增加 21.3%；当柱轴压比（n）由 0.4 增大至 0.6 时，核心区抗剪强度降低 1.18%。在小轴压比下，混凝土的裂缝开展得到抑制，从而提高了混凝土的抗剪刚度；在大轴压比下，混凝土过早发生受压破坏，导致刚度出现一定程度降低。在延性方面，随着柱轴压比（n）的升高，延性逐渐降低，变形能力逐渐降低。

8.4.2　节点承载力计算方法与构造措施

节点核心区抗剪承载力主要由外包混凝土、核心混凝土、钢管、箍筋和连接件提供。当节点核心区达抗剪强度时，外包混凝土所承担的剪力已经进入下降段；核心混凝土由于具有约束作用，还未达自身抗剪强度；钢管和箍筋已经发生屈服。计算核心区抗剪承载力需要考虑各部件对抗剪承载力的贡献。由于箍筋为外包混凝土提供一定程度的约束，可以将外包混凝土与箍筋作为一个整体考虑，计算两个部件提供的剪力之和。部分连接件也会为核心区提供抗剪承载力，可以单独考虑连接件承载的剪力。节点核心区抗剪承载力按式（8.5）计算。

$$V_{\mathrm{u}}=V_{\mathrm{u,core}}+V_{\mathrm{u,out}}+V_{\mathrm{u,s}}+V_{\mathrm{u,c}} \tag{8.5}$$

式中，$V_{\mathrm{u,core}}$、$V_{\mathrm{u,out}}$、$V_{\mathrm{u,s}}$ 和 $V_{\mathrm{u,c}}$ 分别为峰值点时核心混凝土、外包钢筋混凝土、钢管和连接件承担的剪力。

由于各部件不是同时到达自身抗剪强度，需要进一步考虑各部件的抗剪贡献与自身抗剪强度之间的关系。根据参数分析的结果，内部钢管混凝土截面约束效应系数（ξ）、柱轴压比（n）、核心区体积配箍率（$\rho_{v,j}$）、节点核心区有效高度与钢管直径比（h_0/D）和节点核心区有效高宽比（h_0/B）对节点的核心区抗剪承载力有明显影响。本节对节点核心区内各部件抗剪强度与上述参数的关系进行分析，提出节点核心区的抗剪承载力。

1. 核心混凝土

核心混凝土受到钢管的约束作用，强度和刚度都得到一定程度提高。通过 3.7.3 节对核心区应力分析结果，发现核心混凝土在节点核心区内以斜压杆的形式参与抗剪，同钢管混凝土节点中的核心混凝土受力机制相似。所以，峰值点时核心混凝土承担剪力（$V_{u,core}$）可以参考圆钢管混凝土的抗剪承载力计算方法（韩林海，2022），可近似认为斜压杆在水平方向投影为横截面面积的 30%，得到核心混凝土承担剪力（$V_{u,core}$）的基础计算公式，如式（8.6）所示。

$$V_{u,core}=0.3f_{c,core}A_{core} \tag{8.6}$$

当节点核心区达抗剪强度时，核心混凝土尚未达自身抗剪强度，所以核心混凝土对于抗剪承载力的贡献不能单纯地按照斜压杆机制进行计算。由参数分析结果可知，核心混凝土对抗剪承载力的贡献主要由约束效应系数（ξ）、柱轴压比（n）和节点核心区有效高度与钢管直径比（h_0/D）决定。将考虑上述参数的有限元计算结果与理论计算方法进行比较，得到所分析参数对核心混凝土承担剪力的影响如图 8.67 所示。

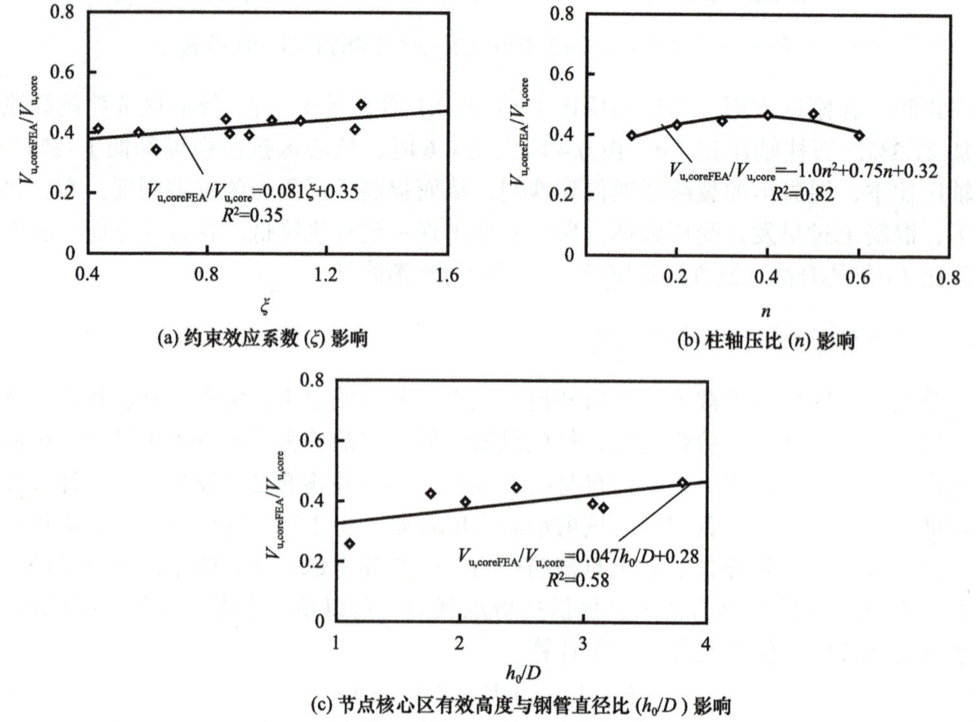

图 8.67 分析参数对核心混凝土承担剪力的影响

图 8.67 中纵坐标中的 $V_{\mathrm{u,coreFEA}}$ 和 $V_{\mathrm{u,core}}$ 分别为峰值点时有限元和基础公式计算得到的核心混凝土承担的剪力。可见：①当约束效应系数（ξ）为 0.43～1.32，核心混凝土承担的剪力与约束效应系数（ξ）基本呈线性关系，高约束效应系数（ξ）意味着钢管对混凝土具有较强的约束作用，提高了核心混凝土抗压和抗剪强度。②当柱轴压比（n）为 0.10～0.60 时，核心混凝土承担剪力随柱轴压比（n）的增加而先增加后减小。这主要是因为核心混凝土处于压剪耦合的受力状态。当柱轴压比（n）增大时，受到的轴力增加；当柱轴压比（n）为 0～0.50 时，会提高抗剪强度；但是柱轴压比（n）大于 0.50 时又会降低核心混凝土的抗剪强度。③当节点核心区有效高度与钢管直径比（h_0/D）为 1.0～4.0 时，核心混凝土承担剪力随节点核心区有效高度与钢管直径（h_0/D）的增加而增大，基本保持线性关系。

综合考虑约束效应系数（ξ）、柱轴压比（n）和核心区有效高度与钢管直径比（h_0/D）的影响，当节点核心区达极限抗剪承载力时，核心混凝土部分承担剪力可按式（8.7）计算。

$$V_{\mathrm{u,core}}=(0.081\xi+0.35)(-5.9n^2+4.4n+1.9)\left(0.047\frac{h_0}{D}+0.28\right)0.3f_{\mathrm{c,core}}A_{\mathrm{c,core}} \tag{8.7}$$

2. 外部钢筋混凝土

外部钢筋混凝土受到箍筋的约束作用，抗剪承载力相对于素混凝土有一定提高。在 ABAQUS 中提取钢筋混凝土抗剪承载力时，箍筋对抗剪承载力的贡献通过外包混凝土的抗剪承载力体现。所以，在提取外部钢筋混凝土抗剪贡献时，以混凝土受剪承载力计算公式为基础，添加节点核心区体积配箍率（$\rho_{\mathrm{v,j}}$）作为考虑箍筋含量的参数。外包混凝土在剪力作用下斜裂缝不断发展，最终承载力主要由混凝土受拉强度决定。外包钢筋混凝土承担剪力（$V_{\mathrm{u,out}}$）的基础计算公式如式（8.8）所示。

$$V_{\mathrm{u,out}}=f_{\mathrm{t,out}}A_{\mathrm{out}} \tag{8.8}$$

式中，$f_{\mathrm{t,out}}$ 为核心区管外混凝土轴心抗拉强度；A_{out} 为核心区外包混凝土抗剪截面面积。

参数分析结果表明，外包钢筋混凝土对抗剪承载力的贡献主要受柱轴压比（n）和节点核心区有效高宽比（h_0/B）影响。同时为了考虑箍筋的作用，引入节点核心区体积配箍率（$\rho_{\mathrm{v,j}}$）作为参数。将考虑上述参数的有限元计算结果与理论计算方法进行比较，拟合结果保留两位有效数字，得到分析参数对外部钢筋混凝土承担剪力的影响，如图 8.68 所示。

图 8.68 中纵坐标中的 $V_{\mathrm{u,outFEA}}$ 和 $V_{\mathrm{u,out}}$ 分别为峰值点时有限元和基础公式计算得到的外部钢筋混凝土承担的剪力。可见：①当约束效应系数（ξ）为 0.43～1.32 时，外部钢筋混凝土承担剪力基本保持不变。②当柱轴压比（n）为 0.10～0.60 时，核心混凝土承担剪力随柱轴压比（n）的增加而增大。在小轴压比作用下，外部钢筋混凝土抗剪强度提升的原因与核心混凝土相同。在大轴压比情况下，核心混凝土承担了大部分轴力，从而使外部钢筋混凝土抗剪强度随轴压比增大而逐渐提升。③当节点核心区有效高宽比（h_0/B）为 0.55～1.90 时，外部钢筋混凝土承担的剪力随节点核心区有效高宽比（h_0/B）的增加而逐渐降低。④节点核心区体积配箍率（$\rho_{\mathrm{v,j}}$）对外部钢筋混凝土部件的抗剪承载力有积极作用，随着节点核心区体积配箍率（$\rho_{\mathrm{v,j}}$）的提升，外部钢筋混凝土

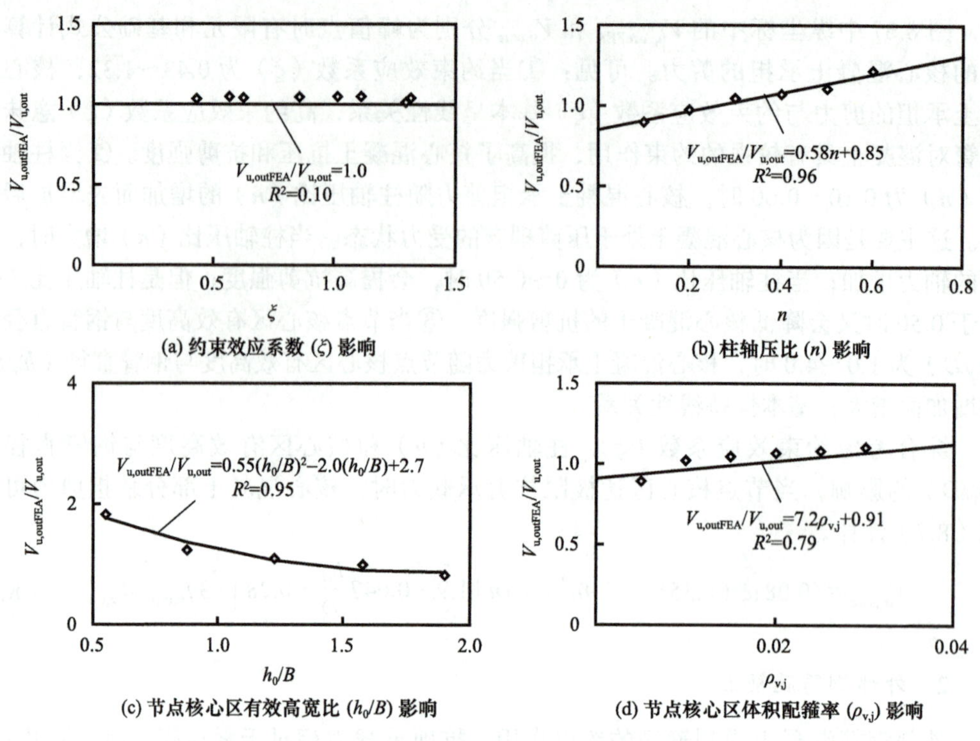

图 8.68　分析参数对外部钢筋混凝土承担剪力的影响

部件的抗剪承载力逐渐提升，但是提升幅度逐渐降低。主要是因为当节点核心区体积配箍率（$\rho_{v,j}$）达一定数值时，外部钢筋混凝土的破坏主要由混凝土决定，核心区内箍筋并未完全屈服。

综合考虑约束效应系数（ξ）、柱轴压比（n）、核心区有效高宽比（h_0/B）与核心区体积配箍率（$\rho_{v,j}$）的影响，当节点核心区达极限抗剪承载力时，核心区外包钢筋混凝土承担剪力如式（8.9）所示。

$$V_{u,out}=(0.58n+0.85)(7.2\rho_{v,j}+0.91)\left[0.51\left(\frac{h_0}{B}\right)^2-1.9\frac{h_0}{B}+2.5\right]\times f_{t,out}A_{out} \tag{8.9}$$

3. 钢管

钢管在节点核心区内受到核心混凝土和外包混凝土的保护作用，可以避免钢管发生局部屈曲。大部分发生核心区剪切破坏的节点试件，其核心区内钢管都发生了不同程度的屈服。钢管抗剪承载力的基础计算公式如式（8.10）所示（Eurocode 3，2005）。

$$V_{u,s}=\frac{0.9f_{ys}A_{s,v}}{\sqrt{3}} \tag{8.10}$$

式中，f_{ys} 为核心区钢管屈服强度；$A_{s,v}=2A_s/\pi$，为钢管有效抗剪截面面积。

分析参数对核心区钢管承担剪力的影响如图 8.69 所示。图 8.69 中纵坐标中的 $V_{u,sFEA}$ 和 $V_{u,s}$ 分别为峰值点时有限元和基础公式计算得到的钢管承担的剪力。可见：①当约束效应系数（ξ）在 0.43～1.32 增加时，钢管所承担剪力基本呈线性降低，这主

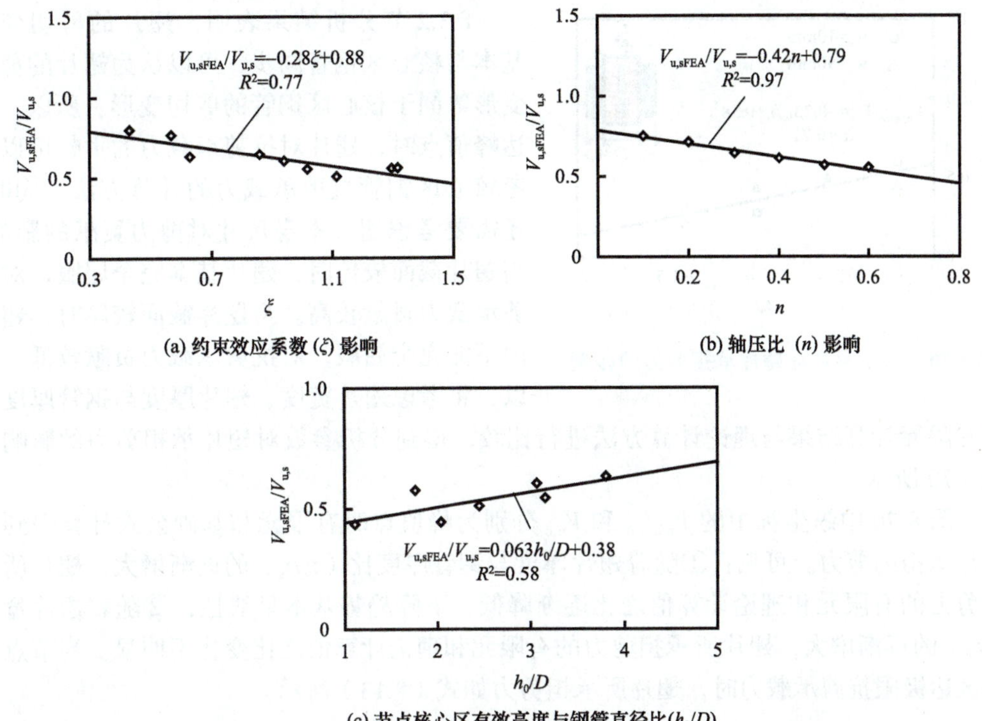

(a) 约束效应系数 (ξ) 影响

(b) 轴压比 (n) 影响

(c) 节点核心区有效高度与钢管直径比(h_0/D)

图 8.69　分析参数对核心区钢管承担剪力的影响

要是因为高约束作用下混凝土承担更多的剪力。②当柱轴压比（n）为 0.1～0.6 时，钢管承担剪力随柱轴压比（n）的增加而增加。由于钢管符合 Von Mises 屈服准则，在轴力和剪力共同作用下发生屈服，当提高轴力时，对应的抗剪强度会降低。③当节点核心区有效高度与钢管直径比（h_0/D）为 1.35～4.04 时，钢管承担的剪力随节点核心区有效高度与钢管直径比（h_0/D）的增加而逐渐增加。

综合考虑约束效应系数（ξ）、柱轴压比（n）和核心区有效高度与钢管直径比（h_0/D）的影响，对三个参数的影响进行归一化处理，当节点核心区达极限抗剪承载力时，钢管承担剪力如式（8.11）所示。

$$V_{u,s}=(-0.28\xi+0.88)(-0.42n+0.79)(0.18h_0/D+1.1)\frac{0.9f_{ys}A_{s,v}}{\sqrt{3}} \tag{8.11}$$

4．连接件

本书作者介绍三种连接件，分别为环板、套筒和翅片。其中，环板和套筒的延伸方向平行于抗剪验算截面，对于核心区抗剪没有明显贡献。翅片可以作为核心区内钢骨，有效提高抗剪强度。翅片对抗剪承载力贡献可参考钢板的抗剪承载力计算，如式（8.12）所示。

$$V_{u,c}=f_{yc}A_{c,v} \tag{8.12}$$

式中，f_{yc} 为核心区翅片屈服强度；$A_{c,v}$ 为钢管壁抗剪面积，可取平行于剪力所在平面内翅片的横截面面积之和。

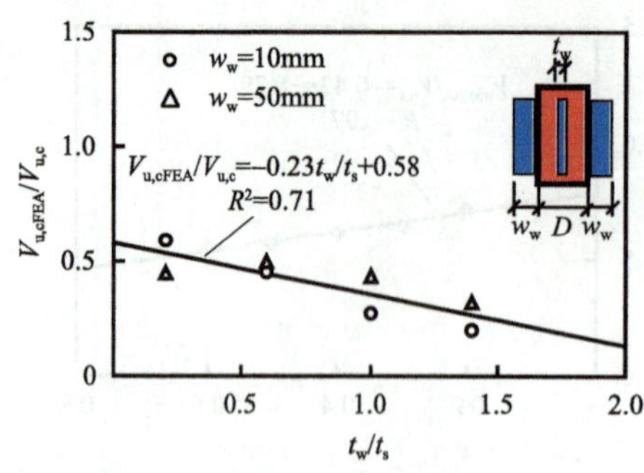

图 8.70　分析参数对翅片承担剪力的影响

8.3.2 节分析结果表明，翅片的剪切变形基本与核心区钢管同步，可以认为翅片的剪切变形等同于核心区钢管的剪切变形。所以，在达峰值点时，翅片对抗剪承载力的贡献可以参考核心区钢管抗剪承载力的计算方法。同时，还需要考虑翅片本身尺寸对剪力贡献的影响。当翅片截面较薄时，翅片基本完全屈服，对抗剪承载力贡献较高。当翅片截面较厚时，翅片内不能完全屈服，对抗剪承载力贡献较低。所以，将考虑翅片宽度、翅片厚度与钢管厚度比的有限元计算结果与理论计算方法进行比较，得到分析参数对翅片承担剪力的影响如图 8.70 所示。

图 8.70 中纵坐标中的 $V_{u,cFEA}$ 和 $V_{u,c}$ 分别为峰值点时有限元和基础公式计算得到的翅片承担的剪力。可见：①随着翅片厚度与钢管厚度比（t_w/t_s）的逐渐增大，翅片所承担剪力的有限元和理论计算值之比逐渐降低，下降趋势基本呈线性；②随着翅片宽度（w_w）的逐渐增大，翅片所承担剪力的有限元和理论计算值之比变化不明显。当节点核心区达极限抗剪承载力时，翅片所承担剪力如式（8.13）所示。

$$V_{u,c}=(-0.28\xi+0.88)(-0.42n+0.79)(0.18h_0/D+1.1)\left(-0.23\frac{t_w}{t_s}+0.58\right)f_{yc}A_{c,v} \tag{8.13}$$

式中，翅片厚度 t_w 单位为 mm。

将上述四个部件对核心区抗剪承载力的贡献相加，得到节点核心区抗剪承载力（V_u）计算公式为式（8.14）。

$$\begin{aligned}V_u&=V_{u,core}+V_{u,out}+V_{u,s}\\&=(0.081\xi+0.35)(-5.9n^2+4.4n+1.9)\times\left(0.047\frac{h_0}{D}+0.28\right)0.3f_{c,core}A_{c,core}\\&\quad+(0.58n+0.85)(7.2\rho_{v,j}+0.91)\left[0.51\left(\frac{h_0}{B}\right)^2-1.9\frac{h_0}{B}+2.5\right]\times f_{t,out}A_{out}\\&\quad+(-0.28\xi+0.88)(-0.42n+0.79)(0.18h_0/D+1.1)\\&\quad\times\left[\frac{0.9f_{ys}A_{s,v}}{\sqrt{3}}+\left(-0.23\frac{t_w}{t_s}+0.58\right)f_{yc}A_{c,v}\right]\end{aligned} \tag{8.14}$$

式中，$f_{c,core}$ 和 $f_{t,out}$ 分别为核心混凝土轴心抗压强度、外包混凝土轴心抗拉强度；f_{ys} 和 f_{yc} 分别为钢管屈服强度和翅片屈服强度；$A_{c,core}$ 和 A_{out} 分别为核心混凝土横截面面积、外包混凝土横截面面积；$A_{s,v}$ 和 $A_{c,v}$ 分别为钢管有效抗剪截面面积和翅片抗剪截面面积；B 和 D 分别为柱截面宽度和钢管外径；ξ 为钢管混凝土截面的约束效应系数；t_w 和 t_s 分别为翅片和钢管的厚度；h_0 为核心区有效高度，取受拉纵筋合力点至受压区边缘的距离；n 为钢管混凝土加劲混合结构柱的轴压比。

由于试验节点中只有 J1-1 和 J3-1 发生节点核心区剪切破坏，其他节点破坏位置在梁端和柱端，所以仅将公式计算结果与试验节点 J1-1 和 J3-1 的实测抗剪承载力进行对比，其对比分布如图 8.71 所示。

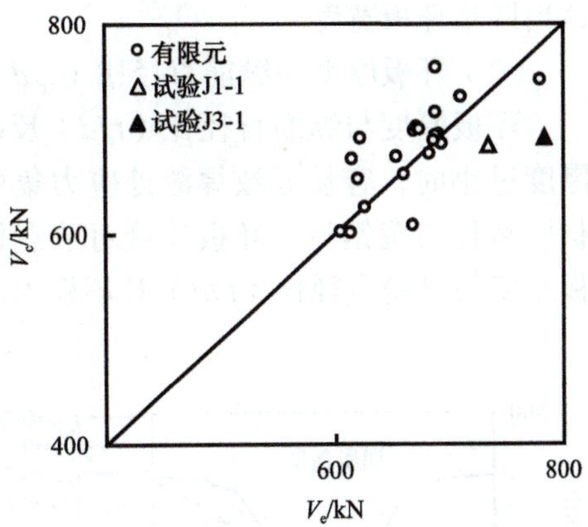

图 8.71　节点核心区抗剪承载力计算值与有限元结果对比

由图 8.71 可见，上述节点核心区抗剪承载力计算结果与实测结果相差较小，计算承载力与实测承载力比值 V_c/V_e 的平均值为 0.975，标准差为 0.042，具有较好的准确性。并且公式计算结果相比于试验结果较为保守，便于进行工程应用。

钢管混凝土加劲混合结构柱 -RC 梁节点构造措施包括环板连接、套筒连接、翅片连接和贯穿连接。除环板连接外，其余构造措施已有较充分研究［《钢筋机械连接用套筒》（JG/T 163—2013）；李惠，林立岩，1998；黄智辉等，2001；《混凝土结构设计标准（2024 年版）》（GB 50010—2010）］。本节重点讨论环板连接构造。为了验证环板连接构造，选取梁端破坏节点模型进行验证，该类模型中如果环板连接构造可靠，塑性铰会出现在核心区外的梁端，梁内纵筋在反复荷载下发生屈服，可以充分发挥梁内纵筋的强度；如果连接不可靠，环板会发生屈服，导致连接构造失效。

（1）环板宽度（w）

环板宽度（w）对环板连接的性能有重要影响，当环板宽度过小时，容易导致钢筋焊接长度不足，环板内应力过于集中，从而使节点连接处发生破坏；当环板宽度过大时，会减小施工空间，混凝土浇筑质量难以保证。环板连接对节点核心区抗剪承载力几乎没有影响，主要作用为提供可靠连接。

图 8.72　w 对环板内应力发展的影响

梁内纵筋直径为 8mm，分析环板宽度（w）对环板内应力发展的影响如图 8.72 所示。当环板宽度（w）低于 30mm 时，环板在受拉侧应力接近屈服强度；当增大环板宽度（w）至 50mm 时，环板应力明显低于屈服强度，且随着环板宽度增加，环板内应力逐渐降低。

为保证环板连接的可靠，建议环板宽度（w）的下限值参考《钢筋焊接及验收规程》（JGJ 18—2012）中对于钢筋绑条焊接的规定，双面焊接下，绑条长度不应小于 5 倍钢筋直径 d，为保证环板提供足够的焊接空间，环板宽度（w）不应小于 $2.5d$。同时，考虑环板对施工的影响，应预留出足够的混凝土浇筑空间。

一般施工中浇筑空间至少为 50mm。综上所述，建议环板宽度在 $2.5d$ 至（$B-D$）/2（mm）之间，且环板边缘距离柱边缘不小于 50mm。对于柱截面尺寸过大的情况，可适当调整环板宽度。

（2）环板厚度与纵筋直径比（t_r/d）

环板厚度与纵筋直径比（t_r/d）反映了环板厚度与梁纵筋直径的尺寸关系。当环板厚度过小时，容易导致焊缝处应力集中而发生破坏；当环板厚度过大时，容易引起层状撕裂且浪费钢材。环板连接对节点核心区整体力学性能几乎没有影响，所以选取环板厚度与纵筋直径比（t_r/d）对环板内应力发展的影响如图 8.73 所示。当环板厚度与纵筋直径比（t_r/d）低于 0.313 时，环板在加载后期发生屈服；当环板厚度与纵筋直径比（t_r/d）高于 0.313 时，环板内应力随着厚度的提升而逐渐下降。在保证环板能够对梁内钢筋提供可靠连接的同时，又能避免较厚钢材的层状撕裂问题，避免对钢材的浪费，建议环板厚度与纵筋直径比（t_r/d）大于 0.35。同时，考虑到目前钢筋混凝土结构中钢筋直径一般在 50mm 以下，而钢板在 50mm 以下时不易发生层状撕裂，所以建议环板厚度与纵筋直径比（t_r/d）上限值为 1.00。

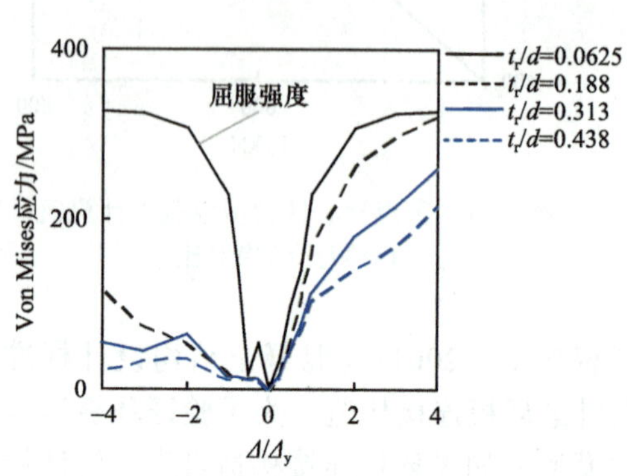

图 8.73　t_r/d 对环板内应力发展的影响

（3）环板屈服强度（f_{yr}）

环板屈服强度（f_{yr}）反映了环板本身的材料强度，由于环板为连接构件，在受力过程中应保证环板不发生屈服。由于环板连接了钢筋混凝土梁内纵筋和核心区内钢管，通过环板宽度与钢管直径比（w/D）和环板厚度与纵筋直径比（t_r/d）的规定，环板较纵筋和钢管受力面积更大，应力分布更为分散，所以在此基础上，只要保证环板屈服强度大于纵筋和钢管的屈服强度即可。

综上所述，为了保证环板连接的可靠性和施工方便，对于钢管混凝土加劲混合结构柱 -RC 梁连接节点的环板，需要满足环板宽度（w）在 2.5d 至（$B-D$）/2～50（mm）之间，环板厚度与纵筋直径比（t_r/d）在 0.35 至 1.0 之间，环板屈服强度（f_{yr}）大于纵筋和钢管的屈服强度。

8.4.3　节点恢复力模型

本小节首先确定节点核心区剪力 - 剪切变形恢复力模型的骨架线，可以参考 8.2 节试验分析结果与 8.3 节有限元全过程分析，将骨架线简化为三段折线，如图 8.74 所示。确定三段折线需要两个转折点坐标和第三段折线的斜率。其中，第一个转折点为屈服点，可以通过初始加载刚度（K_a）和屈服剪力（V_y）确定；第二个转折点为峰值点，可以通过抗剪承载力（V_u）和极限剪切变形（γ_u）确定；第三段折线的斜率可以通过下降段刚度（K_d）确定。在研究参数范围内，各参数确定方法如下所述。

（1）初始加载刚度（K_a）

节点核心区的初始加载刚度（K_a）如图 8.74 所示，在初始加载阶段，基本可以认

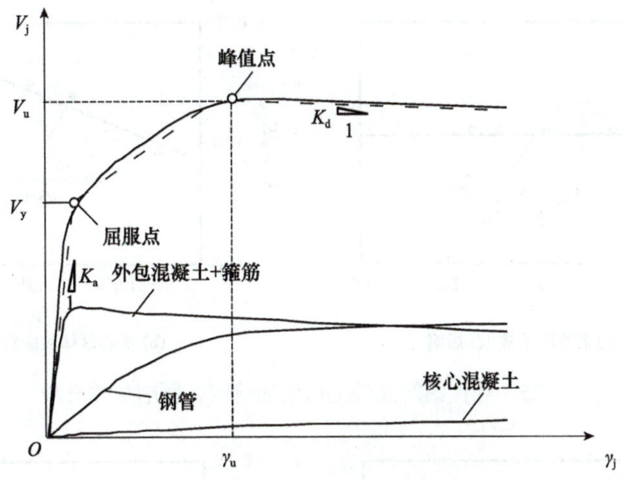

图 8.74　V_j-γ_j 关系骨架线

为是线性加载，所以可以根据各部件弹性抗剪刚度确定核心区初始刚度。箍筋对于刚度的贡献不容易直接定量表达，可以将外包混凝土与箍筋作为一个整体对刚度进行分析。通过分析加载至屈服位移时节点核心区各部件对抗剪刚度的贡献，在各部件理论弹性刚度的基础上，结合参数分析的结果对各部件等效刚度进行拟合，从而根据各部件等效刚度得到节点核心区的初始加载刚度（K_a），如式（8.15）所示。

$$K_a = K_{e,core} + K_{e,out} + K_{e,s} \tag{8.15}$$

$$K_{e,core} = G_{core} A_{core} \tag{8.16}$$

$$K_{e,out} = G_{out} A_{out} \tag{8.17}$$

$$K_{e,s} = G_s A_{s,v} \tag{8.18}$$

式中，A_{out} 为外包混凝土截面面积；$A_{s,v}$ 为钢管壁抗剪面积；G_{core} 和 G_{out} 分别为核心混凝土、外包混凝土的剪切模量，可取 40% 的弹性模量（《混凝土结构设计标准（2024 年版）》GB 50010—2010）；G_s 为钢管的剪切模量，统一取 7.9×10^4N/mm^2（《钢结构设计标准》GB 50017—2017）。

参数分析结果表明，节点核心区的初始加载刚度（K_a）主要与约束效应系数（ξ）和节点核心区体积配箍率（$\rho_{v,j}$）有关。所以，将考虑上述参数的有限元计算结果与理论计算的弹性刚度进行比较，得到对外包混凝土和箍筋抗剪刚度的影响参数分析，如图 8.75 所示。

由图 8.75 可见，约束效应系数（ξ）对外包钢筋混凝土部件的初始加载刚度没有明显影响，说明钢管主要是对核心混凝土有约束作用，对外包混凝土刚度影响较小；节点核心区体积配箍率（$\rho_{v,j}$）对外包钢筋混凝土部件的初始加载刚度有提升作用，随着节点核心区体积配箍率（$\rho_{v,j}$）的增加，外包钢筋混凝土部件的初始加载刚度基本呈线性增加。对核心混凝土承担刚度的影响参数分析，如图 8.76 所示。

由图 8.76 可见，约束效应系数（ξ）对核心混凝土的初始加载刚度有一定提升，但提升效果有限；节点核心区体积配箍率（$\rho_{v,j}$）对于核心混凝土的初始加载刚度有一定影响。对钢管承担刚度的影响参数分析，如图 8.77 所示。

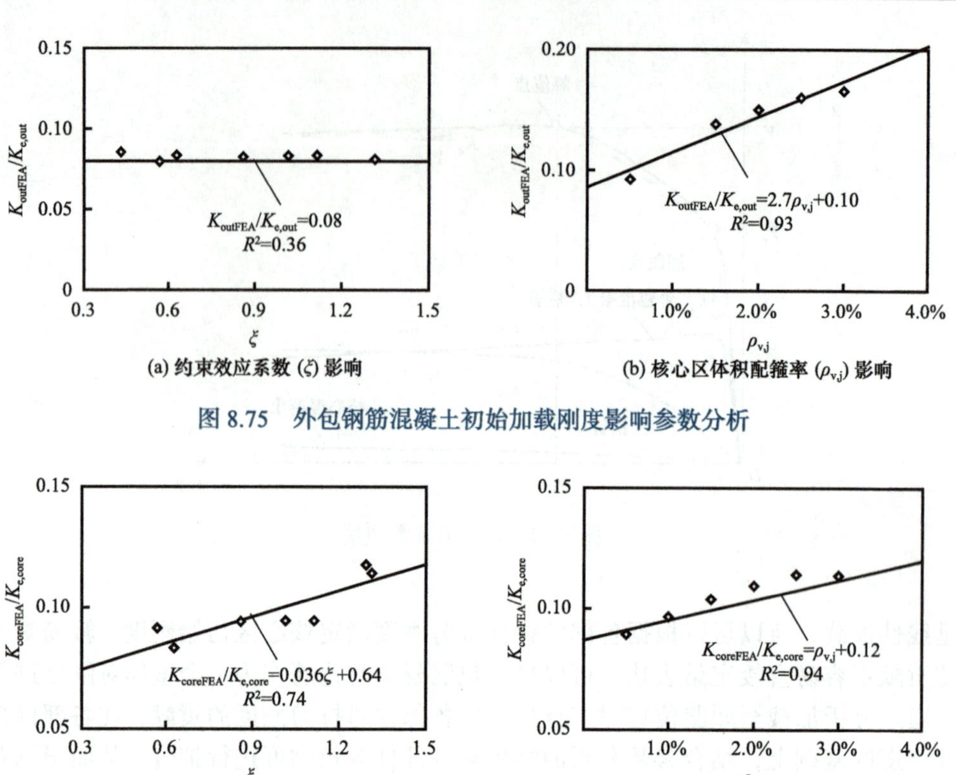

(a) 约束效应系数 (ξ) 影响　　(b) 核心区体积配箍率 ($\rho_{v,j}$) 影响

图 8.75　外包钢筋混凝土初始加载刚度影响参数分析

(a) 约束效应系数 (ξ) 影响　　(b) 核心区体积配箍率 ($\rho_{v,j}$) 影响

图 8.76　核心混凝土初始加载刚度影响参数分析

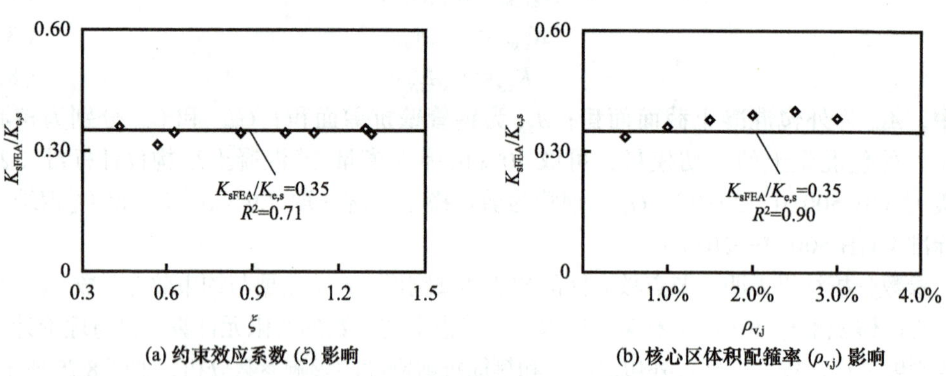

(a) 约束效应系数 (ξ) 影响　　(b) 核心区体积配箍率 ($\rho_{v,j}$) 影响

图 8.77　钢管初始加载刚度影响参数分析

由图 8.77 可见，约束效应系数（ξ）和节点核心区体积配箍率（$\rho_{v,j}$）对钢管的初始加载刚度几乎没有影响，在理论计算的抗剪截面面积基础上，应该对抗剪面积进行 0.35 的折减，得到有效抗剪面积。

综上所述，将外包混凝土、核心混凝土、钢管和箍筋四部分刚度求和，得到核心区初始加载刚度（K_a）计算公式如式（8.19）所示。

$$K_a=K_{core}+K_{out}+K_s=(0.26\xi+0.47)(\rho_{v,j}+0.12)G_{core}A_{core}+(2.7\rho_{v,j}+0.1)G_{out}A_{out}+0.35G_sA_{s,v} \quad (8.19)$$

式中，$\rho_{v,j}$ 是核心区体积配箍率，其余参数定义同式（8.15）～式（8.18）。

（2）抗剪承载力（V_u）

节点核心区抗剪承载力（V_u）由外包混凝土、核心混凝土、钢管、箍筋和连接件五部分共同提供。其中，箍筋对抗剪承载力的贡献可以与外包混凝土的贡献共同考虑。叠加各部分承担的剪力可以得到节点核心区的抗剪承载力，如式（8.14）所示。

（3）屈服剪力（V_y）

结合试验研究与参数分析结果，发现屈服剪力（V_y）与抗剪承载力（V_u）之间近似正比例关系，比例约为 0.7。所以，屈服剪力（V_y）计算方法如式（8.20）所示。

$$V_y=0.7V_u \quad (8.20)$$

（4）极限剪切变形（γ_u）

核心混凝土剪切变形如图 8.78 所示。首先确定节点核心区发生剪切破坏时，核心混凝土产生的剪切变形（$\gamma_{u,core}$）。

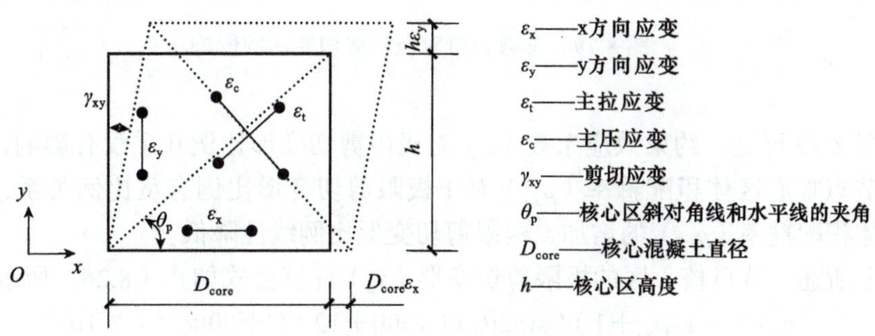

图 8.78　核心混凝土剪切变形

根据平面应变计算方法，可以得到式（8.21）和式（8.22）。

$$\varepsilon_c=\frac{\varepsilon_x+\varepsilon_y}{2}+\frac{\varepsilon_x-\varepsilon_y}{2}\cos 2\theta_p+\frac{\gamma_{xy}}{2}\sin 2\theta_p \quad (8.21)$$

$$\varepsilon_t=\frac{\varepsilon_x+\varepsilon_y}{2}+\frac{\varepsilon_x-\varepsilon_y}{2}\cos[2(\theta_p+90^\circ)]+\frac{\gamma_{xy}}{2}\sin[2(\theta_p+90^\circ)] \quad (8.22)$$

$$\gamma_{xy}=(\tan 2\theta_p)(\varepsilon_x-\varepsilon_y) \quad (8.23)$$

参照钢管混凝土中对核心混凝土斜压杆的计算方法，认为主压应变（ε_c）和主拉应变（ε_t）间成比例，即 $k=-\varepsilon_t/\varepsilon_c$。结合式（8.21）～式（8.23），可推导出剪应变如式（8.24）所示。

$$\gamma_{xy}=\sin(2\theta_p)(k+1)\varepsilon_c \quad (8.24)$$

式中，k 按照推荐值（Parra-Montesinos and Wight，2001），可取 2。由于核心混凝土作为斜压杆参与抗剪，可认为核心混凝土达极限压应变（$\varepsilon_{u,core}$）时，对应的剪应变为极限剪应变（$\gamma_{u,core}$）。而核心混凝土极限压应变已经有较为广泛的研究，可使用核心混

凝土应力 - 应变关系（韩林海，2022），将模型中核心混凝土极限压应变（$\varepsilon_{u,core}$）代入式（8.24），可以得到核心混凝土极限剪应变（$\gamma_{u,core}$）如式（8.25）所示。

$$\gamma_{u,core}=(\sin 2\theta_p)(k+1)(1300+12.5f_c'+800\xi^{0.2}) \tag{8.25}$$

根据核心区应力分析及参数分析，发现核心混凝土剪切变形（$\gamma_{u,core}$）与核心区极限剪切变形（γ_u）较为接近，通过参数分析结果探究该比例（$\gamma_u/\gamma_{u,core}$）与约束效应系数（ξ）和节点核心区体积配箍率（$\rho_{v,j}$）的关系，其对极限剪切变形的影响如图 8.79 所示。

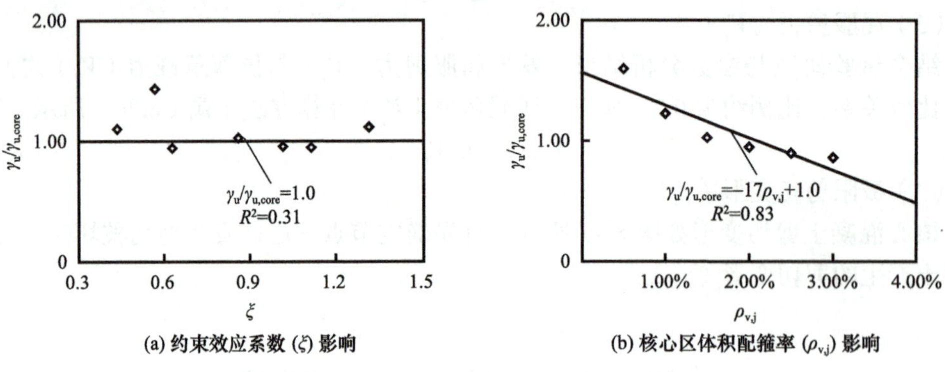

图 8.79　参数分析对极限剪切变形的影响

由图 8.79 可见，约束效应系数（ξ）对极限剪切变形比例几乎没有影响，可以忽略不计；节点核心区体积配箍率（$\rho_{v,j}$）对于极限剪切变形比例有负比例关系，随着节点核心区体积配箍率（$\rho_{v,j}$）的增加，极限剪切变形比例线性降低。

综上所述，节点核心区的极限剪切变形（γ_u）计算公式如式（8.26）所示。

$$\gamma_u=(-17\rho_{v,j}+1)(\sin 2\theta_p)(1300+12.5f_c'+800\xi^{0.2})\times 10^{-6} \tag{8.26}$$

式中，$\rho_{v,j}$ 为核心区体积配箍率；θ_p 为核心区钢管内核心混凝土斜对角线和水平线的夹角。

（5）下降段刚度（K_d）

通过对节点核心区的机理分析和参数分析结果可以看出，节点核心区的承载力基本按线性下降，下降段刚度为 K_d。并且可以发现下降段刚度与初始加载刚度存在比例关系，该比例主要与约束效应系数（ξ）和节点核心区体积配箍率（$\rho_{v,j}$）有关。本节通过下降段刚度与初始加载刚度的比值（K_d/K_a），标定钢管混凝土加劲混合结构柱 -RC 梁连接节点的下降段刚度（K_d）。下降段刚度与初始加载刚度的比值 K_d/K_a，其与约束效应系数（ξ）和节点核心区体积配箍率（$\rho_{v,j}$）关系，如图 8.80 所示。

由图 8.80 可见，约束效应系数（ξ）对下降段刚度几乎没有影响，可以忽略不计；随着节点核心区体积配箍率（$\rho_{v,j}$）的增加，极限剪切变形比例按线性降低，但降低幅度较小，为了计算简便，可以忽略不计，可认为下降段刚度与初始加载刚度的比值（K_d/K_a）为 0.01。

（6）加、卸载准则

已经有部分学者（Ma et al.，2018；Qian et al.，2016）研究过钢管混凝土加劲混合结构柱在滞回加载下刚度退化规律。本书研究的节点核心区具有相似的截面形式，

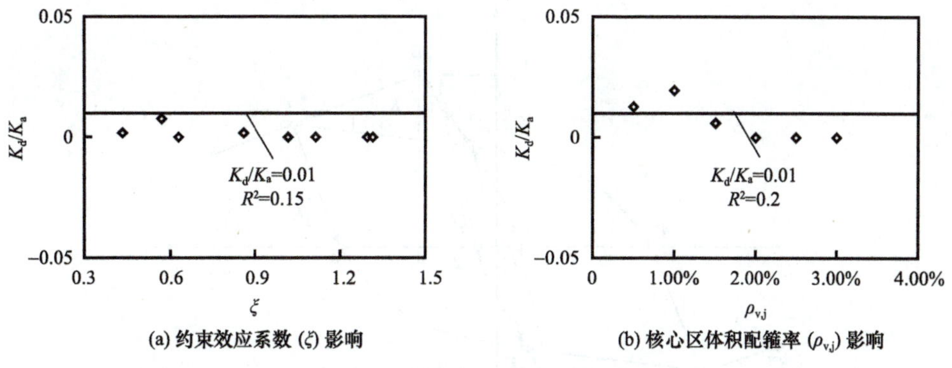

(a) 约束效应系数 (ξ) 影响　　(b) 核心区体积配箍率 ($\rho_{v,j}$) 影响

图 8.80　分析参数对下降段刚度的影响

可采用相似的退化规律。在核心区达极限剪切变形之前，按照弹性刚度卸载；在核心区达极限剪切变形之后，按极限剪切变形与卸载点剪切变形 γ_r 比值的指数折减卸载刚度（K_r），如式（8.27）所示。

$$K_r=\begin{cases}K_a & |\gamma_r|\leqslant|\gamma_u| \\ \left(\dfrac{\gamma_u}{\gamma_r}\right)^{\zeta}K_a & |\gamma_r|>|\gamma_u|\end{cases} \tag{8.27}$$

式中，ζ 为修正卸载损伤的参数，参考以往研究成果（Qian et al.，2016），取 1.0。

节点核心区剪力（V_j）－剪切变形（γ_j）关系再加载过程呈抛物线型。再加载曲线起点近似与水平坐标轴相交，即剪力为 0 的点是再加载起点。再加载起点初始斜率与卸载刚度相同，不存在刚度突变。综上，本节认为再加载曲线为起点在水平轴的抛物线，且抛物线起点切线即为卸载段直线，该方式保证了再加载曲线与卸载端的连续性；抛物线指向骨架线上的历史最大剪切应变点，如果继续加载，则按骨架线加载，如果卸载，则按上述卸载刚度（K_r）线性卸载。

通过对骨架线和加卸载准则的分析，可确定节点核心区恢复力模型如图 8.81 所示。以节点核心区为例，对恢复力模型的加载全过程进行说明。首先，当核心区受到剪力小于屈服剪力（V_y）时，即 $A'A$ 范围内，核心区按照初始加载刚度（K_a）线性加载和卸载；其次，当核心区受到剪力大于屈服剪力（V_y），且小于抗剪承载力（V_u）时，即 $B'B$ 范围内，核心区卸载刚度（K_r）与初始加载刚度（K_a）相同，按线性卸载至剪力为 0 后，再加载过程按抛物线加载（如 121′2′）；再次，当核心区剪切变形大于极限剪切变形（γ_u）时，即承载力按下降段刚度（K_d）降低，卸载刚度（K_r）按卸载点剪切变形折减，再加载过程按抛物线加载，指向反方向历史最大荷载点（如 343′4′）。之后，如果继续加载，按骨架线加载；如果卸载，则按式（8.27）所计算的卸载刚度线性卸载。

图 8.82 所示为试件的恢复力模型计算结果与有限元计算结果进行对比。由图 8.82 可见，在所对比的模型和参数范围内，恢复力模型能够对节点核心区极限抗剪承载力、加载刚度以及卸载刚度进行较好预测，计算结果基本与有限元计算结果相吻合。

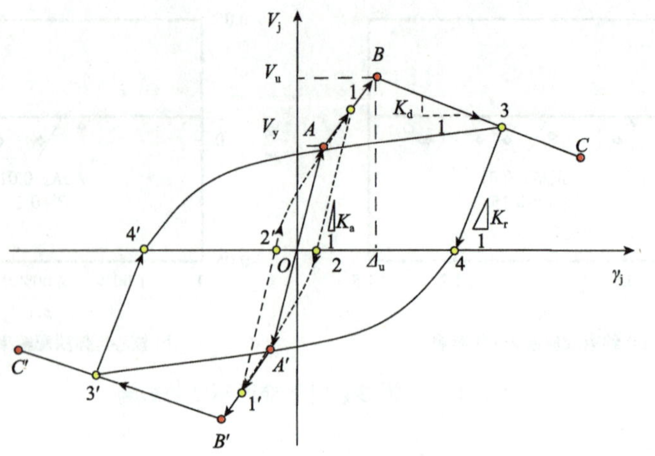

图 8.81　核心区剪力－剪切变形恢复力模型

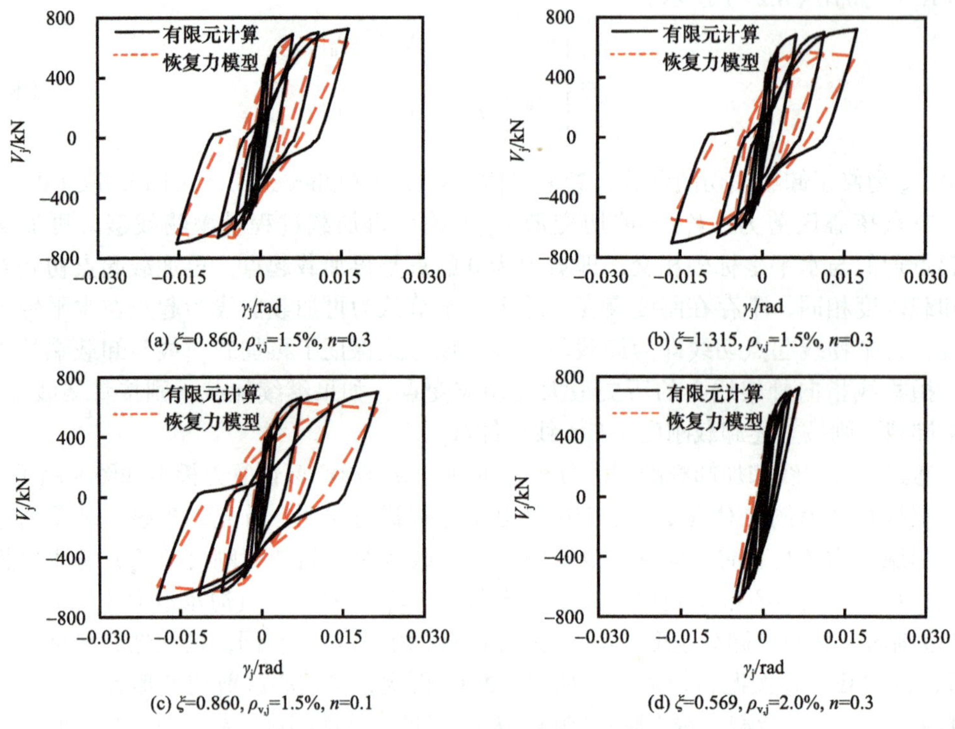

(a) ξ=0.860, $\rho_{v,j}$=1.5%, n=0.3　(b) ξ=1.315, $\rho_{v,j}$=1.5%, n=0.3

(c) ξ=0.860, $\rho_{v,j}$=1.5%, n=0.1　(d) ξ=0.569, $\rho_{v,j}$=2.0%, n=0.3

图 8.82　核心区剪力－剪切变形恢复力模型与有限元计算结果对比

进一步将恢复力模型计算结果与试验量测的核心区剪力－剪切变形关系进行对比，选取试验中发生核心区剪切破坏的节点 J1-1 和 J3-1，该类节点破坏主要发生在节点核心区，破坏特征为核心区混凝土剥落，核心区内箍筋和钢管屈服，适用于分析节点以核心区剪切破坏为特征的情况，结果对比如图 8.83 所示。

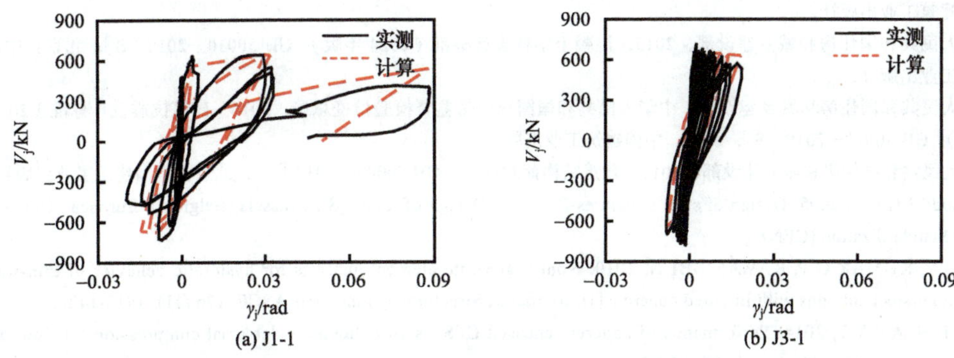

图 8.83　核心区剪力 - 剪切变形恢复力模型与试验量测结果对比

通过将试验结果与恢复力模型计算结果进行对比，发现恢复力模型可以较为保守地计算节点核心区承载力，且能够较好地计算卸载刚度和再加载刚度，对与再加载曲线的形式吻合较好，进一步验证了该恢复力模型的可靠性。通过该恢复力模型，可以简化核心区剪力 - 剪切滞回关系的计算，从而对该类节点核心区的延性和耗能做出判断。

8.5　本 章 小 结

本章开展了不同构造措施的钢管混凝土加劲混合结构柱 -RC 梁连接节点滞回性能的试验研究，建立了钢管混凝土加劲混合结构柱 -RC 梁连接节点的有限元计算模型。通过参数分析结果，揭示了影响核心区抗剪性能的主要参数以及变化规律，提出了适用于钢管混凝土加劲混合结构柱 -RC 梁连接节点的抗剪承载力计算公式和核心区剪力 - 剪切变形恢复力模型。

关于钢管混凝土加劲混合结构柱 - 钢筋混凝土梁连接节点的抗火性能，已在专著《钢 - 混凝土组合结构抗火设计原理（第三版）》（韩林海等，2022）中论述。

参 考 文 献

安钰丰，2015．方形钢管混凝土叠合压弯构件力学性能和设计方法研究［D］．北京：清华大学．

韩林海，2022．钢管混凝土结构：理论与实践［M］．4 版．北京：科学出版社．

韩林海，宋天诣，周侃，2022．钢 - 混凝土组合结构抗火设计原理［M］．3 版．北京：科学出版社．

黄智辉，程丽茉，钱稼茹，等，2001．钢管高强混凝土叠合柱核芯区抗剪试验研究与有限元分析［J］．工业建筑，31（7）：50-53．

李惠，林立岩，1998．钢管高强混凝土叠合节点中核心部分的静力承载力研究［J］．哈尔滨建筑大学学报，31（2）：1-6．

马丹阳，2019．钢管混凝土加劲混合结构柱 - 钢筋混凝土梁连接节点［D］．北京：清华大学．

钱炜武，2017．钢管混凝土叠合柱 - 钢梁节点抗震性能研究［D］．北京：清华大学．

徐悟，2016．六边形钢管混凝土柱及其外包式柱脚工作机理研究［D］．北京：清华大学．

中华人民共和国住房和城乡建设部，2012．钢筋焊接及验收规程：JGJ 18—2012［S］．北京：中国建筑工业出版社．

中华人民共和国住房和城乡建设部，2015．建筑抗震试验规程：JGJ/T 101—2015［S］．北京：中国建筑工业出版社．

中华人民共和国住房和城乡建设部，2013．钢筋机械连接用套筒：JG/T 163—2013［S］．北京：中国标准出版社．

中华人民共和国住房和城乡建设部，2017．钢结构设计标准（附条文说明［另册］）：GB 50017—2017［S］．北京：中国建筑工业出版社.

中华人民共和国住房和城乡建设部，2015．混凝土结构设计标准（2024年版）：GB 50010—2010［S］．北京：中国建筑工业出版社.

中华人民共和国住房和城乡建设部，中华人民共和国国家质量监督检验检疫总局，2016．建筑抗震设计标准（2024年版）：GB 50011—2010［S］．北京：中国建筑工业出版社.

中华人民共和国住房和城乡建设部，2012．建筑结构荷载规范：GB 50009—2012［S］．北京：中国建筑工业出版社.

Eurocode 3 (EC3), 2005. Design of steel structures-Part 1. 8: Design of joints [S]. Brussels (Belgium): European Committee for Standardization (CEN).

GOTO Y, KUMAR G P, KAWANISHI N, 2010. Nonlinear finite-element analysis for hysteretic behavior of thin-walled circular steel columns with In-filled concrete [J]. Journal of Structural Engineering-ASCE, 136 (11): 1413-1422.

HAN L H, AN Y F, 2014. Performance of concrete-encased CFST stub columns under axial compression [J]. Journal of Constructional Steel Research, 93: 62-76.

MA D Y, HAN L H, LI W, et al., 2018. Seismic Performance of Concrete-Encased CFST Piers: Analysis [J]. Journal of Bridge Engineering-ASCE, 23 (1): 04017119.

MA D Y, HAN L H, ZHAO X L, 2019. Seismic performance of the concrete-encased CFST column to RC beam joint: Experiment [J]. Journal of Constructional Steel Research, 154: 134-148.

MA D Y, HAN L H, ZHAO X L, et al., 2020. Seismic performance of the concrete-encased CFST column to RC beam joints: Analytical study [J]. Steel and Composite Structures, 36 (5): 533-551.

MA D Y, 2023. Seismic performance of concrete-encased CFST column to RC beam joints: A practical model [J]. Journal of Building Engineering, 78: 107567.

PARRA-MONTESINOS G, WIGHT J K, 2001. Modeling shear behavior of hybrid RCS beam-column connections [J]. Journal of Structural Engineering, 127 (1): 3-11.

QIAN W W, LI W, HAN L H, et al., 2016. Analytical behavior of concrete-encased CFST columns under cyclic lateral loading [J]. Journal of Constructional Steel Research, 120: 206-220.

第 9 章　平面钢管混凝土框架结构

9.1 引　　言

钢管混凝土柱与钢梁、钢筋混凝土梁或组合梁等组成的框架是钢管混凝土工程中常见的结构形式。

曾有研究者采用拟静力试验的方法研究钢管混凝土框架的力学性能。如 Kawaguchi 等（1997），Morino 等（1993），许成祥（2003），王来等（2003），王铁成和卢明奇（2005），张文福（2000）等。还有一些研究者采用拟动力试验的方法研究钢管混凝土框架结构的力学性能，如 Herrera 等（2003），Muhummud（2003），Prabuddha 等（2003），Tsai 等（2003），周栋梁等（2004）。有的研究者则采用模拟地震振动台试验的方法研究钢管混凝土框架结构的抗震性能。如黄襄云和周福霖（2000），黄襄云等（2001），凡红等（2005）。本书作者认为在此基础上还应继续深入进行如下研究工作：①通过试验深入研究不同参数条件下，尤其在大柱轴压比（如大于 0.5）情况下钢管混凝土框架的力学性能；②建立能充分考虑钢管混凝土组合结构特点的理论分析模型；③系统细致地分析钢管混凝土框架结构的几何参数、物理参数和荷载参数对其力学性能的影响规律；④提供钢管混凝土平面框架结构的恢复力模型，为由钢管混凝土柱组成的结构体系的抗震计算分析提供参考。

单层单跨框架是最基本的框架组成单元，任何复杂的多层多跨框架可看成单层单跨框架的组合和叠加。研究单层单跨框架的力学性能，是深入研究多层多跨空间框架结构力学性能和设计理论的重要基础。

本书作者对钢管混凝土柱 - 钢梁单层平面框架结构的工作性能进行了理论和试验研究（王文达等，2006；王文达和韩林海，2008a，2008b；Han et al.，2008；Wang et al.，2009），分析了影响钢管混凝土平面框架结构力学性能的重要参数，建立了相应的数值分析模型，在此基础上研究了平面框架承载力和恢复力模型的实用计算方法。本章拟介绍有关阶段性研究结果。

9.2 采用外环板式连接的框架结构试验研究

9.2.1 试验概况

（1）试件设计和制作

框架试件由钢管混凝土柱 - 钢梁经由刚接节点连接而成，刚接节点的形式采用常用的外加强环板式构造。

框架试件的设计参考了某实际工程。综合考虑实验室加载能力、加载方式和场地

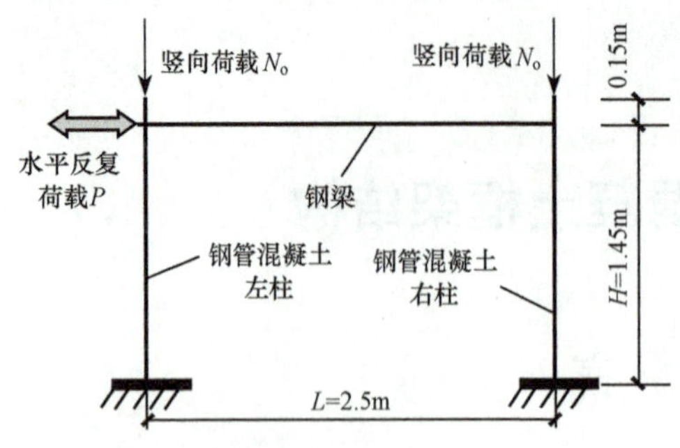

图 9.1 平面框架结构简图及加载方式

等条件，最终确定了如图 9.1 所示的框架简图，其中钢梁跨度（L）为 2.5m，每个钢管混凝土柱沿轴线分为两段，上段高度为 0.15m，下段高度（H）为 1.45m。

钢梁的设计首先保证其截面满足整体稳定和局部稳定的构造要求，再依据试件设计参数所要求的梁柱线刚度比初选截面，最后根据“强柱弱梁”的要求验算梁截面尺寸。外加强环板宽度确定参考了本书 5.2 节的研究结果。

本书作者设计了 4 组、共计 12 榀框架试件。试件具体几何尺寸等参数汇总于表 9.1。其中，D 为钢管外径（对圆柱），B 为钢管边长（对方柱），t 为钢管壁厚。工字钢梁的截面尺寸分别为梁高、梁宽、腹板厚度、翼缘厚度（$h\times b_f\times t_w\times t_f$）。梁柱线刚度比为 $k=i_b/i_c$，其中 $i_b=(EI)_b/L$，为梁的线刚度，$(EI)_b$ 为梁的抗弯刚度。$i_c=(EI)_c/H$，为柱的线刚度，$(EI)_c$ 为钢管混凝土柱的抗弯刚度。

表 9.1 钢管混凝土平面框架试件

柱截面形状	试件编号	尺寸 /mm		梁柱线刚度比 k	轴压力 N_o/kN	柱轴压比 n	节点环板宽度 b/mm	Δ_y/mm	P_{max}/kN
		柱	梁						
		$D\times t$（$B\times t$）	$h\times b_f\times t_w\times t_f$						
圆形	CF-11	140×2.00	150×70×3.44×3.44	0.57	50	0.07	40	15.3	76.5
	CF-12	140×2.00	150×70×3.44×3.44	0.57	205	0.3	40	13.1	68.4
	CF-13	140×2.00	140×65×3.44×3.44	0.46	410	0.6	30	12.5	55.3
	CF-21	140×3.34	160×80×3.44×3.44	0.58	50	0.06	50	15.7	96.4
	CF-22	140×3.34	160×80×3.44×3.44	0.58	273	0.3	50	14.9	90.6
	CF-23	140×3.34	140×65×3.44×3.44	0.36	545	0.6	30	14.7	75.7
方形	SF-11	120×3.46	160×80×3.44×3.44	0.62	50	0.05	40	17.7	106.1
	SF-12	120×3.46	160×80×3.44×3.44	0.62	285	0.3	40	17.2	102.8
	SF-13	120×3.46	140×70×3.44×3.44	0.41	570	0.6	30	15.5	88.5
	SF-21	140×4.00	180×80×4.34×4.34	0.55	50	0.04	50	17.8	166.7
	SF-22	140×4.00	180×80×4.34×4.34	0.55	375	0.3	50	14.9	154.1
	SF-23	140×4.00	160×80×3.44×3.44	0.34	750	0.6	40	9.4	133.0

表 9.1 中，钢管混凝土柱的轴压比定义为 $n=N_o/N_u$，即为试验时柱上施加的轴向荷载 N_o 与柱极限承载力标准值 N_u 的比值。

试件的构造尺寸及测试仪器布置如图 9.2（a）所示。外加强环板的构造及尺寸如图 9.2（b）～（e）所示，其中 b 为环板宽度，汇总于表 9.1 中。

框架柱脚均采用固接边界，柱脚处设置了加劲肋板，其尺寸构造如图 9.2（a）所

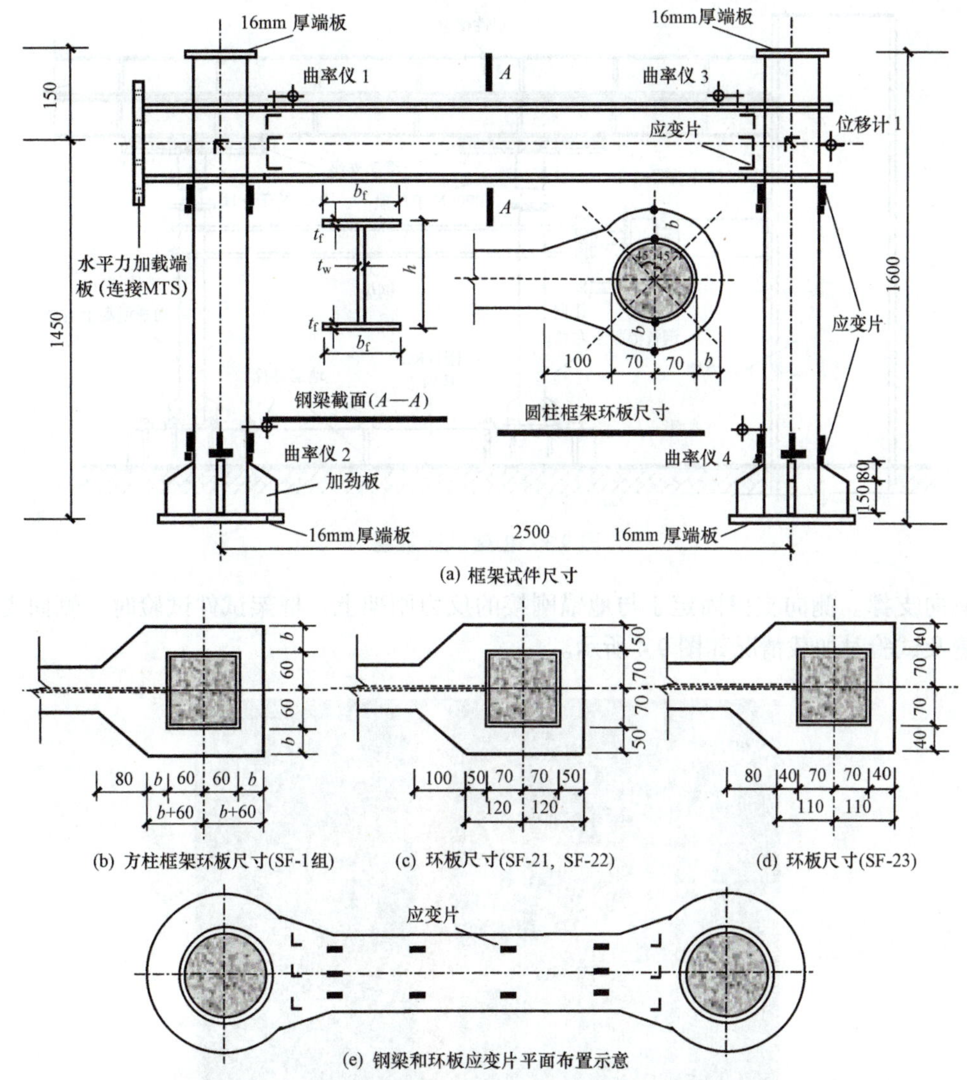

图 9.2　框架试件构造尺寸及测试仪器布置（尺寸单位：mm）

示。在实验室地面上设置了预制钢筋混凝土基础梁作为试件的台座，基础梁通过地锚螺栓固定在地面上，梁中预埋有高强螺栓，试验时框架试件每个柱脚用 10Φ18 的高强螺栓固定。框架柱顶轴向力各由 1000kN 液压千斤顶施加，并由伺服液压加载系统控制，柱顶与刚性横梁之间设有可自由滑动的支座，竖向液压千斤顶固定在滑动支座上，以保证柱顶发生水平位移时施加在柱顶上的轴力保持恒定。在梁端设置加载端板与固定于反力墙水平方向的 MTS 液压伺服作动器连接，并施加水平反复荷载或位移。框架试验装置如图 9.3 所示。

为避免试验过程中框架发生加载平面外失稳，在框架梁、柱面外均设置了侧向支撑，可保证框架试件在荷载作用平面内的前后自由移动。该装置为可调节间距的带垂直推力轴承的撑板，在框架梁三分点两侧各布置一个，在每个柱三分点处两侧也布置

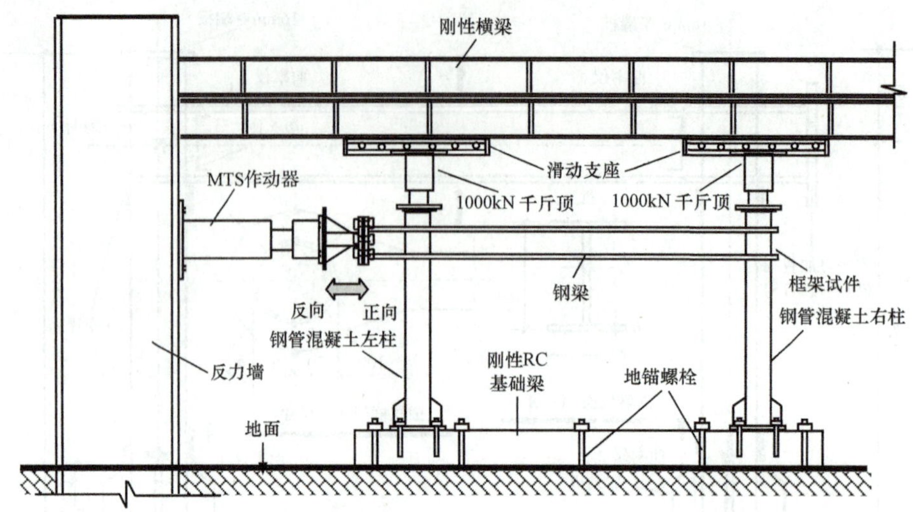

图 9.3 框架试验装置

有侧向支撑。侧向支撑固定于与地锚刚接的反力刚架上。框架试件试验时，侧向支撑布置及试验时加载情况如图 9.4 所示。

图 9.4 试验时加载情况

钢管混凝土柱采用了冷弯薄壁钢管，对于方管，其角部的内圆角半径 $r=4$mm。钢梁采用钢板焊接而成，加强环板及钢梁腹板均与钢管焊接。对每个框架试件加工两个厚度为 16mm 的钢板作为柱的盖板，先在空钢管底端将盖板焊上，上部盖板等混凝土浇灌完成后再焊接。钢材的屈服强度（f_y）、抗拉强度（f_u）、弹性模量（E_s）和泊松比（μ_s）等参数分别如表 9.2 所示。

表 9.2 钢材力学性能汇总

钢材种类	钢板厚度 /mm	f_y/MPa	f_u/MPa	E_s/（N/mm^2）	μ_s
圆钢管	2.00	328	398	2.06×10^5	0.266
	3.34	352	430	2.07×10^5	0.262

续表

钢材种类	钢板厚度 /mm	f_y/MPa	f_u/MPa	E_s/（N/mm^2）	μ_s
方钢管	3.46	404	511	2.06×10^5	0.278
	4.00	361	434	2.06×10^5	0.261
环板和钢梁	3.44	303	441	2.06×10^5	0.262
	4.34	362	496	2.04×10^5	0.262

钢管中浇灌了自密实混凝土，其配合比：水为 181kg/m^3；普通硅酸盐水泥为 300kg/m^3；Ⅱ级粉煤灰为 200kg/m^3；河砂为 994kg/m^3；石灰岩碎石为 720kg/m^3。早强型减水剂的掺量为 1%。混凝土坍落度为 262mm，坍落扩展度为 610mm，混凝土浇灌时内部温度为 28℃。新拌混凝土流经 L 形仪的平均流速为 57mm/s。混凝土由顶部灌入钢管且没有进行任何振捣。

采用与试件中混凝土同条件养护的标准混凝土立方体试块达到 28 天养护期的强度 f_{cu} 为 42.7MPa，进行试验时的 f_{cu} 为 52.6MPa。混凝土弹性模量 E_c 为 33800N/mm^2。

（2）试验方法

框架试件的梁端水平荷载（P）- 水平位移（Δ）滞回关系由 MTS 系统的数据自动采集系统采集。在框架柱底部和上部截面处均设置了应变片，底部截面在荷载作用平面内和平面外的四个面上均布置了互成 90°的双向应变片，以测试框架柱底部截面荷载平面内及平面外的轴向及横向应变。在柱上部截面水平荷载作用平面内的两侧布置了双向应变片。在框架梁两端截面上下翼缘均布置了沿轴线方向的单向应变片，腹板上布置了双向应变片。分别在框架梁两端及每个框架柱底部截面附近布置了测试曲率的曲率仪。所有的测试仪器与 MTS 系统的作动器位移进行同步采集。框架试件的具体测点布置如图 9.2（a）所示。

在框架试件的节点环板上均布置了双向应变片，用以测试其纵向及横向应变。以圆形柱框架为例，图 9.2（e）给出了钢梁和环板应变片布置示意。

（3）加载制度及加载程序

试验时采用位移控制加载，具体加载制度与 5.2.1 节中节点试验方法类似。试验前由本章 9.4 节论述的非线性有限元模型计算得到框架试件的理论极限荷载 P_{max}，并取对应 0.7P_{max} 的位移为屈服位移 Δ_y。

柱顶竖向轴力按照预定的轴压比由伺服液压加载系统通过 1000kN 竖向千斤顶施加，轴向压力加到 N_o 后持荷 2～3min，然后采用 MTS 伺服作动器施加水平反复荷载。

试验时，水平荷载采用慢速连续加载，加载速率为 0.5mm/s。当荷载降低到峰值荷载的 60% 左右、或梁柱连接焊缝发生破坏时即停止继续加载。

9.2.2 试验结果及分析

1. 试件破坏特征

本次试验的所有试件均发生了“强柱弱梁”型破坏形式，其破坏发展过程和梁、柱塑性铰的出现次序可总体上用图 9.5 来进行说明。

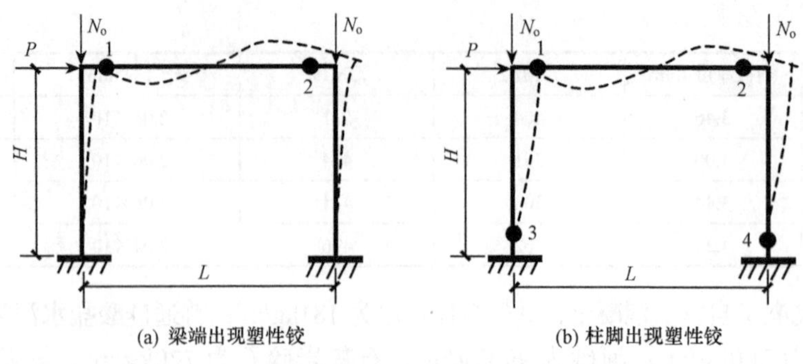

(a) 梁端出现塑性铰 (b) 柱脚出现塑性铰

图 9.5 试件破坏过程及塑性铰出现次序

当水平荷载（位移）加载到一定数值时，距离加载端较近的钢梁梁端首先发生屈服，产生塑性铰 1；继续反向加载，钢梁另一端出现屈服并形成反向塑性铰 2；随着加载位移的继续增大，梁端截面上下翼缘交替鼓曲，而且鼓曲变形随加载的持续而逐渐趋于明显，反向加载时并不能完全恢复到原位；随着位移的进一步增大，柱脚截面处钢管开始鼓曲，荷载开始下降，并首先在距离加载端的柱脚处形成塑性铰 3，反向加载时在远端柱脚形成塑性铰 4；当塑性铰 3 及 4 位置截面的塑性开展到一定阶段时，水平荷载开始出现下降，最后框架达到破坏极限状态。由于塑性铰 1 出现后钢梁会消耗一定能量，因此塑性铰 2 的出现要晚于 1，同理，柱塑性铰 3 的出现早于 4。由于框架试件中钢梁轴力较小，梁端形成纯弯塑性铰，而柱上承受恒定数值的轴力和水平荷载，因此形成了偏压塑性铰。

基于试件的构造特点，所有试件的梁端塑性铰位置均出现在加强环板之外 50mm 左右的范围内的钢梁截面区域，但并不是一个截面位置，而是在约 150mm 宽的区域内。柱上形成的塑性铰位置在柱脚加劲肋板高度之上约 30mm 左右，且右柱塑性铰的高度要高于左柱。框架试件梁端及柱端截面附近的破坏形态如图 9.6 所示。

试件整体破坏形态如图 9.7（1）和（2）所示。整个试验过程中加强环板靠近梁端处位置虽然也有轻微鼓曲变形，但节点核心区域均未发生破坏，也没有明显变形。比较圆形柱与方形柱试件，可看出方柱不仅在荷载作用平面内的管壁出现较大的鼓曲并伴随开裂，在荷载平面外的管壁上也出现轻微的鼓曲，如图 9.7（2）所示。圆柱的鼓曲和开裂主要发生在荷载作用平面，如图 9.7（1）所示，主要原因是圆形柱钢管对其内部混凝土可提供更强的约束，因此柱的延性更好。由于试件设计时考虑了“强柱弱梁”及“强节点”的要求，故试件节点区域没有发生破坏，也没有观测到明显的变形。

图 9.7（3）所示分别为试验后圆柱框架试件及方柱框架试件柱脚塑性铰位置处剖开钢管后混凝土的状态，可见方柱框架和圆柱框架塑性铰附近截面处的混凝土均有较严重的破坏。当剖开钢管后，该处的混凝土有破碎掉块现象。

图 9.7（4）分别给出了圆形柱和方形柱钢管混凝土框架试件在试验后的梁柱节点区域剖开外钢管后核心混凝土的状态。可见，框架试件即使破坏后，节点域的混凝土仍没有明显的裂缝产生，说明核心混凝土能够满足承载力要求。

由于各框架试件柱截面形状、柱轴压比（n）等参数有所不同，故发生上述破坏

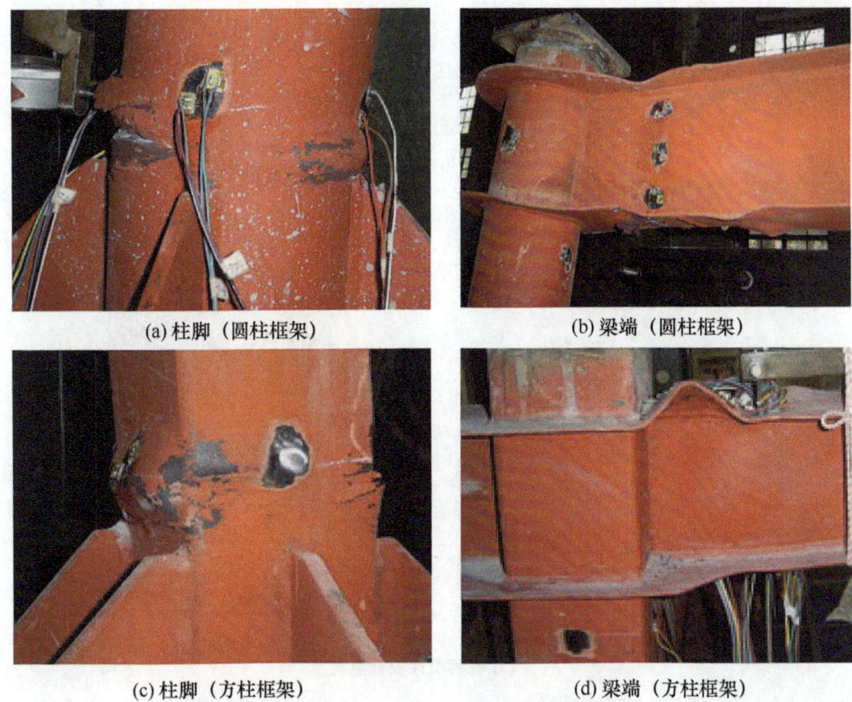

(a) 柱脚（圆柱框架）　(b) 梁端（圆柱框架）

(c) 柱脚（方柱框架）　(d) 梁端（方柱框架）

图 9.6　试件柱脚及梁端的破坏形态

过程时各试件对应的加载位移及荷载数值不同。对于 $n \leqslant 0.3$ 的试件（CF-11、CF-12、CF-21、CF-22、SF-11、SF-12、SF-21、SF-22）均在位移加载到 $3\Delta_y$ 第二循环时梁端出现轻微的鼓曲，在位移加载到 $5\Delta_y$ 时梁端鼓曲加重，柱脚钢管也出现鼓曲。对于 $n=0.6$ 的试件（CF-13、CF-23、SF-13、SF-23），在位移加载到 $3\Delta_y$ 第一循环梁端出现轻微的鼓曲，在位移加载到 $3\Delta_y$ 第二循环时梁端鼓曲加重，且柱脚钢管出现明显鼓曲。也就是说，随着 n 的增加，试件梁柱塑性铰的出现提前。对比不同截面形状的框架试件柱脚塑性铰处混凝土的破坏状态可以发现，圆柱框架裂缝基本均匀，且剥去钢管后混凝土完整性较好，而方柱框架柱脚处混凝土破坏较为严重，一旦剖开钢管，有部分破裂的混凝土即破碎掉块，如图 9.7（3）所示。这种差别也反映圆形柱对核心混凝土的约束效果要优于方形柱。

以试件 CF-22 为例，简要说明框架试件的试验过程：当位移加载到 $3D_y$ 第二循环时，靠近加载端钢梁的环板上翼缘及梁端上翼缘（受压）开始出现轻微的鼓曲，在此之前试件并无明显变化。当加载到 $-3\Delta_y$ 时，钢梁下翼缘（受压）的环板及梁端翼缘钢板开始出现鼓曲，而上翼缘的鼓曲变形因受拉而部分恢复。此时水平荷载基本上达到了极限值。位移达到 $5\Delta_y$ 第一循环时，钢梁梁端及环板上、下翼缘的鼓曲变形程度加重，梁端腹板也出现鼓曲；反向加载时，其鼓曲变形部分恢复，随着加载方向的变化交替出现翼缘的鼓曲，荷载开始下降。第二循环时，柱脚部位在加劲肋板范围之外的钢管在荷载作用方向开始出现轻微鼓曲，梁微有面外倾斜。

当加载到位移为 $7\Delta_y$ 第一循环时，梁端翼缘及腹板的鼓曲程度加重，柱下端的钢

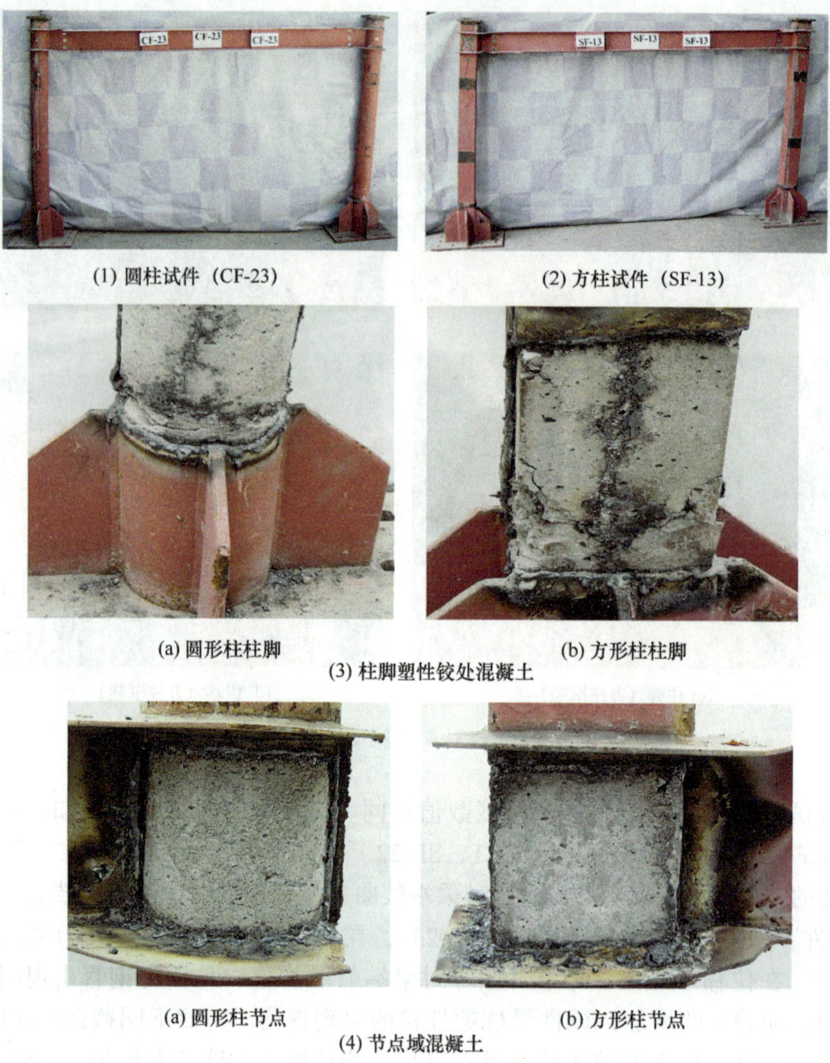

(1) 圆柱试件（CF-23）　　(2) 方柱试件（SF-13）

(a) 圆形柱柱脚　　(b) 方形柱柱脚

(3) 柱脚塑性铰处混凝土

(a) 圆形柱节点　　(b) 方形柱节点

(4) 节点域混凝土

图 9.7　框架试件试验后破坏形态

管鼓曲变形继续发展且逐渐显著，荷载继续下降。在第二循环时，柱下端鼓曲位置钢管开始出现局部断裂现象。当位移增加到 $8\Delta_y$ 时，柱下端的塑性铰位置的断裂裂缝扩展较大，可观察到内部的混凝土被局部压碎。当荷载持续下降到峰值荷载的 70% 以下时停止加载。

2. 试验结果分析

（1）水平荷载（P）-水平位移（Δ）关系

所有框架试件实测的 P-Δ 关系如图 9.8 所示，可见试件的滞回曲线基本均呈现饱满的梭形，没有明显捏缩现象。CF-1 组试件的滞回曲线相比而言并不是很饱满，主要原因是该组试件的钢管混凝土框架柱的含钢率较低（柱含钢率 $\alpha_s=0.06$），但所有试件的 P-Δ 关系在荷载达到峰值点之前没有出现明显的强度退化和刚度退化，荷载下降阶段虽然有较明显的强度退化，但刚度退化不明显。

从图 9.8 可以看出，试件屈服后加载时的刚度逐渐退化，这是因为此时试件的屈服范围逐渐加大所致。试件卸载时的刚度基本保持弹性，与初始加载时的刚度基本相同。但随着加载位移的继续增加，卸载时刚度呈现出减小的趋势。

比较图 9.8 还可看出，同一组试件随柱轴压比（n）的增加，试件的水平极限承载力下降，滞回曲线的饱满程度也有所降低，试件达到极限承载力后的强度退化更加明显，滞回环所包围的面积也趋于减小，说明 n 的增大降低了框架的极限承载力和耗能能力。而当 $n \leqslant 0.3$ 时，水平极限承载力随 n 的增加下降并不明显。两组圆柱框架随柱含钢率的增大，在相同轴压比时，框架的水平承载力和刚度均有所提高，滞回曲线的饱满程度也有所提高，说明了其耗能能力的提高。

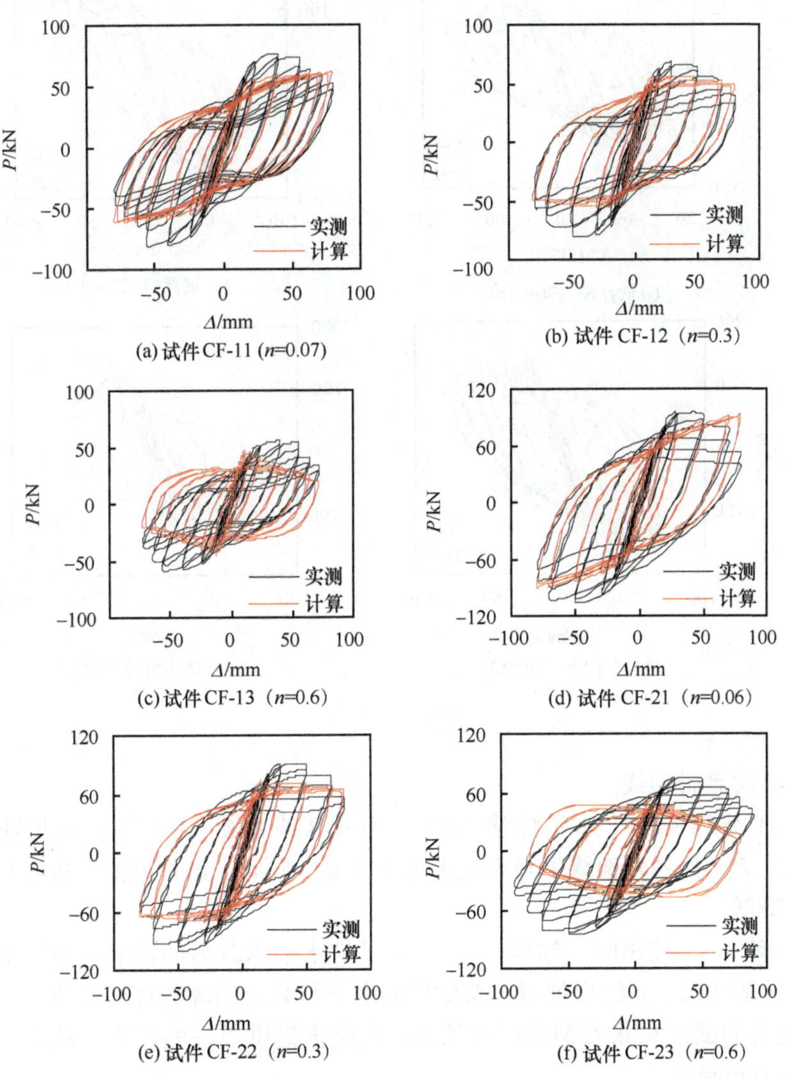

图 9.8　框架试件 P-Δ 关系

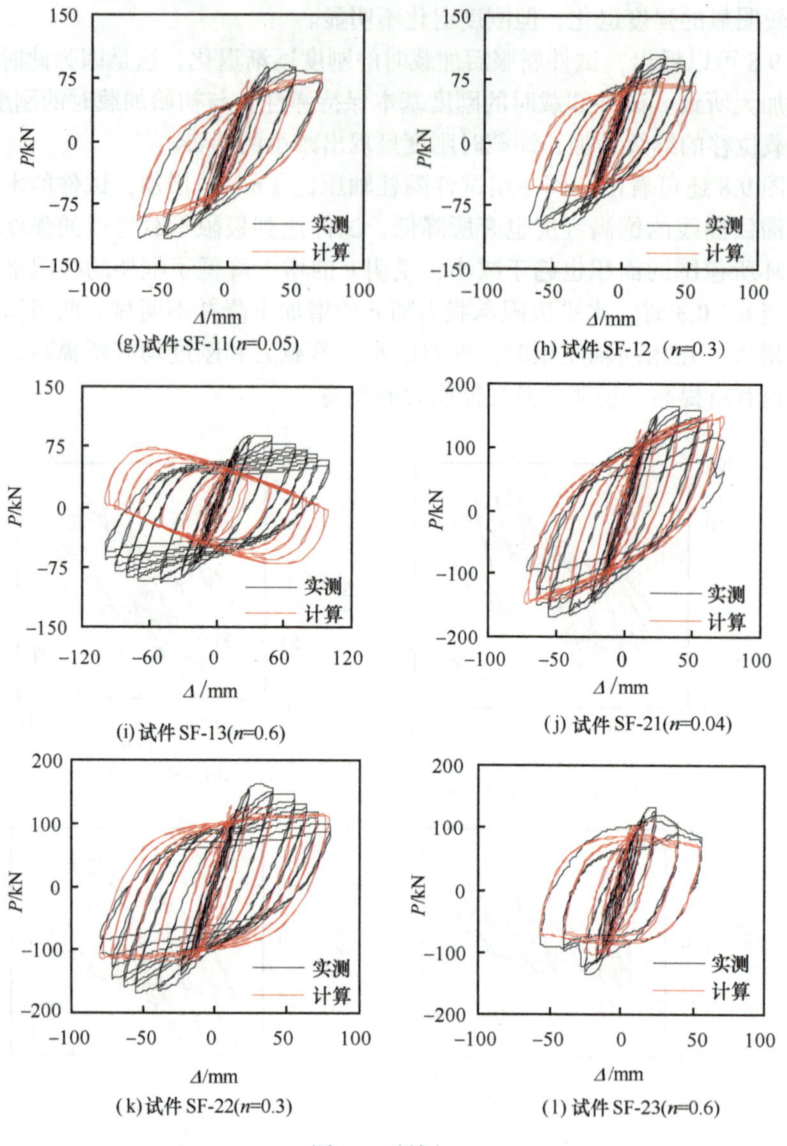

(g) 试件 SF-11(n=0.05)　(h) 试件 SF-12（n=0.3）
(i) 试件 SF-13(n=0.6)　(j) 试件 SF-21(n=0.04)
(k) 试件 SF-22(n=0.3)　(l) 试件 SF-23(n=0.6)

图 9.8 （续）

（2）P-Δ 关系骨架线

试件水平荷载（P）- 水平位移（Δ）关系骨架线如图 9.9 所示，可见随着轴压比（n）的增加，P-Δ 关系骨架线下降段变得更为明显。同时，试件的水平极限承载力也随 n 的增加而降低。

当含钢率（α_s）较小时，轴压比（n）对试件水平承载力的影响相对更加明显。而含钢率（α_s）较大时，n 的增加对框架试件的水平承载力的降低程度要小一些。原因在于含钢率较大的试件意味着钢管可对其核心混凝土提供更好的约束，从而可提高框架柱的承载能力和刚度。

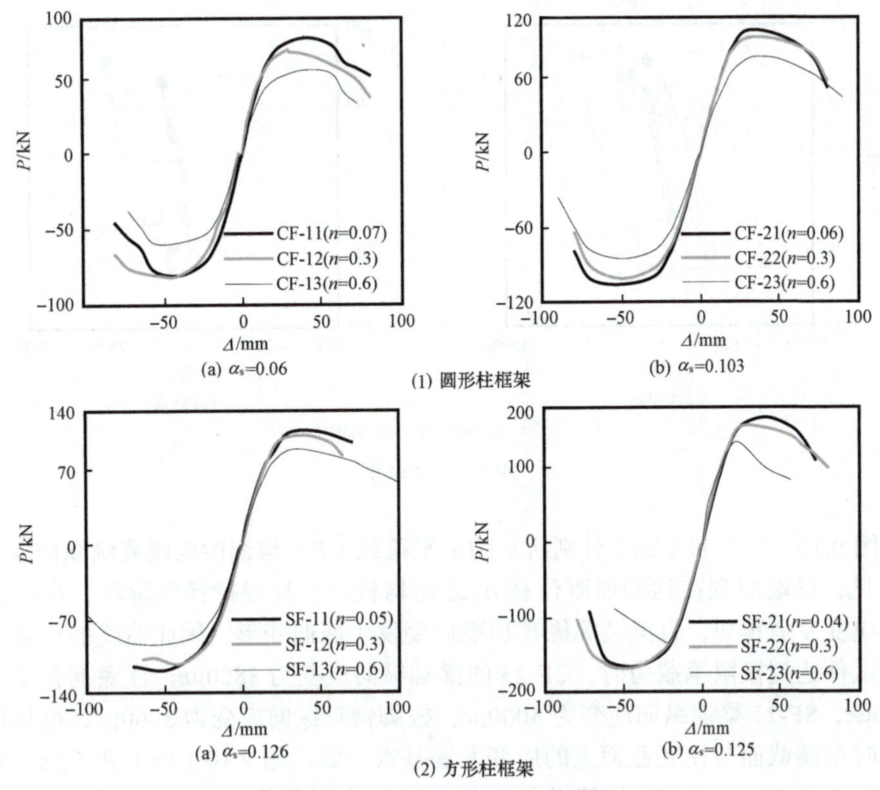

图 9.9　框架试件 P-Δ 关系骨架线

（3）水平荷载（P）- 应变（ε）关系

水平荷载（P）- 应变（ε）关系可以反映加载过程中试件不同位置处应变的发展趋势。实测结果表明，框架试件应变最大的部位为梁端及柱脚处，所有试件规律基本类似。图 9.10 给出试件 CF-23 及 SF-21 水平荷载（P）与梁端翼缘及柱脚截面处的纵向应变（ε）关系。对应图 9.5，图 9.10 中显示了塑性铰 1、2、3 和 4 出现的位置。

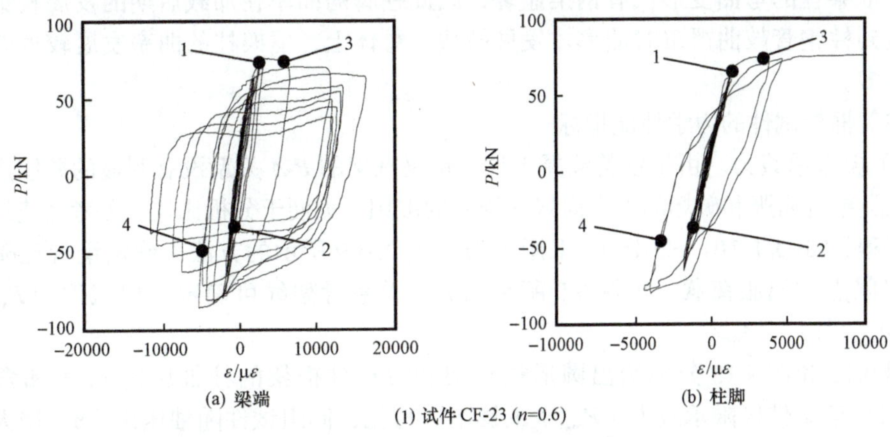

图 9.10　试件的水平荷载（P）- 应变（ε）关系

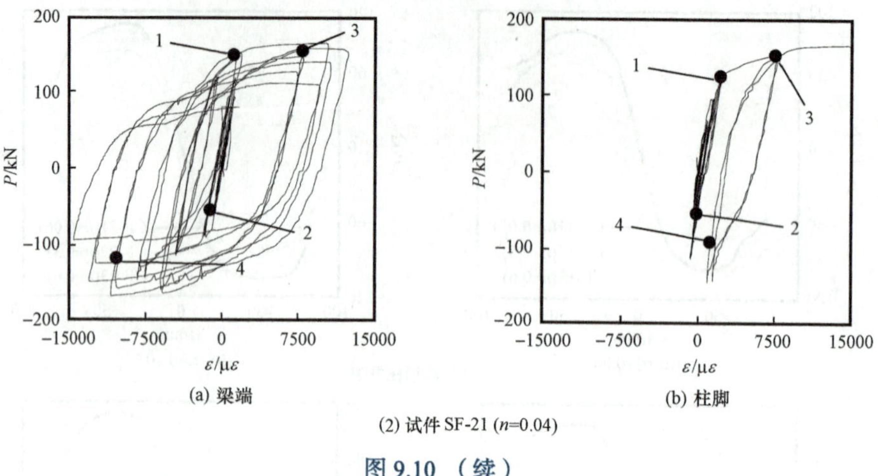

(a) 梁端　　(b) 柱脚

(2) 试件 SF-21 (n=0.04)

图 9.10 （续）

从图 9.10（1a）和（2a）分别所示的水平荷载（P）与钢梁梁端翼缘纵向应变（ε）关系可见，梁端应变在达到屈服位移 Δ_y 之前均较小，且保持弹性阶段，在钢梁屈服后梁端应变发展很快，且梁端翼缘在加载后期发生屈曲变形，因此曲线的位置有所偏移。当试件达到极限承载力时，CF-23 的梁端纵向应变为 3800με，柱底钢管纵向应变为 3300με，SF-21 梁端纵向应变为 3000με，柱脚钢管纵向应变为 3060με，可见达到极限荷载时梁端截面与柱底截面上的应变发展基本一致。图 9.10（1b）和（2b）分别为试件 CF-23 及 SF-21 柱脚处钢管纵向应变（ε）与水平荷载（P）关系，可见柱底应变在试件屈服之前均较小。钢梁屈服后，纵向应变发展很快。

（4）水平荷载（P）与梁端及柱端曲率（ϕ）关系

以试件 CF-23 和 SF-13 为例，图 9.11 给出实测的水平荷载（P）与梁端及柱脚位置处的曲率（ϕ）关系。图 9.11 中给出了对应图 9.5 所示塑性铰 1、2、3 和 4 出现的位置。

从图 9.11 可以看出，梁端出现塑性铰 1 和 2 时，曲率很小，P-ϕ 关系基本上呈线性。当梁端进入屈服以后，梁端曲率发展加快。柱脚曲率的发展过程类似。由于钢管混凝土框架柱的弯曲变形没有钢梁显著，因此柱脚的曲率在加载后期的发展较钢梁缓慢，直到柱钢管鼓曲严重时曲率才发展较快。总体上，框架柱的曲率发展较框架梁要缓慢得多。

（5）框架试件的力学性能指标

1）极限承载力。由于钢管混凝土柱－钢梁框架的 P-Δ 关系没有明显的屈服点，目前对该类结构屈服和破坏的确定尚缺乏统一的准则。为便于分析比较，参考《建筑抗震试验规程》（JGJ/T 101—2015），采用类似于图 2.109 所示的方法来确定钢管混凝土框架的屈服点和屈服荷载。由图 9.9 所示的 P-Δ 关系骨架线可确定框架试件的 P_y、Δ_y、P_{max}、Δ_{max} 和 P_u、Δ_u。

图 9.12 和图 9.13 分别给出圆形柱框架和方形柱框架的柱轴压比（n）和含钢率（α_s）对框架试件极限承载力（P_{max}）的影响，可见，同组试件随轴压比（n）增大，框架的水平极限承载力（P_{max}）降低，屈服位移 Δ_y 减小（表 9.1），说明框架的屈服状态

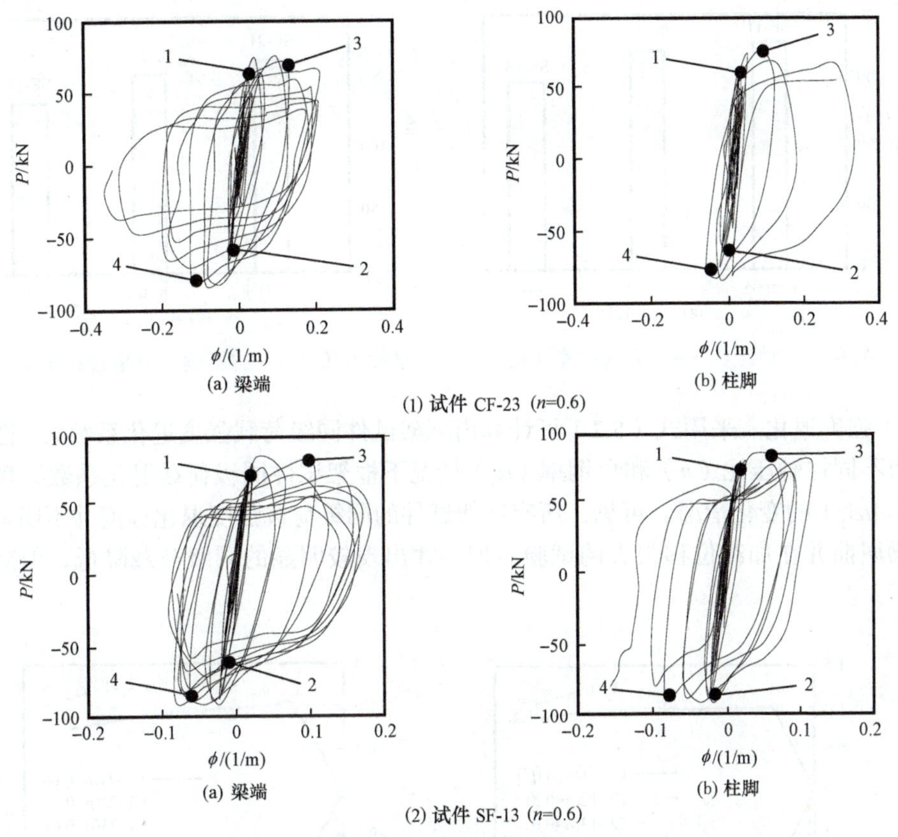

图 9.11　试件的水平荷载（P）– 曲率（ϕ）关系

提前。每组试件当轴压比由 $n\approx0$ 增加到 0.3 及 0.6 时，水平承载力的下降百分比如下。对于 CF-1 组试件，下降百分比分别为 10.5% 和 27.8%。对于 CF-2 组试件，下降百分比分别为 6% 和 21.5%。对于 SF-1 组试件，下降百分比分别为 3.2% 和 16.6%。对于 SF-2 组试件，下降百分比分别为 7.5% 和 20.2%。随着柱含钢率（α_s）的增加，同样轴压比时框架承载力（P_{max}）下降的比例有所减小。主要原因是 α_s 较大时，钢管混凝土柱延性更好，承载能力更强。

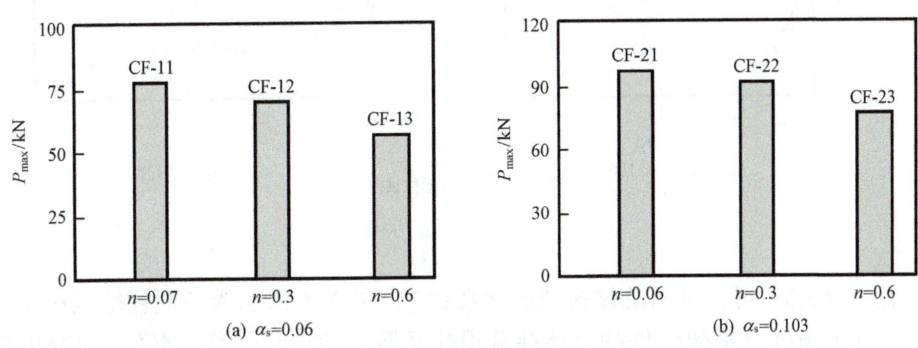

图 9.12　轴压比（n）和含钢率（α_s）对极限承载力（P_{max}）的影响（圆形柱框架）

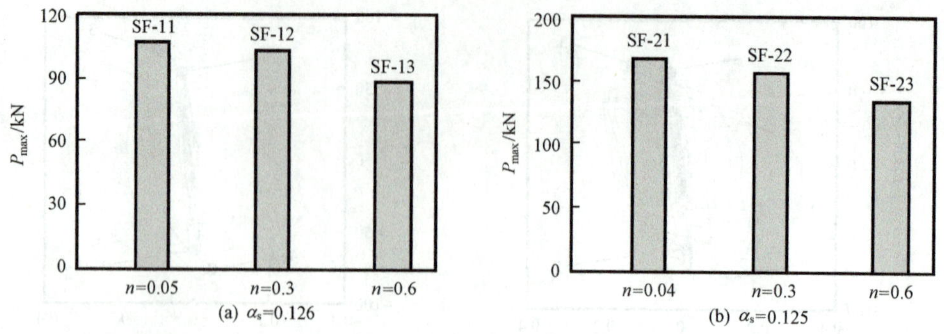

图 9.13 轴压比（n）和含钢率（α_s）对极限承载力（P_{max}）的影响（方形柱框架）

2）强度退化。采用式（5.2）可计算出框架试件同级荷载强度退化系数 λ_i。图 9.14 所示为不同柱轴压比（n）和含钢率（α_s）情况下框架试件同级荷载退化系数 λ_i 随加载位移（Δ/Δ_y）的变化情况。可见，所有框架试件的同级荷载强度退化程度并不明显，只有钢梁屈曲并在加载位移很大的试验后期，才出现较明显的同级荷载降低，但降低幅度也不大。

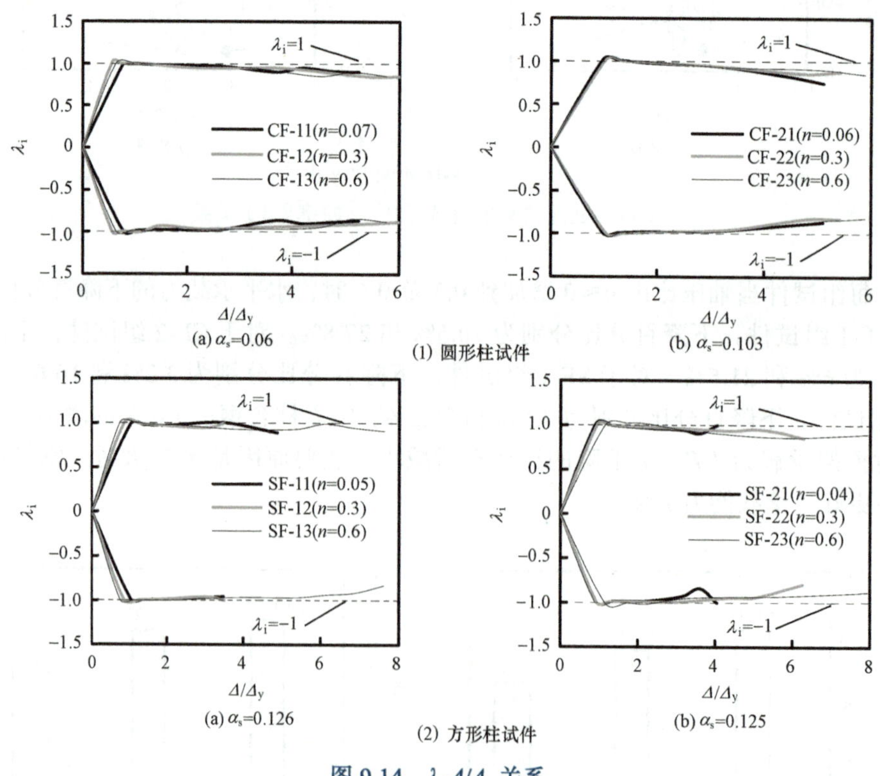

图 9.14 λ_i-Δ/Δ_y 关系

采用式（5.3）可计算出总体荷载退化系数 λ_j。图 9.15 所示为不同柱轴压比（n）和含钢率（α_s）情况下框架试件的总体荷载退化系数 λ_j 随加载位移（Δ/Δ_y）的变化情况，可见，所有框架试件的总体荷载强度退化程度在加载位移 Δ/Δ_y 达到 4 之前并不明显，只

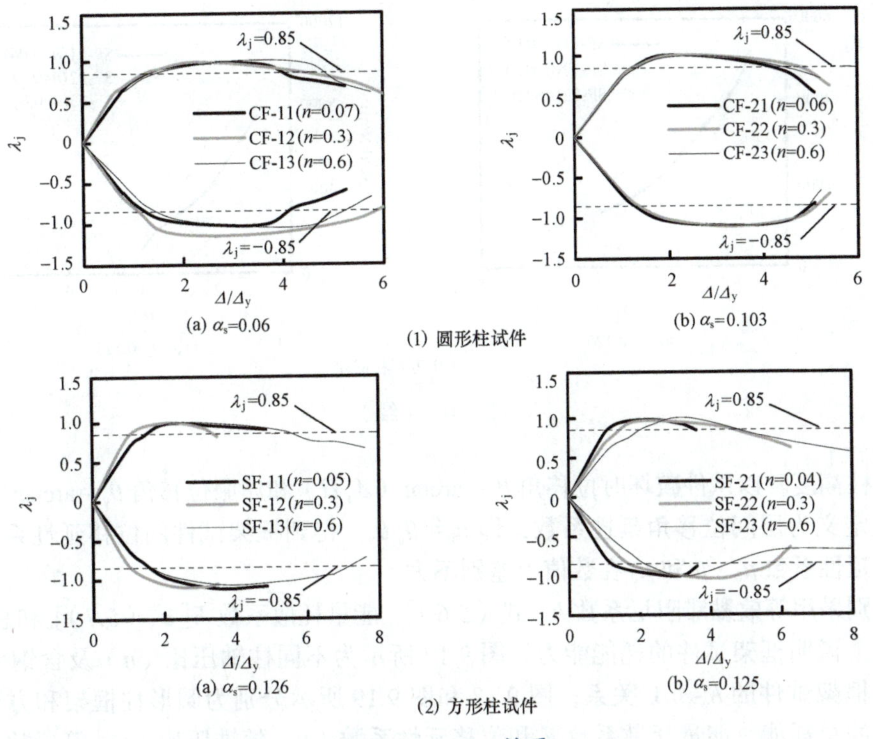

图 9.15　λ_j-Δ/Δ_y 关系

在试验后期退化比较明显。

3）刚度退化。图 9.16 所示为不同柱轴压比（n）和含钢率（α_s）情况下框架试件环线刚度 K_j 随位移加载级别（Δ/Δ_y）变化的关系。

由图 9.16 可见，轴压比（n）对同组试件 K_j-Δ/Δ_y 关系的影响并不显著，但 n 对方形柱框架刚度退化具体数值的影响总体上比对圆形柱框架明显。

4）延性和耗能。位移延性系数（μ）和转角延性系数（μ_θ）总体上可反映框架试件的延性特性。以框架试件柱顶水平破坏位移 Δ_u 与屈服位移 Δ_y（图 2.109）的比值定义为层间位移延性系数，即 $\mu=\Delta_u/\Delta_y$。而层间位移角 θ 定义为 θ=arctan（Δ/H），其中 H

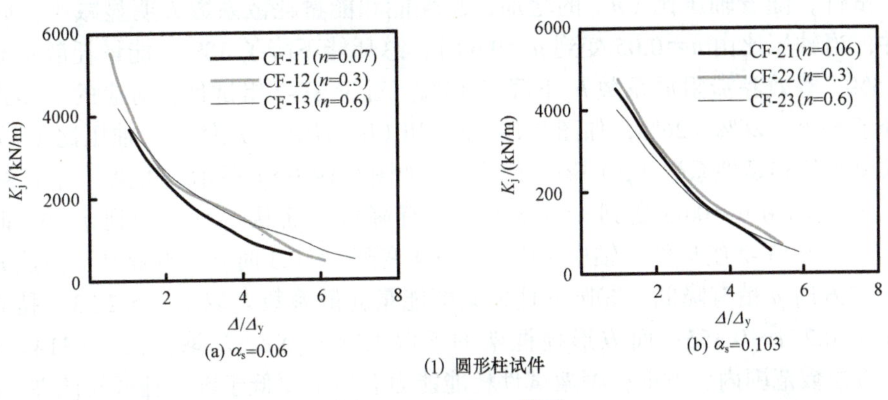

图 9.16　K_j-D/D_y 关系

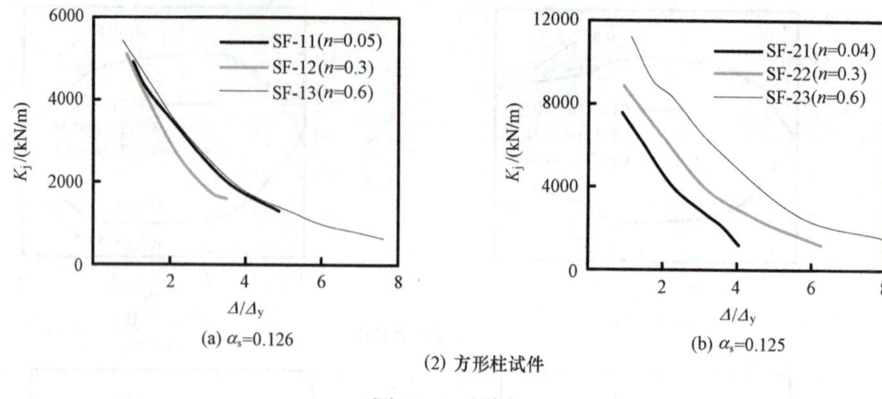

(a) α_s=0.126

(b) α_s=0.125

(2) 方形柱试件

图 9.16 （续）

为框架柱高度。以试件破坏时位移角 θ_u=arctan（$\varDelta_u/H$）和屈服位移角 θ_y=arctan（$\varDelta_y/H$）的比值定义为层间位移角延性系数，即 $\mu_\theta=\theta_u/\theta_y$。得到框架试件的位移延性系数 μ 和位移角延性系数 μ_θ、μ 和 μ_θ 在数值上差别不大。

分别采用等效黏滞阻尼系数 h_e[式（5.6）]、能量耗散系数 E[式（5.7）] 和总耗能，可总体上说明框架试件的耗能能力。图 9.17 所示为不同柱轴压比（n）及含钢率（α_s）情况下框架试件的 h_e-$\varDelta/\varDelta_y$ 关系；图 9.18 和图 9.19 所示分别为圆形柱框架和方形柱框架试件的总耗能、能量耗散系数 E 和位移延性系数（μ）随轴压比（n）等参数的变化规律。

由图 9.17～图 9.19 可见：①圆形柱框架中，含钢率（α_s）较小的 CF-1 组试件（α_s=0.06），随着轴压比（n）的增加，总耗能降低。当轴压比由 n=0.07 增加到 n=0.6 时，总耗能下降了 24%，而能量耗散系数 E 及等效黏滞阻尼系数 h_e 变化不很明显，如图 9.17（1a）和图 9.18（a）、（b）所示。对于 α_s 较大的 CF-2 组试件（α_s=0.103），随着 n 由 0.06 增加到 0.6，总耗能下降了 15%，能量耗散系数 E 及等效黏滞阻尼系数 h_e 等变化也不很明显，如图 9.17（1b）和图 9.18（a）、（b）所示，说明随着 α_s 的增加，框架的总体耗能能力增加。柱轴压比（n）的增大对圆形柱试件位移延性系数（μ）影响不显著，随着 n 的增加，μ 稍有增加的趋势，如图 9.18（c）所示。②对于同组方形柱框架试件，随着轴压比（n）的增加，总耗能和能量耗散系数 E 明显减小，如 SF-1 组试件，当轴压比由 n=0.05 变到 n=0.6 时，总耗能下降了 38%，能量耗散系数 E 下降了 15%，等效黏滞阻尼系数 h_e 下降了 15%。对于 SF-2 组试件，对应的上述指标分别下降了 58%、26%、26%，如图 9.19（a）和（b）所示。总体上，轴压比（n）对方形柱框架的位移延性系数（μ）影响不明显，如图 9.19（c）所示，可见，对于 SF-1 组试件，轴压比由 n=0.05 变到 n=0.3 时 μ 稍有降低，而从 n=0.3 变到 n=0.6 时 μ 稍有提高。对于 SF-2 组试件，轴压比由 n=0.04 变到 n=0.3 时 μ 稍有提高，而从 n=0.3 变到 n=0.6 时 μ 稍有降低。③圆形柱框架的能量耗散系数 E 取 1.56～2.23，黏滞阻尼系数 h_e 取 0.271～0.355；而方形柱框架的 E 取 1.38～1.98，h_e 取 0.22～0.314。可见，本次试验参数范围内，方形柱框架试件耗能能力总体上要低于圆形柱框架试件，同时，柱轴压比（n）对方形柱框架试件耗能能力及抗震性能的影响要比对圆柱框架的影响明显。④对比各组框架试件，随着梁柱线刚度比（k）的增加，梁对柱的约束效果加强，框架的延性和耗能能力均有所提高。

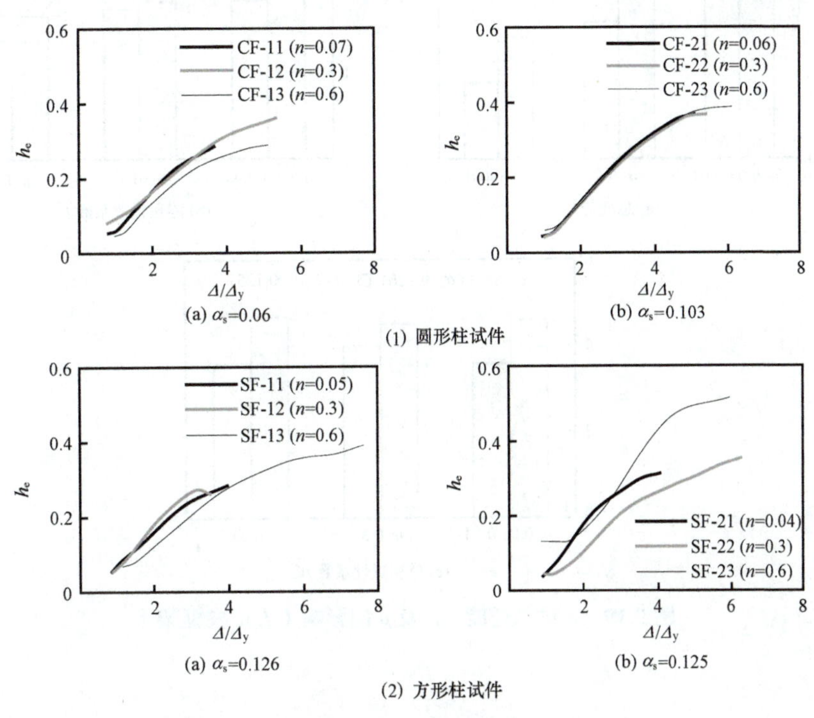

图 9.17　h_e-Δ/Δ_y 关系

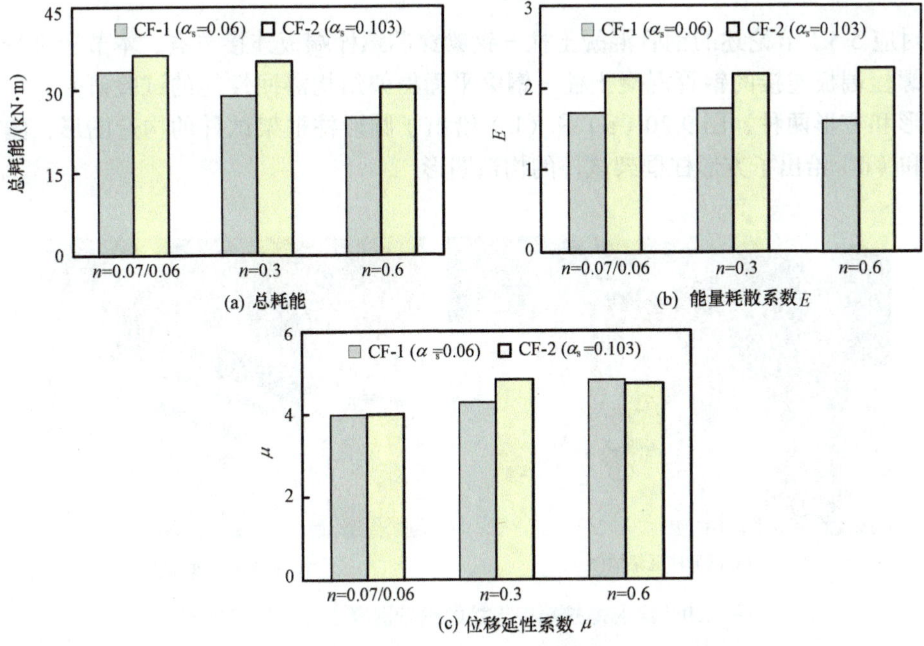

图 9.18　n 及 α_s 对总耗能、E 及 μ 的影响（圆形柱框架）

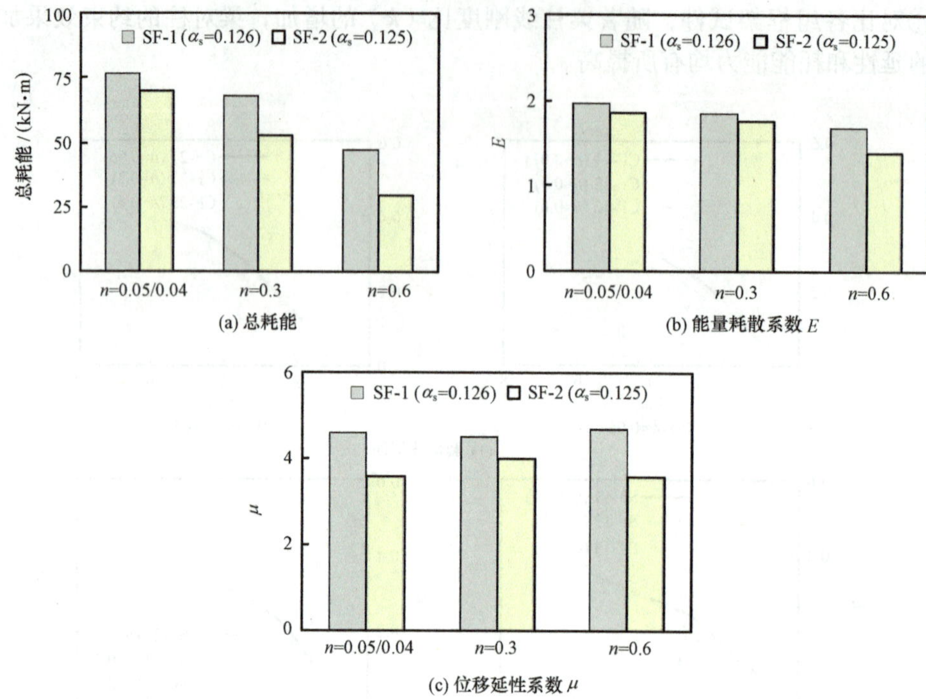

(a) 总耗能

(b) 能量耗散系数 E

(c) 位移延性系数 μ

图 9.19　n 对总耗能、E 及 μ 的影响（方形柱框架）

9.3　采用穿芯螺栓端板连接的框架结构试验研究

对应 5.5.1 节论述的钢管混凝土柱 - 钢梁穿芯螺栓端板连接节点，本节还进行了由穿芯螺栓端板连接的钢管混凝土柱 - 钢梁平面框架结构滞回性能的试验研究。框架柱有圆形和方形两种，图 9.20（a）和（b）给出了圆形柱框架试件的构造图形，图 9.20（c）和（d）给出了方形柱框架试件的构造图形。

(a) 圆形柱框架试件

(b) 圆形柱框架节点

图 9.20　穿芯螺栓端板连接的钢管混凝土柱 - 钢梁框架

(c) 方形柱框架试件

(d) 方形柱框架节点

图 9.20　(续)

9.3.1　试验概况

本小节共进行了 10 榀框架的滞回性能试验研究，试件中钢管混凝土柱高度（H）为 1.45m，梁跨度（L）为 2.5m，钢管混凝土柱的外直径 D（圆柱）或外边长 B（方柱）均为 140mm，钢管壁厚（t）均为 3mm。工字钢梁的梁高 h、梁宽 b_f、腹板厚度 t_w、翼缘厚度 t_f，尺寸分别如表 9.3 所示。钢管混凝土柱轴压比 $n=N_o/N_u$，即试验时柱上施加的轴向荷载 N_o 与柱的极限承载力标准值 N_u 的比值。计算 N_u 时，采用了实测的材料强度指标。梁柱线刚度比 $k=i_b/i_c$，其中 $i_b=(EI)_b/L$，$i_c=(EI)_c/H$，$(EI)_b$ 和 $(EI)_c$ 分别为钢梁和钢管混凝土柱的抗弯刚度。试件详细参数汇总于表 9.3。

表 9.3　试件尺寸及参数

序号	柱截面类型	试件编号	梁截面（$h\times b_f\times t_w\times t_f$）	梁柱线刚度比 k	轴压力 N_o/kN	轴压比 n	Δ_y/mm	Δ_u/mm	P_{max}/kN	总耗能/（kN·m）
1	圆形	CF-1	140mm×70mm×3mm×3mm	0.233	50	0.05	16.4	40.1	85.5	51.5
2		CF-2	160mm×80mm×3mm×3mm	0.350	50	0.05	17.2	36.3	100	51.5
3		CF-3	160mm×80mm×3mm×3mm	0.350	302	0.3	16.2	37.8	87.8	57.1
4		CF-4	160mm×80mm×3mm×3mm	0.350	605	0.6	11.9	32.6	83	51
5		CF-5	180mm×80mm×3mm×3mm	0.460	605	0.6	10.8	40	90	51.2
6	方形	SF-1	140mm×70mm×3mm×3mm	0.194	67	0.05	17.2	40	73	38
7		SF-2	160mm×80mm×3mm×3mm	0.292	67	0.05	18.1	43.7	85.5	56.6
8		SF-3	160mm×80mm×3mm×3mm	0.292	404	0.3	17.5	40	78.6	67
9		SF-4	160mm×80mm×3mm×3mm	0.292	807	0.6	17.3	24	76	56.8
10		SF-5	180mm×80mm×3mm×3mm	0.383	807	0.6	13.9	24	83.3	40

框架柱采用冷弯薄壁钢管制作，工字钢梁采用钢板焊接而成，钢梁和两端端板及柱底板均在钢结构加工厂焊接完成。用直径 12mm 的高强螺栓将端板和柱连接起来，再向钢管内浇筑混凝土，最后用厚度 16mm 的钢板作为柱顶盖板。

实测的钢材屈服强度（f_y）、抗拉强度（f_u）、弹性模量（E_s）和泊松比（μ_s）如表 9.4 所示。

表 9.4　钢材力学性能指标

钢材种类	厚度（直径）/mm	f_y/MPa	f_u/MPa	E_s/（N/mm^2）	μ_s
圆形钢管	2.91	297.8	437.6	2.06×10^5	0.284
方形钢管	2.94	321.1	350.6	2.1×10^5	0.291
圆形端板	10.12	261.0	447.0	2.02×10^5	0.289
方形端板	9.31	289.0	431.0	2.04×10^5	0.297
螺杆	11.94	792.5	911.2	2.07×10^5	0.282
工字钢梁	2.94	321.1	350.6	2.18×10^5	0.291

本节采用了普通混凝土，其配合比：水为 213.9kg/m^3；普通硅酸盐水泥为 470.3kg/m^3；河砂为 615.3kg/m^3；石灰岩碎石为 1027.9kg/m^3。

混凝土 28 天抗压强度 f_{cu}=46MPa，试验时的 f_{cu}=59.5MPa，弹性模量 E_c=33200N/mm^2。

9.3.2　试验结果及分析

1. 试件破坏特征

试验装置及主要试验方法与 9.2.1 节中所论述的外环板式连接框架结构类似。下面分别以 CF-3 和 SF-3 框架为例说明此类框架的试验过程。

对于试件 CF-3，当水平位移施加到 Δ_y 时，钢管及钢梁变形不明显。继续加载到 $2\Delta_y$ 时，梁翼缘开始出现轻微鼓曲，随着荷载的反复，梁翼缘变形逐渐恢复到原位后再发生鼓曲；当位移加到 $3\Delta_y$ 时，梁两端翼缘交替鼓曲，腹板也发生变形，柱脚钢管两侧交替出现鼓曲并逐渐趋于明显。

当位移加到 $4\Delta_y$ 时，梁两端变形严重，形成塑性铰，柱脚钢管两侧鼓曲更加明显。位移进一步增大到 $5\Delta_y$ 时，梁翼缘开始出现断裂裂纹，并随着荷载反复逐渐扩展，柱脚钢管两侧鼓曲更加严重，并产生横向的断裂裂缝；继续加载到 $6\Delta_y$，水平荷载逐渐趋于下降。

对于试件 SF-3，水平位移施加到 $2\Delta_y$ 前，试件没有明显的变形。加载到 $3\Delta_y$ 时，离加载端远端的钢梁翼缘发生鼓曲变形，随后加载端也开始发生轻微变形，柱脚两侧外钢管轻微鼓曲。

加载到 $5\Delta_y$ 时，钢梁两端翼缘变形严重，柱脚两侧钢管鼓曲明显，第二循环时，梁端腹板变形比较明显，柱脚钢管进一步鼓曲；随着进一步施加水平位移，水平荷载开始下降，此时梁端形成塑性铰，柱脚塑性铰也开始形成。

试验结果表明，采用穿芯螺栓连接的钢管混凝土柱－钢梁框架具有良好的工作性能。试件破坏特征是：梁端塑性铰出现位置在端板连接边缘处，附近的翼缘和腹板均出现较大的变形，而柱脚塑性铰的位置在柱脚加劲板外。试验过程中，螺栓连接工作可靠。以采用方形柱的试件为例，图 9.21 给出了节点核心区位置处的梁端截面破坏形态。

图 9.21　梁端破坏形态

2. 试验结果分析

（1）水平荷载（P）- 水平位移（Δ）关系

所有框架试件具有良好的延性和后期承载能力。图 9.22 给出试件实测的荷载（P）- 位移（Δ）关系。

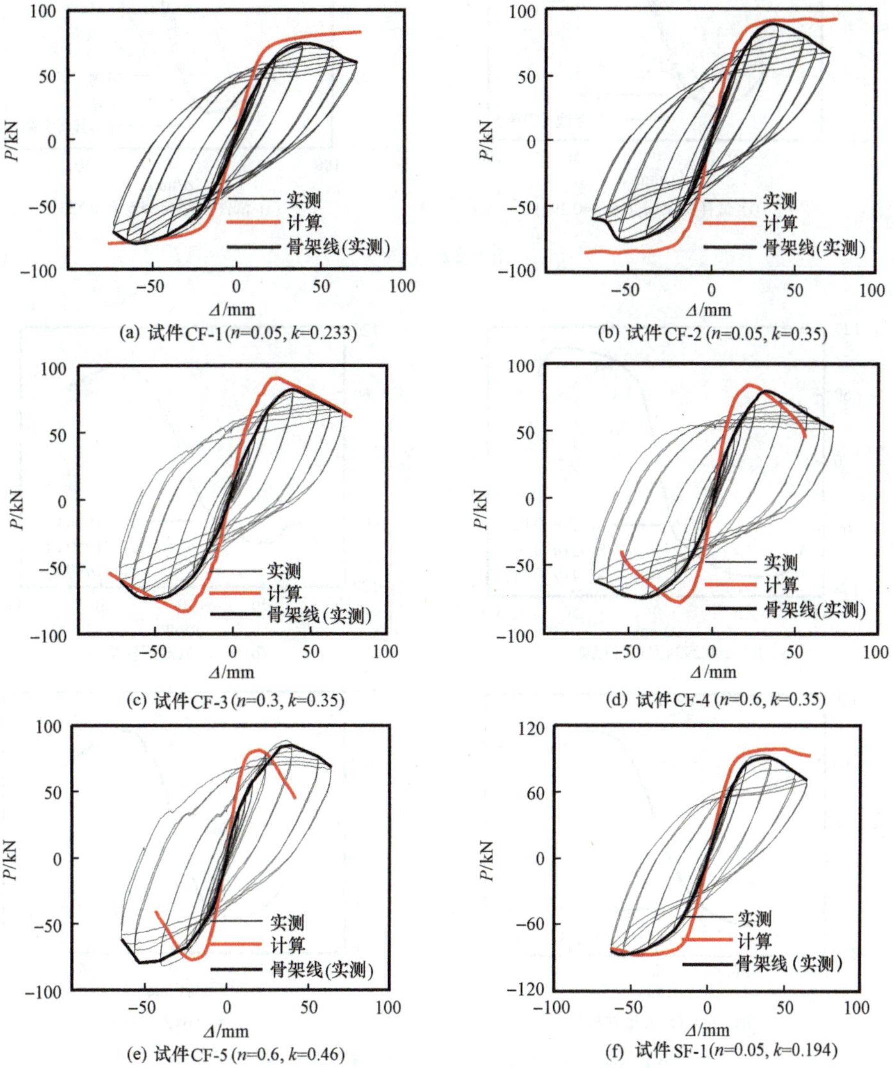

图 9.23 所示为不同轴压比（n）和梁柱线刚

(a) 试件 CF-1 (n=0.05, k=0.233)

(b) 试件 CF-2 (n=0.05, k=0.35)

(c) 试件 CF-3 (n=0.3, k=0.35)

(d) 试件 CF-4 (n=0.6, k=0.35)

(e) 试件 CF-5 (n=0.6, k=0.46)

(f) 试件 SF-1 (n=0.05, k=0.194)

图 9.22　荷载（P）- 位移（Δ）关系

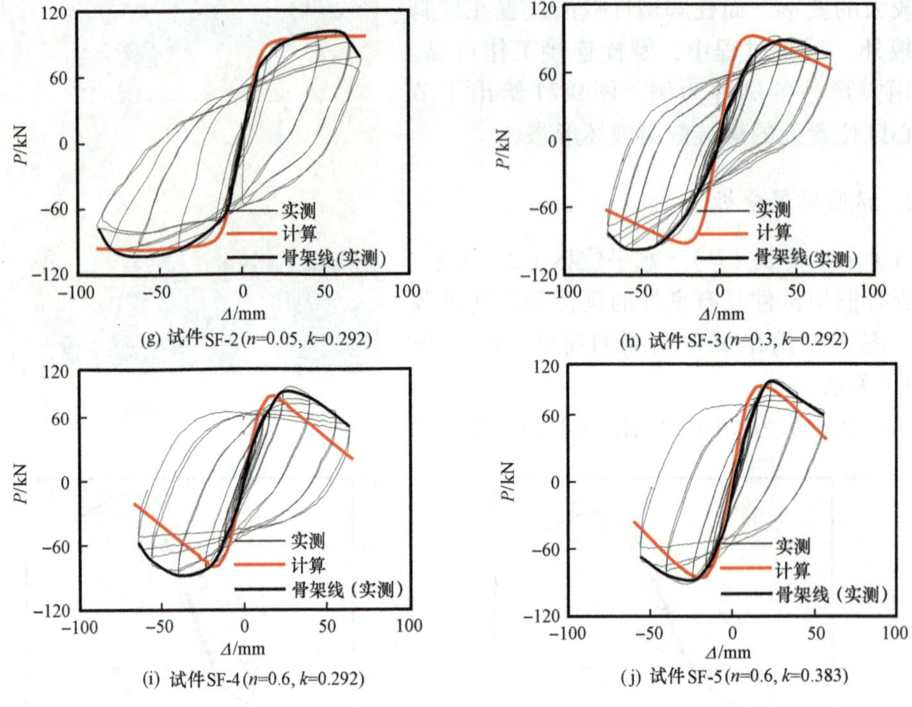

(g) 试件SF-2 (n=0.05, k=0.292)　(h) 试件SF-3 (n=0.3, k=0.292)

(i) 试件SF-4 (n=0.6, k=0.292)　(j) 试件SF-5 (n=0.6, k=0.383)

图 9.22 （续）

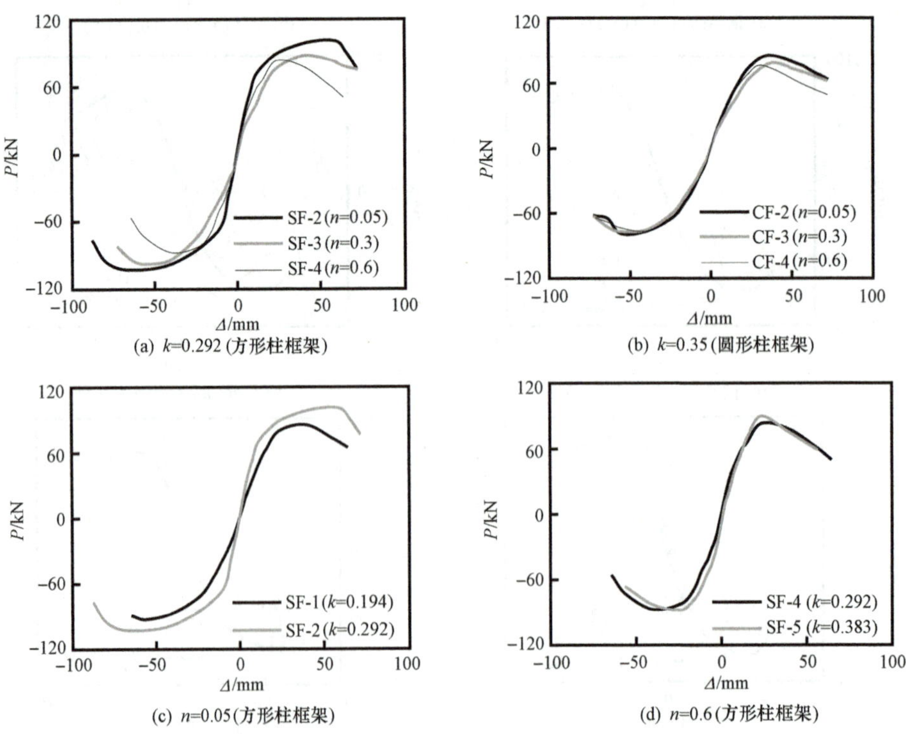

(a) k=0.292 (方形柱框架)　(b) k=0.35 (圆形柱框架)

(c) n=0.05 (方形柱框架)　(d) n=0.6 (方形柱框架)

图 9.23　水平荷载（P）－水平位移（Δ）关系骨架线

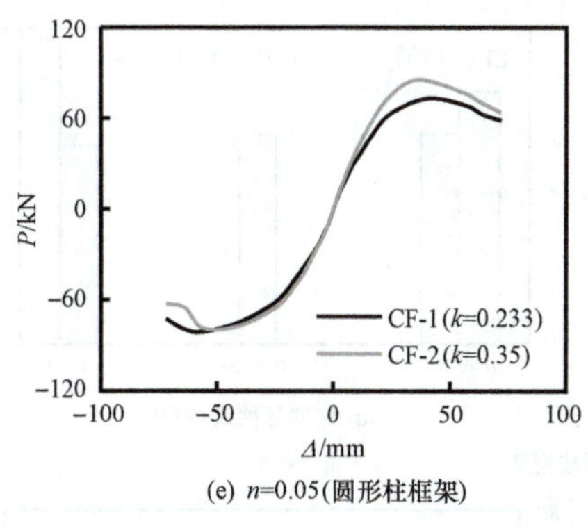

(e) n=0.05(圆形柱框架)

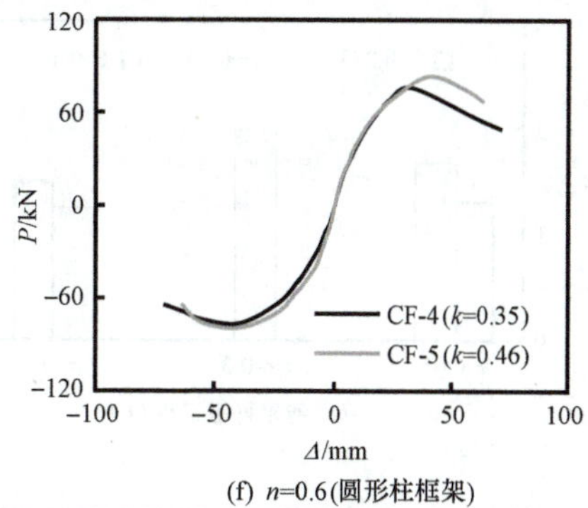

(f) n=0.6(圆形柱框架)

图 9.23 （续）

度比（k）情况下的 P-Δ 关系骨架线。

由图 9.22 和图 9.23 可见，随着柱轴压比（n）的增加，框架试件的水平极限承载力（P_{max}）有所下降。在轴压比（n）小于 0.3 时，水平极限承载力下降不明显；当轴压比（n）为 0.6 时下降较明显。随着梁柱线刚度比（k）的增大，框架试件的水平极限承载力有所增大。

（2）延性及耗能

参考图 2.109 类似方法，确定了框架的承载力指标，Δ_y、Δ_u 和 P_{max} 汇总于表 9.3 中。

分别采用等效黏滞阻尼系数 h_e［式（5.6）］及能量耗散系数 E［式（5.7）］评价框架试件的耗能能力。试件的总耗能也汇总于表 9.3 中。用位移延性系数 μ 和转角延性系数 μ_θ 研究框架试件的延性特性，μ 和 μ_θ 的计算公式分别如式（2.24）和式（5.5）所示。μ 和 μ_θ 数值上基本一致。

图 9.24（1）和（2）所示分别为不同柱轴压比（n）和梁柱线刚度比（k）情况下试件的极限承载力（P_{max}）、总耗能、能量耗散系数（E）和位移延性系数（μ）的变化。可见，柱轴压比（n）、梁柱线刚度比（k）等对框架的承载力、延性和耗能等都有影响，总体上规律如下。

1）对方柱框架和圆柱框架，当 k 相同时，随着 n 的增加，试件的 P_{max} 下降，总耗能和能量耗散系数在 n>0.3 时都有不同程度下降。如方形柱框架，当 n 从 0.05 增加到 0.3 时，总耗能增加了 18%，当 n 从 0.3 增加到 0.6 时，总耗能减小了 15%。圆形柱框架，当 n 从 0.05 增加到 0.3 时，总耗能增加了 11%，当 n 从 0.3 增加到 0.6 时，总耗能减小了

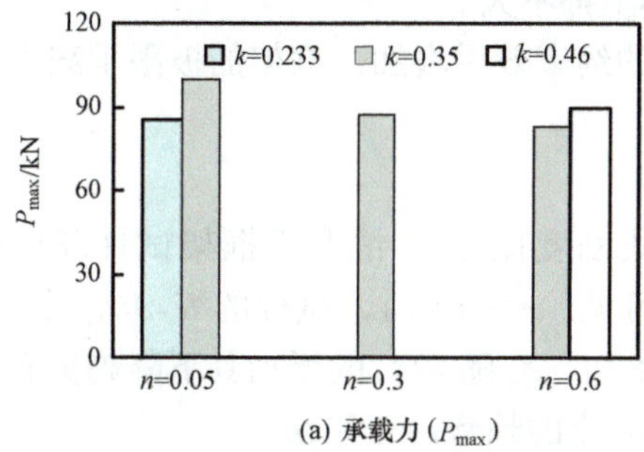

(a) 承载力（P_{max}）

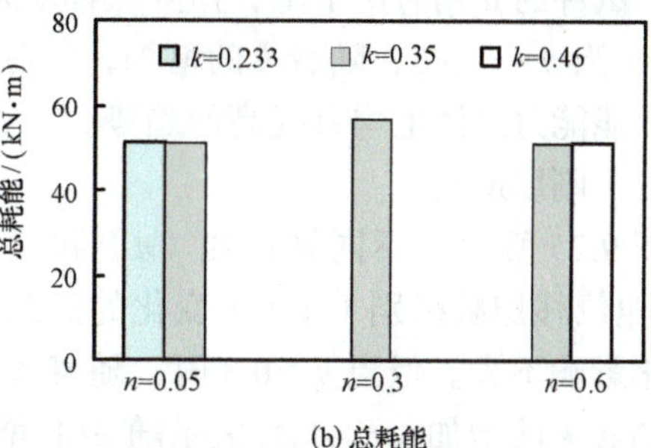

(b) 总耗能

图 9.24　各参数对试件承载力及抗震性能指标的影响

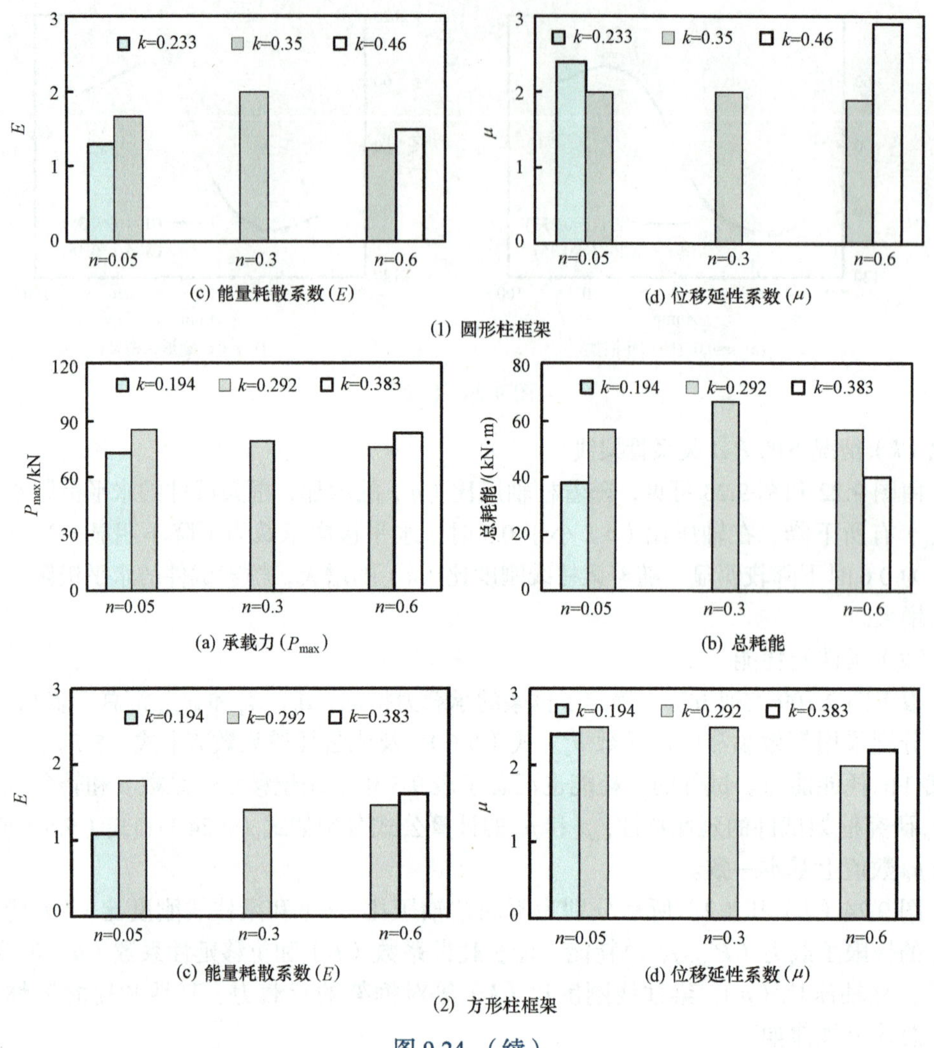

图 9.24 （续）

11%。也就是说，轴压比在 0.3 左右时，柱上施加的轴力对试件的工作性能有所改善，这种现象和单个钢管混凝土压弯构件在反复荷载作用下的现象类似（韩林海，2022）。

2）$n\leqslant 0.3$ 时，随着 n 的增加，两种类型框架试件的 μ 变化不大。随着 n 的进一步增大，试件的 μ 稍有所下降，但降低幅度总体上都不大。

3）当 n 一定时，随着 k 的增加，梁对柱的约束效果增加，框架的极限承载力、延性和耗能能力总体上均有提高的趋势。

（3）刚度退化

图 9.25 所示为不同轴压比（n）和梁柱线刚度比（k）情况下框架试件环线刚度（K_j）随位移加载级别（Δ/Δ_y）变化的曲线。可见，$n\leqslant 0.3$ 时，试件的 K_j-Δ/Δ_y 关系随 n 的变化影响不大。但当 $n>0.3$ 时，随着 n 的增加，K_j 随 Δ/Δ_y 的增加其下降趋势有所加快；随着 k 的增加，K_j-Δ/Δ_y 关系随 Δ/Δ_y 增加变化的趋势趋于平缓。

综上所述，在本节试验参数范围内，采用穿芯螺栓端板连接的组合平面框架具有

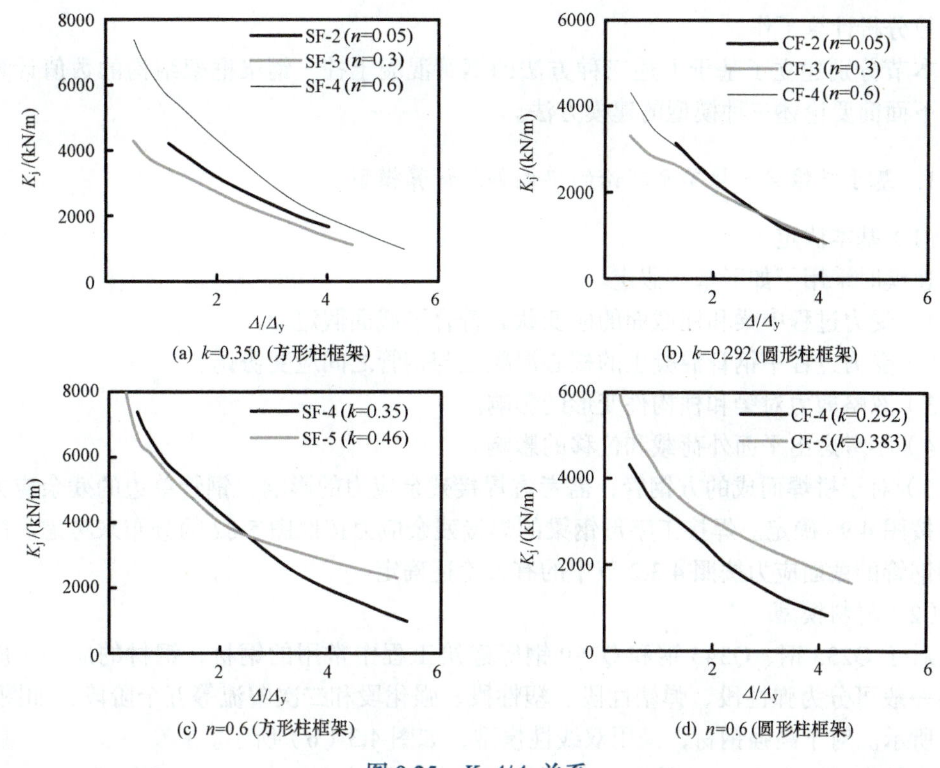

图 9.25　K_j-Δ/Δ_y 关系

良好的承载能力和延性，抗震性能较好。总体上，圆形钢管混凝土柱 - 钢梁框架试件的抗震性能稍优于方形柱框架试件。

9.4　框架结构力学性能的理论分析

9.4.1　数值计算模型建立

本小节分别建立了三种可进行钢管混凝土平面框架结构非线性分析的数值模型，即①基于纤维梁 - 柱单元理论的单调加载计算模型；②基于 ABAQUS 软件的三维有限元单调加载计算模型；③基于 OpenSees 平台的计算模型。

基于非线性纤维梁 - 柱单元理论，可建立钢管混凝土框架单调加载时的水平荷载 - 水平位移（P-Δ）关系全过程分析的理论分析模型。基于 OpenSees 求解平台可进行钢管混凝土框架滞回性能的全过程分析。上述两种方法计算便捷，但不便于进行钢管混凝土框架受力特性分析，尤其不便于分析受力过程中截面上的应力分布规律及钢管与混凝土之间的相互作用等。

基于 ABAQUS（Hibbitt et al.，2005）软件平台也可建立钢管混凝土框架的有限元计算模型。采用适合于钢管混凝土受力特点的混凝土及钢材材料本构模型，可得到钢管混凝土框架受力全过程中的截面应力状态分布规律，并可较细致地分析钢管与混凝土之间的相互作用等。但这种方法建模相对较复杂，且计算较为耗时，不便于大规模的参数分析计算工作。

本节分别建立了基于上述三种方法的钢管混凝土柱 - 钢梁框架结构的数值计算模型，下面简要论述三种模型的建模方法。

1. 基于纤维梁 - 柱单元理论的单调加载计算模型

（1）基本假定

建模时采用了如下基本假定。

1）受力过程中梁和柱截面的应变状态符合平截面假定。

2）受力过程中钢管混凝土的核心混凝土与钢管之间应变协调。

3）忽略剪力对梁和柱构件变形的影响。

4）不考虑出平面外荷载和位移的影响。

5）对于拼焊而成的方钢管，需考虑焊接残余应力的影响，钢管单边的残余应力分布暂按图 4.99 确定。焊接工字形钢梁的焊接残余应力按照图 5.82 的分布来考虑。冷弯型钢钢管的截面应力按照 4.3.2 节中的有关论述确定。

（2）材料模型

对于 Q235 钢、Q345 钢和 Q390 钢等建筑工程中常用的钢材，钢材的应力 - 应变关系一般可分为弹性段、弹塑性段、塑性段、强化段和二次塑流等五个阶段，如图 4.3（a）所示。对于高强钢材，采用双线性模型，如图 4.3（b）所示。

钢管混凝土构件中常采用冷弯钢管。冷弯型钢的应力 - 应变关系如式（4.42）所示，其弯角部分的强度计算按照式（4.43）进行。

核心混凝土在单轴受压下的应力 - 应变关系采用韩林海（2022）中给出的模型，其具体表达式如式（4.45）和式（4.46）所示。在单调荷载作用下的受拉混凝土，其应力 - 应变关系如式（2.25）所示。

（3）非线性有限元方程的建立

1）几何描述及结构的离散。对于钢管混凝土框架，需在截面层次和单元纵轴层次分别建立有限元方程。在进行有限元分析时，应分别建立结构的整体坐标系和构件单元的局部坐标系。

将钢管混凝土框架理想化为通过结点相连的单元集合，并建立两套坐标系：整体坐标系 yOz 和局部坐标系 $y'O'z'$。在整体坐标系 yOz 下，建立并求解结构的总体平衡方程；在局部坐标系 $y'O'z'$ 下，描述单元的特性。

为了方便描述几何非线性效应，采用了随动坐标形式。在对钢管混凝土柱和钢梁进行单元划分时，考虑了两个层次的划分：①在构件长度方向上划分若干个梁 - 柱单元，将构件视为通过节点相连的梁 - 柱单元的集合，单元划分的数目取决于计算要求的精度；②在截面上划分纤维微单元。基于以上的结构离散化的原则，可将钢管混凝土框架进行离散化处理。

考虑框架单元内材料特性的变化（材料非线性），截面又被进一步划分为一系列的微单元。每一个材料单元的几何特性由其面积和 y 坐标（距形心轴的距离）定义。假定在每一个材料单元内的应力均匀分布，大小与材料单元中心的应力相同，方向沿杆件轴线。当钢管混凝土构件为圆形及方形截面时，利用对称性可取半个截面进行计算。

钢管混凝土单层单跨平面框架的离散化示意如图 9.26（a）所示，钢管混凝土柱及钢梁截面单元划分示意如图 9.26（b）～（d）所示。

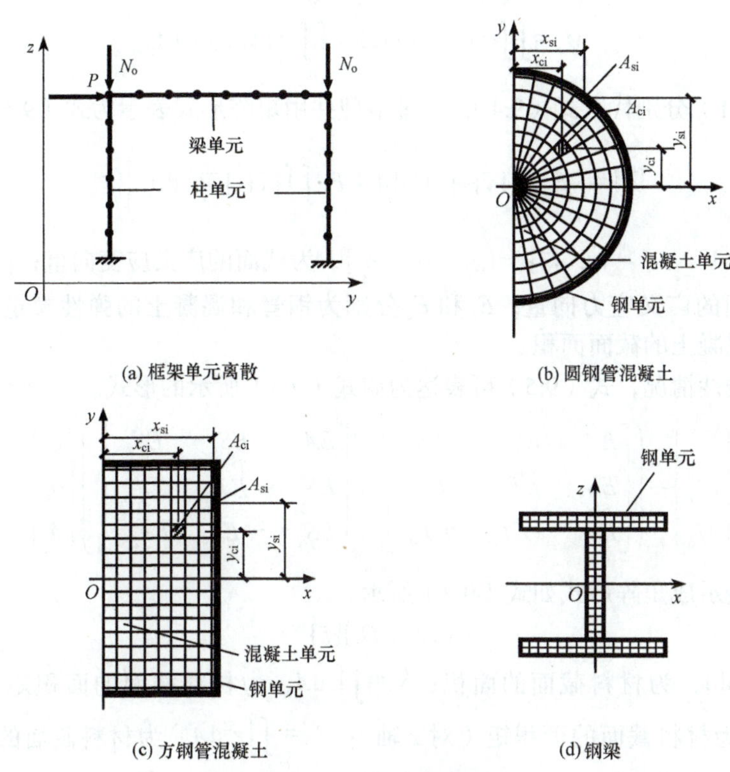

图 9.26　框架单元截面划分

2）截面刚度矩阵。对于钢管混凝土构件的某一截面，截面中任意点的轴向应变（假设轴向为 x 方向）可表达如式（9.1）所示。

$$\varepsilon=\varepsilon_0+\phi_y z-\phi_z y \tag{9.1}$$

式（9.1）表示成矩阵形式，如式（9.2）所示。

$$\varepsilon=[1 \quad z \quad -y]\begin{Bmatrix}\varepsilon_0\\ \phi_y\\ \phi_z\end{Bmatrix}=\{\overline{y}\}^{\mathrm{T}}\{\overline{\varepsilon}\} \tag{9.2}$$

式中，$\{\overline{y}\}^{\mathrm{T}}=[1 \quad z \quad -y]$；$\{\overline{\varepsilon}\}=[\varepsilon_0 \quad \phi_v \quad \phi_z]^{\mathrm{T}}$，为截面的广义应变向量；$\varepsilon$ 为截面中任意点处的纵向应变；ε_0 为坐标原点处的纵向应变；ϕ_y 和 ϕ_z 分别为绕 y 轴和 z 轴的曲率。

材料处于弹性状态时，其应力－应变关系如式（9.3）所示。

$$\sigma(y,z)=E\cdot\varepsilon(y,z)=E\cdot\{\overline{y}\}^{\mathrm{T}}\{\overline{\varepsilon}\} \tag{9.3}$$

式中，E 为材料弹性模量。钢管混凝土单元截面由钢管和混凝土两部分组成，截面内力应为钢管和混凝土分别承担的部分叠加如下。其中 N 为轴力，M_y 和 M_z 分别为绕 y 轴和 z 轴的弯矩，具体如式（9.4）所示。

$$N=\iint_{A_s}\sigma_s(y,z)\ \mathrm{d}A_s+\iint_{A_c}\sigma_c(y,z)\ \mathrm{d}A_c \tag{9.4a}$$

$$M_y=\iint_{A_s}\sigma_s(y,z)\ z\mathrm{d}A_s+\iint_{A_c}\sigma_c(y,z)\ z\mathrm{d}A_c \tag{9.4b}$$

$$M_z=\iint_{A_s}\sigma_s(y,z)\ y\mathrm{d}A_s+\iint_{A_c}\sigma_c(y,z)\ y\mathrm{d}A_c \tag{9.4c}$$

将式（9.1）分别代入式（9.4），经过整理并用矩阵形式表示为式（9.5）。

$$\{\overline{\sigma}\}=\left(E_s\iint_{A_s}\{\overline{y}\}\cdot\{\overline{y}\}^{\mathrm{T}}\mathrm{d}A_s+E_c\iint_{A_c}\{\overline{y}\}\cdot\{\overline{y}\}^{\mathrm{T}}\mathrm{d}A_c\right)\{\overline{\varepsilon}\} \tag{9.5}$$

式中，$\{\overline{y}\}^{\mathrm{T}}=[1\quad z\quad -y]$；$\{\overline{\varepsilon}\}=[\varepsilon_0\quad \phi_y\quad \phi_z]^{\mathrm{T}}$，为截面的广义应变向量；$\{\overline{\sigma}\}=[N\quad M_y\quad M_z]^{\mathrm{T}}$，为截面的广义应力向量；$E_s$ 和 E_c 分别为钢管和混凝土的弹性模量；A_s 和 A_c 分别为钢管和混凝土的截面面积。

因为是线性情况，式（9.5）可表达为如式（9.6）所示的形式。

$$\begin{Bmatrix}N\\M_y\\M_z\end{Bmatrix}=\left(\begin{bmatrix}EA & ES_y & -ES_z\\ES_y & EJ_{yy} & -EJ_{yz}\\ES_y & -EJ_{yz} & EJ_{zz}\end{bmatrix}_s+\begin{bmatrix}EA & ES_y & -ES_z\\ES_y & EJ_{yy} & -EJ_{yz}\\ES_y & -EJ_{yz} & EJ_{zz}\end{bmatrix}_s\right)\begin{Bmatrix}\varepsilon_0\\\phi_y\\\phi_z\end{Bmatrix} \tag{9.6}$$

进一步表示成矩阵形式如式（9.7）所示。

$$\{\overline{\sigma}\}=[D]\{\overline{\varepsilon}\} \tag{9.7}$$

式中，$A=\iint\mathrm{d}A$，为材料截面的面积；$S_y=\iint z\mathrm{d}A$，为材料截面的面积矩（对 y 轴）；$S_z=\iint y\mathrm{d}A$，为材料截面的面积矩（对 z 轴）；$J_{yy}=\iint z^2\mathrm{d}A$，为材料截面的惯性矩（对 y 轴）；$J_{zz}=\iint y^2\mathrm{d}A$，为材料截面的惯性矩（对 z 轴）；$J_{yz}=\iint yz\mathrm{d}A$，为材料截面的极惯性矩；$E$ 为单元材料的弹性模量；矩阵中下标 s 和 c 分别代表钢管单元和混凝土单元。

则钢管混凝土截面线性刚度矩阵［D］可表示为式（9.8）。

$$[D]=\begin{bmatrix}EA & ES_y & -ES_z\\ES_y & EJ_{yy} & -EJ_{yz}\\ES_y & -EJ_{yz} & EJ_{zz}\end{bmatrix}_s+\begin{bmatrix}EA & ES_y & -ES_z\\ES_y & EJ_{yy} & -EJ_{yz}\\ES_y & -EJ_{yz} & EJ_{zz}\end{bmatrix}_c \tag{9.8}$$

当钢管混凝土中钢管和混凝土的应力 - 应变关系呈非线性时，可采用切线刚度矩阵［D］方式表达钢管混凝土截面的非线性刚度矩阵［D_t］，如式（9.9）所示。

$$[D_t]=\begin{bmatrix}EA & ES_y & -ES_z\\ES_y & EJ_{yy} & -EJ_{yz}\\ES_y & -EJ_{yz} & EJ_{zz}\end{bmatrix}_s+\begin{bmatrix}EA & ES_y & -ES_z\\ES_y & EJ_{yy} & -EJ_{yz}\\ES_y & -EJ_{yz} & EJ_{zz}\end{bmatrix}_c \tag{9.9}$$

式中，

$$EA=\iint E_t(y,z)\mathrm{d}A \tag{9.10a}$$

$$ES_y = \iint E_t(y,z) z \mathrm{d}A \tag{9.10b}$$

$$ES_z = \iint E_t(y,z) y \mathrm{d}A \tag{9.10c}$$

$$EJ_{yy} = \iint E_t(y,z) z^2 \mathrm{d}A \tag{9.10d}$$

$$EJ_{zz} = \iint E_t(y,z) y^2 \mathrm{d}A \tag{9.10e}$$

$$EJ_{yz} = \iint E_t(y,z) yz \mathrm{d}A \tag{9.10f}$$

可以看出，当 $E_t(y,z) = E$ 为常数时，式（9.9）与式（9.8）完全相同，即非线性刚度矩阵退化为线性刚度矩阵，这样非线性刚度矩阵和线性刚度矩阵在形式上统一，方便于算法描述和编程。当 $E_t(y,z)$ 不是常数时，切线刚度矩阵为非线性，此时式（9.9）中的各个系数须由式（9.10）采用数值积分的方法得到。

钢梁为单一材料，因此其非线性刚度矩阵形式相对较为简单，在上述方程中只需考虑相应的钢单元即可。

3）有限元基本方程及求解方法概述。有限元基本方程中采用了近似修正的拉格朗日表述（approximate updated Lagrange description）来反映几何非线性的影响，采用 Green 应变张量表述应变和位移之间的非线性关系。采用第二类 Piola-Kirchhoff 应力来表述应力－应变关系（Ted Belytschko et al.，2000）。采用增量平衡方程可建立非线性平衡方程。

非线性单元切线刚度矩阵中的模量和节点力向量都需要通过数值积分的方法得到。在进行程序编制时对截面和单元长度方向采用不同的数值积分方法。在截面上采用合成法（叠加法），截面上划分足够数目的微单元，将每个单元的贡献采用直接叠加的办法来实现积分的运算。在单元长度方向则采用 Gauss 积分方法，采用六点 Gauss-Labotto 积分法即可在计算效率和精度上取得良好的效果（Yang and Kuo，1994）。

在合成钢管混凝土柱的截面切线刚度矩阵时，式（9.10）的积分形式可以写成如式（9.11）所示的形式。

$$EA = \iint E_t(x,y) \mathrm{d}A = \sum_{i=1}^{n_s} E_{tsi}(x_{si}, y_{si}) A_{si} + \sum_{i=1}^{n_c} E_{tci}(x_{ci}, y_{ci}) A_{ci} \tag{9.11a}$$

$$ES_x = \iint E_t(x,y) y \mathrm{d}A = \sum_{i=1}^{n_s} E_{tsi}(x_{si}, y_{si}) y_{si} A_{si} + \sum_{i=1}^{n_c} E_{tci}(x_{ci}, y_{ci}) y_{ci} A_{ci} \tag{9.11b}$$

$$ES_y = \iint E_t(x,y) x \mathrm{d}A = \sum_{i=1}^{n_s} E_{tsi}(x_{si}, y_{si}) y_{si} A_{si} + \sum_{i=1}^{n_c} E_{tci}(x_{ci}, y_{ci}) x_{ci} A_{ci} \tag{9.11c}$$

$$EJ_{xx} = \iint E_t(x,y) y^2 \mathrm{d}A = \sum_{i=1}^{n_s} E_{tsi}(x_{si}, y_{si}) y_{si}^2 A_{si} + \sum_{i=1}^{n_c} E_{tci}(x_{ci}, y_{ci}) y_{ci}^2 A_{ci} \tag{9.11d}$$

$$EJ_{yy} = \iint E_t(x,y) x^2 \mathrm{d}A = \sum_{i=1}^{n_s} E_{tsi}(x_{si}, y_{si}) x_{si}^2 A_{si} + \sum_{i=1}^{n_c} E_{tci}(x_{ci}, y_{ci}) x_{ci}^2 A_{ci} \tag{9.11e}$$

$$EJ_{xy} = \iint E_t(x,y) xy \mathrm{d}A = \sum_{i=1}^{n_s} E_{tsi}(x_{si}, y_{si}) x_{si} y_{si} A_{si} + \sum_{i=1}^{n_c} E_{tci}(x_{ci}, y_{ci}) x_{ci} y_{ci} A_{ci} \tag{9.11f}$$

式中，n_s、n_c 为钢和混凝土的单元总数；E_{tsi}、E_{tci} 为钢、混凝土 i 单元的切线模量；x_{si}、

y_{si} 为钢 i 单元形心处的坐标；x_{ci}、y_{ci} 为混凝土 i 单元形心处的坐标；A_{si}、A_{ci} 为钢、混凝土 i 单元的面积。

对于钢梁，其截面的切线刚度矩阵中各参数表达式如式（9.12）所示。

$$EA_b = \iint E_t(x,z)\mathrm{d}A_b = \sum_{i=1}^{n_b} E_{tbi}(x_{bi}, z_{bi})A_{bi} \tag{9.12a}$$

$$ES_x = \iint E_t(x,z)\ z\mathrm{d}A_b = \sum_{i=1}^{n_b} E_{tbi}(x_{bi}, z_{bi})z_{bi}A_{bi} \tag{9.12b}$$

$$ES_z = \iint E_t(x,z)\ x\mathrm{d}A_b = \sum_{i=1}^{n_b} E_{tbi}(x_{bi}, z_{bi})x_{bi}A_{bi} \tag{9.12c}$$

$$EJ_{xx} = \iint E_t(x,z)\ z^2\mathrm{d}A_b = \sum_{i=1}^{n_b} E_{tbi}(x_{bi}, z_{bi})z_{bi}^2 A_{bi} \tag{9.12d}$$

$$EJ_{zz} = \iint E_t(x,z)\ x^2\mathrm{d}A_b = \sum_{i=1}^{n_b} E_{tbi}(x_{bi}, z_{bi})z_{bi}^2 A_{bi} \tag{9.12e}$$

$$EJ_{xz} = \iint E_t(x,z)\ xz\mathrm{d}A_b = \sum_{i=1}^{n_b} E_{tbi}(x_{bi}, z_{bi})x_{bi}z_{bi}A_{bi} \tag{9.12f}$$

式中，n_b 为钢梁截面上钢单元总数；E_{tbi} 为钢梁 i 单元的切线模量；x_{bi}、z_{bi} 为钢梁 i 单元形心处的坐标；A_{bi} 为钢梁 i 单元的面积。

考虑几何非线性时需处理以下两个方面的问题：一是轴力对结构刚度的影响，需要在建立单元刚度矩阵时引入几何刚度矩阵来考虑；二是大变形对内力的二阶效应影响，内力和外力的平衡条件应根据变形后的几何位置来建立。为考虑大变形引起的二阶效应，在施加每级位移增量时可根据当前已变形的几何位置和内力来形成新的单元切线刚度矩阵和坐标转换矩阵，在计算下一级位移增量时，单元的切线刚度矩阵和坐标转换矩阵应按结构变形后的新位置来形成。这样，逐级施加位移增量，逐次计算结构变形后的几何参数，并修改刚度矩阵和坐标转换矩阵（Yang and Kuo，1994；Chen and Toma，1994）。

钢管混凝土框架中梁柱构件往往是通过一定的节点构造连接而成，对于梁柱刚性连接节点，计算模型中假定节点区域为具有一定宽度和高度的刚域，参考吕西林等（1997）对钢筋混凝土框架分析中节点刚域的处理方法，将净跨部分的单元刚度矩阵移向刚域端部处，形成带刚域梁 - 柱单元的刚度矩阵。

根据图 9.27 所示的几何关系，可以建立如式（9.13）所示的杆端位移和刚域端部位移的关系式。

$$\begin{Bmatrix} u_{lj} \\ v_{lj} \\ \theta_{lj} \\ u_{lk} \\ v_{lk} \\ \theta_{lk} \end{Bmatrix} = \begin{bmatrix} 1 & 0 & 0 & 0 & 0 & 0 \\ 0 & 1 & -d_j & 0 & 0 & 0 \\ 0 & 0 & 1 & 0 & 0 & 0 \\ 0 & 0 & 0 & 1 & 0 & 0 \\ 0 & 0 & 0 & 0 & 1 & -d_k \\ 0 & 0 & 0 & 0 & 0 & 1 \end{bmatrix} \begin{Bmatrix} u_{rj} \\ v_{rj} \\ \theta_{rj} \\ u_{rk} \\ v_{rk} \\ \theta_{rk} \end{Bmatrix} \tag{9.13}$$

式中，u_{lj}、v_{lj}、θ_{lj}、u_{lk}、v_{lk}、θ_{lk} 分别为单元 jk 的净跨端部 j_l 和 k_l 在 x 方向和 y 方向的平动位移和 xy 平面内的转角位移；u_{rj}、v_{rj}、θ_{rj}、u_{rk}、v_{rk}、θ_{rk} 分别为单元 jk 的刚域端部 j_r 和 k_r 在 x 方向和 y 方向的平动位移和 xy 平面内的转角位移；d_j 和 d_k 分别为单元在 j 端和 k 端的刚域长度。

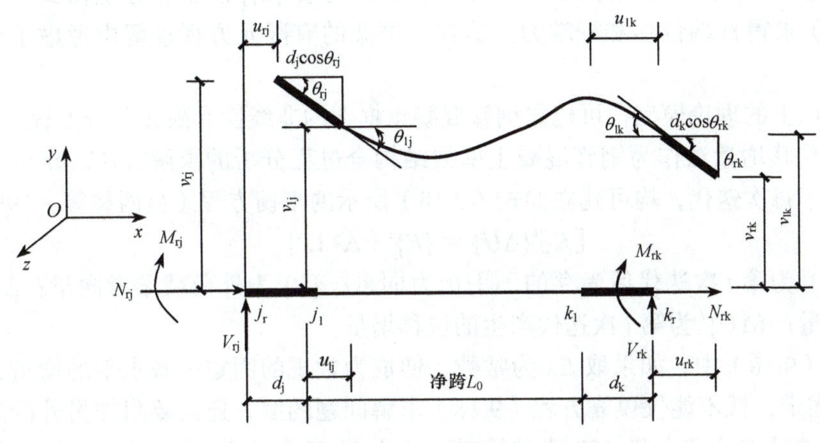

图 9.27 带刚域单元的内力和变形

式（9.13）可简写为式（9.14）。

$$\{d_l\}=[H]\{d_r\} \tag{9.14}$$

式中，$\{d_l\}$ 为单元杆端位移列向量；$[H]$ 为变换矩阵；$\{d_r\}$ 为考虑刚域作用的单元刚域端部位移列向量。

同理，由图 9.28 可得单元的刚域端部内力 $\{f_r\}$ 与净跨杆端内力 $\{f_l\}$ 之间的关系如式（9.15）所示。

$$\{f_r\}=[H]^{\mathrm{T}}\{f_l\} \tag{9.15}$$

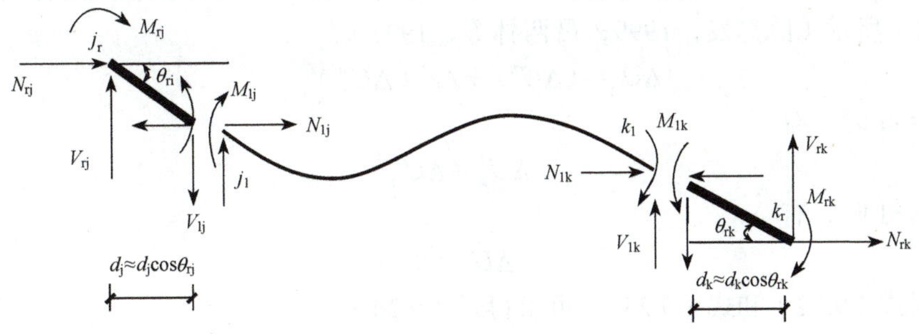

图 9.28 带刚域端部内力和杆端内力之间的关系

$\{f_r\}$ 和 $\{f_l\}$ 可表示为式（9.16）。

$$\{f_l\}=[k_l]\{d_l\} \tag{9.16a}$$

$$\{f_r\}=[k_r]\{d_r\} \tag{9.16b}$$

由式（9.14）～式（9.16），通过变换得到杆端刚度矩阵与刚域端部刚度矩阵之间的关系如式（9.17）所示。

$$[k_r]=[H]^T[k_r][H] \tag{9.17}$$

式中，$[k_l]$ 即为式（9.13）所表达的梁－柱单元切线刚度矩阵。

在框架分析中，利用 $[k_r]$ 形成框架结构的最后总体刚度矩阵，通过求解方程，可以求得结点的位移和每个单元的刚域端部位移向量 $\{d_r\}$，然后分别由式（9.14）和式（9.15）求得杆端位移和杆端力。这样，框架的有限元方程求解中考虑了节点区刚域的影响。

基于以上的理论模型，可建立钢管混凝土框架的非线性有限元分析方程。

选择位移增量法作为钢管混凝土框架结构全过程分析的求解方法。求解非线性问题时，对于每次迭代，均可建立如式（9.18）所示的平衡方程（吕西林等，1997）。

$$[K]^i\{\Delta U\}^i=\{R\}^i+\Delta\lambda\{P\} \tag{9.18}$$

式中，$\{R\}^i$ 为第 i 次迭代后尚存的不平衡力向量；$\{P\}$ 为外荷载参考向量；$\Delta\lambda$ 为结点力系数增量；$\{\Delta U\}^i$ 为第 i 次迭代产生的位移增量。

在式（9.18）中，如果取 $\Delta\lambda$ 为常数，便成为常规的固定荷载水平的增量方程。如果 $\Delta\lambda$ 不固定，就不能仅仅靠方程（9.18）求解问题的解，还需要附加另外的条件。位移增量法就是在位移向量 $\{U\}$ 中选取某一个分量 U_q 作为控制变量，在每次荷载增量时，确定 U_q 的增量 ΔU_q，使其固定为 U_q，通过式（9.18）来反求荷载增量 $\Delta\lambda$。

为了求解式（9.18），采用双位移分量方法将位移分解为两种分量位移（陈惠发，1999；吕西林等，1997），并分别按式（9.19）和式（9.20）确定。

$$[K_t]^i\{\Delta U^a\}^i=\{R\}^i \tag{9.19}$$

$$[K_t]^i\{\Delta U^b\}^i=\{P\} \tag{9.20}$$

总体位移增量可以由两种分量位移表达为式（9.21）。

$$\{\Delta U\}^i=\{\Delta U^a\}^i+\Delta\lambda^i\{\Delta U^b\}^i \tag{9.21}$$

令第 q 个位移分量为所选择的控制点位移分量，在每步增量迭代初始产生位移增量 ΔU_q，而在后续的迭代过程中，控制第 q 个位移分量不变直至迭代收敛，如式（9.22）所示（陈惠发，1999；吕西林等，1997）。

$$\Delta U_q^i=(\Delta U_q^a)^i+\Delta\lambda^i(\Delta U_q^b)^i \tag{9.22}$$

当 $i=1$ 时，有

$$\Delta U_q^i=\Delta U_q \tag{9.23a}$$

当 $i>1$ 时，有

$$\Delta U_q^i=0 \tag{9.23b}$$

利用式（9.22）和式（9.23），可求得式（9.24）。

$$\Delta\lambda^i=\frac{\Delta U_q^i-(\Delta U_q^a)^i}{(\Delta U_q^b)^i} \tag{9.24}$$

应用修正的 Newton-Raphson 方法，式（9.18）仅需要在总体刚度矩阵更新时求解一次。位移增量法通过迭代不断调整所有其他位移分量，直到找到新的平衡位置。对于每个增量步长，求解步骤如下。

1）当迭代开始时，确定一个控制点位移分量的增量 ΔU_q。

2）计算不平衡力向量 $\{R\}^i$ 和切线刚度矩阵 $[K_t]^i$。

3）利用式（9.22）和式（9.23）解出 $\{\Delta U^a\}^i$ 和 $\{\Delta U^b\}^i$。

4）计算 $\{U\}^{i+1}$ 和 λ^{i+1}。

重复步骤 2）～4），直到满足收敛准则，使本步不平衡力 $\{R\}^i \to 0$。

若取不平衡力作为收敛准则，得到收敛准则如下（Chen and Toma，1994；Chen et al.，1996）。

$$\|R^j\| \leqslant \alpha\lambda^j\|P\| \tag{9.25}$$

式中，$\|R^j\|$ 为第 j 步不平衡结点力列阵的范数；$\lambda^j\|P\|$ 为第 j 步施加的外荷载列阵的范数；α 为收敛允许值。

前面讨论的位移增量法是基于平衡方程（9.18）得到的，外荷载是按照外荷载参考向量比例施加到结构上的，因而只适用于比例加载的分析。对于非比例加载的情况，可采用双荷载向量的形式，即其中一个荷载向量按比例增加，另外一个荷载向量维持恒定。

5）计算结果和试验结果对比。基于上述理论模型，编制了进行钢管混凝土框架荷载－位移关系全过程分析的非线性有限元程序 NFEMFrame。利用此程序对搜集到的试验数据进行了比较，如图 9.29 所示。其中，Kawaguchi 等（1997）的单层单跨方钢管混凝土柱－钢梁框架试件基本参数：框架跨度 × 高度=1.5×1.0m；柱的 $D\times t$=125mm×5.8mm，f_y=403.3MPa，f_{ck}=18.55MPa（试件 15SCP）或 18.79MPa（试件 30SCP）；钢梁的 $H\times B\times t_w\times t_f$=150mm×16mm×25mm，$f_y$=400MPa，柱轴压力 N_o=200kN（试件 15SCP）和 400kN（试件 30SCP）。李斌等（2002）进行的单层单跨圆钢管混凝土柱－钢梁框架试件基本参数：框架跨度 × 高度=1.8×1.2m，n=0.135；柱的 $D\times t$=219mm×8mm，f_y=331.6MPa，f_{cu}=35.97MPa，α_s=0.164；钢梁的 $H\times B\times t_w\times t_f$=140mm×80mm×5.5mm×9.1mm，柱轴压力 N_o=400kN。由图 9.29 所示的比较结果可见，计算和试验曲线总体上吻合较好。

NFEMFrame 计算曲线和 9.2 节实测框架试件 P-Δ 关系骨架线的比较如图 9.30 所示，其中“方法 1”为 NFEMFrame 程序计算结果，“方法 2”为本节后述的 ABAQUS 计算结果，可见二者亦总体上吻合较好。但其中柱轴力较大的几个试件，如试件 CF-23、SF-13 和 SF-23 的计算结果与试验结果偏差相对较大，主要原因在于：①基于非线性纤维梁柱单元理论的方法中对框架梁、柱的处理是假定同一截面，没有考虑试件上局部的加强处理，如节点域、柱底加劲板等构造加强措施对承载力的影响，因此理论计算结果总体上偏低。②理论方法中没有考虑框架钢梁的可能缺陷影响及屈曲等因素，因此在弹性阶段理论计算刚度和试验吻合较好，而理论计算弹塑性阶段刚度要比试验稍偏高。

2. 基于 ABAQUS 的有限元计算模型

（1）简述

如前所述，虽然基于分布塑性模型的非线性纤维梁－柱单元理论模型计算比较方便，但不便于分析钢管混凝土框架在受力过程中材料之间的相互作用和框架的破坏模式等关键问题。为此，本节基于 ABAQUS 软件平台建立钢管混凝土柱－钢梁平面框架单调加载受力分析的有限元计算模型。

（2）材料的本构模型

混凝土采用塑性损伤模型，单轴受压应力 - 应变关系按照式（2.18）确定，单轴受拉应力 - 应变关系按照式（2.19）确定。

钢材采用弹塑性材料模型，普通低碳软钢的应力 - 应变关系如图 4.3（a）所示，高

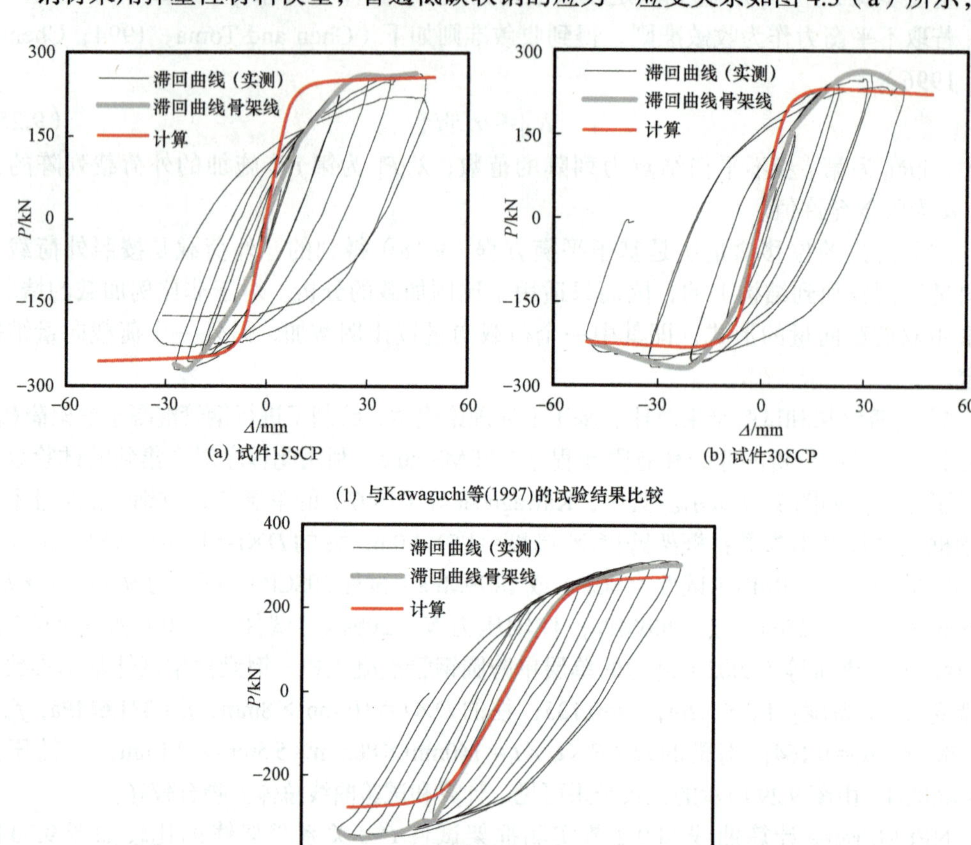

图 9.29 框架 P-Δ 关系理论结果与试验结果比较

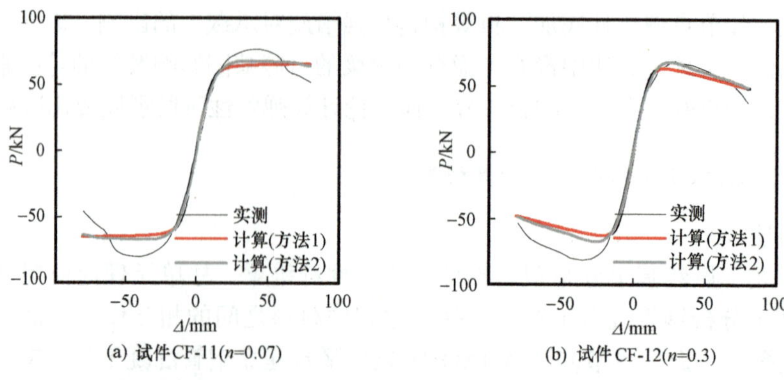

图 9.30 框架试件试验骨架线与理论计算曲线对比

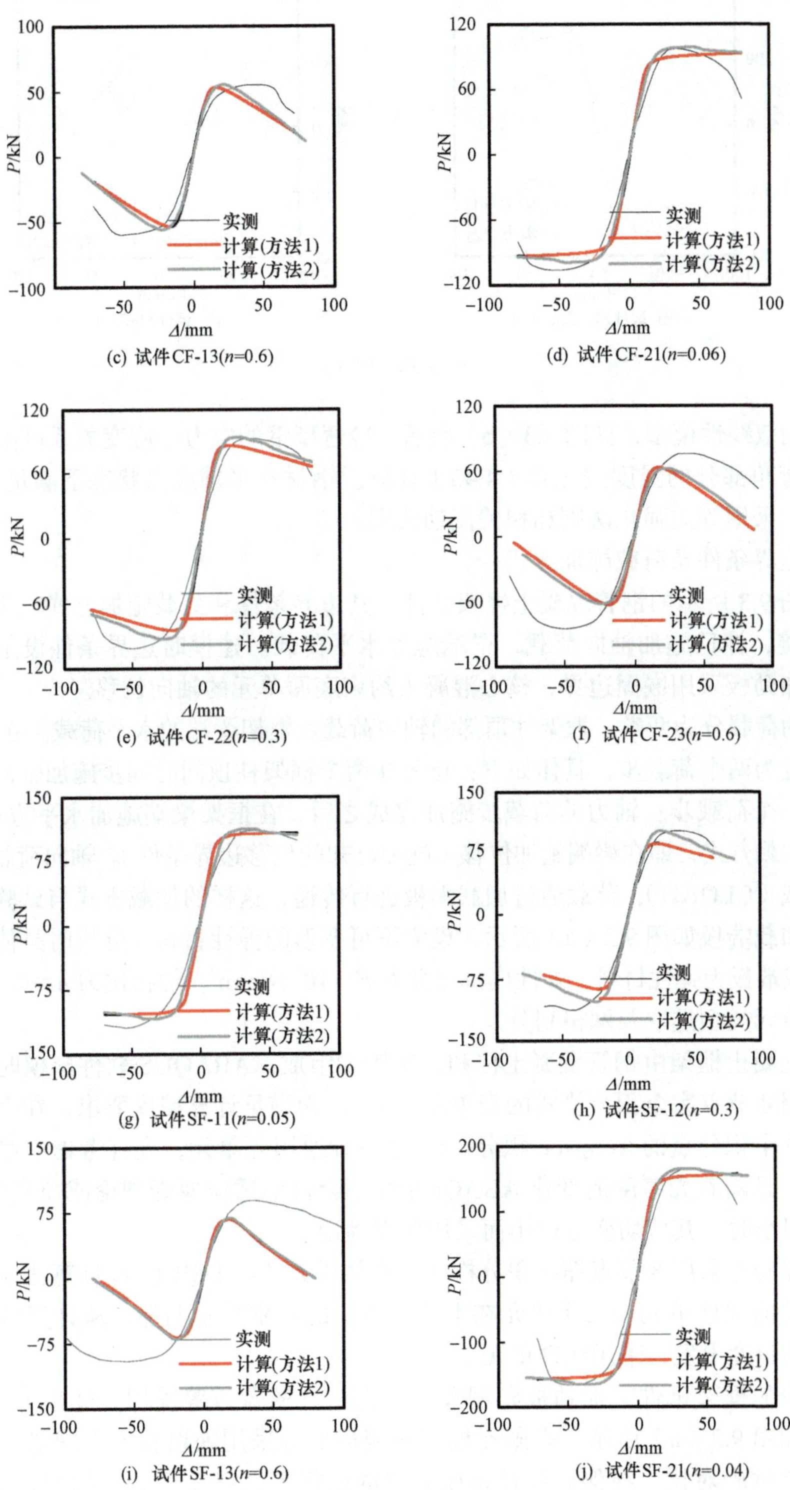

(c) 试件CF-13(n=0.6)

(d) 试件CF-21(n=0.06)

(e) 试件CF-22(n=0.3)

(f) 试件CF-23(n=0.6)

(g) 试件SF-11(n=0.05)

(h) 试件SF-12(n=0.3)

(i) 试件SF-13(n=0.6)

(j) 试件SF-21(n=0.04)

图 9.30 （续）

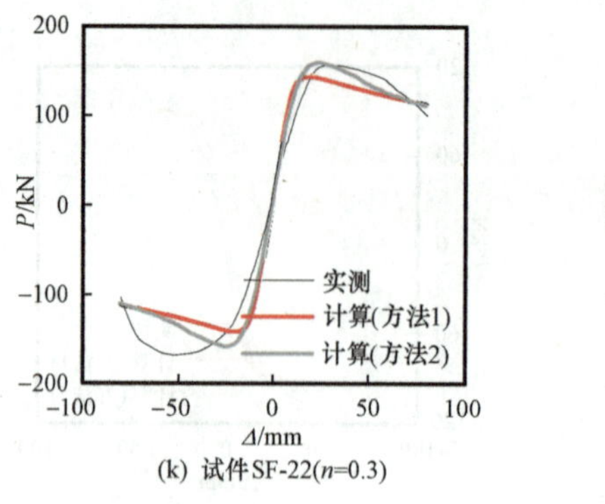

(k) 试件SF-22(n=0.3)

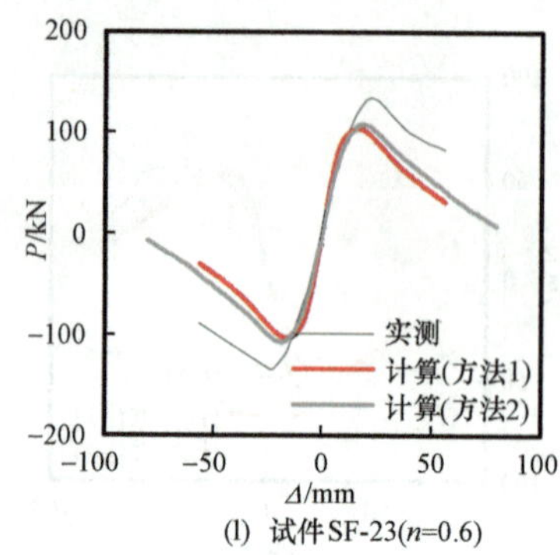

(l) 试件SF-23(n=0.6)

图 9.30 （续）

强钢材采用双线性模型，如图 4.3（b）所示。冷弯型钢的应力 - 应变关系可由式（4.42）确定，其弯角部分的强度按照式（4.43）计算。钢材在多轴应力状态下满足 von Mises 屈服准则，采用等向强化法则和相关流动法则。

（3）边界条件及荷载施加方式

对于图 9.3 所示的钢管混凝土框架试件，其边界条件和荷载施加方式较为明确，即柱脚为固接，柱顶施加轴向荷载，梁端施加水平荷载。建模时边界条件设定为两个柱的钢管及加劲板采用嵌固边界，核心混凝土约束底面单元的轴向位移。

框架的荷载分为两类：框架柱顶部的轴向荷载及框架梁端的水平荷载。在 ABAQUS 中需要设置为两个荷载步，具体如下：首先在两个框架柱顶同时同步施加轴向荷载，并且设其为一个荷载步；轴力的荷载步施加完成之后，在框架梁端施加水平方向的荷载，采用位移加载方式，即在梁端施加位移（施加已知的位移边界条件）。轴向荷载的施加为集中力荷载（CLOAD），荷载通过加载端板进行传递，这样的加载方式与试验时加载方式接近。加载端板如图 9.2（a）所示，设为不可变形的弹性材料。分析时具体处理办法如下：加载端板为弹性材料，弹性模量定义为 $E=10^{12}\text{N/mm}^2$，泊松比为 $\mu=0.001$。

（4）单元类型选取及网格划分

钢管混凝土框架由钢管混凝土柱和工字钢梁组成，ABAQUS 软件建模时，钢管和钢梁均采用 4 节点完全积分格式的壳单元（S4）。为满足计算精度要求，在壳单元厚度方向采用 9 个积分点的 Simpson 积分。S4 是一种通用壳单元，允许考虑沿厚度方向的剪切变形，且随着壳厚度的变化 ABAQUS 程序会自动适应厚壳理论或薄壳理论求解。当壳厚度很小时，其剪切变形很小而采用薄壳理论。

核心混凝土采用 8 节点缩减积分格式的实体单元（C3D8R）。经计算比较，满足网格精度要求的线性单元与二次单元在本节分析中的差别并不明显，从计算效率和精度要求平衡的角度出发，采用线性单元。

试验中的框架试件，加劲板和钢管混凝土试件的盖板等采用实体单元（C3D8R）来模拟，如图 9.2（a）所示。有限元模型的网格划分采用映射自定义网格划分，计算前进行网格试验对比，在保证计算精度要求的前提下选择一个合理的网格划分密度，以便于实现预期的计算效率和计算精度。

图 9.31 所示为框架试件有限元分析模型，其中图 9.31（d）和（f）中的 h 为梁高。

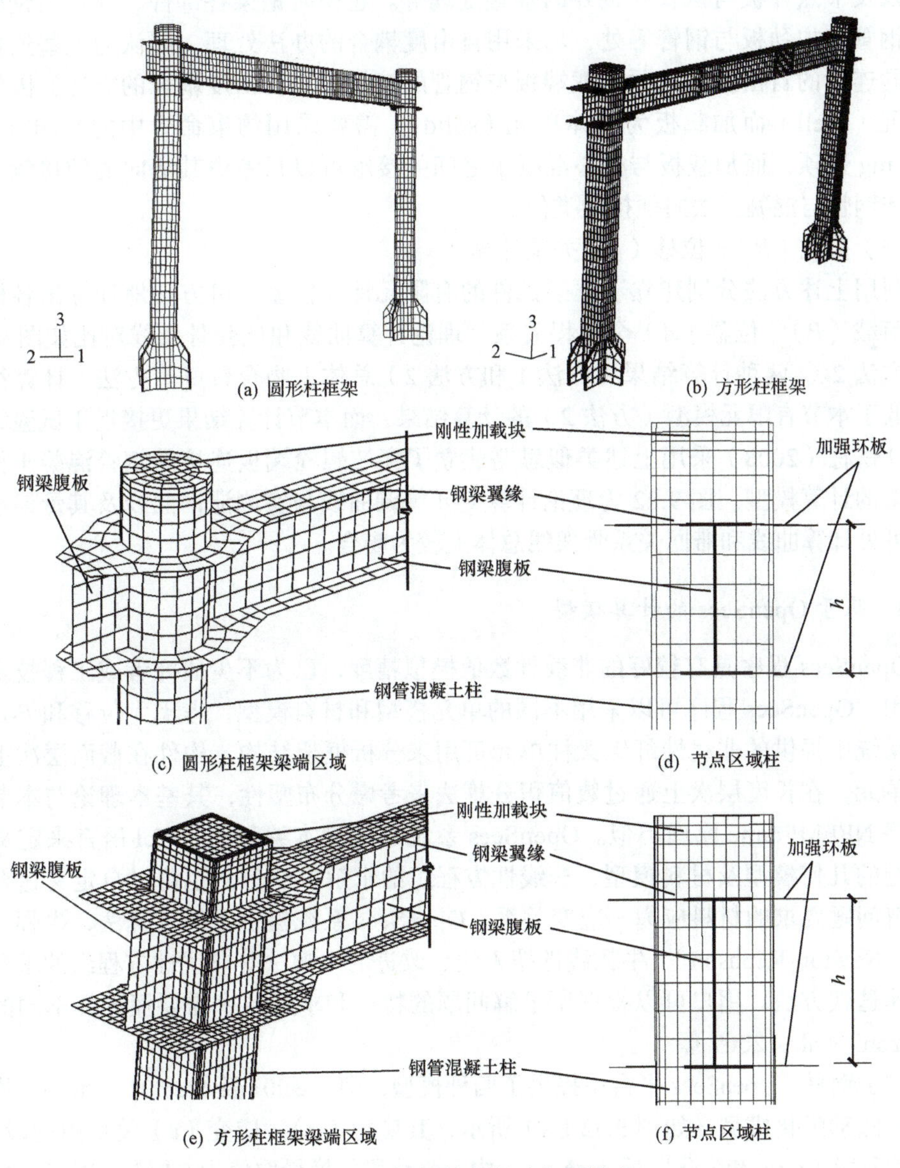

图 9.31　框架试件有限元分析模型

焊接方钢管及焊接工字梁需考虑焊接残余应力，而冷弯方钢管需考虑冷加工引起的残余应力。焊接残余应力的考虑方法如前所述。算例分析表明，在本书所分析的参数范围内，考虑残余应力与否对构件的极限承载力影响并不明显。

（5）界面模型及接触处理

众所周知，钢管和混凝土的界面模型的合理确定对研究钢管混凝土结构的力学性能非常重要，本节理论分析中采用接触单元模型，即界面法线方向采用硬接触，而切线方向采用黏结滑移，详见本书 2.5.2 节中的有关论述。

钢管混凝土柱－钢梁框架模型中，尚应考虑工字钢梁各部件之间连接处的接触处理，以及节点环板与钢管连接处的接触处理等。建模时钢梁各部件、环板与钢管、腹板与钢管、加劲板与钢管等处，均采用自由度耦合的办法处理，即认为这些连接处具有相同连续的自由度。柱顶加载端板与钢管的接触采用自由度耦合的方法，因钢管为壳单元（shell）而加载板为实体单元（solid），需要采用约束命令中的 Shell-to-Solid Coupling 选项，而加载板与核心混凝土之间的接触可以只考虑其法向的硬接触，处理办法和钢管与混凝土法向硬接触类似。

（6）荷载（P）－位移（Δ）关系计算

利用上述方法分别建立了框架试件的有限元计算模型，可方便地计算出各框架试件的荷载（P）－位移（Δ）全过程关系。理论计算曲线和试验骨架线对比如图 9.30 所示（方法 2）。两种计算结果（方法 1 和方法 2）总体上吻合较好。方法 1 计算结果总体上低于本节有限元模型（方法 2）的计算结果，而本节计算结果更接近于试验结果。

杜铁柱（2008）采用上述类似思路建立了穿芯螺栓端板连接的钢管混凝土柱－钢梁框架的计算模型。图 9.22 为理论计算 P-Δ 单调曲线与实测滞回曲线及其骨架线的比较，可见计算曲线和滞回关系骨架线总体上较为吻合。

3. 基于 OpenSees 的计算模型

OpenSees 程序具有较好的非线性数值模拟精度，已为不少研究者或工程技术人员所采用。OpenSees 程序可以采用不同的单元模型和材料模型，考虑大位移和 P-Δ 效应等，系统中提供的非线性纤维梁柱单元可用来分析框架结构，构件在截面层次上划分纤维单元，在长度层次上通过数值积分算法来考虑分布塑性，其基本理论与本节前述的程序 NFEMFrame 原理类似。OpenSees 系统通过脚本编程语言 Tcl 语言来定义所分析问题的几何模型及材料模型、非线性方程组的求解方法等，也可以自定义适合用户所求解问题要求的材料应力－应变关系。OpenSees 系统提供了线性算法、牛顿－拉夫森法（Newton-Raphson）、牛顿线性搜索法、改进的牛顿法等非线性方程组的求解算法及加速迭代方法。用户可以根据所求解问题的特征和求解效率需要而选择不同的算法（Mazzoni et al.，2009）。

对于钢材，OpenSees 平台中提供了两种模型，即 Steel01 及 Steel02。Steel01 模型为双线性随动强化模型，如图 9.32（a）所示，其应力（σ）－应变（ε）关系由两段组成，即弹性阶段（oa）和强化阶段（ab）。其中，强化段的模量取值为 $0.01E_s$，对于冷弯方钢管，强化段的模量取值则为 $0.005E_s$，E_s 为钢材的弹性模量，加卸载刚度采用初始弹性模量 E_s，不考虑软化的作用。

Steel02 模型基本同 Steel01，但可通过材料参数设置改变双线性模型中弹塑性段分支点附近的弧度变化，即图 9.32（a）中所示的虚线部分，从而考虑一定范围内钢材的包辛格效应。Steel02 模型的加卸载路径规则采用 Giuffre-Menegotto-Pinto 反复加载钢材模型（Gomes et al.，1997；Dhakal et al.，2002）。本书框架中的钢管和钢梁采用了 Steel02 模型。

Opensees 系统主要提供了三种混凝土的模型，其单轴应力－应变关系表达式采用 Kent-Scott-Park 混凝土模型（Scott et al.，1982），当不考虑混凝土受拉作用时为 Concrete01 模型，考虑线性软化的受拉应力－应变关系时为 Concrete02 模型，考虑非线性软化的受拉应力－应变关系时为 Concrete03 模型。加卸载准则按照 Karsan-Jirsa 模型进行（Karsan and Jirsa，1969）。Concrete02 模型需要输入的参数：受压时的混凝土峰值强度 f_c' 及应变 ε_0，破坏强度 σ_{cu} 及应变 ε_{cu}，混凝土抗拉强度 f_t 及受拉应力－应变关系中线性下降段的斜率 E_{ct}，以及卸载段斜率 E_u 等，如图 9.32（b）所示。混凝土加卸载曲线及各主要参数的取值方法详见 Mazzoni 等（2009）。

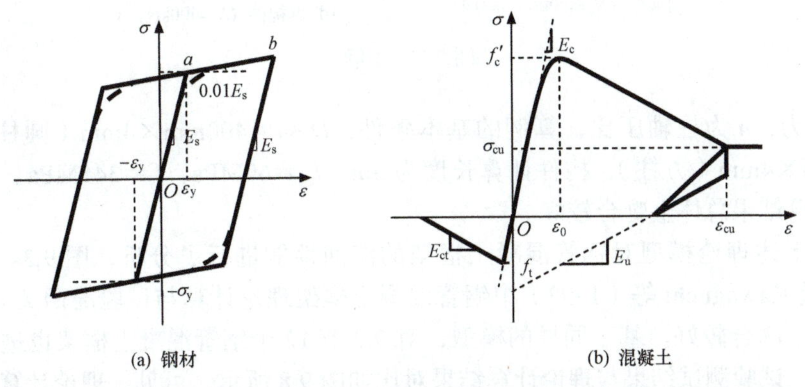

图 9.32　材料应力－应变关系（Opensees 平台）

采用 Concrete02 模型模拟钢管混凝土柱中核心混凝土，暂以考虑钢管约束效应的核心混凝土单轴受压应力－应变关系代替其滞回关系的骨架线，采用韩林海（2022）中的相关模型。

采用非线性纤维梁柱单元来模拟钢管混凝土框架中的钢梁及钢管混凝土框架柱。OpenSees 系统平台中采用非线性梁柱单元，计算时需要将钢管混凝土柱和钢梁均采用截面上划分纤维单元，在杆长方向划分单元采用数值积分的方法。

为了验证基于非线性纤维梁－柱单元理论进行钢管混凝土框架滞回性能分析的适用性，首先利用 OpenSees 系统进行了钢管混凝土压弯构件滞回性能数值模拟。图 9.33 给出与钢管混凝土纤维模型法（韩林海，2022）计算的部分比较结果。其中 N_o 为压弯

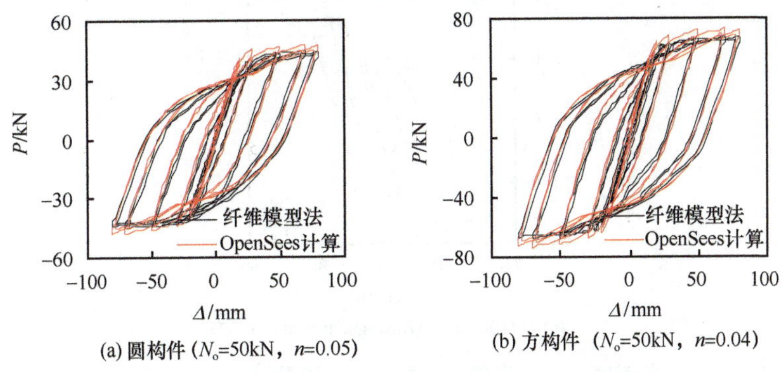

图 9.33　钢管混凝土压弯构件 P-$\varDelta$ 关系对比

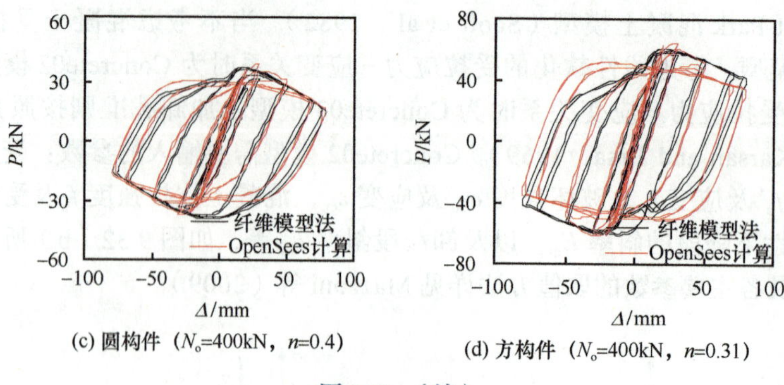

(c) 圆构件（N_o=400kN，n=0.4）　　(d) 方构件（N_o=400kN，n=0.31）

图 9.33 （续）

构件的轴力，n 为柱轴压比，算例的基本条件：$D\times t$=400mm×4mm（圆柱）或 $B\times t$=400mm×4mm（方柱），构件计算长度为 3m，f_{cu}=60MPa，f_y=345MPa。可见两种方法的计算结果总体上吻合较好。

采用上述理论模型对钢管混凝土框架的滞回性能进行了分析，图 9.34 为李斌等（2002）及 Kawaguchi 等（1997）中钢管混凝土框架理论计算与试验滞回关系的对比，二者总体上吻合较好。基于同样的模型，对 9.2 节 12 个钢管混凝土框架也进行了滞回性能分析，试验测试结果与理论计算结果对比如图 9.8 所示。可见，理论计算结果与本章实测结果也总体较为吻合。

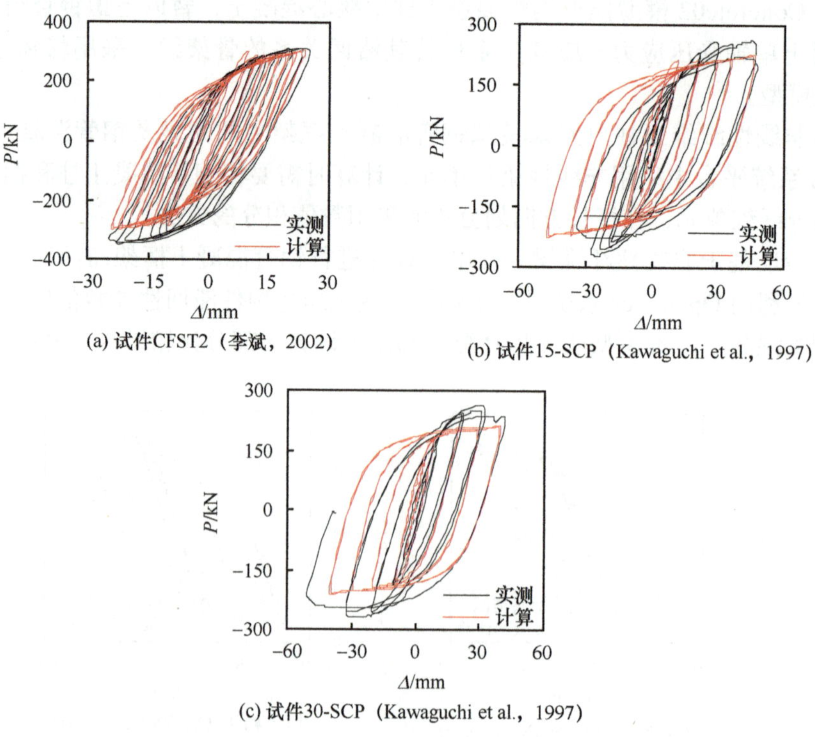

(a) 试件CFST2（李斌，2002）　　(b) 试件15-SCP（Kawaguchi et al.，1997）

(c) 试件30-SCP（Kawaguchi et al.，1997）

图 9.34　框架荷载－位移理论与试验滞回关系比较

图 9.35 分别为程序 NFEMFrame 计算得到的部分试验框架试件的 P-Δ 单调关系和 OpenSees 系统计算 P-Δ 关系的对比，可见单调关系计算结果与 P-Δ 关系骨架线的趋势总体上吻合较好。也就是说，该钢管混凝土柱－钢梁平面框架的 P-Δ 关系的骨架线与其单调关系变化规律基本一致。

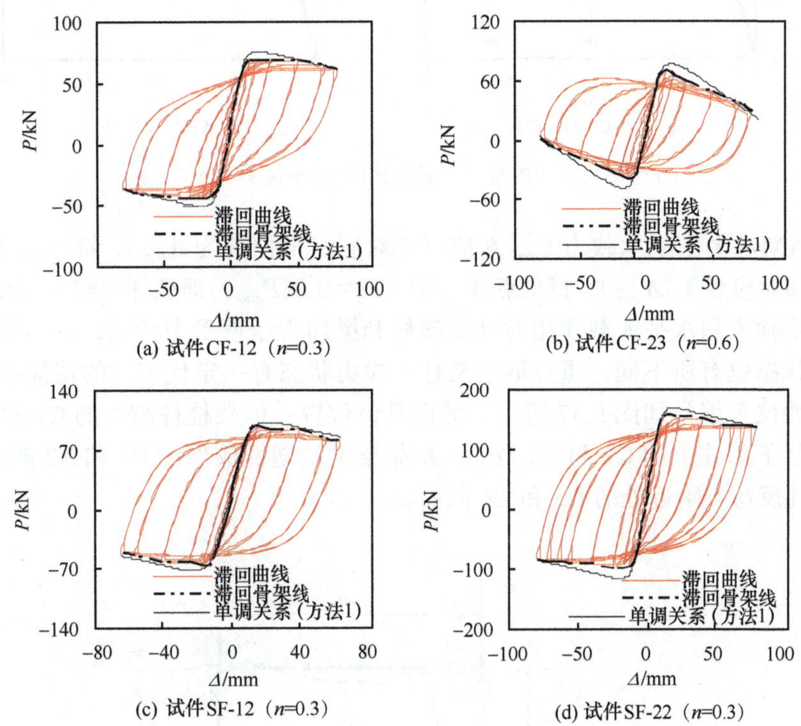

图 9.35　计算 P-Δ 关系及其骨架线与单调关系对比

9.4.2　受力全过程分析

如图 9.1 所示的钢管混凝土柱－钢梁框架在柱顶恒定轴力（N_o）和梁端水平荷载（P）作用下，钢管混凝土柱和钢梁均会承受压弯荷载，且框架梁柱截面在水平荷载增加的过程中，中和轴位置一直在发生变化，也就是说截面的受压区和受拉区的面积范围发展处于动态状态，框架柱截面拉压范围变化的一般规律是从水平荷载为零时的全截面受压，到随着水平荷载（或位移）的增加开始逐渐出现拉区，中和轴也随着水平荷载的增加逐渐有所偏移，截面上压区范围越来越小而拉区范围则越来越大。

以 9.2 节中进行的采用外加强环板式连接的平面框架试件 CF-22 和 SF-22 为例，下面分析钢管混凝土框架结构的受力全过程（Wang et al.，2009；Han et al.，2011）。图 9.36（a）和（b）所示分别为试件 CF-22 和 SF-22 的有限元计算 P-Δ 关系。

在图 9.36 的框架 P-Δ 关系上选取五个特征点进行分析，这五个特征点如下。特征点 1：框架梁梁端截面翼缘钢材开始屈服并进入弹塑性阶段的起始点（“强柱弱梁”型平面框架一般均是梁端先出现塑性铰）。特征点 2：柱钢管进入屈服阶段的起始点。特

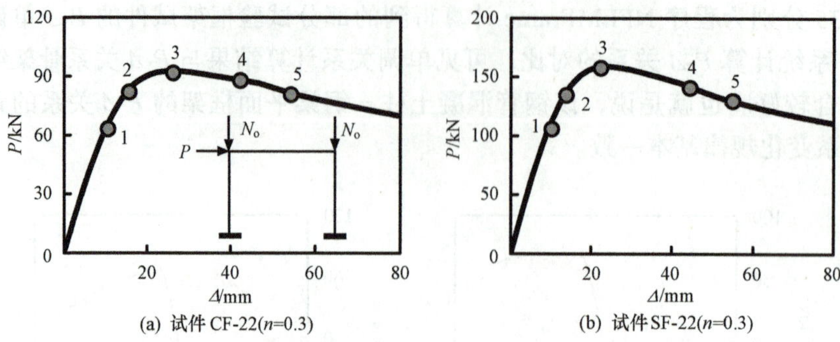

(a) 试件 CF-22(n=0.3)　　(b) 试件 SF-22(n=0.3)

图 9.36　框架的水平荷载（P）-水平位移（Δ）关系

征点 3：框架水平极限承载力 P_{max} 对应点（对应水平位移为 Δ_{max}）。特征点 4：框架二倍极限位移对应点（$2\Delta_{max}$）。特征点 5：对应 $P_u=0.85P_{max}$，即破坏荷载 P_u 对应点。

框架受轴力和水平荷载作用时其框架柱和梁均为压弯受力状态，且不同截面位置上的应力状态也有所不同。重点取框架柱上应力状态有一定代表性的特征截面进行了分析，截面位置编号如图 9.37 所示，截面具体位置：框架柱柱脚外的 C1 和 C3 截面，节点核心区下部柱上的 C2 和 C4 截面，框架梁梁端塑性铰处的 B1 和 B2 截面，另外，还分析了柱反弯点附近处的 C5 和 C6 截面。

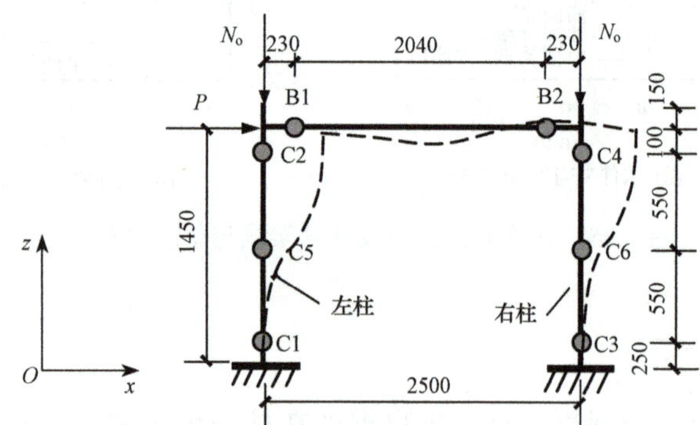

图 9.37　平面框架上特征点位置（尺寸单位：mm）

计算结果表明，框架试件中，钢梁翼缘达到屈服的时刻一般在框架柱压区钢管屈服之后或接近，主要原因是框架柱在承受水平荷载之前已经承受轴向荷载，钢管中已存在压应力，当继续承受水平荷载时，柱受压区钢管的应力是轴向压应力与弯曲压应力的叠加，因此可能提前达到其屈服强度。钢管压应力和钢梁翼缘应力达到屈服应力的次序主要受柱轴压比的影响较大，轴压比较大的柱钢管屈服得较早。

框架柱压区钢管部分先达到屈服极限并不意味着钢管混凝土柱达到屈服，因为柱截面整体并没有达到塑性状态，“强柱弱梁”框架的塑性铰往往先出现在框架梁端。框架柱钢管纤维达到屈服极限时核心混凝土并没有达到其极限强度，框架承载能力会继续增长，直至达到其承载力极限。

图 9.37 中虚线为框架变形图，框架柱截面在反弯点（C5 和 C6 截面）以下左侧为受拉区，右侧为受压区，而在反弯点以上左侧为受压区，右侧为受拉区。框架梁的受力特点也类似，在反弯点左侧梁截面上部翼缘受压而下部翼缘受拉，反弯点右侧梁截面的上部翼缘受拉而下部翼缘受压。

图 9.38 为 CF-22 试件框架柱 C1 截面处对应于图 9.36（a）的 P-Δ 关系中主要特征点（1、2、3、4 和 5 点）核心混凝土纵向应力等值线及外钢管的应力分布。C3 截面上应力分布规律与 C1 截面类似，此处不再赘述。图 9.38 中 S22 表示为钢管纵向应力，而“Ave. Crit.：75%”表示 ABAQUS 软件进行后处理时，由积分点应力外推得到单元节点应力时，采用系统默认的 75% 即可得到理想的平滑的应力数值（Hibbitt et al., 2005）。应力的单位均为 MPa，以下均同。

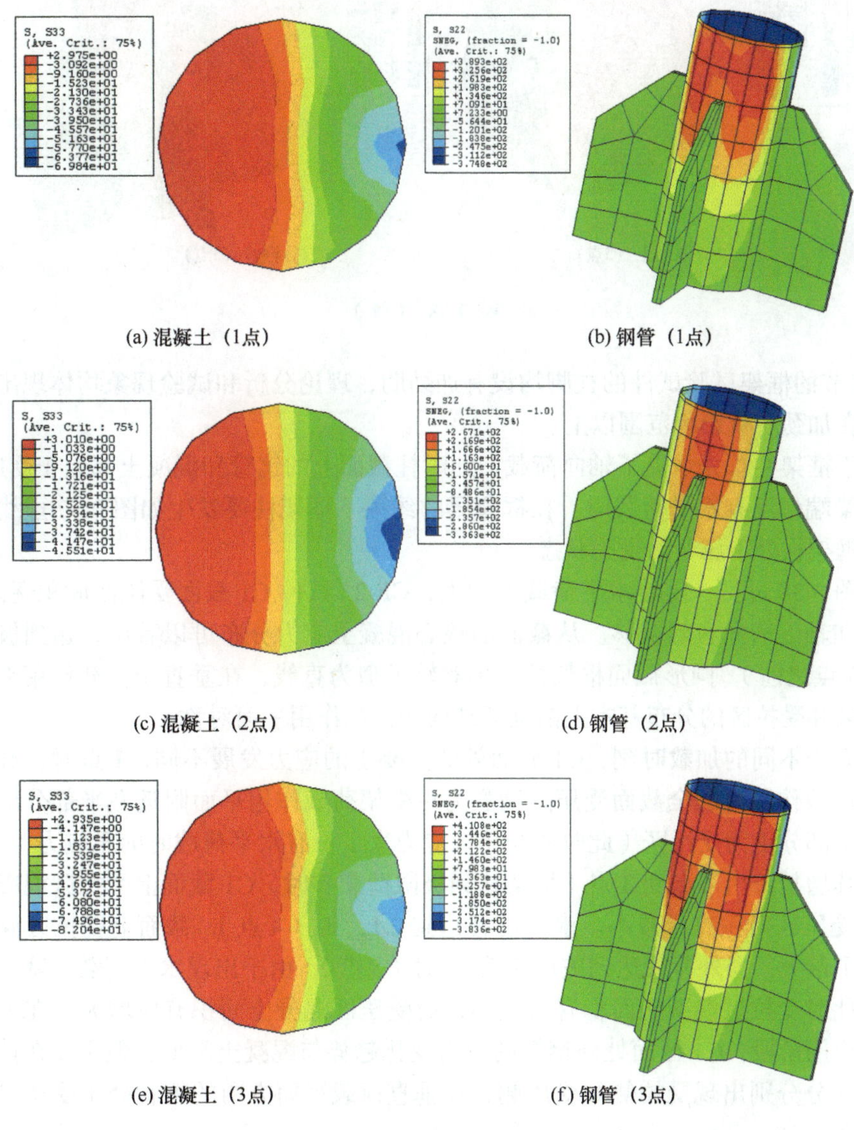

(a) 混凝土（1点）　(b) 钢管（1点）

(c) 混凝土（2点）　(d) 钢管（2点）

(e) 混凝土（3点）　(f) 钢管（3点）

图 9.38　CF-22 试件 C1 截面处核心混凝土及钢管应力分布（应力单位：MPa）

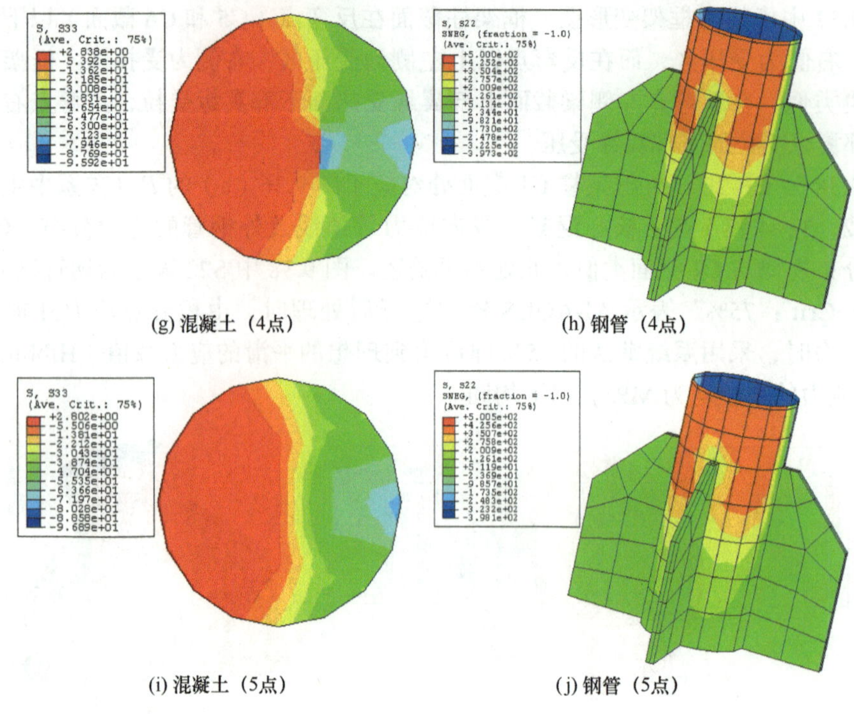

(g) 混凝土（4点） (h) 钢管（4点）

(i) 混凝土（5点） (j) 钢管（5点）

图 9.38 （续）

9.2 节的框架试验试件的柱脚均设有加劲肋，理论分析和试验现象均体现出其塑性铰位置在加劲肋板影响范围以上。

由于框架柱首先承受了轴向荷载，此时柱截面上的钢管和混凝土都处于受压状态，当框架梁端作用有水平荷载时，在框架梁的约束下框架柱要发生如图 9.37 虚线所示的变形，框架柱处于压弯的受力状态。

从图 9.38 可见，随着水平荷载的增大，CF-22 试件 C1 截面受压区面积逐渐减小，亦即中和轴逐渐向右侧偏移。从截面的核心混凝土应力分布可以看出，达到极限荷载之前（3 点之前），圆形截面框架柱的中和轴近似为直线，在垂直于荷载作用平面上截面受压区和受拉区的分布基本上沿框架结构的荷载作用平面对称。

对应于不同的加载时刻，C1 截面处的混凝土的应力发展不同，1 点时，截面由没有水平荷载作用时的全截面受压逐渐变为沿框架荷载作用平面附近左半部分出现受拉区而右半部分仍为受压区（此时的受压区应力大于没有水平荷载时的压应力），随着荷载的继续增加，由 1 点到 3 点（框架达到极限荷载）时，C1 截面上受拉区混凝土面积增加而受压区面积有所减小。水平位移达到 $2\Delta_{max}$ 时（4 点），截面上受拉区混凝土面积达到了最大；当外荷载达到破坏荷载 P_u 时（5 点），由于出现水平荷载下降，与 4 点相比，此时受拉区混凝土面积有所减小，而受压区混凝土面积有所增大。在不同的水平荷载作用阶段，C1 截面处外钢管的应力变化趋势与混凝土类似，但主要在荷载作用平面内部分分别出现受拉侧和受压侧，在垂直荷载平面方向的钢管处于受压状态，且应力不大。

图 9.39 所示框架对应于图 9.38 中 B1 和 B2 截面所在梁端的纵向应力分布情况，其中框架梁也存在反弯点，左侧截面 B1 为上翼缘受压下翼缘受拉，而右侧截面 B2 为上翼缘受拉下翼缘受压。塑性铰出现的位置在节点加强环板之外的梁端范围内，这和 9.2 节的试验现象一致。图 9.39 也给出了梁中和轴的近似位置。

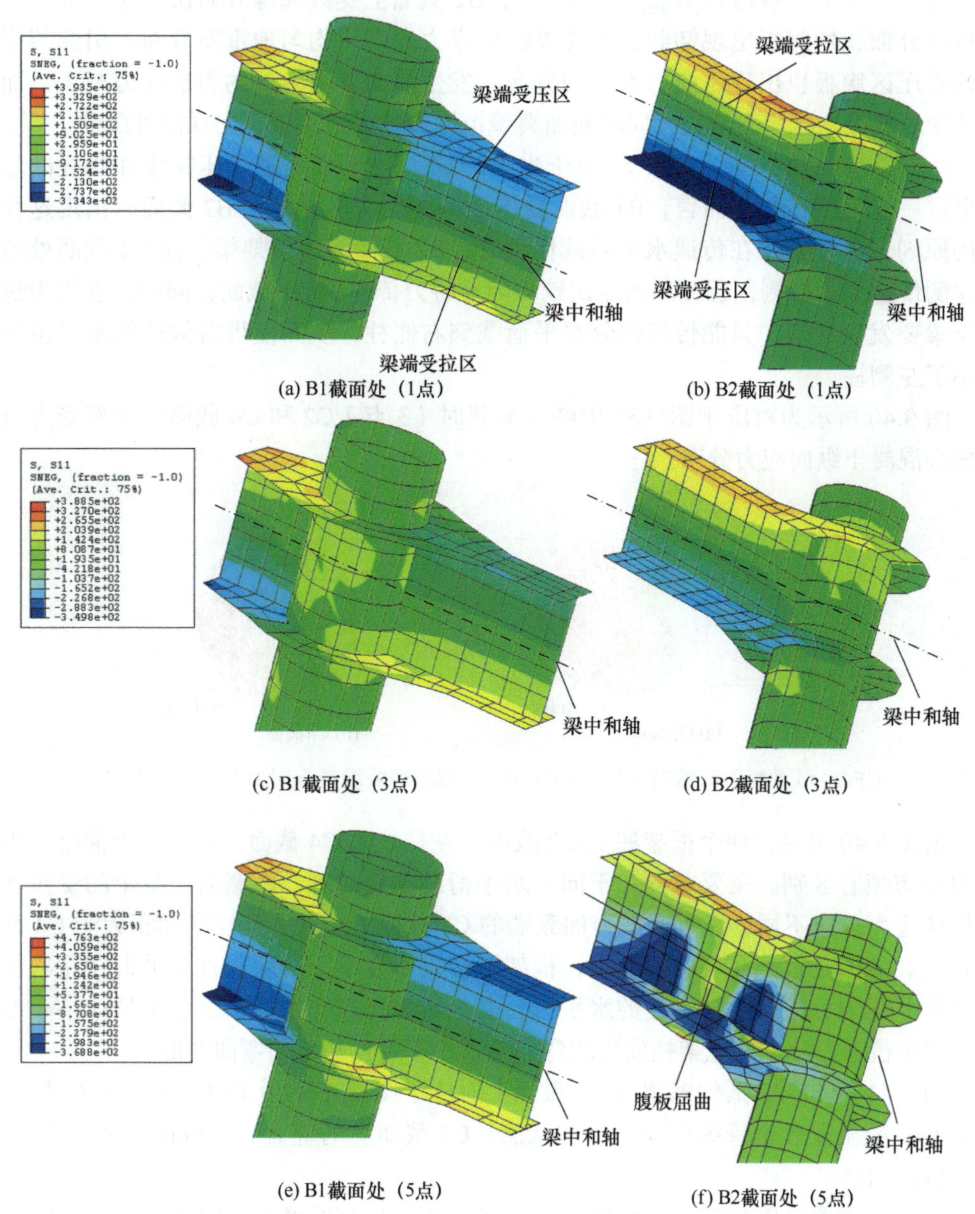

图 9.39　B1 和 B2 截面处所在梁端的应力分布（应力单位：MPa）

在同一水平荷载作用下，即图 9.36（a）所示 $P\text{-}\Delta$ 关系上同一点，B2 截面处的纵向拉应力总是高于 B1 截面处的相应应力，且 B2 截面位置处的变形也较 B1 截面处明显。在1点时梁端截面B2、B1的翼缘钢材首先达到其屈服强度，随着水平位移的继续增大，2点时发生屈服的钢材逐渐向腹板内部扩展。框架达到极限荷载时（3点）梁端纵向应力分布规律变化不大，但环板区域范围内的腹板的纵向应力要低于钢梁梁端翼缘范围内的腹板应力，如图9.39（d）所示。

当框架水平位移达到$2\Delta_{max}$时（4点），B2截面上受区翼缘开始出现了屈曲，从而使得部分面积的腹板出现卸载，梁端翼缘压应力发生不均匀地重新分布，引起翼缘附近的受压区腹板也出现压应力不均匀分布，发生屈曲翼缘内部的腹板应力减小，而环板处受压翼缘的压应力增大，同时屈曲翼缘范围内的受压腹板也出现面外鼓曲。

达到破坏荷载P_u时（5点），由于出现卸载，B2截面附近受压翼缘和腹板的屈曲变形进一步发展，相比而言，B1截面受压区钢梁的变形要小于B2截面。出现这种情况的原因主要是钢梁在传递水平荷载作用时，B2截面为边框架梁，而B1截面处是由梁左侧传递到梁右侧，通过环板能比较均匀地将力传递到B1截面，同时，在受力过程中钢梁要发生变形，只能传递部分水平荷载到右侧柱，从而使得右侧柱的水平位移总是小于左侧柱。

图9.40所示为对应于图9.37中峰值荷载时（3点）C2和C4截面在框架受力过程中核心混凝土纵向应力分布。

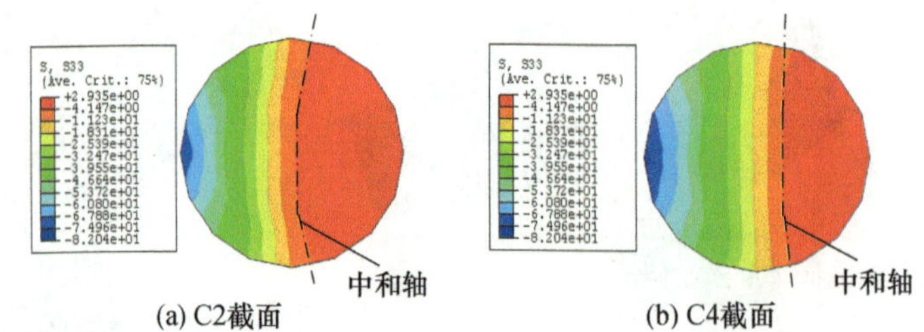

图9.40　CF-22试件峰值荷载时（3点）C2和C4截面处的混凝土应力分布（应力单位：MPa）

由图9.40可见，两个框架柱上C2截面（左柱）和C4截面（右柱）上混凝土纵向应力分布稍有区别。主要差异在于同一水平荷载加载时刻，两截面混凝土的受拉区和受压区应力分布不同，靠近水平力加载端的C2截面（左柱）受拉区面积大于C4截面（右柱）。原因是框架在受力过程中，框架梁会发生变形，从而使得水平力在左右框架柱中并非均匀分配，左柱承受的水平力会高于右柱，这样右柱顶部水平位移小于左柱顶部水平位移，此部分框架柱发生的弯曲变形小于左柱相应的弯曲变形。

图9.41为SF-22试件框架柱C1截面上对应于图9.36（b）P-Δ关系中特征点1～5时核心混凝土及外钢管纵向应力分布状态。C3截面上的应力分布规律类似于C1，此处不再给出。

当框架梁翼缘钢材达到屈服极限后，水平荷载可继续增加，混凝土截面上的受拉区随着水平荷载的增加而增加，当达到框架的水平极限荷载后（3点），P-Δ关系进入下降段，此时混凝土和钢管的受压区有所增大，而受拉区面积有所减小。

在框架达到极限荷载之前（3点之前），C1截面上中和轴基本上近似为直线，而在达到极限荷载之后（3点之前），中和轴趋于四折线段形式，即截面中间部分受压区面

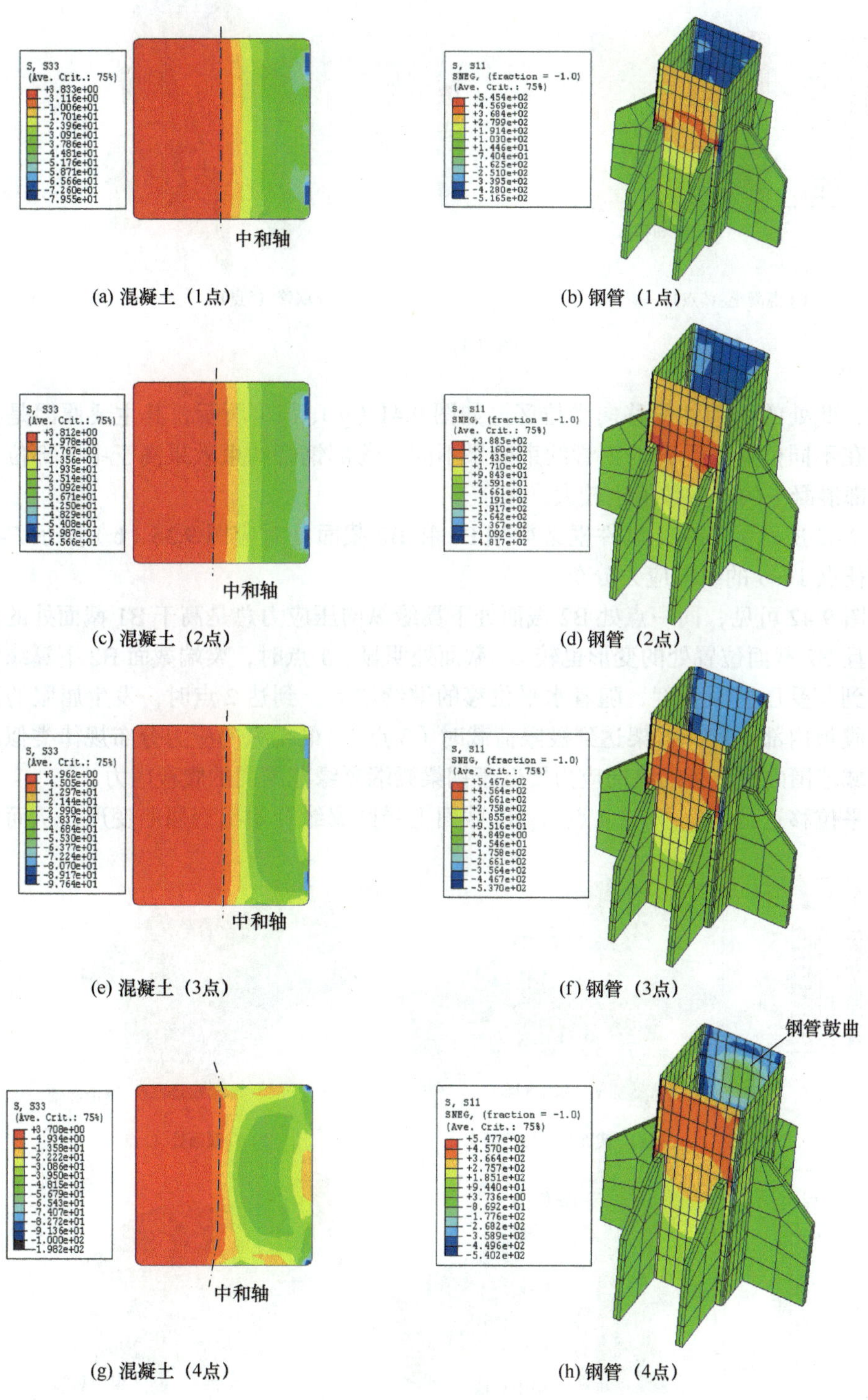

(a) 混凝土（1点）　(b) 钢管（1点）

(c) 混凝土（2点）　(d) 钢管（2点）

(e) 混凝土（3点）　(f) 钢管（3点）

(g) 混凝土（4点）　(h) 钢管（4点）

图 9.41　SF-22 试件 C1 截面处柱核心混凝土及钢管应力的分布状态（应力单位：MPa）

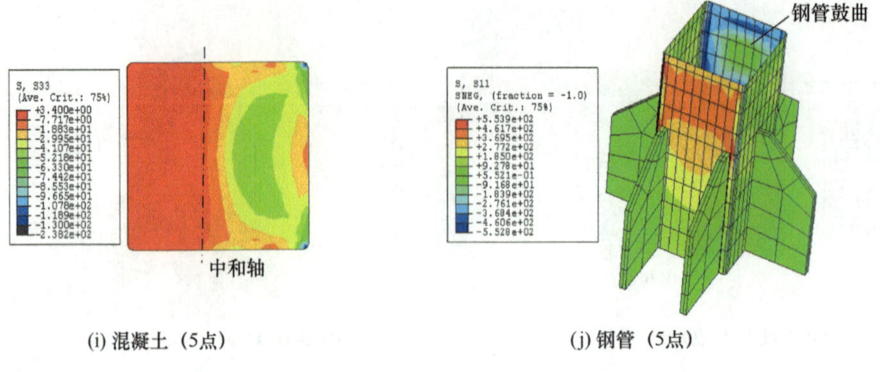

(i) 混凝土（5点）　　(j) 钢管（5点）

图 9.41 （续）

积较大，此处的中和轴偏移向受拉区，如图 9.41（g）、（i）所示，其主要原因是核心混凝土在不同位置处受到的钢管约束效果不同，角部钢管约束效果高于中间部位，同时，角部混凝土的应力数值也较大。

图 9.42 所示为 SF-22 试件框架梁端 B1 和 B2 截面处对应图 9.36（b）所示 P-Δ 关系上特征点 1～5 的纵向应力分布。

由图 9.42 可见，同一点处 B2 截面处下翼缘纵向压应力总是高于 B1 截面处的相应应力，且 B2 截面位置处的变形也较 B1 截面处明显。1 点时，梁端截面 B2 下翼缘钢材首先达到其受压屈服强度，随着水平位移的继续增大，到达 2 点时，发生屈服的区域逐渐向腹板内部扩展。框架达到极限荷载时（3 点），梁端纵向应力分布规律类似。但环板区域范围内的腹板的纵向应力要低于钢梁梁端翼缘范围内的腹板应力。

水平位移达到 $2\Delta_{max}$ 时（4 点），B2 截面上受区翼缘开始出现屈曲变形，从而使得

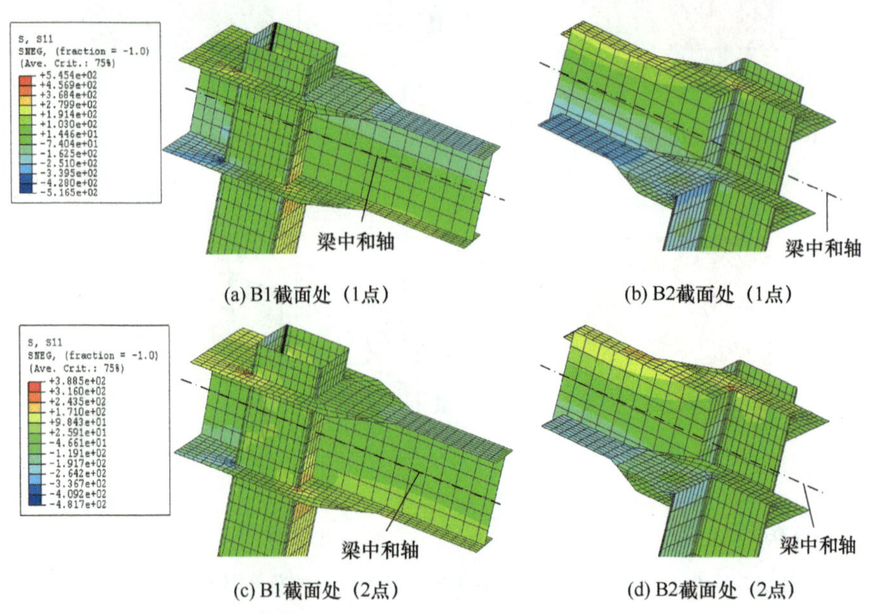

(a) B1截面处（1点）　　(b) B2截面处（1点）

(c) B1截面处（2点）　　(d) B2截面处（2点）

图 9.42　SF-22 试件 B1 和 B2 截面处应力分布（应力单位：MPa）

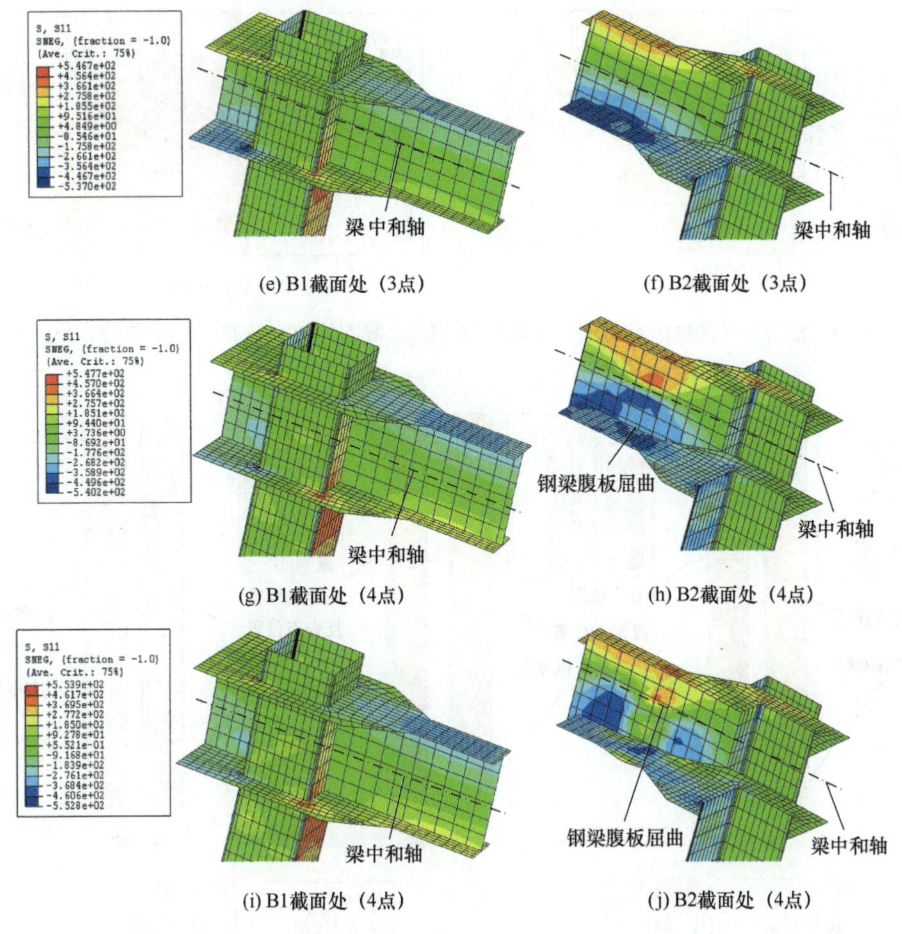

图 9.42 （续）

部分面积出现卸载，梁端翼缘压应力发生重分布，也引起翼缘附近受压区腹板压应力重分布。发生屈曲的翼缘内部的腹板应力减小，而环板处受压翼缘的压应力增大，此时屈曲翼缘范围内的受压腹板也出现面外鼓曲，如图 9.42（j）所示。

达到破坏荷载 P_u（5 点）时，与 4 点相比，B2 截面附近受压翼缘和腹板的屈曲变形更为明显。总体上 B1 截面受压区钢梁的变形要小于 B2 截面。

试件框架柱反弯点附近截面，即 C5 和 C6 截面核心混凝土纵向应力数值很小，且分布较为均匀。图 9.43 所示为水平荷载达到极限值（3 点）时 SF-22 试件的 C5 和 C6 截面上核心混凝土纵向应力分布，可见总体上应力数值都较小。

CF-22 和 SF-22 试件中的两框架柱的反弯点并不在同一高度位置。以 SF-22 为例，图 9.44 给出框架中左柱和右柱沿其纵轴剖开后的核心混凝土纵向应力状态，可见，相对于柱底端，右柱的反弯点位置均稍高于左柱。

图 9.45 分别为 SF-22 试件框架柱在 C2 和 C4 截面对应于图 9.36（b）中所示的特征点 1～5 的核心混凝土纵向应力分布。

由图 9.45 可见，C2（左柱）和 C4（右柱）截面上混凝土应力分布稍有不同。框

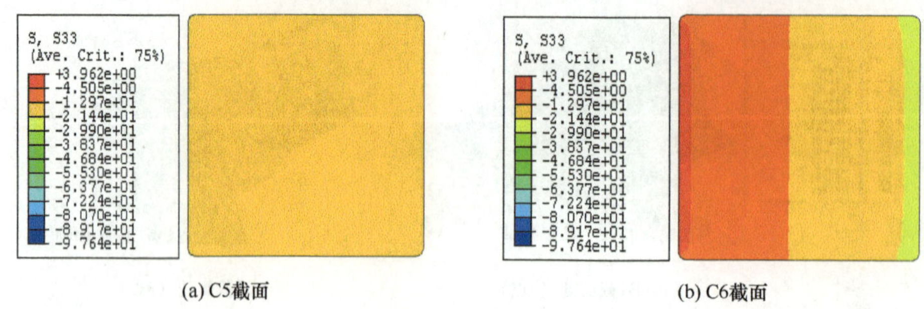

(a) C5截面 (b) C6截面

图 9.43 SF-22 试件峰值荷载时（3 点）C5 和 C6 截面处应力分布（应力单位：MPa）

反弯点位置 左框架柱 右框架柱

(a) 1点 (b) 2点 (c) 3点

N_o N_o P 左柱 右柱

(d) 4点 (e) 5点

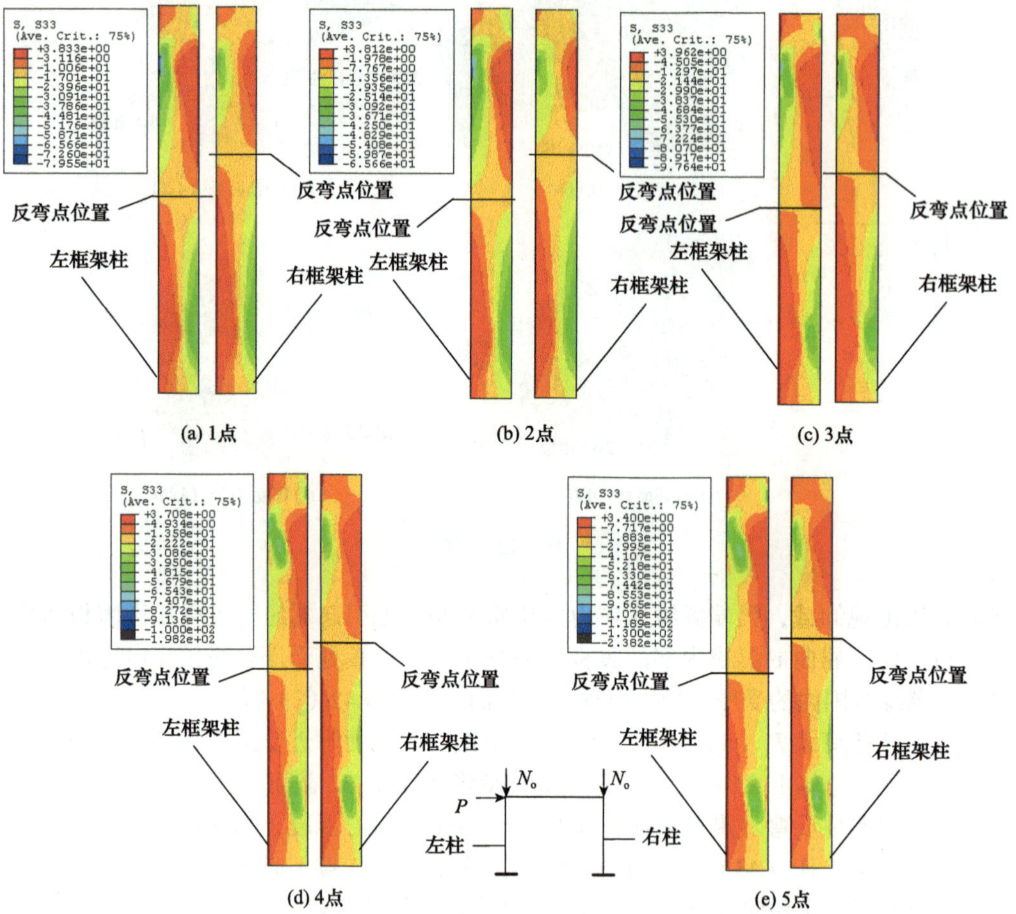

图 9.44 SF-22 试件框架柱沿高度方向的混凝土纵向应力分布（应力单位：MPa）

架达到极限承载力（3 点）之前，左柱 C2 截面上受拉区面积比右柱 C4 截面受拉区大，在框架梁以下截面处左柱的弯曲变形大于右柱。

在达到极限承载力（3 点）之后，随着水平荷载下降，应力重分布使得 C2 与 C4 截面的应力分布趋于接近。位移达到 $2\Delta_{max}$（4 点）及荷载达到破坏荷载 P_u（5 点）时，

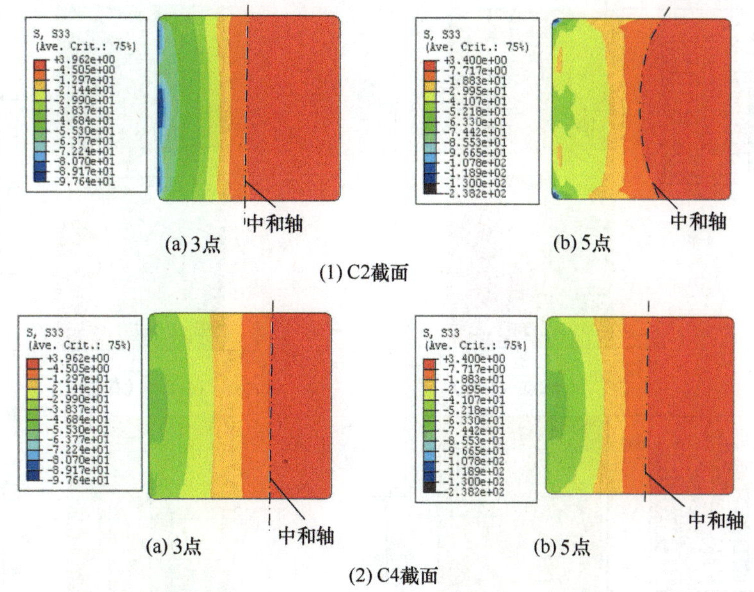

(a) 3点　(b) 5点

(1) C2截面

(a) 3点　(b) 5点

(2) C4截面

图 9.45　SF-22 试件 C2 和 C4 截面处混凝土纵向应力分布（应力单位：MPa）

由于卸载和应力重分布，混凝土压应力有减小趋势。

图 9.46（1）和（2）所示分别为框架节点区域钢管混凝土柱中核心混凝土纵向应力对应于图 9.36 所示 *P*-*Δ* 关系上特征点 1～3 的分布情况。框架试件节点区域单元划分情况分别如图 9.31（c）、（d）（圆形柱试件）和（e）、（f）（方形柱试件）所示。图 9.46 中，*h* 为梁高。

由图 9.46 中节点域柱混凝土的纵向应力分布可见，左柱水平加载端节点域混凝土纵向应力总体上高于右柱（远离水平加载端）相应位置，其主要原因也是左框架柱的弯曲变形大于右框架柱。对于节点域的混凝土而言，左下及右上部分承受压力，而右下及左上部分承受拉力。由于框架柱在梁下部分发生较大的弯曲变形，而梁上部分的弯曲变形并不明显，因此左上部分的应力小于右下部分应力。随着水平位移的增加，即由 1 点

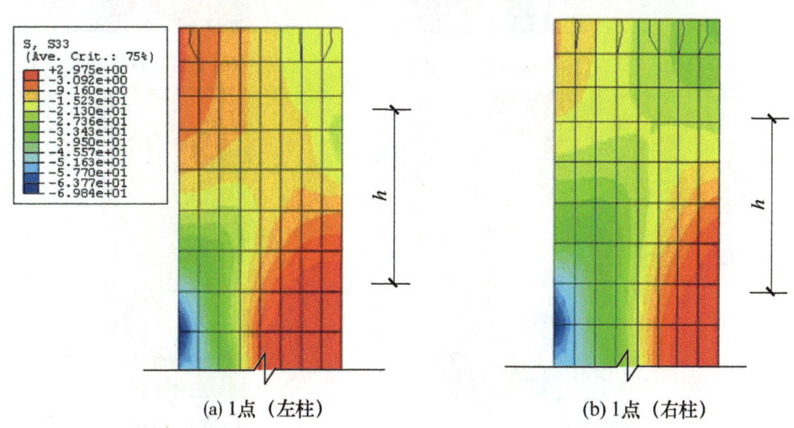

(a) 1点（左柱）　(b) 1点（右柱）

图 9.46　框架节点区域柱中混凝土的应力（应力单位：MPa）

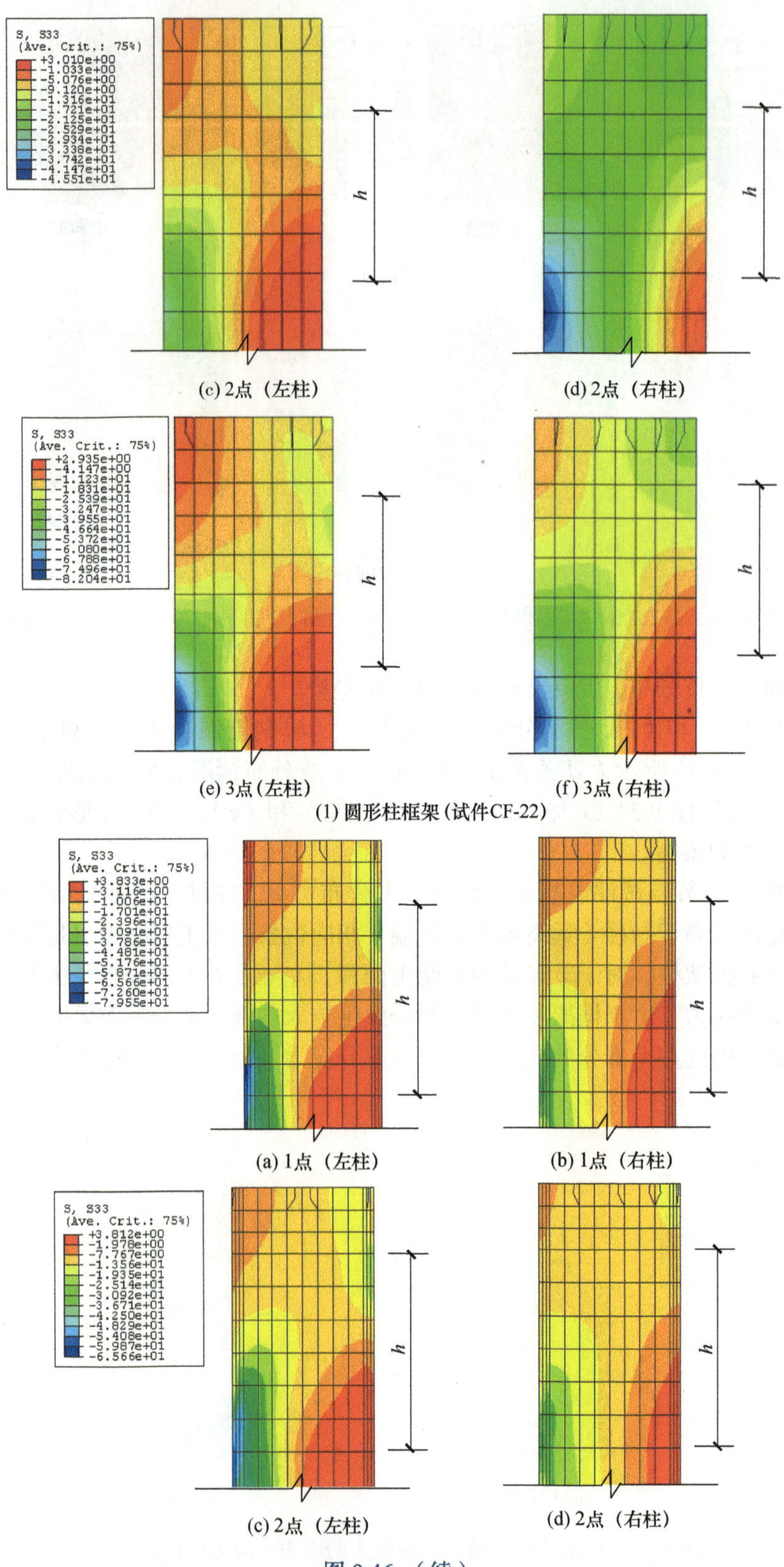

(c) 2点（左柱）　　(d) 2点（右柱）

(e) 3点（左柱）　　(f) 3点（右柱）

(1) 圆形柱框架（试件CF-22）

(a) 1点（左柱）　　(b) 1点（右柱）

(c) 2点（左柱）　　(d) 2点（右柱）

图 9.46 （续）

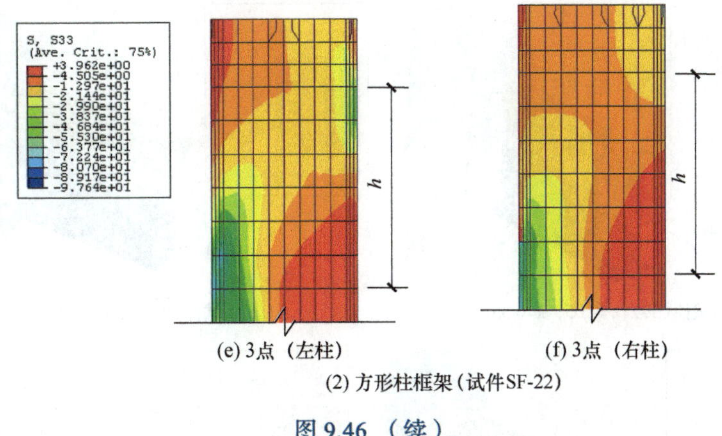

(e) 3点（左柱）　(f) 3点（右柱）

(2) 方形柱框架（试件SF-22）

图 9.46 （续）

到 3 点，框架柱的弯曲变形增大，因此左下部分和右上部分的压应力逐渐增大，受压区域大约呈斜 45°方向扩展，框架达到极限承载力时（3 点）达到最大。同时，左上部分原来受拉的部分区域的拉应力也随着加载位移的增加而逐渐减小。右框架柱的节点区域应力发展规律与左柱类似，只是相同受力时刻应力数值小于相应的左柱。

总体而言，在框架受力全过程中，节点域的核心混凝土的纵向应力数值均较小，远低于框架柱脚截面（塑性铰位置）处的混凝土应力如图 9.38 和图 9.41 所示。节点区域除框架梁环板连接位置有局部的应力集中外，核心区域混凝土的最大纵向应力都小于 f_c'，满足强节点的设计要求。

以上分别对本书 9.2 节中进行的圆形截面柱框架试件 CF-22 及方形截面柱框架试件 SF-22 的截面在不同加载时刻的应力状态进行了分析。表 9.1 中所示其余圆形柱和方形柱框架试件的受力特性分别与 CF-22 和 SF-22 总体上类似。但由于各试验参数有所不同，其应力状态就会有所不同。为了进一步了解 9.2 节进行的主要试验参数，如柱轴压比和梁柱线刚度比等对钢管混凝土框架工作机理的影响，本节进行了进一步分析。

分析结果表明，在 9.2 节所进行的试件的参数范围内，尽管柱轴压比和梁柱线刚度比对框架中塑性铰出现顺序有一定影响，但塑性铰位置基本不变，即梁端塑性铰位置在节点加强环板外附近区域，而柱塑性铰在柱底附近区域截面，这与试验现象完全一致。

对 9.3 节中论述的穿芯螺栓端板连接框架试件也进行了理论分析。图 9.47 给出了表 9.3 中部分框架试件达到极限承载力 P_{max} 时节点附近钢梁的纵向应力分布图（圆形柱框架为 S11，方形柱框架为 S22），可见总体上当框架达到极限承载力时，钢梁尚未出现明显的屈曲变形。圆形柱框架钢梁的纵向应力分布较为类似，但应力峰值不同，随着轴压比（n）的增加，试件中应力数值也有所增加。对于方形柱框架，随着梁柱线刚度比（k）的增加，达到极限承载力时钢梁的应力分布数值增加，且框架的极限承载力也增加。

理论分析及试验结果均表明，9.3 节中穿芯螺杆端板连接框架的力学性能总体上和 9.2 节中的环板式连接框架类似，在受力全过程中，梁端塑性铰及柱端塑性铰的位置、

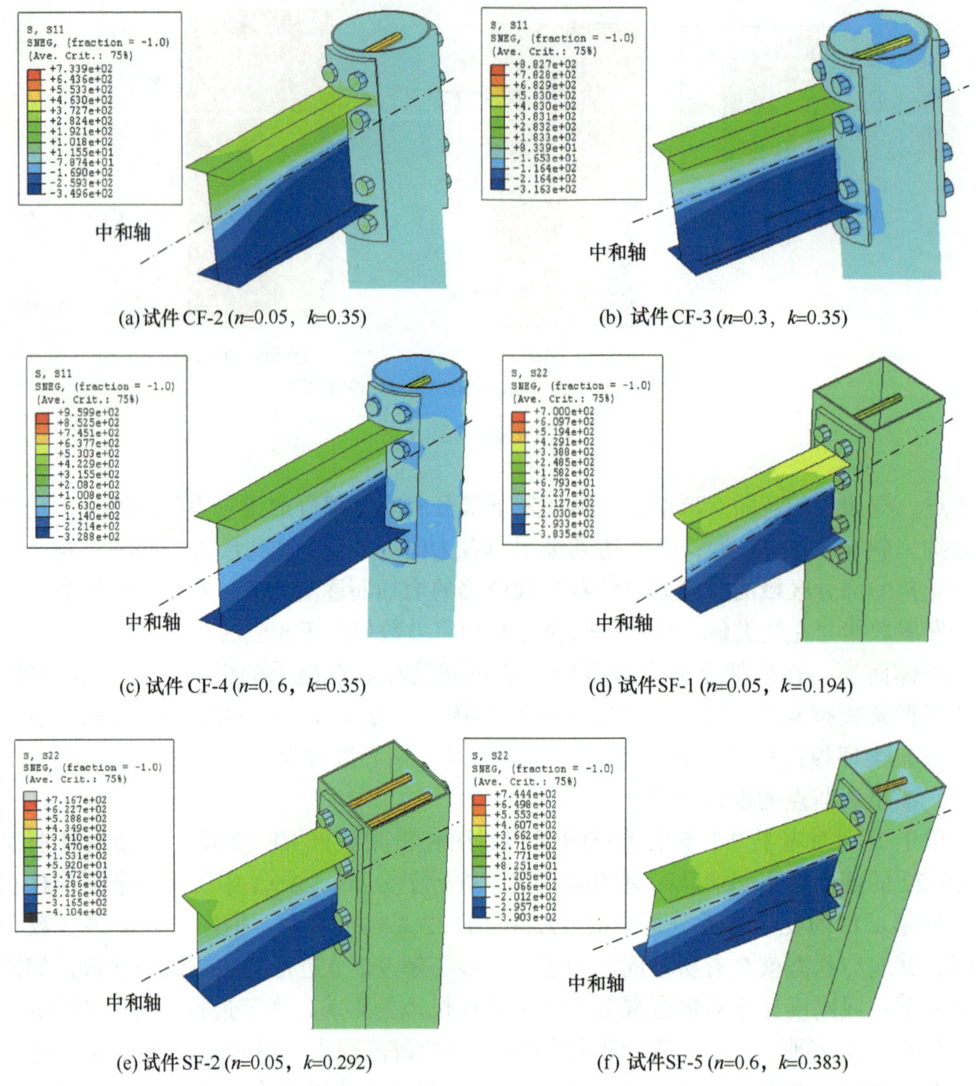

(a) 试件 CF-2 (n=0.05，k=0.35)　(b) 试件 CF-3 (n=0.3，k=0.35)

(c) 试件 CF-4 (n=0. 6，k=0.35)　(d) 试件SF-1 (n=0.05，k=0.194)

(e) 试件 SF-2 (n=0.05，k=0.292)　(f) 试件SF-5 (n=0.6，k=0.383)

图 9.47　穿芯端板连接框架破坏时节点区域的变形和应力图（应力单位：MPa）

钢管及核心混凝土的应力分布规律也类似。

端板在受力全过程中的应力和变形发展具有如下规律：当钢梁翼缘开始屈服时，端板表现为一端受拉应力，一端受压应力，且应力逐渐增大；当柱钢管外边缘开始屈服时，端板受拉部分应力变大，在与梁连接部位应力最大，开始出现部分屈服，此时梁翼缘也开始屈服；当水平荷载达到 P_{max} 时，梁翼缘出现明显变形，端板也发生了微小变形，梁端应力分布发生了变化；当加载位移达到框架 $2\Delta_{max}$ 时，梁翼缘鼓曲变形严重，腹板也明显鼓曲，水平荷载下降，端板变形并不明显。

图 9.48 分别给出了试件 SF-3 及 CF-3 的端板在框架达到极限承载力 P_{max} 时的应力分布及变形，所有试件的端板应力分布规律类似。

图 9.49 给出试件 CF-4 和 SF-4 的螺栓在达到极限承载力 P_{max} 时的变形和应力分布。

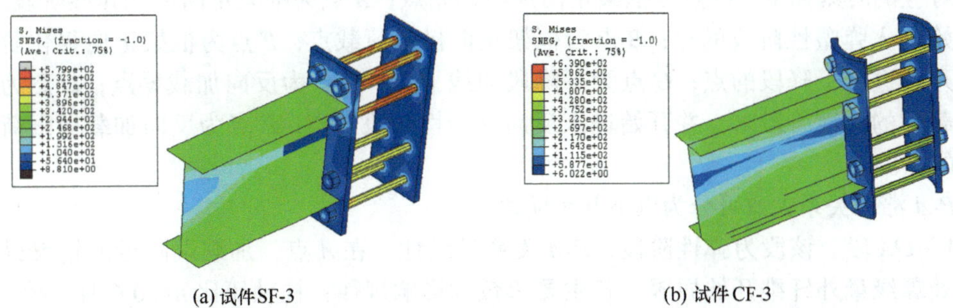

(a) 试件SF-3　　(b) 试件CF-3

图 9.48　穿芯端板连接框架达到极限承载力时端板变形和应力分布（应力单位：MPa）

所有试件的螺栓在试验过程中均未出现破坏，理论分析也反映了这个规律。可见，当水平荷载达到极限承载力 P_{max} 时，螺栓的变形不明显，且其应力数值小于其屈服强度。

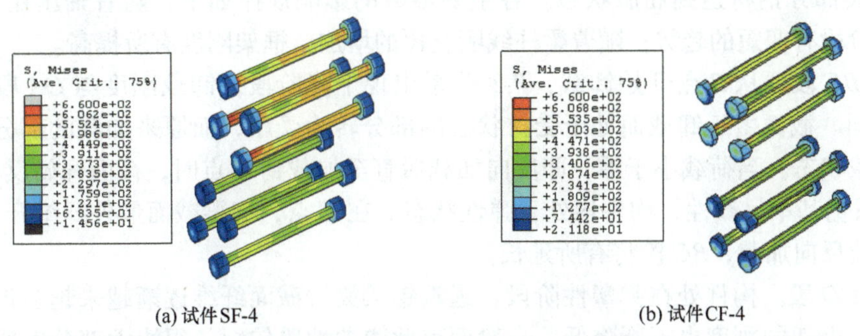

(a) 试件SF-4　　(b) 试件CF-4

图 9.49　框架达到极限承载力时螺栓的变形和应力分布（应力单位：MPa）

9.4.3　*P-Δ* 关系

图 9.50（a）所示为钢管混凝土柱－钢梁平面框架的荷载－位移（*P-Δ*）关系。为方便对比，图 9.50（b）还给出了框架试件 CF-22 实测的 *P-Δ* 关系。滞回关系上各主要特

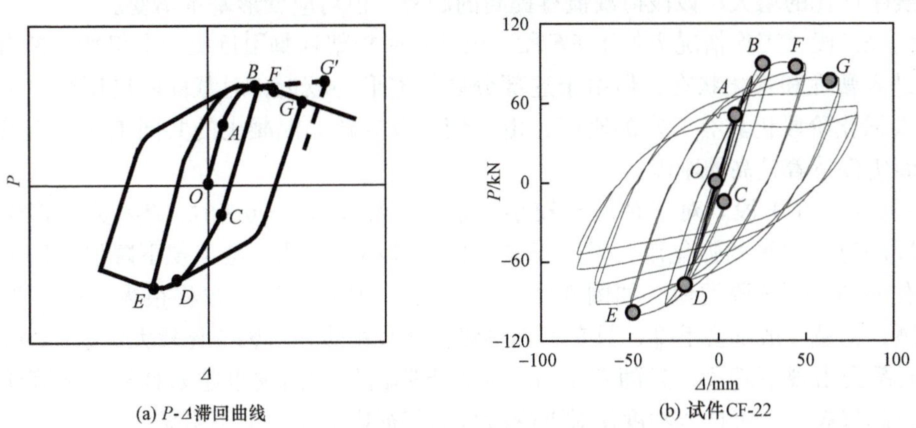

(a) *P-Δ*滞回曲线　　(b) 试件CF-22

图 9.50　框架的 *P-Δ* 关系

征点对应的时刻如下：O 点为框架正向加载起始点；A 点为框架正向加载弹性阶段末，且开始进入弹塑性阶段的点；B 点为框架正向极限荷载点；F 点为框架正向强化阶段末，开始进入下降段的点；G 点为下降段曲线上点；C 点为反向加载零点；D 点为反向加载时的弹性阶段末，并开始进入反向弹塑性阶段的点；E 点为反向加载极限荷载对应的点。

P-Δ 滞回关系大致可分为以下几个阶段。

1）OA 段。该段为弹性阶段，P-Δ 关系呈线性。在 A 点，加载端附近的钢梁梁端截面处翼缘最外纤维开始屈服。各主要参数的影响规律：柱轴压比 $n \leqslant 0.6$ 时，随着 n 的增加，P-Δ 关系弹性阶段刚度有增加的趋势；随着梁柱线刚度比（k）的增加，弹性阶段刚度也将有增加的趋势，并使 OA 段有所延长。

2）AB 段。该段为弹塑性阶段，P-Δ 关系呈非线性，钢梁端部处截面纤维逐渐越来越多地进入塑性状态，P-Δ 关系的刚度也不断降低，该段一般较短，到达 B 点时，梁端截面大部分钢材达到屈服状态。各主要参数的影响规律如下：随着轴压比的增加，弹塑性阶段有变短的趋势；随着梁柱线刚度比的增加，框架刚度有所提高。

3）BC 段。从 B 点开始卸载，P-Δ 关系出现下降阶段，卸载刚度与 OA 段的刚度基本相同。截面由于卸载而处于受拉状态的部分转为受压，而原来加载的部分现处于受压卸载状态。当荷载小于零，即反向加载后直至加载到 C 点时，截面开始反向加载，P-Δ 关系仍基本呈线性，构件均处于弹性状态。在 C 点，钢梁截面最外纤维开始屈服，随着继续反向加载，BC 段将有所延长。

4）CD 段。构件处在弹塑性阶段，远端钢梁梁端截面纤维逐渐越来越多地进入屈服状态，框架的刚度也不断降低，一般而言此弹塑性段较短，很快大部分钢梁截面达到反向屈服状态（D 点），而钢管混凝土柱的钢管最外纤维应力开始进入屈服。

5）BF（或 DE）段。P-Δ 关系进入强化阶段，D 点为弹塑性结束点，柱脚处截面大部分已屈服，在此阶段，截面刚度很小，截面变形增长快，而荷载增长缓慢。影响强化阶段 BF（或 DE）段的长短的主要因素有柱轴压比、梁柱线刚度比，其影响规律：轴压比越大，该段越短，且 F（或 E）点荷载值越低，曲线下降越快，反之亦然；随着梁柱线刚度比的增大，该段荷载值有提高的趋势，但对应变形基本不变。

6）EF 段。工作情况类似于 BF 段，虽然这时框架柱脚附近截面上仍然不断有新的区域进入塑性和强化状态，但由于这部分区域离形心较近，对截面刚度影响不大。钢梁进入强化阶段仍具有一定的刚度，由于钢管及其核心混凝土的共同工作，钢管混凝土截面仍保持着较高的刚度。

7）FG（G'）段。对于轴压比较小的情况，如 n 取 0～0.3 时，P-Δ 关系将保持较长范围的近似水平的强化段，因此当加载位移较小时可能不会出现下降段，即 FG' 段的工作特性与 BF 段类似，如图 9.50（a）所示。但如果水平位移很大，由于框架梁的屈服，荷载一般都会下降，只是下降趋势会比较平缓；当轴压比较大，如 $n \geqslant 0.3$ 时，P-Δ 关系会出现下降段，且随着 n 的增大，下降阶段的出现也越来越早，下降阶段的坡度也越来越大。梁柱线刚度比对下降阶段的特征影响总体上不明显。

本节小结如下。

1）基于非线性纤维梁－柱单元理论，本节编制了可进行钢管混凝土框架结构荷载－位移关系全过程分析的非线性有限元程序 NFEMFrame，并利用该程序对有关研究者进行的钢管混凝土柱－钢梁框架及本章的框架试件的试验结果进行了计算，经与试验结果对比，验证了程序的适用性。

2）基于 ABAQUS 软件平台建立了钢管混凝土框架的有限元计算模型，进行了钢管混凝土柱－钢梁框架单调加载时的全过程分析，理论分析和试验结果总体上吻合较好。在此基础上进行了钢管混凝土柱－钢梁框架的受力特性分析，明晰了框架结构在受力全过程中截面应力分布规律及破坏模式。

3）采用了考虑约束效应的核心混凝土本构模型，基于 OpenSees 平台系统建立了理论分析模型，进行了钢管混凝土柱－钢梁框架结构滞回性能的理论计算和分析。

9.5 P-Δ 关系影响因素分析

虽然利用 9.4 节所述的数值方法可较精确地进行钢管混凝土柱－钢梁平面框架的受力全过程分析，但计算方法还是较为复杂，不便于工程应用。

本节对影响钢管混凝土框架 P-Δ 关系的各主要因素进行参数分析，拟确定各主要因素的影响规律，进一步为确定钢管混凝土框架恢复力模型的实用计算方法提供条件。

钢管混凝土柱－钢梁平面框架的力学性能与其组成部分密切相关，钢管混凝土框架柱和钢梁都会对框架的力学性能产生影响。

试验研究及理论计算结果表明，影响钢管混凝土压弯构件水平荷载－水平位移（P-Δ）关系的可能因素主要有柱截面含钢率（α_s）、钢材屈服强度（f_y）、混凝土抗压强度（f_{cu}）、轴压比（n）和构件长细比（λ）。而且上述因素对于圆钢管混凝土和方、矩形钢管混凝土 P-Δ 关系的影响规律基本类似（韩林海，2022）。对于钢管混凝土柱－钢梁平面框架而言，除了上述影响因素外，尚应考虑框架梁柱线刚度比［$k=(EI)_b/(EI)_c$］和梁柱强度比（k_m）的影响。$k_m=M_{yb}/M_{yc}$，其中 M_{yb} 为钢梁的屈服弯矩，M_{yc} 为钢管混凝土柱的屈服弯矩。

框架柱的杆端边界条件及框架上的荷载分布形式等都会影响其承载力（陈惠发，1999；陈绍蕃，2005；陈骥，2006），框架柱的边界条件将直接影响其计算长度，而框架梁上的荷载分布形式，也将影响到框架梁塑性的发展和塑性铰位置等。本节暂不考虑不同框架柱边界条件和框架梁上荷载分布影响，只针对类似于本章的试验框架进行参数分析，即研究对象仅限于柱底固接的钢管混凝土柱－钢梁单层单跨框架，竖向荷载和水平荷载均作用在节点上，框架梁、柱上没有其他横向荷载，如图 9.1 所示。

框架试件参数分析时考虑的参数包括：钢管混凝土柱截面含钢率（α_s）、柱钢材屈服极限（f_y）、混凝土抗压强度（f_{cu}）、柱轴压比（n）、柱长细比（λ），梁柱线刚度比（k）和梁柱强度比（k_m）。进行某参数分析时，只改变该参数而保持其他参数不变。

分析的参数范围归纳如下：钢管混凝土柱截面含钢率 α_s 取 0.05～0.2，钢材屈服强度 f_y 取 235～420MPa，混凝土强度 f_{cu} 取 30～90MPa，柱轴压比 n 取 0～0.9，长细比 λ

取 20～80，梁柱线刚度比 k 取 0.25～2，梁柱强度比 k_m 取 0.4～0.8。

图 9.30 和图 9.35 的比较结果均表明，钢管混凝土柱－钢梁平面框架 $P\text{-}\Delta$ 关系的骨架线与其单调加载曲线总体上较为吻合，因此，本节在进行 $P\text{-}\Delta$ 关系的计算时，暂采用 9.4 节中基于非线性纤维梁－柱单元理论（程序 NFEMFrame）建立的数值模型。

算例的基本参数取值：D=400mm（圆柱）或 B=400mm（方柱），Q345 钢，C60 混凝土，柱轴压比 n=0.4，柱截面含钢率 α_s=0.1，框架柱高度 H=3m，框架梁跨度 L=6m，梁柱强度比 k_m=0.8，且依据其抗弯承载力 M_{yb} 和构造要求来确定框架梁几何尺寸。

（1）柱截面含钢率（α_s）

图 9.51 所示为柱截面含钢率（α_s）对钢管混凝土框架 $P\text{-}\Delta$ 关系的影响。可见，随着 α_s 的提高，框架弹性阶段刚度和水平承载力都有所提高，下降段的下降幅度也略有减小，但 α_s 总体上主要影响曲线的数值，对曲线的形状影响不大。方形截面柱框架与圆形截面柱框架的规律类似。

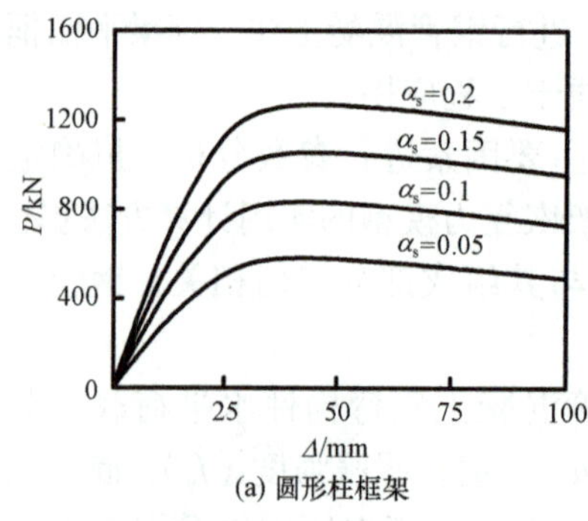

(a) 圆形柱框架

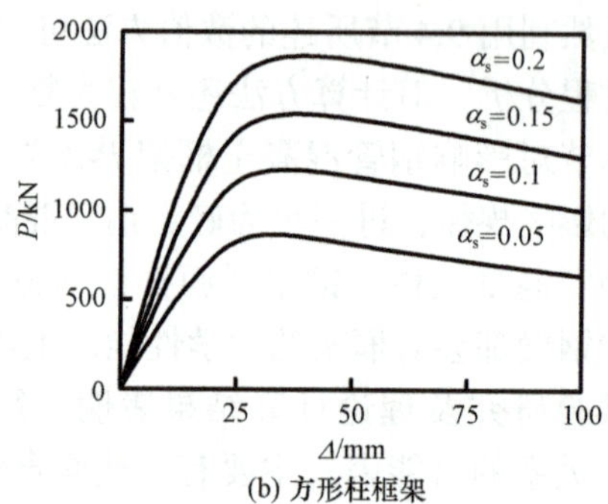

(b) 方形柱框架

图 9.51 柱含钢率（α_s）对 $P\text{-}\Delta$ 关系的影响

（2）柱钢材屈服强度（f_y）

图 9.52 所示为柱钢管屈服强度（f_y）对框架 $P\text{-}\Delta$ 关系骨架线的影响。可见，f_y 对 $P\text{-}\Delta$ 关系骨架线的初始弹性阶段和下降阶段的形状影响不大，但对弹性阶段后期接近进入弹塑性阶段的刚度有一定影响，即随着 f_y 的增大，钢管对其核心混凝土的约束程

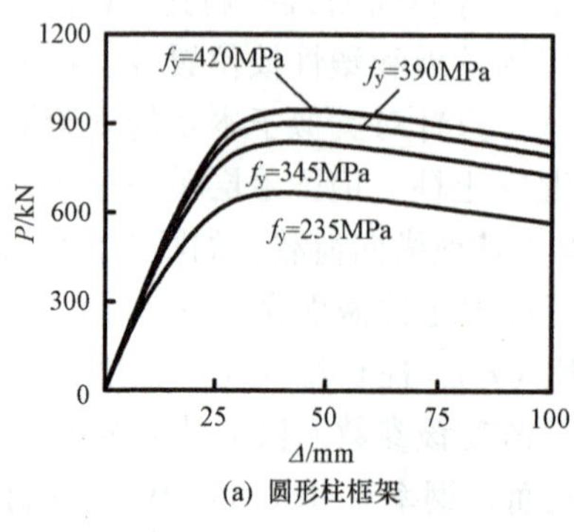

(a) 圆形柱框架

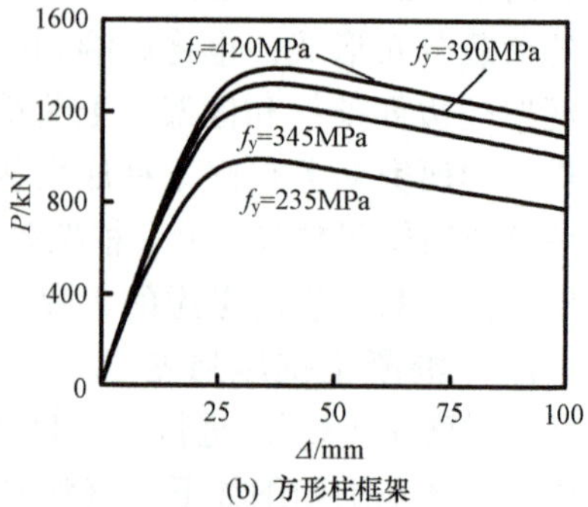

(b) 方形柱框架

图 9.52 柱钢管屈服强度（f_y）对 $P\text{-}\Delta$ 关系的影响

度提高，柱承载力提高，框架的水平承载力和接近进入弹塑性状态时的刚度有所提高，但延性却稍有减小的趋势。方形截面柱框架与圆形截面柱框架的规律类似。

（3）混凝土强度（f_{cu}）

图 9.53 所示为混凝土抗压强度（f_{cu}）对框架 P-Δ 关系骨架线的影响。可见，f_{cu} 的改变对框架弹性阶段的刚度和水平承载力有一定影响，即随着 f_{cu} 的增大，框架的弹性刚度和承载力都增大，但曲线下降趋势变得更为明显，即框架的位移延性有减小的趋势。方柱框架与圆柱框架的规律基本类似。

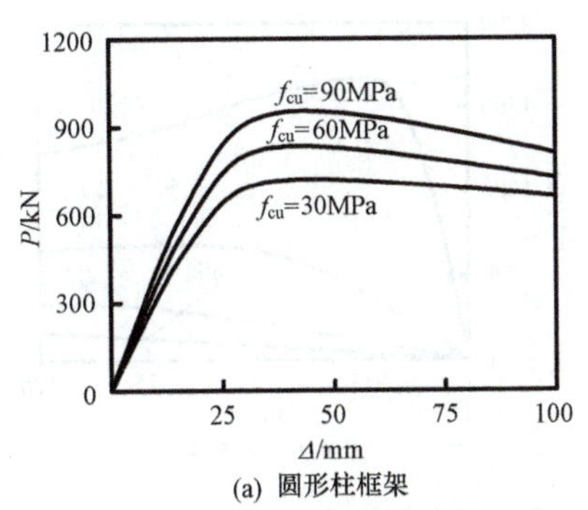

(a) 圆形柱框架

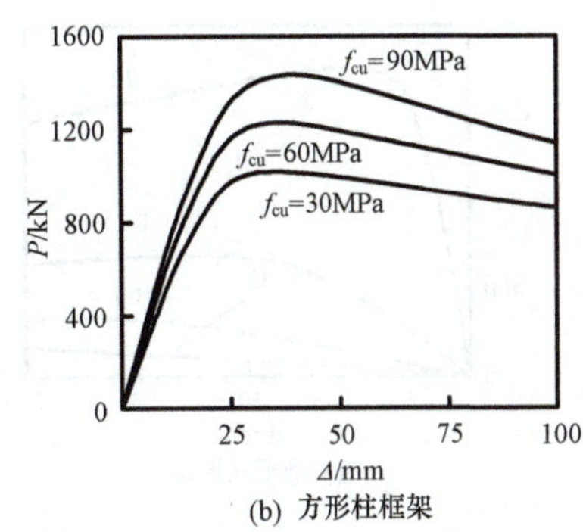

(b) 方形柱框架

图 9.53　混凝土强度（f_{cu}）对 P-Δ 关系的影响

（4）柱轴压比（n）

图 9.54 给出了不同框架柱轴压比（n）情况下圆、方形钢管混凝土框架的 P-Δ 关系骨架线。可见，n 对曲线的形状影响较大。

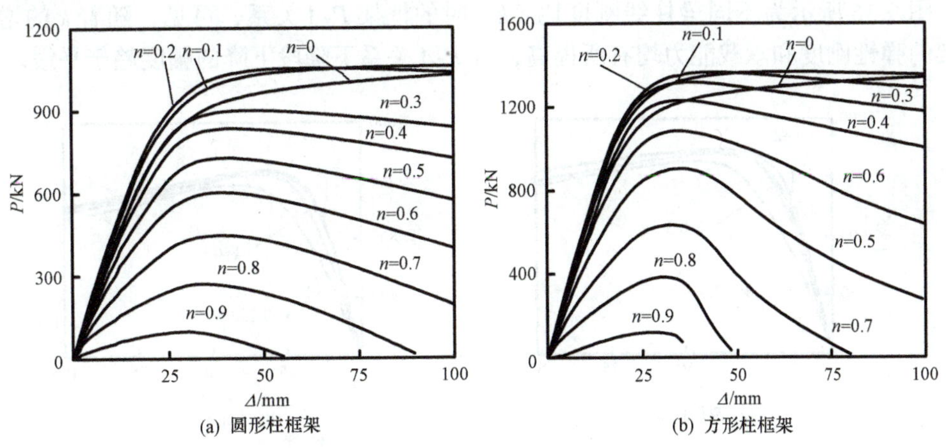

(a) 圆形柱框架　(b) 方形柱框架

图 9.54　柱轴压比（n）对 P-Δ 关系的影响

当 $n\geqslant 0.3$ 时，曲线将会出现下降段，且下降段的下降幅度随着 n 的增加而增大，框架的位移延性越来越小。当 $n<0.3$ 时，n 对曲线弹性阶段的刚度几乎没有影响，这是因为在弹性阶段，构件的变形很小，P-Δ 效应并不明显，且随着 n 的增大，核心混凝土开裂面积会减少，这一因素又会使构件的刚度略有增加。$n\geqslant 0.5$ 时，框架的弹性阶

段刚度随 n 的增大呈现显著下降趋势。

（5）柱长细比（λ）

图 9.55 所示为不同框架柱长细比（λ）情况下的框架 P-Δ 关系骨架线，可见，λ 不仅会影响曲线的数值，还会影响曲线的形状。随着 λ 的增加，弹性阶段和强化阶段的刚度越来越小，水平承载力也有较大幅度的减小。本算例在参数分析时，通过保持梁的跨度不变而改变柱的高度来改变柱长细比，可见随着柱长细比的增大，框架的弹性刚度及水平承载力明显降低。

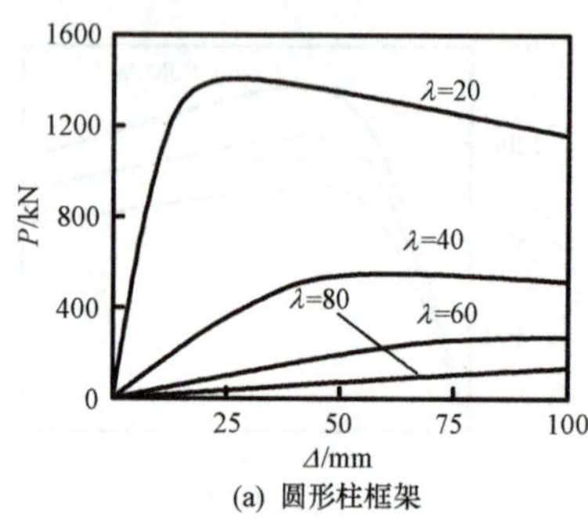

(a) 圆形柱框架

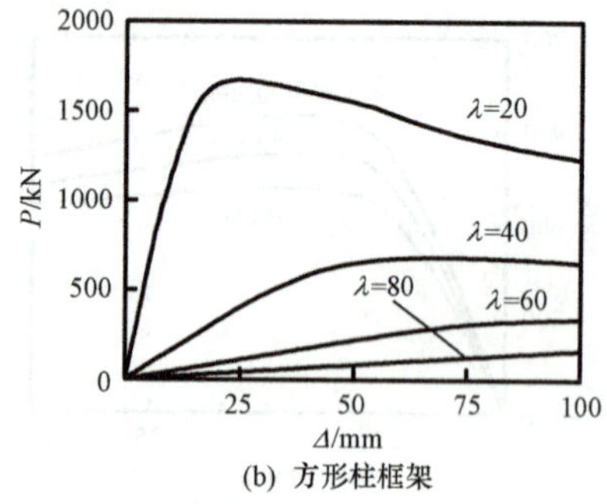

(b) 方形柱框架

图 9.55 柱长细比（λ）对 P-Δ 关系的影响

（6）梁柱线刚度比（k）

梁柱线刚度比可总体上反映框架梁对框架柱的约束程度。在受力过程中，约束程度不同，框架柱发生侧移和转动的能力也会有差异，从而直接影响到框架柱的计算长度，使得框架的刚度和承载力发生变化。

图 9.56 所示为不同梁柱线刚度比（k）时的框架 P-Δ 关系，可见，随着 k 的增加，框架的弹性刚度和承载能力均有所提高，且 P-Δ 关系下降段下降的幅度趋于平缓。

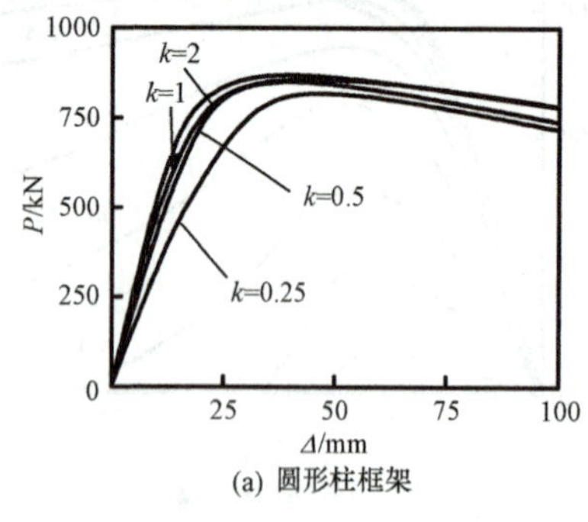

(a) 圆形柱框架

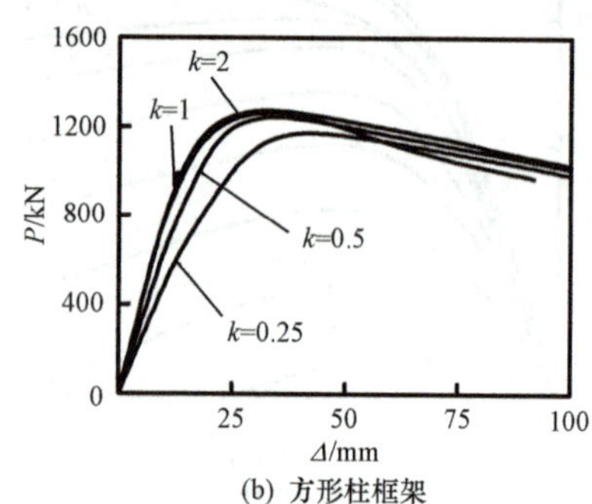

(b) 方形柱框架

图 9.56 梁柱线刚度比（k）对 P-Δ 关系的影响

（7）梁柱强度比（k_m）

梁柱强度比 k_m 对框架结构中梁柱节点处弹塑性的发展及塑性铰的出现顺序影响较大，由于一般框架设计中都要求满足“强柱弱梁”，因此参数分析中的 k_m 最大暂取值到 0.8。算例中柱的几何参数及梁跨度均保持不变，通过改变梁的截面尺寸达到变化 k_m

的目的。

图 9.57 所示为不同 k_m 下框架的 P-Δ 关系，可见，随着 k_m 的增加，框架的弹性刚度和水平承载力都有明显的提高，但对于其下降阶段的曲线形状没有明显影响，峰值荷载对应的水平位移也变化不大，也即 k_m 的变化对位移延性影响不明显。

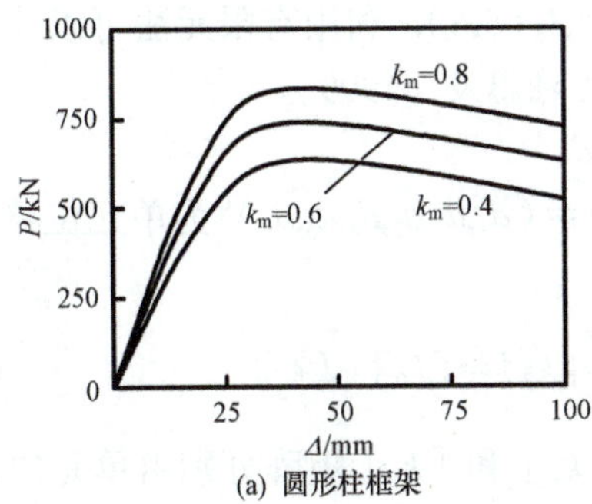

(a) 圆形柱框架

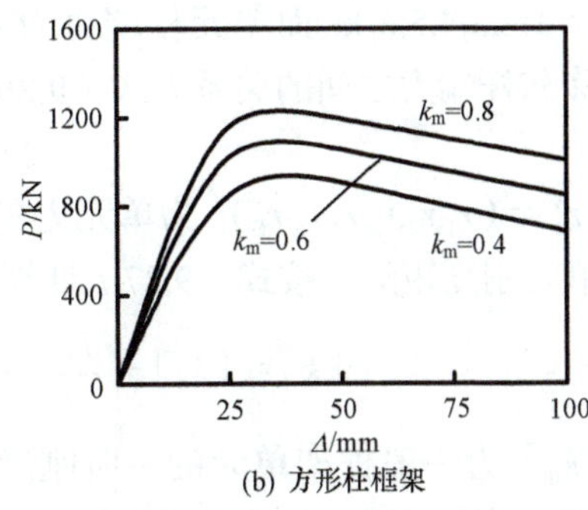

(b) 方形柱框架

图 9.57　梁柱强度比（k_m）对 P-Δ 关系的影响

9.6　实用计算方法

9.6.1　二阶分析方法

众所周知，框架结构精确意义上的分析一般为考虑几何非线性和材料非线性的二阶弹塑性分析方法（Yang and Kuo，1994；Chen and Toma，1994），但所谓的精确二阶分析方法一般较为复杂。

本小节拟研究一种钢管混凝土柱－钢梁刚接框架的近似简化二阶分析方法，以便于快速地进行其力学性能分析，获得所需要的指标，以进一步建立钢管混凝土框架荷载－位移关系的实用计算方法。

（1）基本假定

对于如图 9.58 所示的单层单跨钢管混凝土框架，只在柱顶施加轴向荷载，在梁端施加水平荷载。由于框架梁柱单元上仅受节点荷载而无其余横向荷载，其可能的最终破坏方式是梁端及柱端附近出现塑性铰。

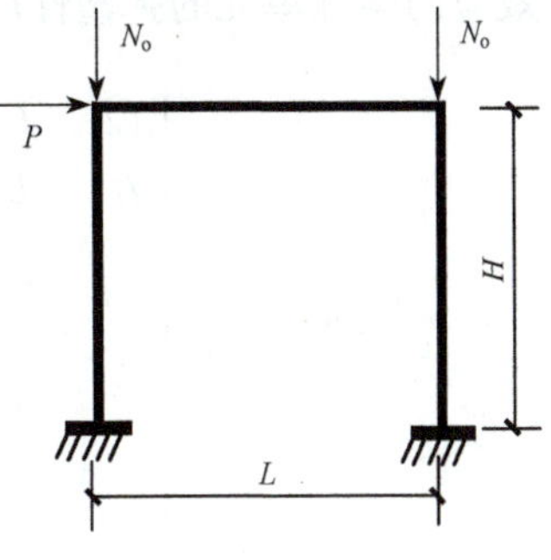

图 9.58　钢管混凝土框架

分析时采用了如下基本假定。

1）框架的荷载全部作用在节点上且荷载无偏心。忽略节点刚域的影响。

2）忽略杆件轴向变形的影响；两框架柱几何及材料性质相同且承受相同轴力。

3）当单元出现塑性铰时，塑性铰区仅出现在一个截面上，而其余部分仍保持弹性，即所有截面都假定具有双线性的理想弹塑性弯矩－曲率关系。

当框架单元进入弹塑性状态时，随着荷载的逐渐增加，单元的端部将逐渐出现塑性铰，从而在结构中出现新的铰结点，这时单元刚度矩阵需要按照塑性铰的位置进行修改。

（2）梁柱单元增量刚度矩阵

对于图 9.58 所示的钢管混凝土框架的框架梁和框架柱，均可以认为是承受轴力及横向荷载的梁柱构件，其基本单元变形前后的关系如图 9.59 所示。图 9.59 中单元节点位移为 d_i（i=1,2,3,4,5,6），而单元杆端力为 r_i（i=1,2,3,4,5,6），利用有限元法可以建立单元节点位移和杆端力之间的关系如式（9.26）所示（陈惠发，1999）。

$$\{r\}=[k]\{d\} \tag{9.26}$$

式中，$\{r\}=(r_1,r_2,r_3,r_4,r_5,r_6)^{\mathrm{T}}$ 为单元力矢量；$\{d\}=(d_1,d_2,d_3,d_4,d_5,d_6)^{\mathrm{T}}$ 为单元位移矢量；$[k]$ 为单元刚度矩阵，按式（9.27）计算。

$$[k]=[k_0]+\frac{EA}{2}[k_1]+\frac{EA}{3}[k_2]=[k_0]+[k_{\mathrm{g}}] \tag{9.27}$$

式中，$[k_0]$ 为一般框架单元的一阶刚度矩阵；$[k_1]$ 和 $[k_2]$ 矩阵分别由单元位移的线性函数和二次函数组成，这些矩阵考虑了在增量步长期间轴力与横向位移的变化，这两个对称矩阵各元素详见陈惠发（1999）。

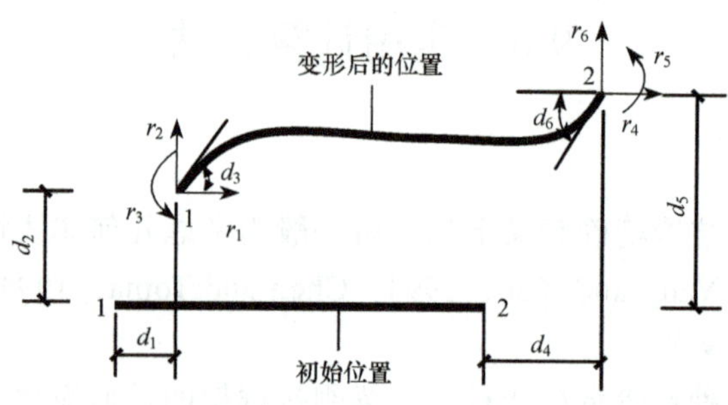

图 9.59 梁柱单元

$[k_{\mathrm{g}}]$ 为几何刚度矩阵。如果忽略杆件轴向变形，则式（9.27）所表示的考虑二阶效应的梁柱单元的弹塑性增量刚度矩阵如式（9.28）所示。

$$[k]=\frac{EI}{L}\begin{bmatrix}\frac{12}{L^2} & \frac{6}{L} & -\frac{12}{L^2} & \frac{6}{L}\\ & 4 & -\frac{6}{L} & 2\\ & 对 & \frac{12}{L^2} & -\frac{6}{L}\\ & & 称 & 4\end{bmatrix}+\frac{N_{\mathrm{o}}}{L}\begin{bmatrix}\frac{6}{5} & \frac{L}{10} & -\frac{6}{5} & \frac{L}{10}\\ & \frac{2L^2}{15} & -\frac{L}{10} & -\frac{L^2}{30}\\ & 对 & \frac{6}{5} & -\frac{L}{10}\\ & & 称 & \frac{2L^2}{15}\end{bmatrix} \tag{9.28}$$

式中，轴力 N_{o} 以受拉为正，受压为负；EI 为梁柱单元的抗弯刚度；L 为单元长度。

此时单元的增量刚度方程如式（9.29）所示（单元局部坐标系下）。

$$\{\Delta\overline{F}\}^e=[\overline{k}]\{\Delta\overline{d}\}^e \tag{9.29}$$

式中，$\{\Delta\overline{F}\}^e=(\Delta r_2,\Delta r_3,\Delta r_5,\Delta r_6)^{\mathrm{T}}=(\Delta V_1,\Delta M_1,\Delta V_2,\Delta M_2)^{\mathrm{T}}$ 为单元局部坐标系内的单元

杆端力矢量；$\{\Delta\bar{d}\}^e=(\Delta d_2,\Delta d_3,\Delta d_5,\Delta d_6)^{\mathrm{T}}=(\Delta v_1,\Delta\theta_1,\Delta v_2,\Delta\theta_2)^{\mathrm{T}}$ 为单元局部坐标系内的单元杆端位移矢量；$[\bar{k}]$为单元增量刚度矩阵，同式（9.28）。其中 ΔV_1、ΔM_1、ΔV_2、ΔM_2 分别为单元的 1 端及 2 端的杆端剪力和弯矩增量；Δv_1、$\Delta\theta_1$、Δv_2、$\Delta\theta_2$ 分别为单元的 1 端及 2 端的杆端竖向位移和转角增量。

（3）基于塑性铰理论的梁柱单元方程

二阶弹性 - 塑性铰分析的平衡方程建立在单元变形后的位置，如果框架的单元只有节点荷载，则一个构件可以采用一个单元分析，这样整个框架结构的分析效率会比较高，其计算效率会明显高于考虑分布塑性的二阶非线性分析。

当单元两端均未出现塑性铰时，单元均处于弹性状态，其单元增量刚度方程同式（9.29）。当单元 1 端（图 9.59）出现塑性铰后，塑性铰截面的弯矩即保持为塑性极限弯矩 M_{y} 不变，其单元增量刚度方程中对应于 ΔM_1 的各元素均为零。此时的单元增量刚度方程如式（9.30）所示。

$$\begin{Bmatrix}\Delta V_1\\ \Delta M_1\\ \Delta V_2\\ \Delta M_2\end{Bmatrix}=\left(\frac{EI}{L}\begin{bmatrix}\frac{3}{L^2} & 0 & -\frac{3}{L^2} & \frac{3}{L}\\ 0 & 0 & 0 & 0\\ -\frac{3}{L^2} & 0 & \frac{3}{L^2} & -\frac{3}{L}\\ \frac{3}{L} & 0 & -\frac{3}{L} & 3\end{bmatrix}-\frac{N_{\mathrm{o}}}{L}\begin{bmatrix}\frac{6}{5} & 0 & -\frac{6}{5} & \frac{L}{5}\\ 0 & 0 & 0 & 0\\ -\frac{6}{5} & 0 & \frac{6}{5} & -\frac{L}{5}\\ \frac{L}{5} & 0 & -\frac{L}{5} & \frac{1}{5}\end{bmatrix}\right)\begin{Bmatrix}\Delta v_1\\ \Delta\theta_1\\ \Delta v_2\\ \Delta\theta_2\end{Bmatrix} \tag{9.30}$$

用矩阵形式表示为式（9.31）。

$$\{\Delta\bar{F}\}^e=[\bar{k}_{\mathrm{p}1}]\{\Delta\bar{d}\}=([\bar{k}_{01}]+[\bar{k}_{\mathrm{g}1}])\{\Delta\bar{d}\}^e \tag{9.31}$$

式中，$[\bar{k}_{01}]$为一般框架单元的一阶单元刚度矩阵；$[\bar{k}_{\mathrm{g}1}]$ 为单元几何刚度矩阵，分别如式（9.32a）和式（9.32b）所示。

$$[\bar{k}_{01}]=\frac{EI}{L}\begin{bmatrix}\frac{3}{L^2} & 0 & -\frac{3}{L^2} & \frac{3}{L}\\ 0 & 0 & 0 & 0\\ -\frac{3}{L^2} & 0 & \frac{3}{L^2} & -\frac{3}{L}\\ \frac{3}{L} & 0 & -\frac{3}{L} & 3\end{bmatrix} \tag{9.32a}$$

$$[\bar{k}_{\mathrm{g}1}]=-\frac{N_{\mathrm{o}}}{L}\begin{bmatrix}\frac{6}{5} & 0 & -\frac{6}{5} & \frac{L}{5}\\ 0 & 0 & 0 & 0\\ -\frac{6}{5} & 0 & \frac{6}{5} & -\frac{L}{5}\\ \frac{L}{5} & 0 & -\frac{L}{5} & \frac{1}{5}\end{bmatrix} \tag{9.32b}$$

当单元 2 端（图 9.59）出现塑性铰后，其单元增量刚度方程中对应于 ΔM_2 的各元素均为零。而当单元两端出现塑性铰后，塑性铰截面处弯矩均保持不变，其单元增量

刚度方程中对应于 ΔM_1 和 ΔM_2 的各元素均为零。

因此，当梁柱单元分别出现塑性铰后，需要按上述单元刚度方程修改相应的增量刚度矩阵，从而得到单元基于塑性铰理论的求解。

（4）二阶弹性分析

当不考虑材料的非线性特性而只考虑结构的二阶效应时的分析即为框架结构的二阶弹性分析。二阶弹性分析中，由于忽略了材料的屈服，只计入几何非线性的影响，所以得到的是结构或构件的弹性极限临界荷载，从而可得到结构或构件的弹性阶段刚度等指标。

框架的二阶弹性分析方法主要有基于修正转角位移方程的梁柱法、基于能量理论的有限元法和虚拟荷载法等（陈惠发，1999；Chen and Toma，1994）。由于本章研究的钢管混凝土单层平面框架单元较少，因此暂采用基于修正转角位移方程的梁柱法求解。

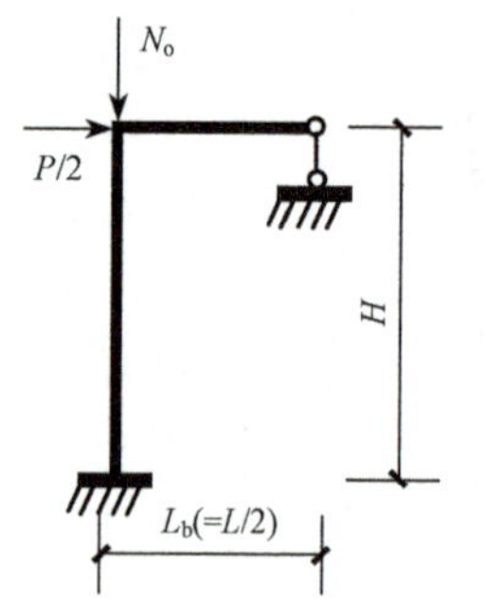

图 9.60 框架计算单元模型选取

利用对称性，可将图 9.58 中的框架近似简化为图 9.60 的半刚架框架计算单元模型选取。

图 9.60 的计算单元模型中，设框架柱、框架梁的抗弯刚度分别为 $(EI)_c$ 及 $(EI)_b$，为叙述方便，令水平力 $P/2=H_L$，框架梁跨度 $L_b=L/2$，框架柱高度为 H。利用修正转角位移方程的梁柱法，考虑几何非线性的影响，可建立梁柱节点处梁、柱单元的刚度方程，并推导出柱顶水平荷载 H_L 与水平位移 Δ 之间的关系，如式（9.33）所示。

$$H_L=\left[\left(\frac{12i_c}{H^2}-\frac{6N_o}{5H}\right)-\frac{\left(-\dfrac{6i_c}{H}+\dfrac{N_o}{10}\right)^2}{4i_c+3i_b-\dfrac{2N_oH}{15}}\right]\Delta=f(i_b,i_c,N_o,H)\Delta \tag{9.33}$$

式（9.33）表示了当考虑二阶效应时，图 9.60 所示半框架的水平荷载与水平位移之间的关系。当不考虑材料非线性，亦即只进行二阶弹性分析时，水平荷载和水平位移之间是线性关系，二阶弹性刚度为框架几何参数和柱顶恒定轴力 N_o 的函数关系［$K=f(i_b,i_c,N_o,H)$］。其中 i_b 和 i_c 分别为梁及柱的线刚度比，$i_b=(EI)_b/L_b$，$i_c=(EI)_c/H$。

（5）二阶弹性－塑性铰分析

根据前述基本假设，框架的塑性铰只出现在梁端或柱端，根据塑性铰出现的顺序，框架的破坏模式也有所不同。一般按照抗震设计的框架都满足“强柱弱梁”的特点，即框架每个节点两侧的梁端屈服弯矩之和 ΣM_b 小于节点上下柱端屈服弯矩之和 ΣM_c。

这里暂只讨论“强柱弱梁”型框架。当确定了框架塑性铰的出现顺序后，即可确定框架的屈服位移和屈服荷载。

当梁柱屈服弯矩比 $k_m<1$ 时，框架即为“强柱弱梁”型，塑性铰首先在梁端形成，随即塑性铰截面弯矩保持不变，随着荷载的增加，再在柱底形成塑性铰，结构形成机构而破坏。对于本章所研究的框架单元，$k_m=M_{pb}/M_{pc}<1$，其中 M_{pb}、M_{pc} 分别为框架梁、

框架柱的屈服弯矩。

当梁端首先出现塑性铰后，则梁端弯矩为 $M_b = M_{pb} = k_m M_{pc}$，解出相应的节点转角，代入其转角位移方程中，可得到对应的水平位移 Δ_{yb}，表达式如式（9.34）所示。

$$\Delta_{yb} = \frac{\left(4i_c - \dfrac{2N_o H}{15} + 3i_b\right)}{\left(\dfrac{6i_c}{H} - \dfrac{N_o}{10}\right)} \frac{k_m M_{pc}}{3i_b} \tag{9.34}$$

当梁端出现塑性铰时，图 9.60 的框架计算单元中框架柱上端弯矩由于要满足节点平衡条件，也等于 $k_m M_{pc}$，且框架柱截面由于还未达到其屈服弯矩，全部框架柱单元均处于弹性阶段，因此可由框架柱的二阶弹性分析得到对应的框架柱柱脚弯矩 M_{1c}，引入框架柱下端的边界条件（$\Delta_1 = 0$，$\theta_1 = 0$），则得到 M_{1c} 表达式如式（9.35）所示。

$$M_{1c} = \left(-\frac{6i_c}{H} + \frac{N_o}{10}\right) \cdot \Delta_{yb} + \left(2i_c + \frac{N_o H}{30}\right) \cdot \frac{k_m M_{pc}}{3i_b} \tag{9.35}$$

当首先在梁端出现塑性铰后，此时的框架柱可近似等效为悬臂柱，随着变形的增加，接着在柱脚将出现塑性铰，因此可以采用悬臂柱模型确定此部分增量荷载和位移之间的关系，其对应的水平位移增量 Δu 如式（9.36）所示。

$$\Delta u = \frac{4i_c - \dfrac{2N_o H}{15}}{\left(\dfrac{12i_c}{H^2} - \dfrac{6N_o}{5H}\right)\left(4i_c - \dfrac{2N_o H}{15}\right) - \left(\dfrac{6i_c}{H} - \dfrac{N_o}{10}\right)^2} \left(\frac{M_{pc} - M_{1c}}{H}\right) \tag{9.36}$$

（6）二阶刚性－塑性分析

当钢管混凝土框架梁、柱均出现塑性铰后，框架即形成所谓的机构，荷载会随着位移的增加而下降。在二阶刚－塑性分析方法中，一般认为结构在形成破坏机构之前（达到结构的极限荷载之前，对于强柱弱梁型框架单元，为柱脚塑性铰形成之前），结构保持不变形，且随着水平位移的不断增加，水平荷载必须不断减小才能保持结构体系的平衡。二阶刚－塑性分析可较好地描述破坏机构形成后体系的性能，但其忽略了机构形成之前的结构弹性变形，因此，框架形成破坏机构后可以采用二阶刚－塑性分析方法来描述其下降段，而在此之前可以采用二阶弹性－塑性铰分析（包括二阶弹性分析）。

根据结构受力过程中不同阶段的平衡条件可知，破坏机构的形成往往在结构的二阶弹性－塑性铰曲线与二阶刚性－塑性曲线的交点上，从此点之后，结构进入下降段，其荷载－位移关系按照二阶刚－塑性曲线变化。

当框架结构形成机构后，荷载－位移关系则主要受到钢管混凝土框架柱强化刚度的影响，在前面的基本假定中，假定钢管混凝土柱截面弯矩－曲率模型是理想弹塑性模型，而真实的钢管混凝土柱的弯矩曲率模型一般并非理想弹塑性双线性模型（韩林海，2022），为此需要对钢管混凝土柱的弯矩（M）－曲率（ϕ）关系模型进行修正。可采用双分量模型来描述钢管混凝土柱的模型。所谓双分量模型，就是假设每一个杆件由两个互相平行的杆件组成，一根是理想的弹塑性杆件（当杆端弯矩达到其屈服弯矩 M_y 时，在该杆端出现塑性铰），另一根是弹性杆，如图 9.61 所示（吕西林等，1997）。

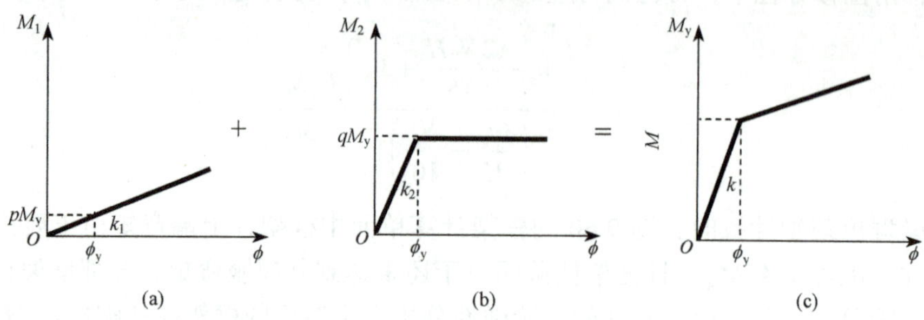

图 9.61 刚度双分量模型

在图 9.61 所示的弯矩－曲率关系中，杆件刚度 k［图 9.61（c）］可由弹性杆件的弹性刚度分量 k_1［图 9.61（a）］和理想弹塑性杆件的弹塑性刚度分量 k_2［图 9.61（b）］相加表示（吕西林等，1997），即为式（9.37）。

$$k=k_1+k_2 \tag{9.37}$$

式中，$k_1=pk$；$k_2=qk$。$p+q=1$，p 为双线性弯矩－曲率关系模型中的强化系数。

当采用双线性模型时，梁柱单元的增量刚度矩阵需进行相应修正，对于式（9.28）则应修改为式（9.38）。

$$[k]=(p+q)\frac{EI}{L}\begin{bmatrix}\frac{12}{L^2} & \frac{6}{L} & -\frac{12}{L^2} & \frac{6}{L}\\ & 4 & -\frac{6}{L} & 2\\ & \text{对} & \frac{12}{L^2} & -\frac{6}{L}\\ & & \text{称} & 4\end{bmatrix}-\frac{N_o}{L}\begin{bmatrix}\frac{6}{5} & \frac{L}{10} & -\frac{6}{5} & \frac{L}{10}\\ & \frac{2L^2}{15} & -\frac{L}{10} & -\frac{L}{10}\\ & \text{对} & \frac{6}{5} & -\frac{L}{10}\\ & & \text{称} & \frac{2L^2}{15}\end{bmatrix} \tag{9.38}$$

或记为式（9.39）。

$$[k]=(p+q)[k_0]+[k_g]=p[k_0]+q[k_0]+[k_g]=[k_1]+[k_2]+[k_g] \tag{9.39}$$

式中，将单元的初始刚度矩阵［k_0］分解为两部分，其中［k_1］$=p$［k_0］为单元的弹性刚度矩阵部分，在受力过程中保持不变，而［k_2］$=q$［k_0］与杆端是否形成塑性铰有关，当杆端梁端都未达到塑性时，［k_2］$=q$［k_0］仍为弹性矩阵。［k_g］为几何刚度矩阵。

双分量模型中，当单元的一端弯矩等于或大于截面的塑性弯矩且处于加载状态时，理想弹塑性杆件将在该处形成塑性铰，而弹性杆仍继续处于弹性状态，两个杆件要共同受力工作，则此时单元的刚度矩阵应由两假想杆件刚度矩阵组合而成。当钢管混凝土框架梁柱均出现塑性铰成为机构后，框架柱的强化刚度决定着框架的荷载－位移关系的下降段，此时结构增量刚度方程如下，从中可确定水平荷载增量 ΔH_L 和对应的水平位移增量 Δu 的关系如式（9.40）所示。

$$\begin{Bmatrix}\Delta V\\ \Delta M\end{Bmatrix}=\left[\left(-(1-p)\begin{bmatrix}\dfrac{N_{\mathrm{o}}}{L} & 0\\ 0 & 0\end{bmatrix}\right)+p\left(\begin{bmatrix}\dfrac{12EI}{L^3} & -\dfrac{6EI}{L^2}\\ -\dfrac{6EI}{L^2} & \dfrac{4EI}{L}\end{bmatrix}-\begin{bmatrix}\dfrac{6N_{\mathrm{o}}}{5L} & -\dfrac{N_{\mathrm{o}}}{10}\\ -\dfrac{N_{\mathrm{o}}}{10} & \dfrac{2N_{\mathrm{o}}L}{15}\end{bmatrix}\right)\right]\begin{Bmatrix}\Delta u\\ \Delta\theta\end{Bmatrix}=\begin{Bmatrix}\Delta H_{\mathrm{L}}\\ 0\end{Bmatrix} \tag{9.40}$$

从中可得式（9.41）。

$$\Delta H_{\mathrm{L}}=\left[p\left(\frac{12EI}{L^3}-\frac{6N_{\mathrm{o}}}{5L}\right)-\frac{p\left(\dfrac{6EI}{L^2}-\dfrac{N_{\mathrm{o}}}{10}\right)^2}{\dfrac{4EI}{L}-\dfrac{2N_{\mathrm{o}}L}{15}}-(1-p)\frac{N_{\mathrm{o}}}{L}\right]\Delta u \tag{9.41}$$

式中，EI 为框架柱的抗弯刚度（EI）$_{\mathrm{c}}$；L 为框架柱高度（H）；N_{o} 为作用在框架柱上轴力。

以上介绍了钢管混凝土框架的简化二阶分析方法，按此方法计算 P-Δ 关系的过程可归纳为以下几点。

1）进行钢管混凝土框架的二阶弹性分析，得到 P-Δ 关系弹性段的指标，即确定弹性段刚度。

2）考虑弹塑性段材料塑性的发展，进行框架二阶弹性-塑性铰模型分析，确定 P-Δ 关系弹塑性段的峰值点荷载和对应的位移。

3）采用二阶刚性-塑性分析，确定 P-Δ 关系下降段的刚度。

9.6.2 P-Δ 恢复力模型

下面给出钢管混凝土柱-钢梁框架 P-Δ 关系恢复力模型的实用计算方法。

1. P-Δ 关系骨架线的确定

结合钢管混凝土框架的试验滞回关系和骨架线特征分析结果，可以采用三折线型模型来模拟其骨架线。

经对大量计算结果的分析，并参考韩林海（2022）中钢管混凝土构件的 P-Δ 关系骨架线模型，表明在如下参数范围，即 n 取 0～0.8，α_{s} 取 0.05～0.2，λ 取 10～80，f_{y} 取 235～420MPa，f_{cu} 取 30～90MPa，ξ 取 0.2～4，k 取 0.25～2，k_{m} 取 0.4～0.8，圆形及方形截面钢管混凝土柱-钢梁框架的 P-Δ 关系骨架线模型可采用图 9.62 所示的三线型模型。

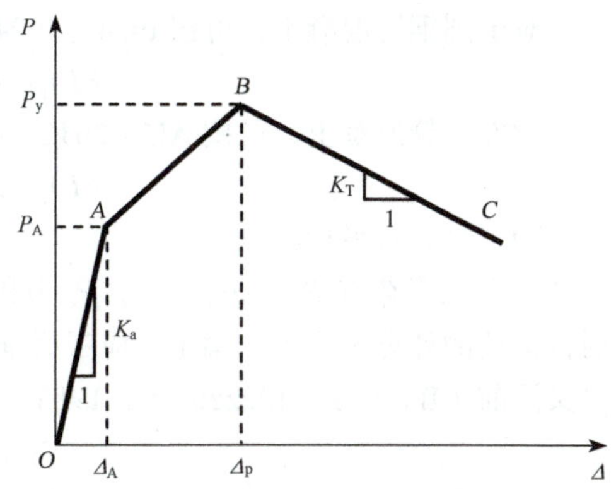

图 9.62　钢管混凝土框架 P-Δ 关系骨架线模型

图 9.62 所示的 P-Δ 关系模型可分为弹性段（OA），弹塑性段（AB）和下降段（BC）。A 点为骨架线弹性阶段的终点，B 点为骨架线峰值点，其水平荷载值为 P_{y}，对应的水平位移为 Δ_{p}。A 点的水平荷载大小取 $0.6P_{\mathrm{y}}$，即 $P_{\mathrm{A}}=0.6P_{\mathrm{y}}$。

图 9.62 的简化骨架线模型中需要确定以

下几个参数：框架的弹性阶段的刚度（K_a）、B 点位移（Δ_p）和最大水平荷载（P_y）以及第三段刚度（K_T）。

上述三折线模型方程可表示如式（9.42）所示。

$$P=f(\Delta)=\begin{cases} K_a\Delta & 0\leqslant\Delta\leqslant\Delta_A \\ P_A+K_2(\Delta-\Delta_A) & \Delta_A\leqslant\Delta\leqslant\Delta_p \\ P_y+K_T(\Delta-\Delta_p) & \Delta_p<\Delta \end{cases} \tag{9.42}$$

式中，P_A 和 Δ_A 分别为 A 点对应的荷载及位移；K_2 为第二段直线段（AB）的刚度，其余参数含义同前。

各参数之间的关系如式（9.43）和式（9.44）所示。

$$\Delta_A=P_A/K_a=0.6P_y/K_a \tag{9.43}$$

$$K_2=\frac{P_y-P_A}{\Delta_p-\Delta_A}=\frac{0.4P_y}{\Delta_p-0.6P_y/K_a} \tag{9.44}$$

可见，只要确定了 K_a、Δ_p、P_y 及 K_T，将式（9.43）及式（9.44）代入式（9.42），图 9.62 表示的骨架线模型即可确定。

下面给出模型中各参数的确定方法。

（1）弹性阶段刚度 K_a

钢管混凝土框架的弹性阶段刚度可由二阶弹性分析得到，即为二阶弹性分析得到 P-Δ 关系的斜率，但注意此时全框架的刚度是图 9.60 计算单元框架的 2 倍，参考式（9.33），可得到框架的弹性阶段刚度如式（9.45）所示。

$$K_a=2\left(\frac{12i_c}{H^2}-\frac{6N_o}{5H}\right)-2\frac{\left(\frac{6i_c}{H}-\frac{N_o}{10}\right)^2}{4i_c+3i_b-\frac{2N_oH}{15}} \tag{9.45}$$

可见，钢管混凝土框架弹性阶段刚度与结构构件的几何参数与梁线刚度 $i_b=(EI)_b/L_b$，柱线刚度 $i_c=(EI)_c/H$，柱轴力 N_o 及框架柱高度 H（图 9.60）有关，使用中应注意计算单元的半刚架与实际框架的荷载参数和几何参数的区别。其中框架柱的弹性抗弯刚度$(EI)_c$ 可按下式确定。

对于圆钢管混凝土，可按 EC4（2004）提供的公式计算，如式（9.46）所示。

$$(EI)_c=E_sI_s+0.6E_cI_c \tag{9.46}$$

对方钢管混凝土，可按 AIJ（2012）提供的公式计算，如式（9.47）所示。

$$(EI)_c=E_sI_s+0.2E_cI_c \tag{9.47}$$

（2）最大水平荷载 P_y

最大水平荷载 $P_y=2P_c$，其中 P_c 为相应框架柱压弯构件的水平承载力，但注意此时框架柱的计算长度系数确定时应考虑框架梁的影响，按式（9.48）取值，其中 i_b 和 i_c 含义同前（Ballio and Mazzolani，1983）。

$$\mu=\sqrt{\frac{3.75i_b/i_c+4}{3.75i_b/i_c+1}} \tag{9.48}$$

（3）B 点位移 Δ_p

B 点位移 Δ_p 即为框架结构的最大水平荷载 P_y 所对应的位移，是由二阶弹性－塑性铰分析得到的弹塑性位移与框架弹性位移 Δ_A 之和，也就是框架形成机构，荷载开始下降时对应的水平位移。

Δ_p 表达如式（9.49）所示。

$$\Delta_p=\Delta_A+(\Delta_{yb}+\Delta u)=\Delta_A+\frac{\left(4i_c-\dfrac{2N_oH}{15}+3i_b\right)}{\left(\dfrac{6i_c}{H}-\dfrac{N_o}{10}\right)}\frac{k_mM_{pc}}{3i_b}$$

$$+\frac{4i_c-\dfrac{2N_oH}{15}}{\left(\dfrac{12i_c}{H^2}-\dfrac{6N_o}{5H}\right)\left(4i_c-\dfrac{2N_oH}{15}\right)-\left(\dfrac{6i_c}{H}-\dfrac{N_o}{10}\right)^2}\left(\frac{M_{pc}-M_{1c}}{H}\right) \tag{9.49}$$

其中，M_{1c} 由式（9.35）确定，M_{pc} 为钢管混凝土框架柱的屈服弯矩，Δ_A 由式（9.43）确定。

（4）下降段刚度 K_T

由式（9.41）得到半框架计算单元的下降段的刚度，而全框架的刚度为其 2 倍，如式（9.50）所示。

$$K_T=2p\left(\frac{12(EI)_c}{H^3}-\frac{6N_o}{5H}\right)-\frac{2p\left(\dfrac{6(EI)_c}{H^2}-\dfrac{N_o}{10}\right)^2}{\dfrac{4(EI)_c}{H}-\dfrac{2N_oH}{15}}-2(1-p)\frac{N_o}{H} \tag{9.50}$$

式中，$(EI)_c$ 为框架柱的抗弯刚度；H 为框架柱高度；N_o 为框架柱上轴力；p 为钢管混凝土柱弯矩（M）－曲率（ϕ）关系模型中的强化段模量系数，如图 9.61 所示，可按韩林海（2022）中钢管混凝土构件 M-ϕ 关系实用模型中的方法确定，具体如下。

对于圆钢管混凝土，$p=\alpha_d/1000$，系数 α_d 的确定方法如式（9.51）所示。

当约束效应系数 $\xi>1.1$ 时，有

$$\alpha_d=\begin{cases}2.2\xi+7.9 & (n\leqslant 0.4)\\(7.7\xi+11.9)n-0.88\xi+3.14 & (n>0.4)\end{cases} \tag{9.51a}$$

当约束效应系数 $\xi\leqslant 1.1$ 时，有

$$\alpha_d=\begin{cases}An+B & (n\leqslant n_o)\\Cn+D & (n>n_o)\end{cases} \tag{9.51b}$$

式中，$n_o=(0.245\xi+0.203)c^{-0.513}$，$c=f_{cu}/60$，$f_{cu}$ 需以 MPa 为单位代入；n 为柱轴压比；$A=12.8c(\ln\xi-1)+5.4\ln\xi-11.5$；$B=c(0.6-1.1\ln\xi)-0.7\ln\xi+10.3$；$C=(68.5\ln\xi-32.6)\ln c+46.8\xi-67.3$；$D=7.8\xi^{-0.81}\ln c-10.2\xi+20$。

对于方钢管混凝土，$p=(M_B-M_{yu})/(\phi_B-M_{yu}/K_e)$，其中，$M_{yu}$ 为方钢管混凝土构件的极限弯矩，K_e 为方钢管混凝土构件的弹性抗弯刚度，按（9.47）确定。M_B 和 ϕ_B

分别如式（9.52a）和式（9.52b）所示。

$$M_B = M_{yu}(1-n)k_o \tag{9.52a}$$

$$\phi_B = 20 \quad \phi_e(2-n) \tag{9.52b}$$

式中，$k_o=(\xi+0.4)^{-2}$；$\phi_e=0.544f_y/(E_sB)$，f_y 为钢管强度，单位为 MPa，E_s 为钢材弹性模量，单位为 MPa，B 为钢管边长，单位为 mm。

图 9.63 所示分别为采用 P-Δ 关系简化模型计算结果与 9.4 节基于非线性纤维梁-柱理论模型（方法 1）计算单调曲线对比，算例为 9.2 节进行试验的试件。可见二者总体上较为吻合。

选取了钢管混凝土框架算例进行了对比，算例的基本计算条件：D=400mm（或 B=400mm），α_s=0.1，Q345 钢，C60 混凝土，柱高 H=3000mm，梁跨度 L=6000mm，梁柱线刚度比 k=0.33（圆柱框架）或 k=0.42（方柱框架），算例中框架柱轴压比 n 取 0～0.6。计算结果对比如图 9.64 所示，可见简化模型总体上与理论计算结果较为吻合。

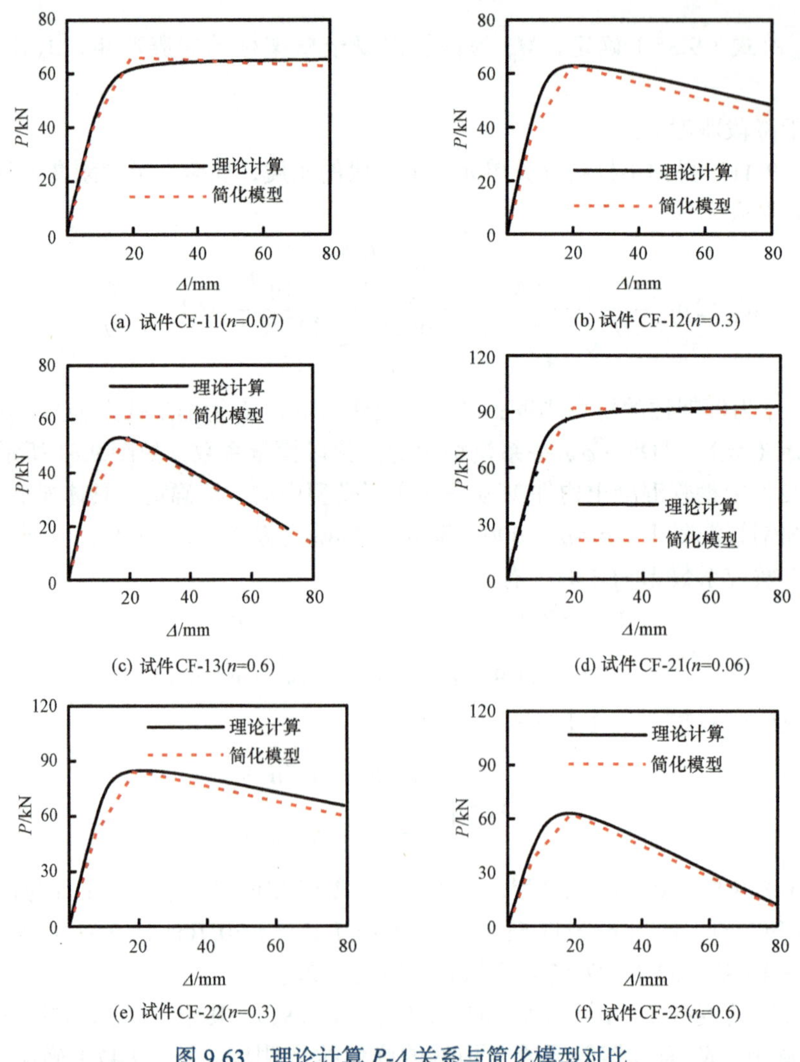

图 9.63 理论计算 P-Δ 关系与简化模型对比

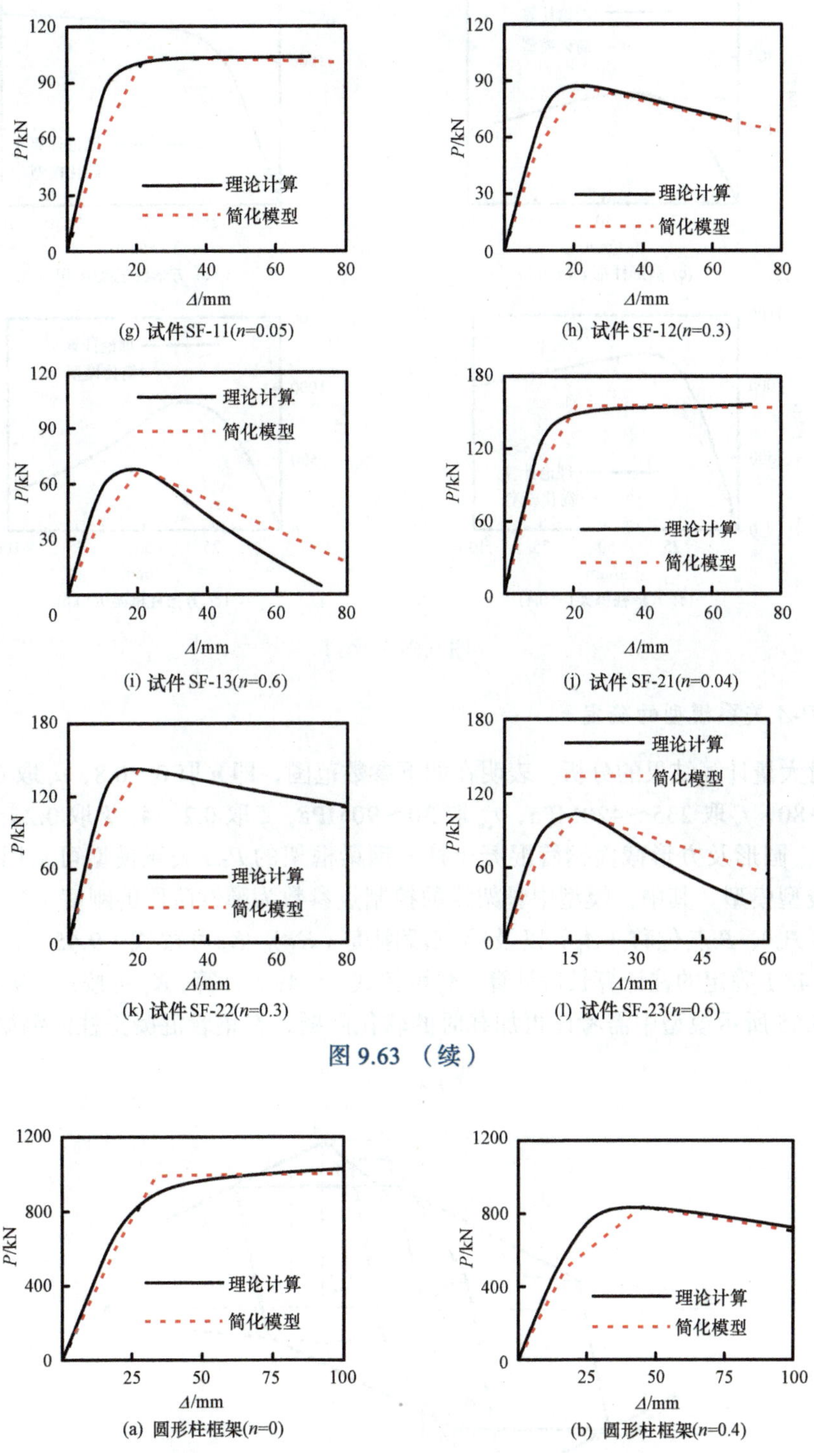

(g) 试件 SF-11(n=0.05) (h) 试件 SF-12(n=0.3)

(i) 试件 SF-13(n=0.6) (j) 试件 SF-21(n=0.04)

(k) 试件 SF-22(n=0.3) (l) 试件 SF-23(n=0.6)

图 9.63 （续）

(a) 圆形柱框架(n=0) (b) 圆形柱框架(n=0.4)

图 9.64 框架理论计算 P-Δ 关系与简化模型对比

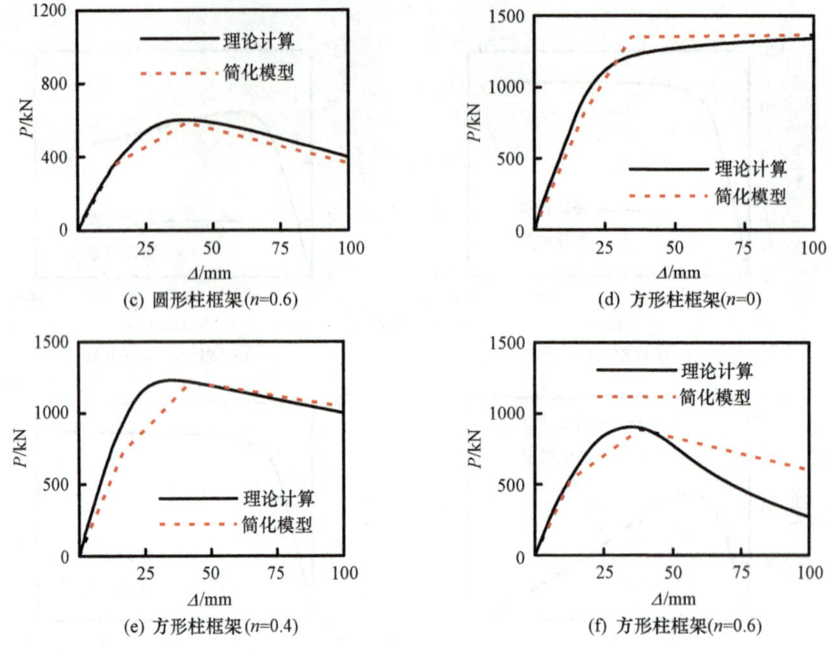

图 9.64（续）

2. P-Δ 关系模型的确定

经对大量计算结果的分析，表明在如下参数范围，即 n 取 0～0.8，α_s 取 0.05～0.2，λ 取 10～80，f_y 取 235～420MPa，f_{cu} 取 30～90MPa，ξ 取 0.2～4，k 取 0.25～2，k_m 取 0.4～0.8，圆形及方形截面钢管混凝土柱－钢梁框架的 P-Δ 关系模型可采用图 9.65 所示的三线型模型。其中，模型中骨架线的控制点参数为弹性阶段的刚度（K_a）、最大水平荷载（P_y）、B 点位移（Δ_p）以及第三段刚度（K_T）。K_a 可按式（9.45）计算，P_y 可按式（9.48）确定的柱计算长度计算，Δ_p 可按式（9.49）计算，K_T 可按式（9.50）计算。

图 9.65 所示模型中需考虑再加载时的软化问题，在钢管混凝土柱－钢梁平面框架

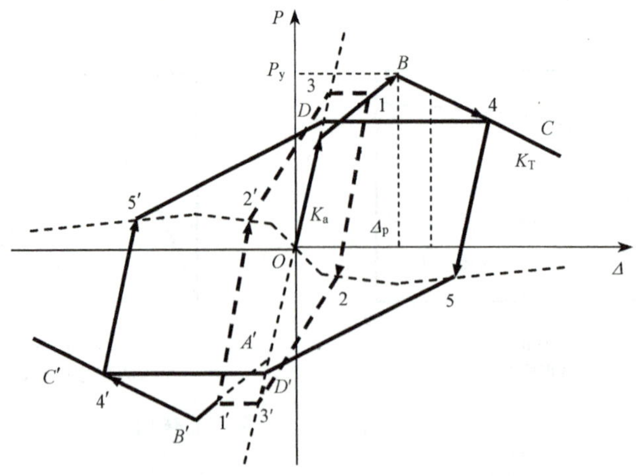

图 9.65　钢管混凝土平面框架 P-Δ 关系模型

荷载 – 位移关系模型中，当从图中的 1 点或 4 点卸载时，卸载线将按弹性刚度 K_a 进行卸载，并反向加载至 2 点或 5 点，2 点和 5 点纵坐标荷载值分别取 1 点和 4 点纵坐标荷载值的 20%；继续反向加载，模型进入软化段 23′ 或 5D′，点 3′ 和 D′ 均在 OA 线的延长线上，其纵坐标值分别与 1（或 3）点和 4（或 D）点相同。随后，加载路径沿 3′1′2′3 或 D′4′5′D 进行，软化段 2′3 和 5′D 的确定办法分别与 23′ 和 5D′ 类似。

图 9.66 所示为部分框架试件 P-Δ 关系简化模型计算结果与试验 P-Δ 关系的对比情况，可见二者总体吻合。

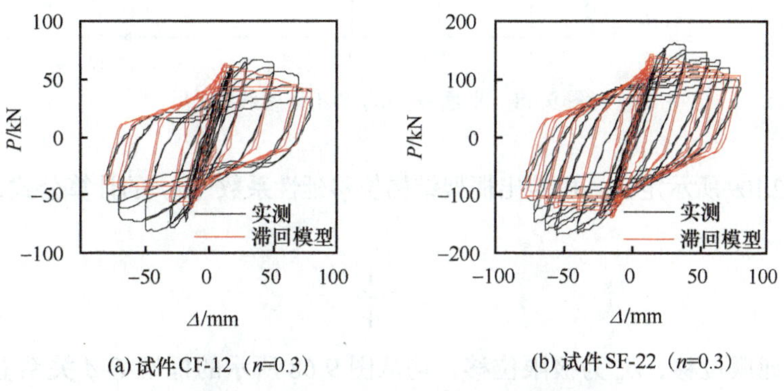

(a) 试件CF-12（n=0.3）　　(b) 试件SF-22（n=0.3）

图 9.66　试验 P-Δ 关系与简化模型结果对比

图 9.67 所示为部分框架试件数值计算 P-Δ 关系和简化模型结果的对比，可见总体上也较为吻合。

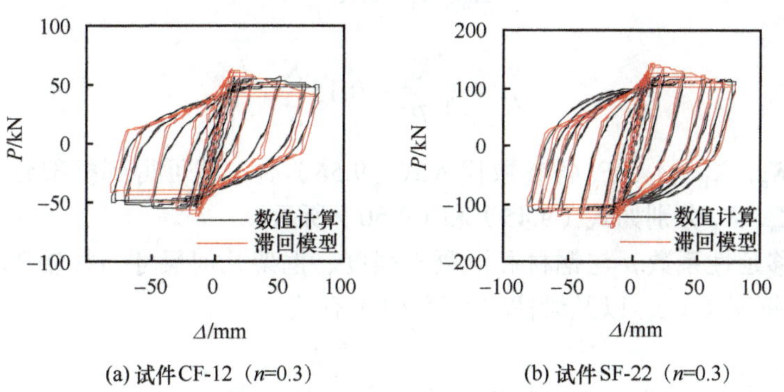

(a) 试件CF-12（n=0.3）　　(b) 试件SF-22（n=0.3）

图 9.67　理论计算 P-Δ 关系与简化模型结果对比

9.6.3　位移延性系数

在确定了钢管混凝土框架 P-Δ 关系实用模型后，可以得到钢管混凝土框架的位移延性系数（μ）的简化计算方法。

钢管混凝土框架 P-Δ 关系没有明显的屈服点，因此屈服位移 Δ_y 的取法是取 P-Δ 关系骨架线弹性段延线与过峰值点的切线交点处的位移，极限位移 Δ_u 取承载力下降到峰值承载力的 85% 时对应的位移，各参数的取值如图 9.68 所示。

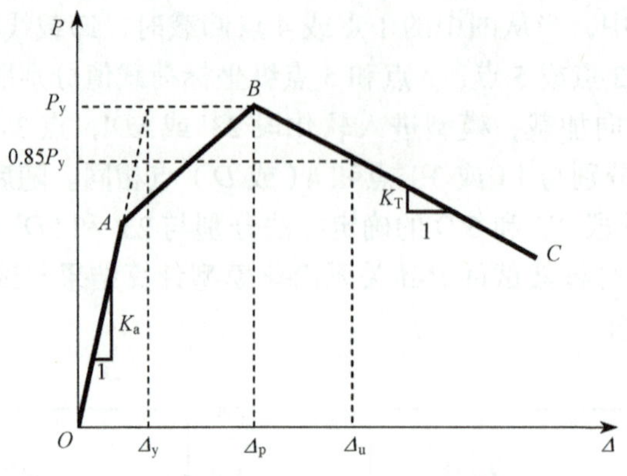

图 9.68　平面框架的 P-Δ 骨架线模型

参考图 2.109 所示定义，可给出框架结构位移延性系数（μ）的计算公式，如式（9.53）所示。

$$\mu=\frac{\Delta_u}{\Delta_y} \tag{9.53}$$

式中，Δ_y 为屈服位移；Δ_u 为极限位移，均从图 9.68 所示的框架 P-Δ 关系上获得。

Δ_y、Δ_u 及 μ 的计算公式分别如式（9.54）～式（9.56）所示。

$$\Delta_y=\frac{P_y}{K_a} \tag{9.54}$$

$$\Delta_u=\Delta_p-0.15\frac{P_y}{K_T} \tag{9.55}$$

$$\mu=\Delta_p\frac{K_a}{P_y}-0.15\frac{K_a}{K_T} \tag{9.56}$$

分别将 K_a、K_T、Δ_y、P_y 各参数代入式（9.56）后，即可得到框架延性系数的简化计算公式。K_a、K_T 分别如式（9.45）和（9.50）所示。

框架位移延性系数 μ 与钢材和混凝土强度、框架几何尺寸，柱轴压比（n）、长细比（λ）和含钢率（α_s），以及梁柱线刚度（k）有关。

9.7　本 章 小 结

本章论述的主要内容简要归纳如下。

1）本章论述了 12 榀采用外加强环板式连接的钢管混凝土柱－钢梁单层平面框架、10 榀采用穿芯螺栓端板连接的钢管混凝土柱－钢梁单层平面框架在低周反复荷载作用下的试验结果，研究了柱截面形状（圆形及方形）、柱截面含钢率、柱轴压比和梁柱线刚度比等参数的影响规律。结果表明，在所研究的试验参数范围内，钢管混凝土柱－钢梁平面框架的滞回曲线较为饱满，刚度和强度退化不明显，试件具有良好的延性。

2）基于非线性纤维梁－柱单元理论，建立了考虑材料和几何双重非线性的数值模型，理论计算和试验结果吻合良好。

3）对框架试件进行了单调加载下荷载－位移关系的全过程分析。在此基础上分析了钢管混凝土柱－钢梁框架的工作机理，明晰了框架的破坏特征，研究了框架受力全过程中框架各构件截面上的应力分布等规律。

4）考虑钢管对核心混凝土的约束作用，进行了钢管混凝土柱－钢梁框架滞回关系的数值计算，理论计算结果得到试验结果的验证。

5）对影响钢管混凝土柱－钢梁框架荷载－位移关系的主要因素，如柱含钢率、混凝土强度、钢材强度、柱轴压比、长细比、梁柱线刚度比及梁柱屈服弯矩比等进行了分析，得到了各参数对框架荷载－位移关系的影响规律。

6）在参数分析结果的基础上建议了钢管混凝土框架荷载－侧移恢复力模型实用计算方法。

关于平面钢管混凝土框架结构抗火性能，已在专著《钢－混凝土组合结构抗火设计原理（第三版）》（韩林海等，2022）中论述。

参考文献

陈惠发，1999．钢框架稳定设计（中文版）［M］．周绥平，译．上海：世界图书出版公司．

陈骥，2006．钢结构稳定理论与设计［M］．3版．北京：科学出版社．

陈绍蕃，2005．钢结构设计原理［M］．3版．北京：科学出版社．

杜铁柱，2008．钢管混凝土柱－工字钢梁端板连接平面框架抗震性能研究［D］．福州：福州大学．

凡红，徐礼华，童菊仙，等，2005．五层钢管混凝土框架模态试验研究与有限元分析［J］．武汉理工大学学报，27（4）：47-50．

韩林海，2022．钢管混凝土结构－理论与实践［M］．4版．北京：科学出版社．

韩林海，宋天诣，周侃，2022．钢－混凝土组合结构抗火设计原理［M］．3版．北京：科学出版社．

黄襄云，周福霖，徐忠根，2001．钢管混凝土结构抗震性能的比较研究［J］．世界地震工程，17（2）：86-89．

黄襄云，周福霖，2000．钢管混凝土结构地震模拟试验研究［J］．西北建筑工程学院学报（自然科学版），17（3）：14-17．

李斌，薛刚，张园，2002．钢管混凝土框架结构抗震性能试验研究［M］．地震工程与工程震动，22（5）：53-56．

吕西林，金国芳，吴晓涵，1997．钢筋混凝土结构非线性有限元理论与应用［M］．上海：同济大学出版社．

王来，王铁成，陈倩，2003．低周反复荷载下方钢管混凝土框架抗震性能的试验研究［J］．地震工程与工程振动，23（3）：113-117．

王铁成，卢明奇，2005．轴压比对方钢管混凝土框架延性影响的有限元分析［J］．吉林大学学报（工学版），35（1）：70-75．

王文达，韩林海，陶忠，2006．钢管混凝土柱－钢梁平面框架抗震性能的试验研究［J］．建筑结构学报，27（3）：48-58．

王文达，韩林海，2008a．钢管混凝土框架力学性能的非线性有限元分析［J］．建筑结构学报，29（6）：75-83．

王文达，韩林海，2008b．钢管混凝土框架实用荷载－位移恢复力模型研究［J］．工程力学，25（11）：62-69．

许成祥，2003．钢管混凝土框架结构抗震性能的试验与理论研究［D］．天津：天津大学．

张文福，2000．单层钢管混凝土框架恢复力特性研究［D］．哈尔滨：哈尔滨工业大学．

中华人民共和国住房和城乡建设部，2015．建筑抗震试验方法规程：JGJ/T 101—2015［S］．北京：中国建筑工业出版社．

周栋梁，钱稼茹，方小丹，等，2004．环梁连接的RC梁－钢管混凝土柱框架试验研究［J］．土木工程学报，37（5）：7-15．

AIJ, 2012. Recommendations for design and construction of concrete filled steel tubular structures [S]. Architectural Institute of Japan (AIJ), Tokyo, Japan.

BALLIO G, MAZZOLANI F M, 1983. Theory and design of steel structures [M]. London / New York: Chapman and Hall.

CHEN W F, TOMA S, 1994. Advanced analysis for steel frames: Theory, Software and Applications [M]. Boca Raton, Florida: CRC Press.

CHEN W F, GOTO Y, LIEW J Y R, 1996. Stability design of semi-rigid frames [M]. New York: John Wiley and Sons.

DHAKAL R J, MAEKAWA K, 2002. Path-dependent cyclic stress-strain relationship of reinforcing bar including buckling [M]. Engineering Structures, 24 (11): 1383-1396.

Eurocode 4 (EC4), 2004. Design of composite steel and concrete structures—Part 1.1: General rules and rules for buildings [S]. Brussels (Belgium): European Committee for Standardization (CEN).

GOMES A, APPLETON J, 1997. Nonlinear cyclic stress-strain relationship of reinforcing bars including buckling [S]. Engineering Structures, 19 (10): 822-826.

HAN L H, WANG W D, ZHAO X L, 2008. Behaviour of steel beam to concrete-filled SHS column frames: Finite element model and verification [J]. Engineering Structures, 30 (6): 1647-1658.

HAN L H, WANG W D, TAO Z, 2011. Performance of circular CFST column-to-steel beam frames under lateral cyclic loading [J]. Journal of Constructional Steel Research, 67 (5): 876-890.

HERRERA R, RICLES J M, SAUSE R, et al., 2003. Seismic performance evaluation of steel moment resisting frames with concrete filled tube columns [C]//Proceeding of the International Workshop on Steel and Concrete Composite Constructions. Taiwan, China: 143-152.

HIBBITT, KARLSON, SORENSON, 2005. ABAQUS version 6.4: Theory manual, users' manual, verification manual and example problems manual [M]. Hibbitt: Karlson and Sorenson Inc.

KARSON I D, JIRSA J O, 1969. Behavior of concrete under compressive loading [J]. Journal Structural Division, ASCE, 95 (12): 2535-2563.

KAWAGUCHI J, MORINO S, SUGIMOTO T, 1997. Elasto-plastic behavior of concrete-filled steel tubular frames [A/C]. Proceedings of the Engineering Foundation Conference on Steel and Concrete Composite Construction Ⅲ, ASCE. New York, USA: 272-281.

MAZZONI S, MCKENNA F, FENVES G L, et al, 2009. Open system for earthquake engineering simulation user manual (Ver. 2.0) [R]. Pacific Earthquake Engineering Research Center (PEER), University of California, Berkeley.

MORINO S, KAWAGUCHI J, YASUZAKI C, et al., 1993. Behavior of concrete filled steel tubular 3-dimensional subassemblages [A/D]. Proceeding of the Engineering Foundation Conference on Composite Construction in Steel and Concrete Ⅱ, Potosi, USA: 726-741.

MUHUMMUD T, 2003. Seismic design and behavior of composite moment resisting frame constructed of CFT columns and WF beams [D]. Bethlehem: Lehigh University.

PRABUDDHA D, SUBHASH C G, GUSTAVO PARRA-MONTESINOS, et al., 2003. Performance-based seismic design and testing of a composite buckling restrained braced frame [A/D]. Proceeding of the International Workshop on Steel and Concrete Composite Constructions, October, Taiwan, China.

SCOTT A, PARK R, PRIESTLEY M J M, 1982. Stress-strain behavior of concrete confined by overlapping hoops at low and high strain rates [J]. ACI Structural Journal, 79 (1): 13-27.

TED BELYTSCHKO, LIU W K, MORAN B, 2002. Nonlinear finite elements for contimua and structures [M]. 庄茁，译. 连续体和结构的非线性有限元. 北京：清华大学出版社.

TSAI K C, WENG Y T, LIN M L, et al., 2003. Pseudo dynamic tests of a full-scale CFT/BRB composite frame: Displacement based seismic design and response evaluations [A/D]. Proceeding of the International Workshop on Steel and Concrete Composite Constructions, October, Taiwan, China.

WANG W D, HAN L H, ZHAO X L, 2009. Analytical Behaviour of Frames with Steel Beam to Concrete-Filled Steel Tubular Column [J]. Journal of Construction of Steel Research, 65 (3): 497-508.

YANG Y B, KUO S R, 1994. Theory and analysis of nonlinear framed structures [M]. Singapore/New York: Prentice Hall.

第 10 章　组合柱-钢筋混凝土混合剪力墙结构

10.1 引　言

在剪力墙结构中，钢管混凝土还可以与钢板、钢筋混凝土板等部件混合，形成带边框柱的混合剪力墙结构。图 10.1 所示为一种带钢管混凝土（CFST）边框柱的钢筋混凝土（RC）混合剪力墙结构（以下简称为带 CFST 边框柱的 RC 剪力墙）。这种剪力墙具有以下特点。

1）和带钢边框的剪力墙结构相比可节约钢材。

2）钢管混凝土边框可对 RC 剪力墙产生约束作用，从而可有效抑制 RC 剪力墙中裂缝的开展，改善剪力墙的破坏形态，提高其承载力。

3）钢管混凝土柱具有良好的后期承载能力，在 RC 剪力墙由于地震作用而逐步退出工作后还可以由钢管混凝土框架柱承担较大的水平荷载，从而起到“抗震二道防线”的作用。

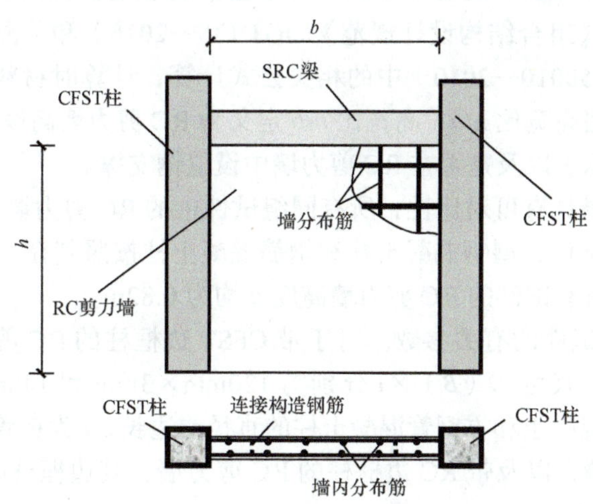

图 10.1　带 CFST 边框柱的 RC 剪力墙

曾有学者开展了相关试验研究和理论分析（Shirali，2002；夏汉强和刘嘉祥，2005），《矩形钢管混凝土结构技术规程》（CECS159：2004）中给出了带矩形钢管混凝土边框柱的 RC 剪力墙结构承载力计算方法，但该类混合剪力墙抗震性能方面的研究较少见。该类混合剪力墙边框和剪力墙部件之间存在着协同互补的混合作用，有利于提高剪力墙的承载能力，但同时也导致其力学性能的复杂性。对带 CFST 边框柱的 RC 剪力墙抗震性能有必要开展必要的试验研究和理论分析，并探讨有关设计方法。

本节研究了带 CFST 边框柱的 RC 剪力墙结构的设计原理，进行了带钢管混凝土或型钢混凝土边框柱的单层单跨钢筋混凝土剪力墙结构力学性能的试验研究，并进行了带钢筋混凝土边框柱的剪力墙结构对比试验，较为全面地认识了这些剪力墙结构的工作特性（Liao et al.，2012）。在合理确定各组成材料本构模型的基础上，建立了混合剪力墙结构的数值分析模型。基于该数值分析模型，本章细致分析了受力全过程中混合剪力墙结构的工作机理以及各重要影响参数的影响规律，在此基础上提出了有关实用设计方法或建议。本章拟简要介绍相关研究结果。

10.2　试 验 研 究

10.2.1　试验概况

（1）试件设计

本书作者共进行了 16 榀带不同类型边框柱的 RC 剪力墙结构力学性能的试验研究，其中 10 榀为带 CFST 边框柱的 RC 剪力墙，3 榀为带 SRC 边框柱的 RC 剪力墙，3 榀为带 RC 边框柱的 RC 剪力墙。

试验的参数包括：柱轴压比 n（$n=N_o/N_u$，其中 N_o 为施加在边框柱顶的竖向荷载，N_u 为边框柱的轴心受压极限承载力）。对于钢管混凝土边框柱，其轴心受压承载力 N_u 的计算参照韩林海（2022）的研究成果。对于型钢混凝土柱和钢筋混凝土柱的轴压极限承载力分别按照《组合结构设计规范》（JGJ 138—2016）和《混凝土结构设计标准（2024 年版）》（GB 50010—2010）中的相关公式计算，计算时材料强度取标准值，按实测结果确定剪力墙高宽比 h/b（高宽比 h/b 定义为 RC 剪力墙高度 h 和宽度 b 的比值，h 和 b 如图 10.1 所示）以及是否在 RC 剪力墙中设置钢支撑。

为了使试验结果具有可对比性，所有同组试件中的 RC 剪力墙完全相同；RC 剪力墙边框的钢管混凝土柱、型钢混凝土柱和钢筋混凝土柱按照其在 $n=0.6$ 时抗弯承载力相同的原则设计。所有试件的 RC 剪力墙高度 h 均为 0.82m。

表 10.1 给出了试件的有关参数。对于带 CFST 边框柱的 RC 剪力墙，圆形和方形 CFST 边框柱的截面尺寸 D（B）$\times t$ 分别为 120mm×3mm 和 140mm×2mm，其中 D 和 B 分别为圆钢管混凝土和方钢管混凝土柱的直径或边长，t 为钢管壁厚；对于带 SRC 边框柱的 RC 剪力墙，以及带 RC 边框柱的 RC 剪力墙，其边框柱的截面尺寸 $B\times B$ 分别 160mm×160mm 和 170mm×170mm。

SRC 柱和 RC 柱中所配纵筋均为 4 根直径为 16mm 的钢筋。SRC 内配置的型钢均为焊接工字形截面，型钢截面总高为 90mm，翼缘宽度为 65mm，翼缘和腹板的厚度均为 3mm。RC 剪力墙的厚度为 85mm，内配双向 ϕ6@120 的钢筋。所有剪力墙试件边框梁的尺寸和配筋均相同。

表 10.1　剪力墙试件信息

序号	试件编号	边框柱类型	剪力墙宽度 b/m	剪力墙高宽比 h/b	N_o/kN	n
1	CFST-S-S1	方形 CFST	0.86	0.95	300	0.31
2	CFST-C-S1	圆形 CFST	0.86	0.95	300	0.29
3	SRC-S-S1	SRC	0.86	0.95	300	0.3
4	RC-S-S1	RC	0.86	0.95	300	0.26
5	CFST-S-S2	方形 CFST	0.86	0.95	600	0.62
6	CFST-C-S2	圆形 CFST	0.86	0.95	600	0.58
7	CFST-S-ZC	方形 CFST	0.86	0.95	300	0.31
8	CFST-C-ZC	圆形 CFST	0.86	0.95	300	0.29
9	CFST-S-L1	方形 CFST	1.32	0.62	300	0.31
10	CFST-C-L1	圆形 CFST	1.32	0.62	300	0.29
11	SRC-S-L1	SRC	1.32	0.62	300	0.3
12	C-S-L1	RC	1.32	0.62	300	0.26
13	CFST-S-L2	方形 CFST	1.32	0.62	600	0.62
14	CFST-C-L2	圆形 CFST	1.32	0.62	600	0.58
15	SRC-S-L2	SRC	1.32	0.62	600	0.6
16	RC-S-L2	RC	1.32	0.62	600	0.52

图 10.2（1）给出带 CFST 边框柱的 RC 剪力墙和带 SRC 边框柱的 RC 剪力墙侧视图，图 10.2（2）所示分别为采用圆、方钢管混凝土柱、SRC 柱试件的剖面图。试件的 SRC 梁内均配置了相同尺寸的焊接工字钢。

图 10.3 给出带圆形和方形 CFST 边框柱的 RC 剪力墙梁柱连接构造详图，其中梁柱节点采用加强环板连接形式，环板厚度和型钢翼缘厚度相同，均为 3mm。如图 10.3 所示。

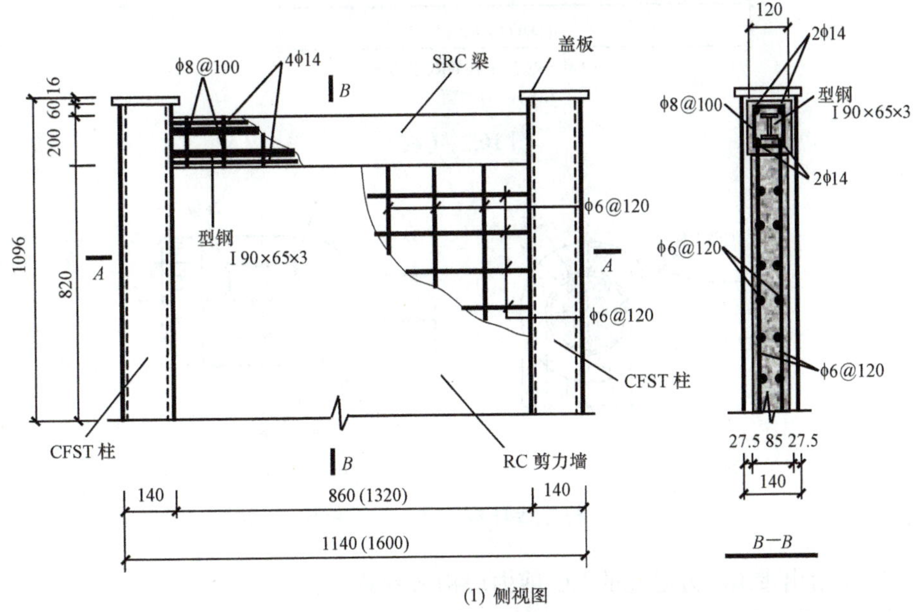

(1) 侧视图

图 10.2　带 CFST 及 SRC 边框柱的 RC 剪力墙试件构造（尺寸单位：mm）

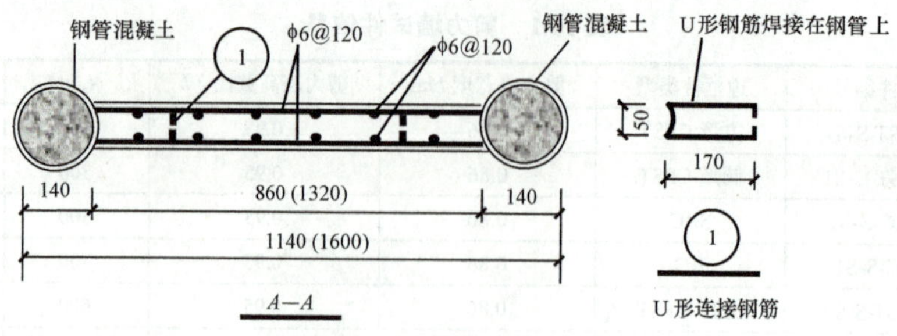

(a) 带圆形CFST边框柱的RC剪力墙

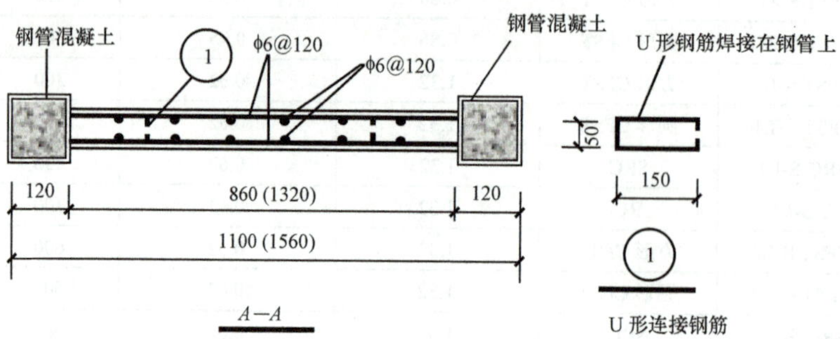

(b) 带方形CFST边框柱的RC剪力墙

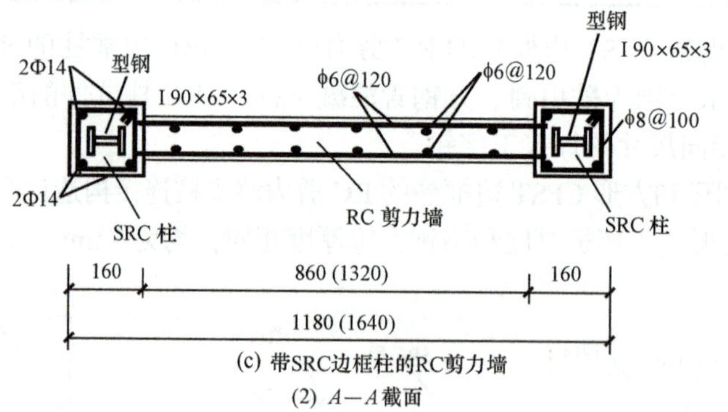

(c) 带SRC边框柱的RC剪力墙

(2) A—A 截面

图 10.2 （续）

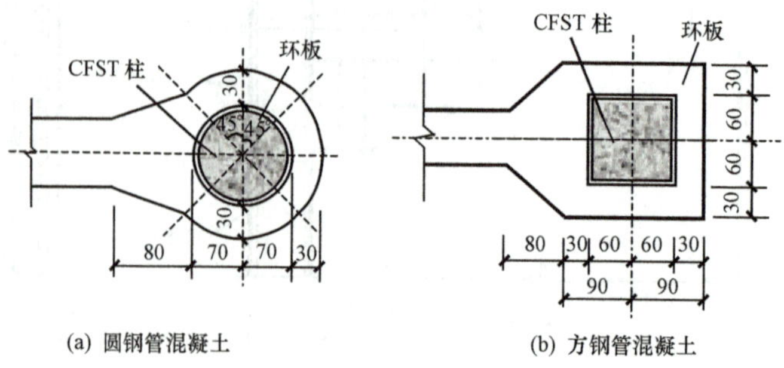

(a) 圆钢管混凝土　　(b) 方钢管混凝土

图 10.3　梁柱连接环板尺寸（尺寸单位：mm）

图 10.4 给出带 RC 边框柱的 RC 剪力墙构造示意。

试件 CFST-S-ZC 和 CFST-C-ZC 的 RC 剪力墙内沿对角线方向增设了工字形截面的

双向斜撑，斜撑的横截面高为 44mm，翼缘宽度为 22mm，板厚为 3mm，结构构造如图 10.5 所示。

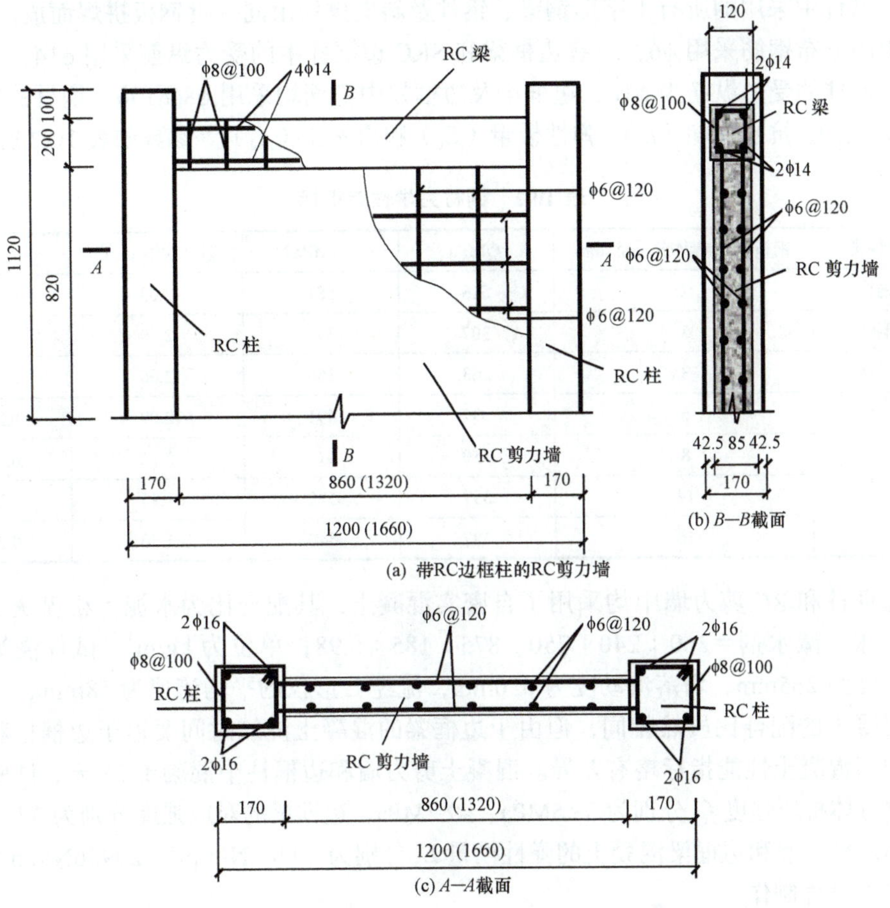

图 10.4　带 RC 边框柱的 RC 剪力墙试件构造（尺寸单位：mm）

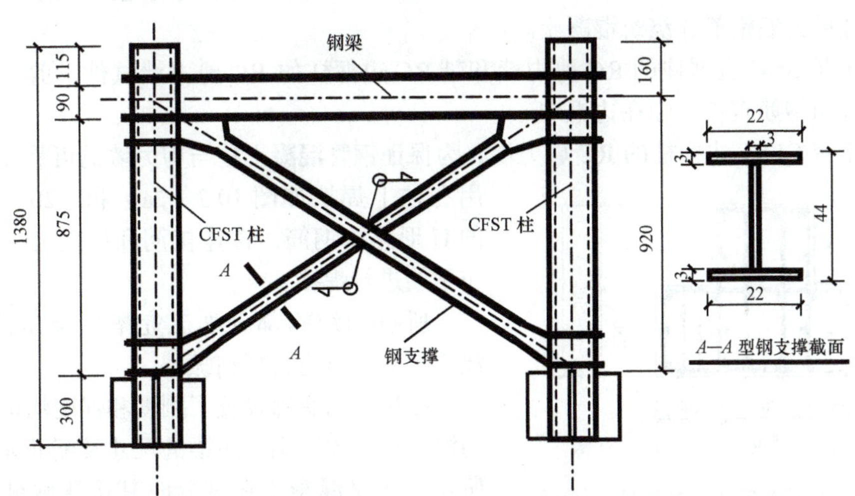

图 10.5　有暗支撑的带 CFST 边框柱 RC 剪力墙构造（尺寸单位：mm）

（2）材料性能

钢管混凝土中的圆管和方管均采用冷弯钢管，冷弯方钢管角部圆弧的内半径 r_i=3mm。试件中采用的所有工字形钢梁、钢柱及斜支撑均由同一批钢板拼焊而成。RC 剪力墙中的分布钢筋采用 ϕ6，所有边框梁和 SRC 边框柱中的受力纵筋采用 ϕ14，钢筋混凝土边框柱的受力纵筋为 ϕ16，边框梁及边框柱中箍筋均采用 ϕ8@100。钢材的实测屈服强度（f_y）、抗拉强度（f_u）、弹性模量（E_s）和泊松比（μ_s）等参数如表 10.2 所示。

表 10.2　钢材力学性能指标

钢材种类	钢板厚度或钢筋直径 /mm	f_y/MPa	f_u/MPa	E_s/（10^5N/mm^2）	μ_s
圆钢管	2	515	581	2.03	0.277
方钢管	3	307	391	2.09	0.284
工字钢	3	263	356	2.06	0.270
钢筋	6	397	491	2.09	0.290
	8	350	473	2.17	0.300
	14	357	522	1.95	0.283
	16	387	542	1.90	0.287

边框柱和 RC 剪力墙中均采用了自密实混凝土，其配合比为水泥：粉煤灰：砂：石子：水：减水剂=260：240：750：875：185：5.98，单位为 kg/m^3。试件浇筑时测得坍落度为 265mm，坍落流动度为 620mm，流经 L 形仪的平均流速为 58mm/s。

混凝土的配合比虽然相同，但由于边框梁的混凝土浇筑时间要迟于边框柱和剪力墙，因而混凝土性能指标略有差异。混凝土剪力墙和边框柱中混凝土 28 天、试验时实测的立方体抗压强度 f_{cu} 分别为 38.5MPa、49.2MPa，边框梁的对应强度分别为 37.1MPa、48MPa。剪力墙和边框梁混凝土的弹性模量 E_c 分别为 30783N/mm^2、29936N/mm^2。

（3）试件制作

制作剪力墙试件时先完成钢构件的加工，然后绑扎基础梁钢筋笼并和钢构件固定，最后绑扎剪力墙钢筋并浇筑混凝土。

对于带 SRC 边框柱的 RC 剪力墙和带 RC 边框柱的 RC 剪力墙试件，剪力墙水平和竖向分布钢筋直接锚固在边框中。

对于带 CFST 边框柱的 RC 剪力墙，为保证钢管混凝土柱与剪力墙的可靠连接，采用在柱上焊接如图 10.2（2a）和（2b）中所示的 U 形连接钢筋，该连接筋和剪力墙内水平分布钢筋进行焊接。

所有钢结构部分加工完毕后浇筑混凝土，浇筑过程没有进行任何振捣。

在试件的底部设置了刚度和强度均很大的钢筋混凝土底梁。刚性底梁的尺寸及配筋如图 10.6 所示。底梁混凝土在试验时其抗压强度为 f_{cu}=60MPa。RC 剪力墙和 CFST 边框柱均与底梁整

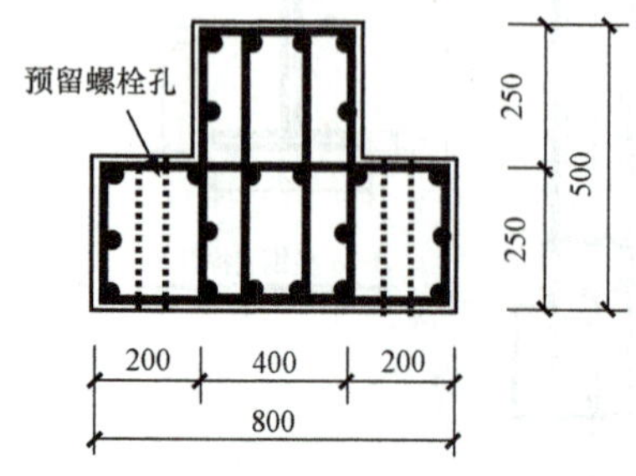

图 10.6　底梁配筋（尺寸单位：mm）
（箍筋均采用 ϕ10@200，纵筋均采用 ϕ22）

体浇筑，以实现基础对于剪力墙和边框柱嵌固的边界条件。

（4）试验装置

进行剪力墙结构试验时，先在边框柱上施加轴力 N_0 并保持恒定，然后在边框梁端施加低周反复水平荷载。

底梁约束了剪力墙试件底部所有的自由度，使试件底部满足嵌固的边界条件。

试件每个框架柱顶轴向压力 N_0 各由 1000kN 液压千斤顶施加，柱顶与刚性横梁之间设有可自由滑动的支座，竖向液压千斤顶固定在滚动支座上以保证柱顶发生水平位移时轴力能同步移动。

水平反复荷载由 1000kN 的 MTS 液压伺服作动器施加。考虑到本次试验试件的特点，采用两块截面为 300mm×36mm 的加载钢板来将 MTS 作动器施加的水平荷载传递到试件上。由于 MTS 作动器的加载端由一个球铰连接，因此在作动器和加载钢板之间设计了一个刚性套管，保证正负向荷载都在一条水平线上施加。试验装置安装时，圆形刚性杆穿过套管与加载钢板相连，使作动器传递给加载钢板的水平荷载始终保持在同一直线。

图 10.7 所示为试验装置示意图。

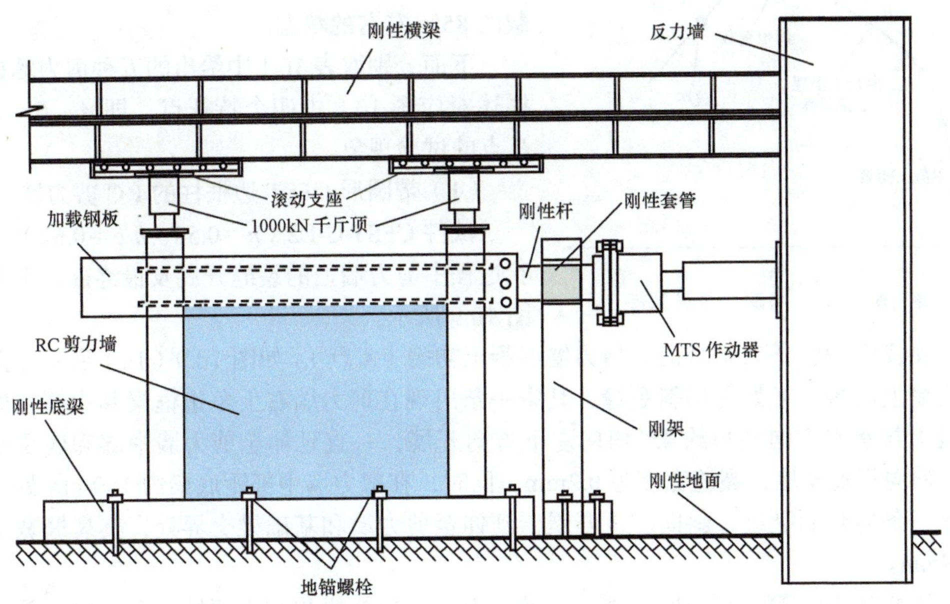

图 10.7　剪力墙结构试验装置

（5）测试内容和加载方法

试验测试的内容如下。

1）施加在试件上的水平荷载及相应位移，开裂荷载、极限荷载和相应的位移。

2）剪力墙的变形、裂缝发展和分布钢筋的应变。

3）边框柱、节点区、加强环板和边框梁的应变发展、边框的裂缝发展。

4）边框柱与剪力墙之间的滑移、边框梁与剪力墙之间的滑移、剪力墙与基础之间的滑移。

5）带支撑试件的支撑应变。试验加载采用位移控制，按规程《钢－混凝土混合结构技术规程》（DBJ 13-61—2004）（2004）中规定的混合结构中楼层内最大弹性层间位移角限值［θ_y］=1/500 作为名义屈服位移角 θ_{ym}，在试件的层间位移角 θ 达到 θ_{ym} 前，分别按照 $0.5\theta_{ym}$、$0.75\theta_{ym}$ 进行加载。此后试件按照 $1\theta_{ym}$、$2\theta_{ym}$、$3\theta_{ym}$、$4\theta_{ym}$、$5\theta_{ym}$、$6\theta_{ym}$、…进行加载。在 $5\theta_{ym}$ 前，每级荷载循环 3 圈；在 $5\theta_{ym}$ 及其之后，每级荷载循环 2 圈。试件的加载制度如图 2.15（b）所示。当水平荷载降到峰值荷载的 75% 以下时即停止试验。

10.2.2 试验结果及分析

1. 试验现象

为了便于论述，下面结合混合剪力墙试件水平荷载（P）－水平位移（Δ）骨架线上的特征点进行描述。图 10.8 所示 P-Δ 滞回关系骨架线上的特征点 A、B、C 和 D 分别对应剪力墙结构中混凝土出现初始裂缝、主斜裂缝、试件荷载达到峰值以及荷载下降到峰值荷载的 85% 左右的状态。

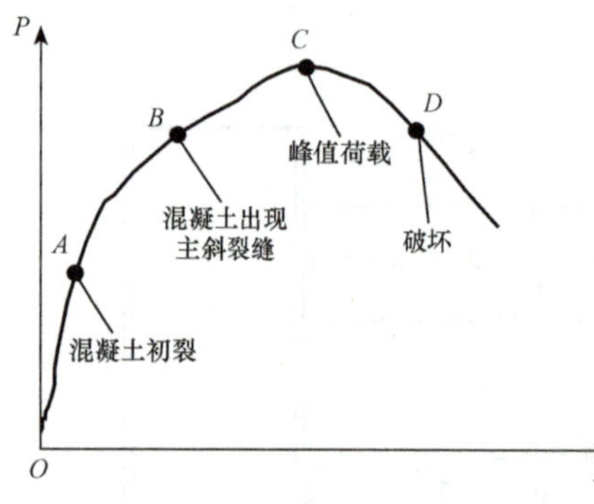

图 10.8 P-Δ 滞回关系骨架线

下面分别取表 10.1 中给出的五种剪力墙试件描述对应图 10.8 中四个特征点，即 A、B、C 和 D 点的试验现象。

（1）带圆形 CFST 边框柱的 RC 剪力墙

试件 CFST-C-L2（n=0.58、h/b=0.62）在试验过程中剪力墙上的裂缝开展及最终破坏形态如图 10.9 所示。

加载到 $3\theta_{ym}$ 第二循环时，剪力墙混凝土初裂（A 点），如图 10.9（1a）所示。此时剪力墙上出现了初始剪切斜裂缝，其中一条出现在剪力墙右上角边框梁和边框柱的交界处沿与水平方向夹角约 45°斜向左下方向开展，一直延伸至剪力墙中部和底梁交界处，斜向贯通全墙，裂缝宽度为 0.2mm。同时，在剪力墙中部距底梁约 150mm 处也出现了一条剪切斜裂缝，斜向左下开展，延伸至剪力墙和基础梁交界处，其裂缝宽度为 0.08mm。

加载至 $4\theta_{ym}$ 第一循环时，剪力墙的左上角和边框梁与左边框柱交界处出现剪切斜裂缝，沿与水平方向夹角呈 35°左右的方向斜向右下开展，并与初始斜裂缝相交，延伸至剪力墙和底梁交界距离右边框柱约 100mm 处，其裂缝宽度为 0.46mm。同时，在剪力墙中部和左边框柱交界处也出现了一条剪切斜裂缝，延伸至剪力墙中部和底梁交界处，其裂缝宽度为 0.1mm。

继续加载，剪力墙上又陆续产生了一些斜裂缝。至 $5\theta_{ym}$ 第一循环后，剪力墙上未见有新的斜裂缝产生，只是原有的斜裂缝不断延伸开展，初始斜裂缝的宽度增大到 0.6mm 左右。继续加载至 $6\theta_{ym}$ 时，剪力墙上又出现 2～3 条斜向开展的剪切斜裂缝。这样，剪力墙上形成了 4～5 对相互交叉的斜裂缝。此时，从实测的钢筋应变可以看出，剪力墙中部的水平钢筋和竖直钢筋都已经达到屈服。剪力墙上沿近似对角线方向形成了两条主斜裂缝（B 点），如图 10.9（1b）所示。裂缝宽度均达到 0.84mm 左右，但钢管上还未观察到有鼓曲现象。而从实测的应变可以看到，钢管在柱脚处已经屈服。此后继续加载，剪力墙上又陆续出现一些新的斜裂缝，将剪力墙混凝土划分成多个斜压小柱体。同时，原有的斜裂缝也不断延伸增宽，到 $7\theta_{ym}$ 时，剪力墙的主斜裂缝宽度达到 1.2mm 左右。

加载到 $8\theta_{ym}$ 时，试件达到峰值荷载（C 点），如图 10.9（1c）所示。剪力墙上主斜裂缝两侧的混凝土开始出现轻微剥落。此时剪力墙主斜裂缝的宽度已很大，将剪力墙分割成上下两部分并产生相互错动。剪力墙中部的斜压小柱体受压鼓出，试件的强度退化较为明显。到 $9\theta_{ym}$ 时，剪力墙主斜裂缝两侧的多处混凝土发生剥落现象，而剪力墙上部几处斜压小柱体被压碎，混凝土大块剥落，试件承载力下降到极限承载力的 85% 左右，试件破坏（D 点），如图 10.9（1d）所示。此时未见钢管混凝土柱发生显著

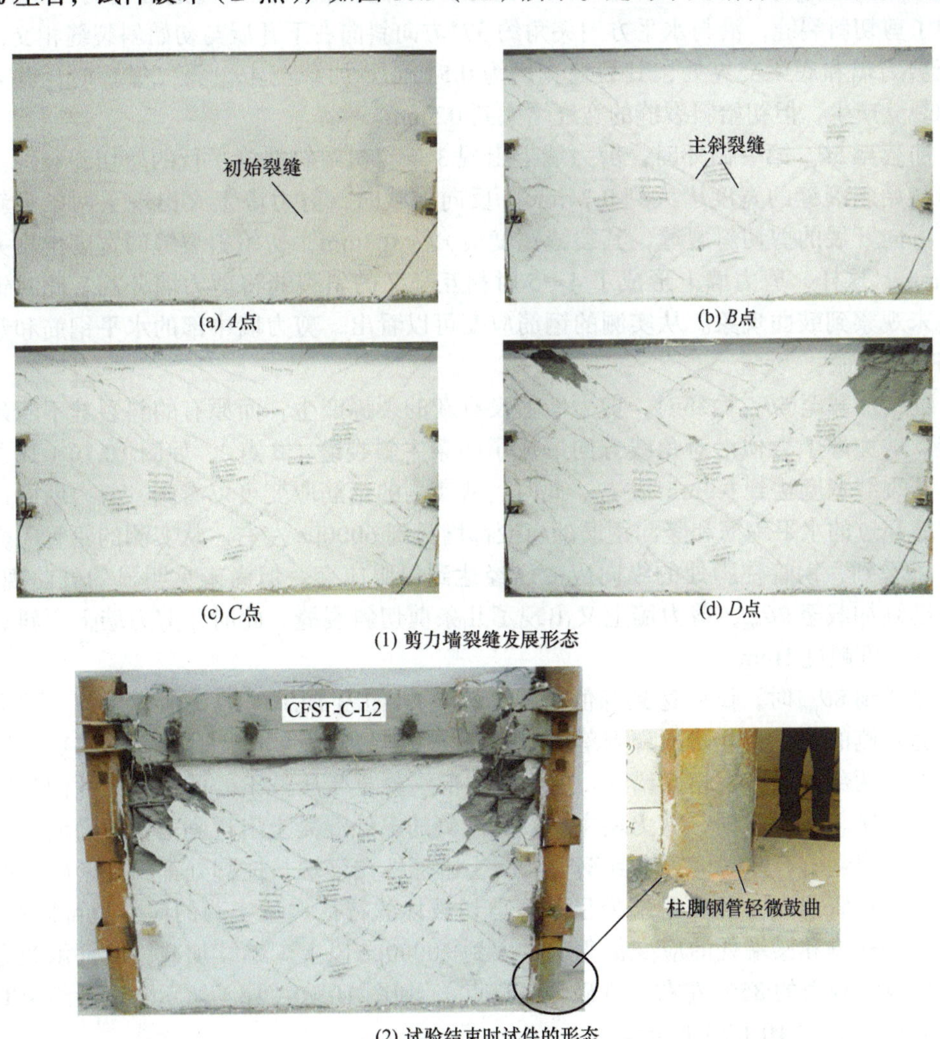

(a) A点　(b) B点　(c) C点　(d) D点

(1) 剪力墙裂缝发展形态

(2) 试验结束时试件的形态

图 10.9　带圆形 CFST 边框柱的 RC 剪力墙试件破坏形态

的鼓曲现象。试验结束时试件的形态如图 10.9（2）所示。

从实测的应变值来看，钢管混凝土柱在梁端的应变值始终没有超过钢材屈服应变，柱脚处的纵向应变到 $9\theta_{ym}$ 时达到 5000με 左右，并未有急剧增长的趋势，而柱脚横向应变始终未达到屈服应变值。同时在试验中也未观察到钢管和剪力墙之间出现脱离现象。

（2）带方形 CFST 边框柱的 RC 剪力墙

试件 CFST-S-L2（n=0.62、h/b=0.62）在试验过程中剪力墙上的裂缝开展及最终破坏形态如图 10.10 所示。

加载到 $3\theta_{ym}$ 第一循环时，剪力墙混凝土初裂（A 点），如图 10.10（1a）所示。此时，在剪力墙右上端与边框梁和边框柱的交界处出现初始剪切斜裂缝，沿与水平方向夹角呈 40°左右的方向斜向左下开展，裂缝宽度为 0.2mm。在剪力墙右上部也出现剪切斜裂缝，斜向左下开展，延伸至剪力墙中部距底梁约 400mm 处，其裂缝宽度为 0.2mm。

加载至 $4\theta_{ym}$ 第一循环时，剪力墙的左上角和边框梁交界距左边框柱约 200mm 处出现了剪切斜裂缝，沿与水平方向夹角约 37°方向斜向右下开展与初始斜裂缝相交，延伸至剪力墙和底梁交界处，其裂缝宽度为 0.54mm。加载至 $4\theta_{ym}$ 第二循环时，并未有新的裂缝产生，但初始斜裂缝的宽度增大到 0.5mm。

加载至 $5\theta_{ym}$ 第一循环时，剪力墙上出现 3 条与初始斜裂缝平行的剪切斜裂缝。此时，初始斜裂缝的宽度增大到 0.74mm。反向加载时，剪力墙上又出现了两条沿斜向右下方向开展的剪切斜裂缝，其裂缝宽度最大为 0.3mm，初始斜裂缝的宽度也增大到 0.64mm。这样，剪力墙上形成了 4～5 对相互交叉的斜裂缝将剪力墙分割。此时钢管上还未观察到鼓曲现象。从实测的钢筋应变可以看出，剪力墙中部的水平钢筋和竖直钢筋都已屈服。

继续加载至 $6\theta_{ym}$ 循环时，剪力墙上没有新的裂缝产生，而原有的斜裂缝不断延伸扩展。剪力墙上近似沿对角线方向形成了两条主斜裂缝（B 点），如图 10.10（1b）所示。其裂缝宽度达到 0.9mm 左右。此时，从实测的钢筋应变可以看到，剪力墙中部主斜裂缝穿过的水平钢筋和竖向钢筋的应变都增长到 6000με 左右。从实测的钢管应变数据可以看到，钢管柱脚处的纵向应变已经达到屈服应变。但尚未见明显的鼓曲现象。此后继续加载至 $7\theta_{ym}$，剪力墙上又出现了几条剪切斜裂缝。此时，剪力墙上主斜裂缝的裂缝宽度超过 1mm。

加载到 $8\theta_{ym}$ 时，试件达到峰值荷载（C 点），如图 10.10（1c）所示。剪力墙上主斜裂缝两侧的混凝土开始出现剥落。剪力墙的主斜裂缝发展已十分显著，将剪力墙分割为上下两部分并产生相互错动。剪力墙中部混凝土受压鼓出。此时，试件的强度退化较为明显。到 $9\theta_{ym}$ 时，剪力墙主斜裂缝两侧的多处混凝土出现剥落，剪力墙上部混凝土被压碎剥落。此时可观察到钢管混凝土边框柱在梁端与柱脚处都出现了明显的鼓曲现象，钢管混凝土柱在梁端处呈明显剪切破坏的特征。从实测的应变也可以看出，边框柱在柱脚和梁端处的应变都急剧增大到 20000με 以上。继续加载，试件承载力下降到极限承载力的 85% 左右试件破坏（D 点），如图 10.10（1d）所示。试验结束时试件的形态如图 10.10（2）所示。

在整个试验过程中未观察到钢管和剪力墙之间出现脱离的现象。

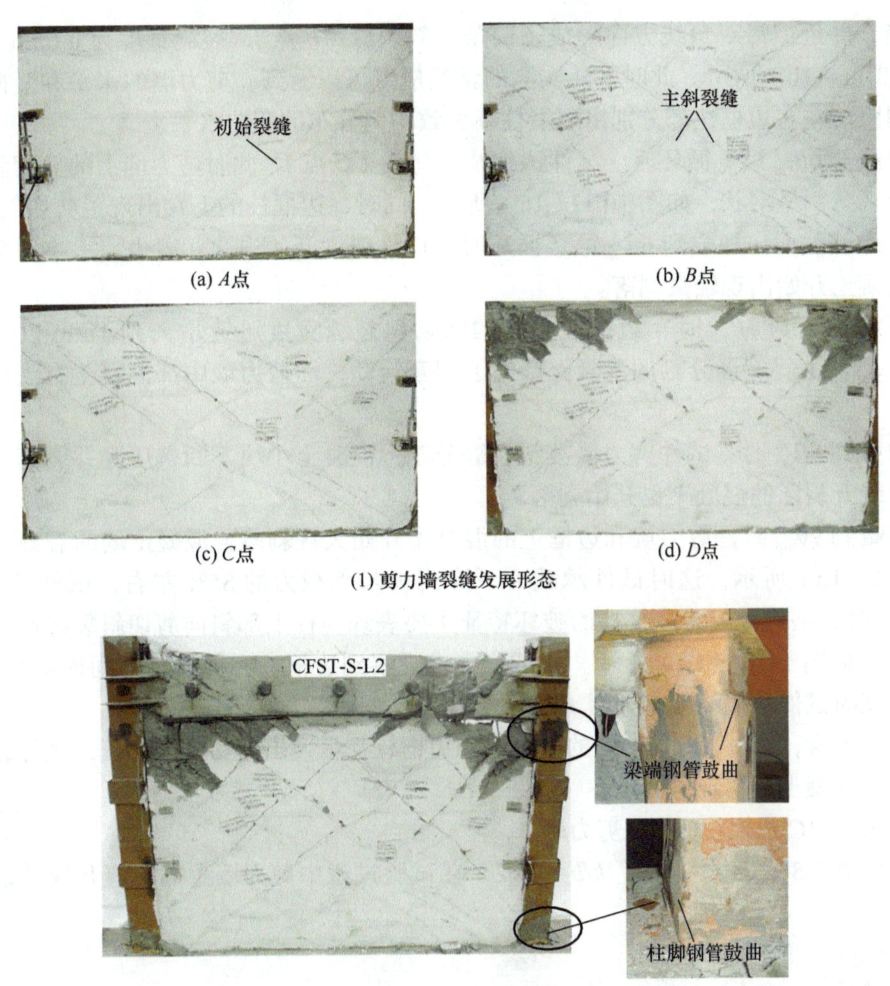

(a) A点　(b) B点　(c) C点　(d) D点

(1) 剪力墙裂缝发展形态

(2) 试验结束时试件的形态

图 10.10　带方形 CFST 边框柱的 RC 剪力墙试件破坏形态

（3）带 SRC 边框柱的 RC 剪力墙

试件 SRC-S-L2（n＝0.6、h/b＝0.62）在试验过程中剪力墙上的裂缝开展及最终破坏形态如图 10.11 所示。

加载到 $4\theta_{ym}$ 的第一循环，剪力墙混凝土初裂（A 点），如图 10.11（1a）所示。在剪力墙与边框梁和右边框柱交界处出现剪切斜裂缝斜向左下开展，其方向和水平方向夹角约为 37°。这条初始斜裂缝一出现就延伸至剪力墙和底梁交界距左边框柱 200mm 处，其裂缝宽度为 0.14mm。反向加载时，在剪力墙左上角和边框梁交界处距左边框柱约 100mm 和 150mm 处同时出现两条斜裂缝。这两条裂缝都沿与水平方向呈 45°方向斜向右下开展，与初始斜裂缝相交并延伸至剪力墙与底梁交界处，裂缝宽度分别为 0.3mm 和 0.24mm。

加载至 $5\theta_{ym}$ 的第一循环时，在右边框柱脚处出现了三条平行的弯曲水平裂缝，裂缝宽度为 0.06mm。加载至 $5\theta_{ym}$ 的第二循环时，剪力墙上出现了数条相互交叉的剪切斜裂缝，并近似沿对角线方向形成了两条主斜裂缝（*B* 点），裂缝宽度为 0.6mm 左右，如图 10.11（1b）所示。此时，从实测的钢筋应变可以看到，剪力墙的水平和竖向钢筋都已屈服。左右边框柱都分别出现沿柱高大致均匀分布的弯曲水平裂缝。

加载至 $6\theta_{ym}$ 第一循环时，试件达到峰值荷载（*C* 点），此时剪力墙上的剪切斜裂缝将剪力墙分割呈网状，如图 10.11（1c）所示。同时，边框柱的上端出现了剪切斜裂缝，斜向贯通柱截面。加载到 $6\theta_{ym}$ 第二循环时，试件强度开始退化，剪力墙上主斜裂缝两侧的混凝土开始出现轻微剥落。

继续加载到 $7\theta_{ym}$ 时，边框柱上方的剪切斜裂缝宽度迅速增大到 1mm 以上。试件剪力墙被主斜裂缝分割的混凝土产生了相互错动，而剪力墙中部混凝土有受压鼓出现象。

加载到 $8\theta_{ym}$ 时，试件剪力墙被斜裂缝分割，混凝土小块不断被压碎并剥落。边框柱斜裂缝开裂区的混凝土也开始剥落。

加载到 $9\theta_{ym}$ 时，剪力墙和边框上的混凝土开始大块剥落，混凝土墙的裂缝开展如图 10.11（1d）所示，这时试件承载力下降到极限承载力的 85% 左右，试件破坏（*D* 点）。此时，型钢混凝土边框柱的破坏特征主要表现为柱上部斜向剪切斜裂缝产生的剪切破坏，如图 10.11（1d）所示。在试验中未观察到边框柱和剪力墙之间连接的破坏。试验结束时试件的最终形态如图 10.11（2）所示。

总体上看，试件 SRC-S-L2 的剪力墙和边框柱都呈现出剪切破坏特征，试件破坏时呈脆性，混凝土剥落现象明显。

（4）带 RC 边框柱的 RC 剪力墙

试件 RC-S-L2（n=0.52、h/b=0.62）在试验过程中剪力墙上的裂缝开展及最终破

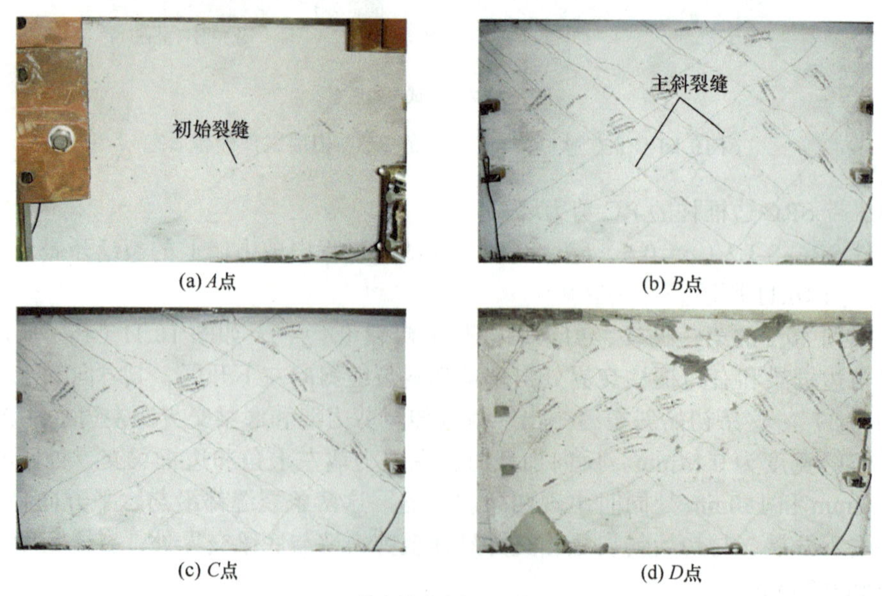

(a) *A*点　(b) *B*点　(c) *C*点　(d) *D*点

(1) 剪力墙裂缝发展形态

图 10.11　带 SRC 边框柱的 RC 剪力墙试件破坏形态

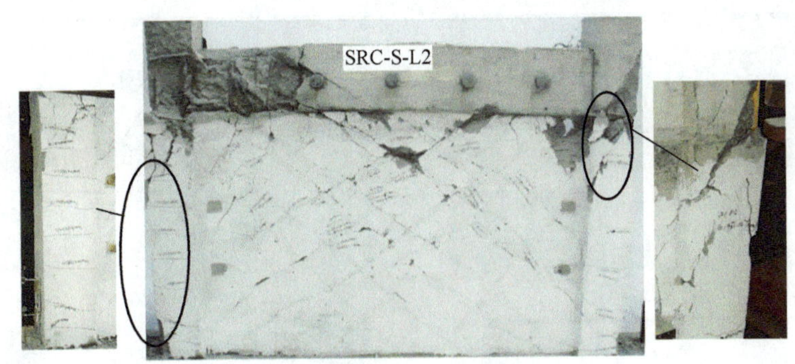

(2) 试验结束时试件的形态

图 10.11 （续）

坏形态如图 10.12 所示。

加载到 $3\theta_{ym}$ 的第一循环时，剪力墙混凝土初裂（A 点）。在剪力墙顶端与边框柱交界处出现剪切斜裂缝斜向左下开展，其方向和水平方向夹角约为 50°，如图 10.12（1a）所示。这条初始斜裂缝一出现就延伸至剪力墙中部和底梁交界处，裂缝宽度为 0.14mm。反向加载时，在剪力墙右上方和中部与边框柱交界处同时出现两条相互平行的斜裂缝，与水平方向夹角约为 50°，延伸至剪力墙与底梁交界面，裂缝宽度均为 0.24mm。

加载至 $4\theta_{ym}$ 的第一循环时，在剪力墙中部和左边框柱交界处又出现了一条斜裂缝，延伸至剪力墙和底梁交界处，裂缝宽度为 0.2mm。同时在左边框柱脚出现弯曲水平裂缝，沿环向贯通边框柱，裂缝宽度为 0.04mm。反向加载时，剪力墙上又出现新的斜裂缝。右边框柱脚处也出现弯曲水平裂缝，其裂缝宽度为 0.06mm 左右。此时在边框柱的上方还出现一条剪切斜裂缝，斜向贯通全柱，裂缝宽度为 0.04mm。

加载至 $5\theta_{ym}$ 时，剪力墙上形成了两条交叉的主斜裂缝（B 点），如图 10.12（1b）所示，最大裂缝宽度达到 0.7mm 左右。两边边框柱的中部和下部均出现弯曲水平裂缝，上部出现剪切斜裂缝。

加载至 $7\theta_{ym}$ 第一循环时，剪力墙上主斜裂缝的裂缝宽度迅速增大超过了 1mm，试件达到峰值荷载（C 点），此时剪力墙中的裂缝分布如图 10.12（1c）所示。

加载到 $8\theta_{ym}$ 时，试件的强度开始退化。主斜裂缝两侧的混凝土开始轻微剥落。边框柱上方的剪切斜裂缝宽度迅速增大，混凝土斜向劈裂。

加载到 $9\theta_{ym}$ 时，剪力墙上方的混凝土多处受压鼓出剥落，边框柱上的混凝土也开始大块剥落，试件承载力下降到极限承载力的 85% 左右，试件破坏（D 点）如图 10.12（1d）所示。试验结束时试件的形态如图 10.12（2）所示。从总体上看，试件 RC-S-L2 的剪力墙和边框柱都呈剪切破坏特征，破坏时呈脆性，混凝土剥落现象明显。

（5）有支撑的带 CFST 边框柱的 RC 剪力墙

试件 CFST-C-ZC（n＝0.29，h/b＝0.95），剪力墙混凝土中设置了交叉型钢支撑（图 10.5）。

试验过程中加载至 $2\theta_{ym}$ 第一循环时，剪力墙混凝土初裂（A 点）。剪力墙的右上角出现了第一条正向斜裂缝。裂缝与水平方向夹角约 45°，沿剪力墙对角线方向斜向左下

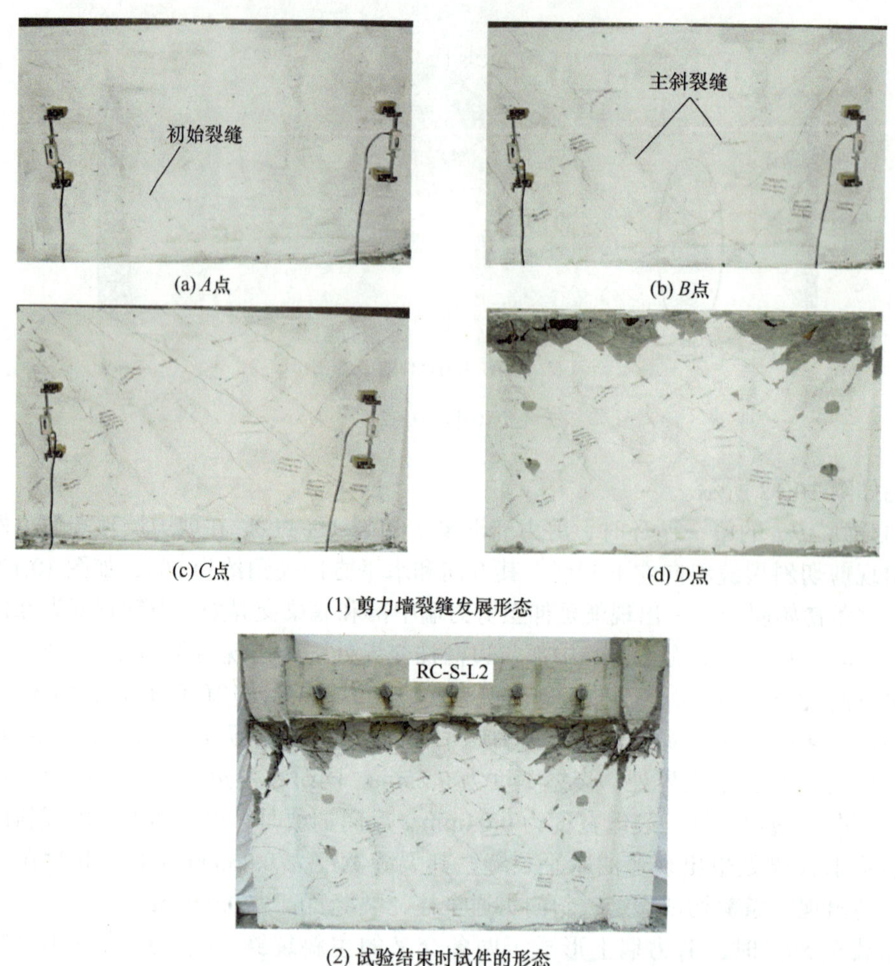

(a) A点　(b) B点　(c) C点　(d) D点

(1) 剪力墙裂缝发展形态

(2) 试验结束时试件的形态

图 10.12　带 RC 边框柱的 RC 剪力墙试件破坏形态

方开展，延伸至剪力墙距底梁 150mm 处，裂缝宽度为 0.04mm，如图 10.13（1a）所示。加载至 $2\theta_{ym}$ 第二循环时，这条初始斜裂缝的宽度增大至 0.08mm。

加载至 $3\theta_{ym}$ 时，在剪力墙的左上角出现斜裂缝。裂缝沿剪力墙对角线方向斜向右下发展，延伸至距剪力墙与底梁交界 150mm 处，裂缝宽度为 0.16mm。同时，在剪力墙中部也出现斜裂缝，沿着约 45°方向斜向右下发展，裂缝宽度为 0.14mm，并一直延伸至剪力墙的底部。

加载至 $4\theta_{ym}$ 时，剪力墙上的初始斜裂缝发展到剪力墙和底梁交界处，同时在剪力墙中部和左下方也出现斜裂缝。此时，从实测的应变数据可看出，型钢支撑上部斜裂缝通过处已屈服，交叉型钢支撑的存在对剪力墙的斜裂缝发展起到抑制作用。此后继续加载，剪力墙上不断有新的斜裂缝产生，且原有斜裂缝不断延伸，裂缝宽度也越来越大。

加载至 $6\theta_{ym}$ 时，剪力墙上形成了 5～6 对相互交叉的斜裂缝，将剪力墙分割呈网状，同时在对角线方向形成两条主斜裂缝（B 点），裂缝宽度为 0.4mm 左右，如图 10.13（1b）所示。实测的钢筋应变数据表明，此时剪力墙中部的水平钢筋开始屈服，钢管混凝土边框柱在柱脚处也达到了屈服。

加载至 $8\theta_{ym}$ 时，剪力墙主斜裂缝宽度达到 0.8mm 左右。由于主斜裂缝宽度的迅速增大，剪力墙中部水平钢筋的应变增大到 4000με 左右，此时剪力墙中部的竖向钢筋以及上部和下部的水平钢筋也开始屈服。加载至 $8\theta_{ym}$ 第二循环时，钢管混凝土边框柱在梁下方型钢支撑连接节点处的钢管应变达到了屈服应变。

加载至 $10\theta_{ym}$ 时，试件达到峰值荷载（C 点）。此时主斜裂缝的宽度超过 1mm，剪力墙中部有一小块混凝土受压鼓出，进而剥落，如图 10.13（1c）所示。剪力墙水平分布钢筋的应变迅速增大到 11000με 左右，而竖向分布钢筋也迅速增大到 6000με 左右。加载到 $10\theta_{ym}$ 第二循环时，剪力墙上主斜裂缝两侧的混凝土开始出现轻微剥落。此时钢管底部外侧的纵向应变迅速增大到 5800με 左右，但未观察到钢管出现鼓曲。此时，钢管混凝土边框柱在梁下方型钢支撑连接节点处的钢管纵向应变迅速增大到 5000με 左右，型钢支撑中部翼缘的应变急剧增大到 6000με。此后继续加载，试件的强度开始退化，剪力墙中部混凝土被压碎继续剥落，主斜裂缝两侧的混凝土相互错动。

加载至 $12\theta_{ym}$ 时，钢管混凝土边框柱的底部开始出现轻微鼓曲现象，交叉型钢中部的应变增大到 15000με 以上。剪力墙中部的混凝土开始大块剥落，露出分布钢筋和型钢支撑，可以观察到型钢支撑的中部被拉断。随后试件承载力下降到极限承载力的 85% 左右，试件破坏（D 点），如图 10.13（1d）所示。此时钢管混凝土边框柱底部发生轻微鼓曲。试验结束时试件的形态如图 10.13（2）所示。试验中未观察到钢管和剪力墙之间的连接出现破坏的现象。

由试验全过程的剪力墙裂缝发展形态可以看到：由于型钢暗支撑承担了部分剪力，设置暗支撑的剪力墙结构的初始裂缝和主斜裂缝的宽度均较小，表明支撑对斜裂缝开

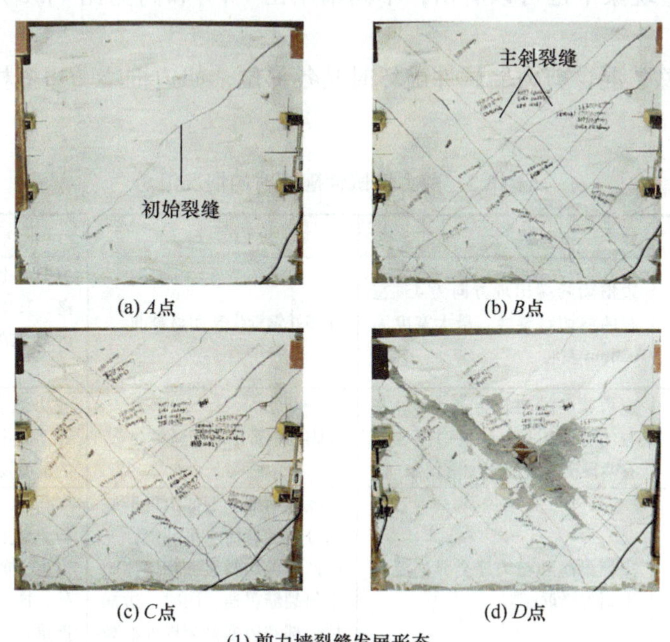

(a) A点　(b) B点

(c) C点　(d) D点

(1) 剪力墙裂缝发展形态

图 10.13　带双向斜撑的剪力墙试件破坏形态

(2) 试验结束时试件的形态

图 10.13 （续）

展具有一定的抑制和延缓作用。同时，由图 10.13（1b）和（1c）可以看到，设置暗支撑的剪力墙结构的斜裂缝分布的区域较为均匀，这是支撑对主斜裂缝的抑制作用所致。

通过对试验现象的综合分析可见，本次试验的剪力墙试件均呈剪切型破坏特征。剪力墙的裂缝发展以剪切斜裂缝为主，斜裂缝充分发展后将剪力墙分割成多个斜压小柱体，最终形成了两条宽度较大的交叉主斜裂缝，产生了类似“斜压杆”的受力机制。

试件在达到峰值荷载后，剪力墙上被斜裂缝分割而成的混凝土小柱体压碎并剥落，试件从此开始逐渐进入破坏状态。虽然剪力墙试件的边框柱形式有所不同（钢管混凝土、型钢混凝土和钢筋混凝土），但总体上剪力墙承担了大部分剪力。三种类型剪力墙试件的剪力墙破坏形态基本相似，只是在边框柱的破坏形态和试件总体破坏速度上有所区别。从试验现象中也可以看出，不同轴压比（n）和高宽比（h/b）试件的破坏形态总体上类似。

表 10.3 汇总了混合剪力墙试件破坏时其各部位，如边框梁、边框柱和墙体的破坏现象。

表 10.3　剪力墙试件破坏时的情况汇总

序号	试件编号	边框梁	边框柱	墙体
1	CFST-S-S1	边框梁两端出现方向为 45°左右的剪切斜裂缝，最大宽度为 0.3mm 左右	柱脚处钢管出现明显鼓曲	剪力墙上出现多处混凝土剥落，其中混凝土剥落最严重区域发生在墙左上角和右上角
2	CFST-C-S1	边框梁两端出现方向为 45°左右的剪切斜裂缝，同时梁底左右两端出现混凝土剥落现象	柱脚处钢管出现轻微鼓曲	剪力墙上混凝土多处被压碎，其中混凝土剥落最严重的区域发生在剪力墙中部
3	SRC-S-S1	边框梁底和剪力墙交界处混凝土剥落严重	边框柱中部和下部出现沿柱高分布的弯曲水平裂缝，上部产生剪切斜裂缝和墙体的主斜裂缝贯通。同时，边框柱上部和边框梁交界处混凝土剥落严重	剪力墙上破坏最严重的区域发生在剪力墙和边框梁交界处，这个区域的混凝土剥落严重

续表

序号	试件编号	边框梁	边框柱	墙体
4	RC-S-S1	边框梁未出现明显破坏	边框柱中部和下部出现沿柱高分布的弯曲水平裂缝，上部出现剪切斜裂缝并和墙体主斜裂缝贯通。同时，边框柱上部斜裂缝附近的混凝土剥落严重	剪力墙上破坏最严重的区域发生在和边框梁交界处，这个区域的混凝土剥落严重，剪力墙中的分布钢筋产生明显变形
5	CFST-S-S2	边框梁右端出现方向为 45°左右的斜裂缝，附近混凝土有剥落现象	柱脚处钢管出现明显鼓曲	剪力墙主斜裂缝两侧的混凝土有剥落现象，破坏最严重的区域出现在剪力墙中部两条主斜裂缝交界处
6	CFST-C-S2	边框梁两端出现宽度超过 1mm 的方向为 45°左右的剪切斜裂缝，梁左右两端底部出现混凝土剥落的现象	柱脚处钢管出现轻微鼓曲	剪力墙主斜裂缝两侧的混凝土有剥落现象，而破坏最严重的区域出现在剪力墙左上角、右上角以及中部
7	CFST-S-ZC	边框梁的左端出现宽度超过 3mm 的方向为 45°左右的剪切斜裂缝	柱脚处钢管出现明显鼓曲	剪力墙混凝土剥落最严重的区域发生在剪力墙中部，型钢支撑在中部斜交连接处被拉断
8	CFST-C-ZC	边框梁未出现明显破坏	柱脚处钢管出现轻微鼓曲	剪力墙混凝土剥落最严重的区域发生在剪力墙中部，型钢支撑在中部斜交连接处被拉断
9	CFST-S-L1	边框梁未出现明显破坏	柱脚处钢管明显鼓曲	剪力墙主斜裂缝两侧多处混凝土剥落，破坏最严重的区域发生在墙体中下部
10	CFST-C-L1	边框梁未出现明显破坏	柱脚处钢管出现轻微鼓曲	剪力墙右下角混凝土局部破坏
11	SRC-S-L1	边框梁未出现明显破坏	边框柱中部和下部出现沿柱高分布的弯曲水平裂缝，上部出现剪切斜裂缝，裂缝附近的混凝土剥落严重	剪力墙和边框梁交界处产生水平剪切裂缝，裂缝下方的剪力墙混凝土出现剥落
12	RC-S-L1	边框梁未出现明显破坏	边框柱中部和下部出现沿柱高分布的弯曲水平裂缝，柱上部出现剪切斜裂缝，斜裂缝附近的混凝土剥落严重	剪力墙和边框梁交界处出现水平剪切裂缝，裂缝下方的多处混凝土被压碎
13	CFST-S-L2	边框梁的左右两端出现宽度超过 3mm 的剪切斜裂缝，梁和剪力墙交界处混凝土剥落严重	柱脚处钢管出现明显鼓曲，在梁端位置处钢管也出现明显鼓曲	剪力墙左上角和右上角混凝土被压碎并出现剥落
14	CFST-C-L2	边框梁的左右两端出现宽度超过 3mm 的剪切斜裂缝，梁和剪力墙交界处混凝土剥落严重	柱脚处钢管出现轻微鼓曲	剪力墙左上角和右上角混凝土被压碎并出现剥落

续表

序号	试件编号	边框梁	边框柱	墙体
15	SRC-S-L2	边框梁的左右两端出现剪切斜裂缝，左端混凝土剥落严重	边框柱中部和下部出现沿柱高分布的弯曲水平裂缝和贯通的剪切斜裂缝，柱上部梁端附近混凝土剥落严重	剪力墙上方和边框梁交界处的混凝土被压碎剥落，破坏最严重的区域发生在墙右上角
16	RC-S-L2	边框梁未出现明显破坏	边框柱中下部出现沿柱高分布的弯曲水平裂缝和贯通的剪切斜裂缝，柱上部梁端附近斜裂缝劈裂处混凝土剥落严重	剪力墙和边框梁交界处产生水平剪切裂缝，其附近区域的混凝土大块剥落，剪力墙和边框梁产生相互错动

试件CFST-S-L2、CFST-C-L2、SRC-S-L2、RC-S-L2和CFST-C-ZC各阶段裂缝的开展与破坏过程在其荷载－位移关系图中用圆点标示，如图10.14所示。

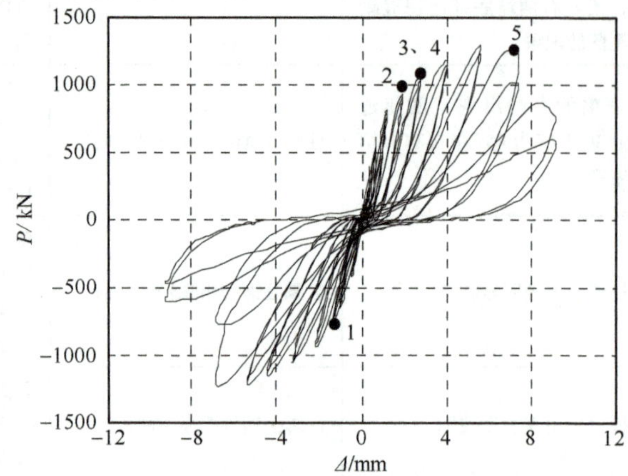

(a) 试件CFST-S-L2 (n=0.62，h/b=0.62)

1．剪力墙初裂；2．剪力墙分布钢筋屈服；3．剪力墙上形成主斜裂缝；4．边框柱脚钢管屈服；5．边框柱脚钢管鼓曲。

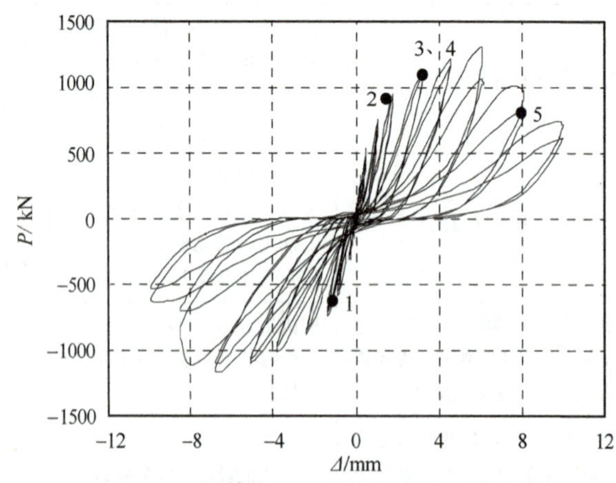

(b) 试件CFST-C-L2 (n=0.58，h/b=0.62)

1．剪力墙初裂；2．剪力墙分布钢筋屈服；3．剪力墙上形成主斜裂缝；4．边框柱脚钢管屈服；5．边框柱脚钢管鼓曲。

图10.14 试件P-Δ滞回关系上的特征点

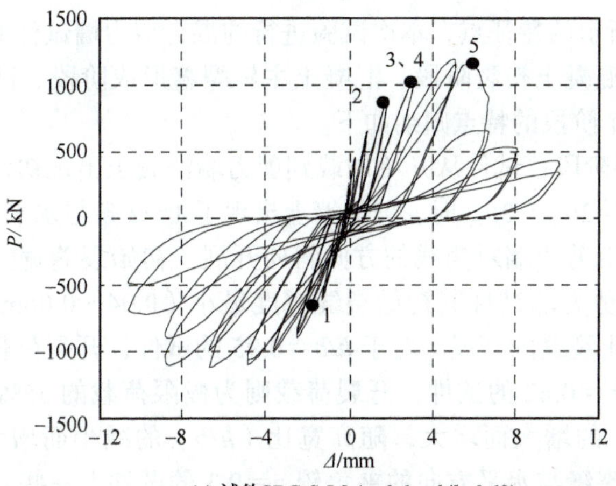

(c) 试件SRC-S-L2 (n=0.6，h/b=0.62)

1．剪力墙初裂；2．剪力墙分布钢筋屈服；3．剪力墙上形成主斜裂缝；4．边框柱纵筋屈服；5．边框柱斜裂缝贯通。

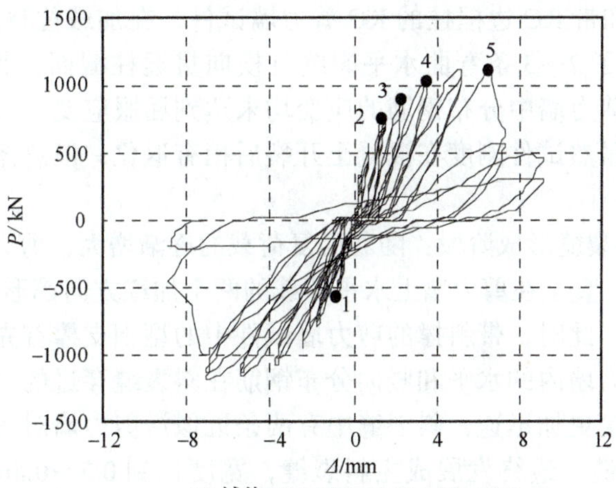

(d) 试件RC-S-L2 (n=0.52，h/b=0.62)

1．剪力墙初裂；2．剪力墙分布钢筋屈服；3．剪力墙上形成主斜裂缝；4．边框柱纵筋屈服；5．边框柱斜裂缝贯通。

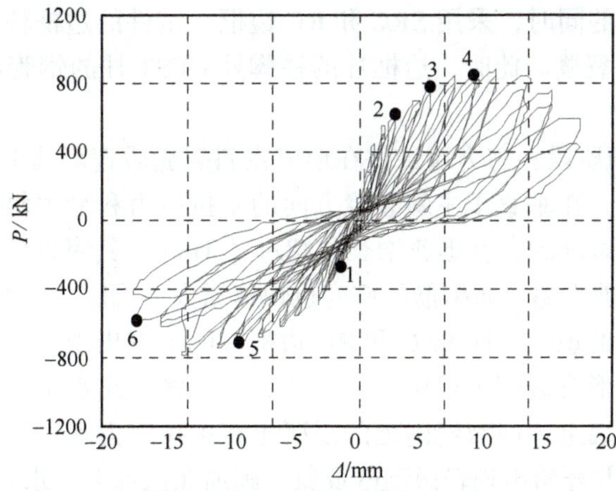

(e) 试件CFST-C-ZC (带双向斜撑，n=0.29，h/b=0.95)

1．剪力墙初裂；2．型钢支撑屈服；3．剪力墙分布钢筋屈服；4．剪力墙上形成主斜裂缝；
5．边框柱脚钢管屈服；6．边框柱脚钢管鼓曲。

图 10.14 （续）

对应图 10.14 所示的特征点，本次试验进行的混合剪力墙试件的工作过程总体上可分为四个阶段，即混凝土初裂阶段、混凝土主斜裂缝形成阶段、试件达到峰值阶段和破坏阶段。对这四个阶段的特点归纳如下。

1）混凝土初裂阶段：试件从开始加载到剪力墙混凝土出现初始斜裂缝的阶段。当各剪力墙试件加载至 $2\theta_{ym}$～$3\theta_{ym}$ 时，剪力墙上出现了 1～2 条与水平方向夹角 37°～50° 的剪切斜裂缝，并沿剪力墙对角线的方向斜向开展。初始裂缝宽度在 0.04～0.2mm 变化，其中带斜撑的剪力墙试件其初始裂缝宽度最小（0.04～0.06mm），表明型钢支撑的存在能抑制混凝土裂缝的开展。对于 $h/b=0.95$ 的试件，开裂荷载大致为极限荷载的 45% 左右；对于 $h/b=0.62$ 的试件，开裂荷载则为极限荷载的 55% 左右。开裂荷载随边框柱轴压比（n）的增大而增大，随高宽比（h/b）的减小而增大。在同组试件中，$n=0.6$ 试件初始斜裂缝与水平方向的夹角较 $n=0.3$ 的试件大一些，这是由于轴力与水平荷载共同作用所形成的斜向拉压力的方向与水平向夹角更大的缘故。对于带 SRC 边框柱的 RC 剪力墙和带 RC 边框柱的 RC 剪力墙试件，在加载位移达到 $3\theta_{ym}$～$5\theta_{ym}$ 时，边框柱中下部出现了 2～3 条弯曲水平裂缝且横向贯通柱截面，其宽度在 0.06mm 左右。在初裂阶段，剪力墙中分布钢筋的应变均未达到屈服应变，边框柱中的钢管或纵筋的应变均很小。虽然试件刚度在混凝土开裂后稍有退化，但总体上试件尚处于弹性阶段。

2）混凝土主斜裂缝形成阶段：随着反复荷载的逐渐增大，剪力墙上的剪切斜裂缝也不断产生和扩展，直至在剪力墙上水平荷载的两个加载方向都形成了 5～6 条交叉的贯通全墙的斜裂缝。此时，带斜撑的剪力墙试件中的型钢支撑首先屈服。随着裂缝宽度的继续增长，剪力墙内的水平和竖向分布钢筋在斜裂缝穿过的部位也发生屈服。此后，斜裂缝发展速度更加迅速，斜裂缝中有两条近似沿剪力墙对角线方向开展，宽度明显大于其他斜裂缝，最终发展成主斜裂缝，宽度达到 0.5～0.8mm。主斜裂缝形成后，剪力墙上基本不出现或仅出现少量的新斜裂缝，更多地表现为主斜裂缝宽度的迅速增大。此后剪力墙上的破坏开始集中在主斜裂缝及其附近相对应力值较大的区域。在墙体形成主斜裂缝的同时，采用 SRC 和 RC 边框柱试件的边框柱上也产生了多条沿柱高分布的弯曲水平裂缝。此时，边框柱的柱脚处 CFST 柱的钢管或 SRC 和 RC 柱的主筋也已达到屈服。

3）试件达到峰值阶段：剪力墙试件在形成主斜裂缝后直至其承受的荷载达到峰值的阶段。在这一阶段，在垂直于主斜裂缝方向的主拉应力和沿主斜裂缝方向的主压应力共同作用下，主斜裂缝的宽度迅速增长并超过了 1mm，其附近区域的混凝土受压鼓出并发生相互错动，剪力墙分布钢筋的应变也快速增大。同时，CFST 边框柱在柱脚处的钢管出现轻微鼓曲的现象，而 SRC 和 RC 边框柱的上方出现一条斜向贯通柱截面的剪切斜裂缝，其裂缝形态表现为柱中下部沿柱高分布的弯曲水平裂缝和柱上部的剪切斜裂缝。此后，剪力墙上主斜裂缝附近的混凝土在主拉应力和主压应力的共同作用下达到了极限抗压强度并开始出现轻微剥落现象，施加在试件上的水平荷载达到极限值。

4）试件破坏阶段：指剪力墙试件在达到最大承载力后，水平荷载开始下降到峰值荷载 85% 左右的阶段。在此阶段，主斜裂缝两侧的剪力墙混凝土受压进一步破坏并剥落。同时，剪力墙其他部位的混凝土也陆续出现剥落。总体上看，试件边框梁的破坏程度均较混凝土剪力墙轻。对于带 CFST 边框柱的 RC 剪力墙试件，混凝土剥落最严重的区域多发生在剪力墙左上角和右上角及剪力墙中部主斜裂缝交叉处。对于带 SRC 边框柱和带 RC 边框柱的 RC 剪力墙试件，剪力墙混凝土剥落最严重的区域多发生在剪力墙上方接近与边框梁交界的部位。对于带斜撑的剪力墙试件，混凝土剥落最严重的区域发生在剪力墙中部斜撑交叉处。在此阶段，可清楚地观察到型钢斜撑在交叉处被拉断。CFST 边框柱脚处钢管出现明显鼓曲，一部分试件的 CFST 柱在靠近梁端处的钢管也出现鼓曲现象，随后 RC 剪力墙上多处混凝土发生碎裂，并明显剥落。SRC 和 RC 边框柱上方斜裂缝附近的混凝土也开始剥落，边框柱上产生的斜裂缝和 RC 剪力墙主斜裂缝贯通，形成一个整体的剪切破坏面，最终试件整体沿这个剪切破坏面产生滑移。之后，随着加载位移进一步加大，试件的承载力迅速降低至最大承载力的 85% 以下，试件发生破坏，表现出较强的剪切破坏特征。总体而言，带 CFST 边框柱的剪力墙试件破坏速度较带 SRC 和 RC 边框柱的剪力墙试件慢；随着柱轴压比的增大和墙高宽比的减小，试件边框柱的破坏程度有所增加，试件整体破坏速度有所加快；在 RC 剪力墙中设置斜撑能增大试件的破坏位移。所有试件均未观察到边框柱和剪力墙有发生脱离的现象。

2. 水平荷载（P）- 水平位移（Δ）滞回关系

试件实测的 P-Δ 滞回关系如图 10.15 所示。

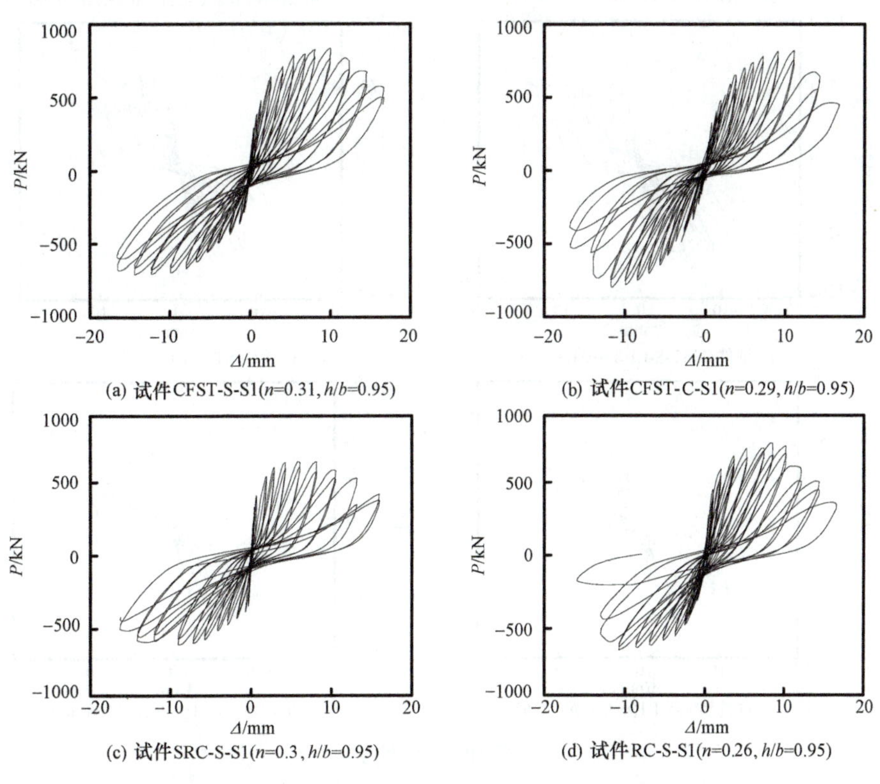

(a) 试件 CFST-S-S1(n=0.31, h/b=0.95)　(b) 试件 CFST-C-S1(n=0.29, h/b=0.95)

(c) 试件 SRC-S-S1(n=0.3, h/b=0.95)　(d) 试件 RC-S-S1(n=0.26, h/b=0.95)

图 10.15　剪力墙试件荷载（P）- 位移（Δ）滞回关系

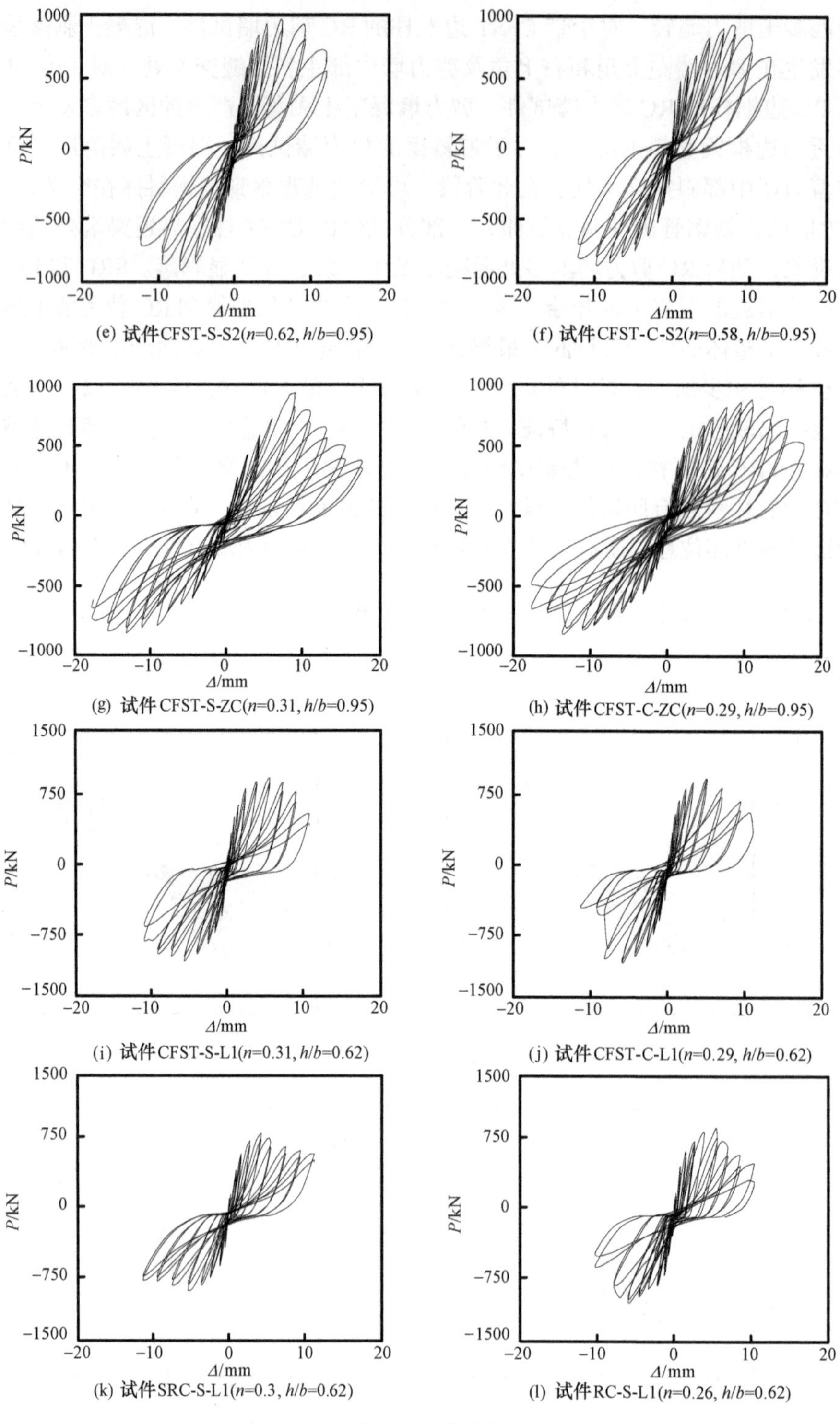

(e) 试件CFST-S-S2(n=0.62, h/b=0.95)

(f) 试件CFST-C-S2(n=0.58, h/b=0.95)

(g) 试件CFST-S-ZC(n=0.31, h/b=0.95)

(h) 试件CFST-C-ZC(n=0.29, h/b=0.95)

(i) 试件CFST-S-L1(n=0.31, h/b=0.62)

(j) 试件CFST-C-L1(n=0.29, h/b=0.62)

(k) 试件SRC-S-L1(n=0.3, h/b=0.62)

(l) 试件RC-S-L1(n=0.26, h/b=0.62)

图 10.15 （续）

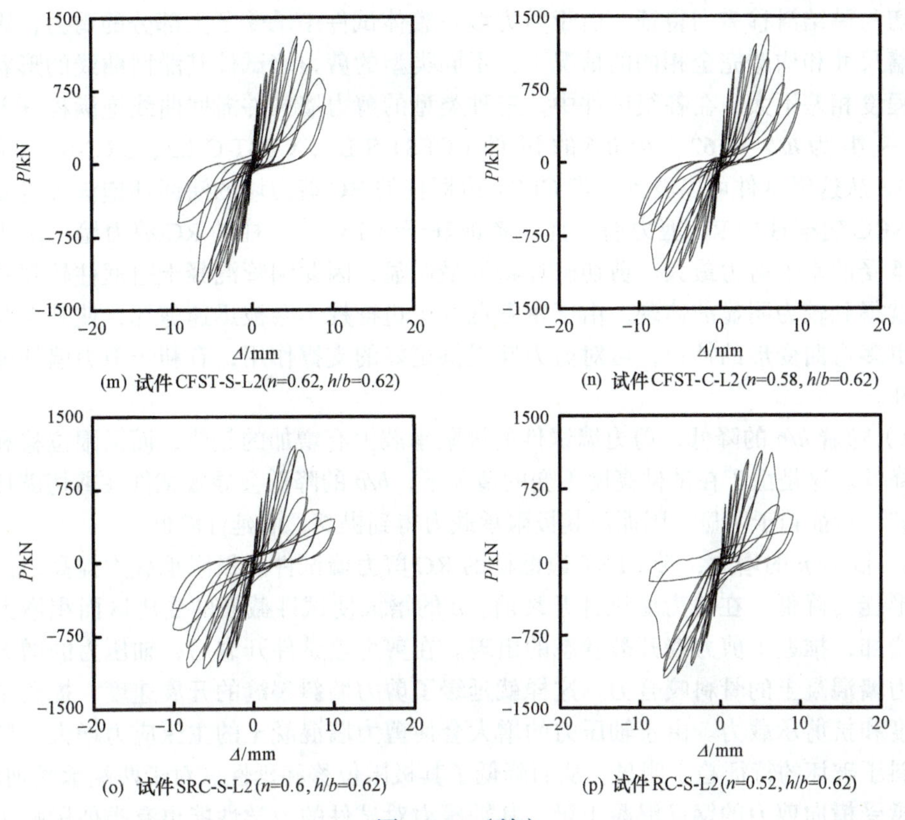

(m) 试件 CFST-S-L2(n=0.62, h/b=0.62)　(n) 试件 CFST-C-L2(n=0.58, h/b=0.62)

(o) 试件 SRC-S-L2(n=0.6, h/b=0.62)　(p) 试件 RC-S-L2(n=0.52, h/b=0.62)

图 10.15 （续）

加载初期，混凝土尚未开裂，混合剪力墙结构试件的 P-Δ 滞回关系基本呈直线，卸载点没有残余变形，试件处于弹性阶段。

剪力墙裂缝发展的初期，试件的滞回环呈弓形，中部有轻微的捏缩现象，滞回曲线的斜率逐渐下降但并不明显，这说明试件的刚度有所降低，但降低幅度不大，试件承受的水平荷载稳定上升，此时滞回环卸载点开始出现残余变形。此后，随着混凝土裂缝的开展，剪力墙中的分布钢筋屈服，试件开始逐渐进入屈服状态，滞回环由弓形迅速过渡到反 S 形，中部“捏缩现象”越来越严重，说明试件剪切变形有较大发展，钢筋滑移增大。

继续加载，滞回曲线的斜率降低较快，说明试件的刚度退化速度加快，同时试件的同级强度衰减也开始变得明显，滞回环的形状则保持反 S 形。在试件达到极限荷载后，剪力墙有明显的残余变形，刚度退化和强度衰减更加明显。此时剪力墙上的斜裂缝宽度较大，剪切变形的充分发展加上裂缝的开闭引起钢筋的黏结退化以及剪力墙和基础梁之间滑移的增大，使试件滞回环有向 Z 形过渡的趋势，滞回曲线表现出黏结滑移滞回特征。在极限承载力过后，剪力墙开始逐渐退出工作，试件的刚度变小，滞回曲线的斜率降低很快。在试件最终破坏时，其滞回环的形状介于反 S 形和 Z 形之间。

通过比较图 10.15 所示各试件的 P-Δ 滞回关系，得到以下结论。

1）由于本次试验的所有剪力墙试件均发生剪切破坏，P-Δ 滞回关系表现出较强的剪切与黏结滑移滞回特征。由于剪力墙在整体试件中承受了大部分的剪力，因此在剪力墙尺寸和构造完全相同的情况下，不同类型的剪力墙试件其滞回曲线的形状以及饱满程度相差不大。在各组试件中，三种类型的剪力墙试件滞回曲线饱满程度差别最大的一组为 $h/b=0.62$、$n\approx0.6$ 的试件（CFST-S-L2、CFST-C-L2、SRC-S-L2 和 RC-S-L2）。从这组试件可以看到，带 CFST 边框柱的 RC 剪力墙的滞回环饱满程度要稍好于带 SRC 边框柱的 RC 剪力墙，且二者都好于带 RC 边框柱的 RC 剪力墙。由于这组试件承受的水平剪力最大、剪切破坏特征最明显，因此钢管混凝土边框柱较强的抗剪能力就得到较为明显的体现。由于钢管混凝土边框柱不会被迅速剪坏，使其自身能表现出更多弯曲变形的特征，可对剪力墙提供更好的支撑作用，有利于剪力墙耗能能力的提高。

2）随着 h/b 的降低，剪力墙试件的极限承载力有增加的趋势，而极限位移和延性有所降低。这是由于在试件高度不变的情况下，h/b 的降低会导致试件在剪切破坏时其斜压破坏特征趋于明显，因而使其极限承载力得到提高，而延性降低。

3）随着 n 的增大，带 CFST 边框柱的 RC 剪力墙试件的极限承载力提高，但延性和变形能力降低。在剪力墙试件开裂前，n 的增大使试件截面的受压区面积增大且压应变增加，推迟了剪力墙开裂状态的出现。在剪力墙试件开裂后，轴压力的增大会提高剪力墙混凝土的骨料咬合力，这样就延缓了剪力墙斜裂缝的开展速度，提高了试件的刚度和抗剪承载力。由于轴压力的增大会使剪力墙混凝土的主压应力增大，导致剪力墙斜压破坏的特征趋于明显，从而降低了其极限位移和延性。对于两端承受轴压力、跨中承受横向剪力的钢筋混凝土梁，其轴压力对试件的力学性能也有类似影响（过镇海和时旭东，2003）。

4）在带 CFST 边框柱的 RC 剪力墙中设置交叉型钢暗支撑可承担一部分水平剪力，同时在一定程度上能抑制剪力墙主斜裂缝的开展，从而有利于提高剪力墙的承载力和耗能能力。

5）随着水平位移 Δ 的加大，由于混凝土的开裂与钢筋的屈服，剪力墙试件的刚度逐渐退化。在达到极限荷载之前，卸载刚度与初始加载时的刚度大体相同；而在达到极限荷载后，卸载刚度退化，其退化程度随轴压比（n）的增大与高宽比（h/b）的减小而有所加快。

6）在达到极限荷载后，剪力墙在各级荷载循环中都表现出明显的强度退化。

3. P-Δ 滞回关系骨架线

下面简要分析边框柱类型、柱轴压比（n）、墙高宽比（h/b）和设置支撑与否对剪力墙试件 P-Δ 滞回关系骨架线的影响。

图 10.16 所示为边框柱类型对试件 P-Δ 骨架线的影响情况。从中可见，不同类型边框柱对试件在弹性阶段的刚度影响不大。同时还可以看出，带 CFST 边框柱的 RC 剪力墙的极限承载力要大于带 SRC 边框柱的 RC 剪力墙和带 RC 边框柱的 RC 剪力墙的承载力。这是由于钢管混凝土边框柱具有更高的抗剪承载力，同时其良好的完整性也有利于保持混凝土墙的后期承载力。由于类似的原因，带 CFST 边框柱的 RC 剪力墙的

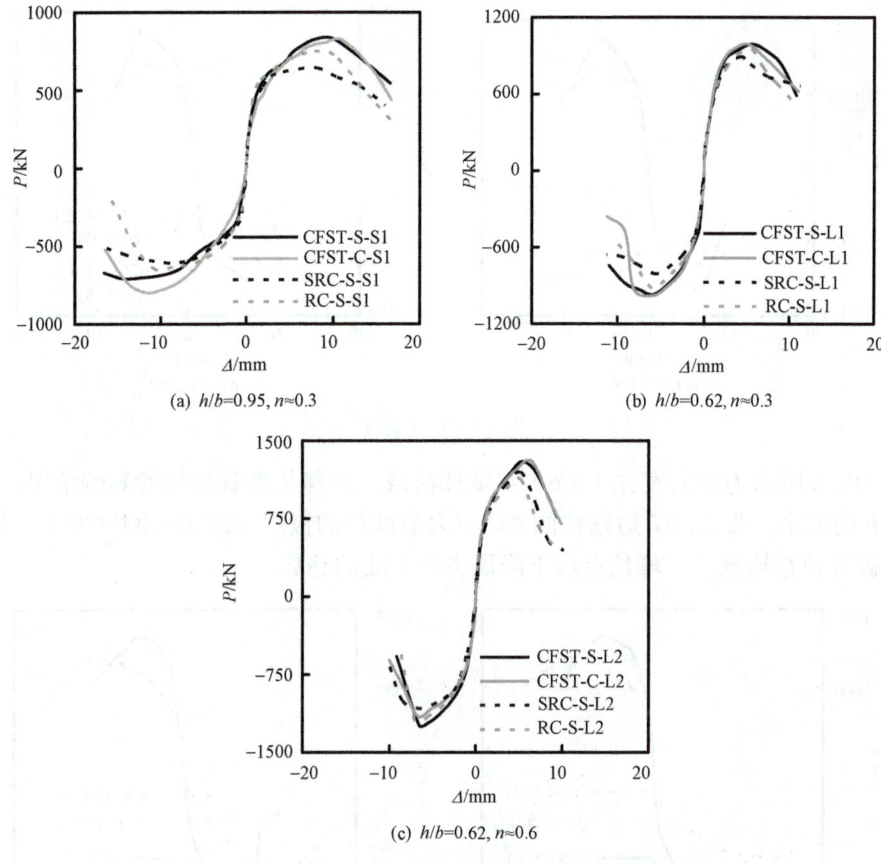

图 10.16　边框柱类型对试件 P-Δ 滞回关系骨架线的影响

延性也更好。

图 10.17 所示为柱轴压比（n）对试件 P-Δ 骨架线的影响情况。可见，随着 n 的增大，带 CFST 边框柱的 RC 剪力墙试件在达到极限荷载前的刚度和极限承载力均有所增大，但极限位移和破坏位移均减小，极限荷载点后下降段有变陡的趋势。

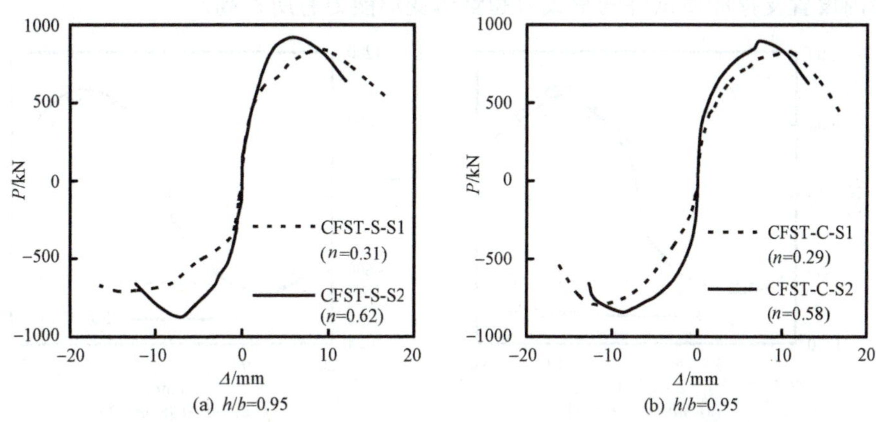

图 10.17　轴压比（n）对试件 P-Δ 滞回关系骨架线的影响

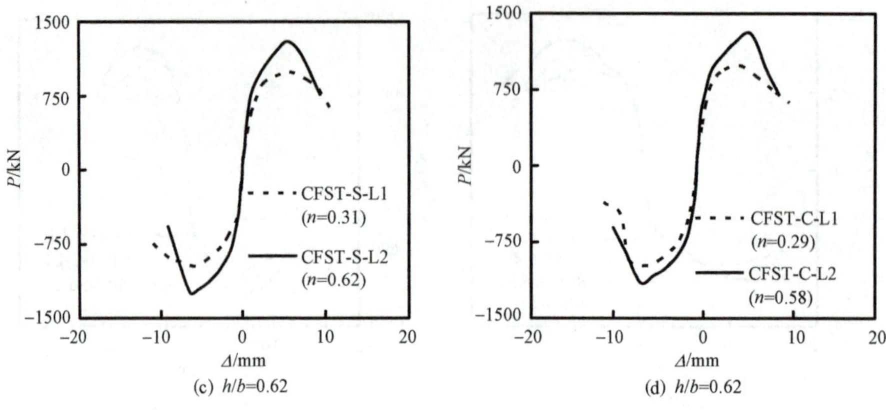

(c) h/b=0.62　　(d) h/b=0.62

图 10.17 （续）

图 10.18 所示为墙高宽比（h/b）对试件荷载－位移关系骨架线的影响情况。可见，随着 h/b 的减小，带 CFST 边框柱的 RC 剪力墙试件的极限承载力和刚度增大，但极限位移和破坏位移均减小，峰值点后下降段也有变陡的趋势。

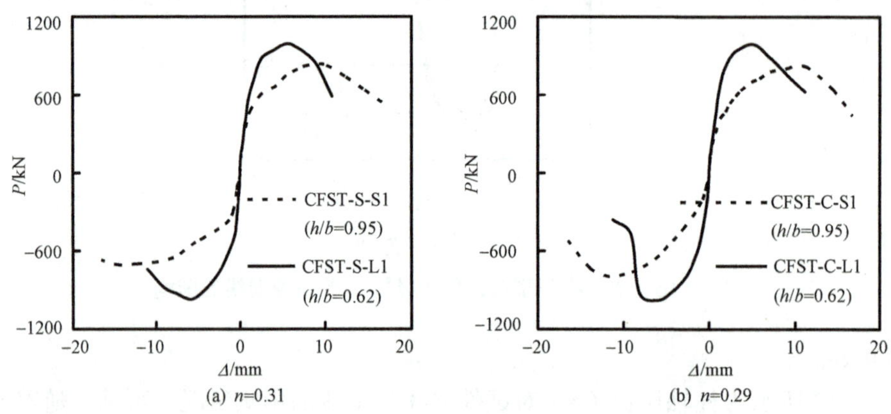

(a) n=0.31　　(b) n=0.29

图 10.18　高宽比（h/b）对带 CFST 边框柱 RC 剪力墙 P-Δ 关系骨架线的影响

图 10.19 所示为是否设置支撑对试件荷载－位移关系骨架线的影响情况，可见，在剪力墙内设置支撑能使试件的承载力和整体变形能力有所提高。

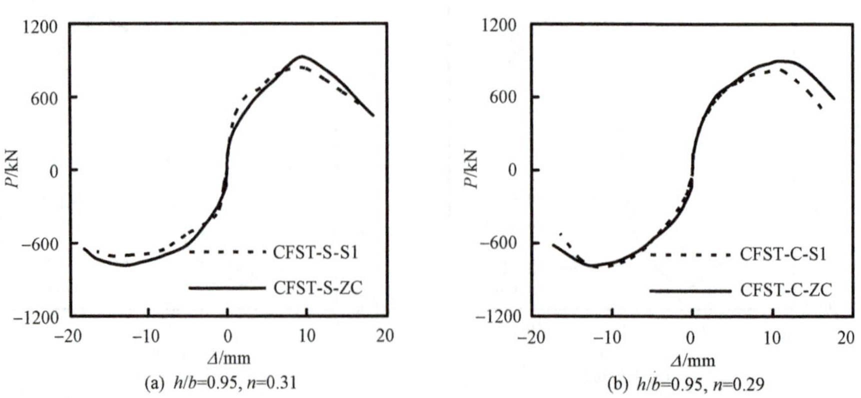

(a) h/b=0.95, n=0.31　　(b) h/b=0.95, n=0.29

图 10.19　支撑对带 CFST 边框柱 RC 剪力墙 P-Δ 关系骨架线的影响

4. 试件在各阶段的整体变形

表 10.4 列出了各剪力墙试件在混凝土开裂、试件屈服、试件达到峰值荷载和破坏时所对应的荷载和位移。其中开裂荷载（P_{cr}）是指剪力墙首次出现斜裂缝时所对应的荷载，其在骨架线上所对应的变形称为开裂位移（Δ_{cr}）。由于剪力墙试件没有明显屈服现象发生，采用与图 2.109 所示确定屈服点的方法，即以坐标原点作 P-Δ 关系的切线，其与过峰值荷载点的水平线的交点所对应的位移定义为剪力墙的屈服位移 Δ_y，并由该点作垂线与 P-Δ 关系相交的点所对应的荷载确定为屈服荷载 P_y。峰值荷载 P_{max} 取正、负两个方向最大荷载的平均值，所对应的平均位移为峰值位移 Δ_{max}。此外，将 $P_u=0.85P_{max}$ 定义为试件的破坏荷载，相对应的位移为剪力墙试件的极限位移 Δ_u。

表 10.4　剪力墙试件开裂、屈服、达到峰值荷载和破坏时所对应的荷载和相应位移

序号	试件编号	初始开裂状态				屈服状态		峰值状态		破坏状态	
		P_{cr}/kN	Δ_{cr}/mm	Δ_{cr}/Δ_y	裂缝宽度 / mm	P_y/kN	Δ_y/mm	P_{max}/kN	Δ_{max}/mm	P_u/kN	Δ_u/mm
1	CFST-S-S1	408	1.2	0.280	0.10	595	4.3	771	9.9	655	15.5
2	CFST-C-S1	322	1.1	0.291	0.08	599	3.8	789	11.8	670	13.8
3	SRC-S-S1	339	1.0	0.280	0.06	538	3.6	622	8.2	528	13.5
4	RC-S-S1	343	1.1	0.310	0.12	576	3.6	694	8.5	590	11.9
5	CFST-S-S2	436	1.1	0.319	0.12	751	3.5	891	6.7	758	10.4
6	CFST-C-S2	448	1.0	0.302	0.10	712	3.4	895	8.2	761	11.0
7	CFST-S-ZC	363	1.3	0.290	0.06	575	4.5	855	11.4	747	16.9
8	CFST-C-ZC	417	1.4	0.368	0.04	589	3.8	837	11.8	739	15.2
9	CFST-S-L1	594	1.1	0.351	0.12	851	3.0	991	5.8	842	8.8
10	CFST-C-L1	609	1.1	0.398	0.12	852	2.8	988	5.5	839	8.3
11	SRC-S-L1	646	1.5	0.501	0.08	769	3.0	891	4.9	757	8.1
12	RC-S-L1	535	1.0	0.362	0.14	793	2.8	931	5.6	790	7.3
13	CFST-S-L2	668	0.9	0.323	0.20	1035	2.8	1265	6.0	1075	7.3
14	CFST-C-L2	734	1.0	0.373	0.20	980	2.7	1225	6.8	1041	7.7
15	SRC-S-L2	658	1.0	0.350	0.14	965	2.9	1136	5.7	966	7.6
16	RC-S-L2	576	0.8	0.299	0.14	960	2.7	1158	6.1	985	6.9

对表 10.4 中的数据进行分析，主要结论可归纳如下。

1）总体而言，同组带 CFST 边框柱 RC 剪力墙试件的开裂荷载和开裂位移较带 SRC 边框柱的 RC 剪力墙和带 RC 边框柱的 RC 剪力墙试件总体上稍大，这是由于 CFST 边框柱具有更强的抗剪能力，有利于推迟混凝土剪力墙的开裂。此外，带 CFST 边框柱的 RC 剪力墙试件的屈服荷载、极限荷载、破坏荷载均大于带 SRC 边框柱的 RC 剪力墙试件和带 RC 边框柱的 RC 剪力墙试件。

2）随着柱轴压比（n）的增大，带 CFST 边框柱的 RC 剪力墙试件的开裂荷载增大，这是由于适当轴压力的存在有利于延缓初始裂缝的出现。同时还可以看出，剪力墙试件的屈服荷载、极限荷载和破坏荷载也随着 n 的增大而有所提高，但屈服位移和破坏位移均减小，表明试件延性有所降低。

3）带 CFST 边框柱的 RC 剪力墙试件的屈服荷载、极限荷载和破坏荷载随着高宽比（h/b）的减小而增大，但其屈服位移、极限位移和破坏位移随着 h/b 的减小而减小。这说明随着 h/b 的减小，剪力墙试件的延性有所降低。

4）在带 CFST 边框柱的 RC 剪力墙中设置支撑可有效提高其极限承载力，对于带圆形和方形 CFST 边框柱的 RC 剪力墙，本次试验提高的比例分别为 6% 和 11%。同时，支撑的存在有利于延缓剪力墙裂缝的出现，减小初始裂缝的宽度。

5. 剪力墙的剪切变形

试验的剪力墙试件受力后期主要产生剪切变形，呈剪切型破坏。对于剪力墙，其剪切角可以通过墙体沿对角线方向长度的变化来度量。

如图 10.20 所示的剪力墙结构，在变形前其对角线长度分别为 d_1 和 d_2，在受力产生变形后其对角线长度分别变为 d_1' 和 d_2'，这样对角线长度的变化量分别为式（10.1a）和式（10.1b）。

$$\Delta d_1 = d_1' - d_1 \tag{10.1a}$$

$$\Delta d_2 = d_2' - d_2 \tag{10.1b}$$

式中，d_1、d_2 分别为剪力墙两条对角线变形前的长度；d_1'、d_2' 分别为剪力墙两条对角线变形后的长度；Δd_1、Δd_2 分别为剪力墙两个对角线方向的变形。Δd_1 和 Δd_2 由沿剪力墙对角线安装的引伸仪测得。

对角线方向的平均变形为式（10.2）。

$$\bar{X} = \frac{|\Delta d_1| + |\Delta d_2|}{2} \tag{10.2}$$

则剪力墙产生的剪切角为式（10.3）。

$$\gamma_{\text{shear}} = \alpha_1 + \alpha_2 = \frac{\sqrt{b^2 + h^2}}{bh}\bar{X} \tag{10.3}$$

式中，$\bar{X}$ 为剪力墙对角线方向的平均变形；α_1 和 α_2 分别为剪力墙沿高度和宽度方向的剪切角；h 为剪力墙高度；b 为剪力墙宽度，如图 10.20 所示。

图 10.21 所示为试件的水平力（P）-剪切角（γ_{shear}）滞回关系。可见，由于三种带不同边框柱的剪力墙其墙体尺寸和配筋完全相同，因此其剪切角随荷载变化的规律和特征比较相似。在试件屈服以前，随着荷载的增加，剪力墙的剪切角逐渐增大，但试件基本处于弹性工作状态。在剪力墙上形成主斜裂缝后，试件变形开始迅速增加，并产生较大塑性变形，此时剪切残余变形开始逐渐增大。在试件达到极限荷载后，剪切角有急剧增大的趋势，试件的残余变形也随之迅速增加，反映了在峰值荷载后试件由于剪切斜裂缝的充分开展造成剪切变形的迅速增大直至试件发生剪切破坏。随着轴压比的增大或高宽比的减小，试件的水平力（P）-剪切角（γ_{shear}）滞回关系的残余变形有增大的趋势。这反映了随着轴压比的增大或高宽比的减小，试件剪切变形的发展更

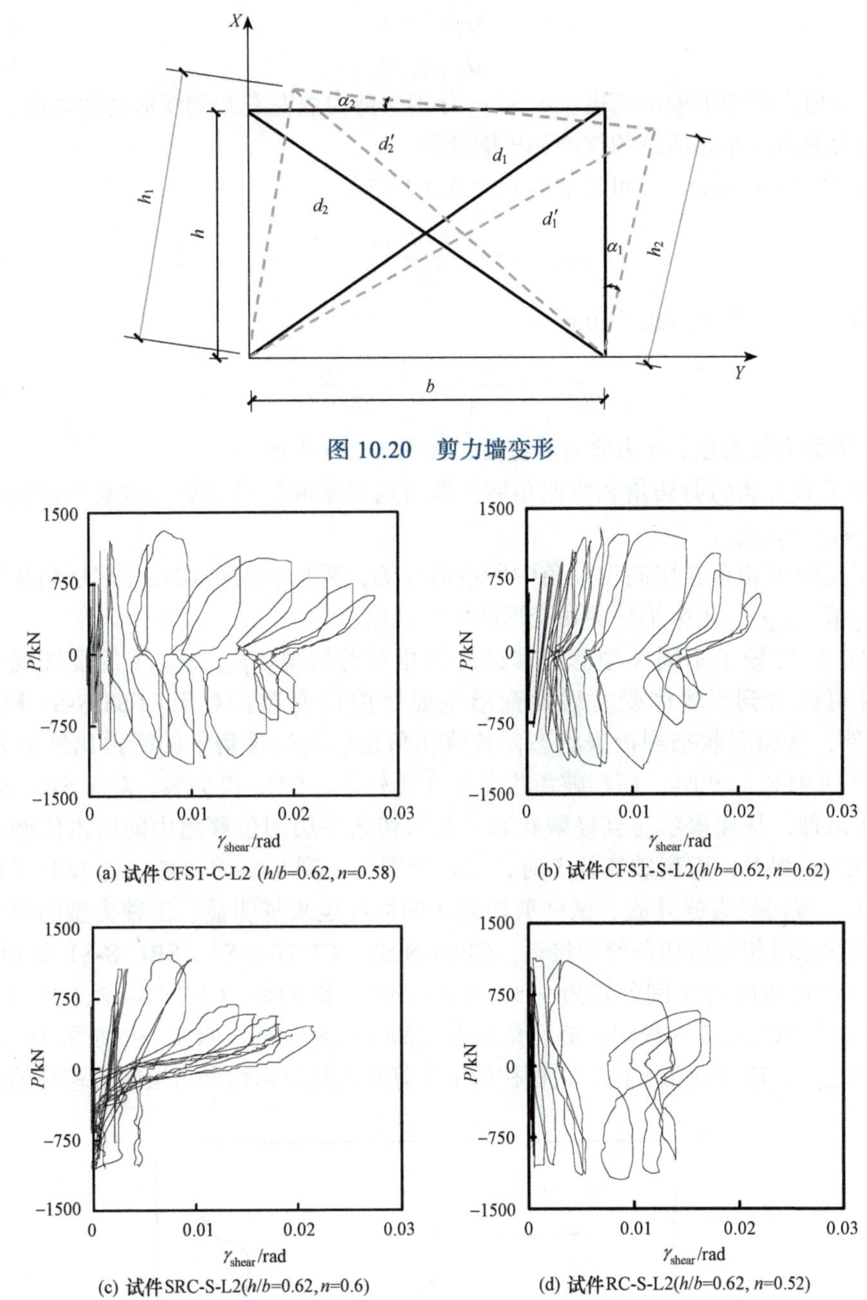

图 10.21　试件的 P-γ_{shear} 关系

加充分，试件破坏的脆性特征趋于明显，因此残余变形也更大。

剪力墙除了发生剪切变形外，在弯矩作用下还会发生弯曲变形，其弯曲角可以通过墙体左右两侧的拉伸和压缩变形来度量。

假设剪力墙在变形后，墙体左右两侧高度分别由 h 变为 h_1 和 h_2，如图 10.20 所示。这样，墙体左右两侧的拉伸和压缩变形分别为式（10.4a）和式（10.4b）。

$$\Delta h_1 = h_1 - h \tag{10.4a}$$

$$\Delta h_2 = h_1 - h_2 \tag{10.4b}$$

式中，h 为剪力墙变形前的高度；h_1 和 h_2 分别为剪力墙左右两侧变形后的高度；Δh_1 和 Δh_2 分别为剪力墙左右两侧的拉伸和压缩变形。

墙体的弯曲变形 $\varDelta_{\text{flexure}}$ 可近似表示为式（10.5）。

$$\varDelta_{\text{flexure}} = \frac{(\Delta h_1 + \Delta h_2)h}{2b} \tag{10.5}$$

则弯曲角 γ_{flexure} 可表示为式（10.6）。

$$\gamma_{\text{flexure}} = \frac{\varDelta_{\text{flexure}}}{h} = \frac{\Delta h_1 + \Delta h_2}{2b} \tag{10.6}$$

式中，h 为剪力墙高度；b 为剪力墙宽度，如图 10.20 所示。

确定了剪力墙的剪切角和弯曲角后，即可通过求和计算出剪力墙总的层间位移角为 $\gamma_{\text{total}} = \gamma_{\text{shear}} + \gamma_{\text{flexure}}$。

为了反映剪切角在层间位移角中所占的比例，采用相对剪切角（剪切角和层间位移角的比值 $\gamma_{\text{shear}}/\gamma_{\text{total}}$）来描述剪切变形的发展规律。

图 10.22 比较了不同类型剪力墙试件其相对剪切角（$\gamma_{\text{shear}}/\gamma_{\text{total}}$）的发展规律。由图 10.22 可以看到，墙体受力后期变形主要呈剪切变形。对于 CFST-S-S1 和 CFST-C-S1 试件，从屈服状态到极限状态，其剪切角在层间位移角中的所占比例由 83% 和 86% 上升到 91% 和 90%，而到破坏状态又分别上升到 93% 和 91%。对于 SRC-S-S1 和 RC-S-S1 试件，从屈服状态到极限状态，其剪切角在层间位移角中的所占比例由 88% 上升到 92%～93%；而到破坏状态时，二者分别上升到 93% 和 94%。这反映了随着荷载的增大，剪切斜裂缝开展，试件剪切破坏的特征越来越明显。三种类型的剪力墙试件到极限状态时相对剪切角较为接近。CFST-S-S1、CFST-C-S1、SRC-S-S1 和 RC-S-S1 在极限时剪切角所占比例分别为 91%、90%、92% 和 93%。CFST-S-L2、CFST-C-L2、SRC-S-L2 和 RC-S-L2 在极限时剪切角所占比例分别为 94%、94%、95% 和 95%。

总体上看，破坏时带 CFST 边框柱的 RC 剪力墙其剪切角所占层间位移角的比例较

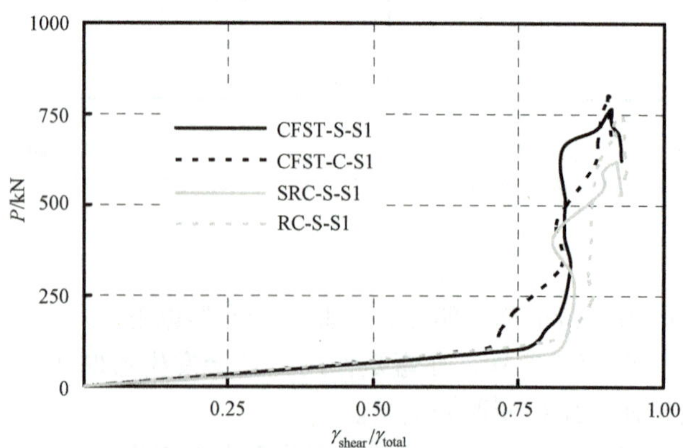

图 10.22 同类型剪力墙试件相对剪切角（$\gamma_{\text{shear}}/\gamma_{\text{total}}$）比较（$n \approx 0.3$，$h/b = 0.95$）

带 SRC 边框柱的 RC 剪力墙和带 RC 边框柱的 RC 剪力墙小，这反映了带 CFST 边框柱的 RC 剪力墙破坏的剪切特征较后二者稍轻微一些。

图 10.23 所示为不同轴压比（n）下带 CFST 边框柱的 RC 剪力墙相对剪切角比较。可以看出，随着 n 增大，试件的相对剪切角略有增大。在达到极限荷载时，n 近似为 0.3 的试件（CFST-S-S1 和 CFST-C-S1）剪切角所占比例分别为 91% 和 90%，而 n 近似为 0.6 的试件（CFST-S-S2 和 CFST-C-S2）剪切角所占比例分别为 93% 和 92%。

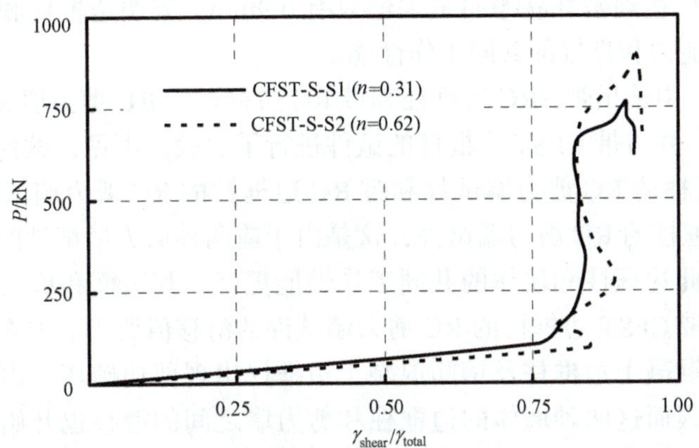

图 10.23　不同轴压比（n）下剪力墙试件相对剪切角（$\gamma_{shear}/\gamma_{total}$）比较（$h/b=0.95$）

图 10.24 所示为不同高宽比（h/b）的带 CFST 边框柱的 RC 剪力墙相对剪切角比较。可以看出，随着 h/b 的减小试件的相对剪切角稍有增大的趋势。在达到极限荷载时，$h/b=0.92$ 的试件（CFST-S-S2 和 CFST-C-S2）剪切角所占比例分别为 93% 和 92%，而 $h/b=0.62$ 的试件（CFST-S-L2 和 CFST-C-L2）中剪切角所占比例为 94% 和 93%。

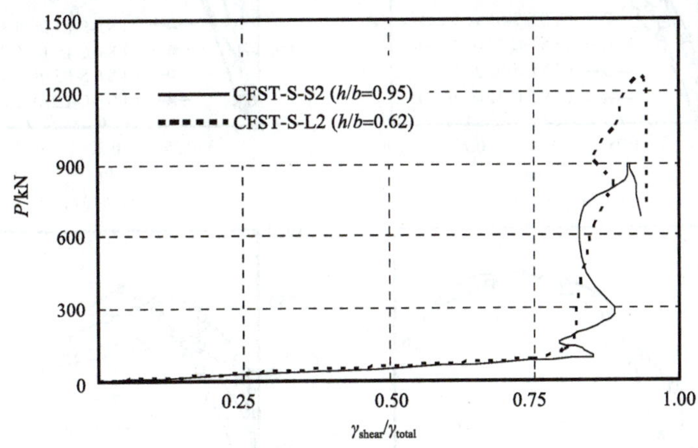

图 10.24　不同高宽比（h/b）下剪力墙试件相对剪切角（$\gamma_{shear}/\gamma_{total}$）比较（$n=0.62$）

6. 边框柱和剪力墙的协同工作

图 10.25（a）～（c）分别给出了带 CFST 边框柱 RC 剪力墙试件的荷载（P）- 边框

柱和 RC 剪力墙之间的滑移（S_1）关系，其中 S_1 和 P 均取正负两方向的平均值。从图 10.25 可见，在试件达到极限荷载以前，边框柱与剪力墙之间的滑移不大，表明边框柱和剪力墙之间的共同工作性能良好。在达到荷载峰值点后，由于剪力墙上剪切斜裂缝不断发展，剪力墙试件逐渐趋于破坏，边框与剪力墙二者之间的滑移开始增大。

总体上看，尽管带 CFST 边框柱的 RC 剪力墙试件的边框柱和剪力墙二者界面材料不同，但由于采用了 U 形连接钢筋这种有效的连接方式，所以钢管和混凝土剪力墙之间的滑移值在试件达到破坏状态时最大值只有 0.9mm，表明边框柱和剪力墙之间具有较好的协调变形能力和良好的共同工作性能。

图 10.25（d）中给出带 SRC 边框柱和带 RC 边框柱的 RC 剪力墙试件的荷载（P）-滑移（S_1）关系，并与带 CFST 边框柱的试件进行了比较。可见，试件达到极限荷载之前，带 SRC 边框柱的 RC 剪力墙试件和带 RC 边框柱的 RC 剪力墙试件的滑移刚度要大于带 CFST 边框柱的 RC 剪力墙试件，这是由于前两种剪力墙试件的边框柱和剪力墙为整体浇筑，因此边框柱和墙体的共同工作性能更好，其边框和剪力墙之间的滑移在极限荷载之前比带 CFST 边框柱的 RC 剪力墙试件的滑移值要小。但在试件达到极限荷载后，由于型钢混凝土边框柱及钢筋混凝土边框柱出现剪切破坏，边框柱和墙体的整体性受到削弱，因而这两种墙体的边框柱和剪力墙之间的滑移也开始迅速增长。试件达到破坏状态时，带 CFST 边框柱的 RC 剪力墙试件的边框柱与墙体之间的滑移值与带 SRC 边框柱和带 RC 边框柱的 RC 剪力墙试件的滑移值差异不大。

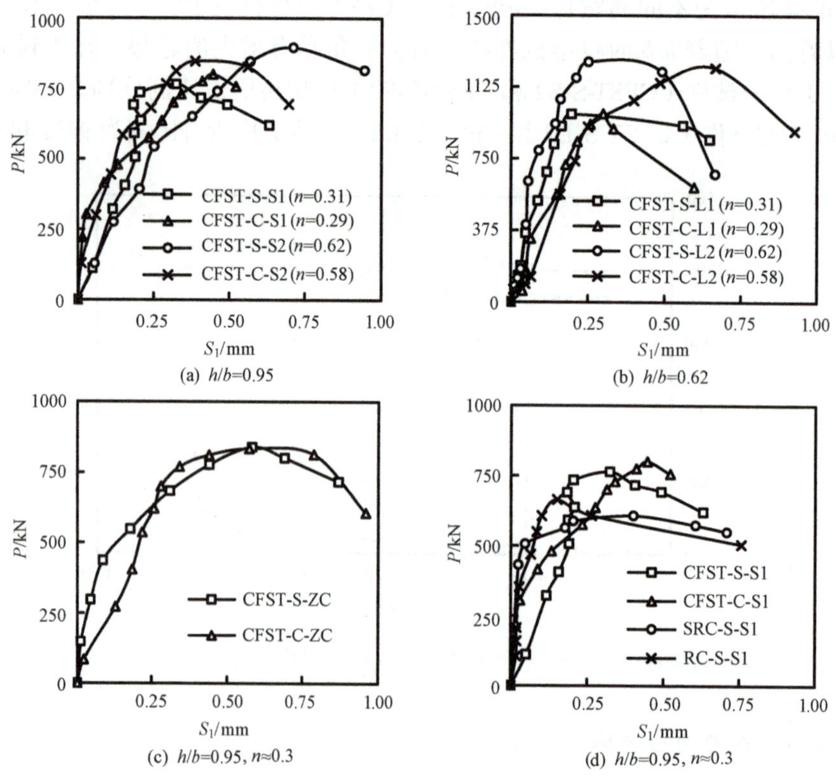

图 10.25 剪力墙试件的 P-S_1 关系骨架线

试验过程中还实测了墙高一半处边框柱与剪力墙之间的法向分离距离 S_2。图 10.26 所示为荷载（P）－分离距离（S_2）关系。可见，随着荷载的增大，S_2 值也逐渐增大。但试件达到极限荷载之前，所有 S_2 值均在 1mm 以下，且大都小于 0.5mm，表明钢管混凝土边框柱和剪力墙之间基本能保持协同工作，共同承担水平荷载。对于带 SRC 边框柱的 RC 剪力墙和带 RC 边框柱的 RC 剪力墙，因为其边框柱和剪力墙的混凝土浇筑在一起，整体性较好，因而试验过程中未测试出边框柱和剪力墙之间出现分离。

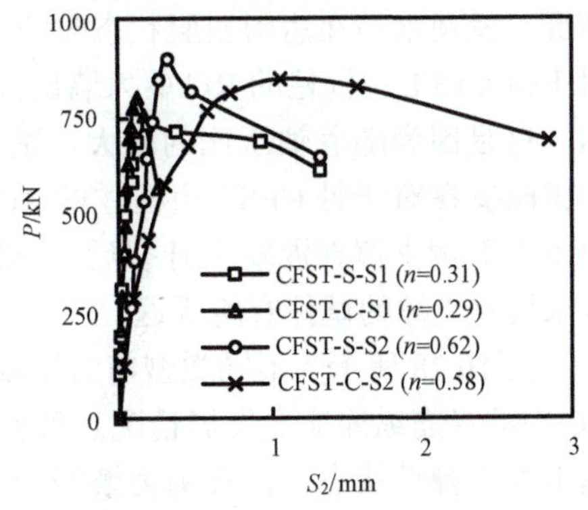

图 10.26　剪力墙试件 P-S_2 关系（$h/b=0.95$）

试验过程中还实测了不同类型剪力墙试件的墙体与边框梁以及基础梁之间的滑移情况，结果与图 10.25 所示的规律基本一致，在达到极限承载力前总体滑移基本都小于 1mm。

7．应变分析

图 10.27 所示为试件 CFST-S-L2 在剪力墙左下角测得的分布钢筋应变变化，其中应变以受拉为正，受压为负。可见，在加载初期，应变变化基本处于弹性，应变值较小，发展缓慢，荷载－应变滞回关系基本呈直线，分布钢筋均未达到屈服应变。

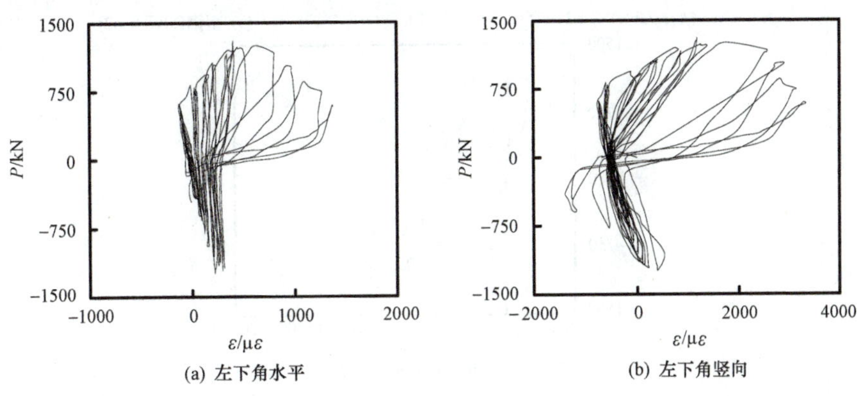

图 10.27　水平荷载（P）－钢筋应变（ε）关系

剪力墙中的混凝土开裂后，原来由混凝土承担的部分剪力发生重分布，传递给墙体内的分布钢筋，使得分布钢筋的应力突然增大，变形加快，在裂缝穿过区域附近的钢筋先后发生屈服。通过对不同位置实测应变进行分析比较可知，剪力墙钢筋应变发展最充分的区域通常发生在剪力墙的中心区域，这是由于该区域为主斜裂缝交叉的地方，裂缝宽度较大，因此，在反复荷载作用过程中，该区域水平钢筋会产生较大拉应力，而竖向钢筋也由于混凝土裂缝宽度迅速增大，受力也增大。

通过比较不同类型剪力墙试件剪力墙中心区域的水平和竖向分布钢筋的应变变化

情况，发现钢筋在达到屈服状态时的荷载较为接近，且后期应变发展趋势也基本一致。对于带 CFST 边框柱的 RC 剪力墙试件，随着轴压比的增大，其剪力墙钢筋达到屈服推迟。这是因为随着轴压比的增大，试件斜裂缝的出现有所推迟所致。在剪力墙中设置型钢暗支撑对于带 CFST 边框柱的 RC 剪力墙试件剪力墙钢筋应变发展形态影响不大，但由于型钢支撑在混凝土开裂后可承担一部分剪力，其剪力墙分布钢筋达到屈服状态较未设置支撑的试件有所延迟。

图 10.28 所示为不同类型剪力墙试件边框柱脚处 CFST 中的钢管、SRC 中的型钢和 RC 中的纵筋纵向应变发展情况。可见，在加载初期，边框柱的应变发展均较小，材料基本处于弹性状态。但在剪力墙开裂退出工作的过程中，不同类型的边框柱的应变开始发展迅速，这是由于此时剪力墙承担的水平荷载开始向边框柱转移，同时随着试件水平位移的增大，钢管混凝土边框柱的弯曲变形也迅速增大。

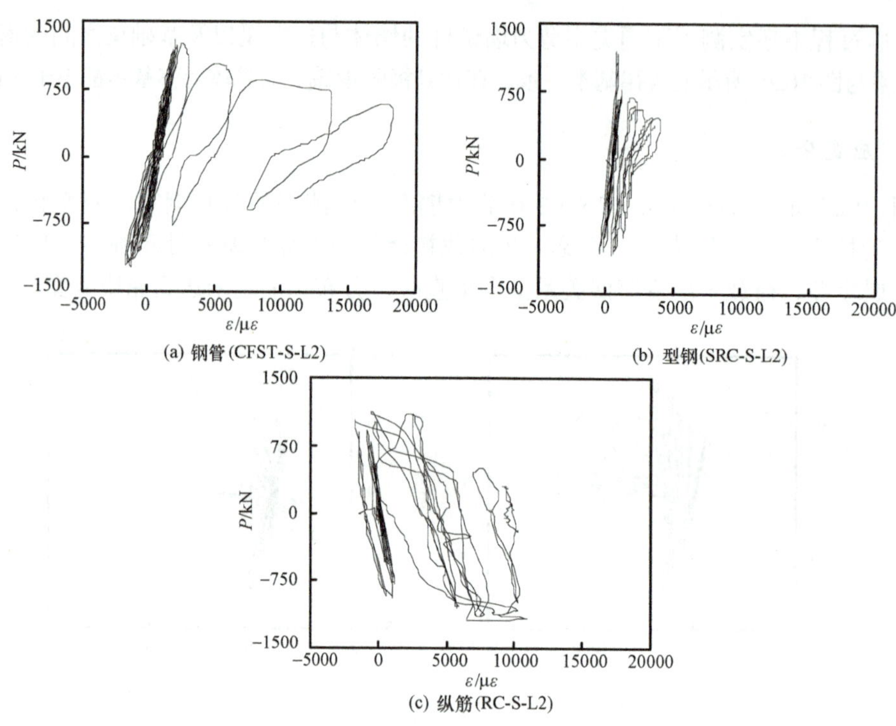

图 10.28　柱脚处的 P-ε 关系

8. 刚度退化

图 10.29 所示为不同类型边框柱对剪力墙试件刚度退化的影响。为便于比较，图形中的纵坐标均取无量纲化的 K_j/K_{first}。K_j 即为试件的环线刚度，可按式（5.4）确定；K_{first} 为试件第一级加载所对应的环线刚度。可见，带 RC 边框柱的 RC 剪力墙的刚度退化速度最快，带 SRC 边框柱的 RC 剪力墙次之，带 CFST 边框柱的 RC 剪力墙的刚度退化速度较慢。刚度退化速度的快慢主要受边框柱抗剪能力的影响。

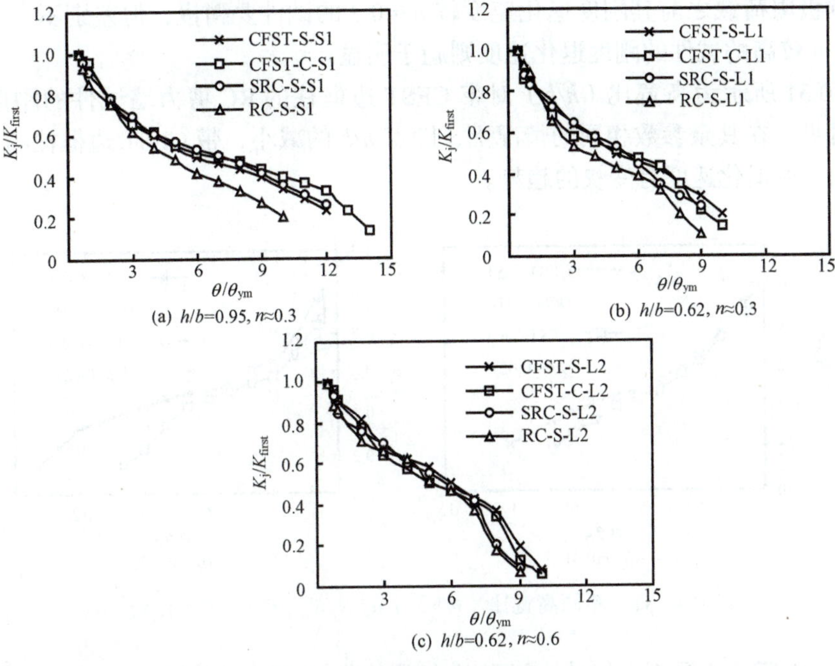

图 10.29　K_j/K_{first}-θ/θ_{ym} 关系比较

图 10.30 所示为柱轴压比（n）对带 CFST 边框柱的 RC 剪力墙试件的刚度退化规律的影响。可见，在其余参数相同的情况下，n≈0.6 的带 CFST 边框柱的 RC 剪力墙试

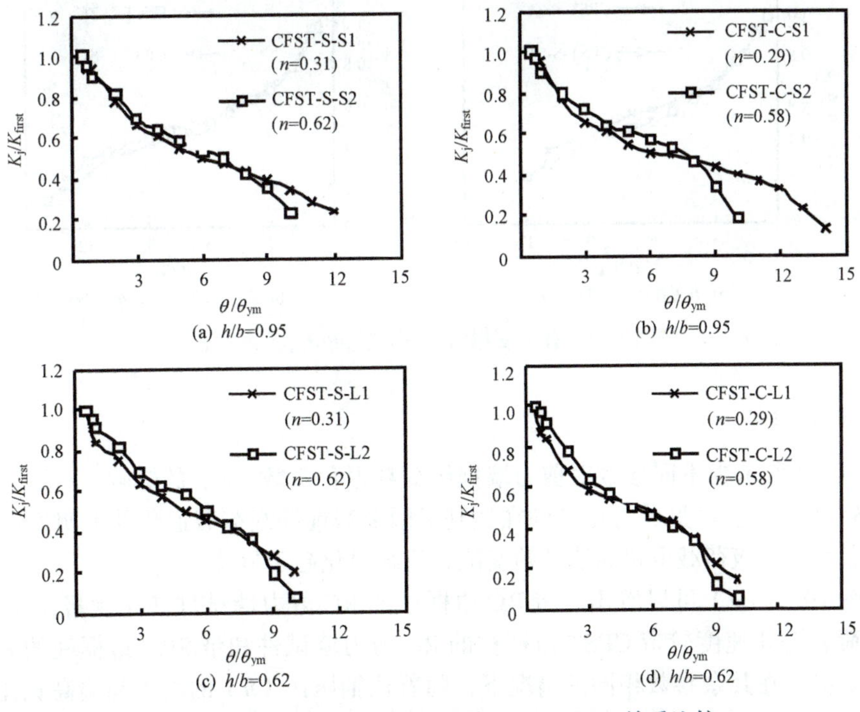

图 10.30　不同轴压比（n）下的 K_j/K_{first}-θ/θ_{ym} 关系比较

件在达到极限荷载之前其刚度退化速度较 $n\approx0.3$ 的试件要稍慢，但差别不大。但在破坏阶段，n 较高的试件的刚度退化速度则趋于明显。

图 10.31 所示为高宽比（h/b）对带 CFST 边框柱的 RC 剪力墙试件的刚度退化的影响。可见，在其余参数相同的情况下，随着 h/b 的减小，带 CFST 边框柱的 RC 剪力墙试件的刚度退化速度有变快的趋势。

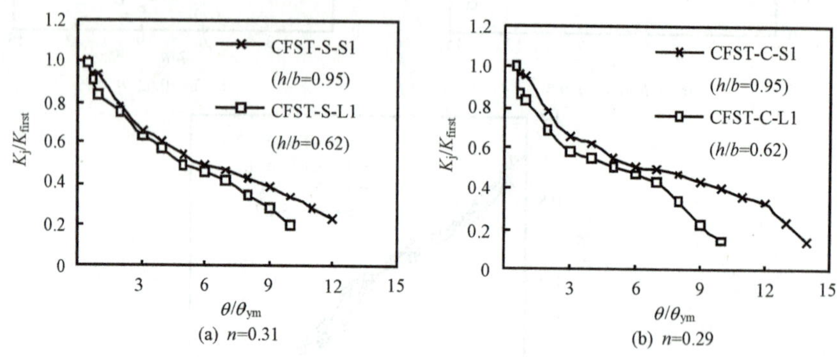

图 10.31 不同高宽比（h/b）下的 K_j/K_{first}-θ/θ_{ym} 关系比较

图 10.32 所示为是否在墙体内设置暗支撑对带 CFST 边框柱的 RC 剪力墙试件的刚度退化的影响。可见，暗支撑的设置对本次试验进行的带 CFST 边框柱的 RC 剪力墙试件的刚度退化速度影响不大。

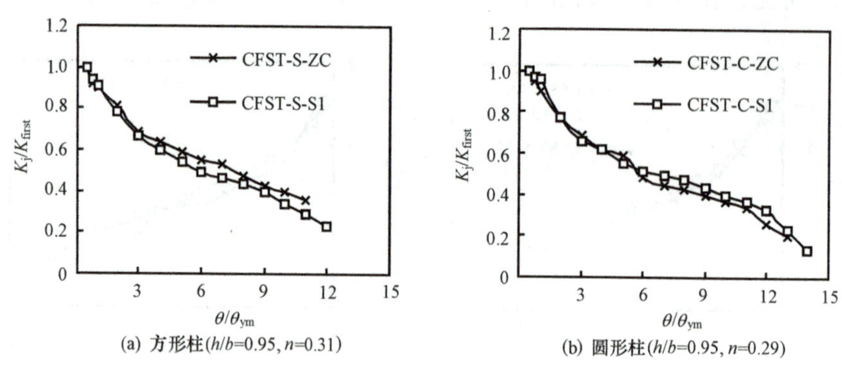

图 10.32 有无支撑时的 K_j/K_{first}-θ/θ_{ym} 关系比较

9. 荷载退化

图 10.33 所示为不同参数对剪力墙同级荷载退化系数（λ_i）的影响。λ_i 的计算公式如式（5.2）所示。可见剪力墙试件在达到极限荷载前同级荷载退化并不明显，但在达到峰值点后，同级荷载退化曲线开始变陡，荷载退化趋于显著。

从图 10.33（a）可以看出，带 RC 边框柱的 RC 剪力墙试件在达到极限荷载之后其同级荷载退化速度较带 CFST 边框柱的 RC 剪力墙试件和带 SRC 边框柱的 RC 剪力墙试件要快。在其余参数相同的情况下，随着柱轴压比（n）的增大和墙高宽比（h/b）的减小，带 CFST 边框柱的 RC 剪力墙试件同级荷载退化曲线在峰值荷载过后有变陡的趋势，分别如图 10.33（b）和（c）所示。此外，从图 10.33（d）还可以看出，是否带支撑对带 CFST 边框柱的 RC 剪力墙试件的同级荷载退化曲线影响不明显。

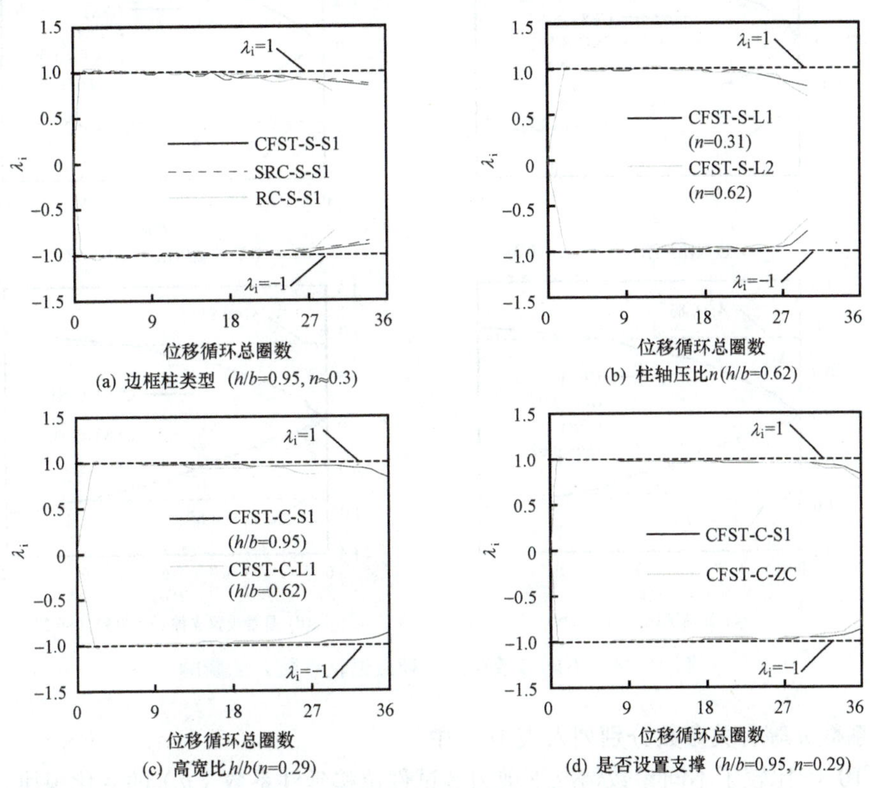

图 10.33　不同参数对同级荷载退化系数（λ_i）的影响

采用总体荷载退化系数（λ_j）来描述试件在整个加载过程中在每一级加载位移下荷载的总体退化特征，λ_j 的计算公式如式（5.3）所示。图 10.34 所示为剪力墙类型、柱轴压比（n）、墙高宽比（h/b）和是否设置支撑对剪力墙试件总体荷载退化曲线的影响。由图 10.34（a）可见，由于带 CFST 边框柱的 RC 剪力墙试件的极限位移要大于带 SRC 边框柱和带 RC 边框柱的 RC 剪力墙试件，因此，带 CFST 边框柱的 RC 剪力墙的总体荷载退化出现的时间较带 SRC 边框柱的 RC 剪力墙和带 RC 边框柱的 RC 剪力墙试件要迟一些，其在峰值点过后的总体荷载退化曲线的下降段也较其余两种剪力墙平缓。从图 10.34（b）和（c）可以看出，在其余参数相同的情况下，随着柱轴压比（n）的增大和墙高宽比（h/b）的减小，带 CFST 边框柱的 RC 剪力墙试件的总体荷载退化速度有加快的趋势。从图 10.34（d）可以看到，是否设置暗支撑对于剪力墙试件总体荷载退化速度影响较小。

10. 延性

采用层间位移延性系数 μ 来研究剪力墙试件的延性特性。μ 的确定方法如式（2.24）所示。本次试验试件的屈服位移 $\varDelta_y$、破坏位移 $\varDelta_u$、屈服位移角 θ_y、破坏位移角 θ_u 和位

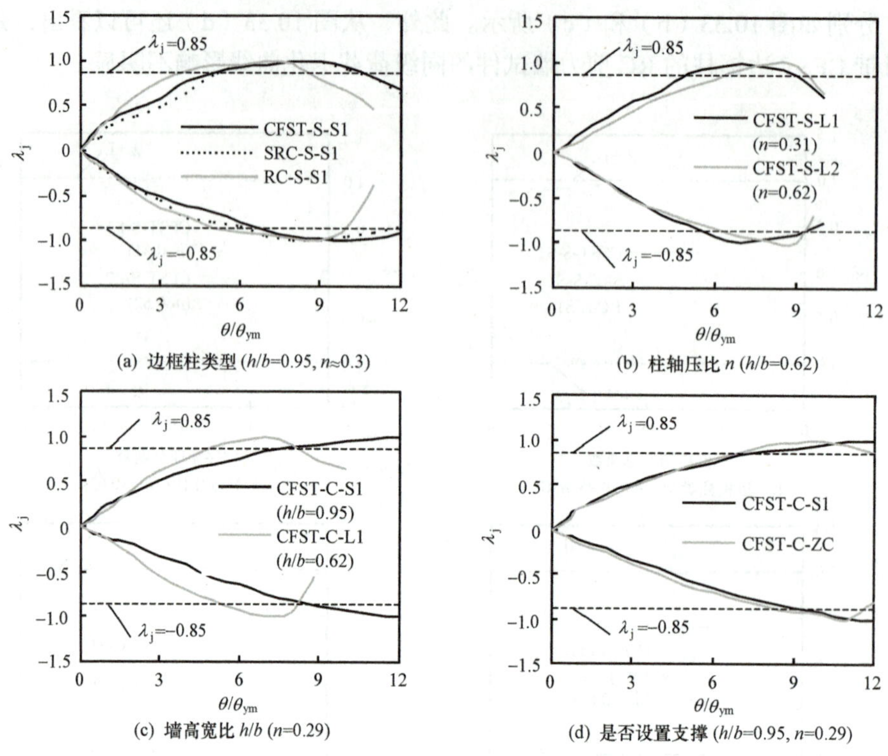

图 10.34 不同参数对总体荷载退化系数 λ_j 的影响

移延性系数 μ 等有关参数分别列入表 10.5 中。

图 10.35 比较了不同参数情况下剪力墙试件位移延性系数（μ）的变化规律。

表 10.5 剪力墙试件的延性和耗能等参数

序号	试件编号	Δ_y/mm	Δ_u/mm	θ_y/（10^{-2}rad）	θ_u/（10^{-2}rad）	μ	E_{total}/(kN·m)	h_e	E
1	CFST-S-S1	4.3	15.5	0.466	1.685	3.6	38.4	0.077	0.484
2	CFST-C-S1	3.8	13.8	0.411	1.500	3.7	39.8	0.070	0.440
3	SRC-S-S1	3.6	13.5	0.388	1.467	3.8	35.4	0.084	0.528
4	RC-S-S1	3.6	11.9	0.386	1.293	3.4	29.7	0.087	0.546
5	CFST-S-S2	3.5	10.4	0.375	1.130	3.0	34.8	0.079	0.496
6	CFST-C-S2	3.4	11.0	0.367	1.196	3.3	29.9	0.083	0.521
7	CFST-S-ZC	4.5	16.9	0.487	1.837	3.8	42.9	0.097	0.609
8	CFST-C-ZC	3.8	15.2	0.411	1.652	4.0	47.2	0.082	0.515
9	CFST-S-L1	3.0	8.8	0.325	0.956	2.9	32.6	0.074	0.465
10	CFST-C-L1	2.8	8.3	0.303	0.902	3.0	31.0	0.066	0.414
11	SRC-S-L1	3.0	8.1	0.326	0.883	2.7	28.2	0.082	0.515
12	RC-S-L1	2.8	7.3	0.300	0.788	2.6	25.8	0.080	0.502
13	CFST-S-L2	2.8	7.7	0.306	0.834	2.7	29.8	0.080	0.502

续表

序号	试件编号	Δ_y/mm	Δ_u/mm	θ_y/（10^{-2}rad）	θ_u/（10^{-2}rad）	μ	E_{total}/（kN · m）	h_e	E
14	CFST-C-L2	2.7	7.7	0.295	0.832	2.8	27.7	0.079	0.496
15	SRC-S-L2	2.9	7.6	0.311	0.826	2.7	27.1	0.097	0.609
16	RC-S-L2	2.7	6.9	0.291	0.745	2.6	25.9	0.090	0.565

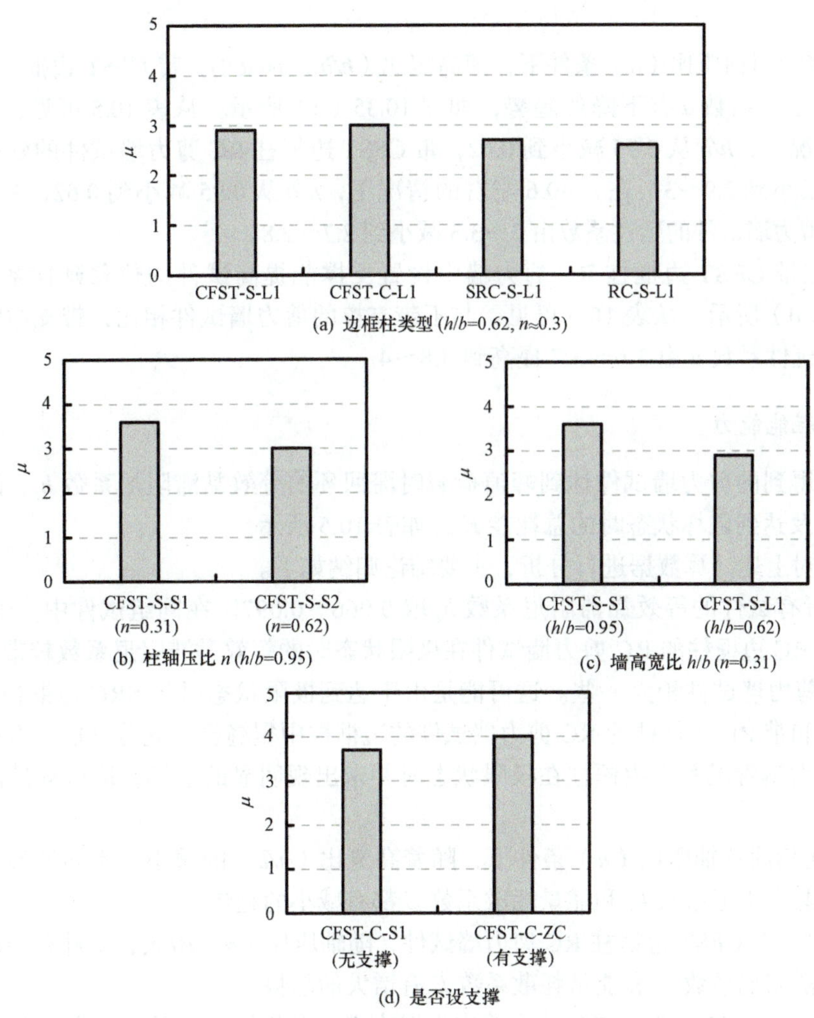

图 10.35　不同参数情况下 μ 的变化规律

通过对表 10.5 和图 10.35 中的位移延性系数 μ 进行分析，可得以下结论。

1）本次试验所有剪力墙试件的位移延性系数 μ 取 2.6～4。从图 10.35（a）可见，带 CFST 边框柱剪力墙试件的延性系数较带 SRC 边框柱剪力墙试件大，二者的延性系数都大于带 RC 边框柱的剪力墙试件。从表 10.5 可见，带 CFST 边框柱剪力墙试件的延性系数较带 RC 边框柱的剪力墙试件提高了 7%～12%。在同组试件中，带 CFST 边框柱剪力墙试件的破坏位移最大，带 SRC 边框柱剪力墙试件次之，带 RC 边框柱剪力墙试件最小。

2）在相同高宽比（h/b）条件下，随轴压比（n）的增大，带 CFST 边框柱 RC 剪力墙试件的破坏位移减小（表 10.5），μ 有下降的趋势［图 10.35（b）］。从表 10.5 可见，在 h/b=0.95 的这组试件中，n 从 0.3 左右增大到 0.6 左右，带 CFST 边框柱 RC 剪力墙试件的延性系数由 3.6～3.7 降低到 3～3.3；在 h/b=0.62 的这组试件中，n 从 0.3 左右增大到 0.6 左右，带 CFST 边框柱 RC 剪力墙试件的延性系数由 2.9～3 减小到 2.7～2.8。

3）在相同轴压比（n）条件下，随高宽比（h/b）的减小，带 CFST 边框柱 RC 剪力墙的位移延性系数 μ 有下降的趋势，如图 10.35（c）所示。从表 10.5 可见，在 n=0.3 左右的情况下，h/b 从 0.95 减小到 0.62，带 CFST 边框柱 RC 剪力墙试件的延性系数由 3.6～3.7 减小到 2.9～3；在 n=0.6 左右的情况下，h/b 从 0.95 减小到 0.62，带 CFST 边框柱 RC 剪力墙试件的延性系数由 3～3.3 减小到 2.7～2.8。

4）在带 CFST 边框柱 RC 剪力墙中设置支撑能提高试件的位移延性系数 μ，如图 10.35（d）所示。从表 10.5 可见，与不带支撑的剪力墙试件相比，带支撑的剪力墙试件位移延性系数 μ 由 3.6～3.7 提高到 3.8～4。

11. 耗能能力

计算得到的剪力墙试件达到峰值荷载时滞回环的等效黏滞阻尼系数 h_e、能量耗散系数 E 以及达到破坏状态时的总耗能 E_{total} 如表 10.5 所示。

通过对上述计算数据进行分析，主要结论归纳如下。

1）所有试件的等效黏滞阻尼系数 h_e 取 0.066～0.097。在同组试件中，带 SRC 边框柱和带 RC 边框柱的 RC 剪力墙试件在极限状态时的等效黏滞阻尼系数较带 CFST 边框柱 RC 剪力墙试件稍大一些。这可能是由于达到极限状态时带 SRC 边框柱的 RC 剪力墙试件和带 RC 边框柱的 RC 剪力墙试件的边框柱中裂缝已经充分开展，有助于能量的耗散；而钢管混凝土边框柱在极限状态时并未出现明显的破坏，因此耗散的能量相对较少。

2）在相同的轴压比（n）条件下，随着高宽比（h/b）的减小，不同类型剪力墙试件的等效黏滞阻尼系数 h_e 和能量耗散系数 E 都有减小的趋势。

3）对于带 CFST 边框柱 RC 剪力墙试件，随轴压比（n）增大，试件在峰值荷载时的等效黏滞阻尼系数 h_e 和能量耗散系数 E 有增大的趋势。

4）在带 CFST 边框柱 RC 剪力墙中设置支撑，其极限状态的等效黏滞阻尼系数 h_e 和能量耗散系数 E 都得到了提高，提高幅度约为 25%（带方形 CFST 边框柱 RC 剪力墙）和 17%（带圆形 CFST 边框柱 RC 剪力墙）。

图 10.36 所示为边框柱类型、柱轴压比（n）、墙高宽比（h/b）和是否设置支撑对剪力墙试件累积耗能的影响。图 11.41 中 E_i 为剪力墙试件在第 i 级荷载下的累积耗能。

由图 10.36 和表 10.5 可以看出：随着位移的增加，试件各级累积耗能也逐渐增大。同组试件在经历相同的加载位移时，带 CFST 边框柱 RC 剪力墙试件的累积耗能和带

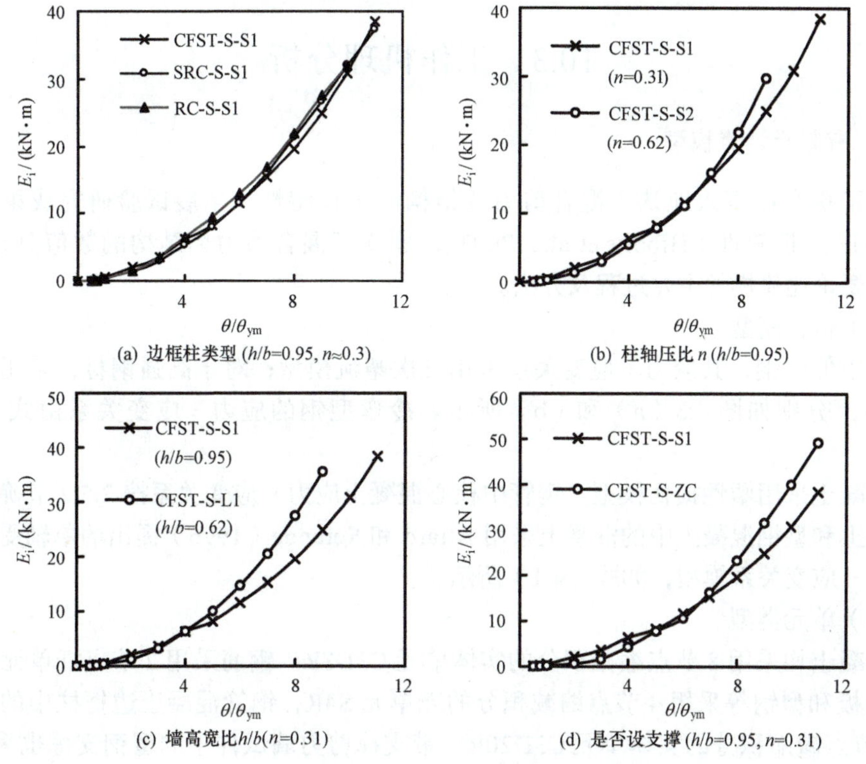

图 10.36　不同参数对累积耗能 E_i 的影响

SRC 边框柱和带 RC 边框柱的 RC 剪力墙试件较为接近，但由于带 CFST 边框柱 RC 剪力墙试件的延性较好，破坏位移大，因此其总耗能更大。总体上来看，带 CFST 边框柱 RC 剪力墙的耗能能力要优于带 SRC 边框柱和带 RC 边框柱的 RC 剪力墙。此外，带 SRC 边框柱 RC 剪力墙的耗能能力明显优于带 RC 边框柱的 RC 剪力墙试件，其总耗能比带 RC 边框柱的 RC 剪力墙试件大。

对于相同高宽比（h/b）的试件，在受力初期，n 对耗能的影响不大，但在受力后期，在相同加载位移下，n=0.6 左右试件的累积耗能要大于 n=0.3 左右试件的累积耗能。这是因为 n=0.6 左右的试件其承载力较高，因此在相同加载位移下，其滞回环所包含的面积相应会大一些。但由于轴压比的增大会导致试件延性降低，破坏位移减小，因此剪力墙试件的总耗能能力一般会随轴压比的增大而降低。

在相同轴压比（n）的情况下，由于 h/b=0.95 的试件在各级加载位移下的承载力较 h/b=0.62 的试件小，所以试件受力后期其各级累积耗能相应的也较小；但由于 h/b=0.95 的试件破坏位移较大，故其总耗能较 h/b=0.62 的试件大。

在带 CFST 边框柱的 RC 剪力墙中设置支撑，可以提高其耗能能力。受力后期有支撑的带圆形和方形 CFST 边框柱 RC 剪力墙的各级累积耗能与总耗能均比普通带 CFST 边框柱 RC 剪力墙大，其中总耗能分别由 38.4kN · m 和 39.8kN · m 提高到 42.9kN · m 和 47.2kN · m。

10.3　工作机理分析

10.3.1　有限元计算模型

为了更全面深入地认识混合剪力墙结构的工作特性，拓展试验研究成果，基于ABAQUS分析软件（Hibbitt et al.，2003），建立了混合剪力墙结构的数值分析模型。下面简要论述建模的主要过程及方法。

（1）材料模型

对于低碳钢，其应力－应变关系采用二次塑流模型；对于高强钢材，采用线性强化模型，分别如图4.3（a）和（b）所示。冷弯型钢的应力－应变关系由式（4.42）确定。

混凝土采用塑性损伤模型。钢管中核心混凝土应力－应变关系按2.5.2节确定。钢筋混凝土和型钢混凝土中的混凝土采用Attard和Setunge（1996）提出的单轴受压混凝土应力－应变关系模型，如式（4.1）所示。

（2）单元类型

混凝土均采用8节点缩减积分的实体单元C3D8R。钢筋采用2节点杆单元T3D2，加强环板和型钢等采用4节点缩减积分的壳单元S4R，钢管混凝土边框柱中的钢管采用20节点减缩积分的实体单元C3D20R。带支撑剪力墙试件中的型钢支撑也采用了4节点缩减积分的壳单元S4R。

（3）接触模拟

混合剪力墙结构由多个部件组成，各部件在受力过程中会发生不同形式的接触和相互作用。有限元建模时考虑了四种接触，即钢管和核心混凝土的接触、钢筋与混凝土的接触、型钢和混凝土的接触以及钢管混凝土边框柱与剪力墙的接触。

对于钢管和混凝土之间的接触模拟，处理方法类似于4.2.1节的有关论述。箍筋嵌入（embed）在混凝土中。纵筋和混凝土之间的接触采用弹簧单元来模拟，其中横向弹簧用于模拟混凝土对钢筋的握裹和挤压作用，纵向弹簧用来模拟钢筋与混凝土之间的黏结滑移，采用Houde和Mirza（1974）中给出的模型来定义其黏结滑移本构模型。钢筋和混凝土黏结应力（τ）按式（10.7）计算。

$$\tau=(5.3\times10^2 s-2.52\times10^4 s^2+5.86\times10^5 s^3-5.47\times10^6 s^4)\sqrt{\frac{f'_c}{40.7}} \tag{10.7}$$

式中，s为钢筋和混凝土之间的滑移，以mm计；f'_c为混凝土圆柱体抗压强度，以MPa计。

对于SRC构件中的型钢和混凝土之间的接触，采用“embed”来定义型钢和混凝土之间的界面模型，即不考虑二者之间的滑移。对于SRC边框柱中的型钢和带斜撑的剪力墙中的型钢支撑，其型钢和混凝土之间的界面考虑滑移效应影响，采用弹簧单元Spring2来模拟。横向弹簧将其刚度设为无穷大，纵向弹簧用来模拟型钢与混凝土之间的黏结滑移。采用王祖华和钟树生（1990）给出的如式（10.8）所示的黏结应力（τ）－

滑移（s）关系模型。

$$\tau=0.759+13.15\times s-134.3\times s^2+141\times s^3-15560\times s^4 \qquad (10.8)$$

式中，s 为型钢和混凝土之间的滑移，以 mm 计。

关于钢管混凝土边框柱与剪力墙之间的接触，其法向采用“硬接触”来模拟。由于剪力墙是通过 U 形钢筋与钢管混凝土柱进行连接，U 形钢筋的作用类似于组合梁中的栓钉。廖飞宇（2007）通过计算分析发现，在切向采用 Ollgaard 等（1971）给出的如式（10.9）所示的界面剪力（Q）－滑移（s）关系模型可以较好地模拟剪力墙和钢管混凝土柱之间的黏结－滑移关系。

$$Q=Q_u\left(1-e^{-0.7s}\right)^{0.4} \qquad (10.9)$$

式中，$Q_u=A_s f_y$，为钢筋的极限承载力，A_s 和 f_y 分别为抗剪钢筋总面积及屈服强度；s 为剪力墙和钢管混凝土柱之间的滑移，以 mm 计。

图 10.37 为整体模型和内部钢筋及型钢单元划分。

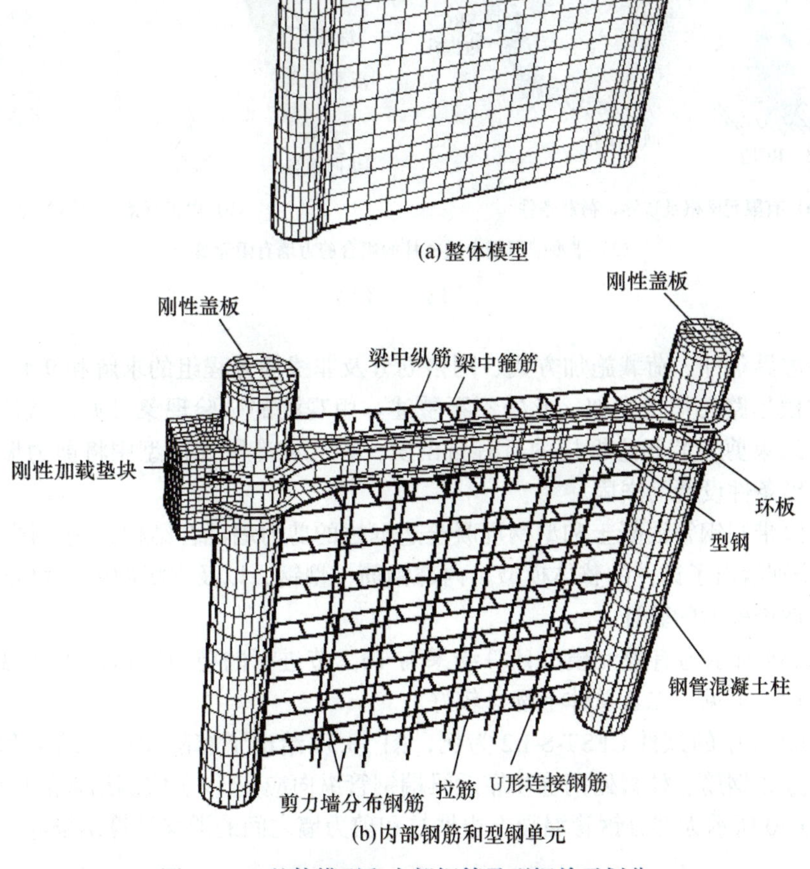

(a) 整体模型

(b) 内部钢筋和型钢单元

图 10.37　整体模型和内部钢筋及型钢单元划分

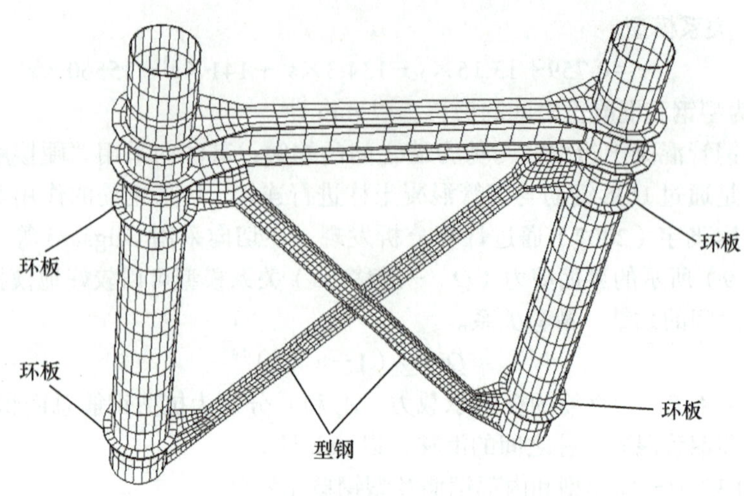

(c) 型钢支撑单元

(1) 带圆钢管混凝土边框柱的组合剪力墙有限元模型

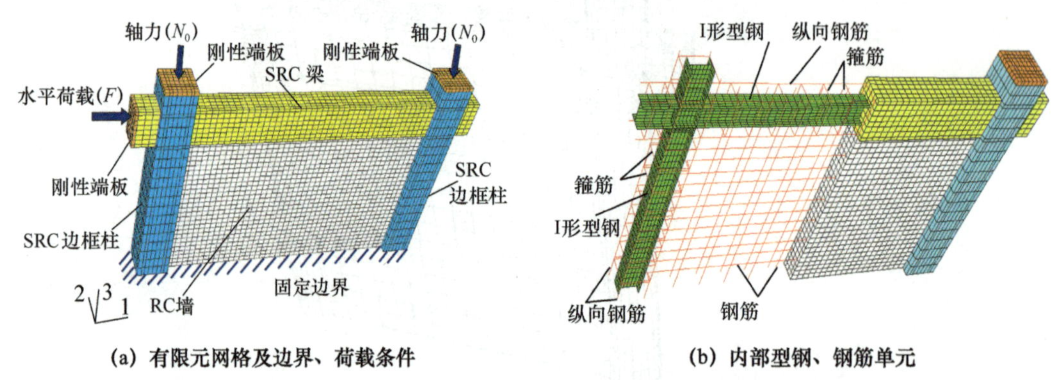

(a) 有限元网格及边界、荷载条件

(b) 内部型钢、钢筋单元

(2) 带型钢混凝土边框柱的组合剪力墙有限元模型

图 10.37 （续）

模型边界条件、荷载施加方式、网格划分及非线性方程组的求解和 9.4.1 节中平面框架的建模思路总体上类似，此处不再赘述。由观测的试验现象可见，试件的底梁可以很好地约束剪力墙和边框柱的所有自由度，因此在有限元模型中将剪力墙和边框柱的底部边界条件设置为嵌固。

分别以带圆钢管混凝土和型钢混凝土边框柱的剪力墙混合结构为例，图 10.37（1）和（2）分别给出了试件的整体模型、内部钢筋、型钢，以及支撑的单元划分方法。

（4）理论模型的验证

图 10.38 所示为有限元模型计算结果与 10.2 节进行的剪力墙试件 P-Δ 滞回关系骨架线的比较。可见，二者总体上吻合较好。

以 10.2 节中的试件 CFST-S-L2 为例，图 10.39 给出了有限元计算结果和剪力墙中心区域的分布钢筋、柱脚处钢管和靠近梁端钢管纵向应变（ε）实测结果的比较情况。

图 10.40 所示为部分钢管混凝土边框柱和剪力墙之间的滑移计算结果和实测结果的

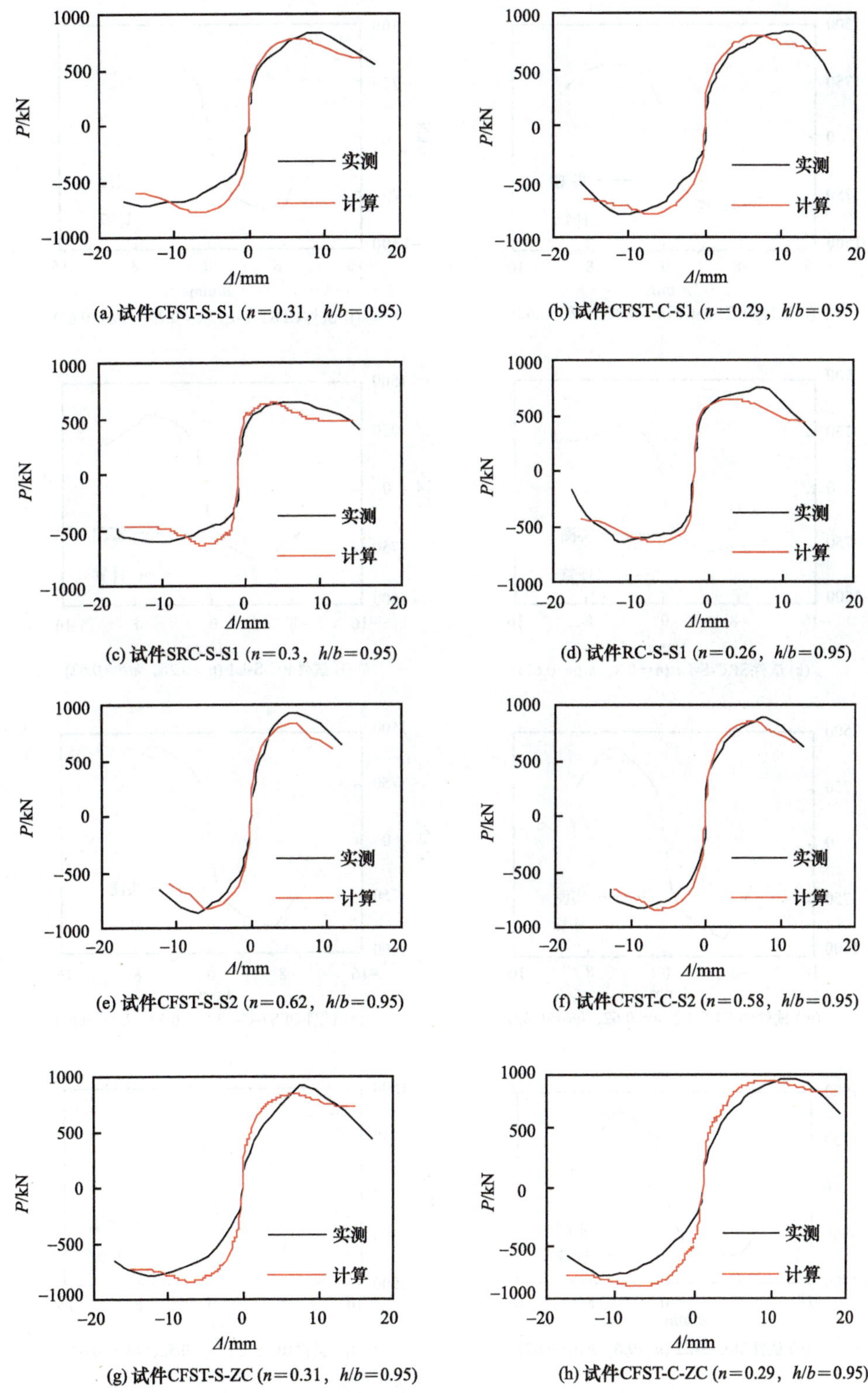

(a) 试件CFST-S-S1 ($n=0.31$，$h/b=0.95$)

(b) 试件CFST-C-S1 ($n=0.29$，$h/b=0.95$)

(c) 试件SRC-S-S1 ($n=0.3$，$h/b=0.95$)

(d) 试件RC-S-S1 ($n=0.26$，$h/b=0.95$)

(e) 试件CFST-S-S2 ($n=0.62$，$h/b=0.95$)

(f) 试件CFST-C-S2 ($n=0.58$，$h/b=0.95$)

(g) 试件CFST-S-ZC ($n=0.31$，$h/b=0.95$)

(h) 试件CFST-C-ZC ($n=0.29$，$h/b=0.95$)

图 10.38　*P-Δ* 滞回关系骨架线计算与实测结果比较

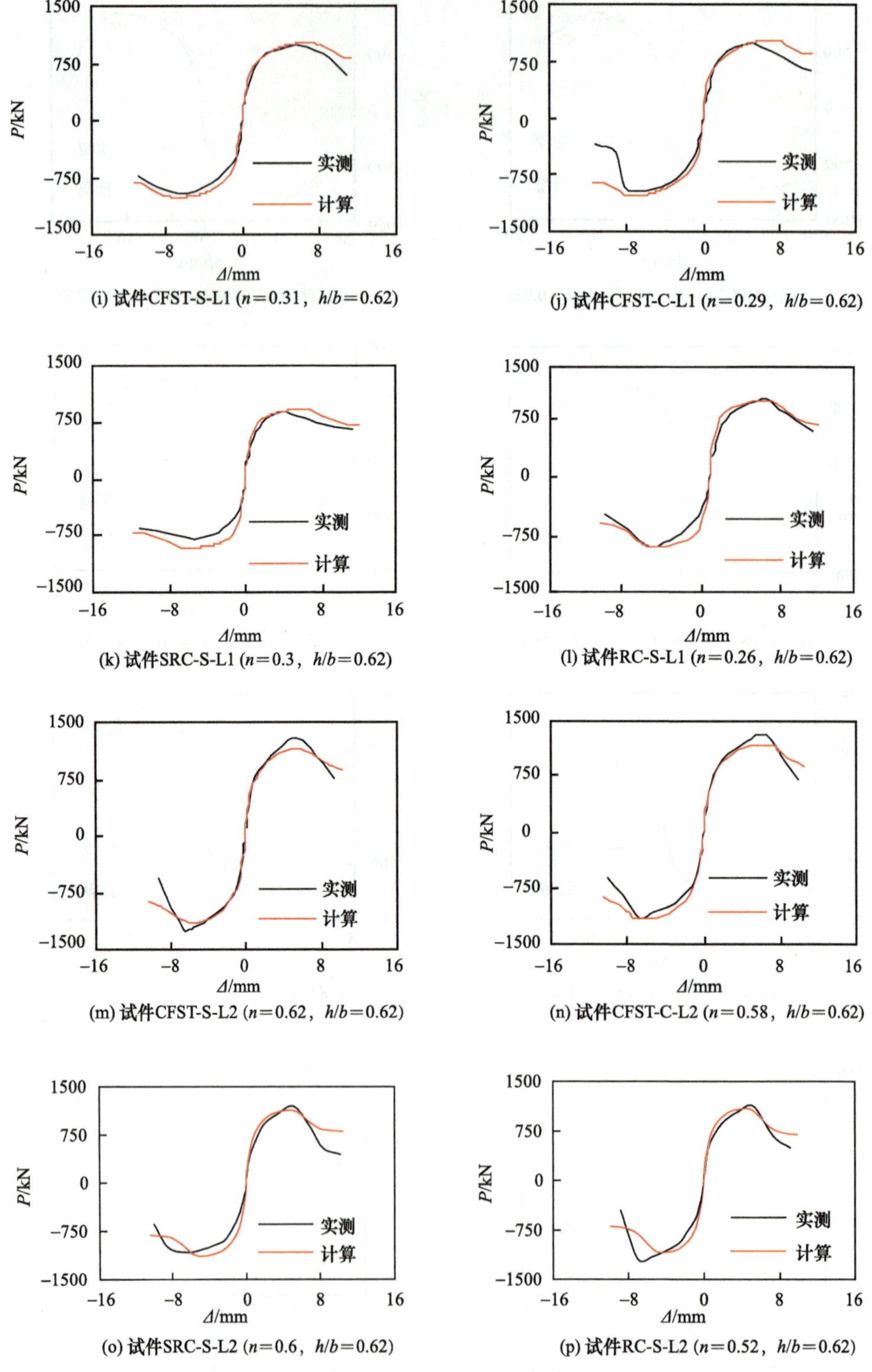

(i) 试件CFST-S-L1 (n=0.31，h/b=0.62)

(j) 试件CFST-C-L1 (n=0.29，h/b=0.62)

(k) 试件SRC-S-L1 (n=0.3，h/b=0.62)

(l) 试件RC-S-L1 (n=0.26，h/b=0.62)

(m) 试件CFST-S-L2 (n=0.62，h/b=0.62)

(n) 试件CFST-C-L2 (n=0.58，h/b=0.62)

(o) 试件SRC-S-L2 (n=0.6，h/b=0.62)

(p) 试件RC-S-L2 (n=0.52，h/b=0.62)

图 10.38 （续）

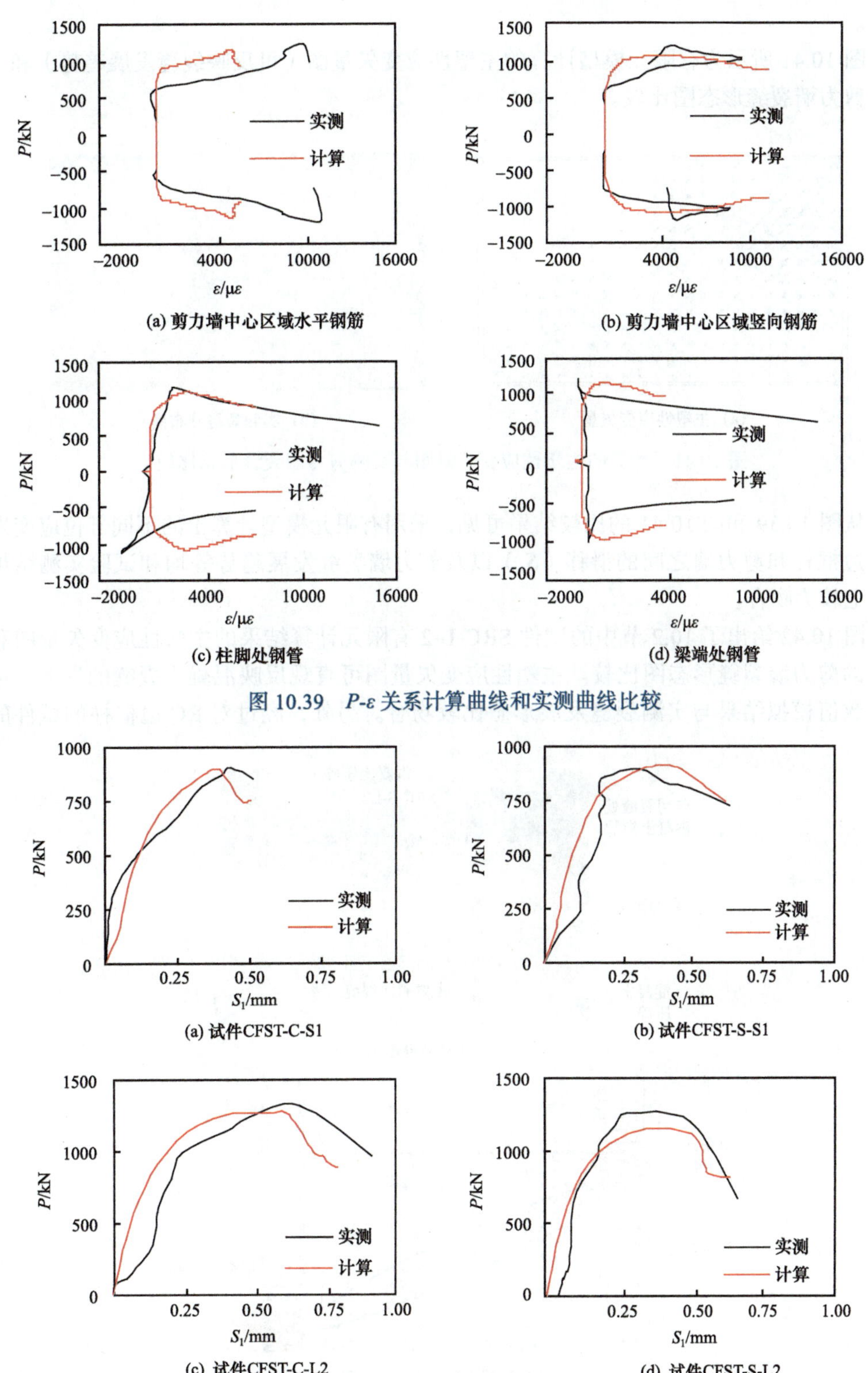

图 10.39　*P*-*ε* 关系计算曲线和实测曲线比较

图 10.40　*P*-S_1 关系计算结果和实测结果比较

对比。

图 10.41 所示为有限元模型计算的主塑性应变矢量图（可反映裂缝发展趋势）和实测的剪力墙裂缝形态图比较。

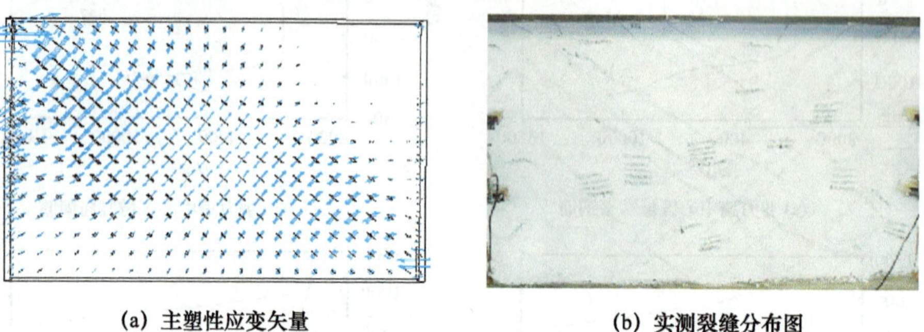

(a) 主塑性应变矢量　　(b) 实测裂缝分布图

图 10.41　计算的主塑性应变矢量图与实测剪力墙裂缝形态比较

从图 10.39 和图 10.41 的比较结果可见，采用有限元模型计算出的不同部位应变发展、边框柱和剪力墙之间的滑移（S_1）以及剪力墙裂缝发展趋势等均和试验实测结果总体上较为吻合。

图 10.42 给出了 10.2 节中的试件 SRC-L-2 有限元计算结果的主塑性应变矢量图和实测的剪力墙裂缝形态图比较。主塑性应变矢量图可直观反映混凝土裂缝的发展。可见，数值模拟结果与实测裂缝发展形态比较吻合。另外，经过对 RC 边框柱的试件的

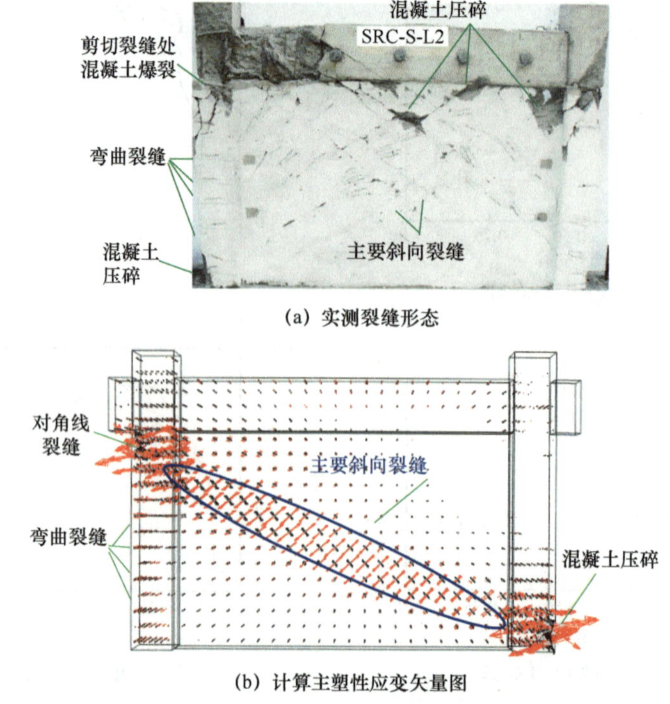

(a) 实测裂缝形态

(b) 计算主塑性应变矢量图

图 10.42　SRC 边柱试件计算主塑性应变矢量图与实测剪力墙裂缝形态比较

数值模拟，计算结果也类似（Liao et al.，2012）。

需要说明的是，本节用单调加载的有限元模型对 10.2 节的反复荷载作用下剪力墙结构的力学性能进行模拟和分析，计算结果并不能完全反映反复荷载作用下的情况。例如计算结果没有反映混凝土在反复应力作用下的累积损伤等，这和试验结果存在差异。但由图 10.41 和图 10.42 的比较可见，有限元计算的单调加载情况下，剪力墙裂缝开展角度和发展趋势与实测相应加载方向总体上是一致的。

10.3.2 受力全过程分析

为深入了解带 CFST 边框柱和 SRC 边框柱的 RC 剪力墙在侧向力作用下各部件的受力特性，以下分别选取 CFST-S-L2 和 SRC-S-L2 进行分析。

1. 钢管混凝土边框柱试件 CFST-S-L2

图 10.43 所示为有限元模型计算的试件在单调荷载作用下的 P-Δ 曲线，为分析方便，在其上选取以下四个特征点进行分析。A 点为剪力墙出现初始裂缝的点；B 点为剪力墙分布钢筋开始屈服并进入弹塑性阶段的点；C 点为剪力墙试件达到峰值荷载时的点；D 点为荷载下降到 85% 极限荷载，即达破坏荷载 P_u 时的对应点。除 A、B、C 和 D 四点外，另外还对边框柱钢管屈服所对应时刻（图 10.43）试件的力学状态也进行了分析。

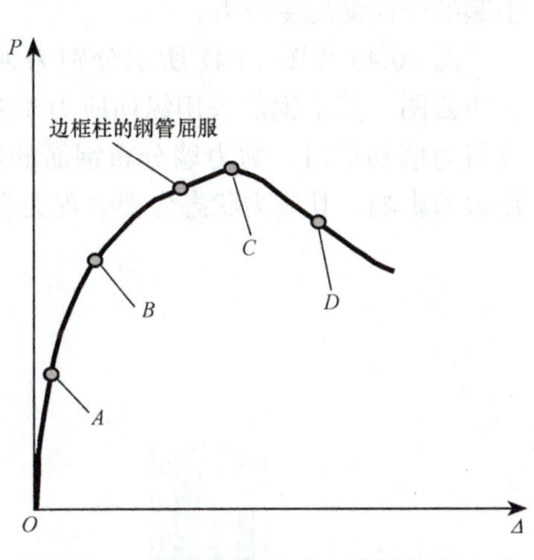

图 10.43 水平荷载（P）－水平位移（Δ）关系（CFST-S-L2）

对于每个特征点，通过分析所得的应力、应变矢量图和云图等来反映这个时刻各部件的受力状态。在混凝土塑性损伤模型中，当混凝土出现主拉塑性应变时，即表示混凝土产生开裂，且裂缝方向垂直于主拉塑性应变方向。因此，可用主拉塑性应变来近似反映剪力墙混凝土的裂缝开展情况。此外，由于采用的混凝土受压本构模型具有下降段，仅依据主压应力的数值大小并不能完全反映混凝土的受压破坏严重程度，此时可采用主压塑性应变来加以反映。

（1）A 点

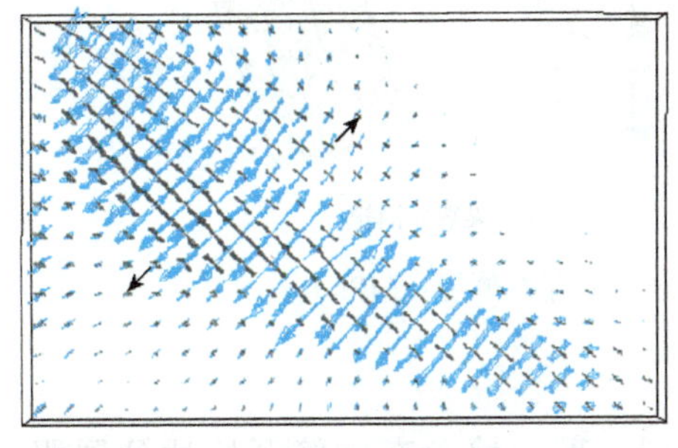
图 10.44 A 点处的主塑性应变矢量图

图 10.44 所示为 A 点处计算的剪力墙主塑性应变矢量图，其中的箭头显示了最大（受拉）主塑性应变方向，和其垂直方向表示最小（受压）主塑性应变的方向。受拉主塑性应变可大致反映混凝土的开裂形态。可见，计算裂缝方向和水平方向夹角近似为 45°，和实测结果较为相近。

图 10.45 给出了 A 点对应的剪力墙混凝土

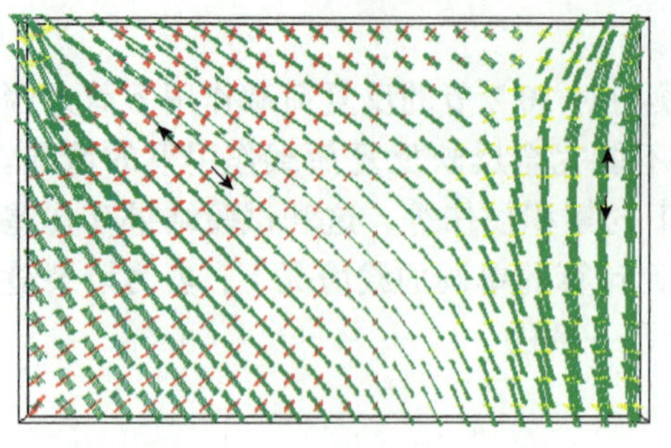

图 10.45　*A* 点处的主应力矢量图

主应力矢量图，其中箭头方向表示最小（压）主应力方向，和它垂直的方向代表最大（拉）主应力方向。从图 10.45 可以看出，受轴压力的影响，在 *A* 点时，剪力墙混凝土以受压为主，受压主应力较受拉主应力的数值和分布区域都大。由于试件在左端加载，因此剪力墙左半部分受水平荷载的影响更大。在这个区域内，由轴压力和水平力引起的受压主应力和受拉主应力二者互相垂直，都大致沿与水平方向成 45°角开展。而在剪力墙的右半部受水平荷载的影响还较小，主要分布着由轴向压力引起的竖向受压主应力。

图 10.46 和图 10.47 所示分别为 *A* 点对应的剪力墙分布钢筋和边框柱钢管的应力分布云图，其中钢筋采用纵向应力（S11）、钢管采用 Mises 应力的形式来表示。可见，在剪力墙初裂时，剪力墙分布钢筋的应力很小。此时边框柱的应力也较小。由于受轴压力的影响，其应力状态主要表现为受压。

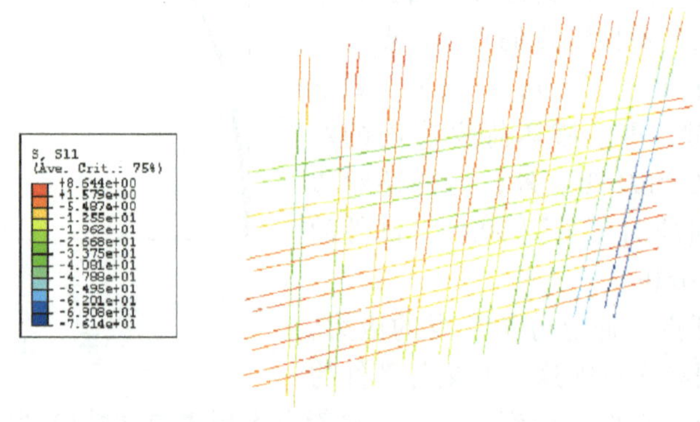

图 10.46　*A* 点处分布钢筋的应力分布（应力单位：MPa）

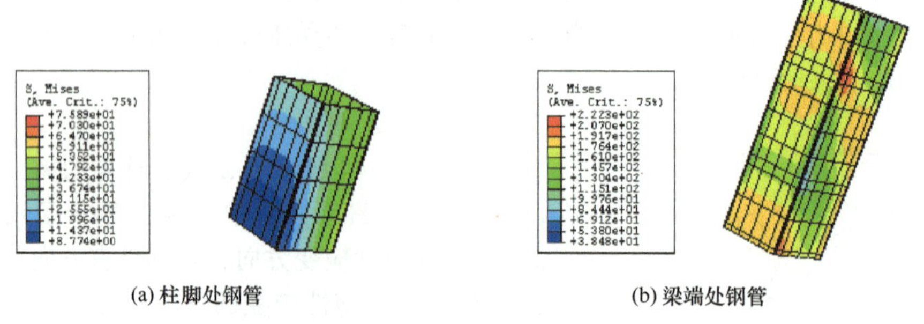

(a) 柱脚处钢管　　(b) 梁端处钢管

图 10.47　*A* 点处钢管的 Mises 应力分布（应力单位：MPa）

（2）*B* 点

在 *B* 点处，由于剪力墙上斜裂缝的不断开展，剪力墙分布钢筋开始达到屈服。

图 10.48（a）所示为此时剪力墙的主塑性应变矢量图。可见，与图 10.44 相比，在剪力墙水平分布钢筋达到屈服时，剪力墙左侧开裂范围进一步扩大，宽度最大的裂缝出现在近似沿对角线方向分布的条状区域内，表明此时剪力墙混凝土在对角线附近区域正逐渐形成一条主斜裂缝。

图 10.48（b）所示为 B 点对应的剪力墙混凝土主应力矢量图。可见，此时剪力墙除右侧边缘外，其余大部分区域的受压主应力都呈斜向分布，表明此时剪力墙混凝土应力状态主要以剪切为主，受压主应力最大区域分布在裂缝两侧，裂缝附近的混凝土由于受压破坏开始退出工作，因而受压主应力明显减小。

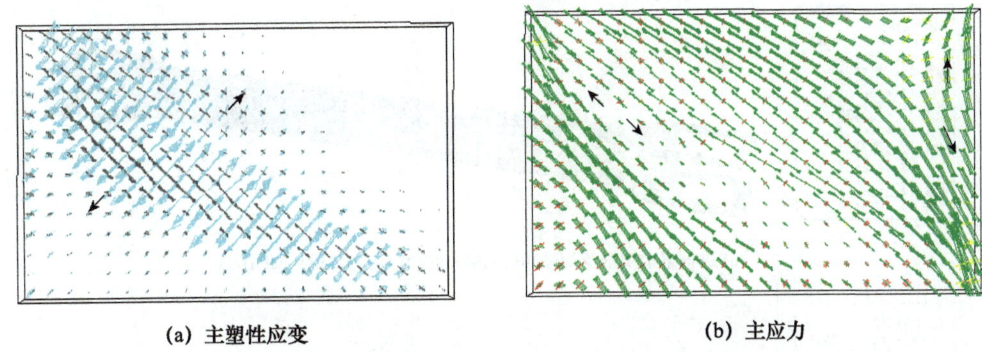

(a) 主塑性应变　　(b) 主应力

图 10.48　B 点处的主塑性应变和主应力矢量图

图 10.49 所示为 B 点对应的剪力墙分布钢筋的纵向应力（S11）分布云图。可见，在主斜裂缝发展的附近区域，剪力墙分布钢筋达到屈服，表明混凝土开裂引起了应力转移和钢筋屈服。

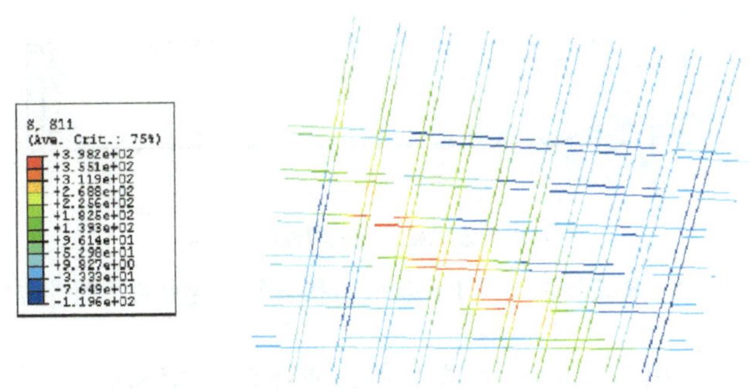

图 10.49　B 点处分布钢筋的应力图（应力单位：MPa）

图 10.50（a）和（b）分别给出了钢管混凝土边框柱脚处钢管和混凝土的应力云图。可见，此时钢管的 Mises 应力还较小（最大值为 140MPa），尚未达到屈服状态，柱脚混凝土中受压主应力的数值也较小。

图 10.51 中分别给出了 B 点时刻对应的边框梁中型钢、加强环板和钢筋的应力分布云图以及混凝土的主塑性应变矢量图。

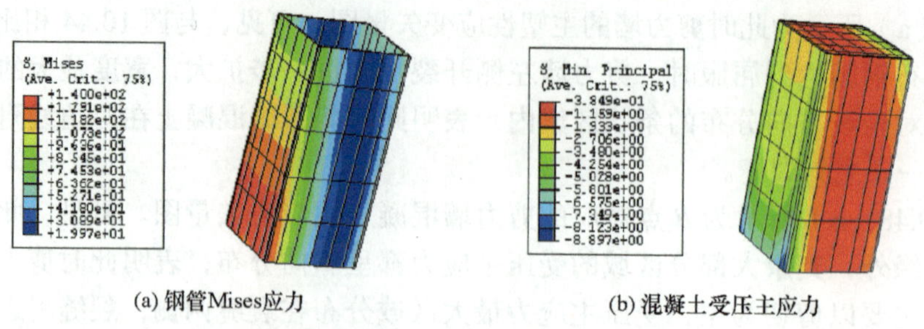

(a) 钢管Mises应力　　(b) 混凝土受压主应力

图 10.50　*B* 点处柱脚钢管和混凝土的应力图（应力单位：MPa）

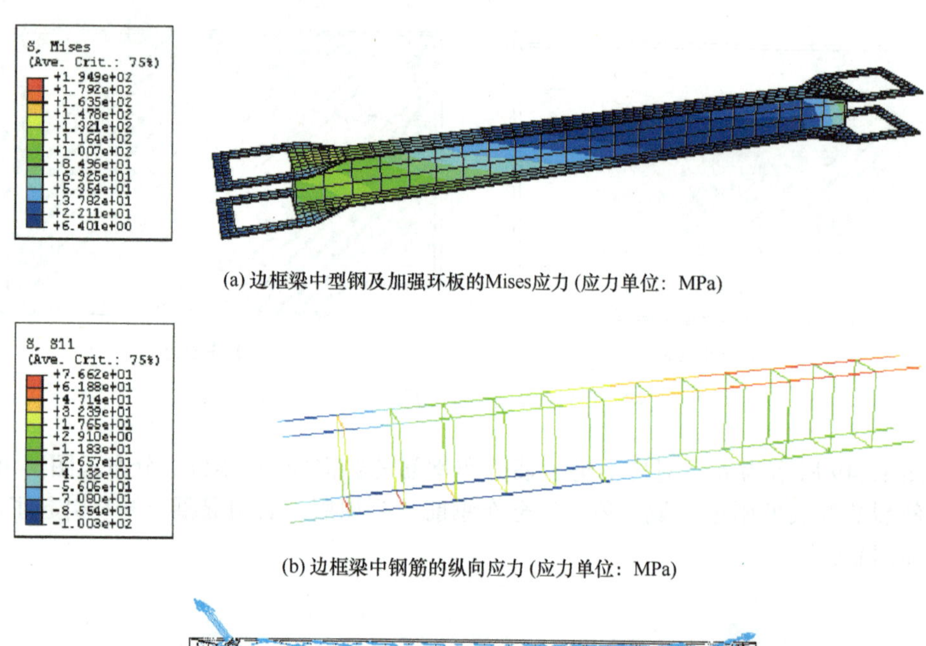

(a) 边框梁中型钢及加强环板的Mises应力 (应力单位：MPa)

(b) 边框梁中钢筋的纵向应力 (应力单位：MPa)

(c) 边框梁混凝土的主塑性应变矢量

图 10.51　*B* 点处边框梁中钢材应力状态和混凝土的主塑性应变

由图 10.51 可以看出，此时梁中型钢和加强环板的 Mises 应力值均未达到其屈服强度，而纵筋和箍筋的最大应力值也仅在 100MPa 左右，表明此时边框梁受荷还较小。但从图 10.51（c）所示的混凝土的主塑性应变矢量图中可以发现，此时边框梁左端和右端的混凝土已经开裂。

剪力墙分布钢筋屈服后，随着水平荷载的继续增大，钢管混凝土边框柱脚处钢管的 Mises 应力达到了屈服极限。此时，剪力墙混凝土开裂区域进一步扩大，新的斜裂缝也不断开展和延伸。通过观察剪力墙的主应力矢量，发现主裂缝附近退出工作的混凝土范围也有所扩大。

此时，剪力墙分布钢筋达到屈服状态的区域进一步扩大，表明主斜裂缝的进一步发展。边框梁中的型钢翼缘在左端和柱环板连接处已发生屈服并进入弹塑性状态，但其他区域的型钢 Mises 应力值并不大。同时，梁中纵筋和箍筋也未达到屈服状态，梁中混凝土裂缝宽度有继续增大的趋势。

图 10.52 所示为钢管混凝土边框柱的柱脚处和梁端处钢管的 Mises 应力分布情况，可见此时这两处的钢管均已进入屈服状态。

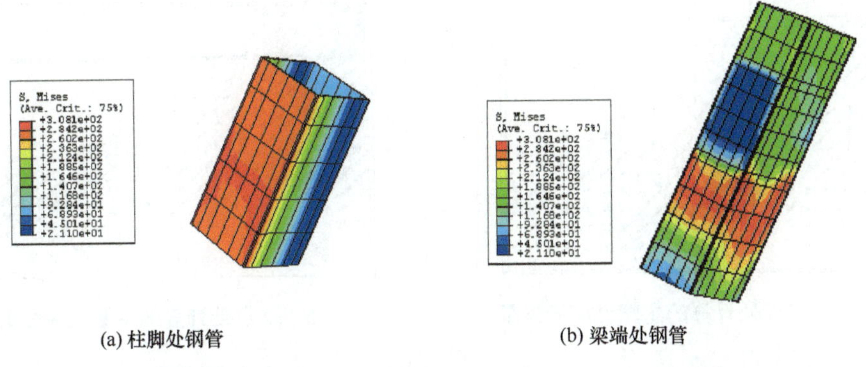

(a) 柱脚处钢管　　(b) 梁端处钢管

图 10.52　钢管屈服时柱脚和梁端处钢管的 Mises 应力（应力单位：MPa）

图 10.53（a）所示为边框柱变形图（为了便于观察，将变形放大了 30 倍进行显示）。可见，边框柱在靠近柱脚一端主要以弯曲变形为主，但在靠近梁端，柱的挠曲线形状产生突变，表现出剪切变形的特征。图 10.53（b）给出了该边框柱中核心混凝土的主应力矢量图。可见，在柱脚处的核心混凝土的应力状态主要表现为沿纵向分布的主拉应力，表明此边框柱在柱脚处处于拉弯的受力状态。随着边框柱离梁端距离的减小，核心混凝土的主应力方向开始倾斜。在柱挠曲线形状突变处，混凝土的主应力方向和水平方向的夹角接近 45°，表明此处边框柱主要承受水平剪力，该剪力系由于剪力墙的斜压杆传力机制所引起。

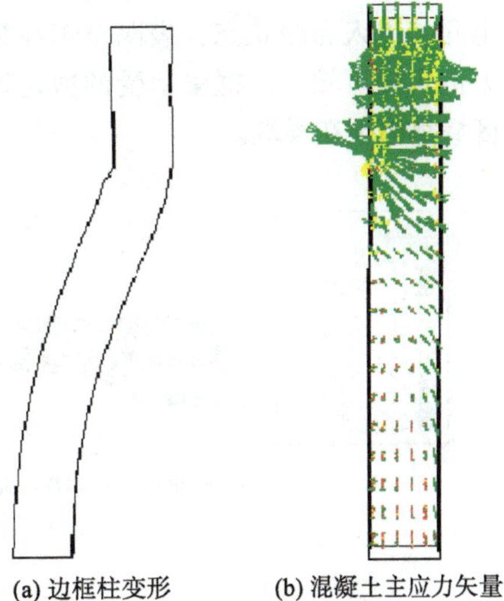

(a) 边框柱变形　　(b) 混凝土主应力矢量

图 10.53　钢管屈服时边框柱变形和混凝土的主应力矢量

（3）*C* 点

图 10.54 所示分别为 *C* 点处计算的剪力墙主塑性应变矢量。和图 10.15（1c）实际观测的剪力墙裂缝图对比可见，在计算加载方向，二者所反映的剪力墙混凝土开裂区域和趋势基本接近。和 *B* 点相比，此时剪力墙混凝土出现受拉主塑性应变的区域（混凝土开裂的区域）并未明显扩大，但受拉主塑性应变值有所增加，显示此时剪力墙基本不再有新的斜裂缝产生，但裂缝宽度仍在增长，这也和试验观测一致。

（4）D点

当试件的承载力下降到峰值荷载的85%时，认为试件达到破坏状态。

图10.55所示为D点时计算的剪力墙和边框梁混凝土主塑性应变矢量。由于计算为单调加载情况，和C点相比，在D点时剪力墙混凝土的最大主拉塑性应变由0.015急剧增大到0.0296，表明剪力墙斜裂缝宽度的迅速增大；同时，最小主应变的最大值由0.005迅速增大到0.012，表明混凝土的受压应变急剧增长。

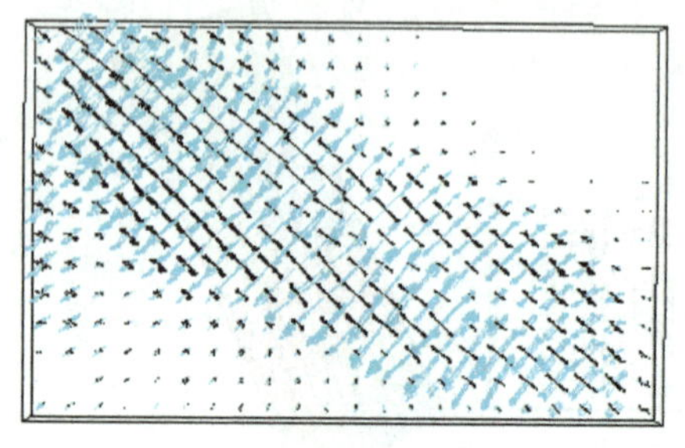

图10.54 C点处计算的主塑性应变矢量

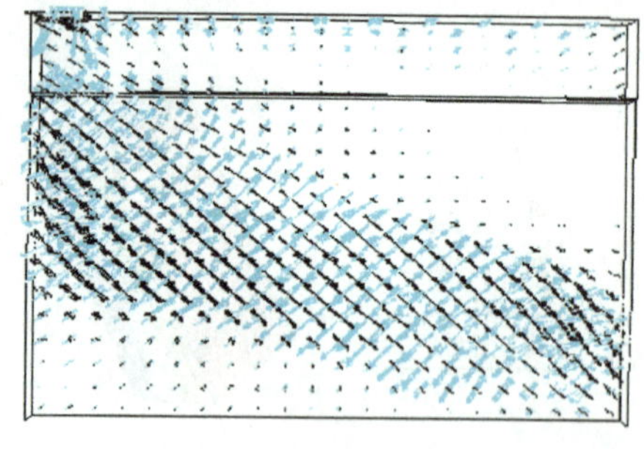

图10.55 D点处计算的主塑性应变矢量图

图10.56所示为D点时边框梁中的型钢、钢筋以及加强环板的应力分布情况。可见，此时梁端箍筋已经屈服而纵筋仍未达到屈服状态。同时型钢梁端变截面处的腹板也开始进入屈服状态，表明型钢在梁端承受了较大剪力。由型钢、纵筋以及箍筋的应力值比较可知，边框梁承受的剪切作用比弯曲作用大，其应力最集中和破坏最严重的区域都出现在梁端。

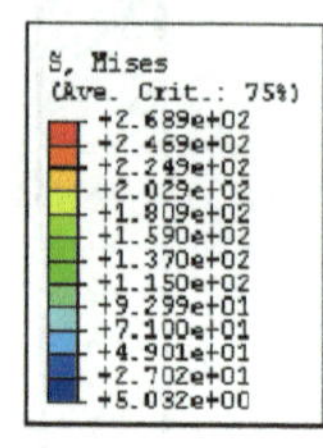

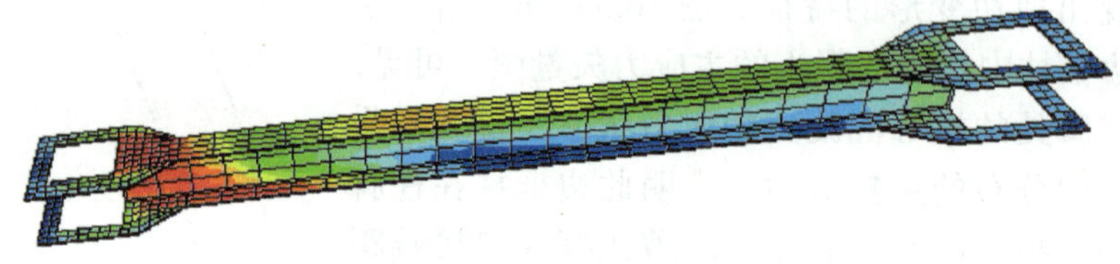

(a) 边框梁中型钢及加强环板的Mises应力分布（应力单位：MPa）

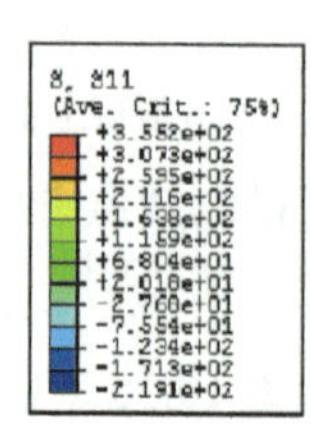

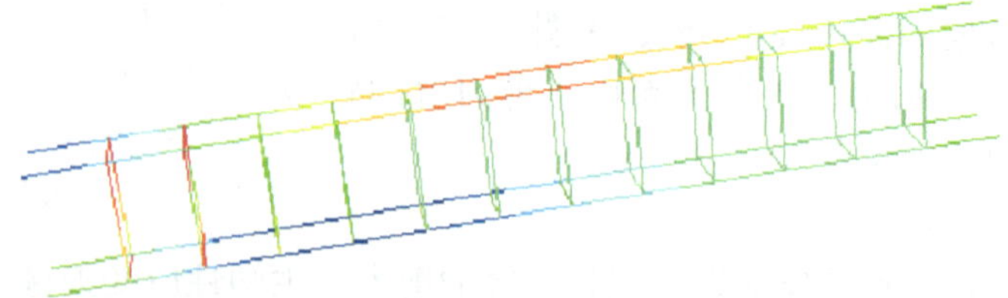

(b) 边框梁中钢筋纵向应力分布（应力单位：MPa）

图10.56 D点处边框梁中的型钢、钢筋和加强环板应力分布

对于带型钢支撑的试件，其计算的P-Δ关系总体上与图10.54类似。图10.57所示为试件CFST-C-ZC中的钢支撑对应峰值荷载（C点）和破坏荷载（D点）时的Mises

应力分布。可见，在试件达到峰值荷载和破坏荷载时，型钢支撑的中部交叉处应力较大，这和 10.2 节中的试验现象一致。

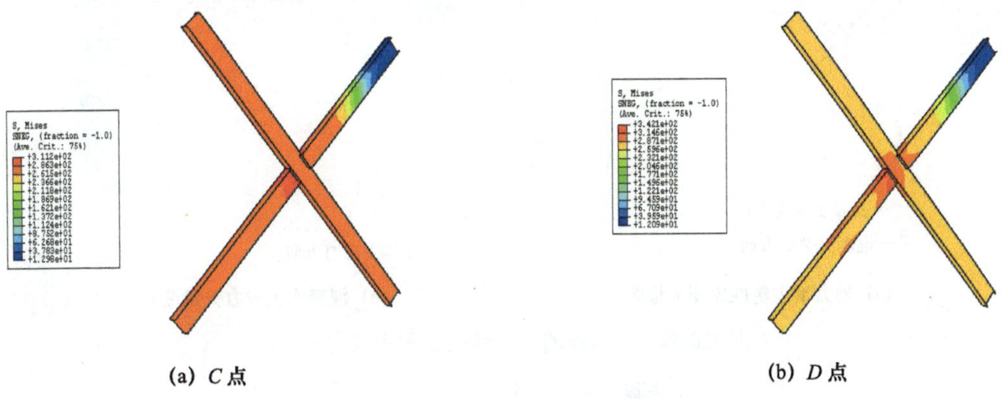

(a) C 点　　(b) D 点

图 10.57　型钢支撑 Mises 应力分布（应力单位：MPa）

2. 型钢混凝土边框柱试件 SRC-S-L2

对于型钢混凝土边框柱剪力墙试件 SRC-S-L2，类似地选取对应于图 10.58 中的四个时刻进行受力全过程分析。图 10.58 中 A 点对应于剪力墙开始出现初始裂缝的时刻，B 点对应于剪力墙的对角线方向形成主裂缝的时刻，C 点对应于试件达到其极限荷载时刻，D 点对应于水平荷载下降到极限荷载的 85% 的时刻。

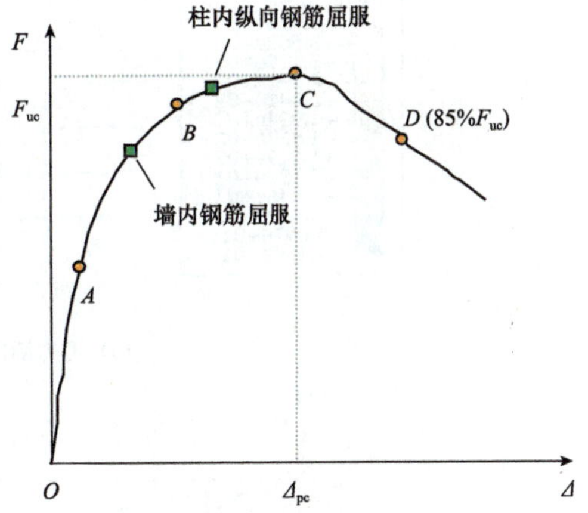

图 10.58　水平荷载（P）- 水平位移（Δ）关系（SRC-S-L2）

（1）A 点

图 10.59（a）所示为试件 SRC-S-L2 的 A 点处计算的剪力墙主塑性应变矢量图，其中的箭头显示了最大（受拉）主塑性应变方向，其垂直方向表示最小（受压）主塑性应变的方向。可见计算裂缝方向和水平方向夹角近似为 45°，和实测结果较为相近。图 10.59（b）给出了 A 点对应的剪力墙混凝土主应力矢量图，其中箭头方向表示最小（压）主应力方向，和它垂直的方向代表最大（拉）主应力方向。可以看出，在 A 点时剪力墙混凝土的主应力矢量分布与前面 CFST-S-L2 试件规律类似。

当水平荷载达到了 75% 的极限荷载时，剪力墙分布钢筋的纵向应力（S11）分布如图 10.60（a）所示。可见此刻剪力墙分布钢筋大部分接近屈服，主要原因是混凝土开裂后钢筋承担主要的荷载。与 A 时刻的混凝土主拉塑性应变矢量对比，此时的混凝土拉应变也有很大的发展，如图 10.60（b）所示，SRC 边框柱柱底开始出现裂缝。

（2）B 点

当水平荷载接近于 85% 极限荷载时，剪力墙混凝土的主拉塑性应变矢量在对角线

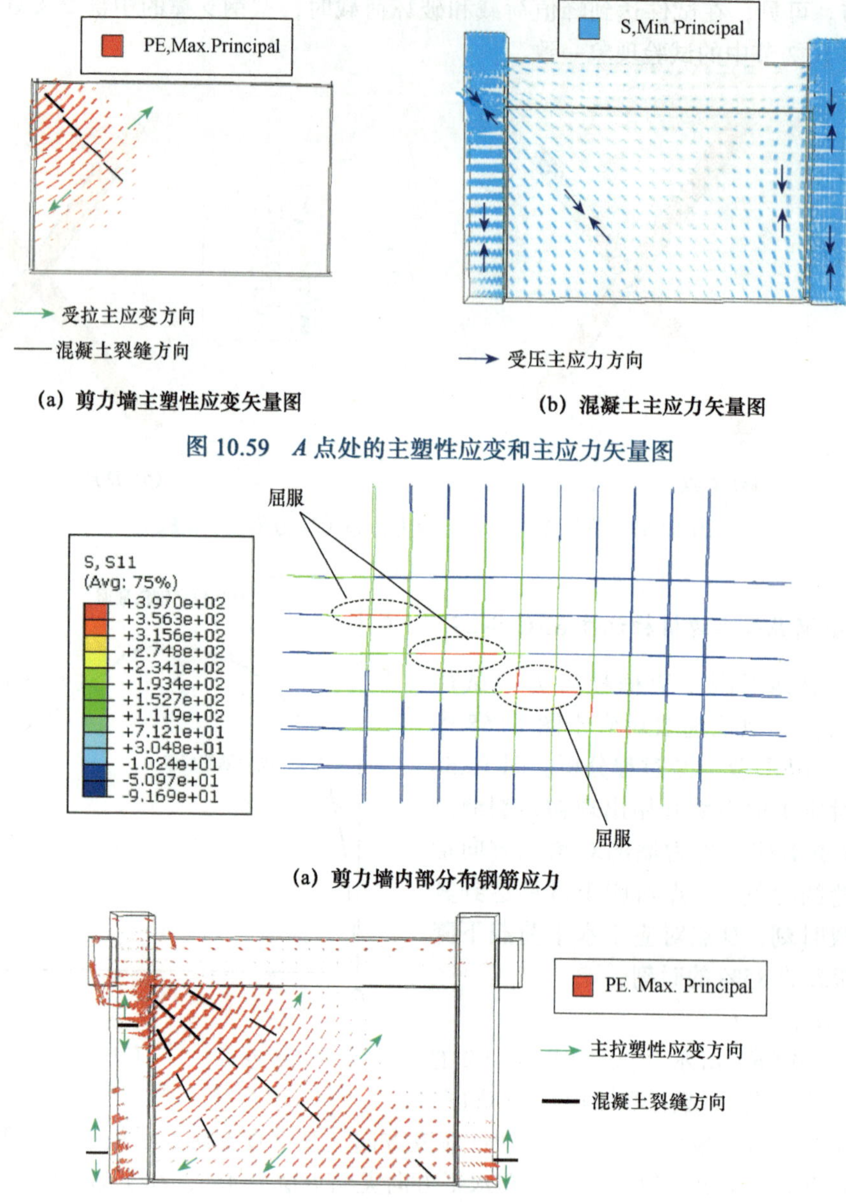

(a) 剪力墙主塑性应变矢量图

(b) 混凝土主应力矢量图

图 10.59　*A* 点处的主塑性应变和主应力矢量图

(a) 剪力墙内部分布钢筋应力

(b) 混凝土主拉塑性应变矢量分布

图 10.60　剪力墙内钢筋的应力和应变分布

方向集中分布，意味着在墙体的主对角方向形成了主斜裂缝，如图 10.61（a）所示。

图 10.61（b）和（c）分别给出了对应于 *B* 点时刻时，剪力墙钢筋应力分布及 SRC 梁柱内部型钢的应力分布。可见，由于裂缝的出现和扩展，原先由混凝土承担的荷载逐渐转为由钢筋和内部型钢承担，导致大部分型钢截面和沿墙体斜对角线方向范围内的钢筋逐渐达到屈服。

当水平荷载接近于 90% 极限荷载时，SRC 边框柱柱底范围内的纵向钢筋应力达到其屈服强度，如图 10.62 所示。

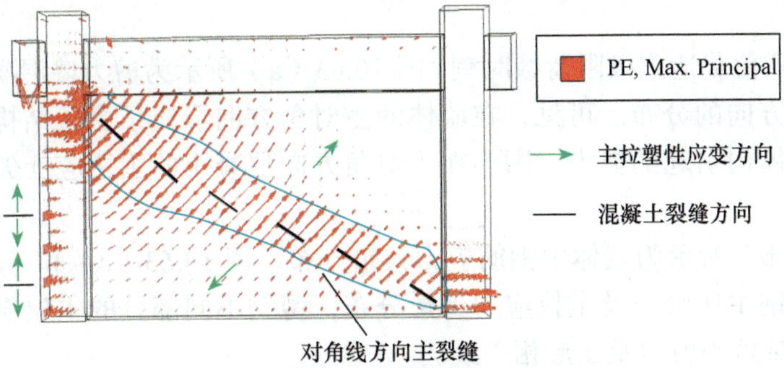

PE, Max. Principal
主拉塑性应变方向
混凝土裂缝方向
对角线方向主裂缝

(a) 混凝土主拉塑性应变矢量

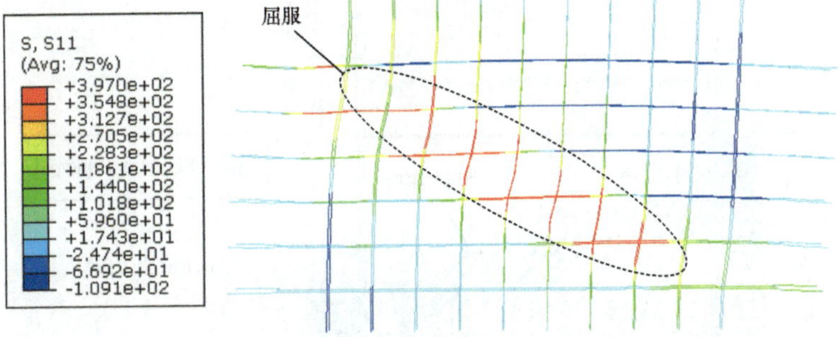

S, S11
(Avg: 75%)
+3.970e+02
+3.548e+02
+3.127e+02
+2.705e+02
+2.283e+02
+1.861e+02
+1.440e+02
+1.018e+02
+5.960e+01
+1.743e+01
-2.474e+01
-6.692e+01
-1.091e+02
屈服

(b) 剪力墙内钢筋应力

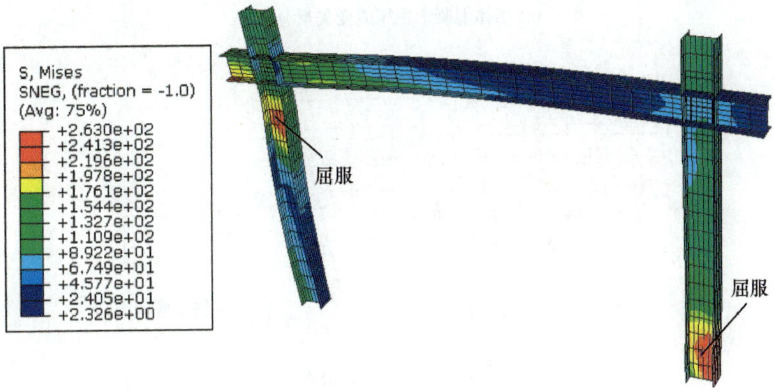

S, Mises
SNEG, (fraction = -1.0)
(Avg: 75%)
+2.630e+02
+2.413e+02
+2.196e+02
+1.978e+02
+1.761e+02
+1.544e+02
+1.327e+02
+1.109e+02
+8.922e+01
+6.749e+01
+4.577e+01
+2.405e+01
+2.326e+00
屈服
屈服

(c) 内部 I 形型钢应力分布

图 10.61　*B* 点时刻应力和应变分布（应力单位：MPa）

S, S11
(Avg: 75%)
+1.358e+02
+9.477e+01
+5.370e+01
+1.263e+01
-2.844e+01
-6.951e+01
-1.106e+02
-1.517e+02
-1.927e+02
-2.338e+02
-2.749e+02
-3.159e+02
-3.570e+02
屈服

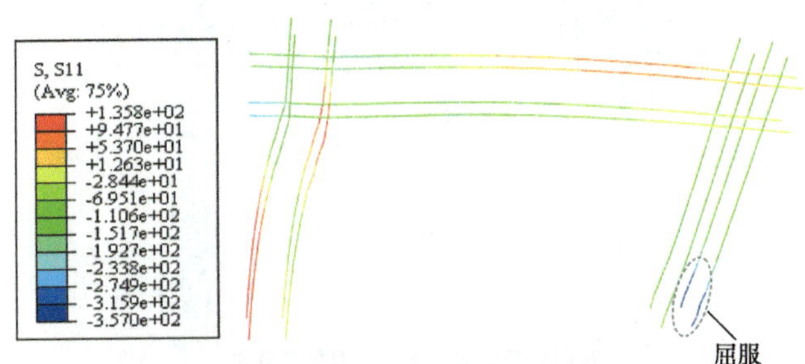

图 10.62　边框柱内柱底范围内纵向钢筋应力达到屈服（应力单位：MPa）

（3）C 点

C 点为水平荷载达到极限荷载时刻，图 10.63（a）所示为剪力墙混凝土的主压应变矢量在对角线方向的分布。可见，在墙体的主对角方向形成了受压结构单元用以承担水平荷载在墙体内引起的剪力，因为在主对角方向混凝土的主压应变矢量明显高于墙体其余位置。

图 10.63（b）所示为墙体中钢筋应力矢量分布，图 10.63（c）和（d）分别为边框柱及梁内部型钢主压应力及主拉应力矢量分布，型钢不同部分的主拉应力及主压应力方向和墙体主对角的剪力及变形相一致。

（4）D 点

D 点对应于试件下降阶段，为水平荷载下降到 85% 极限荷载所对应的时刻，也就

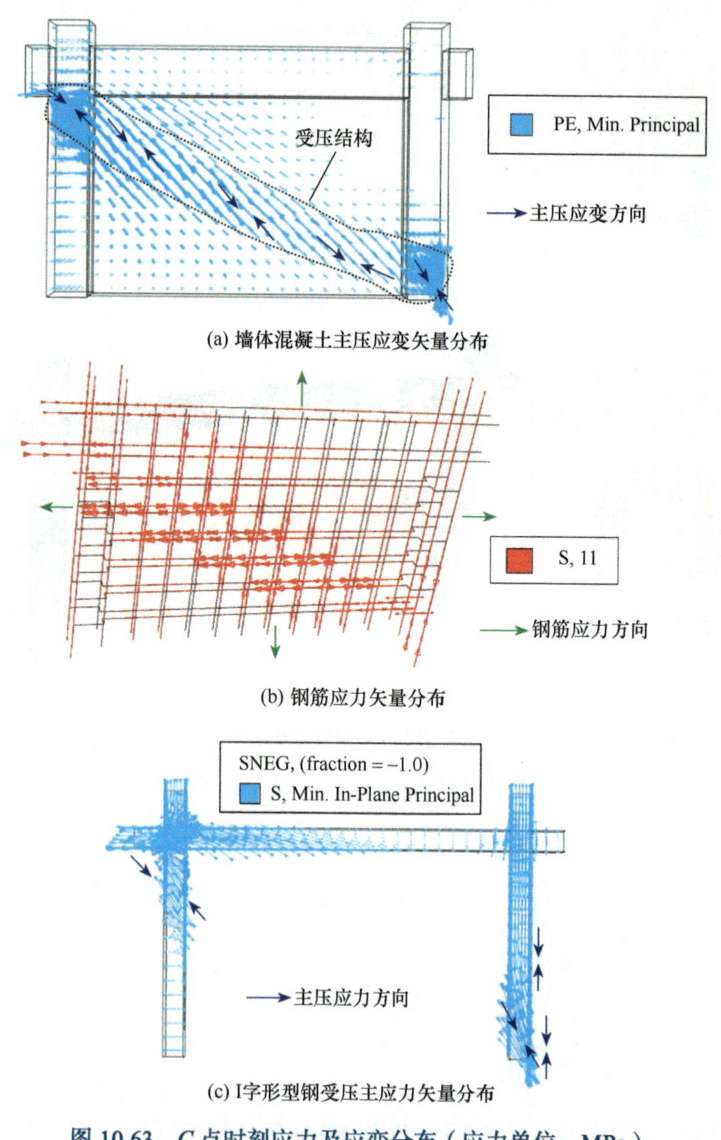

(a) 墙体混凝土主压应变矢量分布

(b) 钢筋应力矢量分布

(c) I字形型钢受压主应力矢量分布

图 10.63　C 点时刻应力及应变分布（应力单位：MPa）

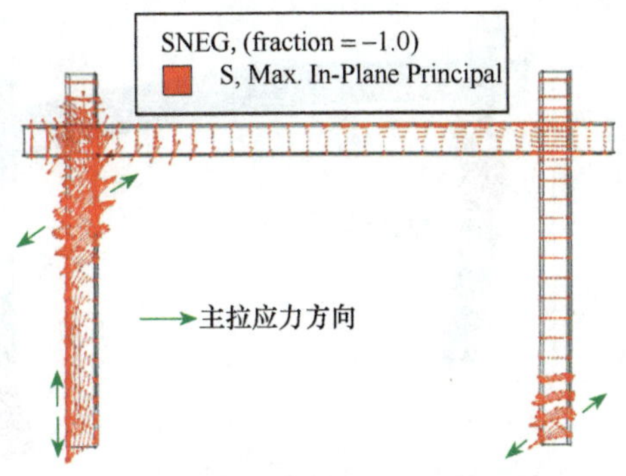

(d) I字形型钢受拉主应力矢量分布

图 10.63 （续）

是常规定义为“破坏”对应的时刻。图 10.64（a）所示为此刻剪力墙混凝土的主拉塑性应变矢量在对角线方向的分布，其裂缝开展模式和 *C* 点时刻类似。图 10.64（b）所示为墙体中钢筋应力分布，图 10.64（c）为边框柱及梁内部型钢应力分布。总体上可以看出 SRC 边框柱剪力墙试件最终为剪切型破坏特征。

10.3.3　破坏机制与受力特点分析

（1）剪力墙破坏机制

通过对带 CFST 边框柱的 RC 剪力墙结构在各特征点受力状态的分析可以清晰地研究这类剪力墙结构的工作机理。剪力墙结构的初始斜裂缝沿 45°方向斜向开展，此时剪

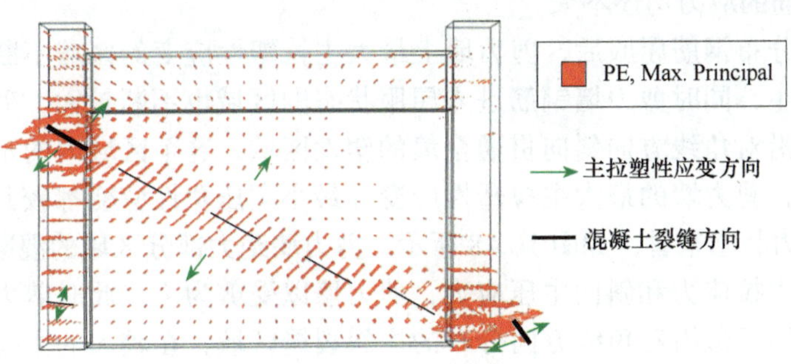

(a) 墙体混凝土的主拉塑性应变矢量

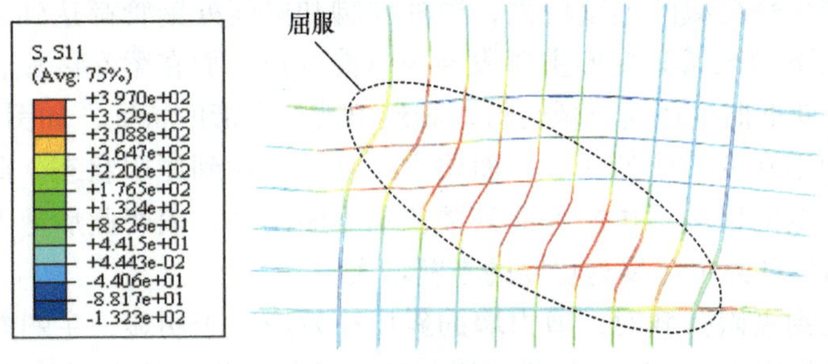

(b) 墙体内部钢筋应力分布

图 10.64　*D* 点时刻应力及应变分布（应力单位：MPa）

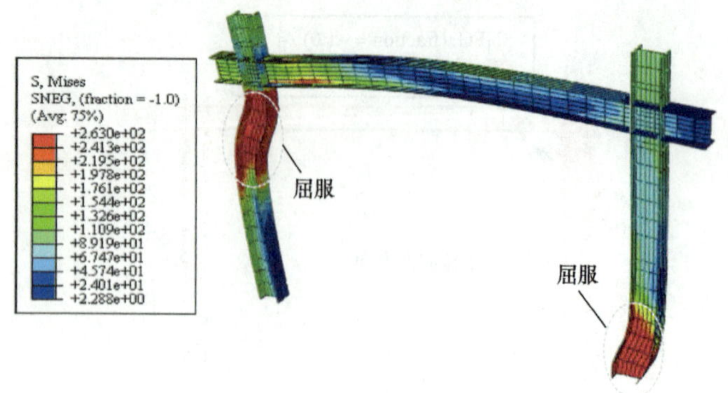

(c) I字型钢应力分布

图 10.64 （续）

力墙的左侧和中部有由轴压力和水平剪力共同引起的斜向剪切应力，而右侧区域存在由轴压力引起的竖向压应力。剪力墙初裂时分布钢筋的应力以数值较小的压应力为主，而边框柱主要以压应力为主。

剪力墙开裂后，其混凝土所承担的拉应力就开始转移到分布钢筋上，使得分布钢筋的应力迅速增大。剪力墙水平分布钢筋屈服区域出现在剪力墙最大主拉塑性应变数值最大处，也即斜裂缝宽度最大的位置，如图 10.45 所示。在此阶段，出现最大主拉塑性应变的区域不断扩大，表明剪力墙上不断有新的斜裂缝产生。此时边框柱脚和梁端处的钢管尚未达到屈服状态，但边框梁混凝土在左下部和剪力墙交界处已经开裂，而梁中型钢和钢筋的应力均还不大。

在剪力墙分布钢筋屈服后，剪力墙上最大主拉塑性应变的区域不断扩大，陆续有新的斜裂缝产生，同时剪力墙钢筋进入屈服状态的区域也不断扩大，剪力墙和分布钢筋都形成一条沿对角线方向斜向贯通全墙的塑性区域，这个区域内的水平和竖向分布钢筋都已屈服，剪力墙的最大主拉塑性应变和最小主压塑性应变都较其他区域大。从剪力墙的主应力状态来看，如图 10.48 所示，剪力墙绝大部分区域的混凝土都分布着相互垂直的斜向主拉应力和斜向主压应力，剪力墙以受剪为主。此时剪力墙逐渐形成了斜压杆机制，即近似沿对角线方向分布的主斜裂缝区域，在较大的主拉应力和主压应力同时作用下，其受力状态类似一个斜向受压的桁架杆，如图 10.65（a）所示。

此后，随着水平荷载的继续增大，边框柱脚和梁端处钢管都达到屈服状态，此时边框柱在梁端以下的区域其变形主要表现为弯曲变形，而在梁端区域，边框柱受水平剪力的影响，其变形曲线在此出现转折，表现出剪切变形的特征，如图 10.53 所示。此时，边框梁中型钢在变截面处屈服，而梁中钢筋还未达到屈服状态。此后，剪力墙出现最大主塑性应变的区域不再扩大而其数值却不断增加，表明此后剪力墙上不再出现新的斜裂缝，而表现为主斜裂缝宽度的不断增大。

剪力墙在达到极限荷载时，剪力墙的斜压杆效应趋于明显，主斜裂缝区域的最大主塑性应变值已经很大。此时，钢管混凝土边框柱的变形总体上还是以弯曲变形为主，梁端处并未产生剪切破坏，这表明由于钢管混凝土边框柱具有较强的抗剪能力，柱和

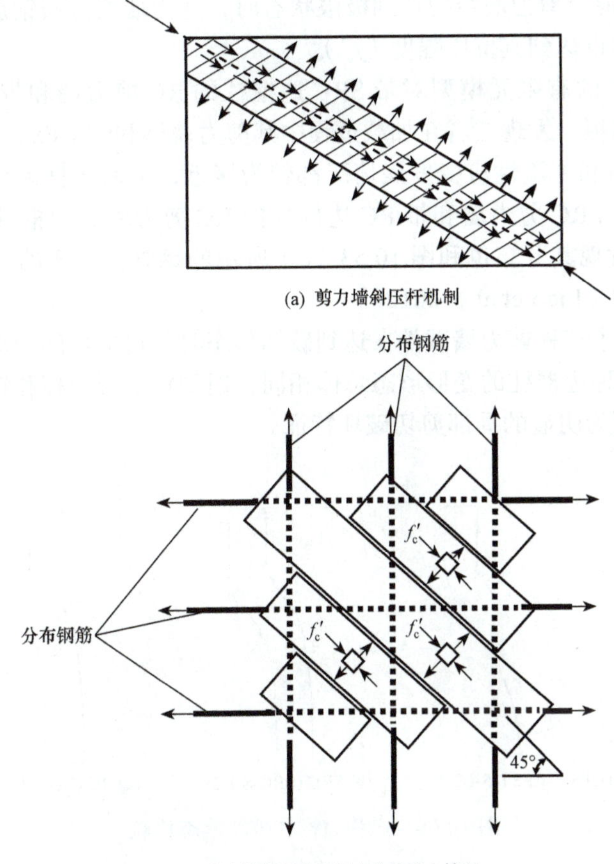

(a) 剪力墙斜压杆机制

(b) 剪力墙混凝土斜压小柱体受力情况

图 10.65　带 CFST 边框柱的 RC 剪力墙破坏机制

剪力墙并未形成一个整体剪切滑移面。剪力墙斜裂缝间的混凝土斜压小柱体在主拉应力和主压应力的共同作用下达到其软化抗压强度而被压碎。软化抗压强度指承受拉、压双向应力的混凝土应力 - 应变关系会发生软化，其抗压强度低于单轴极限抗压强度 f_c'（Vulcano et al.，1988），如图 10.65（b）所示。边框柱脚和梁端处的应力继续增大，同时进入塑性的区域也不断扩大。

试件达到破坏状态时，剪力墙上主斜裂缝两侧多处混凝土以及边框梁左下方和剪力墙交界处的混凝土其最小主塑性应变都达到极限应变（混凝土受压应变达到 0.0033），表明墙体混凝土多处被压碎。墙体破坏时，边框梁中钢筋均未达到屈服状态。

通过上述对带 CFST 边框柱的 RC 剪力墙破坏过程的描述，可以看出其破坏是由于在水平荷载作用下，剪力墙沿对角线附近区域的混凝土逐渐形成一个主拉应力和主压应力值都较大的区域，进而形成斜压杆破坏机制［图 10.65（a）]，斜压杆承受法向拉应力和轴向压应力的共同作用。由于钢管混凝土边框柱抗剪能力较强，其主要发生弯曲变形，并未和剪力墙形成一个整体的剪切破坏面，因此最终剪力墙斜裂缝之间的混凝土斜压小柱体在主拉应力和主压应力的共同作用下达到其软化抗压强度而压碎

[图 10.65（b）]。混合剪力墙结构达到极限状态时，剪力墙的分布钢筋已经屈服，同时混凝土斜压小柱体也达到其抗压强度（f_c'）。

同样采用建立的有限元模型对带 SRC 边框柱的 RC 剪力墙和带 RC 边框柱的 RC 剪力墙进行数值模拟，发现二者在加载过程中其剪力墙体和带 CFST 边框柱的 RC 剪力墙的墙体的主应力和主塑性应变发展情况都较为接近，呈斜压杆破坏机制。此外，通过带 SRC 边框柱的 RC 剪力墙和带 RC 边框柱的 RC 剪力墙其边框柱中混凝土的主塑性应变矢量图，发现其分布也和图 10.53（b）所示的钢管混凝土的核心混凝土主塑性应变分布基本一致（Liao et al.，2012）。

图 10.66 给出了三种剪力墙试件在达到破坏状态时其边框柱的变形情况（变形放大 30 倍）。可见，三种边框柱的变形形态总体相同，但型钢混凝土柱和钢筋混凝土柱在靠近梁端处呈现出更为明显的局部剪切破坏特征。

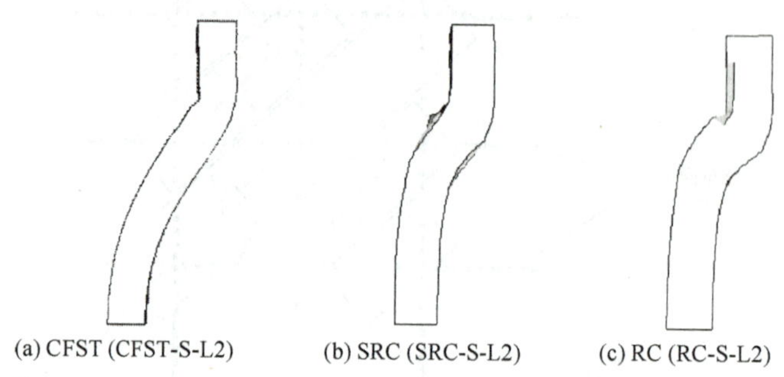

图 10.66　三种边框柱破坏形态比较

（2）轴力分配

在实际工程中，带边框柱 RC 剪力墙的边框柱和墙体上一般都要分担轴向荷载。本书 10.2 节中试验的带 CFST 边框柱的 RC 剪力墙试件其轴力虽然仅施加在边框柱上，但轴向荷载也会通过梁以及连接件传递到剪力墙上。

表 10.6 中给出了有限元模型计算得出的轴向荷载在边框柱和剪力墙之间的分配情况（底部截面），计算时刻为柱轴向力施加后，尚未开始施加水平荷载时。从表 10.6 中可以看到，当剪力墙试件仅承担竖向荷载时，对于本次试验的带 CFST 边框柱的 RC 剪力墙，施加在 CFST 边框柱上的轴压力有 51%～57% 通过边框梁和连接件传递到剪力墙上。

表 10.6　CFST 边框柱和 RC 剪力墙分担轴力比例

试件编号	CFST-S-S1	CFST-S-S2	CFST-S-L1	CFST-S-L2	CFST-C-S1	CFST-C-S2	CFST-C-L1	CFST-C-L2
柱截面形状	方形				圆形			
柱轴压比（n）	0.31	0.62	0.31	0.62	0.29	0.58	0.29	0.58
RC 剪力墙高宽比（h/b）	0.95	0.62	0.95	0.62	0.95	0.62	0.95	0.62
柱分担比例 /%	47	49	47	48	43	44	43	44
墙分担比例 /%	53	51	53	52	57	56	57	56

（3）水平剪力分配

带边框的剪力墙试件其水平荷载由边框柱和剪力墙共同承担，确定水平剪力在二者之间的分配比例是分析试件工作机理的重要内容，也是该类剪力墙设计依据的重要组成部分。有限元模型可方便地计算得到边框柱和剪力墙在试件受力全过程中所分别承担的水平剪力的比例。

图 10.67 给出了三种剪力墙试件边框柱和剪力墙所分别承担的剪力随位移增大而变化的曲线。图 10.67（a）中的 *a*、*b*、*c* 三点分别对应 RC 剪力墙开裂、边框柱柱脚处钢管屈服和试件达到破坏状态的时刻。可以看到，混凝土开裂后剪力墙的剪切刚度下降，原来由剪力墙承担的水平剪力逐渐转移到边框柱上。

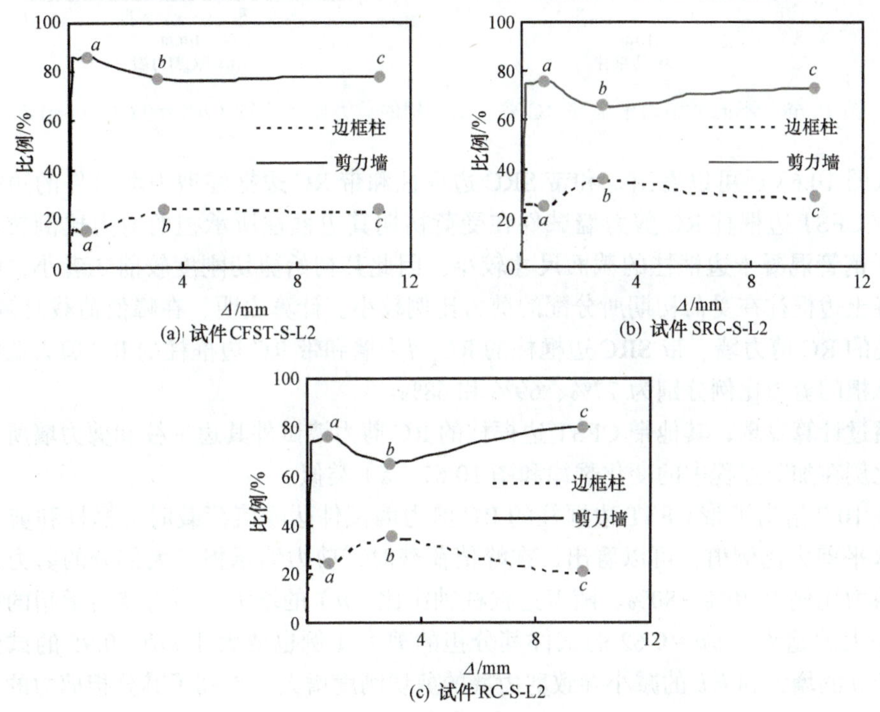

图 10.67　边框柱和剪力墙在加载过程中的剪力分配

到了 *b* 点后，柱脚钢管达到屈服状态，柱的弯曲刚度和剪切刚度都减小，所以在 *bc* 段边框柱所承担的剪力比例开始略有下降，而剪力墙所承担的剪力比例则略有上升。比较三种柱的结果发现：在 *ab* 段，当剪力墙开裂后，带 CFST 边框柱的 RC 剪力墙试件 RC 剪力墙承担的剪力比例的下降速度较带 SRC 边框柱和带 RC 边框柱的 RC 剪力墙试件慢，表明钢管混凝土边框柱更利于抑制剪力墙的斜裂缝开展，所以延缓了剪力墙剪切刚度的下降。而在 *bc* 段，同样也可以发现钢管混凝土边框柱承担的剪力比例下降不大，而型钢混凝土边框柱和钢筋混凝土边框柱承担的剪力比例则出现明显下降，进一步表明了钢管混凝土边框柱的良好抗剪性能。

图 10.68 所示为不同类型剪力墙边框柱和墙体承载力的剪力比例的比较情况。可见

在峰值点后，型钢混凝土和钢筋混凝土边柱所承担的剪力比例下降速度较钢管混凝土边框柱快，表明二者在此阶段的破坏程度较钢管混凝土柱严重。

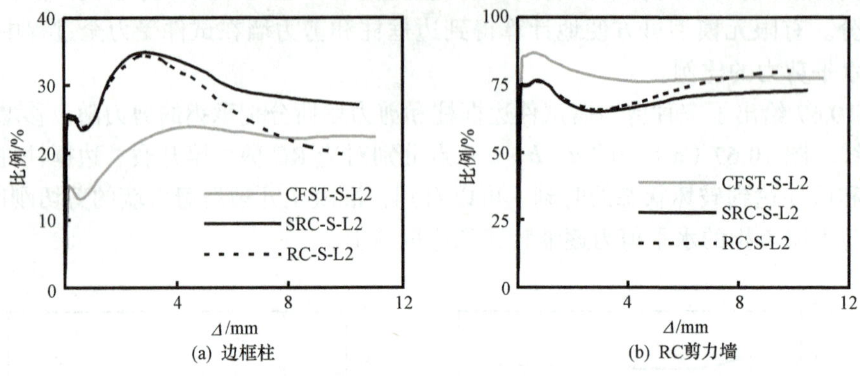

图 10.68　不同类型边框柱和 RC 剪力墙承担的剪力比例比较（$h/b=0.62$，$n\approx0.6$）

从图 10.68 还可以看出，和带 SRC 边框柱和带 RC 边框柱剪力墙试件的边框柱相比，带 CFST 边框柱 RC 剪力墙试件在受荷初期其边框柱所承担的剪力比例较小。这是由于钢管混凝土边框柱的截面尺寸较小，因此其初始剪切刚度较前二者小，导致钢管混凝土边框柱在受荷初期所分配的剪力比例较小。计算表明，在峰值荷载时带 CFST 边框柱的 RC 剪力墙、带 SRC 边框柱的 RC 剪力墙和带 RC 边框柱的 RC 剪力墙的剪力墙所承担的剪力比例分别为 77%、69% 和 68%。

通过计算发现，其他带 CFST 边框柱的 RC 剪力墙试件其边框柱和剪力墙所分担的剪力比例在加载过程中的变化规律和图 10.67（a）类似。

表 10.7 给出了带 CFST 边框柱的 RC 剪力墙试件达峰值荷载时边框柱和剪力墙承担的水平剪力比例值，可以看出，在峰值荷载时，剪力墙承担了大部分的剪力，其承担的剪力比例为 70%～80%。随着边框柱轴压比（n）的增大，剪力墙所承担的剪力比例有增大的趋势。$h/b=0.62$ 的试件其分担的剪力比例也要大于 $h/b=0.95$ 的试件。这是由于 n 的增大和 h/b 的减小导致剪力墙的剪切刚度增大，提高了其分担剪力的比例。

表 10.7　CFST 边框柱和 RC 剪力墙分担水平剪力比例

试件编号	CFST-S-S1	CFST-S-S2	CFST-S-L1	CFST-S-L2	CFST-C-S1	CFST-C-S2	CFST-C-L1	CFST-C-L2
柱截面形状	方形				圆形			
柱轴压比（n）	0.31	0.62	0.31	0.62	0.29	0.58	0.29	0.58
RC 剪力墙高宽比（h/b）	0.95	0.62	0.95	0.62	0.95	0.62	0.95	0.62
柱分担比例 /%	30	26	25	23	32	30	22	20
墙分担比例 /%	70	74	75	77	68	70	78	80

（4）弯矩分配

试件在受荷全过程中不仅承担着水平剪力，还承担着倾覆弯矩。由有限元模型的计算结果可以看到试件的倾覆弯矩主要由边框柱承担。图 10.69 给出了三种剪力墙试件（CFST-S-L2、SRC-S-L2、RC-S-L2）的边框柱和剪力墙所承担的弯矩比例随水平位移的变化关系。可见，带 SRC 边框柱和带 RC 边框柱剪力墙试件的边框柱和剪力墙承担弯矩比例的关系较为接近，而 CFST 边框柱在初期所承担的弯矩比例要小于 SRC 边框柱和 RF 边框柱。这是由于 CFST 柱的截面尺寸较小，因此其弹性抗弯刚度较后二者小，在剪力墙抗弯刚度一样的情况下，CFST 柱所分担的弯矩比例就小于 SRC 柱和 RC 柱。从图 10.69 中也可以看到，随着水平位移的增大，边框柱承担的弯矩比例继续上升，剪力墙所承担的弯矩逐渐转移到边框柱上。到峰值荷载时，CFST 柱、SRC 柱和 RC 柱承担的弯矩占总弯矩的比例分别为 83.6%、91% 和 89%，而到试件破坏时三者所承担的弯矩比例差别不大，显示了 CFST 柱良好的后期承载能力。

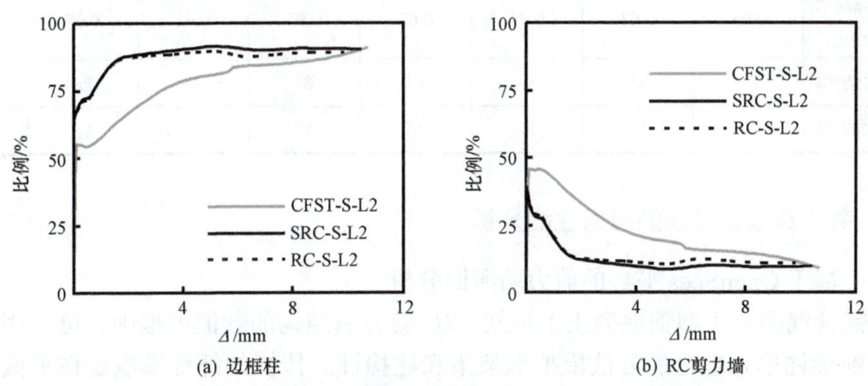

图 10.69　边框柱与剪力墙承担的弯矩比例比较（$h/b=0.62$，$n\approx0.6$）

图 10.70 给出了带 CFST 边框柱的 RC 剪力墙试件边框柱和剪力墙所承担的倾覆弯矩比例随位移增大而变化的关系。可以看出，随着水平位移的增大，边框柱承担的弯矩比例一直上升，表明剪力墙的抗弯刚度一直在退化，因此其承担的弯矩不断转移到边框柱上，到峰值荷载时边框柱均承担了 80% 以上的倾覆弯矩，而到试件破坏时这个比例上升到 90% 以上。

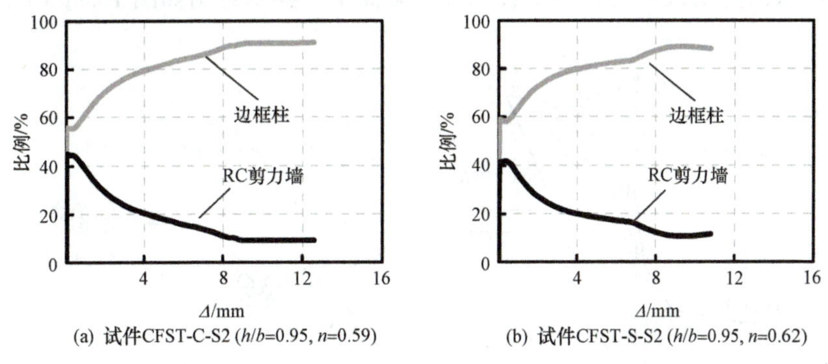

图 10.70　边框柱和剪力墙各自承担的弯矩比例

表 10.8 给出了各带 CFST 边框柱的 RC 剪力墙试件峰值荷载时边框柱和剪力墙承担的弯矩比例值，可见，各试件在峰值荷载时其边框柱和剪力墙所承担的弯矩比例相差不大。随着轴压比（n）的增大，边框柱所承担的弯矩比例有下降的趋势，这是由于 n 增大导致边框柱的剪切刚度增大，而弯曲刚度减小。随着 h/b 的减小，边框柱承担的弯矩比例略有提高。

表 10.8　CFST 边框柱和 RC 剪力墙分担弯矩比例

试件编号	CFST-S-S1	CFST-S-S2	CFST-S-L1	CFST-S-L2	CFST-C-S1	CFST-C-S2	CFST-C-L1	CFST-C-L2
柱截面形状	方形				圆形			
柱轴压比（n）	0.31	0.62	0.31	0.62	0.29	0.58	0.29	0.58
RC 剪力墙高宽比（h/b）	0.95	0.62	0.95	0.62	0.95	0.62	0.95	0.62
柱分担比例 /%	87	83	89	84	88	85	88	87
墙分担比例 /%	13	17	12	16	12	15	12	13

10.3.4　基于纤维模型法的滞回性能分析

（1）基于 OpenSees 平台的剪力墙滞回分析

在钢管混凝土（型钢混凝土）框架 -RC 剪力墙结构的数值模拟中，可采用基于非线性纤维梁柱单元理论的方法模拟框架梁和柱构件。传统的纤维模型是在平截面假定的基础上提出每根纤维均为单轴应力 - 应变关系，忽略了剪切变形影响，这对于剪跨比较大的框架结构的构件是可以接受的，但是对于剪切效应较明显的钢筋混凝土剪力墙会产生较大的误差。本节采用直接在截面层次定义剪切恢复力关系，然后将其组合到纤维截面中，形成一个组合截面（王文达等，2013；王文达和魏国强，2015）。运用 OpenSees 中提供的 Hysteretic Material 单轴本构模型来定义截面的剪切恢复力模型，其剪切骨架曲线如图 10.71（a）所示，用户可以定义其卸载刚度，并通过定义变形捏缩系数和力捏缩系数考虑其捏缩效应。通过 OpenSees 中提供的 Section Aggregator 功能，将模拟截面剪切效应的材料组合到纤维截面中，其示意图如图 10.71（b）所示。

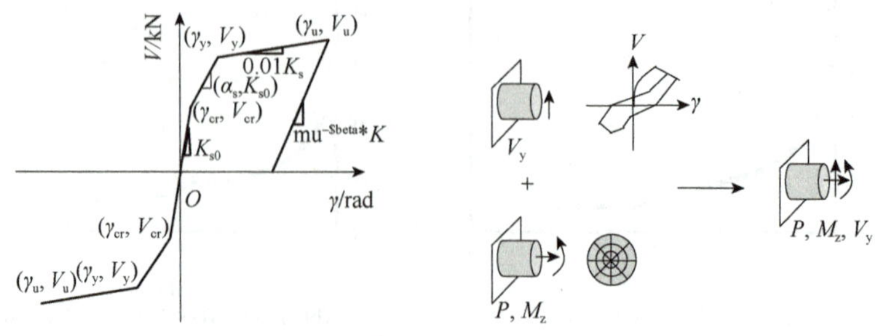

(a) Hysteretic Material模型剪切骨架线　　(b) Section Aggregator示意图

图 10.71　OpenSees 中的钢筋混凝土剪力墙模型

在数值模拟时采用了以下基本假定：①构件符合平截面假定；②钢管与核心混凝土之间协调变形，无相对滑移；③剪切变形由定义的剪切弹簧来承担。

在基于非线性纤维梁柱单元理论的基础上，运用 OpenSees 对 10.2 节带钢管混凝土（型钢混凝土）边柱的 RC 剪力墙的滞回曲线进行计算。采用钢管混凝土边柱的组合剪力墙截面纤维划分如图 10.72 所示，采用 SRC 边柱和 RC 边柱的组合剪力墙截面纤维划分类似。

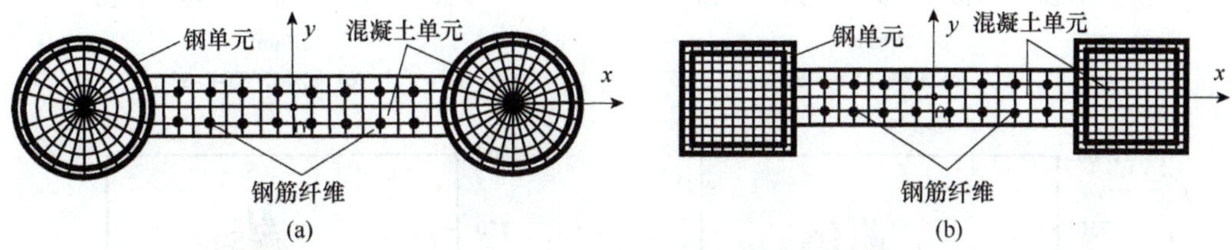

图 10.72　组合剪力墙截面纤维划分

钢管混凝土柱中的核心混凝土采用 OpenSees 系统中提供的考虑线性软化的 Concrete02 模型来模拟，钢管和钢筋采用 OpenSees 中双线性随动强化模型 Steel02 模型来模拟，其参数与 10.4 节相同。对于墙板的混凝土材料采用非约束混凝土本构，采用 Attard 和 Setunge（1996）中混凝土应力 - 应变关系表达式，如式（4.1）所示。

Hysteretic Material 材料剪切恢复力特征参数的取值对组合剪力墙滞回关系有较大影响。参考王文达等（2013）中剪切恢复力特征参数的确定方法，最大抗剪承载力由本章中的简化计算公式计算。计算和实测结果的对比部分汇总于图 10.73，总体上吻合良好。

（2）基于 ABAQUS 平台的剪力墙滞回分析

基于 ABAQUS 软件建立了非线性纤维梁柱理论模型，在二次开发技术的基础上，实现了用梁单元模拟钢管混凝土构件等组合构件的滞回性能，同时采用基于 ABAQUS 壳单元的分层壳方法模拟钢筋混凝土剪力墙（王文达和魏国强，2015）。剪力墙分层壳模型是首先将一个壳单元划分成若干层，再根据剪力墙的实际情况对每层的厚度和材料性质（混凝土或钢筋）进行设置。分层壳单元可考虑剪力墙的面内弯矩 - 面内剪切 -

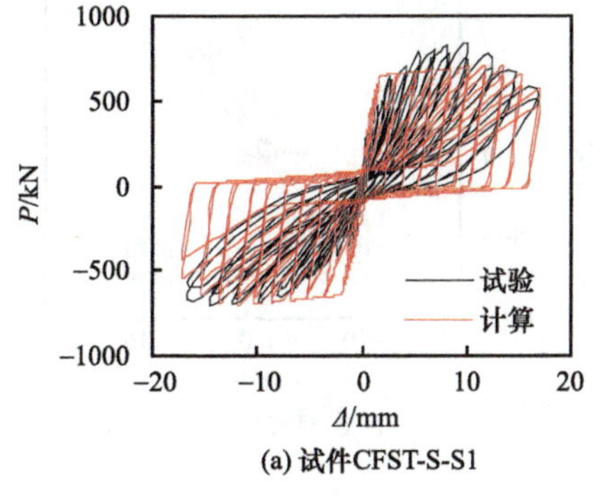

(a) 试件CFST-S-S1

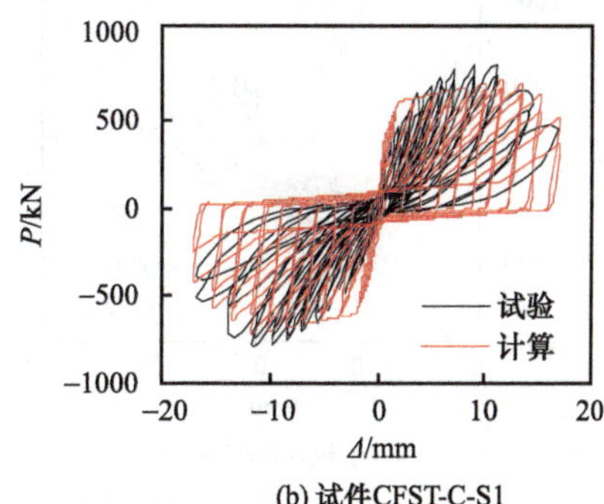

(b) 试件CFST-C-S1

图 10.73　滞回关系计算与试验结果对比

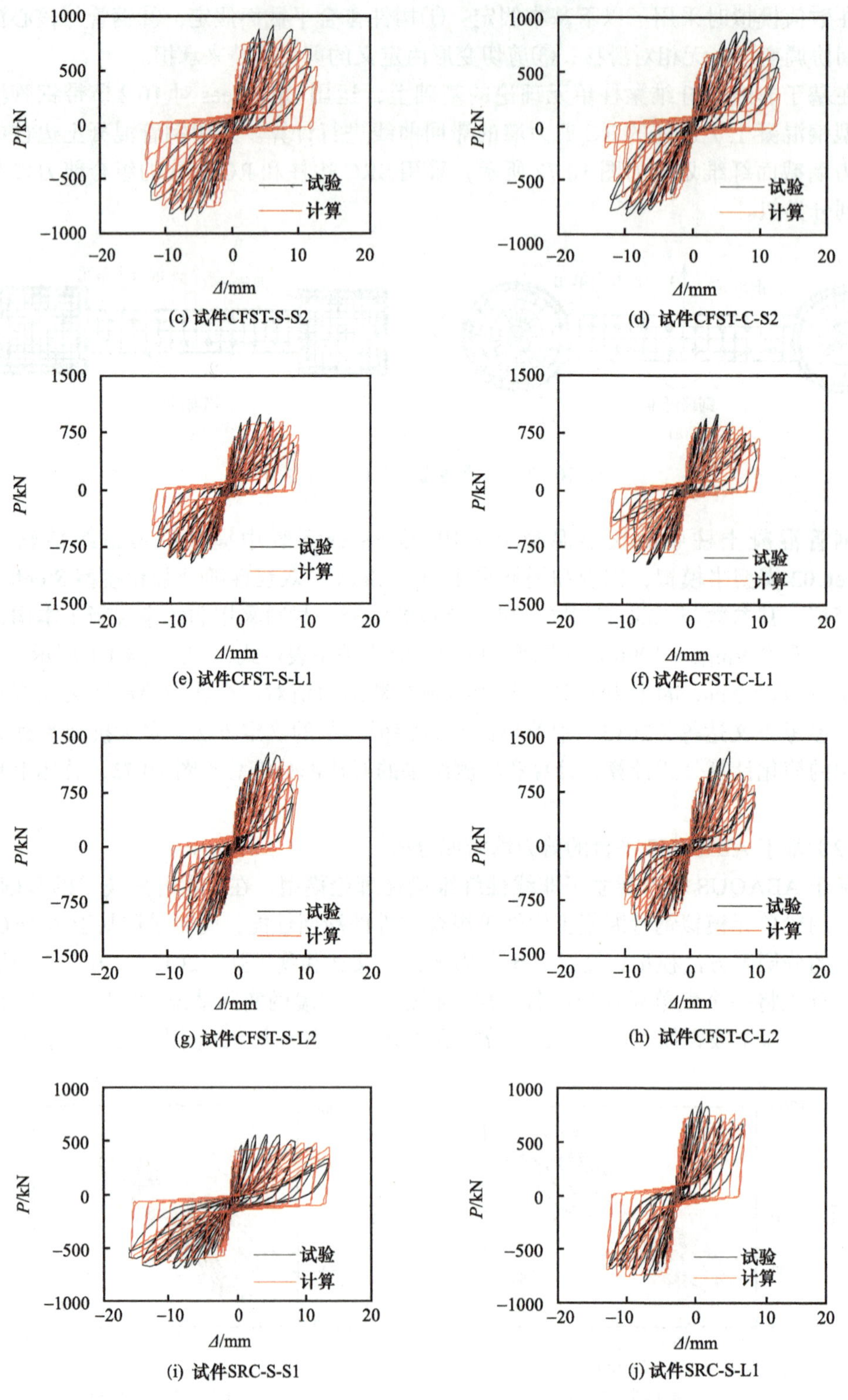

(c) 试件CFST-S-S2
(d) 试件CFST-C-S2
(e) 试件CFST-S-L1
(f) 试件CFST-C-L1
(g) 试件CFST-S-L2
(h) 试件CFST-C-L2
(i) 试件SRC-S-S1
(j) 试件SRC-S-L1

图 10.73 （续）

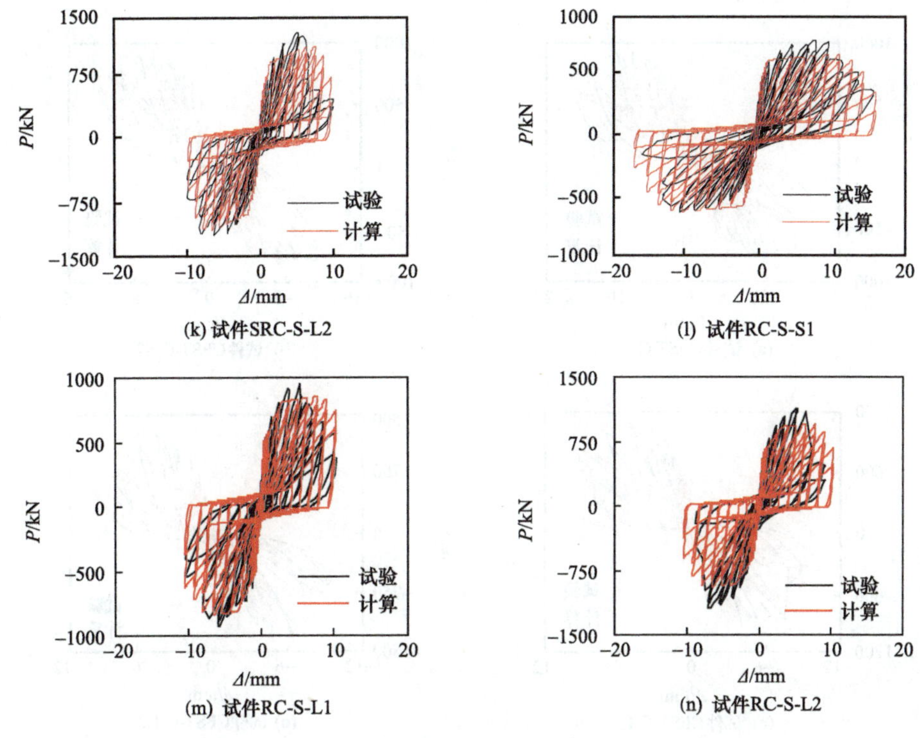

(k) 试件SRC-S-L2

(l) 试件RC-S-S1

(m) 试件RC-S-L1

(n) 试件RC-S-L2

图 10.73 （续）

面外弯曲之间的耦合，适用于模拟剪力墙或楼板在大震作用下进入塑性的状态，因此可以更加准确地模拟剪力墙的复杂非线性行为。分层壳单元中的钢筋模拟可采用分离式或组合式。所谓分离式就是将剪力墙中的每根钢筋单独建模，再通过软件中的节点耦合或嵌入等功能使钢筋网片与墙体共同工作。而组合式就是将钢筋弥散于墙体内，主要适用于钢筋分布均匀的区域。对于墙端配筋较密的钢筋则采用分离式较方便。

基于以上所述建模方法，可对 10.2 节组合柱－钢筋混凝土剪力墙体系的滞回性能进行数值模拟，部分试件的实测滞回关系与模拟结果对比如图 10.74 所示，可见总体上吻合良好。

（3）小结

分别基于 OpenSees 平台和 ABAQUS 软件，进行了 10.2 节中组合柱－混凝土剪力墙结构滞回性能的数值模拟，总体上数值模拟结果与试验测试结果吻合良好。其中 OpenSees 中采用考虑非线性剪切效应的方法直接在截面层次定义其剪切恢复力关系，可较好地模拟混凝土剪力墙的抗剪承载力、捏缩效应以及刚度退化，计算的滞回关系与试验结果总体吻合较好。在 ABAQUS 中采用分层壳单元模拟钢筋混凝土剪力墙，计算获得的滞回关系总体上与实测结果吻合较好，但在刚度退化、捏缩效应等方面的吻合程度要比 OpenSees 差。其主要原因是 OpenSees 平台中采用定义经过大量试验结果校正的相关参数来模拟刚度退化及捏缩，而 ABAQUS 中仅能从调整材料在反复荷载作用下本构模型中的一些参数来模拟。

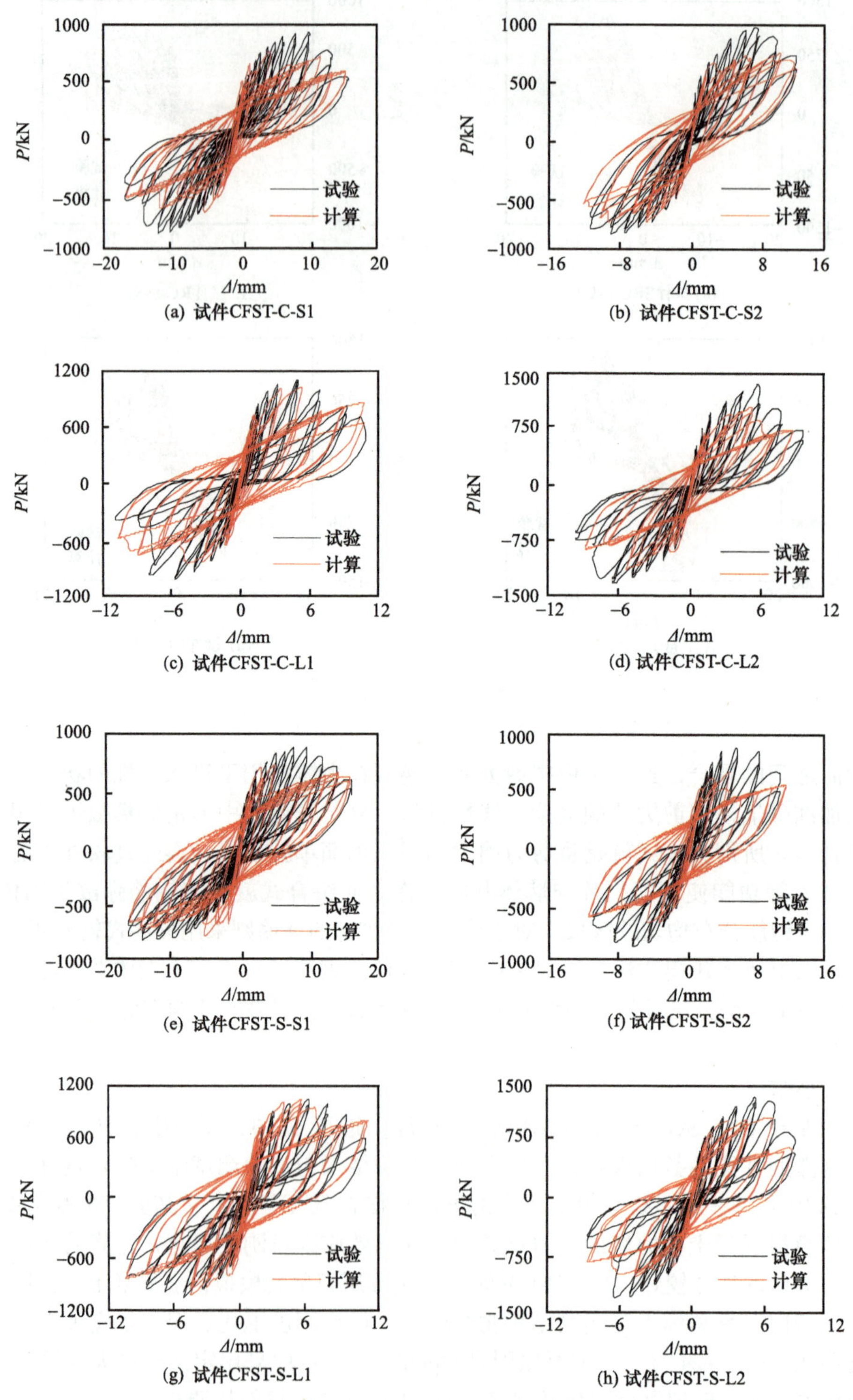

图 10.74　组合剪力墙滞回关系计算与试验结果对比

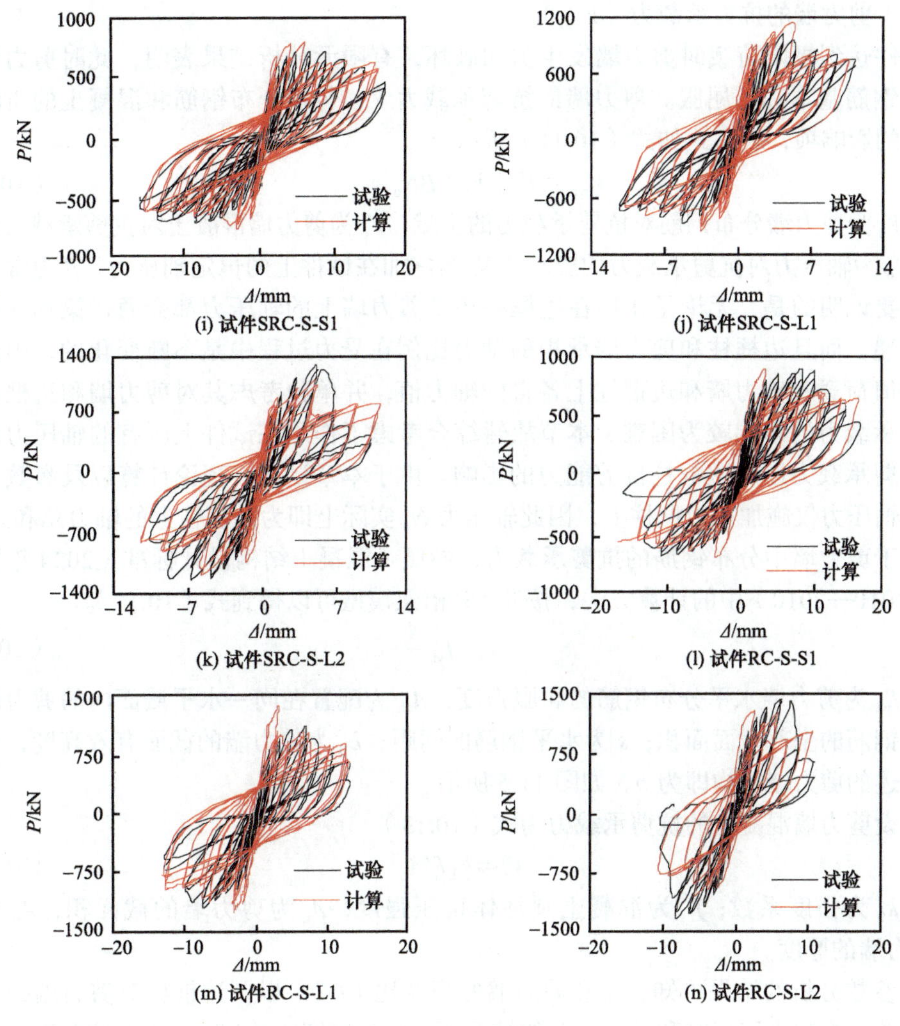

图 10.74 （续）

10.4　承载力计算方法与设计建议

根据试验研究和理论分析结果，本节探讨和归纳混合剪力墙结构有关承载力计算方法和设计建议。

1. 混合剪力墙结构抗剪承载力计算

对于带 CFST 边框柱的 RC 剪力墙，其抗剪承载力可分成剪力墙和边框柱两部分的承载力来分别加以计算，如式（10.10）所示。

$$V_u = V_{wal} + V_{col} \tag{10.10}$$

式中，V_{wal} 为剪力墙的抗剪承载力；V_{col} 为边框柱对试件抗剪承载力贡献。下面分别论述 V_{wal} 和 V_{col} 的计算方法。

（1）剪力墙的抗剪承载力（V_{wal}）

试件达到极限荷载时剪力墙发生剪切破坏，有限元分析结果表明，此时剪力墙水平分布钢筋基本都已屈服。剪力墙的抗剪承载力 V_{wal} 包括分布钢筋和混凝土的贡献及轴压力的影响项，表达式如式（10.11）所示。

$$V_{wal}=V_s+V_c+\beta N_o \tag{10.11}$$

式中，V_s 为剪力墙分布钢筋对抗剪承载力的贡献；V_c 为剪力墙混凝土对抗剪承载力的贡献；βN_o 为轴压力对抗剪承载力的影响（N_o 为施加在试件上的恒定轴压力，β 为常数）。

需要说明的是，无论是作用在边框柱还是剪力墙上的轴压力都会通过梁和连接件互相传递，而且边框柱和剪力墙承担的轴力比例在受力过程中是不断变化的，因此要确定峰值荷载时剪力墙和边框柱上各自的轴力值，并单独考虑其对剪力墙和边框柱各自抗剪承载力的影响较为困难。本节故暂综合考虑了作用在试件上所有的轴压力对剪力墙抗剪承载力以及边框柱抗剪能力的影响。由于本章试验、理论计算以及参数分析试件的轴压力仅施加在边框柱上，因此轴压力 N_o 实际上即为边框柱上的轴力总和。

对于剪力墙中分布钢筋的抗剪承载力，参照《混凝土结构设计标准（2024 年版）》（GB 50010—2010）中的计算方法，按照 45°桁架模型可以得到式（10.12）。

$$V_s=f_{yh}\frac{A_{sh}}{s}L_0 \tag{10.12}$$

式中，f_{yh} 为剪力墙水平分布钢筋的屈服强度；A_{sh} 为配置在同一水平截面内的剪力墙水平分布钢筋的全部截面面积；s 为水平钢筋的间距；L_0 为剪力墙的截面有效高度，对于本章论述的剪力墙结构即为 b，如图 11.5 所示。

假设剪力墙混凝土的抗剪承载力为式（10.13）。

$$V_c=k_0 f_c' A_q \tag{10.13}$$

式中，k_0 为强度系数；f_c' 为混凝土圆柱体抗压强度；A_q 为剪力墙的截面积，$A_q=bt$，t 为剪力墙的厚度。

由参数分析的结果可知，k_0 和剪力墙的高宽比（h/b）以及边框柱对剪力墙的约束程度有关，在剪力墙配筋和轴力一定的情况下，k_0 受高宽比（h/b）、边框柱截面尺寸和剪力墙厚度的比值（B/t，对于方形边框柱 B 取截面边长，对于圆形边框柱 B 取为截面直径 D）以及边框柱的含钢率（α_s）的影响较大。因此，基于这三个参数的分析结果对 k_0 进行回归可得到式（10.14）。

$$k_0=0.16f(h/b)f(B/t)f(\alpha) \tag{10.14}$$

$$f(h/b)=-4.7\times\left(\frac{1}{1+h/b}\right)^2+6.4\times\left(\frac{1}{1+h/b}\right)-1.03 \tag{10.15}$$

$$f(B/t)=-0.08\times\left(\frac{B}{t}\right)^2+0.63\times\left(\frac{B}{t}\right)+0.06 \tag{10.16}$$

$$f(\alpha)=1.54\alpha+0.77 \tag{10.17}$$

采用有限元模型，对 β 数值的确定方法进行了回归分析。在 $n=0$ 时，剪力墙的抗剪承载力由 V_c 和 V_s 叠加得到，因此将 $n=0.25$、0.5、0.6 和 0.75 情况下的剪力墙抗剪承载力值减去 $n=0$ 时的值就可以得到一组不同轴压力下 βN_0 的数据，由此对这些数据进行回归，发现 β 可近似取为常数 0.31。

这样就得到 RC 剪力墙的抗剪承载力如式（10.18）所示。

$$V_{\mathrm{wal}}=f_{\mathrm{yh}}\frac{A_{\mathrm{sh}}}{s}b+k_0 f_{\mathrm{c}}' A_{\mathrm{q}}+0.31N_{\mathrm{o}} \tag{10.18}$$

（2）边框柱的抗剪承载力（V_{col}）

由试验和有限元分析的结果可知，混合剪力墙结构达到峰值荷载时边框柱并不一定同时达到其极限抗剪承载力。

试件达到峰值荷载时边框柱对抗剪能力的贡献可表示为式（10.19）。

$$V_{\mathrm{col}}=\tau_{\mathrm{c}}A_{\mathrm{total}} \tag{10.19}$$

式中，τ_{c} 为边框柱的平均剪应力；A_{total} 为边框柱的截面积之和，对于本章研究的试件，$A_{\mathrm{total}}=2A_{\mathrm{sc}}$，$A_{\mathrm{sc}}$ 为每个边框柱的截面积。参数分析结果表明，τ_{c} 和边框柱的剪跨比（λ）、柱含钢率（α_{s}）、钢管屈服强度（f_{y}）、柱轴压比（n）以及 RC 剪力墙和边框柱的混凝土强度（f_{c}'）有关。引入钢管混凝土柱的约束效应系数 $\xi=\alpha_{\mathrm{s}}f_{\mathrm{y}}/f_{\mathrm{ck}}$，由参数分析的结果可以回归得到式（10.20）。

$$\tau_{\mathrm{c}}=0.36\quad f(\lambda)f(n)f(\xi)f_{\mathrm{c}}' \tag{10.20}$$

$$f(\lambda)=-0.8\times\left(\frac{1}{\lambda}\right)^2+3.14\times\frac{1}{\lambda}+0.45 \tag{10.21}$$

$$f(n)=4.98n^3-4.12n^2+1.11n+0.85\qquad(n\leqslant 0.6) \tag{10.22}$$

$$f(n)=0.85\qquad(n>0.6) \tag{10.23}$$

$$f(\xi)=0.128\xi^2+0.009\xi+0.144 \tag{10.24}$$

式中，$\lambda=a/h_0$ 为边框柱的剪跨比，其值计算参照《混凝土结构设计标准（2024 年版）》（GB 50010—2010）中的公式进行。a 为集中荷载作用点至支座或节点边缘的距离。h_0 为柱截面有效高度，对于方形截面 $h_0=B$；对于圆形截面，h_0 参照《混凝土结构设计标准（2024 年版）》取 $h_0=1.6r$（$r=D/2$ 为截面半径）。

将式（10.18）和式（10.19）代入式（10.10）中即可得到带 CFST 边框柱的 RC 剪力墙抗剪承载力 V_{u} 的计算公式，如式（10.25）所示。

$$V_{\mathrm{u}}=V_{\mathrm{wal}}+V_{\mathrm{col}}=f_{\mathrm{yh}}\frac{A_{\mathrm{sh}}}{s}b+k_0 f_{\mathrm{c}}' A_{\mathrm{q}}+0.31N_{\mathrm{o}}+\tau_{\mathrm{c}}A_{\mathrm{total}} \tag{10.25}$$

需要说明的是，式（10.25）所示的带 CFST 边框柱 RC 剪力墙抗剪承载力计算公式的适用范围 n 取 0～0.75，h/b 取 0.5～3。

用以上公式对本书 10.2 节试验的 8 个无支撑的带 CFST 边框柱 RC 剪力墙试件的峰值荷载进行计算，比较结果如图 10.75 所示。可见，简化公式计算结果和试验结果相比，吻合良好且总体上稍偏于安全。

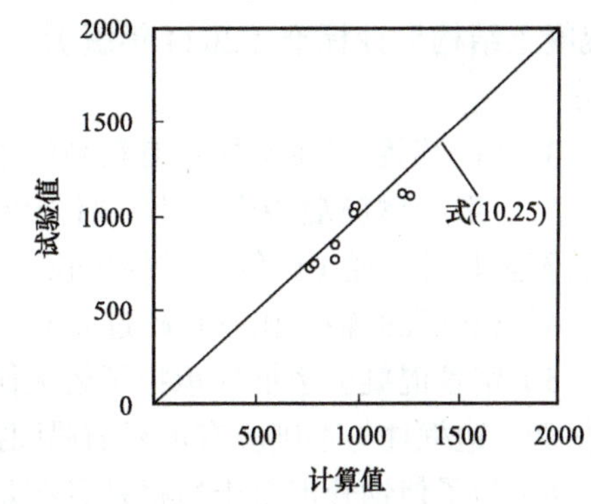

图 10.75　式（10.25）计算结果与试验结果比较

2. 抗震设计初步建议

基于本章对带 CFST 边框柱 RC 剪力墙试验和理论研究结果，对这种剪力墙结构的抗震性能特点归纳如下。

1）带 CFST 边框柱的 RC 剪力墙在弹性阶段时剪力墙和边框柱承担的弯矩和剪力的比例和二者的抗弯刚度比以及抗剪刚度比有关。在峰值荷载时，RC 剪力墙承担了大部分的水平剪力，CFST 边框柱承担了大部分的倾覆弯矩。RC 剪力墙在水平地震作用下逐步退出工作的过程中，CFST 边框柱不仅可以承担轴向荷载和倾覆力矩，还可以承担从剪力墙传递来的水平剪力，为结构体系提供所谓的“抗震二道防线”。

2）剪力墙高宽比（h/b）对带 CFST 边框柱的 RC 剪力墙的力学性能影响很大。在高宽比较小的情况下，带 CFST 边框柱的 RC 剪力墙的延性下降现象较为明显。

3）在一定范围内（$n\leqslant0.6$），边框柱轴压比的增大能提高剪力墙和柱的抗剪能力，但超过这个范围时，轴力的增大则会引起边框柱抗剪能力的下降和试件的延性明显降低。

4）钢管混凝土边框柱的柱脚和梁端以下处受力较大，在较大水平荷载作用下易发生钢管局部屈曲现象。

5）剪力墙角部和边框梁的两端处应力较大，更易发生破坏。

在对带 CFST 边框柱的 RC 剪力墙进行试验研究和工作机理分析的基础上，参考普通 RC 剪力墙结构的设计原理，对带 CFST 边框柱的 RC 剪力墙结构的抗震设计提出如下建议。

1）剪力墙的厚度、分布钢筋直径及配筋率应满足《混凝土结构设计标准（2024 年版）》（GB 50010—2010）中对 RC 剪力墙的要求，边框中的 CFST 柱及节点应满足《钢管混凝土结构技术规程》（DBJ/T 13-51—2020）中对钢管混凝土柱和节点的构造要求。为了防止剪力墙过早开裂而不能充分发挥分布钢筋的作用，剪力墙的截面尺寸应满足《混凝土结构设计标准（2024 年版）》（GB 50010—2010）的要求，如式（10.26）所示。

$$V\leqslant0.25\beta_c f_c bt \tag{10.26}$$

式中，β_c 为混凝土强度影响系数（当混凝土强度等级不超过 C50 时取 $\beta_c=1.0$，当混凝土强度等级为 C80 时取 $\beta_c=0.8$）；b 为剪力墙宽度；t 为剪力墙厚度；f_c 为混凝土抗压强度设计值。

2）CFST 柱和 RC 剪力墙之间应有可靠连接以保证二者能共同工作。可以用 U 形钢筋的连接构造。U 形钢筋的直径和剪力墙水平分布钢筋相同并和其等高分布。U 形钢筋闭合的一端宜焊接在钢管上，两侧宜和剪力墙水平钢筋焊接，焊接长度不宜小于《混凝土结构设计标准（2024 年版）》（GB 50010—2010）中对墙水平钢筋搭接长度的要求。

3）由于钢管混凝土柱具有较高的承载能力，因此在承担相同荷载的情况下，其截面尺寸一般较钢筋混凝土柱小。对于钢管混凝土边框柱的截面边长最小值的限制可适当放宽至其外直径（圆管）或外边长（方管）不小于剪力墙厚度的 1.5 倍。

4）边框柱的轴压比不宜超过 0.6。

5）钢管混凝土边框柱承担了较大倾覆弯矩，为了使边框柱和剪力墙更好地达到变形协调，边框柱与基础应有可靠的锚固措施。

6）为了使钢管混凝土边框柱具有足够的后期承载力，在进行抗震设计时，边框柱承担的水平剪力比例不小于混合剪力墙结构全部水平荷载的 25%。

7）必要时可在柱脚和梁端以下区域的钢管上设置加劲肋等构造措施，以缓解这些区域钢管局部屈曲的影响。

8）可在剪力墙角部和边框梁的两端设置加劲肋或增设构造配筋，以避免这些区域混凝土过早地局部破坏。

9）在剪力墙中设置交叉型钢支撑可适当地提高混合剪力墙结构的承载力和耗能能力。支撑应采用实腹型钢。同时，可在型钢支撑的翼缘上设置栓钉以增强其和剪力墙混凝土的共同工作性能。型钢支撑的中部交叉处为应力较大区域，宜在此位置的型钢上设置加劲肋，以避免型钢过早的局部屈曲。

10.5　本 章 小 结

对不同类型的单层、单跨组合柱－钢筋混凝土混合剪力墙结构滞回性能的试验研究结果表明，在本章研究参数的范围内，采用钢管混凝土边框柱剪力墙的承载力、延性和耗能能力总体上均优于相应的采用型钢混凝土和钢筋混凝土边框柱的剪力墙结构。

本章建立了带 CFST 和 SRC 边框柱的 RC 剪力墙的有限元计算模型，在此基础上对这类混合剪力墙结构的工作机理和破坏形态进行了剖析，明晰了剪力墙在受力全过程中的裂缝开展、应力状态、应变和变形发展规律，以及轴力、剪力和弯矩在边框柱和剪力墙之间分配关系的变化规律。本章还给出了带 CFST 边框柱的 RC 剪力墙结构承载力实用计算方法。

参 考 文 献

福建省住房和城乡建设厅，2020．钢管混凝土结构技术规程：DBJ/T 13-51—2020［S］．福州：福建省住房和城乡建设厅．

福建省住房和城乡建设厅，2004．钢－混凝土混合结构技术规程：DBJ 13-61—2004［S］．福州：福建省住房和城乡建设厅．

过镇海，时旭东，2003．钢筋混凝土原理和分析［M］．北京：清华大学出版社．

韩林海，2022．钢管混凝土结构：理论与实践［M］．4 版．北京：科学出版社．

廖飞宇，2007．带钢管混凝土边柱的钢筋混凝土剪力墙抗震性能研究［D］．福州：福州大学．

王文达，魏国强，李华伟，2013．钢管混凝土框架－RC 剪力墙混合结构滞回性能分析［J］．振动与冲击，32（15）：41-46．

王文达，魏国强，2015．基于纤维模型的型钢混凝土组合剪力墙滞回性能分析［J］．振动与冲击，35（6）：30-35．

王祖华，钟树生，1990．劲性钢筋混凝土梁的非线性有限元分析［A/C］．北京：混凝土结构基本理论及应用（第二届学术讨论论文集）：633-640．

夏汉强，刘嘉祥，2005．矩形钢管混凝土柱带框剪力墙的应用及受力分析［J］．建筑结构，35（1）：16-18．

中国工程建设标准化协会，2004．矩形钢管混凝土结构技术规程：CECS 159—2004［S］．北京：中国计划出版社．

中华人民共和国住房和城乡建设部，2016．组合结构设计规范：JGJ 138—2016［S］．北京：中国建筑工业出版社．

中华人民共和国住房和城乡建设部，2010．混凝土结构设计标准（2024 年版）：GB/T 50010—2010［S］．北京：中国建筑工业出版社．

ATTARD M M, SETUNGE S, 1996. Stress-strain relationship of confined and unconfined concrete [J]. ACI Materials Journal, 93 (5): 432-442.

HIBBITT, KARLSON, SORENSEN INC, 2003. ABAQUS/standard user'manual, version 6.4.1. Pawtucket, RI: Hibbitt, Karlsson, and Sorensen Inc.

HOUDE J, MIRZA M S, 1974. A finite element analysis of shear strength of reinforced concrete beams [J]. ACI Structural Journal, 42 (1): 143-162.

LIAO F Y, HAN L H, TAO Z, 2012. Performance of reinforced concrete shear walls with steel reinforced concrete boundary columns [J]. Engineering Structures, 44: 186-209.

OLLGAARD J G, SLUTTER R G, FISHER J W, 1971. Shear strength of stud connectors in lightweight and normal-weight concrete [J]. Engineering Journal, AISC, 8 (2): 55-64.

SAARI W K, JEROME F H, SCHULTZ A E, et al., 2004. Behavior of shear studs in steel frames with reinforced concrete infill walls [J]. Journal of Constructional Steel Research, 60 (4): 1453-1480.

VULCANO A, BERTERO V V, COLOTTI V, 1988. Analytical model of R/C structural walls [A/C]. Proc.of 9th WCEE, Tokyo, Kyoto, (6): 41-46.

第 11 章　钢管混凝土框架 – 钢筋混凝土核心筒结构体系

11.1　引　　言

采用钢管混凝土柱的框架结构（以下简称钢管混凝土框架）、钢筋混凝土剪力墙和钢筋混凝土核心筒共同组成的混合结构体系具有受力和施工等方面的优点，因此已在一些多、高层或超高层建筑中得到应用，如已建成的杭州瑞丰国际商务大厦和大连期货广场（大连国际金融中心）等。图 1.7 所示为某采用钢管混凝土柱 – 钢梁框架 – 钢筋混凝土核心筒结构体系的超高层建筑在施工过程中的情形。

关于钢管混凝土框架 – 钢筋混凝土剪力墙和钢筋混凝土核心筒混合结构体系抗震性能的研究工作尚有待于深入进行，为此，本书作者开展了一些有关研究工作（韩林海等，2007；Han et al.，2009；Li et al.，2007），进行了平面钢管混凝土框架 – 钢筋混凝土剪力墙结构的拟动力试验研究和理论分析；还进行了钢管混凝土框架 – 钢筋混凝土核心筒结构模型的模拟地震振动台试验研究和相应的理论分析。在上述试验研究和理论分析研究结果的基础上，分析了钢管混凝土框架 – 钢筋混凝土剪力墙、钢筋混凝土核心筒混合结构体系的抗震性能。

11.2　平面框架 – 组合剪力墙混合结构抗震性能

本节论述两层两跨平面钢管混凝土框架 – 组合剪力墙混合结构（以下简称钢管混凝土混合结构）抗震性能的研究结果。

试验研究目的如下。

1）分别以拟静力与拟动力两种不同试验方法对钢管混凝土混合结构试件与钢管混凝土框架结构试件进行研究，考察这两种不同结构在滞回性能、极限承载力、延性、耗能、破坏模式上的异同。同时比较两种不同试验方法下结构的宏观和微观性能差异。

2）研究钢管混凝土混合结构中钢筋混凝土墙板和边框柱、混合结构体系中组合墙体和周边框架的共同工作性能。

11.2.1　拟静力试验研究

1. 试验概况

本书第 9 章进行了钢管混凝土柱 – 钢梁单层单跨平面框架力学性能的试验研究及数值模拟，第 10 章完成了单层单跨组合柱 – 钢筋混凝土混合剪力墙结构力学性能的试验研究及数值模拟，为深入了解钢管混凝土框架和组合柱 – 钢筋混凝土混合剪力墙结构的力学性能奠定了基础。

为系统了解多层多跨钢管混凝土框架－内嵌钢筋混凝土剪力墙混合结构体系的力学性能，本节进行了两层两跨平面钢管混凝土框架－内嵌剪力墙混合结构体系的拟静力加载的抗震性能试验研究。为便于对比，还进行了一榀未填充钢筋混凝土剪力墙的框架结构的拟静力试验。

（1）试件设计

为确定试验试件模型尺寸，参考某实际工程试设计了一栋 32 层的混合结构体系，并用结构设计软件校验了其满足设防烈度 8 度（地震加速度为 0.2*g*）的要求。按照 1/4 的缩尺比例，综合实验室的场地条件和加载能力，选取相应的单榀两层两跨缩尺平面结构进行试验。结构模型试件的计算简图和加载工况如图 11.1 所示。考虑到加载条件，剪力墙跨度为 1m，无墙的框架跨度为 1.5m，层高均为 1m，剪力墙的高宽比为 1.0。图 11.1 中，N_1 为施加在框架柱上的轴力，N_2 为施加在剪力墙边框柱上的轴力。

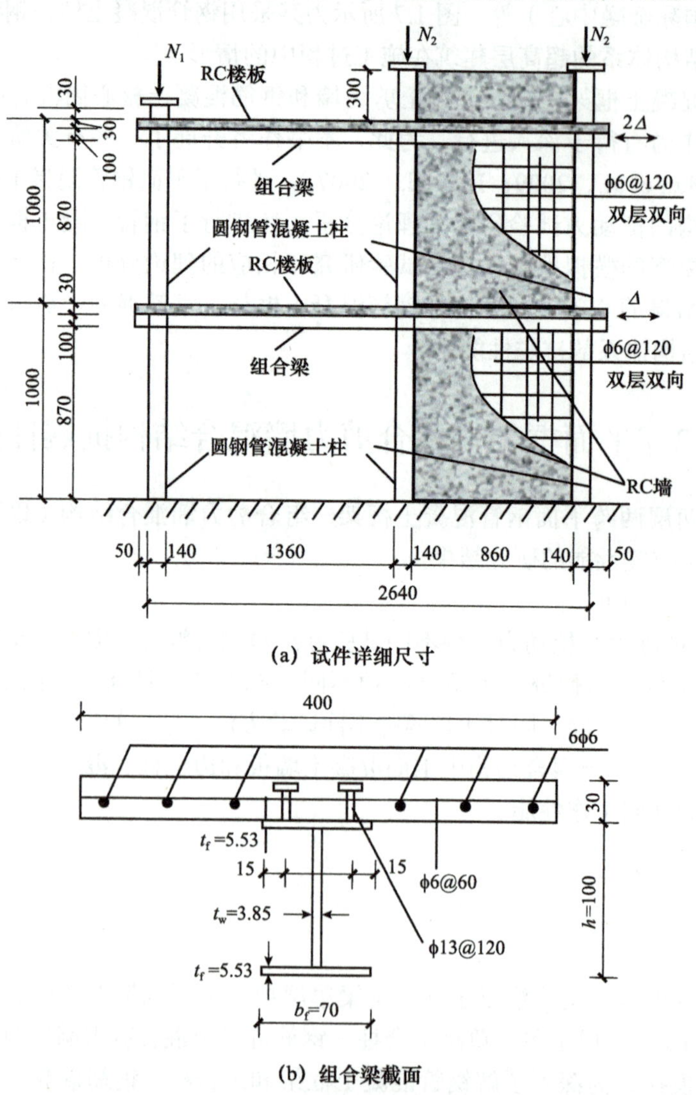

(a) 试件详细尺寸

(b) 组合梁截面

图 11.1　钢管混凝土框架结构试件尺寸及配筋详图（尺寸单位：mm）

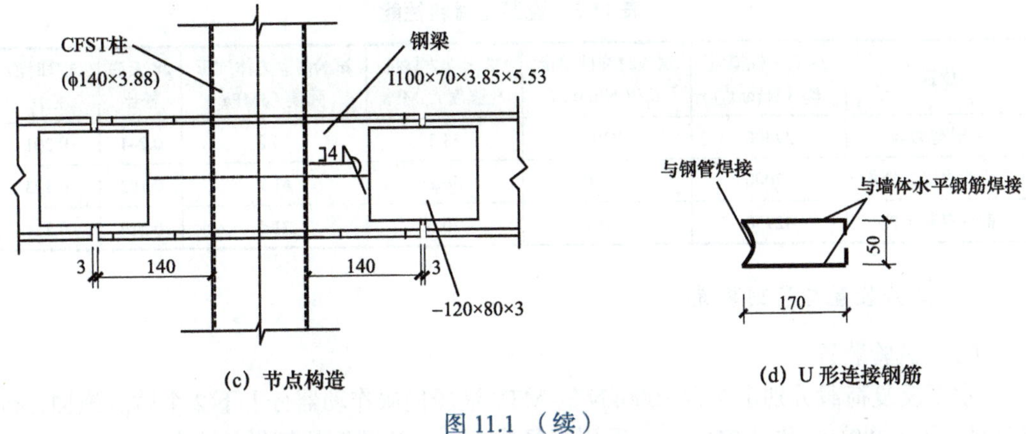

(c) 节点构造　　(d) U 形连接钢筋

图 11.1 （续）

混凝土墙板配筋率依据《混凝土结构设计标准（2024 年版）》（GB 50010—2010）要求，为双向双排 ϕ6@120。钢管混凝土边框柱的圆钢管截面为 ϕ140×3mm，采用冷弯钢管，Q235 钢材。采用焊接钢梁截面，尺寸为 H100mm×70mm×3mm×5mm，钢梁上设置栓钉，浇筑宽度为 400mm、厚度为 30mm 的钢筋混凝土楼板，以形成组合梁受力。图 11.1 还给出了试件的详细尺寸。为保证剪力墙与周边构件的可靠连接，将剪力墙内的钢筋与周边钢框架用 U 形钢筋焊接连接。为便于叙述，将剪力墙端部的柱称为边框柱，无内部墙体的柱称为框架柱。

墙板混凝土采用了自密实混凝土，同时混凝土分层浇筑，以 400mm 左右为一高度分两层浇筑，浇筑的同时在墙板的另一侧用振捣棒贴在模板上振捣。楼板的混凝土浇筑与顶层墙板同批浇筑以保证二者混凝土交界面的连接良好。

（2）材料性能指标

试件中圆钢管采用冷弯钢管，工字梁为同一批钢板焊接而成。剪力墙中钢筋采用 HPB235 级 ϕ6.5。材性测试直接在同一批钢管、钢板和钢筋上切出做成标准试件，测得其平均屈服强度、拉伸强度、弹性模量和泊松比等参数，具体如表 11.1 所示。

表 11.1　钢管、钢板、钢筋材料性能

钢材种类	钢管（板）厚 / mm	屈服强度 / MPa	极限强度 / MPa	弹性模量 / （N/mm²）	屈服应变 /με	泊松比 μ_s
圆钢管	3.88	325.4	405.1	2.03×10^5	1469	0.263
钢梁腹板	3.85	371.2	498.0	2.07×10^5	1739	0.272
钢梁翼缘	5.53	397.3	511.3	2.25×10^5	1635	0.248
钢筋	6.5	403.5	493.6	2.16×10^5	1645	0.287

试件中混凝土采用自密实混凝土，其中柱混凝土强度等级为 C70，剪力墙、楼板混凝土为 C50。混凝土 28 天实测强度及试验时实测强度等指标汇总于表 11.2 中。需要说明的是，顶层墙板与混凝土楼板同批浇注，强度相同，底层墙板与顶层墙板为不同批浇注，浇注时间相差 6 天，所以强度稍有差异。

表 11.2 混凝土材料性能

位置	28 天弹性模量 E_c/（N/mm²）	试验时弹性模量 E_c/（N/mm²）	28 天立方体抗压强度 f_{cu}/MPa	试验时立方体抗压强度 f_{cu}/MPa	28 天泊松比	试验时泊松比
一层剪力墙	37400	37300	53.3	54.2	0.241	0.201
二层剪力墙与楼板	37000	38200	56.2	61.9	0.192	0.193
钢管混凝土柱	42950	42100	70.0	71.5	0.214	0.221

2. 试验装置与量测装置

（1）试验装置

水平反复荷载分别由 2 台 1000kN 的 MTS 液压伺服作动器分上下 2 个质点施加，行程分别为 ±200mm 和 ±250mm。采用直径为 65mm 的圆钢拉杆做传力装置，每层 4 根螺杆传递水平荷载。为避免试件可能发生面外失稳，设置了可调节水平间距的带垂直推力轴承的小钢梁作为面外侧向支撑。试件底座的钢筋混凝土基础梁通过 10 根地锚螺杆与刚性地板锚固在一起，同时在基础梁一端设置了液压千斤顶限制底座的水平位移。试验装置如图 11.2 所示，试验过程中的加载情况如图 11.3 所示。

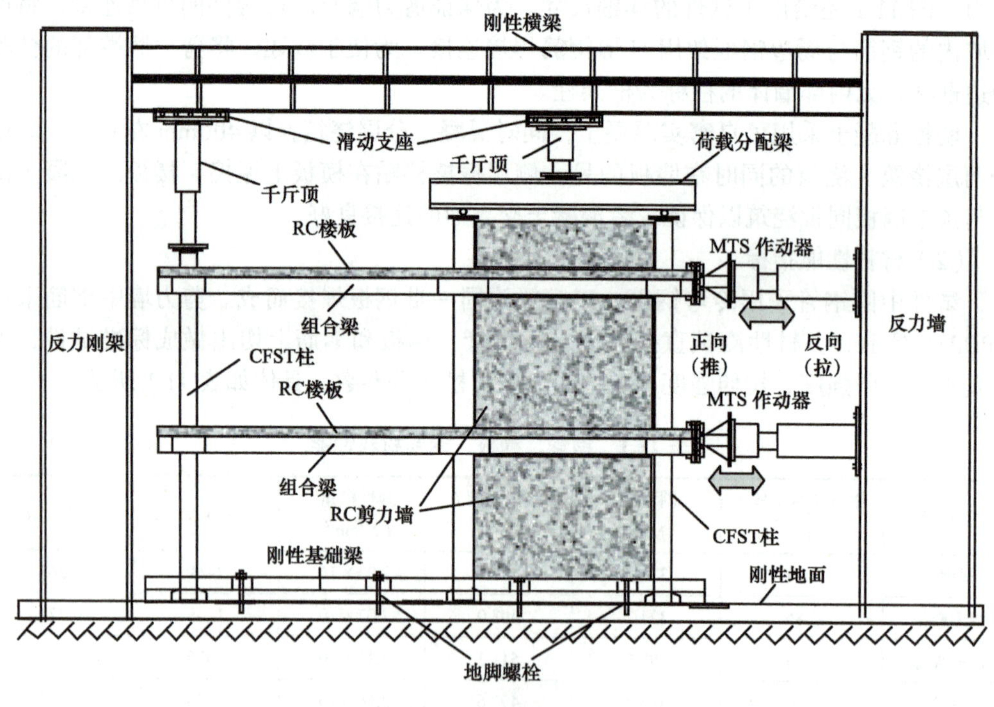

图 11.2 试验装置

钢管混凝土柱顶轴压力分别由 2 个 600kN 液压千斤顶施加，其中边框柱通过加载分配梁用 1 个千斤顶分配加载轴压力，框架柱单独用 1 个千斤顶加载。千斤顶和刚性横梁之间设置了单向滑动支座，使得在试验过程中试件可水平方向自由运动。2 台千斤顶用同一油泵进行控制，通过人工补压以尽可能保证试验过程中柱轴压的稳定。

图 11.3 试验加载装置

（2）量测内容及测点布置

本次试验主要考察在拟静力和拟动力试验中，钢管混凝土框架结构和混合结构的总体响应和局部的应力应变。主要量测内容如下。

1）结构整体响应：测量加载点底层、顶层的位移和相应的荷载、开裂荷载和位移、极限荷载和位移、每一级加载位移下的裂缝发展状态。

2）框架：边框柱和框架柱应变、节点区应变、钢梁应变、板的裂缝发展状态或塑性铰形态。

3）剪力墙：墙板剪切变形、裂缝发展形态、钢筋应变发展。

4）边框柱和墙板的共同工作性能：边框柱与墙板之间滑移、边框柱与墙板之间的黏结性能、钢梁与墙板之间的滑移、墙板与基础之间的滑移。

5）楼板：楼板内纵向钢筋的应变发展、楼板裂缝发展形态。

具体量测方式如下。

1）试件拟静力和拟动力下的水平荷载和位移，主要由 MTS 加载系统自动采集。同时在试件不同位置处设置位移传感器，量测在反复荷载下试件每层质点位置前端和尾端、基础前端和尾端的水平位移、基础的转角，其中基础处的位移计主要用来监控结构基础位移所产生的误差。

2）边框柱和剪力墙的共同工作性能：在边框柱与墙板之间、钢梁与墙板之间、墙板和基础之间设置百分表，以测量各部分之间的滑移。

3）墙板内分布钢筋的应变，由预先粘贴在钢筋上的电阻应变片量测得到。

4）框架应变，在框架柱柱脚和柱端、钢梁梁端、节点区相应部位粘贴了电阻应变片以量测应变。节点核心区剪切变形由布置在节点核心区的三向电阻应变花测得。在节点加强环板范围内的钢梁梁端腹板侧布置三向电阻应变花，量测钢梁的剪切变形和应变。节点加强环板范围外的钢梁梁端腹板一侧布置双向电阻应变花，测量梁的截面应力。钢梁上下翼缘板贴单向电阻应变片量测翼缘板应力。

5）剪力墙剪切变形由设置在墙板两条对角线方向的导杆引伸仪测得。

6）拟静力试验过程中要记录开裂荷载和相对应的位移，肉眼观察并记录每一级荷载位移下的裂缝开展位置和形状，并用裂缝观测仪测量宽度。拟动力试验由于加载不间断，无法具体测量裂缝宽度，只在每级工况加载完成后在新出现的裂缝处做标记并记录。

主要测试仪器布置如图 11.4 所示。其中 Disp-1～Disp-10 为位移计，DBG1～DBG6 为曲率仪。

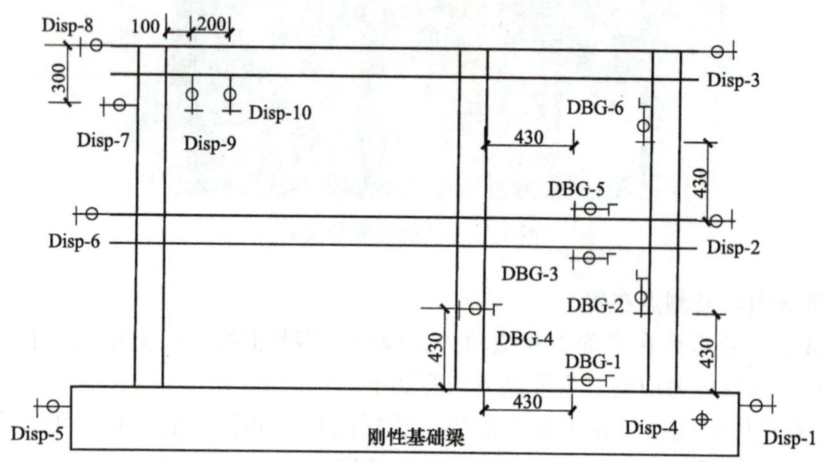

图 11.4　测试仪器布置（尺寸单位：mm）

3. 试验方法

由于准确确定试件的屈服荷载从而进行屈服前荷载控制加载比较困难，本次试验采用位移控制加载。预先设定名义屈服位移，在达到名义屈服位移之前，设置 2～3 个加载等级，名义屈服位移之后，以整数倍名义屈服位移逐次加大加载等级。本章的两质点体系试件采用倒三角形位移控制加载，即顶层位移是底层的 2 倍。依据混合结构设计规程的要求，暂以楼层最大弹性层间位移角限值 $[\theta_y]$ 作为名义屈服位移角 θ_y，从而确定试件的名义屈服位移。以顶层位移为依据，定义名义屈服位移角 $\theta_y=[\theta_y]=1/500=0.002$，从而得到名义屈服位移 $\Delta_y=\tan(\theta_y)\times H=3.72\text{mm}$（$H$ 为试件顶层质点楼层高度）。由此确定本次试验的加载制度：①对于钢管混凝土混合结构试件的拟静力试验，在试件达到名义屈服位移前减小加载等级差，采用 $0.1\Delta_y$、$0.25\Delta_y$、$0.5\Delta_y$、$0.75\Delta_y$ 进行加载；在试件屈服后采用 $1\Delta_y$、$1.5\Delta_y$、$2\Delta_y$、$2.5\Delta_y$、$3\Delta_y$、$4\Delta_y$、$5\Delta_y$、$6\Delta_y$、…进行加载，每个荷载等级加载 3 个循环。②对于作为对比构件的钢管混凝土组合框架的拟静力试验，采用 $0.5\Delta_y$、$1\Delta_y$、$2\Delta_y$、$3\Delta_y$、$4\Delta_y$、$5\Delta_y$、$6\Delta_y$、…进行加载，每个荷载等级加载三个循环。

柱顶竖向轴力的施加由 JSF2 型伺服液压加载系统通过 600kN 千斤顶来施加，轴向压力加到预定值后，持荷 2～3min，然后利用 MTS 伺服作动器按上述加载制度进行水平低周反复加载，采用慢速连续加载方法，加载速率为 0.5mm/s。每个加载级别结束后，停止加载，使用裂缝测宽仪观察剪力墙试件的裂缝开展情况并记录裂缝宽度。

试件的荷载－位移滞回关系由 MTS 系统自动采集，应变、变形、滑移等数据分别用数据采集系统进行自动采集。试验全过程中对墙板、边框柱、框架柱、钢梁和楼板的变形、裂缝开展情况和应变变化进行实时监测。

4. 试验现象和破坏形态

（1）钢管混凝土混合结构试件破坏过程

每级荷载加载三个循环，当加载到第三个循环，达到正向最大和负向最大荷载时分别停机观察构件破坏，加载顺序为先正向（作动器为推力）后负向（作动器为拉力）。荷载等级划分如表 11.3 所示，按照荷载等级描述破坏过程如下。

第 1 级～第 3 级：在加载的初期阶段，试件 P-Δ 反应基本上呈现线性关系（如未特别指明，本章中 P 指基底剪力即底层剪力，Δ 指顶层结构侧移）。试件处于弹性阶段，混凝土未发现明显的开裂。

第 4 级：当负向加载基底剪力达到 $P=-291$kN 时，底层墙板的右边中部偏下方出现了第一条斜裂缝，与水平夹角约为 45°，沿墙板对角线方向向左下角开展，长度延伸到离基底顶面约 200mm 处，裂缝宽度为 0.1mm，长度约为 500mm，这条裂缝称负向初始裂缝。初始裂缝如图 11.5（a）所示。

第 5 级：当正向加载到 $P=337$kN 时，底层墙板左边中部偏下方出现了一条斜裂缝，与水平夹角约 45°，沿墙板对角线方向向右下角开展，长度延伸到离基底顶面约 350mm 处，宽度为 0.08mm，长度约为 350mm，与第一条裂缝呈垂直交叉，称为正向初始裂缝。当负向加载到 $P=-326$kN 时，底层墙板中部在沿对角线出现一条平行于初始裂缝的负向主斜裂缝。主斜裂缝是指剪力墙混凝土在剪切作用下形成了一条裂缝宽度明显大于其他斜裂缝的剪切斜裂缝。这条裂缝在反复荷载作用下宽度和长度的发展都要比其他斜裂缝快，而整个墙板混凝土也将沿着这条主斜裂缝发生错动，形成剪切破坏面。因为这条裂缝决定了混凝土剪切破坏面的位置，主导了混凝土的破坏，成为墙板剪切破坏的主要原因，因此称其为主斜裂缝）。主斜裂缝的宽度为 0.12mm；初始裂缝宽度增大，达到 0.14mm，并向左下继续延伸至离基地顶面约 100mm；正向出现过的裂缝基本闭合。到目前为止，楼板、顶层墙板未出现裂缝，钢框架未出现明显破坏。

第 6 级：当正向加载到 $P=438$kN 时，底层墙板沿对角线出现了一条正向主斜裂缝，宽度为 0.14mm；正向初始裂缝继续开展，宽度达到 0.16mm，并且延伸至基底顶面位置。当反向加载到 $P=-409$kN 时，负向初始裂缝一端延伸至基底顶面位置，另一端延伸至柱边，宽度达到 0.22mm；负向主斜裂缝延伸至距离基底顶面 300mm 左右高度，裂缝宽度也达到了 0.22mm；底层中柱剪力墙外侧楼板负弯矩区附近表面出现垂直于楼板长度方向的裂缝，贯穿整个板带，裂缝宽度为 0.08mm。二层墙板未出现裂缝，钢框架未出现明显破坏。

第 7 级：当正向加载到 $P=510$kN 时，底层墙板的正向主斜裂缝上方附近出现一条裂缝，宽度为 0.1mm，主斜裂缝宽度增大至 0.22mm；正向初始裂缝宽度增加至 0.28mm。负向加载 $P=474$kN 时，负向主斜裂缝上方出现 2 条新裂缝，负向初始裂缝下方出现一条新裂缝；主斜裂缝宽度为 0.3mm；负向初始裂缝宽度增至 0.28mm；实测数据表明，墙板中部水平钢筋屈服。楼板负弯矩区除已有裂缝宽度继续增大外，又在附近出现一条新裂缝。顶层墙板和钢框架仍未出现明显破坏。

第 8 级：正向基底剪力达到 $P=582\text{kN}$ 时，底层墙板未出现新裂缝，原裂缝继续开展和延伸；顶层墙板开始出现微小裂缝，位置在墙板左下角沿水平方向 45°夹角延伸。负向达到 $P=-538\text{kN}$ 时，底层墙板裂缝开展大幅增加，负向主斜裂缝已经达到 0.8mm，初始裂缝达到 0.7mm；右下角出现 2 条新裂缝，一条沿水平夹角 45°在初始裂缝下方出现，宽度为 0.2mm，另一条接近平行于基底在墙板底部出现，宽度为 0.42mm。在底层墙板中部钢筋屈服，主斜裂缝开展后，墙板上的斜裂缝基本都已出现，混凝土裂缝迅速开展，混凝土应力重新分布，原有的斜裂缝附近主拉应力较大，继续加载使得原有的斜裂缝不断延伸变宽。

第 9 级：正向 $P=597\text{kN}$，底层墙板底部接近平行于基底的裂缝出现，墙板中部竖向钢筋屈服，底部水平钢筋接近屈服。混凝土裂缝开展加剧，墙板局部钢筋屈服；顶层墙板出现沿水平夹角 45°新裂缝，位于第一条裂缝的上部。负向 $P=-616\text{kN}$，裂缝宽度已十分明显，特别底部水平向裂缝宽度增加迅速。最大裂缝为负向主斜裂缝，宽度已达 0.88mm。

第 10 级：墙板中部水平钢筋的应变增大到 4500$\mu\varepsilon$ 左右。负向加载到最大位移时，顶层墙板出现负向斜裂缝。从作动器反馈的数据来看，正负向的位移等级增加，基底剪力基本较上一级没增加，底层作动器力越来越小，说明结构底层主要抗侧力构件剪力墙刚度退化严重，顶层墙板保持有较好的刚度。

第 11 级：正负向主斜裂缝宽度增加到 1mm 以上，试验采集数据表明，框架柱底部侧面钢管竖向达到屈服应变。底层楼板负弯矩区出现更密集裂缝，跨中出现一条横跨板带的裂缝，如图 11.5（c）所示。

第 12 级：正向基底剪力达到最大值，负向进入下降段。墙板底部水平和竖向钢筋均已屈服，正向出现底层作动器推力趋近于 0 的情况，结构刚度损失严重，墙板上多处混凝土开始产生轻微剥落，墙板开始逐渐退出工作。肉眼能观察到钢管混凝土边框柱脚有轻微的鼓屈。整个结构所有节点工作状态良好，钢管混凝土框架柱未有明显破坏现象。试件加载达到了极限承载力，底层墙板破坏损伤最大，此时结构最大裂缝为墙板底部水平裂缝，局部混凝土表面轻微剥落，裂缝宽度最大处已达 2mm 以上。裂缝开展情况如图 11.5（b）所示。

第 13 级：正向基底剪力值也开始下降。框架柱底部侧面竖向应变达到 7000$\mu\varepsilon$ 左右，从外表上看并没有出现明显的鼓屈。墙板中部水平和竖向钢筋的应变均增大到 8000$\mu\varepsilon$ 以上，底层墙板混凝土表面剥落现象严重，底部混凝土两端角部混凝土因达到极限抗压强度被压碎，主斜裂缝处正中间混凝土压碎，钢管混凝土边框柱脚鼓屈严重，但未出现承载力显著下降的现象，说明整个结构仍保有较大的竖向承载力，边框柱最终破坏形态如图 11.5（e）所示。墙板与边框柱未发现有脱离现象，说明采用 U 形钢筋能保证二者之间的紧密连接和协同工作。由于正向加载时已出现底层作动器力负值，而顶层墙板相对完好［裂缝开展如图 11.5（d）所示］说明底层破坏远大于顶层，顶层层间刚度已经接近甚至超过底层层间刚度，本试验构件为平面结构，构件高度为 2m，而且作用有 80t 的轴压力，考虑到继续加载可能导致试件发生平面外扭转导致突然垮塌，故在这级荷载停机，试验结束。

表 11.3 所示为对应于不同加载荷载时的一些指标汇总，对应墙板上所标示的裂缝开展情况，其中“＋”表示正向推力，“－”表示负向拉力。

表 11.3　钢管混凝土混合结构拟静力加载制度

名义屈服位移倍数	底层位移 /mm	顶层位移 /mm	对应荷载等级	对应最大基底剪力 /kN	
$0.1\Delta_y$	0.19	0.38	1	54	−61
$0.25\Delta_y$	0.46	0.92	2	121	−133
$0.5\Delta_y$	0.93	1.86	3	220	−223
$0.75\Delta_y$	1.4	2.8	4	304	−291
$1\Delta_y$	1.86	3.72	5	337	−326
$1.5\Delta_y$	2.79	5.58	6	438	−409
$2\Delta_y$	3.72	7.44	7	510	−474
$2.5\Delta_y$	4.65	9.3	8	582	−538
$3\Delta_y$	5.58	11.16	9	597	−616
$4\Delta_y$	7.44	14.88	10	712	−668
$5\Delta_y$	9.3	18.6	11	694	−680
$6\Delta_y$	11.16	22.32	12	745	−675
$7\Delta_y$	13.02	26.04	13	729	−643

剪力墙为混合结构主要抗侧力构件，底层墙板又是整个结构首先破坏的地方，而顶层墙板破坏轻微，顶层楼板甚至未发现明显裂缝。其最终破坏形态如图 11.5（e）所示。试验结束后，整体结构的破坏形态如图 11.6 所示。

表 11.4 为混合结构拟静力试验过程中的各构件破坏顺序，其中框架柱脚最终仅轻微鼓屈变形，由于整体结构的位移比较小，框架部分钢梁的变形不明显。

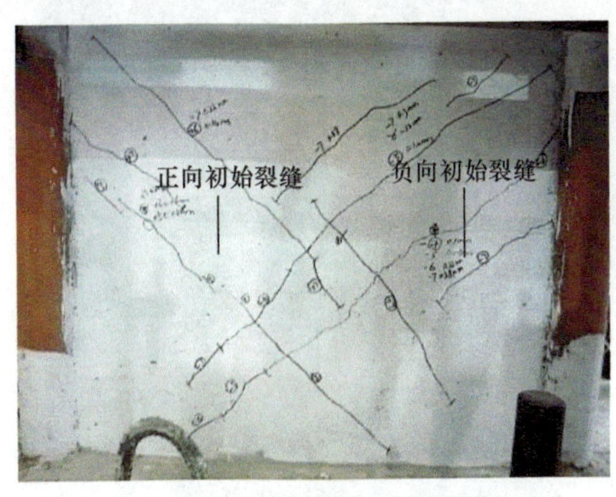

(a) 底层墙板第7级加载裂缝开展

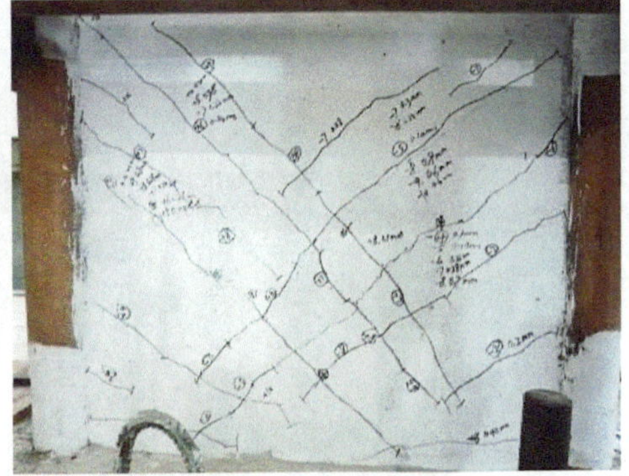

(b) 底层墙板达到峰值荷载时裂缝开展

图 11.5　平面框架－组合剪力墙混合结构试件破坏形态

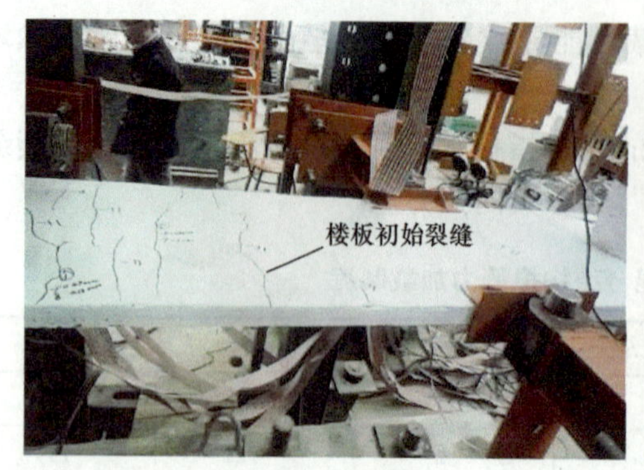

(c) 底层楼板裂缝开展

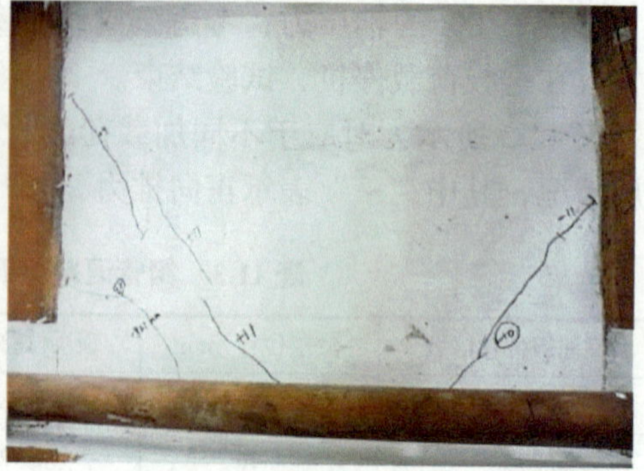

(d) 顶层墙板裂缝开展

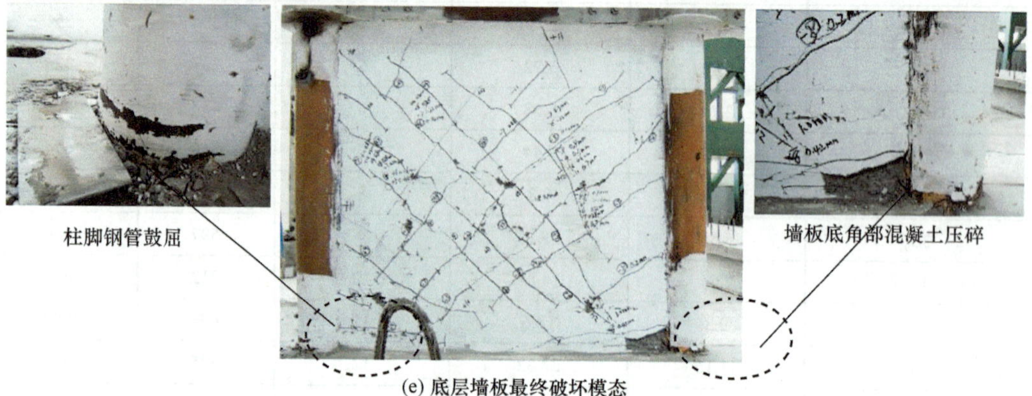

(e) 底层墙板最终破坏模态

图 11.5 （续）

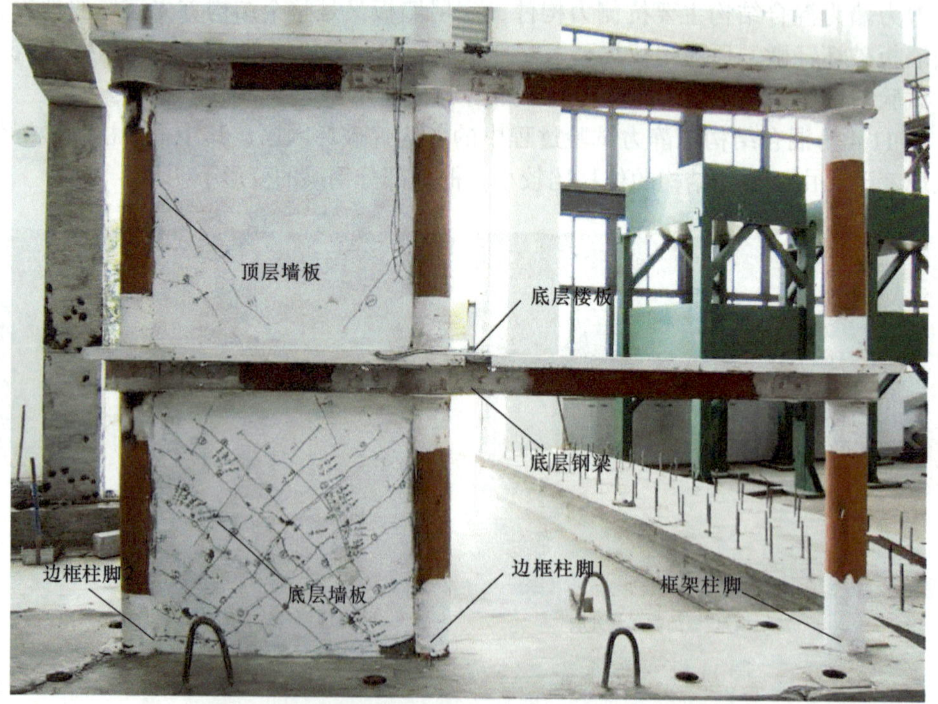

图 11.6　钢管混凝土混合结构拟静力试件最终破坏形态

表 11.4　钢管混凝土混合结构拟静力试验破坏顺序

序号	破坏位置	初破坏时荷载等级	对应基底剪力 /kN
1	底层墙板	4	−291
2	底层楼板	6	−409
3	顶层墙板	8	582
4	边框柱脚 1	12	745
5	边框柱脚 2	12	−675
6	框架柱脚	13	729
7	底层钢梁	未发现明显变形	

（2）钢管混凝土框架结构试件破坏过程

试验中荷载等级如表 11.5 所示，每级荷载等级加载三个循环，当加载到第三个循环时，正向最大和负向最大分别停机观察构件破坏，表中“＋”表示正向推力，“－”表示负向拉力。

表 11.5　钢管混凝土框架结构拟静力试验结果

名义屈服位移倍数	底层位移 /mm	顶层位移 /mm	对应荷载等级	对应最大基底剪力 /kN	
$0.5\Delta_y$	0.93	1.86	1	34	−39
$1\Delta_y$	1.86	3.72	2	61	−65
$2\Delta_y$	3.72	7.44	3	111	−107
$3\Delta_y$	5.58	11.16	4	152	−136
$4\Delta_y$	7.44	14.88	5	160	−160
$5\Delta_y$	9.3	18.6	6	185	−174
$6\Delta_y$	11.16	22.32	7	199	−188
$7\Delta_y$	13.02	26.04	8	204	−194
$8\Delta_y$	14.88	29.76	9	208	−196
$9\Delta_y$	16.74	33.48	10	206	−200
$10\Delta_y$	18.6	37.2	11	207	−191
$11\Delta_y$	20.46	40.92	12	197	−185

框架试件的底层剪力比顶层大，所以破坏基本都在底层，如未特别指明，以下所观察的破坏过程均指底层。加载初期阶段，除楼板上表面有裂缝出现以外，未在其他位置处发现明显的破坏。

第 1 级～第 7 级荷载：在第 3 级荷载时，楼板外框架部分负弯矩区段和跨中表面出现微小的裂缝，宽度为 0.04mm，框架柱脚外侧钢管竖向达到屈服应变；第 6 级荷载时，边框柱（本章中相对应钢管混凝土混合结构试件边框柱位置的钢管混凝土柱统称为边框柱，相对应混合结构试件框架柱位置的钢管混凝土柱统称为框架柱）负弯矩区段附近楼板上表面出现微小的裂缝，宽度为 0.04mm；第 7 级荷载时，沿框架柱边楼板上表面出现一条横贯的裂缝，并且紧挨着柱边，宽度为 0.48mm。随着加载的继续，楼板裂缝不断开展变宽。直到第 7 级荷载，钢管混凝土柱和钢梁未发现明显的变形。

第 8 级荷载：当正向基底剪力达到 $P=204\text{kN}$ 时，钢梁负弯矩区出现不同程度变形，部分焊缝有出现撕裂的痕迹。负向加载至 $P=-200\text{kN}$ 时，3 根钢管混凝土柱脚均出现轻微鼓曲，框架柱柱脚应变达到 6600$\mu\varepsilon$ 左右，底层中边框柱负弯矩区楼板板底出现裂缝，宽度为 0.06mm 左右。

第 9 级荷载：正向基底剪力 $P=208\text{kN}$，结构一层刚度退化严重，楼板负弯矩区裂缝最大达到 0.64mm，柱脚鼓屈进一步发展。负向基底剪力达到 $P=196\text{kN}$ 时，底层框架柱附近的负弯矩区钢梁出现破坏，加强环板和梁焊接处梁底焊缝被拉断。

第 10 级及以上荷载：随着加载的继续，各钢管混凝土柱脚鼓屈明显，底层各钢梁负弯矩区的拼接位置均出现不同损伤的破坏。破坏包括钢梁底部焊缝断裂、拼接板鼓屈、环板翼缘屈曲等。结构顶层未观察到明显的破坏。

试验结束后，破坏形态如图 11.7 所示。表 11.6 为框架结构拟静力试验过程中的各构件破坏顺序。

(a) 柱脚鼓屈

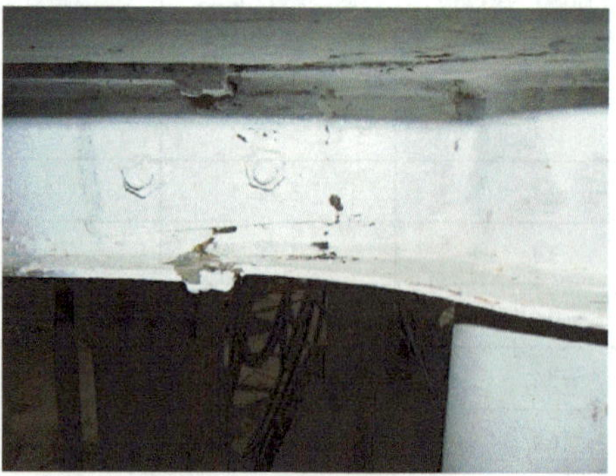

(b) 钢梁底部断裂

(c) 拼接板鼓屈

(d) 环板翼缘屈曲

图 11.7 钢管混凝土框架结构试件破坏形态

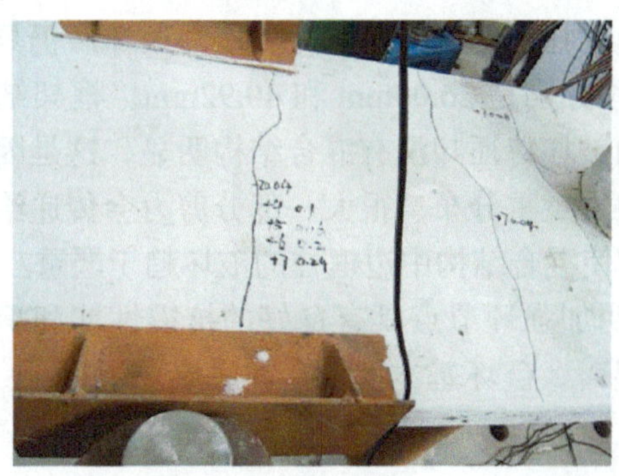

(e) 底层楼板表面裂缝

(f) 框架结构构件破坏顺序

图 11.7 （续）

表 11.6　框架结构拟静力试验破坏顺序

破坏顺序	破坏位置	初破坏时荷载等级	对应基底剪力 /kN
1	底层楼板 1、2	2 级	61
2	底层楼板 3	6 级	185
3	边框柱脚 1、2	8 级	204
4	框架柱脚	8 级	−194
5	底层楼板底	8 级	−194
6	底层钢梁 1	9 级	−196
7	底层钢梁 2、3、4	10 级	206

（3）钢管混凝土混合结构和框架结构试件对比

试验结果表明，框架内部填充了混凝土剪力墙，混合结构比框架结构的刚度提高很多，同时延性有所下降。由于钢管混凝土边框柱的约束作用，剪力墙在破坏后仍具有一定刚度和承载力。两组试验停机时顶层位移分别是26.04mm和40.92mm，框架结构试验最终位移比混合结构大，但是其边框柱的破坏特征却没有混合结构明显，这是因为在剪力墙刚度下降后，组合剪力墙承担的内力发生重分布，很大一部分剪力会传递给钢管混凝土边框柱，使剪力墙的破坏延缓，同时使混合结构中边框柱的破坏趋于严重。

两榀试件试验后节点区基本完好，说明加强环节点具有良好的抗震性能和承载性能；底层剪力比顶层大，因此顶层破坏不显著，破坏基本都发生在底层。

5. 试验结果分析

（1）特征荷载点

开裂荷载、屈服荷载、峰值荷载和破坏荷载是描述构件 P-Δ 关系（P 为基底剪力，Δ 为顶层位移）的重要特征参数。开裂荷载（P_{cr}）是指试件第一次出现裂缝时的荷载，其在骨架线上所对应的变形称为开裂位移（Δ_{cr}）。屈服荷载是指试验试件在某一截面上的绝大多数的受拉主钢筋应力达到屈服强度时的荷载。对于有明显屈服点的试件，在试验过程中，当试验荷载达到屈服荷载后，试件的刚度将会出现明显的变化，表明试件已经屈服。本节以图解法确定框架试件屈服点，如图2.109所示。

需要说明的是，对于破坏荷载，一般选取试件达到峰值荷载 P_{max} 并下降到 $85\%P_{max}$ 的荷载，但由于本试验模型两质点之间的刚度悬殊导致结构两层在试验过程中出现方向相反的力，可能会造成构件平面外受扭发生突然崩塌，考虑到安全因素，未到 $85\%P_{max}$ 就终止了试验，因此试验停机时荷载取为试件最终荷载。试验实测的开裂荷载、屈服荷载、峰值荷载和停机荷载如表11.7所示，表中负号表示反向加载（拉）。

表11.7 各项特征荷载及其对应的位移

试件	开裂荷载		屈服荷载		峰值荷载		停机荷载	
	基底剪力/kN	顶层位移/mm	基底剪力/kN	顶层位移/mm	基底剪力/kN	顶层位移/mm	基底剪力/kN	顶层位移/mm
钢管混凝土混合结构	−291	−2.8	575 −560	9.9 −9.9	745 −680	22.1 −18.6	723 −643	26.1 −25.9
钢管混凝土框架结构	—		173 −165	15.5 −15.5	208 −200	29.2 −33.6	197 −185	40.4 −40.7

（2）滞回关系

采用MTS记录的力和位移作为 P-Δ 滞回关系。图11.8和图11.9分别给出了钢管混凝土混合结构和钢管混凝土框架结构基底剪力 - 顶层位移滞回关系，顶层剪力 - 顶层层间位移滞回关系，以及基底剪力 - 底层层间位移滞回关系。

通过对比可以看出，两种不同体系的滞回关系具有以下特点。

1）混凝土剪力墙使得混合结构水平承载力比框架结构明显提高，滞回关系包络的面积比框架结构大得多，混合结构能在地震中耗散更多的能量。

2）框架结构滞回环形状呈梭形，滞回曲线较饱满且稳定，随着荷载的增加，无明显“捏缩效应”，说明钢管混凝土框架结构延性好，进入塑性变形后仍能持续耗散较大的地震能量。混合结构滞回环初期呈弓形，中部有轻微捏缩现象，滞回曲线的斜率逐渐下降但并不明显，这说明试件的刚度退化但幅度并不大，试件强度稳定上升，此时滞回环卸载点开始出现残余变形，随着底层墙板混凝土的开裂，墙板钢筋逐渐屈服，试件进入屈服状态，钢筋和混凝土之间的滑移增大，滞回环逐渐向反 S 形靠拢。继续加载，混合结构滞回曲线的斜率降低比框架结构快，说明试验后期混合结构刚度的退

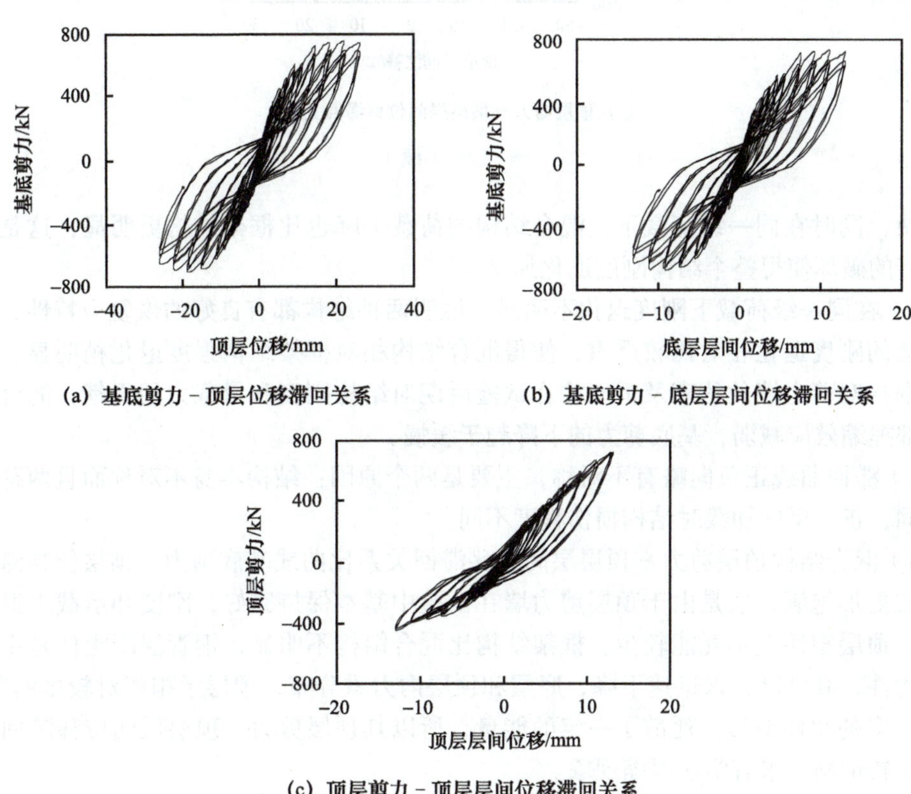

(a) 基底剪力 - 顶层位移滞回关系　(b) 基底剪力 - 底层层间位移滞回关系

(c) 顶层剪力 - 顶层层间位移滞回关系

图 11.8　混合结构试件拟静力试验滞回关系

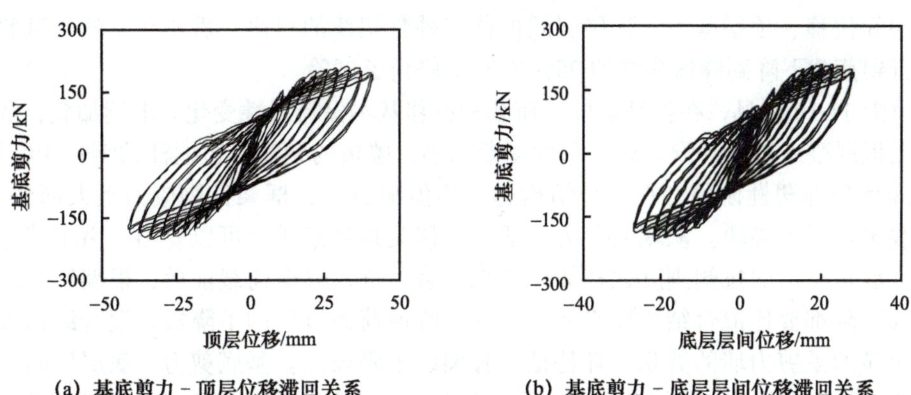

(a) 基底剪力 - 顶层位移滞回关系　(b) 基底剪力 - 底层层间位移滞回关系

图 11.9　组合框架试件拟静力试验滞回关系

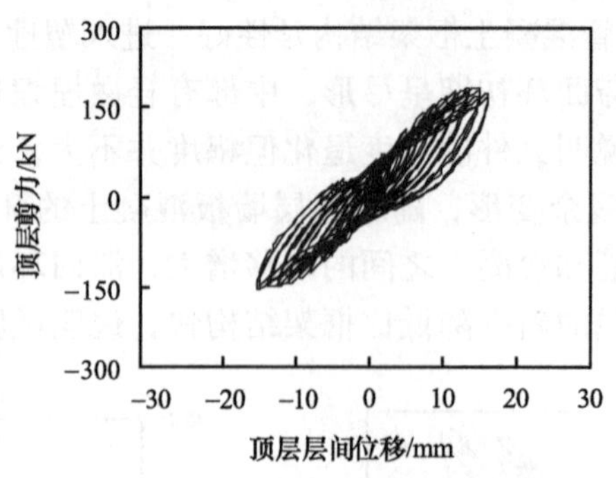

(c) 顶层剪力－顶层层间位移滞回关系

图 11.9 （续）

化较快，同时在同一级荷载下，混合结构的荷载下降也比框架结构更明显，这是由于剪力墙的破坏使得整个结构刚度退化加剧。

3）在同一级荷载下刚度退化不明显，说明两种结构都有良好的恢复力特性，由于剪力墙的刚度退化相对比较严重，使得混合结构相对框架结构强度退化稍明显。但由于边框柱对剪力墙的约束及框架柱在试验后期对结构刚度和承载力的贡献，混合结构的中部捏缩效应减弱，基底剪力的下降趋于缓慢。

4）滞回曲线正负向略有不对称，主要是两个原因：结构本身不对称而且两跨跨度也不同，正、反向加载时结构损伤程度不同。

5）混合结构顶层剪力－顶层层间位移滞回关系比曲线基底剪力－顶层位移滞回关系曲线更加饱满，这是由于顶层剪力墙在试验中基本保持完好，刚度和承载力退化不明显，顶层塑性变形耗能较少。框架结构比混合结构不明显，钢管混凝土柱是主要抗侧力构件，其刚度并未迅速下降，底层和顶层内力重分布，顶层承担相对较多的剪力，产生一定的塑性变形，耗散了一定的能量，所以其顶层剪力－顶层层间位移滞回关系曲线比较饱满，未有明显捏缩现象。

（3）骨架曲线

图 11.10 为剪力－位移关系骨架线，分别给出了基底剪力－顶层位移、基底剪力－底层层间位移、顶层剪力－顶层层间位移三种骨架线的对比，需要注意的是试验加载仅进行到荷载下降到峰值荷载的 95% 左右就停止了试验。

由图 11.10 可见，在弹性阶段，荷载和位移基本保持线性变化。继续加载，混合结构的墙板混凝土逐渐开裂，试件刚度逐渐减小，墙板的钢筋和边框柱的钢管相继屈服，骨架线呈现弹塑性阶段。在混合结构达到峰值荷载后，框架柱脚应力最大部位屈服，骨架线出现了下降段。从基底剪力－顶层位移关系骨架线上可以看出，由于剪力墙的存在，混合结构的抗侧刚度比框架结构大得多，进入峰值荷载前后，框架结构的荷载上升及下降都要比混合结构要平缓，尤其是峰值荷载过后的下降段，混合结构表现得比较明显的是剪力墙的剪切破坏特征，骨架线下降较陡。基底剪力－底层层间位移关系骨架线与基底剪力－顶层位移关系骨架线的趋势变化或者形状一致，而顶层剪力－顶层层间位移关系骨架线就比较趋于直线，说明结构底层损伤比顶层大得多，这种现象

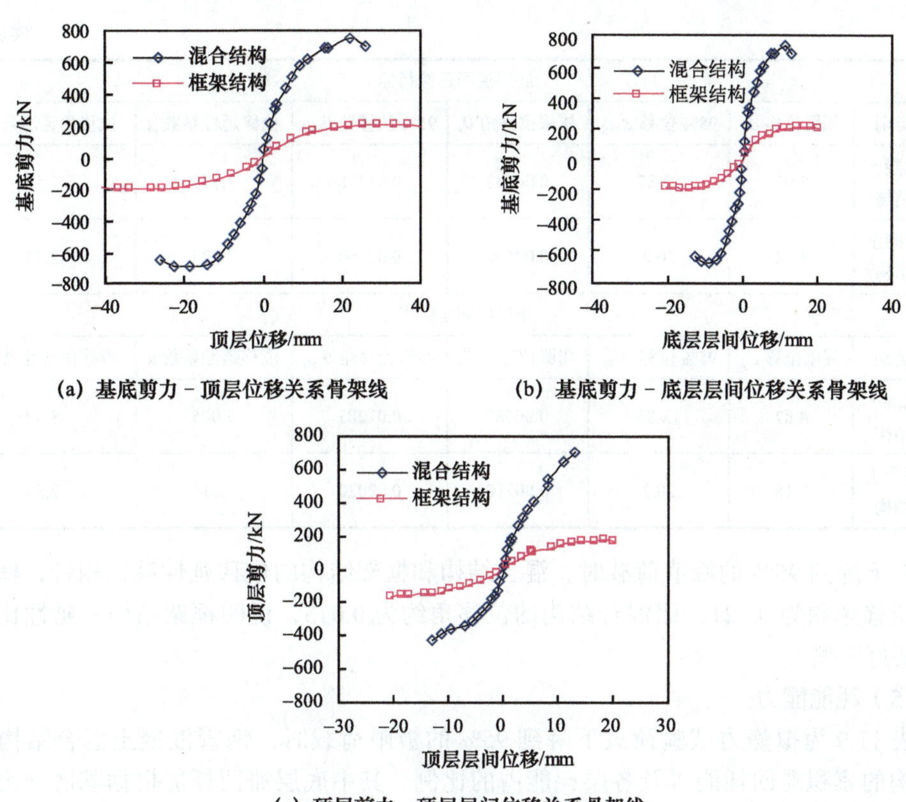

(a) 基底剪力 - 顶层位移关系骨架线　(b) 基底剪力 - 底层层间位移关系骨架线

(c) 顶层剪力 - 顶层层间位移关系骨架线

图 11.10　两种结构荷载 - 位移关系骨架线

混合结构要比框架结构更明显。

（4）延性

分别采用位移延性系数（μ）和转角延性系数（μ_θ）来研究钢管混凝土混合结构的延性特性。以试件的水平破坏位移 Δ_u 与屈服位移 Δ_y（图解法计算得到的结构屈服位移）的比值定义为位移延性系数，本试验停机荷载为峰值荷载的 88%～95%，故暂以 $\Delta_{95\%}$ 计算位移延性系数比较两种结构的延性。试件的层间位移角定义为 $\theta=\arctan(\Delta/H)$，H 为试件层高。以 95% 峰值荷载位移角 $\theta_{95\%}$ 和屈服位移角 θ_y 比值来定义层间位移角延性系数。

钢管混凝土混合试件和框架试件的整体延性系数和各层层间延性系数如表 11.8 所示。其中以计算整体屈服位移和 95% 峰值荷载位移为标准，对应计算当时的各层层间位移，作为一个名义层间屈服位移和 95% 峰值荷载位移，以此比对两种结构的延性。

表 11.8　拟静力试件延性指标信息

整体延性指标						
结构类别	屈服位移 Δ_y	95% 位移 $\Delta_{95\%}$	屈服位移角 θ_y	95% 位移角 $\theta_{95\%}$	位移延性系数 μ	位移角延性系数 μ_θ
钢管混凝土混合结构	9.9	25.7	0.00512	0.01328	2.596	2.594
钢管混凝土框架结构	15.5	40.4	0.00801	0.02088	2.602	2.606

续表

底层层间延性指标						
结构类别	屈服位移 Δ_y	95% 位移 $\Delta_{95\%}$	屈服位移角 θ_y	95% 位移角 $\theta_{95\%}$	位移延性系数 μ	位移角延性系数 μ_θ
钢管混凝土混合结构	5.03	12.87	0.00538	0.01376	2.559	2.558
钢管混凝土框架结构	8.32	20.2	0.00890	0.02160	2.428	2.437
顶层层间延性指标						
结构类别	屈服位移 Δ_y	95% 位移 $\Delta_{95\%}$	屈服位移角 θ_y	95% 位移角 $\theta_{95\%}$	位移延性系数 μ	位移角延性系数 μ_θ
钢管混凝土混合结构	4.87	12.83	0.00487	0.01283	3.005	3.005
钢管混凝土框架结构	7.18	20.2	0.00718	0.02020	2.814	2.813

在下降到 95% 的峰值荷载时，混合结构和框架结构的位移延性系数相近，框架结构的位移角约为 0.021，而混合结构的位移角约为 0.013，说明框架结构的延性比混合结构要好一些。

（5）耗能能力

表 11.9 为拟静力试验荷载下降到 95% 的极限荷载时，钢管混凝土混合结构和框架结构的累积滞回耗能以及各层耗能占的比例。其中底层滞回耗能根据基底剪力 - 底层层间位移滞回关系计算，顶层滞回耗能根据顶层剪力 - 顶层层间位移滞回关系计算，总滞回耗能由二者相加得到。

表 11.9　拟静力试验结构耗能

类型	总滞回耗能 /（kN · mm）	底层滞回耗能 /（kN · mm）	顶层滞回耗能 /（kN · mm）	底层耗能比例 /%	顶层耗能比例 /%
钢管混凝土混合结构	118847	73255	45592	62	38
钢管混凝土框架结构	109868	68815	41053	63.0	37.0

两榀构件在反复荷载下，底层与顶层的耗能分配基本一致。在较大的荷载作用下，混合结构的位移值比框架结构小得多，但其耗能能力却比框架结构大。

采用等效黏滞阻尼系数和能量耗散系数 E 来评价剪力墙的耗能能力。图 11.11 和图 11.12 分别为两种结构拟静力试验下等效黏滞系数和能量耗散系数随 Δ/Δ_y 比值变化的对比图，其中 Δ 为每级荷载下的峰值位移，Δ_y 为试验实测的构件屈服时对应的顶层和底层层间位移。可以看出，混合结构由于有剪力墙的存在，结构整体延性比纯框架结构要差一些。在峰值荷载以后，框架结构的结构耗能能力开始降低，而混合结构的外框架部分由于结构整体变形较小，外框架部分仍未达到屈服，整体性良好，在组合剪力墙的刚度、承载力大幅退化的情况下，对结构后期的耗能有相当大的贡献，所以混合结构在峰值荷载后耗能能力仍上升。

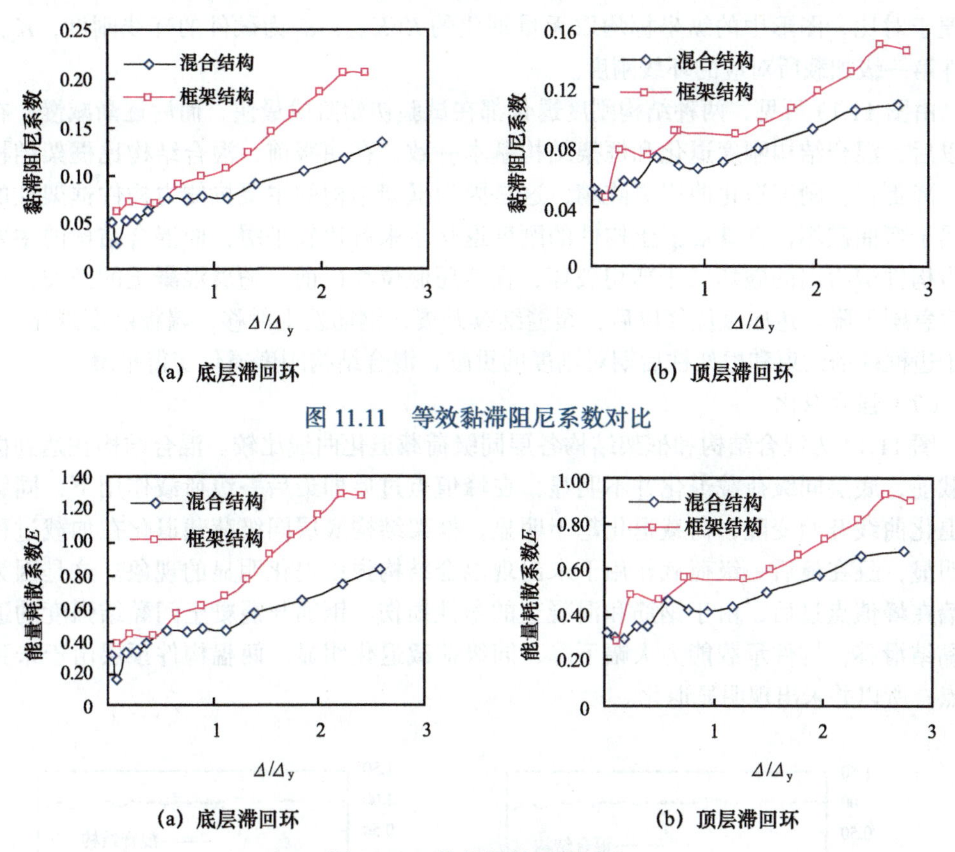

(a) 底层滞回环　(b) 顶层滞回环

图 11.11　等效黏滞阻尼系数对比

(a) 底层滞回环　(b) 顶层滞回环

图 11.12　能量耗散系数对比

(6) 刚度退化

本次试验的模型为两层两跨结构，试验按照两质点体系分两层加载，所以结构两层的破坏程度不同，在试验数据的基础上分别对比两榀拟静力试验构件（框架结构和混合结构）的顶层和底层层间刚度退化关系。图 11.13 为拟静力试验的刚度随 Δ/Δ_y 变化的关系，其中 Δ 为每级荷载下的峰值位移，Δ_y 为试验实测的构件屈服时对应的顶层和底层层间位移。由于本次拟静力试验是两榀不同的结构，刚度相差比较多，所以为

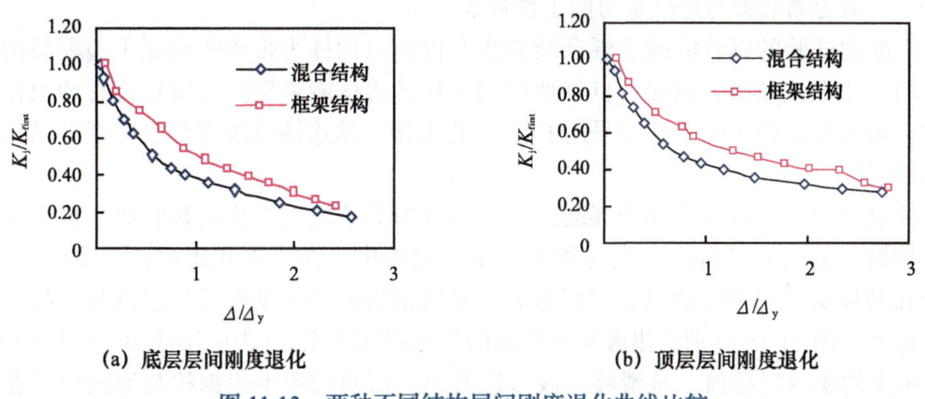

(a) 底层层间刚度退化　(b) 顶层层间刚度退化

图 11.13　两种不同结构层间刚度退化曲线比较

了便于对比，图形中的纵坐标均取无量纲化的 K_j/K_{first}，K_j 为试件的环线刚度，K_{first} 为试件第一级加载所对应的环线刚度。

由图 11.13 可见，两种结构刚度退化都在试验初始阶段最快，而后逐渐减慢，在屈服以后，混合结构刚度退化和框架结构基本一致。在屈服前，混合结构比框架结构刚度下降更快，刚度退化曲线更陡峭，这是因为框架结构的主要抗侧力构件框架柱的破坏属于弯曲破坏，钢管混凝土构件的刚度退化本来就比较平缓；而混合结构的主要抗侧力构件剪力墙的破坏属于剪切破坏，在达屈服位移以前，随着混凝土的开裂，墙板刚度急剧下降。达屈服位移以后，裂缝继续开展，钢筋发生滑移，墙板刚度退化严重。由于边框柱的约束和框架柱后期对刚度的贡献，混合结构刚度退化变得平缓。

（7）强度退化

图 11.14 为混合结构和框架结构各层同级荷载退化曲线比较。混合结构在达到极限荷载前，底层同级荷载退化并不明显，在峰值点过后即最后一级荷载作用下，同级荷载退化曲线开始变陡，荷载退化趋于明显；框架结构底层同级荷载退化在加载过程中不明显，且在最后一级荷载作用下未出现混合结构强度退化明显的现象。这是因为剪力墙在峰值点过后，由于钢筋和混凝土的塑性损伤、钢筋与混凝土间黏结强度的退化和黏结滑移，构件承载能力大幅下降，同级荷载退化明显。两榀构件顶层由于未到峰值点，所以并未出现明显退化。

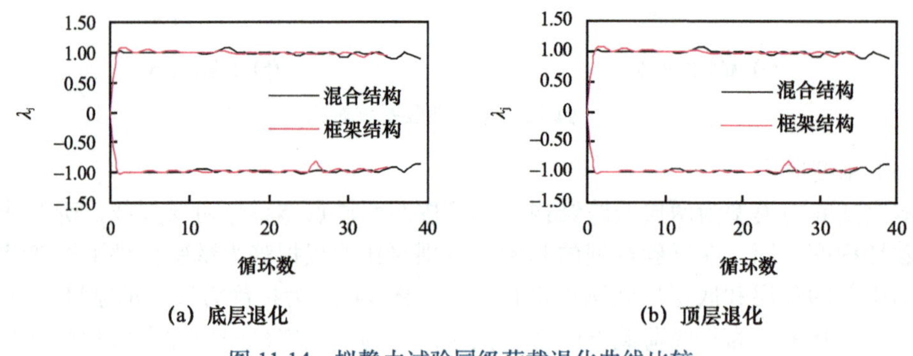

(a) 底层退化　　(b) 顶层退化

图 11.14　拟静力试验同级荷载退化曲线比较

（8）剪力墙墙板与边框架协同工作性能分析

拟静力试验的钢管混凝土混合结构主要抗侧力构件为带钢管混凝土边框柱的组合剪力墙，边框柱和剪力墙能否良好地协同工作是边框能否发挥对墙板应有约束作用的关键，墙板和钢管之间的连接采用 U 形钢筋连接，其连接效果更会影响混合结构后期整体的刚度。

试验过程中未观察到钢管混凝土边框柱和剪力墙之间产生明显脱离，也未观察到边框和墙板界面处的混凝土明显剥落。试验过程中，在墙板和边框柱、墙板和钢梁、墙板和基底交界面等位置设置了百分表，测试结果可基本反映试件边框与墙板共同协作的特性。图 11.15 分别给出墙板与边框的滑移滞回关系，P 为底层或顶层的层间剪力，Δ 为相应的实测滑移值。从滑移曲线可以看出，试验过程中边框柱与墙板之间在初始位置附近产生一定滑动，其滑移值随着荷载的增加而增大，但总体上滑移位移值很小，表明边框柱和墙板共同工作性能良好。

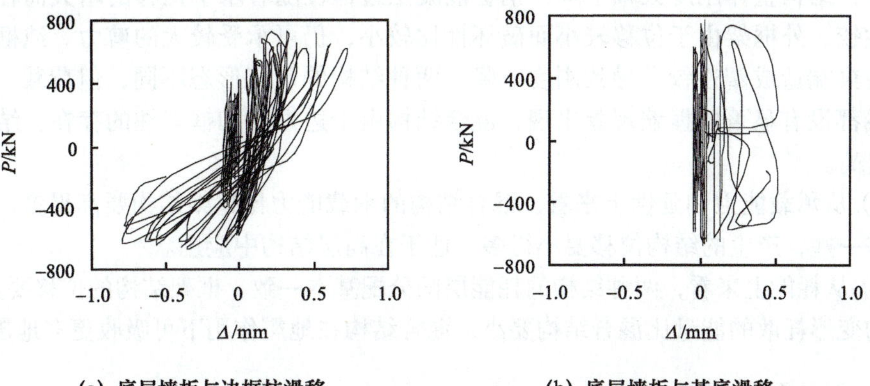

(a) 底层墙板与边框柱滑移　　(b) 底层墙板与基底滑移

图 11.15　墙板与边框的滑移滞回关系

（9）梁柱相对转角

顶层边框位置的节点处设置了四个位移计以测量并比较梁柱相对转角（θ）。如图 11.16 为结构顶层剪力－相对转角滞回关系比较，由于混合结构拟静力试验进行到第 9 级时，梁端部位移计滑动，所以图中只给出混合结构第 9 级荷载前的有效转角数据，框架结构为全部等级有效数据。从图 11.16 可以看出，随着荷载等级的增加，梁柱相对转角呈增大趋势。即使仅到第 9 级荷载，混合结构的梁柱相对转角也比框架结构更大。即使层间位移较小，混合结构的梁柱相对转角仍比框架结构要大，说明混合结构比框架结构更易满足强柱弱梁这一抗震要求。

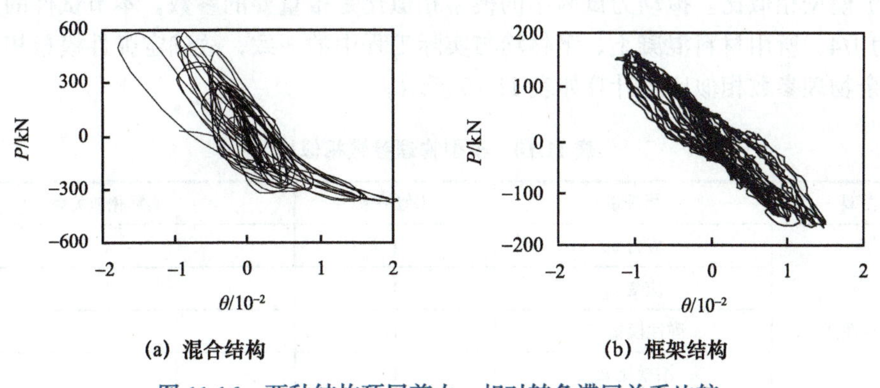

(a) 混合结构　　(b) 框架结构

图 11.16　两种结构顶层剪力－相对转角滞回关系比较

6. 小结

本节进行了一榀钢管混凝土框架结构和一榀钢管混凝土混合结构拟静力试验。根据试验结果对二者的荷载－位移滞回关系及骨架线、边框和墙板的协同工作性能、试件不同部位的应变发展规律进行了分析，采用不同的指标对两种结构的延性、强度退化、刚度退化及耗能能力等进行了详细分析，得出以下结论。

1）混合结构的破坏形态为墙板形成斜压杆受力机制，最终墙板混凝土被压碎而退出工作，结构整体刚度大幅下降，钢管混凝土边框柱随着水平位移的增大而在柱脚形成塑性铰，外框架由于位移较小而破坏性比较小，仍可承受较大的剪力。纯框架结构首先在梁端造成塑性铰，导致刚度下降。两种结构的破坏形态不同，但荷载－位移关系曲线都没有显著的捏缩现象出现，混合结构由于边框柱和框架柱的存在，结构延性得到提高。

2）从承载能力和延性上来看，混合结构的承载能力比框架结构要高得多，但延性却要差一些，产生的结构位移要小得多，适于在高层结构中应用。

3）从耗能上来看，两种结构的耗能层间分配基本一致，框架结构的位移要大得多，但结构变形耗散的能量比混合结构要小，混合结构在地震作用下可吸收更多地震能。

11.2.2　拟动力试验研究

本试验的主要目的是通过试验研究归纳钢管混凝土框架－组合剪力墙在拟动力作用下的破坏形态与特点；比较在不同幅值的地震波作用后结构的地震响应；提取结构滞回关系、骨架线和累积耗能曲线，分析结构的抗震性能；同拟静力试验结果作对比，以期分别从宏观和微观上对结构抗震性能作评估。

1. 试验概况

本节试验的试件设计、加载装置、测试装置图与 11.2.1 节相同，只有试验方法有所不同，下面简要说明。

（1）参数选择

1）模型相似比。拟动力试验中的模型相似比是很重要的参数。本节试件的几何相似比为 1/4，所用材料混凝土、钢材均与实际工程中的一致，故确定弹性模量相似比为 1。其余物理参数相似比经计算如表 11.10 所示。

表 11.10　模型物理参数相似比

类型	物理量	相似关系	实际相似关系
材料性能	应力 σ_m	1	1
	应变 ε_m	1	1
	弹性模量 E_m	1	1
	泊松比 μ_m	1	1
	质量密度 ρ_m	$1/S_L$	4
几何特性	长度 L	S_L	1/4
	线位移 δ	S_L	1/4
	角位移 β	1	1
	面积 A	S^2_L	1/16

续表

类型	物理量	相似关系	实际相似关系
荷载	集中力 剪力 P	S^2_L	1/16
	线荷载 W	S_L	1/4
	面荷载 q	1	1
	力矩 M	S^3_L	1/64
时间	时间 t	$\sqrt{S_L}$	1/2

2）模型质量等效。试验中将混合结构简化为两质点的单自由度体系，结构质量等效在楼层标高处，结构楼层面荷载若以 15kN/m^2 计算（计入结构该层自重），在 1m 宽的板带上的线荷载应该是 15kN/m，模型每层荷载输入应为 37.5kN。堆积质量矩阵 $[M]_1$ 如式（11.1）所示。

$$[M]_1=\begin{bmatrix}37.5\text{kN} & \\ & 37.5\text{kN}\end{bmatrix} \tag{11.1}$$

试验模型刚度大，实际的质量较小，在进行拟动力试验时，模型的质量和阻尼等参数是通过计算简化后填写到控制软件的数据表中。如果没有足够的质量，拟动力试验会出现结构位移响应很小的情况，这就偏离试验目的。所以在试验时把整个结构所有的质量都集中在每一层楼面上，将实际结构两层以上部分的累加质量按照相似关系等效分配到试验模型的两层楼面上。假设结构质量均由柱承担，实际混合结构底层柱的轴压比为 0.45，结构自重 2400kN，这样扣除千斤顶所施加的初始轴压力共 800kN，将剩下的质量平摊到两质点上去，得到试验质量矩阵 $[M]_2$ 如式（11.2）所示。

$$[M]_2=\begin{bmatrix}800\text{kN} & \\ & 800\text{kN}\end{bmatrix} \tag{11.2}$$

3）阻尼比。模型的阻尼比在试件弹性阶段影响较大，在进入弹塑性阶段后影响不大。组合结构阻尼比为 0.02～0.05，本试验模型阻尼比确定为 0.04。

4）地震波选择。地震动具有强烈随机性，结构的地震反应随输入地震波的不同而差距很大。所以为了保证时程分析结果的合理性，必须合理选择输入的地震波。归纳起来，选择输入地震波时应当考虑以下几方面的因素：地震动幅值、频谱特性、持时及选用地震波数量。综合考虑以上几个因素，本次试验采用了 KOBE 波（1995NS）。

第一，假定混合结构所在场地为沿海地区，场地类别为Ⅱ类，场地土的特征周期为 0.3～0.45s，KOBE 波（1995NS）的卓越周期约为 0.4s，因此场地土的特征周期与试验波的卓越周期，满足地震动频谱的选择要求。

第二，根据 ETABS 对试验模型的结构分析，本试验混合结构模型的基本周期为 0.33s 左右，与 KOBE 波（1995NS）的卓越周期接近，能得到结构物在地震作用下的最大反应。

第三，试验波所截取的持续时间包含地震峰值部分，即地震动记录最强部分，并且持续时间 5s，大于 10 倍模型的基本周期。

第四，本次试验输入的地震波在此之前的许多结构地震反应试验都被采用，具有广泛的代表性且试验结果比较适用，有利于与其他的试验结构进行参照。采用 KOBE 波还因为其峰值加速度较大，瞬时冲击能大，对具有各种自振周期的结构都有较大影响，尤其本试验结构刚度大，在 KOBE 波作用下，结构响应比较明显。

在输入试验波之前，对选取的原地震波进行时间压缩和幅值调整以形成试验波。本试验时间相似比为 0.5，则时间间隔和地震持续时间应乘以 0.5，原 KOBE 波采样频率为 100Hz，时间间隔为 0.01s，选取的持续时间为 10s，试验用的 KOBE 波时间间隔和持续时间分别被压缩为 0.005s 和 5s。总共 1000 个加载步。

（2）加载流程

选取 KOBE 波（1995NS），从 0.05*g* 开始，用以检查试验方法、检测加载设备和装置的运行情况、检验试验参数设定合理性、观察结构响应是否正常。再进行 0.1*g*、0.2*g*、0.4*g*、0.6*g*、0.8*g*、1.0*g*、1.4*g* 这 7 种工况的试验。

每个工况开始前都要进行一次刚度测试。拟动力试验前需要输入一些初始条件包括：初始位移、初始速度、初始加速度、初始刚度、质量矩阵等。其中初始位移、速度与加速度取零，初始刚度则要根据实测值。第一次测量的刚度不宜取过大的位移，以免引起刚度损伤，在进入弹塑性阶段后，可增大位移，使得刚度测试更准确。每个工况初始刚度测量所带来的误差，通过拟动力试验过程中的不断实测试验数据，对刚度进行修正逐渐消除误差。

（3）采集系统

拟动力试验时的荷载和相应的位移由 MTS 加载系统自动进行采集；由于 MTS 系统的采集频率为 1Hz，为了将结构响应（包括结构楼层位移，结构局部应变）对应 MTS 采集的荷载，结构响应的采集由 Solatron Inc.IMP 数据自动采集系统完成。

2. 试验现象和破坏形态

（1）结构破坏过程和破坏形态

本次拟动力试验分别输入峰值为 0.05*g*、0.1*g*、0.2*g*、0.4*g*、0.6*g*、0.8*g*、1.0*g*、1.4*g* 的 KOBE 波（1995NS）加载。结构伴随地震波幅值的加大出现不同程度的损伤，同之前的混合结构拟静力试验类似，本次混合结构在拟动力试验过程中破坏大多集中在一层的组合剪力墙部分，二层墙板出现轻微裂缝，框架部分未出现明显损坏。不同幅值地震波作用下的结构破坏过程归纳如下，各个阶段组合墙板裂缝开展如图 11.17 所示。

0.05*g* 地震波作用后，底层和顶层墙板未出现肉眼可见的明显裂缝，全结构保持完好。

0.1*g* 地震波作用后，底层墙板出现负向初始裂缝，宽度为 0.02mm，位于墙板中部位置偏下，与水平成 45°夹角，长度大约为 400mm，从柱边延伸到墙板中部。

0.2*g* 地震波作用后，负向初始裂缝继续延伸到接近基底顶面位置。正向初始裂缝出现，宽度为 0.02mm，位置与负向初始裂缝相对称，长度大约为 400mm，从柱边延伸到墙板中部。

0.4*g* 地震波作用后，底层墙板正向和负向出现交叉主斜裂缝，贯穿整块墙板对角线，伴随主斜裂缝的出现，在初始裂缝周边出现多条斜裂缝，并且在墙板底部两侧，开始出现平行于基底的水平裂缝。出现的所有裂缝大都从边框柱边开始延伸，主斜裂缝和初始裂缝基本都已延伸至基底顶面。混凝土翼缘楼板表面负弯矩区出现裂缝（框架部分）。到 0.4g 的地震波为止，仍未发现结构的其余部分出现裂缝或者出现明显的损坏。

在地震波达到 0.6g 以后，主斜裂缝宽度明显，墙板上出现几条细小的新裂缝，已出现的裂缝继续发展变宽变长，墙板底部水平裂缝两侧连接贯通。在峰值位移时，墙板中部竖向和横向分布钢筋分别达到屈服应变。顶层墙板出现负向初始裂缝，楼板表面负弯矩区（框架部分）裂缝在停机时基本闭合。

0.8g 地震波作用后，底层墙板裂缝开展更加明显，特别是墙板底部裂缝不仅明显而且裂缝开始密集，从边框柱边延伸出多条裂缝，说明墙板与边框的交界处损伤加剧。顶层墙板出现正向初始裂缝，在两条初始裂缝两侧各出现多条细小的裂缝，初始裂缝已经贯穿墙板对角线。边框柱脚开始出现轻微鼓屈，钢管竖向应变峰值时达到 8500$\mu\varepsilon$ 左右，外框架柱脚虽未出现明显鼓屈，但钢管竖向应变峰值时也达到了 5000$\mu\varepsilon$。

在 1.0g 地震波作用下，顶层峰值位移达到－23.1mm，基底剪力 P＝1275kN。底层墙板裂缝全面开展，未出现较大的新裂缝，已有的裂缝基本上都延伸至基底顶面，试验过程中有混凝土开裂的声音发出，底层墙板中部和角部混凝土表面挤碎剥落，部分钢筋表面裸露。顶层墙板正负向各出现一条新裂缝，旧裂缝仍持续发展但墙板损伤不严重，未出现主斜裂缝。底层边框柱脚鼓屈明显，钢管竖向残余应变为 2500$\mu\varepsilon$ 左右，

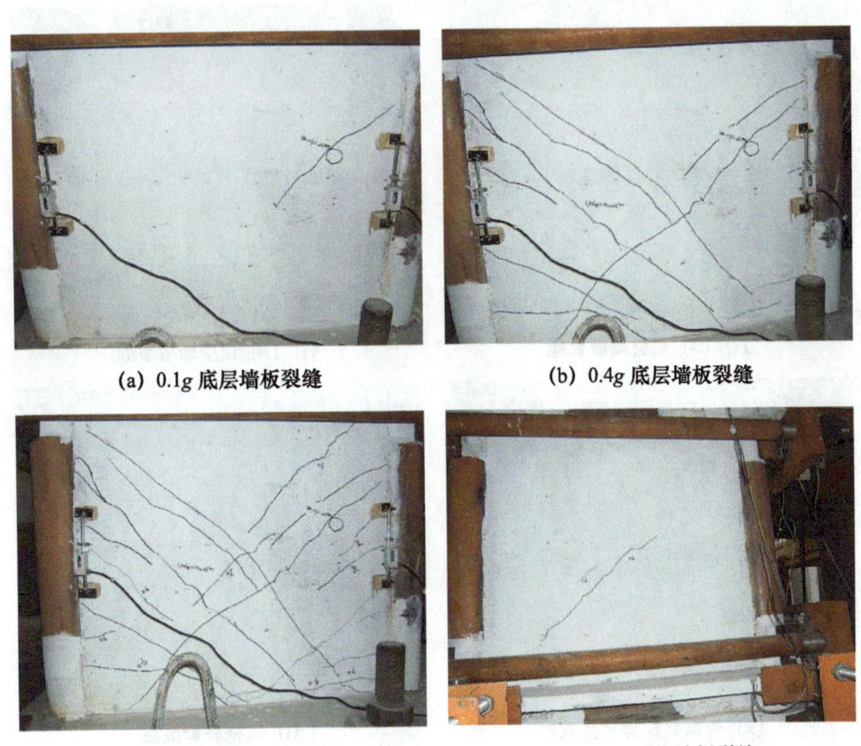

(a) 0.1g 底层墙板裂缝　(b) 0.4g 底层墙板裂缝

(c) 0.6g 底层墙板裂缝　(d) 0.6g 顶层墙板裂缝

图 11.17　钢管混凝土混合结构破坏形态

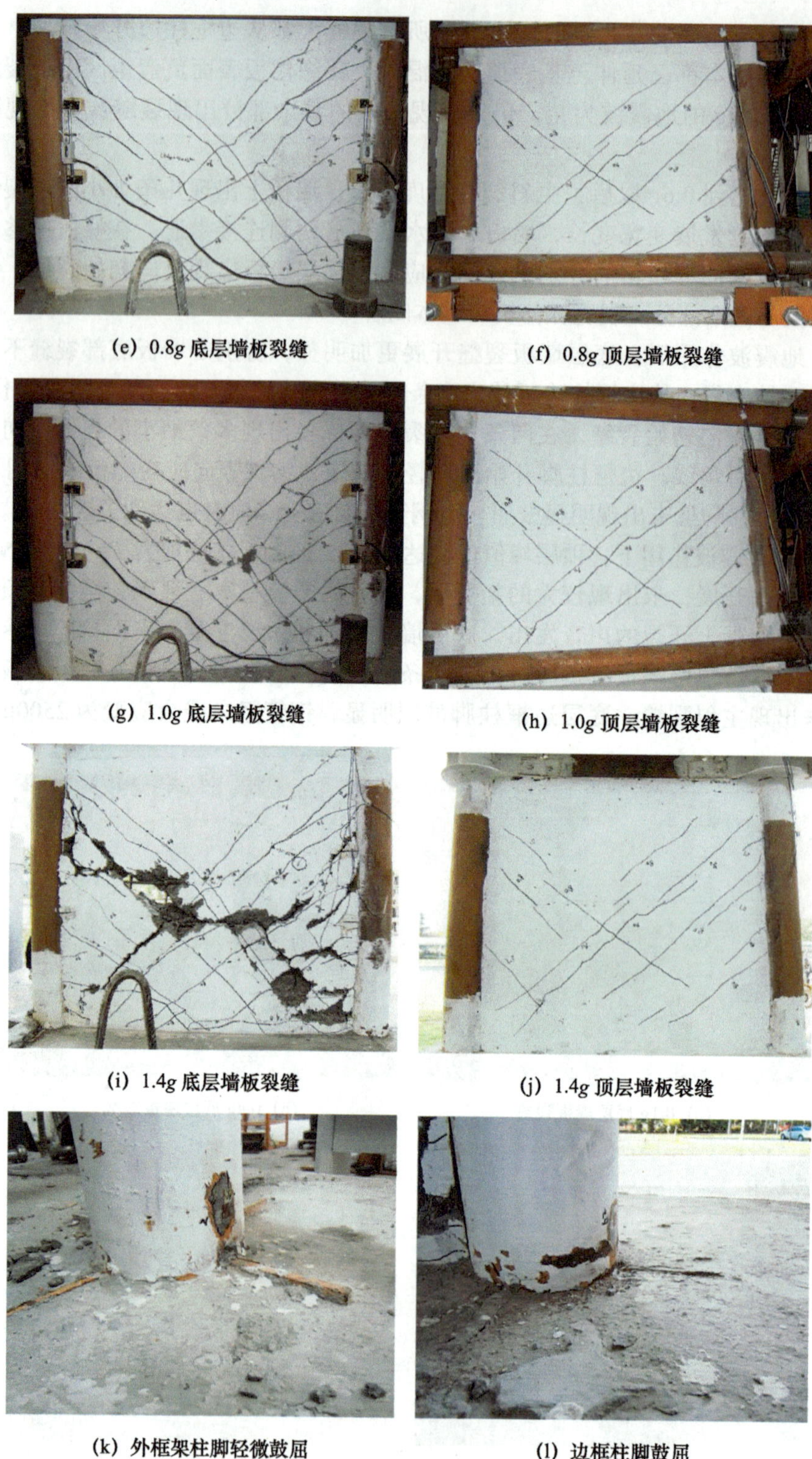

(e) 0.8g 底层墙板裂缝　　(f) 0.8g 顶层墙板裂缝

(g) 1.0g 底层墙板裂缝　　(h) 1.0g 顶层墙板裂缝

(i) 1.4g 底层墙板裂缝　　(j) 1.4g 顶层墙板裂缝

(k) 外框架柱脚轻微鼓屈　　(l) 边框柱脚鼓屈

图 11.17 （续）

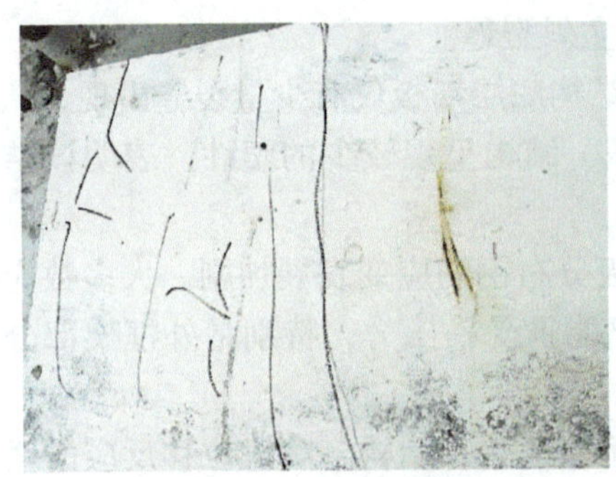

(m) 楼板负弯矩区裂缝

(n) 试验结束时构件背面破坏情况

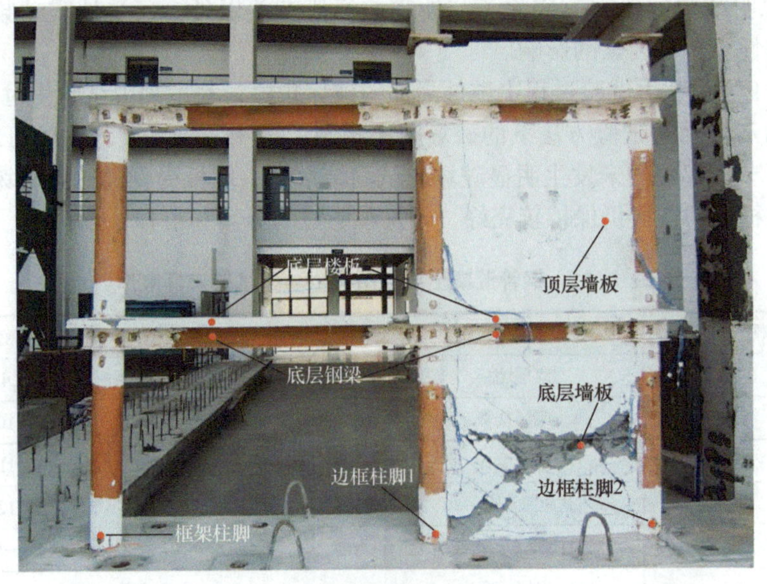

(o) 试件整体的破坏形态

图 11.17 （续）

峰值应变为 9000με 以上。外框架柱钢管竖向峰值应变为 7000με 左右。

最终加载幅值 1.4g 地震波，顶层峰值位移为－29.5mm，基底剪力 P=－984kN。底层墙板基本损坏，其中部和角部混凝土大量碎裂剥落，粘贴的有机玻璃掉落，钢筋裸露，从一侧可透过墙板看到另一侧，破坏痕迹沿 45°延伸，表现为剪切型破坏，剪力墙裸露的钢筋失去混凝土的保护，在反复荷载下弯曲变形，分布钢筋应变片大部分由于变形过大而失效。剪力墙破坏严重，结构整体刚度损失较大，边框柱承担的剪力反而变小，柱脚竖向应变峰值时为 7500με 左右，框架柱承担剪力增大，柱脚竖向应变峰值时为 12000με 左右，但仅有轻微鼓屈。顶层墙板未发现裂缝进一步的发展，未出现主斜裂缝。结构所有节点未出现明显损坏，梁端翼缘板开裂早于柱脚鼓屈，说明结构符合强柱弱梁、强节点弱构件的要求。

在拟动力试验条件下，该混合结构的受力破坏特性如下。

1）结构主要抗侧力构件剪力墙的破坏属于剪切型破坏，破坏主要集中在底层，底层为薄弱区域，顶层墙板开裂较少，未出现主斜裂缝。

2）在加速度幅值 0.2g 地震波作用后，结构底层墙板仅有少量裂缝出现，从加载的滞回关系可以看出，滞回关系包含一定面积，结构呈现较少的塑性，表明该结构模型可以满足 8 度抗震设防地区的抗震要求。

3）结构模型达到极限荷载后，底层墙板分布钢筋应变发展加剧，大多数应变片失效，但整体结构仍旧保持良好的完整性，仍能承受轴压力，特别是外框架部分，损坏不明显，说明该结构模型构造设计合理。

4）拟动力试验过程中，由于结构刚度不断退化，结构各阶段位移反应的增大与输入地震加速度峰值的增加呈非线性关系，加速度幅值虽然加倍，但结构位移响应却并未加倍，说明结构的地震反应除了与地震波峰值有关以外，还受地震动频率、持时、结构本身特性等多种因素的影响。

表 11.11 为拟动力试验过程中试件局部的破坏顺序，与拟静力试验作对比，混合结构在拟静力和拟动力试验方法下的破坏顺序相同，说明两种试验方法的可对比性，且两种方法下节点部位均未发生明显破坏。试验结束时，墙板受到如此大破坏的情况下，墙板和周边框架的连接仍保持较完好，未发现明显的分离和滑移。

表 11.11　钢管混凝土混合结构拟动力试验破坏顺序

破坏顺序	破坏位置	初破坏时加速度幅值	对应基底剪力 /kN
1	底层墙板	0.1g	420
2	底层楼板	0.4g	1051
3	顶层墙板	0.6g	1178
4	边框柱脚 1、2	0.8g	1206
5	框架柱脚（轻微鼓屈）	1.4g	−984
6	底层钢梁	未发现明显鼓屈	

（2）不同幅值地震波作用后结构响应比较

1）特征位移、加速度及荷载。不同加速度幅值 KOBE 波激励下，结构模型实测最大位移、加速度、基底剪力响应如表 11.12 所示。由表 11.12 中数据可知，随着峰值加速度的增大，结构模型的地震响应呈增大趋势，但并非线性增大。

表 11.12　不同幅值地震波激励下最大侧移、加速度、基底剪力实测值

峰值加速度	底层峰值位移 / mm	顶层峰值位移 / mm	底层峰值加速度 / (m/s^2)	顶层峰值加速度 / (m/s^2)	峰值基底剪力 / kN
0.05g	0.695 −0.344	1.773 −0.836	1.162 −1.242	1.153 −1.372	222.50 −167.45
0.1g	1.384 −0.794	3.106 −1.821	1.592 −1.852	2.163 −2.552	420.01 −278.22
0.2g	2.813 −1.836	5.973 −4.262	2.306 −2.895	3.746 −4.616	704.92 −504.78

续表

峰值加速度	底层峰值位移 / mm	顶层峰值位移 / mm	底层峰值加速度 / (m/s^2)	顶层峰值加速度 / (m/s^2)	峰值基底剪力 / kN
0.4g	5.230 −3.697	10.710 −9.221	4.392 −5.977	7.411 −7.849	1051.07 −851.99
0.6g	6.666 −5.889	12.698 −14.523	6.912 −7.462	11.461 −9.474	1178.76 −1042.44
0.8g	7.991 −7.936	15.913 −19.744	9.229 −9.174	15.737 −11.222	1206.73 −1134.65
1.0g	11.800 −9.900	20.809 −23.077	9.686 −12.122	19.651 −12.312	1275.15 −1166.79
1.4g	11.671 −24.622	17.058 −29.516	12.139 −11.838	23.236 −12.619	970.39 −984.78

注：表中正负值表示实测的正负向地震响应极值。

2）底层与顶层层间位移、荷载比。表 11.13 为在不同幅值地震波作用后，当模型底层层间位移最大时，底层与顶层的层间位移以及相应的底层与顶层层间荷载比值。数据显示，随加速度幅值的增大，底层与顶层位移、荷载比值呈增大趋势。这是因为结构模型底层承受更大的层间剪力，底层的累积损伤、刚度退化更严重，随着地震波位移幅值的增大，底层结构越来越薄弱，结构的变形和破坏也都集中在底层。

表 11.13　不同幅值地震波底层与顶层层间位移、荷载比值

比例	α_{max}							
	0.05g	0.1g	0.2g	0.4g	0.6g	0.8g	1.0g	1.4g
位移比例	1 : 1.551	1 : 1.244	1 : 1.108	1 : 1.021	1 : 0.892	1 : 0.806	1 : 0.619	1 : 0.199
荷载比例	1 : 0.791	1 : 0.674	1 : 0.674	1 : 0.610	1 : 0.532	1 : 0.566	1 : 0.272	1 : 0.410

3）模型加速度响应。图 11.18 为不同峰值加速度地震波作用下模型底层和顶层加速度时程曲线图，其加速度时程曲线趋势大体上和地震波的走势相同。底层和顶层的加速度响应完全取决于结构响应，虽没有一定的比例关系，但二者的趋势大体上相同。随着加速度幅值增大，加速度响应也增大，同时加速度时程曲线由密到疏，这说明各层和整个结构的刚度处于不断退化之中。KOBE 地震波能量比较集中，峰值集中在 1s 到 2.5s 之间，在正向和负向各有 2 次峰值出现；顶层加速度反应在 t=1.37s 和 t=2.05s 附近出现正向峰值，在 t=1.44s 和 t=1.88s 附近出现负向峰值，底层加速度反应的峰值出现比较离散，但基本都在顶层出现峰值加速度的时间附近。

4）模型位移响应。图 11.19 为结构在不同峰值加速度地震波作用下的位移反应时程曲线。0.05g 地震波主要用于在弹性阶段内测试试验设备安装的可靠。由 0.05g 的位移时程曲线可知，试验段后期整体位移量明显上移，说明传力螺杆有些松动，故在加载每级地震波之前，都要预先拧紧螺杆。

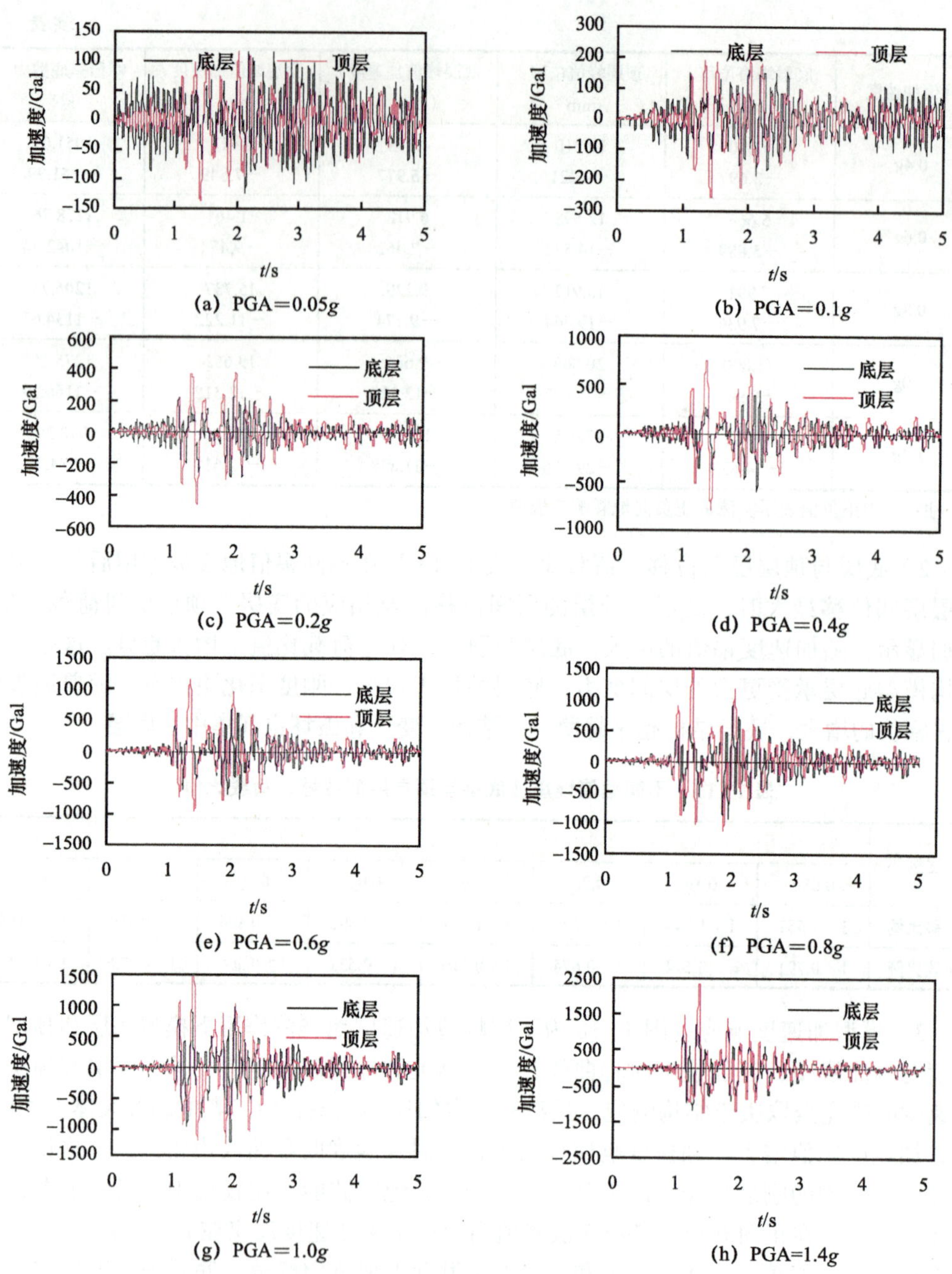

图 11.18　不同峰值加速度地震波作用下结构加速度反应时程曲线

（注：1Gal=0.001g）

同加速度反应一样，结构损伤、刚度退化导致位移反应时程曲线也是前几级地震波较密，之后也是越来越稀疏。顶层位移和底层位移的变化趋势大体一致，同步出现峰值，但二者并没有固定的比值，随地震波幅值的增大，顶层和底层位移同时增大。

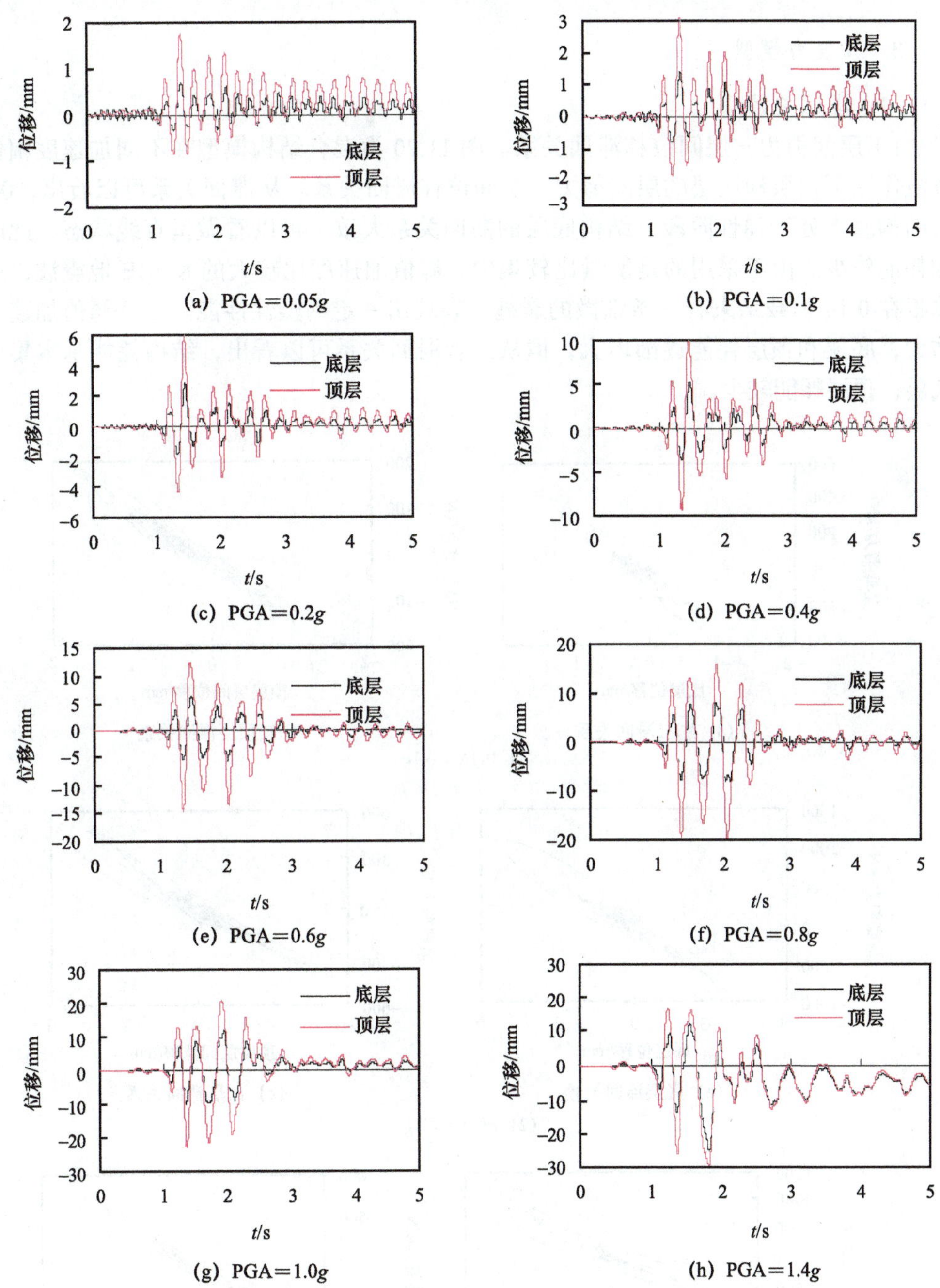

(a) PGA=0.05g　(b) PGA=0.1g

(c) PGA=0.2g　(d) PGA=0.4g

(e) PGA=0.6g　(f) PGA=0.8g

(g) PGA=1.0g　(h) PGA=1.4g

图 11.19　不同峰值加速度地震波作用下结构位移反应时程曲线

可以看出在试验的初期，在 0.05g、0.1g、0.2g 地震波作用下，顶层和底层在不同峰值加速度地震波作用下结构加速度反应时程曲线二者的差距逐渐减小，最后在 1.4g 地震波作用下，顶层和底层位移接近，说明底层基本已经破坏，二者刚度悬殊，顶层几乎处于平动状态。

3．恢复力模型

（1）滞回关系

1）层间剪力 - 层间位移滞回关系。图 11.20 为混合结构模型在不同加速度幅值地震波作用下顶层和底层的层间剪力 - 层间位移滞回关系。从滞回关系可以看出，0.05g 时结构基本处于弹性阶段，结构底层的滞回关系大致上可以看做呈直线状态，此时结构耗能较少。由于采用的是能量比较集中、峰值加速度比较大的 KOBE 地震波，底层墙板在 0.1g 加载结束有一条细微的裂缝，表现出一定的塑性性能。随着峰值加速度的增大，底层和顶层耗能逐渐增大，但从二者滞回关系可以看出，结构耗能基本集中在底层，顶层耗能较少。

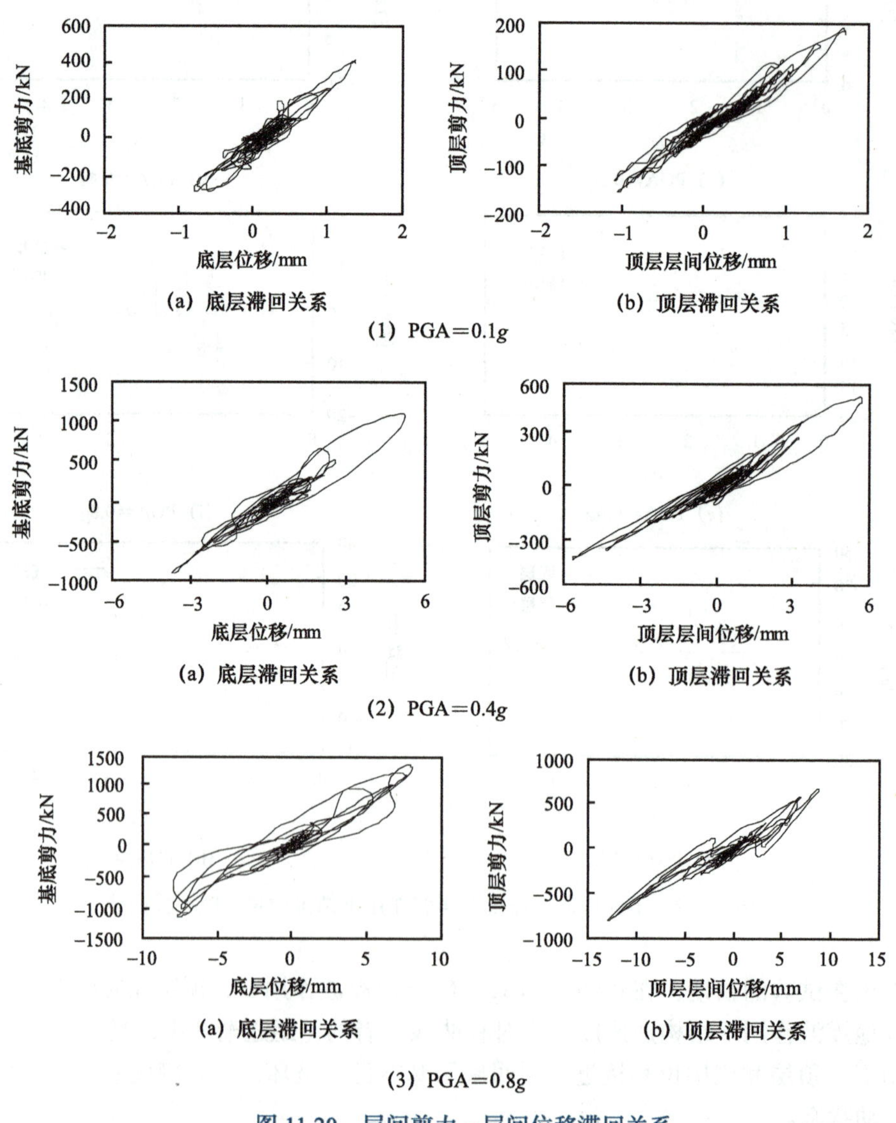

图 11.20　层间剪力 - 层间位移滞回关系

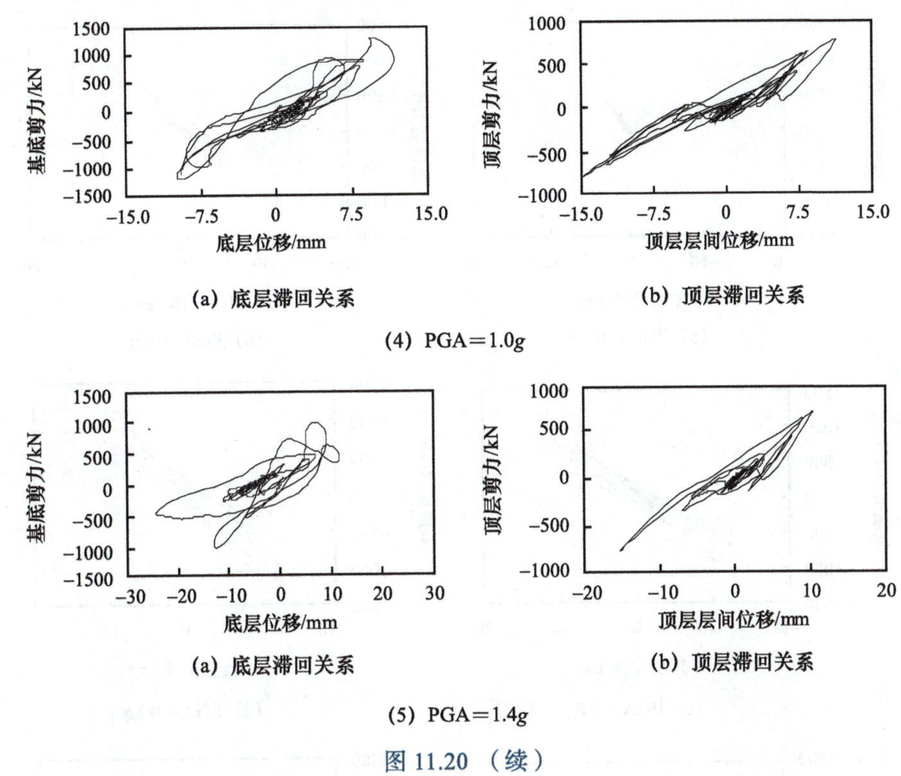

(a) 底层滞回关系　(b) 顶层滞回关系

(4) PGA＝1.0g

(a) 底层滞回关系　(b) 顶层滞回关系

(5) PGA＝1.4g

图 11.20 （续）

2）基底剪力－顶点位移（全结构）滞回关系。图 11.21 为在不同峰值加速度地震波作用下结构基底剪力－顶点位移滞回关系。基底剪力－顶点位移滞回关系反映了整体结构的恢复力特性，随着峰值加速度的增大，结构整体的耗能能力也增大。从不同幅值的滞回关系对比可以看出，由于 KOBE 波的峰值比较大而且集中，滞回关系的峰值点特别明显。在 0.05g 时，滞回曲线比较杂乱，结构处于弹性阶段。0.1g 加载时，滞回曲线开始表现出一定的不对称性，这是因为结构本身前后不对称以及地震波的正负不对称性。底部剪力墙出现一条裂缝，滞回关系表现出一定的耗能能力。滞回关系由开始的直线型到反 S 形到最后的弓形，随着底层墙板裂缝的开展，结构呈现的塑性越来越明显，耗能能力增大。0.6g 以后，顶层墙板也出现斜裂缝，顶层墙板更多地耗散地震能量，滞回曲线包络的面积更大。0.8g 和 1.0g 加载时，底层墙板刚度退化，剪力逐渐转移到边框柱和框架柱上，造成整个钢框架的侧移增加，结构滞回关系呈现反 S 形，曲线中部并未出现明显的捏缩现象。加速度幅值为 1.4g 时，底层剪力墙严重损坏，丧失大部分承载力，边框柱脚鼓屈，墙板在边框柱的约束下进一步滑移，柱脚出现塑性铰。由于此时结构整体位移较小，边框柱未出现塑性铰，仍然具有较大的承载能力，结构的耗能能力增大，呈现弓形，在结构破坏阶段滞回曲线未出现捏缩现象。

（2）骨架曲线及延性系数

1）模型层间骨架线。模型底层和顶层的层间骨架线如图 11.22 所示，其中底层层

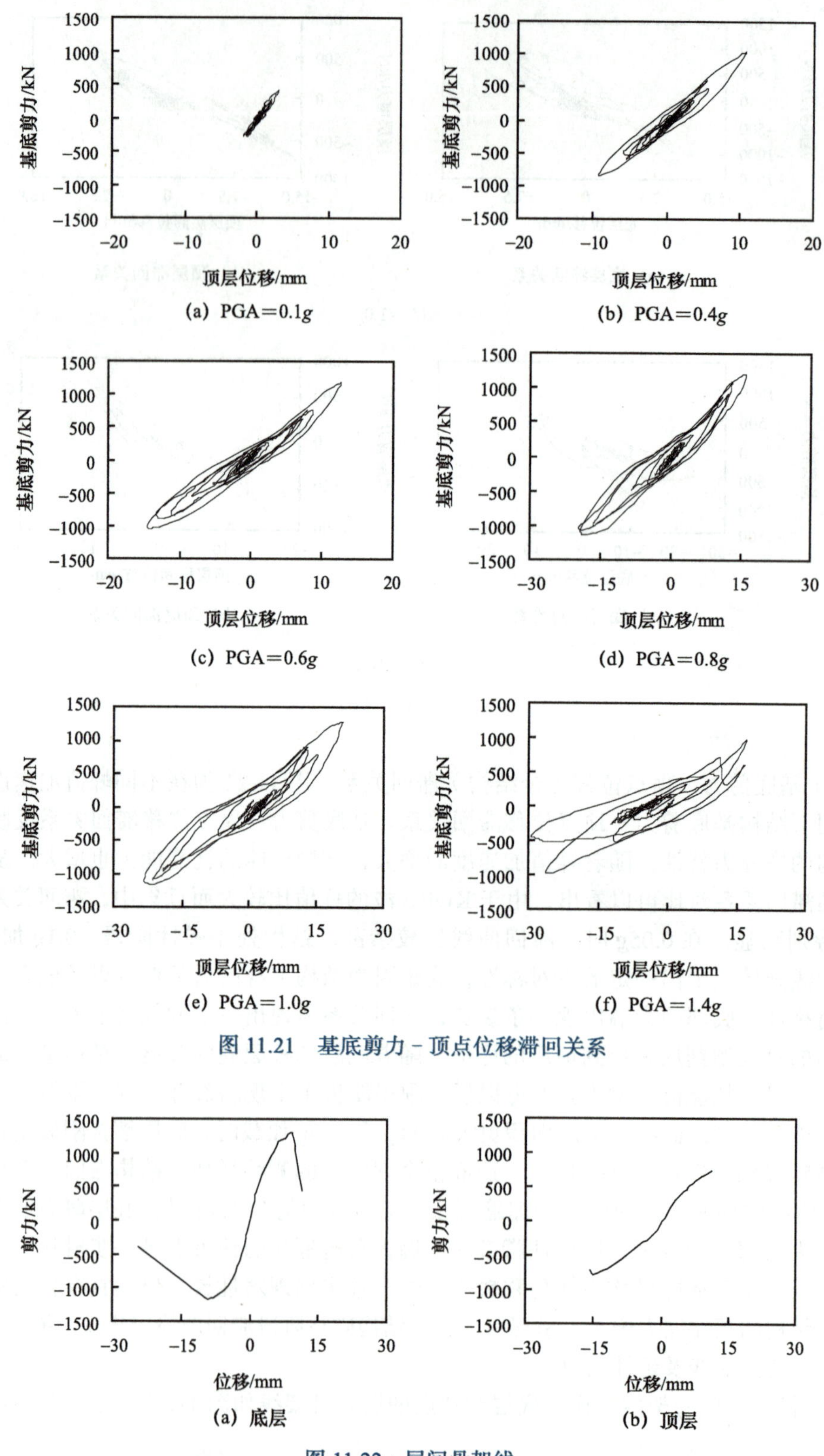

(a) PGA＝0.1g　(b) PGA＝0.4g

(c) PGA＝0.6g　(d) PGA＝0.8g

(e) PGA＝1.0g　(f) PGA＝1.4g

图 11.21　基底剪力－顶点位移滞回关系

(a) 底层　(b) 顶层

图 11.22　层间骨架线

间骨架线为基底剪力－底层层间位移滞回关系整理所得，顶层层间骨架曲线为顶层剪力－顶层层间位移滞回关系整理所得。从层间骨架线来看，底层的骨架线呈现出剪力墙刚度较大的特点，试验前期荷载上升比较快，裂缝开展后承载力下降比较快，而顶层剪力墙裂缝开展较少，未见承载力下降。

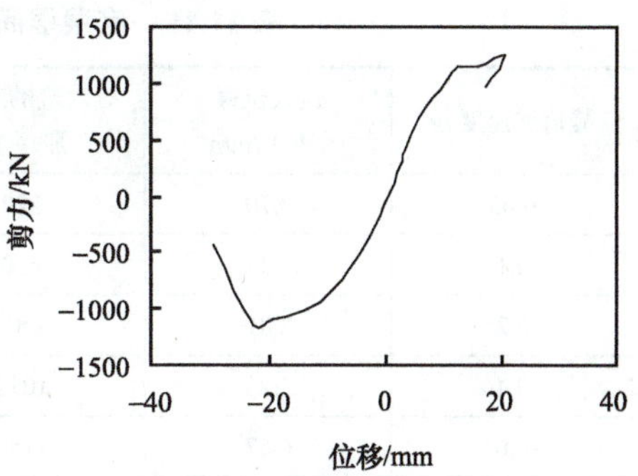

图 11.23　模型整体骨架线

2）模型整体骨架线。模型基底剪力－顶层位移关系骨架线如图 11.23 所示。基底剪力－顶层位移关系骨架线主要受底层剪力墙的承载力控制，与底层骨架线类似，前期荷载增长较快，底层剪力墙开裂后，承载力下降较快。正向骨架线在达峰值荷载后，荷载和位移同时下降，这是由于 1.4*g* 地震波加载时峰值位移反应比 1.0*g* 时更小。

3）延性系数。采用位移延性系数来评价结构的延性。取荷载下降到 85% 时的位移为极限位移计算位移延性系数，另为与拟静力试验作对比，同时取荷载下降到 95% 时位移点计算相应的延性系数。表 11.14 为底层延性计算结果。

表 11.14　拟动力试验模型底层各特征点参数

加载阶段	正向（推）				反向（拉）			
	基底剪力 /kN	底层位移 /mm	底层位移角 /rad	峰值加速度 /*g*	基底剪力 /kN	底层位移 /mm	底层位移角 /rad	峰值加速度 /*g*
开裂点	420	1.38	1/725	0.1	−278	−0.79	1/1266	0.1
屈服点	1020	5.1	1/200	0.6	−900	−4.0	1/250	0.6
极限荷载点	1275	9.49	1/105	1.0	−1166	−9.53	1/105	1.0
极限位移点	1083	10.2	1/98	1.4	−991	−13.1	1/76	1.4
延性系数	2.0				3.28			
95% 位移点	1211	9.8	1/102	1.4	−1107	−11	1/91	1.4
延性系数	1.92				2.75			

（3）刚度退化特性

本章给出了不同幅值地震波作用下最大位移的刚度退化分析，分别计算层间刚度退化和整体刚度退化以利对比。

1）层间刚度退化。表 11.15 和表 11.17 分别为底层和顶层层间最大位移及对应的层剪力和刚度。表 11.16 和表 11.18 分别给出了底层和顶层层间位移角和刚度退化系数。图 11.24 为底层和顶层层间刚度退化图。

表 11.15　底层层间最大位移及对应的层剪力和刚度

峰值加速度 /g	最大位移（+）/mm	对应的基底剪力 /kN	最大位移（−）/mm	对应的基底剪力 /kN	平均刚度 kN/mm
0.05	0.70	220	−0.35	−151	372
0.1	1.38	420	−0.79	−257	314
0.2	2.81	681	−1.84	−505	258
0.4	5.23	1012	−3.70	−850	211
0.6	6.67	1150	−5.89	1030	174
0.8	7.99	1161	−7.94	−963	133
1.0	11.80	934	−9.90	−1132	97
1.4	11.67	435	−24.62	−447	28

表 11.16　底层层间位移以及层间位移角与刚度退化系数

峰值加速度 /g	0.05	0.1	0.2	0.4	0.6	0.8	1.0	1.4
最大位移平均值 /mm	0.53	1.09	2.33	4.47	6.28	7.97	10.85	18.15
底层最大层间位移角	1/1887	1/917	1/429	1/223	1/159	1/125	1/92	1/55
底层刚度退化系数	1.00	0.85	0.69	0.57	0.47	0.36	0.26	0.08

表 11.17　顶层层间最大位移及对应的层剪力和刚度

峰值加速度 /g	最大位移（+）/mm	对应的基底剪力 /kN	最大位移（−）/mm	对应的基底剪力 /kN	平均刚度 kN/mm
0.05	1.08	97	−0.57	79	114
0.1	1.72	169	−1.08	−126	107
0.2	3.22	309	−2.53	−225	93
0.4	5.68	458	−5.66	−406	76
0.6	6.38	496	−9.07	−561	70
0.8	8.76	653	−12.96	−733	66
1.0	11.37	755	−14.93	−783	59
1.4	10.41	687	−15.20	−746	57

表 11.18　顶层层间位移以及层间位移角与刚度退化系数

峰值加速度 /g	0.05	0.1	0.2	0.4	0.6	0.8	1.0	1.4
最大位移平均值 /mm	0.83	1.4	2.88	5.67	7.73	10.86	13.15	12.81
底层最大层间位移角	1/1204	1/714	1/347	1/176	1/129	1/92	1/76	1/78
底层刚度退化系数	1.00	0.94	0.82	0.67	0.62	0.58	0.51	0.50

底层和顶层的层间刚度随着层间位移角的增大不断减小，当峰值加速度为 $0.05g$ 和 $0.1g$ 时，底层和顶层基本处于弹性阶段。由于剪力墙在地震波作用下受到损伤，$0.1g$

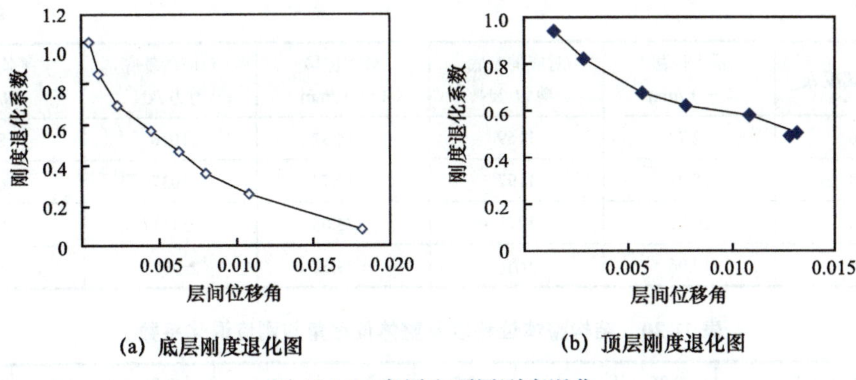

(a) 底层刚度退化图　　(b) 顶层刚度退化图

图 11.24　底层和顶层刚度退化

加载结束后出现第一条裂缝，此时刚度退化速度最快，此后刚度退化逐渐减缓。底层承担剪力最大，刚度下降也最多，在 0.2g 时底层层间刚度为初始刚度的 69%；而 1.4g 地震波作用下，底层墙板严重损坏，柱脚鼓屈，层间刚度仅剩初始刚度的 8%。顶层承担 111 剪力较小，0.6g 时出现第一条裂缝，层间刚度为初始刚度的 62%；1.4g 地震波下层间刚度还有 50%，顶层损坏较小，最终刚度退化也小。

2）整体刚度退化。表 11.19 为顶层最大位移及对应的基底剪力和刚度。表 11.20 给出了顶层位移角和刚度退化系数。图 11.25 为结构整体刚度退化图。可见，结构整体刚度随着层间位移角的增大不断减小，当峰值加速度为 0.05g 和 0.1g 时，结构的位移角在 1/800 左右，整体基本处于弹性阶段。0.2g 地震波作用下刚度退化比较快，0.1g 地震波作用下刚度维持在初始刚度的 95%，0.2g 时刚度急剧下降为初始刚度的 78%。在 0.4g～1.0g 的地震波作用下，刚度退化减缓，1.0g 时刚度维持在 36% 左右。1.4g 地震波作用后，结构刚度退化曲线出现拐点，这是因为底层剪力墙损坏严重，正向位移响应不大导致位移角平均值增大不多。对比层间刚度退化曲线，可知整体刚度退化系数是底层和顶层层间刚度退化系数的中间值，刚度退化速度也在二者之间。

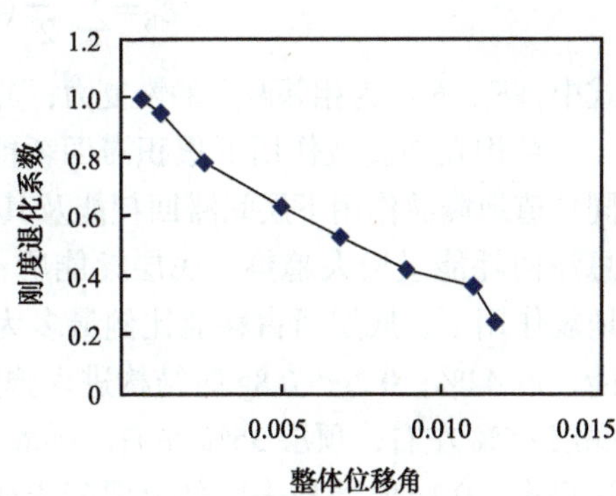

图 11.25　结构整体刚度退化

表 11.19　整体层间刚度退化

峰值加速度 /g	最大位移（＋）/mm	对应的基底剪力 /kN	最大位移（－）/mm	对应的基底剪力 /kN	平均刚度 kN/mm
0.05	1.77	220	−0.84	−151	152
0.1	3.11	420	−1.82	−276	144
0.2	5.97	705	−4.26	−503	118
0.4	10.71	1045	−9.22	−848	95

续表

峰值加速度 /g	最大位移（+）/mm	对应的基底剪力 /kN	最大位移（－）/mm	对应的基底剪力 /kN	平均刚度 kN/mm
0.6	12.70	1169	−14.52	1016	81
0.8	15.91	1197	−19.74	1037	64
1.0	20.81	1275 ·	−23.08	−1117	55
1.4	17.06	970	−29.52	−447	36

表 11.20　结构整体位移以及整体位移角与刚度退化系数

峰值加速度 /g	0.05	0.1	0.2	0.4	0.6	0.8	1.0	1.4
最大位移平均值 /mm	1.31	2.47	5.12	9.97	13.61	17.83	21.95	23.29
底层最大层间位移角	1/1527	1/810	1/391	1/201	1/147	1/112	1/91	1/86
底层刚度退化系数	1.00	0.95	0.78	0.63	0.53	0.42	0.36	0.24

（4）耗能分析

累积滞回耗能可采用累加的形式计算，如式（11.3）所示。

$$E_h=\sum_{j=0}^{n}\frac{1}{2}(F_i+F_{i+1})(X_{i+1}-X_i) \tag{11.3}$$

式中，F_i、F_{i+1} 为相邻两点的恢复力；X_i、X_{i+1} 为恢复力对应的位移。

结构在地震波作用下累积滞回耗能是各层层间变形耗能的累加之和，表 11.21 为不同幅值地震波作用下层间滞回耗能及其占总滞回耗能的比例。可见随着峰值加速度增大，总滞回耗能呈增大趋势，底层耗能所占的比例在所有地震波作用下都比顶层大。0.05g 地震作用下，底层所占耗能比例最多为 81%，顶层耗能很少；0.1g 时顶层更多地参与耗能，占 44%；0.2g～0.8g 时结构进入弹塑性阶段，底层与顶层的所占耗能比例比较固定，底层 65% 左右，顶层 35% 左右。随着峰值加速度的继续增大，底层损伤发展比顶层要快得多，0.1g 时墙板表面部分混凝土剥落，结构塑性越来越明显，底层变得更加薄弱，变形和荷载都在增大，底层所占耗能比例越来越大，到 1.4g 时底层耗能占 81%。

表 11.21　不同幅值地震波作用下层间滞回耗能

加速度幅值	总滞回耗能 /（kN · mm）	底层耗能比例 /%	顶层耗能比例 /%
0.05g	67	81	19
0.1g	323	56	44
0.2g	1692	64	36
0.4g	5754	62	38
0.6g	12446	65	35
0.8g	20311	68	32
1.0g	27936	71	29
1.4g	30105	81	19

图 11.26 为结构在不同加速度幅值下结构整体滞回耗能曲线，以底层层间耗能与顶

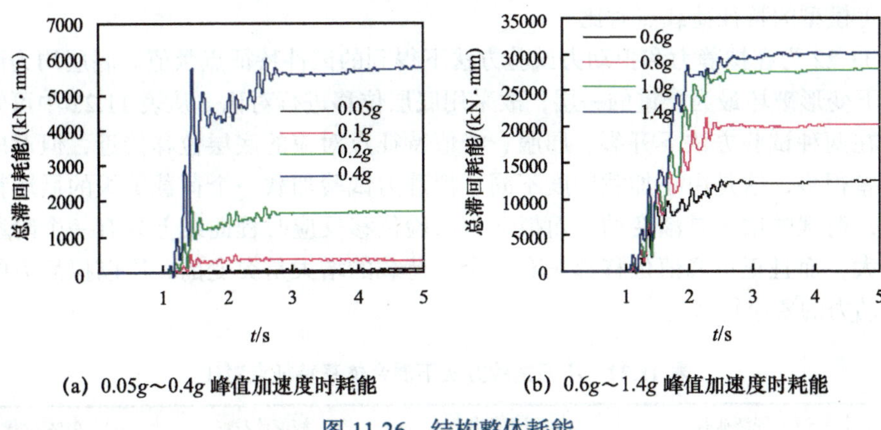

(a) 0.05g～0.4g 峰值加速度时耗能　　(b) 0.6g～1.4g 峰值加速度时耗能

图 11.26　结构整体耗能

层层间耗能之和作为整体耗能。

由上述图形可得以下结论。

1）结构的滞回耗能随地震波加速度幅值的增大而增大，这是由于结构的变形、荷载都随加速度幅值的增大而增大，结构的耗能也越来越大。

2）峰值加速度为 0.05g 时，结构尚且处于弹性阶段，其滞回耗能主要以可恢复的弹性应变能为主，耗能曲线呈直线上升的状态。峰值加速度为 0.1g 时，结构具有一定的塑性变形，塑性应变能比例增大，但仍以可弹性应变能为主。

3）峰值加速度为 0.4g～1.4g 的地震波作用下，滞回耗能的大小随时间逐渐累积，且累积的过程出现台阶状平台：当加速度比较小时，结构滞回耗能主要以可恢复的弹性应变能为主；当在地震波加速度最大的一个阶段内，结构由弹性应变能为主逐渐转为以塑性应变能为主时，滞回耗能有一个较大的跳跃，在后期加速度比较小的阶段恢复以弹性应变能为主，耗能曲线恢复平直，从而滞回耗能曲线会出现台阶状。

4）结构弹性应变能所占滞回应变能的比例在各个幅值加速度地震波作用下不同。峰值加速度为幅值 0.05g 和 0.1g 时以弹性应变能为主，滞回关系上下波动比较大，随着地震波幅值的增大，结构塑性发展，弹性应变能所占比例逐渐减小，滞回关系上下波动的幅度也减小。同一峰值加速度下，滞回耗能叠加，弹性应变能所占比例随时间减小，滞回耗能曲线上下波动也越来越小。

5）从不同加速度幅值下的滞回耗能曲线对比中可以看出，不同地震波下结构耗能虽逐渐增大，但增大的幅度比例却是不同的。试验前几个地震波，结构损伤较小，一点损伤让滞回耗能大增，后几个地震波结构开裂明显，逐渐屈服，塑性变形增大，最终结构越来越接近破坏，滞回耗能增大幅值的比例却越来越小。

4. 拟静力试验与拟动力试验结果对比

本节就钢管混凝土混合结构在拟静力和拟动力两种不同试验方法下的试验结果，分别从宏观和微观角度对这种结构作抗震评价，并对比两种试验方法测试的结果。由于本试验混合结构模型完全相同，因此采用两种试验方法获得的试验结果有一定可比性。

（1）模型的特征荷载点对比

表 11.22 为在拟静力和拟动力试验方法下得到的试件特征点数值。底层均为两种试验方法下变形破坏最为严重的一层，故采用底层位移进行对比。从表 11.22 中可知，混合结构在两种试验方法下开裂、屈服、峰值特征点对应的底层位移接近，但对应的荷载却相差很多，这是由于加载制度不同，拟静力试验加载一个荷载等级的循环都比上一个大，荷载的增大是渐变的，而拟动力试验位移反应时程曲线上只有一个阶段的位移比较大，而且正负峰值位移都只有一个，荷载的增大是突变的，所以拟静力的荷载会比拟动力的要小得多。

表 11.22　不同试验方法下混合体系特征点对比

试件	开裂荷载		屈服荷载		峰值荷载		95% 荷载	
	基底剪力 / kN	底层位移 / mm	基底剪力 / kN	底层位移 / mm	基底剪力 / kN	底层位移 / mm	基底剪力 / kN	底层位移 / mm
拟静力	−291	−1.42	575 −560	5.03 −5.34	745 −680	11.08 −9.31	723 −643	13.02 −12.98
拟动力	420 −278	−1.38 −0.79	1020 −900	5.1 −4.0	1275 −1166	9.49 −9.53	1211 −1107	9.8 −11

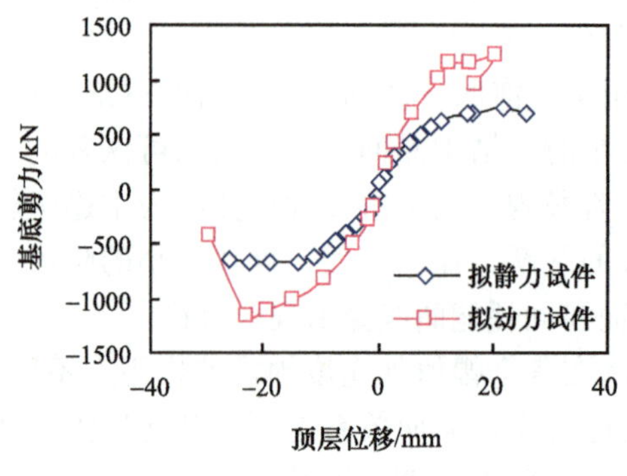

图 11.27　底层剪力 - 顶层位移关系骨架线对比

（2）恢复力特性结果对比

拟静力试验整体滞回关系只有一条，而拟动力试验分多个加速度幅值加载，因此有多条滞回关系。拟静力试验荷载逐级加载，滞回关系比较整齐，而拟动力试验则是根据输入的地震波确定结构响应，滞回关系相对比较杂乱不规整。图 11.27 为两种不同试验方法下基底剪力 - 顶层位移关系骨架线图。从图 11.27 中可以看出，由于拟动力试验能量集中，不仅峰值荷载大，而且荷载上升的速度也比较快，在接近和达到极限荷载后，拟静力构件的荷载变化缓慢，而拟动力试验由于峰值加速度由 1.0g 直接增加到 1.4g，位移增速很快，承载力陡降。

底层为主要破坏层，以底层荷载下降到 95% 极限荷载时的延性指标比较两种试验方法的结果。拟静力构件底层延性系数为 2.559，正负向延性的平均值为 2.335，其中正向 1.92，负向 2.75，两种试验方法的延性系数接近。

图 11.28 为底层和顶层层间刚度退化对比曲线。底层层间刚度退化在层间位移角较小时动力试验的刚度退化比拟静力试验缓慢，二者层间位移角增大量趋于接近，由于拟静力试验加载到 95% 极限荷载就停止试验，所以造成结构破坏没有拟动力试验严重，拟动力构件的极限位移角大，曲线更长。顶层刚度退化对比图表现出拟静力构件在位移角较小时刚度退化更快。在层间位移角超过 0.007 时，两种试验方法得出的顶层

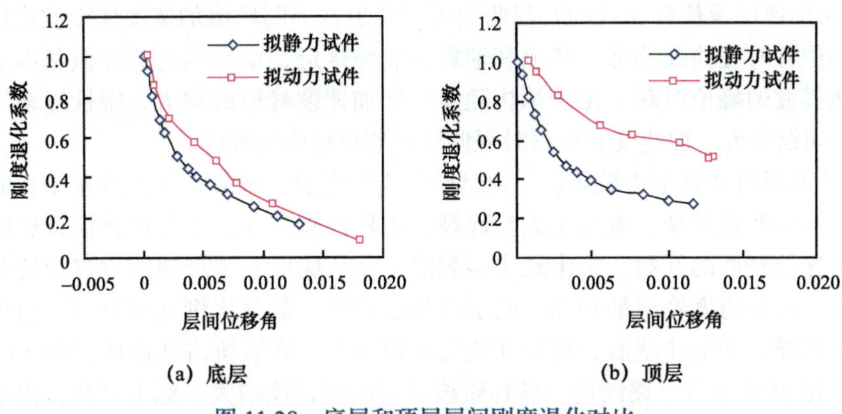

图 11.28　底层和顶层层间刚度退化对比

刚度退化曲线几乎平行，在相同层间位移角情况下拟静力构件顶层的刚度退化一直比拟动力构件要严重，而底层的刚度退化的差距却没有这么大。拟动力结构是基于输入的地震波来确定结构响应，能够从宏观上比较准确地反应受地震的影响，刚度退化曲线的差异说明拟静力试验方法对构件底层的抗震考察比较符合，而以 1/2 的位移比加载制度进行拟静力试验，对结构顶层的抗震考察还是有一定的偏差。

（3）结构耗能对比

由于拟静力试验与拟动力试验的加载制度完全不同，破坏时变形破坏过程中的能量耗散也不同，本章对比在达到峰值荷载（拟静力构件以达到峰值荷载时第一个正负循环结束时为止，拟动力构件以出现峰值荷载的地震波结束为止）时，结构耗能以及层间耗能占总耗能的比值在两种试验方法下的区别。表 11.23 为两种不同试验方法得出的极限荷载时结构耗能以及层间耗能比例。从表 11.23 中可知，二者得到的耗能基本一致，且层间耗能比例也相接近，而拟动力构件的顶层耗能比例比拟静力构件略小，也从能量耗散的角度证明了图 11.28 中拟动力构件顶层层间刚度退化比拟静力构件要少这一试验现象。

表 11.23　层间耗能所占总耗能比例对比

类型	总滞回耗能 /（kN · mm）	底层滞回耗能 /（kN · mm）	顶层滞回耗能 /（kN · mm）	底层耗能比例 /%	顶层耗能比例 /%
拟静力构件	64983	40990	23393	64	36
拟动力构件	68529	46621	21908	68	32

5. 小结

1）采用拟动力试验对钢管混凝土混合结构进行试验测试可方便地获得结构的弹塑性地震响应参数，如加速度、位移时程，滞回关系，延性及耗能能力等，是结构抗震性能测试的有效方法之一。

2）钢管混凝土混合结构由于边框柱的存在限制了剪力墙的破坏，组成组合剪力墙从而提高了剪力墙的延性，在较大的罕遇地震下，墙板严重开裂而不导致整体结构垮塌。

3）由加速度及位移响应的时程曲线可以看出，不同峰值加速度地震波作用下模型加速度和位移时程曲线趋势大体上和地震波趋势接近，地震响应的峰值基本上都出现在输入地震波的峰值时刻。由于结构随着试验加速度峰值的增大，塑性逐渐发展，刚度退化，周期变大，加速度和位移时程曲线也变得越来越稀疏。

4）从不同角度看结构破坏：①由试验震害特点看，地震破坏主要集中在底层组合剪力墙，墙体严重开裂、混凝土大量碎裂、边框柱脚鼓屈，框架柱脚钢管屈服，顶层墙板只有比较轻微的开裂，未出现主斜裂缝。②从底层及顶层层间位移及荷载比结果可以看出，随加速度峰值的增加，底层与顶层位移、荷载比例基本呈增大趋势。③从结构的累积滞回耗能曲线看，随着加速度幅值增大，底层所占耗能比在进入弹塑性阶段后维持在 65% 左右，逐渐进入破坏阶段后，底层耗能增大。综上可知，由于结构底层的累积损伤破坏、刚度退化更严重，底层逐渐变得薄弱，变形与破坏也更集中。

5）由结构的滞回关系可以看出，结构滞回关系由直线型到反 S 形到最后的弓形，结构损伤加剧，耗能能力增加。1.4g 破坏地震波下，滞回关系未出现捏缩现象，说明该模型结构在极端罕遇地震下也具有较好的延性。

6）试验表明，在峰值加速度为 0.05g 和 0.1g 的地震波作用下，结构基本处于弹性阶段，位移角小于 1/800，基本满足抗震规范规定的位移角限制要求。在 0.1g 地震波作用下，整体刚度维持在 95%，0.4g 到 1.4g，整体刚度持续下降，最后整体刚度剩余 24%，位移角为 1/86，底层层间刚度为 8%，层间位移角为 1/55，顶层损伤较小，刚度为 50%，层间位移角为 1/78。刚度退化系数与位移角关系对于了解这种混合结构在不同层和整体的抗震性能方面具有重大意义。

7）由结构的耗能曲线可以看出，结构在峰值加速度逐渐增大的过程中结构耗能也逐渐增大，主要包括可恢复的弹性应变能和不可恢复的塑性应变能。在峰值加速度较小的 0.05g 和 0.1g 地震波作用下，以弹性应变能为主，耗能曲线呈直线增长；在 0.2g 往后的地震波作用下，逐渐以塑性应变能为主，曲线呈现台阶状。在同一个滞回关系中，前期在弹性应变能占的比例较大，故曲线波动比后期要大。

8）将拟动力试验同混合结构拟静力试验从以下角度作对比：特征荷载点、恢复力特性和结构耗能。结果表明，特征荷载点对应的位移基本一致，而由于拟动力试验的能量比较集中，特征点对应的荷载比拟静力试验构件要大；二者刚度退化底层比较相似，顶层刚度退化相差比较大；在达到峰值荷载时的耗能基本一致，且层间耗能比例也很接近。拟静力的试验结果与拟动力试验结果能够对应比较，拟动力主要从宏观考察结构整体响应，在构件局部布置的测点由于加载速度快且无规律，测量结果比较差，而无法从局部考察结构应变；拟静力试验能够得到每次峰值位移时局部的应变数据，能够了解在峰值位移时，结构局部的应变变化，从而可从微观考察构件变形性能。

由试验结果分析可以得到以下抗震设计建议。

1）试验表明 U 形钢筋有助墙板混凝土与边框的连接，试验过程中并未出现明显的滑移或者脱离。

2）地震作用下底层边框柱脚为薄弱区域，较早进入屈曲，可以考虑在柱脚设置加劲肋，使边框柱塑性铰上移。

3）地震作用下底层破坏比较严重，在进行钢管混凝土混合结构抗震设计时，底层墙板和边框柱可适当提高材料强度和截面尺寸要求。

4）组合楼板因为有翼缘混凝土楼板的存在，强度和刚度都会有大幅提高，可考虑在钢梁端部设置诱导性破坏，使塑性铰首先发生在梁端部。

11.2.3 数值分析

基于通用有限元软件 ABAQUS 创建有限元模型对试验试件进行模拟。其中，采用梁单元（B31）模拟钢管混凝土柱和 H 形钢梁，分层壳单元（S4）分别模拟钢筋混凝土剪力墙和楼板，可以对 11.2.1 节和 11.2.2 节的两层两跨钢管混凝土框架－内嵌剪力墙混合结构体系建立其有限元数值模型，分别对拟静力试验和拟动力试验进行数值模拟。其中的两层两跨钢管混凝土框架类似。图 11.29 为试件的有限元模型，其中框架柱用梁单元，剪力墙和楼板采用壳单元。

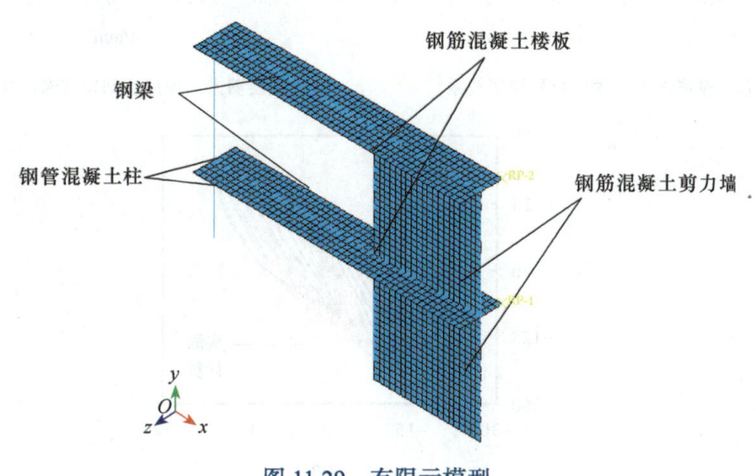

图 11.29 有限元模型

1. 钢管混凝土组合框架拟静力试验模拟

在钢管混凝土框架模型的底层和顶层耦合点处施加水平反复位移荷载，且在同一时刻，顶层的加载位移是底层的两倍。这与试验中的加载方法一致。

分别对计算得到的基底剪力－顶层位移、顶层剪力－顶层层间位移以及基底剪力－底层层间位移滞回关系与试验结果进行了对比，如图 11.30 所示。总体上曲线吻合较好，进一步验证了采用梁单元和壳单元模拟带有楼板的钢管混凝土平面框架的准确性与有效性。

将计算得到的骨架线与试验结果进行了对比，如图 11.31 所示。从骨架线对比可以看出，有限元模拟能够较准确地模拟带有楼板的钢管混凝土框架的延性及水平承载力等抗震性能。

2. 钢管混凝土框架－剪力墙混合结构拟静力试验模拟

基于前面的建模方法，对一榀钢管混凝土框架－组合剪力墙混合结构进行了拟静力试验模拟，具体加载模式采用楼层处位移加载，且保证顶层处位移荷载是底层处的

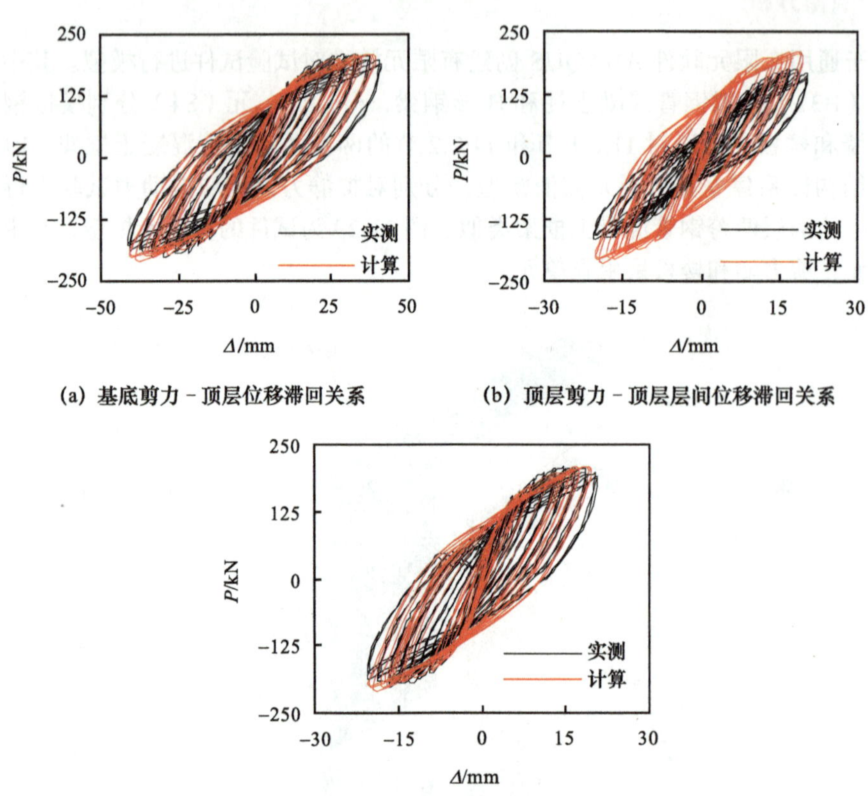

(a) 基底剪力－顶层位移滞回关系　(b) 顶层剪力－顶层层间位移滞回关系

(c) 基底剪力－底层层间位移滞回关系

图 11.30　计算滞回关系与试验结果对比

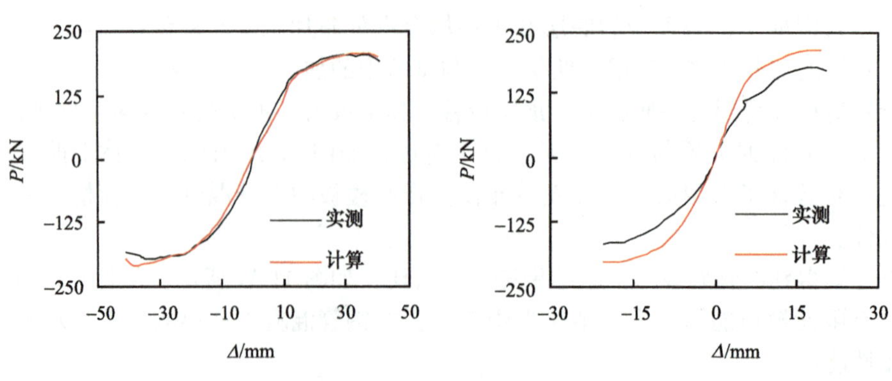

(a) 基底剪力－顶层位移关系骨架线　(b) 顶层剪力－顶层层间位移关系骨架线

图 11.31　计算骨架线与试验结果对比

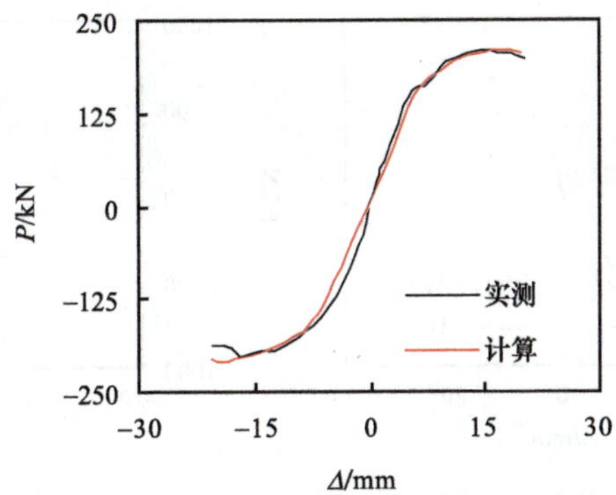

(c) 基底剪力－底层层间位移关系骨架线

图 11.31 （续）

2 倍，即形成“倒三角”模式。分别提取结构的基底剪力－顶层位移、顶层剪力－顶层层间位移以及基底剪力－底层层间位移滞回关系与试验曲线进行了对比，如图 11.32 所示。

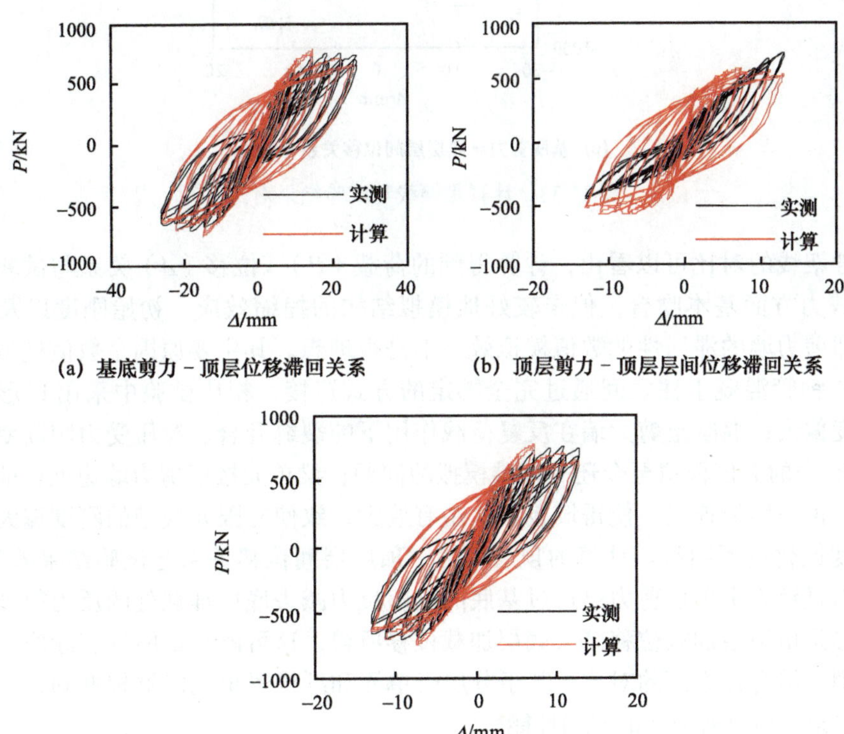

(c) 基底剪力－底层层间位移滞回关系

图 11.32 计算滞回关系与试验结果对比

分别提取结构的基底剪力－顶层位移、顶层剪力－顶层层间位移以及基底剪力－底层层间位移关系骨架线与试验结果进行了对比，如图 11.33 所示。

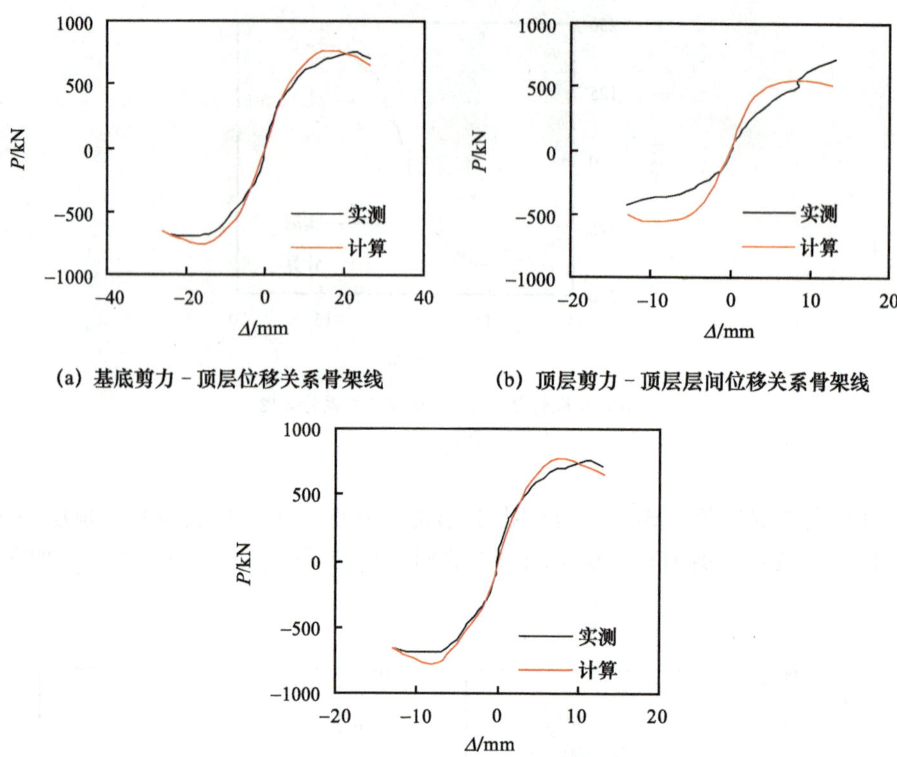

(a) 基底剪力 - 顶层位移关系骨架线　　(b) 顶层剪力 - 顶层层间位移关系骨架线

(c) 基底剪力 - 底层层间位移关系骨架线

图 11.33　计算骨架线与试验结果对比

从骨架线的对比可以看出，计算得到的荷载（P）- 位移（Δ）关系与试验结果得到的承载力方面基本吻合，但未较好地模拟结构的捏缩效应、初始刚度以及刚度退化，也即剪力墙的滞回性能数值模拟效果不是很理想。其主要原因是数值模拟中剪力墙墙板与钢管混凝土柱之间通过完全绑定的方式连接，相比试验中采用 U 形钢筋连接，刚度偏大；混凝土剪力墙在反复荷载作用下的裂缝开合、拉压受力刚度变化等在 ABAQUS 中的数值模拟至今还是很难模拟的问题；梁单元按照剪力墙边框柱的中心轴线创建，再与墙板连接，使得墙板尺寸略有放大，致使有限元模型的刚度偏大、加载后期刚度退化也不明显。计算的顶层剪力 - 顶层层间位移关系与试验结果差别较大，主要原因是计算中顶层剪力是通过基底的支座反力减去底层加载处的反力得到，顶层层间位移是由顶层加载位移减去底层加载位移所得，这可能与试验的实际剪力和位移有所差别。综合各方面的对比，基于分层壳单元和纤维梁单元能够较准确地模拟钢管混凝土框架 - 组合剪力墙的滞回性能。

为了进一步了解该结构的破坏过程，分别对墙板出现初始裂缝、达到峰值荷载和下降到 85% 极限荷载（最终破坏）三个时刻的结构破坏形态与试验实测图片进行对比分析。

（1）墙板初裂时刻

在计算分析中，基底剪力 P=248.2kN 时，在底层墙体的右下部出现第一条裂缝，与水平向的夹角大约为 50°，即正向初始裂缝。图 11.34 给出底层墙板在初裂时刻主拉塑性应变矢量图与云图以及框架的应力云图。在主拉塑性应变矢量图中，箭头的垂直方向即为裂缝的开展方向；在主拉塑性应变云图中的颜色梯度（应变大小）反映了裂缝宽度的不同。当 $P=-296$kN 时出现负向初始裂缝，如图 11.35 所示。而试验中是在 $P=-291$kN 时出现负向初始裂缝，$P=337$kN 时出现正向初始裂缝。其中负号的差别是因为模拟中初始加载方向与试验相反，而初裂时基底剪力较试验值小，即模拟的墙板开裂状态出现得比试验观测要早，主要是因为试验时肉眼观测不到刚开始出现的微裂缝。

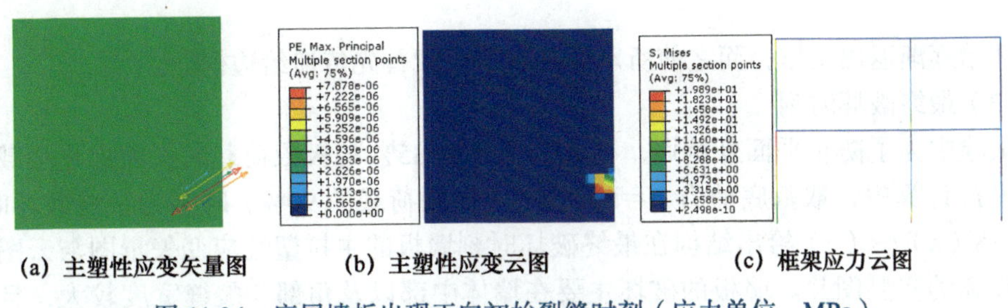

(a) 主塑性应变矢量图　(b) 主塑性应变云图　(c) 框架应力云图

图 11.34　底层墙板出现正向初始裂缝时刻（应力单位：MPa）

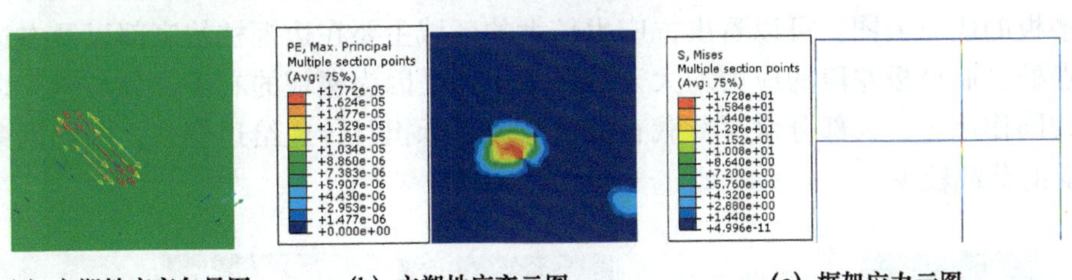

(a) 主塑性应变矢量图　(b) 主塑性应变云图　(c) 框架应力云图

图 11.35　底层墙板出现负向初始裂缝时刻（应力单位：MPa）

当基底剪力 $P=434.8$kN 时，顶层墙板出现第一条正向斜裂缝，与水平向夹角约为 45°。而底层的裂缝继续开展，裂缝宽度增加。图 11.36 给出该时刻底层与顶层墙板的裂缝开展情况。

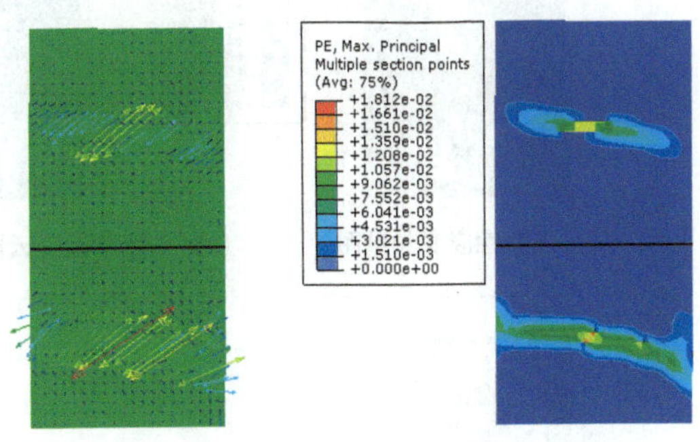

(a) 主塑性应变矢量图　(b) 主塑性应变云图

图 11.36　顶层墙板出现正向初始裂缝时刻

（2）峰值荷载时刻

当基底剪力 $P=586.1$kN 时，正向基底剪力达到最大值。图 11.37 给出结构在达到峰值荷载时刻墙板的主拉塑性应变矢量图与云图以及框架的应力云图。从图 11.37 可以得知，此刻底层墙板中下部裂缝宽度较大，比顶层墙板破坏更严重，且在墙板底部出现水平裂缝，与试验现象比较接近。同时，从图 11.37（c）可以看出，与试验现象提到钢管混凝土边框柱的柱底出现鼓曲相近，边框柱的柱底应力比框架柱大。主要是因为在该时刻底层墙板因

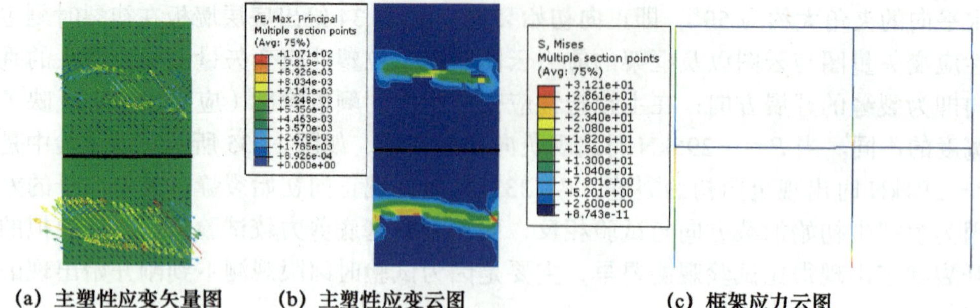

(a) 主塑性应变矢量图　(b) 主塑性应变云图　(c) 框架应力云图

图 11.37　峰值荷载时刻（应力单位：MPa）

破坏开始逐渐退出工作，而之前所承受的水平荷载首先传递给边框柱。

（3）最终破坏时刻

试验中为了防止平面外倒塌，荷载未下降到 85% 的极限荷载时提前停止加载。因此在模拟计算中，取基底剪力 P＝529.4kN（极限荷载的 90%）时刻为最终破坏时刻。图 11.38（a）～（c）给出结构在最终破坏时刻墙板的主拉塑性应变矢量图与云图以及墙体破坏的实测图片。墙板的破坏主要在墙体中部以及角部，裂缝宽度较大，且底层墙板破坏区域比顶层更大、更严重。图 11.38（d）和（e）给出最终破坏时刻外围框架以及楼板的应力云图。可以看出，应力较大的区域主要在边框柱的底部以及左边框架的节点处。而楼板左段的应力均大于右段，主要是因为楼板的右半部分与钢梁以及剪力墙共同作用时，大部分水平荷载直接由剪力墙承担且传递给边框柱，因此钢梁与楼板所受的荷载较少。

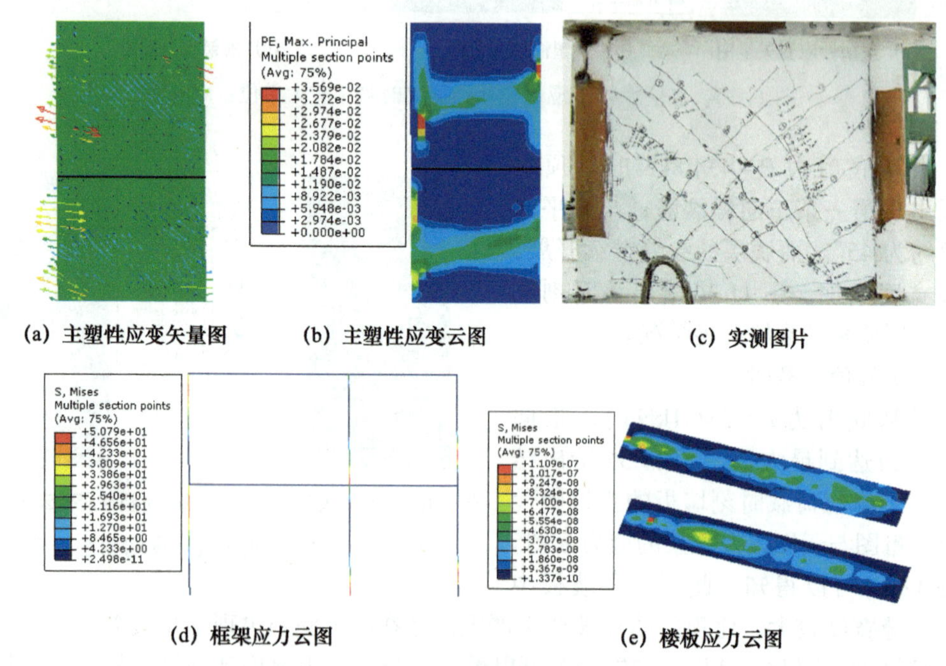

(a) 主塑性应变矢量图　(b) 主塑性应变云图　(c) 实测图片

(d) 框架应力云图　(e) 楼板应力云图

图 11.38　最终破坏时刻

3. 钢管混凝土框架－剪力墙混合结构拟动力试验模拟

基于前面的拟静力计算模型，按照试验给出的参数，对该混合结构进行了拟动力模拟。计算得到了 KOBE 地震波不同峰值加速度作用下结构的加速度和位移时程响应。在该计算模型中，分别以峰值加速度为 0.05g、0.1g、0.2g、0.4g、0.6g、0.8g、1.0g、1.4g 对结构进行拟动力分析。

（1）结构加速度时程曲线对比

通过计算得到该混合结构在不同强度地震作用下结构顶层和底层的加速度响应时程曲线，并与试验结果进行了对比，部分计算结果汇总于图 11.39 中，可见当峰值加速度较小时（0.1g 以下），计算得到的结构加速度时程响应比实测结果低，而峰值加速度大于 0.1g 的几种地震动荷载作用下，与实测结果吻合较好。分析其原因，主要是因为

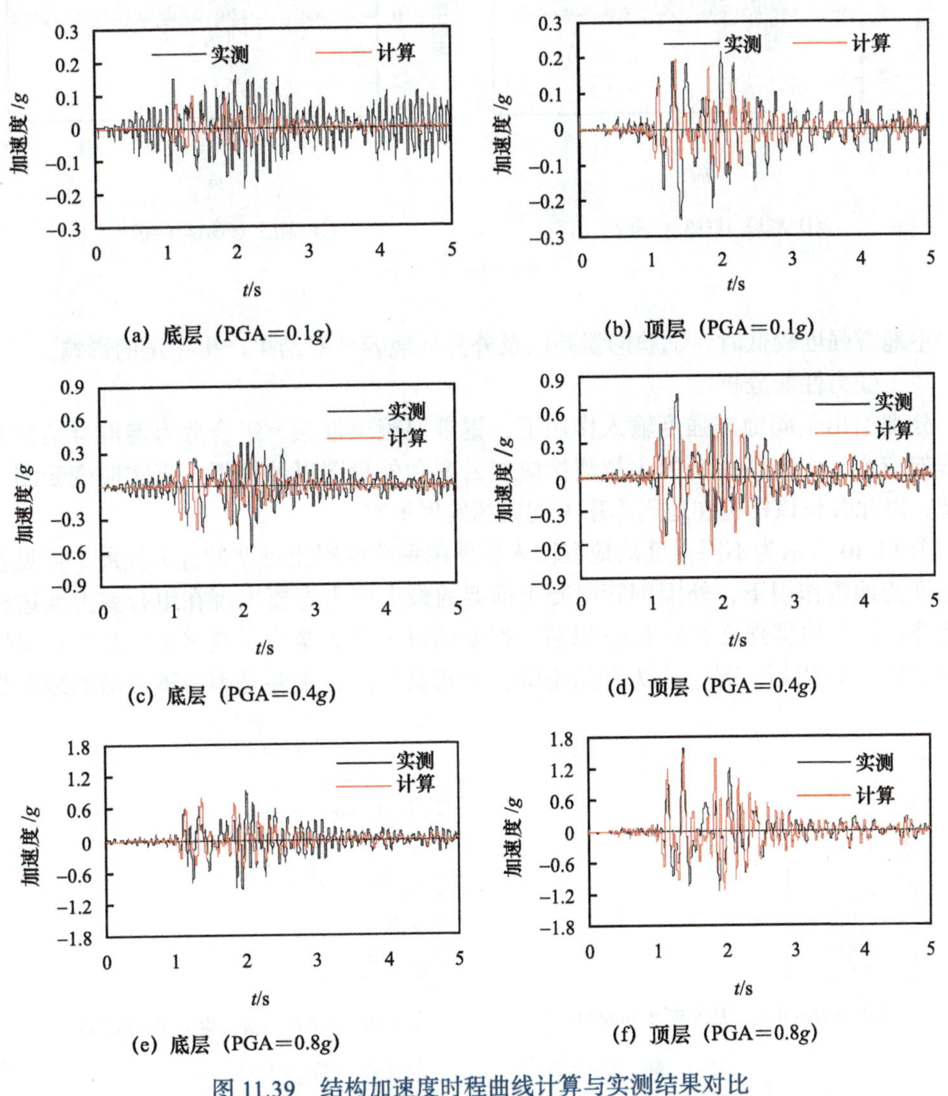

图 11.39　结构加速度时程曲线计算与实测结果对比

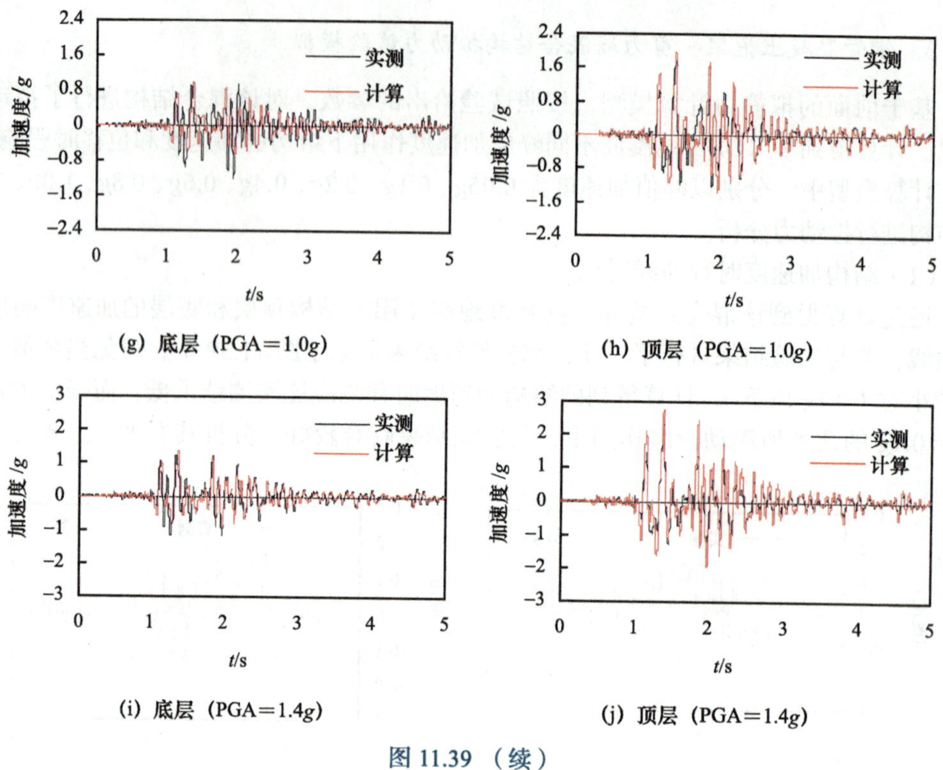

(g) 底层（PGA=1.0g）

(h) 顶层（PGA=1.0g）

(i) 底层（PGA=1.4g）

(j) 顶层（PGA=1.4g）

图 11.39 （续）

试验中地震强度较低时，试验的误差以及外界环境容易对结果产生一定的影响。

（2）受力性能分析

分别给出不同地震强度输入作用下，钢管混凝土框架－组合剪力墙混合结构的外围框架应力云图、剪力墙的主拉塑性应变云图和矢量图以及楼板的真实应变云图和矢量图，以此分析该结构在地震作用下的破坏发展形态。

图 11.40 所示为不同强度的地震输入后外围钢管混凝土框架的应力发展，可见在不同强度的地震作用下，外围钢管混凝土框架的最大应力主要出现在组合剪力墙边框柱的底部，且在地震强度达到 0.8g 以前，框架的最大应力基本呈现出上升趋势；峰值加速度达到 0.8g 以后，最大应力开始下降。分析其原因，主要是因为不断增加地震强度

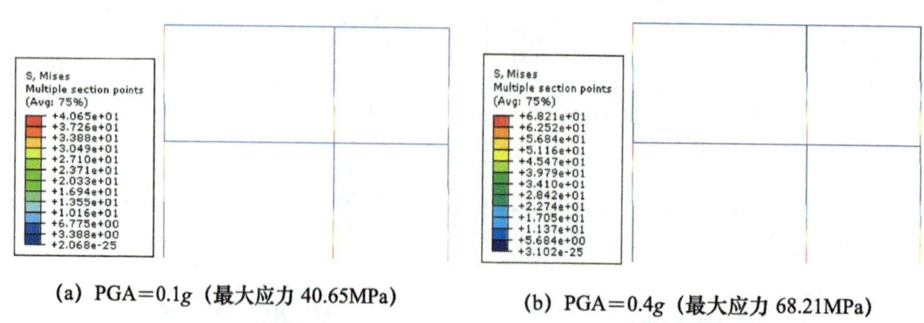

(a) PGA=0.1g（最大应力 40.65MPa）

(b) PGA=0.4g（最大应力 68.21MPa）

图 11.40　混合结构中钢管混凝土框架应力发展

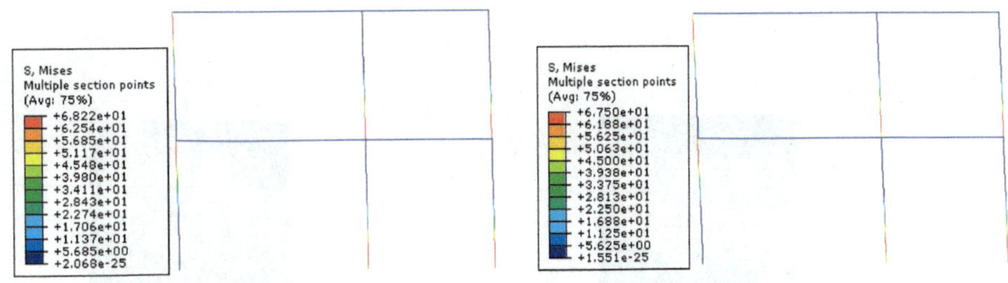

(c) PGA＝0.8*g*（最大应力 68.22MPa）　　(d) 峰值加速度为 1.4*g*（最大应力 67.50MPa）

图 11.40 （续）

时，右侧的组合剪力墙破坏越加严重，结构的整体刚度降低，相应的边框柱承担的剪力减小，而框架柱承担的剪力逐渐增大，导致边框柱柱底的最大应力逐渐变小。

（3）不同强度地震荷载作用后剪力墙破坏形态

如图 11.41 所示，分别给出组合剪力墙在地震峰值加速度分别为 0.05*g*、0.1*g*、0.2*g*、0.4*g*、0.6*g*、0.8*g*、1.0*g* 及 1.4*g* 作用后墙板的主拉塑性应变云图和矢量图，以此描述墙板的裂缝发展情况。

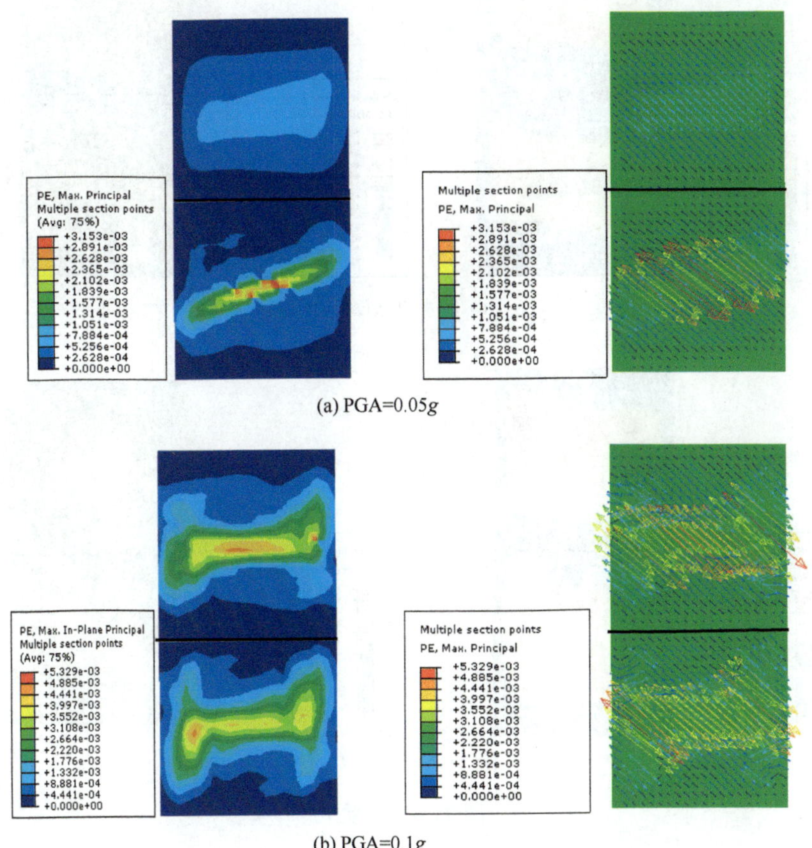

(a) PGA=0.05*g*

(b) PGA=0.1*g*

图 11.41　ABAQUS 计算剪力墙主拉塑性应变云图和矢量发展

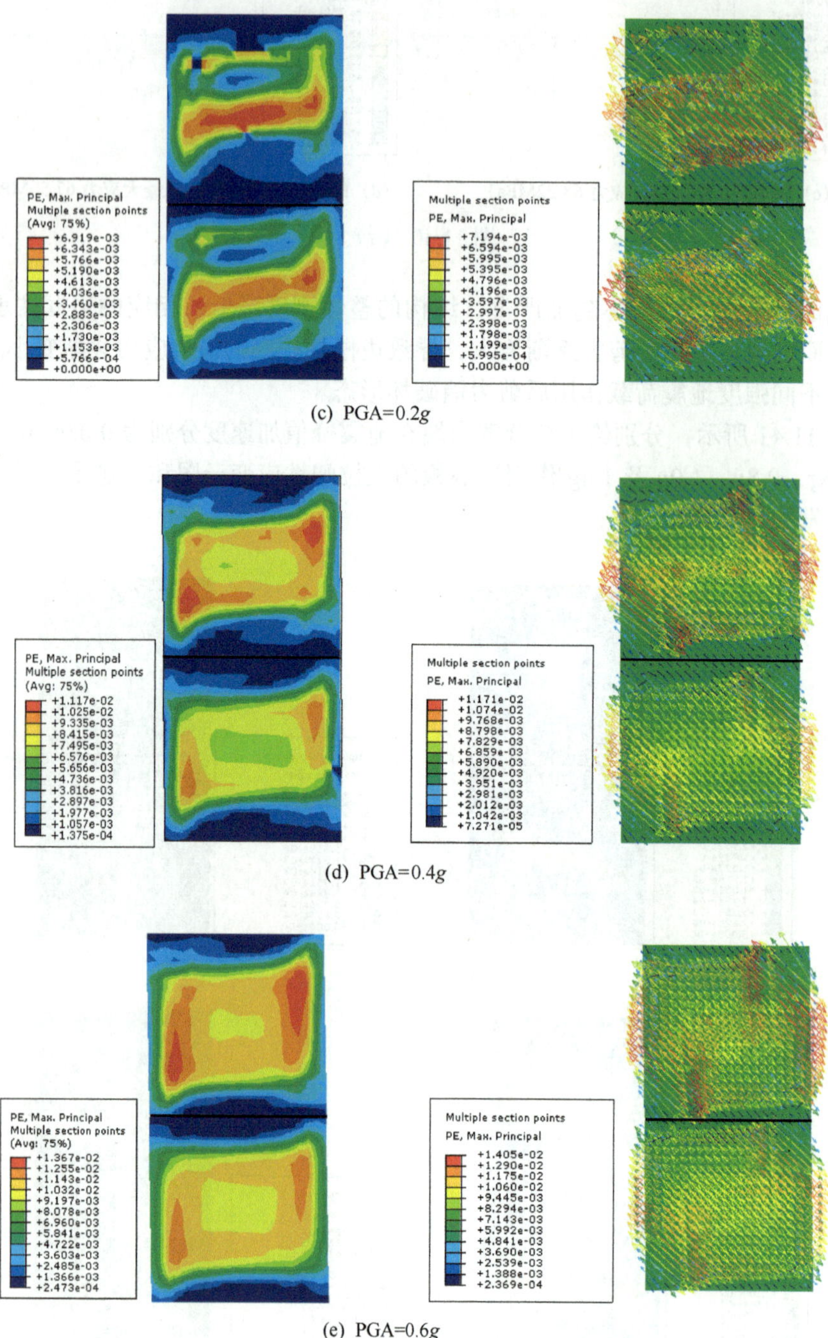

(c) PGA=0.2*g*

(d) PGA=0.4*g*

(e) PGA=0.6*g*

图 11.41 （续）

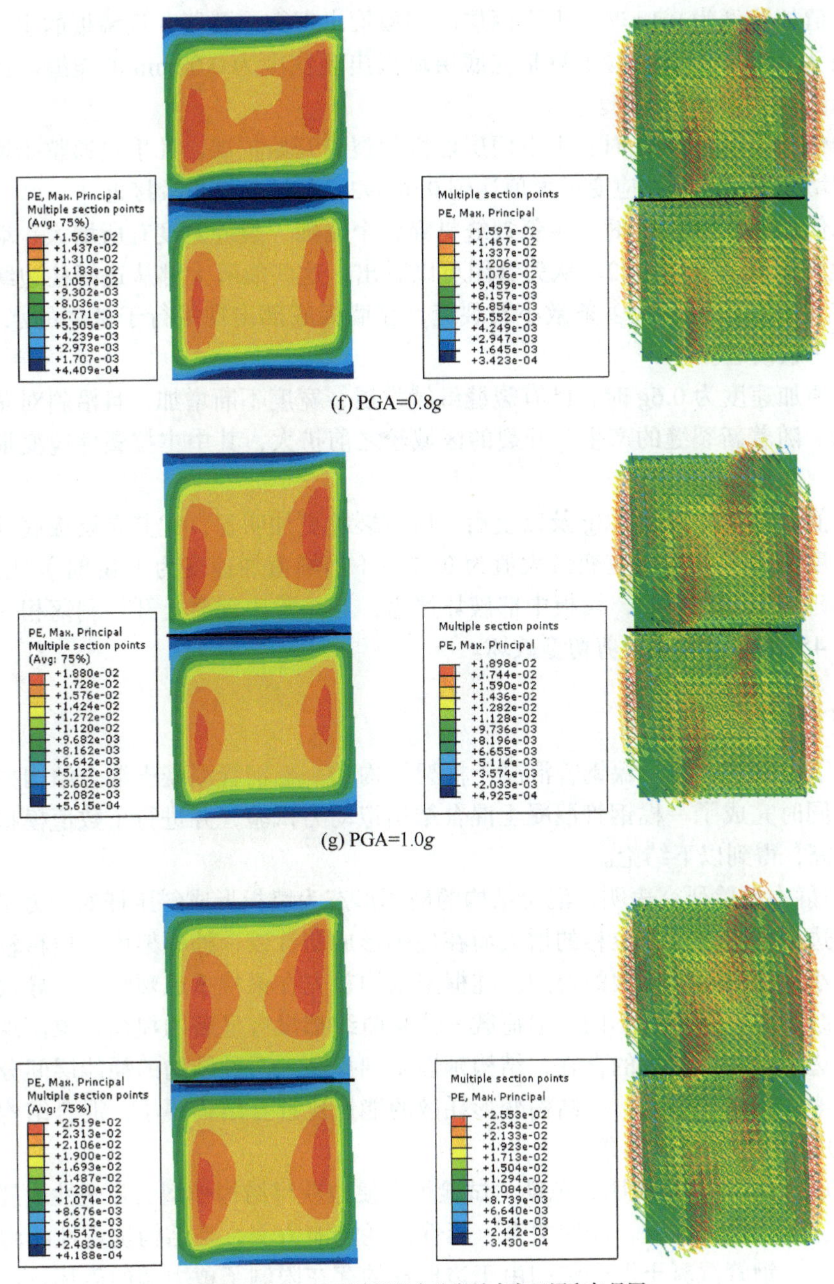

(f) PGA=0.8g

(g) PGA=1.0g

(h) 峰值加速度为1.4g时墙板的主拉塑性应变云图和矢量图

图 11.41（续）

由云图与矢量图可以看出，在地震峰值加速度为 0.05g 时，底层墙板出现微小斜裂缝，与水平向的夹角约为 40°，墙板的主拉塑性应变最大值为 0.00315。而试验中，在该峰值荷载下未发现明显的裂缝，主要是因为试验中观察到墙板表面出现明显的裂缝前，内部可能已经出现了很多微裂缝，因此与模拟计算会有所偏差。

当峰值加速度为 0.1g 时，上下两层的墙板均出现微小裂缝，且墙板的主拉塑性应变最大值为 0.0053。而试验中只是在底层墙板出现宽度为 0.02mm 的裂缝。因此，计算结果与试验结果稍有差别。

当峰值加速度为 0.2g 时，上下两层墙板的裂缝开始扩展，几乎贯通整个墙面，且裂缝宽度增大，主拉塑性应变最大值达到 0.00692，与试验结果较接近。

当峰值加速度为 0.4g 时，主斜裂缝贯穿整个墙面，裂缝宽度有所增大，墙板中部主拉塑性应变值达到 0.0112。从矢量图可以看出，这些裂缝大都从边框柱边缘开始延伸，且在主裂缝周边出现多条微小斜裂缝，在墙板底部出现平行于基底的水平裂缝，与试验结果较接近。

当峰值加速度为 0.6g 时，已有裂缝继续发展，宽度不断增加，且沿斜对角线贯通整个墙面。随着新裂缝的产生，开裂的区域较之前扩大，其中主拉塑性应变最大值达到 0.0137。

当峰值加速度增加到 0.8g 及以上后，所有裂缝更加明显，尤其是墙板底部裂缝更加密集且明显，主拉塑性应变最大值为 0.0252（当峰值加速度为 1.4g 时）。已有裂缝基本上都延伸至基底顶面，墙板中部破坏严重，与试验中混凝土开始剥落相一致。破坏痕迹沿 45°延伸，表现为剪切型破坏。

11.2.4 小结

本小节分别进行了一榀钢管混凝土框架结构和一榀钢管混凝土混合结构拟静力试验研究，同时完成了一榀钢管混凝土混合结构拟动力试验，并进行了数值模拟，基于本节的研究，得到以下结论。

1）拟静力试验研究表明，混合结构的破坏形态为墙板形成斜压杆的受力机制，钢管混凝土边框柱随着水平位移的增大而在柱脚形成塑性铰，外框架由于位移较小而破坏性比较小，仍可承受较大的剪力。纯框架结构首先在梁端造成塑性铰，导致刚度下降。两种结构的破坏形态不同，但荷载 - 位移曲线都没有显著的捏缩现象出现，混合结构由于边框柱和框架柱的存在，结构延性得到提高。两种结构的耗能层间分配基本一致，框架结构的位移大，但结构变形耗散的能量比混合结构要小，混合结构有利于在地震作用下吸收更多地震能。

2）拟动力试验研究表明，拟动力试验可方便地获得结构模型的弹塑性地震响应参数，如加速度、位移时程，滞回关系，延性及耗能能力等，是结构抗震性能测试的有效方法之一。钢管混凝土混合结构由于边框柱的存在限制了剪力墙的破坏，形成组合剪力墙，从而提高了剪力墙的延性，在较大的罕遇地震下，墙板严重开裂而不致整体结构垮塌。总体上反映出钢管混凝土混合结构体系具有良好的抗震性能。

3）在 ABAQUS 软件中分别采用梁单元（B31）和分层壳单元（S4）模拟钢管混凝土柱、钢梁和钢筋混凝土剪力墙、楼板，建立了钢管混凝土框架 - 内嵌钢筋混凝土剪力墙混合结构体系的有限元数值模型。与试验结果的比较表明，该数值模拟方法是可行的，且数值计算结果和试验结果吻合较好。

11.3　混合结构体系振动台试验研究

本节先后进行了两个 30 层的钢管混凝土框架－钢筋混凝土核心筒结构模型的模拟地震振动台试验研究（韩林海等，2007；Han et al.，2009）。

模型由外围钢管混凝土框架和位于模型中央的钢筋混凝土核心筒混合而成。两个模型的框架柱分别采用方形和圆形钢管混凝土。以下为了便于论述，将采用方钢管混凝土柱的模型用 MSC 表示，将采用圆钢管混凝土柱的模型用 MCC 表示。

进行本次模拟地震振动台试验的主要目的可简要归纳如下。①研究和对比两个模型（MSC 和 MCC）的自振特性和阻尼比的变化规律；②研究和对比两个模型的地震反应特性和破坏特性，研究两种形式的钢管混凝土构件在结构体系中发挥作用的特点；③研究钢管混凝土框架和钢筋混凝土核心筒的协同工作性能；④对两个混合结构模型的抗震性能进行评价；⑤为建立钢管混凝土框架－钢筋混凝土核心筒结构体系抗震计算的数值模型提供必要的验证性试验数据。

试验时分别输入三种常用的实测地震波，即 Taft 波、El Centro 波和天津波。

模拟地震振动台试验时测试的主要内容包括：①混合结构体系的动力特性在地震作用前后的变化情况；②混合结构体系分别在三种地震作用下的加速度反应；③混合结构体系动力放大系数和最大加速度包络图；④混合结构体系分别在三种地震作用下的位移反应和最大位移包络图；⑤混合结构体系中关键部位的应变和混凝土裂缝发展情况等。

11.3.1　模型设计与制作

（1）模型尺寸和构造

进行模型设计时参考了某实际高层建筑结构的设计方案，并根据试验条件进行了必要的缩尺。

如前所述，混合结构模型由外围钢管混凝土框架和位于模型中央的钢筋混凝土核心筒组成。两个模型结构均为 30 层，所有楼层的平面尺寸均一致。

现浇钢筋混凝土核心筒位于模型中央，由外墙和内墙组成，内剪力墙和核心筒的汇交处设置了钢筋混凝土（暗）柱。每个楼层核心筒外墙的四侧均开洞，洞的尺寸分 150mm×90mm 和 120mm×60mm 两种。模型的楼盖采用了工字形钢梁、现浇钢筋混凝土楼板。框架梁与钢管混凝土柱、钢筋混凝土剪力墙等的连接均按刚性连接设计。

图 11.42 为模型的平面和剖面图，同时还给出了一些构件截面和节点构造示意图。

对两个混合结构模型（MSC 和 MCC）的主要信息汇总如下。

1）模型结构高度：6.3m。

2）楼层平面尺寸：2.2m×2.2m。

3）钢筋混凝土核心筒筒平面尺寸：1.21m×1.21m。核心筒内墙厚 20mm，核心筒外墙厚 25mm，核心筒边长与模型结构平面边长之比为 0.55，钢筋混凝土核心筒平面面积占模型结构层平面总面积的 30.5%。

4）钢管混凝土框架柱。方形柱截面的尺寸：30mm×30mm（MSC）。圆形柱截面外直径：30mm（MCC）。方形和圆形两种钢管的壁厚均为 1mm。

5）工字形钢梁规格：I40mm×15mm×1mm×1.5mm。

6）模型中的楼板厚度：8mm。

由于混凝土楼板和墙体的尺寸均较小，因此根据刚度条件采用钢丝代替其中的钢筋。墙板和楼板里的分布筋采用 ϕ8@150×150。使用了适当的泡沫塑料作为浇筑楼板和核心筒混凝土的模板，便于混凝土成型以及混凝土成型后模板的拆除。

模型制作的顺序在总体上可分为：①在钢结构加工厂制作钢结构框架部分；②运至试验现场和 RC 底座连接（模型试验时装配在 200mm 厚的混凝土底板上，钢管混凝土柱埋入底板 80mm，混凝土剪力墙内的钢筋网片也埋入底板，和底板内的钢筋连接在一起）；③浇筑钢管内的混凝土；④绑扎混凝土楼板和墙体中的钢丝和钢丝网片，楼

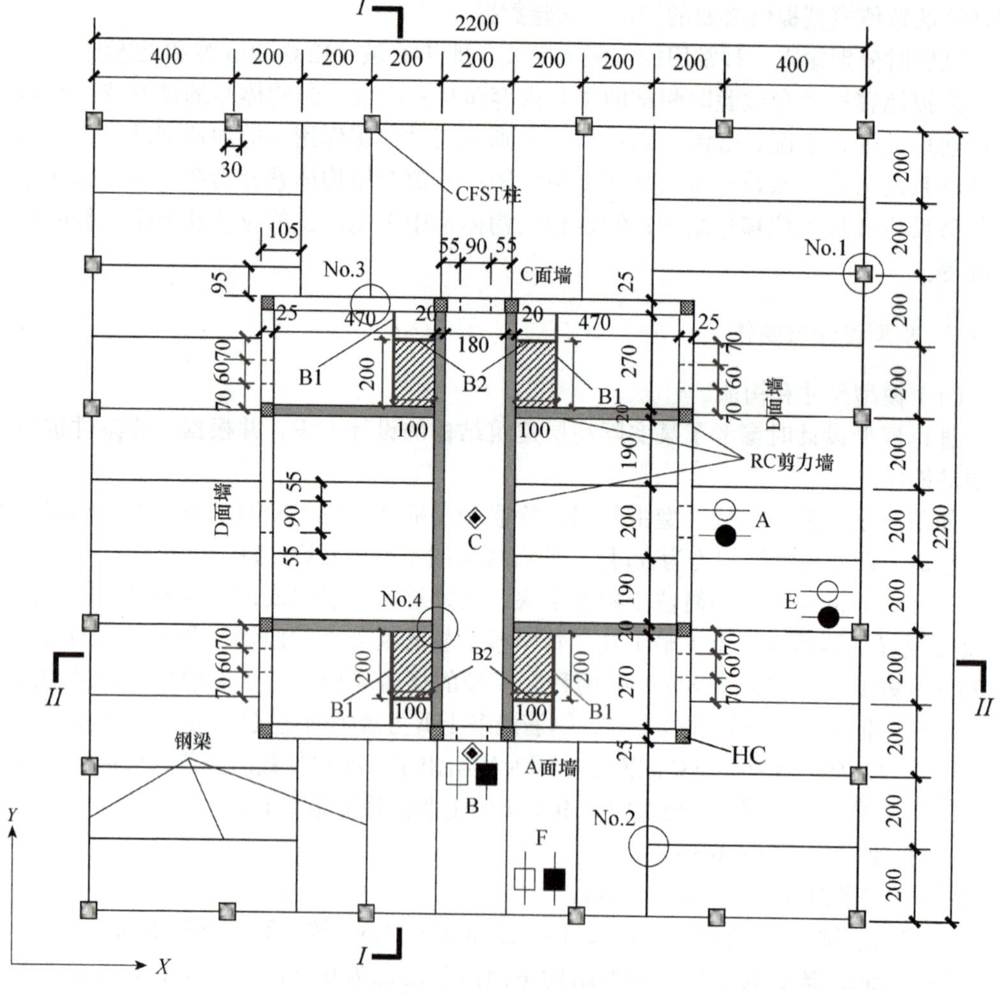

图 11.42　模型结构平面和剖面（尺寸单位：mm）

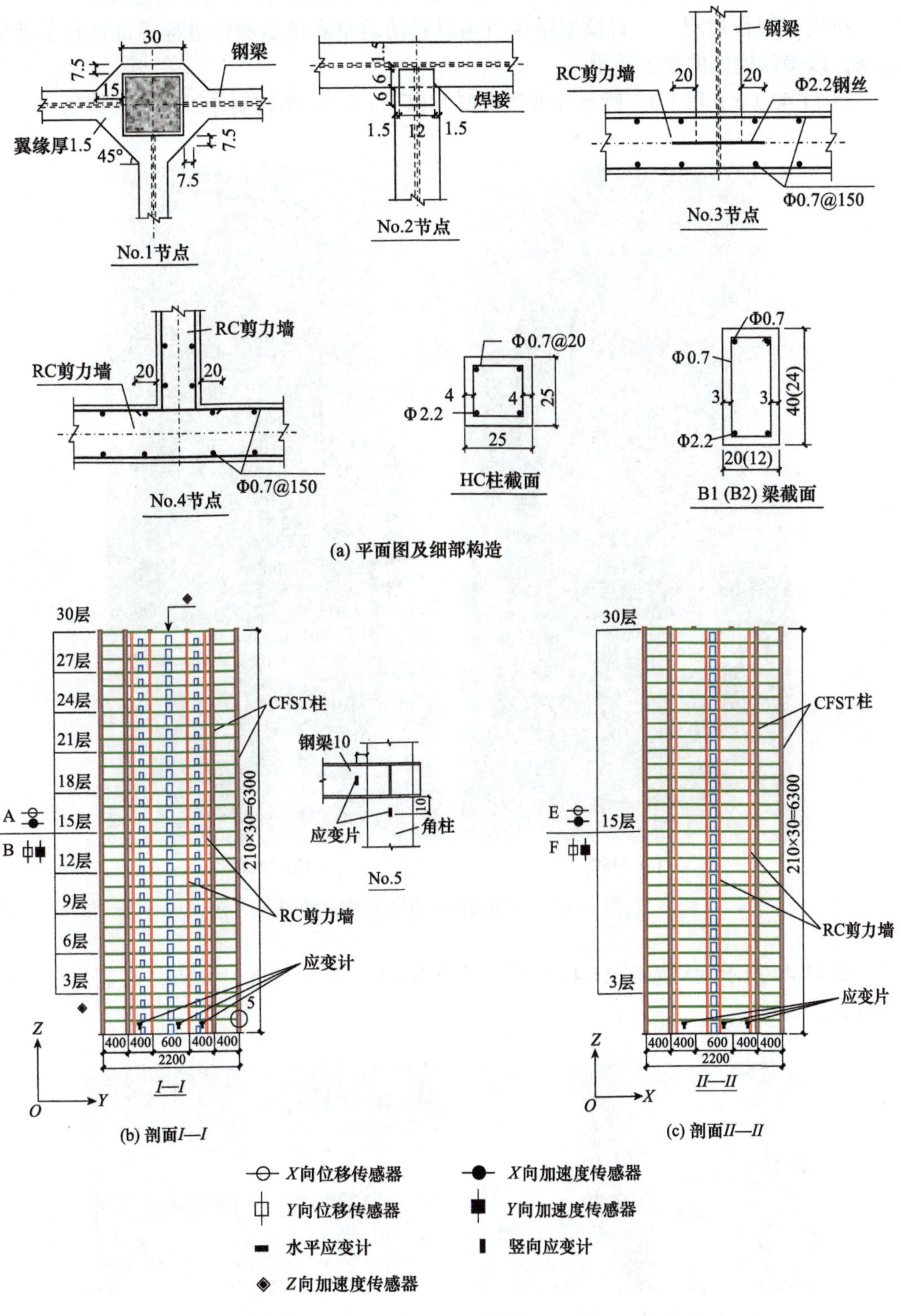

30
7.5
15
钢梁
翼缘厚1.5
45°
7.5
7.5
No.1节点
1.5
6
6
焊接
1.5
12
1.5
No.2节点
钢梁
RC剪力墙
20
20
Φ2.2钢丝
Φ0.7@150
No.3节点
RC剪力墙
RC剪力墙
20
20
Φ0.7@150
No.4节点
Φ0.7@20
4
4
25
Φ2.2
25
HC柱截面
Φ0.7
Φ0.7
3
3
40(24)
Φ2.2
20(12)
B1 (B2) 梁截面
(a) 平面图及细部构造
30层
27层
24层
21层
18层
15层
12层
9层
6层
3层
A
B
CFST柱
210×30=6300
RC剪力墙
应变计
5
400
400
600
400
400
2200
Z
Y
O
I—I
(b) 剖面I—I
钢梁10
10
应变片
角柱
No.5
30层
E
F
15层
3层
CFST柱
210×30=6300
RC剪力墙
应变片
400
400
600
400
400
2200
Z
X
O
II—II
(c) 剖面II—II
X向位移传感器
X向加速度传感器
Y向位移传感器
Y向加速度传感器
水平应变计
竖向应变计
Z向加速度传感器

图 11.42 （续）

板中的钢筋直接点焊在钢梁上翼缘；⑤分层浇筑楼板和RC剪力墙中的混凝土。

在模型制作过程中，对模型结构所用材料的质量和模型制作过程等都进行了严格控制，以确保模型的加工质量。

图11.43（a）和（b）所示分别为模型MSC和MCC结构制作过程中的情景。

(a) MSC　　(b) MCC

图11.43　模型结构制作过程中的情景

图11.44所示为对应图11.42中所示节点No.1、No.2、No.3和No.4在制作过程中的情形。

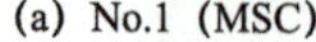

(a) No.1 (MSC)　　(b) No.1 (MCC)

图11.44　节点在模型制作过程中的情形

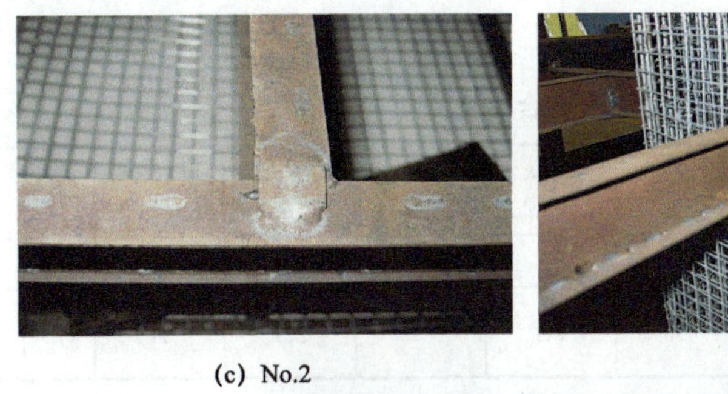

(c) No.2

(d) No.3

(e) No.4

图 11.44 （续）

（2）材料性能参数

模型结构中所用钢材和钢丝的材性均通过标准拉伸试验确定，实测材性指标汇总如表 11.24 所示。

表 11.24　钢材的材性指标汇总

类别	钢板厚度 t/mm	钢筋直径 d/mm	屈服强度 f_y/MPa	抗拉强度 f_u/MPa	弹性模量 E_s/(10^5N/mm^2)	泊松比 μ_s
方钢管	1	—	378.6	468.3	1.85	0.291
圆钢管	1	—	312.3	374.8	1.70	0.258
钢梁翼缘	1.5	—	548.6	704.9	1.92	0.283
钢梁腹板	1	—	630.2	842.5	2.02	0.256
暗柱纵筋	—	2.2	319.6	401.2	1.72	—
楼板内分布筋	—	0.7	295.1	394.4	1.66	—

该模型配置了两种混凝土，钢筋混凝土楼板和剪力墙采用了普通混凝土，浇筑时采用了振捣的浇筑方式。由于钢管混凝土柱横截面尺寸较小，为了保证钢管中混凝土的密实度，采用了自密实混凝土。浇筑时，将混凝土直接从上而下灌入钢管不加振捣。两种混凝土中砂的最大粒径为 2.5mm；骨料的粒径为 5～10mm。对于自密实混凝土，实测的坍落度为 270mm，平均流速为 100mm/s。在钢管中浇灌混凝土时，混凝土的内部平均温度为 26℃。对于楼板和剪力墙中采用的混凝土，其坍落度为 235mm。

表 11.25 给出了上述两种混凝土材料的配合比及实测 28 天立方体抗压强度（f_{cu}）和

弹性模量（E_c）。

表 11.25 混凝土配合比及其力学性能指标

混凝土类别	水泥 /（kg/m³）	骨料 /（kg/m³）	砂 /（kg/m³）	粉煤灰 /（kg/m³）	钢渣粉 /（kg/m³）	水 /（kg/m³）	减水剂 /（kg/m³）	f_{cu}/MPa	E_c/（N/mm²）
柱混凝土	520	728	842	—	140	244	16	41.7	28500
楼板和剪力墙混凝土	470	724	836	141	—	221	11	47.5	31400

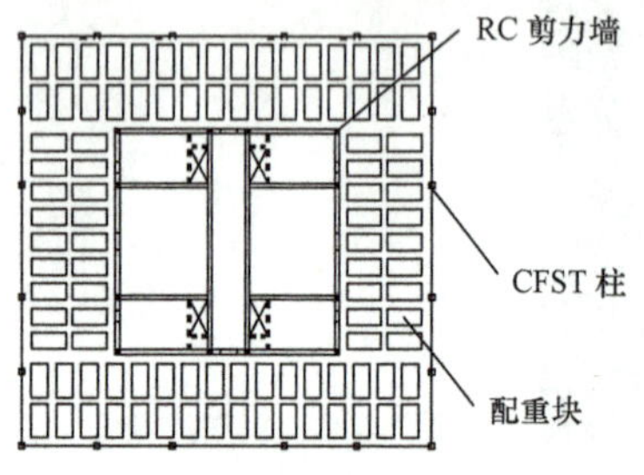

图 11.45 配重施加示意图

（3）配重

模型 MSC 和 MCC 的结构自重分别为 7.3t 和 7.2t。综合考虑实际高层建筑的受荷情况和振动台承载能力等因素，模型结构的每层楼面均施加 320kg 的质量配重（铁）块，这样，每个模型结构的总附加质量为 0.32×30=9.6（t）。配重块均匀地布置在钢筋混凝土核心筒外围，如图 11.45 所示。

试验时，模型结构浇筑在预制钢筋混凝土底座上，预制钢筋混凝土底座的尺寸为 2.6m×2.6m×200mm，其上预留螺栓孔。进行试验时，混凝土底座通过 24 个 ϕ24 螺栓固定在振动台面上，以保证模型底部与振动台嵌固的边界条件。

图 11.46（a）和（b）所示分别为 MSC 和 MCC 施加配重后在进行振动台试验时的情形。

(a) 模型 MSC

(b) 模型 MCC

图 11.46 模型结构在振动台上进行试验时的情形

11.3.2　试验方法

1. 测试方案

模型结构中的混凝土养护到 28 天后即开始进行混合结构体系的有关试验。

本书作者共设置了 48 个应变测试通道，以测量结构各部位的应变反应。加速度由加速度传感器直接测量获得。两个模型结构中均各设置了 30 个加速度测点、28 个位移测点。

试验前所有测试仪器均进行了合理标定，使其满足各项测试要求。

（1）加速度传感器布置

在振动台台面（±0.00 处）和模型的第 3、6、9、12、15、18、21、24、27 层楼面及顶层（第 30 层）紧贴钢筋混凝土核心筒的部位，沿 *X* 轴和 *Y* 轴中央处各布置一个 *X* 向（*A* 点）、*Y* 向（*B* 点）加速度传感器；振动台顶面沿 *Z* 方向（*A* 点）布置一个加速度传感器；屋面中心布置一个 *Z* 方向（*C* 点）的加速度传感器。在第 3、第 15 层楼面及顶层边缘钢管混凝土柱部位，沿 *X* 轴、*Y* 轴各布置一个 *X* 向（*E* 点）、*Y* 向（*F* 点）加速度传感器。这样，测试数据之间可适当地进行相互校验。上述加速度传感器的具体测点位置如图 11.42（b）和（c）所示。

（2）位移传感器布置

位移测点的布置和加速度测点基本相同，即在振动台台面（±0.00 处）和模型的第 3、6、9、12、15、18、21、24、27 层楼面及顶层（第 30 层）紧贴钢筋混凝土核心筒的部位，沿 *X* 和 *Y* 轴中央处各布置一个 *X* 向（*A* 点）、*Y* 向（*B* 点）位移传感器；在第 3、第 15 层楼面及顶层屋面楼层边缘钢管混凝土柱部位沿 *Y* 轴和 *X* 轴各布置一个 *X* 向（*E* 点）、*Y* 向（*F* 点）位移计。

上述位移传感器测点的具体位置如图 11.42（b）和（c）所示。

（3）应变测点布置

模型底层所受的力最大，各部件的动应变也最大。根据测试条件和分析问题的实际需要，将应变片均布置在模型结构第一层楼面以下 1cm 处。

在钢筋混凝土核心筒上共布置了 24 个应变片分别位于底层核心筒的四角和中央，每面 6 个（竖向和水平向各 3 个）。在底层角部 4 根钢管混凝土柱顶部各贴 4 片应变片。上述应变片的布置方式如图 11.42（b）和（c）以及图 11.47 所示。

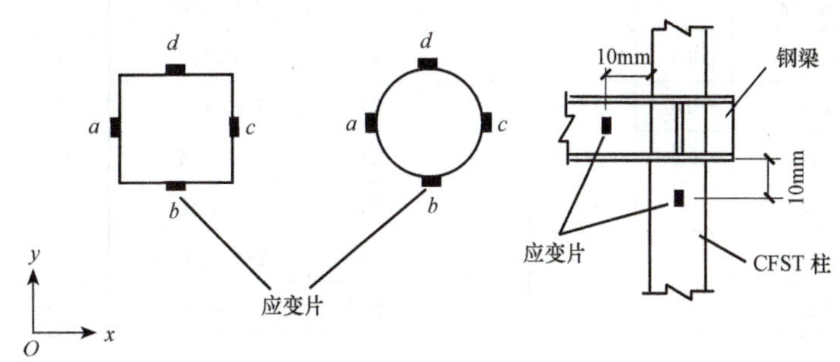

图 11.47　钢管混凝土柱及节点处应变片布置

在与钢管混凝土角柱相连的 8 根钢梁梁端的腹板上也布置了应变片，以测试钢梁的应变变化。

2. 试验工况方案

如前所述，本次试验选用了三条同类研究中较常用的地震波，即 Taft 波、El Centro 波和天津波作为模拟地震振动台试验的输入波。三条地震波根据水平加速度峰值采用四种不同级别输入：0.2*g*、0.4*g*、0.6*g* 和 0.8*g*，分别模拟小震，中震，大震和超大震的情况。

为了便于分析和观察模型在地震输入下的反应，地震工况主要采用单向输入，且先沿结构平面 *X* 向输入，再沿结构平面 *Y* 向输入（*X* 向、*Y* 向的定义如图 11.44 所示），部分工况采用了三向输入。考虑到模型的实际承受能力，0.8*g* 的工况只用 El Centro 波进行 *X* 向、*Y* 向和三向输入。工况设置的原则是输入地震的强度从小到大，每个级别全部地震工况输入前后，输入白噪声对模型进行三向扫频，并测试模型模态参数的变化。最后进行破坏性试验，采用天津波连续输入 4 次，以期研究模型结构的破坏形态。

钢管混凝土框架－混凝土核心筒混合结构模型振动台试验工况表如表 11.26 所示。

表 11.26 试验工况表

MSC（方钢管混凝土）					MCC（圆钢管混凝土）				
工况序号	输入地震波	加速度峰值 /*g*			工况序号	输入地震波	加速度峰值 /*g*		
		X 向	*Y* 向	*Z* 向			*X* 向	*Y* 向	*Z* 向
S1	白噪声（0.5～40Hz）	0.09	0.09	0.09	C1	白噪声（0.5～40Hz）	0.09	0.09	0.09
S2	Taft 波	0.2	—	—	C2	Taft 波	0.2	—	—
S3	El Centro 波	0.2	—	—	C3	El Centro 波	0.2	—	—
S4	天津波	0.2	—	—	C4	天津波	0.2	—	—
S5	Taft 波	—	0.2	—	C5	Taft 波	—	0.2	—
S6	El Centro 波	—	0.2	—	C6	El Centro 波	—	0.2	—
S7	天津波	—	0.2	—	C7	天津波	—	0.2	—
S8	白噪声（0.5～40Hz）	0.09	0.09	0.09	C8	白噪声（0.5～40Hz）	0.09	0.09	0.09
S9	Taft 波	0.4	—	—	C9	Taft 波	0.4	—	—
S10	El Centro 波	0.4	—	—	C10	El Centro 波	0.4	—	—
S11	天津波	0.4	—	—	C11	天津波	0.4	—	—
S12	Taft 波	—	0.4	—	C12	Taft 波	—	0.4	—
S13	El Centro 波	—	0.4	—	C13	El Centro 波	—	0.4	—
S14	天津波	—	0.4	—	C14	天津波	—	0.4	—

续表

MSC（方钢管混凝土）					MCC（圆钢管混凝土）				
工况序号	输入地震波	加速度峰值 /*g*			工况序号	输入地震波	加速度峰值 /*g*		
		X 向	*Y* 向	*Z* 向			*X* 向	*Y* 向	*Z* 向
S15	白噪声（0.5～40Hz）	0.09	0.09	0.09	C15	白噪声（0.5～40Hz）	0.09	0.09	0.09
S16	Taft 波	0.6	—	—	C16	Taft 波	0.6	—	—
S17	El Centro 波	0.6	—	—	C17	El Centro 波	0.6	—	—
S18	天津波	0.6	—	—	C18	天津波	0.6	—	—
S19	Taft 波	—	0.6	—	C19	Taft 波	—	0.6	—
S20	El Centro 波	—	0.6	—	C20	El Centro 波	—	0.6	—
S21	天津波	—	0.6	—	C21	天津波	—	0.6	—
S22	El Centro 波	0.6	0.5	0.4	C22	El Centro 波	0.6	0.5	0.4
S23	白噪声（0.5～40Hz）	0.09	0.09	0.09	C23	白噪声（0.5～40Hz）	0.09	0.09	0.09
S24	El Centro 波	0.8	—	—	C24	El Centro 波	0.8	—	—
S25	El Centro 波	—	0.8	—	C25	El Centro 波	—	0.8	—
S26	El Centro 波	0.8	0.7	0.5	C26	El Centro 波	0.8	0.7	0.5
S27	白噪声（0.5～40Hz）	0.09	0.09	0.09	C27	白噪声（0.5～40Hz）	0.09	0.09	0.09
S28-1	天津波连波 4	1	—	—	C28-1	天津波连波 4	1	—	—
S28-2	天津波连波 4	1.4	—	—	C28-2	天津波连波 4	1.4	—	—

注：工况序号中 S 代表 MSC，C 代表 MCC。

11.3.3　试验结果及分析

1. 自振特性

（1）自振频率（f）

为了测定模型在不同强度地震作用后的动力特性，在每一级地震作用后用峰值为 0.09g 的白噪声对模型进行三向扫频，记录模型各测点的加速度和位移数据。

图 11.48 为不同加速度输入后模型 MSC 和 MCC 的一阶和二阶频率变化情况。

由图 11.48 可见，采用方钢管混凝土柱的模型（MSC）震前 X 向的一阶自振频率为 4.5Hz，Y 向的为 4.8Hz；X 向的二阶自振频率为 29.8Hz，Y 向的为 30.3Hz。说明 X 向和 Y 向的频率相差不大，且 Y 向稍大，说明两个方向的刚度相差不大。此外，结构的各阶频率在历经各工况后有逐渐降低的趋势，但降低的幅度总体上不大。例如输入 0.8g 地震作用后，X 向两阶频率分别降低 3.8% 和 4.2%，Y 向两阶频率分别降低 6.8% 和 2%。

采用圆钢管混凝土柱的模型 MCC 在不同加速度情况下频率值的变化规律与 MSC 类似，即 X 向和 Y 向的刚度基本相同，且 Y 向要稍大些。结构的各阶频率在历经各工况后总体呈现逐渐降低的趋势，例如输入 0.8g 地震作用后，X 向两阶频率分别降低 15.8% 和 6.1%，Y 向第一阶频率基本没有降低，第二阶频率降低 6.1%。

以上分析结果表明，两个模型结构体系在经历地震作用后结构有所损伤，但模型

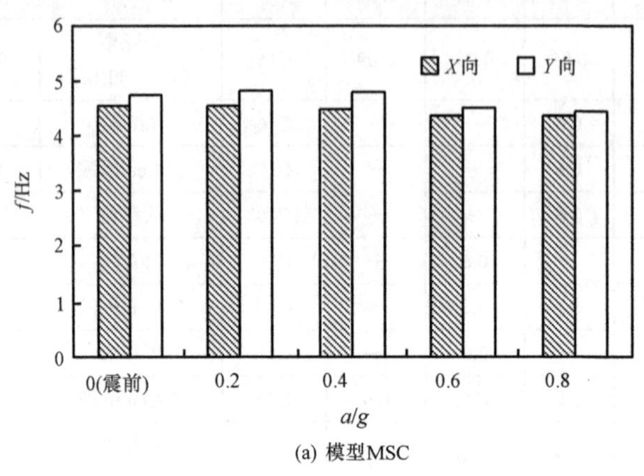

(a) 模型MSC

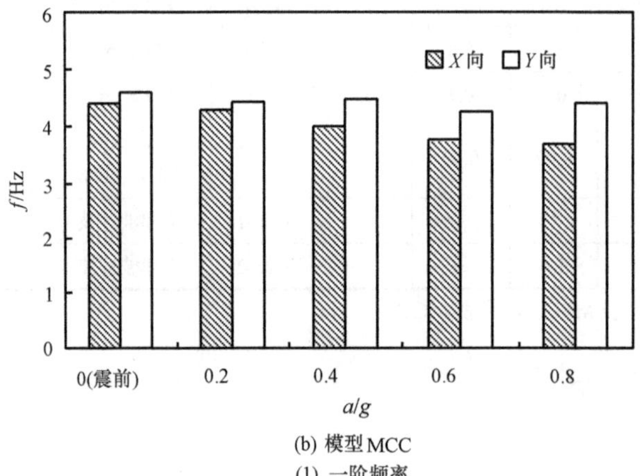

(b) 模型MCC

(1) 一阶频率

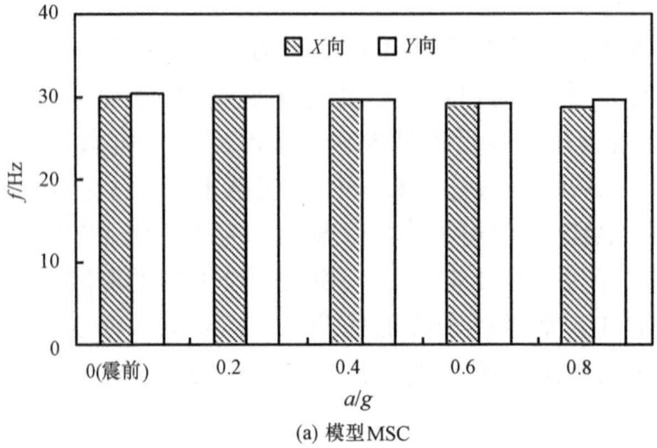

(a) 模型MSC

图 11.48　不同加速度输入后的频率（f）变化

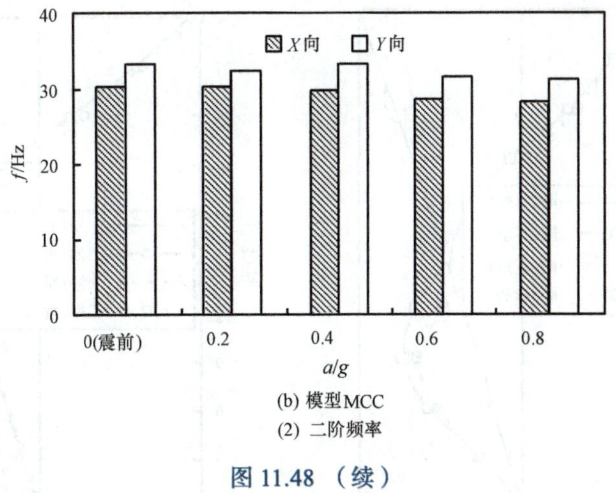

(b) 模型MCC

(2) 二阶频率

图 11.48 （续）

整体刚度降低幅度总体上不显著。

（2）振型

图 11.49 所示为震前和震后两个模型振型的比较。

可见，模型 MSC 和 MCC 在两个方向的一阶振型呈现弯剪型特征，震前的振型曲线基本光滑。二阶振型底部也呈现弯剪型特征。在经历各条地震波 0.8g 地震作用后，振型曲线出现较为明显的拐点，这是由于模型在振动过程中受到损伤，部分楼层的刚度产生变化所致。

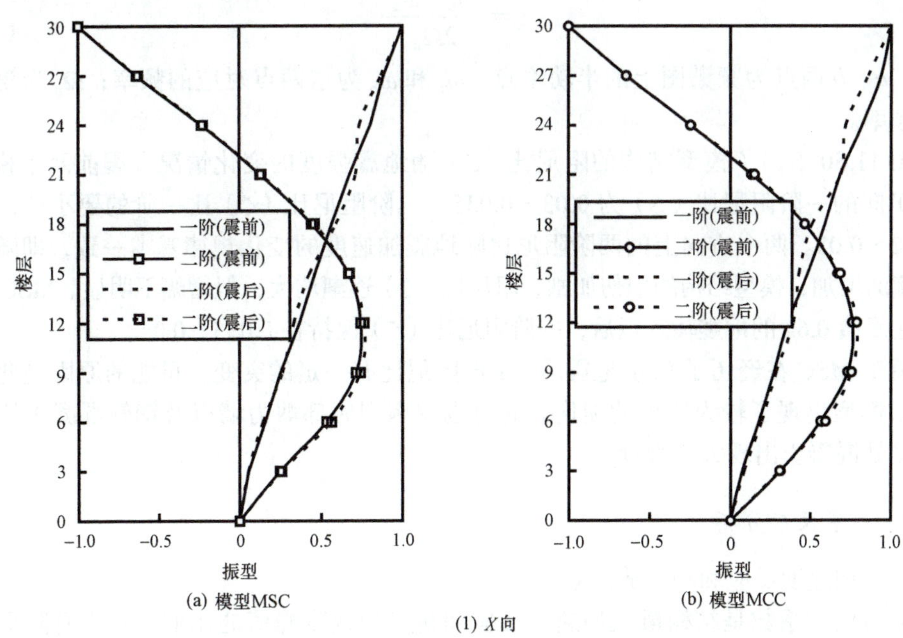

(a) 模型MSC　(b) 模型MCC

(1) X向

图 11.49　MSC 和 MCC 振型比较

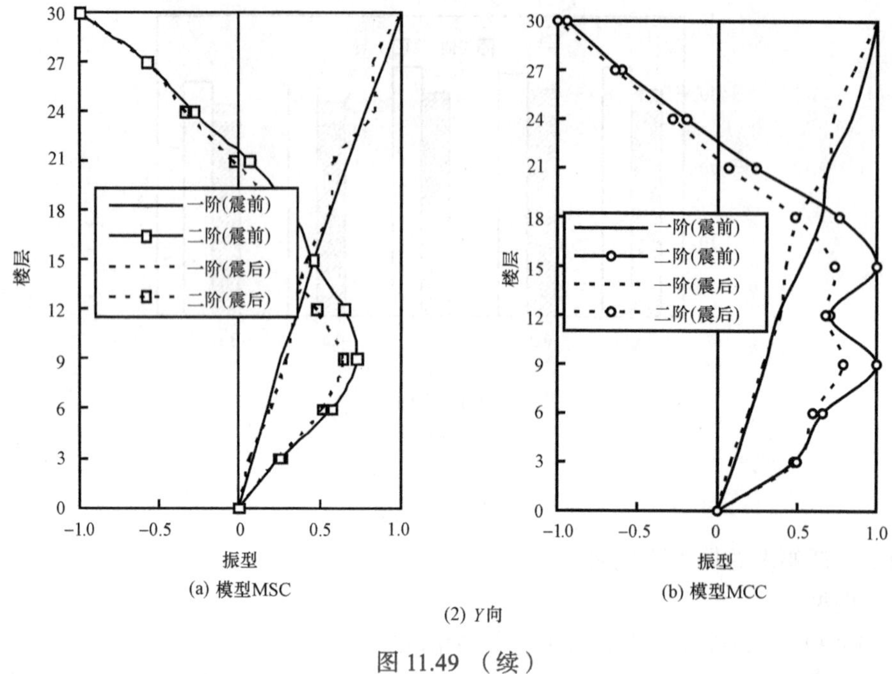

(a) 模型MSC　(b) 模型MCC

(2) Y向

图 11.49 （续）

（3）阻尼比

采用半功率点法计算了两个混合结构模型的阻尼比（ζ），如式（11.4）所示（李德葆和陆秋海，2001）。

$$\zeta=\frac{\omega_b-\omega_a}{2\Omega_n} \tag{11.4}$$

式中，a、b 两点为频谱图上的半功率点，ω_a 和 ω_b 为这两点对应的频率；Ω_n 为第 n 阶固有频率。

图 11.50 给出了模型结构的阻尼比（ζ）随地震强度的变化情况。震前两个模型 X 向和 Y 向的一阶阻尼比（ζ）为 0.03～0.035，二阶阻尼比（ζ）比一阶的要小些，大致为 0.02～0.03。两个方向上的两阶阻尼比随地震加速度的变化规律基本一致，即随着地震强度的增加，模型结构的损伤加剧、阻尼比（ζ）逐渐增大，但增幅不明显。MSC 两个模型在峰值 0.6g 的地震输入以后，一阶阻尼比（ζ）保持在 0.035～0.04。

模型 MSC 在经历了 0.8g 地震后，Y 向阻尼比有一定的突变，可能的原因是此地震输入后模型出现了较为严重的损伤。此时也观测到底部剪力墙以及钢管混凝土柱和底板交接处混凝土出现大量裂缝。

2. 地震反应分析

（1）加速度反应和动力放大效应

动力放大系数是结构最大加速度反应和输入加速度峰值的比值。对于有阻尼强迫振动，结构动力放大系数不仅和结构自振频率有关，而且和结构阻尼比（ζ）有关。对应于不同的结构阻尼比，当自振频率和激励频率越接近时，结构的动力反应越大；对

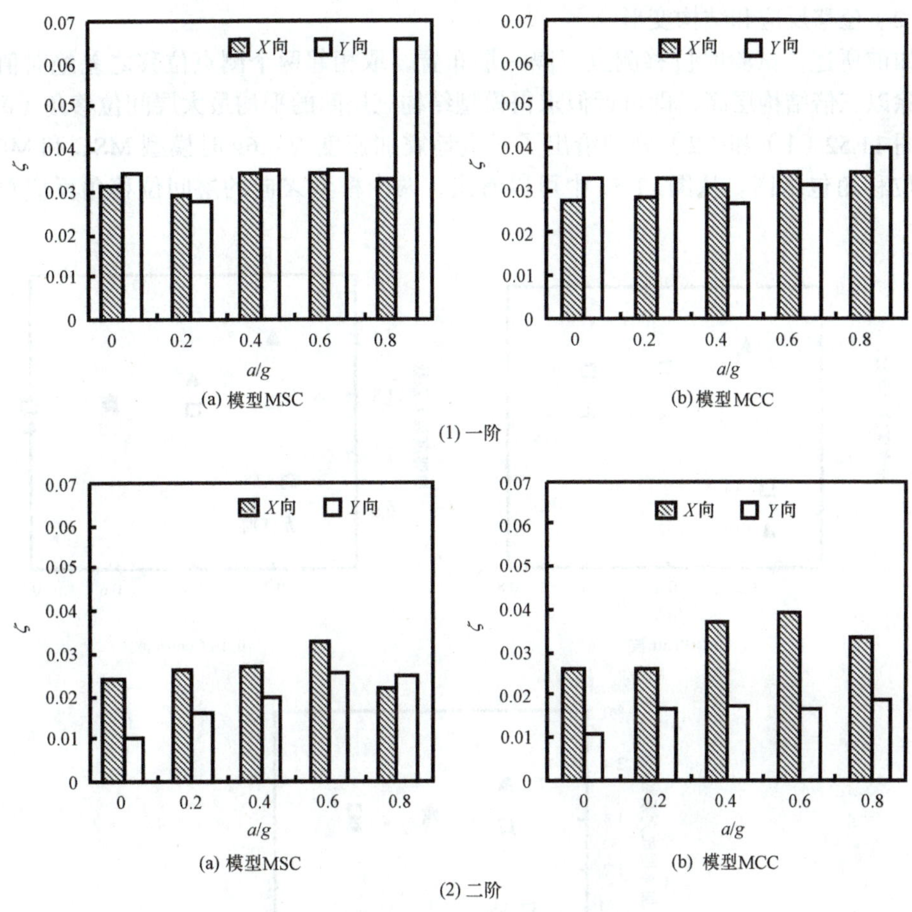

(a) 模型MSC　(b) 模型MCC

(1) 一阶

(a) 模型MSC　(b) 模型MCC

(2) 二阶

图 11.50　不同加速度（a）输入后的阻尼比（ζ）

于同一结构，阻尼比（ζ）较小时，动力反应较大，随着阻尼比的增加，结构的动力放大系数增加趋于平稳（刘晶波和杜修力，2005）。

模型各层加速度由布置的加速度传感器直接测得，为楼层的绝对加速度值。以布置在模型底座上的加速度传感器测得的最大加速度为基准，把模型结构上各测点的加速度实测峰值与底座上相应的实测峰值相比，可得到在同一工况下模型各层的加速度反应放大系数。

为了分析模型的动力放大沿高度方向的变化，把同一工况下模型各层在同一方向上的加速度放大系数沿结构高度方向进行了比较。

图 11.51（1）和（2）所示为模型各层加速度放大系数随地震加速度峰值（a）的变化规律。可见，对应不同地震波，其加速度放大系数不尽相同，加速度放大系数在 1.1 至 2.8 之间变化。三条地震波中，天津波引起的加速度放大系数较大，El Centro 波次之，Taft 波最小。随着地震强度的增加，模型损伤有所加剧，模型的刚度有所降低，自振频率减小，阻尼增大，模型各层动力放大系数减小。0.4g 地震输入时，模型各楼层加速度放大系数的减小较为明显。

（2）位移反应和结构变形

如前所述，试验时位移测点每隔三层布置，取相邻两个测点位移之差绝对值的最大值除以三倍结构层高，即可近似求得模型结构三层间的平均最大层间位移角（δ/H）。

图 11.52（1）和（2）分别给出了对应地震加速度为 0.6g 时模型 MSC 和 MCC 的层间位移角包络图。从图 11.52 中可以看出，两个模型 X 向的层间位移角反应总体上

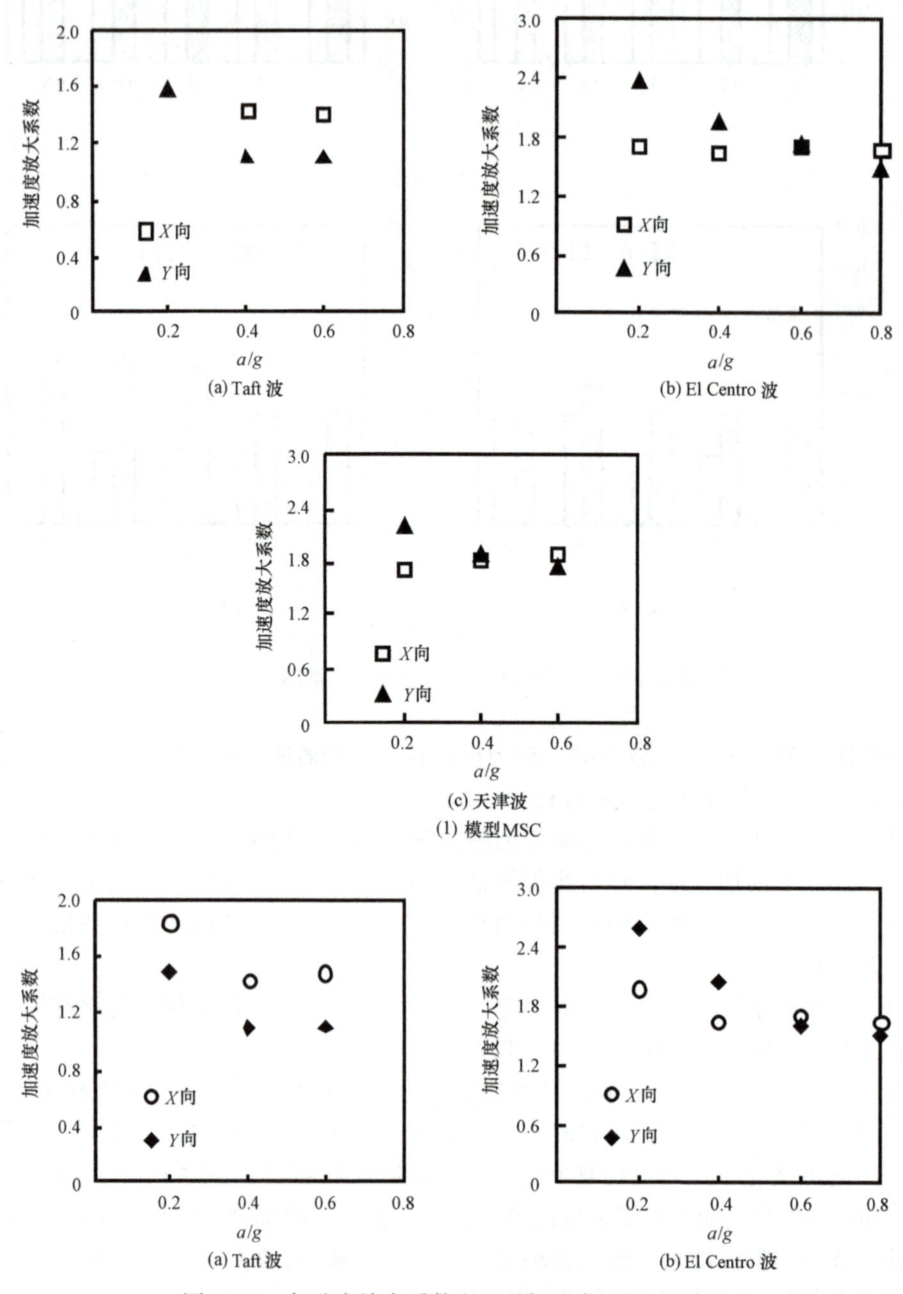

图 11.51　加速度放大系数和地震加速度（a）的关系

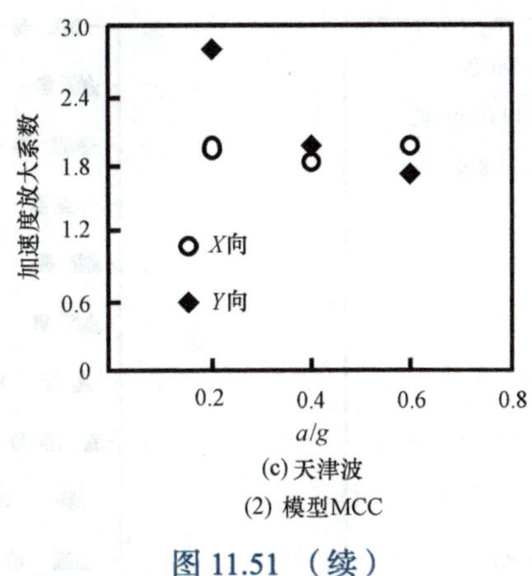

(c) 天津波

(2) 模型MCC

图 11.51 （续）

稍大于 Y 向。

不同地震波在相同级别的地震输入下 δ/H 的数值都有所不同，其中，天津波引起的层间位移角反应最大，El Centro 波次之，Taft 波的位移反应最小。对于 MSC，在 0.6g 级别地震输入情况下，Taft 波、El Centro 波和天津波的最大层间位移角分别为 1/425、1/318 和 1/108；对于 MCC，在 0.6g 级别地震输入情况下，Taft 波、El Centro 波和天津波的最大层间位移角分别为 1/367、1/296 和 1/84。

从图 11.52 还可以看出，沿高度方向，模型的层间位移角（δ/H）基本均匀分布，但是在 X 方向的第 6 层和 Y 方向的第 21 层有较大的突变。出现这种突变可能是由于模型的某种缺陷（比如混凝土初始裂缝等）在连续振动下不断发展，导致楼层刚度降低。但对这种实测现象的合理解释还有待于进一步深入地探讨。

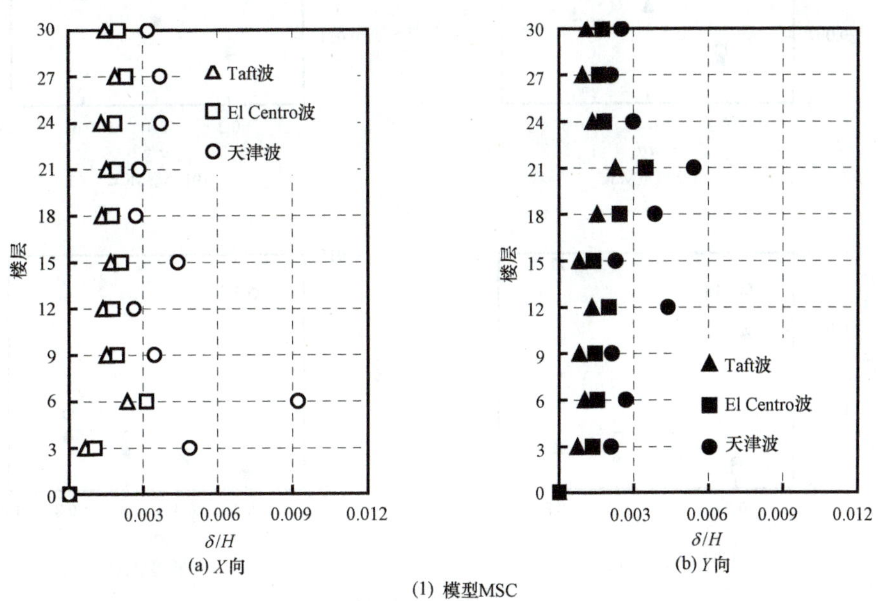

(a) X 向　　(b) Y 向

(1) 模型MSC

图 11.52　层间位移角包络图

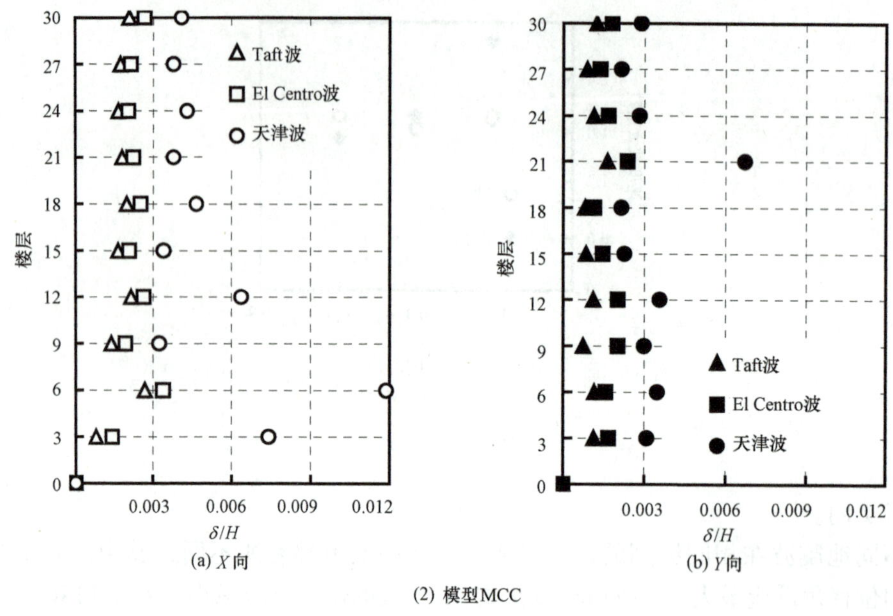

(2) 模型MCC

图 11.52 （续）

图 11.53 给出了对应不同地震波情况下模型最大层间位移角（δ/H）随地震峰值加

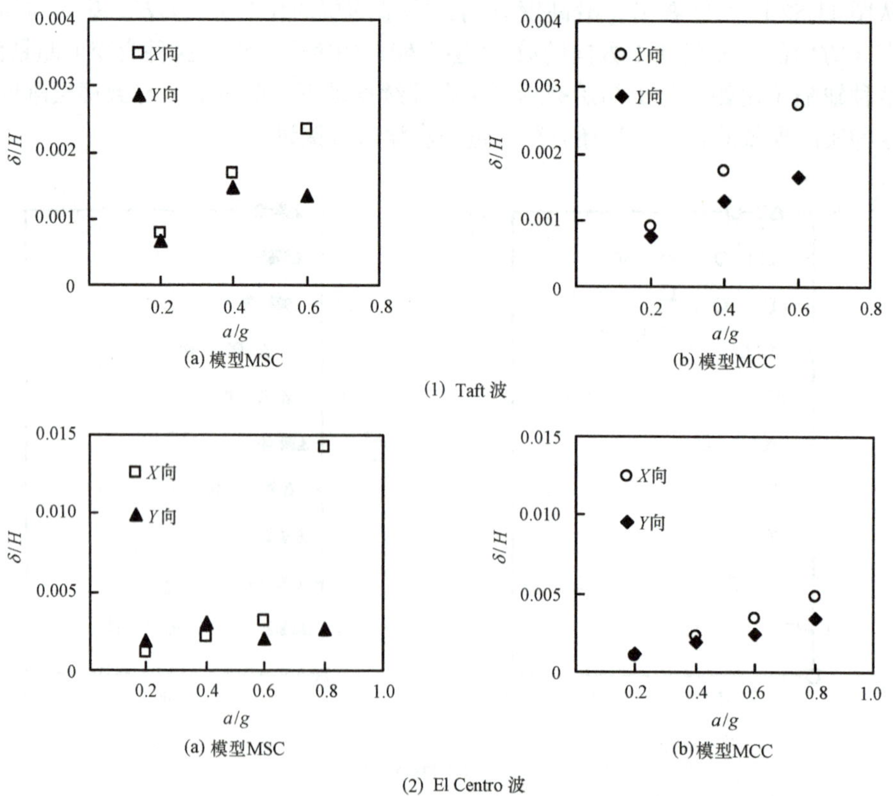

图 11.53　最大层间位移角（δ/H）和地震加速度（a）关系

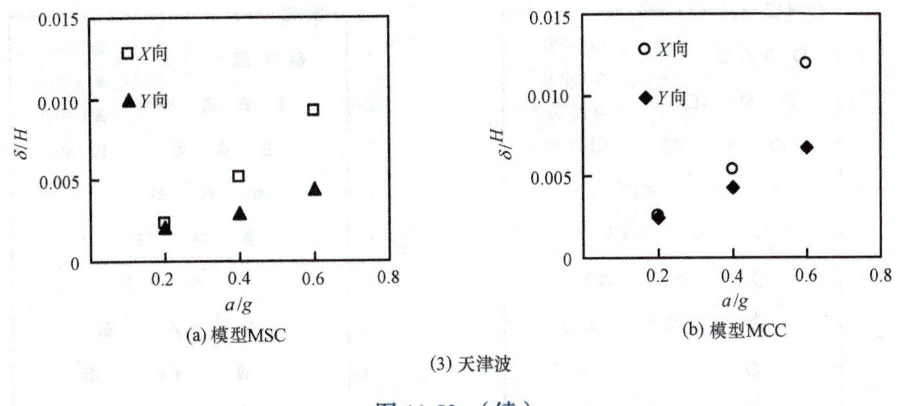

(a) 模型MSC　(b) 模型MCC

(3) 天津波

图 11.53 （续）

速度（a）的变化关系。可见，随着地震强度的增加，模型的 δ/H 呈现递增趋势。总体上模型 MSC 和 MCC 的 X 向层间位移角（δ/H）要比 Y 向的稍大一些。在三条地震波中，天津波引起的层间位移角（δ/H）最大，El Centro 波次之，Taft 波最小。

（3）剪力

楼层剪力可根据试验测得的楼层加速度间接求得。

如果暂忽略阻尼向量和弯曲变形的影响，则可近似给出各层 t_i 时刻总剪力 F_k（t_i），如式（11.5）所示。

$$F_k=-\sum_{k}^{n} m_k\left[\ddot{x}_k(t_i)+\ddot{x}_g(t_i)\right] \tag{11.5}$$

式中，下标 k 代表楼层号；$\ddot{x}_k(t_i)$为第 k 层在 t_i 时刻的加速度值；$\ddot{x}_g(t_i)$ 为在 t_i 时刻的底面输入加速度值；m_k 为第 k 层的质量；n 为模型结构总层数。

图 11.54（1）和（2）所示分别为按上述方法求得的模型 MSC 和 MCC 在 El Centro

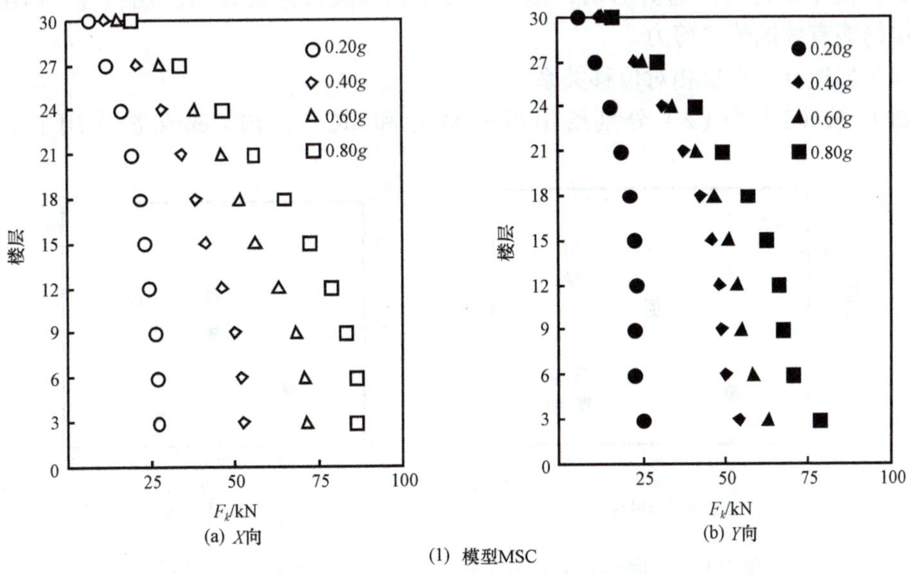

(a) X向　(b) Y向

(1) 模型MSC

图 11.54　楼层剪力（F_k）包络图

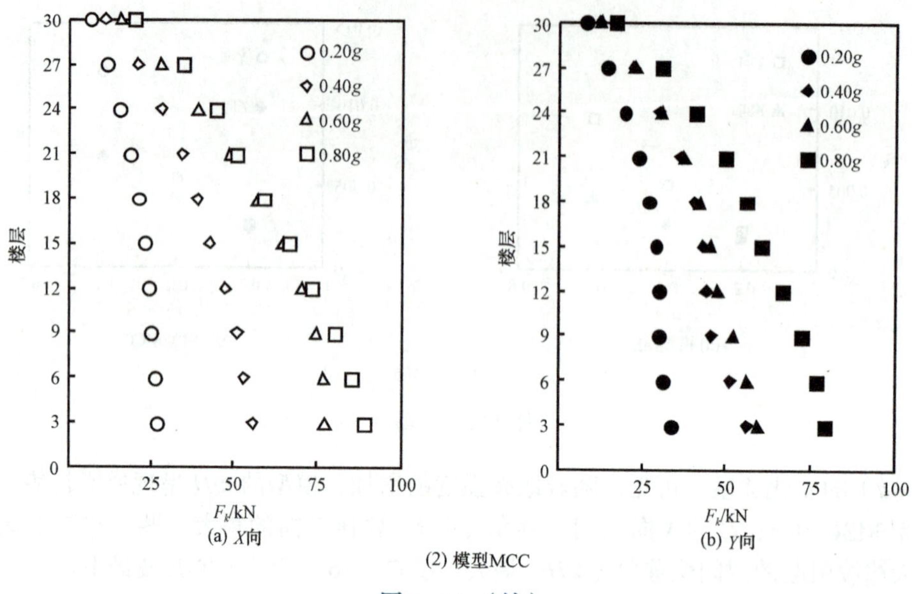

(2) 模型MCC

图 11.54 （续）

波作用下楼层剪力（F_k）包络图。可以看出，各楼层剪力变化均匀。在三条地震波中，天津波引起的底部剪力较大，El Centro 波次之，Taft 波最小。地震波 X 向输入时结构底部剪力比 Y 向输入时稍大，这是因为模型沿 X 方向的刚度比 Y 方向稍大，前述的模型频率特性也说明了这一点。

从楼层剪力包络图可得到模型底部最大剪力（V_{bmax}）。不同地震波输入情况下峰值加速度（a）与 V_{bmax} 的关系如图 11.55 所示。可见，随着地震强度增大，V_{bmax} 随之增大，说明结构在地震强度较大的情况下仍保持着较高的刚度。在 0.6g 级别地震情况下，尽管模型结构底部的剪力墙、钢管混凝土柱和底板连接处均出现裂缝，但组合框架结构仍能有效地传递剪力。

（4）加速度 - 楼层相对位移关系

图 11.56（1）和（2）分别给出模型 MSC 和 MCC 在 El Centro 波作用下加速度

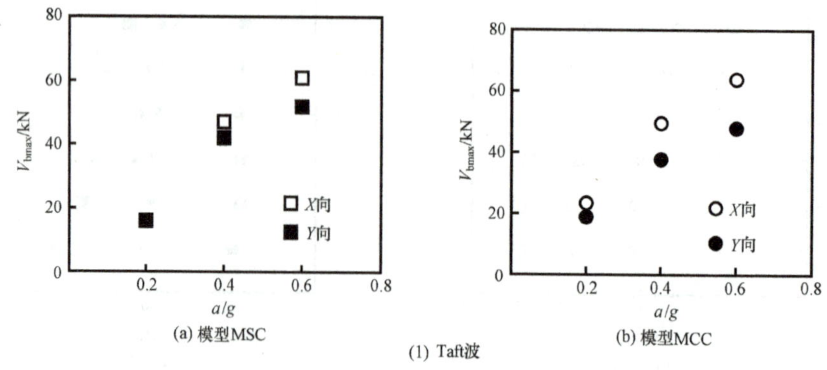

(1) Taft波

图 11.55 底部最大剪力（V_{bmax}）和地震加速度（a）关系

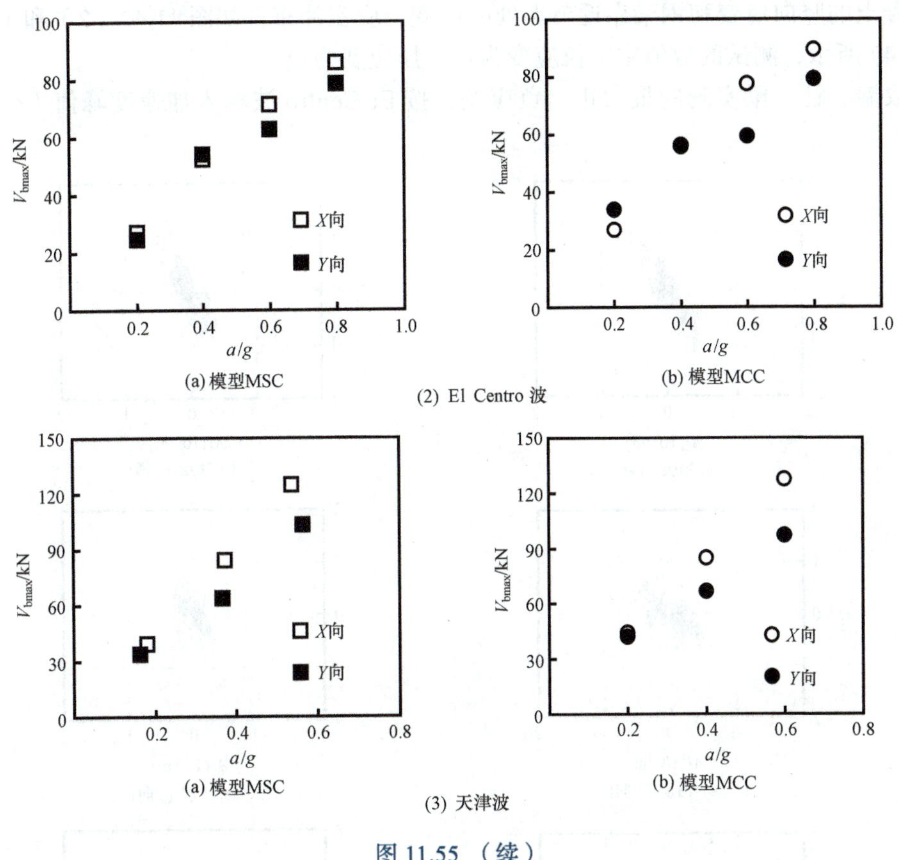

(a) 模型MSC　(b) 模型MCC

(2) El Centro 波

(a) 模型MSC　(b) 模型MCC

(3) 天津波

图 11.55 （续）

（a）和楼层相对位移（Δ）的关系。其中，加速度（a）为振动台面输入加速度时程和每层实测加速度时程之和。

楼层加速度（a）－相对位移（Δ）关系在一定程度上能够反映各楼层刚度变化的规律，总体来说，曲线的斜率和楼层刚度成正比。

由图 11.56 可见，模型结构底部楼层滞回关系的斜率总体上小于顶部楼层，且底层曲线在后期的变化表现出明显的不规则性，这说明底部楼层在地震作用下的损伤明显。试验现象也基本反映出了这一点，即试验过程中，随着地震震级的增大，底部楼层的钢筋混凝土核心筒角部，外框架都受到较为严重的损伤，从而导致楼层刚度降低。而顶部楼层在地震过程中基本保持完好，受到的损伤较小，因此楼层的刚度变化也较小。

从图 11.56 还可以看出，由于模型楼层两个方向，即 X 向和 Y 向的刚度基本相同，因此两个方向的 a-Δ 滞回关系形状总体上较为接近。此外，随着楼层的增大，由于结构非受力层间位移成分增大，因此层间相对位移（Δ）也逐渐增大。但 15 层以上这种增长的趋势不如底部楼层明显，显示了模型结构弯剪变形的特性，这和层间相对位移角包络图反映出来的规律基本相同。

（5）应变反应

如前所述，模型试验过程中测试了底层混凝土核心筒四面的竖向和横向应变，钢管混凝土的竖向应变和钢梁靠近节点处的应变。应变片布置如图 11.42（2）和（3）及图 11.47 所示，测试的数值中以拉应变为正，压应变为负。

取墙、柱、梁实测的最大正、负应变，按 El Centro 波输入加速度峰值（a）级别

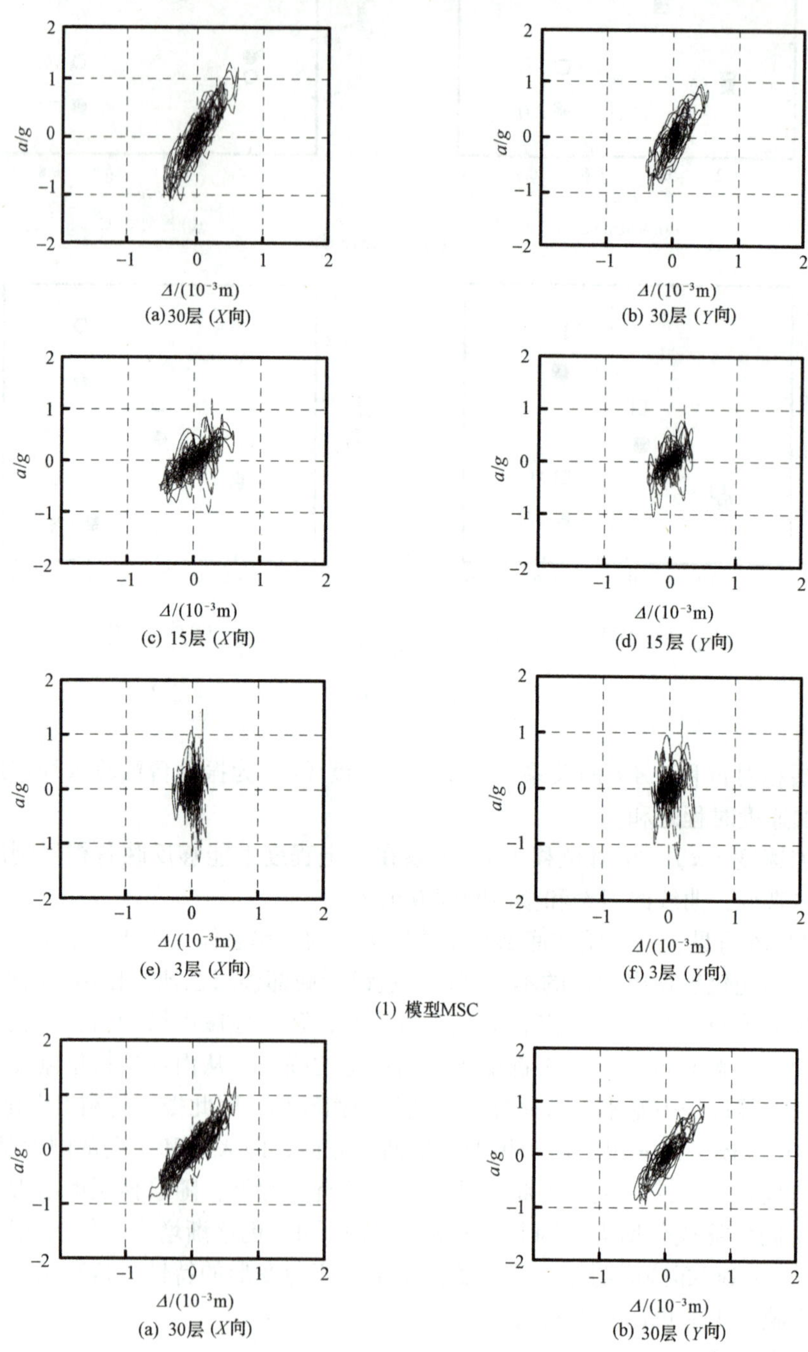

图 11.56　a-Δ 滞回关系

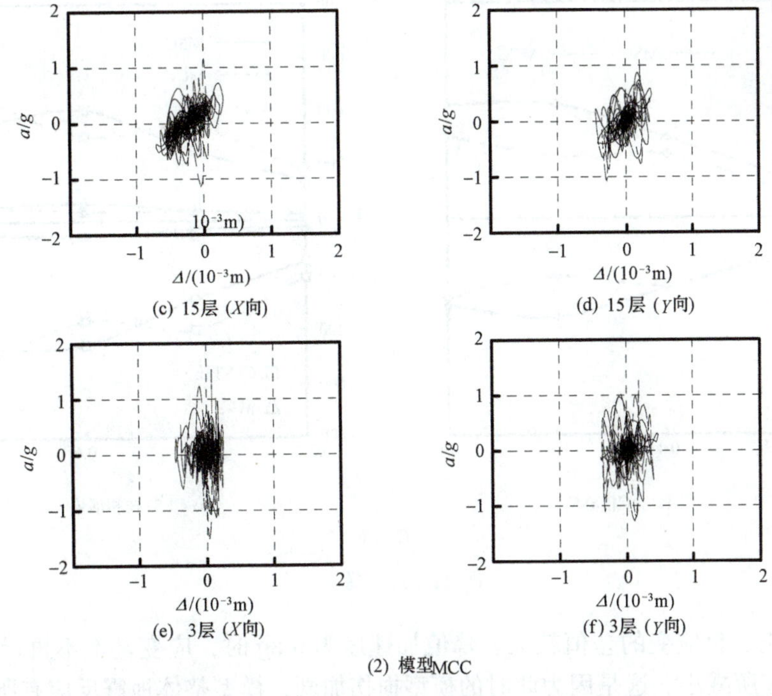

(2) 模型MCC

图 11.56 （续）

分类绘图，如图 11.57 所示。

由图 11.57 可见，不同地震作用下两个模型各部位应变的变化规律较为一致，其中钢管混凝土角柱的应变较大，钢筋混凝土核心筒的应变次之，而钢梁应变最小。从钢筋混凝土核心筒不同部位的应变反应来看，其角部的应变较大。峰值加速度为 0.6g

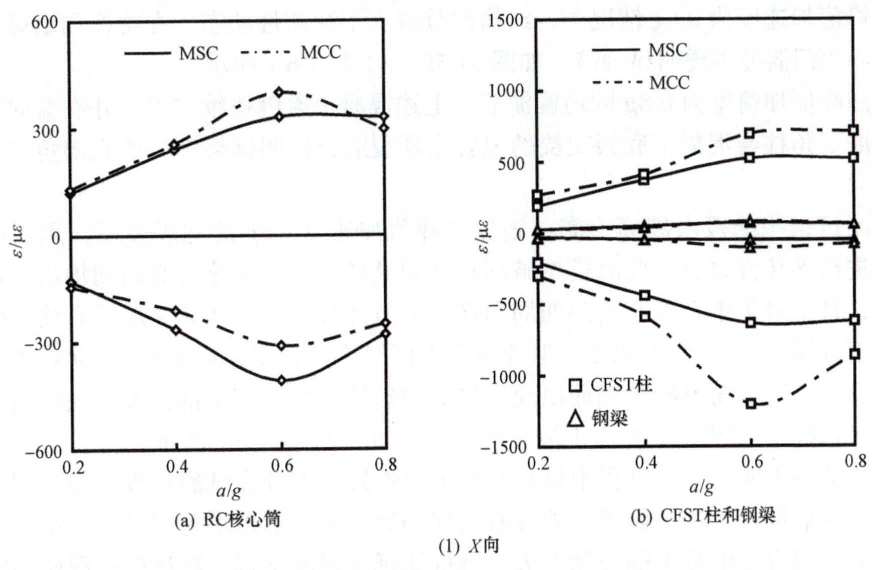

(1) X向

图 11.57　应变（ε）和加速度（a）的关系

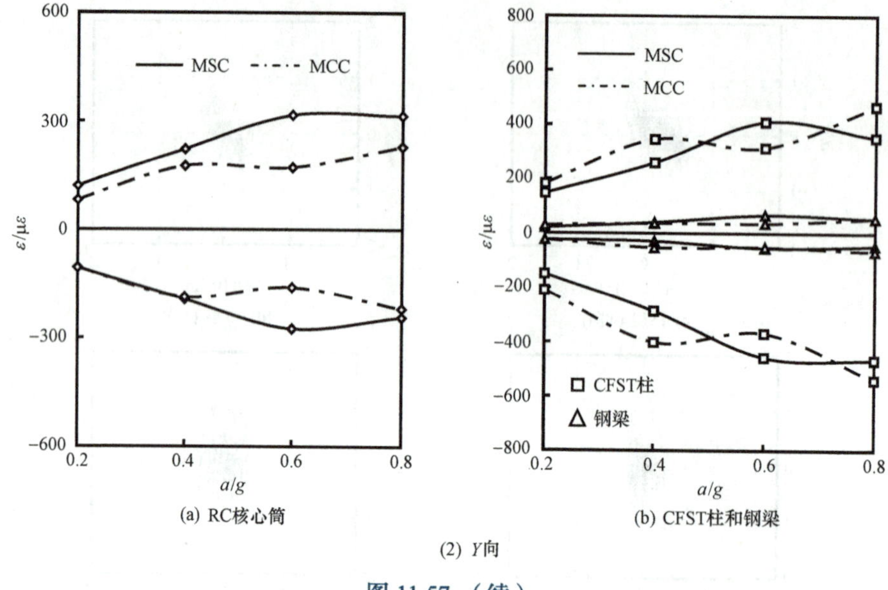

(a) RC核心筒

(b) CFST柱和钢梁

(2) Y向

图 11.57 （续）

时，实测的正、负应变的差值较大。峰值加速度为 0.8g 时，应变基本不再增加，个别数值甚至还有所减小。这是因为此时的模型损伤加剧，模型整体地震反应有所减少。

（6）模型结构破坏形态

从试验现象和对试验结果的分析结果来看，模型 MSC 和 MCC 在模拟地震试验过程中都表现出良好的抗震性能。

从试验中观测到的现象来看，模型结构在峰值加速度为 0.2g 和 0.4g 输入情况下，混凝土表面没有明显开裂，但从顶层加速度动力放大系数图中可以看出，在峰值加速度为 0.4g 输入情况下，动力放大系数已有所下降，如图 11.51 所示。

在峰值加速度为 0.6g 情况下，结构部分进入了弹塑性状态，在楼板和钢梁交接处以及核心筒门洞处出现明显裂缝，如图 11.58（a）和（b）所示。

施加峰值加速度为 0.8g 的地震波后，上述混凝土裂缝继续发展，并有新的裂缝出现。在底层角柱与混凝土底板交接的位置出现裂缝，说明框架部分的底部角柱承受的剪力较大。

为测试结构的极限破坏形态，施加完峰值加速度 0.8g 的地震波后，用天津波连续输入进行破坏性试验。此时模型破坏特征明显增强。底层核心筒四周均出现明显水平裂缝，且主要集中在核心筒的四周角部及洞口部位，而结构第 2 层核心筒的破坏程度远低于底层。对于模型 MSC，钢管混凝土框架受损程度相对于模型 MCC 较低。在连波试验后，核心筒混凝土墙面出现大量剪切裂缝，核心筒角部混凝土被压溃，模型 MCC 中的钢管混凝土底层柱上下端发生断裂，如图 11.58（c）所示。

试验结果表明，试验过程中梁和混凝土墙连接的部分在试验中没有发现明显的破坏现象。钢筋混凝土核心筒遭受地震有所损伤后，框架承担了更多的地震荷载。钢管混凝土框架综合了混凝土框架刚度大、钢框架延性好的优点，在试验过程中和混凝土核心筒协同工作良好，可起到所谓的抗震“二道防线”作用。

(a) 楼板和钢梁交接处出现裂缝

(b) 门洞处出现明显裂缝

(c) 底层柱上下端发生断裂

图 11.58　模型局部的破坏形态

11.4　混合结构体系数值计算模型

如何合理建立钢管混凝土框架－钢筋混凝土核心筒结构体系抗震性能的数值计算模型是有关领域的热点问题之一。实现有关数值计算的一些关键问题可归纳如下。

1）合理的结构离散化及边界条件处理。

2）构件连接方式的合理处理。

3）合理确定构件单元材料刚度选取。

4）结构阻尼比的合理取值等。

作者对上述问题进行了探讨，在此基础上建立了钢管混凝土框架－钢筋混凝土核心筒结构体系的数值计算模型，进行了对比分析计算。最后以本书 11.3 节进行的两个结构试验模型为算例，初步对该类结构体系的抗震性能进行了计算分析。

11.4.1　数值计算模型

本节基于通用有限元软件 ANSYS（ANSYS，2004）建立了钢管混凝土框架－钢筋混凝土核心筒结构体系的计算分析模型。

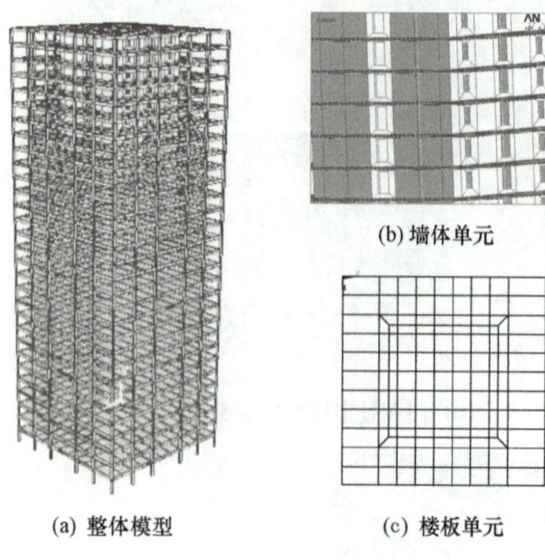
(a) 整体模型　(b) 墙体单元　(c) 楼板单元

图 11.59　模型网格划分

1. 单元选取和边界条件处理

图 11.59 所示为计算模型单元网格划分情况。在核心筒开洞处对单元进行了细分，楼板的相应位置也进行了细分处理。根据 11.3 节试验模型底部构造措施处理方式，结构模型和底板可以视为固接，约束底部节点的空间 6 个自由度。

2. 构件及其连接

对组合梁进行模拟时，用梁单元模拟钢梁，壳单元模拟混凝土楼板。钢梁和混凝土共用节点，且不考虑钢和混凝土之间的滑移。组合梁和墙体之间的连接按铰接处理，在有限元模型中释放钢梁和墙体连接处的杆端弯矩。

用梁单元模拟单根钢管混凝土柱。钢管混凝土柱和钢梁间采用外环板连接，这部分的连接情况按刚接处理。

模型采用了混凝土剪力墙构成外核心筒和内剪力墙作为主要抗侧力体系，在弹性阶段暂不考虑钢筋的作用，建模时直接输入素混凝土的实测弹性模量作为壳单元的弹性模量，楼板和墙体的实际厚度作为壳单元的厚度。

3. 构件刚度取值

（1）钢管混凝土柱

1）抗弯刚度（EI）。国内外研究者已对钢管混凝土的抗弯力学性能进行了大量的研究工作。根据钢管混凝土弯矩－曲率曲线，可以得到构件的抗弯刚度（EI）。

目前，一些相关钢管混凝土结构的设计规程或规范在考虑核心混凝土对 E 的贡献时考虑了不同程度的折减。EI 的计算公式可统一整理为如式（11.6）所示的形式。

$$EI=E_sI_s+rE_cI_c \tag{11.6}$$

式中，E_s、E_c 分别为钢材和混凝土的弹性模量；I_s 和 I_c 分别为钢材和混凝土的截面惯性矩；r 为考虑混凝土对抗弯刚度贡献程度的折减系数，不同规范取值的变化范围较大。

与实测结果的比较表明，对于圆钢管混凝土试件，AISC（2005）和 DBJ/T 13-51—2020（2020）所列方法的计算结果与初始弹性刚度的试验结果吻合较好；对于方钢管混凝土试件，AIJ（2012）和 ACI（2014）所列方法的计算结果与试验值吻合较好。

2）轴压刚度（EA）。钢管混凝土轴压刚度（EA）主要有两种确定方法，一种是采用组合模量的方法，如 DB/T 13-51—2020（2020）；另一种则是将钢管和混凝土的轴压刚度叠加得到钢管混凝土的轴压刚度，如 EC4（2004）等。试算结果表明，钢管混凝土的轴压刚度变化对模型频率影响较小。

（2）混凝土构件

目前不同规程或规范中关于混凝土刚度的计算大多采用混凝土的弹性模量（E_c）乘以素混凝土毛截面绕中性轴惯性矩，然后乘以适当的折减系数。

表 11.27 列出了模型结构频率的计算结果和实测结果的比较。计算时，钢管混凝土构件的刚度（EA 和 EI）取值采用 DBJ/T13-51—2020（2020）的方法。对钢筋混凝土构件，分别采用了刚度不折减，以及规范 ACI（2014）、NZS3101（2006）和 GB 50010—2010（2010）中给出的取值方法。

表 11.27　不同混凝土刚度取值时自振频率计算结果　（单位：Hz）

类型	阶数	实测	刚度不折减	美国 ACI 规范*	新西兰 NZS3101 规范	中国 GB 50010—2010 规范*
模型 MSC	X 向一阶	4.52	8.61	5.78（6.20）	6.02	6.20（6.48）
	Y 向一阶	4.75	9.17	6.07（6.72）	6.27	6.55（11.00）
模型 MCC	X 向一阶	4.38	8.55	5.70（6.12）	5.93	6.11（6.40）
	Y 向一阶	4.42	9.11	6.00（6.06）	6.19	6.47（6.92）

* 括号外为考虑开裂的计算结果，括号内为不考虑开裂的计算结果。

由表 11.27 可见，模型 MSC 和 MCC 的计算频率值相差不大，MSC 的一阶计算频率要比 MCC 高 1.5% 左右。由于混凝土墙体在模型中占有较大比例，因此考虑混凝土构件刚度折减对整体刚度的影响较大。各个规范规定的混凝土墙体开裂后的折减系数均在 0.4 左右，由此带来的各阶整体刚度下降在 30% 左右。仅从表 11.27 的比较可见，ACI 规范计算出来的一阶频率和试验结果最为接近。采用不考虑折减的混凝土截面刚度（E_cI）计算出的频率与实测结果差别较大。

4. 阻尼比（ζ）取值

阻尼是影响结构动力反应的重要因素之一，用以描述结构振动过程中某种能量耗散方式。时程分析中的阻尼是指结构在地震时，结构与支撑之间的摩擦、材料之间的内摩擦、周围介质的阻力等引起的振动振幅的衰减作用。阻尼机理相当复杂，不能像对质量、刚度等其他动力特性一样进行确切描述，输入软件中计算用的阻尼比（ζ）的取值常具有经验性。对同样的模型，输入不同阻尼比对时程分析结果的影响不容忽视。

对于钢管混凝土框架－钢筋混凝土核心筒结构体系阻尼比（ζ）的取值目前尚没有专门规定。参考 11.3 节中进行的试验结果，本节数值模型中计算阻尼比（ζ）统一取值为 0.035。

11.4.2　对比计算分析

1. 动力特性结果比较

根据 11.4.1 节的分析比较结果，本节计算模型的混凝土构件刚度取值暂采用 ACI 规范的规定，钢管混凝土构件刚度取值采用 DBJ/T 13-51—2020（2020）规程的有关规定。

表 11.28 列出了计算频率和试验结果的比较。

表 11.28　计算和试验频率结果对比

阶数	模型 MSC		模型 MCC	
	频率计算值 /Hz	频率试验值 /Hz	频率计算值 /Hz	频率试验值 /Hz
X 向一阶	5.78	4.52	5.70	4.38
Y 向一阶	6.07	4.75	6.00	4.42
X 向二阶	23.16	29.81	23.03	30.31
Y 向二阶	28.69	30.26	25.20	33.01

由表 11.28 可见，一阶频率计算结果比试验值高 30% 左右，二阶频率计算值则比试验值低 30% 左右。

图 11.60 和图 11.61 分别给出了模型 MSC 和模型 MCC 计算和实测振型结果的比较。

从图 11.60 和图 11.61 可见，计算结果与实测结果总体上较为吻合，一阶振型都大致为弯剪型。MSC 和 MCC 的计算结果基本一致。

图 11.62 给出了模型 MCC 的前五阶振型模态图。

2. 加速度和位移结果比较

对加速度和位移实测结果进行了计算对比，下面给出部分比较结果。

（1）加速度

将 C2 工况（模型 MCC，Taft 波，0.2g 输入）计算顶部相对加速度和试验值进行比较，如图 11.63 所示。

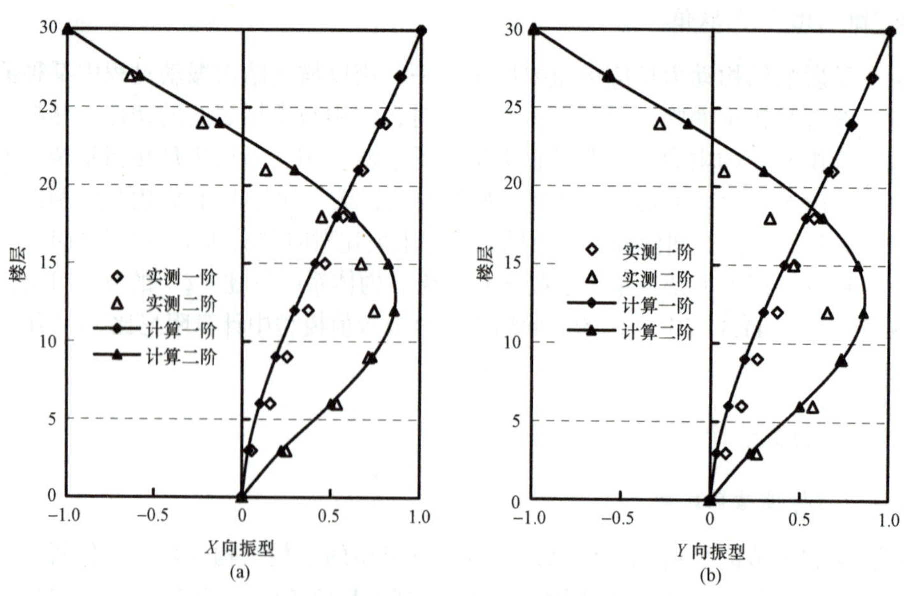

图 11.60　模型 MSC 计算与实测振型对比

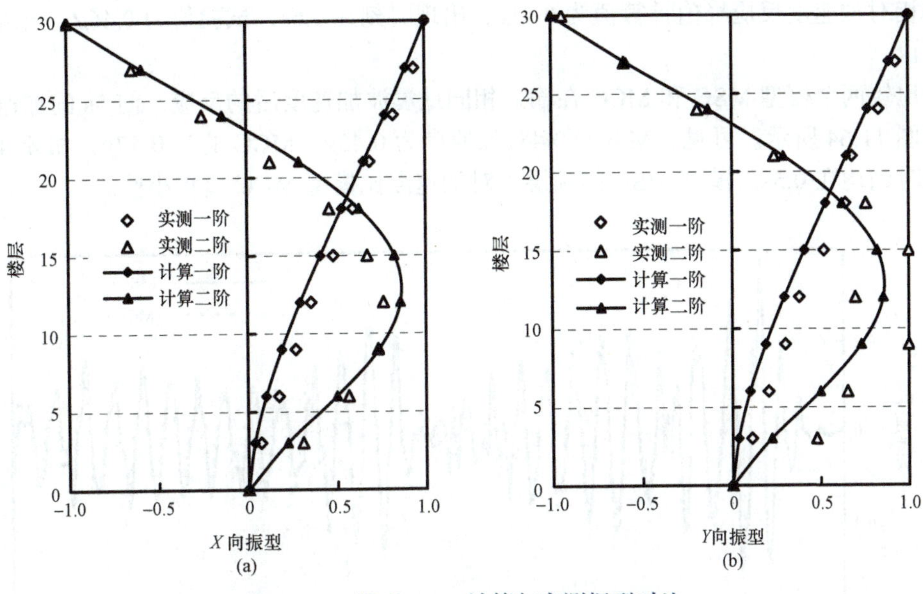

图 11.61　模型 MCC 计算与实测振型对比

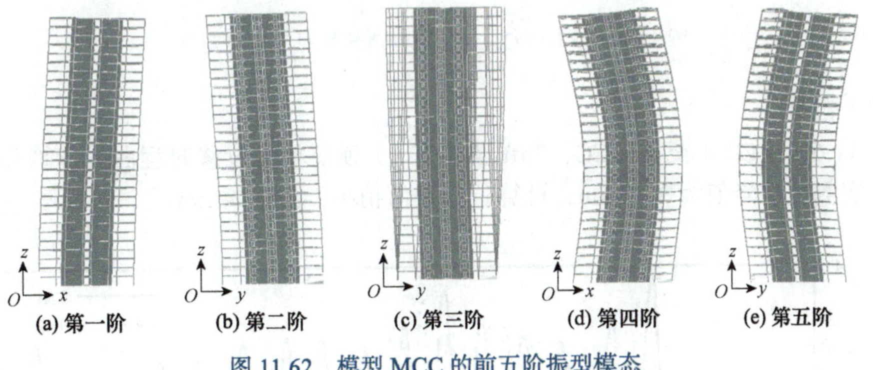

图 11.62　模型 MCC 的前五阶振型模态

计算结果表明，模型 MCC 的计算一阶频率为 5.7Hz，试验值为 4.38Hz，相差 30%；

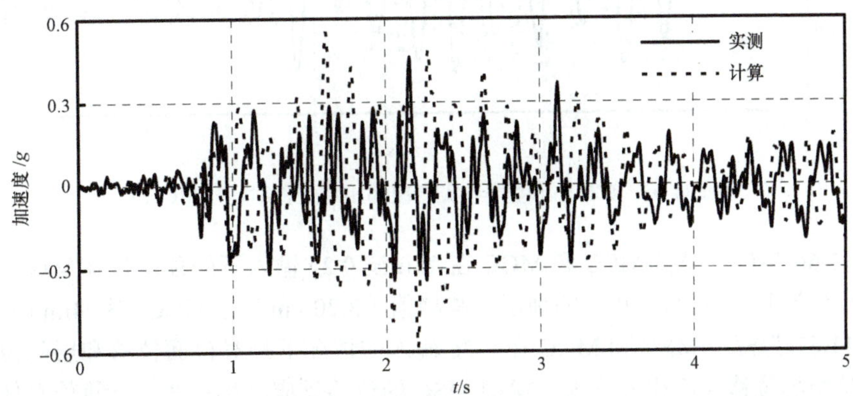

图 11.63　C2 工况结构顶部相对加速度计算和试验结果对比（MCC）

顶端相对加速度反应峰值计算值为 0.55g，出现时刻在 1.6s，试验值为 0.46g，出现时刻在 2.1s。

比较两个模型 MSC 和 MCC 在输入相同地震波加速度后的反应，前 5s 的加速度时程如图 11.64 所示。可见，MSC 的相对加速度为 0.45g，MCC 的为 0.47g，相差 4.4%，出现时刻均在 0.5s。模型 MSC 的顶层相对加速度比模型 MCC 要稍小些。

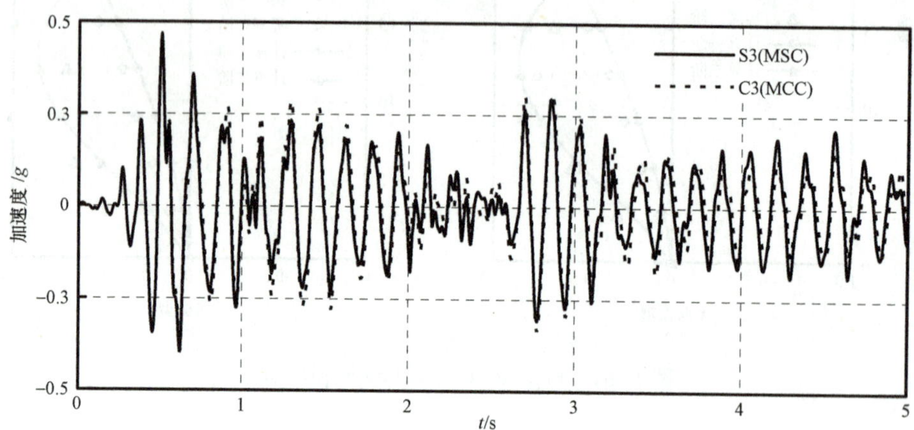

图 11.64　S3 与 C3 工况计算顶部相对加速度对比

（2）位移

图 11.65 为 C2 工况（MCC，Taft 波，0.2g）顶部相对位移时程曲线计算和试验值对比。实测位移峰值为 3.72mm，计算位移峰值稍小，为 3.24mm。

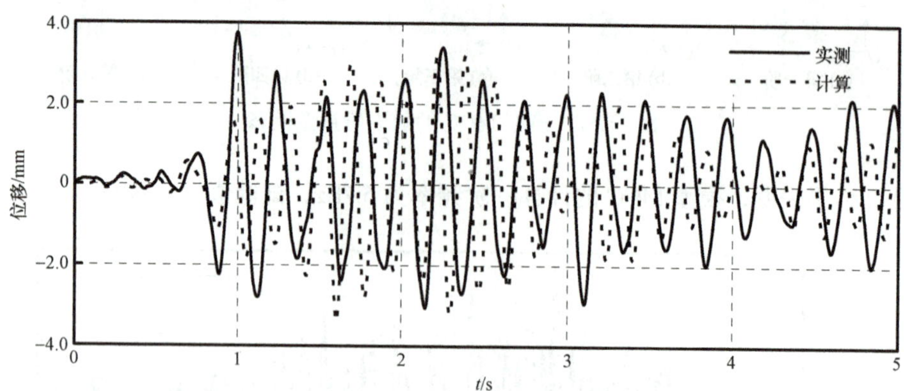

图 11.65　C2 工况计算与实测顶部相对位移对比（MCC）

图 11.66 为计算模型 MSC 和 MCC 在 Taft 波 0.2g 输入下的顶层位移反应，两者的位移反应结果基本重合，MSC 的顶层位移峰值（3.20mm）比 MCC（3.24mm）略小。

图 11.67 为模型 MSC 和 MCC 在 0.2g 输入的情况下相对台面位移和层间位移。可见两个模型的位移反应相差不大，模型 MSC 的位移反应稍小一些。计算值总体上小于实测值。

S2(MSC)
C2(MCC)
4.0
2.0
0
−2.0
−4.0
位移/mm
0
1
2
3
4
5
t/s

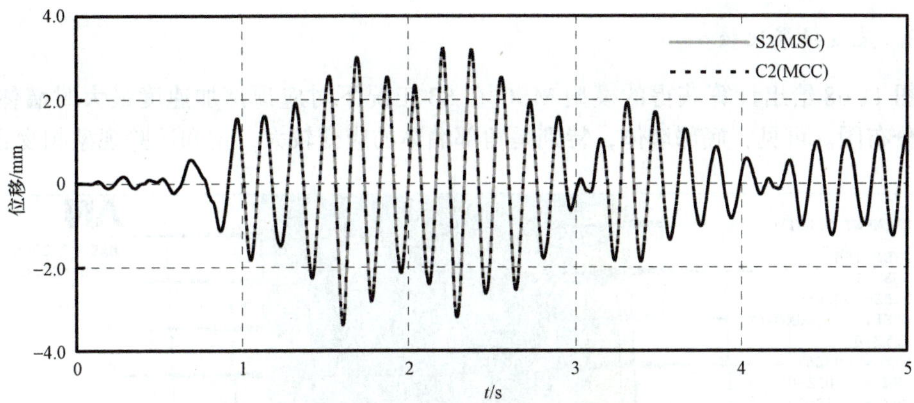

图 11.66　S2 与 C2 工况计算顶部相对位移对比

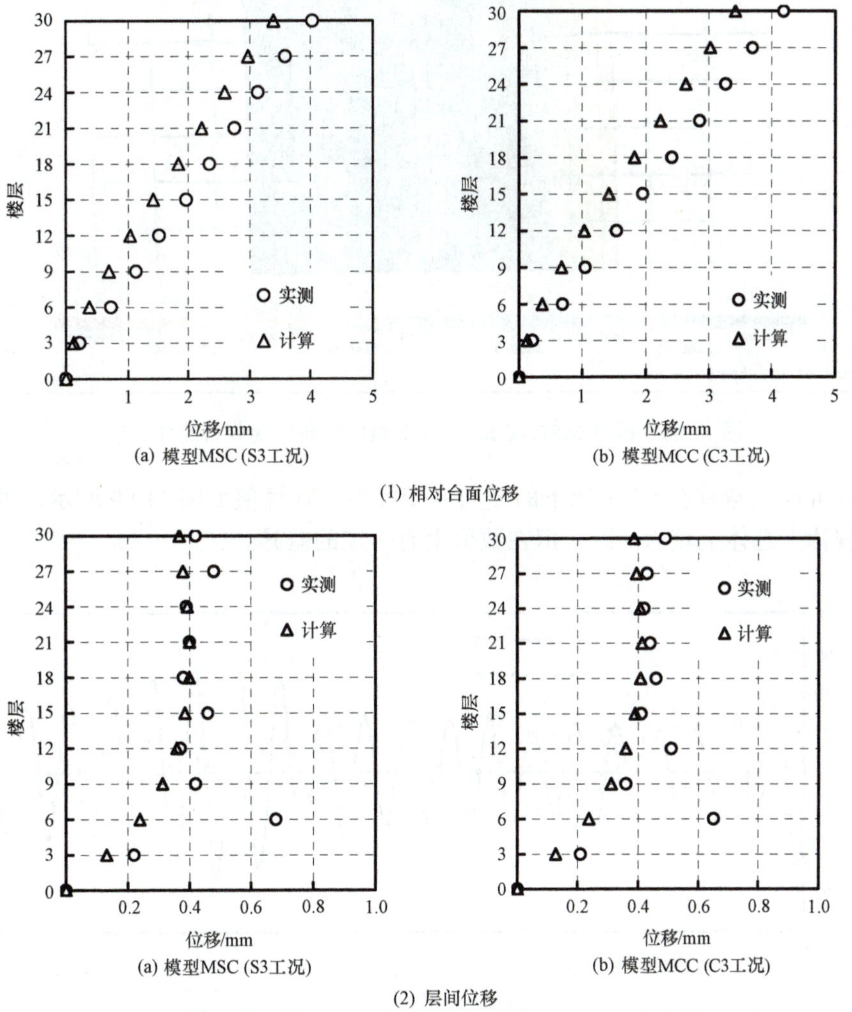

楼层
位移/mm
实测
计算
(a) 模型MSC (S3工况)
(b) 模型MCC (C3工况)
(1) 相对台面位移
(a) 模型MSC (S3工况)
(b) 模型MCC (C3工况)
(2) 层间位移

图 11.67　不同工况下的相对台面位移和层间位移

3. 应变结果比较

图 11.68 给出计算获得的模型 MSC 在 S3 工况下对应顶部加速度最大时墙体竖向应变分布图。可见，底部墙体，特别是角部墙体的应变较大，这和试验现象相吻合。

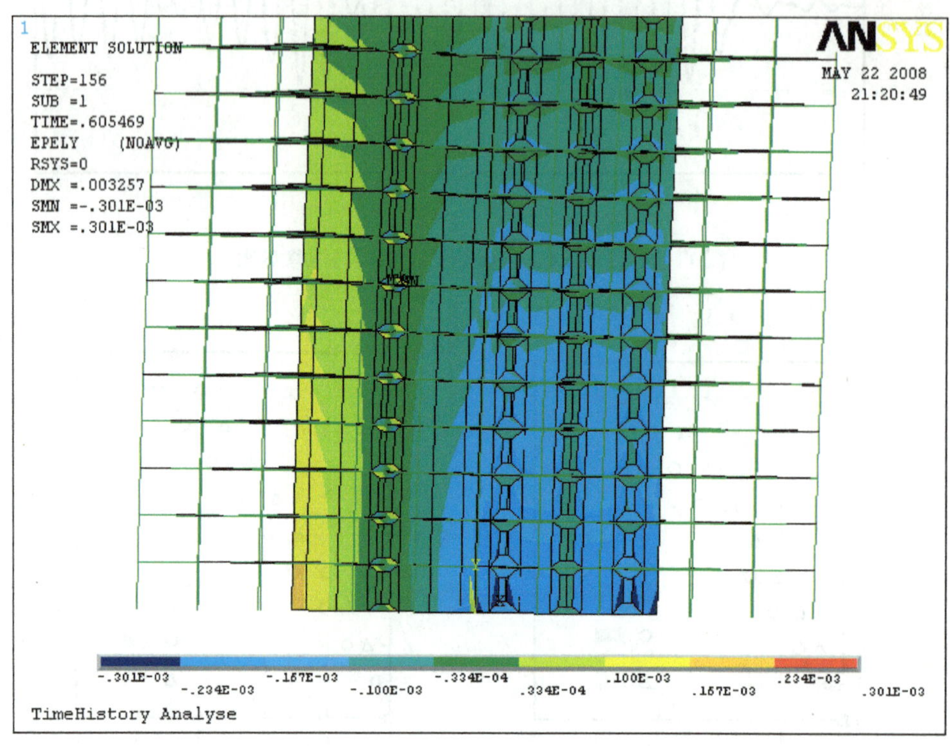

图 11.68　模型 MSC 在 S3 工况下墙体竖向应变分布计算结果

钢管混凝土角柱在 S3 工况下的竖向应变实测和计算值如图 11.69 所示，可见二者在变化规律上总体上较为一致，但在数值上有一定的差异。

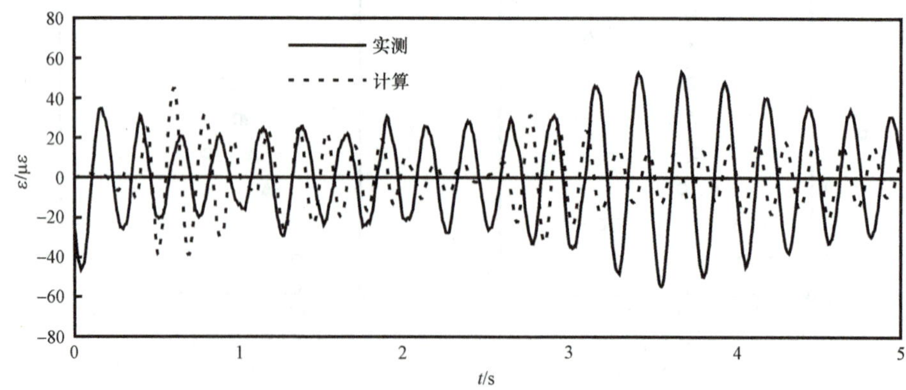

图 11.69　S3 工况角柱竖向应变和计算值比较（MSC）

11.4.3 剪力分配与柱轴压比分析

（1）剪力分配

框架的水平地震剪力分担率是混合结构设计中的一个重要指标。试验研究水平地震剪力在框架和混凝土筒体之间的分配比例关系有几种方法：①框架与筒体连接处布置测力计，直接测出水平地震力；②通过在试件上布置应变片，得到结构的应变反应，通过材料的物理关系得到结构构件的应力分布，再通过静力平衡关系得到框架和混凝土筒体的水平地震剪力；③利用实测水平地震波作用下各楼层的侧向位移，结合理论计算的结构侧向刚度，得到水平地震剪力等。本节采用第三种方法对地震下框筒结构的剪力分担比率进行研究。

结构抗侧力体系由框架和混凝土核心筒组成，为计算钢管混凝土框架部分地震剪力，引入等效静力的概念（邱法维等，2000），即每一时刻的等效静力 $\{f_s(t)\}$ 就是在结构中产生同时刻结构动力位移所需施加的外力，如式（11.7）所示。

$$\{f_s(t)\}=[K]\{u(t)\} \tag{11.7}$$

式中，$[K]$ 是结构动力分析的刚度矩阵；$\{u(t)\}$ 是动力分析得到的结构的相对位移向量。

对等效静力荷载 f_s 作用下的结构进行静力分析，可得到每一时刻的结构构件内力和应力。

由于楼板刚度较大，框架的楼层水平位移按近似等于整体结构的楼层水平位移处理。

在有限元软件中建立框架部分的计算模型，在各楼层依次沿水平自由度方向分别施加单位力，并计算在每一个基本自由度上，由于相应的荷载产生的位移，得到动力分析模型的柔度矩阵，再求逆得到侧向刚度矩阵（韩林海，2022）。

分析结果表明，随着地震加速度峰值增加，框架承担的地震剪力占底部总剪力的比值也随之增加，在进入大震和超大震时有较明显的增加。方钢管混凝土框架的底部剪力分担率比圆钢管混凝土框架略大。在三条地震波中，天津波作用下底部框架剪力分担率最大，为 50% 左右；El Centro 波次之，为 20% 左右；Taft 波最小，为 17% 左右。

以模型 MCC 为例，图 11.70 给出底部框架剪力占楼层剪力的比例在不同地震波及不同加速度输入情况的变化规律。

（2）柱轴压比（n）

钢管混凝土轴压比 n 计算如式（11.8）所示。

$$n=N/N_u \tag{11.8}$$

式中，N 为钢管混凝土柱承受的轴力；N_u 为钢管混凝土柱的轴压极限承载力。

图 11.71 给出两个模型中的钢管混凝土角柱在地震作用下其平均轴压比（n）的变化。可见，随着地震震级增大，钢管混凝土柱的轴压比（n）也逐渐增大。在 0.6g El Centro 地震波输入下，方钢管混凝土角柱的轴压比达到 0.49，圆钢管混凝土角柱的轴压比则达到 0.89。

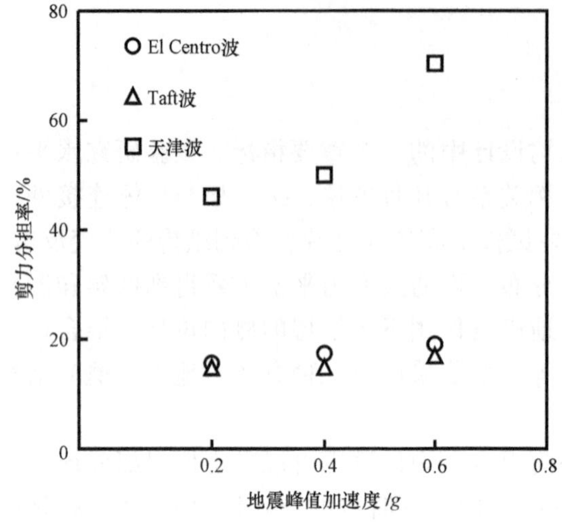

图 11.70 底部框架剪力分担率变化图（模型 MCC）

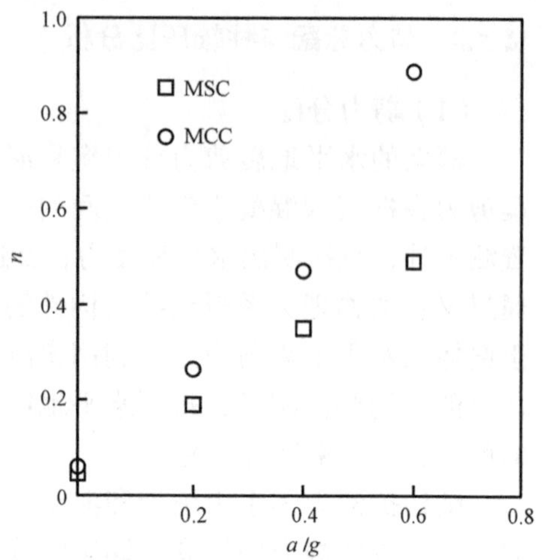

图 11.71 角柱平均轴压比（n）随加速度（a）变化关系

11.5 本章小结

在本章试验研究和理论分析结果的基础上及有关研究参数范围内可得到如下主要结论。

1）钢管混凝土框架－组合剪力墙混合结构拟静力试验研究表明，混合结构的破坏形态为墙板形成斜压杆的受力机制，钢管混凝土边框柱随着水平位移的增大而在柱脚形成塑性铰。纯框架结构首先在梁端造成塑性铰。两种结构的破坏形态不同，但荷载－位移曲线都没有显著的捏缩现象出现，框架结构的侧向位移大，但结构变形耗散的能量比混合结构要小，混合结构更有利于在地震作用下吸收更多地震能量。

2）钢管混凝土混合结构拟动力试验研究表明，拟动力试验可方便地获得结构模型的弹塑性地震响应参数，如加速度、位移时程，滞回关系，延性及耗能能力等。由于边框柱的存在限制了剪力墙的破坏，总体上钢管混凝土混合结构体系具有良好的抗震性能。

3）采用方钢管混凝土柱和圆钢管混凝土柱的混合结构模型，结构体系各阶自振频率在各级地震作用后均呈现出降低的趋势，但幅度总体不大，表明两个混合结构模型在地震作用后仍保持着较高的抗侧刚度。

4）采用方钢管混凝土柱模型（MSC）的阻尼比总体上稍大于采用圆钢管混凝土柱的模型（MCC）。震前两个模型 X 向和 Y 向的一阶阻尼比为 0.03～0.035。二阶阻尼比比一阶的要小些，其数值为 0.02～0.03。在两个方向上，两阶阻尼比随地震强度的增加而逐渐增大。在峰值 0.6g 的地震输入以后，混合结构体系一阶阻尼比保持在 0.035～0.04。

5）在不同地震波作用下，模型结构沿高度方向加速度放大系数变化规律总体上一致。顶部动力放大系数变化规律为：随地震强度增大，放大系数基本上呈递减趋势。三条地震波中，天津波引起的动力放大系数最大，El Centro 波次之，Taft 波最小。

6）随着地震强度的增大，混合结构顶层的位移反应逐渐增大，相对位移包络图显示模型在两个主轴方向上的变形呈现出弯剪型特征。输入的三条地震波中，天津波引起的顶层位移反应最大，El Centro 波次之，Taft 波的位移反应最小。圆钢管混凝土模型结构的层间位移角稍大于方钢管混凝土模型结构；天津波作用下模型结构的层间位移角最大，El Centro 波次之，Taft 波最小。在峰值加速度 0.6g 级别地震作用下，两个模型层间位移角总体上小于 1/100。

7）从两个模型结构振动台试验的地震反应及结构破坏形态来看，组成混合结构体系的各结构构件之间能协同互补，共同工作，使得混合结构体系表现出良好的抗震性能。

8）本章建立了钢管混凝土框架 - 钢筋混凝土核心筒结构体系的有限元分析模型。利用此模型进行了两个混合结构模型的抗震计算，并比较了理论计算结果和振动台试验实测结果，所得初步结论可供混合结构体系的受力分析参考。

参考文献

福建省住房和城乡建设厅，2020. 钢管混凝土结构技术规程：DBJ/T 13-51—2020［S］. 福州：福建省住房和城乡建设厅.

韩林海，2022. 钢管混凝土结构：理论与实践［M］. 4 版. 北京：科学出版社.

韩林海，李威，杨有福，2007. 钢管混凝土框架 - 钢筋混凝土核心筒混合结构抗震性能研究［R］. 北京：清华大学土木工程系防灾减灾工程研究所.

李德葆，陆秋海，2001. 实验模态分析及其应用［M］. 北京：科学出版社.

刘晶波，杜修力，2005. 结构动力学［M］. 北京：机械工业出版社.

邱法维，钱稼茹，陈志鹏，2000. 结构抗震实验方法［M］. 北京：科学出版社.

中华人民共和国住房和城乡建设部，2010. 混凝土结构设计标准（2024 年版）：GB/T 50010—2010［S］. 北京：中国建筑工业出版社.

ACI COMMITTEE 318-14, 2014 (ACI COMMITTEE 318-05, 2005). Building Code Requirements for Structural Concrete and Commentary [S]. Detroit: American Concrete Institute.

AIJ, 2008 (AIJ, 1997). Recommendations for design and construction of concrete filled steel tubular structures [S]. Tokyo: Architectural Institute of Japan (AIJ).

American Institute of Steel Construction, 2016. Specification for structural steel buildings: ANSI/AISC 360-16[S]. Chicago, Illinois, USA: American Institute of Steel Construction.

ANSYS, 2004. Theory Reference ANSYS Release 9.0[M]. Pennsylvania, USA: ANSYS Inc.

BS 5400, 2005. Part 5: Concrete and Composite Bridges [S]. London: British Standards Institutions.

Eurocode 4 (EC4), 2004. Design of composite steel and concrete structures—Part 1.1: General rules and rules for buildings: EN 1994-1-1: 2004 [S]. Brussels: European Committee for Standardization (CEN).

HAN L H, LI W, YANG Y F, 2009. Seismic behaviour of concrete-filled steel tubular frame to RC shear wall high-rise mixed structures [J]. Journal of Constructional Steel Research, 65 (5): 1249-1260.

LI W, HAN L H, YANG Y F, 2007. Seismic behaviour of concrete-filled steel tubular frame to shearing wall high-rise mixed structures [A/C]. Proceedings of the 9th International Conference on Steel, Space and Composite Structures, Yantai and Beijing: 27-34.

New Zealand Standard Executive, 2006. Concrete Structure Standard: NZS 3101[S]. Wellington, New Zealand:Standards New Zealand.

第 12 章 钢管混凝土桁式混合结构 K 形连接节点

12.1 引 言

钢管混凝土桁式混合结构已被大量应用在桁架、塔架、格构式等结构工程实践中。在这些结构中，节点的力学性能是影响整体结构力学性能的关键。其中，K 形节点广泛存在于大量工程实践中，如图 12.1 所示。

(a) 南海紫洞大桥 (b) 舟山输变电跨越塔 (c) 工业厂房格构柱

图 12.1 钢管混凝土 – 钢管 K 形连接节点工程实例

对于钢管混凝土桁架、格构柱而言，弦杆中填充混凝土后，改善了节点区域的受力性能并改变了其破坏形态。在核心混凝土的支撑作用下，弦杆钢管壁的局部屈曲和变形受到抑制，节点的破坏变为以焊接接头的冲剪强度破坏和腹杆的屈曲为主，节点的强度得到了提高，同时节点的耐疲劳性能、抗火性能等也得到改善，而且在制造、施工上也较其他节点加劲方式有优势。另外，随着中空夹层钢管混凝土结构不断受到重视，目前已经应用于电力塔架等结构中。

以往国内外研究者对钢管混凝土弦杆 – 钢管腹杆桁架的 K 形相贯节点的力学性能进行过研究，如 Tebbett 等（1979）；Packer（1995）；Udomworarat 等（2000）；Makino 等（2001）；林红（2003）；Sakai 等（2004）；马美玲等（2005）；刘永健等（2007）；刘金胜等（2007）；黄文金和陈宝春（2009）等。研究结果表明，相较于空钢管桁架节点，桁式钢管混凝土结构节点的承载能力、抗疲劳性能和抗火性能等都有较大提高。由于钢管混凝土构件性能优势的发挥依赖于钢管和混凝土两种材料的相互作用，所以钢管混凝土结构的节点构造和受力较为复杂。对中空夹层钢管混凝土桁架节点的力学性能尚未见报道。

本章研究对象为平面钢管混凝土 – 钢管 K 形焊接相贯连接节点和中空夹层钢管混凝土 – 钢管 K 形焊接相贯连接节点（以下称为钢管混凝土 K 形连接节点和中空夹层钢

管混凝土 K 形连接节点)。弦杆分别采用钢管混凝土和圆套圆中空夹层钢管混凝土，腹杆均为空钢管；弦杆内外管和腹杆均为圆形截面冷弯薄壁钢管，腹杆与弦杆的夹角为工程实践中最为常见的 45°，弦杆填充自密实混凝土；构造为间隙节点。节点隔离体示意如图 12.2 所示，相关参数定义如下。

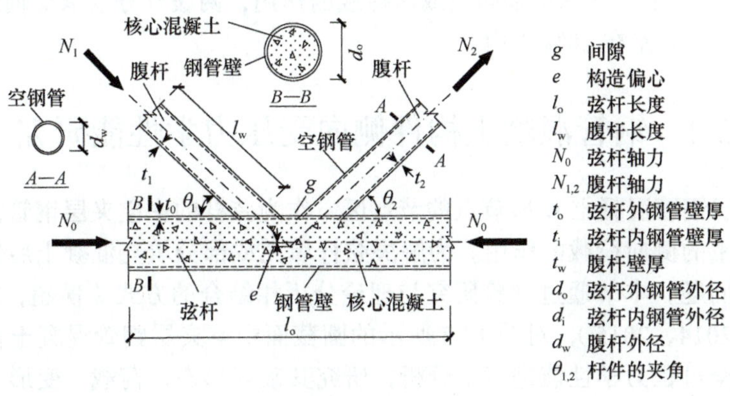

(a) 钢管混凝土–钢管K形节点

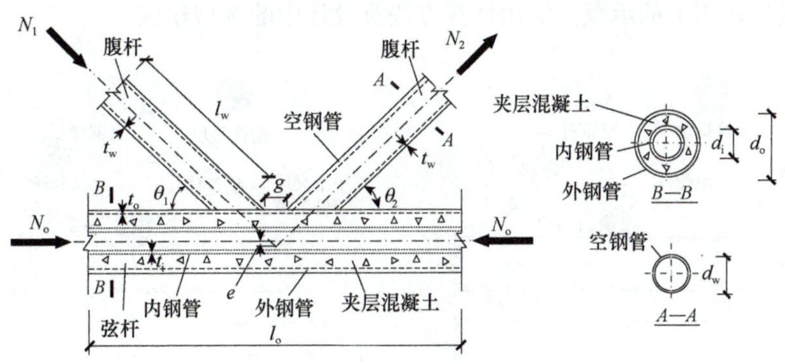

(b) 中空夹层钢管混凝土–钢管K形节点

图 12.2 （中空夹层）钢管混凝土 – 钢管 K 形连接节点

几何参数：d_o、t_o 分别为弦杆外钢管的外径和壁厚；d_i、t_i 分别为弦杆内钢管的外径和壁厚；d_w、t_w 分别为腹杆钢管的外径和壁厚；l_o 为弦杆长度；l_w 为腹杆长度；g 为节点间隙；e 为节点构造偏心；θ_1、θ_2 为两腹杆与弦杆的夹角（在本章研究对象的 K 形节点中，$\theta_1=\theta_2=45°$）。同时，为表征节点的重要几何特性，定义弦杆空心率 χ [式（3.2）]；腹弦杆管径比 $\beta=d_w/d_o$、弦杆径厚比 $\gamma=d_o/2t_o$、腹弦杆壁厚比 $\tau=t_w/t_o$ 等参数。

物理参数：f_{yo} 为弦杆外钢管屈服强度；f_{yi} 为弦杆内钢管屈服强度；f_{yw} 为腹杆钢管屈服强度；f_{cu} 为夹层混凝土的立方体抗压强度。

荷载参数：N_1、N_2 分别为受拉、受压两腹杆的轴力值；N_0 为弦杆的轴力值；n' 为弦杆的轴力水平。对弦杆受压情况：$n'=N_0/N_{0,u}$，其中 $N_{0,u}$ 为弦杆的截面抗压承载力。对弦杆受拉情况：$n'=N_0/N'_{0,u}$，其中 $N'_{0,u}$ 为弦杆外钢管的截面抗拉承载力。

在管桁架、塔架结构中，各结构杆件主要承受轴向荷载的作用，节点处的弯矩作用也远较轴力水平为小。对于腹弦杆夹角 $\theta_1=\theta_2=45°$ 的平面 K 形节点，在力的平衡法则下，受拉、受压腹杆的轴向荷载大小相近。基于此，本章研究的钢管混凝土 K 形连接节点和中空夹层钢管混凝土 K 形连接节点以轴向受力为主（只考虑杆件上的轴向力作为节点荷载），其中弦杆承受轴向拉或压荷载的作用，两腹杆分别承受轴向拉、压荷载，且两者荷载值之差在 20% 以内。

12.2　钢管混凝土构件侧向受压力学性能研究

在中空夹层钢管混凝土 K 形节点的节点区，作为弦杆的中空夹层钢管混凝土承受着由腹杆传递来的侧向荷载的作用。为解决弦杆填充或部分填充混凝土后侧向受压时的材料界面等问题，本节通过试验研究与理论分析相结合的方式（侯超，2014；Hou et al.，2013，2014，2015），对图 12.3 所示的圆截面中空夹层钢管混凝土构件在侧向受压作用下的全过程力学性能进行了分析，研究其破坏形态、荷载－变形关系的变化规律、应力应变分布特征等。在此基础上，提出钢管混凝土及中空夹层钢管混凝土构件在侧向受压作用下的承载力实用计算方法及设计中的选型建议。

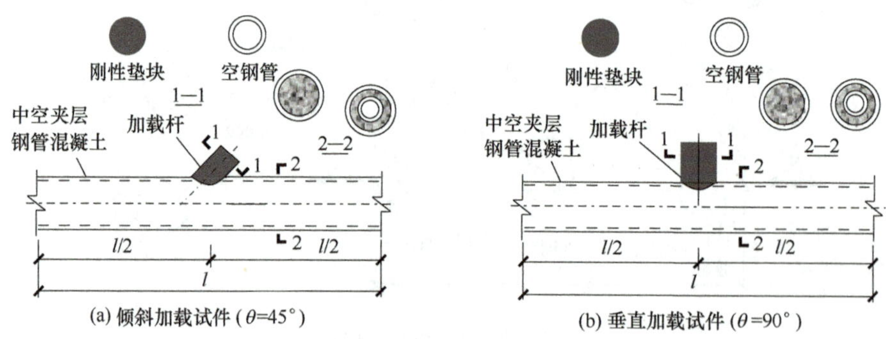

图 12.3　中空夹层钢管混凝土侧向受压试件

12.2.1　试验研究

（1）试件设计

本试验设计了两种类型的试件，图 12.3（a）所示的倾斜加载试件和图 12.3（b）所示的垂直加载试件，以考察加载角度（θ）的变化对侧向受压性能的影响。其中，倾斜加载试件 $\theta=45°$，与 K 形节点中弦杆、腹杆的夹角一致；垂直加载试件 $\theta=90°$，作为侧向荷载垂直加载时的对比件。

通过相关研究成果分析可知，在侧向受压情况下，加载杆、试件的管径比 β（d_w/d_o），径厚比 γ（$d_o/2t_o$），加载杆类型以及中空夹层钢管混凝土试件空心率（χ）等参数可能会对试件的侧向受压性能产生较大的影响。试件设计中，重点研究了这些重要参数的影响规律。共完成了 37 个构件的加载，其中包括 21 个圆截面钢管混凝土试件（10 个倾斜加载试件＋11 个垂直加载试件）和 16 个圆套圆中空夹层钢管混凝土试件

（8 个倾斜加载试件＋8 个垂直加载试件）。此外，还包括 4 个空钢管和 4 个素混凝土对比试件。试件参数范围如下。

1）试件类型：钢管混凝土、中空夹层钢管混凝土、空钢管和素混凝土。

2）加载杆类型：实心刚性垫块和空心钢管。

3）加载杆管径（d_w）：钢管混凝土的 d_w 为 40mm、60mm 和 80mm（相应的加载杆、试件管径比 β 为 0.351、0.526 和 0.702），中空夹层钢管混凝土的 d_w 为 95mm、120mm 和 145mm（相应的加载杆、试件管径比 β 为 0.396、0.5 和 0.604）。

4）试件空心率（χ）：0、0.3、0.45 和 0.6。

5）试件外钢管壁厚（t_o）：钢管混凝土的 t_o 为 2.38mm 和 3.32mm（相应的外钢管径厚比 γ 为 23.9 和 17.2），中空夹层钢管混凝土的 t_o 为 3.04mm 和 3.93mm（相应的外钢管径厚比 γ 为 39.5 和 30.5）。

钢管混凝土试件与中空夹层钢管混凝土试件的基本信息分别如表 12.1、表 12.2 所示。其中，d_o、d_i 和 d_w 分别为试件外钢管、试件内钢管和加载杆钢管的外径，t_o、t_i 和 t_w 分别为试件外钢管、试件内钢管和加载杆钢管的壁厚，β 为加载杆与试件的管径比，χ 为试件空心率。对钢管混凝土试件，试件长度 l=400mm，倾斜加载杆长度 l_w=100mm，垂直加载杆长度 l_w=50mm，其中加载杆长度定义为与试件外管切面的顶点到加载杆上表面中心的距离；对中空夹层钢管混凝土试件，试件长度 l=800mm，倾斜加载杆长度 l_w=100mm，垂直加载杆长度 l_w=50mm。

表 12.1　钢管混凝土侧向受压试件信息

荷载角度	序号	试件编号	试件		加载杆		β（d_w/d_o）
			类型	截面尺寸（$d_o \times t_o$）	类型	截面尺寸（$d_w \times t_w$）	
倾斜加载（θ=45°）	1	id40-1	钢管混凝土	114mm×2.38mm	刚性垫块	40mm	0.351
	2	id60-1	钢管混凝土	114mm×2.38mm	刚性垫块	60mm	0.526
	3	id60-2	钢管混凝土	114mm×2.38mm	刚性垫块	60mm	0.526
	4	id60T-1	钢管混凝土	114mm×3.32mm	刚性垫块	60mm	0.526
	5	id80-1	钢管混凝土	114mm×2.38mm	刚性垫块	80mm	0.702
	6	id60h-1	钢管混凝土	114mm×2.38mm	空钢管	60mm×5.96mm	0.526
	7	ihd60-1	空钢管	114mm×2.38mm	刚性垫块	60mm	0.526
	8	ihd60h-1	空钢管	114mm×2.38mm	空钢管	60mm×5.96mm	0.526
	9	icd60-1	素混凝土	114mm	刚性垫块	60mm	0.526
	10	icd60h-1	素混凝土	114mm	空钢管	60mm×5.96mm	0.526
垂直加载（θ=90°）	11	vd40-1	钢管混凝土	114mm×2.38mm	刚性垫块	40mm	0.351
	12	vd40-2	钢管混凝土	114mm×2.38mm	刚性垫块	40mm	0.351
	13	vd60-1	钢管混凝土	114mm×2.38mm	刚性垫块	60mm	0.526
	14	vd60-2	钢管混凝土	114mm×2.38mm	刚性垫块	60mm	0.526
	15	vd60T-1	钢管混凝土	114mm×3.32mm	刚性垫块	60mm	0.526

续表

荷载角度	序号	试件编号	试件		加载杆		β (d_w/d_o)
			类型	截面尺寸（$d_o \times t_o$）	类型	截面尺寸（$d_w \times t_w$）	
垂直加载（θ=90°）	16	vd80-1	钢管混凝土	114mm×2.38mm	刚性垫块	80mm	0.702
	17	vd60h-1	钢管混凝土	114mm×2.38mm	空钢管	60mm×5.96mm	0.526
	18	vhd60-1	空钢管	114mm×2.38mm	刚性垫块	60mm	0.526
	19	vhd60h-1	空钢管	114mm×2.38mm	空钢管	60mm×5.96mm	0.526
	20	vcd60-1	素混凝土	114mm	刚性垫块	60mm	0.526
	21	vcd60h-1	素混凝土	114mm	空钢管	60mm×5.96mm	0.526

表 12.2 中空夹层钢管混凝土侧向受压试件信息

荷载角度	序号	试件编号	试件			加载杆		β(d_w/d_o)
			外管截面（$d_o \times t_o$）	内管截面（$d_i \times t_i$）	空心率（χ）	类型	截面尺寸（$d_w \times t_w$）	
倾斜加载（θ=45°）	1	id145-1	240mm×3.93mm	140mm×3.04mm	0.6	刚性垫块	145mm	0.604
	2	id120-1	240mm×3.93mm	140mm×3.04mm	0.6	刚性垫块	120mm	0.500
	3	id95-1	240mm×3.93mm	140mm×3.04mm	0.6	刚性垫块	95mm	0.396
	4	id145T-1	240mm×3.04mm	140mm×3.04mm	0.6	刚性垫块	145mm	0.604
	5	id145h-1	240mm×3.93mm	140mm×3.04mm	0.6	空钢管	145mm×5.84mm	0.604
	6	id145-2	240mm×3.93mm	105mm×3.04mm	0.45	刚性垫块	145mm	0.604
	7	id145-3	240mm×3.93mm	70mm×3.04mm	0.3	刚性垫块	145mm	0.604
	8	id145-4	240mm×3.93mm	—	—	刚性垫块	145mm	0.604
垂直加载（θ=90°）	9	vd145-1	240mm×3.93mm	140mm×3.04mm	0.6	刚性垫块	145mm	0.604
	10	vd120-1	240mm×3.93mm	140mm×3.04mm	0.6	刚性垫块	120mm	0.500
	11	vd95-1	240mm×3.93mm	140mm×3.04mm	0.6	刚性垫块	95mm	0.396
	12	vd145T-1	240mm×3.04mm	140mm×3.04mm	0.6	刚性垫块	145mm	0.604
	13	vd145h-1	240mm×3.93mm	140mm×3.04mm	0.6	空钢管	145mm×5.84mm	0.604

续表

荷载角度	序号	试件编号	试件			加载杆		$\beta(d_w/d_o)$
			外管截面（$d_o \times t_o$）	内管截面（$d_i \times t_i$）	空心率（χ）	类型	截面尺寸（$d_w \times t_w$）	
垂直加载（θ=90°）	14	vd145-2	240mm×3.93mm	105mm×3.04mm	0.45	刚性垫块	145mm	0.604
	15	vd145-3	240mm×3.93mm	70mm×3.04mm	0.3	刚性垫块	145mm	0.604
	16	vd145-4	240mm×3.93mm	—	—	刚性垫块	145mm	0.604

（2）试件制作

试件钢管采用 Q345 钢板卷制而成；混凝土采用自密实混凝土。在中空夹层钢管混凝土试件的制备过程中，为保证试件内、外钢管的同心，利用按长度截制的钢筋段来实现定位。为观察可能在试件两端出现的混凝土涌出现象，未设置端板。因此，浇筑混凝土时，先将试件钢管的一端用 AB 胶黏结在表面平整的钢板上，待混凝土养护完成后再将钢板卸下。

试验中的试件、加载杆共采用了 6 种壁厚的钢材，其材料性能由拉伸试验确定，试验操作按材性拉伸试验方法的相关标准进行。所测钢材的屈服强度f_y、极限强度f_u、弹性模量E_s、泊松比μ_s等指标如表 12.3 所示。

表 12.3 钢材材性指标

钢管厚度 t/mm	弹性模量 E_s/MPa	屈服强度 f_y/MPa	极限强度 f_u/MPa	泊松比 μ_s
2.38	2.08×10^5	351.0	473.0	0.27
3.04	1.72×10^5	378.8	536.6	0.28
3.32	2.05×10^5	344.6	468.0	0.26
3.93	1.84×10^5	438.1	521.2	0.28
5.84	1.88×10^5	368.1	515.1	0.28
5.96	2.10×10^5	471.7	560.6	0.27

试件中浇筑的自密实混凝土采用统一配合比，如表 12.4 所示。为保证中空夹层钢管混凝土中夹层混凝土的密实度，最大骨料直径不超过夹层空隙的 1/3，因此，对粗骨料进行了直径不大于 15mm 的筛选。

表 12.4 混凝土配合比 （单位：kg/m^3）

混凝土类型	水	水泥	粉煤灰	细骨料（砂）	粗骨料（石）	减水剂
自密实混凝土	173	380	170	840	840	11

混凝土养护完成后，按国家标准中对混凝土力学性能测试方法的相关规定，对同条件下成型养护的标准立方体试块进行测试。在 28 天和试验时测得的混凝土抗压强度

f_{cu}、弹性模量 E_c 和坍落度等指标如表 12.5 所示。

表 12.5　混凝土坍落度与强度指标

混凝土类型	弹性模量 E_c/（N/mm²）	坍落度 /mm	抗压强度 f_{cu}/MPa	
			28d	试验时
钢管混凝土	3.20×10⁴	265	51.2	55.4
中空夹层钢管混凝土	3.45×10⁴	250	52.4	59.4

（3）试验装置

试验在液压试验机上进行，侧向压荷载由压力机加载到加载杆上。倾斜加载、垂直加载试件的加载装置示意分别如图 12.4（a）和（b）所示；试验加载装置照片分别如图 12.5（a）和（b）所示。

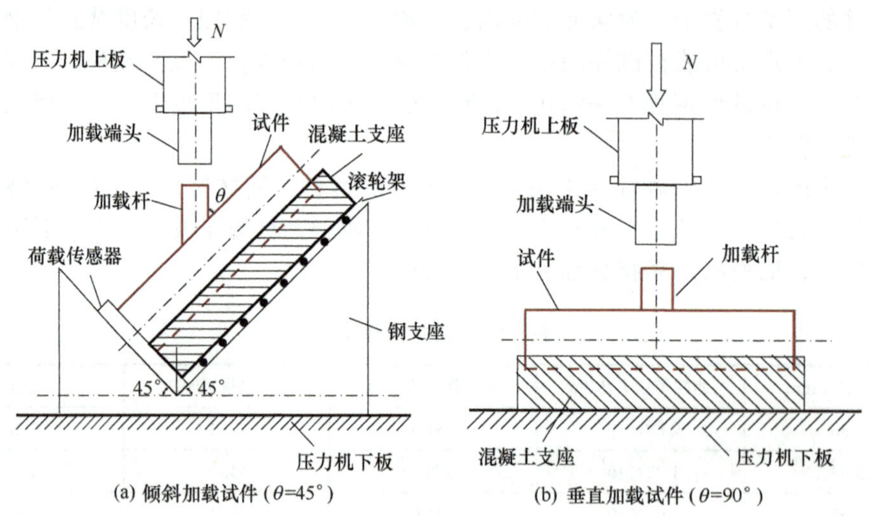

(a) 倾斜加载试件（θ=45°）　(b) 垂直加载试件（θ=90°）

图 12.4　侧向受压加载装置

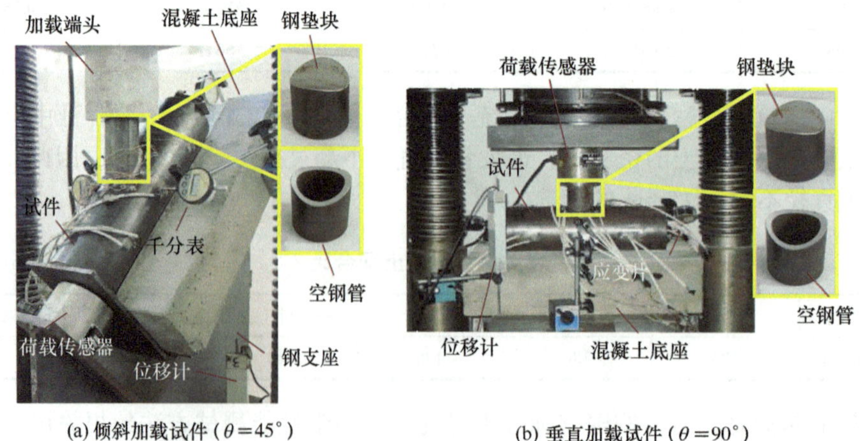

(a) 倾斜加载试件（θ=45°）　(b) 垂直加载试件（θ=90°）

图 12.5　试验加载方法

为实现侧向受压的单一边界条件，避免试件在中截面受压后产生弯矩的耦合作用，将试件放置在钢筋混凝土底座上。在混凝土底座的上表面，通过模板设计，加工出与试件外管同半径的圆弧面，以保证底座与试件的平滑、密切接触。经过计算，圆弧面所对的圆心角设计为 60°，在对试件提供足够支撑的同时，避免对试件产生过多的约束。

对倾斜加载试件，采用一钢制加强底座提供 45°平面以放置混凝土底座和试件，使得加载杆处于竖直位置，便于液压试验机的加载。为防止钢底座与混凝土底座间的摩擦对传力路径的影响，加工滚轮架放置在两者的接触平面上。同时，在混凝土底座与试件的侧面放置荷载传感器，量测该方向的荷载分力，以监测装置传力路径的可靠性。

（4）量测方案

在试验中，加载杆与试件的相贯线周围，每隔 45°布置法向和切向各一片共 16 片电阻应变片，以量测节点区钢管的应变值。在远离节点区的试件外管表面及内管表面，同样布置电阻应变片量测相应位置的应变。同时，采用位移传感器对试件在侧向受压下的变形进行量测，如图 12.6 所示，虚线所示为试件的变形示意。

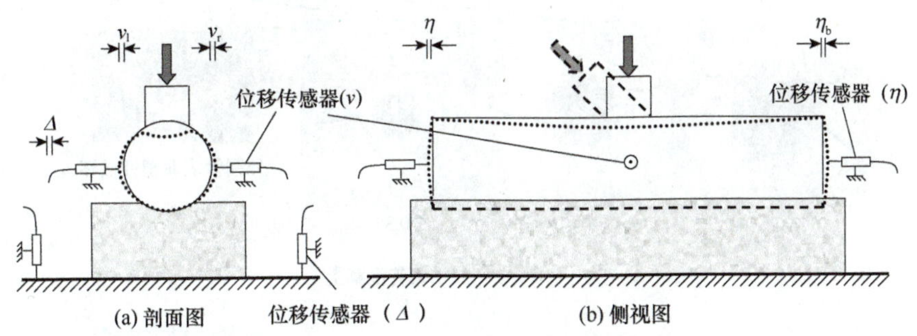

图 12.6　位移量测方法

在压力机下底面上，对角布置两个位移计以量测试件的竖向变形（Δ）；在试件中截面两侧，各布置一个位移计以量测试件的侧向变形（v）；同时，在试件两端布置位移计，以量测可能发生的夹层混凝土、核心混凝土涌出变形（η）。

（5）试验过程

试验中，采用位移控制，荷载数据由试验机自动记录，位移、应变等数据由采集系统自动记录。在正式加载前，先通过预加载保证试件与各底座间的紧密接触。加载过程中，按照试算的荷载发展进行分阶段持载、校核。为得到充分发展的破坏形态，当试件竖向变形达到试件外径的 10% 时，停止加载。试验过程控制良好。

（6）破坏形态

图 12.7 和图 12.8 所示分别为倾斜加载试件、垂直加载试件试验后的最终破坏形态。可见，由于采用实心刚性垫块和厚壁钢管作为加载杆，试件均先于加载杆发生破坏。

如图 12.7（a）和（b）所示，倾斜加载的钢管混凝土试件和中空夹层钢管混凝土试件在侧向压荷载作用下，发生表面塑性破坏。由于荷载以与试件成 45°角的方向施加，在加载杆的上、下部分，试件的应力状态不同，也发生了不同的破坏。在加载杆

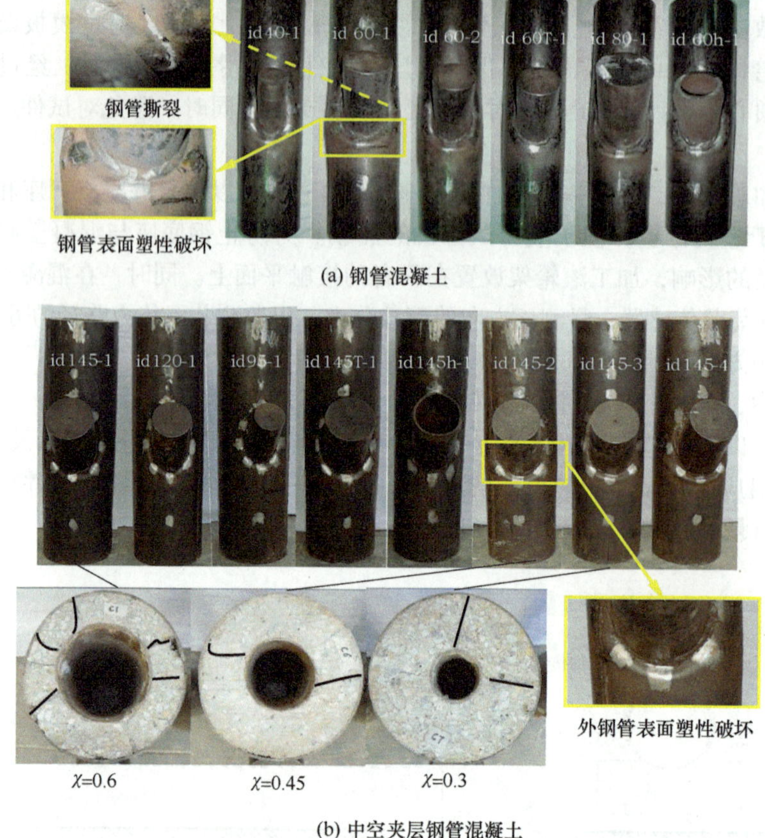

(a) 钢管混凝土

(b) 中空夹层钢管混凝土

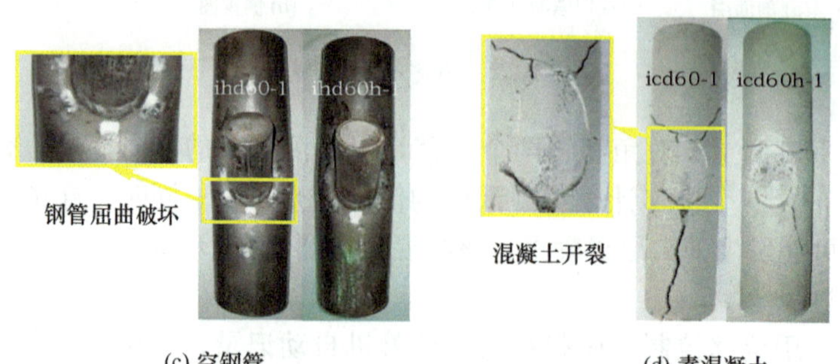

(c) 空钢管

(d) 素混凝土

图 12.7　倾斜加载试件破坏形态

上部，部分试件的外钢管在拉应力作用下发生撕裂；在加载杆下部，加载杆的切入造成试件外钢管的塑性破坏，以及下部夹层混凝土、核心混凝土的压溃。试件两侧在压力作用下发生侧向变形，试件两端有轻微的混凝土鼓出现象，在试件两侧端面，可观察到夹层混凝土的径向裂缝出现。

如图 12.7（c）所示，在加载杆下方，倾斜加载的空钢管试件在发生局部屈曲，且其侧向鼓曲变形远大于中空夹层钢管混凝土和钢管混凝土试件。如图 12.7（d）所示，倾斜加载的混凝土试件在侧向荷载下发生压溃，并产生大量裂缝，失去整体性。

如图 12.8（a)、(b）所示，垂直加载的钢管混凝土试件和中空夹层钢管混凝土试件在侧向压荷载下，发生表面塑性破坏，加载杆受压切入弦杆，造成相贯线处的外钢管内凹破坏，内凹形态与加载杆的截面一致（实心圆形或环形），造成下部的夹层混凝土、核心混凝土压溃。同时，由于加载杆的挤压作用，试件两侧出现侧向变形，混凝土在弦杆两端也均发生微小的涌出。同样，夹层混凝土在试件端部也出现多条径向裂缝。

如图 12.8（c）所示，垂直加载的空钢管试件在侧向荷载下同样发生钢管屈曲及较大的侧向鼓曲变形。垂直加载的混凝土试件在加载杆下局部内凹破坏的同时，产生大量裂缝，失去整体性，如图 12.8（d）所示。

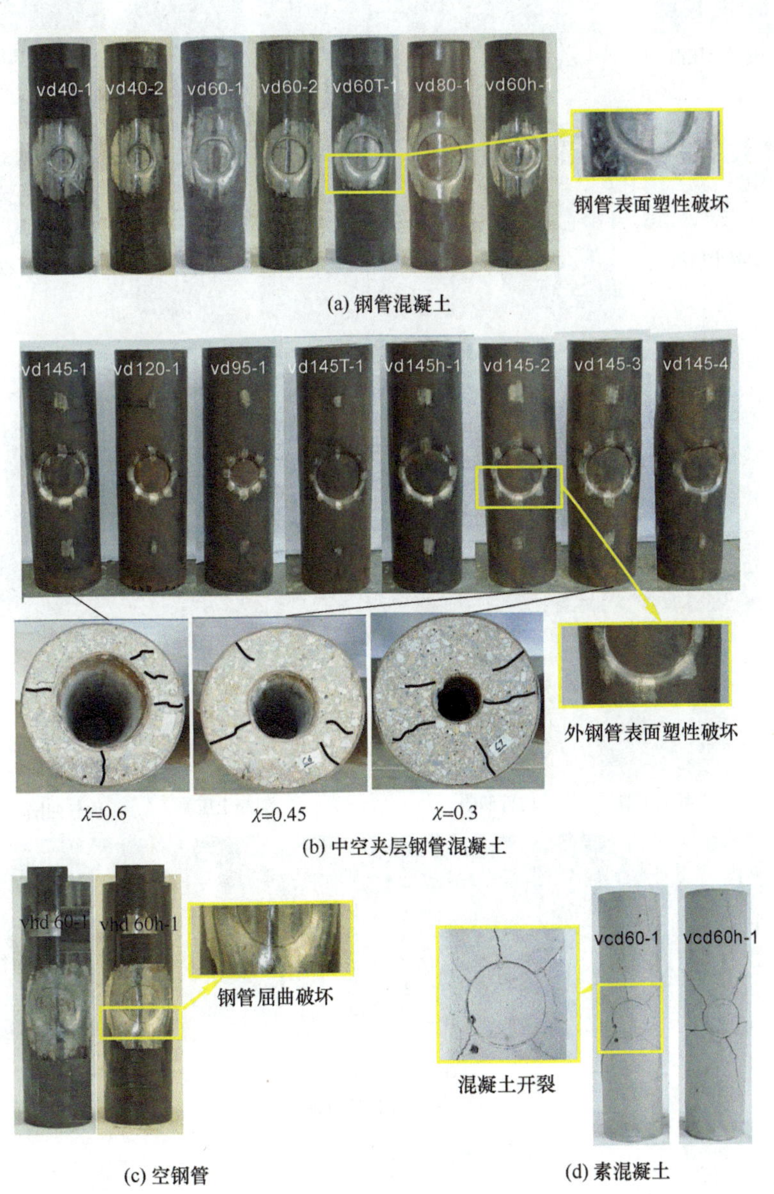

图 12.8　垂直加载试件破坏形态

为观察内部混凝土及内管的破坏，试验结束后，将试件外钢管剖开，观察到试件的内部形态如图 12.9 所示。由图 12.9（1）可见，钢管混凝土试件的核心混凝土也在加载杆接触区域发生压溃，并能清晰地看到加载杆下底面的切入形状（实心垫块或环形钢管）。由图 12.9（2）可见，中空夹层钢管混凝土的夹层混凝土在加载杆压力的作用下发生压溃，相应的内管位置出现内凹。

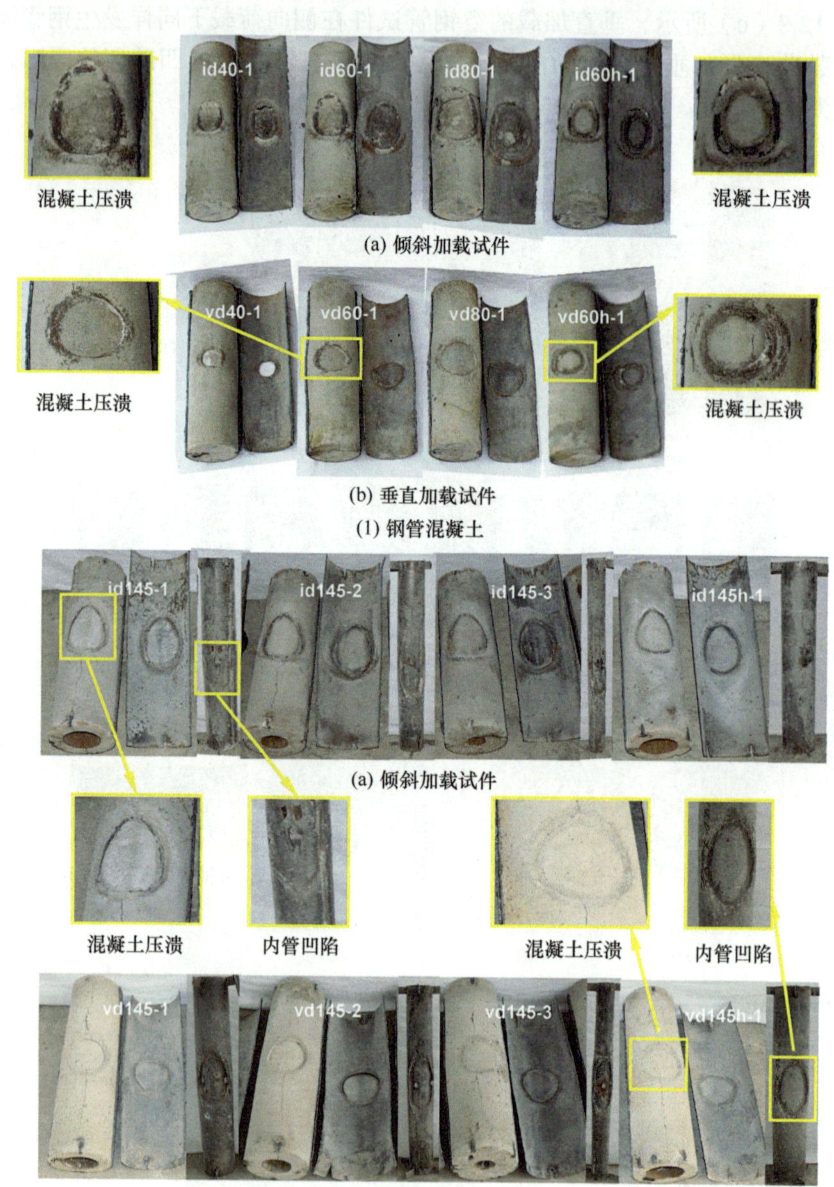

(a) 倾斜加载试件

(b) 垂直加载试件

(1) 钢管混凝土

(a) 倾斜加载试件

(b) 垂直加载试件

(2) 中空夹层钢管混凝土

图 12.9　夹层混凝土及内管破坏形态

根据试验结果，绘制几类试件的破坏形态示意，如图 12.10 所示。

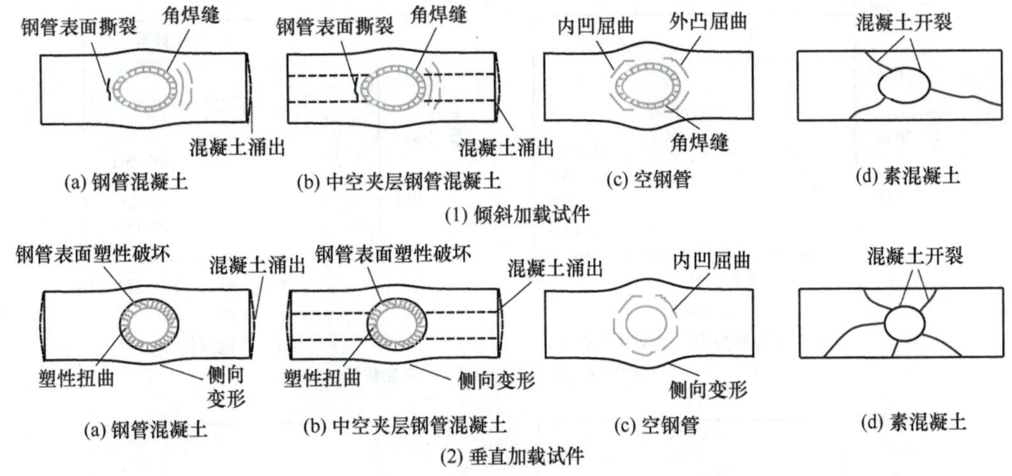

图 12.10　试件破坏形态

可见，与空钢管试件的屈曲和素混凝土试件的开裂这两种脆性破坏不同，中空夹层钢管混凝土、钢管混凝土试件在侧向受压的作用下，发生塑性破坏，外钢管可发展出较大的塑性变形。

（7）荷载－变形关系

试件的荷载（N）－竖向变形（Δ）关系如图 12.11 所示。可见，钢管混凝土和中空夹层钢管混凝土试件在侧向局压作用下表现出较好的延性，具有较高的承载力和刚度。加载的初始阶段，荷载随竖向变形 Δ 的增长迅速提高，当 Δ 达到试件外钢管直径 d_o 的 1%～1.5% 后，荷载的增速变缓。此后，外钢管的塑性变形不断发展，当竖向变形 Δ 达到 d_o 的 5%～10% 时，外钢管壁撕裂破坏，荷载出现下降段。对中空率较大的试件，下降段较明显；对中空率较小的试件及实心钢管混凝土试件，下降段较短暂。在下降段后，随着变形的增长，荷载继续上升并超过之前的峰值，这是由于局压面积下的夹层混凝土在内、外钢管和周围混凝土的约束作用下，材料的抗压强度得到提高，维持了一定的承载能力。

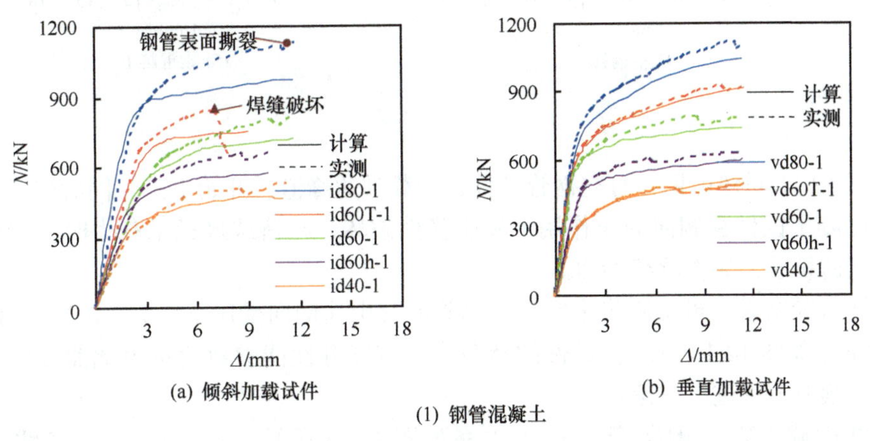

图 12.11　试件的 N-Δ 关系

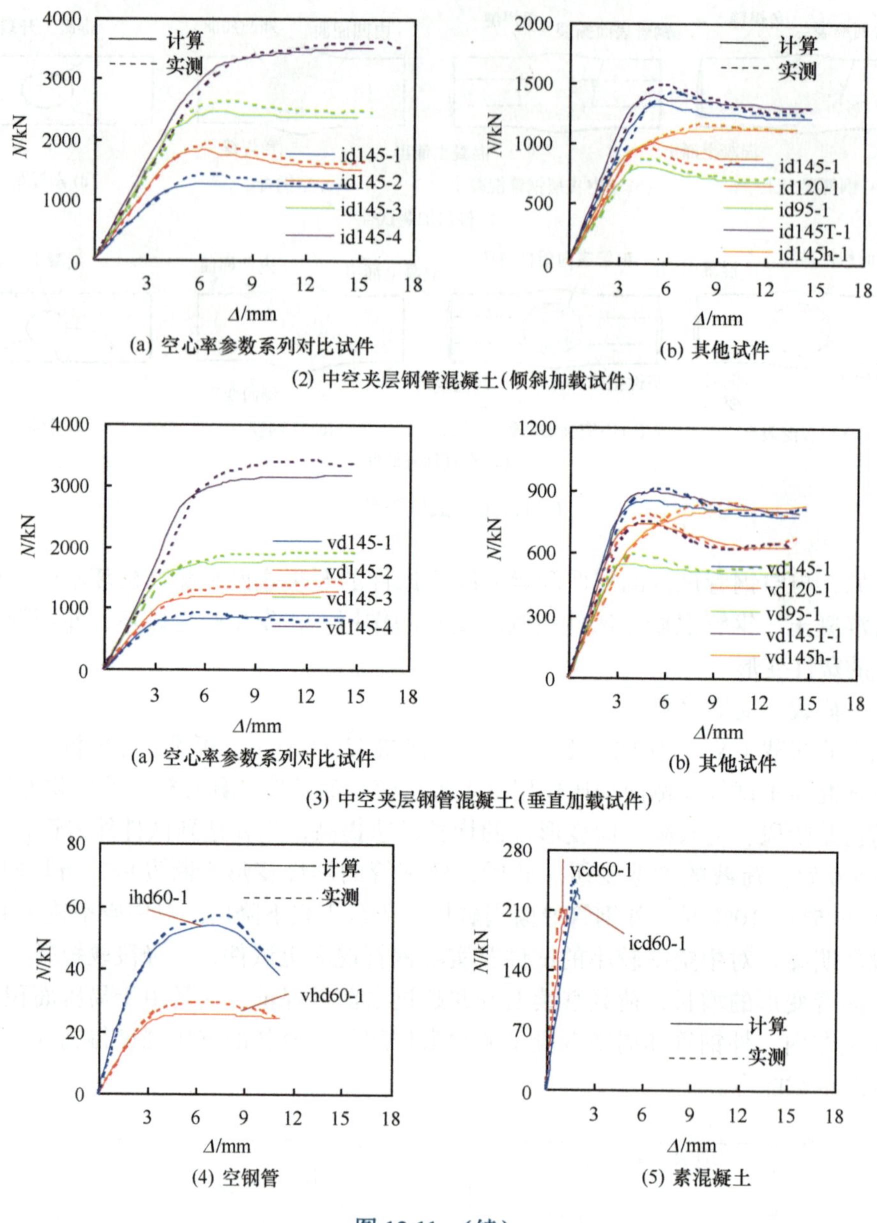

(a) 空心率参数系列对比试件　(b) 其他试件

(2) 中空夹层钢管混凝土(倾斜加载试件)

(a) 空心率参数系列对比试件　(b) 其他试件

(3) 中空夹层钢管混凝土(垂直加载试件)

(4) 空钢管　(5) 素混凝土

图 12.11 （续）

由图 12.11 同样可见，对空钢管试件，荷载到达峰值后开始下降，同时变形迅速增长。素混凝土试件在侧向局压作用下发生脆性破坏，在荷载接近承载力时，产生大量裂缝并迅速扩展，失去承载能力。

根据试验结果，可绘制出中空夹层钢管混凝土在侧向受压下荷载（N）-竖向变形（Δ）关系，如图 12.12 所示。试件的承载力、刚度等性能参数均可由此曲线确定，具体将在后续章节中进行讨论。

试件荷载（N）-侧向变形（v）关系如图 12.13 所示。图 12.13 中，实线和虚线分别代表试件左侧（v_l）和右侧的鼓曲变形（v_r）。可见，当荷载达到一定水平时，试件两侧开始出现鼓曲变形，变形速率随荷载的增长不断增大。当荷载到达峰值点后，试件的侧向变形迅速发展，这是由于夹层混凝土此时已发生压溃，对钢管侧向变形的约束作用明显减弱。同时，试件的侧向变形随着径厚比（β）的提高而更为显著，因为加载杆直径增加可将侧向荷载直接传递给更大范围的夹层混凝土，削弱了其对钢管的约束。

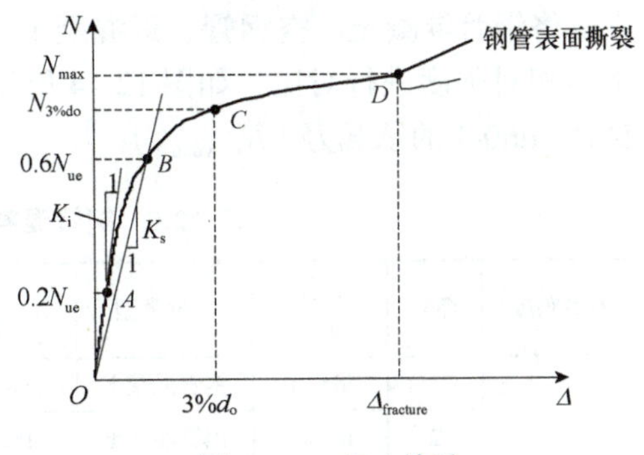

图 12.12　N-Δ 关系

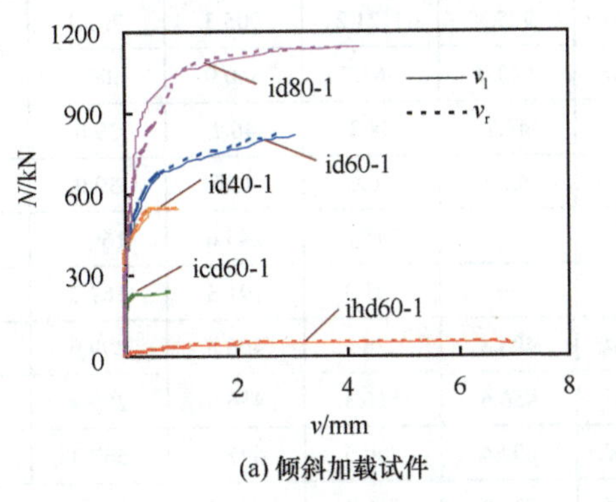

(a) 倾斜加载试件

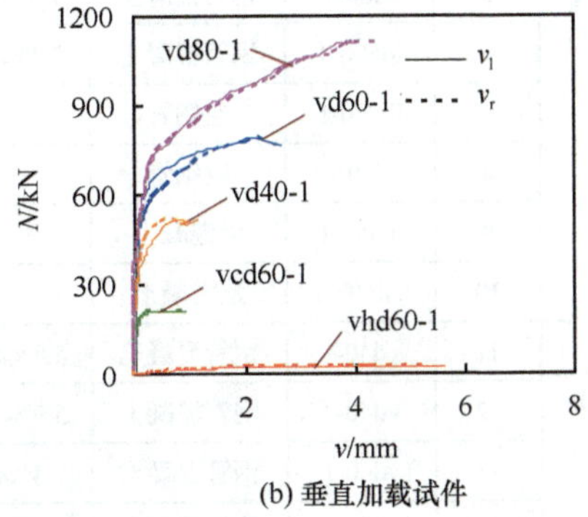

(b) 垂直加载试件

图 12.13　荷载（N）- 侧向变形（v）关系

由图 12.13 可见，由于没有混凝土的约束作用，空钢管试件的侧向变形远大于填充或部分填充混凝土的情况。而素混凝土试件的侧向变形较小，直到荷载到达峰值点，混凝土发生开裂，此时其侧向变形迅速增加。

（8）侧向受压承载力

中空夹层钢管混凝土在侧向受压下的极限承载力可由其荷载（N）- 竖向变形（Δ）关系确定。本书参考 IIW（Zhao et al.，2010）定义节点强度如下：如果试件的荷载峰值点 N_{max} 出现在外壁变形 Δ 小于 3%d_o 时，节点为承载力极限状态控制，此时取 N_{max} 作为极限承载力 N_{ue}；如果 N_{max} 出现在外壁变形 Δ 大于 3%d_o 时，节点为正常使用极限状态控制，取 $\Delta=3\%d_o$ 时对应的荷载值 $N_{3\%do}$ 作为极限承载力 N_{ue}。

由图 12.9 可见，对于实心钢管混凝土，荷载峰值点 N_{max} 往往出现在试件外钢管壁撕裂时，此时对应的竖向变形 $\Delta_{fracture}$ 远大于 3%d_o。对于中空夹层钢管混凝土，大部分试件的荷载峰值 N_{max} 出现在竖向变形大于 3%d_o 时，另有一部分试件的 N_{max} 出现在竖向应变为 3%d_o 左右。因此，中空夹层钢管混凝土、钢管混凝土在侧向受压时，认为其主要受正常使用极限状态控制。对空钢管试件，同样采取上述变形极限准则来确定其极限承载力；对素混凝土试件，取混凝土开裂时的荷载峰值点作为其极限承载力。据此确定的各试件承载力如表 12.6 和表 12.7 所示。

将钢管混凝土、空钢管、素混凝土三种试件在同等条件（加载杆直径 d_w=60mm）下的相对强度进行对比，如图 12.14 所示，相对强度为每个试件的承载力（N_{ue}）除以试件 vd60-1 的承载力（$N_{ue\text{-}vd60\text{-}1}$）。

表 12.6 钢管混凝土侧向受压试件承载力

荷载角度	序号	试件编号	试件类型	$\Delta_{fracture}$	$N_{3\%do}$/kN	N_{max}/kN	N_{ue}/kN	N_{uc}/kN	N_{ue}/N_{uc}
倾斜加载（θ=45°）	1	id40-1	钢管混凝土	7.5%d_o	386.6	507.1	386.6	318.4	1.214
	2	id60-1	钢管混凝土	9.1%d_o	696.3	903.4	696.3	604.9	1.151
	3	id60-2	钢管混凝土	9.0%d_o	580.2	800.5	580.2	604.9	0.959
	4	id60T-1	钢管混凝土	—	728.4	840.9	728.4	604.9	1.204
	5	id80-1	钢管混凝土	9.6%d_o	905.3	1121.2	905.3	961.2	0.942
	6	id60h-1	钢管混凝土	7.4%d_o	540.0	662.7	540.0	604.9	0.893
	7	ihd60-1	空钢管	—	46.7	58.3	46.7	39.0	1.196
	8	ihd60h-1	空钢管	—	42.0	56.6	42.0	39.0	1.076
	9	icd60-1	素混凝土	—	—	245.6	245.6	169.2	1.452
	10	icd60h-1	素混凝土	—	—	191.3	191.3	169.2	1.131
垂直加载（θ=90°）	11	vd40-1	钢管混凝土	5.7%d_o	406.8	478.1	406.8	299.9	1.357
	12	vd40-2	钢管混凝土	5.9%d_o	456.6	516.3	456.6	299.9	1.523
	13	vd60-1	钢管混凝土	7.4%d_o	697.4	790.5	697.4	567.3	1.229
	14	vd60-2	钢管混凝土	7.5%d_o	735.2	825.2	735.2	567.3	1.296
	15	vd60T-1	钢管混凝土	8.8%d_o	760.3	928.3	760.3	567.3	1.340
	16	vd80-1	钢管混凝土	9.5%d_o	915.2	1118.0	915.2	898.0	1.019
	17	vd60h-1	钢管混凝土	4.9%d_o	553.6	604.8	553.6	567.3	0.976
	18	vhd60-1	空钢管	—	25.2	29.2	25.2	27.6	0.913
	19	vhd60h-1	空钢管	—	23.8	28.6	23.8	27.6	0.862
	20	vcd60-1	素混凝土	—	—	211.4	211.4	161.0	1.313
	21	vcd60h-1	素混凝土	—	—	206.8	206.8	161.0	1.284

表 12.7 中空夹层钢管混凝土侧向受压试件承载力

荷载角度	序号	试件编号	χ	$\Delta_{fracture}$	$N_{3\%do}$/kN	N_{max}/kN	N_{ue}/kN	N_{uc}/kN	N_{ue}/N_{uc}
倾斜加载（θ=45°）	1	id145-1	0.6	6.3%d_o	1412.3	1416.2	1416.2	1313.7	1.078
	2	id120-1	0.6	4.5%d_o	851.0	955.7	955.7	950.2	1.006
	3	id95-1	0.6	5.1%d_o	731.0	871.5	871.5	640.8	1.516
	4	id145T-1	0.6	6.4%d_o	1441.2	1493.8	1493.8	1328.9	1.124
	5	id145h-1	0.6	5.0%d_o	1116.6	1168.8	1116.6	1313.7	0.850
	6	id145-2	0.45	7.3%d_o	2015.7	2020.3	2015.7	1980.6	1.018
	7	id145-3	0.3	6.9%d_o	2562.8	2629.3	2562.8	2723.2	0.941
	8	id145-4	—	8.4%d_o	3082.3	3620.5	3082.3	4410.1	0.699

续表

荷载角度	序号	试件编号	χ	$\Delta_{fracture}$	$N_{3\%do}$/kN	N_{max}/kN	N_{ue}/kN	N_{uc}/kN	N_{ue}/N_{uc}
垂直加载（θ=90°）	9	vd145-1	0.6	6.1%d_o	905.4	906.8	906.8	866.1	1.047
	10	vd120-1	0.6	7.6%d_o	722.2	780.5	780.5	631.3	1.236
	11	vd95-1	0.6	5.6%d_o	520.3	527.7	527.7	429.6	1.228
	12	vd145T-1	0.6	6.2%d_o	717.8	757.2	757.2	876.1	0.864
	13	vd145h-1	0.6	5.5%d_o	808.2	903.0	808.2	866.1	0.933
	14	vd145-2	0.45	7.5%d_o	1329.7	1354.9	1329.7	1321.7	1.006
	15	vd145-3	0.3	7.2%d_o	1872.1	1917.1	1872.1	1832.7	1.021
	16	vd145-4	—	6.4%d_o	3229.3	3407.6	3229.3	3001.5	1.076

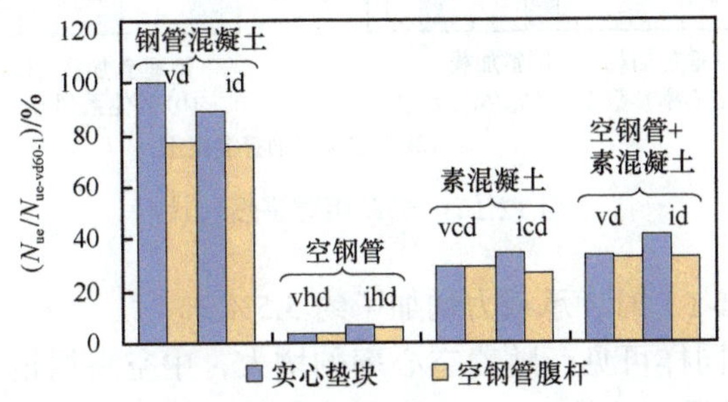

图 12.14　d_w=60mm 试件相对强度（$N_{ue}/N_{ue\text{-}vd60\text{-}1}$）对比

可见，组合构件在侧向受压作用下的承载力远大于相应的空钢管和素混凝土构件，试件 vd60-1 的承载力是空钢管试件 vdh60-1 的 28.6 倍，是素混凝土试件 vdc60-1 的 3.4 倍，是两者承载力之和的约 3 倍。这是由于组合作用的存在，为核心混凝土提供了较强的约束，使其抗压强度有较大的提升，而钢管的局部屈曲现象也得到有效地延缓。对于倾斜加载试件，弦杆外钢管壁部分受拉，所以空钢管倾斜加载试件的承载力明显高于垂直加载试件，因此，填充混凝土后的强度提高幅度要小，但试件 id60-1 的承载力仍比 idh60-1 提高了约 14 倍。同样可见，试件在空钢管加载杆作用下的承载力比实心钢垫块时要低 9%～23%，这可以解释为，以实心钢垫块作为加载杆时，有更大范围的混凝土直接承受其传来的荷载，在围压作用下其抗压强度提高更多，而空钢管加载杆在与弦杆连接的环形接触面上更容易产生应力集中的现象。

图 12.15（1）、（2）分别给出实心截面和中空截面组合试件在不同加载杆直径（d_w）、不同外钢管壁厚（t_o）、不同空心率（χ）时的承载力对比图。

由图 12.15 可见，由于有更多的混凝土参与直接受压，试件承载力随着加载杆直径的增大而提高，钢管混凝土试件 id80-1 的承载力约为试件 id40-1 的 2.2 倍；中空夹层钢管混凝土试件 id145-1 的承载力约为试件 id95-1 的 1.5 倍。而外钢管壁厚对试件承载力的影响不大，当钢管混凝土的钢管壁厚由 2.38mm（id60-1）增至 3.32mm（id60T-1）时，承载力增加了约 10%；当中空夹层钢管混凝土的外钢管壁厚由 3.04mm（id145-1）

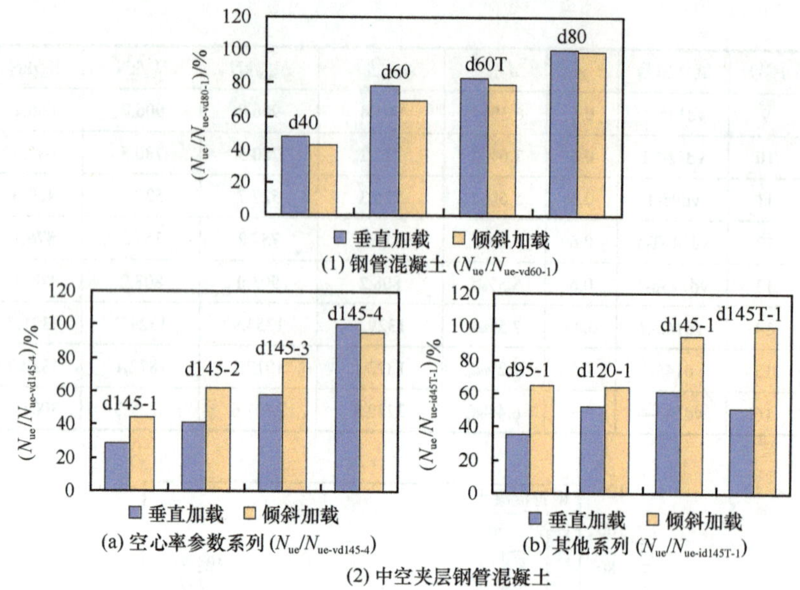

图 12.15　试件相对强度对比

增至 3.93mm（id145T-1）时，承载力增加了约 5.5%。

由图 12.15（2）同样可见，随着空心率的增大，中空夹层钢管混凝土试件的侧向受压承载力有明显降低，试件 id145-1 的承载力约为试件 id145-4 的 45.9%。这说明，对于侧向受压这一材料非线性问题，空心率对试件承载力有重要影响。同时可见，在截面空心的影响下，中空截面垂直加载组合试件的承载力比相应的倾斜加载试件要小。与空钢管试件类似，这是由于倾斜加载试件中内、外钢管壁部分受拉，有利于承载能力的提高。

表 12.6 和表 12.7 同样给出了各试件在外钢管壁断裂时的荷载（N_{max}）和竖向变形（$\Delta_{fracture}$），对其进行比较，如图 12.16 所示。

可见，基本上，N_{max} 和 $\Delta_{fracture}$ 随着试件的加载杆直径（d_w）和外钢管壁厚（t_o）的增大，接触面积的增大可以延缓试件的塑性变形发展和外壁的断裂。同时，N_{max} 和

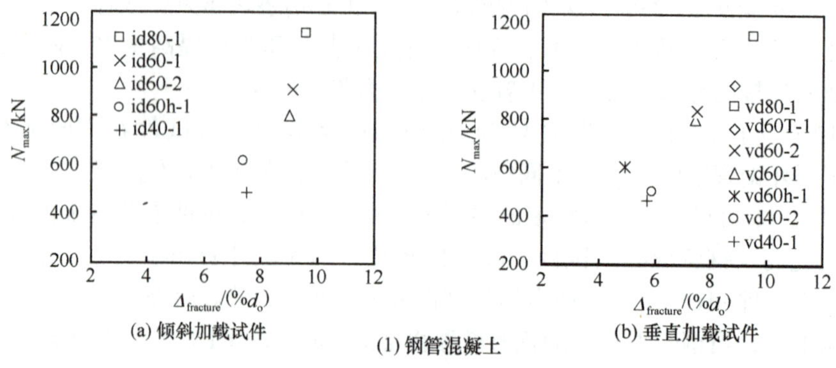

图 12.16　弦杆外壁断裂时的 N_{max} 和 $\Delta_{fracture}$ 对比

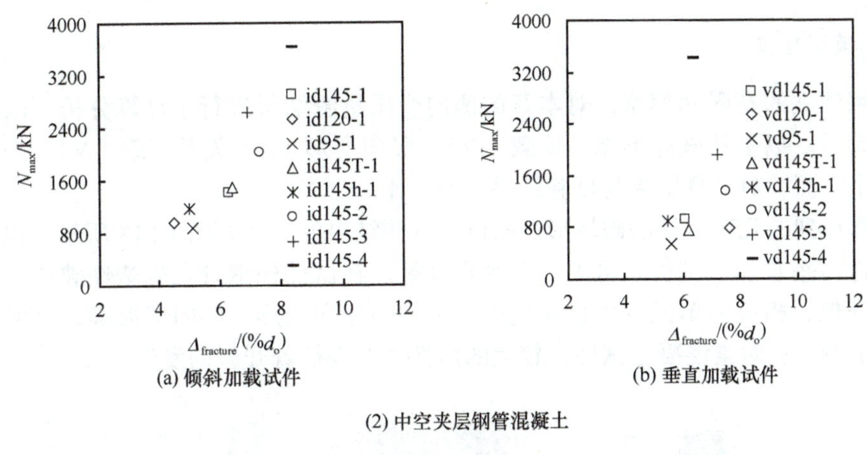

(a) 倾斜加载试件　(b) 垂直加载试件

(2) 中空夹层钢管混凝土

图 12.16 （续）

$\Delta_{fracture}$ 随着中空夹层钢管混凝土试件空心率（χ）的减小而增大，这同样说明填充混凝土的量对于试件外管的破坏具有重要影响。

12.2.2 有限元计算模型及受力分析

1. 模型建立

钢管混凝土和中空夹层钢管混凝土构件在侧向压荷载作用下力学性能的有限元模型建模方法详见侯超（2014）。由于倾斜加载试件的荷载与弦杆呈一定角度，界面摩擦系数 μ 的取值对计算结果的准确性影响显著，本章经试算，取 $\mu=0.5$。模型中的其他接触，如弦杆与腹杆的连接、试件与底座的连接等，参考宋谦益（2010）的处理方法。对于倾斜加载试件的焊缝，根据实测得到的焊脚尺寸，采用 C3D8R 单元模拟，并与试件、加载杆之间“tie”连接。计算中，采用牛顿法进行迭代计算。据此建立的倾斜加载试件、垂直加载试件有限元模型示意分别如图 12.17（a）、（b）所示。

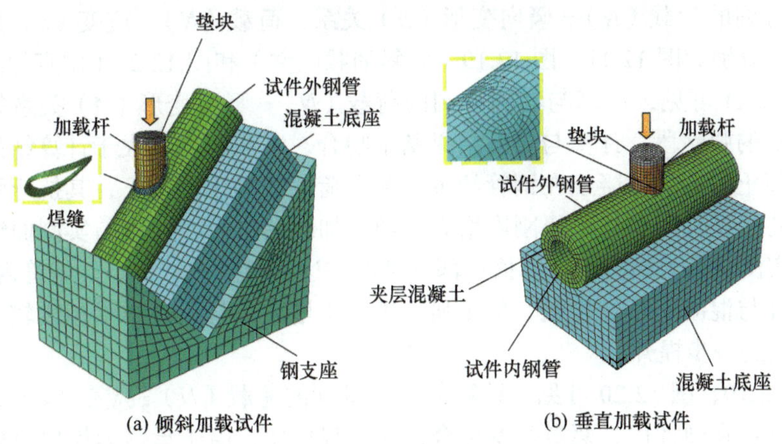

(a) 倾斜加载试件　(b) 垂直加载试件

图 12.17　侧向受压构件有限元模型

2. 模型验证

利用建立的有限元模型，对本章的侧向受压量测结果进行了计算分析，以验证模型的准确性。以下从破坏形态、荷载（N）－竖向变形（Δ）关系荷载（N）－应变（ε）关系几个方面，对计算结果与试验结果进行对比。

计算得到的几种试件的破坏形态与试验观测结果的对比如图 12.18 所示，包括倾斜加载试件与垂直加载试件。可见二者吻合良好。在试件外钢管发生塑性破坏、加载杆切入的部位，相应的单元发生扭曲变形；试件的竖向变形、侧向变形等，也可以在计算结果中看出；对素混凝土试件，较大的塑性变形表征着开裂的发生。

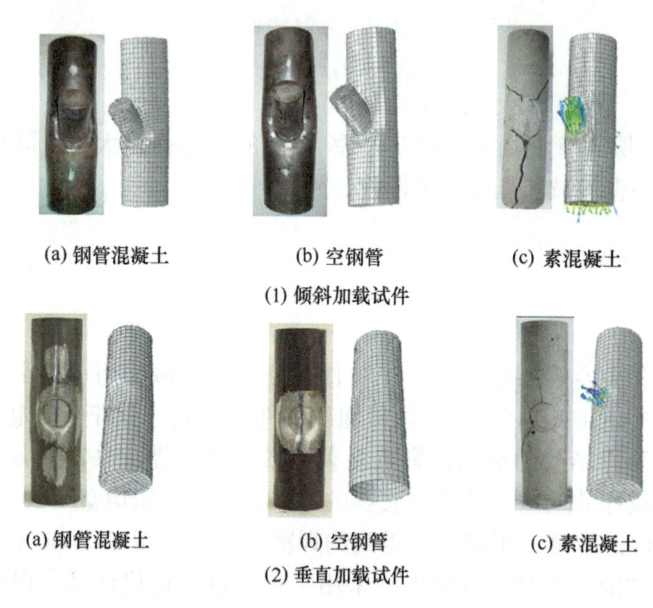

(a) 钢管混凝土　(b) 空钢管　(c) 素混凝土

(1) 倾斜加载试件

(a) 钢管混凝土　(b) 空钢管　(c) 素混凝土

(2) 垂直加载试件

图 12.18　破坏形态对比

计算得到的荷载（N）－竖向变形（Δ）关系、荷载（N）－应变（ε）关系与实测结果的对比分别如图 12.11、图 12.19（倾斜加载试件）和图 12.20（垂直加载试件）所示。由图 12.11 可见，计算与实测得到的荷载（N）－竖向变形（Δ）关系较为一致。在加载初期的弹性段，计算与实测结果基本吻合，实测刚度略大于计算结果，这是由于核心混凝土、夹层混凝土在钢管约束与侧向荷载的围压作用下，其抗压强度有较大的提升，使得试件的整体侧压刚度增大；随着加载的进行，计算与实测曲线的走势基本一致，实测承载力略大于计算值；部分试件在达到极限承载力、外钢管内凹破坏后，由于加载杆与混凝土密切接触、抗压强度进一步增大，与计算结果相比较，试验中的荷载可得到进一步提升。

由图 12.19、图 12.20 可见，计算与实测得到的荷载（N）－应变（ε）关系取得了较好的吻合：在弹性段，两者基本重合；在加载后期，由于承载力模拟值略低于实测值，计算得到的曲线低于实测曲线，两者走势基本一致。

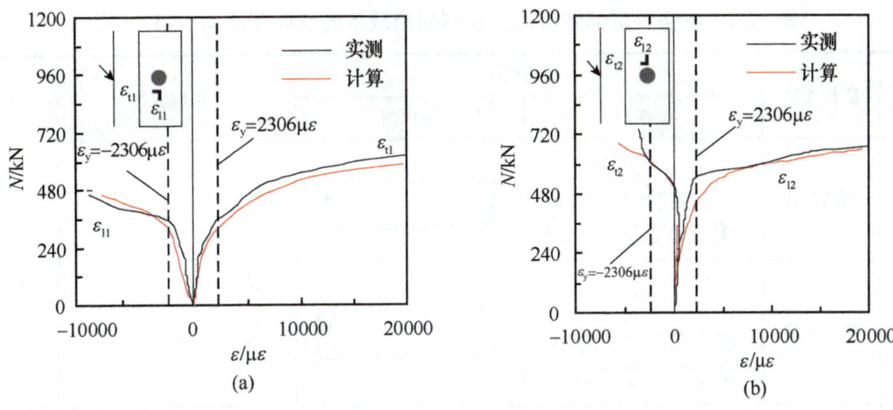

图 12.19　荷载（N）– 应变（ε）关系对比（倾斜加载试件 id60-1）

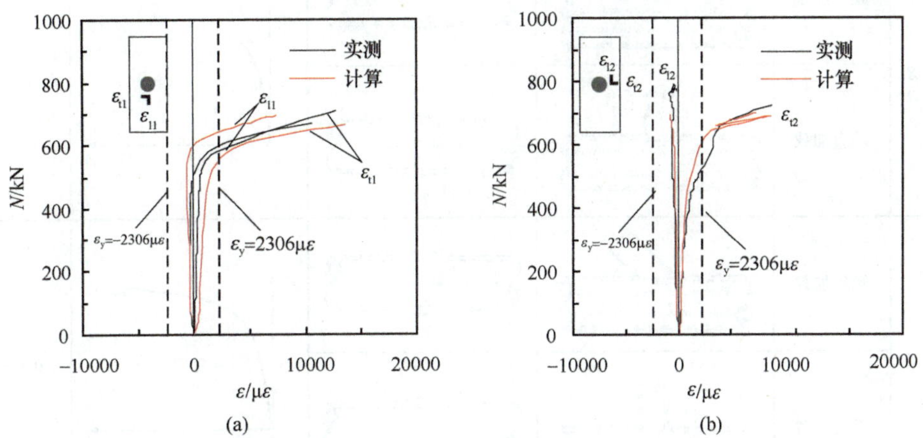

图 12.20　荷载（N）– 应变（ε）关系对比（垂直加载试件 vd60-1）

3. 破坏形态与全过程分析

（1）破坏形态

观察可知，在试验参数范围内，侧向受压下中空夹层钢管组合构件主要发生外钢管塑性破坏、夹层混凝土压溃的破坏。然后，实际结果中杆件的侧向受压性能受试件、加载杆的多种参数的影响。为扩大研究覆盖的范围，本节利用得到验证的有限元分析模型，对几个参数组合下的中空夹层钢管混凝土侧向受压性能进行了分析，以观察可能的破坏模态和全过程荷载 – 变形关系。

计算参数基于试件参数确定，主要通过变化试件外钢管壁厚和加载杆壁厚来考察不同的情况。钢材屈服强度 f_y=345MPa，混凝土立方体抗压强度 f_{cu}=55MPa，管径比 β=0.526，试件外钢管壁厚 t_o 为 1.5mm、3mm，加载杆壁厚 t_w 为 2mm、4mm、6mm 和实心刚性垫块。

在上述计算参数条件下，对中空夹层钢管混凝土倾斜加载、垂直加载试件获得了四种破坏形态，将破坏形态（A、B、C 和 D）和对应的荷载（N）– 竖向变形（Δ）关系总结，如表 12.8 所示。

表 12.8　中空夹层钢管混凝土在侧向荷载下的破坏形态与 *N*-*Δ* 关系

状态	腹杆类型	破坏形态		*N*-*Δ* 曲线	t_{0eq}/t_w
		侧视图	俯视图		
形态 *A*	倾斜加载			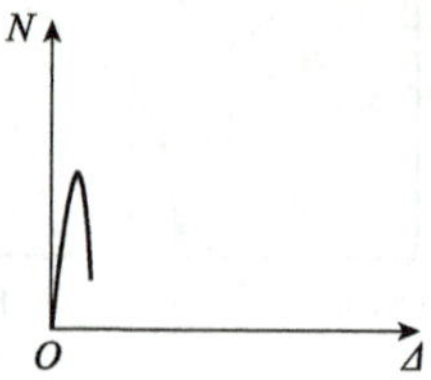	>3
	垂直加载	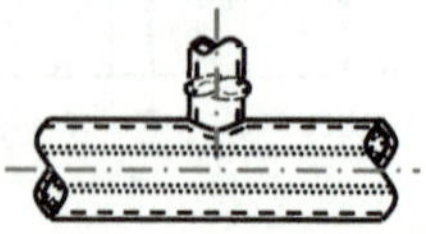	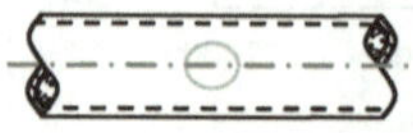		
形态 *B*	倾斜加载		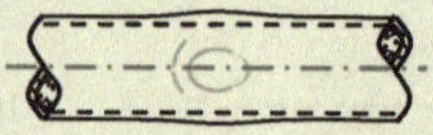	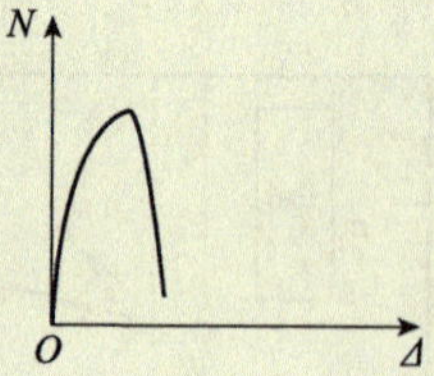	1.5～3
	垂直加载	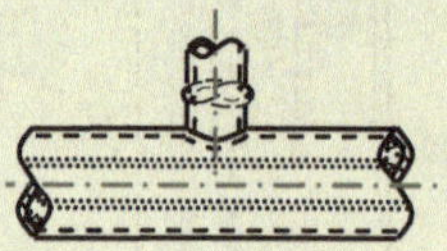	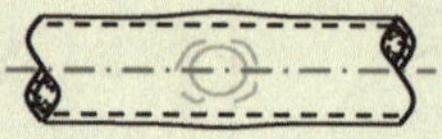		
形态 *C*	倾斜加载	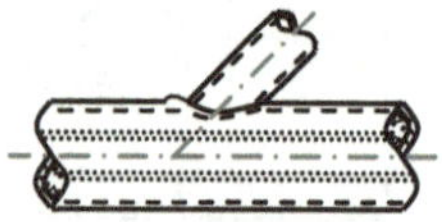	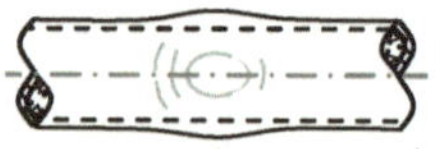	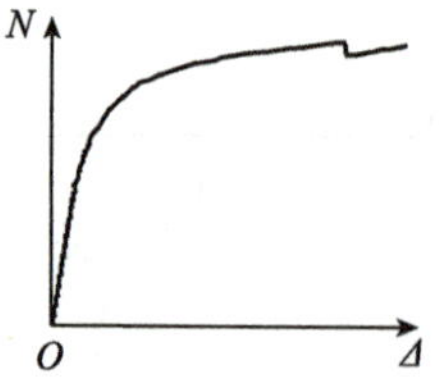	0.8～1.5
	垂直加载	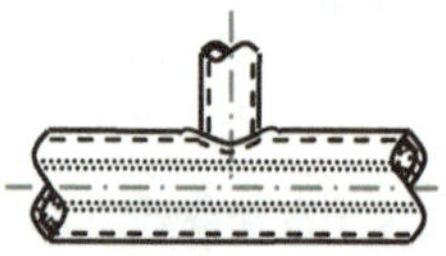	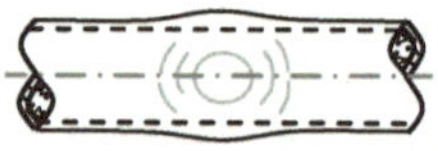		
形态 *D*	倾斜加载		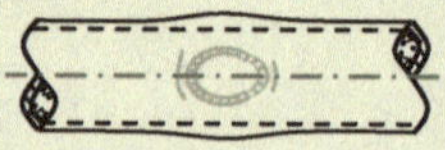	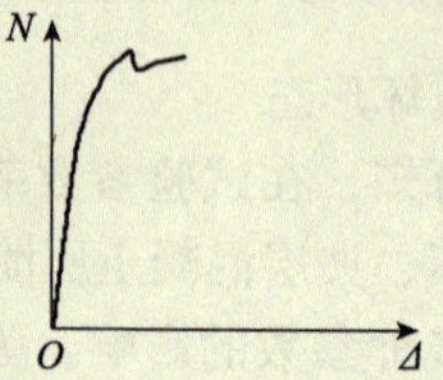	<0.8
	垂直加载	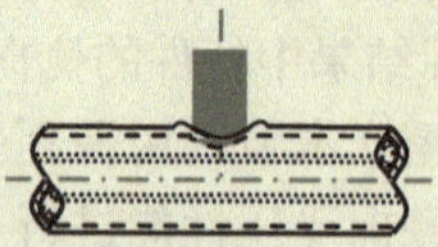			

形态 *A*：加载杆屈曲破坏，试件无明显变形。计算参数为试件外钢管壁厚 t_o=3mm、加载杆壁厚 t_w=2mm，可见此模态出现于加载杆较弱而试件相对较强的情况。当加载杆发生屈曲破坏时，试件的竖向变形和侧向变形仍比较微小。在此情况下，试件侧向受压的承载力和变形由加载杆的截面屈服控制，其 *N*-*Δ* 关系表现为线性，并在屈曲发生后迅速下降，如表 12.8 所示。

形态 *B*：加载杆屈曲破坏，试件有较大变形。计算参数为试件外钢管壁厚 t_o=3mm、加载杆壁厚 t_w=4mm，可见此模态出现于加载杆比模态 *A* 时要强，但相对试件仍较弱的情况。其 N-Δ 关系在最初阶段线性增长，而后试件外壁表面发生塑性变形，N-Δ 曲线增速变缓，并在加载杆屈曲后迅速下降，如表 12.8 所示。

形态 C：试件外壁表面塑性破坏，夹层混凝土压溃。计算参数为试件外钢管壁厚 t_o=3mm、加载杆壁厚 t_w=6mm，此模态与试验中观察到的试件破坏形态一致。在加载的初始阶段，荷载随竖向变形的增长迅速提高，试件外钢管出现塑性变形后，荷载的增速变缓。此后，试件外钢管壁发生较大的塑性变形而撕裂，荷载出现短暂的下降段。当加载杆与夹层混凝土紧密接触后，荷载继续上升，这是由于局压面积下的夹层混凝土在内、外钢管和周围混凝土的约束作用下，仍具有较高的承载能力。可见，在此模态下，试件的塑性变形发展充分，表现出较好的延性，具有较高的承载力和刚度，如表 12.8 所示。

形态 D：试件外钢管壁的过早断裂。计算参数为试件外钢管壁厚 t_o=1.5mm、加载杆采用实心刚性垫块，可见此模态出现于加载杆较强而试件相对较弱的情况。侧向压荷载施加后，试件外钢管壁迅速出现塑性变形并断裂，如表 12.8 所示。

可见，在上述四种破坏形态中，形态 C 下构件的延性性能最好，当中空夹层钢管混凝土在侧向荷载下发生形态 C 的破坏——试件外钢管塑性破坏、夹层混凝土压溃时，试件、加载杆的承载能力和变形能力均得到较为充分的体现，避免了试件或加载杆某一方的过早破坏。因此，在工程结构设计中，对中空夹层钢管混凝土的侧向受压情况，形态 C 是一种较能发挥结构材料性能的破坏形态。

（2）应力应变发展

计算与试验得到的倾斜加载、垂直加载试件外钢管的荷载（N）-应变（ε）关系分别如图 12.19 和图 12.20 所示，其中 ε_l 和 ε_t 分别代表纵向应变和环向应变。

由图 12.19 和图 12.20 可见，加载杆周围的试件外钢管应变发展充分，均超过其名义屈服应变 ε_y（2306με）。倾斜加载试件加载杆下方的外钢管应变发展（ε_{l1}，ε_{t1}）大于加载杆上方（ε_{l2}，ε_{t2}），这是由于侧向荷载主要由加载杆下方的钢管和夹层混凝土承担。而垂直加载试件的弦杆应变分布较为对称。当侧向荷载较大时，部分应变发生拉压转向，这是因为较大的塑性变形和钢管壁断裂改变了连接区域的应变分布。

为对夹层混凝土的全过程应力发展进行计算分析，在试件的 N-Δ 关系上选取 4 个关键点（A、B、C、D）——荷载分别为 $0.2N_{ue}$（弹性阶段）、$0.6N_{ue}$（弹塑性阶段）、N_{ue}（$N_{3\%do}$）和 N_{max}，如图 12.12 所示。通过模型计算，对关键点时试件俯视截面和侧视截面的混凝土应力分布情况进行了对比。俯视截面、侧视截面的概念示意如表 12.9 所示。倾斜加载试件、垂直加载试件的混凝土截面应力对比分别如图 12.21、图 12.22 所示。

表 12.9　构件截面示意

加载杆类型	试件	俯视截面	侧视截面
斜腹杆	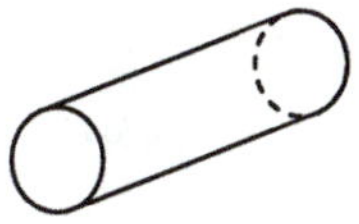		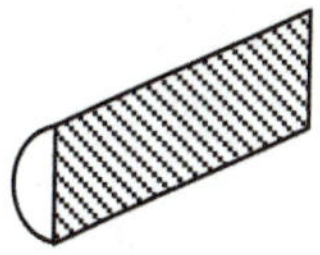

续表

加载杆类型	试件	俯视截面	侧视截面
直腹杆			

由图 12.21 和图 12.22 可见，在侧向荷载作用下，试件内混凝土的应力持续增长。当荷载到达极限承载力的 60%（$0.6N_{\mathrm{ue}}$）时，加载杆下方的混凝土应力已经高于其圆柱体抗压强度 f'_{c}，这是由于该部分混凝土在钢管和未直接受压的周围混凝土的围压作用下，抗压强度得到提高。此后，混凝土的应力水平继续增长，直至压溃。

由图 12.21 可见，倾斜加载试件中加载杆下部的混凝土应力明显高于上部；而垂直加载试件的混凝土应力分布则比较对称，如图 12.22 所示。

为研究在侧向压荷载作用下，力在钢管混凝土、中空夹层钢管混凝土构件中的传导机制，利用有限元模型，得到了混凝土中最大压应力（最小主应力）的矢量图。图 12.23

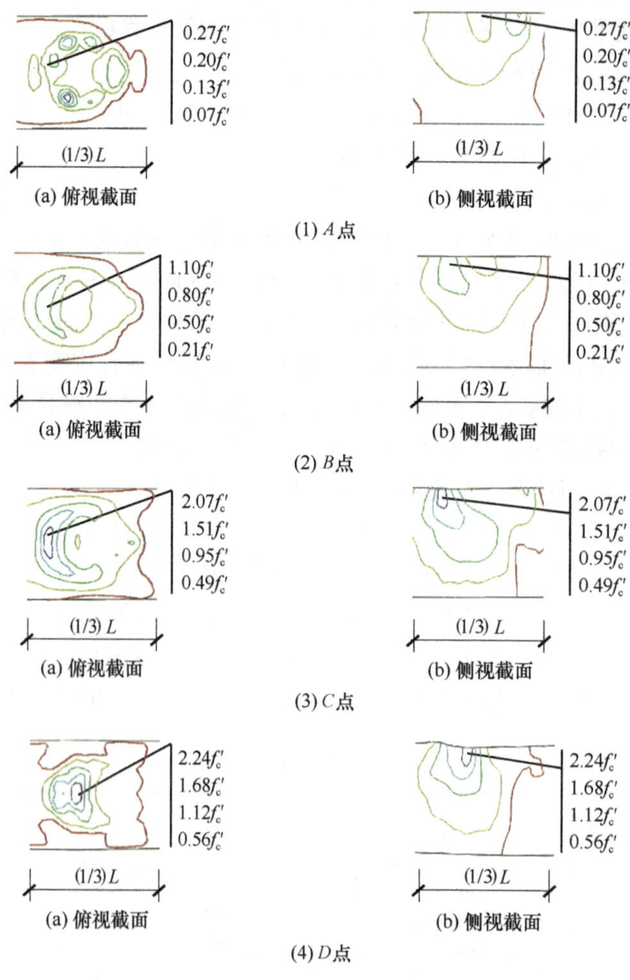

图 12.21　混凝土应力分布图（倾斜加载试件）

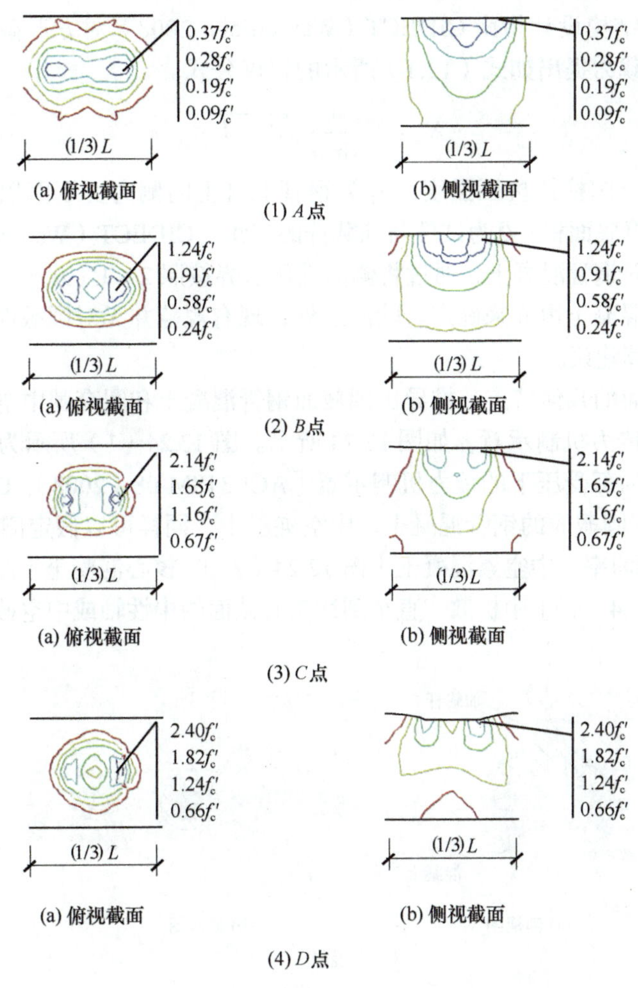

图 12.22　混凝土应力分布图（垂直加载试件）

（a）和（b）分别给出了加载杆、试件的管径比 β 为 0.526 和 0.702 时，力在混凝土中的传递路径。可见，以加载杆底部为起始，侧向荷载可以有效地在混凝土内延伸传递，且在试验参数范围内，荷载传递路径边缘的斜率近似为 2∶1（水平∶竖直）。

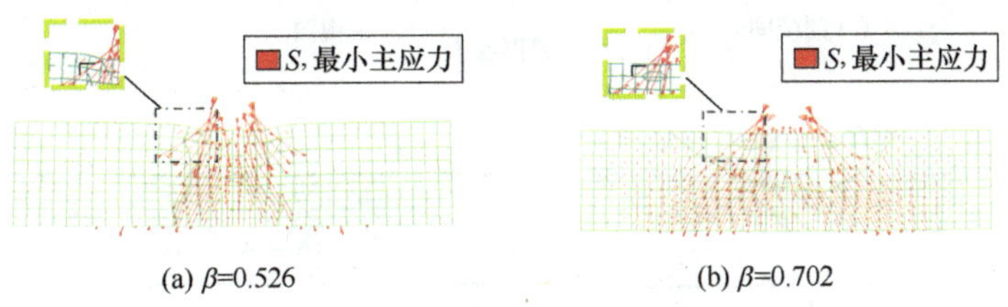

图 12.23　力在混凝土中的传导图

12.2.3　实用计算方法

目前尚缺乏对中空夹层钢管混凝土侧向受压承载力的实用计算方法。对实心钢管混凝土，欧洲管结构设计指南 CIDECT（Wardenier，2008）对方形截面钢管混凝土在侧向荷载下的承载力提出如式（12.1）所示的建议公式。

$$N_{uc}=f_c'\frac{A_1}{\sin\theta}\sqrt{A_2/A_1} \tag{12.1}$$

式中，f_c' 为混凝土圆柱体抗压强度；A_1 为钢管混凝土的侧向受压面积；A_2 为钢管混凝土的侧向受压计算底面积；θ 为试件与加载杆的夹角。CIDECT（Wardenier et al.，2008）中提出，对方截面钢管混凝土，通过将侧向受压边界按照 2：1（水平：竖直）的斜率在试件纵向延伸至混凝土边界来确定。除此之外，现有规范并无对圆截面钢管混凝土侧向受压承载力的计算建议。

基于圆形截面的几何特点，推导出圆截面钢管混凝土和圆套圆中空夹层钢管混凝土在侧向荷载下的传力机制示意，如图 12.24 所示。图 12.24（1）所示为规范中对圆截面素混凝土在侧向局部受压下的传力机制示意［ACI 318M-08（2008）、EC2（2004）］。由图 12.24 可见，在圆截面的钢管混凝土、中空夹层中，同样可以假定侧向压应力按 2：1（水平：竖直）的斜率在中空素混凝土［图 12.24（2）］、核心混凝土［图 12.24（3）］、夹层混凝土［图 12.24（4）］中扩散，直至到达实心截面的中性轴或中空截面的内钢管。

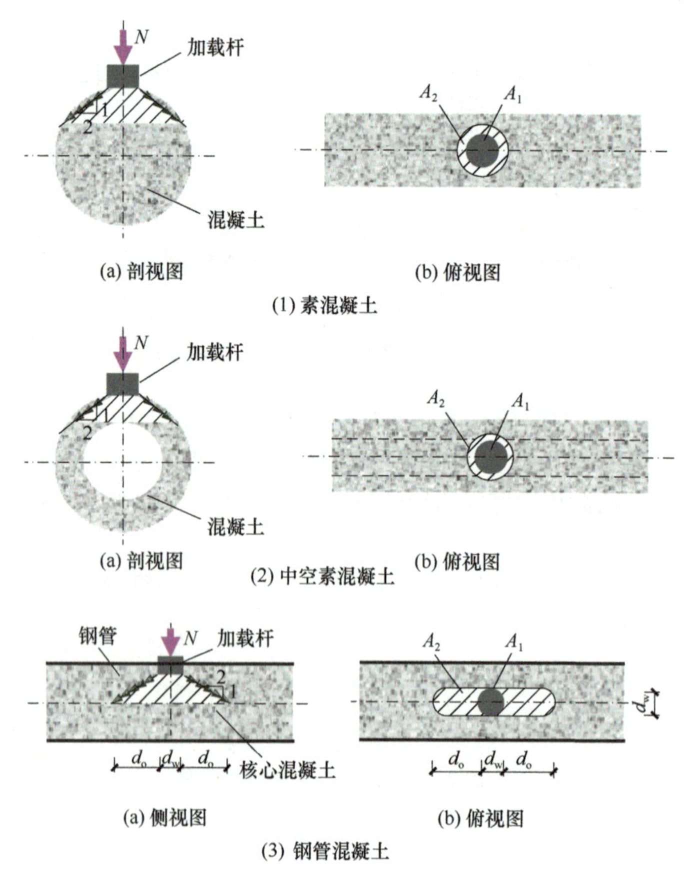

图 12.24　侧向荷载下传力路径

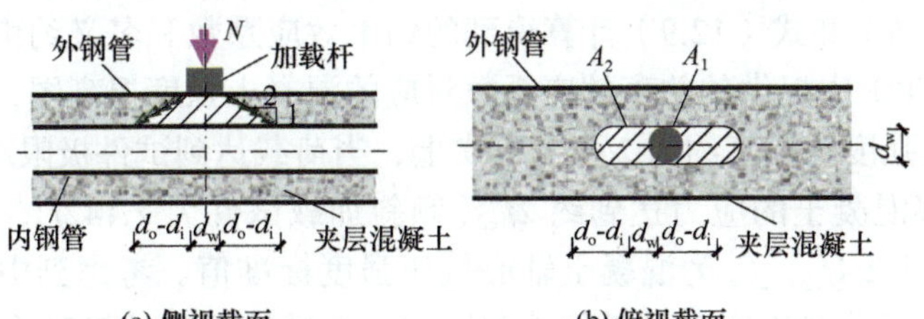

(a) 侧视截面　　(b) 俯视截面

(4) 中空夹层钢管混凝土

图 12.24 （续）

由此可得，对钢管混凝土和中空夹层钢管混凝土，在侧向受压时的受压面积 A_1 和计算底面积 A_2 可按式（12.2）～式（12.5）计算。

对圆截面钢管混凝土构件有

$$A_1=\frac{\pi d_w^2}{4} \tag{12.2}$$

$$A_2=\frac{A_1}{\sin\theta}+2d_o d_w \tag{12.3}$$

对圆套圆中空夹层钢管混凝土构件有

$$A_1=\frac{\pi d_w^2}{4} \tag{12.4}$$

$$A_2=\frac{A_1}{\sin\theta}+2d_w(d_o-d_i) \tag{12.5}$$

由式（12.1）可知，CIDECT（Wardenier et al.，2008）提出的方形钢管混凝土侧向受压计算公式中，未考虑材料间组合作用的有益影响。而圆形截面较方形截面更易发挥钢管对混凝土的围压效果，材料抗压性能的改善变得不可忽略。在韩林海（2022）中，钢管对核心混凝土的约束作用通过约束效应系数 ξ 表征，如式（12.6）所示。

$$\xi=\frac{A_s f_y}{A_c f_{ck}} \tag{12.6}$$

对于侧向受压情况，A_s 和 A_c 可分别取为式（12.7）和式（12.8）。

$$A_s=A_1 \tag{12.7}$$

$$A_c=A_1\sqrt{A_2/A_1} \tag{12.8}$$

在中空夹层钢管混凝土中，内、外钢管对核心混凝土的约束作用，可通过名义约束效应系数 ξ_e 表征（黄宏，2006），如式（12.9）所示。

$$\xi_e=\frac{A_{so}\cdot f_{yo}}{A_{ce}\cdot f_{ck}} \tag{12.9}$$

对于侧向受压情况，A_{so} 和 A_{ce} 可分别取为式（12.10）和式（12.11）。

$$A_{so}=A_1 \tag{12.10}$$

$$A_{ce}=A_1\sqrt{A_2/A_1} \tag{12.11}$$

根据式（12.6）和式（12.9）计算得到的约束效应系数和名义约束效应系数值，查阅 Zhao 等（2010）中提供的约束效应系数对应的混凝土强度提高图，可知对本试验中的试件，混凝土强度的提高约为 2 倍。事实上，当荷载达到试件极限承载力 N_{ue}（$N_{3\%do}$）时，加载杆下部混凝土的应力达到约 $2f'_c$（倾斜加载试件为 $2.142f'_c$；垂直加载试件为 $2.072f'_c$），相当于 $2.4f_{ck}$，f_{ck} 为混凝土轴心抗压强度标准值。考虑到中空夹层钢管混凝土试件中，中空部分对于侧向受压的不利影响，在试件强度计算时乘以（$1-\chi$）的折减系数，即试件空心率越大，相应的承载力折减越明显，而对实心钢管混凝土（空心率 $\chi=0$，$1-\chi=1$），折减系数不起作用，因此可将两种试件的计算公式统一。

综上所述，圆截面、圆套圆组合构件在侧向荷载下的极限承载力计算值（N_{uc}）可由式（12.12）得到。

$$N_{uc}=2(1-\chi)\ f_{ck}\frac{A_1}{\sin\theta}\sqrt{A_2\ /\ A_1} \tag{12.12}$$

将式（12.12）计算的各试件承载力（N_{uc}）与实测承载力（N_{ue}）进行了对比，相应的 N_{ue}/N_{uc} 值如表 12.6、表 12.7 所示。对中空夹层钢管混凝土试件，N_{ue}/N_{uc} 的平均值为 1.040，标准差为 0.186；对实心钢管混凝土试件，N_{ue}/N_{uc} 的平均值为 1.162，标准差为 0.192。可见，对于两种组合构件在侧向受压下的极限承载力，式（12.12）给出了较为准确且偏于保守的预测。

对空钢管试件，采用 Van der Vegte 等（2008）提出、CIDECT（Wardenier et al., 2008）采纳的圆截面钢管节点设计方法进行计算，得到 N_{ue}/N_{uc} 的平均值为 1.012，标准差为 0.153；对素混凝土试件，采用 ACI 318M-08（2008）（或 ACI318-14）或 EC2（2004）对混凝土局部受压的规定进行计算，得到 N_{ue}/N_{uc} 的平均值为 1.295，标准差为 0.132。

在中空夹层钢管混凝土、钢管混凝土桁架等工程结构的设计中，经常会出现杆件承受侧向荷载的情况。为保障杆件在侧向受压作用下保持良好的延性，并充分发挥材料性能，对可视为承压试件的弦杆和可视为加载杆的腹杆进行搭配选型，以避免过早地发生腹杆屈曲破坏或弦杆表面断裂，有着重要意义。本节将基于前述计算分析，对侧向受压下的中空夹层钢管混凝土、钢管混凝土杆件提出设计选型的初步建议。

为将管结构的构件选型中常用的杆件壁厚比参数引入中空夹层钢管混凝土结构的设计选型，需要对中空组合构件进行一定的简化与等效。如图 12.25 所示，将中空夹层钢管混凝土截面等效为内凹屈曲受到约束的厚壁钢管截面。图 12.25 中实线代表截面在侧向荷载下的实际变形，虚线代表最初的截面形状。可见，当厚壁钢管的内凹屈曲变形被约束后，其在侧向荷载下的变形模态与中空夹层钢管混凝土截面相似。

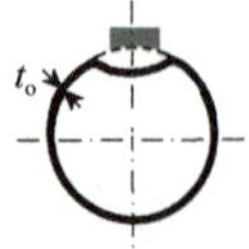

(a) 薄壁钢管

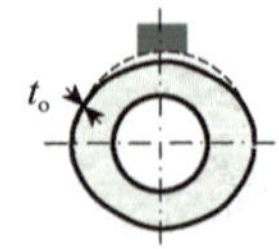

(b) 中空夹层钢管混凝土

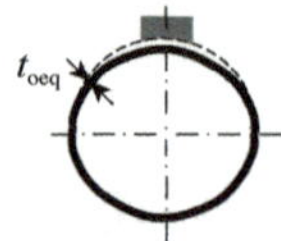

(c) 等效厚壁钢管

图 12.25　中空夹层钢管混凝土与等效厚壁钢管示意

等效厚壁钢管的壁厚 t_{oeq} 按式（12.13）计算，其确定原则为等效后的厚壁钢管的截面承载力为中空试件外钢管截面承载力与名义核心混凝土截面承载力之和。

$$t_{oeq}=t_o+\frac{f_{cu}A_{ce}}{\pi f_{yo}d_o} \tag{12.13}$$

等效厚壁钢管与腹杆的壁厚比 t_{oeq}/t_w 即可作为设计选型的初步依据。在本章计算的基础上，表 12.8 给出了四种破坏形态所对应的 t_{oeq}/t_w 参数范围，可为工程设计提供参考。

本节进行了 13 个钢管混凝土试件、16 个中空夹层钢管混凝土试件、4 个空钢管试件和 4 个素混凝土试件在侧向压荷载下的力学性能试验，研究了试件空心率、加载杆与试件管径比、外管径厚比等参数对构件侧向受压性能的影响。

由于材料间组合、约束作用的存在，钢管混凝土和中空夹层钢管混凝土在侧向压荷载作用下表现出较好的延性，其承载能力和变形性能均远远高于相应的空钢管和素混凝土，其主要破坏形态为外钢管塑性破坏和夹层混凝土的压溃。

本节还建立了用以分析钢管混凝土和中空夹层钢管混凝土侧向受压性能的有限元模型，模型考虑了侧向受压区内外钢管与夹层混凝土的相互作用，得到了试验结果的验证。利用该模型，对中空夹层钢管混凝土、钢管混凝土构件在侧向受压下的破坏形态和全过程荷载 - 变形关系进行了深入的分析，剖析了试件在承压过程中的应力发展和传力路径。

在试验与理论研究的基础上，基于圆形截面的约束和几何特性，提出了圆钢管混凝土和圆套圆中空夹层钢管混凝土的侧向受压承载力实用计算方法，并为设计选型提供了建议。

12.3　K 形连接节点试验研究

本节进行了 20 个钢管混凝土 K 形连接节点和中空夹层钢管混凝土 K 形连接节点的静力性能试验研究（侯超，2014；Hou，Han，2017；Hou et al.，2017）。试验中，采取了两腹杆铰接、平推弦杆和弦杆固定轴压比、腹杆施压两种边界条件，以弦杆空心率（中空夹层钢管混凝土）、腹弦杆管径比、弦杆径厚比、弦杆轴力水平等作为主要研究参数，对钢管混凝土和中空夹层钢管混凝土 K 形节点的破坏形态、极限承载力、刚度和应力应变发展等进行了深入的分析。

12.3.1　试验概况

（1）试验参数

结合钢管混凝土 K 形连接节点和中空夹层钢管混凝土 K 形节点的特点，将试验的主要研究参数确定为弦杆空心率 χ、腹弦杆管径比 β（d_w/d_o）、弦杆径厚比 γ（$d_o/2t_o$）、腹弦杆壁厚比 τ（t_w/t_o）和弦杆轴力水平（n'）。节点间隙（g）由于影响较小，且主要由杆件管径、节点偏心等几何条件确定，在本试验中未予考虑。

（2）试件设计

结合前期研究成果的相关结论与工程应用背景的特点，确定了K形节点研究中具代表性的两类边界条件，如图12.26所示。在边界条件的选取中，主要遵循以下三个原则：①保障边界条件的代表性，需通过所选边界条件，反映真实工程中的节点工作情况，充分研究K形节点的静力性能及重要参数的影响；②保障试验过程的可操作性与稳定性；③保障不同类型K形节点的研究结果进行合理的比较和分析。

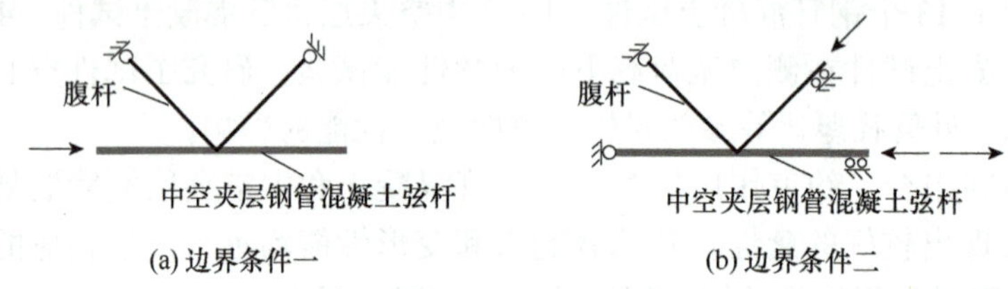

(a) 边界条件一　　(b) 边界条件二

图 12.26　钢管混凝土K形节点边界条件

试件信息如表12.10所示。

表 12.10　中空夹层钢管混凝土K形节点试件信息

序号	类型	试件编号	弦杆				腹杆		g/mm	β（d_w/d_o）	γ（$d_o/2t_o$）	τ（t_w/t_o）	n'	N/kN
			$d_o\times t_o$	$d_i\times t_i$	χ	l_o/mm	$d_w\times t_w$	l_w/mm						
1	边界条件一	CI1-1	240mm×3.93mm	140mm×3.04mm	0.6	1680	145mm×3.04mm	725	33.8	0.604	30.53	0.774	—	—
2		CI1-2	240mm×3.93mm	140mm×3.04mm	0.6	1680	145mm×3.04mm	725	33.8	0.604	30.53	0.774		
3		CI2-1	240mm×3.93mm	140mm×3.04mm	0.6	1680	95mm×3.04mm	475	104.3	0.396	30.53	0.774		
4		CI2-2	240mm×3.93mm	140mm×3.04mm	0.6	1680	95mm×3.04mm	475	104.3	0.396	30.53	0.774		
5		CI3-1	240mm×3.04mm	140mm×3.04mm	0.6	1680	145mm×3.04mm	725	33.83	0.604	39.47	1		
6		CI3-2	240mm×3.04mm	140mm×3.04mm	0.6	1680	145mm×3.04mm	725	33.83	0.604	39.47	1		
7		CI4-1	240mm×3.93mm	70mm×3.04mm	0.3	1680	145mm×3.04mm	725	33.83	0.604	30.53	0.774		
8		CI4-2	240mm×3.93mm	70mm×3.04mm	0.3	1680	145mm×3.04mm	725	33.83	0.604	30.53	0.774		
9		CI5-1	240mm×3.93mm	—	—	1680	145mm×3.04mm	725	33.83	0.604	30.53	0.774		
10		CI5-2	240mm×3.93mm	—	—	1680	145mm×3.04mm	725	33.83	0.604	30.53	0.774		

续表

序号	类型	试件编号	弦杆			腹杆			g/mm	β（d_w/d_o）	γ（$d_o/2t_o$）	τ（t_w/t_o）	n'	N/kN
			$d_o \times t_o$	$d_i \times t_i$	χ	l_o/mm	$d_w \times t_w$	l_w/mm						
11	边界条件二	CII1-1	240mm×3.93mm	140mm×3.04mm	0.6	1680	145mm×3.04mm	725	33.83	0.604	30.53	0.774	−0.05	−175
12		CII1-2	240mm×3.93mm	140mm×3.04mm	0.6	1680	145mm×3.04mm	725	33.83	0.604	30.53	0.774		
13		CII2-1	240mm×3.93mm	140mm×3.04mm	0.6	1680	145mm×3.04mm	725	33.83	0.604	30.53	0.774	−0.3	−1049
14		CII2-2	240mm×3.93mm	140mm×3.04mm	0.6	1680	145mm×3.04mm	725	33.83	0.604	30.53	0.774		
15		CII3-1	240mm×3.93mm	140mm×3.04mm	0.6	1680	145mm×3.04mm	725	33.83	0.604	30.53	0.774	−0.6	−2098
16		CII3-2	240mm×3.93mm	140mm×3.04mm	0.6	1680	145mm×3.04mm	725	33.83	0.604	30.53	0.774		
17		CII4-1	240mm×3.93mm	140mm×3.04mm	0.6	1680	145mm×3.04mm	725	33.83	0.604	30.53	0.774	0.3	307
18		CII4-2	240mm×3.93mm	140mm×3.04mm	0.6	1680	145mm×3.04mm	725	33.83	0.604	30.53	0.774		
19		CII5-1	240mm×3.93mm	140mm×3.04mm	0.6	1680	145mm×3.04mm	725	33.83	0.604	30.53	0.774	0.6	614
20		CII5-2	240mm×3.93mm	140mm×3.04mm	0.6	1680	145mm×3.04mm	725	33.83	0.604	30.53	0.774		

试验中，主要变化的试件参数包括以下内容。

1）弦杆空心率（χ）：0（实心钢管混凝土）、0.3 和 0.6。

2）腹杆管径（d_w）：145mm 和 95mm（相应的腹弦杆管径比 β 为 0.6 和 0.4）。

3）弦杆壁厚（t_o）：3mm 和 4mm（相应的弦杆径厚比 γ 为 40 和 30）。

4）弦杆初始轴力水平 n'（“−”值为压荷载，“+”值为拉荷载）：−0.6、−0.3、−0.05、0.3 和 0.6。其中，当弦杆受轴压荷载时，其截面轴压承载力按照中空夹层钢管混凝土轴压构件的公式计算，钢材强度取为 345MPa，夹层混凝土强度取为 60MPa；当弦杆承受轴拉荷载时，其承载力取外钢管的全截面屈服承载力，即等同于空钢管弦杆的承载力。

各个试件的偏心 e 均取为 0，由此确定节点间隙 g 的值。弦杆和腹杆的夹角 θ 均为 45°。腹杆长度均为 1680mm。试件尺寸设计图如图 12.27 所示。

（3）试件制作

试件钢管采用 Q345 钢材，由钢板卷制而成；夹层混凝土采用 C60 自密实混凝土。所用材料与 12.2 节相同，此处不再赘述。钢材材性试验结果、混凝土配合比、混凝土材性试验结果分别如表 12.3～表 12.5 所示。试件的加工程序如下。

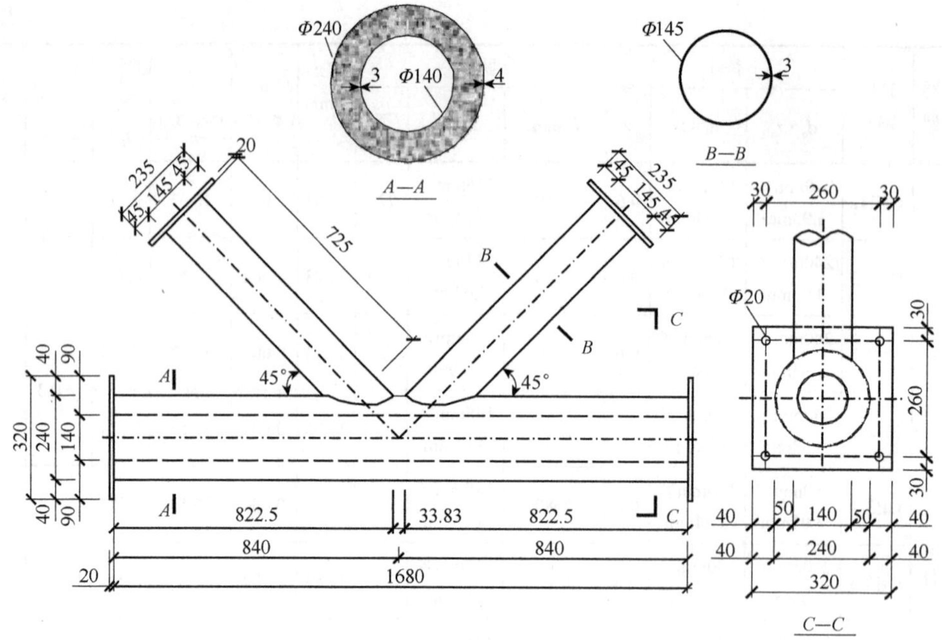

图 12.27　K 形节点试件尺寸（试件 CI1-1，尺寸单位：mm）

1）将弦杆内管一端焊接至端板上，将其竖直。

2）将弦杆外管吊起，套到内管外，利用焊接短钢筋进行同心定位，将外管与端板焊接。

3）将弦杆水平放置，与两腹杆焊接，同时焊接腹杆杆端的端板。

4）将试件竖直，浇灌弦杆夹层混凝土。

5）夹层混凝土养护结束后，打磨混凝土表面并焊接弦杆另一端的端板，从而形成中空夹层钢管混凝土 K 形节点。

（4）量测方案

通过试验，拟获取一系列变形、承载力、应力应变等数据，主要包括以下内容。

1）腹杆端部轴向加载的荷载 - 位移关系。

2）弦杆节点区域侧壁随加载过程的变形数据曲线。

3）节点区域弦杆内、外管壁和腹杆管壁应力随加载过程的变化和分布数据。

4）弦杆和腹杆相贯区域的应力分布和变化数据。

这些数据通过布置在节点试件上的传感装置（传感器、位移计、应变片）得到。为测得目标区域的应力分布和发展情况，在试件上布置应变片若干，如图 12.28 所示。

对每个试件，在弦杆外管壁的中截面间隔 90°的四个位置贴片，其中两个侧边处贴应变花，其他两处贴纵向、横向两片电阻应变片，在这四处的上下各 240mm（d_o）处再贴纵向、横向电阻应变片，以获得弦杆外管的应变分布值；在弦杆内管壁的中截面间隔 90°的四个位置，以及距中截面 240mm（d_o）处的两侧位置，各布置纵向、横向两片电阻应变片，以获得弦杆内管的应变分布值；在两腹杆靠近弦杆一侧，在距离弦杆 145mm 或 95mm（d_w）处贴片，同时在该处相对的腹杆远离弦杆侧位置贴片，以

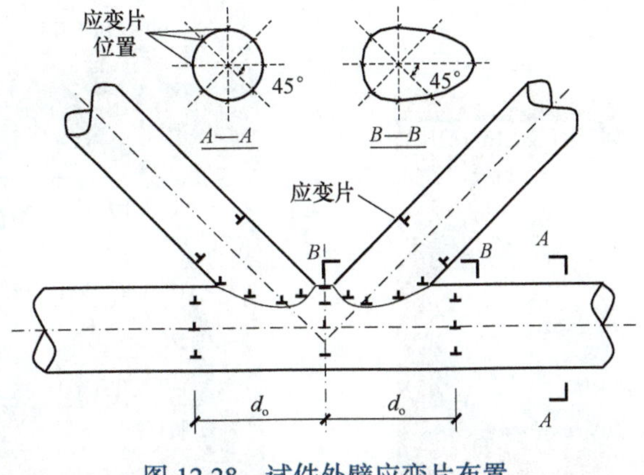

图 12.28　试件外壁应变片布置

获得两腹杆的应变分布值；在两个腹杆与弦杆的相贯线上，间隔 45°布置一圈应变片，以获得节点区各杆件连接位置的应变分布值。

在试验中，通过布置位移计获取腹管和弦管的相关变形数据。每个节点试件使用 6 个位移计，如图 12.29 所示。D1、D2 布置在受压腹杆两侧，用以量测 A、B 间的位移。A 点取相贯线鞍点以上 $2.5d_w$ 距离的位置，B 点为弦杆壁对应腹杆与弦杆轴线交点的位置。D3、D4 布置在受拉腹杆两侧的同样位置。D5、D6 布置在弦杆中心点两侧，用以采集节点弦杆的侧向变形数据。

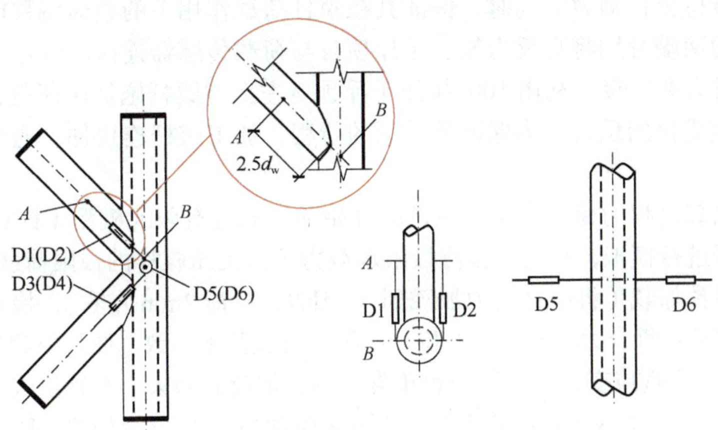

图 12.29　节点试件位移计布置

（5）试验装置

中空夹层钢管混凝土 K 形节点静力性能试验在 500t 自反力架上进行，通过调整自反力架的刚性块，实现两种设计的加载边界。边界条件一、边界条件二的试验装置照片分别如图 12.30 和图 12.31 所示。

由图 12.30 可见，采用边界条件一时，通过两个铰支座将试件的两腹杆与自反力架相连，铰支座由钢板、轴承加工而成，底板通过螺栓在自反力架上固定，顶板通过螺

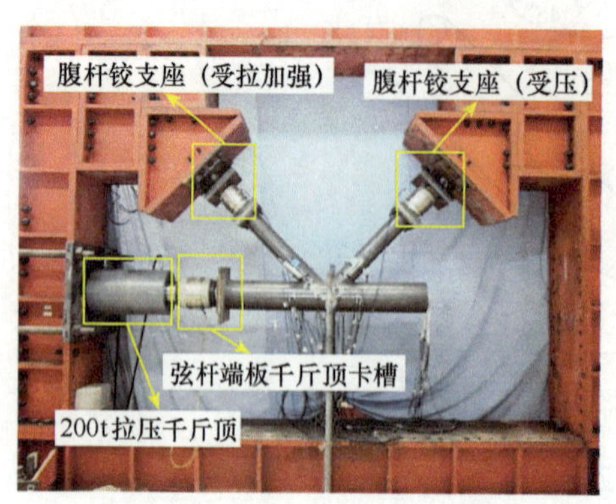

图 12.30　试验装置照片（边界条件一）

图 12.31　试验装置照片（边界条件二）

栓和螺纹与荷载传感器相连。在荷载传感器的另一端，通过螺栓与螺纹，与腹杆端板连接，在为腹杆提供铰接边界的同时，监测腹杆在加载过程中的内力。由于受拉腹杆的铰支座受到较大的拉荷载作用，对支座底板焊接加劲肋，以保证其刚度。利用 200t 拉压千斤顶对弦杆一端施加荷载，在弦杆的加载端焊接带卡槽的刚性端板，以保证荷载作用在弦杆轴线上。腹杆铰支座及弦杆端板卡槽的细部构造如图 12.30 所示。

由图 12.31 可见，采用边界条件二时，通过 200t 拉压千斤顶对弦杆施加设计的拉、压轴力，在维持弦杆轴力的同时，保证其在腹杆荷载作用下的整体偏移能力。通过铰支座将弦杆的两端分别将自反力架、千斤顶且与荷载传感器连接。将左下方腹杆通过铰支座与自反力架连接，利用 100t 拉压千斤顶对左上方腹杆施加压荷载，同时在左下方腹杆中产生受拉的反力。为保证千斤顶的行程，加工腹杆连接件，通过螺栓连接腹杆与千斤顶。

为保证加载过程的稳定有序，在试验开始前，通过有限元模型（详见 12.4 节）对试件加载过程进行模拟，获得其预测极限承载力（以受压腹杆的极限荷载为标准）。试验时，先通过预加载（将腹杆内力加载到 3～5kN，持荷 2min 左右），检查各杆件荷载传感器的读数是否符合力学规律，即拉、压腹杆荷载基本一致，弦杆荷载约为腹杆荷载的 1.4 倍，同时检查应变片的读数是否正常。将预加荷载卸去，开始正式加载，采用力控制的方式，以 1～2kN/s 的加载速度，按预测荷载的 15% 分级加载，同时利用采集系统记录加载过程中的荷载、变形及应变等数据。当荷载接近预测极限荷载时，将加载速度减慢，同时仔细观察试件可能出现的钢管屈曲、撕裂等现象。出现下列条件之一时，停止加载并将荷载卸载至零：①杆件出现屈曲，导致承载力急剧下降；②钢管外壁或焊缝出现撕裂，导致承载力急剧下降；③节点区应变发展迅速，至 40000με。

（6）加载制度

由于 K 形节点有弦杆、两腹杆多个杆件构成，荷载、变形的取值及判断有多种方式，在试验研究中，需要定义节点极限状态的判断准则，以对节点的力学性能指标及表现进行统一及比较、分析。在前期研究者们针对空钢管 K 形节点和钢管混凝土 K 形节点研究中，采取的极限状态判断准则如表 12.11 所示。

表 12.11　前期研究中采用的 K 形节点极限状态判断准则

序号	加载方式	极限状态判断准则	来源
1		采用双切线方法，取拉、压腹杆的荷载较小者，利用荷载－腹杆轴向变形关系确定节点的屈服荷载。 双切线方法——在曲线的弹性阶段和屈服后段各做一条切线，取两者交点的横坐标，对应荷载－变形关系的纵坐标为屈服荷载	Packer（1995）
2	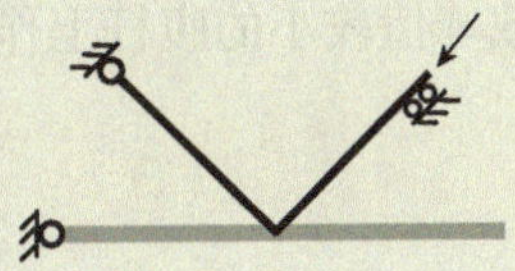	屈服荷载：荷载－腹杆变形曲线与斜率为 0.779 倍初始刚度的斜线的交点荷载。 极限荷载：受拉腹杆的最大轴力值	Makino et al.（2001）
3	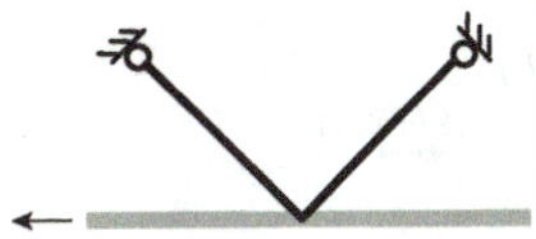	极限荷载按照受压腹杆出现以下情况时确定。 1．荷载－变形关系的峰值点。 2．荷载－变形关系没有明显峰值点的，$0.03d_0$ 处的荷载值作为极限值。 3．对小间隙节点，焊缝处弦杆积分点的应变超出屈服应变的 20% 时的荷载。 4．程序终结的荷载，或杆件屈服的荷载	Van der Vegte et al.（2004）
4	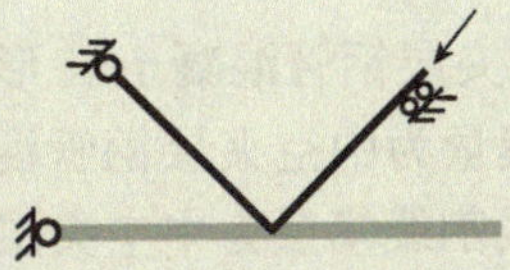	取试件破坏时的荷载作为极限荷载	刘永健等（2007）
5	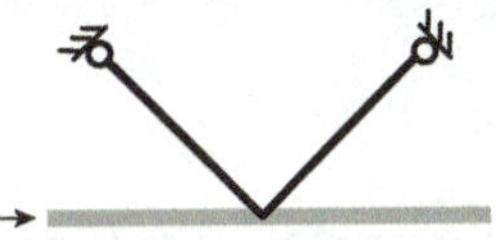	试验研究中，认为节点承载力由腹杆局部屈曲、腹杆整体屈曲、弦杆冲剪三者之一决定。 有限元研究中，定义节点连接区域受拉支管一侧的弦杆管壁应变强度达到 4 倍弦杆屈服应变时的荷载为极限承载力	王新毅（2009）
6	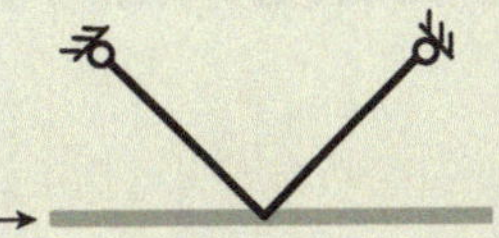	定义受拉和受压腹杆的最小荷载峰值为节点的承载力	宋谦益（2010）

参考以上准则，考虑到在本试验研究中，所有中空夹层钢管混凝土 K 形节点试件的受拉、受压腹杆荷载基本同步，并且均出现了明确的峰值点，因此，取拉、压腹杆荷载峰值中的较小者作为节点的极限承载力（N_{ue}）。

在开始对节点进行加载至出现腹杆屈曲等破坏的全过程，可以输出各杆件的荷载、变形数据。需定义中空夹层钢管混凝土 K 形节点在受力全过程的荷载－变形关系，以反映其杆件及节点区域在静力加载过程中的承载及变形特点。在以往的空钢管 K 形节点、钢管混凝土 K 形节点研究中，有些研究者采用腹杆或弦杆加载端的荷载、位移来定义荷载－变形关系，但该“变形”数据中往往将试件的部分刚体位移包含在内，不能准确反映试件的自身变形。也有研究者采用腹杆或弦杆的加载位置到腹杆与弦杆中轴线相交位置的相对变形来定义荷载－变形关系，这种方法可消除试件的刚体位移，但对钢管混凝土 K 形节点及中空夹层钢管混凝土 K 形节点来说，由于弦杆中填充混凝土，节点区的变形量远小于空钢管 K 形节点的相应位置。因此，此方法定义的“变形”数据中，腹杆的整体变形和腹杆加载端头处试件构造误差、试验装置误差的比重较大，影响对节点区弦杆变形量的判断。

为此，Packer（1995）在对 K 形节点进行研究时，对第二种方法进行了改进：将节点位移定义为腹杆轴线上距弦杆壁 $2.5d_w$ 处到腹杆与弦杆轴线交点的相对变形，如图 12.32 所示。此方法避免了腹杆加载端头处的相应试件及装置误差，同时减小了腹杆变形在变形数据中的比重。本试验中，同样采取该定义，在试件相应位置上布置玻璃片、架设位移计，以获取试验过程中的变形值 δ，结合荷载峰值较小的腹杆上作用的荷载 N，形成试件的荷载（N）-变形（δ）关系。

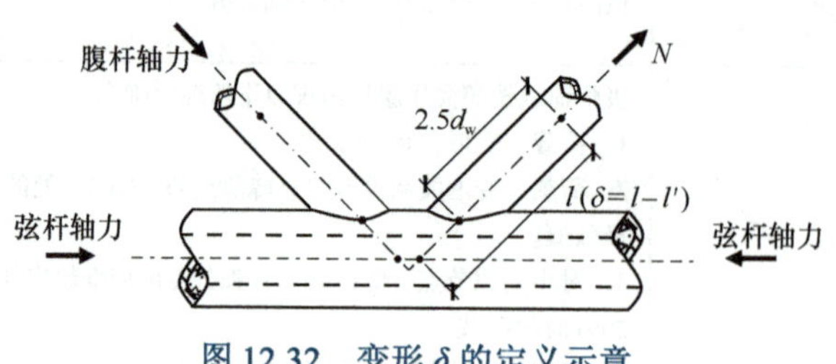

图 12.32　变形 δ 的定义示意

利用如上所述的荷载（N）-变形（δ）曲线，对中空夹层钢管混凝土 K 形节点的刚度进行了定义，定义荷载为 $0.2N_{ue}$ 时对应的曲线割线模量为中空夹层钢管混凝土 K 形节点的初始刚度（K_i），定义荷载为 $0.6N_{ue}$ 时对应的曲线割线模量为中空夹层钢管混凝土 K 形节点的使用阶段刚度（K_s）。

12.3.2　试验结果及分析

中空夹层钢管混凝土 K 形节点的加载过程控制良好，在两种边界条件下，试件均表现出较好的承载能力和变形性能。

1. 主要破坏形态

试验中，在加载后期，每个试件均发生了较为显著的可见破坏。在本试验考察的参数范围内，除试件 CI4-1 和 CII4-2 的受拉腹杆焊缝出现撕裂外，其他试件均出现了受压腹杆的破坏——局部屈曲或整体屈曲，如图 12.33 所示。这与空钢管 K 形节点的破坏机制有显著不同。在空钢管 K 形节点的试验中，主要出现两种弦杆破坏形态：弦杆表面塑性破坏，即受压腹杆处弦杆在压力作用下内凹失效；弦杆表面冲剪破坏，即受拉腹杆处弦杆表面钢管发生拉伸冲剪。而在中空夹层钢管混凝土 K 形节点中，由于弦杆采用了内、外两层钢管约束夹层混凝土的形式，与空钢管弦杆相比，其强度、刚度均得到有效的强化。夹层混凝土的存在约束了弦杆外钢管的内凹变形，并将腹杆传来的侧向荷载有效地传递到更大范围，延缓了弦杆表面的塑性变形发展，与钢管混凝土 K 形节点的试验研究现象类似。因此，节点的失效机制发生了改变。同时，通过试

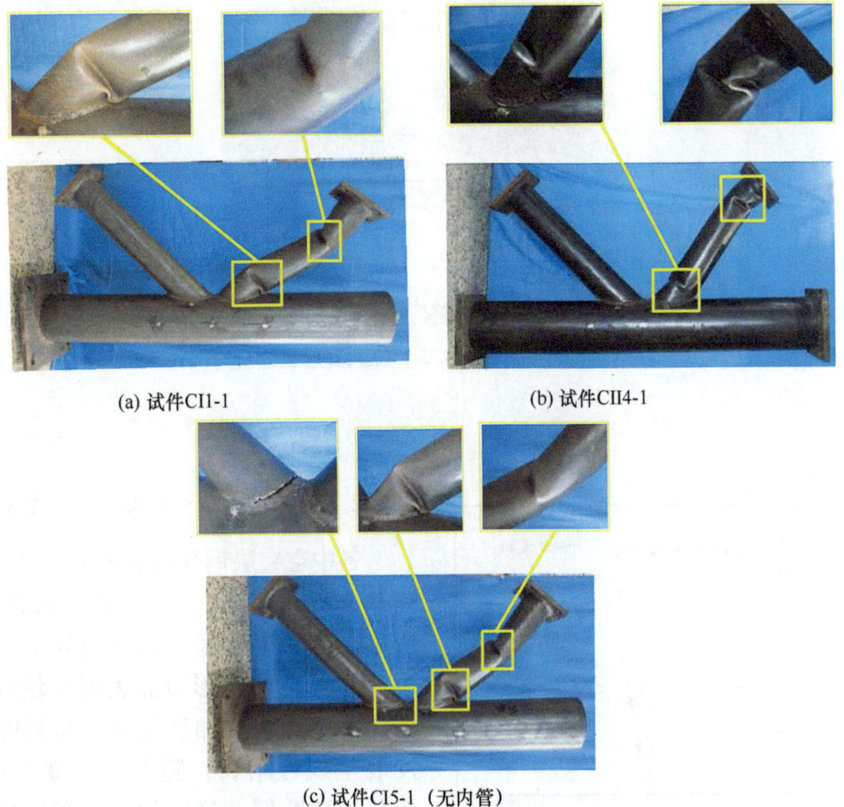
(a) 试件CI1-1　(b) 试件CII4-1　(c) 试件CI5-1（无内管）

图 12.33　中空夹层钢管混凝土 K 形节点破坏形态

验观察与应变量测可以发现，各试件的弦杆表面均出现一定的外管壁变形和表面塑性。

试验结束后，将试件节点区域剖开，以观察夹层混凝土和弦杆内管的形态，如图 12.34 所示。由于所有试件破坏发生在腹杆，弦杆的夹层混凝土和内管未发生明显破坏。

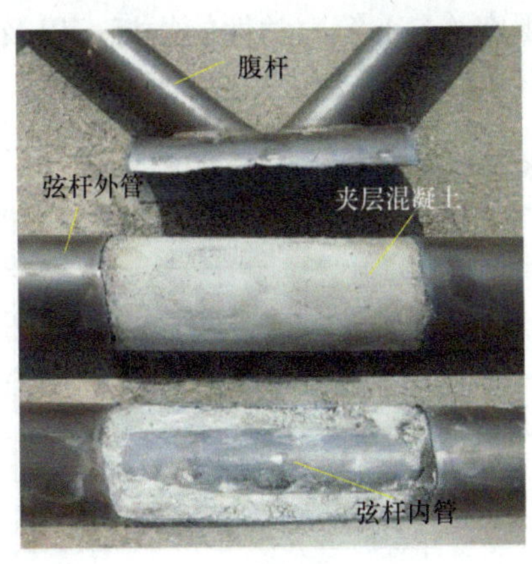

(a) 试件CI1-1

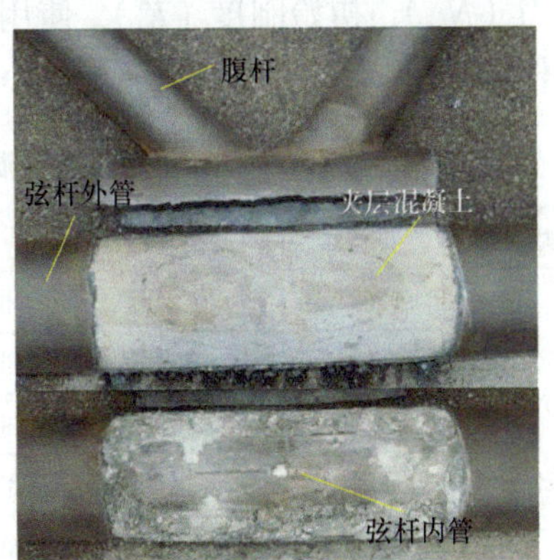

(b) 试件CII4-1

图 12.34　内管及夹层混凝土形态

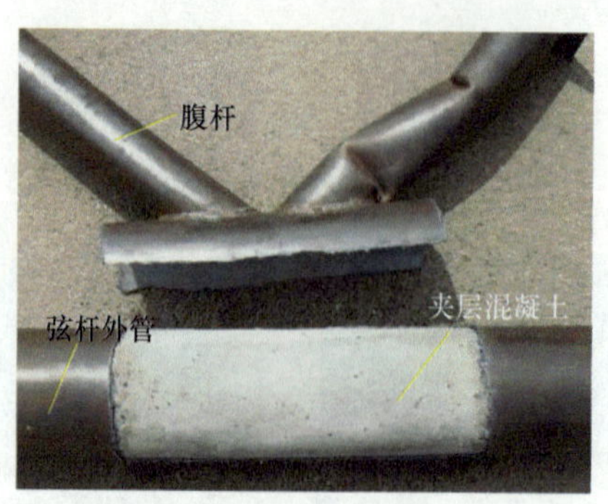

(c) 试件CI5-1（无内管）

图 12.34 （续）

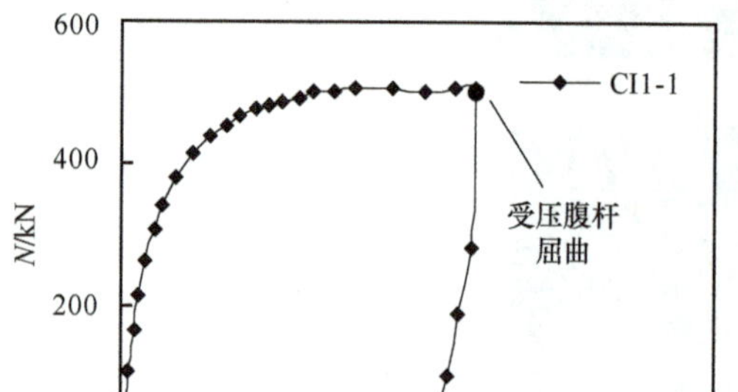

图 12.35 荷载（N）-变形（δ）关系

2. 荷载（N）-变形（δ）关系

各中空夹层钢管混凝土K形节点试件的荷载（N）-变形（δ）关系示例如图12.35所示。可见，在静力荷载边界下，中空夹层钢管混凝土K形节点表现出较好的延性与变形能力。在加载初期，荷载随变形的发展呈线性增长；随着节点变形的增加，荷载增速变缓；当试件进入塑性后，荷载维持不变的情况下，节点的杆件相对变形迅速增长，直至发生受压腹杆屈曲破坏，节点失去承载能力。

3. 力学性能指标

基于荷载（N）-变形（δ）关系，确定各中空夹层钢管混凝土K形节点试件的极限承载力（N_{ue}）、初始刚度（K_i）、使用阶段刚度（K_s）等力学性能指标，以及试件破坏形态和极限荷载时弦杆的侧向变形（v_{ue}）等信息，汇总如表12.12所示。

表 12.12 中空夹层钢管混凝土K形节点承载能力试验结果

类型	试件编号	破坏形态	N_{ue}/kN	K_i/（kN/mm）	K_s/（kN/mm）	v_{ue}/mm
边界条件一	CI1-1	受压腹杆局部屈曲	506.8	352.3	271.1	1.2
	CI1-2	受压腹杆局部屈曲	513.9	382.5	232.5	1.0
	CI2-1	受压腹杆整体屈曲	391.8	232.8	190.6	0.6
	CI2-2	受压腹杆局部屈曲	387.2	257.3	212.6	0.7
	CI3-1	受压腹杆局部屈曲	469.1	341.6	261.0	1.0
	CI3-2	受压腹杆局部屈曲	490.3	323.9	209.3	1.1
	CI4-1	受压腹杆局部屈曲	511.8	375.2	265.5	1.1

续表

类型	试件编号	破坏形态	N_{ue}/kN	K_i/（kN/mm）	K_s/（kN/mm）	v_{ue}/mm
边界条件一	CI4-2	受压腹杆局部屈曲	524.9	405.1	305.9	0.9
	CI5-1	受压腹杆局部屈曲；受拉腹杆焊缝开裂	517.1	371.2	263.6	0.9
	CI5-2	受压腹杆局部屈曲	531.1	388.7	278.1	1.0
边界条件二	CII1-1	受压腹杆局部屈曲	517.6	343.4	246.6	1.1
	CII1-2	受压腹杆局部屈曲	513.2	374.2	233.3	1.2
	CII2-1	受压腹杆局部屈曲	508.2	300.5	205.2	1.5
	CII2-2	受压腹杆局部屈曲	495.3	314.5	211.7	1.4
	CII3-1	受压腹杆局部屈曲	482.6	272.4	185.5	3.1
	CII3-2	受压腹杆局部屈曲	504.1	250.8	160.4	2.5
	CII4-1	受压腹杆局部屈曲	510.9	453.1	305.7	1.1
	CII4-2	受压腹杆局部屈曲；受拉腹杆焊缝开裂	497.7	397.7	284.6	1.0
	CII5-1	受压腹杆局部屈曲	511.1	547.1	336.6	0.9
	CII5-2	受压腹杆局部屈曲	492.5	515.9	318.9	1.0

本试验通过对各中空夹层钢管混凝土 K 形节点试件的组合，对弦杆空心率等因素对节点静力性能的影响进行了考察。本节分别针对考察不同因素的试件系列，对不同试件的破坏形态、荷载 - 变形关系、力学性能指标及应变发展等方面，进行了对比分析。

（1）腹弦杆管径比系列（试件 CI1、CI2）

试验中，通过 CI1 系列（β=0.604）、CI2 系列（β=0.396）共 4 个试件，来考察腹弦杆管径比 β（d_w/d_o）对中空夹层钢管混凝土 K 形节点静力性能的影响。

试件在加载全过程的荷载（N）- 变形（δ）关系如图 12.36 所示。由 N-δ 曲线确定的力学性能指标相对值如图 12.37 所示，图中纵坐标相对值指的是试件的极限承载力（N_{ue}）、初始刚度（K_i）和使用阶段刚度（K_s）等力学性能指标与试件 CI1-1 相应指标值的比值（百分比）。

由图 12.36 与图 12.37 可见，当中空夹层钢管混凝土 K 形节点试件的腹杆直径

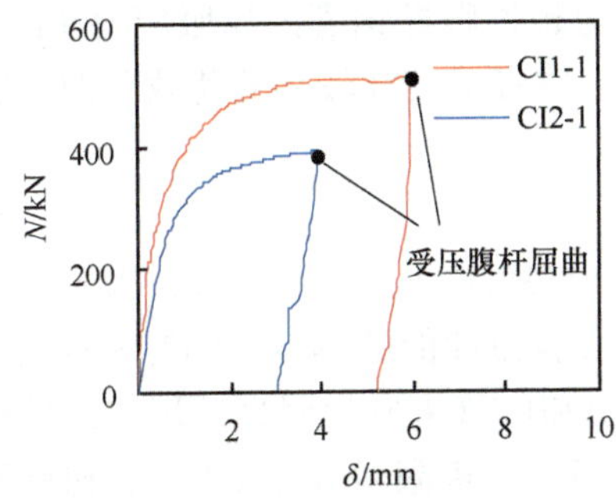

图 12.36　N-δ 曲线（CI1、CI2 系列）

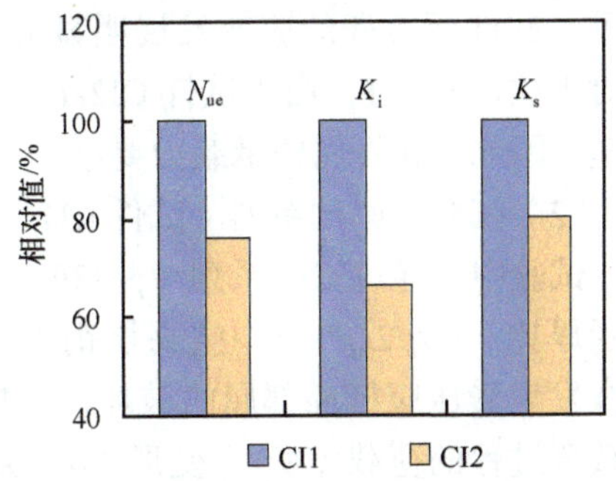

图 12.37　力学指标对比（CI1、CI2 系列）

（d_w）减小，即腹弦杆径厚比 β 减小时，节点的极限承载力与刚度均有明显降低。试件 CI2 系列（$\beta=0.396$）的极限承载力（N_{ue}）比 CI1（$\beta=0.604$）降低 23.7%，初始刚度（K_i）和使用阶段刚度（K_s）分别降低 33.3% 和 19.9%。这是由于试件的腹杆起控制作用，腹杆直径减小后其整体力学性能均会相应降低。

试件 CI1-1 在加载过程中的荷载（N）- 弦杆外钢管应变（ε）关系如图 12.38 所示，图中 ε_l 代表纵向应变，ε_t 代表横向应变。

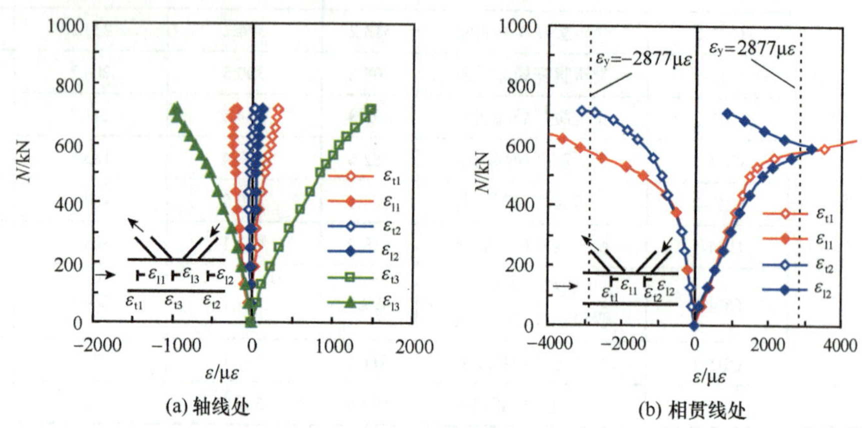

图 12.38　弦杆荷载（N）- 外钢管应变（ε）关系（CI1-1）

图 12.38（a）对弦杆外钢管壁在沿轴线不同位置处（中截面处、距中截面 d_o 近加载端处、距中截面 d_o 近自由端处）的应变进行了对比。可见，靠近加载端的弦杆段，应变有一定发展；靠近自由端的弦杆段，由于弦杆无直接轴力作用，应变发展较小；而弦杆外钢管在中截面处的应变远大于轴线上的其他位置。整体而言，弦杆外钢管在沿轴线的应变发展均未达到钢管的屈服应变（ε_y）。图 12.38（b）所示为弦杆外钢管在与腹杆连接的相贯线处的应变发展，其中 ε_{l1}、ε_{t1} 为弦杆在受拉腹杆相贯线处的应变，ε_{l2}、ε_{t2} 为弦杆在受压腹杆相贯线处的应变。可见，在加载过程中，相贯线附近的弦杆应变均已达到钢管的屈服应变（ε_y），说明杆件连接处是应力集中的区域。

试件 CI1-1 与 CI2-1 受拉、受压腹杆的荷载（N）- 应变（ε）关系分别如图 12.39（a）、（b）所示，其中，ε_{l1}、ε_{t1} 为受拉腹杆上测得的应变，ε_{l2}、ε_{t2} 为受压腹杆测得的应变。可见，试件两腹杆的应变发展明显大于弦杆钢管，均超过腹杆钢管的屈服应变（ε_y）。相对于试件 CI1-1，由于试件 CI2-1 腹杆截面的减小，腹杆应变在较小的荷载下即发展迅速，因此其腹杆屈曲承载力要小。

（2）弦杆径厚比系列（试件 CI1、CI3）

试验中，通过 CI1 系列（$\gamma=30.53$）、CI3 系列（$\gamma=39.47$）的 4 个试件，来考察弦杆径厚比 γ（$d_o/2t_o$）对中空夹层钢管混凝土 K 形节点静力性能的影响。CI3 系列试件同样发生受压腹杆局部屈曲破坏。弦杆的夹层混凝土和内管未发生明显破坏。试件在加载全过程的荷载（N）- 变形（δ）关系如图 12.40 所示，极限承载力（N_{ue}）、初始刚度（K_i）和使用阶段刚度（K_s）等力学性能指标的相对值如图 12.41 所示。

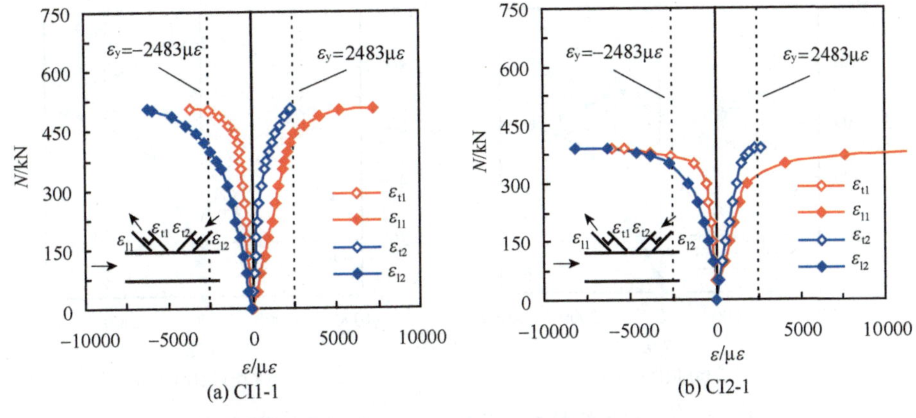

图 12.39 腹杆荷载（N）- 应变（ε）关系

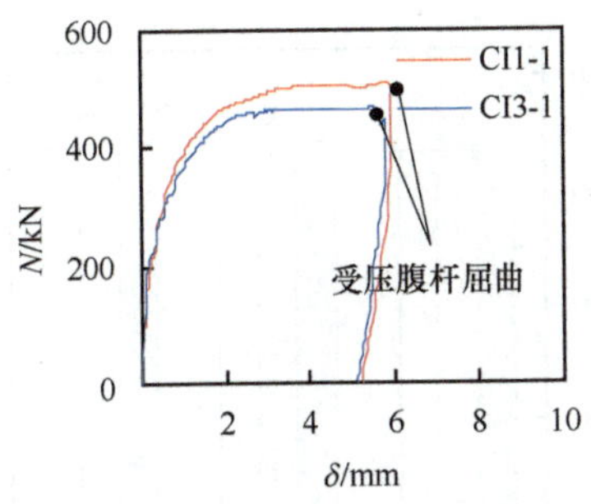

图 12.40 N-δ 曲线（CI1、CI3 系列）

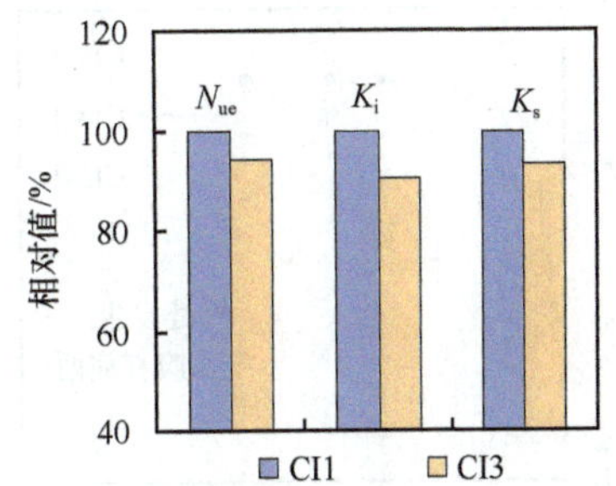

图 12.41 力学指标对比（CI1、CI3 系列）

可见，当中空夹层钢管混凝土 K 形节点试件的弦杆外钢管壁厚（t_o）减小，即弦杆径厚比 γ 增大时，节点的极限承载力与刚度有一定降低，但降低幅度不大。试件 CI3 系列（γ=39.47）的极限承载力（N_{ue}）比 CI1（γ=30.53）降低 6.0%，初始刚度（K_i）和使用阶段刚度（K_s）分别降低 9.4% 和 6.4%。这是由于当弦杆外钢管的壁厚减小时，其抵抗侧向力的能力减弱，为受压腹杆提供的支撑作用也相对减弱。

试件 CI1-1、CI3-1 的弦杆外钢管在与腹杆连接的相贯线处的荷载（N）- 应变（ε）关系对比如图 12.42 所示。可见，在加载过程中，两试件的弦杆外壁在相贯线处的应变发展规律基本相似，随着荷载的增加，其纵向、横向应变均达到钢管的屈服应变（ε_y）。

（3）弦杆空心率系列（试件 CI1、CI4、CI5）

试验中，通过 CI1 系列（χ=0.6）、CI4 系列（χ=0.3）、CI6 系列（χ=0）共 6 个试件，来考察弦杆空心率 χ 对中空夹层钢管混凝土 K 形节点静力性能的影响。

CI4、CI5 系列试件同样发生受压腹杆局部屈曲破坏。试件 CI4 的弦杆夹层混凝土和内管、试件 CI5 的核心混凝土均未发生明显破坏。三个系列的节点试件在加载全过程的荷载（N）- 变形（δ）关系如图 12.43 所示，极限承载力（N_{ue}）、初始刚度（K_i）和使用阶段刚度（K_s）等力学性能指标的相对值如图 12.44 所示。

可见，当中空夹层钢管混凝土 K 形节点试件的弦杆空心率 χ 减小时，节点的极限承载力有微小的提升。试件 CI4 系列（χ=0.3）、CI5 系列（χ=0.6）的极限承载力

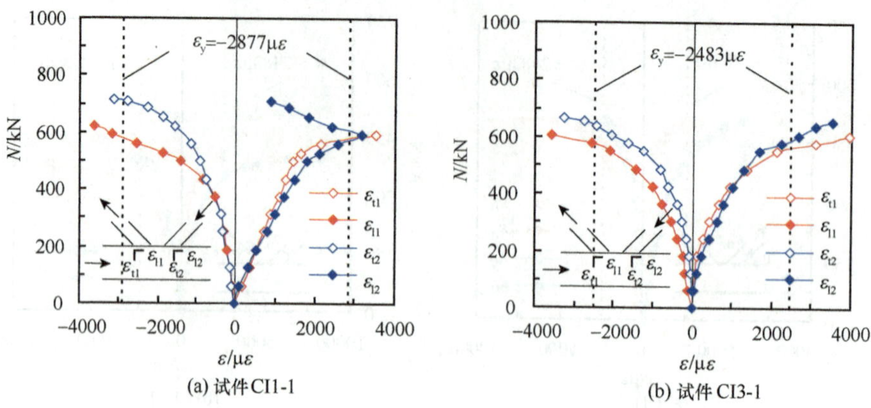

图 12.42　相贯线处弦杆荷载（N）- 外钢管应变（ε）关系

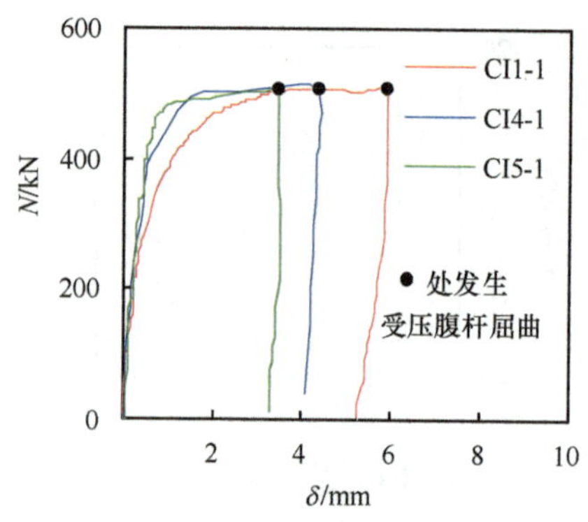

图 12.43　N-δ 关系（CI1、CI4、CI5 系列）

图 12.44　力学指标对比（CI1、CI3、CI5 系列）

（N_{ue}）比 CI1（χ=0.6）分别提高 1.5% 和 2.6%。而试件的刚度有较大提升，初始刚度（K_i）和使用阶段刚度（K_s）最高增加 6.5% 和 13.4%。这是由于当弦杆空心率减小时，弦杆中混凝土的量增加，减小了节点区的变形，使得刚度有所提升。

本系列试件的弦杆内、外钢管荷载（N）- 应变（ε）关系的对比如图 12.45 所示。其中，图 12.45（a）所示为试件 CI1-1、CI4-1、CI5-1 的弦杆外管中截面轴线处的纵向、横向应变对比；图 12.45（b）所示为试件 CI1-1、CI4-1 的弦杆内管中截面轴线处的纵向、横向应变对比。可见，与相应位置处的外管应变相比，试件弦杆内管的应变发展较小，其纵向、横向应变均未达到钢管的屈服应变（ε_y），并且随着弦杆空心率（χ）的减小，试件相应位置处的应变值也有所减小。如图 12.45（a）中，试件 CI5-1 的外钢管应变发展小于试件 CI4-1，而两者的应变值均小于试件 CI1-1 的相应位置。这说明弦杆中混凝土的量增加，减小了钢管的应变变形，因此其整体刚度有所提高。

（4）弦杆轴力水平系列（试件 CII）

试验中，通过 CII 系列的 10 个试件，来考察弦杆轴力水平对中空夹层钢管混凝土 K 形节点静力性能的影响。试验结果表明，在试验的参数范围内，弦杆轴力水平未改变节点的破坏形态，CII 系列中空夹层钢管混凝土 K 形节点试件同样发生受压腹杆局部屈曲破坏，试件的夹层混凝土和内管也未发生明显破坏。

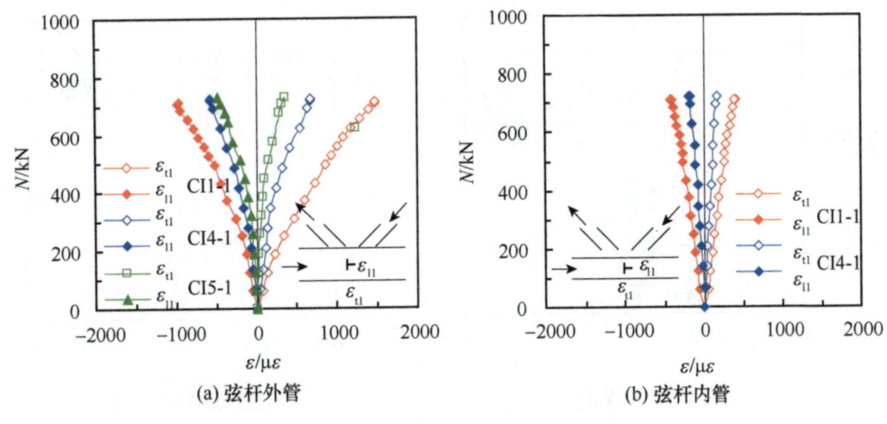

图 12.45　弦杆荷载（N）- 钢管应变（ε）关系

五个系列的节点试件在加载全过程的荷载（N）- 变形（δ）关系如图 12.46 所示，极限承载力（N_{ue}）、初始刚度（K_i）和使用阶段刚度（K_s）等力学性能指标的相对值如图 12.47 所示。

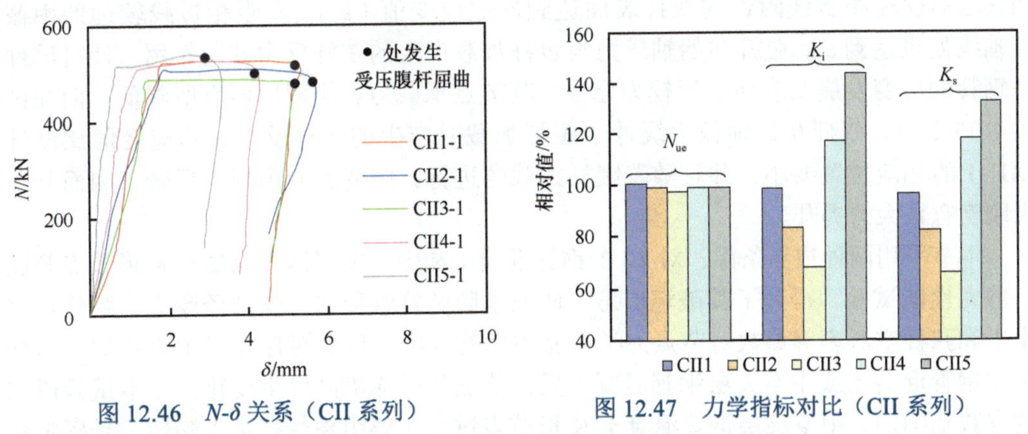

图 12.46　N-δ 关系（CII 系列）　　图 12.47　力学指标对比（CII 系列）

可见，当中空夹层钢管混凝土 K 形节点试件的弦杆中施加初始轴力时，其承载力均有所降低，最大降低幅度出现在 CII3 系列，即弦杆承受 $n'=-0.6$ 的轴压力时，节点的极限承载力（N_{ue}）降低约 3.4%。可见试验参数范围内的轴力水平对节点承载力的影响较小。

由图 12.46 与图 12.47 同样可见，弦杆轴力水平对中空夹层钢管混凝土 K 形节点刚度的影响较大。当弦杆承受轴压力时，节点刚度呈下降趋势，CII3 试件（$n'=-0.6$）的初始刚度（K_i）和使用阶段刚度（K_s）比 CII1 试件（$n'=-0.05$）分别降低 29.8% 和 32.3%。当弦杆承受轴拉力时，节点刚度有明显提升，CII5 试件（$n'=0.6$）的初始刚度（K_i）和使用阶段刚度（K_s）比 CII1 试件（$n'=-0.05$）分别提高 44.6% 和 30.1%。

选取本试验参数范围内弦杆初始轴压力最大的试件 CII3-1、弦杆初始轴拉力最大的试件 CII5-1 以及对比试件 CII1-1，将三者弦杆外钢管在中截面轴线处及受拉腹杆相贯线的荷载（N）- 应变（ε）关系进行对比，如图 12.48 所示。为使对比更加直观，将试件

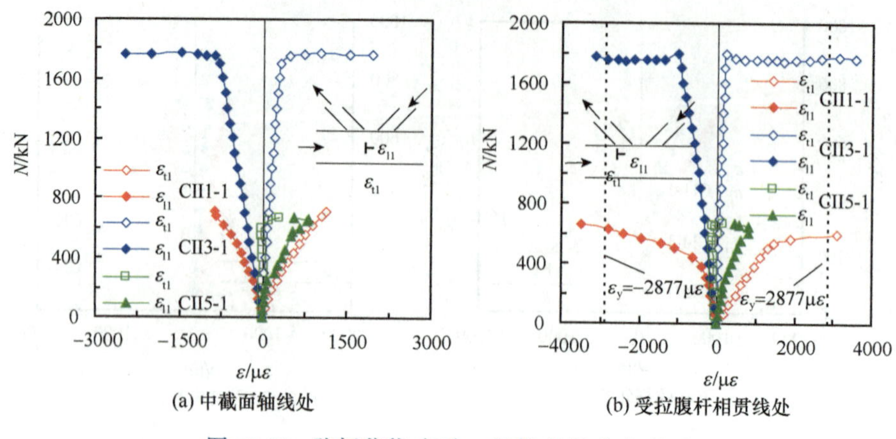

(a) 中截面轴线处　(b) 受拉腹杆相贯线处

图 12.48　弦杆荷载（N）-钢管应变（ε）关系

CII5-1 的弦杆拉荷载定义为正。

可见，试件 CII3-1 在较大的弦杆初始轴压力（$n'=-0.6$）作用下，其弦杆外钢管在中截面轴线处的应变明显高于试件 CII1-1 的相应位置。随着加载的进行，试件 CII3-1 不仅在相贯线附近的弦杆表面达到屈服应变值（ε_y），在距相贯线较远的中截面轴线处也达到 ε_y。弦杆初始轴压力与腹杆加载产生的弦杆反力共同作用，使得试件外钢管的应变发展及表面变形较为充分，其节点承载力、刚度因而有所降低。而在试件 CII5-1 中，弦杆初始轴拉力缓冲了腹杆加载时产生的弦杆反力，其应变值比试件 CII1-1 的相应位置要小，并且随着腹杆加载的进行，应变方向出现了反转，因而其节点刚度有较大的提升。

本节采用两种边界条件，对 20 个钢管混凝土和中空夹层钢管混凝土 K 形节点开展了静力性能试验，得到了其破坏形态，研究了腹弦杆管径比、弦杆径厚比、弦杆轴力水平和弦杆空心率等参数对节点力学性能的影响规律。与空钢管 K 形节点相比，弦杆采用钢管混凝土或中空夹层钢管混凝土后，节点的破坏机制发生变化。在本试验研究的参数范围内，中空夹层钢管混凝土 K 形节点试件主要出现弦杆进入塑性、受压腹杆局部屈曲的破坏形态，部分试件的受拉焊缝开裂。在试验中，中空夹层钢管混凝土 K 形节点表现出较好的延性，其承载力相对于实心钢管混凝土 K 形节点并无较大改变。

在本节试验参数范围内，中空夹层钢管混凝土 K 形节点的承载力随腹弦杆管径比的增大而提高；随弦杆径厚比的增大而降低；弦杆空心率、弦杆轴力水平对节点的影响则主要体现在刚度方面。

12.4　K 形连接节点受力全过程分析

12.4.1　有限元计算模型

（1）模型建立

基于 ABAQUS 非线性有限元软件，建立了钢管混凝土和中空夹层钢管混凝土 K

形节点的非线性有限元分析模型，对其在边界条件下的静力性能进行数值计算（侯超，2014；Hou，Han，2017）。利用以往研究者的试验数据和本章试验数据对模型的准确性进行验证，以保证分析结果的安全可靠。在此基础上，利用有限元模型，进行中空夹层钢管混凝土 K 形节点在静力荷载下的工作机理分析。研究节点破坏形态和荷载 - 变形关系特征，节点区应力 - 应变发展过程，弦杆内、外钢管和夹层混凝土的相互作用等。

在材料本构模型方面，钢管混凝土和中空夹层钢管混凝土弦杆的内、外钢管与空钢管腹杆的应力 - 应变关系采用二次塑流模型，核心和夹层混凝土采用混凝土塑性损伤模型，详见 2.5.2 节。

在单元选取方面，混凝土、杆件端板等采用 C3D8R 单元（八节点减缩积分格式的三维实体单元）；弦杆钢管与腹杆钢管均采用 S4R 单元（四节点减缩积分格式的三维壳单元），在厚度方向采用 9 个积分点的 Simpson 积分。在网格划分时采用映射网格划分，通过网格试验确定网格密度，保证计算精度与计算效率的良好统一。由于圆截面各杆件的交会处，几何构型复杂，容易产生不规则的网格形状，影响到计算的收敛性。因此，进行网格划分时，在 K 形节点的弦杆、腹杆相贯区域，通过细致的部件剖分与网格节点布置，生成三向尺寸尽量一致的网格，以利于计算的收敛。建立的钢管混凝土 K 形节点和中空夹层钢管混凝土 K 形节点试件有限元模型如图 12.49 所示。

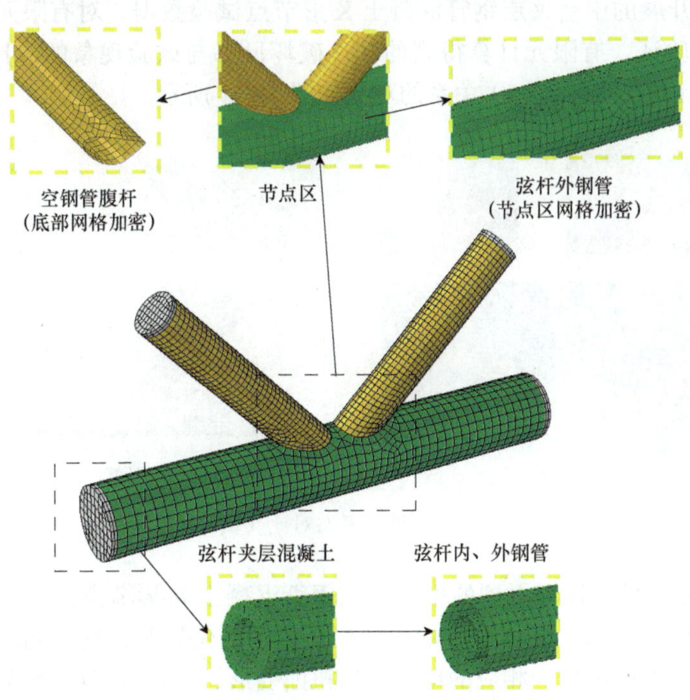

图 12.49　中空夹层钢管混凝土 K 形节点有限元模型

通过对钢管混凝土和中空夹层钢管混凝土在侧向受压时材料间界面特性的探索，确定了对 K 形节点弦杆钢管壁与夹层混凝土的接触及相互作用的处理方式：采用“硬”

接触模拟钢管与夹层混凝土之间的法向接触行为，即接触面法向压力可以完全传递；采用库仑摩擦模型模拟界面切向的黏结滑移行为。在计算、分析的基础上，将界面摩擦系数 μ 取为 0.5。模型中的其他接触，如弦杆与腹杆的连接、各杆件端板的连接等，参考宋谦益（2010）的处理方法。

在空钢管节点中，杆件连接处的焊缝可能会对腹杆端部和弦杆表面产生较大应力和变形影响，进而影响到空钢管节点的破坏形态及承载性能。在对钢管混凝土和中空夹层钢管混凝土侧向受压性能的研究中发现，由于夹层混凝土的约束与支撑作用，焊缝对于弦杆外钢管塑性变形的影响得到有效缓解，因此焊缝对节点静力性能的影响较小（宋谦益，2010；侯超，2014）。

在利用有限元模型研究钢管混凝土 K 形节点和中空夹层钢管混凝土 K 形节点在理想边界条件下的静力性能时，其各杆件边界仅受轴力作用，并且拉、压腹杆的轴力大小相等，在此基础上，可选择多种荷载位移边界条件。本模型的 K 形节点边界条件与试验一致。计算中，采用牛顿法进行迭代计算。

（2）模型验证

采用建立的模型，对钢管混凝土 K 形节点承载力进行计算。对比结果表明，有限元计算得到的极限承载力（N_{ua}）与试验测得的极限承载力（N_{ue}）吻合良好（侯超，2014）。

利用本章开展的中空夹层钢管混凝土 K 形节点试验数据，对有限元模型的准确性进行了进一步验证。有限元计算得到的试件破坏形态与试验现象的对比如图 12.50 所示，试件荷载（N）－变形（δ）关系的对比如图 12.51 所示。

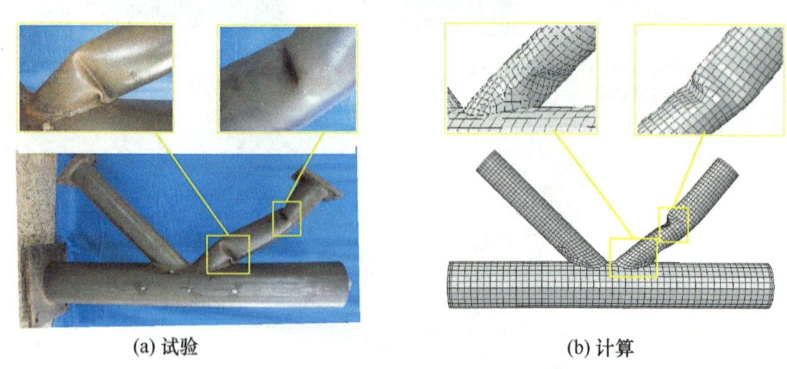

(a) 试验　　(b) 计算

图 12.50　试件破坏形态对比（试件 CI1-1）

由图 12.50 可见，计算得到的中空夹层钢管混凝土 K 形节点破坏形态与试验观察到的现象有较好的一致。受压腹杆的屈曲变形、屈曲位置等，均得到较好的模拟，在腹杆钢管发生屈曲的部位，相应的单元发生扭曲变形；试件的竖向变形、侧向变形等，也均可以在计算结果中体现出。由图 12.51 可见，计算与试验得到的中空夹层钢管混凝土 K 形节点荷载（N）－变形（δ）关系取得了较好的一致，部分试件的实测弹性段刚度与极限承载力略大于计算结果，随着加载的进行，计算与实测结果吻合良好。

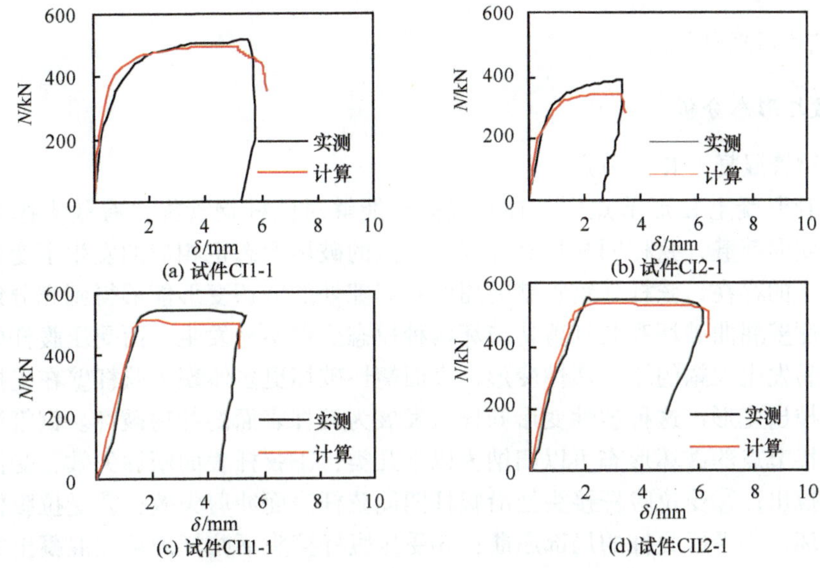

图 12.51　荷载（N）-变形（δ）关系对比

将有限元计算得到的试件极限承载力 N_{ua} 与试验得到的 N_{ue} 进行对比，如图 12.52 所示。计算可得，N_{ua}/N_{ue} 的平均值为 0.949，COV 为 0.028。可见，有限元计算得到的 K 形节点承载力偏于安全，而刚度略大。整体来讲，模型计算结果与试验结果吻合较好。

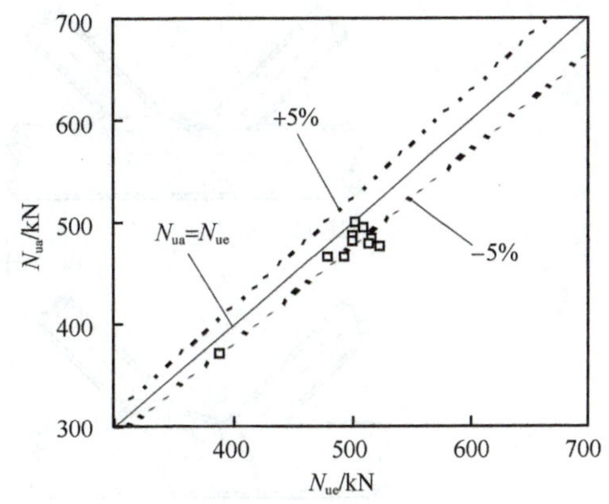

图 12.52　承载力计算结果（N_{ua}）与试验结果（N_{ue}）对比

图 12.53 中以试件 CI1-1 为例，将计算得到的弦杆外钢管轴线和相贯线等处的荷载（N）-应变（ε）关系与试验结果进行了对比，同样吻合较好。在加载初期，计算与实测曲线基本吻合，随着荷载的增加，两处曲线也基本表现出和试验中一致的发展趋势。

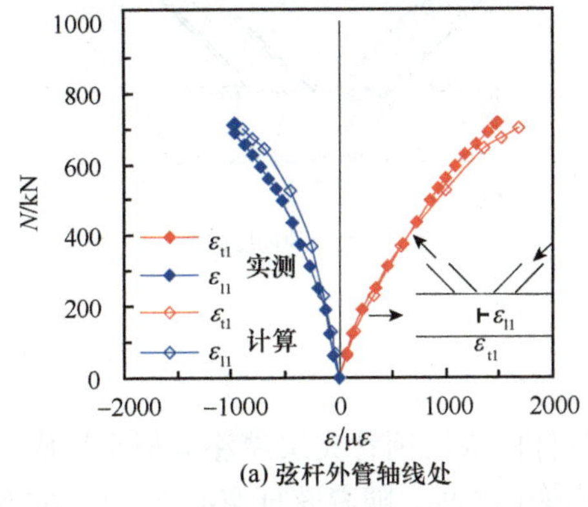

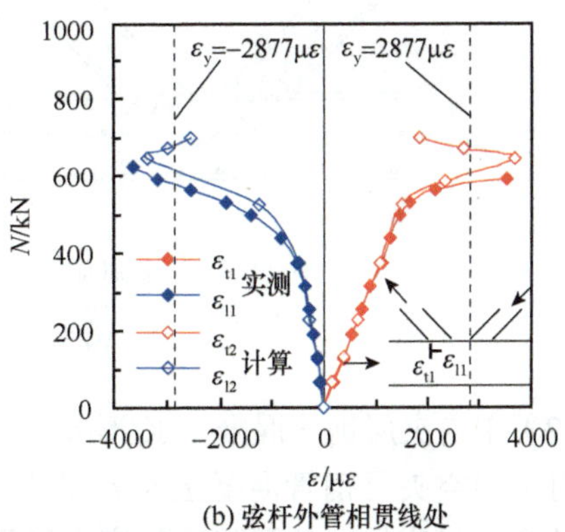

图 12.53　荷载（N）-应变（ε）关系对比（试件 CI1-1）

12.4.2 工作机理分析

1. 破坏形态分析

（1）钢管混凝土 K 形节点

在钢管混凝土 K 形节点中，核心混凝土能够对弦杆钢管提供有效支撑并分担腹杆传来的侧向荷载，弦杆明显得到加强，节点的破坏形态也相应的发生了变化。由于核心混凝土的存在，弦杆外钢管壁的屈曲和间隙处的剪切变形能够得到充分约束，相应的弦杆侧壁屈曲破坏和弦杆剪切破坏两种模态变得不易发生。而受压腹杆处的弦杆表面也不易发生大幅的压入塑性变形，表面塑性破坏更多体现为弦杆壁在受拉腹杆接头周围的拉出变形，这种塑性变形同样易发展为弦杆表面的冲剪破坏。钢管混凝土 K 形相贯焊接节点的破坏形态可以归纳为以下几类：①弦杆表面塑性失效，受拉腹杆将弦杆表面拉出；②受拉腹杆接头处沿腹杆四周弦杆表面冲剪失效；③受拉腹杆或焊缝的强度破坏；④受压腹杆的局部屈曲；⑤受压腹杆接头下弦杆内填充混凝土的局部压溃；⑥弦杆的轴压破坏。圆钢管混凝土 K 形节点的①～⑤种破坏形态如图 12.54 所示。

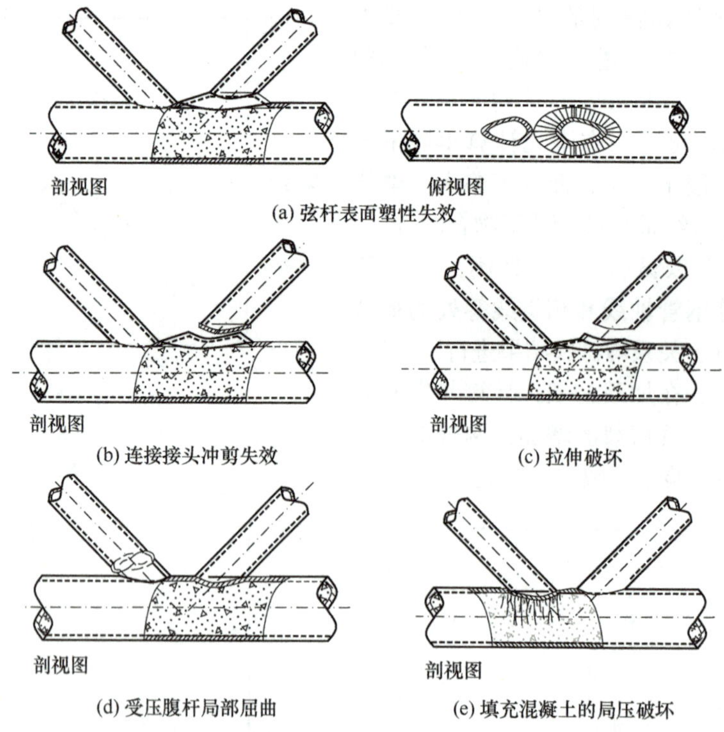

图 12.54 圆钢管混凝土 K 形节点破坏形态

（2）中空夹层钢管混凝土 K 形节点

对于中空夹层钢管混凝土 K 形节点，弦杆由双层钢管夹层灌注混凝土形成，其力学特性介于相应的空钢管弦杆与实心钢管混凝土之间，随着弦杆空心率（χ）的变化而变化。因此，其破坏机制也随着节点参数的变化而不同。为深入研究中空夹层钢管混凝土 K 形节点在静力荷载下的破坏形态，利用建立的有限元模型，对不同 K 形节点算例进行了计算分析。采用试验试件 CI1-1 的尺寸为基本算例，计算参数为弦杆长度 l_o=1680mm，弦杆外管截面 $d_o \times t_o$=240mm×3.93mm，弦杆内管截面 $d_i \times t_i$=140mm×3.04mm，弦杆空心率 χ=0.6；腹杆长度 l_w=725mm，腹杆截面 $d_w \times t_w$=145mm×3.04mm，两腹杆夹角 θ=45°，节点的构造偏心 e=0mm，间隙 g=33.8mm。弦杆内、外钢管和腹杆钢管均采用 Q345 钢材，夹层混凝土采用 C60 混凝土，试件加载方式如图 12.26（a）所示。通过变化相关参数组合，得到中空夹层钢管混凝土 K 形节点的破坏形态如下。

1）受压腹杆屈曲破坏。通过有限元模型对基本算例进行计算，得到了受压腹杆局部屈曲破坏，节点破坏形态及杆件的应力分布如图 12.55 所示。

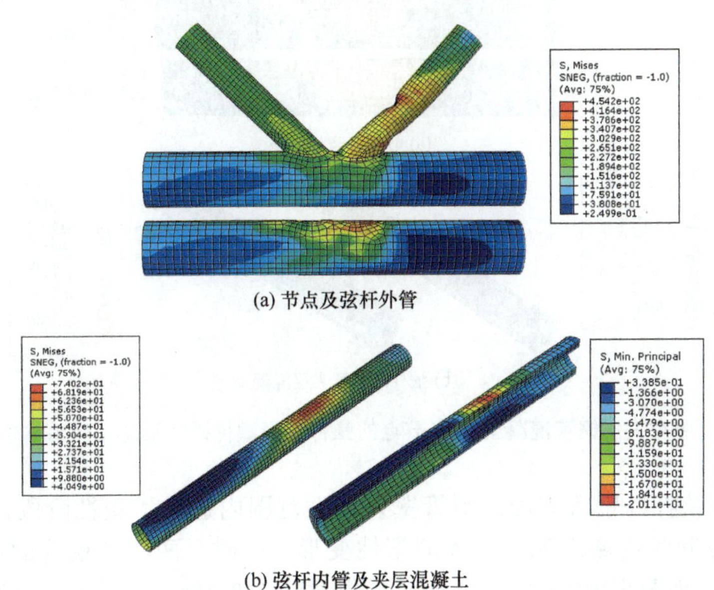

(a) 节点及弦杆外管

(b) 弦杆内管及夹层混凝土

图 12.55　中空夹层钢管混凝土 K 形节点的受压腹杆屈曲破坏形态（应力单位：MPa）

可见，节点受压腹杆的应力集中现象明显，在发生屈曲处及附近区域，受压腹杆的钢材应力达到 410MPa 以上。受拉腹杆和中空夹层钢管混凝土弦杆外钢管部分区域的钢材应力水平也较高，节点区域尤其在相贯线附近的弦杆外钢管壁进入塑性。此时，弦杆内管的最大 Mises 应力约为 75MPa，夹层混凝土的最大压应力（最小主应力）达到约 25MPa，均在弹性范围内。可见，当中空夹层钢管混凝土 K 形节点的弦杆空心率较小、相对较强时，弦杆可对受压腹杆提供足够的支撑，节点可能发生受压腹杆屈曲破坏，在这种破坏形态下，受拉腹杆和弦杆外钢管在相贯线附近区域的应力水平较高、钢材进入塑性，弦杆内钢管和夹层混凝土也达到一定的应力水平。

在试验研究中，大多数试件发生了受压腹杆局部屈曲破坏，部分试件在受压腹杆屈曲后旋即发生了受拉腹杆或焊缝的拉伸断裂。由应变分析可知，试件弦杆外钢管的应变发展充分，相贯线附近的应变均已超过钢材屈服应变（ε_y），说明弦杆外钢管也已进入塑性变形阶段。与有限元模型分析得到的结果一致。

2）弦杆表面塑性破坏。在基本算例中，将弦杆空心率增大为$\chi=0.75$，将弦杆外管壁厚改变为$t_o=3$mm，保持组合节点的其他几何参数不变；通过有限元计算，得到了中空夹层钢管混凝土K形节点的弦杆表面塑性破坏，节点的破坏形态及杆件的应力分布如图12.56所示。

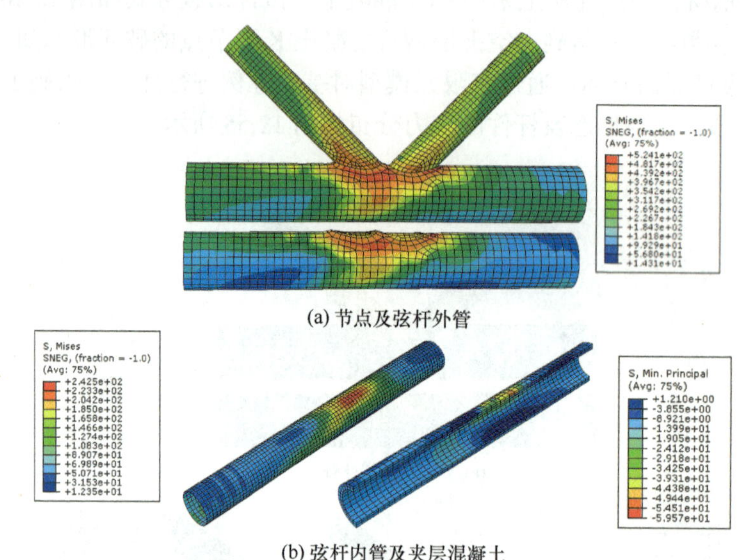

(a) 节点及弦杆外管

(b) 弦杆内管及夹层混凝土

图12.56　中空夹层钢管混凝土K形节点的弦杆表面塑性破坏形态（应力单位：MPa）

可见，在弦杆外钢管表面，钢管壁在较大范围内进入了塑性阶段，并且在相贯线附近及节点间隙区域出现了较大的塑性变形。此时，两腹杆钢管的Mises应力在300MPa左右。而弦杆内管的最大Mises应力达到240MPa，夹层混凝土的最大压应力（最小主应力）达到约60MPa，均远高于发生受压腹杆屈曲破坏时的弦杆内管和夹层混凝土应力水平。可见，当中空夹层钢管混凝土K形节点的弦杆空心率较大、相对较薄弱，而弦杆外管壁厚较小时，节点可能发生弦杆表面塑性破坏，在这种破坏形态下，弦杆的内、外钢管和夹层混凝土均达到较高的应力水平。

3）弦杆冲剪破坏。在基本算例中，将弦杆空心率增大为$\chi=0.75$，将弦杆外管壁厚改变为$t_o=1.5$mm，保持其他几何参数不变；通过有限元计算，可以预期中空夹层钢管混凝土K形节点发生弦杆表面冲剪破坏，节点破坏形态及杆件的应力分布如图12.57所示。

可见，在弦杆外管与受拉腹杆的相贯区域，弦杆外壁应力较为集中，发生了明显的塑性变形，在图12.57（a）中所示的受拉腹杆左侧，弦杆外壁发生了屈曲变形。由于本模型中未引入钢材的断裂准则，此处钢材未模拟到断裂现象，然而受拉相贯线处弦杆钢管的应力状态集中、单元发生扭曲变形，同时，由于夹层混凝土和内管的约束，

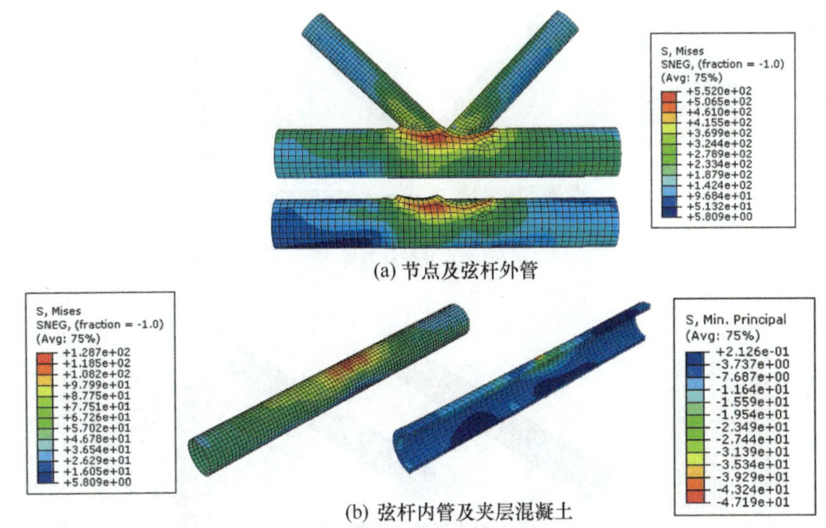

(a) 节点及弦杆外管

(b) 弦杆内管及夹层混凝土

图 12.57　中空夹层钢管混凝土 K 形节点的弦杆表面冲剪破坏形态（应力单位：MPa）

弦杆外管无法发生内凹屈曲变形。可以预见，受拉腹杆处的弦杆外壁随着应力的发展和塑性变形受到约束，将发生冲剪破坏。此时，在受压腹杆相贯区域附近，弦杆外壁应力也有较大集中，但较受拉腹杆附近为小。两腹杆钢管大部分区域的 Mises 应力小于 300MPa。弦杆内管的最大 Mises 应力为 120MPa 左右，夹层混凝土的最大压应力（最小主应力）为 45MPa 左右，高于发生受压腹杆屈曲破坏时弦杆内管和夹层混凝土的应力水平，但低于发生弦杆表面塑性破坏时的应力水平。可见，当中空夹层钢管混凝土 K 形节点的弦杆空心率较大、弦杆外管壁厚进一步减小时，节点可能发生弦杆表面冲剪破坏，在这种破坏形态下，在弦杆与受拉腹杆相贯位置附近的管壁上发生较严重的应力集中，并由于弦杆外壁较薄弱而发生断裂破坏。

4）夹层混凝土局部受压破坏。在基本算例中，将弦杆空心率进一步增大为 χ=0.85，将弦杆外管壁厚改变为 t_o=3mm，保持其他几何参数不变；通过有限元计算，得到了中空夹层钢管混凝土 K 形节点的夹层混凝土局部受压破坏，节点破坏形态及杆件的应力分布如图 12.58 所示。

可见，弦杆在受压腹杆的压荷载作用下发生内凹破坏，在受压腹杆下的区域，弦杆外管、弦杆内管均达到屈服强度并发生内凹塑性变形；夹层混凝土同样发生受压凹陷变形，其最大压应力（最小主应力）达到约 60MPa。可见，当中空夹层钢管混凝土 K 形节点的弦杆空心率进一步增大时，节点更多地表现出与空钢管 K 形节点相似的特性，在受压腹杆作用下可能发生弦杆夹层混凝土的局部受压破坏。

同样可见，发生夹层混凝土局部受压破坏时，受拉腹杆大部分区域的钢材应力尚未达到屈服水平，受拉腹杆连接处的弦杆外管应力水平也远比受压腹杆连接处低。由图 12.58（b）也可看到，受拉腹杆连接区域处弦杆内管和夹层混凝土的应力水平较低，材料的应力分布主要由内凹变形控制。由此可知，在中空夹层钢管混凝土 K 形节点发生夹层混凝土局部受压破坏时，受拉腹杆对节点的荷载、变形影响较小，可基本简化

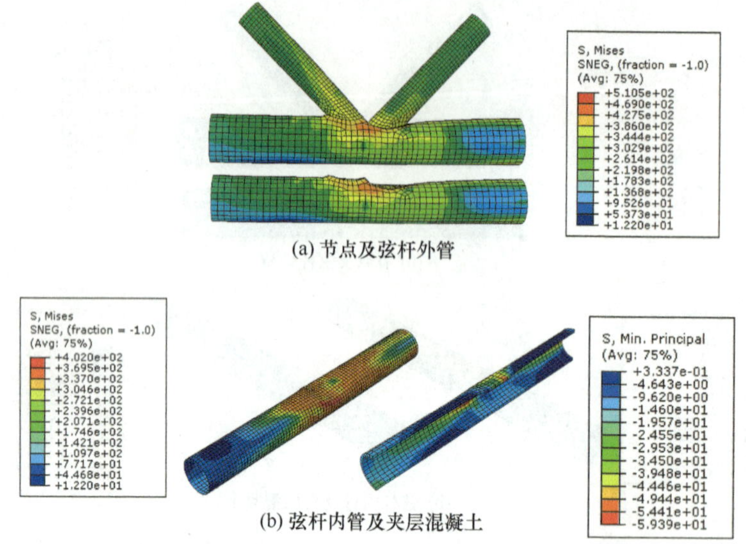

(a) 节点及弦杆外管

(b) 弦杆内管及夹层混凝土

图 12.58 中空夹层钢管混凝土 K 形节点的夹层混凝土局部受压破坏形态（应力单位：MPa）

为 12.2 节的中空夹层钢管混凝土构件在倾斜压杆作用下的局部受压问题。

由以上计算分析可知，随着空心率（χ）等参数的变化，中空夹层钢管混凝土 K 形节点的破坏机制有所不同。除以上四种破坏形态外，与空钢管节点类似，中空夹层钢管混凝土 K 形节点同样可能在受拉腹杆或焊缝处发生拉伸破坏；由于钢管中填充混凝土后，其抗剪切能力大幅提升（韩林海，2022），因此，在本章研究的工程常见参数范围内，可以认为不会发生中空夹层钢管混凝土弦杆剪切破坏的情况。综上，中空夹层钢管混凝土 K 形节点的几种破坏形态如表 12.13 所示。

表 12.13　中空夹层钢管混凝土 K 形节点破坏形态

破坏杆件	破坏形态	破坏形态示意
弦杆破坏	弦杆表面塑性破坏	剖视图 俯视图
	弦杆表面冲剪破坏	
	夹层混凝土承压破坏	

续表

破坏杆件	破坏形态	破坏形态示意
腹杆破坏	受压腹杆局部屈曲	
	受拉腹杆或焊缝拉伸破坏	

由于节点区域的弦杆是桁架、塔架体系受力的关键部位，夹层混凝土承压破坏、弦杆管壁冲剪断裂等弦杆发生直接破坏的模态将进一步影响到整个结构体系的安全和稳定。而腹杆的过早破坏，则不利充分地发挥各杆件的材料性能。因此，本章试验研究中出现的弦杆进入塑性后受压腹杆发生屈曲破坏的情况，可以认为是能够较充分发挥材料性能且利于保持结构体系稳定的一种较为理想的破坏形态，也是进行机理分析的重点。

2. 荷载－变形全过程关系分析

（1）钢管混凝土 K 形节点

图 12.59（a）所示为钢管混凝土 K 形节点有限元参数分析中弦杆径厚比不同的节点荷载（N）－变形（δ）关系，其中变形 δ 的取值方法如图 12.32 所示。可见径厚比 $\gamma=54.8$ 的节点受拉支初始刚度与其余节点相当，但随着弦杆壁的塑性变形增大，当节点荷载超过承载力一半以后变形刚度开始减小，节点的荷载随变形缓慢上升到峰值。受压支的发展趋势类似，同属于延性破坏。随着弦杆径厚比的减小（壁厚增大）曲线的弹性段占上升段的比重越大。节点达到峰值荷载前的变形也越小。试件 $\gamma=21.9$ 和 $\gamma=18.3$ 的

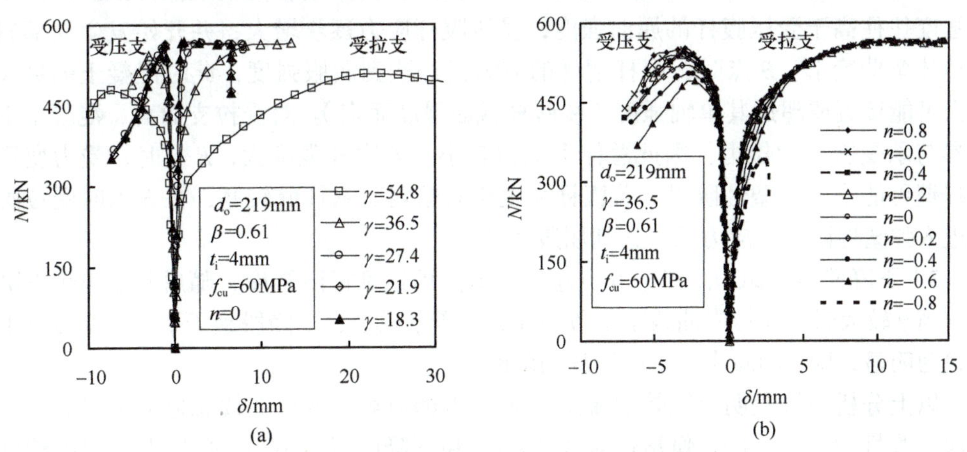

图 12.59　钢管混凝土 K 形节点 N-δ 关系

受压支和受拉支曲线分别重合，节点达到峰值荷载前没有明显的变形，塑性发展也不充分，受压支达到荷载峰值后承载力迅速下降。

图 12.59（b）所示为不同弦杆轴力水平 n 下的节点荷载－变形关系。可见，随着轴力水平 n 的增大，节点受拉支的荷载－变形关系的变形刚度略有减小，总体上趋势相同，且塑性变形发展较充分。当轴力水平 n 达到 -0.8 时，荷载峰值仅上升到其他轴力水平的一半即开始下降；节点受压支的荷载－变形关系随着轴力水平 n 的增大峰值点明显降低，并且荷载峰值点对应的变形很小（基本在 4mm 以内），随后曲线进入下降段，轴力水平 $n=-0.8$ 对应的峰值点仅达到 300kN 左右，远低于轴力水平小的情况。

综上可得，钢管混凝土 K 形节点受力全过程的荷载－变形关系如图 12.60 所示，其特征如下。

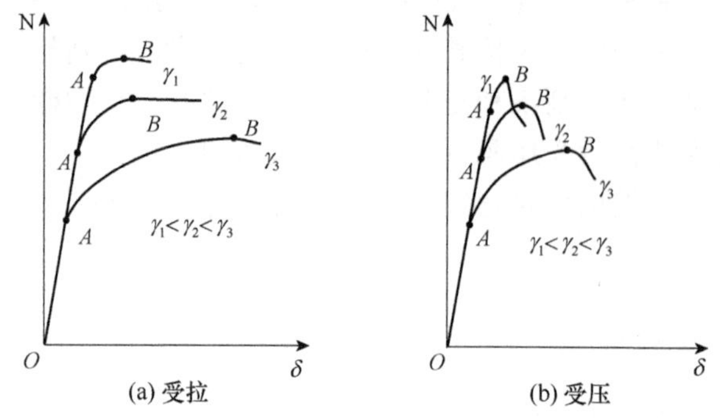

图 12.60　钢管混凝土 K 形节点 N-δ 关系

1）弹性阶段（OA）：在此阶段，受压支核心混凝土和弦杆壁共同承受腹杆传递来的横向荷载，核心混凝土局部处于三向受压状态。A 点大致相当于腹杆钢材进入弹塑性阶段的起点。受拉支由弦杆壁单独承受侧拉力，但核心混凝土约束了弦杆侧壁的变形，使参与变形的弦杆壁膜应力状态能得到充分发挥，A 点大致相当于弦杆壁钢材进入弹塑性阶段的起点。

2）弹塑性阶段（AB）：进入此阶段后，受压支由于钢管混凝土弦杆抵抗侧向压陷的强度往往高于受压腹杆的屈曲强度，受压腹杆应力逐步增大，并开始发生局部屈曲或整体弯曲变形。B 点时，腹杆钢材的应力已经达到屈服强度，此时混凝土的最大压应力可能接近或超过其单轴强度（视腹杆截面强度而定）。对受拉支而言，混凝土不直接参与承受腹杆的拉力，因此总体上应力较小。若腹杆强度大，B 点时，受力变形的弦杆壁可能进入弹塑性阶段。若腹杆强度相对较弱而弦杆壁较厚，在 B 点时受拉腹杆已进入弹塑性阶段，应力已经达到屈服强度。

3）下降阶段（BC）：到达 B 点左右，节点即达到极限强度，随后开始出现下降阶段。当 γ 较大时，受拉支曲线下降段明显，随着 γ 减小，下降段趋于平缓。受压支下降段较为明显，随 γ 的减小，下降段越加陡峭。

以上分析结果表明，钢管混凝土 K 形节点的荷载－变形曲线总体上可以分为三个阶段：弹性阶段（OA）、弹塑性阶段（AB）和下降阶段（BC）。受拉支表现出较好的弹性和塑性性能，随着 γ 的增大，弹塑性发展越充分；受压支塑性性能稍弱，随着弦

杆径厚比 γ 的减小弹塑性段短，到达峰值后下降阶段越陡。在节点的加载受力过程中，达到峰值点以前，受拉腹杆和受压腹杆的荷载增长基本同步，几乎同时达到峰值点。进入下降阶段后，由于试件的变形导致拉、压腹杆的受力不再平衡，受压腹杆荷载迅速下降节点破坏。

（2）中空夹层钢管混凝土 K 形节点

不同破坏形态下的中空夹层钢管混凝土 K 形节点在静力荷载下受拉腹杆上的荷载（N）和受拉腹杆与弦杆中截面的相对变形值（δ）关系如图 12.61 所示，其中杆件相对变形值 δ 按图 12.32 所示的方法确定。

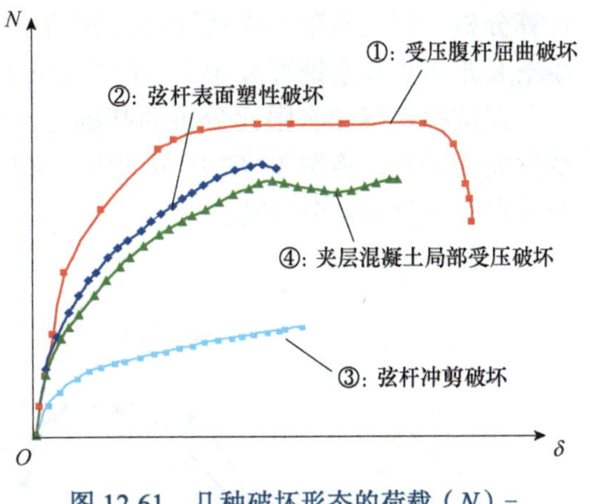

图 12.61　几种破坏形态的荷载（N）- 变形（δ）关系对比

图 12.61 中，曲线①（受压腹杆屈曲破坏）代表弦杆进入塑性后受压腹杆发生屈曲破坏形态所对应的荷载 - 变形关系。可见，试件具有良好的延性，其弹性、塑性变形的发展较为充分，节点具有较高的承载能力。

曲线②（弦杆表面塑性破坏）所示为弦杆表面塑性破坏形态对应的荷载 - 变形关系。可见，由于节点弦杆空心率 χ 增大、弦杆外管壁厚 t_o 减小，与曲线 A 算例相比，弦杆受到较大削弱，因此节点的刚度有明显降低，节点变形随荷载的增加而增长迅速，试件较早进入弹塑性段和塑性段，最终由于弦杆管壁发生较大的塑性变形而达到极限承载力。

曲线③（弦杆冲剪破坏）所示为弦杆冲剪破坏形态对应的荷载 - 变形关系。由于在本算例中，弦杆外钢管壁厚 t_o 进一步减小，节点弦杆进一步减弱，因此与曲线 B 相比，节点刚度的降低幅度更大，更早地进入弹塑性段和塑性段。由于本模型未对钢材的断裂现象进行模拟，没有得到曲线 C 的下降段，但可见节点的承载力明显降低，随着荷载的增加，节点变形发展迅速。

曲线④（夹层混凝土局部受压破坏）所示为夹层混凝土局部受压破坏形态对应的荷载 - 变形关系。可见，曲线特点与第 2 章中研究的中空夹层钢管混凝土在侧向受压下的荷载 - 变形规律较为一致，当弦杆发生内凹变形时，荷载出现下降段，其后，随着变形的增长，节点承载能力有所恢复。由于本算例弦杆空心率有较大幅度的增大，弦杆中夹层混凝土的量减少，节点刚度有较大降低。

由图 12.61 可见，弦杆或腹杆发生过早地发生破坏，均不利于杆件材料性能的充分利用，曲线①所对应的弦杆进入塑性 - 受压腹杆屈曲破坏形态具有更好的延性，能够较充分发挥材料性能，是较为合理的破坏形态。因此，以该模态所对应的中空夹层钢管混凝土 K 形节点算例为代表，对荷载 - 变形关系的全过程特性进行了分析。作为对比，同时对同参数的空钢管 K 形节点（弦杆建模中去掉夹层混凝土与内钢管）和钢管混凝土 K 形节点（弦杆建模中去掉内钢管，将外钢管内全部填充核心混凝土）进行了计算分析。利用有限元模型计算得到的中空夹层钢管混凝土 K 形节点及相应的钢管混凝土 K 形节点和空钢管 K 形节点的全过程荷载（N）-变形（δ）关系，如图 12.62 所示。

在试验观察和有限元分析的基础上，根据节点宏观荷载、变形的变化和对应力应变发展的分析，将图 12.62 所示的中空夹层钢管混凝土 K 形节点荷载（N）-变形（δ）全过程关系分为 4 个阶段。

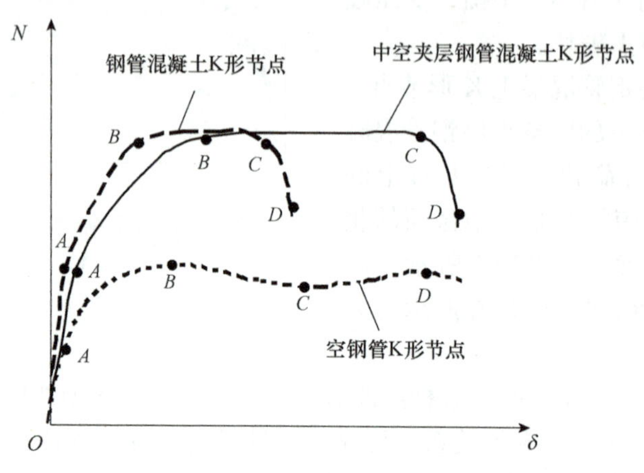

图 12.62　K 形节点 N-δ 关系

1）弹性阶段（OA 段）。加载初始，节点的荷载-变形关系总体呈线性。在这一阶段，弦杆内、外钢管和腹杆钢管均处于弹性阶段，其应力在弹性范围内。夹层混凝土与弦杆内、外钢管壁共同承担传自腹杆的侧向荷载，处于侧向局压状态，并受到内、外钢管的约束作用，节点具有较大的刚度。

本阶段结束时，拉、压腹杆的钢材应力到达比例极限，开始进入弹塑性阶段。弦杆外钢管的部分区域——相贯线附近的区域在腹杆拉压荷载的直接作用下、处于间隙中部的区域在节点区剪切作用下——也开始进入弹塑性阶段。由试验结果和有限元分析的结果可知，A 点处的荷载为 $0.4N_u$～$0.6N_u$。

2）弹塑性阶段（AB 段）。随着荷载的进一步增加，节点的荷载-变形关系进入弹塑性阶段，荷载随变形增加而增加的速度变缓，节点刚度也逐渐减小。拉、压腹杆逐渐进入屈服阶段，弦杆外钢管在相贯线附近和间隙区域的钢管壁最先进入屈服阶段，并且范围逐渐扩大。更大范围的夹层混凝土参与到承载中，混凝土的应力水平和弦杆内钢管的应力水平逐渐增大。到本阶段结束时，拉、压腹杆和弦杆外管在节点区的部分均已进入塑性阶段。由试验结果和有限元分析的结果可知，B 点处的荷载一般为 $0.9N_u$ 以上。

3）塑性阶段（BC 段）。随着腹杆钢管和弦杆外钢管进入塑性阶段，节点的腹杆与弦杆的相对位移发展迅速。荷载继续增大，导致更大范围的钢管壁进入屈服阶段。在弦杆中，随着外钢管壁的屈服，产生应力重分布，夹层混凝土和内管的支撑作用使得更大范围的外管壁进入屈服，避免了相贯线附近和间隙区域的应力过于集中而导致塑性破坏；受拉腹杆逐渐进入强化段，部分区域的钢材应力已超过屈服强度；随着应力的增加，在本阶段结束时，受压腹杆已出现开始形成局部屈曲或整体屈曲的趋势，节点达到极限荷载。

4）下降阶段（*CD* 段）。随着受压腹杆发生屈曲，节点的承载能力开始下降，并且由于节点出现较大的杆件相对变形，拉、压腹杆的受力不再平衡，节点失去承载能力。

可见，中空夹层钢管混凝土 K 形节点在静力荷载边界下表现出较好的承载和变形性能。由图 12.62 同样可见，对于钢管混凝土 K 形节点，由于节点承载力受受压腹杆的屈曲强度控制，其承载力与中空夹层钢管混凝土 K 形节点相近，其荷载 - 变形关系也可以分为上述 4 个阶段，但由于弦杆全截面填充核心混凝土，与中空夹层钢管混凝土弦杆相比，对外钢管的约束作用更强，其弹性阶段（*OA* 段）、弹塑性阶段（*AB* 段）的刚度有所提高，塑性阶段（*BC* 段）的变形能力则有所降低。而对空钢管 K 形节点，由于没有混凝土对弦杆钢管的约束作用，在弹塑性阶段（*AB* 段）结束时，弦杆发生大的塑性屈曲变形，节点承载力在 *BC* 段下降，并由于弦杆侧壁的支撑作用，在 *CD* 段有所回升。

3. *应力分布规律研究*

如前所述，当发生弦杆进入塑性 - 受压腹杆屈曲破坏时，中空夹层钢管混凝土 K 形节点的受力过程可分为弹性阶段、弹塑性阶段、塑性阶段和下降阶段四个阶段，而各个阶段间的衔接与过渡时刻则成为可以反映节点在不同阶段受力特点的特征点。为进一步了解节点在受力全过程中的工作机理和力学实质，以上述中空夹层钢管混凝土 K 形节点算例及相应的空钢管、钢管混凝土 K 形节点为例，深入分析了杆件在受力全过程中各特征点的应力分布情况。

图 12.63 给出了中空夹层钢管混凝土 K 形节点算例在 *A*、*B*、*C*、*D* 各特征点时的 Mises 应力分布情况，图中应力单位为 MPa，压力方向以拉为正，以下各图均同。可见，在 *A* 点，拉、压腹杆及弦杆外壁的节点区域，钢材应力基本约为 160～190MPa，仍处于弹性阶段，接近比例极限。而在弦杆外壁的间隙处，部分钢管处于符合受力状态，Mises 应力可达到 300MPa。此后，随着荷载的增加，试件进入弹塑性阶段。到 *B* 点时，拉、压腹杆，以及弦杆外钢管在相贯线附近和间隙区域的管壁，均已进入屈服阶段，弦杆参与有效承载的范围也逐渐扩大，接近加载端的弦杆外壁钢材应力接近 200MPa，远大于接近自由端的弦杆外壁，这与试验应变量测结果是一致的。之后，腹杆钢管和弦杆外钢管进入塑性阶段，更大范围的钢管壁进入屈服阶段，腹杆、弦杆之间的相对位移也有较大的发展。到 *C* 点时，受拉腹杆逐渐进入强化段，部分区域的钢材应力已达到 390MPa，而受压腹杆已开始形成局部屈曲，如图 12.63（c）所示，应力向屈曲产生处集中。此后，由于受压腹杆局部屈曲的发展，节点破坏，荷载迅速下降，到 *D* 点时，各杆件已产生较大的相对位移。

图 12.64 给出了弦杆内、外钢管在各特征点时的 Mises 应力分布情况。可见，弦杆内管的应力发展滞后于外管，在整个加载过程中处于弹性阶段，这与试验应变量测结果是一致的。当试件开始进入塑性阶段，即 *B* 点时，外管相贯线附近区域及间隙区域的钢材应力已达到屈服强度。此时内管钢材的最大应力约为 100MPa，尚在比例极限

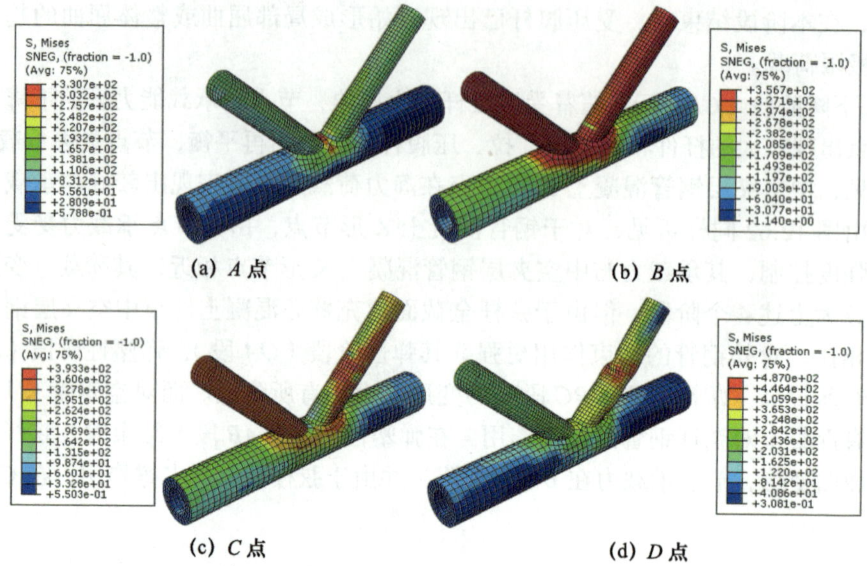

(a) *A* 点　(b) *B* 点

(c) *C* 点　(d) *D* 点

图 12.63　中空夹层钢管混凝土 K 形节点 Mises 应力分布（应力单位：MPa）

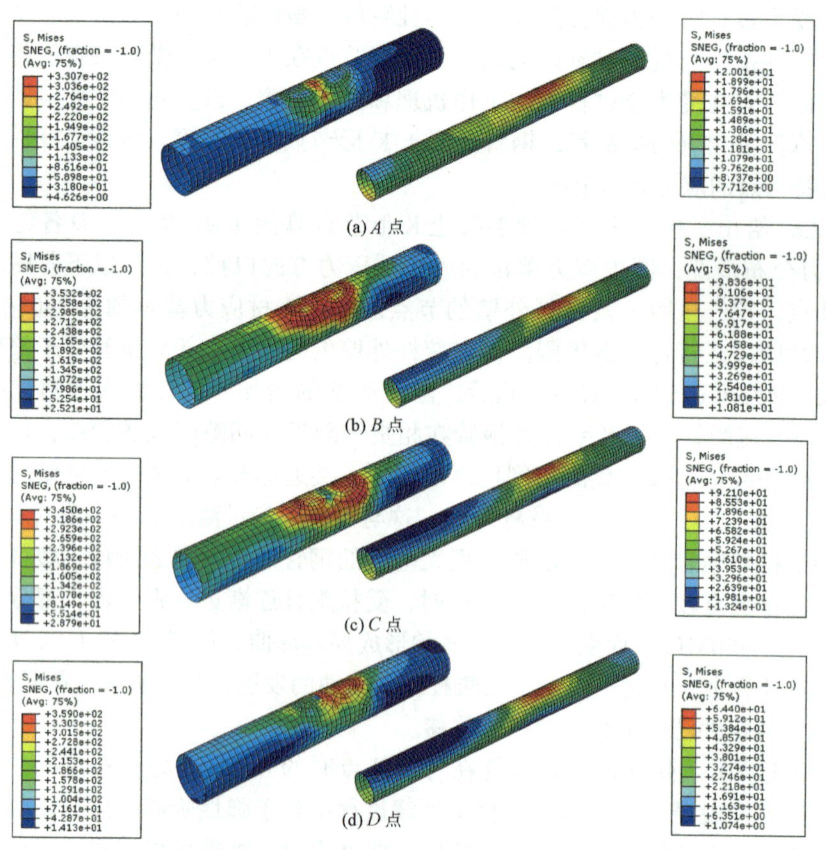

(a) *A* 点

(b) *B* 点

(c) *C* 点

(d) *D* 点

图 12.64　弦杆内、外钢管 Mises 应力分布（应力单位：MPa）

内。这是由于内管是通过夹层混凝土的传递来参与受力。

由图 12.64 可见，内管应力发展较快的区域多集中在与受压腹杆的连接位置，可见内管对于限制受压腹杆处弦杆管壁的压入变形及内凹屈曲发挥了重要作用。

图 12.65 给出了夹层混凝土在各特征点时的最大压应力（最小主应力）分布情况。可见，在整个加载过程中，夹层混凝土在受压腹杆段、接近腹杆侧（应力分布图的右上部）、受拉腹杆段、远离腹杆侧（应力分布图的左下部）两个区域有较大的应力发展，并且以受压腹杆连接位置区域的应力为最大。这是由于，在受压腹杆传递的侧向压力作用下，夹层混凝土较直接参与承压，受到内外钢管的约束作用；而在受拉腹杆作用区域的弦杆外钢管管壁，在拉力作用下有向上位移的趋势。相应的，在远离腹杆的一侧，夹层混凝土受到较强的约束，产生较大的应力。可见，夹层混凝土的存在有效地约束了弦杆管壁的屈曲和相对位移。由于弦杆未承受初始轴力，在整个加载过程中，夹层混凝土的最大压应力约为 25MPa，均处在弹性阶段。

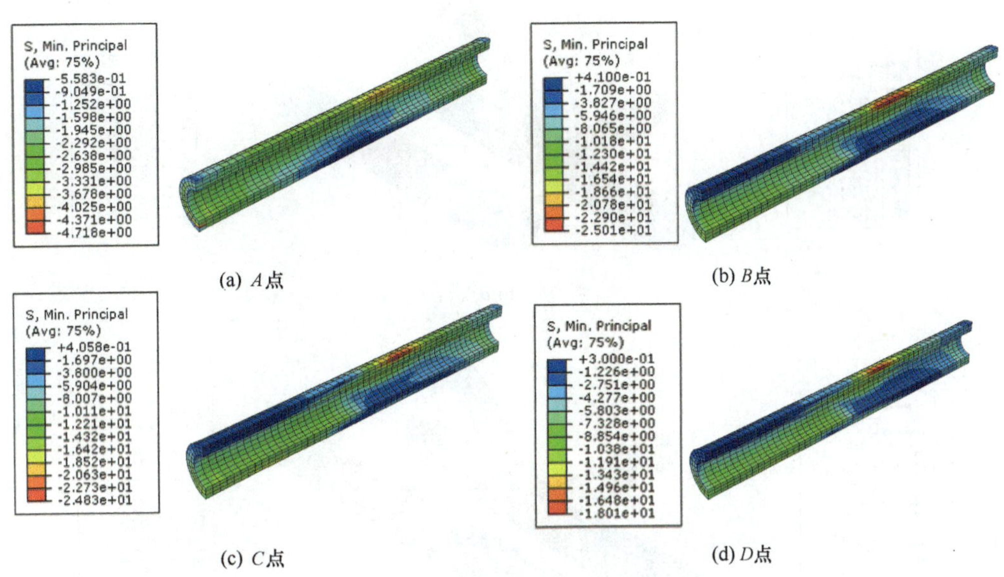

图 12.65　夹层混凝土的应力分布（应力单位：MPa）

由图 12.65 同样可见，*B* 点处夹层混凝土的应力分布与 *A* 点有了较大变化，结合对图 12.64 的分析可知，在弹塑性段，中空夹层钢管混凝土弦杆发生截面应力重分布，夹层混凝土和内管更多地参与受力，并使得外管壁钢材屈服的范围扩大，有效避免了外管在相贯线附近及间隙区域的应力集中，进而避免了较大的塑性变形导致的弦杆破坏。

图 12.66 给出了空钢管 K 形节点对比算例及其弦杆在各特征点时的 Mises 应力分布情况。可见，在加载初始的弹性阶段，空钢管 K 形节点的应力分布情况与中空夹层钢管混凝土 K 形节点相似。随着荷载的增加，到 *B* 点时，由于缺乏混凝土对弦杆管壁的约束作用，在与受压腹杆连接的相贯线附近，弦杆的钢材应力持续集中，远大于弦杆其他区域和腹杆。拉、压腹杆的钢材应力在 250MPa 以内，远小于中空夹层钢管混

凝土 K 形节点的腹杆应力。在 *BC* 段，弦杆在受压腹杆连接区域发生内凹屈曲，节点承载力下降。在 *CD* 段，弦杆表面及侧壁的部分钢材进入强化段，应力达到 400MPa 以上，使节点所受荷载略有回升。

总体来讲，在空钢管 K 形节点中，弦杆管壁由于缺乏有效约束而过早地发生屈曲，

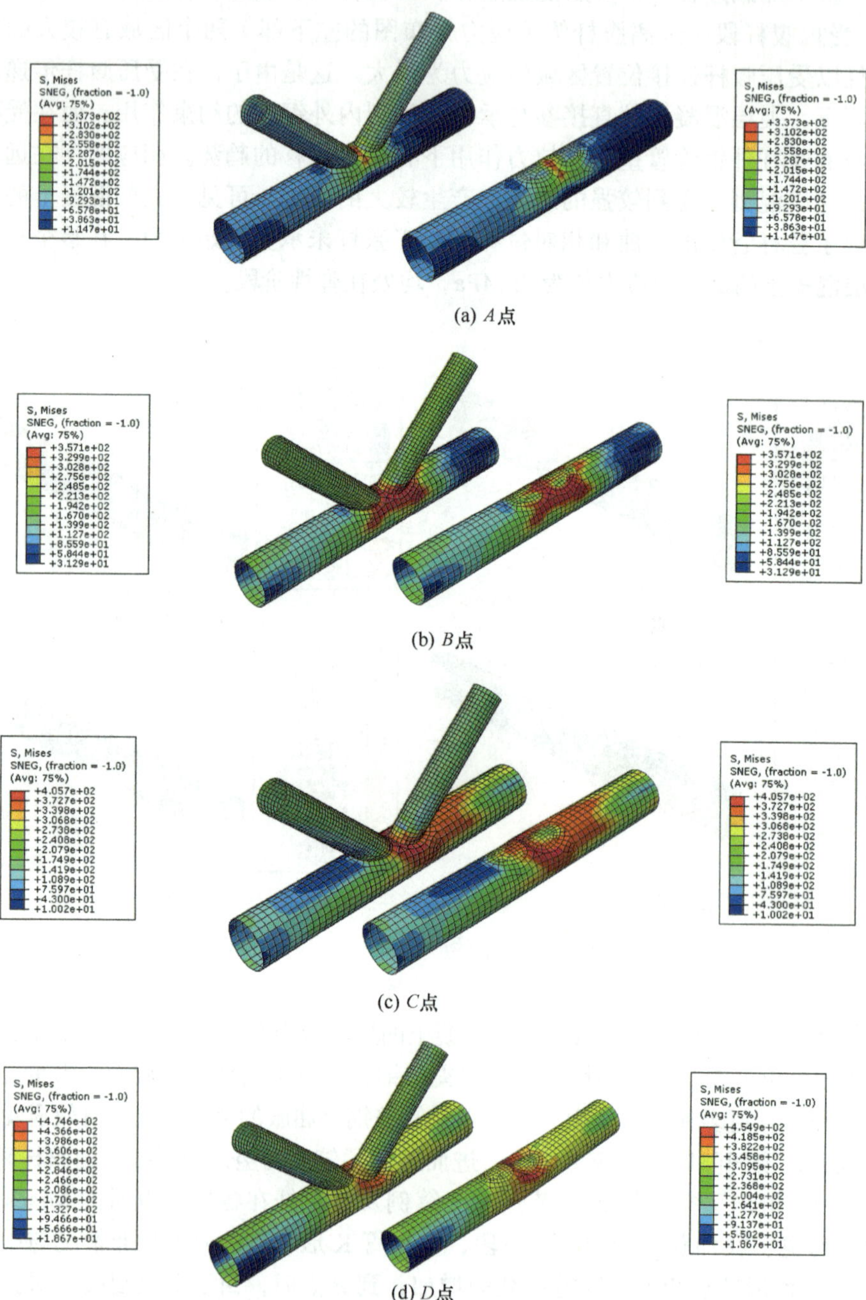

(a) *A*点

(b) *B*点

(c) *C*点

(d) *D*点

图 12.66　空钢管 K 形节点 Mises 应力分布（应力单位：MPa）

导致节点破坏，腹杆的材料应力未获得充分发展。

图 12.67 给出了钢管混凝土 K 形节点算例在各特征点时的 Mises 应力分布情况，以及各特征处节点弦杆钢管的 Mises 应力分布情况和核心混凝土的最大压应力（最小主应力）分布情况。可见，节点及弦杆钢管在各特征点的应力发展及分布情况与中空夹层钢管混凝土 K 形节点相似。在加载过程中，核心混凝土的最大压应力约为 18MPa，小于图 12.65 所示的夹层混凝土应力，这是由于混凝土填充量的增大使得应力更加扩散。对比图 12.65 可知，在中空夹层钢管混凝土 K 形节点算例中（弦杆空心率 $\chi=0.6$），弦杆的混凝土填充量与实心钢管混凝土相比大大减少，但夹层混凝土与内管向弦杆外管提供了支撑和约束，缓解了弦杆外壁在相贯线附近及间隙区域的应力集中现象，避免了类似空钢管 K 形节点的弦杆塑性变形破坏，使拉、压腹杆的应力发展更充分，出现受压腹杆屈曲破坏的模态。同时，通过弦杆应力重分布，更大范围的弦杆钢管获得较大的应力发展，夹层混凝土的应力水平也高于全截面实心混凝土，材料性能得到更加充分的利用。

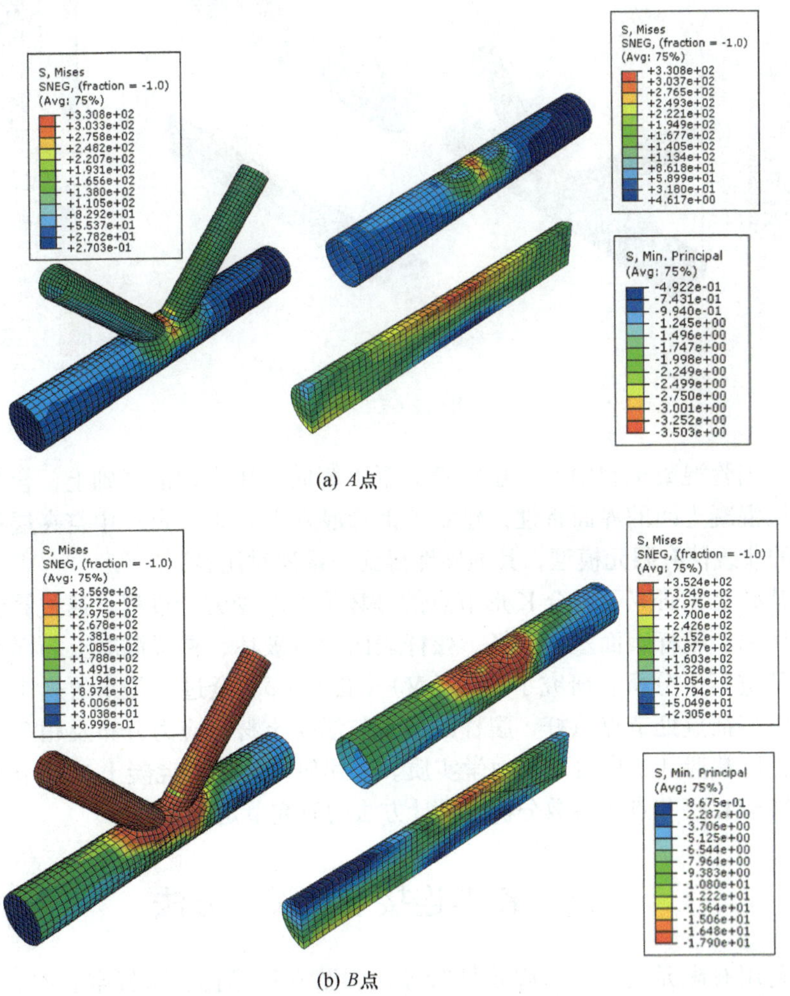

(a) A点

(b) B点

图 12.67　钢管混凝土 K 形节点应力分布（应力单位：MPa）

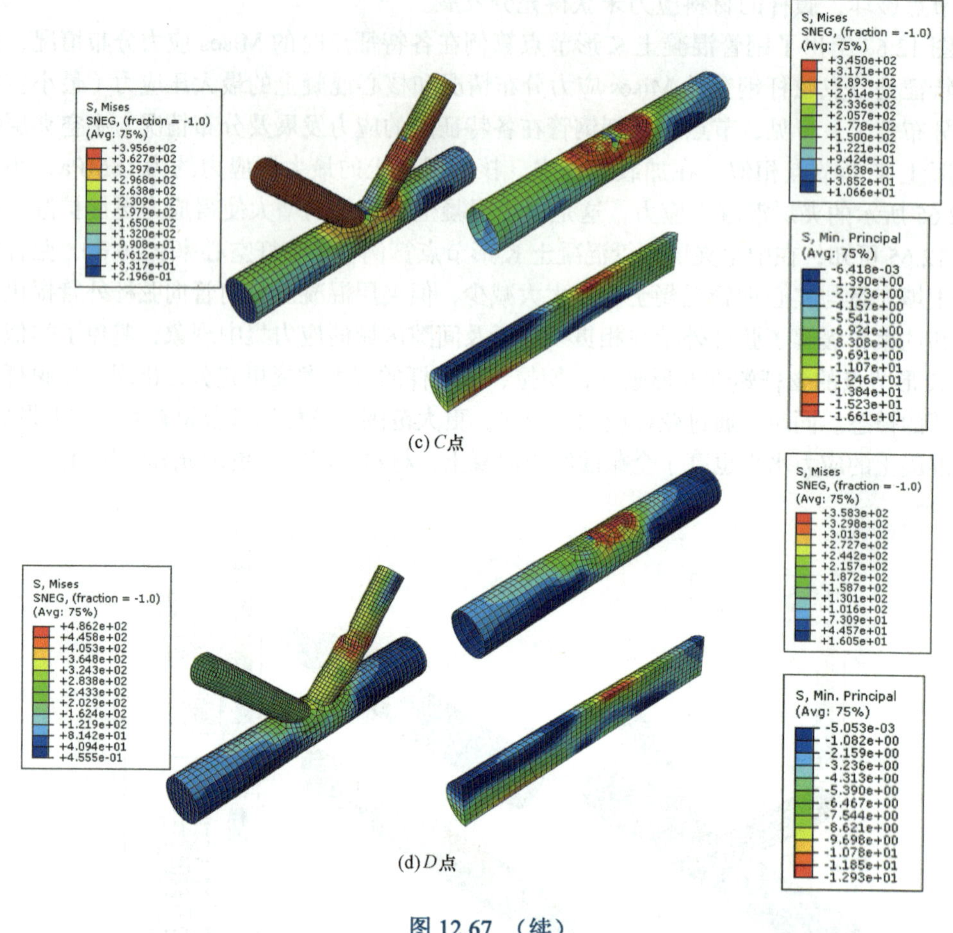

(c) C点

(d) D点

图 12.67　（续）

本节在钢管混凝土和中空夹层钢管混凝土侧向受压模型的基础上，合理处理内外钢管与夹层混凝土间的界面特性，建立了钢管混凝土 K 形节点和中空夹层钢管混凝土 K 形节点的非线性有限元模型，其准确性得到一系列对比验证。

在此基础上，研究了组合 K 形节点的破坏形态和受力全过程。通过算例，对受压腹杆局部屈曲、弦杆表面塑性破坏、弦杆表面冲剪破坏、夹层混凝土局部承压破坏等模态的特征进行了分析。研究了荷载（N）－变形（δ）全过程关系的规律，对各受力阶段的关键特征点处节点弦杆、腹杆的钢管与混凝土材料应力分布及相互作用进行了细致分析，以掌握其工作机理与力学实质。上述研究为钢管混凝土 K 形节点和中空夹层钢管混凝土 K 形节点的参数分析及设计方法的研究奠定了基础。

12.5　K 形连接节点设计方法

本节利用有限元模型，对腹弦杆管径比、弦杆径厚比、弦杆空心率、材料强度、弦杆初始轴力水平等主要影响参数对钢管混凝土 K 形节点和中空夹层钢管混凝土 K 形节点力学性能的影响规律进行了研究。在此基础上，结合钢管混凝土 K 形节点和中空夹层钢管混凝土 K 形节点的破坏形态，推导、总结了节点在静力荷载下的承载力实用计算方法，以及设计中的构造要求和选型建议。

12.5.1 钢管混凝土 K 形节点

1. 参数影响规律

钢管混凝土 K 形节点的主要影响参数包括腹弦杆管径比、弦杆径厚比、材料强度、弦杆初始轴力水平等，其定义汇总如表 12.14 所示。本节利用有限元模型，围绕表 12.14 中主要影响参数及相应的分析范围，在本章试验构件尺寸的基础上设计了一系列相应算例。

表 12.14 钢管混凝土 K 形节点主要影响参数及分析范围

影响参数	定义	范围
β（腹弦杆管径比）	$\beta=d_w/d_o$，d_w、d_o 分别为腹杆和弦杆外钢管的外径	0.41～0.73
γ（弦杆径厚比）	$\gamma=d_o/2t_o$，d_o、t_o 分别为弦杆外钢管的外径和壁厚	18.3～54.8
f_{cu}（材料强度）	弦杆夹层混凝土的立方体抗压强度	20～80MPa
n'（弦杆初始轴力水平）	对轴压力：$n'=N_0/N_{0,u}$。其中，$N_{0,u}$ 为弦杆的截面抗压承载力。对轴拉力：$n'=N_0/N'_{0,u}$。其中，$N'_{0,u}$ 为弦杆外钢管的截面抗拉承载力。负值为受压，正值为受拉	−0.8～0.8

（1）腹弦杆管径比

腹弦杆管径比影响如图 12.68 所示，其中图 12.68（a）～（d）为保持弦杆管径和腹杆壁厚两个参数不变条件下的结果。可见，钢管混凝土 K 形节点强度（N_{ua}）均随着腹杆与弦杆管径比的增大而增大。在图 12.68（a）中不同弦杆径厚比 γ 下，节点强度随管径比变化的规律基本相同，说明在腹杆壁厚较小的情况下弦杆壁厚几乎不影响节点的承载力，这是因为管径相对较小的腹杆其强度较小，节点的破坏均由于受压腹杆达到截面强度或屈曲强度引起。由图 12.68（b）～（d）可见，随着腹杆壁厚增大，弦

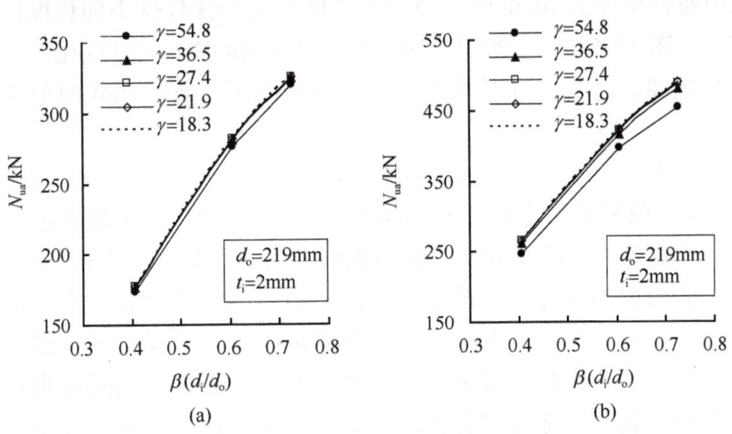

图 12.68 腹弦杆管径比（β）的影响

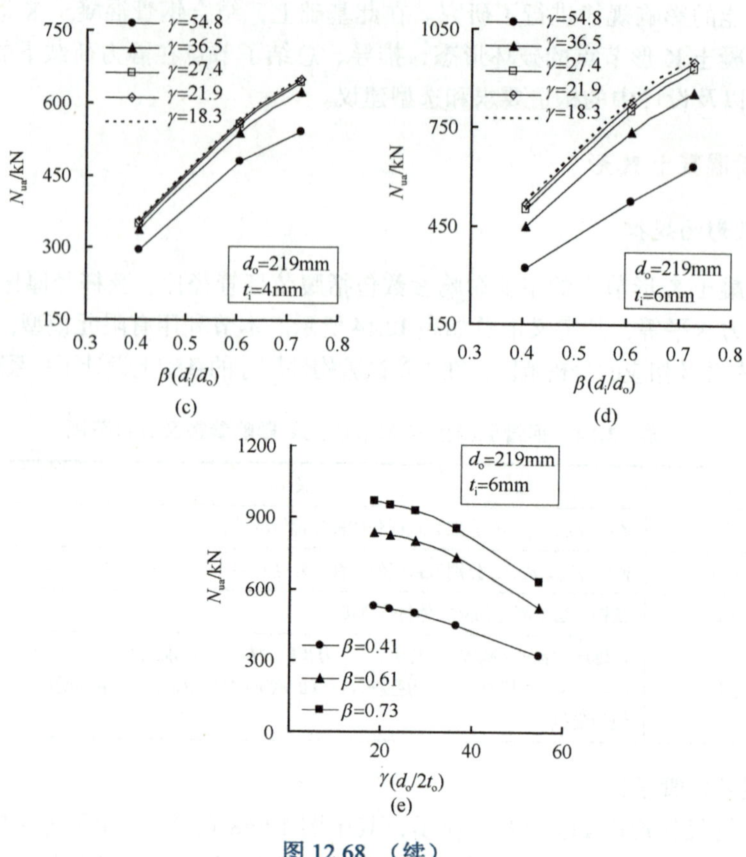

图 12.68 （续）

杆径厚比较大（管壁较薄）的节点承载力低于弦杆壁径厚比小（管壁较厚）的节点。这说明在此变化过程中，弦杆壁抵抗受拉腹杆侧向力的强度逐渐小于腹杆的强度，弦杆壁塑性变形逐渐代替腹杆的破坏成为节点破坏的控制形态，因此弦杆壁厚对节点强度的影响随着腹杆强度的增加而增大。

以上算例中腹杆壁厚为 6mm 时，节点的强度均受到弦杆壁不同程度的影响而低于腹杆的杆件强度。图 12.68（e）所示为腹杆壁厚为 6mm 时不同管径比的节点强度随弦杆径厚比的变化规律。可见，在其余参数相同的情况下，管径比大的节点强度高于管径比小的节点。

（2）弦杆径厚比

图 12.69 所示为弦杆钢管壁径厚比对节点极限承载力（N_{ua}）的影响。在不同腹杆管径下，节点强度随弦杆径厚比的变化规律相似。当腹杆较弱（腹杆径厚比较大）时，节点均由于腹杆的屈曲破坏而达到承载力极限状态，因此其承载力几乎不随弦杆径厚比的变化而变化。随着腹杆强度的增大（腹杆径厚比减小），节点达到极限承载力状态的同时往往能观察到受拉腹杆连接处弦杆壁较大的塑性变形，而受压腹杆并未发生明显的变形。节点的承载力也随着弦杆径厚比的增大（弦杆壁变薄）而减小，腹杆径厚比越大，节点受拉腹杆连接接头处弦杆的变形越明显，节点的承载力也越小，而腹杆

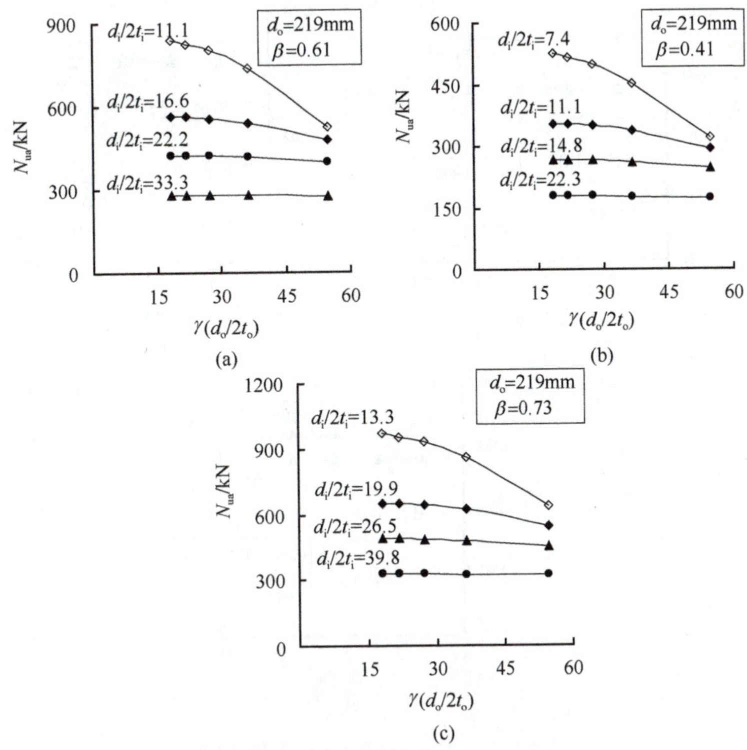

图 12.69　弦杆径厚比（γ）的影响

的内力显然低于杆件的屈曲或截面强度。上述分析表明，圆钢管混凝土 K 形节点在腹杆与弦杆管径比一定的条件下，承载力随着弦杆径厚比的增加而减小，弦杆壁越薄对节点强度的影响越大。

（3）混凝土强度

上述算例计算结果如图 12.70 所示。可见，因混凝土对弦杆壁的支撑作用避免弦杆壁凹陷屈曲导致节点破坏而不能充分发挥材料强度，填充混凝土后的钢管混凝土－钢管 K 形节点的承载力（N_{ua}）较空钢管 K 形节点有很大的提高。腹杆壁厚越大的节点弦杆中填充混凝土后节点的强度提高越大，如图 12.70（a）所示。这是因为填充混凝土后节点的破坏强度主要取决于腹杆的强度；弦杆径厚比越大（管壁越薄），填充混凝土后强度的提高越大，如图 12.70（b）所示，这是因为空钢管节点弦杆壁越薄抵抗受压腹杆传递来的侧向压力的能力越弱。但是，在节点几何尺寸不变的前提下，承载力几乎不随混凝土强度的变化而变化，图 12.70（a）～（c）所示核心混凝土强度从 $f_{cu}=20$MPa 变化到 $f_{cu}=80$MPa 时，对应的钢管混凝土 K 形节点的承载力基本相同。

（4）弦杆初始轴力水平

轴力水平对钢管混凝土 K 形节点承载力（N_{ua}）影响的计算结果如图 12.71 所示。可见，空钢管和灌注了不同强度混凝土的钢管混凝土 K 形节点的承载力均随着轴力水平 n' 减小（轴压力增大）而减小。总体上，对钢管混凝土－钢管 K 形节点而言，当轴力水平 $n'<-0.3$ 后，节点的承载力开始有较明显下降。

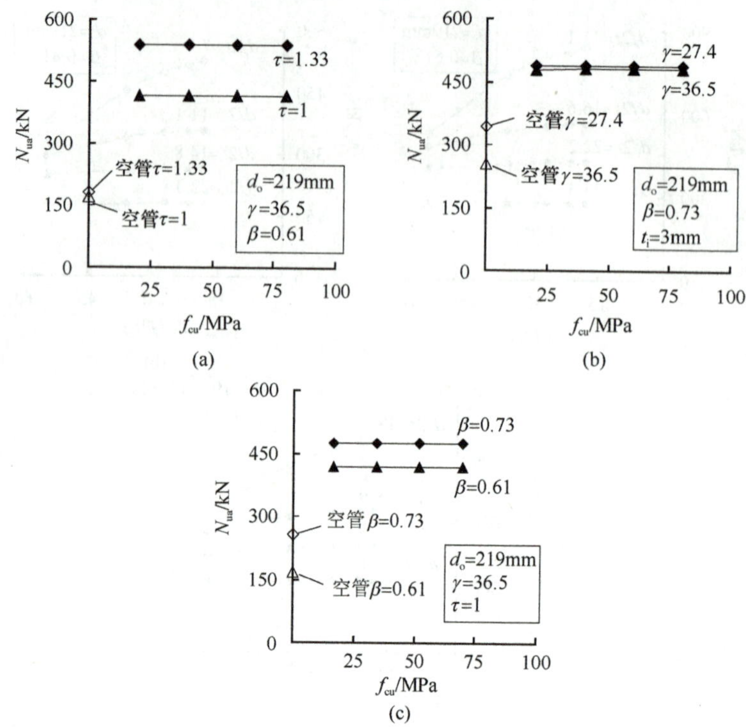

图 12.70　混凝土强度（f_{cu}）的影响

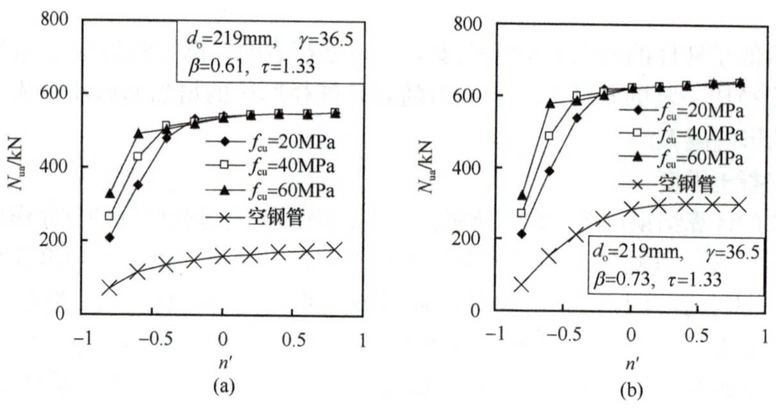

图 12.71　弦杆初始轴力水平（n'）的影响

2. 实用设计方法

上文所述的钢管混凝土 K 形节点破坏形态中，在节点合理的构造参数范围内，钢管混凝土 K 形节点由于几何构造上的差异有不同的破坏形态。有限元分析和试验中，取受拉和受压腹杆上承受的最小荷载峰值为节点的承载力，而简化计算则很难通过单一的公式来获得节点的强度，因此需采用不同破坏形态对应的简化公式计算得到的承载力中的最小值作为节点强度。

对于本章研究的圆钢管混凝土 K 形节点，首先，受拉腹杆焊接接头需要进行焊缝强度的验算；其次，虽然在本章算例参数范围内弦杆内核心混凝土的局压破坏对应的节点强度高于有限元分析中节点能够达到的承载力，但弦杆的研究数据还不能保证钢管混凝土 K 形节点不会发生弦杆的横向局部承压破坏。因此应采用式（12.12）进行验算。

当钢管混凝土 K 形节点的弦杆外管壁厚较小时，节点可能在受拉腹杆连接处发生弦杆表面冲剪破坏。夹层混凝土和内管对弦杆外壁在与腹杆连接处的塑性变形能起到一定的约束作用，但对冲剪破坏强度的影响有限，因此，可以借鉴《钢结构设计标准》（GB 50017—2017）中对空钢管 K 形节点冲剪破坏给出的相关公式，对中空夹层钢管混凝土 K 形节点进行冲剪强度验算。节点冲剪破坏的验算公式由受拉腹杆连接区域周边的弦杆壁钢材的抗剪强度确定，钢材的抗剪强度取为抗拉强度的$1/\sqrt{3}$，即 0.58×对抗强度，具体公式如式（12.14）所示。

$$N_{cu}=0.58 f_{yo}\pi d_{w} t_{o}\frac{1+\sin\theta}{2\sin^{2}\theta} \tag{12.14}$$

式中，f_{yo}为弦杆外钢管的屈服强度；d_w为腹杆直径；t_o为弦杆外钢管壁厚；θ为节点受压腹杆与弦杆的夹角。

此外，受压腹杆的屈曲破坏、弦杆壁厚的影响、轴力水平的影响等均反映在有限元模型的计算结果中，可以在受压腹杆局部屈曲破坏强度的基础上引入弦杆径厚比影响系数k_d和弦杆轴力水平影响系数k_n，得到圆钢管混凝土 K 形节点承载力$N_{b,u}$的简化计算公式，如式（12.15）所示（宋谦益，2010）。

$$N_{b,u}=k_n k_d \kappa_2 f_{yi}\pi t_i\,(d_i-t_i) \tag{12.15}$$

式中，k_n为系数，考虑弦杆轴力水平的影响，取$k_n=1.0-0.3n'(1+n')$，其中n'为节点弦杆轴压力较小一侧轴力水平的绝对值，取$n'=N_0/N_u$，N_0为弦杆轴压力较小一侧的轴力，N_u为弦杆截面的强度，取$N_u=f_{y0As0}+f_{ck}A_c$。当有一侧弦杆受拉力时，取$k_n=1.0$。k_d为系数，考虑弦杆径厚比对节点承载力的影响，按式（12.16）计算。

$$k_d=1.0-\frac{0.0009}{[5.78\times10^{-5}+(1/\gamma-0.0175)^2][8.197+(d_i/2t_i-1.886)^2]} \tag{12.16}$$

式中，γ为弦杆径厚比；d_i/t_i为腹杆的径厚比。

式（12.15）中，κ_2取值如式（12.17）所示。

$$\kappa_2=\begin{cases}1 & \lambda_{sx}<0.25\\ 1.233-0.933\lambda_{sx} & 0.25<\lambda_{sx}\leqslant 1.0\\ 0.3/\lambda_{sx}^3 & 1.0<\lambda_{sx}\leqslant 1.5\\ 0.2/\lambda_{sx}^2 & \lambda_{sx}>1.5\end{cases} \tag{12.17}$$

式中，λ_{sx}为承受轴向压力的圆柱形薄壳的通用纤薄度，如式（12.18）所示。

$$\lambda_{sx}=\sqrt{f_y/\sigma_{x,ci}} \tag{12.18}$$

式中，$\sigma_{x,ci}$ 为完善壳体的理想弹性临界应力，$\sigma_{x,ci}=1.21C_xE_it_i/d_i$。其中，$C_x$ 为考虑壳体长度影响的系数，E_i 为腹杆的弹性模量。按本章节点算例的尺寸和计算条件，由于 $l_i/d_i=5$，且受压腹杆的边界可视为一端铰支一端嵌固，故取 $\eta=3$，可得式（12.19）。

$$C_x=1-\frac{4\sqrt{2t_i/d_i}-0.2}{3}\geqslant 0.6 \tag{12.19}$$

在进行钢管混凝土K形节点的设计中，除需对以上几种破坏形态进行承载力计算外，还需对可能出现的受拉腹杆及焊缝处断裂进行验算。在钢管混凝土K形节点中，混凝土可以有效约束弦杆外壁的受拉塑性变形，为受拉腹杆提供更为刚性的支撑。可以认为，将空钢管桁架节点的腹杆、焊缝受拉断裂的计算规定应用到钢管混凝土节点中是偏于安全的。因此，验算可结合EC3（2005）、《钢结构设计标准》（GB 50017—2017）规范中对焊缝、拉杆的相关规定进行。

利用钢管混凝土K形节点参数分析算例进行计算并与有限元计算结果进行对比，如图12.72所示，可见总体上简化计算公式与有限元计算值吻合良好。式（12.15）适用于组成节点的杆件在结构中以轴向受力为主，且弦杆中全长填充混凝土的情况，即节点的构造偏心应满足 $-0.55\leqslant e/d_o\leqslant 0.25$，否则杆件上的弯矩不能忽略。

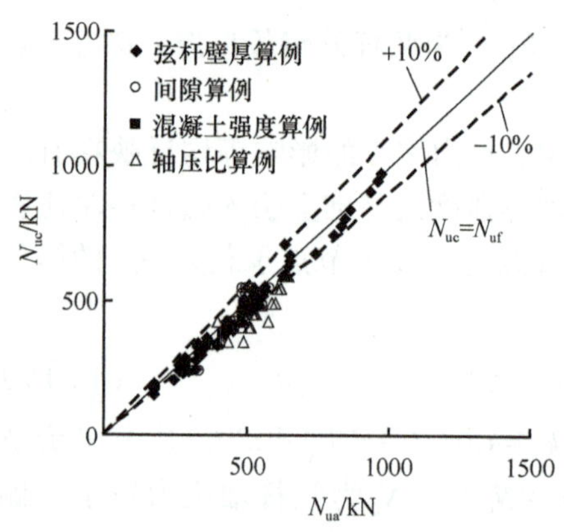

图12.72 圆钢管混凝土K形节点算例验算

综上，在连接焊缝满足强度要求的前提下，圆钢管混凝土K形节点的承载力取式（12.12）、式（12.14）和式（12.15）计算得到的最小值。构造上，考虑到弦杆中核心混凝土对弦杆壁屈曲的限制，钢管混凝土弦杆管壁的径厚比限值可以按空钢管节点局部屈曲的1.5倍考虑（韩林海，2022）。因此，建议 d_o/t_o 的上限可放宽到150（$235/f_y$）并不超过100。

12.5.2 中空夹层钢管混凝土K形节点

1. 参数影响规律

中空夹层钢管混凝土K形节点的主要影响参数包括弦杆空心率、腹弦杆管径比、弦杆径厚比、材料强度（钢材屈服强度及夹层混凝土抗压强度）、弦杆初始轴力水平等，其定义汇总如表12.15所示。

利用有限元模型，围绕表12.15中主要影响参数及相应的分析范围，在本章试验构件尺寸的基础上设计了一系列相应算例。基于有限元计算结果，确定了各中空夹层钢管混凝土K形节点算例试件的极限承载力（N_{ua}）和使用阶段刚度（K_s），以确定各参数对节点承载能力和工作性能的影响规律。

表 12.15　中空夹层钢管混凝土 K 形节点主要影响参数及分析范围

影响参数	定义	范围
χ（弦杆空心率）	$\chi=\dfrac{d_i}{d_o-2t_o}$，$d_o$、$t_o$ 分别为弦杆外钢管的外径和壁厚，d_i 为内钢管外径	0～0.8
β（腹弦杆管径比）	$\beta=d_w/d_o$，d_w、d_o 分别为腹杆和弦杆外钢管的外径	0.396～0.604
γ（弦杆径厚比）	$\gamma=d_o/2t_o$，d_o、t_o 分别为弦杆外钢管的外径和壁厚	30～60
f_y（材料强度—钢材）	钢材屈服强度，在参数分析部分，弦杆内、外钢管与腹杆钢管的钢材强度取为相等	235～460MPa
f_{cu}（材料强度—混凝土）	弦杆夹层混凝土的立方体抗压强度	30～80MPa
n'（弦杆初始轴力水平）	对轴压力：$n'=N_0/N_{0,u}$。其中 $N_{0,u}$ 为弦杆的截面受压承载力。对轴拉力：$n'=N_0/N'_{0,u}$。其中 $N'_{0,u}$ 为弦杆外钢管的截面受拉承载力。负值为受压，正值为受拉	−0.8～0.8

（1）弦杆空心率

图 12.73（a）、（b）所示分别为有限元计算得到的弦杆空心率变化试件的节点极限承载力（N_{ua}）、使用阶段刚度（K_s）的变化规律。

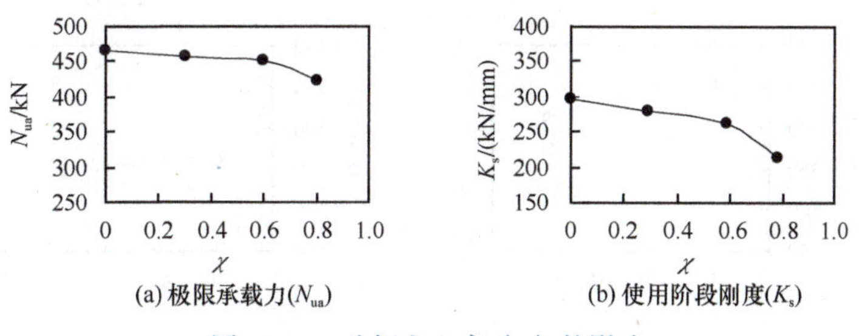

图 12.73　弦杆空心率（χ）的影响

计算得到，当中空夹层钢管混凝土 K 形节点的弦杆空心率 χ 为 0～0.6 时，试件均发生腹杆受压屈曲破坏，节点的极限承载力受腹杆控制，弦杆空心率对其影响较小。在此范围内，当弦杆空心率增大时，节点的极限承载力略有降低（3% 以内），同时，由于夹层混凝土的减少、节点区变形的增大，节点的使用阶段刚度同样有所降低，幅度在 12% 以内。

当弦杆空心率继续增大时，中空夹层钢管混凝土 K 形节点试件的性能越来越接近空钢管 K 形节点，节点破坏时的弦杆表面塑性变形程度增大，弦杆空心率对节点承载能力的影响也随之增大。当 $\chi=0.8$ 时，中空夹层钢管混凝土 K 形节点的极限承载力比 $\chi=0$ 时（实心钢管混凝土 K 形节点）降低了 9.5%，使用阶段刚度则降低达 28.0%。

（2）腹弦杆管径比

图 12.74（a）、（b）所示分别为腹弦杆管径比 β 试件的节点极限承载力（N_{ua}）、使用阶段刚度（K_s）的变化规律。

计算得到，与空钢管 K 形节点和钢管混凝土 K 形节点一致，中空夹层钢管混凝土

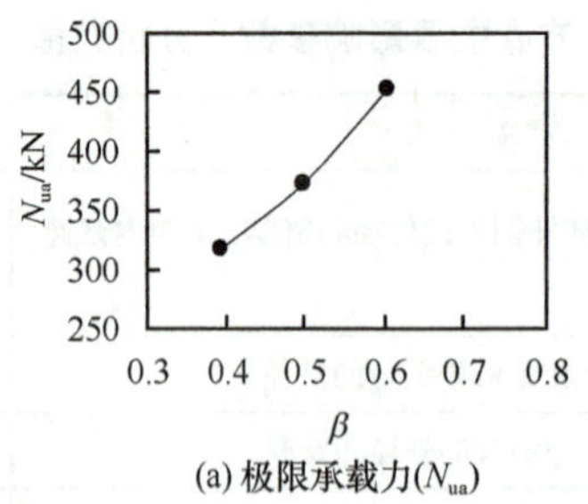

(a) 极限承载力(N_{ua})

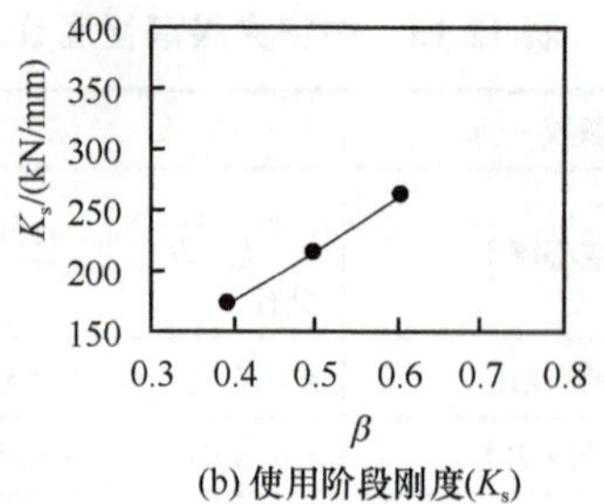

(b) 使用阶段刚度(K_s)

图 12.74 腹弦杆管径比（β）的影响

K 形节点的腹弦杆管径比对其承载能力有显著的影响。当节点破坏形态为腹杆破坏时，腹弦杆管径比的增大，意味着腹杆的变强，因此节点的极限承载力与使用阶段刚度均有明显提高。在计算参数范围内，当腹弦杆管径比 β 由 0.4 增大至 0.6 时，节点的极限承载力与使用阶段刚度均获得了 40%～50% 的提高。

（3）弦杆径厚比

图 12.75（a）、（b）所示分别为变化弦杆径厚比 γ 试件的节点极限承载力（N_{ua}）、使用阶段刚度（K_s）的变化规律。

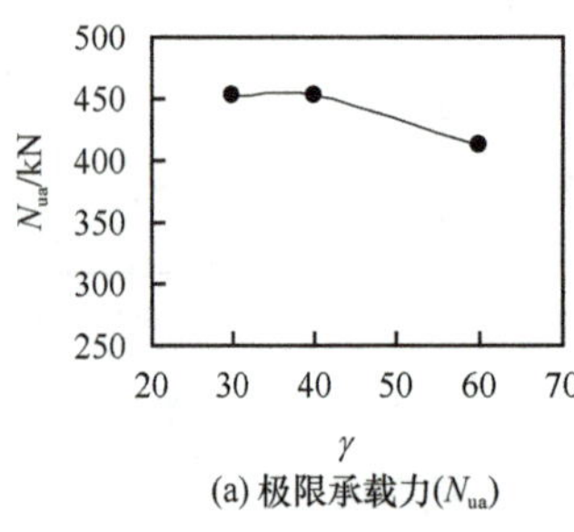

(a) 极限承载力(N_{ua})

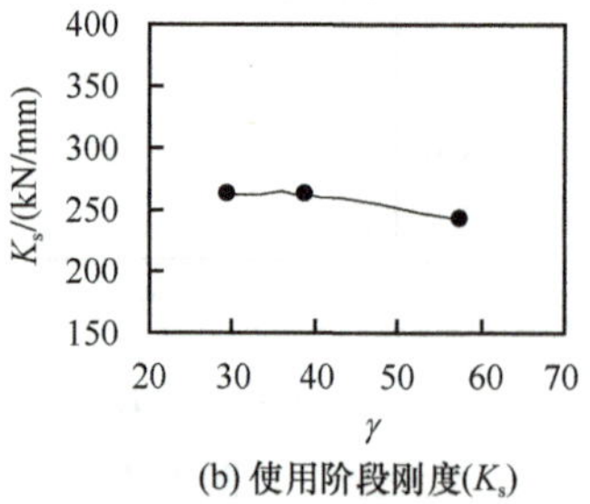

(b) 使用阶段刚度(K_s)

图 12.75 弦杆径厚比（γ）的影响

可见，当中空夹层钢管混凝土 K 形节点算例的弦杆径厚比 γ 在一定范围内时（30～40），由于节点的破坏受腹杆控制，弦杆径厚比的变化对其极限承载力和使用阶段刚度的影响较小。随着弦杆径厚比的进一步增大，弦杆壁的强度进一步减弱，弦杆表面塑性变形的发展更为严重，逐渐成为控制节点破坏的要素。此时，节点的承载能力随弦杆径厚比的增大而有相对明显的降低——当 γ=60 时，节点的极限承载力和使用阶段刚度均有约 10% 左右的降低。

（4）材料强度

图 12.76（a）和（b）、图 12.77（a）和（b）所示分别为钢材强度和混凝土强度对节点极限承载力（N_{ua}）、使用阶段刚度（K_s）的影响规律。

计算可知，由于中空夹层钢管混凝土 K 形节点的极限承载力主要受腹杆与弦杆的钢管管壁强度控制，因此钢材强度对节点的承载能力有重要影响，并基本呈线性，如图 12.76 所示。而中空夹层钢管混凝土 K 形节点的弦杆夹层混凝土主要起到限制弦杆

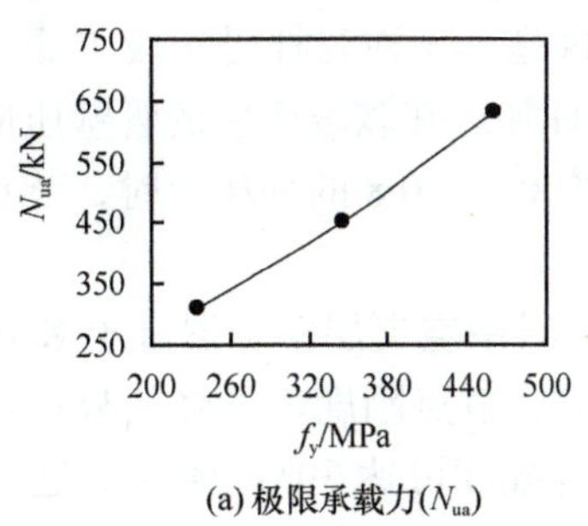

(a) 极限承载力(N_{ua})

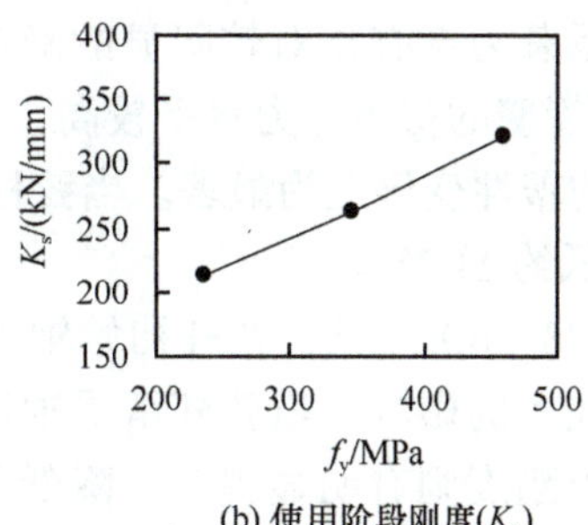

(b) 使用阶段刚度(K_s)

图 12.76　钢材强度（f_y）的影响

管壁变形与承受侧向荷载的作用，由先前分析可知，夹层混凝土的应力发展尚在弹性阶段，因此节点的承载能力受混凝土强度的影响较很小，如图 12.77 所示。

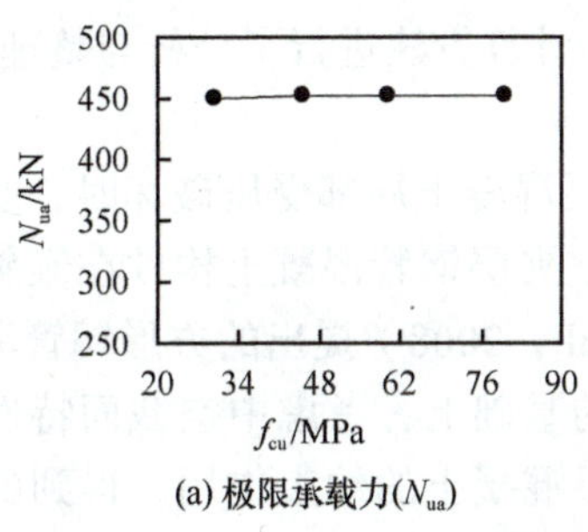

(a) 极限承载力(N_{ua})

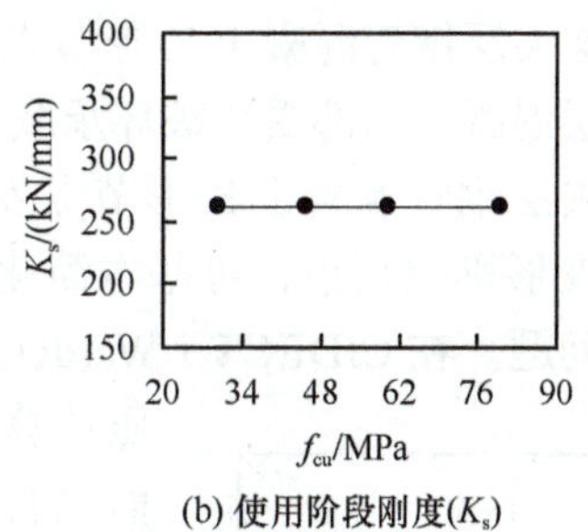

(b) 使用阶段刚度(K_s)

图 12.77　混凝土强度（f_{cu}）的影响

（5）弦杆初始轴力水平

图 12.78（a）、（b）所示分别为变化弦杆初始轴力水平 n' 试件的节点极限承载力（N_{ua}）、使用阶段刚度（K_s）的变化规律。

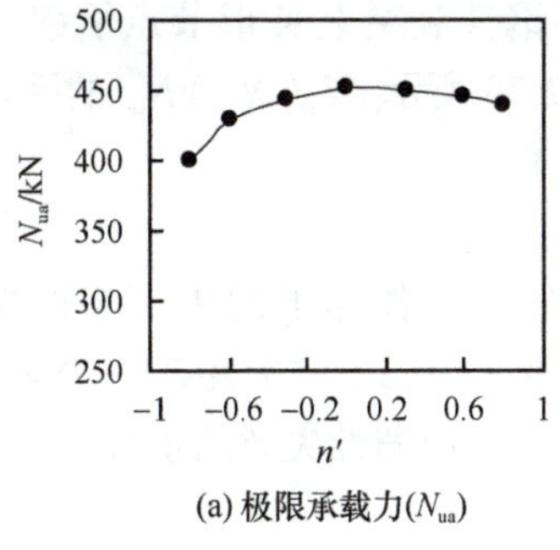

(a) 极限承载力(N_{ua})

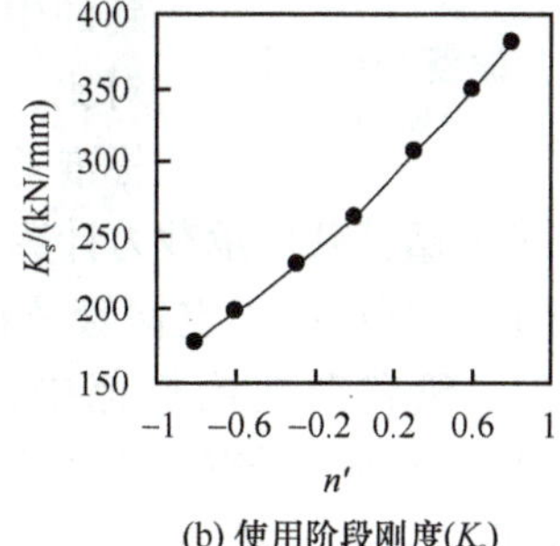

(b) 使用阶段刚度(K_s)

图 12.78　弦杆初始轴力水平（n'）的影响

计算可知，当中空夹层钢管混凝土 K 形节点试件的弦杆中施加初始轴力时，其极限承载力有所降低，当弦杆承受初始轴拉力或者轴压比较小（0.6 以内）的轴压力时，极限承载力的降低幅度较小，在 3% 以内。当弦杆承受轴压比较大的初始轴压力时，节点的极限承载力会有相对较明显的降低，这是由于在弦杆受压段（受拉腹杆侧的弦杆段），弦杆管壁的初始应力水平较高，与腹杆加载在该段产生的管壁压应力叠加，导致弦杆管壁的塑性变形更为显著。当弦杆承受 $n'=-0.8$ 的轴压力时，节点的极限承载力（N_{ua}）降低约 11.2%。

由图 12.78（b）可见，弦杆初始轴力水平对中空夹层钢管混凝土 K 形节点的使用阶段刚度有较大的影响。当弦杆承受轴压力时，节点刚度呈下降趋势；当弦杆承受轴拉力时，节点刚度则有明显提升，降低与提升幅度可达 30%～40%。这与试验观测的结果相同。

2. 实用设计方法

中空夹层钢管混凝土 K 形节点的破坏形态主要有以下几类，即夹层混凝土承压破坏、弦杆表面塑性破坏、受压腹杆屈曲破坏和弦杆表面冲剪破坏等。下面对不同破坏形态下的中空夹层钢管混凝土 K 形节点承载力计算方法进行了分析与整理。

（1）夹层混凝土局部受压破坏承载力计算

在中空夹层钢管混凝土 K 形节点发生夹层混凝土局部受压破坏时，受拉腹杆对节点的荷载、变形影响较小，可基本简化为中空夹层钢管混凝土构件在倾斜压杆作用下的局部受压问题。在 CIDECT（Wardenier et al.，2008）提出的方形钢管混凝土侧向受压计算公式的基础上，考虑中空截面特性，以及圆截面钢管对夹层混凝土的约束作用，得到的承载力计算如式（12.12）所示。

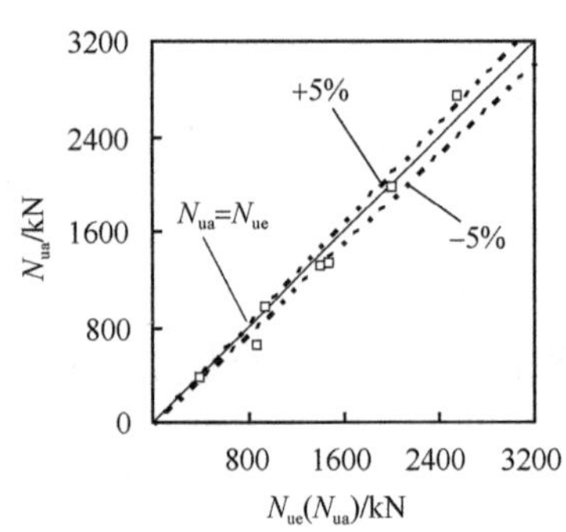

图 12.79 夹层混凝土承压破坏构件承载力对比

由有限元计算结果可知，夹层混凝土承压破坏多发生在中空夹层钢管混凝土 K 形节点的弦杆空心率 $\chi>0.8$，且弦杆径厚比较大的时候。将利用式（12.14）计算的各试件承载力（N_{uc}）与实测中空夹层钢管混凝土侧向倾斜受压试件的承载力（N_{ue}）以及有限元计算得到的中空夹层钢管混凝土 K 形节点承载力（N_{ua}）进行对比，如图 12.79 所示，N_{ue}（N_{ua}）/N_{uc} 的平均值为 1.087，标准差为 0.134。

（2）弦杆表面塑性破坏承载力计算

在空钢管 K 形节点中，空钢管弦杆在受压腹杆作用下的表面塑性失效是节点的重要破坏形态，现有钢结构规范中，如 EC3（2005）、CIDECT（Wardenier et al.，2008）、IIW（2008）等，对空钢管 K 形节点弦杆表面塑性失效的承载力计算公式规定如式（12.20）所示。

$$N_{uc}=Q_u\frac{f_{yo}t_o^2}{\sin\theta} \tag{12.20}$$

式中，f_{yo} 为弦杆外钢管的屈服强度；t_o 为弦杆外钢管壁厚；θ 为节点受压腹杆与弦杆的夹角；Q_u 为反映腹弦杆管径比 β（d_w/d_o）和弦杆径厚比 γ（$d_o/2t_o$）影响的计算系数，由式（12.21）计算。

$$Q_u=1.65\,(1+8\beta^{1.6})\gamma^{0.3}\left[1+\frac{1}{1.2+(g/t_o)^{0.8}}\right] \tag{12.21}$$

中空夹层钢管混凝土 K 形节点的弦杆表面塑性破坏与空钢管 K 形节点有显著不同。由于弦杆中夹层混凝土和内管的有效约束和支撑，在受压腹杆连接区域，弦杆外管的内凹塑性变形得到限制，弦杆的塑性失效转而发生在受拉腹杆连接区域。事实上，在钢管混凝土 K 形节点与中空夹层钢管混凝土 K 形节点中，当各杆件选型搭配合理时，节点的弦杆表面先进入塑性，随后受压腹杆发生屈曲破坏。而当腹杆较强、弦杆外管壁厚较小时，则节点可能发生弦杆表面塑性破坏。基于此，宋谦益（2010）以弦杆径厚比 γ 和腹杆径厚比 d_w/t_w 为主要影响因素，引入折减系数 k_d，将钢管混凝土 K 形节点的受压腹杆屈曲承载力进行折减，得到其弦杆表面塑性破坏的验算公式。k_d 通过有限元算例的拟合得到，其计算公式如式（12.16）所示。

在中空夹层钢管混凝土 K 形节点中，弦杆的强度受空心率 χ 的影响，弦杆空心率越大，弦杆越早进入表面塑性。随着弦杆空心率的进一步增大，弦杆表面塑性迅速发展，节点可能会发生夹层混凝土承压破坏。因此，可通过引入折减系数 k_s，将弦杆表面塑性破坏的承载力与夹层混凝土承压破坏承载力关联起来。结合中空夹层钢管混凝土 K 形节点的特点，k_s 作为弦杆空心率 χ、弦杆径厚比 γ 与腹杆径厚比 d_w/t_w 的函数，通过有限元拟合得到，计算公式如式（12.22）所示。

$$k_s=(1-0.672\chi^{0.85})k_d \tag{12.22}$$

将式（12.22）代入式（12.12），得到中空夹层钢管混凝土 K 形节点的弦杆表面塑性破坏验算公式为式（12.23）。

$$N_{uc}=2(1-\chi)\ k_s f_{ck}\frac{A_1}{\sin\theta}\sqrt{A_2/A_1} \tag{12.23}$$

将利用式（12.23）计算的各试件承载力（N_{uc}）与有限元计算得到的中空夹层钢管混凝土 K 形节点承载力（N_{ua}）进行对比，如图 12.80 所示，N_{ua}/N_{uc} 的平均值为 1.074，COV 为 0.053。

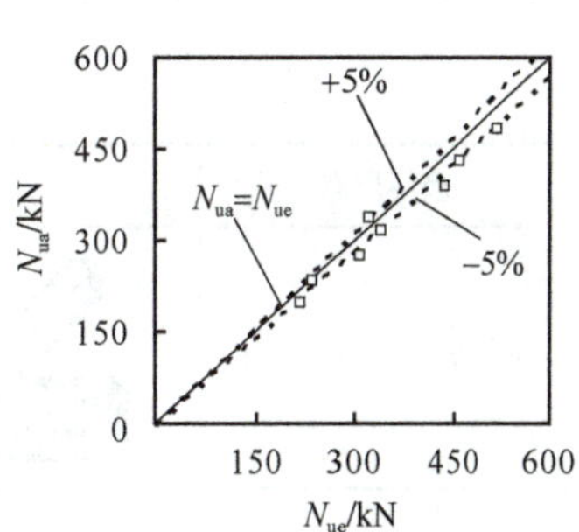

图 12.80　弦杆表面塑性破坏构件承载力对比

（3）受压腹杆局部屈曲、弦杆冲剪破坏、受拉腹杆及焊缝断裂承载力计算

1）受压腹杆局部屈曲。由于中空夹层钢管混凝土弦杆可以对受压腹杆提供较为刚性的支撑，可将受压腹杆简化为轴心受压的圆柱壳，根据壳体发生局部屈曲的临界应力，对中空夹层钢管混凝土 K 形节点的受压腹杆局部屈曲强度进行验算。结合圆柱壳的理想弹性临界应力公式与 DIN 18800（1990）规范中对圆柱壳体临界应力的计算规定，得到腹杆局部屈曲计算公式如式（12.24）所示。

$$N_{uc}=k_w f_{yw}\pi t_w(d_w-t_w) \tag{12.24}$$

式中，f_{yw} 为腹杆钢管的屈服强度；t_w 为腹杆钢管壁厚；d_w 为腹杆外径；k_w 为反映腹弦杆屈服强度、长度系数和理想弹性临界应力 $\sigma_{x,cr}$（$=0.605Et/r$）的计算系数，具体计算

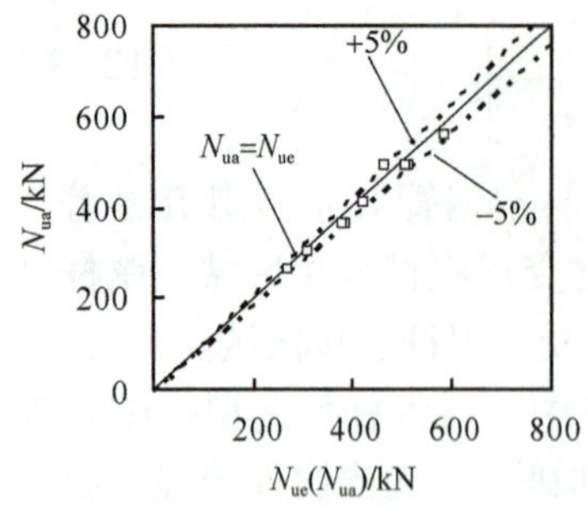

图 12.81　受压腹杆屈曲破坏构件承载力对比

公式见 DIN18800（1990）。

将利用式（12.24）计算的各试件承载力（N_{uc}）与实测发生受压腹杆屈曲破坏的中空夹层钢管混凝土 K 形节点试件承载力（N_{ue}）以及有限元计算得到的节点承载力（N_{ua}）进行对比，如图 12.81 所示，$N_{ue}(N_{ua})/N_{uc}$ 的平均值为 1.040，COV 为 0.032。

2）弦杆冲剪破坏。当中空夹层钢管混凝土 K 形节点的弦杆外管壁厚较小时，节点可能在受拉腹杆连接处发生弦杆表面冲剪破坏。由于夹层混凝土对冲剪破坏强度的影响有限，因此，可根据式（12.14）进行中空夹层钢管混凝土 K 形节点进行冲剪强度验算。

3）受拉腹杆及焊缝断裂。中空夹层钢管混凝土 K 形节点的夹层混凝土可以有效约束弦杆外壁的受拉塑性变形，将空钢管桁架节点的腹杆、焊缝受拉断裂的计算规定应用到中空夹层钢管混凝土节点中是偏于安全的。因此，验算可结合 EC3（2005）、《钢结构设计标准》（GB 50017—2017）规范中对焊缝、拉杆的相关规定进行。

中空夹层钢管混凝土 K 形节点可能发生夹层混凝土承压破坏和弦杆表面塑性破坏。对这两种模态下节点的承载力计算方法，本节在理论与参数分析的基础上进行了推导。对受压腹杆屈曲破坏、弦杆表面冲剪破坏等破坏形态下的承载力计算方法，本试验针对中空夹层钢管混凝土 K 形节点的特点进行了分析与整理。

如前所述，弦杆或腹杆过早地发生破坏，均不利于杆件材料性能的充分利用。弦杆进入塑性、受压腹杆发生屈曲破坏的情况下，节点各杆件的材料性能可以得到充分发挥，腹杆最终破坏也利于保持结构体系的稳定，是一种较为合理的破坏形态。表 12.16 中，给出了有限元计算得出的各破坏形态对应的节点参数范围。可知，要得到

表 12.16　K 形节点承载力计算方法汇总

破坏形态	示意	计算方法	构造范围
夹层混凝土承压破坏		$N_{uc}=2(1-\chi)f_{ck}\dfrac{A_1}{\sin\theta}\sqrt{A_2/A_1}$	$\chi>0.8$ $\gamma>50$
弦杆表面塑性破坏		$N_{uc}=2(1-\chi)k_s f_{ck}\dfrac{A_1}{\sin\theta}\sqrt{A_2/A_1}$	$0.8<\beta\leqslant1.5$ $50<\gamma\leqslant100$
受压腹杆局部屈曲		$N_{uc}=k_w f_{yw}\pi t_w(d_w-t_w)$	$0\leqslant\chi\leqslant0.75$ $0.2\leqslant\beta\leqslant0.8$ $10\leqslant\gamma\leqslant50$

较为理想的弦杆进入塑性–受压腹杆屈曲破坏，建议的中空夹层钢管混凝土 K 形节点选型范围为 $0 \leqslant \chi \leqslant 0.75$，$0.2 \leqslant \beta \leqslant 0.8$，$10 \leqslant \gamma \leqslant 50$。

与空钢管 K 形节点相比，中空夹层钢管混凝土 K 形节点在构造选型方面的要求有所变化：为避免空心率过大导致的施工不便及过早发生夹层混凝土局部受压破坏，对节点弦杆的空心率等参数有一定的范围要求；由于夹层混凝土和内管对弦杆外管的约束作用，弦杆外管的径厚比限值有所扩展，根据韩林海（2022）对钢管混凝土径厚比限值的研究，取为空钢管径厚比限值的 1.5 倍；为保证夹层混凝土的浇筑质量和密实度，对粗骨料最大粒径有一定要求。考虑这些新的要求，结合各规范中对空钢管 K 形节点的选型建议，对中空夹层钢管混凝土 K 形节点的构造选型建议进行汇总，如表 12.17 所示。

表 12.17　中空夹层钢管混凝土 K 形节点构造选型方法汇总

要求类别	参数范围
节点组成	构造偏心：$-0.55 \leqslant e/d_o \leqslant 0.25$ 杆件夹角：$\theta \geqslant 30°$
杆件选型	腹弦杆管径比：$0.2 \leqslant \beta = d_w/d_o \leqslant 1.0$ 弦杆空心率：$0 \leqslant \chi \leqslant 0.75$ 弦杆外管径厚比：$d_o/t_o \leqslant 150\ (235/f_{yo})$ 弦杆内管径厚比：$d_i/t_i \leqslant 50$ 腹杆径厚比：$d_w/t_w \leqslant 50$
施工性能	节点间隙：$g \geqslant t_{w1} + t_{w2}$ 夹层混凝土最大粗骨料粒径 $\leqslant (d_o/2 - d_i/2)/3$

12.6　本章小结

本章采用试验研究与理论分析相结合的方法，系统研究了钢管混凝土 K 形节点和中空夹层钢管混凝土 K 形节点在静力荷载下的工作机理和设计原理。对本章的主要研究工作和成果归纳如下。

1）对钢管混凝土和中空夹层钢管混凝土在侧向受压下的力学性能进行了系统研究，深入认识了侧向荷载作用下钢管和混凝土之间的传力机制。

2）开展了钢管混凝土 K 形节点和中空夹层钢管混凝土 K 形节点在边界条件下的试验研究，实现了不同边界条件的加载，研究了主要参数下组合节点的力学性能变化规律。

3）实现了钢管混凝土 K 形节点和中空夹层钢管混凝土 K 形节点在静力荷载下的全过程受力分析，研究了组合节点破坏形态和全过程工作机理。

4）在系统参数分析的基础上，提出了在混凝土受压破坏、弦杆表面塑性破坏等模态下钢管混凝土 K 形节点和中空夹层钢管混凝土 K 形节点的承载力实用计算方法。

参考文献

韩林海，2022．钢管混凝土结构：理论与实践［M］．4 版．北京：科学出版社．

侯超，2014．中空夹层钢管混凝土－钢管K形连接节点工作机理研究［D］．北京：清华大学．

黄宏，2006．中空夹层钢管混凝土压弯构件的力学性能研究［D］．福州：福州大学．

黄文金，陈宝春，2009．腹杆形式对钢管混凝土桁梁受力性能影响的研究［J］．建筑结构学报，30（1）：55-61．

刘金胜，李书进，彭少民，2007．矩形钢管混凝土桁架节点的研究与进展［J］．武汉理工大学学报，29（2）：140-143．

刘永健，周绪红，刘君平，2007．矩形钢管混凝土K型节点受力性能试验［J］．建筑科学与工程学报，24（2）：36-42．

林红，2003．钢管混凝土格构式柱节点连接计算［J］．钢结构，6：36-39．

马美玲，朱晗迓，庄一舟，2005．方钢管混凝土桁架K形节点失效模式分析研究［J］．工业建筑，6：80-83．

宋谦益，2010．圆钢管混凝土－钢管K形节点的力学性能研究［D］．北京：清华大学．

王新毅，2009．圆钢管－圆钢管混凝土焊接节点抗弯刚度和极限承载力研究［D］．上海：同济大学．

中华人民共和国住房和城乡建设部，2017．钢结构设计标准：GB 50017—2017［S］．北京：中国建筑工业出版社．

ACI 318-14, 2014 (ACI 318M-08, 2008). Building code requirements for structural concrete and commentary [S]. American Concrete Institute, Detroit, USA.DEUTSCHES INSTITÜT FÜRNORMUNG. DIN 18800, 1990. Stahlbauten, Stabilitätsfälle, Knicken Von Stäben und Stabworken.

Eurocode 2 (EC2), 2004. Design of concrete structures–Part 1.1: General rules and rules for buildings [S]. BS EN 1992-1-1: 2004, European Committee for Standardization (CEN).

Eurocode 3 (EC3), 2005. Design of steel structures–Part 1.8: Design of joints [S]. Brussels (Belgium): European Committee for Standardization (CEN).

HOU C, HAN L H, ZHAO X L, 2013. Concrete-filled circular steel tubes subjected to local bearing force: Experiments [J]. Journal of Constructional Steel Research, 83 (1): 90-104.

HOU C, HAN L H, ZHAO X L, 2014. Concrete-filled circular steel tubes subjected to local bearing force: Finite element analysis [J]. Thin-Walled Structures, 77 (1): 109-119.

HOU C, HAN L H, ZHAO X L, 2015. Behaviour of circular concrete filled double skin tubes subjected to local bearing force [J]. Thin-Walled Structures, 93: 36-53.

HOU C, HAN L H, 2017. Analytical behaviour of CFDST chord to CHS brace composite K-joints [J]. Journal of Constructional Steel Research, 128: 618-632.

HOU C, HAN L H, MU T M, 2017. Behaviour of CFDST chord to CHS brace composite K-joints: Experiments [J]. Journal of Constructional Steel Research, 135: 97-109.

INTERNATIONAL INSTITUTE OF WELDING SUBCOMMISSION, 2008. Static design procedure for welded hollow section joints recommendations [S]. IIW Doc. XV-1281r1-08, IIW Annual Assembly, Graz, Austria, 44pp. Draft ISO Standard.

MAKINO Y, KUROBANE Y, FUKUSHIMA H. et al., 2001. Experimental study on concrete filled tubular joints under axial loads [C]//Dusseldorf: Tubular Structures IX.

PACKER J A, 1995. Concrete-filled HSS connections [J]. Journal of Structural Engineering, ASCE, 121 (3): 458-467.

SAKAI Y, HOSAKA T, ISOE A, et al., 2004. Experiments on concrete filled and reinforced tubular K-joints of truss girder [J]. Journal of Constructional Steel Research, 60 (3): 683-699.

TEBBETT I E, BECKETT C D, BILLINGTON C J, 1979. The punching shear strength of tubular joints reinforced wit a grouted pile [C]//Houston: Proceedings of Offshore Technology Conference, Offshore Technology Conference Association.

UDOMWORARAT P, MIKI C, ICHIKAWA A, et al., 2000. Fatigue and ultimate strengths of concrete filled tubular K-joints on truss girder [J]. Journal of Structural Engineering. ASCE, 46 (3): 1627-1635.

VAN DER VEGTE G J, MAKINO Y, WARDENIER J, 2004. The influence of boundary conditions on the chord load effect for CHS gap K-joints [J]. Connections in Steel Structures V; 6 (3-4): 433-444.

VAN DER VEGTE G J, WARDENIER J, et al., 2008. Evaluation of new CHS strength formulae to design strengths [C]// Shanghai: Proceedings of the 12th International Symposium on Tubular Structures.

WARDENIER J, KUROBANE Y, PACKER J A, et al., 2008. Design guide for circular hollow sectin (CHS) joints under predominantly static loading (2nd Edition) [S]. CIDECT Series “Construction with hollow steel sections” No.1, CIDECT.

ZHAO X L, WARDENIER J, PACKER J A, et al., 2010. Current static design guidelines for hollow section joints [J]. Structures and Buildings, Institution of Civil Engineers: 163 (6): 363-373.

第13章 直线形钢管混凝土桁式混合结构

13.1 引 言

管桁架因其高效的传力机制和良好的经济效益及建筑效果，在海洋工程、桥梁工程和建筑结构中得到广泛应用（Packer et al.，1997；Wardenier，2001）。若考虑在管桁架的上下弦杆内灌注混凝土，则形成钢管混凝土桁式混合结构，其弦杆和腹杆多采用相贯焊接节点。

钢管混凝土桁式混合结构（图1.8）和相应的空钢管结构相比，其特点在于：①承载力高，刚度大，抗挠曲和抗扭转变形能力强；②稳定问题得到缓解，同时由于钢管对混凝土的约束作用，改善了混凝土的塑性和韧性性能，有利于提高桁架的跨越能力；③受压弦杆对初始缺陷和残余应力的敏感性因核心混凝土的存在而降低；④相同截面条件下，可减小钢管的厚度，节约钢材，经济效益好；⑤提高结构的耐火极限，改善防火问题。此外，该类结构施工时不需要支架和模板，因而施工快速方便且造价经济，故在大跨结构的施工中具有显著优势。总之，钢管混凝土桁式混合结构因其受力合理、整体性强、承载力高、空间刚度大、抗变形能力强、稳定性能好、经济美观和便于防火等特点而显示出良好的综合性能。从20世纪80年代末开始，钢管混凝土桁式混合结构在我国公路和城市桥梁中得到应用。

在钢管混凝土桁式混合结构整体力学性能方面，国内外也有研究者开展了相关研究工作，如周绪红等（2004）、呇育红等（2008）、郑宏和周春利（2007）、Machacek等（2009）。目前对于钢管混凝土桁式混合结构抗弯力学性能的试验研究较少，且主要集中于二肢和四肢情况。试验和有限元分析结果均显示，钢管混凝土桁式混合结构的刚度和承载力较相应的空钢管桁架得到增强，并具有优越的抗震性能，同时节点的局部屈曲破坏得到抑制，具有较好的力学性能。《矩形钢管混凝土结构技术规程》（CECS159：2004）给出了钢管混凝土桁式混合结构的设计方法；此外，四川省交通厅公路规划勘察设计研究院制定的《公路钢管混凝土桥梁设计与施工指南》（2008）也有相关设计方法。

目前钢管混凝土桁式混合结构抗弯性能的试验研究多集中于二肢桁架和四肢桁架，理论研究方面则多针对矩形截面，对圆形截面钢管混凝土桁式混合结构多集中于纵向力作用下的轴压性能和压弯性能（格构柱）的研究，而对其抗弯力学性能的研究较少，有待于深入进行。此外，在实际工程中，桁架上弦尚可能存在混凝土板，有必要对混凝土板与上弦的组合作用进行研究。以往针对钢管混凝土桁式混合结构的研究和工程应用多只考虑受压弦杆采用钢管混凝土，而受拉弦杆则使用槽钢或者空钢管。近年在干海子大桥、南海紫洞大桥、秭归向家坝大桥等实际工程中开始采用所有弦杆均为圆钢管混凝土的三肢桁架，因而有必要开展相应研究。

本章进行三肢圆形钢管混凝土桁式混合结构抗弯承载能力试验，研究剪跨比、是否带混凝土板、弦腹杆夹角等参数对结构破坏形态、抗弯承载力及抗弯刚度的影响规律。通过有限元计算模型深入研究组成杆件在受力过程中的应力-应变分布和变化规律、结构抗弯破坏特征及传力路径。在此基础上，提出结构承载力实用计算方法。

13.2　试验研究

13.2.1　试验概况

（1）试件设计

从干海子大桥实际工程中简化抽象出钢管混凝土桁式混合结构的试验模型，如图13.1（1）所示。为便于研究钢管混凝土桁式混合结构的力学性能，选取实际工程主梁的半幅按照近似1∶6的缩尺比例进行试验设计，如图13.1（2）所示，以此为基本对研究对象进行研究（何珊瑚，2012）。

试验的研究对象为钢管混凝土桁式混合结构，所有杆件均为圆形钢管，弦杆内灌注混凝土；采用K形节点的Warren形式，三角形截面（三肢）；并按上弦带钢筋混凝土板与不带钢筋混凝土板分为两类桁架试件。

本书作者进行了共计12个三肢圆形截面桁架试件的抗弯力学性能试验研究，包括2个钢管桁架、6个钢管混凝土桁式混合结构和4个上弦带混凝土板的钢管混凝土桁式混合结构。采用上弦带混凝土板与不带混凝土板、弦杆为钢管混凝土与空钢管的桁架试件进行对比研究，分析其抗弯承载力、抗弯刚度、破坏形态及应力-应变的发展，以期深入研究钢管混凝土桁式混合结构的抗弯力学性能。试验参数包括：腹杆与弦杆夹角、加载点位置、是否带混凝土板、弦管是否灌注混凝土、下弦钢管尺寸等。

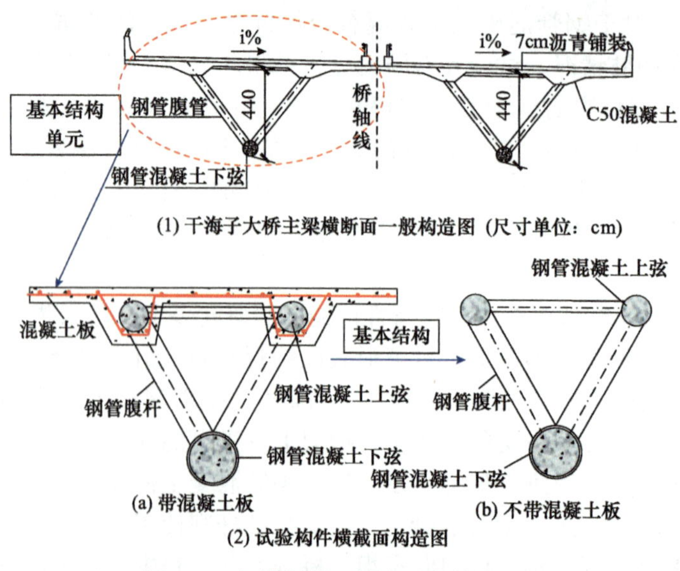

图13.1　钢管混凝土桁式混合结构试件

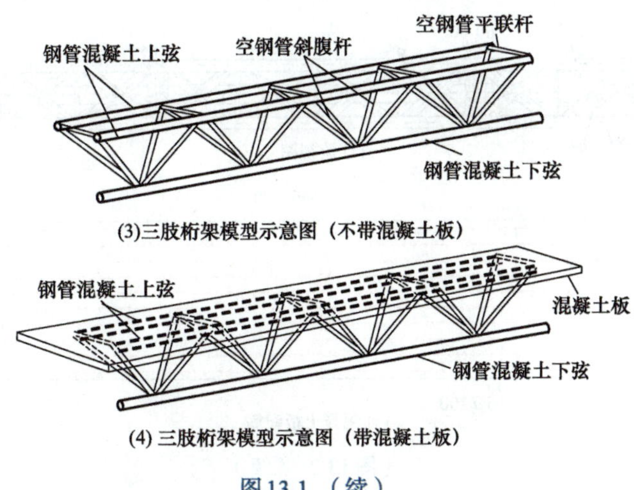

(3)三肢桁架模型示意图（不带混凝土板）

(4) 三肢桁架模型示意图（带混凝土板）

图 13.1 （续）

图 13.2 所示为试件的外形尺寸和构造，试件长度均为 5000mm（计算跨度为 4800mm）。上弦均采用○-89×2.95（mm）圆管，下弦分别采用○-140×3.94（mm）和○-180×3.55（mm）两种类型圆管，斜腹杆均为○-76×3.00（mm），平联杆为○-33×2.69（mm）。所有不带楼板的钢管混凝土桁式混合结构和空钢管桁架均采用图 13.2（b）的横截面构造，而 T8b 系列的带混凝土板钢管混凝土桁式混合结构的横截面如图 13.2（a）所示。桁架的侧视图与俯视图分别如图 13.2（2）和（3）所示。混凝土板厚度为 40mm，配置一层钢筋网片，构造钢筋如图 13.2（4）所示。试件详细设计信息如表 13.1 所示。为确保试验结果的可靠性，每组制作 2 个完全相同的试件，在试件编号的末尾加以 1 和 2 区别。

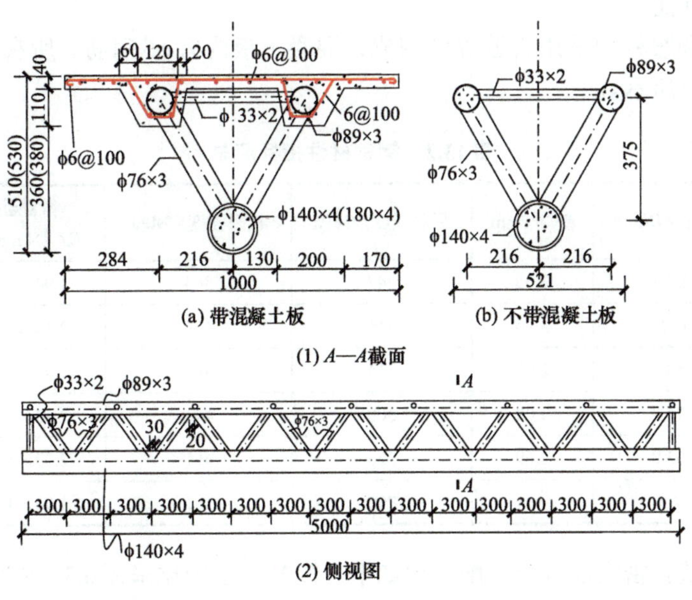

图 13.2　试件设计尺寸构造图（尺寸单位：mm）

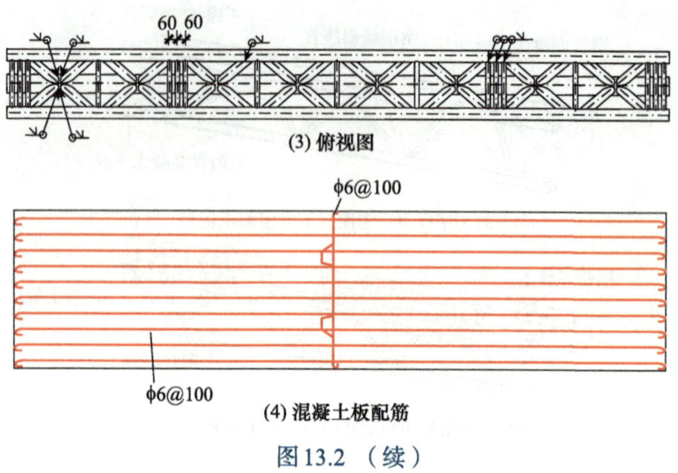

图 13.2 （续）

表 13.1　钢管混凝土桁式混合结构试件尺寸

序号	试件编号	弦管类型	截面高度 h/mm	截面宽度 b/mm	下弦钢管（$D\times t$）	上弦外包混凝土板厚 t_b/mm	弦杆与腹杆夹角 θ/（°）	加载点位置
1	T8	CFST	485	512	140mm×4mm	无	60	1/4L
2	T8-s	CFST	485	512	140mm×4mm	无	60	1/8L
3	T6	CFST	485	512	140mm×4mm	无	45	1/4L
4	T8h	HS	485	512	140mm×4mm	无	60	1/4L
5	T8b	CFST	510	1000	140mm×4mm	40	60	1/4L
6	T8b-180	CFST	530	1000	180mm×4mm	40	60	1/4L

（2）材料性能

桁架弦杆和腹杆均采用直缝焊管制成，混凝土板内有φ6钢筋。所有钢材的力学性能指标如表13.2所示。

表 13.2　钢材材性指标汇总

钢材种类	外直径 D/mm	壁厚 t/mm	屈服强度 f_y/MPa	极限强度 f_u/MPa	弹性模量 E_s/（N/mm²）	泊松比 μ_s
φ180钢管	180.0	3.65	247	363	1.94×10^5	0.309
φ140钢管	140.0	3.94	316	454	2.14×10^5	0.283
φ89钢管	88.1	2.95	324	445	1.92×10^5	0.289
φ76钢管	75.9	3.00	360	446	2.15×10^5	0.294
φ33钢管	33.0	2.69	325	461	2.02×10^5	0.302
φ6.5钢筋	6.4	—	290	361	1.96×10^5	—

钢管内浇筑自密实混凝土，配合比如下。混凝土水胶比采用0.3，砂率采用0.5，减水剂掺量为1.1%；水165kg/m³，水泥380kg/m³，粉煤灰170kg/m³，砂840kg/m³，石

840kg/m³。混凝土板采用普通混凝土浇筑，配合比如下。混凝土水胶比采用0.41，砂率采用0.475，减水剂掺量为1.1%；水205kg/m³，水泥300kg/m³，粉煤灰200kg/m³，砂805kg/m³，石890kg/m³。采用如下原材料：高性能减水剂；普通自来水；强度等级为42.5的普通硅酸盐水泥；Ⅱ级粉煤灰；中砂；石灰岩碎石，石子筛选粒径，确保最大粒径为15mm。

管内自密实混凝土和混凝土板内普通混凝土的坍落度分别为251mm和240mm，坍落流动度分别为623mm和610mm。

两种类型的混凝土立方体抗压强度和弹性模量分别由同条件下成型养护的立方体试块和棱柱体试块测得。混凝土板内普通混凝土及弦杆内自密实混凝土立方体试块28天时的抗压强度分别为35.9MPa和65.6MPa，试验时的抗压强度分别为37.4MPa和69.9MPa；两者弹性模量分别为31300N/mm²和36400N/mm²。

（3）试验装置

钢管混凝土桁式混合结构的受弯试验在3000kN反力架上进行，采用500t千斤顶加载，试验装置如图13.3所示。

图 13.3　钢管混凝土桁式混合结构试验装置

本试验采用沿试件跨度四分点对称施加竖向荷载方式测试桁架的抗弯力学性能，通过600mm×900mm×4000mm的箱形钢梁将500t传感器的力传递到试件的四分点上。在桁架上弦两肢钢管的左右两侧均设置了侧向支撑装置防止桁架发生面外失稳。

（4）加载制度

在桁架试验之前先采用第13.3节所述的有限元计算模型进行试件受弯全过程的模拟，以获得本桁架试件的极限竖向荷载，然后采用该计算极限荷载值的10%（对于带混凝土板的桁架为不超过计算极限荷载的5%），在桁架试件正式加载前先对其进行预加载，加到预定值后持荷2～3min，然后卸载。

正式加载时采用力控制连续加载的方式，加载速度为1～2kN/s，当钢管压区纤维达到屈服点后，加载速度控制在1kN/s以内。接近预计极限荷载或者出现破坏症状时慢速连续加载。同时采用IMP数据采集系统自动连续记录各级荷载所对应的变形值，试验过程中注意观察裂缝开展、跨中挠度变化以及下弦钢管跨中位置的纵向应变发展情况。当加载到试件接近破坏时，若达到下列条件之一时即停止加载并卸载至荷载为零：①下弦钢管纵向应变达40000με；②跨中挠度达150mm（$u_m/L=1/32$，其中u_m为跨中挠度，L为桁架的计算跨度）；③杆件严重屈曲或节点焊缝完全撕裂，导致承载力急剧下降；④对于带混凝土板的桁架梁，板底裂缝宽度超过5mm。

（5）量测内容及测点布置

桁架试验中位移计和应变片的布置如图13.4所示。

本试验的主要量测内容和量测方式：竖向荷载由500t千斤顶的力传感器测得；桁架的跨中曲率由布置在下弦跨中的量程为100mm的位移传感器（位移计⑥）测量；桁架的挠曲变形由沿桁架纵向四分点及跨中布置的3个位移计测得的竖向挠度确定（如图13.4中位移计②、③、④所示，最大量程均为200mm）；同时在下弦的支座处加设两个测点（位移计①、⑤，量程为50mm），以量测支座沉降；钢管、钢筋及混凝土应变由布置在剪跨段及跨中的相应应变片测得；带混凝土板桁架的混凝土裂缝宽度由裂缝显微镜量测。

如图13.4所示，弦杆和腹杆上的应变片具体设置如下。

1）上下弦：沿桁架跨度方向取3个截面（A—D，B—E，C—F）的上下弦分别设置应变片，每个截面按照每隔90°设置纵向和环向应变片（在管截面的中心高度处仅在外侧设置，如A—A所示）。截面C—F与截面A—D位于桁架的弯剪段，距离加载截面150mm，其上设置的应变片可验证桁架受力和变形发展的对称性。截面B—E位于桁架跨中。

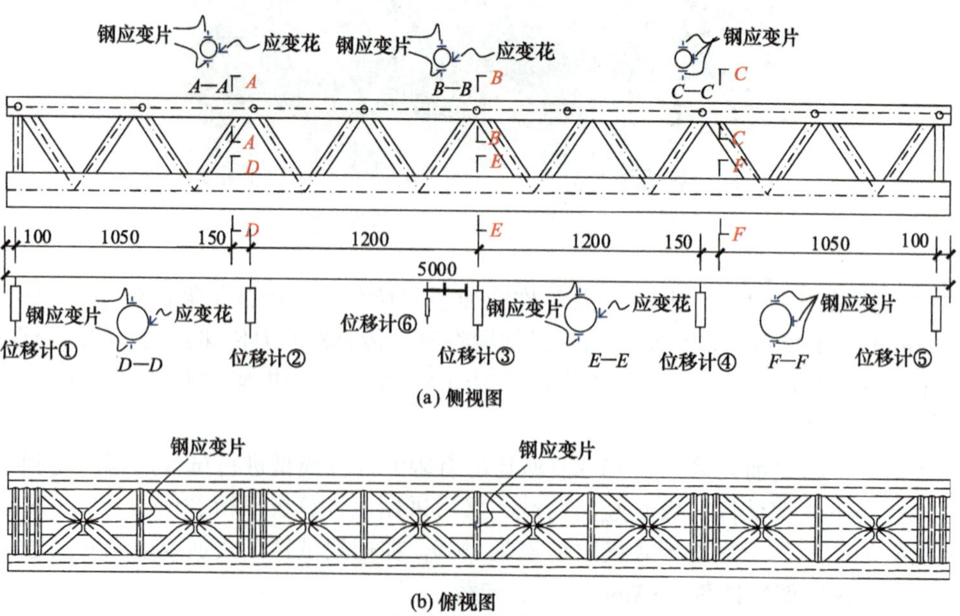

(a) 侧视图

(b) 俯视图

(1) 不带混凝土板

图13.4　位移计和应变片布置（尺寸单位：mm）

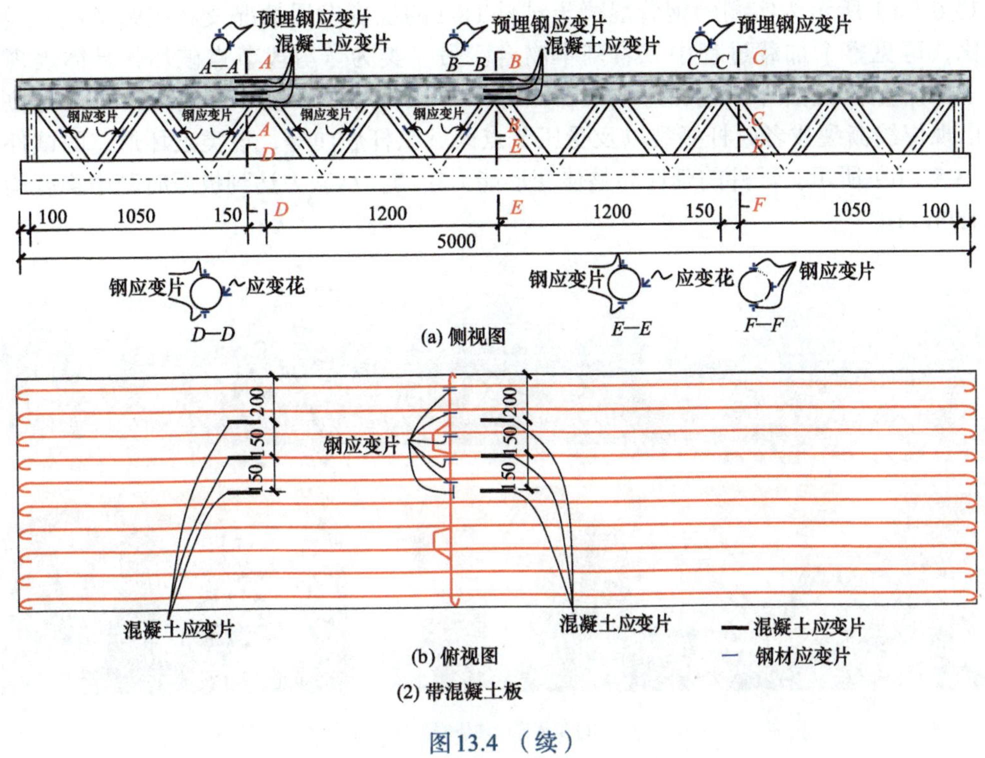

(a) 侧视图

(b) 俯视图

(2) 带混凝土板

图13.4 （续）

2）斜腹杆：在跨中截面一侧的8根腹杆中部沿纵向各布置应变片一枚，以量测腹杆的纵向应变。

3）平联杆：跨中和剪跨区2根平联杆上共设置2片应变片，以量测其纵向应变。

对于T8b构件的混凝土应变片及内部预埋的钢筋应变片其具体布置方式如下。在混凝土板的跨中、加载点的上表面各布置混凝土应变片3片，侧面相应位置处共布置6片，如图13.4（2）所示；在跨中横截面沿纵向中和轴位置的一侧的纵筋上布置应变片5片，箍筋上1片，总计钢筋应变片6片。以上测点数据均由IMP数据采集系统进行采集。

13.2.2　试验结果及分析

整个试验过程控制良好。通过对本次钢管桁架试件、钢管混凝土桁式混合结构试件（不带混凝土板）及上弦带混凝土板的钢管混凝土桁式混合结构试件试验全过程的观测，发现除了剪跨比较小的桁架试件（T8-s）弯剪段发生破坏、空钢管桁架试件（T8h）弯剪段发生节点局部破坏之外（由停机条件3控制停机），其余所有试件（由停机条件2控制停机）均表现出较好的承载能力和延性。

1. 破坏形态

从试件的最终破坏形态可以发现，所有桁架试件大致可以分为两类破坏形态。一类为梁弯曲破坏，表现为试件整体发生较大挠曲，当跨中挠度达150mm时，试件依旧表现出优良的延性和整体性，节点完好无损，无局部破坏特征，如图13.5（a）所示。

图13.6（a）所示为实测的钢管混凝土试件T8-1的挠度发展情况及和正弦半波曲线的对比，可见整个加载过程中二者基本吻合。另一类为弯剪段节点破坏，具体表现为除了发生整体挠曲外，随着荷载增加试件最终在剪跨区发生节点破坏，包括受拉节点出现焊缝撕裂或者弦杆撕裂以及受压节点区域弦杆屈曲等，该类破坏形态的试件如图13.5（b）所示。试件的延性和整体变形能力较弱，承载力达到极限时跨中挠度均不足150mm。

(a) 整体挠曲破坏 (T8-2)

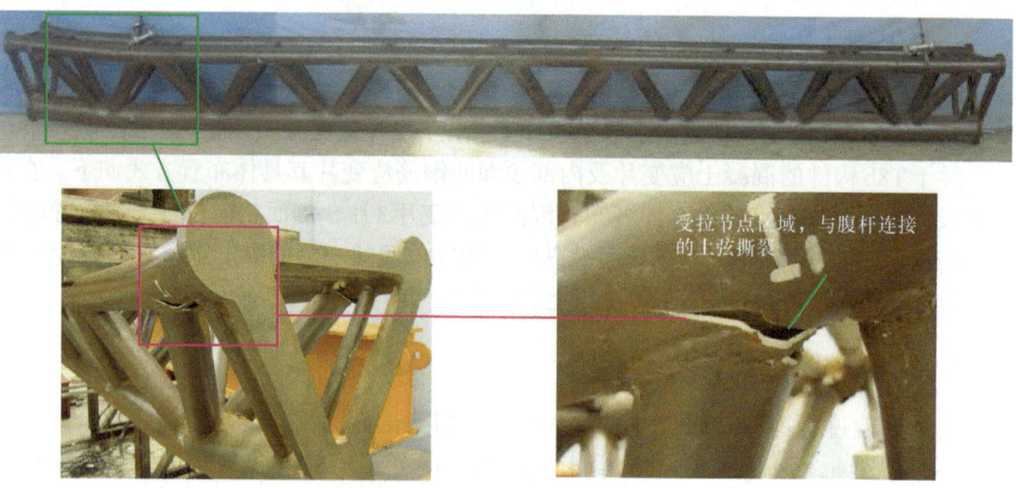

(b) 弯剪区节点局部破坏 (T8-s-1)

图13.5　试验中两类破坏形态

图13.6（b）所示为试件T8-s-1沿弦杆纵向四分点实测挠度的发展情况，图中同时绘出了正弦半波曲线。可见，试件跨中挠度总体较小，由于其主要发生弯剪破坏，变形主要集中在弯剪段，试件整体挠曲变形与正弦半波曲线不甚符合。尤其当发生节点焊缝撕裂、弦管撕裂等局部破坏现象后，此处产生较大的局部挠曲变形，甚至超过跨中的挠度，试件变形曲线已完全不再符合正弦半波曲线。

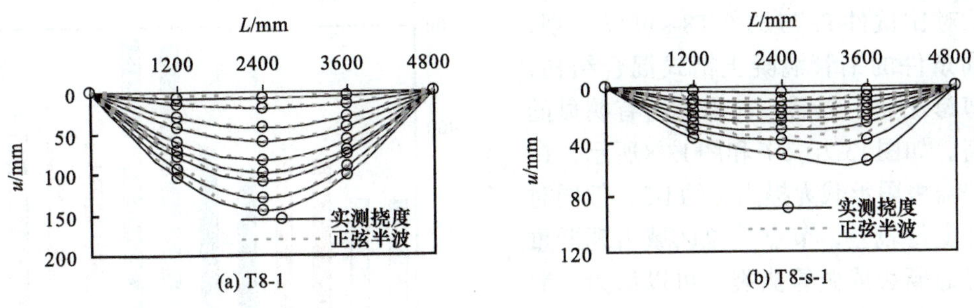

图 13.6　构件沿纵向的挠度分布

2. 荷载–跨中挠度关系

图 13.7 所示为所有试件的荷载（P）–跨中挠度（u_m）关系。图 13.7 中，向上箭头表示试验过程中构件出现受压节点区钢管屈曲或者受压弦管屈曲，向下箭头表示受拉节点区钢管焊缝撕裂。当节点区域出现屈曲或节点焊缝撕裂，桁架承载力下降，随着裂缝的进一步扩展，承载力迅速降低，随即进行卸载。图 13.8 比较了所有试件的极限承载力。

对比试件 T8 与试件 T8h 可以发现，弦管内灌注混凝土之后，桁架的承载力和刚度均有较明显提高。如图 13.7（a）和图 13.8 所示，试件 T8 极限承载力提高了 30%～35%。

对比试件 T8 与试件 T6 可以发现，在同时发生整体弯曲破坏情况下，弦腹杆夹角从 60°减小到 45°后，对其整体承载力和刚度影响较小，如图 13.7（b）和图 13.8 所示。

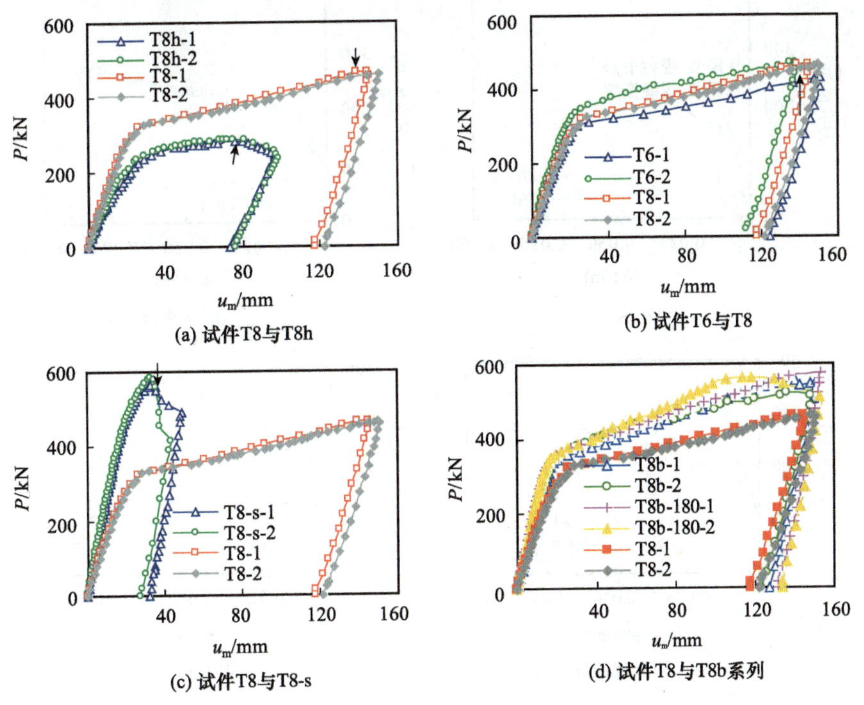

图 13.7　荷载（P）–跨中挠度（u_m）关系

对比试件T8与试件T8-s可以发现，相同条件的钢管混凝土桁式混合结构，当剪跨比变小之后，其承载力有明显的提高。如图13.7（c）和图13.8所示，试件T8-s极限承载力提高了约1/3，但同时延性变得较差，节点受拉区域出现严重的焊缝撕裂或弦管撕裂。可以认为，剪跨比是影响构件破坏形态的重要因素。

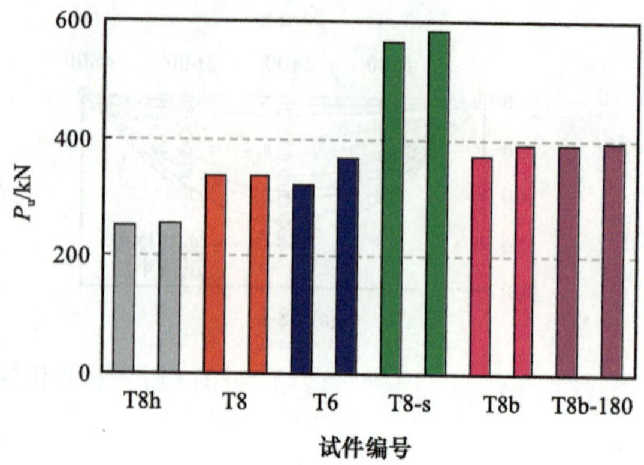

图13.8 桁架试件极限承载力（P_u）

对比试件T8与试件T8b及试件T8b-180可以发现，当钢管混凝土桁式混合结构上弦包裹钢筋混凝土板形成带楼板的桁架梁之后，其整体抗弯刚度有较明显的提高，如图13.7（d）所示；同时极限承载力也有一定增长，提高约20%，如图13.8所示。

3. 弯矩-曲率曲线

图13.9所示为桁架跨中弯矩（M）-曲率（ϕ）关系。可见，各参数对M-ϕ关系与荷载-位移关系的影响规律基本相似。对于发生整体弯曲破坏的桁架，其跨中曲率发展较为充分，而对于发生弯剪段节点局部破坏的桁架，其跨中曲率较小。

总体而言，空钢管桁架、钢管混凝土桁式混合结构、带混凝土板的钢管混凝土桁

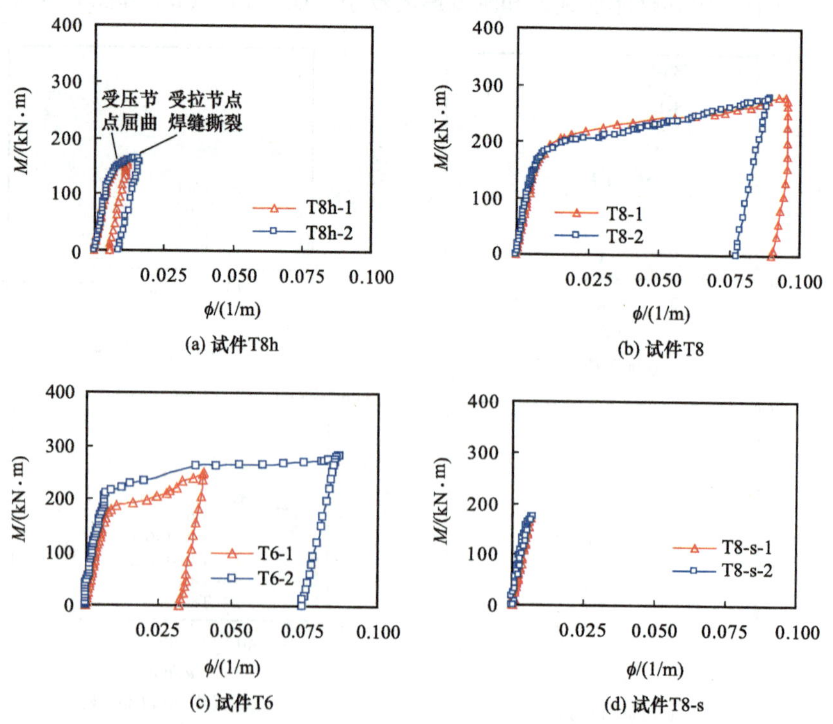

(a) 试件T8h

(b) 试件T8

(c) 试件T6

(d) 试件T8-s

图13.9 试件实测M-ϕ关系

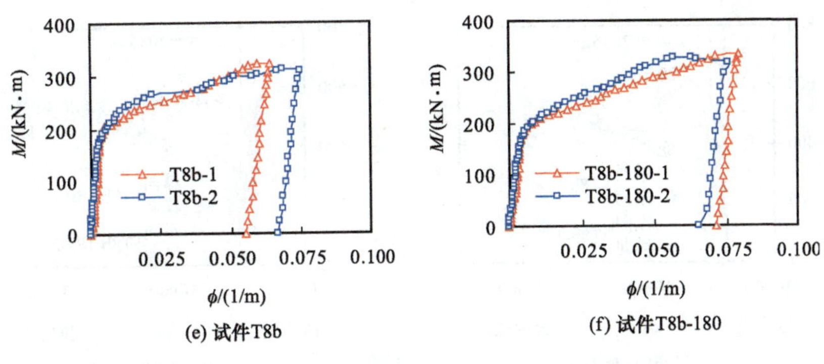

(e) 试件T8b　　(f) 试件T8b-180

图 13.9 （续）

式混合结构的整体抗弯刚度依次增大。加载初期各试件的刚度最大，曲率变化较小。当下弦受拉钢管跨中区域屈服之后，曲率增长迅速，变化较为明显，卸载之后曲率稍有减小，表明试件挠曲变形有一定的恢复。

4. 跨中截面的荷载-应变关系

（1）下弦杆下表面

图13.10所示为桁架试件的荷载（P）与下弦杆位于跨中截面下表面的纵、横向应变（ε）关系（拉应变最大的区域）。图13.10中，负值为压应变，正值为拉应变。

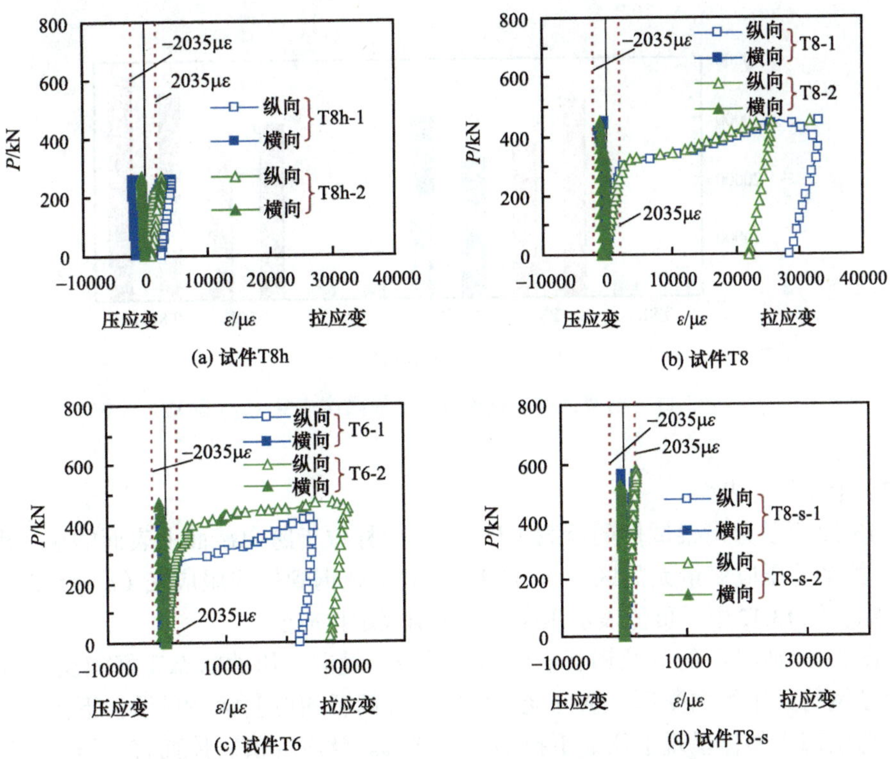

(a) 试件T8h　　(b) 试件T8

(c) 试件T6　　(d) 试件T8-s

图 13.10　荷载（P）-应变（ε）关系（下弦钢管跨中截面下表面）

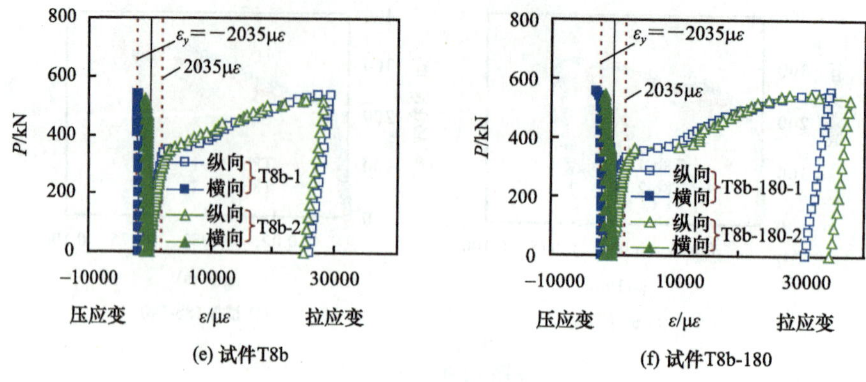

(e) 试件T8b　(f) 试件T8b-180

图 13.10 （续）

图 13.10对下弦钢管的名义屈服应变（ε_y=2035με）进行了标识。

由图 13.10可见，整个加载过程中，弦杆的纵向应变数值总体上大于横向应变。总体而言，图 13.10反映的桁架下弦跨中截面应变发展规律基本与弯矩-曲率关系的规律一致。由于试件T8h和试件T8-s发生局部节点破坏，跨中截面挠曲变形发展不充分，从而使得下弦钢管的纵向应变得不到充分发展。而发生整体挠曲破坏的其他试件，跨中截面产生较大塑性变形，下弦纵向应变得到充分发展。所有试件的下弦钢管纵向极限应变对比如图 13.11 所示。

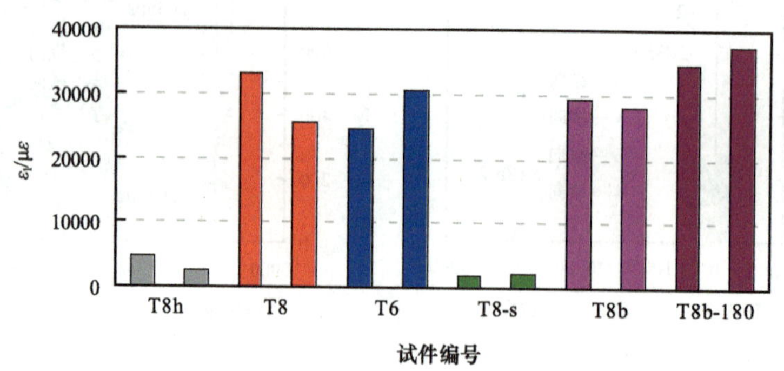

图 13.11　桁架试件下弦钢管纵向极限拉应变（ε_l）对比

（2）上弦杆上表面

图 13.12所示为桁架试件的荷载（P）与上弦杆位于跨中截面上表面的纵、横向应变（ε）关系（压应变最大的区域）。图 13.12对上弦钢管的屈服应变（ε_y=1967με）进行了标识。图 13.12中，负值表示压应变，正值表示拉应变。

与图 13.10所显示的下弦钢管应变纵向受拉、横向受压的状态正好相反，图 13.12显示上弦钢管处于纵向受压、横向受拉的状态。两者的应变状态显示上下弦杆符合桁架在纯弯状态下整体呈现上压、下拉的受力状态。就应变值总体而言，桁架上弦压应变远小于下弦受拉应变。

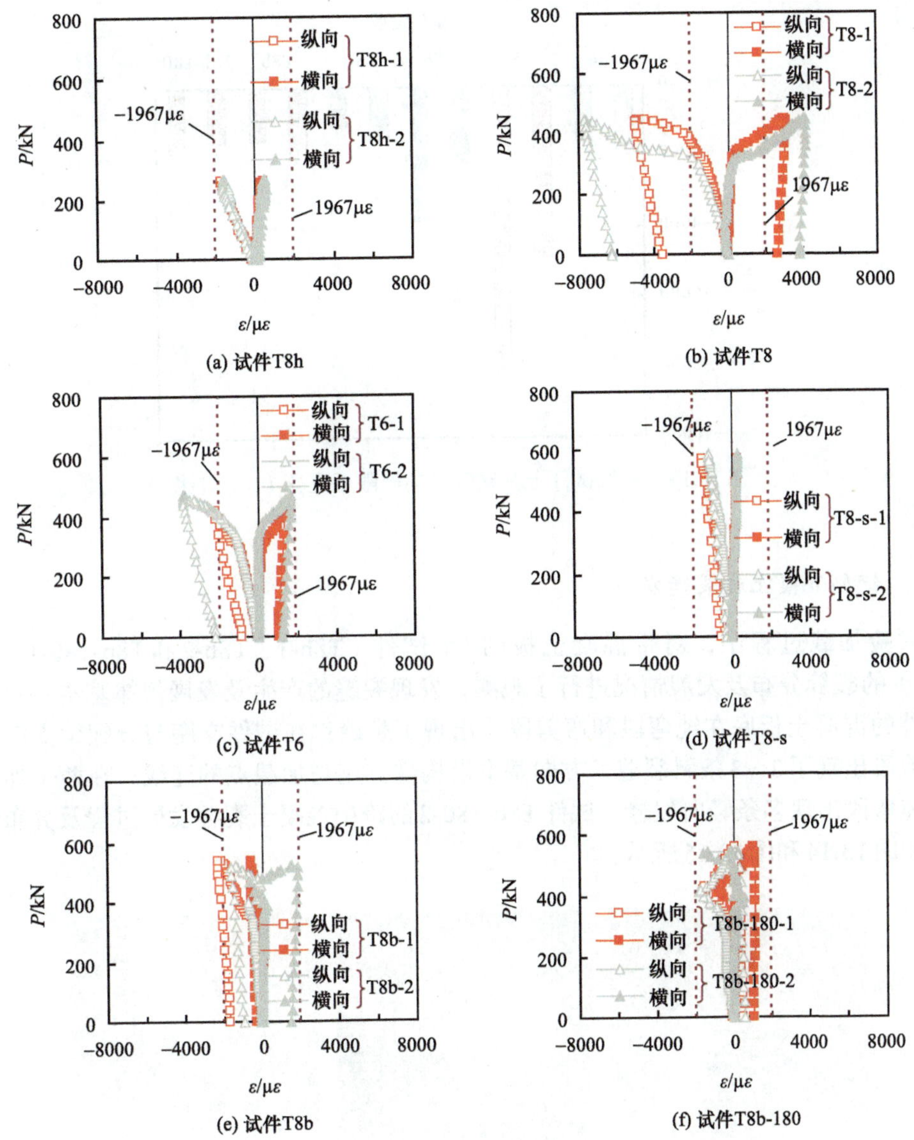

图 13.12　荷载（P）-应变（ε）关系（上弦钢管跨中截面上表面）

图 13.13 所示为所有试件上弦跨中截面的纵向极限压应变。图 13.13 与图 13.11 反映出类似的规律：试件 T8h 和试件 T8-s 由于发生局部节点破坏，跨中截面上弦的压应变得不到充分发展，基本处于弹性段，远小于发生整体挠曲破坏的其他试件的压应变。

图 13.13 显示，带混凝土板的 4 个试件的上弦极限压应变也较小，发展不充分。这是由于上弦混凝土板的存在，使得桁架截面的中和轴不断上移造成。研究图 13.12（e）和（f）可以发现，对于带混凝土板的桁架试件，其跨中截面的上弦压应变在加载后期有向受拉发展的趋势，说明中和轴在不断上移，上弦钢管混凝土由初始的完全受压状态逐渐向部分受压、部分受拉状态转变。

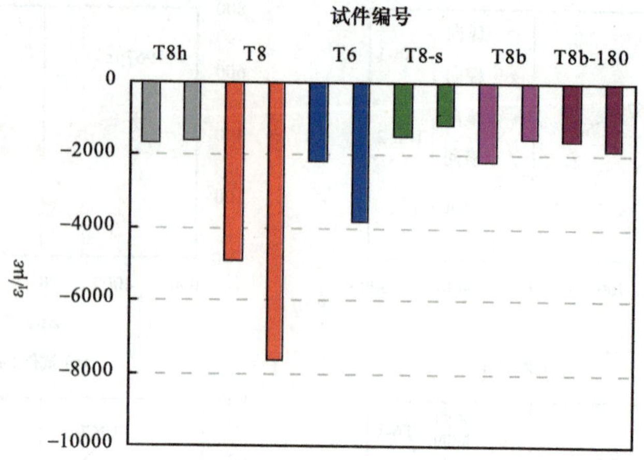

图 13.13　桁架试件上弦钢管纵向极限压应变（ε_1）对比

5. 钢筋混凝土板裂缝发展

试验加载过程中，对带混凝土板的4个试件（T8b-1、T8b-2和T8b-180-1、T8b-180-2）的裂缝分布及发展情况进行了观测，发现裂缝的产生及发展规律基本一致。所有试件的混凝土板底在纯弯段和弯剪段均出现了裂缝：在试件支座与分配梁支座之间的弯剪段出现了2～3条斜裂缝，方向基本沿构件支座与加载点的连线；在两个加载点间的纯弯段出现多条竖向裂缝。试件T8b-180-2的跨中混凝土裂缝发展过程及分布情况分别如图13.14和图13.15所示。

(a) 跨中出现首条裂缝

(b) 跨中裂缝发展

(c) 裂缝最终状态

图 13.14　试件T8b-180-2跨中裂缝发展过程

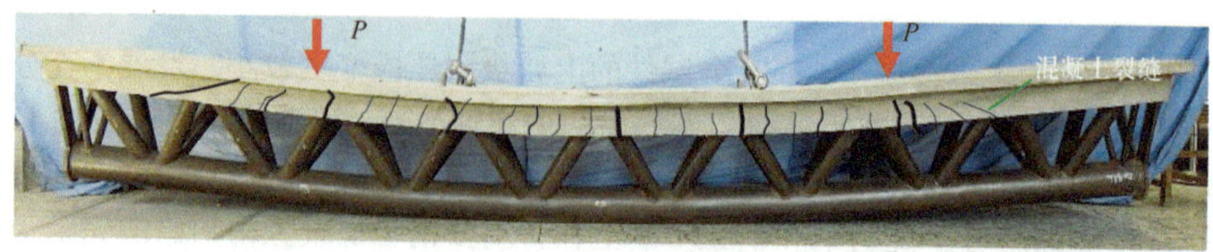

图 13.15　试件T8b-180-2的最终混凝土裂缝分布情况

对试件开裂后不同荷载等级下裂缝宽度、深度及条数等进行了观测。仍以试件T8b-180-2为例，开裂后不同荷载等级下裂缝分布观测数据如表13.3所示。可见，随着荷载的增加，裂缝宽度、深度及条数均持续增长，上弦钢管的下表面屈服前，裂缝宽度较小，钢管屈服后，裂缝宽度增长较快，且随着挠度增长裂缝宽度一直增加，而裂缝深度及条数在加载后期几乎不再变化。

表13.3　加载过程中的裂缝变化情况

P/P_u	跨中裂缝宽度/mm	跨中裂缝深度/mm	裂缝最大宽度/mm	裂缝最大深度/mm	受弯区裂缝条数
0.365	0	0	0.05	28	1
0.475	0.02	25	0.08	38	3
0.546	0.03	28	0.13	79	5
0.621	0.05	35	0.37	80	8
0.748	0.28	81	0.42	81	20
0.833	0.35	82	0.51	82	23
0.851	0.54	83	0.63	83	26
0.887	0.87	110	0.78	110	27
1.000	2.01	110	2.01	110	27

6. 腹杆应变

图13.16所示为试件的荷载（P）与斜腹杆纵向应变（ε）关系，拉应变为正，压应变为负。斜腹杆的屈服应变ε_y为2041$\mu\varepsilon$。每种类型桁架各选取一个试件，每根斜腹杆选取杆件中部作为量测点，图13.16中，腹杆编号依次从支座顺次按1～8排至跨中［1号杆紧挨支座，8号杆位于跨中，如图13.16（a）所示］。

从图13.16可见，空钢管桁架（T8h）和4分点对称加载的钢管混凝土桁式混合结构（T8，T6）的腹杆在整个加载过程中均处于弹性阶段。而8分点对称加载的钢管混凝土（T8-s）位于剪跨段内加载点附近的2号受压腹杆发展较大塑性，同样，带混凝土板的钢管混凝土桁式混合结构部分位于剪跨段内的受压腹杆在受荷过程中也进入塑性区。

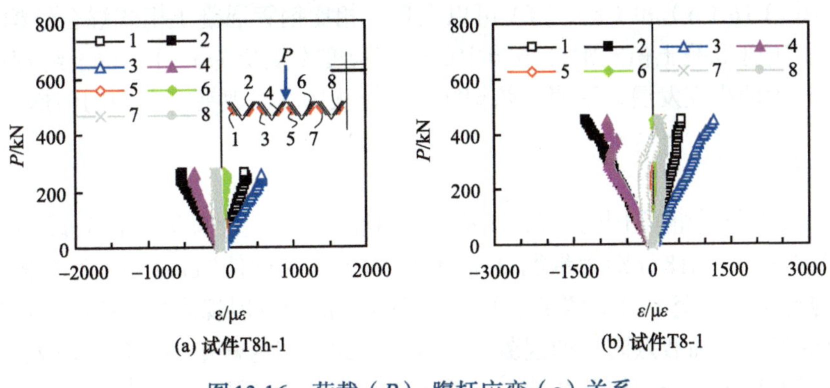

(a) 试件T8h-1　(b) 试件T8-1

图13.16　荷载（P）-腹杆应变（ε）关系

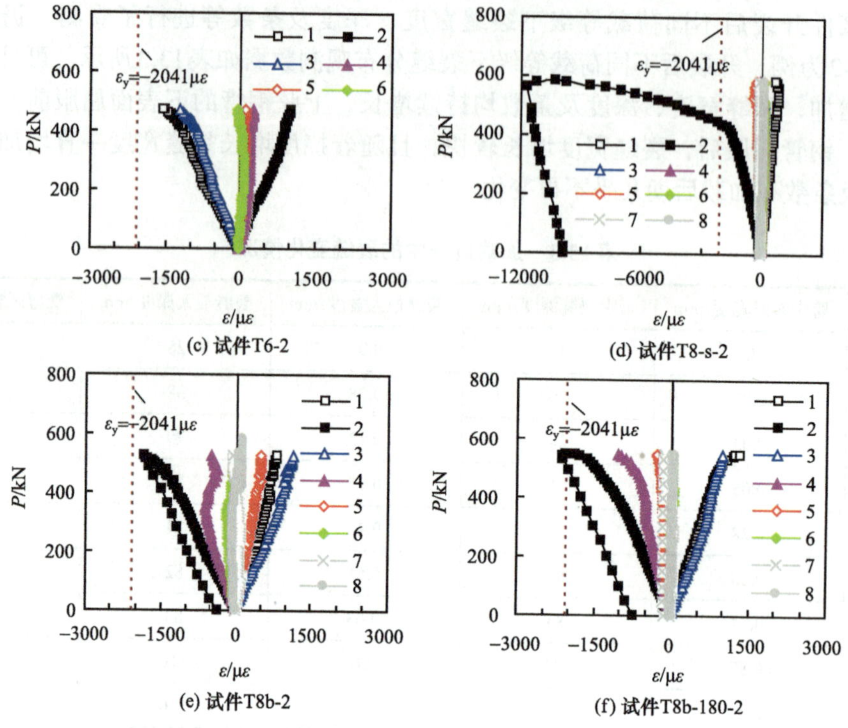

(c) 试件T6-2

(d) 试件T8-s-2

(e) 试件T8b-2

(f) 试件T8b-180-2

图 13.16 （续）

整个加载过程中，处于弯剪段的斜腹杆纵向应变数值明显大于纯弯段的纵向应变，而纯弯段的斜腹杆基本处于零应力状态，说明跨中纯弯段的腹杆基本无剪力传递。以试件T8h-1为例，如图13.16（a）所示，腹杆1和3应变为正，处于受拉状态，为拉杆，而腹杆2和4应变为负，为压杆。试件的剪力传递路径明晰。

对比图13.16（a）和（b）可见，相比空钢管桁架，钢管混凝土桁式混合结构中位于纯弯段的腹杆1～4应变水平相对较高，说明钢管混凝土桁式混合结构纯弯段的腹杆并非完全不受力，但总体上纯弯段的腹杆应力处于一个较低的水平。

对比图13.16（b）和（c）可见，与试件T8相比，试件T6的纯弯段腹杆应变值更小。这是由于弦腹杆之间角度不同造成，说明弦腹杆夹角会影响剪力传递。

对比图13.16（b）和（e）、（f）可以发现，相比钢管混凝土桁式混合结构试件T8，带混凝土板钢管混凝土桁式混合结构中的腹杆应变发展更为充分，位于纯弯段的腹杆5～8也有较大的应变发展，说明上弦钢筋混凝土板的存在改变了剪力的传递。

7. 混凝土应变

带混凝土板钢管混凝土桁式混合结构试件的混凝土应变片布置及编号如图13.4所示。

图13.17和图13.18分别为带混凝土板试件T8b-1和试件T8b-180-1在加载过程中荷载（P）与混凝土应变（ε）的关系，两者的混凝土应变发展规律基本相同。可见，跨中混凝土应变值大于加载点附近的混凝土应变值。这是因为弯矩值在纯弯段大于弯剪段，因而其应变发展更充分。加载初期，混凝土应变值均为负值，说明混凝土板整体受压，

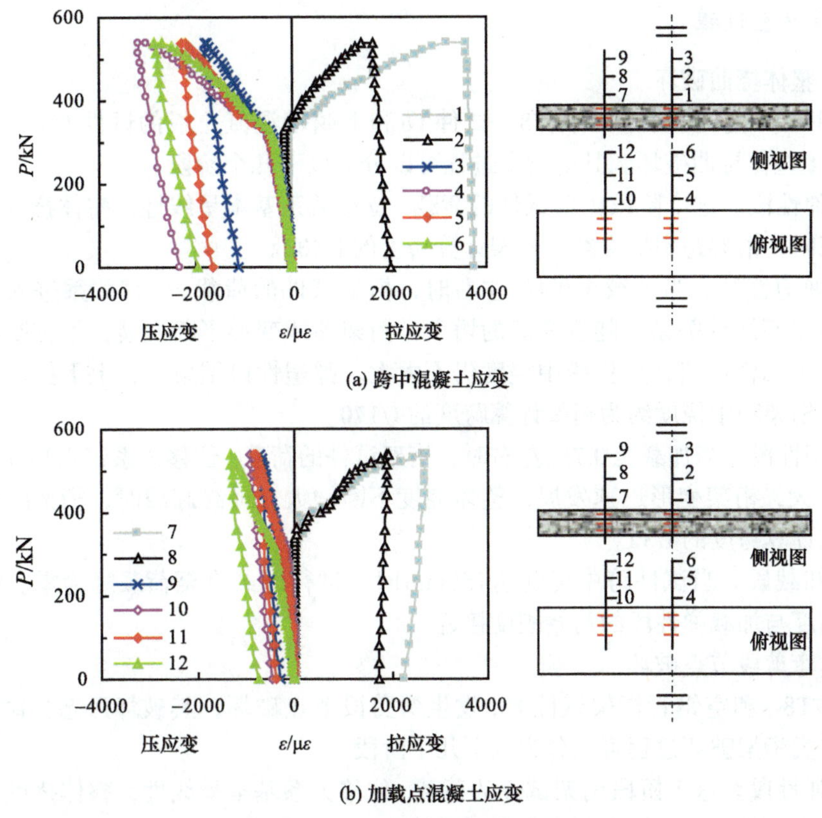

(a) 跨中混凝土应变

(b) 加载点混凝土应变

图 13.17　试件 T8b-1 实测 P-ε 关系

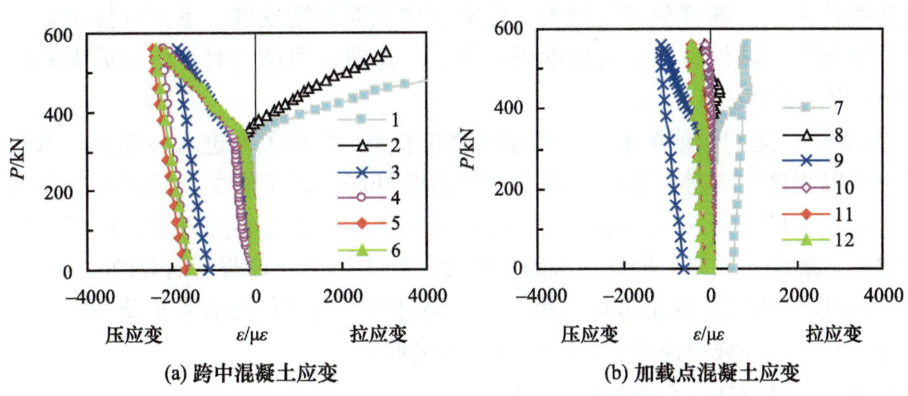

(a) 跨中混凝土应变　　(b) 加载点混凝土应变

图 13.18　试件 T8b-180-1 实测 P-ε 关系

而加载后期，位于混凝土板侧面靠近混凝土板底部的应变值逐渐开始向受拉转变，说明随着荷载值的不断增大，桁架试件的中和轴不断上移，逐渐进入混凝土板。

试件 T8b-2 和试件 T8b-180-2 的荷载（P）-混凝土应变（ε）关系规律基本一致，此处不再赘述。

8. 受力全过程

（1）整体挠曲破坏

如图13.5（a）所示，试件T8、试件T6和上弦带混凝土板的试件T8b、试件T8b-180均发生整体挠曲破坏。其受荷全过程可以分为以下几个阶段。

1）弹性段。这个阶段桁架试件的荷载-位移关系基本呈线性，整体挠度较小。弹性段结束时，桁架跨中挠度约为桁架计算跨度的1/400。

2）弹塑性段。当加载至0.4P_u左右时，桁架试件的荷载-位移关系进入弹塑性阶段，不再呈现线性关系。随着荷载的增大，桁架整体变形不断发展，下弦受拉钢管逐渐屈服，但总体而言，试件跨中挠度仍不太大。弹塑性段结束时，上下拉压弦杆均进入屈服，桁架跨中挠度约为桁架计算跨度的1/170。

3）塑性段。当加载至0.7P_u左右时，桁架试件的荷载-位移关系进入塑性段，随着荷载的增大，桁架变形迅速发展，整体挠度不断增大。最终卸载时，桁架跨中挠度已达到桁架计算跨度的1/32。

4）卸载段。当试件跨中挠度达150mm时，进行卸载直至荷载降为零。桁架试件的卸载刚度与加载弹性段的初始刚度接近。

（2）弯剪段节点破坏

试件T8-s和空钢管桁架试件T8h发生弯剪段节点破坏，其破坏形态如图13.5（b）所示。该类桁架破坏过程可以分为以下几个阶段。

1）弹性段。这个阶段桁架试件的荷载-位移关系基本呈线性，整体挠度较小。弹性段结束时，桁架跨中挠度基本为桁架计算跨度的1/480。

2）弹塑性段。当加载至0.44P_u左右时，桁架试件的荷载-位移关系进入弹塑性段，不再呈现线性关系。随着荷载的增大，桁架整体变形不断发展，下弦受拉钢管逐渐屈服，但总体而言，试件跨中最大挠度仍不太大。弹塑性段结束时，桁架最大的跨中挠度约为桁架计算跨度的1/140。

3）破坏段。达到峰值荷载后，桁架试件的荷载-位移关系进入破坏段，承载力开始下降，下降程度与焊缝开裂程度及受压节点弦杆屈曲程度有关。随着焊缝裂缝不断扩展及弦杆屈曲的不断深入，桁架发生局部破坏区域的变形迅速发展，而跨中挠度几乎不再增加。最终卸载时，桁架最大跨中挠度仅约为桁架计算跨度的1/100。

4）卸载段。当试件发生破坏后承载力下降过快，遂进行卸载直至荷载降为零。桁架试件卸载刚度与加载弹性段的初始刚度基本接近。

（3）混凝土对破坏形态的影响

对于空钢管桁架，其破坏特征主要表现为弯剪段的受拉节点焊缝撕裂以及受压节点区域的弦杆屈曲。与相同条件下的空钢管桁架相比，弦杆内灌注混凝土之后，桁架在受弯变形过程中表现出优良的延性，构件由局部节点破坏转变为整体弯曲破坏，整体抗弯承载力、刚度和延性均得到较大提高。最终表现为整体挠度过大的弯曲破坏。

带混凝土板的钢管混凝土桁式混合结构在试验过程中也表现出良好的延性。带混凝土的钢管混凝土桁式混合结构的整体刚度和承载力均比不带混凝土板的结构有明显提高，其中承载力提高约16%～20%。

9. *截面应变分析*

图13.19～图13.23所示为桁架试件在各级荷载下跨中截面钢管纵向应变沿截面高度的分布情况，每种类型桁架各取一个试件进行分析。其中，对钢管的屈服应变进行了标识，上弦钢管的名义屈服应变ε_y为1967με，下弦钢管的名义屈服应变ε_y为2035με，正值表示拉应变，负值表示压应变。

图13.19显示空钢管桁架试件T8h-2钢管纵向应变沿截面高度的分布情况，可见跨中截面的应变值基本小于钢材屈服应变，而且加载过程中整个桁架上下弦杆作为整体来看，基本符合平截面假定。此外，图13.19还显示随着荷载的增长，中和轴略有上移。

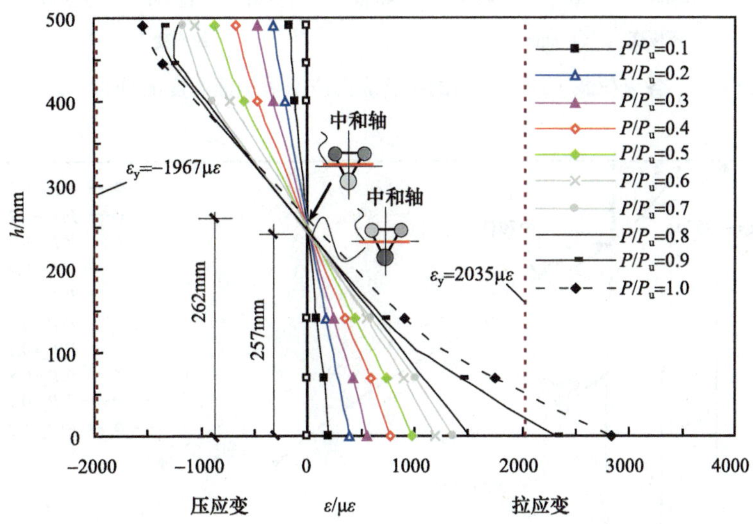

图13.19　各级荷载下的跨中截面的钢管纵向应变沿截面高度的分布（T8h-2）

图13.20显示钢管混凝土桁式混合结构试件T8-1在各级荷载下跨中截面钢管纵向应变沿截面高度的分布。可见，当$P/P_u \leqslant 70\%$时，跨中截面的纵向应变基本小于钢材屈服应变，将整个桁架的上下弦杆作为整体来看基本符合平截面假定；当$P/P_u > 70\%$时，跨中截面的纵向应变分布已不再符合平截面假定。

从图13.20还可看出，随着荷载的增长，桁架跨中截面的中和轴逐渐上移。当$P/P_u=0.1$时，中和轴距下弦杆下表面的高度为300mm，当达到极限荷载（$P/P_u=1$）时，中和轴高度达400mm，基本达到上弦杆的下表面。

在各级荷载作用下，钢管混凝土桁式混合结构试件T6-2其跨中截面沿截面高度的应变分布情况与试件T8-1类似，如图13.21所示。

图13.22显示钢管混凝土桁式混合结构试件T8-s-1在各级荷载下跨中截面的钢管纵向应变沿截面高度的分布，可见，跨中截面的应变值基本小于钢材屈服应变，而且加载过程中整个桁架上下弦杆作为整体来看基本符合平截面假定。这与空钢管桁架的规

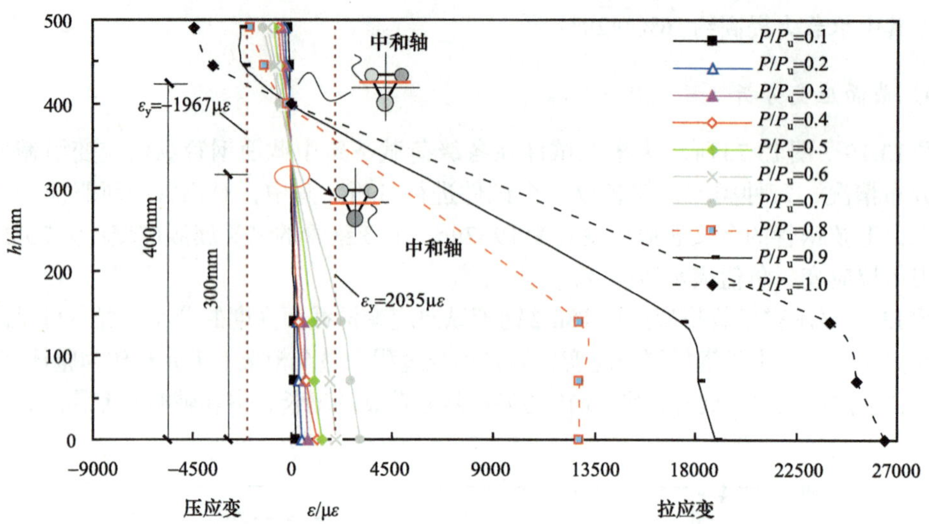

图 13.20 各级荷载下跨中截面的钢管纵向应变沿截面高度的分布（T8-1）

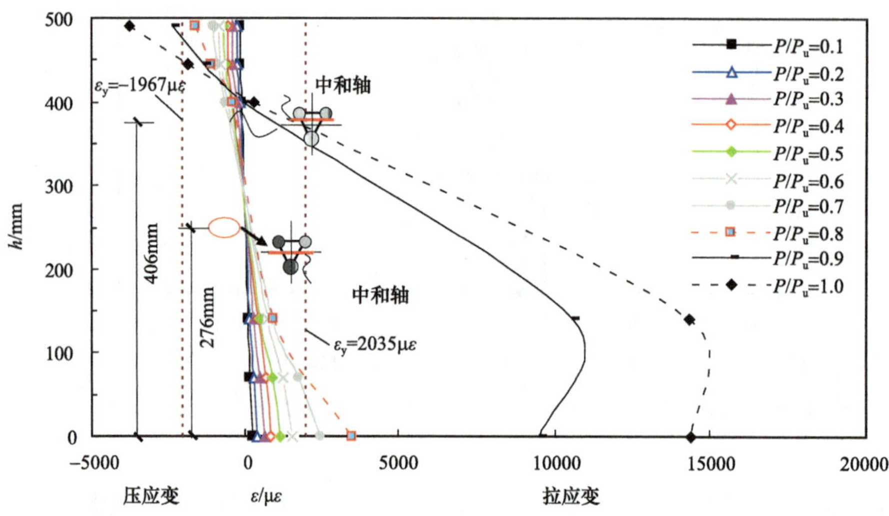

图 13.21 各级荷载下跨中截面的钢管纵向应变沿截面高度的分布（试件 T6-2）

律基本一致，原因在于两者均发生了弯剪段的局部节点破坏，而试件在跨中纯弯段的变形未能充分发展。从图 13.22 还可发现随着荷载的增长，桁架跨中截面的中和轴位置基本不变。

图 13.23 显示带混凝土板的钢管混凝土桁式混合结构试件 T8b-1 在各级荷载下跨中截面的钢管纵向应变沿截面高度的分布。可见，当 $P/P_u \leqslant 60\%$ 时，跨中截面的纵向应变均基本小于钢材屈服应变，截面总体符合平截面假定；当 $P/P_u > 60\%$ 时，跨中截面的纵向应变分布已不再符合平截面假定。

此外，图 13.23 还显示随着荷载的增长和挠曲变形的不断增大，桁架跨中截面的中和轴逐渐上移。如在加荷初期，当 $P/P_u = 10\%$ 时，中和轴距下弦杆下表面的高度为

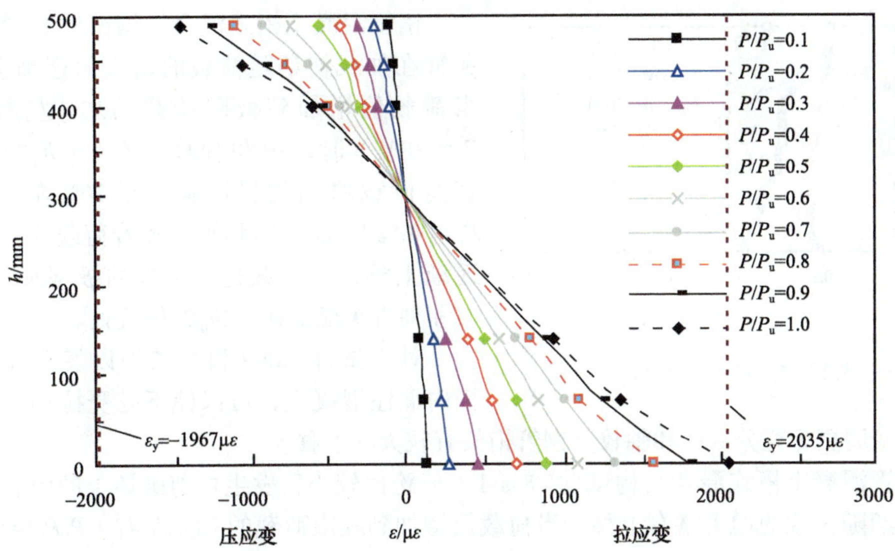

图 13.22　各级荷载下跨中截面的钢管纵向应变沿截面高度的分布（试件 T8-s-1）

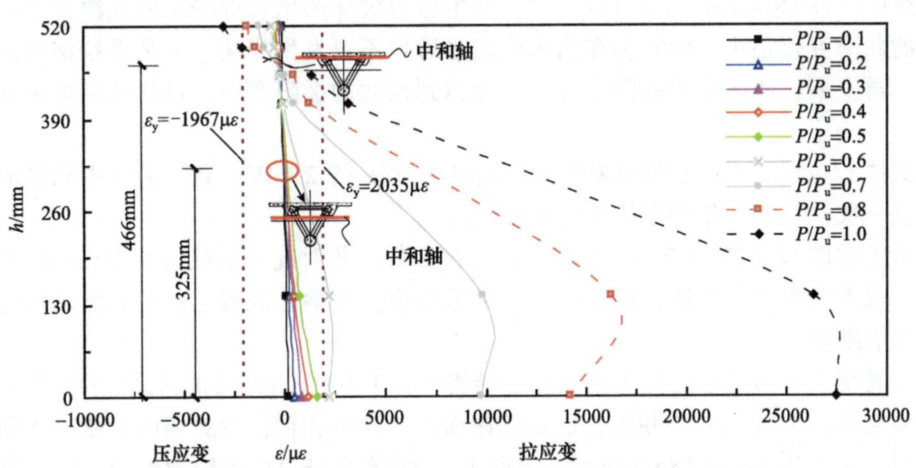

图 13.23　各级荷载下跨中截面的钢管纵向应变沿截面高度的分布（T8b-1）

327mm，当达到极限荷载（$P/P_u=100\%$）时，中和轴高度达400mm，基本达到上弦杆的下表面。

上弦带混凝土板的钢管混凝土桁式混合结构试件T8b-180在各级荷载下，跨中截面沿截面高度的应变分布与试件T8b类似，此处不再赘述。

10. 荷载-中和轴高度关系

图13.24所示为桁架试件的荷载（P/P_u）-相对中和轴高度（ξ_n）关系。图13.24显示，空钢管桁架试件T8h-1的中和轴基本位于截面中心略偏上位置（$\xi_n=x_n/h_0\approx0.45$，其中x_n为受压区高度，h_0为截面高度）。

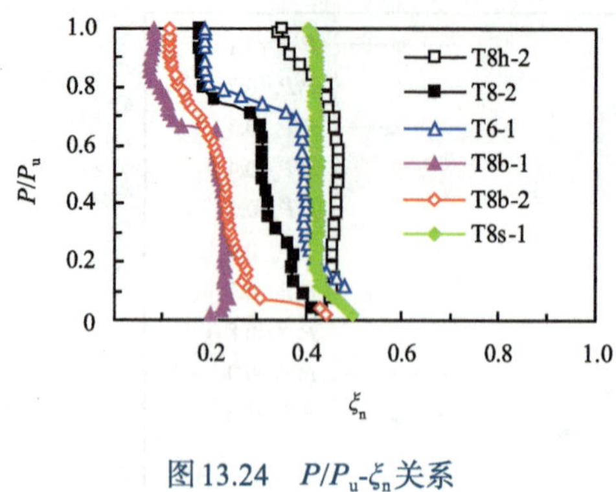

图 13.24　P/P_u-ξ_n关系

钢管混凝土桁式混合结构试件T8-2的中和轴在加载初期随荷载的增大而逐渐上移，当荷载值增加到极限荷载的30%左右（$P/P_u\approx30\%$）时，中和轴稳定在$0.32h_0$的位置直至荷载增加到极限荷载的70%左右（$P/P_u\approx70\%$），此后中和轴又随着荷载的增大而逐渐上移，当荷载达到80%的极限荷载时，中和轴再次稳定在$0.2h_0$的位置处。

对比试件T8h-1和T8-2可以发现，在弦杆内灌注混凝土，可以使下弦受拉钢管的纵向应变发展更为充分，中和轴较空钢管桁架有较大的上移。

钢管混凝土桁式混合结构试件T8-s-1（剪跨比较小，发生弯剪破坏）的中和轴在加载初期随荷载的增大略有上移，当荷载值增加到极限荷载的10%左右（$P/P_u\approx10\%$）时，中和轴迅速稳定在$0.42h_0$的位置直至荷载增加到极限荷载，中和轴的位置不再发生变化。

对比试件T8-s-1和T8-2可以发现，发生弯剪破坏的钢管混凝土桁式混合结构，纯弯段的曲率变化很小，中和轴在曲率稳定之后也不再发生变化，下弦受拉钢管的纵向应变不再发展，造成桁架的跨中弯矩不能达到截面的极限弯矩，材料性能得不到充分发挥。

试件T6-1的荷载-中和轴关系发展趋势与试件T8-2基本一致，最终中和轴的稳定位置也一致，因而两者的极限荷载也差不多。

对比试件T6-1和T8-2可以发现，腹杆与弦杆夹角对纯弯段截面的中和轴位置影响不大，或者说腹杆与弦杆夹角在45°～60°范围内，对钢管混凝土桁式混合结构的截面极限弯矩影响不大。

带混凝土板的钢管混凝土桁式混合结构试件T8b-1和T8b-2的荷载-中和轴关系发展趋势与试件T8-2也较为相似，但是整体而言，其中和轴位置更偏向上弦（达到极限荷载时，试件T8b-1和T8b-2的ξ_n均接近0.1，而试件T8-2的ξ_n约为0.2），从而使得虽然两者的下弦钢管混凝土完全相同，但带混凝土板的钢管混凝土桁式混合结构的极限荷载相比不带混凝土板的提高约20%。

通过12个钢管混凝土桁式混合结构的试验研究了不同参数条件下桁架试件的破坏形态、荷载-挠度关系和弦、腹杆的应变分布情况，分析了桁架截面的中和轴位置变化情况及平截面假定的适用性，得到以下结论。

1）空钢管桁架与钢管混凝土桁式混合结构的对比试验显示，在钢管桁架的上下弦杆内灌注混凝土后显著改善节点性能，节点强度和节点刚度得到大幅提高，从而改变了桁架的破坏形态。钢管混凝土桁式混合结构相比空钢管桁架抗弯承载力和抗弯刚度均明显提高，其整体抗弯承载力提高约30%～35%。

2）在本试验研究的参数范围内，钢管混凝土桁式混合结构试件出现整体挠曲破坏和弯剪段局部节点区域破坏的两种破坏形态。其主要影响参数为试件的剪跨比：当剪跨比较小时，钢管混凝土桁式混合结构的破坏形态为弯剪区节点破坏，属于局部破坏导致整体失效；当剪跨比较大时，破坏形态为跨中挠度过大，下弦拉杆塑性变形控制，结构发生整体挠曲过大导致的纯弯破坏。

3）腹杆与弦杆之间的夹角在合理设计范围内对桁架试件的整体承载力和刚度影响不明显，但对剪力传递路径和节点局部区域的应力、应变分布有一定影响。

4）带混凝土板的钢管混凝土桁式混合结构试件，其上弦钢管混凝土压杆与其连接的钢筋混凝土板能很好地协同工作，试件的极限承载力和整体抗弯刚度较不带混凝土板的钢管混凝土桁式混合结构均有明显提高，其中承载力提高约20%；达到极限荷载时，其中和轴位置可以达到上弦受压钢管内部。

5）对于发生弯剪段局部破坏的试件，其跨中截面的平截面假定基本适用。对于发生整体挠曲破坏的试件，当$P/P_u \leqslant 70\%$时，跨中截面的纵向应变基本位于弹性段内，应变分布基本符合平截面假定；而当$P/P_u > 70\%$时，跨中截面的纵向应变分布已不再符合平截面假定。

13.3 工作机理分析

13.3.1 有限元计算模型

（1）有限元计算模型建立

首先，建立钢管混凝土桁式混合结构的有限元分析模型（Hou et al.，2017）。对于钢管内的核心混凝土，采用韩林海（2022）中的模型，具体参见第2.5.2节。然后，对于钢筋混凝土板内的普通混凝土，采用《混凝土结构设计标准（2024年版）》（GB 50010—2010）中推荐的模型。

对于混凝土板中的箍筋，假设在受荷过程中和混凝土完全黏结。对于纵筋，采用弹簧单元模拟其和混凝土之间的接触，每对节点用三个弹簧单元连接，以模拟二者在三个方向的接触性能。其中混凝土对钢筋的握裹和挤压作用采用法向和横向弹簧模拟，而钢筋与混凝土之间的黏结滑移采用纵向弹簧模拟。

黏结滑移本构模型采用《混凝土结构设计标准（2024年版）》（GB 50010—2010）中推荐的模型。

钢管和核心混凝土之间界面模型按本书第2.5.2节所述确定。

基于以上材料模型和界面模型，建立了钢管混凝土桁式混合结构的有限元分析模型，其单元网格划分、加载方式和边界条件如图13.25所示。单元类型：混凝土采用八节点减缩积分格式的实体单元；刚性加载垫板也采用实体单元；纵向钢筋和箍筋采用两节点杆单元；钢管采用四节点减缩积分格式的壳单元，在厚度方向采用9个积分点的Simpson积分。钢管混凝土弦杆与钢管腹杆之间采用刚接，并且在弦杆与腹管连接处保持两者的网格划分一致，如图13.25所示。

（2）有限元计算模型验证

与以往研究者的试验结果比较表明，建立的钢管混凝土桁式混合结构有限元模型

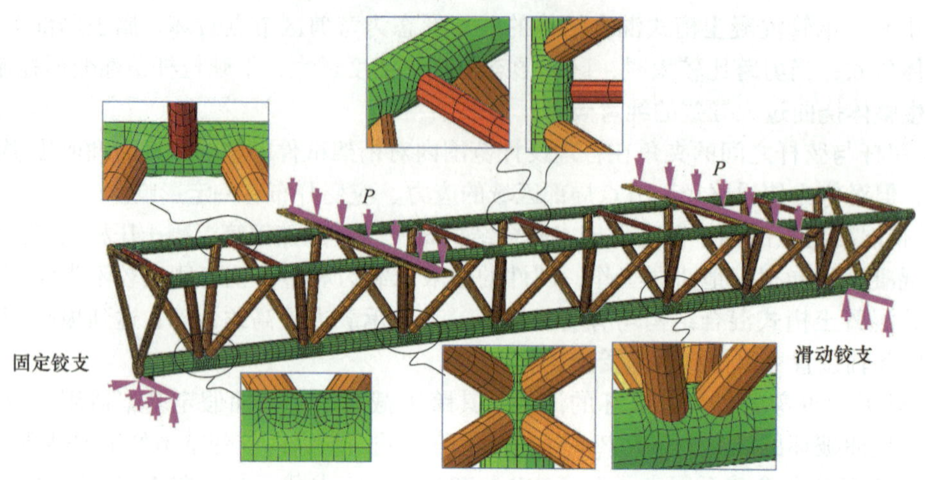

(a) 钢管混凝土桁式混合结构有限元计算模型

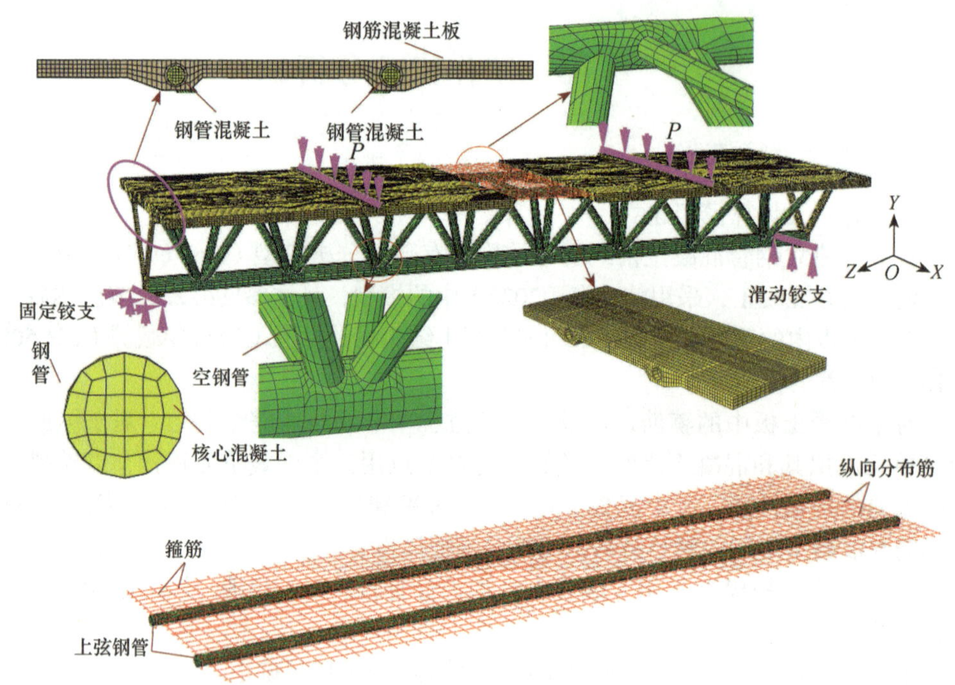

(b) 带混凝土板的钢管混凝土桁式混合结构有限元计算模型

图 13.25　有限元计算模型的网格划分和边界条件

可较好地模拟二肢、三肢和四肢桁式混合结构的受力情况（何珊瑚，2012）。

图 13.26 给出了本章部分试件的实测和有限元计算结果比较。可见，采用有限元法计算的结果与试验结果吻合较好。需要指出的是，本章所建的有限元计算模型尚无法准确模拟焊缝的开裂或者钢材的断裂。

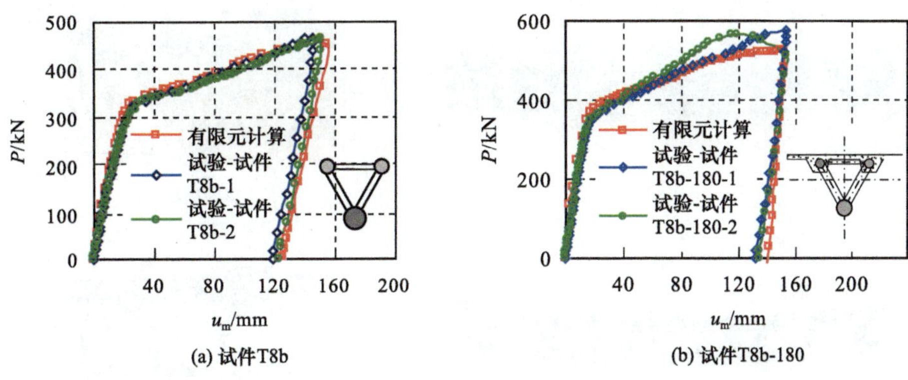

(a) 试件T8b　　(b) 试件T8b-180

图 13.26　计算结果和实测结果对比

13.3.2　工作机理分析

利用上述有限元计算模型，对钢管混凝土桁式混合结构在四分点竖向荷载作用下的破坏形态、荷载-挠度全过程关系、跨中截面应力、应变分布等工作机理进行细致分析。

1. *构件破坏形态*

（1）破坏形式分类

钢管混凝土桁式混合结构的破坏形态和桁架的剪跨比、荷载形式及构造措施等因素相关。在归纳已有试验和分析总结大量有限元算例的基础上，发现钢管混凝土桁式混合结构大致存在两类破坏形态：整体失效破坏和局部失效破坏。整体破坏模式又可分为桁架结构整体刚度破坏、强度破坏和稳定破坏三种破坏形式；而局部破坏模式则可归类为弦杆或者腹杆的强度破坏、稳定性破坏以及节点破坏。

实际结构中，两种破坏形式往往相互影响、相伴而生，共同作用于结构：局部失效可能引发整体失效，而整体失效过程中也会产生局部失效。

1）整体失效。如图 13.27（1）所示，该类破坏形式表现为试件整体弯曲破坏，如试件 T8-2。其主要特点为试件表现出优良的延性和整体性，无明显局部破坏特征，跨中挠度达到桁架跨度的 1/30 以上时仍能维持承载力。若考虑正常使用极限状态，结构不允许发生过大变形，该破坏形态则由挠度（桁架抗弯刚度）控制。

2）局部失效。如图 13.27（2）所示，桁架除了整体发生挠曲之外，随着荷载增加，试件最终在弯剪区发生节点破坏，包括受拉节点出现焊缝或者弦杆的撕裂、受压节点区域弦杆屈曲等现象，如试件 T8-s-1。该类破坏属于局部失效导致的承载力丧失，试件的延性和整体变形能力较弱，承载力达到极限时，跨中最大挠度一般较小（不足桁架跨度的 1/100，甚至更小），桁架不能充分发挥其延性和承载力。在设计中应避免该类破坏形式的发生。

除了从宏观上观察桁架是否发生整体挠曲或节点焊缝撕裂、局部屈曲等破坏现象来判定其破坏模式之外，两类破坏形态主要以荷载-跨中挠度曲线或跨中截面的弯矩-

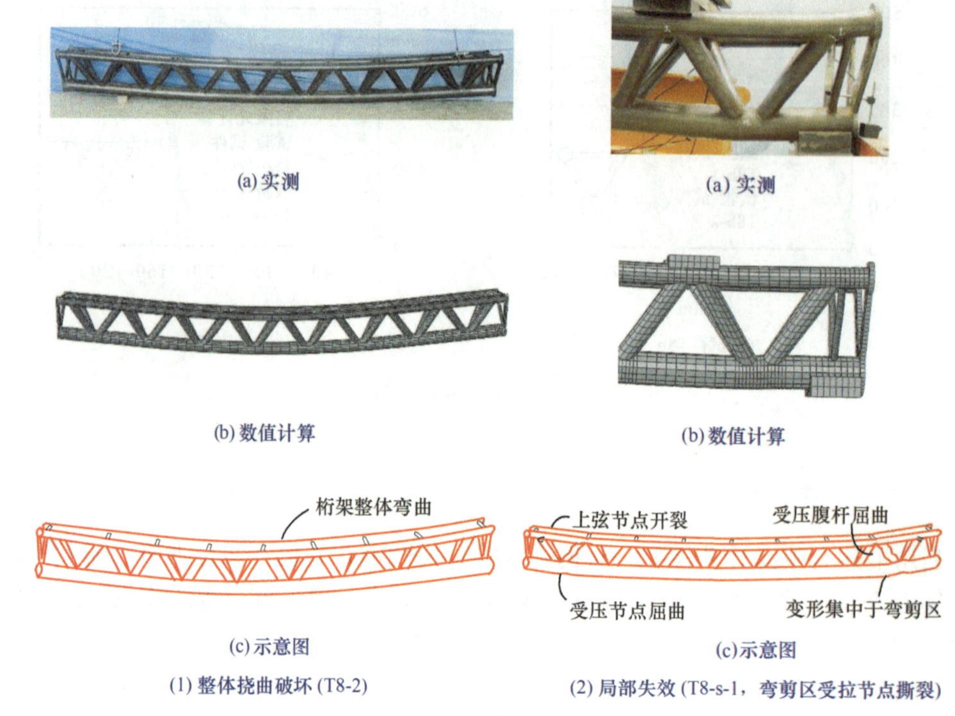

(a) 实测　(b) 数值计算　(c) 示意图

(1) 整体挠曲破坏 (T8-2)

(a) 实测　(b) 数值计算　(c) 示意图

(2) 局部失效 (T8-s-1，弯剪区受拉节点撕裂)

图 13.27　试件破坏形态

曲率关系的形状作为判别标准，如图 13.7 和图 13.9 所示：发生整体破坏形式的上述两条曲线均存在明显的平台阶段或强化阶段，跨中曲率发展较为充分，当结构发生较大变形时仍然能维持一定的荷载，基本没有峰值点；而发生局部破坏形式的 N-u_m 关系或者 M-ϕ 关系则几乎没有平台区，存在较为明显的峰值点。经过对试验及大量有限元算例的分析，对于承受竖向荷载作用的钢管混凝土桁式混合结构，试件可能的破坏形态主要和荷载形式及节点刚度相关。

（2）弦杆内填混凝土对桁架破坏形式的影响

试验中的空钢管桁架，其破坏特征主要表现为弯剪段的受拉节点焊缝撕裂以及受压节点区域的弦杆屈曲凹陷，破坏现象十分明显，如图 13.28（1）所示；而相同条件下的钢管混凝土桁式混合结构，其节点在试验过程中表现良好，基本无明显破坏现象发生，如图 13.28（2）所示。可见，在上下弦杆内填充混凝土，提高了节点的承载力和刚度，改变了桁架的失效模式，从节点局部失效转变为整体失效破坏。这是由于灌注混凝土后显著地提高了节点强度和刚度；桁架上弦受压的钢管由于核心混凝土的存在，有效防止了钢管在局部发生褶曲和内凹屈曲；桁架下弦受拉的钢管受到混凝土的约束作用，保持了良好的延性，同时提高了整体抗弯刚度。弦杆内灌注混凝土之后，桁架整体破坏形态由节点区域的局部破坏转变为桁架整体弯曲破坏。

（3）混凝土板对桁架破坏形式的影响

图 13.29 给出了有限元计算的钢管混凝土桁式混合结构破坏形态。可见，破坏时桁

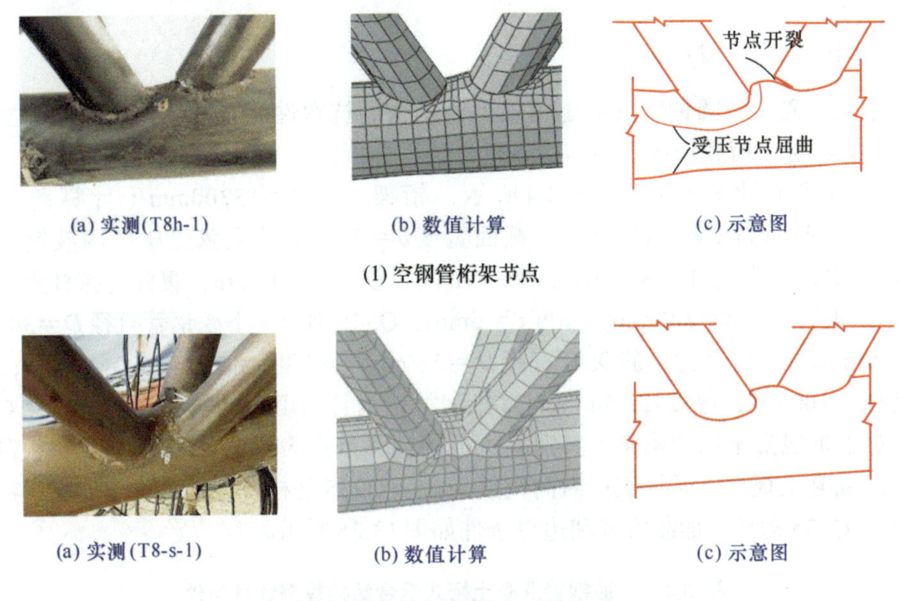

(a) 实测(T8h-1)　(b) 数值计算　(c) 示意图

(1) 空钢管桁架节点

(a) 实测(T8-s-1)　(b) 数值计算　(c) 示意图

(2) 钢管混凝土桁式混合结构节点

图 13.28　空钢管桁架和钢管混凝土桁式混合结构破坏形态对比

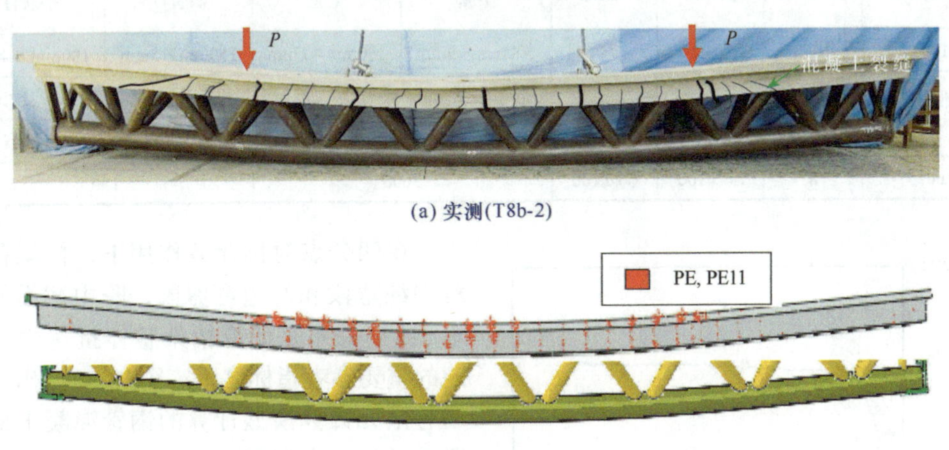

(a) 实测(T8b-2)

(b) 数值计算

图 13.29　带混凝土板的钢管混凝土桁式混合结构破坏形态

架跨中挠度较大，属于整体弯曲破坏。由于核心混凝土和外包钢筋混凝土板的双重约束，有效地阻止了上弦钢管的局部屈曲；下弦受拉侧的核心混凝土受到钢管的约束作用，保持了良好的整体性，与外钢管能很好地协同工作，塑性变形较大。

混凝土板的作用主要是加强了受压的上弦杆。一方面可以提高截面整体抗弯刚度，防止受压侧钢管的局部屈曲；另一方面也使得结构达到最终极限弯矩时，中和轴位置上移，从而提高整体抗弯承载力。当中和轴上移到混凝土板的下缘时，混凝土板底部出现受拉裂缝，并且随荷载的增长而逐渐向上开展，如图 13.29 所示。

2. 荷载-变形全过程分析

为深入研究三肢圆钢管混凝土桁式混合结构的抗弯性能及其工作机理，建立算例对四分点对称竖向荷载作用下的结构进行全过程分析。

算例的基本计算条件如表13.4所示，桁架长度L=13300mm（计算跨度L_0为13040mm），截面高度h_i=1104mm，截面宽度b_i=784mm（上弦受压区两肢钢管的中心距离）；沿跨度方向分为8个节间，每个节间长度l_0=1340mm，腹杆与弦杆夹角约为60°。上弦钢管直径d=180mm，厚度t'=6mm，Q345钢材；下弦钢管直径D=300mm，厚度t=9mm，Q345钢材；斜腹杆直径D_1=150mm，厚度t_1=5mm，Q345钢材；平联杆直径D_b=100mm，厚度t_b=5mm，Q345钢材；钢管内填充的核心混凝土采用C60混凝土。对于带混凝土板的桁架，其混凝土板的计算条件为板宽b_f=3600mm，板高h_b=150mm；混凝土板C40混凝土；纵向钢筋为ϕ6，Q235钢材，配筋率为1.04%；箍筋为ϕ6@100，Q235钢材。加载方式和边界条件如图13.25所示。

表13.4　三肢钢管混凝土桁式混合结构算例计算条件

构件计算长度L_0/mm	节间长度l_0/mm	截面高度h_i/mm	截面宽度b_i/mm	钢管尺寸（$D\times t$）			
				下弦	上弦	斜腹杆	平联杆
13040	1340	1104	784	300mm×9mm	180mm×6mm	150mm×5mm	100mm×4mm
腹杆与弦杆夹角	节间数	纵筋/mm	箍筋/mm	混凝土板尺寸			
				宽度b_f/mm		高度h_b/mm	
60°	8	ϕ6@100	ϕ6@100	3600		150	

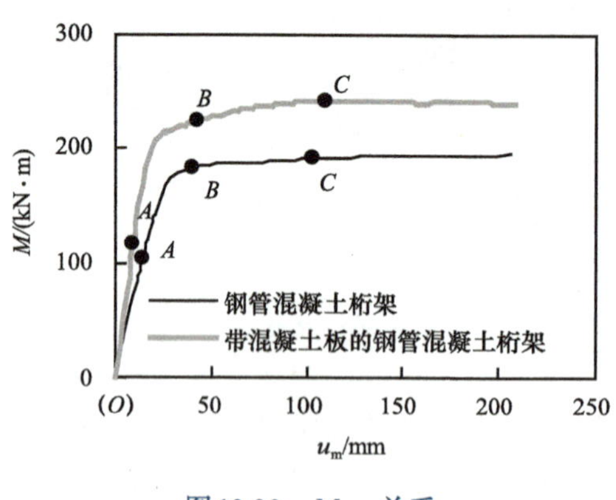

图13.30　M-u_m关系

在四分点对称荷载作用下，桁架存在跨中纯弯段和两边弯剪段，跨中截面的弯矩-曲率关系是研究桁架整体抗弯力学性能的重要参考指标之一。图13.30给出了采用有限元计算模型计算的钢管混凝土桁式混合结构和带混凝土板的钢管混凝土桁式混合结构的弯矩-跨中挠度关系。

（1）钢管混凝土桁式混合结构

图13.30所示的发生整体挠曲破坏的钢管混凝土桁式混合结构其全过程曲线可分为如下三个阶段。

1）弹性阶段（OA）。这个阶段结构的荷载-位移关系（M-u_m关系或M-ϕ关系）基本呈线性，整个截面的受力接近线弹性。从开始加荷到下弦受拉钢管的拉应力进入比例极限前，由于截面内的钢管均处于弹性阶段，且整个截面均参与受力，截面抗弯刚度较大，结构挠度和截面曲率很小，钢管的应力都处于弹性范围内，与截面弯矩近似成正比。

*A*点：当截面下弦受拉钢管的下表面外侧边缘纵向最大纤维应变达到钢材的比例应变时（$\varepsilon_s=\varepsilon_e$），截面达到弹性与塑性的临界状态。相应弯矩值称为弹性弯矩M_e。此时，上弦受压混凝土外侧边缘纵向最大纤维应变还未达到混凝土的峰值压应变ε_0。从前述试验结果及大量有限元结果分析可见，M_e/M_u一般为0.4～0.5；弹性阶段结束时，结构跨中挠度基本约为计算跨度的1/400。

2）弹塑性阶段（*AB*）。当截面弯矩达到$0.4M_u$～$0.5M_u$时，试件的荷载-位移关系进入弹塑性阶段，不再呈现线性关系，截面抗弯刚度逐渐变小。随着荷载的增大，结构整体变形不断发展，下弦受拉钢管逐渐进入屈服段，但总体而言，试件跨中最大挠度仍不太大。弹塑性阶段结束时，上下弦钢管均进入屈服段。

*B*点：当截面上下弦钢管应变均达到钢材的屈服应变时（$\varepsilon_{s\text{-}up}=\varepsilon_y$），此时上下弦钢管基本完全进入塑性状态。相应弯矩值称为塑性弯矩M_y。此时，若设计合理，上弦受压混凝土外侧边缘纵向最大纤维应变达到混凝土的峰值压应变ε_0。从试验结果及大量有限元结果分析可见，M_y/M_u一般在0.9左右；相应跨中挠度约为桁架计算跨度的1/200。

3）塑性阶段（*BC*）。随着荷载的继续增大，桁架整体变形迅速发展，整体挠度不断增大。前述试验试件卸载时，桁架跨中挠度已达桁架计算跨度的1/32，但桁架仍然能继续承受荷载。桁架截面的抗弯承载力达到塑性弯矩之后，跨中下弦钢管逐渐进入强化阶段，桁架的截面抗弯刚度迅速变小。此后M-u_m关系和M-ϕ关系均处于平台阶段，桁架承载力基本不变或变化不大，而跨中截面的曲率和挠度迅速增长，桁架的塑性变形明显。

*C*点：当截面下弦受拉钢管的下表面外侧边缘纵向最大纤维应变达到钢材的极限应变（$\varepsilon_s=\varepsilon_u$，为避免过大的塑性应变，取$\varepsilon_u=0.01$），此后桁架梁进入破坏阶段。*C*点相应弯矩值称为极限弯矩M_u。此时，上弦受压混凝土外侧边缘纵向最大纤维应变达到或超过混凝土的极限压应变ε_{cu}。从试验结果及大量有限元结果分析可见，当达到极限弯矩M_u时，桁架跨中挠度约为计算跨度的1/140～1/70，因桁架的延性不同而不同，主要由上下弦杆的强度比决定。

（2）带混凝土板的钢管混凝土桁式混合结构

上弦带钢筋混凝土板的钢管混凝土桁式混合结构，其全过程关系基本与CFST桁架类似，在试验过程中也表现出良好的延性，如图13.30所示。相比不带楼板的钢管混凝土桁式混合结构，上弦设置钢筋混凝土板之后，结构整体刚度和承载力均有明显提高，承载力提高约16%～20%，混凝土板与钢管混凝土上弦共同工作性能良好。结构无明显峰值荷载，当挠度达到跨度的1/120之后，承载力逐渐趋于平缓或缓慢增长。

与钢管混凝土桁式混合结构类似，可将带混凝土板的钢管混凝土桁式混合结构的荷载-挠度全过程关系也分为三个阶段。

1）弹性阶段（*OA*）。这个阶段桁架的M-u_m关系或M-ϕ关系基本呈线性，由于整个桁架截面均参与受力，截面抗弯刚度较大，桁架的挠度和截面曲率很小，钢管的应力都处于弹性范围内。

*A*点：截面下弦受拉钢管的下表面外侧边缘纵向最大纤维应变达到钢材的比例应变（$\varepsilon_s=\varepsilon_e$）。相应弯矩值称为弹性弯矩$M_e$。此时，上弦混凝土板整体均处于受压状态。从

试验结果及大量有限元结果分析可见，弹性阶段结束时，桁架整体挠度基本为桁架计算跨度的1/500；M_e/M_u一般在0.4左右。

2）弹塑性阶段（AB）。当截面弯矩达到$0.4M_u$时，桁架的荷载-位移关系进入弹塑性阶段，不再呈现线性关系。随着荷载的增大，下弦受拉钢管逐渐进入屈服段，桁架梁截面抗弯刚度逐渐变小，桁架整体变形不断发展。跨中截面的中和轴位置不断上移，上弦钢管混凝土的外包混凝土底部逐渐开始出现受拉微裂缝，宽度很小，属于带裂缝工作阶段。

B点：当截面上下弦钢管应变均达到钢材的屈服应变时（$\varepsilon_{s\text{-}up}=\varepsilon_y$），此时上下弦钢管基本完全进入塑性状态，上弦受压混凝土外侧边缘纵向最大纤维应变达到混凝土的峰值压应变ε_0。相应弯矩值称为塑性弯矩M_y。从试验结果及大量有限元结果分析可见，M_y/M_u一般在0.9左右。弹塑性阶段结束时，上下拉压弦杆均进入屈服段，桁架整体挠度约为桁架计算跨度的1/300。

3）塑性阶段（BC）。随着荷载的继续增大，桁架整体变形迅速发展，整体挠度急剧增大。M-u_m关系和M-ϕ关系均处于平台阶段，桁架承载力基本不变或变化不大，而跨中截面的曲率和挠度增长较快，桁架的塑性变形明显。下弦钢管逐渐进入强化阶段，桁架的截面抗弯刚度迅速变小。中和轴上移，上弦钢管混凝土下半部分进入受拉区，其外包混凝土裂缝持续向上发展接近混凝土板底位置。

C点：截面下弦受拉钢管的下表面外侧边缘纵向最大纤维应变达到钢材的极限应变（$\varepsilon_s=\varepsilon_u$，为避免过大的塑性应变，取$\varepsilon_u=0.01$），此后桁架进入破坏阶段。$C$点相应弯矩值称为极限弯矩$M_u$。此时，上弦受压混凝土外侧边缘纵向最大纤维应变达到或超过混凝土的极限压应变ε_{cu}。从试验结果及大量有限元结果分析可见，当达到极限弯矩M_u时，桁架跨中挠度约为计算跨度的1/200，因桁架的延性不同而不同，主要由上下弦杆的强度比决定。需要指出的是，同时需要考虑混凝土板底裂缝宽度应满足设计要求。

3. 特征点应力、应变分析

深入分析钢管混凝土桁式混合结构在受力全过程中混凝土、钢管和腹杆的应力发展和分布情况，有助于进一步了解钢管混凝土桁式混合结构受力全过程的工作机理和力学实质。以上述算例为例，分析带或不带混凝土板的钢管混凝土桁式混合结构全过程关系中各特征点的应力、应变发展及分布情况。以下应力分布图中应力单位均为MPa，以拉应力为正。

（1）钢管混凝土桁式混合结构

图13.31为跨中截面混凝土在各特征点处的纵向应力分布。从图13.31可以看出，在A点，上弦受压侧核心混凝土的纵向应力基本为20MPa，下弦混凝土的纵向应力此时已达开裂应力4MPa，由于外钢管的支持作用，核心混凝土依旧可以承受一定拉应力。在B点，上弦受压混凝土的纵向应力基本在30～40MPa，整体接近混凝土的峰值压应力。在C点，上弦受压混凝土的纵向应力最大值达到轴压强度，下弦混凝土应力则一直处于受拉状态。

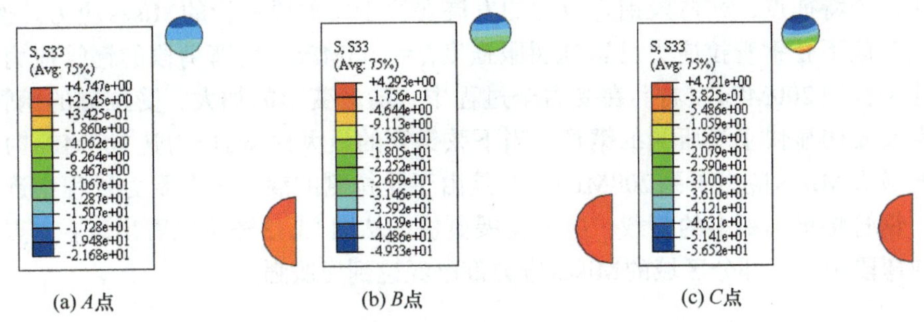

(a) *A*点　　(b) *B*点　　(c) *C*点

图 13.31　跨中截面混凝土纵向应力分布（应力单位：MPa）

图 13.32 为各特征点处钢管混凝土桁式混合结构中核心混凝土纵向应力分布。可见，跨中截面上弦混凝土的应力在 *A*、*B* 两点分布较为均匀。随着荷载增加，在 *C* 点，上弦钢管内位于上半部的内填混凝土，其受应力基本达到混凝土峰值应力 $f_{c,r}$，而下半部分压应力不到 20MPa，明显上部压应力远大于下部，上弦整体呈现出受弯状态；下弦受拉侧的核心混凝土始终全截面受拉，随着变形的增大，核心混凝土的受拉区范围沿构件长度方向由跨中向两端发展。

图 13.33 为钢管混凝土桁式混合结构上下弦杆在各特征点处的 Mises 应力分布。可

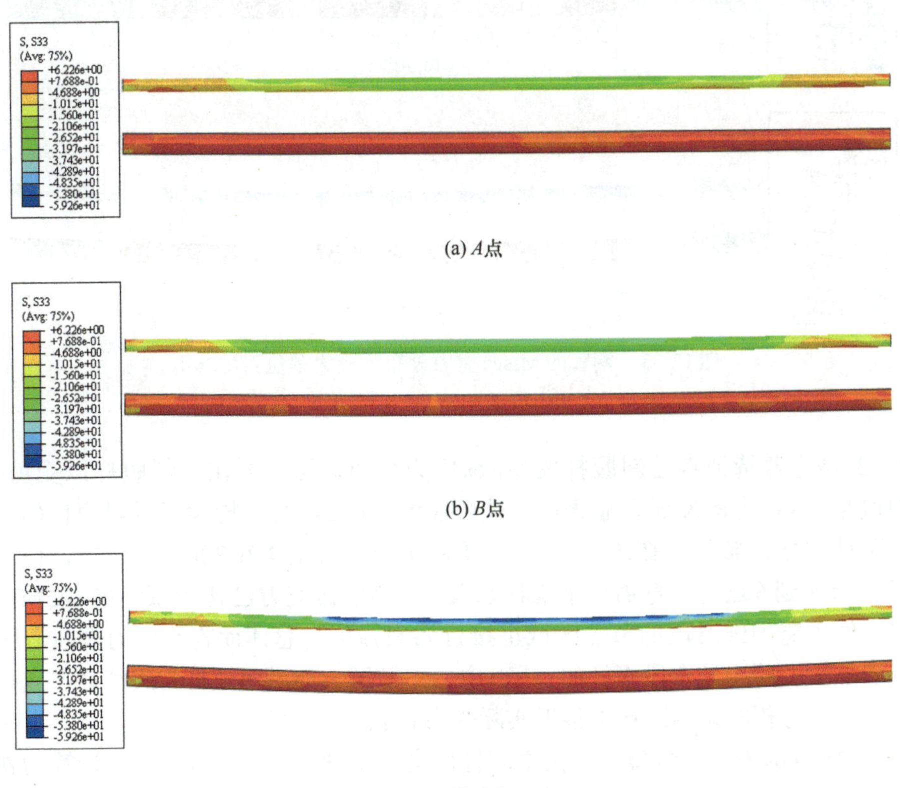

(a) *A*点

(b) *B*点

(c) *C*点

图 13.32　核心混凝土纵向应力分布（应力单位：MPa）

见，在各个特征点，纯弯段钢管应力的发展要快于弯剪段钢管的Mises应力。例如，*B*点时纯弯段下弦钢管拉应力已达到屈服强度f_y=345MPa，而弯剪段的钢管应力基本维持在比例极限200MPa左右。在受力全过程中，随着变形的加大，受拉侧的钢管Mises应力发展要明显快于受压侧的钢管，当下弦钢管的最大Mises应力达300MPa时，上弦钢管的最大Mises应力不到200MPa。这是由于受拉侧的混凝土在受力过程中逐渐退出工作，钢管将承担更多的荷载，应力发展更快。从图13.33还可以看出，在*B*点，下弦钢管纯弯段中绝大部分区域的Mises应力都已经达到屈服强度。

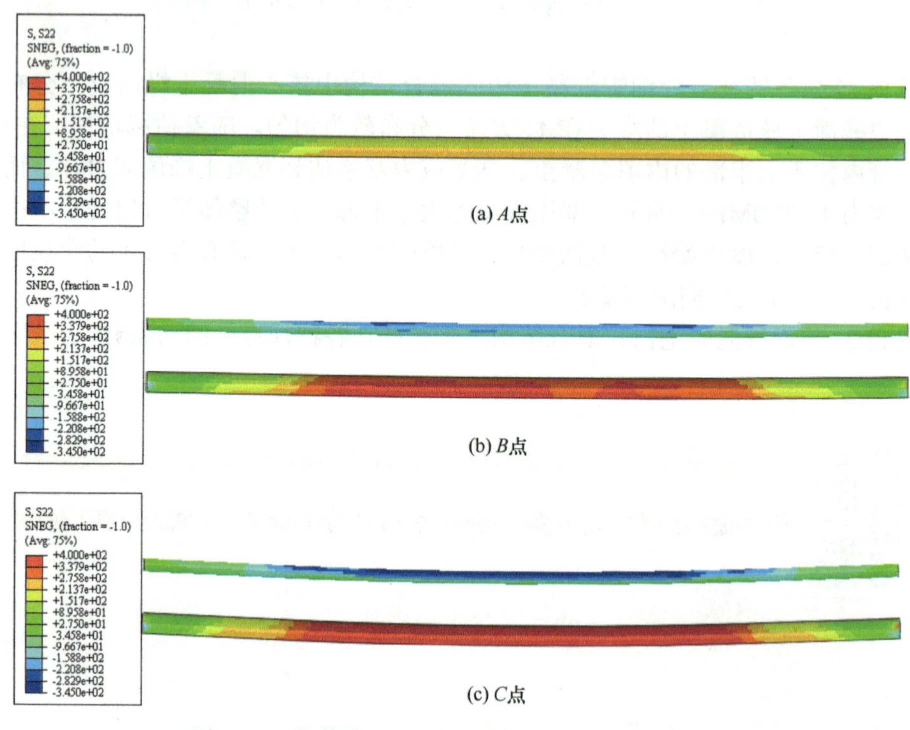

图13.33　钢管的Mises应力分布（应力单位：MPa）

图13.34为各特征点处斜腹杆的Mises应力分布。可以看出，斜腹杆以受剪为主，其弯剪段Mises应力的发展要显著快于纯弯段的Mises应力。桁架通过斜腹杆的剪力传递将上下弦连接成整体。在*A*点，斜腹杆的Mises应力基本在200MPa以内，仍处于弹性阶段；当达到*B*点时，弯剪段节点区域腹杆的Mises应力已达屈服强度345MPa；而在*C*点，位于跨中纯弯段的节点区域也接近屈服强度，总体而言在受力全过程中，随着变形的加大，跨中纯弯段腹杆的Mises应力不断增大，说明弦杆与腹杆的节点可以传递弯矩，受力分析时采用刚接更接近实际受力状态。

图13.35所示为核心混凝土受拉主塑性应变矢量图。可见，在*A*点，计算的初始裂缝出现于受拉侧核心混凝土的纯弯段，且钢管内核心混凝土的初始裂缝和水平方向基本垂直，下弦纯弯段基本为轴心受拉作用；*B*点与*A*点相比，受拉侧核心混凝土开裂范

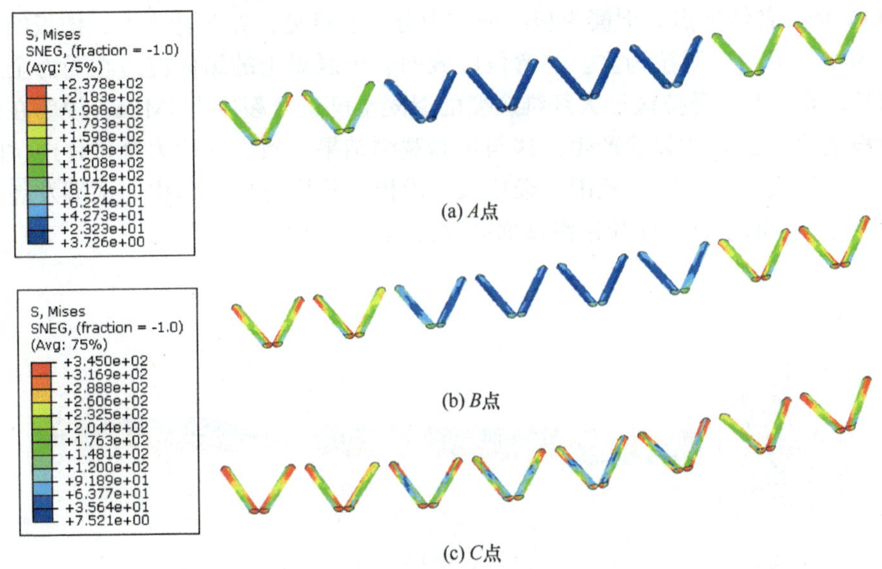

(a) *A*点

(b) *B*点

(c) *C*点

图 13.34　斜腹杆的 Mises 应力分布（应力单位：MPa）

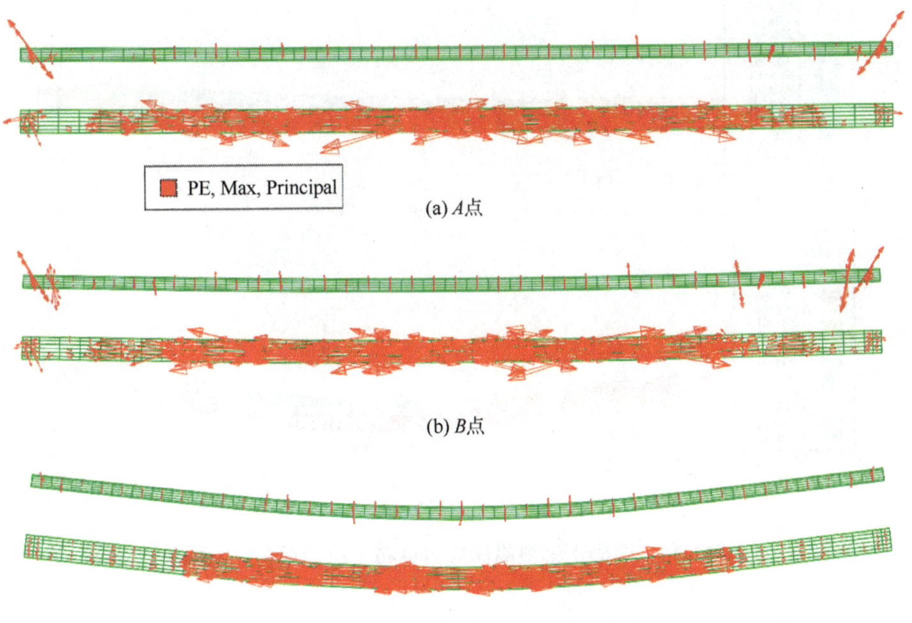

(a) *A*点

(b) *B*点

(c) *C*点

图 13.35　核心混凝土的主塑性应变矢量图

围进一步扩大，下弦弯剪段的核心混凝土也出现了裂缝；在*C*点，受拉侧核心混凝土裂缝较前一点进一步增大。

（2）带混凝土板的钢管混凝土桁式混合结构

以下对带混凝土板的钢管混凝土桁式混合结构在受力全过程中的应力、应变发展进行分析。

图13.36为各特征点处混凝土板纵向应力分布。可见，在各特征点，楼板的上顶板以受压为主，下肋以受拉为主。纯弯段区域的受压混凝土的纵向应力在受力全过程中保持增长。在*A*点，受拉区最大纤维应变的混凝土已达开裂应力4MPa，说明在弹性段混凝土板的底部已有微裂缝产生，这与试验观测结果一致。在受力全过程中，随着变形的加大，混凝土受拉区的范围逐渐增大：沿桁架长度方向由跨中向两端发展；在截面上，中和轴不断上移，受拉区沿截面高度方向不断向上发展。

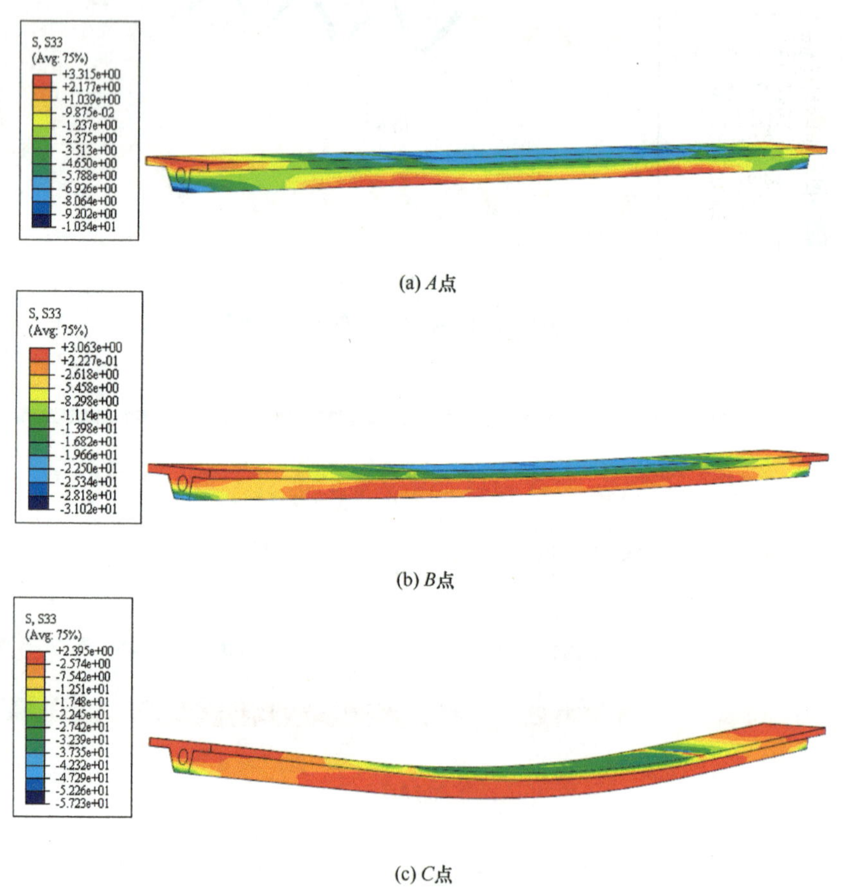

(a) *A*点

(b) *B*点

(c) *C*点

图13.36　混凝土楼板纵向应力分布（应力单位：MPa）

图13.37为各特征点处带混凝土板的钢管混凝土桁式混合结构的钢管内核心混凝土纵向应力分布。可见，在各个特征点，受压侧弯剪段钢管中的核心混凝土受压；而受压侧纯弯段钢管中的核心混凝土在*A*点受压，随着变形的增大，逐渐由受压变为受拉。桁架受拉侧的核心混凝土受拉，受拉区跨中的核心混凝土在*A*点就已经达开裂应力4MPa，但受到外钢管的约束混凝土整体性完好仍可受力。随着变形的增大，受拉区核心混凝土的范围沿桁架长度方向由跨中向两端发展。

图13.38为各特征点处带混凝土板的钢管混凝土桁式混合结构跨中截面混凝土纵向应力分布。可见，受压侧核心混凝土的纵向应力在受力全过程中逐渐增大；混凝土板

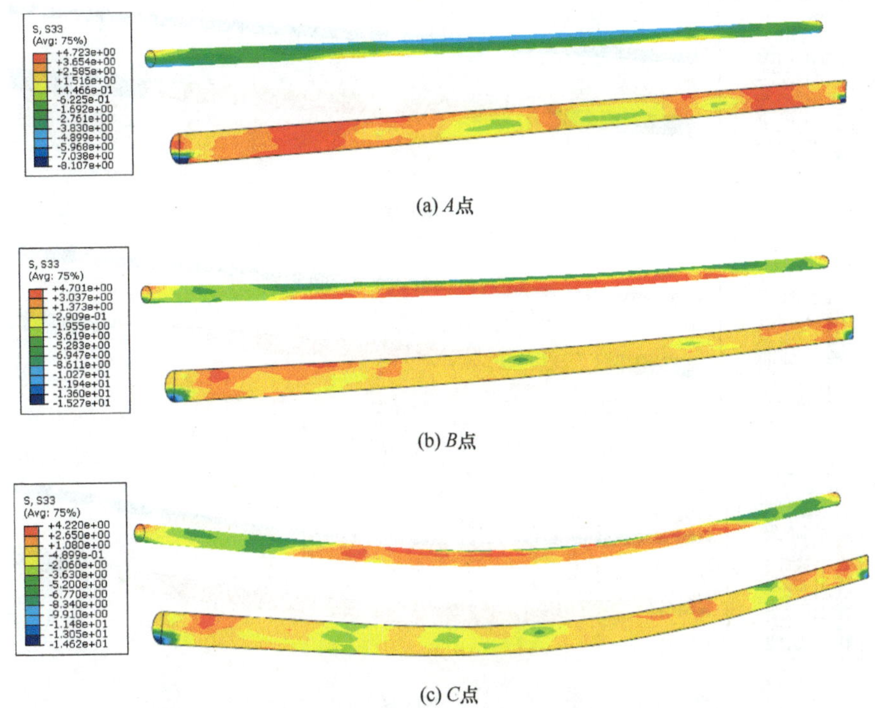

(a) A点

(b) B点

(c) C点

图 13.37　核心混凝土纵向应力分布（应力单位：MPa）

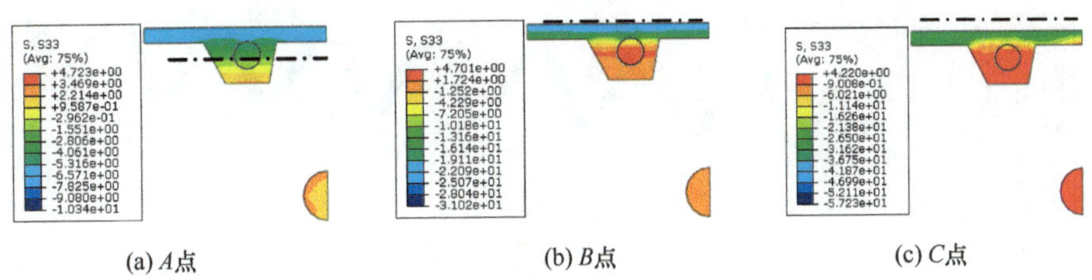

(a) A点　　(b) B点　　(c) C点

图 13.38　构件中截面混凝土纵向应力分布（应力单位：MPa）

底部及上弦核心混凝土随着承载力增大逐渐由受压向受拉转变；桁架截面的中和轴不断上移（如图 13.38 中点划线所示）。

图 13.39 为各特征点处，带混凝土板的钢管混凝土桁式混合结构中钢管的 Mises 应力分布。与不带混凝土板的钢管混凝土桁式混合结构钢管应力发展一致，不同在于下弦钢管的 Mises 应力发展更为充分。

图 13.40 为各特征点处，带混凝土板的钢管混凝土桁式混合结构中斜腹杆的 Mises 应力分布。斜腹杆的应力发展与不带混凝土板的钢管混凝土桁式混合结构基本一致。

图 13.41 为各特征点处，带混凝土板的钢管混凝土桁式混合结构中钢筋的 Mises 应力分布。可见，A 点钢筋的 Mises 应力最大仅 40MPa 左右，处于较低的应力水平。随着变形的增大，混凝土板中位于纯弯段的钢筋，其 Mises 应力迅速发展。当到达 C 点时，纯弯段部分钢筋的 Mises 应力已达到屈服强度。在受力全过程中，随着变形的加大，桁

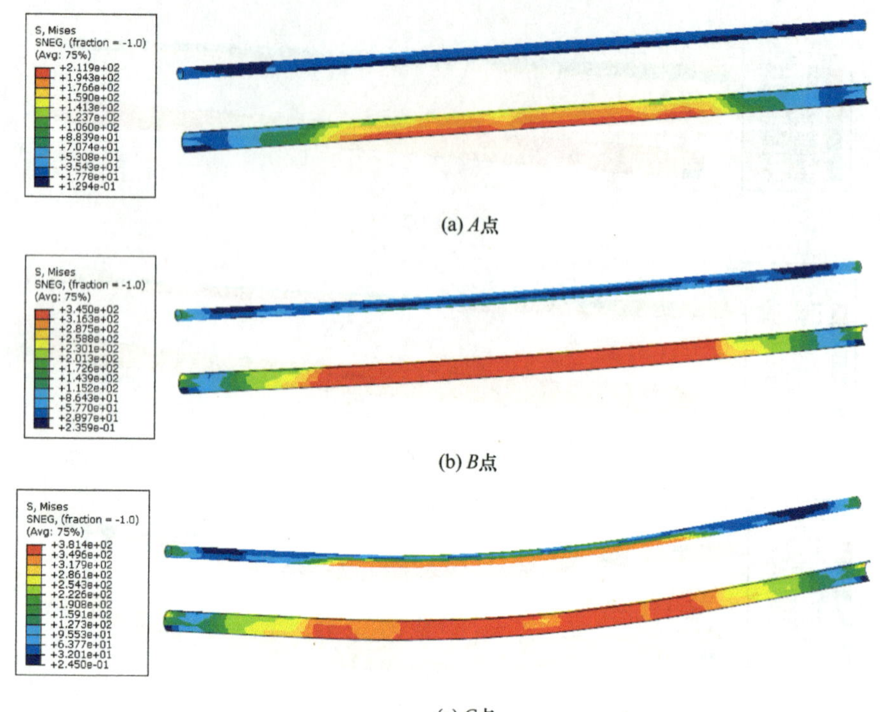

(a) *A*点

(b) *B*点

(c) *C*点

图 13.39　弦杆的Mises应力分布（应力单位：MPa）

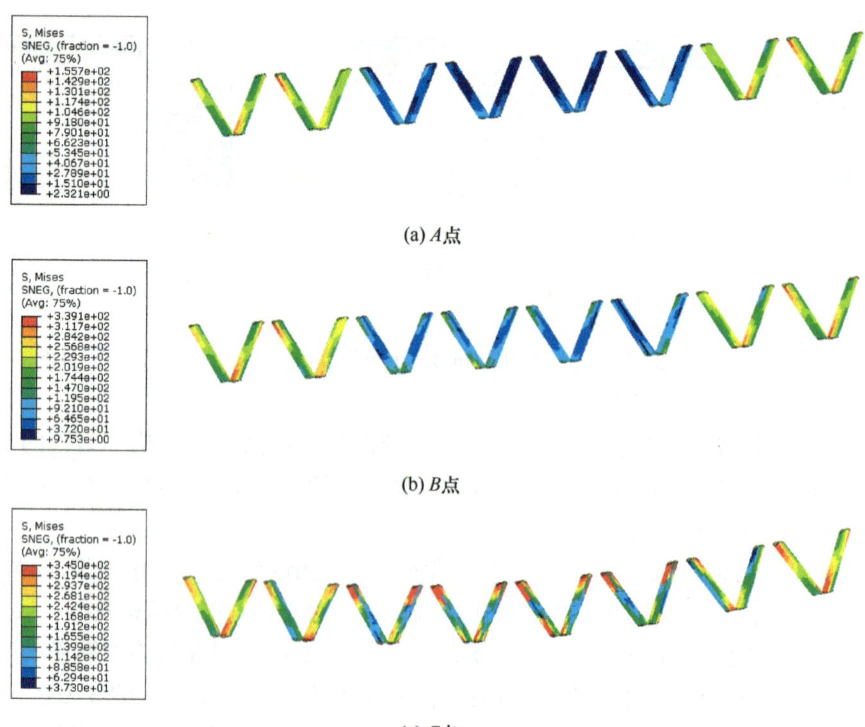

(a) *A*点

(b) *B*点

(c) *C*点

图 13.40　斜腹管的Mises应力分布（应力单位：MPa）

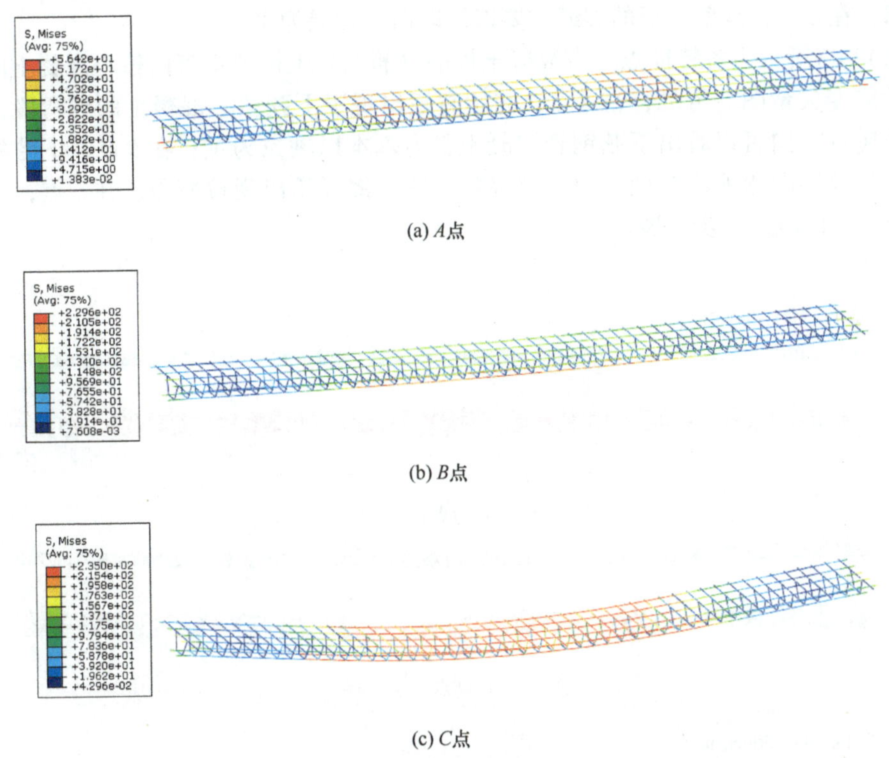

(a) *A*点

(b) *B*点

(c) *C*点

图 13.41　钢筋的Mises应力分布（应力单位：MPa）

架纯弯段受拉侧的钢筋Mises应力发展要明显快于受压侧的钢筋，这是由于桁架受拉侧的混凝土在受力过程中逐渐退出工作，钢筋将承担更多的荷载，应力发展更快。

图13.42所示为各特征点处混凝土板受拉主塑性应变矢量图，在混凝土塑性损伤模型中，用主拉塑性应变来近似反映混凝土的裂缝开展情况。可见，在*A*点，混凝土板的初始裂缝出现于支座处附近的受拉区及加载点处混凝土板的底部；在*B*点，混凝土板的开裂范围进一步扩大，逐步向纯弯段发展，主要裂缝基本集中在混凝土板的纯弯

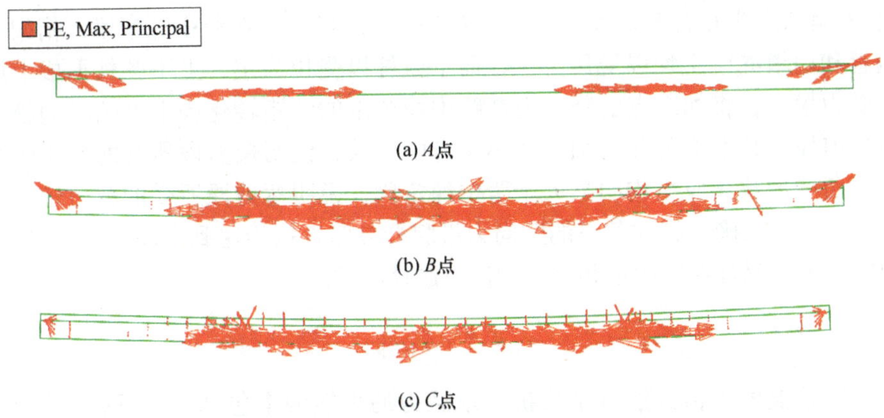

(a) *A*点

(b) *B*点

(c) *C*点

图 13.42　钢筋混凝土板主塑性应变矢量图

段底部；在C点，混凝土板的裂缝主要以纵向向上发展为主。

图13.43所示为各特征点处带混凝土板的钢筋混凝土桁架钢管内核心混凝土的受拉主塑性应变矢量图。可见，在A点，初始裂缝出现于下弦核心混凝土的纯弯段，且从主塑性应变方向可以看出下弦钢管混凝土受力基本以轴拉为主；在B点，下弦核心混凝土开裂范围向弯剪段扩展，而上弦混凝土的下部开始出现拉应力；在C点，上弦混凝土的受拉区域进一步扩展。

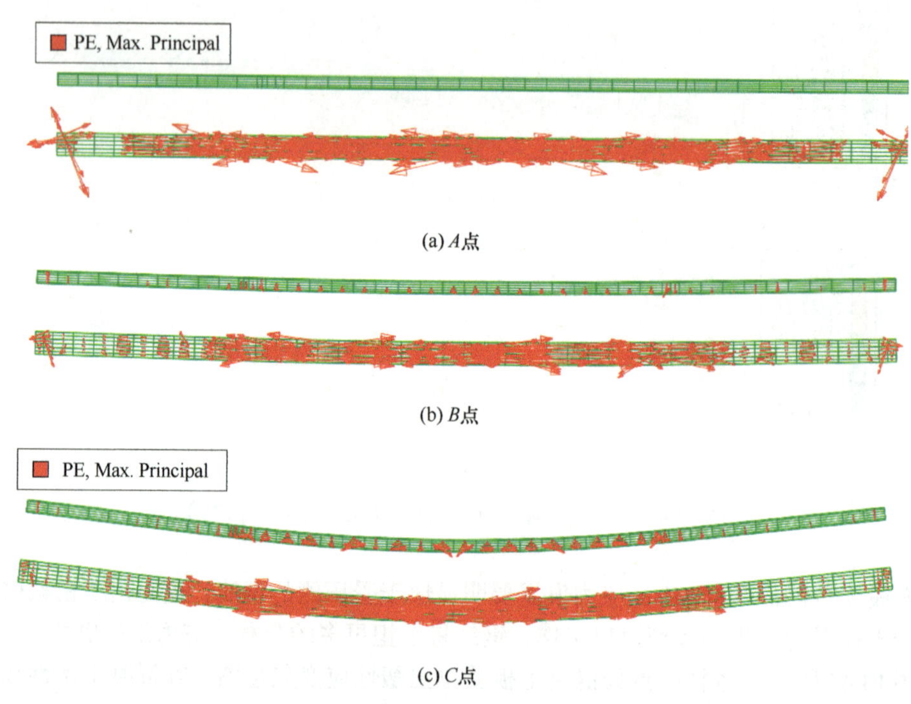

(a) A点

(b) B点

(c) C点

图13.43　核心混凝土主塑性应变矢量图

4. 传力路径分析

图13.44所示为C点桁架各杆件主应力矢量图。可见，在跨中纯弯段，桁架上弦杆的外钢管和内填混凝土均以受压为主，而下弦杆以受拉为主，上下弦杆形成上压下拉的桁架受力模式，将加载点的竖向力在跨中段产生的弯矩转化为上下弦杆的轴力而承担；在弯剪段，其上下弦杆的轴力远小于跨中区域，说明弯剪段所受的弯矩较小，但是其腹杆所受的拉压应力均明显大于跨中纯弯段，说明弯剪段所受的剪力较大，而且拉杆与压杆受力明确，将加载点的竖向力沿腹杆方向直接传递到支座。图13.45所示为钢管混凝土桁式混合结构弯矩和剪力的传力途径示意。

13.3.3　参数分析

影响钢管混凝土桁式混合结构抗弯承载力的可能因素包括：上下弦内填混凝土、钢筋混凝土板、上下弦强度比（β_c）、桁架高跨比（h/L）、桁架高宽比（γ）和弦腹杆夹

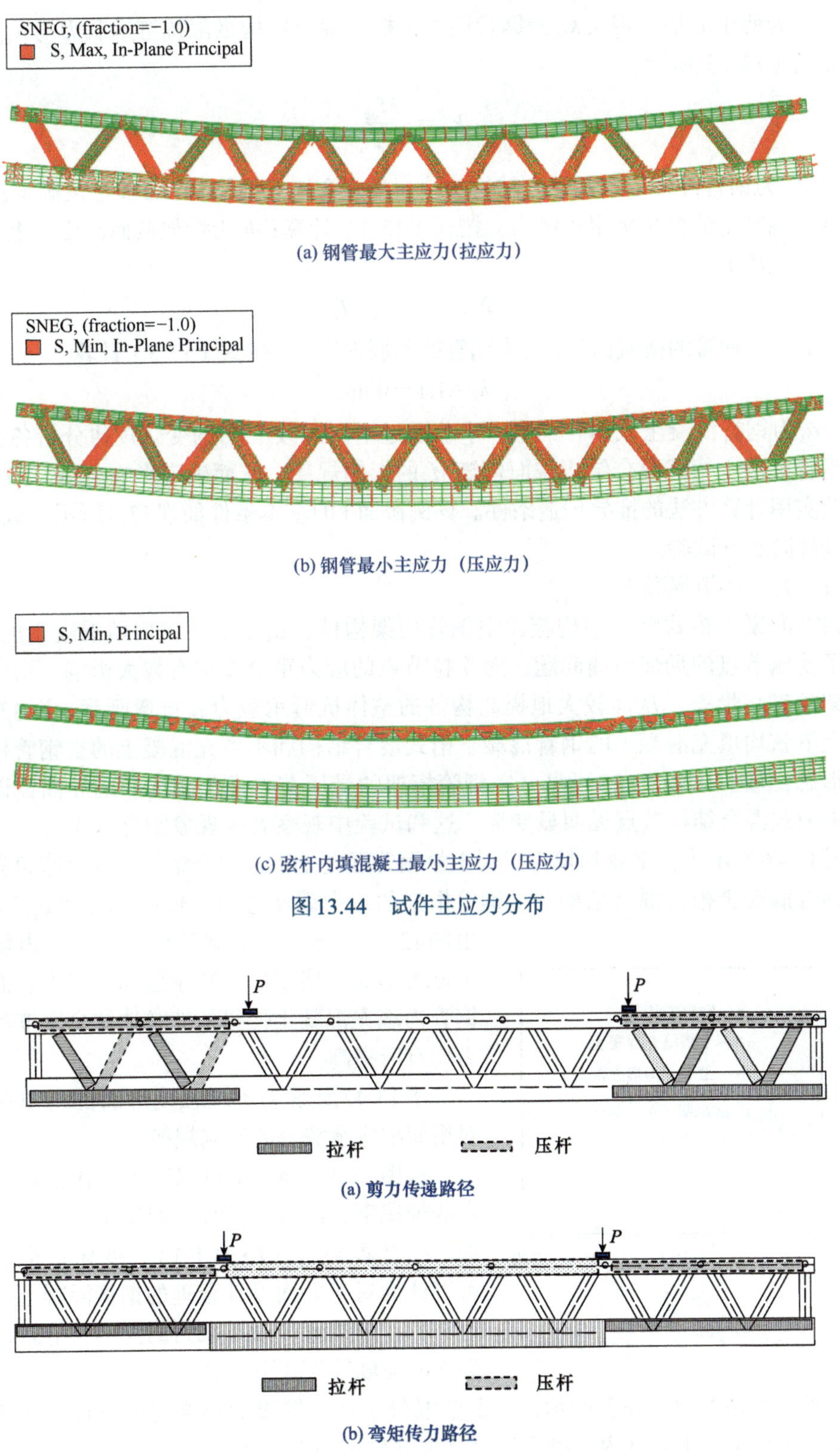

(a) 钢管最大主应力(拉应力)

(b) 钢管最小主应力（压应力）

(c) 弦杆内填混凝土最小主应力（压应力）

图 13.44　试件主应力分布

(a) 剪力传递路径

(b) 弯矩传力路径

图 13.45　受弯试件传力路径

角（θ）。为便于分析，定义k_M为钢管混凝土桁式混合结构极限抗弯承载力与$N_{ut}h_i$的比值，如式（13.1）所示。

$$k_M=\frac{M_{uc}}{N_{ut}h_i} \tag{13.1}$$

式中，M_{uc}为钢管混凝土桁式混合结构的截面极限弯矩，按第13.3.2节定义确定；N_{ut}为下弦钢管混凝土的抗拉极限承载力，按式（13.2）计算；h_i为桁架截面高度（上下弦钢管的中心距离）。

$$N_{ut}=k_t \cdot A_s \cdot f_y \tag{13.2}$$

式中，A_s为外钢管的横截面积；f_y为钢管的屈服强度；k_t按式（13.3）计算。

$$k_t=1.1-0.4\alpha_s \tag{13.3}$$

式中，α_s为钢管混凝土截面含钢率。本节通过不同参数下k_M的变化规律分析各影响因素对钢管混凝土桁式混合结构截面弯矩M_u的影响规律，从而确定影响M_u的关键因素，为后续实用计算方法的推导创造条件。算例截面1的基本条件如表13.4所示，截面2的基本条件同本章试验。

（1）弦杆内填混凝土

钢管混凝土桁式混合结构相比空钢管桁架构件，由于上下弦内填混凝土的存在，改善了受压节点的局部屈曲问题，对受拉节点的应力重分布也有较大影响，由此改变了桁架的破坏形态，从而较大地提高构件的整体抗弯承载力和抗弯刚度。图13.28所示为上下弦均填充混凝土的钢管混凝土桁式混合结构和不填充混凝土的空钢管桁架的破坏形态比较。由图13.28可见，空钢管桁架的受压节点发生明显凹陷屈曲，而钢管混凝土桁式混合结构节点无明显变形，这和试验中观察到的现象吻合。

图13.46所示为上下弦均填充混凝土的钢管混凝土桁式混合结构、仅上弦填充混凝土的钢管混凝土桁式混合结构及空钢管桁架的跨中截面弯矩（M）-挠度（u_m）关系。由图13.46可见，和空钢管桁架相比，内填混凝土显著提高了桁架的抗弯刚度和承载力。而下弦钢管内填充混凝土使得桁架整体抗弯刚度和承载力均有所提高。

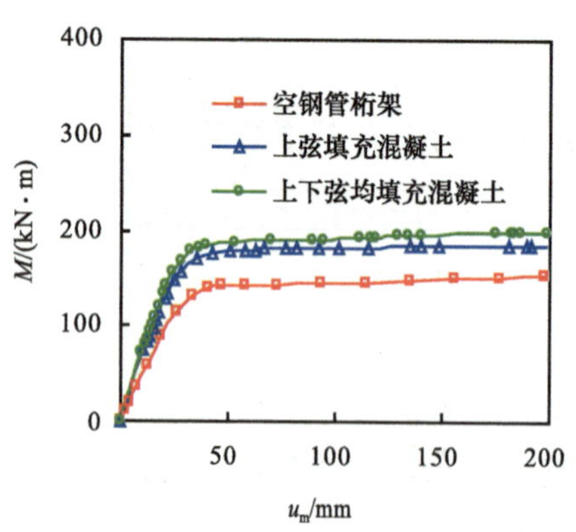

图13.46　桁架跨中截面M-u_m关系

图13.47所示为不同强度等级的内填混凝土对桁架抗弯承载力的影响规律。

从图13.47（a）中可以看出，在其他条件一定的情况下，随着上弦杆内混凝土强度等级的增加，k_M基本维持在略大于1.0，变化很小。因此可以认为对于截面设计合理的钢管混凝土桁式混合结构，其抗弯极限承载力的大小与上弦杆内混凝土的强度等级几乎无关。

同理，如图13.47（b）所示，与上弦混凝土强度等级的影响规律一致，在其他条件一定的情况下，下弦杆内混凝土强度等级对k_M的影响也很小，几乎可以忽略。

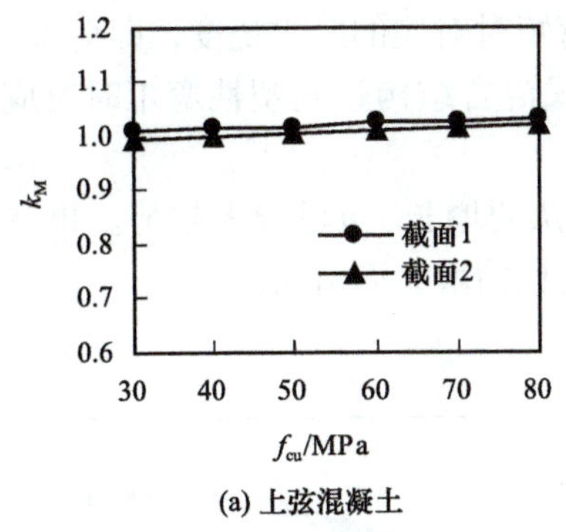

(a) 上弦混凝土

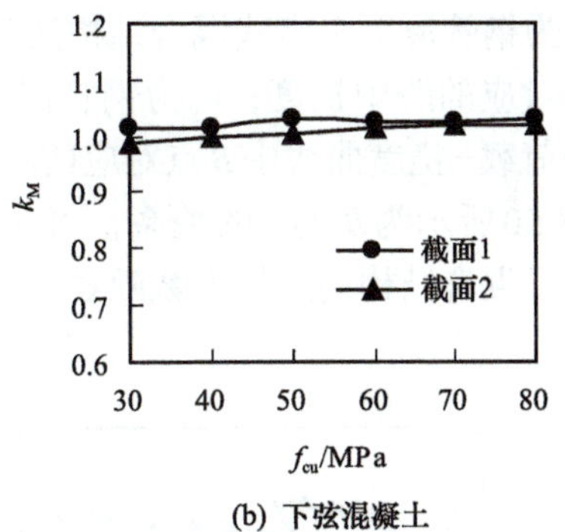

(b) 下弦混凝土

图 13.47　混凝土强度等级对 k_M 的影响

（2）钢筋混凝土板

图13.48所示为不同混凝土板厚度与不带混凝土板的钢管混凝土桁式混合结构的跨中截面弯矩（M）-挠度（u_m）关系。可以看出，混凝土板的存在提高了桁架整体抗弯承载力和抗弯刚度，根据混凝土板厚度的不同，其整体抗弯承载力提高程度从20%～40%不等。可见混凝土板的厚度对桁架整体抗弯承载力及抗弯刚度均有明显影响。

图 13.48　不同混凝土板厚度的桁架跨中截面 M-u_m 关系

（3）上下弦强度比

钢管混凝土桁式混合结构在弯矩作用下其截面可分为上弦受压区和下弦受拉区，上下弦的强度比例相当于钢筋混凝土梁中的配筋率，下弦所占的比例过高导致桁架类似超筋梁，上弦所占比例过高则导致桁架类似少筋梁。因而上下弦强度比是一个较为重要的参数。

根据钢筋混凝土的配筋率概念，本章提出上弦受压承载力和下弦受拉承载力的比值β_c这一参数，简称为上下弦强度比，如式（13.4）所示。

$$\beta_c=\frac{N_{cu}}{N_{ru}} \tag{13.4}$$

式中，N_{cu}为上弦受压区受压钢管混凝土的轴压极限强度承载力；N_{tu}为下弦受拉区受拉钢管混凝土的轴拉极限承载力。

图13.49所示为β_c与k_M的关系，从图中可以看出，当β_c在某一合适的范围内，k_M基本维持在略大于1.0，变化很小。而当β_c小于某一值时，k_M将迅速降低到1.0以下。可见β_c应取一合理值，β_c过大显然会出现设计浪费的问题。

延性系数反映桁架在破坏阶段的变形能力，在设计时需要考虑桁架的延性性能。本章定义钢管混凝土桁式混合结构的位移延性系数η按式（13.5）计算。

$$\eta=\frac{u_u}{u_y} \tag{13.5}$$

式中，u_u为钢管混凝土桁式混合结构达到极限弯矩时对应的跨中挠度，即荷载-挠度曲线中C点对应的跨中挠度；u_y为钢管混凝土桁式混合结构达到塑性弯矩时对应的跨中挠度，即荷载-挠度曲线中B点对应的跨中挠度。

图13.50所示为β_c与η的关系，可见，随着β_c的增长，η呈增大趋势。也就是钢管混凝土桁式混合结构的延性系数随着上下弦强度比的增大而增大。

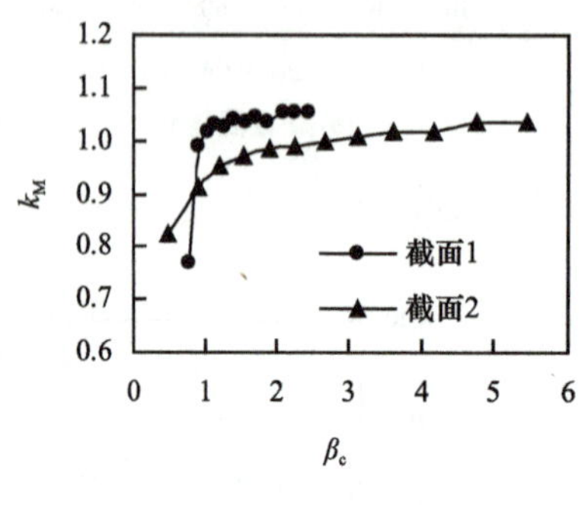

图13.49　β_c-k_M关系

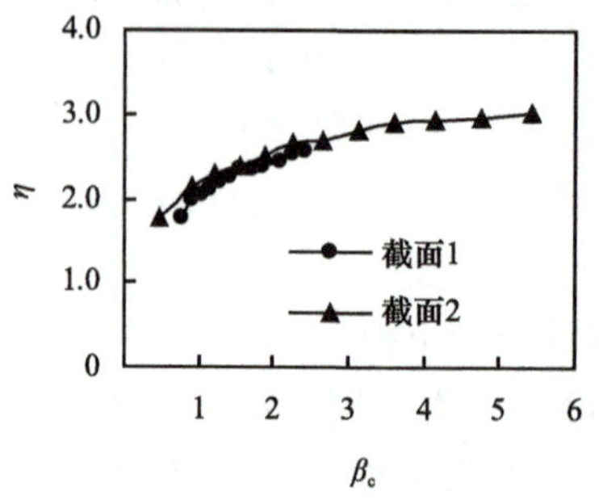

图13.50　β_c-η关系

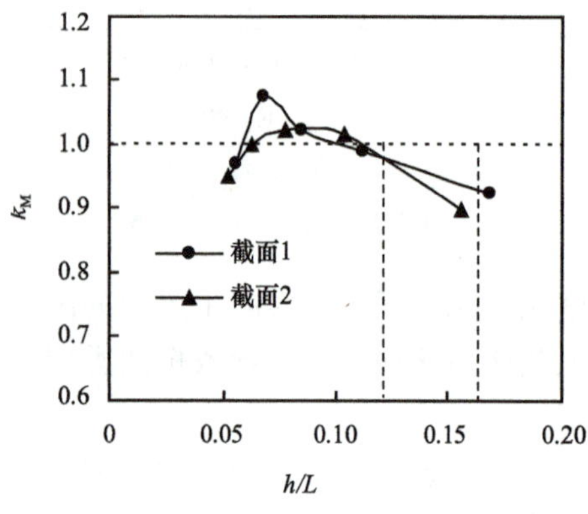

图13.51　h/L-k_M关系

（4）高跨比

图13.51所示为桁架高跨比（h/L）与k_M的关系。可见，在其他条件一定的情况下，随着高跨比的增大或减小，钢管混凝土桁式混合结构的极限承载力均逐渐减小，即存在一个合理高跨比使得结构能充分发挥截面的极限弯矩。

当高跨比不断增大时，类似钢筋混凝土梁的斜压破坏，节点将承受较大的竖向力，最终由于腹杆抗剪不足导致弯剪段节点在剪力和弯矩共同作用下破坏，使得结构不能充分发挥截面的极限弯矩；而当高跨比不断减小时，类似于钢筋混凝土梁的斜拉破坏，此时剪力传递主要依靠梁机制，而不以腹杆角度沿腹杆直接传力，造成剪力传递路径被切断，传力效率低下使得不能充分发挥截面的极限弯矩。

从图13.51可以看出，当高跨比满足0.06～0.1时，k_M基本大于1，说明在此范围内（相当于桁架高度为桁架跨度的1/15～1/10），桁架基本能发挥截面极限弯矩，利于发挥材料性能，设计合理。

（5）截面高宽比

从图13.52中可以看出，在其他条件一定的情况下，随着桁架截面内高宽比的变化（γ为桁架截面斜腹杆与竖直线的夹角，如图13.2所示），k_M基本维持在略大于1.0，变化很小。在工程常用参数范围内，2γ在40°～90°变化。因此可以认为，对于截面设计合理的钢管混凝土桁式混合结构，其抗弯极限承载力的大小与截面的高宽比几乎无关。

（6）弦杆与腹杆之间的夹角

图13.53所示为弦腹杆夹角θ与k_M的关系。可见，在其他条件一定，且足以保证腹杆不发生局部破坏的前提下，弦腹杆夹角θ的范围在45°～65°时，传力效率最高，桁架结构的抗弯承载力均能达到极限截面弯矩。当θ<45°或者θ>65°时，其整体抗弯承载力将无法达到极限截面弯矩。

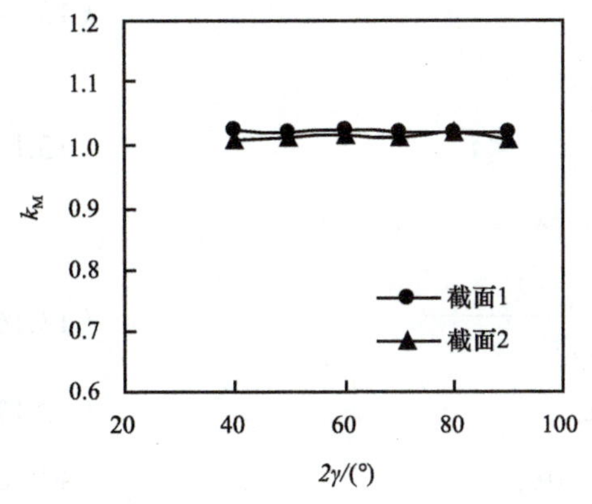

图13.52　桁架2γ-k_M关系

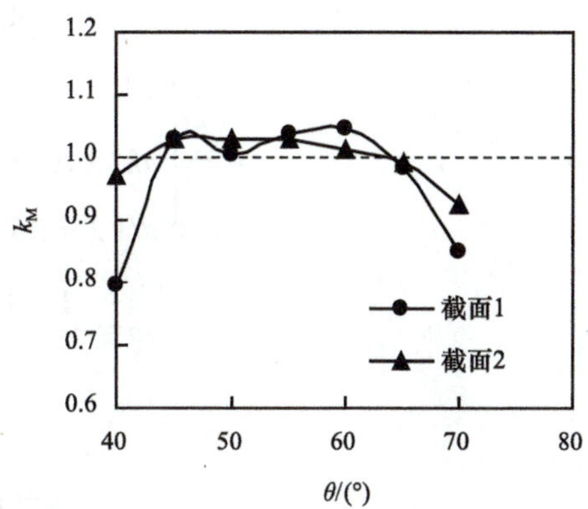

图13.53　θ-k_M关系

13.4　承载力实用计算方法

13.4.1　钢管混凝土桁式混合结构

不带混凝土结构板且受压弦杆相同的钢管混凝土桁式混合结构的受弯承载力应符合式（13.6）的规定，且宜按式（13.7）计算（GB/T 51446—2021）。

$$M \leqslant M_u \tag{13.6}$$

$$M_u = \min\left\{\varphi \sum N_c, \sum N_t\right\} h_i \tag{13.7}$$

$$N_t = (1.1 - 0.4\alpha_s) f A_s \tag{13.8}$$

$$\alpha_s = \frac{A_s}{A_c}$$

式中，M为弯矩设计值，N · mm；M_u为受弯承载力，N · mm；$\varphi\sum N_c$为弦杆的轴心受压稳定承载力之和，N；$\sum N_t$为弦杆的截面受拉承载力之和，N；N_t为单肢弦杆的截面受拉承载力，N；h_i为沿截面高度方向受压和受拉弦杆形心的距离，mm；α_s为截面含钢率；f为钢管钢材抗拉、抗压和抗弯强度设计值，N/mm^2；A_s为单肢受拉弦杆钢管的截面面积，mm^2；A_c为单肢钢管内混凝土的截面面积，mm^2。

其中，钢管混凝土桁式混合结构弦杆的轴心受压稳定承载力宜按式（13.9）计算。

$$N_u = \varphi \sum N_c \tag{13.9}$$

$$N_c = f_{sc} A_{sc} \tag{13.10}$$

$$f_{sc}=\frac{f_{scy}}{\gamma_{sc}} \tag{13.11}$$

$$f_{scy}=(1.14+1.02\xi)f_{ck} \tag{13.12}$$

$$\xi=\frac{A_s f_y}{A_c f_{ck}} \tag{13.13}$$

$$A_{sc}=A_s+A_c \tag{13.14}$$

$$\varphi=\begin{cases}1 & \lambda\leqslant\lambda_o \\ a\lambda^2+b\lambda+c & \lambda_o<\lambda\leqslant\lambda_p \\ d/(\lambda+35)^2 & \lambda>\lambda_p\end{cases} \tag{13.15}$$

$$a=\frac{1+(35+2\lambda_p-\lambda_o)e}{(\lambda_p-\lambda_o)^2} \tag{13.16}$$

$$b=e-2a\lambda_p \tag{13.17}$$

$$c=1-a\lambda_o^2-b\lambda_o \tag{13.18}$$

$$d=\left[13000+4657\ln\left(\frac{235}{f_y}\right)\right]\cdot\left(\frac{25}{f_{ck}+5}\right)^{0.3}\cdot\left(\frac{\alpha_s}{0.1}\right)^{0.05} \tag{13.19}$$

$$e=\frac{-d}{(\lambda_p+35)^3} \tag{13.20}$$

$$\lambda_p=\frac{1743}{\sqrt{f_y}} \tag{13.21}$$

$$\lambda_o=\pi\sqrt{\frac{420\xi+550}{(1.02\xi+1.14)f_{ck}}} \tag{13.22}$$

式中，N为轴向压力设计值，N；N_u为轴心受压承载力，N；N_c为单肢弦杆的截面受压承载力，N；$\sum N_c$为弦杆的截面受压承载力之和，N；φ为轴心受压结构的稳定系数，取截面两主轴稳定系数的较小者，应根据结构的换算长细比按式（13.15）计算；f_{sc}为钢管混凝土截面的轴心抗压强度设计值，MPa；f_{ck}为混凝土的轴心抗压强度标准值，MPa；f_y为钢管钢材的屈服强度，MPa；A_{sc}为单肢弦杆的截面面积，mm^2；ξ为约束效应系数；λ为结构的换算长细比，应通过结构整体分析确定，轴心受压结构的换算长细比也可按现行国家标准《钢管混凝土结构技术规范》（GB 50936—2014）确定；λ_p为结构弹性失稳的界限长细比；λ_o为结构弹塑性失稳的界限长细比。

13.4.2 带混凝土板的钢管混凝土桁式混合结构

带混凝土结构板且受压、受拉弦杆分别相同的钢管混凝土桁式混合结构的受弯承载力计算应符合下列规定（GB/T 51446—2021）。

（1）正弯矩作用区段

正弯矩作用区段的结构受弯承载力计算应符合下列规定。

1）当满足式（13.23）所示条件时，宜按图 13.54（a）所示第一类截面计算结构的受弯承载力。

$$\varphi_c\left(\sum b_e h_b f_c + A_l' f_l'\right) + \varphi_{sc} f_{sc} \sum A_{sc} \leqslant (1.1 - 0.4\alpha_s) f \sum A_s \tag{13.23}$$

式中，φ_c为混凝土结构板的受压稳定系数，应按现行国家标准《混凝土结构设计标准（2024年版）》（GB 50010—2010）计算，计算长度宜按节间长度l_1取值；b_e为单肢弦杆梁对应的混凝土结构板翼缘计算宽度，mm，应按现行国家标准《混凝土结构设计标准（2024年版）》计算；$\sum b_e$为混凝土结构板翼缘计算宽度之和，mm，计算宽度重叠的部分不应重复计算；h_b为截面受压区混凝土结构板厚度，mm；f_c为混凝土结构板中混凝土的轴心抗压强度设计值，MPa；A_l'为纵向受压钢筋的截面总面积，mm^2；f_l'为纵筋的抗压强度设计值，MPa；φ_{sc}为受压弦杆的稳定系数，计算长度宜按节间长度的90%取值；f_{sc}为受压弦杆的截面轴心抗压强度设计值，MPa，应按式（13.11）计算；$\sum A_{sc}$为受压弦杆的截面面积之和，mm^2；f为受拉弦杆钢管钢材的抗压、抗拉和抗弯强度设计值，MPa；$\sum A_s$为受拉弦杆钢管的截面面积之和，mm^2。

2）当不满足式（13.23）的条件时，宜按图 13.54（b）所示第二类截面计算结构的

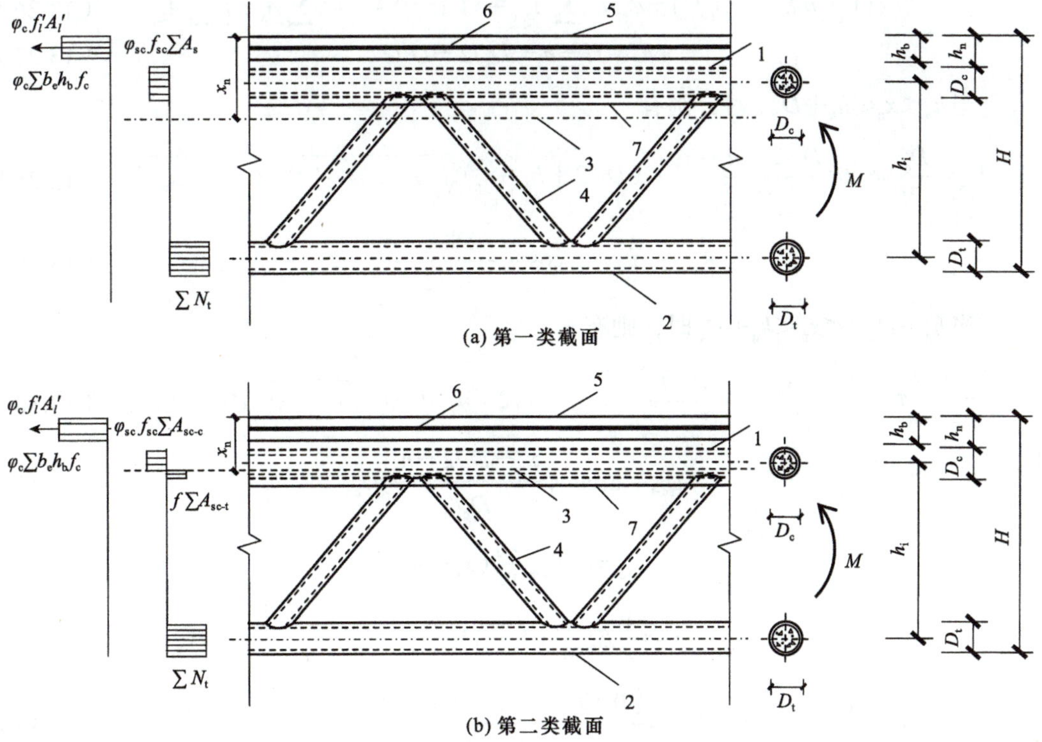

1. 受压弦杆；2. 受拉弦杆；3. 中和轴；4. 腹杆；5. 混凝土结构板；6. 纵筋；7. 弦杆外包混凝土。

图 13.54　带混凝土结构板的钢管混凝土桁式混合结构截面

受弯承载力。

（2）负弯矩作用区段

负弯矩作用区段的结构受弯承载力计算宜计入板内钢筋的承载力影响，也可按式（13.7）计算。

带混凝土结构板且受压、受拉弦杆分别相同的钢管混凝土桁式混合结构第一类截面的受弯承载力宜按式（13.24）计算。

$$M_u=\varphi_c\left(\sum b_e h_b f_c+A_l' f_l'\right)(H-D_t/2-h_b/2)+\varphi_{sc} f_{sc}\sum A_{sc}h_i \tag{13.24}$$

式中，M_u为受弯承载力，N · mm；f_c为混凝土结构板中混凝土的轴心抗压强度设计值，MPa；A_l'为纵向受压钢筋的截面总面积，mm^2；f_l'为纵筋的抗压强度设计值，MPa；H为截面高度，mm；D_t为受拉弦杆钢管外径，mm；h_b为截面受压区混凝土结构板厚度，mm；f_{sc}为受压弦杆截面的轴心抗压强度设计值，MPa，应按式（13.11）计算；$\sum A_{sc}$为受压弦杆的截面面积之和，mm^2；h_i为沿截面高度方向受压和受拉弦杆形心的距离，mm。

带混凝土结构板且受压、受拉弦杆分别相同的钢管混凝土桁式混合结构第二类截面的受弯承载力宜按式（13.25）计算。

$$\begin{aligned}M_u=&(1.1-0.4\alpha_s)f\sum A_s(H-D_t/2-x_n)+\sigma_s\sum A_{sc\text{-}t}(h_n+D_c-x_n)/2\\&+\varphi_c\left(\sum b_e h_b f_c+A_l' f_l'\right)(x_n-h_b/2)+\varphi_{sc}\sigma_{sc}\sum A_{sc\text{-}c}(x_n-h_n)/2\end{aligned} \tag{13.25}$$

$$\varphi_c\left(\sum b_e h_b f_c+A_l' f_l'\right)+\varphi_{sc} f_{sc}\sum A_{sc\text{-}c}=(1.1-0.4\alpha_s)f\sum A_s+f\sum A_{sc\text{-}t} \tag{13.26}$$

$$h_n=H-h_i-D_c/2-D_t/2 \tag{13.27}$$

当$h_n<x_n\leqslant h_n+D_c/2$时，则有

$$A_{sc\text{-}c}=\frac{D_c^2}{4}\arccos\frac{D_c/2+h_n-x_n}{D_c/2}-(D_c/2+h_n-x_n)\sqrt{(D_c/2)^2-(D_c/2+h_n-x_n)^2} \tag{13.28}$$

$$A_{sc\text{-}t}=\left(\pi-\arccos\frac{D_c/2+h_n-x_n}{D_c/2}\right)D_c t \tag{13.29}$$

当$h_n+D_c/2<x_n<h_n+D_c$时，则有

$$A_{sc\text{-}c}=\frac{D_c^2}{4}\left(\pi-\arccos\frac{x_n-D_c/2-h_n}{D_c/2}\right)+(x_n-D_c/2-h_n)\sqrt{(D_c/2)^2-(D_c/2+h_n-x_n)^2} \tag{13.30}$$

$$A_{sc\text{-}t}=\arccos\frac{x_n-D_c/2-h_n}{D_c/2}D_c t \tag{13.31}$$

$$\sigma_{sc}=\frac{1}{2}E_{scp}\frac{\varepsilon_{cu}}{x_n}(x_n-h_n) \tag{13.32}$$

$$\sigma_s=\frac{1}{2}E_s\frac{\varepsilon_{cu}}{x_n}(h_n+D_c-x_n)\leqslant f \tag{13.33}$$

$$E_{scp}=\frac{[0.192(f/235)+0.488]f_{sc}}{3.25\times10^{-6}f} \tag{13.34}$$

式中，α_s为截面含钢率；D_c为受压弦杆的钢管外径，mm；H为截面高度，mm；φ_{sc}为受压弦杆的稳定系数，宜按式（13.15）计算，计算长度宜按节间长度的90%取值；h_n为受压弦杆上顶点到混凝土结构板上表面的距离，mm；x_n为结构上表面到中和轴的高度，mm；E_s为钢材的弹性模量，N/mm^2；ε_{cu}为混凝土的极限压应变，应按现行国家标准《混凝土结构设计标准（2024年版）》取值；t为受压弦杆的钢管壁厚，mm；f为钢管钢材的抗拉、抗压和抗弯强度设计值，MPa。

弦杆相同的钢管混凝土桁式混合结构承受压、弯荷载共同作用时，弯矩作用平面内的稳定承载力宜符合式（13.35）～式（13.41）规定。

$$N_B=\varphi\sum N_c-\sum N_t \tag{13.35}$$

$$M_B=\varphi\sum N_c r_c+\sum N_t r_t \tag{13.36}$$

$$r_c=\frac{N_{uc2}}{N_{uc1}+N_{uc2}}h_i \tag{13.37}$$

$$r_t=\frac{N_{uc1}}{N_{uc1}+N_{uc2}}h_i \tag{13.38}$$

当$\dfrac{M}{N}\leqslant\dfrac{M_B}{N_B}$时，则有

$$\frac{N}{\varphi f_{sc}+\sum A_{sc}}+\frac{M}{W_{sc}(1-\varphi N/N_E)f_{sc}}\leqslant 1 \tag{13.39}$$

$$N_E=\frac{\pi^2\sum(EA)_c}{\lambda^2} \tag{13.40}$$

当$\dfrac{M}{N}>\dfrac{M_B}{N_B}$时，则有

$$-N+\frac{M}{r_c(1-N/N_E)}\leqslant(1.1-0.4\alpha_s)\sum A_s f \tag{13.41}$$

式中，N为轴力设计值，N；M为弯矩设计值，N·mm；N_B为承载力N-M相关曲线中拉压界限平衡点对应的轴力，N；M_B为承载力N-M相关曲线中拉压界限平衡点对应的弯矩，N·mm；r_c为截面重心至压区弦杆形心轴的距离，mm；r_t为截面重心至拉区弦杆形心轴的距离，mm；N_{uc1}、N_{uc2}分别为钢管混凝土桁式混合结构中压区弦杆和拉区弦杆的轴心受压承载力之和，N；φ为轴心受压结构的稳定系数，应根据钢管混凝土桁式混合结构的换算长细比按式（13.15）计算；$\sum A_{sc}$为所有弦杆的截面面积之和，mm^2；$\sum A_s$为所有弦杆的钢管部分截面面积之和，mm^2；N_c为单肢弦杆的截面受压承载力，N；$\sum N_c$为受压弦杆的截面受压承载力之和，N；N_t为单肢弦杆的截面受拉承载力，N；$\sum N_t$为受拉弦杆的截面受拉承载力之和，N；W_{sc}为结构的截面抗弯模量，mm^3；f_{sc}为单肢弦杆的截

面轴心抗压强度设计值，MPa，应按式（13.11）计算；N_E为由结构换算长细比计算得到的欧拉临界力，N；$(EA)_c$为单肢受压弦杆截面的抗压刚度，N；λ为结构的换算长细比。

换算长细比大于120的钢管混凝土桁式混合结构的弯矩作用平面内整体稳定承载力计算尚宜满足式（13.42）要求。

$$\frac{N}{\varphi f_{sc}\sum A_{sc}}+\frac{M}{r_c(1.1-0.4\alpha_s)f\sum A_s(1-N/N_E)}\leqslant 1 \tag{13.42}$$

13.5 本章小结

本章对三肢钢管混凝土桁式混合结构的抗弯力学性能和工作机理进行了深入研究，进行了钢管混凝土桁式混合结构试件在竖向荷载作用下的系列试验，研究了剪跨比、混凝土板存在与否、腹管与弦杆之间夹角对钢管混凝土桁式混合结构抗弯力学性能及工作机理的影响，并与空钢管桁架进行了对比。同时，建立了钢管混凝土桁式混合结构（包括带混凝土板）的有限元分析模型，对钢管混凝土桁式混合结构在受弯作用下的荷载-变形全过程关系及抗弯力学性能进行了深入研究。

在试验研究及理论分析的结果上，本章给出了钢管混凝土桁式混合结构（包括带混凝土板的钢管混凝土桁式混合结构）的截面受弯承载力和抗弯刚度的实用计算方法。

参考文献

韩林海，2022. 钢管混凝土结构：理论与实践［M］. 4版. 北京：科学出版社.

何珊瑚，2012. 三肢钢管混凝土弦杆-钢管腹杆桁架抗弯力学性能研究［D］. 北京：清华大学.

吝育红，董骊宁，高迎社，2008. 矩形钢管混凝土桁架与圆形钢管混凝土桁架受力性能对比分析［J］. 混凝土，8：24-27.

四川省交通厅公路规划勘察设计研究院，2008. 公路钢管混凝土桥梁设计与施工指南［M］. 北京：人民交通出版社.

郑宏，周春利，2007. 预应力矩形钢管混凝土桁架静力性能分析［C］. 第16届全国结构工程学术会议论文集（第Ⅱ册）：252-255.

中国工程建设标准化协会，2004. 矩形钢管混凝土结构技术规程：CECS 159—2004［S］. 北京：中国计划出版社.

中华人民共和国住房和城乡建设部，2010. 混凝土结构设计标准（2024年版）：GB/T 50010—2010［S］. 北京：中国建筑工业出版社.

中华人民共和国住房和城乡建设部，2021. 钢管混凝土混合结构技术标准：GB/T 51446—2021［S］. 北京：中国建筑工业出版社.

周绪红，等，2004. 矩形钢管混凝土桁架设计［J］. 建筑结构，34（1）：20-23.

HOU C, HAN L H, MU T M, et al., 2017. Analytical behaviour of CFST chord to CHS brace truss under flexural loading [J]. Journal of Constructional Steel Research, 134: 66-79.

MACHACEK J, CUDEJKO M, 2009. Longitudinal shear in composite steel and concrete trusses [J]. Engineering Structures, 31(6): 1313-1320.

PACKER J A, HENDERSON J E, CAO J J, 1997. 空心管结构连接设计指南［M］. 北京：科学出版社.

WARDENIER J, 2001. Hollow sections in structural applications [M]. The Netherlands: CIDECT.

第14章　曲线形钢管混凝土桁式混合结构

14.1　引　　言

曲线形空间拱形桁架结构具有受力合理、空间刚度大、抗变形能力强、整体性好等特点，已在一些体育馆、会展中心和航站楼等大跨工程中得到应用，如广州新白云国际机场航站楼、天津奥林匹克中心和杭州大剧院等工程。

与采用空钢管弦杆的桁架结构相比，钢管混凝土桁式混合结构具备承载力高、刚度大、对初始缺陷和残余应力敏感性低以及耐火性能好等特点。因此，弦杆采用钢管混凝土，而腹杆采用空钢管的曲线形钢管混凝土桁式混合结构，是较为合理的新型结构形式之一，在大跨度公共建筑中具有良好的适用性和应用前景。

图14.1给出了曲线形钢管混凝土桁式混合结构形式的示意。图14.1中，钢管混凝土弦杆和空钢管腹杆的横截面均表示为圆形，在实际工程中也可采用方形或矩形截面的钢管混凝土和钢管。曲线形结构中腹杆的布置可采用斜腹杆和平腹杆式两种布置形式，分别如图14.1（1）和（2）所示。结构的曲线形式可根据实际工程结构设计情况选用圆弧、抛物线或悬链线等。

除采用图14.1所示由多杆件组成的桁架式结构外，在实际工程中也可因地制宜地采用曲线形的钢管混凝土单杆形式（以下简称钢管混凝土曲杆）。单根钢管混凝土曲杆的面内抗弯刚度较低，稳定问题突出，因而在结构跨度较小的情况下具有较好的适用性。当结构跨度较大时，为充分发挥钢管混凝土的特点及节约材料，通常由如图14.1（3）所示的二肢、三肢或四肢钢管混凝土曲杆将空钢管缀材连成一体形成钢管混凝土拱形桁架共同受力。

以往国内外对于直线形的钢管混凝土构件（为与曲杆对应，本章暂称之为直杆）已进行过大量研究（Gourley et al.，2008；韩林海，2022），并有专门的设计规范，此处不再赘述。关于单根钢管混凝土曲杆，国内外学者也进行了试验研究和理论分析（Ghasemian, Schmidt，1999；陈友杰，1999；韦建刚，2002）。对于建筑中常被用作柱的直线形钢管混凝土桁式混合结构构件（可将其看作曲线形钢管混凝土结构的一种特殊形式）也已有研究报道，如第13章所述。针对钢管混凝土拱桥结构及其桁架式拱肋的力学性能和受力特点，也有一些研究结果，如陈宝春（2007），崔军等（2004），黄大元等（2002），邵旭东等（2003），王百成等（2004），杨永清（1998），张建民等（2004）。但当曲线形钢管混凝土结构用于体育馆、会展中心、大型超市等公共建筑中时，其结构设计无法完全直接采用钢管混凝土拱桥结构的设计理论进行。

众所周知，钢管混凝土工作的实质在于钢管及其核心混凝土间的相互作用和协同

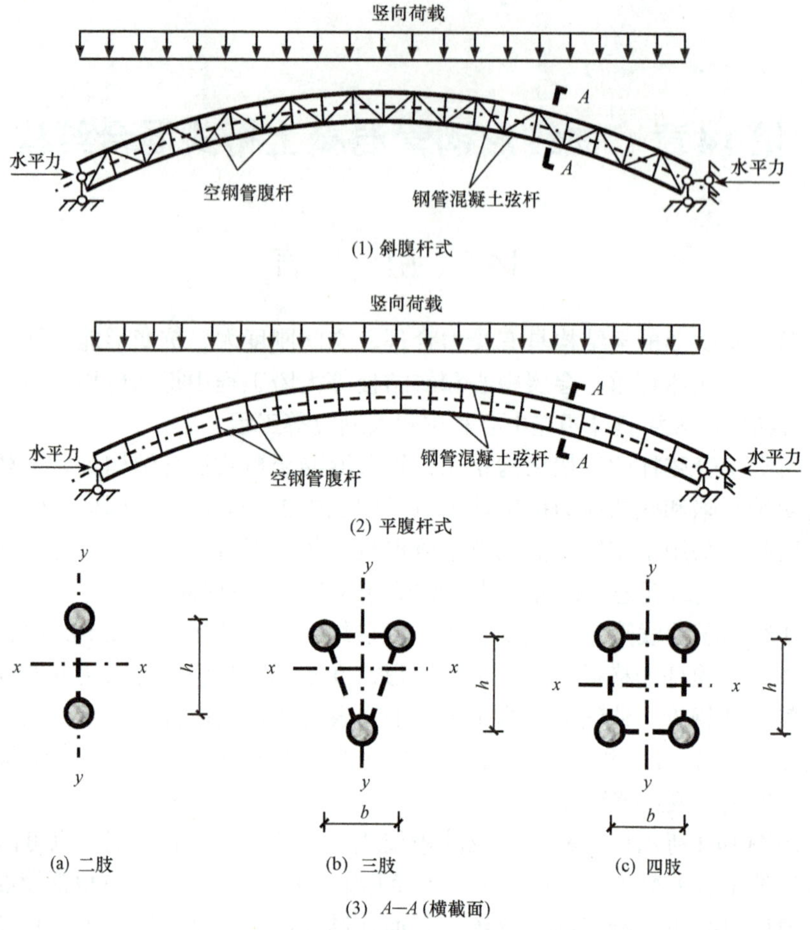

图 14.1　曲线形钢管混凝土桁式混合结构

互补。钢管混凝土曲杆由于存在初始弯曲，从而可能导致其中的钢管及其核心混凝土之间的组合作用会和钢管混凝土直杆有所差异。目前在实际工程中进行钢管混凝土桁式混合结构设计时，有关剪力的设计验算有时还借用《钢结构设计标准》（GB 50017—2017）中有关钢结构的设计规定进行。由于钢结构计算方法无法充分反映钢管混凝土柱肢抗压强度和抗拉强度有很大差异这一特点，因而在一些情况下会得出偏于不安全的结果。此外，桁式混合结构构件的破坏形态、缀材传递剪力的性能、剪力造成的构件附加挠曲（剪切变形）对结构承载力的影响等问题的研究也尚有待于深入进行。这些问题对于曲线形钢管混凝土结构的研究也是需要关注的重点问题之一。

综上所述，国内外学者已开展了直线形钢管混凝土单杆件和桁式混合结构构件以及钢管混凝土拱桥结构的研究工作，取得了不少成果，但迄今对如图 14.1 所示曲线形钢管混凝土结构力学性能的研究尚少见报道。

本章对钢管混凝土曲杆和曲线形钢管混凝土桁式混合结构的力学性能、破坏机制和设计理论进行研究，进行了不同参数条件下钢管混凝土曲杆和曲线形钢管混凝土桁式混合结构的试验研究，建立了相应的有限元分析模型，在此基础上分析了曲线形钢管混凝土结构的工作机理（郑莲琼，2008；Han et al.，2011，2012），并提出了有关实用计算方法。

14.2　钢管混凝土曲杆轴压力学性能

14.2.1　试验研究

（1）试验概况

本次试验共对18个钢管混凝土曲杆进行研究（郑莲琼，2008；Han et al.，2011），试件的截面形式有圆形和方形两种。

对钢管混凝土曲杆进行轴心受压试验，其初始弯曲度为u_o（曲杆中截面的形心到构件两端截面形心连线的垂直距离）；对钢管混凝土直杆进行偏心受压的试验，荷载偏心距为e。

图14.2（a）和（b）所示分别为两端铰接的轴心受压钢管混凝土曲杆和偏心受压钢管混凝土直杆的受力及变形示意，其中，N为轴向荷载，u_m为构件中截面产生的附加挠度，e为偏心受压钢管混凝土直杆的荷载偏心距，L为试件跨度。

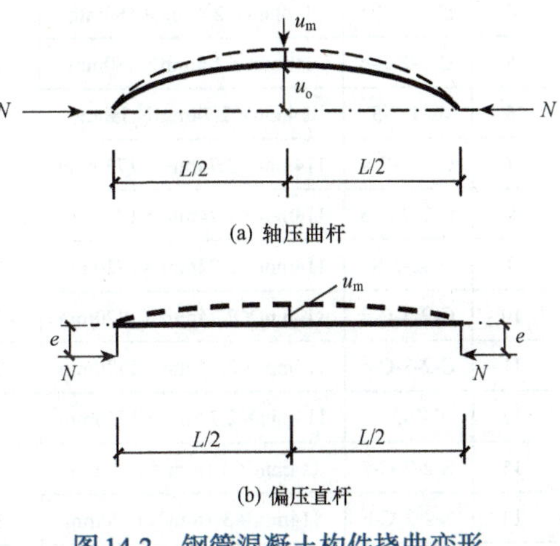

图 14.2　钢管混凝土构件挠曲变形

试验参数包括曲杆的名义长细比（λ_n）和曲度系数（β_r）。

钢管混凝土曲杆的名义长细比（λ_n）的定义如式（14.1）所示。

$$\lambda_n=\frac{L}{i} \tag{14.1}$$

式中，i为构件截面的回转半径。对于圆钢管混凝土曲杆，$\lambda_n=\frac{4L}{D}$；对于方钢管混凝土曲杆，$\lambda_n=\frac{2\sqrt{3}L}{B}$。其中$D$和$B$分别为圆形或方形钢管混凝土横截面外直径或外边长。

钢管混凝土曲杆的曲度系数（β_r）定义如式（14.2）所示。

$$\beta_r=\frac{u_o}{L} \tag{14.2}$$

本次试验中，所有曲杆的轴线均采用目前钢管拱桁架工程中较常见的圆弧形。每组试件设计了两个λ_n和β_r完全相同的曲杆，同时还相应设计了一个进行偏心受压试验的钢管混凝土直杆，其荷载偏心距（e）与同组曲杆的初始弯曲度（u_o）相同，以期比较轴压曲杆和偏压直杆力学性能的差异。

表14.1给出了试件编号及试件的有关参数，其中t为钢管壁厚度，f_y和E_s分别为实测钢材的屈服强度和弹性模量。表14.1中的试件编号首字母C代表圆截面，S代表方截

面；第二个数字1和2用以区分不同的名义长细比；第三个数字1、2和3用以区分不同曲杆的初始弯曲度或直杆偏压荷载的偏心距；第四个字母C代表曲杆，S代表直杆；曲杆试件编号的最后一个附加字母a或b用于区分参数相同的两根曲杆。

表14.1　单杆试件信息

序号	试件编号	$D（B）\times t\times L$	f_y/MPa	E_s/（10^5N/mm^2）	λ_n	u_o/mm	e/mm	β_r/%	N_{ue}/kN
1	C-1-1-C-a	114mm×2.74mm×580mm	310	1.97	20	7.5	—	1.29	620
2	C-1-1-C-b	114mm×2.74mm×580mm	310	1.97	20	7.5	—	1.29	710
3	C-1-1-S	114mm×2.74mm×580mm	310	1.97	20	—	7.5	1.29	670
4	C-1-2-C-a	114mm×2.4mm×580mm	270	1.96	20	15	—	2.59	480
5	C-1-2-C-b	114mm×2.4mm×580mm	270	1.96	20	15	—	2.59	595
6	C-1-2-S	114mm×2.74mm×580mm	310	1.97	20	—	15	2.59	525
7	C-2-2-C-a	114mm×2.74mm×1720mm	310	1.97	60	15	—	0.87	375
8	C-2-2-C-b	114mm×2.74mm×1720mm	310	1.97	60	15	—	0.87	370
9	C-2-2-S	114mm×2.74mm×1720mm	310	1.97	60	—	15	0.87	370
10	C-2-3-C-a	114mm×2.74mm×1720mm	310	1.97	60	30	—	1.74	281
11	C-2-3-C-b	114mm×2.74mm×1720mm	310	1.97	60	30	—	1.74	289
12	C-2-3-S	114mm×2.74mm×1720mm	310	1.97	60	—	30	1.74	252
13	S-2-2-C-a	114mm×3.1mm×1720mm	318	2.04	52	15	—	0.87	588
14	S-2-2-C-b	114mm×3.1mm×1720mm	318	2.04	52	15	—	0.87	628
15	S-2-2-S	114mm×3.1mm×1720mm	318	2.04	52	—	15	0.87	581
16	S-2-3-C-a	114mm×3.1mm×1720mm	318	2.04	52	30	—	1.74	512
17	S-2-3-C-b	114mm×3.1mm×1720mm	318	2.04	52	30	—	1.74	509
18	S-2-3-S	114mm×3.1mm×1720mm	318	2.04	52	—	30	1.74	489

圆钢管采用冷弯型钢，制作试件时首先截取出长度合适的直钢管，然后通过弯管机逐渐慢速弯曲使直钢管成为圆弧形，并达到设计的曲度。方钢管采用4块预先切割好的钢板直接拼焊成所要求的圆弧形构件。试件试验前测试了钢材的屈服强度（f_y）和弹性模量（E_s），如表14.1所示。

钢管内填充了自密实混凝土，配合比为水200kg/m^3，普通硅酸盐水泥300kg/m^3，Ⅱ级粉煤灰200kg/m^3，砂814kg/m^3，石灰岩碎石900kg/m^3。早强型减水剂的掺量为1%。混凝土浇筑时实测其坍落度为260mm，流动扩展度为610mm。28天和试验时实测的混凝土立方体抗压强度分别为33.4MPa和45MPa。

试验在500t压力机上进行，试验时只在试件端部施加轴向压力，其中曲杆施加的轴向压力通过试件两端截面的形心。

（2）试验现象及试验结果分析

通过对试验过程的观察，发现所有轴心受压曲杆和偏心受压直杆类似，在加载过程中均表现为侧向挠度不断增加，最终丧失稳定而破坏，试件表现出良好的弹塑性变形性能。

图 14.3 所示为轴心受压曲杆在试验过程中的情形。

图 14.3　试验过程中的轴心受压曲杆（试件 C-1-1-C-a）

图 14.4 所示为试验结束后所有试件的破坏形态，可见，同一组试件中轴压曲杆和偏压直杆的破坏形态差异总体上不显著。

对试件加载过程中的挠曲变形观测表明，试件随荷载增加在弯曲平面内的挠度不断增大。在初始加载阶段，试件挠曲变形发展较慢，跨中挠度的增长基本上和荷载的增加成正比。当荷载达到极限荷载的 60%～70% 时，跨中挠度开始明显增加，二阶效应的影响开始趋于明显，试件达到其极限承载力后开始进入破坏阶段。在荷载下降段，所有试件的压区钢管均发生鼓曲，对于部分方试件鼓曲处的钢管由于变形过大，最终出现钢板连接焊缝被撕裂的现象。

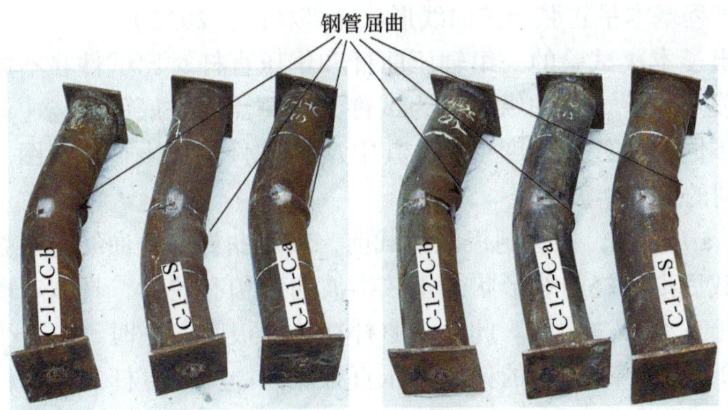

(a) 圆试件（λ_n=20）

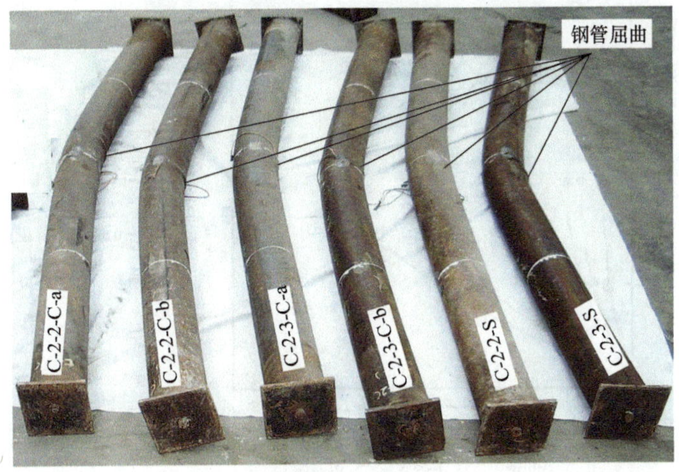

(b) 圆试件（λ_n=60）

图 14.4　试件最终破坏形态

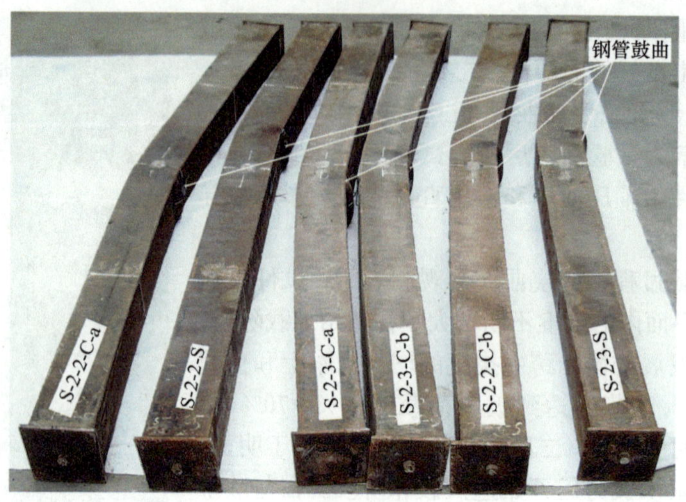

(c) 方试件（λ_n=52）

图 14.4（续）

以往对直线形钢管混凝土柱的研究结果表明，当柱发生失稳破坏时，其挠曲线的发展在试验全过程基本呈正弦半波曲线形状（韩林海，2022）。

图 14.5 绘出了本次试验的一组轴压曲杆和偏压直杆对比试件在不同荷载作用阶段其挠曲变形的发展情况，其中纵坐标为试件上的测点距柱底的距离（y），横坐标为加载过程中试件不同位置处的挠度（u），其中 N_u 为试件的极限荷载。图 14.5 中同时给出了跨中挠度相同的正弦半波曲线。

由图 14.5（a）可见，在达到极限荷载前，轴压曲杆的挠曲线与正弦半波曲线较为吻合，但在加载后期，挠曲线形状与正弦半波曲线稍有差异，具体表现为试件两端的挠度发展稍慢于正弦半波曲线。此外，曲杆在达到极限荷载时，由于受荷而产生的跨中变形（挠度）也略小于相应的偏心受压直杆。偏心受压直杆的全过程变形曲线与正

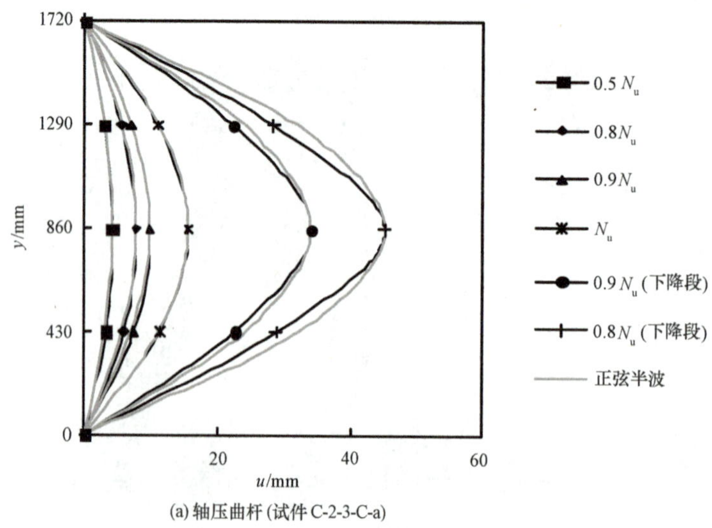

(a) 轴压曲杆 (试件 C-2-3-C-a)

图 14.5　轴压曲杆和偏压直杆试件的挠曲变形发展情况

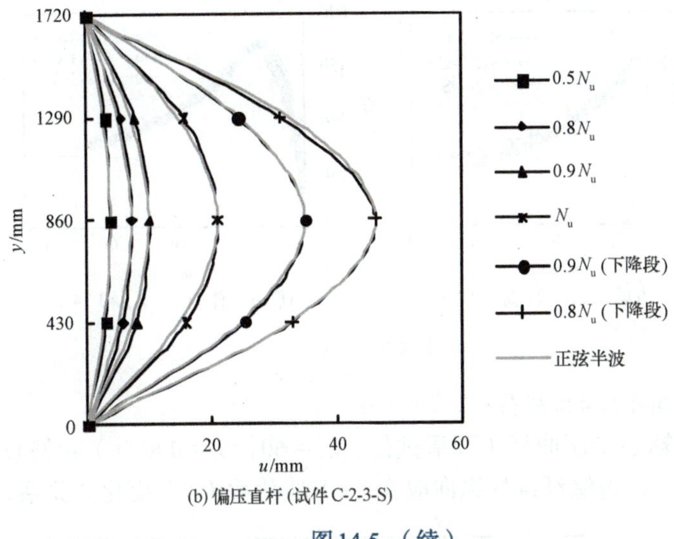

(b) 偏压直杆 (试件 C-2-3-S)

图 14.5 （续）

弦半波曲线总体上吻合，如图 14.5（b）所示。

图 14.6 给出了所有试件实测的轴压力（N）与试件跨中挠度（u_m）关系，试件实测的极限荷载（N_{ue}）值列于表 14.1 中。

由图 14.6 可见，轴心受压曲杆和偏心受压直杆的荷载（N）-变形（u_m）关系在弹性段基本重合。N-u_m 曲线进入弹塑性段后，曲杆的刚度要略高于直杆。此外，曲杆的承载力也稍略高于直杆。在本节论述的试验参数范围内，和对比试件相比，曲杆的 N_{ue}

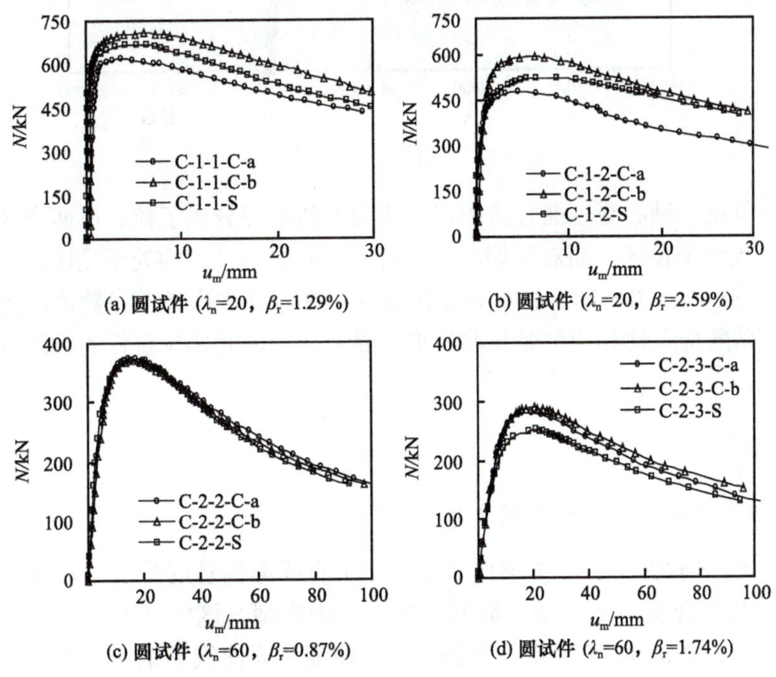

(a) 圆试件 (λ_n=20，β_r=1.29%)　(b) 圆试件 (λ_n=20，β_r=2.59%)

(c) 圆试件 (λ_n=60，β_r=0.87%)　(d) 圆试件 (λ_n=60，β_r=1.74%)

图 14.6　试件实测 N-u_m 关系

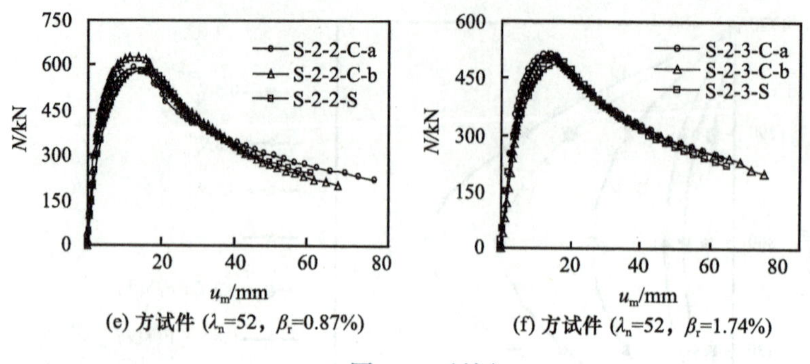

(e) 方试件 (λ_n=52，β_r=0.87%)　　(f) 方试件 (λ_n=52，β_r=1.74%)

图 14.6 （续）

值比相应的直杆平均要高 4% 左右。

图 14.7 给出了轴心受压曲杆（圆形试件，$\lambda_n=60$，$\beta_r=0.87\%$）和偏心受压直杆中截面的受拉区和受压区边缘纤维处纵向应变（ε）随荷载（N）变化的关系。

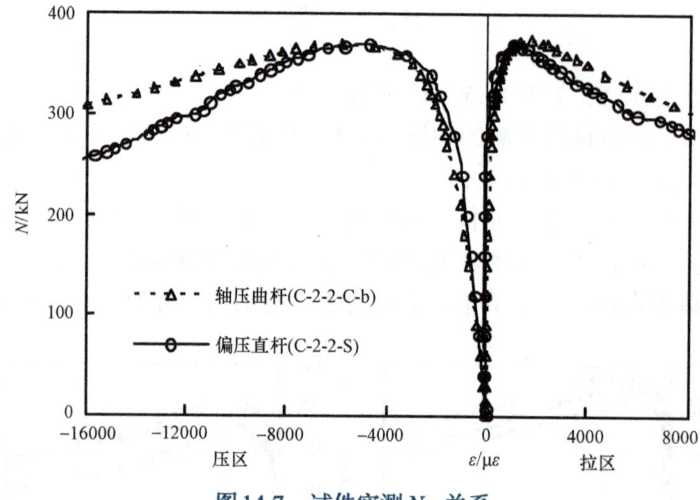

图 14.7　试件实测 N-ε 关系

由图 14.7 可见，轴心受压曲杆跨中截面从受力初期即分成了拉、压两个区，且压区应变的增长明显快于拉区。而对于偏心受压直杆，截面一开始均处于受压状态，荷载达到极限承载力的 60%～70% 时，截面开始出现受拉区。在本次试验参数范围内，由于偏压直杆的“二阶效应”比相应的轴压曲杆更明显一些，因此偏压直杆的极限承载力比轴压曲杆稍低。

14.2.2　工作机理分析

1. 非线性有限元分析模型的建立和验证

基于 ABAQUS 软件平台，本书作者曾建立了直线形钢管混凝土构件在受压（拉）、弯、扭、剪及其复合受力下力学性能的有限元分析模型，该模型得到了大量试验结果的验证（韩林海，2022）。参考有关方法，可方便地建立曲线形钢管混凝土的有限元分析模型，建模时需考虑钢管混凝土曲杆几何形状的变化。

建模时，钢材和混凝土本构模型的确定、单元选取和单元网格划分、边界条件确定，以及界面接触处理方法等参见本书第2章有关论述，此处不再赘述。

计算时可以全构件为对象建立计算模型。考虑到荷载及几何条件对称性的特点，为了提高计算效率，也可取构件的1/4部分建立模型进行计算。以圆形截面试件为例，图14.8给出了按1/4部分建立的计算示意，图中，U_1、U_2和U_3分别代表沿坐标X、Y和Z方向的位移。

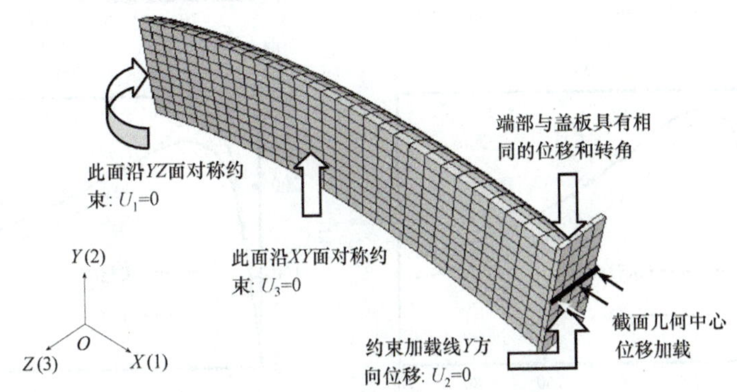

图 14.8　曲杆有限元计算模型

采用建立的有限元模型，与其他研究者的钢管混凝土曲杆试验实测结果进行了比较，吻合良好（郑莲琼，2008）。图14.9所示为计算结果与14.2.1节试验结果的对比情况。

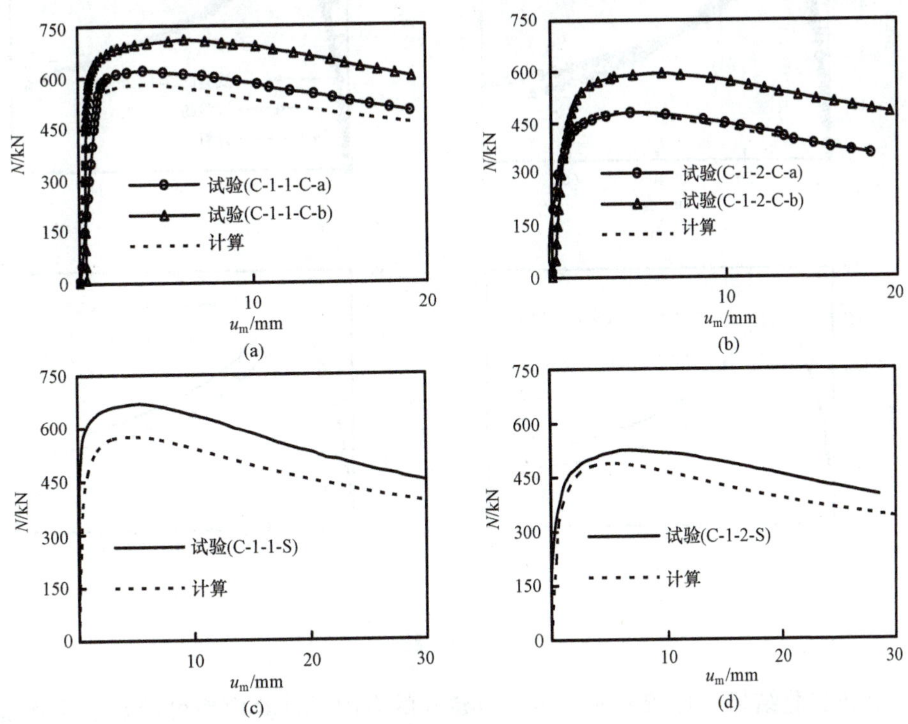

图 14.9　N-u_m计算与试验结果对比

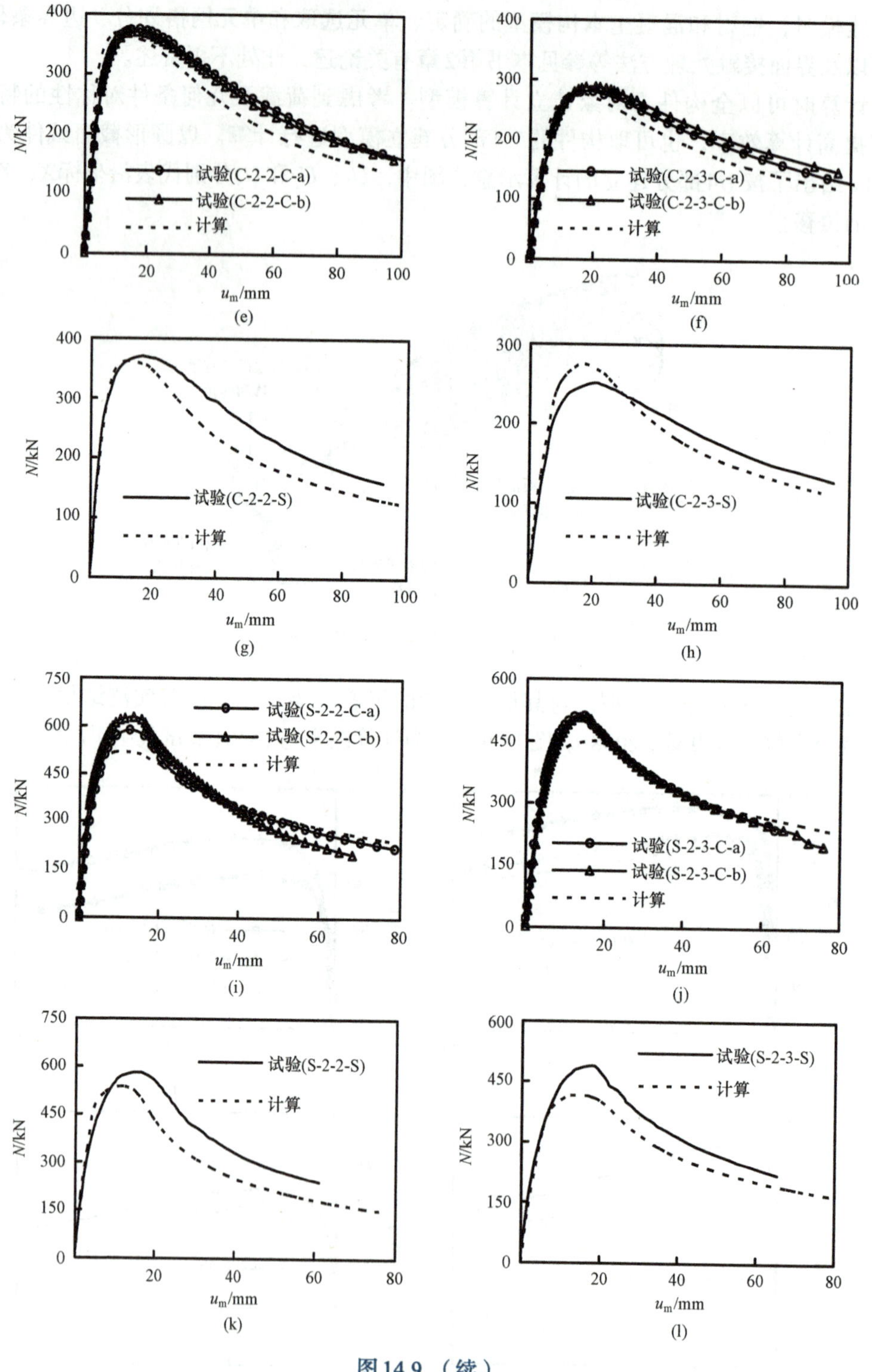

图 14.9 （续）

以上和实测结果的比较表明，本小节建立的有限元计算模型可较好地预测曲线形钢管混凝土构件的荷载-变形关系。

图 14.10 所示为有限元计算的曲线形钢管混凝土构件极限承载力计算结果（N_{uc}）与试验结果（N_{ue}）的对比情况。所有 N_{uc}/N_{ue} 比值的平均值为 0.946，均方差为 0.082。可见，理论计算的极限承载力和实测结果较为吻合，且总体上稍偏于安全。

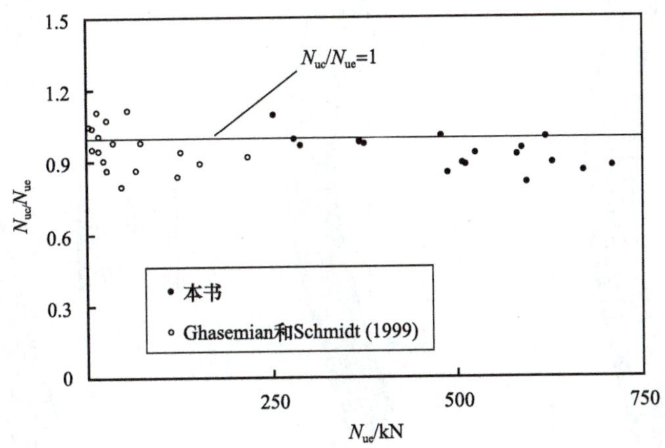

图 14.10　极限承载力计算结果（N_{uc}）与试验结果（N_{ue}）对比

2. 曲杆工作机理分析

下面采用建立的有限元计算模型，通过算例分析钢管混凝土曲杆的受力特性，研究受力过程中钢管和混凝土的相互作用，以及构件名义长细比（λ_n）和曲度系数（β_r）等对曲杆荷载-变形关系的影响规律。

算例的基本计算条件为 D（B）=400mm；t=9.31mm；L=4000mm；b_r=2.5%；f_y=345MPa；f_{cu}=60MPa。

（1）破坏形态

图 14.11（1）和（2）所示为采用有限元计算模型计算得到的曲线形圆形、方形钢管混凝土和空钢管的轴压破坏形态比较，图中同时给出了钢管混凝土偏压直杆的破坏形态。图 14.11 所示各构件破坏形态均为其荷载达峰值点后下降到峰值荷载 85% 时对应的整体破坏形态。为了直观地比较构件的破坏形态，对计算出的变形进行了适当的放大。

由图 14.11 可见，钢管混凝土曲杆的破坏形态和图 14.4 所示试验观测破坏形态基本类似，而曲线形空钢管内部由于没有混凝土的支撑，破坏时在中部最大弯矩作用截面处的挠曲凹侧钢管出现明显的内凹，塑性变形迅速发展且承载力迅速下降。钢管混凝土曲杆其破坏截面由于有混凝土的支撑作用，因此钢管只可能发生外凸变形，从而防止或延缓钢管的局部屈曲，使得构件表现出较高的后期承载力。

由图 14.11 还可以看出，轴心受压钢管混凝土曲杆与偏心受压钢管混凝土直杆的破坏形态类似，只是偏心受压直杆的二阶效应略大，其跨中由于受力而产生的挠度稍大于轴心受压钢管混凝土曲杆。

在给定的计算算例参数条件下，圆钢管混凝土构件没有明显局部屈曲，而方钢管混凝土构件中截面附近出现向外鼓曲的现象。

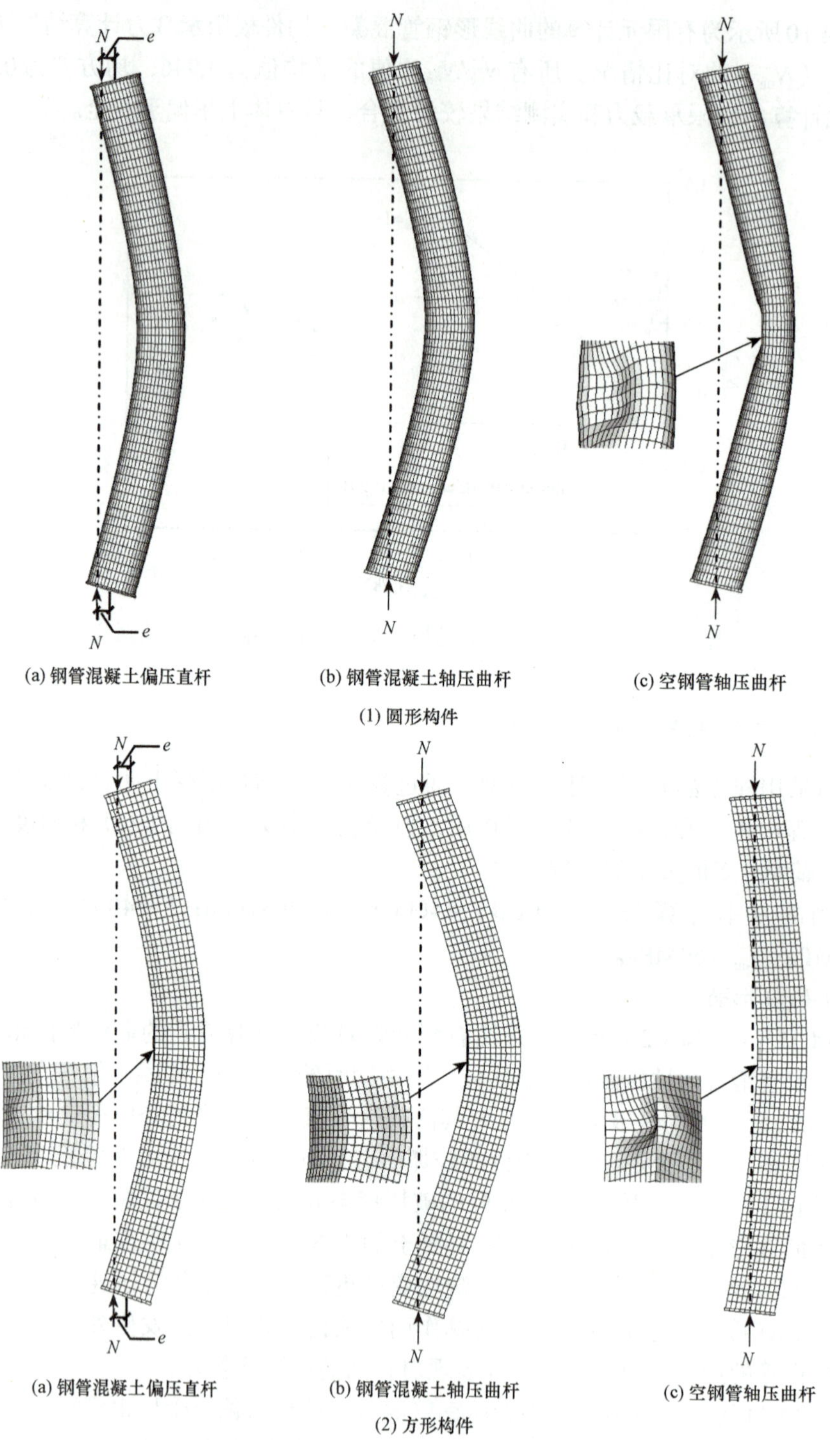

(a) 钢管混凝土偏压直杆　(b) 钢管混凝土轴压曲杆　(c) 空钢管轴压曲杆

(1) 圆形构件

(a) 钢管混凝土偏压直杆　(b) 钢管混凝土轴压曲杆　(c) 空钢管轴压曲杆

(2) 方形构件

图 14.11　钢管混凝土和空钢管破坏形态比较

（2）荷载-变形全过程关系分析

图 14.12 所示为钢管混凝土曲杆荷载（N）-中截面挠度（u_m）关系，曲线总体上可

分为三个阶段，即弹性阶段（OA）、弹塑性阶段（AB）和下降阶段（BC）。

1）弹性阶段（OA）：A点处钢管最大纤维压应力达比例极限。钢管和核心混凝土均处于弹性阶段，钢管与核心混凝土之间的界面接触应力很小，截面绝大部分处于受压状态。A点处钢管最大纤维压应力达比例极限，对应的跨中截面受压区混凝土最大纵向压应力为$0.76f_c'$。

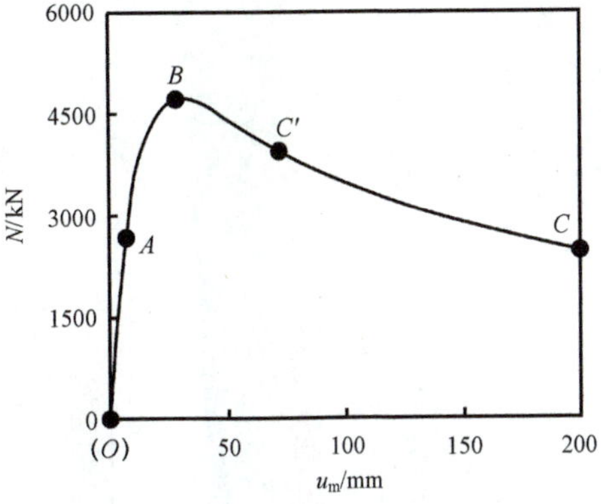

图 14.12　N-u_m关系

2）弹塑性阶段（AB）：B点为荷载峰值点。过了A点后，截面受压区不断发展塑性，钢管和受压区混凝土之间非均布的界面接触应力增大，呈现出弹塑性工作状态；跨中截面中和轴逐渐向形心方向移动；混凝土受压区的纵向应力继续增长，在达到荷载峰值时的B点，最大纵向应力达$1.04f_c'$。

3）下降阶段（BC）：由于二阶效应的影响，曲线进入下降阶段，跨中截面中和轴继续向形心轴方向移动，钢管塑性区从截面边缘不断向核心区发展；在C'点前（C'点为N-u_m曲线上荷载下降到极限荷载的85%对应的点）钢管和受压区混凝土之间的界面接触应力快速增长，此后界面接触应力基本保持稳定。由于受钢管约束作用，混凝土纵向应力在C'点处达$1.31f_c'$。

图 14.13 给出对应图 14.12 中的A、B和C'点处圆钢管混凝土曲杆跨中截面的混凝土纵向应力（图中为S11）和纵向应变分布情况。图 14.13 同时给出加载面处混凝土纵向应力沿构件长度方向的分布情况，应力单位为MPa，应力以拉为正。可以看出，在

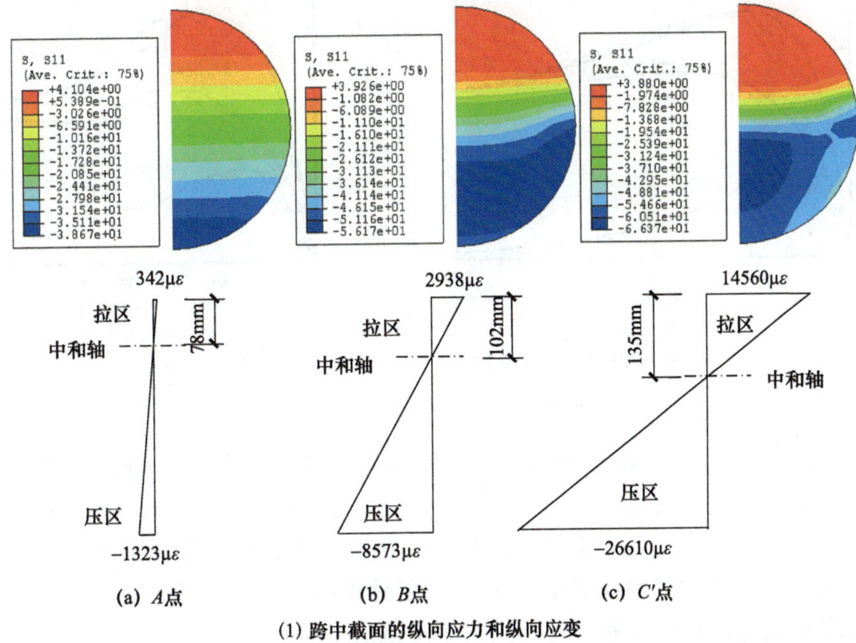

图 14.13　各特征点处的混凝土纵向应力和纵向应变分布（应力单位：MPa）

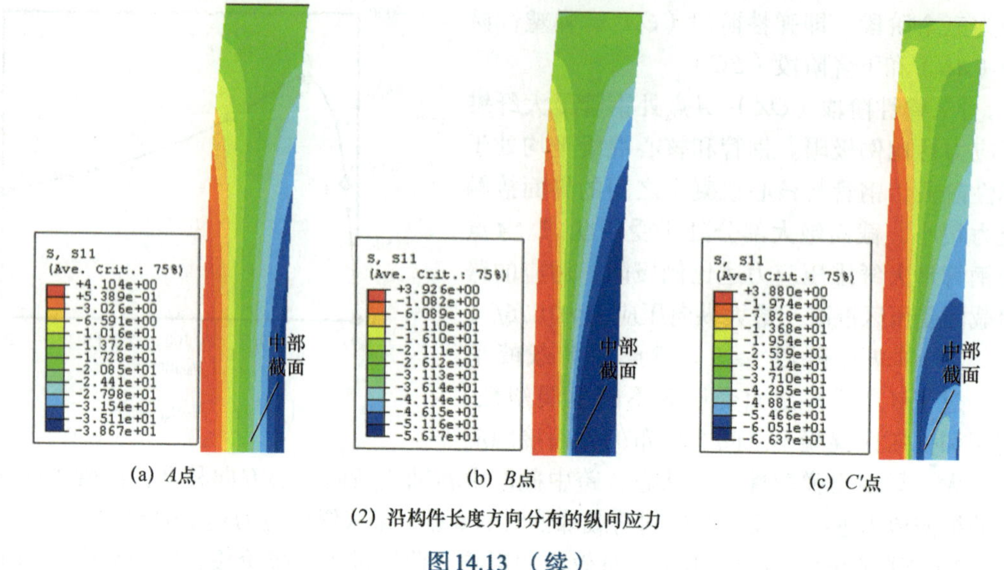

(a) A点　　(b) B点　　(c) C'点

（2）沿构件长度方向分布的纵向应力

图 14.13 （续）

受力的全过程，随着跨中挠度的不断增大，跨中截面核心混凝土受压区面积不断减小，受拉区面积不断增大，跨中截面中和轴不断靠近形心，塑性区向截面核心发展并沿构件长度方向向端部不断扩展。

图 14.14 所示为计算的轴心受压曲杆和偏心受压直杆及其钢管、核心混凝土各自的 N-u_m 关系。

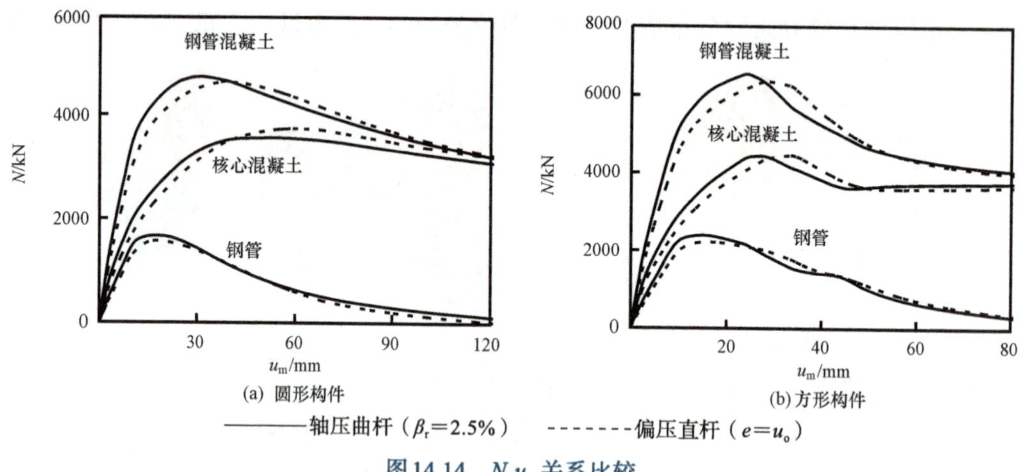

(a) 圆形构件　　(b) 方形构件

———轴压曲杆（$\beta_r=2.5\%$）　- - - - - - -偏压直杆（$e=u_o$）

图 14.14 N-u_m 关系比较

从图 14.14 可以看出，由于钢管位于截面外围，钢管混凝土曲杆尚未达到其极限承载力时，钢管承担的荷载就已达到峰值，其荷载-变形关系开始进入下降段；而核心混凝土位于截面核心，且受到钢管的约束作用，因而钢管达到极限承载力时其分担的荷载仍能继续增加，使得组合构件的 N-u_m 关系仍然保持上升的趋势，直至核心混凝土也达到其极限承载力，N-u_m 关系才开始进入下降段。

分析结果表明，钢管混凝土轴压曲杆的承载能力和刚度均略高于相应的偏压直杆，曲杆达峰值荷载时，跨中的挠度比相应的偏压直杆略小。可见，曲杆中“二阶效应”对弯矩和挠度的放大作用均小于相应的偏压直杆。

图14.15给出了不同曲度系数（β_r）情况下钢管混凝土曲杆的N-u_m关系，可以看出，随着β_r的逐渐增大，钢管混凝土曲杆的刚度和极限承载力均表现出逐渐下降的趋势，且峰值荷载对应的跨中变形也逐渐增大，而N-u_m关系的下降段则趋于平缓。

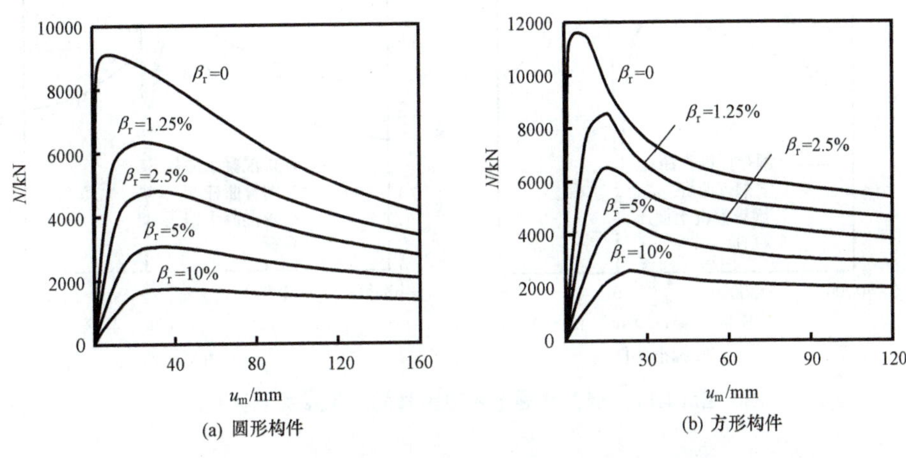

图 14.15　不同曲度系数（β_r）情况下的N-u_m关系

（3）应力和应变分析

图14.16给出了钢管混凝土曲杆在不同曲度系数（β_r）情况下其跨中截面最大拉应变和最大压应变在受力过程中的变化情况。可见，圆形截面曲杆与方形截面曲杆的N-ε关系随β_r的变化规律基本相同，在其他条件一定的情况下，随着β_r的增大，构件承载力降低，荷载峰值点对应的纵向应变有增大的趋势。当β_r较小时，构件在达到极限荷载前处于全截面受压状态，随着β_r的增大，构件开始变为一侧受压而另一侧受拉。当β_r相同时，圆形截面曲杆达到极限承载力时对应的应变值要大于方形截面曲杆，表明圆形截面构件的变形能力更强。

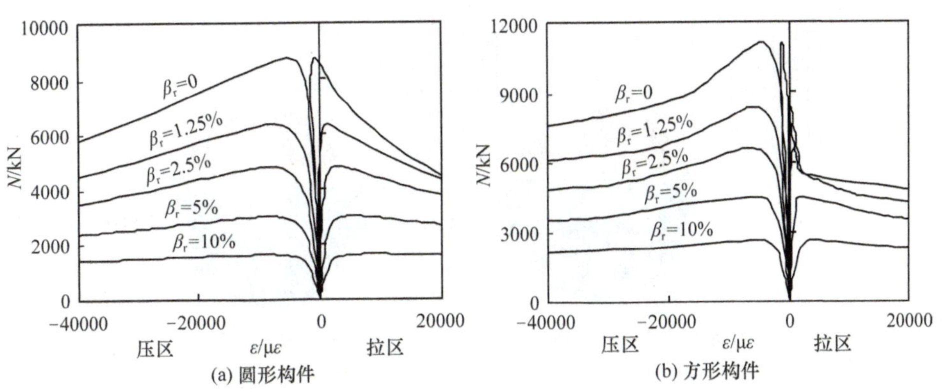

图 14.16　试件N-ε关系

图14.17给出轴心受压钢管混凝土和空钢管曲杆与偏心受压钢管混凝土直杆的N/N_u-边缘纤维纵向应变（ε）关系的比较情况，其中N_u为构件的极限承载力。计算时，空钢管曲杆中除没有混凝土外，其他计算条件与相应的钢管混凝土曲杆完全相同。偏压直杆的荷载偏心距与相应曲杆的初始弯曲度（u_o）相同。

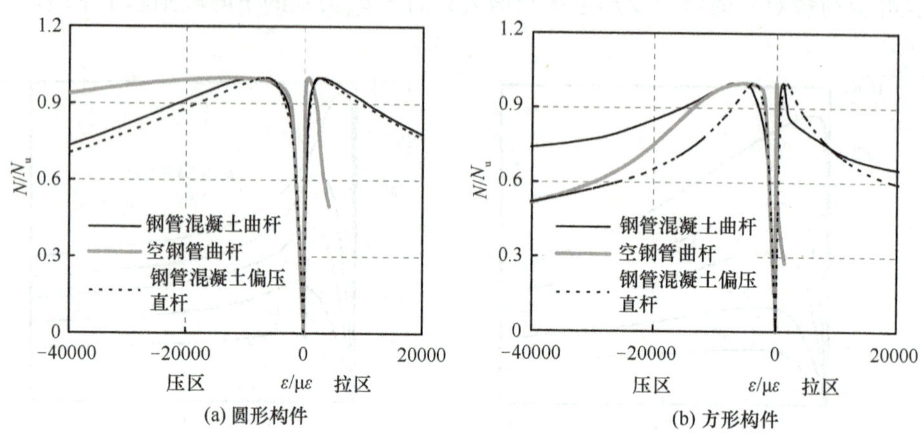

图14.17 钢管混凝土和空钢管的N/N_u-ε关系比较

从图14.17可以看出，在达到极限荷载后，由于受局部屈曲影响，曲线形空钢管的拉区纤维应变增长缓慢，而钢管混凝土不存在这种现象，表明核心混凝土的存在有利于充分发挥钢管的力学性能。此外，钢管混凝土轴压曲杆和偏压直杆的应变发展规律基本一致，方形截面的差异要稍大于圆形截面。

以圆钢管混凝土为例，图14.18给出了轴心受压钢管混凝土曲杆与偏心受压钢管混凝土直杆达峰值荷载时中截面处核心混凝土的纵向应力分布对比。可见，轴压曲杆和偏压直杆的中截面应力分布规律基本一致，但数值上略有差异，轴压曲杆的应力稍大。

图14.18同时标示出了构件达峰值荷载时中截面中和轴的位置，可以看出，轴心受压曲杆达峰值荷载时，中截面受压面积稍大，因此轴心受压曲杆承载力略大于偏心受压直杆。

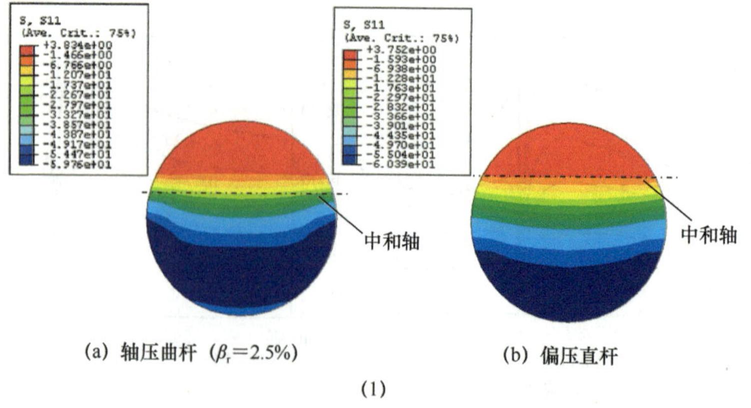

(a) 轴压曲杆（β_r=2.5%） (b) 偏压直杆

(1)

图14.18 峰值荷载时对应的中截面核心混凝土纵向应力分布（应力单位：MPa）

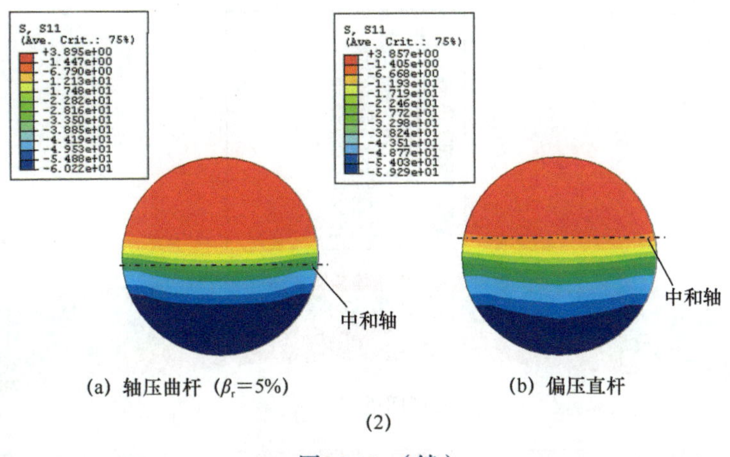

(a) 轴压曲杆（β_r=5%）　　(b) 偏压直杆

(2)

图14.18（续）

同样以圆钢管混凝土为例，图14.19给出了轴心受压钢管混凝土曲杆和偏心受压钢管混凝土直杆在达到极限承载力时钢管的Mises应力分布情况。计算时，偏心受压钢管混凝土直杆的荷载偏心距与相应曲杆的初始弯曲度相同。

由图14.19可见，由于曲杆存在初始弯曲度u_o，在达到极限状态时，曲杆中部压区的塑性区范围要稍小于直杆的塑性区范围，从而一定程度上减小了几何非线性的影响，使得构件的承载力略有提高。

分析结果还表明，随着曲度系数β_r的增大，钢管混凝土曲杆在压区的塑性发展区域不断减小，钢管在受拉区也开始发展塑性。

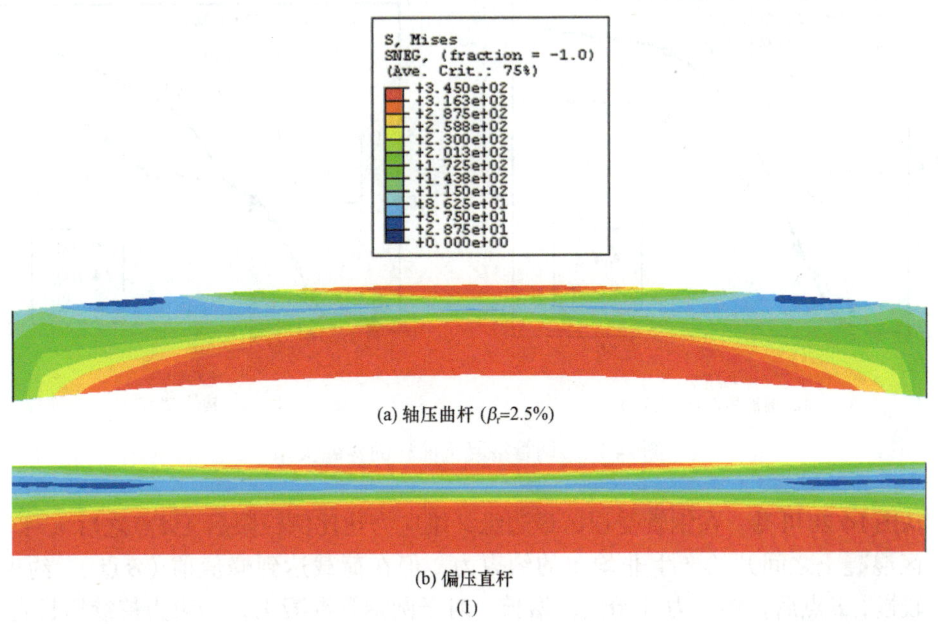

(a) 轴压曲杆（β_r=2.5%）

(b) 偏压直杆

(1)

图14.19　轴压曲杆和偏压直杆的钢管Mises应力分布比较（应力单位：MPa）

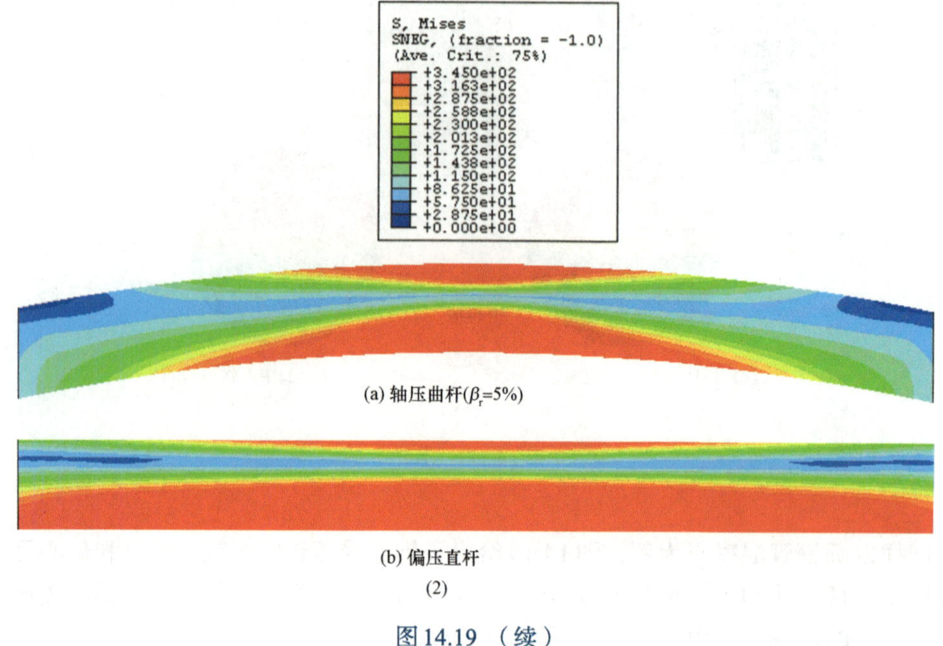

(a) 轴压曲杆(β_r=5%)

(b) 偏压直杆

(2)

图 14.19 （续）

（4）钢管和核心混凝土的相互作用分析

图14.20给出了钢管混凝土轴压曲杆在加载过程中跨中截面不同位置处钢管对核心混凝土的约束力（p）变化情况。由于约束力沿截面分布不均匀，分别选取受压区边缘位置a点（变形凹侧）、受拉区边缘位置c点（变形凸侧）和形心轴上b点的约束力进行对比。

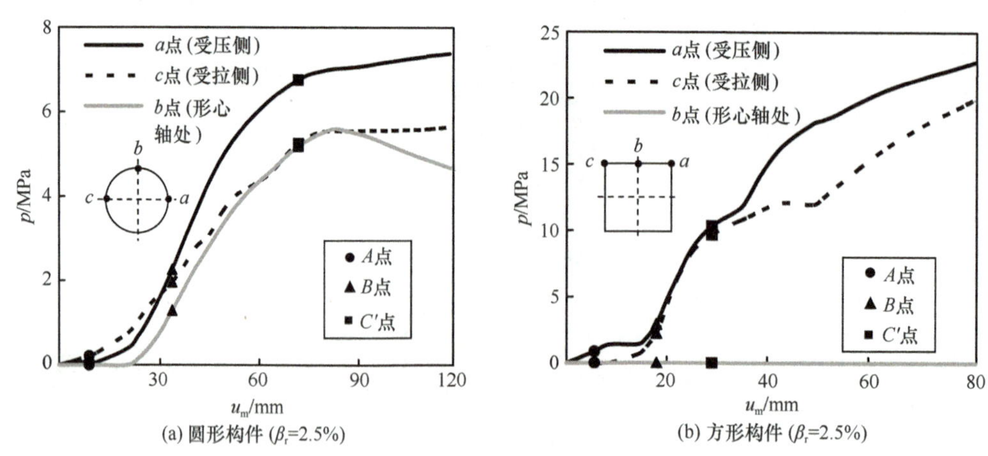

(a) 圆形构件 (β_r=2.5%)　　(b) 方形构件 (β_r=2.5%)

图 14.20　钢管混凝土曲杆的p-u_m关系

从图14.20可见，在钢管受压区最边缘纤维应力达比例极限后（A点之后），钢管与受压区混凝土之间开始产生非均布的约束力，但在荷载达到峰值前（B点），约束力p增长较慢，B点后，约束力开始快速增长。对于圆钢管混凝土，约束力持续增长直至荷载下降到峰值荷载的85%之后的C'点，钢管的约束力开始趋于稳定。对于方钢管混凝土，位于形心轴上的b点处基本没有约束力，而a点和c点处的约束力明显，即使在达到C'点以后仍能保持增长，也就是说方形截面约束力主要集中于截面角部范围内。

图14.21所示为钢管混凝土曲杆从端部算起$L/2$（中截面）、$3L/8$、$L/4$和$L/8$距离处受压区边缘钢管（图14.20中的a点）对核心混凝土的约束力p随中截面挠度u_m发展的变化关系。可见，钢管混凝土曲杆在中截面处的约束力最大，离中截面距离越远，钢管对混凝土的约束作用越小。钢管对混凝土产生约束作用的区域主要集中在跨中附近$L/4$的范围内，这是由曲杆中间受的弯矩大、两端受的弯矩小的特点所决定，因而构件中间先进入弹塑性，并使钢管对混凝土产生约束作用。

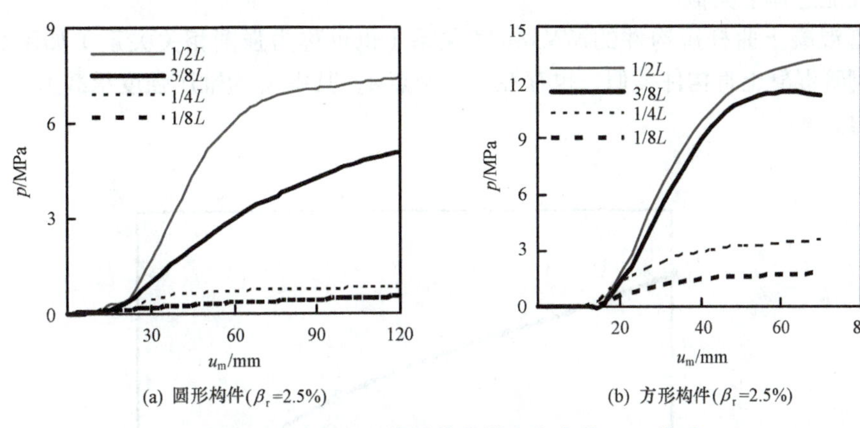

图 14.21　受压区边缘沿构件纵向各点的p-u_m关系

图14.22所示为不同曲度系数（β_r）对跨中截面混凝土受压侧边缘纤维处的约束力p值的影响。可见，随着β_r的增大，钢管对压区混凝土的约束作用逐渐减小。这是因为随着β_r的增大，混凝土拉区面积增大，混凝土压区最边缘纤维到中和轴的距离逐渐减小，其横向变形也随之减小，因而钢管对混凝土的约束作用也相应减小。

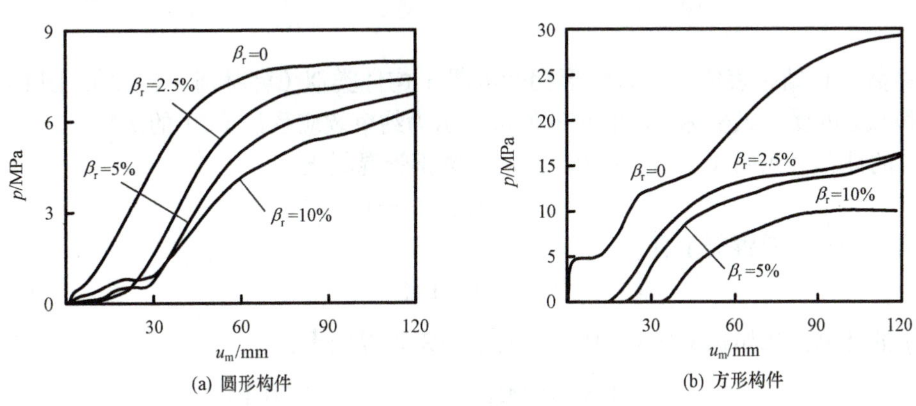

图 14.22　中截面受压区边缘纤维处的p-u_m关系

14.2.3　承载力计算方法

图14.14给出了钢管混凝土轴压曲杆及荷载偏心距与曲杆弯曲度相同的钢管混凝土偏压直杆的钢管及其核心混凝土的N-u_m关系比较。可见，钢管混凝土轴压曲杆的承载力和刚度均稍高于相应的偏压直杆，曲杆达峰值荷载时，跨中的附加挠度比直杆略小。

根据以上对钢管混凝土曲杆进行的试验研究和数值分析可以看出，钢管混凝土曲杆由于存在初弯曲度（u_o），当在构件两端截面的形心施加轴压力时［图14.2（a）］，构件将受到弯矩和轴力的共同作用，其受力性能和钢管混凝土偏压构件［图14.2（b）］的受力性能总体上类似。

钢管混凝土曲杆短构件的N/N_u-M/M_u关系（也可称为强度相关关系）如图14.23所示，与钢管混凝土直构件类似，也存在一平衡点A，其中N_u为轴压强度承载力，M_u为抗弯承载力。

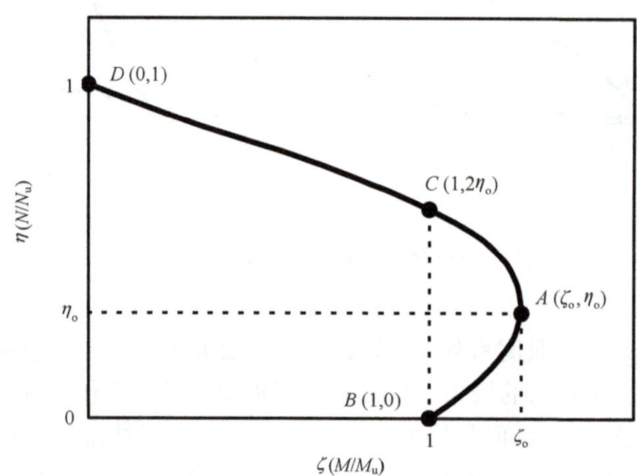

图14.23　N/N_u-M/M_u强度关系

参数分析结果表明，与直线形钢管混凝土构件类似（韩林海，2022），图14.23所示平衡点A的横、纵坐标值ζ_o和η_o近似可表示为约束效应系数（ξ）的函数。

ζ_o的计算公式如式（14.3）所示。对于圆钢管混凝土有

$$\zeta_o = 0.18\xi^{-1.15} + 1 \tag{14.3a}$$

对于方、矩形钢管混凝土有

$$\zeta_o = 1 + 0.14\xi^{-1.3} \tag{14.3b}$$

η_o的计算公式如式（14.4）所示。对于圆钢管混凝土有

$$\eta_o = \begin{cases} 0.5 - 0.245\xi & (\xi \leqslant 0.4) \\ 0.1 + 0.14\xi^{-0.84} & (\xi > 0.4) \end{cases} \tag{14.4a}$$

对于方、矩形钢管混凝土有

$$\eta_o=\begin{cases}0.5-0.318\xi & (\xi\leqslant 0.4)\\ 0.1+0.13\xi^{-0.81} & (\xi>0.4)\end{cases} \tag{14.4b}$$

计算分析结果表明，图 14.23 所示的钢管混凝土 N/N_u-M/M_u 强度关系大致可分为两部分，并用两个数学表达式来描述。

1）CD 段（$N/N_u\geqslant 2\eta_o$ 时）：可近似采用直线的函数形式来描述，如式（14.5a）所示。

$$\frac{N}{N}+a\left(\frac{M}{M_u}\right)=1 \tag{14.5a}$$

2）CAB 段（$N/N_u<2\eta_o$ 时），可近似采用抛物线的函数形式来描述，如式（14.5b）所示。

$$-b\cdot\left(\frac{N}{N_u}\right)^2-c\left(\frac{N}{N_u}\right)+\left(\frac{M}{M_u}\right)=1 \tag{14.5b}$$

式中，$a=1-2\eta_o$；$b=\dfrac{1-\zeta_o}{\eta_o^2}$；$c=\dfrac{2(\zeta_o-1)}{\eta_o}$；$N_u$ 和 M_u 分别为钢管混凝土轴压和抗弯强度承载力。

以圆形钢管混凝土曲杆为例，图 14.24 给出不同名义长细比（λ_n）情况下的 N/N_u-M/M_u 关系。可见，随着 λ_n 的增大，曲线形钢管混凝土单杆的极限承载力呈现出逐渐降低的趋势，且随着长细比的增大，“二阶效应”的影响逐渐变得显著，A 点逐渐往内靠，即 ζ_o 和 η_0 都有减小的趋势。随着 λ_n 的继续增大，A 点在 N/N_u-M/M_u 关系上表现得越来越不明显。这些规律和钢管混凝土压弯构件完全一致。

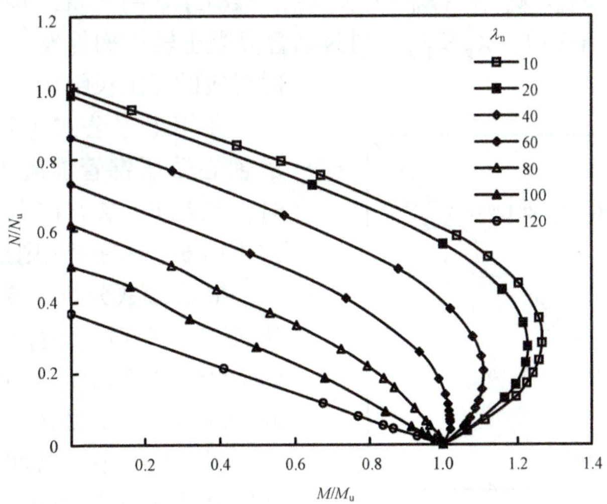

图 14.24　不同名义长细比 λ_n 曲杆的 N/N_u-M/M_u 相关关系

参数分析结果进一步表明，钢管混凝土曲杆 N/N_u-M/M_u 平衡点和稳定系数等的具体数值也和长细比为 λ_n 的直杆非常接近。这意味着名义长细比为 λ_n 的曲杆的极限承载力可等效为实际长细比为λ_n的偏压直杆进行计算。下面简要介绍有关验算方法。

在式（14.5）的基础上，韩林海（2022）推导出考虑构件长细比影响时图14.2（b）所示直线形钢管混凝土压弯构件N/N_u-M/M_u相关方程，如式（14.6）所示。

$$\begin{cases} \dfrac{1}{\varphi}\dfrac{N}{N_u}+\dfrac{a}{d}\left(\dfrac{M}{M_u}\right)=1 & N/N_u\geqslant 2\varphi^3\eta_o \\ -b\left(\dfrac{N}{N_u}\right)^2-c\left(\dfrac{N}{N_u}\right)+\dfrac{1}{d}\left(\dfrac{M}{M_u}\right)=1 & N/N_u<2\varphi^3\eta_o \end{cases} \tag{14.6}$$

式中，$a=1-2\varphi^2\eta_o$；$b=\dfrac{1-\zeta_o}{\varphi^3\eta_o^2}$；$c=\dfrac{2(\zeta_o-1)}{\eta_o}$。

$$d=\begin{cases} 1-0.4\left(\dfrac{N}{N_E}\right) & \text{（圆钢管混凝土）} \\ 1-0.25\left(\dfrac{N}{N_E}\right) & \text{（方、矩形钢管混凝土）} \end{cases}$$

$1/d$是考虑由于二阶效应而对弯矩的放大系数。$N_E=(\pi^2E_{sc}A_{sc})/\lambda^2$为欧拉临界力；$E_{sc}$为钢管混凝土轴压组合弹性模量。

φ为轴心受压稳定系数，按式（14.7）确定。

$$\varphi=\begin{cases} 1 & (\lambda\leqslant\lambda_o) \\ a\lambda^2+b\lambda+c & (\lambda_o<\lambda<\lambda_p) \\ d/(\lambda+35)^3 & (\lambda>\lambda_p) \end{cases} \tag{14.7}$$

式中，$a=1+(35+2\lambda_p-\lambda_o)e/(\lambda_p-\lambda_o)$；$b=e-2a\lambda_p$；$c=1-a\lambda_o^2-b\lambda_o$；$d$按照式（14.6）计算；$e=-d/(\lambda_p+35)^3$。$\lambda_p$和$\lambda_o$分别为钢管混凝土轴压构件发生弹性或弹塑性失稳时对应的界限长细比。

在用上述公式进行如图14.2（a）所示轴心受压钢管混凝土曲杆承载力计算时，长细比（λ）按名义长细比λ_n代入。式（14.6）中的弯矩则按$M=Nu_o$代入。

根据参数分析结果，参考试验结果，建议式（14.6）的适用范围为ξ取0.2～4，f_y取235～420MPa，C30～C80混凝土，α_s取0.03～0.15，λ_n取10～120；β_r取0～20%。

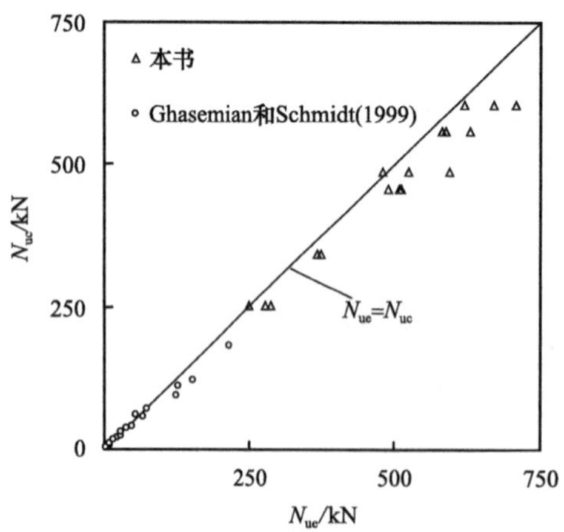

图14.25　承载力实用公式计算结果（N_{uc}）与试验结果（N_{ue}）的比较

图14.25给出了按实用计算公式（14.6）计算获得的钢管混凝土曲杆的极限承载力计算结果（N_{uc}）与试验结果（N_{ue}）的比较。结果表明，Ghasemian和Schmidt（1999）试验试件的极限承载力实用公式计算值与试验值的比值（N_{uc}/N_{ue}）的平均

值为0.936，均方差为0.110；本书试验试件的极限承载力实用公式计算值与试验值的比值N_{uc}/N_{ue}的平均值为0.920，均方差为0.050。可见，实用公式计算结果与试验结果总体吻合，且总体上稍偏于安全。

14.3　曲线形钢管混凝土桁式混合结构力学性能

14.3.1　试验研究

1．受压试验

本节以图14.1（3）所示的双肢、三肢和四肢曲线形钢管混凝土桁式混合结构为对象，在试件两端施加水平荷载进行受力全过程试验研究。

通过试验，拟研究曲线形钢管混凝土桁式混合结构在轴压荷载作用下的破坏形态，分析曲度系数、名义长细比、截面形式（双肢、三肢和四肢）以及缀材类型（平腹杆和斜腹杆）等参数的影响规律（郑莲琼，2008；Han et al.，2012），并为有限元计算模型提供必要的验证数据。

（1）试验设计

对本试验试件弦杆的初弯曲曲线设定为圆弧线。试验的主要参数归纳如下。

1）曲度系数β_r（$\beta_r=u_o/L$，u_o和L的含义和图14.2所示的钢管混凝土曲杆类似，如图14.26所示）：变化范围为0～7.4%。$\beta_r=0$时为无初弯曲的桁式混合结构直构件。

2）名义长细比（λ_n为结构对x-x轴的长细比，$\lambda_n=L/i$，i为桁式混合结构截面回转半径）：变化范围为9.9～18.9。

3）截面形式：包含了工程常用的由圆钢管混凝土或方钢管混凝土弦杆与空钢管腹杆共同组成的双肢、三肢及四肢截面形式，如图14.1（3）所示。

4）腹杆类型：采用了平腹杆和斜腹杆的形式，如图14.26（a）和（b）所示。

所有试件截面的h均取为450mm，三肢和四肢试件的b为360mm。试件的节间距离（l_1，如图14.26所示）为450mm。对于采用圆钢管混凝土的弦杆，其钢管的外直径

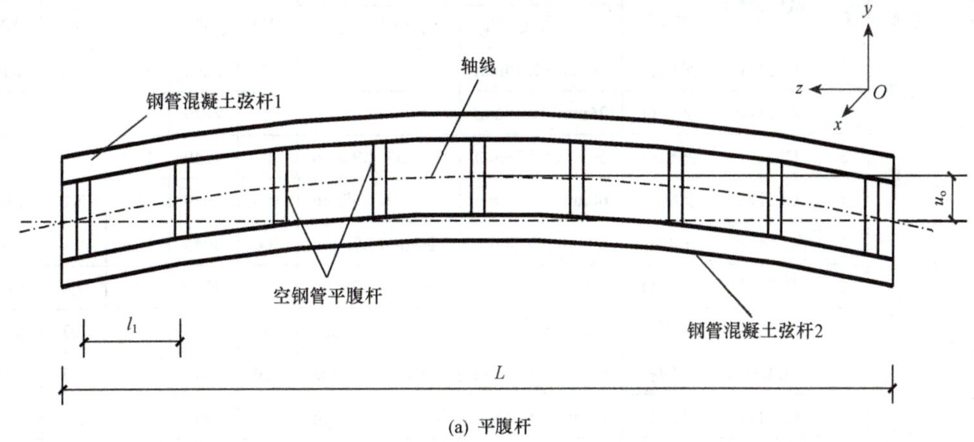

(a) 平腹杆

图14.26　曲线形钢管混凝土桁式混合结构

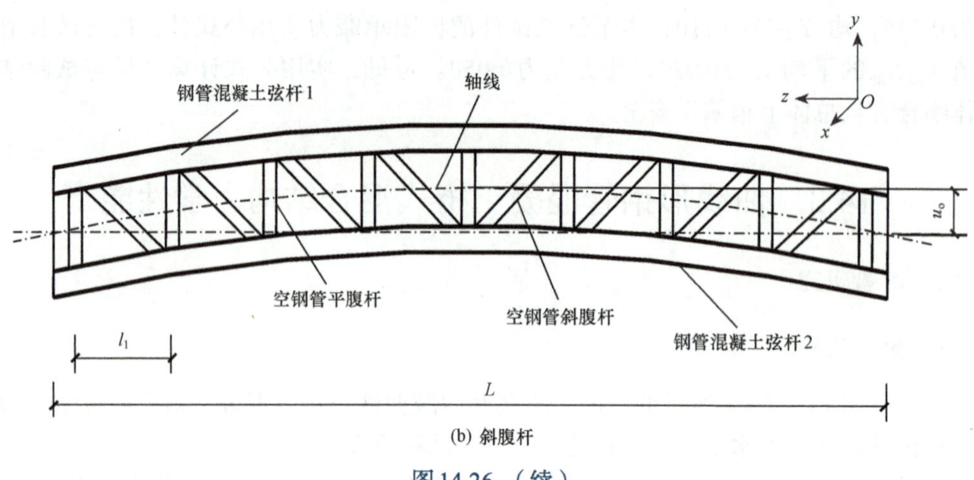

(b) 斜腹杆

图14.26 （续）

D为114mm，钢管壁厚为2.94mm；对于采用方钢管混凝土的弦杆，其钢管的外边长B为120mm，钢管壁厚为3.01mm。

表14.2中给出了各试件所采用腹杆的截面尺寸［分为和图14.1（3）所示截面x轴相交和平行两个方向］、试件计算长度（L，两端加载刀口铰的直线距离），以及试件初始弯曲度u_o等（图14.26）。

表14.2中试件编号的第一个字母C表示弦杆截面为圆形，S表示弦杆截面为方形；第二个字母S表示短试件，L表示长试件；第三个数字2表示双肢试件，3表示三肢试件，4表示四肢试件；第四个字母表示缀材类型，B表示采用平腹杆体系，D表示采用斜腹杆体系；最后一个字母a表示曲度系数为0（直构件），b表示曲度系数为3.6%或3.7%，c表示曲度系数为7.2%或7.4%。采用圆形和方形截面弦杆的试件系列中还分别包含了一个弦杆中未灌注混凝土的三肢试件，其编号分别为CHSL3D-b和SHSL3D-b。

表14.2　桁式混合结构试件指标

弦杆截面	截面类型	序号	试件编号	腹杆类型	钢管腹杆尺寸［D（B）×t］		u_o/mm	L/mm	λ_n	β_r/%	N_{ue}/kN
					和x轴相交方向	平行于x轴方向					
圆形	双肢	1	CS2B-b	平腹杆	76mm×2.15mm	—	80	2240	9.9	3.6	840
		2	CS2B-c	平腹杆	76mm×2.15mm	—	160	2240	9.9	7.2	513
	三肢	3	CL3D-a	斜腹杆	60mm×3.28mm	50mm×1.95mm	0	4040	18.9	0	2516
		4	CL3D-b	斜腹杆	60mm×3.28mm	50mm×1.95mm	150	4040	18.9	3.7	1320
圆形	三肢	5	CL3D-c	斜腹杆	60mm×3.28mm	50mm×1.95mm	300	4040	18.9	7.4	890
		6	CS3D-b	斜腹杆	60mm×3.28mm	50mm×1.95mm	80	2240	10.5	3.6	1860
		7	CL3B-b	平腹杆	76mm×2.15mm	76mm×2.15mm	150	4040	18.9	3.7	785
		8	CHSL3D-b	斜腹杆	60mm×3.28mm	50mm×1.95mm	150	4040	18.9	3.7	513
	四肢	9	CL4D-b	斜腹杆	60mm×3.28mm	50mm×1.95mm	150	4040	17.8	3.7	2106
		10	CL4D-c	斜腹杆	60mm×3.28mm	50mm×1.95mm	300	4040	17.8	7.4	1124

续表

弦杆截面	截面类型	序号	试件编号	腹杆类型	钢管腹杆尺寸［D（B）×t］		u_o/mm	L/mm	λ_n	β_r/%	N_{ue}/kN
					和x轴相交方向	平行于x轴方向					
方形	双肢	11	SS2B-b	平腹杆	70mm×2.64mm	—	80	2240	9.9	3.6	1273
		12	SS2B-c	平腹杆	70mm×2.64mm	—	160	2240	9.9	7.2	794
	三肢	13	SL3D-a	斜腹杆	60mm×3.06mm	50mm×2.21mm	0	4040	18.9	0	2965
		14	SL3D-b	斜腹杆	60mm×3.06mm	50mm×2.21mm	150	4040	18.9	3.7	1664
		15	SL3D-c	斜腹杆	60mm×3.06mm	50mm×2.21mm	300	4040	18.9	7.4	1034
		16	SS3D-b	斜腹杆	60mm×3.06mm	50mm×2.21mm	80	2240	10.5	3.6	2500
		17	SL3B-b	平腹杆	70mm×2.64mm	70mm×2.64mm	150	4040	18.9	3.7	1146
		18	SHSL3D-b	斜腹杆	60mm×3.06mm	50mm×2.21mm	150	4040	18.9	3.7	498
	四肢	19	SL4D-b	斜腹杆	60mm×3.06mm	50mm×2.21mm	150	4040	17.8	3.7	2506
		20	SL4D-c	斜腹杆	60mm×3.06mm	50mm×2.21mm	300	4040	17.8	7.4	1620

桁式混合结构中，弦杆的钢构件的加工类似于14.2.1节中的单曲杆，通过焊接与腹杆进行连接。

为便于加载，在试件两端各焊接一块20mm厚的方形盖板，并用加劲肋和弦杆加强连接。为方便混凝土的浇灌，在试件一端的盖板和弦杆连接处开直径为100mm的圆孔，作为弦杆内核心混凝土的浇灌口。在浇灌混凝土时，将试件竖立，采用分层法从顶部向弦杆内浇灌混凝土。

试件采用钢材实测的力学性能指标如表14.3所示。

表14.3　钢材力学性能指标

钢材种类	钢管厚度t/mm	屈服强度f_y/MPa	极限强度f_u/MPa	弹性模量E_s/（10^5N/mm^2）	泊松比μ_s
圆截面弦管（D=114mm）	2.94	364	417	2.00	0.306
圆截面腹杆（D=76mm）	2.15	409	443	1.96	0.284
圆截面腹杆（D=60mm）	3.28	453	485	1.92	0.269
圆截面腹杆（D=50mm）	1.95	331	394	1.94	0.290
方截面弦管（B=120mm）	3.01	384	477	1.97	0.289
方截面腹杆（B=70mm）	2.64	348	389	2.02	0.291
方截面腹杆（B=60mm）	3.06	347	392	1.95	0.271
方截面腹杆（B=50mm）	2.21	352	429	2.09	0.288

弦杆钢管内填充了自密实混凝土，其配合比为水180kg/m^3，普通硅酸盐水泥275kg/m^3，粉煤灰200kg/m^3，砂850kg/m^3，石灰岩碎石850kg/m^3。早强型减水剂的掺量为1%。混凝土浇筑时实测其坍落度为262mm，流动扩展度为615mm。混凝土浇灌时内部温度为38℃，环境温度为34℃。混凝土养护到28天时和进行结构试验时实测的混凝土标准立方体抗压强度分别为32MPa和41MPa。

试验在500t压力机上进行，采用刀口铰沿端部截面的重心轴施加荷载。为防止试件端部杆件的可能局部压坏，并保证压力机施加的压力能够可靠传递，在试件上下盖板和刀口铰之间均设置一块100mm厚的加载板，其上设条形凹槽，与刀口铰对接，以使试件两端呈铰接状态。刀口铰可保证试件的挠曲方向和其初弯曲方向一致，如图14.27所示。

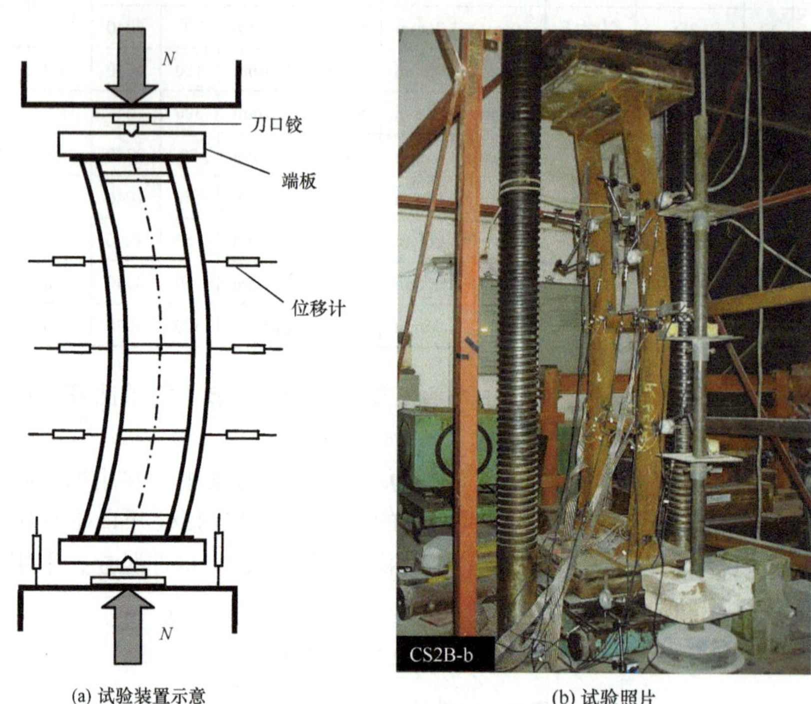

(a) 试验装置示意　(b) 试验照片

图14.27　试验加载和量测装置

试验过程中，量测的内容包括试件的整体挠曲变形和轴向压缩变形、弦杆和腹杆的应变、弦杆与腹杆轴线夹角的变化、斜腹杆的轴向变形和平腹杆的弯曲变形等。试验加载和量测装置如图14.27所示。

试验采取分级单调加载。弹性范围内每级荷载约为估算极限荷载值的1/10，当弦杆上测点最大应变达到钢材屈服应变后，每级荷载约为估算极限荷载值的1/15。每一级荷载的持荷时间约为1～2min。接近破坏时慢速连续加载，直至试件最终破坏时停止试验。

（2）试验结果与分析

1）试验现象与试件破坏形态。所有试件的试验进程均得到很好的控制，试件几乎没有发生在初弯曲平面外的挠曲。在加载过程中，初弯曲平面内的挠度不断增加，试件最终整体丧失稳定而破坏。

在加载初期，由于试件尚处于弹性阶段，荷载-跨中挠度曲线基本接近直线，试件总体变形不大。当荷载加至极限荷载的60%左右时，由于二阶效应影响增大，试件进入弹塑性变形阶段，直至达到承载力极限后进入荷载下降段。

在整个受力过程中，各弦杆变形基本协调一致，试件挠度曲线上下对称，各杆件表现出良好的协同工作性能。

通过对曲线形钢管混凝土桁式混合结构在试验过程中的最终破坏形态进行观察，本次试验的试件破坏形态根据腹杆（平腹杆和斜腹杆）体系的不同总体上可分为两种。

对于平腹杆体系，其弦杆和腹杆会同时受弯矩和剪力的作用，通常腹杆的变形反弯点可视为在其杆件中点，因而各腹杆在端部与弦杆连接处受的弯矩最大。

图 14.28（a）所示为平腹杆桁式混合结构达到破坏时的形态，可见结构接近破坏状态时，由于试件发生较大挠曲变形，腹杆受到的剪力和弯矩也相应增大，空钢管腹杆和钢管混凝土连接的端部在弯矩和剪力的共同作用下发生破坏。对于圆钢管，表现为腹杆出现局部外凸的鼓曲，如图 14.28（b）所示。对于方钢管，表现为方钢管腹杆发生轻微的内凹屈曲并伴随着其与钢管混凝土弦杆连接部位焊缝的局部断裂，如图 14.28（c）所示。

(a) 整体破坏

(b) 圆钢管

(c) 方钢管

图 14.28　平腹杆结构破坏形态

钢管混凝土弦杆在整个受力过程中变形性能总体上良好，没有过早地出现明显的局部压屈现象。

(a) 整体破坏

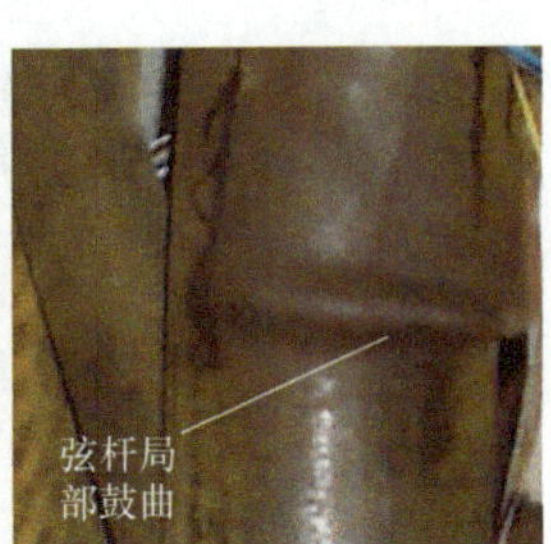

(b) 圆钢管

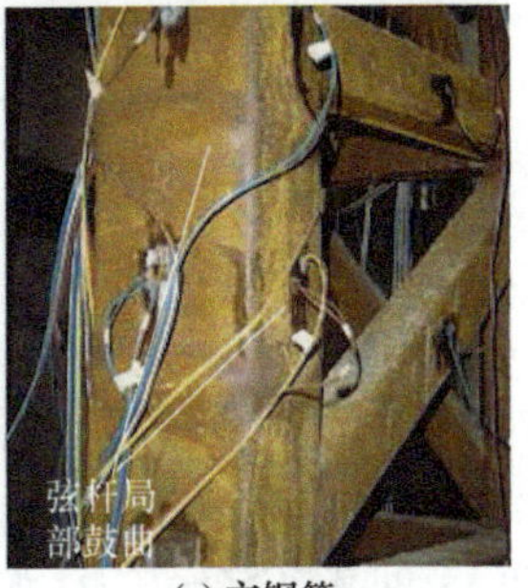

(c) 方钢管

图 14.29　斜腹杆结构破坏形态

对于斜腹杆结构试件，在端部压力作用下，其各杆件均以受轴向力为主。由于存在初弯曲，各弦杆所受的轴向力大小不同，弯曲凹侧所受压力较大，尤其是在靠近跨中位置。因此，所有斜腹杆结构试件的最终破坏均表现为受压弦杆在跨中节间附近出现受压鼓曲，如图 14.29（a）所示。

圆钢管混凝土弦杆通常只在跨中节间发生一处局部鼓曲，如图 14.29（b）所示；方钢管混凝土弦杆可在跨中节间附近发生 2～3 处局部屈曲，如图 14.29（c）所示。

需要说明的是，本次试验过程中仅有一个四肢斜腹式试件（CL4D-c）中的一根腹杆和钢管混凝土弦杆的连接焊缝提前发生断裂，可能是焊缝有初始缺陷所致。该试件最终表现为该腹杆和弦杆的连

(a) 圆钢管

(b) 方钢管

图 14.30 空钢管桁式混合结构试件弦杆的屈曲形态

接发生破坏，导致试件提前破坏。这也说明了保证钢管混凝土弦杆和腹杆可靠的连接是保证桁式混合结构钢管混凝土结构整体工作的重要前提。

对比分析结果表明，采用圆钢管混凝土弦杆的桁式混合结构试件的变形能力总体上优于采用方钢管混凝土弦杆的情况。

对于弦杆中未填充混凝土的CHSL3D-b和SHSL3D-b斜腹杆试件，其整体和局部破坏形态和图14.29基本类似。但由于钢管没有核心混凝土的支撑，受压弦杆在跨中节间出现显著的受压凹曲，如图14.30所示。

轴心受压的桁式混合结构试件CL3D-a和SL3D-a最终的破坏形态和对应的曲线形试件基本类似，并没有明显差异。

试验过程中观测了试件在弯曲平面内的挠曲发展情况，其发展规律和14.2节图14.5所示的曲线形钢管混凝土单杆总体上类似。通过测试试件在弯曲凸侧弦杆和弯曲凹侧弦杆的挠曲变形，表明各弦杆的挠曲发展基本一致，说明各钢管混凝土弦杆通过腹杆相连，总体上能较好地协同工作。只有当试件达到极限状态后且变形发展很快时，各弦杆之间的变形发展逐渐出现明显差异。这主要是桁式混合结构中杆件出现局部破坏从而影响了结构工作的整体性所致。

2）荷载-跨中侧向位移关系及试件的极限承载力。图14.31和图14.32分别给出了采用圆钢管混凝土和方钢管混凝土试件的轴压力（N）-跨中侧向位移（u_m）的关系，实测的峰值荷载（N_{ue}）汇总于表14.2。

从图14.31和图14.32可见，随着试件名义长细比（λ_n）的增大，试件的刚度和承载能力降低。例如，和名义长细比为10.5的CS3D-b试件相比，名义长细比为18.9的CL3D-b试件其承载力降低了28.3%。

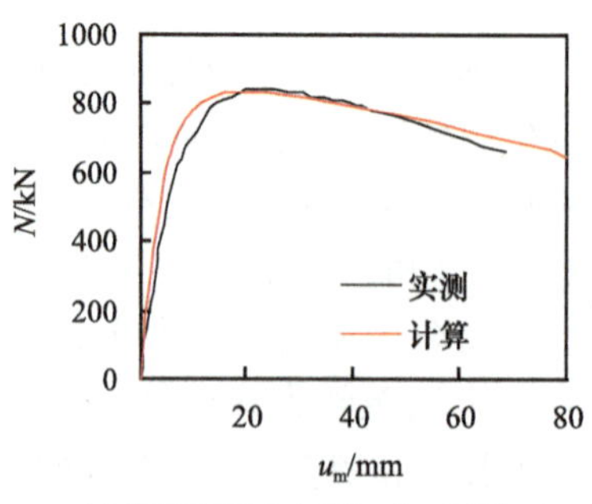

(a) 试件CS2B-b (二肢；β_r=3.6%；λ_n=9.9)

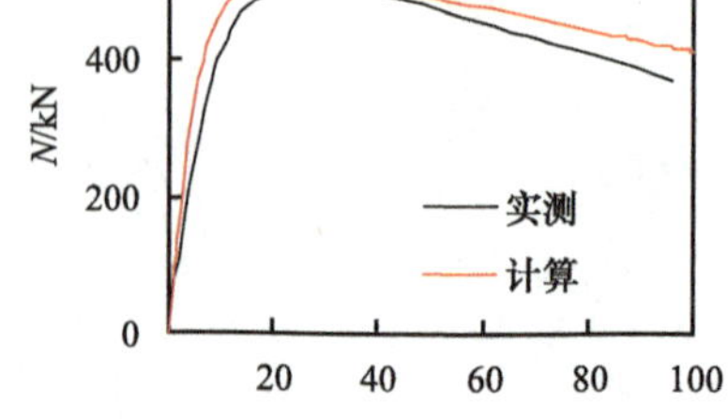

(b) 试件CS2B-c (二肢；β_r=7.2%；λ_n=9.9)

图 14.31 N-u_m关系（圆钢管）

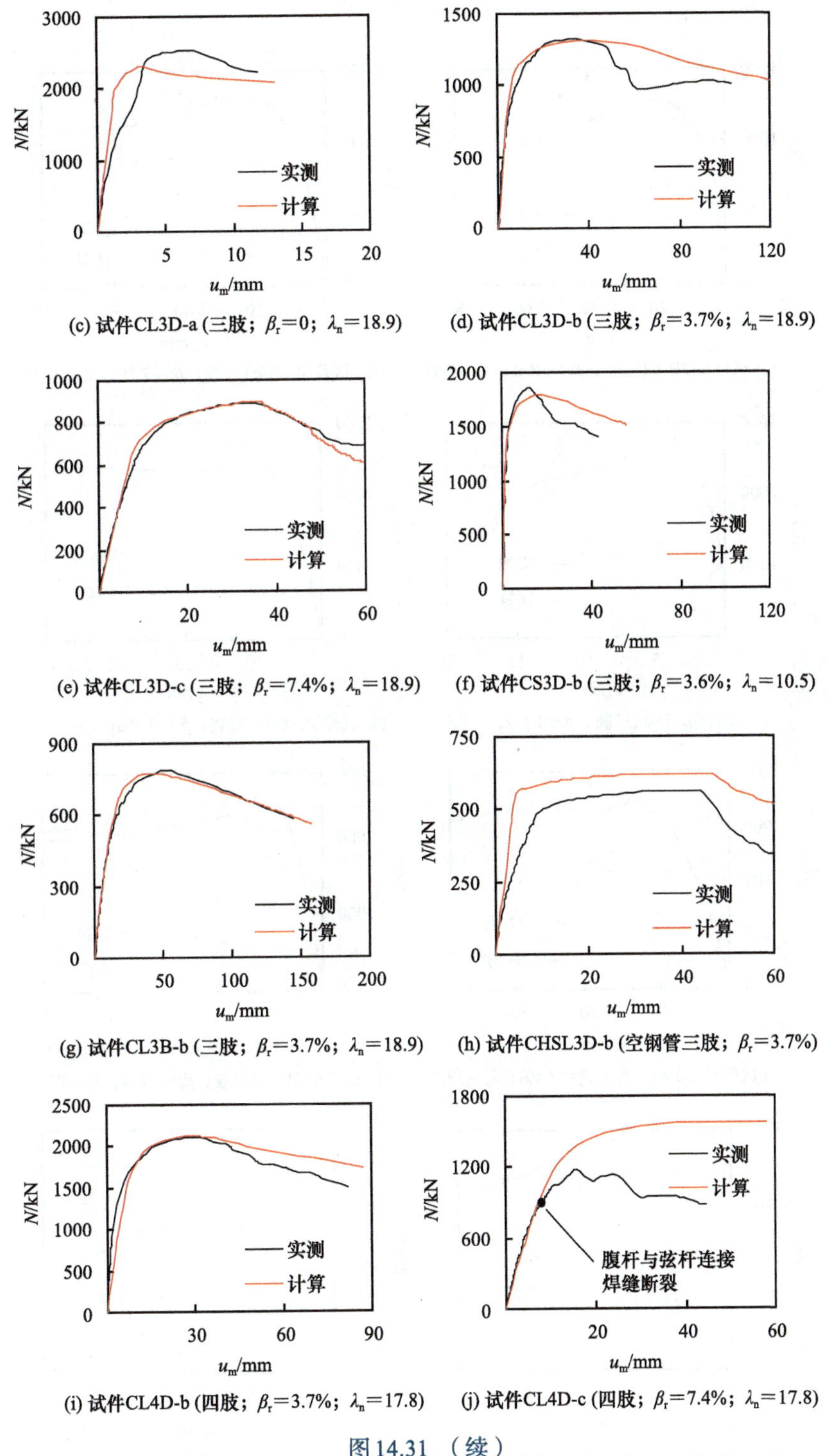

(c) 试件CL3D-a (三肢；$\beta_r=0$；$\lambda_n=18.9$)

(d) 试件CL3D-b (三肢；$\beta_r=3.7\%$；$\lambda_n=18.9$)

(e) 试件CL3D-c (三肢；$\beta_r=7.4\%$；$\lambda_n=18.9$)

(f) 试件CS3D-b (三肢；$\beta_r=3.6\%$；$\lambda_n=10.5$)

(g) 试件CL3B-b (三肢；$\beta_r=3.7\%$；$\lambda_n=18.9$)

(h) 试件CHSL3D-b (空钢管三肢；$\beta_r=3.7\%$)

(i) 试件CL4D-b (四肢；$\beta_r=3.7\%$；$\lambda_n=17.8$)

(j) 试件CL4D-c (四肢；$\beta_r=7.4\%$；$\lambda_n=17.8$)

图 14.31 （续）

分析结果还表明，在本次试验参数情况下，其他条件相同时，采用斜腹杆试件的极限承载力要明显高于采用平腹杆的试件。采用平腹杆试件的变形能力却较斜腹杆试

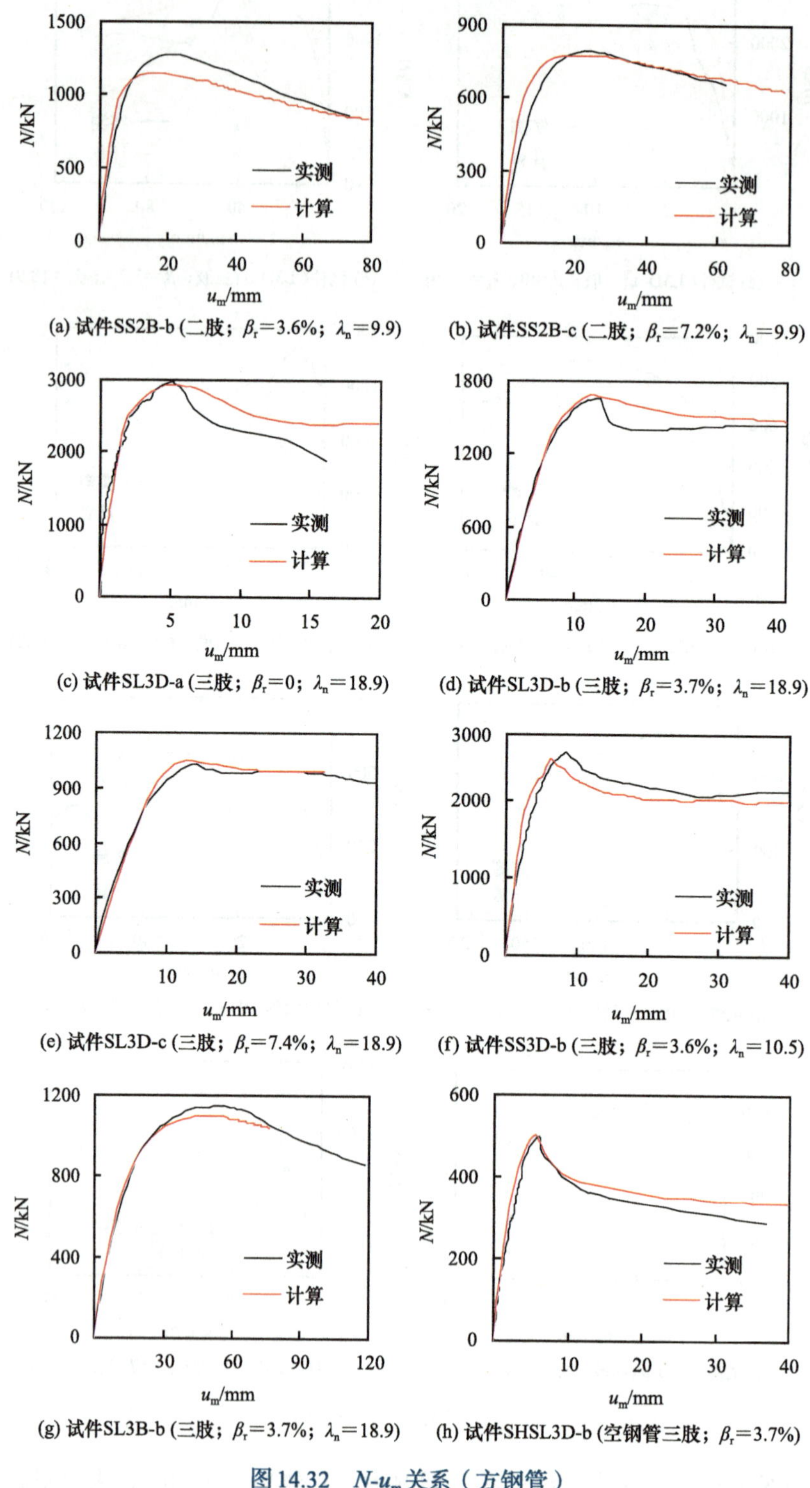

图 14.32 N-u_m关系（方钢管）

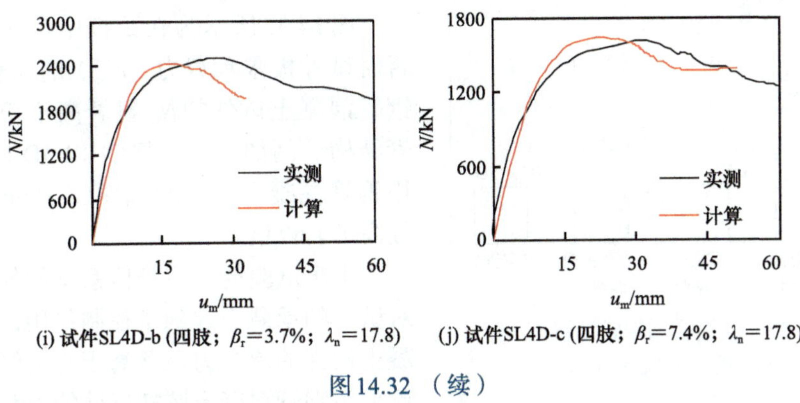

(i) 试件SL4D-b (四肢；β_r=3.7%；λ_n=17.8)　(j) 试件SL4D-c (四肢；β_r=7.4%；λ_n=17.8)

图 14.32 （续）

件更强。这和前述的试件破坏形态有关。

图 14.33 所示为采用斜腹杆和平腹杆试件极限承载力的对比情况。

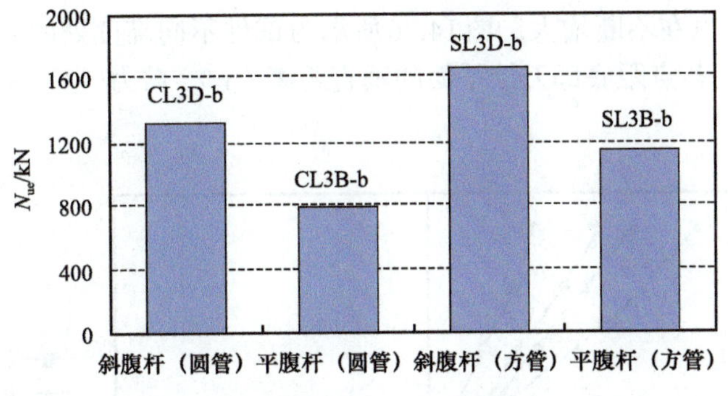

图 14.33　斜腹杆和平腹杆试件承载力（N_{ue}）比较

曲度系数β_r对钢管混凝桁式混合结构试件N-u_m关系的形状和结构的极限承载力都有影响。分析结果表明，随着β_r的增大，试件N-u_m关系的弹性阶段刚度及极限承载力都有所降低，但试件达到承载力极限点后，曲线下降段下降的趋势却趋于平缓，这和偏心率对钢管混凝土偏压构件的影响规律类似（韩林海，2022）。图 14.34（a）和（b）所示分别为圆、方钢管混凝土试件的N_{ue}随β_r的变化情况。

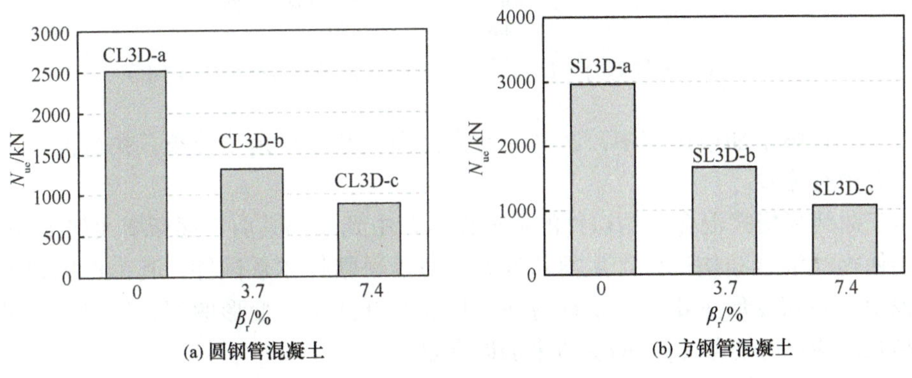

(a) 圆钢管混凝土　(b) 方钢管混凝土

图 14.34　曲度系数对β_r承载力N_{ue}的影响

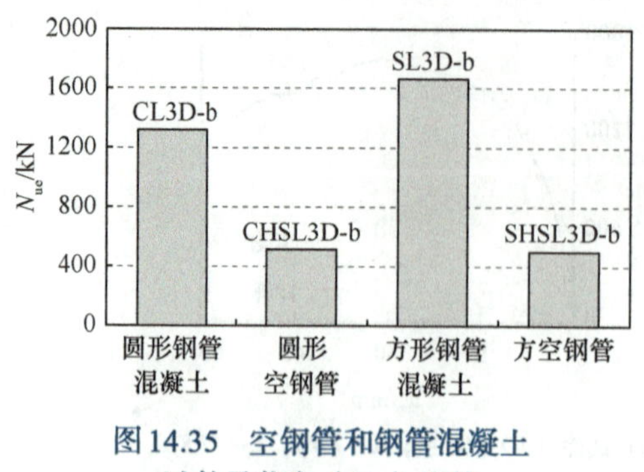

图 14.35　空钢管和钢管混凝土试件承载力（N_{ue}）比较

图 14.35 所示为在弦杆中填充混凝土与否时试件极限承载力（N_{ue}）的比较。可见，钢管混凝土试件的 N_{ue} 显著高于相应的空钢管结构。例如，和试件 CHSL3D-b 相比，采用钢管混凝土弦杆的试件 CL3D-b 其承载力提高了 1.57 倍。

本次试验的斜腹杆体系试件的弦杆强度对试件的承载力起到了控制作用，而钢管混凝土构件的承载力显著高于空钢管结构，因此采用钢管混凝土弦杆试件的承载能力得到大大提高。此外，填充混凝土后，试件的弹性阶段刚度提高，N-u_m 关系曲线达到峰值点后下降段趋于平缓。

3）腹杆剪切变形。随着桁式混合结构试件在试验过程中挠度的不断增大，其横截面上的剪力（V）也在不断增大。图 14.36 所示为试件不同高度处的剪力变化情况，其中纵坐标为试件上各点距底部刀铰平面的垂直距离（y），剪力（V）根据实测应变数据换算而得出。

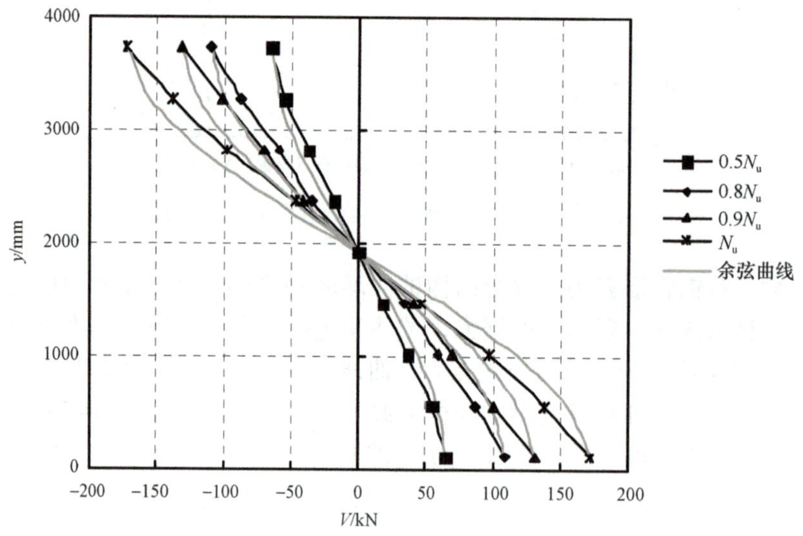

图 14.36　试件剪力（V）沿试件高度（y）变化情况（CL4D-b）

可见，在整个加载过程中，试件的剪力沿高度基本呈余弦分布，在试件进入弹塑性后二者稍有偏差。

由于曲线形桁式混合结构试件的横截面从跨中到端部其剪力逐渐增大如图 14.36 所示，会使桁式混合结构试件产生剪切变形。对于平腹杆体系试件，其工作机理类似于平面框架，剪切变形主要是由弦杆剪切变形和腹杆的弯曲变形两部分所组成，可采用腹杆和弦杆的总剪切角（γ）的变化来加以衡量。

试验结果表明，随着截面剪力的增大，越靠近端部，节间产生的剪切角越大。

图14.37给出了平腹杆试件在端部腹杆和弦杆交接处的剪切角（γ）在整个加载过程中的变化情况。可见，平腹杆体系试件的N-γ关系变化规律类似于图14.31和图14.32给出的N-u_{m}关系的变化规律，总体上也可分为弹性段、弹塑性段和下降段。

对比图14.37中的CS2B-b和CS2B-c试件，其曲度系数（β_{r}）分别为3.6%和7.2%，二者在达到极限承载力时的端部剪切角γ分别为3.37×10^{-2}rad和4.55×10^{-2} rad。可见，随着β_{r}的增加，试件达极限承载力时的剪切角也稍有增加。

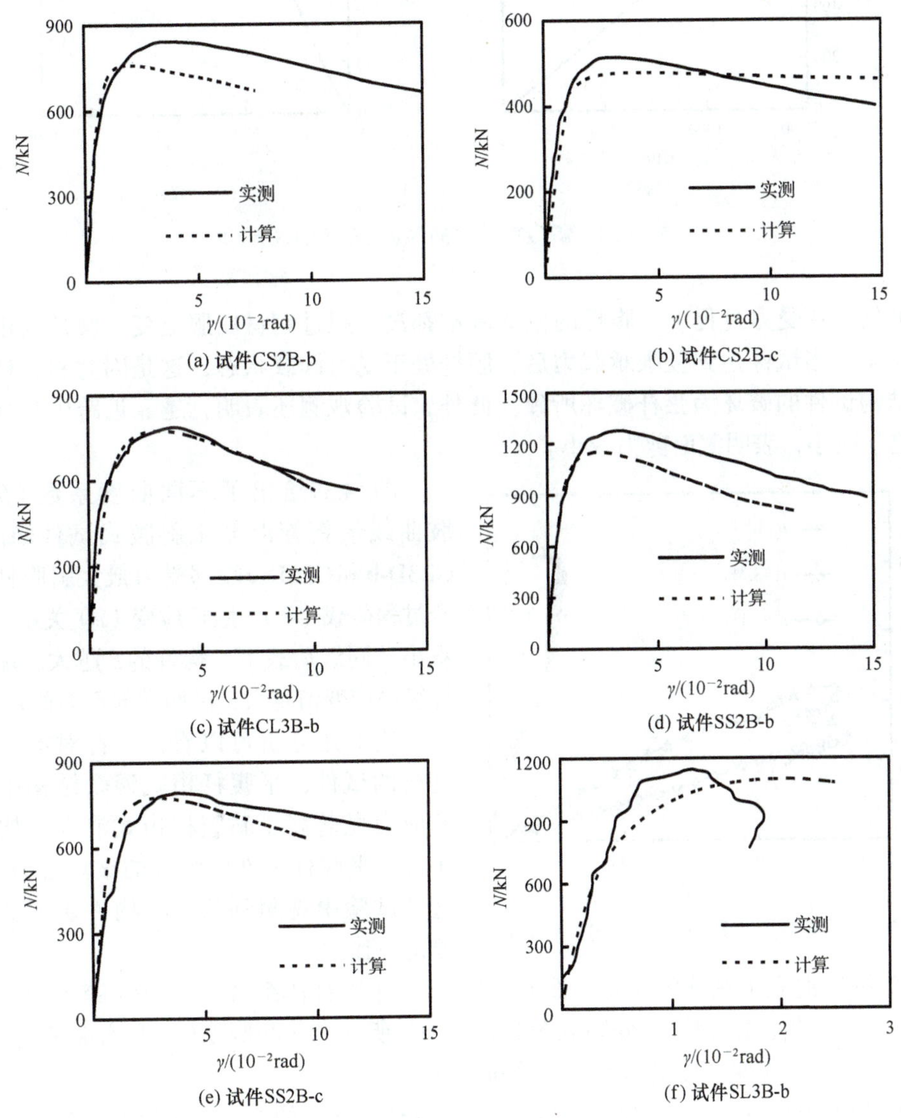

图 14.37　平腹杆试件端部的N-γ关系

对于斜腹杆桁式混合结构试件，其剪切变形主要是由腹杆和弦杆的轴向变形所引起，端部受压情况下，其斜腹杆受压缩短，横腹杆受拉伸长。

图14.38所示为斜腹杆桁式混合结构端部斜腹杆和横腹杆纵向应变在加载过程中的变化情况，其中应变以受压为负，受拉为正。

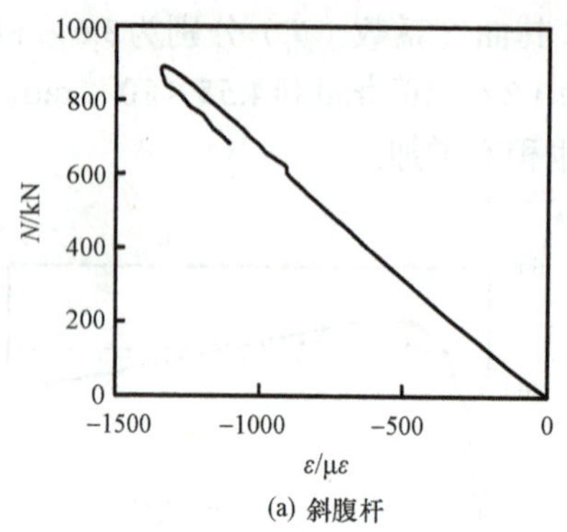

(a) 斜腹杆

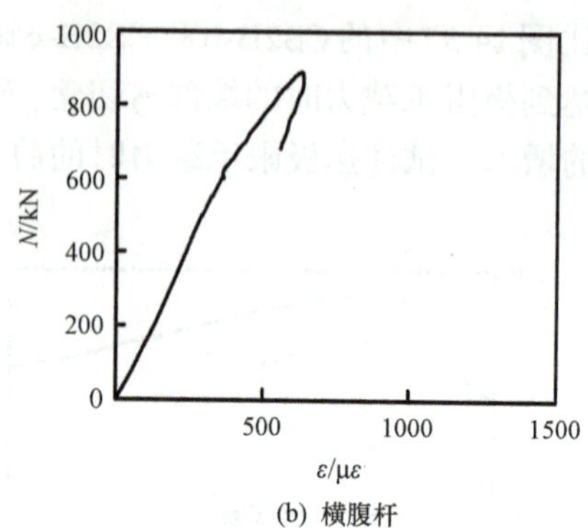

(b) 横腹杆

图14.38 斜腹杆试件的N-ε关系（CL3D-c）

可见，在受力过程中，腹杆的应变基本都没有超过钢材屈服应变，腹杆处于弹性工作状态，当试件达到极限承载力后，腹杆处于受力卸载状态，这是因为斜腹杆桁式混合结构试件的破坏为弦杆破坏所致。此外，试验观测还表明，越靠近跨中腹杆的应变越趋于减小，表明截面剪力减小。

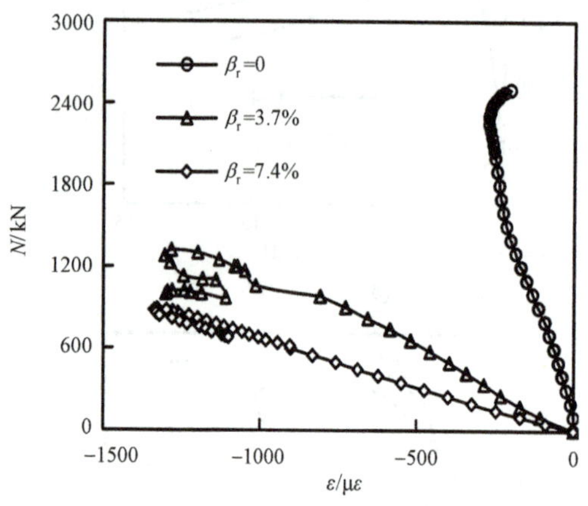

图14.39 不同曲度系数下斜腹杆的N-ε关系

图14.39给出了不同曲度系数（β_r）三肢曲线形钢管混凝土斜腹式试件CL3D-a、CL3D-b和CL3D-c端部受力最大斜腹杆受荷全过程荷载（N）-腹杆应变（ε）关系。可以看出，同级荷载下，构件的β_r越大，端部腹杆纵向应变值越大，说明端部剪力值越大。

从上述分析可以看出，针对本次试验进行的试件，平腹杆桁式混合结构中腹杆的应力显著高于斜腹杆桁式混合结构中的腹杆，平腹杆试件中腹杆的破坏较为严重，这和试验中观测到的结构构件宏观破坏现象是一致的。

4）钢管混凝土弦杆的应变。图14.40所示为平腹杆体系试件CS2B-c跨中两侧弦杆的纵向应变ε的变化情况，ε分别取图14.26（b）所示弯曲凸侧弦杆1和弯曲凹侧弦杆2的两边边缘纤维应变，以受压为负，受拉为正。

从图14.40可见，由于初弯曲存在，不同弦杆在两侧的应变大小有所差异，但其变化规律基本相同。两侧弦杆均呈现为压弯受力状态，在达到极限承载力时，边缘纤维基本均进入弹塑性。各弦杆的变形在试件达到极限承载力后才开始出现显著差异，这时腹杆已局部破坏，结构中各杆件工作的整体性变差。

通过分析平腹杆体系中腹杆的纵向应变表明，腹杆越靠近端部，其纵向应变越大。

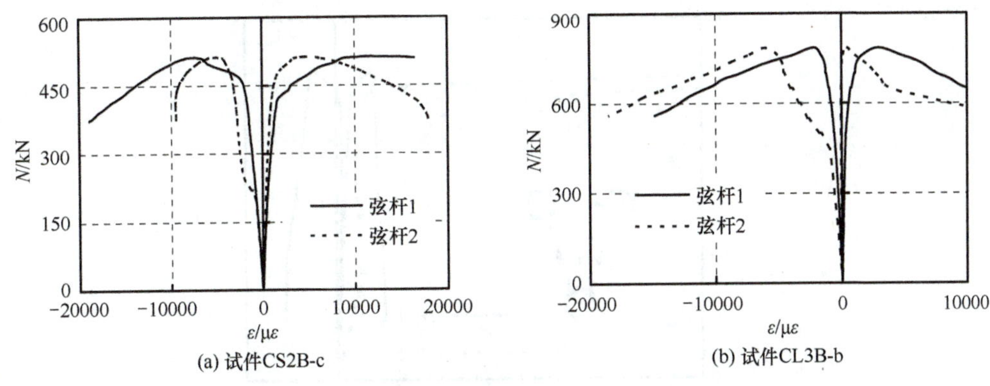

(a) 试件CS2B-c　(b) 试件CL3B-b

图 14.40　平腹杆试件的 N-ε 关系

在试件达到极限承载力时，端部腹杆很快进入弹塑性，而中部腹杆基本保持弹性状态。

图 14.41 所示为斜腹杆试件 CL3D-b 和 CL4D-b 受力过程中跨中两侧弦杆纵向应变 ε 的变化规律，其中弦杆 1 和弦杆 2 如图 14.26（b）所示。

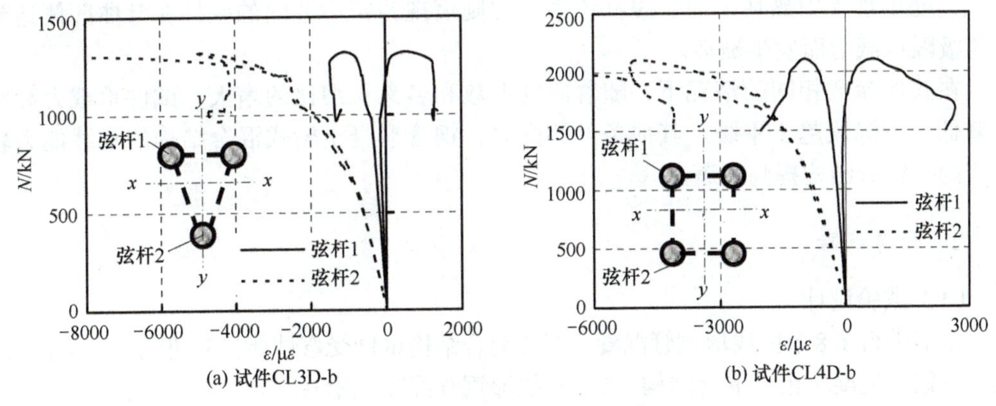

(a) 试件CL3D-b　(b) 试件CL4D-b

图 14.41　斜腹杆试件的 N-ε 关系

由图 14.41 可见，和平腹杆体系试件有所不同，斜腹杆体系试件的弯曲凹侧弦杆 2 处于轴压状态，而弯曲凸侧弦杆则随名义长细比和曲度系数的不同而可能处于全截面受压、全截面受拉或部分截面受压部分截面受拉的应力状态。因此，受压弦杆 2 屈曲后，另外一些杆件就开始卸载。

两个弦杆采用空钢管的试件在受力过程中，跨中两侧弦杆纵向应变 ε 的变化规律与钢管混凝土类似，只是结构破坏后卸载的速率更快一些，如图 14.42 所示，因此空钢管试件在达到极限状态后，结构的变形能力比钢管混凝土结构要差一些。

（3）小结

本节以曲度系数、名义长细比、截面形式（双肢、三肢和四肢），以及腹杆布置方式（平腹式和斜腹式）等为主要参数，通过试验研究了曲线形钢管混凝土桁式混合结构试件在端部受压情况下的力学性能。

研究结果表明，在本节试验参数范围内，平腹杆试件的工作特点类似于多层平面

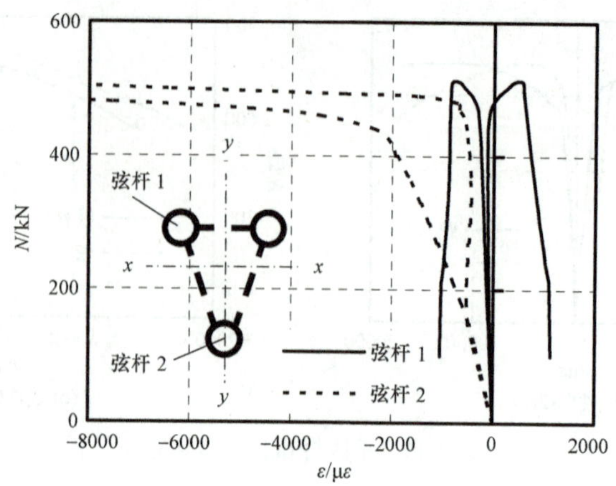

图 14.42　空钢管试件的 N-ε 关系（CHSL3D-b）

框架，杆件处于压弯受力状态；而斜腹杆体系中，各弦杆以轴向受力为主。

所有试件均为平面内发生过大挠曲而破坏，平腹杆试件在端部的平腹杆和弦杆连接截面处出现受力破坏，而斜腹杆体系试件则表现为跨中节间的弦杆在弯曲凹侧达到受压极限承载力而发生破坏。

在其他参数相同的情况下，随着曲度系数和名义长细比的增大，试件承载力和刚度降低，下降段趋于平缓。其他条件相同时，钢管混凝土桁式混合结构的承载能力较相应的空钢管结构提高显著。

2. 受弯试验

（1）试验设计

本节进行了8个曲线形钢管混凝土桁式混合结构试件受弯性能试验研究，包括：6个曲线形钢管混凝土桁式混合结构、2个直线形钢管混凝土桁式混合结构（对比试件）。试件设计依据一般空钢管桁架设计原则，桁架类型选用经济且常见的Warren桁架，节点均为间隙接头的K-节点，减少了节点及腹杆使用量，充分发挥受压钢管稳定特性。设计时满足弦管和腹管强度匹配原则，避免影响整体承载力，同时对K-节点承载力进行验算，防止节点过早发生失效破坏。试验参数为矢跨比（0、0.1、0.2）及弦管是否填充混凝土。试件示意如图14.43所示，试件跨度（l）均为5000mm，计算跨度（L_0）均为4800mm，横截面宽（b）均为432mm，高（h）均为375mm，横截面内腹杆夹角α及平面内腹杆夹角β均为60°。

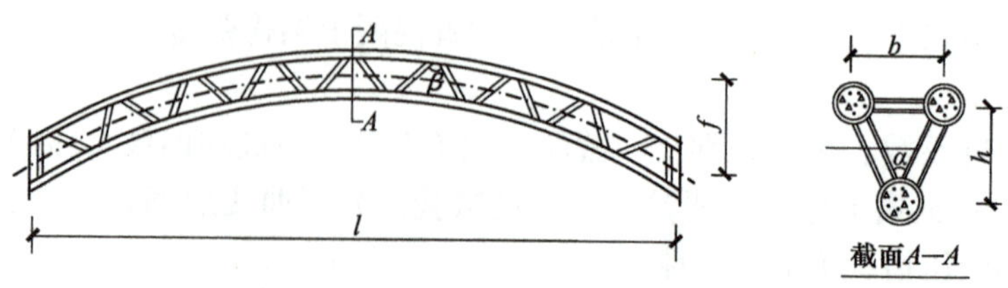

图 14.43　曲线形受弯钢管混凝土桁式混合结构

试件详细设计信息及汇总于表14.4。

表14.4 曲线形钢管混凝土桁架试件信息

<table>
<tr><th rowspan="2">序号</th><th rowspan="2">试件编号</th><th rowspan="2">截面尺寸（b×h）</th><th rowspan="2">上弦管（d×t）</th><th rowspan="2">下弦管（d×t）</th><th rowspan="2">矢跨比f/l</th><th colspan="2">P_{ue}/kN</th><th rowspan="2">强度系数SI</th><th colspan="2">自重/kN</th></tr>
<tr><th>实测</th><th>平均</th><th>钢</th><th>混凝土</th></tr>
<tr><td>1</td><td>T1-1</td><td>432mm×375mm</td><td>89mm×3mm</td><td>140mm×4mm</td><td>0</td><td>345</td><td rowspan="2">341</td><td>1.012</td><td rowspan="2">1.971</td><td rowspan="2">2.767</td></tr>
<tr><td>2</td><td>T1-2</td><td>432mm×375mm</td><td>89mm×3mm</td><td>140mm×4mm</td><td>0</td><td>337</td><td>0.988</td></tr>
<tr><td>3</td><td>T2-1</td><td>432mm×375mm</td><td>89mm×3mm</td><td>140mm×4mm</td><td>0.1</td><td>439</td><td rowspan="2">434</td><td>1.287</td><td rowspan="2">1.996</td><td rowspan="2">2.794</td></tr>
<tr><td>4</td><td>T2-2</td><td>432mm×375mm</td><td>89mm×3mm</td><td>140mm×4mm</td><td>0.1</td><td>428</td><td>1.255</td></tr>
<tr><td>5</td><td>T3-1</td><td>432mm×375mm</td><td>89mm×3mm</td><td>140mm×4mm</td><td>0.2</td><td>467</td><td rowspan="2">472</td><td>1.370</td><td rowspan="2">2.059</td><td rowspan="2">2.904</td></tr>
<tr><td>6</td><td>T3-2</td><td>432mm×375mm</td><td>89mm×3mm</td><td>140mm×4mm</td><td>0.2</td><td>477</td><td>1.399</td></tr>
<tr><td>7</td><td>TH4-1</td><td>432mm×375mm</td><td>89mm×3mm</td><td>140mm×4mm</td><td>0.1</td><td>277</td><td rowspan="2">278</td><td>0.812</td><td rowspan="2">2.000</td><td rowspan="2">—</td></tr>
<tr><td>8</td><td>TH4-2</td><td>432mm×375mm</td><td>89mm×3mm</td><td>140mm×4mm</td><td>0.1</td><td>278</td><td>0.815</td></tr>
</table>

试件编号中字母T代表桁架，H代表弦杆中未灌注混凝土，短划线前面的数字分别代表不同组，后面的数字分别代表同一组的不同试件。

各试件钢结构及混凝土部分自重计算结果如表14.4所示，核心混凝土占钢管混凝土桁架自重的主要部分。本试验中，结构自重占试件静力承载力的比例为1%～2%，对试验结果影响很小，因而在分析中不予考虑。在实际工程中，如大跨桥梁，自重荷载占设计荷载的主要部分，因而在设计时需要验算自重的影响；在动力计算时，自重对桥梁自振频率和振型也有很大影响。

试件中的圆钢管采用直缝焊管，首先将6m长直缝焊管压制成所需圆弧形。用切割机按所要求的长度做出曲线形钢管，并保证钢管两端截面的平整。钢管左右两端均设有20mm厚钢盖板。浇筑管内混凝土前先将两端的盖板焊好，盖板三个角部四边形截面与各自对应空钢管的几何中心对中，并采用水平尺保证空钢管截面与盖板截面平行，将盖板和空钢管点焊在一起，然后沿空钢管外周长间断围焊，以减小焊接变形，同时在焊接过程中校核其平整度。灌注混凝土端需在盖板上开圆孔，等浇筑之后再焊接。

灌注混凝土时，打开实验室地下室盖板，将曲线形钢管混凝土桁式混合结构试件摆放到3.3m深的地下室，再在实验室上摆放2m高钢管架并搭设搁板。从顶部灌入混凝土，钢管壁采用插入式振捣棒进行侧振，管内采取5m长钢筋插捣，以保证管内混凝土的密实性，灌注混凝土高出钢管20mm左右，即与钢盖板平齐，以保证钢管上端头混凝土饱满。自然养护两周后，凿去钢管顶部的混凝土，用高强混凝土将混凝土表面与钢管抹平，焊上开圆孔盖板，并保证端板表面的平整。

钢管材性由拉伸试验确定。各类钢管屈服强度、抗拉强度、弹性模量和泊松比等参数如表14.5所示。

表 14.5　钢管力学性能指标

钢材种类	外直径 d/mm	壁厚 t/mm	屈服强度 f_y/MPa	极限强度 f_u/MPa	弹性模量 E_s/（N/mm²）	泊松比 μ_s
ϕ140 钢管	140.02	3.94	320	454	2.14×10^5	0.283
ϕ89 钢管	88.12	2.95	323	445	1.92×10^5	0.289
ϕ76 钢管	75.92	3.00	338	446	2.15×10^5	0.294
ϕ33 钢管	33.00	2.69	368	461	2.02×10^5	0.302

钢管内浇筑自密实混凝土，水胶比为0.31，砂率为0.50，配合比为水173kg/m³，水泥380kg/m³，粉煤灰170kg/m³，砂840kg/m³，石840kg/m³。采用原材料如下：强度等级为42.5MPa的普通硅酸盐水泥；河砂，中砂；石灰岩碎石，石子最大粒径为25mm；矿物细掺料采用Ⅱ级粉煤灰；普通自来水；高效减水剂的掺量为胶凝材料质量的2.5%。混凝土坍落度为251mm，坍落流动度为623mm，混凝土浇筑时内部温度为18℃，比环境温度约高1℃。

混凝土立方体抗压强度和弹性模量分别由同条件下成型养护的立方体试块和棱柱体试块测得。立方体试块达到28天时抗压强度为65.6MPa，试验时抗压强度为69.9MPa，弹性模量为36400N/mm²。

曲线形钢管混凝土桁式混合结构受弯试验在3000kN反力架上进行，如图14.44所示。

图 14.44　试件试验时的情形

受弯试验的主要量测内容有跨中荷载、四分点位移、支座处沉降、跨中曲率、跨中弦杆及半跨斜腹杆钢管应力分布，测点布置如图14.45所示。

具体测试方案如下。

1）荷载采用5000kN压力传感器测量。

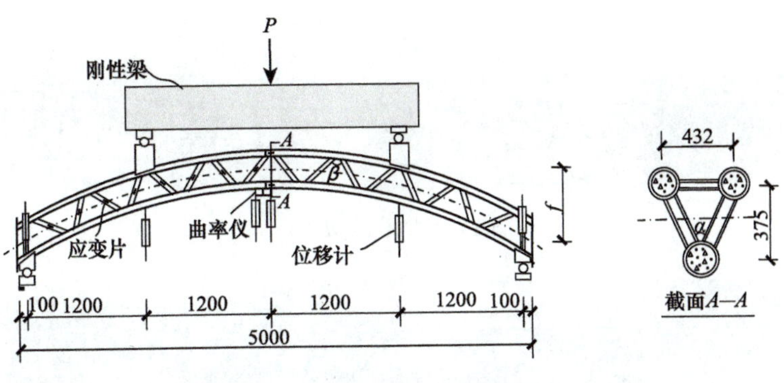

图 14.45　测点布置（尺寸单位：mm）

2）支座处沉降由量程为50mm的位移传感器测量，支座之间3处位移由量程为200mm的位移传感器测量。

3）跨中曲率由量程为100mm的位移传感器测量并转化而成。

4）跨中上层及下层钢管上、中、下各截面粘贴横向及纵向单向电阻应变片各一片，共计18片。

5）半跨斜腹杆粘贴纵向单向电阻应变片各一片，共计8片。

以上测量内容均由IMP数据采集系统进行采集。

正式加载前先进行预加载，预加载值约为预计极限荷载（采用有限元软件ABAQUS计算获得）的15%，加到预定值后持荷2～3min，然后卸载。正式加载时采用分级加载制，钢管屈服前，每级荷载均约为预计极限荷载的1/20。每级荷载的持荷时间约为2min，钢管屈服后，慢速连续加载直至加载结束。当加载到试件接近破坏时，荷载增加缓慢，而位移增加却很大，达到极限荷载后位移继续增加，荷载开始下降。达到下列条件之一时即停止加载。

1）跨中位移下降到$L/40$以下。

2）焊缝附近发生破坏。

（2）试验结果与分析

1）破坏形态。通过对本次曲线形钢管混凝土桁式混合结构受弯试验全过程的观测，发现所有试件均表现出较好的承载能力和抵抗变形能力。图14.46所示为受弯试验后的破坏形态。

加载阶段，直线形钢管混凝土桁式混合结构（对比试件）受力性能良好，体现为延性破坏过程，未出现明显的局部钢管屈曲及节点焊缝拉裂现象。随着荷载的增大，纯弯段发生弯曲破坏，下弦杆钢管屈服，跨中挠度达150mm（$L/32$）时仍未见其他破坏现象出现，而此时荷载仍处于缓慢上升阶段。

曲线形钢管混凝土桁式混合结构均为弯剪段弦杆与斜腹杆连接节点处发生破坏。节点失效模式多为冲剪失效，受拉弦杆处钢管撕裂；也有部分节点在焊缝处拉裂。四分点加载时，桁架试件弯剪段同一节点两侧腹杆分别受拉和受压，提供剪力，产生弯矩变化。荷载作用点间纯弯段的腹杆则受力较小。试件设计时，为了避免腹杆的强度

（a）试件T1-1（f/l=0）

（b）试件T1-2（f/l=0）

（c）试件T2-1（f/l=0.1）

（d）试件T2-2（f/l=0.1）

（e）试件T3-1（f/l=0.2）

（f）试件T3-2（f/l=0.2）

图14.46　受弯试件破坏形态

（g）试件 TH1-1（f/l=0.1）

（h）试件 TH1-2（f/l=0.1）

图 14.46 （续）

和稳定破坏，腹杆尺寸取值较大，加载阶段，腹管本身并未出现拉裂或屈曲现象，破坏一般出现在节点处，试验现象也如此。

曲线形钢管桁架梁均为弯剪段弦杆与斜腹杆连接处节点破坏。上弦杆节点侧面钢管内凹，失效模式为弦杆侧壁局部屈曲，下弦杆节点处内凹，失效模式为弦杆表面塑性失效。节点破坏导致结构承载力下降，出现负刚度，进一步按位移加载后退出试验。

图 14.47 所示为曲线形试件 T2-1 剖开后混凝土的破坏形态。跨中上弦钢管内混凝土无可见变化，下弦钢管内混凝土有多条纵向裂缝出现，最大裂缝宽度约为 0.5mm。左侧弯剪区破坏位置上弦钢管内混凝土无可见裂缝，下弦钢管内混凝土有多条斜向裂缝出现，最大裂缝宽度约为 0.3mm。

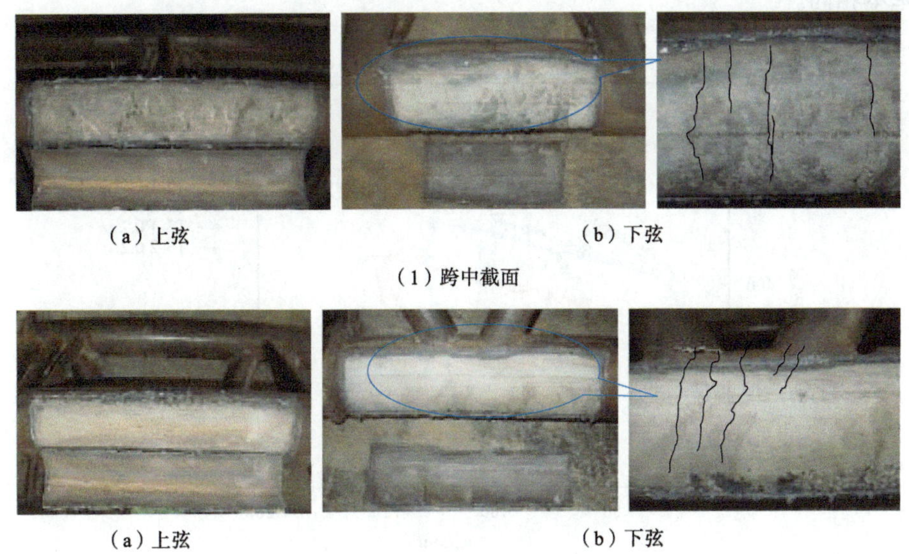

（a）上弦　（b）下弦

（1）跨中截面

（a）上弦　（b）下弦

（2）左侧弯剪区截面

图 14.47　核心混凝土的破坏形态

在整个试验过程中，曲线形钢管混凝土桁式混合结构的变形基本呈对称的正弦半波曲线。图14.48所示为实测试件T2-1各测点挠度沿试件长度的变化情况，图中同时绘出了正弦半波曲线，可见二者吻合良好。

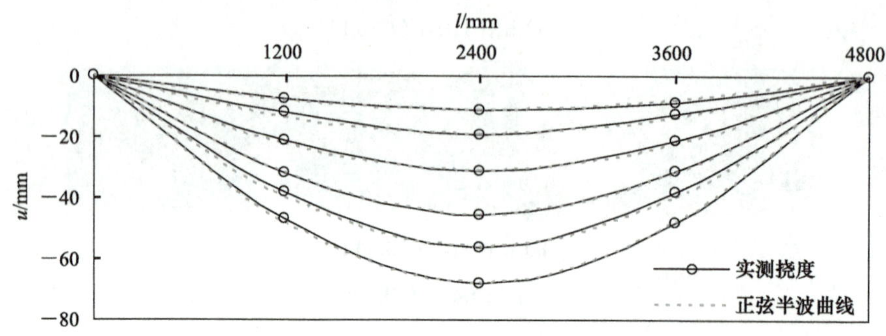

图14.48　挠度沿试件长度方向的分布

2）荷载-跨中挠度关系。图14.49所示为曲线形钢管混凝土桁式混合结构荷载（P）-跨中挠度（u_m）关系。可见，所有关系均包含为3个阶段：弹性段、塑性段、平缓上升段。弹性段荷载（P）-跨中挠度（u_m）关系呈线性增加；塑性段荷载（P）-跨中挠度（u_m）关系呈非线性上升趋势，斜率越来越小；平缓上升段荷载（P）-跨中挠度（u_m）关系呈线性上升趋势，斜率较小。直线形试件在跨中挠度达150mm（$L/32$）即开始卸载，加载过程未出现节点破坏。曲线形构件在荷载平缓上升到一定程度时，弯剪段腹杆与弦杆K节点处首次发生破坏，局部破坏导致构件卸载，承载力突然下降。此后继续加载，当继续出现节点破坏时卸载。比较各曲线可见，试件卸载刚度与初始刚度基本相同。

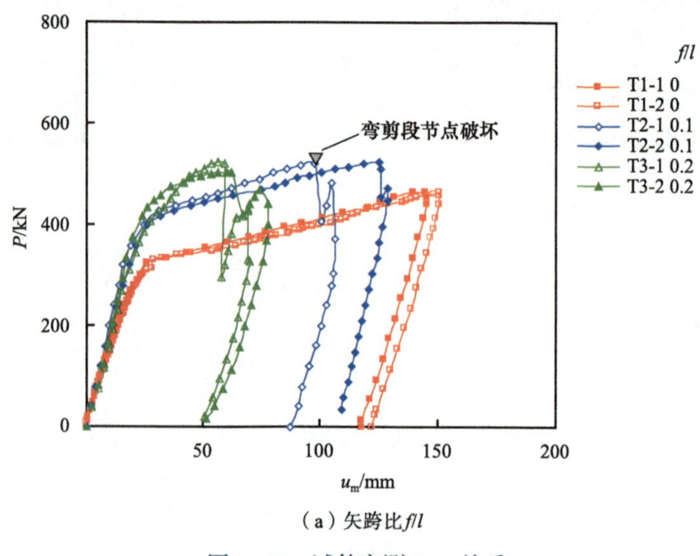

（a）矢跨比f/l

图14.49　试件实测P-u_m关系

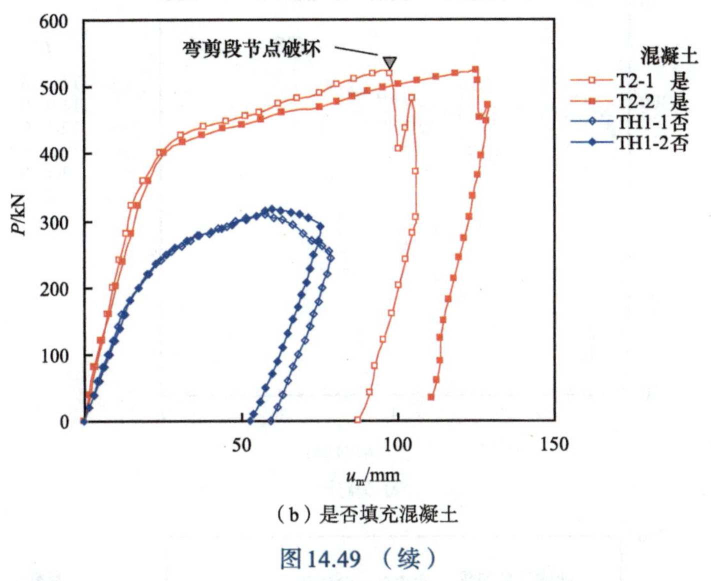

（b）是否填充混凝土

图 14.49 （续）

曲线形钢管混凝土桁式混合结构初始刚度与直线形结构初始刚度相差不大，矢跨比的增加对曲线形结构初始刚度的影响不明显；矢跨比越小，构件越早进入塑性阶段；平缓上升段，上下弦杆进入强化段，由于弦杆材料相同，各试件强化刚度相差不大；对比达到峰值承载力的荷载和挠度，曲线形结构高于直线形结构，矢跨比越大，达到峰值承载力时的跨中挠度越小，变形能力越弱。以T2两组试件为例，节点破坏试件达到极限荷载时的平均跨中挠度为100mm（$L/50$），对于同样四分点加载的钢管混凝土梁，跨中截面挠度达$L/20$，承载力仍能有所增加。与钢管混凝土相比，钢管混凝土桁式混合结构具有更大的截面惯性矩和抗弯刚度，但其含钢率更高，变形能力也相对较差。

3）弯矩-曲率关系。图14.50所示为曲线形钢管混凝土桁式混合结构弯矩（M）-曲率（ϕ）关系。可见，试件破坏前，线形规律总体上与荷载-跨中挠度关系相似，可分为弹性段、塑性段、平缓上升段三个阶段。对于直线形结构，弹性弯矩（M_e）和极限弯矩（M_u）基本满足$M_e=0.75M_u$。对于曲线形结构，由于极限荷载为节点强度控制，M_e和M_u并没有直接联系，图14.50中也未显示明显规律。

曲线形试件节点发生破坏后，构件其他部分发生卸载，荷载突然下降，曲率明显减小。在此基础上继续加载，承载力继续上升，直至出现其他位置的节点破坏而卸载。对比曲线可见，加卸载刚度与试件初始刚度基本相同。参照钢管混凝土的计算规则，取60%极限荷载处的割线刚度为试件的使用阶段刚度。由于钢结构提供试件主要承载力，试件进入塑性阶段较晚，此时仍处于弹性阶段，因而使用阶段刚度可简单取为弹性刚度。

4）荷载-应变关系。图14.51所示为试件T2-1荷载-应变关系，各应变对应位置如图14.45所示。图14.51的应变以受拉为正，受压为负。各测点位置应变的大小跟此处是否发生破坏关系密切，若粘贴应变片处发生破坏，则此处应变发展较大，若粘贴应变片

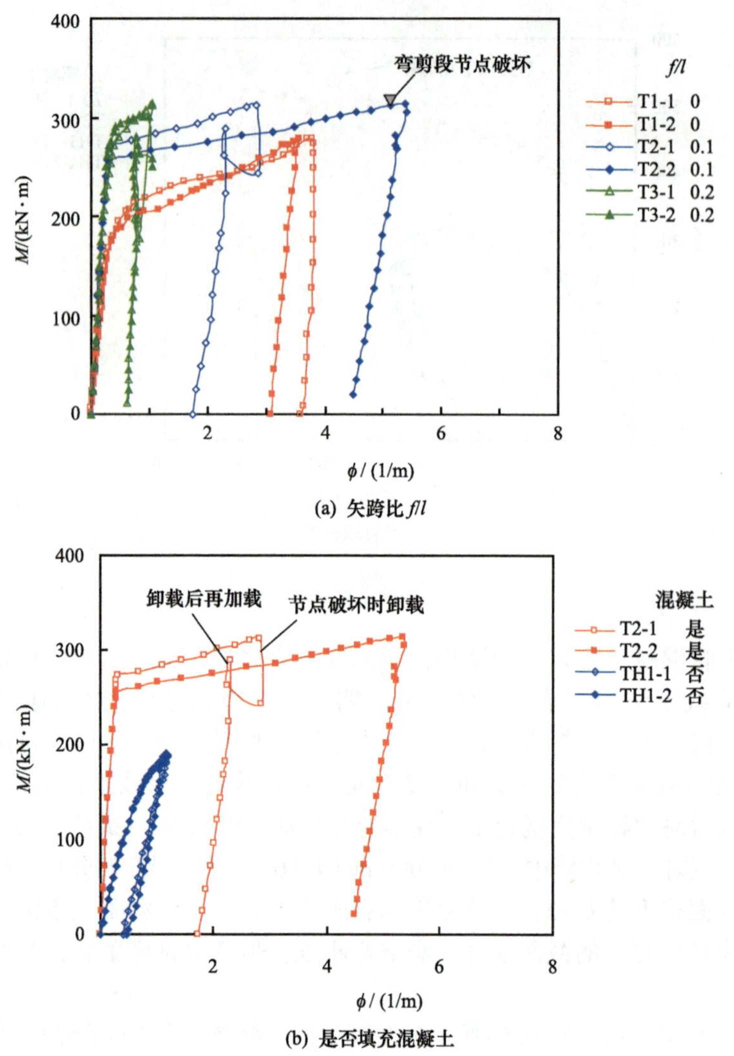

(a) 矢跨比 f/l

(b) 是否填充混凝土

图 14.50 弯矩（M）-曲率（ϕ）关系

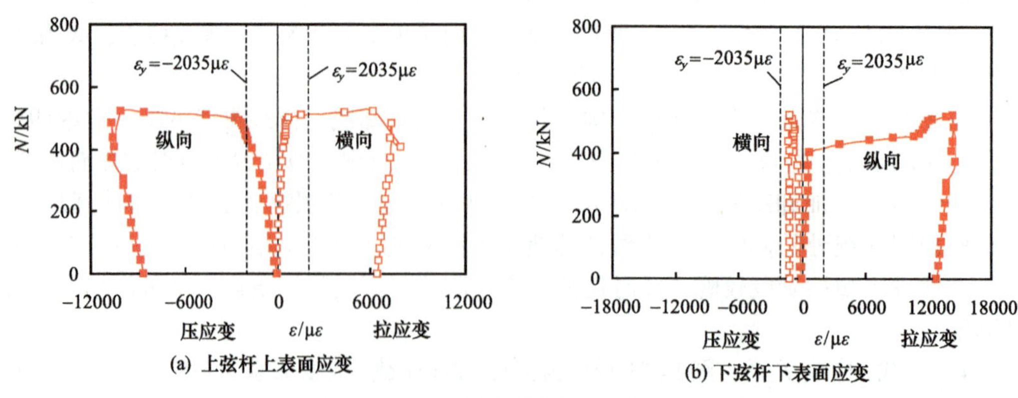

(a) 上弦杆上表面应变

(b) 下弦杆下表面应变

(1) 四分点应变

图 14.51 荷载（P）-应变（ε）关系（T2-1）

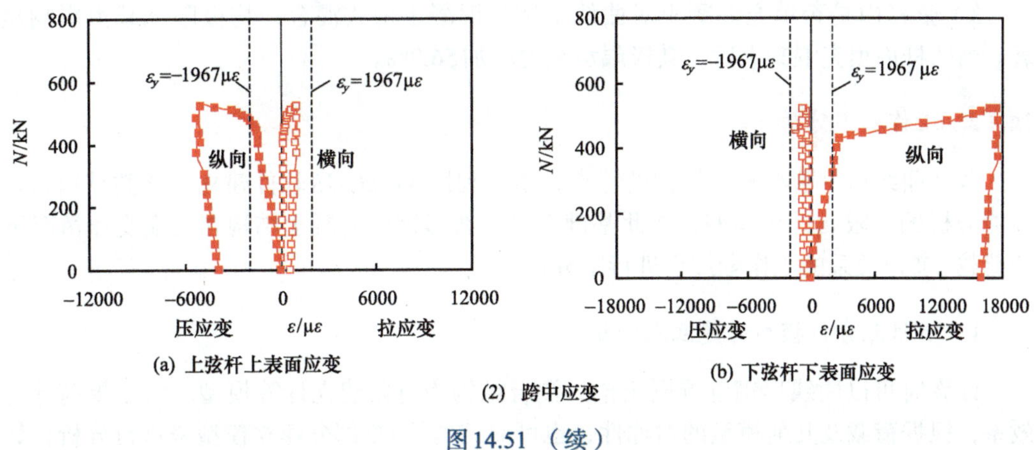

(a) 上弦杆上表面应变

(b) 下弦杆下表面应变

(2) 跨中应变

图 14.51 （续）

处未发生破坏，则此处应变发展较小。本次试验所测荷载-应变关系也反映了这一规律。

整个加载过程中，各截面的纵向应变数值总体上大于横向应变，上弦杆上表面受压，下弦杆下表面受拉。当荷载达430kN左右时，跨中下弦杆下表面钢管的纵向应变达到屈服应变，钢管发生屈服；当荷载达到最大值520kN时，跨中下弦杆下表面钢管纵向应变最大达17480με，卸载后残余应变为15950με，塑性变形严重；跨中上弦杆上表面钢管纵向压应变最大达5226με，卸载后残余应变为3860με。图14.51所示荷载-应变关系卸载段几乎与试件屈服前加载段平行。

5）强度系数。定义强度系数（SI）计算式如式（14.8）所示。

$$SI=\frac{P_{\mathrm{ue}}}{P_{\mathrm{ue参考梁}}} \tag{14.8}$$

式中，P_{ue}为钢管混凝土桁式混合结构极限承载力；$P_{\mathrm{ue参考梁}}$为直线形钢管混凝土桁式混合结构极限承载力，为相应极限承载力的平均值。取下弦杆下表面受拉区钢管应变达10000με时所对应的荷载为结构极限承载力。

按以上方法获得的极限承载力和计算的SI值列于表14.4。

对于曲线形钢管混凝土桁式混合结构，当矢跨比由0增加到0.1、0.2时，SI值由1增加到1.271、1.384，增加27.1%、38.4%。

上弦杆及下弦杆填充混凝土后，SI值由0.814增加到1.271，增加56.2%。可见，矢跨比及弦杆内是否填充混凝土对SI值影响显著。

（3）小结

本书作者进行了6个曲线形钢管混凝土桁式混合结构和2个曲线形钢管桁式混合结构受弯力学性能的试验研究，在研究参数范围内可得到如下结论。

1）曲线形钢管混凝土桁式混合结构具有较高的抗弯承载能力，试件抵抗变形能力良好；直线形钢管混凝土桁式混合结构纯弯段发生弯曲破坏，曲线形钢管混凝土桁式混合结构弯剪段弦杆与斜腹杆连接处焊缝附近发生撕裂破坏。

2）矢跨比对曲线形钢管混凝土桁式混合结构极限承载力影响显著。当矢跨比由0增加到0.1、0.2时，其极限承载力分别增加27.1%、38.4%。

3）弦杆内是否填充混凝土对曲线形钢管混凝土桁式混合结构极限承载力影响显著。当弦杆内填充混凝土后，其极限承载力增加56.2%。

14.3.2　工作机理分析

考虑曲线形钢管混凝土结构的特点，本节利用ABAQUS软件建立了该类结构力学性能分析的有限元计算模型，在此基础上对曲线形钢管混凝土结构在两端受压情况下的荷载-变形关系的工作全过程进行了分析。

1. 有限元分析模型的建立及验证

计算时可以曲线形钢管混凝土桁式混合结构为对象建立计算模型。为了提高计算效率，根据荷载及几何模型的对称性，也可取结构的1/2部分建立模型来进行分析，如图14.52（a）所示。

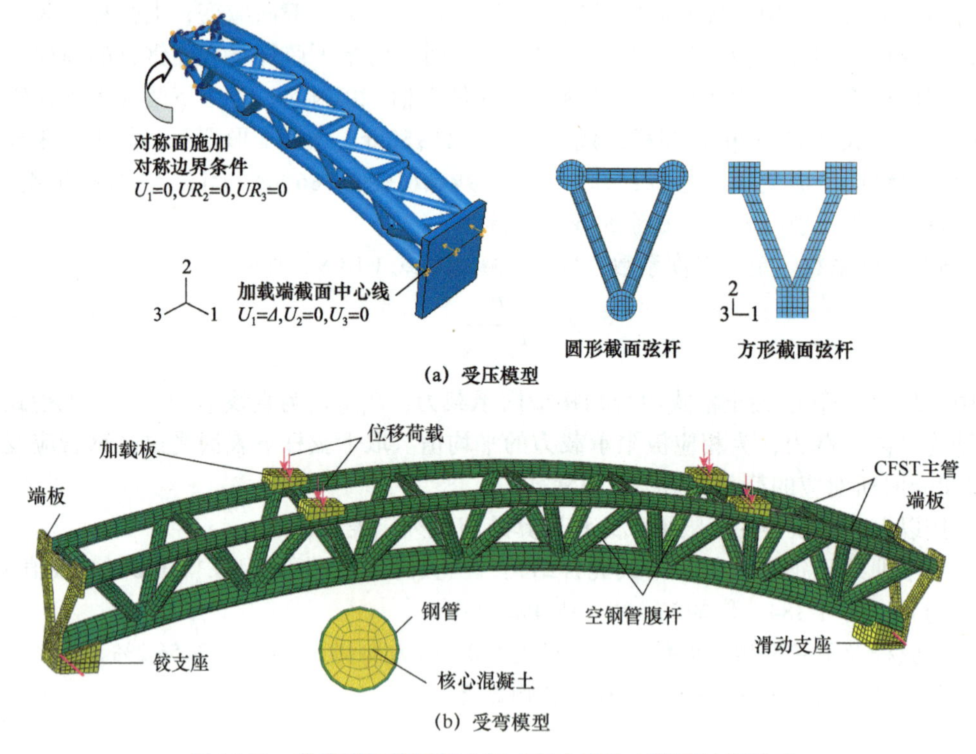

图14.52　曲线形钢管混凝土桁式混合结构有限元计算模型

钢材和核心混凝土的材料本构模型与14.2.2节所述的钢管混凝土曲杆模型一致。弦杆和腹杆的钢管单元选用四节点完全积分格式的壳单元，弦杆中的核心混凝土以及加载盖板采用八节点缩减积分格式的实体单元。

腹杆与弦杆的连接采用绑定约束（Tie）来进行模拟，选取腹杆与弦杆的相贯面作为从面，弦杆钢管外表面作为主面。钢管和核心混凝土界面在法线方向采用硬接触，切线方向采用库仑摩擦模型，具体参见2.5.2节的有关论述。

对于受压试件，在结构跨中截面施加对称边界条件，即将该截面的纵向位移（U_1）以及绕横截面两个对称轴的转动（UR_2、UR_3）设定为0。对于端部的铰接边界，限制加载中心线位置处沿横截面对称轴的平动位移（$U_2=U_3=0$）。对于受弯试件，一端为铰支座，一端为滑动支座，上部通过位移加载。

图14.31和图14.32给出了有限元计算N-u_m关系与本节试验的曲线形钢管混凝土结构试验曲线的对比情况。可见，除试件CL4D-c外，计算和试验结果基本吻合。如前所述，试件CL4D-c的破坏原因是由于腹杆和弦杆的一处连接焊缝提前发生断裂，导致试件整体承载力大为降低。

图14.37所示为平腹杆体系结构的轴力（N）-端部剪切角（γ）关系计算与试验结果的比较。

图14.53所示为有限元计算的平腹杆体系试件CS2B-b跨中两侧弦杆的纵向应变与试验结果的对比情况，其中弦杆1和弦杆2分别位于初弯曲的凸侧和凹侧，如图14.26所示；ε为弦杆两边的边缘纤维应变。可见，计算和试验结果基本吻合。

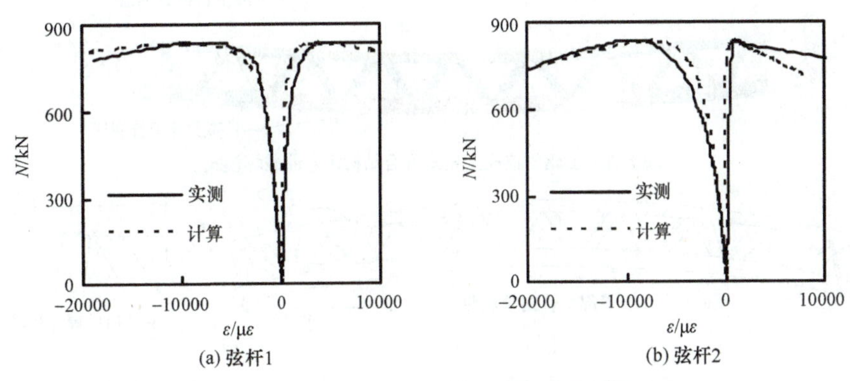

图14.53　试件（CS2B-b）的N-ε计算与试验结果的对比

图14.54所示为受压平腹杆体系和斜腹杆体系钢管混凝土结构的破坏形态，相应的试验破坏形态如图14.28和图14.29所示。受弯试件的计算破坏形态和试验实测结果对比如图14.55所示。可见，总体上数值计算和试验结果吻合良好。

为了进一步验证所建立有限元计算模型计算结果的准确性，对以往有关文献中报道的双肢、四肢钢管混凝土桁式混合结构试验结果进行了验算。图14.56所示为有限元计算的试件的受压极限承载力（N_{uc}）与试验结果（N_{ue}）的对比情况。可见，计算承载力与试验承载力总体上吻合较好（郑莲琼，2008）。

通过上述比较，说明本书作者所建立的有限元计算模型具有较好的适用性和准确性。

2. 曲线形钢管混凝土桁式混合结构荷载-变形关系全过程分析

采用上述建立的有限元计算模型，下面以二肢曲线形钢管混凝土桁式混合结构受

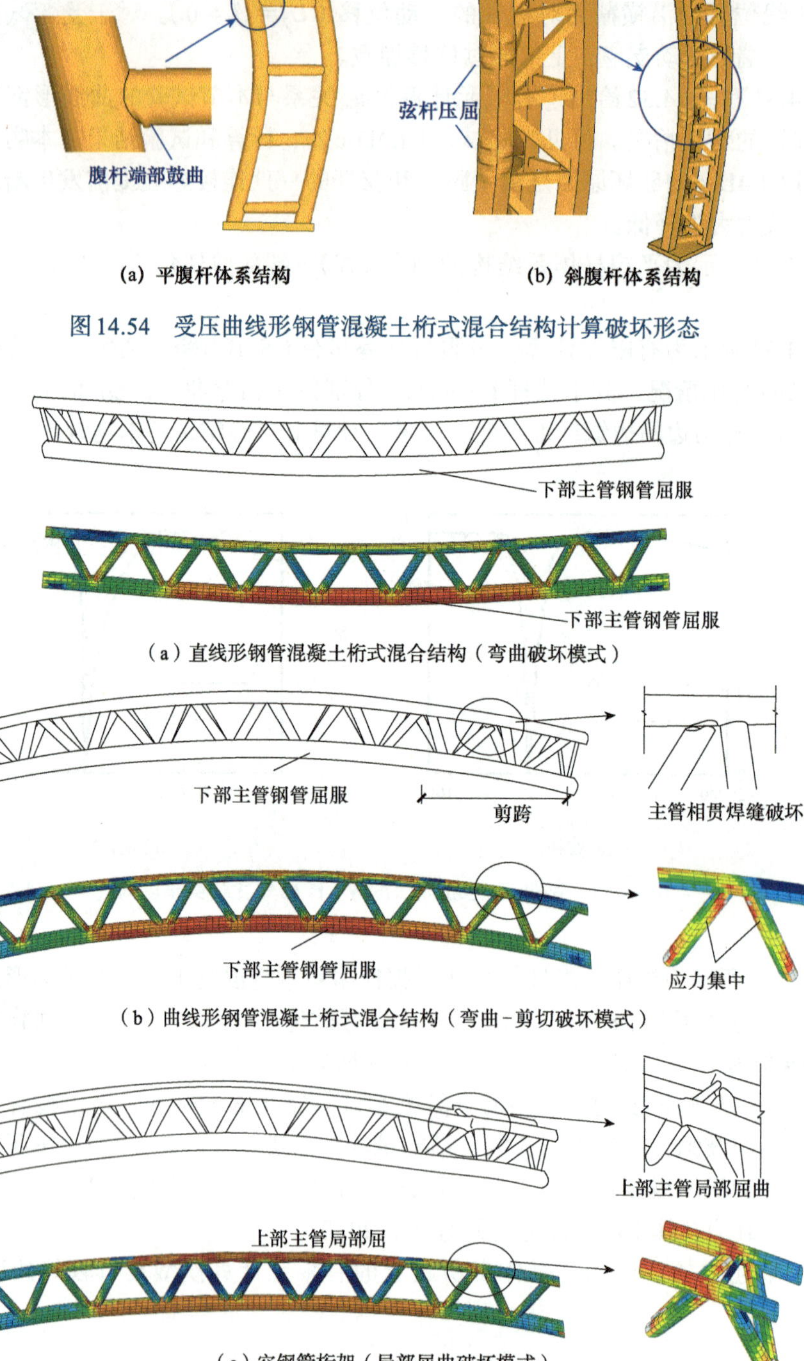

图 14.54　受压曲线形钢管混凝土桁式混合结构计算破坏形态

图 14.55　受弯曲线形钢管混凝土桁式混合结构计算破坏形态

压试件为例，对其荷载-变形关系的全过程进行分析。

算例选用了平腹杆和斜腹杆体系，分别如图14.57（a）和（b）所示。算例的基本条件为两端受轴压力（N）作用，截面高度h=450mm；L=7200mm；节间距l_1=450mm；弦杆和腹杆为圆形截面；弦杆$D\times t$=114mm×3mm；平腹杆体系结构的腹杆$d\times t_w$=110mm×4mm；斜腹杆体系结构的腹杆$d\times t_w$=60mm×3mm；钢材屈服强度f_y=345MPa；弦杆内核心混凝土强度f_{cu}=60MPa。

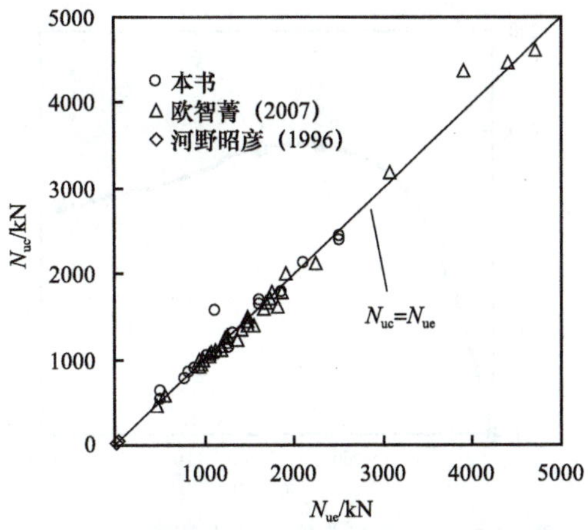

图14.56　受压极限承载力有限元计算结果（N_{uc}）和试验结果（N_{ue}）对比

（1）平腹杆体系

平腹式曲线形钢管混凝土结构荷载（N）-跨中挠度（u_m）关系如图14.58所示。分析结果表明，N-u_m关系总体上可分为三个阶段，即弹性阶段（OA）、弹塑性阶段（AB）和下降阶段（BC）。

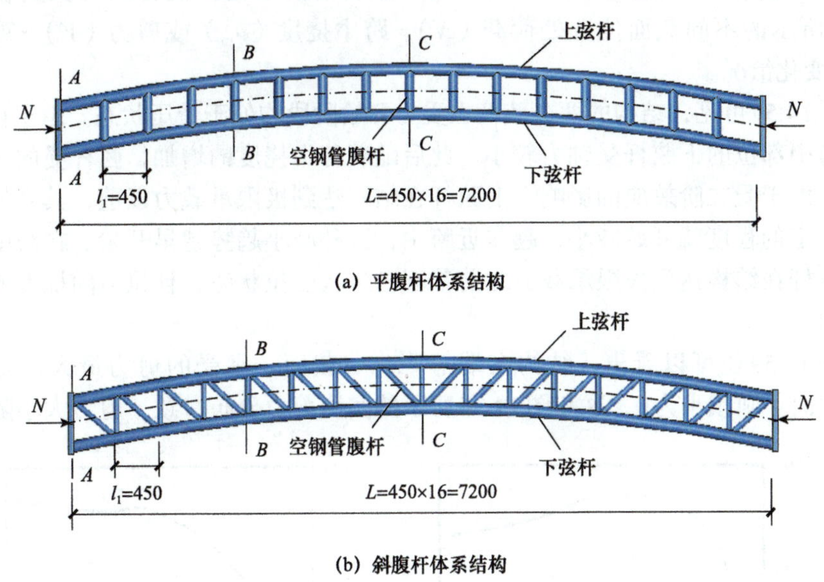

图14.57　曲线形钢管混凝土桁式混合结构算例示意（尺寸单位：mm）

1）弹性阶段（OA）：在此阶段，荷载（N）与挠度（u_m）关系近似呈线性，试件总体上处于弹性阶段，试件的刚度较大。A点时，受压下弦杆的钢管边缘纤维应力达到屈服强度。

2）弹塑性阶段（AB）：在此阶段，荷载-挠度关系开始呈现出明显的非线性关系。在此阶段，随着荷载的增大，试件的跨中挠度呈现出明显增加的趋势。由于二阶效应的影响，当跨中挠度达到某一临界值时，二阶弯矩的增长速度开始大于截面抵抗弯矩

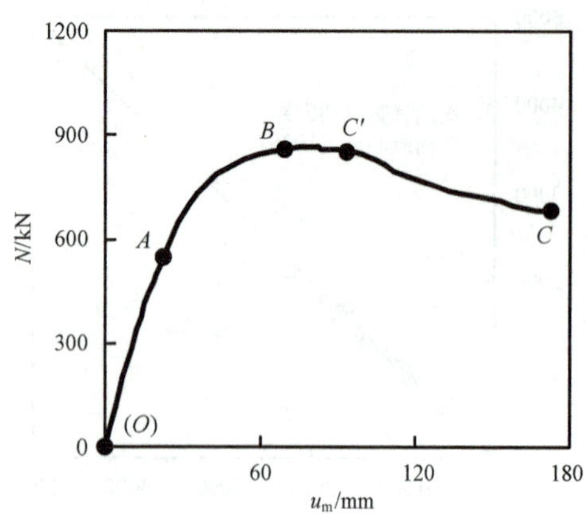

图 14.58　平腹式曲线形结构的N-u_m关系（β_r=2.5%）

增长的速度，变形迅速增长。B点对应结构达峰值荷载。

3）下降阶段（BC）：N-u_m关系进入下降段后，随着挠度u_m的继续增加，当名义长细比（λ_n）和曲度系数（β_r）较小时，处于以受压为主的跨中节间下弦杆在C'点达到其极限强度，此后结构的承载能力开始显著下降。当λ_n或β_r较大时，处于受拉状态的跨中节间上弦杆也可能在C'点首先达到其受拉强度。

在承载力下降的过程中，由于结构挠度不断增大，结构端部截面处的腹杆受到的弯矩和剪力逐渐增大，使得端部腹杆也逐渐达到其极限强度。

需要指出的是，如果保持算例中弦杆截面尺寸不变，而减小腹杆的截面尺寸，腹杆则可能先于弦杆而达到其承载力极限。

图 14.59所示为上述二肢平腹式曲线形钢管混凝土桁式混合结构及其各弦杆在图 14.57所示的不同截面位置处荷载（N）-跨中挠度（u_m）或剪力（V）-跨中挠度（u_m）的变化情况。

从图 14.59可见，结构的两个弦杆在受力开始阶段均处于受压状态。由于初弯曲的存在，跨中部位的下弦杆受轴力较小。此后随着跨中挠度的增加，弦杆受的压力均有所增加。由于受二阶效应的影响，上弦杆在结构达到极限承载力以前，其受的轴压力增长到一定的程度就开始减小，越靠近跨中，这种减小趋势越早开始。在跨中附近位置，上弦杆在结构达到极限承载力之前甚至已进入受拉状态，且拉力随挠度的增长而不断增加。

从图 14.59还可以看出，结构在端部（A—A截面）承受的剪力最大，而到跨中（C—C截面）则减小为0，这和图 14.36所示的实测剪力分布一致。剪力大小随挠度的

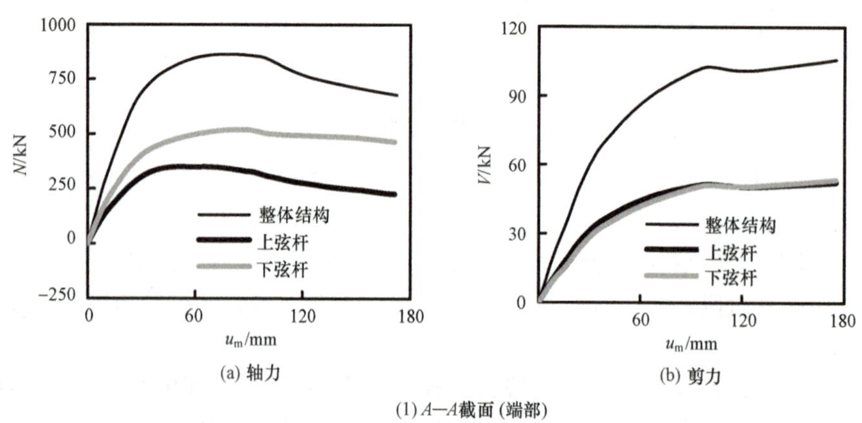

图 14.59　平腹式曲线形结构及其各弦杆的轴力和剪力变化情况

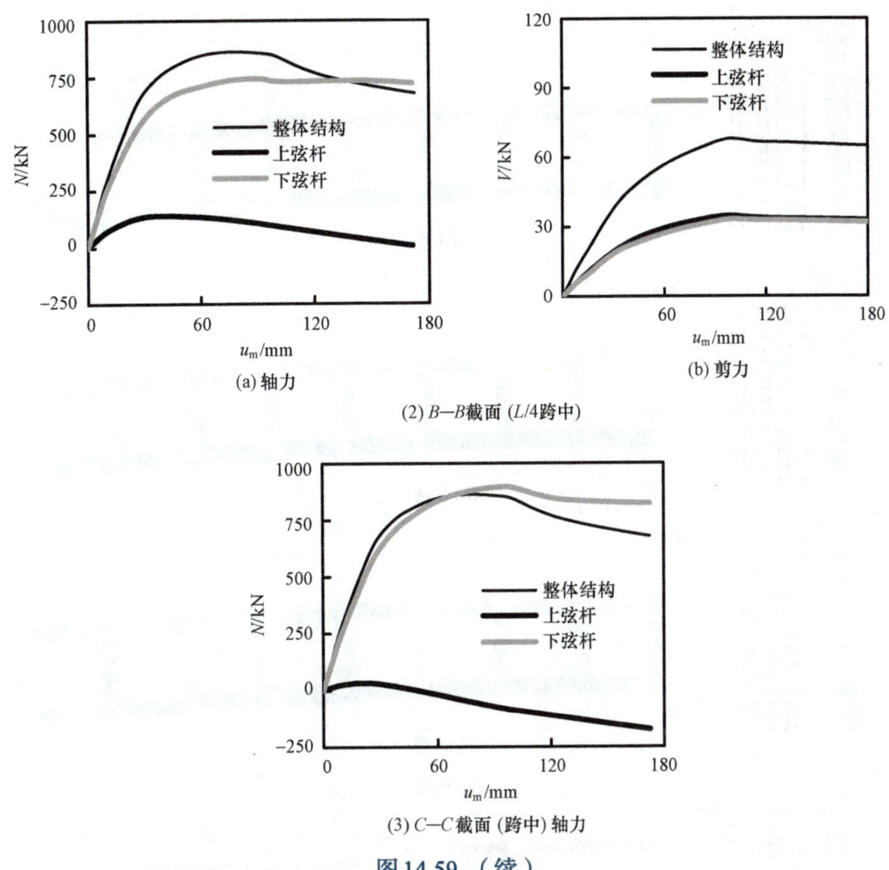

(a) 轴力

(b) 剪力

(2) B—B截面（L/4跨中）

(3) C—C截面（跨中）轴力

图14.59 （续）

增长而持续增长，直至结构达到其极限承载力，此后剪力数值大小基本保持稳定。

图14.60给出了分别对应图14.58中N-u_m关系上A点、B点和C'点的钢管及弦杆核心混凝土的纵向应力（S11，应力单位为MPa）分布情况，图形左侧对应结构跨中，右侧对应端部。

从图14.60可见，在A点时，靠近跨中的上弦杆部分截面处于受拉状态，而该处受压下弦杆的钢管边缘纤维达到屈服状态。B点时，受压下弦杆的塑性区从跨中向端部扩展，跨中截面核心混凝土的平均纵向压应力达$1.26f_c'$，表明混凝土受到了钢管的有效约束。到达C'点时，受压下弦杆的塑性区范围仍有所扩大。从图14.60还可以看出，在受力过程中，靠近跨中的腹杆基本保持弹性状态，靠近端部的腹杆和弦杆的连接处受力较大，处于以弯为主的受力状态。

由以上分析可见，在本算例计算条件下，采用平腹杆体系的曲线形钢管混凝土桁式混合结构的各杆件受力总体上符合框架体系的受力特征。

（2）斜腹杆体系

斜腹式曲线形钢管混凝土结构荷载（N）-跨中挠度（u_m）关系如图14.61所示，其N-u_m关系总体上也可近似分为三个阶段，即弹性阶段（OA）、弹塑性阶段（AB）和下降阶段（BC）。

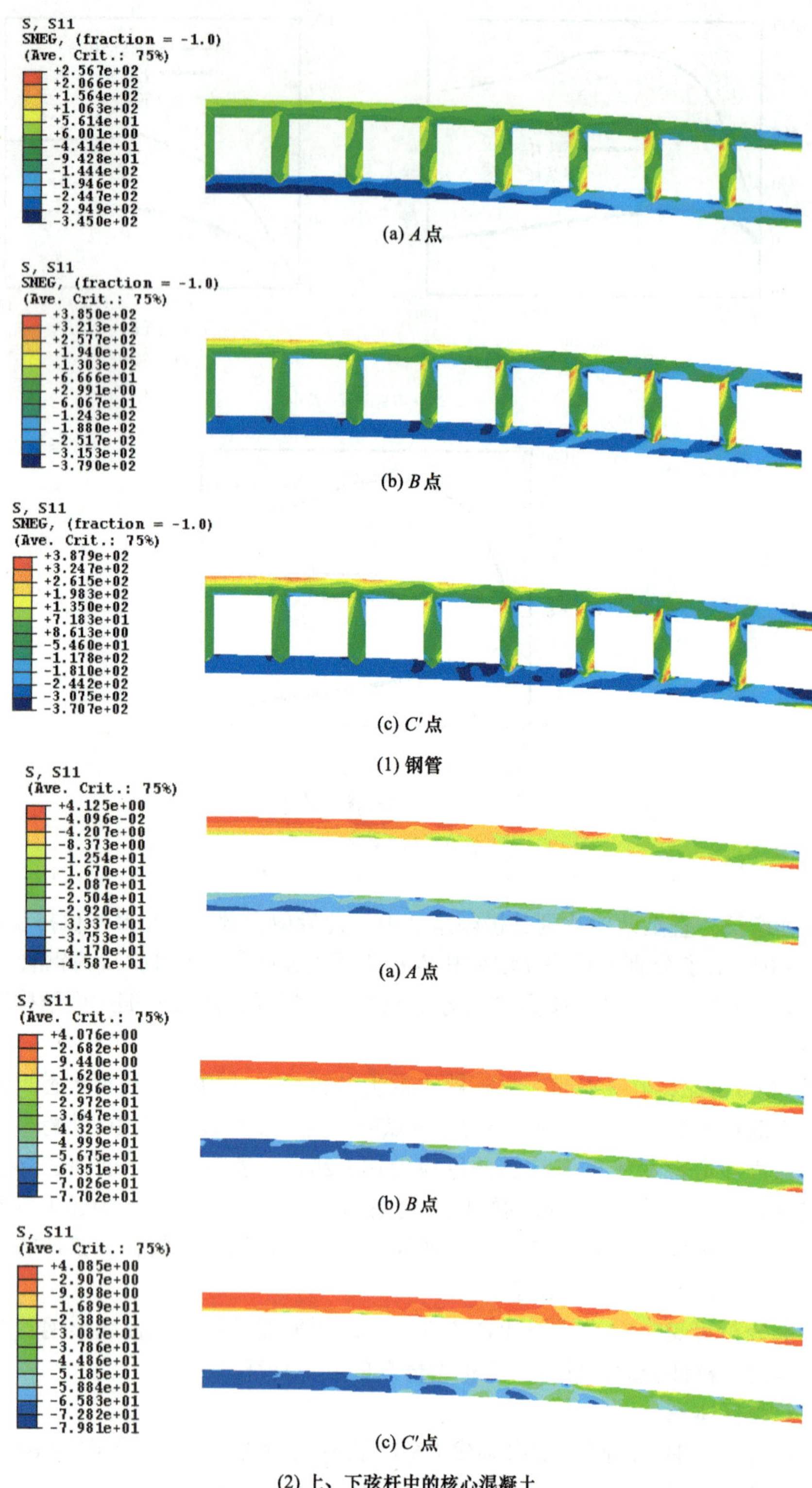

(a) *A* 点

(b) *B* 点

(c) *C*′点

(1) 钢管

(a) *A* 点

(b) *B* 点

(c) *C*′点

(2) 上、下弦杆中的核心混凝土

图 14.60　平腹式结构中钢管和弦杆核心混凝土纵向应力分布（应力单位：MPa）

1）弹性阶段（OA）：在此阶段，N-u_m关系总体上呈线性特征，构件处于弹性工作状态。在A点时，位于跨中的受压下弦杆的钢管边缘纤维进入屈服状态。

2）弹塑性阶段（AB）：在此阶段，荷载-挠度关系呈现出明显非线性，跨中挠度开始较快增长。由于二阶效应的影响，当跨中挠度达到某一临界值时，二阶弯矩的增长速度开始大于结构的截面抵抗弯矩增长的速度，变形迅速增长，B点对应结构达峰值荷载。

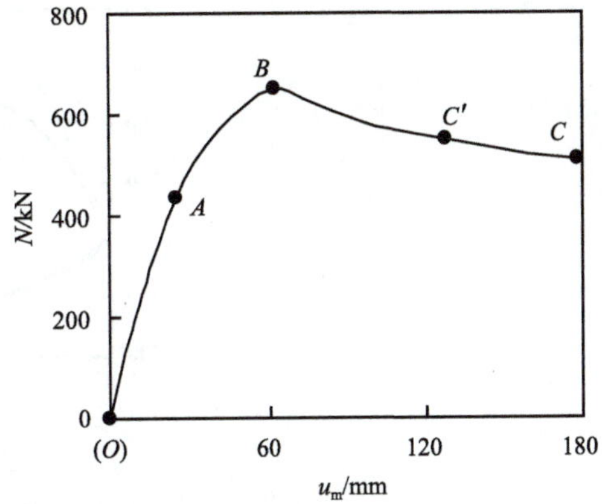

图 14.61　斜腹式曲线形结构的N-u_m关系（β_r=5%）

3）下降阶段（BC）：曲线进入下降阶段后，随着挠度的不断增加，当试件名义长细比（λ_n）或曲度系数（β_m）较小时，受压的跨中节间下弦杆在C'点达到其极限强度；而当λ_n或β_r较大时，处于受拉状态的跨中节间上弦杆可能首先在C'点达到其受拉强度。

图 14.62 所示为二肢斜腹式曲线形钢管混凝土结构算例中各弦杆在不同截面位置处的轴力（N）和剪力（V）变化情况，所取的3个截面位置如图 14.57（b）所示。

从图 14.62 可以看出，在结构端部（A—A截面）处的两弦杆均处于受压状态，上

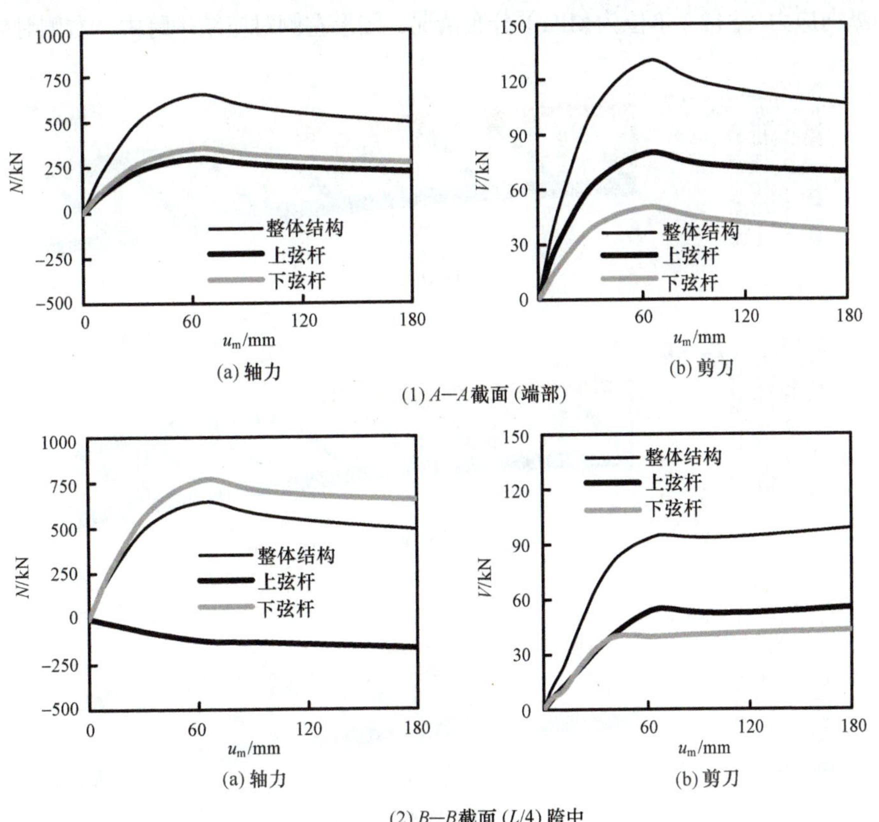

图 14.62　斜腹式曲线形结构及其各弦杆的轴力和剪力变化情况

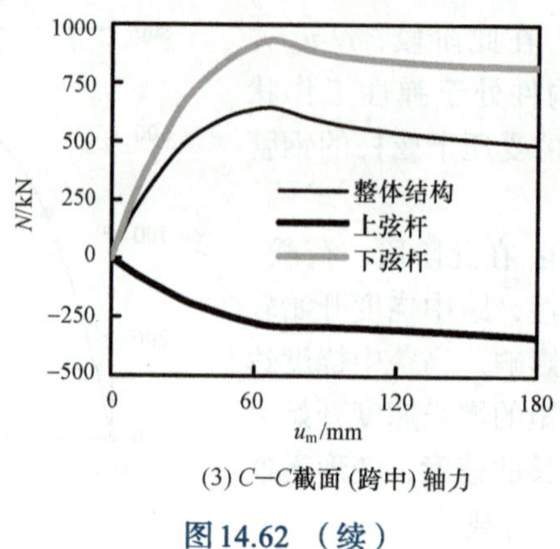

(3) C—C截面 (跨中) 轴力

图 14.62 （续）

弦杆受的轴向压力较下弦杆略小。但在B—B截面和跨中（C—C截面），上弦杆从开始加载就处于受拉状态。在跨中C—C截面，两弦杆受到的剪力为零，越靠近端部，剪力值越趋于增大。

从图14.62还可以看出，上弦杆受到的剪力要大于下弦杆，这是由于斜腹杆的轴向力对弦杆产生影响所致。

图14.63分别给出了对应图14.61中N-u_m关系上A点、B点和C'点的钢管和弦杆核心混凝土的纵向应力（S11，单位为MPa）分布情况，图形左侧对应结构跨中，右侧对应端部。

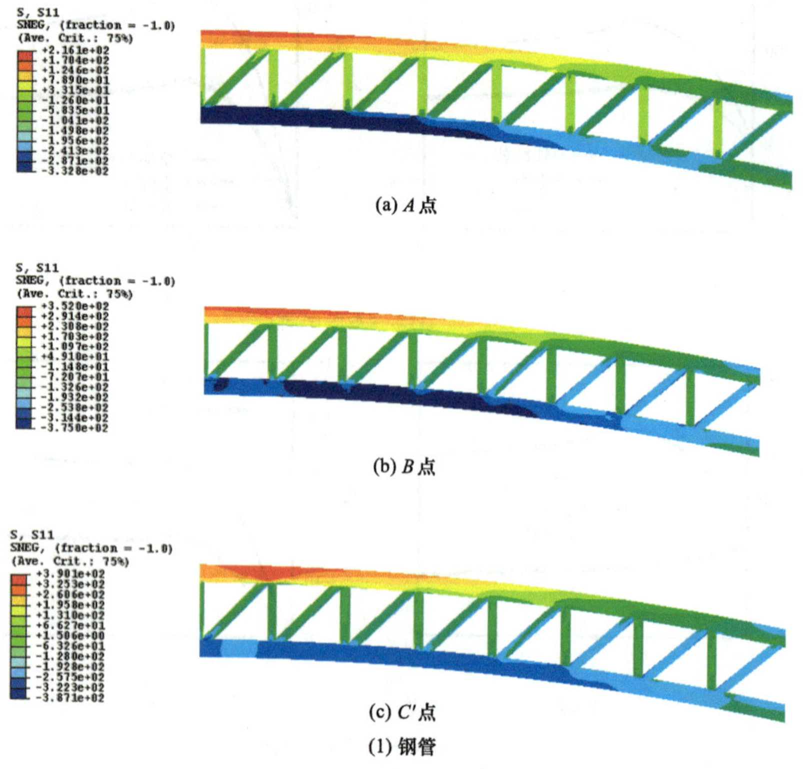

(a) A点

(b) B点

(c) C'点

(1) 钢管

图 14.63　斜腹式结构中的钢管和弦杆核心混凝土应力分布（应力单位：MPa）

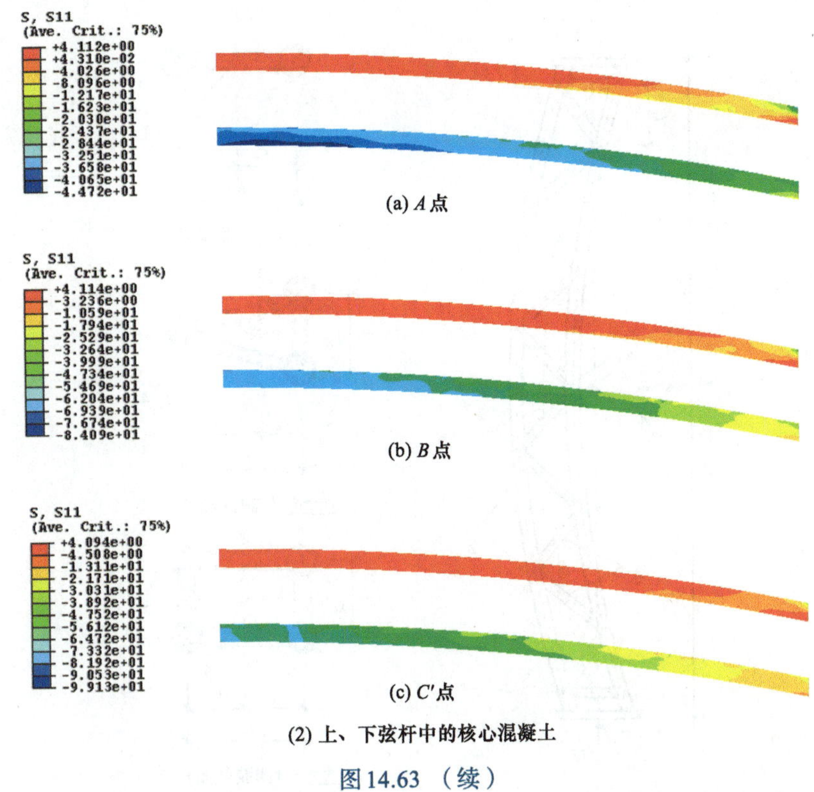

(a) *A* 点

(b) *B* 点

(c) *C*′点

(2) 上、下弦杆中的核心混凝土

图 14.63 （续）

从图 14.63 可见，由于端部受轴向压力（*N*）作用，曲线形结构上弦杆和下弦杆在靠近端部的受力较为接近。但由于受初弯曲的影响，离端部的距离越大，两弦杆的受力差异也越大，下弦杆很快就变为处于受拉状态。随着跨中挠度（u_m）的不断增加，结构的塑性区域从跨中逐渐往两端发展。*A* 点处受压下弦杆的钢管开始屈服，并对核心混凝土产生约束作用。在荷载达峰值的 *B* 点，跨中截面处受压下弦杆的核心混凝土平均纵向压应力达 $1.29f_c'$。

斜腹式结构的腹杆受力从端部到跨中逐渐减小（图 14.63），这是由于结构在端部产生的横截面剪力最大所致。

通过和图 14.60 所示的平腹式结构进行对比可见，斜腹式结构中的钢管和弦杆核心混凝土纵向应力分布情况有明显不同。图 14.63 所示的斜腹式结构在同一节间的弦杆和腹杆其应力分布基本均匀，说明此时各构件以轴向受力为主。

14.3.3　承载力实用计算方法

曲线形钢管混凝土桁式混合结构（图 14.64）在两端承受轴压荷载时的承载力宜符合式（3.39）、式（3.41）和式（3.42）的规定，由于结构的初始弯曲度引起的弯矩设计值宜按式（14.9）计算。

$$M = Nu_0 \tag{14.9}$$

式中，*M* 为弯矩设计值，N · mm；u_0 为曲线形桁式混合结构的初始弯曲度，mm，即

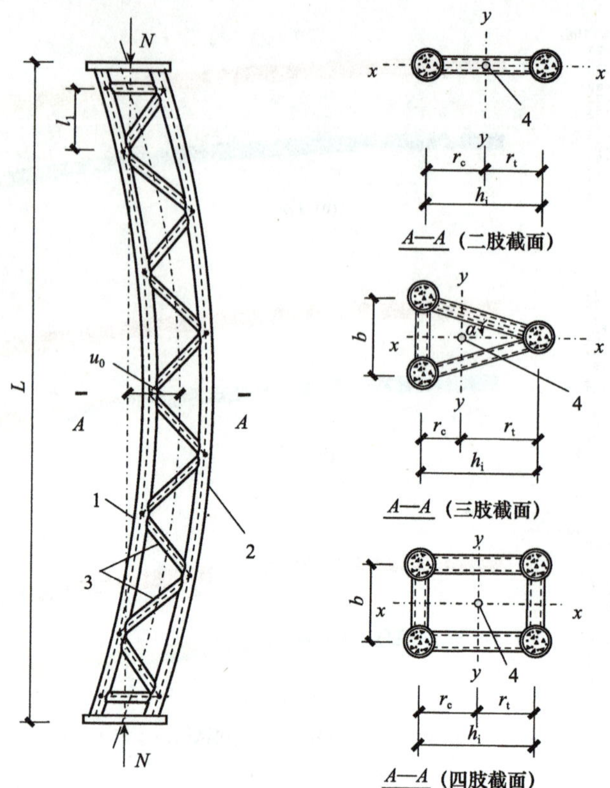

1．压区弦杆；2．拉区弦杆；3．腹杆；4．截面重心；L．两端截面中心点的直线距离；u_0．初始弯曲度；h_i．结构沿截面高度方向受压和受拉弦杆形心的距离；b．在弯矩作用平面外的弦杆中心距；l_1．节间长度；r_c、r_t．截面重心至压区弦杆和拉区弦杆形心轴的距离；α．腹杆在弦杆截面平面投影夹角的一半。

图 14.64　曲线形压弯钢管混凝土桁式混合结构

中截面形心到两端截面形心连线的垂直距离。

弦杆相同的曲线形钢管混凝土桁式混合结构弦杆的轴力和弯矩设计值宜符合下列规定。

平腹杆与斜腹杆曲线形钢管混凝土桁式混合结构在两端受轴向荷载时，跨中节间的弦杆轴力设计值宜按式（14.10）～式（14.13）计算。

$$N_{\mathrm{cd},1}=\begin{cases}\dfrac{N_{1\mathrm{t}}}{n_1} & (n_1>0)\\ 0 & (n_1=0)\end{cases} \tag{14.10}$$

$$N_{\mathrm{cd},2}=\begin{cases}\dfrac{N_{2\mathrm{t}}}{n_2} & (n_2>0)\\ 0 & (n_2=0)\end{cases} \tag{14.11}$$

$$N_{1\mathrm{t}}=\frac{Nr_{\mathrm{t}}}{h}+\frac{Nu_0}{h(1-N/N_{\mathrm{E}})} \tag{14.12}$$

$$N_{2t}=\frac{Nr_c}{h}+\frac{Nu_0}{h(1-N/N_E)} \tag{14.13}$$

式中，N为曲线形结构所受轴力设计值，N，受压为正值，受拉为负值；$N_{cd,1}$为曲线形结构中压区单肢弦杆的轴力设计值，N；$N_{cd,2}$为曲线形结构中拉区单肢弦杆的轴力设计值，N；N_{1t}为曲线形结构中压区弦杆的总轴力设计值，N；N_{2t}为曲线形结构中拉区弦杆的总轴力设计值，N；n_1、n_2分别为曲线形结构中压区和拉区的弦杆数；h为弦杆中心距，mm；N_E为由结构换算长细比计算得到的欧拉临界力，N，应按式（13.40）计算；r_c、r_t分别为曲线形结构中截面重心至压区弦杆和拉区弦杆形心轴的距离，mm；u_0为曲线形结构的初始弯曲度，mm，即中截面形心到两端截面形心连线的垂直距离。

平腹杆曲线形钢管混凝土桁式混合结构在两端受轴向荷载时，端部弦杆的轴力设计值和弯矩设计值宜分别按式（14.14）和式（14.15）计算。

$$N_{cd}=\frac{N}{n} \tag{14.14}$$

$$M_{cd}=\frac{l_1}{m_b}\cdot\frac{\pi}{L}\cdot\frac{Nu_0}{1-N/N_E} \tag{14.15}$$

式中，N_{cd}为曲线形结构中端部单肢弦杆轴力设计值，N。M_{cd}为曲线形结构中端部单肢弦杆弯矩设计值，N · mm。N为曲线形结构轴力设计值，N。n为弦杆总数。l_1为节间长度，mm。m_b为与肢数有关的参数，对于二肢、四肢、六肢结构m_b分别为2、4和6；对于三肢结构m_b为$4\cos\alpha$，其中，α为腹杆在弦杆截面平面投影夹角的一半（图14.64）。L为曲线形结构两端截面中心点的直线距离，mm。u_0为曲线形结构的初始弯曲度，mm，即中截面形心到两端截面形心连线的垂直距离。

斜腹杆曲线形钢管混凝土桁式混合结构在两端受轴向荷载时，端部弦杆轴力设计值宜按式（14.16）计算。

$$N_{cd}=\frac{N}{n}+\frac{2\pi}{L\tan\theta}\cdot\frac{Nu_0}{1-N/N_E} \tag{14.16}$$

式中，N_{cd}为端部弦杆轴力设计值，N；θ为斜腹杆与弦杆的夹角。

14.4　本 章 小 结

本章对两端受轴压力、轴线为圆弧形的钢管混凝土曲杆曲线形钢管混凝土桁式混合结构进行了试验研究，并建立了相应的有限元分析模型，在此基础上深入分析曲线形钢管混凝土桁式混合结构工作机理，研究了结构破坏形态及其受力全过程的变化规律。在此基础上，给出了曲线形钢管混凝土桁式混合结构承载力实用计算方法。

参 考 文 献

陈宝春，2007. 钢管混凝土拱桥［M］. 2版. 北京：人民交通出版社.

陈友杰，1999. 钢管混凝土单圆管肋拱面内极限承载力试验研究［D］. 福州：福州大学.

崔军，孙炳楠，楼文娟，等，2004. 钢管混凝土桁架拱桥模型试验研究［J］. 工程力学，21（5）：83-86.

韩林海，2022. 钢管混凝土结构：理论与实践［M］. 4版. 北京：科学出版社.

黄大元，黄平明，张征文，等，2002. 钢管混凝土桁式拱桥简化计算模式研究［J］. 桥梁建设（2）：30-33.

邵旭东，成尚锋，李立峰，2003. 钢管混凝土拱肋节段模型试验［J］. 长安大学学报，23（4）：34-37.

王百成，崔军，王景波，2004. 大跨度钢管混凝土桁式拱桥结构非线性分析［J］. 世界地震工程，29（1）：122-125.

韦建刚，2002. 钢管混凝土对称弯压拱分支点失稳问题研究［D］. 福州：福州大学.

杨永清，1998. 钢管混凝土拱桥横向稳定性分析［D］. 成都：西南交通大学.

张建民，郑皆连，肖汝诚，2004. 钢管混凝土拱桥的极限承载能力分析［J］. 中南公路工程，29（4）：24-28.

中华人民共和国住房和城乡建设部，2017. 钢结构设计标准：GB 50017—2017［S］. 北京：中国建筑工业出版社.

郑莲琼，2008. 曲线形钢管混凝土构件力学性能的理论分析和实验研究［D］. 福州：福州大学.

GHASEMIAN M, SCHMIDT L C, 1999. Curved circular hollow section (CHS) steel struts infilled with higher-strength concrete[J]. ACI Structural Journal, 96(2): 275-281.

GOURLEY B C, TORT C, DENAVIT M D, et al., 2008. A synopsis of studies of the monotonic and cyclic behavior of concrete-filled steel tube beam-columns [R]. Report No. UILU-ENG-2008-1802, Newmark Structural Laboratory Report Series, Department of Civil and Environmental Engineering, University of Illinois at Urbana-Champaign, Urbana, Illinois, US.

HAN L H, HE S H, ZHENG L Q, et al., 2012. Curved concrete filled steel tubular (CCFST) built-up members under axial compression: Experiments [J]. Journal of Constructional Steel Research, 74: 63-75.

HAN L H, ZHENG L Q, HE S H, et al., 2011. Tests on curved concrete filled steel tubular members subjected to axial compression [J]. Journal of Constructional Steel Research, 67(6): 965-976.

HAN L H, HE S H, LIAO F Y, 2011. Performance and calculations of concrete filled steel tubes (CFST) under axial tension [J]. Journal of Constructional Steel Research, 67(11): 1699-1709.

第15章　多肢钢管混凝土加劲混合结构

15.1　引　　言

钢管混凝土加劲混合结构内置的钢管混凝土也可以为多肢。对于多肢截面，钢管混凝土位于结构截面的角部或肋部，腹杆可为钢管、钢管混凝土或其他型钢形式，结构截面为空心，空心形状为八边形或矩形，外包形状为矩形。后者实际上是在钢管混凝土桁式混合结构基础上演变而来。图1.13（b）和（c）所示为矩形四肢和六肢结构空心截面示意图。钢管混凝土加劲混合结构可用作柱或拱形结构等。

本章开展了四肢钢管混凝土加劲混合结构的试验研究。通过试验研究，此类结构在不同受力工况下的破坏形态、荷载-变形曲线和应变分布，对比不同参数对受力性能的影响规律。进一步建立了多肢钢管混凝土加劲混合结构的精细化实体有限元模型，据此分析了多肢钢管混凝土加劲混合结构的轴压、抗弯、压弯、滞回和抗撞击性能，包括受力全过程分析、钢与混凝土接触关系、内力分配，并与相应的钢管混凝土和钢筋混凝土试件进行对比。本章分析了不同参数对受力性能的影响，提出了承载力计算方法、恢复力模型和相关构造措施建议（An et al.，2013；An et al.，2014；Han et al.，2015；Hu et al.，2018）。

15.2　静 力 性 能

15.2.1　试验研究

1. 轴压试验

设计的5个轴心受压试件中包括4个四肢钢管混凝土加劲混合结构试件和1个空心钢筋混凝土短柱对比试件，详细尺寸如图15.1所示。

试件截面宽度B=300mm，高度l=900mm，高宽比为3，两端设置20mm厚的钢盖板。空心部分为对称八边形，截面尺寸如图15.1（b）所示。4个钢管混凝土布置在角部，钢管直径D=60mm，厚度t=3mm。钢筋混凝土部件中布置了内外两层钢筋，外纵筋直径为12mm，内纵筋直径为10mm。配筋率$\alpha_1=A_1/(A_{out}+A_1)$为1.5%，$A_1$和$A_{out}$分别为纵筋总面积和钢管外包混凝土面积。箍筋直径为6mm，箍筋间距分为50mm和100mm。钢筋混凝土试件截面形式如图15.1（b）所示，除角部无钢管混凝土外，其他参数与四肢钢管混凝土加劲混合结构试件一致，箍筋间距为100mm。

表15.1给出了所有试件参数汇总。表15.2给出了钢管和钢筋的实测屈服强度、极限强度以及弹性模量。钢管外包混凝土和钢管内混凝土分别采用C30和C60自密实混

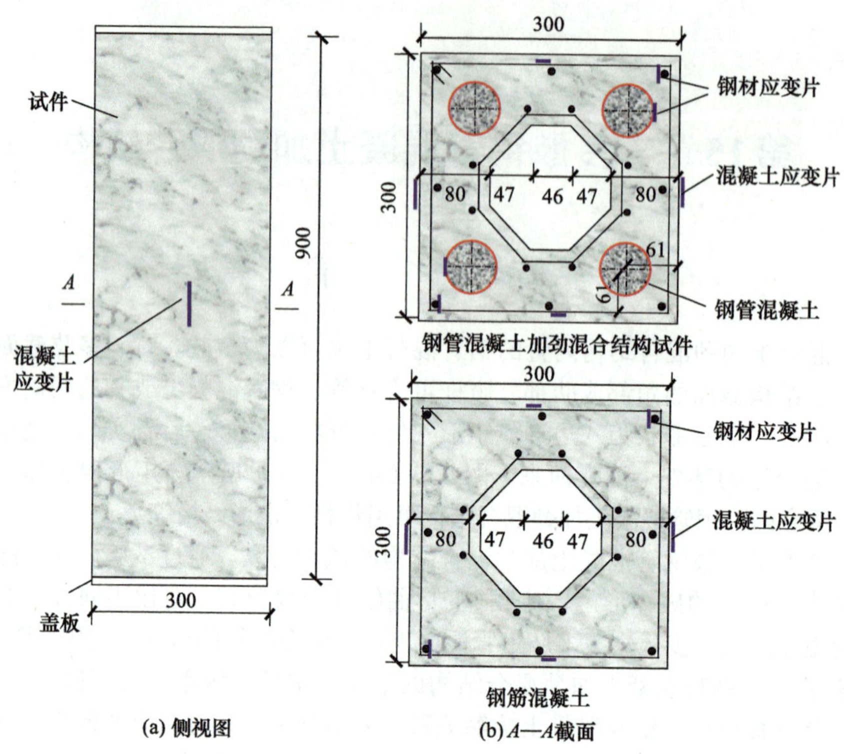

图15.1　轴心受压试件尺寸（尺寸单位：mm）

凝土，混凝土配合比如表15.3所示，石子粒径控制在5～10mm。通过同条件下成型养护边长为150mm的立方体混凝土试块，得到混凝土立方体强度f_{cu}。试验时，混凝土立方体强度f_{cu}如表15.3所示。

表15.1　轴心受压试件信息

序号	试件编号	箍筋间距/mm	钢管混凝土（$D\times t$）	DI	实测极限强度N_{ue}/kN
1	CE-1-1	100	60mm×3mm	2.03	3740
2	CE-1-2	100	60mm×3mm	2.19	3760
3	CE-2-1	50	60mm×3mm	2.50	3840
4	CE-2-2	50	60mm×3mm	2.26	3942
5	RC	100	—	1.72	2895

表15.2　钢材材性

钢材种类	钢管壁厚（或钢筋直径）/mm	屈服强度f_y/MPa	极限强度f_u/MPa	弹性模量E_s/（N/mm^2）
钢管	3.0	355	411	2.03×10^5
箍筋	6.5	372	459	2.03×10^5
外纵筋	11.8	406	591	1.92×10^5
内纵筋	10.1	444	572	1.93×10^5

表 15.3　混凝土配合比与强度

混凝土种类	等级	水泥/（kg/m³）	石/（kg/m³）	砂/（kg/m³）	水/（kg/m³）	掺合料/（kg/m³）	减水剂/（kg/m³）	试验时 f_{cu}/MPa
钢管外包混凝土	C30	280	998	920	170	80	7.2	35.0
钢管内混凝土	C60	567	958	665	220	100	14.5	62.5

图 15.2 给出了部分试件破坏形态。其中，多肢钢管混凝土加劲混合结构轴压试件（试件 CE-1-1 和 CE-2-1）钢管外包混凝土压溃，并伴有混凝土剥落，这与钢筋混凝土试件（RC）破坏形态一致。图 15.2 同时给出了内部空心的破坏形态，表现为中间部分混凝土压溃，而其他部位完好。图 15.2（d）和（e）给出了钢管和钢管内混凝土的破坏形态（试件 CE-2-1）。可见，在混凝土剥落部位，钢管弯曲，而钢管内混凝土由于钢管的约束，形态完整，没有出现压溃。

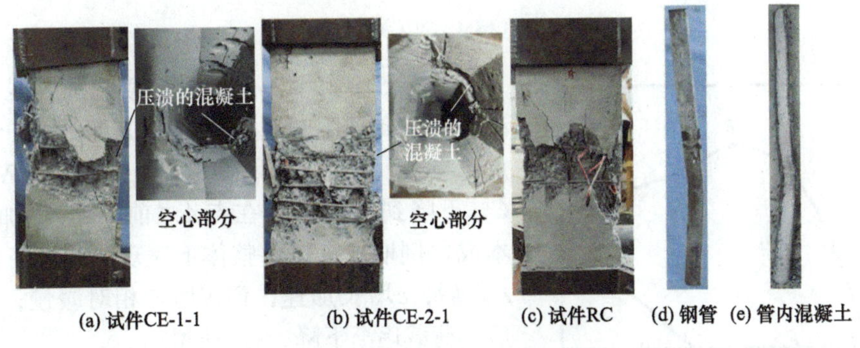

图 15.2　轴心受压试件破坏形态

以试件 CE-1-1 为例，分析多肢钢管混凝土加劲混合结构轴压试件的破坏过程。在荷载初期，试件表面没有变化，当荷载达到极限荷载（N_u）的 80% 左右，首先在试件角部出现细小的纵向裂缝，如图 15.3（a）所示。之后荷载增长缓慢，但位移迅速增加，裂缝逐渐明显，向截面中部延伸，部分混凝土压溃。图 15.3（b）为达到极限荷载 N_u 的破坏形态，整个截面混凝土压溃，并有少量混凝土剥落。之后随承载力降低，纵筋屈曲，钢管弯曲，图 15.3（c）和（d）分别对应 $0.85N_u$（下降段）和 $0.7N_u$（下降段）。

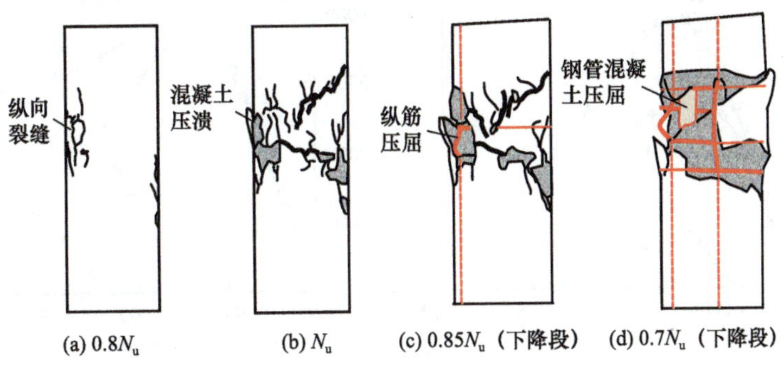

图 15.3　轴心受压试件破坏全过程示意（试件 CE-1-1）

图15.4给出了实测四肢钢管混凝土加劲混合结构试件的轴力（N）-纵向平均压应变ε（纵向变形与试件长度的比值）关系。

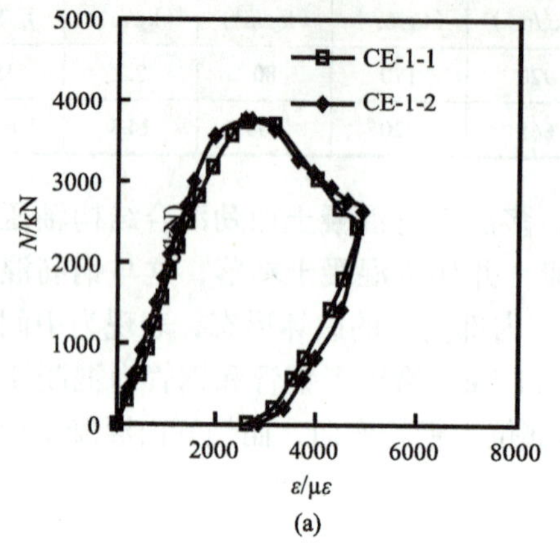

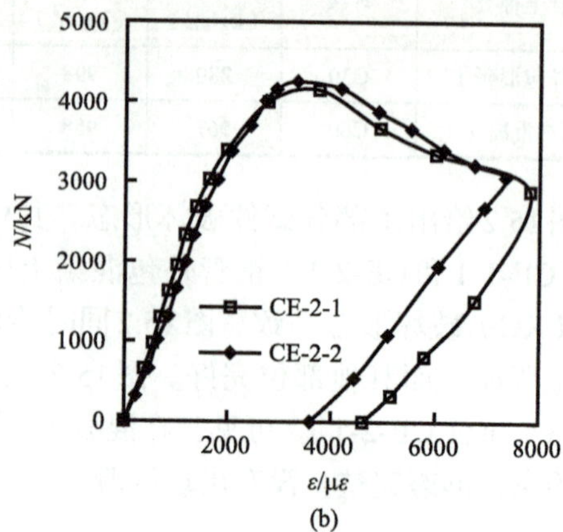

图15.4 N-ε关系

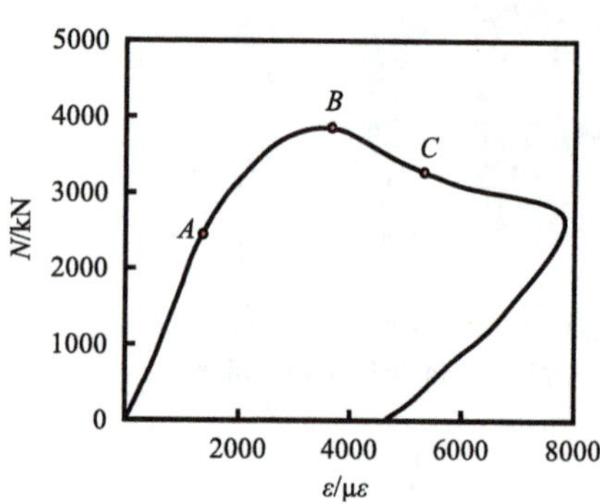

图15.5 典型N-ε关系特征点

图15.5给出了四肢钢管混凝土加劲混合结构试件的N-ε关系（试件CE-2-1），图中三个特征点：点A，钢管屈服；点B，极限荷载（N_u）；点C，下降到85% N_u。在点A之前，随ε增加，N基本成比例增加，试件整体上表现出弹性特征；点A之后，ε增长加速，但N增加相对缓慢；点B之后，荷载逐渐下降，ε迅速增加。

图15.6给出了不同参数对N-ε关系的影响，四肢钢管混凝土加劲混合结构轴压试件的N_u比相应的钢筋混凝土短柱要高25%，且N_u对应的ε增大，延性变好，如图15.6（a）所示。图15.6（b）为采用不同箍筋间距的试件对比，可以看出箍筋间距对试件承载力N_u影响不大，试件CE-2-1（s=50mm）的N_u比试件CE-1-1（s=100mm）高6%，但随箍筋间距减小，N_u对应的ε增大，延性变好。

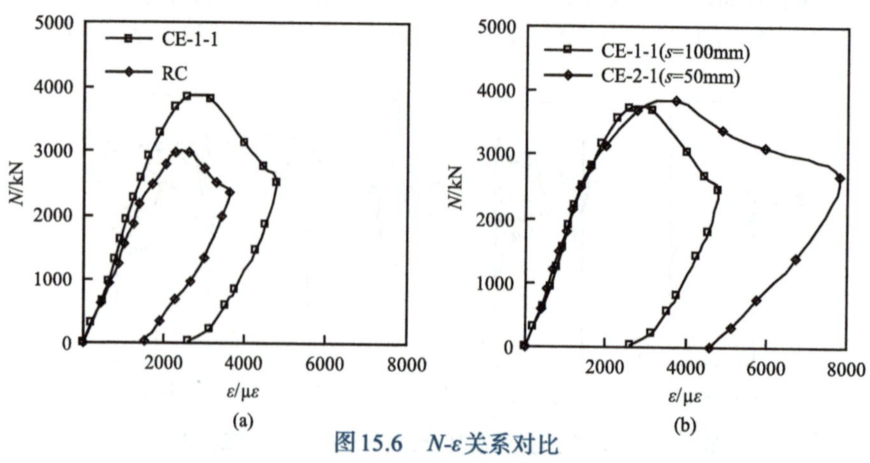

图15.6 N-ε关系对比

图15.7给出了轴力（N）-跨中截面各材料纵向应变（ε）关系对比（试件CE-1-1）。可以看出，在同一荷载下，混凝土、纵筋和钢管的纵向应变（ε）几乎相同，说明钢管混凝土部件和钢筋混凝土部件能够共同工作。图15.8给出了轴力（N）-箍筋应变（ε_h）关系，在荷载初始阶段，箍筋应变发展缓慢，当荷载接近峰值时，箍筋应变迅速增大，说明箍筋对混凝土起到约束作用。

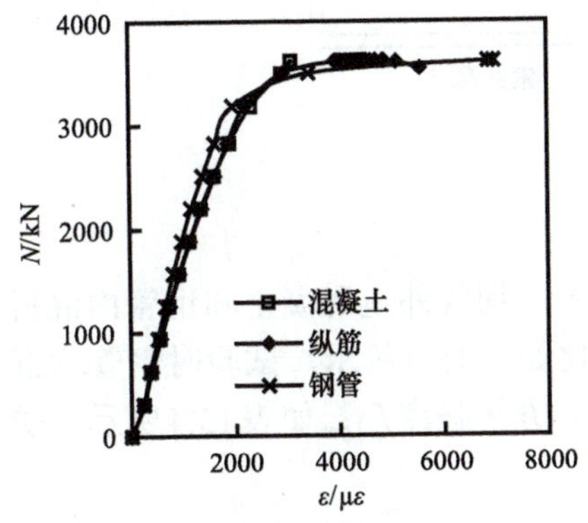

图15.7　N-ε关系对比（试件CE-1-1）

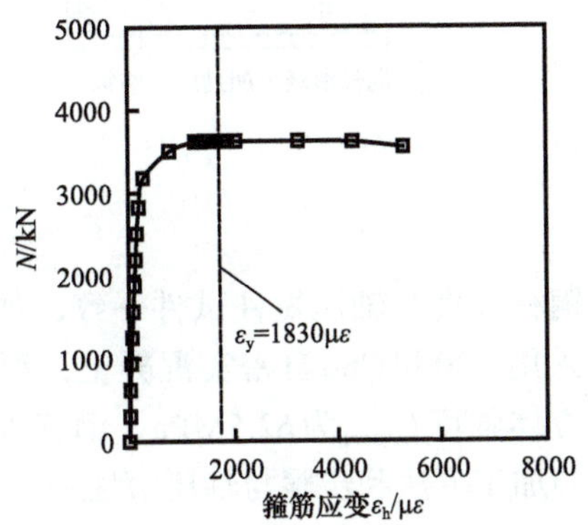

图15.8　N-ε_h关系（试件CE-1-1）

2. 纯弯试验

设计的10个受弯试件中，包括5个四肢钢管混凝土加劲混合结构试件和5个相应的钢筋混凝土对比试件，尺寸详图如图15.9所示。四肢钢管混凝土加劲混合结构受弯试件和相应的钢筋混凝土试件，其截面的几何尺寸和配筋情况与轴压短柱一致。跨中纯弯段长度为300mm，弯剪段长度a_v根据试件剪跨比的不同而不同。试件两端设置端板，厚度为20mm。

表15.4给出了试件参数，主要变化参数为剪跨段长a_v，范围为225～900mm，对应a_v/B为0.75～3。为了探究a_v/B对受弯试件破坏形态和承载力的影响，同时进行了四肢钢管混凝土加劲混合结构试件和相应的钢筋混凝土试件的对比。

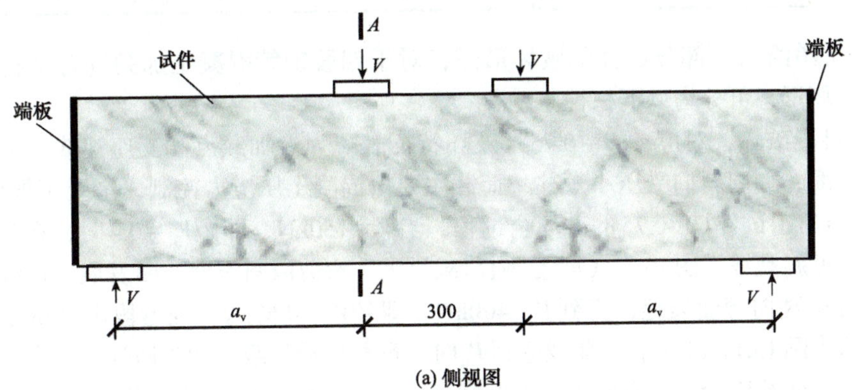

(a) 侧视图

图15.9　受弯试件尺寸（尺寸单位：mm）

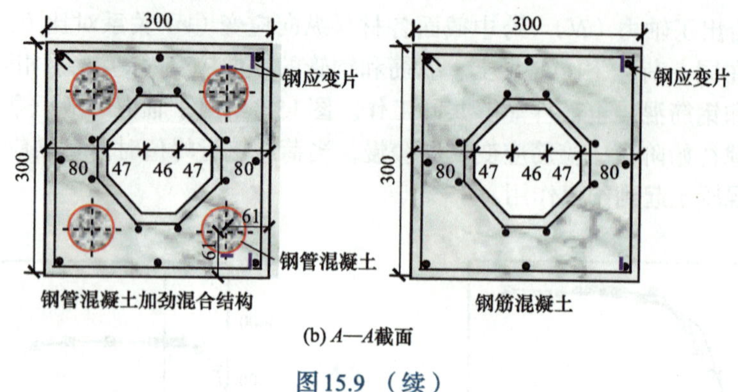

(b) $A—A$截面

图 15.9 （续）

钢材强度与轴压短柱试件一致，如表15.2所示。钢管外包混凝土和钢管内混凝土分别采用C30和C60自密实混凝土，混凝土配合比如表15.3所示。试验时钢管内混凝土立方体强度$f_{cu,core}$为62.5MPa，钢管外包混凝土立方体强度$f_{cu,out}$如表15.4所示。受弯试件的加工方法和步骤与轴压短柱一致。

表 15.4　受弯试件参数

序号	试件编号	a_v/mm	a_v/B	$f_{cu,out}$/MPa	V_u/kN	破坏形态
1	CE-0.75	225	0.75	40	600	斜压
2	CE-1.2	360	1.2	40	436	剪压
3	CE-1.5	450	1.5	40	311	剪压
4	CE-2	600	2	40	260	剪压
5	CE-3	900	3	40	215	弯曲
6	RC-0.75	225	0.75	40	455	斜压
7	RC-1.2	360	1.2	40	354	剪压
8	RC-1.5	450	1.5	40	245	弯曲
9	RC-2	600	2	40	180	弯曲
10	RC-3	900	3	40	117	弯曲

图15.10给出了部分试件的破坏形态，对于四肢钢管混凝土加劲混合结构试件而言，其破坏形态可分为以下三种。

1）斜压破坏，对应a_v/B=0.75，破坏特征表现为沿加载点和支座连线方向，混凝土斜向压溃，如同斜向受压小短柱，荷载主要由混凝土压应力控制，呈受压脆性破坏。图15.11给出了试件CE-0.75的破坏全过程，当V=150kN，即V/V_u=0.4时，在弯剪段开始出现可见斜裂缝［图15.11（a）］。随荷载增大，弯剪段斜裂缝不断发展，但纯弯段没有出现可见竖向弯曲裂缝，直到V=400kN，即V/V_u=0.67时，纯弯段出现微小的竖向弯曲裂缝［图15.11（b）］。在荷载达到V_u时，弯剪段沿加载点和支座连线方向，混凝土斜向压溃，而纯弯段竖向弯曲裂缝仅有两条，且尚未延伸到中部［图15.11（c）］。V_u之后，随荷载降低，压溃混凝土区域不断拓展，并伴有剥落［图15.11（d）］。

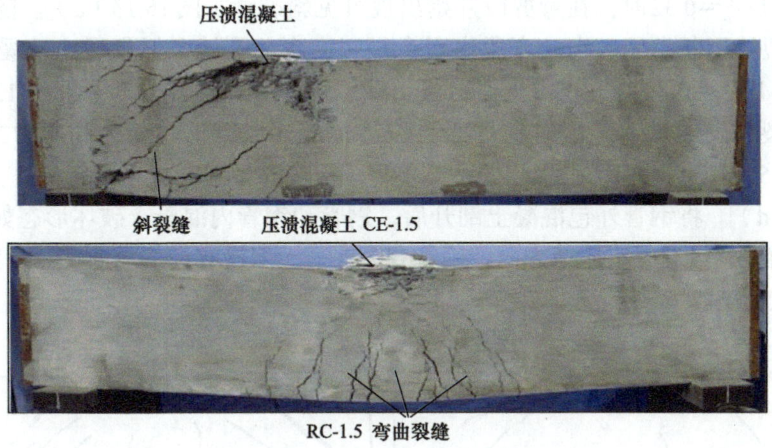

图 15.10　部分受弯试件破坏形态

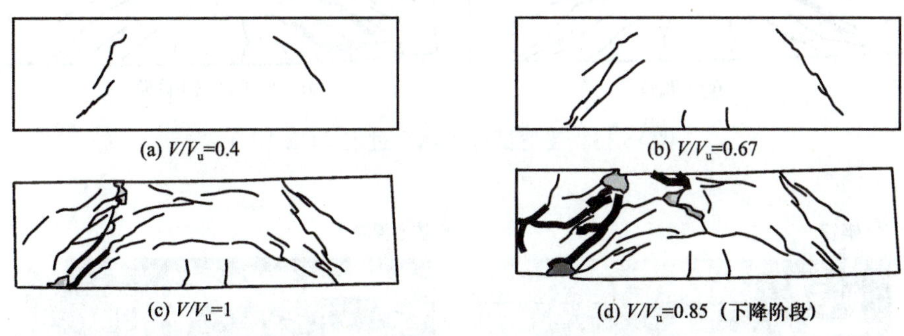

图 15.11　受弯试件破坏全过程（CE-0.75）

将钢管外包混凝土剖开后，钢管和钢管内混凝土破坏形态如图 15.12 所示。在弯剪段，沿混凝土压溃方向，钢管变形明显，但没有局部屈曲现象，钢管内混凝土保存比较完整。这与轴压短柱和压弯柱破坏形态类似，即破坏形态以钢管外包混凝土开裂和压溃为主，而钢管内混凝土保存比较完整。

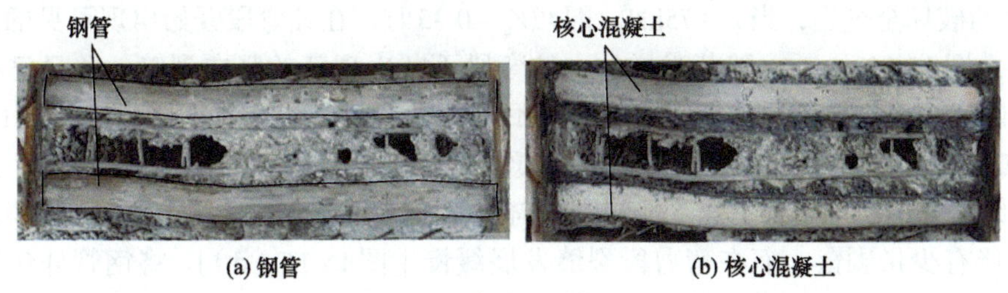

图 15.12　受弯试件钢管和钢管内混凝土破坏形态（CE-0.75）

2）剪压破坏，对应 a_v/B 取 1.2～2，破坏特征表现为弯剪段出现贯通剪切斜裂缝，在加载点附近，斜裂缝顶端的混凝土在剪力和压力共同作用下压溃，呈剪切脆性破坏，而纯弯段竖向弯曲裂缝发展缓慢。图 15.13 给出了试件 CE-1.5 的破坏全过程，当 $V=$

100kN，即 $V/V_u=0.32$ 时，在弯剪段开始出现可见斜裂缝［图15.13（a）］。随荷载增大，弯剪段斜裂缝不断发展，在纯弯段出现少量竖向弯曲裂缝，但发展比较缓慢。当 $V=250$kN，即 $V/V_u=0.80$ 时，在左侧弯剪段出现了明显的贯通斜裂缝［图15.13（b）］。之后贯通斜裂缝发展迅速，V_u 时在贯通斜裂缝顶部，混凝土在剪力和压力共同作用下压溃［图15.13（c）］。V_u 之后，随荷载降低，压溃混凝土区域不断拓展，并伴有剥落［图15.13（d）］。将钢管外包混凝土剖开后，钢管和钢管内混凝土破坏形态如图15.14所示。在弯剪段，沿混凝土压溃方向，钢管变形明显，但没有局部屈曲现象，钢管内混凝土保存比较完整。

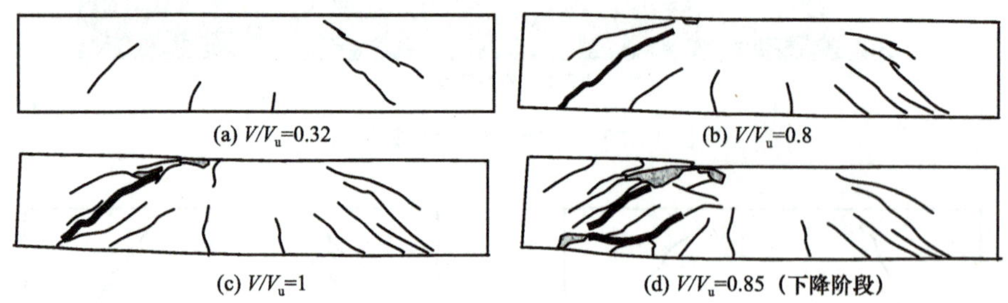

图15.13　受弯试件破坏全过程（CE-1.5）

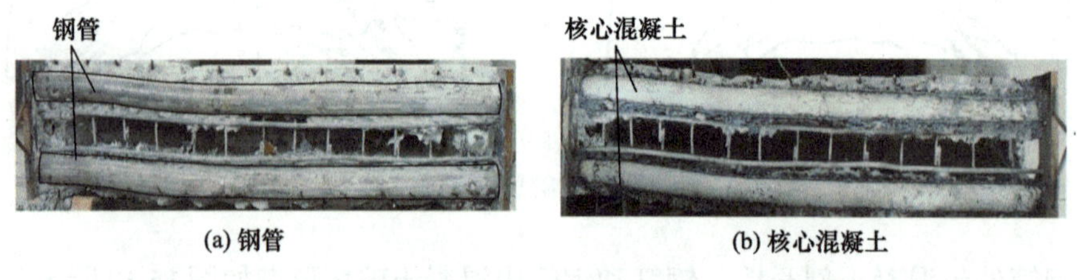

图15.14　受弯试件钢管和钢管内混凝土破坏形态（CE-1.5）

3）弯曲破坏，对应 $a_v/B=3$，破坏特征表现为明显的受弯竖向裂缝分布在纯弯段，纯弯段受压顶部混凝土压溃，在弯剪段，没有形成贯通的剪切斜裂缝。图15.15给出了试件CE-3的破坏全过程，当 $V=75$kN，即 $V/V_u=0.35$ 时，在纯弯段开始出现可见的受弯竖向裂缝［图15.15（a）］。随荷载增加，纯弯段不断出现新的竖向裂缝，并且已有竖向裂缝不断发展，在弯剪段出现竖向裂缝并不断发展，且有少量斜向裂缝［图15.15（b），$V=150$kN，即 $V/V_u=0.70$］。V_u 时，纯弯段顶部受压混凝土压溃［图15.15（c）］。此后荷载下降缓慢，但挠度增长迅速，纯弯段竖向裂缝不断发展，顶部受压混凝土压溃区域变大，且伴有少量剥落，而在弯剪段裂缝发展缓慢［图15.15（d）］。将钢管外包混凝土剖开后，钢管和钢管内混凝土破坏形态如图15.16所示，钢管变形集中在纯弯段，但没有局部屈曲现象，纯弯段底部受拉区钢管内混凝土出现环向裂缝，顶部受压区保持完整。

对于 a_v/B 为0.75和1.2的钢筋混凝土试件，其破坏形态与相应的四肢钢管混凝土加劲混合结构试件一致，分别为斜压破坏和剪压破坏。而对于 $a_v/B=1.5$ 和2的钢筋混凝

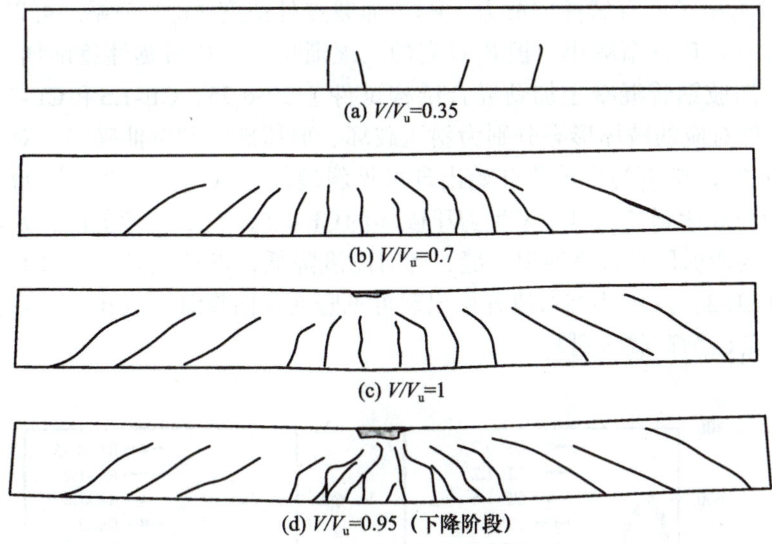

(a) V/V_u=0.35

(b) V/V_u=0.7

(c) V/V_u=1

(d) V/V_u=0.95（下降阶段）

图 15.15　受弯试件裂缝发展全过程（CE-3）

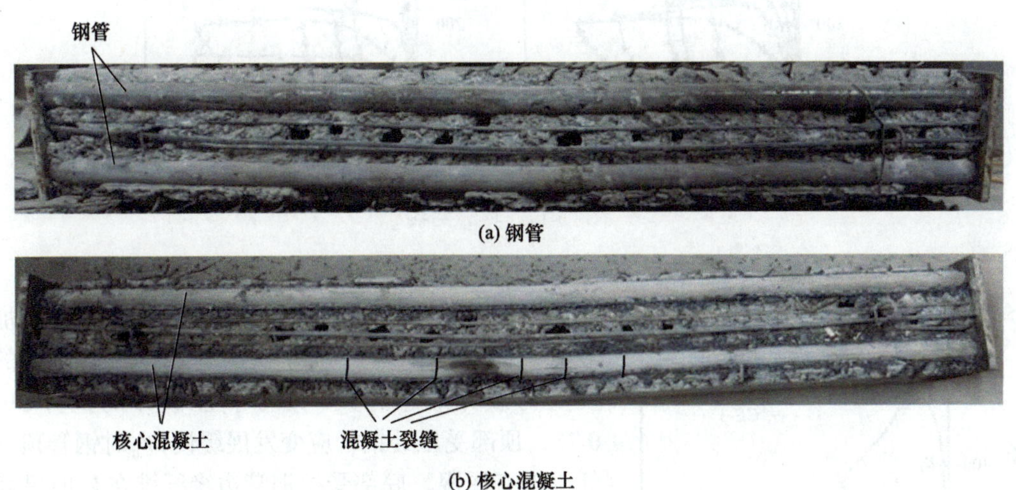

(a) 钢管

(b) 核心混凝土

图 15.16　受弯试件钢管和钢管内混凝土破坏形态（CE-3）

土试件，其破坏形态与相应的四肢钢管混凝土加劲混合结构试件不同，四肢钢管混凝土加劲混合结构试件的破坏形态为剪压破坏，而钢筋混凝土试件的破坏形态为弯曲破坏。造成两者破坏形态不同的原因在于，在空心钢筋混凝土中角部植入钢管混凝土后，即变成四肢钢管混凝土加劲混合结构试件后，其抗弯承载力显著提高，但剪切强度没有相应提高。对于钢筋混凝土试件RC-1.5和RC-2，纯弯段达到抗弯承载力对应的V小于弯剪段达到剪切强度对应的V，因此发生弯曲破坏。但对于相应的四肢钢管混凝土加劲混合结构试件CE-1.5和CE-2，由于抗弯承载力显著提高，纯弯段达到抗弯承载力对应的V要大于弯剪段达到剪切强度对应的V，因此发生剪压破坏。$a_v/B=3$的钢筋混凝土试件，其破坏形态与相应的四肢钢管混凝土加劲混合结构试件一致，发生弯曲破坏。

图15.17给出了所有试件的剪力（V）-加载点处挠度（u_p）关系，可以看出随a_v/B增大，峰值剪力V_u逐渐减小，但V_u对应的u_p逐渐增大，V_u后延性逐渐增大。图15.18给出了三个四肢钢管混凝土加劲混合结构试件（CE-0.75、CE-1.5和CE-3）的V-u_p关系，三个试件对应的破坏形态分别为斜压破坏、剪压破坏和弯曲破坏。对于发生斜压破坏的CE-0.75，点A_1为弯剪段开始出现可见斜裂缝，点B_1为纯弯段开始出现竖向裂缝，点C_1为荷载达到V_u。对于发生剪压破坏的CE-1.5，点A_2为弯剪段开始出现可见斜裂缝，点B_2为弯剪段形成贯通斜裂缝，此时刚度降低，点C_2为荷载达到V_u。对于发生弯曲破坏的CE-3，点A_3为纯弯段开始出现可见竖向弯曲裂缝，点B_3为纯弯段受拉钢管达到屈服，点C_3为荷载达到V_u。

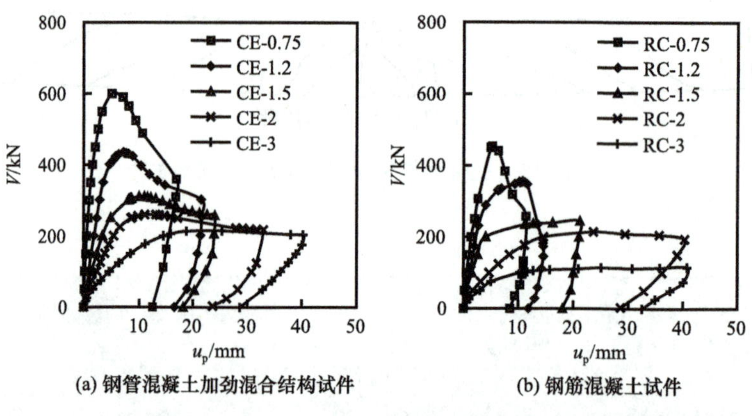

图15.17　V-u_p关系

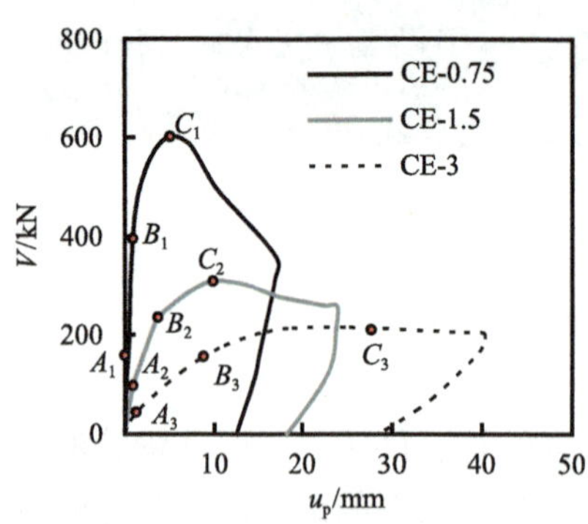

图15.18　不同剪跨比下V-u_p关系

图15.19给出了三种破坏形态下剪力（V）-加载点截面处钢管应变（ε_s）关系对比，钢管应变的发展与破坏形态有关，对于斜压破坏的试件CE-0.75，顶部受压处钢管应变发展缓慢，V_u时钢管顶部纤维没有屈服，底部受拉钢管边缘纤维在V_u时已经屈服。对于剪压破坏的试件CE-1.5，顶部受压和底部受拉钢管的边缘纤维在V_u时已经屈服，屈服时对应的荷载约为85% V_u。对于弯曲破坏的试件CE-3，钢管应变发展较快，在荷载达到60% V_u时，底部受拉钢管边缘纤维达到屈服；在荷载达到84% V_u时，顶部受压钢管边缘纤维达到屈服。

图15.20给出了剪力（V）-箍筋应变（ε_s）关系，测量位置为弯剪段中部。可以看出对于斜压和剪压破坏试件，由于斜裂缝穿过箍筋，箍筋应变发展比较迅速，在V_u时箍筋已经屈服。但对于弯曲破坏试件，由于弯剪段斜裂缝发展缓慢，导致箍筋应变发展缓慢，在V_u时箍筋没有屈服。

试验过程中，在V_u之前，每加一级荷载，持荷2min左右，此时测量并记录裂缝

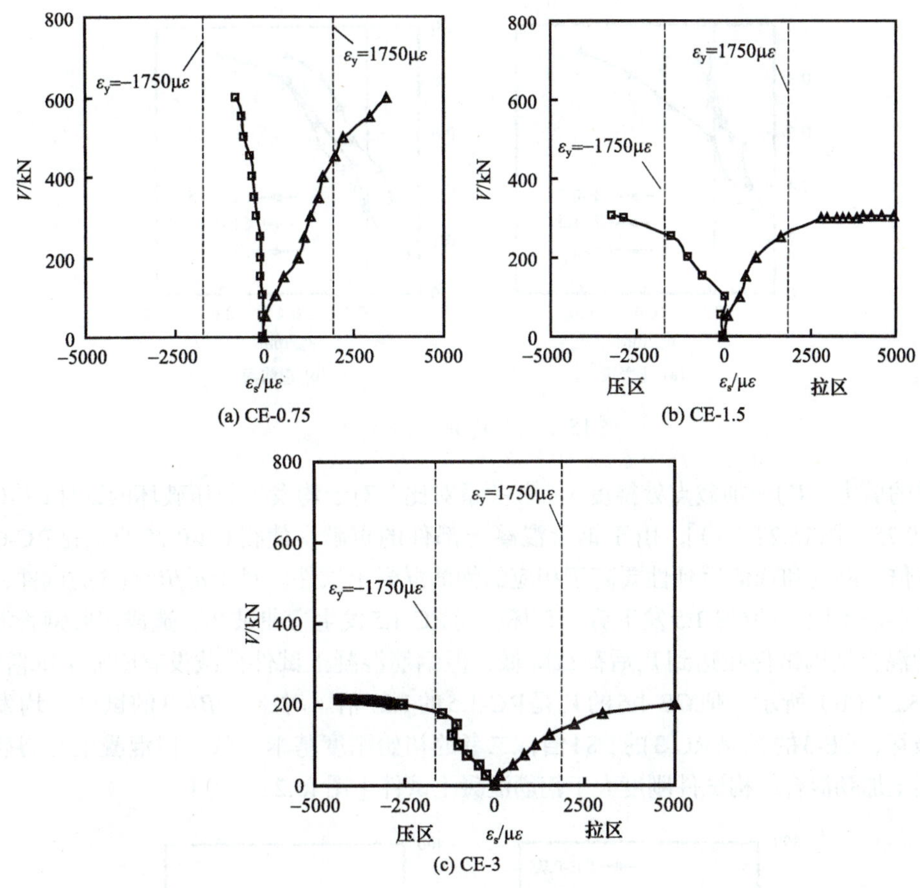

(a) CE-0.75　(b) CE-1.5　(c) CE-3

图 15.19　V-ε_s关系

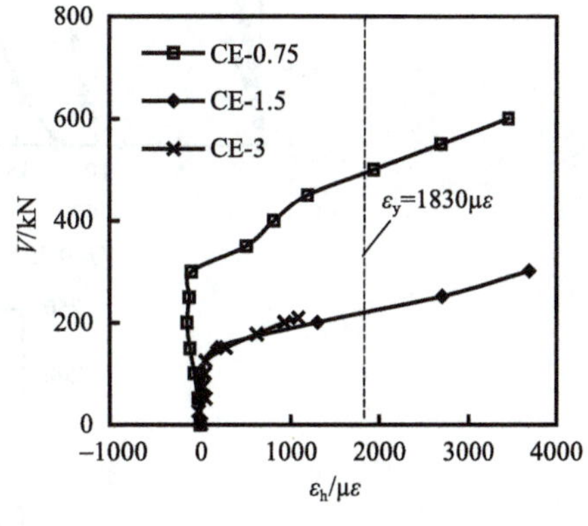

图 15.20　V-ε_h关系

分布情况和裂缝最大宽度w_m。图15.21给出了荷载（V/V_u）-最大裂缝宽度（w_m）关系对比。同一V/V_u下，对于发生斜压和剪压破坏的试件CE-0.75和CE-1.5，纯弯段最大裂缝宽度w_m小于发生弯曲破坏的试件CE-3。在记录范围内，即V/V_u＝0.9时，试件CE-0.75、CE-1.5和CE-3纯弯段的w_m分别为0.24mm、0.2mm和0.6mm。在弯剪段，对于发生斜压和剪压破坏的试件CE-0.75和CE-1.5的最大裂缝宽度w_m大于发生弯曲破坏的试件CE-3。在V/V_u＝0.9时，试件CE-0.75、CE-1.5和CE-3弯剪段的w_m分别为0.6mm、0.6mm和0.4mm。根据《混凝土结构设计标准（2024年版）》（GB 50010—2010）规定，对于正常使用极限状态，最大裂缝宽度限值为0.2mm。根据上述规定，达到正常使用极限状态时，试件CE-0.75、CE-1.5和CE-3的荷载分别为0.39V_u、0.48V_u和0.58V_u。

图15.22给出了四肢钢管混凝土加劲混合结构试件和相应的钢筋混凝土加劲混合结

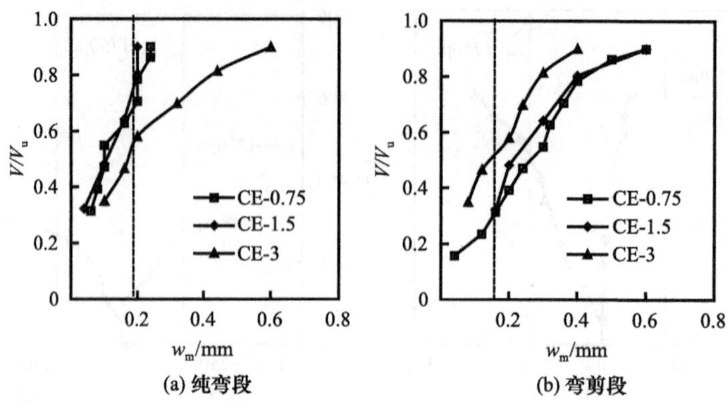

图 15.21　V/V_u-w_m关系对比

构试件的剪力（V）-加载点处挠度（u_p）关系对比。对于均发生斜压破坏的试件CE-0.75和RC-0.75［图15.22（a）］，由于钢管混凝土部件的贡献，使得CE-0.75的V_u是RC-0.75的1.69倍，刚度和峰值后延性要高于相应的钢筋混凝土试件。对于$a_v/B=1.5$的试件，由于破坏形态不同，即CE-1.5发生剪压破坏，而RC-1.5发生弯曲破坏，造成四肢钢管混凝土加劲混合结构试件在达到V_u后荷载降低，但钢筋混凝土试件荷载没有明显下降阶段，如图15.22（b）所示，但CE-1.5的V_u是RC-1.5的1.27倍。对于$a_v/B=3$的试件，均发生弯曲破坏，CE-3的V_u是RC-3的1.84倍，二者的初始刚度基本一致，但混凝土开裂后钢管混凝土加劲混合结构试件刚度大于钢筋混凝土试件［图15.22（c）］。

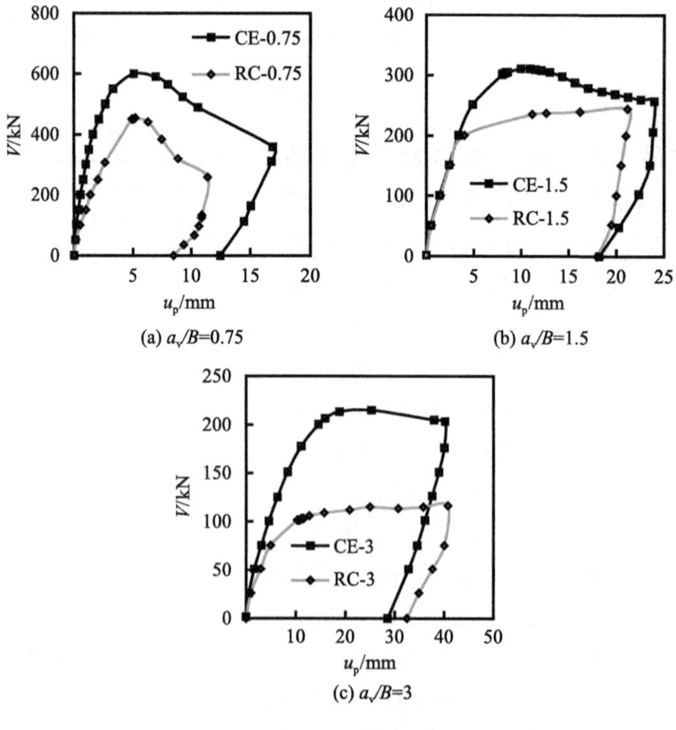

图 15.22　V-u_p关系对比

图15.23给出了荷载（V）-最大裂缝宽度（w_m）关系对比。对于发生斜压破坏的试件CE-0.75和RC-0.75［图15.23（a）］，同一荷载下四肢钢管混凝土加劲混合结构试件弯剪段的w_m小于钢筋混凝土试件。对于发生弯曲破坏的试件CE-3和RC-3［图15.23（b）］，同一荷载下四肢钢管混凝土加劲混合结构试件纯弯段的w_m小于钢筋混凝土试件。可见钢管混凝土部件能有效抑制混凝土裂缝的开展，使得四肢钢管混凝土加劲混合结构试件具有更大的刚度。

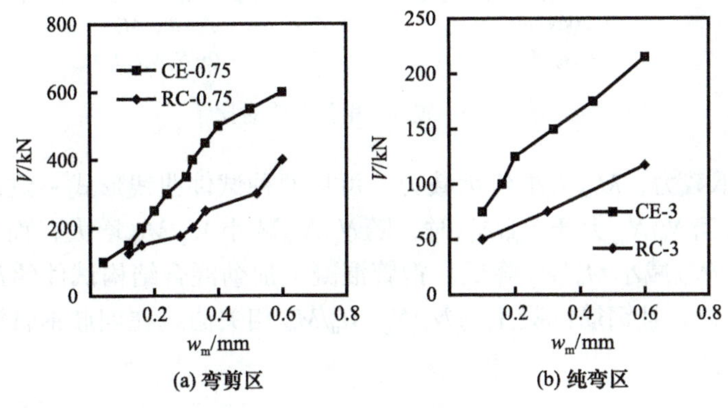

图15.23　V-w_m关系对比

判断受弯试件在纯弯段发生弯曲破坏或弯剪段发生剪切破坏的标准为当$M_u<M_{u0}$时（其中$M_u=V_u\times a_v$，V_u为极限剪力，M_u为V_u对应下纯弯段所受弯矩，M_{u0}为纯弯段截面抗弯承载力），在弯剪段发生剪切破坏（斜压或剪压），即在弯剪段达到剪切极限承载力时，纯弯段尚未达到抗弯承载力。当$M_u=M_{u0}$时，在纯弯段发生弯曲破坏。图15.24给出了a_v/B对M_u的影响，$a_v/B=3$的试件发生弯曲破坏，其M_u可以认为是纯弯段截面抗弯承载力，而$a_v/B<3$的试件，其M_u均小于$a_v/B=3$的试件对应的M_u，此时试件在弯剪段发生斜压或剪压破坏。在进行结构设计时，通常要求结构发生延性较好的弯曲破坏，避免发生剪切破坏，即“强剪弱弯”，因此在结构设计和承载力验算时，应避免$M_u<M_{u0}$。

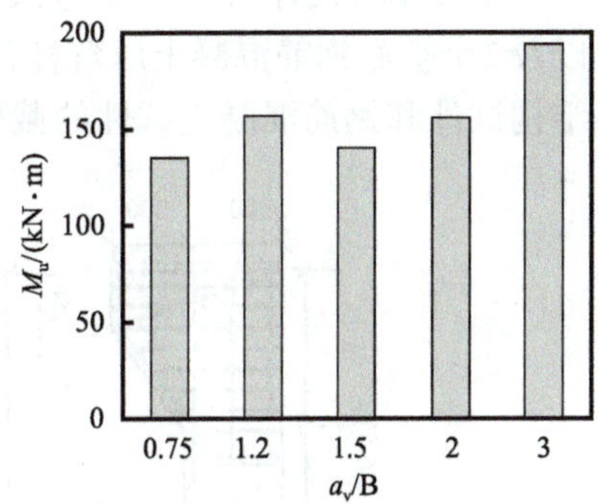

图15.24　a_v/B对M_u影响

在轴压、压弯以及受弯试验中，试件的截面相同，材料强度除钢管外包混凝土略有不同外，其他相同。选择轴压试件CE-1-1、压弯试件CE-S-1-2和CE-S-2-2，以及弯曲试件CE-3，其承载力构成四肢钢管混凝土加劲混合结构试件的压弯相关曲线。同时选取相应的钢筋混凝土试件，即轴压试件RC、压弯试件RC-1和RC-2，以及弯曲试件RC-3，其承载力构成钢筋混凝土试件的压弯相关曲线，如图15.25所示。

如图15.25（a）所示，由于钢管混凝土部件的贡献，使得四肢钢管混凝土加劲混合结构试件的N_u-M_u相关承载力大于钢筋混凝土试件。图15.25(b）给出了归一化结果，

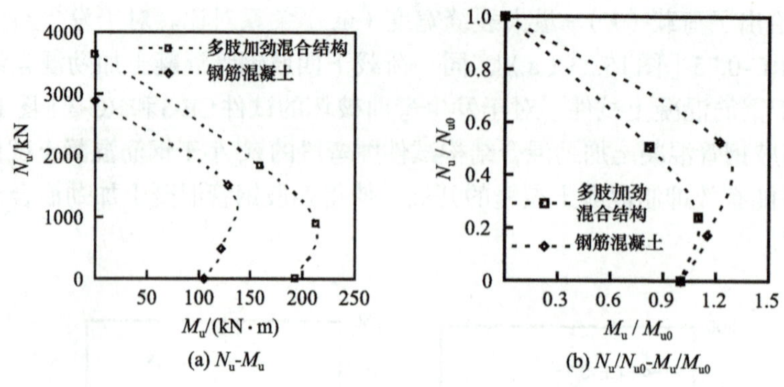

图 15.25　N_u-M_u 相关曲线对比

其中N_{u0}为轴压承载力，M_{u0}为抗弯承载力，可见两种试件曲线形式一致，即存在界限轴压比N_{ub}/N_{u0}。当N_u/N_{u0}大于N_{ub}/N_{u0}时，随N_u/N_{u0}减小M_u/M_{u0}增大；而当N_u/N_{u0}小于N_{ub}/N_{u0}时，随N_u/N_{u0}减小M_u/M_{u0}降低。钢管混凝土加劲混合结构试件的N_{ub}/N_{u0}小于钢筋混凝土N_{ub}/N_{u0}，并且钢筋混凝土的N_u/N_{u0}-M_u/M_{u0}相关曲线在四肢钢管混凝土加劲混合结构试件外面。

3. 压弯试验

本书作者设计的14个压弯试件中包括12个四肢钢管混凝土加劲混合结构压弯试件以及2个空心钢筋混凝土压弯柱，试件详细尺寸如图15.26所示。钢管混凝土加劲混合结构试件和钢筋混凝土试件的截面几何尺寸和配筋情况与轴压试件一致。为实现偏心

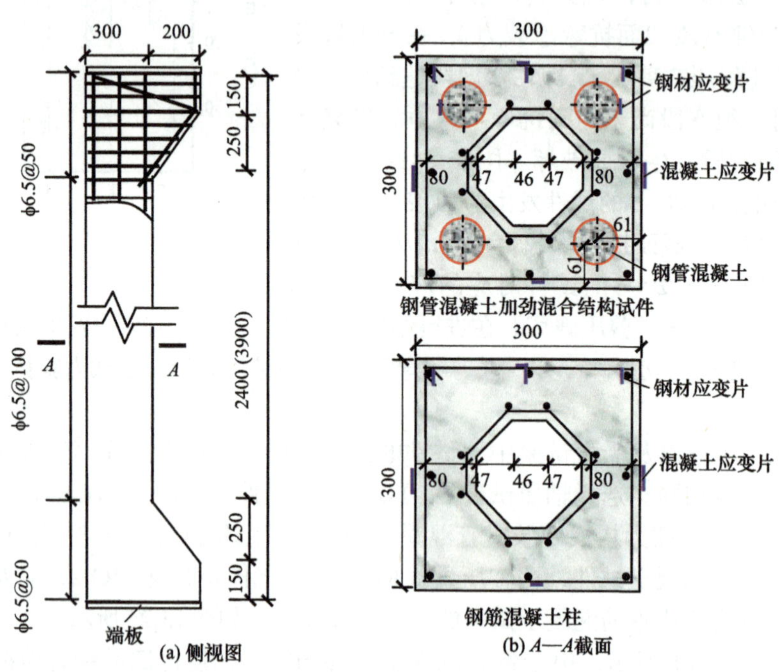

图 15.26　压弯试件尺寸图（尺寸单位：mm）

加载，在端部设置了牛腿，牛腿尺寸和配筋情况如图 15.26（a）所示。两个厚度 30mm 的端板设置在两端。

表 15.5 给出了试件的参数信息，研究参数主要包括试件高宽比（l_0/B）和偏心距与截面宽度之比（e/B），以及钢管混凝土加劲混合结构试件和相应的钢筋混凝土试件的对比，参数范围如下。

1）l_0/B（l_0为试件有效高度，为两端加载点处距离）：8.7 和 13.7。

2）e/B（e为加载点距柱子截面中心距离）：0.25 和 0.75。同时设计了四个 $e/B=0$ 的柱子做对比。

表 15.5　压弯试件信息

序号	试件编号	l/mm	l_0/mm	l_0/B	e/B	钢管外包混凝土 $f_{cu,out}$/MPa
1	CE-S-0-1	2400	2600	8.7	0	30
2	CE-S-0-2	2400	2600	8.7	0	35
3	CE-S-1-1	2400	2600	8.7	0.25	30
4	CE-S-1-2	2400	2600	8.7	0.25	35
5	RC-1	2400	2600	8.7	0.25	35
6	CE-S-2-1	2400	2600	8.7	0.75	30
7	CE-S-2-2	2400	2600	8.7	0.75	35
8	RC-2	2400	2600	8.7	0.75	35
9	CE-L-0-1	3900	4100	13.7	0	40
10	CE-L-0-2	3900	4100	13.7	0	35
11	CE-L-1-1	3900	4100	13.7	0.25	40
12	CE-L-1-2	3900	4100	13.7	0.25	35
13	CE-L-2-1	3900	4100	13.7	0.75	40
14	CE-L-2-2	3900	4100	13.7	0.75	35

虽然设计中钢管外包混凝土强度均为 C30，但由于浇筑钢管外包混凝土时间不同，造成试验时不同试件钢管外包混凝土强度 $f_{cu,out}$ 略有不同，因此钢管外包混凝土强度也作为参数之一在下文中进行讨论。

钢材强度与轴压短柱试件一致，如表 15.2 所示。钢管外包混凝土和钢管内混凝土分别采用 C30 和 C60 自密实混凝土，混凝土配合比如表 15.3 所示。试验时，钢管内混凝土立方体强度 $f_{cu,core}$ 为 62.5MPa，钢管外包混凝土立方体强度 $f_{cu,out}$ 如表 15.5 所示。

图 15.27 给出了试件制作过程。首先将钢管加工成所需长度，钢管端部打磨平整。之后将钢管竖起，浇筑自密实混凝土，并充分振捣，形成钢管混凝土（养护两周）。此后加工和绑扎好内外钢筋笼。四个钢管混凝土和内外钢筋笼按设计位置焊接到钢盖板上，如图 15.27（a）和（b）所示。然后将其放入钢模板中，空心部分用同尺寸的八边形木模板成型，便于拆除，如图 15.27（c）所示。在浇筑钢管外包混凝土过程中，充分振捣，确保浇筑质量。拆除模板后的试件如图 15.27（d）所示。

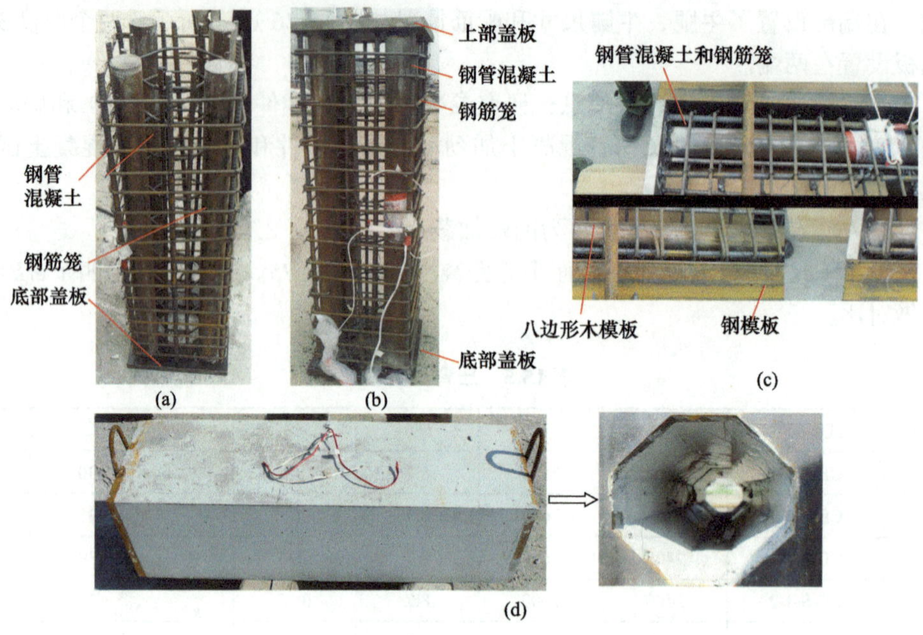

图 15.27　试件制作过程

试验过程平稳可控。图 15.28 给出了所有试件加载后的破坏形态，多肢钢管混凝土加劲混合结构压弯试件由钢管外包混凝土压溃而破坏，这与钢筋混凝土压弯柱（Park and Pauley，1975）和单肢钢管混凝土加劲混合结构压弯试件（王犇，2011；徐明，2000）破坏类似。

图 15.29 给出了不同偏心距下压弯试件的破坏过程。对于 $e/B=0$ 的试件，破坏非常突然，在 $0.9N_u$ 之前（N_u 为极限荷载）没有出现明显裂缝。当轴力达到 $0.9N_u$ 左右，在牛

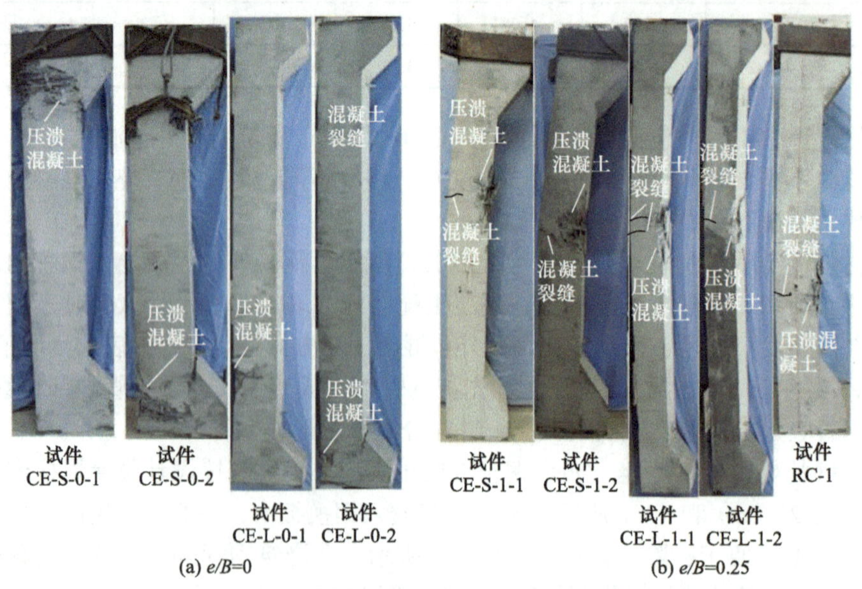

图 15.28　压弯试件破坏形态

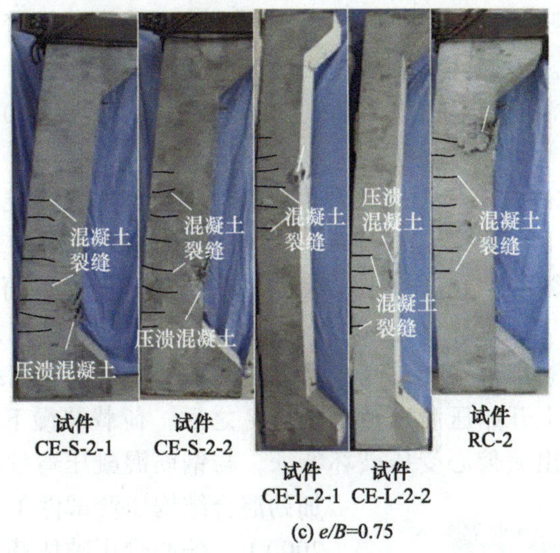

(c) e/B=0.75

图 15.28 （续）

腿和柱身交界处出现了一些竖向裂缝，如图 15.29（a）所示。轴力达到N_u时，在牛腿和柱身交界附近混凝土压溃，而侧向变形非常小。此后荷载迅速下降，柱子表现出脆性破坏特征。

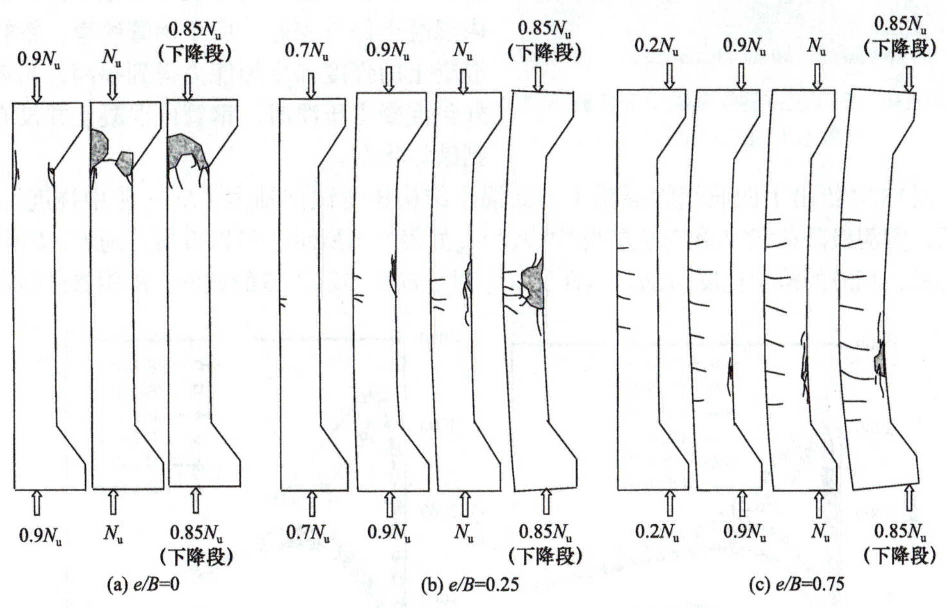

(a) e/B=0　(b) e/B=0.25　(c) e/B=0.75

图 15.29　压弯试件破坏过程

对于e/B＝0.25 的试件，破坏形态表现为受压区混凝土压溃，混凝土水平裂缝分布在受拉区，如图 15.29（b）所示。在 0.7N_u之前，没有出现明显裂缝。当轴力达到 0.7N_u左右时，一些微小的水平裂缝出现在跨中受拉区，此后裂缝不断发展。轴力达到 0.9N_u左右时，竖向裂缝出现在跨中受压区并且混凝土开始在角部压溃。轴力达到N_u时，跨中受压区混凝土压溃，随后随荷载下降，混凝土开始剥落，受拉区混凝土裂缝发展迅速，侧向变形迅速增加。该破坏形态表现出小偏心受压破坏特征，与钢筋混凝压弯柱和单肢钢管混凝土加劲混合结构压弯试件（王犇，2011；徐明，2000）小偏心受压破坏特征相似。

对于$e/B=0.75$的试件，破坏形态表现为受压区混凝土压溃，混凝土水平裂缝分布在受拉区，如图15.29（c）所示。与$e/B=0.25$的试件的不同之处在于，$e/B=0.75$试件的受拉区混凝土水平裂缝沿柱身分布比$e/B=0.25$的试件更广泛，而受压区混凝土压溃区域较$e/B=0.25$的试件小。在荷载为$0.2N_u$时，混凝土水平裂缝出现在受拉区，随荷载增加新的水平裂缝不断出现在受拉区，已有裂缝不断发展。在荷载接近N_u时，受压区出现竖向裂缝，混凝土开始压溃。轴力达到N_u之后，荷载缓慢下降，侧向变形迅速增加。该破坏形态表现出大偏心受压破坏特征，与钢筋混凝压弯柱和单肢钢管混凝土加劲混合结构压弯试件（王犇，2011；徐明，2000）大偏心受压破坏特征相似。

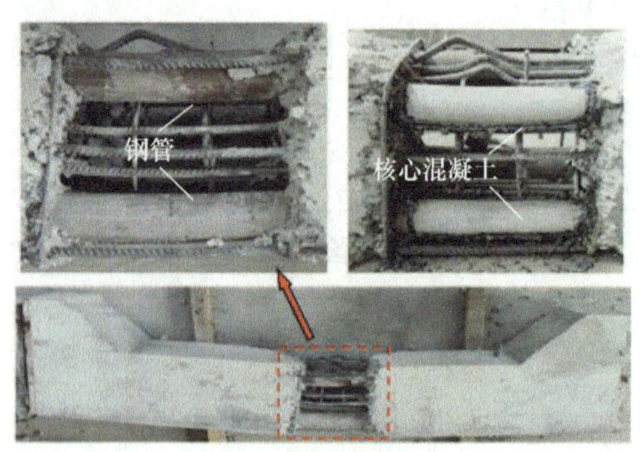

图15.30 压弯试件钢管混凝土部件破坏形态（CE-S-1-2）

图15.30给出了内钢管和钢管内混凝土的破坏形态（试件CE-S-1-2）。钢管受弯变形，但由于钢管外包混凝土的约束和钢管内混凝土的支撑作用，并没有发现局部屈曲现象。与钢管外包混凝土破坏形态不同，钢管内混凝土保持完好。由于钢管约束，钢管内混凝土的强度和变形能力得到提高，当钢管外包混凝土压溃时，钢管内混凝土并没有达到破坏状态。

图15.31给出了四肢钢管混凝土加劲混合结构压弯试件轴力（N）-跨中挠度（u_m）关系，实测极限荷载N_u和对应的跨中挠度u_{mu}如表15.6所示。可以看出，随着e/B增加，N_u降低，相应的跨中挠度增加，延性变好。对于$e/B=0$和0.25的试件，随钢管外包混凝

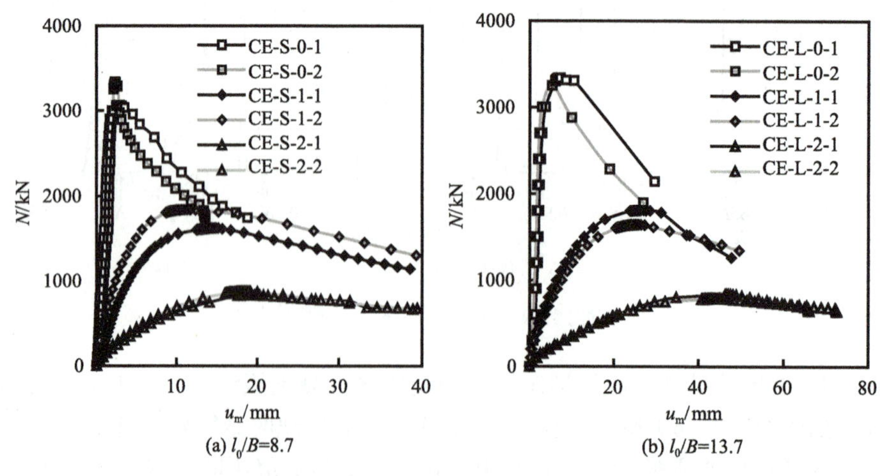

图15.31 N-u_m关系

土强度增加，N_u增加。但对于$e/B=0.75$的试件，钢管外包混凝土强度对N_u无显著影响。图15.32给出了l_0/B对N-u_m关系影响。随着l_0/B增加，N_u降低，相应的跨中挠度增加。

表 15.6　试验结果汇总

编号	N_u/kN	u_{mu}/mm	$e+u_{mu}$/mm	M_u/（kN · m）	η_e	η_c	η_c/η_e
CE-S-0-1	3064	2.9	2.46	8.9	—	—	—
CE-S-0-2	3336	2.3	2.30	7.8	—	—	—
CE-S-1-1	1622	14.7	89.70	145.5	1.20	1.11	0.925
CE-S-1-2	1837	11.7	86.70	159.3	1.16	1.11	0.957
CE-S-2-1	832	22.1	247.10	205.6	1.10	1.07	0.973
CE-S-2-2	872	19.7	244.70	213.4	1.09	1.07	0.982
CE-L-0-1	3336	7.3	7.30	24.3	—	—	—
CE-L-0-2	3249	5.3	5.30	17.3	—	—	—
CE-L-1-1	1802	28.6	103.60	186.7	1.38	1.31	0.949
CE-L-1-2	1642	27.3	102.30	168.0	1.36	1.31	0.963
CE-L-2-1	834	48.1	273.10	227.8	1.21	1.17	0.967
CE-L-2-2	788	45.3	270.30	213.0	1.20	1.17	0.975
RC-1	1524	9.2	84.20	128.3	1.12	1.12	1.000
RC-2	500	16.7	241.70	120.9	1.07	1.07	1.000

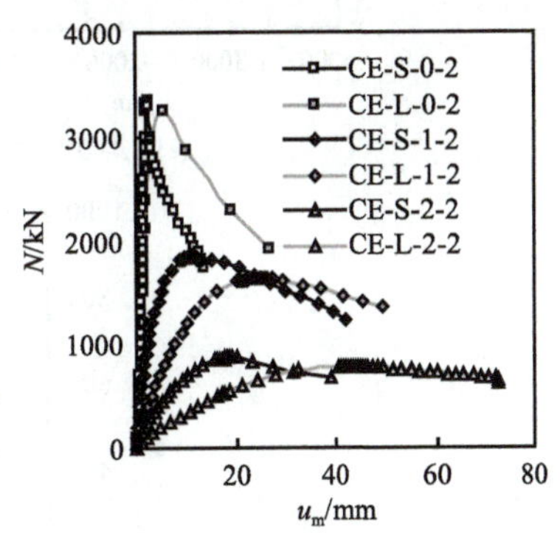

图 15.32　l_0/B对N-u_m关系影响

图15.33给出了在不同荷载阶段钢管混凝土加劲混合压弯试件的侧向变形关系，图中同时给出了采用正弦半波计算的侧向变形（实测跨中挠度与正弦半波计算值相等）。可以看出，在N_u之前，侧向变形与正弦半波吻合良好。上述结果表明用于钢筋混凝土压弯柱简化分析的“正弦半波变形假设”（叶列平，2005），能够用于四肢钢管混凝土加劲混合结构压弯试件的简化分析中，可以预测极限荷载和相应侧向变形。

图15.34给出了四肢钢管混凝土加劲混合结构压弯试件轴力（N）-跨中钢管纵向应变（ε_s）关系，量测位置分别为受压侧钢管边缘和受拉侧钢管边缘，如图15.26（b）所示。对于$e/B=0$的试件，如图15.34（a）所示，在荷载初期，两侧钢管纵向应变保持一致。随着荷载增加，由于微小的侧向变形，导致一侧钢管应变小于另外一侧。在N_u时，两侧钢管均受压屈服。对于$e/B=0.25$的试件，在荷载初期，受拉侧钢管纵向应变发展缓慢，在N_u时没有达到受拉屈服，而受压侧钢管应变发展较快，在N_u时达到受压屈服。对照$e/B=0.25$的破坏形态，对于发生小偏心受压破坏的试件，在N_u时，即钢管外包混凝土压溃时，受拉区钢管边缘纤维没有屈服。而对于$e/B=0.75$的试件，随荷载增加，受压侧和

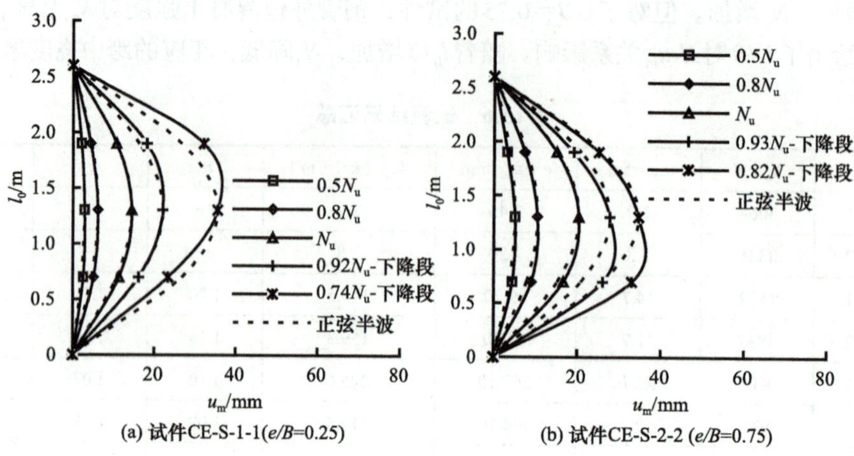

(a) 试件CE-S-1-1(e/B=0.25)　(b) 试件CE-S-2-2 (e/B=0.75)

图 15.33　压弯试件侧向变形关系

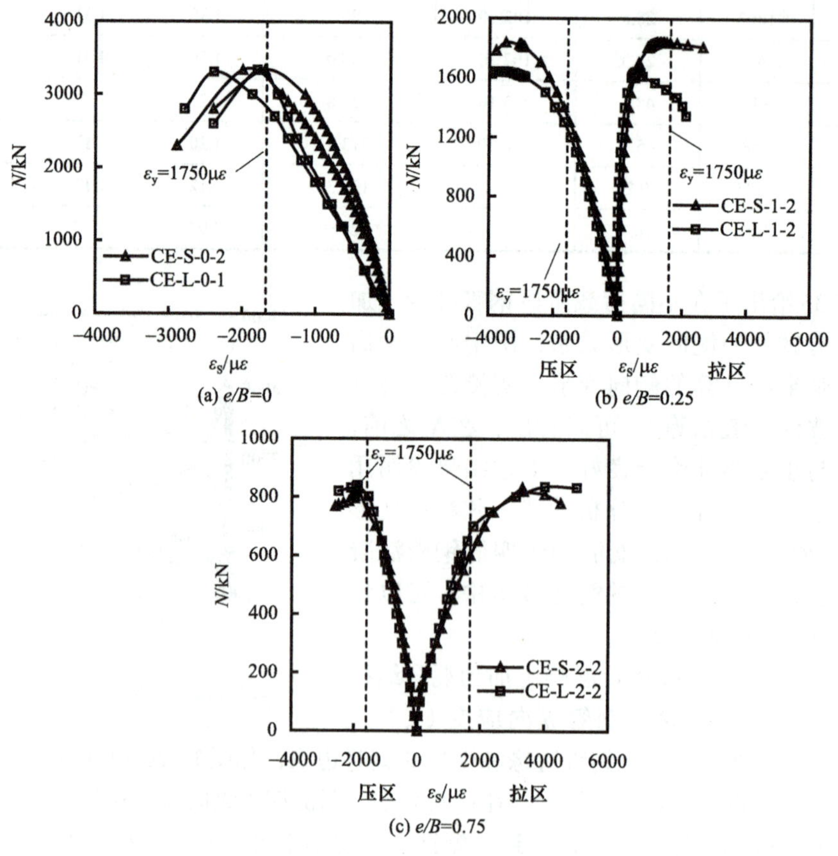

图 15.34　N-ε_s关系

受拉侧钢管应变发展均较快，在N_u时，受压侧和受拉侧钢管均已经屈服。对照$e/B=0.75$的破坏形态，对于发生大偏心受压破坏的试件，在N_u时，即钢管外包混凝土压溃时，受拉区钢管边缘纤维已经屈服。因此可以用N_u时受拉区钢管边缘纤维恰好屈服作为界限破坏的特征。

韩林海（2022）给出了圆形钢管混凝土轴压短柱达到极限荷载时对应的应变ε_{scy}，对于本节压弯试件的钢管混凝土部件，$\varepsilon_{scy}=4700\mu\varepsilon$。Han等（2011）建议钢管混凝土轴拉试件极限荷载对应的应变为$5000\mu\varepsilon$。根据图15.34给出的钢管应变分布，可以看出在整个试件达到N_u时，受压区钢管混凝土和受拉区钢管混凝土均未达到其单独承受轴压或轴拉时的极限应变，表明此时钢管混凝土部件尚未达到单独承受轴力时的破坏状态。

图15.35给出了在不同加载阶段跨中截面的钢管外包混凝土、钢管和纵筋的应变分布，图中x_0表示跨中截面位置。如图15.35所示，在N_u之前，应变分布满足平截面假定，钢管混凝土部件和钢筋混凝土部件能够共同工作。

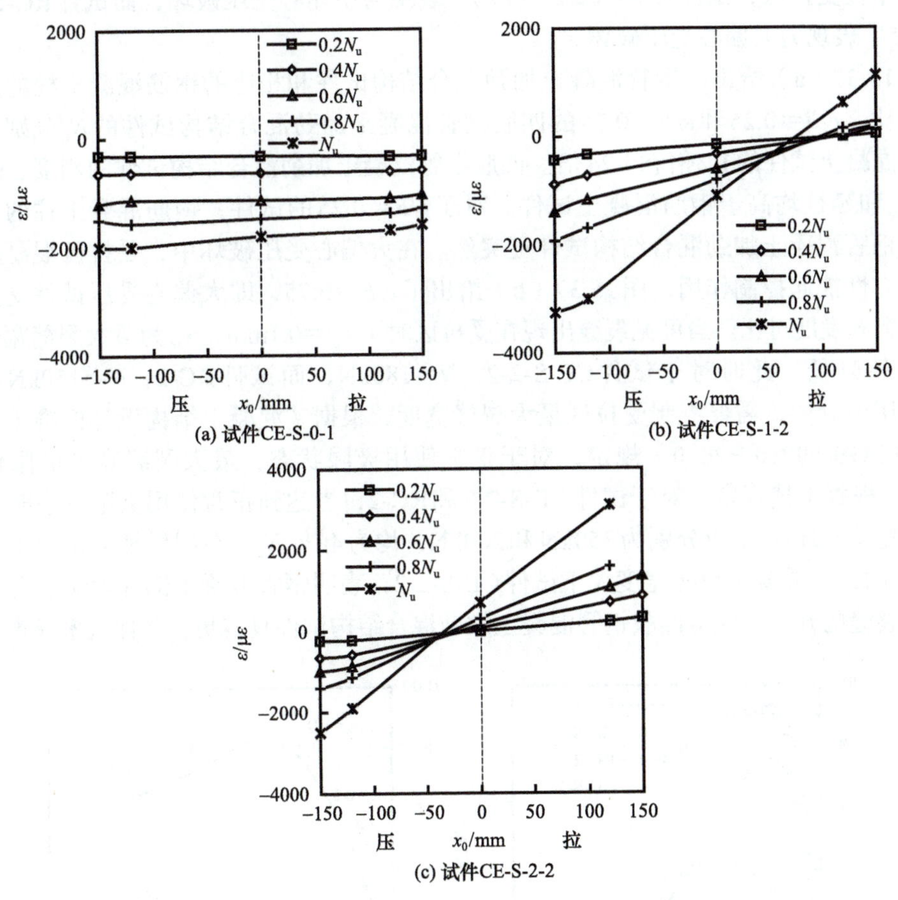

图15.35　跨中截面应变分布

图15.36给出了N_u时跨中截面受压边缘混凝土应变（ε_{cu}）分布，对于$e/B=0$的试件，ε_{cu}小于$2500\mu\varepsilon$，此时混凝土轴压性能控制其极限状态。而$e/B=0.25$和0.75的试件，其ε_{cu}大于$e/B=0$的试件。根据《混凝土结构设计标准（2024年版）》（GB 50010—2010），钢筋混凝土压弯柱的受压边缘混凝土极限应变（ε_{cu}）为$3300\mu\varepsilon$。对于四肢钢

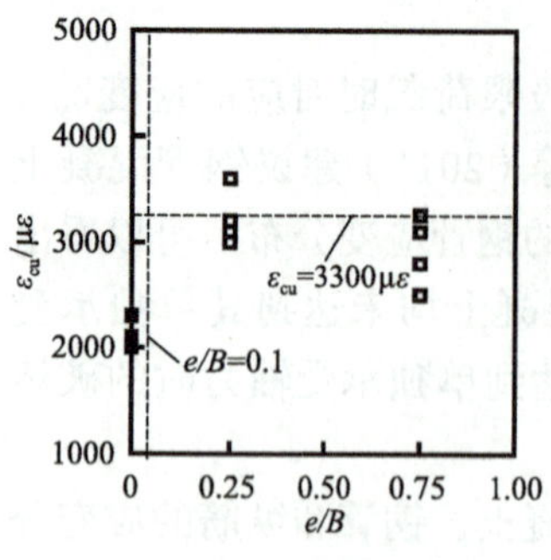

图 15.36　N_u 对应的 ε_{cu}

管混凝土加劲混合结构压弯试件，除试件CE-S-2-1和CE-S-2-2的 ε_{cu} 小于3000με外，其余压弯试件（e/B 为0.25和0.75）的 ε_{cu} 均在3300με附近。造成试件CE-S-2-1和CE-S-2-2的 ε_{cu} 小于3000με的原因在于其混凝土压溃处距跨中截面较远。当混凝土压溃时，跨中截面受压边缘混凝土应变较小，而压溃处受压边缘混凝土应变应当达到3000με以上。因此，对于四肢钢管混凝土加劲混合结构压弯试件，受压截面混凝土应变 ε_{cu}（压溃处）可按3300με计算。

钢筋混凝土压弯试件与钢管混凝土加劲混合结构压弯试件破坏形态相类似，均表现为受压区混凝土压溃和水平裂缝分布在受拉区，试件RC-1（$e/B=0.25$）表现为小偏心受压破坏，而试件RC-2（$e/B=0.75$）表现为大偏心受压破坏。

图15.37（a）给出了钢管混凝土加劲混合结构试件和相应的钢筋混凝土柱的 N-u_m 关系对比，$e/B=0.25$ 和 $e/B=0.75$ 的四肢钢管混凝土加劲混合结构试件的 N_u 分别是相应钢筋混凝土试件的1.2倍和1.74倍。四肢钢管混凝土加劲混合结构试件的刚度、N_u 对应的 u_{mu} 和延性均高于钢筋混凝土试件。对于 $e/B=0.25$ 的试件，钢筋混凝土柱的破坏比四肢钢管混凝土加劲混合结构试件更突然。在大偏心受压破坏中，受拉区混凝土裂缝对受力性能起控制作用，图15.37（b）给出了 $e/B=0.75$，即大偏心受压试件受拉区混凝土裂缝发展对比。当可见裂缝出现在受拉区时（w_m=0.1mm，w_m 为最大裂缝宽度），刚度开始降低，此时对于试件CE-S-2-2，N=180kN，而试件RC-2，N=150kN。在正常使用设计中，需要控制受拉区最大裂缝宽度，根据《混凝土结构设计标准（2024年版）》（GB 50010—2010）规定，对于正常使用极限状态，最大裂缝宽度的限值为0.2mm。根据上述规定，对于试件CE-S-2-2和RC-2，当达到正常使用极限状态时（最大裂缝宽度0.2mm），N 分别为350kN和200kN，均为40% N_u。在同样轴力情况下，试件RC-2的最大混凝土裂缝宽度大于试件CE-S-2-2，表明钢管混凝土部件限制了受拉区混凝土裂缝的开展，使得四肢钢管混凝土加劲混合结构试件具有更大的刚度和承载力。

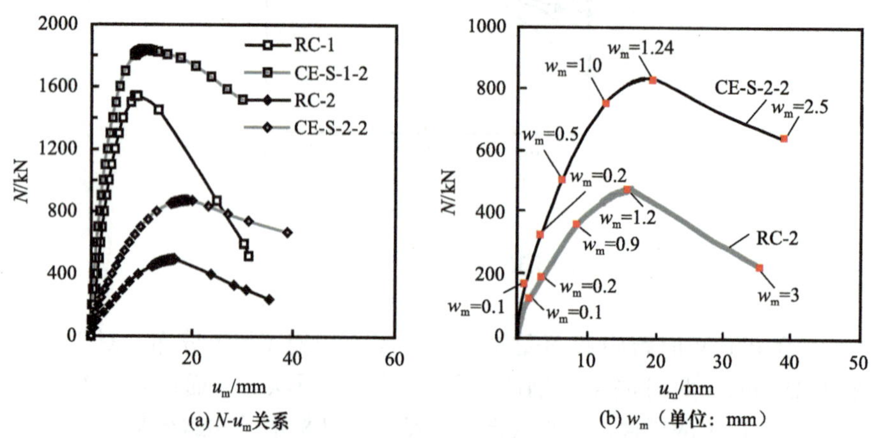

图 15.37　四肢钢管混凝土加劲混合结构和钢筋混凝土试件对比

对于压弯长柱，需要考虑由于侧向变形带来的附加弯矩的影响。图 15.38 给出了侧向变形对 N-M 相关关系的影响。一阶弯矩 $M_1=N_u\times e$，而考虑侧向变形的二阶弯矩 $M_u=N_u\times(e+u_{mu})$，其中 u_{mu} 为 N_u 对应的跨中挠度。实测弯矩增大系数 η_e，表征由于二阶效应带来的弯矩增大作用，如式（15.1）所示。

$$\eta_e=\frac{M_{ue}}{M_1}=\frac{e+u_{mu}}{e} \tag{15.1}$$

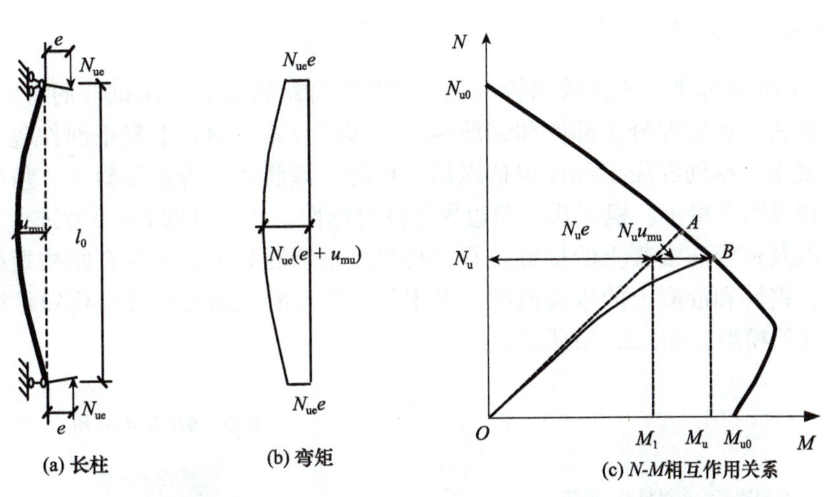

图 15.38　侧向变形对 N-M 相互作用关系影响

表 15.6 给出了实测 η_e，图 15.39 给出了不同参数对 η_e 的影响，其中随 e/B 增大，η_e 减小；而随 l_0/B 增大，η_e 增大。

在《混凝土结构设计标准（2024年版）》（GB 50010—2010）中，采用偏心距增大法考虑二阶效应的影响，给出了弯矩增大系数 η_c 的计算方法。

对于两端铰接的钢筋混凝土压弯柱，根据 GB 50010—2010（2024年版），η_c 按式（15.2）计算。

$$\eta_c=1+\frac{1}{1300(e/h_0)}\left(\frac{l_0}{h}\right)^2\zeta_c \tag{15.2}$$

图 15.39　参数对 η_e 影响

式中，h 为沿偏心方向截面高度；h_0 为截面有效高度，即受拉钢筋形心到受压边缘距离；ζ_c 为截面曲率修正系数，$\zeta_c\leqslant 1$，按式（15.3）计算。

$$\zeta_c=\frac{0.5f_{ck}A}{N_u}\leqslant 1 \tag{15.3}$$

如果将上述 η_c 计算方法直接应用于四肢钢管混凝土加劲混合结构压弯试件中，截面曲率修正系数应当考虑内外混凝土强度不同的影响，按照式（15.4）计算。

$$\zeta_c=\frac{0.5(f_{ck,out}A_{c,out}+4f_{ck,core}A_{c,core})}{N_u}\leqslant 1 \tag{15.4}$$

表15.6给出了按照式（15.2）和式（15.4）计算的四肢钢管混凝土加劲混合结构试件的弯矩增大系数η_c，同时与实测值η_e进行对比。可以发现，计算值小于实测值，表明采用规范计算得到的二阶弯矩偏小，在设计中是不安全的。而采用式（15.2）和式（15.4）计算的钢筋混凝土柱的弯矩增大系数η_c等于弯矩增大系数η_e。原因在于四肢钢管混凝土加劲混合结构试件由于钢管混凝土部件的贡献，承载能力和变形能力得到提高，N_u和u_{mu}较相应的钢筋混凝土柱大，计算结果偏小。

15.2.2 有限元模型的建立

图15.40所示为建立的多肢钢管混凝土加劲混合结构轴心受压试件的有限元模型。模型包括端板、钢管混凝土部件和钢筋混凝土部件，其中钢管混凝土部件包括钢管和钢管内混凝土，钢筋混凝土部件包括纵筋、箍筋、箍筋外无约束混凝土、角部箍筋约束混凝土和翼墙混凝土。根据几何和边界条件对称性，计算时取1/4模型进行。钢筋与混凝土，以及钢管与混凝土的接触关系，与单肢钢管混凝土加劲混合结构短柱模型一致。钢管、钢筋和混凝土的本构模型，采用与钢管混凝土加劲混合结构短柱模型中对应材料一致的模型，如5.2.1节所述。

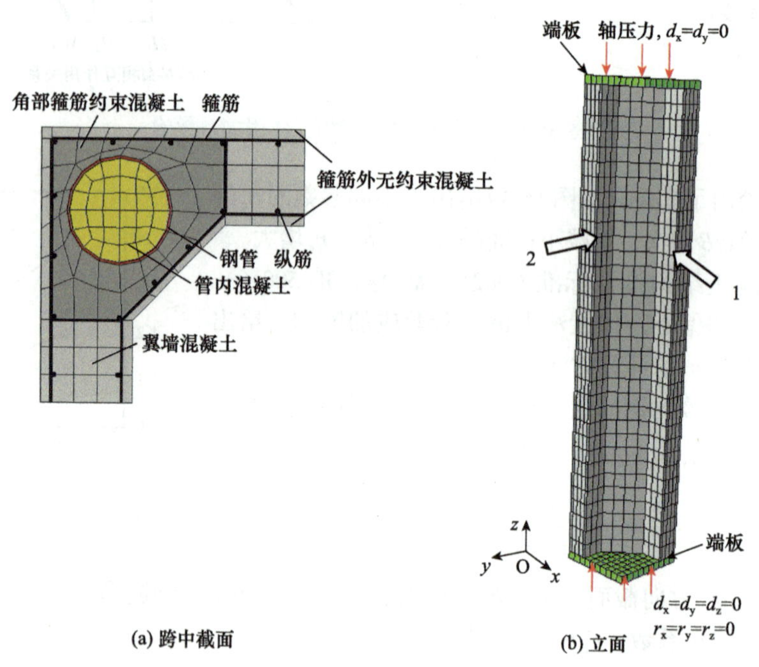

1. 关于yz平面对称（约束x方向位移和转动）；2. 关于xz平面对称（约束y方向位移和转动）。

图15.40 多肢钢管混凝土加劲混合结构轴心受压试件有限元模型

多肢钢管混凝土加劲混合结构试件中，钢筋混凝土部件的混凝土约束区域划分规则如下，如图15.41所示。

1）对于角部无封闭箍筋的试件，仅考虑角部区域箍筋约束混凝土，如图15.41（a）

所示。角部箍筋约束混凝土的受压应力-应变关系，采用钢管混凝土加劲混合结构试件钢管外约束混凝土的受压应力-应变曲线，其中箍筋长度l_h如图15.41（a）所示，约束混凝土面积A_{cc}按实心混凝土面积计算，计算区域取箍筋最外侧，箍筋约束混凝土截面宽度B_c为角部箍筋外侧长度。

2）对于角部有封闭箍筋的试件，角部考虑箍筋约束混凝土，考虑方式与角部无封闭箍筋一致，如图15.41（b）所示。翼墙混凝土约束区域划分以及受压应力-应变关系按照上述处理。

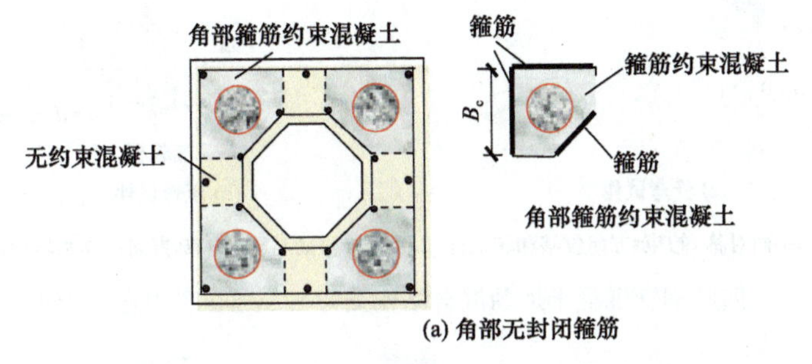

(a) 角部无封闭箍筋

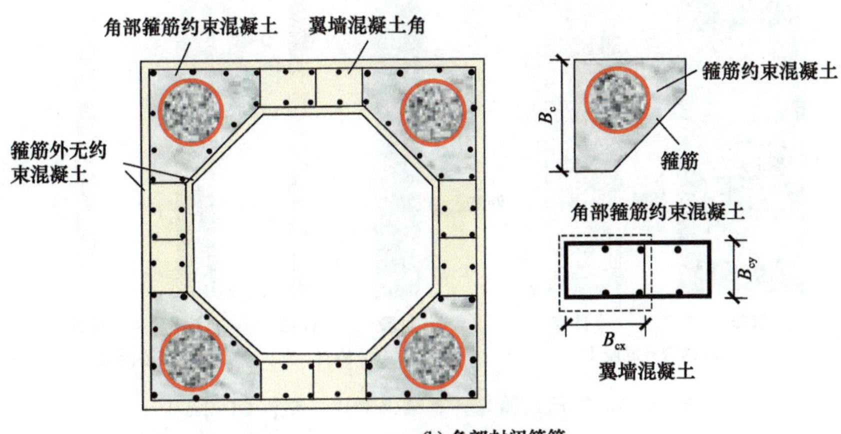

(b) 角部封闭箍筋

图 15.41　截面混凝土划分

多肢钢管混凝土加劲混合结构受弯试件的有限元模型，除边界条件外，其他部分的处理方法如5.2.3节所述。边界条件如图15.42（a）所示，根据几何尺寸和加载条件对称性，计算时取1/4模型进行。通过施加在上部加载板上的竖向位移来实现加载，加载板假设为刚体。多肢钢管混凝土加劲混合结构压弯试件边界条件如图15.42（b）所示，根据几何尺寸和加载条件的对称性，计算时取1/2模型进行。对于压弯柱，两端为铰接，两端偏心距e一致。上部加载板上，限制加载线处的x和y方向的位移以及绕y和z轴的转动，指定z方向位移，在下部端板上，限制加载线上除绕x轴转动的所有自由度。加载板假设为刚体，即刚度足够大以至于在整个加载过程中变形可以忽略。

图15.43～图15.45给出了试验和计算结果对比。可见，提出的模型计算结果和试验结果吻合良好。

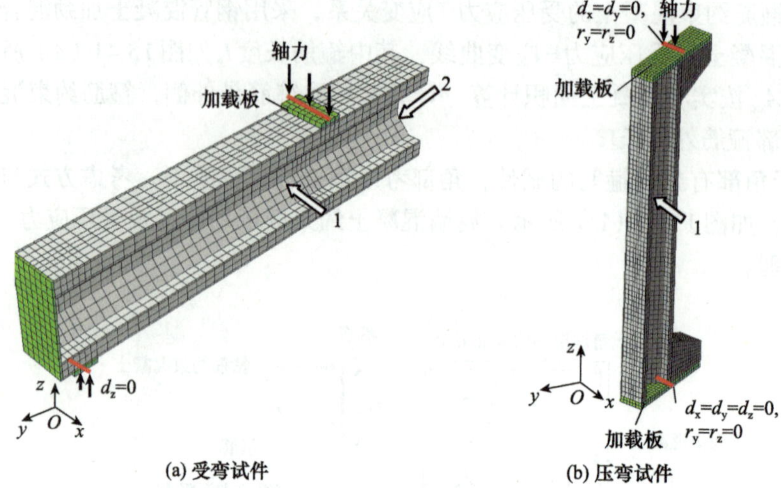

(a) 受弯试件　　(b) 压弯试件

1. 关于yz平面对称（约束x方向位移和转动）；2. 关于xz平面对称（约束y方向位移和转动）。

图 15.42　四肢钢管混凝土加劲混合结构受弯与压弯试件有限元模型

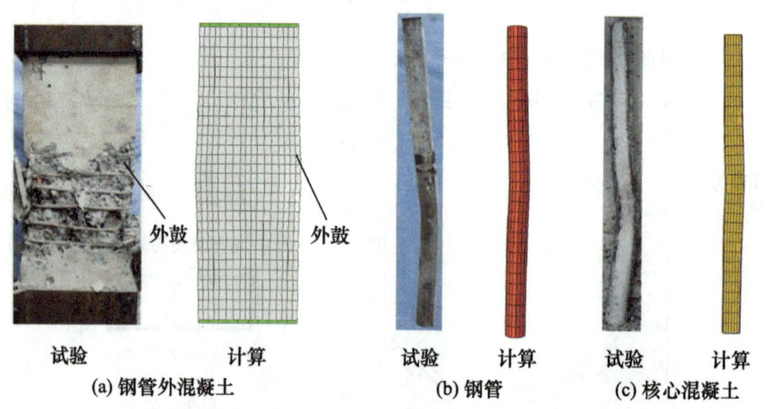

(a) 钢管外混凝土　　(b) 钢管　　(c) 核心混凝土

图 15.43　轴压试验与计算结果对比（试件CE-2-1）

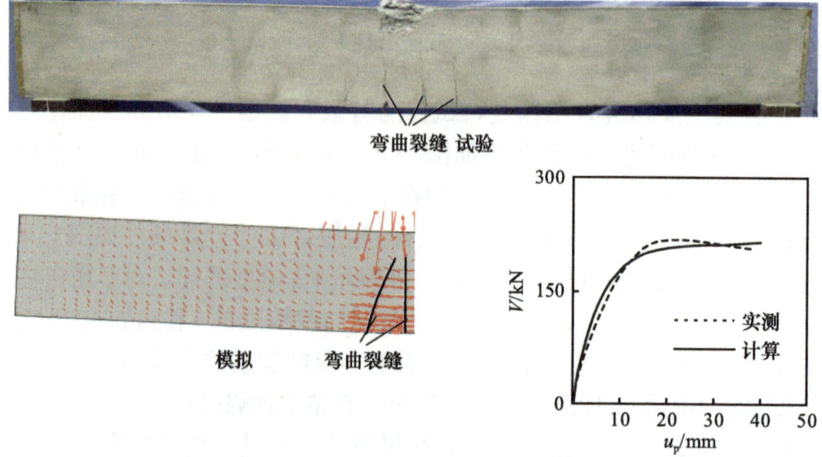

图 15.44　受弯试验与计算结果对比（试件CE-3）

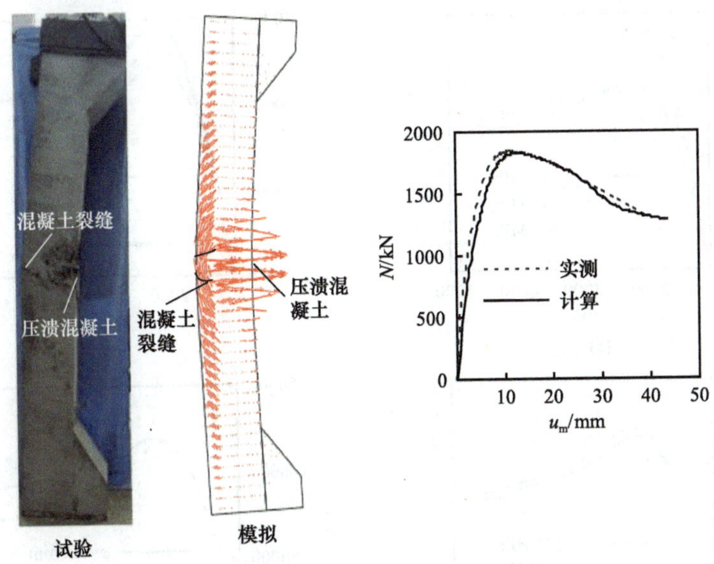

图 15.45　压弯试验与计算结果对比（试件 CE-S-1-2）

15.2.3　参数分析

1. 轴心受压试件

影响四肢钢管混凝土加劲混合结构轴压试件的N-ε关系的参数以及范围如下。①钢筋混凝土部件：钢管外包混凝土强度$f_{cu,out}$取30～50MPa，纵筋配筋率α_l取0.5%～3%，纵筋强度f_{yl}取235～400MPa，箍筋间距s取100～200mm；②钢管混凝土部件：钢管内混凝土强度$f_{cu,core}$取40～80MPa，含钢率α_s取0.05～0.15，钢管强度f_{ys}取235～420MPa；③D/B取0.15～0.25。

图15.46给出了钢筋混凝土部件相关参数对N-ε关系的影响，图15.47给出了钢筋混凝土部件相关参数对钢管混凝土部件占轴力比例（k_N）-ε关系的影响，影响规律总结如下。

1）钢管外包混凝土强度$f_{cu,out}$。随$f_{cu,out}$增大，N_u逐渐增大，$f_{cu,out}$从30MPa到50MPa时，N_u增大32.4%，延性降低。原因在于$f_{cu,out}$增大，钢管外包混凝土承载力增大，导致N_u增大，但箍筋对钢管外包角部混凝土的约束作用减弱，导致延性降低。随$f_{cu,out}$增大，k_N逐渐降低，原因在于钢管混凝土部件强度不变，钢筋混凝土部件强度增大，导致k_N减低。

2）纵筋配筋率α_l。随α_l增大，N_u逐渐增大，但增加程度没有$f_{cu,out}$显著，α_l从0.5%增大到3%时，N_u增大11.7%，k_N降低。原因在于纵筋强度占整个截面强度的比重较低（部分试件峰值荷载时纵筋强度约为7% N_u），因此随α_l增大，N_u的增加程度没有$f_{cu,out}$显著。钢管混凝土部件强度不变，钢筋混凝土部件强度增大，导致k_N降低。

3）纵筋材料强度f_{yl}。随f_{yl}增大，N_u逐渐增大，但增加程度没有$f_{cu,out}$显著，f_{yl}从235MPa到400MPa时，N_u增大3.4%，k_N略有降低。原因与提高纵筋配筋率α_l一致，纵

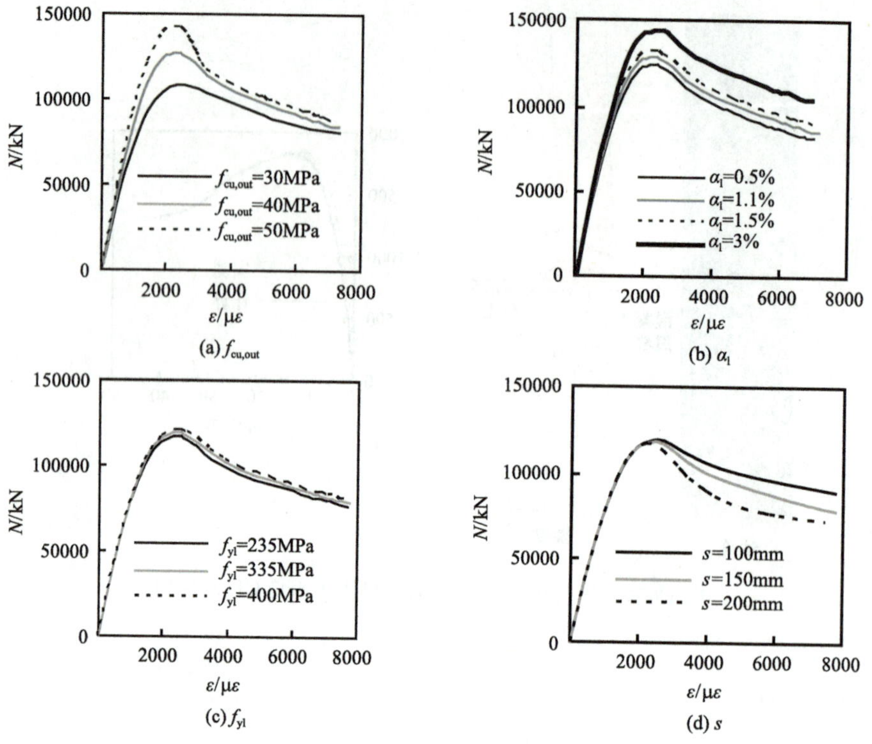

图 15.46　钢筋混凝土部件相关参数对 N-ε 关系影响

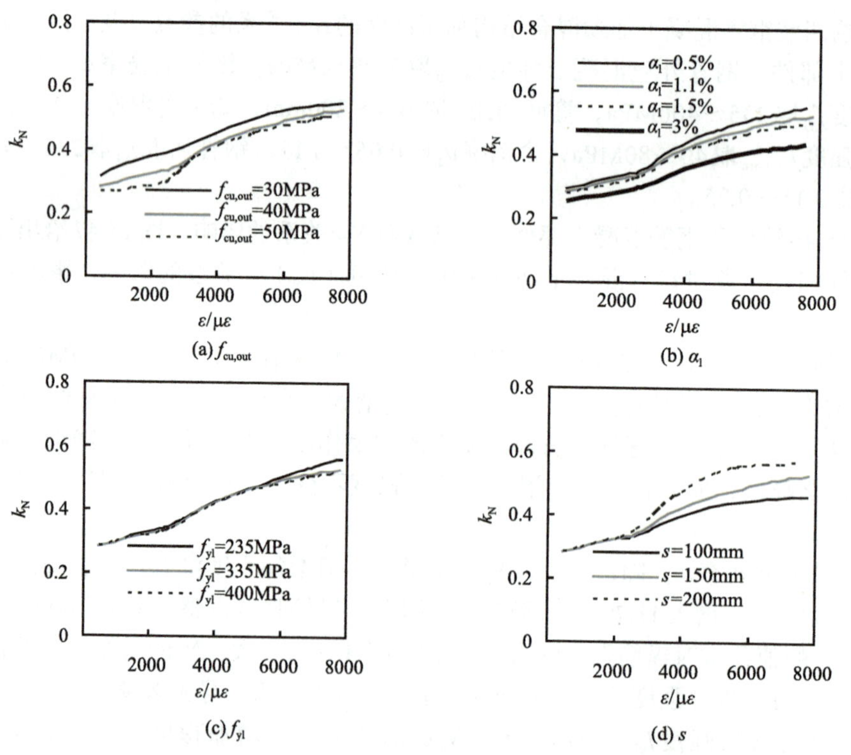

图 15.47　钢筋混凝土部件相关参数对 k_N-ε 关系影响

筋强度占整个截面强度的比重较低，导致提高纵筋材料强度后，N_u略有增加，但增加程度没有$f_{cu,out}$显著，k_N略有减低。

4）箍筋间距s。随s增大，延性降低，对N_u无显著影响。N_u之前，s对k_N无明显影响，N_u过后，随s增大k_N降低。原因在于s增大后，箍筋对钢管外包混凝土约束作用降低，延性显著降低，但对钢管外包混凝土峰值强度影响有限，因此N_u无明显变化。N_u之前，s对钢管混凝土部件与钢筋混凝土部件强度基本没有影响，因此k_N无明显变化；但N_u过后，随s增大钢筋混凝土部件延性降低，强度下降速度加快，导致k_N增加。

图 15.48 给出了钢管混凝土部件相关参数对N-ε关系的影响，图 15.49 给出了钢管混凝土部件相关参数对钢管混凝土部件占轴力比例（k_N）-ε关系的影响，影响规律总结如下。

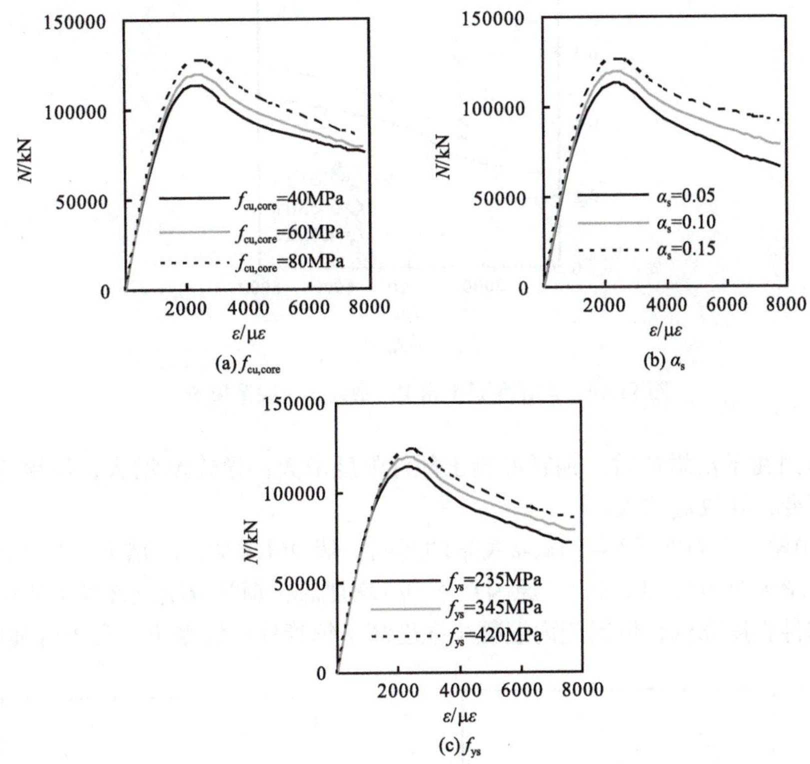

图 15.48　钢管混凝土相关参数对N-ε关系影响

1）钢管内混凝土强度$f_{cu,core}$。随$f_{cu,core}$增加，N_u增大，$f_{cu,out}$从 40MPa 到 80MPa 时，N_u增大 11.8%，k_N增大。原因在于$f_{cu,core}$增加后，钢管内混凝土强度增大，导致N_u增大，钢管混凝土部件强度增大，但钢筋混凝土部件强度不变，导致k_N增大。

2）含钢率α_s。随α_s增加，N_u增大，α_s从 0.05 到 0.15 时，N_u增大 11.5%，k_N增大。原因在于α_s增加后，钢管混凝土部件强度增大，导致N_u增大，但钢筋混凝土部件强度不变，导致k_N增大。

3）钢管强度f_{ys}。随f_{ys}增加，N_u增大，f_{ys}从 235MPa 到 420MPa 时，N_u增大 8.8%。

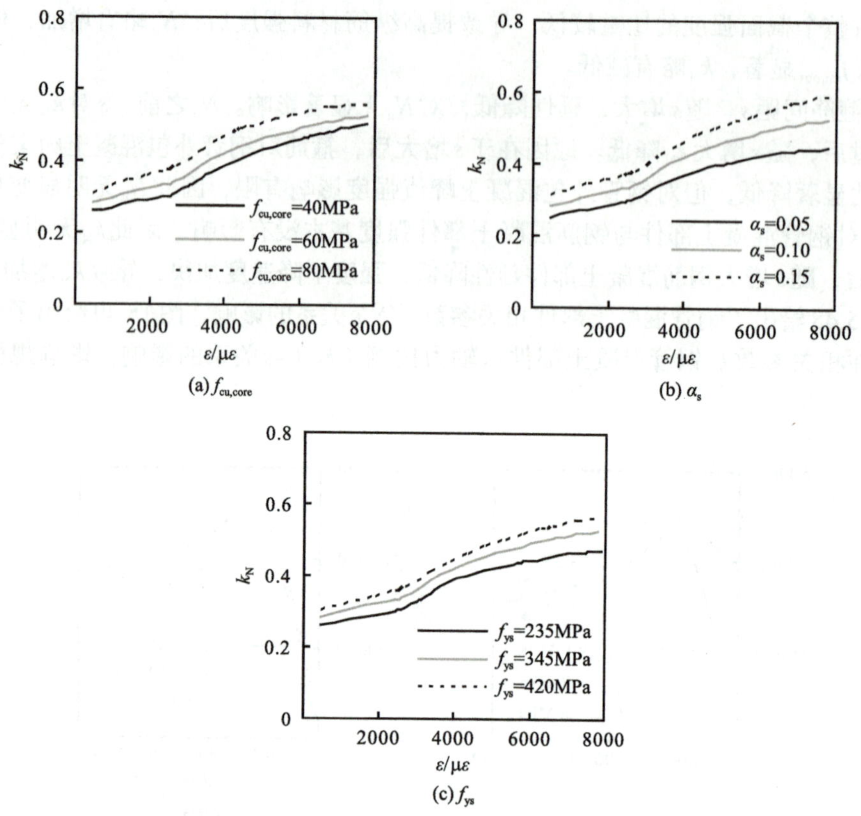

图 15.49　钢管混凝土相关参数对 k_N-ε 关系影响

k_N增大。原因在于f_{ys}增加后，钢管混凝土部件强度增大，导致N_u增大，但钢筋混凝土部件强度不变，导致k_N增大。

图15.50给出了D/B对N-ε和k_N-ε关系的影响，随D/B增加，N_u增大，D/B从0.15到0.25时，N_u增大20.9%，k_N增大。原因在于D/B增加后，钢管混凝土部件强度增大，钢筋混凝土部件强度降低，但钢管内混凝土强度高于钢管外包混凝土，且钢管强度增大，

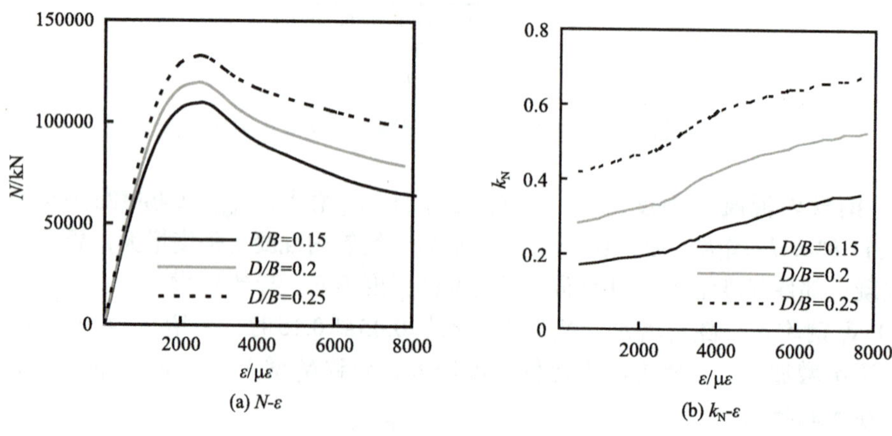

图 15.50　D/B影响

导致钢管混凝土部件强度的增大幅度高于钢筋混凝土部件，因此N_u增大，k_N增大。

2. 纯弯试件

影响受弯试件M-ϕ关系的参数以及范围如下。①钢筋混凝土部件：钢管外包混凝土强度$f_{cu,out}$取30～50MPa，纵筋配筋率α_l取0.5%～3%，纵筋强度f_{yl}取235～400MPa，壁厚比c_w取0.2～0.55。②钢管混凝土部件：钢管内混凝土强度$f_{cu,core}$取40～80MPa，含钢率α_s取0.05～0.15，钢管屈服强度f_{ys}取235～420MPa。③D/B=0.15～0.25。

图15.51给出了钢筋混凝土部件相关参数对M-ϕ关系的影响，影响规律总结如下。

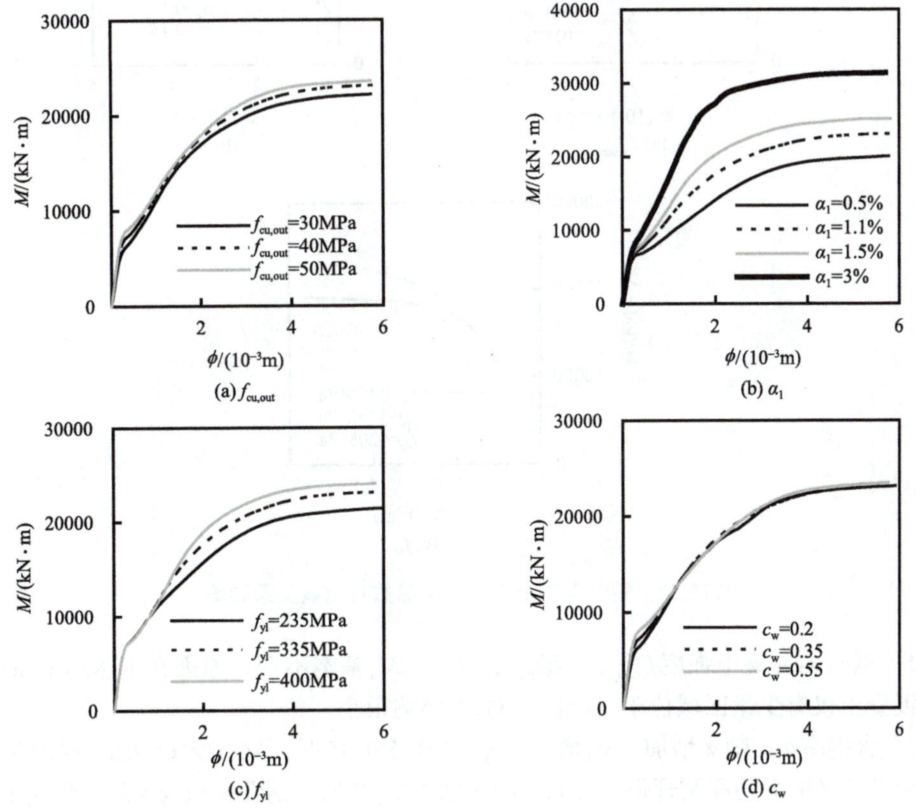

图15.51　钢筋混凝土部件相关参数对M-ϕ关系影响

1）钢管外包混凝土强度$f_{cu,out}$。随$f_{cu,out}$增大，M_u略有增大，$f_{cu,out}$从30MPa到50MPa时，M_u增大6.3%。原因在于受弯时受压区混凝土面积较小，M_u主要由受拉区的纵筋和钢管强度控制，因此增大$f_{cu,out}$对M_u提高不显著。

2）纵筋配筋率α_l。随α_l增大，M_u逐渐增大，α_l从0.5%增大到3%时，M_u增大35.9%。其原因在于M_u主要由受拉区的纵筋和钢管强度控制，随α_l增大M_u增加。纵筋面积增加后，限制了开裂后混凝土裂缝开展，因此开裂后刚度变大。

3）纵筋材料强度f_{yl}。随f_{yl}增大，M_u逐渐增大，f_{yl}从235MPa到400MPa时，M_u增大12.1%。M_u主要由受拉区的纵筋和钢管强度控制，随f_{yl}增大M_u增加。

4）c_w。c_w对M_u影响不显著，M_u主要由受拉区的纵筋和钢管强度控制，因此改变c_w对M_u影响不显著。

图15.52给出了钢管混凝土部件相关参数对M-ϕ关系的影响，影响规律总结如下。

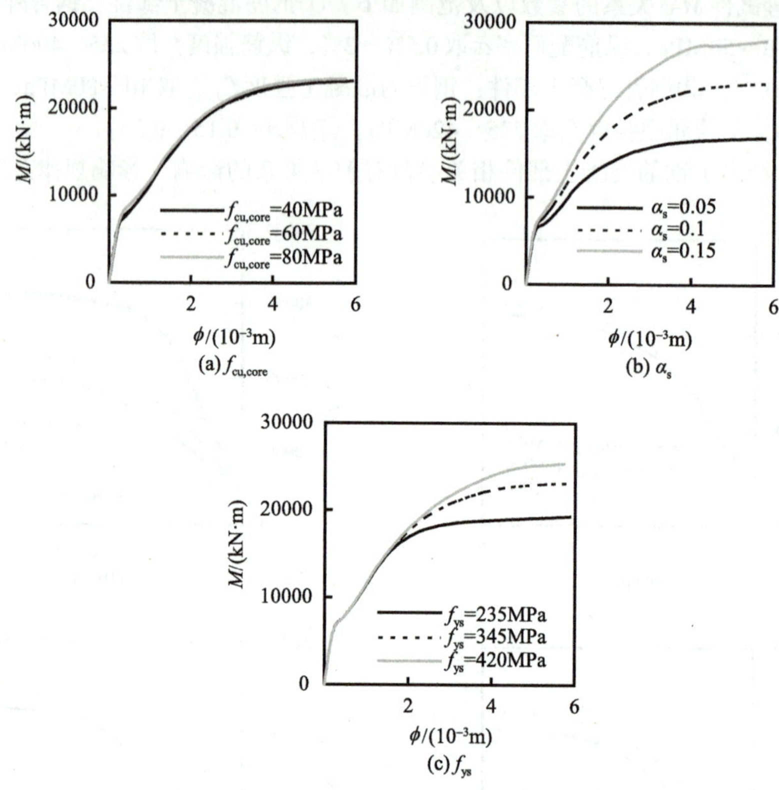

图15.52　钢管混凝土部件相关参数对M-ϕ关系影响

1）钢管内混凝土强度$f_{cu,core}$。随$f_{cu,core}$增加，M_u基本不变，原因在于达到M_u时，钢管内混凝土仅有少量区域位于受压区，对M_u影响很小。

2）含钢率α_s。随α_s增加，M_u增大，α_s从0.05到0.15时，M_u增大65.7%。原因在于M_u主要由受拉区的纵筋和钢管强度控制，随α_s增大M_u增加。钢管面积增加后，限制了开裂后混凝土裂缝开展，因此开裂后刚度（AB段）变大。

3）钢管强度f_{ys}。随f_{ys}增加，M_u增大，f_{ys}从235MPa到420MPa时，M_u增大31.6%。原因在于M_u主要由受拉区的纵筋和钢管强度控制，随f_{ys}增大M_u增加。

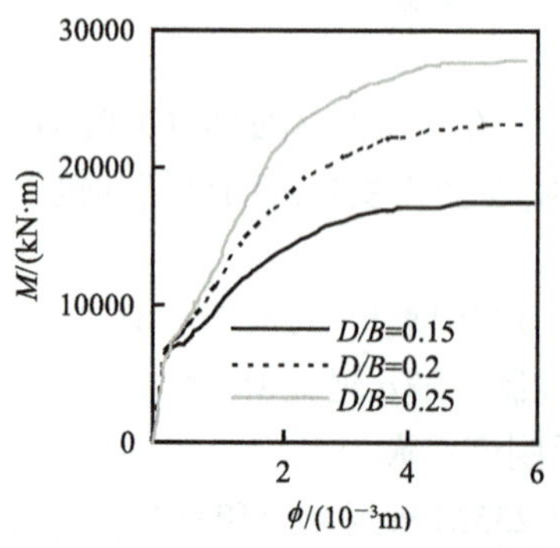

图15.53　D/B对M-ϕ关系的影响

图15.53给出了D/B对M-ϕ关系的影响，影响规律为随D/B增加，M_u增加，D/B从0.15到0.25时，M_u增大58.0%。原因在于M_u主要由受拉区的纵筋和钢管强度控制，随D/B增大，钢管面积和抗弯力臂增大，M_u增加。D/B增加后，限制了开裂后混凝土裂缝开展，因此开裂后刚度（AB段）变大。

从上述四肢钢管混凝土加劲混合结构试件的M-ϕ关系可以看出，在达到70%～80%的M_u之前，M-ϕ关系可以简化成两条直线，其斜率表示为K_i和K_s。K_i对应的弯矩上限为M_u的20%～30%，用来计算四肢钢管混凝土加劲混合结构试件的欧拉荷载，因为此时不存在明显的混凝土裂缝。而K_s对应的弯矩上限为M_u的70%～80%，用来计算结构在正常使用状态下的变形。图15.54给出了不同参数对K_i和K_s的影响程度，平均提高系数$R_a=[(K_i)_{max}-(K_i)_{min}]/2(K_i)_{com}$，$(K_i)_{com}$为对比试件的刚度，对$K_s$同样适用。$R_a$表征上述参数的影响程度。可以看出，$f_{cu,out}$和$c_w$对$K_i$影响程度最大（$R_a$大于10%），其他参数影响很小（$R_a$小于10%），即钢管外包混凝土弹性模量$E_c$和截面尺寸对$K_i$影响最大。而$\alpha_l$、$\alpha_s$和$D/B$对$K_s$影响程度最大（$R_a$大于10%），其他参数影响很小（$R_a$小于10%），即含钢量（包括钢筋和钢管）对$K_s$影响最大。基于上述参数分析结果，式（15.5）和式（15.6）可用来分别计算四肢钢管混凝土加劲混合结构受弯试件的K_i和K_s。

$$K_i=0.7(E_{c,out}I_{c,out}+E_{c,core}I_{c,oure})+E_s(I_s+I_l) \tag{15.5}$$

$$K_s=\left(7.1\frac{A_l+4A_s}{A-A_{hol}}+0.002\right)K_i \tag{15.6}$$

式中，$I_{c,out}$、$I_{c,core}$、I_s和I_l分别为钢管外包混凝土、钢管内混凝土、钢管和纵筋对中间线的

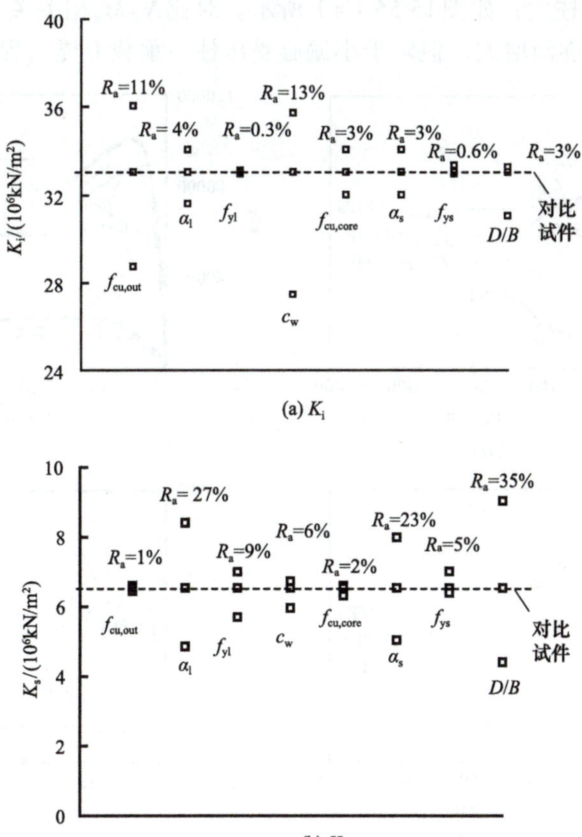

图15.54　不同参数对K_i和K_s影响程度对比

惯性矩；$E_{c,out}$和$E_{c,core}$分别为钢管外包混凝土和钢管内混凝土的弹性模量；（A_1+4A_s）/（$A-A_{hol}$）表征整体含钢量。

采用上述公式计算的K_i和有限元参数分析结果进行对比，二者比值的平均值为0.938，标准差为0.044。采用公式计算的K_s和有限元参数分析结果进行对比，二者比值的平均值为0.908，标准差为0.084。

3. 压弯试件

影响N_u-M_u相关关系的参数以及范围如下：①钢筋混凝土部件：钢管外包混凝土强度$f_{cu,out}$取30～50MPa，纵筋配筋率α_l取0.5%～3%，纵筋强度f_{yl}取235～400MPa，壁厚比c_w取0.2～0.55。②钢管混凝土部件：钢管内混凝土强度$f_{cu,core}$取40～80MPa，含钢率α_s取0.05～0.15；钢管强度f_{ys}取235～420MPa。③D/B取0.15～0.25。

图15.55给出了外包钢筋混凝土相关参数对N-u_m关系影响，图15.56给出了钢筋混凝土部件相关参数对N_u-M_u相关关系的影响，影响规律总结如下。

1）钢管外包混凝土强度$f_{cu,out}$。对于小偏心受压柱（e/B=0.1），随$f_{cu,out}$增大，N_u逐渐增大，$f_{u,out}$从30MPa到50MPa时，N_u增大31.2%，延性降低；对于大偏心受压柱（e/B=1），随$f_{cu,out}$增大，N_u逐渐增大，$f_{u,out}$从30MPa到50MPa时，N_u增大9.5%，增长幅度没有小偏心受压柱大，如图15.55（a）所示。对比N_u-M_u相关关系，如图15.56（a）所示，柱子承载力逐渐增大，但对于小偏心受压柱，承载力提高程度高于大偏心受压

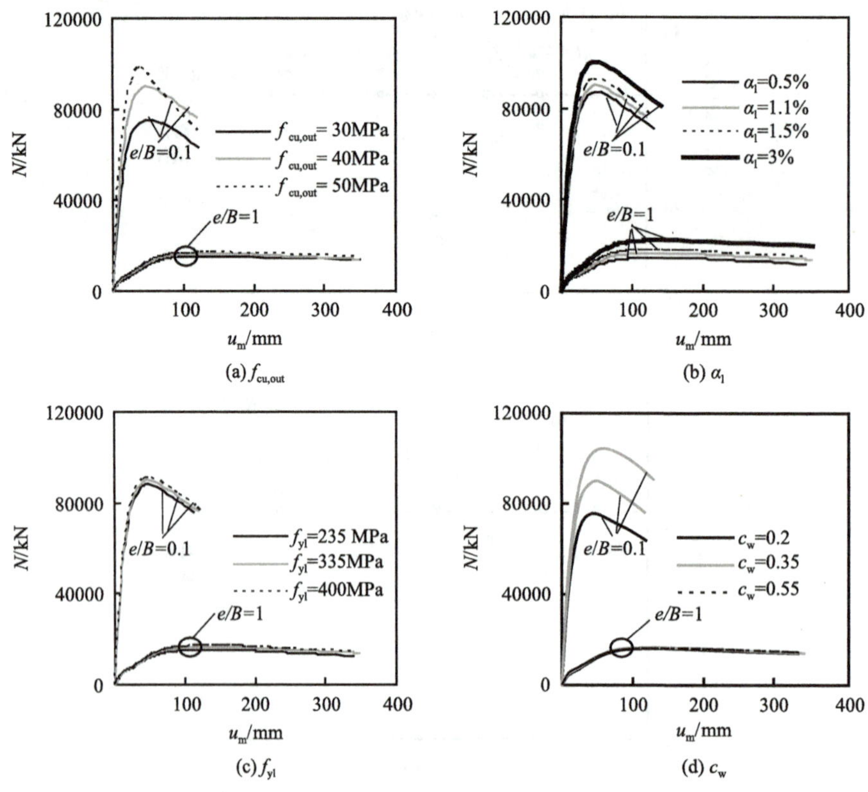

图15.55　外包钢筋混凝土相关参数对N-u_m关系影响

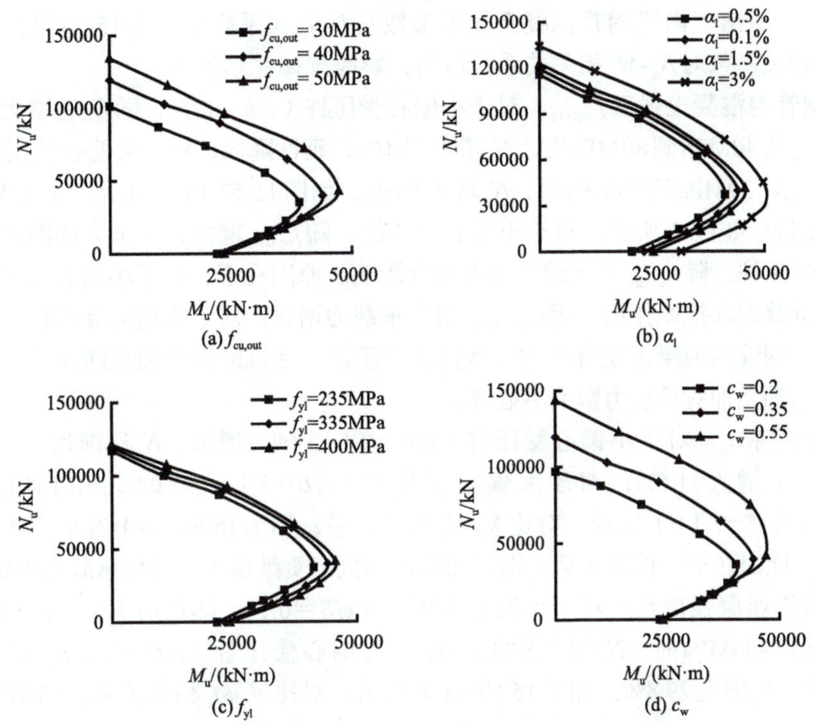

图 15.56　外包钢筋混凝土相关参数对 N_u-M_u 关系影响

柱。原因在于，相比大偏心受压柱而言，小偏心受压柱的受压混凝土对承载力起控制作用，因此 $f_{cu,out}$ 增大，小偏心受压柱比大偏心受压柱承载力提高显著，但箍筋对钢管外包混凝土的约束作用减弱，延性降低。

2）纵筋配筋率 α_l。对于小偏心受压柱（e/B=0.1），随 α_l 增大，N_u 逐渐增大，α_l 从0.5%到3%时，N_u 增大14.9%；对于大偏心受压柱（e/B=1），α_l 从0.5%到3%时，N_u 增大52.9%，如图15.55（b）所示。对比 N_u-M_u 相关关系，如图15.56（b）所示，柱子承载力逐渐增大。提高纵筋配筋率后，使得纵筋的抗压和抗弯贡献增大，因此承载力得到提高。

3）纵筋材料强度 f_{yl}。对于小偏心受压柱（e/B=0.1），随 f_{yl} 增大，N_u 逐渐增大，f_{yl} 从235MPa到400MPa时，N_u 增大3.2%；对于大偏心受压柱（e/B=1），f_{yl} 从235MPa到400MPa时，N_u 增大11.8%，如图15.55（c）所示。对比 N_u-M_u 相关关系，如图15.56（c）所示，柱子承载力逐渐增大。提高 f_{yl} 后，使得纵筋的抗压和抗弯贡献增大，因此承载力得到提高。

4）壁厚比 c_w。随 c_w 增大，对于小偏心受压柱（e/B=0.1），c_w 从0.2到0.5，N_u 增大38.1%；而对于大偏心受压柱（e/B=1），N_u 无明显变化，增大1.1%，如图15.55（d）所示。对比 N_u-M_u 相关关系，如图15.56（d）所示，对于小偏心受压柱，承载力逐渐增大，但对于大偏心受压柱，承载力无显著变化。原因在于，对于小偏心受压柱，受压混凝土对承载力起控制作用，提高 c_w 后，钢管外包混凝土面积增加，因此承载力增大。而对于大偏心受压柱，受拉区钢管和纵筋对承载力起控制作用，因此 c_w 对承载力影响不显著。

图15.57给出了内置钢管混凝土相关参数对N-u_m关系影响，图15.58给出了内置钢管混凝土相关参数对N_u-M_u相关关系的影响，影响规律总结如下。

1）钢管内混凝土强度$f_{cu,core}$。对于小偏心受压柱（e/B=0.1），随$f_{cu,core}$增大，N_u逐渐增大，$f_{cu,core}$从40MPa到80MPa时，N_u增大12.0%，延性降低；对于大偏心受压柱（e/B=1），当$f_{cu,core}$从30MPa到50MPa时，N_u增大0.6%，如图15.57（a）所示。对比N_u-M_u相关关系，如图15.58（a）所示，对于小偏心受压柱，随$f_{cu,core}$增大，承载力逐渐增大，而对于大偏心受压柱，随$f_{cu,core}$对承载力基本没有影响。原因在于，对于小偏心受压柱，受压混凝土对承载力起控制作用，因此$f_{cu,core}$增加承载力增大。对于大偏心受压柱，达到极限承载力时，钢管内混凝土仅有少量区域位于受压区，受拉区钢管和纵筋对承载力起控制作用，$f_{cu,core}$的增加对承载力影响不显著。

2）含钢率α_s。对于小偏心受压柱（e/B=0.1），随α_s增大，N_u逐渐增大，α_s从0.05到0.15时，N_u增大11.6%；对于大偏心受压柱（e/B=1），α_s从0.05到0.15时，N_u增大61.2%，如图15.57（b）所示。对比N_u-M_u相关关系，如图15.58（b）所示，柱子承载力逐渐增大。原因在于，提高α_s后，钢管的抗压和抗弯贡献增大，因此承载力得到提高。

3）钢管屈服强度f_{ys}。对于小偏心受压柱（e/B=0.1），随f_{ys}增大，N_u逐渐增大，f_{ys}从235MPa到400MPa时，N_u增大8.2%；对于大偏心受压柱（e/B=1），f_{ys}从235MPa到400MPa时，N_u增大29.8%，如图15.57（c）所示。对比N_u-M_u相关关系，如图15.58（c）

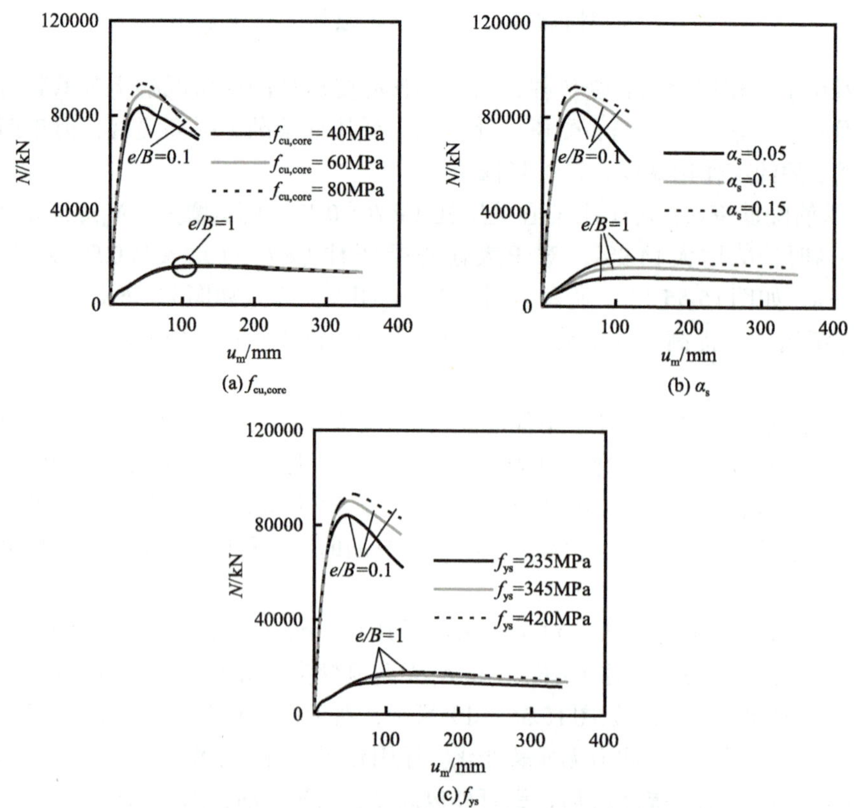

图15.57　内置钢管混凝土相关参数对N-u_m关系影响

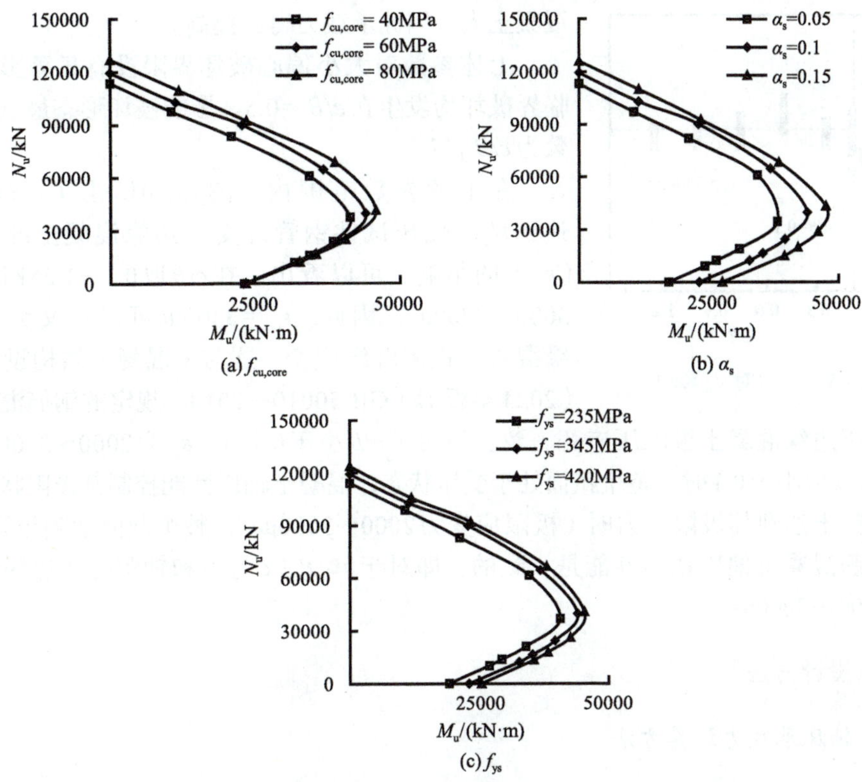

图 15.58　内置钢管混凝土相关参数对 N_u-M_u 关系影响

所示，柱子承载力逐渐增大。原因在于，提高f_{ys}后，钢管的抗压和抗弯贡献增大，因此承载力得到提高。

图 15.59 给出了 D/B 对 N-u_m 关系和 N_u-M_u 相关关系的影响，影响规律为随 D/B 增加，承载力增加。对于小偏心受压柱（e/B＝0.1），D/B 从 0.15 到 0.25 时，M_u 增大 20.3%，对于大偏心受压柱（e/B＝1），D/B 从 0.15 到 0.25 时，M_u 增大 60.9%。原因在于，对于大偏心受压柱，D/B 增加后，钢管面积增大，钢管抗压和抗弯贡献增大，承载力增大；对于小偏心受压柱，钢管内混凝土和钢管面积增大，而钢管内混凝土强度比钢管外包

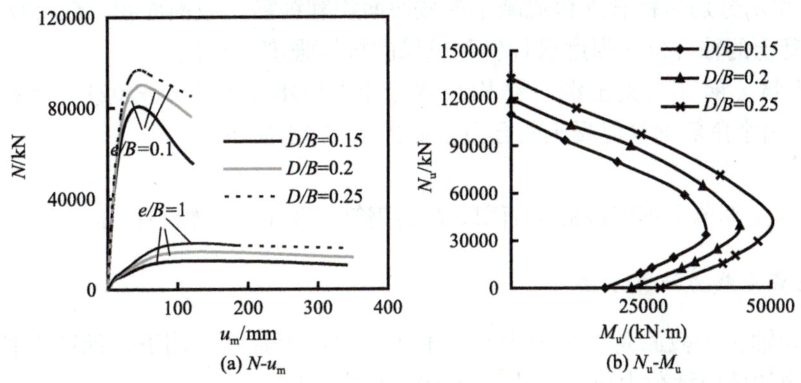

图 15.59　D/B 对 N-u_m 关系和 N_u-M_u 相关关系的影响

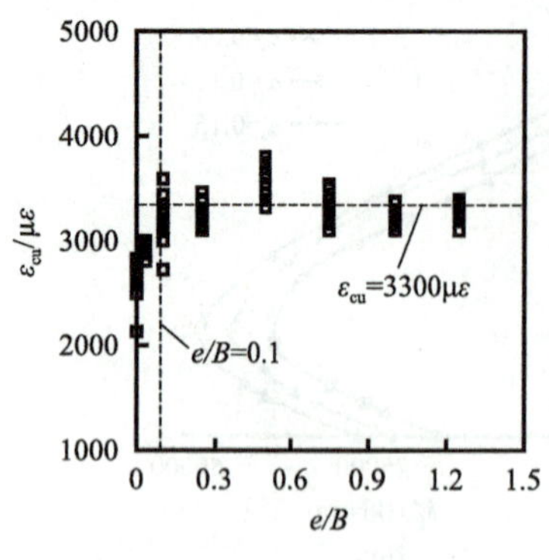

图 15.60 e/B对ε_{cu}影响

混凝土大，因此承载力得到提高。

上述参数对大小偏心破坏界限没有显著影响，即临界破坏均发生在$e/B=0.5$。影响破坏形态最重要的参数为e/B和λ。

在上述参数范围内，图15.60给出了e/B对荷载达到N_u时偏压试件钢管外受压边缘混凝土纤维应变（ε_{cu}）的影响。可以看出，在e/B取0.1～1.25时，ε_{cu}为3000～3700με，因此，$\varepsilon_{cu}=3300\mu\varepsilon$可以定义为受压边缘混凝土极限纤维应变，这与《混凝土结构设计标准（2024年版）》（GB 50010—2010）规定的钢筋混凝土压弯柱受压边缘混凝土极限压应变一致。但对于e/B小于0.1时，ε_{cu}为2000～3000με。原因在于，e/B小于0.1时，整个截面处于受压状态，混凝土轴压性能控制其极限状态。当受压混凝土达到其极限应力时（极限应变为2000～3000με），整个截面达到极限荷载。这与钢筋混凝土偏压柱的性能是一致的，即对于$c>B$（c为中和轴距受压边缘距离），ε_{cu}为2000～3000με。

15.2.4 设计方法

1. 轴压承载力计算方法

在结构达到N_u时，钢管混凝土部件和钢筋混凝土部件之间无接触应力，二者独立工作；钢筋混凝土部件达到自身极限承载力；钢管混凝土部件达到其极限承载力的95%以上，非常接近极限承载力。因此，多肢钢管混凝土加劲混合结构试件的轴压承载力N_u可以按照钢筋混凝土部件和钢管混凝土部件的轴压承载力相叠加的方法计算，如式（15.7）所示。

$$N_0=0.9(N_{rc}+N_{cfst}) \tag{15.7}$$

式中，N_{rc}和N_{cfst}分别为钢筋混凝土部件和钢管混凝土部件的轴压承载力。N_{rc}按照《混凝土结构设计标准（2024年版）》（GB 50010—2010）计算，如式（15.8）所示。

$$N_{rc}=f_{c,oc}A_{oc}+f_l'A_l \tag{15.8}$$

式中，A_{oc}和A_l分别为钢管外包混凝土的截面面积和纵筋的截面面积；$f_{c,oc}$和f_l'分别为钢管外包混凝土的轴心抗压强度设计值和纵筋的抗压强度设计值。

N_{cfst}按照《钢管混凝土混合结构技术标准》（GB/T 51446—2021）计算。需要指出，N_{cfst}是四个角部钢管混凝土的合力，如式（15.9）所示。

$$N_{cfst}=f_{sc}A_{sc} \tag{15.9}$$

式中，A_{sc}为角部单个钢管混凝土面积。f_{sc}为钢管混凝土截面轴心抗压强度设计值。

2. 压弯承载力计算方法

当中和轴位于截面高度范围内时，轴压力和弯矩共同作用下，四肢钢管混凝土加劲混合结构的截面承载力应符合式（15.10）和式（15.11）。

$$N \leqslant N'_{\mathrm{rc}} + N'_{\mathrm{cfst}} \tag{15.10}$$

$$M \leqslant M_{\mathrm{rc}} + M_{\mathrm{cfst}} \tag{15.11}$$

式中，N为钢管混凝土加劲混合结构的截面轴向压力设计值，N；M为钢管混凝土加劲混合结构的截面弯矩设计值，N · mm；N'_{rc}为轴压力和弯矩共同作用下外包混凝土部分的截面受压承载力，N；N'_{cfst}为轴压力和弯矩共同作用下内置钢管混凝土部分的截面受压承载力，N；M_{rc}为轴压力和弯矩共同作用下外包混凝土部分的截面受弯承载力，N · mm；M_{cfst}为轴压力和弯矩共同作用下内置钢管混凝土部分的截面受弯承载力，N · mm。

四肢钢管混凝土加劲混合结构中的外包混凝土部分（图 15.61）的截面受压承载力和相应的截面受弯承载力宜分别按式（15.12）和式（15.13）计算。

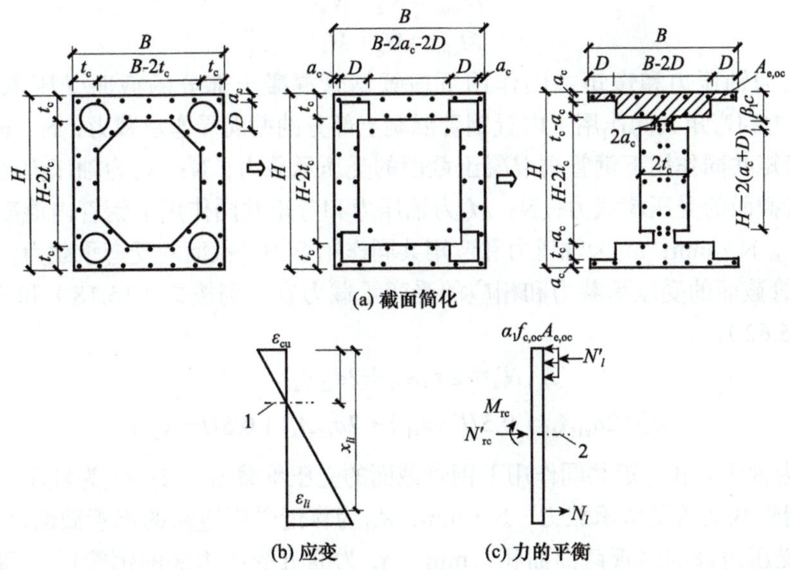

1．中和轴；2．形心轴；B．截面宽度；c．中和轴距受压边缘距离；H．截面高度；N_l．受拉区纵筋轴力；N'_l．受压区纵筋轴力；t_c．空心边缘到混凝土外表面的距离；a_c．钢管外边缘到混凝土外表面的距离；ε_{li}．第 i 根纵筋应变；$\varepsilon_{\mathrm{cu}}$．混凝土极限压应变。

图 15.61　外包钢筋混凝土部分的截面承载力计算

$$N'_{\mathrm{rc}} = \alpha_1 f_{\mathrm{c,oc}} A_{\mathrm{e,oc}} + \sum \sigma_{li} A_{li} \tag{15.12}$$

$$M_{\mathrm{rc}} = \alpha_1 f_{\mathrm{c,oc}} A_{\mathrm{e,oc}} \left(\frac{H}{2} - x_{\mathrm{e,\,oc}} \right) + \sum \sigma_{li} A_{li} \left(\frac{H}{2} - x_{li} \right) \tag{15.13}$$

$$\sigma_{li} = E_{\mathrm{s}} \varepsilon_{\mathrm{cu}} \frac{c - x_{li}}{c} \tag{15.14}$$

$$|\sigma_{li}| \leqslant f_l \tag{15.15}$$

式中，N'_{rc}为轴压力和弯矩共同作用下钢管外包混凝土部分的截面受压承载力，N。M_{rc}为轴压力和弯矩共同作用下钢管外包混凝土部分的截面受弯承载力，N · mm。$A_{\mathrm{e,oc}}$为钢管外包混凝土等效应力块面积［图 15.61（a）]，mm^2。等效应力块高度为受压区高度$\beta_1 c$；β_1为钢管外包混凝土等效应力块高度系数，当混凝土强度等级不超过C50时，取0.80；

当混凝土强度等级为C80时，取0.74；C50～C80中间值按线性内插法确定。A_{li}为第i根纵筋的截面面积，mm^2。ε_{cu}为受压边缘混凝土极限压应变。c为中和轴距受压边缘距离，mm。$x_{e,oc}$为钢管外包混凝土等效应力块形心到受压边缘距离，mm。x_{li}为第i根纵筋形心到受压边缘距离，mm。σ_{li}为第i根纵筋应力，MPa，受压为正，受拉为负。α_1为钢管外包混凝土等效应力块强度系数，当混凝土强度等级不超过C50时，取1.0；当混凝土强度等级为C80时，取0.94；C50～C80中间值按线性内插法确定。

对称布置的四肢钢管混凝土加劲混合结构中的内置钢管混凝土部分（图15.62）的截面受压承载力和相应的截面受弯承载力宜按式（15.16）和式（15.17）计算，并应符合下列规定：

$$N'_{cfst}=N'_c+N'_s \tag{15.16}$$

$$M_{cfst}=M_c+M_s \tag{15.17}$$

式中，N'_{cfst}为轴压力和弯矩共同作用下内置钢管混凝土部分的截面受压承载力，N；M_{cfst}为轴压力和弯矩共同作用下内置钢管混凝土部分的截面受弯承载力，N·mm；N'_c为轴压力和弯矩共同作用下钢管内混凝土截面的受压承载力，N；N'_s为轴压力和弯矩共同作用下钢管截面的受压承载力，N；M_c为轴压力和弯矩共同作用下钢管内混凝土截面的受弯承载力，N·mm；M_s为轴压力和弯矩共同作用下钢管截面的受弯承载力，N·mm。

1）钢管截面的受压承载力和相应的受弯承载力宜分别按式（15.18）和式（15.19）计算（图15.62）。

$$N'_s=2\sigma_{s1}A_{s1}+2\sigma_{s2}A_{s2} \tag{15.18}$$

$$M_s=2\sigma_{s1}A_{s1}(0.5H-x_{s1})+2\sigma_{s2}A_{s2}(0.5H-x_{s2}) \tag{15.19}$$

式中，N'_s为轴压力和弯矩共同作用下钢管截面的受压承载力，N；M_s为轴压力和弯矩共同作用下钢管截面的受弯承载力，N·mm；A_{s1}为靠近受压边缘的钢管截面面积，mm^2；A_{s2}为远离受压边缘的钢管截面面积，mm^2；x_{s1}为靠近受压边缘的钢管形心到受压边缘距离，mm；x_{s2}为远离受压边缘的钢管形心到受压边缘距离，mm；σ_{s1}为靠近受压边缘的钢管形心处钢管应力，MPa，受压为正，受拉为负；σ_{s2}为远离受压边缘的钢管形心处钢管应力，MPa，受压为正，受拉为负。

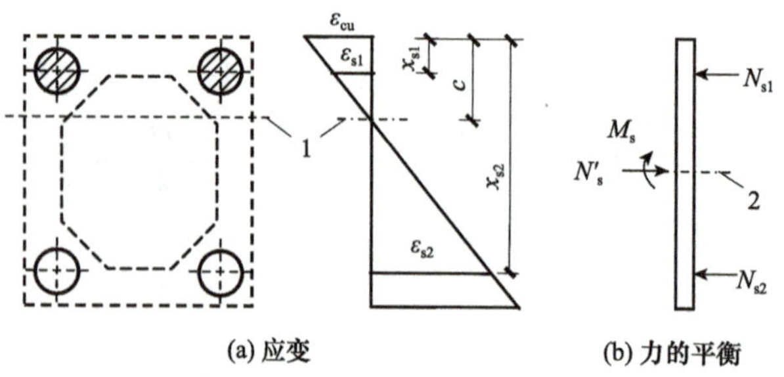

1．中和轴；2．形心轴；N_{s1}．靠近受压边缘的钢管轴力；N_{s2}．远离受压边缘的钢管轴力；ε_{s1}．靠近受压边缘的钢管形心应变；ε_{s2}．远离受压边缘的钢管形心应变；ε_{cu}．混凝土极限压应变。

图15.62　钢管截面的承载力计算

2）以中和轴分别穿过靠近和远离受压边缘的钢管内混凝土为界，管内混凝土截面的受压承载力和相应的受弯承载力宜符合下列规定。

① 当（$H-a_{ci}$）$\leqslant c \leqslant H$时，全部管内混凝土均处于受压状态（图15.63），宜按式（15.20）和式（15.21）计算。

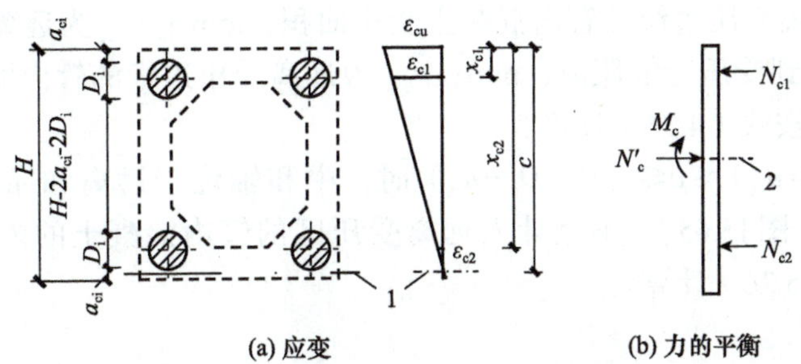

1．中和轴；2．形心轴；H．截面高度；a_{ci}．管内混凝土外边缘到混凝土外表面的距离；c．中和轴距受压边缘距离；N_{c1}．靠近受压边缘的管内混凝土轴力；N_{c2}．远离受压边缘的管内混凝土轴力；ε_{c1}．靠近受压边缘的管内混凝土形心应变；ε_{c2}．远离受压边缘的管内混凝土形心应变；ε_{cu}．混凝土极限压应变。

图15.63　钢管内混凝土截面的承载力计算示意［（$H-a_{ci}$）$\leqslant c \leqslant H$］

$$N_c'=2\sigma_{c1}A_{c1}+2\sigma_{c2}A_{c2} \tag{15.20}$$

$$M_c=2\sigma_{c1}A_{c1}（0.5H-x_{c1}）+2\sigma_{c2}A_{c2}（0.5H-x_{c2}） \tag{15.21}$$

式中，N'_c为轴压力和弯矩共同作用下钢管内混凝土截面的受压承载力，N；M_c为轴压力和弯矩共同作用下钢管内混凝土截面的受弯承载力，N · mm；A_{c1}为靠近受压边缘的管内混凝土面积，mm^2；A_{c2}为远离受压边缘的管内混凝土面积，mm^2；x_{c1}为靠近受压边缘的管内混凝土形心到受压边缘距离，mm；x_{c2}为远离受压边缘的管内混凝土形心到受压边缘距离，mm；σ_{c1}为靠近受压边缘的管内混凝土形心处应力，MPa，应按式（4.26）计算；σ_{c2}为远离受压边缘的管内混凝土形心处应力，MPa，应按式（4.26）计算。

② 当（$H-D_i-a_{ci}$）$< c <$（$H-a_{ci}$）时，中和轴穿过远离受压边缘的管内混凝土（图15.64），远离受压边缘的管内混凝土受拉区域不宜计入内力贡献，宜按式（15.22）

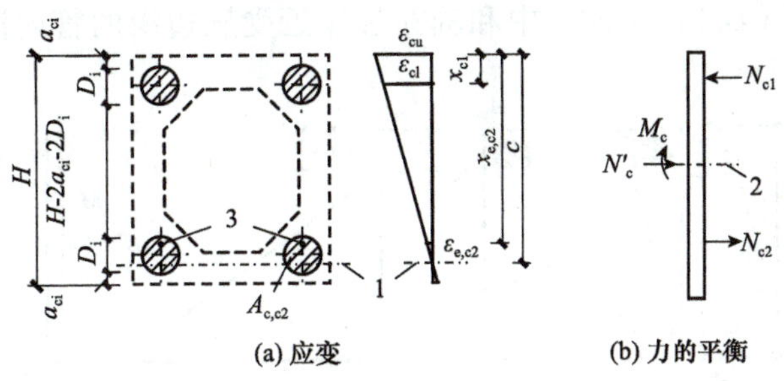

1．中和轴；2．形心轴；3．等效点A；H．截面高度；a_{ci}．管内混凝土外边缘到混凝土外表面的距离；c．中和轴距受压边缘距离；ε_{c1}．靠近受压边缘的管内混凝土形心应变；$\varepsilon_{e,c2}$．远离受压边缘的管内混凝土等效点A处应变；ε_{cu}．混凝土极限压应变。

图15.64　钢管内混凝土截面的承载力计算示意［（$H-D_i-a_{ci}$）$< c <$（$H-a_{ci}$）］

和式（15.23）计算。

$$N'_c=2\sigma_{c1}A_{c1}+2\sigma_{e,c2}A_{c,c2} \tag{15.22}$$

$$M_c=2\sigma_{c1}A_{c1}(0.5H-x_{c1})+2A_{c,c2}\sigma_{e,c2}(0.5H-x_{e,c2}) \tag{15.23}$$

$$x_{e,c2}=0.54c+0.46H-0.5D_i-0.46a_{ci} \tag{15.24}$$

式中，$A_{c,c2}$为远离受压边缘的管内混凝土受压面积，mm^2；$x_{e,c2}$为远离受压边缘的管内混凝土等效点A到受压边缘距离，mm；$\sigma_{e,c2}$为远离受压边缘的管内混凝土等效点A处应力，MPa，应按式（4.26）计算。

3）当（D_i+a_{ci}）≤c≤（$H-D_i-a_{ci}$）时，中和轴位于远离和靠近受拉边缘的管内混凝土之间（图15.65），不宜计入远离受压区的管内混凝土的内力贡献，宜按式（15.25）和式（15.26）计算。

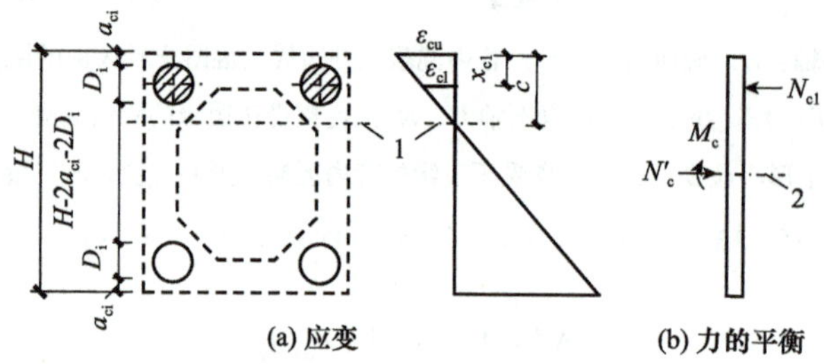

1．中和轴；2．形心轴；H．截面高度；a_{ci}．管内混凝土外边缘到混凝土外表面的距离；c．中和轴距受压边缘距离；ε_{c1}．靠近受压边缘的管内混凝土形心应变；ε_{cu}．混凝土极限压应变。

图15.65 钢管内混凝土截面的承载力计算［（D_i+a_{ci}）≤c≤（$H-D_i-a_{ci}$）］

$$N'_c=2\sigma_{c1}A_{c1} \tag{15.25}$$

$$M_c=2\sigma_{c1}A_{c1}(0.5H-x_{c1}) \tag{15.26}$$

式中，A_{c1}为靠近受压边缘的管内混凝土面积，mm^2；x_{c1}为靠近受压边缘的管内混凝土形心到受压边缘距离，mm；σ_{c1}为靠近受压边缘的管内混凝土形心处应力，MPa，应按式（4.26）计算。

4）当a_{ci}<c<（D_i+a_{ci}）时，中和轴穿过靠近受压边缘的管内混凝土（图15.66），

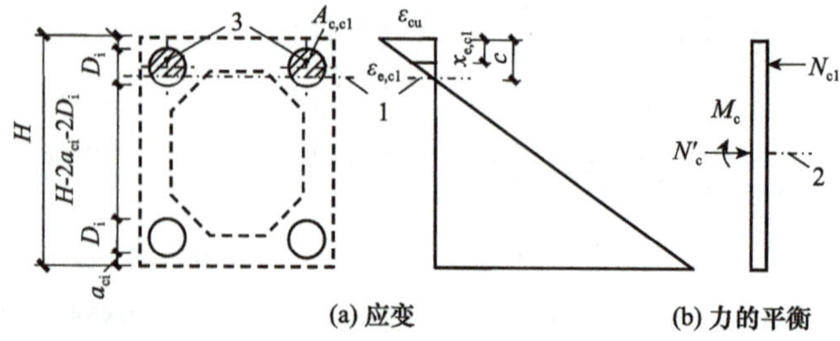

1．中和轴；2．形心轴；3．点B；H．截面高度；a_{ci}．管内混凝土外边缘到混凝土外表面的距离；c．中和轴距受压边缘距离；$\varepsilon_{e,c1}$．靠近受压边缘的管内混凝土等效点B处应变；ε_{cu}．混凝土极限压应变。

图15.66 钢管内混凝土截面的承载力计算［a_{ci}<c<（D_i+a_{ci}）］

不宜计入靠近受压边缘的管内混凝土受拉区域的内力贡献，宜按式（15.27）和式（15.28）计算。

$$N'_c=2\sigma_{e,c1}A_{c,c1} \tag{15.27}$$

$$M_c=2A_{c,c1}\sigma_{e,c1}(0.5H-x_{e,c1}) \tag{15.28}$$

$$x_{e,c1}=0.46c+0.04D_i+0.54a_{ci} \tag{15.29}$$

式中，$A_{c,c1}$为靠近受压边缘的管内混凝土受压面积，mm^2；$x_{e,c1}$为靠近受压边缘的管内混凝土等效点B到受压边缘距离，mm；$\sigma_{e,c1}$为靠近受压边缘的管内混凝土等效点B处应力，MPa，应按式（4.26）计算。

5）当中和轴在截面高度范围外时，轴压力和弯矩共同作用下四肢钢管混凝土加劲混合结构的截面受弯承载力应满足式（15.30）的要求，并宜按式（15.31）计算。

$$M\leqslant M_{u,N} \tag{15.30}$$

$$M_{u,N}=\frac{N_0-N}{N_0-N_{u,H}}M_{u,H} \tag{15.31}$$

式中，$N_{u,H}$为当中和轴距受压边缘距离c等于截面高度H时，按式（15.16）计算的截面受压承载力，N；$M_{u,H}$为当中和轴距受压边缘距离c等于截面高度H时，按式（15.17）计算的截面受弯承载力，N · mm；$M_{u,N}$为轴压力N作用下截面受弯承载力，N · mm；N_0为按式（15.7）计算的截面轴心受压承载力，N。

进行正截面压弯承载力验算时，可通过轴向压力设计值等于截面受压承载力的假设得到中和轴距受压边缘距离（c）。若$c\leqslant H$，宜按式（15.17）计算截面受弯承载力（M_u）；若$c>H$，宜按式（15.31）计算截面受弯承载力（M_u）。

3. 构造措施

结合已有试验研究和工程应用实例，以及钢管混凝土结构和钢筋混凝土结构的相关构造建议，提出多肢钢管混凝土加劲混合结构构造措施建议如下。

（1）D/B的取值范围

D/B是多肢钢管混凝土加劲混合结构中关键特征参数之一，根据表1.2的实际工程调研，用于拱桥试件的钢管混凝土部件，主要从施工角度考虑，因此钢管混凝土部件直径相对较小，D/B取0.1～0.17。而用于桥墩的试件，钢管混凝土部件需要分担内力，对结构性能贡献明显。因此直径相对较大的钢管混凝土才能满足上述要求，但该部件放置角部，且受到空心截面空间限制，直径也不能过大，因此D/B范围建议为0.15～0.25。

（2）钢管混凝土部件

多肢钢管混凝土加劲混合结构中的钢管混凝土部件，采用与钢管混凝土加劲混合结构试件中的钢管混凝土部件一致的建议，即对于钢管而言，应用薄壁钢管，对于钢管的径厚比限值，至少不应比钢管混凝土小；保证钢管对钢管内混凝土的约束作用。因此，根据《钢管混凝土结构技术规程》（DBJ/T 13-51—2010），约束效应系数ξ不得小于0.6；钢管内混凝土强度不应低于钢管外包混凝土强度。

（3）外包混凝土部分配筋

角部区域形成封闭箍筋，在设计角部箍筋时，可采用与其等截面的钢筋混凝土柱的配置方法。在计算纵筋配筋率时，采用钢筋混凝土部件面积，按照此方法计算得到的配筋率满足钢筋混凝土柱中最小和最大配筋率的要求。对于翼墙部分，对称布置双层横向和纵向钢筋，纵筋间距不大于壁厚的1.5倍且不大于450mm，箍筋间距不大于壁厚的1.25倍且不大于300mm；双层钢筋之间应设置拉筋，每一根纵筋和箍筋应由拉筋钩住，间距不超过600mm。控制翼墙宽厚比，建议不大于12。

15.3 滞回性能

15.3.1 试验研究

（1）试验概况

本书作者设计了4个带内钢筋笼的钢筋混凝土结构和4个钢管混凝土加劲混合结构滞回试件，截面形状如图15.67所示。试验的主要参数为轴压比和截面类型。轴压比$n=N/N_{u,cr}$，其中N为作用在试件上的恒定轴力；$N_{u,cr}$为采用Han和An（2014）建议的数值模型预测的该试件的轴压稳定承载力。带内钢筋笼的钢筋混凝土柱和钢管混凝土加劲混合结构柱的详细参数如表15.7所示。试件编号第一个数字1和2分别代表轴压比0.01和0.24。

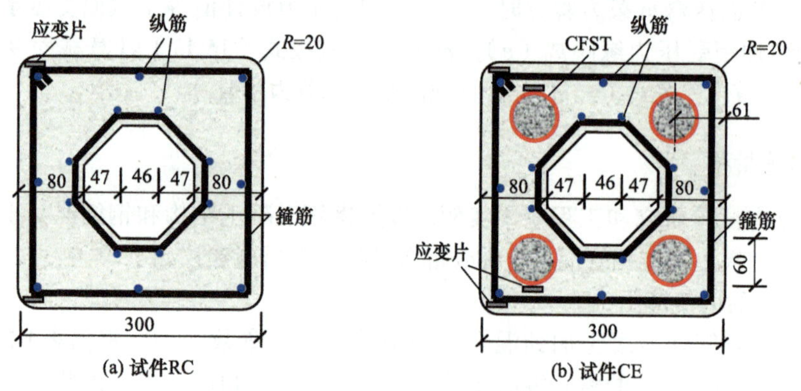

图15.67 试件截面（尺寸单位：mm）

表15.7 滞回试件信息

试件编号	轴压比n	轴压力N/kN
RC1-1	0.01	20.0
RC1-2	0.01	20.0
RC2-1	0.24	585.1
RC2-2	0.24	585.1
CE1-1	0.01	36.9

续表

试件编号	轴压比n	轴压力N/kN
CE1-2	0.01	36.9
CE2-1	0.24	867.6
CE2-2	0.24	867.6

试件的制作遵循以下流程。首先加工内、外钢筋笼。接着制作高强圆钢管混凝土组件。然后按以下顺序将各组件与试件两端钢板焊接牢固：内钢筋笼—角部高强圆钢管混凝土组件—外钢筋笼；再安装核心位置的实心木模和外部钢模。最后浇筑混凝土。

钢材主要力学指标的实测平均值如表15.8所示。表15.8中，f_y、f_u、E_s、γ_s和δ分别代表钢材的屈服强度、极限抗拉强度、弹性模量、泊松比和伸长率。图15.68中给出了钢材的实测应力（σ）-应变（ε）关系。

表15.8　滞回试件钢材力学指标

钢材类型	D/mm	t或d/mm	f_y/MPa	f_u/MPa	E_s/MPa	γ_s	δ/%
圆钢管	60	2.03	311	359	205400	0.293	29.4
Φ12钢筋	—	11.23	452	591	195200	—	24.3
Φ10钢筋	—	8.19	605	713	202600	—	20.1
Φ6钢筋	—	6.42	365	531	209300	—	22.3

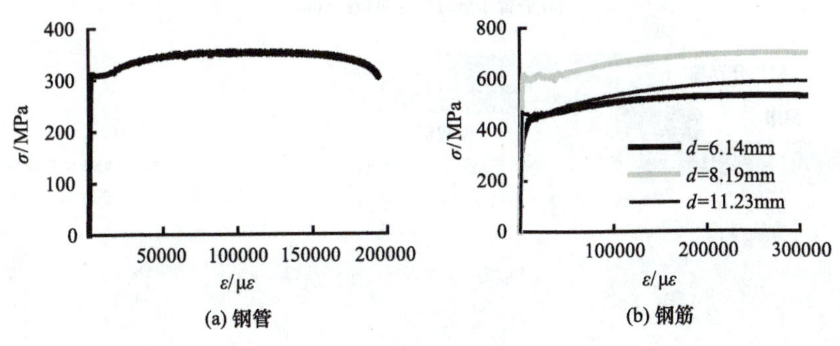

图15.68　钢材σ-ε关系

混凝土采用自密实混凝土，其组成材料包括：PO42.5水泥、二级粉煤灰、花岗岩（最大粒径为10mm）、中砂、TW-PS高效减水剂。钢筋混凝土箱形对比试件的配合比与材料性能和圆钢管外包混凝土相同。混凝土的配合比如表15.9所示。测量得到的混凝土立方体抗压强度（f_{cu}）、弹性模量（E_c）和泊松比（γ_c）如表15.10所示。

表15.9　滞回试件混凝土配合比　（单位：kg/m^3）

类型	水泥	水	砂	石子	粉煤灰	减水剂
钢管内混凝土	500	166.4	770	830	150	13.67
钢管外包混凝土	327.5	188.6	880	892.5	92.5	10.50

表15.10　滞回试件混凝土力学性能指标

类型	坍落度/mm	扩展度/mm	f_{cu}/MPa	E_c/MPa	泊松比/γ_c
钢管内混凝土	265	610	96.6	44835	0.195
钢管外包混凝土	240	470	38.8	25742	0.217

图15.69给出了滞回试验的详细加载装置。为避免试件面外失稳，4个侧向支撑被设置在试件两侧。试件水平放置，其两端采用钢板铰和加载装置相连，一端的100t千斤顶可用于保证恒定轴力。MTS作动器用于施加沿试件横向的往复剪力，试件和MTS之间采用高强螺栓连接。

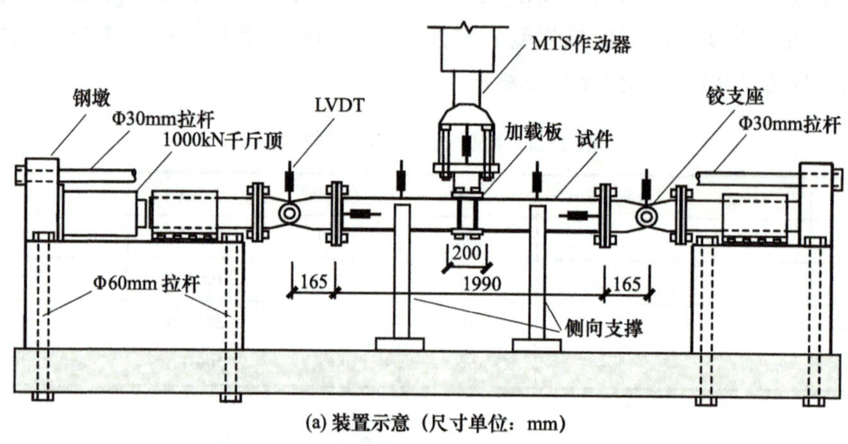

(a) 装置示意（尺寸单位：mm）

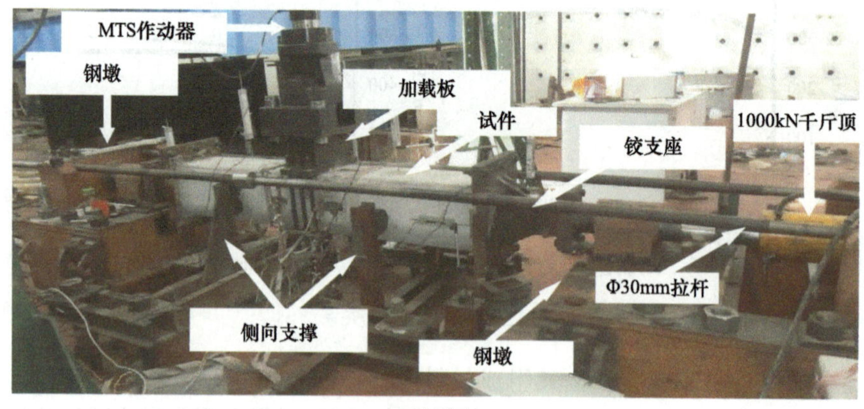

(b) 照片

图15.69　滞回试验加载装置

为量测试件的挠度和两端的沉降，在试件挠曲的方向共布置了5个位移计；同时，为量测试件的轴向压缩变形，在试件两端板上各布置了一个位移计。此外，为量测钢筋和核心钢管的纵向应变，在跨中截面还设置了若干纵向应变片。

滞回试验加载制度如下。首先，采用有限元模型预测试件在极限横向荷载（V_u）作用时对应的位移（Δ_u），确定加载步为$0.1\Delta_u$。接着，根据JGJ/T 101—2015的规定，施加大小为0.4N的初始轴力（反复加载3次且每次持荷3min）；然后加载至N，同时施加0.05V_u的反复初始横向荷载，将横向荷载和轴力完全卸载。最后，开始正式加载，试验时每级横向荷载反复循环加载3次，当试件的承载力下降至80%极限承载力时停止加载。

（2）试验现象

4根钢筋混凝土箱形试件的破坏形态如图15.70所示，可见该类试件的破坏形态表现为受压区边缘混凝土被压碎，纵筋发生局部屈曲；受拉区混凝土开裂，且破坏位置主要位于夹具两侧。

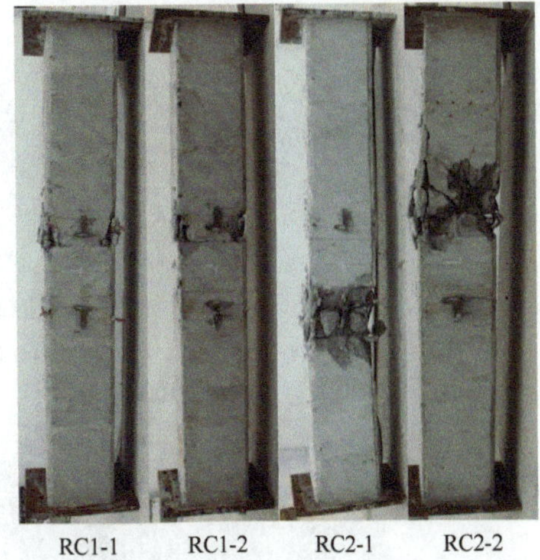

图 15.70　钢筋混凝土滞回试件的破坏形态

钢筋混凝土试件RC1-1的破坏过程如图15.71所示。当加载到$\Delta=-7.42$mm时，夹具两侧受拉区边缘首先出现三条弯曲裂缝；此后随着荷载的增大，柱子上的弯曲裂缝逐渐增多变长，裂缝宽度逐渐增大；当加载至$\Delta=-21.21$mm时，受压区混凝土被压碎，最大裂缝宽度发展到1.02mm。

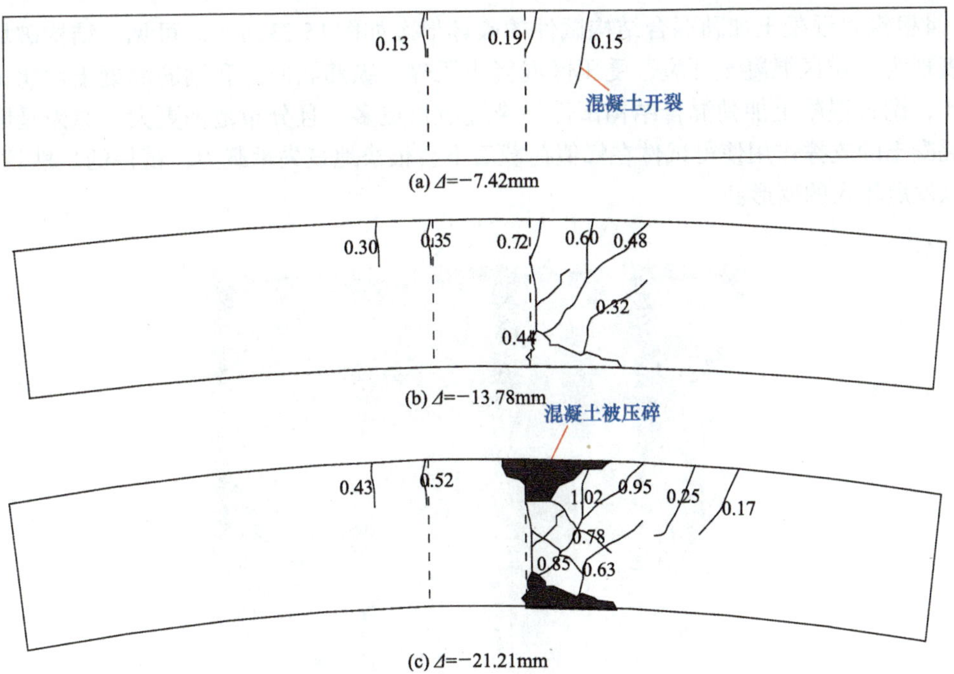

图 15.71　钢筋混凝土滞回试件的破坏过程（RC1-1）

图15.72给出了钢筋混凝土箱型试件内部钢筋的破坏形态。其中，轴压比小的试件外部纵筋屈曲，内部钢筋笼则较为完整。轴压比大的试件外部纵筋严重屈曲，内部钢筋笼明显屈曲。

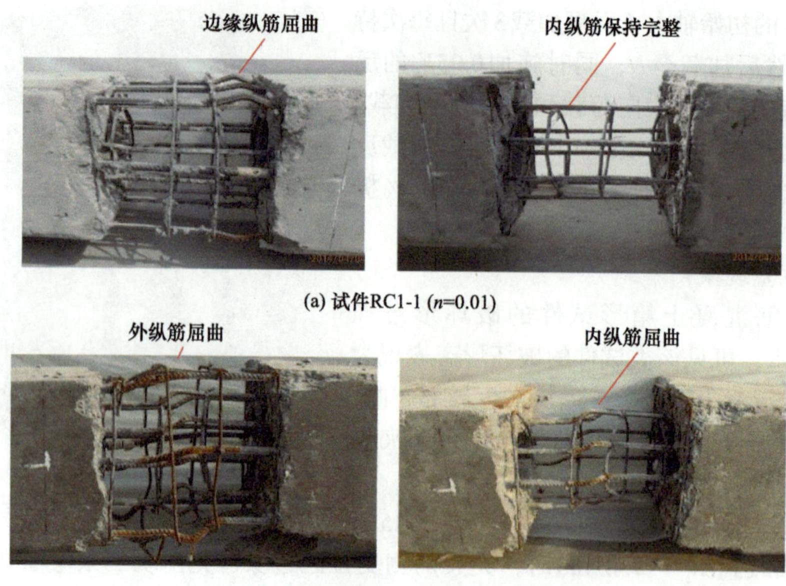

(a) 试件RC1-1 (n=0.01)

(b) 试件RC2-1 (n=0.24)

图 15.72　钢筋混凝土滞回试件破坏形态

4根钢管混凝土加劲混合结构试件的破坏形态如图15.73所示。可见，结构破坏总体表现为受拉区混凝土开裂，受压区混凝土压碎、纵筋屈曲。和钢筋混凝土对比试件相比，钢管混凝土加劲混合结构试件的裂缝数量更多，且分布范围更大。原因是圆钢管混凝土的支撑作用使得试件在峰值荷载后不会很快地丧失承载力，试件的延性较好，可以发展较大的变形。

试件CE1-1　试件CE1-2　试件CE2-1　试件CE2-2

图 15.73　钢管混凝土加劲混合结构试件的破坏形态

钢管混凝土加劲混合结构试件CE1-2的破坏过程如图15.74所示。对于轴压比较小（n=0.01）的试件CE1-2，加载初期时，在跨中首先出现若干道垂直的弯曲裂缝；随着荷载增大，在跨中附近接着出现几道剪切斜裂缝，裂缝宽度和长度随着荷载的增大而增大；最后试件的受压区混凝土被压碎。对于轴压比较小（n=0.24）的试件CE2-2，加载初期时，在跨中首先出现若干道垂直的弯曲裂缝；随着荷载增大，在试件1/4点附近接着出现几道剪切斜裂缝，但裂缝宽度和长度均小于轴压比小的试件，原因是试件承受的较大轴向压力抑制了裂缝的发展。

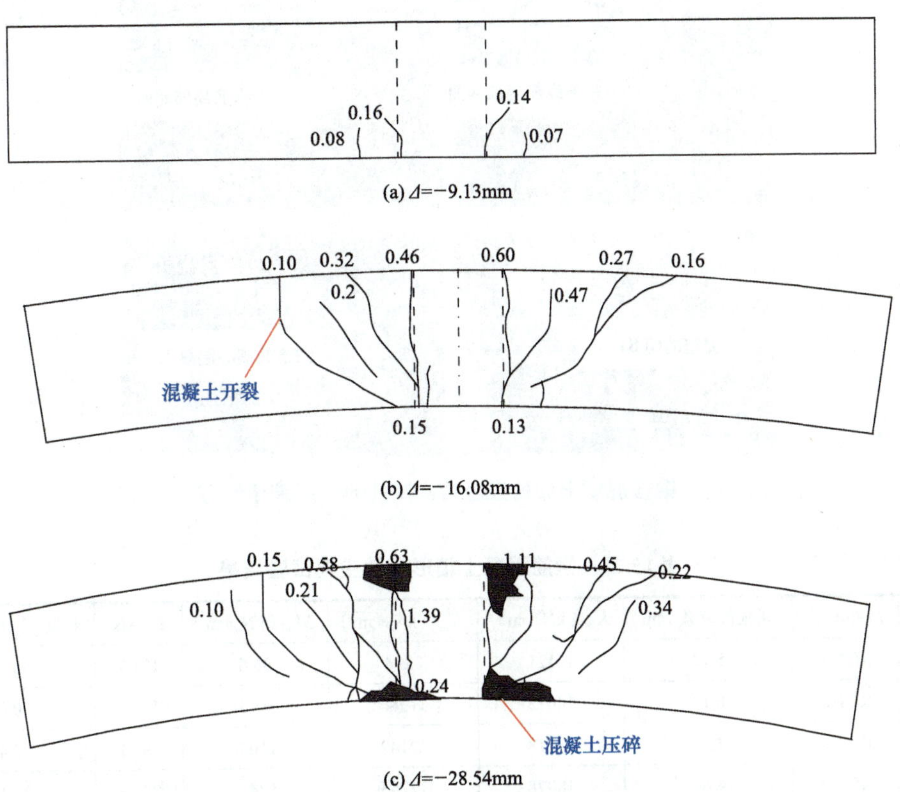

图15.74　钢管混凝土加劲混合结构滞回试件的破坏过程（CE1-2）

图15.75显示了试件的内部破坏形态。可见，受压区边缘的纵筋发生明显的局部屈曲；由于外部和内部混凝土的支撑作用，圆钢管仍然保持完整；核心混凝土无明显的开裂和压碎现象，原因是圆钢管的约束作用显著提高了混凝土的强度。

（3）试验结果及分析

表15.11所示为钢筋混凝土箱形试件主要试验结果，其中P_{ue}和M_{ue}分别代表结构承担的极限荷载和极限弯矩，取两个方向上峰值的平均值。结构初始刚度K_{ie}和使用阶段刚度K_{se}分别取M-ϕ关系上0.2M_{ue}和0.6M_{ue}对应的割线刚度，0.2M_{ue}和0.6M_{ue}对应的曲率ϕ_1和ϕ_2可采用式（15.32）计算求得。

$$\phi=\frac{\varepsilon_t-\varepsilon_c}{h_{ct}} \tag{15.32}$$

式中，ε_t和ε_c分别代表跨中截面附近应变片实测的受拉区边缘和受压区边缘的纵向应变。

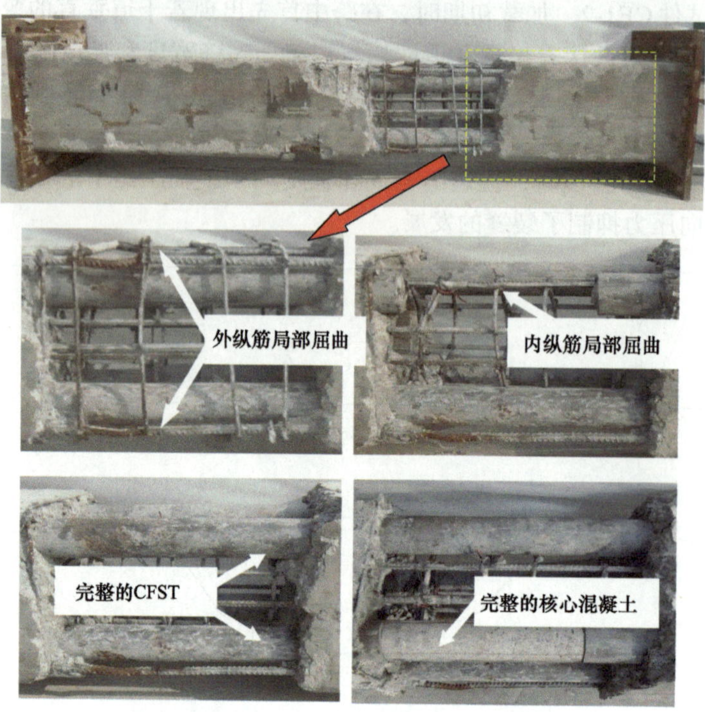

图 15.75 钢管混凝土加劲混合结构试件的内部破坏形态（CE1-2）

表 15.11 钢筋混凝土箱形试件主要试验结果

序号	试件编号	屈服位移Δ_y/mm	K_{ie}/（kN · m²）	K_{se}/（kN · m²）	M_{ue}/（kN · m）	P_{ue}/kN	耗能/（kN · m）
1	RC1-1	5.13	10121	7294	96.6	181.7	50.3
2	RC1-2	6.19	14613	11386	91.5	172.1	50.0
3	RC2-1	3.56	18718	12142	110.8	199.1	12.4
4	RC2-2	4.60	18078	12293	124.6	222.4	22.1
5	CE1-1	5.54	25717	11282	138.5	260.2	76.5
6	CE1-2	6.78	19643	11443	144.9	272.5	85.9
7	CE2-1	4.39	32510	13221	156.1	279.2	46.9
8	CE2-2	5.21	25061	12721	168.1	300.5	39.0

由表15.11可见，钢管混凝土加劲混合结构试件的K_{ie}比钢筋混凝土箱型试件提高了33.4%～83.46%，这说明钢管混凝土组件可有效地提高结构的初始刚度。钢管混凝土加劲混合结构试件的K_{ie}值随着轴压比（n）的增大提高16.1%～38.6%。原因是试件的受压区面积随n的增大而增大，混凝土更不易被拉裂，所以试件的刚度明显提高。使用阶段刚度K_{se}下降主要是由于混凝土开裂退出工作引起的。

图15.76给出了滞回试件的挠曲线，横坐标为测点距离左侧铰支座的距离，纵坐标代表各测点的实测挠度。虚线代表正弦半波，实线为各测点的实测挠曲线。可见，钢

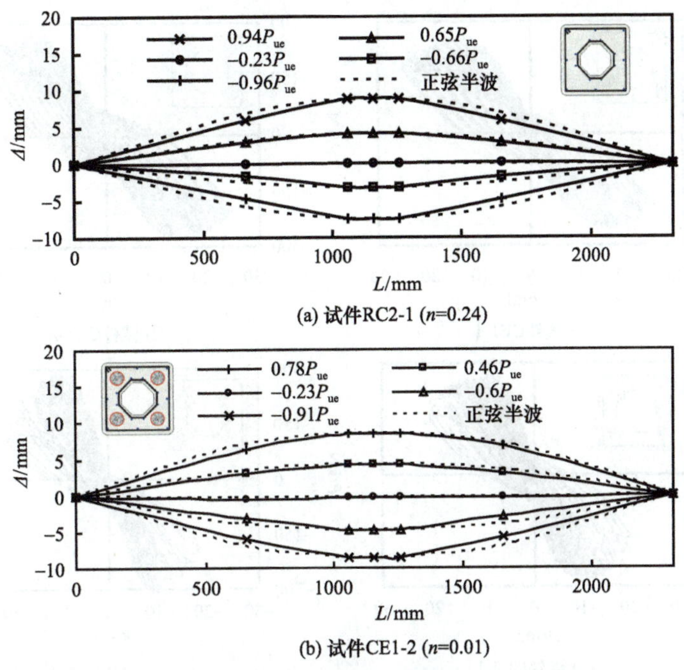

(a) 试件RC2-1 (n=0.24)

(b) 试件CE1-2 (n=0.01)

图 15.76　滞回试件的挠曲线

筋混凝土箱型试件和钢管混凝土加劲混合结构试件的挠曲线与正弦半波曲线吻合良好。

图 15.77 给出了试件的 P-Δ 滞回关系曲线。其中 P 以推为正，以拉为负。可见，和

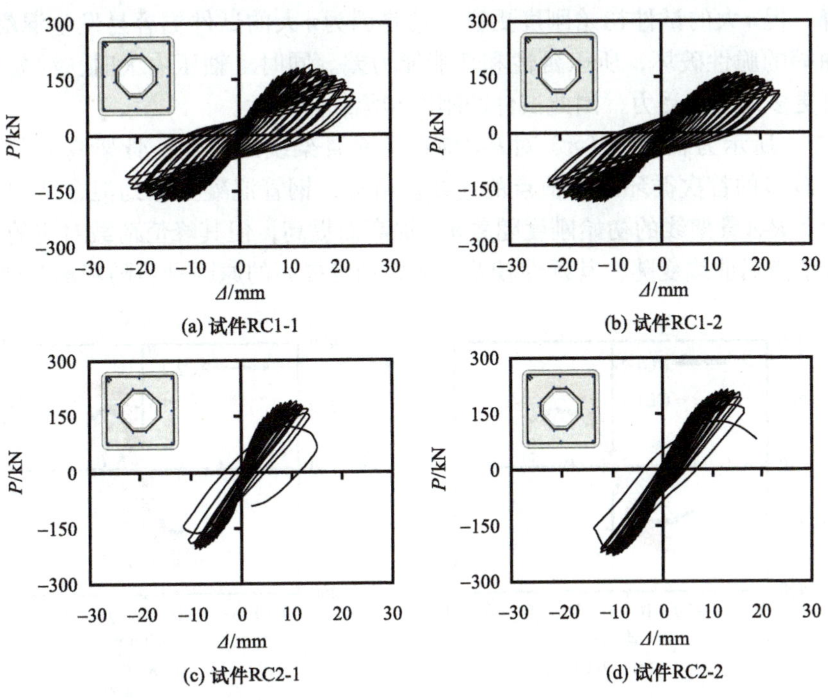

(a) 试件RC1-1　(b) 试件RC1-2

(c) 试件RC2-1　(d) 试件RC2-2

图 15.77　P-Δ 滞回关系曲线

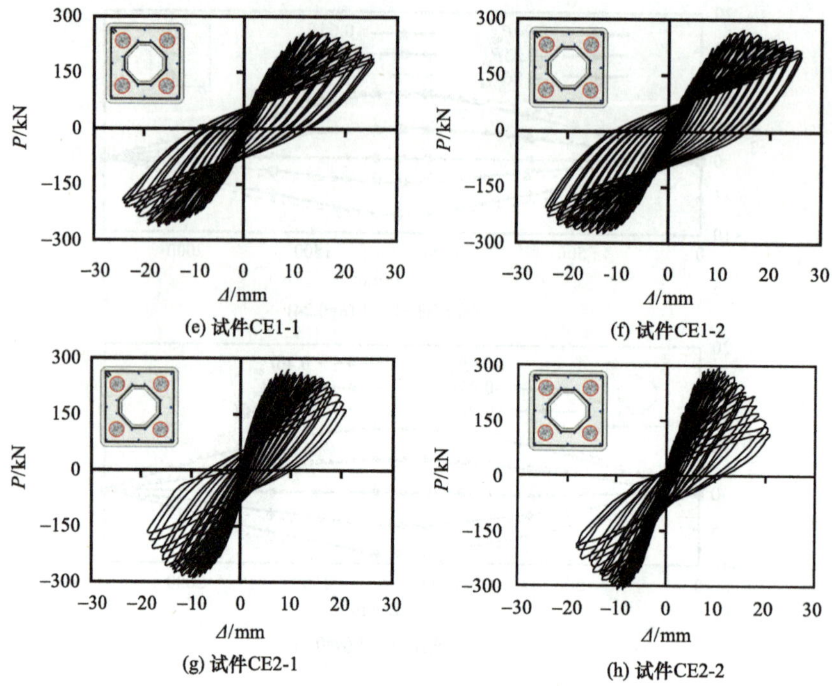

图 15.77 （续）

钢筋混凝土箱型试件相比，钢管混凝土加劲混合结构试件的曲线更饱满，极限承载力和初始刚度均更高。滞回曲线随着轴压比（n）的增大转为捏缩状，其延性和耗能能力显著下降，但n大的试件初始刚度更高。这是因为n大的试件更容易发生混凝土压碎、纵筋屈曲等的脆性破坏，所以延性和耗能能力差。同时，轴压力大时，混凝土以受压为主，可更多地参与受力，因此试件的刚度和承载力更大。

图 15.78所示为轴压比（n）对P-Δ滞回关系骨架线的影响，骨架线取滞回曲线中的每个加载步的首次循环的峰值点的连线。可见，钢管混凝土加劲混合结构试件的极限承载力和P-Δ骨架线的初始刚度随着n的提高而提高，但其峰值荷载对应的位移却变小，且峰值点后曲线变陡，其延性较差。初始刚度提高的原因是：随着n的增大，钢管

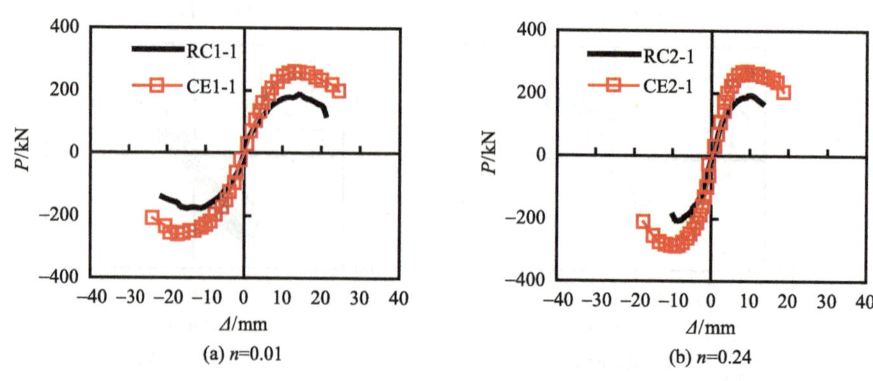

图 15.78　轴压比对P-Δ骨架线的影响

混凝土加劲混合结构试件的受压区变大，混凝土不容易开裂退出工作。但n较大的试件更容易发生混凝土压碎、纵筋屈曲等的脆性破坏，因此其延性差。轴压力大时，混凝土以受压为主，可更多地参与受力，因此试件的刚度和承载力更大。

图 15.79 所示为钢管混凝土加劲混合结构柱实测的M-ϕ滞回关系。其中，试件跨中

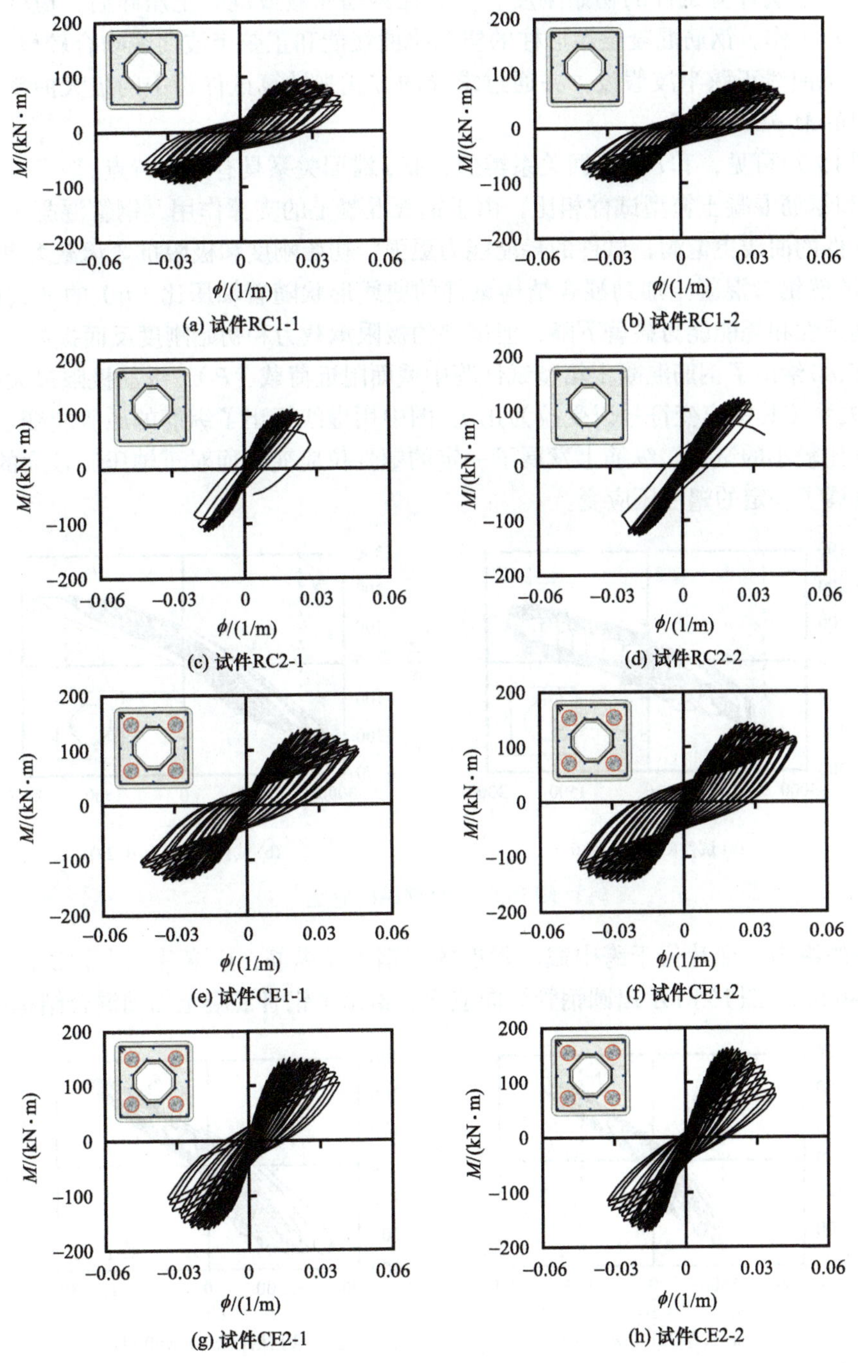

图 15.79　M-ϕ滞回关系

所受弯矩M由式（15.33）计算。

$$M=\frac{PL}{4}+N\Delta \tag{15.33}$$

式中，P和Δ分别为横向荷载和跨中位移；L为计算长度；N为轴力。应变片的实测数据可以用于准确计算试件的初始刚度，但是在钢筋屈服或混凝土压碎后，应变片就无法继续正常工作。钢筋混凝土箱形柱的实测挠曲线能和正弦半波曲线吻合较好。因此，本文基于挠曲线正弦半波假设，并通过求导的方式来计算试件跨中的最大曲率，继而得到近似的M-ϕ滞回关系。

由图15.79可见，和P-Δ滞回关系类似，M-ϕ滞回关系具有如下特点。

1）和钢筋混凝土箱型试件相比，由于钢管混凝土的支撑作用，钢管混凝土加劲混合结构试件的曲线更饱满，试件的耗能能力更强、初始刚度和极限抗弯承载力更高。

2）虽然钢管混凝土加劲混合结构试件的曲线形状随着轴压比（n）的增大而趋于捏缩，其延性和耗能能力显著下降，但试件的极限承载力和初始刚度反而提高。

图15.80给出了钢筋混凝土箱型试件跨中截面附近荷载（P）-纵筋极限最大纵向应变（ε）关系（其中应变符号以受拉为正），图中用虚线标出了纵筋的屈服应变。可见，对于轴压比较小的试件，纵筋上发展了一定的塑性拉应变。而对于轴压比较大的试件，纵筋则发展了一定的塑性压应变。

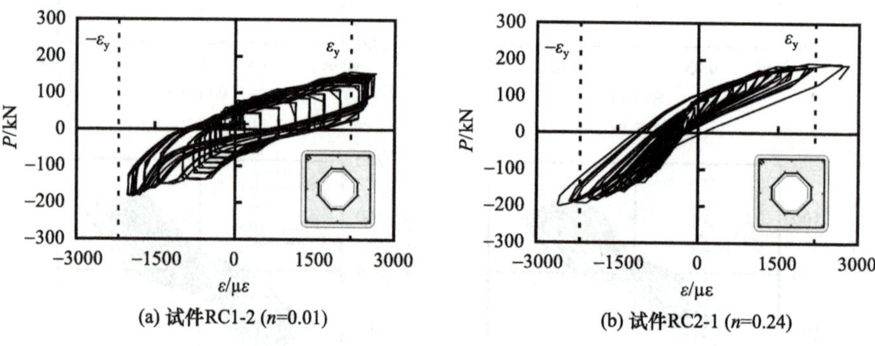

图15.80　纵筋纵向应变

试件的纵向应变片位于跨中截面附近的圆钢管及纵筋，应变片测点到试件跨中的距离为140mm。图15.81示出圆钢管纵向应变，给出了钢管混凝土加劲混合结构试件跨

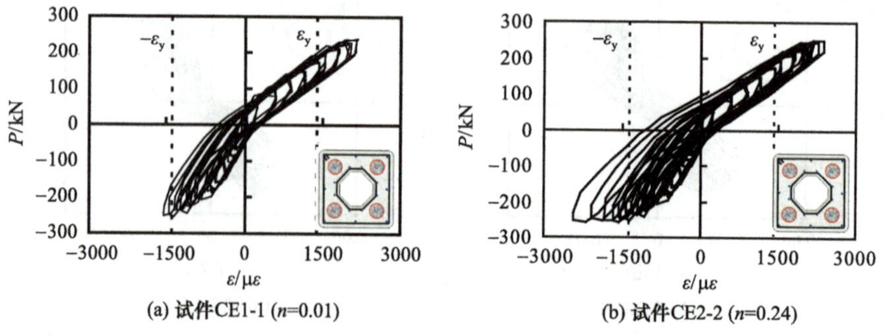

图15.81　圆钢管纵向应变

中截面附近圆钢管的P-ε关系（其中应变符号以受拉为正），图中用虚线标出了钢管的屈服应变。可见，对于轴压比较小的试件，钢管上发展了一定的塑性拉应变。而对于轴压比较大的试件，钢管则发展了一定的塑性压应变。

图15.82示出纵筋纵向应变，给出了钢管混凝土加劲混合结构试件跨中截面附近纵筋的P-ε关系（其中应变符号以受拉为正），图中用虚线标出了纵筋的屈服应变。和圆钢管相似：对于轴压比较小的试件，纵筋上发展了一定的塑性拉应变，而对于轴压比较大的试件，纵筋则发展了一定的塑性压应变。

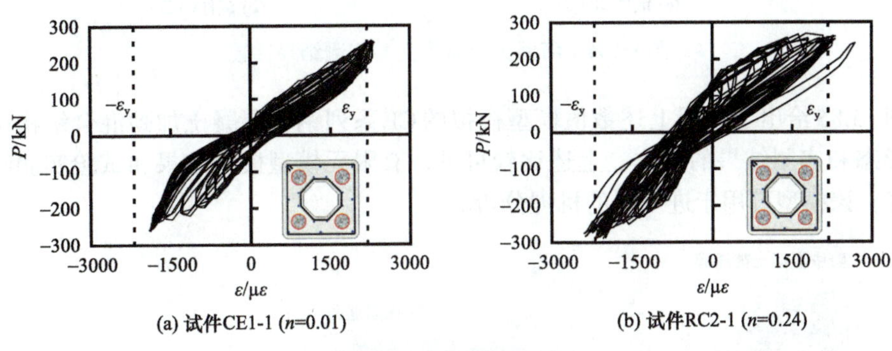

图 15.82　纵筋纵向应变

15.3.2　工作机理分析

多肢钢管混凝土加劲混合结构滞回试件有限元模型的边界条件如图15.83所示。混凝土材料的损伤系数取法按本书第6章方法确定。

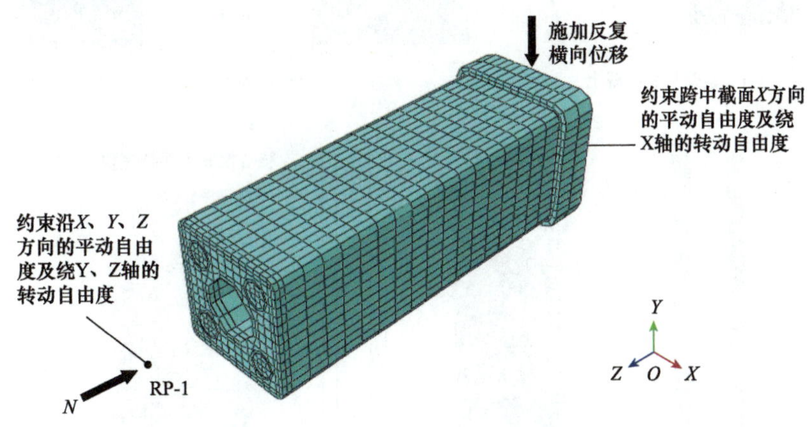

图 15.83　四肢钢管混凝土加劲混合结构滞回试件有限元模型边界条件

图15.84给出了四肢钢管混凝土加劲混合结构试件P-Δ滞回关系与实测结果的比较。可见，对于轴压比大的钢管混凝土加劲混合结构试件，其承载力和加卸载刚度与实测结果均吻合较好，且可较好地模拟出曲线的捏缩现象；对于轴压比较小的钢管混凝土加劲混合结构试件，其预测极限承载力与实测结果较为接近，但预测初始刚度偏

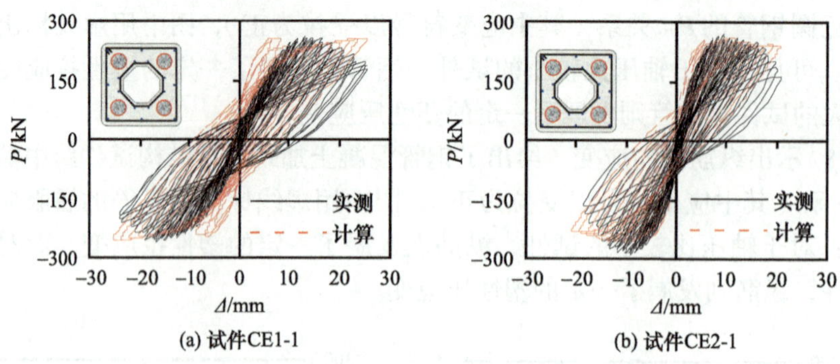

(a) 试件CE1-1　(b) 试件CE2-1

图 15.84　滞回试验有限元与实测结果比较

大。图 15.85 给出了采用上述数值模型模拟的CE系列钢管混凝土加劲混合结构试件的破坏形态和实测结果的对比。上述比较可见，有限元模型模拟结果和试验实测结果吻合良好，该模型可用于进一步的机理分析。

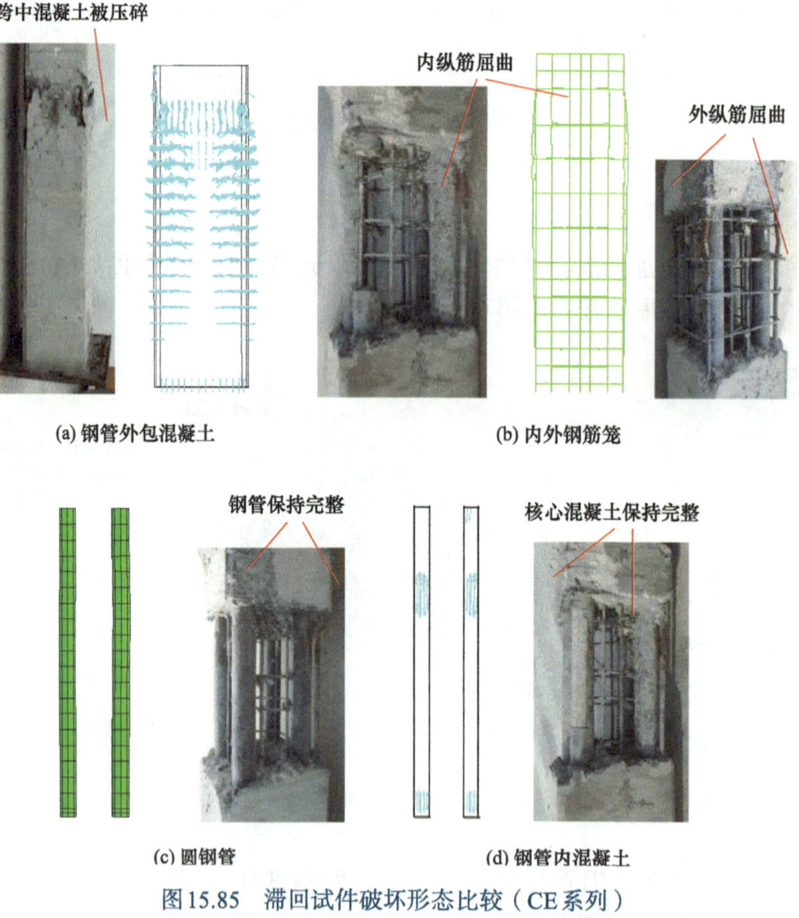

(a) 钢管外包混凝土　(b) 内外钢筋笼

(c) 圆钢管　(d) 钢管内混凝土

图 15.85　滞回试件破坏形态比较（CE 系列）

由于模拟滞回关系需要较高的计算成本，因此许多研究者采用研究单调加载曲线的方式来进行该类试件的参数分析。图 15.86 给出了实测的钢管混凝土加劲混合结构试件

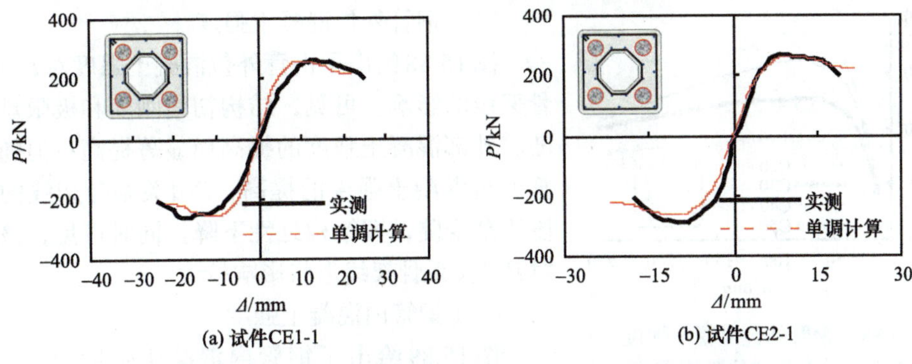

图 15.86　实测骨架线与数值模拟的单调加载曲线的比较

P-Δ关系骨架线与单调加载模拟曲线的比较。可见，采用数值法预测的P-Δ滞回关系骨架线与单调加载预测结果吻合良好，且采用数值法预测的单调加载曲线与本章的实测P-Δ关系骨架线吻合良好。因此，在保证计算精度的情况下，可利用单调加载的静力模型来高效地模拟反复加载情况下的P-Δ关系骨架线。

15.3.3　参数分析

多肢钢管混凝土加劲混合结构的P-Δ关系骨架线形状的主要影响参数包括：钢管外包混凝土强度、钢管内混凝土强度、钢管混凝土组件的含钢率、柱长细比、含钢管混凝土率、含纵筋率、空心率及轴压比等。为了研究各参数对结构P-Δ关系骨架线的影响规律，本节进行了如下参数分析工作。

算例的基本条件如下：方柱横截面宽度为2000mm、长度为20000mm；空心率α_h为41%；钢管混凝土含钢率α_s=0.10；柱含纵筋率α_L=0.01；轴压比（n）为0.4；纵筋和箍筋的屈服强度均为335MPa；钢管采用Q345。该算例截面尺寸如图15.87所示。

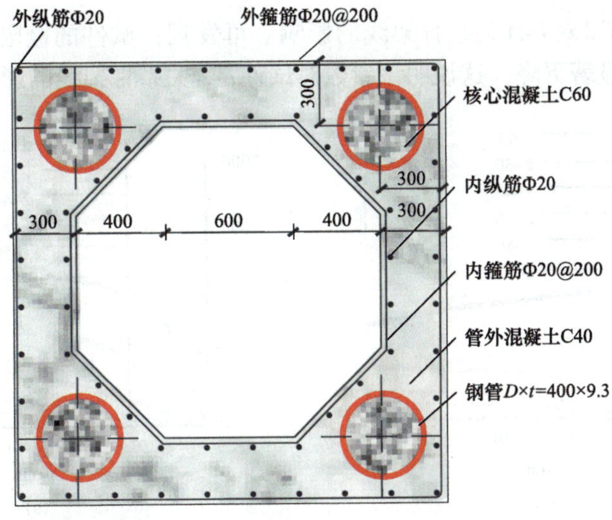

图 15.87　多肢钢管混凝土加劲混合结构算例截面尺寸（尺寸单位：mm）

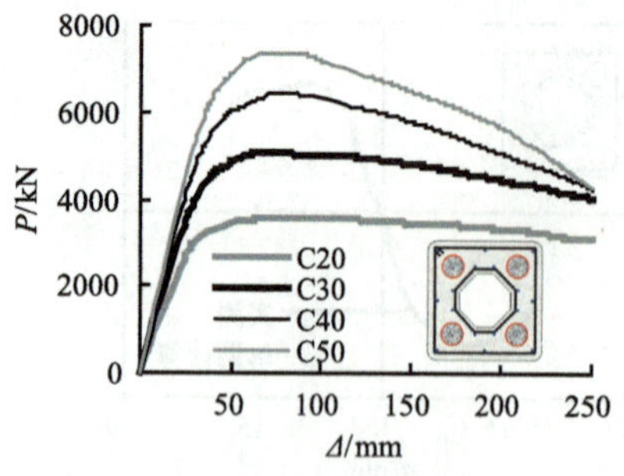

图 15.88　钢管外包混凝土强度对 *P*-*Δ* 关系骨架线的影响

（1）钢管外包混凝土强度

图15.88给出了钢管外包混凝土强度对*P*-*Δ*关系骨架线的影响。可见，结构初始刚度和极限承载力随着外部混凝土强度的提高而显著提高；但随着钢管外包混凝土强度的提高，*P*-*Δ*关系骨架线的下降段逐渐变陡，即结构延性下降。同时可见，该参数对*P*-*Δ*关系骨架线形状影响较大。

（2）钢管内混凝土强度

图15.89给出了钢管内混凝土强度对*P*-*Δ*关系骨架线的影响。可发现：该参数对试件的初始刚度和曲线形状影响较小；但随着钢管内混凝土强度的提高，柱子的承载力也有一定的提高。

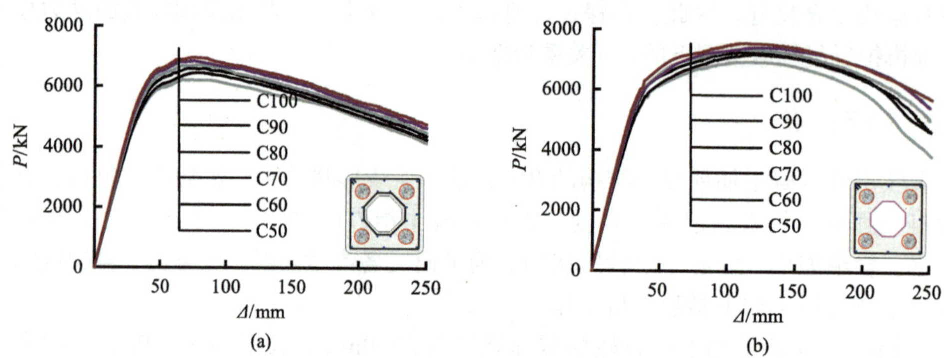

图 15.89　钢管内混凝土强度对 *P*-*Δ* 关系骨架线的影响

（3）长细比（λ）

图15.90给出了λ对*P*-*Δ*关系骨架线的影响。可发现：试件的极限承载力和初始刚度随着λ的增大而显著下降。这说明该参数对试件*P*-*Δ*关系骨架线的影响较大。

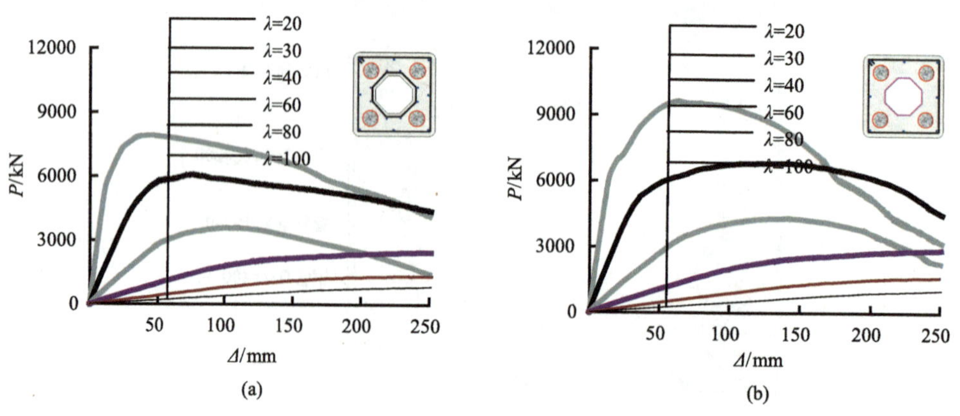

图 15.90　长细比对 *P*-*Δ* 关系骨架线的影响

（4）钢管混凝土的含钢率（α_s）

图15.91给出了α_s对P-Δ关系骨架线的影响。可发现：随着α_s的增大，其极限承载力略有提高；同时，曲线的下降段也趋于平缓，即结构延性得到了一定程度的改善。

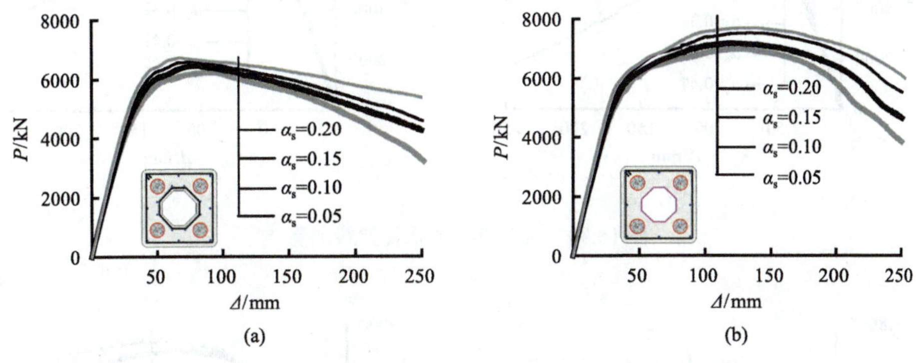

图15.91　含钢率对P-Δ关系骨架线的影响

（5）含钢管混凝土率（α_{CFT}）

图15.92给出了α_{CFT}（钢管混凝土横截面面积/试件横截面总面积）对结构P-Δ关系骨架线的影响。可发现，随着α_{CFT}的提高，试件的承载力显著提高；但延性明显下降。同时可见，α_{CFT}对试件初始刚度的影响可以忽略，但该参数对试件P-Δ关系骨架线形状的影响比较大。

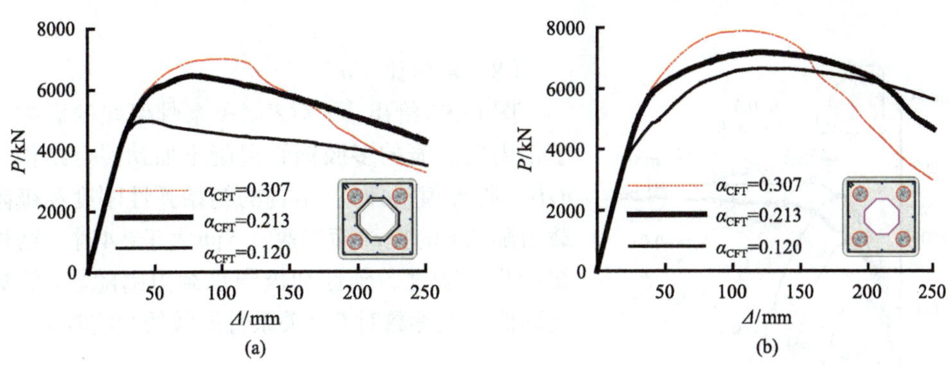

图15.92　α_{CFT}对P-Δ关系骨架线的影响

（6）空心率（α_h）

图15.93给出了α_h对结构P-Δ关系骨架线的影响。可发现，结构的极限承载力随着α_h的增大而降低；但该参数对骨架线形状的影响较小。

（7）含纵筋率（α_L）

图15.94给出了α_L对P-Δ关系骨架线的影响。可发现，结构的承载力和延性随着α_L的增大而增大。

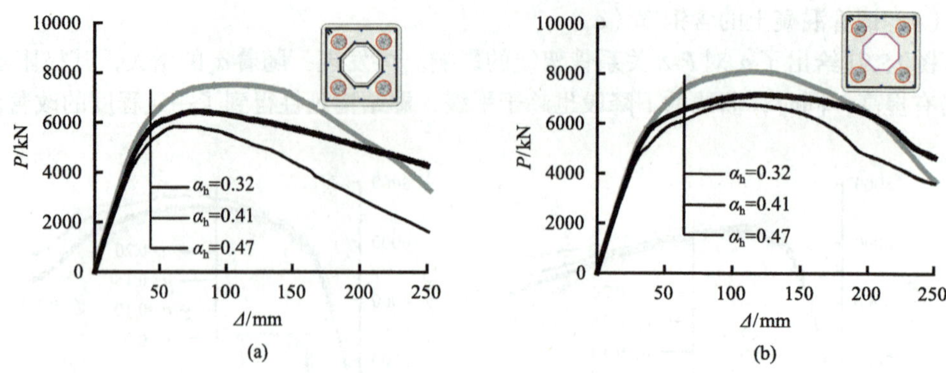

图 15.93　α_h 对 P-Δ 关系骨架线的影响

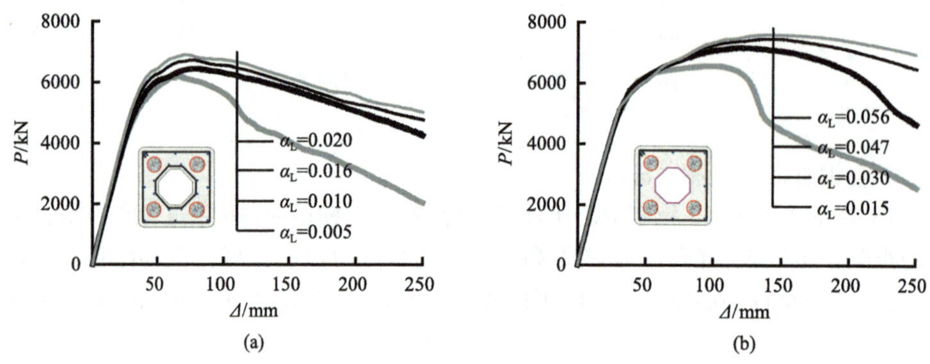

图 15.94　α_L 对 P-Δ 关系骨架线的影响

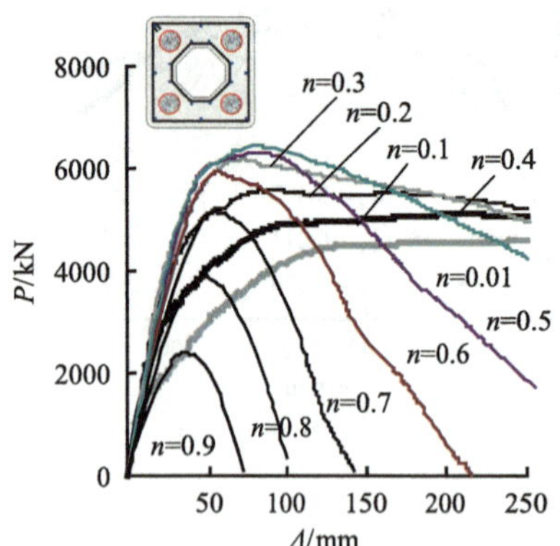

图 15.95　n 对 P-Δ 关系骨架线的影响

（8）轴压比（n）

图 15.95 给出了 n 对 P-Δ 关系骨架线的影响。对于带内钢筋笼的多肢钢管混凝土加劲混合结构，当 n 小于临界值 0.4 时，结构的初始弹性刚度和极限承载力随着 n 的提高而提高；当 n 大于 0.4 时，结构的初始弹性刚度、延性和极限承载力则随着 n 的提高而降低。该参数对 P-Δ 关系骨架线的影响较大。

15.3.4　恢复力模型

基于已有研究结果，多肢钢管混凝土加劲混合结构屈服荷载（P_y）与极限荷载（P_u）呈比例关系，系数范围为 0.5～0.7。对于极限承载力计算，当钢管混凝土加劲混合结构达到极限承载力时，钢管外包混凝土边缘受压应变为 3300με，塑性铰长度约为截面高度的 50%，可按平截面假定计算极限曲率（ϕ_u）。对于下降段刚度计算，参数分析表明，下降段刚度主要与纵筋强度、配筋率、钢管强度、钢管含钢率和轴压比有关，且下降段刚度（K_d）与初始刚度（K_a）呈比例关系。

在进行动力弹塑性时程分析时，多肢钢管混凝土加劲混合结构的恢复力模型应包括弯矩（M）-曲率（ϕ）关系滞回模型和荷载（P）-位移（Δ）关系滞回模型，滞回模型均应通过在三折线骨架线的基础上计入加卸载规则实现。

多肢钢管混凝土加劲混合结构的荷载（P）-位移（Δ）关系骨架线采用三折线模型（图 15.96）。模型中，弹性阶段刚度（K_e）、屈服荷载（P_y）、极限荷载（P_u）、对应的位移（Δ_u）和下降段刚度（K_d）的参数确定如下所示。

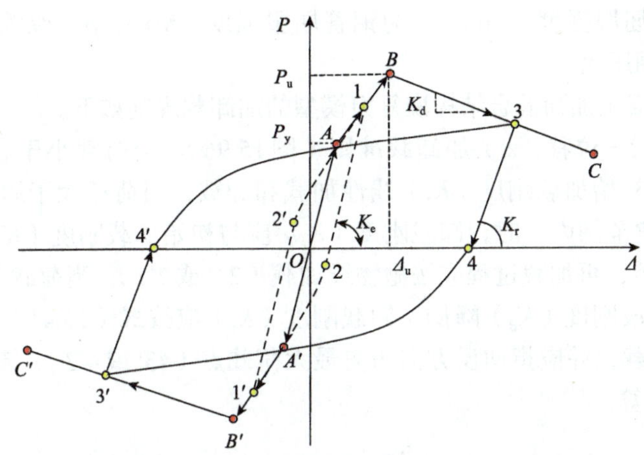

图 15.96　多肢钢管混凝土加劲混合结构荷载（P）-位移（Δ）关系

1）弹性段刚度（K_e）应按式（15.34）确定。

$$K_e=3(E_{s,s}I_{s,s}+E_{s,l}I_{s,l}+0.6E_{c,core}I_{c,core}+\beta E_{c,out}I_{c,out})/(l_0/2)^3 \tag{15.34}$$

$$\beta=\begin{cases}1.6\times n & n\leqslant 0.3\\ 0.48-0.54\times(n-0.3) & 0.3<n<0.6\end{cases} \tag{15.35}$$

式中，$E_{s,s}$、$E_{s,l}$分别为钢管和钢筋的弹性模量，N/mm^2；$E_{c,core}$、$E_{c,out}$分别为钢管内核心混凝土和钢管外包混凝土的弹性模量，N/mm^2；$I_{s,s}$、$I_{s,l}$分别为钢管和钢筋的惯性矩，mm^4；$I_{c,core}$、$I_{c,out}$分别为钢管内核心混凝土和钢管外包混凝土的惯性矩，mm^4；l_0为转动中心间有效长度，mm；n为轴压比。

2）屈服荷载（P_y）应按式（15.36）计算。

$$P_y=0.6P_u \tag{15.36}$$

式中，P_y为屈服荷载，N；P_u为极限荷载，N。

3）当钢管混凝土加劲混合结构达到极限承载力时，平截面假定依然成立。按 5.2.4 节规定计算钢管混凝土加劲混合结构在压弯荷载作用下的极限荷载（P_u）。

4）极限位移（Δ_u）应按式（15.37）计算。

$$\Delta_u=\frac{\varphi_y l_0^2}{3}+(\varphi_u-\varphi_y)l_p(l_0-0.5l_p) \tag{15.37}$$

$$\phi_y=\frac{3M_y}{K_a l_0^3} \tag{15.38}$$

$$\phi_u=0.0033/c \tag{15.39}$$

式中，ϕ_y为屈服曲率，mm^{-1}；ϕ_u为峰值点对应的曲率，mm^{-1}；c为中和轴到受压混凝土边缘之间的距离，mm；l_0为转动中心间有效长度，mm；l_p为塑性铰长度，mm。

5）下降段刚度（K_d）应按式（15.40）计算。

$$K_d=K_a\times(0.0058f_{yl}\rho+0.0009f_y\alpha_s+0.6n^2+0.13n-0.037) \tag{15.40}$$

式中，f_{yl}为纵筋屈服强度，MPa；f_y为钢管屈服强度，MPa；ρ为纵筋配筋率；α_s为钢管含钢率；n为轴压比。

多肢钢管混凝土加劲混合结构恢复力模型的加卸载规则如下。

1）荷载（P）-位移（Δ）加卸载准则（图15.96）。当荷载小于屈服荷载（$A'A$范围内）时，应按初始加载刚度（K_e）线性加载和卸载；当荷载大于屈服荷载时，且小于极限荷载（$B'B$范围内）时，卸载刚度（K_r）应与初始加载刚度（K_e）相同，按线性卸载至荷载为0后，再加载过程应按抛物线加载（21′或2′1）；当荷载大于极限荷载时，即承载力按下降段刚度（K_d）降低，卸载刚度（K_r）应按式（15.41）确定，再加载过程应按抛物线加载，并应指向反方向历史最大荷载点（43′或4′3）。卸载刚度（K_r）应按式（15.41）计算。

$$K_r=\begin{cases} K_a & |\Delta_r|\leqslant\Delta_u \\ \left(\dfrac{\Delta_u}{\Delta_r}\right)^{\zeta}K_a & |\Delta_r|>\Delta_u \end{cases} \tag{15.41}$$

式中，Δ_r为卸载点的位移，mm；ζ为经验系数，根据数值模拟结果建议取值为1.2。

2）多肢钢管混凝土加劲混合结构的弯矩（M）-曲率（ϕ）关系滞回模型中的加卸载准则，应使用荷载（P）-位移（Δ）关系滞回模型的加卸载准则。

15.4 抗撞击性能

15.4.1 试验研究

（1）试验概况

本试验共设计了20个多肢钢管混凝土加劲混合结构试件（胡昌明，2018；Hu et al.，2018），如表15.12所示。试件总长度为1800mm，其中有效跨度长度为1200mm，位于中部。试件边长为400mm，截面尺寸如图15.97所示。内钢管外径76mm，钢管厚度为3.68mm和5.80mm。纵筋直径为15.6mm，配筋率为2.67%，箍筋直径为7.7mm，试件有效跨度部分的箍筋间距为100mm，端部箍筋间距为50mm。混凝土保护层厚度为28mm。

表15.12给出了试件编号及试验参数。试验参数主要包括边界条件、轴压比（n）、钢管厚度（t_s）和撞击能量（E_0）等。

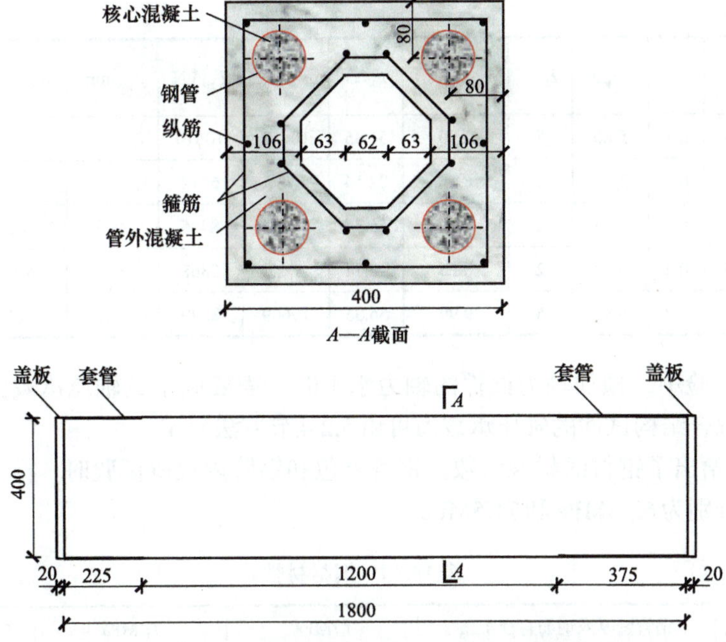

图 15.97 撞击试件尺寸（尺寸单位：mm）

表 15.12 多肢钢管混凝土加劲混合结构试件信息汇总

序号	试件编号	n	t_s/mm	H/m	V_0/(m/s)	E_0/kJ	F_{pm}/kN	F_{pp}/kN	Δ_{pm}/mm	Δ_{pp}/mm	t_{0m}/ms	t_{0p}/ms
1	BFSS-2	0	3.68	2	6.26	22.54	6786	6255	12.3	11.9	7.3	7.3
2	BFSS-5	0	3.68	5	9.90	56.35	10538	8650	28.7	26.0	11.8	11.9
3	BTSS-2	0	5.80	2	6.26	22.54	6777	5810	11.6	11.3	8.9	7.5
4	BTSS-5	0	5.80	5	9.90	56.35	10136	8588	26.0	25.1	12.9	13.1
5	BFFS-2	0	3.68	2	6.26	22.54	6440	6253	11.8	12.0	7.6	7.3
6	BFFS-5	0	3.68	5	9.90	56.35	9949	8657	28.0	26.0	11.6	13.8
7	BTFS-2	0	5.80	2	6.26	22.54	6779	5812	10.8	11.2	7.7	7.5
8	BTFS-5	0	5.80	5	9.90	56.35	11021	8582	25.2	24.3	10.8	13.3
9	BFFF-2	0	3.68	2	6.26	22.54	6656	6261	12.1	12.0	7.2	7.1
10	BFFF-5	0	3.68	5	9.90	56.35	10052	8653	26.8	26.1	11.9	12.7
11	BTFF-2	0	5.80	2	6.26	22.54	6748	5809	10.6	11.4	8.2	7.1
12	BTFF-5	0	5.80	5	9.90	56.35	10630	8580	24.3	24.7	11.9	12.9
13	BFA1-2	0.1	3.68	2	6.26	22.54	6658	6372	10.7	10.0	6.3	6.2
14	BFA1-5	0.1	3.68	5	9.90	56.35	9258	8689	24.8	23.0	11.9	11.9
15	BTA1-2	0.1	5.80	2	6.26	22.54	6796	5715	10.1	9.6	6.3	6.3

续表

序号	试件编号	n	t_s/mm	H/m	V_0/（m/s）	E_0/kJ	F_{pm}/kN	F_{pp}/kN	Δ_{pm}/mm	Δ_{pp}/mm	t_{0m}/ms	t_{0p}/ms
16	BTA1-5	0.1	5.80	5	9.90	56.35	10452	10610	—	22.0	10.6	12.3
17	BFA2-2	0.2	3.68	2	6.26	22.54	6737	6512	9.3	9.2	6.7	5.6
18	BFA2-5	0.2	3.68	5	9.90	56.35	10144	8735	23.3	21.2	10.0	9.5
19	BTA2-5	0.2	5.80	2	6.26	22.54	6913	5868	9.2	8.5	7.4	5.5
20	BTA2-5	0.2	5.80	5	9.90	56.35	10669	8599	22.2	20.1	10.0	9.4

在确定试验中，预加轴力试件的轴力水平时，需要确定其轴压承载力。多肢钢管混凝土加劲混合结构试件的轴压承载力可由5.2.4节方法确定。

表15.13给出了钢材的材性参数。钢管外包和钢管内混凝试验时，标准立方体抗压强度平均值分别为62.6MPa和71.5MPa。

表15.13　钢材材性

钢材种类	钢管壁厚或钢筋直径/mm	f_y/MPa	f_u/MPa	E_s/（N/mm²）
钢管	5.80	307	497	2.07×10^5
钢管	3.68	342	480	2.11×10^5
纵筋	15.6	456	642	1.99×10^5
箍筋	7.70	475	670	2.02×10^5

（2）试验现象

图15.98所示为轴压比为0.2的试件破坏形态。可见，当撞击高度为2m时，钢管壁厚

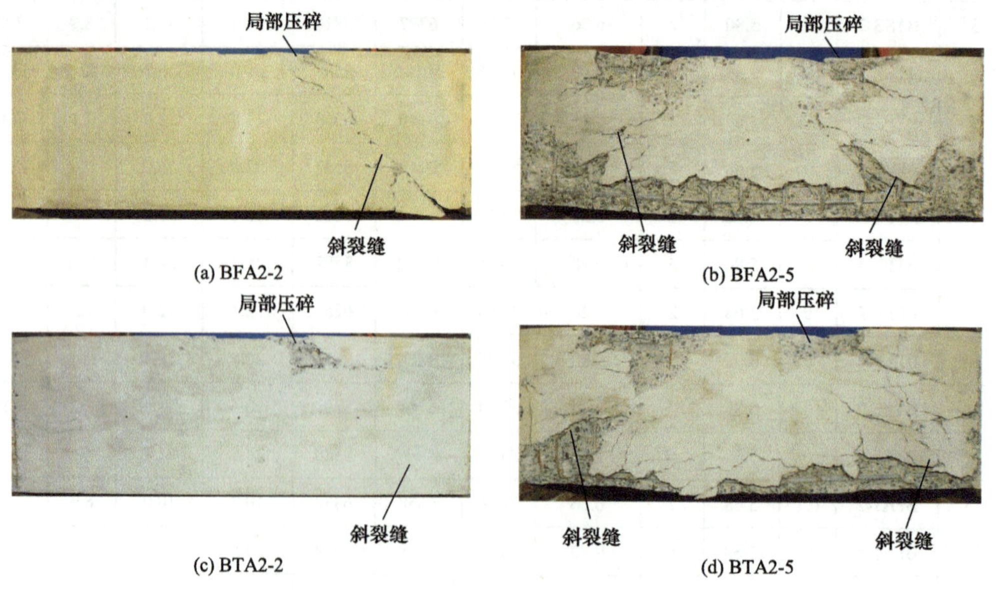

(a) BFA2-2　(b) BFA2-5　(c) BTA2-2　(d) BTA2-5

图15.98　预加轴力试件（n=0.2）破坏形态

为3.68mm的试件BFA2-2在右侧出现了由撞击区域向右下支座发展的45°混凝土斜裂缝，同时在跨中顶部撞击区域出现了混凝土的局部压碎和剥落；钢管壁厚为5.80mm的试件BTA2-2在跨中顶部撞击区域出现了混凝土局部压碎和剥落，在右下支座附近出现了一条细小的混凝土斜裂缝。撞击高度为5m时，试件BFA2-5和试件BTA2-5在试件两侧出现了45°混凝土斜裂缝，在跨中顶部撞击区域出现了混凝土局部压碎和剥落，在跨中底部有效跨度范围内出现了显著的混凝土剥落。

图15.99给出了试件在剥离了钢筋混凝土部件后，钢管混凝土部件的破坏形态及剥离钢管后跨中部位核心混凝土的破坏形态。可见，钢管混凝土部件发生了整体弯曲变形，钢管未发生局部屈曲。图15.99中，核心混凝土整体形状完整，并伴随着与试件轴向垂直的混凝土裂缝。

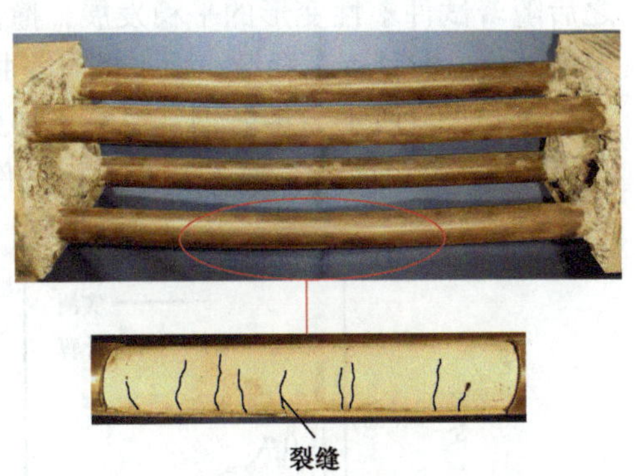

图15.99　钢管混凝土部件和核心混凝土破坏形态（BFSS-5）

在试验参数中，撞击能量对试件破坏形态的影响最为显著。图15.100给出了不同撞击能量下试件的破坏形态示意。由图15.100可知，在撞击能量为22.54kJ时，试件的破坏形态主要包括跨中底部与轴向垂直的混凝土裂缝，以及由跨中顶部向支座端底部发展的混凝土斜裂缝，试件表面一般不出现显著的混凝土局部压碎和剥落。在撞击能量为53.35kJ时，试件的破坏形态包括跨中底部与轴向垂直的混凝土裂缝，以及由跨中顶部向支座端底部发展的混凝土斜裂缝，同时也会出现跨中顶部撞击区域的混凝土局部压碎，以及跨中顶部和试件底部显著的混凝土剥落。这表明，撞击能量越大，试件的破坏越显著。

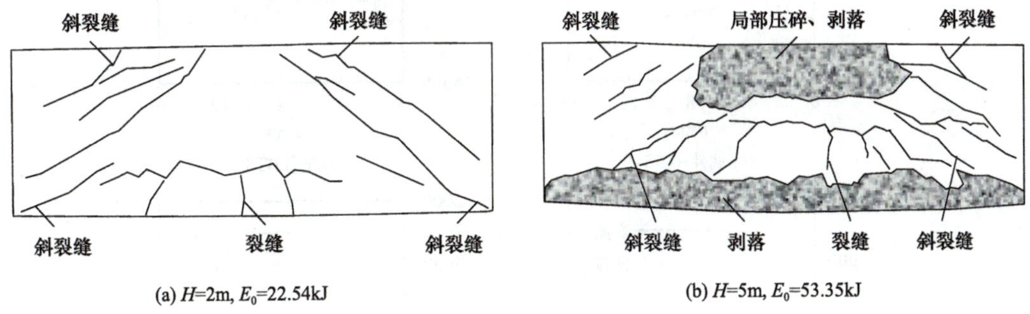

图15.100　撞击试件破坏形态

除撞击能量外，位移边界条件和轴力也会影响试件的破坏形态。与两端简支和固简支试件相比，两端固支试件在支座端底部的混凝土剥落更为显著。这是因为固支支座约束了试件支座端的转动，从而引起更显著的混凝土破坏。对比不同轴力水平下试件的破坏形态可知，与未加轴力试件相比，预加轴力试件在跨中顶部和试件底部的混凝土剥落相对不显著。在本文参数范围内，钢管厚度对试件破坏形态的影响并不显著。

（3）试验结果及分析

试件在横向撞击荷载作用下的撞击力（F）时程曲线如图15.101所示。可以看出，与叠合试件相比，多肢钢管混凝土加劲混合结构试件的撞击力时程曲线表现出相似的特征，可大致分为峰值段、平台段和下降段。撞击开始后，撞击力迅速上升达到峰值，并迅速降低至零附近。有些试件（如试件BFSS-5）的撞击力时程曲线，在第一个峰值结束后会出现多个较小的峰值，这可能是因为落锤与试件之间的接触不稳定造成的。之后随着试件塑性变形的平稳发展，撞击力存在一个平台段。随着塑性变形的进一步发展，撞击能量逐渐耗散，撞击力时程曲线进入下降段，并最后降低至零。

图15.102所示为多肢钢管混凝土加劲混合结构试件在横向撞击荷载作用下的跨中挠度（Δ）时程曲线。撞击开始后，试件跨中挠度开始迅速增长。随着撞击能量的耗

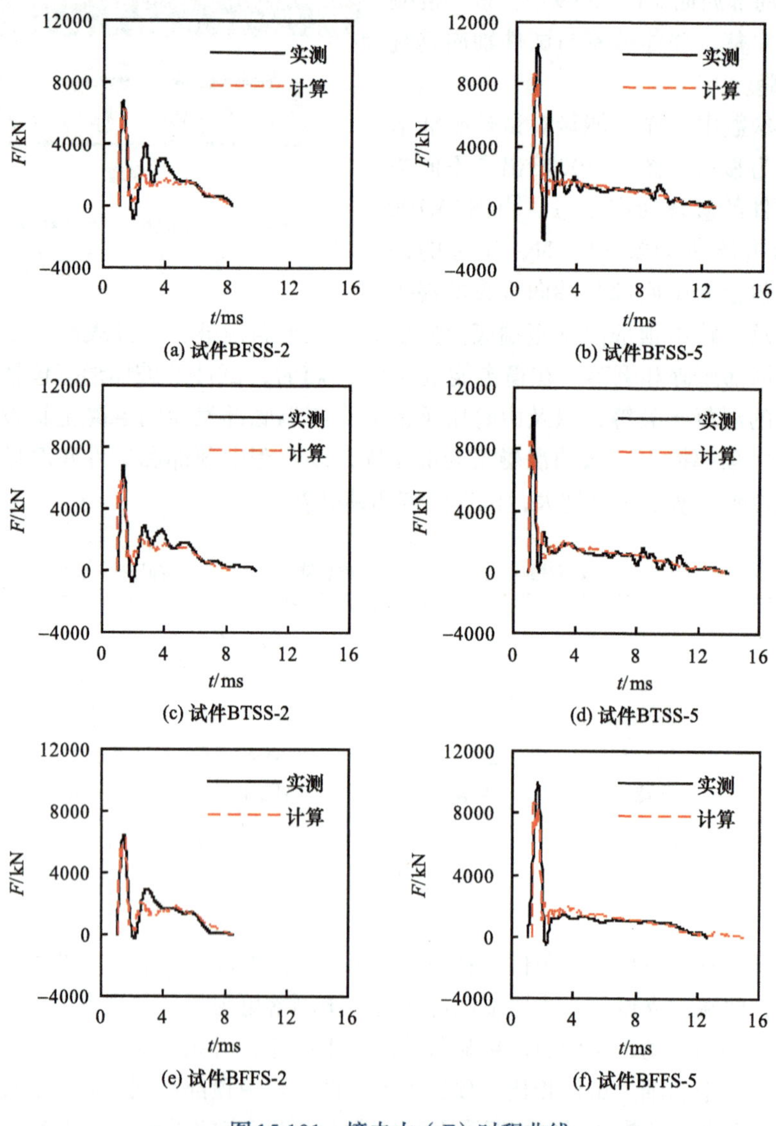

图15.101　撞击力（F）时程曲线

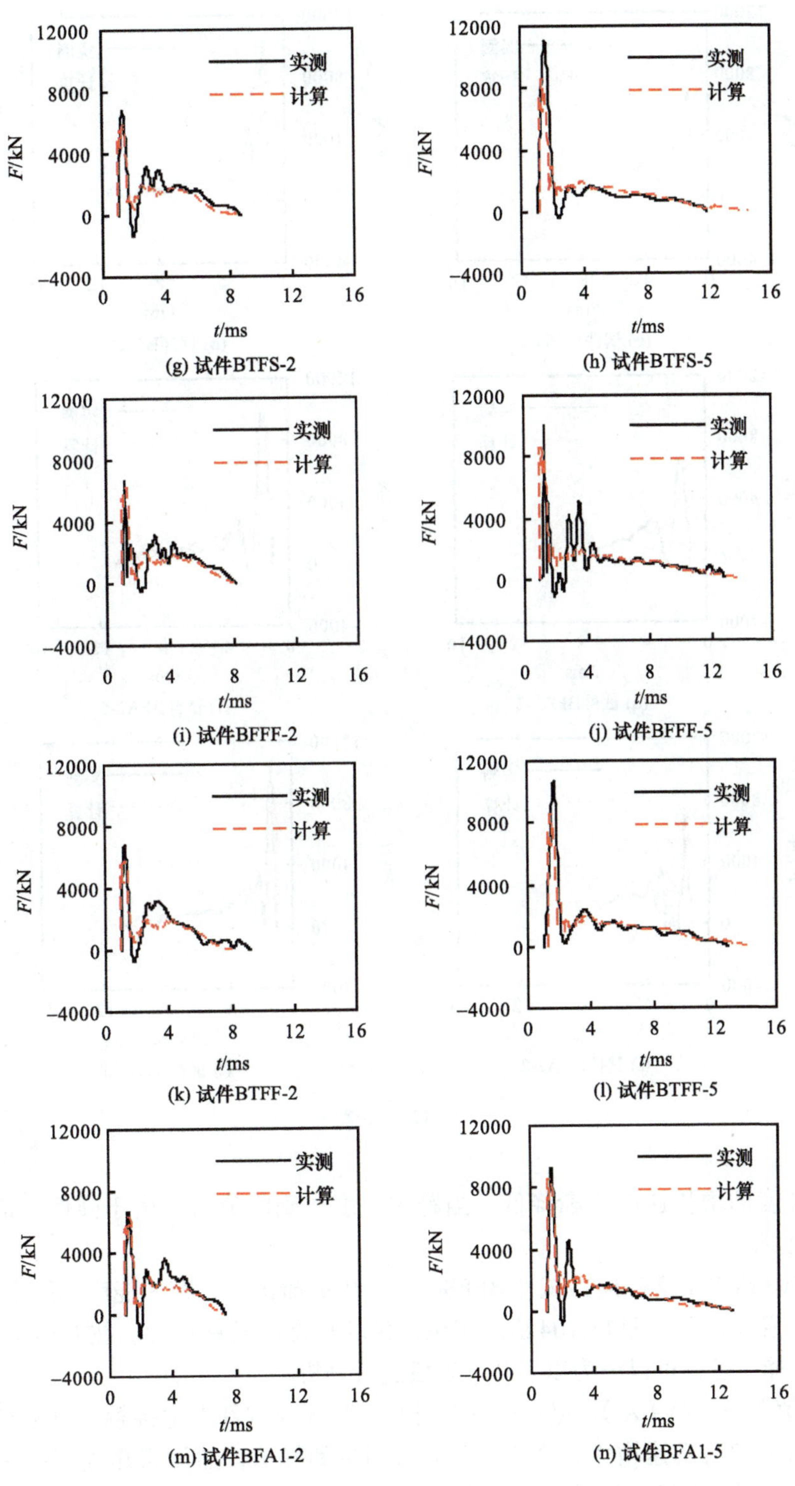
(g) 试件BTFS-2
(h) 试件BTFS-5
(i) 试件BFFF-2
(j) 试件BFFF-5
(k) 试件BTFF-2
(l) 试件BTFF-5
(m) 试件BFA1-2
(n) 试件BFA1-5
实测
计算
F/kN
t/ms

图 15.101 （续）

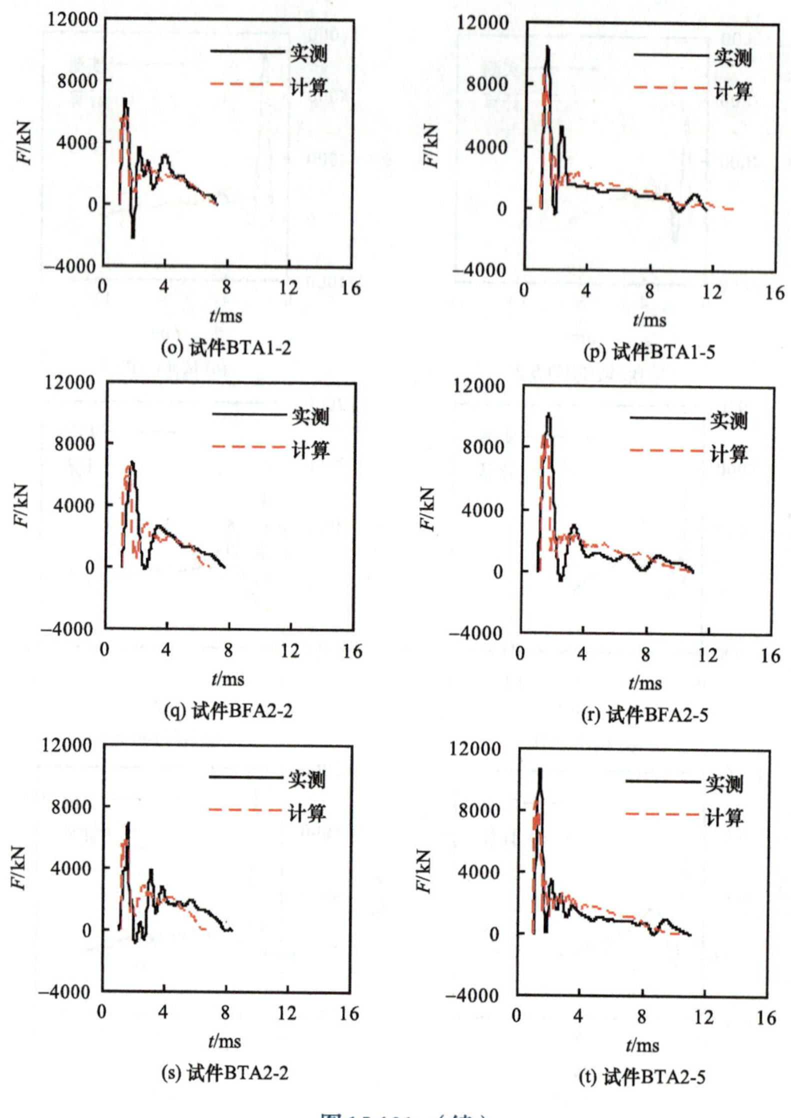

(o) 试件BTA1-2　(p) 试件BTA1-5

(q) 试件BFA2-2　(r) 试件BFA2-5

(s) 试件BTA2-2　(t) 试件BTA2-5

图15.101 （续）

散，跨中挠度的增长速度逐渐降低。当跨中挠度达到峰值后，由于弹性变形的恢复，跨中挠度减少。

图15.103给出了落锤撞击试件BFFS-5过程中的撞击力、跨中挠度和跨中截面钢管轴向应变的发展过程。图15.104给出了试件破坏形态的发展过程。按照撞击力时程曲线的特点，撞击过程可以分为以下几个阶段进行分析。

1）峰值阶段（O-A-A'）：点O对应的时刻，落锤与试件发生接触。由图15.103（a）可见，撞击力随后迅速增大，在点A对应时刻达到峰值，然后又迅速下降至零附近，表明初始撞击后，落锤与试件几乎发生分离。由图15.103（b）可见，这一阶段，跨中挠度的发展有限，试件主要发生撞击区域的局部变形。由图15.103（c）可见，跨中截

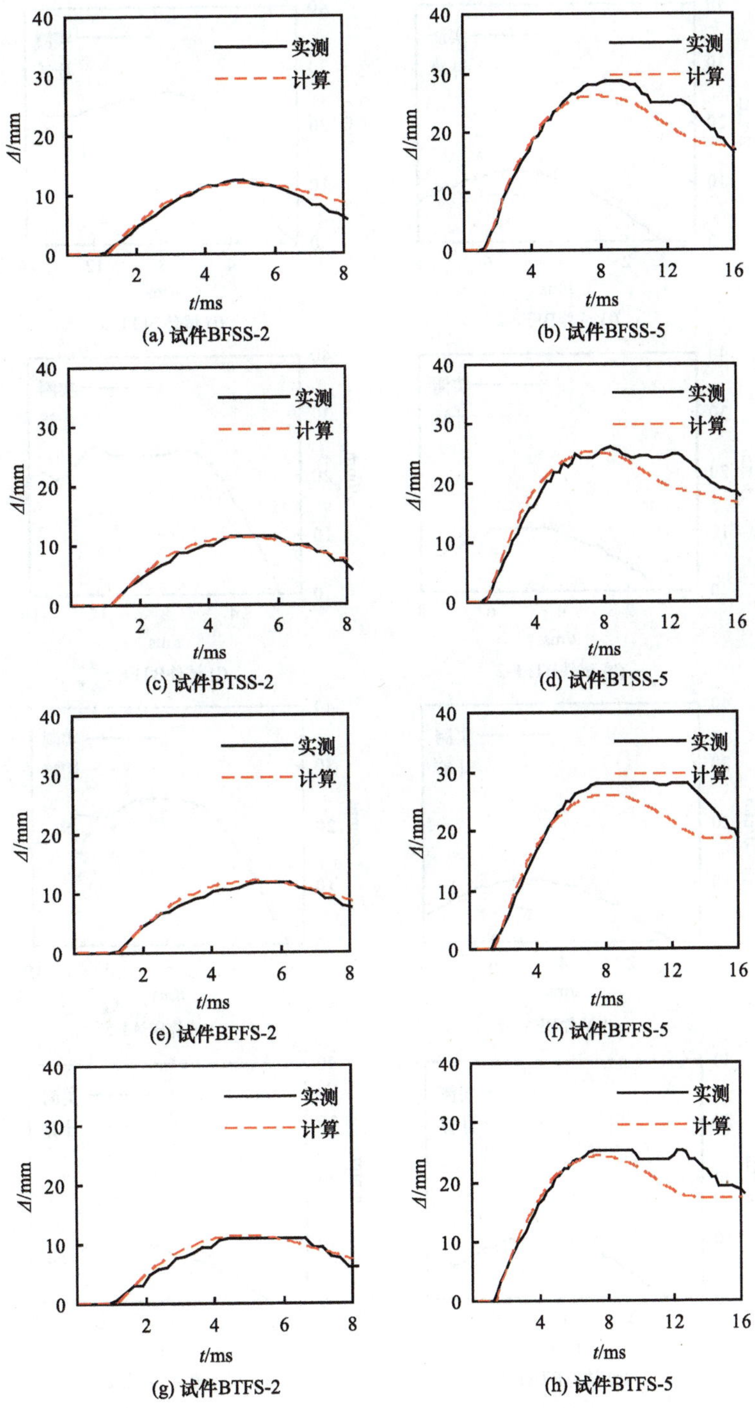

图 15.102　跨中挠度（Δ）时程曲线

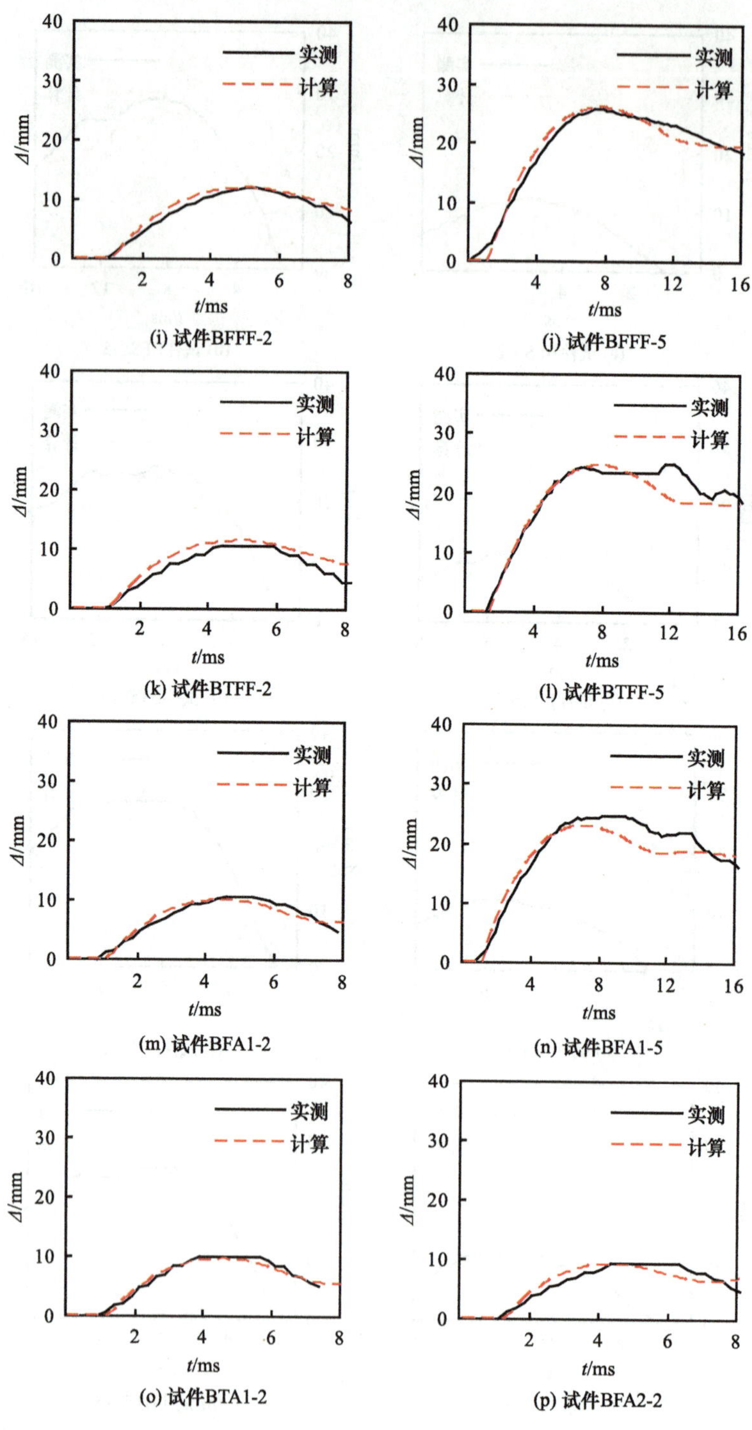

实测
计算
Δ/mm
t/ms
(i) 试件BFFF-2
(j) 试件BFFF-5
(k) 试件BTFF-2
(l) 试件BTFF-5
(m) 试件BFA1-2
(n) 试件BFA1-5
(o) 试件BTA1-2
(p) 试件BFA2-2

图15.102 （续）

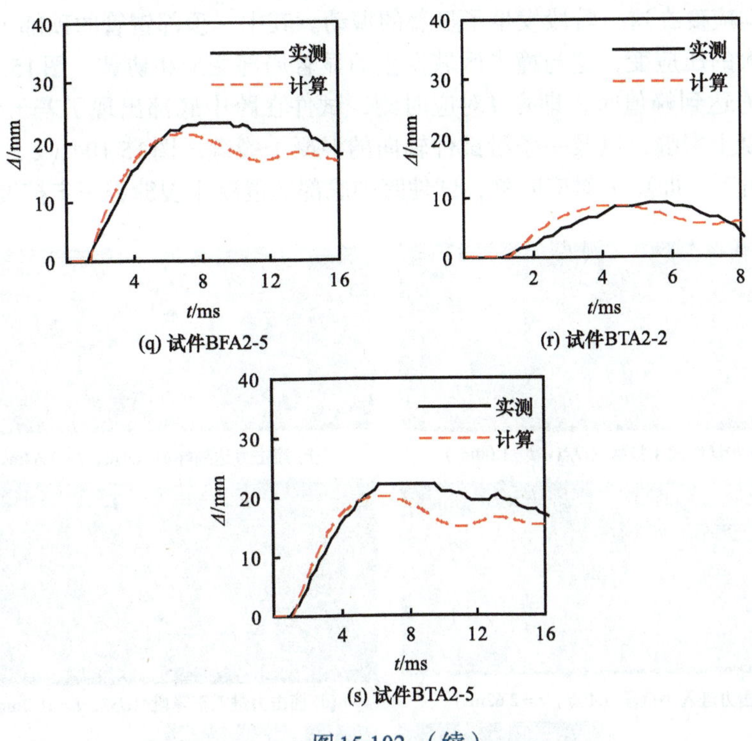

(q) 试件BFA2-5　(r) 试件BTA2-2

(s) 试件BTA2-5

图15.102（续）

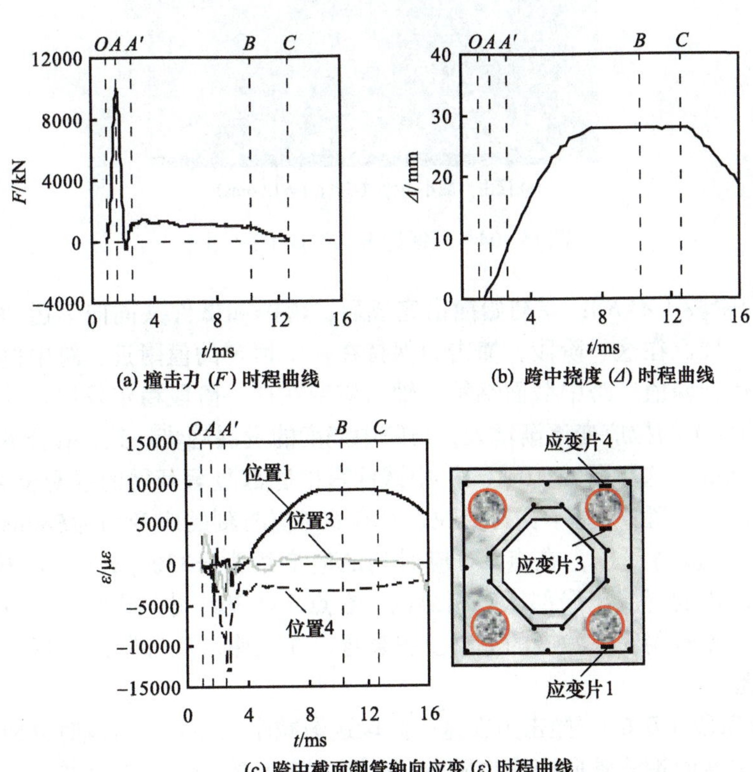

(a) 撞击力 (F) 时程曲线　(b) 跨中挠度 (Δ) 时程曲线

(c) 跨中截面钢管轴向应变 (ε) 时程曲线

图15.103　试件BFFS-5受力全过程

面钢管的轴向应变在这一阶段发生了显著的振动。其中，顶部钢管的顶部（位置4）出现了快速增大的压应变，这与撞击区域发生的显著局部变形相协调。图15.104（b）中可见，撞击力达到峰值时，即点A对应时刻，试件在跨中底部出现了若干条与试件轴向垂直的混凝土裂缝，以及一条沿试件轴向的混凝土裂缝。图15.104（c）中可见，在峰值段结束时刻、即点A'对应时刻，试件跨中底部的混凝土裂缝进一步扩展。

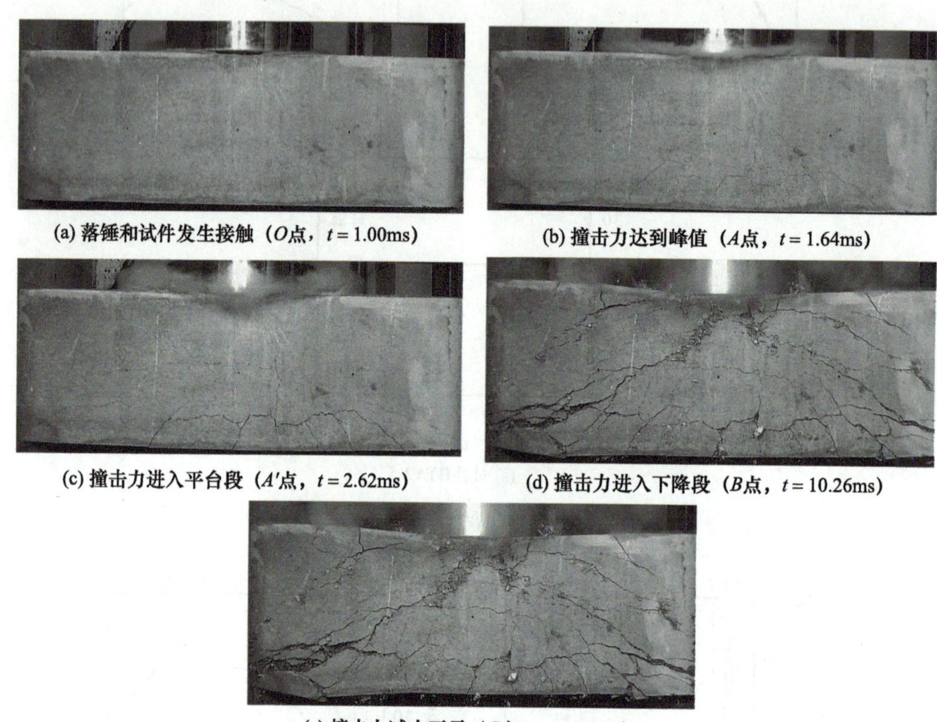

(a) 落锤和试件发生接触（O点，$t=1.00$ms）

(b) 撞击力达到峰值（A点，$t=1.64$ms）

(c) 撞击力进入平台段（A'点，$t=2.62$ms）

(d) 撞击力进入下降段（B点，$t=10.26$ms）

(e) 撞击力减小至零（C点，$t=12.6$ms）

图15.104　落锤撞击试件BFFS-5过程

2）平台阶段（A'-B）：在初始撞击完成后，落锤和试件共同向下运动，试件的塑性变形充分发展。在这一阶段，撞击力保持在一个恒定的值附近，跨中挠度得到了充分发展，并达到峰值。跨中截面钢管的轴向应变在这一阶段稳定发展。其中，底部钢管底部（位置1）的拉应变逐渐增大，与跨中挠度的发展趋势一致，在点B对应时刻的应变约为9000$\mu\varepsilon$，这与图15.104（d）中试件跨中底部显著开展的混凝土裂缝相协调；顶部钢管底部（位置3）基本保持受拉，在点B对应时刻的应变约为580$\mu\varepsilon$；顶部钢管顶部（位置4）保持受压，在点B对应时刻的应变约为$-3300\mu\varepsilon$，这与图15.104（d）中试件顶部出现的混凝土局部压碎相协调。在点B对应时刻，试件在跨中顶部出现了由撞击区域向支座端底部发展的混凝土斜裂缝，在支座端底部附近出现了混凝土的局部压碎和剥落。

3）下降阶段（B-C）：撞击力在这一阶段逐渐减小，在点C对应时刻减小至零。跨中挠度和跨中截面钢管轴向应变也随着试件弹性变形的恢复而有所减小。在C点对应时刻，试件的破坏形态与点B对应时刻基本一致。

15.4.2　工作机理分析

图 15.105 所示为在 LS-DYNA 中建立的多肢钢管混凝土加劲混合结构抗撞击性能有限元分析模型。

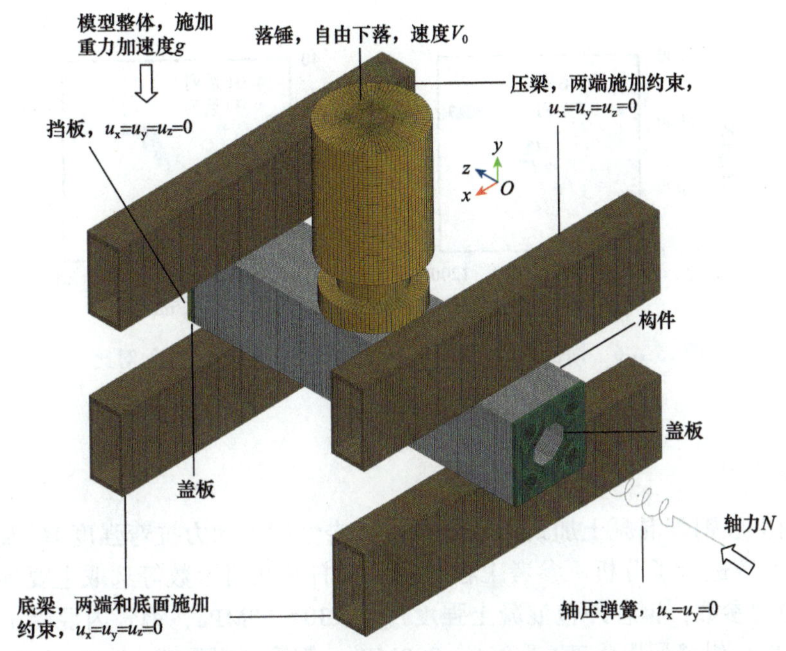

图 15.105　多肢钢管混凝土加劲混合构件有限元模型（尺寸单位：mm）

钢管外包混凝土、钢管内混凝土、落锤、支座和挡板采用八节点六面体实体单元，并采用单点积分。落锤部件按照试验中的实际尺寸建立。钢管采用四节点四边形薄壳单元，并采用 Belytschko-Tsay 算法。壳单元厚度方向的积分点数量取 5。纵筋和箍筋采用两节点梁单元，并采用 Hushes-Liu 算法和 2×2 高斯积分。轴压弹簧采用弹簧单元。将纵筋和箍筋的梁单元与钢管外包混凝土的实体单元的自由度进行耦合。本节开展了网格收敛性研究，确定了合适的网格尺寸。

材料模型选取方面，钢管外包混凝土和钢管内混凝土采用连续面帽盖模型进行模拟，模型中考虑了混凝土的应变率效应和混凝土单元的失效，失效准则为损伤标量d大于 0.99 且最大主应变阈值达到 0.1（Jiang and Chorzepa，2015）。依据美国混凝土结构规范 ACI 318-14，混凝土的弹性模量（E_c）取 $4700\sqrt{f_c'}$，泊松比（μ_c）和密度（ρ_c）分别取 0.18 和 2500kg/m^3。钢管、纵筋和箍筋采用弹塑性材料模型模拟。钢管和钢筋的单轴应力–应变关系分别采用韩林海（2022）建议的二次塑流模型和双折线模型。盖板、挡板、支座和落锤采用线弹性材料模拟，其弹性模量和泊松比按照钢材选取，分别为 206000N/mm^2 和 0.3。轴压弹簧采用弹性弹簧材料模拟。

采用本文试验结果与有限元模型模拟结果验证模型的准确性，如 15.4.1 节所示。

图15.106给出了对应数值的对比。其中，F_{pp}为模拟撞击力峰值，F_{pm}为试验撞击力峰值，Δ_{pp}为模拟跨中挠度峰值，Δ_{pm}为试验跨中挠度峰值。F_{pp}/F_{pm}的均值和标准差分别为0.88和0.063，Δ_{pp}/Δ_{pm}的均值和标准差分别为0.97和0.046。有限元模型模拟得到的混凝土损伤分布与实测的混凝土局部压碎、剥落以及裂缝分布吻合良好，模型也能够较好地模拟钢管混凝土部件的弯曲变形。

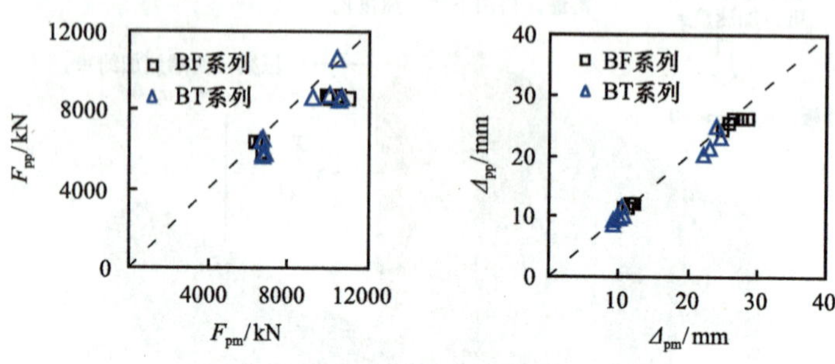

图15.106 撞击力峰值（F_{pm}）和跨中挠度峰值（Δ_{pm}）对比

15.4.3 参数分析

对影响多肢钢管混凝土加劲混合构件抗撞击性能（动力抗弯强度M_u^d及跨中挠度Δ）的主要参数进行了分析。参考工程常用的材料和几何参数等选取主要参数及其范围如下。物理参数：钢管外包混凝土强度$f_{cu,out}$取30～50MPa，钢管内混凝土强度$f_{cu,core}$取40～80MPa，纵筋屈服强度f_{yl}取200～700MPa，钢管屈服强度f_{ys}取200～700MPa。几何参数：纵筋配筋率α_l取0.6%～2.6%，钢管混凝土含钢率α_s取0.05～0.20，钢管混凝土部件和钢筋混凝土部件几何尺寸比D_s/B取0.15～0.25。荷载参数：撞击速度V_0取2～12m/s，撞击物质量m_0取5000～20000kg，轴压比n取0～0.6。

图15.107所示为钢管外包混凝土强度的影响。可以看出，随着钢管外包混凝土强度的增大，跨中挠度峰值显著减小，动力抗弯强度显著增大，这表明构件的抗撞击性能显著提高。这是由于钢管外包混凝土对跨中截面弯矩的贡献较大，其弯矩贡献比例

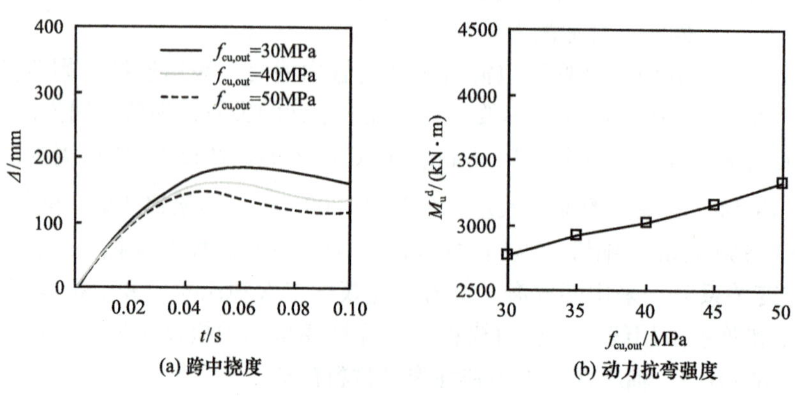

图15.107 钢管外包混凝土强度（$f_{cu,out}$）的影响

约为60%，因而对跨中挠度峰值和动力抗弯强度的影响较为显著。

图15.108所示为核心混凝土强度的影响，可以看出，随着核心混凝土强度的增大，跨中挠度峰值和动力抗弯强度的变化均不显著，这表明构件的抗撞击性能没有显著变化。动力抗弯强度受核心混凝土强度的影响较小，是因为核心混凝土对跨中截面弯矩的贡献较小。

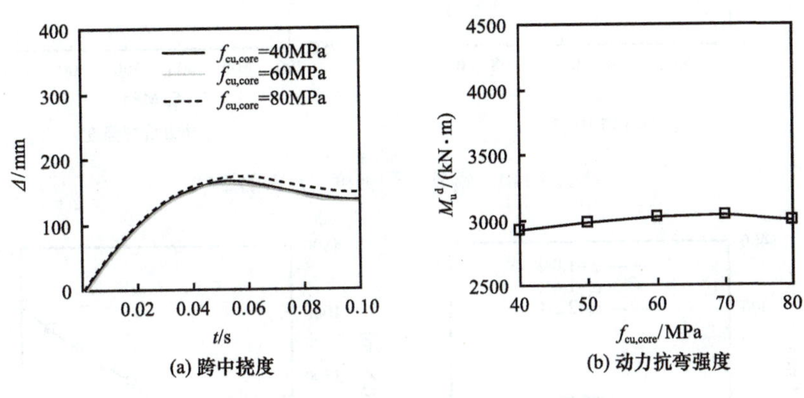

图15.108　核心混凝土强度（$f_{cu,core}$）的影响

图15.109所示为纵筋屈服强度的影响。可见，随着纵筋屈服强度的提高，构件跨中挠度有所减小，表明构件抗撞击性能有所提高。同时，动力抗弯强度也有显著提高。这是因为，一方面，纵筋对跨中截面弯矩的贡献比例约为12%；另一方面，纵筋屈服强度的变化幅度较大，最大为250%（200～700MPa），从而使得动力抗弯强度的变化幅度较大，最大约为30%。钢管屈服强度的影响如图15.110所示。随着钢管屈服强度的提高，构件跨中挠度峰值有所减小，动力抗弯强度显著提高，表明构件的抗撞击性能有所提高。

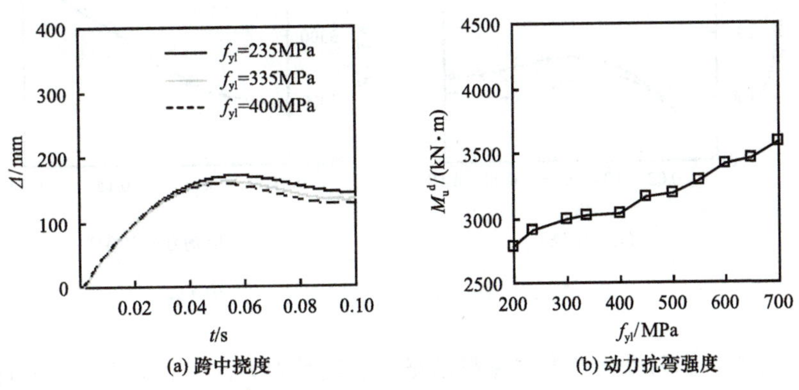

图15.109　纵筋屈服强度（f_{yl}）的影响

图15.111和图15.112所示为纵筋配筋率和钢管混凝土含钢率对构件抗撞击性能的影响。可以看出，随着纵筋配筋率和钢管混凝土含钢率的提高，构件的跨中挠度峰值减小，

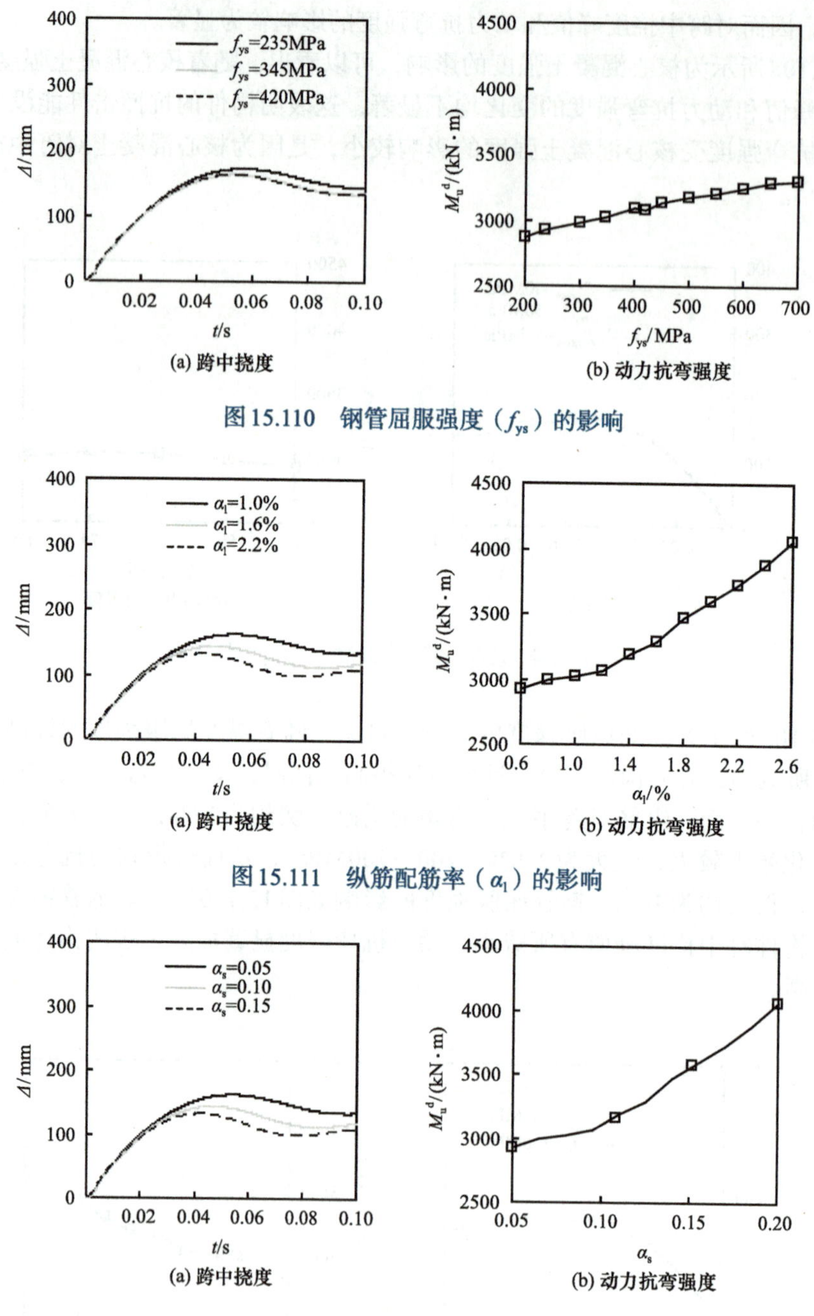

(a) 跨中挠度　　(b) 动力抗弯强度

图 15.110　钢管屈服强度（f_{ys}）的影响

(a) 跨中挠度　　(b) 动力抗弯强度

图 15.111　纵筋配筋率（α_l）的影响

(a) 跨中挠度　　(b) 动力抗弯强度

图 15.112　钢管混凝土含钢率（α_s）的影响

抗撞击性能提高，同时动力抗弯强度显著增大。这是因为，纵筋配筋率和钢管混凝土含钢率的提高均提高了纵筋和钢管对截面弯矩的贡献，从而提高了构件的抗撞击性能。

图 15.113 所示为钢管混凝土部件和钢筋混凝土部件几何尺寸比（D_s/B）的影响。可以看出，当 D_s/B 由 0.15 增大至 0.25 时，构件动力抗弯强度增大，而构件的跨中挠度峰值先减小后增大。在本文参数范围内，D_s/B 对跨中挠度峰值的影响并不是单调的，

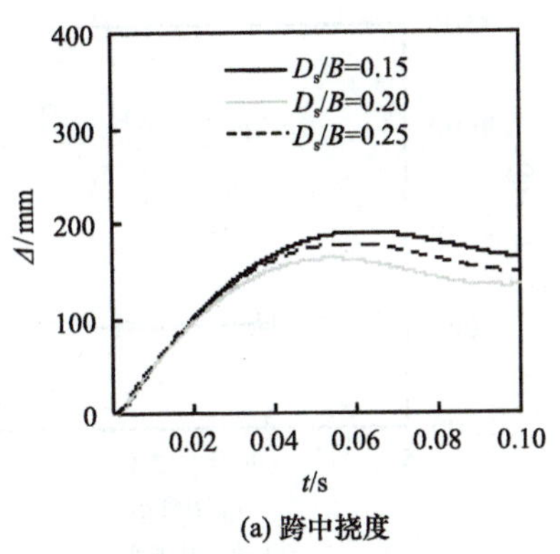

(a) 跨中挠度

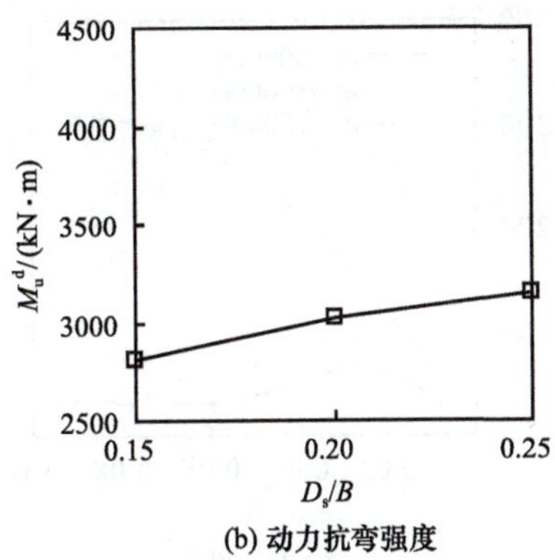

(b) 动力抗弯强度

图 15.113　几何尺寸比（D_s/B）的影响

一个可能的原因是，对于D_s/B不同的构件，轴压比是相同的（$n=0.3$），但轴压承载力是不同的。D_s/B较大构件的轴压承载力也较大，因而其轴力也较大，导致跨中挠度峰值随D_s/B的变化趋势并不是单调的。当D_s/B为0.20时，对应的跨中挠度峰值最小。

图15.114所示为撞击速度的影响。可见，随着撞击速度的增大，构件跨中挠度峰值显著增大，这是因为撞击能量增大，构件变形增大。随着撞击速度的增大，动力抗弯强度先增大后减小，在撞击速度约为6m/s时最大。这是因为，撞击速度的增大，一方面提高了材料的应变率，从而增大了材料的动力强度以及截面弯矩；另一方面，撞击速度过大（此处为大于6m/s）时，构件的混凝土局部压碎会更为显著，在达到动力抗弯强度时，混凝土局部压碎部分已经退出工作，使得动力抗弯强度有所减小。

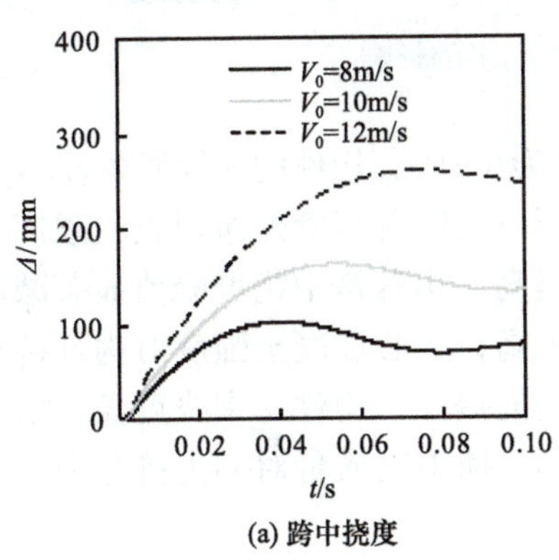

(a) 跨中挠度

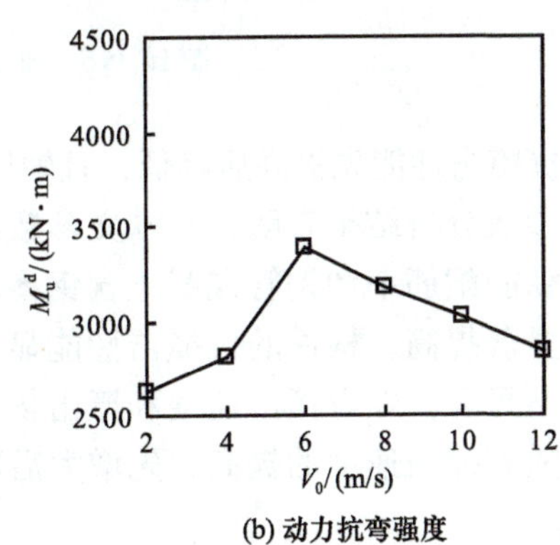

(b) 动力抗弯强度

图 15.114　撞击速度（V_0）的影响

撞击物质量的影响如图15.115所示。随着撞击物质量的增大，构件的跨中挠度峰值显著增大，但动力抗弯强度的变化并不显著。这是因为，撞击物质量的变化，没有引起材料的应变率及其动力强度的显著变化，从而没有引起动力抗弯强度的显著变化。

图15.116所示为轴压比对构件抗撞击性能的影响。当轴压比由0增大至0.6时，构件跨中挠度峰值先减小后增大，其中轴压比为0.3时，对应的跨中挠度峰值最小。同时，轴压比为0.6时，跨中挠度时程曲线的下降段较轴压比为0和0.3时更平缓。这表

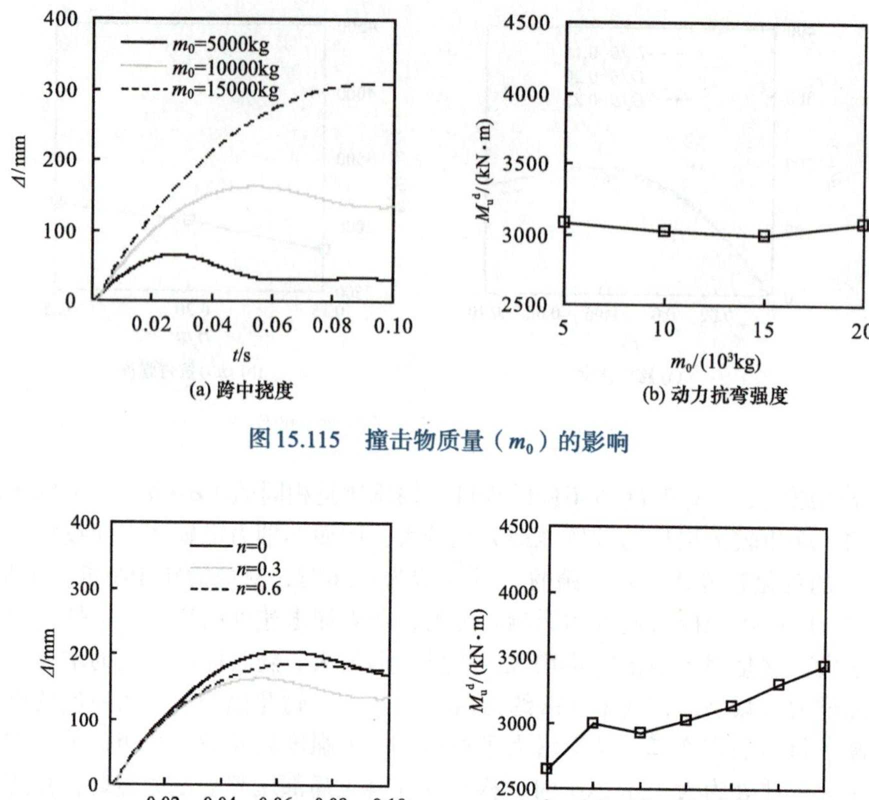

图 15.115　撞击物质量（m_0）的影响

(a) 跨中挠度　　(b) 动力抗弯强度

图 15.116　轴压比（n）的影响

明构件的抗撞击性能先提高后降低，且轴压比为0.6时，构件的弹性回弹较小。

以上参数分析结果表明，在本文参数范围内，随着钢管外包混凝土强度、纵筋屈服强度、纵筋配筋率和钢管混凝土含钢率的提高，构件跨中挠度峰值显著减小、动力抗弯强度显著提高，构件的抗撞击性能显著提高；核心混凝土强度对构件抗撞击性能的影响并不显著。随着撞击速度和撞击物质量的提高，构件跨中挠度显著增大。动力抗弯强度随着撞击速度的提高，先增大后减小。撞击物质量对动力抗弯强度力的影响并不显著。

15.4.4　承载力实用计算方法

撞击作用下，多肢钢管混凝土加劲混合结构的受弯承载力按式（15.42）计算。

$$M_d \leqslant R_d M_u \tag{15.42}$$

式中，M_d为撞击弯矩设计值，N · mm；R_d为撞击动力影响系数；M_u为静力受弯承载力，N · mm，按15.2.4节相关方法计算。

单肢钢管混凝土加劲混合结构的撞击动力影响系数可按式（15.43）计算。

$$R_d = 1.52\gamma_m\gamma_g\gamma_v\gamma_n \tag{15.43}$$

$$\gamma_{\mathrm{m}}=m_1m_2m_3m_4 \tag{15.44}$$

$$m_1=1.27\times10^{-4}f_{\mathrm{cu,oc}}^2-1.39\times10^{-2}f_{\mathrm{cu,oc}}+1.36 \tag{15.45}$$

$$m_2=-7.24\times10^{-6}f_{\mathrm{cu,oc}}^2+1.69\times10^{-3}f_{\mathrm{cu,c}}+0.925 \tag{15.46}$$

$$m_3=-2.31\times10^{-4}f_{\mathrm{yl}}+1.07 \tag{15.47}$$

$$m_4=3.37\times10^{-4}f_{\mathrm{y}}+0.883 \tag{15.48}$$

$$\gamma_{\mathrm{g}}=g_1g_2g_3 \tag{15.49}$$

$$g_1=-5.92\rho+1.06 \tag{15.50}$$

$$g_2=0.235\alpha_{\mathrm{s}}+0.978 \tag{15.51}$$

$$g_3=-0.238\left(\frac{D}{B}\right)^2+7.70\times10^{-2}\frac{D}{B}+1.02 \tag{15.52}$$

$$\gamma_{\mathrm{v}}=-7.05\times10^{-3}V_0^2+0.136V_0+0.354 \tag{15.53}$$

$$\gamma_{\mathrm{n}}=3.08n^2-1.47n+1.16 \tag{15.54}$$

内置钢管混凝土相同的四肢和六肢钢管混凝土加劲混合结构的撞击动力影响系数可按式（15.54）计算。

$$R_{\mathrm{d}}=0.61\gamma_{\mathrm{m}}\gamma_{\mathrm{g}}\gamma_{\mathrm{v}}\gamma_{\mathrm{n}} \tag{15.55}$$

$$\gamma_{\mathrm{m}}=m_1m_2m_3m_4 \tag{15.56}$$

$$m_1=5.78\times10^{-5}f_{\mathrm{cu,oc}}^2-4.64\times10^{-3}f_{\mathrm{cu,oc}}+1.10 \tag{15.57}$$

$$m_2=-4.89\times10^{-5}f_{\mathrm{cu,c}}^2+4.51\times10^{-3}f_{\mathrm{cu,c}}+0.905 \tag{15.58}$$

$$m_3=-1.33\times10^{-6}f_{\mathrm{yl}}^2+7.44\times10^{-4}f_{\mathrm{yl}}+0.898 \tag{15.59}$$

$$m_4=-7.26\times10^{-4}f_{\mathrm{y}}+1.25 \tag{15.60}$$

$$\gamma_{\mathrm{g}}=g_1g_2g_3 \tag{15.61}$$

$$g_1=566\rho^2-12.6\rho+1.07 \tag{15.62}$$

$$g_2=-2.33\alpha_{\mathrm{s}}+1.23 \tag{15.63}$$

$$g_3=-2.74\frac{D}{B}+1.54 \tag{15.64}$$

$$\gamma_{\mathrm{v}}=-7.00\times10^{-3}V_0^2+0.105V_0+0.673 \tag{15.65}$$

$$\gamma_{\mathrm{n}}=6.43n^2-4.22n+1.71 \tag{15.66}$$

式中，R_{d}为钢管混凝土加劲混合结构的撞击动力影响系数；$f_{\mathrm{cu,oc}}$为外包混凝土立方体抗压强度标准值，MPa；$f_{\mathrm{cu,c}}$为钢管内混凝土立方体抗压强度标准值，MPa；f_{yl}为纵筋的屈服强度，MPa；f_{y}为钢管钢材的屈服强度，MPa；ρ为纵筋的配筋率；α_{s}为钢管混凝土截面含钢率；D为弦杆钢管外径，mm；B为截面宽度，mm；V_0为撞击物速度，m/s；n为轴压比，为钢管混凝土加劲混合结构轴向压力设计值和截面受压承载力的比值。

15.5　本 章 小 结

本章进行了多肢钢管混凝土加劲混合结构的试验研究，包括5个轴心受压试件、14个压弯试件、10个受弯试件、8个滞回试件及20个抗撞击试件。分析了此类结构在不同受力工况下的破坏形态、荷载-变形关系应变分布，开展了有限元分析和参数分析，对比了不同参数对受力性能的影响，提出了相关设计方法。

参 考 文 献

韩林海，2022. 钢管混凝土结构：理论与实践［M］. 4版. 北京：科学出版社.

胡昌明，2018. 横向撞击荷载作用下钢管混凝土叠合构件的工作机理研究［D］. 北京：清华大学.

王犇，2011. 钢管混凝土叠合柱偏心受压试验研究及承载力计算分析［D］. 太原：太原理工大学.

徐明，2000. 约束式钢骨混凝土柱的试验、理论与应用研究［D］. 南京：东南大学.

叶列平，2005. 混凝土结构（上册）［M］. 2版. 北京：清华大学出版社.

中华人民共和国住房和城乡建设部，2010. 混凝土结构设计标准（2024年版）：GB 50010—2010［S］. 北京：中国建筑工业出版社.

中华人民共和国住房和城乡建设部，2021. 钢管混凝土混合结构技术标准：GB/T 51446—2021［S］. 北京：中国建筑工业出版社.

中华人民共和国住房和城乡建设部，2015. 建筑抗震试验规程：JGJ/T 101—2015［S］. 北京：中国建筑工业出版社.

ACI 318-14, 2014. Building code requirements for structural concrete and commentary [S]. Detroit, USA: American Concrete Institute (ACI).

AN Y F, HAN L H, ZHAO X L, 2013. Experimental behaviour of box concrete-encased CFST eccentrically loaded column [J]. Magazine of Concrete Research, 65(20): 1219-1235.

AN Y F, HAN L H, ZHAO X L, 2014. Analytical behaviour of eccentrically loaded concrete-encased CFST box column [J]. Magazine of Concrete Research, 66(15): 789-808.

HAN L H, AN Y F, ROEDER C, et al., 2015. Performance of concrete-encased CFST box members under bending [J]. Journal of Constructional Steel Research, 106: 138-153.

HAN L H, HE S H, LIAO F Y, 2011. Performance and calculations of concrete filled steel tubes (CFST) under axial tension [J]. Journal of Constructional Steel Research, 67(11): 1699-1709.

HU C M, HAN L H, HOU C C, 2018. Concrete-encased CFST members with circular sections under laterally low velocity impact: Analytical behaviour[J]. Journal of Constructional Steel Research, 146: 135-154.

JIANG H, CHORZEPA M G, 2015. An effective numerical simulation methodology to predict the impact response of pre-stressed concrete members [J]. Engineering Failure Analysis, 55: 63-78.

PARK R, PAULEY T, 1975. Reinforced concrete structures [M]. New York: Wiley.

第16章　拱形钢管混凝土加劲混合结构

16.1　引　　言

钢管混凝土加劲混合结构能满足现代桥梁结构向大跨、重载发展的需要，因此，在桥梁工程中得到越来越广泛的应用，如腊八斤特大桥、黑石沟特大桥、唐家湾大桥、嘉陵江大桥和官盛渠江大桥等。

开展了拱形钢管混凝土加劲混合结构试件在竖向集中荷载下的试验研究，揭示了破坏特征、结构变形、混凝土裂缝发展、应力应变分布等规律，分析内置钢管混凝土对拱形钢管混凝土加劲混合结构的极限承载力、初始刚度、混凝土裂缝开展等的影响作用，本章拟介绍相关研究成果。

16.2　试验研究

16.2.1　试验概况

研究对象的几何选型取自官盛渠江大桥工程拱肋，总体上按照1/30的缩尺比进行设计。如图16.1所示，与实桥拱肋结构截面相比，试件截面简化为空心箱形截面，并按照实桥结构的配筋率和配箍率来设计试件纵筋、箍筋的布置。

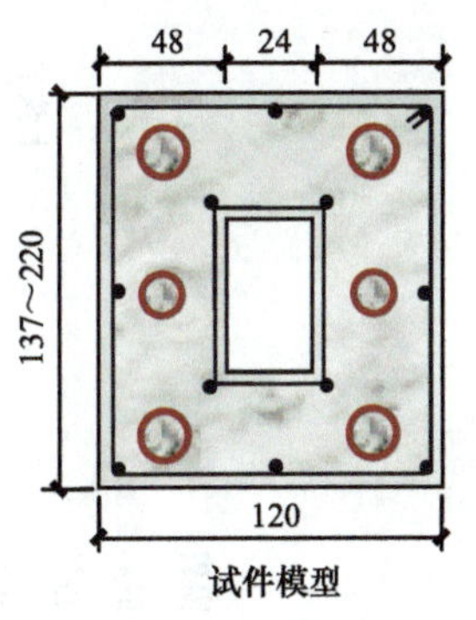

图16.1　模型截面（尺寸单位：mm）

A-1试件采用变截面无铰拱的形式，轴线选型为悬链线，矢高f为2.5m，跨径L为10m，矢跨比为1/4，拱轴系数m为1.5。图16.2所示为A-1试件半跨侧视图和拱顶、拱脚截面图。该试件由外围钢筋混凝土和内置钢管混凝土组成。

1）外围钢筋混凝土：采用单箱单室截面，外截面与空心截面均为矩形。随着外截面位置的升高，外截面宽度保持为120mm不变，外截面高度由220mm（拱脚）逐渐减小至137mm（拱顶）。自拱脚起水平长度437mm的部分为渐变段，其余部分为标准段。渐变段顶、底板混凝土厚度由93mm线性变化至42mm，腹板厚度保持48mm不变；标准段顶、底板厚42mm保持不变，腹板厚48mm保持不变。统一采用C50混凝土，保护层厚度为5mm。纵筋和箍筋采用ϕ4冷拔钢筋，纵筋布置内外两层，箍筋布置间距为50mm，加载端加密区布置间距为25mm。

2）内置钢管混凝土：角部4根钢管混凝土和边部2根钢管混凝土的尺寸均为12mm×2mm，钢管内灌高强砂浆。6根钢管混凝土通过若干钢连接件连接形成钢管混凝土劲性骨架。钢连接件为ϕ4冷拔钢筋，具体布置方式如图16.2所示。为了提高拱脚

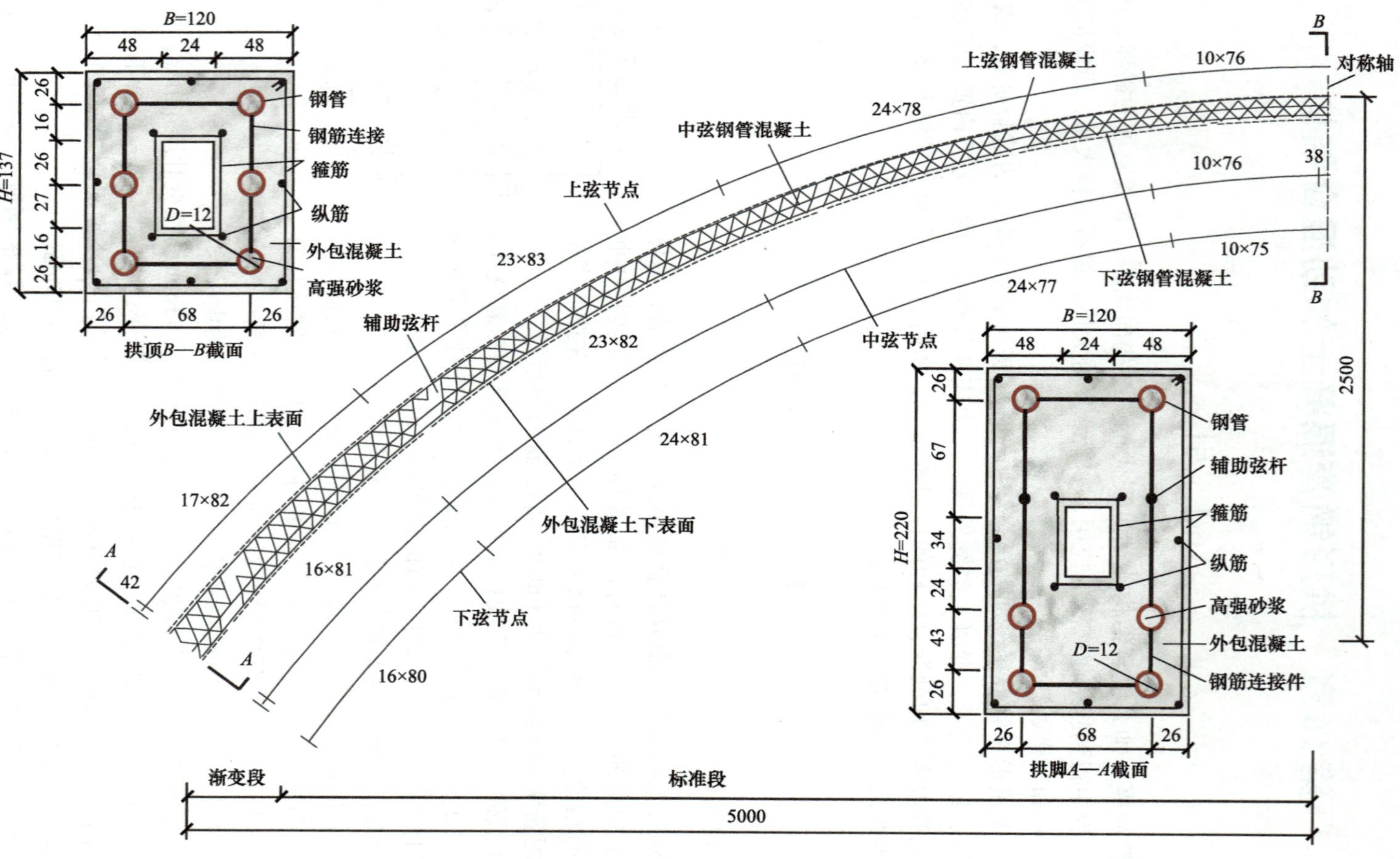

图 16.2　A-1 试件（尺寸单位：mm）

的承载能力，在拱脚附近处布置辅助弦杆，以提高配筋率。

为了分析内置钢管混凝土对极限承载力和初始刚度的影响，试验设计了A-2试件。与标准A-1试件相比，A-2试件增大了角部钢管混凝土的尺寸，其余设计参数保持不变。同时制作1个拱形钢筋混凝土RC对比试件，其结构形式除无内置钢管混凝土外，其余参数与A-1和A-2试件保持一致。表16.1给出了各试件的具体参数。

表 16.1　拱形钢管混凝土加劲混合结构试件参数表

序号	试件编号	拱形结构试件形式	角部钢管截面尺寸（$D\times t$）	腰部钢管截面尺寸（$D_w\times t_w$）
1	A-1	钢管混凝土加劲混合结构	12.0mm×2.1mm	12.0mm×2.1mm
2	A-2	钢管混凝土加劲混合结构	20.2mm×2.2mm	12.0mm×2.1mm
3	RC	钢筋混凝土结构	—	—

试验中使用的钢管和钢筋的几何尺寸、屈服强度、极限强度和弹性模量等材料性能指标如表16.2所示。试件外包混凝土采用C50细石混凝土，混凝土配合比如下：水158kg/m^3，水泥379kg/m^3，细骨料702kg/m^3，粗骨料1011kg/m^3，外加剂12.11kg/m^3，掺合料148kg/m^3。水泥品种为P42.5，细石粒径控制在5～10mm。在相同条件下成型养护边长为150mm的立方体混凝土试块与边长为70.7mm的立方体高强砂浆试块，得到混凝土立方体抗压强度为50.5MPa，高强砂浆在试验开始和结束时的抗压强度分别为105.8MPa和109.6MPa。按照规范测量混凝土弹性模量为30300N/mm^2，泊松比为0.20。

表 16.2　钢材力学性能

钢材种类	钢管外径或钢筋直径/mm	钢管壁厚 t/mm	屈服强度f_y/MPa	极限强度f_u/MPa	弹性模量E/（N/mm^2）
钢管	12.0	2.1	500	635	1.9×10^5
	20.2	2.2	493	641	1.9×10^5
钢筋	4.0	—	383	622	2.0×10^5

试验采用由60t液压千斤顶组成的油路系统加载，荷载通过加载端头传递至试件，试验装置如图16.3所示。为保证试件不产生平面外变形，在4处位置的左右两侧设置面外支撑装置，对试件施加面外约束。

为了防止拱脚产生水平位移，使用槽钢组成自平衡拉杆反力系统来抵抗拱脚产生的水平推力，同时将槽钢拉杆锚固在试验台座上。试验时，将试件两端拱脚端板与自平衡拉杆反力系统锚固，以实现拱脚固支的边界条件。

由于本章试件依托官盛渠江大桥工程进行设计，因此试验加载制度参考实桥主拱肋的最不利荷载工况来设计。结合实验室条件，由7个相同规格型号的60t液压千斤顶组成两套并联油路系统，油路1控制的2个千斤顶（边端）与油路2控制的5个千斤顶（非边端）的荷载比例为2：1，与依托工程的最不利荷载工况保持一致。

(a) 试验现场照片

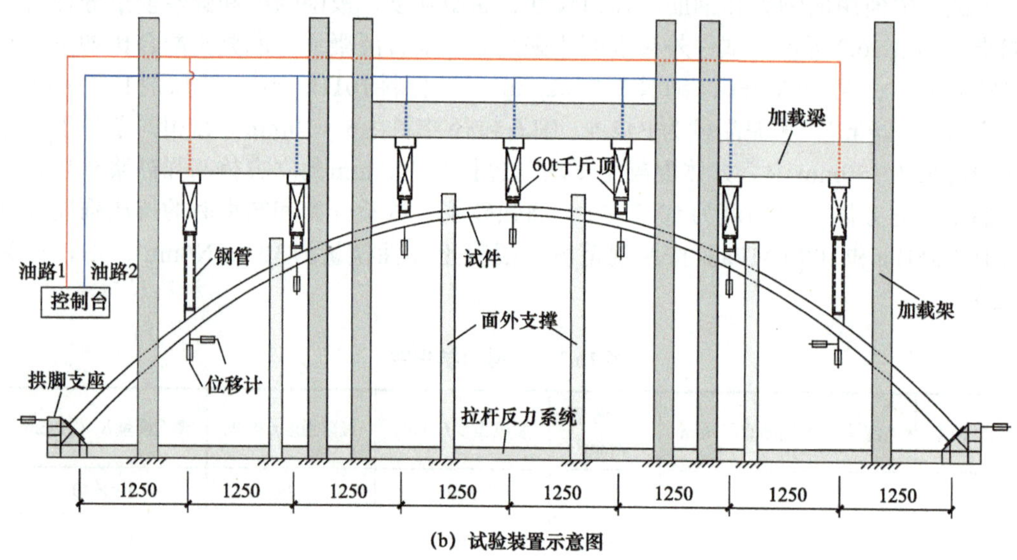

(b) 试验装置示意图

图 16.3　试验装置（尺寸单位：mm）

16.2.2　试验结果及分析

1. 受力全过程

（1）A-1试件

图16.4（a）给出了A-1试件在竖向荷载作用下，拱轴线上各个节点的竖向位移发展曲线，可以看到，各节点均产生了向下的竖向位移。当拱顶荷载P为10kN时，拱顶的竖向位移最大，为2.3mm；当拱顶荷载P增大至30kN后，1/8跨、1/4跨和7/8跨的竖向位移开始迅速增大，而拱顶附近处的节点竖向位移增长缓慢；当达到破坏状态时，1/8跨的竖向位移明显大于其他位置，为27.5mm。1/8跨和7/8跨的竖向位移为极大值，5/8跨的竖向位移为极小值。在加载前期，试件的竖向变形基本呈左右对称；随着荷载的增加，

变形的不对称性逐渐显著，分析原因在于初始几何缺陷的影响不断增加。

选取A-1试件产生的最大竖向位移位置，即1/8跨的荷载-竖向位移关系进行全过程分析，如图16.4（b）所示，全过程关系可以分为6个阶段。

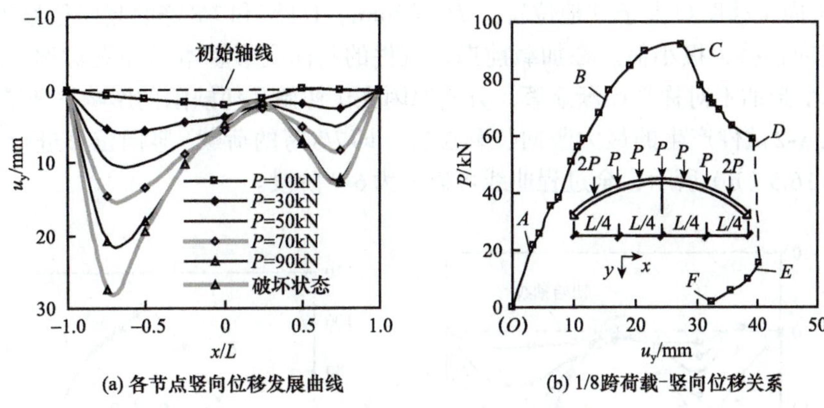

图16.4　A-1试件全过程关系

*OA*段：处于加载初期，试件呈线弹性，*A*点时混凝土开始出现裂缝。

*AB*段：试件刚度有所降低，混凝土裂缝不断出现并发展，裂缝宽度逐渐变大，*B*点时上弦钢管屈服，试件进入弹塑性阶段。

*BC*段：试件处于弹塑性阶段，竖向位移迅速增大，*C*点为承载能力极限状态，对应的荷载为试件的极限荷载92kN。

*CD*段：曲线进入下降阶段，荷载下降、位移增加，外包混凝土不断压溃剥落，内力重分布至内置钢管混凝土中。

*DE*段：*D*点为破坏状态，对应的荷载为试件的破坏荷载59kN，*D*点时试验现场产生一声巨响，外包混凝土彻底压溃，且内置钢管混凝土屈服，荷载直接降至*E*点，该阶段曲线为直线，未能记录中间过渡点。

*EF*段：*E*点时荷载无法继续施加，开始卸载至*F*点，位移有所减小。

结合以上分析，将*C*点定义为极限状态，对应的荷载定义为极限承载力；将*D*点定义为破坏状态，对应的荷载定义为破坏荷载。试件达到*C*点时，外围钢筋混凝土和内部钢管混凝土共同工作；试件达到*D*点前，外围钢筋混凝土压溃退出工作，内力重分布至内部钢管混凝土；试件达到*D*点后，内部钢管混凝土屈服，试件整体失效。

试件在*O-A-B-C*阶段处于荷载上升阶段，此时试件外包混凝土表面不断出现裂缝并发展，力学性能类似钢筋混凝土；在*C-D*阶段处于稳定下降阶段，此时试件表现出一定延性，力学性能类似钢管混凝土；在*D-E*阶段处于骤降阶段，此时试件发生的破坏类似脆性破坏。因此，在试验全过程中，外围钢筋混凝土与内部钢管混凝土可以协同工作，且内部钢管混凝土提高了整体结构的延性。

（2）A-2试件

图16.5（a）给出了A-2试件在竖向荷载作用下，拱轴线上各个节点的竖向位移发

展关系。可以看到，各节点主要产生了正向的竖向位移（向下），拱顶附近的节点在加载后期出现了负向的竖向位移（向上）。当拱顶荷载P尚未达到50kN时，1/8跨的竖向位移基本为0，随后产生正向竖向位移；随着拱顶荷载P增大，1/4跨和7/8跨的竖向位移开始迅速增大，而3/8跨至5/8跨区间的节点竖向位移变化缓慢；当达到破坏状态时，7/8跨的竖向位移明显大于其他位置，为26.0mm。1/4跨和7/8跨的竖向位移为极大值，拱顶的竖向位移为极小值。在加载前期，试件的竖向变形基本呈左右对称；随着荷载的增加，变形的不对称性逐渐显著，分析原因在于初始几何缺陷的影响不断增加。

选取A-2试件产生的最大竖向位移位置，即7/8跨的荷载-竖向位移进行全过程分析，如图16.5（b）所示，全过程曲线可以分为6个阶段。

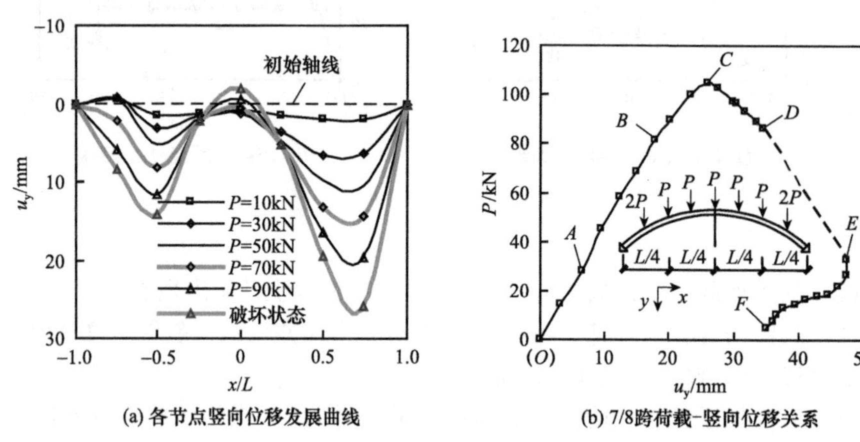

(a) 各节点竖向位移发展曲线　　(b) 7/8跨荷载-竖向位移关系

图16.5　A-2试件全过程曲线

OA段：处于加载初期，试件呈线弹性，A点时混凝土开始出现裂缝。

AB段：试件刚度有所降低，混凝土裂缝不断出现并发展，裂缝宽度逐渐变大，B点时上弦钢管屈服，试件进入弹塑性阶段。

BC段：试件处于弹塑性阶段，竖向位移迅速增大，C点为承载能力极限状态，对应的荷载为试件的极限荷载105kN。

CD段：进入下降阶段，荷载下降、位移增加，外包混凝土不断压溃剥落，内力重分布至内置钢管混凝土中。

DE段：D点为破坏状态，对应的荷载为试件的破坏荷载87kN，D点时试验现场产生一声巨响，外包混凝土彻底压溃，且内置钢管混凝土屈服，荷载直接降至E点，该阶段关系呈线性，未能记录中间过渡点。

EF段：E点时荷载无法继续施加，开始卸载至F点，位移有所减小。

结合以上分析，将C点定义为极限状态，对应的荷载定义为极限承载力；将D点定义为破坏状态，对应的荷载定义为破坏荷载。试件达到C点时，外围钢筋混凝土和内部钢管混凝土共同工作；试件达到D点前，外围钢筋混凝土压溃退出工作，内力重分布至内部钢管混凝土；试件达到D点后，内部钢管混凝土屈服，试件整体失效。

试件在O-A-B-C阶段处于荷载上升阶段，此时试件外包混凝土表面不断出现裂缝并发展，力学性能类似钢筋混凝土；在C-D阶段处于稳定下降阶段，此时试件表现出一定延性，力学性能类似钢管混凝土；在D-E阶段处于骤降阶段，此时试件发生的破坏类似脆性破坏。因此，在试验全过程中，外围钢筋混凝土与内部钢管混凝土可以协同工作，且内部钢管混凝土提高了整体结构的延性。

（3）RC对比试件

图16.6（a）给出了RC对比试件在竖向荷载作用下，拱轴线上各个节点的竖向位移发展曲线。可以看到，各节点均产生了向下的竖向位移。当拱顶荷载P为10kN时，拱顶的竖向位移最大，为1.9mm；随着拱顶荷载P增大，试件左半跨尤其是1/8跨和1/4跨的竖向位移开始迅速增大，而右半跨的节点竖向位移增长缓慢；当达到破坏状态时，1/8跨的竖向位移明显大于其他位置，为26.0mm。1/8跨和7/8跨的竖向位移为极大值，5/8跨的竖向位移为极小值。在加载前期，试件的竖向变形基本呈左右对称；随着荷载的增加，变形的不对称性逐渐显著，其原因在于初始几何缺陷的影响不断增加。

选取RC对比试件产生的最大竖向位移位置，即1/8跨的荷载-竖向位移进行全过程分析，如图16.6（b）所示，全过程曲线可以分为5个阶段。

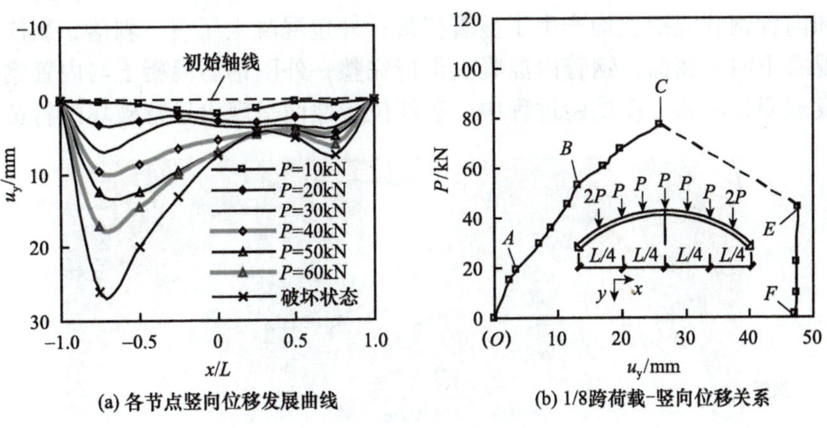

图16.6　RC对比试件全过程曲线

*OA*段：处于加载初期，试件呈线弹性，*A*点时混凝土开始出现裂缝。

*AB*段：试件刚度有所降低，混凝土裂缝不断出现并发展，裂缝宽度逐渐变大，*B*点时纵筋屈服，试件进入弹塑性阶段。

*BC*段：试件处于弹塑性阶段，竖向位移迅速增大，期间混凝土不断压溃剥落；*C*点为承载能力极限状态，对应的荷载为试件的极限荷载77kN。

*CE*段：*C*点时试件发生破坏，试验现场产生一声巨响，混凝土彻底压溃，荷载直接降至*E*点；该阶段为直线，未能记录中间过渡点。

*EF*段：*E*点时荷载无法继续施加，开始卸载至*F*点，位移有所减小。

结合以上分析，试件的极限状态和破坏状态重合，均为*C*点，极限承载力和破坏荷载相同。试件达到*C*点前，混凝土受到内部箍筋的约束，纵筋延缓了受拉区混凝土的开裂发展；试件达到*C*点后，混凝土压溃，试件整体失效。

试件在O-A-B-C阶段处于荷载上升阶段，此时试件外包混凝土不断开裂、裂缝发展、压溃，展现出典型的钢筋混凝土力学性能；在C-E阶段处于骤降阶段，此时试件发生脆性破坏。因此，试件的全过程关系缺少了稳定下降阶段，达到极限承载力时即发生破坏，试件的延性较差。

（4）对比分析

将RC试件与A-1和A-2试件对比，分析内置钢管混凝土对于试验全过程的影响。

1）由于内置钢管混凝土的存在，A-1和A-2试件的全过程关系存在C-D稳定下降段，变形具有延性，而RC对比试件的全过程关系不存在C-D稳定下降段，破坏表现出脆性特征。

2）A-1和A-2试件的外包混凝土在O点时才开始出现压溃现象，而RC对比试件发生在C点，说明内置钢管混凝土对于外包混凝土的压溃剥落存在抑制、延缓作用。

2. 破坏形态

（1）A-1试件

图16.7给出了A-1试件的最终破坏形态：在1/8跨加载点左侧附近位置，外围钢筋混凝土和内置钢管混凝土均产生了显著变形；外包混凝土压溃、剥落，纵筋屈曲；内置钢管混凝土明显屈曲，钢管内混凝土保持完整；外围钢筋混凝土与内置钢管混凝土之间未发现明显滑移。在试验过程中，破坏位置截面呈现出压弯破坏的特征。试验观

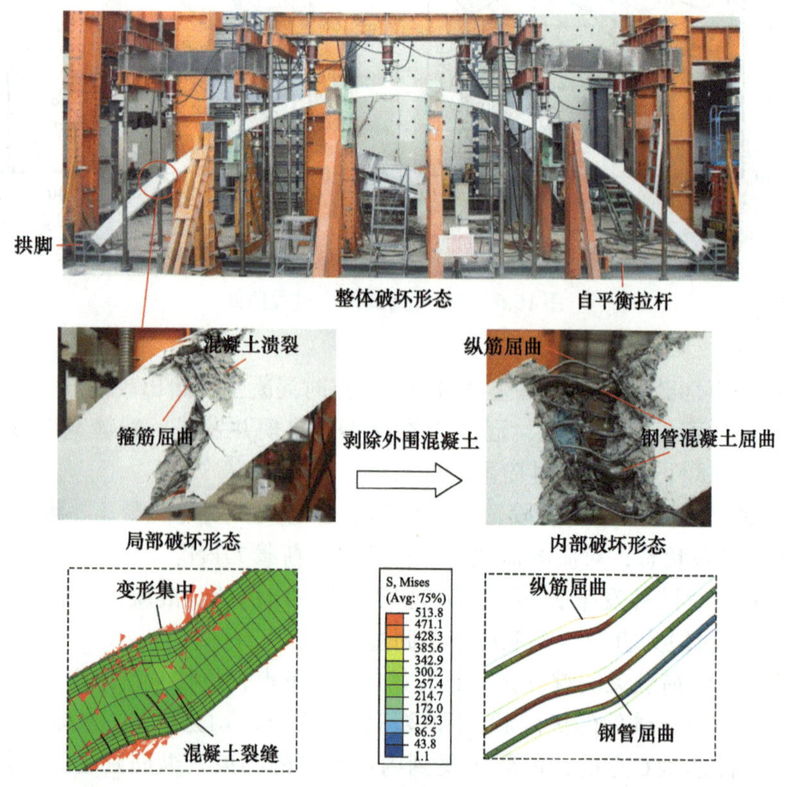

图16.7　A-1试件破坏形态

测到钢管和钢筋的剪切变形较为明显，为了判断截面是否发生剪切破坏，根据《钢管混凝土加劲混合结构技术规程》（T/CECS 663—2020）计算得到破坏截面的受剪承载力为84kN，而试验时剪力最大值为38kN，因此破坏截面发生的是压弯破坏而非剪切破坏。

图16.8给出了A-1试件混凝土表面裂缝开展全过程，由于试件加工、运输、吊装时不可避免地产生初应力，导致试验开始前试件表面混凝土已经出现裂缝。图16.8（a）记录了混凝土初始裂缝的位置，可以看到，初始裂缝主要分布在下侧底部；加载后随着荷载增大，不断出现可见竖向裂缝并发展，加载至*B*点时，混凝土裂缝发展充分，

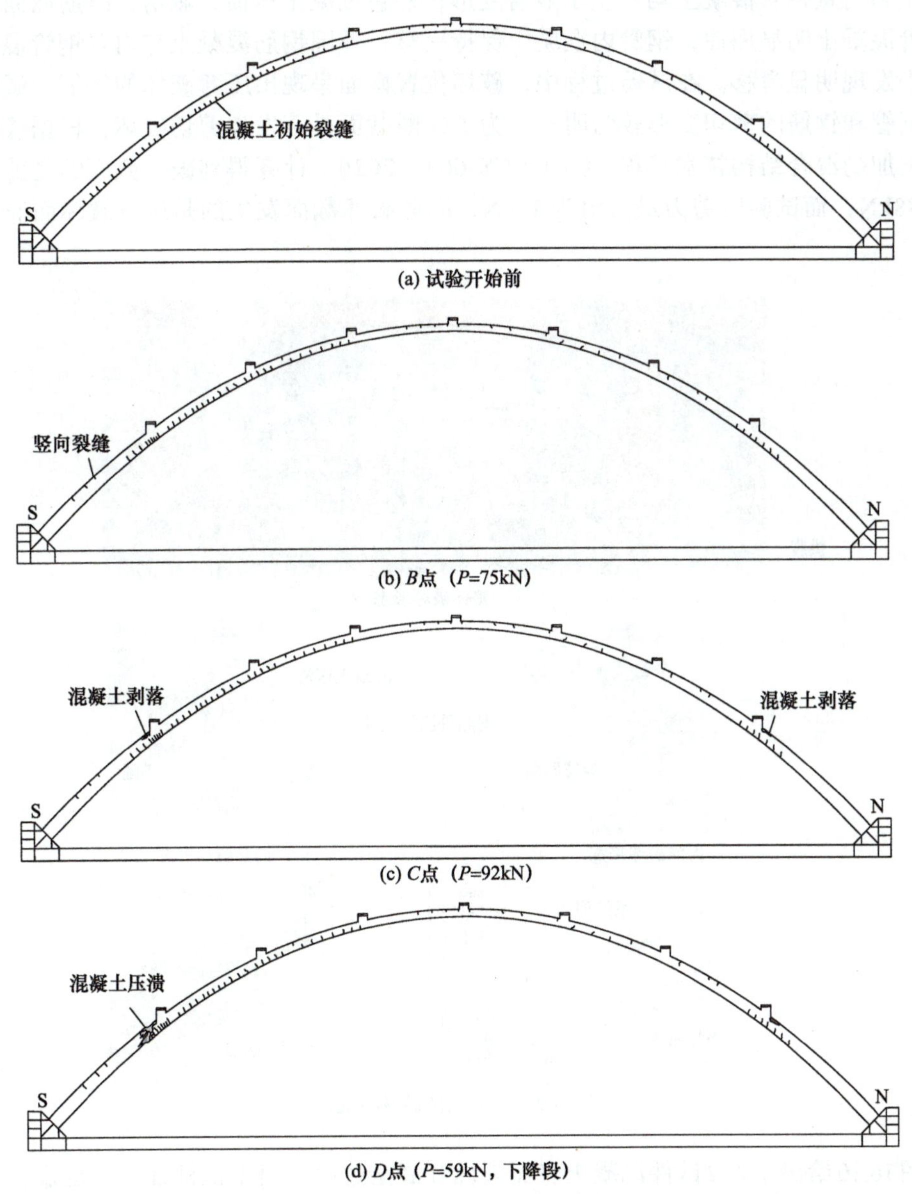

图16.8　A-1试件外包混凝土裂缝开展过程

左侧拱脚附近的负弯矩较大，下侧底部的混凝土受压，导致初始裂缝无法被观测到，而上侧顶部出现混凝土裂缝并发展，如图16.8（b）所示；加载至C点时，试件达到承载能力极限状态，承载力达到峰值92kN，边端加载点附近的混凝土上侧表面出现压溃现象，1/8跨位置处的混凝土裂缝开始逐渐贯通，如图16.8（c）所示；加载至D点时，试件达到破坏状态，承载力下降至59kN，1/8跨位置处的混凝土整体压溃并伴有剥落，其余位置的裂缝尚未贯通，如图16.8（d）所示。

（2）A-2试件

图16.9给出了A-2试件的最终破坏形态：在7/8跨加载点右侧附近位置，外围钢筋混凝土和内置钢管混凝土均产生了显著变形；外包混凝土压溃、剥落，纵筋屈曲；内置钢管混凝土明显屈曲，钢管内混凝土保持完整；外围钢筋混凝土与内置钢管混凝土之间未发现明显滑移。在试验过程中，破坏位置截面呈现出压弯破坏的特征。试验观测到钢管和钢筋的剪切变形较为明显，为了判断截面是否发生剪切破坏，根据《钢管混凝土加劲混合结构技术规程》（T/CECS 663—2020）计算得到破坏截面的受剪承载力为88kN，而试验时剪力最大值为43kN，因此破坏截面发生的是压弯破坏而非剪切破坏。

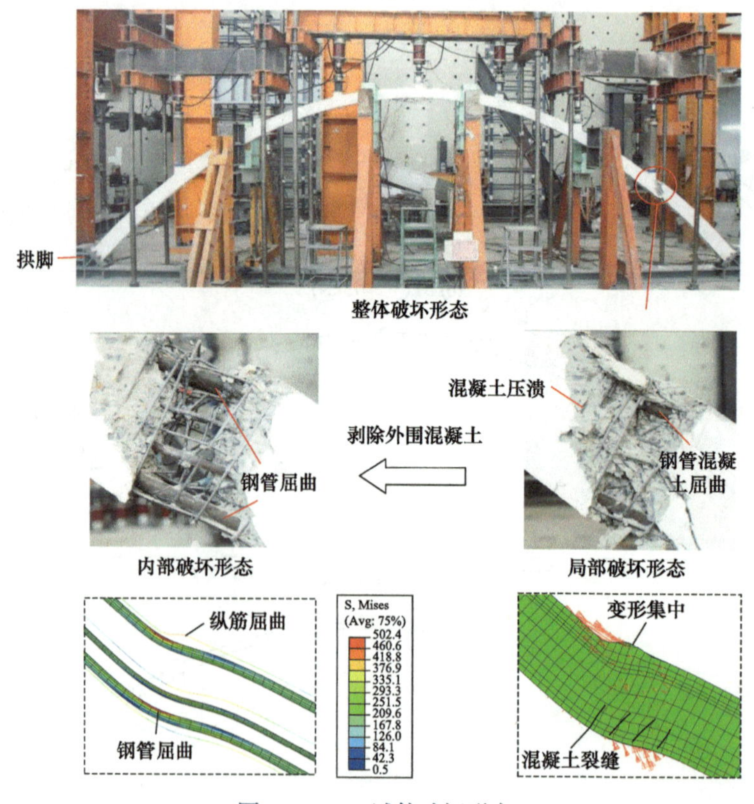

图16.9　A-2试件破坏形态

图16.10给出了A-2试件混凝土表面裂缝开展全过程，由于试件加工、运输、吊装时不可避免地产生初应力，导致试验开始前试件表面混凝土已经出现裂缝。图16.10（a）

记录了混凝土初始裂缝的位置，可以看到，初始裂缝主要分布在下侧底部；加载后随着荷载增大，不断出现可见竖向裂缝并发展，加载至B点时，混凝土裂缝发展充分，右侧拱脚附近的负弯矩较大，下侧底部的混凝土受压，导致初始裂缝没有进一步发展，而上侧顶部出现混凝土裂缝并发展，如图16.10（b）所示；加载至C点时，试件达到承载能力极限状态，承载力达到峰值105kN，边端加载点附近的混凝土上侧表面出现压溃现象，7/8跨位置处的混凝土裂缝开始逐渐贯通，如图16.10（c）所示；加载至D点时，试件达到破坏状态，承载力下降至87kN，7/8跨位置处的混凝土整体压溃并伴有剥落，其余位置的裂缝尚未贯通，如图16.10（d）所示。

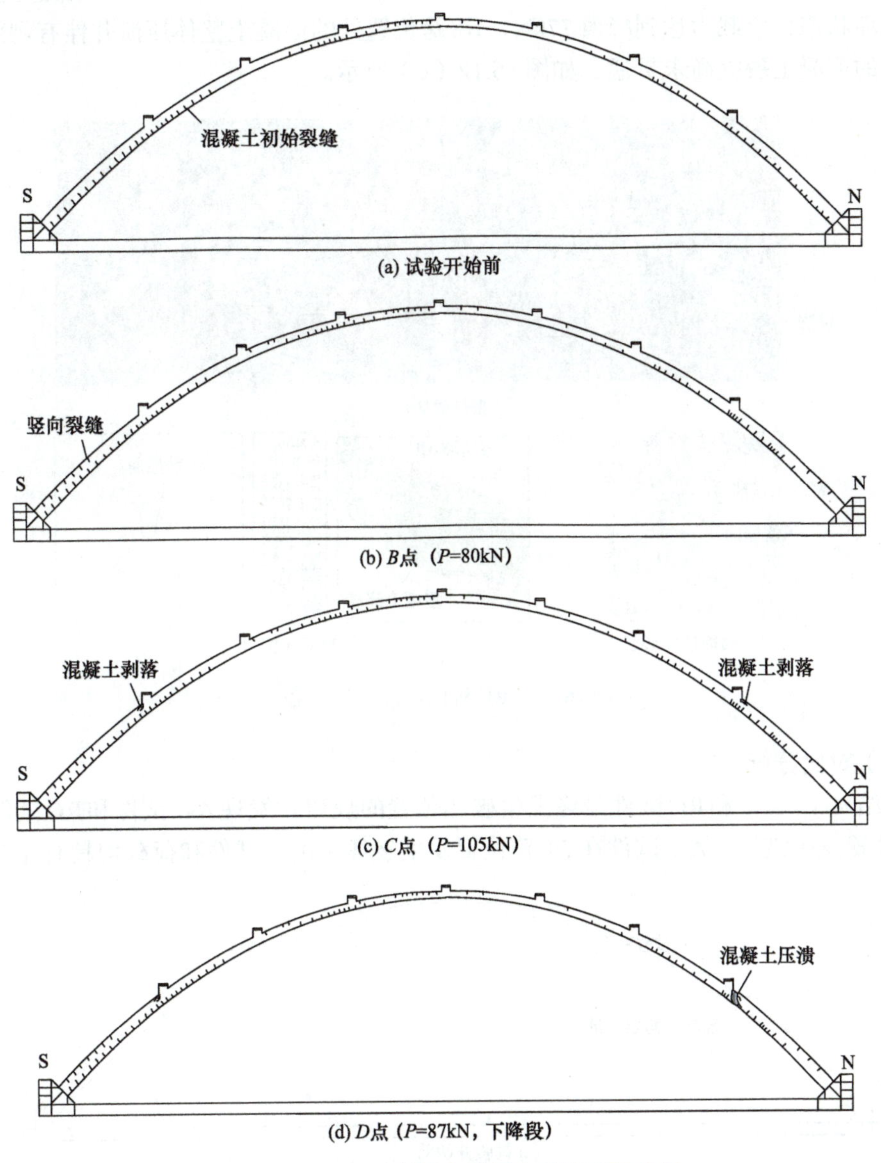

图16.10　A-2试件外包混凝土裂缝开展过程

（3）RC试件

图16.11给出了RC对比试件的最终破坏形态：在1/8跨加载点左侧附近位置，外围钢筋混凝土产生了显著变形，外包混凝土压溃、剥落，纵筋屈曲。图16.12给出了RC试件混凝土表面裂缝开展全过程，由于试件加工、运输、吊装时不可避免地产生初应力，导致试验开始前试件表面混凝土已经出现裂缝。图16.12（a）记录了混凝土初始裂缝的位置，可以看到，初始裂缝主要分布在下侧底部；加载后随着荷载增大，不断出现可见竖向裂缝并发展，加载至B点时，混凝土裂缝发展充分，左侧拱脚附近的负弯矩较大，下侧底部的混凝土受压，导致初始裂缝没有进一步发展，而上侧顶部出现混凝土裂缝并发展，如图16.12（b）所示；加载至C点时，试件达到承载能力极限状态和破坏状态，承载力达到峰值77kN，1/8跨位置处的混凝土整体压溃并伴有剥落，其余位置的混凝土裂缝尚未贯通，如图16.12（c）所示。

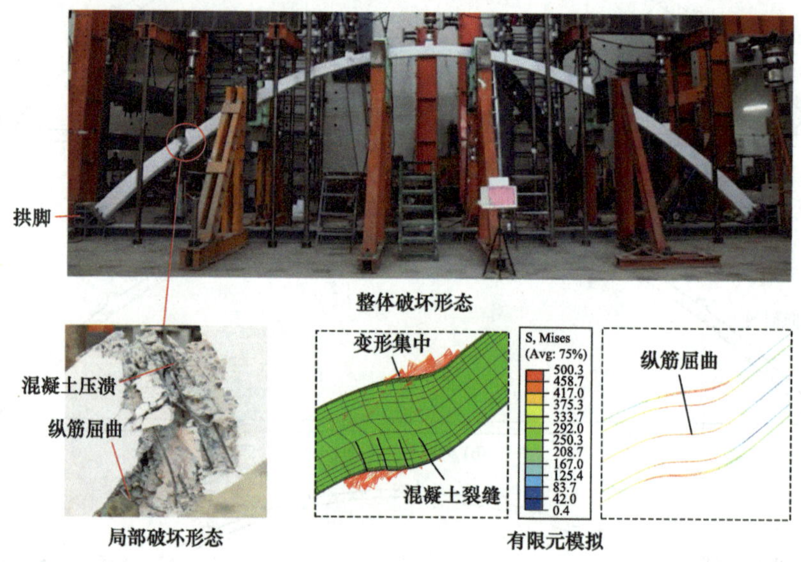

图16.11　RC对比试件破坏形态

（4）对比分析

总结A-1、A-2和RC试件最终发生破坏位置的规律，发现A-1试件和RC试件均在1/8跨位置发生破坏，A-2试件在7/8跨位置发生破坏。由于试件和荷载均具有左右对称

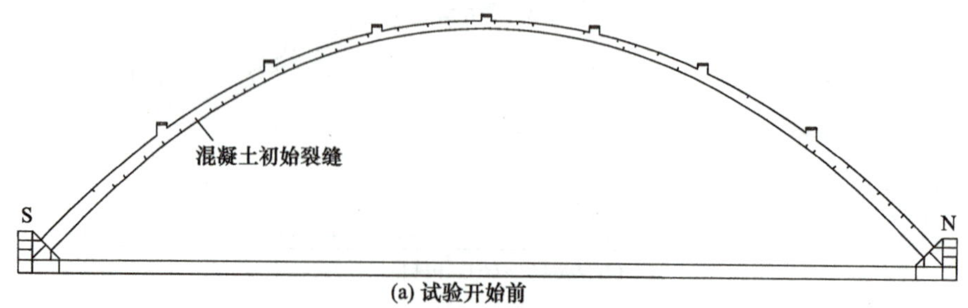

图16.12　RC拱试件裂缝发展全过程

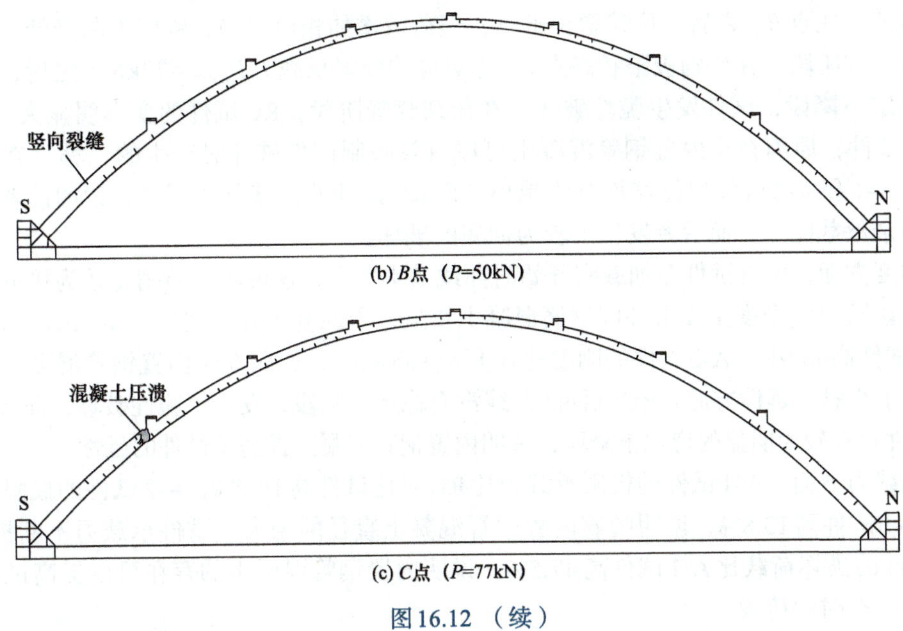

(b) B点（P=50kN）

(c) C点（P=77kN）

图 16.12 （续）

性，因此所有试件发生破坏的位置可视为相同，均为边端加载点位置附近。分析原因有两点。①边端加载点的荷载是非边端加载点荷载的2倍，荷载较大，附近位置内力较大。②拱脚附近试件的外围钢筋混凝土为渐变段，因此拱脚附近的顶底板厚度有所增大，强度相应增大，导致拱脚不容易产生破坏；而边端加载点位置属于标准段，渐变段已经结束，因此该位置的强度未得到增强。

将RC试件与A-1和A-2试件对比，分析内置钢管混凝土对于破坏形态的影响：①A-1和A-2试件在多处位置出现了混凝土剥落的现象，而RC对比试件只在最终破坏位置处产生混凝土剥落，这说明内置钢管混凝土的存在改变了工作机理和传力机制；②由于内置钢管混凝土的存在，A-1和A-2试件的混凝土裂缝发展与RC试件相比较慢，说明内置钢管混凝土能有效抑制混凝土裂缝的出现和发展。

3. 荷载–变形关系

（1）跨中荷载–最大竖向位移关系

所有试件的跨中荷载–最大竖向位移关系如图16.13（a）所示。对于A-1试件，在点B_1之前，随着位移的增加，荷载基本呈线性增加，试件表现出弹性特征；在点B_1之后，位移增长迅速，但荷载增加相对缓慢，刚度不断降低，试件进入弹塑性阶段；在达到极限状态点C_1（对应的极限承载力P_{u1}=92kN）之后，荷载逐渐下降，位移迅速增加；点D_1为破坏状态，对应的破坏荷载为64% P_{u1}。对于A-2试件，在点B_2之前，随着位移的增加，荷载基本线性增加，试件表现出弹性特征；在点B_2之后，位移增长迅速，但荷载增加相对缓慢，刚度不断降低，试件进入弹塑性阶段；在达到极限状态点C_2（对应的极限承载力P_{u2}=105kN）之后，荷载逐渐下降，位移迅速增加，点D_2为83% P_{u2}。对于RC对比试件，在点B_{RC}之前，随着位移的增加，荷载基本线性增加，试件表现出弹性特征；在点B_{RC}之后，位移增长迅速，但荷载增加相对缓慢，刚度不断降低，构件进入弹塑性阶段；在达到极限状态点C_{RC}（对应的极限承载力$P_{u,RC}=77kN$）之后，没有出现稳定下降段，试件发生脆性破坏。在荷载骤降阶段，RC试件的变形明显大于A-1和A-2试件，原因在于内置钢管混凝土可以有效限制试件破坏时产生的位移。在卸载阶段，A-1和A-2试件的位移均有所减小，而RC试件的位移基本不变，说明前者仍然拥有残余承载能力，而后者发生了较为彻底的破坏。

刚度方面，所有试件在加载刚开始时曲线基本重合，这说明初始刚度较为接近，原因在于该阶段的刚度主要由外围钢筋混凝土贡献；当混凝土开裂之后，A-1试件的刚度比RC试件高19.9%，A-2试件的刚度比A-1试件高8.6%，原因在于内置钢管混凝土对刚度提供了贡献。延性方面，RC试件的曲线没有稳定下降段，发生了脆性破坏，而A-1和A-2试件存在较为明显的稳定下降段，说明内置钢管混凝土提高了试件的延性。

承载力方面，A-1试件的极限承载力比RC对比试件高19.0%，A-2试件的极限承载力比A-1试件高13.8%，说明随着内置钢管混凝土直径的增大，试件承载力不断提高。A-2试件的破坏荷载比A-1试件高47.5%，说明内置钢管混凝土的存在可以提高试件达到破坏状态时的荷载。

（2）混凝土裂缝开展

试验过程中，每加一级荷载，都要持荷2min左右以测量并记录裂缝发展情况和最大裂缝宽度w_m。图16.13（b）给出了所有试件的荷载（P/P_u）-最大裂缝宽度（w_m）曲线对比，可以看到，在同一P/P_u下，RC试件的最大裂缝宽度w_m大于A-1和A-2试件。在记录范围内，即$P/P_u=0.8$时，A-1试件、A-2试件和RC对比试件的最大裂缝宽度w_m分别为0.25mm、0.25mm和0.45mm，这说明内置钢管混凝土的存在有效控制了外包混凝土裂缝的开展。

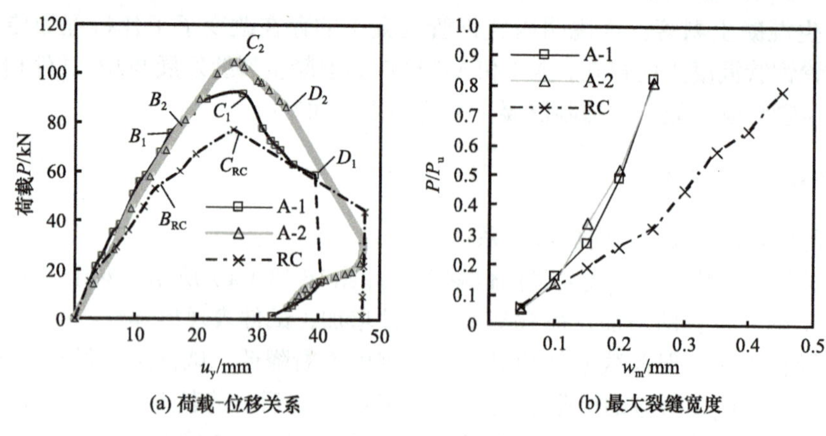

(a) 荷载-位移关系　　(b) 最大裂缝宽度

图16.13　荷载-变形关系与最大裂缝宽度比较

在正常使用设计中，需要控制混凝土受拉区的最大裂缝宽度，根据《公路钢筋混凝土及预应力混凝土桥涵设计规范》（JTG 3362—2018）规定，对于正常使用极限状态，最大裂缝宽度应控制在0.2mm。根据上述规定，达到正常使用极限状态时，A-1试件、A-2试件和RC对比试件的正常使用荷载分别为0.49P_{u1}、0.52P_{u2}和0.26$P_{u,RC}$。挠度方面，根据《公路钢管混凝土拱桥设计规范》(JTG/T D65-06—2015)规定，对于正常使用极限状态，主拱挠度限值为l/1000（l为构件的计算跨度）。根据上述规定，达到正常使用极限状态时，A-1试件、A-2试件和RC对比试件的正常使用荷载分别为0.57N_u、0.45N_u和0.52N_u。

（3）跨中荷载-节点水平位移关系

图16.14给出了所有试件的跨中荷载-节点水平位移关系，可以看到，A-1和A-2试件的1/8跨和7/8跨的水平位移具有对称性，而RC对比试件的7/8跨的水平位移在整个加载过程中基本为0，1/8跨的水平位移不断增大，说明与A-1和A-2试件相比，RC试件受初始几何缺陷的影响更为敏感。

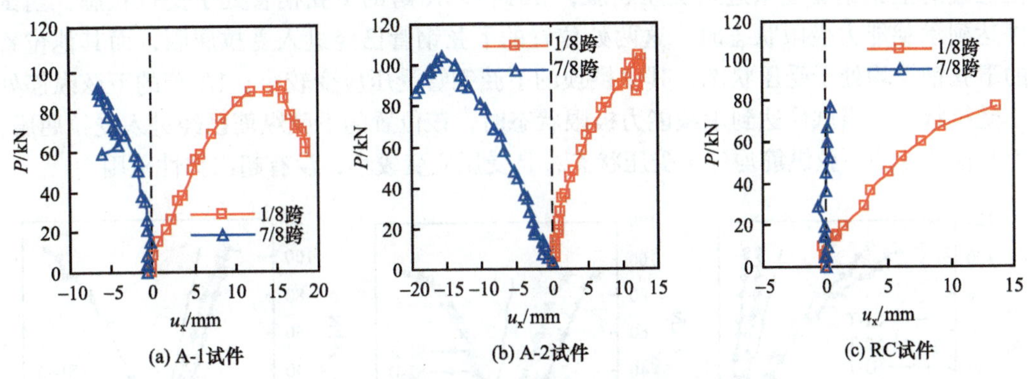

图16.14　跨中荷载-节点水平位移关系

4. 应变分析

（1）钢材应变

图16.15给出了A-1试件的上弦钢管（Top）、下弦钢管（Bottom）和下弦纵筋（Down）应变的发展变化过程，S1、S2、S3、S4和S5分别代表1/8跨、5/16跨、1/2跨、11/16跨和7/8跨。可以看到，在加载过程中，各个位置的上弦钢管均呈受压状态，当试件达到承载能力极限状态时，1/8跨和5/16跨的上弦钢管压应力较大，已经进入屈服，而

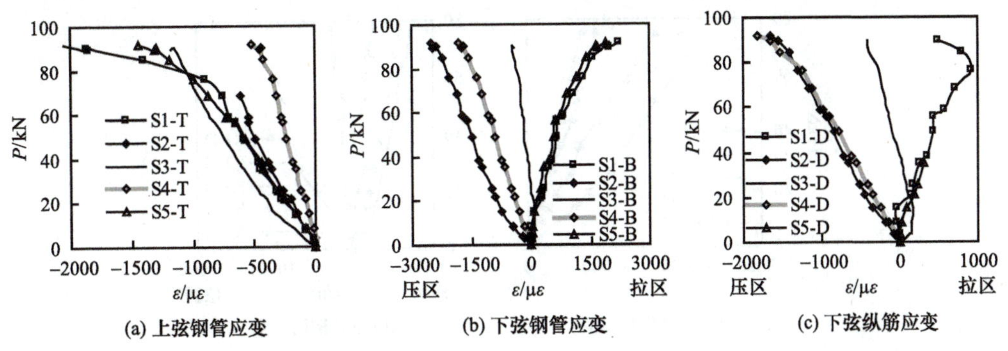

图16.15　A-1试件荷载-钢材应变曲线

其他位置的上弦钢管还未进入受压屈服；1/8跨和7/8跨的下弦钢管处于受拉状态，当试件达到承载能力极限状态时，这两处位置的下弦钢管已经进入受拉屈服，而其他位置的下弦钢管均处于受压状态，其中拱顶的下弦钢管受压应变较小；1/8跨和7/8跨的下弦纵筋处于受拉状态。当试件达到承载能力极限状态时，这两处位置的下弦纵筋已经进入受拉屈服，而其他位置的下弦纵筋均处于受压状态，其中拱顶的下弦纵筋受压应变较小，没有超出弹性范围。

图16.16给出了A-2试件的上弦钢管（Top）、下弦钢管（Bottom）和下弦纵筋（Down）应变的发展变化过程，S1、S2、S3、S4和S5分别代表1/8跨、5/16跨、1/2跨、11/16跨和7/8跨。可以看到，在加载过程中，各个位置的上弦钢管均呈受压状态，当试件达到承载能力极限状态时，1/8跨和7/8跨的上弦钢管压应力较大，已经进入屈服，而其他位置的上弦钢管还未进入受压屈服；1/8跨和7/8跨的下弦钢管处于受拉状态，当试件达到承载能力极限状态时，这两处位置的下弦钢管已经进入受拉屈服，而其他位置的下弦钢管均处于受压状态，其中拱顶的下弦钢管受压应变较小；1/8跨的下弦纵筋处于受拉状态，当试件达到承载能力极限状态时，该位置的下弦纵筋已经进入受拉屈服，而其他位置的下弦纵筋均处于受压状态，且受压应变较小，没有超出弹性范围。

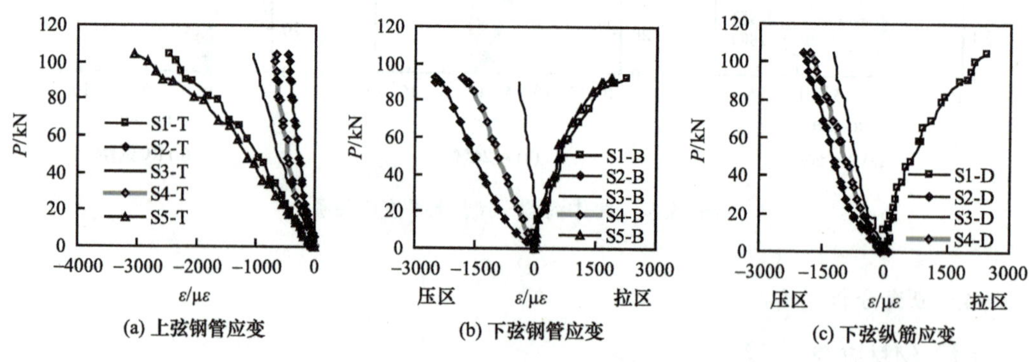

图16.16　试件A-2荷载-钢材应变关系

图16.17给出了RC对比试件的上弦纵筋（up）和下弦纵筋（down）应变的发展变化过程，S1、S2、S3、S4和S5分别代表1/8跨、5/16跨、1/2跨、11/16跨和7/8跨。可以看到，在加载过程中各个位置的上弦纵筋均处于受压状态，当试件达到承载能力极

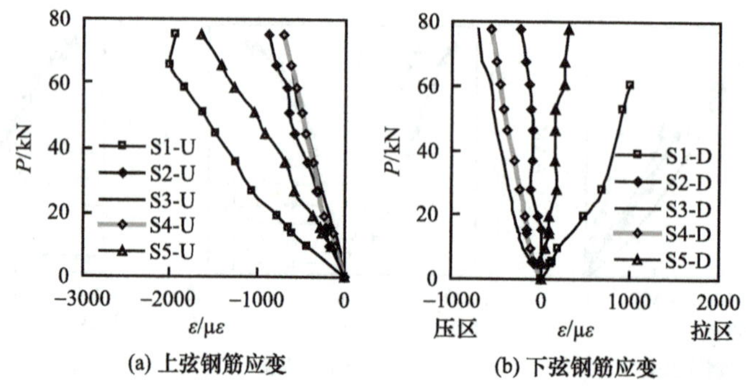

图16.17　RC试件荷载-钢材应变关系

限状态时，1/8跨的上弦纵筋压应力较大，已经进入屈服，而其他位置的上弦纵筋还未进入受压屈服；1/8跨和7/8跨的下弦纵筋处于受拉状态，当试件达到承载能力极限状态时，1/8跨的下弦纵筋已经进入受拉屈服，而其他位置的下弦纵筋均处于受压状态，且受压应变较小，没有超出弹性范围。

总结可知，所有试件的上弦钢管和上弦纵筋在各个位置均处于受压状态，在1/8跨或7/8跨发生受压屈服；下弦钢管和下弦纵筋在1/8跨和7/8跨处于受拉状态，在其他位置处于受压状态。因此，试件各截面主要承担压力，原因在于试件为拱形结构，可以将外部荷载转化为轴向压力传递；1/8跨和7/8跨截面顶部受压、底部受拉，处于压弯状态，这是因为边端集中荷载较大，导致截面承担的正弯矩较大，钢管和纵筋容易屈服。

（2）混凝土应变

图16.18给出了A-1试件在各级荷载作用下拱顶和左侧拱脚外包混凝土应变沿截面高度的分布。可以看到，拱顶外包混凝土全截面始终处于受压状态，且基本位于弹性段内，属于小偏心受压。当拱顶荷载P小于70kN时，拱脚外包混凝土全截面处于受压状态，且底部的压应变大于顶部，说明拱脚承担负弯矩；当P大于90kN时，拱脚顶部由受压转变为受拉；当达到破坏状态时，拱脚顶部混凝土已经受拉开裂，而底部混凝土压应变尚未达到3300με，因此拱脚处于大偏心受压。由图16.18（b）可知，拱脚截面的中和轴不断下移，截面基本符合平截面假定。

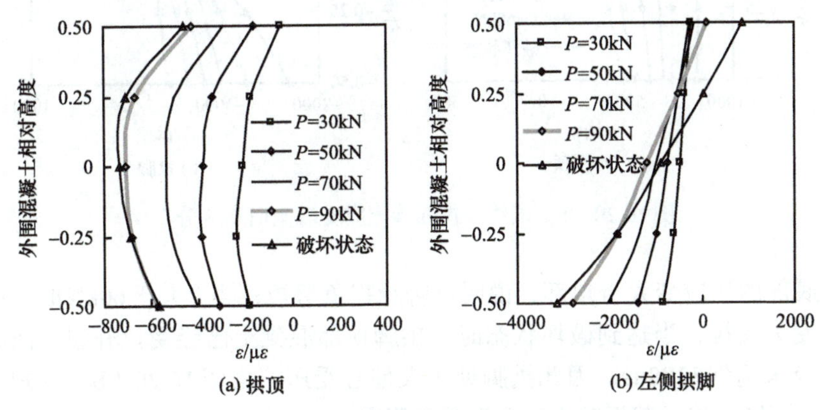

图16.18　A-1试件外包混凝土应变沿截面高度分布

图16.19给出了A-2试件在各级荷载作用下两侧拱脚外包混凝土应变沿截面高度的分布。可以看到，两侧拱脚的试验结果相似，具有对称性。当拱顶荷载P小于50kN时，拱脚外包混凝土全截面处于受压状态，且底部的压应变大于顶部，说明拱脚承担负弯矩；当P大于70kN时，拱脚顶部由受压转变为受拉；当达到破坏状态时，拱脚顶部混凝土已经受拉开裂，而底部混凝土压应变尚未达到3300με，因此拱脚处于大偏心受压。由图16.19可知，拱脚截面的中和轴不断下移，截面基本符合平截面假定。

图16.20给出了RC对比试件在各级荷载作用下拱顶和拱脚外包混凝土应变沿截面高度的分布。可以看到，拱顶外包混凝土全截面始终处于受压状态，且基本位于弹性段内，属于小偏心受压。当拱顶荷载P小于50kN时，拱脚外包混凝土全截面处于受压

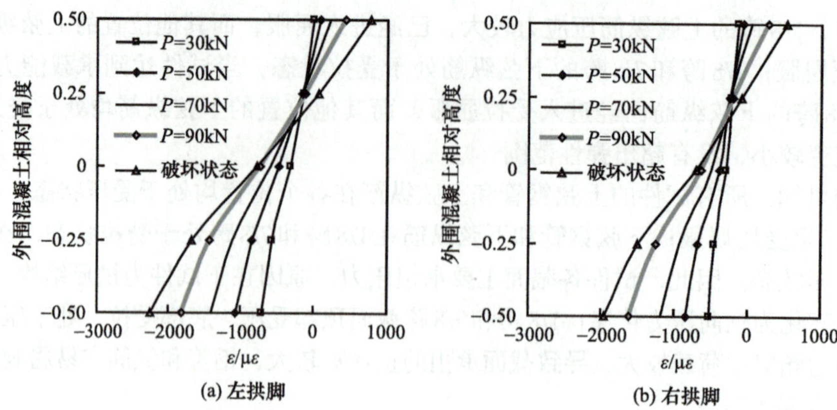

图 16.19　A-2试件外包混凝土应变沿截面高度分布

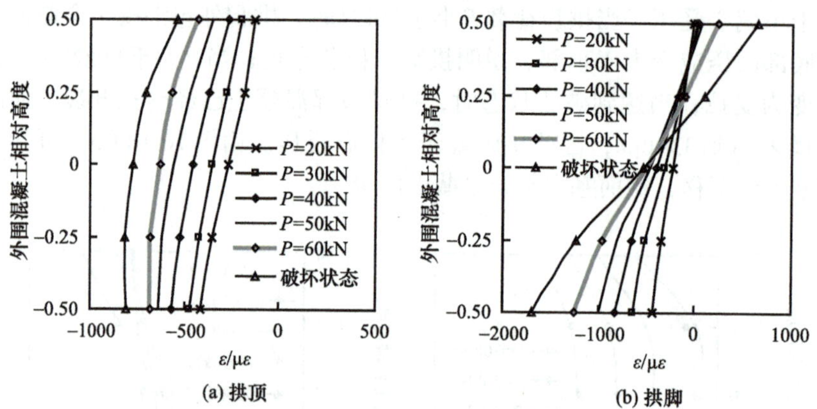

图 16.20　RC试件外包混凝土应变沿截面高度分布

状态，且底部的压应变大于顶部，说明拱脚承担负弯矩；当P大于60kN时，拱脚顶部由受压转变为受拉；当达到破坏状态时，拱脚顶部混凝土已经受拉开裂，而底部混凝土压应变尚未达到3300με，因此拱脚处于大偏心受压。由图16.20（b）可知，拱脚截面的中和轴不断下移，截面基本符合平截面假定。

5. 与钢管混凝土加劲混合结构对比

图16.21所示为荷载-最大位移关系对比。可以看到，拱形钢管混凝土加劲混合结构与受弯试件的结果较为类似，均可分为上升段、下降段和卸载段，这说明两者的工作机理相似；拱形钢管混凝土加劲混合结构的极限承载力和变形能力均高于受弯试件，分析原因在于拱形结构轴压内力的存在提高了试件的抗弯承载力。

图16.22给出了受弯试件和拱形钢管混凝土加劲混合结构的混凝土最大裂缝宽度对比，可以看到，在相同的荷载阶段，后者的裂缝开展缓于前者。分析原因在于后者截面同时承担压力和弯矩，而前者截面只承担弯矩，因此后者混凝土受拉开裂得到延缓。此外，随着内置钢管混凝土尺寸的增大，混凝土裂缝开展过程得到控制的效果更加显著。

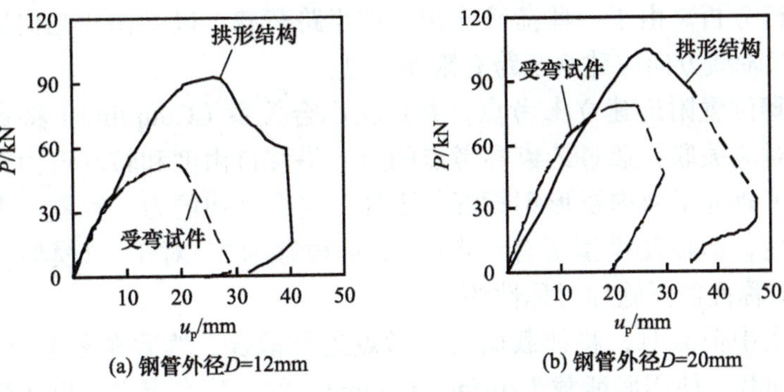

图 16.21　荷载-最大位移关系对比

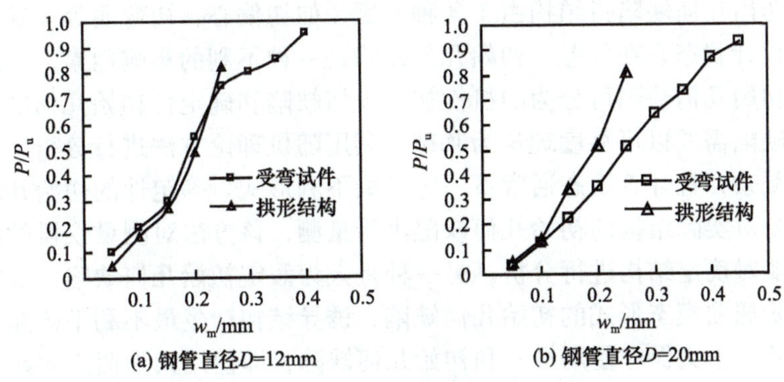

图 16.22　荷载-最大裂缝宽度关系对比

16.3　工作机理分析

16.3.1　有限元计算模型

（1）有限元计算模型建立

图16.23给出了拱形钢管混凝土加劲混合结构有限元模型示意。该结构拱轴线为悬链线形，沿截面宽度方向（z方向）具有对称性。为提高计算效率，可以建立1/2拱形

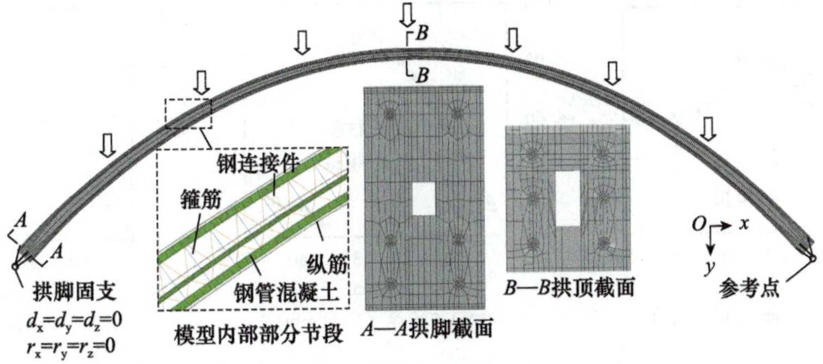

图 16.23　拱形钢管混凝土加劲混合结构有限元模型

结构的模型进行分析。由于一些荷载作用（如半跨荷载）以及初始几何缺陷不具有对称性，因此沿拱轴线方向应建立全跨有限元模型。

在两端拱脚位置附近建立参考点，并定义耦合关系（Coupling）将参考点与拱脚截面的自由度对应关联，通过约束参考点的所有平移自由度和转动自由度，实现两端拱脚固支。为了研究平面内拱形钢管混凝土加劲混合结构的力学性能，需要约束模型平面外的自由度，即控制模型所有节点的z方向位移为0。对于1/2模型，由于结构具有对称性，在对称面需要施加对称性约束。

模拟竖向集中荷载时，将加载面与参考点进行耦合，然后在参考点上施加荷载；为了模拟均布加载，使用面荷载（surface traction）的方法来定义，以实现在外围钢筋混凝土的上表面施加竖直向下的均布荷载。

结构的初始几何缺陷指结构由于各种原因（如初偏心、初弯曲等）导致实际几何状态与理想设计状态存在偏差。初始几何缺陷是一种不利的影响因素，在结构分析时不可忽略。初始几何缺陷可分为随机性初始几何缺陷和确定性初始几何缺陷。随机性的初始几何缺陷需要以可靠度理论为基础，利用随机理论方法进行分析，该方法的计算公式较为复杂，且计算模态通常不一定是最不利形式。确定性的初始几何缺陷包括两种，一种是对实际结构的初始几何缺陷进行量测，该方法对测量仪器的精密度要求较高，且只能对确定结构进行分析；另一种是人为假定初始几何缺陷，该方法通常对结构施加低阶屈曲模态形式的初始几何缺陷，诱导结构产生最不利平衡路径，应用较为广泛。因此，本文保守使用最不利初始几何缺陷，即使用人为假定初始几何缺陷的方法来考虑初始几何缺陷的影响。

对于拱形结构，常见的初始几何缺陷包括对称形和反对称形。已有研究表明，具有对称初始几何缺陷的结构承载力低于没有初始几何缺陷的拱形结构，而具有反对称初始几何缺陷的结构承载力低于具有对称初始几何缺陷的拱形结构。因此，拱形结构对于反对称初始几何缺陷更加敏感，是最不利形式。因此，该有限元模型引入反对称初始几何缺陷。

（2）有限元模型验证

图16.24给出了荷载-最大节点竖向位移全过程关系的预测与实测结果，可以看到，在上升段，模拟结果与试验结果吻合良好，极限承载力的预测结果较为准确，同

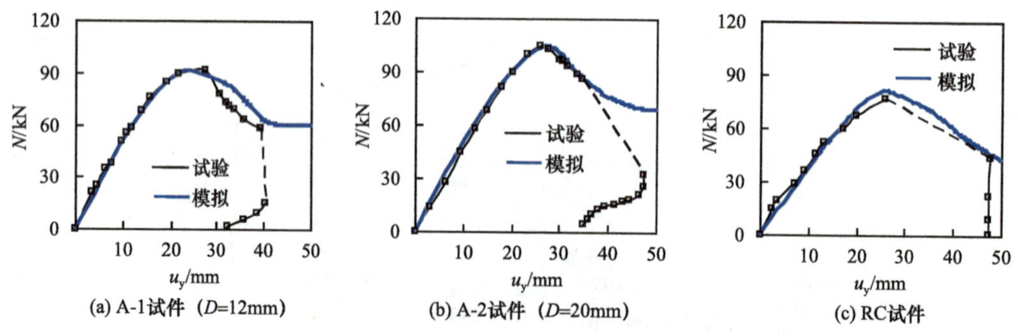

(a) A-1试件（D=12mm）　(b) A-2试件（D=20mm）　(c) RC试件

图16.24　荷载-最大节点竖向位移关系模拟结果与试验结果对比

时有限元实现了下降段的模拟，该阶段开始时的负刚度模拟效果较好。试验时，下降段发展一定程度后，荷载发生骤降导致未采集到该阶段的试验数据，随后试验开始卸载；模拟结果在下降段结束后进入了承载力较为稳定的阶段，此时的承载力为残余承载力。由图16.24可知，试验时荷载骤降开始前的承载力与模拟结果的残余承载力较为接近，模拟结果较为准确，但是有限元软件不能准确模拟外包混凝土的碎裂、剥落现象，导致模拟结果未出现试验的荷载骤降段，而是出现了荷载缓慢下降、位移不断增大的结果。

图16.25所示为试件1/8跨和7/8跨的横向位移曲线的模拟结果与实测结果对比，可以看到，荷载-位移关系具有对称性，且由于初始几何缺陷的影响，曲线不是完全对称，与试验结果相吻合。在达到峰值荷载前，试件1/8跨和7/8跨节点的水平位移随着荷载增加而增加；在达到峰值荷载后，拱形钢管混凝土加劲混合结构（A-1试件和A-2试件）的节点水平位移随着荷载的下降而平稳增加，而拱形钢筋混凝土结构（RC对比试件）的节点水平位移迅速增大，原因在于RC对比试件发生了脆性破坏，导致试件达到极限承载力后，节点位移变形较为显著。

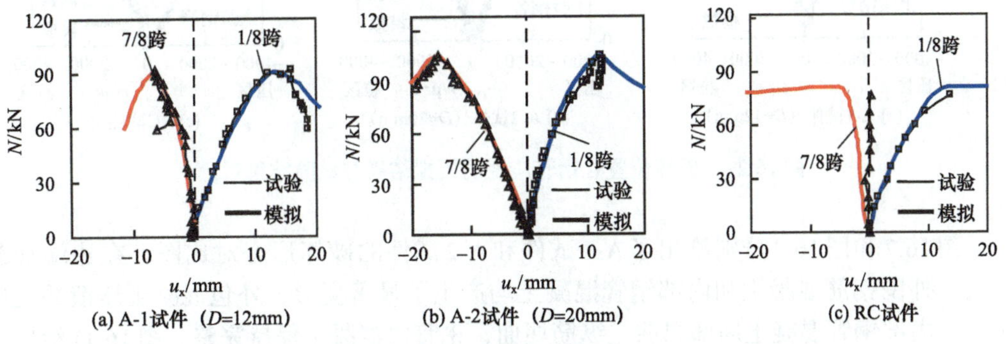

图16.25　荷载-节点横向位移关系模拟结果与试验结果对比

图16.26给出了试件全跨各节点在承载能力极限状态下节点位移曲线模拟结果与试验结果对比。当加载点相对坐标x/l等于−1、0和1时，分别代表左拱脚、拱顶和右拱脚（l代表半跨跨径，即l=0.5L）。可以看到，模拟结果与实测结果吻合良好。由于初始几何缺陷的影响，全跨的竖向位移不完全关于中轴线对称。试件两侧拱脚竖向位移

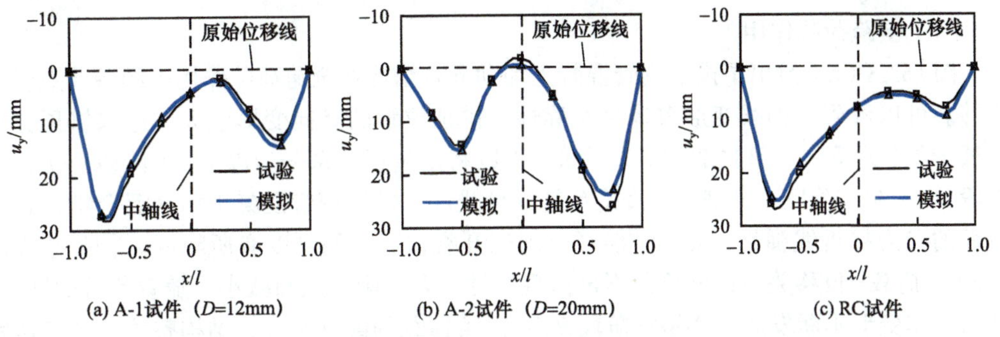

图16.26　承载能力极限状态下节点位移曲线模拟结果与试验结果对比

为0、1/8跨和7/8跨附近节点的竖向位移为波峰值，而拱顶附近节点的竖向位移为波谷值。除了A-2试件的拱顶位置附近，所有试件的节点竖向位移都明显向下。

图16.27为试件破坏位置处钢管应变的模拟结果与试验结果对比，对于A-1试件和A-2试件，分析上下弦钢管应变发展规律。在加载初期，应变基本呈线性变化，上弦钢管受压，下弦钢管受拉；在进入屈服平台之后，试件进入弹塑性，应变发展变快；当荷载达到峰值之后，外包混凝土压溃逐渐退出工作，荷载逐渐由内置钢管混凝土承担，因此钢管的应变迅速增加。对于RC对比试件，上下弦钢筋的荷载-应变关系如图16.27（c）所示，随着荷载的增大，试件由弹性阶段进入弹塑性阶段；在达到极限承载力之后，纵筋应力快速增大，试件发生脆性破坏。

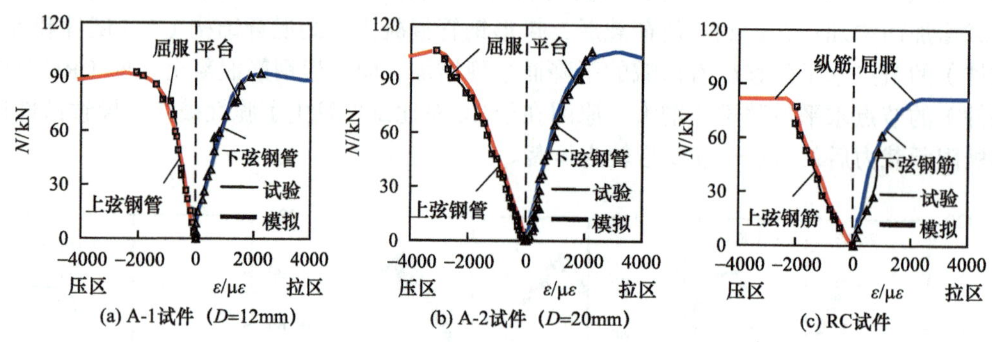

(a) A-1试件（D=12mm）　(b) A-2试件（D=20mm）　(c) RC试件

图16.27　破坏位置处钢管应变的模拟结果与试验结果对比

图16.7和图16.9分别给出了A-1试件和A-2试件的破坏形态对比图。在边端加载点处，外围钢筋混凝土和内部钢管混凝土均产生了显著变形，外包混凝土压溃并退出工作，内部钢管混凝土局部屈曲，纵筋屈曲，钢管内混凝土保持完整。图16.11给出了RC对比试件的破坏形态，主要出现脆性破坏，混凝土压溃，纵筋屈曲。

综上所述，以上建立的有限元建模方法可以较为准确地模拟拱形钢管混凝土加劲混合结构的破坏模态、典型全过程曲线、裂缝开展、应力应变分布规律等，可以采用该方法对该结构进行全过程分析，为深入研究工作机理和设计方法奠定良好基础。

16.3.2　荷载-变形全过程分析

（1）全跨荷载作用

图16.28（a）给出了拱形钢管混凝土加劲混合结构在全跨荷载作用下的各节点竖向位移。可以看到，轴线变形整体呈对称性，拱顶位置的竖向变形较大。选取拱顶分析荷载-位移关系，如图16.28（b）所示，可以将全过程关系分为以下4个阶段。①弹性阶段OA：在该阶段，荷载-位移关系基本呈线性，拱形钢管混凝土加劲混合结构各个截面的受力接近线弹性；点A时混凝土出现开裂，试件的刚度有所降低。②弹塑性阶段AB：荷载-位移关系在该阶段不再呈现线性关系，刚度逐渐减小。随着荷载的增大，结构整体变形不断发展。③塑性阶段BC：随着荷载的继续增大，结构整体变形迅速发展；点C时受压侧混凝土应变达到3300με，外包混凝土开始压溃。④下降阶段CD：在

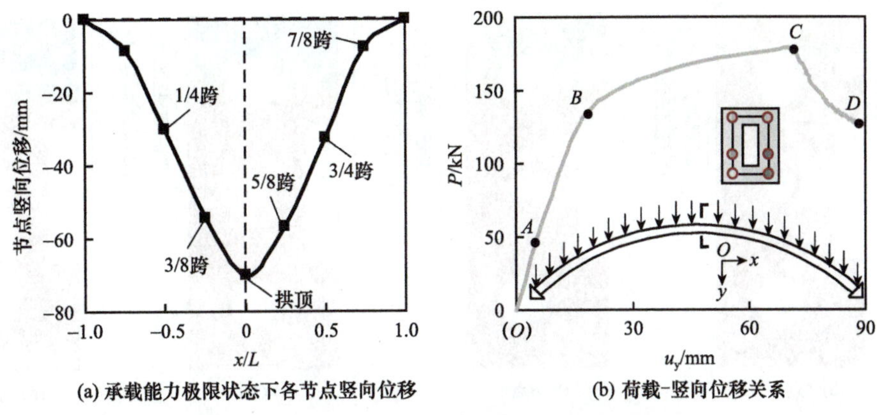

(a) 承载能力极限状态下各节点竖向位移 (b) 荷载-竖向位移关系

图16.28 荷载-竖向位移关系（全跨荷载）

该阶段荷载下降、结构变形增加，外包混凝土不断压溃，内力重分布至内置钢管混凝土；点D时荷载趋于稳定，主要由内置钢管混凝土承担。

拱形钢管混凝土加劲混合结构在点C达到极限承载力，图16.29给出了此时外包混凝土沿轴线方向应力整体分布图。可以看到，结构各截面主要承担轴力和弯矩作用，其中轴力均为轴向压应力，弯矩分为负弯矩区域和正弯矩区域，具体分布如图16.29所示。拱顶外包混凝土顶部首先发生压溃，属于控制截面。

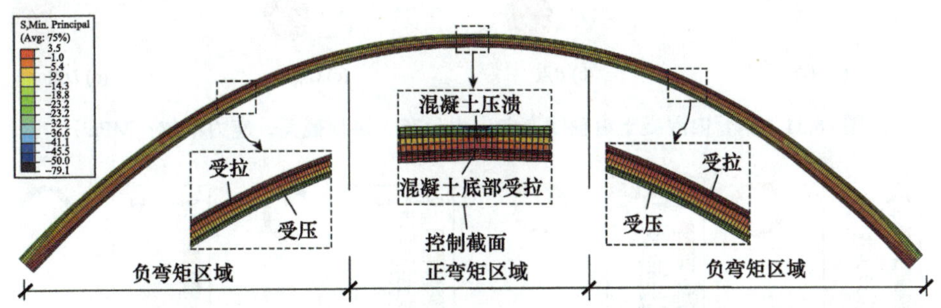

图16.29 外包混凝土应力整体分布图（全跨荷载，应力单位：MPa）

图16.30所示为构件拱顶截面外包混凝土在各个特征点处的沿拱轴线方向应力分布情况。可以看到，A点时外包混凝土处于弹性阶段；B点时外包混凝土的顶部进入塑性阶段；C点时外包混凝土顶部开始压溃并退出工作；D点时外包混凝土压溃区域不断扩大，除顶部以外的区域尚未压溃。构件拱顶截面在受力全过程中始终处于受压状态，说明该截面为小偏心受压。

图16.31所示为构件拱顶截面钢管内混凝土在各个特征点处的沿拱轴线方向应力分布。可以看到，在C点前钢管内混凝土的应力不超过58MPa；D点时钢管内混凝土的应力已经达到92MPa，说明在C-D下降段，钢管内混凝土承担的内力迅速提高。

图16.32所示为构件拱顶跨截面钢管在各个特征点处的沿拱轴线方向应力分布。可以看到，A点时钢管处于弹性阶段；B点时上弦钢管进入塑性阶段；C点时上弦钢管接

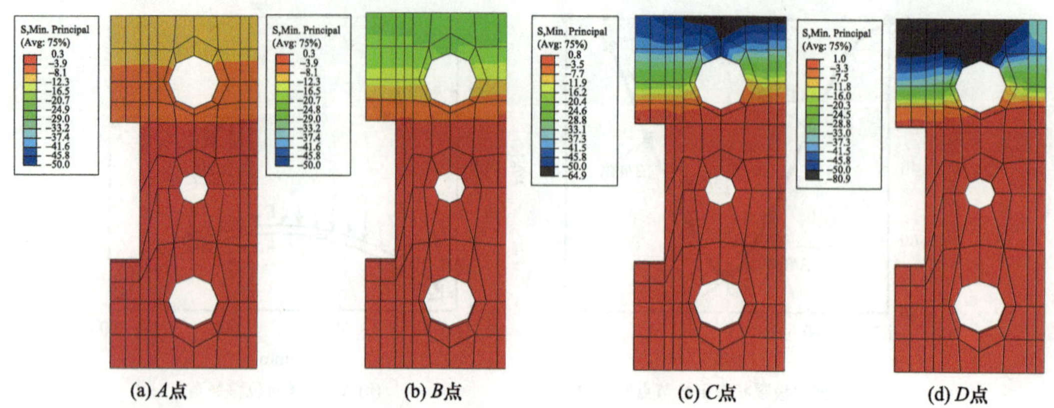

图 16.30　外包混凝土沿轴线方向应力分布（拱顶截面，应力单位：MPa）

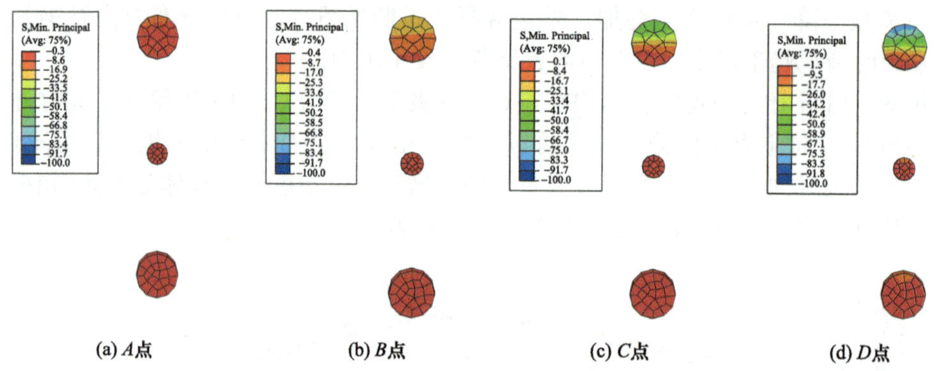

图 16.31　钢管内混凝土沿轴线方向应力分布（拱顶截面，应力单位：MPa）

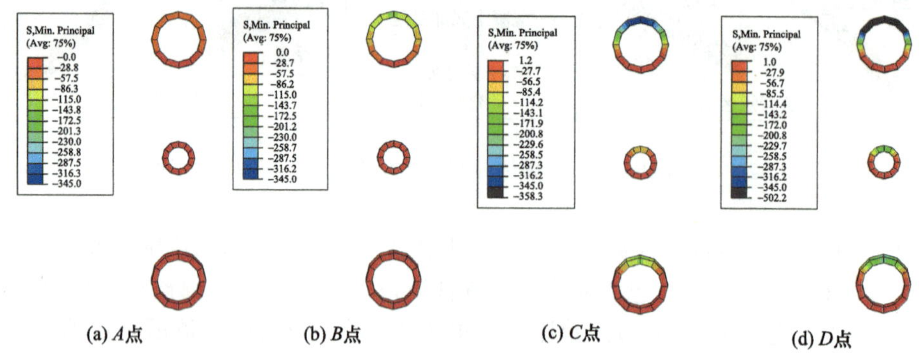

图 16.32　钢管沿轴线方向应力分布（拱顶截面，应力单位：MPa）

近屈服；D点时上弦钢管的顶部已经屈服。说明在C-D下降段，压溃的外包混凝土的内力重分布传递至内置钢管混凝土。

（2）半跨荷载作用

图 16.33（a）给出了拱形钢管混凝土加劲混合结构在半跨荷载作用下的各节点竖向位移关系。可以看到，轴线变形整体呈现反对称，1/4 跨和 3/4 跨位置附近的竖向变形

较大。选取1/4跨分析荷载-位移关系，如图16.33（b）所示，可以将全过程关系分为以下4个阶段。①弹性阶段OA：在该阶段，荷载-位移关系基本呈线性，拱形钢管混凝土加劲混合结构各个截面的受力接近线弹性；点A时混凝土出现开裂，试件的刚度有所降低。②弹塑性阶段AB：荷载-位移关系在该阶段不再呈现线性关系，刚度逐渐减小。随着荷载的增大，结构整体变形不断发展。③塑性阶段BC：随着荷载的继续增大，结构整体变形迅速发展；点C时受压侧混凝土应变达到3300με，外包混凝土开始压溃。④下降阶段CD：在该阶段荷载下降、结构变形增加，外包混凝土不断压溃，内力重分布至内置钢管混凝土；点D时荷载趋于稳定，主要由内置钢管混凝土承担。

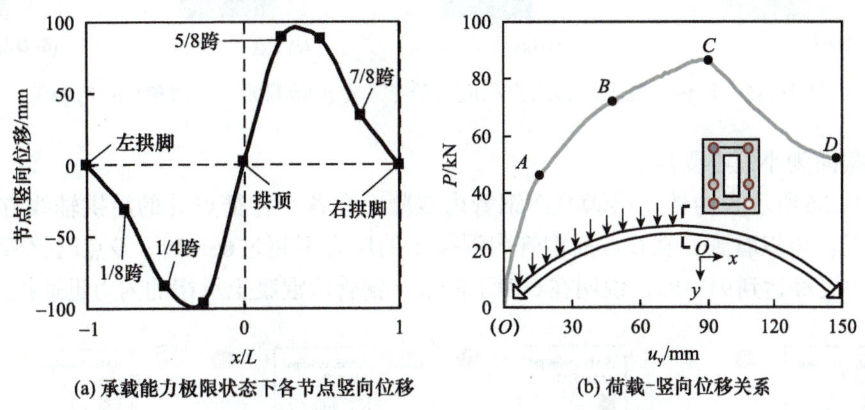

(a) 承载能力极限状态下各节点竖向位移　　(b) 荷载-竖向位移关系

图 16.33　荷载-竖向位移关系（半跨荷载）

拱形钢管混凝土加劲混合结构在点C达到极限承载力，图16.34给出了此时外包混凝土沿轴线方向应力整体分布图。可以看到，结构各截面主要承担轴力和弯矩作用，其中轴力均为轴向压应力，弯矩分为负弯矩区域和正弯矩区域，具体分布如图16.34所示。左拱脚、5/8跨截面底部，以及1/4跨、3/8跨和右拱脚的顶部混凝土均已压溃。由全过程分析结果可知，左拱脚底部混凝土最先发生压溃，属于控制截面。

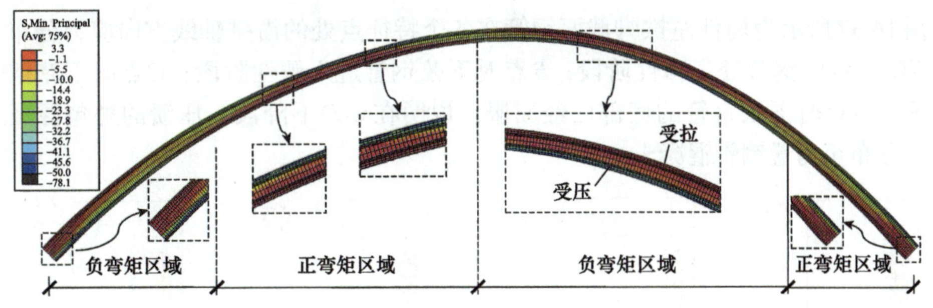

图 16.34　外包混凝土应力整体分布图（半跨荷载）

图16.35所示为构件左拱脚截面外包混凝土在各个特征点处的沿拱轴线方向应力分布。可以看到，A点时外包混凝土处于弹性阶段；B点时外包混凝土的底部进入塑性阶段；C点时外包混凝土底部开始压溃并退出工作；D点时外包混凝土压溃区域不断扩大，除底部以外的区域尚未压溃。构件左拱脚截面在受力全过程中始终处于受压状态，

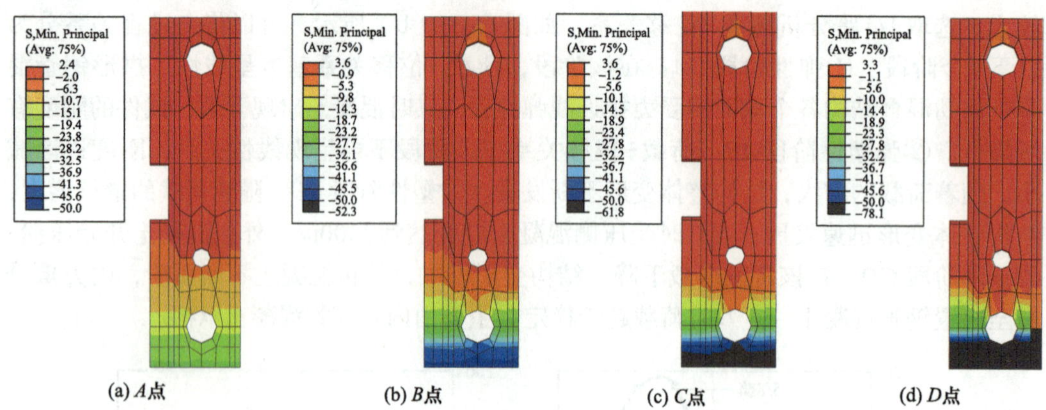

(a) *A*点　(b) *B*点　(c) *C*点　(d) *D*点

图16.35　外包混凝土沿轴线方向应力分布（左拱脚截面，应力单位：MPa）

说明该截面为小偏心受压。

图16.36所示为构件左拱脚截面钢管内混凝土在各个特征点处的沿拱轴线方向应力分布情况。可以看到，在*C*点前钢管内混凝土的应力不超过65MPa；*D*点时钢管内混凝土的应力已经达到91MPa，说明在*C*-*D*下降段，钢管内混凝土承担的内力迅速提高。

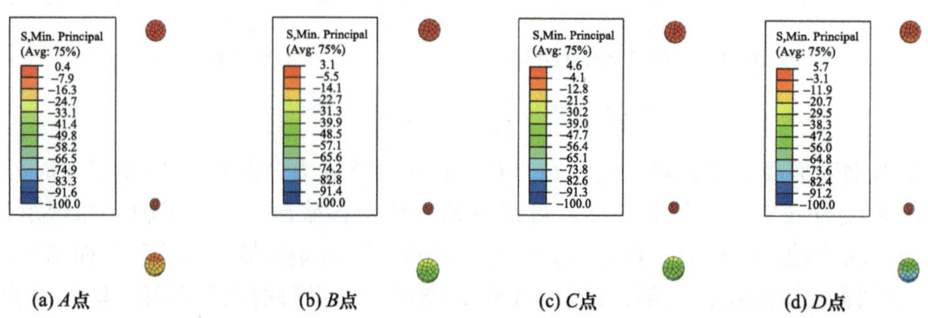

(a) *A*点　(b) *B*点　(c) *C*点　(d) *D*点

图16.36　钢管内混凝土沿轴线方向应力分布（左拱脚截面，应力单位：MPa）

图16.37所示为构件左拱脚截面钢管在各个特征点处的沿拱轴线方向应力分布。可以看到，*A*点时钢管处于弹性阶段；*B*点时下弦钢管进入塑性阶段；*C*点时下弦钢管接近屈服；*D*点时下弦钢管的底部已经屈服。说明在*C*-*D*下降段，压溃的外包混凝土的内力重分布至内置钢管混凝土。

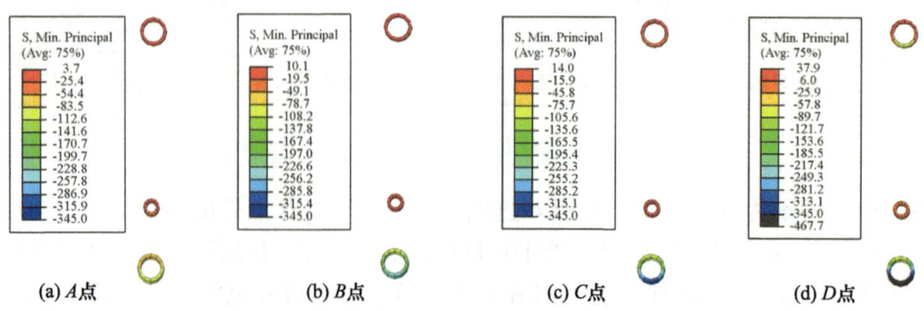

(a) *A*点　(b) *B*点　(c) *C*点　(d) *D*点

图16.37　钢管沿轴线方向应力分布（左拱脚截面，应力单位：MPa）

（3）1/4跨荷载作用

图16.38（a）给出了拱形钢管混凝土加劲混合结构在1/4跨集中荷载作用下的各节点竖向位移关系。可以看到，轴线变形整体呈现反对称，1/4跨附近的竖向变形相对更加集中，而拱顶产生了向上的竖向位移。选取竖向位移最大的1/4跨分析荷载-位移关系。如图16.38（b）所示，可以将全过程关系分为以下4个阶段。①弹性阶段OA：在该阶段，荷载-位移关系基本呈线性，拱形钢管混凝土加劲混合结构各个截面的受力接近线弹性；点A时混凝土出现开裂，试件的刚度有所降低。②弹塑性阶段AB：荷载-位移关系在该阶段不再呈现线性关系，刚度逐渐减小。随着荷载的增大，结构整体变形不断发展。③塑性阶段BC：随着荷载的继续增大，结构整体变形迅速发展；点C时受压侧混凝土应变达到3300$\mu\varepsilon$，外包混凝土开始压溃。④下降阶段CD：在该阶段荷载下降、结构变形增加，外包混凝土不断压溃，内力重分布至内置钢管混凝土；点D时荷载趋于稳定，主要由内置钢管混凝土承担。

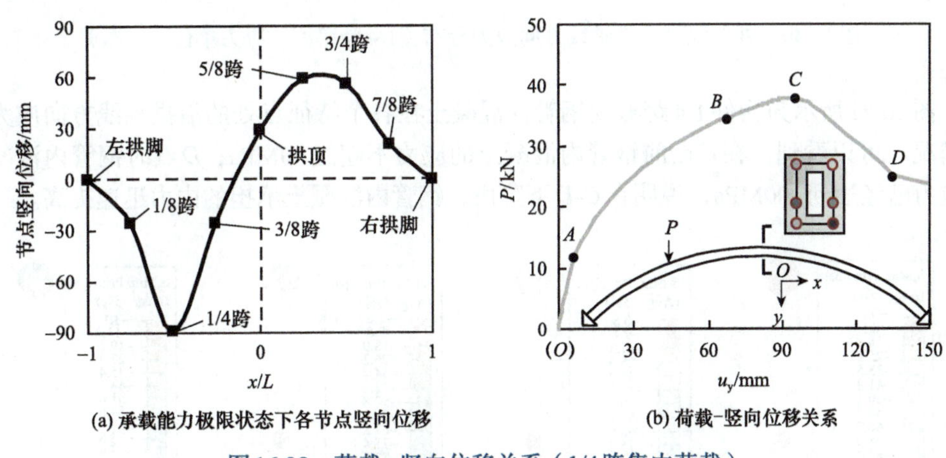

(a) 承载能力极限状态下各节点竖向位移　　(b) 荷载-竖向位移关系

图16.38　荷载-竖向位移关系（1/4跨集中荷载）

拱形钢管混凝土加劲混合结构在点C达到极限承载力，图16.39给出了此时外包混凝土沿轴线方向应力整体分布图。可以看到，结构各截面主要承担轴力和弯矩作用，其中轴力均为轴向压应力，弯矩分为负弯矩区域和正弯矩区域，左侧拱脚为负弯矩区，右侧拱脚为正弯矩区，1/4跨集中加载点附近为正弯矩区，具体分布如图16.39所示，1/4跨附近的截面出现了外包混凝土压溃现象，属于控制截面。

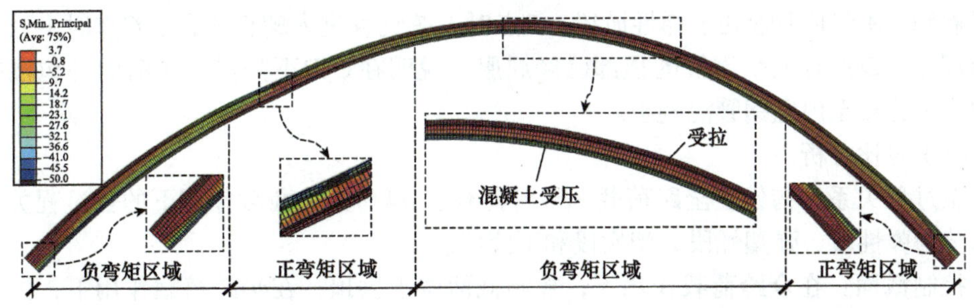

图16.39　外包混凝土应力整体分布（1/4跨集中荷载，应力单位：MPa）

图16.40所示为构件1/4跨截面外包混凝土在各个特征点处的沿拱轴线方向应力分布情况。可以看到，A点时外包混凝土处于弹性阶段；B点时外包混凝土的顶部进入塑性阶段；C点时外包混凝土顶部开始压溃并退出工作；D点时外包混凝土压溃区域不断扩大，除顶部以外的区域尚未压溃。构件1/4跨截面在受力全过程中始终处于受压状态，说明该截面为小偏心受压。

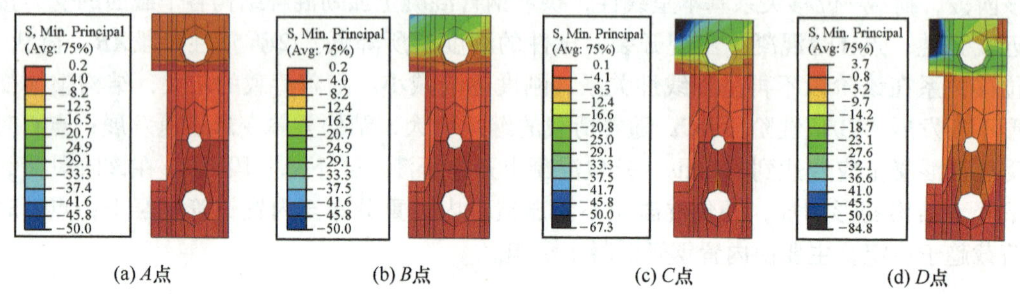

(a) A点　(b) B点　(c) C点　(d) D点

图16.40　外包混凝土沿轴线方向应力分布（1/4跨截面，应力单位：MPa）

图16.41所示为构件1/4跨截面钢管内混凝土在各个特征点处的沿拱轴线方向应力分布情况。可以看到，在C点前钢管内混凝土的应力不超过60MPa；D点时钢管内混凝土的应力已经达到100MPa，说明在C-D下降段，钢管内混凝土承担的内力迅速提高。

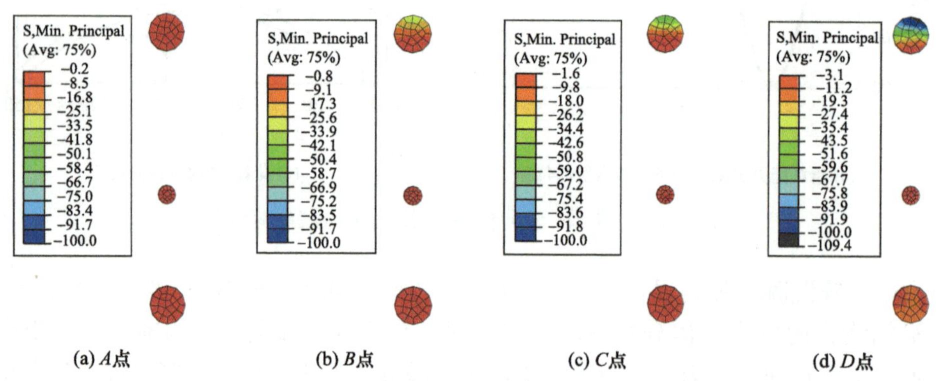

(a) A点　(b) B点　(c) C点　(d) D点

图16.41　钢管内混凝土沿轴线方向应力分布（1/4跨截面，应力单位：MPa）

图16.42所示为构件1/4跨截面钢管在各个特征点处的沿拱轴线方向应力分布情况。可以看到，A点时钢管处于弹性阶段；B点时上弦钢管进入塑性阶段；C点时上弦钢管接近屈服；D点时上弦钢管的顶部已经屈服。说明在C-D下降段，压溃的外包混凝土的内力重分布至内置钢管混凝土。

（4）对比分析

全过程关系：构件在全跨荷载、半跨荷载、1/4跨集中荷载作用下的全过程关系均可以分为弹性段、弹塑性段、塑性段和下降段。

控制截面：在全跨荷载作用下，控制截面位于拱顶；在半跨荷载作用下，控制截面位于拱脚；在1/4跨集中荷载作用下，控制截面位于1/4跨。

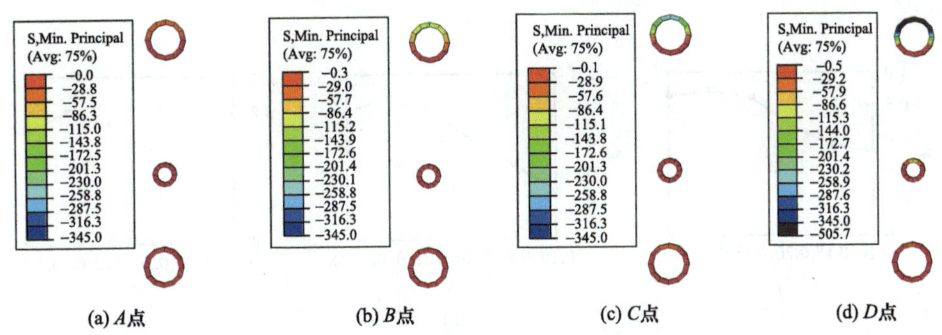

图 16.42　钢管沿轴线方向应力分布（1/4 跨截面，应力单位：MPa）

力学性能：在全跨荷载作用下，构件各个截面能较为充分地发挥压弯性能，极限承载力较高，为179kN，位移主要沿拱轴线方向，竖向位移较小；在半跨荷载作用下，构件的部分截面发挥了压弯性能，极限承载力为86kN；在1/4跨集中荷载作用下，构件的1/4跨截面产生压弯破坏，极限承载力为38kN。

16.4　承载力实用计算方法

16.4.1　影响参数分析

本小节开展了参数分析，采用拱形钢管混凝土加劲混合结构作为拱肋的实际工程进行了统计，并结合相关规范的规定，确定了参数范围如下。①矢跨比：0.1～0.35。②拱轴系数m：1.1～3.1。③长细比：40～120。

图16.43给出了矢跨比f/L对稳定系数φ的影响关系曲线。可以看到，当拱轴系数m

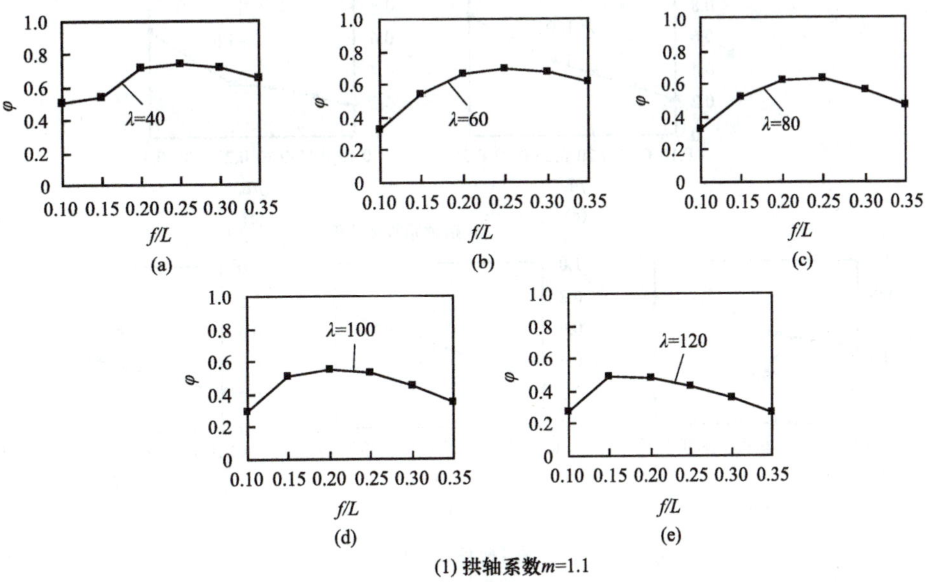

图 16.43　矢跨比对稳定系数φ的影响关系曲线

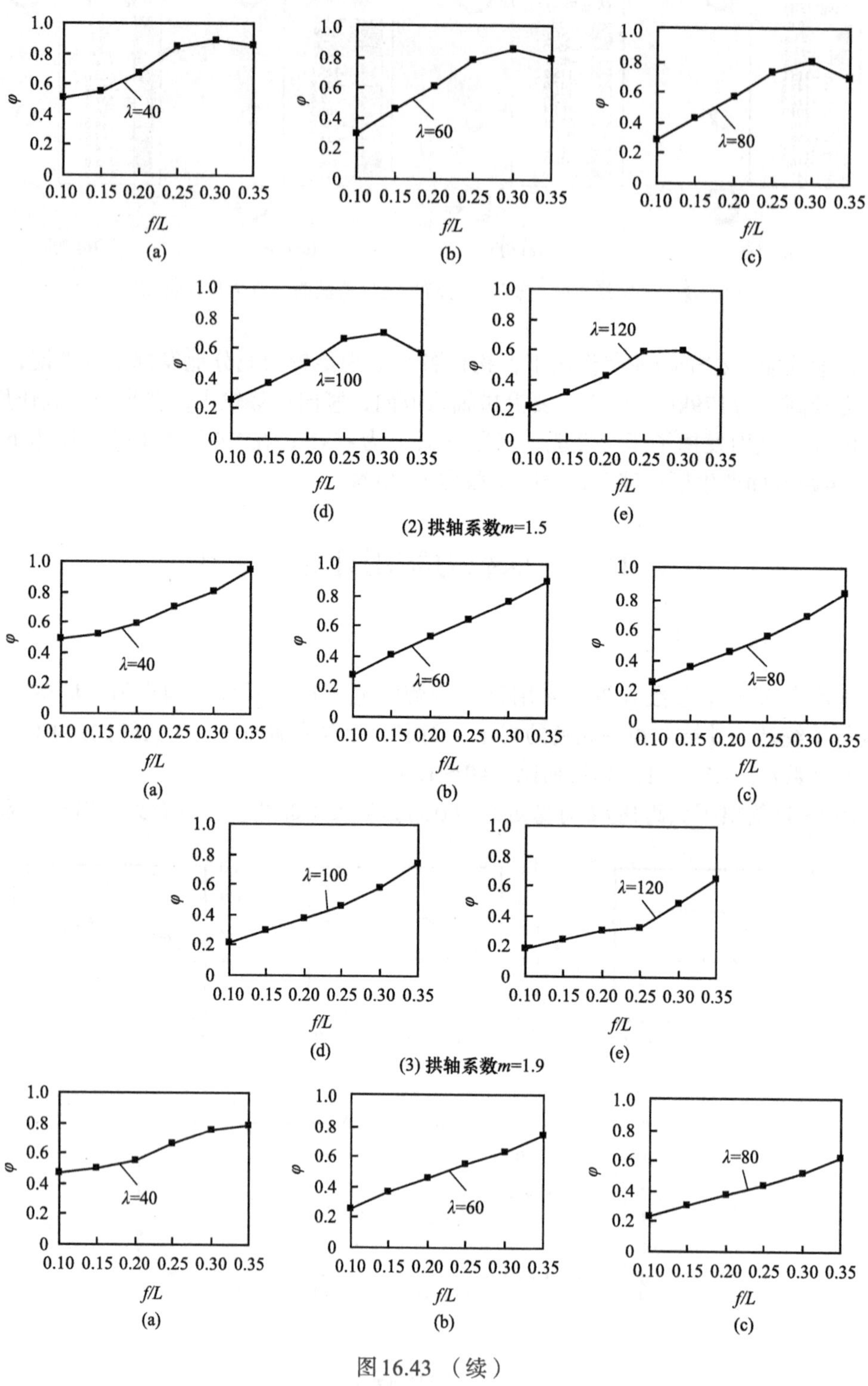
φ
f/L
λ=40
(a)
λ=60
(b)
λ=80
(c)
λ=100
(d)
λ=120
(e)
(2) 拱轴系数m=1.5
λ=40
(a)
λ=60
(b)
λ=80
(c)
λ=100
(d)
λ=120
(e)
(3) 拱轴系数m=1.9
λ=40
(a)
λ=60
(b)
λ=80
(c)

图16.43 （续）

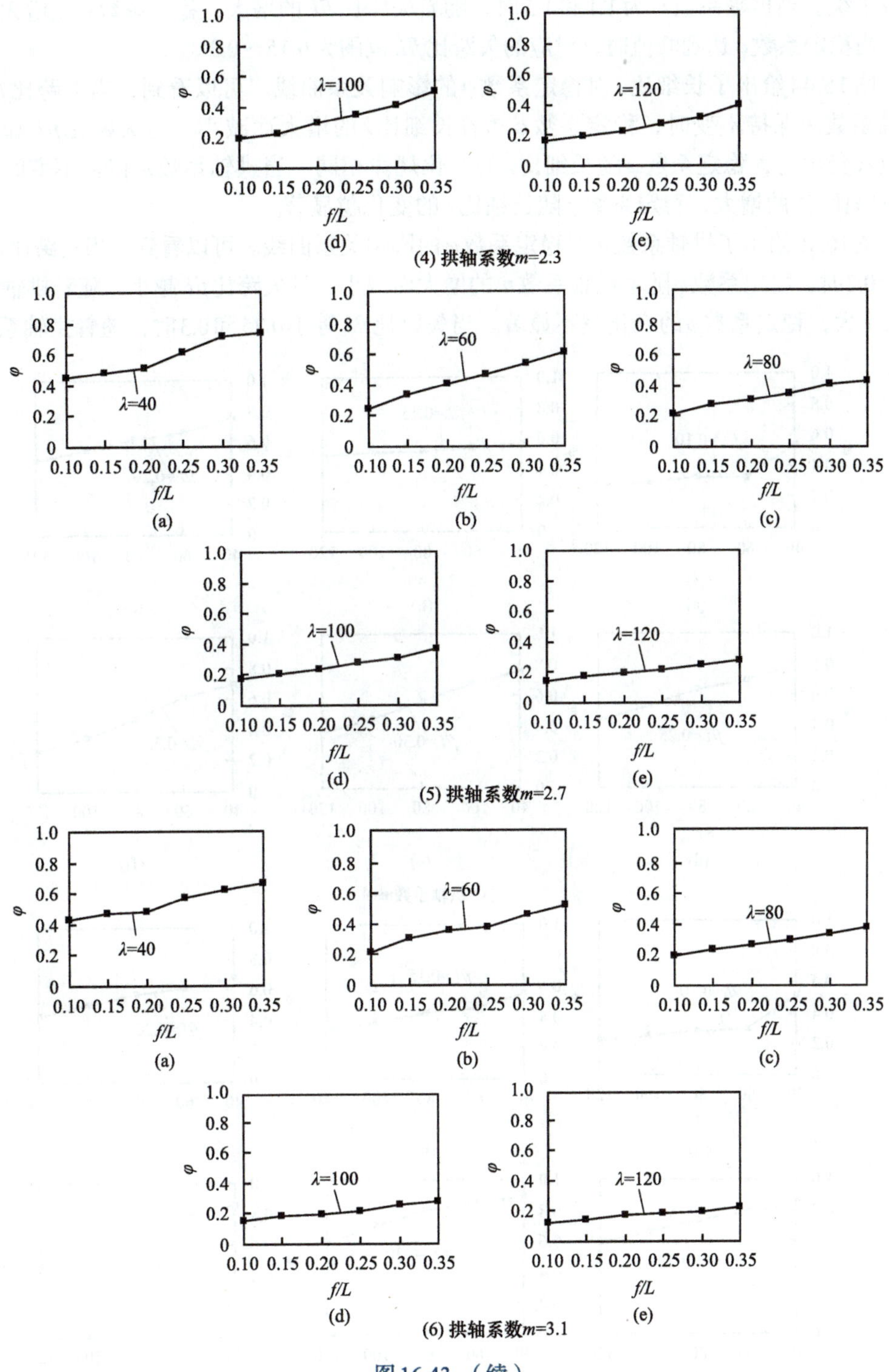

图 16.43 （续）

不小于1.9时，稳定系数φ随着矢跨比f/L的增大而增大，且长细比λ较小时，稳定系数φ对于矢跨比f/L的变化比较敏感，而长细比λ较大时，稳定系数φ随矢跨比f/L的变化相对比较平缓。当拱轴系数m为1.1和1.5时，随着矢跨比f/L的增大，稳定系数φ先增大后减小，当稳定系数φ达到峰值时，对应的矢跨比f/L范围为0.15～0.3。

图16.44给出了长细比λ对稳定系数φ的影响关系曲线。可以看到，当矢跨比f/L和拱轴系数m保持不变时，稳定系数φ随着长细比λ的增大而减小。当矢跨比f/L和拱轴系数m变化时，稳定系数φ随长细比λ的变化规律相同。当拱轴系数m保持不变时，随着矢跨比f/L的增大，稳定系数φ随长细比λ的变化越显著。

图16.45给出了拱轴系数m对稳定系数φ的影响关系曲线。可以看到，当矢跨比f/L不大于0.2时，稳定系数φ随着拱轴系数m的增大而减小，且矢跨比f/L越小，随着拱轴系数m的增大，稳定系数φ的变化越不显著。当矢跨比f/L等于0.25和0.3时，随着拱轴系数m

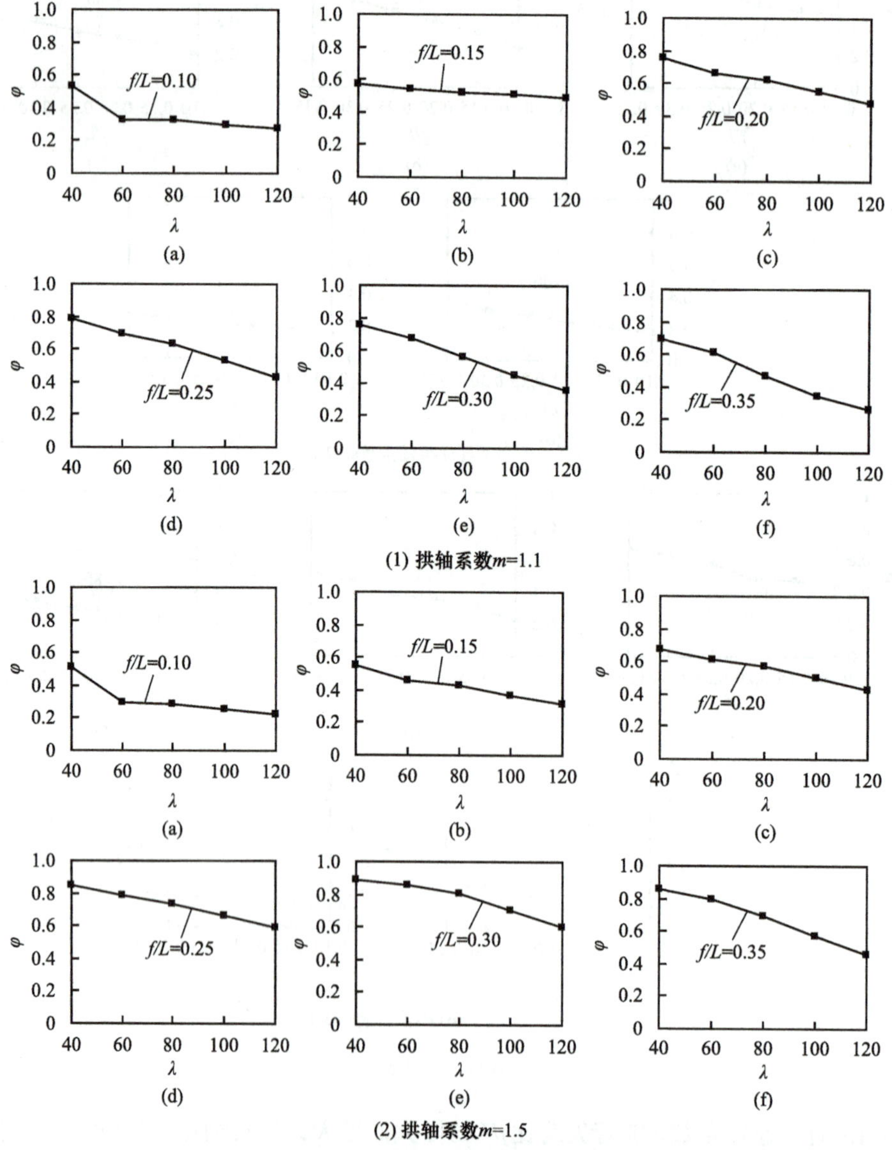

图16.44　长细比对稳定系数的影响关系曲线

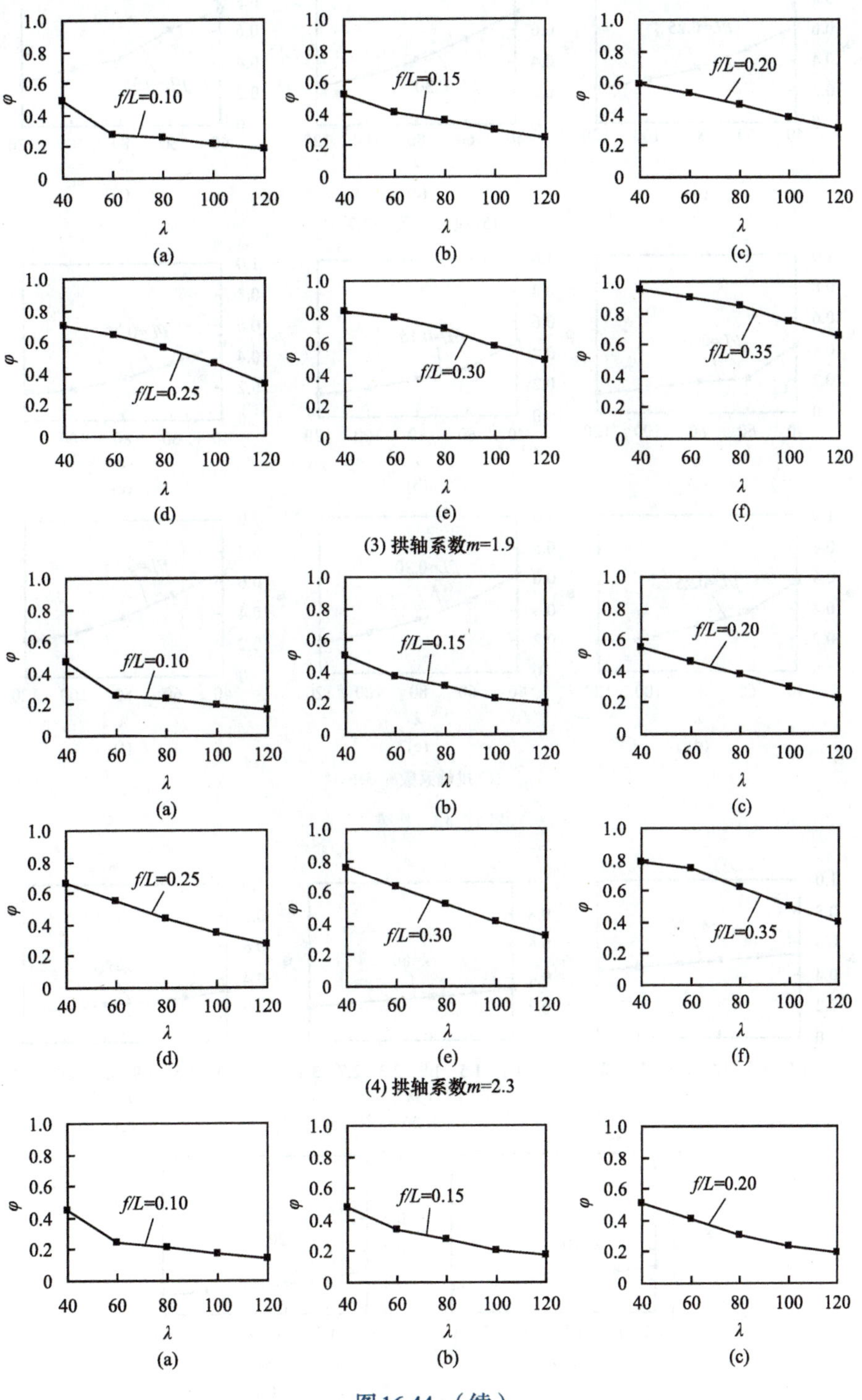
f/L=0.10
f/L=0.15
f/L=0.20
f/L=0.25
f/L=0.30
f/L=0.35
φ
λ
(a)
(b)
(c)
(d)
(e)
(f)
(3) 拱轴系数m=1.9
(4) 拱轴系数m=2.3

图 16.44 （续）

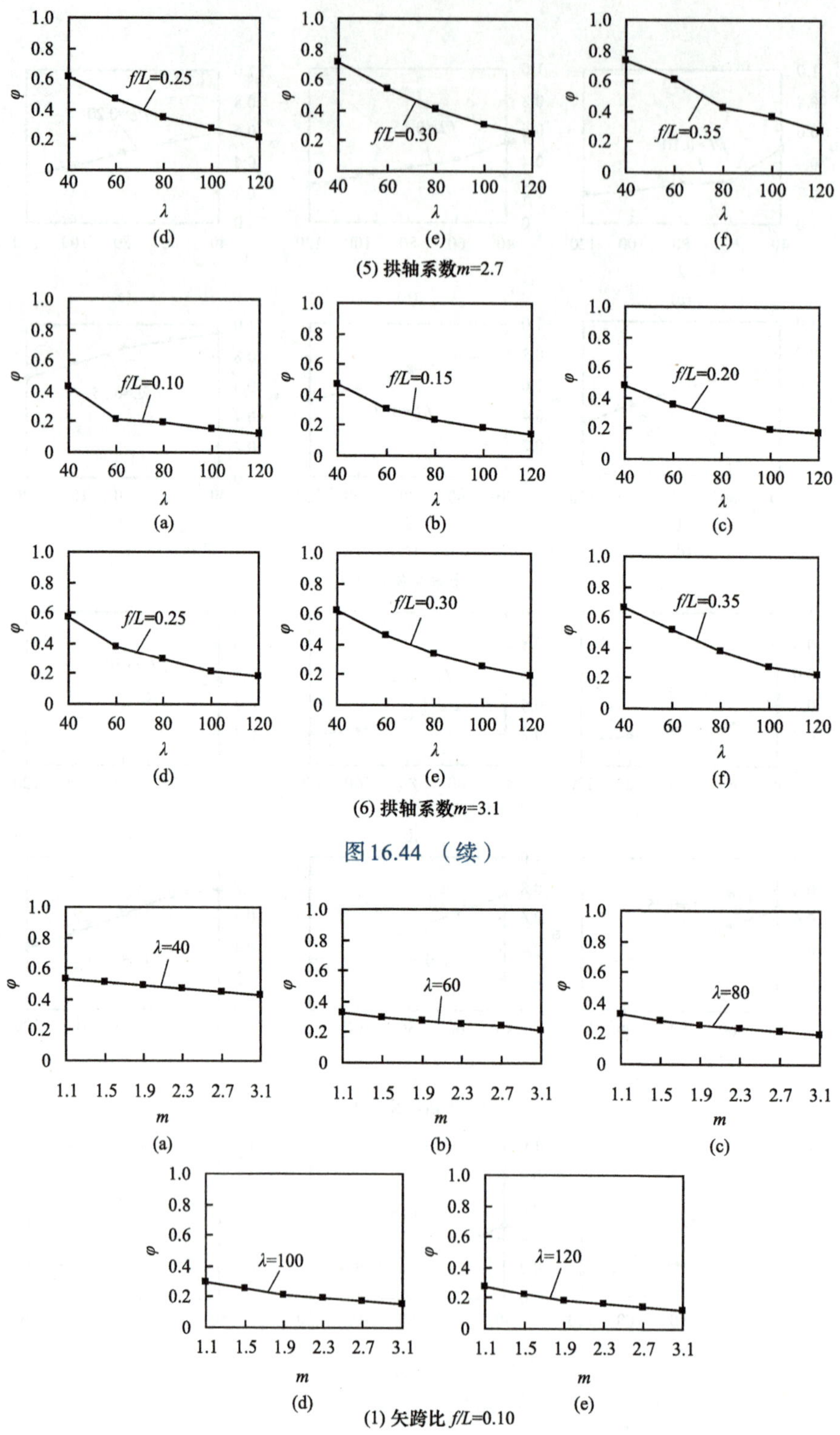

图 16.44 （续）

图 16.45 拱轴系数对稳定系数的影响关系曲线

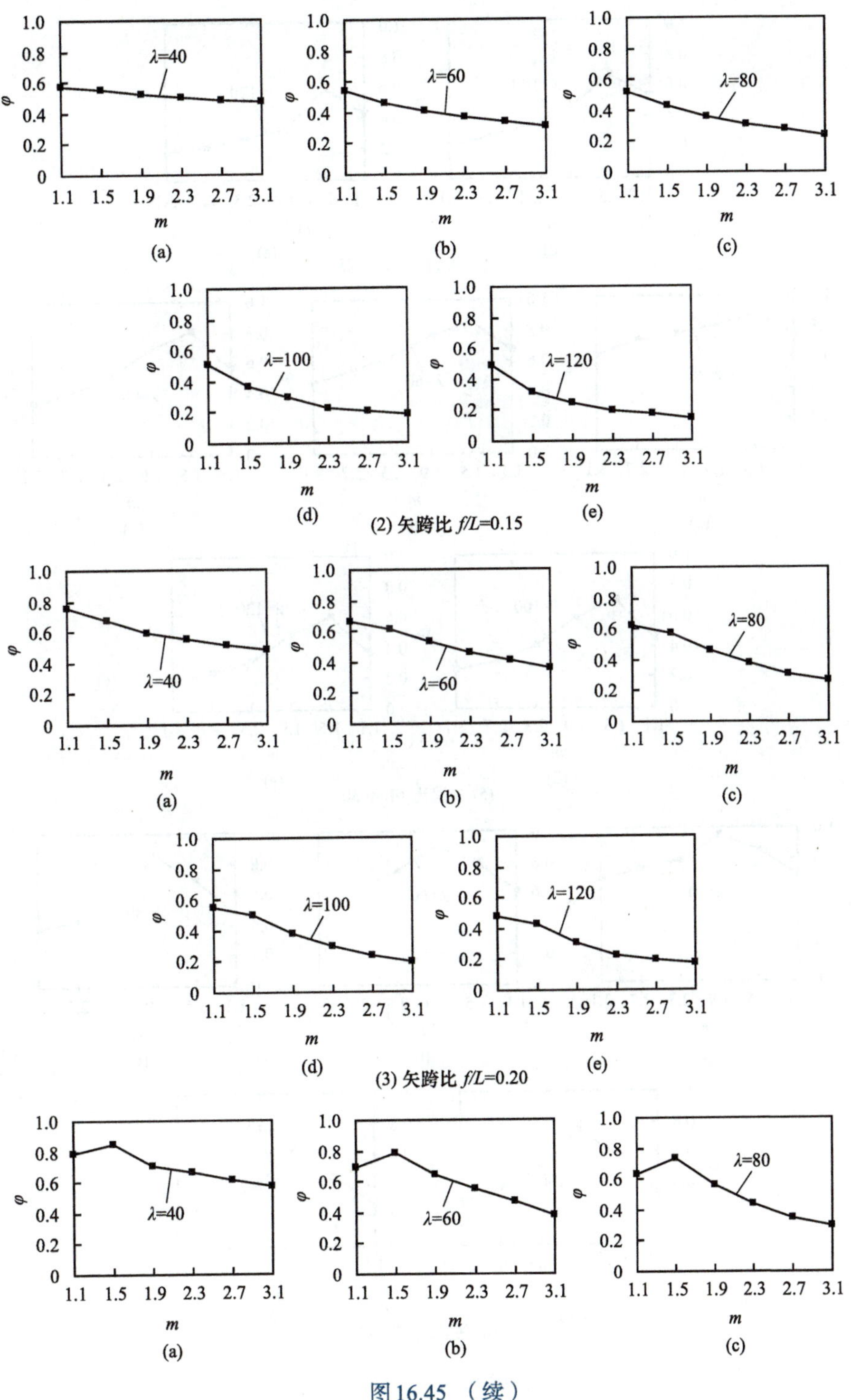

φ
m
λ=40
(a)
λ=60
(b)
λ=80
(c)
λ=100
(d)
λ=120
(e)
(2) 矢跨比 f/L=0.15
λ=40
(a)
λ=60
(b)
λ=80
(c)
λ=100
(d)
λ=120
(e)
(3) 矢跨比 f/L=0.20
λ=40
(a)
λ=60
(b)
λ=80
(c)

图 16.45 （续）

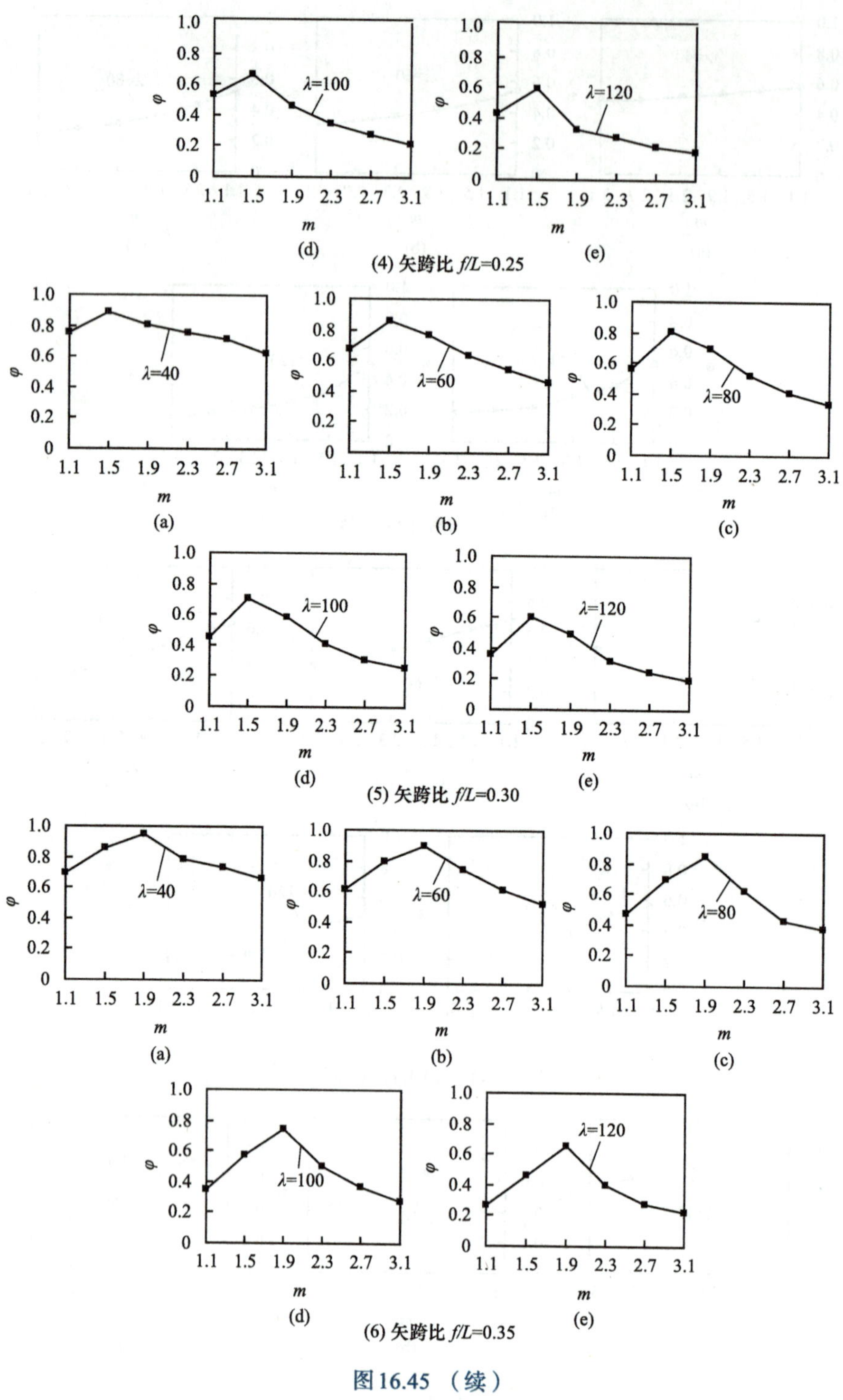

λ=100
λ=120
(d)
(e)
(4) 矢跨比 f/L=0.25
λ=40
λ=60
λ=80
(a)
(b)
(c)
λ=100
λ=120
(d)
(e)
(5) 矢跨比 f/L=0.30
λ=40
λ=60
λ=80
(a)
(b)
(c)
λ=100
λ=120
(d)
(e)
(6) 矢跨比 f/L=0.35
φ
m
0
0.2
0.4
0.6
0.8
1.0
1.1
1.5
1.9
2.3
2.7
3.1

图 16.45 （续）

的增大，稳定系数φ先增大后减小，拱轴系数m为1.5时稳定系数φ最大。当矢跨比f/L等于0.35时，随着拱轴系数m的增大，稳定系数φ先增大后减小，拱轴系数m为1.9时稳定系数φ最大。

根据以上参数分析的结果，得到稳定系数φ的取值如表16.3所示。表内中间值可采用线性插值法计算。可以看到，在其他条件相同时，当长细比λ越小时，稳定系数φ的取值越大。当矢跨比f/L的范围为0.2～0.3，拱轴系数m的范围为1.5～1.9时，稳定系数φ的取值相对较大。

通过参数分析，得到表16.3的适用范围如下：D/B范围为0.15～0.25，约束效应系数ξ范围为0.6～4.0，含钢率α_s范围为0.05～0.20，钢材强度范围为235～420MPa，混凝土强度等级为C30～C100。

表16.3 拱形钢管混凝土加劲混合结构稳定系数φ的取值

拱轴系数m	长细比λ	矢跨比f/L					
		0.100	0.150	0.200	0.250	0.300	0.350
1.1	40	0.535	0.576	0.760	0.789	0.758	0.690
	60	0.325	0.538	0.667	0.696	0.671	0.609
	80	0.322	0.524	0.625	0.630	0.562	0.470
	100	0.300	0.506	0.554	0.526	0.444	0.352
	120	0.277	0.492	0.477	0.430	0.353	0.265
1.5	40	0.515	0.549	0.673	0.848	0.883	0.857
	60	0.296	0.456	0.609	0.782	0.860	0.800
	80	0.283	0.424	0.570	0.739	0.804	0.694
	100	0.254	0.372	0.500	0.664	0.705	0.573
	120	0.222	0.320	0.433	0.593	0.607	0.461
1.9	40	0.492	0.522	0.595	0.707	0.805	0.952
	60	0.275	0.408	0.530	0.642	0.762	0.901
	80	0.253	0.360	0.459	0.560	0.690	0.849
	100	0.218	0.297	0.376	0.463	0.584	0.750
	120	0.186	0.247	0.307	0.327	0.488	0.652
2.3	40	0.466	0.500	0.556	0.665	0.757	0.784
	60	0.259	0.370	0.459	0.552	0.634	0.743
	80	0.231	0.310	0.374	0.438	0.519	0.623
	100	0.193	0.221	0.292	0.343	0.410	0.502
	120	0.160	0.198	0.228	0.272	0.317	0.394
2.7	40	0.447	0.483	0.515	0.612	0.718	0.731
	60	0.245	0.337	0.407	0.471	0.540	0.610
	80	0.211	0.271	0.311	0.351	0.404	0.424
	100	0.171	0.208	0.238	0.273	0.309	0.364
	120	0.141	0.169	0.190	0.212	0.244	0.280

续表

拱轴系数m	长细比λ	矢跨比f/L					
		0.100	0.150	0.200	0.250	0.300	0.350
3.1	40	0.428	0.467	0.482	0.573	0.619	0.666
	60	0.214	0.306	0.360	0.379	0.458	0.519
	80	0.194	0.235	0.266	0.293	0.332	0.375
	100	0.155	0.183	0.193	0.214	0.254	0.274
	120	0.126	0.146	0.169	0.181	0.198	0.226

16.4.2 承载力计算方法

目前的设计理论大多数均采用等效梁柱法，等效梁柱法使用拱的弹性经典屈曲理论中的等效柱概念，将拱等效为一根两端受轴力和弯矩作用的梁柱，如图16.46所示，通过对梁柱的稳定极限承载力的验算来实现对拱的承载力验算。

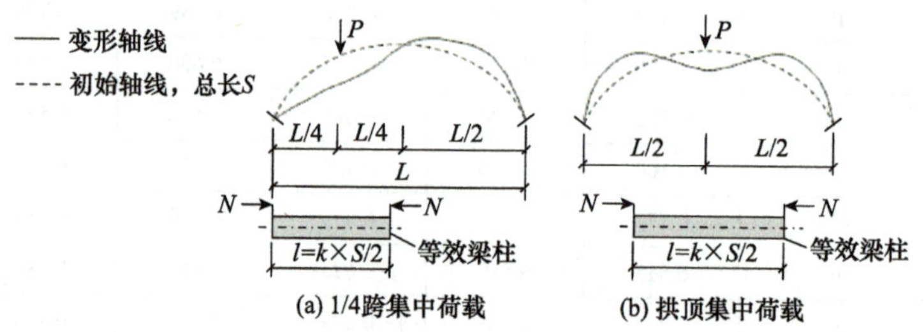

图16.46 拱等效长度计算

但传统的等效梁柱法存在如下问题：①方法未考虑结构屈曲前变形的影响，即未考虑二阶效应；②忽略了弯矩沿拱轴线分布不均匀的特点，以最不利截面的内力作为控制，设计时过于保守、浪费材料；③忽略了拱结构的部分特点，如矢跨比、拱轴系数等；④当拱为变截面拱时，等效梁柱的截面选取不够明确。

基于试验研究和有限元分析结果，得到拱形钢管混凝土加劲混合结构的极限承载力计算方法如下。

1）确定荷载的形式、分布等，在初始荷载作用下，对给定的拱形结构进行一阶弹性分析计算，计算方法包括手算、使用计算软件等。

2）分析拱形结构各个截面承担的轴力N和弯矩M，选择最不利截面（如正/负弯矩最大、轴力最大/小等）作为控制截面，进行极限承载力验算。

3）利用等效梁柱法逐一验算每个控制截面的极限承载力，等效梁柱的截面与该控制截面相同，即依次判断每个控制截面是否满足式（16.1）和式（16.2）。

$$N \leqslant \varphi N_u \tag{16.1}$$

$$\eta M \leqslant M_u \tag{16.2}$$

式中，N_u与M_u为等效梁柱的极限承载力；φ为稳定系数，按照表16.3取值；η为弯矩增大系数，对于钢筋混凝土压弯柱，根据《混凝土结构设计标准（2024年版）》（GB

50010—2010），弯矩增大系数η按式（16.3）计算。

$$\eta=1+\frac{1}{1300e/h_0}\left(\frac{l_0}{h}\right)^2\zeta_c \tag{16.3}$$

式中，h和h_0分别为沿弯矩作用方向截面高度和截面有效高度，即纵向受拉钢筋合力点至受压边缘的距离；e为偏心距；ζ_c为曲率调整系数，$\zeta_c \leqslant 1$，按式（16.4）计算。

$$\zeta_c=\frac{0.5f_{ck}A}{N_u}\leqslant 1 \tag{16.4}$$

对于钢管混凝土加劲混合结构，曲率修正系数应当考虑内外混凝土强度不同的影响，GB/T 51446—2021 建议按照式（16.5）计算。

$$\zeta_c=\frac{0.5(f_{c,out}A_{out}+f_{c,core}A_{core})}{N_u}+\frac{6.7e_i}{l_0}+0.1 \tag{16.5}$$

4）当所有控制截面均满足式（16.1）和式（16.2）时，验算通过，进一步增大荷载，否则减小荷载，返回1）。

5）循环1）～4），利用二分法的思想逐步逼近极限承载力。

综上所述，拱形钢管混凝土加劲混合结构在面内荷载作用下的极限承载力按照1）～5）进行计算，计算流程图如图16.47所示。

为了验证以上所述拱形钢管混凝土加劲混合结构极限承载力计算方法的合理性和准确性，利用本章开展的试验研究和有限元分析结果进行验证。由于目前关于拱形钢管混凝土加劲混合结构的力学性能研究较为罕见，为了进一步验证该极限承载力计算的有效性，使用整理的钢结构拱、钢管桁架拱、钢管混凝土拱、钢管混凝土桁架拱和钢筋混凝土拱的试验结果进行验证，如表16.4所示。可以看到，该承载力计算方法的预测效果总体上较为准确，且偏安全。使用该方法得到的钢结构拱计算承载力P_{uc}略大于实测承载力P_u，分析原因在于钢结构拱容易发生失稳，较易出现整体失稳或者局部屈曲的破坏形态，使得整体结构提前失效。因此，使用以上介绍的承载力计算方法会高估钢结构拱的极限承载力。对于其他形式的拱形结构，使用该计算方法的结果较为准确，且偏安全。

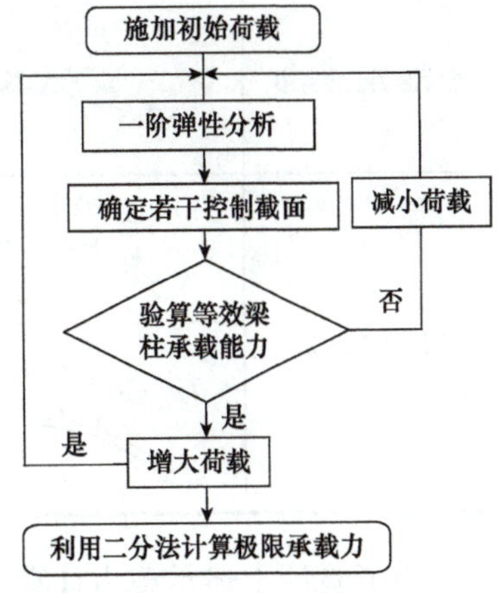

图16.47　极限承载力计算流程

表16.4　计算结果汇总

结构类型	结构简图	实测承载力 P_u/kN	计算承载力 P_{uc}/kN	P_{uc}/P_u	数据来源
拱形钢管混凝土加劲混合结构	2P P P P P P 2P	92	84	0.913	陈锦阳，2020
		141	131	0.929	

续表

结构类型	结构简图	实测承载力 P_u/kN	计算承载力 P_{uc}/kN	P_{uc}/P_u	数据来源
钢结构拱	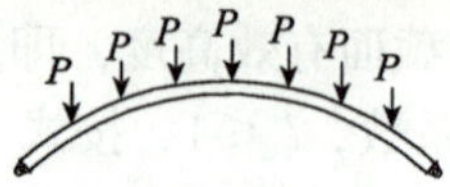	146	158	1.082	林冰，2007
	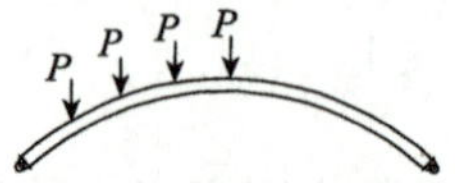	109	120	1.101	林冰，2007
钢管桁架拱	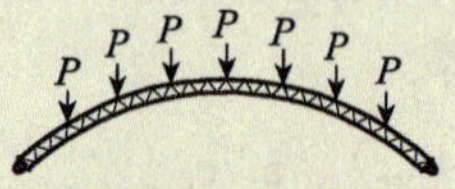	59	56	0.957	郭宇飞，2008
	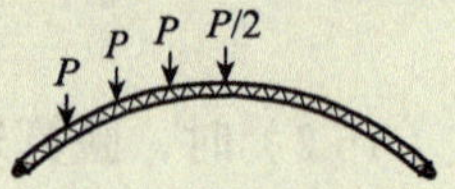	43	42	0.977	郭宇飞，2008
钢管混凝土拱	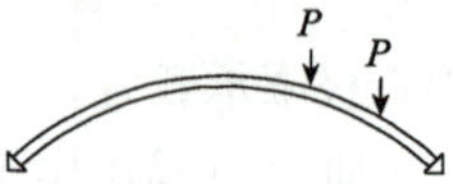	33	31	0.939	陈宝春等，2006
	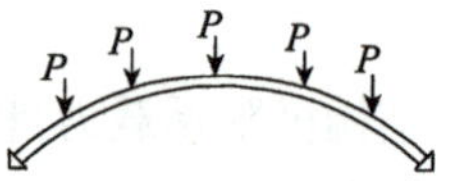	121	113	0.934	陈宝春，韦建刚，2007
钢管混凝土桁架拱	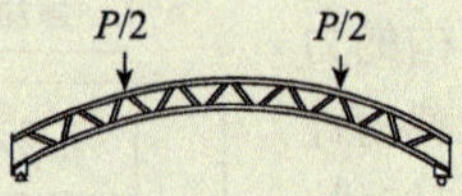	524	481	0.918	Xu等，2014
		503	473	0.940	
		310	288	0.929	
钢筋混凝土拱	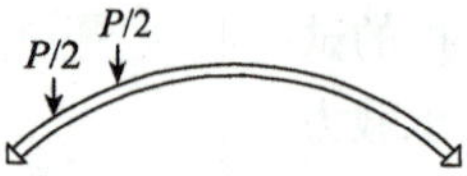	64	57	0.891	李俊，2012
	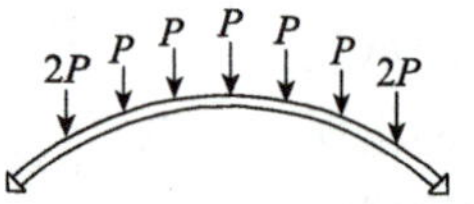	77	69	0.896	陈锦阳，2020

为了验证上述承载力计算方法对于实际桥梁工程的实用性，本章使用官盛渠江大桥实际工程，对提出的计算方法和现有设计方法进行分析。图16.48所示为官盛渠江大桥主拱肋的受力全过程分析曲线，点A对应为施工阶段结束时的状态，点B代表正常使用极限状态，点C为主拱肋达到极限承载力N_u时的状态。可以看到，官盛渠江大桥主拱肋在点A时的承载力为$0.23N_u$，在点B时的承载力为$0.42N_u$。图16.48中标注出了本章计算方法和现有设计方法在受力全过程分析曲线的对应点位置，可以看到，两者分别为$0.89N_u$和$0.85N_u$，结果较为接近。因此，本章提出的计算方法与现有设计方法的结果接近，且有所简化，便于实际工程使用。

在正常使用设计中，根据《公路钢管混凝土拱桥设计规范》（JTG/T D65-06—2015）

规定，对于正常使用极限状态，主拱挠度限值为$l/1000$（l为构件的计算跨度）。根据上述规定，达到正常使用极限状态时，官盛渠江大桥主拱肋的荷载为$0.45N_u$，与点B十分接近。因此，可以将点B视为该桥梁工程拱肋的正常使用极限状态。本文提出的承载力计算方法可以满足现行规范的相关要求。

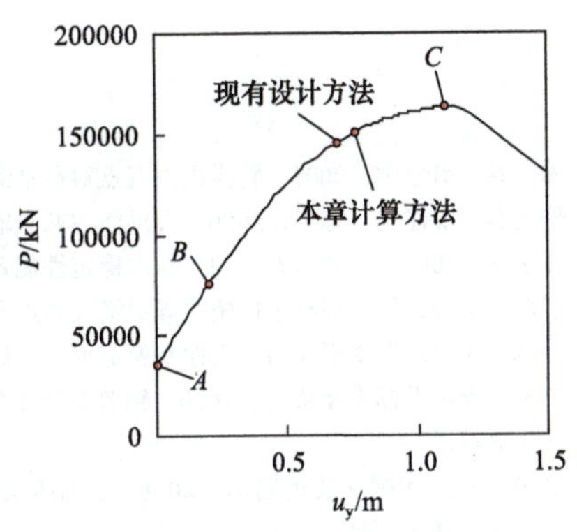

图 16.48　实桥主拱肋的荷载-位移关系

16.4.3　设计建议及构造措施

根据本章的试验研究和理论分析，结合已有钢管混凝土加劲混合结构工程应用实例，以及钢管混凝土和钢筋混凝土的相关构造建议，本章提出钢管混凝土加劲混合结构相关设计建议及构造措施如下。

（1）钢管混凝土加劲混合结构各组成部分之间匹配关系

D/B是钢管混凝土加劲混合结构中关键特征参数之一。根据实际工程调研，D/B范围为0.1～0.17，原因是在施工时内置钢管混凝土作为劲性骨架实现外围钢筋混凝土的施工，内置钢管混凝土直径相对较小。该部件放置角部，且受到箱形空心截面空间限制，直径也不能过大。因此，本章建议D/B范围为0.15～0.25。

钢管内混凝土强度等级建议为C50～C100，且不应低于钢管外包混凝土强度等级；钢管外包混凝土强度等级不应低于C30；采用强度等级400MPa及以上的钢筋时，钢管外包混凝土强度等级不应低于C35。

（2）内置钢管混凝土

内置钢管混凝土部分的含钢率α_s（A_s/A_{core}）宜控制在0.05～0.20；钢管强度宜控制在235～420MPa，钢管壁厚不宜小于4mm；为了保证钢管对核心混凝土的约束作用，约束效应系数ξ不应小于0.6且不应大于4.0。

（3）外围钢筋混凝土

角部区域形成封闭箍筋；翼墙区域对称布置双层横向和纵向钢筋；钢筋宜采用HRB400、HRB500、HRBF400、HRBF500级钢筋，也可采用HPB300级钢筋；双层钢筋之间应设置拉筋，每一根纵筋和箍筋应由拉筋钩住，间距不超过600mm。

16.5　本 章 小 结

本章进行了拱形钢管混凝土加劲混合结构试件在竖向集中荷载作用下的试验研究，建立了考虑初始几何缺陷的有限元模型。通过有限元计算模型，开展了拱形钢管混凝土加劲混合结构的力学性能和工作机理研究，分析了该结构在全跨荷载、半跨荷载、1/4跨集中荷载作用下的破坏形态、应力应变发展规律、内力分配等。对影响拱形钢管混凝土加劲混合结构力学性能的参数进行了分析，包括矢跨比f/L、拱轴系数m、长细比λ等，提出了稳定系数的计算方法。基于等效梁柱法，并结合截面设计方法，提出了考虑几何、材料非线性影响的承载力实用计算方法。

参 考 文 献

陈宝春，韦建刚，2007．管拱面内五点对称加载试验及其承载力简化算法研究［J］．工程力学，6：81-86．

陈宝春，韦建刚，林英，2006．管拱面内两点非对称加载试验研究［J］．土木工程学报，1：48-54．

郭宇飞，2008．钢管桁架拱的平面内稳定性能及设计方法研究［D］．北京：清华大学．

李俊，2012．钢筋混凝土拱桥的弯矩增大系数研究［D］．成都：西南交通大学．

林冰，2007．钢拱平面内稳定性及稳定承载力设计方法研究［D］．北京：清华大学．

中国工程建设标准化协会，2020．钢管混凝土加劲混合结构技术规程：T/CECS 663—2020［S］．北京：中国建筑工业出版社．

中华人民共和国交通运输部，2018．公路钢筋混凝土及预应力混凝土桥涵设计规范：JTG 3362—2018［S］．北京：人民交通出版社．

中华人民共和国交通运输部，2015．公路钢管混凝土拱桥设计规范：JTG/T D65—06—2015［S］．北京：人民交通出版社．

中华人民共和国住房和城乡建设部，2015．混凝土结构设计标准（2024年版）：GB/T 50010—2010［S］．北京：中国建筑工业出版社．

XU W, HAN L H, TAO Z, 2014. Flexural behavior of curved concrete filled steel tubular trusses [J]. Journal of Constructional Steel Research, 93: 119-134.

第 17 章　钢管混凝土柱–基础连接节点

17.1　引　　言

作为上部结构与基础连接的关键构造，柱脚将底层柱的轴力、剪力和弯矩传递至基础，是保证结构承载力及刚度的关键。常用钢管混凝土柱脚构造如图 17.1 所示，包括外露式、埋入式及外包式三类。

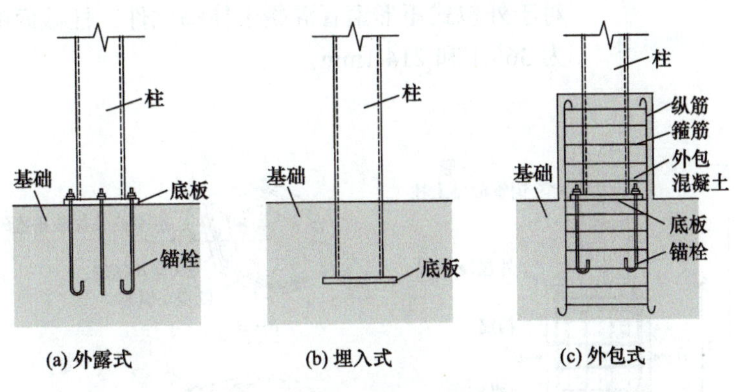

图 17.1　柱脚构造形式

外包式柱脚是一种在外露式柱脚的基础上包覆一定高度的钢筋混凝土形成的柱脚形式。其中，上部荷载由外露式柱脚及外包钢筋混凝土（下文简称外包段）共同承担，具有承载力和刚度大等特点，满足刚接柱脚要求。外包式柱脚施工时，先在基础预埋锚栓及外包段钢筋，基础施工后再进行钢结构安装和外包钢筋混凝土施工。外包式柱脚由钢管混凝土柱、底板–锚栓、外包段、基础等部分组成，通过外露式柱脚–外包段界面相互作用，由外露式柱脚和外包段共同向基础传递荷载。

本章论述采用外包式钢管混凝土柱–基础连接节点的抗震性能及设计方法（徐悟，2016；杨志程，2022；Xu et al.，2016；Han et al.，2018；Yang et al.，2023a，2023b）。

17.2　试 验 研 究

本节开展了 24 个外包式六边形钢管混凝土柱脚在恒定轴压力和反复水平荷载作用下的抗震性能试验。试验参数包括：外包段高度、加载角度、柱轴压比、钢管–外包段界面是否布置栓钉、柱脚构造形式、钢管混凝土柱截面形式和柱截面尺寸。基于试验结果，分析了外包式柱脚的破坏形态，研究了其荷载–位移关系、应变分布、变形规律、强度及刚度退化及耗能性能。本节拟介绍相关内容。

17.2.1 试验概况

以外包式六边形钢管混凝土柱脚为研究对象，结合结构受力特点，选取图 17.2 所示底层柱反弯点以下柱脚子结构为对象，研究柱脚在恒定轴压荷载（N_0）及反复水平荷载（P）作用下的抗震性能。

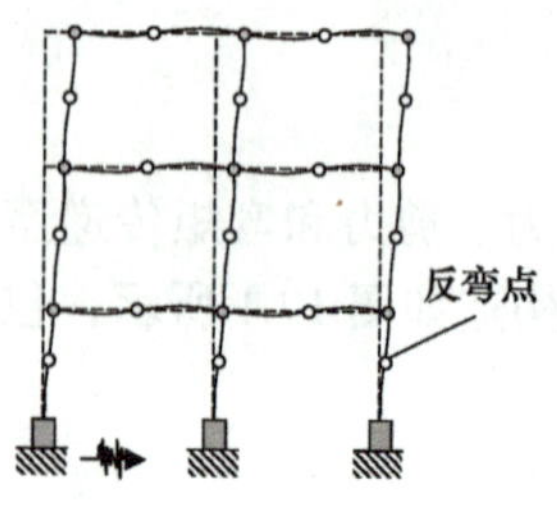

图 17.2 外包式柱脚模型

柱脚试件的构造如图 17.3 所示。其中，钢管混凝土柱通过底板－锚栓（外露式柱脚）及外包段与基础相连。图 17.3 中，L 为柱的反弯点高度；w_p 为底板的外伸宽度；H 和 w_r 分别为外包段的高度和厚度；θ 为水平荷载加载角度。

试验共计 12 组试件，每组试件制作 2 个。试件参数如表 17.1 所示。其中，B 和 t 分别为六边形钢管的边长和厚度。对于外包式矩形钢管混凝土柱脚试件，柱截面的长和宽分别为 365.1 和 214.1mm。

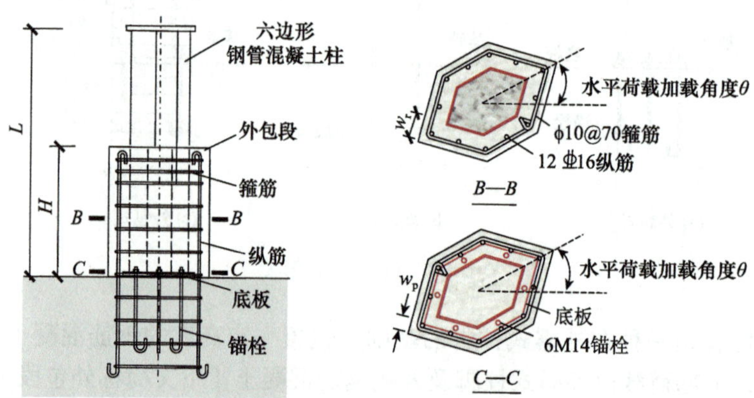

(a) 外包式六边形钢管混凝土柱脚构造

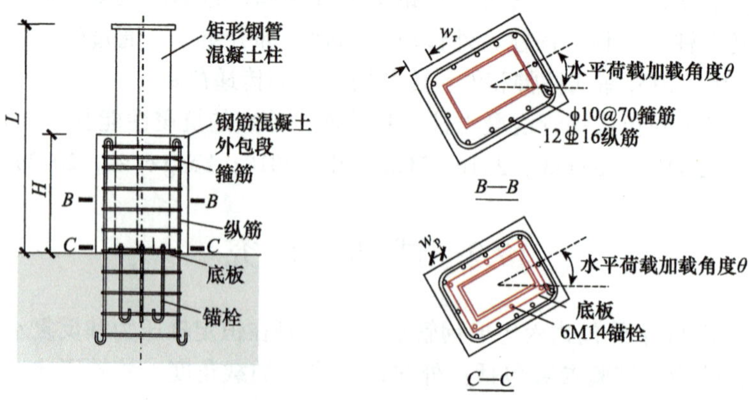

(b) 外包式矩形钢管混凝土柱脚构造示意

图 17.3 外包式柱脚模型选取及构造

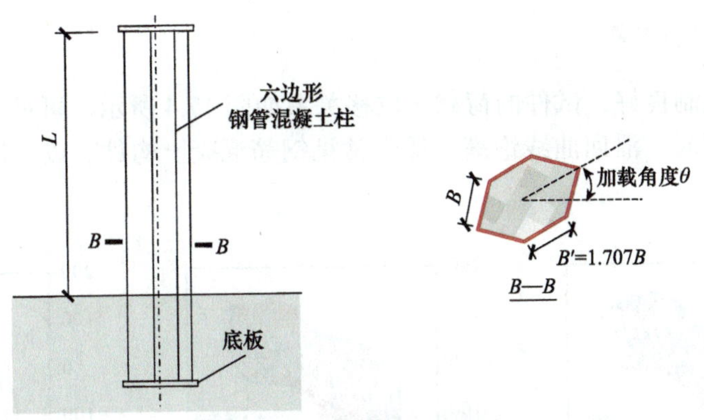

(c) 埋入式六边形钢管混凝土柱脚构造

图 17.3 （续）

表 17.1　试件信息

编号	试件名称	柱截面形式	B /mm	t/mm	L/mm	N_0/kN	n	θ/(°)	H/mm	构造形式
1	CBS-3-0.3	六边形	100	3.95	900	500	0.28	0	510	外包式
2	CBS-2-0.3	六边形	100	3.95	900	500	0.28	0	340	外包式
3	CBS-3s-0.3	六边形	100	3.95	900	500	0.28	0	510	外包式
4	CBS-3-0.6	六边形	100	3.95	900	1000	0.56	0	510	外包式
5	CBL-3-0.3	六边形	180	7.50	1550	1500	0.26	0	900	外包式
6	CBL-2-0.3	六边形	180	7.50	1550	1500	0.26	0	600	外包式
7	CH2-30-0.26	六边形	180	8.02	1550	1500	0.26	30	600	外包式
8	CH3-30-0.26	六边形	180	8.02	1550	1500	0.26	30	900	外包式
9	CR3-30-0.26	矩形	365.4 214.1	8.02	1550	1500	0.26	30	900	外包式
10	CH3-30-0.52	六边形	180	8.02	1550	3000	0.52	30	900	外包式
11	CH3-45-0.26	六边形	180	8.02	1550	1500	0.26	45	900	外包式
12	BH30-0.26	六边形	180	8.02	1550	1500	0.26	30	—	埋入式

对于试件加载，水平荷载由 100t 高精度拉压千斤顶施加，轴力荷载由 500t 千斤顶施加。加载时，先施加竖向荷载再施加横向荷载，横向荷载的施加参考《建筑抗震试验规程》(JGJ/T 101—2015)，采用荷载－变形双控制度进行加载，在试件屈服前采用荷载控制加载。荷载控制阶段，每级荷载反复一周；位移控制阶段，每级荷载循环三次。正式加载前，按照 0.1 轴压比进行轴压预加载。根据柱身对称位置应变数据，调整轴压千斤顶位置，保证轴压加载对中。

17.2.2 试验结果及分析

试验过程控制良好，试件的荷载－位移关系如图 17.4 所示。可见，试件均体现了较好的延性，同时，滞回曲线饱满，优于常见钢筋混凝土构件。以下通过试件，介绍各组试验现象。

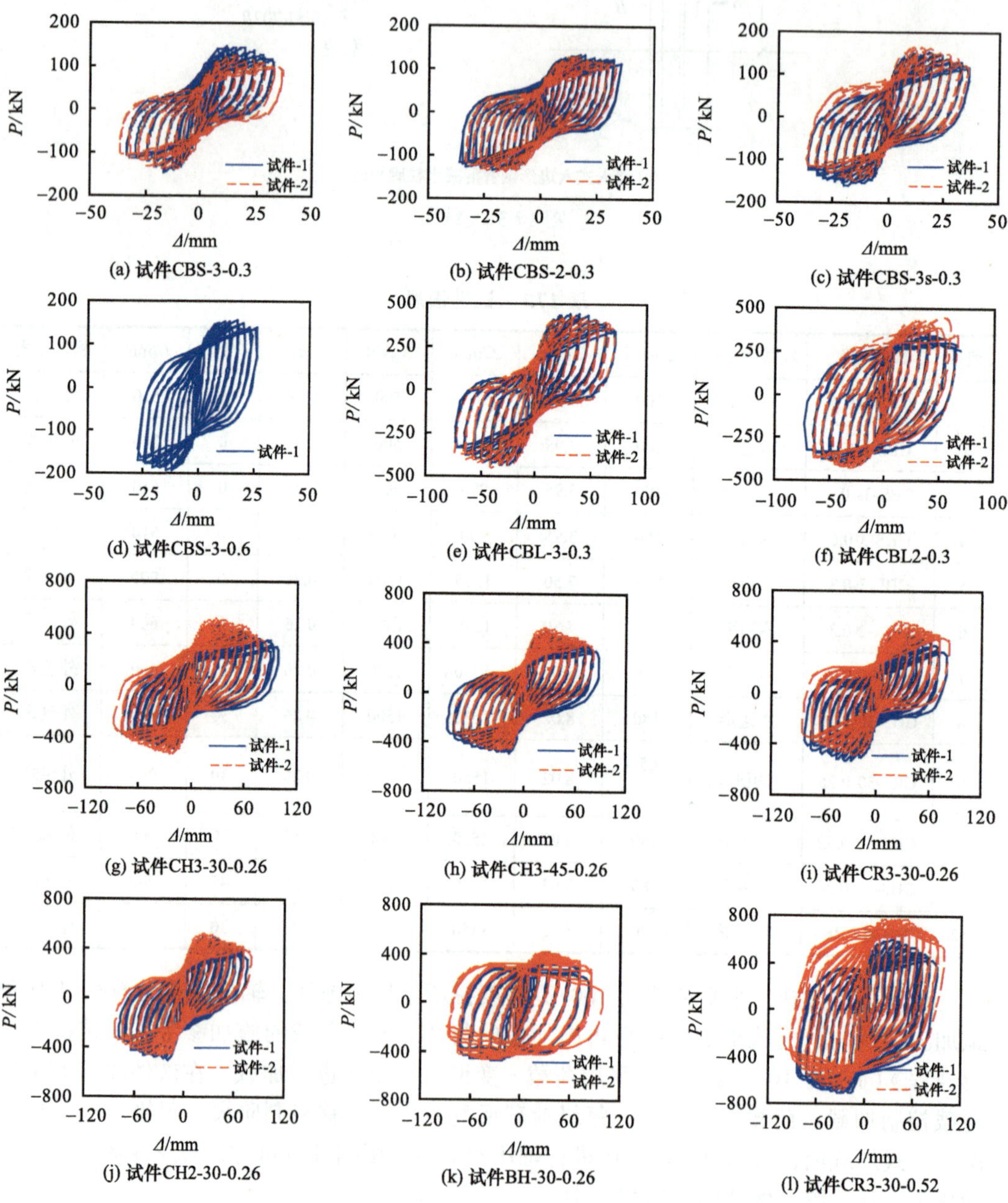

图 17.4　外包式柱脚荷载（P）－位移（Δ）关系

以试件 CBS-3-0.3 为例，说明试件的破坏过程。试件 CBS-3-0.3 系列的外包段高度为 3B'，轴压比为 0.28，且在钢管－外包段界面不布置栓钉，其荷载－位移关系如图 17.4（a）所示。图 17.5 所示为试件 CBS-3-0.3-1 的破坏形态。

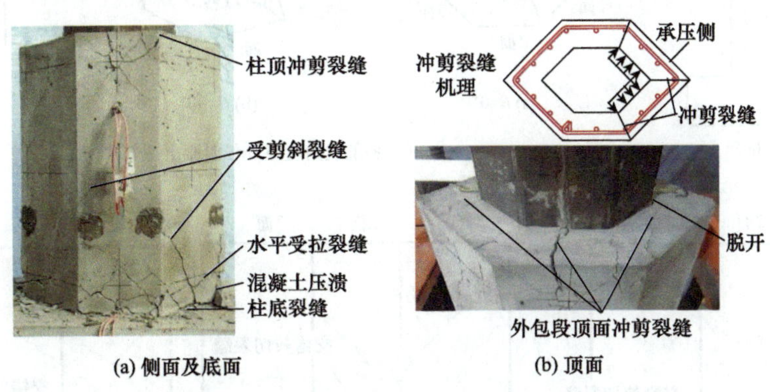

图 17.5　试件 CBS-3-0.3-1 破坏形态

对于试件 CBS-3-0.3-1，轴压荷载达设计荷载时，钢管与外包段未出现滑移。此后，按荷载进行水平加载。屈服荷载前，柱与外包段共同工作，无裂缝产生。达屈服荷载时，外包段顶面承压侧沿对角线方向出现冲剪裂缝。此后，按位移进行水平加载，外包段底面受拉侧开始出现水平受拉裂缝。位移达 $2\Delta_y$ 时，外包段侧面出现斜向受剪裂缝，但位移反向后能够闭合，同时，钢管与外包段顶面出现脱开。此后，外包段顶面冲剪裂缝、侧面受剪裂缝和底面受拉裂缝继续发展。位移达 $4\Delta_y$ 时，柱脚达峰值荷载，受压区角部混凝土压溃。加载结束时，外包段底截面开裂显著，并与基础脱离，底部两侧混凝土剥落，外包段侧面可见明显受剪斜裂缝，最大裂缝宽度为 0.7mm，顶面可见冲剪裂缝，最大裂缝宽度为 1.5mm。整体而言，试件呈底截面压弯破坏，而钢管混凝土柱未发生破坏。

对比 CBL-3-0.3 系列试件、CH3-30-0.26 系列试件和 CH3-45-0.26 系列试件来分析加载角度对外包段的破坏形态如图 17.6 所示。由于外包段顶部钢管混凝土柱局部压力的存在，使得外包段顶部出现冲切裂缝；当加载角度为 0°时，外包段顶部出现了 3 条冲切裂缝；当加载角度增大到 30°和 45°时，冲切裂缝变为 2 条，如图 17.6（2）所示。外包段中部形成交错的剪切裂缝，当加载角度为 0°时，外包段 1 面和加载方向相同；当加载角度为 45°时，外包段 2 面与加载方向相同。随着加载角度从 0°增大到 45°时，可以发现 2 面上的剪切裂缝逐渐减少，1 面上的剪切裂缝逐渐增多；当加载角度为 30°时，在 1 面和 2 面交界处出现大量交错的剪切裂缝，并出现了菱形状的混凝土剥落，如图 17.6（3）所示。

试验中出现了四类破坏形态：埋入式柱脚发生钢管混凝土柱底截面压弯破坏；外包式柱脚出现外包混凝土顶部位置柱截面压弯破坏、柱脚底板底截面压弯破坏和柱脚底板顶截面压弯破坏，如图 17.7 所示。

埋入式柱脚发生了柱底的压弯破坏，在轴力和水平荷载的作用下，钢管混凝土柱底部钢管逐渐外鼓屈曲，相对应位置的核心混凝土逐渐被压溃，承载力略有下降，其后在冷弯折角处发生断裂，其承载力也随着大幅下降。CBL-3-0.3 系列试件柱段先于外

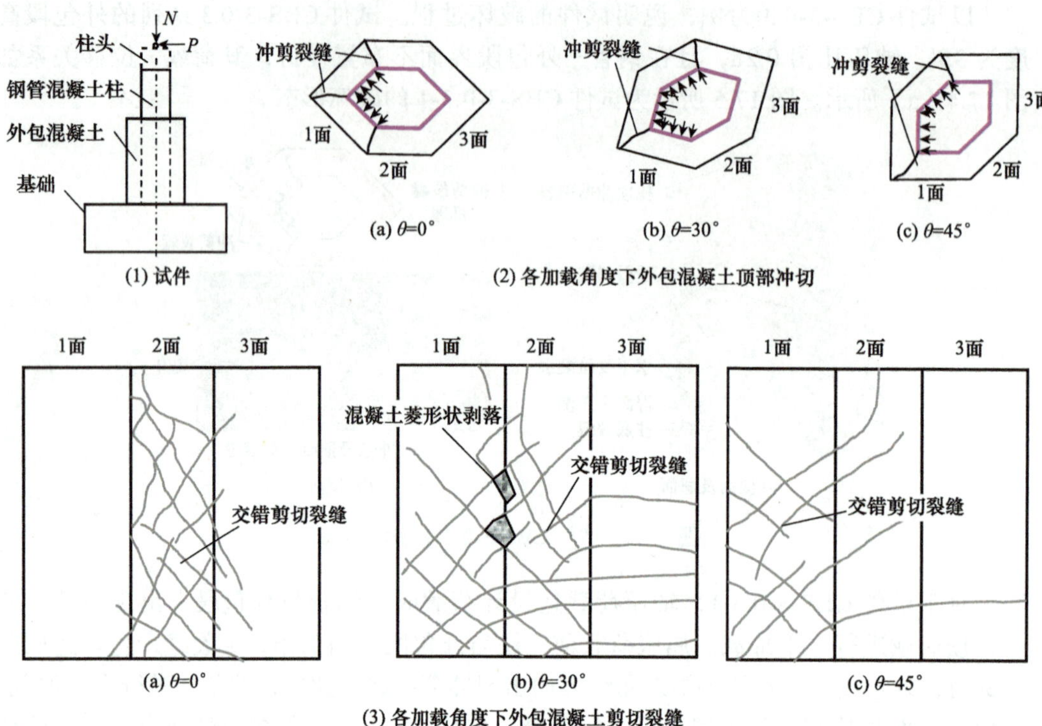

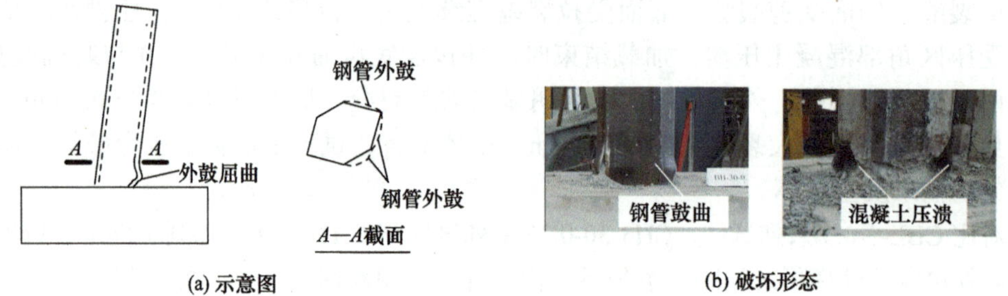

图 17.6 加载角度（θ）对柱脚外包段破坏形态的影响

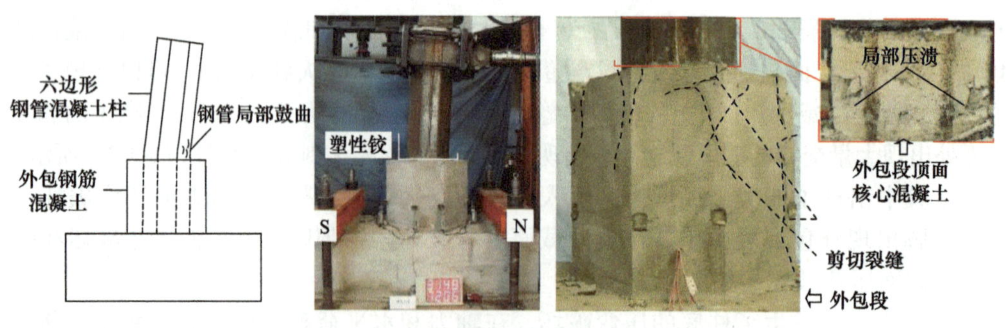

图 17.7 钢管混凝土柱脚试件破坏形态

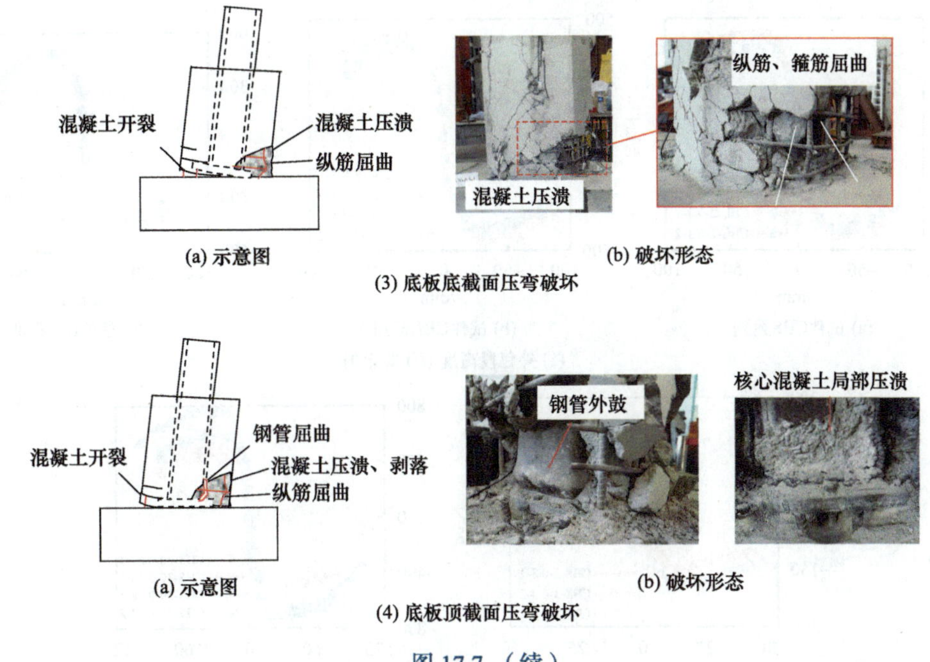

(a) 示意图　(b) 破坏形态

(3) 底板底截面压弯破坏

(a) 示意图　(b) 破坏形态

(4) 底板顶截面压弯破坏

图 17.7 （续）

包段底部发生压弯破坏，出现柱段的压弯破坏；轴压比为 0.26 的外包式柱脚试件都发生了柱脚底板底截面的压弯破坏，其外包混凝土部分的压弯破坏特征明显，外包混凝土底部的混凝土受压侧被压溃，纵筋和约束的箍筋屈曲，受拉侧混凝土出现明显裂缝。而钢管混凝土柱在外包混凝土顶部和外包混凝土底部都没有明显鼓曲，核心混凝土也没有明显压溃。轴压比为 0.52 的试件（CH3-30-0.52 系列试件）发生柱脚底板底截面压弯破坏，其外包混凝土部分也发生了压弯破坏，但其破坏形态相对于 CH3-30-0.26 系列试件不明显。剥开试件的外包混凝土部分，可以发现底板顶部位置的钢管混凝土柱发生了明显的外鼓屈曲，剥开外钢管，管内核心混凝土也出现了压溃。但由于外包钢筋混凝土部分的存在也对核心钢管混凝土柱有约束作用，核心钢管混凝土柱的钢管没有出现钢材断裂现象，可以有效地发挥钢管混凝土柱中混凝土和钢管共同工作性能，提高其延性。

不同的破坏形态也体现在荷载 - 位移关系上。对于柱截面压弯破坏的试件，其滞回曲线最饱满，耗能能力最好。对于发生外包段混凝土压弯破坏的试件，其滞回曲线最捏缩，其耗能能力最差。对于发生外包段底部钢管混凝土加劲混合截面压弯破坏的试件，其滞回曲线的捏缩程度介于上述两种破坏形态的试件之间，其耗能能力也介于上述两者之间。

1. 荷载 - 变形性能

荷载 - 位移关系骨架线能够有效反映试件的承载力、刚度及延性特点。图 17.8 对比了试件的荷载 - 位移关系骨架线，以分析外包段高度、钢管 - 外包段界面是否布置栓钉、柱轴压比、柱截面尺寸等参数对柱脚抗震性能的影响。

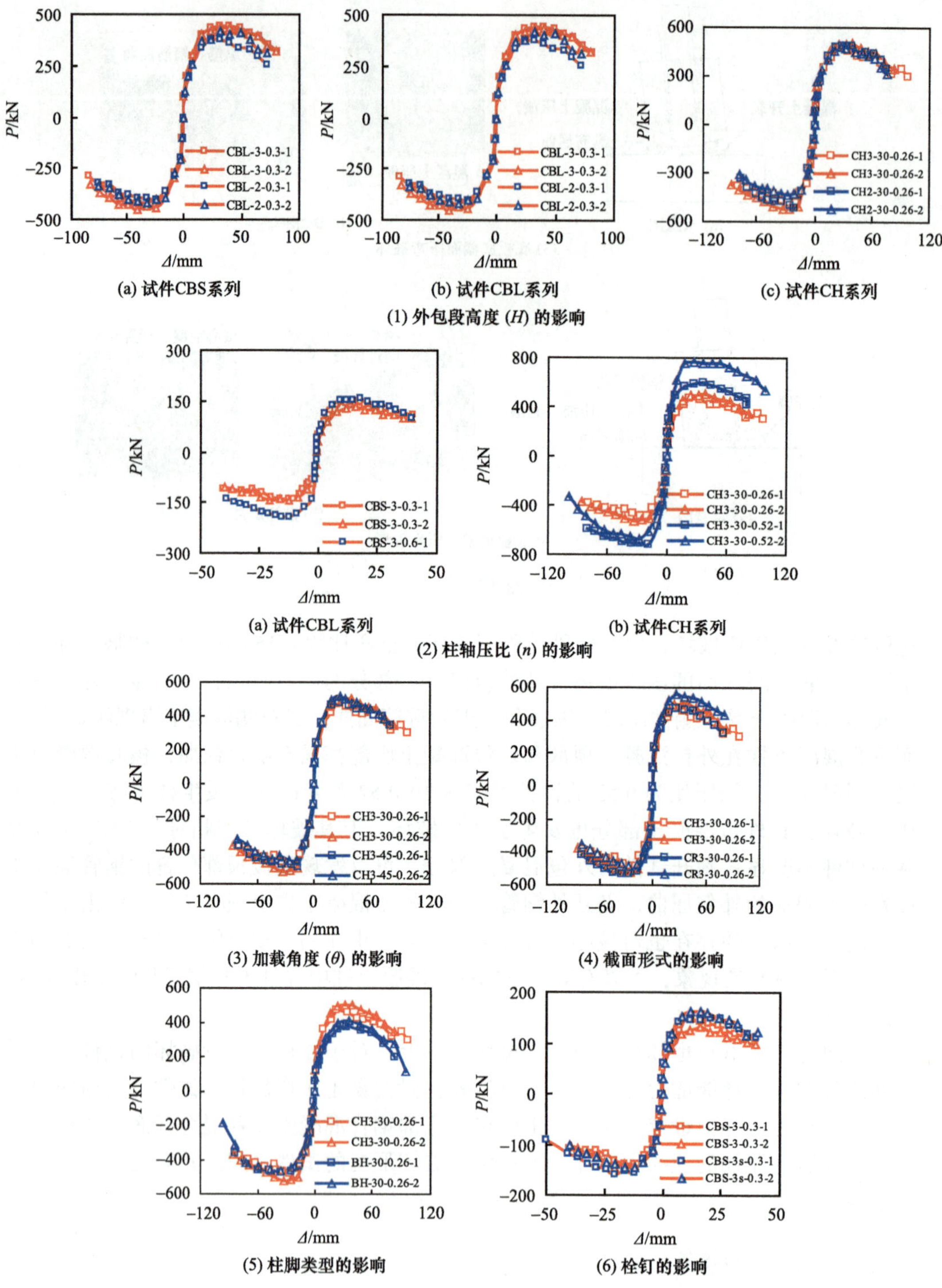

图 17.8　柱脚试件 P-Δ 关系骨架线对比

骨架线的峰值荷载、弹性刚度、使用刚度、弹性位移、极限位移和延性系数如表 17.2 所示。其中 P^{+}_{max}、P^{-}_{max} 分别代表正向和反向峰值荷载，P_{max} 为峰值荷载均值。弹性刚度 K_e 为正反向荷载为 $0.2P_{max}$ 对应点的割线刚度，反映了柱脚在混凝土开裂前的刚度。采用 EC3 中针对钢节点的条款，使用刚度 K_s 为正向、反向荷载为 $0.67P_{max}$ 对应点的割线刚度，反映了柱脚在混凝土开裂后的刚度。延性系数 μ（Δ_u/Δ_e）反映了柱脚在滞回荷载作用下的延性特征。

表 17.2　试件峰值荷载及刚度对比

试件编号	P^{+}_{max} /kN	P^{-}_{max} /kN	P_{max} /kN	K_e /（kN/mm）	K_s /（kN/mm）	Δ^{+}_{e}/mm	Δ^{+}_{u}/mm	Δ^{-}_{e}/mm	Δ^{-}_{u}/mm	μ^{+}	μ^{-}
CBS-3-0.3-1	147.6	−140.4	144.0	66.3	24.4	5.6	27.4	−6.2	−24.1	4.9	4.4
CBS-3-0.3-2	132.0	−144.5	138.3	92.6	26.8	6.0	27.8	−4.3	−27.7	4.7	5.5
CBS-2-0.3-1	134.3	−133.1	133.7	58.1	24.4	5.9	35.5	−5.1	−39.1	6.1	6.9
CBS-2-0.3-2	132.7	−139.2	136.0	74.2	29.3	4.5	32.9	−4.8	−34.6	7.4	7.3
CBS-3s-0.3-1	149.1	−160.4	154.8	72.8	35.1	4.0	33.8	−4.9	−32.5	8.6	7.6
CBS-3s-0.3-2	163.5	−146.4	155.0	90.3	32.6	5.2	32.3	−4.4	−28.8	6.3	6.5
CBS-3-0.6-1	156.5	−193.2	174.9	100.4	39.1	4.4	31.4	−4.6	−28.6	7.2	6.7
CBL-3-0.3-1	444.6	−434.8	439.7	158.0	36.7	10.9	67.7	−13.0	−65.9	6.2	5.6
CBL-3-0.3-2	436.9	−447.5	442.2	141.8	38.7	10.7	67.7	−12.2	−69.2	6.3	6.0
CBL-2-0.3-1	378.0	−405.8	391.9	131.3	35.1	11.7	58.4	−10.7	−61.7	5.0	5.4
CBL-2-0.3-2	418.5	−419.5	419.0	114.7	30.9	14.6	60.3	−12.5	−62.0	4.1	4.6
CH3-30-0.3-1	474.6	−484.9	479.8	126.8	44.3	10.7	62.0	−10.9	−64.6	5.8	5.9
CH3-30-0.3-2	502.8	−522.6	512.7	148.5	37.3	13.5	67.1	−14.0	−63.8	5.0	4.6
CH3-45-0.3-1	477.4	−493.4	485.4	118.4	47.3	10.1	66.2	−10.4	−68.1	6.6	6.5
CH3-45-0.3-1	517.2	−461.3	489.2	131.5	43.0	12.0	60.4	−10.7	−65.4	5.0	6.1
CH2-30-0.3-1	488.0	−511.3	499.6	111.0	36.1	13.5	66.7	−14.2	−58.7	4.9	4.1
CH2-30-0.3-2	482.9	−431.3	457.1	116.0	49.5	9.8	64.2	−8.7	−64.6	6.6	7.4
CR3-30-0.3-1	478.7	−529.9	504.3	199.1	64.6	7.4	59.8	−8.2	−70.4	8.1	8.6
CR3-30-0.3-2	557.5	−482.5	520.0	169.2	56.6	9.9	68.0	−8.5	−61.9	6.9	7.3
BH-30-0.3-1	375.9	−476.4	426.2	79.5	35.7	10.5	63.8	−13.4	−76.3	6.1	5.7
BH-30-0.3-2	407.5	−466.7	437.1	77.6	30.1	13.6	62.9	−15.5	−74.2	4.6	4.8
CH3-30-0.6-1	605.2	−710.6	657.9	178.0.	76.3	7.9	66.0	−9.3	−75.9	8.4	8.2
CH3-30-0.6-2	764.0	−674.9	719.4	146.0	63.7	12.0	81.5	−10.6	−67.0	6.8	6.3

（1）外包段高度的影响

图 17.8（1）反映了不同系列试件中外包段高度对骨架线的影响。图 17.8（1a）反映了外包段高度对小尺寸试件（CBS-3-0.3 和 CBS-2-0.3）的影响，试件均发生底截面

压弯破坏。外包段高度由 510mm 减小到 340mm 时，试件的峰值荷载均值减小 4.4%，弹性刚度均值减小 16.7%。外包段高度越小，柱与外包段的组合作用越弱，柱脚的承载力也越小，但破坏形态不改变时，外包段高度对柱脚承载力的影响有限。外包段高度减小后，试件的延性反而改善，延性系数均值由 4.95 增大到 7.07。其原因在于，随着外包段高度的减小，钢管混凝土柱变形占总变形的比例增大，而钢管混凝土柱具有良好的延性，导致柱脚整体延性改善。对于加载角度为 30°的大试件（CH2-30-0.26 和 CH3-30-0.26）也是类似的影响规律，试件整体的破坏形态都是外包段混凝土底部压弯破坏，试件的承载力和刚度都有所下降。其峰值均值承载力下降了 3.6%，弹性刚度 K_e 下降了 17.5%，延性也提高了 8.0%。

图 17.8（1b）反映了外包段高度对加载角度为 0°的大尺寸试件（CBL-3-0.3 和 CBL-2-0.3）的影响。外包段高度由 900mm 减小到 600mm 时，试件的破坏形态由底截面压弯破坏变为柱截面压弯破坏。此时，试件的峰值荷载均值减小 8.1%，弹性刚度均值减小 17.9%，而延性系数均值由 5.82 减小至 4.97。外包段高度减小，试件提前发生柱截面压弯破坏，导致试件的承载力减小。试验中，柱截面破坏试件出现了严重的钢管外鼓，导致其延性减弱。

综上可知，外包段高度减小可能导致柱脚由底截面压弯破坏变为柱截面压弯破坏，但其影响程度还与柱截面、底截面的截面尺寸和承载力相关，因而对于两类试件的影响规律不同。一般而言，外包段高度将显著影响柱脚的弹性刚度；当外包段高度改变了柱脚的破坏形态时，其对柱脚的承载力影响显著。在不改变试件整体破坏形态的情况下，降低外包段刚度会使其承载力略有下降，但很有限，弹性刚度下降程度更大，同时试件的延性有所提高。

（2）柱轴压比的影响

图 17.8（2）反映了轴压比参数对骨架线的影响。对于加载角度为 0°的小试件，当轴压比由 0.28 增大到 0.56 时，试件的刚度及承载力均显著增大，峰值荷载均值增大 19.3%，弹性刚度均值增大 13.5%，但试件延性减弱，骨架线下降段明显变陡。但对于加载角度为 30°的大试件，轴压比为 0.26 和轴压比为 0.52 两类试件的破坏模式都是在外包段底截面压弯破坏，但略有不同。当轴压比为 0.26 时，柱脚发生外包段混凝土底部压弯破坏；当轴压比为 0.52 时，柱脚发生外包段底部钢管混凝土柱压弯破坏。当轴压比从 0.26 增大到 0.52 时，试件的极限承载力上升了 38.8%，弹性刚度 K_e 上升了 17.7%，延性系数也提高了 39.4%。轴压比提高使得外包段底部钢管混凝土加劲混合截面压弯破坏，外包段钢筋混凝土给钢管混凝土柱提供了一定的约束，这一方面使得钢管混凝土柱和外围的钢筋混凝土有一定的嵌固作用，让其外包段和柱的共同工作性能提高，从而提高其承载力和延性。同时，钢管混凝土柱中核心混凝土的约束更强，其承载力和延性也进一步提高。在一定范围内提高轴压比，可以提高外包式柱脚的极限承载力和弹性刚度，同时改善其延性。

综上可知，柱轴压比提高对试件承载力、刚度和延性具有较大影响，在一定范围内，柱轴压比提高可以显著提高构件的承载力和弹性刚度，但对延性的影响还与柱截面、底截面的截面尺寸相关。

（3）加载角度的影响

图 17.8（3）反映了加载角度对骨架线的影响。当加载角度从 30°增加到 45°时，试件整体的破坏形态都是外包段混凝土底部压弯破坏，试件的承载力和刚度都略有下降。其峰值均值承载力下降了 1.8%，弹性刚度 K_e 下降了 9.2%，这是由于强轴方向抗弯刚度和抗弯承载力都比弱轴方向大，当加载角度增加时，构件的弹性抗弯刚度下降。但其使用刚度和延性都增大，分别增大了 10.7% 和 13.6%。这是由于加载方向为 30°时，边缘到中心轴的距离较大，导致其边缘混凝土应力较大，相比于加载角度为 45°时更早地被压溃从而退出工作，导致其刚度下降更为明显，其延性也相对的变差。综上所述，当加载角度在一定范围内增加，其极限承载力和弹性刚度略有下降，但其使用刚度和延性会增加。

（4）截面形式的影响

图 17.8（4）反映了钢管混凝土柱截面形式对骨架线的影响。当柱截面形式从六边形变为矩形时，试件整体的破坏形态都是外包段混凝土底部压弯破坏。试件的承载力下降了 3.2%，基本相同。但其弹性刚度 K_e 上升了 33.8%，延性上升了 27.7%。六边形截面可看作是矩形截面减去边角 4 个直角三角形得到，由于这 4 个直角三角形形心到中和轴的距离较大，因此对抗弯刚度影响较大。当两种截面对应的试件的极限承载力相近时，其抗弯刚度因此相差较大。综上所述，当柱截面形式从六边形截面变为矩形截面时，其极限承载力相差不大，但其刚度大幅提高，其延性也有所提高。

（5）柱脚类型的影响

图 17.8（5）反映了柱脚形式对骨架线的影响。埋入式柱脚发生了柱底截面的压弯破坏，外包式柱脚是外包段底截面的压弯破坏，其破坏位置都位于基础顶面。当柱脚形式从外包式柱脚变为埋入式柱脚时，试件的承载力下降了 13.0%，弹性刚度 K_e 下降了 42.9%，延性基本相同。外包段的存在显著提高了构件的弹性刚度，对其极限承载力也有所提高。

（6）钢管－外包段界面栓钉的影响

图 17.8（6）反映了钢管－外包段界面栓钉的影响。按构造布置栓钉后，试件的承载力和刚度均有所提高，峰值荷载均值增大 8.9%，弹性刚度均值增大 2.6%，试件延性显著改善，延性系数均值由 4.95 增大到 7.03。栓钉能够有效改善柱与外包段的共同工作性能，提高了柱脚的承载力、刚度和延性。

2. 应变分析

（1）钢管应变

试验中测量了钢管纵向应变。应变片布置以及外包段顶面和柱脚底面的钢管纵向应变如图 17.9 所示。在压弯反复荷载作用下，钢管边缘应变呈拉压反复变化。对于 0.26 轴压比情况下的外包式六边形钢管混凝土柱脚，外包段底部钢管纵向应变发展更快，当达到峰值荷载时，外包段底部钢管纵向应变基本刚达到屈服应变，外包段顶部的钢管应变仍然小于屈服应变。对于埋入式柱脚发生底截面的压弯破坏，钢管鼓曲，钢管纵向应变也逐渐发展，超过 14000$\mu\varepsilon$，最后底截面上出现钢材断裂。对于 0.52 轴压比情况下的外包式六边形钢管混凝土柱脚，随着加载过程的进行，其纵向应变不断发展，最后达到9500με，但由于外包段的存在，纵向应变不再继续发展，在加载完成后剥开外包段，钢管出现明显外鼓屈曲，但没有出现钢材断裂情况。CBL-2-0.3 系列试件发生了外包段顶面钢管混凝土截面破坏，其钢管应变发展如图 17.9（e）所示。加载后期，外包段顶面钢管边缘应变（ε_{pt3}）接近−15000με，与试验现象相符。

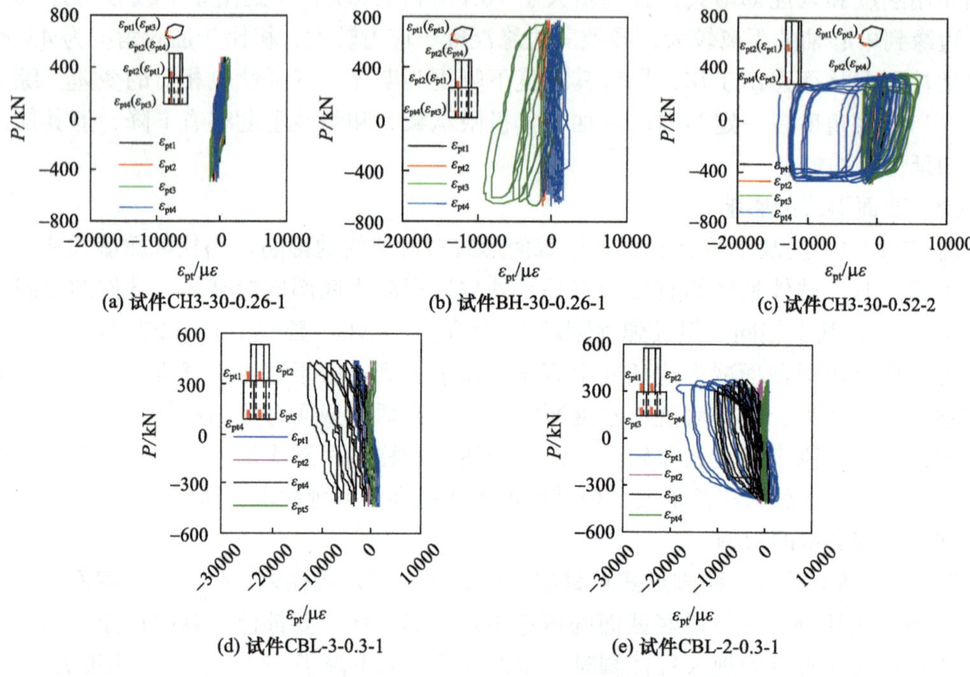

图 17.9 柱脚试件荷载（P）−钢管纵向应变（ε_{pt}）关系

试验中采用应变花测量了钢管剪应变，应变花布置如图 17.10 所示。可以看出，当外包段高度为 900mm 时，外包段顶面和外包段底面相同位置不同高度处的剪应变发展规律相反，说明了外包段中剪力反号的情况，即外包段中的剪力要大于水平荷载的大

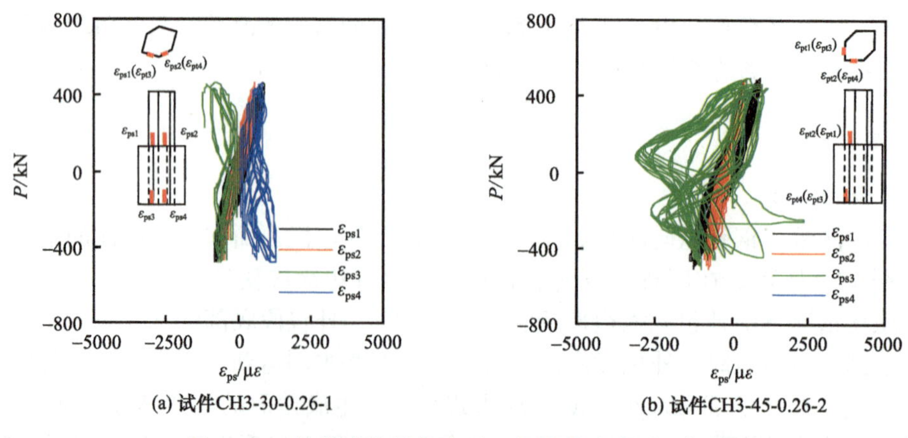

图 17.10 柱脚试件荷载（P）−钢管剪应变（ε_{ps}）关系

小。当外包段高度为 600mm 时，此时外包段顶面和外包段底面相同位置不同高度处的剪应变发展规律相同，说明此时外包段中没有出现剪力反号现象，外包段和钢管混凝土柱共同承担水平剪力作用。

（2）外包段纵筋应变

为研究外包段的受弯性能，测量了外包段中的纵筋应变，如图 17.11 所示。其中 ε_{b1}、ε_{b2} 和 ε_{b3} 监测纵筋沿外包段高度的分布情况，ε_{b4} 设置在与 ε_{b1} 相对称的位置。外

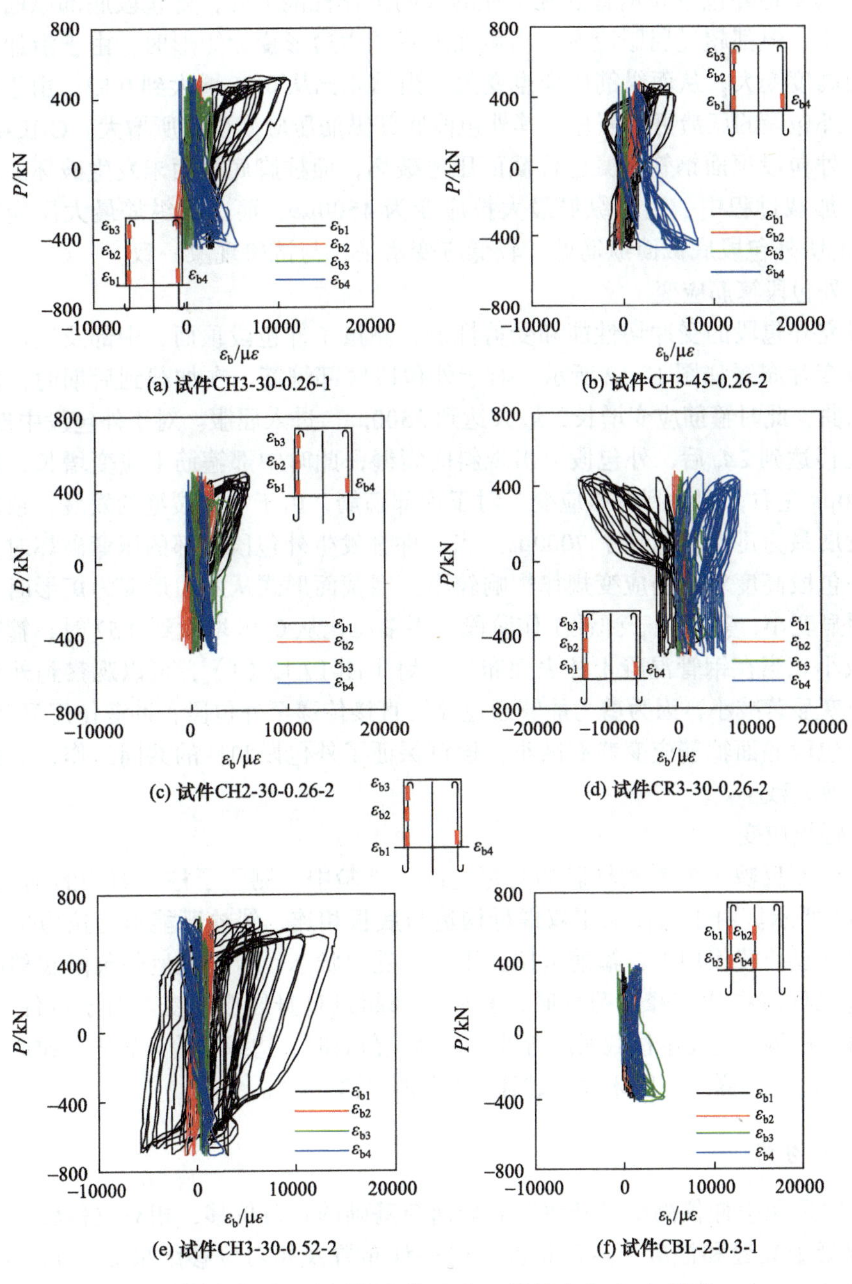

(a) 试件CH3-30-0.26-1　(b) 试件CH3-45-0.26-2

(c) 试件CH2-30-0.26-2　(d) 试件CR3-30-0.26-2

(e) 试件CH3-30-0.52-2　(f) 试件CBL-2-0.3-1

图 17.11　柱脚试件荷载（P）－纵筋应变（ε_b）关系

包段顶部由于局部冲切作用导致外包段顶部杯口向外扩大，外包段顶部纵筋设置了弯钩进行锚固，在反复荷载作用下，外包段顶部纵筋拉应变不断发展，直到达到屈服应变。外包段中部由于剪切荷载的作用，出现交替的拉压应变反复变化，但仍处于弹性阶段。对于外包段底部纵筋应变，由于最后试件发生外包段底部的压弯破坏，其纵筋应变也快速发展，超过屈服应变。当加载角度从30°变为45°时，由于沿加载方向上的截面高度减小，使得纵筋应变也有所减小。外包段从900mm变为600mm，由于外包段高度降低使得外包段和钢管混凝土柱的共同工作性能下降，外包段底部纵筋拉应变也有所减小，但都超过屈服应变。当截面形式从六边形变为矩形时，由于沿加载方向上的截面高度变大，从而纵筋应变也变大。当轴压比从0.26增大到0.52，由于轴力的增大使得外包段的压溃更为明显，其外包段底部纵筋压应变也有所增大。CBL-2-0.3-1试件发生外包段顶面钢管混凝土柱截面压弯破坏，而柱脚底截面未发生破坏。应变结果表明，加载过程中，边缘纵筋最大拉应变为4500$\mu\varepsilon$，而边缘纵筋最大压应变不到800$\mu\varepsilon$，说明外包段底截面纵筋处于较低应变水平，与试验现象一致。

（3）外包段箍筋应变

为研究外包段的受冲切性能和受剪性能，测量了外包段顶面、中部及底面的箍筋应变，应变片布置如图17.12所示。对于外包段底部箍筋，在加载到后期时，由于纵筋出现屈曲，此时箍筋应变增长，最大达到3500$\mu\varepsilon$，进入屈服。对于外包段中部箍筋，在加载位移达到$2\Delta_y$后，外包段上出现斜向裂缝，此时中部箍筋上应变增长，最大应变在2000$\mu\varepsilon$左右，刚达到屈服应变。对于顶部箍筋，由于冲切裂缝的发展，顶部箍筋的应变发展最为迅速，达到了7000$\mu\varepsilon$。当试件都发生外包段底部的压弯破坏时，加载角度、外包段高度对箍筋应变规律影响较小。当截面形式从六边形变为矩形时，其箍筋应变明显变小，基本处于弹性工作阶段。当轴压比从0.26增大到0.52时，箍筋应变也有所减小。当在钢管混凝土柱表面布置栓钉［图17.12（f）］，可以观察到外包段顶面箍筋应变显著减小，因为剪力能够通过栓钉直接传递至外包段，冲剪作用显著减弱。同时，外包段底面箍筋应变略有减小，栓钉保证了外包段和柱的共同工作，导致外包段承担的剪力减小。

（4）锚栓应变

锚栓应变反映了外露式柱脚的受弯情况。试验中，测量了柱底两侧的锚栓应变，如图17.13所示。由于锚栓采用双螺母构造与底板相连，锚栓既能承受拉力也能承受压力，在反复荷载作用下，箍筋呈拉、压反复受力状态。对于发生外包段底部压弯破坏的外包式柱脚在达到峰值荷载时，其应变都超过自身屈服应变。对于试件CBL-2-0.3-1，由于柱脚提前发生柱截面压弯破坏，峰值荷载时，边缘锚栓未屈服，拉应变达到1920$\mu\varepsilon$。此时，外露式柱脚未发生破坏，与试验现象一致。

3. 变形分析

试验中采用引伸仪测量了外包段底截面与基础的相对位移，相对位移反映了外包段底部混凝土裂缝和混凝土压溃情况。引伸计布置及相对位移结果如图17.14所示。对比图17.14（a）和（b）可知，试件CBL-3-0.3-1发生底截面压弯破坏，位移为Δ_y、

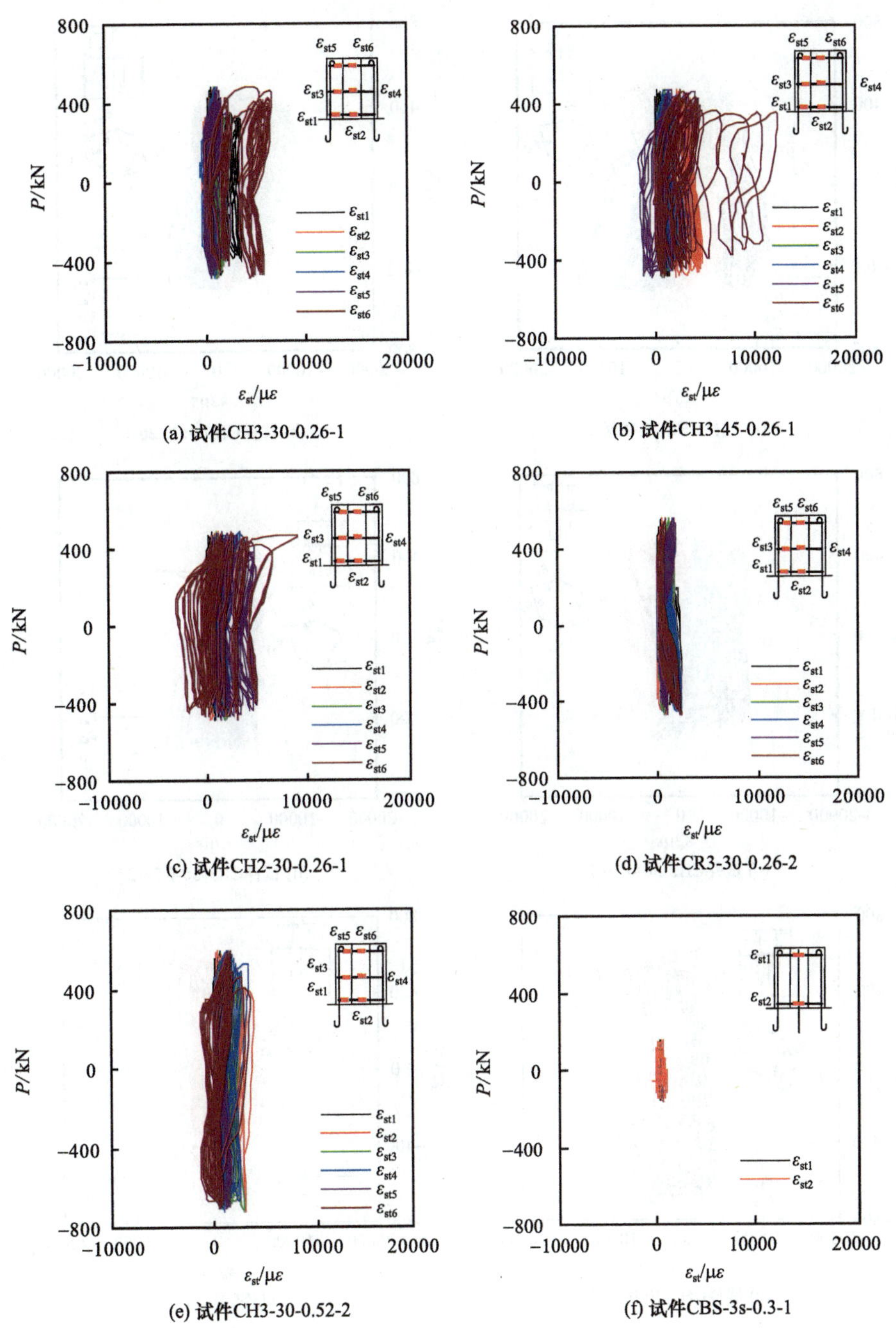

图 17.12　柱脚试件荷载（P）－箍筋应变（ε_{st}）关系

$4\Delta_y$ 和 $8\Delta_y$ 时，对应的柱底转角（ϕ）分别为 0.16%、0.72%、2.48%；试件 CBL-2-0.3-1 发生柱截面压弯破坏，位移为 Δ_y、$4\Delta_y$ 和 $8\Delta_y$ 时，对应的柱底转角（ϕ）分别为 0.08%、0.35%、0.37%。

对于 CH3-30-0.26 系列试件，在屈服荷载之前，此时沿加载方向，外包段底部的

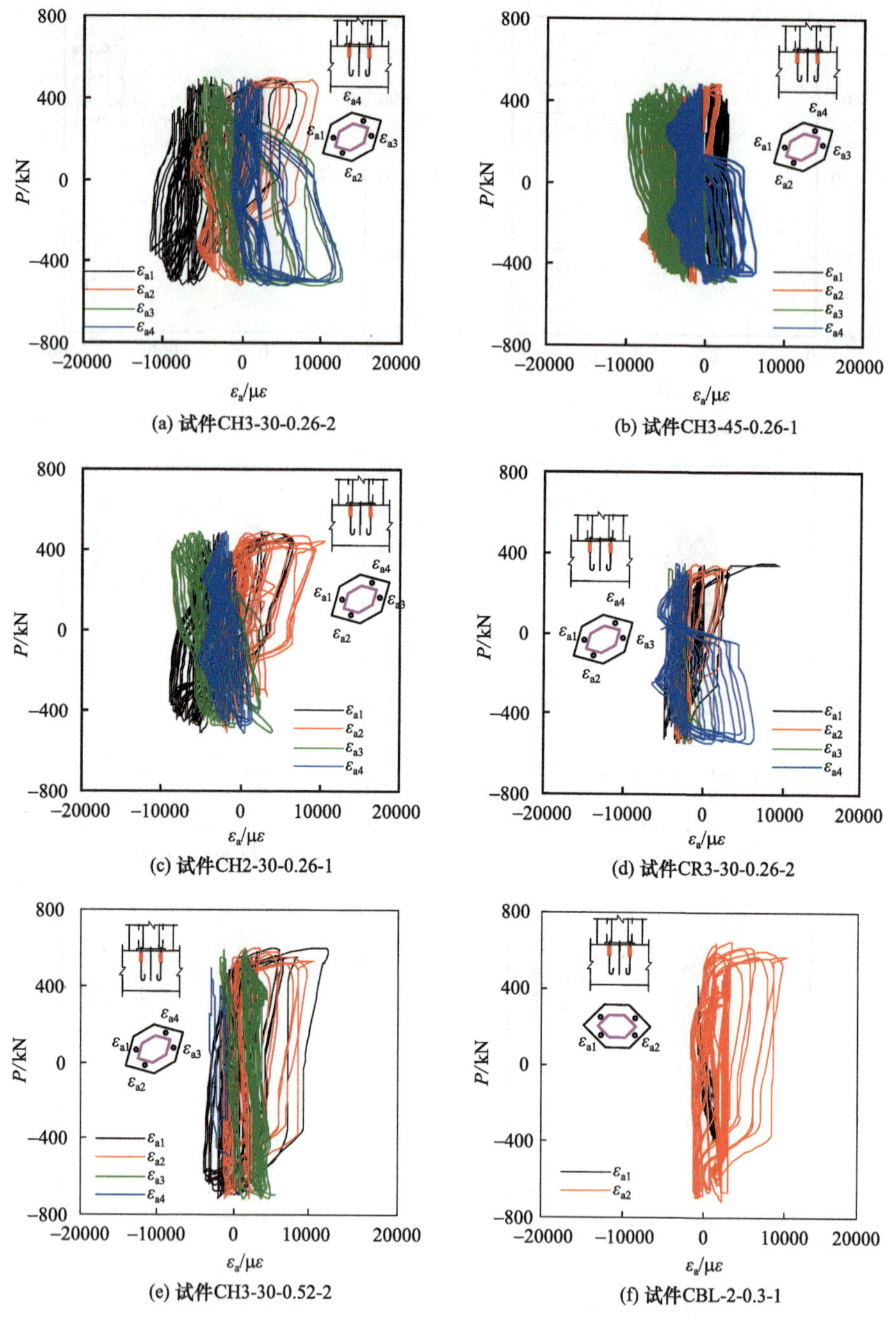

图 17.13　柱脚试件荷载（P）- 锚栓应变（ε_a）关系

转角位移与距离 d 呈线性关系。其后进入位移控制加载阶段，随着加载的不断进行，外包段底部混凝土损伤也逐渐变大，当加载位移为 $7\Delta_y$ 时，沿着加载方向上转角位移的线性关系变弱。当加载角度从 30°变为 45°时，底截面转角变形的规律基本相同。同为底截面压弯破坏的情况下，减小外包段高度使得外包段和钢管混凝土柱的共同工作性能降低，外包段底部混凝土的损伤因此也会降低，从而使得 CH2-30-0.26 系列试件

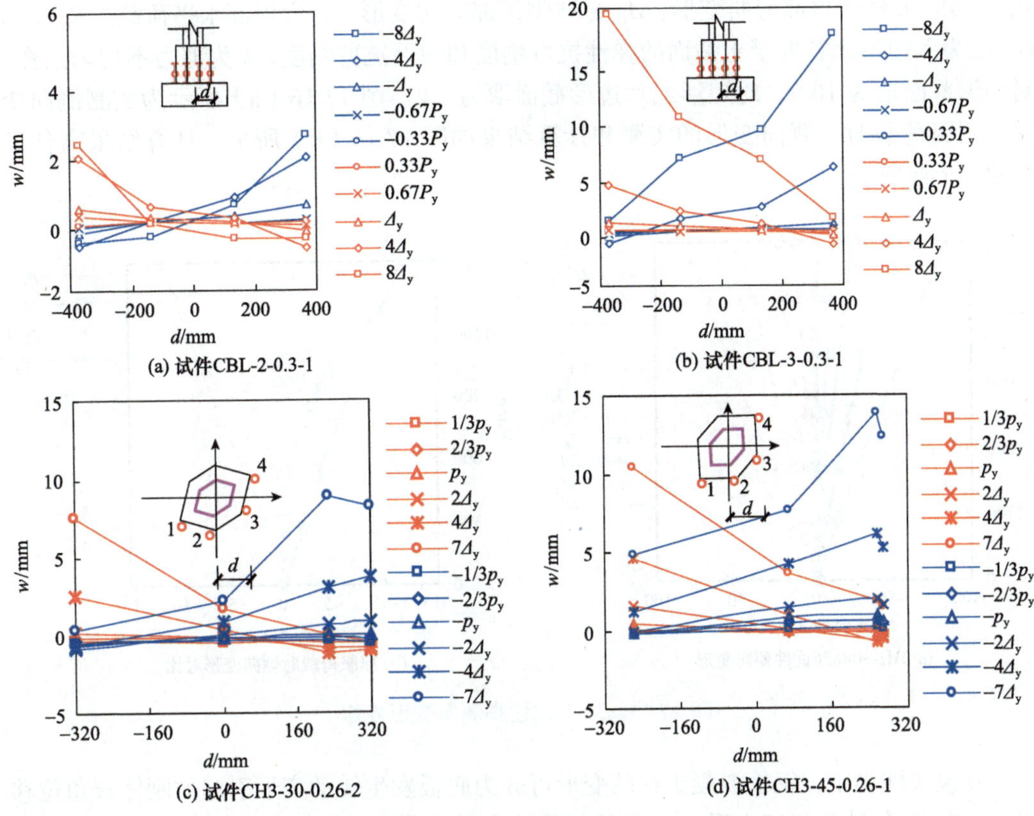

图 17.14　柱脚试件外包段底部转角变形图

的转角位移分布线性规律增强。对于矩形截面，这种损伤发展导致转角位移线性减弱的情况仍然存在。当轴压比从 0.26 提高到 0.52 时，由于轴力的增大，使得外包段的损伤情况加重，从而转角位移分布具有更强的非线性。

对于外包段底部的转角变形，破坏形态对其影响显著。当加载角度大于 0° 时，外包段底部混凝土损伤较小时，转角位移分布沿着加载方向呈线性。随着外包段混凝土损伤加大，试件倾向于向面外发生失稳，转角变形沿着面外方向也呈现出一定的线性规律。

对于埋入式柱脚，其钢管混凝土柱的变形可分为两部分，弯曲变形 Δ_M 和剪切变形 Δ_Q，如图 17.15 所示。对于一端固定，一端自由边界条件，分别按式（17.1）和式（17.2）计算。

N_0　P　=　+

(a) 整体侧移　(b) 弯曲变形　(c) 剪切变形

图 17.15　埋入式柱脚侧向变形示意

$$\Delta_M=\int\frac{\bar{M}M_p}{E_{sc}I_{sc}}ds=\frac{PL^3}{3E_{sc}I_{sc}} \tag{17.1}$$

$$\Delta_Q=\int\frac{k\bar{Q}Q_p}{G_{sc}A_{sc}}ds=\frac{kPL}{G_{sc}A_{sc}} \tag{17.2}$$

式中，Δ_M 为柱脚顶部弯曲变形；Δ_Q 为柱脚顶部剪切变形；P 为顶部水平荷载。$E_{sc}I_{sc}$ 和 $G_{sc}A_{sc}$ 为六边形钢管混凝土截面的弹性抗弯刚度和弹性抗剪刚度。k 为剪力不均匀系数，对圆形截面取为 10/9，对矩形或六边形截面取为 1.2。图 17.16（a）所示为实测侧向变形。屈服荷载时，侧向变形的实测和计算结果如图 17.16（b）所示，计算结果高估了弯曲变形影响。

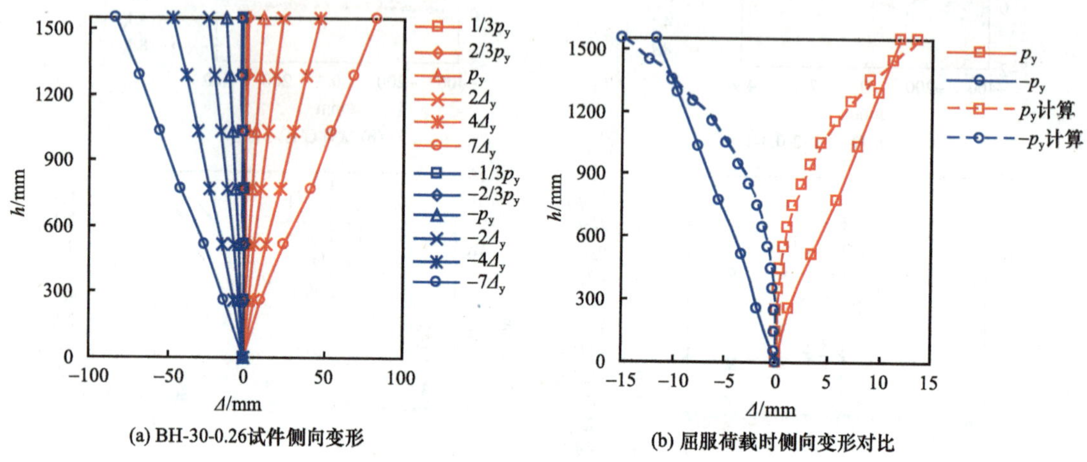

图 17.16 埋入式柱脚侧向变形规律

外包式柱脚中，钢管混凝土柱的变形可分为底板发生转动变形引起的刚体转角位移 Δ_R^I、弯曲变形 Δ_M^I 和剪切变形 Δ_Q^I；其外包段的变形可分为外包段底部转角变形引起的刚体转角位移 Δ_R^O、弯曲变形 Δ_M^O、剪切变形 Δ_Q^O 和局部冲切变形 Δ_P^O。各变形如图 17.17 所示。对于外包段，需要注意的是，刚体转角位移 Δ_R^O、弯曲变形 Δ_M^O 和剪切变形 Δ_Q^O 这 3 部分的变形是外包段整体的变形，因此正向反向加载时应该相同，但冲切变形是局部变形，侧向位移测点方向上的侧向位移会比另一侧要大。该试验中，测点布置在正向加载方向，因此在同一级荷载加载时，正向加载方向上侧向位移会比反向加载时的侧向位移大，其差值反映了正反向上冲切变形的大小。对于外包段的弯曲变形，由于外包段的高度相比于外包段截面高度较小，同时弯曲变形中很大一部分比例来自于外包段底部和基础混凝土之间相互脱开转动所得。在试验中可以明显观察到，试件在达到屈服荷载时，外包段上的受拉侧产生宽度较小的受拉裂缝，此后受拉裂缝宽度几乎不增长或者增长极小。因此该项目忽略外包段弯曲变形的影响，外包段整体的侧向变形分为刚体转角位移 Δ_R^O、剪切变形 Δ_Q^O 和局部冲切变形 Δ_P^O 三部分。其中刚体转角位移 Δ_R^O 可通过设置在外包段底部的引伸计来计算，局部冲切变形通过正反向加载时的差值进行计算。

试验中测量了柱脚侧向变形沿高度分布，以分析外包式柱脚的侧向变形规律。位移计布置以及试件的侧向变形分布如图 17.18 所示。对于 CH3-30-0.26 系列试件，发生了外包段底部的压弯破坏。随着加载位移的不断增大，侧向变形也不断发展。在外包段顶部和柱段底部设置了侧向位移的测点，用来监测柱和外包段间的相对变形情况。由于在钢管混凝土柱对外包段顶部局部压力的作用下，使得外包段顶部出现局部的冲切裂缝，外包段顶部杯口也逐渐扩大，从而使得正反向加载时相同位移级别下外包段

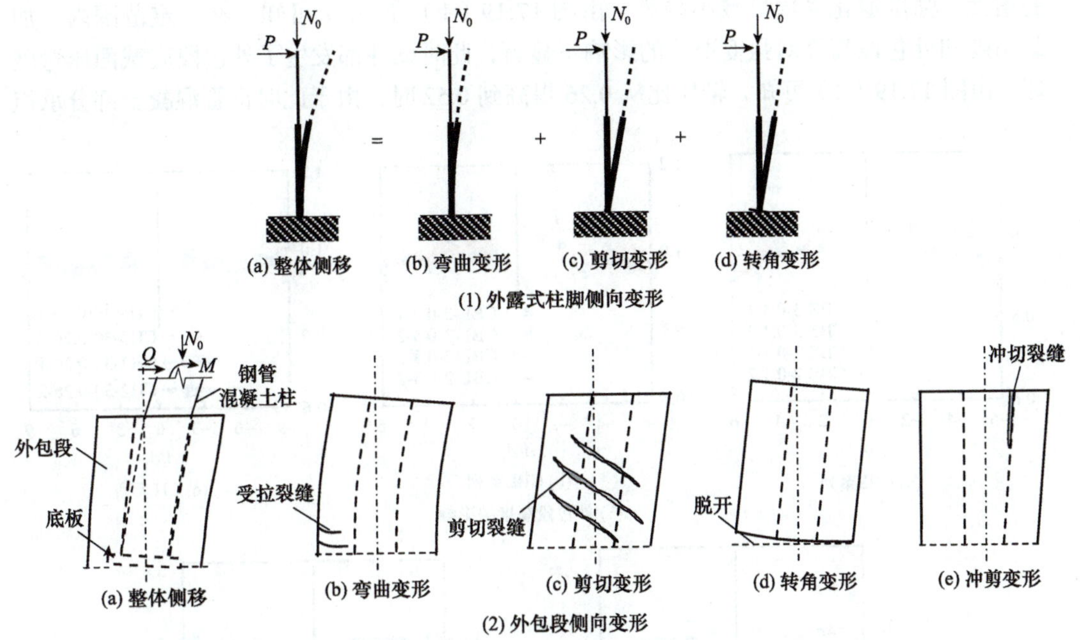

图 17.17　外包式柱脚试件侧向变形示意

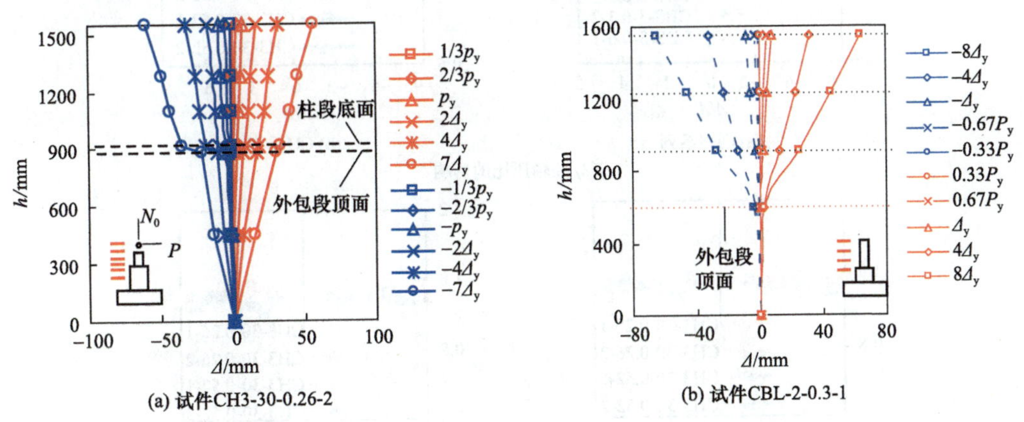

图 17.18　外包式柱脚试件侧向变形沿高度分布规律

顶部变形的差值变大。在达到 Δ_y 及之前，柱和外包段之间基本没有间隙，其后两者的间隙不断增大，当达到 10Δ_y 时，两者之间的最大间隙为 11mm。在侧向位移不断增大的过程中，外包段顶部在钢管混凝土柱的局部压力作用下不断向外扩张。CBL-2-0.3 系列试件发生了柱截面压弯破坏，在外包段顶面形成塑性铰，外包段以下变形很小，而外包段以上变形迅速增长。

4. 强度及刚度退化分析

试件的强度退化系数（λ_j）－位移级别（Δ/Δ_y）关系对比如图 17.19 所示。可见，试件的强度退化系数基本位于 0.9～1，其变化呈一定波动。一般而言，随着位移级别的增大，强度退化系数呈减小趋势。由图 17.19（1）和（3）可知，在一定范围内，加载角度和外包段高度对强度退化的影响不显著，此时试件都发生了外包段底截面压弯破坏。由图 17.19（2）可知，轴压比从 0.26 提高到 0.52 时，由于此时钢管混凝土部分承担

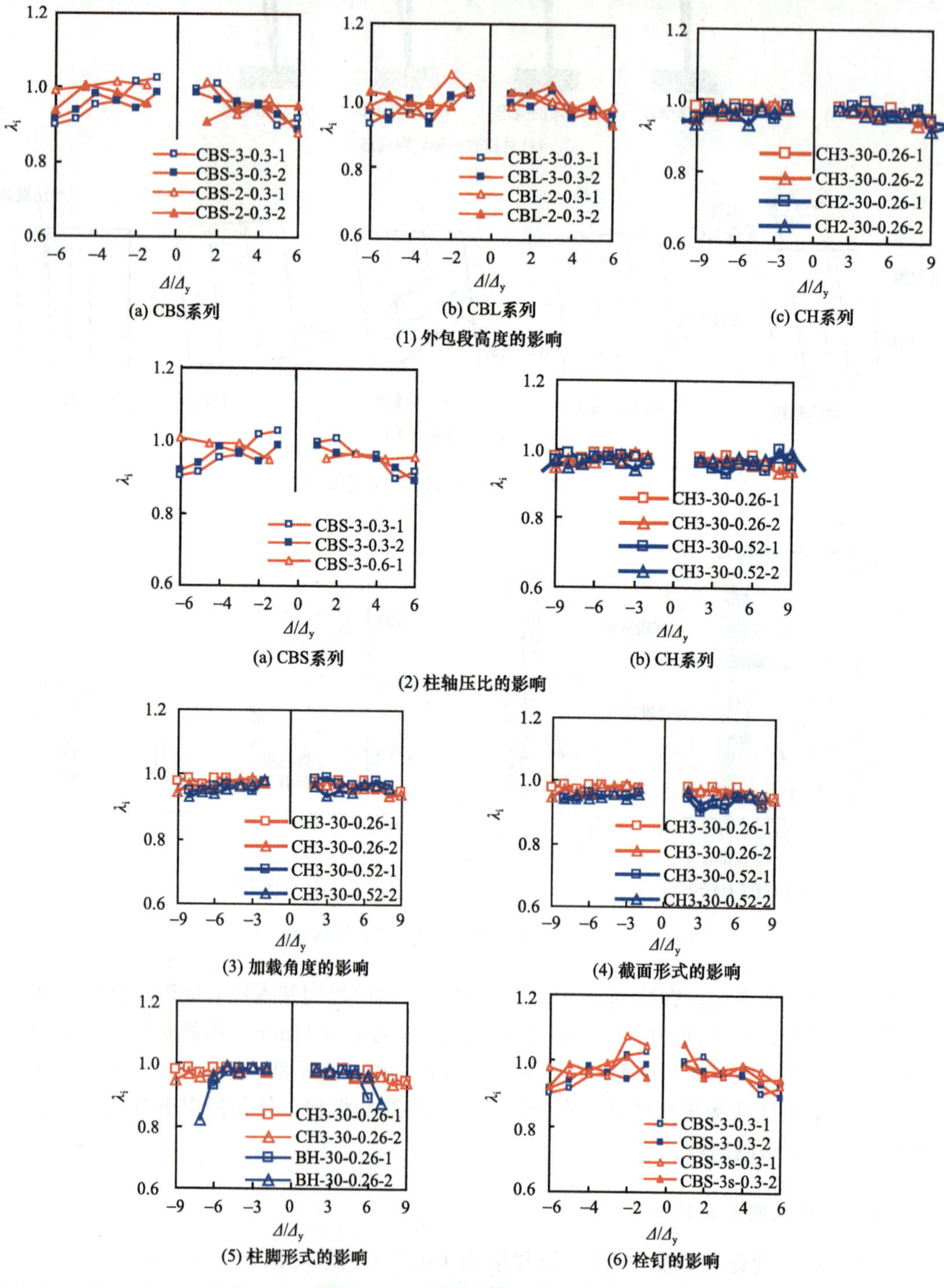

图 17.19　柱脚试件 λ_j-Δ/Δ_y 关系

了更大的水平荷载，而钢管混凝土结构在良好的约束情况下，其延性更好，因此在滞回加载过程中强度退化现象不明显。由图 17.19（4）可知，六边形截面可看作矩形减去四个边角得到，因此在双向压弯受力情况下，相对减弱了边角处局部应力过大带来的损伤发展，使得六边形截面的强度退化性能改善。由图 17.19（5）可知，埋入式柱脚在埋入嵌固良好的情况下，由于钢管混凝土的延性相比于钢筋混凝土结构更好，在出现钢材断裂之前，其强度退化现象不明显，但当出现钢材断裂后，其强度迅速退化。在钢管 - 外包段界面布置栓钉，改善了柱和外包段的共同工作性能，柱脚的强度退化性能改善。

试件的环线刚度（K_j）- 位移级别（Δ/Δ_y）关系对比如图 17.20 所示。可见，环线刚度退化曲线基本呈对称分布，随着位移级别的增大，正向和反向的环线刚度都显著减小，说明加载过程中钢管、纵筋和锚栓等塑性不断发展，核心混凝土和外包段混凝土不断损伤。由于材料逐渐进入塑性，环线刚度随着位移级别的增大而减小。加载前期，刚度退化最明显。

对比图 17.20（1）、（3）和（4）可知，在一定范围内，试件都发生了外包段混凝土底截面压弯破坏。加载角度、外包段高度以及柱截面形式对环线刚度的影响较小。对比图 17.20（2）可知，当轴压比提高时，混凝土受拉区减小，总体上环线刚度增大，但由于加快了混凝土的压溃，其刚度退化速度加快。柱脚形式的改变对环线刚度影响较大，由于外包段钢筋混凝土的存在，使得外包式柱脚相比于埋入式柱脚其环线刚度增大。在钢管 - 外包段界面布置栓钉，试件的初始环线刚度增大，由于柱脚底截面迅速发生压弯破坏，刚度退化效应增强。

5. 耗能分析

采用能量耗散系数（E_d）和等效黏滞阻尼系数（h_e）衡量柱脚的耗能性能。一般而言，h_e 越大，滞回曲线越饱满，试件的耗能能力越强。选取试件峰值荷载对应的滞回环进行计算，得到的 h_e 如表 17.3 所示。

表 17.3 试件耗能参信息

试件编号	ζ_{eq}	试件编号	ζ_{eq}
CBS-3-0.3-1	0.20	CH3-30-0.26-1	0.21
CBS-3-0.3-2	0.20	CH3-30-0.26-2	0.27
CBS-2-0.3-1	0.25	CH3-45-0.26-1	0.26
CBS-2-0.3-2	0.24	CH3-45-0.26-2	0.20
CBS-3s-0.3-1	0.23	CH2-30-0.26-1	0.22
CBS-3s-0.3-2	0.21	CH2-30-0.26-2	0.23
CBS-3-0.6-1	0.27	CR3-30-0.26-1	0.23
CBL-3-0.3-1	0.19	CR3-30-0.26-2	0.24
CBL-3-0.3-2	0.22	BH-30-0.26-1	0.33
CBL-2-0.3-1	0.28	BH-30-0.26-2	0.32
CBL-2-0.3-2	0.27	CH3-30-0.52-1	0.32
—	—	CH3-30-0.52-2	0.26

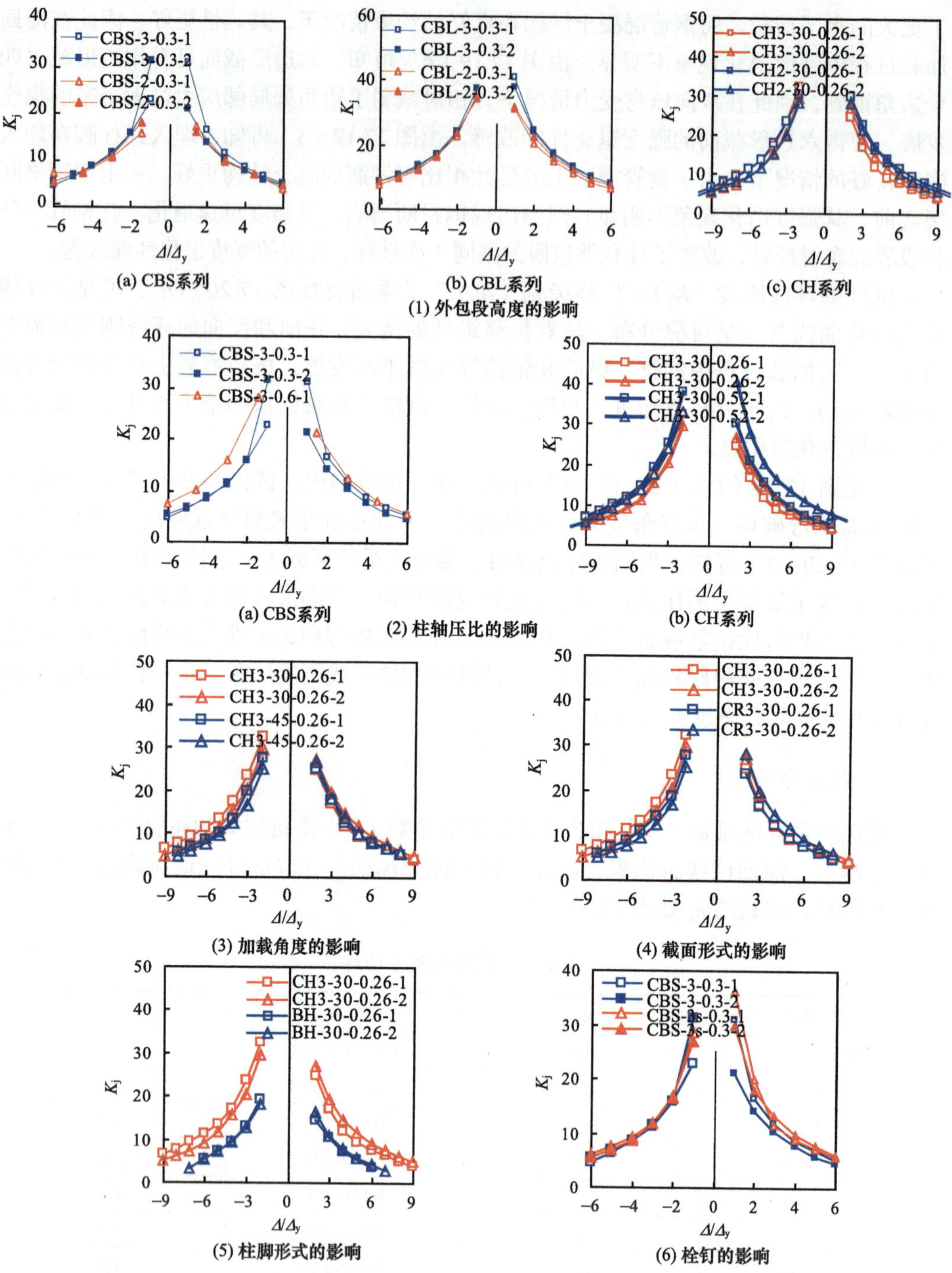

图 17.20 柱脚试件 K_j-Δ/Δ_y 关系

试件的等效黏滞阻尼系数为 0.19～0.33，可见，外包式六边形钢管混凝土柱脚具有较强的耗能性能。试验中出现了四类破坏形态：当发生外包段混凝土底部压弯破坏时（对应 CBS-3-0.3 系列试件、CBS-2-0.3 系列试件、CBS-3s-0.3 系列试件、CBL-3-

0.3 系列试件、CH3-30-0.26 系列试件、CH3-45-0.26 系列试件、CH2-30-0.26 系列试件和 CR3-30-0.26 系列试件)，滞回曲线较为捏缩，与钢筋混凝土构件滞回曲线相近，试件的等效黏滞系数 ζ_{eq} 介于 0.20 和 0.27 之间，耗能能力相对最差；当发生柱段压弯破坏时（对应 CBL-2-0.3 系列试件)，试件的等效黏滞系数 ζ_{eq} 介于 0.27 和 0.28 之间；当发生柱底压弯破坏时（对应 BH-30-0.26 系列试件)，试件的等效黏滞系数 ζ_{eq} 介于 0.32 和 0.33 之间，滞回曲线饱满，耗能能力相对最好；当发生外包段底部钢管混凝土加劲混合截面压弯破坏时（对应 CBS-3-0.6 系列试件和 CH3-30-0.52 系列试件)，试件的等效黏滞系数 ζ_{eq} 介于 0.26 和 0.32，其耗能能力介于上述两种破坏形态之间。

17.3　工作机理分析

17.3.1　有限元计算模型

外包式六边形钢管混凝土柱脚的有限元计算模型如图 17.21 所示。柱截面自上而下分别为钢管混凝土截面和钢管混凝土叠合截面。在基础顶面，钢管混凝土柱通过底板－锚栓构造与基础相连，形成的外露式柱脚被外包段包裹，外包段纵筋伸入基础。各部件的单元类型和网格划分如图 17.21 所示。

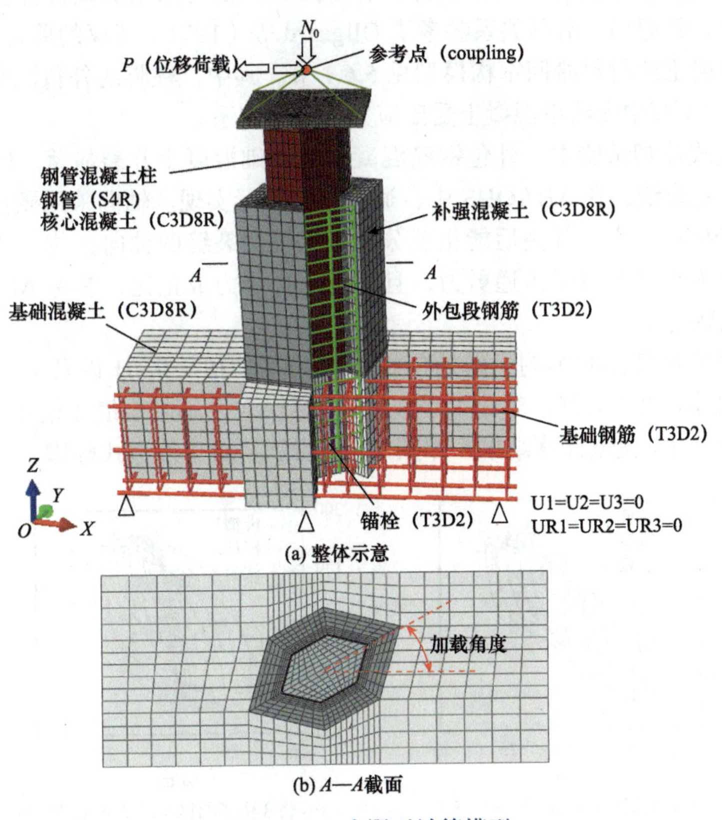

图 17.21　有限元计算模型

模型约束基础底面节点所有自由度，以模拟基础的固接状态。在加载点位置建立了参考点，并与柱顶耦合约束（couple）。在加载点施加恒定竖向轴压荷载以及反复水平位移荷载，实现柱脚加载。

外包式柱脚包含钢管混凝土、外包钢筋混凝土、底板、锚栓等部件，存在多种接触界面，如钢管－核心混凝土、钢管－外包混凝土、底板－基础混凝土、钢筋－混凝土等。钢板－混凝土界面均采用法向硬接触以及切向库仑摩擦接触模拟。硬接触能够传递压应力，不能传递拉应力，允许界面分离，不允许界面侵入。库仑摩擦接触模型如图 17.22 所示（图中，τ 为摩擦力，s 为滑移，p 为正压力）。界面在达临界摩擦力（τ_c）前仅允许小滑移，超过临界摩擦力后发生持续滑移，其临界摩擦力与正压力（p）成正比，比例系数为摩擦系数（μ）。对于钢管与混凝土界面，基于课题组已有研究，摩擦系数取 0.6。底板－基础混凝土界面摩擦系数取 0.4［《钢结构设计标准（附条文说明［另册］)》(GB 50017—2017)］。对于钢筋－混凝土界面，假设二者能够共同工作，采用共用节点连接。

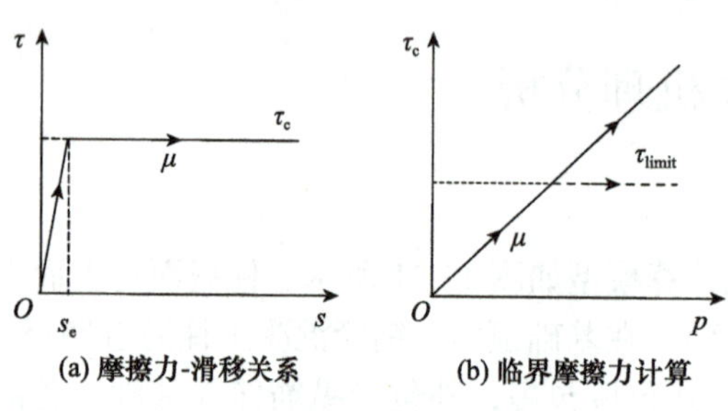

(a) 摩擦力-滑移关系　(b) 临界摩擦力计算

图 17.22　界面切向库仑摩擦模型

试验中，设计了带栓钉的对比试件。有限元计算模型采用非线性弹簧单元对栓钉进行简化模拟，其剪切－滑移关系参考了 Ollgaard 等（1971）建议的剪切－滑移公式。

钢材和混凝土的材料滞回本构模型见 5.6.1 节。其中，柱脚的外包混凝土和基础混凝土采用了 4.2.1 节中无约束混凝土受压应力－应变关系。

本章外包式柱脚试验中，外包钢筋混凝土与基础混凝土开裂显著。因而，在其界面引入一条固定裂缝，在 ABAQUS 中，通过接触单元实现。轴向采用硬接触，界面能够在接触时产生正压力，开裂后能相互分离，以模拟裂缝的轴向性能；切向采用库仑摩擦接触，界面在接触时能传递剪力，且剪力与正压力成正比，参考 ACI318-14 的建议，摩擦系数取为 1。

为分析裂缝对模型的影响，以外包式柱脚试件 CBS-3-0.3-1 以及 Ji 等（2014）报道的叠合柱试件 CCS7 为例，对比了带裂缝（模型 1）及不带裂缝（模型 2）模型的荷载（p）－位移（Δ）关系计算结果，如图 17.23 所示。对于外包式柱脚，引入裂缝能够

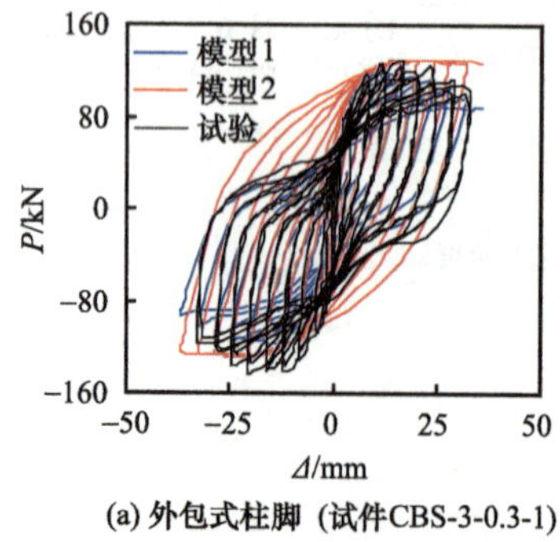

(a) 外包式柱脚（试件CBS-3-0.3-1)

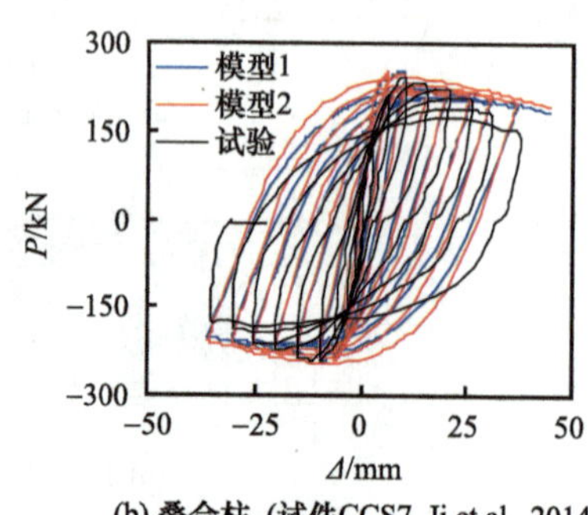

(b) 叠合柱（试件CCS7, Ji et al., 2014)

图 17.23　裂缝对荷载（P）－位移（Δ）关系的影响

显著改善滞回曲线的捏缩形态，并有效预测加载后期的强度下降。对于叠合柱，引入裂缝对模型计算结果影响较小。可见，引入裂缝的方法适用于结构不连续处混凝土显著开裂的情况，对于外包式柱脚模拟效果显著。

工程中，锚栓与底板连接分为单螺母和双螺母构造两类，如图 17.24 所示。单螺母构造中，锚栓仅承受拉力，柱脚卸载阶段，由于锚栓的受拉塑性变形不能恢复，底板将与锚栓脱离，导致滞回曲线捏缩。双螺母构造中，锚栓承受拉力和压力，其耗能性能优于单螺母构造。因而，模拟时有必要对以上两种构造进行区分。对于单螺母构造，底板与锚栓采用单向弹簧连接，锚栓受拉时刚度取大值，受压时刚度取小值；对于双螺母构造，底板与锚栓采用共用节点连接。

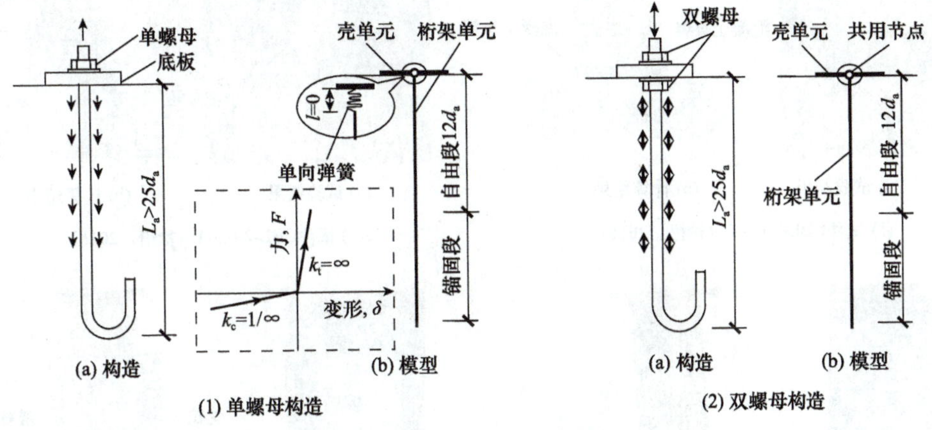

图 17.24　底板 - 锚栓构造模拟

图 17.25 所示为底板 - 锚栓连接构造对外包式及外露式柱脚荷载 - 位移关系的影响，算例为本章外包式柱脚试件 CBS-3-0.3-1 以及其对应的外露式柱脚。可见，底板 - 锚栓连接构造对两类柱脚荷载 - 位移关系骨架线的影响均较小，采用单向弹簧连接后，柱脚的滞回曲线更捏缩，耗能性能减弱。对于外包式柱脚，由于外包段承担了部分荷载，连接构造对其抗震性能的影响弱于外露式柱脚。

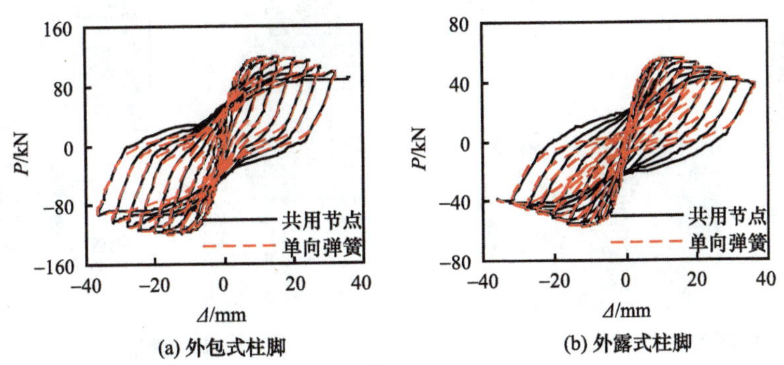

图 17.25　锚栓 - 底板连接对柱脚 P-Δ 关系的影响

为分析模型对“外露式柱脚 - 基础”以及“外包段 - 基础”两种传力路径模拟的有效性，对外露式钢 / 钢管混凝土柱脚、外包式钢 / 钢管混凝土柱脚试件进行验算。结果表明，提出的模型计算结果和实测吻合良好（杨志程，2022）。

本章采用外包式六边形钢管混凝土柱脚试件对模型进行验证。图 17.26 对比了有限元计算与试验的破坏形态。对于试件 CBL-3-0.3-1，有限元计算结果表明，外包式柱脚试件发生外包混凝土底部的压弯破坏，外包混凝土的受压侧混凝土压溃，受拉侧混凝

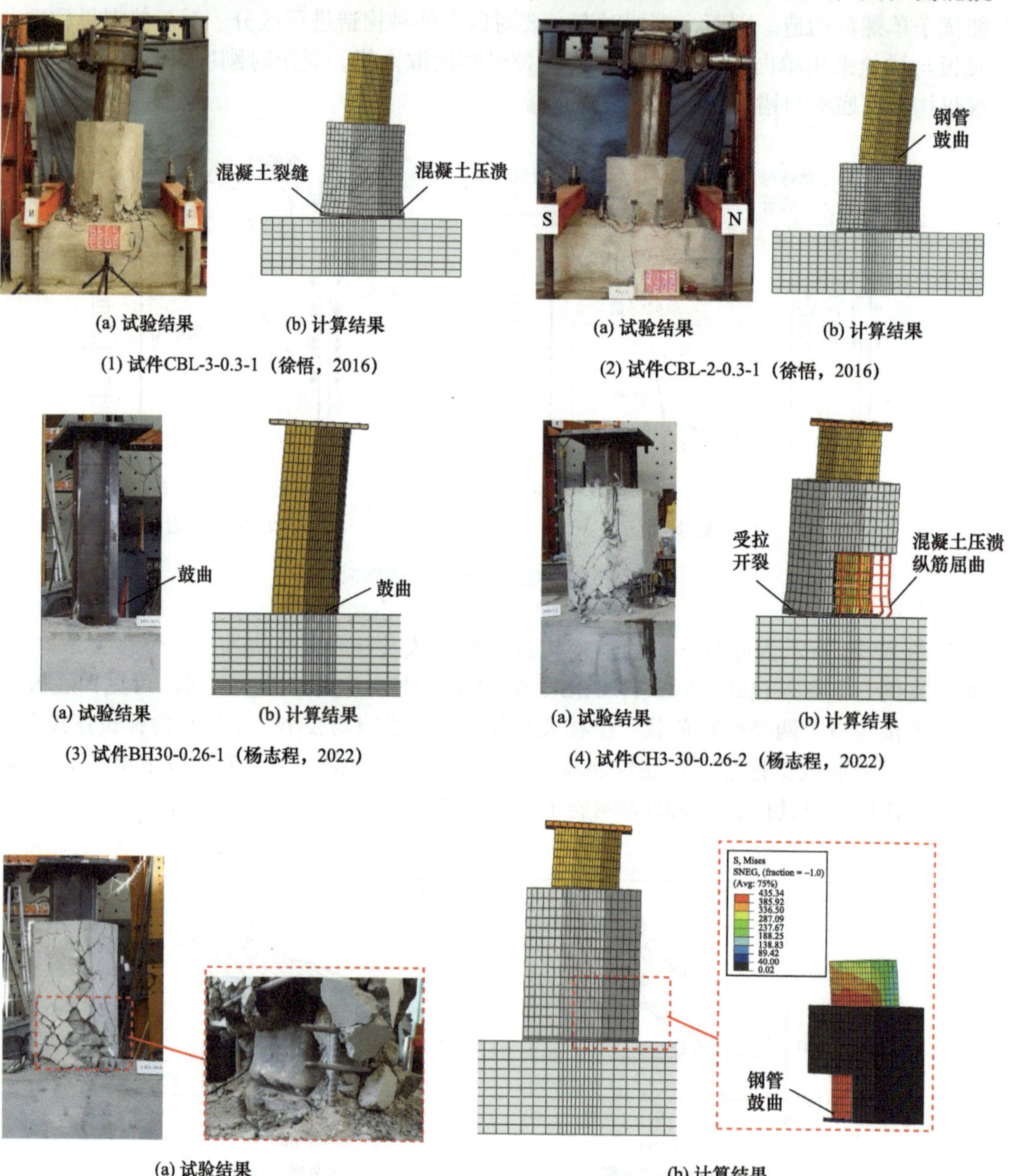

图 17.26　柱脚滞回试验破坏形态的试验结果与计算结果对比

土受拉开裂，与试验结果一致。对于试件 CBL-2-0.3-1，有限元计算结果表明，外包式柱脚试件发生柱截面的压弯破坏，外包混凝土顶部的钢管出现外鼓屈曲，与试验结果一致。对于试件 BH30-0.26-1，有限元计算结果表明，柱脚在基础顶面出现钢管混凝土柱截面的压弯破坏，钢管外鼓屈曲，与试验结果一致。对于试件 CH3-30-0.26-2，有限元结果表明，外包式柱脚试件发生底板底截面的压弯破坏，外包混凝土受压侧的混凝土压溃、纵筋屈曲，外包混凝土受拉侧混凝土出现裂缝。对于试件 CH3-30-0.52-1，有限元计算结果表明，外包式柱脚试件发生底板顶截面的压弯破坏，外包混凝土底部也出现压弯破坏，但破坏程度相比于试件 CH3-30-0.26-2 较不明显。底板顶部的钢管混凝土截面出现压弯破坏，钢管出现外鼓屈曲，与试验结果基本一致。

计算得到的荷载 - 位移关系与试验结果对比如图 17.27 所示。对比可见，模型能够有效模拟试件的荷载 - 位移性能以及加卸载性能。其中，高轴压比试件 CBS-3-0.6-1 的骨架线承载力低于试验值。可见，在轴压比限值范围内，高轴压比引起的计算误差较小，且偏于安全，分析结果仍适用于实际工程。

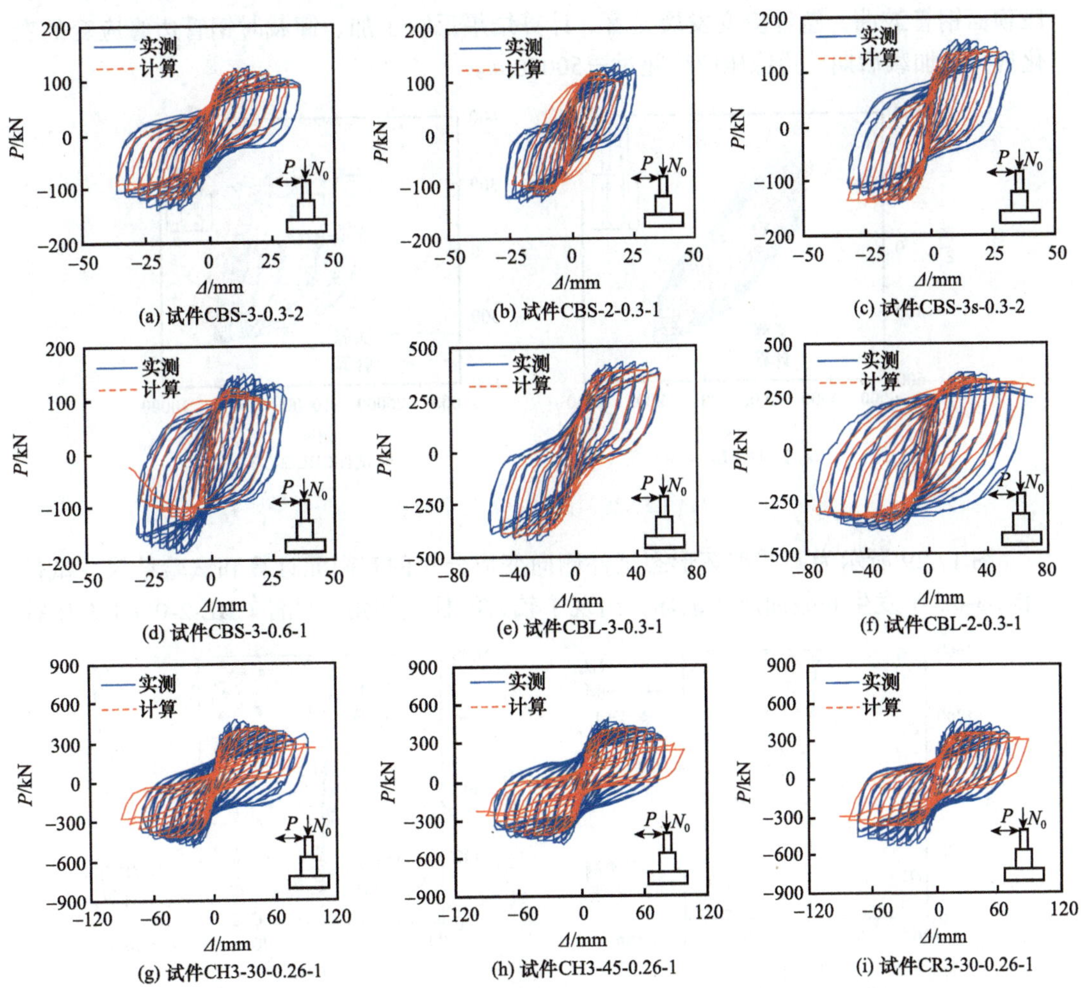

图 17.27　钢管混凝土柱脚试件 P-Δ 关系

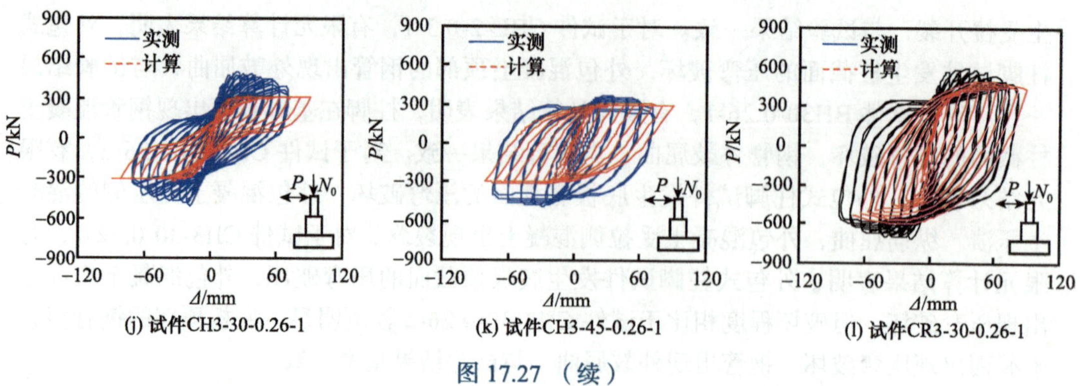

(j) 试件CH3-30-0.26-1　(k) 试件CH3-45-0.26-1　(l) 试件CR3-30-0.26-1

图 17.27 （续）

图 17.28 对比了不同破坏形态试件荷载－钢管应变关系的有限元计算和试验结果，应变为外包段顶面钢管边缘纵向应变。试件 CBL-3-0.3-1 发生底截面压弯破坏，外包段顶面钢管处于较低应力水平，最大压应变为$-3345\mu\varepsilon$。计算得到的最大压应变为$-4331\mu\varepsilon$，且应变发展规律与试验一致。试件 CBL-2-0.3-1 发生柱截面压弯破坏，外包段顶面钢管鼓曲，塑性应变发展显著。计算结果反映了加、卸载时钢管边缘应变的变化规律，加载后期，边缘压应变超过$-50000\mu\varepsilon$。

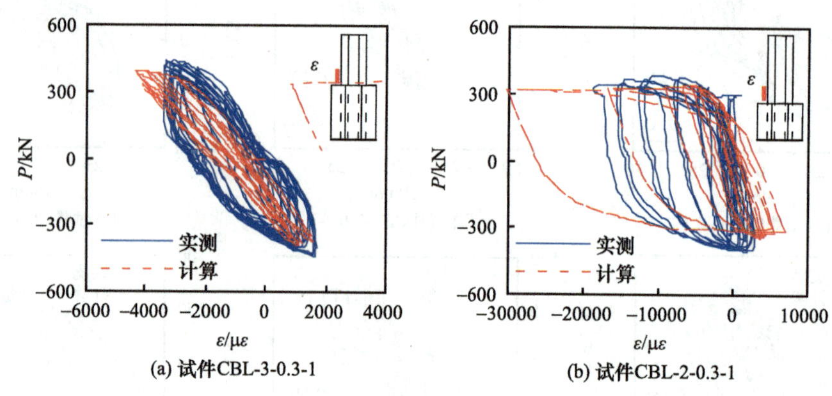

(a) 试件CBL-3-0.3-1　(b) 试件CBL-2-0.3-1

图 17.28　试件 P-ε 关系对比

图 17.29 所示为不同破坏形态试件侧向变形分布的有限元计算和试验结果。试件 CBL-3-0.3-1 发生底截面压弯破坏，出现了较大的柱底转角；试件 CBL-2-0.3-1 发生柱

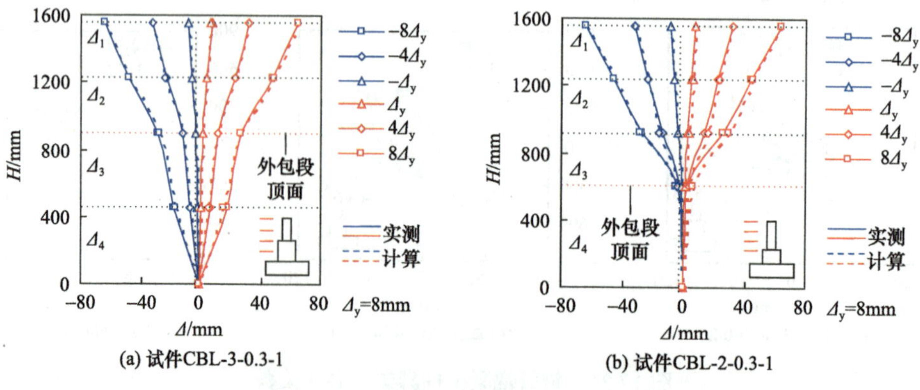

(a) 试件CBL-3-0.3-1　(b) 试件CBL-2-0.3-1

图 17.29　试件侧向变形沿高度分布对比

截面压弯破坏，在外包段顶面，钢管混凝土柱截面形成塑性铰，而外包段部分变形较小。对比表明，有限元计算模型能够有效模拟柱脚的底面转角变形以及外包段顶面变形突变特性，与试验结果吻合良好。

上述分析表明，模型能够有效模拟“外露式柱脚－基础”以及“外包段－基础”两种传力路径，对外露式柱脚及外包式柱脚均取得了较好的模拟结果。对于外包式六边形钢管混凝土柱脚，有限元计算模型在破坏形态、荷载－位移关系、应变发展、柱的侧向变形分布等各方面均取得了较好的模拟效果。

17.3.2　节点受力特性分析

1. 破坏形态

外包式柱脚的破坏形态决定了柱脚的承载力，并对其传力机制、内力分布影响显著。试验中，试件发生了底截面压弯破坏、柱截面压弯破坏两类破坏形态，外包段还出现了受剪裂缝和冲剪裂缝。为系统分析柱脚的破坏形态，以标准算例为基础，合理变化参数，得到如下破坏形态。本书作者对外包式柱脚可能的破坏形态开展分析，外包式柱脚共有六种破坏形态，如图 17.30 所示。

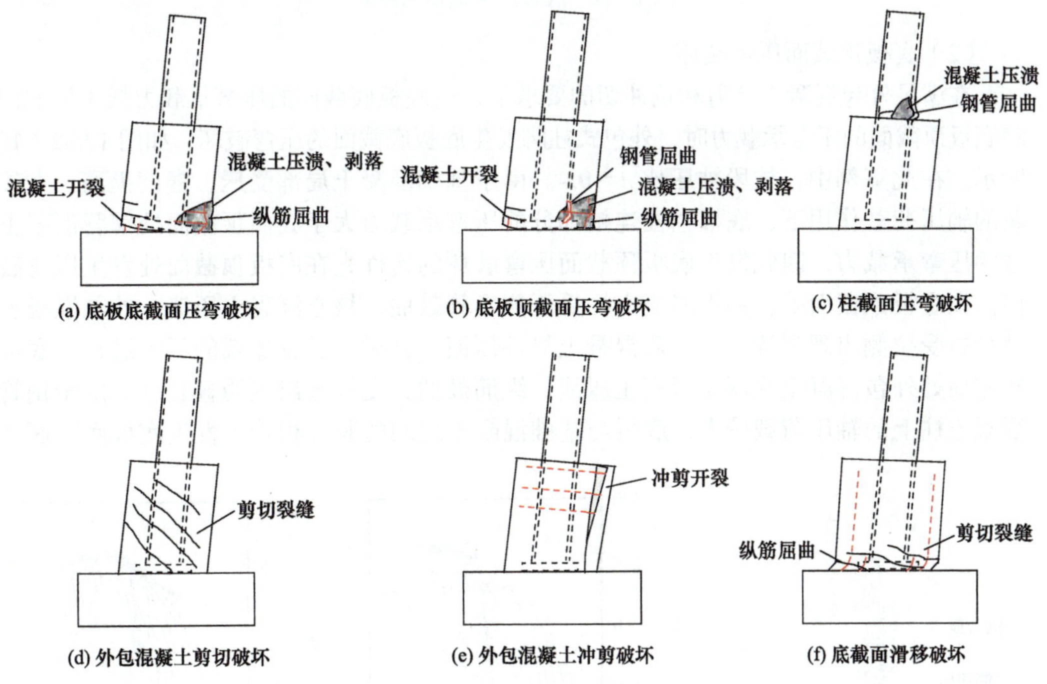

图 17.30　外包式六边形钢管混凝土柱脚破坏形态示意

（1）底板底截面压弯破坏

在满足外包混凝土抗剪和抗冲切的要求下，当底板底截面的压弯承载力低于柱截面和底板顶截面的压弯承载力时，外包式柱脚发生底板底截面的压弯破坏，如图 17.31（1）所示。在此算例中，柱段轴压比 $n=0.1$。底板底截面处外包混凝土受压侧混凝土压溃，纵筋鼓曲，受拉侧出现明显裂缝。底板在受拉区域与基础混凝土相互脱开，锚栓受拉屈服。钢管底部的屈服不明显，外包式柱脚在底板底截面处出现塑性铰。图 17.31（2）给出了外包式柱脚在强轴方向和弱轴方向上的荷载（P）- 位移（Δ）全过程关系。可见，发生底板底截面压弯破坏的柱脚构件具有较好的承载力和延性，滞回曲线较为捏缩，与普通的钢筋混凝土类似。

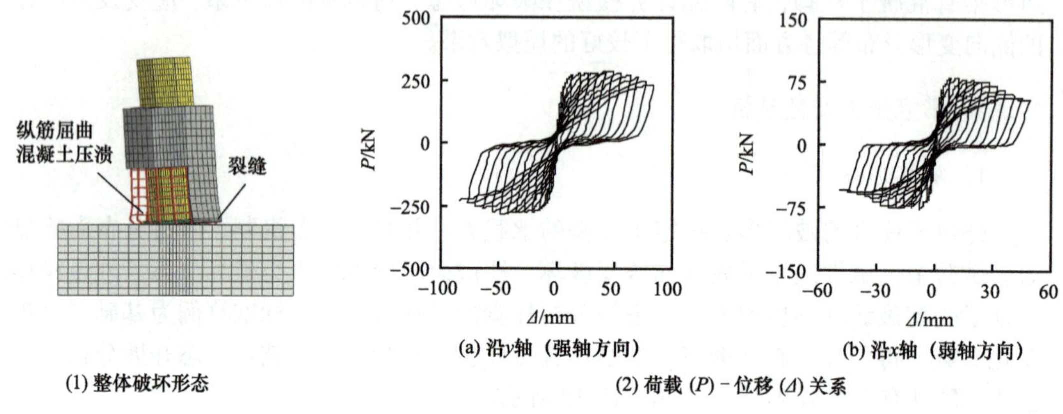

(1) 整体破坏形态　(2) 荷载 (P) - 位移 (Δ) 关系

图 17.31　底板底截面压弯破坏

（2）底板顶截面压弯破坏

在满足外包混凝土抗剪和抗冲切的要求下，当底板底截面的压弯承载力低于柱截面和底板顶截面的压弯承载力时，外包式柱脚发生底板底截面的压弯破坏，如图 17.32（1）所示。在此算例中，柱段轴压比 $n=0.4$。由于基础混凝土局部受压，强度提高，在较高的轴压荷载作用下，底板锚栓连接部分的压弯承载力大于底面顶截面处钢管混凝土柱的压弯承载力，因此发生底板顶截面压弯破坏的构件先在底板顶截面处发生压弯破坏。在底板顶截面处，钢管混凝土柱受压侧钢管鼓曲，核心混凝土压溃；外包混凝土部分在受拉侧出现裂缝，受压侧混凝土局部压溃。其后，随着加载的不断进行，底板底截面处外包混凝土受压侧混凝土压溃，纵筋鼓曲，受拉侧出现明显裂缝。由于钢管混凝土柱上的轴压荷载较大，底板与基础混凝土之间的脱开相较于发生底板底截面破

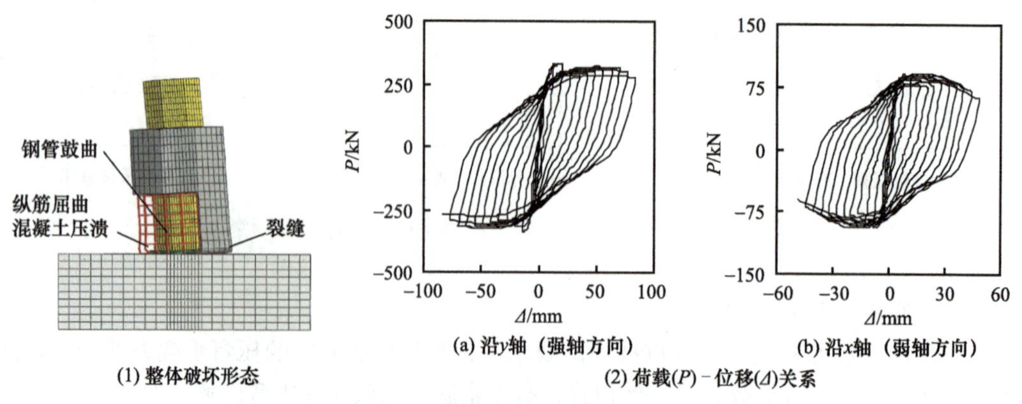

(1) 整体破坏形态　(2) 荷载(P) - 位移(Δ)关系

图 17.32　底板顶截面压弯破坏

坏的构件更不明显。图 17.32（2）给出了发生底板顶截面破坏构件在强轴方向和弱轴方向上的荷载（P）- 位移（Δ）全过程关系。可见，发生底板顶截面压弯破坏的柱脚构件具有较好的承载力和延性，滞回曲线更为饱满。

（3）柱截面压弯破坏

在满足外包混凝土部分抗剪和抗冲切的要求下，当柱截面的压弯承载力低于底板顶截面和底板底截面的压弯承载力时，外包式柱脚发生柱截面的压弯破坏，如图 17.33（1）所示。在此算例中，柱段轴压比 $n=0.5$。外包混凝土顶部的钢管混凝土柱在受压侧钢管鼓曲，对应位置的核心混凝土被压溃，而底板顶截面和底板底截面处的压弯破坏不明显。图 17.33（2）给出了发生柱截面破坏构件在强轴方向和弱轴方向上的荷载（P）- 位移（Δ）全过程关系。可见，发生柱截面压弯破坏的柱脚构件具有较好的承载力和延性，滞回曲线最为饱满，具有良好的耗能能力，与钢管混凝土柱的滞回曲线相类似。

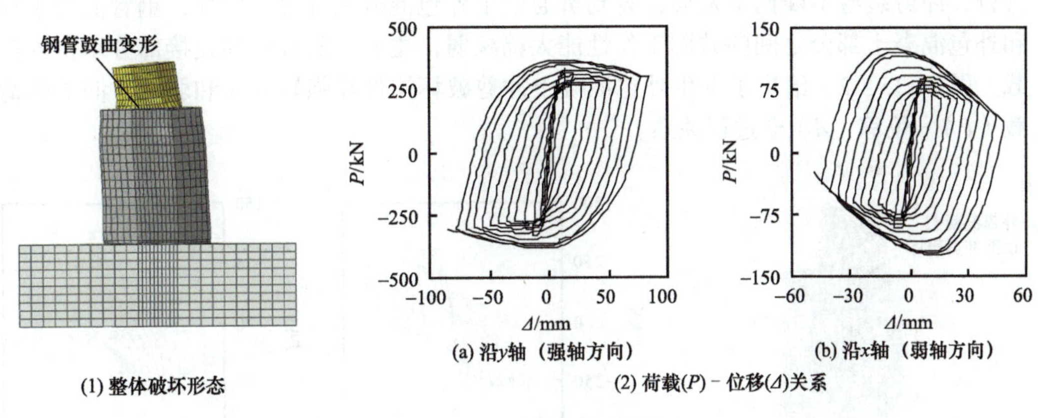

图 17.33　柱截面压弯破坏

（4）外包混凝土剪切破坏

当外包混凝土中箍筋配置不足时，外包混凝土部分会发生剪切破坏，如图 17.34（1）所示。在此算例中，仅在外包混凝土顶部设置 5 道加密箍筋防止外包混凝土顶部冲切破坏，外包混凝土其他位置不设置箍筋。外包混凝土部分首先在中部沿着荷载方向出现剪切裂缝，其后剪切裂缝不断向底部发展。柱截面和底板顶截面处未发现明显破坏，在底板底截面上，底板在受拉侧与基础混凝土脱开，锚栓受拉屈服。外包混凝土部分没有明显的压溃和开裂。由于外包混凝土部分剪切破坏，钢管混凝土柱和外包混凝土之间的相互作用大幅减弱，主要由底板锚栓连接部分承担外荷载。图 17.34（2）给出了发生外包混凝土剪切破坏构件在强轴方向和弱轴方向上的荷载（P）- 位移（Δ）全过程关系。可见，曲线上的捏缩程度比压弯破坏时有所提高。

（5）外包混凝土顶部冲切破坏

当外包混凝土顶部箍筋配置不足或者没有按要求进行加密配置时，柱脚构件在外包混凝土顶部出现冲剪破坏，如图 17.35（1）所示。在此算例中，外包混凝土顶截面往下 300mm 范围内没有配置箍筋。钢管混凝土柱和外包混凝土部分之间的接触应力在

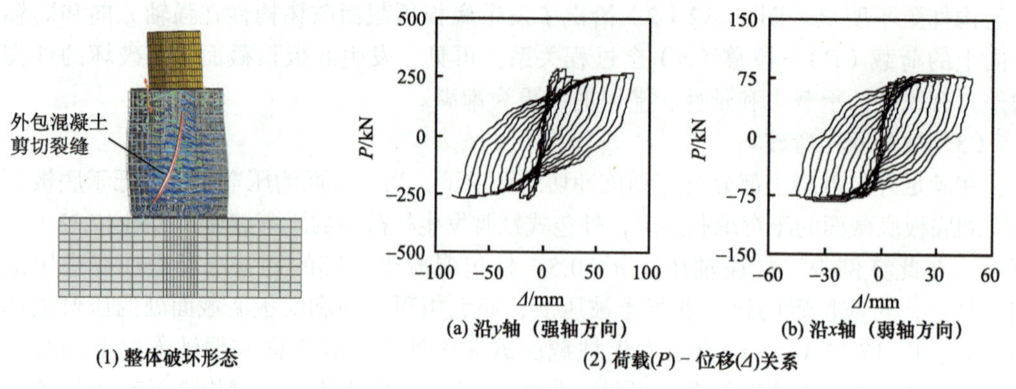

图 17.34　外包混凝土剪切破坏

外包混凝土顶部最大。由于在顶部未配置箍筋，因此出现冲剪裂缝。随着加载的不断进行，冲剪裂缝不断向下发展，直到贯通整个外包混凝土部分。因此，钢管混凝土柱和外包混凝土部分之间的共同工作性能大幅减弱，主要由底板锚栓连接部分承担外荷载。图 17.35（2）给出了发生外包混凝土冲剪破坏构件在强轴方向和弱轴方向上的荷载（P）－位移（Δ）全过程关系。

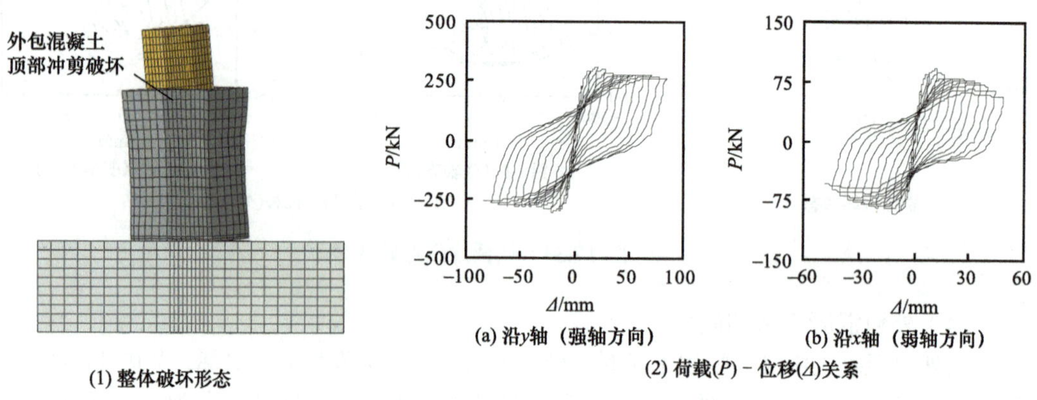

图 17.35　外包混凝土顶部冲剪破坏

（6）底板处滑移受剪破坏

当未在底板下设置抗剪件同时轴压荷载较小甚至出现轴拉荷载时，外包式柱脚发生底板处滑移剪切破坏，如图 17.36（1）所示。此算例中，轴压比 $n=0$，且在底板下没有设置抗剪键。由于底板底截面处抗剪强度不足，外包混凝土发生水平滑移，外包混凝土中纵筋中出现受剪变形。底板和基础混凝土也发生了相对滑移，锚栓出现剪切滑移变形。荷载（P）－位移（Δ）关系如图 17.36（2）所示，其滞回曲线整体相比于底板底截面压弯破坏的滞回曲线，其承载力较低，延性较差，滞回曲线更为捏缩，耗能能力较差。

综上所述，根据底板锚栓处的设计，外包混凝土部分的设计和外荷载的作用情况，一共发生六种典型的破坏形态。对于发生外包混凝土剪切破坏和外包混凝土冲剪破坏

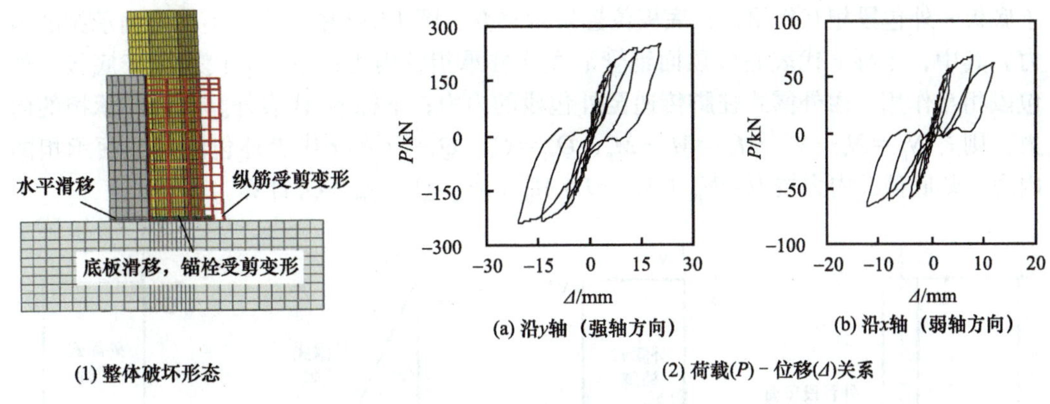

图 17.36　底板处滑移剪切破坏

的柱脚构件，由于外包混凝土部分过早的发生破坏，使得钢管混凝土柱和外包混凝土部分的共同工作性能减弱。前三种破坏形态为控制截面的压弯破坏，具有较高的承载力、较好的延性和耗能能力。

2. 传力机制

外包式柱脚荷载通过“外露式柱脚 - 基础”和“外包段 - 基础”两种传力路径传递至基础。本节以标准试件 CB-3 为例，分析了外露式柱脚和外包段的相互作用机制，如图 17.37 所示，可分为以下两类。

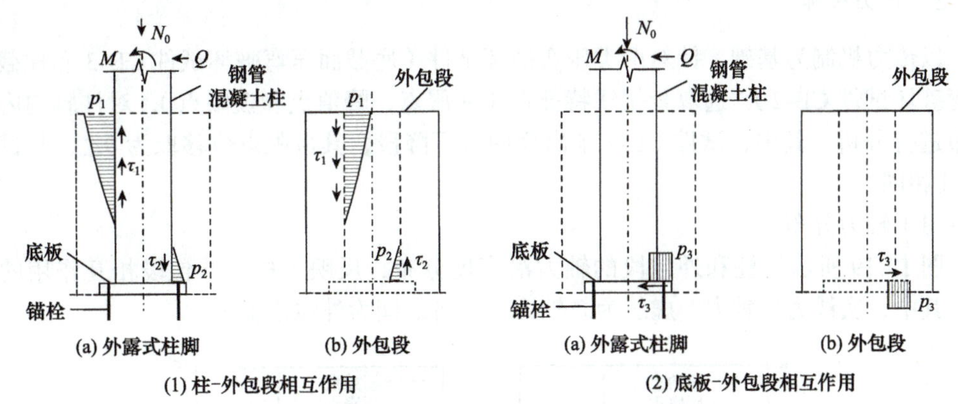

图 17.37　外露式柱脚 - 外包段相互作用机制

1）柱 - 外包段相互作用：如图 17.37（1）所示，柱与外包段在界面变形协调，通过法向应力 p_1、p_2 以及切向应力 τ_1、τ_2，将荷载由柱传递至外包段。

2）底板 - 外包段相互作用：如图 17.37（2）所示，外露式柱脚底板与外包段接触，发挥嵌固作用，通过法向应力 p_3 以及切向应力 τ_3，将荷载由底板传递至外包段。

为分析柱脚传力机制，绘制了峰值荷载时外露式柱脚及外包段的内力（轴力、弯矩和剪力）分布示意，如图 17.38 所示，虚线左侧为外露式柱脚内力，虚线右侧为外包段内力。外露式柱脚内力首先通过柱 - 外包段相互作用，沿高度传递至外包段，并由于底板－外包段相互作用，在底板位置发生突变。图 17.38 中标记了不同截面承担的内力。其中，下标 c 代表底板顶面钢管混凝土柱承担的内力；下标 p 代表由于底板－外包段相互作用，由外露式柱脚传递至外包段的内力；下标 pc 代表外露式柱脚承担的内力，则有 $N_{pc}=N_c-N_p$，$M_{pc}=M_c-M_p$，$Q_{pc}=Q_c-Q_p$；下标 r 代表外包段底截面承担的内力，则底截面内力按 $N=N_{pc}+N_r$，$M=M_{pc}+M_r$，$Q=Q_{pc}+Q_r$ 计算。

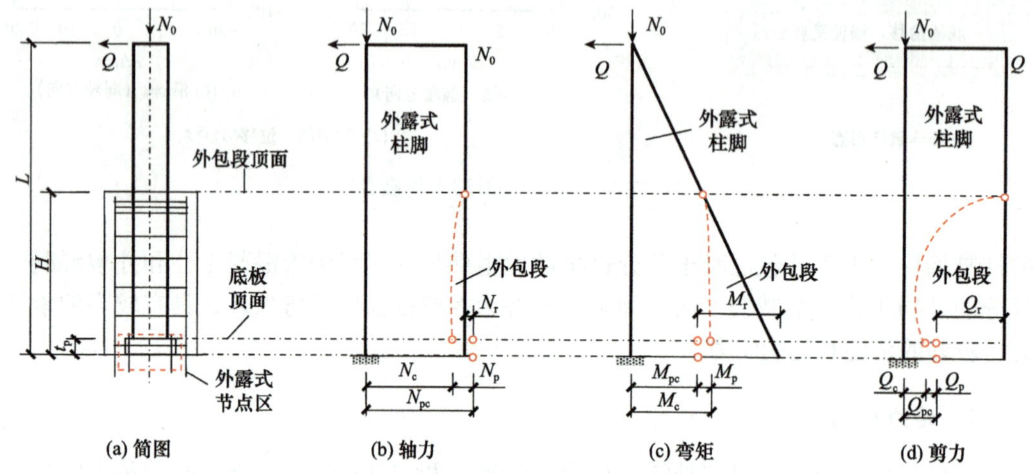

图 17.38　外露式柱脚与外包段内力分布

3. 内力分布

以传力机制为基础，针对两类压弯破坏试件（底截面压弯破坏试件 CB-3 和柱截面压弯破坏试件 CB-2），选取骨架线特征点（屈服点，峰值点和极限点），对柱脚的内力分布进行分析。其中，试件 CB-2 未出现明显下降段，其极限点位移取为 $9\Delta_y$，与试件 CB-3 相同。

（1）轴力分布

图 17.39 所示为柱和外包段的轴力沿高度分布，反映了柱－外包段相互作用的影响。其中，实线为柱轴力，虚线为总轴力，二者之间为外包段轴力。

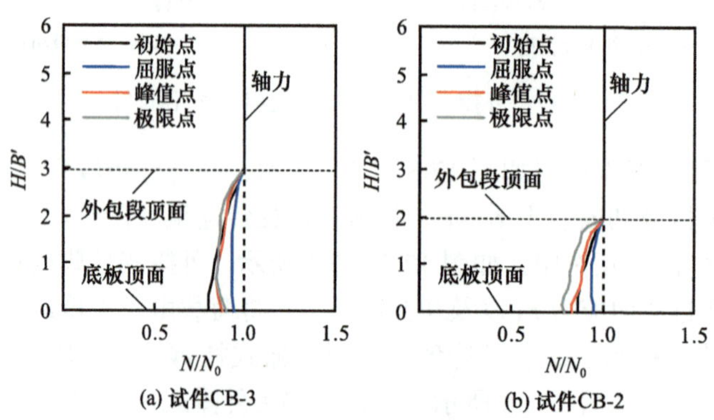

图 17.39　外包式柱脚轴力分布

对于试件 CB-3，仅受轴力作用时，部分轴力通过柱与外包段的摩擦力传递至外包段。底板顶面位置，外包段承担的轴力比例为 20%。随着水平位移的加载，二者出现侧向相互作用，部分轴力通过切向接触应力（τ_1 和 τ_2）传递至外包段，如图 17.39（a）所示。自外包段顶面往下，外包段承担的轴力由于 τ_1 先增大，之后受到反向 τ_2 而减小。峰值点时，外包段承担的轴力比例为 12%。

对于试件 CB-2，外包段高度减小为 $2B'$，仅受轴力作用时，底板顶面位置，外包段承担的轴力比例减小为 14%，小于试件 CB-3；随着水平位移的加载，由于外包段高度较低，柱与外包段的相互作用显著增强，切向接触应力（τ_1）增大，峰值点时，外包段承担的轴力比例增大至 17%，大于试件 CB-3。

图 17.40 所示为底截面轴力分布随位移级别（Δ/Δ_y）变化关系，其中，N_c 为底板顶面钢管混凝土柱承担的轴力，N_p 为通过底板－外包段相互作用由外露式柱脚传递至外包段的轴力，N_{pc}（N_c-N_p）和 N_r 分别为柱脚底截面由外露式柱脚和外包段承担的轴力。

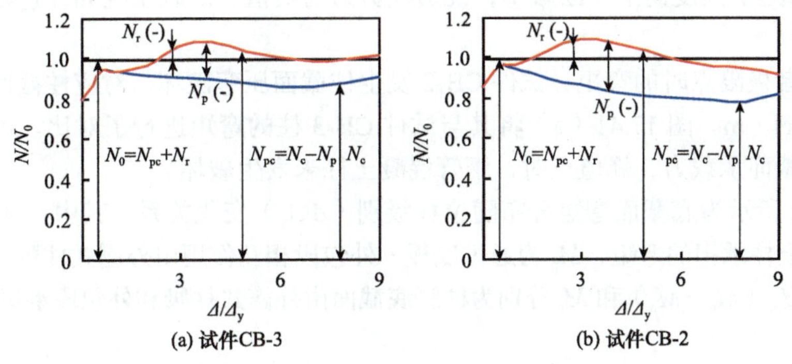

图 17.40　柱脚底截面轴力分布

对于试件 CB-3，当位移大于 $2\Delta_y$ 时，由于底板－外包段相互作用，部分轴力由外包段传递至底板（N_p，符号为负）。N_p/N_0 在位移为 $4\Delta_y$ 时达峰值，为 17.9%。外包段仅承担了小部分轴力（N_r）。位移在 $3\Delta_y$ 和 $6\Delta_y$ 之间时，由于 N_p 的存在，N_r 为拉力，但最大拉力仅为 $0.08N_0$。峰值点时（$\Delta/\Delta_y=5$），轴力主要由外露式柱脚承担，而外包段几乎不承担轴力。

对于试件 CB-2，外包段高度减小为 $2B'$，底板的嵌固作用增强，导致由外包段传递至底板的轴力（N_p）增大，所占比例最大值达 23.4%，但轴力分布规律变化不显著。

（2）弯矩分布

图 17.41 所示为柱和外包段的弯矩分布。其中，实线为柱弯矩，虚线为总弯矩，二者之间为外包段弯矩。

对于试件 CB-3，各特征点时的弯矩分布规律基本一致。柱脚总弯矩呈线性分布，外包段顶面以上，弯矩由柱承担；外包段范围内，部分弯矩由柱传递至外包段。以峰值点为例，柱弯矩沿高度向下基本维持稳定，而外包段弯矩显著增大。

对于试件 CB-2，外包段高度减小为 $2B'$，导致由柱向外包段传递弯矩的能力减

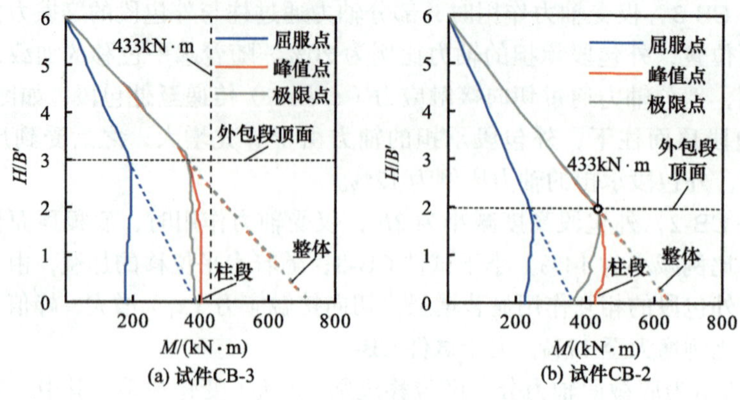

图 17.41　外包式柱脚弯矩分布

弱，柱承担的弯矩比例增大。峰值点时，底板顶面柱承担的弯矩比例由 55.9% 增大到 66.2%。柱弯矩沿高度向下不断减小，说明柱剪力为负值，反映了柱和外包段较强的相互作用。

对比二者极限点时的弯矩，试件 CB-2 发生柱截面压弯破坏，对应柱截面的抗弯承载力为 433kN · m。图 17.41（a）将其与试件 CB-3 柱的弯矩进行了对比。可见，柱的弯矩未达其截面承载力，峰值点时，钢管混凝土柱未发生破坏。

图 17.42 所示为底截面弯矩分布随位移级别（Δ/Δ_y）变化关系。其中，M_c 为底板顶面钢管混凝土柱承担的弯矩，M_p 为通过底板 - 外包段相互作用由外露式柱脚传递至外包段的弯矩，M_{pc}（M_c-M_p）和 M_r 分别为柱脚底截面由外露式柱脚和外包段承担的弯矩。

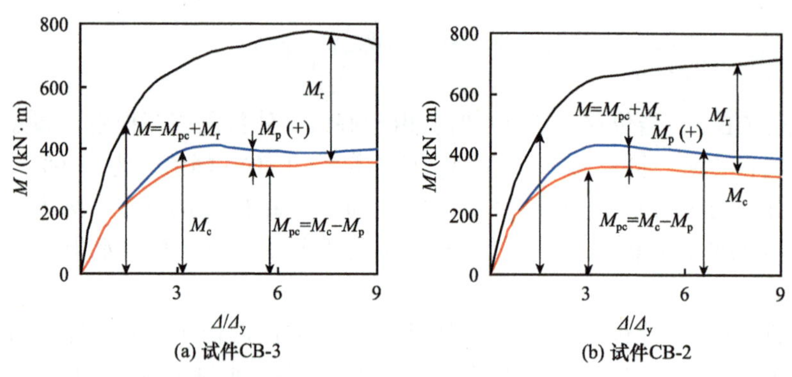

图 17.42　柱脚底截面弯矩分布

对于试件 CB-3，位移为 $2\Delta_y$ 时，底板 - 外包段相互作用出现，部分弯矩由外露式柱脚传递至外包段（M_p，符号为正）。M_p 占总弯矩比例的最大值为 6.9%，可见底板的嵌固作用对弯矩分布影响有限。峰值点时，M_{pc}、M_r 所占比例分别为 48.1%、51.9%。此后，M_{pc} 维持稳定，M_r 由于纵筋强化缓慢增长，二者均接近其极限承载力。

对于试件 CB-2，外包段高度减小为 $2B'$，底板 - 外包段相互作用增强，M_p 占总弯矩比例增大，最大值为 11.2%，外露式柱脚承担的弯矩比例增大。峰值点时，M_{pc}、M_r

所占比例分别为 51.6、48.4%。此后，柱脚发生柱截面压弯破坏，底截面弯矩维持稳定。

总结可见，底截面弯矩由外露式柱脚和外包段共同承担。结合轴力分布，可以认为，在柱脚底截面，外露式柱脚承担压弯荷载，而外包段主要承担弯矩。

（3）剪力分布

图 17.43 所示为柱和外包段的剪力沿高度分布。其中，实线为柱剪力，虚线为总剪力，二者之间为外包段剪力。外包段范围内，剪力通过柱－外包段相互作用，由柱传递至外包段。

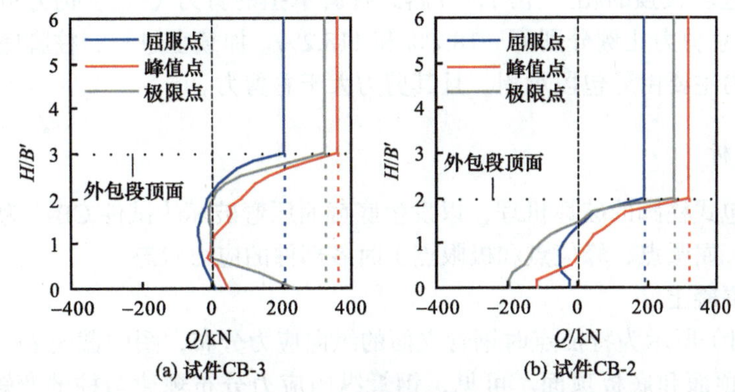

图 17.43　外包式柱脚剪力分布

对于试件 CB-3，自外包段顶面往下，柱剪力先迅速减小，在高度接近 B' 时达最小值，然后缓慢反向增长。峰值点时，底板顶面位置剪力主要由外包段承担，柱承担的剪力较小。

对于试件 CB-2，外包段高度减小为 $2B'$，剪力分布变化显著。自外包段顶面向下，柱剪力不断减小，在底板顶面为负值，对应外包段剪力大于总剪力。以峰值点为例，底板顶面位置，柱及外包段剪力分别为$-0.36Q$ 和 $1.36Q$（Q 为总剪力）。随着外包段高度的减小，柱－外包段的相互作用增强，导致外包段受剪严重，与试验结果一致。

图 17.44 所示为底截面剪力分布随位移级别（Δ/Δ_y）变化关系。其中，Q_c 为底板顶面钢管混凝土柱承担的剪力，Q_p 为通过底板－外包段相互作用由外露式柱脚传递至外包段的剪力，Q_{pc}（Q_c-Q_p）和 Q_r 分别为柱脚底截面由外露式柱脚和外包段承担的剪力。

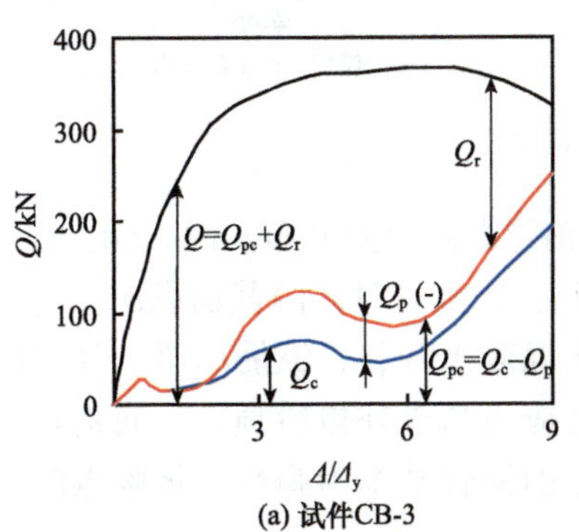

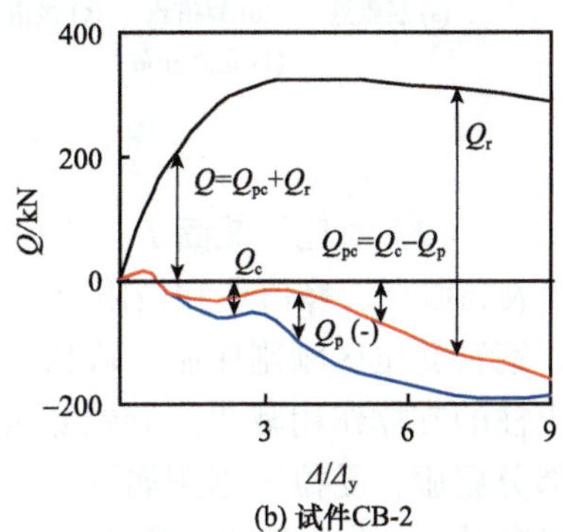

图 17.44　柱脚底截面剪力分布

随着外包段高度的变化，底截面剪力分布变化显著。

对于试件 CB-3，位移为 $2\Delta_y$ 时，底板－外包段相互作用出现，部分剪力由外包段传递至外露式柱脚（Q_p，符号为负），但 Q_p 占总剪力比例不大，最大值为 17.8%。加载上升段，底截面剪力主要由外包段承担。峰值点时，Q_{pc}、Q_r 占总剪力比例分别为 25.8% 和 74.2%。此后，外包段底截面发生受弯破坏，抗剪能力减弱，剪力逐渐转移至外露式柱脚。

对于试件 CB-2，外包段高度减小为 $2B'$，部分剪力由外包段传递至外露式柱脚，但由于柱－外包段较强的相互作用，外露式柱脚承担的剪力（Q_{pc}）仍为负值。峰值点时，Q_{pc}、Q_r 占总剪力比例分别为－18.2% 和 118.2%。加载全过程，柱脚底截面未发生破坏，柱脚剪力主要由外包段承担，且其剪力大于总剪力。

4. *应力分析*

为研究外包式柱脚的破坏机理，以发生底截面压弯破坏的试件 CB-3 为例，分析了骨架线特征点（屈服点、峰值点和极限点）时各部件的应力状态。

（1）钢管混凝土

图 17.45（1）所示为特征点时钢管立面的纵向应力分布，图中截面 $I—I$ 和$Ⅱ—Ⅱ$分别为外包段顶面和底板顶面。可见，钢管纵向应力分布规律与柱的弯矩分布一致。屈服点时，钢管柱底受压区刚刚屈服，而受拉区未屈服。峰值点时，钢管柱底受压区局部屈服，受拉区刚刚屈服，最不利截面出现在外包段中下部。极限点时，钢管应力状态未发生变化，说明随着柱脚的破坏，钢管混凝土柱尚未发生破坏。

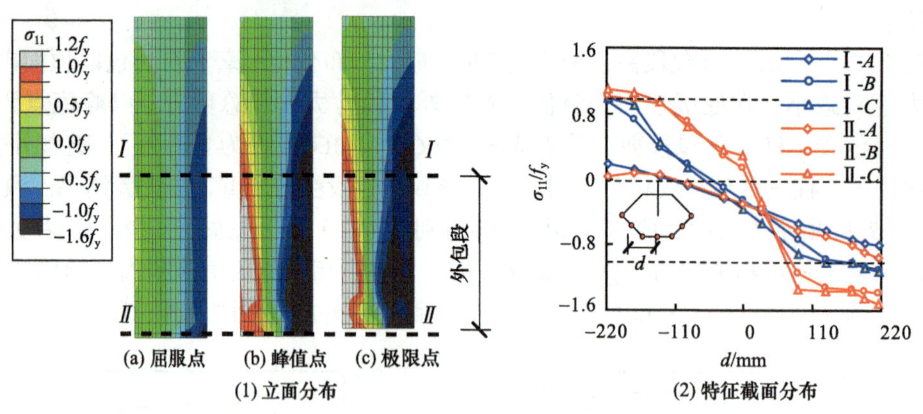

图 17.45　钢管纵向应力分布

图 17.45（2）对比了截面 $I—I$ 和$Ⅱ—Ⅱ$的钢管纵向应力分布。图 17.45 中，A、B、C 分别代表屈服点、峰值点和极限点（下文相同）。屈服点时，两截面纵向应力分布基本一致，钢管受压区刚刚屈服。峰值点时，由于混凝土开裂、纵筋屈服，外包段对钢管混凝土柱的支撑作用减弱，导致底板顶面钢管应力高于外包段顶面，底板顶面钢管受压区部分屈服，受拉区刚刚屈服，而外包段顶面钢管基本为弹性。极限点时，两截面应力略有增长，分布规律与峰值点一致。

（2）核心混凝土

图 17.46（1）所示为特征点时核心混凝土立面的纵向应力分布。其纵向应力分布规律与柱的弯矩分布一致。图 17.46（2）对比了特征点时截面 *I*—*I*、*Ⅱ*—*Ⅱ* 的纵向应力分布。屈服点时，两截面纵向应力分布接近，处于较低应力水平。峰值点时，底板顶面受压区纵向应力迅速增长，应力接近材料峰值应力（f_c'），而外包段顶面应力与之分布一致，应力略高于材料峰值应力。极限点时，两截面受压区应变继续增长，受压区混凝土部分进入材料下降段，应力减小，但下降幅度不大。

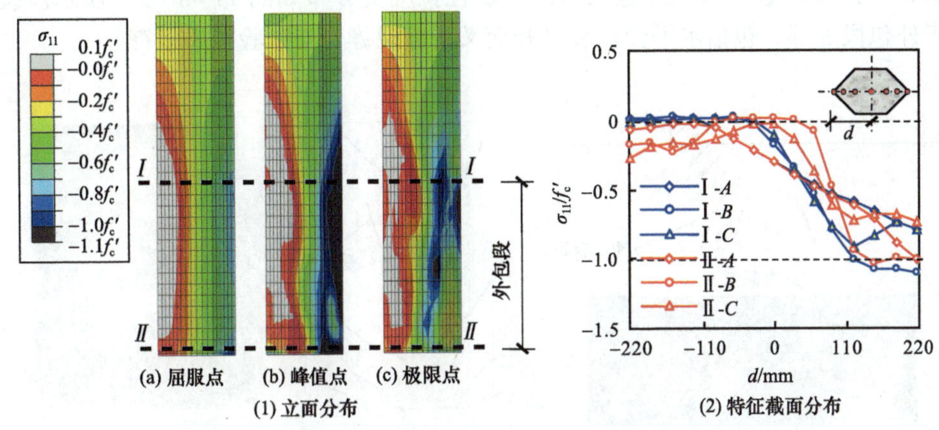

图 17.46　核心混凝土纵向应力分布

综上可见，加载过程中，随着外包段混凝土压溃、纵筋屈服，钢管混凝土的底截面弯矩逐渐大于其外包段顶面弯矩。峰值点时，受外露式节点承载力的影响，柱的最大弯矩出现在外包段中下部，但钢管混凝土柱未达极限状态。

（3）外包混凝土

图 17.47 所示为特征点时外包混凝土立面及截面的纵向应力分布。可见，外包混凝土受到柱的侧向推动，呈一侧受拉、一侧受压的受弯构件特征，且出现了一定程度的应力集中。屈服点时，外包混凝土大范围受拉，受压区应力迅速增长，边缘压应力接近峰值应力。峰值点时，受压侧应力继续增长，边缘混凝土应力低于材料

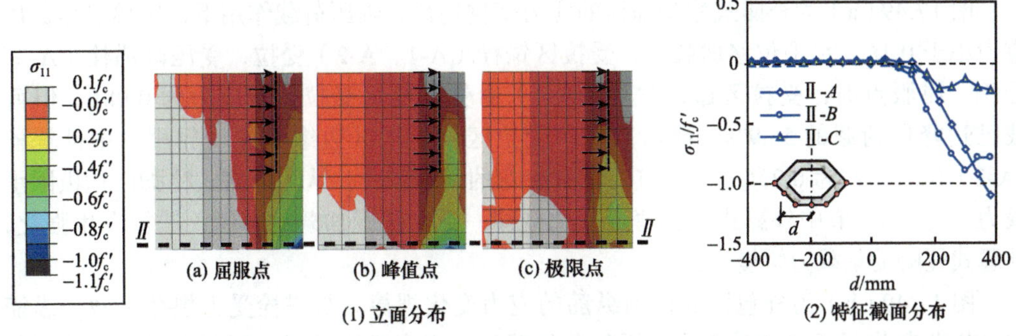

图 17.47　外包混凝土纵向应力分布

峰值应力。极限点时，外包混凝土受压区大范围压溃，压应力减小，而受拉区范围维持稳定。

为分析外包段的开裂特性，提取了峰值点时外包混凝土顶面和侧面的塑性拉应变分布，并与试验结果对比，如图 17.47 所示。其中，箭头长度反映塑性拉应变的大小，即裂缝宽度；箭头方向代表塑性拉应变的方向，与裂缝方向垂直。

外包段顶面的塑性拉应变分布如图 17.48（1）所示。塑性拉应变出现在截面对角线位置，此处冲剪作用最显著。同时，塑性拉应变沿高度向下不断减小，说明冲剪作用减弱，与试验现象一致。外包段侧面的塑性拉应变分布如图 17.48（2）所示。裂缝集中于外包段底部，包括水平受拉裂缝和交叉受剪裂缝，与试验结果相符。

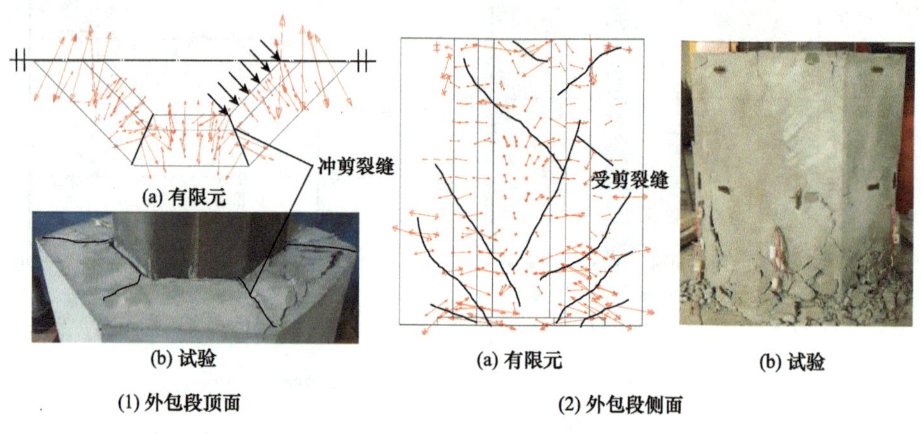

图 17.48　外包混凝土裂缝分布

外包段裂缝分为弯矩作用下的受拉裂缝、剪力作用下的冲剪裂缝和受剪裂缝。工程中，需考虑以上 3 方面因素，对外包段尺寸、配筋进行合理设计：通过纵筋配筋率及保护层厚度控制外包段底面裂缝宽度，在外包段顶面进行箍筋加密，避免其发生冲剪破坏，同时，控制外包段体积配箍率，以满足其抗剪要求。

（4）锚栓及纵筋

图 17.49 所示为外露式柱脚锚栓及外包段纵筋在加载骨架点时的纵向应力变化规律，以分析外露式柱脚和外包段底截面的受力状态。

图 17.49（a）为外露式柱脚锚栓的应力变化规律。轴压荷载作用下，锚栓受压，压应力小于 $0.1f_y$。水平位移加载后，受拉区锚栓（A-1、A-2）受拉，受压区锚栓（A-3）受压。屈服点时，受拉区边缘锚栓（A-1）由受压变为受拉，拉应力为 $0.08f_y$，但荷载已达峰值荷载的 56.9%。峰值点时，受拉区及受压区边缘锚栓均屈服，中部锚栓（A-2）拉应力约为 $0.23f_y$，由于其对柱脚抗弯的贡献较小，认为外露式柱脚已达极限承载力，与 5.3.2 节中外露式柱脚弯矩变化规律一致。随着加载的继续，锚栓发生强化，外露式柱脚的承载力缓慢增长。

图 17.49（b）为外包段底截面纵筋的应力变化规律。与锚栓受力规律一致，纵筋在轴压荷载作用下轻微受压，水平位移加载后，应力迅速发展。屈服点时，受拉区及

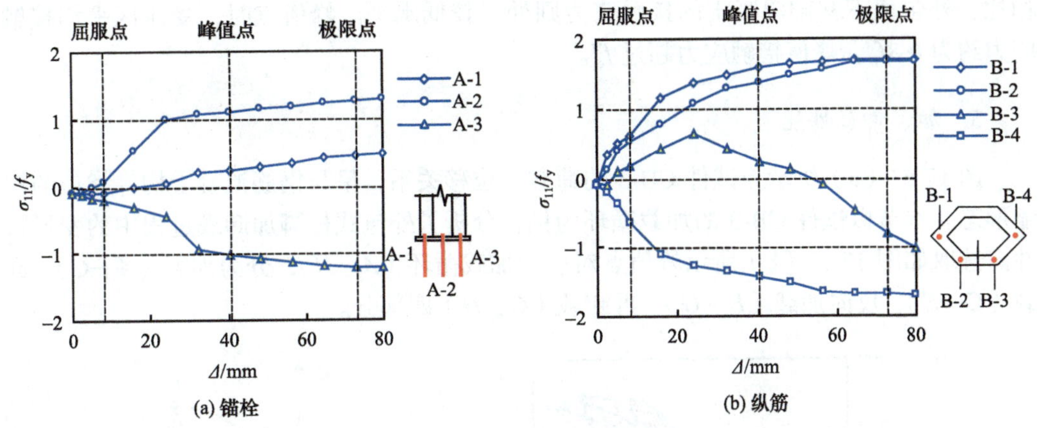

图 17.49 纵筋及锚栓纵向应力变化规律

受压区边缘纵筋（B-1、B-4）应力分别达 $0.62f_y$ 和 $-0.64f_y$。峰值点时，受拉区纵筋（B-1、B-2）屈服，受压区纵筋（B-4）也屈服，但纵筋 B-3 未屈服。由于纵筋 B-3 位置接近中性轴，结合混凝土纵向应力分布，认为外包段已达极限承载力。随着加载的继续，纵筋 B-1、B-2、B-4 发生强化，而纵筋 B-3 由受拉转为受压（混凝土压溃，中性轴向受拉侧移动），在极限点时接近受压屈服。

（5）基础混凝土

试验表明，不布置栓钉时，柱与外包段在加载时将脱离，二者难以共同工作。图 17.50 所示为特征点时基础混凝土与底板、外包混凝土的接触应力（CPRESS）分布，以分析外露式柱脚与外包段的共同工作状态。可见，混凝土-锚栓截面受压弯荷载作用，中性轴位于截面中部；而混凝土-纵筋截面主要承担弯矩，中性轴位于截面上部，两截面未达共同工作。

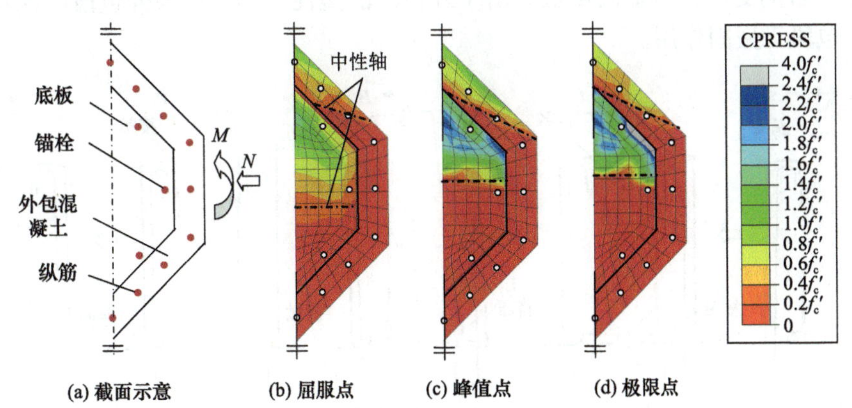

图 17.50 基础混凝土接触应力分布

进一步对接触应力进行分析，底板下基础混凝土由于受局压作用，出现了显著的应力集中。峰值点时，受压区平均接触应力约为 $1.6f_c'$，峰值接触应力超过 $2.4f_c'$。与之相比，外包段下基础混凝土的接触应力则处于较低水平。峰值点时，受压区平均接触应力约为 $0.8f_c'$，峰值接触应力超过 f_c'。

5. 加、卸载性能

图 17.51（a）所示为试件 CB-3 的荷载－位移关系，呈与钢筋混凝土构件类似的捏缩形态。本节以试件 CB-3 的加载循环为例，分析了外包式柱脚加卸载过程中的变形特性。选取如图 17.51（b）所示峰值点对应的加载循环（*A*—*H*），分为加载（*A*—*C*）、卸载（*C*—*E*）、反向加载（*E*—*G*）、再卸载（*G*—*H*）四部分。

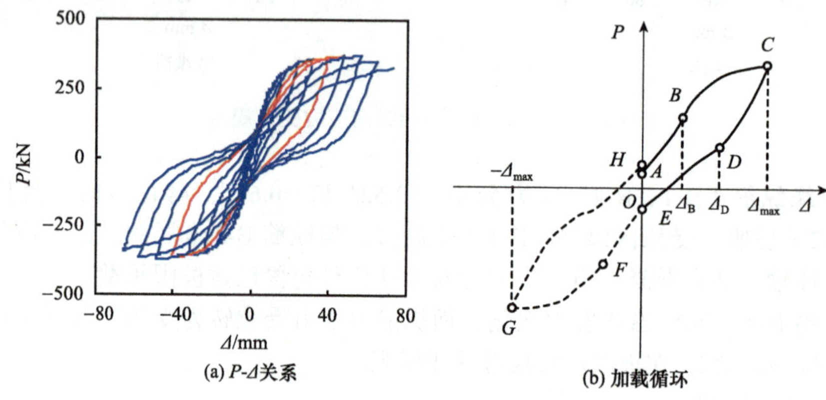

图 17.51 试件 CB-3 *P*-*Δ* 关系

考虑对称性，分析其加载及卸载段，图 17.52 所示为以上特征点时外包式柱脚的变形示意。*A* 点为初始状态，柱脚变形如图 17.52（a）所示，柱顶位移为 0，但荷载为正（图中向右）。反复荷载作用下，各部件已产生一定塑性变形。底板发生弯曲变形，底板中部与基础接触，两侧与基础轻微脱离。外包段已承担部分弯矩，其左侧受拉，与基础脱离，右侧受压，与基础接触。由于外包段的塑性变形，柱与外包段两侧均脱离，底板与外包段无嵌固作用。

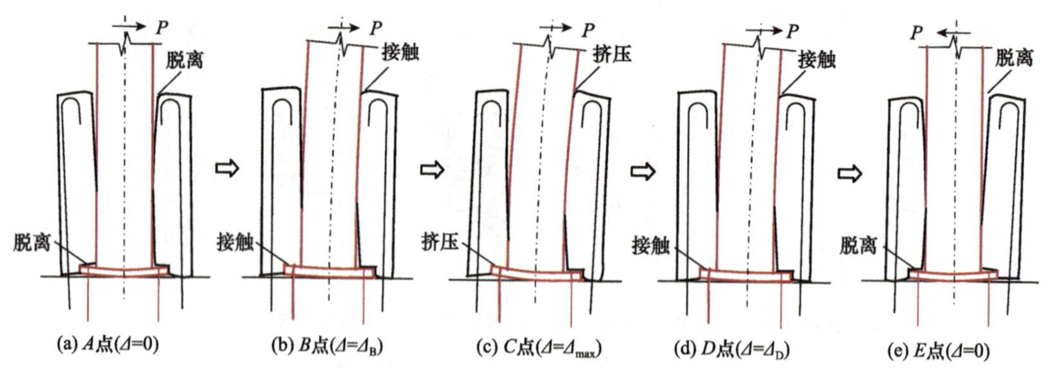

图 17.52 特征点时柱脚变形

A—*B* 段：随着水平位移的加载，各部件开始接触，如图 17.52（b）所示。底板受弯，右侧与基础接触，而左侧与基础进一步脱离。外包段受弯，右侧与基础接触应力

增大，左侧与基础裂缝宽度增大。柱与外包段右侧界面开始接触，而左侧界面继续分离。左侧底板与外包段接触，发挥嵌固作用，右侧底板与外包段继续分离。以上接触关系变化导致柱脚的刚度不断增大，曲线形状捏缩。

B—C 段：随着加载的继续，各部件界面充分接触，裂缝和间隙宽度增大，如图 17.52（c）所示。材料经历了弹性－弹塑性－强化过程，导致柱脚的刚度不断减小，承载力缓慢上升。

C—D 段：卸载初始阶段，界面接触状态发生变化，导致卸载刚度减小，如图 17.52（d）所示。底板右侧受压区与基础接触应力减小，开始脱离，底板左侧与基础裂缝宽度减小。外包段右侧受压区与基础接触应力减小，开始脱离，左侧与基础裂缝宽度减小。柱与外包段右侧界面接触应力减小，并逐渐脱离，左侧间隙宽度减小。底板左侧与外包段嵌固作用减弱，开始脱离，底板右侧与外包段间隙宽度减小。

D—E 段：各部件接触界面脱离，卸载刚度继续减小，导致曲线捏缩。继续卸载至 *E* 点，此时荷载发生反向，其界面接触状态与 *A* 点相似，如图 17.52（e）所示。底板两侧与基础轻微脱离，中部承受正压力。外包段左侧与基础接触，产生正应力，右侧与基础脱离，纵筋承受拉力。柱与外包段右侧界面间隙宽度增大，左侧界面间隙宽度减小。底板左侧与外包段逐渐脱离，右侧与外包段间隙宽度减小。

分析表明，外包式柱脚在反复荷载作用下的非线性特点，一方面来源于材料非线性，另一方面来源于反复荷载作用下界面接触状态的变化，包括柱－外包段、底板－基础、底板－外包段、外包段－基础等界面。

6. 变形和刚度分析

（1）变形分析

试验和有限元分析表明，外包式柱脚在侧向荷载作用下底截面将开裂，形成底部转角，同时，外包段及柱均将发生弯曲变形。因此，柱顶变形分解为如图 17.53 所示三部分，按式（17.3）计算。

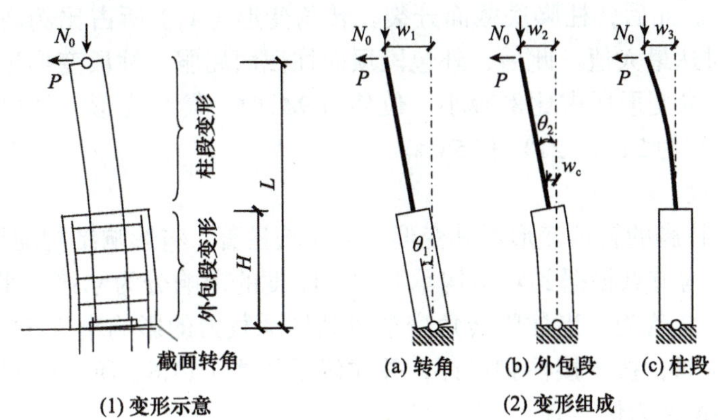

图 17.53　外包式柱脚变形

$$w=w_1+w_2+w_3 \tag{17.3}$$

式中，w_1、w_2、w_3 分别为钢管混凝土柱由于柱底转角、外包段高度范围变形以及柱段高度范围变形导致的柱顶变形，分别定义为转角变形、外包段变形和柱段变形。w_1、w_2分别采用式（17.4）和式（17.5）计算。

$$w_1=\theta_1 L \tag{17.4}$$

$$w_2=\theta_2(L-H)+w_c \tag{17.5}$$

式中，θ_1为柱底转角；θ_2为柱在外包段高度范围的转角；w_c为柱在外包段高度范围的变形。

按以上方法，提取试件CB-3、CB-2的柱顶变形组成随位移级别（Δ/Δ_y）变化规律如图17.54所示。

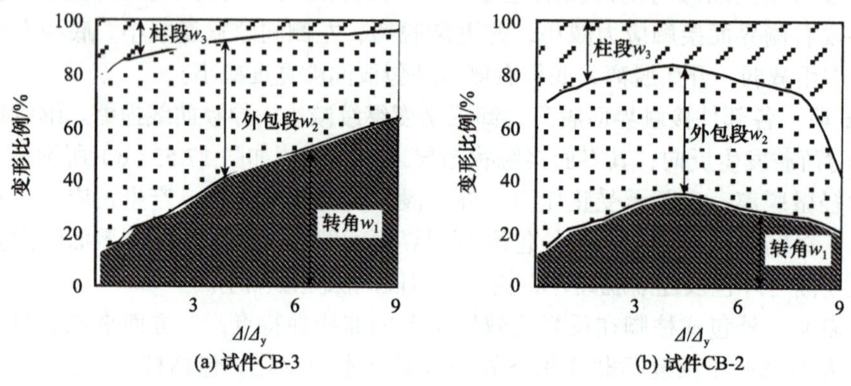

图17.54 柱顶变形组成随位移级别变化规律

对于试件CB-3，加载初期，底截面未发生破坏，柱脚变形主要为外包段变形（w_2），而转角变形（w_1）、柱段变形（w_3）所占比例较小。此后，柱脚底截面逐渐破坏，转角变形迅速增长，而外包段变形与柱段变形所占比例不断减小。位移为9Δ_y时，转角变形、外包段变形、柱段变形所占比例分别为66%、30%、4%。

对于试件CB-2，加载初期，与试件CB-3相比，外包段变形（w_2）减小，而柱段变形（w_3）增大。此后，柱脚底截面开裂，转角变形（w_1）所占比例增大，并在峰值点（$\Delta/\Delta_y=5$）时达最大值。此后，外包段顶面柱截面屈服，柱段变形迅速增长，而转角变形以及外包段变形所占比例减小。位移为9Δ_y时，转角变形、外包段变形、柱段变形所占比例分别为21%、21%和58%。

（2）转动刚度

分析表明，柱脚的转角变形对其变形性能影响显著，将影响结构的承载力和刚度。一般而言，钢结构节点根据其对结构承载力、刚度的影响分为刚接、半刚接和铰接3类。欧洲规范EC3认为，当柱脚转角变形对结构承载力的影响小于5%，对侧向变形的影响小于10%时，按刚接柱脚设计，并建议了如式（17.6）所示的刚接柱脚的判定公式。以有侧移框架为例，有

$$S_{j,ini}\geqslant 30(EI)_c/L_c \tag{17.6}$$

式中，$S_{j,ini}$为柱脚的初始转动刚度，按照弯矩（M）-转角（θ）关系的弹性刚度计算；$(EI)_c$为柱截面的弹性抗弯刚度；L_c为底层柱高度。由于常见柱脚均能承担一定弯矩，

较少出现完全铰接的柱脚，因而 EC3 未建议铰接柱脚的判定方法。对于未达式（17.6）要求的柱脚，一般为半刚接柱脚，设计时按铰接考虑。

本节参考 EC3 建议的钢结构节点刚性判定指标对外包式柱脚算例（CB-3 和 CB-2）的柱脚刚度进行讨论，如图 17.55 所示（图中，M 为弯矩，θ 为转角）。试件 CB-3 发生底截面压弯破坏，加载后期，柱底转角迅速增大，而弯矩维持稳定。试件 CB-2 发生柱截面压弯破坏，柱底转角处于较低水平，且在加载下降段时出现卸载。随着外包段高度的减小，外包段对内部外露式柱脚的支撑减弱，初始转动刚度（$S_{j,ini}$）由 761.3kN · m 减小为 541.8kN · m。两类柱脚的 $S_{j,ini}$ 均大于 $30(EI)_c/L_c$（450.3kN · m），属于刚接柱脚。可见，通过合理设计，外包式六边形钢管混凝土柱脚的转动刚度能够满足刚接柱脚要求。

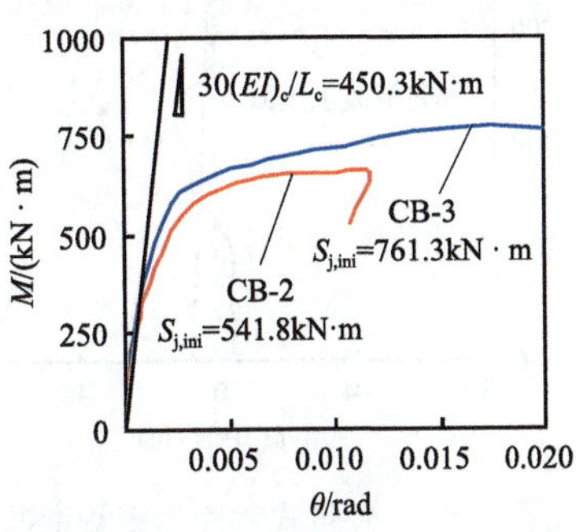

图 17.55　试件 CB-2 和试件 CB-3 M-θ 关系及刚度判定

7. 扭矩的影响分析

对于外包式六边形钢管混凝土柱脚在双向水平荷载作用下，双向水平荷载和双向水平位移产生的二阶扭矩不可避免，如图 17.56 所示。本节在有限元分析的基础上开展扭转效应对外包式柱脚在双向压弯荷载作用下力学性能的影响分析。

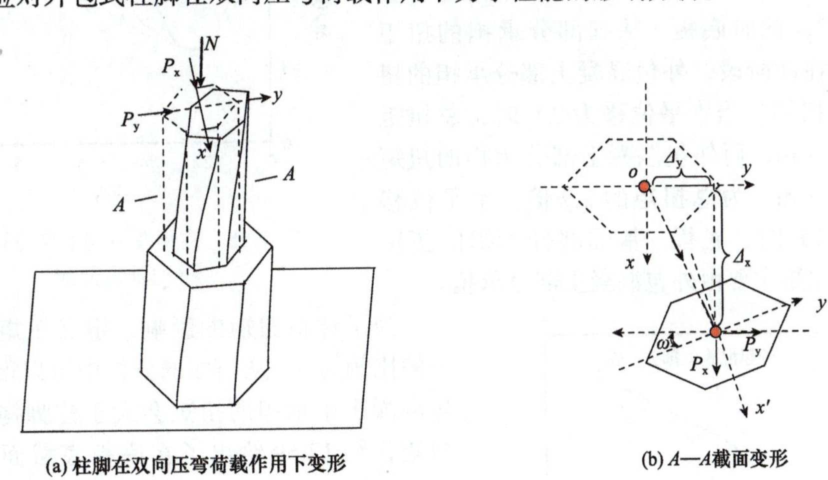

(a) 柱脚在双向压弯荷载作用下变形　　(b) A—A截面变形

图 17.56　柱脚在双向水平荷载作用下受扭示意

外包式柱脚在双向水平荷载作用下的二阶扭矩计算如式（17.7）所示，由于强轴方向上的抗弯刚度更大，$P_y/\Delta_y < P_x/\Delta_x$，由此产生了二阶扭矩 M_z。

$$M_z = P_y\Delta_x - P_x\Delta_y \tag{17.7}$$

图 17.57 给出了钢管混凝土柱和外包混凝土承担的扭矩沿高度的分布情况，其中虚线表示柱脚构件的总扭矩，实线表示钢管混凝土柱承担的扭矩，二者之间表示外包混凝土部分承担的扭矩。

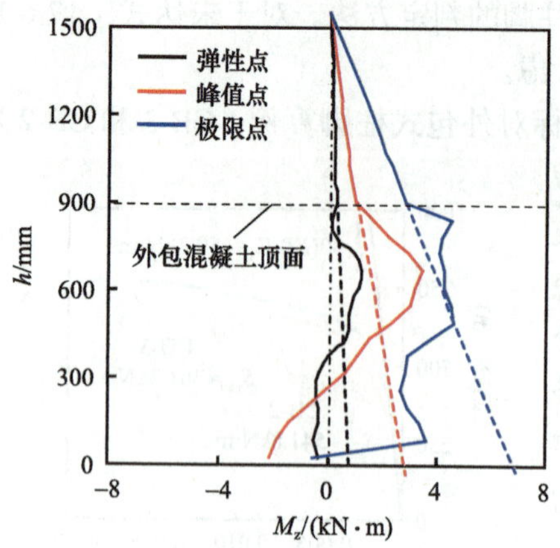

图 17.57 外包式六边形钢管混凝土柱脚轴力分配

由图 17.57 可知，随着加载的不断进行，柱脚构件的最大扭矩不断增大，这主要是由于在弹性点之后，柱脚底部转角变形的快速发展使得荷载作用点的水平位移 Δ_x 和 Δ_y 快速发展，从而使得扭矩不断增长。从外包混凝土顶面往下，柱承担的扭矩迅速增加，超过柱脚构件的总扭矩。此时，外包混凝土部分承担的扭矩方向与总扭矩方向相反。然后，柱承担的扭矩逐渐减小，在底板顶面时柱承担的扭矩为负值，对应位置外包混凝土截面承担的扭矩大于总扭矩。

图 17.58 给出了底板底截面处扭矩分布随着位移级别（Δ/Δ_y）的发展规律。其中，$M_{z,total}$ 为柱脚承担的总扭矩，$M_{z,p}$ 为底板－基础部分承担的扭矩，$M_{z,c}$ 为外包混凝土部分承担的扭矩，$M_{z,rc}$ 为外包混凝土部分承担的扭矩。随着水平位移级别的发展，柱脚构件中的总扭矩不断增长。水平位移在 0～Δ_y 时，柱中和底板承担的扭矩基本相同，说明此时外包混凝土－底板相互作用没有出现。水平位移在 Δ_y～5Δ_y 时，此时底板－基础部分承担的扭矩为负值，在此阶段，外包混凝土部分承担的扭矩大于总扭矩。当水平位移为 2Δ_y 时，总扭矩为 1.28kN · m，而外包混凝土部分承担的扭矩为 3.51kN · m，为总扭矩的 2.7 倍。水平位移在 5Δ_y～10Δ_y 时，底板－基础部分承担的扭矩为正，总扭矩主要由外包混凝土部分承担。

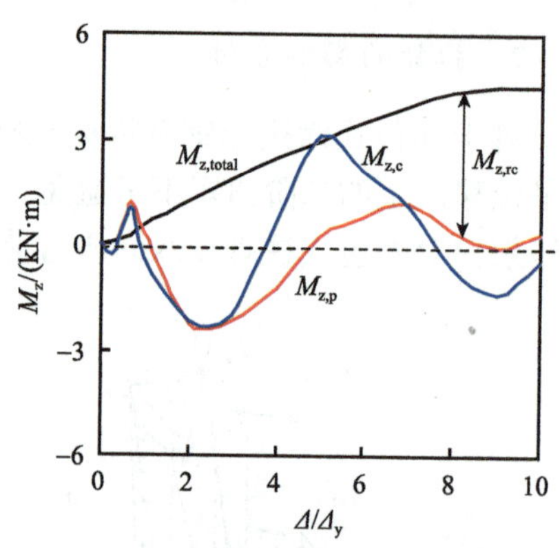

图 17.58 柱脚在不同水平位移级别下的轴力分配

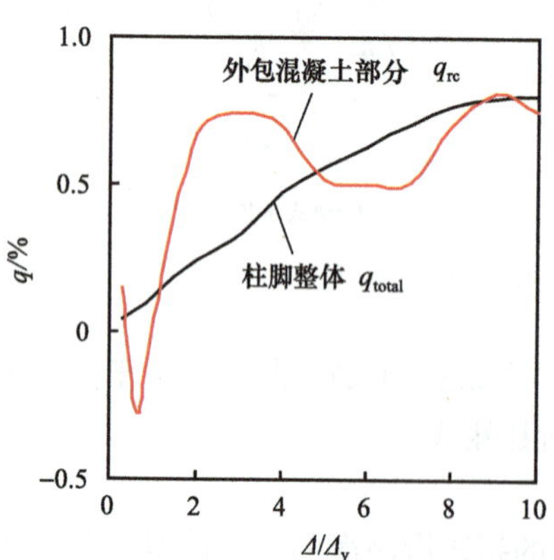

图 17.59 比例因子随水平位移级别的变化

为了评估扭矩的影响，定义扭矩占总弯矩的比例为 q。从前面的分析中可以得知，外包混凝土中承担的扭矩会大于柱脚构件的总扭矩，图 17.59 给出了在底板底截面上柱脚总扭矩和外包混凝土部分承担的扭矩的比例 q 随水平位移级别（Δ/Δ_y）的变化。其中 q_{total} 表示柱脚构件的比例因子，q_{rc} 表示外包混凝土部分的比例因子。可以看出，在加载全过程中，柱脚构件的比例因子 q_{total} 最大达到 0.80%，外包混凝土部分的比例因子 q_{rc} 最大达到 0.81%。比例因子基本都小于 1%，二阶扭矩的影响可以忽略。

8. 水平荷载加载角度的影响分析

对于部分柱脚构件，强轴方向和弱轴方向上可能不是同时达到峰值承载力，对于此类构件，已有相关学者从能量的角度对构件的极限承载能力进行分析。Hill（1958）根据外功的二阶导 $\varDelta^2W$ 来判断构件是否处于平衡状态。当 $\varDelta^2W>0$ 时，构件处于稳定状态。当 $\varDelta^2W<0$ 时，构件处于非稳定状态；当 $\varDelta^2W=0$ 时，构件处于极限状态。对于如图 17.56 所示的六边形钢管混凝土柱在双向压弯剪荷载工况下的情况，$\varDelta^2W$ 的计算公式如式（17.8）所示。

$$\begin{aligned}2\varDelta^2W&=\Delta P_{\mathrm{x}}\Delta u_{\mathrm{x}}+\Delta P_{\mathrm{y}}\Delta u_{\mathrm{y}}+\Delta N\Delta u_{\mathrm{z}}\\&=\sqrt{\Delta P_{\mathrm{x}}^2+\Delta P_{\mathrm{y}}^2+\Delta N^2}\sqrt{\Delta u_{\mathrm{x}}^2+\Delta u_{\mathrm{y}}^2+\Delta u_{\mathrm{z}}^2}\cos\beta\end{aligned}\tag{17.8}$$

式中，（P_{x}, P_{y}, N）为外荷载向量；（ΔP_{x}, ΔP_{y}, ΔN）为外荷载向量增量，（Δu_{x}, Δu_{y}, Δu_{z}）为位移向量增量；β 为外荷载向量增量和位移向量增量的夹角。

Goto 等（2009，2015）利用 Hill（1958）的能量法对钢结构在双向压弯剪荷载工况下的极限承载力进行定义，并认为在恒定轴力下，轴力项 $\Delta N\ \Delta u_{\mathrm{z}}$ 可忽略，将外功的二阶导公式简化，如式（17.9）所示。

$$2\varDelta^2W=\Delta P_{\mathrm{x}}\Delta u_{\mathrm{x}}+\Delta P_{\mathrm{y}}\Delta u_{\mathrm{y}}\tag{17.9}$$

根据上述方法可以确定出外包式柱脚构件在不同加载角度下的峰值承载力，柱脚在双向反复荷载作用下的峰值承载力定义为外功为 0 时对应的承载力。

图 17.60 给出了不同水平荷载加载角度下的荷载（P）－位移（$\varDelta$）骨架线，外包

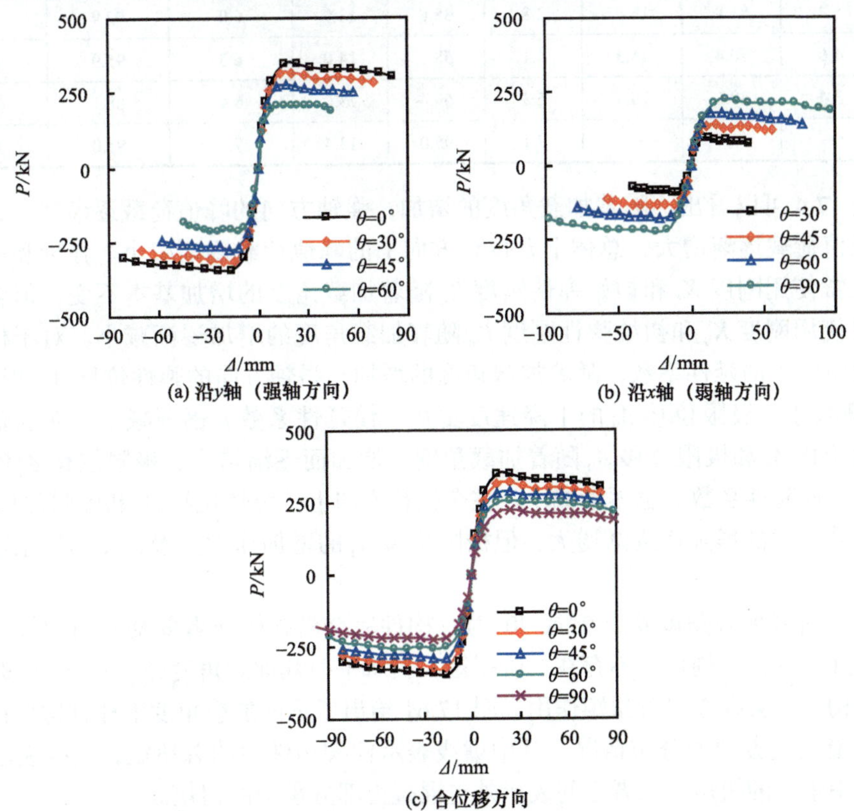

图 17.60　不同加载角度下柱脚构件的荷载－位移骨架关系

式柱脚构件均发生底板底截面的压弯破坏。可以看出，强轴方向上，在 $\theta=0°$时的极限承载力最大，随着加载角度的增加，强轴方向的极限承载力逐渐下降。弱轴方向上，$\theta=90°$时的极限承载力最大，随着加载角度的减小，弱轴方向的极限承载力逐渐减小。在合位移方向上，随着加载角度的增加，其极限承载力逐渐下降。各个加载角度下构件的峰值荷载、刚度和延性系数如表 17.4 和表 17.5 所示。

表 17.4　不同加载角度下柱脚峰值荷载和刚度

加载角度	强轴方向 P_{max}/kN	弱轴方向 P_{max}/kN	合位移方向 P_{max}/kN	强轴方向 K_s	弱轴方向 K_s	合位移方向 K_s	强轴方向 K_e	弱轴方向 K_e	合位移方向 K_e
0	348.7		348.7	39.6		39.6	50.3	—	50.3
30	316.8	91.6	320.1	40.5	21.7	35.7	51.7	27.4	45.7
45	277.9	135.0	292.0	40.4	21.8	31.2	52.8	27.5	40.1
60	207.2	176.7	256.7	40.3	22.1	26.7	53.9	28.8	35.1
90	—	221.8	221.8		21.0	21.0		29.3	29.3

表 17.5　不同加载角度下柱脚延性系数

加载角度	强轴方向 $\varDelta_e$/mm	强轴方向 $\varDelta_u$/μm	强轴方向 μ	弱轴方向 $\varDelta_e$/mm	弱轴方向 $\varDelta_u$/mm	弱轴方向 μ	合位移方向 $\varDelta_e$/mm	合位移方向 $\varDelta_u$/mm	合位移方向 μ
0	5.9	86.2	14.6	—	—	—	5.9	86.2	14.6
30	5.2	81.8	15.6	2.8	38.6	13.9	6.0	92.9	15.5
45	4.6	70.4	15.3	4.1	58.1	14.0	6.3	95.9	15.3
60	3.4	49.6	14.4	5.3	69.4	13.0	6.4	88.1	13.7
90	—	—	—	7.1	95.0	13.4	7.1	95.0	13.4

从表 17.4 可以看出，随着加载角度的增加，强轴方向的峰值荷载逐渐减小，弱轴方向的峰值荷载逐渐增大，总体上合位移方向上的峰值荷载逐渐减小。强轴和弱轴方向上的正常使用刚度 K_s 和初始弹性刚度 K_e 随着加载角度的增加基本不变，但合位移上的正常使用刚度 K_s 和初始弹性刚度 K_e 随着加载角度的增加逐渐减小。对于柱脚在不同加载角度下的延性系数，随着加载角度的增加，强轴方向的弹性位移 $\varDelta_e$ 和极限位移 $\varDelta_u$ 逐渐减小，极限位移 $\varDelta_u$ 的下降速度更快，使延性系数 μ 逐渐减小；在弱轴方向上，弹性位移 $\varDelta_e$ 和极限位移 $\varDelta_u$ 随着加载角度的增加而逐渐增大，极限位移 $\varDelta_u$ 的增加速度更慢，使延性系数 μ 也逐渐减小。在合位移方向上，弹性位移 $\varDelta_e$ 和极限位移 $\varDelta_u$ 同样随着加载角度的增加而逐渐增大，但极限位移 $\varDelta_u$ 的增加速度更慢，使延性系数 μ 也逐渐减小。

当水平荷载加载角度 θ 为 0°或 90°时，构件完全沿强轴或者弱轴方向加载，在此情况下，外包式柱脚构件中不存在二阶扭矩。当水平荷载加载角度介于 0°～90°时，外包式柱脚构件中会存在二阶扭矩作用。图 17.61 给出了不同加载角度下柱脚构件在峰值点时扭矩沿高度方向的分布情况。其中虚线表示柱脚构件中的总扭矩，实线表示钢管混凝土柱中承担的扭矩，二者之间表示外包混凝土部分承担的扭矩。

当水平荷载加载角度 θ 从 30°增大到 45°时，柱脚构件中的二阶扭矩小幅增加，从外包混凝土顶面往下，柱中承担的扭矩迅速增加，超过柱脚构件中的总扭矩，此时外包混凝土部分承担的扭矩方向与总扭矩方向相反。当水平荷载加载角度进一步增大到 60°时，柱脚构件中的二阶扭矩显著减小，同时不存在“扭矩反号”现象，外包混凝土和钢管混凝土柱共同承担二阶扭矩。总体而言，二阶扭矩较小，扭矩占总弯矩的比例都小于 1%，二阶扭矩的影响可以忽略。

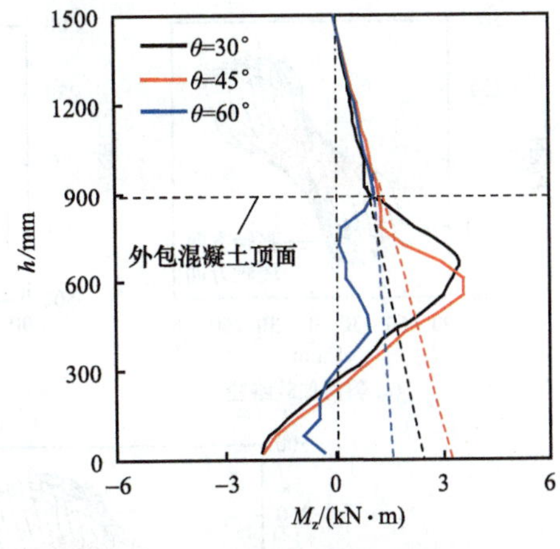

图 17.61　不同加载角度下柱脚构件扭矩沿高度分布

9. 加载路径影响分析

大量震害调查和结构振动台试验结果都表明，结构在地震作用下的双向位移反应具有随机性。本节选取了五种典型的双向加载路径，探究加载路径对抗震性能的影响，包括十字形、8 字形、矩形、菱形和斜向加载路径，如图 17.62 所示。

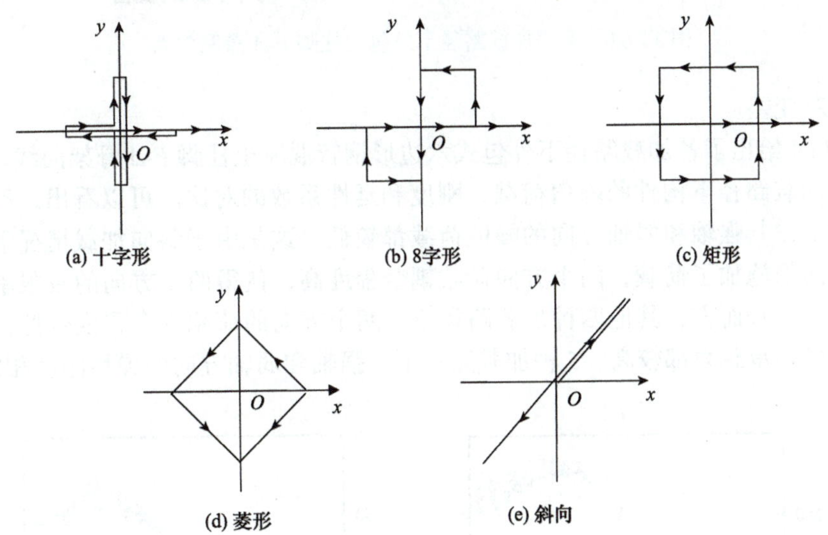

图 17.62　恒定轴力情况下水平荷载加载路径

在恒定轴压情况下，各加载路径的 P-Δ 滞回关系如图 17.63 所示。从图 17.63 中可以看出，斜向加载和十字形加载路径下，其滞回曲线更为捏缩，说明其耗能能力较差，而 8 字形、矩形和菱形加载路径下滞回曲线更为饱满，其耗能能力也越强。这是由于 8 字形、矩形和菱形加载路径下，柱脚的各个角点处受力相对较为均匀，材料的耗能能力可以更好地得到发挥，从而其耗能能力更好。斜向和十字形加载路径下，每次只是两个角点处受损严重，材料的耗能能力没有充分发挥，从而使得其耗能能力变差。与此同时，更好的耗能能力导致构件吸收了更多的能量，加速损伤发展，从而其

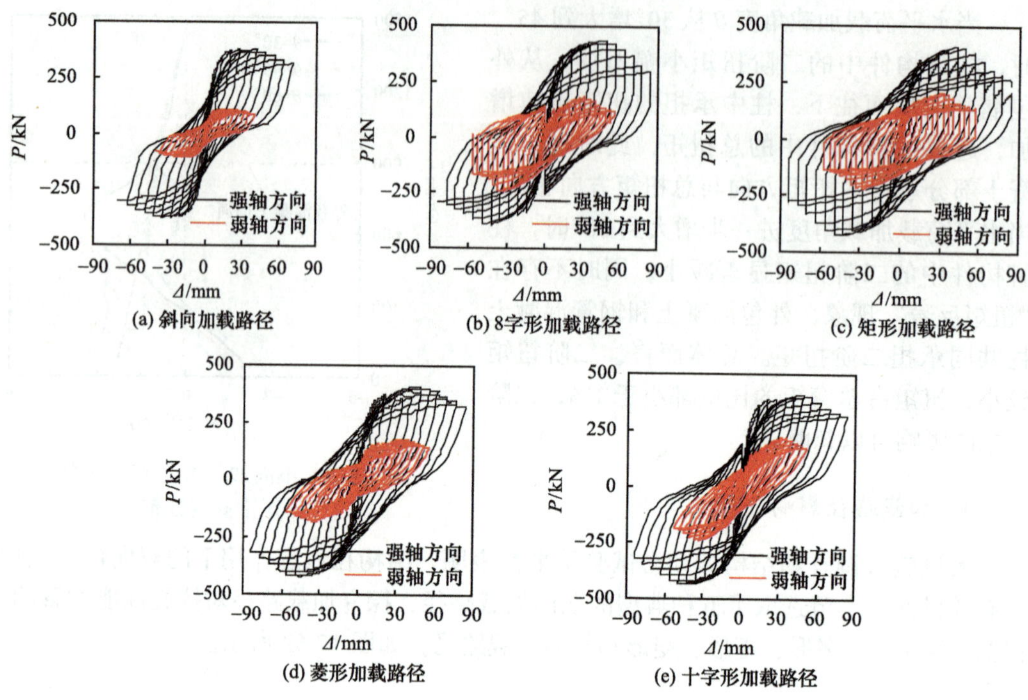

图 17.63 不同加载路径下外包式柱脚 P-Δ 滞回关系

延性也相对变差。

图 17.64 给出了各加载路径下外包式六边形钢管混凝土柱脚 P-Δ 骨架曲线。表 17.6 给出了各加载路径下构件的峰值荷载、刚度和延性系数的对比。可以看出，斜向路径加载情况下，其强轴和弱轴方向的峰值荷载都较低，这是由于斜向加载情况下，强轴和弱轴方向都施加了荷载，两个方向荷载耦合程度高，使得两个方向的极限承载力都有所降低；相较而言，其他四种加载路径下，两个方向的荷载耦合程度较低，因此两个方向的极限承载力都较高。5 种加载路径下，强轴和弱轴方向的弹性刚度相差不大，

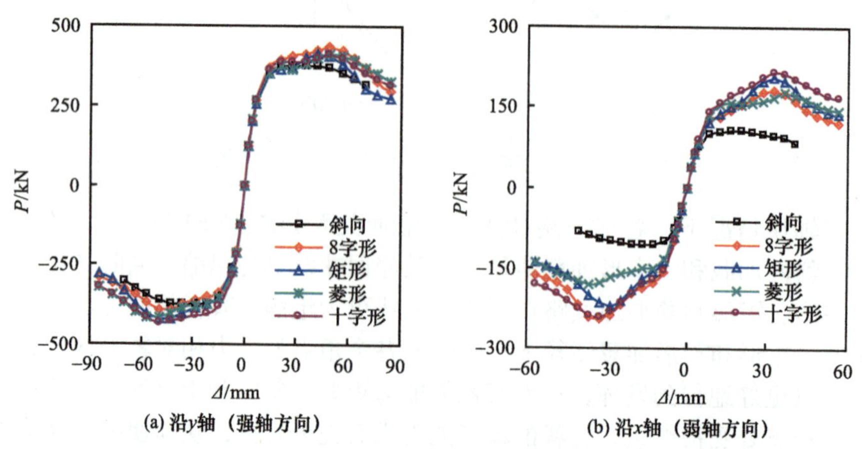

图 17.64 各加载路径下外包式柱脚 P-Δ 关系骨架线

矩形加载路径下，弱轴方向的正常使用刚度较小。对于延性系数而言，斜向加载路径下，强轴和弱轴方向的延性系数都较高。对以上规律进行总结，对于同一个柱脚构件在不同加载路径下的抗震性能，其加载路径所围成的面积越大，则材料的耗能能力可以更好地发挥，其耗能能力也越大，峰值荷载也相应的越大，但其损伤发展得更快，延性会因此而变差。

表 17.6　不同加载路径下柱脚峰值荷载、刚度及延性系数

加载路径	强轴方向 P_{max}/kN	弱轴方向 P_{max}/kN	强轴方向 K_s	弱轴方向 K_s	强轴方向 K_e	弱轴方向 K_e	强轴方向 μ	弱轴方向 μ
斜向	375.81	106.24	37.21	19.23	51.73	27.39	6.76	6.74
8 字形	414.07	213.69	33.92	15.82	53.24	28.96	5.48	3.69
矩形	418.63	212.62	32.79	11.64	53.24	28.96	4.90	2.39
菱形	414.25	179.33	34.97	17.46	53.24	29.77	6.59	4.99
十字形	421.20	228.66	35.73	17.17	53.24	26.31	6.14	3.83

10. *长期荷载的影响分析*

本节研究长期荷载对外包式六边形钢管混凝土柱脚双向抗震性能的影响。长期荷载下的加载分为以下三个阶段：①轴力加载阶段；②长期荷载作用阶段，荷载作用时间为 50 年；③滞回加载阶段。

外包式柱脚底板顶截面上各部件的轴力随时间的关系如图 17.65 所示。在加载阶段 1，钢管混凝土柱中承担的轴力比例为 81.6%，外包混凝土部分承担的轴力比例为 18.4%。钢管混凝土柱中钢管和核心混凝土，外包混凝土部分中外包混凝土和纵筋上各自承担的轴力按照轴压刚度进行分配。其后为长达 50 年的长期加载阶段。由于混凝土的时变效应，混凝土中承担的轴力逐渐转移到钢材中。在长期加载达到 200 天的时候，各部件中承担的轴力基本达到稳定，核心混凝土和外包混凝土中承担的轴力分别下降了 24.9% 和 46.7%。

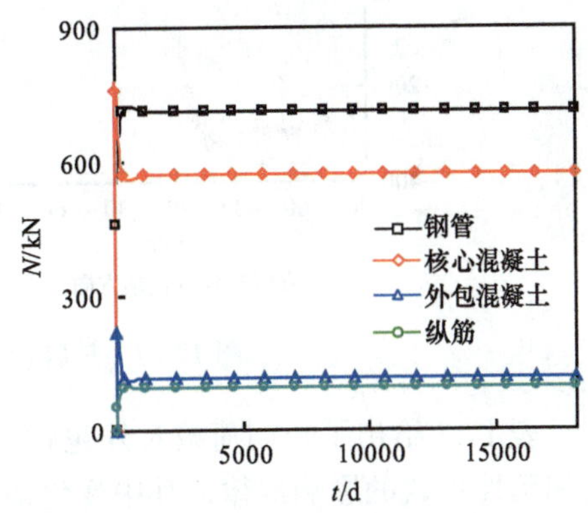

图 17.65　柱脚构件中底板顶截面上各部件轴力分布

图 17.66（a）给出了加载阶段 1 和加载阶段 2 结束时，柱和外包混凝土承担的轴力沿高度方向的分布规律。可以看出，长期荷载作用下，柱中承担的轴力比例有所提高。在底板顶截面上，柱中承担的轴力比例由 81.6% 提高到 85.8%，这是由于钢管混凝土柱截面的含钢率大于外包混凝土部分的纵筋配置率。其后是加载阶段 3 的水平滞回破坏加载，图 17.66（b）给出了在峰值点和极限点时长期荷载作用对轴力沿高度方向分布规律的影响。可以看出，长期荷载作用对外包式柱脚在水平加载阶段的轴力分布规律无明显影响。

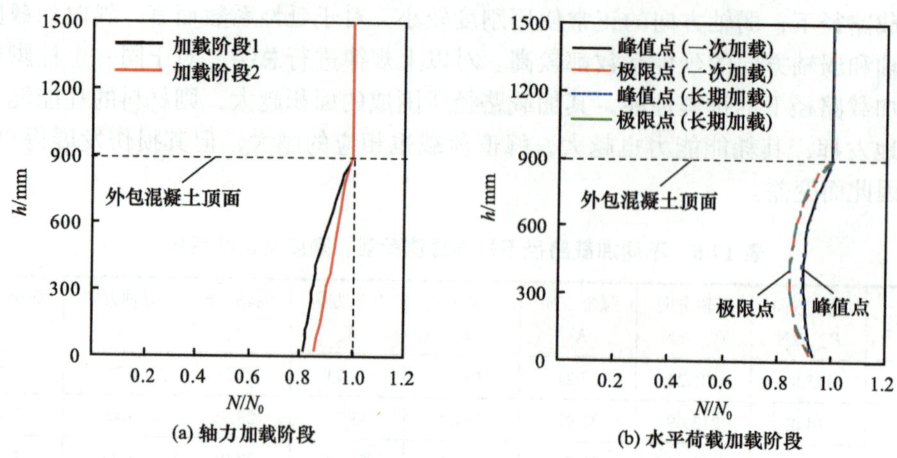

(a) 轴力加载阶段　　(b) 水平荷载加载阶段

图 17.66　柱脚构件在不同阶段的轴力沿高度分布情况

图 17.67 给出了长期荷载作用对外包式柱脚构件荷载－位移骨架线的影响，可以看出，在强轴方向和弱轴方向上，长期荷载作用对骨架线的影响较小。

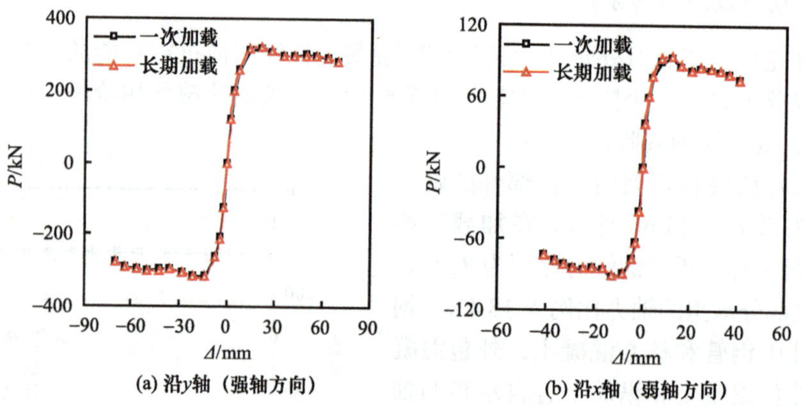

(a) 沿y轴（强轴方向）　　(b) 沿x轴（弱轴方向）

图 17.67　柱脚构件的荷载－位移关系骨架线

表 17.7 给出了长期荷载对外包式柱脚的极限承载力、初始弹性刚度、使用阶段刚度和延性系数的影响规律，其中变化幅度一栏，“＋”号表示增大，“－”号表示降低。长期荷载作用下，外包式柱脚构件的极限承载力和使用阶段刚度小幅上升，而初始弹性刚度和延性系数小幅下降。但总体上差异较小，长期荷载的影响可以忽略。

表 17.7　不同加载工况下柱脚构件承载力、刚度及延性

工况	承载力		初始弹性刚度		使用阶段刚度		延性系数	
	强轴	弱轴	强轴	弱轴	强轴	弱轴	强轴	弱轴
一次加载	317.11	91.72	52.77	27.63	40.42	21.27	14.72	12.67
长期加载	319.07	93.20	52.73	27.50	40.60	21.29	14.45	11.96
变化幅度	+0.62%	+1.61%	−0.08%	−0.47%	+0.45%	+0.09%	−1.83%	−5.60%

17.4　承载力计算方法

17.4.1　参数分析

外包式钢管混凝土柱脚在反复荷载作用下，上部荷载由外露式柱脚和外包段共同承担，其构造参数将对外包式柱脚滞回性能产生影响。此外，钢管－外包段界面是否布置栓钉、柱的轴压比等也将影响柱脚的抗震性能。本节参数分析范围如下。

1）含钢率（α_s）：0.06、0.12、0.18。

2）剪跨比（L/B'）：5、6、7、8、9。

3）锚栓配置率（ρ_a）：7%、14%、21%。

4）底板外伸比例（w_p/w_r）：0、0.3、0.6。

5）外包段相对高度（H/B'）：1.5、2、2.5、3、3.5、4、4.5。

6）外包段厚度比（w_r/B'）：0.27、0.40、0.53。

7）外包段纵筋配筋（ρ_l）：0.45%、0.90%、1.35%。

8）外包段体积配箍率（ρ_v）：0.5%、1.0%、1.5%。

9）钢管－外包段界面是否布置栓钉：布置、不布置。

10）柱的轴压比（n）：0.05、0.15、0.30、0.60、0.70。

下面分别介绍钢管混凝土柱各主要参数及相关参数。

（1）钢管混凝土柱参数

钢管混凝土柱参数包括含钢率（α_s）、剪跨比（L/B'）。α_s 过小或者 L/B' 过大，都可能导致破坏形态由底截面压弯破坏变为柱截面压弯破坏，对其形态的影响如图 17.68 所示。试件 CB-3 的 α_s 为 0.12、L/B' 为 6，破坏形态为底截面压弯破坏；若 α_s 减小为 0.06，或 L/B' 增大为 8，柱脚均发生柱截面压弯破坏。

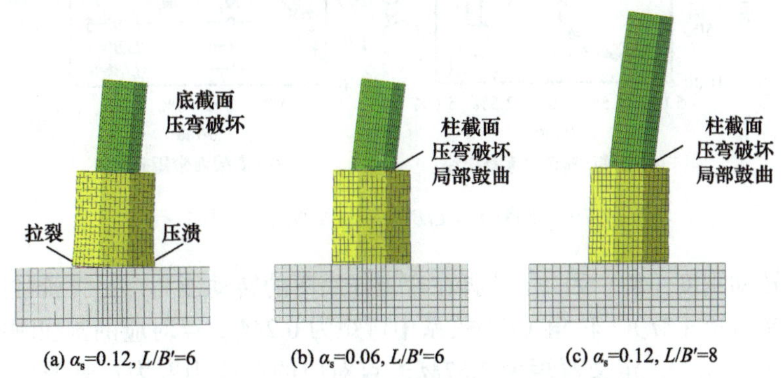

图 17.68　钢管混凝土柱参数对破坏形态的影响

图 17.69（a）所示为含钢率（α_s）对柱脚荷载－位移关系骨架线的影响。当 α_s 由 0.12 减小为 0.06 时，破坏形态由底截面压弯破坏变为柱截面压弯破坏，峰值荷载减小 22.8%，当 α_s 由 0.12 增大为 0.18 时，柱脚仍发生底截面压弯破坏，峰值荷载增大 9.0%。图 17.69（b）所示为 α_s 对底截面弯矩分布的影响，图中 M_{pc} 和 M_r 分别为底截面由外露式柱脚和外包段承担的弯矩（下文各图均相同）。由于 α_s 为 0.06 的柱脚发生

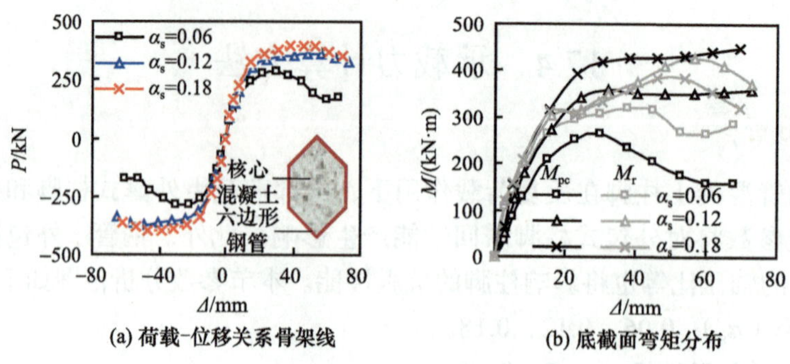

(a) 荷载-位移关系骨架线　　(b) 底截面弯矩分布

图 17.69　含钢率（α_s）对柱脚抗震性能的影响

柱截面压弯破坏，其 M_{pc} 和 M_r 小于其他两类试件。对比 α_s 为 0.12 和 0.18 的柱脚，α_s 越大，柱的刚度越大，外露式柱脚承担的弯矩比例上升，外包段承担的弯矩比例减小。可见，α_s 主要通过改变柱脚的破坏形态影响其承载力，当柱脚的破坏形态不变时，其影响较小。

图 17.70（a）所示为剪跨比（L/B'）对柱脚弯矩－转角关系骨架线的影响。L/B' 为 5 和 7 时，柱脚均发生底截面压弯破坏，剪跨比对承载力无影响。L/B' 由 7 增大为 9 时，柱脚发生柱截面压弯破坏，承载力减小 11.4%。图 17.70（b）所示为 L/B' 对柱脚底截面弯矩分布的影响。L/B' 为 9 的柱脚发生柱截面压弯破坏，其 M_{pc} 和 M_r 小于其他两类柱脚。对比 L/B' 为 5 和 7 的柱脚，L/B' 对 M_{pc} 和 M_r 影响不显著。

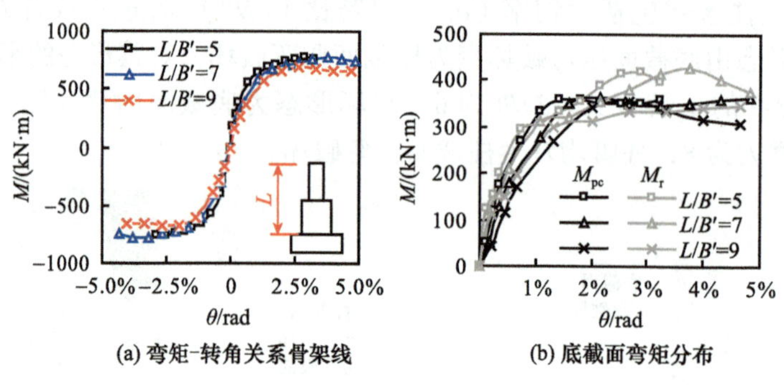

(a) 弯矩-转角关系骨架线　　(b) 底截面弯矩分布

图 17.70　剪跨比（L/B'）对柱脚抗震性能的影响

柱脚的转动刚度（S_j）反映了柱脚在弯矩作用下的转动能力，是评价柱脚刚度的重要参数。定义弯矩（M）－转角（θ）关系中弯矩为 $0.2M_{max}$ 点对应的割线刚度为柱脚的初始转动刚度（$S_{j,ini}$），定义弯矩为 $0.67M_{max}$ 点对应的割线刚度为柱脚的使用阶段转动刚度（$S_{j,eff}$）。前者用于弹性稳定分析，并作为柱脚刚性判定指标；后者用于结构内力分析及变形计算。对于有侧移框架，当 $S_{j,ini}$ 大于 30（EI）$_c$/L_c 时，柱脚看作刚接柱脚。

图 17.71 所示为钢管混凝土柱参数对柱脚转动刚度的影响。由于材料进入塑性，使用阶段转动刚度（$S_{j,eff}$）显著小于初始转动刚度（$S_{j,ini}$）。由图 17.71（a）可见，随着含钢率的增大，$S_{j,ini}$ 和 $S_{j,eff}$ 逐渐减小。由图 17.71（b）可见，由于剪跨比不影响柱脚构造，因而对转动刚度的影响较小。对比 $S_{j,ini}$ 和 30（EI）$_c$/L_c，改变钢管混凝土柱参数，柱脚

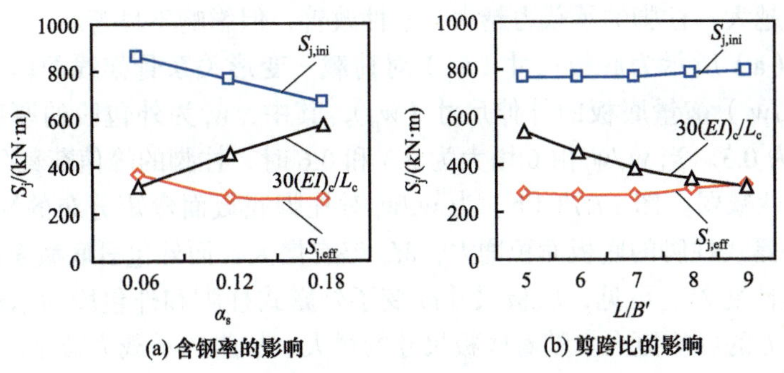

(a) 含钢率的影响　　(b) 剪跨比的影响

图 17.71　钢管混凝土柱参数对柱脚转动刚度的影响

均满足刚接柱脚要求。

（2）外露式柱脚参数

外包式柱脚的部分内力通过外露式柱脚直接传递至基础，导致外露式柱脚的受拉侧锚栓受拉，受压侧底板受压。锚栓面积（A_a）和底板尺寸（w_p）将对柱脚的抗震性能产生影响。

参考《高层民用建筑钢结构技术规程》（JGJ 99—2015），采用锚栓配置率（ρ_a）衡量锚栓面积，计算如式（17.10）所示。

$$\rho_a = A_a / A_s \tag{17.10}$$

式中，A_a 为锚栓总面积；A_s 为钢管混凝土柱的钢管截面面积。规程 JGJ 99—2015 建议对采用刚接设计的外露式钢柱脚，ρ_a 不宜小于 20%。对于外包式柱脚，荷载由外露式柱脚及外包段共同承担，对锚栓面积要求较低。本节对比了 7%、14%、21% 这 3 类 ρ_a 对柱脚抗震性能的影响，如图 17.72 所示。

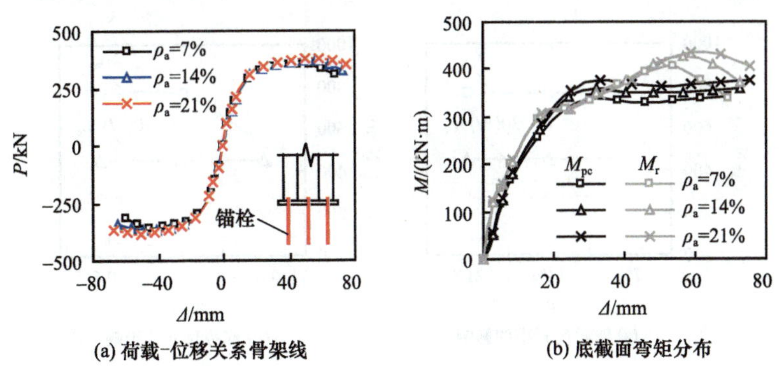

(a) 荷载-位移关系骨架线　　(b) 底截面弯矩分布

图 17.72　锚栓配置率（ρ_a）对柱脚抗震性能的影响

图 17.72（a）所示为锚栓配置率（ρ_a）对荷载－位移关系骨架线的影响。可见，ρ_a 对柱脚的承载力和刚度影响均较小。ρ_a 由 7% 增大为 14% 和 21% 时，柱脚的峰值荷载分别增大 3.9% 和 7.9%。但 ρ_a 越大，柱脚的延性改善。图 17.72（b）所示为 ρ_a 对柱脚底截面弯矩分布的影响。当 ρ_a 由 7% 增大为 14% 和 21% 时，M_{pc} 的峰值分别增大 6.6% 和 11.4%，而 M_r 变化不显著。可见，锚栓通过加强外露式柱脚，提高了柱脚的承载

力，其配置率越大，柱脚的承载力越大，延性改善，但影响不显著。

图 17.73（a）所示为底板尺寸（w_p）对荷载－变形关系骨架线的影响。采用底板外伸比例（w_p/w_r）衡量底板的外伸尺寸（w_p），其中，w_r 为外包段的厚度。对于试件 CB-3，w_p/w_r 为 0.3。当 w_p/w_r 由 0 增大为 0.3 和 0.6 时，柱脚的峰值荷载分别减小 2.6% 和 11.5%，延性减弱。图 17.73（b）为 w_p/w_r 对柱脚底截面弯矩分布的影响。随着 w_p/w_r 的增大，外露式柱脚的底板面积增大，M_{pc} 略有增大，而外包段底截面面积减小，M_r 显著减小，延性变差。可见，底板尺寸改变了外露式柱脚和外包段的承载力比例，但对外包段承载力的影响更大。随着底板尺寸的增大，柱脚的承载力减小，延性减弱。

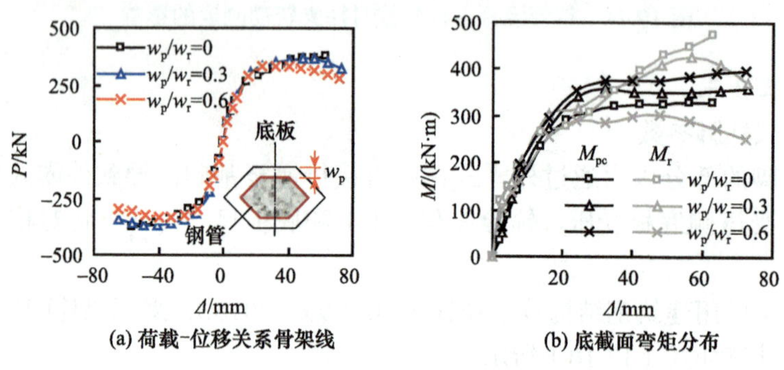

(a) 荷载-位移关系骨架线　　(b) 底截面弯矩分布

图 17.73　底板尺寸（w_p）对柱脚抗震性能的影响

图 17.74 所示为外露式柱脚参数对柱脚转动刚度的影响。可见，锚栓配置率对弹性转动刚度（$S_{j,ini}$）和使用阶段转动刚度（$S_{j,eff}$）的影响均较小，与其对荷载－位移关系的影响一致。底板尺寸越大，外露式柱脚增强，柱脚的转动刚度增大。在外露式柱脚参数范围内，$S_{j,ini}$ 均大于 30（EI）$_c$/L_c，柱脚为刚接柱脚。

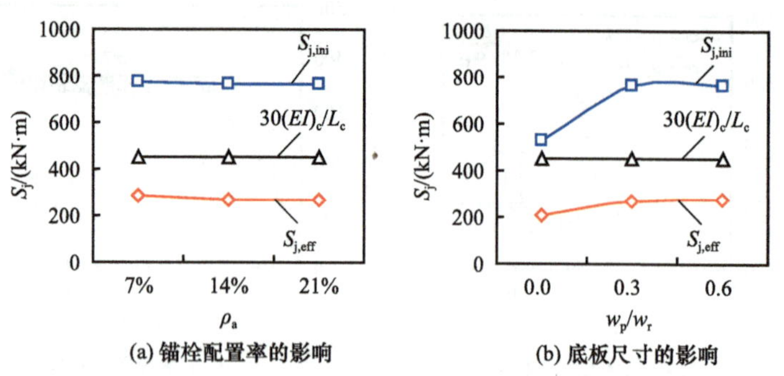

(a) 锚栓配置率的影响　　(b) 底板尺寸的影响

图 17.74　外露式柱脚参数对柱脚转动刚度的影响

（3）外包段参数

外包式柱脚中，外包段为外露式柱脚提供支撑，对柱脚的破坏形态及受力性能影响显著。以外包段高度和厚度为例，图 17.75 为外包段高度（H）和厚度（w_r）对柱脚破坏形态的影响。在试件 CB-3（H=3B'，w_r=120mm）的基础上，将 w_r 增大为 160mm，或将 H 减小为 2B'，柱脚的破坏形态均由底截面压弯破坏变为柱截面压弯破坏。分析表

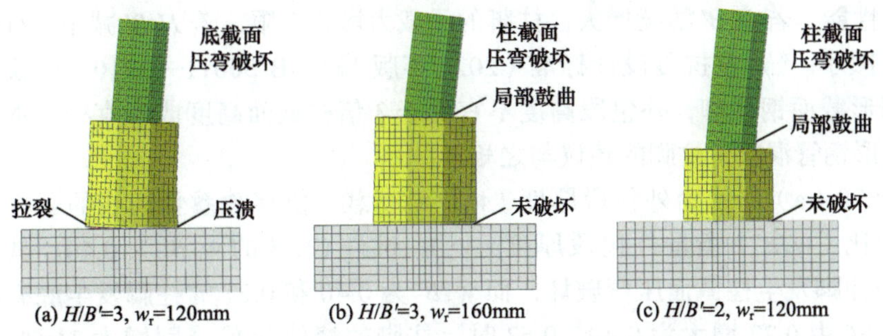

图 17.75 外包段高度和厚度对柱脚破坏形态的影响

明，外包段高度、厚度以及纵筋、箍筋配筋均会对柱脚的抗震性能产生影响。

图 17.76（a）所示为外包段高度（H）对荷载－位移关系骨架线的影响。采用相对高度（H/B'）衡量外包段高度。H/B' 为 2 时，柱脚发生柱截面压弯破坏，H/B' 为 3、4 时，柱脚发生底截面压弯破坏。当 H/B' 由 3 减小为 2、增大为 4 时，其峰值荷载分别减小 12.0%、增大 6.4%。图 17.76（b）所示为 H/B' 对底截面弯矩分布的影响。H/B' 对外露式柱脚承担的弯矩影响较小。随着 H/B' 的增大，外包段承担的弯矩显著增大，导致柱脚的承载力增大。可见，外包段高度主要通过改变外包段承担的弯矩，影响柱脚的抗震性能。

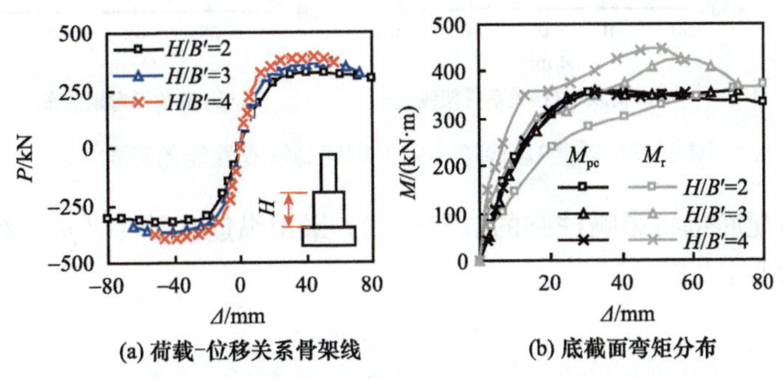

图 17.76 外包段高度（H）对柱脚抗震性能的影响

图 17.77 所示为外包段高度对柱脚抗弯承载力（M_{max}）的影响，其纵坐标采用钢管混凝土柱的抗弯承载力（M_{uc}，按塑性截面法计算）进行归一化。对于本章算例，H/B' 大于 2.0 时，柱脚发生底截面压弯破坏。此时，随着 H/B' 的增大，外包段与外露式柱脚的共同工作性能改善，导致柱脚的承载力增大，且 H/B' 越大，这种促进作用越弱。对比 H/B' 为 4.5 和 3.0 的试件，其 M_{max} 之比为 1.084。可见，当 H/B' 为 3.0 时，外包段和外露式柱脚已能取得较好的

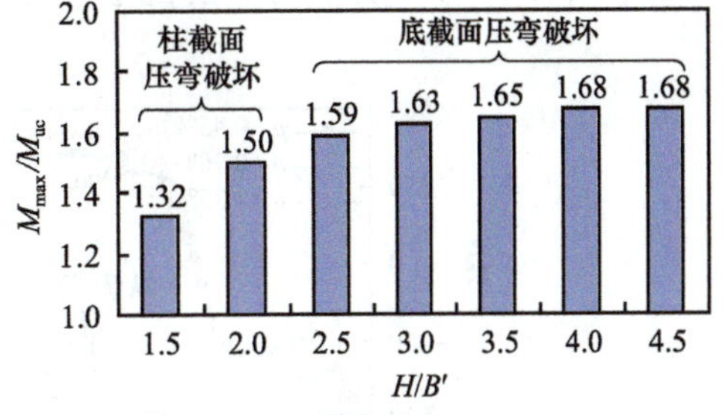

图 17.77 外包段高度对柱脚抗弯承载力的影响

共同工作性能，若 H/B' 继续增大，柱脚的承载力增长有限，若 H/B' 减小，柱脚的承载力将显著减小。《建筑抗震设计标准（2024 年版）》（GB 50011—2010）建议，对于箱形或者圆形截面钢柱脚，外包段高度不宜低于 3 倍柱截面高度或者直径。本章针对外包式六边形钢管混凝土柱脚的建议与之相符。

图 17.78（a）所示为外包段厚度（w_r）对荷载－位移关系骨架线的影响，采用外包段厚度比（w_r/B'）衡量外包段厚度（w_r）。试件 CB-3 的 w_r/B' 为 0.40。其中，w_r/B' 为 0.53 的柱脚发生柱截面压弯破坏，而 w_r/B' 为 0.40 和 0.27 的柱脚发生底截面压弯破坏。当 w_r/B' 由 0.27 增大为 0.40、0.53 时，柱脚的峰值荷载分别增大 34.6%、68.0%。随着 w_r/B' 的增大，柱脚的承载力显著增大。图 17.78（b）所示为 w_r/B' 对柱脚底截面弯矩分布的影响。随着 w_r/B' 的增大，M_r 显著增大，而由于柱的刚度比减小，M_{pc} 略有减小。可见，外包段厚度主要通过改变外包段的抗弯承载力影响柱脚的抗震性能，其对外露式柱脚的影响较小。

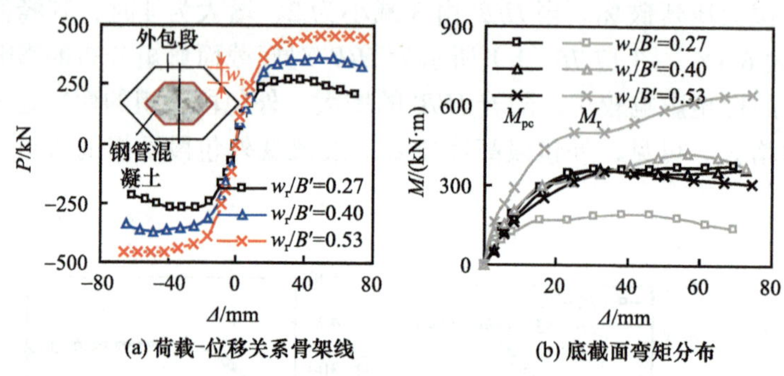

图 17.78　外包段厚度（w_r）对柱脚抗震性能的影响

外包段纵筋配筋也将影响柱脚的抗震性能。采用纵筋配筋率（ρ_l）衡量纵筋配筋，按式（17.11）计算。

$$\rho_l = \frac{A_l}{A_{co}} \tag{17.11}$$

式中，A_l 为纵筋面积；A_{co} 为外包段混凝土的截面面积。试件 CB-3 的 ρ_l 为 0.90%。

图 17.79（a）所示为纵筋配筋对柱脚荷载－位移关系骨架线的影响。其中，ρ_l 为

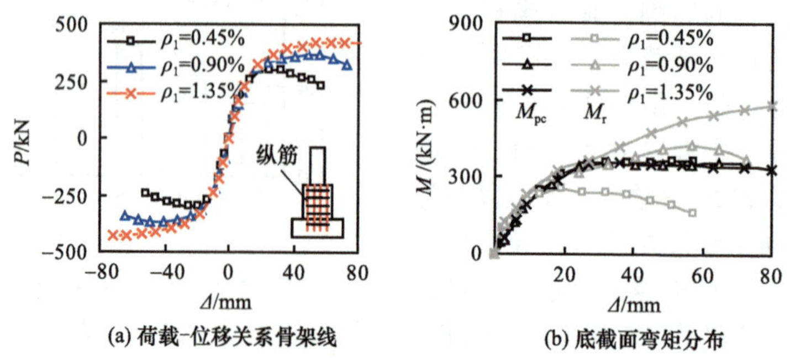

图 17.79　纵筋配筋对柱脚抗震性能的影响

1.35% 的柱脚发生柱截面压弯破坏，而 ρ_1 为 0.45% 和 0.90% 的柱脚发生底截面压弯破坏。ρ_1 对柱脚的承载力和延性影响显著，但对刚度影响较小。当 ρ_1 由 0.45% 增大为 0.90% 和 1.35% 时，柱脚的峰值荷载分别增大 24.2% 和 43.6%。图 17.79（b）所示为 ρ_1 对底截面弯矩分布的影响。由于内力分布主要由截面刚度决定，ρ_1 对加载初期的弯矩分布影响不显著。随着加载的继续，ρ_1 越大，M_r 越大，而 M_{pc} 基本不受影响。

外包式柱脚受力时，外包段承担了部分剪力，会产生受剪裂缝和冲剪裂缝，而箍筋有效提高了外包段的抗剪性能。采用体积配箍率（ρ_v）衡量箍筋配筋，按式（17.12）计算。

$$\rho_v=\frac{A_v l}{A_{cv} s} \tag{17.12}$$

式中，A_v 为箍筋截面面积；l 为箍筋周长；A_{cv} 为外包段箍筋约束混凝土的截面面积；s 为箍筋间距。试件 CB-3 的 ρ_v 为 1.0%。

图 17.80（a）所示为箍筋配筋对柱脚荷载 - 位移关系骨架线的影响。当 ρ_v 由 0.5% 增大为 1.0% 和 1.5% 时，柱脚的峰值荷载分别增大 5.7% 和 6.6%。当 ρ_v 小于 1.0% 时，增大 ρ_v 能够改善柱脚的抗剪性能，提高柱脚的承载力；当 ρ_v 大于 1.0% 时，增大 ρ_v 对柱脚的影响不显著。图 17.80（b）所示为 ρ_v 对底截面弯矩分布的影响。外露式柱脚承担的弯矩受箍筋配筋影响较小。对于外包段，当且仅当 ρ_v 处于较低水平（小于 1.0%）时，增大 ρ_v 能够提高外包段的抗弯承载力。可见，箍筋通过改善外包段的抗剪性能，提高其抗弯承载力，但箍筋配筋满足抗剪要求时，其对柱脚抗震性能的影响较小。

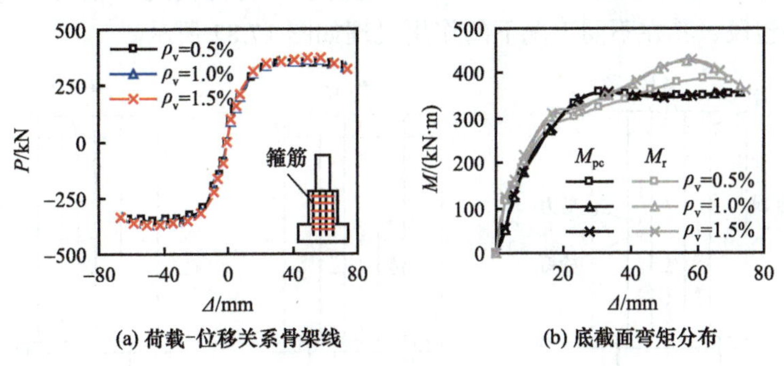

(a) 荷载 - 位移关系骨架线　　(b) 底截面弯矩分布

图 17.80　箍筋配筋对柱脚抗震性能的影响

图 17.81 所示为外包段参数对柱脚转动刚度的影响。可见，外包段高度和外包段厚度对柱脚的转动刚度影响显著。外包段高度越大，外包段和外露式柱脚的组合作用越强，柱脚的转动刚度也越大。外包段厚度越大，外包段对外露式柱脚的支撑作用越强，柱脚的转动刚度显著增大。相比之下，外包段配筋对柱脚转动刚度的影响较小。随着纵筋配筋率的增大，柱脚的转动刚度增大，但影响不显著。而箍筋配箍率对转动刚度的影响较小。在本节外包段参数范围内，柱脚的转动刚度均满足刚接柱脚的要求。

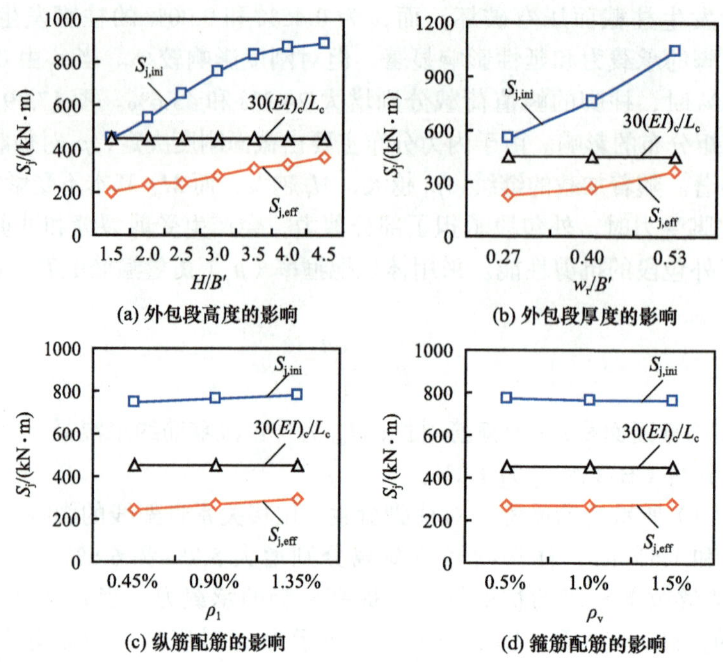

图 17.81　外包段参数对柱脚转动刚度的影响

（4）钢管 - 外包段界面栓钉

工程中，对于埋入式或外包式柱脚，常在钢管 - 外包段界面布置栓钉。外包式柱脚受力时，由于柱与外包段的相对滑移，栓钉能够将部分内力（轴力、弯矩和剪力）由柱传递至外包段，其在不同工况下的作用机理如图 17.82 所示。

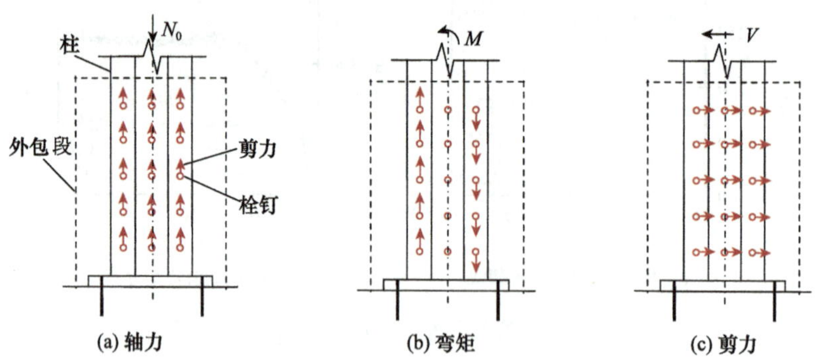

图 17.82　不同工况下外包式柱脚栓钉作用机理

旧版《高层民用建筑钢结构技术规程》（JGJ 99—98）认为，柱弯矩主要通过两侧栓钉剪切作用形成的力偶传递至外包段，而新版规程 JGJ 99—2015 对以上传力路径进行了修正，认为弯矩主要通过柱 - 外包段相互作用传递。《钢结构设计标准》（GB 50017—2017）也建议在界面按构造布置栓钉。本节结合试验和有限元分析，讨论了栓钉对外包式柱脚抗震性能的影响。

试验中，本章在标准试件 CBS-3-0.3 的基础上，设计了按构造布置栓钉的对比试件 CBS-3s-0.3，二者性能主要有两方面差异。

1）破坏形态：带栓钉柱脚试件的压弯破坏形态更严重，外包段角部受压区大范围压溃，纵筋严重鼓曲。加载全过程，柱与外包段能够共同工作，无相对滑移，外包段的受剪裂缝和冲剪裂缝改善。

2）荷载 - 变形性能：布置栓钉后，柱脚的峰值荷载均值由 141.1kN 提高到 154.9kN，增大 9.8%；延性系数由 4.00 增大为 5.61；等效黏滞阻尼系数由 0.20 增大为 0.22；累积耗能增大约 10%。

为进一步分析栓钉的影响，本节在试件 CB-3 的基础上，建立了布置栓钉与否的对比模型。栓钉布置参考《钢结构设计标准》（GB 50017—2017）的构造建议，采用非线性弹簧进行模拟，通过 Ollgaard 等（1971）建议的剪切 - 滑移公式描述栓钉的切向抗剪性能。试算表明，栓钉与外包混凝土的法向接触对柱脚承载力的影响小于 2%，因而模型未考虑二者的法向接触。

图 17.83 所示为栓钉对柱脚抗震性能的影响。对比图 17.83（a）所示荷载 - 位移关系可见，栓钉提高了柱脚的耗能性能。对比图 17.83（b）所示荷载 - 位移关系骨架线，栓钉对柱脚的刚度影响较小，对骨架线的影响发生在加载后期，导致柱脚的峰值荷载增大 6.0%，延性也有改善。图 17.83（c）所示为栓钉对柱脚底截面弯矩分布的影响。布置栓钉后，外包段能够与外露式柱脚共同工作，导致外包段承担的弯矩显著增大，而外露式柱脚的承载力变化较小。

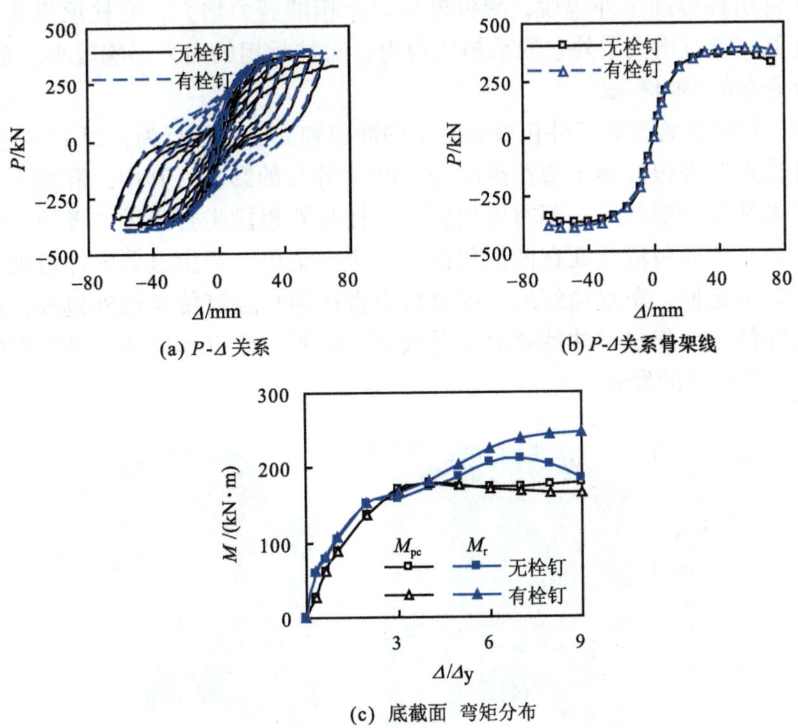

图 17.83　栓钉对柱脚抗震性能的影响

图 17.84 所示为峰值点时栓钉对柱脚内力沿高度分布的影响，图中，实线为柱内力，虚线为总内力，二者间为外包段内力。

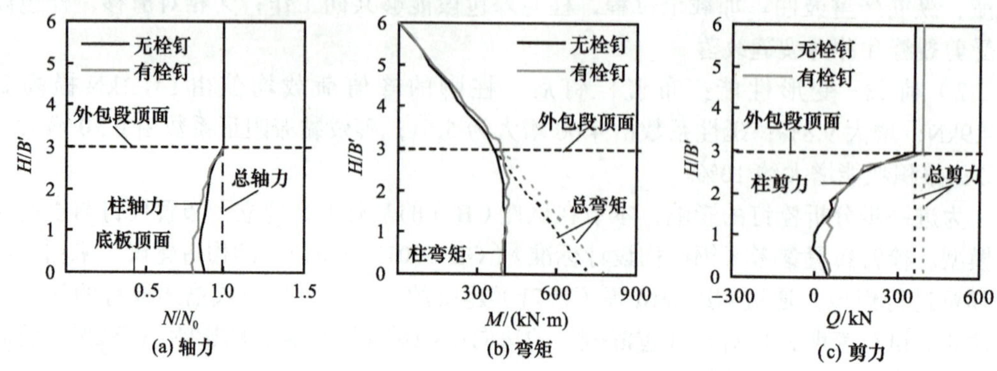

图 17.84 栓钉对柱脚内力沿高度分布的影响

图 17.84（a）为栓钉对轴力分布的影响。由于部分轴力通过栓钉由柱传递至外包段，在底板顶面位置，外包段承担的轴力比例由 12.0% 增大到 20.1%。图 17.84（b）为栓钉对弯矩分布的影响。与图 17.84（c）所示规律一致，栓钉导致底板顶面位置外包段承担的弯矩增大 19.1%，柱承担的弯矩变化较小，而总弯矩增大 7.5%。图 17.84（c）为栓钉对剪力分布的影响。布置栓钉后，柱脚的承载力增大，导致总剪力增大。部分剪力通过栓钉由柱传递至外包段，导致外包段承担的剪力增大，而柱承担的剪力变化不显著。可见，栓钉增大了外包段承担的内力，对柱承担的内力影响较小，总体而言，对柱脚内力分布的影响有限。

试验中，栓钉显著改善了外包段混凝土的冲剪和受剪开裂行为，图 17.85 所示对比了栓钉对峰值点时外包混凝土塑性拉应变（PE）分布的影响，其中，混凝土的塑性拉应变可用于表征其开裂状况。不布置栓钉时，柱与外包段主要通过二者的法向接触实现相互作用，导致外包段顶面在两侧角部出现应力集中，产生显著的冲剪裂缝，并沿外包段侧面向下延伸。布置栓钉后，部分剪力直接通过栓钉传递至外包段，避免了外包段两侧角部的应力集中，冲剪效应显著减弱。同时，栓钉导致外包段承担的轴力增大，缓解了受剪裂缝的发展。

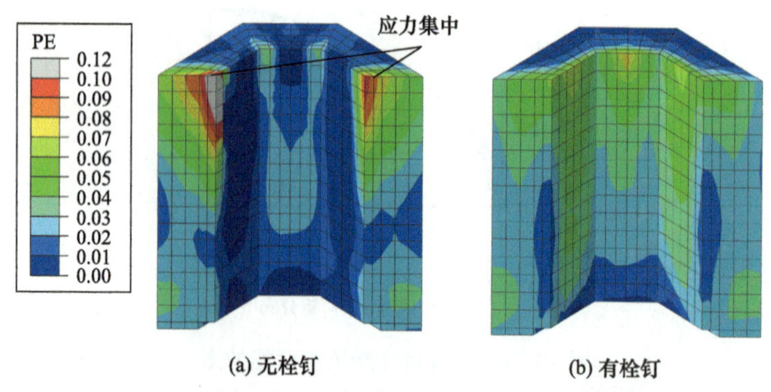

图 17.85 栓钉对外包段塑性拉应变分布的影响

综上所述，栓钉通过改善外露式柱脚和外包段的共同工作性能，提高了外包段的抗弯承载力，导致柱脚的承载力增大，但幅度较小。栓钉还避免了柱与外包段之间界面破坏造成的能量损失，提高了柱脚的耗能性能，同时，改善了外包段的受剪和冲剪开裂情况。因而，对于工程中抗震性能要求较高，且对外包段裂缝控制有较强需求的柱脚，可以考虑在钢管－外包段界面按构造布置栓钉，但在承载力计算时，不建议考虑栓钉的作用。

（5）柱轴压比

分析表明，柱的轴力对钢管混凝土柱及柱脚底截面的抗震性能均有显著影响。图 17.86（1）为柱轴压比（n）对柱脚破坏形态的影响，图中绘制了峰值点时钢管的纵向应力分布（黑色和灰色分别代表受压和受拉屈服区）。n 为 0.3 的柱脚发生底截面压弯破坏，峰值点时钢管在柱底局部屈服，在外包段顶面基本未屈服；n 为 0.6 的柱脚发生柱截面压弯破坏，峰值点时钢管受压区大范围屈服，在外包段顶面外鼓，发生破坏。图 17.86（2）为轴压比对柱脚荷载－位移关系的影响。轴力的增大使得钢管混凝土柱的承载力显著减小，而底截面的承载力由外露式柱脚和外包段共同提供，受轴力影响较小。因而，柱脚在钢管混凝土柱截面发生破坏，承载力显著减小，但滞回曲线更饱满。

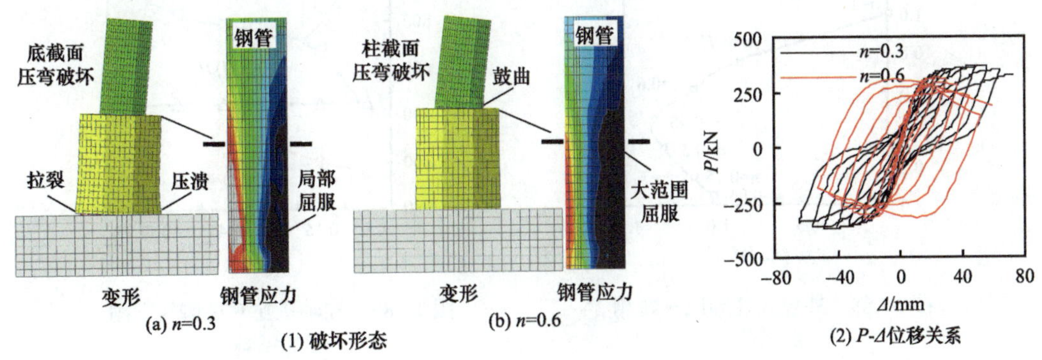

图 17.86　柱轴压比（n）对柱脚破坏形态和荷载－位移关系的影响

图 17.87（a）所示为柱轴压比（n）对荷载－位移关系骨架线的影响。n 小于 0.3 时，柱脚的承载力随着 n 的增大而增大；n 大于 0.3 时，柱脚的承载力随着 n 的增大而减小，同时延性显著减弱。图 17.87（b）所示为轴压比对底截面弯矩分布的影响。当 n 由 0.05 增大到 0.3 时，外露式柱脚承担的弯矩显著增大，而外包段承担的弯矩仅在加载后期增大。当 n 由 0.3 增大至 0.6 时，由于柱截面发生破坏，加载后期，外露式柱脚和外包段承担的弯矩显著减小。

图 17.88 所示为试件 CB-3 的压－弯相关关系，其中，横坐标采用 $n=0.05$ 时柱脚的抗弯承载力（M_u）进行归一化（$n=0$ 时，柱脚发生底截面受剪破坏），纵坐标为柱轴压比。可见，外包式柱脚的压－弯相关关系与钢筋混凝土构件相似。n 小于 0.45 时，抗弯承载力随 n 的增大而增大；n 大于 0.45 时，抗弯承载力随 n 的增大而迅速减小。

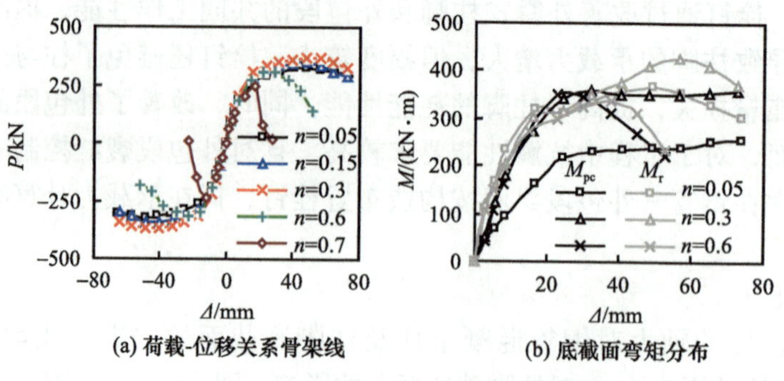

图 17.87　柱轴压比（*n*）对柱脚抗震性能的影响

图 17.89 所示为柱轴压比对柱脚转动刚度的影响。随着 *n* 的增大，柱脚的初始转动刚度（$S_{j,ini}$）和使用阶段转动刚度（$S_{j,eff}$）显著增大。在压弯荷载作用下，随着轴力的增大，外露式柱脚底板受拉侧与基础越晚脱离，柱底转角减小，导致转动刚度增大。对比 $S_{j,ini}$ 和 30（EI）$_c$/L_c 可见，除 n=0.05 外，柱脚均判定为刚接柱脚。

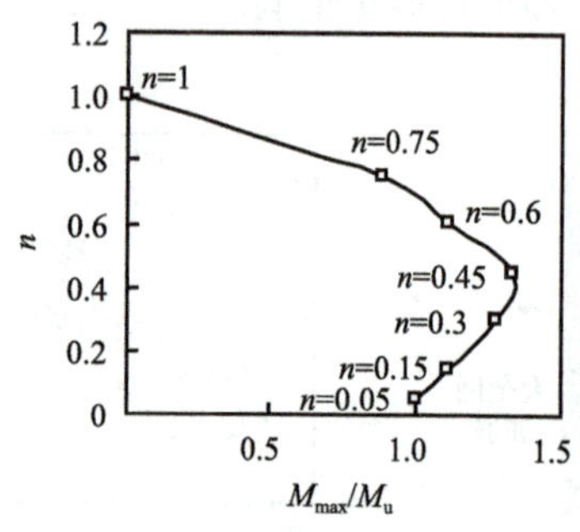

图 17.88　外包式柱脚压－弯相关关系

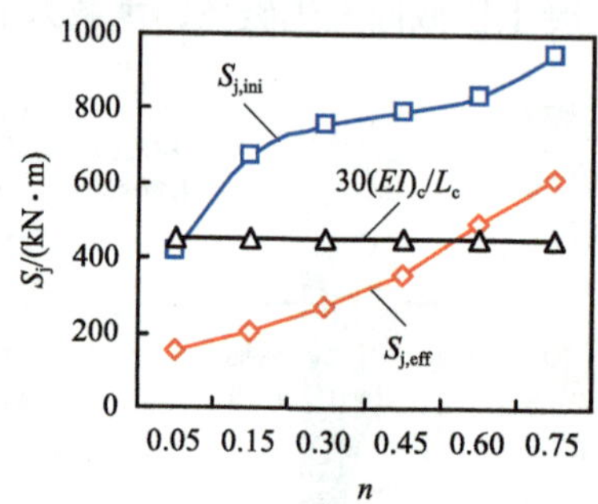

图 17.89　柱轴压比对柱脚转动刚度的影响

17.4.2　承载力计算方法

有限元分析可知，外包式六边形钢管混凝土柱脚共有六种可能的破坏形态，包括柱截面压弯破坏、底板底截面压弯破坏、底板顶截面压弯破坏、外包混凝土剪切破坏、外包混凝土冲剪破坏和底板底截面受剪滑移破坏，如图 17.90所示。其中前三种破坏形

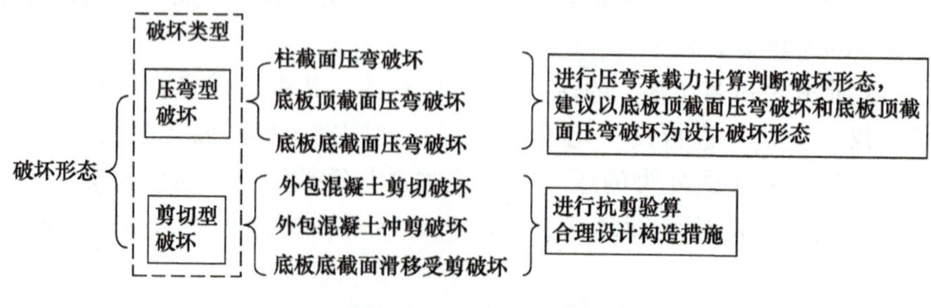

图 17.90　外包式钢管混凝土柱脚设计思路

态为压弯破坏，具有较高的承载力、较好的延性和耗能能力，而后三种破坏性形态为剪切型破坏形态，其延性和耗能能力较差。由此选择三种压弯破坏形态作为外包式六边形钢管混凝土柱脚合理的破坏形态，对于后三种破坏形态，应通过适当的构造措施避免。

1. 抗弯验算

对于发生压弯破坏的柱脚，柱脚的受弯承载力（M_u）由柱截面、底板顶截面和底板底截面三个特征截面控制，如图 17.91 所示。用静力荷载作用下的压弯承载力计算方法计算控制截面处的压弯滞回承载力，柱脚的受弯承载力（M_u）可按式（17.13）计算。

$$M_u = \min\left\{\frac{M_{uc}}{1-H/L},\ M_{uc}+M_{uen},\ M_{upc}+M_{ur}\right\} \tag{17.13}$$

式中，$M_{uc}/(1-H/L)$ 为钢管混凝土柱截面控制的柱脚抗弯承载力；$M_{uc}+M_{uen}$ 为外包式柱脚底板顶截面控制的柱脚抗弯承载力；$M_{upc}+M_{ur}$ 为外包式柱脚底板底截面控制的柱脚抗弯承载力；M_{uc} 为柱截面的抗弯承载力；M_{uen} 为钢管外包钢筋混凝土的抗弯承载力；M_{upc} 为底板锚栓连接部分的抗弯承载力；M_{ur} 为底板底截面上外包混凝土部分的抗弯承载力；H 为外包混凝土高度；L 为水平荷载到基础顶面的距离。

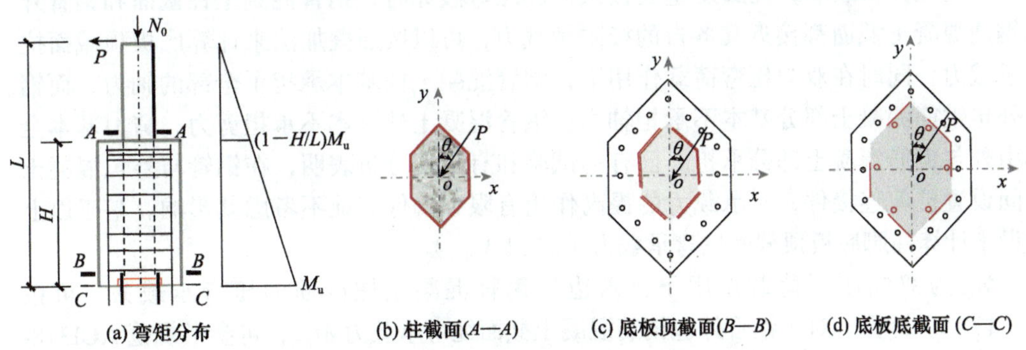

图 17.91　外包式柱脚抗弯承载力（M_u）计算

需要说明的是，柱脚底板顶截面控制的柱脚抗弯承载力为（$M_{uc}+M_{uen}$）/（$1-t_p/L$），其中 t_p 为底板的厚度。但 t_p/L 较小，偏于保守可假定 $t_p/L=0$。

（1）柱截面的抗弯承载力（M_{uc}）

M_{uc} 为轴压荷载（N_0）作用下，六边形钢管混凝土截面的抗弯承载力，采用规范 EC4（2004）中的塑性截面法计算，如图 17.92 所示。有如下假设：①钢管与核心混凝土能够共同工作；②钢管受拉区和受压区全截面屈服，应力达到屈服应力；③混凝土受压区应力呈矩形分布，应力大小为 f_c'（f_c' 为混凝土的圆柱体抗压强度），不考虑混凝土受拉区应力。

根据力平衡条件，有如式（17.14）和式（17.15）所示方程。

$$N_0 = f_c'A_c + f_{ys}A_{sc} - f_{ys}A_{st} \tag{17.14}$$

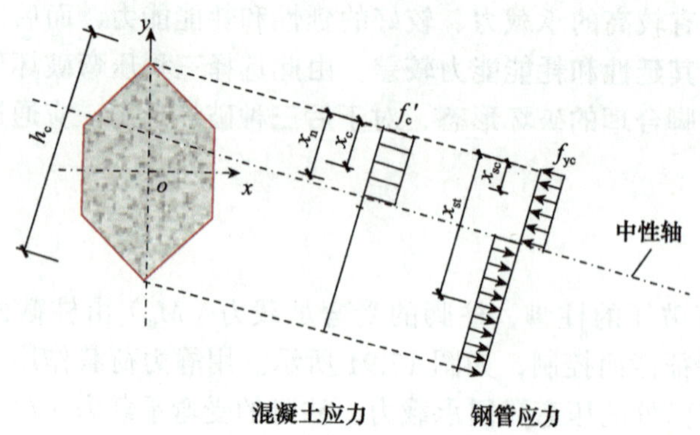

图 17.92　六边形钢管混凝土截面受弯承载力（M_{uc}）计算

$$M_{uc}=f_c'A_c(h/2-x_c)+f_{ys}A_{sc}(h/2-x_{sc})-f_{ys}A_{st}(x_{st}-h/2) \tag{17.15}$$

式中，N_0 为六边形钢管混凝土柱承担的轴压荷载；M_{uc} 为六边形钢管混凝土柱的抗弯承载力；h_c 为钢管混凝土柱截面高度；A_c 为受压区混凝土面积；A_{sc}、A_{st} 分别为受压、受拉区钢管面积；x_c 为受压区混凝土形心高度；x_{sc}、x_{st} 分别为受压区和受拉区钢管形心高度。

（2）柱脚底板顶截面抗弯承载力（$M_{uc}+M_{uen}$）

有限元分析表明，柱脚发生底板顶截面压弯破坏时，钢管混凝土柱截面和钢管外包钢筋混凝土截面都接近其各自的极限承载力，可以按照叠加法来计算底板顶截面抗弯承载力。同时在双向压弯荷载作用下，钢管混凝土柱基本承担了全部的轴力，而钢管外包钢筋混凝土部分基本不承担轴力；钢管混凝土柱基本不承担剪力，剪力基本全部由外包钢筋混凝土部分承担。已有的试验和有限元分析表明，在钢管与外包混凝土之间设置抗剪连接件，对承载力的提高作用有限，偏保守地不考虑其影响。基于以上假设来计算柱脚底板顶截面抗弯承载力（$M_{uc}+M_{uen}$）。

M_{uc} 为双向压弯荷载作用下，六边形钢管混凝土柱截面的压弯承载力，可按式（17.15）计算。对于钢管外包钢筋混凝土截面纯弯承载力 M_{uen}，可参考规范 ACI318-19，如图 17.93 所示。基于以下假定进行计算：①截面应变保持平面；②受压边缘混凝土应变达到混凝土的峰值应变 $\varepsilon_{cu}=3000\mu\varepsilon$；③受压区混凝土应力呈矩形分布，不考虑混凝土的抗拉强度；④纵筋采用理想弹塑性本构。

根据力平衡条件，有如式（17.16）和式（17.17）所示方程。

$$0.85f_c'A_c+\sum_i\sigma_{si}A_{si}+\sum_i\sigma_{si}'A_{si}'=0 \tag{17.16}$$

$$M_{uen}=0.85f_c'A_c(h_{en}/2-x_c)+\sum_i\sigma_{si}A_{si}(x_{si}-h/2)+\sum_i\sigma_{si}'A_{si}'(h/2-x_{si}) \tag{17.17}$$

式中，M_{uen} 为底板顶截面上外包混凝土的抗弯承载力；x_n 为中性轴高度；A_c 为等效矩形应力区面积；x_c 为等效矩形应力区形心高度；σ_{si} 为纵筋应力；A_{si} 为纵筋面积；x_{si} 为纵筋高度。ε_{si}、σ_{si} 分别按式（17.18）和式（17.19）计算。

$$\varepsilon_{si}=\varepsilon_{si}g(1-x_{si}/x_n) \tag{17.18}$$

$$-f_y\leqslant\sigma_{si}=E_s\cdot\varepsilon_{si}\leqslant f_y \tag{17.19}$$

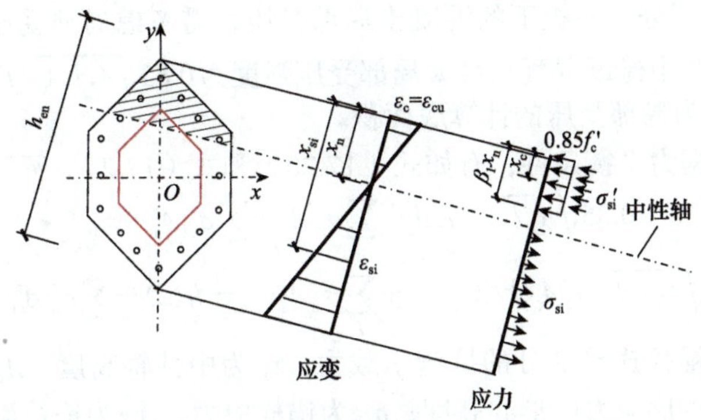

图 17.93　钢管外包钢筋混凝土截面抗弯承载力（M_{uen}）计算

（3）柱脚底板底截面抗弯承载力（$M_{upc}+M_{ur}$）

有限元分析表明，在双向压弯荷载作用下，底板锚栓连接部分承担了大部分轴力，而外包混凝土几乎不承担轴力，外包式柱脚发生底板底截面压弯破坏时，底板锚栓连接部分和外包混凝土底截面都接近其峰值承载力。因此，可采用叠加法计算外包式柱脚底板底截面的抗弯承载力，假定底板锚栓连接部分承担压弯荷载，而外包混凝土部分承担纯弯荷载。偏于保守，不考虑钢管与外包混凝土之间栓钉的影响。

对于底板锚栓连接部分的抗弯承载力（M_{upc}）和底板底截面上外包混凝土的抗弯承载力（M_{ur}）的计算方法同样参考规范 ACI318-19，如图 17.94 所示。需要说明的是，

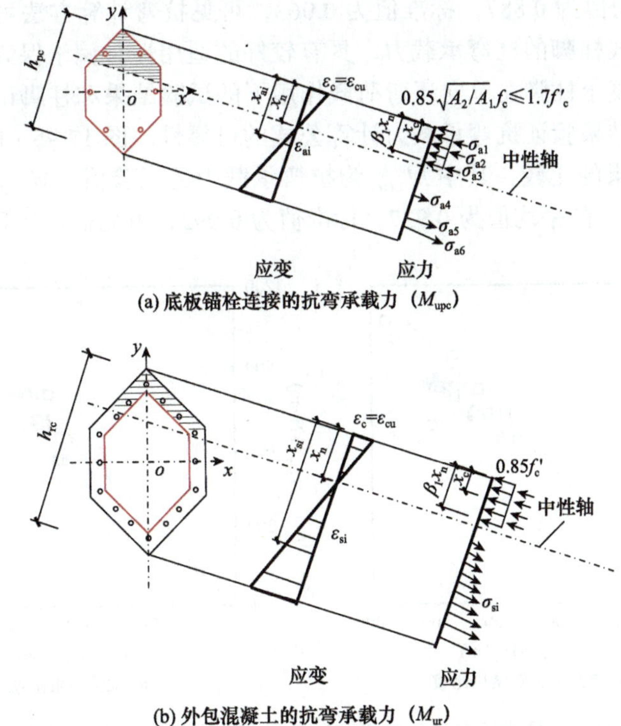

(a) 底板锚栓连接的抗弯承载力（M_{upc}）

(b) 外包混凝土的抗弯承载力（M_{ur}）

图 17.94　柱脚外包混凝土底截面抗弯承载力（$M_{upc}+M_{ur}$）计算

对于底板锚栓连接部分，底板下的混凝土局部受压，需考虑局部受压时强度提高系数的影响，ACI318-19 中建议混凝土最大局部受压强度为$0.85\sqrt{A_2/A_1}\cdot f_c'\leqslant 1.7f_c'$，其中 A_1 为底板的面积，A_2 为局部受压的计算底面积。

对于 M_{upc}，根据力平衡条件，有如式（17.20）和式（17.21）所示方程。

$$0.85\sqrt{A_2/A_1}\cdot f_c'A_c+\sum_i \sigma_{ai}A_{ai}+\sum_i \sigma_{ai}'A_{ai}'=N_0 \tag{17.20}$$

$$M_{upc}=0.85\sqrt{A_2/A_1}\cdot f_c'A_c(h/2-x_c)+\sum_i \sigma_{ai}A_{ai}(x_{ai}-h/2)+\sum_i \sigma_{ai}'A_{ai}'(h/2-x_{ai}) \tag{17.21}$$

式中，M_{upc} 为底板锚栓连接部分的抗弯承载力；x_n 为中性轴高度；A_c 为等效矩形应力区面积；x_c 为等效矩形应力区形心高度；σ_{ai} 为锚栓应力；A_{ai} 为锚栓面积；x_{ai} 为锚栓高度。ε_{ai}、σ_{ai} 分别按式（17.22）和式（17.23）计算。

$$\varepsilon_{ai}=\varepsilon_{ai}g(1-x_{ai}/x_n) \tag{17.22}$$

$$-f_y\leqslant\sigma_{ai}=E_s\cdot\varepsilon_{ai}\leqslant f_y \tag{17.23}$$

《钢结构设计标准》（GB 50017—2017）、《高层民用建筑钢结构技术规程》（JGJ 99—2015）和《建筑抗震设计标准（2024 年版）》（GB 50011—2010）中建议外包式柱脚的极限承载力应按公式（17.24）验算。其中 α 为连接系数，对于外包式柱脚，$\alpha=1.2$。

$$M_u=\min\left\{\frac{M_{uc}}{1-H/L},\ M_{uc}+M_{uen},\ M_{upc}+M_{ur}\right\}\geqslant\alpha M_{uc} \tag{17.24}$$

基于参数分析结果验证抗弯计算方法在参数范围内的适用性，图 17.95（a）给出了抗弯计算结果和有限元计算结果的比较，其中 $M_{u,FEA}$ 为抗弯承载力的有限元计算值。$M_{u,cal}/M_{u,FEA}$ 的平均值为 0.887，标准值为 0.063，可见抗弯计算方法可以在参数范围内较好地预测外包式柱脚的抗弯承载力，具有较好的适用性且偏于保守。选择本章外包式六边形钢管混凝土柱脚在单向压弯荷载作用下的试验结果和柱脚试件在双向压弯荷载作用下的试验结果验证抗弯承载力计算公式的可靠性。图 17.95（b）给出了抗弯计算结果和试验结果的比较，其中 $M_{u,test}$ 为抗弯承载力的试验值，$M_{u,cal}$ 为抗弯承载力的计算值。$M_{u,cal}/M_{u,test}$ 的平均值为 0.927，标准值为 0.092，可见抗弯计算方法可以较好地

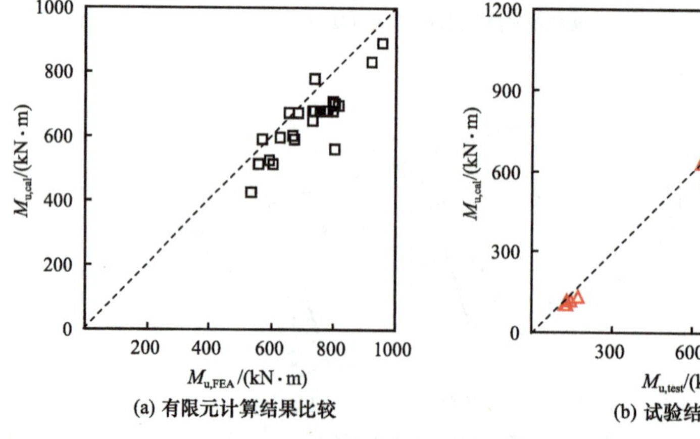

(a) 有限元计算结果比较　　(b) 试验结果比较

图 17.95　柱脚抗弯计算结果与试验结果和有限元计算结果的比较

预测外包式柱脚的抗弯承载力，且偏于保守。

2. 抗剪验算

外包式柱脚还可能出现外包段受剪、外包段冲剪和底截面受剪破坏。此时，底截面的抗弯承载力未充分发挥，柱脚的承载力和耗能性能均受影响，应在设计中避免。本节基于有限元计算模型，建议了发生压弯破坏柱脚的抗剪验算方法。

（1）外包段抗剪验算

外包段由于其与钢管混凝土柱的相互作用受剪，需满足如式（17.25）所示的抗剪要求。

$$Q_{ur} < V_{ur} \tag{17.25}$$

式中，Q_{ur} 为压弯极限状态时外包段的最不利剪力；V_{ur} 为外包段的抗剪承载力。

机理分析表明，外包段最不利剪力的位置和大小与柱脚的破坏形态相关。图 17.96 所示为不同参数下峰值点时外包式柱脚的剪力分布，用方框标记了发生柱截面压弯破坏的情况。

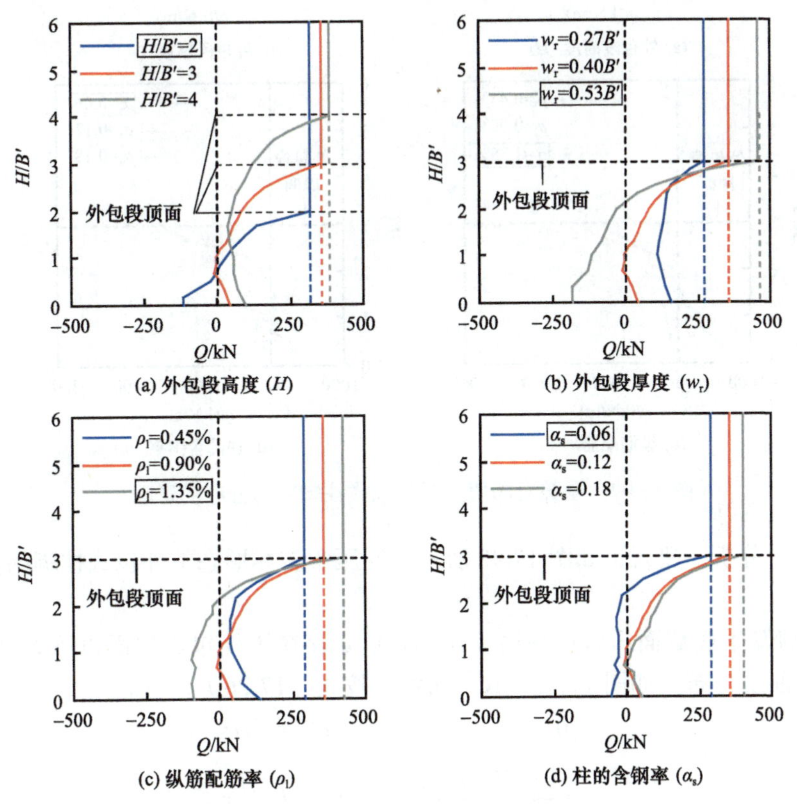

图 17.96　参数对峰值点时外包式柱脚剪力分布的影响

对于发生底截面压弯破坏的柱脚，外包段剪力自上而下先迅速增大，后略有减小，最不利截面位于外包段中下部。对于发生柱截面压弯破坏的柱脚，外包段剪力自上而下不断增大，最不利截面位于外包段底面。相比之下，发生柱截面破坏的柱脚，其外包段最不利剪力一般大于发生底截面破坏的柱脚，甚至大于柱脚的总剪力。

柱与外包段间的剪力传递来源于二者的相互作用力（q）。图 17.97 所示为不同参数下峰值点时柱和外包段间 q 沿高度分布。可见，q 的分布呈“上大下小”特征。对于发生底截面压弯破坏的柱脚，柱在底部受到外包段的反向支撑，q 变为负值，外包段剪力在底部减小；对于发生柱截面压弯破坏的柱脚，柱仅在一侧受到外包段支撑，q 不变号，外包段剪力保持增长，与图 17.96 规律一致。

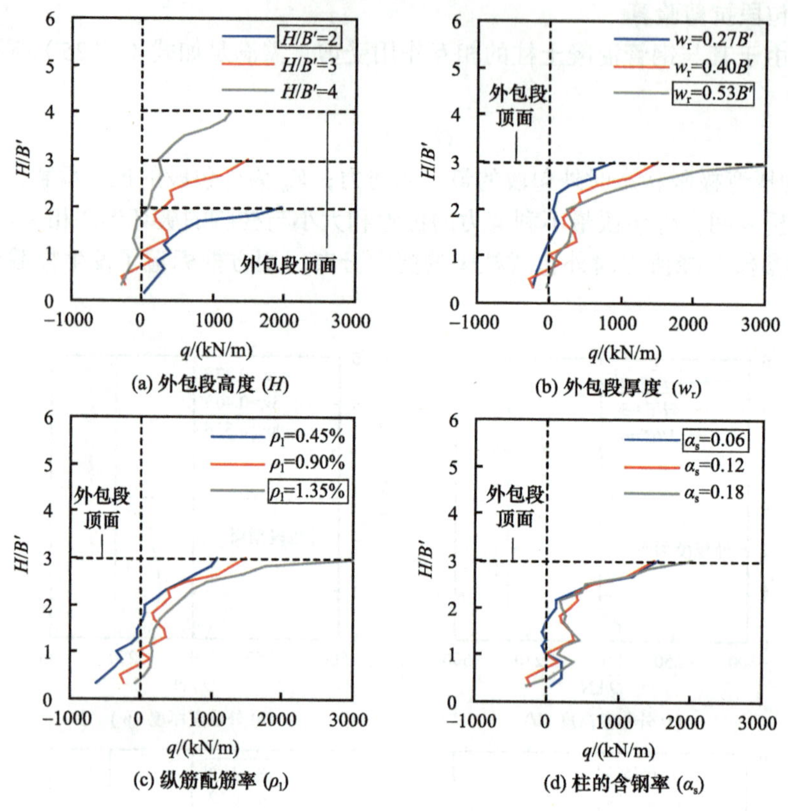

图 17.97 参数对峰值点时外包式柱脚剪力分布的影响

基于以上分析，建议了如图 17.98 所示不同压弯破坏形态下外包式柱脚的剪力分布模型。

1）柱脚发生底截面压弯破坏时（$H>H_e$），q 存在于外包段顶面以下 H_e 高度范围内，呈二次曲线分布，如图 17.98（1c）所示，按式（17.26）计算。

$$q(x)=\begin{cases}0 & 0\leqslant x<H-H_e\\ \left(\dfrac{x-H+H_e}{H_e}\right)^2 q_{max} & H-H_e\leqslant x\leqslant H\end{cases} \tag{17.26}$$

式中，x 为距基础顶面高度；q_{max} 为外包段顶面的最大相互作用力；H_e 为外包段的有效高度，按式（17.27）计算。

$$H_e=\left(1-\frac{M_{uc}}{M_{upc}+M_{ur}}\right)L \tag{17.27}$$

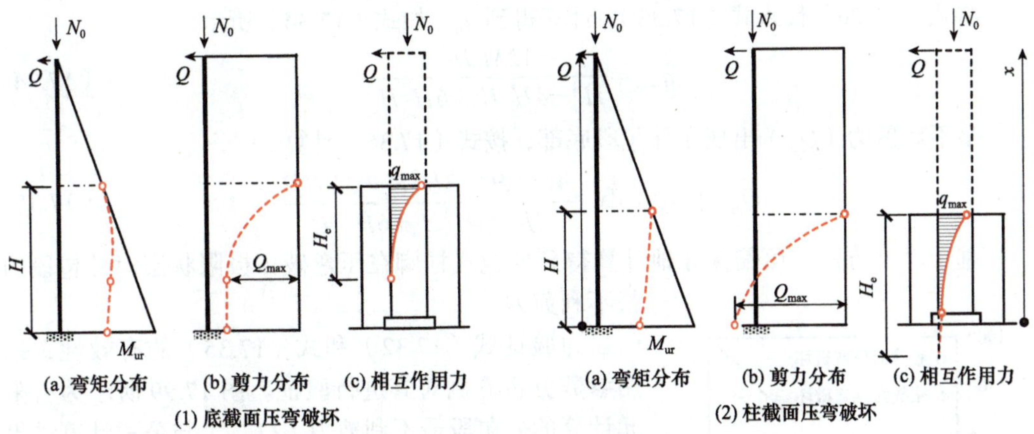

图 17.98　不同破坏形态下柱脚剪力分布示意

2）柱脚发生柱截面压弯破坏时（$H<H_e$），q 存在于外包段顶面以下 H 高度范围内，在 H_e 高度范围内呈二次曲线分布，如图 17.98（2c）所示，按式（17.28）计算。

$$q(x)=\left(\frac{x-H+H_e}{H_e}\right)^2 q_{max}\quad 0\leqslant x\leqslant H \tag{17.28}$$

3）偏保守地不考虑底板 - 外包段相互作用，假设外包段弯矩完全由柱 - 外包段相互作用传递。发生底截面压弯破坏时，外包段底截面弯矩为其抗弯承载力（M_{ur}）；发生柱截面压弯破坏时，外包段底截面弯矩为柱底弯矩按底截面抗弯刚度分配给外包段的弯矩（M_r），按式（17.29）计算。

$$M_r=\frac{M_{uc}}{1-H/L}\frac{B_r}{B_p+B_r} \tag{17.29}$$

式中，B_p 为底板下锚栓 - 混凝土截面的弹性抗弯刚度，根据平截面假定计算［图 17.94（a）］，由于柱脚受压弯荷载作用，计算时考虑混凝土全截面；B_r 为外包段底截面的弹性抗弯刚度，根据平截面假定计算［图 17.94（b）］，由于外包段受弯矩作用，计算时仅考虑混凝土受压区截面。

基于以上假设，计算相互作用力峰值（q_{max}）和最不利剪力（Q_{ur}）。

1）柱脚发生底截面压弯破坏时，其外包段底截面弯矩计算如式（17.30）所示。

$$M_{ur}=\int_0^H q(x)x\mathrm{d}x \tag{17.30}$$

将式（17.26）代入式（17.30），计算得到 q_{max} 如式（17.31）所示。

$$q_{max}=\frac{12M_{ur}}{4HH_e-H_e^2} \tag{17.31}$$

最不利剪力（Q_{ur}）出现在外包段下部，按式（17.32）计算。

$$Q_{ur}=\int_0^H q(x)\mathrm{d}x=\frac{4M_{ur}}{4H-H_e} \tag{17.32}$$

2）柱脚发生柱截面压弯破坏时，其外包段底截面弯矩计算如式（17.33）所示。

$$M_r=\int_0^H q(x)x\mathrm{d}x \tag{17.33}$$

将式（17.26）代入式（17.33），计算得到 q_{max} 如式（17.34）所示。

$$q_{max}=\frac{12M_r H_e^2}{H^4-4H^3H_e+6H^2H_e^2} \tag{17.34}$$

最不利剪力（Q_{ur}）出现在外包段底部，按式（17.35）计算。

$$Q_{ur}=\int_0^H q(x)\mathrm{d}x=\frac{4M_r(H^3-3H^2H_e+3HH_e^2)}{H^4-4H^3H_e+6H^2H_e^2} \tag{17.35}$$

基于以上方法，可偏保守地计算得到外包式柱脚在压弯破坏极限状态时外包段的最不利剪力。

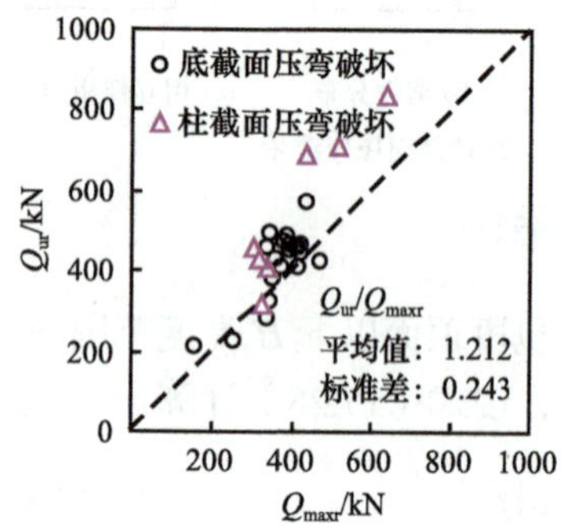

图 17.99　外包段最不利剪力计算公式与有限元计算结果对比

为验证式（17.32）和式（17.35）的有效性，采用参数分析算例对其进行验证。图 17.99 所示为有限元计算的外包段最不利剪力（Q_{maxr}）与公式计算结果（Q_{ur}）对比。可见，公式能够偏保守地预测不同压弯破坏形态下柱脚的外包段最不利剪力。Q_{ur}/Q_{maxr} 的平均值和标准差分别为 1.212 和 0.243。其中，对于底截面压弯破坏和柱截面压弯破坏的柱脚，Q_{ur}/Q_{maxr} 的平均值分别为 1.132 和 1.414，针对后者的预测结果更保守。

参考《高层民用建筑钢结构技术规程》(JGJ 99—2015)，外包段的抗剪承载力（V_{ur}）按式（17.36）计算。

$$V_{ur}=b_e h_0(0.7f_{tk}+0.5f_{yv}\rho_{sh}) \tag{17.36}$$

式中，b_e 为外包段的截面有效宽度，对六边形截面取为 $2w_r$；h_0 为外包段的截面有效高度，对于六边形截面取为 $B+1.8w_r$；$b_e h_0$ 为外包段的有效受剪面积，如图 17.100（b）阴影部分；f_{tk} 为混凝土抗拉强度标准值；f_{yv} 为箍筋屈服强度值；ρ_{sh} 为箍筋配箍率（$\rho_{sh}=A_{sh}/b_e s$）；A_{sh} 为有效受剪面积内箍筋面积；s 为箍筋间距。

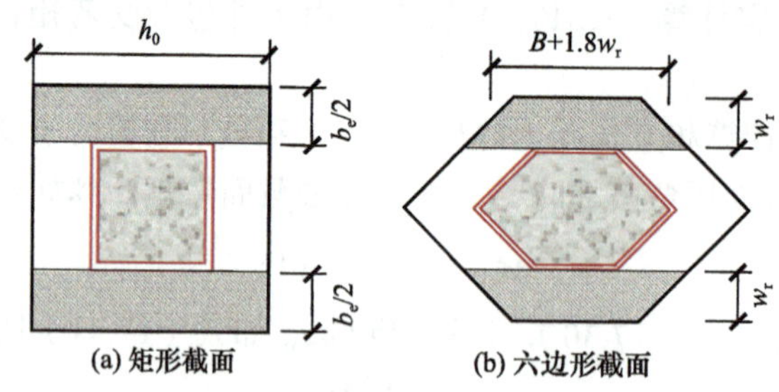

图 17.100　外包段的有效受剪面积

（2）外包段抗冲剪验算

计算表明，柱和外包段之间的相互作用力峰值（q_{max}）出现在外包段顶面，且自上而下迅速减小，外包段顶部易发生冲剪破坏，与试验结果一致。《高层民用建筑钢结构技术规程》（JGJ 99—2015）建议了如下外包段抗冲剪构造：在外包段顶部应进行箍筋加密，不少于 3 道，间距不应大于 50mm，但未提供其抗冲剪的验算方法。本节将结合有限元计算模型，对其进行讨论。

图 17.101 所示为外包段的冲剪破坏机理。加载时，外包段受到相互作用力（q）作用，其截面分为 1 区和 2 区。其中，2 区未直接受力，承担的剪力从 1 区传递，导致环形截面受冲剪作用。若发生冲剪破坏，剪力不能传递至 2 区，1 区截面将迅速破坏，导致外包段的抗弯承载力不能充分发挥。

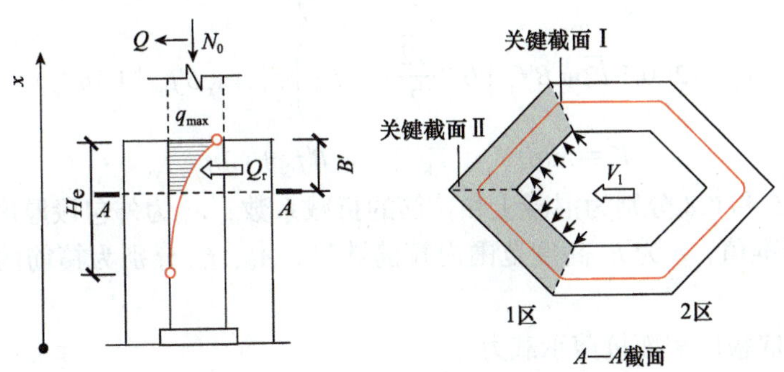

图 17.101 外包段的冲剪破坏机理

建议在外包段顶部 B' 高度范围内，按式（17.37）对图 17.101 中 A—A 截面以上隔离体进行冲剪验算。

$$Q_{1r}=\beta_1 Q_{rA}\leqslant V_{1r} \tag{17.37}$$

式中，Q_{1r} 为隔离体所受冲剪作用力，为 2 区截面承担的剪力；Q_{rA} 为外包段 A—A 截面的剪力；系数 β_1 为 A—A 截面中 2 区截面承担的剪力占总剪力的比例；V_{1r} 为隔离体的抗冲剪承载力。其中，系数 β_1 通过假设外包段为弹性体，采用材料力学方法，根据弯曲剪应力分布积分求解。结合有限元验算，在本章参数范围内，建议系数 β_1 取 2/3。对于 A—A 截面以下区域，由于相互作用力自上而下迅速减小，正常配置箍筋即满足抗冲剪要求，可不进行冲剪验算。

发生底截面压弯破坏的柱脚，外包段 A—A 截面剪力 Q_{rA} 按式（17.38）计算。

$$Q_{rA}=\int_{H-B'}^{H} q(x)\mathrm{d}x=\frac{H_e^{\ 3}-(H_e-B')^3}{H_e^{\ 3}}Q_{ur} \tag{17.38}$$

式中，Q_{ur} 按式（17.32）计算。

发生柱截面压弯破坏的柱脚，Q_{rA} 按式（17.39）计算：

$$Q_{rA}=\int_{H-B'}^{H} q(x)\mathrm{d}x=\frac{H_e^{\ 3}-(H_e-B')^3}{H_e^{\ 3}-(H_e-H)^3}Q_{ur} \tag{17.39}$$

式中，Q_{ur} 按式（17.35）计算。

采用参数分析算例，对 A—A 截面剪力公式进行验证。图 17.102 所示为公式（Q_{rA}）和有限元（Q_{maxrA}）计算结果对比。Q_{rA}/Q_{maxrA} 的平均值和标准差分别为 1.295 和 0.322。可见，公式能够偏保守地

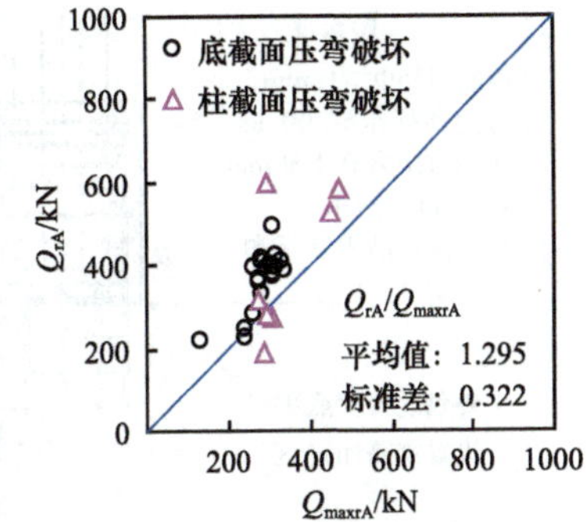

图 17.102 外包段 A—A 截面剪力计算公式与有限元计算结果对比

预测外包段的 A—A 截面剪力，反映外包段的冲剪特性。

外包段的抗冲剪承载力（V_{lr}）按《混凝土结构设计标准（2024 年版）》（GB 50010—2010）计算。V_{lr} 由破坏截面Ⅰ和Ⅱ控制，如图 17.101（b）所示，分别按式（17.40）和式（17.41）计算。计算表明，V_{lr} 由破坏截面Ⅰ控制，按式（17.42）计算：

$$V_{lr,1}=2\left(0.5w_r B'f_{tk}+0.8\frac{\sqrt{2}}{2}nA_v f_{yv}\right)=w_r B'f_{tk}+1.1nA_v f_{yv} \tag{17.40}$$

$$V_{lr,2}=2\left(0.5\sqrt{2}w_r B'f_{tk}+0.8\frac{\sqrt{2}}{2}nA_v f_{yv}\right)=1.4w_r B'f_{tk}+1.1nA_v f_{yv} \tag{17.41}$$

$$V_{lr}=\min\{V_{lr,1},\ V_{lr,2}\}=w_r B'f_{tk}+1.1nA_v f_{yv} \tag{17.42}$$

式中，系数 0.5 和 0.8 分别为混凝土和箍筋的折减系数；w_r 为外包段厚度；f_{tk} 为混凝土的抗拉强度标准值；n 为 B' 高度范围内箍筋数目；A_v、f_{yv} 分别为箍筋的截面面积和屈服强度。

（3）柱脚底板底截面抗剪承载力

对于底板－锚栓连接部分的抗剪载力，参考《钢结构设计标准》（GB 50017—2017），不考虑抗剪锚栓的抗剪贡献，仅考虑底板与基础之间的摩擦力。由于外包钢筋混凝土部分基本不承担轴力，同时外包式柱脚在外荷载作用下外包钢筋混凝土底部易出现裂缝。因此偏于保守地不考虑底板底截面位置外包钢筋混凝土部分的抗剪承载力。

基于上述分析，外包式柱脚在底板底截面处的抗剪承载力按式（17.43）计算：

$$Q_u=\mu\cdot N \tag{17.43}$$

式中，μ 为底板和基础之间的摩擦系数，可取为 0.4。

3. 构造措施

根据外包式六边形钢管混凝土柱脚的试验结果和有限元分析结果，本节针对外包式柱脚中的外包混凝土部分、底板锚栓连接部分和抗剪连接件提出构造建议，如图 17.103 所示。

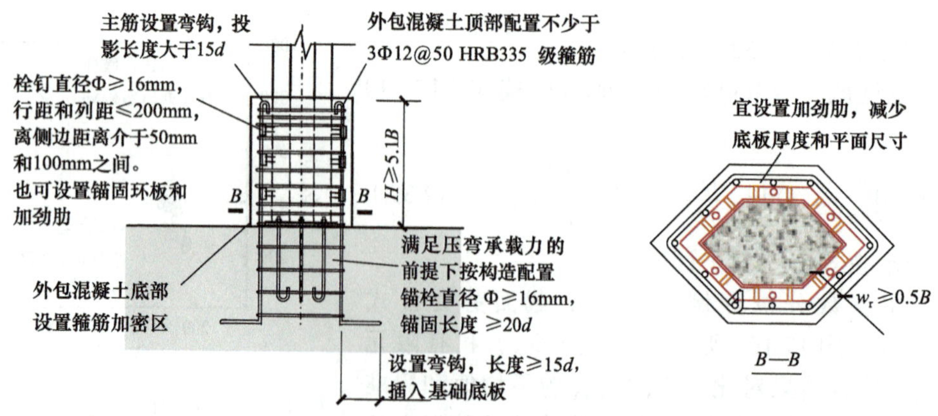

图 17.103　外包式柱脚构造示意

（1）外包混凝土部分

在本章研究的基础上，建议外包式柱脚宜按底板底截面压弯破坏或底板顶截面压弯破坏进行设计。外包混凝土部分的纵筋应满足相关规范中锚固长度的要求，并在两端设置弯钩，以便充分锚固在外包混凝土及基础混凝土中。外包混凝土中，箍筋需按满足外包混凝土部分的抗剪要求，并在外包混凝土顶部配置 3 道箍筋。参考《混凝土结构设计标准（2024 年版）》（GB 50010—2010），在考虑双向地震作用时，外包混凝土底部应设置箍筋加密区，加密区的长度满足规范要求。

参考《钢结构设计标准》（GB 50017—2017），外包式六边形钢管混凝土柱脚中外包混凝土厚度不宜小于 180mm，同时不宜小于柱截面高度的 30%（$w_r \geqslant \min\{180\text{mm}, 0.3B'=0.5B\}$），其中 w_r 为外包混凝土厚度，B' 为六边形钢管混凝土柱截面有效宽度，B 为六边形钢管混凝土柱边长。徐悟（2016）的研究表明，外包式六边形钢管混凝土柱脚中外包混凝土的高度不宜低于 3 倍的柱截面有效宽度（$H \geqslant 3B'=5.1B$），其中 H 为外包混凝土高度。

（2）底板锚栓连接部分

底板与基础连接部分应配置锚栓，并满足柱脚抗弯的要求。在满足锚栓锚固的要求下，外包式柱脚应尽可能减小底板外伸宽度，宜设置加劲肋。当外包式柱脚在底板底截面上抗剪不足时，应在底板底部设置抗剪件。

（3）抗剪连接件

外包式柱脚宜在钢管和外包混凝土之间配置抗剪连接件，《高层民用建筑钢结构技术规程》（JGJ 99—2015）和《钢结构设计标准》（GB 50017—2017）中建议宜设置栓钉；《钢管混凝土混合结构技术标准》（GB/T 51446—2021）中建议沿管身设置锚固环板和加劲肋。

通过有限元计算模型和理论推导，压弯极限状态时外包式柱脚的抗剪和抗冲剪验算公式，计算结果偏保守。若需准确计算柱脚的抗剪和抗冲剪承载力，还需开展进一步的试验和分析工作。

17.5　本 章 小 结

本章进行了恒定轴压和反复水平荷载作用下钢管混凝土加劲混合结构柱－基础连接节点的试验研究，建立了用于柱脚滞回性能分析的有限元计算模型，据此进行了柱脚沿强轴压弯滞回性能的参数分析，研究了轴压比和钢管－外包段界面栓钉对柱脚抗震性能的影响机理。在此基础上，通过柱－外包段相互作用力分布模型，给出了外包段的抗剪和抗冲剪验算方法，提出了外包式柱脚的抗震设计构造建议。

参 考 文 献

徐悟，2016．六边形钢管混凝土柱及其外包式柱脚工作机理研究［D］．北京：清华大学．

杨志程，2022．双向压弯荷载作用下六边形钢管混凝土柱脚力学性能研究［D］．北京：清华大学．

中华人民共和国住房和城乡建设部，2015．高层民用建筑钢结构技术规程：JGJ 99—2015［S］．北京：中国建筑工业出版社．

中华人民共和国住房和城乡建设部，2015．建筑抗震试验方法规程：JGJ/T 101—2015［S］．北京：中国建筑工业出版社．

中华人民共和国住房和城乡建设部，2010．混凝土结构设计标准（2024 年版）：GB/T 50010—2010［S］．北京：中国建筑工业出版社．

中华人民共和国住房和城乡建设部，中华人民共和国质量监督检验检疫总局，2010．建筑抗震设计标准（2024 年版）：GB 50011—2010［S］．北京：中国建筑工业出版社．

中华人民共和国住房和城乡建设部，2017．钢结构设计标准：GB 50017—2017［S］．北京：中国建筑工业出版社．

中华人民共和国住房和城乡建设部，2021．钢管混凝土混合结构技术标准：GB 51446—2021［S］．北京：中国建筑工业出版社．

ACI 318-14. 2019 (ACI 318-14, 2014). Building code requirements for structural concrete and commentary [S]. Detroit, USA: American Concrete Institute.

AIJ, 2008. Recommendations for design and construction of concrete filled steel tubular structures [S]. Tokyo: Architectural Institute of Japan (AIJ).

Eurocode 3 (EC3), 2005. Design of steel structures-Part 1.4: General rules-Supplementary rules for stainless steels [S]. Brussels (Belgium): European Committee for Standardization (CEN).

Eurocode 4 (EC4), 2004. Design of composite steel and concrete structures-Part 1.1: General rules and rules for buildings [S]. Brussels (Belgium): European Committee for Standardization (CEN).

GOTO Y, MURAKI M, OBATA M, 2009. Ultimate state of thin-walled circular steel columns under bidirectional seismic accelerations [J]. Journal of Structural Engineering, 135(12): 1481-1490.

GOTO Y, EBISAWA T, LU X, et al., 2015. Ultimate state of thin-walled circular steel columns subjected to biaxial horizontal forces and biaxial bending moments caused by bidirectional seismic accelerations [J]. Journal of Structural Engineering, 141 (4): 4014122.

HIBBITT, KARLSON, SORENSEN, 2010. ABAQUS Version 6.10: Theory manual, users' manual, verification manual and example problems manual [M]. Hibbitt: Karlson and Sorenson Inc.

HILL R, 1958. A general theory of uniqueness and stability in elastic-plastic solids [J]. Journal of the Mechanics and Physics of Solids, 6(3): 236-249.

JI X D, KANG H Z, CHEN X C, et al., 2014. Seismic behavior and strength capacity of steel tube-reinforced concrete composite columns [J]. Earthquake Engineering & Structural Dynamics, 43(4): 487-505.

OLLGAARD J G, SLUTTER R. G, FISHER J W, 1971. Shear strength of stud connectors in light weight and normal weight concrete [J]. Engineering Journal of AISC, 8(2): 55-64.

XU W, HAN L H, LI W, 2016. Seismic performance of concrete-encased column base for hexagonal concrete-filled steel tube: Experimental study[J]. Journal of Constructional Steel Research, 121(6): 352-369.

HAN L H, HOU C C, XU W, 2018. Seismic performance of concrete-encased column base for hexagonal concrete-filled steel tube: Numerical study[J]. Journal of Constructional Steel Research, 149(10): 225-238.

YANG Z C, HAN L H, LI W, 2023a. Seismic performance of concrete-encased hexagonal CFST column base: Experimental and numerical analysis[J]. Journal of Constructional Steel Research, 211(12): 108129.

YANG Z C, HAN L H, LI W, 2023b. Seismic performance of concrete-encased hexagonal CFST column base: Design method [J]. Journal of Constructional Steel Research, 211(12): 108133.

索　　引

B

薄壁钢管　14, 17, 36, 39, 44, 45, 46, 162, 199, 208, 580, 596, 817, 1039

薄壁钢管混凝土　14, 17, 36, 39, 44, 45, 46, 162

本构模型　50, 106, 192, 231, 232, 261, 346, 411, 461, 601, 610, 633, 694, 718, 859, 913, 947, 984, 1142

不锈钢管混凝土　13, 17, 49, 50, 52, 53, 55, 56, 57, 58, 59, 60, 62, 63, 64, 65, 67, 162, 270, 337, 345

C

残余变形　137, 159, 309, 311, 675, 680, 681, 743

残余应力　72, 149, 263, 348, 410, 415, 416, 602, 613, 891, 939

长期荷载　13, 169, 170, 171, 185, 186, 188, 189, 231, 232, 233, 234, 235, 236, 237, 238, 239, 240, 241, 242, 243, 244, 245, 246, 247, 248, 1169, 1170

长细比　27, 30, 52, 61, 62, 63, 69, 78, 100, 133, 149, 155, 156, 157, 171, 188, 218, 219, 236, 245, 246, 247, 354, 356, 358, 420, 422, 490, 633, 636, 650, 651, 934, 937, 938, 941, 942, 949, 959, 960, 961, 966, 973, 974, 988, 991, 995, 1053, 1054, 1105, 1107, 1108, 1113, 1117

承载力计算方法　15, 44, 67, 68, 90, 112, 212, 498, 510, 561, 562, 653, 723, 886, 888, 958, 997, 1034, 1114, 1115, 1116, 1117, 1171, 1182, 1183

初始缺陷　65, 891, 939, 965

穿芯螺栓端板连接　270, 315, 316, 317, 320, 347, 349, 370, 594, 600, 614, 629, 650

D

单边螺栓单肢钢管混凝土加劲混合结构

低周反复荷载　90, 133, 268, 287, 291, 388, 650, 651

多边形钢管混凝土　14, 17, 103, 162

多肢钢管混凝土加劲混合结构　15, 997, 999, 1012, 1020, 1021, 1034, 1039, 1051, 1053, 1056, 1057, 1058, 1059, 1060, 1062, 1069, 1074, 1075

E

二阶弯矩　987, 991, 1019, 1020

F

方钢管混凝土　3, 7, 36, 39, 44, 45, 46, 69, 75, 79, 81, 91, 94, 95, 259, 262, 305, 307, 308, 324, 326, 343, 348, 354, 357, 358, 370, 375, 379, 387, 388, 412, 416, 423, 424, 609, 644, 645, 651, 654, 655, 783, 790, 791, 806, 813, 814, 815, 890, 941, 949, 956, 961, 962, 965, 966, 969

非线性分析　14, 601, 639, 996

复杂受力　14, 162

FRP 约束钢管混凝土　3, 13, 14, 17, 128, 129, 130, 131, 133, 162

FRP 加固　129, 131, 133

G

刚度　7, 9, 22, 30, 31, 33, 34, 35, 57, 58, 60, 65, 68, 86, 87, 89, 90, 93, 94, 95, 100, 105, 106, 107, 110, 111, 116, 118, 120, 122, 125, 126, 127, 132, 134, 137, 139, 141, 144, 145, 146, 148, 149, 150, 151, 152, 153, 155, 156, 160, 161, 166, 175, 176, 186, 188, 193, 204, 205, 207, 210, 211, 212, 249,

254, 256, 265, 266, 267, 270, 271, 278, 279, 284, 287, 288, 296, 297, 300, 302, 304, 307, 309, 310, 311, 312, 314, 315, 316, 317, 318, 319, 320, 322, 323, 324, 325, 326, 328, 333, 336, 337, 344, 345, 346, 347, 349, 350, 354, 355, 356, 357, 358, 360, 363, 364, 366, 367, 368, 369, 374, 375, 382, 385, 386, 388, 389, 391, 392, 393, 394, 395, 409, 411, 420, 421, 422, 423, 424, 426, 427, 439, 440, 445, 446, 456, 457, 460, 461, 463, 464, 467, 468, 469, 474, 481, 488, 489, 490, 491, 492, 493, 494, 496, 497, 502, 506, 507, 508, 511, 520, 521, 522, 523, 524, 526, 535, 536, 541, 542, 548, 549, 550, 551, 552, 553, 554, 556, 557, 558, 559, 560, 561, 562, 568, 569, 570, 572, 573, 575, 578, 584, 585, 586, 591, 593, 595, 599, 600, 603, 604, 605, 606, 607, 608, 609, 614, 629, 632, 633, 634, 635, 636, 637, 638, 639, 640, 641, 642, 643, 644, 645, 646, 648, 649, 650, 651, 658, 672, 675, 676, 677, 678, 684, 686, 687, 688, 694, 715, 716, 717, 718, 721, 726, 736, 740, 741, 742, 743, 744, 746, 747, 748, 750, 751, 752, 755, 756, 757, 758, 759, 761, 763, 764, 765, 766, 768, 769, 770, 771, 774, 779, 782, 784, 791, 793, 795, 797, 800, 801, 804, 805, 806, 807, 813, 814, 827, 828, 834, 837, 843, 848, 849, 850, 852, 853, 854, 855, 856, 857, 858, 860, 861, 867, 868, 869, 870, 871, 882, 883, 884, 885, 886, 890, 891, 892, 899, 900, 901, 908, 912, 913, 915, 916, 917, 918, 919, 920, 930, 931, 938, 939, 945, 952, 953, 958, 966, 969, 970, 974, 979, 980, 981, 987, 1006, 1008, 1009, 1018, 1021, 1027, 1028, 1029, 1045, 1046, 1048, 1049, 1050, 1051, 1054, 1055, 1056, 1057, 1058, 1077, 1079, 1081, 1082, 1083, 1089, 1090, 1097, 1098, 1101, 1103, 1119, 1125, 1127, 1128, 1129, 1136, 1138, 1139, 1143, 1161, 1162, 1163, 1166, 1168, 1169, 1170, 1172, 1173, 1174, 1176, 1177, 1178, 1179, 1182, 1189

钢管高强混凝土　78, 162, 575

钢管混凝土桁式混合结构　1, 9, 10, 11, 15, 816, 891, 892, 893, 894, 895, 897, 900, 905, 906, 908, 909, 910, 911, 912, 913, 915, 916, 917, 918, 919, 920, 921, 922, 923, 924, 925, 928, 930, 931, 932, 933, 934, 935, 936, 937, 938, 939, 940, 961, 965, 973, 974, 975, 976, 977, 980, 981, 983, 984, 985, 986, 987, 988, 989, 993, 994, 995, 997

钢管混凝土加劲混合结构　1, 10, 11, 15, 191, 194, 197, 198, 199, 200, 203, 204, 205, 207, 208, 209, 211, 212, 213, 214, 215, 216, 217, 218, 219, 220, 221, 222, 223, 226, 227, 228, 229, 231, 232, 233, 234, 236, 237, 238, 239, 245, 247, 248, 249, 251, 252, 253, 254, 257, 259, 260, 262, 264, 265, 266, 267, 268, 427, 428, 430, 439, 452, 460, 461, 462, 463, 464, 465, 466, 469, 478, 479, 480, 486, 488, 489, 490, 492, 493, 494, 495, 496, 497, 498, 504, 506, 508, 509, 510, 513, 515, 518, 521, 522, 530, 533, 535, 536, 537, 539, 541, 542, 544, 545, 546, 547, 560, 566, 567, 568, 572, 575, 997, 999, 1000, 1001, 1002, 1004, 1005, 1006, 1007, 1008, 1009, 1010, 1011, 1012, 1014, 1015, 1017, 1018, 1019, 1020, 1021, 1022, 1023, 1029, 1034, 1035, 1036, 1039, 1040, 1044, 1045, 1046, 1047, 1048, 1049, 1050, 1051, 1052, 1053, 1056, 1057, 1058, 1059, 1060, 1062, 1069, 1074, 1075, 1077, 1079, 1085, 1086, 1094, 1095, 1096, 1097, 1098, 1099, 1100, 1101, 1103, 1105, 1113, 1114, 1115, 1117, 1118, 1193

钢管混凝土加劲混合结构柱－钢筋混凝土梁连接节点　533, 575

钢管混凝土加劲混合结构柱－钢梁连接节点　15, 427, 439, 460, 461, 462, 463, 464, 465, 466, 469, 478, 486, 488, 489, 490, 492, 495, 496, 497, 498, 504, 506, 508, 509

钢管混凝土框架　1, 7, 15, 369, 370, 577, 582, 584, 588, 601, 602, 606, 608, 609, 612, 615, 616, 617, 629, 633, 634, 635, 637, 638, 641, 642, 643, 644, 645, 646, 649, 651, 653, 727, 729, 730, 733, 736, 739, 740, 742, 743, 745, 746, 749, 750, 771, 772,

774, 777, 778, 782, 783, 784, 790, 804, 805, 807, 813, 814, 815
钢管混凝土柱－钢筋混凝土梁连接节点　373, 374, 375, 376, 396, 409, 411
钢管混凝土柱－钢梁连接节点　15, 270, 271, 315, 345, 356, 357, 370, 410
钢管约束混凝土　3, 4, 14, 16, 17, 18, 19, 20, 21, 22, 23, 24, 26, 27, 28, 29, 30, 33, 35, 36, 106, 162, 388, 389, 390, 391, 392, 393, 395, 424, 426
钢管再生混凝土　14, 17, 87, 88, 89, 90, 162
钢管自密实混凝土　14, 17, 68, 69, 71, 72, 77, 78, 79, 81, 84, 86, 87, 162
钢筋混凝土核心筒　6, 7, 15, 729, 783, 788, 789, 801, 803, 804, 805, 807, 815
钢筋混凝土混合剪力墙　653, 727, 729
钢梁　7, 15, 270, 271, 272, 274, 275, 276, 277, 278, 279, 280, 281, 283, 284, 285, 287, 288, 289, 290, 292, 293, 294, 295, 296, 297, 298, 300, 302, 304, 305, 306, 307, 308, 309, 310, 311, 312, 313, 314, 315, 316, 317, 318, 320, 323, 324, 328, 329, 330, 332, 333, 335, 336, 337, 339, 340, 345, 346, 347, 348, 349, 350, 351, 352, 353, 354, 356, 357, 358, 359, 360, 361, 362, 363, 364, 367, 369, 370, 373, 377, 400, 410, 418, 427, 428, 430, 431, 434, 435, 436, 437, 438, 439, 440, 441, 445, 446, 447, 448, 449, 450, 451, 452, 453, 455, 457, 460, 461, 462, 463, 464, 465, 466, 467, 469, 470, 471, 472, 474, 476, 477, 478, 480, 481, 482, 483, 484, 486, 488, 489, 490, 491, 492, 493, 495, 496, 497, 498, 499, 500, 501, 502, 503, 504, 506, 508, 509, 533, 575, 577, 578, 580, 581, 582, 583, 588, 590, 594, 595, 596, 601, 602, 603, 605, 606, 609, 612, 614, 615, 617, 618, 622, 624, 625, 629, 630, 631, 632, 633, 634, 637, 643, 648, 650, 651, 658, 706, 729, 731, 732, 733, 735, 737, 739, 740, 741, 748, 756, 771, 776, 782, 783, 784, 786, 787, 790, 802, 803, 804, 805, 806, 895
高强钢管混凝土　46
拱形钢管混凝土加劲混合结构　15, 1077, 1079, 1094, 1095, 1096, 1097, 1098, 1099, 1100, 1101, 1103, 1105, 1113, 1114, 1115, 1117, 1118
构造措施　2, 287, 311, 337, 375, 396, 510, 561, 567, 575, 727, 806, 915, 997, 1039, 1117, 1183, 1192

H

含钢率　69, 107, 114, 116, 168, 171, 194, 200, 203, 204, 210, 211, 223, 225, 253, 354, 355, 357, 358, 360, 361, 363, 420, 421, 423, 424, 493, 494, 497, 498, 547, 548, 584, 585, 586, 588, 589, 590, 591, 592, 633, 634, 650, 651, 724, 725, 930, 933, 937, 981, 1023, 1025, 1027, 1028, 1030, 1032, 1053, 1055, 1056, 1058, 1070, 1071, 1072, 1074, 1075, 1113, 1117, 1169, 1171, 1172
耗能　35, 68, 81, 86, 87, 121, 125, 143, 172, 182, 249, 253, 257, 258, 266, 278, 285, 286, 287, 288, 303, 304, 318, 320, 322, 329, 333, 335, 336, 337, 387, 388, 394, 395, 458, 459, 460, 461, 467, 508, 524, 528, 529, 547, 551, 553, 554, 575, 585, 591, 592, 593, 594, 595, 599, 600, 676, 690, 692, 693, 727, 729, 744, 746, 750, 760, 761, 766, 767, 769, 770, 782, 814, 1046, 1048, 1050, 1119, 1125, 1139, 1140, 1143, 1149, 1150, 1151, 1167, 1168, 1169, 1179, 1181, 1183, 1187
荷载偏心距　53, 132, 941, 954, 955, 958
荷载偏心率　27, 30, 69, 78, 171, 245, 246, 247
核心筒　1, 6, 7, 15, 729, 783, 784, 788, 789, 790, 801, 803, 804, 805, 806, 807, 813, 815
恢复力模型　149, 152, 266, 267, 270, 271, 359, 363, 364, 366, 495, 507, 508, 509, 510, 568, 573, 574, 575, 577, 633, 643, 651, 718, 760, 997, 1056, 1057, 1058
混合结构体系　1, 6, 7, 14, 729, 730, 771, 782, 783, 789, 805, 814, 815
混凝土应力－应变关系　147, 233, 347, 571, 694, 719

火灾后 1, 13, 50, 129, 131, 132, 133, 134

J

基于全寿命周期的钢管混凝土结构理论 12
计算长度 132, 263, 264, 616, 633, 636, 644, 648, 918, 935, 937, 962, 1050
加载路径 145, 146, 147, 153, 212, 213, 219, 220, 267, 347, 507, 649, 1167, 1168, 1169
夹层混凝土 134, 167, 168, 172, 174, 182, 185, 817, 821, 823, 824, 825, 826, 827, 829, 834, 835, 837, 840, 843, 844, 850, 851, 854, 855, 856, 859, 860, 863, 864, 865, 866, 867, 869, 870, 873, 875, 876, 877, 881, 882, 883, 884, 885, 886, 887, 888, 889
剪跨比 97, 98, 209, 220, 221, 222, 223, 548, 551, 552, 718, 725, 892, 897, 900, 912, 913, 915, 938, 1001, 1006, 1171, 1172
剪力墙结构 1, 6, 14, 15, 653, 654, 659, 660, 667, 668, 675, 680, 694, 701, 711, 712, 714, 718, 721, 723, 724, 725, 726, 727, 729
剪切变形 220, 221, 274, 292, 297, 350, 359, 360, 362, 363, 365, 367, 369, 377, 379, 382, 388, 434, 445, 446, 447, 448, 450, 454, 455, 465, 467, 468, 471, 488, 489, 492, 494, 495, 496, 497, 505, 506, 507, 509, 516, 523, 524, 525, 526, 528, 532, 541, 544, 545, 547, 548, 549, 550, 551, 552, 553, 554, 555, 556, 558, 559, 560, 566, 568, 571, 572, 573, 574, 575, 612, 675, 680, 681, 682, 705, 712, 718, 719, 733, 862, 940, 970, 971, 1085, 1086, 1135, 1136
节点 7, 13, 14, 15, 17, 193, 232, 270, 271, 272, 273, 274, 275, 276, 277, 278, 279, 280, 281, 282, 283, 284, 285, 286, 287, 288, 289, 290, 291, 292, 295, 296, 297, 298, 299, 300, 302, 303, 304, 305, 306, 307, 308, 309, 310, 311, 312, 313, 314, 315, 316, 317, 318, 319, 320, 321, 322, 323, 324, 325, 326, 327, 328, 329, 330, 331, 332, 333, 334, 335, 336, 337, 338, 339, 340, 341, 342, 343, 344, 345, 346, 347, 348, 349, 350, 351, 352, 353, 354, 355, 356, 357, 358, 359, 360, 361, 362, 363, 364, 366, 367, 368, 369, 370, 373, 374, 375, 376, 377, 378, 379, 380, 381, 382, 383, 384, 385, 386, 387, 388, 389, 390, 391, 392, 393, 394, 395, 396, 397, 398, 399, 400, 401, 402, 403, 404, 405, 406, 407, 408, 409, 410, 411, 412, 413, 414, 415, 416, 417, 418, 419, 420, 421, 422, 423, 424, 426, 427, 428, 429, 430, 431, 432, 434, 437, 438, 439, 440, 441, 442, 445, 446, 447, 448, 449, 450, 452, 453, 454, 455, 456, 457, 458, 459, 460, 461, 462, 463, 464, 465, 466, 467, 468, 469, 470, 471, 472, 473, 474, 476, 477, 478, 479, 480, 481, 482, 483, 484, 485, 486, 487, 488, 489, 490, 491, 492, 493, 494, 495, 496, 497, 498, 499, 502, 503, 504, 506, 508, 509, 510, 511, 512, 513, 514, 515, 516, 517, 518, 519, 520, 521, 522, 523, 524, 525, 526, 527, 528, 529, 530, 531, 532, 533, 534, 535, 536, 537, 538, 539, 540, 541, 542, 543, 544, 545, 546, 547, 548, 549, 550, 551, 552, 553, 554, 555, 556, 557, 558, 559, 560, 561, 562, 563, 564, 565, 566, 567, 568, 569, 570, 571, 572, 573, 574, 575, 577, 578, 581, 582, 594, 597, 602, 605, 606, 608, 609, 612, 614, 618, 619, 621, 627, 629, 630, 633, 636, 637, 638, 639, 640, 641, 655, 659, 667, 694, 721, 725, 726, 731, 733, 736, 742, 749, 755, 756, 776, 783, 786, 789, 802, 806, 816, 817, 818, 823, 829, 842, 843, 844, 845, 846, 847, 848, 849, 850, 851, 852, 853, 854, 855, 856, 857, 858, 859, 860, 861, 862, 863, 864, 865, 866, 867, 868, 869, 870, 871, 872, 873, 874, 875, 876, 877, 878, 879, 880, 881, 882, 883, 884, 885, 886, 887, 888, 889, 890, 891, 892, 896, 897, 898, 899, 900, 902, 903, 908, 910, 912, 913, 915, 916, 922, 930, 932, 974, 977, 979, 980, 981, 984, 1069, 1080, 1081, 1082, 1083, 1091, 1096, 1097, 1098, 1100, 1103, 1119, 1127, 1142, 1143, 1147, 1157, 1162, 1163, 1193
结构受力全过程 13, 236, 237, 920

截面承载力　184, 188, 197, 203, 219, 226, 228, 388, 843, 1034, 1035, 1154
截面空心率　172
径厚比　18, 19, 26, 36, 39, 44, 57, 58, 63, 149, 150, 155, 156, 166, 169, 177, 198, 199, 200, 208, 209, 817, 818, 819, 829, 843, 844, 854, 855, 858, 867, 868, 876, 877, 878, 879, 881, 882, 883, 884, 886, 887, 889, 1039
静力性能　17, 36, 49, 52, 68, 129, 131, 133, 166, 191, 843, 844, 847, 853, 854, 855, 856, 858, 859, 860, 938
局部屈曲　1, 17, 20, 21, 36, 39, 44, 45, 46, 57, 72, 75, 105, 106, 108, 112, 133, 136, 147, 166, 169, 172, 174, 181, 198, 199, 208, 231, 279, 349, 435, 437, 438, 439, 440, 463, 469, 564, 726, 727, 816, 824, 831, 849, 850, 852, 853, 854, 855, 856, 858, 862, 863, 864, 867, 868, 871, 876, 881, 882, 887, 888, 891, 915, 917, 930, 949, 954, 965, 979, 986, 1003, 1004, 1014, 1043, 1045, 1061, 1098, 1115
局压　166, 172, 173, 174, 175, 176, 177, 178, 189, 827, 828, 837, 870, 881, 1159
局压面积比　172, 174, 176, 177

K

抗剪性能　359, 394, 490, 491, 492, 493, 494, 575, 715, 1177, 1179
抗弯性能　111, 112, 217, 891, 918
抗压性能　841
抗震性能　7, 15, 36, 133, 135, 143, 191, 257, 260, 286, 288, 291, 298, 333, 366, 370, 391, 395, 409, 424, 428, 460, 490, 509, 510, 547, 575, 577, 593, 599, 601, 651, 653, 725, 727, 729, 730, 742, 750, 769, 770, 771, 782, 783, 804, 805, 814, 815, 891, 1119, 1120, 1125, 1143, 1167, 1169, 1171, 1172, 1173, 1174, 1175, 1176, 1177, 1178, 1179, 1181, 1182, 1193
抗撞击性能　157, 160, 161, 166, 178, 182, 183, 184, 997, 1058, 1069, 1070, 1071, 1072, 1073, 1074
框架结构　7, 13, 14, 49, 366, 370, 427, 510, 511, 512, 577, 578, 594, 596, 601, 602, 608, 614, 617, 620, 633, 636, 637, 639, 640, 641, 645, 650, 651, 718, 729, 730, 733, 739, 740, 741, 742, 743, 744, 745, 746, 747, 748, 749, 750, 782, 800, 814
K 形节点　15, 816, 817, 818, 843, 844, 845, 847, 848, 849, 850, 851, 852, 853, 854, 855, 856, 857, 858, 859, 860, 861, 862, 863, 864, 865, 866, 867, 868, 869, 870, 871, 872, 873, 874, 875, 876, 877, 879, 880, 881, 882, 883, 884, 885, 886, 887, 888, 889, 890, 892

L

冷弯　50, 51, 67, 72, 250, 260, 261, 263, 272, 329, 348, 580, 596, 602, 612, 613, 614, 658, 694, 731, 817, 942, 1123
力学性能　7, 12, 13, 15, 17, 27, 36, 47, 49, 59, 63, 68, 70, 77, 87, 88, 90, 91, 97, 100, 103, 129, 143, 158, 162, 166, 168, 169, 178, 185, 189, 191, 204, 212, 231, 232, 234, 250, 260, 268, 270, 271, 272, 287, 288, 305, 306, 317, 330, 337, 353, 366, 370, 376, 396, 409, 410, 426, 427, 508, 509, 568, 575, 577, 580, 588, 596, 601, 613, 629, 633, 637, 651, 653, 654, 658, 676, 701, 726, 729, 730, 788, 806, 816, 818, 821, 833, 843, 848, 852, 853, 854, 855, 857, 858, 877, 889, 890, 891, 892, 894, 895, 918, 938, 939, 940, 941, 946, 954, 961, 963, 973, 976, 983, 984, 996, 1042, 1079, 1081, 1083, 1084, 1096, 1105, 1115, 1117, 1118, 1163, 1193
连接节点　13, 14, 15, 270, 271, 288, 315, 316, 318, 325, 328, 329, 345, 346, 347, 349, 356, 357, 370, 373, 374, 375, 376, 388, 396, 397, 410, 411, 418, 424, 426, 427, 439, 460, 461, 462, 463, 464, 465, 466, 469, 478, 486, 488, 489, 490, 492, 495, 496, 497, 498, 504, 506, 508, 509, 510, 511, 512, 513, 514, 515, 527, 533, 568, 572, 575, 594, 606, 667, 816, 817, 818, 843, 858, 876, 890, 977, 1119,

1193
氯离子腐蚀 13, 166, 185

N

耐久性 49, 162
拟动力试验 577, 729, 733, 734, 750, 751, 752, 755, 756, 763, 767, 768, 769, 770, 771, 777, 782, 814
拟静力试验 460, 577, 729, 730, 734, 737, 739, 740, 741, 743, 746, 747, 748, 749, 750, 752, 756, 763, 767, 768, 769, 770, 771, 772, 782, 814
扭转 292, 368, 431, 737, 891, 1163

O

耦合 13, 189, 368, 535, 563, 614, 721, 771, 823, 1069, 1096, 1142, 1168

P

平面框架 13, 14, 288, 427, 577, 578, 594, 600, 601, 603, 609, 617, 618, 631, 633, 634, 640, 648, 650, 651, 696, 729, 737, 771, 970, 973
破坏机制 346, 711, 713, 714, 850, 858, 863, 866, 940
破坏形态 20, 28, 30, 31, 36, 39, 57, 59, 60, 61, 62, 65, 68, 71, 80, 81, 88, 92, 93, 94, 98, 99, 100, 101, 104, 105, 106, 109, 110, 115, 116, 117, 120, 131, 133, 136, 137, 159, 160, 167, 168, 171, 174, 175, 181, 182, 183, 194, 198, 204, 208, 209, 214, 221, 250, 251, 252, 275, 276, 282, 288, 294, 295, 296, 297, 304, 305, 307, 308, 326, 331, 332, 333, 336, 341, 342, 349, 350, 353, 377, 378, 388, 390, 391, 404, 406, 409, 427, 435, 436, 437, 439, 440, 441, 460, 463, 464, 465, 466, 467, 468, 490, 491, 508, 509, 510, 518, 519, 524, 527, 528, 535, 536, 537, 539, 541, 551, 552, 556, 582, 583, 584, 597, 653, 660, 661, 662, 663, 664, 666, 667, 668, 714, 727, 735, 736, 737, 738, 740, 750, 752, 753, 755, 774, 779, 782, 804, 805, 814, 815, 816, 818, 823, 824, 825, 826, 827, 834, 835, 836, 837, 843, 850, 851, 852, 853, 856, 858, 859, 860, 862, 863, 864, 865, 866, 867, 869, 876, 877, 880, 882, 884, 886, 888, 889, 892, 897, 898, 900, 908, 912, 913, 915, 916, 917, 930, 940, 943, 949, 950, 961, 964, 965, 966, 969, 977, 978, 979, 985, 986, 995, 997, 999, 1001, 1002, 1003, 1004, 1005, 1006, 1008, 1012, 1013, 1014, 1015, 1016, 1018, 1034, 1043, 1044, 1045, 1046, 1052, 1060, 1061, 1064, 1068, 1075, 1084, 1086, 1088, 1089, 1098, 1115, 1117, 1119, 1123, 1124, 1125, 1128, 1129, 1135, 1139, 1144, 1146, 1147, 1150, 1151, 1171, 1172, 1174, 1175, 1179, 1181, 1182, 1183, 1187, 1188, 1189, 1190

Q

强度破坏 816, 862, 915
屈曲形态 966
曲线形钢管混凝土 14, 939, 940, 946, 948, 949, 959, 961, 965, 966, 972, 973, 974, 975, 976, 977, 980, 981, 983, 984, 985, 986, 987, 988, 989, 991, 993, 994, 995, 996
曲线形钢管混凝土桁式混合结构 939, 940, 961, 965, 973, 974, 975, 976, 977, 980, 981, 983, 984, 985, 986, 987, 988, 989, 993, 994, 995

S

三向受压 483, 491, 868
设计方法 7, 12, 13, 15, 17, 47, 162, 166, 268, 427, 430, 490, 498, 508, 547, 575, 653, 654, 842, 876, 880, 886, 891, 1034, 1075, 1098, 1116, 1117, 1118, 1119
设计公式 78
设计原理 13, 15, 16, 88, 189, 268, 370, 426, 575, 651, 654, 726, 889
剩余承载力 105, 106, 107, 139, 200, 203
实用计算方法 13, 245, 247, 353, 356, 358, 359, 375, 420, 423, 426, 577, 633, 637, 643, 651, 727, 818, 839, 843, 877, 889, 892, 930, 933, 938, 941,

993, 995, 1074, 1105, 1118

塑性损伤模型　64, 193, 232, 346, 461, 533, 534, 536, 610, 694, 701, 859, 927

T

椭圆形钢管混凝土　97, 98, 100

W

外环板式连接　349, 577, 596

弯矩 - 曲率关系　110, 111, 112, 117, 118, 148, 204, 263, 265, 266, 354, 637, 642, 902, 915, 918, 981

弯矩 - 转角关系　271, 311, 312, 313, 314, 343, 344, 353, 420, 426, 1172

位移延性系数　141, 142, 257, 258, 284, 285, 287, 302, 304, 314, 320, 329, 387, 394, 395, 458, 526, 527, 591, 592, 599, 649, 650, 689, 690, 691, 692, 745, 746, 763, 931

稳定承载力　135, 184, 933, 937, 938, 1040, 1118

X

"狭义"钢管混凝土

纤维模型　13, 14, 39, 47, 71, 72, 81, 84, 112, 113, 128, 143, 169, 171, 172, 260, 262, 368, 615, 718, 727

相互作用　1, 14, 72, 88, 197, 206, 231, 244, 245, 270, 346, 353, 361, 601, 609, 694, 816, 843, 859, 876, 939, 949, 956, 1019, 1119, 1149, 1151, 1152, 1153, 1154, 1155, 1156, 1164, 1178, 1180, 1187, 1188, 1189, 1190, 1191, 1193

协同互补　1, 2, 12, 88, 653, 815, 939

徐变　13, 16, 87, 90, 171, 185, 186, 188, 231, 232, 233, 236, 237, 238, 239, 240, 241, 242, 243, 245, 246

Y

压弯　14, 30, 31, 32, 33, 34, 36, 46, 47, 48, 49, 52, 60, 86, 88, 89, 90, 100, 102, 119, 128, 133, 148, 152, 162, 166, 169, 189, 212, 213, 214, 215, 216, 218, 219, 220, 221, 222, 223, 226, 263, 264, 265, 266, 267, 268, 295, 297, 298, 302, 304, 369, 430, 437, 439, 440, 448, 449, 458, 460, 463, 465, 466, 467, 468, 469, 470, 478, 479, 480, 490, 491, 492, 502, 503, 506, 508, 509, 518, 520, 521, 523, 526, 527, 528, 529, 530, 532, 539, 541, 542, 575, 600, 615, 617, 618, 620, 633, 644, 890, 891, 959, 960, 972, 974, 994, 997, 1003, 1009, 1010, 1011, 1012, 1013, 1014, 1015, 1016, 1017, 1018, 1019, 1021, 1022, 1023, 1030, 1034, 1039, 1057, 1075, 1084, 1085, 1086, 1093, 1105, 1114, 1123, 1125, 1128, 1129, 1132, 1133, 1134, 1136, 1137, 1139, 1144, 1145, 1146, 1147, 1148, 1149, 1150, 1151, 1152, 1154, 1155, 1156, 1159, 1163, 1165, 1166, 1171, 1172, 1174, 1175, 1176, 1177, 1179, 1181, 1182, 1183, 1184, 1185, 1186, 1187, 1188, 1189, 1190, 1191, 1193

延性　20, 26, 27, 30, 32, 33, 36, 39, 46, 58, 59, 60, 62, 81, 85, 87, 92, 104, 105, 106, 107, 108, 110, 112, 118, 120, 122, 123, 125, 129, 134, 135, 141, 142, 155, 161, 169, 172, 193, 199, 200, 202, 203, 215, 216, 217, 223, 224, 249, 251, 253, 254, 257, 258, 259, 260, 266, 270, 275, 278, 279, 282, 284, 285, 286, 287, 302, 304, 305, 307, 314, 315, 318, 320, 321, 324, 326, 329, 332, 333, 335, 336, 337, 385, 387, 388, 394, 395, 402, 458, 460, 461, 494, 495, 508, 526, 527, 528, 547, 553, 554, 556, 558, 561, 575, 582, 589, 591, 592, 594, 597, 599, 600, 601, 635, 637, 649, 650, 651, 676, 680, 689, 690, 691, 692, 693, 726, 727, 729, 742, 743, 745, 746, 750, 761, 763, 768, 769, 770, 771, 782, 804, 814, 827, 837, 842, 843, 852, 858, 867, 869, 897, 898, 900, 908, 915, 916, 919, 920, 931, 932, 977, 1000, 1006, 1008, 1009, 1014, 1018, 1023, 1025, 1030, 1031, 1032, 1044, 1048, 1049, 1050, 1054, 1055, 1056, 1081, 1083, 1084, 1090, 1122, 1125, 1127, 1128, 1129, 1139, 1148, 1149, 1150, 1151,

1166, 1168, 1169, 1170, 1173, 1174, 1177, 1179, 1181, 1183
应变率　161, 183, 1069, 1073
有限元计算模型　274, 288, 345, 346, 350, 353, 366, 410, 461, 533, 534, 535, 537, 545, 546, 575, 601, 609, 614, 633, 694, 727, 833, 858, 892, 895, 913, 914, 915, 918, 947, 948, 949, 961, 984, 985, 1095, 1117, 1141, 1142, 1147, 1187, 1191, 1193
约束效应系数　52, 57, 58, 64, 67, 103, 106, 107, 108, 168, 169, 184, 185, 202, 204, 212, 230, 233, 267, 360, 361, 362, 363, 496, 497, 498, 499, 504, 505, 506, 507, 562, 563, 564, 565, 566, 569, 570, 572, 645, 725, 841, 842, 934, 958, 1039, 1113, 1117
约束作用　1, 17, 19, 24, 63, 108, 128, 136, 148, 150, 153, 169, 184, 196, 199, 200, 202, 203, 208, 224, 233, 237, 240, 251, 262, 469, 479, 485, 497, 506, 531, 561, 562, 563, 565, 569, 651, 653, 742, 748, 827, 829, 837, 841, 843, 870, 871, 873, 881, 886, 889, 891, 916, 917, 951, 952, 957, 993, 1001, 1023, 1025, 1031, 1039, 1045, 1117, 1125

Z

柱荷载比
振动台试验　15, 577, 729, 783, 788, 790, 815, 1167
直线形钢管混凝土桁式混合结构　891, 939, 974, 977, 983, 986
滞回性能　30, 31, 68, 79, 80, 87, 119, 129, 133, 135, 143, 149, 161, 166, 171, 249, 257, 259, 260, 262, 287, 297, 315, 317, 370, 375, 388, 424, 426, 427, 461, 547, 548, 549, 550, 551, 552, 553, 554, 555, 556, 557, 558, 559, 560, 561, 575, 594, 595, 601, 615, 616, 633, 718, 719, 721, 727, 729, 774, 1171, 1193
中空 FRP- 混凝土－钢管组合柱　134, 135, 137, 141, 142, 143, 148, 149, 152, 153, 154, 155, 156, 157, 161, 162
中空夹层钢管混凝土柱　171, 189
轴力　35, 39, 71, 118, 119, 128, 132, 179, 193, 194, 195, 196, 197, 200, 203, 214, 215, 216, 217, 218, 219, 220, 221, 223, 228, 249, 250, 263, 264, 272, 273, 290, 305, 306, 319, 368, 383, 391, 393, 399, 400, 401, 413, 427, 431, 432, 446, 467, 483, 502, 511, 514, 516, 520, 521, 523, 524, 546, 563, 565, 579, 581, 582, 600, 603, 606, 609, 612, 616, 617, 618, 637, 638, 640, 643, 644, 645, 659, 672, 714, 724, 726, 727, 730, 734, 813, 817, 818, 843, 844, 848, 849, 854, 856, 857, 858, 860, 868, 873, 877, 879, 880, 881, 882, 883, 885, 886, 928, 937, 958, 985, 988, 991, 994, 995, 1000, 1001, 1012, 1013, 1014, 1015, 1017, 1018, 1023, 1025, 1035, 1036, 1037, 1040, 1042, 1043, 1050, 1060, 1061, 1073, 1099, 1101, 1103, 1114, 1119, 1121, 1123, 1132, 1135, 1151, 1152, 1153, 1155, 1164, 1165, 1167, 1169, 1170, 1178, 1180, 1181, 1182, 1184, 1185, 1192
轴压比　30, 32, 33, 36, 68, 79, 84, 85, 86, 87, 119, 120, 122, 123, 125, 131, 133, 135, 137, 139, 141, 142, 143, 147, 149, 150, 155, 156, 171, 172, 179, 183, 185, 220, 221, 249, 250, 251, 252, 253, 254, 256, 257, 258, 259, 265, 266, 271, 272, 275, 278, 279, 282, 283, 284, 285, 286, 287, 288, 289, 290, 293, 294, 296, 300, 302, 304, 305, 315, 316, 317, 319, 320, 322, 324, 328, 329, 332, 335, 336, 337, 354, 356, 358, 360, 361, 362, 363, 375, 379, 382, 383, 384, 385, 386, 387, 388, 390, 391, 392, 393, 394, 395, 397, 398, 411, 412, 416, 420, 422, 428, 430, 431, 434, 435, 439, 440, 445, 446, 449, 450, 452, 456, 457, 458, 459, 460, 466, 467, 478, 490, 491, 492, 496, 497, 498, 500, 502, 503, 504, 506, 507, 511, 514, 523, 527, 532, 539, 541, 547, 560, 561, 562, 563, 564, 565, 566, 577, 578, 581, 582, 585, 586, 588, 589, 590, 591, 592, 595, 597, 599, 600, 616, 618, 629, 632, 633, 634, 635, 645, 646, 650, 651, 654, 668, 672, 673, 676, 677, 679, 680,

683, 686, 687, 688, 689, 692, 693, 714, 716, 718, 725, 726, 751, 813, 814, 843, 885, 1010, 1040, 1043, 1045, 1046, 1048, 1050, 1051, 1053, 1056, 1057, 1058, 1060, 1070, 1073, 1074, 1075, 1119, 1121, 1123, 1125, 1128, 1129, 1132, 1135, 1139, 1145, 1147, 1148, 1149, 1150, 1171, 1181, 1182, 1193

撞击荷载　157, 158, 178, 1062, 1076

锥形钢管混凝土　91, 92, 93, 94, 95, 96

自密实混凝土　14, 17, 38, 68, 69, 70, 71, 72, 77, 78, 79, 80, 81, 84, 86, 87, 104, 162, 272, 290, 306, 330, 377, 399, 431, 581, 658, 731, 787, 817, 821, 844, 894, 895, 942, 963, 976, 997, 1002, 1011, 1041

组合结构构件　1, 2, 13, 14, 17, 162

组合柱　1, 3, 6, 26, 134, 135, 137, 141, 142, 143, 148, 149, 152, 153, 154, 155, 156, 157, 158, 159, 160, 161, 162, 189, 270, 653, 721, 727, 729